Höhere Mathematik
Aufgaben und Lösungen

EUROPA LEHRMITTEL

Edition Harri Deutsch

Höhere Mathematik
Aufgaben und Lösungen

Band 2

von

Karlheinz Spindler

VERLAG EUROPA-LEHRMITTEL · Nourney, Vollmer GmbH & Co. KG
Düsselberger Straße 23 · 42781 Haan-Gruiten

Europa-Nr.: 59543

Autor:

Prof. Dr. Karlheinz Spindler studierte Mathematik, Mechanik und Geschichte an der Technischen Hochschule Darmstadt. Nach Ablegung seines Diploms und des Staatsexamens für das Lehramt an Gymnasien war er als Wissenschaftlicher Mitarbeiter an der TH Darmstadt tätig und wurde dort über ein Thema aus der Strukturtheorie Liescher Algebren promoviert. Anschließend arbeitete er zunächst zwei Jahre lang als Visiting Assistant Professor an der Louisiana State University in Baton Rouge (USA) und dann fünf Jahre lang bei einem Unternehmen der Raumfahrtindustrie am European Space Operations Centre (ESOC) in Darmstadt. Im Jahr 1997 wurde er zum Professor für Mathematik und Datenverarbeitung an die Fachhochschule Wiesbaden (seit dem 1. September 2009 Hochschule RheinMain) berufen, wo er im Studiengang „Angewandte Mathematik" tätig ist. Er ist Begründer und Mitorganisator eines seit 2006 jährlich stattfindenden mathematischen Weiterbildungsseminars für Angehörige der hessischen Hochschulen für angewandte Wissenschaften.

1. Auflage 2021

Druck 5 4 3 2 1

ISBN 978-3-8085-5954-3

Umschlaggestaltung: braunwerbeagentur, 42477 Radevormwald
Umschlagmotiv: Vom Autor erstellte Illustration und bearbeitetes Foto
Druck: CPI books GmbH, 25917 Leck

Vorwort

Das vorliegende Aufgaben- und Lösungsbuch will einen Beitrag zur Förderung der Mathematikausbildung leisten, indem es zur Beschäftigung mit mathematischen Aufgabenstellungen und zur Einübung von Problemlösungsfertigkeiten einlädt. Es ist entstanden aus Aufgabenblättern und Übungsmaterialien, die ich über viele Jahre hinweg in einer ganzen Reihe verschiedenster mathematischer Lehrveranstaltungen an der Hochschule RheinMain verwendet habe.

Wichtig war mir – sowohl beim Stellen der Aufgaben als auch beim Schreiben des Buches – eine große Bandbreite der Aufgabenstellungen. Diese reichen von einfachen Fragen zur Gewöhnung an neue Begriffe und Routineaufgaben zum Einüben und Einschleifen von Rechentechniken über anspruchsvollere Aufgaben, in denen Beispiele und Gegenbeispiele gesucht, Feinheiten von Begriffsbildungen und Aussagen ausgelotet und weiterführende Aspekte erkundet werden, bis hin zu wirklichen Herausforderungen, denen sich zu stellen einige Ausdauer erfordert. Dabei habe ich bewußt hohe Ansprüche nicht vermieden, denn (wie schon der Prediger Salomo wußte) "wo viel Weisheit ist, da ist viel Grämen, und wer viel lernt, der muß viel leiden". Ich bin aber zuversichtlich, daß durch die Aufteilung komplexer Aufgabenstellungen auf mehrere Teilaufgaben und durch die gegebenen Hinweise allzu großen Frustrationen vorgebeugt wird.

Damit das Buch auch zum Selbststudium geeignet ist, habe ich zu allen Aufgaben ausführliche Lösungen erstellt, deren Formulierung vielleicht auch ein Gefühl dafür vermittelt, wie man mathematische Sachverhalte ausdrückt und zu Papier bringt. Natürlich sollte man aber vor dem Blick in die Lösung immer versuchen, die jeweilige Aufgabe selbst zu bearbeiten: Mathematik ist kein Zuschauersport, sondern eher wie Klavierspielen; man erlernt sie nur durch eigene aktive Beschäftigung. Ich hoffe, daß bei aller Konzentration auf das Lösen von Aufgaben auch etwas von der Schönheit, Klarheit und Eleganz der Mathematik deutlich wird. Von den Inhalten und vom Kapitelaufbau her richtet sich das vorliegende Buch nach dem Lehrbuch

> Karlheinz Spindler: *Höhere Mathematik – Ein Begleiter durch das Studium*, Verlag Harri Deutsch, Frankfurt am Main* 2010.

Immer, wenn in den Lösungen auf "das Buch" verwiesen wird, ist dieses Lehrbuch gemeint. Die Verweise dienen in erster Linie der bequemen Referenzierung; die allermeisten Aufgaben können vollkommen unabhängig von der Verwendung eines bestimmten Lehrbuches oder Manuskriptes bearbeitet werden, und ich hoffe, daß sich geeignete Aufgaben für eine Vielzahl verschiedener Lehrveranstaltungen auswählen lassen. Da das Material des Buches in unterschiedlicher Intensität für unterschiedliche Lehrveranstaltungen entstand, war eine gewisse Unausgewogenheit zwischen den verschiedenen thematischen Bereichen (oder, positiver ausgedrückt, eine gewisse Schwerpunktsetzung) unausweichlich. Der zu erwartende eher geringe Zusatznutzen erschien es mir nicht wert, hier mit entsprechendem Zeitaufwand (und resultierenden Verzögerungen) die Unterschiede nachträglich noch auszugleichen. Um noch einmal den Prediger Salomo zu Wort kommen zu lassen: "Des vielen Büchermachens ist kein Ende, und viel Studieren macht den Leib müde".

Wie schon bei dem genannten Lehrbuch bin ich auch beim Schreiben dieses Aufgaben- und Lösungsbuchs Frau Dr. Renate Schappel zu kaum ermeßlichem Dank verpflichtet. Sie hat sich mit bewundernswerter Energie und Begeisterung, mit großer Akribie und Sorgfalt der Herkulesaufgabe angenommen, das vollständige Manuskript (teilweise in verschiedenen Versionen) kritisch zu lesen und zu kommentieren. Sie deckte eine Unzahl von Fehlern auf, und nichts war vor ihrem kritischen Blick sicher: einfache Tippfehler, Rechenfehler, falsche oder unvollständige Schlüsse, stilistisch verunglückte Formulierungen, falsche Verweise, unschöne Zeilen- oder Seitenumbrüche und vieles mehr. Ohne ihre Hilfe wäre das Erscheinen dieses Buches schlechterdings nicht denkbar. Mein Dank gilt ferner Herrn Klaus Horn vom Verlag Europa-Lehrmittel für die kompetente verlagsseitige Umsetzung des Werkes und die jederzeit angenehme Zusammenarbeit. Ihm danke ich nicht nur für die engagierte und sachkundige Unterstützung des Buchprojekts, sondern auch für den gutmütigen Humor, mit dem er meinen Sonderwünschen begegnete. Schließlich bin ich mehreren Generationen von Studenten zu Dank verpflichtet, mit denen ich über die Jahre hinweg zusammenarbeiten durfte und deren Fragen, Kommentare und Anregungen zu Verbesserungen bei zahlreichen Aufgaben und Lösungen führten.

Alle noch verbliebenen Fehler und Unstimmigkeiten gehen natürlich einzig und allein zu meinen Lasten als Autor. Autor und Verlag sind für Hinweise auf Fehler und Ungenauigkeiten sowie für konstruktive Kritik jederzeit dankbar.

A. D. 2021 — Karlheinz Spindler

* Inzwischen Edition Harri Deutsch, Verlag Europa-Lehrmittel, Haan-Gruiten.

Inhaltsverzeichnis

Teil 1:
Aufgaben

A61: Tensorprodukte

Aufgabe (61.1) (a) In $V_1 \otimes \cdots \otimes V_n$ gelte die Gleichung

$$\sum_{k=1}^{N} v_1^{(k)} \otimes v_2^{(k)} \otimes \cdots \otimes v_n^{(k)} = 0,$$

wobei die Vektoren $v_1^{(1)}, \ldots, v_1^{(N)}$ in V_1 linear unabhängig seien. Zeige, daß es dann zu jedem Index $1 \leq k \leq N$ einen Index $2 \leq i \leq n$ gibt mit $v_i^{(k)} = 0$.

(b) Zeige, daß in $V_1 \otimes \cdots \otimes V_n$ genau dann die Gleichung $v_1 \otimes \cdots \otimes v_n = 0$ gilt, wenn $v_i = 0$ für mindestens einen Index $1 \leq i \leq n$ gilt. (Das Tensorprodukt von Null verschiedener Vektoren ist also selbst von Null verschieden.)

Aufgabe (61.2) Es seien $V_1, \ldots, V_n$ Vektorräume, und für jedes i seien von Null verschiedene Vektoren $v_i, w_i \in V_i$ gegeben. Zeige, daß in $V_1 \otimes \cdots \otimes V_n$ genau dann die Gleichung $v_1 \otimes \cdots \otimes v_n = w_1 \otimes \cdots \otimes w_n$ gilt, wenn es Elemente $\lambda_i \in K$ mit $\lambda_1 \cdots \lambda_n = 1$ derart gibt, daß $w_i = \lambda_i v_i$ für $1 \leq i \leq n$ gilt.

Aufgabe (61.3) Es seien V und W Vektorräume. Ferner sei $(e_i)_{i\in I}$ eine Basis von V. Zeige, daß jedes Element ξ von $V \otimes W$ eine eindeutige Darstellung $\xi = \sum_{i\in I} e_i \otimes w_i$ besitzt, wobei nur endlich viele der Elemente $w_i \in W$ von Null verschieden sind.

Aufgabe (61.4) Es seien A und B Vektorräume. Eine **Standarddarstellung** eines Elements $\xi \neq 0$ von $A \otimes B$ ist eine Darstellung der Form $\xi = \sum_{i=1}^m a_i \otimes b_i$, wobei die Vektoren $a_1, \ldots, a_m$ linear unabhängig in A und die Vektoren $b_1, \ldots, b_m$ linear unabhängig in B sind. Beweise die folgenden Aussagen!

(a) Ist $\xi = \sum_{i=1}^m a_i \otimes b_i$ eine Darstellung von $\xi \neq 0$ mit minimaler Summandenzahl m, so handelt es sich um eine Standarddarstellung.

(b) Sind $\xi = \sum_{i=1}^m a_i \otimes b_i$ und $\sum_{i=1}^n a_i' \otimes b_i'$ zwei verschiedene Standarddarstellungen von $\xi \neq 0$, so gilt $m = n$.

Zeige anhand eines konkreten Beispiels, daß es mehrere verschiedene Standarddarstellungen des gleichen Elements geben kann.

Aufgabe (61.5) Es seien $a, b \in V$ Elemente eines Vektorraums V. Zeige, daß genau dann $a \otimes b = b \otimes a$ in $V \otimes V$ gilt, wenn a und b linear abhängig sind.

Aufgabe (61.6) Zeige: Sind $V_1, \ldots, V_n$ Vektorräume und ist σ eine Permutation der Indices $1, \ldots, n$, so gilt $V_1 \otimes \cdots \otimes V_n \cong V_{\sigma(1)} \otimes \cdots \otimes V_{\sigma(n)}$.

Aufgabe (61.7) Zeige: Ist V ein beliebiger K-Vektorraum, so kann das Tensorprodukt $K^n \otimes V$ realisiert werden durch die Definition $x \otimes v := (x_1 v, \ldots, x_n v) \in V \oplus \cdots \oplus V$ (mit n Summanden).

Aufgabe (61.8) Wir betrachten Matrizen $A \in K^{p\times q}$, $X \in K^{q\times r}$, $B \in K^{r\times s}$ und $C \in K^{p\times s}$. Zeige: Schreiben wir die Komponenten von X und von C statt als Matrizen als Elemente von Spaltenvektoren

$$\begin{aligned} x &= (x_{11}, \ldots, x_{1r}, \ldots, x_{q1}, \ldots, x_{qr})^T \in K^{qr}, \\ c &= (c_{11}, \ldots, c_{1s}, \ldots, c_{p1}, \ldots, c_{ps})^T \in K^{ps}, \end{aligned}$$

so geht die Matrizengleichung $AXB = C$ über in das lineare Gleichungssystem $(A \otimes B^T)x = c$.

Bemerkung: Da die Abbildung $X \mapsto AXB$ linear ist, ist klar, daß es sich bei der Gleichung $AXB = C$ um ein lineares Gleichungssystem für die Unbekannten x_{ij} handelt. Die Aufgabe zeigt, daß die explizite Beschreibung dieses Gleichungssystems auf die Koeffizientenmatrix $A \otimes B^T$ und damit auf ein Tensorprodukt führt.

Aufgabe (61.9) Gegeben sei ein fester Körper K. Für jede Menge X sei $F(X)$ der Vektorraum aller Funktionen $f : X \to K$ (mit der argumentweise definierten Addition und Skalarmultiplikation). Zeige, daß sich das Tensorprodukt von $F(X_1), \ldots, F(X_n)$ als Untervektorraum von $F(X_1 \times \cdots \times X_n)$ realisieren läßt, indem wir

$$(f_1 \otimes \cdots \otimes f_n)(x_1, \ldots, x_n) := f_1(x_1) \cdots f_n(x_n)$$

für $f_i \in F(X_i)$ und $x_i \in X_i$ definieren.

Aufgabe (61.10) Für gegebene K-Vektorräume $V_1, \ldots V_n, W_1, \ldots, W_n$ wurde in Beispiel (61.9) des Buchs die Existenz einer Einbettungsabbildung

$$\Phi : \bigotimes_{i=1}^n \mathrm{Hom}(V_i, W_i) \hookrightarrow \mathrm{Hom}\left(\bigotimes_{i=1}^n V_i, \bigotimes_{i=1}^n W_i\right)$$

bewiesen. Zeige mit Hilfe eines Dimensionsarguments, daß diese Abbildung im endlichdimensionalen Fall nicht nur injektiv, sondern auch surjektiv und damit ein Isomorphismus ist. Zeige, daß dies im unendlichdimensionalen Fall nicht mehr zutrifft!

Aufgabe (61.11) Für $1 \leq i \leq n$ sei jeweils U_i ein Untervektorraum von V_i. Zeige: Ist ein Tensorprodukt $\otimes$ von $V_1, \ldots, V_n$ gegeben, so ist die Einschränkung von $\otimes$ auf $U_1 \times \cdots \times U_n$ ein Tensorprodukt von $U_1, \ldots, U_n$

Lösungen zu »Tensorprodukte« siehe Seite 163

Aufgabe (61.12) Es sei $V \neq \{0\}$ ein K-Vektorraum mit dem Dualraum $V^\star$.

(a) Zeige, daß sich das Tensorprodukt $V \otimes V^\star$ als Untervektorraum von $\mathrm{Hom}(V, V)$ realisieren läßt, indem wir

$$(v \otimes f)(x) := f(x)\, v \qquad (x \in V)$$

für $v \in V$ und $f \in V^\star$ definieren. Zeige ferner, daß dieser Unterraum genau der Raum $\mathrm{Hom}_{\mathrm{eR}}(V, V)$ derjenigen Endomorphismen von V ist, die endlichen Rang haben.

(b) Wie sieht die Hintereinanderausführung zweier Abbildungen $v_1 \otimes f_1$ und $v_2 \otimes f_2$ aus?

(c) Wie sieht die duale Abbildung einer Abbildung $v \otimes f$ aus?

(d) Zeige, daß es genau eine lineare Abbildung $\theta : \mathrm{Hom}_{\mathrm{eR}}(V, V) \to K$ gibt mit $\theta(v \otimes f) = f(v)$ für alle $v \in V$ und alle $f \in V^\star$. Zeige ferner, daß θ nichts anderes ist als die Spurbildung.

(e) Zeige: Ist V endlichdimensional, ist $(v_1, \ldots, v_n)$ eine Basis von V und ist $(f_1, \ldots, f_n)$ die zugehörige Dualbasis von $V^\star$, so gilt

$$\sum_{i=1}^{n} v_i \otimes f_i = \mathbf{1} = \mathrm{id}_V .$$

(f) Wenden wir die obige Konstruktion mit $V^\star$ statt mit V an, so ergibt sich eine Identifizierung von $V^\star \otimes V^{\star\star}$ mit $\mathrm{Hom}_{\mathrm{eR}}(V^\star, V^\star)$. Andererseits ist eine Einbettung $I : V^\star \otimes V^{\star\star} \to (V \otimes V^\star)^\star$ gegeben durch

$$\big(I(g \otimes \Phi)\big)(v \otimes f) = \Phi(f) \cdot g(v).$$

Wie sieht die zugehörige Einbettungsabbildung $J : \mathrm{Hom}_{\mathrm{eR}}(V^\star, V^\star) \to \mathrm{Hom}(V, V)^\star$ aus?

Aufgabe (61.13) Es sei $(U_i)_{i \in I}$ eine Familie von Untervektorräumen des Unterraums V. Zeige, daß dann die folgende Gleichheit gilt:

$$\bigcap_{i \in I} (U_i \otimes W) = \Big(\bigcap_{i \in I} U_i\Big) \otimes W.$$

Aufgabe (61.14) Gegeben seien K-Vektorräume $V^{(1)}, \ldots, V^{(n)}$, von denen jeder in eine direkte Summe $V^{(k)} = \bigoplus_{i \in I_k} V_i^{(k)}$ von Unterräumen zerfalle. Für jede Wahl von $i := (i_1, \ldots, i_n) \in I_1 \times \cdots \times I_n =: I$ sei ein Tensorprodukt $T_i := V_{i_1}^{(1)} \otimes_i \cdots \otimes_i V_{i_n}^{(n)}$ von $V_{i_1}^{(1)}, \ldots, V_{i_n}^{(n)}$ zwischen solchen Unterräumen gegeben. Wir bilden die (äußere) direkte Summe $T := \bigoplus_{i \in I} T_i$ aller dieser einzelnen Tensorprodukte und definieren $\otimes : V^{(1)} \times \cdots \times V^{(n)} \to T$ durch

$$\Big(\sum_{i_1 \in I_1} v_{i_1}^{(1)}\Big) \otimes \cdots \otimes \Big(\sum_{i_n \in I_n} v_{i_n}^{(n)}\Big) := \sum_{i=(i_1,\ldots,i_n) \in I_1 \times \cdots \times I_n} \big(v_{i_1}^{(1)} \otimes_i \cdots \otimes_i v_{i_n}^{(n)}\big),$$

wobei die auftretenden Summen allesamt direkt sind. Dann ist $(T, \otimes)$ ein Tensorprodukt von $V^{(1)}, \ldots, V^{(n)}$.

Bemerkung: Die Aussage dieser Aufgaben ist, salopp gesprochen, daß das Tensorprodukt von direkten Summen gegeben ist durch die direkte Summe der Tensorprodukte der einzelnen Summanden, daß also die Bildung direkter Summen mit der Bildung von Tensorprodukten vertauschbar ist. Die exakte Formulierung und das Nachprüfen dieser Aussage machen leider die Verwendung von Indices unvermeidlich, wodurch die Aussage komplizierter aussieht, als sie in Wahrheit ist.

Aufgabe (61.15) Benutze die vorherige Aufgabe, um eine neue Herleitung der in Satz (61.2) des Buchs bewiesenen folgenden Aussage zu geben! Gegeben seien K-Vektorräume $V_1, \ldots, V_n$ und für $1 \leq i \leq n$ jeweils eine Basis B_i von V_i. Dann ist $\{b_1 \otimes \cdots \otimes b_n \mid b_i \in B_i\}$ eine Basis des Tensorprodukts $V_1 \otimes \cdots \otimes V_n$. Insbesondere gilt also

$$\dim\Big(\bigotimes_{i=1}^{n} V_i\Big) = \prod_{i=1}^{n} \dim(V_i) .$$

Aufgabe (61.16) Es seien $V_1, \ldots, V_n$ Vektorräume, und für $1 \leq k \leq n$ sei jeweils $(U_i^{(k)})_{i \in I_k}$ eine Familie von Unterräumen von V_k. Beweise die Gleichheit

$$\bigcap_{\substack{(i_1,\ldots,i_n) \\ \in I_1 \times \cdots \times I_n}} U_{i_1}^{(1)} \otimes \cdots \otimes U_{i_n}^{(n)} = \Big[\bigcap_{i_1 \in I_1} U_{i_1}^{(1)}\Big] \otimes \cdots \otimes \Big[\bigcap_{i_n \in I_n} U_{i_n}^{(n)}\Big].$$

Aufgabe (61.17) Es sei $V = V_1 \otimes \cdots \otimes V_n$ ein Tensorprodukt der Vektorräume $V_1, \ldots, V_n$, und für $1 \leq i \leq n$ sei ein Untervektorraum U_i von V_i gegeben. Wir definieren $\widehat{V}_i := V_1 \otimes \cdots \otimes V_{i-1} \otimes U_i \otimes V_{i+1} \otimes \cdots \otimes V_n$ für $1 \leq i \leq n$.

(a) Zeige, daß $U_1 \otimes \cdots \otimes U_n = \bigcap_{i=1}^{n} \widehat{V}_i$ gilt.

(b) Es sei $U := \sum_{i=1}^{n} \widehat{V}_i$. Zeige, daß dann

$$V/U \cong (V_1/U_1) \otimes \cdots \otimes (V_n/U_n)$$

gilt und daß die Tensorproduktbildung auf $(V_1/U_1) \times \cdots \times (V_n/U_n)$ realisiert werden kann durch

$$[v_1]_{U_1} \otimes \cdots \otimes [v_n]_{U_n} = [v_1 \otimes \cdots \otimes v_n]_U ,$$

wobei wir $[v_i]_{U_i} := v_i + U_i$ in V_i/U_i und $[v_1 \otimes \cdots \otimes v_n]_U := v_1 \otimes \cdots \otimes v_n + U$ in V/U setzen. (Es ist nachzuweisen, daß diese Tensorproduktabbildung wohldefiniert ist!)

Aufgabe (61.18) Es seien V ein n-dimensionaler K-Vektorraum, und es sei $V^{(k)} := V \otimes \cdots \otimes V$ mit k Faktoren, wobei $k \leq n$ gelte. Für einen Endomorphismus $A : V \to V$ sei $\widehat{A} : V^{(k)} \to V^{(k)}$ die eindeutige lineare Abbildung mit

$$\widehat{A}(v_1 \otimes \cdots \otimes v_k) = (Av_1) \otimes \cdots \otimes (Av_k)$$

für alle Vektoren $v_1, \ldots, v_k \in V$. Zeige: Hat V die Eigenwerte $\lambda_1, \ldots, \lambda_n$, so ist jedes Produkt $\lambda_{i_1} \cdots \lambda_{i_k}$ ein Eigenwert von $\widehat{A}$.

Lösungen zu »Tensorprodukte« siehe Seite 163

Aufgabe (61.19) Ein Tensor vom **Typ** (r,s) über einem K-Vektorraum V mit dem Dualraum $V^\star$ ist ein Element des Tensorproduktes

$$T_s^r(V) \;:=\; \underbrace{V\otimes\cdots\otimes V}_{r\text{ Faktoren}}\otimes\underbrace{V^\star\otimes\cdots\otimes V^\star}_{s\text{ Faktoren}}.$$

Die Zahl $r+s$ nennt man auch die **Stufe** des Tensors. (Vor allem in der Physikliteratur findet sich auch die Sprechweise, ein Tensor vom Typ (r,s) sei r-fach **kovariant** und s-fach **kontravariant**.)

(a) Nach Wahl einer Basis $B=(e_1,\ldots,e_n)$ von V und der zugehörigen Dualbasis $F=(f^1,\ldots,f^n)$ von $V^\star$ läßt sich jedes Element Θ von $T_s^r(V)$ in eindeutiger Weise in der Form

$$\Theta \;=\; \sum_{\substack{i_1,\ldots,i_r,\\ j_1,\ldots,j_s}} \Theta^{i_1,\ldots,i_r}_{j_1,\ldots,j_s} e_{i_1}\otimes\cdots\otimes e_{i_r}\otimes f^{j_1}\otimes\cdots\otimes f^{j_s}$$

darstellen, wobei über alle Indices $1\le i_k, j_\ell\le n$ summiert wird. Die auftretenden Koeffizienten $\Theta^{i_1,\ldots,i_r}_{j_1,\ldots,j_s}\in K$ heißen die **Komponenten** des Tensors Θ bezüglich der gewählten Basis B. Wie ändern sich diese Komponenten unter einem Wechsel der Basis B?

(b) Es seien Indices $1\le k\le r$ und $\le \ell\le s$ gegeben. Zeige, daß es genau eine lineare Abbildung $C_\ell^k: T_s^r(V)\to T_{s-1}^{r-1}(V)$ gibt mit

$$\begin{aligned} &C_\ell^k(v_1\otimes\cdots\otimes v_r\otimes\varphi_1\otimes\cdots\otimes\varphi_s)\\ &=\; \varphi_\ell(v_k)\cdot\underbrace{v_1\otimes\cdots\otimes v_r}_{\text{ohne } v_k}\otimes\underbrace{\varphi_1\otimes\cdots\otimes\varphi_s}_{\text{ohne } \varphi_\ell}\end{aligned}$$

für alle Vektoren $v_i\in V$ und alle Linearformen $\varphi_j\in V^\star$. Diese Abbildung heißt die **Tensorverjüngung** oder **Tensorkontraktion** bezüglich der Indices (k,ℓ). Wie hängen für einen gegebenen Tensor $\Theta\in T_s^r(V)$ die Komponenten von $C_\ell^k(\Theta)$ mit denen von Θ zusammen?

(c) Das **Levi-Civita-Symbol**, benannt nach dem italienischen Mathematiker Tullio Levi-Civita (1873-1941), in Dimension n ist definiert durch

$$\varepsilon^{i_1,\ldots,i_n} \;:=\; \begin{cases} 1, & \text{falls } (i_1,\ldots,i_n) \text{ eine gerade Permutation von } (1,\ldots,n) \text{ ist,}\\ -1, & \text{falls } (i_1,\ldots,i_n) \text{ eine ungerade Permutation von } (1,\ldots,n) \text{ ist,}\\ 0, & \text{falls die Indices } i_1,\ldots,i_n \text{ nicht paarweise verschieden sind.}\end{cases}$$

Gibt es einen Tensor ε in $T_0^n(V)$, dessen Komponenten bezüglich einer beliebigen Basis von V durch $\varepsilon^{i_1,\ldots,i_n}$ gegeben sind?

(d) Wir bezeichnen mit ε^{ijk} das Levi-Civita-Symbol in Dimension 3. Berechne die Ausdrücke

$$\delta_{ij}\varepsilon^{ijk},\quad \sum_{i,j,k}\varepsilon^{ijk}\varepsilon^{ijk},\quad \sum_{i,j}\varepsilon^{ijk}\varepsilon^{ij\ell},\quad \sum_k \varepsilon^{ijk}\varepsilon^{rsk}$$

und zeige, daß in $\mathbb{R}^3$ das Vektorprodukt zweier Vektoren $a=\sum_{i=1}^3 a_ie_i$ und $b=\sum_{i=1}^3 b_ie_i$ gegeben ist durch $a\times b=\sum_i(\sum_{j,k}\varepsilon^{ijk}a_jb_k)e_i$, wenn (e_1,e_2,e_3) ein kartesisches Koordinatensystem ist, also ein Rechtssystem aus paarweise orthogonalen Vektoren der Länge 1.

Aufgabe (61.20) (a) Wir betrachten ein Polyeder P im dreidimensionalen Raum. Jeder Kante k von P ordnen wir zwei geometrische Größen zu: ihre Länge $\ell(k)$ und ihren Diederwinkel $\varphi(k)$, also den Winkel zwischen den zwei Seitenflächen des Polyeders, die in k zusammenstoßen. Dabei fassen wir $\ell(k)$ als reelle Zahl auf, dagegen $\varphi(k)$ als reelle Zahl modulo π (weil ja nur Diederwinkel kleiner als π auftreten können). Nach dem deutschen Mathematiker Max Wilhelm Dehn (1878-1952) definiert man dann als **Dehn-Invariante** $D(P)$ von P den Ausdruck

$$D(P) \;=\; \sum_k \ell(k)\otimes\varphi(k),$$

wobei über alle Kanten k von P summiert wird und wobei $D(P)$ als Element des Tensorprodukts $\mathbb{R}\otimes(\mathbb{R}/\mathbb{Q}\pi)$ über dem Grundkörper $\mathbb{Q}$ interpretiert wird. (Wir fassen also $V:=\mathbb{R}$ als $\mathbb{Q}$-Vektorraum auf, betrachten dann den Unterraum $U:=\mathbb{Q}\pi=\{r\pi\mid r\in\mathbb{Q}\}$ sowie den Quotientenraum V/U und bilden das Tensorprodukt $V\otimes(V/U)$ über $\mathbb{Q}$.)

(a) Zeige: Wird das Polyeder P in Teilpolyeder zerlegt und ist $\mathfrak{Z}$ die Menge der bei dieser Zerlegung auftretenden Teilpolyeder Q, so gilt

$$D(P) \;=\; \sum_{Q\in\mathfrak{Z}} D(Q).$$

(b) Zwei Polyeder P_1 und P_2 heißen **zerlegungsgleich**, wenn sich P_1 so in Teilpolyeder zerlegen läßt, daß sich diese Teilpolyeder zusammensetzen lassen, um P_2 zu bilden. Zeige, daß zerlegungsgleiche Polyeder die gleiche Dehn-Invariante besitzen. (Dies erklärt die Bezeichnung "Dehn-Invariante": Der Ausdruck $D(P_1)$ ändert sich nicht (bleibt invariant), wenn wir P_1 durch ein zerlegungsgleiches Polyeder P_2 ersetzen.)

(c) Es sei W ein Würfel mit der Kantenlänge ℓ. Berechne die Dehn-Invariante von W!

(d) Es sei T ein gleichseitiges Tetraeder T mit der Kantenlänge a. Berechne die Dehn-Invariante von T!

(e) Folgere aus (c) und (d), daß es volumengleiche Polyeder gibt, die nicht zerlegungsgleich sind.

(f) Betrachte das Tetraeder T_0 mit den Ecken $P_0=(0,0,0)$, $P_1=(1,0,0)$, $P_2=(0,1,0)$ und $P_3=(0,0,1)$. Bestimme die Dehn-Invariante $D(T_0)$! Ist T_0 zerlegungsgleich zu einem Würfel gleichen Volumens? Ist T_0 zerlegungsgleich zu einem gleichseitigen Tetraeder gleichen Volumens?

Bemerkung 1: Die Frage, ob zwei volumengleiche Polyeder zwangsläufig zerlegungsgleich sind, war das dritte der Probleme, die der Mathematiker David Hilbert

Lösungen zu »Tensorprodukte« siehe Seite 163

(1862-1943) in einem berühmten Vortrag präsentierte, den er auf dem Zweiten Internationalen Weltkongreß der Mathematiker im Jahr 1900 in Paris hielt. Wie diese Aufgabe zeigt, ist die Antwort auf Hilberts Frage negativ (wie Hilberts Schüler Max Dehn schon weniger als ein Jahr nach dem Kongreß herausfand): Es gibt Polyeder mit gleichem Rauminhalt, die nicht zerlegungsgleich sind. †

Die Situation ist daher anders als im zweidimensionalen Fall, wo die Antwort bejahend ist: Zwei Polygone sind genau dann flächengleich, wenn sie zerlegungsgleich sind. Dies erlaubt eine elementargeometrische Definition des Begriffs des Flächeninhalts (als einer Äquivalenzklasse von Polygonen unter der Äquivalenzrelation der Zerlegungsgleichheit). Der Begriff des Rauminhalts läßt sich also nicht in dieser elementaren Weise einführen, sondern erfordert weiterführende Methoden (Analysis, Maßtheorie); dreidimensionale Geometrie ist intrinsisch schwieriger als zweidimensionale Geometrie.

Bemerkung 2: Die Lösung des dritten Hilbertschen Problems gelang durch Ausnutzung einer algebraischen Struktur (Tensorprodukt), die in der ursprünglichen rein geometrischen Aufgabenstellung gar nicht explizit auftritt. (Versuche aber zu erläutern, warum der abstrakte Begriff des Tensorprodukts sich in natürlicher Weise in die Aufgabenstellung einfügt!) Dies spiegelt die Tatsache wider, daß die Behandlung vieler mathematischer Probleme erleichtert (oder überhaupt erst ermöglicht) wird, indem man Strukturen heranzieht, die in der eigentlichen Formulierung des Problems gar nicht auftreten (zumindest nicht explizit), deren Heranziehung aber auf die Lösung führt. Anders ausgedrückt: Eine implizit vorhandene verborgene Struktur muß erst herausgearbeitet werden, um das Problem zu lösen. Es zeigt sich auch, wie ein abstrakter Begriff wie der des Tensorprodukts hilfreich sein kann, eine ganz konkrete Frage zu beantworten.

† In der folgenden Arbeit wurde bewiesen, daß zwei Polyeder genau dann zerlegungsgleich sind, wenn sie das gleiche Volumen und die gleiche Dehn-Invariante haben: Jean-Pierre Sydler, *Conditions nécessaires et suffisantes pour l'équivalence des polyèdres de l'espace euclidien à trois dimensions*, Commentarii Mathematici Helvetici **40**, 1965, S. 43-80.

Lösungen zu »Tensorprodukte« siehe Seite 163

A62: Grundkörpererweiterungen

Aufgabe (62.1) Es sei V ein reeller Vektorraum. Verifiziere, daß $V_{\mathbb{C}} = V + iV$ ein komplexer Vektorraum ist.

Aufgabe (62.2) Es sei $T : V \to W$ eine lineare Abbildung zwischen reellen Vektorräumen. Verifiziere, daß die Abbildung $T_{\mathbb{C}} : V_{\mathbb{C}} \to W_{\mathbb{C}}$ komplex-linear ist.

Aufgabe (62.3) (a) Zeige: Sind $A, B : V \to W$ lineare Abbildungen zwischen reellen Vektorräumen und ist $\lambda \in \mathbb{R}$, so gelten die Gleichungen $(A + B)_{\mathbb{C}} = A_{\mathbb{C}} + B_{\mathbb{C}}$ und $(\lambda A)_{\mathbb{C}} = \lambda \cdot A_{\mathbb{C}}$; die Komplexifizierungsabbildung $\mathrm{Hom}(V, W) \to \mathrm{Hom}(V_{\mathbb{C}}, W_{\mathbb{C}})$ ist also reell-linear.

(b) Zeige: Sind $S : X \to Y$ und $T : Y \to Z$ lineare Abbildungen zwischen reellen Vektorräumen, so gilt $(T \circ S)_{\mathbb{C}} = T_{\mathbb{C}} \circ S_{\mathbb{C}}$; Komplexifizierung und Verkettung sind also miteinander kompatibel.

(c) Zeige: Ist $A : V \to V$ ein Endomorphismus eines reellen Vektorraums V und ist $p \in \mathbb{R}[X]$ ein Polynom mit reellen Koeffizienten, so gilt $p(A)_{\mathbb{C}} = p(A_{\mathbb{C}})$.

Aufgabe (62.4) Es seien K ein V-Vektorraum und $\overline{K} \supseteq K$ ein Erweiterungskörper von K.

(a) Zeige, daß es eine Basis B von $\overline{K}$ als Vektorraum über K gibt, die das Einselement $1 \in K$ enthält, und daß es in einer solchen Basis keine anderen Elemente aus K gibt.

(b) Zeige, daß man sich die Erweiterung $\overline{V} = \overline{K} \otimes_K V$ vorstellen darf als Menge aller rein formal gebildeten Summen $\sum_{i \in I} \kappa_i v_i$ mit Vektoren $v_i \in V$, von denen nur endlich viele von Null verschieden sind, wenn $B = (\kappa_i)_{i \in I}$ eine Basis wie in (a) ist.

(c) Zeige: Ist $T : V \to W$ eine K-lineare Abbildung zwischen K-Vektorräumen, so ist die $\overline{K}$-lineare Fortsetzung $\overline{T} : \overline{V} \to \overline{W}$ gegeben durch

$$\overline{T}(\sum_{i \in I} \kappa_i v_i) = \sum_{i \in I} \kappa_i (T v_i).$$

Bemerkung: Man kann es also bei der Grundkörpererweiterung von Vektorräumen und linearen Abbildungen vermeiden, den Begriff des Tensorprodukts explizit einzuführen (wobei dieser Begriff allerdings implizit dennoch auftritt).

Aufgabe (62.5) Die Aussagen dieser Aufgabe wurden schon in Satz (62.9) des Buches bewiesen; sie sollen hier unter Benutzung der vorhergehenden Aufgabe noch einmal in etwas anderer Weise hergeleitet werden. Es sei jeweils $\overline{K}$ eine Erweiterung des Körpers K. (Siehe auch Aufgabe (62.3) für den speziellen Fall $K = \mathbb{R}$ und $\overline{K} = \mathbb{C}$.)

(a) Zeige: Sind $A, B : V \to W$ lineare Abbildungen zwischen K-Vektorräumen und ist $\lambda \in K$, so gelten die Gleichungen $\overline{A + B} = \overline{A} + \overline{B}$ und $\overline{\lambda \cdot A} = \lambda \cdot \overline{A}$.

(b) Zeige: Für lineare Abbildungen $S : X \to Y$ und $T : Y \to Z$ zwischen K-Vektorräumen gilt $\overline{T \circ S} = \overline{T} \circ \overline{S}$.

(c) Zeige: Ist $A : V \to V$ ein Endomorphismus eines K-Vektorraums V und ist $p \in K[X]$ ein Polynom mit Koeffizienten in K, so gilt $\overline{p(A)} = p(\overline{A})$.

Aufgabe (62.6) Wir betrachten einen K-Vektorraum V, eine Körpererweiterung $\overline{K} \supseteq K$ sowie den resultierenden $\overline{K}$-Vektorraum $\overline{V} = \overline{K} \otimes_K V$. Es sei eine Menge $M \subseteq V$ von Vektoren gegeben, die wir dann natürlich auch als Teilmenge von $\overline{V}$ auffassen können. Zeige, daß die Menge M genau dann linear unabhängig in V ist, wenn sie linear unabhängig in $\overline{V}$ ist.

Aufgabe (62.7) Wir betrachten einen endlichdimensionalen K-Vektorraum V, eine K-lineare Abbildung $A : V \to V$, eine Körpererweiterung $\overline{K} \supseteq K$ sowie die resultierende $\overline{K}$-lineare Abbildung $\overline{A} : \overline{V} \to \overline{V}$. Zeige, daß die Minimalpolynome von A und $\overline{A}$ übereinstimmen!

Vorbemerkung: Zur Motivation der nachfolgenden Aufgaben wollen wir uns überlegen, warum wir eigentlich an der Frage von Grundkörpererweiterungen interessiert sind. Wenn wir etwa einen Endomorphismus $A : V \to V$ eines K-Vektorraums V untersuchen und für diesen beispielsweise eine möglichst einfache Matrixdarstellung suchen, so stellt sich in natürlicher Weise die Frage nach den Eigenwerten und Eigenvektoren von A. Es kann nun passieren, daß für das charakteristische Polynom $p \in K[X]$ von A die Zahl der Nullstellen von p kleiner ist als der Grad von p. In diesem Fall finden wir in K nicht genügend Eigenwerte, um etwa A durch eine obere Dreiecksmatrix zu realisieren. Es kann aber sein, daß es einen Erweiterungskörper $\overline{K}$ von K gibt, über dem A vollständig in Linearfaktoren zerfällt und über dem A (bzw. $\overline{A}$) dann triagonalisierbar oder sogar diagonalisierbar ist. Beispielsweise hat die Matrix

$$A = \begin{bmatrix} 0 & -1 \\ 1 & 0 \end{bmatrix}$$

keine reellen Eigenwerte, wohl aber die komplexen Eigenwerte $\pm i$, und es gilt

$$T^{-1}AT = \begin{bmatrix} i & 0 \\ 0 & -i \end{bmatrix} \quad \text{mit } T := \begin{bmatrix} i & -i \\ 1 & 1 \end{bmatrix}.$$

Der Übergang vom Grundkörper $\mathbb{R}$ zum Grundkörper $\mathbb{C}$ kann also die Untersuchung eines Endomorphismus vereinfachen. Es stellt sich daher die Frage, ob es für einen K-Endomorphismus $A : V \to V$ *immer* einen Erweiterungskörper gibt, über dem das charakteristische Polynom von A in Linearfaktoren zerfällt. Das ist tatsächlich der Fall, und ein solcher Erweiterungskörper ist, wenn er so klein wie möglich gewählt wird, sogar bis auf Isomorphie eindeutig bestimmt. Dieser Fragestellung soll in den folgenden Aufgaben nachgegangen werden.

Lösungen zu »Grundkörpererweiterungen« siehe Seite 172

Aufgabe (62.8) Gegeben seien ein beliebiger Körper K und ein irreduzibles Polynom $f \in K[X]$. Wir bezeichnen mit $\langle\langle f \rangle\rangle := \{pf \mid p \in K[X]\}$ das von f erzeugte Ideal in dem Polynomring $K[X]$. Beweise die folgenden Aussagen!

(a) Der Quotientenring $\overline{K} := K[X]/\langle\langle f \rangle\rangle$ ist ein Körper.
(b) Die Abbildung $i : K \to \overline{K}$, die jedem Element $k \in K$ die Äquivalenzklasse des konstanten Polynoms zuordnet, ist eine Einbettungsabbildung. Wir können also K als Teilkörper von $\overline{K}$ auffassen.
(c) Das Element $\xi := [X]$ in $\overline{K}$ ist eine Nullstelle von f.
(d) Ist $L \supseteq K$ irgendein Erweiterungskörper von K, in dem f eine Nullstelle α besitzt, so ist $K(\alpha) := \{p(\alpha) \mid p \in K[X]\}$ der kleinste Teilkörper von L, der α enthält, und es gilt $K(\alpha) \cong \overline{K}$. (Man nennt $K(\alpha)$ den Teilkörper von L, der aus K durch Adjungieren von α besteht.)
(e) Besitzt f eine Nullstelle α_1 in einem Erweiterungskörper $L_1 \supseteq K$ und eine Nullstelle α_2 in einem Erweiterungsköper $L_2 \supseteq K$, so gibt es einen Körperisomorphismus $\sigma : K(\alpha_1) \to K(\alpha_2)$ mit $\sigma|_K = \mathrm{id}_K$ und $\sigma(\alpha_1) = \alpha_2$.

Aufgabe (62.9) Es sei $\sigma : K_1 \to K_2$ ein Körperhomomorphismus. Jedem Polynom $p \in K_1[X]$ ordnen wir ein Polynom $\sigma \star p \in K_2[X]$ wie folgt zu: Ist $p(X) = \sum_{k=0}^n a_k X^k$, so ist $(\sigma \star p)(X) = \sum_{k=0}^n \sigma(a_k) X^k$. Beweise die folgenden Aussagen!

(a) Die Abbildung $K_1[X] \to K_2[X]$ mit $p \mapsto \sigma \star p$ ist ein Ringhomomorphismus.
(b) Sind $\sigma_1 : K_1 \to K_2$ und $\sigma_2 : K_2 \to K_3$ Körperhomomorphismen, so gilt $\sigma_2 \star (\sigma_1 \star p) = (\sigma_2 \circ \sigma_1) \star p$.
(c) Es sei $\sigma \neq 0$. Besitzt p eine Nullstelle α_1 in einer Erweiterung $L_1 \supseteq K_1$ und besitzt $\sigma \star p$ eine Nullstelle α_2 in einer Erweiterung $L_2 \supseteq K_2$, so gibt es einen Homomorphismus $\Sigma : K_1(\alpha_1) \to K_2(\alpha_2)$ mit $\Sigma|_{K_1} = \sigma$ und $\Sigma(\alpha_1) = \alpha_2$.

Aufgabe (62.10) Ein **Zerfällungskörper** eines Polynoms $f \in K[X]$ ist ein bezüglich mengentheoretischer Inklusion minimaler Erweiterungskörper $Z \supseteq K$, über dem f vollständig in Linearfaktoren zerfällt. Beweise die folgenden Aussagen!

(a) Jedes Polynom $f \in K[X]$ vom Grad ≥ 1 besitzt einen Zerfällungskörper.
(b) Es sei $\sigma : K_1 \to K_2$ ein Körperisomorphismus. Ist Z_1 ein Zerfällungskörper von $f \in K_1[X]$ und ist Z_2 ein Zerfällungskörper von $\sigma \star f \in K_2[X]$, so gibt es einen Körperisomorphismus $\Sigma : Z_1 \to Z_2$ mit $\Sigma|_{K_1} = \sigma$.
(c) Sind Z_1 und Z_2 zwei Zerfällungskörper von $f \in K[X]$, so gibt es einen Isomorphismus $\Sigma : Z_1 \to Z_2$ mit $\sigma|_K = \mathrm{id}_K$.

Hinweis: Verwende für (a) und (b) jeweils Induktion über den Grad von f.

Aufgabe (62.11) Ein **Zerfällungskörper** einer Familie $\mathfrak{F} \subseteq K[X]$ von Polynomen ist ein bezüglich mengentheoretischer Inklusion minimaler Erweiterungskörper $Z \supseteq K$, über dem alle $f \in \mathfrak{F}$ vollständig in Linearfaktoren zerfallen. Beweise die folgenden Aussagen!

(a) Jede Polynomfamilie $f \in K[X]$ mit Polynomen vom Grad ≥ 1 besitzt einen Zerfällungskörper.
(b) Es sei $\sigma : K_1 \to K_2$ ein Körperisomorphismus. Ist Z_1 ein Zerfällungskörper von $\mathfrak{F} \subseteq K_1[X]$ und ist Z_2 ein Zerfällungskörper von $\sigma\star\mathfrak{F} := \{\sigma\star f \mid f \in \mathfrak{F}\} \subseteq K_2[X]$, so gibt es einen Körperisomorphismus $\Sigma : Z_1 \to Z_2$ mit $\Sigma|_{K_1} = \sigma$.
(c) Sind Z_1 und Z_2 zwei Zerfällungskörper von $\mathfrak{F} \subseteq K[X]$, so gibt es einen Isomorphismus $\Sigma : Z_1 \to Z_2$ mit $\sigma|_K = \mathrm{id}_K$.

Aufgabe (62.12) Wir betrachten eine Körpererweiterung $(L : K)$. Ein Element $\xi \in L$ heißt **algebraisch** über K, wenn es ein Polynom $p \neq 0$ in $K[X]$ gibt mit $p(\xi) = 0$, wenn also ξ eine nichttriviale algebraische Gleichung über K erfüllt. Eine Körpererweiterung $(L : K)$ heißt algebraisch, wenn jedes Element von L algebraisch über K ist. Beweise die folgenden Aussagen!

(a) Jedes Element von K ist algebraisch über K.
(b) Ist $\xi \neq 0$ algebraisch über K, so sind auch $-\xi$ und $1/\xi$ algebraisch über K.
(c) Sind α und β algebraisch über K, dann auch $\alpha + \beta$ und $\alpha \cdot \beta$.
(d) Die Menge aller Elemente von L, die algebraisch über K sind, bildet einen Teilkörper von L.
(e) Für Körper $K \subseteq Z \subseteq L$ ist $(L{:}K)$ genau dann algebraisch, wenn $(L{:}Z)$ und $(Z{:}K)$ algebraisch sind.

Hinweis: Zeige in Teil (c) folgendes: Erfüllt α eine Gleichung vom Grad m und β eine Gleichung vom Grad n über K, so hat der von allen Potenzen $\alpha^r\beta^s$ mit $r, s \in \mathbb{N}_0$ aufgespannte K-Unterraum von L höchstens die Dimension mn. Nutze in (e) aus, daß ein Element $\alpha \in L$ genau dann algebraisch über K ist, wenn $K(\alpha)$ als K-Vektorraum endlichdimensional ist.

Aufgabe (62.13) Die Zahl $\sqrt{2}$ ist algebraisch über $\mathbb{Q}$ (als Nullstelle von $X^2 - 2$), ebenso die Zahl $\sqrt[3]{3}$ (als Nullstelle von $X^3 - 3$); nach der vorigen Aufgabe sind also auch $\sqrt{2} + \sqrt[3]{3}$ und $\sqrt{2} \cdot \sqrt[3]{3}$ algebraisch über $\mathbb{Q}$. Gib für jede dieser beiden Zahlen explizit ein Polynom in $\mathbb{Q}[X]$ an, als dessen Nullstelle diese Zahl auftritt!

Aufgabe (62.14) Zeige, daß für einen Körper K die folgenden Eigenschaften äquivalent sind!

(1) Jedes Polynom $f \in K[X]$ vom Grad ≥ 1 zerfällt in $K[X]$ in Linearfaktoren.
(2) Jedes Polynom $f \in K[X]$ vom Grad ≥ 1 hat eine Nullstelle in K.
(3) Ist $(L : K)$ eine algebraische Körperweiterung, so gilt $L = K$.

Ein Körper mit diesen Eigenschaften heißt **algebraisch abgeschlossen**.

Lösungen zu »Grundkörpererweiterungen« siehe Seite 172

Aufgabe (62.15) Ein **algebraischer Abschluß** eines Körpers K ist ein bezüglich mengentheoretischer Inklusion minimaler Erweiterungskörper von K, der algebraisch abgeschlossen ist. Zeige, daß für eine Körpererweiterung $(\overline{K} : K)$ die folgenden Aussagen äquivalent sind!

(1) $\overline{K}$ ist ein algebraischer Abschluß von K;
(2) $(\overline{K} : K)$ ist eine algebraische Körpererweiterung, und $\overline{K}$ ist algebraisch abgeschlossen;
(3) $(\overline{K} : K)$ ist eine algebraische Körpererweiterung, und jedes Polynom $f \in K[X]$ vom Grad ≥ 1 zerfällt über $\overline{K}$ in Linearfaktoren;
(4) $\overline{K}$ ist ein Zerfällungskörper der Familie $\mathfrak{F} := K[X]$;
(5) $(\overline{K} : K)$ ist eine algebraische Körpererweiterung, und für jede Kette $K \subseteq Z_0 \subseteq L_0$ algebraischer Erweiterungen und jeden Homomorphismus $\varphi_0 : Z_0 \to \overline{K}$ gibt es eine Fortsetzung $\Phi_0 : L_0 \to \overline{K}$;
(6) $(\overline{K} : K)$ ist eine algebraische Körpererweiterung, und für jede algebraische Erweiterung $(L : K)$ gibt es einen injektiven Homomorphismus $\sigma : L \to \overline{K}$ mit $\sigma|_K = \mathrm{id}_K$.

Bemerkung: Charakterisierung (6) besagt, daß sich jede beliebige algebraische Erweiterung von K in $\overline{K}$ einbetten läßt, daß also $\overline{K}$ eine maximal möglich algebraische Erweiterung von K ist. Charakterisierung (4) ist in zweierlei Hinsicht interessant. Zum einen garantiert sie, daß jeder Körper einen algebraischen Abschluß besitzt und daß dieser bis auf Isomorphie auch eindeutig bestimmt ist; dies folgt aus Aufgabe (62.11). Zum andern zeigt diese Charakterisierung folgendes: Ist $\overline{K}$ minimal mit der Eigenschaft gewählt, daß alle Polynome $f \in K[X]$ über $\overline{K}$ in Linearfaktoren zerfallen, dann zerfallen sogar schon alle Polynome $f \in \overline{K}$ über $\overline{K}$ in Linearfaktoren. (Die Möglichkeit, aufgrund der Erweiterung von K zu $\overline{K}$ auch neue Polynome bilden zu können, führt nicht dazu, daß diese neuen Polynome auch neue Nullstellen haben, die wir zusätzlich zu $\overline{K}$ adjungieren müßten, damit auch diese neu hinzugekommenen Polynome in Linearfaktoren zerfallen.)

Aufgabe (62.16) Zeige, daß über dem zweielementigen Körper $K := \mathbb{Z}_2$ die Matrix

$$A := \begin{bmatrix} 1 & 1 \\ 1 & 0 \end{bmatrix} \in K^{2\times 2}$$

keine Eigenwerte besitzt. Gib einen Erweiterungskörper $\overline{K}$ an, in dem A Eigenwerte besitzt, und finde eine Transformationsmatrix $T \in \overline{K}^{2\times 2}$ derart, daß $T^{-1}AT$ eine Diagonalmatrix ist. (Über $\overline{K}$ ist A also diagonalisierbar.)

Aufgabe (62.17) Es seien V ein K-Vektorraum, $A : V \to V$ ein Endomorphismus, $\overline{K}$ ein Erweiterungskörper, $\overline{V} = \overline{K} \otimes_K V$ der zugehörige $\overline{K}$-Vektorraum und $\overline{A} : \overline{V} \to \overline{A}$ die zugehörige Erweiterung von A. Beweise die folgenden Aussagen!

(a) Ist A nilpotent, dann auch $\overline{A}$. (Die Eigenschaft der Nilpotenz bleibt also unter Grundkörpererweiterungen erhalten.)
(b) Es kann sein, daß A halbeinfach ist, $\overline{A}$ aber nicht. (Die Eigenschaft der Halbeinfachheit bleibt also unter Grundkörpererweiterungen nicht zwangsläufig erhalten.)

Bemerkung und Hinweis: Eine lineare Abbildung $A : V \to V$ heißt **halbeinfach**, wenn jeder A-invariante Unterraum von V ein A-invariantes Komplement besitzt. (Ist der Grundkörper algebraisch abgeschlossen, so ist Halbeinfachheit identisch mit Diagonalisierbarkeit.) Um für Teil (b) ein Beispiel zu finden, betrachte den Körper $K := \mathbb{Z}_2(X)$ aller rationalen Ausdrücke über $\mathbb{Z}_2$, eine Körpererweiterung $\overline{K} = K(\xi)$ mit $\xi^2 = X$ sowie die Abbildung $A : K^2 \to K^2$ mit

$$A = \begin{bmatrix} 0 & X \\ 1 & 0 \end{bmatrix}.$$

Lösungen zu »Grundkörpererweiterungen« siehe Seite 172

A63: Symmetrien multilinearer Abbildungen

Aufgabe (63.1) Für je zwei K-Vektorräume X und Y bezeichnen wir mit $L^k(X,Y)$ den K-Vektorraum aller k-linearen Abbildungen $X^k \to Y$, wobei wir X^k für das kartesische Produkt $X \times \cdots \times X$ mit k Faktoren schreiben. Ist $f : U \to V$ eine lineare Abbildung zwischen K-Vektorräumen (also ein Element von $L^1(U,V)$) und ist $T \in L^k(V,Y)$, so definieren wir $f^\star T \in L^k(U,Y)$ durch

$$(f^\star T)(u_1,\ldots,u_k) := T\big(f(u_1),\ldots,f(u_k)\big).$$

Man nennt $f^\star T$ den **Rücktransport** (englisch "pullback") von T unter f. Beweise die folgenden Aussagen!

(a) Ist T symmetrisch bzw. schiefsymmetrisch bzw. alternierend, dann auch $f^\star T$.

(b) Für $f \in L^1(U,V)$, $S,T \in L^k(V,Y)$ und $\alpha,\beta \in K$ gilt $f^\star(\alpha S + \beta T) = \alpha(f^\star S) + \beta(f^\star T)$.

(c) Für $f,g \in L^1(U,V)$, $T \in L^k(V,Y)$ und $\alpha,\beta \in K$ gilt $(\alpha f + \beta g)^\star T = \alpha(f^\star T) + \beta(g^\star T)$.

(d) Für $f \in L^1(U,V)$, $g \in L^1(V,W)$ und $T \in L^k(W,Y)$ gilt $f^\star(g^\star T) = (g \circ f)^\star T$.

Aufgabe (63.2) Es sei $R := K[X_1,\ldots,X_n]$ der Ring aller Polynome in n Variablen über dem Körper K. Die **partielle Ableitung** $\partial_i f \in R$ eines Polynoms $f \in R$ nach der i-ten Variablen X_i ist definiert als die gewöhnliche (formale) Ableitung gemäß Definition (25.10) im Buch, wenn wir f als Polynom in der einen Variablen X_i über dem Ring $K[X_1,\ldots,X_{i-1},X_{i+1},\ldots X_n]$ auffassen. Mit $\xi := (X_1,\ldots,X_{i-1},X_{i+1},\ldots X_n)$ gilt also

$$\partial_i \left(\sum_{k=0}^n a_k(\xi) X_i^k\right) = \sum_{k=1}^n k \cdot a_k(\xi) X_i^{k-1}.$$

Dadurch wird eine (offensichtlich lineare) Abbildung $\partial_i : R \to R$ definiert. Da mit f auch $\partial_i f$ wieder ein Polynom ist, können wir erneut partielle Ableitungen bilden und erhalten dadurch die höheren Ableitungen:

$$\partial_{i_1,i_2,\ldots,i_k} f := (\partial_{i_k} \circ \cdots \circ f_{i_2} \circ \partial_{i_1})\, f.$$

(a) Zeige, daß $\partial_i \circ \partial_j = \partial_j \circ \partial_i$ für alle i,j gilt, und schließe dann, daß eine höhere partielle Ableitung $\partial_{i_1,\ldots,i_k} f$ nicht von der Reihenfolge der Indices i_j abhängt.

(b) Die k-te Ableitung von f an einem Punkt $p = (p_1,\ldots,p_n) \in K^n$ ist die k-Linearform $f^{(k)}(p) : K^n \times \cdots \times K^n \to K$, die definiert ist durch

$$f^{(k)}(p)\,[h^{(1)},\ldots,h^{(k)}] := \sum_{i_1,\ldots,i_k} (\partial_{i_1,\ldots,i_k} f)(p)\, h^{(1)}_{i_1} h^{(2)}_{i_2} \cdots h^{(k)}_{i_k},$$

wobei über alle n^k Tupel $(i_1,\ldots,i_k)$ von Indices $1 \le i_j \le n$ summiert wird. Zeige, daß $f^{(k)}(p)$ eine symmetrische k-Linearform auf K^n ist. Formal setzen wir noch $f^{(0)}(p) = f(p) \in K$.

(c) Nun setzen wir $\mathrm{char}(K) \neq 0$ voraus. Zeige, daß dann für alle $p \in K^n$ und $h \in K^n$ die **Taylorentwicklung**

$$f(p+h) = \sum_{k=0}^n \frac{f^{(k)}(p)}{k!}[h,h,\ldots,h] = f(p) + f'(p)[h]$$
$$+ \frac{f''(p)}{2}[h,h] + \frac{f'''(p)}{6}[h,h,h] + \cdots + \frac{f^{(n)}(p)}{n!}[h,\ldots,h]$$

gilt, wenn n den Grad von f bezeichnet. **Bemerkung:** Später in der Analysis werden wir diese Formel folgendermaßen deuten. Wir wollen wissen, welche Auswirkungen eine "kleine" Änderung des Arguments p auf den Funktionswert an der Stelle p hat, wie also $f(p+h)$ von h abhängt. Die k-te Ableitung $f^{(k)}(p)$ beschreibt dann den Effekt k-ter Ordnung des Übergangs von $f(p)$ zu $f(p+h)$.

Aufgabe (63.3) Gegeben seien zwei linear unabhängige Vektoren $v,w \in V$ in einem Vektorraum V.

(a) Zu welchen Vektoren $\xi \in V$ gibt es einen Vektor $\eta \in V$ mit $v \wedge w = \xi \wedge \eta$? Ist ξ ein solcher Vektor, so bestimme die Menge aller Vektoren η mit $v \wedge w = \xi \wedge \eta$ und stelle sie geometrisch dar!

(b) Begründe, warum der Ausdruck $v \wedge w$ ein orientiertes Flächenelement im gleichen Sinne darstellt, wie ein einzelner Vektor ein orientiertes Linienelement darstellt.

Aufgabe (63.4) (a) Deute Bilinearität und Schiefsymmetrie des Keilprodukts geometrisch!

(b) Es sei (e_1,e_2) eine positiv orientierte Basis eines zweidimensionalen Vektorraums. Deute die Gleichung $(4e_1+e_2) \wedge (2e_1+3e_2) = (4e_1) \wedge (3e_2) + e_2 \wedge (2e_1)$ geometrisch!

Aufgabe (63.5) Ist V ein Vektorraum, so bezeichnet man die Elemente vom $\bigwedge^2 V$ auch als **Bivektoren**. Erläutere anhand der folgenden Skizzen die Analogie zwischen der Addition zweier Vektoren in einem zweidimensionalen Vektorraum mit der Addition von Bivektoren in einem dreidimensionalen Raum.

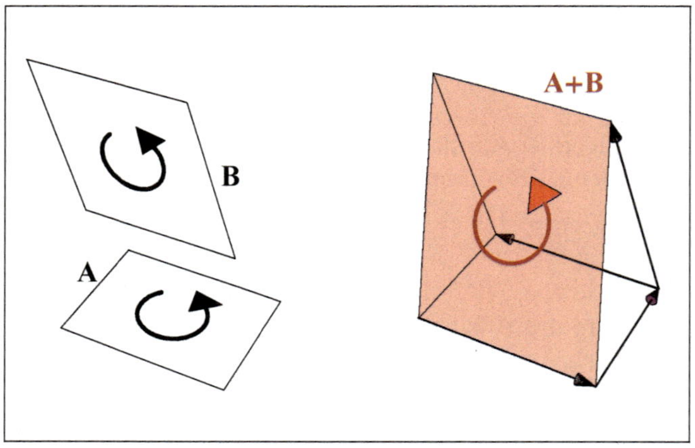

Lösungen zu »Symmetrien multilinearer Abbildungen« siehe Seite 180

Aufgabe (63.6) Zeige: Sind a, b, c Vektoren mit $a + b + c = 0$, so gelten die Gleichungen

$$a \wedge b = b \wedge c = c \wedge a.$$

Zeige, daß dieser Zusammenhang nichts anderes ist als der Sinussatz für Dreiecke!

Aufgabe (63.7) Es sei (e_1, e_2, e_3) eine Basis eines dreidimensionalen Vektorraums V. Gib eine geometrische Deutung der folgenden Gleichung!

$$\begin{aligned} v \wedge w &= (v_1e_1 + v_2e_2 + v_3e_3) \wedge (w_1e_1 + w_2e_2 + w_3e_3) \\ &= (v_1w_2 - v_2w_1)\, e_1 \wedge e_2 \\ &\quad + (v_2w_3 - v_3w_2)\, e_2 \wedge e_3 \\ &\quad + (v_3w_1 - v_1w_3)\, e_3 \wedge e_1 \end{aligned}$$

Aufgabe (63.8) Vereinfache die beiden folgenden Ausdrücke!

(a) $(2e_1 - 3e_2 + 5e_3) \wedge (4e_4 - 7e_2 + 8e_1) \wedge (e_1 + e_2 - 9e_4)$

(b) $(e_1 - e_2 + e_4) \wedge (e_1 - e_2 + e_4) \wedge (e_1 - e_2 + e_4)$

Aufgabe (63.9) (a) Es sei K ein beliebiger Körper. Zeige, daß die Abbildungen $\wedge : K^2 \times K^2 \to K$ und $\wedge : K^3 \times K^3 \to K^3$ surjektiv sind.

(b) Es seien e_1, e_2, e_3 Elemente eines Vektorraums V; wir betrachten in $\bigwedge^2(V)$ das Element $\xi := e_1 \wedge e_2 + e_1 \wedge e_3 + e_2 \wedge e_3$. Gib explizit Vektoren $u, v \in V$ an mit $\xi = u \wedge v$.

Aufgabe (63.10) Es sei V ein vierdimensionaler Vektorraum mit einer Basis (e_1, e_2, e_3, e_4). Der Bivektor $(e_1 \wedge e_2) + (e_3 \wedge e_4)$, also $\sum_{i<j} c_{ij}\, e_i \wedge e_j$ mit $c_{12} = c_{34} = 1$ und $c_{ij} = 0$ für alle anderen Indices $i < j$, erfüllt nicht die Plücker-Relation $c_{12}c_{34} - c_{13}c_{24} + c_{14}c_{23} = 0$ und kann daher nicht als einfacher Bivektor $a \wedge b$ mit $a, b \in V$ geschrieben werden. (Der Vektor $(1, 0, 0, 0, 0, 1)^T$ tritt also nicht als Vektor der Plückerkoordinaten eines zweidimensionalen Unterraums von V auf.) Rechne dies per Hand nach, ohne die Plücker-Relation heranzuziehen!

Aufgabe (63.11) Wie lauten die Plückerschen Relationen für die Abbildung $\wedge : K^5 \times K^5 \to K^{10}$? Was ist also eine hinreichende und notwendige Bedingung dafür, daß sich ein Vektor $v \in K^{10}$ in der Form $v = a \wedge b$ mit $a, b \in K^5$ schreiben läßt?

Aufgabe (63.12) Es sei V ein vierdimensionaler Vektorraum über einem Körper K mit $\operatorname{char}(K) \neq 2$, und es sei (e_1, e_2, e_3, e_4) eine Basis von V. Zeige, daß für Elemente $a, b \in V$ mit $a \wedge b = \sum_{i<j} c_{ij} e_i \wedge e_j$ die Plückersche Relation $c_{12}c_{34} - c_{13}c_{24} + c_{14}c_{23} = 0$ äquivalent ist zu der Bedingung $a \wedge b \wedge a \wedge b = 0$.

Aufgabe (63.13) Es sei K ein beliebiger Körper.

(a) Für eine $(n \times (n-1))$-Matrix A schreiben wir $A_{(i)}$ für diejenige Matrix, die aus A durch Streichen der i-ten Zeile hervorgeht. Zeige, daß es zu je n Elementen $a_1, \ldots, a_n \in K$ eine Matrix $A \in K^{n \times (n-1)}$ gibt mit $a_i = \det A_{(i)}$ für $1 \leq i \leq n$.

(b) Es sei V ein n-dimensionaler Vektorraum über K. Zeige, daß jedes Element $\xi \in \bigwedge^{n-1} V$ multiplikativ zerlegbar (also in der Form $v_1 \wedge \cdots \wedge v_{n-1}$ mit Vektoren $v_i \in V$ darstellbar) ist.

Aufgabe (63.14) Es sei V ein endlichdimensionaler K-Vektorraum mit $\operatorname{char}(K) \neq 2$.

(a) Zeige: Ist $\alpha \in \bigwedge^k V$ mit einer ungeraden Zahl k, so gilt $\alpha \wedge \alpha = 0$.

(b) Finde Beispiele $\alpha, \beta \in \bigwedge^k V \setminus \{0\}$ mit einer geraden Zahl k so, daß $\alpha \wedge \alpha = 0$, aber $\beta \wedge \beta \neq 0$ gilt.

Lösungen zu »Symmetrien multilinearer Abbildungen« siehe Seite 180

A64: Die äußere Algebra eines Vektorraums

Aufgabe (64.1) Es sei K ein Körper mit Charakteristik $\mathrm{char}(K) = 0$.

(a) Eine Bilinearform $\varphi : K^n \times K^n \to K$ sei gegeben durch $\varphi(x, y) = x^T Ay$ mit einer Matrix $A \in K^{n\times n}$. Bestimme die Alternierung von φ!

(b) Eine Trilinearform $\varphi : K^n \times K^n \times K^n \to K$ sei gegeben durch $\varphi(x, y, z) = x_1 y_2 z_3$. Bestimme die Alternierung von φ!

(c) Wie (b), aber diesmal mit $\varphi(x, y, z) = x_1 y_1 z_3$.

Aufgabe (64.2) Es sei $f : V \to W$ eine lineare Abbildung zwischen zwei K-Vektorräumen.

(a) Zeige, daß es für jede Zahl $k \in \mathbb{N}$ eine eindeutig bestimmte lineare Abbildung $\wedge^k f : \bigwedge^k(V) \to \bigwedge^k(W)$ derart gibt, daß für alle Vektoren $v_1, \ldots, v_k \in V$ die folgende Gleichung gilt:

$$(\wedge^k f)(v_1, \ldots, v_k) = f(v_1) \wedge \cdots \wedge f(v_k).$$

(b) Zeige: Sind $g : U \to V$ und $f : V \to W$ lineare Abbildungen, so gilt für alle $k \in \mathbb{N}$ die Gleichung

$$\wedge^k(f \circ g) = (\wedge^k g) \circ (\wedge^k f).$$

(c) Ist speziell V ein n-dimensionaler Vektorraum und ist $f : V \to V$ ein Endomorphismus von V, so ist $\wedge^n f : \bigwedge^n(V) \to \bigwedge^n(V)$ ein Endomorphismus eines eindimensionalen Vektorraums, also einfach die Multiplikation mit einem festen Element in K. Welche Bedeutung hat dieses Element? Was bedeutet die Aussage in Teil (b) mit $k := n$ in dieser Situation?

Aufgabe (64.3) Es sei V ein dreidimensionaler Vektorraum. Bezüglich einer Basis (e_1, e_2, e_3) habe $f : V \to V$ die Matrixdarstellung

$$A = \begin{bmatrix} 1 & 2 & 3 \\ 2 & -1 & 1 \\ -2 & 0 & 1 \end{bmatrix}.$$

Bestimme die Matrixdarstellung von $\wedge^2 f : \wedge^2(V) \to \wedge^2(V)$ bezüglich der Basis $(e_2 \wedge e_3, e_3 \wedge e_1, e_1 \wedge e_2)$!

Aufgabe (64.4) Es sei $f : V \to V$ ein diagonalisierbarer Endomorphismus eines n-dimensionalen Vektorraums, und es seien $\lambda_1, \ldots, \lambda_n$ die Eigenwerte von f (gezählt mit Vielfachheit).

(a) Zeige, daß auch jede Abbildung $\wedge^k(f) : \bigwedge^k V \to \bigwedge^k(V)$ diagonalisierbar ist, und bestimme die Eigenwerte von $\wedge^k f$!

(b) Es sei $\det(f - \lambda \mathbf{1}) = \sum_{k=0}^n c_k \lambda^k$ das charakteristische Polynom von f. Zeige, daß die Koeffizienten dieses Polynoms gegeben sind durch $c_{n-k} = (-1)^k \operatorname{tr}(\wedge^k f)$.

Aufgabe (64.5) Es seien V ein endlichdimensionaler Vektorraum über einem algebraisch abgeschlossenen Körper K und $f : V \to V$ ein Endomorphismus von V. Zeige, daß die Eigenwerte von $\wedge^k f$ (gezählt mit Vielfachheit) genau die Zahlen der Form $\lambda_{i_1} \cdots \lambda_{i_k}$ mit $i_1 < \cdots < i_k$ sind, wobei die Zahlen λ_i die Eigenwerte von f sind (ebenfalls gezählt mit Vielfachheit).

Hinweis: Führe die Aufgabe auf den bereits in der vorhergehenden Aufgabe behandelten Fall zurück, daß f diagonalisierbar ist.

Aufgabe (64.6) Es sei V ein n-dimensionaler Vektorraum. Ein von Null verschiedenes Element von $\bigwedge^n(V^\star)$ wird als **Volumenform** auf V bezeichnet. Begründe diese Wortwahl!

Aufgabe (64.7) Es sei V ein Vektorraum mit geradzahliger Dimension $\dim(V) = 2n$ über einem Köper mit $\mathrm{char}(K) = 0$, und es sei $\omega : V \times V \to K$ eine nichtausgeartete alternierende Bilinearform auf V. Begründe, warum man ω als Element von $\bigwedge^2(V^\star)$ auffassen kann, und zeige, daß dann das n-fache Produkt $\omega \wedge \cdots \wedge \omega$ ein von Null verschiedenes Element von $\bigwedge^{2n}(V^\star)$ (also eine Volumenform auf V) ist.

Aufgabe (64.8) Es seien V ein n-dimensionaler K-Vektorraum und ω ein Erzeuger von $\bigwedge^n(V)$. Für je zwei Elemente $\alpha \in \bigwedge^k(V)$ und $\beta \in \bigwedge^{n-k}(V)$ ist $\alpha \wedge \beta$ ein Element von $\bigwedge^n(V)$ und damit ein skalares Vielfaches von ω, sagen wir

$$\alpha \wedge \beta = c(\alpha, \beta) \cdot \omega.$$

Zeige, daß $c : \bigwedge^k(V) \times \bigwedge^{n-k}(V) \to K$ eine nicht ausgeartete bilineare Abbildung ist und daß durch

$$\begin{array}{ccc} \bigwedge^k(V) & \to & \bigwedge^{n-k}(V)^\star \\ \alpha & \mapsto & c(\alpha, \bullet) \end{array}$$

ein Isomorphismus zwischen $\bigwedge^k(V)$ und $\bigwedge^{n-k}(V)^\star \cong \bigwedge^{n-k}(V^\star)$ gegeben ist.

Bemerkung: Ist auf V ein Skalarprodukt gegeben, so können wir $V^\star$ mit V identifizieren; die resultierende Isomorphie $\bigwedge^k(V) \cong \bigwedge^{n-k}(V)$ wird dann als **Hodge-Dualität** bezeichnet.

Lösungen zu »Die äußere Algebra eines Vektorraums« siehe Seite 187

A65: Skalarprodukträume

Aufgabe (65.1) Es seien V ein reeller Skalarproduktraum und $a, b \in V$ Elemente von V. Beweise die folgenden Aussagen!

(a) Genau dann stehen a und b aufeinander senkrecht, wenn die Gleichung $\|a-b\|^2 = \|a\|^2 + \|b\|^2$ gilt.
(b) Genau dann stehen $a-b$ und $a+b$ aufeinander senkrecht, wenn die Gleichung $\|a\| = \|b\|$ gilt.
(c) Es gilt stets $\|a-b\|^2 + \|a+b\|^2 = 2\|a\|^2 + 2\|b\|^2$.
(d) Genau dann stehen a und b aufeinander senkrecht, wenn $\|a\| \leq \|a + \lambda b\|$ für alle $\lambda \in \mathbb{R}$ gilt.

Gib jeweils eine elementargeometrische Deutung!

Aufgabe (65.2) In der abgebildeten Figur hat die Diagonale AC eine Länge von 210 Metern, die Diagonale BD eine Länge von 120 Metern; ferner sei die Strecke AE genauso lang wie die Strecke CD. Welchen Flächeninhalt hat das grau markierte Rechteck?

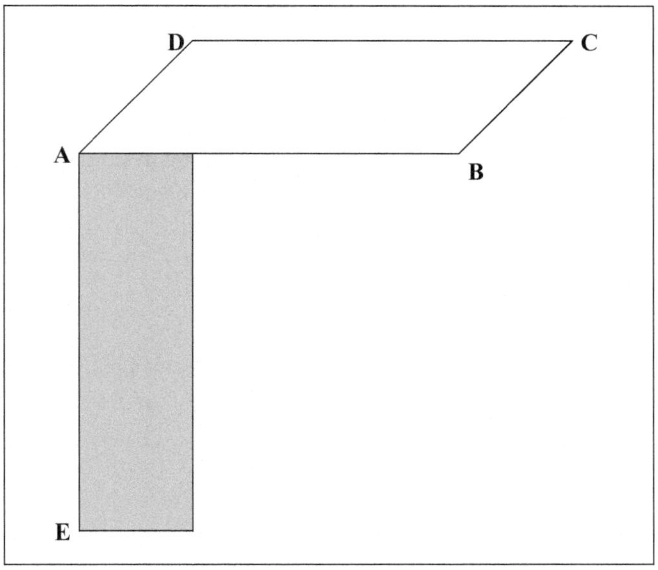

Aufgabe (65.3) Zeige, daß für alle Vektoren $x, y \in V$ eines komplexen Skalarproduktraums die folgende Gleichung gilt!

$$4\langle x, y\rangle = \|x+y\|^2 - \|x-y\|^2 + i\|x+iy\|^2 - i\|x-iy\|^2$$

Aufgabe (65.4) Es sei $V_{\mathbb{C}} = V + iV$ die Komplexifizierung eines reellen Vektorraums V. Zeige: Ist $\langle \cdot, \cdot \rangle$ ein (reelles) Skalarprodukt auf V, so ist ein (komplexes) Skalarprodukt $\langle\!\langle \cdot, \cdot \rangle\!\rangle$ auf $V_{\mathbb{C}}$ gegeben durch $\langle\!\langle v_1 + iv_2, w_1 + iw_2 \rangle\!\rangle := \langle v_1, w_1\rangle + \langle v_2, w_2\rangle + i\big(\langle v_2, w_1\rangle - \langle v_1, w_2\rangle\big)$.

Aufgabe (65.5) Zeige, daß eine Familie von Null verschiedener Vektoren, die paarweise aufeinander senkrecht stehen, automatisch linear unabhängig ist.

Aufgabe (65.6) Zeige, daß für alle komplexen Zahlen $a_i \in \mathbb{C}$ die folgende Ungleichung gilt:

$$|a_1| + \cdots + |a_n| \;\leq\; \sqrt{n} \cdot \sqrt{|a_1|^2 + \cdots + |a_n|^2}\,.$$

Aufgabe (65.7) Wende das Gram-Schmidt-Verfahren auf die Vektoren

$$u_1 = \begin{bmatrix} 1 \\ 1 \\ 0 \\ 1 \end{bmatrix}, \quad u_2 = \begin{bmatrix} 0 \\ 1 \\ 0 \\ 1 \end{bmatrix}, \quad u_3 = \begin{bmatrix} 0 \\ 0 \\ 0 \\ 1 \end{bmatrix}$$

im Vektorraum $\mathbb{R}^4$ (mit seinem kanonischen Skalarprodukt) an.

Aufgabe (65.8) Wende das Gram-Schmidt-Verfahren auf die Vektoren

$$u_1 = \begin{bmatrix} 1+i \\ i \\ 1 \end{bmatrix}, \quad u_2 = \begin{bmatrix} 1 \\ i \\ -i \end{bmatrix}, \quad u_3 = \begin{bmatrix} 1 \\ 1 \\ 0 \end{bmatrix}$$

im Vektorraum $\mathbb{C}^3$ (mit seinem kanonischen Skalarprodukt) an.

Aufgabe (65.9) Es sei V der Vektorraum aller Polynome vom Grad ≤ 2. Zeige, daß durch die folgenden Vorschriften jeweils ein Skalarprodukt auf V definiert wird!

(a) $\langle f, g\rangle := f(0)\overline{g(0)} + f(1)\overline{g(1)} + f(2)\overline{g(2)}$
(b) $\langle f, g\rangle := f(0)\overline{g(0)} + f'(0)\overline{g'(0)} + f''(0)\overline{g''(0)}$
(c) $\langle f, g\rangle := \int_0^1 f(x)\overline{g(x)}\,\mathrm{d}x$.

Gib in jedem der drei Fälle die Koordinatendarstellung des betrachteten Skalarprodukts bezüglich der Basis $(1, x, x^2)$ von V an!

Aufgabe (65.10) Im Vektorraum V der vorigen Aufgabe betrachten wir die Elemente f_1, f_2, f_3 mit $f_1(x) = 1$, $f_2(x) = x$ und $f_3(x) = x^2$. Wende für jedes der drei in Aufgabe (65.9) angegebenen Skalarprodukte das Gram-Schmidt-Verfahren auf (f_1, f_2, f_3) an!

Aufgabe (65.11) Wir betrachten den reellen Vektorraum V aller stetigen Funktionen $f : [0,1] \rightarrow \mathbb{R}$ mit dem Skalarprodukt

$$\langle f, g\rangle \;:=\; \int_0^1 f(x)g(x)\,\mathrm{d}x$$

sowie den Untervektorraum U aller Polynomfunktionen vom Grad ≤ 2.

(a) Wende das Gram-Schmidt-Verfahren auf die Basis $(1, x, x^2)$ von U an, um eine Orthonormalbasis von U zu erhalten.
(b) Bestimme die Bestapproximation von $f(x) = \sqrt{x}$ in U, d.h., finde dasjenige Polynom p vom Grad ≤ 2, für das $\int_0^1 \big(\sqrt{x} - p(x)\big)^2\,\mathrm{d}x$ minimal wird.

Lösungen zu »Skalarprodukträume« siehe Seite 191

Aufgabe (65.12) Wenn ein Gleichungssystem $Ax = b$ keine Lösung besitzt, kann man versuchen, eine Näherungslösung x_0 zu finden, die optimal in dem Sinne ist, daß der Ausdruck $\|Ax_0 - b\|$ minimal wird; dies ist genau dann der Fall, wenn Ax_0 eine Bestapproximation von b im Bild von A ist. Bestimme alle solchen Näherungslösungen x_0 für die beiden folgenden Gleichungssysteme!

$$\begin{bmatrix} 1 & 2 \\ 3 & 4 \\ 5 & 6 \end{bmatrix} \begin{bmatrix} x \\ y \end{bmatrix} = \begin{bmatrix} 3 \\ 7 \\ 5 \end{bmatrix} \qquad \begin{bmatrix} 1 & 4 & 7 \\ 2 & 5 & 8 \\ 3 & 6 & 9 \end{bmatrix} \begin{bmatrix} x \\ y \\ z \end{bmatrix} = \begin{bmatrix} 12 \\ 15 \\ 10 \end{bmatrix}$$

Aufgabe (65.13) Es sei V die Menge aller (reellen oder komplexen) Zahlenfolgen $x = (x_1, x_2, x_3, x_4, \ldots)$ mit $\sum_{k=1}^{\infty} |x_k|^2 < \infty$.

(a) Zeige, daß V mit der komponentenweise definierten Addition und Skalarmultiplikation ein Vektorraum über $\mathbb{K} = \mathbb{R}$ oder $\mathbb{C}$ ist.

(b) Zeige, daß für $x, y \in V$ die Reihe $\sum_{k=1}^{\infty} x_k \overline{y_k}$ konvergiert und daß durch $\langle x, y \rangle := \sum_{k=1}^{\infty} x_k \overline{y_k}$ ein Skalarprodukt auf V definiert ist.

(c) Zeige, daß die Menge U aller Folgen mit nur endlich vielen von Null verschiedenen Gliedern einen Untervektorraum von V bildet. Bestimme das Orthogonalkomplement $U^{\perp}$ bezüglich des Skalarprodukts $\langle \cdot, \cdot \rangle$.

Aufgabe (65.14) Es sei $V = \mathbb{K}^{m \times n}$ der Vektorraum aller (reellen bzw. komplexen) $m \times n$-Matrizen; für $A \in \mathbb{K}^{m \times n}$ sei $A^\star := \overline{A}^T \in \mathbb{K}^{n \times m}$ die Matrix, die aus A durch Transponieren und durch Konjugieren der einzelnen Matrixelemente entsteht.

(a) Zeige, daß durch $\langle\!\langle A, B \rangle\!\rangle := \mathrm{Spur}(B^\star A) = \mathrm{Spur}(AB^\star)$ ein Skalarprodukt auf V definiert ist. (Dabei ist die Spur einer quadratischen Matrix die Summe ihrer Diagonalelemente. Beachte, daß $B^\star A$ eine $(n \times n)$-Matrix ist, dagegen $AB^\star$ eine $(m \times m)$-Matrix.) Dieses Skalarprodukt bezeichnet man als **Frobenius-Produkt**, die zugehörige Norm

$$\|A\| = \sqrt{\mathrm{Spur}(A^\star A)} = \sqrt{\mathrm{Spur}(AA^\star)}$$

auf $\mathbb{K}^{m \times n}$ als **Frobenius-Norm**.

(b) Zeige, daß die Frobenius-Norm mit den kanonischen Normen auf $\mathbb{K}^m$ und $\mathbb{K}^n$ in dem Sinne kompatibel ist, daß für alle $x \in \mathbb{K}^n$ die Abschätzung

$$\|Ax\| \leq \|A\| \, \|x\|$$

gilt. (In dieser Ungleichung treten drei verschiedene Normen auf: $\|x\|$ wird mit der Standardnorm auf $\mathbb{K}^n$ gebildet, $\|Ax\|$ mit der Standardnorm auf $\mathbb{K}^m$ und $\|A\|$ mit der Frobenius-Norm.)

(c) Zeige, daß für $\mathbb{K} = \mathbb{R}$ und $m = n$ (also im Fall $V = \mathbb{R}^{n \times n}$) stets $\langle\!\langle A, B \rangle\!\rangle = 0$ gilt, wenn A symmetrisch und B schiefsymmetrisch ist. Zeige ferner, daß auch $\langle\!\langle A, B \rangle\!\rangle = 0$ gilt, wenn A eine Diagonalmatrix ist und B nur Nullen auf der Diagonalen hat.

Aufgabe (65.15) Die sechs Seiten eines Würfels seien mit den reellen Zahlen $f_1, \ldots, f_6$ beschriftet. Für jede Seite wird das arithmetische Mittel der Zahlen auf den vier Nachbarseiten ermittelt; anschließend wird jede der ursprünglichen Zahlen durch das jeweilige arithmetische Mittel ersetzt. Dieser Vorgang wird nun mit den neu erhaltenen Zahlen wiederholt, und so weiter. Welche Zahlen zeigt der Würfel nach n-facher Durchführung dieses Vorgangs? Was geschieht für $n \to \infty$? (Vorher raten!)

Anleitung: Wir schreiben W für die Menge der Seiten des Würfels; jede Beschriftung des Würfels durch reelle Zahlen läßt sich dann als eine Abbildung $f : W \to \mathbb{R}$ auffassen. Betrachte den Vektorraum $\mathfrak{F}$ aller Funktionen $f : W \to \mathbb{R}$ mit dem Skalarprodukt $\langle f, g \rangle := \sum_{x \in W} f(x)g(x)$ sowie die lineare Abbildung $L : \mathfrak{F} \to \mathfrak{F}$ mit

$$(Lf)(x) := \frac{1}{4} \sum_{\substack{y \text{ benach-} \\ \text{bart zu } x}} f(y).$$

Ist x eine beliebige Seite des Würfels, so bezeichnen wir mit $x^\star$ die x gegenüberliegende Seite. Wir nennen eine Funktion f gerade, wenn $f(x^\star) = f(x)$ für alle $x \in W$ gilt, dagegen ungerade, wenn $f(x^\star) = -f(x)$ für alle $x \in W$ gilt. Zeige, daß die Mengen

$$\begin{aligned} \mathfrak{F}_1 &:= \{f \in \mathfrak{F} \mid f \text{ ist konstant}\}, \\ \mathfrak{F}_2 &:= \{f \in \mathfrak{F} \mid f \text{ ist gerade mit } \textstyle\sum_{x \in W} f(x) = 0\}. \\ \mathfrak{F}_3 &:= \{f \in \mathfrak{F} \mid f \text{ ist ungerade}\} \end{aligned}$$

Untervektorräume von $\mathfrak{F}$ sind, die aufeinander senkrecht stehen und von L jeweils in sich abgebildet werden. Bestimme für $\mathfrak{F}_1$, $\mathfrak{F}_2$ und $\mathfrak{F}_3$ jeweils eine Orthonormalbasis! Löse dann die eigentliche Aufgabe.

Lösungen zu »Skalarprodukträume« siehe Seite 191

Aufgabe (65.16) Gegeben seien ein n-dimensionaler reeller Euklidischer Raum V, eine Basis $(v_1, \ldots, v_n)$ von V sowie eine lineare Abbildung $A : V \to V$. Wie kann man die Matrixdarstellung von A bezüglich der Basis $(v_1, \ldots, v_n)$ ermitteln, wenn die Skalarprodukte $\langle v_i, v_j \rangle$ und $\langle v_i, Av_j \rangle$ für alle i, j bekannt sind?

Aufgabe (65.17) (a) Zeige, daß es in jedem Skalarproduktraum maximale Orthonormalsysteme gibt, wobei Maximalität im Sinne mengentheoretischer Inklusion zu verstehen ist. (**Bemerkung:** In den Aufgaben zu Kapitel 84 werden wir sehen, daß je zwei maximale Orthonormalsysteme eines Skalarproduktraums die gleiche Kardinalität haben.)

Aufgabe (65.18) Betrachte den Vektorraum V aller endlichen Folgen mit Elementen in $\mathbb{K}$, versehen mit dem Skalarprodukt $\langle v, w \rangle = \sum_{i=1}^{\infty} v_i \overline{w_i}$, sowie den Unterraum U aller solchen Folgen, für die die Summe aller Glieder gleich Null ist. Zeige, daß jedes maximale Orthonormalsystem für U schon ein maximales Orthonormalsystem für V ist, aber keine Vektorraumbasis von V.

Aufgabe (65.19) Wende das Gram-Schmidt-Verfahren auf die folgenden Vektoren an!

$$v_1 = \begin{bmatrix} 1 \\ 3 \\ 1 \end{bmatrix}, \quad v_2 = \begin{bmatrix} 5 \\ 1 \\ 3 \end{bmatrix}, \quad v_3 := \begin{bmatrix} 1 \\ 6 \\ -8 \end{bmatrix}$$

Aufgabe (65.20) Wende das Gram-Schmidt-Verfahren an, um aus den Vektoren

$$v_1 := \begin{bmatrix} 1 \\ -2 \\ 1 \end{bmatrix} \quad \text{und} \quad v_2 := \begin{bmatrix} -1 \\ 4 \\ -2 \end{bmatrix}$$

ein Orthonormalsystem zu konstruieren, und ergänze dieses zu einer Orthonormalbasis von $\mathbb{R}^3$.

Aufgabe (65.21) Zeige, daß die Vektoren

$$b_1 := \frac{1}{3} \begin{bmatrix} 2 \\ -2 \\ 1 \end{bmatrix} \quad \text{und} \quad b_2 := \frac{1}{3} \begin{bmatrix} 2 \\ 1 \\ -2 \end{bmatrix}$$

ein Orthonormalsystem bilden. Ergänze dieses System zu einer Orthonormalbasis (b_1, b_2, b_3) von $\mathbb{R}^3$.

Aufgabe (65.22) Erzeuge aus den Vektoren

$$v_1 := \begin{bmatrix} 1 \\ 1 \\ 0 \\ 0 \end{bmatrix}, \quad v_2 := \begin{bmatrix} 0 \\ 1 \\ 1 \\ 0 \end{bmatrix}, \quad v_3 := \begin{bmatrix} 1 \\ 0 \\ 1 \\ 0 \end{bmatrix}$$

ein Orthonormalsystem (b_1, b_2, b_3) und ergänze dieses zu einer Orthonormalbasis (b_1, b_2, b_3, b_4) von $\mathbb{R}^4$.

Aufgabe (65.23) Wende auf die Vektoren

$$v_1 := \begin{bmatrix} 1 \\ 0 \\ 1 \\ 1 \end{bmatrix}, \quad v_2 := \begin{bmatrix} 1 \\ 1 \\ 0 \\ 2 \end{bmatrix}, \quad v_3 := \begin{bmatrix} 2 \\ 1 \\ -1 \\ 0 \end{bmatrix}$$

das Gram-Schmidt-Verfahren an. Ergänze das dadurch erhaltene Orthonormalsystem (b_1, b_2, b_3) zu einer Orthonormalbasis von $\mathbb{R}^4$. Bestimme ferner die Orthonormalprojektion des Vektors $(1, 1, 1, 1)^T$ auf die Ebene $\mathbb{R}v_1 + \mathbb{R}v_2$.

Aufgabe (65.24) Wende auf die Vektoren

$$v_1 := \begin{bmatrix} 1 \\ 0 \\ -1 \\ 1 \end{bmatrix}, \quad v_2 := \begin{bmatrix} 2 \\ 1 \\ 0 \\ 1 \end{bmatrix}, \quad v_3 := \begin{bmatrix} 1 \\ -1 \\ -1 \\ 0 \end{bmatrix}$$

das Gram-Schmidt-Verfahren an. Ergänze das dadurch erhaltene Orthonormalsystem (b_1, b_2, b_3) zu einer Orthonormalbasis von $\mathbb{R}^4$. Bestimme ferner die Orthonormalprojektion des Vektors $(1, 1, 1, 1)^T$ auf die Ebene $\mathbb{R}v_1 + \mathbb{R}v_2$.

Aufgabe (65.25) Ergänze die Vektoren

$$v_1 = \begin{bmatrix} 1 \\ 2 \\ 2 \\ -1 \end{bmatrix}, \quad v_2 = \begin{bmatrix} 1 \\ 1 \\ -1 \\ 1 \end{bmatrix}, \quad v_3 = \begin{bmatrix} 0 \\ 0 \\ -1 \\ 0 \end{bmatrix}$$

irgendwie zu einer Basis (v_1, v_2, v_3, v_4) von $\mathbb{R}^4$ und wende auf diese das Gram-Schmidt-Verfahren an, um eine Orthonormalbasis (b_1, b_2, b_3, b_4) zu erhalten

Aufgabe (65.26) Ergänze die Vektoren

$$v_1 = \begin{bmatrix} 1 \\ 4 \\ 2 \\ 3 \end{bmatrix}, \quad v_2 = \begin{bmatrix} 1 \\ 5 \\ 0 \\ 3 \end{bmatrix}, \quad v_3 = \begin{bmatrix} -1 \\ 9 \\ 2 \\ 7 \end{bmatrix}$$

irgendwie zu einer Basis (v_1, v_2, v_3, v_4) von $\mathbb{R}^4$ und wende auf diese das Gram-Schmidt-Verfahren an, um eine Orthonormalbasis (b_1, b_2, b_3, b_4) zu erhalten.

Aufgabe (65.27) Wende des Gram-Schmidt-Verfahren auf die Vektoren

$$v_1 = \begin{bmatrix} 1 \\ 1 \\ 0 \\ 0 \end{bmatrix}, \quad v_2 = \begin{bmatrix} 0 \\ 1 \\ 1 \\ 0 \end{bmatrix}, \quad v_3 = \begin{bmatrix} 0 \\ 0 \\ 1 \\ 1 \end{bmatrix}$$

an, um ein Orthonormalsystem (b_1, b_2, b_3) zu erzeugen. Ergänze dieses zu einer Orthonormalbasis (b_1, b_2, b_3, b_4) von $\mathbb{R}^4$.

Lösungen zu »Skalarprodukträume« siehe Seite 191

Aufgabe (65.28) Ergänze die beiden Vektoren $v_1 := (1,2,3,4)^T$ und $v_2 := (1,1,1,1)^T$ irgendwie zu einer Basis (v_1, v_2, v_3, v_4) von $\mathbb{R}^4$ und wende dann das Gram-Schmidt-Verfahren auf diese Basis an, um eine Orthonormalbasis (b_1, b_2, b_3, b_4) von $\mathbb{R}^4$ zu erhalten.

Aufgabe (65.29) Bestimme eine Orthonormalbasis des Unterraums

$$U := \{(a,b,c,d)^T \in \mathbb{R}^4 \mid a+b+c+d=0\}$$

von $\mathbb{R}^4$ und ergänze diese zu einer Orthonormalbasis von $\mathbb{R}^4$. (Dabei wird auf $\mathbb{R}^4$ das Standardskalarprodukt betrachtet.)

Aufgabe (65.30) Es sei V der Vektorraum aller reellen Polynome vom Grad ≤ 2 und betrachte auf V das Skalarprodukt

$$\langle p,q\rangle = p(0)q(0) + p(1)q(1) + p(2)q(2).$$

Wir betrachten die Basis (p_1, p_2, p_3) von V mit $p_1(X) = X^2 - X$, $p_2(X) = X^2 + 1$ und $p_3(X) = 1 + 2X + 3X^2$.

(a) Bestimme die Gramsche Matrix dieser Basis bezüglich des angegebenen Skalarprodukts.

(b) Welche Orthonormalbasis (b_1, b_2, b_3) von V ergibt sich durch Anwendung des Gram-Schmidt-Verfahrens auf die Basis (p_1, p_2, p_3)?

Bemerkung: In den Aufgaben (65.9), (65.10) und (65.11) werden Begriffe aus der Analysis (Ableitung, Integral) vorausgesetzt, die in der Systematik des Buches erst später behandelt werden. Wer diese Begriffe nicht kennt, sollte die genannten Aufgaben einfach überspringen.

Lösungen zu »Skalarprodukträume« siehe Seite 191

A66: Abbildungen Euklidischer Räume

Aufgabe (66.1) Zeige, daß zwei lineare Abbildungen $A, B : V \to W$ zwischen Euklidischen Räumen genau dann gleich sind, wenn $\langle Av, w\rangle = \langle Bv, w\rangle$ für alle $v \in V$ und alle $w \in W$ gilt.

Aufgabe (66.2) Zeige, daß für ein beliebiges lineares Gleichungssystem $(A \mid b)$ mit Koeffizienten in $\mathbb{K}$ die folgende **Fredholmsche Alternative** gilt: entweder gilt $b \perp \mathrm{Kern}(A^\star)$, oder aber das Gleichungssystem $(A \mid b)$ ist unlösbar.

Aufgabe (66.3) Es seien $(V, \langle\cdot,\cdot\rangle)$ ein Skalarproduktraum und $A, B : V \to V$ lineare Abbildungen.
(a) Unter welchen Bedingungen für A ist $\langle\langle v, w\rangle\rangle := \langle v, Aw\rangle$ wieder ein Skalarprodukt auf V?
(b) Unter welchen Bedingungen für B ist $\langle\langle v, w\rangle\rangle := \langle Bv, Bw\rangle$ wieder ein Skalarprodukt auf V?
(c) Wie hängen (a) und (b) zusammen?

Aufgabe (66.4) Es seien V und W endlichdimensionale Vektorräume über $\mathbb{K} = \mathbb{R}$ oder $\mathbb{C}$ mit Skalarprodukten $\langle\cdot,\cdot\rangle_V$ und $\langle\cdot,\cdot\rangle_W$. Auf V und W sei jeweils noch ein zweites Skalarprodukt gegeben, sagen wir

$$\langle\langle v_1, v_2\rangle\rangle_V = \langle v_1, Pv_2\rangle_V \qquad \text{und}$$
$$\langle\langle w_1, w_2\rangle\rangle_W = \langle w_1, Qw_2\rangle_W$$

mit Abbildungen $P : V \to V$ und $Q : W \to W$. Eine lineare Abbildung $A : V \to W$ besitzt dann eine adjungierte Abbildung $A^\star$ bezüglich der ursprünglichen Skalarprodukte, gegeben durch

$$\langle Av, w\rangle_W \;=\; \langle v, A^\star w\rangle_V \qquad (v \in V,\ w \in W),$$

und eine adjungierte Abbildung $A^{(\star)}$ bezüglich der neuen Skalarprodukte, gegeben durch

$$\langle\langle Av, w\rangle\rangle_W \;=\; \langle\langle v, A^{(\star)} w\rangle\rangle_V \qquad (v \in V,\ w \in W).$$

Wie hängen $A^\star$ und $A^{(\star)}$ zusammen?

Aufgabe (66.5) Zeige, daß die Operationen des Adjungierens und des Einschränkens auf Unterräume miteinander kommutieren. Genauer gesagt: Ist $T : V \to W$ eine lineare Abbildung zwischen Euklidischen Räumen und sind $A \subseteq V$ und $B \subseteq W$ Untervektorräume mit $T(A) \subseteq B$, so gilt

$$(T_{AB})^\star \;=\; (T^\star)_{BA},$$

wenn wir allgemein für eine Abbildung $f : X \to Y$ und Teilmengen $A \subseteq X$ und $B \subseteq Y$ mit $f(A) \subseteq B$ die Abbildung $A \to B$, $a \mapsto f(a)$ mit f_{AB} bezeichnen (entstanden aus f durch *Restriktion* auf A und *Korrestriktion* auf B).

Aufgabe (66.6) Es sei $T : V \to V$ ein Endomorphismus eines Euklidischen Raums.
(a) Wie hängen die charakteristischen Polynome, die Determinanten und die Spuren von T und $T^\star$ zusammen?
(b) Zeige, daß ein Unterraum $U \subseteq V$ genau dann invariant unter T ist, wenn $U^\perp$ invariant unter $T^\star$ ist.
(c) Zeige, daß die Eigenwerte von $T^\star$ genau die Zahlen der Form $\overline{\lambda}$ sind, wobei λ die Eigenwerte von T durchläuft. Zeige ferner, daß jeweils $\overline{\lambda}$ die gleiche algebraische und geometrische Vielfachheit als Eigenwert von $T^\star$ hat wie λ als Eigenwert von T.
(d) Es seien λ ein Eigenwert von T und μ ein Eigenwert von $T^\star$ mit $\mu \neq \overline{\lambda}$. Zeige, daß zu diesen Eigenwerten gehörige Eigenvektoren $v, w \in V$ aufeinander senkrecht stehen.

Aufgabe (66.7) Die beiden folgenden Gleichungssysteme $Ax = b$ sind nicht lösbar; stattdessen soll ein Vektor x gefunden werden, der den Ausdruck $\|Ax - b\|$ minimiert. Finde einen solchen Vektor x durch Lösen der Normalengleichung $A^\star Ax = A^\star b$. (In Aufgabe (65.12) wurde diese Aufgabe schon auf anderem Wege gelöst.)

$$\begin{bmatrix} 1 & 2 \\ 3 & 4 \\ 5 & 6 \end{bmatrix} \begin{bmatrix} x \\ y \end{bmatrix} = \begin{bmatrix} 3 \\ 7 \\ 5 \end{bmatrix} \qquad \begin{bmatrix} 1 & 4 & 7 \\ 2 & 5 & 8 \\ 3 & 6 & 9 \end{bmatrix} \begin{bmatrix} x \\ y \\ z \end{bmatrix} = \begin{bmatrix} 12 \\ 15 \\ 10 \end{bmatrix}$$

Aufgabe (66.8) Es sei $T : V \to V$ ein Endomorphismus eines komplexen Euklidischen Raums V. Beweise die folgenden Äquivalenzen!
(a) $T = \mathbf{0} \iff \langle Tv, v\rangle = 0$ für alle $v \in V$
(b) T selbstadjungiert $\iff \langle Tv, v\rangle \in \mathbb{R}$ für alle $v \in V$
(c) T schiefadjungiert $\iff \langle Tv, v\rangle \in i\mathbb{R}$ für alle $v \in V$
(d) T selbstadjungiert $\iff iT$ schiefadjungiert
(e) T schiefadjungiert $\iff iT$ selbstadjungiert

Aufgabe (66.9) Es sei $T : V \to V$ ein Endomorphismus eines reellen Euklidischen Raums. Zeige, daß T genau dann schiefadjungiert ist, wenn $\langle Tv, v\rangle = 0$ für alle $v \in V$ gilt.

Aufgabe (66.10) Bestimme für

$$A \;:=\; \begin{bmatrix} -1 & 2 & 0 & 1 & -1 \\ 2 & 0 & -2 & 2 & 0 \\ 0 & -2 & 1 & -2 & 1 \end{bmatrix} \in \mathbb{R}^{3\times 5}$$

und $b := (1, 0, -2)^T$ alle Vektoren $x \in \mathbb{R}^5$, für die $\|Ax - b\|$ minimal wird!

Aufgabe (66.11) Bestimme $x \in \mathbb{R}^3$ so, daß mit

$$A := \begin{bmatrix} 1 & 0 & 0 \\ 1 & 1 & 0 \\ 1 & 1 & 1 \\ 0 & 1 & 0 \\ 0 & 1 & 1 \\ 0 & 0 & 1 \end{bmatrix} \in \mathbb{R}^{6\times 3} \quad \text{und} \quad b := \begin{bmatrix} 1.1 \\ 3.1 \\ 6.0 \\ 1.9 \\ 4.9 \\ 3.2 \end{bmatrix} \in \mathbb{R}^6$$

die Norm $\|Ax - b\|$ minimal wird.

Lösungen zu »Abbildungen Euklidischer Räume« siehe Seite 201

A67: Adjungiertheitseigenschaften

Aufgabe (67.1) Es sei $T : V \to V$ ein Endomorphismus eines Euklidischen Raums über $\mathbb{K} = \mathbb{R}$ oder $\mathbb{C}$. Beweise die Äquivalenz der folgenden Aussagen!

(1) T ist normal
(2) $\langle Tx, Ty\rangle = \langle T^\star x, T^\star y\rangle$ für alle $x, y \in V$
(3) $\|Tv\| = \|T^\star v\|$ für alle $v \in V$
(4) $\langle (T^\star T - TT^\star)v, v\rangle = 0$ für alle $v \in V$

Aufgabe (67.2) Es sei $T : V \to W$ eine lineare Abbildung zwischen Euklidischen Räumen. Wie hängen die von Null verschiedenen Eigenwerte und die zugehörigen Eigenvektoren von $T^\star T$ mit denen von $TT^\star$ zusammen?

Aufgabe (67.3) Bestimme jeweils die Quadratwurzel sowie eine Cholesky-Zerlegung für

$$A = \begin{bmatrix} 1 & 1 \\ 1 & 1 \end{bmatrix}, \quad A = \begin{bmatrix} 2 & 1 & 0 \\ 1 & 2 & 0 \\ 0 & 0 & 4 \end{bmatrix}.$$

Aufgabe (67.4) Zeige, daß die Matrix

$$A = \begin{bmatrix} 2 & 0 & 1 \\ 0 & 2 & 0 \\ 1 & 0 & 2 \end{bmatrix}$$

positiv definit ist und bestimme die eindeutig bestimmte positiv definite Quadratwurzel aus A.

Aufgabe (67.5) Zeige, daß die Matrix

$$A = \begin{bmatrix} 3 & 1 & 0 \\ 1 & 3/2 & 0 \\ 0 & 0 & 1/2 \end{bmatrix}$$

positiv definit ist und bestimme die eindeutig bestimmte positiv definite Quadratwurzel aus A.

Aufgabe (67.6) Wir betrachten einen reellen n-dimensionalen Skalarproduktraum V, eine beliebige Basis $(w_1, \ldots, w_n)$ von V, die Matrix W mit den Spalten $w_1, \ldots, w_n$ sowie die Gramsche Matrix $G = (\langle w_i, w_j\rangle)_{i,j}$. Es sei M die eindeutige obere Dreiecksmatrix mit $M^T M = G$. Zeige: Sind $(b_1, \ldots, b_n)$ die Spalten der Matrix $B := WM^{-1}$, so ist $(b_1, \ldots, b_n)$ gerade diejenige Orthonormalbasis von V, die sich durch Anwendung des Gram-Schmidt-Verfahrens auf die Basis $(w_1, \ldots, w_n)$ ergibt.

Aufgabe (67.7) Führe für die folgende Quadrik eine Hauptachsentransformation durch!

$$2x^2 - 3xy - 2y^2 + 3x - y + 4 = 0$$

Fertige eine Skizze an, auf der sowohl die Quadrik als auch die benutzten Koordinatensysteme eingezeichnet sind.

Aufgabe (67.8) Führe für die folgende Quadrik eine Hauptachsentransformation durch!

$$\begin{aligned} &8x^2 + 17y^2 + 20z^2 + 20xy + 8xz + 28yz \\ &- 48x - 114y - 78z + 207 = 0 \end{aligned}$$

Aufgabe (67.9) Führe für die Quadrik mit der Gleichung

$$\begin{aligned} &8x^2 + 5y^2 + 5z^2 + 4xy + 4xz - 8yz \\ &+ 12x + 12y - 6z - 27 = 0 \end{aligned}$$

eine Hauptachsentransformation durch und gib an, um welche Art geometrischer Figur es sich handelt.

Aufgabe (67.10) Führe für die Quadrik mit der Gleichung $9x^2 + 24xy + 16y^2 + 50x + 25y + 50 = 0$ eine Hauptachsentransformation durch und fertige eine Skizze an, auf der die Form und Lage dieser Quadrik im xy-Koordinatensystem erkennbar ist. Um welche geometrische Figur handelt es sich?

Aufgabe (67.11) Es sei $\mathfrak{S}$ die Menge aller selbstadjungierten Abbildungen $A : V \to V$ eines (reellen oder komplexen) Euklidischen Raums V, und es sei $\mathfrak{P} \subseteq \mathfrak{S}$ die Menge aller positiv semidefiniten Operatoren $P : V \to V$. Beweise die folgenden Aussagen!

(a) Mit $P_1, P_2 \in \mathfrak{P}$ und $c_1, c_2 \geq 0$ gilt auch $c_1P_1 + c_2P_2 \in \mathfrak{P}$. (Die Menge $\mathfrak{P}$ ist also ein konvexer Kegel in dem reellen Vektorraum $\mathfrak{S}$.)
(b) Durch $A \leq B :\Leftrightarrow B - A \in \mathfrak{P}$ wird eine Ordnungsrelation auf $\mathfrak{S}$ definiert. Es gilt genau dann $A \leq B$ im Sinne dieser Ordnung, wenn für alle $v \in V$ die Ungleichung $\langle Av, v\rangle \leq \langle Bv, v\rangle$ in $\mathbb{R}$ gilt.
(c) Genau dann gilt $A \leq B$, wenn $A + C \leq B + C$ für alle $C \in \mathfrak{S}$ gilt. (Die Ordnungsrelation $\leq$ ist also translationsinvariant.)
(d) Genau dann gilt $A \leq B$, wenn $cA \leq cB$ für alle $c > 0$ gilt. (Die Ordnungsrelation $\leq$ ist also invariant gegenüber Multiplikation mit positiven Skalaren.)
(e) Sind $P_1, \ldots, P_n$ positiv (semi)definit, so ist auch $P := (P_1 + \cdots + P_n)/n$ positiv (semi)definit. (Man bezeichnet P als **arithmetisches Mittel** von $P_1, \ldots, P_n$.)
(f) Sind $P_1, \ldots, P_n$ positiv definit, so ist auch $P := \big((P_1^{-1} + \cdots + P_n^{-1})/n\big)^{-1}$ (wohldefiniert und) positiv definit. (Man bezeichnet P als **harmonisches Mittel** von $P_1, \ldots, P_n$.)

Bemerkung: In den Aufgaben zu Kapitel 87 werden wir noch zwei topologische Eigenschaften von $\mathfrak{P}$ herleiten. Genauer werden wir zeigen, daß $\mathfrak{P}$ abgeschlossen in $\mathfrak{S}$ und daß das Innere von $\mathfrak{P}$ genau die Menge der positiv definiten Operatoren ist.

Lösungen zu »Adjungiertheitseigenschaften« siehe Seite 204

Aufgabe (67.12) Bestimme eine Singulärwertzerlegung der Matrix

$$A = \begin{bmatrix} 4 & 0 \\ 3 & -5 \end{bmatrix}$$

und gib diejenige Matrix vom Rang 1 an, die A im Sinne der Frobeniusnorm bestmöglich approximiert.

Aufgabe (67.13) Bestimme eine Singulärwertzerlegung der Matrix

$$A = \begin{bmatrix} -2 & 14 \\ 20 & 10 \\ 8 & 19 \end{bmatrix}$$

und gib diejenige Matrix vom Rang 1 an, die A im Sinne der Frobeniusnorm bestmöglich approximiert.

Aufgabe (67.14) Bestimme für jede der Matrizen

$$A = \begin{bmatrix} 1 & 1 \\ 0 & 1 \\ 1 & 0 \end{bmatrix}, \quad B = \begin{bmatrix} 1 & -1 \\ -1 & 1 \\ \sqrt{2} & \sqrt{2} \end{bmatrix}, \quad C = \begin{bmatrix} 0 & 7 \\ 7 & 6 \\ 6 & 0 \end{bmatrix}$$

eine Singulärwertzerlegung sowie eine reduzierte Singulärwertzerlegung.

Aufgabe (67.15) Gib für die Matrix

$$T = \begin{bmatrix} 1 & -1 & 0 & 0 & 2 & -2 \\ 2 & -2 & 0 & 0 & 1 & -1 \\ 7 & 7 & 1 & 9 & 6 & 6 \end{bmatrix}$$

eine Singulärwertzerlegung und eine reduzierte Singulärwertzerlegung an. Bestimme ferner diejenigen Matrizen in $\mathbb{R}^{3\times 6}$ vom Rang 1 bzw. vom Rang 2, die T im Sinne der Frobeniusnorm bestmöglich approximieren.

Bemerkung: Hier ist $T^\star T$ eine (6×6)-Matrix, dagegen $TT^\star$ eine (3×3)-Matrix; es ist also einfacher, zunächst eine Singulärwertzerlegung von $T^\star$ zu finden. Wie erhält man dann automatisch eine Singulärwertzerlegung für T?

Aufgabe (67.16) Es sei $A \in \mathbb{K}^{n\times n}$. Zeige, wie sich aus einer gegebenen Singulärwertzerlegung $A = U\Sigma V^\star$ eine Polarzerlegung von A gewinnen läßt.

Aufgabe (67.17) Es sei $A = \sum_{i=1}^r \sigma_i u_i \otimes v_i$ die Singulärwertzerlegung einer Matrix A, und für $k \le r$ sei $A_k := \sum_{i=1}^k \sigma_i u_i \otimes v_i$. In Satz (67.33) im Buch wurde gezeigt, daß A_k diejenige Matrix vom Rang $\le k$ ist, die A bestmöglich im Sinne der Frobeniusnorm approximiert. Zeige, daß A_k auch diejenige Matrix vom Rang $\le k$ ist, die A bestmöglich im Sinne der Spektralnorm approximiert. Wie groß ist $\|A - A_k\|$, wenn $\|\cdot\|$ die Spektralnorm bezeichnet?

Aufgabe (67.18) Es sei $f : V \to W$ eine lineare Abbildung zwischen Euklidischen Räumen, und es sei $\wedge^k f : \bigwedge^k(V) \to \bigwedge^k(W)$ die induzierte Abbildung. Wir denken uns $\bigwedge^k(V)$ und $\bigwedge^k(W)$ gemäß Satz (65.21) im Buch mit dem von $\langle\cdot,\cdot\rangle_V$ bzw. $\langle\cdot,\cdot\rangle_W$ induzierten Skalarprodukt versehen. Zeige, daß dann $(\wedge^k f)^\star = \wedge^k(f^\star)$ gilt. Folgere daraus, daß die Singulärwerte von $\wedge^k f$ genau die Zahlen $\sigma_{i_1}\cdots\sigma_{i_k}$ mit $i_1 < \cdots < i_k$ sind, wobei die Zahlen σ_i die Singulärwerte von f sind.

Aufgabe (67.19) Es seien V ein n-dimensionaler komplexer Vektorraum und $T : V \to V$ ein Endomorphismus mit den Eigenwerten λ_i und den Singulärwerten σ_i, wobei diese nach Größe numeriert seien, also mit $|\lambda_1| \ge |\lambda_2| \ge \cdots \ge |\lambda_n|$ sowie $\sigma_1 \ge \sigma_2 \ge \cdots \ge \sigma_n$. Zeige, daß für $1 \le k \le n$ dann die folgende Abschätzung gilt:

$$\prod_{i=1}^k |\lambda_i| \le \prod_{i=1}^k \sigma_i .$$

Hinweis: Durch Übergang von T zur $\wedge^k T$ läßt sich der allgemeine Fall auf den Fall $k = 1$ reduzieren.

Aufgabe (67.20) Es seien V ein endlichdimensionaler reeller Vektorraum und $\beta : V \times V \to \mathbb{R}$ eine Bilinearform mit $\beta(v,v) > 0$ für alle $v \ne 0$. Zeige, daß sich β durch eine Blockdiagonalmatrix der Form

$$(M_{\rho_1}, \ldots, M_{\rho_k}, 1, \ldots, 1) \quad \text{mit} \quad M_\rho := \begin{bmatrix} 1 & -\rho \\ \rho & 1 \end{bmatrix}$$

darstellen läßt, wobei $\rho_1, \ldots, \rho_k$ von Null verschiedene reelle Zahlen sind.

Hinweis: Zerlege die Bilinearform β in ihren symmetrischen und ihren schiefsymmetrischen Anteil!

Aufgabe (67.21) Es sei $A : X \to Y$ eine lineare Abbildung zwischen Skalarprodukträumen.

(a) Zeige, daß die folgende von A induzierte lineare Abbildung bijektiv ist!

$$A_0 : \begin{array}{ccc} \mathrm{Kern}(A)^\perp & \to & \mathrm{Bild}(A) \\ x & \mapsto & Ax \end{array}$$

(b) Zeige, daß es genau eine Abbildung $A^+ : Y \to X$ (genannt die **Pseudo-Inverse** zu A) mit folgenden Eigenschaften gibt:

(1) $(AA^+)^\star = AA^+$ und $(A^+A)^\star = A^+A$;
(2) $AA^+A = A$ und $A^+AA^+ = A^+$.

Hinweis: Benutze die Blockdarstellung

$$A = \begin{bmatrix} 0 & A_0 \\ 0 & 0 \end{bmatrix}$$

von A bezüglich der direkten Zerlegungen $X = \mathrm{Kern}(A) \oplus \mathrm{Kern}(A)^\perp$ im Urbildraum und $Y = \mathrm{Bild}(A) \oplus \mathrm{Bild}(A)^\perp$ im Bildraum.

Lösungen zu »Adjungiertheitseigenschaften« siehe Seite 204

(c) Zeige, daß die Gleichungen $A^{++} = A$ und $(A^\star)^+ = (A^+)^\star$ gelten.

(d) Es sei $m := \dim(Y) \geq \dim(X) = n$. Zeige: Hat A den Rang n, so gilt

$$A^+ = (A^\star A)^{-1} A^\star.$$

(e) Es sei $m := \dim(Y) \leq \dim(X) = n$. Zeige: Hat A den Rang m, so gilt

$$A^+ = A^\star (A A^\star)^{-1}.$$

Aufgabe (67.22) (a) Gegeben sei ein Vektor $x \in \mathbb{R}^m$. Zeige, daß es einen Vektor $w \in \mathbb{R}^m$ mit $w^T w = 1$ derart gibt, daß die orthogonale Matrix $P_w := \mathbf{1} - 2ww^T$ den Vektor x auf ein Vielfaches des ersten Basisvektors e_1 abbildet, daß also $P_w x \in \mathbb{R}e_1$ gilt. (Jede solche Matrix P_w wird als **Householder-Transformation** bezeichnet. Welches ist die geometrische Bedeutung von P_w?)

(b) Zeige, daß es zu jeder Matrix $A \in \mathbb{R}^{m\times n}$ eine orthogonale Matrix P derart gibt, daß PA eine obere Dreiecksmatrix ist. (Was dabei der Begriff "obere Dreiecksmatrix" für nicht notwendigerweise quadratische Matrizen bedeutet, verdeutlicht die folgende Skizze, die links den Fall $m > n$, in der Mitte den Fall $m = n$ und rechts den Fall $m < n$ beschreibt.)

$$\begin{bmatrix} \star & \cdots & \star \\ & \ddots & \vdots \\ 0 & & \star \\ 0 & \cdots & 0 \\ \vdots & & \vdots \\ 0 & \cdots & 0 \end{bmatrix} \quad \begin{bmatrix} \star & \cdots & \star \\ & \ddots & \vdots \\ 0 & & \star \end{bmatrix} \quad \begin{bmatrix} \star & \cdots & \star & \star & \cdots & \star \\ & \ddots & \vdots & \vdots & & \vdots \\ 0 & & \star & \star & \cdots & \star \end{bmatrix}$$

(c) Es sei $A \in \mathbb{R}^{m\times n}$ mit $m \geq n$. Zeige: Hat A den Rang n und gilt $PA = R$ mit einer orthogonalen Matrix $P \in \mathbb{R}^{m\times m}$ und einer oberen Dreiecksmatrix

$$R = \begin{bmatrix} R_0 \\ 0 \end{bmatrix} \in \mathbb{R}^{m\times n}$$

mit $R_0 \in \mathbb{R}^{n\times n}$, so ist die Pseudo-Inverse von A gegeben durch

$$A^+ = [R_0^{-1} \mid 0] P.$$

(d) Es sei $A \in \mathbb{R}^{m\times n}$ mit $m \leq n$. Zeige: Hat A den Rang m und gilt $PA^T = R$ mit einer orthogonalen Matrix $P \in \mathbb{R}^{n\times n}$ und einer oberen Dreiecksmatrix

$$R = \begin{bmatrix} R_0 \\ 0 \end{bmatrix} \in \mathbb{R}^{n\times m}$$

mit $R_0 \in \mathbb{R}^{m\times m}$, so ist die Pseudo-Inverse von A gegeben durch

$$A^+ = P^T \begin{bmatrix} R_0^{T-1} \\ 0 \end{bmatrix}.$$

Bemerkung: Die in (c) und (d) angegebenen Formeln für die Pseudo-Inverse einer Matrix mit vollem Rang sind numerisch stabiler als die Formeln in den Teilen (d) und (e) der vorangehenden Aufgabe.

Lösungen zu »Adjungiertheitseigenschaften« siehe Seite 204

A68: Normierte Räume

Aufgabe (68.1) Es sei $(V, \|\cdot\|)$ ein reeller normierter Vektorraum, in dem die Parallelogrammgleichung gilt. Zeige, daß durch

$$\begin{aligned}\langle x, y\rangle &:= (1/2)\cdot(\|x+y\|^2 - \|x\|^2 - \|y\|^2) \\ &= (1/4)\cdot(\|x+y\|^2 - \|x-y\|^2)\end{aligned}$$

ein Skalarprodukt definiert ist, das die Norm $\|\cdot\|$ induziert.

Bemerkung: Wenn $\|\cdot\|$ überhaupt von einem Skalarprodukt induziert wird, so *muß* nach Satz (65.5)(b) im Buch die Parallelogrammgleichung gelten, und das induzierende Skalarprodukt *muß* nach Satz (65.4) die angegebene Form haben (und ist daher eindeutig bestimmt).

Aufgabe (68.2) Es sei V ein komplexer Vektorraum mit einer Norm $\|\cdot\|$. Zeige, daß $\|\cdot\|$ genau dann von einem Skalarprodukt induziert wird, wenn $\|\cdot\|$ die Parallelogrammgleichung erfüllt. Das Skalarprodukt ist dann gegeben durch

$$\langle v, w\rangle = \frac{\|v+w\|^2 - \|v\|^2 - \|w\|^2}{2} + i\,\frac{\|v+iw\|^2 - \|v\|^2 - \|w\|^2}{2}$$

für alle $v, w \in V$.

Bemerkung: Hier trifft die gleiche Bemerkung zu wie in der vorangehenden Aufgabe. Insgesamt erhalten wir also, daß eine Norm auf einem (reellen oder komplexen) Vektorraum genau dann von einem Skalarprodukt induziert wird, wenn die Parallelogrammgleichung erfüllt ist, und daß das induzierende Skalarprodukt in diesem Fall eindeutig bestimmt ist.

Aufgabe (68.3) Es sei $\mathbb{K} = \mathbb{R}$ oder $\mathbb{C}$. Zeige, daß in den folgenden drei Fällen jeweils eine Norm auf $\mathbb{K}^n$ definiert wird. Welche dieser Normen wird von einem Skalarprodukt induziert?

(a) $\|x\|_1 := |x_1| + |x_2| + \cdots + |x_n|$
(b) $\|x\|_2 := \sqrt{|x_1|^2 + |x_2|^2 + \cdots + |x_n|^2}$
(c) $\|x\|_\infty := \max\{|x_1|, |x_2|, \ldots, |x_n|\}$

Aufgabe (68.4) (Äquivalenz von Normen) Wir nennen zwei Normen $\|\cdot\|_1$ und $\|\cdot\|_2$ auf einem Vektorraum V äquivalent und schreiben $\|\cdot\|_1 \sim \|\cdot\|_2$, wenn es Konstanten $a, b > 0$ gibt mit

$$a\,\|v\|_1 \;\le\; \|v\|_2 \;\le\; b\,\|v\|_1 \quad \text{für alle } v \in V.$$

(a) Zeige, daß $\sim$ tatsächlich eine Äquivalenzrelation auf der Menge aller Normen auf V definiert!
(b) Zeige, daß die drei in Aufgabe (68.3) angegebenen Normen auf $\mathbb{K}^n$ untereinander äquivalent sind.

Bemerkung: Wir werden später (in Kapitel 84) sehen, daß je zwei Normen auf einem endlichdimensionalen Vektorraum äquivalent sind.

Aufgabe (68.5) (Abschätzung einer Norm durch eine andere) Gegeben seien ein Vektorraum $V \ne \{0\}$ über $\mathbb{K} = \mathbb{R}$ oder $\mathbb{C}$, zwei Normen $\|\cdot\|_1$ und $\|\cdot\|_2$ auf V sowie eine Zahl $c > 0$. Beweise die Äquivalenz der folgenden drei Aussagen:

(1) $\|v\|_1 \le c\|v\|_2$ für alle $v \in V$;
(2) aus $\|v\|_2 \le 1$ folgt $\|v\|_1 \le c$;
(3) aus $\|v\|_2 = 1$ folgt $\|v\|_1 \le c$.

Aufgabe (68.6) (gegenseitige Lage von Kugeln) Es sei V ein normierter Raum, und für $p \in V$ und $R > 0$ bezeichne $B_R(p) := \{x \in V \mid \|x-p\| < R\}$ die offene Kugel mit Radius R und Mittelpunkt p. Beweise und deute die folgenden Aussagen!

(a) Genau dann gilt $B_r(x) \cap B_s(y) \ne \emptyset$, wenn $\|x-y\| < r+s$ gilt.
(b) Genau dann gilt $B_r(x) \subseteq B_s(y)$ oder $B_s(y) \subseteq B_r(x)$, wenn $\|x-y\| \le |r-s|$ gilt.

Aufgabe (68.7) (Normen auf Unterräumen) Gegeben seien ein Vektorraum V über $\mathbb{K} = \mathbb{R}$ oder $\mathbb{C}$, eine Norm $\|\cdot\|$ auf V sowie ein Untervektorraum U von V. Zeige, daß die Einschränkung $\|\cdot\|_U$ von $\|\cdot\|$ auf U eine Norm auf U ist. (Man nennt diese die von $\|\cdot\|$ auf U induzierte Unterraumnorm.) Zeige ferner: Wird $\|\cdot\|$ von einem Skalarprodukt induziert, dann auch $\|\cdot\|_U$.

Aufgabe (68.8) (Rücktransport von Normen) Es seien $f: V \to W$ eine lineare Abbildung zwischen $\mathbb{K}$-Vektorräumen und $\|\cdot\|_W$ eine Norm auf W. Zeige, daß die Vorschrift

$$\|v\|_V \;:=\; \|f(v)\|_W$$

genau dann eine Norm auf V definiert, wenn f injektiv ist.

Aufgabe (68.9) (Normen auf Produkträumen) Es seien $V_1, \ldots, V_n$ normierte Räume, und es sei eine Abbildung $\Phi : [0,\infty)^n \to \mathbb{R}$ mit den folgenden Eigenschaften gegeben:

(1) $\Phi(a_1, \ldots, a_n) = 0$ genau für $a_1 = \cdots = a_n = 0$;
(2) $\Phi(\lambda a_1, \ldots, \lambda a_n) = \lambda \cdot \Phi(a_1, \ldots, a_n)$ für $\lambda, a_i \ge 0$;
(3) Φ wächst monoton in jedem Argument;
(4) $\Phi(0, \ldots, 0, a_i, 0, \ldots, 0) = a_i$ für alle $a_i \ge 0$;
(5) für $x, y \in [0,\infty)^n$ mit $\Phi(x) \le 1$ und $\Phi(y) \le 1$ sowie $t \in [0,1]$ gilt $\Phi\big(tx + (1-t)y\big) \le 1$.

Zeige, daß dann durch $\|(v_1, \ldots, v_n)\| := \Phi(\|v_1\|, \ldots, \|v_n\|)$ eine Norm auf $V_1 \times \cdots \times V_n$ definiert wird, die auf $\{0\} \times \cdots \times \{0\} \times V_i \times \{0\} \times \cdots \times \{0\}$ mit der auf V_i gegebenen übereinstimmt.

Bemerkung: Beispielsweise haben die Funktionen $(a_1, \ldots, a_n) \mapsto a_1 + \cdots + a_n$, $(a_1, \ldots, a_n) \mapsto \sqrt{a_1^2 + \cdots + a_n^2}$ und $(a_1, \ldots, a_n) \mapsto \max_{1 \le i \le n} a_i$ die angegebenen Eigenschaften. Wählen wir jeweils $V_i := \mathbb{K}$ mit der Betragsfunktion als Norm, so liefern diese Funktionen genau die Normen aus Aufgabe (68.3).

Lösungen zu »Normierte Räume« siehe Seite 214

Aufgabe (68.10) Berechne die Konditionszahl der Matrix

$$A = \begin{bmatrix} 2 & 4 \\ 1 & 3 \end{bmatrix}$$

(a) bezüglich der $\|\cdot\|_\infty$-Norm auf $\mathbb{R}^2$,
(b) bezüglich der $\|\cdot\|_1$-Norm auf $\mathbb{R}^2$,
(c) bezüglich der $\|\cdot\|_2$-Norm auf $\mathbb{R}^2$.

Zeige allgemein, daß für eine (2×2)-Matrix die Konditionszahlen bezüglich der $\|\cdot\|_\infty$-Norm und der $\|\cdot\|_1$-Norm stets übereinstimmen.

Aufgabe (68.11) Für $A \in \mathbb{K}^{n\times n}$ seien $\sigma_{\max}(A)$ und $\sigma_{\min}(A)$ der größte bzw. kleinste Singulärwert von A (also die Wurzel aus dem größten bzw. kleinsten Eigenwert von $A^\star A$). Zeige, daß die Konditionszahl von A bezüglich der $\|\cdot\|_2$-Norm auf $\mathbb{K}^n$ gegeben ist durch

$$\mathrm{cond}_2(A) = \frac{\sigma_{\max}(A)}{\sigma_{\min}(A)}.$$

Aufgabe (68.12) Es sei $\mathfrak{F}$ der Vektorraum aller Funktionen $f : \mathbb{N} \to \mathbb{K}$, die nur an endlich vielen Stellen $k \in \mathbb{N}$ einen von Null verschiedenen Wert annehmen. Wir machen $\mathfrak{F}$ mit der Norm $\|f\| := \max\{|f(k)| \mid k \in \mathbb{N}\}$ zu einem normierten Raum V. Untersuche, welche der folgenden linearen Abbildungen $T_i : V \to V$ beschränkt sind, und gib für diese jeweils die Operatornorm $\|T_i\|_{\mathrm{op}}$ an.

(a) $(T_1 f)(k) := f(k+2)$
(b) $(T_2 f)(k) := 7f(k+1) - 8f(k+3)$
(c) $(T_3 f)(k) := k \cdot f(k)$
(d) $(T_4 f)(k) := 2^{-k} \cdot f(k)$
(e) $(T_5 f)(k) := \sum_{i=(k^2-k+2)/2}^{(k^2+k)/2} f(i)$

Bemerkung: Indem wir eine Funktion $f : \mathbb{N} \to \mathbb{K}$ mit der Folge $(f_1, f_2, f_3, \ldots) = \big(f(1), f(2), f(3), \ldots\big)$ ihrer Werte identifizieren, können wir V als den Raum aller Folgen auffassen, die nur endlich viele von Null verschiedene Glieder haben. Mit dieser Identifizierung sind für eine Folge $f = (f_1, f_2, f_3, \ldots)$ die Abbildungen T_i wie folgt gegeben:

(a) $T_1 f = (f_3,\ f_4,\ f_5,\ f_6,\ \ldots)$
(b) $T_2 f = (7f_2 - 8f_4,\ 7f_3 - 8f_5,\ 7f_4 - 8f_6, \ldots)$
(c) $T_3 f = (f_1,\ 2f_2,\ 3f_3,\ 4f_4,\ \ldots)$
(d) $T_4 f = (f_1/2,\ f_2/4,\ f_3/8,\ f_4/16, \ldots)$
(e) $T_5 f = (f_1,\ f_2{+}f_3,\ f_4{+}f_5{+}f_6,\ f_7{+}f_8{+}f_9{+}f_{10}, \ldots)$

Aufgabe (68.13) Es sei $\mathfrak{F}$ der Vektorraum aller Funktionen $f : \mathbb{N} \to \mathbb{K}$, die nur an endlich vielen Stellen $n \in \mathbb{N}$ einen von Null verschiedenen Wert annehmen. Wir machen $\mathfrak{F}$ mit der Norm $\|f\|_\infty := \max\{|f(k)| \mid k \in \mathbb{N}\}$ zu einem normierten Raum V und mit der Norm $\|f\|_1 := \sum_{k\in\mathbb{N}} |f(k)|$ zu einem normierten Raum W. Zeige, daß die beiden Normen auf $\mathfrak{F}$ nicht äquivalent sind. Zeige genauer, daß die identische Abbildung $\mathfrak{F} \to \mathfrak{F}$ beschränkt ist, wenn man sie als Abbildung von W nach V auffaßt, aber nicht beschränkt, wenn man sie als Abbildung von V nach W auffaßt.

Aufgabe (68.14) Es sei $\|\cdot\|$ irgendeine submultiplikative Norm auf $\mathbb{K}^{n\times n}$ mit $\|\mathbf{1}\| = 1$.

(a) Zeige, daß für jede Matrix $A \in \mathbb{K}^{n\times n}$ mit $\|A\| < 1$ die Matrix $\mathbf{1} - A$ invertierbar ist und daß die folgenden Abschätzungen gelten:

$$(1) \quad \|(\mathbf{1}-A)^{-1} - \mathbf{1}\| \le \|A\| \cdot \|(\mathbf{1}-A)^{-1}\|,$$

$$(2) \quad \|(\mathbf{1}-A)^{-1}\| \le \frac{1}{1-\|A\|},$$

$$(3) \quad \|(\mathbf{1}-A)^{-1} - \mathbf{1}\| \le \frac{\|A\|}{1-\|A\|}.$$

(b) Zeige: Ist A invertierbar und gilt $\|B - A\| < 1/\|A^{-1}\|$, so ist auch B invertierbar, und es gilt

$$\|B^{-1} - A^{-1}\| \le \frac{\|A^{-1}\|^2 \|B-A\|}{1 - \|A^{-1}\|\,\|B-A\|}.$$

Hinweise: (a) Wäre $\mathbf{1} - A$ nicht invertierbar, so gäbe es einen Vektor $x \ne 0$ mit $Ax = x$. Für die Matrix $M := (x \mid \cdots \mid x)$ hätten wir dann $M \ne \mathbf{0}$ und $M = AM$. Zeige, daß dies nicht sein kann. Multipliziere anschließend die Gleichung $\mathbf{1} - (\mathbf{1} - A) = A$ mit $(\mathbf{1} - A)^{-1}$ durch.

(b) Zeige, daß für $X := A^{-1}(A - B)$ die Bedingung $\|X\| < 1$ gilt. Zeige, daß $B^{-1} - A^{-1} = \big((\mathbf{1}{-}X)^{-1} - \mathbf{1}\big)A^{-1}$ gilt, und schätze unter Benutzung von Teil (a) ab.

Aufgabe (68.15) (Input-Output-Analyse nach Leontieff) Ein Unternehmen habe n Fabriken $F_1, \ldots, F_n$, wobei in Fabrik F_i das Produkt P_i hergestellt werde. Zur Produktion einer Werteinheit des Produkts P_j seien a_{ij} Einheiten des Produkts P_i erforderlich (mit $a_{ii} := 0$).

(a) Gegeben sei für $1 \le i \le n$ der Marktbedarf $y_i \ge 0$ an dem Produkt P_i. Gesucht sind Produktionsmengen $x_1, \ldots, x_n$ derart, daß der Marktbedarf genau gedeckt wird. Beschreibe die resultierende Planungsaufgabe als ein lineares Gleichungssystem!

(b) Zeige, daß diese Planungsaufgabe eine eindeutige Lösung besitzt, falls $\sum_{i=1}^n a_{ij} < 1$ für alle Indices $1 \le j \le n$ gilt.

(c) Deute das Ergebnis aus Teil (b) ökonomisch!

Aufgabe (68.16) Wir betrachten ein Gleichungssystem $Ax = b$ mit invertierbarer Koeffizientenmatrix $A \in \mathbb{K}^{n\times n}$.

(a) Die rechte Seite b des Gleichungssystems sei mit einem Fehler Δb behaftet; es sei Δx der resultierende Fehler in der Lösung des Gleichungssystems. Schätze den absoluten Fehler $\|\Delta x\|$ und den relativen Fehler $\|\Delta x\|/\|x\|$ durch die entsprechenden Fehler $\|\Delta b\|$ bzw. $\|\Delta b\|/\|b\|$ ab.

(b) Die Koeffizientenmatrix A des Gleichungssystems sei mit einem Fehler ΔA behaftet; es sei Δx der resultierende Fehler in der Lösung des Gleichungssystems. Schätze den absoluten Fehler $\|\Delta x\|$ und den relativen Fehler $\|\Delta x\|/\|x\|$ durch die entsprechenden Fehler $\|\Delta A\|$ bzw. $\|\Delta A\|/\|A\|$ ab.

Lösungen zu »Normierte Räume« siehe Seite 214

Aufgabe (68.17) Für $n \geq 2$ sei $\mathbb{K}^{n\times n}$ der Vektorraum aller $(n \times n)$-Matrizen über $\mathbb{K} = \mathbb{R}$ oder $\mathbb{C}$.

(a) Zeige, daß die Norm

$$\|A\|_\infty \;:=\; \max_{1\leq i,j\leq n} |A_{ij}|$$

zwar die Bedingung $\|\mathbf{1}\|_\infty = 1$ erfüllt, aber nicht submultiplikativ ist (und daher keine Operatornorm sein kann).

(b) Zeige, daß die Norm

$$\|A\|_1 \;:=\; \sum_{i,j=1}^{n} |A_{ij}|$$

zwar submultiplikativ ist, aber nicht die Bedingung $\|\mathbf{1}\|_1 = 1$ erfüllt (und daher keine Operatornorm sein kann).

(c) Zeige, daß die Frobeniusnorm

$$\|A\|_2 \;:=\; \sqrt{\mathrm{tr}(A^\star A)} \;=\; \sqrt{\sum_{i,j=1}^{n} |a_{ij}|^2}$$

zwar submultiplikativ ist, aber nicht die Bedingung $\|\mathbf{1}\| = 1$ erfüllt, und daher keine Operatornorm bezüglich irgendeiner Norm auf $\mathbb{K}^n$ sein kann.

Aufgabe (68.18) Für $A \in \mathbb{K}^{2\times 2}$ definieren wir $|\!|\!|A|\!|\!|$ durch

$$|\!|\!| \begin{bmatrix} a & b \\ c & d \end{bmatrix} |\!|\!| \;:=\; \max\{|a| + 2|b|, 2|c| + |d|\}\,.$$

(a) Zeige, daß $|\!|\!|\cdot|\!|\!|$ eine Norm auf $\mathbb{K}^{2\times 2}$ ist, die die Bedingungen $|\!|\!|\mathbf{1}|\!|\!| = \mathbf{1}$ sowie $|\!|\!|AB|\!|\!| \leq |\!|\!|A|\!|\!|\,|\!|\!|B|\!|\!|$ für alle $A, B \in \mathbb{K}^{2\times 2}$ erfüllt.

(b) Zeige, daß $|\!|\!|\cdot|\!|\!|$ keine Abbildungsnorm ist, daß es also keine Norm $\|\cdot\|$ auf $\mathbb{K}^2$ gibt mit $|\!|\!|A|\!|\!| = \sup\{\|Ax\| \mid x \in \mathbb{K}^2, \|x\| \leq 1\}$.

Hinweis zu Teil (b): Betrachte

$$A = \begin{bmatrix} 1 & 0 \\ 0 & 0 \end{bmatrix},\; B = \begin{bmatrix} 0 & 1 \\ 0 & 0 \end{bmatrix},\; C = \begin{bmatrix} 0 & 0 \\ 1 & 0 \end{bmatrix},\; D = \begin{bmatrix} 0 & 0 \\ 0 & 1 \end{bmatrix}.$$

Nimm an, $|\!|\!|\cdot|\!|\!|$ sei von einer Vektornorm $\|\cdot\|$ induziert. Zeige, daß unter dieser Annahme einerseits $\|Av\| \leq \|v\|$ und $\|Dv\| \leq \|v\|$ für alle $v \in \mathbb{K}^2$ gilt, es andererseits Vektoren $x, y \in \mathbb{K}^2$ mit $\|Bx\| > \|x\|$ und $\|Cy\| > \|y\|$ gibt. Zeige, daß sich die Ungleichungen $\|Bx\| > \|Dx\|$ und $\|Cy\| > \|Ay\|$ widersprechen.

Aufgabe (68.19) (Operatornormen) Es seien $T_i : V_i \to W_i$ beschränkte lineare Abbildungen zwischen normierten Räumen. Wir wählen eine Abbildung Φ wie in Aufgabe (68.9) und definieren Normen auf $V := V_1 \times \cdots \times V_n$ und $W := W_1 \times \cdots \times W_n$ vermöge

$$\|(v_1, \ldots, v_n)\| := \Phi(\|v_1\|, \ldots, \|v_n\|),$$
$$\|(w_1, \ldots, w_n)\| := \Phi(\|w_1\|, \ldots, \|w_n\|).$$

Zeige, daß dann die Abbildungsnorm von $T = T_1 \oplus \cdots \oplus T_n$ gegeben ist durch

$$\|T\|_{\mathrm{Abb}} \;=\; \max_{1\leq i\leq n} \|T_i\|_{\mathrm{Abb}}\,.$$

Aufgabe (68.20) Es seien $|\!|\!|\cdot|\!|\!|$ eine Norm auf $\mathbb{K}^{n\times n}$ und $T \in \mathbb{K}^{n\times n}$ eine invertierbare Matrix. Wir definieren eine neue Norm $|\!|\!|\cdot|\!|\!|_\star$ auf $\mathbb{K}^{n\times n}$ durch

$$|\!|\!|A|\!|\!|_\star \;:=\; |\!|\!|T^{-1}AT|\!|\!|.$$

Beweise die folgenden Aussagen!

(a) Genau dann gilt $|\!|\!|\mathbf{1}|\!|\!|_\star = 1$, wenn $|\!|\!|\mathbf{1}|\!|\!| = 1$ gilt.

(b) Genau dann ist $|\!|\!|\cdot|\!|\!|_\star$ submultiplikativ, wenn $|\!|\!|\cdot|\!|\!|$ submultiplikativ ist.

(c) Genau dann ist $|\!|\!|\cdot|\!|\!|_\star$ eine Operatornorm, wenn $|\!|\!|\cdot|\!|\!|$ eine Operatornorm ist.

Lösungen zu »Normierte Räume« siehe Seite 214

A69: Affine Geometrie

Aufgabe (69.1) Es sei $(\mathbb{A}_0, V_0, \delta_0)$ ein affiner Unterraum des affinen Raums $(\mathbb{A}, V, \delta)$. Wir schreiben $P \sim Q$, wenn $\overrightarrow{PQ} \in V_0$ gilt. Zeige, daß dies eine Äquivalenzrelation auf $\mathbb{A}$ definiert, und zeige, daß mit $\widehat{\mathbb{A}} := \mathbb{A}/\sim$, $\widehat{V} := V/V_0$ und $\widehat{\delta}([P],[Q]) := \delta(P,Q) + V_0$ das Tripel $(\widehat{\mathbb{A}}, \widehat{V}, \widehat{\delta})$ selbst wieder ein affiner Raum ist. (Diese Aufgabe zeigt, daß der Begriff des affinen Quotientenraums in Definition (69.9) des Buchs wohldefiniert ist.)

Aufgabe (69.2) Zeige, daß das in Definition (69.11) des Buchs eingeführte direkte Produkt affiner Räume $(\mathbb{A}_i, V_i, \delta_i)$ tatsächlich auch selbst wieder ein affiner Raum ist.

Aufgabe (69.3) Es sei E eine Ebene im $\mathbb{R}^3$. Beschreibe alle affinen Unterräume von $\mathbb{R}^3$, die schwach parallel zu E sind.

Aufgabe (69.4) Es sei K ein beliebiger Körper. In $\mathbb{A} := K^3$ betrachten wir die Geraden $X := \{(x,0,1) \mid x \in K\}$ und $Y := \{(0,y,0) \mid y \in K\}$. Bestimme die Vereinigung V aller Geraden $\overline{AB}$ mit $A \in \text{aff}(X) = X$ und $B \in \text{aff}(Y) = Y$ und zeige insbesondere, daß diese eine echte Teilmenge von $\text{aff}(X \cup Y) = K^3$ ist.

Aufgabe (69.5) Gegeben seien je drei Punkte A, B, C und A', B', C' einer affinen Ebene; die Punkte A, B, C seien nicht kollinear. Zeige, daß es dann genau eine affine Abbildung $f : P \to P'$ gibt mit $f(A) = A'$, $f(B) = B'$ und $f(C) = C'$. Zeige, wie man für einen beliebigen Punkt P das Bild $f(P)$ anhand des Schnittpunktes S von $\overline{AP}$ und $\overline{BC}$ ermitteln kann.

Bemerkung: Da A, B, C nicht kollinear sind, können nicht die drei Bedingungen $PA \parallel BC$, $PB \parallel CA$ und $PC \parallel AB$ simultan gelten. Es ist also (eventuell nach Umbenennung der Punkte) keine Beschränkung der Allgemeinheit, wenn man annimmt, daß die Geraden AP und BC nicht parallel sind.

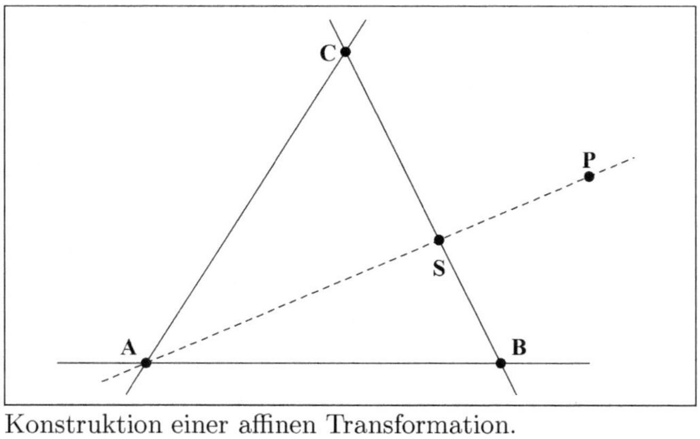

Konstruktion einer affinen Transformation.

Aufgabe (69.6) Finde für die folgenden Punkte $P_i, Q_i \in \mathbb{R}^2$ alle affinen Abbildungen $\alpha : \mathbb{R}^2 \to \mathbb{R}^2$ mit $\alpha(P_i) = Q_i$ für $i = 1, 2, 3$.

(a) $P_1 = (2,3)$, $P_2 = (-4,1)$, $P_3 = (1,5)$,
$Q_1 = (7,2)$, $Q_2 = (8,3)$, $Q_3 = (-9,6)$

(b) $P_1 = (2,3)$, $P_2 = (-4,1)$, $P_3 = (5,4)$,
$Q_1 = (7,2)$, $Q_2 = (9,4)$, $Q_3 = (6,1)$

Aufgabe (69.7) Es sei V ein K-Vektorraum; wir identifizieren V mit $\mathbb{A}(V)$. Zeige, daß n Punkte $p_1, \ldots, p_n$ in V genau dann affin abhängig sind, wenn es Elemente $\lambda_1, \ldots, \lambda_n \in K$ gibt, von denen mindestens eines von Null verschieden ist, mit $\lambda_1 p_1 + \cdots + \lambda_n p_n = 0$ und $\lambda_1 + \cdots + \lambda_n = 0$.

Aufgabe (69.8) Es sei V ein n-dimensionaler K-Vektorraum. Zeige, daß m Punkte $p_1, \ldots, p_m \in V$ mit $m > n+1$ stets affin abhängig sind.

Aufgabe (69.9) Es sei $K = \mathbb{Z}_2$. Wir definieren $\alpha : K^2 \to K^2$ durch

$$\alpha\left(\begin{bmatrix} x \\ y \end{bmatrix}\right) := \begin{bmatrix} xy \\ y \end{bmatrix}.$$

In Beispiel (69.26)(c) im Buch wurde nachgerechnet, daß α geradentreu ist. Zeige, daß α nicht von der Form $\alpha(v) = f(v) + b$ mit einer linearen Abbildung $f : K^2 \to K^2$ und einem festen Vektor $b \in K^2$ ist.

Aufgabe (69.10) Es seien $P_1, \ldots, P_n$ Punkte in einem affinen Raum $\mathbb{A}$. Zeige, daß die folgenden Bedingungen äquivalent sind:

(1) die Punkte $P_1, \ldots, P_n$ sind in allgemeiner Lage;

(2) zu je n Punkten $Q_1, \ldots, Q_n$ in einem affinen Raum $\mathbb{B}$ gibt es eine eindeutig bestimmte affine Abbildung $\alpha : \mathbb{A} \to \mathbb{B}$ mit $\alpha(P_i) = Q_i$ für $1 \le i \le n$.

(Natürlich wird vorausgesetzt, daß die Trägerräume von $\mathbb{A}$ und $\mathbb{B}$ Vektorräume über dem gleichen Grundkörper sind.)

Aufgabe (69.11) Es seien V und W Vektorräume über einem Körper K mit $\operatorname{char} K \neq 2$. Zeige, daß für eine Abbildung $f : V \to W$ die folgenden Bedingungen äquivalent sind!

(1) f erhält Kollinearität und Teilverhältnisse; d.h., aus $x-p = \lambda(q-x)$ in V folgt $f(x)-f(p) = \lambda\big(f(q)-f(x)\big)$ in W;

(2) f erhält Affinkombinationen; d.h., es gilt $f(\lambda_1 v_1 + \cdots + \lambda_n v_n) = \lambda_1 f(v_1) + \cdots + \lambda_n f(v_n)$ für alle $v_i \in V$ und alle $\lambda_i \in K$ mit $\lambda_1 + \cdots + \lambda_n = 1$;

(3) es gibt eine lineare Abbildung $A : V \to W$ und einen Vektor $b \in W$ mit $f(v) = Av + b$ für alle $v \in V$; d.h., f ist die Hintereinanderausführung einer linearen Abbildung und einer Translation.

Lösungen zu »Affine Geometrie« siehe Seite 223

Aufgabe (69.12) Gib für jede der folgenden Abbildungen $f : \mathfrak{V} \to \mathfrak{V}$ den linearen Anteil und den Translationsanteil an!

(a) Orthogonalprojektion auf die Ebene E mit Aufpunkt a und Normalenvektor n

(b) Spiegelung an der Ebene E mit Aufpunkt a und Normalenvektor n

(c) Drehung um die Achse $a + \mathbb{R}n$ um den (bezüglich der Richtung n positiv gezählten) Winkel φ

Aufgabe (69.13) Es seien g_1, g_2, g_3 sowie h_1, h_2, h_3 jeweils drei verschiedene Geraden in einer affinen Ebene $\mathbb{A}$, die durch einen gemeinsamen Punkt gehen. Zeige, daß es eine bijektive affine Abbildung $\alpha : \mathbb{A} \to \mathbb{A}$ mit $\alpha(g_i) = h_i$ für $1 \le i \le 3$ gibt.

Aufgabe (69.14) Wie viele wesentlich verschiedene Konfigurationen gibt es für

(a) zwei Geraden,
(b) drei Geraden,
(c) vier Geraden

in einer reellen affinen Ebene? (Zwei Konfigurationen gelten dabei als wesentlich verschieden, wenn es keine affine Transformation gibt, die die eine Konfiguration in die andere überführt.)

Aufgabe (69.15) (a) Es seien a ("Achse") und r ("Richtung") zwei nichtparallele Geraden in einer affinen Ebene $\mathbb{A}$ sowie $\lambda \neq 0$ eine beliebige Zahl ("Streckfaktor"). Zeige, daß es genau eine affine Abbildung $\alpha : \mathbb{A} \to \mathbb{A}$ mit den folgenden Eigenschaften gibt:

(1) genau dann gilt $\alpha(X) = X$, wenn X auf a liegt;
(2) für $P \notin a$ ist die Gerade $\overline{P\alpha(P)}$ parallel zu r;
(3) ist $\overline{P\alpha(P)} \cap a = \{A\}$, so gilt $\overrightarrow{A\alpha(P)} = \lambda \overrightarrow{AP}$.

Wir schreiben $\alpha = \varphi_{a,r,\lambda}$. Jede solche Abbildung heißt eine **Parallelstreckung**. (Welche Art Abbildung ergibt sich für $\lambda = 1$? Wie hängen $\varphi_{a,r,\lambda}$ und $\varphi_{a,r,-\lambda}$ zusammen?)

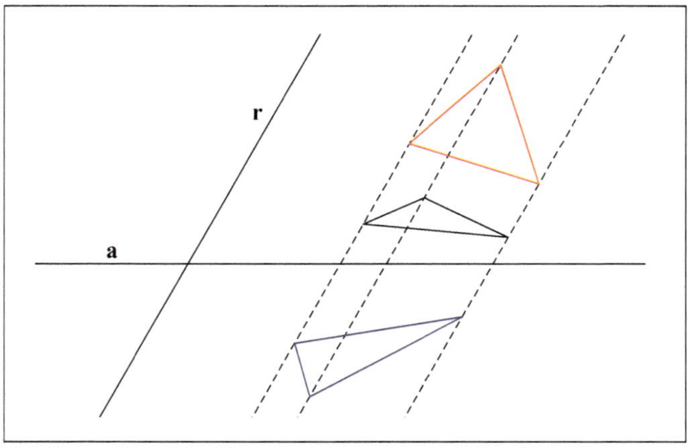

Wirkung der Parallelstreckungen $\varphi_{a,r,3}$ (rot) und $\varphi_{a,r,-2}$ (blau) auf das schwarz eingezeichnete Dreieck.

(b) Es seien (A, B, C) und $(A^\star, B^\star, C^\star)$ jeweils die Ecken eines Dreiecks. Sind $\varphi_1, \varphi_2, \varphi_3$ affine Abbildungen, so schreiben wir $(A_1, B_1, C_1) := \big(\varphi_1(A), \varphi_1(B), \varphi_1(C)\big)$, dann $(A_2, B_2, C_2) := \big(\varphi_2(A_1), \varphi_2(B_1), \varphi_2(C_1)\big)$ und schließlich $(A_3, B_3, C_3) := \big(\varphi_3(A_2), \varphi_3(B_2), \varphi_3(C_2)\big)$. Zeige, daß man Parallelstreckungen $\varphi_1, \varphi_2, \varphi_3$ so wählen kann, daß die folgenden Bedingungen gelten:

(1) $A_1 = A^\star$;
(2) $A_2 = A^\star$, $B_2 = B^\star$;
(3) $A_3 = A^\star$, $B_3 = B^\star$; $C_3 = C^\star$.

Schließe daraus, daß sich jede bijektive affine Abbildung $\alpha : \mathbb{A} \to \mathbb{A}$ als Hintereinanderausführung von (maximal) drei Parallelstreckungen darstellen läßt.

(c) Eine Abbildung der Form $\varphi_{a,r,\lambda} \circ \varphi_{a,s,1/\lambda}$ (also eine Hintereinanderausführung zweier Parallelstreckungen mit gleicher Achse und reziproken Streckfaktoren) heißt eine **Scherung**. Beschreibe die Wirkung einer Scherung geometrisch!

Aufgabe (69.16) Gegeben sei ein beliebiges Dreieck ABC. Wie kann man diesem Dreieck (mit Zirkel und Lineal) ein Quadrat $PQRS$ einbeschreiben wie in der folgenden Abbildung dargestellt?

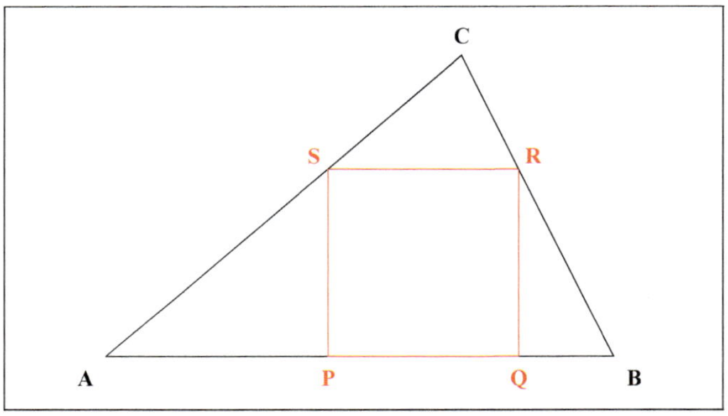

Aufgabe (69.17) Gegeben sei ein Punkt zwischen zwei Strahlen. Gesucht sind die beiden Kreise durch P, die die beiden Strahlen berühren. Wie kann man diese Kreise geometrisch konstruieren?

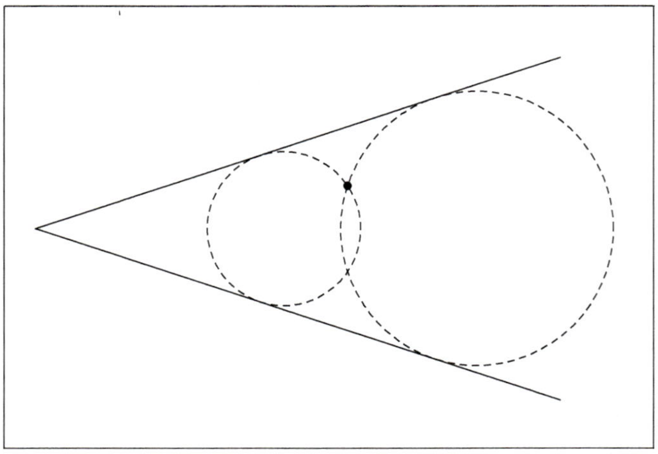

Aufgabe (69.18) Es seien Z ein Punkt in einer affinen Ebene $\mathbb{A}$ und $\lambda \neq 0$ eine Zahl. Die **zentrische Streckung** mit Streckzentrum Z und Streckfaktor λ ist die Abbildung $\sigma_{Z,\lambda} : \mathbb{A} \to \mathbb{A}$, die gegeben ist durch

$$\sigma_{Z,\lambda}(P) := Z + \lambda \overrightarrow{ZP}.$$

Zeige, daß die Menge aller zentrischen Streckungen und aller Translationen einen Normalteiler der affinen Gruppe von $\mathbb{A}$ bildet. Zeige ferner, daß eine zentrische Streckung jede Gerade g auf eine zu g parallele Gerade abbildet.

Aufgabe (69.19) In einem Dreieck ABC schneide die Winkelhalbierende des Winkels bei C die Strecke AB im Punkt Z. Es sei σ diejenige zentrische Streckung mit Streckzentrum Z (und negativem Streckfaktor), die A auf B abbildet. Bestimme geometrisch den Punkt, auf den unter dieser zentrischen Streckung der Punkt C abgebildet wird. Schließe dann auf die Verhältnisgleichung

$$a : b = c_a : c_b,$$

wenn Z die Strecke AB in die beiden Teilstrecken c_b und c_a zerlegt, wobei c_a an a anliegt und c_b an b. (In einem Dreieck teilt also jede Winkelhalbierende die gegenüberliegende Seite im Verhältnis der anliegenden Seiten.)

Aufgabe (69.20) Beweise den folgenden **Satz von L'Huilier**, benannt nach dem Schweizer Mathematiker Simon Antoine Jean L'Huilier (1750-1840): Ein dreiseitiges Prisma sei fest vorgegeben. Dann läßt sich jede beliebige Dreiecksform durch einen ebenen Schnitt durch dieses Prisma erzeugen (**Prismenschnittaufgabe**).

Aufgabe (69.21) Beweise den folgenden **Satz von Pohlke**, der auch als **Hauptsatz der Axonometrie** bekannt ist! Es seien $\overrightarrow{O_BX_B}$, $\overrightarrow{O_BY_B}$, $\overrightarrow{O_BZ_B}$ drei Vektoren, die eine Ebene E in einem dreidimensionalen affinen Raum $\mathbb{A}$ aufspannen. Dann gibt es Punkte $O, X, Y, Z \in \mathbb{A}$ derart, daß $\overrightarrow{OX}, \overrightarrow{OY}, \overrightarrow{OZ}$ eine Würfelecke bilden, sowie eine Parallelprojektion $\pi : \mathbb{A} \to E$ mit $\pi(O) = O_B$, $\pi(X) = X_B$, $\pi(Y) = Y_B$ und $\pi(Z) = Z_B$.

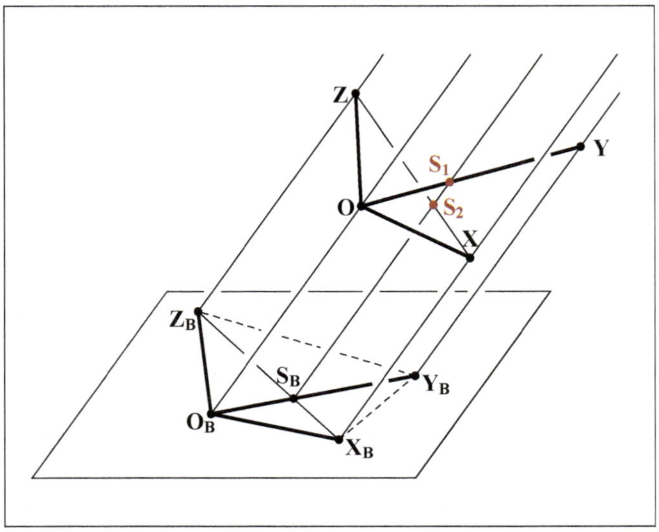

Beweis des Satzes von Pohlke.

Hinweis: Überlege zunächst, wie sich aus der gegebenen ebenen Figur $O_BX_BY_BZ_B$ die Projektionsrichtung der zu findenden Parallelprojektion ermitteln läßt. Es hilft dabei, sich zunächst für einen Moment vorzustellen, man hätte eine Würfelecke mit der gewünschten Eigenschaft bereits gefunden.

Bemerkung: Dieser Satz spielt eine wichtige Rolle in der Darstellenden Geometrie und verdient eine etwas längere Erläuterung. Die Darstellende Geometrie beschäftigt sich mit Verfahren zur Projektion dreidimensionaler Objekte auf eine zweidimensionale Darstellungsebene; sie ist wichtig bei der Darstellung architektonischer und technischer Strukturen, in der Kartographie, der Malerei und der Computergraphik. Wir fragen zunächst, welche Gesetzmäßigkeiten gelten, wenn Punkte einer dreidimensionalen Szene mittels einer Parallelprojektion auf eine zweidimensionale Ebene abgebildet werden; dazu stellen wir uns das Drahtmodell eines Würfels vor und überlegen, wie das Schrägbild dieses Würfels unter einer solchen Parallelprojektion aussieht.

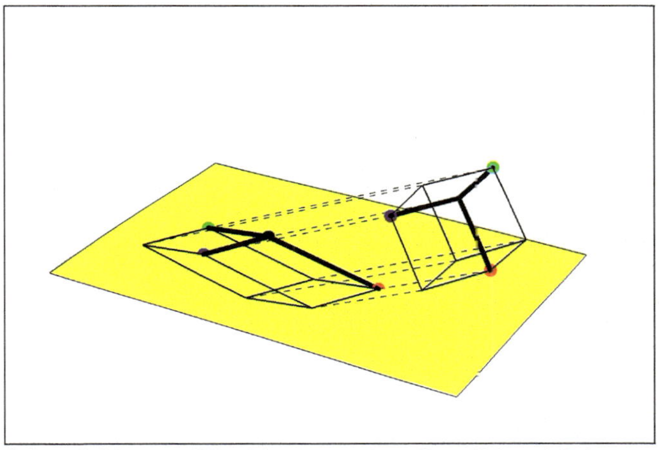
Schrägbild eines Würfels unter einer Parallelprojektion.

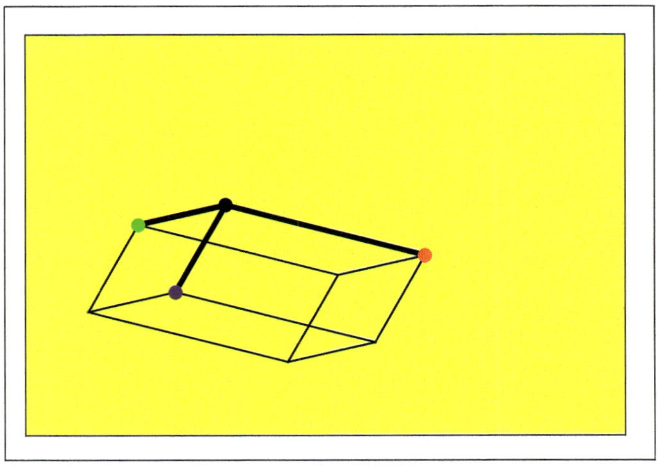
Ansicht der zweidimensionalen Bildebene.

Wir wollen drei aufeinander senkrecht stehende Vektoren gleicher Länge, die von einem gemeinsamen Punkt aus abgetragen werden, eine *Würfelecke* nennen. Der Schattenwurf einer Würfelecke auf eine Ebene unter einer Parallelprojektion ist ein Dreibein dreier von einem gemeinsamen Punkt ausgehender Vektoren in der Bildebene, die nicht allesamt auf einer Geraden liegen. Man kann sich nun fragen, welche Bedingungen ein solches zweidimensionales Dreibein erfüllen muß, um als Schattenwurf einer Würfelecke realisierbar zu sein. Die – vielleicht überraschende – Antwort wurde von dem Maler Karl Wilhelm Pohlke (1810-1876) gefunden: Es sind keine zusätzlichen Bedingungen zu erfüllen; *jedes* echt zweidimensionale Dreibein kann als Schattenwurf einer Würfelecke auftreten. Pohlke war ein Historien-, Genre-, Bildnis- und Landschaftsmaler, der sich neben der Malerei selbst auch mit deren geometrischen Grundlagen beschäftigte und der ab 1860 Professor für Darstellende Geometrie und Perspektive sowohl an der Berliner Bauakademie als auch an der Preußischen Akademie der Künste war.

Lösungen zu »Affine Geometrie« siehe Seite 223

A70: Projektive Geometrie

Aufgabe (70.1) Die Abbildung zeigt Eisenbahngleise, die zum Horizont hin verlaufen. Die einzelnen Gleisschwellen seien dabei gleich breit und in gleichen Abständen verlegt. Wo ist die gestrichelte Linie einzuzeichnen, damit die Abbildung perspektivisch korrekt ist?

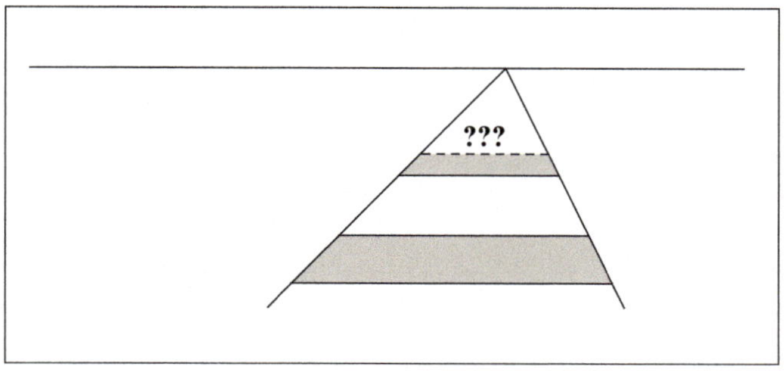

Aufgabe (70.2) Gegeben seien je vier Punkte A, B, C, D und A', B', C', D' einer projektiven Ebene; keine drei der vier Punkte A, B, C, D seien kollinear. Dann gibt es genau eine projektive Kollineation $f : P \to P'$ mit $f(A) = A'$, $f(B) = B'$, $f(C) = C'$ und $f(D) = D'$. Zeige, wie man für einen beliebigen Punkt P das Bild $f(P)$ anhand der folgenden Hilfspunkte bestimmen kann!

$$\begin{aligned} S &:= \text{Schnittpunkt von } \overline{AB} \text{ und } \overline{CD}; \\ U &:= \text{Schnittpunkt von } \overline{AP} \text{ und } \overline{CD}; \\ V &:= \text{Schnittpunkt von } \overline{AP} \text{ und } \overline{BC}. \end{aligned}$$

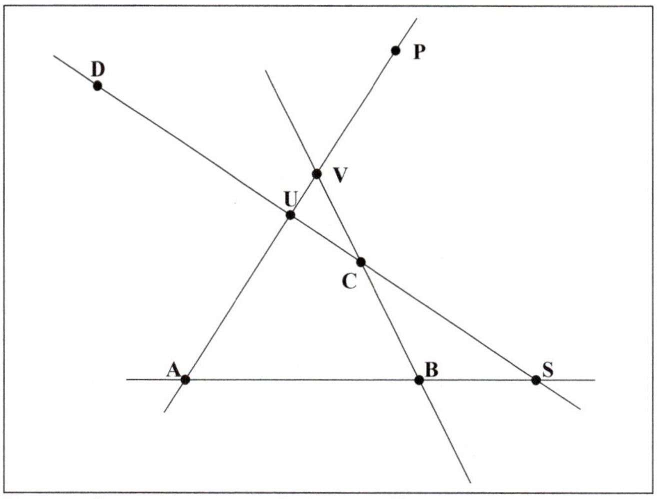

Konstruktion einer projektiven Kollineation.

Bemerkung: Die Konstruktion solcher Kollineationen wird in der Photogrammetrie ausgenutzt. Bei der Auswertung von Luftbildaufnahmen tritt oft das Problem auf, verschiedene Bilder von Teilen des gleichen (als flach angenommenen) Geländes miteinander abzugleichen. Gibt es im Überlappungsbereich zweier Bilder (also demjenigen Teil des Geländes, der auf beiden Bildern zu sehen ist) vier identifizierbare Punkte, so ermöglicht es die in dieser Aufgabe behandelte Vorgehensweise, mittels einer projektiven Abbildung eine (theoretisch perfekte) Korrespondenz zwischen allen auf beiden Aufnahmen erkennbaren Geländepunkten herzustellen.

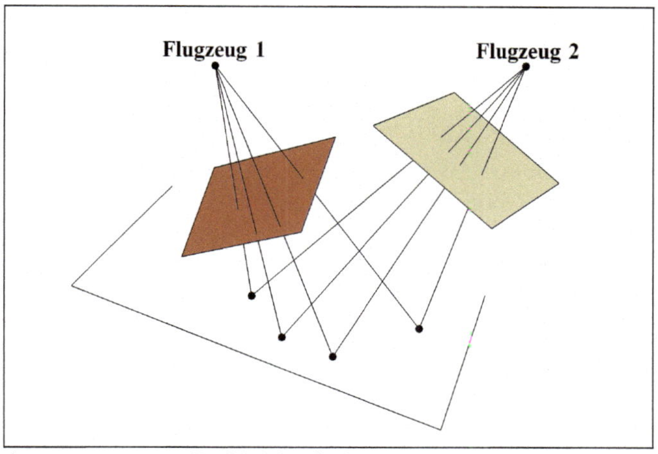

Auswertung von Luftbildaufnahmen.

Aufgabe (70.3) Sind vier kollineare Punkte A, B, C, D auf einer gemeinsamen Geraden g gegeben, so schreiben wir $A \preceq B \preceq C \preceq D$, wenn die Punkte, der Geraden g folgend, in dieser Reihenfolge durchlaufen werden können. Gib in den folgenden Fällen jeweils das Vorzeichen des Doppelverhältnisses $\mathrm{DV}(P_1, P_2, P_3, P_4)$ an!

(a) $P_1 \preceq P_2 \preceq P_3 \preceq P_4$
(b) $P_1 \preceq P_3 \preceq P_2 \preceq P_4$
(c) $P_1 \preceq P_3 \preceq P_4 \preceq P_2$
(d) $P_3 \preceq P_1 \preceq P_2 \preceq P_4$
(e) $P_3 \preceq P_2 \preceq P_4 \preceq P_1$
(f) $P_3 \preceq P_4 \preceq P_1 \preceq P_2$

Aufgabe (70.4) Gegeben seien vier kopunktale Geraden g_1, g_2, g_3, g_4 mit dem gemeinsamen Schnittpunkt Z. Wir legen irgendeine Gerade g transversal zu den Geraden g_i und bezeichnen für $1 \leq i \leq 4$ mit P_i den Schnittpunkt von g_i mit g. Zeige, daß das Doppelverhältnis der Geraden g_i in sinnvoller Weise durch

$$\mathrm{DV}(g_1, g_2, g_3, g_4) := \mathrm{DV}(P_1, P_2, P_3, P_4)$$

definiert werden kann, und drücke dieses Doppelverhältnis durch die Winkel $\alpha_{ij} := \angle(g_i, g_j)$ aus!

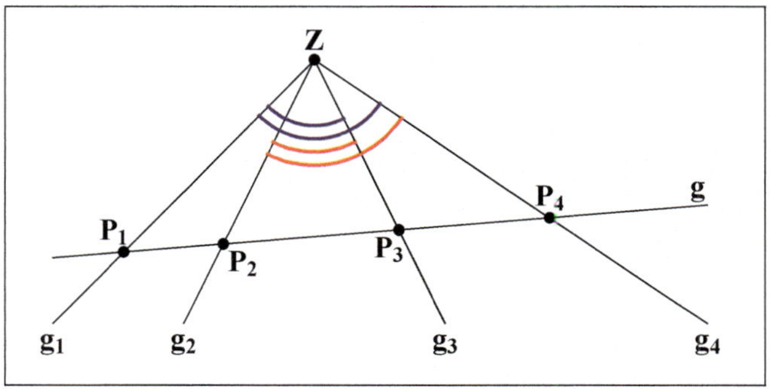

Lösungen zu »Projektive Geometrie« siehe Seite 234

Aufgabe (70.5) Es seien P_1, P_2, P_3, P_4 paarweise verschiedene Punkte in einem projektiven Raum $\mathbb{P}(V)$. Beweise die folgende **Veblen-Young-Bedingung**: Besitzen die Geraden $[P_1, P_2]$ und $[P_3, P_4]$ einen Schnittpunkt, dann auch die Geraden $[P_1, P_3]$ und $[P_2, P_4]$.

Aufgabe (70.6) Zu einer linearen Abbildung $f : V \to W$ zwischen zwei K-Vektorräumen wollen wir eine Abbildung $\mathbb{P}(f) : \mathbb{P}(V) \to \mathbb{P}(W)$ definieren, und zwar durch $\mathbb{P}(f)(K \cdot v) := K \cdot f(v)$.

(a) Zeige, daß $\mathbb{P}(f)$ genau dann wohldefiniert ist, wenn f injektiv ist. Zeige ferner, daß im Fall der Injektivität von f auch $\mathbb{P}(f)$ injektiv ist.

(b) Zeige, daß für zwei injektive lineare Abbildungen $f, g : V \to W$ genau dann $\mathbb{P}(f) = \mathbb{P}(g)$ gilt, wenn es ein Element $c \neq 0$ in K gibt mit $g = c \cdot f$.

(c) Gelten die Aussagen in (a) und (b) auch für semilineare Abbildungen?

Aufgabe (70.7) Es sei $\varphi : \mathbb{P}(V) \to \mathbb{P}(W)$ eine bijektive Abbildung zwischen projektiven Räumen derart, daß sowohl φ als auch φ^{-1} Geraden auf Geraden abbildet. Zeige, daß eine Teilmenge $A \subseteq \mathbb{P}(V)$ ein projektiver Unterraum von $\mathbb{P}(V)$ ist, wenn ihr Bild $\varphi(A)$ ein projektiver Unterraum von $\mathbb{P}(W)$ ist; ist dies der Fall, so stimmen die (projektiven) Dimensionen von A und $\varphi(A)$ überein.

Aufgabe (70.8) Eine **projektive Basis** in einem n-dimensionalen projektiven Raum $\mathbb{P}(W)$ ist eine Menge von $n+2$ Punkten $P_0, P_1, \ldots, P_n, P_{n+1}$ derart, daß es eine Vektorraumbasis $(e_0, e_1, \ldots, e_n)$ von W gibt mit $P_i = [e_i]$ für $0 \leq i \leq n$ und $P_{n+1} = [e_0 + \cdots + e_n]$.

(a) Zeige, daß jeder projektive Raum eine projektive Basis besitzt.

(b) Zeige, daß zwei Basen $(e_0, \ldots, e_n)$ und $(e'_0, \ldots, e'_n)$ von W genau dann die gleiche projektive Basis induzieren, wenn es ein Element $\lambda \neq 0$ in K gibt mit $e'_i = \lambda e_i$ für $0 \leq i \leq n$.

(c) Zeige: Ist $(P_0, P_1, \ldots, P_n, P_{n+1})$ eine projektive Basis von $\mathbb{P}(W)$ und ist $(Q_0, Q_1, \ldots, Q_{n+1})$ projektiv unabhängig in $\mathbb{P}(W')$, so gibt es genau eine geradentreue Abbildung $\varphi : \mathbb{P}(W) \to \mathbb{P}(W')$ mit $\varphi(P_i) = Q_i$ für alle i.

Aufgabe (70.9) Vervollständige allein mit Stift und Lineal das folgende Bild zu einer perspektivisch korrekten Wiedergabe eines mit quadratischen Platten gleicher Größe gefliesten Fußbodens! (Das abgebildete Viereck zeigt dann eine der Fliesen dieses Fußbodens.)

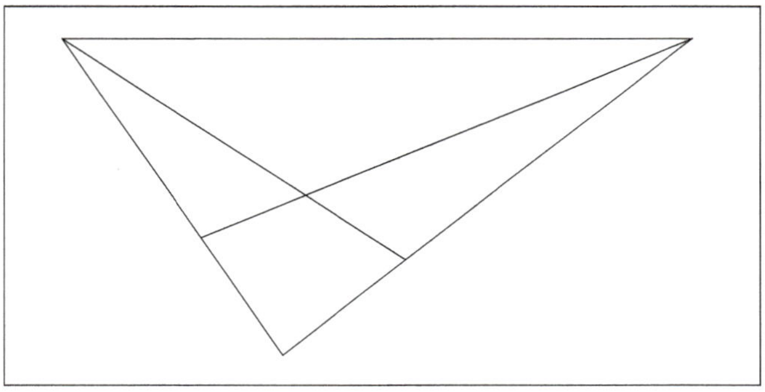

Aufgabe (70.10) (a) Ein Fußboden sei mit gleichseitigen Dreiecken gleicher Größe gefliest; das eingezeichnete Dreieck stelle eine dieser Fliesen dar. Ergänze die Zeichnung zu einer perspektivisch korrekten Darstellung des Fußbodens!

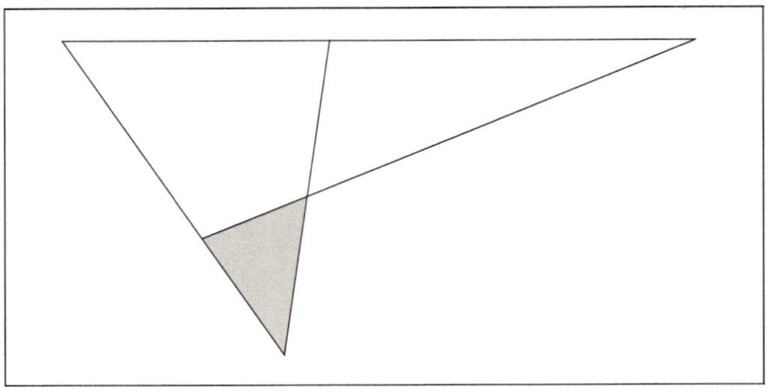

(b) Wie kann man einen Fußboden perspektivisch korrekt darstellen, der mit regelmäßigen Sechsecken gleicher Größe gefliest ist?

Aufgabe (70.11) Ein (einäugiger) Maler will die xy-Ebene (Urbildebene) so auf die xz-Ebene (Bildebene, “Leinwand”) abbilden, wie er sie vom Punkt $A = (0, -d, a)$ aus sieht (a = Aughöhe, d = Distanz zur Leinwand).

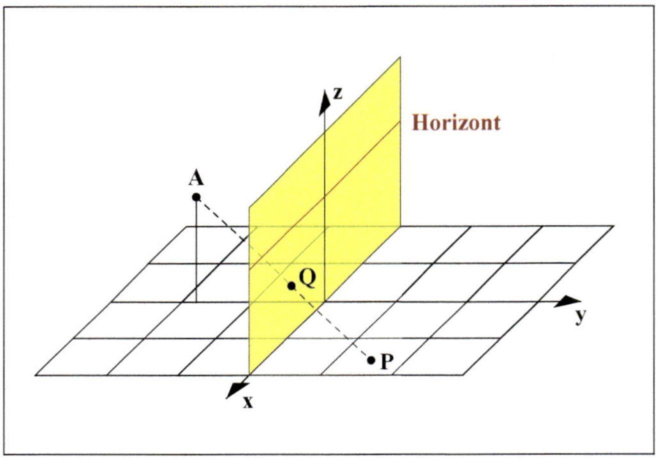

(a) Auf welchen Bildpunkt $Q = (u, v)$ wird ein gegebener Originalpunkt $P = (x, y)$ abgebildet?

(b) Welcher Originalpunkt $P = (x, y)$ entspricht umgekehrt einem gegebenen Bildpunkt $Q = (u, v)$?

(c) Bestimme das Bild des Einheitskreises $x^2 + y^2 = 1$!

(d) Bestimme das Bild der Normalparabel $y = x^2$!

(e) Kann man a und d so wählen, daß im Bild sowohl der Einheitskreis als auch die Normalparabel kreisförmig erscheinen?

(f) In dem folgenden Diagramm sind für $a = d = 2$ die Bilder der Koordinatenlinien für ganzzahlige Werte von x bzw. y perspektivisch korrekt wiedergegeben. Zeichne in dieses Diagramm die Bilder der Kurven $x^2 + y^2 = 1$, $y = x^2$ sowie $x^3 + y^3 = 6$ ein!

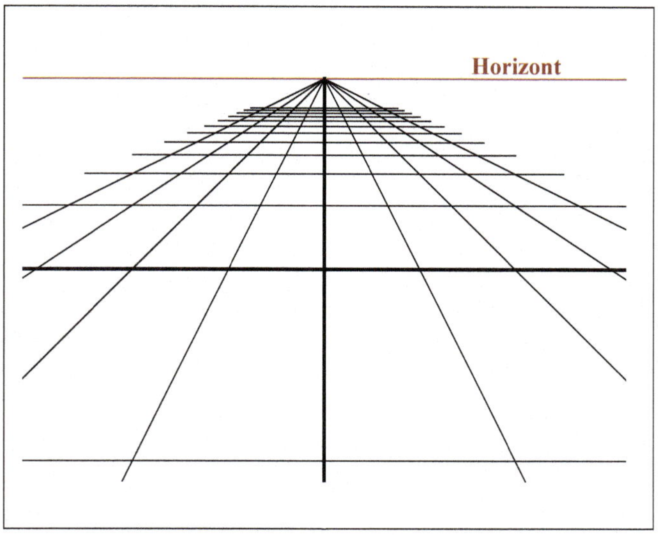

Aufgabe (70.12) Bestimme für jede der folgenden affinen Kurven den projektiven Abschluß, d.h., bestimme in allen Fällen die Punkte im Unendlichen, die die jeweilige Kurve besitzt!

(a) $y^2 = x^2$
(b) $y^2 = x^3$
(c) $y^2 = x^3 + x$
(d) $x^3 + y^3 = xy$
(e) $y^4 = x^2 + 1$
(f) $x^2 + y^2 = 1$
(g) $x^2 + y^2 = x$
(h) $y^2 = x^3 + x^2$
(i) $y^2 = x^4 + x^2 + 1$
(j) $y^3 = x^3 + xy$
(k) $x^2 + xy + x = 0$

Aufgabe (70.13) Zeichne für die projektive Kurve $Y^2Z = X^3$ (Neilsche Parabel)

(a) eine affine Ansicht mit der Sichtebene $Z = 1$;
(b) eine affine Ansicht mit der Sichtebene $X = 1$;
(c) eine affine Ansicht mit der Sichtebene $Y = 1$;
(d) eine affine Ansicht mit der Sichtebene $X+Y+Z = 1$;
(e) eine projektive Ansicht im Einheitskreismodell.

Gib für jede der affinen Ansichten an, welche Punkte der Kurve jeweils im Unendlichen (bezüglich der gewählten affinen Ansicht) liegen.

Aufgabe (70.14) Der **Newton-Knoten** ist die projektive Kurve mit der Gleichung $Y^2Z = X^3 + X^2Z$, und die **Weierstraß-Quartik** ist die projektive Kurve mit der Gleichung $X^4 = Z^4 + Y^2Z^2$. Zeichne für jede dieser beiden Kurven

(a) eine affine Ansicht mit der Sichtebene $Z = 1$;
(b) eine affine Ansicht mit der Sichtebene $X = 1$;
(c) eine affine Ansicht mit der Sichtebene $Y = 1$;
(d) eine affine Ansicht mit der Sichtebene $X+Y+Z = 1$.

Aufgabe (70.15) Zeige, daß die Abbildung $\varphi : \mathbb{P}_1(\mathbb{R}) \to \mathbb{P}_2(\mathbb{R})$ mit

$$[t_0 : t_1] \mapsto [(t_0+t_1)^2(t_0-t_1)^2 : 4t_0^2(t_0-t_1)^2 : 4t_0^2(t_0+t_1)^2]$$

wohldefiniert ist und eine Kurve in der reellen projektiven Ebene parametrisiert. Wie sieht diese Kurve aus?

Aufgabe (70.16) Der **Satz von Pappos** lautet in seiner projektiven Version folgendermaßen: Es seien A, B, C Punkte auf einer Geraden g sowie A', B', C' Punkte auf einer Geraden g'. Dann liegen die folgenden Punkte auf einer Geraden (sind also kollinear):

$$\begin{aligned} A^\star &:= \text{Schnittpunkt von } BC' \text{ und } B'C, \\ B^\star &:= \text{Schnittpunkt von } CA' \text{ und } C'A, \\ C^\star &:= \text{Schnittpunkt von } AB' \text{ und } A'B. \end{aligned}$$

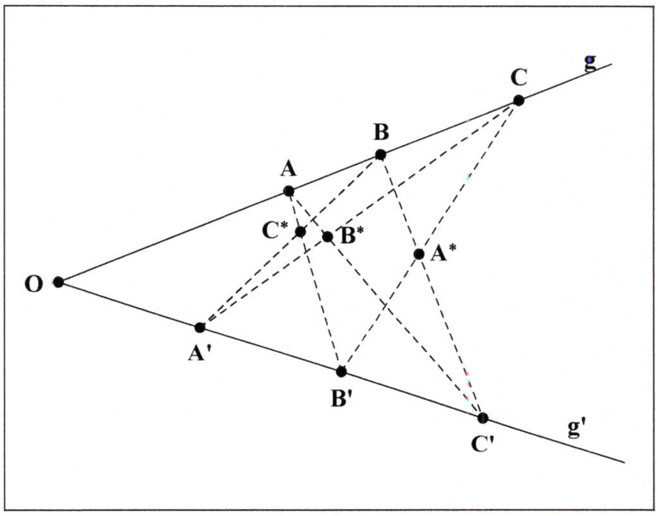

In Satz (39.9) des Buches wurde die folgende (schwache) affine Version des Satzes von Pappos bewiesen: Es seien A, B, C Punkte auf einer Geraden g sowie A', B', C' Punkte auf einer Geraden g'. Gelten dann die Bedingungen $AB' \parallel A'B$ und $BC' \parallel B'C$, so gilt auch $AC' \parallel A'C$. Führe die allgemeine Version des Satzes von Pappos auf diesen Sonderfall zurück!

Aufgabe (70.17) Der **Satz von Desargues** lautet in seiner projektiven Version folgendermaßen: Es seien A, A', B, B', C und C' Punkte derart, daß die Geraden AA', BB' und CC' durch einen Punkt verlaufen (kopunktal sind). Dann liegen die folgenden Punkte auf einer Geraden (sind also kollinear):

$$\begin{aligned} A^\star &:= \text{Schnittpunkt von } BC \text{ und } B'C', \\ B^\star &:= \text{Schnittpunkt von } CA \text{ und } C'A', \\ C^\star &:= \text{Schnittpunkt von } AB \text{ und } A'B'. \end{aligned}$$

In Satz (42.7) des Buches wurde die folgende (schwache) affine Version des Satzes von Desargues bewiesen: Es seien

Lösungen zu »Projektive Geometrie« siehe Seite 234

A, A', B, B', C und C' Punkte derart, daß die Geraden AA', BB' und CC' durch einen Punkt verlaufen (kopunktal sind). Gelten dann die Bedingungen $AB \parallel A'B'$ und $BC \parallel B'C'$, so gilt auch $AC \parallel A'C'$. Führe die allgemeine Version des Satzes von Desargues auf diesen Sonderfall zurück!

Aufgabe (70.18) In projektiver Darstellung ist ein Kegelschnitt eine Menge der Form

$$\{[X_0 : X_1 : X_2] \in \mathbb{P}_2(\mathbb{R}) \mid \sum_{0\le i\le j\le 2} a_{ij}X_iX_j\}$$

mit Koeffizienten a_{ij}, die nicht sämtlich verschwinden. Wir können uns immer eine affine Darstellung eines Kegelschnitts vorstellen, zu der dann gegebenenfalls noch Punkte im Unendlichen ergänzt werden müssen. Unmittelbar anhand der Definition von Kegelschnitten ist klar, daß je zwei Kegelschnitte durch eine Zentralprojektion auseinander hervorgehen und damit projektiv äquivalent sind. Den folgenden Satz über Sechsecke (Hexagramme) auf Kegelschnitten bewies Blaise Pascal (1623-1662) als 16jähriger (!). Wegen seiner verblüffenden Aussage wird das in einer Pascal-Konfiguration auftretende Sechseck als "hexagramma mysticum" bezeichnet.

Satz von Pascal. Es seien A, C', B, A', C und B' sechs Punkte auf einem Kegelschnitt, die ein Sechseck bilden. Dann liegen die Schnittpunkte gegenüberliegender Sechsecksseiten auf einer Geraden, also die Punkte

$$\begin{aligned} A^\star &:= \text{Schnittpunkt von } \overline{BC'} \text{ und } \overline{B'C}, \\ B^\star &:= \text{Schnittpunkt von } \overline{AC'} \text{ und } \overline{A'C}, \\ C^\star &:= \text{Schnittpunkt von } \overline{AB'} \text{ und } \overline{A'B}, \end{aligned}$$

Beweise diesen Satz!

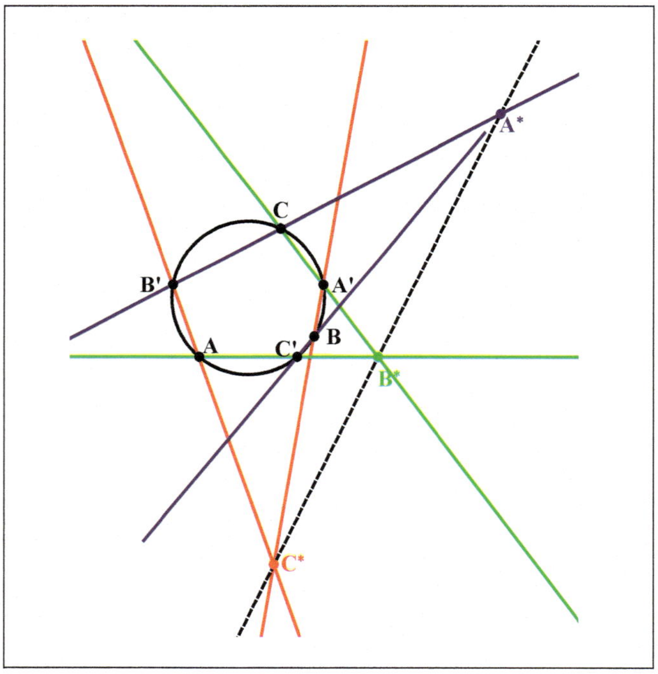

Bemerkung 1: Der Satz von Pascal umfaßt den folgenden Sonderfall: Sind einerseits $\overline{BC'}$ und $\overline{B'C}$ parallel, andererseits auch $\overline{AC'}$ und $\overline{A'C}$, so sind auch $\overline{AB'}$ und $\overline{A'B}$ parallel. In diesem Fall liegen nämlich $A^\star$ und $B^\star$ auf der unendlich fernen Geraden, folglich liegt nach dem Satz von Pascal auch $C^\star$ auf der unendlich fernen Geraden.

Bemerkung 2: Der Satz von Pappos kann als Ausartungsfall des Satzes von Pascal interpretiert werden, nämlich als der Grenzfall, in dem der betrachtete Kegelschnitt zu einem Geradenpaar entartet.

Aufgabe (70.19) Das Doppelverhältnis vierer Punkte $z_1, z_2, z_3, z_4 \in \mathbb{C}_\infty = \mathbb{C} \cup \{\infty\}$ ist definiert durch

$$\mathrm{DV}(z_1, z_2, z_3, z_4) := \frac{z_3 - z_1}{z_3 - z_2} \cdot \frac{z_4 - z_2}{z_4 - z_1} = \frac{z_3 - z_1}{z_4 - z_1} \cdot \frac{z_4 - z_2}{z_3 - z_2}.$$

In den Fällen $z_1 = \infty$, $z_2 = \infty$, $z_3 = \infty$ bzw. $z_4 = \infty$ ist dies zu interpretieren als

$$\frac{z_4 - z_2}{z_3 - z_2}, \quad \frac{z_3 - z_1}{z_4 - z_1}, \quad \frac{z_4 - z_2}{z_4 - z_1} \text{ bzw. } \frac{z_3 - z_1}{z_3 - z_2}.$$

Zeige, daß $\mathrm{DV}(z_1, z_2, z_3, z_4)$ genau dann reell ist, wenn diese vier Punkte auf einem Kreis liegen. Zeige, daß diese Aussage genau die Aussage des elementargeometrischen Satzes wiedergibt, daß zwei Peripheriewinkel über einem Kreisbogen stets gleich sind oder sich zu π ergänzen!

Bemerkung: Die Aussage dieser Aufgabe erlaubt es, nicht nur vom Doppelverhältnis vierer Punkte auf einer Geraden, sondern auch vierer Punkte auf einem Kreis zu sprechen.

Aufgabe (70.20) Ein Satz der projektiven Geometrie sei gegeben. Der dazu duale Satz entsteht aus diesem durch jeweiligen Austausch der folgenden Begriffe:

- "Punkt" und "Gerade",
- "liegt auf" und "geht durch",
- "Gerade durch" und "Schnittpunkt von",
- "kollinear" und "kopunktal".

Beweise das folgende **Dualitätsprinzip**: Ist ein Satz der projektiven Geometrie wahr, so ist der dazu duale Satz automatisch auch wahr. (Jeder Beweis eines projektiven Satzes liefert also automatisch einen weiteren Satz mit.)

Aufgabe (70.21) Formuliere denjenigen Satz der projektiven Geometrie, der dual ist zum
(a) Satz von Pappos,
(b) Satz von Desargues,
(c) Satz von Pascal.

Aufgabe (70.22) Wir betrachten einen beliebigen Kegelschnitt K und wählen einen Punkt N auf K. Zu zwei Punkten $A, B \in K$ definieren wir einen dritten Punkt $A \oplus B \in K$ wie folgt: Wir betrachten die Gerade durch A und B (bzw. im Fall $B = A$ die Tangente an K durch A), verschieben diese parallel durch N und bezeichnen den zweiten Schnittpunkt dieser Parallelen mit K als $A \oplus B$.

Lösungen zu »Projektive Geometrie« siehe Seite 234

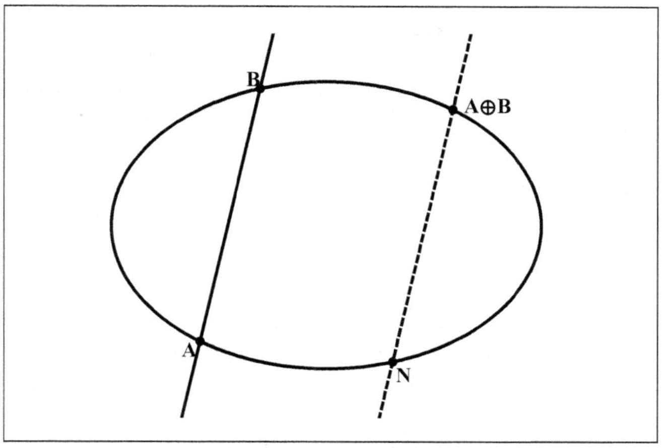

Arithmetik auf einem Kegelschnitt (hier einer Ellipse).

Zeige, daß die dadurch definierte Verknüpfung $(A, B) \mapsto A \oplus B$ die folgenden Eigenschaften hat:
(a) $B \oplus A = A \oplus B$ für alle $A, B \in K$;
(b) $N \oplus A = A$ für alle $A \in K$;
(c) zu jedem Punkt $A \in K$ existiert ein Punkt $A^\star \in K$ mit $A \oplus A^\star = N$;
(d) $(A \oplus B) \oplus C = A \oplus (B \oplus C)$ für alle $A, B, C \in K$.
Diese Eigenschaften besagen gerade, daß $(K, \oplus)$ eine abelsche Gruppe ist. (Wir können also **Arithmetik auf Kegelschnitten** betreiben.)

Aufgabe (70.23) Bei der Definition der Addition auf einem Kegelschnitt in der vorigen Aufgabe wurde als Neutralelement völlig willkürlich irgendein Punkt N des Kegelschnitts gewählt. In dieser Aufgabe soll gezeigt werden, daß trotz dieser Willkür die zugehörige Gruppe bis auf Isomorphie eindeutig bestimmt ist. Genauer: Auf einem Kegelschnitt K wählen wir zwei beliebige Punkte N_1 und N_2 und bezeichnen mit $\oplus_1$ und $\oplus_2$ die zugehörigen Additionsoperationen auf K wie in der vorigen Aufgabe eingeführt. Wir definieren die Abbildung $\varphi : K \to K$ wie folgt: Wir verschieben die Gerade $\overline{N_1 N_2}$ parallel durch A und bezeichnen mit $\varphi(A)$ den zweiten Schnittpunkt dieser Parallelen mit A. Dann definiert φ einen Gruppenisomorphismus $(K, \oplus_1) \to (K, \oplus_2)$.

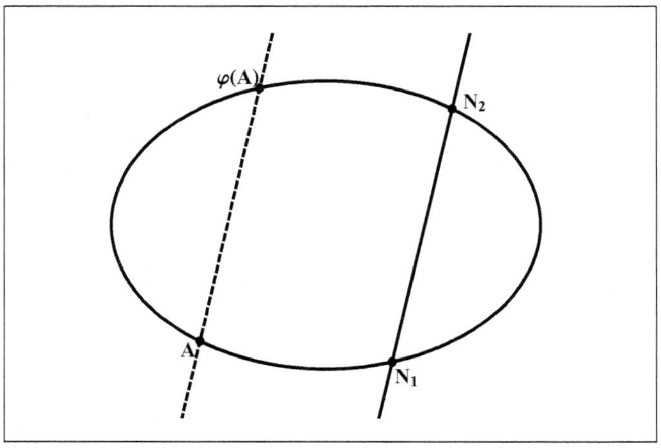

Gruppenisomorphismus $\varphi : (K, \oplus_1) \to (K, \oplus_2)$.

Aufgabe (70.24) Wie sieht die Gruppenoperation auf der Parabel $y = x^2$ aus, wenn wir als Neutralelement den Punkt $N = (0, 0)$ wählen?

Aufgabe (70.25) Wie sieht die Gruppenoperation auf der Hyperbel $y = 1/x$ aus, wenn wir als Neutralelement den Punkt $N = (1, 1)$ wählen?

Aufgabe (70.26) Wie sieht die Gruppenoperation auf der Parabel $y = x^2$ aus, wenn wir als Neutralelement einen beliebigen Parabelpunkt $N = (e, e^2)$ wählen?

Lösungen zu »Projektive Geometrie« siehe Seite 234

A71: Konvexgeometrie

Aufgabe (71.1) Es sei X eine beliebige Teilmenge eines reellen Vektorraums V. Zeige, daß ein Punkt $x \in V$ genau dann ein innerer Punkt einer in X verlaufenden Strecke ist, wenn x der Mittelpunkt einer in X verlaufenden Strecke ist.

Aufgabe (71.2) (a) Es sei $X \subseteq \mathbb{R}^n$ eine Menge mit mindestens $n+2$ Elementen. Zeige, daß sich X derart in zwei disjunkte Teilmengen X_1 und X_2 zerlegen läßt, daß $\operatorname{conv}(X_1) \cap \operatorname{conv}(X_2) \neq \emptyset$ gilt.

Bemerkung: Diese Aussage ist als **Satz von Radon** bekannt. Eine Zerlegung der angegebenen Art nennt man eine **Radon-Zerlegung** von X.

(b) Bestimme alle Radon-Zerlegungen von X, wenn X eine Menge von vier Punkten im $\mathbb{R}^2$ ist.

(c) Bestimme alle Radon-Zerlegungen der Menge X, die aus den Punkten $A = (1,0)$, $B = (0,1)$, $C = (-1,0)$, $D = (0,-1)$ und $E = (1,-1)$ besteht.

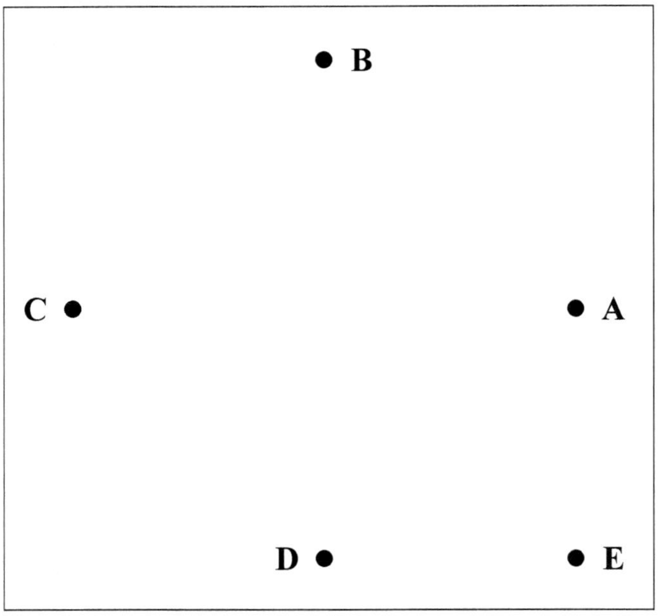

Menge von fünf Punkten in $\mathbb{R}^2$, deren Radon-Zerlegungen gesucht sind.

Aufgabe (71.3) Gegeben sei eine endliche Familie konvexer Teilmengen von $\mathbb{R}^n$ derart, daß je $n+1$ dieser Mengen einen nichtleeren Durchschnitt haben. Zeige, daß dann der Durchschnitt aller Mengen dieser Familie nicht leer ist! (Diese Aussage ist als **Satz von Helly** bekannt.)

Hinweis: Benutze Induktion über die Anzahl der betrachteten Mengen.

Aufgabe (71.4) Sind $x_1, \ldots, x_n$ Elemente eines normierten reellen Vektorraums V (nicht notwendigerweise paarweise verschieden), so nennt man jedes Element $\xi \in V$, das die Funktion

$$f(x) := \frac{1}{n} \sum_{i=1}^{n} \|x - x_i\|$$

minimiert, einen **Mittelwert** des Tupels $(x_1, \ldots, x_n)$. (Der Wert $f(x)$ ist das arithmetische Mittel der Abstände von x zu den Punkten x_i. Ein Element ξ wird also als Mittelwert von $(x_1, \ldots, x_n)$ bezeichnet, wenn ξ "im Mittel" möglichst dicht bei den Punkten x_i liegt.) Wir bezeichnen mit $M(x_1, \ldots, x_n)$ die Menge der Mittelwerte von $(x_1, \ldots, x_n)$.

(a) Beschreibe die Menge $M(x_1, \ldots, x_n)$, wenn $x_1, \ldots, x_n$ Elemente eines eindimensionalen Vektorraums sind.

(b) Wir versehen $\mathbb{R}^2$ mit der Maximumsnorm $\|(x,y)\| := \max\{|x|, |y|\}$. Bestimme die Menge $M(x_1, x_2)$ für $x_1 := (1,1)$ und $x_2 := (1,-1)$.

(c) Zeige, daß $M(x_1, \ldots, x_n)$ stets konvex ist.

(d) Zeige: Ist V endlichdimensional, so ist $M(x_1, \ldots, x_n)$ nicht leer; es gibt also mindestens einen Mittelwert von $x_1, \ldots, x_n$.

(e) Der Raum V heißt **strikt konvex**, wenn

$$\|\lambda a + (1-\lambda) b\| < \lambda \|a\| + (1-\lambda)\|b\|$$

für alle linear unabhängigen Vektoren a und b und alle Zahlen $0 < \lambda < 1$ gilt. Zeige: Ist V strikt konvex und liegen $x_1, \ldots, x_n$ nicht allesamt auf einer Geraden, so gibt es höchstens einen Mittelwert von $x_1, \ldots, x_n$.

Aufgabe (71.5) Es sei K die Menge aller reellen $(n \times n)$-Matrizen $A = (a_{ij})$ mit nichtnegativen Elementen, deren Zeilensummen alle gleich 1 sind. (Genau dann gilt also $A \in K$, wenn die Bedingungen $a_{ij} \geq 0$ für alle i, j sowie $\sum_{j=1}^{n} a_{ij} = 1$ für alle i gelten.)

(a) Zeige, daß K eine konvexe und kompakte Menge ist.

(b) Zeige, daß K mit der Matrizenmultiplikation eine Halbgruppe mit Einselement ist.

(c) Bestimme die Extrempunkte von K!

Bemerkung: Der Begriff der Kompaktheit wird in der Systematik des Buchs erst später eingeführt.

Aufgabe (71.6) Für eine gegebene Matrix $A \in \mathbb{R}^{m \times n}$ und einen gegebenen Vektor $b \in \mathbb{R}^m$ betrachten wir die konvexe Menge

$$X := \{x \in \mathbb{R}^n \mid Ax = b,\ x \geq 0\}.$$

(a) Wir betrachten einen Vektor $x \in X$ und die Menge $I := \{i \in \{1, \ldots, n\} \mid x_i \neq 0\}$ derjenigen Indices mit der Eigenschaft, daß die i-te Komponente von x von Null verschieden ist. Zeige, daß x genau dann ein Extrempunkt von X ist, wenn die Spalten a_i $(i \in I)$ der Matrix A linear unabhängig sind.

(b) Zeige, daß X höchstens $\binom{n}{m}$ Extrempunkte hat.

Lösungen zu »Konvexgeometrie« siehe Seite 246

Aufgabe (71.7) Es sei X die Menge aller $(a,b,c,d)^T \in \mathbb{R}^4$ mit $a,b,c,d \geq 0$, die das Gleichungssystem

$$\begin{bmatrix} 3 & -2 & 1 & 0 \\ 1 & 1 & 2 & 5 \end{bmatrix} \begin{bmatrix} a \\ b \\ c \\ d \end{bmatrix} = \begin{bmatrix} 7 \\ 4 \end{bmatrix}$$

erfüllen. Bestimme alle Extrempunkte von X!

Aufgabe (71.8) Es sei $A \subseteq \mathbb{R}^n$ eine konvexe Menge. Zeige, daß das Innere $\text{int}(A)$ und der Abschluß $\text{cl}(A)$ darstellbar sind als Lösungsmengen von Ungleichungssystemen

$$a_1^{(i)}x_1 + a_2^{(i)}x_2 + \cdots + a_n^{(i)}x_n < b^{(i)} \quad (i \in I) \quad \text{bzw.}$$
$$a_1^{(i)}x_1 + a_2^{(i)}x_2 + \cdots + a_n^{(i)}x_n \leq b^{(i)} \quad (i \in I).$$

Finde ein Beispiel, in dem die Anzahl der Ungleichungen nicht endlich gewählt werden kann. Finde ferner ein Beispiel, in dem A selbst nicht als Lösungsmenge eines solchen Ungleichungssystems darstellbar ist.

Aufgabe (71.9) Es seien V ein reeller Vektorraum und C ein Kegel in V, also eine nichtleere Teilmenge $C \subseteq V$ mit $C + C \subseteq C$ und $\mathbb{R}_0^+ C \subseteq C$. Die **Kante** von C ist definiert als $K(C) := C \cap (-C)$; gilt $K(C) = \{0\}$, so heißt C ein **spitzer Kegel**.

(a) Zeige, daß C konvex ist.
(b) Zeige, daß die Kante von C der größte Untervektorraum von V ist, der ganz in C enthalten ist.
(c) Zeige, daß durch $x \leq y :\Leftrightarrow y - x \in C$ eine Ordnungsrelation auf V definiert ist. Deute für $x \in V$ die Menge $x\uparrow = \{y \in V \mid y \geq x\}$ geometrisch.

Aufgabe (71.10) Es seien V ein endlichdimensionaler Skalarproduktraum und $C \subseteq V$ ein abgeschlossener Kegel in V. Der **Dualkegel** von C ist definiert als

$$C^\star := \{v \in V \mid \langle v, c\rangle \geq 0 \text{ für alle } c \in C\}.$$

Zeige, daß $C^\star$ selbst wieder ein abgeschlossener Kegel ist, und beweise die folgenden Aussagen!

(a) $C^{\star\star} = C$
(b) $K(C^\star) = C^\perp = (C-C)^\perp$
(c) $K(C)^\perp = C^\star - C^\star$
(d) $(C^\star)^\perp = K(C)$
(e) $C_1 \subseteq C_2 \iff C_2^\star \subseteq C_1^\star$
(f) $(\sum_{i\in I} C_i)^\star = \bigcap_{i\in I} C_i^\star$
(g) $(\bigcap_{i\in I} C_i)^\star \supseteq \sum_{i\in I} C_i^\star$

Zeige anhand eines Beispiels, daß bei (g) nicht Gleichheit gelten muß!

Aufgabe (71.11) Zeige in den folgenden Fällen jeweils, daß C ein abgeschlossener Kegel ist, und bestimme den Dualkegel $C^\star$.

(a) Es sei V ein beliebiger endlichdimensionaler Skalarproduktraum, und es sei $C = \mathbb{R}_0^+ c$ mit einem festen Vektor $c \neq 0$. (Eine solche Menge wird als Strahl oder Halbgerade bezeichnet.)
(b) Für einen festen Winkel $\alpha \in (0, \pi/2)$ sei

$$C_\alpha = \{(x,y,z) \in \mathbb{R}^3 \mid \sqrt{x^2+y^2} \leq z \tan\alpha\}.$$

(c) Es sei $C := \{(0,y,z) \in \mathbb{R}^3 \mid |y| \leq z\}$.
(d) Für einen festen Winkel $\alpha \in (0, \pi/2)$ sei

$$C := \{(x,y,z) \in \mathbb{R}^3 \mid x \leq 0,\ \sqrt{x^2+y^2} \leq z \sin\alpha\}.$$

(e) Für eine fest gegebene Matrix $B \in \mathbb{R}^{n\times n}$ sei

$$C := \{Bx \mid x \in \mathbb{R}^n,\ x \geq 0\}.$$

(f) Für eine fest gegebene Matrix $A \in \mathbb{R}^{n\times n}$ sei

$$C := \{x \in \mathbb{R}^n \mid Ax \geq 0\}.$$

(g) Es sei V der Vektorraum aller symmetrischen reellen $(n \times n)$-Matrizen (versehen mit dem Frobenius-Skalarprodukt $\langle\langle A, B\rangle\rangle := \text{tr}(AB^T)$), und es sei $C \subseteq V$ die Menge aller positiv semidefiniten Matrizen.

Aufgabe (71.12) Es sei V ein endlichdimensionaler reeller Vektorraum. Ein Kegel $C \subseteq V$ heißt **endlich erzeugt**, wenn es endlich viele Vektoren $w_1, \ldots, w_n \in V$ gibt mit $C = \mathbb{R}_0^+ w_1 + \cdots + \mathbb{R}_0^+ w_n$. Beweise die folgenden Aussagen!

(a) Ein Kegel ist genau dann endlich erzeugt, wenn er sich als Durchschnitt endlich vieler abgeschlossener Halbräume darstellen läßt.
(b) Ein Kegel ist genau dann endlich erzeugt, wenn sein Dualkegel endlich erzeugt ist.

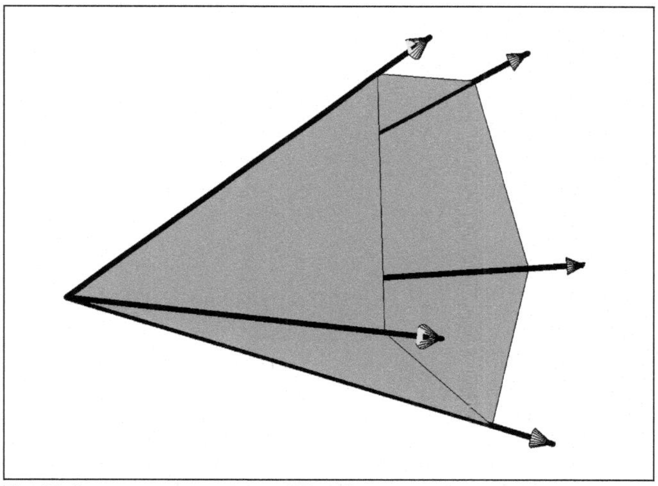

Endlich erzeugter spitzer Kegel.

Hinweis: Benutze beim Beweis von (a) vollständige Induktion über die Anzahl n der erzeugenden Vektoren und verwende dabei den folgenden **Hilfssatz:** Ist $C = \mathbb{R}_0^+ w_1 + \cdots + \mathbb{R}_0^+ w_n$ ein Kegel, der keine Halbgerade ist, so gilt $C = \bigcup_{i=1}^n (C + \mathbb{R}_0^+(-w_i))$.

Lösungen zu »Konvexgeometrie« siehe Seite 246

Aufgabe (71.13) Es seien V ein endlichdimensionaler reeller Vektorraum und C ein endlich erzeugter Kegel in V. Zeige, daß dann $(C^\star)^\star = C$ gilt. (Endlich erzeugte Kegel sind also stets selbstdual.)

Aufgabe (71.14) Es seien V ein reeller Vektorraum und $\mathfrak{P}$ die Menge aller sublinearen Abbildungen $p : V \to \mathbb{R}\cup\{\infty\}$ (wobei $p : V \to \mathbb{R}$ sublinear heißt, wenn $p(x+y) \le p(x) + p(y)$ und $p(\lambda x) = \lambda p(x)$ für alle $x, y \in V$ und alle $\lambda \ge 0$ gilt).

(a) Zeige, daß $\mathfrak{P}$ ein Kegel im Raum aller Abbildungen von V nach $\mathbb{R} \cup \{\infty\}$ ist. Bestimme die Kante dieses Kegels!

(b) Es sei $(p_i)_{i\in I}$ eine Familie in $\mathfrak{P}$, deren punktweise definiertes Supremum $p(x) := \sup_{i\in I} p_i(x)$ existiert. Zeige, daß dann auch p in $\mathfrak{P}$ liegt.

Aufgabe (71.15) Gegeben seien reelle Zahlen $a < b < c$ und eine konvexe Funktion $f : [a, c] \to \mathbb{R}$ mit vorgegebenen Werten $f(a)$, $f(b)$ und $f(c)$. Zeige, daß dann der Graph von f innerhalb des grau schraffierten Bereichs verlaufen muß.

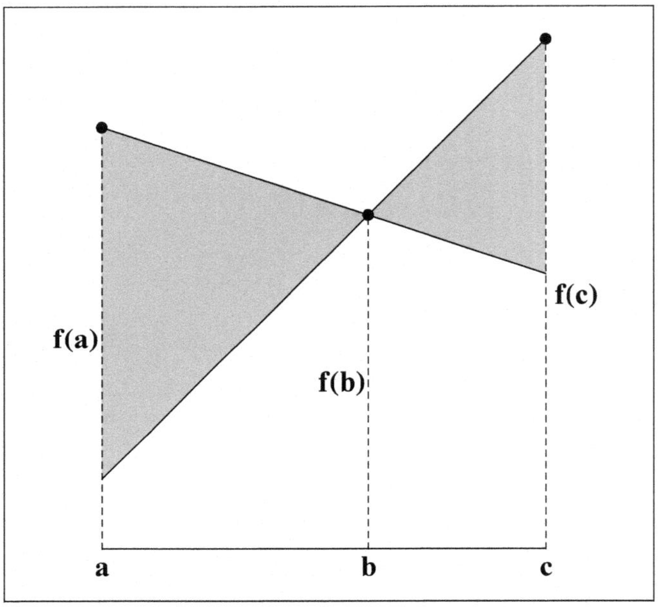

Aufgabe (71.16) Es seien $I \subseteq \mathbb{R}$ ein Intervall und $f : I \to \mathbb{R}$ eine stetige Funktion. Zeige, daß dann die folgenden Aussagen äquivalent sind:

(1) f ist konvex;

(2) für alle $a < b$ in I gilt $f\big((a+b)/2\big) \le \big(f(a)+f(b)\big)/2$;

(3) es gibt eine feste Zahl $\theta \in (0,1)$ mit $f\big((1-\theta)a+\theta b\big) \le (1-\theta)\,f(a) + \theta\,f(b)$ für alle $a < b$ in I;

(4) es gibt eine Zahl ε mit $0 < \varepsilon \le 1/2$ derart, daß es für alle $a < b$ in I ein Element $\xi \in \big[a+\varepsilon(b-a),\, b-\varepsilon(b-a)\big]$ gibt mit

$$(\star) \qquad f(\xi) \le \frac{f(b) - f(a)}{b-a} \cdot (\xi - a) + f(a).$$

Ebenfalls äquivalent sind die vier Aussagen, die entstehen, wenn man in (1) die Bezeichnung "konvex" durch "strikt konvex" ersetzt und in (2), (3) und (4) die auftretenden Ungleichungen durch strikte Ungleichungen.

Bemerkung: Der Begriff der Stetigkeit wird in der Systematik des Buches erst später eingeführt. Bedingung $(\star)$ besagt, daß an der Stelle ξ der Punkt $\big(\xi, f(\xi)\big)$ unterhalb der Verbindungsstrecke zwischen $\big(a, f(a)\big)$ und $\big(b, f(b)\big)$ liegt. Die Bedingung $\xi \in \big[a+\varepsilon(b-a),\, b-\varepsilon(b-a)\big]$ garantiert, daß ξ mit einem einheitlichen "Sicherheitsabstand" von den Randpunkten a und b des betrachteten Intervalls gewählt werden kann.

Aufgabe (71.17) Zeige, daß eine Funktion $f : [a, b] \to \mathbb{R}$ genau dann konvex ist, wenn für alle $x_1 < x_2 < x_3$ in $[a, b]$ die folgende Bedingung gilt:

$$\det \begin{bmatrix} 1 & x_1 & f(x_1) \\ 1 & x_2 & f(x_2) \\ 1 & x_3 & f(x_3) \end{bmatrix} \ge 0.$$

Aufgabe (71.18) Zeige, daß die Funktionen $f(x) := x^2 - 1$ und $g(x) := x^2 + 1$ strikt konvex auf ganz $\mathbb{R}$ sind, daß aber keine der Funktionen f^2, f/g und $g \circ f$ konvex ist.

Aufgabe (71.19) Zeige, daß für alle reellen Zahlen $p > 1$ die Funktion $f : [0, \infty) \to \mathbb{R}$ mit $f(x) = x^p$ strikt konvex ist.

Aufgabe (71.20) Zeige: sind $f : I \to J$ und $g : J \to \mathbb{R}$ konvex und ist g monoton wachsend, so ist $g \circ f : I \to \mathbb{R}$ konvex. Ist dabei f strikt konvex und ist g strikt konvex oder streng monoton wachsend, so ist auch $g \circ f$ strikt konvex.

Aufgabe (71.21) Beweise oder widerlege die folgenden Aussagen!

(a) Das Produkt endlich vieler konvexer Funktionen ist wieder konvex.

(b) Das Supremum einer Familie konvexer Funktionen ist wieder konvex.

(c) Das Supremum einer Familie strikt konvexer Funktionen ist strikt konvex.

(d) Das Infimum einer Familie konvexer Funktionen ist wieder konvex.

(e) Das Infimum einer Familie strikt konvexer Funktionen ist wieder strikt konvex.

(f) Die Verkettung zweier konvexer Funktionen ist wieder konvex.

(g) Es sei $f : [0, \infty) \to [0, \infty)$ eine Funktion mit $f(0) = 0$ derart, daß für jede Zahl $a > 0$ der Graph von $f\,|_{[0,a]}$ unterhalb der Verbindungsstrecke von $(0, 0)$ nach $\big(a, f(a)\big)$ verläuft. Dann ist f konvex.

Lösungen zu »Konvexgeometrie« siehe Seite 246

Aufgabe (71.22) Es seien $I \subseteq \mathbb{R}$ ein Intervall und $f, g : I \to [0, \infty)$ konvexe nichtnegative Funktionen. Zeige: sind f und g beide monoton wachsend oder beide monoton fallend, so ist fg eine konvexe Funktion. Sind dabei beide Funktionen sogar streng konvex oder beide streng monoton, so ist fg streng konvex.

Aufgabe (71.23) Es sei X eine konvexe Teilmenge eines reellen affinen Raums.

(a) Zeige, daß die Menge $\mathfrak{C}$ aller konvexen Funktionen $g : X \to \mathbb{R}$ einen Kegel im Vektorraum $\mathfrak{F}$ aller Funktionen $f : X \to \mathbb{R}$ bildet.

(b) Zeige: Ist $f : X \to \mathbb{R}$ konvex und ist $g : X \to \mathbb{R}$ strikt konvex, so ist auch $f + g$ strikt konvex. Ferner ist für $\lambda > 0$ auch λg strikt konvex.

Aufgabe (71.24) Es seien $I, J \subseteq \mathbb{R}$ Intervalle und $f : I \to J$ eine bijektive Funktion mit der Umkehrfunktion f^{-1}. Beweise die folgenden Aussagen!

(a) Ist f monoton fallend und (streng) konvex, so ist auch f^{-1} (streng) konvex.

(b) Ist f monoton wachsend und (streng) konvex, so ist f^{-1} (streng) konkav.

Aufgabe (71.25) Es seien $I \subseteq \mathbb{R}$ ein Intervall und $f : I \to \mathbb{R}$ eine konvexe Funktion. Beweise die **Jensensche Ungleichung**: Für alle $x_1, \ldots, x_n$ und alle $\lambda_1, \ldots, \lambda_n \geq 0$ mit $\sum_{i=1}^{n} \lambda_i = 1$ gilt $f(\lambda_1 x_1 + \cdots + \lambda_n x_n) \leq \lambda_1 f(x_1) + \cdots + \lambda_n f(x_n)$.

Aufgabe (71.26) Es seien U, V reelle Vektorräume, $X \subseteq U$ und $Y \subseteq V$ konvexe Mengen sowie $f : X \times Y \to \mathbb{R}$ eine konkave Funktion. Für jedes feste Element $x \in X$ existiere $\varphi(x) := \sup_{y \in Y} f(x, y)$. Zeige, daß dann auch $\varphi : X \to \mathbb{R}$ eine konkave Funktion ist. (Etwas salopp ausgedrückt: Konkavität in der kombinierten Variablen (x, y) impliziert Konkavität der bezüglich einer der Variablen maximierten Funktion.)

Aufgabe (71.27) Es seien $X \subseteq \mathbb{R}^n$ eine kompakte konvexe Menge und $f : X \to \mathbb{R}$ eine konvexe Funktion.

(a) Zeige, daß die Funktion f ein Minimum annimmt und daß die Menge $K \subseteq X$ derjenigen Punkte, an denen dieses Minimum angenommen wird, selbst wieder eine kompakte und konvexe Teilmenge ist.

(b) Zeige: Ist f die Einschränkung einer linearen Funktion $F : \mathbb{R}^n \to \mathbb{R}$ auf X, so ist jeder Extrempunkt von K schon ein Extrempunkt von X. Schließe daraus, daß die Funktion f ihr Minimum in (mindestens) einem Extrempunkt von X annimmt.

(c) Zeige, daß die Aussage in (b) nicht für eine beliebige konvexe Funktion $f : X \to \mathbb{R}$ richtig ist.

Aufgabe (71.28) Aus n Nahrungsmitteln soll für einen Patienten eine Diät zusammengestellt werden, die genügend große Mengen an m Nährstoffen (Eiweiße, Kohlenhydrate, Fette, Vitamine) enthält. Wir führen für $1 \leq i \leq m$ und $1 \leq j \leq n$ die folgenden Bezeichnungen ein:

$$\begin{aligned}
a_{ij} &= \text{Menge an Nährstoff } i \text{ pro Einheit des Nahrungsmittels } j;\\
b_j &= \text{täglicher Bedarf der Person an Nährstoff } j;\\
x_j &= \text{tägliche Menge an Nahrungsmittel } j \text{ in der Diät};\\
c_j &= \text{Kosten einer Einheit des Nahrungsmittels } j.
\end{aligned}$$

Gib eine mathematische Formulierung des Problems an, eine möglichst kostengünstige Diät zusammenzustellen, die alle ernährungsmäßig notwendigen Mindestmengen an den einzelnen Nährstoffen garantiert!

Aufgabe (71.29) Ein Unternehmen stellt in m Fabriken n Produkte her. Wir führen für $1 \leq i \leq m$ und $1 \leq j \leq n$ die folgenden Bezeichnungen ein:

$$\begin{aligned}
c_{ij} &= \text{Herstellungskosten einer Einheit des Produkts } j \text{ in Fabrik } i;\\
e_{ij} &= \text{Energiebedarf der Produktion einer Einheit des Produkts } j \text{ in Fabrik } i;\\
k_{ij} &= \text{Kapazitätsaufwand in Fabrik } i \text{ zur Herstellung einer Einheit des Produkts } j;\\
e_i &= \text{maximal verfügbare Energiemenge in Fabrik } i;\\
k_i &= \text{maximale Kapazität der Fabrik } i;\\
x_{ij} &= \text{Produktionsmenge des Produkts } j \text{ in Fabrik } i;\\
p_j &= \text{Verkaufspreis einer Einheit des Produkts } j.
\end{aligned}$$

(Als "Kapazität" darf man sich dabei Personalbestand, Maschinenlaufzeiten, Menge an verfügbaren Rohstoffen oder dergleichen vorstellen.) Gib eine mathematische Formulierung des Problems an, eine Produktionsplanung zu finden, die unter Einhaltung der Einschränkungen für Energieverbrauch und Kapazitäten einen möglichst großen Reingewinn abwirft!

Aufgabe (71.30) Mengen eines Gutes, das in m Lagern vorrätig ist, soll an n Verbraucher transportiert werden. Wir führen für $1 \leq i \leq m$ und $1 \leq j \leq n$ die folgenden Bezeichnungen ein:

$$\begin{aligned}
a_i &= \text{Vorratsmenge im } i\text{-ten Lager};\\
b_j &= \text{Bedarfsmenge des } j\text{-ten Abnehmers};\\
c_{ij} &= \text{Transportkosten für eine Einheit des Gutes vom Lager } i \text{ zum Abnehmer } j;\\
x_{ij} &= \text{Menge, die vom Lager } i \text{ zum Abnehmer } j \text{ transportiert wird.}
\end{aligned}$$

Gib eine mathematische Formulierung des Problems an, einen möglichst kostengünstigen Transportplan zu erstellen, der jedem Abnehmer die gewünschte Menge garantiert. (Warum ist die Bedingung $\sum_{i=1}^{m} a_i \geq \sum_{j=1}^{n} b_j$

Lösungen zu »Konvexgeometrie« siehe Seite 246

eine notwendige Bedingung für die Existenz eines solchen Transportplans? Argumentiere, daß es keine Einschränkung der Allgemeinheit bedeutet, wenn man sogar $\sum_{i=1}^{m} a_i = \sum_{j=1}^{n} b_j$ voraussetzt.)

Aufgabe (71.31) Ein Getränkelieferant liefert pro Jahr 60 000 Kisten Mineralwasser nach P_1 und 40 000 Kisten Mineralwasser nach P_2. Für den Transport stehen zwei Lastkraftwagen L_1 und L_2 zur Verfügung; der erste kann maximal 100 Kisten pro Fahrt transportieren und 300 Fahrten pro Jahr durchführen, der zweite kann maximal 400 Kisten pro Fahrt transportieren und 200 Fahrten pro Jahr durchführen. Eine Fahrt nach P_1 und zurück kostet 50 EUR mit Wagen L_1 und 100 EUR mit Wagen L_2; eine Fahrt nach P_2 kostet dagegen 150 EUR mit Wagen L_1 und 300 EUR mit Wagen L_2. Die Fahrten sollen so geplant werden, daß die gesamten Transportkosten möglichst klein gehalten werden. Formuliere diese Aufgabe als rein mathematisches Problem!

Aufgabe (71.32) Wir betrachten das Problem, den Ausdruck $5x_1+6x_2+7x_3$ unter allen Tripeln $(x_1,x_2,x_3) \in \mathbb{R}^3$ zu minimieren, die die folgenden Bedingungen erfüllen:

$$\begin{aligned} 3x_1 - 2x_2 &\geq 8, \\ x_1 + x_2 + x_3 &\leq 4, \\ 9x_1 - 8x_2 + 7x_3 &= 1, \\ 2 \leq x_1 &\leq 3, \\ x_2 &\geq -4. \end{aligned}$$

Überführe dieses Problem in ein Problem jeder der beiden folgenden Standardformen!

(a) Maximiere $c^T x$ unter den Nebenbedingungen $Ax = b$ und $x \geq 0$.

(b) Maximiere $c^T x$ unter den Nebenbedingungen $Ax \leq b$ und $x \geq 0$.

Aufgabe (71.33) Löse die folgenden Optimierungsaufgaben!

(a) Maximiere bzw. minimiere $x+y$ unter den Nebenbedingungen $x, y \geq 0$ sowie
$$x + 2y \leq 6, \quad 2x + y \leq 6.$$

(b) Maximiere bzw. minimiere $x+y$ unter den Nebenbedingungen $x, y \geq 0$ sowie
$$x + 2y \leq 6, \quad 2x + y \leq 6, \quad x + 3y \geq 3.$$

(c) Maximiere bzw. minimiere $x+y$ unter den Nebenbedingungen $x, y \geq 0$ sowie
$$x + 2y \leq 6, \quad 2x + y \leq 6, \quad -2x + 2 \geq 0.$$

(d) Maximiere bzw. minimiere $x+y$ unter den Nebenbedingungen $x, y \geq 0$ sowie
$$x - 2y \leq 1, \quad -2x + y \leq 1.$$

(e) Maximiere bzw. minimiere $x+y$ unter den Nebenbedingungen $x, y \geq 0$ sowie
$$2x + y \leq 4, \quad -x + y \leq 1.$$

(f) Maximiere bzw. minimiere $x+y$ unter den Nebenbedingungen $x, y \geq 0$ sowie
$$x - 2y \geq 1, \quad x - y \leq 1.$$

(g) Maximiere bzw. minimiere $x+y$ unter den Nebenbedingungen $x, y \geq 0$ sowie
$$x - 2y \geq 1, \quad 2x - y \leq -1.$$

(h) Maximiere bzw. minimiere $x+y$ unter den Nebenbedingungen $x, y \geq 0$ sowie
$$x + 2y \leq 5, \quad x + y \leq 3, \quad 2x + y \leq 5, \quad 2x + y \geq 2.$$

Zeichne dazu jeweils den zulässigen Bereich (also die Menge aller Punkte $(x,y) \in \mathbb{R}^2$, die die angegebenen Nebenbedingungen erfüllen) sowie einige Höhenlinien der zu optimierenden Funktion.

Aufgabe (71.34) In Lager 1 seien 50 Einheiten eines Produkts vorrätig, in Lager 2 dagegen 40 Einheiten. Es sollen 20 bzw. 36 bzw. 34 Einheiten an drei Verbraucher ausgeliefert werden. Die Transportkosten pro Einheit des Produkts sind wie folgt.

Einheitstransportkosten	Verbraucher 1	Verbraucher 2	Verbraucher 3
Lager 1	42	55	60
Lager 2	36	47	51

Bestimme den optimalen (d.h. kostengünstigsten) Transportplan!

Aufgabe (71.35) Aus Orangen- und Grapefruitsaft sollen mindestens 12 Liter eines Mischgetränks hergestellt werden. Zur Verfügung stehen 12 Liter Orangensaft und 5 Liter Grapefruitsaft; der Preis pro Liter betrage 0.95 Euro für Orangensaft und 1.40 Euro für Grapefruitsaft. Aus Geschmacksgründen soll das Verhältnis von Grapefruitsaft zu Orangensaft in der Mischung zwischen 1:6 und 1:2 betragen. Wieviel Saft jeder Sorte muß verwendet werden, wenn die Kosten möglichst gering sein sollen?

Aufgabe (71.36) Ein Bauer besitzt 90 Ar Land und möchte zwei Gemüsesorten A und B anbauen. Das Saatgut A kostet 10 Euro pro Ar, das Saatgut B dagegen 5 Euro pro Ar. Maximal möchte der Bauer 800 Euro für das Saatgut ausgeben. Um das Gemüse anzubauen, sind für Sorte A durchschnittlich 3 Stunden pro Ar nötig, für Sorte B dagegen 6 Stunden, wobei der Bauer maximal 420

Lösungen zu »Konvexgeometrie« siehe Seite 246

Stunden aufwenden kann. Wieviel Ar von jeder Sorte sollten angebaut werden, wenn eine Mengeneinheit der Sorte A bzw. B einen Reingewinn von 36 Euro bzw. 45 Euro abwirft und der Gesamtgewinn möglichst groß werden soll?

Aufgabe (71.37) Ein Unternehmen stellt mit Hilfe zweier Maschinen A und B zwei Produkte X und Y her. Um eine Einheit von X zu produzieren, wird Maschine A für 50 Minuten und Maschine B für 30 Minuten benötigt. Um eine Einheit von Y zu produzieren, wird dagegen Maschine A für 24 Minuten und Maschine B für 33 Minuten benötigt. Am Anfang einer Arbeitswoche sind 30 Einheiten von X und 90 Einheiten von Y vorrätig. Maschine A steht in dieser Woche für 40 Stunden, Maschine B für 35 Stunden zur Verfügung. Das Unternehmen rechnet damit, in der fraglichen Woche 75 Einheiten von X und 95 Einheiten von Y zu verkaufen; es muß mindestens so viel von jedem Produkt hergestellt werden, daß diese Verkaufsmengen realisiert werden können. Was über den Bedarf hinaus produziert wird, steht als Vorrat für die darauffolgende Woche zur Verfügung. Wie ist der Produktionsplan zu wählen, damit dieser Vorrat insgesamt (also die Menge der am Ende der Woche noch vorrätigen Einheiten von X und Y zusammengerechnet) möglichst groß ist?

Aufgabe (71.38) Maximiere $5x_1 + 4x_2 + 3x_3$ unter den Nebenbedingungen

$$\begin{array}{rcrcrcl} 2x_1 & + & 3x_2 & + & x_3 & \leq & 5 \\ 4x_1 & + & x_2 & + & 2x_3 & \leq & 11 \\ 3x_1 & + & 4x_2 & + & 2x_3 & \leq & 8 \end{array}$$

sowie $x_1, x_2, x_3 \geq 0$ durch Anwendung des Simplexverfahrens. †

Aufgabe (71.39) Wiederhole Aufgabe (71.38) in verkürzter Schreibweise unter Benutzung von Simplex-Tableaux. †

Aufgabe (71.40) Maximiere $3x + 2y - 4z$ unter den Nebenbedingungen

$$\begin{array}{rcrcrcl} x & + & 4y & & & \leq & 5 \\ 2x & + & 4y & - & 2z & \leq & 6 \\ x & + & y & - & 2z & \leq & 2 \end{array}$$

sowie $x, y, z \geq 0$ durch Anwendung des Simplexverfahrens in verkürzter Schreibweise.

Aufgabe (71.41) Zeige, daß die Aufgabe, den Ausdruck $x + y + z$ unter den Nebenbedingungen

$$\begin{array}{rcrcrcl} 3x & + & y & - & 2z & \leq & 5 \\ 4x & + & 3y & & & \leq & 7 \end{array}$$

sowie $x, y, z \geq 0$ zu maximieren, keine Lösung hat. Was bedeutet dies? Wie erkennt man die Nichtexistenz einer Lösung bei der Durchführung des Simplexalgorithmus?

Aufgabe (71.42) Maximiere $2x - y + 8z$ unter den Nebenbedingungen

$$\begin{array}{rcrcrcl} 2x & - & 4y & + & 6z & \leq & 3 \\ -x & + & 3y & + & 4z & \leq & 2 \\ & & & & 2z & \leq & 1 \end{array}$$

sowie $x, y, z \geq 0$ durch Anwendung des Simplexverfahrens in verkürzter Schreibweise.

Aufgabe (71.43) Maximiere $x + 14y + 6z$ unter den Nebenbedingungen

$$\begin{array}{rcrcrcl} x & + & y & + & z & \leq & 4 \\ x & & & & & \leq & 2 \\ & & & & z & \leq & 3 \\ & & 3y & + & z & \leq & 6 \end{array}$$

sowie $x, y, z \geq 0$ durch Anwendung des Simplexverfahrens in verkürzter Schreibweise.

Aufgabe (71.44) Das Simplexverfahren werde auf das Problem angewandt, eine Zielfunktion $z = c^T x$ unter den Nebenbedingungen $Ax = b$ und $x \geq 0$ zu maximieren. Zeige: entsteht bei Durchführung des Verfahrens ein Tableau, bei dem in einer Spalte in der untersten Zeile eine positive Zahl steht, in allen anderen Zeilen aber nur nichtpositive Zahlen, so ist die Zielfunktion auf dem zulässigen Bereich nicht nach oben beschränkt; das Optimierungsproblem hat also keine Lösung.

Aufgabe (71.45) Wie kann man am Abschlußtableau des Simplexverfahrens ablesen, ob das gestellte Maximierungsproblem eine eindeutige Lösung hat?

Aufgabe (71.46) Eine Matrix $A \in \mathbb{R}^{m \times n}$, ein Vektor $b \in \mathbb{R}^m$ und ein Extrempunkt ξ der Menge $\{x \in \mathbb{R}^n \mid Ax = b,\ x \geq 0\}$ seien gegeben. Zeige, daß es einen Vektor $c \in \mathbb{R}^n$ derart gibt, daß ξ der einzige Vektor ist, der den Ausdruck $c^T x$ unter den Nebenbedingungen $Ax = b$ und $x \geq 0$ maximiert. (Was bedeutet das geometrisch?)

Bemerkung: Diese Aufgabe zeigt, daß jeder Extrempunkt des zulässigen Bereichs prinzipiell als (einzige) Lösung eines linearen Optimierungsproblems auftreten kann; kein Extrempunkt kann a priori aus der Untersuchung ausgeschlossen werden.

Aufgabe (71.47) Maximiere den Ausdruck $4x + 5y$ unter den Nebenbedingungen

$$\begin{array}{rcrcl} x & + & y & \leq & 90 \\ 2x & + & y & \leq & 160 \\ x & + & 2y & \leq & 140 \end{array}$$

sowie $x, y \geq 0$. (Dieses Problem wurde in Aufgabe (71.36) graphisch gelöst.)

† Das Simplexverfahren wurde im Buch nicht behandelt. Die Lösungen zu (71.38) und (71.39) sind daher so formuliert, daß sie als Einführung in das Simplexverfahren genutzt werden können.

Lösungen zu »Konvexgeometrie« siehe Seite 246

Aufgabe (71.48) Wende das Simplexverfahren auf das Problem an, den Ausdruck $(3x_1/4)-150x_2+(x_3/50)-6x_4$ unter den Nebenbedingungen

$$\begin{aligned} \frac{x_1}{4} - 60x_2 - \frac{x_3}{25} + 9x_4 &\leq 0 \\ \frac{x_1}{2} - 90x_2 - \frac{x_3}{50} + 3x_4 &\leq 0 \\ x_3 &\leq 1 \end{aligned}$$

sowie $x_1, x_2, x_3, x_4 \geq 0$ zu maximieren. Wähle dabei, wenn es mehrere Möglichkeiten geben sollte, das Pivotelement jeweils in der obersten der möglichen Zeilen. Zeige, daß das nach dem siebten Schritt erhaltene Tableau identisch mit dem Ausgangstableau ist. Dieses Verhalten wird als **Kreiseln** bezeichnet; es kann also passieren, daß der Simplexalgorithmus auf der Suche nach der optimalen Lösung "steckenbleibt" und zyklisch immer wieder die gleichen Ecken aufsucht, und zwar, ohne notwendigerweise die optimale Lösung zu finden.

Aufgabe (71.49) Bestimme sämtliche Extrempunkte der Menge $\{x \in \mathbb{R}^7 \mid Ax = b,\ x \geq 0\}$ mit

$$A = \begin{bmatrix} 1/4 & -60 & -1/25 & 9 & 1 & 0 & 0 \\ 1/2 & -90 & -1/50 & 3 & 0 & 1 & 0 \\ 0 & 0 & 1 & 0 & 0 & 0 & 1 \end{bmatrix} \quad \text{und } b = \begin{bmatrix} 0 \\ 0 \\ 1 \end{bmatrix}.$$

An welchen dieser Extrempunkte wird der Ausdruck $(3x_1/4) - 150x_2 + (x_3/50) - 6x_4$ maximal? Vergleiche mit Aufgabe (71.48).

Aufgabe (71.50) Auf das Problem, den Zielwert $z = c^T x$ unter den Nebenbedingungen $Ax = b$ mit $b \geq 0$ sowie $x \geq 0$ zu maximieren, werde das Simplexverfahren angewandt. (Die Bedingung $b \geq 0$ ist dabei keine Einschränkung, denn wir können jede Gleichung des Systems $Ax = b$ notfalls mit -1 durchmultiplizieren.) Beweise die folgenden Aussagen!

(a) Jede Wahl von Basisvariablen in einem Schritt legt das entsprechende Simplextableau eindeutig fest.
(b) Der Wert der Zielvariablen kann sich in einem Schritt des Verfahrens niemals verringern.
(c) Die folgenden Aussagen sind äquivalent:
- die Pivotzeile endet mit einer Null;
- der Wert der Zielvariablen ändert sich im nächsten Schritt nicht;
- die aktuelle Basislösung ändert sich im nächsten Schritt nicht;
- die neue Basisvariable hat den Wert Null.

(d) Wenn der Simplexalgorithmus mit einer festen Regel durchgeführt wird, nach der bei Mehrdeutigkeiten die Pivotspalte oder -zeile zu bestimmen ist, so besteht die einzige Möglichkeit für den Algorithmus, nicht zu enden (entweder mit der optimalen Lösung oder dem Nachweis, daß es keine solche gibt), darin, periodisch eine Folge gewisser Tableaux zu durchlaufen. (Dieses Verhalten bezeichnet man als Kreiseln.)

Aufgabe (71.51) Die **Regel von Bland** (angegeben von Robert G. Bland im Jahr 1977) besteht darin, bei jeder Mehrdeutigkeit diejenige Pivotspalte bzw. Pivotzeile mit dem kleinstmöglichen Index zu wählen. Genauer:

- Treten in der untersten Zeile eines Tableaus mehrere positive Zahlen auf, so wird das am weitesten links stehende verwendet, um die Pivotspalte zu bestimmen.
- Gibt es (bei gewählter Pivotspalte) mehrere Möglichkeiten für die Pivotzeile, so wird die am weitesten oben stehende mögliche Zeile als Pivotzeile verwendet.

Zeige, daß bei Anwendung der Regel von Bland der Simplexalgorithmus nicht kreiseln kann.

Aufgabe (71.52) Löse erneut das Problem in Aufgabe (71.48), diesmal unter Anwendung der Regel von Bland.

Aufgabe (71.53) Maximiere die Funktion $x_1 - x_2 + x_3 - x_4$ unter den Nebenbedingungen

$$\begin{array}{rcrcrcrcl} x_1 & - & 2x_2 & - & 3x_4 & + & 4x_4 & \leq & 0 \\ 4x_1 & - & 3x_2 & - & 2x_3 & + & x_4 & \leq & 0 \\ x_1 & + & x_2 & + & x_3 & + & x_4 & \leq & 1 \end{array}$$

sowie $x_1, x_2, x_3, x_4 \geq 0$. (Beachte: Bei diesem Problem kann Kreiseln auftreten, wenn man den Simplexalgorithmus ohne Sicherheitsvorkehrungen anwendet. Verwende daher die Regel von Bland.)

Aufgabe (71.54) Die **Störungsmethode** zur Vermeidung des Kreiselns im Simplexalgorithmus funktioniert folgendermaßen: Wir ersetzen in der Gleichung $Ax = b$ die rechte Seite durch $b + \varepsilon$, wobei $\varepsilon \in \mathbb{R}^m$ ein Vektor ist mit $1 \gg \varepsilon_1 \gg \varepsilon_2 \gg \cdots$, was bedeuten soll, daß ε_i jeweils eine Größenordnung kleiner ist als ε_{i-1}. (Die ε_i sind symbolische Ausdrücke, für die keine konkreten Zahlenwerte eingesetzt werden.) Der Simplexalgorithmus wird dann mit symbolischer rechter Seite durchgerechnet (wobei lange Terme durch sinngemäße Ersetzungen in jedem Schritt vermieden werden können).

(a) Zeige, daß für jede zulässige Auswahl der Pivotspalten bei Durchführung des Simplexalgorithmus niemals eine Mehrdeutigkeit bei der Wahl der Pivotzeile auftreten kann und daß der Simplexalgorithmus damit in jedem Fall nach endlich vielen Schritten abbricht.
(b) Zeige, daß sich durch die Setzung $\varepsilon := 0$ im Abschlußtableau eine Lösung des ursprünglichen Problems ergibt.

Aufgabe (71.55) Löse erneut Aufgabe (71.53), diesmal unter Benutzung der Störungsmethode statt der Anwendung der Regel von Bland.

Lösungen zu »Konvexgeometrie« siehe Seite 246

Aufgabe (71.56) Wenn bei einem linearen Optimierungsproblem nicht von Anfang an eine zulässige Basislösung bekannt ist, ist eine erste Phase vorzuschalten, in der eine solche gefunden wird; in der zweiten Phase kann man dann, von dieser Basislösung ausgehend, das Optimum durch Anwendung des Standard-Simplexverfahrens finden. Diese **Zweiphasenmethode** wird in dieser Aufgabe und den nachfolgenden Aufgaben studiert.

Es seien $A \in \mathbb{R}^{m\times n}$, $b \in \mathbb{R}^m$ und $e := (1, 1, \ldots, 1)^T \in \mathbb{R}^m$. Betrachte die beiden folgenden Probleme.

(1) Finde einen Vektor $x \geq 0$ in $\mathbb{R}^n$ mit $Ax \leq b$.
(2) Maximiere $-x_0$ unter den Nebenbedingungen $Ax - x_0 e \leq b$ sowie $x \geq 0$ in $\mathbb{R}^n$ und $x_0 \geq 0$ in $\mathbb{R}$.

Beweise die folgenden Aussagen!

(a) Das Problem (2) hat stets eine Optimallösung $(x_0, x) \in \mathbb{R}^{1+n}$.
(b) Gilt $x_0 > 0$ für eine Optimallösung (x_0, x) von (2), so hat (1) keine Lösung.
(c) Ist $(0, \xi)$ Optimallösung von (2), so ist ξ Lösung von (1). Wurde die Optimallösung $(0, \xi)$ mit dem Simplexverfahren ermittelt, so liegt ξ in Basisform vor oder kann durch einen weiteren Schritt auf Basisform gebracht werden.

Aufgabe (71.57) Maximiere den Ausdruck $x_1 - x_2 + x_3$ unter den Nebenbedingungen

$$\begin{array}{rcrcrcr} 2x_1 & - & x_2 & + & 2x_3 & \leq & 4 \\ 2x_1 & - & 3x_2 & + & x_3 & \leq & -5 \\ -x_1 & + & x_2 & - & 2x_3 & \leq & -1 \end{array}$$

durch Anwendung der Zweiphasenmethode des Simplexverfahrens.

Aufgabe (71.58) Es soll ein Eintopf aus Resten gekocht werden. Es sind noch Karotten, Zwiebeln, Paprika, Lauch und Tomaten vorhanden. Damit der Eintopf weder zu scharf noch zu fade wird, soll die Gesamtmenge an Zwiebeln und Paprika 6 kg nicht überschreiten und 2 kg nicht unterschreiten. Damit er hinreichend Vitamine besitzt, soll das Vierfache der verwendeten Menge Karotten zuzüglich des Doppelten der verwendeten Menge an Lauch mindestens 24 kg betragen; aus dem gleichen Grund sollen mindestens 12 kg Tomaten benutzt werden. Aus geschmacklichen Gründen soll die Gesamtmenge aus Karotten und Zwiebeln das Vierfache der Menge verwendeter Tomaten betragen, und es soll genau doppelt so viel Paprika wie Lauch im Eintopf sein. Unter diesen Restriktionen sollen die Herstellungskosten minimiert werden, wobei der Preis je kg für Karotten bei 1 Euro, für Zwiebeln bei 3 Euro, für Paprika bei 2 Euro, für Lauch bei 1 Euro und für Tomaten bei 3 Euro liege. (Entnommen aus Wolfgang Gohout, *Operations Research*, Oldenbourg 2009, Seite 61.)

Aufgabe (71.59) Der Ausdruck $2a + \max(2, b) + c$ soll unter den Nebenbedingungen $a+b+c+2\max(2, b) \leq 4$ sowie $a, c \geq 0$ und $b \geq -4$ maximiert werden.

Hinweis: Löse zwei separate lineare Optimierungsprobleme, eines für $b \geq 2$, eines für $b \leq 2$. Führt die Einführung einer neuen Variablen $d := \max(2, b)$, die die Bedingungen $d \geq 2$ und $d \geq b$ erfüllt, auf die gleiche Lösung?

Aufgabe (71.60) Aus vier Rohstoffen R_1, R_2, R_3, R_4 (zum Beispiel verschiedenen Erzsorten) sollen drei Zwischenprodukte Z_1, Z_2, Z_3 (zum Beispiel verschiedene Metalle) hergestellt werden und aus diesen dann ein Endprodukt E (zum Beispiel eine Legierung). Von Relevanz für die Aufgabe sind die folgenden Informationen.

- Rohstoffpreise: Die folgende Tabelle zeigt, wieviel Geldeinheiten eine Mengeneinheit des jeweiligen Rohstoffs kostet.

Rohstoff	R_1	R_2	R_3	R_4
Einheitspreis	15	12	16	10

- Ausbeute: Die folgende Tabelle zeigt, wieviele Mengeneinheiten jedes der Zwischenprodukte aus jeweils einer Mengeneinheit eines Rohstoffs gewonnen werden können.

Ausbeute	R_1	R_2	R_3	R_4
Z_1	0.2	0.5	0.4	0.3
Z_2	0.2	0.1	0.2	0.1
Z_3	0.2	0.4	0.3	0.2

- Benötigte Mengeneinheiten an Zwischenprodukten zur Herstellung einer Einheit des Endprodukts:

E	Z_1	Z_2	Z_3
1	0.35	0.20	0.45

Welche Mengen der Rohstoffe R_1, R_2, R_3, R_4 sind einzusetzen, um 10 Mengeneinheiten des Endprodukts E möglichst kostengünstig herzustellen?

Bemerkung: Die Aufgabe ist insofern unrealistisch, als nur die Beschaffungspreise für die Rohstoffe berücksichtigt werden, nicht aber die Produktionskosten, die bei der Herstellung der Zwischenprodukte und des Endprodukts anfallen. Durch eine realistischere Modellierung würde sich allerdings nur der Rechenaufwand, nicht die mathematische Struktur der Fragestellung ändern.

Aufgabe (71.61) Ein Hersteller produziere n Güter aus m Rohstoffen. Für $1 \leq i \leq m$ und $1 \leq j \leq n$ setzen wir

a_{ij} := Anzahl der Einheiten des i-ten Rohstoffs, die nötig sind, um eine Einheit des j-ten Produkts zu erzeugen;

x_j := Menge des j-ten Produkts, die hergestellt wird;

c_j := Reingewinn beim Verkauf einer Einheit des j-ten Produkts;

b_i := verfügbare Menge des i-ten Rohstoffs.

Lösungen zu »Konvexgeometrie« siehe Seite 246

Der Hersteller versucht, $c^T x$ unter den Nebenbedingungen $Ax \leq b$ und $x \geq 0$ zu lösen (primales Problem). Wenn der Markt sieht, daß mit der Herstellung dieser Produkte Gewinne zu erzielen sind, wird er mit einer Erhöhung der Rohstoffpreise reagieren. Deute die Reaktion des Marktes als ein Optimierungsproblem für die Variablen

p_i := Preiserhöhung für eine Einheit des i-ten Rohstoffs als Folge des Produktionsprozesses

(duales Problem). Die Variablen p_i werden auch als **adjungierte Variablen** bzw. (in wirtschaftsmathematischer Deutung) als **Schattenpreise** bezeichnet.

Aufgabe (71.62) Wir betrachten die beiden folgenden linearen Optimierungsprobleme.

(P) Maximiere $c^T x$ unter den Nebenbedingungen $Ax \leq b$ und $x \geq 0$.

(D) Minimiere $b^T y$ unter den Nebenbedingungen $A^T y \geq c$ und $y \geq 0$.

Man bezeichnet in diesem Fall (P) als **primales Problem** und (D) als **duales Problem**. Zeige: Schreibt man (D) der Form nach als primales Problem, so ist (P) gerade das zugehörige duale Problem. (Der Begriff der Dualität ist also symmetrisch bezüglich der betrachteten Probleme.)

Aufgabe (71.63) Wir betrachten (P) und (D) wie in der vorigen Aufgabe. Beweise die folgenden Aussagen!

(a) Ist x irgendeine zulässige Lösung von (P) und ist y irgendeine zulässige Lösung von D, so gilt $c^T x \leq b^T y$.

(b) Besitzen die beiden Probleme überhaupt zulässige Lösungen, so besitzen sie auch optimale Lösungen.

(c) Es seien x_0 eine zulässige Lösung von (P) und y_0 eine zulässige Lösung von (D). Genau dann ist dann jede der beiden Lösungen optimal für das jeweilige Problem, wenn $c^T x_0 = b^T y_0$ gilt.

Hinweis zu Teil (c): Das Anfangs- und das Endtableau einer Durchführung des Simplexalgorithmus zur Lösung von (P) seien wie folgt gegeben.

z	Originalvariablen	Schlupfvariablen	
0	A	$\mathbf{1}$	b
-1	c^T	0^T	0

z	Originalvariablen	Schlupfvariablen	
0	$\widehat{A}$	R	$\widehat{b}$
-1	$\widehat{c}^T$	$-y^T$	$-z^\star$

Zeige, daß dann y eine optimale Lösung von (D) ist!

Aufgabe (71.64) Wir betrachten das Problem, den Ausdruck $a + 2b + 3c + 6d$ unter den Nebenbedingungen

$$a + 4b \geq 600, \quad c + 4d \geq 400, \quad a + c \leq 300, \quad b + d \leq 200$$

sowie $a, b, c, d \geq 0$ zu minimieren. Argumentiere, daß man dieses Problem auf die folgenden beiden Arten lösen kann:

(1) durch Umformulierung als Maximierungsproblem und Anwendung der Zweiphasenmethode,

(2) durch Lösen des zugehörigen dualen Problems.

Löse das Problem mit derjenigen Methode, die günstiger erscheint!

Aufgabe (71.65) Gegeben sei ein Simplextableau zur Lösung von (P), bei der in der untersten Reihe (mit möglicher Ausnahme des Elements ganz rechts) nur nichtpositive Zahlen auftreten. In der i-ten Zeile stehe ganz rechts ein negatives Element.

(a) Begründe, warum dann in der i-ten Zeile noch mindestens ein anderes negatives Element stehen muß!

(b) Für jedes solche Element (sagen wir das in der j-ten Spalte) werde der Quotient

$$q_j := \frac{\text{Element in Spalte } j \text{ der untersten Zeile}}{\text{Element in Spalte } j \text{ der } i\text{-ten Zeile}}$$

gebildet; dann wird j_0 so gewählt, daß dieser Quotient minimal wird. Zeige: Wird jetzt die j_0-te Spalte "ausgeräumt" (werden also Zeilenoperationen durchgeführt, um die j_0-te Spalte in den Einheitsvektor e_i zu verwandeln), so bleiben alle Elemente in der untersten Zeile negativ, während das Element ganz rechts in der i-ten Zeile positiv wird. (Die Durchführung dieser Operation wird als **dualer Austauschschritt** bezeichnet).

(c) Zeige: Stehen nach mehreren dualen Austauschschritten in der Spalte ganz rechts (mit möglicher Ausnahme des Elements ganz unten) nur noch nichtnegative Zahlen, so liefert das entstandene Tableau die Optimallösung von (P).

Aufgabe (71.66) Wir wollen $c^T x$ unter den Nebenbedingungen $Ax \leq b$ und $x \geq 0$ maximieren; die dabei erhaltene optimale Lösung sei gegeben durch

$$x_i = b_i - \sum_{j \in N} a_{ij} x_j \quad (i \in I),$$

wobei I und N die Indexmengen der Basis- bzw. Nichtbasisvariablen seien. Es werde nun noch die zusätzliche Anforderung gestellt, die Variablen x_i seien ganzzahlig. (Es gibt auch gemischte Probleme, bei denen manche der Koeffizienten ganzzahlig sein müssen, andere nicht. Solche gemischten Probleme lassen sich analog behandeln.) Sind alle Zahlen b_i ganzzahlig, so ist die gefundene Lösung auch ganzzahlig (denn wir haben dann $x_j = 0$ für $j \in N$ und $x_i = b_i \in \mathbb{Z}$ für $i \in I$). Wir betrachten nun den Fall, daß $b_i \notin \mathbb{Z}$ für mindestens einen Index i auftritt. Zeige, daß (wenn wir $u \in \mathbb{R}$ in der Form $u = [u] + \{u\}$ mit $[u] \in \mathbb{Z}$ und $\{u\} \in [0,1)$ schreiben) in diesem Fall

$$(\star) \qquad \{b_i\} - \sum_{j \in N} \{a_{ij}\} x_j \leq 0$$

eine zusätzliche Restriktion ist, die von der gefundenen nichtganzzahligen Lösung nicht erfüllt wird, aber von jeder zulässigen ganzzahligen Lösung des gegebenen Problems erfüllt werden muß. Das Verfahren von Gomory (1958) besteht darin, zunächst Ganzzahligkeitsanforderungen zu ignorieren und dann eventuell sich ergebende zusätzliche Restriktionen in das Simplextableau mit aufzunehmen; das Verfahren wird dann so lange iteriert, bis man eine ganzzahlige Lösung gefunden hat.

Aufgabe (71.67) Der Ausdruck $8x + 4y$ soll unter den Nebenbedingungen

$$\begin{aligned} -2x + 3y &\leq 6 \\ 8x + 3y &\leq 20 \end{aligned}$$

sowie $x, y \in \mathbb{N}_0$ maximiert werden. Führe einen Schritt des Verfahrens von Gomory aus und deute ihn geometrisch!

Aufgabe (71.68) Maximiere $x + 2y$ unter den Nebenbedingungen

$$\begin{aligned} 6x + 5y &\leq 27 \\ 2x + 6y &\leq 21 \end{aligned}$$

sowie $x, y \in \mathbb{N}_0$ nach der Methode von Gomory. (Füge bei jeder Elimination einer nichtganzzahligen Lösung nur jeweils eine Schnittrestriktion hinzu, und zwar diejenige, bei der der Schnitt möglichst weit entfernt von der gefundenen nichtganzzahligen Lösung ist.) Verdeutliche jeden Schritt des Verfahrens geometrisch!

Bemerkung: Die angegebene Wahl der hinzuzufügenden Restriktion ist heuristisch motiviert, aber es gibt weder einen Beweis dafür, daß diese Wahl "optimal" in einem präzisen Sinne ist, noch dafür, daß diese Wahl überhaupt nach endlich vielen Schritten zur Beendigung des Algorithmus führt. (Es gibt Schnittwahlregeln, die - ähnlich wie die Regel von Bland beim Simplexverfahren - eine solche Beendigung garantieren.)

Aufgabe (71.69) Löse das Problem aus Aufgabe (71.68) wie folgt nach der Methode von Dakin (1965).

(1) Es sei B der zulässige Bereich. Zeige, daß $2 < x < 3$ für die optimale Lösung $(x, y) \in B$ gilt. Da nur ganzzahlige Lösungen gesucht werden, zerfällt B in die disjunkten Bereiche

$$\begin{aligned} B_1 &:= \{(x,y) \in B \mid x \leq 2\}, \\ B_2 &:= \{(x,y) \in B \mid x \geq 3\}. \end{aligned}$$

Löse das nichtganzzahlige Problem für jeden Bereich separat unter Benutzung der zusätzlichen Restriktionen $x \leq 2$ bzw. $x \geq 3$.

(2) Verifiziere, daß die Lösung in B_1 besser ist als die in B_2 und zeige, daß die optimale Lösung $(x, y) \in B_1$ die Bedingung $2 < y < 3$ erfüllt. Zerlege also B_1 in

$$\begin{aligned} B_3 &:= \{(x,y) \in B_1 \mid y \leq 2\}, \\ B_4 &:= \{(x,y) \in B_1 \mid y \geq 3\}. \end{aligned}$$

(3) Organisiere das Verfahren mit Hilfe eines Entscheidungsbaums, der jedesmal verzweigt, wenn ein Bereich in zwei disjunkte Teile zerlegt wird. Untersuche bei jedem Schritt denjenigen Bereich, der die potentiell größte ganzzahlige Lösung verspricht.

(4) Sobald eine ganzzahlige Lösung gefunden ist, muß der Bereich, in dem diese auftritt, nicht mehr weiter untersucht werden. Gehe dann zurück zu denjenigen Bereichen, in denen die beste nichtganzzahlige Lösung besser ist als die aktuell gefundene ganzzahlige Lösung (also zu denjenigen Bereichen, in denen eine Verbesserung potentiell noch möglich ist).

(5) Iteriere das Verfahren so lange, bis keine Verbesserung mehr möglich ist.

Warum ist a priori klar, daß das Verfahren nach endlich vielen Schritten tatsächlich eine optimale Lösung findet?

Aufgabe (71.70) Ein Getränkelieferant liefert pro Jahr 60 000 Kisten Mineralwasser nach P_1 und 40 000 Kisten Mineralwasser nach P_2. Für den Transport stehen zwei Lastkraftwagen L_1 und L_2 zur Verfügung; der erste kann maximal 100 Kisten pro Fahrt transportieren und 300 Fahrten pro Jahr durchführen, der zweite kann maximal 400 Kisten pro Fahrt transportieren und 200 Fahrten pro Jahr durchführen. Eine Fahrt nach P_1 und zurück kostet 50 EUR mit Wagen L_1 und 100 EUR mit Wagen L_2; eine Fahrt nach P_2 kostet dagegen 150 EUR mit Wagen L_1 und 300 EUR mit Wagen L_2. Die Fahrten sollen so geplant werden, daß die gesamten Transportkosten möglichst klein gehalten werden.

Aufgabe (71.71) Der Simplexalgorithmus werde auf ein lineares Optimierungsproblem in primaler Form angewandt und liefere das folgende Endtableau.

z	x_1	x_2	x_3	x_4	x_5	x_6	x_7	x_8	x_9	
0	−2	0	−2	1	0	−2	0	0	3	1
0	0	0	2	0	0	1	−1	1	0	2
0	0	1	7	0	0	3	−2	0	0	3
0	−1	0	−1	0	1	1	0	0	1	4
−1	−9	0	−8	0	0	−7	−6	0	−5	−12

Wie lautet das zugehörige Anfangstableau?

Lösungen zu »Konvexgeometrie« siehe Seite 246

Aufgabe (71.72) Ein Unternehmen stelle n Produkte her, sagen wir die Menge $x_i \geq 0$ für das i-te Produkt. Die Produktion unterliege Kapazitätsbeschränkungen der Form $Ax \leq b$, und es sei c_i der beim Verkauf einer Einheit des i-ten Produkts erzielte Reingewinn. Der Gesamtgewinn $c^T x = \sum_{i=1}^{n} c_i x_i$ soll maximiert werden; die optimalen Produktionszahlen $x_1, \ldots, x_n$ werden mit Hilfe des Simplexverfahrens bestimmt.

(a) Es stellt sich nachträglich heraus, daß sich der Kapazitätenvektor b um Δb geändert hat. Welche Bedingung muß Δb erfüllen, damit sich die Basis der gefundenen Lösung nicht ändert? Wie ändern sich in diesem Fall die Werte der Basisvariablen und der Wert der Zielfunktion?

(b) Um welchen Betrag Δc_i muß man den Verkaufspreis (und damit den Reingewinn) für eine Nichtbasisvariable x_i erhöhen, damit sich eine Aufnahme des i-ten Produkts in die Produktionspalette für das Unternehmen lohnt?

(c) Für das i-te Produkt gelte $x_i > 0$, d.h., das i-te Produkt sei im optimalen Produktionsplan vertreten. Für welche Änderungen Δc_i im Verkaufspreis (und damit im Reingewinn) dieses Produkts kann garantiert werden, daß sich die Basis der gefundenen Lösung nicht ändert?

(d) Das Unternehmen überlegt, ob es ein neues Produkt herstellen soll. Es sei $a_{\text{neu}} \in \mathbb{R}^m$ der Vektor, der die bei der Herstellung dieses Produkts benötigten Ressourcen beschreibt, und es sei c_{neu} der Reingewinn, den das Unternehmen beim Verkauf einer Einheit dieses neuen Produkts erzielen kann. Wie kann man an dem vorliegenden Simplextableau ablesen, ob sich die Neueinführung dieses Produkts lohnt?

Aufgabe (71.73) Ein Unternehmen stelle aus dem gleichen Rohprodukt vier verschiedene Endprodukte P_1, P_2, P_3, P_4 her. Pro Einheit des Endprodukts werde jeweils eine Einheit des Rohprodukts benötigt, von dem insgesamt 40 Einheiten zur Verfügung stehen mögen. Bei der Herstellung sind dann verschiedene Be- und Verarbeitungsschritte durchzuführen; die folgende Tabelle gibt für $1 \leq i \leq 4$ an, welcher Zeitaufwand (in Stunden) des jeweiligen Schritts zur Herstellung einer Einheit des i-ten Produkts anfällt, und zeigt ferner, welche Gesamtarbeitsstundenzahl für den jeweiligen Schritt insgesamt zur Verfügung steht. (Es kann sich hierbei sowohl um Personalkapazitäten als auch um Maschinenlaufzeiten oder dergleichen handeln). Bezeichnen wir ferner mit c_i den beim Verkauf einer Einheit des i-ten Produkts erzielten Reingewinn, so gelte $(c_1, c_2, c_3, c_4) = (20, 30, 50, 40)$, jeweils angegeben in Geldeinheiten.

Verarbeitungsschritt	Zeitaufwand für P_1	Zeitaufwand für P_2	Zeitaufwand für P_3	Zeitaufwand für P_4	verfügbare Gesamtdauer
Schritt 1	10	10	20	20	600
Schritt 2	20	20	30	20	900
Schritt 3	20	10	30	30	700

(a) Ermittle den für das Unternehmen rentabelsten Produktionsplan!

(b) Zeige, daß im optimalen Produktionsplan das erste Produkt nicht vorkommt. Um welchen Betrag müßte das Unternehmen den Verkaufspreis für dieses Produkt erhöhen, damit sich die Produktion für das Unternehmen rechnet?

(c) Zeige, daß im optimalen Produktionsplan das dritte Produkt vorkommt. Innerhalb welcher Bandbreite für den Verkaufspreis dieses Produkts bleibt die Basis für die optimale Lösung erhalten?

(d) Innerhalb welcher Bandbreite darf sich die für Schritt 1 verfügbare Gesamtzeit ändern (etwa bedingt durch Änderungen beim Personalbestand oder bei Maschinenlaufzeiten), ohne daß sich die Basis der gefundenen Lösung ändert?

(e) Das Unternehmen erhält das Angebot, zusätzlich zu den 40 vorhandenen Einheiten des benötigten Rohstoffs eine weitere Menge hinzuzukaufen. Welche Menge sollte das Unternehmen kaufen, und welchen Betrag sollte es höchstens dafür bezahlen? Wie ändert sich durch den Zukauf der optimale Produktionsplan?

(f) Das Unternehmen erwägt die Herstellung eines neuen Produkts, das pro Einheit wieder eine Einheit des Grundstoffes sowie je 10 Stunden Bearbeitungszeit in den Schritten 1 bis 3 benötigt. Das Unternehmen schätzt, einen marktfähigen Preis so festsetzen zu können, daß jede verkaufte Einheit des neuen Produkts einen Reingewinn von 22 Geldeinheiten einbringt. Lohnt sich die Produktion? Falls ja, welche Menge des neuen Produkts sollte hergestellt werden?

Aufgabe (71.74) Der Ausdruck $2a + b - 3c$ soll unter allen Tripeln $(a, b, c) \in \mathbb{R}^3$ minimiert werden, die die folgenden Nebenbedingungen erfüllen.

$$a - b + c \leq 0, \quad a - b - c \geq -5, \quad a \leq 2, \quad b \geq 3.$$

(a) Formuliere das Problem in der folgenden Standardform: Maximiere $c^T x$ unter den Nebenbedingungen $Ax \leq b$ und $x \geq 0$ (wobei $x \in \mathbb{R}^n$).

(b) Löse das umformulierte Problem mit dem Simplexverfahren.

(c) Gib eine Lösung des Originalproblems in (a) an!

Aufgabe (71.75) Ein Unternehmen stellt zwei Produkte her, bei denen es einen Reinerlös von 150 Euro bzw. 400 Euro pro verkaufter Mengeneinheit (ME) erzielt. Jedes Produkt durchläuft drei Fertigungsschritte. Die notwendigen Bearbeitungszeiten sind in der folgenden Tabelle angegeben; die letzte Spalte der Tabelle zeigt die für jeden Fertigungsschritt insgesamt verfügbare Kapazität.

Schritt	Produkt 1	Produkt 2	Kapazität
1	3 Std./ME	6 Std./ME	270 Std.
2	3 Std./ME	3 Std./ME	200 Std.
3	1.5 Std./ME	7 Std./ME	294 Std.

Lösungen zu »Konvexgeometrie« siehe Seite 246

(a) Formuliere die Aufgabe, den Reingewinn unter den angegebenen Restriktionen zu maximieren, als mathematisches Optimierungsproblem.
(b) Löse das Problem aus Teil (a) graphisch!
(c) Gib das Anfangstableau zur Lösung des Problems in (a) mit dem Simplexalgorithmus an! (Es ist **nicht** verlangt, den Simplexalgorithmus durchzuführen!)

Aufgabe (71.76) Ein Fondsmanager will für seinen Fonds Aktien aus zwei Branchen kaufen. Für $i = 1, 2$ sei x_i der Anteil des Fondsvermögens, der in Branche i investiert wird; der verbleibende Anteil x_3 repräsentiert die liquiden Mittel des Fonds. Dabei sind die folgenden Regeln einzuhalten:

- der Unterschied in den Anteilen x_1 und x_2 darf höchstens 20 Prozentpunkte betragen, damit nicht zu einseitig investiert wird;
- mindestens 80% des Fondsvermögens sollen investiert werden;
- mindestens 10% des Fondsvermögens verbleiben als liquide Mittel.

Der Manager erwartet für die Branchen 1 und 2 eine Rendite von 5% bzw. 8%, für die liquiden Mittel eine Rendite von 3%. Wie soll er das Fondsvermögen anlegen?

Aufgabe (71.77) Minimiere $6x + 7y + 18z$ unter den Nebenbedingungen

$$y + 3z \geq 4, \quad x + y + z \geq 3, \quad x, y, z \geq 0,$$

und zwar
(a) direkt mit dem Simplexverfahren,
(b) durch Lösung des zugehörigen dualen Problems.

In (b) ist insbesondere anzugeben, wie man an der Lösung des dualen Problems die Lösung des ursprünglichen Problems ablesen kann.

Aufgabe (71.78) Der Ausdruck b soll unter den Nebenbedingungen

$$-2a + 2b + c \leq 1 \quad \text{und} \quad 7a - 2b + d \leq 14$$

mit ganzen Zahlen $a, b, c, d \geq 0$ maximiert werden. Führe dazu einen Schritt des Gomory-Verfahrens durch (bis zum Aufstellen des Simplextableaus zur Ermittlung der zweiten Schnittrestriktionen).

Lösungen zu »Konvexgeometrie« siehe Seite 246

A72: Metrische Geometrie

Aufgabe (72.1) Es sei $O = (0,0)$. Wir bezeichnen mit

$$D_\varphi := \begin{bmatrix} \cos\varphi & -\sin\varphi \\ \sin\varphi & \cos\varphi \end{bmatrix} \quad \text{und} \quad S_\varphi := \begin{bmatrix} \cos\varphi & \sin\varphi \\ \sin\varphi & -\cos\varphi \end{bmatrix}$$

die Drehung um den Winkel φ um O bzw. die Spiegelung an der Achse mit dem Neigungswinkel $\varphi/2$ durch O. Ferner bezeichnen wir mit $\mathfrak{D} := \{D_\varphi \mid \varphi \in \mathbb{R}\}$ und mit $\mathfrak{S} := \{S_\varphi \mid \varphi \in \mathbb{R}\}$ die Menge aller solchen Drehungen bzw. Spiegelungen. Rechne die folgenden Beziehungen nach!

(a) $D_\beta D_\alpha = D_{\beta+\alpha}$
(b) $S_\beta D_\alpha = S_{\beta-\alpha}$
(c) $D_\beta S_\alpha = S_{\beta+\alpha}$
(d) $S_\beta S_\alpha = D_{\beta-\alpha}$

Schließe aus diesen Beziehungen, daß $G := \mathfrak{D} \cup \mathfrak{S}$ eine Gruppe ist und daß $U := \mathfrak{D}$ eine Untergruppe von G ist.

Aufgabe (72.2) Die **Diedergruppe** D_n ist die Symmetriegruppe eines regelmäßigen n-Ecks; sie besteht aus n Drehungen und n Spiegelungen. In dieser Aufgabe soll die Struktur dieser Gruppe untersucht werden.

(a) Es sei D die Drehung (gegen den Uhrzeigersinn) um den Winkel $2\pi/n$. Ferner sei S die Spiegelung an irgendeiner Symmetrieachse des betrachteten n-Ecks. Zeige, daß die Diedergruppe genau aus den Drehungen D^k mit $1 \le k \le n$ und den Spiegelungen SD^k mit $1 \le k \le n$ besteht.

(b) Zeige, daß die folgenden Relationen gelten!

$$D^n = \mathbf{1}, \quad S^2 = \mathbf{1}, \quad DS = SD^{n-1}.$$

(c) Wir schreiben die Elemente von D_n in der Form $S^a D^k$ mit $a \in \{0,1\}$ und $k \in \{1,\ldots,n\}$. Gib an, wie sich in der Formel $(S^a D^k)(S^b D^\ell) = S^c D^m$ die Exponenten c und m aus den Exponenten a, b, k, ℓ berechnen lassen.

Aufgabe (72.3) Es seien V ein endlichdimensionaler Euklidischer Raum und $A : V \to V$ eine invertierbare lineare Abbildung. Zeige, daß die folgenden Bedingungen äquivalent sind:

(1) A ist ein Vielfaches einer orthogonalen Abbildung; d.h., es gibt $T \in \mathrm{O}(V)$ und $\lambda > 0$ mit $A = \lambda T$;
(2) A ist winkeltreu; d.h., es gilt $\angle(Av, Aw) = \angle(v, w)$ für alle $v, w \in V \setminus \{0\}$;
(3) A erhält Orthogonalität; d.h., aus $\langle v, w\rangle = 0$ folgt $\langle Av, Aw\rangle = 0$;
(4) A erhält Längengleichheit; d.h., aus $\|v\| = \|w\|$ folgt $\|Av\| = \|Aw\|$.

Aufgabe (72.4) Eine Billardkugel werde irgendwie bewegt und dann an die gleiche Stelle auf dem Billardtisch gelegt, an der sie sich zu Anfang befand. Zeige, daß die Kugel entweder genau die gleiche räumliche Orientierung hat wie am Anfang oder es genau zwei Punkte auf der Kugeloberfläche gibt, die sich an genau der gleichen Stelle befinden wie am Anfang. (Variante: Am Anfang der ersten und am Anfang der zweiten Halbzeit eines Fußballspiels liegt der Ball genau an der gleichen Stelle, nämlich am Mittelpunkt des Spielfelds. Dann befinden sich entweder alle oder aber genau zwei Punkte auf der Oberfläche des Balls am Beginn jeder der beiden Halbzeiten genau in der gleichen räumlichen Position.)

Aufgabe (72.5) In jedem der folgenden Fälle sei A die Drehung um den Winkel φ um die Achse $\mathbb{R}v$, wobei die Drehung im mathematisch positiven Sinn erfolgen soll, wenn man in Richtung des Vektors v schaut. Bestimme jeweils die Matrixdarstellung von A bezüglich der kanonischen Basis!

(a) $\varphi = 180^0$, $v = (1,1,0)^T$
(b) $\varphi = 60^0$, $v = (-6,-3,-2)^T$
(c) $\varphi = 120^0$, $v = (1,1,1)^T$
(d) $\varphi = 180^0$. $v = (1,2,2)^T$
(e) $\varphi = 45^0$, $v = (1,-2,2)^T$

Aufgabe (72.6) Überprüfe, daß jede der folgenden Matrizen eine Rotationsmatrix ist, und ermittle jeweils Drehachse und Drehwinkel!

(a) $A = \dfrac{1}{3}\begin{bmatrix} -1 & 2 & 2 \\ 2 & 2 & -1 \\ -2 & 1 & -2 \end{bmatrix}$

(b) $A = \dfrac{1}{4}\begin{bmatrix} 2+\sqrt{3} & -2+\sqrt{3} & -\sqrt{2} \\ -2+\sqrt{3} & 2+\sqrt{3} & -\sqrt{2} \\ \sqrt{2} & \sqrt{2} & 2\sqrt{3} \end{bmatrix}$

(c) $A = \dfrac{1}{4}\begin{bmatrix} 1+\sqrt{5} & -2 & -1+\sqrt{5} \\ 2 & -1+\sqrt{5} & -1-\sqrt{5} \\ -1+\sqrt{5} & 1+\sqrt{5} & 2 \end{bmatrix}$

(d) $A = \dfrac{1}{4}\begin{bmatrix} 2 & -1-\sqrt{5} & -1+\sqrt{5} \\ 1+\sqrt{5} & -1+\sqrt{5} & -2 \\ -1+\sqrt{5} & 2 & 1+\sqrt{5} \end{bmatrix}$

(e) $A = \dfrac{1}{18}\begin{bmatrix} 2+8\sqrt{2} & 4-8\sqrt{2} & 4+4\sqrt{2} \\ 4+4\sqrt{2} & 8+5\sqrt{2} & 8-7\sqrt{2} \\ 4-8\sqrt{2} & 8-\sqrt{2} & 8+5\sqrt{2} \end{bmatrix}$

(f) $A = \dfrac{1}{25}\begin{bmatrix} 9 & 12 & 20 \\ 12 & 16 & -15 \\ -20 & 15 & 0 \end{bmatrix}$

Aufgabe (72.7) In der vorigen Aufgabe bestimmten wir zu einer vorgegebenen Drehmatrix A den Drehwinkel $\varphi = \arccos\big((\mathrm{tr}(A) - 1)/2\big)$ und die Drehachse $\mathbb{R}n$. Wie kann das Vorzeichen des Drehvektors n so bestimmt werden, daß $A = D(n, \varphi)$ gilt, daß also die Drehung um den Winkel φ im Gegenuhrzeigersinn erfolgt, wenn man von der Spitze von n aus auf die Drehebene schaut?

Aufgabe (72.8) Bestimme alle orthogonalen $(n \times n)$-Matrizen, die nur ganzzahlige Einträge haben. Zeige, daß diese Matrizen eine Untergruppe von $\mathrm{O}(n)$ bilden.

Lösungen zu »Metrische Geometrie« siehe Seite 289

Aufgabe (72.9) Es sei $g \in \mathrm{SO}(3)$ eine Drehung um einen Winkel zwischen 90^0 und 270^0. Zeige, daß es einen von Null verschiedenen Vektor $v \in \mathbb{R}^3$ derart gibt, daß gv und v aufeinander senkrecht stehen.

Aufgabe (72.10) Zeige, daß es zu jedem Element $A \in \mathrm{SO}(3)$ ein Element $B \in \mathrm{SO}(3)$ gibt mit $A^{-1} = B^{-1}AB$. (Jede Drehmatrix ist also konjugiert zu ihrer Inversen.)

Aufgabe (72.11) Zeige, daß für einen Endomorphismus $g : \mathbb{R}^3 \to \mathbb{R}^3$ die folgenden Aussagen äquivalent sind:

(1) $(ga) \times (gb) = g(a \times b)$ für alle $a, b \in \mathbb{R}^3$;
(2) $g^T g = (\det g)\,\mathbf{1}$;
(3) $g \in \mathrm{SO}(3)$ oder $g = \mathbf{0}$.

Aufgabe (72.12) Für $v \in \mathbb{R}^3$ definieren wir $L(v) : \mathbb{R}^3 \to \mathbb{R}^3$ durch $L(v)w := v \times w$. (Die Abbildung $L(v)$ ist also die Vektorproduktbildung mit v.) Zeige: Für alle $g \in \mathrm{SO}(3)$ gilt die Gleichung

$$L(gv) = g \circ L(v) \circ g^{-1}.$$

Zeige ferner, daß $L(u \times v) = L(u)L(v) - L(v)L(u)$ für alle $u, v \in \mathbb{R}^3$ gilt.

Aufgabe (72.13) Zeige, daß für eine Matrix $A \in \mathbb{R}^{3\times 3}$ die folgenden Bedingungen äquivalent sind:

(1) $gA = Ag$ für alle $g \in \mathrm{SO}(3)$;
(2) $XA = AX$ für alle $X \in \mathrm{so}(3)$;
(3) A ist ein Vielfaches der Einheitsmatrix.

Dabei bezeichnet so(3) die Menge aller schiefsymmetrischen reellen (3×3)-Matrizen.

Aufgabe (72.14) Es sei $\beta : \mathbb{R}^3 \times \mathbb{R}^3 \to \mathbb{R}^3$ eine bilineare Abbildung. Beweise die folgenden Aussagen!

(a) Gilt $\beta(gv, gw) = \beta(v, w)$ für alle $v, w \in \mathbb{R}^3$ und alle $g \in \mathrm{SO}(3)$, so gibt es einen festen Vektor $c \in \mathbb{R}^3$ mit $\beta(v, w) = \langle v, w\rangle c$ für alle $v, w \in \mathbb{R}^3$.
(b) Gilt $\beta(gv, gw) = g\beta(v, w)$ für alle $v, w \in \mathbb{R}^3$ und alle $g \in \mathrm{SO}(3)$, so gibt es eine feste Zahl $c \in \mathbb{R}$ mit $\beta(v, w) = c\,(v \times w)$ für alle $v, w \in \mathbb{R}^3$.

Bemerkung: Diese Aufgabe zeigt, daß sich sowohl das Skalarprodukt als auch das Vektorprodukt durch eine Invarianzeigenschaft unter der Rotationsgruppe charakterisieren lassen.

Aufgabe (72.15) (a) Wie lassen sich zu einer gegebenen Matrix $A \in \mathrm{SO}(3)$ die Eulerwinkel berechnen? Inwieweit sind diese eindeutig bestimmt?

(b) Bestimme die Eulerwinkel der Matrix

$$A = \frac{1}{4}\begin{bmatrix} 2 & -3 & \sqrt{3} \\ 2\sqrt{3} & \sqrt{3} & -1 \\ 0 & 2 & 2\sqrt{3} \end{bmatrix}.$$

(c) Wie hängen die Eulerwinkel einer Matrix $A \in \mathrm{SO}(3)$ mit denen von A^{-1} zusammen?

Aufgabe (72.16) Von einer Matrix

$$A = \begin{bmatrix} \star & \star & a_{13} \\ \star & \star & a_{23} \\ a_{31} & a_{32} & a_{33} \end{bmatrix} \in \mathrm{SO}(3)$$

seien nur die Elemente der letzten Spalte und Zeile gegeben, wobei die Bedingung $|a_{33}| < 1$ gelte. Wie lassen sich aus diesen die anderen Elemente rekonstruieren?

Aufgabe (72.17) Es sei Q die Untergruppe von $\mathrm{GL}(2, \mathbb{C})$, die von den folgenden vier Elementen erzeugt wird:

$$\mathbf{1} = \begin{bmatrix} 1 & 0 \\ 0 & 1 \end{bmatrix},\ I = \begin{bmatrix} i & 0 \\ 0 & -i \end{bmatrix},\ J = \begin{bmatrix} 0 & -1 \\ 1 & 0 \end{bmatrix},\ K = \begin{bmatrix} 0 & -i \\ -i & 0 \end{bmatrix}.$$

(a) Verifiziere die Beziehungen $I^2 = J^2 = K^2 = -\mathbf{1}$ sowie $IJ = K$, $JK = I$, $KI = J$ und schließe, daß Q genau aus den acht Elementen $\pm\mathbf{1}$, $\pm I$, $\pm J$, $\pm K$ besteht. (Diese heißen **reine Quaternionen**.)
(b) Bestimme sämtliche Untergruppen von Q.
(c) Zu jedem Element $a = (a_0, a_1, a_2, a_3) \in \mathbb{R}^4$ betrachten wir die Matrix $M(a) := a_0\mathbf{1} + a_1 I + a_2 J + a_3 K$. Beweise die Gleichung

$$\{M(a) \mid a \in \mathbb{R}^4\} = \left\{\begin{bmatrix} z & w \\ -\overline{w} & \overline{z} \end{bmatrix} \mid z, w \in \mathbb{C}\right\}.$$

(d) Definiere eine Multiplikation $(a, b) \mapsto ab$ auf $\mathbb{R}^4$ dadurch, daß $c := ab$ das eindeutige Element $c \in \mathbb{R}^4$ ist mit $M(a)M(b) = M(c)$. Ist diese Multiplikation kommutativ bzw. assoziativ? Wie kann diese Multiplikation in $\mathbb{R}^4$ auf die Multiplikation in der Gruppe Q reduziert werden?
(e) Es seien V ein vierdimensionaler reeller Vektorraum und $(1, i, j, k)$ eine Basis von V. Zeige, daß es genau eine assoziative Multiplikation auf V mit den Eigenschaften $(u+v)w = uw + vw$, $u(v+w) = uv + uw$, $(ru)v = u(rv) = r(uv)$ für alle $u, v, w \in V$ und alle $r \in \mathbb{R}$ derart gibt, daß 1 das neutrale Element ist und daß die Relationen $i^2 = j^2 = k^2 = -1$ und $ij = k$, $jk = i$, $ki = j$ gelten. Zeige, daß diese Bedingungen äquivalent sind zu den Bedingungen $i^2 = j^2 = k^2 = ijk = -1$. Das Paar $(V, \cdot)$ (also der Vektorraum V zusammen mit der Multiplikation $\cdot$) wird (zu Ehren von William Rowan Hamilton) mit dem Symbol $\mathbb{H}$ bezeichnet. Die Elemente von $\mathbb{H}$ heißen **Quaternionen**.
(f) Zu jeder Quaternion $q = a + bi + cj + dk$ definieren wir die konjugierte Quaternion $\overline{q} := a - bi - cj - dk \in \mathbb{H}$ und die Norm $|q| := \sqrt{a^2 + b^2 + c^2 + d^2} \in \mathbb{R}$. Überprüfe die folgenden Rechenregeln!

$$\overline{q_1 + q_2} = \overline{q_1} + \overline{q_2}, \quad \overline{q_1 q_2} = \overline{q_2}\,\overline{q_1},$$
$$|q|^2 = q\overline{q}, \quad |q_1 q_2| = |q_1|\,|q_2|.$$

Lösungen zu »Metrische Geometrie« siehe Seite 289

(g) Zeige, daß $(\mathbb{H}\setminus\{0\},\cdot)$ eine Gruppe und $\mathbb{S}^3 := \{q \in \mathbb{H} \mid |q| = 1\} = \{a+bi+cj+dk \mid a^2+b^2+c^2+d^2 = 1\}$ eine Untergruppe von $\mathbb{H}\setminus\{0\}$ ist. (Die Elemente von $\mathbb{S}^3$ heißen **Einheitsquaternionen**.)

(h) Finde alle $x \in \mathbb{H}$ mit $x^2 + 1 = 0$.

(i) Zeige, daß eine Quaternion $q \in \mathbb{H}$ genau dann mit allen Quaternionen kommutiert (also die Bedingung $q\alpha = \alpha q$ für alle $\alpha \in \mathbb{H}$ erfüllt), wenn sie reell ist (also die Bedingung $\overline{q} = q$ erfüllt).

(j) Für jede Einheitsquaternion $q \in \mathbb{S}^3$ betrachten wir die Abbildung

$$T_q : \begin{array}{ccc} \mathbb{H} & \to & \mathbb{H} \\ \alpha & \mapsto & q\alpha\overline{q} \end{array}.$$

Zeige, daß jeder Operator T_q $(q \in \mathbb{S}^3)$ den dreidimensionalen Unterraum $U := \mathbb{R}i + \mathbb{R}j + \mathbb{R}k = \{\alpha \in \mathbb{H} \mid \overline{\alpha} = -\alpha\}$ invariant läßt und ferner die Bedingung $|T_q(\alpha)| = |\alpha|$ für alle $\alpha \in U$ erfüllt. (Identifizieren wir U mit $\mathbb{R}^3$ und fassen wir T_q als lineare Abbildung $\mathbb{R}^3 \to \mathbb{R}^3$ auf, so ist also T_q eine orthogonale lineare Abbildung.) Wie lautet die Matrixdarstellung von T_q bezüglich der Basis (i,j,k) von U?

(k) Zeige, daß die Abbildung

$$T : \begin{array}{ccc} \mathbb{S}^3 & \to & \mathrm{O}(3) \\ q & \mapsto & T_q \end{array}$$

ein Gruppenhomomorphismus mit dem Kern $\{\pm 1\}$ und dem Bild SO(3) ist.

(l) Es sei $A = T_q \in \mathrm{SO}(3)$, wobei das nach (k) frei wählbare Vorzeichen von q so gewählt sei, daß $q_0 \geq 0$ gilt. Zeige: Ist n der Drehvektor und φ der Drehwinkel von A, so gelten die Gleichungen

$$\cos(\varphi/2) = q_0 \quad \text{und} \quad \sin(\varphi/2)\, n = \begin{bmatrix} q_1 \\ q_2 \\ q_3 \end{bmatrix}.$$

(m) Zeige: Identifizieren wir $\mathbb{R} \times \mathbb{R}^3$ mit $\mathbb{H}$ vermöge $(a,v) \equiv a + v_1 i + v_2 j + v_3 k$, so ist die Quaternionenmultiplikation gegeben durch

$$\begin{bmatrix} b \\ w \end{bmatrix} \cdot \begin{bmatrix} a \\ v \end{bmatrix} = \begin{bmatrix} ba - \langle w, v\rangle \\ bv + aw + w \times v \end{bmatrix}.$$

(n) Es sei $D(n_3,\varphi_3) = D(n_2,\varphi_2)D(n_1,\varphi_1)$ das Produkt zweier Drehungen. Für $1 \leq i \leq 3$ schreiben wir $\theta_i := \varphi_i/2$. Zeige, daß dann die folgenden Formeln gelten:

$$\begin{aligned} \cos(\theta_3) &= \cos(\theta_2)\cos(\theta_1) - \langle n_2, n_1\rangle \sin(\theta_2)\sin(\theta_1), \\ \sin(\theta_3) n_3 &= \cos(\theta_2)\sin(\theta_1) n_1 + \sin(\theta_2)\cos(\theta_1) n_2 \\ &\quad + \sin(\theta_2)\sin(\theta_1)\, n_2 \times n_1. \end{aligned}$$

Aufgabe (72.18) Wir definieren die Abbildung $R : \mathbb{R}^3 \to \mathbb{R}^{3\times 3}$ durch

$$R(u) := \frac{1}{1+\|u\|^2}\big((1-\|u\|^2)\mathbf{1} + 2u \otimes u + 2L(u)\big).$$

(a) Zeige, daß R eine Bijektion zwischen $\mathbb{R}^3$ und der Menge $\mathrm{SO}(3) \setminus N$ ist, wenn N die Menge aller 180^0-Drehungen bezeichnet. (Man bezeichnet R als **Cayley-Rodrigues-Parametrisierung** der Rotationsgruppe.)

(b) Zeige, daß die Umkehrabbildung von R gegeben ist durch

$$R^{-1}(A) = \frac{1}{1 + \mathrm{tr}(A)} \begin{bmatrix} A_{32} - A_{23} \\ A_{13} - A_{31} \\ A_{21} - A_{12} \end{bmatrix}.$$

(c) Beweise die **Formel von Cayley**:

$$R(u) = \big(1 + L(u)\big)\big(\mathbf{1} - L(u)\big)^{-1}.$$

(d) Zeige: Es gilt $R(u)R(v) = R(w)$ mit

$$w := \frac{u + v - (u \times v)}{1 - \langle u, v\rangle}.$$

Hinweis: Benutze zum Nachweis von (a), daß jeder Punkt auf dem Einheitskreis $x^2 + y^2 = 1$ mit Ausnahme des Punktes $(x,y) = (-1,0)$ eine eindeutige Darstellung

$$(x,y) = \left(\frac{1-a^2}{1+a^2}, \frac{2a}{1+a^2}\right) \qquad (a \in \mathbb{R})$$

besitzt. (Warum ist das so?)

Aufgabe (72.19) (a) Zeige, daß eine lineare Abbildung $A : \mathbb{R}^3 \to \mathbb{R}^3$ genau dann in SO(3) liegt, wenn sie das Produkt zweier Ebenenspiegelungen ist. Folgere, daß das Produkt zweier Drehungen wieder eine Drehung ist!

(b) Zeige, daß sich jedes Element von SO(3) als Produkt zweier 180^0-Drehungen darstellen läßt.

(c) Stelle die folgende Rotationsmatrix als Produkt zweier 180^0-Drehungen dar!

$$A = \frac{1}{4}\begin{bmatrix} 2+\sqrt{3} & -2+\sqrt{3} & -\sqrt{2} \\ -2+\sqrt{3} & 2+\sqrt{3} & -\sqrt{2} \\ \sqrt{2} & \sqrt{2} & 2\sqrt{3} \end{bmatrix}$$

Aufgabe (72.20) Zeige, daß SO(3) eine einfache Gruppe ist, also keine Normalteiler außer $\{\mathbf{1}\}$ und SO(3) hat.

Aufgabe (72.21) Es sei A die Drehung um den Winkel 90^0 um die Achse, die in Richtung des Vektors $(1,-2,2)$ zeigt.

(a) Gib die Matrixdarstellung von A bezüglich der kanonischen Basis von $\mathbb{R}^3$ an!

(b) Bestimme die Eulerwinkel von A!

(c) Gib die Quaternionendarstellung von A an!

(d) Stelle A als Produkt zweier 180^0-Drehungen dar!

Lösungen zu »Metrische Geometrie« siehe Seite 289

Aufgabe (72.22) Es sei V ein reeller Vektorraum mit Dimension $n \geq 2$. Eine Drehung $D : V \to V$ heißt eine **Elementardrehung**, wenn es einen zweidimensionalen Unterraum $U \subseteq V$, eine Orthonormalbasis (e_1, e_2) von U und einen Winkel φ derart gibt, daß die Gleichungen $De_1 = \cos(\varphi)e_1 + \sin(\varphi)e_2$ und $De_2 = -\sin(\varphi)e_1 + \cos(\varphi)e_2$ gelten und daß $Dv = v$ für alle $v \in U^\perp$ gilt. (Die Drehung spielt sich also nur in der Ebene U ab.) Zeige, daß sich jede Drehung $D \in \mathrm{SO}(V)$ als Hintereinanderausführung von $n-1$ Elementardrehungen darstellen läßt. – **Hinweis:** Benutze Induktion über n!

Aufgabe (72.23) Ein n-dimensionaler reeller Vektorraum V sei mit einer Orientierung und einem Skalarprodukt versehen. Für eine beliebige Basis $(v_1, \ldots, v_n)$ schreiben wir $\mathrm{or}(v_1, \ldots, v_n) := 1$, falls $(v_1, \ldots, v_n)$ (bezüglich der gegebenen Orientierung) positiv orientiert ist, andernfalls $\mathrm{or}(v_1, \ldots, v_n) := -1$ (negative Orientierung). Zeige, daß es eine lineare Abbildung $\star : \bigwedge^k(V) \to \bigwedge^{n-k}(V)$ derart gibt, daß

$$\star(v_1 \wedge \cdots \wedge v_k) = \mathrm{or}(v_1, \ldots, v_n) \cdot v_{k+1} \wedge \cdots \wedge v_n$$

für jede Orthonormalbasis $(v_1, \ldots, v_n)$ von V gilt. Die Abbildung $\star$ wird nach William Hodge (1903-1975) als **Hodge-Operator** bezeichnet. Erläutere, inwiefern der Hodge-Operator es erlaubt, einen beliebigen Unterraum U und dessen Orthogonalkomplement $U^\perp$ in konsistenter Weise mit einer Orientierung zu versehen.

Hinweis: Wähle zunächst eine feste Orthonormalbasis $(e_1, \ldots, e_n)$ als Referenzbasis. Da wir eine lineare Abbildung $\star : \bigwedge^k V \to \bigwedge^{n-k} V$ dadurch definieren können, daß wir die Werte auf einer Basis von $\bigwedge^k V$ willkürlich festlegen, können wir $\star$ wie folgt definieren: Sind $i_1 < \cdots < i_k$ gegeben und sind $j_1 < \cdots < j_{n-k}$ die zu $i_1, \ldots, i_k$ komplementären Indices, so definieren wir

$$\star\,(e_{i_1} \wedge \cdots \wedge e_{i_k}) := \mathrm{sign}(I, J) \cdot e_{j_1} \wedge \cdots \wedge e_{j_{n-k}} \quad \text{mit}$$
$$(I, J) := \begin{pmatrix} 1 & \cdots & k & k+1 & \cdots & n \\ i_1 & \cdots & i_k & j_1 & \cdots & j_{n-k} \end{pmatrix} \in \mathrm{Sym}_n .$$

Zeige, daß für die dadurch definierte Abbildung $\star$ die folgenden Bedingungen gelten.

(a) Für $\sigma \in \mathrm{Sym}_n$ sei $P_\sigma : V \to V$ definiert durch $P_\sigma(e_k) := e_{\sigma(k)}$ für $1 \leq k \leq n$. (Die Abbildung P_σ ist also durch eine Permutationsmatrix darstellbar.) Für alle $\alpha \in \bigwedge^k V$ gilt dann

(1) $$\star\big((\wedge^k P_\sigma(\alpha)\big) = \mathrm{sign}(\sigma) \cdot (\wedge^{n-k} P_\sigma)(\star\alpha).$$

(b) Es sei $D : V \to V$ eine Drehung, also ein Element von $\mathrm{SO}(V)$. Für alle $\alpha \in \bigwedge^k V$ gilt dann

(2) $$\star\big((\wedge^k D)(\alpha)\big) = (\wedge^{n-k} D)(\star\alpha).$$

(Die Wirkung von Drehungen kommutiert also mit der Wirkung des Hodge-Operators.)

Lösungen zu »Metrische Geometrie« siehe Seite 289

A73: Die Vollständigkeit der Zahlengeraden

Aufgabe (73.1) Zeige in jedem der folgenden Fälle unmittelbar anhand der Definition des Konvergenzbegriffs, daß die angegebene Folge (a_n) gegen den angegebenen Grenzwert a konvergiert; d.h., gib zu einer beliebig vorgegebenen Zahl $\varepsilon > 0$ eine natürliche Zahl $N = N_\varepsilon \in \mathbb{N}$ derart an, daß $|a_n - a| < \varepsilon$ für alle $n \geq N$ gilt.

(a) $a_n := \dfrac{n}{n+1}$ mit $a := 1$

(b) $a_n := 2 + \dfrac{n+1}{n}$ mit $a := 3$

(c) $a_n := \dfrac{n}{2n+1}$ mit $a := 1/2$

(d) $a_n := \dfrac{(-1)^{n(n+1)/2}}{n} - 1$ mit $a := -1$

(e) $a_n := \dfrac{3n}{2n^2 - 1}$ mit $a := 0$

Fülle dann jeweils eine Tabelle der folgenden Art aus, in der für verschiedene Toleranzen ε die Zahl N_ε explizit angegeben wird.

ε	1	1/2	10^{-1}	10^{-2}	10^{-3}	10^{-6}
N_ε						

Aufgabe (73.2) Die Folge (a_n) sei definiert durch $a_n := 1 + (-1)^n$. Zeige, daß diese Folge nicht konvergiert!

Aufgabe (73.3) Wir betrachten die Folge (a_n) mit

$$a_n := 1 + \frac{1}{2} + \frac{1}{3} + \cdots + \frac{1}{n}.$$

Zeige, daß (a_n) keine Cauchyfolge ist und damit auch nicht konvergiert.

Aufgabe (73.4) Bestimme die folgenden Grenzwerte!

(a) $\displaystyle\lim_{n\to\infty} \frac{1000\,n}{n^2+1}$

(b) $\displaystyle\lim_{n\to\infty} \frac{n^2+3n+10}{3n^2-5n-1}$

(c) $\displaystyle\lim_{n\to\infty} \frac{n^3-n^2+n-7}{2n^3+8}$

(d) $\displaystyle\lim_{n\to\infty} \frac{n^3-n^2+n-7}{2n^4+8}$

(e) $\displaystyle\lim_{n\to\infty} \frac{n^2}{n!}$

(f) $\displaystyle\lim_{n\to\infty} \left(\frac{2n-1}{3n+2}\right)^n$

(g) $\displaystyle\lim_{n\to\infty} \left(\frac{2n+1}{3n-2}\right)^n$

(h) $\displaystyle\lim_{n\to\infty} \frac{125\,n}{2^n}$

Aufgabe (73.5) Für eine reelle Zahlenfolge (x_n) definieren wir eine neue Folge (a_n) mit

$$a_n := \frac{x_1 + x_2 + \cdots + x_n}{n}.$$

(Es ist also a_n das arithmetische Mittel der ersten n Glieder der ursprünglichen Folge.)

(a) Gilt $x_n \to x$ mit $x \in \mathbb{R}$, so gilt auch $a_n \to x$.

(b) Finde ein Beispiel, in dem die Folge (x_n) divergiert, die Folge (a_n) aber konvergiert.

Aufgabe (73.6) Zeige: Konvergiert eine Folge (a_n) gegen einen Grenzwert a, so konvergiert auch jede Teilfolge von (a_n) gegen a.

Aufgabe (73.7) Wir betrachten zwei reelle Zahlenfolgen (a_n) und (b_n) mit $a_n \to a$ und $b_n \to b$ und betrachten dann die neue Folge (c_n) mit

$$c_n := 5a_n + (-1)^n b_n.$$

Wann konvergiert die Folge (c_n), und welches ist im Konvergenzfall ihr Grenzwert?

Aufgabe (73.8) Eine Folge $(a_1, a_2, a_3, \ldots)$ heißt **periodisch** mit der Periode $k \in \mathbb{N}$, wenn sich ihre Glieder alle k Schritte wiederholen, wenn also $a_{n+k} = a_n$ für alle $n \in \mathbb{N}$ gilt. Zeige: Eine periodische Folge reeller Zahlen konvergiert genau dann, wenn sie konstant ist.

Aufgabe (73.9) Es seien $a \in \mathbb{R}$ eine reelle Zahl und (x_n) eine konvergente Folge reeller Zahlen mit dem Grenzwert x. Beweise oder widerlege jede der folgenden Aussagen!

(a) Gilt $x_n > a$ für alle $n \in \mathbb{N}$, so gilt auch $x > a$.

(b) Gilt $x_n \geq a$ für alle $n \in \mathbb{N}$, so gilt auch $x \geq a$.

(c) Gilt $x_n = a$ für alle $n \in \mathbb{N}$, so gilt auch $x = a$.

(d) Gilt $x_n \leq a$ für alle $n \in \mathbb{N}$, so gilt auch $x \leq a$.

(e) Gilt $x_n < a$ für alle $n \in \mathbb{N}$, so gilt auch $x < a$.

Aufgabe (73.10) Es sei (a_n) eine Folge reeller Zahlen mit $a_n \to a$. Zeige, daß dann auch $|a_n| \to |a|$ gilt.

Aufgabe (73.11) Es sei (a_n) eine Folge reeller Zahlen mit $a_n \to a$. Zeige, daß dann auch $a_n^2 \to a^2$ gilt.

Aufgabe (73.12) Es sei (a_n) eine Folge nichtnegativer reeller Zahlen mit $a_n \to a$. Zeige, daß dann auch $\sqrt{a_n} \to \sqrt{a}$ gilt.

Aufgabe (73.13) Es seien (a_n) und (b_n) Folgen reeller Zahlen. Zeige: Ist (a_n) eine Nullfolge und ist (b_n) eine beschränkte Folge, so ist $(a_n b_n)$ eine Nullfolge.

Lösungen zu »Die Vollständigkeit der Zahlengeraden« siehe Seite 301

Aufgabe (73.14) Berechne die folgenden Grenzwerte!

(a) $\lim\limits_{n\to\infty} \dfrac{\sqrt{n^2+1}}{2n}$

(b) $\lim\limits_{n\to\infty} \dfrac{\sqrt{n^2+n+2}+3n}{n+2}$

(c) $\lim\limits_{n\to\infty} \left(\sqrt{n+1}-\sqrt{n}\right)$

(d) $\lim\limits_{n\to\infty} \left(\sqrt{n+\sqrt{n}}-\sqrt{n-\sqrt{n}}\right)$

Aufgabe (73.15) Für gegebene reelle Zahlenfolgen (a_n) und (b_n) betrachten wir die neue Folge (c_n) mit $c_n := a_n + b_n$. Beweise oder widerlege (anhand eines Gegenbeispiels) die folgenden Aussagen.

(a) Sind (a_n) und (b_n) konvergent, dann ist auch (c_n) konvergent.

(b) Ist (a_n) konvergent und (b_n) divergent, so ist (c_n) konvergent.

(c) Ist (a_n) konvergent und (b_n) divergent, so ist (c_n) divergent.

(d) Sind (a_n) und (b_n) divergent, so ist auch (c_n) divergent.

(e) Sind (a_n) und (b_n) divergent, so ist (c_n) konvergent.

Aufgabe (73.16) Wie Aufgabe (73.15), aber mit $c_n := a_n b_n$.

Aufgabe (73.17) Für gegebene reelle Zahlenfolgen (a_n) und (b_n) mit $b_n \neq 0$ für alle n betrachten wir die neue Folge (c_n) mit $c_n := a_n/b_n$. Beweise oder widerlege (anhand eines Gegenbeispiels) die folgenden Aussagen.

(a) Sind (a_n) und (b_n) konvergent, dann ist auch (c_n) konvergent.

(b) Ist (a_n) konvergent und (b_n) divergent, so ist (c_n) konvergent.

(c) Ist (a_n) konvergent und (b_n) divergent, so ist (c_n) divergent.

(d) Sind (a_n) und (b_n) divergent, so ist auch (c_n) divergent.

(e) Sind (a_n) und (b_n) divergent, so ist (c_n) konvergent.

Aufgabe (73.18) Die Folge (a_n) werde rekursiv definiert durch den Startwert $a_1 := 1/4$ und die Berechnungsvorschrift $a_{n+1} := a_n^2 + (1/4)$.

(a) Berechne die Folgenglieder a_2, a_3 und a_4.

(b) Zeige, daß die Folge monoton wächst.

(c) Zeige mit vollständiger Induktion, daß $a_n \leq 1/2$ für alle $n \in \mathbb{N}$ gilt.

(d) Schließe, daß die Folge konvergiert, und bestimme ihren Grenzwert.

Aufgabe (73.19) Die Folge (a_n) werde rekursiv definiert durch den Startwert $a_1 := 2$ und die Berechnungsvorschrift $a_{n+1} := (2a_n + 1)/3$.

(a) Berechne die Folgenglieder a_2, a_3 und a_4.

(b) Zeige mit vollständiger Induktion, daß die Folge monoton fällt und nach unten durch 1 beschränkt ist.

(c) Folgere daraus die Konvergenz der Folge und bestimme ihren Grenzwert.

Aufgabe (73.20) Um diese Aufgabe bequem formulieren zu können, verwenden wir Quantoren, schreiben also $\forall$ statt "für alle" oder "zu jedem" sowie $\exists$ statt "es existiert" oder "es gibt". Gegeben seien eine Zahlenfolge (a_n) und eine Zahl a. Erkläre genau, was die folgenden Aussagen bedeuten!

(1) $\forall \varepsilon > 0\ \exists N \in \mathbb{N}\ \forall n \geq N : |a_n - a| < \varepsilon$
(2) $\forall \varepsilon > 0\ \exists N \in \mathbb{N}\ \exists n \geq N : |a_n - a| < \varepsilon$
(3) $\forall \varepsilon > 0\ \forall N \in \mathbb{N}\ \forall n \geq N : |a_n - a| < \varepsilon$
(4) $\forall \varepsilon > 0\ \forall N \in \mathbb{N}\ \exists n \geq N : |a_n - a| < \varepsilon$
(5) $\exists \varepsilon > 0\ \exists N \in \mathbb{N}\ \forall n \geq N : |a_n - a| < \varepsilon$
(6) $\exists \varepsilon > 0\ \exists N \in \mathbb{N}\ \exists n \geq N : |a_n - a| < \varepsilon$
(7) $\exists \varepsilon > 0\ \forall N \in \mathbb{N}\ \forall n \geq N : |a_n - a| < \varepsilon$
(8) $\exists \varepsilon > 0\ \forall N \in \mathbb{N}\ \exists n \geq N : |a_n - a| < \varepsilon$
(9) $\exists N \in \mathbb{N}\ \forall \varepsilon > 0\ \forall n \geq N : |a_n - a| < \varepsilon$
(10) $\exists N \in \mathbb{N}\ \forall \varepsilon > 0\ \exists n \geq N : |a_n - a| < \varepsilon$
(11) $\forall N \in \mathbb{N}\ \forall \varepsilon > 0\ \forall n \geq N : |a_n - a| < \varepsilon$
(12) $\forall N \in \mathbb{N}\ \forall \varepsilon > 0\ \exists n \geq N : |a_n - a| < \varepsilon$
(13) $\exists N \in \mathbb{N}\ \exists \varepsilon > 0\ \forall n \geq N : |a_n - a| < \varepsilon$
(14) $\exists N \in \mathbb{N}\ \exists \varepsilon > 0\ \exists n \geq N : |a_n - a| < \varepsilon$
(15) $\forall N \in \mathbb{N}\ \exists \varepsilon > 0\ \forall n \geq N : |a_n - a| < \varepsilon$
(16) $\forall N \in \mathbb{N}\ \exists \varepsilon > 0\ \exists n \geq N : |a_n - a| < \varepsilon$

Aufgabe (73.21) Bei Studienanfängern hört man gelegentlich die Vorstellung, die Konvergenz einer Folge (a_n) gegen einen Grenzwert a bedeute, daß sich die Folgenglieder mehr und mehr an die Zahl a annähern, ohne diese je zu erreichen. Um diese Vorstellung zu präzisieren, nennen wir eine Folge (a_n) **pseudo-konvergent** gegen den **Pseudo-Grenzwert** a, wenn $0 < |a_{n+1} - a| < |a_n - a|$ für alle $n \in \mathbb{N}$ gilt. Untersuche den Wahrheitsgehalt der folgenden Aussagen!

(a) Ist eine Folge konvergent gegen a, so ist sie auch pseudo-konvergent gegen a.

(b) Ist eine Folge pseudo-konvergent gegen a, so ist sie auch konvergent gegen a.

(c) Eine Folge kann nicht gegen zwei verschiedene Pseudo-Grenzwerte gleichzeitig pseudo-konvergieren.

(d) Jede pseudo-konvergente Folge ist konvergent.

(e) Jede pseudo-konvergente Folge ist beschränkt.

(f) Jede monotone pseudo-konvergente Folge ist konvergent.

(g) Jede beschränkte und streng monotone Folge ist pseudo-konvergent.

(h) Jede beschränkte Folge besitzt eine pseudo-konvergente Teilfolge.

(i) Jede Teilfolge einer pseudo-konvergenten Folge ist wieder pseudo-konvergent.

(j) Ist (a_n) pseudo-konvergent, dann auch $(|a_n|)$.

(k) Ist (a_n) pseudo-konvergent gegen Null, dann auch $(|a_n|)$.

(l) Sind (a_n) und (b_n) pseudo-konvergent, so ist auch $(a_n + b_n)$ pseudo-konvergent.

Lösungen zu »Die Vollständigkeit der Zahlengeraden« siehe Seite 301

Aufgabe (73.22) Die Folge (a_n) sei definiert durch

$$a_n := \sqrt{1+\sqrt{1+\sqrt{1+\cdots+\sqrt{1}}}}$$

mit n ineinandergeschachtelten Wurzeln. Zeige, daß die Folge (a_n) konvergiert, und bestimme ihren Grenzwert a!

Aufgabe (73.23) Die Folge (b_n) sei definiert durch

$$b_n := \sqrt{1+\sqrt{2+\sqrt{3+\cdots+\sqrt{n}}}}$$

mit n ineinandergeschachtelten Wurzeln.

(a) Zeige, daß die Folge (b_n) monoton wächst und nach oben beschränkt ist, also einen Grenzwert b besitzt.

(b) Zeige, daß mit dem Grenzwert a aus Aufgabe (73.22) für alle $n \in \mathbb{N}$ die folgende Abschätzung gilt:

$$b_n \le b \le \sqrt{1+\sqrt{2+\cdots+\sqrt{(n-1)+a\sqrt{n}}}}.$$

Hinweis: Setze $c_n := \sqrt{n+\sqrt{(n+1)+\sqrt{(n+2)+\cdots}}}$ und beweise die Abschätzung $c_n \le \sqrt{n}\cdot a$.

(c) Bestimme b auf drei Nachkommastellen genau!

Aufgabe (73.24) Für eine gegebene Zahl $a \ge 0$ sei

$$x_n := \sqrt{a+\cdots+\sqrt{a+\sqrt{a+\sqrt{a}}}}$$

(mit n ineinandergeschachtelten Quadratwurzeln). Diskutiere das Konvergenzverhalten der Folge (x_n) in Abhängigkeit von a!

Aufgabe (73.25) Für eine gegebene Zahl $a \ge 0$ sei

$$x_n := \sqrt{a\cdots\sqrt{a\cdot\sqrt{a\cdot\sqrt{a}}}}$$

(mit n ineinandergeschachtelten Quadratwurzeln). Diskutiere das Konvergenzverhalten der Folge (x_n) in Abhängigkeit von a!

Aufgabe (73.26) Es sei $a > 0$ eine beliebige positive Zahl. Wir wählen einen beliebigen Startwert $x_0 > 0$ und betrachten dann die Folge (x_n), die definiert wird durch die Rekursionsformel

$$x_{n+1} := \frac{1}{2}\left(x_n + \frac{a}{x_n}\right).$$

Beweise die folgenden Aussagen!

(a) Es gilt $x_{n+1} \ge \sqrt{a}$ für alle $n \ge 0$.
(b) Es gilt $x_{n+1} \le x_n$ für alle $n \ge 1$.
(c) Die Folge (x_n) konvergiert.
(d) Der Grenzwert der Folge (x_n) ist $\sqrt{a}$.
(e) Es gilt die Abschätzung $|x_{n+1} - \sqrt{a}| \le \dfrac{(x_n - \sqrt{a})^2}{2x_n}$.
(f) Das n-te Folgenglied ist explizit gegeben durch

$$x_n = \sqrt{a}\cdot\frac{(x_0+\sqrt{a})^{2^n} + (x_0-\sqrt{a})^{2^n}}{(x_0+\sqrt{a})^{2^n} - (x_0-\sqrt{a})^{2^n}}.$$

Bemerkung: Die in dieser Aufgabe angegebene Methode zur Berechnung von Quadratwurzeln wird als **Babylonisches Wurzelziehen** bezeichnet. Die Abschätzung in (e) bezeichnet man als a-posteriori-Abschätzung; sie erlaubt es, den Abstand eines Folgengliedes vom Grenzwert durch den entsprechenden Abstand des vorhergehenden Folgengliedes abzuschätzen.

Aufgabe (73.27) Ist $a > 0$, so bedeutet das Lösen der Gleichung $x^2 = a$ geometrisch, ein Quadrat mit der Kantenlänge $x := \sqrt{a}$ zu konstruieren. Um ein solches Quadrat zu finden, bildet man eine Folge von Rechtecken, deren Seitenlängen x_n und y_n jeweils die Bedingung $x_n \cdot y_n = a$ erfüllen und die so gewählt werden, daß die Werte x_n und y_n immer näher zusammenrücken, was man dadurch erreicht, daß x_{n+1} gerade als arithmetisches Mittel von x_n und y_n gewählt wird; wir definieren also (beginnend beispielsweise mit $x_0 := a$ und $y_0 := 1$) die Seitenlängen x_n und y_n rekursiv durch

$$x_{n+1} := \frac{x_n + y_n}{2} \quad\text{und}\quad y_{n+1} := \frac{a}{x_{n+1}} = \frac{2a}{x_n + y_n}.$$

Zeige, daß diese Methode genau das Babylonische Wurzelziehen zur Berechnung von $\sqrt{a}$ liefert! Benutze dieses Verfahren, um $\sqrt{5}$ auf drei Nachkommastellen genau zu bestimmen.

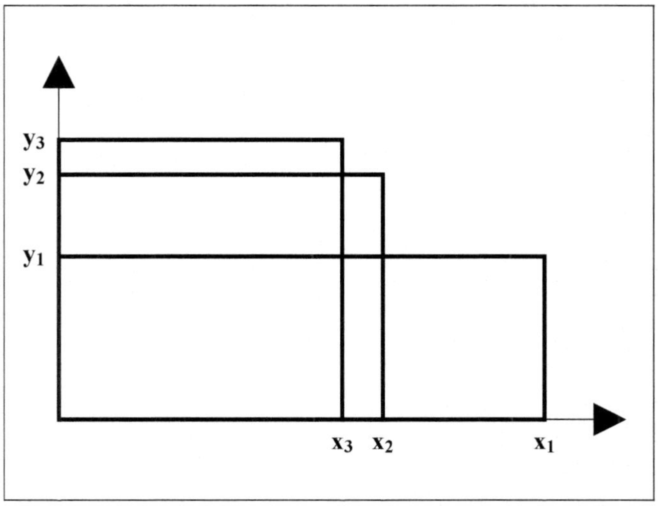

Geometrische Deutung des Babylonischen Wurzelziehens.

Lösungen zu »Die Vollständigkeit der Zahlengeraden« siehe Seite 301

Aufgabe (73.28) Es sei $a > 0$. Zeige, daß für jeden Startwert $x_0 > 0$ die durch

$$x_{n+1} := \frac{2ax_n}{x_n^2 + a}$$

definierte Folge gegen $\sqrt{a}$ konvergiert. Zeige ferner, daß mit $C := 1/\sqrt{a}$ die Abschätzung

$$|x_{n+1} - \sqrt{a}| \;\le\; C \cdot (x_n - \sqrt{a})^2$$

gilt; es liegt also quadratische Konvergenz vor.

Aufgabe (73.29) Es sei $a > 0$. Zeige, daß für jeden Startwert $x_0 > 0$ die durch

$$x_{n+1} := \frac{x_n(x_n^2 + 3a)}{3x_n^2 + a}$$

definierte Folge gegen $\sqrt{a}$ konvergiert. Zeige ferner, daß mit $C := 1/a$ die Abschätzung

$$|x_{n+1} - \sqrt{a}| \;\le\; C \cdot |x_n - \sqrt{a}|^3$$

gilt; es liegt also kubische Konvergenz vor.

Aufgabe (73.30) Berechne mit $a := 2$ und $x_0 := 1$ die Glieder x_1, x_2, x_3 und x_4, die sich aus den in den beiden vorigen Aufgaben angegebenen Rekursionsformeln ergeben.

Aufgabe (73.31) Für reelle Zahlen $0 < a < b$ definieren wir Folgen (a_n) und (b_n) durch die Anfangswerte $a_0 := a$ und $b_0 := b$ sowie die Rekursionsformeln

$$a_{n+1} := \sqrt{a_n b_n} \quad \text{und} \quad b_{n+1} := \frac{a_n + b_n}{2}.$$

Zeige, daß die Intervalle $[a_n, b_n]$ eine Intervallschachtelung bilden, und gib eine Abschätzung für die Länge des Intervalls $[a_{n+1}, b_{n+1}]$ durch diejenige des Intervalls $[a_n, b_n]$ an!

Bemerkung: Da jeweils a_{n+1} das geometrische Mittel und b_{n+1} das arithmetische Mittel der Vorgängerglieder a_n und b_n ist, bezeichnet man den Grenzpunkt der angegebenen Intervallschachtelung als **arithmetisch-geometrisches Mittel** von a und b. Zeige, daß dieses zwischen dem geometrischen Mittel $\sqrt{ab}$ und dem arithmetischen Mittel $(a+b)/2$ der Ausgangszahlen liegt.

Aufgabe (73.32) Für reelle Zahlen $0 < a < b$ definieren wir Folgen (a_n) und (b_n) durch die Anfangswerte $a_0 := a$ und $b_0 := b$ sowie die Rekursionsformeln

$$a_{n+1} := \frac{2a_n b_n}{a_n + b_n} \quad \text{und} \quad b_{n+1} := \sqrt{a_n b_n}.$$

Zeige, daß die Intervalle $[a_n, b_n]$ eine Intervallschachtelung bilden, und gib eine Abschätzung für die Länge des Intervalls $[a_{n+1}, b_{n+1}]$ durch diejenige des Intervalls $[a_n, b_n]$ an!

Bemerkung: Da jeweils a_{n+1} das harmonische Mittel und b_{n+1} das geometrische Mittel der Vorgängerglieder a_n und b_n ist, bezeichnet man den Grenzpunkt der angegebenen Intervallschachtelung als **harmonisch-geometrisches Mittel** von a und b. Zeige, daß dieses zwischen dem harmonischen Mittel $2ab/(a+b)$ und dem geometrischen Mittel $\sqrt{ab}$ der Ausgangszahlen liegt.

Aufgabe (73.33) Für reelle Zahlen $0 < a < b$ definieren wir Folgen (a_n) und (b_n) durch die Anfangswerte $a_0 := a$ und $b_0 := b$ sowie die Rekursionsformeln

$$a_{n+1} := \frac{2a_n b_n}{a_n + b_n} \quad \text{und} \quad b_{n+1} := \frac{a_n + b_n}{2}.$$

Zeige, daß die Intervalle $[a_n, b_n]$ eine Intervallschachtelung bilden, und gib eine Abschätzung für die Länge des Intervalls $[a_{n+1}, b_{n+1}]$ durch diejenige des Intervalls $[a_n, b_n]$ an!

Bemerkung: Da jeweils a_{n+1} das harmonische Mittel und b_{n+1} das arithmetische Mittel der Vorgängerglieder a_n und b_n ist, bezeichnet man den Grenzpunkt der angegebenen Intervallschachtelung als **harmonisch-arithmetisches Mittel** von a und b. Zeige, daß dieses mit dem geometrischen Mittel $\sqrt{ab}$ der Ausgangszahlen übereinstimmt.

Aufgabe (73.34) Berechne das arithmetisch-geometrische Mittel, das harmonisch-geometrische Mittel und das harmonisch-arithmetische Mittel der Zahlen 1 und 2 auf jeweils drei Nachkommastellen genau.

Aufgabe (73.35) Eine reelle Zahlenfolge (x_n) werde definiert durch einen Startwert x_0 und die Rekursionsformel

$$x_{n+1} \;:=\; \sqrt{1 - x_n}.$$

(a) Für welche Startwerte $x_0 \in \mathbb{R}$ ist die Folge (x_n) wohldefiniert?

(b) Für welche Startwerte $x_0 \in \mathbb{R}$ ist die Folge (x_n) konvergent?

Hinweis: Es gilt $x_{n+1} = f(x_n)$ mit $f(x) := \sqrt{1-x}$. Es ist hilfreich, sich anhand des Graphen der Funktion f geometrisch zu veranschaulichen, wie die Folgenglieder der Reihe nach konstruiert werden. Welche Zahlen kommen als Grenzwerte der Folge überhaupt in Frage?

Aufgabe (73.36) Wir betrachten die Funktion

(a) $f(x) = \dfrac{1-x}{1+x}$

(b) $f(x) = \dfrac{x-1}{x+1}$

(c) $f(x) = \dfrac{x+2}{x+1}$

und wählen eine reelle Zahl x_0. Wir betrachten dann die Folge $(x_0, x_1, x_2, \ldots)$, die gegeben ist durch die Rekursionsformel

$$x_{n+1} \;:=\; f(x_n).$$

Lösungen zu »Die Vollständigkeit der Zahlengeraden« siehe Seite 301

Gib jeweils an, für welche Startwerte x_0 die Folge (x_n) überhaupt wohldefiniert ist und für welche sie konvergiert.

Aufgabe (73.37) Wir definieren eine **Doppelfolge** durch

$$a_{mn} := \frac{1}{m}\left(1-\frac{1}{n}\right)^m + \left(1+\frac{1}{n}\right)\left(1-\frac{1}{m}\right)^n \qquad (m,n\in\mathbb{N}).$$

(a) Schreibe die ersten Elemente dieser Doppelfolge in Form eines rechteckigen Schemas

$$\begin{matrix} a_{11} & a_{12} & a_{13} & a_{14} & \cdots \\ a_{21} & a_{22} & a_{23} & a_{24} & \cdots \\ a_{31} & a_{32} & a_{33} & a_{34} & \cdots \\ \vdots & \vdots & \vdots & & \end{matrix}$$

(b) Zeige, daß für jeden festen Zeilenindex $m \in \mathbb{N}$ der zeilenweise gebildete Grenzwert $\lim_{n\to\infty} a_{mn}$ existiert.
(c) Zeige, daß für jeden festen Spaltenindex $n \in \mathbb{N}$ der spaltenweise gebildete Grenzwert $\lim_{m\to\infty} a_{mn}$ existiert.
(d) Gilt $\lim\limits_{n\to\infty}\left(\lim\limits_{m\to\infty} a_{mn}\right) = \lim\limits_{m\to\infty}\left(\lim\limits_{n\to\infty} a_{mn}\right)$?

Aufgabe (73.38) Es sei (a_n) eine Folge reeller Zahlen. Beweise die folgenden Aussagen!
(a) Ist (a_n) nach oben beschränkt, so ist $\limsup_{n\to\infty} a_n$ der größte Häufungspunkt der Folge (a_n).
(b) Ist (a_n) nach unten beschränkt, so ist $\liminf_{n\to\infty} a_n$ der kleinste Häufungspunkt der Folge (a_n).
(c) Genau dann konvergiert die Folge (a_n), wenn die Werte $\liminf_{n\to\infty} a_n$ und $\limsup_{n\to\infty} a_n$ beide existieren und übereinstimmen.

Aufgabe (73.39) Wir betrachten die Folge (a_n) mit
(a) $a_n = (-1)^n \cdot \dfrac{n-1}{n}$,
(b) $a_n = (-1)^{n+1} \cdot \dfrac{n+1}{n}$,
(c) $a_n = \cos(n\pi/2) \cdot \dfrac{n^2}{n^2+1}$,
(d) $a_n = \cos(2n\pi/3) \cdot \big(1+(-1)^n\big)$,
(e) $a_n = \dfrac{1000^n}{n!}$,
(f) $a_n = \begin{cases} 1+(1/2)^n, & \text{falls } n=3k \text{ mit } k\in\mathbb{N}; \\ 2+(n+1)/n, & \text{falls } n=3k+1 \text{ mit } k\in\mathbb{N}_0, \\ 3-(1/n), & \text{falls } n=3k+2 \text{ mit } k\in\mathbb{N}_0. \end{cases}$

Bestimme jeweils
- $\inf\{a_n \mid n\in\mathbb{N}\}$;
- $\liminf_{n\to\infty} a_n$;
- $\sup\{a_n \mid n\in\mathbb{N}\}$;
- $\limsup_{n\to\infty} a_n$;
- die Menge aller Häufungspunkte der Folge (a_n).

Aufgabe (73.40) Für eine fest gewählte reelle Zahl $x\in\mathbb{R}$ definieren wir eine Folge $\big(a_n(x)\big)_{n\in\mathbb{N}}$ durch

$$a_n(x) := nx - [nx],$$

wobei allgemein mit $[y]$ die größte ganze Zahl m mit $m \le y$ bezeichnet wird. (Die Funktion $y \mapsto [y]$ heißt **Gaußklammerfunktion.**) Berechne, um ein Gefühl für die Art der gebildeten Folge zu bekommen, die ersten paar Glieder der Folge $\big(a_n(0.37)\big)$. Beweise dann die folgenden Aussagen!
(a) Ist $x\in\mathbb{Z}$, so ist $\big(a_n(x)\big)$ die konstante Folge mit dem Wert 0.
(b) Ist $x\in\mathbb{Q}\setminus\mathbb{Z}$, so ist $\big(a_n(x)\big)$ eine nichtkonstante periodische Folge.
(c) Ist $x\in\mathbb{R}\setminus\mathbb{Q}$, so kommt die Folge $\big(a_n(x)\big)$ jedem Punkt des Intervall $[0,1]$ beliebig nahe; d.h., jeder Punkt des Intervalls $[0,1]$ ist ein Häufungspunkt der Folge $\big(a_n(x)\big)$.

Hinweis: Zeige in (c) zunächst, daß die Folgenglieder $a_n(x)$ paarweise verschieden sind, daß also $a_m(x)\ne a_n(x)$ für $m\ne n$ gilt. Zeige dann, daß es zu jedem $a\in[0,1]$ und jedem $\varepsilon>0$ unendlich viele Indices $n\in\mathbb{N}$ gibt mit $|a_n(x)-a|<\varepsilon$.

Aufgabe (73.41) (a) Es sei (a_n) eine Folge reeller Zahlen. Zeige, daß genau dann $a_n\to\xi$ gilt, wenn die beiden Teilfolgen $(a_1,a_3,a_5,\ldots)$ und $(a_2,a_4,a_6,\ldots)$ beide gegen ξ konvergieren.

(b) Zeige, daß zwei reelle Zahlenfolgen (a_n) und (b_n) genau dann gegen den gleichen Grenzwert konvergieren, wenn die gemischte Folge $(a_1,b_1,a_2,b_2,a_3,b_3,\ldots)$ konvergiert.

Aufgabe (73.42) Es sei (a_n) eine Folge reeller Zahlen. Wir definieren eine neue Folge (s_n) durch $s_n := a_1+a_2+\cdots+a_n$. Zeige, daß die Folge (s_n) nur dann konvergieren kann, wenn $a_n\to 0$ gilt.

Aufgabe (73.43) Es sei (a_n) eine Folge reeller Zahlen a_n. Es gebe eine Konstante M mit $0<a_n\le M$ für alle $n\in\mathbb{N}$. Wir definieren eine neue Folge (b_n) durch

$$b_n := \frac{a_n}{a_1+a_2+\cdots+a_n}.$$

Zeige, daß $b_n\to 0$ für $n\to\infty$ gilt.

Aufgabe (73.44) Es seien $a<b$ zwei reelle Zahlen und $f:[a,b]\to[a,b]$ eine monoton wachsende Funktion. Zeige, daß f einen Fixpunkt besitzt, daß es also eine Zahl $x\in[a,b]$ gibt mit $f(x)=x$. Deute diese Aussage anschaulich!

Hinweis: Die Menge $X := \{x\in[a,b] \mid x\le f(x)\}$ besitzt ein Supremum s (warum?). Führe jede der beiden Annahmen $s<f(s)$ und $s>f(s)$ zum Widerspruch.

Lösungen zu »Die Vollständigkeit der Zahlengeraden« siehe Seite 301

Aufgabe (73.45) Es seien $I \subseteq \mathbb{R}$ ein offenes Intervall, ξ ein Punkt in I und $f : I \to \mathbb{R}$ eine Funktion. Wir schreiben $\lim_{x\to\xi} f(x) = a$ und bezeichnen a als **Funktionsgrenzwert** von f für $x \to \xi$, wenn für jede Folge (x_n) in I mit $x_n \to \xi$ stets $f(x_n) \to a$ folgt. Bestimme die folgenden Funktionsgrenzwerte!

(a) $\lim\limits_{x\to\infty} \dfrac{4x^4 - x^2 + 2}{x + 3x^3 - 2x^4}$
(b) $\lim\limits_{x\to 1} \dfrac{x^3 + x^2 - x - 1}{x - 1}$
(c) $\lim\limits_{x\to 0} \dfrac{1 - \sqrt{1 - x^2}}{x^2}$
(d) $\lim\limits_{x\to\infty} \sqrt{2x} \cdot (\sqrt{x+1} - \sqrt{x})$
(e) $\lim\limits_{x\to 1} \dfrac{x^3 + x^2 - x - 1}{x^3 - 1}$
(f) $\lim\limits_{x\to a} \dfrac{x^4 - a^4}{x - a}$
(g) $\lim\limits_{x\to 1} \dfrac{x^2 - 1}{x^2 + 1}$
(h) $\lim\limits_{x\to\infty} \dfrac{x^3 - 2x + 3}{x^2 + 1}$
(i) $\lim\limits_{x\to 1} \dfrac{1 - x}{1 - \sqrt{x}}$
(j) $\lim\limits_{x\to\infty} \dfrac{x^2}{x^2 - 4x + 1}$
(k) $\lim\limits_{x\to 0} \dfrac{\sqrt{1+x} - 1}{x}$
(l) $\lim\limits_{x\to\infty} \dfrac{\sqrt{x + \sqrt{x + \sqrt{x}}}}{\sqrt{x+1}}$
(m) $\lim\limits_{x\to 4} \dfrac{5x + 2}{2x + 3}$
(n) $\lim\limits_{x\to\infty} \dfrac{3x + 5}{2x + 7}$
(o) $\lim\limits_{x\to 3} \dfrac{x^2 - 9}{x^2 - 3x}$
(p) $\lim\limits_{x\to 10} \dfrac{x^3 - 1000}{x^3 - 20x^2 + 100x}$
(q) $\lim\limits_{x\to 0} \dfrac{\sqrt{x+4} - 2}{x}$
(r) $\lim\limits_{x\to\infty} \dfrac{3x^4 - 2}{\sqrt{x^8 + 3x + 4}}$

Aufgabe (73.46) Es seien $a, b \in \mathbb{R}$ reelle Zahlen und $f : \mathbb{R} \to \mathbb{R}$ eine Funktion. Für jede monoton wachsende Folge (a_n) mit $a_n \to a$ gelte $f(a_n) \to b$. Zeige, daß dann $\lim_{x\to a-} f(x) = b$ gilt, also $f(x_n) \to b$ für *jede* Folge (x_n), die von links gegen a konvergiert (egal, ob monoton wachsend oder nicht).

Aufgabe (73.47) Definiere in sinnvoller Weise die Begriffe *limes inferior* und *limes superior* für Funktionengrenzwerte und zeige, daß dann die beiden folgenden Bedingungen äquivalent sind!

(1) $\lim\limits_{x\to x_0} f(x) = y$
(2) $\liminf\limits_{x\to x_0} f(x) \geq y$ und $\limsup\limits_{x\to x_0} f(x) \leq y$

Aufgabe (73.48) Skizziere den Verlauf der Funktion $f : \mathbb{R} \to \mathbb{R}$, die definiert ist durch

$$f(x) := \lim_{n\to\infty} \frac{1}{1 + x^{2n}}.$$

Aufgabe (73.49) Zeige, daß durch

$$f(x) := \frac{1}{1-x} - \frac{1}{x} = \frac{2x-1}{x(1-x)}$$

eine Bijektion $f : (0,1) \to \mathbb{R}$ gegeben ist. **Bemerkung:** Vgl. Aufgabe (23.17).

Aufgabe (73.50) Jede reelle Zahl im Intervall $(0,1]$ sei gegeben durch ihre eindeutig bestimmte nichtabbrechende Dezimaldarstellung $0.x_1x_2x_3\ldots$. Wir definieren $f : (0,1] \times (0,1] \to (0,1]$ durch

$$f\big(0.a_1a_2a_3\ldots, 0.b_1b_2b_3\ldots\big) := 0.a_1b_1a_2b_2a_3b_3\ldots.$$

Zeige, daß f injektiv, aber nicht surjektiv ist. Zeige ferner, daß das Intervall $(0,1]$ und das "Quadrat" $(0,1] \times (0,1]$ gleichmächtig sind!

Aufgabe (73.51) Zeige, daß jede der folgenden Mengen gleichmächtig mit der Menge $\mathbb{R}$ der reellen Zahlen ist:

(a) die Menge $\mathfrak{P}(\mathbb{N})$ aller Teilmengen von $\mathbb{N}$;
(b) die Menge $\{0,1\}^{\mathbb{N}}$ aller Abbildungen von $\mathbb{N}$ in $\{0,1\}$;
(c) die Menge $\mathfrak{F}$ aller Folgen aus Nullen und Einsen;
(d) die Menge aller Folgen reeller Zahlen.

Aufgabe (73.52) Wir bilden eine Folge von Mengen $I_0 \supseteq I_1 \supseteq I_2 \supseteq \cdots$ auf die folgende Art. Es sei $I_0 := [0,1]$. Wir entfernen aus I_0 das offene mittlere Drittel und erhalten die Menge $I_1 := [0,1/3] \cup [2/3,1]$. Aus jedem der beiden Intervalle, aus denen sich I_1 zusammensetzt, entfernen wir wieder das (offene) mittlere Drittel und enthalten so die Menge $I_2 := [0,1/9] \cup [2/9,1/3] \cup [2/3,7/9] \cup [8/9,1]$. Fahren wir in dieser Weise fort, so erhalten wir eine absteigende Familie von Mengen $I_0 \supseteq I_1 \supseteq I_2 \supseteq \cdots$. Deren Durchschnitt $C := \bigcap_{n=0}^{\infty} I_n$ wird als **Cantor-Menge** oder als **Cantorsches Diskontinuum** bezeichnet.

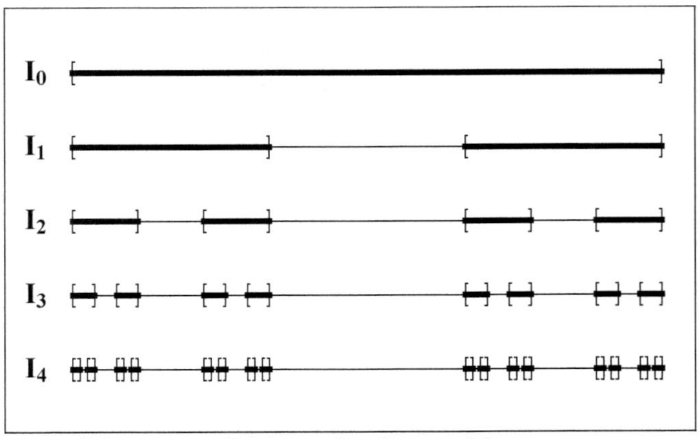

Erste Schritte zur Bildung der Cantor-Menge.

(a) Zeige, daß die Menge I_n aus 2^n disjunkten abgeschlossenen Intervallen der Länge $(1/3)^n$ besteht und daß die linken Randpunkte dieser Intervalle genau die Zahlen der Form $\sum_{k=1}^{n} a_k/3^k$ mit $a_k \in \{0, 2\}$ sind, also diejenigen Zahlen, die bezüglich der Basis 3 eine Darstellung der Form $0.a_1a_2 \ldots a_n$ mit $a_k \in \{0, 2\}$ haben. (Eine Darstellung im Dreiersystem heißt **triadische Darstellung**.)

(b) Zeige, daß C genau aus denjenigen reellen Zahlen besteht, die im Dreiersystem eine Darstellung $0.a_1a_2a_3 \ldots$ besitzen, in der nur die Ziffern 0 und 2 auftreten.

(c) Zeige, daß C gleichmächtig mit $\mathbb{R}$ ist. (Das ist sehr verblüffend, wenn man bedenkt, wie stark das Intervall $[0, 1]$ "ausgedünnt" wird, um die Menge C zu bilden!)

Aufgabe (73.53) Wir betrachten die folgenden Mengen:

$$\begin{aligned} F &= \text{Menge aller Folgen rationaler Zahlen,} \\ E &= \{f \in F \mid f \text{ ist beschränkt}\}, \\ D &= \{f \in F \mid f \text{ ist Cauchyfolge}\}, \\ C &= \{f \in F \mid f \text{ konvergiert in } \mathbb{Q}\}, \\ B &= \{f \in F \mid f \text{ konvergiert gegen } 0\}, \\ A &= \{f \in F \mid f_i \neq 0 \text{ nur für endlich viele } i\}. \end{aligned}$$

(a) Zeige, daß F mit der komponentenweise definierten Addition und Multiplikation ein kommutativer unitärer Ring ist, in dem $A \subseteq B \subseteq C \subseteq D \subseteq E \subseteq F$ eine aufsteigende Kette von Unterringen bildet.

(b) Welche Idealbeziehungen gelten zwischen den Ringen $A, \ldots, F$? Genauer: Welcher dieser Ringe sind in welchen anderen dieser Ringe sogar schon Ideale?

Lösungen zu »Die Vollständigkeit der Zahlengeraden« siehe Seite 301

A74: Grenzwerte in der komplexen Zahlenebene

Aufgabe (74.1) Es sei (a_n) eine Folge komplexer Zahlen mit $a_n \to a$. Zeige, daß dann auch $|a_n| \to |a|$ gilt.

Aufgabe (74.2) Es sei (a_n) eine Folge komplexer Zahlen mit $a_n \to a$. Zeige, daß dann auch $a_n^2 \to a^2$ gilt.

Aufgabe (74.3) Zeige: Ist (a_n) eine Nullfolge in $\mathbb{C}$ und ist (b_n) eine beschränkte Folge in $\mathbb{C}$, so ist $(a_n b_n)$ eine Nullfolge.

Aufgabe (74.4) Berechne für jede der Folgen (a_n) den Grenzwert!

(a) $a_n = \dfrac{(n+2i)^2}{n^3 - in + 2 + 3i}$

(b) $a_n = \dfrac{2n^3 + 3in^5}{n^5 - in^2 + 3}$

(c) $a_n = \left(\dfrac{1+i}{2}\right)^n$

(d) $a_n = \dfrac{(in)^2 + n}{n^2 + in^2}$

Aufgabe (74.5) Eine Folge (x_n) komplexer Zahlen erfülle die Rekursionsformel $x_{n+2} = x_{n+1} - x_n$ für alle $n \geq 0$. Für welche Startwerte x_0 und x_1 konvergiert diese Folge?

Aufgabe (74.6) Es seien $a, b \in \mathbb{C}$ komplexe Zahlen mit $b \neq 0$. Für welche Startwerte x_0 konvergiert die Folge (x_n) mit der Rekursionsformel $x_{n+1} := (x_n + a)/b$?

Aufgabe (74.7) Die komplexen Zahlen wurden eingeführt als die Menge aller Punkte in einer Ebene. Wir können uns die komplexen Zahlen aber auch geometrisch als Punkte auf einer Kugeloberfläche ("Sphäre") vorstellen, und zwar folgendermaßen. Wir fassen die komplexe Zahlenebene als xy-Ebene eines räumlichen kartesischen Koordinatensystems auf, indem wir die Zahl $z = x + iy$ mit dem Punkt $(x, y, 0)$ identifizieren. Auf den Nullpunkt dieses Koordinatensystems legen wir eine Kugel mit dem Radius $1/2$; wir interpretieren dann den Punkt $(0, 0, 0)$ als Südpol und den Punkt $N := (0, 0, 1)$ als Nordpol dieser Kugel. Es sei K die Oberfläche dieser Kugel (**Riemannsche Zahlensphäre**). Eine Bijektion $\sigma : \mathbb{C} \to K \setminus \{N\}$ wird dann dadurch definiert, daß $\sigma(x+iy)$ derjenige Punkt $(\xi, \eta, \zeta) \in \mathbb{R}^3$ ist, an dem die Verbindungsstrecke des Punktes $(x, y, 0)$ mit dem Nordpol $(0, 0, 1)$ die Sphäre K durchstößt. Der gewöhnliche dreidimensionale Abstand zwischen den Punkten $\sigma(z_1)$ und $\sigma(z_2)$ wird auch als **chordaler Abstand** zwischen $z_1, z_2 \in \mathbb{C}$ bezeichnet.

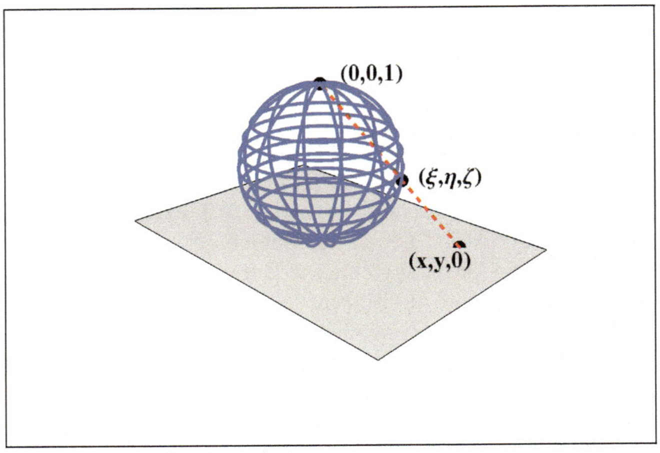

Stereographische Projektion.

(a) Gib σ und σ^{-1} explizit an!
(b) Leite eine explizite Formel für den chordalen Abstand $D(z_1, z_2)$ zweier Zahlen $z_1, z_2 \in \mathbb{C}$ her und zeige, daß $D(z_1^{-1}, z_2^{-1}) = D(z_1, z_2)$ für alle $z_1, z_2 \neq 0$ gilt.
(c) Zeige, daß eine komplexe Zahlenfolge (z_n) genau dann gegen einen Grenzwert $w \in \mathbb{C}$ konvergiert, wenn $D(z_n, w) \to 0$ gilt.
(d) Erläutere mit Hilfe der Riemannschen Zahlensphäre, was "Konvergenz gegen Unendlich" in $\mathbb{C}$ bedeutet!

Aufgabe (74.8) Gilt $f(z_n) \to w$ für jede Folge (z_n) mit $z_n \to z_\star$ und $z_n \neq z_\star$ für alle n, so nennen wir w den **Funktionsgrenzwert** von $f(z)$ für $z \to z_\star$ und schreiben $w = \lim_{z \to z_\star} f(z)$. Bestimme die folgenden Funktionsgrenzwerte!

(a) $\displaystyle\lim_{z\to 1} \frac{z^3 - 1}{z - 1}$ (b) $\displaystyle\lim_{z\to -2} \frac{z^3 + 8}{z + 2}$ (c) $\displaystyle\lim_{z\to 0} \frac{|z|^2}{z}$

Aufgabe (74.9) Es seien a_i und b_j komplexe Zahlen mit $a_m \neq 0$ und $b_n \neq 0$. Bestimme den Grenzwert

$$\lim_{z\to\infty} \frac{a_m z^m + a_{m-1} z^{m-1} + \cdots + a_1 z + a_0}{b_n z^n + b_{n-1} z^{n-1} + \cdots + b_1 z + b_0}.$$

Aufgabe (74.10) Zeige, daß für jede natürliche Zahl $k \in \mathbb{N}$ und jede komplexe Zahl q mit $|q| < 1$ die Konvergenzaussage $n^k q^n \to 0$ gilt.

Aufgabe (74.11) Zeige, daß für jede komplexe Zahl $c \in \mathbb{C}$ die Konvergenzaussage $c^n/n! \to 0$ gilt.

Aufgabe (74.12) Es sei $q = e^{i\alpha}$ mit $\alpha \in \mathbb{R} \setminus \{0\}$. Wir betrachten die Folge (z_n) mit $z_n = q^n$. Beweise die folgenden Aussagen!

(a) Alle Folgenglieder $z_0, z_1, z_2, \ldots$ liegen auf dem Einheitskreis $K := \{z \in \mathbb{C} \mid |z| = 1\}$.
(b) Ist $2\pi/\alpha$ rational, so ist $\{z_n \mid n \in \mathbb{C}\}$ eine endliche Menge, deren Elemente die Ecken eines regelmäßigen Polygons bilden.

Lösungen zu »Grenzwerte in der komplexen Zahlenebene« siehe Seite 320

(c) Ist $2\pi/\alpha$ irrational, so sind die Folgenglieder $z_0, z_1, z_2, \ldots$ paarweise verschieden und liegen dicht in K; d.h., auf jedem noch so kleinen Kreisbogen $\{e^{i\varphi} \mid \varphi_0 < \varphi < \varphi_0 + \varepsilon\}$ liegen unendlich viele Folgenglieder z_k.

Aufgabe (74.13) Für welche Werte $q \in \mathbb{C}$ konvergiert die Folge $(q^n)_{n\in\mathbb{N}}$?

Aufgabe (74.14) Eine komplexe Zahlenfolge (z_n) sei definiert durch einen Startwert z_0 und die Rekursionsformel

$$z_{n+1} = z_n^2.$$

Für welche Startwerte $z_0 \in \mathbb{C}$ konvergiert diese Folge?

Aufgabe (74.15) Es seien $A, B, C, D \in \mathbb{C}$ komplexe Zahlen, die nicht alle den Wert Null haben. Eine Zahlenfolge (z_n) in $\mathbb{C}_\infty$ werde definiert durch einen Startwert $z_0 \in \mathbb{C}_\infty$ und die Rekursionsformel

$$z_{n+1} = \frac{Az_n + B}{Cz_n + D}.$$

Für welche Startwerte konvergiert diese Folge?

Aufgabe (74.16) Es seien (a_n) und (b_n) zwei Zahlenfolgen mit lauter von Null verschiedenen Gliedern. Wir schreiben

- $a_n = o(b_n)$ für $n \to \infty$, wenn $a_n/b_n \to 0$ für $n \to \infty$ gilt ("a_n wächst für $n \to \infty$ langsamer als b_n");
- $a_n = O(b_n)$ für $n \to \infty$, wenn es eine Konstante C gibt mit $|a_n| \leq C|b_n|$ für alle n ("a_n wächst für $n \to \infty$ höchstens so schnell wie b_n");
- $a_n \sim b_n$ für $n \to \infty$, wenn $a_n/b_n \to 1$ für $n \to \infty$ gilt ("a_n und b_n sind für $n \to \infty$ asymptotisch gleich").

(a) Drücke mit Hilfe der Landau-Symbole Beziehungen zwischen den Folgen (a_n) und (b_n) im Verhalten für $n \to \infty$ aus!

- $a_n = 1/n^k$, $b_n = 1/n!$ mit einer Konstanten $k \in \mathbb{N}$
- $a_n = p(n)$, $b_n = q(n)$ mit Polynomen p und q
- $a_n = p(n)$, $b_n = c^n$ mit einem Polynom p und einer Konstanten $c > 0$

(b) Beweise die folgenden Implikationen!

- $a_n = o(b_n) \Rightarrow a_n = O(b_n)$
- $a_n = O(b_n), b_n = o(c_n) \Rightarrow a_n = o(c_n)$
- $a_n = o(b_n), b_n = O(c_n) \Rightarrow a_n = o(c_n)$
- $a_n = O(b_n), b_n = O(c_n) \Rightarrow a_n = O(c_n)$

Zeige ferner, daß $\sim$ eine Äquivalenzrelation auf der Menge aller Zahlenfolgen mit lauter von Null verschiedenen Gliedern ist!

Aufgabe (74.17) Es seien f und g Funktionen. Wir schreiben

- $f(x) = o\big(g(x)\big)$ für $x \to x_0$, wenn $f(x)/g(x) \to 0$ für $x \to x_0$ gilt ("$f(x)$ wächst für $x \to x_0$ langsamer als $g(x)$");
- $f(x) = O\big(g(x)\big)$ für $x \to x_0$, wenn es eine Konstante C gibt mit $|f(x)| \leq C|g(x)|$ für alle x nahe bei x_0 ("$f(x)$ wächst für $x \to x_0$ höchstens so schnell wie $g(x)$");
- $f(x) \sim g(x)$ für $x \to x_0$, wenn $f(x)/g(x) \to 1$ für $x \to x_0$ gilt ("$f(x)$ und $g(x)$ sind für $x \to x_0$ asymptotisch gleich").

Drücke mit Hilfe der Landau-Symbole Beziehungen zwischen den Funktionen $f(x)$ und $g(x)$ im Verhalten für $x \to x_0$ aus!

(a) $f(x) = x\sin^2 x$, $g(x) = 2x \sin x$, $x_0 = 0$
(b) $f(x) = 5x^2 + 2x^5$, $g(x) = 3x^2 + 2x^3$, $x_0 = 0$
(c) $f(x) = \sqrt{x-1}$, $g(x) = \sqrt{x} - 1$, $x_0 = 1+$

Bemerkung: Die in den beiden obigen Aufgaben eingeführten Symbole (o) (lies "klein-o") und O (lies "groß-O") werden nach Edmund Landau (1877-1938) als **Landau-Symbole** bezeichnet. Sie sind ein bequemes Mittel, mehrere hintereinandergeschachelte Abschätzungen in kompakter Form zusammenzufassen.

Lösungen zu »Grenzwerte in der komplexen Zahlenebene« siehe Seite 320

A75: Reihen

Aufgabe (75.1) Wir betrachten das Quadrat mit den Ecken $A := (0,0)$, $B := (1,0)$, $C := (1,1)$ und $D := (0,1)$ und führen die folgenden Konstruktionen durch.

(a) Wir setzen $P_0 := (1, 1/2)$ und $Q_0 := (1,1)$ und definieren dann jeweils P_k als den Schnittpunkt der Geraden $\overline{AQ_{k-1}}$ mit der Geraden $y = 1/2$ sowie Q_k als den Punkt senkrecht oberhalb von P_k auf dem oberen Rand des Quadrates.

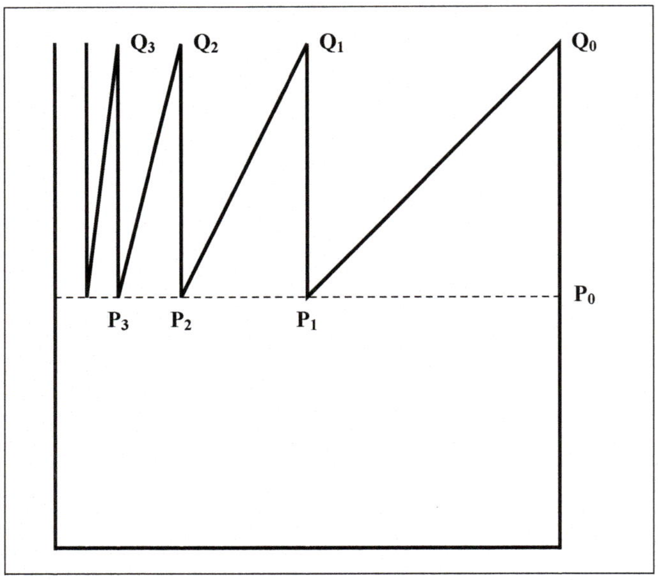

(b) Wir setzen $P_0 := (1,0)$ und $Q_0 := (1,1)$ und definieren dann jeweils P_k als den Schnittpunkt der Geraden $\overline{AQ_{k-1}}$ mit der Geraden $y = 1 - x$ sowie Q_k als den Punkt senkrecht oberhalb von P_k auf dem oberen Quadratrand.

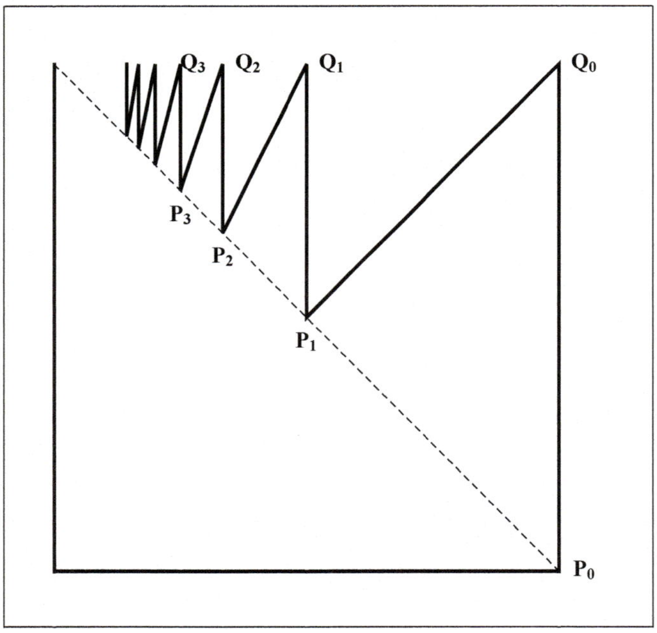

Fällen wir in (a) bzw. (b) von jedem der Punkte P_k aus das Lot auf die Gerade $\overline{AB}$ (also auf die untere Kante des Quadrates), so erhalten wir eine Folge von Trapezflächen. Zeige, daß die Summe dieser Trapezflächen einem endlichen Wert zustrebt, während die Summe der Längen $\overline{Q_{k-1}P_k} + \overline{P_kQ_k}$ gegen Unendlich geht. (Wir erhalten sozusagen ein Gebiet endlichen Flächeninhalts mit unendlichem Umfang bzw. ein Grundstück endlicher Fläche, das von einem Zaun unendlicher Länge begrenzt wird.)

Aufgabe (75.2) Von einem Ursprungspunkt O aus werden Strahlen abgetragen, jeweils um einen vorgegebenen Winkel φ auseinanderliegend. Auf dem Anfangsstrahl wählt man den Punkt P_0 im Abstand a vom Ursprungspunkt. Von P_0 aus fälle man das Lot auf den nächsten Strahl und bezeichne den Fußpunkt mit P_1. Fährt man so fort, so bilden die Strecken $\overline{P_0P_1}$, $\overline{P_1P_2}$, $\overline{P_2P_3}$, ... einen Polygonzug, der sich spiralig um den Ursprungspunkt O zusammenzieht. Welche Länge hat dieser Polygonzug? Was ergibt sich speziell für $\varphi = 30^0$ wie in der Zeichnung?

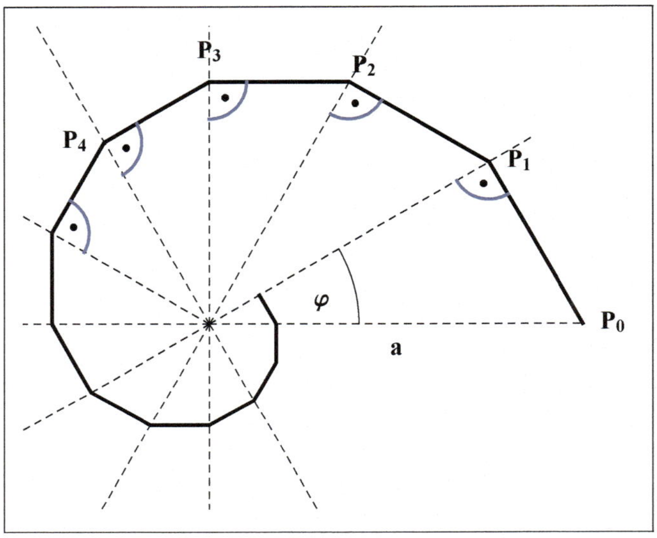

Aufgabe (75.3) Eine Ansammlung n gleichartiger homogener Platten der Länge ℓ ist so zu stapeln, daß die oberste Platte möglichst weit über die unterste Platte hinausragt. Welcher maximale Überhang kann erzielt werden? Was geschieht für $n \to \infty$?

Hinweis: Man beginne gedanklich mit der obersten Platte und nehme die unteren Platten schrittweise hinzu. Beim Hinzufügen einer Platte wird der Überhang maximal, wenn die Kante der neuen Platte genau unter dem Schwerpunkt der über ihr befindlichen Platten liegt; es herrscht dann gerade noch Gleichgewicht.

Aufgabe (75.4) Achill kann mit der Geschwindigkeit v laufen, eine Schildkröte dagegen nur mit der kleineren Geschwindigkeit $u < v$. Dennoch kann laut der folgenden Argumentation des Philosophen Zenon von Elea (etwa 490-430 v. Chr.) Achill die Schildkröte nie einholen, wenn man ihr einen (noch so kleinen) Vorsprung $a > 0$

Lösungen zu »Reihen« siehe Seite 325

einräumt: Achill braucht zunächst eine Zeit t_1, bis er den Punkt erreicht, zu dem sich die Schildkröte anfangs befand; während der Zeitspanne t_1 hat sich diese aber weiterbewegt. Also braucht Achill eine endliche Zeitspanne t_2, um den Punkt zu erreichen, an dem sich die Schildkröte zur Zeit t_1 befand. Während dieser Zeitdauer t_2 hat sich die Schildkröte aber wieder weiterbewegt, hat also auch nach der Zeitdauer $t_1 + t_2$ noch einen Vorsprung vor Achill. Dieses Argument kann man immer weiterführen, was nach Zenon zeigt, daß Achill die Schildkröte niemals erreicht. Was ist an Zenons Argumentation falsch, und nach welcher Zeitdauer erreicht Achill die Schildkröte?

Aufgabe (75.5) Es sei $(a_1, a_2, a_3, a_4, \ldots)$ eine Folge komplexer Zahlen. Zeige, daß die folgenden Aussagen äquivalent sind!

(1) Die Reihe $\sum_{n=1}^{\infty} a_n$ konvergiert.
(2) Für jede Zahl $n_0 \in \mathbb{N}$ konvergiert die Reihe $\sum_{n=n_0}^{\infty} a_n$.
(3) Es gibt eine Zahl $n_0 \in \mathbb{N}$ derart, daß die Reihe $\sum_{n=n_0}^{\infty} a_n$ konvergiert.

Aufgabe (75.6) Beweise die Divergenz der harmonischen Reihe $\sum_{n=1}^{\infty} 1/n$ mit einem Widerspruchsbeweis!

Aufgabe (75.7) Berechne die Werte der folgenden konvergenten Reihen!

$$\text{(a)} \sum_{n=0}^{\infty} \frac{(-1)^n}{8^n} \qquad \text{(b)} \sum_{n=1}^{\infty} \frac{\sqrt{2}^n}{\sqrt{3}^n} \qquad \text{(c)} \sum_{n=3}^{\infty} 0.2^n$$

Aufgabe (75.8) Berechne den Wert der Reihe

$$\sum_{n=1}^{\infty} \frac{1}{4n^2-1} = \sum_{n=1}^{\infty} \frac{1}{(2n-1)(2n+1)} = \frac{1}{1\cdot 3} + \frac{1}{3\cdot 5} + \frac{1}{5\cdot 7} + \cdots$$

Aufgabe (75.9) Berechne den Wert der Reihe

$$\sum_{n=1}^{\infty} \frac{1}{n(n+1)(n+2)} = \frac{1}{1\cdot 2\cdot 3} + \frac{1}{2\cdot 3\cdot 4} + \frac{1}{3\cdot 4\cdot 5} + \cdots.$$

Hinweis: Das n-te Glied der Reihe läßt sich schreiben als

$$\frac{1}{n(n+1)(n+2)} = \frac{1}{2}\left(\frac{1}{n} - \frac{2}{n+1} + \frac{1}{n+2}\right).$$

Aufgabe (75.10) Für welche komplexen Zahlen z konvergieren die folgenden Reihen?

$$\text{(a)} \sum_{n=1}^{\infty} \frac{1}{z^n+1} \qquad \text{(b)} \sum_{n=1}^{\infty} \frac{n}{z^n+1} \qquad \text{(c)} \sum_{n=1}^{\infty} \frac{z^n}{z^n+1}$$

Aufgabe (75.11) Es sei z eine komplexe Zahl mit $|z| > 1$. Benutze die Identität

$$\frac{2^n}{z^{2^n}+1} = \frac{2^n}{z^{2^n}-1} - \frac{2^{n+1}}{z^{2^{n+1}}-1}$$

zur Berechnung des Wertes der Reihe $\displaystyle\sum_{n=0}^{\infty} \frac{2^n}{z^{2^n}+1}$.

Aufgabe (75.12) Für welche Werte $z \in \mathbb{C}$ konvergiert die folgende Reihe? Welches ist im Konvergenzfall der Wert der Reihe?

$$\sum_{n=0}^{\infty} \left(\frac{iz-3+2i}{2z+i}\right)^n$$

Aufgabe (75.13) Es sei (a_n) eine Folge komplexer Zahlen. Wir definieren eine neue Folge (b_n) durch $b_n := a_{2n-1} + a_{2n}$. Beweise oder widerlege jede der folgenden Aussagen! (Wir schreiben kurz $\sum$ statt $\sum_{n=1}^{\infty}$.)

(a) Konvergiert $\sum a_n$, dann auch $\sum b_n$.
(b) Konvergiert $\sum b_n$, dann auch $\sum a_n$.
(c) Konvergiert $\sum a_n$ absolut, dann auch $\sum b_n$.
(d) Konvergiert $\sum b_n$ absolut, dann auch $\sum a_n$.

Aufgabe (75.14) Es sei (a_n) eine Folge komplexer Zahlen. Wir definieren eine neue Folge (b_n) durch $b_1 := a_1$ und $b_n := a_n - a_{n-1}$ für $n \geq 2$. Beweise oder widerlege jede der folgenden Aussagen! (Wir schreiben kurz $\sum$ statt $\sum_{n=1}^{\infty}$.)

(a) Konvergiert (a_n), so konvergiert $\sum b_n$.
(b) Konvergiert (a_n), so konvergiert $\sum b_n$ absolut.
(c) Konvergiert $\sum a_n$, dann auch $\sum b_n$.
(d) Konvergiert $\sum a_n$, so konvergiert $\sum b_n$ absolut.
(e) Konvergiert $\sum a_n$ absolut, dann auch $\sum b_n$.

Aufgaben (75.15) Es seien $a = (a_1, a_2, a_3, \ldots)$ und $b = (b_1, b_2, b_3, \ldots)$ Folgen komplexer Zahlen. Beweise die folgenden Aussagen! (Wir schreiben kurz $\sum$ statt $\sum_{n=1}^{\infty}$.)

(a) Konvergieren die Reihen $\sum |a_n|^2$ und $\sum |b_n|^2$, so konvergiert auch $\sum |a_n b_n|$ und $\sum |a_n + b_n|^2$.
(b) Konvergiert $\sum |a_n|^2$ und ist $\lambda \in \mathbb{C}$, so konvergiert auch $\sum |\lambda a_n|^2$.

Folgere, daß die Menge ℓ^2 aller Folgen $(a_1, a_2, a_3, \ldots)$ mit $\sum_{n=1}^{\infty} |a_n|^2 < \infty$ ein Vektorraum ist und daß durch

$$\langle a, b\rangle := \sum_{n=1}^{\infty} a_n \overline{b_n}$$

ein Skalarprodukt auf ℓ^2 definiert ist.

Aufgabe (75.16) Es sei (a_n) eine Folge reeller Zahlen. Zeige: Konvergiert die Reihe $\sum_{n=1}^{\infty} a_n^2$, so konvergiert auch die Reihe $\displaystyle\sum_{n=1}^{\infty} \frac{a_n}{n}$.

Lösungen zu »Reihen« siehe Seite 325

Aufgabe (75.17) Es sei (a_n) eine Folge reeller Zahlen mit $0 \le a_{n+1} \le a_n/2$ für alle $n \in \mathbb{N}$. Zeige, daß dann die Reihe $\sum_{n=1}^{\infty} a_n$ konvergiert.

Aufgabe (75.18) Überprüfe, welche der folgenden Reihen konvergieren.

(a) $\displaystyle\sum_{n=1}^{\infty} \frac{n!}{n^n}$ (b) $\displaystyle\sum_{n=1}^{\infty} \left(\frac{n}{n+1}\right)^{n^2}$ (c) $\displaystyle\sum_{n=1}^{\infty} \frac{2+(-1)^n}{2^n}$

(d) $\displaystyle\sum_{n=1}^{\infty} \frac{(n!)^2}{(2n)!}$ (e) $\displaystyle\sum_{n=1}^{\infty} \frac{n^2}{n!}$ (f) $\displaystyle\sum_{n=1}^{\infty} \frac{\sqrt{n+1}-\sqrt{n}}{n^{3/4}}$

(g) $\displaystyle\sum_{n=1}^{\infty} \frac{n^2}{2^n}$ (h) $\displaystyle\sum_{n=1}^{\infty} (-1)^{n+1} \cdot \frac{2^n}{n}$ (i) $\displaystyle\sum_{n=1}^{\infty} \frac{1}{n+10}$

(j) $\displaystyle\sum_{n=1}^{\infty} \frac{n}{3n-1}$ (k) $\displaystyle\sum_{n=1}^{\infty} \frac{1}{4\cdot 2^n - 3}$ (l) $\displaystyle\sum_{n=1}^{\infty} \left(\frac{n}{2n+1}\right)^n$

(m) $\displaystyle\sum_{n=1}^{\infty} \frac{1}{2^n}\left(1+\frac{1}{n}\right)^{n^2}$ (n) $\displaystyle\sum_{n=1}^{\infty} \frac{2^n}{n^{10}}$ (o) $\displaystyle\sum_{n=1}^{\infty} \frac{2^n}{n^n}$

(p) $\displaystyle\sum_{n=1}^{\infty} \left(\frac{n-1}{n+1}\right)^{n(n-1)}$ (q) $\displaystyle\sum_{n=1}^{\infty} \frac{n}{\sqrt{3}^n}$ (r) $\displaystyle\sum_{n=1}^{\infty} \frac{10^n}{n!}$

(s) $\displaystyle\sum_{n=1}^{\infty} \frac{(-1)^n n}{n^2+1}$ (t) $\displaystyle\sum_{n=1}^{\infty} \frac{(-1)^{n+1}}{1+0.1^n}$ (u) $\displaystyle\sum_{n=1}^{\infty} \frac{\cos(2n\pi/3)}{2^n}$

(v) $\displaystyle\sum_{n=1}^{\infty} \frac{1}{\sqrt{(2n-1)(2n+1)}}$ (w) $\displaystyle\sum_{n=1}^{\infty} \frac{(-1)^n}{\sqrt{(2n-1)(2n+1)}}$

Aufgabe (75.19) Überprüfe, welche der folgenden Reihen konvergieren.

(a) $\displaystyle\sum_{n=1}^{\infty} \frac{\cos(2^n\varphi)}{n^2}$ (b) $\displaystyle\sum_{n=1}^{\infty} (-1)^n \left(\frac{3n-1}{5n+2}\right)^n$

(c) $\displaystyle\sum_{n=1}^{\infty} \frac{1}{n\sqrt{1+1/n}}$ (d) $\displaystyle\sum_{n=1}^{\infty} \frac{(-1)^n}{n\sqrt{1+1/n}}$ (e) $\displaystyle\sum_{n=1}^{\infty} \frac{1}{a+nb}$

(f) $\displaystyle\sum_{n=1}^{\infty} (-1)^n(\sqrt{n+1}-\sqrt{n})$ (g) $\displaystyle\sum_{n=1}^{\infty} \frac{(-1)^n(2n+1)}{n(n+1)}$

(h) $\displaystyle\sum_{n=1}^{\infty} (-1)^{n(n+1)/2} \cdot \frac{n}{2n+1}$ (i) $\displaystyle\sum_{n=1}^{\infty} \left(\frac{1}{2}+\frac{1}{n}\right)^n$

(j) $\displaystyle\sum_{n=1}^{\infty} (-1)^n \cdot \frac{2n+1}{n^3+n+1}$ (k) $\displaystyle\sum_{n=1}^{\infty} (-1)^{n+1}\frac{n}{(n+1)^2}$

(l) $\displaystyle\sum_{n=1}^{\infty} \frac{(-1)^n n^2}{4n^2+1}$ (m) $\displaystyle\sum_{n=1}^{\infty} \frac{2^n}{n!}$ (n) $\displaystyle\sum_{n=1}^{\infty} (-1)^n \left(\frac{2}{3}\right)^n$

(o) $\displaystyle\sum_{n=1}^{\infty} \left(\frac{1}{n}+\frac{1}{n^2}\right)$ (p) $\displaystyle\sum_{n=1}^{\infty} \left(\frac{1}{n}+\frac{i}{n^2}\right)$ (q) $\displaystyle\sum_{n=1}^{\infty} \frac{1}{(1+i)^n}$

(r) $\displaystyle\sum_{n=1}^{\infty} \left(\frac{1}{n(n+1)}+\frac{i}{2^n}\right)$ (s) $\displaystyle\sum_{n=1}^{\infty} \frac{(3-2i)^n}{2^n n!}$ (t) $\displaystyle\sum_{n=1}^{\infty} \frac{i^n}{n}$

(u) $\displaystyle\sum_{n=1}^{\infty} \big(\cos(n\pi/3) + i\sin(n\pi/3)\big)$

Aufgabe (75.20) Untersuche die folgenden Reihen auf Konvergenz hin!

(a) $\displaystyle\sum_{n=1}^{\infty} (-1)^n \left(1-\frac{1}{2}\right)\left(1-\frac{1}{4}\right)\cdots\left(1-\frac{1}{2n}\right)$

(b) $\displaystyle\sum_{n=2}^{\infty} (-1)^n \left(1-\frac{1}{2^2}\right)\left(1-\frac{1}{3^2}\right)\cdots\left(1-\frac{1}{n^2}\right)$

(c) $\displaystyle\frac{1}{\sqrt{2}-1} - \frac{1}{\sqrt{2}+1} + \frac{1}{\sqrt{3}-1} - \frac{1}{\sqrt{3}+1} \pm \cdots$

(d) $\displaystyle\sum_{n=1}^{\infty} (-1)^n a_n$ mit $a_n := \begin{cases} 1/2^n, & \text{falls } n \text{ gerade;} \\ 1/3^n, & \text{falls } n \text{ ungerade.} \end{cases}$

Aufgabe (75.21) Die Reihe $\sum_{n=1}^{\infty} a_n$ sei absolut konvergent. Beweise die folgenden Aussagen!

(a) Die Reihe $\sum_{n=1}^{\infty} a_n^2$ konvergiert absolut.

(b) Es gilt $a_n \neq -1$ ab einem gewissen Index N, und die Reihe $\displaystyle\sum_{n=N}^{\infty} \frac{a_n}{1+a_n}$ konvergiert absolut.

(c) Es gilt $a_n^2 \neq -1$ ab einem gewissen Index N, und die Reihe $\displaystyle\sum_{n=N}^{\infty} \frac{a_n^2}{1+a_n^2}$ konvergiert absolut.

Aufgabe (75.22) Es sei $a_1 \ge a_2 \ge a_3 \ge \cdots \ge 0$ eine monoton fallende Folge nichtnegativer Zahlen derart, daß die Reihe $\sum_{n=1}^{\infty} a_n$ konvergiert. Zeige, daß dann $na_n \to 0$ für $n \to \infty$ gilt.

Aufgabe (75.23) Es seien (a_n) und (b_n) zwei Zahlenfolgen. Wir setzen $A_n := \sum_{k=1}^{n} a_k$. Beweise die folgenden Aussagen!

(a) **Partielle Summation nach Abel:** Es gilt

$$\sum_{k=1}^{n} a_k b_k = A_n b_{n+1} - \sum_{k=1}^{n} A_k(b_{k+1}-b_k).$$

(b) **Dirichletsches Konvergenzkriterium:** Ist die Folge (A_n) beschränkt und ist (b_n) eine monoton fallende Nullfolge reeller Zahlen, so konvergiert die Reihe $\sum_{n=1}^{\infty} a_n b_n$.

Beweise dann als Anwendung für jeden Winkel $\varphi \in (0, 2\pi)$ die Konvergenz der beiden Reihen

$$\sum_{n=1}^{\infty} \frac{\cos(n\varphi)}{n} \quad \text{und} \quad \sum_{n=1}^{\infty} \frac{\sin(n\varphi)}{n}.$$

Aufgabe (75.24) (a) Es sei (a_n) eine monoton fallende Folge positiver reeller Zahlen. Beweise die folgende Aussage (**Cauchysches Verdichtungskriterium**): Die Reihe $\sum_{n=1}^{\infty} a_n = a_1 + a_2 + a_3 + a_4 + \cdots$ konvergiert genau dann, wenn die "verdichtete" Reihe $\sum_{n=1}^{\infty} 2^n a_{2^n} = 2a_2 + 4a_4 + 8a_8 + \cdots$ konvergiert. (**Hinweis:** Schätze die ursprüngliche Reihe sowohl nach oben als auch nach unten durch die "verdichtete" Reihe ab.)

Lösungen zu »Reihen« siehe Seite 325

(b) Benutze Teil (a), um die Konvergenz der Reihe $\sum_{n=1}^{\infty} 1/(n\sqrt{n})$ zu beweisen.

Aufgabe (75.25) Es sei N die Menge aller natürlichen Zahlen $n \in \mathbb{N}$, in deren Dezimaldarstellung keine Null auftritt. Zeige, daß die Reihe $\sum_{n\in N} 1/n$ konvergiert.

Zusatzaufgabe: Um eine Abschätzung für den Reihenwert $s := \sum_{n\in N} 1/n$ zu erhalten, bezeichnen wir mit N_k die Menge aller k-stelligen Zahlen in N und setzen $s_k := \sum_{n\in N_k} 1/n$ und $u_k := \sum_{n\in N_k} 1/(n+1)$. Beweise die Abschätzungen

$$\frac{9}{10}u_{k-1} < s_k < \frac{9}{10}s_{k-1} \quad \text{und} \quad u_k > \frac{9}{10}u_{k-1}$$

und benutze sie, um $\sum_{k=3}^{\infty} s_k = s - s_1 - s_2$ und damit auch den Reihenwert s durch u_2 und s_2 abzuschätzen.

Aufgabe (75.26) (a) Es sei q eine Zahl mit $|q| < 1$. Bestimme den Wert der Reihe $\sum_{n=1}^{\infty} n^3 q^n$. **Hinweis:** Bilde das Cauchyprodukt der beiden Reihen

$$\sum_{n=0}^{\infty} q^n = \frac{1}{1-q} \quad \text{und} \quad \sum_{n=0}^{\infty} n^2 q^n = \frac{q(1+q)}{(1-q)^3}.$$

(Vgl. (75.23) im Buch.)

(b) Welche Werte haben die Reihen $\sum_{n=1}^{\infty} n^2/2^n$ und $\sum_{n=1}^{\infty} n^3/3^n$?

Aufgabe (75.27) Begründe, warum die Reihe

$$\sum_{n=1}^{\infty} \frac{(-1)^n}{\sqrt{n}}$$

konvergiert, das Cauchyprodukt dieser Reihe mit sich selbst aber nicht.

Aufgabe (75.28) Es seien $\sum_{n=0}^{\infty} a_n$ eine konvergente und $\sum_{n=0}^{\infty} b_n$ eine absolut konvergente Reihe. Zeige, daß das Cauchyprodukt dieser Reihen konvergiert, und zwar gegen $(\sum_{n=0}^{\infty} a_n)(\sum_{n=0}^{\infty} b_n)$. (Diese Aussage ist als **Satz von Mertens** bekannt.)

Hinweis: Es sei $c_k = \sum_{i+j=k} a_i b_j$ der k-te Term des Cauchyprodukts der beiden Reihen. Benutze die Formel

$$\sum_{k=0}^{2n} c_k - \left(\sum_{k=0}^{n} a_k\right)\left(\sum_{k=0}^{n} b_k\right) = \sum_{k=0}^{n-1}\left(b_k \sum_{i=n+1}^{2n-k} a_i\right) + \sum_{k=n+1}^{2n}\left(b_k \sum_{i=0}^{2n-k} a_i\right),$$

deren Gültigkeit (für $n = 3$) durch das folgende Diagramm verdeutlicht wird.

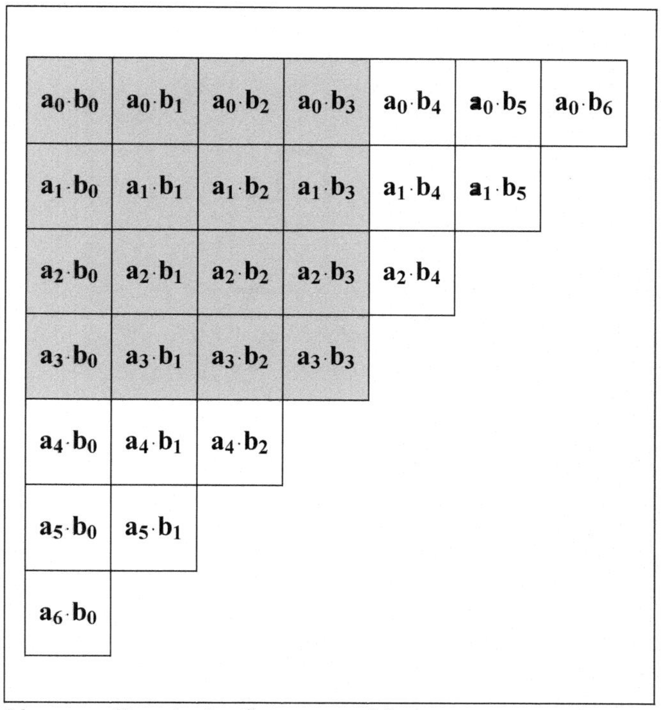

Idee zum Beweis des Satzes von Mertens.

Aufgabe (75.29) Für welche rechten Seiten $(b_1, b_2, b_3, b_4, \ldots)$ hat das unendliche Gleichungssystem

$$\begin{aligned} x_1 + x_2 + x_3 + x_4 + \cdots &= b_1 \\ x_2 + x_3 + x_4 + \cdots &= b_2 \\ x_3 + x_4 + \cdots &= b_3 \\ &\vdots \end{aligned}$$

eine Lösung? Ist im Fall der Lösbarkeit die Lösung eindeutig?

Aufgabe (75.30) Zeige, daß für jede Zahl $q \in (0,1)$ die Reihe $\sum_{n=1}^{\infty} q^{\sqrt{n}}$ konvergiert.

Wir beschließen diesen Abschnitt mit zwei schönen Anwendungen geometrischer Reihen, deren Kenntnis ich einem Vortrag verdanke, den der Mainzer Mathematiker Manfred Lehn im Jahr 2003 bei einer Tagung zum Thema "Leitlinien im Mathematikunterricht" hielt.

Aufgabe (75.31) Wir betrachten das folgende Spiel, das von dem Mathematiker Maxim Kontsevich angegeben wurde. Das Spielfeld ist der erste Quadrant, der in lauter gleich große Quadrate unterteilt ist. Anfangs ist nur das Feld links unten besetzt, und es gibt nur eine Art von Spielzug: Sind die Felder oberhalb und rechts eines Steins frei, so darf man diesen Stein wegnehmen und ihn durch Steine auf diesen beiden Nachbarfeldern ersetzen. Zeige, daß es nicht möglich ist, das dick umrahmte Gebiet in der Abbildung rechts vollständig von Steinen zu befreien!

Lösungen zu »Reihen« siehe Seite 325

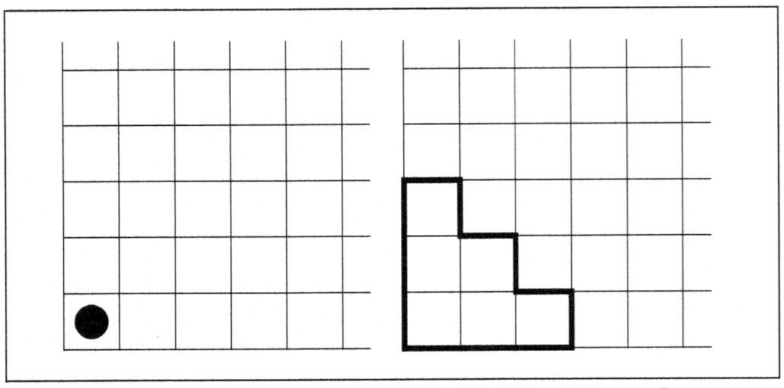

Links: Anfangsstellung des Spiels. Rechts: Kann das markierte Feld von Steinen befreit werden?

Die ersten Züge könnten etwa folgendermaßen aussehen:

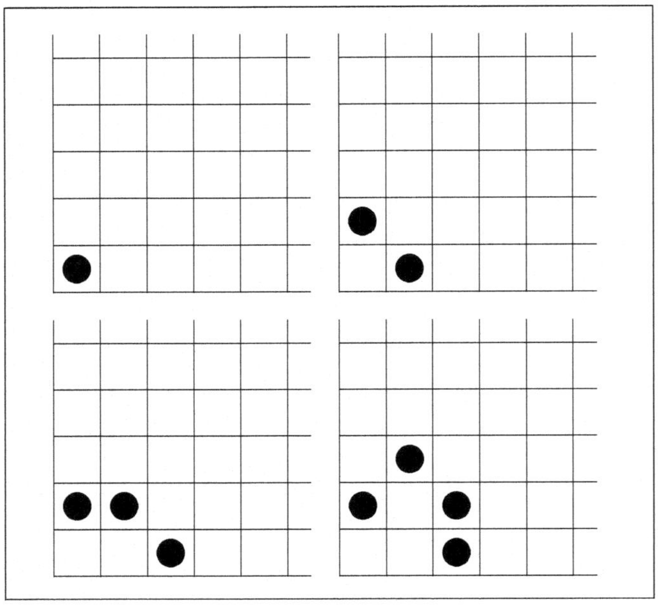

Hinweis: Ordne jedem Feld einen "Energiewert" gemäß der folgenden Skizze zu; die "Energie" einer Stellung während des Spiels ist dann gerade die Summe der Energiewerte der besetzten Felder.

1/32					
1/16	**1/32**				
1/8	**1/16**	**1/32**			
1/4	**1/8**	**1/16**	**1/32**		
1/2	**1/4**	**1/8**	**1/16**	**1/32**	
1	**1/2**	**1/4**	**1/8**	**1/16**	**1/32**

Aufgabe (75.32) Wir betrachten das folgende Spiel, das von dem Mathematiker John Conway angegeben wurde. Das Spielfeld ist eine in alle Richtungen unendlich ausgedehnte Ebene, die in lauter gleich große Quadrate unterteilt ist. Anfangs sind alle Felder unterhalb einer festen Linie mit Steinen belegt. Die oberste am Anfang besetzte Reihe heiße der *Horizont*. Es gibt nur eine Art von Spielzug: Man kann mit einem Stein einen Nachbarstein in horizontaler oder vertikaler Richtung überspringen, wenn das darauffolgende Feld frei ist; der übersprungene Stein wird dann entfernt. Zeige, daß man sich nicht um mehr als vier Felder vom Horizont aus nach oben entfernen kann! Die folgenden Abbildungen zeigen einen möglichen Beginn des Spiels (der zeigt, daß man sich um vier Felder vom Horizont entfernen kann).

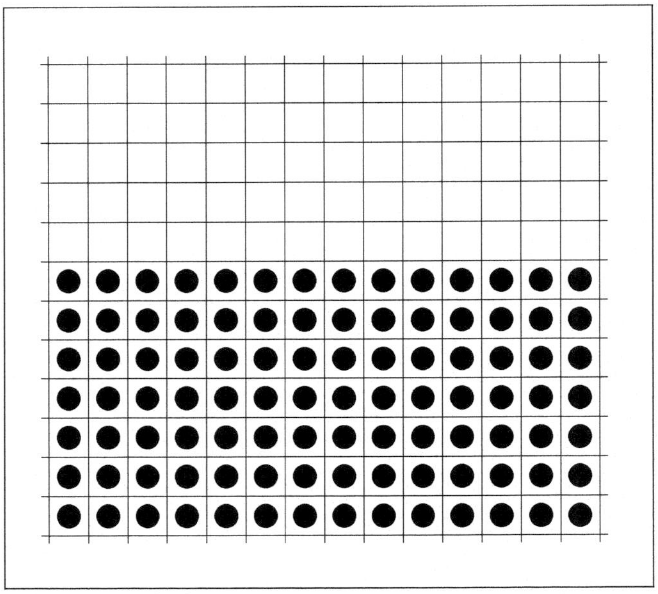

Stellung am Anfang.

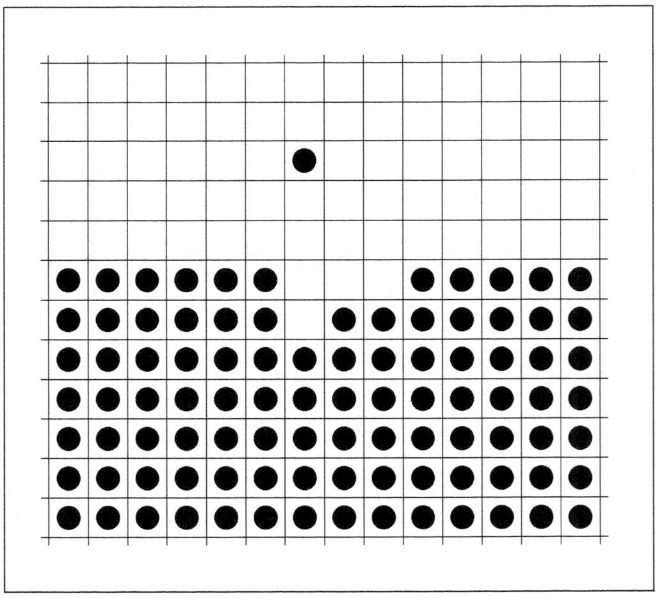

Stellung nach drei Zügen.

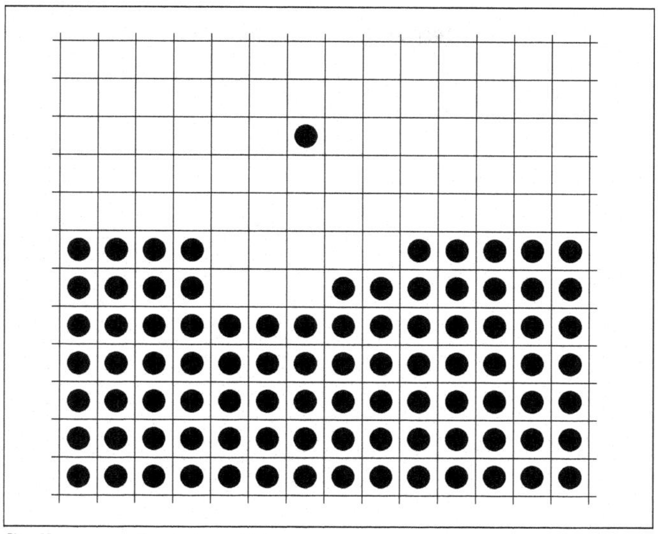

Stellung nach sieben Zügen.

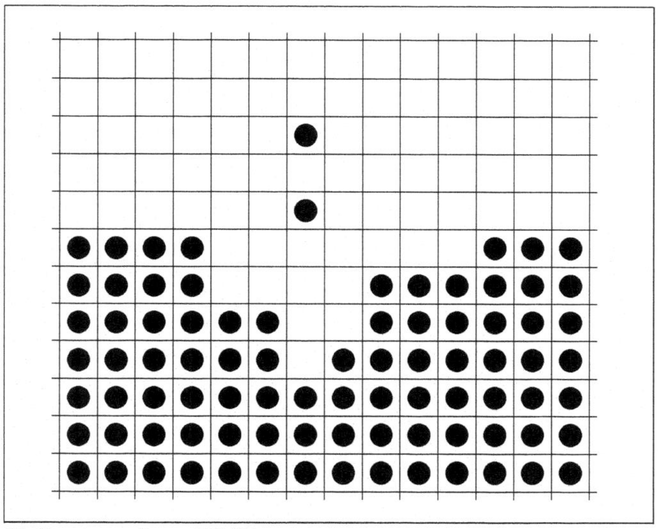

Stellung nach zwölf Zügen.

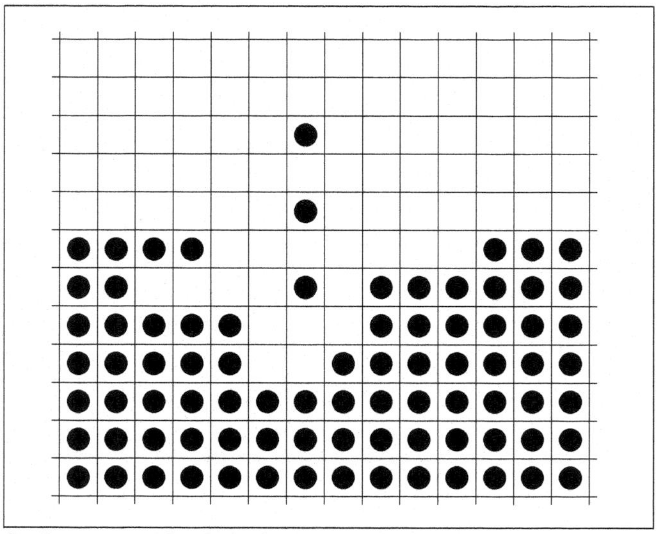

Stellung nach fünfzehn Zügen.

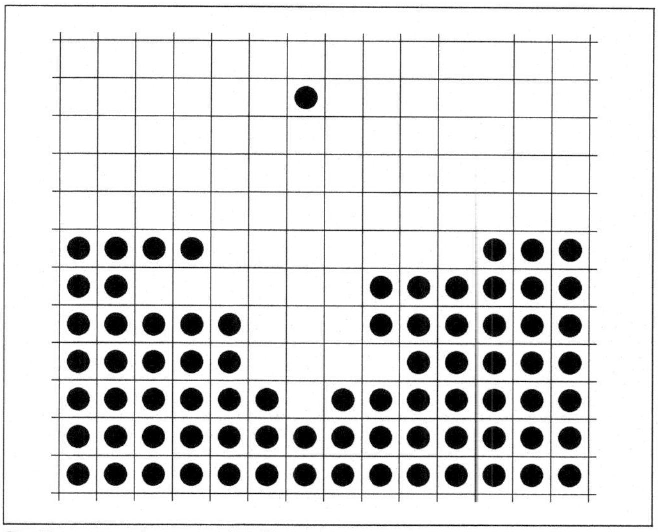

Stellung nach zwanzig Zügen.

Hinweis: Wir wollen wie in der vorigen Aufgaben jedem Feld einen "Energiewert" zuordnen. Dazu definieren wir $q := (\sqrt{5} - 1)/2$ und definieren die Energiewerte der einzelnen Felder nach dem folgenden Schema.

1	q^{-1}	q^{-2}	q^{-1}	1
q	1	q^{-1}	1	q
q^2	q	1	q	q^2
q^3	q^2	q	q^2	q^3
q^4	q^3	q^2	q^3	q^4

Gewählte Energiewerte der einzelnen Felder.

Die Energie einer Stellung im Spiel ist dann gerade die Summe der Energiewerte der besetzten Felder. Zeige, daß die Energiefunktion (die ja etwas merkwürdig aussieht) so gewählt ist, daß die Energie bei zulässigen Zügen niemals zunehmen kann, sondern entweder erhalten bleibt oder aber strikt abnimmt. Führe die Annahme, ein Stein könne die fünfte Zeile oberhalb des Horizonts erreichen, auf einen Widerspruch.

Lösungen zu »Reihen« siehe Seite 325

A76: Analytische Funktionen

Aufgabe (76.1) (a) Bestätige die Gleichung

$$\frac{1}{1-x^2} = \frac{1/2}{1-x} + \frac{1/2}{1+x}$$

und entwickle alle drei Terme in Potenzreihen mit dem Nullpunkt als Entwicklungspunkt.

(b) Bestätige die Gleichung

$$\frac{1}{1+x^2} = \frac{1/2}{1-ix} + \frac{1/2}{1+ix}$$

und entwickle alle drei Terme in Potenzreihen mit dem Nullpunkt als Entwicklungspunkt.

(c) Die reelle Funktion $x \mapsto 1/(1-x^2)$ hat Singularitäten an den Stellen $x = \pm 1$; es ist also plausibel, daß die Potenzreihenentwicklung dieser Funktion um 0 nur im Intervall $(-1,1)$ konvergiert. Dagegen ist die Funktion $x \mapsto 1/(1+x^2)$ auf ganz $\mathbb{R}$ definiert; man könnte also erwarten, daß ihre Potenzreihenentwicklung um 0 auf ganz $\mathbb{R}$ konvergiert. Erläutere, warum dies nicht der Fall ist.

Aufgabe (76.2) Bestimme die Konvergenzradien der folgenden Potenzreihen und entscheide, an welchen Punkten am Rand des Konvergenzkreises noch Konvergenz vorliegt.

(a) $\sum_{n=1}^{\infty} z^n$ (b) $\sum_{n=1}^{\infty} \frac{z^n}{n}$ (c) $\sum_{n=1}^{\infty} \frac{z^n}{n^2}$

Aufgabe (76.3) Bestimme die Konvergenzradien der folgenden Potenzreihen!

(a) $\sum_{n=0}^{\infty} \frac{n^2}{n!} z^n$ (b) $\sum_{n=0}^{\infty} n!\, z^n$ (c) $\sum_{n=0}^{\infty} (-1)^n \frac{z^{2n+1}}{2n+1}$

(d) $\sum_{n=0}^{\infty} \frac{2n+1}{5^n} z^{2n+1}$ (e) $\sum_{n=0}^{\infty} \left(1+\frac{1}{n}\right)^n z^n$

(f) $\sum_{n=0}^{\infty} \big(2^n + (-3)^n\big)\, z^n$ (g) $\sum_{n=0}^{\infty} \frac{1+(-1)^n}{n} z^n$

(h) $\sum_{n=0}^{\infty} n \cdot z^{n^2}$ (i) $\sum_{n=0}^{\infty} z^{2^n}$ (j) $\sum_{n=0}^{\infty} z^{n!}$

(k) $\sum_{n=0}^{\infty} a_n z^n$ mit $a_n := \begin{cases} 2^n, & \text{falls } n \text{ gerade} \\ 3^n, & \text{falls } n \text{ ungerade} \end{cases}$

(l) $\sum_{n=0}^{\infty} \frac{p(n)}{q(n)} z^n$ mit beliebigen Polynomen p, q mit $q \neq 0$

Lösungen zu »Analytische Funktionen« siehe Seite 335

Aufgabe (76.4) Bestimme die Konvergenzradien der folgenden Potenzreihen!

(a) $\sum_{n=1}^{\infty} \frac{(z-2)^n}{n^2}$ (b) $\sum_{n=1}^{\infty} (-1)^{n+1} \frac{z^n}{n}$

(c) $\sum_{n=2}^{\infty} \frac{3n}{n-1} z^n$ (d) $\sum_{n=1}^{\infty} \frac{(z-1)^n}{2^n n^3}$

(e) $\sum_{n=0}^{\infty} n!\,(z-5)^n$ (f) $\sum_{n=0}^{\infty} \frac{z^{3n}}{10^n}$

(g) $\sum_{n=1}^{\infty} \frac{2^n z^{5n}}{2n-1}$ (h) $\sum_{n=1}^{\infty} \left(\frac{n+1}{2n+1}\right)^n (z-2)^{2n}$

(i) $\sum_{n=1}^{\infty} \frac{(n!)^2}{(2n)!} z^n$ (j) $\sum_{n=1}^{\infty} \left(1+\frac{1}{n}\right)^{n^2} z^n$

(k) $\sum_{n=1}^{\infty} \frac{(z-1)^{n(n+1)}}{n^n}$

Aufgabe (76.5) (a) Die Potenzreihe $\sum_{n=0}^{\infty} a_n z^n$ habe den Konvergenzradius R. Zeige, daß die Potenzreihe $\sum_{n=0}^{\infty} a_n^2 z^n$ den Konvergenzradius R^2 hat.

(b) Es sei (a_n) eine Folge komplexer Zahlen mit $a_n \neq 0$ für alle $n \in \mathbb{N}$. Es seien R_1 der Konvergenzradius der Potenzreihe $\sum_{n=0}^{\infty} a_n z^n$ und R_2 der Konvergenzradius der Potenzreihe $\sum_{n=0}^{\infty} (1/a_n) z^n$. Zeige, daß dann $R_2 \leq 1/R_1$ gilt. Gib ein Beispiel an, in dem die Ungleichung strikt ist!

Aufgabe (76.6) Entwickle in den folgenden Fällen jeweils die angegebene Funktion f in eine Potenzreihe um den angegebenen Entwicklungspunkt z_0. Welchen Konvergenzradius hat diese Potenzreihe?

(a) $f(z) = (z-3)/(z+2)$, $z_0 = 0$
(b) $f(z) = 1/(z-1)$, $z = 2i$
(c) $f(z) = (1/z) + 5z^2 + z + 2$, $z_0 = 2$
(d) $f(z) = 1/z$, $z_0 = 1$
(e) $f(z) = 1/z^2$, $z_0 = 1$
(f) $f(z) = 1/(z-w)$, w beliebig, $z_0 \neq w$ beliebig

Aufgaben (76.7) Entwickle in den folgenden Fällen jeweils die angegebene Funktion f in eine Potenzreihe um den angegebenen Entwicklungspunkt z_0. Welchen Konvergenzradius hat diese Potenzreihe?

(a) $f(z) = (z+1)/(z^2 + (3-i)z - 3i)$, $z_0 = -1$
(b) $f(z) = z/(z^2+4)$, $z_0 = i$
(c) $f(z) = 1/\big((z-1)(z-2)\big)$, $z_0 = 0$
(d) $f(z) = 2z/(z^2+1)$, $z_0 = 0$
(e) $f(z) = (z^2+1)/(z^2-z)$, $z_0 = i$
(f) $f(z) = (z^2+i)/(z^2+iz)$, $z_0 = 1$

Hinweis: Benutze jeweils eine Partialbruchzerlegung der Form

$$\frac{Az+B}{(z-z_1)(z-z_2)} = \frac{C}{z-z_1} + \frac{D}{z-z_2}.$$

Aufgabe (76.8) Die **Fibonacci-Zahlen** sind die Zahlen a_n, die definiert sind durch die Anfangswerte $a_0 = a_1 = 1$ und die Rekursionsformel

$$a_n := a_{n-1} + a_{n-2} \quad (n \geq 2).$$

Betrachte die formale Potenzreihe $f(X) = \sum_{n=0}^{\infty} a_n X^n$.

(a) Zeige, daß die Gleichung $(1 - X - X^2)f(X) = 1$ gilt.

(b) Setze $\alpha := (-1 - \sqrt{5})/2$ und $\beta := (-1 + \sqrt{5})/2$ und leite eine Darstellung der folgenden Form her:

$$\frac{1}{1 - x - x^2} = \frac{A}{x - \alpha} + \frac{B}{x - \beta}.$$

(c) Leite eine explizite Darstellung für die Fibonacci-Zahlen her.

Aufgabe (76.9) Die Potenzreihe $\sum_{n=0}^{\infty} a_n z^n$ habe einen positiven Konvergenzradius, und es gelte $a_1 \neq 0$. Zeige, daß auf einer hinreichend kleinen Umgebung des Nullpunkts die Funktion $z \mapsto \sum_{n=0}^{\infty} z^n$ injektiv ist.

Aufgabe (76.10) Zeige, daß es keine im Punkt 0 analytische Funktion f gibt mit $f(x)^3 = x$ für alle x in einer Umgebung von 0.

Aufgabe (76.11) Es seien K ein Körper der Charakteristik Null und p ein Polynom in n Unbestimmten mit Koeffizienten in K. Zeige: Gibt es eine Zahl $k \in \mathbb{N}$ mit $p(\alpha_1, \ldots, \alpha_n) = 0$ für alle $\alpha_i \in \mathbb{N}$ mit $\alpha_i \geq k$, so ist p das Nullpolynom. (Der Inhalt dieser Aufgabe wird in der folgenden Aufgabe benutzt.)

Hinweis: Benutze Induktion über die Zahl n der Unbestimmten.

Aufgabe (76.12) Es sei K ein Körper der Charakteristik Null. Für eine beliebige Zahl $\alpha \in K$ und eine beliebige Zahl $k \in \mathbb{N}_0$ definieren wir **verallgemeinerte Binomialkoeffizienten** $B(\alpha, k) = \binom{\alpha}{k}$ wie folgt:

$$\binom{\alpha}{0} := 1; \quad \binom{\alpha}{k} := \frac{\alpha(\alpha-1)\cdots(\alpha-(k-1))}{k!} \quad (k \in \mathbb{N}).$$

(a) Berechne die folgenden Binomialkoeffizienten!

$$\binom{1/2}{4} \quad \binom{-2/3}{3} \quad \binom{4/5}{2} \quad \binom{3}{7}$$

(b) Es seien $\alpha_1, \ldots, \alpha_n \in K$ und $k \in \mathbb{N}_0$ beliebig. Beweise die Funktionalgleichung

$$\binom{\alpha_1 + \cdots + \alpha_n}{k} = \sum_{k_1 + \cdots + k_n = k} \binom{\alpha_1}{k_1}\binom{\alpha_2}{k_2}\cdots\binom{\alpha_n}{k_n},$$

in der die Summe auf der rechten Seite über alle n-Tupel $(k_1, \ldots, k_n)$ mit $k_i \in \mathbb{N}_0$ und $k_1 + \cdots + k_n = k$ gebildet wird. – **Hinweis:** Beweise die Aussage zunächst für $\alpha_1, \ldots, \alpha_n \in \mathbb{N}_0$. Wende zur Verallgemeinerung auf beliebige Zahlen $\alpha_i \in K$ die Aussage der vorigen Aufgabe auf ein geeignetes Polynom an.

Aufgaben (76.13) (a) Bestimme den Konvergenzradius R der **Binomialreihe**

$$f_\alpha(z) := \sum_{k=0}^{\infty} \binom{\alpha}{k} z^k.$$

(b) Zeige, daß für alle $z \in \mathbb{C}$ mit $|z| < 1$ die folgende Funktionalgleichung gilt:

$$f_{\alpha_1 + \cdots + \alpha_n}(z) = f_{\alpha_1}(z) \cdots f_{\alpha_n}(z).$$

(c) Zeige: Ist $\alpha = m/n$ eine rationale Zahl, so gilt $f_\alpha(z)^n = (1+z)^m$ für alle $z \in \mathbb{C}$ mit $|z| < 1$. (Was bedeutet dies für $\alpha = 1/2$?)

Aufgabe (76.14) (a) Die Reihe $\sum_{n=1}^{\infty} a_n z^n$ habe den Konvergenzradius R mit $0 < R < \infty$. Zeige, daß dann die Reihe $\sum_{n=1}^{\infty} \sqrt[n]{|a_n|}\, z^n$ den Konvergenzradius 1 hat.

(b) Zeige, daß die Aussage in Teil (a) nicht mehr stimmt, wenn $R = 0$ oder $R = \infty$ gilt.

Aufgabe (76.15) Es sei (a_n) eine Folge komplexer Zahlen mit $a_n \neq 0$ für alle Indices n (mit höchstens endlich vielen Ausnahmen). Beweise die folgenden Ungleichungen!

$$\liminf_{n\to\infty} \left|\frac{a_{n+1}}{a_n}\right| \leq \liminf_{n\to\infty} \sqrt[n]{|a_n|}$$
$$\leq \limsup_{n\to\infty} \sqrt[n]{|a_n|} \leq \limsup_{n\to\infty} \left|\frac{a_{n+1}}{a_n}\right|.$$

Bemerkung: Diese Aufgabe zeigt, daß das Wurzelkriterium schärfer ist als das Quotientenkriterium: Immer dann, wenn mit dem Quotientenkriterium die Konvergenz bzw. Divergenz einer Reihe nachgewiesen werden kann, ist dieser Nachweis auch mit dem Wurzelkriterium möglich. (Das Quotientenkriterium ist natürlich trotzdem nützlich, weil es oft bequemer handhabbar ist als das Wurzelkriterium)

Ergänzung: Der Abelsche Grenzwertsatz

Wir beschließen diesen Abschnitt mit einem ergänzenden Satz, der in vielen Fällen die Berechnung des numerischen Werts einer Reihe gestattet. Bevor wir den eigentlichen Satz formulieren und beweisen, wollen wir eine im Beweis benötigte geometrische Aussage herleiten, damit wir später nicht den Gedankengang unterbrechen müssen.

Hilfssatz. *Es seien $z_1 \neq z_2 \in \mathbb{C}$ komplexe Zahlen mit $0 < |z_i| < 1$, und es sei D das Dreieck mit den Ecken z_1, z_2 und 1. Dann gibt es eine Konstante M derart, daß für alle $z \in D$ die Ungleichung $|1 - z| \leq M \cdot (1 - |z|)$ gilt.*

Lösungen zu »Analytische Funktionen« siehe Seite 335

Beweis. Für $i = 1, 2$ schreiben wir $z_i^\star := z_i/|z_i|$ sowie $\ell_i := |z_i - 1|$ und $L_i := |z_i^\star - 1|$; ferner sei φ_i der Winkel $\angle(01z_i^\star)$. Nach dem Kosinussatz (angewandt auf das gleichschenklige Dreieck mit den Ecken 1, 0 und $z_i^\star$) gilt dann $L_i^2 = 1^2 + 1^2 + 2\cos(\pi - 2\varphi_i) = 2 + 2\cos(2\varphi_i) = 2(1+\cos^2\varphi_i - \sin^2\varphi_i) = 4\cos^2\varphi_i$ und damit $L_i = 2\cos\varphi_i$. Weiter setzen wir $\ell := \max(\ell_1, \ell_2)$ sowie $L := \max(L_1, L_2)$ und bezeichnen mit $\varphi_\star$ den größeren der beiden Winkel $\angle(01z_i)$ sowie mit Φ den größeren der beiden Winkel $\varphi_i = \angle(01z_i^\star)$ (wobei $i = 1, 2$); dann gilt $L = 2\cos\Phi$. Für $z \in D$ gilt nun $z - 1 = \rho e^{i(-\pi+\varphi)} = -\rho e^{i\varphi}$ mit $|\varphi| \le \varphi_\star < \Phi$ und damit einerseits $2\cos(\varphi) > 2\cos(\Phi) = L$, andererseits $\rho = |z - 1| \le \ell$ und damit

$$
\begin{aligned}
\frac{|1-z|}{1-|z|} &= \frac{\rho}{1-|1-\rho e^{i\varphi}|} = \frac{\rho}{1-\sqrt{(1-\rho\cos\varphi)^2 + (\rho\sin\varphi)^2}} \\
&= \frac{\rho}{1-\sqrt{1-2\rho\cos\varphi+\rho^2}} = \frac{\rho\bigl(1+\sqrt{1-2\rho\cos\varphi+\rho^2}\bigr)}{2\rho\cos\varphi - \rho^2} \\
&= \frac{1+\sqrt{1-2\rho\cos\varphi+\rho^2}}{2\cos\varphi - \rho} \le \frac{4}{2\cos\varphi - \rho} \le \frac{4}{L-\ell}.
\end{aligned}
$$

Die Behauptung gilt also mit $M := 4/(L - \ell)$. ∎

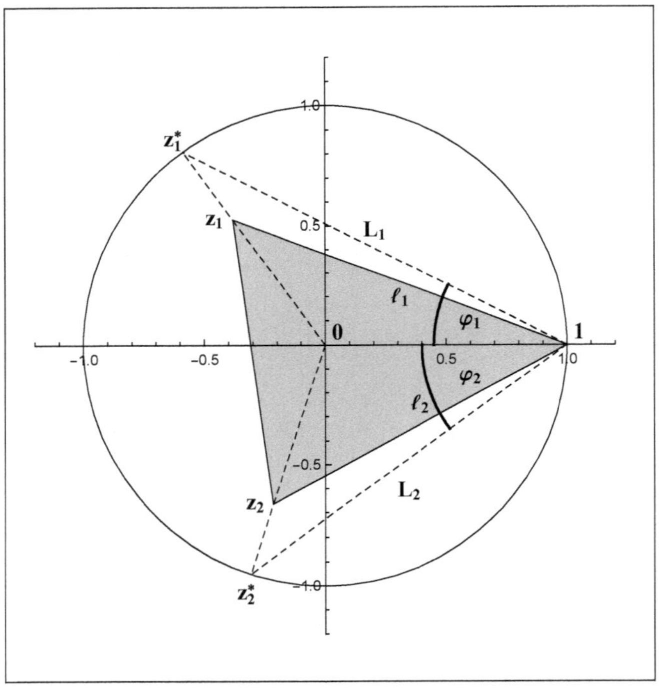

Abelscher Grenzwertsatz. *Die Reihe* $\sum_{n=0}^\infty a_n z^n$ *habe den Konvergenzradius 1 und konvergiere auch noch an der Stelle* $z_\star$ *mit* $|z_\star| = 1$. *Es sei D ein Dreieck mit den Ecken* z_1, z_2 *und* $z_\star$, *wobei die Bedingungen* $|z_1| < 1$ *und* $|z_2| < 1$ *erfüllt seien. Dann gilt*

$$\sum_{n=1}^\infty a_n z_\star^n = \lim_{\substack{z \to z_\star,\\ z \in D}} \sum_{n=1}^\infty a_n z^n .$$

Beweis. Indem wir z durch $z/z_\star$ ersetzen, dürfen wir o.B.d.A. $z_\star = 1$ voraussetzen. Wir schreiben $f(z) := \sum_{n=0}^\infty a_n z^n$ für $|z| < 1$ sowie $s := \sum_{n=0}^\infty a_n$. Ferner sei $s_n := \sum_{k=0}^n a_k$ die n-te Partialsumme der Reihe $\sum_n a_n$, und es sei $s_{-1} := 0$. Für alle z mit $|z| < 1$ gilt dann

$$
\begin{aligned}
\sum_{n=0}^N a_n z^n &= \sum_{n=0}^N (s_n - s_{n-1}) z^n \\
&= \sum_{n=0}^N s_n z^n - \sum_{n=-1}^{N-1} s_n z^{n+1} \\
&= (1-z) \sum_{n=0}^{N-1} s_n z^n + s_N z^N .
\end{aligned}
$$

Für $N \to \infty$ gilt $s_N z^N \to s \cdot 0 = 0$ und daher

$$f(z) = (1-z) \sum_{n=0}^\infty s_n z^n .$$

Wegen $\sum_{n=0}^\infty z^n = 1/(1-z)$ (geometrische Reihe!) gilt dann

$$
\begin{aligned}
f(z) - s &= (1-z) \sum_{n=0}^\infty s_n z^n - (1-z) s \sum_{n=0}^\infty z^n \\
&= (1-z) \sum_{n=0}^\infty (s_n - s) z^n .
\end{aligned}
$$

Nun sei $\varepsilon > 0$ beliebig vorgegeben; es gibt dann einen Index N mit $|s_n - s| < \varepsilon$ für alle $n > N$. Wählen wir M wie im Hilfssatz, so ergibt sich die Abschätzung

$$
\begin{aligned}
|f(z) - s| &\le |1-z| \left(\sum_{n=0}^N |s_n - s|\,|z|^n + \sum_{n=N+1}^\infty \varepsilon |z|^n \right) \\
&\le |1-z| \left(\sum_{n=0}^N |s_n - s| + \varepsilon \sum_{n=0}^\infty |z|^n \right) \\
&= |1-z| \left(\sum_{n=0}^N |s_n - s| + \frac{\varepsilon}{1-|z|} \right) \\
&= |1-z| \sum_{n=0}^N |s_n - s| + \varepsilon \frac{|1-z|}{1-|z|} \\
&\le |1-z| \sum_{n=0}^N |s_n - s| + \varepsilon \cdot M .
\end{aligned}
$$

Wählen wir z nahe genug bei 1, so wird der erste Ausdruck in dieser Summe kleiner als ε, und wir erhalten die Abschätzung $|f(z) - s| < \varepsilon(1 + M)$ für alle $z \in D$. Da $\varepsilon > 0$ beliebig gewählt war, folgt die Behauptung. ∎

Bemerkung: Der Satz setzt die Konvergenz der Reihe $\sum_n a_n z_\star^n$ voraus und erlaubt es dann, den Wert dieser Reihe zu berechnen. Er drückt aus, daß die für $|z| < 1$

Lösungen zu »Analytische Funktionen« siehe Seite 335

definierte Funktion $f(z) := \sum_{n=0}^{\infty} a_n z^n$ stetig auf D fortsetzbar ist. Die Grenzwertbildung $z \to z_\star$ wird dabei auf das (beliebig wählbare) Dreieck D beschränkt, um eine Annäherung $z \to z_\star$, die tangential zum Einheitskreis erfolgt, auszuschließen. Für tangentiale Grenzwertbildungen ist die Aussage des Satzes i. a. nicht mehr richtig.

Wir illustrieren diesen Satz mit einem Beispiel, das allerdings erst verständlich wird, wenn die Taylorreihe der Logarithmusfunktion bekannt ist. Im Sinne der Systematik des Buches handelt es sich daher um einen Vorgriff auf Kapitel 91 des Buches; siehe insbesondere Beispiel (91.33).

Beispiel. Die Reihe

$$f(z) := \sum_{n=1}^{\infty} \frac{(-1)^{n+1}}{n} z^n$$

konvergiert für $|z| < 1$ und nach dem Dirichletschen Kriterium auch noch für alle z mit $|z| = 1$ und $z \neq -1$. Für $x \in (-1, 1) \subseteq \mathbb{R}$ stellt f die Funktion $f(x) = \ln(1 + x)$ dar. Nach dem Identitätssatz für analytische Funktionen stimmt dann f für $|z| < 1$ mit der auf $\mathbb{C} \setminus (-\infty, -1]$ holomorphen Funktion $z \mapsto L(1 + z)$ überein, wenn $L : \mathbb{C} \setminus (-\infty, 0] \to \mathbb{C}$ definiert wird durch

$$L(re^{i\varphi}) := \ln(r) + i\varphi \quad (r > 0,\ -\pi < \varphi < \pi).$$

Für $-\pi < \varphi < \pi$ gilt nach dem Abelschen Grenzwertsatz dann

$$\begin{aligned}
&\sum_{n=1}^{\infty} \frac{(-1)^{n+1}\cos(n\varphi)}{n} + i \sum_{n=1}^{\infty} \frac{(-1)^{n+1}\sin(n\varphi)}{n} \\
&= \sum_{n=1}^{\infty} \frac{(-1)^{n+1}(e^{i\varphi})^n}{n} = \lim_{z \to e^{i\varphi}} L(1+z) \\
&= L(1+e^{i\varphi}) = \ln|1+e^{i\varphi}| + i\arg(1+e^{i\varphi}) \\
&= \ln|e^{i\varphi/2}(e^{-i\varphi/2} + e^{i\varphi/2})| + i\arg\big(e^{i\varphi/2}(e^{-i\varphi/2} + e^{i\varphi/2})\big) \\
&= \ln|e^{i\varphi/2} \cdot 2\cos(\varphi/2)| + i\arg\big(e^{i\varphi/2} \cdot 2\cos(\varphi/2)\big) \\
&= \ln\big(2\cos(\varphi/2)\big) + i \cdot (\varphi/2).
\end{aligned}$$

Wir erhalten damit die folgenden Formeln.

$$\left.\begin{aligned}
\sum_{n=1}^{\infty} \frac{(-1)^{n+1}\cos(n\varphi)}{n} &= \ln\big(2\cos(\varphi/2)\big) \\
\sum_{n=1}^{\infty} \frac{(-1)^{n+1}\sin(n\varphi)}{n} &= \frac{\varphi}{2}
\end{aligned}\right\} \quad (-\pi < \varphi < \pi)$$

Ist $0 \leq \varphi < \pi$ bzw. $-\pi \leq \varphi < 0$, so können wir diese Formeln mit $\varphi - \pi$ bzw. $\varphi + \pi$ statt φ anwenden und erhalten dann die folgenden Reihendarstellungen.

$$\left.\begin{aligned}
\sum_{n=1}^{\infty} \frac{\cos(n\varphi)}{n} &= -\ln|2\sin(\varphi/2)| \\
\sum_{n=1}^{\infty} \frac{\sin(n\varphi)}{n} &= \operatorname{sign}(\varphi)\,\frac{\pi - |\varphi|}{2}
\end{aligned}\right\} \quad (-\pi \leq \varphi \leq \pi)$$

Beachte, daß selbst der bloße Nachweis der Konvergenz dieser Reihen nicht ganz trivial ist (vgl. Aufgabe (75.23)), geschweige denn die Bestimmung der numerischen Werte dieser Reihen!

Lösungen zu »Analytische Funktionen« siehe Seite 335

A77: Wurzeln, Potenzen, Logarithmen

Aufgabe (77.1) (a) Beweise die Gleichungen

$$\sqrt{5 \pm \sqrt{24}} = \sqrt{3} \pm \sqrt{2}.$$

(b) Finde rationale Zahlen a, b, c, d mit $\sqrt{4 + 2\sqrt{3}} = a + b\sqrt{3}$ und $\sqrt{7 + 4\sqrt{3}} = c + d\sqrt{3}$.

Aufgabe (77.2) Löse die folgenden Gleichungen!

(a) $x + 2\sqrt{x} = 3$
(b) $x + x\sqrt{2} = 3$
(c) $2 + 3\sqrt{x} = x$
(d) $3\sqrt{x} + 2x + 1 = 0$
(e) $\sqrt{x} + x = 2$
(f) $x + 2 = 3\sqrt{x}$

Aufgabe (77.3) Löse die folgenden Wurzelgleichungen!

(a) $x^2 + \sqrt{2x^2 + 11} = 2$
(b) $\sqrt{x + 2 + \sqrt{2x+7}} = 4$
(c) $\sqrt{a+x} + \sqrt{a-x} = x$
(d) $\sqrt{x-a^2} + \sqrt{x-b^2} = a - b$
(e) $\sqrt{x-9} + \sqrt{x-4} = \sqrt{x-7} + \sqrt{x-6}$
(f) $\sqrt{2+x-x^2} + \sqrt{8x-x^2-15} = 7$

Aufgabe (77.4) Löse die folgenden Wurzelgleichungen!

(a) $\dfrac{\sqrt{x} + 4}{\sqrt{x+1} + 2\sqrt{6} + 1} = \dfrac{\sqrt{x} - 4}{\sqrt{x+1} - 2\sqrt{6} + 1}$

(b) $\sqrt{x - 4} - \dfrac{3}{\sqrt{x - 4}} = \sqrt{x - 1}$

(c) $\sqrt{x + \sqrt{x}} - \sqrt{x - \sqrt{x}} = \dfrac{3}{2}\sqrt{\dfrac{x}{x + \sqrt{x}}}$

(d) $\sqrt{a + x} - \sqrt{\dfrac{a^2}{a + x}} = \sqrt{2a + x}$

Aufgabe (77.5) Bestimme für jede der folgenden Ungleichungen die Lösungsmenge!

(a) $\sqrt{3 - x} - \sqrt{x + 1} > \dfrac{1}{2}$

(b) $\sqrt{x+2} - \sqrt{x+1} > \sqrt{x}$

(c) $\dfrac{1}{\sqrt{1 + x}} - \dfrac{1}{\sqrt{1 - x}} \geq 1$

Aufgabe (77.6) Finde alle Zahlen $x, y \in \mathbb{N}_0$ mit

$$\frac{1 - \sqrt{2} + \sqrt{3}}{1 + \sqrt{2} - \sqrt{3}} = \frac{\sqrt{x} + \sqrt{y}}{2}.$$

Aufgabe (77.7) Bestimme den maximalen Definitionsbereich $D \subseteq \mathbb{R}$ der Funktion

$$f(x) = \sqrt{x + 2\sqrt{x-1}} + \sqrt{x - 2\sqrt{x-1}},$$

vereinfache den angegebenen Ausdruck für $f(x)$ und skizziere dann den Verlauf der Funktion f!

Aufgabe (77.8) Beweise die folgende Gleichung!

$$\sqrt{11 + 2\sqrt{29}} + \sqrt{16 - 2\sqrt{29} + 2\sqrt{55 - 10\sqrt{29}}}$$
$$= \sqrt{5} + \sqrt{22 + 2\sqrt{5}}$$

(D. Shanks, *Incredible Identities*, Fibonacci Quarterly **12**, 1974, S. 271/280.)

Aufgabe (77.9) Wir haben

$$\begin{aligned} (\sqrt{2} + 1)^1 &= 1 + \sqrt{2}, \\ (\sqrt{2} + 1)^2 &= 3 + 2\sqrt{2}, \\ (\sqrt{2} + 1)^3 &= 7 + 5\sqrt{2}, \\ (\sqrt{2} + 1)^4 &= 17 + 12\sqrt{2} \end{aligned}$$

und allgemein $(\sqrt{2} + 1)^n = a_n + b_n\sqrt{2}$ mit natürlichen Zahlen a_n und b_n. Zeige, daß in jedem Fall a_n diejenige ganze Zahl ist, die am dichtesten bei $b_n\sqrt{2}$ liegt.

Aufgabe (77.10) Skizziere in jedem der folgenden Fälle die Teilmenge von $\mathbb{R}^2$, auf der beide Seiten der angegebenen Gleichung überhaupt definiert sind, und dann die Menge derjenigen Punkte $(x, y) \in \mathbb{R}^2$, die die angegebene Gleichung erfüllen.

(a) $\sqrt{x^2 - y^2} = x - y$
(b) $\sqrt{x^2 + y^2} = x + y$
(c) $\sqrt{x^2 - y^2} = \sqrt{x^2} - \sqrt{y^2}$
(d) $\sqrt{x - y} = \sqrt{x} - \sqrt{y}$

Aufgabe (77.11) Eine Heeresformation habe die Form eines Quadrats der Kantenlänge $\ell = 1$ km und bewege sich mit konstanter Geschwindigkeit vorwärts. Ein Kurier zu Pferd reitet, am hinteren Ende des Heeres beginnend, einmal um die Formation herum, und zwar immer exakt am Rand der Formation entlang. Er erreicht seinen Ausgangspunkt genau in dem Moment wieder, als die Heeresformation exakt einen Kilometer zurückgelegt hat. Welche Strecke hat der Kurier dann zurückgelegt?

Aufgabe (77.12) Wir betrachten einen geradlinig und mit konstanter Geschwindigkeit u strömenden Fluß sowie zwei Schwimmer A und B, die beide mit der Geschwindigkeit $v > u$ relativ zum Wasser schwimmen. Beide schwimmen die gleiche Strecke s hin und zurück (legen

Lösungen zu »Wurzeln, Potenzen, Logarithmen« siehe Seite 341

also insgesamt die Strecke $2s$ zurück), wobei A parallel zur Fließrichtung schwimmt (also einmal stromaufwärts, einmal stromabwärts), dagegen B senkrecht zur Fließrichtung (also quer durch den Fluß). Welche Zeiten t_A und t_B benötigen die beiden Schwimmer? Welche dieser beiden Zeiten ist kürzer?

Aufgabe (77.13) Löse die folgenden Gleichungen!
(a) $\sqrt[3]{(x+7)^2} - \sqrt[3]{x+7} = 6$
(b) $\sqrt[3]{2x+1} - \sqrt[3]{x-5} = 1$

Aufgabe (77.14) Beweise die folgenden Gleichungen!

$$\text{(a)} \quad \sqrt[3]{10+\sqrt{108}} + \sqrt[3]{10-\sqrt{108}} = 2$$

$$\text{(b)} \quad \sqrt[3]{2+\sqrt{5}} + \sqrt[3]{2-\sqrt{5}} = 1$$

$$\text{(c)} \quad \sqrt[3]{1+\frac{2}{3}\sqrt{\frac{7}{3}}} + \sqrt[3]{1-\frac{2}{3}\sqrt{\frac{7}{3}}} = 1$$

Hinweis: Bezeichne jeweils die linke Seite der Gleichung mit x und leite eine Polynomgleichung her, die von x erfüllt wird.

Aufgabe (77.15) Finde ein Polynom mit ganzzahligen Koeffizienten, das $\sqrt[4]{5/3} + \sqrt[4]{3/5}$ als Nullstelle hat.

Aufgabe (77.16) Finde für jede der folgenden Zahlen x ein Polynom mit ganzzahligen Koeffizienten, das x als Nullstelle hat!

(a) $x = \sqrt{2} + \sqrt{3}$ (c) $x = \sqrt[3]{2} + \sqrt[3]{4}$
(b) $x = \sqrt{2} + \sqrt[3]{3}$ (d) $x = \sqrt[3]{2} + \sqrt[3]{5}$

Aufgabe (77.17) Vereinfache die folgenden Ausdrücke!

$$\text{(a)} \quad 4^{5/2} - \frac{4^x \cdot 4^{2x}}{2^{3x}}$$

$$\text{(b)} \quad \frac{a^{1/2}}{a^{2/3}} + \frac{a^{1/2}+a^{2/3}}{a^{4/3}+a^{3/2}}$$

$$\text{(c)} \quad \sqrt{12} + \sqrt[4]{9} + \sqrt[6]{27}$$

$$\text{(d)} \quad \frac{\sqrt[6]{a^{11}} + \sqrt[5]{a^9} - \sqrt[4]{a^7} - \sqrt[3]{a^5}}{\sqrt[6]{1/a} + \sqrt[5]{1/a} - \sqrt[4]{1/a} - \sqrt[3]{1/a}}$$

Aufgabe (77.18) Benutze das Babylonische Wurzelziehen, um die dritte Wurzel aus 5 auf drei Nachkommastellen genau zu berechnen.

Aufgabe (77.19) In der wohltemperierten Stimmung wird eine Oktave so in zwölf Halbtonschritte unterteilt, daß das Verhältnis der Frequenz eines Tons zur Frequenz des einen Halbtonschritt darunter liegenden Tons stets den gleichen Wert q hat. Dabei hat der Ton, der eine Oktave über dem Grundton liegt, eine doppelt so hohe Frequenz wie der Grundton. Bestimme q und ermittle den numerischen Wert von q auf drei Nachkommastellen genau!

Aufgabe (77.20) Zeige: Für alle natürlichen Zahlen $m \geq n$ gilt

$$\sqrt[m]{n} \leq \sqrt[3]{3}.$$

Aufgabe (77.21) Bestimme die folgenden Grenzwerte!

(a) $\lim_{n\to\infty} \sqrt[n]{n^2}$
(b) $\lim_{n\to\infty} \sqrt[2n]{n}$
(c) $\lim_{n\to\infty} \sqrt[n]{n+1}$
(d) $\lim_{n\to\infty} \sqrt[n]{2n}$
(e) $\lim_{n\to\infty} \sqrt[3n]{4n^5}$
(f) $\lim_{n\to\infty} \sqrt[n]{3n^2+2n+1}$
(g) $\lim_{n\to\infty} \sqrt[n]{\sqrt[n]{n}}$
(h) $\lim_{n\to\infty} \sqrt[n+1]{\sqrt[n+2]{n+3}}$

Aufgabe (77.22) Es sei $\alpha \in \mathbb{R}$ eine beliebige reelle Zahl. Bestimme den Konvergenzradius der Potenzreihe

$$\sum_{n=1}^{\infty} \frac{z^n}{n^\alpha}$$

und untersuche, an welchen Punkten auf dem Rand des Konvergenzkreises noch Konvergenz vorliegt.

Aufgabe (77.23) Berechne die folgenden Logarithmen!

$\log_4 64$ $\log_2 64$ $\log_2 8$ $\log_2(1/8)$ $\log_4 2$
$\log_3 81$ $\log_5(1/5)$ $\log_{\sqrt{2}}(2\sqrt{2})$ $\log_{100} 10$ $\log_{1000} 100$

Aufgabe (77.24) Vereinfache die folgenden Ausdrücke!

$$\frac{\log_b(x^{10})}{\log_b(x^5)} \qquad \frac{\log_b(3x^2) - \log_b(3x/2)}{\log_b(2x)} \qquad \frac{\log_{2b}(b^{3x})}{\log_b(b^{3x})}$$

Aufgabe (77.25) Zeige, daß für alle $a, b > 0$ mit $a, b \neq 1$ die folgenden Gleichungen gelten!

$$\log_b a + \log_{(1/b)} a = 0 \qquad \log_a b \cdot \log_b a = 1$$

Für welche $a, b > 0$ gilt $a^b = 1$?

Lösungen zu »Wurzeln, Potenzen, Logarithmen« siehe Seite 341

Aufgabe (77.26) Löse die folgenden Gleichungen nach x auf!

(a) $9 \cdot 12^{\sqrt{x}} = 6^x$
(b) $(a/b)^x = (b/a)^c$
(c) $(2/3)^x + (3/2)^x = 13/6$
(d) $a^x + a^{x+1} + a^{x+2} = a^6$
(e) $1 - a^x + a^{2x} - a^{3x} = 0$
(f) $a^x + a^{2x} = a^3$
(g) $a^x + a^{2x} = a^{3x}$

Aufgabe (77.27) Finde jeweils reelle Zahlen $a, b > 0$ mit den angegebenen Eigenschaften oder beweise, daß es solche Zahlen nicht geben kann!

(a) a rational, b rational, a^b rational
(b) a rational, b rational, a^b irrational
(c) a rational, b irrational, a^b rational
(d) a rational, b irrational, a^b irrational
(e) a irrational, b rational, a^b rational
(f) a irrational, b rational, a^b irrational
(g) a irrational, b irrational, a^b rational
(h) a irrational, b irrational, a^b irrational

Aufgabe (77.28) Es sei $I := (0, \infty)$. Wir wollen möglichst genau bestimmen, welche reelle Zahlen $x, y \in I$ die Gleichung

$$(\star) \qquad x^y = y^x$$

erfüllen. Dabei heißt eine Lösung von $(\star)$ trivial, wenn $x = y$ gilt, andernfalls nichttrivial.

(a) Zeige, daß (x, y) genau dann eine nichttriviale Lösung von $(\star)$ ist, wenn es eine Zahl $t > 0$ mit $t \neq 1$ gibt mit $x = t^{1/(1-t)}$ und $y = tx = t^{t/(t-1)}$. – **Hinweis:** Setze $t := y/x$. (In geometrischer Formulierung fragen wir also, welche Elemente der Menge $\{(x, y) \in I^2 \mid x^y = y^x\}$ auf der Ursprungsgeraden $y = tx$ mit der Steigung t liegen.)

(b) Zeige, daß $(x, y) \in I^2$ genau dann eine nichttriviale Lösung von $(\star)$ ist, wenn es eine Zahl $u \in (-\infty, -1) \cup (0, \infty)$ gibt mit

$$x = \left(1 + \frac{1}{u}\right)^u, \quad y = \left(1 + \frac{1}{u}\right)^{u+1}.$$

Hinweis: Benutze die Darstellung aus Teil (a) und substituiere $t = 1 + (1/u)$.

(c) Finde alle rationalen Lösungen von $(\star)$.

(d) Finde alle ganzzahligen Lösungen von $(\star)$.

Aufgabe (77.29) Wir betrachten für $x, y, z > 0$ die Gleichung

$$(x^y)^z = x^{(y^z)}.$$

(a) Charakterisiere alle Lösungen (x, y, z) dieser Gleichung!

(b) Finde alle rationalen Lösungen $(x, y, z) \in \mathbb{Q}^3$ dieser Gleichung!

(c) Finde alle ganzzahligen Lösungen $(x, y, z) \in \mathbb{N}^3$ dieser Gleichung!

Aufgabe (77.30) Es seien (a_n) und (b_n) Folgen nichtnegativer reeller Zahlen mit $a_n \to a$ und $b_n \to b$. Zeige: Ist $(a, b) \neq (0, 0)$, so gilt $a_n^{b_n} \to a^b$. Zeige ferner, daß diese Aussage für $(a, b) = (0, 0)$ nicht mehr gilt.

Aufgabe (77.31) Es sei (a_n) eine beliebige Folge von Null verschiedener komplexer Zahlen. Beweise die Ungleichung

$$\limsup_{n \to \infty} \sqrt[n]{|a_n|} \leq \limsup_{n \to \infty} \left| \frac{a_{n+1}}{a_n} \right|.$$

Bemerkung: Diese Aufgabe zeigt, daß immer dann, wenn das Quotientenkriterium als Konvergenzkriterium für Reihen greift, das Wurzelkriterium ebenfalls greift (und damit also das stärkere Kriterium ist); vgl. Aufgabe (76.15).

Aufgabe (77.32) Für welche Startwerte $x_0 > 0$ konvergiert die durch die Rekursionsformel $x_{n+1} := x_n^{x_n}$ definierte Folge reeller Zahlen? Welches ist im Konvergenzfall der Grenzwert der Folge?

Aufgabe (77.33) Es sei $a > 0$ eine fest vorgegebene Zahl. Für welche Startwerte $x_0 > 0$ konvergiert die durch die Rekursionsformel $x_{n+1} := x_n^a$ definierte Folge reeller Zahlen? Welches ist im Konvergenzfall der Grenzwert der Folge?

Aufgabe (77.34) Für welche Zahlen $a > 0$ existiert

$$\left(\left(\left((a^a)^a\right)^a\right)^a\right)^{\cdot^{\cdot^{\cdot}}} \; ?$$

Aufgabe (77.35) Es sei $a > 0$ eine fest vorgegebene Zahl. Für welche Startwerte $x_0 > 0$ konvergiert die durch die Rekursionsformel $x_{n+1} := a^{x_n}$ definierte Folge reeller Zahlen? Welches ist im Konvergenzfall der Grenzwert der Folge?

Aufgabe (77.36) Für welche Zahlen $a > 0$ existiert

$$\cdot^{\cdot^{\cdot^{a^{\left(a^{(a^a)}\right)}}}} \; ?$$

Warnung! Die beiden letzten Aufgaben sind zwar mit den in der Vorlesung eingeführten Begriffen formulierbar, aber (vermutlich) mit den bisher behandelten Methoden nicht vollständig lösbar. Versuche, die Aufgaben zumindest teilweise zu lösen; sobald uns der Ableitungsbegriff zur Verfügung steht, werden wir noch einmal auf diese beiden Aufgaben zurückkommen.

Lösungen zu »Wurzeln, Potenzen, Logarithmen« siehe Seite 341

Aufgabe (77.37) In dieser Aufgabe soll gezeigt werden, daß für alle $x \in (-1,1)$ und alle $\alpha \in \mathbb{R}$ die Gleichung

$$(1+x)^\alpha = \sum_{k=0}^{\infty} \binom{\alpha}{k} x^k =: f_\alpha(x)$$

gilt. (Vgl. Aufgabe (76.13).) Für $\alpha \in \mathbb{Q}$ folgt dies bereits aus Aufgabe (76.13)(c). Beweise die folgenden Aussagen, um die Aussage auf alle reellen Exponenten $\alpha \in \mathbb{R}$ zu übertragen!

(a) Für $\alpha, \alpha+\delta \in (0,1)$ und alle $k \in \mathbb{N}$ gilt

$$|B(\alpha+\delta,k) - B(\alpha,k)| \leq \delta\,.$$

(b) Für jeden festen Wert $x \in (-1,1)$ ist die Funktion $\alpha \mapsto f_\alpha(x)$ stetig; d.h., aus $\alpha_n \to \alpha$ folgt $f_{\alpha_n}(x) \to f_\alpha(x)$.

(c) Die Funktion $g : \mathbb{R} \to \mathbb{R}$ sei stetig und erfülle die Funktionalgleichung $g(\alpha+\beta) = g(\alpha)g(\beta)$ für alle $\alpha, \beta \in \mathbb{R}$. Dann gilt entweder $g \equiv 0$ oder aber $g(x) = g(1)^x$ für alle $x \in \mathbb{R}$.

(d) Für alle $x \in (-1,1)$ und alle $\alpha \in \mathbb{R}$ gilt $f_\alpha(x) = (1+x)^\alpha$.

Lösungen zu »Wurzeln, Potenzen, Logarithmen« siehe Seite 341

A78: Exponential- und Logarithmusfunktionen

Aufgabe (78.1) Berechne die Zahlen e, $1/e$ und $\sqrt{e}$ jeweils auf zwei Nachkommastellen genau!

Aufgabe (78.2) Bestimme die folgenden Grenzwerte!

(a) $\lim\limits_{n\to\infty}\left(1+\dfrac{1}{n}\right)^{2n}$

(b) $\lim\limits_{n\to\infty}\left(1+\dfrac{1}{2n}\right)^{n}$

(c) $\lim\limits_{n\to\infty}\left(2+\dfrac{1}{n}\right)^{n}$

(d) $\lim\limits_{n\to\infty}\left(1+\dfrac{1}{3n}\right)^{4n}$

(e) $\lim\limits_{n\to\infty}\left(\dfrac{n}{n+1}\right)^{n}$

(f) $\lim\limits_{n\to\infty}\left(1-\dfrac{1}{n}\right)^{n}$

(g) $\lim\limits_{n\to\infty}\left(\dfrac{1}{2}+\dfrac{1}{n}\right)^{n}$

(h) $\lim\limits_{n\to\infty}\left(1-\dfrac{1}{n^2}\right)^{n}$

Aufgabe (78.3) (a) Zeige, daß $\exp(x) \geq 1+x$ für alle $x \in \mathbb{R}$ gilt, und zwar mit Gleichheit genau für $x=0$. Interpretiere diese Ungleichung geometrisch!

(b) Folgere, daß $\exp(x) > 1$ für alle $x > 0$ gilt!

(c) Folgere aus (b), daß aus $x_1 < x_2$ stets $\exp(x_1) < \exp(x_2)$ folgt, daß die Exponentialfunktion also streng monoton wachsend (und damit insbesondere injektiv) ist.

Aufgabe (78.4) Zeige mit vollständiger Induktion, daß

$$\exp\left(1+\frac{1}{2}+\frac{1}{3}+\cdots+\frac{1}{n}\right) \geq n+1$$

für alle $n \in \mathbb{N}$ gilt. Wieso folgt hieraus die Divergenz der harmonischen Reihe?

Aufgabe (78.5) Bestimme $\exp(i)$ mit einer Genauigkeit von 10^{-3}, d.h., gib Dezimalzahlen $a, b \in \mathbb{R}$ an mit $|a+bi-\exp(i)| < 10^{-3}$!

Aufgabe (78.6) Benutze die Formeln

$$\underbrace{\prod_{k=1}^{n-1}(1+\frac{1}{k})^k}_{\leq e} = \frac{n^n}{n!} \quad \text{und} \quad \underbrace{\prod_{k=1}^{n-1}(1+\frac{1}{k})^{k+1}}_{\geq e} = \frac{n^n}{(n-1)!}$$

(die sich leicht durch direktes Ausmultiplizieren oder vollständige Induktion ergeben) für einen direkten Nachweis der Tatsache, daß für jede komplexe Zahl $z \in \mathbb{C}$ die Konvergenzaussage $z^n/n! \to 0$ für $n \to \infty$ gilt.

Aufgabe (78.7) Ein Waldbestand wird auf 4 Millionen Festmeter geschätzt; der jährliche Zuwachs betrage 3%. Nach wie vielen Jahren ist der Bestand auf 6 Millionen Festmeter angewachsen?

Aufgabe (78.8) Eine Flüssigkeit mit der Anfangstemperatur T_0 werde durch ein Kühlmittel mit der als konstant angenommenen Temperatur T_1 gekühlt. Die Temperaturabnahme verlaufe dabei exponentiell gemäß einer Gleichung

$$T(t) = (T_0 - T_1)e^{-kt} + T_1,$$

wobei $T(t)$ die Temperatur der Flüssigkeit zur Zeit $t \geq 0$ sei. Bei einer Kühltemperatur von $T_1 = 20^0C$ habe die Flüssigkeit nach 50 Minuten eine Temperatur von 85^0C, nach 150 Minuten dagegen eine Temperatur von 30^0C. Zu welchem Zeitpunkt betrug die Temperatur der Flüssigkeit gerade 60^0C?

Aufgabe (78.9) Löse die folgenden Gleichungen!

(a) $e^x - 8e^{-x} = 2$

(b) $15^{3x-7} = \sqrt{225^{x-1}}$

(c) $2\ln\sqrt{x+3} = 1 - \ln(x-3)$

(d) $\sqrt[x+2]{32^{2x+1}} = \sqrt[4x-1]{4^{6x-1}}$

(e) $\sqrt[3]{(x+7)^2} - \sqrt[3]{x+7} = 6$

(f) $3\log_{10} x^2 - 5\log_{100} x^2 = 2$

(g) $e^{x^2-2x} = 1$

(h) $e^{x^2-2x} = 2$

(i) $\ln(\sqrt{x}) + (3/2)\ln(x) = \ln(2x)$

Aufgabe (78.10) Bestimme die maximalen Intervalle, auf denen die Funktion

$$f(x) = \frac{e^x + e^{-x}}{e^x + 1}$$

bijektiv ist, und gib die jeweilige Umkehrfunktion an!

Aufgabe (78.11) Berechne die folgenden Funktionsgrenzwerte!

(a) $\lim\limits_{x\to\infty}\left(1+\dfrac{3}{x}\right)^{x}$

(b) $\lim\limits_{x\to\infty}\left(1+\dfrac{2}{3x}\right)^{4x}$

(c) $\lim\limits_{x\to\infty}\left(2+\dfrac{3}{4x}\right)^{5x}$

(d) $\lim\limits_{x\to\infty}\left(\dfrac{x+8}{x-2}\right)^{x}$

(e) $\lim\limits_{x\to 3+}\dfrac{1}{x+2^{\left(1/(x-3)\right)}}$

(f) $\lim\limits_{x\to 3-}\dfrac{1}{x+2^{\left(1/(x-3)\right)}}$

Lösungen zu »Exponential- und Logarithmusfunktionen« siehe Seite 353

Aufgabe (78.12) Skizziere den Verlauf der Funktion $f : \mathbb{R} \setminus \{a\} \to \mathbb{R}$, die definiert ist durch

$$f(x) = e^{1/(x-a)}.$$

Aufgabe (78.13) Zeige, daß für alle komplexen Zahlen $z \in \mathbb{C}$ die folgenden Rechenregeln gelten!

(a) $\exp(\overline{z}) = \overline{\exp(z)}$
(b) $|\exp(z)| = \exp(\operatorname{Re} z)$
(c) $|\exp(iz)| = \exp(-\operatorname{Im} z)$
(d) $|\exp(z)| \le \exp(|z|)$

Zeige, daß in (d) genau dann Gleichheit gilt, wenn z eine nichtnegative reelle Zahl ist.

Aufgabe (78.14) Bestimme in jedem der folgenden Fälle, für welche Zahlen $z \in \mathbb{C}$ die angegebene Reihe konvergiert!

(a) $\displaystyle\sum_{n=2}^{\infty} \frac{z^n}{\ln(n)^\alpha}$ $(\alpha \in \mathbb{R})$
(b) $\displaystyle\sum_{n=2}^{\infty} \frac{z^n}{\ln(n^\alpha)}$ $(\alpha \in \mathbb{R} \setminus \{0\})$
(c) $\displaystyle\sum_{n=1}^{\infty} (-1)^n \cdot n \cdot \big(\ln(n+1) - \ln(n)\big) \cdot z^n$

Aufgabe (78.15) Für welche Zahlen $z \in \mathbb{C}$ konvergiert die folgende Reihe?

$$\sum_{n=1}^{\infty} \frac{e^{-nz^2}}{n}$$

Aufgabe (78.16) (a) Entwickle die Exponentialfunktion in eine Potenzreihe um den Punkt $z_0 = 1$.

(b) Entwickle die Exponentialfunktion in eine Potenzreihe um den Punkt $z_0 = i$.

(c) Entwickle die Funktion $f(z) = \exp(z)/(1 - z)$ in eine Potenzreihe um den Punkt $z_0 = 0$.

Aufgabe (78.17) Zeige, daß die Exponentialfunktion auf ganz $\mathbb{R}$ strikt konvex ist.

Aufgabe (78.18) Es seien $a, b \ge 0$ und $p, q > 1$ reelle Zahlen mit $(1/p) + (1/q) = 1$. Zeige, daß dann $ab \le (a^p/p) + (b^q/q)$ gilt.

Hinweis: Gilt $a = 0$ oder $b = 0$, so ist die Aussage trivial. Gelten die Bedingungen $a > 0$ und $b > 0$, so schreibe $a = \exp(x)$ und $b = \exp(y)$ und wende die vorhergehende Aufgabe an.

Aufgabe (78.19) Für $n \in \mathbb{N}$ sei a_n die Anzahl der Möglichkeiten, für eine gegebene n-elementige Menge A ein (geordnetes) Tupel $(A_1, \ldots, A_r)$ nichtleerer disjunkter Teilmengen $A_i \subseteq A$ zu bilden (wobei wir bequemerweise das leere Tupel als Möglichkeit mitzählen). Beweise die folgenden Aussagen!

(a) Es gelten die Anfangsbedingung $a_0 = 1$ und die Rekursionsformel

$$a_n = 1 + \sum_{k=1}^{n} \binom{n}{k} a_{n-k}.$$

(b) Für die Zahlen $b_n := a_n/n!$ gelten die Anfangsbedingung $b_0 = 1$ sowie

$$b_n = \frac{1}{n!} + \sum_{k=1}^{n} \frac{b_{n-k}}{k!}.$$

(c) Für alle $n \in \mathbb{N}_0$ gilt

$$\frac{1}{\ln(2)^n} \le b_n \le \frac{2}{\ln(2)^n}.$$

(d) Die Potenzreihe $f(x) := \sum_{n=0}^{\infty} b_n x^n$ hat den Konvergenzradius $\ln(2)$.

(e) Für $|x| < \ln(2)$ gilt $f(x) = e^x/(2 - e^x)$.

Bemerkung: In dieser Aufgabe werden kombinatorische Daten (die Anzahlen a_n) als Koeffizienten einer Potenzreihe codiert, die dann mit analytischen Mitteln untersucht wird. Es wird also eine kombinatorische Fragestellung mit analytischen Methoden behandelt. Die kombinatorische Fragestellung kann man sich etwa folgendermaßen eingekleidet denken: Wieviele Möglichkeiten gibt es, aus einer Anzahl von n Personen Arbeitsgruppen zu bilden, die dann in einer fest vorgegebenen Reihenfolge für anfallende Projekte eingesetzt werden?

Lösungen zu »Exponential- und Logarithmusfunktionen« siehe Seite 353

A79: Winkel- und Bogenfunktionen

Aufgabe (79.1) (a) Es sei $c \in [-1,1]$. Wie ergeben sich die sämtlichen Lösungen der Gleichung $\sin(\varphi) = c$ aus der speziellen Lösung $\varphi_0 := \arcsin(c)$?

(b) Es sei $c \in [-1,1]$. Wie ergeben sich die sämtlichen Lösungen der Gleichung $\cos(\varphi) = c$ aus der speziellen Lösung $\varphi_0 := \arccos(c)$?

(c) Es sei $c \in \mathbb{R}$. Wie ergeben sich die sämtlichen Lösungen der Gleichung $\tan(\varphi) = c$ aus der speziellen Lösung $\varphi_0 := \arctan(c)$?

Aufgabe (79.2) Finde alle Lösungen der folgenden Gleichungen!

(a) $\sin(x) = 1/2$
(b) $\cos(x) = -1/2$
(c) $\sin(x) = -1$
(d) $\tan(x) = -1$
(e) $\sin(x) = -\sin(1)$

Aufgabe (79.3) Zeige, daß für alle $a, b \in \mathbb{R}$ die Abschätzung

$$\sqrt{\big(\sin(a) - \sin(b)\big)^2 + \big(\cos(a) - \cos(b)\big)^2} \leq |b - a|$$

gilt. Folgere hieraus die folgenden Rechenregeln!

- Aus $a_n \to a$ folgt $\sin(a_n) \to \sin(a)$.
- Aus $a_n \to a$ folgt $\cos(a_n) \to \cos(a)$.
- Aus $a_n \to a$ und $\cos(a) \neq 0$ folgt, daß $\tan(a_n)$ ab einem genügend großen Index $n_0 \in \mathbb{N}$ definiert ist und daß $\tan(a_n) \to \tan(a)$ gilt.

Aufgabe (79.4) (a) Argumentiere, warum in dem folgenden Diagramm die Ungleichungen $\overline{AB} < \overline{AC} < \overset{\frown}{AC} < \overline{AP} + \overline{PC}$ gelten, und drücke alle auftretenden Größen in diesen Ungleichungen durch den Winkel φ aus.

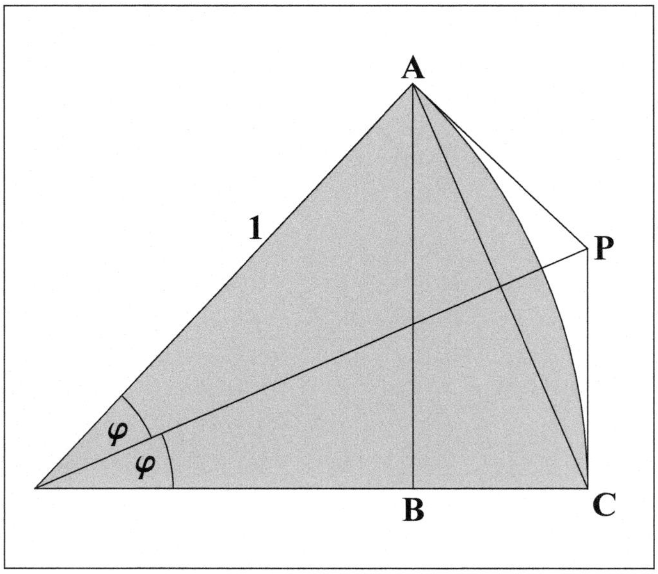

(b) Folgere, daß $\sin(\varphi)/\varphi \to 1$ für $\varphi \to 0$ gilt.

(c) Beweise die Grenzwertaussage

$$\frac{1 - \cos(\varphi)}{\varphi^2} \to \frac{1}{2} \quad \text{für } \varphi \to 0.$$

Hinweis zu Teil (c): Schreibe $\cos(\varphi) = \cos(2 \cdot \varphi/2)$ und benutze das Additionstheorem für den Cosinus.

Aufgabe (79.5) Für $m \in \mathbb{Z}$ definieren wir

$$a_m := (-1)^{m(m+1)/2} \cdot \left(\frac{1 + (-1)^m}{2}\right).$$

Zeige, daß für alle $m \in \mathbb{Z}$ die Gleichungen $\cos(m\pi/2) = a_m$ und $\sin(m\pi/2) = a_{m-1}$ gelten. Beweise ferner die Aussage

$$\cos(m\pi) = \sin\Big((2m+1) \cdot \frac{\pi}{2}\Big) = (-1)^m.$$

Aufgabe (79.6) Berechne die folgenden Funktionsgrenzwerte!

(a) $\lim\limits_{x \to 0} \dfrac{\sin(ax)}{bx}$ (wobei $b \neq 0$)
(b) $\lim\limits_{x \to 0} \dfrac{\sin(ax)}{\sin(bx)}$ (wobei $b \neq 0$)
(c) $\lim\limits_{x \to 0} \dfrac{1 - \cos(x)}{x}$
(d) $\lim\limits_{x \to 0} \dfrac{\tan(x)}{x}$
(e) $\lim\limits_{x \to 0} \dfrac{\sin(3x) - \sin(5x)}{\sin(7x)}$
(f) $\lim\limits_{x \to \infty} x \sin\left(\dfrac{1}{x}\right)$
(g) $\lim\limits_{x \to 0} \dfrac{1 + \sin(x) - \cos(x)}{1 + \sin(ax) - \cos(ax)}$ (wobei $a \neq 0$)
(h) $\lim\limits_{x \to \pi/2} \dfrac{\sin(mx)}{\sin(nx)}$ (wobei $m, n \in \mathbb{N}$)
(i) $\lim\limits_{x \to a} \dfrac{\sin(x) - \sin(a)}{x - a}$

Aufgabe (79.7) Bestimme für jede der folgenden Funktionen die (kleinste) Periode!

(a) $\varphi(t) = \sin\big(2t - (\pi/2)\big)$
(b) $\varphi(t) = \cos\big((t/2) + (\pi/3)\big)$
(c) $\varphi(t) = 4\sin(t)^2 + 5$
(d) $\varphi(t) = \sin(t) \cdot \cos(t)$
(e) $\varphi(t) = \sin(2t) + \sin(t/2) - 2\cos(t/4)$
(f) $\varphi(t) = \tan(2t) + \sin(t) - 2\cos(3t)$
(g) $\varphi(t) = \cos(1 + \pi t/3)$

Aufgabe (79.8) Skizziere die Verläufe der folgenden Funktionen!

- $f(x) = \sin\big(\cos(x)\big)$
- $f(x) = \cos\big(\cos(x)\big)$
- $f(x) = \sin\big(\sin(x)\big)$
- $f(x) = \cos\big(\sin(x)\big)$

Lösungen zu »Winkel- und Bogenfunktionen« siehe Seite 359

Aufgabe (79.9) (a) Zeige, daß für alle $x \in [-1,1]$ die Gleichungen $\arccos x = \pi - \arccos(-x) = (\pi/2) - \arcsin x$ gelten.

(b) Zeige, daß für alle $x \in (0,1]$ die Gleichungen $\arccos x = \arcsin\sqrt{1-x^2} = \arctan(\sqrt{1-x^2}/x)$ gelten. Prüfe ferner nach, daß für $x = -1/2$ diese Gleichungen nicht gelten.

Aufgabe (79.10) Zeige geometrisch, daß für alle Winkel a und b die Abschätzung $|\tan(b) - \tan(a)| \geq |b-a|$ gilt. Folgere hieraus, daß für alle $x, y \in \mathbb{R}$ die folgende Abschätzung gilt:

$$|\arctan(x) - \arctan(y)| \leq |x-y|.$$

Aufgabe (79.11) Berechne die folgenden Funktionsgrenzwerte!

(a) $\lim\limits_{x\to 0} \dfrac{\arctan(x)}{x}$

(b) $\lim\limits_{x\to 0} \dfrac{\arctan(x)}{\tan(x)}$

(c) $\lim\limits_{x\to 0} \dfrac{\arcsin(x)}{x}$

(d) $\lim\limits_{x\to 0+} \dfrac{\arccos(x)}{x}$

Aufgabe (79.12) Für jede Zahl $n \in \mathbb{N}_0$ definieren wir $T_n : [-1,1] \to \mathbb{R}$ durch

$$T_n(x) := \cos\bigl(n \cdot \arccos(x)\bigr) \quad (-1 \leq x \leq 1).$$

(a) Zeige, daß für alle $x \in [-1,1]$ die Formeln $T_0(x) = 1$ und $T_1(x) = x$ sowie

$$T_{n+1}(x) = 2xT_n(x) - T_{n-1}(x)$$

für alle $n \geq 2$ gelten und schließe daraus, daß die Funktionen T_n Polynomfunktionen sind. (Man bezeichnet T_n als das n-te **Tschebyscheff-Polynom**.)

(b) Zeige, daß für alle $m \geq n$ die folgende Gleichung gilt:

$$2 \cdot T_m \cdot T_n = T_{m+n} + T_{m-n}.$$

(c) Zeige, daß für alle $m, n \in \mathbb{N}_0$ die folgende Gleichung gilt:

$$T_n \circ T_m = T_{nm}.$$

(d) Zeige, daß die explizite Darstellung

$$T_n(x) = \sum_{k=0}^{[n/2]} (-1)^k \binom{n}{2k} x^{n-2k}(1-x^2)^k$$

gilt, wenn allgemein $[y] := \max\{k \in \mathbb{Z} \mid k \leq y\}$ die größte ganze Zahl unterhalb einer reellen Zahl $y \in \mathbb{R}$ bezeichnet. **Hinweis:**

$$\cos(n\varphi) + i\sin(n\varphi) = \bigl(\cos(\varphi) + i\sin(\varphi)\bigr)^n.$$

(e) Zeige, daß jede der n Zahlen

$$x_k := \cos\left(\frac{2k-1}{n} \cdot \frac{\pi}{2}\right) \quad (1 \leq k \leq n)$$

eine Nullstelle von T_n ist.

(f) Berechne für jede der Zahlen $\xi_k := \cos(k\pi/n)$ den Funktionswert $T_n(\xi_k)$.

Aufgabe (79.13) Ein Kreis vom Radius r rolle ohne zu gleiten an einem Kreis mit dem Radius R ab. Wenn entlang dieses ortsfesten Kreises der Winkel Φ abgerollt wird, welche Rotation hat dann der sich bewegende Kreis entlang einer festen Richtung (etwa der Horizontalen) ausgeführt?

Aufgabe (79.14) Die schwarze Münze werde entlang der äußeren Umrandung der sieben grauen Münzen im Uhrzeigersinn abgerollt, ohne zu gleiten. Wie viele volle Umdrehungen hat sie in dem Moment ausgeführt, in dem sie ihre Ausgangsposition wieder erreicht?

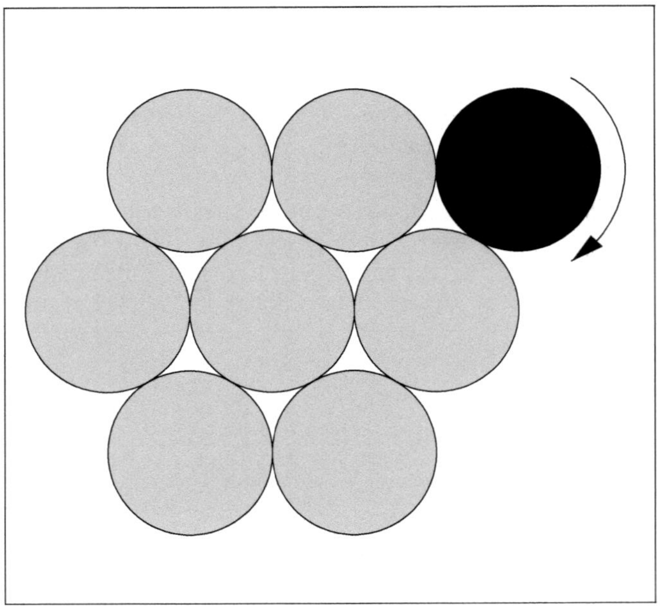

Aufgabe (79.15) Skizziere die Verläufe der folgenden Funktionen! (Welches ist jeweils der Definitionsbereich?)

(a) $\arccos(\arccos x)$
(b) $\arccos(\arcsin x)$
(c) $\arcsin(\arccos x)$
(d) $\arcsin(\arcsin x)$

Lösungen zu »Winkel- und Bogenfunktionen« siehe Seite 359

Aufgabe (79.16) Gib für jede der folgenden Funktionen den maximalen Definitionsbereich an und skizziere ihren Verlauf!

(a) $f(x) = \arcsin(\cos x)$
(b) $f(x) = \arccos(\sin x)$
(c) $f(x) = \cos(\arcsin x)$
(d) $f(x) = \sin(\arccos x)$
(e) $f(x) = \arcsin(\cos x) - \cos(\arcsin x)$
(f) $f(x) = \arccos(\sin x) - \sin(\arccos x)$

Aufgabe (79.17) Zeige: Sind α, β, γ die Winkel eines beliebigen Dreiecks, so gilt $\sin(\alpha) + \sin(\beta) + \sin(\gamma) \leq 3\sqrt{3}/2$ mit Gleichheit genau für $\alpha = \beta = \gamma = 60^0$, also für die Winkel eines gleichseitigen Dreiecks.

Aufgabe (79.18) Im Nummer (79.7) des Buchs wurden Rekursionsformeln für die Seitenlängen s_n bzw. S_n eines dem Einheitskreis ein- bzw. umbeschriebenen 2^n-Ecks hergeleitet, nämlich

$$s_{n+1} = \sqrt{2 - \sqrt{4 - s_n^2}} \quad \text{mit } s_2 = \sqrt{2}$$

bzw.

$$S_{n+1} = \frac{2\sqrt{4 + S_n^2} - 4}{S_n} \quad \text{mit } S_2 = 2.$$

Aus diesen Formeln ergeben sich Rekursionsformeln für die halben Kreisumfänge $h_n = 2^{n-1}s_n$ und $H_n = 2^{n-1}S_n$. Führe dies explizit aus!

Aufgabe (79.19) Zeige, daß für $0 < \theta < \pi/2$ die Gleichung $\cot(\theta)^2 < 1/\theta^2 < 1 + \cot(\theta)^2$ gilt. Setze für θ die Zahl $\theta_k := k\pi/(2m+1)$ ein, addiere die entstehenden Ungleichungen für $1 \leq k \leq m$ und benutze dann Aufgabe (44.35), um den Wert der Reihe $\sum_{k=1}^{\infty} 1/k^2$ zu berechnen.

Lösungen zu »Winkel- und Bogenfunktionen« siehe Seite 359

A80: Hyperbel- und Areafunktionen

Aufgabe (80.1) Zeige, daß für alle $x \in \mathbb{R}$ die Aussagen

$$\begin{aligned} \cosh(-x) &= \cosh(x), \\ \sinh(-x) &= -\sinh(x), \\ \tanh(-x) &= -\tanh(x) \end{aligned}$$

gelten. (Der Hyperbelcosinus ist also eine gerade Funktion, während der Hyperbelsinus und der Hyperbeltangens ungerade Funktionen sind.)

Aufgabe (80.2) Zeige, daß für alle $x, y \in \mathbb{R}$ die folgenden Additionstheoreme gelten:

$$\begin{aligned} \sinh(x+y) &= \sinh(x)\cosh(y) + \cosh(x)\sinh(y), \\ \cosh(x+y) &= \cosh(x)\cosh(y) + \sinh(x)\sinh(y). \end{aligned}$$

Aufgabe (80.3) Zeige, daß für alle $x, y \in \mathbb{R}$ die folgenden Summen- und Differenzenformeln gelten:

$$\begin{aligned} \sinh x \pm \sinh y &= 2\sinh\frac{x \pm y}{2}\cosh\frac{x \mp y}{2} \\ \cosh x + \cosh y &= 2\cosh\frac{x+y}{2}\cosh\frac{x-y}{2} \\ \cosh x - \cosh y &= 2\sinh\frac{x+y}{2}\sinh\frac{x-y}{2} \\ \tanh x \pm \tanh y &= \frac{\sinh(x \pm y)}{\cosh x \cosh y} \end{aligned}$$

Aufgabe (80.4) (a) Stelle die Funktionen cosh und sinh durch Potenzreihen um den Nullpunkt dar.

(b) Zeige, daß die Funktion sinh auf ganz $\mathbb{R}$ streng monoton wächst, während die Funktion cosh auf $(-\infty, 0]$ streng monoton fällt und auf $[0, \infty)$ streng monoton wächst.

(c) Zeige, daß $\cosh(x) \geq 1$ für alle $x \in \mathbb{R}$ gilt, und zwar mit Gleichheit genau für $x = 0$. (Der Hyperbelcosinus nimmt also an der Stelle $x = 0$ ein striktes globales Minimum an.)

Aufgabe (80.5) Die Funktion cosh liefert zwei bijektive Abbildungen, nämlich zum einen als Abbildung $\cosh_1 : (-\infty, 0] \to [1, \infty)$ und zum andern als Abbildung $\cosh_2 : [0, \infty) \to [1, \infty)$. Gib die Umkehrfunktionen $\cosh_1^{-1} : [1, \infty) \to (-\infty, 0]$ und $\cosh_2^{-1} : [1, \infty) \to [0, \infty)$ explizit an!

Aufgabe (80.6) Zeige, daß für alle $x \geq 1$ die folgenden Gleichungen gelten.

$$\operatorname{arcosh} x = \operatorname{arsinh}\sqrt{x^2-1} = \operatorname{artanh}\frac{\sqrt{x^2-1}}{x}$$

Aufgabe (80.7) Ein Fallschirmspringer der Masse m beginne seinen Sprung mit der Anfangsgeschwindigkeit $v_0 = 0$. Bei Vernachlässigung des Luftwiderstands ist seine Geschwindigkeit gegeben durch $v(t) = gt$, wobei $g = 9.81\,\mathrm{m/\,s^2}$ die Erdbeschleunigung ist. Nimmt man dagegen eine Luftreibung R an, die proportional zum Quadrat der Geschwindigkeit ist ($R = kv^2$), so ergibt sich der Geschwindigkeitsverlauf

$$v(t) = v_G \cdot \tanh\left(\frac{gt}{v_G}\right) \quad \text{mit } v_G := \sqrt{\frac{mg}{k}}.$$

(Wir werden die Geschwindigkeitsverläufe in einer späteren Übung herleiten.) Skizziere in beiden Fällen den Verlauf der Funktion $t \mapsto v(t)$ und überlege, welche physikalische Bedeutung die Konstante v_G hat.

Aufgabe (80.8) Wird ein ideal biegsames Kabel (etwa eine Hochspannungsleitung oder das Kabel eines Sessellifts) an zwei Enden aufgehängt, so wird die Form des Kabels durch eine Funktion der Form $y(x) = \big(\cosh(cx + A) + B\big)/c$ mit einer Konstanten $c > 0$ beschrieben. (Im Buch wird das in (117.13) hergeleitet.) Die Konstante c ist dabei definiert als $c := \rho g/H$ mit

$$\begin{aligned} g &:= \text{Erdbeschleunigung} \approx 9.81\,\mathrm{m/s^2}, \\ \rho &:= \text{Dichte des Kabels (Masse pro Längeneinheit)}, \\ H &:= \text{konstante Horizontalkraft im Kabel}. \end{aligned}$$

Während ρ bekannt ist (man kennt ja das Material, aus dem das Kabel gemacht ist), ist H zunächst unbekannt und muß ermittelt werden. Legt man den Ursprung des Koordinatensystems in den tiefsten Punkt des Kabels (der aber zunächst unbekannt ist), so ist die Gleichung des Kabels gegeben durch $y(x) = c^{-1}\big(\cosh(cx) - 1\big)$. Sind a und b die (in dem gewählten Koordinatensystem zunächst unbekannten) x-Koordinaten der beiden Aufhängepunkte, so können die folgenden Größen durch a, b und c ausgedrückt werden:

ξ = horizontaler Abstand der Aufhängepunkte;

η = Höhendifferenz zwischen den Aufhängepunkten;

δ = Kabeldurchhang relativ zum linken Aufhängepunkt;

ℓ = Länge des Kabels.

Es gelten nämlich die folgenden Formeln (siehe wieder (117.13) im Buch):

$$\begin{aligned} \xi &= b - a, \\ \eta &= c^{-1}\big(\cosh(cb) - \cosh(ca)\big), \\ \delta &= c^{-1}\big(\cosh(ca) - 1\big), \\ \ell &= c^{-1}\big(\sinh(cb) - \sinh(ca)\big). \end{aligned}$$

Aus je dreien dieser Größen kann man die Unbekannten a, b und c und dann auch die vierte dieser Größen ermitteln. (Insbesondere lassen sich dann auch die konstante Horizontalkraft $H = \rho g/c$ sowie der Vertikalkraftverlauf $x \mapsto V(x)$ bestimmen.) Zeige, wie sich a, b und c berechnen lassen, wenn ξ, η und ℓ gegeben sind!

Lösungen zu »Hyperbel- und Areafunktionen« siehe Seite 366

A81: Metrische Räume

Aufgabe (81.1) Es seien x, y, z Elemente eines metrischen Raums (X, d). Zeige, daß dann die folgende **Dreiecksungleichung nach unten** gilt:

$$d(x,y) \geq |d(x,z) - d(y,z)|.$$

Aufgabe (81.2) Es seien M eine beliebige Menge und X die Menge der endlichen Teilmengen von M. Zeige, daß durch

$$d(A,B) := |A \setminus B| + |B \setminus A|$$

eine Metrik auf X definiert ist. (Dabei bezeichnet $|S|$ die Mächtigkeit einer Menge S.)

Aufgabe (81.3) Es sei X die Menge aller Zeichenketten einer fest vorgegebenen Länge ℓ über einem beliebigen Alphabet. Zeige, daß der **Hamming-Abstand**

$$d(x,y) := \text{Anzahl der Indices } i \text{ mit } x_i \neq y_i$$

eine Metrik auf X definiert.

Aufgabe (81.4) Es sei X die Menge aller Zeichenketten über einem Alphabet $\mathfrak{A}$; ferner sei $\ell(x)$ die Länge einer Zeichenkette $x \in X$. Die **Levenstein-Distanz** $d(x,y)$ zwischen zwei Zeichenketten x und y ist definiert als die kleinstmögliche Zahl von Ersetzungen, Streichungen und Einfügungen einzelner Textzeichen, um x in y zu überführen. Zeige, daß d eine Metrik auf X ist und daß die folgende Abschätzung für alle $x, y \in X$ gilt:

$$|\ell(x) - \ell(y)| \leq d(x,y) \leq \max\bigl(\ell(x), \ell(y)\bigr).$$

Aufgabe (81.5) Es sei X die Menge der Felder eines Schachbretts, und für $x, y \in X$ sei $d(x,y)$ die Minimalzahl der Züge, die notwendig sind, um

(a) mit einem König,
(b) mit einer Dame,
(c) mit einem Turm,
(d) mit einem Springer

von x nach y zu gelangen. Zeige, daß d jeweils eine Metrik ist, und bestimme für ein gegebenes Feld $x \in X$ und eine gegebene Zahl $r \in \{1,2,3\}$ jeweils die Menge $\{y \in X \mid d(x,y) = r\}$.

Aufgabe (81.6) Es sei $X = \mathbb{C}$ mit

$$d(z_1, z_2) := \begin{cases} |z_1 - z_2|, & \text{falls } \mathbb{R}z_1 = \mathbb{R}z_2, \\ |z_1| + |z_2|, & \text{andernfalls.} \end{cases}$$

(a) Zeige, daß (X, d) ein metrischer Raum ist ("French Railroad Space").
(b) Beschreibe die Mengen $B_r(z)$ mit $z \in \mathbb{C}$ und $r > 0$.
(c) Bestimme den Rand der Menge $\{z \in \mathbb{C} \mid |z-2| < 1\}$ bezüglich d.

Aufgabe (81.7) Es sei $X = \mathbb{R}^3$ mit der üblichen Metrik. Bestimme $\text{dist}(A,B)$, wenn

(a) A einpunktig und B eine Gerade ist,
(b) A einpunktig und B eine Ebene ist,
(c) A und B Geraden sind.

Aufgabe (81.8) Es sei (X, d) ein metrischer Raum.

(a) Es sei $\mathfrak{A}$ die Menge aller nichtleeren Teilmengen von X. Welche Eigenschaften einer Metrik besitzt die Abbildung $\widehat{d} : \mathfrak{A} \times \mathfrak{A} \to \mathbb{R}$ mit $\widehat{d}(A,B) := \text{dist}(A,B) = \inf\{d(a,b) \mid a \in A,\ b \in B\}$?

(b) Es sei $\mathfrak{A}$ die Menge aller nichtleeren beschränkten Teilmengen von X. Welche Eigenschaften einer Metrik besitzt die Abbildung $\widehat{d} : \mathfrak{A} \times \mathfrak{A} \to \mathbb{R}$ mit $\widehat{d}(A,B) := \sup\{d(a,b) \mid a \in A,\ b \in B\}$? (Warum ist $\widehat{d}$ reellwertig?)

Aufgabe (81.9) (a) Es seien (X, d) ein metrischer Raum und

$$\mathfrak{A}_b := \{A \subseteq X \mid A \neq \emptyset,\ \overline{A} = A,\ \text{diam}(A) < \infty\}$$

die Menge aller nichtleeren abgeschlossenen und beschränkten Teilmengen von X. Zeige, daß durch

$$\widehat{d}(A,B) := \max\Bigl(\sup_{a \in A} \text{dist}(a,B),\ \sup_{b \in B} \text{dist}(b,A)\Bigr)$$

eine Metrik auf $\mathfrak{A}_b(X)$ definiert ist. (Man nennt $\widehat{d}$ die **Hausdorff-Metrik** auf $\mathfrak{A}_b(X)$.)

(b) Wir betrachten $X = \mathbb{R}^2$ mit der üblichen Metrik und die zugehörige Hausdorff-Metrik $\widehat{d}$. Bestimme $\widehat{d}(K_1, K_2)$, wenn $K_i = \{x \in \mathbb{R}^2 \mid \|x - m_i\| \leq r_i\}$ die abgeschlossene Kreisscheibe mit Mittelpunkt m_i und Radius r_i ist.

Aufgabe (81.10) Es seien $d_1, \ldots, d_n$ Metriken auf einer Menge X und $\alpha_1, \ldots, \alpha_n \geq 0$ nichtnegative reelle Zahlen, von denen wenigstens eine strikt positiv sei. Zeige, daß dann auch $d := \alpha_1 d_1 + \cdots + \alpha_n d_n$ eine Metrik auf X ist.

Aufgabe (81.11) Wir versehen $\mathbb{R}$ und das Intervall $[-1,1]$ jeweils mit der üblichen Metrik $d(x,y) := |x-y|$ und betrachten die Abbildung $f : \mathbb{R} \to (-1,1)$ mit

$$f(x) := \frac{x}{1+|x|}.$$

(a) Zeige, daß f bijektiv ist, und bestimme die Umkehrfunktion $g : (-1,1) \to \mathbb{R}$.
(b) Zeige, daß $x_n \to x$ in $\mathbb{R}$ genau dann gilt, wenn $f(x_n) \to f(x)$ in $(-1,1)$ gilt.
(c) Zeige, daß $x_n \to \infty$ bzw. $x_n \to -\infty$ in $\mathbb{R}$ im Sinne uneigentlicher Konvergenz genau dann gilt, wenn $f(x_n) \to 1$ bzw. $f(x_n) \to -1$ in $[-1,1]$ im Sinne gewöhnlicher Konvergenz gilt.

Lösungen zu »Metrische Räume« siehe Seite 369

(d) Beschreibe, wie man $\mathbb{R}$ durch Hinzunahme zweier neuer Elemente $-\infty$ und ∞ zu einem metrischen Raum $\overline{\mathbb{R}} = \mathbb{R} \cup \{\pm\infty\}$ derart machen kann, daß die Konvergenzstruktur auf $\mathbb{R}$ die gleiche ist wie mit der üblichen Metrik, aber uneigentliche Konvergenz $x_n \to \pm\infty$ zu gewöhnlicher Konvergenz in $(\overline{\mathbb{R}}, d)$ wird.

Aufgabe (81.12) Für $\xi \in \mathbb{R}^n$ sei $\varphi(\xi)$ der Schnittpunkt der Einheitssphäre $\mathbb{S}^n := \{x \in \mathbb{R}^{n+1} \mid \|x\| = 1\}$ mit der Verbindungsgeraden zwischen dem Punkt $(\xi, 0) \in \mathbb{R}^n \times \mathbb{R}$ und dem Nordpol $N = (0,1) \in \mathbb{R}^n \times \mathbb{R}$.

(a) Fertige eine Skizze an, leite eine explizite Formel für φ her und zeige, daß $\varphi : \mathbb{R}^n \to \mathbb{S}^n \setminus \{N\}$ bijektiv ist. (Man nennt φ die **stereographische Projektion** von $\mathbb{R}^n$ auf $\mathbb{S}^n$.) Gib auch eine explizite Formel für die Umkehrabbildung $\psi = \varphi^{-1} : \mathbb{S}^n \setminus \{N\} \to \mathbb{R}^n$ an!

(b) Zeige, daß genau dann $\xi^{(k)} \to \xi$ für $k \to \infty$ in $\mathbb{R}^n$ gilt, wenn $\varphi(\xi^{(k)}) \to \varphi(\xi)$ für $k \to \infty$ gilt.

(c) Zeige, daß genau dann $\|\xi^{(k)}\| \to \infty$ für $k \to \infty$ in $\mathbb{R}^n$ gilt, wenn $\varphi(\xi^{(k)}) \to N$ für $k \to \infty$ gilt.

(d) Beschreibe, wie man $\mathbb{R}^n$ durch Hinzunahme eines neuen Elements ∞ derart zu einem metrischen Raum X erweitern kann, daß die Konvergenzstruktur auf $\mathbb{R}^n$ die gleiche ist wie mit der üblichen Metrik, aber uneigentliche Konvergenz gegen Unendlich zu gewöhnlicher Konvergenz in (X, d) wird.

Aufgabe (81.13) (a) Es seien $f : X \to Y$ eine Abbildung zwischen beliebigen Mengen und d eine Metrik auf Y. Unter welchen Bedingungen an f definiert dann $D(x_1, x_2) := d\big(f(x_1), f(x_2)\big)$ eine Metrik auf X?

(b) Zeige, daß durch $D(x_1, x_2) := |\arctan(x_1) - \arctan(x_2)|$ eine Metrik auf $\mathbb{R}$ definiert wird. Deute den Ausdruck $D(x_1, x_2)$ geometrisch!

Aufgabe (81.14) Es sei $\varphi : [0,\infty) \to [0,\infty)$ eine Funktion mit folgenden Eigenschaften:

(1) $\varphi(u) = 0$ genau dann, wenn $u = 0$;
(2) φ wächst monoton;
(3) $\varphi(u + v) \le \varphi(u) + \varphi(v)$ für alle $u, v \ge 0$.

Zeige: Ist d eine Metrik auf einer Menge X, so ist es auch $d' := \varphi \circ d$. **Bemerkung:** Funktionen der angegebenen Art sind etwa die folgenden:

$$\begin{aligned} \varphi(u) &= u^r \quad (0 < r \le 1); \\ \varphi(u) &= \ln(1+u); \\ \varphi(u) &= u/(1+u); \\ \varphi(u) &= \min\{1, u\}; \\ \varphi(u) &= u/\ln(2+u). \end{aligned}$$

Aufgabe (81.15) Für einen metrischen Raum (X, d) betrachten wir die Funktionen $d_1 := \sqrt{d}$ und $d_2 := d^2$. Ist dann d_i immer/manchmal/nie eine Metrik auf X?

Aufgabe (81.16) Beweise oder widerlege (anhand eines Gegenbeispiels) jede der folgenden Aussagen! Sind d_1 und d_2 Metriken auf einer Menge X, so ist auch

(a) $d_1 + d_2$,
(b) $\max(d_1, d_2)$,
(c) $\min(d_1, d_2)$,
(d) $\sqrt{d_1^2 + d_2^2}$

eine Metrik auf X.

Aufgabe (81.17) (a) Zeige: Ist d eine Metrik auf einer Menge X und ist $a \in X$ ein fest gewähltes Element, so definiert

$$D(x,y) := \frac{d(x,y)}{d(a,x) + d(x,y) + d(y,a)}$$

wieder eine Metrik auf X. (Für $x = y = a$ ist $D(x,y)$ als 0 zu interpretieren.) – **Hinweis:** Für jede feste Zahl $u > 0$ ist durch $f(x) := x/(x+u) = 1 - u/(x+u)$ eine streng monoton wachsende Funktion $f : [0,\infty) \to [0,\infty)$ definiert.

(b) Es seien M eine beliebige Menge und $\mathfrak{P}_{\text{endlich}}(M)$ die Menge aller endlichen Teilmengen von M. Nach Aufgabe (81.2) ist dann durch

$$d(X,Y) := |X \Delta Y| = |X \cup Y| - |X \cap Y|$$

eine Metrik d auf $\mathfrak{P}_{\text{endlich}}(M)$ definiert. Zeige: Wählt man die leere Menge $A := \emptyset$ als festes Element von $\mathfrak{P}_{\text{endlich}}(M)$, so ist die in (a) definierte Metrik D gegeben durch

$$2D(X,Y) = 1 - \frac{|X \cap Y|}{|X \cup Y|}.$$

(Man nennt $2D$ die **Jaccard-Metrik** auf $\mathfrak{P}_{\text{endlich}}(M)$.)

Aufgabe (81.18) Für $i \in \mathbb{N}$ sei (X_i, d_i) ein metrischer Raum. Es sei $X = \prod_{i=1}^\infty X_i$ die Menge aller Folgen $(x_1, x_2, x_3, \ldots)$ mit $x_i \in X_i$ für $i \in \mathbb{N}$. Zeige, daß durch

$$d(x,y) := \sum_{i=1}^\infty \frac{1}{2^i} \frac{d_i(x_i, y_i)}{1 + d_i(x_i, y_i)}$$

eine Metrik auf X definiert wird. Zeige, daß für eine Folge $(x^{(k)})_{k \in \mathbb{N}}$ in X (also eine Folge von Folgen!) genau dann $x^{(k)} \to x$ in X gilt, wenn für jeden Index i die Bedingung $x_i^{(k)} \to x_i$ in X_i gilt. (Konvergenz in (X, d) ist also komponentenweise Konvergenz.)

Aufgabe (81.19) Eine Metrik d auf einer Menge X heißt eine **Ultrametrik**, wenn die folgende verschärfte Form der Dreiecksungleichung gilt:

$$d(x,y) \le \max\big(d(x,u), d(u,y)\big) \quad \text{für alle } x, y, u \in X.$$

(a) Zeige, daß die diskrete Metrik auf einer beliebigen Menge $X \ne \emptyset$ eine Ultrametrik ist.

Lösungen zu »Metrische Räume« siehe Seite 369

(b) Es seien X eine beliebige Menge und $F(X)$ die Menge aller Folgen $(x_1, x_2, x_3, \ldots)$ von Elementen aus X. Zeige, daß durch

$$d(x, y) := \frac{1}{\min\{i \in \mathbb{N} \mid x_i \neq y_i\}}$$

eine Ultrametrik auf $F(X)$ definiert ist.

(c) Zeige, daß für jede Primzahl p die p-adische Metrik auf $\mathbb{Z}$ (siehe Beispiel (81.2)(j) im Buch) eine Ultrametrik ist.

Aufgabe (81.20) Es sei X eine nichtleere Menge. Eine **Fastmetrik** auf X ist eine Abbildung $d : X \times X \to [0, \infty]$ derart, daß für alle $x, y, u \in X$ die folgenden Bedingungen gelten:

(1) $d(x, y) = 0$ genau dann, wenn $x = y$;
(2) $d(x, y) = d(y, x)$;
(3) $d(x, y) \leq d(x, u) + d(u, y)$.

(Im Unterschied zu einer Metrik ist also der Wert ∞ zugelassen, wobei wir $a < \infty$ für alle $a \in \mathbb{R}$ festsetzen sowie die Addition durch die Vorschriften $a + \infty = \infty + a = \infty$ für $a \in \mathbb{R}$ sowie $\infty + \infty := \infty$ erweitern.)

(a) Gib eine Fastmetrik an, die keine Metrik ist!
(b) Wie kann man aus einer Fastmetrik eine Metrik konstruieren?

Aufgabe (81.21) Es sei X eine nichtleere Menge. Eine **Halbmetrik** auf X ist eine Abbildung $d : X \times X \to [0, \infty)$ mit folgenden Eigenschaften:

(1) $d(x, x) = 0$ für alle $x \in X$;
(2) $d(x, y) = d(y, x)$ für alle $x, y \in X$;
(3) $d(x, y) \leq d(x, u) + d(u, y)$ für alle $x, y, u \in X$.

(Im Unterschied zu einer Metrik kann es also auch Elemente $x \neq y$ mit $d(x, y) = 0$ geben.)

(a) Gib eine Halbmetrik an, die keine Metrik ist.
(b) Zeige: Ist d eine Halbmetrik auf einer Menge X und definiert man $x \sim y :\Leftrightarrow d(x, y) = 0$, so ist $\sim$ eine Äquivalenzrelation auf X.
(c) Wie kann man aus einer Halbmetrik eine Metrik konstruieren?

Aufgabe (81.22) Es seien X eine nichtleere Menge und $D : X \times X \to [0, \infty)$ eine Abbildung mit folgenden Eigenschaften:

(1) $D(x, y) = 0$ genau dann, wenn $x = y$;
(2) $D(x, y) \leq D(x, u) + D(u, y)$ für alle $x, y, u \in X$.

(Im Unterschied zu einer Metrik wird also nicht die Symmetrie von D verlangt.)

(a) Gib mindestens ein Beispiel für eine solche Abbildung an, die nicht symmetrisch ist!
(b) Erfüllt D die Bedingungen (1) und (2), so sei $d_1(x, y) := \max\big(D(x, y), D(y, x)\big)$. Ist dann zwangsläufig d_1 eine Metrik? (Beweis oder Gegenbeispiel!)
(c) Erfüllt D die Bedingungen (1) und (2), so sei $d_2(x, y) := \min\big(D(x, y), D(y, x)\big)$. Ist dann zwangsläufig d_2 eine Metrik? (Beweis oder Gegenbeispiel!)

Aufgabe (81.23) (a) Es seien X eine nichtleere Menge, Y ein metrischer Raum und $\mathfrak{B}(X, Y)$ die Menge aller beschränkten Abbildungen $f : X \to Y$. Zeige, daß die in (81.8)(b) im Buch angegebene Funktion D mit

$$D(f, g) := \sup_{x \in X} d\big(f(x), g(x)\big)$$

wohldefiniert und eine Metrik auf $\mathfrak{B}(X, Y)$ ist.

(b) Nun sei Y ein normierter Raum. Zeige, daß dann eine Abbildung $f : X \to Y$ genau dann beschränkt ist, wenn es eine Konstante M gibt mit $\|f(x)\| \leq M$ für alle $x \in X$.

Aufgabe (81.24) Es seien X ein metrischer Raum und X^n die Menge aller n-Tupel $(x_1, \ldots, x_n)$ mit Elementen $x_i \in X$. Zeige, daß die **Wasserstein-Distanz**

$$D\big((x_1, \ldots, x_n), (y_1, \ldots, y_n)\big) := \min_{\sigma \in \mathrm{Sym}_n} \left[\frac{1}{n} \sum_{i=1}^{n} d(x_i, y_{\sigma(i)})\right]$$

eine Halbmetrik auf X^n ist, und beschreibe in anschaulicher Form, welche Art von Abstandsbegriff hier vorliegt.

Aufgabe (81.25) Wir betrachten die Menge $\mathbb{R}$ mit ihrer natürlichen Metrik. Wie sieht die zugehörige Wasserstein-Distanz explizit aus?

Aufgabe (81.26) Es sei d eine Metrik auf einem Vektorraum V über $\mathbb{K} = \mathbb{R}$ oder $\mathbb{C}$. Zeige, daß d genau dann von einer Norm induziert wird (daß es also genau dann eine Norm $\|\cdot\|$ auf V gibt mit $d(x, y) = \|x - y\|$ für alle $x, y \in V$), wenn für alle $x, y, u \in V$ und $\lambda \in \mathbb{K}$ die folgenden Bedingungen gelten:

(1) $d(x + u, y + u) = d(x, y)$ (Translationsinvarianz);
(2) $d(\lambda x, \lambda y) = |\lambda| \cdot d(x, y)$ (Streckungsskalierung).

Aufgabe (81.27) Es sei X ein metrischer Raum. Beweise die folgenden Aussagen!

(a) Jede Folge in X hat höchstens einen Grenzwert.
(b) Jede Teilfolge einer konvergenten Folge in X ist wieder konvergent (und zwar gegen den gleichen Grenzwert wie die ursprüngliche Folge).
(c) Jede konvergente Folge in X ist eine Cauchyfolge.
(d) Besitzt eine Cauchyfolge in X eine konvergente Teilfolge, so ist sie selbst konvergent (und zwar gegen den gleichen Grenzwert wie die Teilfolge).

Aufgabe (81.28) Es sei X eine Menge mit der diskreten Metrik. Zeige, daß eine Folge (x_n) genau dann gegen ein Element $x \in X$ konvergiert, wenn sie "schließlich konstant" ist, wenn es also einen Index $N \in \mathbb{N}$ gibt mit $x_n = x$ für alle $n \geq N$.

Lösungen zu »Metrische Räume« siehe Seite 369

Aufgabe (81.29) (a) Es sei ℓ^1 die Menge aller (reellen oder komplexen) Zahlenfolgen $(x_1, x_2, x_3, \ldots)$ mit $\sum_{n=1}^{\infty} |x_n| < \infty$. Zeige, daß eine Norm auf ℓ^1 gegeben ist durch

$$\|x\| := \sum_{n=1}^{\infty} |x_n|.$$

(b) Es sei ℓ^∞ die Menge aller beschränkten (reellen oder komplexen) Zahlenfolgen. Zeige, daß eine Norm auf ℓ^∞ gegeben ist durch

$$\|x\| := \sup_{n \in \mathbb{N}} |x_n|.$$

(c) Bestimme in (a) und (b) jeweils diejenigen Folgen $(x_1, x_2, x_3, \ldots)$ mit der Eigenschaft, daß die Folge der Elemente $x^{(n)} := (x_1, \ldots, x_n, 0, 0, \ldots)$ in ℓ^1 bzw. ℓ^∞ konvergiert. (Beachte, daß $(x^{(1)}, x^{(2)}, x^{(3)}, \ldots)$ eine Folge von Folgen ist!)

Aufgabe (81.30) Es sei $K[[X]]$ die Menge aller formalen Potenzreihen über einem beliebigen Körper K. Wir definieren $|p| := 1/2^k$, wenn $p(X) = a_k X^k + a_{k+1} X^{k+1} + \cdots$ mit $a_k \neq 0$ gilt, sowie $|p| := 0$ für $p = 0$.

(a) Zeige, daß die so definierte Betragsfunktion $p \mapsto |p|$ die folgenden Eigenschaften hat:
- $0 \leq |p| \leq 1$ für alle $p \in K[[X]]$;
- $|p| = 0$ genau dann, wenn $p = 0$ gilt;
- $|-p| = |p|$ für alle $p \in K[[X]]$;
- $|p + q| \leq \max(|p|, |q|)$ für alle $p, q \in K[[X]]$;
- $|pq| = |p| \cdot |q|$ für alle $p, q \in K[[X]]$.

(b) Zeige, daß durch $d(p, q) := |p - q|$ eine Ultrametrik auf $K[[X]]$ definiert ist.

(c) Zeige, daß aus $p_n \to p$ und $q_n \to q$ in $(K[[X]], d)$ auch die Konvergenzaussagen $p_n + q_n \to p + q$ und $p_n q_n \to pq$ folgen.

(d) Nun sei $K = \mathbb{K} = \mathbb{R}$ oder $\mathbb{C}$. Zeige, daß aus $\lambda_n \to \lambda$ in $\mathbb{K}$ und $p_n \to p$ in $\mathbb{K}[[X]]$ nicht notwendigerweise $\lambda_n p_n \to \lambda p$ folgt.

Aufgabe (81.31) Sind $x_1, \ldots, x_n$ Elemente eines metrischen Raums X (nicht notwendigerweise paarweise verschieden), so nennt man jedes Element $\xi \in X$, das die Funktion

$$f(x) := \frac{1}{n} \sum_{i=1}^{n} d(x, x_i)$$

minimiert, einen **Mittelwert** des Tupels $(x_1, \ldots, x_n)$. (Der Wert $f(x)$ ist das arithmetische Mittel der Abstände von x zu den Punkten x_i. Ein Element ξ wird also als Mittelwert von $(x_1, \ldots, x_n)$ bezeichnet, wenn ξ "im Mittel" möglichst dicht bei den Punkten x_i liegt.) Wir bezeichnen mit $M(x_1, \ldots, x_n)$ die Menge der Mittelwerte von $(x_1, \ldots, x_n)$.

(a) Beschreibe die Menge $M(x_1, \ldots, x_n)$ für den Fall, daß $x_1, \ldots, x_n$ Elemente einer Menge X sind, die mit der diskreten Metrik versehen ist.

(b) Beschreibe die Menge $M(x_1, \ldots, x_n)$, wenn $x_1, \ldots, x_n$ reelle Zahlen sind und $\mathbb{R}$ mit der üblichen Metrik versehen ist.

Aufgabe (81.32) Es seien $A, B, B_1, \ldots, B_n$ Teilmengen eines metrischen Raums X. Beweise die folgenden Aussagen!

(a) Ist B [total]beschränkt, dann auch jede Teilmenge von B.

(b) Ist B [total]beschränkt, dann auch $\overline{B}$.

(c) Sind $B_1, \ldots, B_n$ [total]beschränkt, so ist auch $\bigcup_{i=1}^{n} B_i$ [total]beschränkt.

Sowohl Beschränktheit als auch Totalbeschränktheit überträgt sich also auf Teilmengen, Abschlüsse und endliche Vereinigungen.

Aufgabe (81.33) Es sei (X, d) ein metrischer Raum. Beweise die folgenden Aussagen!

(a) Jede der Mengen $B_r(x) = \{y \in X \mid d(y, x) < r\}$ ist offen ("offene Kugeln").

(b) Jede der Mengen $K_r(x) = \{y \in X \mid d(x, y) \leq r\}$ ist abgeschlossen ("abgeschlossene Kugeln").

(c) Es gilt stets $\overline{B_r(x)} \subseteq K_r(x)$, aber die Inklusion kann echt sein.

(d) Ist die Metrik d von einer Norm induziert, so gilt $\overline{B_r(x)} = K_r(x)$.

Aufgabe (81.34) Es seien d_1 und d_2 Metriken auf einer Menge X.

(a) Wir schreiben $d_1 \sim d_2$, wenn jede d_1-Kugel um einen Punkt $p \in X$ auch eine d_2-Kugel um p enthält und umgekehrt. Zeige, daß $\sim$ eine Äquivalenzrelation auf der Menge aller Metriken auf X ist.

(b) Es sei $\varphi : [0, \infty) \to [0, \infty)$ eine Funktion wie in Aufgabe (81.14) mit der zusätzlichen Eigenschaft, daß es zu je zwei Zahlen $\varepsilon_1, \varepsilon_2 > 0$ Zahlen δ_1, δ_2 derart gibt, daß $\varphi : [0, \delta_1) \to [0, \delta_2)$ eine Bijektion ist. (Alle in Aufgabe (81.9) angegebenen Funktionen erfüllen diese Bedingung.) Zeige, daß dann die Metriken d und $d' := \varphi \circ d$ äquivalent im Sinne von (a) sind, daß also $d \sim \varphi \circ d$ gilt.

(c) Wir schreiben $d_1 \approx d_2$, wenn es Konstanten $0 < c < C$ gibt mit $c\, d_1(x, y) \leq d_2(x, y) \leq C\, d_1(x, y)$ für alle $x, y \in X$. Zeige, daß $\approx$ ebenfalls eine Äquivalenzrelation auf der Menge aller Metriken auf X ist.

(d) Zeige, daß aus $d_1 \approx d_2$ stets $d_1 \sim d_2$ folgt; die Relation $\approx$ ist also feiner als die Relation $\sim$.

(e) Finde zwei Metriken d_1 und d_2 auf einer Menge, für die $d_1 \sim d_2$ gilt, aber nicht $d_1 \approx d_2$.

Lösungen zu »Metrische Räume« siehe Seite 369

Aufgabe (81.35) Es seien d_1 und d_2 Metriken auf einer Menge X. Beweise die Äquivalenz der folgenden Aussagen!

(1) Jede d_1-Kugel um einen Punkt $p \in X$ umfaßt auch eine d_2-Kugel um p und umgekehrt (d.h., es gilt $d_1 \sim d_2$ im Sinn von Aufgabe (81.34)(a).

(2) Eine Menge $U \subseteq X$ ist genau dann d_1-offen, wenn sie d_2-offen ist.

(3) Eine Menge $A \subseteq X$ ist genau dann d_1-abgeschlossen, wenn sie d_2-abgeschlossen ist.

(4) Für jede Teilmenge $M \subseteq X$ stimmen der d_1-Abschluß und der d_2-Abschluß überein.

(5) Eine Folge in X ist genau dann d_1-konvergent, wenn sie d_2-konvergent ist.

(6) Eine Folge in X ist genau dann d_1-konvergent, wenn sie d_2-konvergent ist, wobei die Grenzwerte übereinstimmen.

Aufgabe (81.36) Wir betrachten die Menge $\mathbb{R}$ der reellen Zahlen mit ihrer natürlichen Metrik. Bestimme für die folgenden Teilmengen jeweils die inneren Punkte, die äußeren Punkte, die Randpunkte, die Häufungspunkte und die isolierten Punkte!

(a) $M = (0, 1)$
(b) $M = [0, 1)$
(c) $M = \{1/n \mid n \in \mathbb{N}\}$
(d) $M = \mathbb{Q}$
(e) $M = \mathbb{R}$
(f) $M = \emptyset$

Aufgabe (81.37) Es sei B eine (offene oder abgeschlossene) Kugel in einem normierten Raum $X \neq \{0\}$. Zeige, daß der Mittelpunkt und der Radius der Kugel eindeutig bestimmt sind.

Aufgabe (81.38) Es sei $B = B_r(x)$ eine offene Kugel in einem ultrametrischen Raum (X, d). Zeige, daß jedes Element von B auch schon Mittelpunkt von B ist. (Insbesondere ist also der Mittelpunkt einer Kugel nicht eindeutig bestimmt.)

Lösungen zu »Metrische Räume« siehe Seite 369

A82: Stetigkeit

Aufgabe (82.1) Wir definieren eine Funktion $f : \mathbb{R} \to \mathbb{R}$ durch

$$f(x) := \begin{cases} \exp(x), & \text{falls } x < 0, \\ \cos(\pi x), & \text{falls } 0 \le x < 1, \\ -x^2 + 4x - 4, & \text{falls } 1 \le x < 3, \\ 2 - x, & \text{falls } x \ge 3. \end{cases}$$

Zeige, daß f stetig ist, und skizziere den Verlauf dieser Funktion!

Aufgabe (82.2) Wie müssen die Konstanten A und B gewählt werden, damit die Funktion $f : \mathbb{R} \to \mathbb{R}$ mit

$$f(x) := \begin{cases} -2\sin(x), & \text{falls } x \le -\pi/2, \\ A\sin(x) + B, & \text{falls } -\pi/2 < x < \pi/2, \\ \cos(x), & \text{falls } x \ge \pi/2 \end{cases}$$

stetig wird? Skizziere für diese Wahl von A und B den Verlauf der Funktion f!

Aufgabe (82.3) Zeige, daß die Funktion $f : \mathbb{R} \to \mathbb{R}$ mit

$$f(x) = \begin{cases} x + 1, & \text{falls } x < 0 \\ c, & \text{falls } x = 0 \\ x - 1, & \text{falls } x > 0 \end{cases}$$

für keine Wahl von $c \in \mathbb{R}$ stetig ist.

Aufgabe (82.4) Für $\alpha \in \mathbb{R}$ definieren wir $f_\alpha : (0, \infty) \to \mathbb{R}$ durch

$$f_\alpha(x) := x^\alpha \sin(1/x).$$

Für welche Werte von α kann f_α zu einer stetigen Funktion $F_\alpha : [0, \infty) \to \mathbb{R}$ fortgesetzt werden?

Aufgabe (82.5) Die **Signum-Funktion** oder **Vorzeichenfunktion** $\text{sign} : \mathbb{R} \to \mathbb{R}$ ist definiert durch

$$\text{sign}(x) := \begin{cases} -1, & \text{falls } x < 0, \\ 0, & \text{falls } x = 0, \\ 1, & \text{falls } x > 0. \end{cases}$$

Es seien $a < b < c$ reelle Zahlen. Untersuche die Funktionen

$$f(x) := \text{sign}(x-a) + \text{sign}(x-b) + \text{sign}(x-c) \quad \text{und}$$
$$g(x) := \text{sign}(x-a) \cdot \text{sign}(x-b) \cdot \text{sign}(x-c)$$

auf Stetigkeit hin.

Aufgabe (82.6) Die Funktion $f : \mathbb{R} \to \mathbb{R}$ sei stetig an der Stelle x_0 und nehme in jedem Intervall $(x_0 - \varepsilon, x_0 + \varepsilon)$ sowohl positive als auch negative Werte an. Zeige, daß dann $f(x_0) = 0$ gilt.

Aufgabe (82.7) Bestimme für jede der folgenden Funktionen $f : \mathbb{R} \to \mathbb{R}$ die Menge derjenigen Punkte, an denen f stetig ist.

(a) $f(x) = \begin{cases} 1 & \text{für } x \in \mathbb{Q} \\ -1 & \text{für } x \notin \mathbb{Q} \end{cases}$

(b) $f(x) = \begin{cases} x & \text{für } x \in \mathbb{Q} \\ -x & \text{für } x \notin \mathbb{Q} \end{cases}$

(c) $f(x) = \begin{cases} 1/q & \text{für } x = \pm p/q \text{ mit } p, q \in \mathbb{N} \text{ teilerfremd} \\ 1 & \text{für } x = 0 \\ 0 & \text{für } x \notin \mathbb{Q} \end{cases}$

(d) $f(x) = \begin{cases} 1/q & \text{für } x = \pm p/q \text{ mit } p, q \in \mathbb{N} \text{ teilerfremd} \\ 0 & \text{für } x = 0 \\ 0 & \text{für } x \notin \mathbb{Q} \end{cases}$

Aufgabe (82.8) Untersuche bei jeder der folgenden Funktionen, an welchen Definitionslücken die Funktion durch eine geeignete Definition des Funktionswerts stetig fortgesetzt werden kann.

(a) $f(x) = (x^2 - 1)/(x + 1)$
(b) $f(x) = x/(x^2 - 4)$
(c) $f(x) = \exp(1/x)$
(d) $f(x) = x/\sqrt{|x|}$
(e) $f(x) = 3x/\sin(2x)$
(f) $f(x) = 1/(1 - e^{1-x})$
(g) $f(x) = (x^3 - x^2 + x - 1)/(x^3 - x^2 + 2x - 2)$
(h) $f(x) = \text{sign}(\sqrt{x^2}/\sqrt{|x|})$

Aufgabe (82.9) Eine Größe $x > 0$ soll gemessen werden, und aus dem Meßwert soll die Größe $y = 1/x$ berechnet werden. Um wieviel darf die Messung höchstens vom wahren Wert x_0 der Größe x abweichen, damit für den angegebenen Wert der Größe y eine Genauigkeit von $\varepsilon = 0.01$ garantiert werden kann?

Aufgabe (82.10) Eine Größe $x \ge 0$ soll gemessen werden, und aus dem Meßwert soll die Größe $y = \sqrt{x}$ berechnet werden. Um wieviel darf die Messung höchstens vom wahren Wert x_0 der Größe x abweichen, damit für den angegebenen Wert der Größe y eine Genauigkeit von $\varepsilon = 0.01$ garantiert werden kann?

Aufgabe (82.11) Eine Säule bestehe aus homogenem Material mit dem Elastizitätsmodul E; ihr Flächenträgheitsmoment sei I, und ihre Länge sei ℓ. In der Elastizitätstheorie wird gezeigt, daß die Säule seitlich ausknicken kann, wenn die von oben angreifende Last P den kritischen Wert $P_{\text{krit}} := \pi^2 EI/\ell^2$ überschreitet.

(a) Mit welcher Genauigkeit $\delta > 0$ muß man die Länge ℓ messen, um die kritische Last mit einer vorgegebenen Genauigkeit $\varepsilon > 0$ ermitteln zu können? (Die Größen E und I sollen als exakt vorausgesetzt werden.)

(b) Mit welcher Genauigkeit $\delta > 0$ muß man das Produkt EI bestimmen, um die kritische Last mit einer vorgegebenen Genauigkeit $\varepsilon > 0$ ermitteln zu können? (Hier werde die Länge ℓ als exakt bekannt vorausgesetzt.)

Lösungen zu »Stetigkeit« siehe Seite 382

Aufgabe (82.12) Im folgenden Diagramm (das den Strahlengang durch eine dünne Linse darstellt) bezeichne f die Brennweite der Linse, g die Gegenstandsweite, b die Bildweite, G die Gegenstandsgröße und B die Bildgröße; ferner bezeichnen wir mit $\alpha := B/G$ den Abbildungsmaßstab. Aus der Physik übernehmen wir dann die Abbildungsgleichung

$$\frac{1}{g} + \frac{1}{b} = \frac{1}{f}.$$

(a) Mit welcher Genauigkeit $\delta > 0$ muß man die Bildweite b messen, um die Gegenstandsweite mit einer vorgegebenen Genauigkeit $\varepsilon > 0$ ermitteln zu können? (Die Brennweite f werde als exakt bekannt vorausgesetzt.)

(b) Mit welcher Genauigkeit $\delta > 0$ muß man die Bildweite b messen, um den Abbildungsmaßstab mit einer vorgegebenen Genauigkeit $\varepsilon > 0$ ermitteln zu können? (Wieder werde die Brennweite f als exakt bekannt vorausgesetzt.)

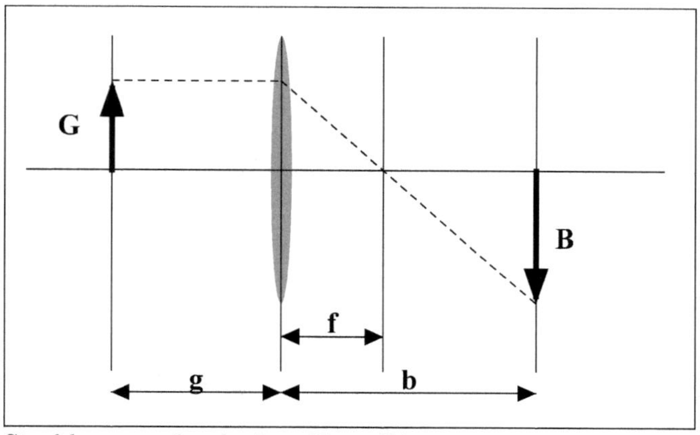

Strahlengang durch eine dünne Linse.

Aufgabe (82.13) Jede der folgenden Funktionen f wird zu einer auf ganz $\mathbb{R}^2$ definierten Funktion, wenn man $f(0,0) := 0$ setzt. In welchen Fällen ist die so definierte Funktion f stetig im Nullpunkt?

(a) $f(x,y) = (x^2 - y^2)/(x^2 + y^2)$
(b) $f(x,y) = xy(x^2 - y^2)/(x^2 + y^2)$
(c) $f(x,y) = xy/(x^2 + y^2)$
(d) $f(x,y) = (x^2 + y^4)/(x^2 + 3y^2)$
(e) $f(x,y) = x^2y/(x^2 + y^2)$
(f) $f(x,y) = 2xy^3/(x^2 + y^2)^2$
(g) $f(x,y) = x^2(x^2 - y^2)/(x^2 + y^2)^2$
(h) $f(x,y) = (x^3 - y^3)/(2x^2 + 3y^2)$

Aufgabe (82.14) (a) Welche Bedingungen müssen die Konstanten a, b und c erfüllen, damit die Funktion $f(x,y) = (ax^2 + bxy + cy^2)/(x^2 + y^2)$ stetig in den Nullpunkt $(0,0)$ fortgesetzt werden kann?

(b) Zeige, daß für beliebige Konstanten a und b die Funktion $f(x,y) = (ax^3 + by^3)/(x^2 + y^2)$ durch die Definition $f(0,0) := 0$ zu einer auf ganz $\mathbb{R}^2$ stetigen Funktion wird.

Aufgabe (82.15) Es seien X und Y metrische Räume, $f : X \to Y$ eine Abbildung und $x_0 \in X$ ein fester Punkt in X. Für je zwei Zahlen $\varepsilon, \delta > 0$ bezeichnen wir mit $A(\varepsilon, \delta)$ die folgende Aussage:

Für alle $x \in X$ mit $d(x, x_0) < \delta$ gilt $d\big(f(x), f(x_0)\big) < \varepsilon$.

(Diese Aussage kann man auch in der kompakten Form $f\big(B_\delta(x_0)\big) \subseteq B_\varepsilon\big(f(x_0)\big)$ schreiben.) Erläutere auf möglichst einfache Art die Bedeutung jeder der folgenden Aussagen!

(1) Für alle $\varepsilon > 0$ und alle $\delta > 0$ gilt $A(\varepsilon, \delta)$.
(2) Es gibt ein $\varepsilon > 0$ und ein $\delta > 0$, so daß $A(\varepsilon, \delta)$ gilt.
(3) Zu jedem $\varepsilon > 0$ gibt es ein $\delta > 0$ so, daß $A(\varepsilon, \delta)$ gilt.
(4) Zu jedem $\delta > 0$ gibt es ein $\varepsilon > 0$ so, daß $A(\varepsilon, \delta)$ gilt.
(5) Es gibt ein $\varepsilon > 0$ so, daß $A(\varepsilon, \delta)$ für alle $\delta > 0$ gilt.
(6) Es gibt ein $\delta > 0$ so, daß $A(\varepsilon, \delta)$ für alle $\varepsilon > 0$ gilt.

Aufgabe (82.16) Es seien $f : X \to Y$ und $g : Y \to Z$ Abbildungen zwischen metrischen Räumen. Finde jeweils ein Beispiel, in dem f und g die angegebenen Eigenschaften haben, oder zeige, daß es ein solches Beispiel nicht geben kann.

(a) f stetig, g stetig, $g \circ f$ unstetig
(b) f stetig, g unstetig, $g \circ f$ stetig
(c) f stetig, g unstetig, $g \circ f$ unstetig
(d) f unstetig, g stetig, $g \circ f$ stetig
(e) f unstetig, g stetig, $g \circ f$ unstetig
(f) f unstetig, g unstetig, $g \circ f$ stetig
(g) f unstetig, g unstetig, $g \circ f$ unstetig

Aufgabe (82.17) Es seien X ein metrischer Raum, $x_0 \in X$ ein fester Punkt, $f, g : X \to \mathbb{R}$ reellwertige Funktionen auf X und $\lambda \in \mathbb{R}$ eine feste Zahl. Zeige: Sind f und g stetig in x_0, dann sind auch die Summe $f + g$, die Differenz $f - g$, das skalare Vielfache λf und das Produkt fg stetig in x_0. Gilt $g(x_0) \neq 0$, so ist auch f/g definiert in einer Umgebung von x_0 und stetig in x_0.

Aufgabe (82.18) Es seien X ein metrischer Raum, $x_0 \in X$ ein Punkt in X und $f, g : X \to \mathbb{R}$ reellwertige Funktionen auf X. Finde jeweils ein Beispiel, in dem f und g die folgenden Eigenschaften haben, oder zeige, daß es ein solches Beispiel nicht geben kann.

(a) f stetig in x_0, g stetig in x_0, $f + g$ unstetig in x_0
(b) f stetig in x_0, g unstetig in x_0, $f + g$ stetig in x_0
(c) f unstetig in x_0, g unstetig in x_0, $f + g$ stetig in x_0
(d) f unstetig in x_0, g unstetig in x_0, $f + g$ unstetig in x_0

Aufgabe (82.19) Es seien X ein metrischer Raum, $x_0 \in X$ ein Punkt in X und $f, g : X \to \mathbb{R}$ reellwertige Funktionen auf X. Finde jeweils ein Beispiel, in dem f und g die folgenden Eigenschaften haben, oder zeige, daß es ein solches Beispiel nicht geben kann.

(a) f stetig in x_0, g stetig in x_0, fg unstetig in x_0
(b) f stetig in x_0, g unstetig in x_0, fg stetig in x_0
(c) f unstetig in x_0, g unstetig in x_0, fg stetig in x_0
(d) f unstetig in x_0, g unstetig in x_0, fg unstetig in x_0

Lösungen zu »Stetigkeit« siehe Seite 382

Aufgabe (82.20) Es seien X ein metrischer Raum und $f, g : X \to \mathbb{R}$ stetige Funktionen. Zeige, daß dann auch die (argumentweise definierten) Funktionen $\max(f, g)$ und $\min(f, g)$ stetig sind.

Aufgabe (82.21) Zeige in den folgenden Fällen jeweils, daß die angegebene Funktion $f : I \to \mathbb{R}$ gleichmäßig stetig ist!

(a) $I = [6.1, \infty)$, $f(x) := 1/\big((x-1)(x-6)\big)$
(b) $I = [1.1, 4.9]$, $f(x) := 1/(x^4 - 26x^2 + 25)$
(c) $I = [0, \infty)$, $f(x) = \sqrt[n]{x}$ ($n \in \mathbb{N}$ beliebig)
(d) $I = \mathbb{R}$, $f(x) = \sqrt[m]{x}$ ($m \in \mathbb{N}$ ungerade)

Hinweis zu (c): Zeige $|\sqrt[n]{x} - \sqrt[n]{y}| \le \sqrt[n]{|x-y|}$ für alle $x, y \ge 0$.

Aufgabe (82.22) Finde jeweils eine stetige Funktion $f : \mathbb{R} \to \mathbb{R}$, die die angegebenen Eigenschaften hat!

(a) f ist beschränkt und gleichmäßig stetig
(b) f ist unbeschränkt und gleichmäßig stetig
(c) f ist unbeschränkt und nicht gleichmäßig stetig
(d) f ist beschränkt und nicht gleichmäßig stetig

Aufgabe (82.23) Es seien $f : X \to Y$ und $g : Y \to Z$ Abbildungen zwischen metrischen Räumen.

(a) Zeige: Sind f und g gleichmäßig stetig, so ist auch $g \circ f$ gleichmäßig stetig.

(b) Finde ein Beispiel, in dem f und $g \circ f$ gleichmäßig stetig sind, aber g nicht einmal stetig.

(c) Finde ein Beispiel, in dem g und $g \circ f$ gleichmäßig stetig sind, aber f nicht einmal stetig.

Aufgabe (82.24) Es seien X ein metrischer Raum und $\lambda \in \mathbb{R}$ eine feste Zahl. Weiter seien $f, g : X \to \mathbb{R}$ gleichmäßig stetige reellwertige Funktionen auf X. Ist dann

(a) die Summe $f + g$,
(b) die Differenz $f - g$,
(c) das skalare Vielfache λf,
(d) das Produkt fg,
(e) der Betrag $|f|$,
(f) das Maximum $\max(f, g)$,
(g) das Minimum $\min(f, g)$

zwangsläufig ebenfalls gleichmäßig stetig?

Aufgabe (82.25) (a) Es sei $f : X \to Y$ eine Abbildung zwischen metrischen Räumen, und es gelte $X = A \cup B$. Folgt aus der gleichmäßigen Stetigkeit der Einschränkungen $f|_A$ und $f|_B$ schon die gleichmäßige Stetigkeit von f selbst?

(b) Es seien $I \subseteq \mathbb{R}$ ein Intervall, $f : I \to Y$ eine Abbildung in einen metrischen Raum Y und x_0 ein innerer Punkt von I. Wir setzen $A := \{x \in I \mid x \le x_0\}$ und $B := \{x \in I \mid x \ge x_0\}$. Zeige: Sind die Einschränkungen $f|_A$ und $f|_B$ gleichmäßig stetig, so ist auch f selbst gleichmäßig stetig.

Aufgabe (82.26) Es sei $f : X \to Y$ eine gleichmäßig stetige Abbildung zwischen metrischen Räumen. Zeige, daß f eine Cauchyfolge in X auf eine Cauchyfolge in Y abbildet. Zeige ferner, daß diese Aussage nicht mehr allgemein gilt, wenn man nur die Stetigkeit (statt der gleichmäßigen Stetigkeit) voraussetzt.

Aufgabe (82.27) Es sei $f : X \to Y$ eine Abbildung zwischen metrischen Räumen. Für $\delta > 0$ sei

$$M_f(\delta) := \{d_Y\big(f(x_1), f(x_2)\big) \mid x_1, x_2 \in X,\ d_X(x_1, x_2) < \delta\}.$$

Der **Stetigkeitsmodul** von f ist die Funktion $\omega_f : (0, \infty) \to [0, \infty]$, die definiert ist durch $\omega_f(\delta) := \sup M_f(\delta)$. Beweise die folgenden Aussagen!

(a) Die Funktion ω_f wächst monoton.
(b) Wird d_X von einer Norm induziert, so ist ω_f subadditiv; d.h., für alle $\delta_1, \delta_2 > 0$ gilt $\omega_f(\delta_1 + \delta_2) \le \omega_f(\delta_1) + \omega_f(\delta_2)$.
(c) Genau dann gilt $\omega_f(\delta) \to 0$ für $\delta \to 0$, wenn f gleichmäßig stetig ist.

Aufgabe (82.28) Es sei $I = [a, b]$ ein beschränktes und abgeschlossenes Intervall. Zeige: jede stetige Funktion $f : I \to \mathbb{R}$ ist sogar gleichmäßig stetig. (**Hinweis:** Widerspruchsbeweis.)

Aufgabe (82.29) Es seien $a < b$ reelle Zahlen. Zeige, daß für eine stetige Funktion $f : (a, b) \to \mathbb{R}$ die folgenden Aussagen äquivalent sind:

(1) die Funktion f ist gleichmäßig stetig;
(2) die Grenzwerte $\lim_{x \to a+} f(x)$ und $\lim_{x \to b-} f(x)$ existieren;
(3) die Funktion f läßt sich zu einer stetigen Funktion $F : [a, b] \to \mathbb{R}$ fortsetzen.

Aufgabe (82.30) Die Funktion $f : \mathbb{R} \to \mathbb{R}$ sei stetig, und es gebe reelle Zahlen u und v mit $f(x) \to u$ für $x \to -\infty$ und $f(x) \to v$ für $x \to \infty$. Zeige, daß dann f sogar gleichmäßig stetig ist.

Aufgabe (82.31) Charakterisiere diejenigen Abbildungen zwischen metrischen Räumen, die Lipschitz-stetig mit der Lipschitzkonstanten 0 sind.

Aufgabe (82.32) Es seien X, Y, Z metrische Räume. Zeige: Sind $f : X \to Y$ und $g : Y \to Z$ Lipschitz-stetig, so ist auch die Hintereinanderausführung $g \circ f : X \to Z$ Lipschitz-stetig.

Aufgabe (82.33) Es sei $\mathbb{K} = \mathbb{R}$ oder $\mathbb{C}$. Weiter seien X ein metrischer Raum und $f_1, f_2 : X \to \mathbb{K}$ Lipschitz-stetige Funktionen. Beweise die folgenden Aussagen!

(a) Die Summe $f_1 + f_2$ ist wieder Lipschitz-stetig.
(b) Jedes skalare Vielfache λf_1 mit $\lambda \in \mathbb{K}$ ist wieder Lipschitz-stetig.

Lösungen zu »Stetigkeit« siehe Seite 382

(c) Sind die Funktionen f_1, f_2 beide beschränkt, so ist auch das Produkt $f_1 f_2$ Lipschitz-stetig.

Zeige anhand eines Beispiels, daß man bei der Aussage in (c) nicht auf die Voraussetzung der Beschränktheit verzichten kann (nicht einmal bei nur einer der beiden beteiligten Funktionen).

Aufgabe (82.34) Es sei $I \subseteq \mathbb{R}$ ein Intervall. Beweise die Stetigkeit einer konvexen Funktion $f : I \to \mathbb{R}$ an einer Stelle x_0 im Innern von I unmittelbar anhand der für alle $a < x, x_0 < b$ gültigen Ungleichung

$$\frac{f(a) - f(x_0)}{a - x_0} \leq \frac{f(x) - f(x_0)}{x - x_0} \leq \frac{f(b) - f(x_0)}{b - x_0}.$$

Aufgabe (82.35) (a) Für $|x - x_\star| < R$ gelte $h(x) = \sum_{k=0}^{\infty} a_k (x - x_\star)^k$, und es sei n der erste Index k mit $a_k \neq 0$. Wir können dann $h(x) = (x - x_\star)^n (a_n + r(x))$ schreiben. Zeige: Es gibt ein $\varepsilon > 0$ mit $|r(x)| < |a_n|$ (und damit $h(x) \neq 0$) für $0 < |x - x_\star| < \varepsilon$.

(b) Folgere aus (a) den Eindeutigkeitssatz für analytische Funktionen: Gelten auf einem Intervall um $x_\star$ die Gleichungen $f(x) = \sum_{k=0}^{\infty} a_k (x - x_\star)^k$ und $g(x) = \sum_{k=0}^{\infty} b_k (x - x_\star)^k$ und gibt es eine Folge (x_n) mit $x_n \to x_\star$ und $f(x_n) = g(x_n)$ für alle n, so gilt $a_k = b_k$ für alle $k \in \mathbb{N}_0$.

Aufgabe (82.36) Eine Funktion $g : \mathbb{R} \to \mathbb{R}$ sei stetig und erfülle die Funktionalgleichung $g(x+y) = g(x)g(y)$ für alle $x, y \in \mathbb{R}$. Zeige, daß dann g entweder die Nullfunktion $g \equiv 0$ ist oder aber eine Exponentialfunktion $g(x) = a^x$ mit einer Zahl $a > 0$.

Aufgabe (82.37) Für $k \in \mathbb{N}_0$ und $\alpha \in \mathbb{R}$ definieren wir

$$B(\alpha, k) := \binom{\alpha}{k} = \frac{\alpha(\alpha-1)\cdots(\alpha-(k-1))}{k!}.$$

(a) Zeige, daß für $\alpha, \alpha + \delta \in (0,1)$ und alle $k \in \mathbb{N}_0$ die folgende Abschätzung gilt:

$$|B(\alpha+\delta, k) - B(\alpha, k)| \leq \delta.$$

(b) Für $|x| < 1$ konvergiert die Binomialreihe $f_\alpha(x) := \sum_{k=0}^{\infty} B(\alpha, k) x^k$. Zeige, daß für jede feste Zahl x mit $|x| < 1$ die Abbildung $\alpha \mapsto f_\alpha(x)$ stetig ist.

(c) Zeige, daß $f_\alpha(x) = (1+x)^\alpha$ für $|x| < 1$ und alle $\alpha \in \mathbb{R}$ gilt.

Aufgabe (82.38) Es sei $B := \{x \in V \mid \|x\| < 1\}$ die offene Einheitskugel eines normierten Raums V. Zeige, daß durch $f(x) := x/(1 + \|x\|)$ eine bijektive stetige Abbildung $f : V \to B$ definiert ist, deren Umkehrabbildung f^{-1} wieder stetig ist.

Aufgabe (82.39) Es sei V ein normierter Raum. Zeige, daß dann die Abbildung $f : V \setminus \{0\} \to V$ mit $f(x) := x/\|x\|$ stetig ist, aber nicht gleichmäßig stetig.

Aufgabe (82.40) Es sei V ein normierter Vektorraum über $\mathbb{K} = \mathbb{R}$ oder $\mathbb{C}$.

(a) Zeige, daß durch $\|(\lambda, x)\| := |\lambda| + \|x\|$ bzw. $\|(x, y)\| := \|x\| + \|y\|$ Normen auf $\mathbb{K} \times V$ bzw. $V \times V$ definiert sind.

(b) Zeige, daß bezüglich dieser Normen die Skalarmultiplikation $(\lambda, x) \mapsto \lambda x$ und die Addition $(x, y) \mapsto x + y$ als Abbildungen $\mathbb{K} \times V \to V$ bzw. $V \times V \to V$ stetig sind.

Aufgabe (82.41) Es seien $V_1, \ldots, V_n, W$ normierte Räume. Zeige, daß für eine n-lineare Abbildung

$$\varphi : V_1 \times \cdots \times V_n \to W$$

die folgenden Aussagen äquivalent sind:

(1) φ ist stetig;

(2) φ ist stetig in $(0, \ldots, 0)$;

(3) es gibt eine Konstante $c > 0$ derart, daß für alle Vektoren $v_i \in V_i$ die folgende Abschätzung gilt:

$$\| \varphi(v_1, \ldots, v_n) \| \leq c \cdot \|v_1\| \cdots \|v_n\|.$$

Bemerkung: In Kapitel 84 werden wir sehen, daß diese Bedingungen automatisch erfüllt sind, wenn $V_1, \ldots, V_n$ endlichdimensional sind.

Aufgabe (82.42) Es sei $f : [a, b] \to \mathbb{R}$ eine stetige Funktion mit $f(a) < 0$ und $f(b) > 0$. (Der Fall $f(a) > 0$ und $f(b) < 0$ wird völlig analog behandelt.) Wir wollen zeigen, daß f eine Nullstelle zwischen a und b besitzt. Dazu benutzen wir das **Bisektionsverfahren**, bei dem folgendermaßen eine Folge von Intervallen $[a_n, b_n]$ definiert wird. Zunächst setzen wir $a_0 := a$ und $b_0 := b$. Sind a_n und b_n schon konstruiert, so sei $m := (a_n + b_n)/2$. Gilt zufällig $f(m) = 0$, so haben wir eine Nullstelle von f gefunden und sind fertig; andernfalls definieren wir a_{n+1} und b_{n+1} folgendermaßen:

- ist $f(m) < 0$, so setze $a_{n+1} := m$ und $b_{n+1} := b_n$;
- ist $f(m) > 0$, so setze $a_{n+1} := a_n$ und $b_{n+1} := m$.

Zeige: Bricht das Verfahren nicht ohnehin nach endlich vielen Schritten ab, so bilden die Intervalle $[a_n, b_n]$ eine Intervallschachtelung, die gegen eine Nullstelle von f konvergiert.

Aufgabe (82.43) Bestimme sämtliche Nullstellen der Funktion $f(x) = x^4 + 2x^3 - 23x^2 + 2x + 1$ mit Hilfe des Bisektionsverfahrens. (Auf diese Fragestellung stießen wir in Aufgabe (42.21).)

Aufgabe (82.44) Bestimme sämtliche Nullstellen der Funktion $f(x) = 12x^3 - 16x + 7$ mit Hilfe des Bisektionsverfahrens.

Aufgabe (82.45) (a) Es sei $p : \mathbb{R} \to \mathbb{R}$ eine Polynomfunktion mit $p(x) > 0$ für alle $x \in \mathbb{R}$. Zeige, daß es eine Zahl $\varepsilon > 0$ gibt mit $p(x) \geq \varepsilon$ für alle $x \in \mathbb{R}$.

Lösungen zu »Stetigkeit« siehe Seite 382

(b) Zeige anhand des Beispiels $p(x,y) := (xy-1)^2 + x^2$, daß die entsprechende Aussage für Polynomfunktionen in mehreren Variablen falsch ist!

Aufgabe (82.46) Beweise den **Zwischenwertsatz**: Ist $f : [a,b] \to \mathbb{R}$ eine stetige Funktion und ist z ein Wert zwischen $f(a)$ und $f(b)$, so gibt es eine Zahl $\xi \in (a,b)$ mit $f(\xi) = z$. **Bemerkung:** Diese Aussage läßt sich anschaulich so deuten, daß der Graph von f "in einem Zug durchgezeichnet" werden kann, ohne den Stift abzusetzen. Dies liefert eine etwas unpräzise, aber intuitiv einleuchtende Vorstellung des Begriffs der Stetigkeit.

Aufgabe (82.47) Es seien $f, g : [a,b] \to \mathbb{R}$ stetige Funktionen mit $f(a) < g(a)$ und $f(b) > g(b)$. Zeige, daß es eine Zahl $x_0 \in (a,b)$ gibt mit $f(x_0) = g(x_0)$.

Aufgabe (82.48) Zeige, daß die Gleichung $\sqrt{x} = 1/(1+x^2)$ eine eindeutige Lösung $x > 0$ besitzt und daß diese Lösung im Intervall $(0,1)$ liegt.

Aufgabe (82.49) Ein Wanderer bricht um 8 Uhr auf und wandert von A nach B, wo er um 17 Uhr ankommt. Er übernachtet in B, bricht am nächsten Morgen wieder um 8 Uhr auf, um auf dem gleichen Weg nach A zurückzukehren, wo er wieder um 17 Uhr ankommt. Die Gestaltung der Wanderung (also Phasen langsameren oder schnelleren Wanderns oder das Einlegen von Pausen) können auf dem Hin- und dem Rückweg völlig unterschiedlich sein. Zeige, daß es dennoch eine Uhrzeit geben muß, zu der sich der Wanderer an beiden Tagen an exakt der gleichen Stelle des Wanderwegs befindet.

Aufgabe (82.50) Zeige, daß eine Funktion $f : \mathbb{R} \to \mathbb{R}$, die nur rationale Werte annimmt, genau dann stetig ist, wenn sie konstant ist.

Aufgabe (82.51) Es sei $f : [a,b] \to \mathbb{R}$ eine stetige Funktion mit $f(a) = f(b)$. Beweise folgende Aussagen!

(a) Es gibt ein Intervall $I = [u,v] \subseteq [a,b]$, das genau halb so lang ist wie $[a,b]$ und für das $f(u) = f(v)$ gilt. Kann I nicht im Innern von $[a,b]$ gewählt werden, so kann man für I wahlweise die linke oder die rechte Hälfte von $[a,b]$ wählen. – **Hinweis:** Setze $m := (a+b)/2$ und $\ell := (b-a)/2$ und betrachte die Funktion $g : [a,m] \to \mathbb{R}$ mit

$$g(x) := f(x+\ell) - f(x).$$

(b) Beginnend mit $I_0 := [a,b]$ gibt es eine Folge ineinandergeschachtelter Intervalle $I_n = [a_n, b_n]$ (jedes genau halb so lang wie das vorhergehende) mit $f(a_n) = f(b_n)$ für alle $n \in \mathbb{N}_0$, wobei ab $n = 2$ alle Intervalle I_n im Innern von $[a,b]$ liegen.

Aufgabe (82.52) (a) Es sei $I = [a,b]$ ein abgeschlossenes und beschränktes Intervall. Zeige, daß jede stetige Funktion $f : I \to \mathbb{R}$ einen Minimal- und einen Maximalwert annimmt. (**Hinweis:** Betrachte Folgen (a_n) und (b_n) in I mit $f(a_n) \to \inf_{x\in I} f(x)$ und $f(b_n) \to \sup_{x\in I} f(x)$.)

(b) Zeige, daß man weder auf die Beschränktheit von I noch auf die Abgeschlossenheit von I noch auf die Stetigkeit von f verzichten kann, um die Richtigkeit der Aussage in (a) garantieren zu können (und zwar selbst dann nicht, wenn man f zusätzlich als beschränkt voraussetzt).

Aufgabe (82.53) Es seien X, Y metrische Räume und $\mathfrak{F}$ eine Familie von Funktionen $f : X \to Y$. Wir nennen $\mathfrak{F}$ **gleichgradig stetig** an einer Stelle $x_0 \in X$, wenn es zu jedem $\varepsilon > 0$ ein $\delta > 0$ derart gibt, daß aus $d(x, x_0) < \delta$ mit $x \in X$ schon $d\big(f(x), f(x_0)\big) < \varepsilon$ für alle $f \in \mathfrak{F}$ folgt. Wir nennen $\mathfrak{F}$ **gleichmäßig gleichgradig stetig**, wenn es zu jedem $\varepsilon > 0$ ein $\delta > 0$ derart gibt, daß aus $d(x_1, x_2) < \delta$ mit $x_1, x_2 \in X$ schon $d\big(f(x_1), f(x_2)\big) < \varepsilon$ für alle $f \in \mathfrak{F}$ folgt.

(a) Stelle die Definitionen der folgenden Begriffe in einer Form nebeneinander, in der die Bedeutungsunterschiede klar werden!
- Stetigkeit einer Funktion in einem Punkt
- gleichmäßige Stetigkeit einer Funktion
- gleichgradige Stetigkeit einer Funktionenfamilie in einem Punkt
- gleichmäßige gleichgradige Stetigkeit einer Funktionenfamilie

(b) Wann ist eine endliche Funktionenfamilie $\mathfrak{F} = \{f_1, \ldots, f_n\}$ gleichgradig stetig in einem gegebenen Punkt bzw. gleichmäßig gleichgradig stetig?

(c) Es sei $\varphi : \mathbb{R} \to \mathbb{R}$ eine vorgegebene Funktion. Für $n \in \mathbb{N}$ setzen wir $f_n(x) := \varphi(x) + n$. In welchen Punkten ist $\mathfrak{F} := \{f_n \mid n \in \mathbb{N}\}$ gleichgradig stetig? Wann ist $\mathfrak{F}$ sogar gleichmäßig gleichgradig stetig?

(d) Zeige: Eine Familie $\mathfrak{F}$ von Funktionen $f : X \to Y$, die Lipschitz-stetig mit der gleichen Lipschitzkonstanten L sind, ist gleichmäßig gleichgradig stetig.

(e) Untersuche, ob die folgenden Familien von Funktionen $f : \mathbb{R} \to \mathbb{R}$ gleichmäßig gleichgradig stetig sind!
- $f_a(x) := \sin(x+a)$, $\mathfrak{F} := \{f_a \mid a \in \mathbb{R}\}$
- $f_n(x) := x^n$, $\mathfrak{F} := \{f_n \mid n \in \mathbb{N}\}$
- $f_c(x) := c$, $\mathfrak{F} := \{f_c \mid c \in \mathbb{R}\}$
- $f_n(x) := \arctan(nx - n^2)$, $\mathfrak{F} := \{f_n \mid n \in \mathbb{N}\}$.

Aufgabe (82.54) Es seien (X,d) ein beliebiger metrischer Raum und $\mathfrak{F}$ der Vektorraum aller beschränkten Funktionen $f : X \to \mathbb{R}$, versehen mit der Norm $\|f\| := \sup_{x\in X} |f(x)|$. Wir wählen ein festes Element $x_0 \in X$ und betrachten dann für jedes Element $a \in X$ die Funktion $f_a : X \to \mathbb{R}$ mit

$$f_a(x) := d(x,a) - d(x,x_0).$$

Zeige, daß jede der Funktionen f_a in $\mathfrak{F}$ liegt und daß die Abbildung $a \mapsto f_a$ eine isometrische Einbettung von X in $\mathfrak{F}$ ist.

Aufgabe (82.55) Es seien (X,d) ein beliebiger metrischer Raum und $\mathfrak{F}$ der Vektorraum aller Funktionen $f : X \to \mathbb{R}$ mit

$$|f(x) - f(y)| \le d(x,y) \le f(x) + f(y) \text{ für alle } x, y \in X,$$

Lösungen zu »Stetigkeit« siehe Seite 382

versehen mit der Metrik $D(f,g) := \sup_{x\in X} |f(x) - g(x)|$. Wir betrachten dann für jedes Element $a \in X$ die Funktion $g_a : X \to \mathbb{R}$ mit

$$g_a(x) \;:=\; d(x,a).$$

Zeige, daß jede der Funktionen g_a in $\mathfrak{F}$ liegt und daß die Abbildung $a \mapsto g_a$ eine isometrische Einbettung von X in $\mathfrak{F}$ ist.

Aufgabe (82.56) Es seien (X,d) ein metrischer Raum, $\big(\mathfrak{A}_b(X), \widehat{d}\big)$ der Raum aller beschränkten und abgeschlossenen Teilmengen von X mit der Hausdorff-Metrik sowie $\mathfrak{B}(X,\mathbb{R})$ der Raum aller beschränkten Funktionen $f : X \to \mathbb{R}$ mit der Supremumsmetrik $D(f,g) := \sup_{x\in X} |f(x) - g(x)|$. Es sei $x_0 \in X$ irgendein fest gewähltes Element von X. Für jede Menge $A \in \mathfrak{A}_b(X)$ definieren wir dann eine Funktion $f_A : X \to \mathbb{R}$ durch

$$f_A(x) \;:=\; \operatorname{dist}(x,A) - d(x,x_0)\,.$$

Zeige, daß durch $A \mapsto f_A$ eine Isometrie von $\mathfrak{A}_b(X)$ nach $\mathfrak{B}(X,\mathbb{R})$ definiert wird.

Aufgabe (82.57) Es seien X ein metrischer Raum und $C_b(X)$ der Raum aller beschränkten stetigen Funktionen $f : X \to \mathbb{R}$, versehen mit der Norm

$$\|f\| \;:=\; \sup_{x\in X} |f(x)|\,.$$

(a) Es sei $\Phi : X \to X$ eine stetige Abbildung. Wir definieren dann eine Abbildung $S : C_b(X) \to C_b(X)$ durch $Sf := f \circ \Phi$. Zeige, daß S Lipschitz-stetig ist.

(b) Es sei $\varphi : \mathbb{R} \to \mathbb{R}$ eine stetige Abbildung. Wir definieren dann eine Abbildung $T : C_b(X) \to C_b(X)$ durch $Tf := \varphi \circ f$. Zeige, daß T stetig ist. Zeige ferner: ist φ gleichmäßig stetig bzw. Lipschitz-stetig, dann auch T.

Aufgabe (82.58) Wir betrachten einen normierten Raum $(V, \|\cdot\|)$ mit $V \neq \{0\}$ und die Abbildung $f : V \setminus \{0\} \to V$ mit

$$f(x) \;:=\; \frac{x}{\|x\|}.$$

(a) Es sei $x_0 \in V \setminus \{0\}$. Zeige, daß es eine Umgebung U von x_0 und eine Konstante L gibt mit $\|f(x) - f(y)\| \le L \cdot \|x - y\|$ für alle $x, y \in U$.
(b) Zeige, daß es keine Konstante L gibt mit $\|f(x) - f(y)\| \le L \cdot \|x - y\|$ für alle $x, y \in V \setminus \{0\}$.

Bemerkung: Die Aussage dieser Aufgabe ist, daß die Normierungsabbildung $x \mapsto x/\|x\|$ lokal, aber nicht global Lipschitz-stetig ist.

> **Bemerkung:** Das Ziel der folgenden Aufgaben besteht darin, drei verschiedene Konvergenzbegriffe für Funktionenfolgen zu analysieren. Dazu betrachten wir zwei metrische Räume X und Y sowie eine Folge von Funktionen $f_n : X \to Y$.
> (a) Die Folge (f_n) heißt **punktweise konvergent** gegen eine Grenzfunktion $f : X \to Y$, wenn für jeden festen Punkt $x \in X$ die Konvergenzaussage $f_n(x) \to f(x)$ in Y gilt.
> (b) Die Folge (f_n) heißt **stetig konvergent** gegen eine Grenzfunktion $f : X \to Y$, wenn für jeden Punkt $x \in X$ und jede Folge (x_n) in X mit $x_n \to x$ die Konvergenzaussage $f_n(x_n) \to f(x)$ in Y gilt.
> (c) Die Folge (f_n) heißt **gleichmäßig konvergent** gegen eine Grenzfunktion $f : X \to Y$, wenn $\sup_{x\in X} d\big(f_n(x), f(x)\big) \to 0$ gilt.

Aufgabe(82.59) Wir betrachten die durch $f_n(x) := x^n$ definierten Funktionen f_n sowie zwei feste Zahlen $-1 < a < b < 1$. Beweise die folgenden Aussagen!

(a) Als Folge von Funktionen $f_n : [-1,1] \to \mathbb{R}$ konvergiert (f_n) nicht punktweise.
(b) Als Folge von Funktionen $f_n : (-1,1] \to \mathbb{R}$ konvergiert (f_n) punktweise, aber nicht stetig.
(c) Als Folge von Funktionen $f_n : (-1,1) \to \mathbb{R}$ konvergiert (f_n) stetig, aber nicht gleichmäßig.
(d) Als Folge von Funktionen $f_n : [a,b] \to \mathbb{R}$ konvergiert (f_n) gleichmäßig.

Aufgabe (82.60) Die Funktion $f : [-1,1] \to \mathbb{R}$ sei definiert durch $f(0) := 1$ und $f(x) := 0$ für $x \neq 0$. Zeige, daß die konstante Funktionenfolge (f_n) mit $f_n := f$ für alle n gleichmäßig, aber nicht stetig gegen f konvergiert.

Aufgabe (82.61) Es seien X eine beliebige Menge und $\mathfrak{F}$ eine Menge von Funktionen auf X. Zeige: liegt auch nur eine unstetige Funktion in $\mathfrak{F}$, so gibt es keine Metrik auf $\mathfrak{F}$ derart, daß eine Funktionenfolge (f_n) genau dann im Sinne der Metrik konvergiert, wenn sie stetig konvergiert.

Aufgabe (82.62) Es sei (f_n) eine Folge von Funktionen $f_n : X \to Y$ zwischen metrischen Räumen. Beweise die folgenden Aussagen!

(a) Konvergiert für jede in X konvergente Folge (x_n) auch die Folge $\big(f_n(x_n)\big)$ in Y, so ist die Folge (f_n) stetig konvergent gegen eine Grenzfunktion f.
(b) Konvergiert (f_n) stetig gegen eine Grenzfunktion f, dann auch punktweise.
(c) Konvergiert (f_n) stetig gegen eine Grenzfunktion f, so ist f stetig (und zwar unabhängig davon, ob die einzelnen Funktionen f_n stetig sind oder nicht).
(d) Konvergiert (f_n) stetig gegen f, dann konvergiert (f_n) lokal gleichmäßig gegen f; d.h., jeder Punkt $x \in$

Lösungen zu »Stetigkeit« siehe Seite 382

X besitzt eine Umgebung, auf der (f_n) gleichmäßig gegen f konvergiert.

(e) Sind alle Funktionen f_n stetig, so gilt auch die Umkehrung von (d): Konvergiert die Folge (f_n) lokal gleichmäßig gegen f, so konvergiert (f_n) auch stetig gegen f.

Aus (d) und (e) folgt also, daß eine Folge (f_n) stetiger Funktionen genau dann stetig konvergiert, wenn sie lokal gleichmäßig konvergiert.

Aufgabe (82.63) Für jede Teilmenge $X \subseteq \mathbb{R}$ sei $C(X)$ die Menge aller stetigen Funktionen $f : X \to \mathbb{R}$.

(a) Es sei $I = [a, b] \subseteq \mathbb{R}$ ein beschränktes und abgeschlossenes Intervall. Wir definieren eine Metrik auf I durch

$$d(f,g) := \sup_{x\in I} | f(x) - g(x) | .$$

Zeige, daß eine Folge (f_n) in $C(I)$ genau dann im Sinne der Metrik d konvergiert, wenn sie stetig konvergiert.

(b) Für jede natürliche Zahl $k \in \mathbb{N}$ definieren wir eine Halbmetrik d_k auf $C(\mathbb{R})$ durch

$$d_k(f,g) := \sup_{x\in[-k,k]} | f(x) - g(x) | .$$

Zeige, daß dann

$$d(f,g) := \sum_{k=1}^{\infty} \frac{1}{2^k} \cdot \frac{d_k(f,g)}{1 + d_k(f,g)}$$

eine Metrik auf $C(\mathbb{R})$ definiert und daß eine Folge (f_n) in $C(\mathbb{R})$ genau dann im Sinne dieser Metrik konvergiert, wenn sie stetig konvergiert.

(c) Vergleiche mit Aufgabe (82.61)!

Aufgabe (82.64) Es sei $f(x) = \sum_{k=0}^{\infty} a_k x^k$ eine analytische Funktion mit dem Konvergenzradius $R > 0$. Zeige, daß die Folge der Partialsummen

$$f_n(x) := \sum_{k=0}^{n} a_k x^k$$

auf dem Intervall $(-R, R)$ stetig gegen f konvergiert. (Dies impliziert nach Aufgabe (82.62)(c), daß f stetig auf dem Intervall $(-R, R)$ ist; das kann man natürlich auch direkt nachrechnen.)

Aufgabe (82.65) Eine Funktion $f : X \to Y$ zwischen metrischen Räumen heißt **beschränkt**, wenn die Bildmenge $f(X)$ eine beschränkte Teilmenge von Y ist.

(a) Zeige, daß eine Folge beschränkter Funktionen punktweise gegen eine unbeschränkte Funktion konvergieren kann.

(b) Eine Folge beschränkter Funktionen konvergiere gleichmäßig gegen eine Grenzfunktion. Zeige, daß diese Grenzfunktion selbst wieder beschränkt ist.

Aufgabe (82.66) Es seien (f_n) und (g_n) gleichmäßig konvergente Folgen beschränkter Funktionen $f_n, g_n : X \to \mathbb{R}$. Zeige, daß dann auch die Funktionenfolgen $(f_n \pm g_n)$ und $(f_n g_n)$ gleichmäßig konvergieren, im Fall der Existenz einer Zahl $c > 0$ mit $|g_n| \geq c$ für alle n auch die Folge (f_n/g_n).

Aufgabe (82.67) Gib für jede der folgenden Funktionen $f_n : \mathbb{R} \to \mathbb{R}$ die Menge D derjenigen Zahlen $x \in \mathbb{R}$ an, für die die Folge $\big(f_n(x)\big)_{n\in\mathbb{N}}$ konvergiert. Entscheide jeweils, ob die Funktionenfolge (f_n) sogar gleichmäßig auf D konvergiert, bzw. gib eine (möglichst große) Teilmenge $D_0 \subseteq D$ an, auf der (f_n) gleichmäßig konvergiert.

(a) $f_n(x) = nx$
(b) $f_n(x) = x/n$
(c) $f_n(x) = n^2 x^n$
(d) $f_n(x) = nx(1-x)^n$
(e) $f_n(x) = (nx + x^2)/n^2$
(f) $f_n(x) = x/(1 + n^2x^2)$
(g) $f_n(x) = nx/(1 + n^2x^2)$
(h) $f_n(x) = x^2/\big(x^2 + (nx-1)^2\big)$
(i) $f_n(x) = nx^2/(1 + n|x|)$
(j) $f_n(x) = (1 - x^{2n})/(1 + x^{2n})$
(k) $f_n(x) = \sin(x)^n$
(l) $f_n(x) = n\sin(x/n)$
(m) $f_n(x) = \sin(nx + n^2)/\sqrt{n}$
(n) $f_n(x) = \big(n + \cos(nx)\big)/(2n+1)$
(o) $f_n(x) = \sqrt[n]{x^2}$
(p) $f_n(x) = \sqrt[n]{x^2 + (1/n)}$
(q) $f_n(x) = \sqrt[n]{x^2 + 1}$
(r) $f_n(x) = \sqrt[n]{x^2 + n}$

Aufgabe (82.68) Für welche Zahlen $\alpha \in \mathbb{R}$ konvergiert die Funktionenfolge (f_n) mit

$$f_n(x) := n^{\alpha} x e^{-nx^2}$$

punktweise bzw. gleichmäßig auf ganz $\mathbb{R}$?

Aufgabe (82.69) Es seien X eine beliebige Menge, $\mathbb{K} = \mathbb{R}$ oder $\mathbb{C}$ und (f_n) eine Folge von Funktionen $f_n : X \to \mathbb{K}$. Für jedes $n \in \mathbb{N}$ gebe es eine Konstante M_n mit $|f_n(x)| \leq M_n$ für alle $x \in X$, und zwar so, daß $\sum_{n=1}^{\infty} M_n < \infty$ gilt. Zeige, daß dann $\sum_{n=1}^{\infty} f_n(x)$ gleichmäßig auf X konvergiert. (Das bedeutet definitionsgemäß, daß die Folge der Funktionen $F_n(x) := \sum_{k=1}^{n} f_k(x)$ gleichmäßig konvergiert.)

Bemerkung: Dieses Kriterium zum Nachweis der gleichmäßigen Konvergenz einer Funktionenreihe wird als **Weierstraßscher Majorantentest** bezeichnet.

Aufgabe (82.70) Es sei $I \subseteq \mathbb{R}$ ein Intervall. Zeige, daß eine stetige Funktion $f : I \to \mathbb{R}$ genau dann injektiv ist, wenn sie streng monoton ist. Zeige, daß diese Aussage nicht richtig ist, wenn auf die Voraussetzung der Stetigkeit verzichtet wird.

Lösungen zu »Stetigkeit« siehe Seite 382

Aufgabe (82.71) Es seien X eine beliebige Menge sowie (f_n) und (g_n) Folgen von Funktionen $f_n : X \to \mathbb{R}$ und $g_n : X \to \mathbb{C}$ mit folgenden Eigenschaften:

- die Folge (f_n) konvergiere monoton und gleichmäßig auf X gegen die Nullfunktion;
- es gebe eine Konstante C mit $|\sum_{k=1}^n g_k(x)| \leq C$ für alle $n \in \mathbb{N}$ und alle $x \in X$.

Zeige, daß dann die Reihe $\sum_{k=1}^\infty f_k(x)g_k(x)$ gleichmäßig auf X konvergiert (**Dirichlet-Test**).

Aufgabe (82.72) Untersuche die folgenden Funktionenreihen hinsichtlich Konvergenz, absoluter Konvergenz und gleichmäßiger Konvergenz!

(a) $\displaystyle\sum_{n=0}^\infty \frac{x}{(1+x^2)^n}$

(b) $\displaystyle\sum_{n=0}^\infty \frac{1}{1+n^2x}$

(c) $\displaystyle\sum_{n=1}^\infty \frac{(-1)^n}{n+x^2}$

Aufgabe (82.73) Es sei (p_n) eine Folge von Polynomfunktionen, die gleichmäßig auf ganz $\mathbb{R}$ gegen eine Grenzfunktion konvergiert. Zeige, daß diese Grenzfunktion selbst schon ein Polynom sein muß!

Aufgabe (82.74) (a) Es seien (X, d) ein metrischer Raum und $A, B \subseteq X$ disjunkte abgeschlossene Teilmengen von X. Zeige, daß durch

$$f(x) := \frac{\operatorname{dist}(x,A) - \operatorname{dist}(x,B)}{\operatorname{dist}(x,A) + \operatorname{dist}(x,B)}$$

eine stetige Funktion $f : X \to [-1, 1]$ definiert ist mit $f \equiv -1$ auf A, $f \equiv 1$ auf B und $|f| < 1$ auf $X \setminus (A \cup B)$.

(b) Betrachte speziell $X = \mathbb{R}$ mit der natürlichen Metrik sowie $A = [-2, -1]$ und $B = [1, 2]$. Gib in diesem Fall die in (a) eingeführte Funktion f explizit an!

Aufgabe (82.75) Es seien (X, d) ein metrischer Raum, $M > 0$ eine positive reelle Zahl, $C \subseteq X$ eine abgeschlossene Teilmenge von X und $f : X \to [-M, M]$ eine stetige Funktion. Definiere induktiv eine Folge $(g_1, g_2, g_3, \ldots)$ von Funktionen $g_k : X \to \mathbb{R}$ wie folgt.

- Setze
$$A_1 := \{x \in C \mid f(x) \leq -M/3\},$$
$$B_1 := \{x \in C \mid f(x) \geq M/3\}$$
und wähle gemäß der vorigen Aufgabe eine Funktion $g_1 : X \to \mathbb{R}$ mit $g_1 \equiv -M/3$ auf A_1, $g_1 \equiv M/3$ auf B_1 sowie $|g_1| < M/3$ auf $X \setminus (A_1 \cup B_1)$.
- Sind $g_1, \ldots, g_{n-1}$ bereits konstruiert, so setze
$$A_n := \{x \in C \mid f(x) - \sum_{k=1}^{n-1} g_k(x) \leq -2^{n-1}M/3^n\},$$
$$B_n := \{x \in C \mid f(x) - \sum_{k=1}^{n-1} g_k(x) \geq 2^{n-1}M/3^n\}$$
und wähle gemäß der vorigen Aufgabe eine Funktion $g_n : X \to \mathbb{R}$ mit $g_n \equiv -2^{n-1}M/3^n$ auf A_n, $g_n \equiv 2^{n-1}M/3^n$ auf B_n sowie $|g_n| < 2^{n-1}M/3^n$ auf $X \setminus (A_n \cup B_n)$. Beweise die folgenden Aussagen!

(a) Es gilt $|f(x) - \sum_{k=1}^n g_k(x)| \leq 2^n M/3^n$ für alle $x \in C$ und alle $n \in \mathbb{N}$.

(b) Durch $F(x) := \sum_{k=1}^\infty g_k(x)$ ist eine wohldefinierte stetige Funktion $F : X \to [-M, M]$ definiert.

(c) Es gilt $F(x) = f(x)$ für alle $x \in C$; also ist $F : X \to [-M, M]$ eine stetige Fortsetzung der stetigen Funktion $f : C \to \mathbb{R}$.

Aufgabe (82.76) Es seien (X, d) ein metrischer Raum, $C \subseteq X$ eine abgeschlossene Teilmenge von X und $f : C \to \mathbb{R}$ eine stetige Funktion. Zeige, daß f sich stetig auf ganz X fortsetzen läßt, daß es also eine stetige Funktion $F : X \to \mathbb{R}$ gibt mit $F(x) = f(x)$ für alle $x \in C$.

Bemerkung: Diese Aussage ist als **Tietzescher Fortsetzungssatz** bekannt. Sie gilt in etwas allgemeinerem Rahmen als nur für metrische Räume; siehe Satz (86.33) im Buch. Für metrische Räume ist der Beweis allerdings etwas einfacher, weil man Funktionen wie in Aufgabe (82.74), die auf disjunkten abgeschlossenen Mengen verschiedene konstante Werte annehmen, explizit mit Hilfe der Metrik angeben kann. Auf der Verwendung solcher Funktionen beruht der Beweis des Tietzeschen Fortsetzungssatzes.

Aufgabe (82.77) Es seien $a < b$ reelle Zahlen und $\mathbb{K} = \mathbb{R}$ oder $\mathbb{C}$. Eine Funktion $g : [a, b] \to \mathbb{K}$ heißt **von beschränkter Schwankung** oder auch **von beschränkter Variation**, wenn es eine Konstante C gibt mit

$$\sum_{k=1}^n |g(x_i) - g(x_{i-1})| \leq C$$

für alle Partitionen $a = x_0 < x_1 < \cdots < x_n = b$ des Intervalls $[a, b]$. (Intuitiv bedeutet dies, daß die Funktion g nicht allzu wild oszilliert.) Die kleinstmögliche solche Konstante C (also das über alle Partitionen des Intervalls $[a, b]$ gebildete Supremum der Ausdrücke $\sum_{k=1}^n |f(x_i) - f(x_{i-1})|$) heißt die **Totalvariation** von g und wird mit $V_a^b g$ bezeichnet. Beweise die folgenden Aussagen!

(a) Eine Funktion $f : [a, b] \to \mathbb{R}$ ist genau dann konstant, wenn sie von beschränkter Variation ist mit $V_a^b(f) = 0$.

(b) Eine monotone Funktion $f : [a, b] \to \mathbb{R}$ ist von beschränkter Variation mit $V_a^b(f) = |f(b) - f(a)|$.

(c) Eine Funktion von beschränkter Variation ist beschränkt.

(d) Die folgende Funktion $g : [0, 1] \to \mathbb{R}$ ist unstetig, aber von beschränkter Variation:

$$g(x) := \begin{cases} 0, & \text{falls } x < 1/2; \\ 1, & \text{falls } x \geq 1/2. \end{cases}$$

Lösungen zu »Stetigkeit« siehe Seite 382

(e) Die folgende Funktion $g : [0,1] \to \mathbb{R}$ ist stetig, aber nicht von beschränkter Variation:

$$g(x) := \begin{cases} x\sin(1/x), & \text{falls } x > 0, \\ 0, & \text{falls } x = 0. \end{cases}$$

(f) Es seien $a < b < c$ reelle Zahlen. Eine Funktion $g : [a,c] \to \infty$ ist genau dann von beschränkter Variation, wenn die Einschränkungen von g auf $[a,b]$ und auf $[b,c]$ von beschränkter Variation sind, und in diesem Fall gilt die Gleichung

$$V_a^c g = V_a^b g + V_b^c g.$$

(g) Die Funktion $g : [a,b] \to \mathbb{R}$ sei von beschränkter Variation. Wir definieren $V(x) := V_a^x g$. Dann sind die Funktionen V, $V+f$ und $V-f$ monoton wachsend.

Aufgabe (82.78) Es sei $\text{BV}[a,b]$ die Menge aller Funktionen $g : [a,b] \to \mathbb{K}$ von beschränkter Variation. Es seien $f, g \in BV[a,b]$ und $\lambda \in \mathbb{K}$. Beweise die folgenden Aussagen!

(a) Es gilt $f+g \in \text{BV}[a,b]$ mit $V_a^b(f+g) \le V_a^b(f) + V_a^b(g)$.
(b) Es gilt $\lambda f \in \text{BV}[a,b]$ mit $V_a^b(\lambda f) = |\lambda| V_a^b(f)$.
(c) Es gilt $fg \in \text{BV}[a,b]$ mit $V_a^b(fg) \le \|f\|_\infty V_a^b(g) + \|g\|_\infty V_a^b(f)$.
(d) Gibt es eine Konstante $\delta > 0$ mit $|g(x)| \ge \delta$ für alle $x \in [a,b]$, so gilt $f/g \in \text{BV}[a,b]$ mit $V_a^b(f/g) \le \big(\|f\|_\infty V_a^b(g) + \|g\|_\infty V_a^b(f)\big)/\delta^2$.

Bemerkung: In der Sprache der Algebra besagen (a) und (b), daß $\text{BV}[a,b]$ ein $\mathbb{K}$-Vektorraum ist; (a) und (c) besagen, daß $\text{BV}[a,b]$ ein Ring ist, und (a), (b) und (c) besagen, daß $\text{BV}[a,b]$ eine $\mathbb{K}$-Algebra ist.

Aufgabe (82.79) Zeige, daß eine Funktion $g : [a,b] \to \mathbb{R}$ genau dann von beschränkter Variation ist, wenn sie sich als Differenz zweier monoton wachsender Funktionen darstellen läßt.

Bemerkung: Dies ist eine schöne und elementare Charakterisierung von Funktionen von beschränkter Variation. Ein einfaches handliches Kriterium, mit dem man nachweisen kann, daß eine gegebene Funktion von beschränkter Variation ist, werden wir in Kapitel 109 kennenlernen, wenn uns der Integralbegriff zur Verfügung steht.

Ergänzung: Bernstein-Polynome

Definition. *Für $0 \le k \le n$ definieren wir das* **Bernstein-Polynom** B_k^n *durch*

$$B_k^n(x) := \binom{n}{k}(1-x)^{n-k}x^k .$$

Die Polynome B_k^n sind nach Sergej Natanowitsch Bernstein (1880-1968) benannt, der ihre Verwendbarkeit zur Approximierung stetiger Funktionen entdeckte. Offensichtlich ist jedes der Polynome B_k^n ein Polynom vom Grad n mit $B_k^n \ge 0$ auf $[0,1]$. Einige Eigenschaften dieser Polynome sind in dem folgenden Hilfssatz festgehalten.

Hilfssatz. *Die Bernsteinpolynome B_k^n erfüllen für alle Zahlen $x \in \mathbb{R}$ die folgenden Gleichungen:*
(a) $\sum_{k=0}^n B_k^n(x) = 1$;
(b) $\sum_{k=0}^n (k/n)\cdot B_k^n(x) = x$;
(c) $\sum_{k=0}^n (k^2/n^2)\cdot B_k^n(x) = x^2 + (x-x^2)/n$.

Beweis. (a) Nach der binomischen Formel gilt

$$\sum_{k=0}^n B_k^n(x) = \sum_{k=0}^n \binom{n}{k}(1-x)^{n-k}x^k = \big((1-x)+x\big)^n = 1^n.$$

(b) Wir erhalten

$$\begin{aligned}
\sum_{k=0}^n \frac{k}{n}B_k^n(x) &= \sum_{k=1}^n \frac{k}{n}B_k^n(x)\\
&= \sum_{k=1}^n \frac{k}{n}\cdot\frac{n!}{k!(n-k)!}(1-x)^{n-k}x^k\\
&= \sum_{k=1}^n \binom{n-1}{k-1}(1-x)^{n-k}x^k\\
&= \sum_{k=0}^{n-1} \binom{n-1}{k}(1-x)^{n-1-k}x^{k+1}\\
&= x\cdot\sum_{k=0}^{n-1} \binom{n-1}{k}(1-x)^{n-1-k}x^{k}\\
&= x\cdot\big((1-x)+x\big)^{n-1} = x.
\end{aligned}$$

(c) Wir berechnen zunächst

$$\begin{aligned}
\sum_{k=0}^n \frac{k(k-1)}{n(n-1)}B_k^n(x) &= \sum_{k=2}^n \frac{k(k-1)}{n(n-1)}B_k^n(x)\\
&= \sum_{k=2}^n \frac{k(k-1)}{n(n-1)}\cdot\frac{n!}{k!(n-k)!}(1-x)^{n-k}x^k\\
&= \sum_{k=2}^n \binom{n-2}{k-2}(1-x)^{n-k}x^k\\
&= \sum_{k=0}^{n-2} \binom{n-2}{k}(1-x)^{n-2-k}x^{k+2}\\
&= x^2\cdot\sum_{k=0}^{n-2} \binom{n-2}{k}(1-x)^{n-2-k}x^{k}\\
&= x^2\cdot\big((1-x)+x\big)^{n-2} = x^2.
\end{aligned}$$

Wir multiplizieren mit $n(n-1)$ durch und erhalten $\sum_{k=0}^n k^2B_k^n(x) - \sum_{k=0}^n kB_k^n(x) = n(n-1)x^2$; nach Teil (b) bedeutet dies $\sum_{k=0}^n k^2B_k^n(x) - nx = n(n-1)x^2$. Beiderseitige Addition von nx und anschließende Division durch n^2 liefert nun die Behauptung. ∎

Weierstraßscher Approximationssatz. *Es seien $f : [0,1] \to \mathbb{R}$ eine stetige Funktion und $\varepsilon > 0$ eine positive Zahl. Dann gibt es ein Polynom p mit $|f(x) - p(x)| \le \varepsilon$ für alle $x \in [0,1]$.*

Beweis. Wir wollen p in der Form

$$(\star) \qquad p_n(x) := \sum_{k=0}^n f(k/n)\cdot B_k^n(x)$$

mit einer geeigneten (noch zu bestimmenden) Zahl $n \in \mathbb{N}$ wählen. Wegen Teil (a) des Hilfssatzes gilt zunächst $p_n(x) - f(x) = \sum_{k=0}^n \big(f(k/n) - f(x)\big)B_k^n(x)$ für alle $x \in [0,1]$. Da f auf dem kompakten Intervall $[0,1]$ gleichmäßig stetig ist, gibt es eine Zahl $\delta > 0$ mit $|f(x) - f(y)| < \varepsilon/2$ für alle $x, y \in [0,1]$ mit $|x-y| < \delta$. Wir zerlegen nun die Menge $\{0,1,2,\ldots,n\}$ in die beiden Indexmengen

$$K_1 := \{k \mid \left|x - \frac{k}{n}\right| < \delta\} \quad\text{und}\quad K_2 := \{k \mid \left|x-\frac{k}{n}\right| \ge \delta\}.$$

Wir zerlegen nun die Summe $(\star)$ in zwei Teilsummen, nämlich die Summe S_1 über die Indices $k \in K_1$ und die Summe S_2 über die Indices $k \in K_2$. Die erste Summe läßt sich abschätzen durch $|S_1| \le (\varepsilon/2)\cdot\sum_{k=0}^n B_k^n(x) = \varepsilon/2$. Zur Abschätzung der zweiten Summe beachten wir, daß die Funktion f beschränkt ist, daß es also eine Zahl M gibt mit $|f(x)| \le M$ für alle $x \in [0,1]$. Wegen $|x - (k/n)| \ge \delta$ und damit $\big(x-(k/n)\big)^2/\delta^2 \ge 1$ für $k \in K_2$ erhalten wir

$$\begin{aligned}
|S_2| &\le 2M\sum_{k\in K_2} B_k^n(x) \le 2M\sum_{k\in K_2}\frac{(x-k/n)^2}{\delta^2}B_k^n(x)\\
&= \frac{2M}{\delta^2}\sum_{k\in K_2}\left(x-\frac{k}{n}\right)^2 B_k^n(x) \le \frac{2M}{\delta^2}\sum_{k=0}^n\left(x-\frac{k}{n}\right)^2 B_k^n(x)\\
&= \frac{2M}{\delta^2}\sum_{k=0}^n\left(x^2 - \frac{2k}{n}x + \frac{k^2}{n^2}\right)B_k^n(x)\\
&= \frac{2M}{\delta^2}\left(x^2 - 2x^2 + x^2 + \frac{x-x^2}{n}\right) = \frac{2M}{\delta^2}\cdot\frac{x-x^2}{n}\\
&\le \frac{2M}{\delta^2}\cdot\frac{1/4}{n} = \frac{M}{2\delta^2 n},
\end{aligned}$$

wobei wir beim Übergang von der drittletzten zur vorletzten Zeile die drei Aussagen des Hilfssatzes benutzten und beim Übergang von der vorletzten zur letzten Zeile die Abschätzung $x - x^2 = (1/4) - (x-1/2)^2 \le 1/4$. Wir wählen nun n so groß, daß $M/(2\delta^2 n) < \varepsilon/2$ gilt, also $n > M/(\delta^2\varepsilon)$. Dann ist $|S_2| < \varepsilon/2$, insgesamt also $|p_n(x) - f(x)| = |S_1 + S_2| \le |S_1| + |S_2| < (\varepsilon/2) + (\varepsilon/2) = \varepsilon$. Dies ist die gewünschte Abschätzung. ∎

Lösungen zu »Stetigkeit« siehe Seite 382

A83: Vollständigkeit metrischer Räume

Aufgabe (83.1) Es seien d_1 und d_2 Metriken auf einer Menge X derart, daß es Konstanten $0 < c < C$ gibt mit $c\,d_1(x,y) \le d_2(x,y) \le C\,d_1(x,y)$ für alle $x,y \in X$. Zeige, daß (X,d_1) genau dann vollständig ist, wenn (X,d_2) vollständig ist.

Aufgabe (83.2) Zeige, daß für einen metrischen Raum (X,d) die folgenden Eigenschaften äquivalent sind:

(1) X ist vollständig; d.h., jede Cauchyfolge konvergiert;
(2) ist $A_1 \supseteq A_2 \supseteq A_3 \supseteq \cdots$ eine absteigende Folge nichtleerer abgeschlossener Teilmengen von X, deren Durchmesser gegen Null gehen, so gilt $\bigcap_{n=1}^{\infty} A_n \neq \emptyset$;
(3) ist $K_1 \supseteq K_2 \supseteq K_3 \supseteq \cdots$ eine absteigende Folge abgeschlossener Kugeln, deren Radien gegen Null gehen, so gilt $\bigcap_{n=1}^{\infty} K_n \neq \emptyset$.

Bemerkung: Diese Aussage verallgemeinert das im Bereich der reellen Zahlen gültige Intervallschachtelungsprinzip auf beliebige metrische Räume.

Aufgabe (83.3) Für $\mathbb{K} = \mathbb{R}$ oder $\mathbb{C}$ und $p \ge 1$ sei ℓ^p der Raum aller Folgen $(x_1, x_2, x_3, \ldots)$ mit $\sum_{n=1}^{\infty} |x_n|^p < \infty$, versehen mit der Norm

$$\|x\| = \sqrt[p]{\sum_{n=1}^{\infty} |x_n|^p}$$

und der dazugehörigen Metrik. Zeige, daß ℓ^p vollständig ist. Ferner sei U der Unterraum von ℓ^p, der aus allen Folgen besteht, bei denen nur endlich viele Glieder von Null verschieden sind. Zeige, daß U nicht vollständig ist.

Aufgabe (83.4) Für $\mathbb{K} = \mathbb{R}$ oder $\mathbb{C}$ sei ℓ^∞ der Raum aller beschränkten Folgen $(x_1, x_2, x_3, \ldots)$, versehen mit der Norm

$$\|x\| = \sup_{n \ge 1} |x_n|.$$

(a) Zeige, daß ℓ^∞ vollständig ist.
(b) Es sei U der Unterraum von ℓ^∞, der aus allen Folgen besteht, bei denen nur endlich viele Glieder von Null verschieden sind. Ist U vollständig?
(c) Es sei V der Unterraum von ℓ^∞, der aus allen konvergenten Folgen besteht. Ist V vollständig?

Aufgabe (83.5) Es sei $(X_i, d_i)_{i \in \mathbb{N}}$ eine Folge nichtleerer metrischer Räume, und es sei $X := \prod_{i=1}^{\infty} X_i$ der Raum aller Folgen $x = (x_1, x_2, x_3, \ldots)$ mit $x_i \in X_i$, versehen mit der Metrik

$$d(x,y) := \sum_{i=1}^{\infty} \frac{1}{2^i} \cdot \frac{d_i(x_i,y_i)}{1 + d_i(x_i,y_i)}.$$

Zeige, daß (X,d) genau dann vollständig ist, wenn jeder der Räume (X_i, d_i) vollständig ist.

Aufgabe (83.6) Wir betrachten ein Intervall $I = [a,b]$ und den Vektorraum $\mathfrak{B}(I)$ aller beschränkten Funktionen $f : I \to \mathbb{R}$, versehen mit der Norm

$$\|f\| := \sup_{a \le x \le b} |f(x)|.$$

Welche der folgenden Teilmengen von $\mathfrak{B}(I)$ sind abgeschlossen in $\mathfrak{B}(I)$?

(a) $\{f \in \mathfrak{B}(I) \mid f\big((a+b)/2\big) = 0\}$
(b) $\{f \in \mathfrak{B}(I) \mid f(a) = f(b)\}$
(c) $\{f \in \mathfrak{B}(I) \mid f$ wächst monoton$\}$
(d) $\{f \in \mathfrak{B}(I) \mid f(x) \neq 0$ nur für endlich viele $x \in I\}$
(e) $\{f \in \mathfrak{B}(I) \mid f$ ist stetig$\}$
(f) $\{f \in \mathfrak{B}(I) \mid f$ ist eine Polynomfunktion$\}$
(g) $\{f \in \mathfrak{B}(I) \mid f(x) > 0$ für alle $x \in I\}$
(h) $\{f \in \mathfrak{B}(I) \mid f(x) \le -3$ für alle $x \in I\}$
(i) $\{f \in \mathfrak{B}(I) \mid f$ fällt streng monoton$\}$

Aufgabe (83.7) Es sei $C(I)$ die Menge aller stetigen Funktionen auf einem Intervall $I = [a,b]$. Zeige, daß $C(I)$ mit der Norm $\|f\| := \int_a^b |f(x)|\,dx$ nicht vollständig ist.

Aufgabe (83.8) Für ein Intervall $I = [a,b]$ bezeichnen wir mit $C^1(I)$ den Raum aller stetig differentiierbaren Funktionen $f : I \to \mathbb{R}$. Mit welcher der folgenden Normen wird $C^1(I)$ vollständig? (Welche dieser Normen sind äquivalent?)

(a) $\|f\| := \max_{a \le x \le b} |f(x)|$
(b) $\|f\| := |f(a)| + \max_{a \le x \le b} |f'(x)|$
(c) $\|f\| := \max_{a \le x \le b} |f(x)| + \max_{a \le x \le b} |f'(x)|$
(d) $\|f\| := \int_a^b |f(x)|\,dx + \max_{a \le x \le b} |f'(x)|$
(e) $\|f\| := |f(a)| + \int_a^b |f'(x)|\,dx$

Aufgabe (83.9) Die Menge $\mathbb{R}$ sei definiert als die Vervollständigung des metrischen Raums $\mathbb{Q}$ (mit der durch die Betragsfunktion definierten Abstandsfunktion). Zeige, wie sich die Rechenoperationen (Addition und Multiplikation) sowie die Ordnung auf $\mathbb{Q}$ so fortsetzen lassen, daß $\mathbb{R}$ zu einem angeordneten Körper wird.

Aufgabe (83.10) Es seien $A \subseteq X$ eine Teilmenge eines metrischen Raums X und Y ein vollständiger metrischer Raum. Zeige, daß sich jede gleichmäßig stetige Abbildung $f : A \to Y$ zu einer gleichmäßig stetigen Abbildung $F : \overline{A} \to Y$ fortsetzen läßt.

Aufgabe (83.11) Es sei $X := \{x \in \mathbb{Q} \mid x \ge 1\}$, versehen mit der üblichen Metrik $d(x,y) = |x-y|$. Zeige, daß durch

$$f(x) := \frac{1}{2}\left(x + \frac{2}{x}\right)$$

eine Selbstabbildung $f : X \to X$ definiert wird. Ist f eine Kontraktion? Besitzt f einen Fixpunkt?

Lösungen zu »Vollständigkeit metrischer Räume« siehe Seite 406

Aufgabe (83.12) Für $\alpha > 0$ sei $f_\alpha(x) := \alpha(x+1/x)$.

(a) Zeige, daß für jede Zahl $\alpha \geq 1/2$ die Funktion f_α eine Selbstabbildung des Intervalls $I = [1, \infty)$ ist.

(b) Zeige, daß für $\alpha \in [1/2, 1)$ die Funktion $f_\alpha : I \to I$ eine Kontraktion ist und einen eindeutigen Fixpunkt $x_\alpha \in I$ besitzt.

(c) Zeige, daß die Funktion f_1 die Bedingung

$$|f_1(x) - f_1(y)| \ < \ |x - y| \quad \text{für alle } x \neq y$$

erfüllt, aber keinen Fixpunkt besitzt.

Aufgabe (83.13) Es seien $a > 0$ eine reelle Zahl und $p \in \mathbb{N}$. Wir definieren $f : (0, \infty) \to (0, \infty)$ durch

$$f(x) \ := \ \frac{(p-1)x^p + a}{px^{p-1}}.$$

Beweise die folgenden Aussagen!

(a) Die Menge $X := [\sqrt[p]{a}, \infty)$ ist mit der von $\mathbb{R}$ induzierten Metrik ein vollständiger metrischer Raum.

(b) Die Funktion f bildet X in sich ab.

(c) Die Abbildung $f : X \to X$ ist eine Kontraktion.

Bestimme den nach dem Banachschen Fixpunktsatz existierenden eindeutigen Fixpunkt von $f : X \to X$ und deute die Iterationsvorschrift $x_{n+1} = f(x_n)$ zum Auffinden dieses Fixpunkts.

Aufgabe (83.14) Es seien $a, b, c, d \in \mathbb{R}$ Zahlen im Intervall $(-1/2, 1/2)$. Zeige, daß dann die Abbildung $\mathbb{R}^2 \to \mathbb{R}^2$, die durch

$$\begin{bmatrix} x \\ y \end{bmatrix} \ = \ \begin{bmatrix} a & b \\ c & d \end{bmatrix} \begin{bmatrix} x \\ y \end{bmatrix}$$

gegeben ist, bei geeigneter Wahl einer Metrik auf $\mathbb{R}^2$ eine Kontraktion ist.

Aufgabe (83.15) Wir betrachten ein Intervall $I = [0, \alpha]$ mit $\alpha < 1$ und definieren eine Selbstbabbildung $T : C(I) \to C(I)$ durch

$$(Tf)(x) \ := \ x \cdot \big(f(x) + 1\big).$$

Zeige, daß T eine Kontraktion ist. Bestimme den eindeutig bestimmten Fixpunkt von T! Wie lautet die Fixpunktfolge (f_n), die definiert ist durch $f_0(x) := 0$ und $f_{n+1} = Tf_n$?

Aufgabe (83.16) Es seien $a, b > 0$ positive reelle Zahlen. Beweise die folgenden Aussagen!

(a) Durch

$$\|f\| \ := \ \max_{0 \leq x \leq b} |f(x)| e^{-ax}$$

wird die Menge $C[0, b]$ zu einem vollständigen metrischen Raum X.

(b) Durch

$$(Tf)(x) \ := \ \frac{x^2}{2} + \int_0^x t \cdot f(t)\, dt$$

ist eine Selbstabbildung $T : X \to X$ definiert.

(c) Ist a genügend groß, so ist $T : X \to X$ eine Kontraktion.

Aufgabe (83.17) Es sei $f : X \to X$ eine Selbstabbildung des vollständigen metrischen Raums X. Es gebe ein $n \in \mathbb{N}$ derart, daß $f^n = f \circ f \circ \cdots \circ f$ eine Kontraktion ist. Zeige, daß f einen eindeutigen Fixpunkt besitzt und daß für jeden Startwert $x_0 \in X$ die Folge (x_n) mit $x_{n+1} = f(x_n)$ gegen diesen Fixpunkt konvergiert.

Aufgabe (83.18) Wir definieren $f : \mathbb{R} \to \mathbb{R}$ durch $f(x) := e^{-x}$. Zeige, daß zwar nicht f, aber $f \circ f$ eine Kontraktion ist. Bestimme den eindeutig bestimmten Fixpunkt von f auf drei Nachkommastellen genau!

Aufgabe (83.19) Zeige, daß die Funktion $f : \mathbb{R} \to \mathbb{R}$ mit $f(x) = \cos(\cos x)$ eine Kontraktion ist, daß aber keine Funktion $g : \mathbb{R} \to \mathbb{R}$ der Form $g(x) = (\sin \ldots \sin(\sin(\sin x)) \ldots)$ eine Kontraktion ist.

Aufgabe (83.20) Wir betrachten ein Intervall $I = [a, b]$, eine stetige Funktion $\varphi : I \to \mathbb{R}$ sowie eine stetige Funktion $K : I \times I \to \mathbb{R}$. Zeige, daß die Integralgleichung

$$f(x) \ = \ \varphi(x) + \int_a^x K(x, y) f(y)\, dy$$

eine eindeutige Lösung $f \in C(I)$ besitzt und gib ein Verfahren an, wie man diese Lösung finden kann.

Hinweis: Definiere $T : C(I) \to C(I)$ durch

$$(Tf)(x) \ := \ \varphi(x) + \int_a^x K(x, y) f(y)\, dy$$

und zeige, daß für einen hinreichend großen Wert n die Potenz T^n eine Kontraktion ist.

Aufgabe (83.21) Es sei $\mathfrak{F}$ der Vektorraum aller beschränkten (reellen oder komplexen) Zahlenfolgen $a = (a_0, a_1, a_2, \ldots)$, versehen mit der Norm

$$\|a\| \ := \sup\{|a_n| \mid n \in \mathbb{N}_0\}.$$

Ferner sei

$$X \ := \ \{a \in \mathfrak{F} \mid \|a\| \leq 1,\ a_n \to 0 \text{ für } n \to \infty\}.$$

(a) Zeige, daß X mit der von der Norm $\|\cdot\|$ induzierten Metrik vollständig ist.

(b) Zeige, daß eine Selbstabbildung $T : X \to X$ gegeben ist durch

$$Ta \ = \ \left(\frac{1+\|a\|}{2}, \frac{a_0}{2}, \frac{3a_1}{4}, \frac{7a_2}{8}, \frac{15a_3}{16}, \ldots\right),$$

also $(Ta)_0 = (1 + \|a\|)/2$ und $(Ta)_n = (1 - 2^{-n})a_{n-1}$ für alle $n \geq 1$.

Lösungen zu »Vollständigkeit metrischer Räume« siehe Seite 406

(c) Zeige, daß $\|Ta - Tb\| < \|a - b\|$ für alle $a \neq b$ gilt.
(d) Zeige, daß T keinen Fixpunkt besitzt. – **Hinweis:** Für $a_i \in [0,1)$ gilt $\prod_{i=1}^{n}(1-a_i) \geq 1 - \sum_{i=1}^{n} a_i$.

Aufgabe (83.22) Es sei X die Menge aller stetigen Funktionen $f : [0,1] \to [0,1]$ mit $f(0) = 0$ und $f(1) = 1$, versehen mit der Norm $\|f\| := \max_{0 \leq x \leq 1} |f(x)|$. Zeige, daß X ein vollständiger metrischer Raum ist, daß durch

$$(Tf)(x) := \begin{cases} 3 \cdot f(3x)/4, & \text{falls } 0 \leq x \leq 1/3; \\ \big(1 + 2 \cdot f(2-3x)\big)/4, & \text{falls } 1/3 < x < 2/3; \\ \big(1 + 3 \cdot f(3x-2)\big)/4, & \text{falls } 2/3 \leq x \leq 1. \end{cases}$$

eine Selbstabbildung $T : X \to X$ definiert wird und daß $T : X \to X$ eine Kontraktion ist. Nach dem Banachschen Fixpunktsatz hat dann die Gleichung $T\varphi = \varphi$ eine eindeutige Lösung $\varphi \in X$. Zeige, daß φ eine stetige Funktion ist, die an keiner Stelle eine Ableitung besitzt.

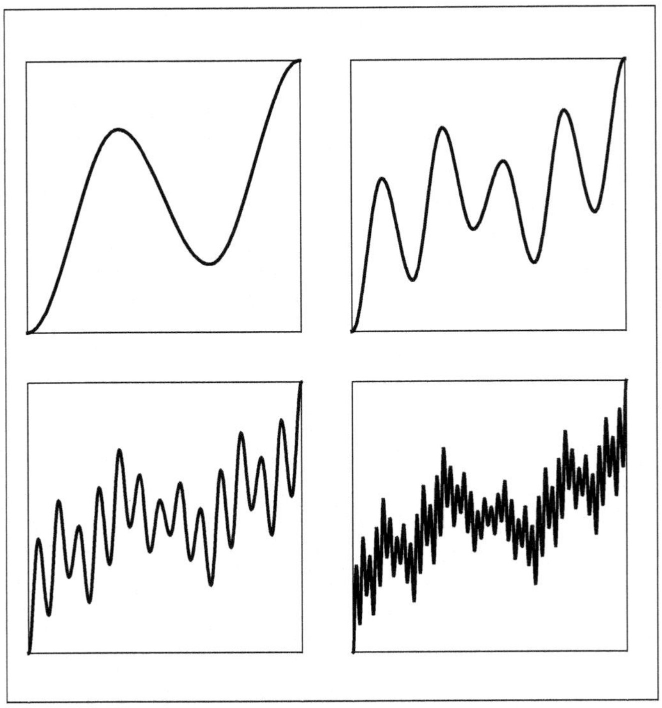

Graph einer Funktion $f_0 \in X$ und Graphen der Funktionen $f_1 = Tf_0$, $f_2 = Tf_1$ sowie $f_3 = Tf_2$.

Aufgabe (83.23) Es sei $[a,b] \subseteq \mathbb{R}$ ein abgeschlossenes Intervall der Länge $\ell := b - a$. Für $n \in \mathbb{N}$ sei A_n die Menge aller stetigen Funktionen $f : [a,b] \to \mathbb{R}$, für die es eine Zahl $x \in [a,b]$ gibt mit

$$\left| \frac{f(x+h) - f(x)}{h} \right| \leq n \text{ für alle } h \in (0, b-x].$$

(Die Funktion $f \in C[a,b]$ liegt also genau dann in A_n, wenn an mindestens einer Stelle ihre rechtsseitigen Sekantensteigungen durch n beschränkt sind.) Beweise die folgenden Aussagen!

(a) Ist die Funktion $f \in C[a,b]$ an mindestens einer Stelle differentiierbar, so liegt sie in der Menge $\bigcup_{n=1}^{\infty} A_n$.
(b) Jede der Mengen A_n ist eine abgeschlossene Teilmenge von $C[a,b]$.
(c) Keine der Mengen A_n besitzt innere Punkte bezüglich $C[a,b]$.

Schließe aus diesen Aussagen, daß es Funktionen $f : [a,b] \to \mathbb{R}$ gibt, die überall stetig, aber nirgends differentiierbar sind.

Bemerkung: In den Aufgaben (83.16), (83.20), (83.22) und (83.23) kommen Begriffe aus der Analysis vor (Integral, Ableitung), die in der Systematik des Buches erst später eingeführt werden. Wer diese Begriffe nicht kennt, sollte die Aufgaben zunächst überspringen und sich gegebenenfalls später noch einmal mit ihnen beschäftigen.

Lösungen zu »Vollständigkeit metrischer Räume« siehe Seite 406

A84: Konvergenz in normierten Räumen

Aufgabe (84.1) Es seien d_1 und d_2 die von zwei Normen $\|\cdot\|_1$ und $\|\cdot\|_2$ induzierten Metriken auf einem Vektorraum X. Zeige, daß die vier folgenden Aussagen äquivalent sind:

(1) die Normen $\|\cdot\|_1$ und $\|\cdot\|_2$ sind äquivalent im Sinne von Aufgabe (68.4);
(2) die Metriken d_1 und d_2 sind äquivalent im Sinne von Aufgabe (81.34)(c);
(3) die Metriken d_1 und d_2 sind äquivalent im Sinne von Aufgabe (81.34)(a);
(4) für eine Folge (x_n) in X gilt genau dann $\|x_n - x\|_1 \to 0$, wenn $\|x_n - x\|_2 \to 0$ gilt.

Aufgabe (84.2) (Rechenregeln für Grenzwerte bei Matrizen) Es seien (A_n) und (B_n) Folgen von Matrizen mit $A_n \to A$ und $B_n \to B$; ferner sei (λ_n) eine Folge im Grundkörper $\mathbb{K} = \mathbb{R}$ oder $\mathbb{C}$ mit $\lambda_n \to \lambda$. Beweise die folgenden Aussagen! (Bei diesen Aussagen wird jeweils angenommen, daß Zeilen- und Spaltenzahl der betrachteten Matrizen so sind, daß die auftretenden Ausdrücke sinnvoll sind.)

(a) $A_n + B_n \to A + B$
(b) $A_n - B_n \to A - B$
(c) $\lambda_n A_n \to \lambda A$
(d) $A_n B_n \to AB$
(e) Ist A invertierbar, dann auch A_n ab einem gewissen Index n_0, und es gilt $A_n^{-1} \to A^{-1}$.

Drücke diese Eigenschaften als Stetigkeitseigenschaften gewisser Abbildungen aus!

Aufgabe (84.3) (Einheitskugeln) Es seien V ein endlichdimensionaler Vektorraum über $\mathbb{K} = \mathbb{R}$ oder $\mathbb{C}$ und $\|\cdot\|$ eine Norm auf V. Zeige, daß für die Einheitskugel

$$B := \{v \in V \mid \|v\| \leq 1\}$$

die folgenden Bedingungen gelten:

(1) B ist konvex; d.h. mit $x, y \in B$ und $0 < t < 1$ gilt auch $tx + (1-t)y \in B$;
(2) B ist absorbierend; d.h., zu jedem $v \in V$ gibt es ein $\rho > 0$ mit $v \in \rho B$;
(3) B ist kreisförmig; d.h., mit $x \in B$ und $|\lambda| \leq 1$ gilt auch $\lambda x \in B$;
(4) B ist beschränkt (bezüglich irgendeiner Norm auf V);
(5) B ist abgeschlossen (bezüglich irgendeiner auf V gegebenen Norm).

Umgekehrt sei $A \subseteq V$ eine Menge mit den fünf angegebenen Eigenschaften. Zeige, daß dann durch

$$\|x\| := \inf\{\rho > 0 \mid x \in \rho A\}$$

eine Norm auf V definiert wird, deren Einheitskugel gerade B ist. Deute die Definition dieser Norm geometrisch!

Aufgabe (84.4) (a) Es sei V ein normierter Raum über $\mathbb{K} = \mathbb{R}$ oder $\mathbb{C}$, und es sei U ein Untervektorraum von V. Zeige, daß dann auch der Abschluß $\overline{U}$ ein Untervektorraum von V ist.

(b) Es sei V der Vektorraum aller beschränkten (reellen oder komplexen) Zahlenfolgen, versehen mit der Norm

$$\|(a_1, a_2, a_3, a_4, \ldots)\| := \sup_{i \in \mathbb{N}} |a_i| .$$

Weiter sei U der Untervektorraum aller derjenigen Folgen, bei denen nur endlich viele Glieder von Null verschieden sind. Bestimme den Abschluß $\overline{U}$ von U!

Aufgabe (84.5) (Normen auf Quotientenräumen) Gegeben seien ein Vektorraum V über $\mathbb{K} = \mathbb{R}$ oder $\mathbb{C}$, eine Norm $\|\cdot\|$ auf V sowie ein Untervektorraum U von V. Beweise die folgenden Aussagen!

(a) Ist $[v] = v + U$ die Klasse von $v \in V$ im Quotientenraum V/U, so ist durch

$$\| [v] \| := \inf_{u \in U} \|v - u\| = \operatorname{dist}(\{v\}, U)$$

genau dann eine Norm auf V/U definiert, wenn U abgeschlossen in U ist. (Man nennt diese dann die von $\|\cdot\|$ auf V/U induzierte Quotientennorm.)

(b) Es seien V der Vektorraum aller Pfeilklassen und U eine Gerade bzw. Ebene durch den Nullpunkt. Gib eine geometrische Deutung der Quotientennorm auf V/U!

Aufgabe (84.6) (Normen auf Produkträumen) Es seien $V_1, \ldots, V_n$ normierte Räume, und es sei $\Phi : [0, \infty)^n \to \mathbb{R}$ eine Abbildung mit den in Aufgabe (68.9) angegebenen Eigenschaften. Gemäß dieser Aufgabe ist dann eine Norm auf $V_1 \times \cdots \times V_n$ gegeben durch

$$(\star) \qquad \|(v_1, \ldots, v_n)\| := \Phi(\|v_1\|, \ldots, \|v_n\|) .$$

(a) Zeige, daß für eine Folge $(v_1^{(k)}, \ldots, v_n^{(k)})_{k \in \mathbb{N}}$ in $V_1 \times \cdots \times V_n$ genau dann $(v_1^{(k)}, \ldots, v_n^{(k)}) \to (v_1, \ldots, v_n)$ gilt, wenn für jeden Index $1 \leq i \leq n$ in V_i die Bedingung $v_i^{(k)} \to v_i$ gilt. (Konvergenz im Sinne der Norm $(\star)$ bedeutet also komponentenweise Konvergenz.)
(b) Zeige, daß für jedes $p \geq 1$ eine Norm auf $V_1 \times \cdots \times V_n$ gegeben ist durch

$$\|(v_1, \ldots, v_n)\|_p := \left(\|v_1\|^p + \|v_2\|^p + \cdots + \|v_n\|^p\right)^{1/p}$$

und daß jede dieser Normen äquivalent ist zu der Norm

$$\|(v_1, \ldots, v_n)\|_\infty := \max\{\|v_1\|, \|v_2\|, \cdots, \|v_n\|\}.$$

Hinweis: Zeige, daß die Funktionen $\Phi(a_1, \ldots, a_n) := (a_1^p + \cdots + a_n^p)^{1/p}$ mit $p \geq 1$ die in Aufgabe (68.9) angegebenen Eigenschaften haben.

Lösungen zu »Konvergenz in normierten Räumen« siehe Seite 416

Aufgabe (84.7) (Äquivalenz von p-Normen) Auf $\mathbb{K}^n$ definieren wir

$$\|v\|_\infty := \max_{1\le i\le n} |v_i| \quad \text{und} \quad \|v\|_p := \left(\sum_{i=1}^n |v_i|^p\right)^{1/p}.$$

(a) Zeige, daß $\|\cdot\|_\infty$ und $\|\cdot\|_p$ für $p \ge 1$ Normen sind. Zeige ferner, daß all diese Normen äquivalent sind.
(b) Zeige: $\|v\|_\infty = \lim_{p\to\infty} \|v\|_p$ für alle $v \in \mathbb{K}^n$.
(c) Zeige, daß $\|\cdot\|_p$ für $0 < p < 1$ und $n \ge 2$ keine Norm ist.
(d) Skizziere die Einheitskugeln $\{v \in \mathbb{R}^2 \mid \|v\|_p \le 1\}$ für einige Werte von p.

Aufgabe (84.8) Diese Aufgabe bietet eine alternative Herleitung der Normeigenschaft der p-Normen. Allerdings wird in Teil (a) der Ableitungsbegriff benutzt.

(a) Zeige, daß für eine gegebene reelle Zahl $p > 1$ die Funktion

$$f(x) := 1 - \frac{1}{p} + \frac{x}{p} - x^{1/p}$$

auf dem Intervall $(0,1]$ streng monoton fällt und auf dem Intervall $[1,\infty)$ streng monoton wächst. Folgere, daß $f(x) \ge 0$ für alle $x > 0$ gilt mit Gleichheit genau für $x = 1$.

(b) Zeige, daß für alle reellen Zahlen $r, s \ge 0$ and $p, q > 1$ mit $(1/p) + (1/q) = 1$ die Abschätzung

$$rs \le \frac{r^p}{p} + \frac{s^q}{q}$$

gilt mit Gleichheit genau dann, wenn $r^p = s^q$ ist.

(c) (**Höldersche Ungleichung**). Es seien $a_i, b_i \ge 0$ nichtnegative relle Zahlen und $p, q > 1$ reelle Zahlen mit $(1/p) + (1/q) = 1$. Zeige, daß dann

$$\sum_{i=1}^n a_i b_i \le \left(\sum_{u=1}^n a_i^p\right)^{1/p} \left(\sum_{i=1}^n b_i^q\right)^{1/q}$$

gilt, und zwar mit Gleichheit genau dann, wenn es eine Zahl $\lambda > 0$ gibt mit $b_i^q = \lambda a_i^p$ für $1 \le i \le n$.

(d) (**Minkowskische Ungleichung**). Es seien $a_i, b_i \ge 0$ nichtnegative reelle Zahlen und $p \ge 1$ eine reelle Zahl. Zeige, daß dann

$$\left(\sum_{i=1}^n (a_i + b_i)^p\right)^{1/p} \le \left(\sum_{i=1}^n a_i^p\right)^{1/p} + \left(\sum_{i=1}^n b_i^p\right)^{1/p}$$

gilt mit Gleichheit genau dann, wenn es eine Zahl $\lambda > 0$ gibt mit $b_i = \lambda a_i$ für $1 \le i \le n$.

(e) Zeige, daß durch $\|x\|_p := (\sum_{i=1}^n |x_i|^p)^{1/p}$ eine Norm auf $\mathbb{K}^n$ definiert ist (wobei $\mathbb{K} = \mathbb{R}$ oder $\mathbb{C}$ ist).

Aufgabe (84.9) (Höldersche Ungleichung) Diese Aufgabe bietet eine alternative Herleitung der Hölderschen Ungleichung, die bereits in (84.8)(c) vorkam.

(a) Es seien $r, s > 0$ reelle Zahlen mit $r + s = 1$. Zeige:

$$x^r y^s \le rx + sy \text{ für alle } x, y \ge 0.$$

(b) Zeige: Für alle Vektoren $v, w \in \mathbb{K}^n$ und alle Exponenten $p, q \ge 1$ mit $(1/p) + (1/q) = 1$ gilt die Höldersche Ungleichung

$$|\langle v, w\rangle| \le \|v\|_p \|w\|_q.$$

Hinweis: Wende (für $v \ne 0$ und $w \ne 0$) Teil (a) an mit $x := (|v_i|/\|v\|_p)^p$, $y := (|w_i|/\|w\|_q)^q$, $r := 1/p$, $s := 1/q$.

Aufgabe (84.10) (Dualität bei p-Normen) Der zu $1 < p < \infty$ konjugierte Exponent q ist definiert durch $(1/p) + (1/q) = 1$, also $q := p/(p-1)$; ferner seien die Exponenten 1 und ∞ dual zueinander. Zeige: Sind p und q zueinander duale Exponenten, so gilt für alle $v \in \mathbb{K}^n$ die Gleichung

$$\|v\|_p = \max_{\|w\|_q \le 1} |\langle v, w\rangle|.$$

Aufgabe (84.11) (Submultiplikativität) Es sei $\|\cdot\|$ eine beliebige Norm auf $\mathbb{K}^{n\times n}$. Zeige, daß es eine Zahl $c > 0$ derart gibt, daß $c\|\cdot\|$ eine submultiplikative Norm ist. Finde eine solche Zahl c für die Maximumsnorm $\|A\|_\infty = \max_{i,j} |A_{ij}|$.

Aufgabe (84.12) Für $n \ge 2$ sei $\mathbb{K}^{n\times n}$ der Vektorraum aller $(n \times n)$-Matrizen über $\mathbb{K} = \mathbb{R}$ oder $\mathbb{C}$. Zeige, daß die Norm

$$\|A\|_p := \left(\sum_{i,j=1}^n |A_{ij}|^p\right)^{1/p}$$

auf $\mathbb{K}^{n\times n}$ für $1 \le p \le 2$ submultiplikativ ist, nicht aber für $p > 2$. (Vgl. Aufgabe (68.17).)

Aufgabe (84.13) Verifiziere, daß für die Matrix

$$A = \begin{bmatrix} 1/3 & 4/15 \\ 3/5 & 1/3 \end{bmatrix}$$

die Reihe $\sum_{k=0}^\infty A^k = \mathbf{1} + A + A^2 + A^3 + A^4 + \cdots$ konvergiert, und zwar gegen $(\mathbf{1} - A)^{-1}$ (Neumannsche Reihe).

Aufgabe (84.14) Gib einen alternativen Beweis zu Aufgabe (68.14) unter Benutzung der für $\|A\| < 1$ gültigen Neumannschen Reihe

$$\sum_{k=0}^\infty A^k = (\mathbf{1} - A)^{-1}.$$

Aufgabe (84.15) Berechne e^{tA} für

$$\text{(a)} \quad A = \begin{bmatrix} 0 & 1 \\ 1 & 0 \end{bmatrix}, \qquad \text{(b)} \quad A = \begin{bmatrix} 0 & -1 \\ 1 & 0 \end{bmatrix}$$

sowohl durch explizites Hinschreiben der definierenden Potenzreihe als auch durch Transformation von A auf Diagonalform.

Lösungen zu »Konvergenz in normierten Räumen« siehe Seite 416

Aufgabe (84.16) Berechne e^A und e^B für die Matrizen

$$A = \begin{bmatrix} 0 & 1 \\ 0 & 0 \end{bmatrix} \quad \text{und} \quad B = \begin{bmatrix} 0 & 0 \\ 1 & 0 \end{bmatrix}$$

und überprüfe, ob die Gleichung $e^{A+B} = e^A e^B$ gilt.

Aufgabe (84.17) (a) Die quadratische Matrix A erfülle $A^2 = \alpha A$ mit einer Zahl α. Bestimme e^{tA}!

(b) Bestimme e^{tA} für

$$A = \begin{bmatrix} 1 & 1 & 1 & 1 & 1 \\ 1 & 1 & 1 & 1 & 1 \\ 1 & 1 & 1 & 1 & 1 \\ 1 & 1 & 1 & 1 & 1 \\ 1 & 1 & 1 & 1 & 1 \end{bmatrix}.$$

Aufgabe (84.18) Wir betrachten die Matrizen

$$N = \begin{bmatrix} 0 & 1 & 0 & 0 \\ 0 & 0 & 1 & 0 \\ 0 & 0 & 0 & 1 \\ 0 & 0 & 0 & 0 \end{bmatrix} \quad \text{und} \quad A = \begin{bmatrix} \lambda & 1 & 0 & 0 \\ 0 & \lambda & 1 & 0 \\ 0 & 0 & \lambda & 1 \\ 0 & 0 & 0 & \lambda \end{bmatrix},$$

wobei λ eine beliebige komplexe Zahl ist. Berechne e^{tN} und e^{tA}!

Aufgabe (84.19) Bestimme e^{tA} für

$$A = \begin{bmatrix} 2 & 0 & 1 \\ 1 & 0 & 1 \\ 1 & -2 & 0 \end{bmatrix}.$$

Hinweis: Transformiere A auf Normalform!

Aufgabe (84.20) Für einen beliebigen Vektor $\omega \in \mathbb{R}^3$ betrachten wir die schiefsymmetrische Matrix

$$L(\omega) = \begin{bmatrix} 0 & -\omega_3 & \omega_2 \\ \omega_3 & 0 & -\omega_1 \\ -\omega_2 & \omega_1 & 0 \end{bmatrix}.$$

Es sei $\|\omega\| = \sqrt{\omega_1^2 + \omega_2^2 + \omega_3^2}$ die Länge des Vektors ω, und es sei $\mathbf{1}$ die (3×3)-Einheitsmatrix. Verifiziere die Gleichungen $L(\omega)^2 = \omega\omega^T - \|\omega\|^2\mathbf{1}$ und $L(\omega)^3 = -\|\omega\|^2 L(\omega)$ und benutze sie, um eine Formel für $\exp(L(\omega))$ herzuleiten.

Aufgabe (84.21) Gilt die Formel $\exp(iA) = \cos(A) + i\sin(A)$ auch für Matrizen?

Aufgabe (84.22) Wir bezeichnen mit $\mathbb{K}^{n\times n}$ die Menge aller $(n \times n)$-Matrizen und mit $\mathrm{GL}(n,\mathbb{K})$ die Menge aller invertierbaren $(n \times n)$-Matrizen über $\mathbb{K} = \mathbb{R}$ oder $\mathbb{C}$. Ferner sei auf $\mathbb{K}^{n\times n}$ eine submultiplikative Norm $\|\cdot\|$ gewählt. Beweise die folgenden Aussagen!

(a) Für jede Matrix $A \in \mathbb{K}^{n\times n}$ ist $\exp(A)$ invertierbar, liegt also in $\mathrm{GL}(n,\mathbb{K})$, und erfüllt die Bedingung

$$\det\big(\exp(A)\big) = \exp\big(\mathrm{tr}(A)\big).$$

(b) Immer dann, wenn die Reihe

$$\log(\mathbf{1} + X) := \sum_{n=1}^{\infty} \frac{(-1)^{n-1}}{n} X^n \qquad (X \in \mathbb{K}^{n\times n})$$

absolut konvergiert, erfüllt sie die Bedingung

$$\exp\big(\log(\mathbf{1} + X)\big) = \mathbf{1} + X.$$

Das ist etwa der Fall, wenn $\|X\| < 1$ gilt oder wenn X nilpotent ist.

(c) Die Abbildung $\exp : \mathbb{R}^{n\times n} \to \mathrm{GL}(n,\mathbb{R})$ ist nicht surjektiv.

(d) Die Abbildung $\exp : \mathbb{C}^{n\times n} \to \mathrm{GL}(n,\mathbb{C})$ ist surjektiv; d.h., zu jeder invertierbaren Matrix $B \in \mathrm{GL}(n,\mathbb{C})$ gibt es eine Matrix $A \in \mathbb{C}^{n\times n}$ mit $B = \exp(A)$.

Hinweis: Beweise Teil (d) zunächst für den Fall, daß B ein Jordan-Kästchen zu einem von Null verschiedenen Eigenwert ist.

Aufgabe (84.23) (Definition des Spektralradius) Der **Spektralradius** $\rho(A)$ einer Matrix $A \in \mathbb{C}^{n\times n}$ ist der größtmögliche Betrag eines Eigenwertes von A. Zeige, daß für eine beliebige Norm $\|\cdot\|$ auf $\mathbb{C}^{n\times n}$ die Formel

$$\rho(A) = \lim_{k\to\infty} \sqrt[k]{\|A^k\|}$$

gilt. Zeige ferner, daß für eine submultiplikative Norm die Abschätzung $\rho(A) \le \inf_{k\in\mathbb{N}} \sqrt[k]{\|A^k\|} \le \|A\|$ gilt. Verifiziere für

$$A := \begin{bmatrix} 0 & 4 \\ 1 & 0 \end{bmatrix}$$

die Beziehung $\|A^k\|^{1/k} \to \rho(A)$ und zeige, daß die Konvergenz in diesem Fall nicht monoton ist.

Aufgabe (84.24) (Spektralradius) Es sei V ein endlichdimensionaler komplexer Vektorraum. Wir bezeichnen mit $\rho(A)$ den Spektralradius eines Endomorphismus $A : V \to V$. Beweise die folgenden Aussagen!

(a) Genau dann gilt $\rho(A) = 0$, wenn A nilpotent ist, wenn es also einen Exponenten n gibt mit $A^n = \mathbf{0}$.
(b) Für alle $\lambda \in \mathbb{C}$ gilt $\rho(\lambda A) = |\lambda|\rho(A)$.
(c) Gilt $AB = BA$, so gelten die beiden Abschätzungen $\rho(A + B) \le \rho(A) + \rho(B)$ und $\rho(AB) \le \rho(A)\rho(B)$.
(d) Für alle A, B gilt $\rho(AB) = \rho(BA)$.
(e) Für alle A, B gilt $\rho(AB - BA - \mathbf{1}) \ge 1$.
(f) Sind $A \in \mathbb{K}^{n\times n}$ und $\varepsilon > 0$ fest vorgegeben, so gibt es eine submultiplikative Norm auf $\mathbb{C}^{n\times n}$ mit $\|A\| \le \rho(A) + \varepsilon$. (**Hinweis:** Finde eine Basis, bezüglich der A durch eine Matrix dargestellt wird, die außerhalb der Diagonalen nur betragsmäßig kleine Elemente hat.)

Lösungen zu »Konvergenz in normierten Räumen« siehe Seite 416

(g) Für
$$A := \begin{bmatrix} 1 & 1 \\ 0 & 1 \end{bmatrix} \quad \text{und} \quad B := \begin{bmatrix} 1 & 0 \\ 1 & 1 \end{bmatrix}$$
gelten die Abschätzungen $\rho(A+B) > \rho(A) + \rho(B)$ und $\rho(AB) > \rho(A)\rho(B)$. (Die Abschätzungen in Teil (c) gelten also nicht für beliebige Endomorphismen $A, B : V \to V$.)

(h) Zeige, daß es für die Matrix A aus Teil (g) keine submultiplikative Norm $\|\cdot\|$ gibt mit $\|A\| = \rho(A)$. (Die Abschätzung in Teil (f) läßt sich also nicht verbessern.)

Aufgabe (84.25) (Spektralradius und Normen)

(a) Es sei $\|\cdot\|$ eine submultiplikative Norm auf $\mathbb{C}^{n\times n}$. Zeige, daß genau dann $\rho(A) = \|A\|$ gilt, wenn $\|A^k\| = \|A\|^k$ für alle $k \in \mathbb{N}$ gilt.

(b) Zeige, daß genau dann $A^k \to \mathbf{0}$ für $k \to \infty$ gilt, wenn der Spektralradius von A strikt kleiner als 1 ist.

Aufgabe (84.26) Eine Familie $(a_i)_{i\in I}$ von Elementen eines Banachraums heißt **summierbar**, wenn es eine Konstante $C > 0$ gibt mit $\sum_{i\in E} \|a_i\| \le C$ für jede endliche Teilmenge $E \subseteq I$. Zeige, daß in diesem Fall die Menge $\{i \in I \mid a_i \ne 0\}$ endlich oder abzählbar ist.

Aufgabe (84.27) Für jede beliebige Menge $I \ne \emptyset$ sei $\ell^2(I)$ die Menge aller Funktionen $\lambda : I \to \mathbb{K}$ mit $\sum_{i\in I} |\lambda(i)|^2 < \infty$. (Typischerweise schreiben wir die Elemente von $\ell^2(I)$ als "Tupel" $(\lambda_i)_{i\in I}$.) Beweise die folgenden Aussagen!

(a) Durch $[(\lambda_i), (\mu_i)] := \sum_{i\in I} \lambda_i \overline{\mu_i}$ ist ein Skalarprodukt auf $\ell^2(I)$ definiert, das $\ell^2(I)$ zu einem Hilbertraum macht.

(b) Ist $(x_i)_{i\in I}$ ein vollständiges Orthonormalsystem eines beliebigen Hilbertraums X, so ist durch $x \mapsto \big(\langle x, x_i\rangle\big)_{i\in I}$ ein Hilbertraumisomorphismus $X \to \ell^2(I)$ definiert. (Es gibt also gewissermaßen keine anderen Hilberträume als die Räume $\ell^2(I)$.) – **Hinweis:** Zeige zum Nachweis der Surjektivität, daß für ein gegebenes Element $(\lambda_i)_{i\in I}$ von $\ell^2(I)$ durch $x := \sum_{i\in I} \lambda_i x_i$ ein wohldefiniertes Element von X gegeben ist.

(c) Zeige, daß $\ell^2(I)$ und $\ell^2(J)$ genau dann als Hilberträume isomorph sind, wenn die Mengen I und J gleichmächtig sind.

Aufgabe (84.28) Es sei V ein Skalarproduktraum. Zeige, daß die folgenden Aussagen äquivalent sind:

(1) V ist vollständig;
(2) für jeden abgeschlossenen Unterraum U von V gilt $V = U \oplus U^\perp$;
(3) für jeden abgeschlossenen Unterraum U von V gilt $(U^\perp)^\perp = U$;
(4) für jeden abgeschlossenen Unterraum $U \ne V$ von V gilt $U^\perp \ne \{0\}$;
(5) jedes stetige lineare Funktional $f : V \to \mathbb{K}$ ist von der Form $f = \langle\cdot, v\rangle$ für ein $v \in V$.

Aufgabe (84.29) Es sei $(x_i)_{i\in I}$ ein Orthonormalsystem in einem (nicht notwendigerweise vollständigen) Skalarproduktraum V. Zeige, daß dann die folgenden Bedingungen äquivalent sind:

(1) die Familie $(x_i)_{i\in I}$ ist eine topologische Basis von V in dem Sinne, daß jedes Element $v \in V$ eine eindeutige Darstellung $v = \sum_{i\in I} v_i x_i$ besitzt;
(2) die Familie $(x_i)_{i\in I}$ ist topologisch erzeugend in dem Sinne, daß sich jeder Vektor $v \in V$ beliebig genau durch *endliche* Linearkombinationen $\sum_i \lambda_i x_i$ approximieren läßt (was gleichbedeutend damit ist, daß der kleinste abgeschlossene Unterraum von V, der alle x_i enthält, schon ganz V ist);
(3) für alle $v \in V$ gilt die Parsevalsche Gleichung
$$\|v\|^2 = \sum_{i\in I} |\langle v, x_i\rangle|^2;$$
(4) für jeden Vektor $v \in V$ gilt die Fourier-Entwicklung
$$x = \sum_{i\in I} \langle v, x_i\rangle x_i.$$

Sind diese Bedingungen erfüllt, so ist $\{x_i \mid i \in I\}$ ein maximales Orthonormalsystem im Sinne mengentheoretischer Inklusion; d.h., es gibt keinen Vektor $v \in V \setminus \{x_i \mid i \in I\}$ derart, daß $\{x_i \mid i \in I\} \cup \{v\}$ ein Orthonormalsystem ist.

Aufgabe (84.30) Zeige, daß ein Skalarproduktraum V genau dann vollständig ist, wenn jedes maximale Orthonormalsystem $(x_i)_{i\in I}$ in V auch die Bedingungen (1) bis (4) der vorangehenden Aufgabe erfüllt.

Aufgabe (84.31) Es sei V ein beliebiger (nicht notwendigerweise vollständiger) Skalarproduktraum. Zeige, daß je zwei maximale Orthonormalsysteme in V die gleiche Mächtigkeit haben.

Aufgabe (84.32) Es sei V der Vektorraum aller Folgen $(a_1, a_2, a_3, \ldots)$, bei denen $a_i \ne 0$ nur für endliche viele Indices i gilt, versehen mit dem Skalarprodukt $\langle a, b\rangle := \sum_{k=1}^\infty a_k \overline{b_k}$. Zeige, daß die Menge $U := \{a \in V \mid \sum_{k=1}^\infty a_k/k = 0\}$ die folgenden Eigenschaften hat:

(1) U ist ein abgeschlossener Unterraum von V;
(2) $U \ne V$;
(3) $U^\perp = \{0\}$.

Aufgabe (84.33) Es sei V der Unterraum von $\ell^2(\mathbb{N})$, der (im algebraischen Sinne) von den Vektoren $e_2, e_3, e_4, \ldots$ und dem Vektor $a := \sum_{k=1}^\infty e_k/k$ aufgespannt wird. Zeige, daß $\{e_2, e_3, e_4, \ldots\}$ ein maximales Orthonormalsystem von U ist, das keine topologische Basis von V bildet.

Lösungen zu »Konvergenz in normierten Räumen« siehe Seite 416

Aufgabe (84.34) Es sei A eine reelle $(n \times n)$-Matrix. Beweise die Äquivalenz der beiden folgenden Aussagen!

(1) $(e^{tA})_{ij} \geq 0$ für alle $t \geq 0$ und alle Indices $1 \leq i, j \leq n$

(2) $A_{ij} \geq 0$ für alle Indices $i \neq j$

Aufgabe (84.35) Es sei $(a_i)_{i \in I}$ eine Familie von Elementen eines normierten Raums, die allesamt von Null verschieden sind. Zeige: Gilt $\sum_{i \in I} \|a_i\| < \infty$, so ist I abzählbar.

Aufgabe (84.36) Es seien $\|\cdot\|_1$ und $\|\cdot\|_2$ zwei Normen auf einem reellen oder komplexen Vektorraum X. Eine Folge (x_n) in X konvergiere bezüglich beider Normen. Sind die Grenzwerte zwangsläufig gleich?

Aufgabe (84.37) Es seien $V_1, \ldots, V_n, W$ normierte Räume und $\varphi : V_1 \times \cdots \times V_n \to W$ eine n-lineare Abbildung. Zeige, daß φ automatisch stetig ist, wenn $V_1, \ldots, V_n$ endlichdimensional sind. **Hinweis:** Aufgabe (82.41).

Aufgabe (84.38) Es sei X ein unendlichdimensionaler normierter Raum über $\mathbb{K} = \mathbb{R}$ oder $\mathbb{C}$. Zeige, daß es eine unstetige Linearform $f : X \to \mathbb{K}$ gibt.

Hinweis: Eine Linearform läßt sich in eindeutiger Weise definieren, indem man ihre Werte auf einer Basis von X festlegt.

Aufgabe (84.39) Es seien X ein normierter Raum über $\mathbb{K} = \mathbb{R}$ oder $\mathbb{C}$ und $f : X \to \mathbb{K}$ eine Linearform mit $f \neq 0$. Zeige, daß die folgenden Aussagen äquivalent sind:

(1) f ist stetig;

(2) $\mathrm{Kern}(f)$ ist abgeschlossen in X;

(3) $\mathrm{Kern}(f)$ ist nicht dicht in X.

Aufgabe (84.40) Es seien $(X, \|\cdot\|_1)$ ein unendlichdimensionaler Banachraum, $f : X \to \mathbb{K}$ ein bezüglich $\|\cdot\|_1$ unbeschränktes lineares Funktional und $x_0 \in X$ ein fest gewähltes Element mit $f(x_0) = 1$. Definiere $S : X \to X$ durch

$$Sx := x - 2f(x)x_0.$$

(a) Zeige, daß $S \circ S = \mathrm{id}_X$ gilt.

(b) Zeige, daß X auch mit der Norm $\|x\|_2 := \|Sx\|_1$ ein Banachraum ist.

(c) Zeige, daß f auch bezüglich $\|\cdot\|_2$ unstetig ist.

(d) Zeige, daß f stetig bezüglich der Norm $\|x\| := \max\{\|x\|_1, \|x\|_2\}$ ist.

(e) Zeige, daß der Kern von f dicht sowohl in $(X, \|\cdot\|_1)$ als auch in $(X, \|\cdot\|_2)$ ist, aber nicht in $(X, \|\cdot\|)$.

Bemerkung: Sind A und B Unterräume eines Vektorraums V und ist einerseits $\|\cdot\|_A$ eine Norm auf A und andererseits $\|\cdot\|_B$ eine Norm auf B, so ist $\|\cdot\| := \max(\|\cdot\|_A, \|\cdot\|_B)$ eine Norm auf $A \cap B$. Man könnte nun vermuten, daß ein Unterraum $U \subseteq A \cap B$, der dicht sowohl in $(A, \|\cdot\|_A)$ als auch in $(B, \|\cdot\|_B)$ ist, automatisch auch dicht in $(A \cap B, \|\cdot\|)$ ist. Dies trifft aber nicht zu (und zwar nicht einmal im Fall $A = B$), wie Teil (e) dieser Aufgabe zeigt.

Aufgabe (84.41) Definiere $T : \ell^2 \to \ell^2$ durch $(Tx)_n = x_n/n$, also

$$Tx := \left(\frac{x_1}{1}, \frac{x_2}{2}, \frac{x_3}{3}, \frac{x_4}{4}, \ldots\right).$$

(a) Zeige, daß T stetig ist mit $\|T\|_{\mathrm{op}} = 1$.

(b) Definiere $b \in \ell^2$ durch $b_n := n^{-3/2}$. Zeige, daß b nicht im Bild von T liegt.

(c) Definiere $a^{(k)} \in \ell^2$ durch $a_n^{(k)} := n^{-1/2-1/k}$. Zeige, daß $Ta^{(k)} \to b$ für $k \to \infty$ gilt und daß daher b im Abschluß des Bildes von T liegt.

(d) Betrachte $V := \ell^2 \times \ell^2$ und die beiden Unterräume $U_1 := \{(x, Tx) \mid x \in \ell^2\}$ und $U_2 := \ell^2 \times \{0\}$. Zeige, daß $(0, b)$ in $\overline{U_1 + U_2} \setminus (U_1 + U_2)$ liegt.

Bemerkung: Vergleich von (b) und (c) zeigt, daß das Bild von T nicht abgeschlossen ist. Teil (d) zeigt, daß die Summe $U_1 + U_2$ zweier abgeschlossener Unterräume eines Hilbertraums nicht wieder selbst abgeschlossen sein muß.

Aufgabe (84.42) Es sei $\mathbb{K} = \mathbb{R}$ oder $\mathbb{C}$. Wir betrachten auf $\mathbb{K}^{n \times n}$ die Norm

$$\|A\|_\infty := \max\{|a_{ij}| \mid 1 \leq i, j \leq n\}.$$

(a) Finde die kleinstmögliche Konstante c mit $\|AB\|_\infty \leq c\|A\|_\infty \|B\|_\infty$ für alle $A, B \in \mathbb{K}^{n \times n}$.

(b) Wie läßt sich $\|\exp(A)\|_\infty$ durch $\|A\|_\infty$ abschätzen?

Aufgabe (84.43) Eine Folge reeller Funktionen $f_n : \mathbb{R} \to \mathbb{R}$ heißt **kompakt konvergent** gegen eine Grenzfunktion $f : \mathbb{R} \to \mathbb{R}$, wenn auf jedem kompakten Teilintervall $K \subseteq \mathbb{R}$ die Einschränkungen $f_n \mid_K$ gleichmäßig gegen $f \mid_K$ konvergieren. (Kurz gesagt: kompakte Konvergenz bedeutet gleichmäßige Konvergenz auf jedem Kompaktum.) Zeige, daß es keine Norm auf $C(\mathbb{R}, \mathbb{R})$ derart gibt, daß Konvergenz im Sinne der Norm gerade kompakte Konvergenz bedeutet.

Lösungen zu »Konvergenz in normierten Räumen« siehe Seite 416

A85: Topologische Räume

Aufgabe (85.1) Für eine beliebige Abbildung $d : X \times X \to \mathbb{R}$ bezeichnen wir mit τ_d die Familie aller derjenigen Teilmengen von X, die mit jedem Punkt x noch eine Menge der Form $\{y \in X \mid d(y,x) < \varepsilon\}$ enthalten. Ist d eine Metrik, so ist τ_d gerade die von d induzierte Topologie (also das System der bezüglich d offenen Mengen). Welche Metrikeigenschaften von d (Nichtnegativität, Symmetrie, Dreiecksungleichung) darf man weglassen und kann dennoch garantieren, daß τ_d eine Topologie auf X ist?

Aufgabe (85.2) (a) Zeige, daß zwei Metriken auf einer Menge X genau dann äquivalent im Sinne von Aufgabe (81.34)(a) sind, wenn sie die gleiche Topologie auf X erzeugen.

(b) Auf der Menge $X := \{1/n \mid n \in \mathbb{N}\}$ betrachten wir die beiden Metriken $d_1(x,y) := |x-y|$ (von $\mathbb{R}$ induzierte Metrik) und $d_2(x,y) := \delta_{xy}$ (diskrete Metrik). Zeige, daß d_1 und d_2 die gleiche Topologie auf X induzieren.

Aufgabe (85.3) Es sei $X = \{a,b,c,d,e,f\}$ eine Menge mit sechs Elementen. Welche der folgenden Teilmengen von $\mathfrak{P}(X)$ sind Topologien auf X?

(a) $\tau_1 = \{\emptyset, X, \{a\}, \{b,c\}, \{a,b,c\}, \{b,c,d,e,f\}\}$
(b) $\tau_2 = \{\emptyset, X, \{a\}, \{b\}, \{a,b\}, \{a,b,c\}, \{b,c,d,e,f\}\}$
(c) $\tau_3 = \{\emptyset, X, \{a\}, \{b,c\}, \{a,b,d\}, \{b,c,e\}\}$

Aufgabe (85.4) (a) Bestimme alle Topologien auf einer zweielementigen Menge $\{a,b\}$.

(b) Bestimme alle Topologien auf einer dreielementigen Menge $\{a,b,c\}$.

Aufgabe (85.5) Es sei (X,τ) ein topologischer Raum. Zeige: enthält τ alle einelementigen Mengen $\{x\}$ mit $x \in X$, so ist τ die diskrete Topologie auf X.

Aufgabe (85.6) Zeige, daß der Durchschnitt einer Familie von Topologien auf einer Menge X selbst wieder eine Topologie auf X ist.

Aufgabe (85.7) (a) Es sei $\mathfrak{O}_1$ das System, das aus $\emptyset$, $\mathbb{R}$ sowie allen Intervallen der Form $(-\infty, a)$ mit $a \in \mathbb{R}$ besteht. Zeige, daß $\mathfrak{O}_1$ eine Topologie auf $\mathbb{R}$ ist.

(b) Es sei $\mathfrak{O}_2$ das System, das aus der leeren Menge $\emptyset$ sowie beliebigen Vereinigungen von Mengen der Form $(-\infty, a]$ mit $a \in \mathbb{R}$ besteht. Zeige, daß $\mathfrak{O}_2$ eine Topologie auf $\mathbb{R}$ ist.

(c) Ist eine der Topologien $\mathfrak{O}_1$ und $\mathfrak{O}_2$ feiner als die andere? Wie verhalten sich die beiden Topologien zur natürlichen Topologie von $\mathbb{R}$?

Aufgabe (85.8) Zeige, daß für $\mathbb{R}$ die von der Metrik $d(x,y) := |x-y|$ induzierte Topologie mit der Ordnungstopologie übereinstimmt. (Letztere besteht aus $\emptyset$, $\mathbb{R}$ und allen Vereinigungen von Intervallen der Form (a,b) mit $a < b$.)

Aufgabe (85.9) Es sei $(X,\le)$ eine totalgeordnete Menge. Zeige: sind $x,y \in X$ Elemente mit $x < y$, so gibt es Umgebungen U von x und V von y bezüglich der Ordnungstopologie auf X mit $u < v$ für alle $u \in U$ und alle $v \in V$. Folgere, daß X mit der Ordnungstopologie ein Hausdorffraum ist!

Aufgabe (85.10) Es seien K ein beliebiger Körper und $\mathfrak{P}$ die Menge aller Polynome in n Variablen mit Koeffizienten in K. Zeige, daß es genau eine Topologie auf K^n gibt, deren abgeschlossene Mengen genau die Mengen der Form

$$V(P) := \{x \in K^n \mid p(x) = 0 \text{ für alle } p \in P\}$$

mit Teilmengen $P \subseteq \mathfrak{P}$ sind. (Diese Topologie nennt man die **Zariski-Topologie** auf K^n.) Wie sieht die Zariski-Topologie auf K aus (also für $n = 1$)?

Aufgabe (85.11) Es sei X eine beliebige Menge. Zeige, daß die Familie aller Teilmengen $U \subseteq X$, für die entweder U leer oder $X \setminus U$ endlich ist, eine Topologie auf X ist. (Man nennt diese die **kofinite Topologie** auf X.)

Aufgabe (85.12) Es seien X eine unendliche Menge und $x_0 \in X$ ein Element von X. Es sei τ die Menge aller Teilmengen von X, die x_0 nicht enthalten oder endliches Komplement haben.

(a) Zeige, daß τ eine Topologie auf X ist.
(b) Zeige, daß die Familie $\mathfrak{B}$, die aus den einpunktigen Mengen $\{x\}$ mit $x \neq x_0$ und den Mengen der Form $X \setminus E$ mit einer endlichen Menge E besteht, eine Basis von τ ist.
(c) Bestimme für eine beliebige Teilmenge A das Innere A^0 und den Abschluß $\overline{A}$ bezüglich τ.

Aufgabe (85.13) Zeige, daß die Inklusionen in Satz (85.15) im Buch allesamt echt sein können.

Aufgabe (85.14) Es sei A eine Teilmenge eines topologischen Raums X. Beweise die folgenden Aussagen!

(a) Es gilt $\partial A = \overline{A} \cap \overline{X \setminus A}$.
(b) Es gilt $\overline{A} = A \cup (\partial A)$.
(c) Genau dann ist A abgeschlossen, wenn $\partial A \subseteq A$ gilt.
(d) Genau dann ist A offen, wenn $A \cap (\partial A) = \emptyset$ gilt.

Aufgabe (85.15) Es sei $(a_1, a_2, \ldots)$ eine Aufzählung der rationalen Zahlen im Intervall $(0,1)$, und es sei $A_i := \{a_i\}$ (aufgefaßt als Teilmenge des topologischen Raums $\mathbb{R}$). Zeige, daß dann $\partial(\bigcup_{i=1}^{\infty} A_i) \not\subseteq \bigcup_{i=1}^{\infty} (\partial A_i)$ gilt; Aussage (85.15)(o) im Buch gilt also nicht mehr für unendliche Mengenfamilien. Gilt (85.15)(p) für beliebige unendliche Mengenfamilien?

Lösungen zu »Topologische Räume« siehe Seite 431

Aufgabe (85.16) Es seien X ein topologischer Raum und $\mathfrak{A}(X) := \{A \subseteq X \mid A \neq \emptyset, \overline{A} = A\}$ die Menge aller nichtleeren abgeschlossenen Teilmengen von X.

(a) Für nichtleere offene Mengen $U_1, \ldots, U_n \subseteq X$ sei $\mathfrak{V}(U_1, \ldots, U_n)$ definiert als die Menge aller $A \in \mathfrak{A}(X)$, die die Bedingungen

$$A \subseteq \bigcup_{i=1}^{n} U_i \quad \text{und} \quad A \cap U_i \neq \emptyset \quad \text{für } 1 \leq i \leq n$$

erfüllen. Zeige, daß die Mengen $\mathfrak{V}(U_1, \ldots, U_n)$ die Basis einer Topologie auf $\mathfrak{A}(X)$ bilden! (Man nennt diese Topologie die **Vietoris-Topologie** auf $\mathfrak{A}(X)$.)

(b) Für jede offene Menge $U \subseteq X$ definieren wir

$$\begin{aligned} \mathfrak{A}_U &:= \{A \in \mathfrak{A}(X) \mid A \subseteq U\} \quad \text{und} \\ \mathfrak{B}_U &:= \{A \in \mathfrak{A}(X) \mid A \cap U \neq \emptyset\}. \end{aligned}$$

Zeige, daß die Gesamtheit aller Mengen $\mathfrak{A}_U$ und $\mathfrak{B}_U$ (wenn U die offenen Teilmengen von X durchläuft) eine Subbasis der Vietoris-Topologie bilden.

Aufgabe (85.17) (a) Der Raum X trage die diskrete Topologie. Was ist dann der Abschluß $\overline{A}$ einer Teilmenge $A \subseteq X$? Was ist das Innere A^0 von A?

(b) Der Raum X trage die indiskrete Topologie. Was ist dann der Abschluß $\overline{A}$ einer Teilmenge $A \subseteq X$? Was ist das Innere A^0 von A?

Aufgabe (85.18) Zeige, daß für einen Punkt p in einem topologischen Raum X die folgenden Aussagen äquivalent sind:

(1) p ist ein isolierter Punkt von X;
(2) $\{p\}$ ist eine offene Teilmenge von X;
(3) $\{p\}$ ist eine Umgebung von p.

Aufgabe (85.19) Es sei A eine Teilmenge eines topologischen Raums X. Zeige, daß ein Punkt $x \in X$ genau dann ein Berührpunkt von A ist, wenn er entweder ein Häufungspunkt oder aber ein isolierter Punkt von A ist. (Die beiden Möglichkeiten schließen sich gegenseitig aus.)

Aufgabe (85.20) Es seien A und B Teilmengen eines topologischen Raums. Zeige, daß genau dann $A \cap B \subseteq (\partial A) \cup (\partial B)$ gilt, wenn $A^0 \cap B^0 = \{\}$ gilt. (Es handelt sich hierbei um eine Charakterisierung der **Überlappungsfreiheit** zweier Mengen A und B.)

Aufgabe (85.21) Es seien $A_1, A_2, A_3, \ldots$ Teilmengen eines topologischen Raums. Beweise, daß allgemein die Gleichung

$$\overline{\bigcup_{i=1}^{\infty} A_i} = \left(\bigcup_{i=1}^{\infty} \overline{A_i}\right) \cup \left(\bigcap_{i=1}^{\infty} \overline{\bigcup_{j=0}^{\infty} A_{i+j}}\right)$$

gilt und finde ein Beispiel, in dem die Inklusion $\bigcup_{i=1}^{\infty} \overline{A_i} \subseteq \overline{\bigcup_{i=1}^{\infty} A_i}$ echt ist.

Aufgabe (85.22) Es sei X ein topologischer Raum. Wir definieren die Abbildungen $A, I, K : \mathfrak{P}(X) \to \mathfrak{P}(X)$ durch $A(M) := \overline{M}$ (Bildung des Abschlusses), $I(M) := M^0$ (Bildung des offenen Kerns) sowie $K(M) := X \setminus M$ (Bildung des Komplements). Beginnend mit einer Menge M, wie viele verschiedene Mengen kann man durch wiederholte Anwendung der Operatoren K und A bzw. K, A und I aus M höchstens gewinnen?

Hinweis: Diese Aufgabe ist nicht ganz einfach. Wir bezeichnen mit $\mathfrak{F}$ die Menge aller Abbildungen $T : \mathfrak{P}(X) \to \mathfrak{P}(X)$ und definieren dann

$$\begin{aligned} \mathfrak{F}_+ &:= \{T \in \mathfrak{F} \mid \text{aus } U \subseteq V \ \text{ folgt } T(U) \subseteq T(V)\}, \\ \mathfrak{F}_- &:= \{T \in \mathfrak{F} \mid \text{aus } U \subseteq V \ \text{ folgt } T(U) \supseteq T(V)\}. \end{aligned}$$

Ferner sei id die identische Abbildung auf $\mathfrak{P}(X)$. Für zwei Abbildungen $T, S \in \mathfrak{F}$ schreiben wir kurz $TS := T \circ S$ für die Hintereinanderausführung von S und T. Beweise nun die folgenden Aussagen!

(a) Wir haben $\mathrm{id} \in \mathfrak{F}_+ \cap \mathfrak{F}_-$, $A, I \in \mathfrak{F}_+$ und $K \in \mathfrak{F}_-$.
(b) Liegen S, T beide in $\mathfrak{F}_+$ oder beide in $\mathfrak{F}_-$, so gilt TS in $\mathfrak{F}_+$. Liegt eine der Abbildungen S, T in $\mathfrak{F}_+$, die andere in $\mathfrak{F}_-$, so liegt TS in $\mathfrak{F}_-$.
(c) Durch

$$S \leq T \ :\Leftrightarrow\ S(U) \subseteq T(U) \text{ für alle } U \subseteq X$$

ist eine partielle Ordnung auf $\mathfrak{F}$ definiert, die identitiv ist. (Aus $S \leq T$ und $T \leq S$ folgt also $S = T$.)
(d) Gilt $S_1 \leq S_2$ in $\mathfrak{F}$, so folgt $S_1 T \leq S_2 T$ für alle $T \in \mathfrak{F}$, weiter $TS_1 \leq TS_2$ für alle $T \in \mathfrak{F}_+$ sowie $TS_1 \geq TS_2$ für alle $T \in \mathfrak{F}_-$. (Es gelten also gewisse Verträglichkeitsbedingungen zwischen der Ordnung $\leq$ und der algebraischen Operation $\circ$.)
(e) Es gilt $AKAKAKA = AKA$.
(**Hinweis:** Beweise die Ungleichungen $AKAKAKA \leq AKA$ und $AKAKAKA \geq AKA$.)
(f) Die von A und K erzeugte Halbgruppe ist

$$\begin{gathered} \{\mathrm{id},\ K,\ A,\ KA,\ AK,\ KAK,\ AKA, \\ KAKA,\ AKAK,\ KAKAK,\ AKAKA, \\ KAKAKA,\ AKAKAK,\ KAKAKAK\}. \end{gathered}$$

(g) Durch wiederholtes Bilden des Abschlusses und des Komplements lassen sich aus einer gegebenen Teilmenge eines topologischen Raums insgesamt höchstens 14 verschiedene Mengen machen.
(h) Für $X := \mathbb{R}$ und $U := (0,1) \cup (1,2) \cup \{3\} \cup ([4,5] \cap \mathbb{Q})$ wird die Zahl 14 tatsächlich angenommen.
(i) Es gilt $I = KAK$.
(j) Es gilt $A = KIK$.
(k) Die von A und I erzeugte Halbgruppe ist

$$\{\mathrm{id},\ I,\ A,\ IA,\ AI,\ IAI,\ AIA\}.$$

Lösungen zu »Topologische Räume« siehe Seite 431

Aufgabe (85.23) Es sei X eine beliebige Menge.

(a) Es sei τ eine Topologie auf X. Zeige, daß die Familie $\mathfrak{A}$ der bezüglich τ abgeschlossenen Mengen die folgenden Eigenschaften hat:

- $\emptyset \in \mathfrak{A}$, $X \in \mathfrak{A}$;
- gilt $A_i \in \mathfrak{A}$ für $i \in I$, dann auch $\bigcap_{i \in I} A_i \in \mathfrak{A}$;
- gilt $A_i \in \mathfrak{A}$ für $1 \leq i \leq n$, dann auch $\bigcup_{i=1}^{n} A_i \in \mathfrak{A}$.

(b) Zeige umgekehrt: Ist $\mathfrak{A}$ eine Teilmenge von $\mathfrak{P}(X)$, die die drei genannten Bedingungen erfüllt, so gibt es genau eine Topologie auf X, deren abgeschlossene Mengen genau die Elemente von $\mathfrak{A}$ sind.

Aufgabe (85.24) Es sei X eine beliebige Menge.

(a) Es sei τ eine Topologie auf X, und für jedes Element $x \in X$ sei $\mathfrak{U}_x$ die Familie aller Umgebungen von x bezüglich τ. Zeige, daß dann die folgenden Bedingungen gelten:

- $x \in U$ für alle $U \in \mathfrak{U}_x$;
- mit $U \in \mathfrak{U}_x$ und $V \supseteq U$ gilt auch $V \in \mathfrak{U}_x$;
- mit $U_1, \ldots, U_n \in \mathfrak{U}_x$ gilt auch $U_1 \cap \cdots \cap U_n \in \mathfrak{U}_x$;
- zu $U \in \mathfrak{U}_x$ gibt es $V \in \mathfrak{U}_x$ mit $U \in \mathfrak{U}_y$ für alle $y \in V$.

(b) Zeige umgekehrt: Ist jedem Punkt $x \in X$ eine Familie $\mathfrak{U}_x \subseteq \mathfrak{P}(X)$ derart zugeordnet, daß die vier genannten Bedingungen erfüllt sind, so gibt es genau eine Topologie auf X mit der Eigenschaft, daß für jedes Element $x \in X$ die Menge $\mathfrak{U}_x$ genau das Umgebungssystem von x bezüglich dieser Topologie ist.

Aufgabe (85.25) Es sei X eine beliebige Menge.

(a) Es sei τ eine Topologie auf X. Zeige, daß dann die Abbildung $c : \mathfrak{P}(X) \to \mathfrak{P}(X)$, die definiert ist durch $c(A) := \overline{A}$ (Bilden des topologischen Abschlusses) die folgenden Bedingungen erfüllt (**Kuratowskische Hüllaxiome**):

(1) $c(\emptyset) = \emptyset$;
(2) $A \subseteq c(A)$ für alle $A \subseteq X$;
(3) $c(A \cup B) = c(A) \cup c(B)$ für alle $A, B \subseteq X$;
(4) $c\big(c(A)\big) = c(A)$ für alle $A \subseteq X$.

(b) Zeige umgekehrt: Ist eine Abbildung $c : \mathfrak{P}(X) \to \mathfrak{P}(X)$ mit den genannten vier Eigenschaften gegeben, so gibt es genau eine Topologie auf X derart, daß für jede Teilmenge $A \subseteq X$ die Menge $c(A)$ genau der Abschluß von A bezüglich τ ist.

Aufgabe (85.26) Es sei X eine beliebige Menge.

(a) Es sei τ eine Topologie auf X. Zeige, daß dann die Abbildung $i : \mathfrak{P}(X) \to \mathfrak{P}(X)$, die definiert ist durch $i(A) := A^0$ (Bilden des offenen Kerns) die folgenden Bedingungen erfüllt:

(1) $i(X) = X$;
(2) $i(A) \subseteq A$ für alle $A \subseteq X$;
(3) $i(A \cap B) = i(A) \cap i(B)$ für alle $A, B \subseteq X$;
(4) $i\big(i(A)\big) = i(A)$ für alle $A \subseteq X$.

(b) Zeige umgekehrt: Ist eine Abbildung $i : \mathfrak{P}(X) \to \mathfrak{P}(X)$ mit den genannten vier Eigenschaften gegeben, so gibt es genau eine Topologie auf X derart, daß für jede Teilmenge $A \subseteq X$ die Menge $i(A)$ genau das Innere von A bezüglich τ ist.

Aufgabe (85.27) Zeige: Ist ein topologischer Raum X diskret, dann auch jeder Unterraum von X.

Aufgabe (85.28) Es sei $U \subseteq X$ ein Unterraum eines topologischen Raumes X. Zeige, daß dann der Abschluß einer Teilmenge $A \subseteq U$ bezüglich U übereinstimmt mit dem Durchschnitt des Abschlusses von A bezüglich X mit U, daß also die folgende Gleichung gilt:

$$\overline{A}^{U} = \overline{A}^{X} \cap U .$$

Aufgabe (85.29) Es sei $(x_i)_{i \in I}$ ein Netz in einer Menge X. Wann gilt $x_i \to x$, wenn X die diskrete Topologie trägt? Wann gilt $x_i \to x$, wenn X die indiskrete Topologie trägt?

Aufgabe (85.30) Es sei X eine beliebige Menge. Wann gilt für eine Folge $(x_i)_{i \in \mathbb{N}}$ in X die Bedingung $x_i \to x$ bezüglich der beiden Topologien

$$\begin{aligned} \tau_1 &:= \{\emptyset\} \cup \{A \subseteq X \mid X \setminus A \text{ ist endlich}\}, \\ \tau_2 &:= \{\emptyset\} \cup \{A \subseteq X \mid X \setminus A \text{ ist abzählbar}\}? \end{aligned}$$

Aufgabe (85.31) Es seien τ_1 und τ_2 zwei Topologien auf einer Menge X. Beweise die Äquivalenz der folgenden Aussagen!

(1) Es gilt $\tau_1 \subseteq \tau_2$.
(2) Aus $x_i \to x$ bezüglich τ_2 folgt $x_i \to x$ bezüglich τ_1.

Bemerkung: Je gröber also eine Topologie auf X ist, desto leichter ist es für ein Netz in X zu konvergieren. Das ist auch plausibel: damit $x_i \to x$ gilt, muß das Netz (x_i) ab einem gewissen Index in jede Umgebung von x eindringen, und dies ist um so leichter, je weniger Umgebungen von x es gibt, je gröber also die betrachtete Topologie ist. Die Aufgabe zeigt auch, daß zwei Topologien auf X genau dann gleich sind, wenn sie den gleichen Begriff von Netzkonvergenz liefern.

Aufgabe (85.32) Zeige, daß für einen topologischen Raum X die folgenden Bedingungen äquivalent sind!

(1) Verschiedene Punkte haben disjunkte Umgebungen; d.h., sind $x \neq y$ verschiedene Elemente von X, so gibt es eine Umgebung U von x und eine Umgebung V von y mit $U \cap V = \emptyset$.
(2) Grenzwerte sind eindeutig; d.h., ein Netz in X besitzt höchstens einen Grenzwert.

Ein Raum, der diese Bedingungen erfüllt, wird als **Hausdorff-Raum** bezeichnet.

Lösungen zu »Topologische Räume« siehe Seite 431

Aufgabe (85.33) Zeige auf zwei Arten, daß in einem Hausdorff-Raum alle einpunktigen Mengen abgeschlossen sind: einmal mit Umgebungen, einmal mit Netzen.

Aufgabe (85.34) Zeige, daß für einen topologischen Raum X die folgenden Bedingungen äquivalent sind!

(1) Zu je zwei Punkten $x \neq y$ in X gibt es Umgebungen U von x und V von y mit $x \notin V$ und $y \notin U$.

(2) Jede einpunktige Menge $\{x\}$ ist abgeschlossen in X.

Aufgabe (85.35) Wir betrachten ein Intervall $[a,b] \subseteq \mathbb{R}$ und die Menge aller Paare (P,Z) der folgenden Art:

- $P = \{x_0, x_1, x_2, \ldots, x_n\}$ mit $n \in \mathbb{N}$ und $a = x_0 < x_1 < x_2 < \cdots < x_n$, d.h., P ist eine Partition des Intervalls $[a,b]$ (als deren **Feinheit** wir die Zahl $|P| := \max_{1\le k\le n}(x_k - x_{k-1})$ bezeichnen);
- $Z = \{\xi_1, \xi_2, \ldots, \xi_n\}$ mit $x_{k-1} \le \xi_k \le x_k$ für $1 \le k \le n$, d.h., die Menge Z besteht aus Zwischenpunkten der Partition P.

Wir können die Menge der Paare (P,Z) einerseits zu einer gerichteten Menge I machen, indem wir

$$(P,Z) \preceq_1 (P',Z') \;:\Leftrightarrow\; P' \subseteq P$$

setzen. (Es gilt also $(P,Z) \preceq_1 (P',Z')$ genau dann, wenn die Partition P' eine Verfeinerung der Partition P ist, also aus P durch Hinzufügung weiterer Unterteilungspunkte entsteht). Wir können die Menge der Paare (P,Z) andererseits auch zu einer gerichteten Menge J machen, indem wir

$$(P,Z) \preceq_2 (P',Z') \;:\Leftrightarrow\; |P'| \le |P|$$

setzen. (Es gilt also $(P,Z) \preceq_2 (P',Z')$ genau dann, wenn die Partition P' mindestens die gleiche Feinheit hat wie die Partition P.) Ist nun $f : [a,b] \to \mathbb{R}$ eine beliebige Funktion, so schreiben wir

$$R(f;P,Z) \;:=\; \sum_{k=1}^{n} f(\xi_k)(x_k - x_{k-1})$$

für die zu (P,Z) gehörige Riemannsche Summe von f.

(a) Zeige, daß $\big(R(f;P,Z)\big)_{(P,Z)\in I}$ ein Teilnetz des Netzes $\big(R(f;P,Z)\big)_{(P,Z)\in J}$ ist.

(b) Zeige, daß das Netz $\big(R(f;P,Z)\big)_{(P,Z)\in I}$ genau dann gegen eine Zahl $a \in \mathbb{R}$ konvergiert, wenn das Netz $\big(R(f;P,Z)\big)_{(P,Z)\in J}$ gegen a konvergiert. (Ist dies der Fall, so heißt f Riemann-integrierbar, und der Wert a heißt das Riemann-Integral von f.)

Aufgabe (85.36) Ist $(X_i)_{i\in I}$ eine Familie topologischer Räume, so wird die **Boxtopologie** auf dem kartesischen Produkt $\prod_{i\in I} X_i$ als diejenige Topologie definiert, die von allen Mengen $\prod_{i\in I} U_i$ mit U_i offen in X_i erzeugt wird. †

Wir betrachten nun auf der Menge $X = [0,1]^{\mathbb{N}}$ aller Funktionen $a : \mathbb{N} \to [0,1]$ bzw. aller Folgen von Elementen aus $[0,1]$ drei Topologien: die Produkttopologie τ_1, die von der Metrik $d(a,b) := \sup_n |a_n - b_n|$ induzierte Topologie τ_2 und die Boxtopologie τ_3.

(a) Beweise die Inklusionen $\tau_1 \subseteq \tau_2 \subseteq \tau_3$.

(b) Schreibe $a = (0,0,0,\ldots)$ und definiere

$$\begin{aligned} a^{(1)} &= (1,\,0,\,0,\,0,\,\ldots),\\ a^{(2)} &= (0,\,1,\,0,\,0,\,\ldots),\\ a^{(3)} &= (0,\,0,\,1,\,0,\,\ldots) \end{aligned}$$

und so weiter. Zeige, daß $a^{(n)} \to a$ bezüglich τ_1, aber nicht bezüglich τ_2 gilt, und schließe daraus, daß die Inklusion $\tau_1 \subseteq \tau_2$ echt ist.

(c) Schreibe wieder $a = (0,0,0,\ldots)$ und definiere diesmal

$$\begin{aligned} a^{(1)} &= (1,\,0,\,0,\,0,\,\ldots),\\ a^{(2)} &= (1/2,\,1/2,\,0,\,0,\,\ldots),\\ a^{(3)} &= (1/3,\,1/3,\,1/3,\,0,\,\ldots) \end{aligned}$$

und so weiter. Zeige, daß $a^{(n)} \to a$ bezüglich τ_2, aber nicht bezüglich τ_3 gilt, und schließe daraus, daß die Inklusion $\tau_2 \subseteq \tau_3$ echt ist.

Aufgabe (85.37) Es seien X ein topologischer Raum und $p \in X$ ein Punkt in X. Beweise folgende Aussagen!

(1) **Konvergenz konstanter Netze:** Ist $(x_i)_{i\in I}$ ein Netz in X mit $x_i = p$ für alle $i \in I$, so gilt $x_i \to p$.

(2) **Konvergenz von Teilnetzen:** Konvergiert ein Netz (x_i) in X gegen p, so konvergiert auch jedes Teilnetz (x_{i_j}) gegen p.

(3) **Nichtkonvergenz:** Konvergiert ein Netz (x_i) in X nicht gegen p, so gibt es ein Teilnetz (x_{i_j}) mit der Eigenschaft, daß kein Teilnetz $(x_{i_{j_k}})$ von (x_{i_j}) gegen p konvergiert.

(4) **Iterierte Konvergenz:** Es sei I eine gerichtete Menge, und für jedes $i \in I$ sei J_i eine gerichtete Menge; wir machen dann $K := I \times \prod_{i\in I} J_i$ zu einer gerichteten Menge, indem wir festsetzen, daß genau dann $(i_1, f) \preceq (i_2, g)$ in K gilt, wenn $i_1 \le i_2$ in I gilt und wenn für jedes $i \in I$ die Bedingung $f(i) \le g(i)$ in J_i gilt. Gilt in dieser Situation für jedes feste $i \in I$ die Aussage $x_j^{(i)} \to x^{(i)}$ (bezüglich der gerichteten Menge J_i) und gilt $x^{(i)} \to p$ (bezüglich der gerichteten Menge I), so gilt, wenn wir $x_{(i,f)} := x_{f(i)}^{(i)}$ definieren, auch $x_{(i,f)} \to p$ (bezüglich der gerichteten Menge K).

† Beachte, daß die Produkttopologie von denjenigen Mengen $\prod_{i\in I} U_i$ mit U_i offen in X_i erzeugt wird, bei denen $U_i \neq X_i$ nur für endlich viele Indices $i \in I$ gilt. Die Produkttopologie ist damit gröber als die Boxtopologie. (Die beiden Topologien stimmen überein, wenn I endlich ist, wenn also ein Produkt endlich vieler Faktoren gebildet wird.)

Lösungen zu »Topologische Räume« siehe Seite 431

Aufgabe (85.38) Es sei X eine beliebige Menge. Eine **Konvergenzstruktur** auf X ist eine Relation $\rightarrow$ von der Familie aller Netze (x_i) in X nach der Menge aller Punkte $p \in X$, die die Eigenschaften (1) bis (4) der vorigen Aufgabe hat. Zeige, daß es genau eine Topologie τ auf X gibt mit der Eigenschaft, daß genau dann $(x_i) \rightarrow p$ im Sinne der betrachteten Relation gilt, wenn $x_i \rightarrow p$ im Sinne der Topologie τ gilt.

Hinweis: Definiere für eine beliebige Teilmenge $A \subseteq X$ die Menge $c(A)$ als die Menge aller derjenigen Punkte $p \in X$, für die es ein Netz $(a_i)_{i \in I}$ in A gibt mit $(a_i) \rightarrow p$ im Sinne der betrachteten Relation. Zeige, daß c ein Hülloperator im Sinne von Aufgabe (85.25) ist!

Bemerkung: Wir wissen aus den Aufgaben (85.23) bis (85.26), daß wir jeden der Begriffe Offenheit, Abgeschlossenheit, Umgebungssystem, Abschlußbildung, Bilden des inneren Kerns als Grundbegriff wählen können, um eine topologische Struktur auf einer Menge zu definieren. (Die anderen Begriffe lassen sich dann jeweils aus dem gewählten Grundbegriff ableiten.) Diese Aufgabe zeigt nun, daß wir auch den Begriff Konvergenz als Grundbegriff wählen können; d.h., wir können eine Topologie auf einer Menge X dadurch definieren, daß wir festlegen, welche Netze in X gegen welche Grenzwerte konvergieren sollen.

Aufgabe (85.39) Es sei $\mathfrak{P}(X)$ die Potenzmenge eines topologischen Raums X. Zeige, daß durch

$$A \leq B \;:\Leftrightarrow\; A \subseteq \overline{B}$$

eine Ordnungsrelation auf $\mathfrak{P}(X)$ definiert wird. Ist diese Relation identitiv?

Aufgabe (85.40) Es sei τ die Familie aller Teilmengen $U \subseteq \mathbb{Z}$ mit folgender Eigenschaft:

($\star$) zu jedem Element $a \in U$ existiert eine natürliche Zahl $m \in \mathbb{N}$ mit $a + m\mathbb{Z} \subseteq U$.

(Das bedeutet, daß jedes Element von U Glied einer arithmetischen Folge ist, die ganz in U liegt.) Beweise die folgenden Aussagen!

(a) Die Familie τ ist eine Topologie auf $\mathbb{Z}$.
(b) Jede nichtleere τ-offene Menge ist unendlich.
(c) Jede arithmetische Progression $x + m\mathbb{Z}$ mit $m \in \mathbb{N}$ ist sowohl τ-offen als auch τ-abgeschlossen.
(d) Ist P die Menge aller Primzahlen, so gilt

$$\bigcup_{p \in P} p\mathbb{Z} \;=\; \mathbb{Z} \setminus \{\pm 1\}.$$

(e) Die Menge P ist unendlich.

Bemerkung: Dieser topologische Beweis für die Tatsache, daß es unendlich viele Primzahlen gibt, entstammt der folgenden Arbeit: Hillel Furstenberg, *On the Infinitude of Primes*, American Mathematical Monthly **62** (1955), Seite 353.

Aufgabe (85.41) Es sei X ein topologischer Raum. Zeige, daß eine Teilmenge $A \subseteq X$ genau dann nirgends dicht ist, wenn $X \setminus \overline{A}$ dicht in X ist.

Aufgabe (85.42) Es sei X ein topologischer Raum. Zeige, daß für eine Teilmenge $A \subseteq X$ die folgenden Aussagen äquivalent sind:

(1) A ist nirgends dicht;
(2) jede offene Menge $U \neq \emptyset$ umfaßt eine offene Menge $V \neq \emptyset$ mit $A \cap V = \emptyset$.

Aufgabe (85.43) Zeige, daß die Vereinigung zweier nirgends dichter Mengen selbst wieder nirgends dicht ist.

Bemerkung: Hieraus folgt mit vollständiger Induktion sofort, daß die Vereinigung endlich vieler nirgends dichter Mengen selbst wieder nirgends dicht ist. Die entsprechende Aussage für abzählbare Vereinigungen ist falsch, wie man etwa sieht, wenn man eine Abzählung $r_1, r_2, r_3, \ldots$ der rationalen Zahlen betrachtet und dann die in $\mathbb{R}$ nirgends dichten Mengen $\{r_i\}$ betrachtet.

Aufgabe (85.44) Es sei $B = \{x \in \mathbb{R}^3 \quad \|x\| \leq \pi\}$ die abgeschlossene Kugel um den Nullpunkt von $\mathbb{R}^3$ mit dem Radius π. Diese Aufgabe beschäftigt sich damit, inwiefern Drehungen durch Elemente von B dargestellt werden können, indem man für einen Vektor $x \in B$ die Richtung von x als Richtung der Drehachse und die Länge von x als Drehwinkel interpretiert.

(a) Wir wollen Randpunkte von B, die einander direkt gegenüberliegen, miteinander verifizieren, definieren also

$$y \sim x \;:\Leftrightarrow\; \begin{cases} y = x, & \text{falls } \|x\| = \|y\| < \pi, \\ y = \pm x, & \text{falls } \|x\| = \|y\| = \pi. \end{cases}$$

Zeige, daß $\sim$ eine Äquivalenzrelation auf B ist.

(b) Für $\varphi \in (0, \pi]$ und $n \in \mathbb{S}^2$ sei $D(n, \varphi)$ die Drehung um die Achse $\mathbb{R}n$ und um den Winkel φ (von der Spitze von n aus gegen den Uhrzeigersinn gezählt). Wir definieren $f : B \rightarrow \mathrm{SO}(3)$ durch $f(0) := \mathbf{1}$ und $f(x) := D(x/\|x\|, \|x\|)$ für $x \neq 0$. Zeige, daß f surjektiv ist und daß genau dann $f(x) = f(y)$ gilt, wenn $y \sim x$ gilt.

(c) Insbesondere induziert f also eine Bijektion $F : (B/\sim) \rightarrow \mathrm{SO}(3)$, wenn $B/\sim$ den Raum aller Äquivalenzklassen modulo $\sim$ bezeichnet. Wie lautet die Umkehrabbildung von F?

(d) Wir versehen $B/\sim$ mit der von B geerbten Quotiententopologie. Zeige, daß dann F nicht nur eine Bijektion, sondern sogar ein Homöomorphismus ist.

Lösungen zu »Topologische Räume« siehe Seite 431

A86: Der allgemeine Stetigkeitsbegriff

Aufgabe (86.1) Zeige, daß eine Abbildung $f : X \to Y$ zwischen topologischen Räumen genau dann stetig in einem Punkt $x \in X$ ist, wenn das Urbild einer Umgebung von $f(x)$ in Y stets eine Umgebung von x in X ist.

Aufgabe (86.2) Zeige, daß eine Abbildung $f : X \to Y$ zwischen topologischen Räumen genau dann stetig ist, wenn f Berührpunkte wieder auf Berührpunkte abbildet, wenn also $f(\overline{A}) \subseteq \overline{f(A)}$ für jede Teilmenge $A \subseteq X$ gilt.

Aufgabe (86.3) Wir definieren $f : \mathbb{R}^2 \to \mathbb{R}$ durch $f(0,0) := 0$ und

$$f(x,y) := \frac{xy}{x^2+y^2} \quad \text{für } (x,y) \neq (0,0).$$

Beweise die folgenden Aussagen!

(a) Für jedes feste y ist die Funktion $x \mapsto f(x,y)$ stetig.
(b) Für jedes feste x ist die Funktion $y \mapsto f(x,y)$ stetig.
(c) Die Funktion f ist nicht stetig.

Aufgabe (86.4) Die Funktion $f : \mathbb{Q} \to \mathbb{Q}$ sei definiert durch

$$f(x) := \begin{cases} 0, & \text{falls } x^2 < 2, \\ 1, & \text{falls } x^2 > 2. \end{cases}$$

Ist f stetig?

Aufgabe (86.5) Es sei $K = \{(x,y) \in \mathbb{R}^2 \mid x^2 + y^2 = 1\}$. Wir definieren $f : [0, 2\pi) \to K$ durch $f(t) := (\cos t, \sin t)$. Zeige, daß f stetig und bijektiv ist, daß aber die Umkehrabbildung f^{-1} nicht stetig ist.

Aufgabe (86.6) Es sei $K = \{(x,y) \in \mathbb{R}^2 \mid x^2 + y^2 = 1\}$. Zeige: Ist $f : K \to \mathbb{R}$ eine stetige Funktion, so gibt es einen Punkt $p \in K$ mit $f(p) = f(-p)$.

Aufgabe (86.7) Es seien $f : X \to Y$ und $g : Y \to X$ Abbildungen zwischen topologischen Räumen. Welche der folgenden Aussagen sind dann stets richtig? (Jeweils Beweis oder Gegenbeispiel!)

(a) Mit f und g ist auch $g \circ f$ stetig.
(b) Mit f und $g \circ f$ ist auch g stetig.
(c) Mit g und $g \circ f$ ist auch f stetig.
(d) Mit $f \circ g$ und $g \circ f$ sind auch f und g stetig.

Aufgabe (86.8) Es seien $\mathfrak{O}_1$ und $\mathfrak{O}_2$ Topologien auf einer Menge X. Zeige, daß genau dann $\mathfrak{O}_2$ feiner ist als $\mathfrak{O}_1$, wenn die identische Abbildung $\mathrm{id} : (X, \mathfrak{O}_2) \to (X, \mathfrak{O}_1)$ stetig ist.

Aufgabe (86.9) Es seien τ_1 und τ_2 zwei Topologien auf einer Menge X. Beweise die Äquivalenz der folgenden Aussagen!

(1) Es gilt $\tau_1 \subseteq \tau_2$.
(2) Für jede stetige Abbildung $f : (X, \tau_1) \to (Y, \tau)$ ist auch $f : (X, \tau_2) \to (Y, \tau)$ stetig.
(3) Für jede stetige Abbildung $g : (Y, \tau) \to (X, \tau_2)$ ist auch $g : (Y, \tau) \to (X, \tau_1)$ stetig.

Je gröber also eine Topologie auf X ist, desto schwerer ist es für eine Abbildung aus X heraus (in irgendeinen topologischen Raum) stetig zu sein, und desto schwerer ist es für eine Abbildung (aus irgendeinem topologischen Raum) in X hinein, stetig zu sein.

Aufgabe (86.10) Es sei $\mathfrak{F} := \{0,1\}^{\mathbb{R}}$ der Raum aller Funktionen $f : \mathbb{R} \to \{0,1\}$, versehen mit der Produkttopologie. Weiter sei A der Unterraum von $\mathfrak{F}$, der aus allen Funktionen $f : \mathbb{R} \to \{0,1\}$ besteht, die nur an endlich vielen Stellen den Wert 1 annehmen. Mit $e : \mathbb{R} \to \{0,1\}$ bezeichnen wir die konstante Funktion mit dem Wert 1; wir setzen $X := A \cup \{e\}$. Schließlich sei $\delta : X \to \{0,1\}$ die Abbildung mit $\delta(e) = 1$ und $\delta(f) = 0$ für alle $f \neq e$. Beweise die folgenden Aussagen!

(a) Es gilt $e \in \overline{A}$.
(b) Es gibt keine Folge (a_n) in A mit $a_n \to e$.
(c) Die Abbildung δ ist nicht stetig an der Stelle e.
(d) Jede Folge (x_n) in X mit $x_n \to e$ erfüllt $\delta(x_n) \to \delta(e)$.

Bemerkung: Diese Aufgabe zeigt, daß in allgemeinen topologischen Räumen (anders als in metrischen Räumen) der Abschluß einer Menge und die Stetigkeit einer Funktion nicht allein mit Hilfe von Folgen ermittelt werden können (weil eine Folge nur abzählbar viele Elemente hat, aber möglicherweise überabzählbar viele Umgebungen eines Punktes separat zu untersuchen sind).

Aufgabe (86.11) Es seien X ein beliebiger topologischer Raum und Y ein Hausdorff-Raum. Zeige: Sind $f, g : X \to Y$ stetig, so ist die Menge $\{x \in X \mid f(x) = g(x)\}$ abgeschlossen in X.

Aufgabe (86.12) (a) Es seien $f, g : X \to \mathbb{R}$ reellwertige Abbildungen auf einer beliebigen Menge. Zeige, daß für alle $r \in \mathbb{R}$ die folgenden Gleichungen gelten!

$$\begin{aligned} [\max(f,g) < r] &= [f < r] \cap [g < r] \\ [\min(f,g) < r] &= [f < r] \cup [g < r] \\ [\max(f,g) > r] &= [f > r] \cup [g > r] \\ [\min(f,g) > r] &= [f > r] \cap [g > r] \end{aligned}$$

(b) Nun sei X mit einer Topologie versehen. Welche Folgerungen erlaubt Teil (a) hinsichtlich der Halbstetigkeit der betrachteten Funktionen?

Aufgabe (86.13) Zeige: Ist $f : X \to Y$ eine stetige Abbildung zwischen topologischen Räumen, so ist auch jede Einschränkung $f|_U : U \to Y$ auf einen Unterraum U von X stetig.

Lösungen zu »Der allgemeine Stetigkeitsbegriff« siehe Seite 440

Aufgabe (86.14) Es sei $X = A \cup B$, und es sei $f : X \to Y$ eine Abbildung derart, daß die Einschränkungen $f|_A : A \to Y$ und $f|_B \to Y$ stetig sind.

(a) Finde ein Beispiel, bei dem in dieser Situation f nicht stetig ist.
(b) Zeige: Sind A und B beide offen in X, so ist in dieser Situation f zwangsläufig stetig.
(c) Zeige: Sind A und B beide abgeschlossen in X, so ist in dieser Situation f zwangsläufig stetig.

Aufgabe (86.15) Es sei $\mathfrak{M}$ eine vorgegebene Menge topologischer Räume. Für $X, Y \in \mathfrak{M}$ schreiben wir $X \sim Y$, wenn X und Y homöomorph sind, wenn es also eine bijektive Abbildung $f : X \to Y$ derart gibt, daß f und f^{-1} stetig sind. Zeige, daß $\sim$ eine Äquivalenzrelation auf $\mathfrak{M}$ ist.

Aufgabe (86.16) Es sei $\sim$ ein Äquivalenzrelation auf einem topologischen Raum X. Zeige: Ist $X/\sim$ mit der Quotiententopologie Hausdorffsch, so ist jede Äquivalenzklasse unter $\sim$ eine abgeschlossene Teilmenge von X.

Aufgabe (86.17) Die beiden folgenden Abbildungen zeigen jeweils eine Partition von $\mathbb{R}^2$ in abgeschlossene Teilmengen; es sei $\sim$ die zu dieser Partition gehörige Äquivalenzrelation auf $\mathbb{R}^2$. Zeige, daß im einen Fall der Quotientenraum $\mathbb{R}^2/\sim$ Hausdorffsch ist, im andern nicht.

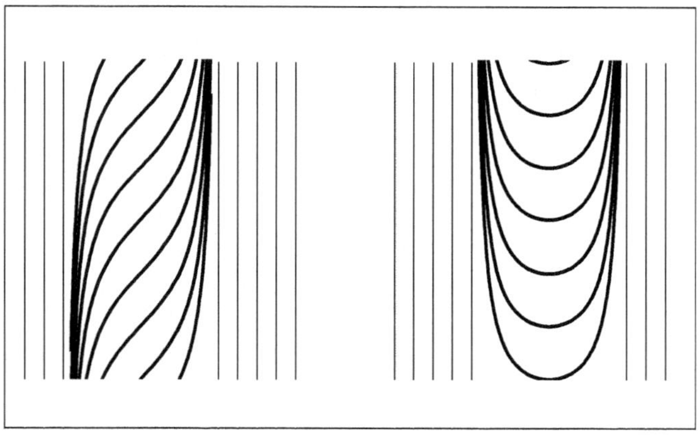

Zwei topologisch verschiedene Partitionen von $\mathbb{R}^2$.

Aufgabe (86.18) Es sei $f : X \to Y$ eine stetige Funktion zwischen topologischen Räumen; wir definieren dann auf X eine Äquivalenzrelation $\sim$ durch $x_1 \sim x_2 :\Leftrightarrow f(x_1) = f(x_2)$ und betrachten den Raum $X/\sim$ mit der Quotiententopologie.

(a) Zeige: Ist Y Hausdorffsch, dann auch $X/\sim$.
(b) Gib ein Beispiel an, in dem weder Y noch $X/\sim$ Hausdorffsch ist.
(c) Gib ein Beispiel an, in dem $X/\sim$, aber nicht Y Hausdorffsch ist.

Aufgabe (86.19) Wir betrachten einen topologischen Raum X mit einer Äquivalenzrelation $\sim$; es seien $X/\sim$ der zugehörige Quotientenraum und $\pi : X \to (X/\sim)$ die zugehörige kanonische Projektion. Es sei Y ein weiterer topologischer Raum.

(a) Zeige, daß eine Abbildung $f : (X/\sim) \to Y$ aus dem Quotientenraum heraus genau dann stetig ist, wenn die Abbildung $f \circ \pi : X \to Y$ stetig ist.
(b) Zeige, daß eine Abbildung $f : Y \to (X/\sim)$ in den Quotientenraum hinein jedenfalls dann stetig ist, wenn sie von der Form $f = \pi \circ F$ mit einer stetigen Abbildung $F : Y \to X$ ist.

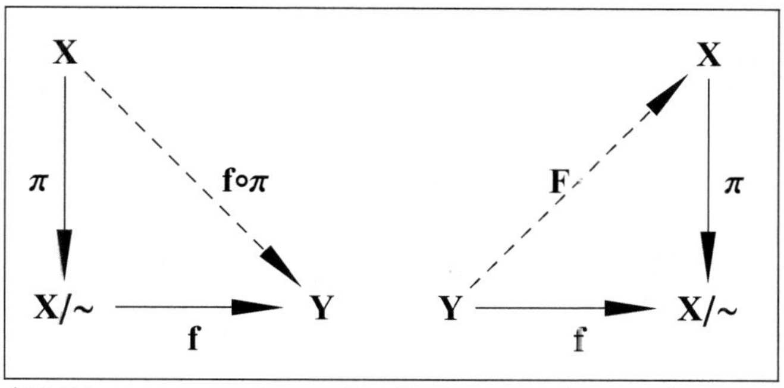

Abbildungen aus einem Quotientenraum heraus bzw. in einen Quotientenraum hinein.

Aufgabe (86.20) Es sei K der Kreis um $(0,0)$ mit Radius 1 (mit der Spurtopologie von $\mathbb{R}^2$); wir definieren $f : \mathbb{R} \to K$ durch $f(\varphi) := (\cos\varphi, \sin\varphi)$. Zeige, daß K homöomorph zum Quotientenraum $\mathbb{R}/\sim$ ist, wenn $\sim$ definiert ist durch $\alpha \sim \beta :\Leftrightarrow \beta - \alpha \in \mathbb{Z} \cdot 2\pi$.

Aufgabe (86.21) Wir definieren auf $X := \mathbb{R}^3 \setminus \{(0,0,0)\}$ eine Äquivalenzrelation $\sim$, indem wir $x \sim y$ genau dann setzen, wenn es eine reelle Zahl $\lambda > 0$ gibt mit $y = \lambda x$; mit $[v]$ bezeichnen wir dann die Äquivalenzklasse von v. Zeige, daß durch $f([v]) := v/\|v\|$ ein Homöomorphismus $f : (X/\sim) \to \mathbb{S}^2$ definiert ist.

Aufgabe (86.22) Für $x, y \in \mathbb{R}^n$ sei $d(x,y)$ die Anzahl derjenigen Indices $i \in \{1, \ldots, n\}$ mit $x_i \neq x_j$. Zeige, daß d eine Metrik auf $\mathbb{R}^n$ ist! Wird d von einer Norm induziert? Wird $\mathbb{R}^n$ mit der von d induzierten Topologie zu einem topologischen Vektorraum, d.h., sind die Additionsabbildung $\mathbb{R}^n \times \mathbb{R}^n \to \mathbb{R}^n$ und die Skalarmultiplikation $\mathbb{R} \times \mathbb{R}^n \to \mathbb{R}^n$ stetig?

Aufgabe (86.23) Eine **topologische Gruppe** ist eine Gruppe (im rein algebraischen Sinne), die mit einer Topologie derart versehen ist, daß die Multiplikation $G \times G \to G$ und die Inversion $G \to G$ stetig sind. (Die algebraische und die topologische Struktur sind also miteinander kompatibel.) Beweise die folgenden Aussagen!

(a) Ist G eine topologische Gruppe, so ist die Inversionsabbildung $I : G \to G$, gegeben durch $I(x) = x^{-1}$, ein Homöomorphismus. Für jedes feste Element $g \in G$ sind

Lösungen zu »Der allgemeine Stetigkeitsbegriff« siehe Seite 440

ferner die Linksmultiplikation $L_g : G \to G$ und die Rechtsmultiplikation $R_g : G \to G$, gegeben durch $L_g(x) = gx$ und $R_g(x) = xg$, Homöomorphismen.

(b) Ist Ω eine Umgebung des Neutralelements e in einer topologischen Gruppe G, so gibt es eine offene Umgebung V von e mit $V^{-1} = V$ und $VV \subseteq \Omega$.

(c) Ist U eine offene Untergruppe einer topologischen Gruppe G, so ist U auch abgeschlossen in G. Gib ein Beispiel für eine solche Untergruppe an!

(d) Ist U eine Untergruppe der topologischen Gruppe G, so ist der Raum G/U der zugehörigen Linksnebenklassen mit der Quotiententopologie genau dann Hausdorffsch, wenn U abgeschlossen in G ist.

Lösungen zu »Der allgemeine Stetigkeitsbegriff« siehe Seite 440

A87: Kompaktheit

Aufgabe (87.1) Zeige, daß die folgenden Mengen (aufgefaßt als Unterräume von $\mathbb{R}$) nicht kompakt sind. (Gib jeweils explizit eine offene Überdeckung an, die keine endliche Teilüberdeckung besitzt.)
(a) $\mathbb{R}$
(b) $\mathbb{Q}$
(c) $(0, 1)$
(d) $[0, 1)$
(e) $[0, 1] \cap \mathbb{Q}$

Aufgabe (87.2) Zeige, daß die folgenden Mengen (aufgefaßt als Unterräume von $\mathbb{R}^2$) nicht kompakt sind. (Gib jeweils explizit eine offene Überdeckung an, die keine endliche Teilüberdeckung besitzt.)
(a) $\mathbb{R}^2$
(b) $\mathbb{Q}^2$
(c) $[0, 1] \times (0, 1)$
(d) $\{(x, y) \in \mathbb{R}^2 \mid x^2 + y^2 < 1\}$
(e) $\{(x, y) \in \mathbb{R}^2 \mid x^2 + y^2 = 1,\ x \neq -1\}$

Aufgabe (87.3) Es sei X eine beliebige Menge, und zwar ausgestattet
(a) mit der diskreten Topologie,
(b) mit der indiskreten Topologie,
(c) mit der kofiniten Topologie.
Untersuche jeweils, unter welchen Voraussetzungen an X der Raum X kompakt ist.

Aufgabe (87.4) Eine totalgeordnete Menge $(X, \leq)$ werde mit der Ordnungstopologie versehen. Zeige, daß X genau dann kompakt ist, wenn jede Teilmenge von X ein Infimum und ein Supremum in X besitzt.

Aufgabe (87.5) Es sei (x_n) eine Folge in einem metrischen Raum X, die gegen ein Element $x \in X$ konvergiert. Zeige, daß dann $A := \{x_n \mid n \in \mathbb{N}\} \cup \{x\}$ ein kompakter Unterraum von X ist.

Aufgabe (87.6) Es sei ℓ_∞ der Raum aller beschränkten Folgen reeller Zahlen, versehen mit der Norm $\|x\| := \sup_{n \geq 1} |x_n|$. Zeige, daß

$$K := \{x \in \ell_\infty \mid \|x\| \leq 1\}$$

abgeschlossen und beschränkt, aber nicht kompakt ist.

Aufgabe (87.7) Es seien X und Y topologische Räume. Zeige: Ist X kompakt und ist Y homöomorph zu X, so ist auch Y kompakt.

Aufgabe (87.8) Formuliere die Definition der Kompaktheit mit abgeschlossenen statt mit offenen Mengen.

Aufgabe (87.9) Es seien X ein topologischer Raum und $\mathfrak{B}$ eine Basis der Topologie auf X. Zeige, daß X genau dann kompakt ist, wenn jede Überdeckung von X durch Mengen aus $\mathfrak{B}$ eine endliche Teilüberdeckung besitzt.

Aufgabe (87.10) Es seien τ_1 und τ_2 Topologien auf einer Menge X mit $\tau_1 \subseteq \tau_2$. Zeige: Ist (X, τ_2) kompakt, dann auch (X, τ_1). Zeige, daß die Umkehrung im allgemeinen falsch ist.

Aufgabe (87.11) Es sei (X, τ) ein kompakter Hausdorffraum, und es seien τ_1, τ_2 Topologien auf X mit $\tau_1 \subsetneq \tau \subsetneq \tau_2$. Beweise die folgenden Aussagen!
(a) Der Raum (X, τ_2) ist Hausdorffsch, aber nicht kompakt. (Verfeinerung von τ_2 führt also zum Verlust der Kompaktheit.)
(b) Der Raum (X, τ_1) ist kompakt, aber nicht Hausdorffsch. (Vergröberung von τ führt also zum Verlust der Hausdorff-Eigenschaft.)

Aufgabe (87.12) Es seien A und B disjunkte kompakte Teilmengen eines Hausdorffraums X. Zeige, daß es disjunkte offene Mengen U und V mit $A \subseteq U$ und $B \subseteq V$ gibt. **Hinweis:** Betrachte zuerst den Spezialfall, daß A einelementig ist.

Aufgabe (87.13) Es seien X ein topologischer Raum und Y ein kompakter Hausdorffraum. Zeige, daß eine Abbildung $f : X \to Y$ genau dann stetig ist, wenn ihr Graph $\Gamma := \{(x, f(x)) \mid x \in X\}$ abgeschlossen in $X \times Y$ (mit der Produkttopologie) ist.

Aufgabe (87.14) Wir betrachten auf dem Intervall $[-1, 1]$ die Äquivalenzrelation $\sim$ mit

$$x \sim y \;:\Leftrightarrow\; \begin{cases} y = \pm x, & \text{falls } |x| < 1; \\ y = x, & \text{falls } |x| = 1. \end{cases}$$

Wir betrachten den Quotientenraum $X := [-1, 1]/\sim$ und bezeichnen mit $\pi : [-1, 1] \to X$ die Quotientenabbildung. Zeige, daß X kompakt ist und daß $\pi([0, 1])$ eine kompakte Teilmenge von X ist, die aber in X nicht abgeschlossen ist.

Aufgabe (87.15) Zeige, daß für einen metrischen Raum (X, d) die folgenden Aussagen äquivalent sind:
(1) X ist kompakt, d.h., jede offene Überdeckung von X besitzt eine endliche Teilüberdeckung;
(2) X ist abzählbar kompakt, d.h., jede abzählbare offene Überdeckung von X besitzt eine endliche Teilüberdeckung;
(3) X ist folgenkompakt, d.h., jede Folge in X besitzt eine konvergente Teilfolge.

Lösungen zu »Kompaktheit« siehe Seite 445

Aufgabe (87.16) Es sei $P := \mathfrak{P}(\mathbb{N})$ die Potenzmenge von $\mathbb{N}$. Wir betrachten den Produktraum $\{0,1\}^P$ (also die Menge aller Funktionen $f : P \to \{0,1\}$), versehen mit der Produkttopologie. Nach dem Satz von Tychonoff ist $\{0,1\}^P$ kompakt, aber nicht jede Folge in $\{0,1\}^P$ besitzt eine konvergente Teilfolge. Beweise dies am Beispiel der Folge (f_n), die definiert ist durch

$$f_n(M) := \begin{cases} 0, \text{ falls } n \notin M; \\ 0, \text{ falls } n \in M \text{ und } |\{m \in M \mid m < n\}| \text{ gerade}; \\ 1, \text{ falls } n \in M \text{ und } |\{m \in M \mid m < n\}| \text{ ungerade}. \end{cases}$$

Aufgabe (87.17) Zeige, daß für einen metrischen Raum X die folgenden Bedingungen äquivalent sind:

(1) zu jedem $\varepsilon > 0$ gibt es eine Überdeckung von X durch endlich viele Mengen mit einem Durchmesser kleiner als ε;

(2) zu jedem $r > 0$ gibt es eine Überdeckung von X durch endlich viele Kugeln mit einem Radius kleiner als r.

(Bei Definition der Totalbeschränktheit kommt es also nicht darauf an, ob man Kugeln oder beliebige Mengen zur Überdeckung zuläßt.)

Bemerkung: Diese Aufgabe gehört inhaltlich eigentlich zu Kapitel 81, wo der Begriff der Totalbeschränktheit eingeführt wurde. Die Bedeutung dieses Begriffs zeigt sich aber erst im Zusammenhang mit dem Begriff der Kompaktheit.

Aufgabe (87.18) Eine Funktionenfamilie $\mathfrak{F} \subseteq C[a,b]$ heißt **gleichmäßig Lipschitz-stetig**, wenn alle Funktionen $f \in \mathfrak{F}$ Lipschitz-stetig mit ein und derselben Lipschitzkonstanten sind. Zeige, daß jede gleichmäßig Lipschitz-stetige Funktionenfamilie gleichgradig stetig ist.

Aufgabe (87.19) Untersuche in jedem der folgenden Fälle, ob die angegebene Funktionenfamilie gleichgradig stetig ist!

(a) Es sei $M > 0$ eine vorgegebene Konstante, und es sei $\mathfrak{F} := \{f \in C^1[a,b] \mid |f'(x)| \leq M \text{ für alle } x \in [a,b]\}$.

(b) Für $\alpha > 0$ sei $f_\alpha \in C[0,1]$ definiert durch $f_\alpha(x) := x^\alpha$, und es sei $\mathfrak{F} := \{f_\alpha \mid 1 \leq \alpha < 2\}$.

(c) Für $\alpha > 0$ sei $f_\alpha \in C[0,1]$ definiert durch $f_\alpha(x) := x^\alpha$, und es sei $\mathfrak{F} := \{f_\alpha \mid \alpha > 0\}$.

(d) Für $n \in \mathbb{N}$ sei $f_n \in C[0,1]$ definiert durch $f_n(x) := (1/n) \cdot \cos(x/n)$, und es sei $\mathfrak{F} := \{f_n \mid n \in \mathbb{N}\}$.

(e) Für $\alpha \in \mathbb{R}$ sei $f_\alpha \in C[0,1]$ definiert durch $f_\alpha(x) := \cos(x+\alpha)$, und es sei $\mathfrak{F} := \{f_\alpha \mid \alpha \in \mathbb{R}\}$.

Welche dieser Mengen sind totalbeschränkt? Welche sind kompakt?

Aufgabe (87.20) Die Funktion $f : \mathbb{R} \to \mathbb{R}$ sei stetig und beschränkt, und es sei (y_n) eine Folge von Lösungen der Differentialgleichung $y' = f(y)$. Zeige: Konvergiert die Folge $\big(y_n(0)\big)_{n\in\mathbb{N}}$ in $\mathbb{R}$, so konvergiert eine Teilfolge von (y_n) gleichmäßig gegen eine Lösung der Differentialgleichung $y' = f(y)$.

Aufgabe (87.21) Es seien X ein topologischer Raum und $\mathfrak{A}(X)$ die Menge aller nichtleeren abgeschlossenen Teilmengen von X, versehen mit der zuerst von Leopold Vietoris (1891-2002) untersuchten Vietoris-Topologie. Zeige, daß X genau dann kompakt ist, wenn $\mathfrak{A}(X)$ kompakt ist. – **Hinweis:** Die Vietoris-Topologie wurde in Aufgabe (85.16) eingeführt; eine Subbasis dieser Topologie wird gebildet von den Mengen $\mathfrak{A}_U := \{A \in \mathfrak{A}(X) \mid A \subseteq U\}$ und $\mathfrak{B}_U := \{A \in \mathfrak{A}(X) \mid A \cap U \neq \emptyset\}$, wobei U die offenen Teilmengen von X durchläuft.

Aufgabe (87.22) Es seien (X,d) ein metrischer Raum und $\mathfrak{A}_b(X)$ der Raum aller abgeschlossenen und beschränkten Teilmengen von X, versehen mit der Hausdorff-Metrik $\widehat{d}$, die gemäß Aufgabe (81.9) gegeben ist durch

$$\widehat{d}(A,B) := \max\left(\sup_{a\in A} \operatorname{dist}(a,B), \sup_{b\in B} \operatorname{dist}(b,A)\right).$$

Wir nehmen an, (X,d) sei vollständig, und wollen zeigen, daß dann auch $\big(\mathfrak{A}_b(X), \widehat{d}\big)$ vollständig ist. Dazu betrachten wir eine Cauchyfolge (A_n) in $\big(\mathfrak{A}_b(X), \widehat{d}\big)$ und setzen $B_n := \overline{\bigcup_{k\geq n} A_k}$ sowie $A := \bigcap_{n\geq 1} B_n$. Beweise die folgenden Aussagen!

(a) Alle Mengen B_n liegen in $\mathfrak{A}_b(X)$.

(b) Die Menge A liegt in $\mathfrak{A}_b(X)$.

(c) Die Folge (B_n) ist eine Cauchyfolge in $\big(\mathfrak{A}_b(X), \widehat{d}\big)$.

(d) Die Menge A ist Häufungspunkt der Folge (B_n).

(e) Es gilt $\widehat{d}(B_n, A) \to 0$, also $B_n \to A$ in $\mathfrak{A}_b(X)$.

(f) Es gilt $\widehat{d}(A_n, A) \to 0$, also $A_n \to A$ in $\mathfrak{A}_b(X)$.

Damit ist gezeigt, daß jede Cauchyfolge in $\mathfrak{A}_b(X)$ konvergiert, so daß $\mathfrak{A}_b(X)$ vollständig ist.

Aufgabe (87.23) Wie in Aufgabe (87.22) betrachten wir einen metrischen Raum (X,d) sowie den Raum $\mathfrak{A}_b(X)$ aller abgeschlossenen und beschränkten Teilmengen von X, versehen mit der Hausdorff-Metrik $\widehat{d}$.

(a) Es sei $\varepsilon > 0$ vorgegeben, und es sei $X_0 \subseteq X$ eine Menge mit der Eigenschaft, daß die d-Kugeln $B_{\varepsilon/2}(x)$ mit $x \in X_0$ ganz X überdecken. Zeige, daß dann die $\widehat{d}$-Kugeln $B_\varepsilon(M)$ mit $M \subseteq X_0$ ganz $\mathfrak{A}_b(X)$ überdecken.

(b) Folgere aus Teil (a): Ist (X,d) totalbeschränkt, so ist auch $\big(\mathfrak{A}_b(X), \widehat{d}\big)$ totalbeschränkt.

Aufgabe (87.24) Es seien (X,d) ein metrischer Raum und $\mathfrak{A}_b(X)$ der Raum aller abgeschlossenen und beschränkten Teilmengen von X, versehen mit der Hausdorff-Metrik $\widehat{d}$. Beweise die folgenden Aussagen!

(a) Genau dann ist (X,d) vollständig, wenn $\big(\mathfrak{A}_b(X), \widehat{d}\big)$ vollständig ist.

(b) Genau dann ist (X,d) totalbeschränkt, wenn $\big(\mathfrak{A}_b(X), \widehat{d}\big)$ totalbeschränkt ist.

(c) Genau dann ist (X,d) kompakt, wenn $\big(\mathfrak{A}_b(X), \widehat{d}\big)$ kompakt ist.

Lösungen zu »Kompaktheit« siehe Seite 445

Hinweis: Eine Implikation ergibt sich jeweils aus den Aufgaben (87.22) und (87.23). Für die andere Implikation betrachte die durch $x \mapsto \{x\}$ gegebene Einbettungsabbildung $X \to \mathfrak{A}_b(X)$.

Aufgabe (87.25) Es seien (X, d) ein metrischer Raum und $\mathfrak{A}_b(X)$ der Raum aller nichtleeren abgeschlossenen und beschränkten Teilmengen von X, versehen mit der Hausdorff-Metrik. Zeige: Gilt $A_n \to A$ in $\mathfrak{A}_b(X)$ und sind alle Mengen $A_n \subseteq X$ totalbeschränkt, so ist auch A totalbeschränkt. (Die Menge aller nichtleeren totalbeschränkten Teilmengen von X ist also abgeschlossen in $\mathfrak{A}_b(X)$.)

Aufgabe (87.26) Es seien (X, d) ein metrischer Raum und $\mathfrak{K}(X) := \{A \subseteq X \mid A \neq \emptyset, A \text{ kompakt}\}$ die Menge der nichtleeren kompakten Teilmengen von X, aufgefaßt als Teilraum von $\mathfrak{A}_b(X)$ mit der Hausdorff-Metrik. Beweise die folgenden Aussagen!

(a) Ist X vollständig, so ist $\mathfrak{K}(X)$ abgeschlossen in $\mathfrak{A}_b(X)$.
(b) Ist X kompakt, dann auch $\mathfrak{K}(X)$.

Aufgabe (87.27) Es seien (X, d) ein metrischer Raum und $\mathfrak{K}(X) := \{A \subseteq X \mid A \neq \emptyset, A \text{ kompakt}\}$ die Menge der nichtleeren kompakten Teilmengen von X. Zeige, daß die Spurtopologie, die $\mathfrak{K}(X)$ von $\mathfrak{A}(X)$ mit der Vietoris-Topologie erbt, übereinstimmt mit der Spurtopologie, die $\mathfrak{K}(X)$ von $\mathfrak{A}_b(X)$ mit der Hausdorff-Metrik erbt.

Aufgabe (87.28) Es seien X und Y metrische Räume, und für $1 \leq i \leq n$ sei $f_i : X \to Y$ Lipschitzstetig mit der Lipschitzkonstanten C_i. Zeige, daß dann durch

$$\Phi(A) := f_1(A) \cup \cdots \cup f_n(A)$$

eine Abbildung $\Phi : \mathfrak{K}(X) \to \mathfrak{K}(Y)$ definiert wird, die Lipschitzstetig mit der Lipschitzkonstanten $\max(C_1, \ldots, C_n)$ ist.

Aufgabe (87.29) Es sei $\mathfrak{S}$ die Menge aller selbstadjungierten Abbildungen $A : V \to V$ eines (reellen oder komplexen) Euklidischen Raums V, und es sei $\mathfrak{P} \subseteq \mathfrak{S}$ die Menge aller positiv semidefiniten Operatoren $P : V \to V$. (Vgl. Aufgabe (67.10).) Beweise die folgenden Aussagen!

(a) Gilt $P_n \to P$ mit $P_n \in \mathfrak{P}$ für alle $n \in \mathbb{N}$, so gilt auch $P \in \mathfrak{P}$. (Die Menge $\mathfrak{P}$ ist also topologisch abgeschlossen in $\mathfrak{S}$ und damit auch in $\mathrm{End}(V)$.)
(b) Das Innere von $\mathfrak{P}$ ist genau die Menge der positiv definiten Operatoren.

Lösungen zu »Kompaktheit« siehe Seite 445

A88: Zusammenhangseigenschaften

Aufgabe (88.1) Die folgenden Buchstaben (aufgefaßt als abgeschlossene Teilmengen von $\mathbb{R}^2$) sollen nach Homöomorphie klassifiziert werden.

A B C D E F G H I J K L M
N O P Q R S T U V W X Y Z

Anders gefragt: Welche dieser Buchstaben lassen sich, wenn man sie sich als aus ideal biegsamem und dehnbarem Material hergestellt vorstellt, ineinander deformieren?

Aufgabe (88.2) Zeige, daß für einen topologischen Raum X die folgenden Eigenschaften äquivalent sind:

(1) X ist zusammenhängend, also nicht darstellbar in der Form $X = U \cup V$ mit disjunkten offenen Mengen $U, V \neq \emptyset$;
(2) X ist nicht darstellbar in der Form $X = A \cup B$ mit disjunkten abgeschlossenen Mengen $A, B \neq \emptyset$;
(3) X ist nicht darstellbar als $X = A \cup B$ mit $A \cap \overline{B} = \emptyset$ und $\overline{A} \cap B = \emptyset$, d.h., X ist nicht separierbar in zwei einander nicht berührende Mengen;
(4) die einzigen Teilmengen von X, die gleichzeitig offen und abgeschlossen sind, sind $\emptyset$ und X selbst;
(5) die einzigen stetigen Abbildungen von X nach $\mathbb{Z}$ sind die konstanten Abbildungen.

Aufgabe (88.3) Es sei X eine beliebige Menge, und zwar ausgestattet
(a) mit der diskreten Topologie,
(b) mit der indiskreten Topologie,
(c) mit der kofiniten Topologie.
Untersuche jeweils, unter welchen Voraussetzungen an X der Raum X zusammenhängend ist.

Aufgabe (88.4) Betrachte $A := \{(0, y) \mid -1 \leq y \leq 1\}$ und $B := \{(x, \sin(1/x)) \mid x > 0\}$. Zeige, daß $X := A \cup B$ zusammenhängend, aber nicht wegzusammenhängend ist. Zeige ferner anhand des Raums X, daß der Abschluß einer wegzusammenhängenden Menge nicht selbst wegzusammenhängend sein muß.

Aufgabe (88.5) Für $n \in \mathbb{N}$ sei S_n die Verbindungsstrecke zwischen den Punkten $(1/n, 0)$ und $(1/n, 1)$ (einschließlich der beiden Endpunkte); ferner setzen wir $p := (0,0)$ und $q := (0,1)$. Wir betrachten $X := \{p, q\} \cup \bigcup_{n \geq 1} S_n$ (aufgefaßt als Unterraum von $\mathbb{R}^2$). Bestimme für jeden Punkt $x \in X$ die Zusammenhangskomponente von x sowie den Durchschnitt aller gleichzeitig offenen und abgeschlossenen Teilmengen von X, die x enthalten.

Aufgabe (88.6) Für $n \in \mathbb{N}$ sei S_n die Verbindungsstrecke zwischen den Punkten $(1/n, 0)$ und $(0, 1)$; ferner sei S_0 die Verbindungsstrecke zwischen den Punkten $(0,0)$ und $(0,1)$ (jeweils einschließlich der beiden Endpunkte). Es sei $X := \bigcup_{n \geq 0} S_n$ (aufgefaßt als Unterraum von $\mathbb{R}^2$). Zeige, daß X zusammenhängend (sogar wegzusammenhängend) ist, daß aber keine ε-Umgebung des Punktes $(0, 1/2)$ mit $\varepsilon < 1/2$ zusammenhängend ist.

Aufgabe (88.7) Es sei A ein zusammenhängender Unterraum des topologischen Raums X, und es sei B eine beliebige Teilmenge von X. Zeige: enthält A sowohl einen inneren als auch einen äußeren Punkt von B, so enthält A auch einen Randpunkt von B.

Aufgabe (88.8) Es seien A und B Unterräume eines topologischen Raums X.
(a) Finde ein Beispiel, in dem $A \cap B$ und $A \cup B$ zusammenhängend sind, A und B aber nicht.
(b) Zeige: Sind $A \cap B$ und $A \cup B$ zusammenhängend und sind A und B beide offen oder beide abgeschlossen, so sind A und B zusammenhängend.

Aufgabe (88.9) Zeige: Hat ein topologischer Raum X endlich viele Zusammenhangskomponenten, so sind diese gleichzeitig offen und abgeschlossen in X.

Aufgabe (88.10) Für einen topologischen Raum X sowie Kardinalzahlen i und j möge die Aussage $A(X, i, j)$ bedeuten, daß X eine i-elementige Teilmenge besitzt, deren Komplement j Zusammenhangskomponenten hat. Zeige: Sind topologische Räume X und Y homöomorph, so sind die Aussagen $A(X, i, j)$ und $A(Y, i, j)$ äquivalent.

Aufgabe (88.11) Es seien U ein $(n-1)$-dimensionaler Untervektorraum eines n-dimensionalen reellen Vektorraums V und $(u_1, \ldots, u_{n-1})$ eine Basis von U. Zeige, daß für zwei Elemente $p, q \in V \setminus U$ die folgenden Bedingungen äquivalent sind:

(1) p und q liegen auf der gleichen Seite von U, d. h., das Liniensegment $[p, q]$ schneidet U nicht;
(2) es gibt es eine Basisdeformation $t \mapsto (v_1(t), \ldots, v_n(t))$ in V mit $v_n(0) = p$, $v_n(1) = q$ und $v_i(t) = u_i$ für $1 \leq i \leq n-1$ und alle $t \in [0,1]$;
(3) es gibt in V eine Basisdeformation von $(u_1, \ldots, u_{n-1}, p)$ in $(u_1, \ldots, u_{n-1}, q)$;
(4) ist vol eine beliebige Volumenfunktion für V, so haben $\mathrm{vol}(u_1, \ldots, u_{n-1}, p)$ und $\mathrm{vol}(u_1, \ldots, u_{n-1}, q)$ das gleiche Vorzeichen.

Aufgabe (88.12) Ein topologischer Raum X heißt **lokal (weg)zusammenhängend**, wenn jedes Element $x \in X$ beliebig kleine (weg)zusammenhängende Umgebungen besitzt, wenn also jede Umgebung eines Punktes $x \in X$ eine Umgebung umfaßt, die (weg)zusammenhängend ist. Finde jeweils einen Raum X mit den folgenden Eigenschaften!

(a) X ist wegzusammenhängend (und damit zusammenhängend), aber nicht lokal zusammenhängend
(b) X ist wegzusammenhängend und lokal zusammenhängend, aber nicht lokal wegzusammenhängend

Lösungen zu »Zusammenhangseigenschaften« siehe Seite 453

Aufgabe (88.13) Zeige, daß ein zusammenhängender und lokal wegzusammenhängender topologischer Raum auch wegzusammenhängend ist.

Aufgabe (88.14) Zeige, daß in einem lokal zusammenhängenden Raum alle Zusammenhangskomponenten sowohl offen als auch abgeschlossen sind.

Aufgabe (88.15) Zeige, daß ein Produktraum $X = \prod_{i\in I} X_i$ genau dann lokal zusammenhängend ist, wenn alle Faktoren X_i lokal zusammenhängend und mit höchstens endlich vielen Ausnahmen auch zusammenhängend sind.

Aufgabe (88.16) Das 1967 von den englischen Mathematikern John Horton Conway und Michael S. Paterson vorgestellte Spiel "Brussels Sprouts" (deutsch "Rosenkohl") ist ein Zeichenspiel für Personen A und B, das nach den folgenden Regeln gespielt wird. Zunächst wird eine beliebige Anzahl von Kreuzen auf einem Blatt Papier eingetragen.

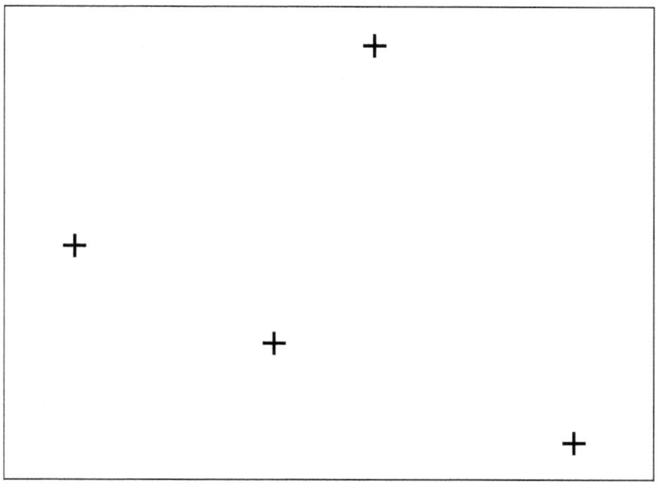

Nun verbindet A zwei beliebige freie Arme (egal, ob zwei Arme des gleichen Kreuzes oder zwei Arme an verschiedenen Kreuzen) mit einer durchgezogenen Linie und zeichnet irgendwo auf dieser Verbindungslinie einen Querstrich ein. Durch diesen Querstrich entstehen zwei neue freie Arme.

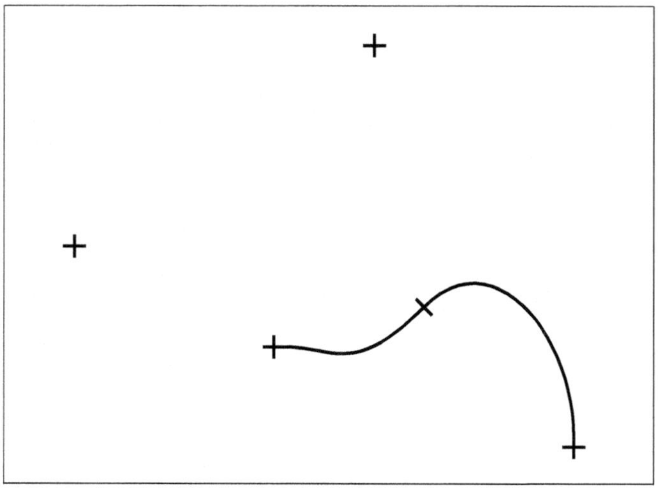

Anschließend ist B an der Reihe, wieder zwei beliebige freie Arme zu verbinden und auf der Verbindungslinie einen Querstrich einzuzeichnen. Einzige Bedingung: eine neu eingezeichnete Verbindungslinie darf weder sich selbst noch bereits bestehende andere Verbindungslinien kreuzen.

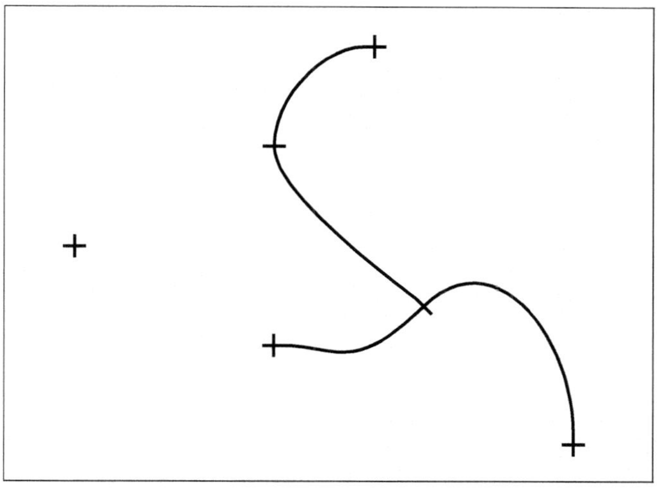

Das Spiel geht nun immer so weiter. Derjenige Spieler, der zuerst keinen Zug mehr machen kann, hat verloren. Welche Strategie sollte man verfolgen, um das Spiel zu gewinnen?

Hinweis: Zu jedem Zeitpunkt besteht die gezeichnete Figur aus einer Anzahl von Zusammenhangskomponenten, wobei am Anfang jede Komponente genau aus einem der Kreuze der Anfangskonfiguration besteht. Es gibt dann jeweils genau zwei Arten von Zügen:

(1) Züge, die zwei verschiedene Komponenten miteinander verbinden;
(2) Züge, die zwei freie Arme der gleichen Komponente miteinander verbinden.

Überlege, wie sich bei jedem Zug die Anzahl der freien Arme, die Gesamtzahl der Komponenten, die Anzahl der Gebiete, in die die Ebene zerlegt wird, sowie die Anzahl der Zugmöglichkeiten ändert.

Aufgabe (88.17) Es seien $f : \mathbb{R} \to \mathbb{R}$ eine Funktion und $\Gamma_f := \{(x, f(x)) \mid x \in \mathbb{R}\}$ der Graph von f. Zeige, daß die beiden folgenden Eigenschaften äquivalent sind:

(1) f ist stetig;
(2) Γ_f ist zusammenhängend und abgeschlossen in $\mathbb{R}^2$.

Bemerkung: Diese Aufgabe präzisiert die intuitive Vorstellung, daß die Stetigkeit einer Funktion $f : \mathbb{R} \to \mathbb{R}$ gerade bedeutet, daß sich der Graph von f in einem Stück zeichnen läßt, ohne den Stift absetzen zu müssen.

Aufgabe (88.18) Es seien X ein topologischer Raum, Y ein kompakter Hausdorffraum und $f : X \to Y$ eine Abbildung. Zeige, daß f genau dann stetig ist, wenn der Graph $\Gamma := \{(x, f(x)) \mid x \in X\}$ abgeschlossen in $X \times Y$ ist.

Lösungen zu »Zusammenhangseigenschaften« siehe Seite 453

Aufgabe (88.19) Es seien $f : X \to Y$ eine Abbildung zwischen topologischen Räumen und $\Gamma := \{(x, f(x)) \mid x \in X\}$ der Graph von f.

(a) Zeige: Ist X zusammenhängend und ist f stetig, so ist Γ zusammenhängend.

(b) Zeige: Ist Y Hausdorffsch und ist f stetig, so ist Γ abgeschlossen.

(c) Betrachte $X := \{z \in \mathbb{C} \mid |z| = 1\}$, $Y := [0, 2\pi)$ und die Abbildung $f : X \to Y$ mit $f(e^{i\varphi}) := \varphi \bmod 2\pi$, die jeder Zahl vom Betrag 1 ihren Polarwinkel zuordnet. Zeige, daß Γ zusammenhängend und abgeschlossen in $X \times Y$ ist, obwohl f nicht stetig ist.

Lösungen zu »Zusammenhangseigenschaften« siehe Seite 453

A89: Ableitungsbegriff und Ableitungsregeln

Aufgabe (89.1) (a) Berechne die Ableitung der Funktion $f(x) = (1+x)/(1-x)$ an einer beliebigen Stelle $x \neq 1$ einmal direkt nach der Definition der Ableitung, zum andern mit Hilfe der im Buch hergeleiteten Ableitungsregeln.

(b) Bestimme die Gleichung der Tangente an die Kurve $y=f(x)$ im Punkt $(2,-3)$.

Aufgabe (89.2) (a) Berechne die Ableitung der Funktion $f(x) = \sqrt{3x+1}$ an einer beliebigen Stelle $x > -1/3$ einmal direkt nach der Definition der Ableitung, zum andern mit Hilfe der im Buch hergeleiteten Ableitungsregeln.

(b) Bestimme die Gleichung der Tangente an die Kurve $y = f(x)$ im Punkt $(16, 7)$.

Aufgabe (89.3) Berechne die Ableitung der Funktion $f(x) := 1/(1-x)$ an einer beliebigen Stelle $x_0 \neq 1$

(a) direkt nach Definition des Ableitungsbegriffs,
(b) mit der Quotientenregel,
(c) mit der Kettenregel,
(d) mit der Potenzreihendarstellung von f um x_0.

Aufgabe (89.4) Berechne die Ableitungen der folgenden Funktionen.

(a) $f(x) = (1+x^2)^3$
(b) $f(x) = \ln(x + \sqrt{x^2-1})$
(c) $f(x) = x + 2\arctan(1/x)$
(d) $f(x) = x - \arctan x$
(e) $f(x) = 3x^2(\ln x)^3$
(f) $f(x) = \ln(3x^2 - 2x^3)$
(g) $f(x) = (\sin x - \cos x)/(\sin x + \cos x)$
(h) $f(x) = \tanh(x)$

Aufgabe (89.5) Berechne die Ableitungen der folgenden Funktionen.

(a) $f(x) = \ln(x + \sqrt{x^2+1})$
(b) $f(x) = \ln\big((1+x)/(1-x)\big)$
(c) $f(x) = x - 2\arctan x$
(d) $f(x) = x^2 - \ln(x^2+1)$
(e) $f(x) = x\sqrt{2x+3}$
(f) $f(x) = x\sqrt{a^2-x^2} + a^2 \arcsin(x/a)$
(g) $f(x) = (6x^2 + 8x - 64)\sqrt{x+4}$
(h) $f(x) = 2e^x/(e^x + e^{-x})$

Aufgabe (89.6) Bestimme die Ableitungen der folgenden Funktionen und stelle sie in möglichst einfacher Form dar!

(a) $f(x) = \arctan\sqrt{(2x+3)/(4x+5)}$
(b) $f(x) = (x - \sqrt{x})/(x + \sqrt{x})$
(c) $f(x) = \ln\big(\tan(e^x)\big)/2$

Aufgabe (89.7) Berechne die Ableitungen der folgenden Funktionen.

(a) $f(x) = 6 \cdot \sqrt[3]{x^5}$
(b) $f(x) = x \cdot e^x \cdot \cos(x)$
(c) $f(x) = 3x/(x^2+1)$
(d) $f(x) = \big(1 + \cos(x)\big)/\big(1 - \sin(x)\big)$
(e) $f(x) = 3\ln(x) + \tan(x)$
(f) $f(x) = \sqrt{3x^3}$
(g) $f(x) = \tan(x)^2$
(h) $f(x) = (2x^3 - 6x^2 + x - 3)/(x^3 - 5x)$

Aufgabe (89.8) Berechne die Ableitungen der folgenden Funktionen.

(a) $f(x) = \ln(x)/x^2$
(b) $f(x) = x^2 \arcsin(x)$
(c) $f(x) = \ln(x) \cdot \cosh(x)$
(d) $f(x) = \arctan(x)/e^x$
(e) $f(x) = 4x/\sqrt{x+1}$
(f) $f(x) = \ln(\ln x)$
(g) $f(x) = e^{\sin(x)}/\cos(x)$
(h) $f(x) = \tan(x^2)$

Aufgabe (89.9) Berechne die Ableitungen der folgenden Funktionen.

(a) $f(x) = 3\cos(x) - x^2 + e^x$
(b) $f(x) = x^n e^x$
(c) $f(x) = x\ln(x)$
(d) $f(x) = \log_{\ln(x)}(x)$
(e) $f(x) = \sqrt{\sin(x)}$
(f) $f(x) = \tan(x/2)^2$
(g) $f(x) = \ln(\sqrt{1-x})$
(h) $f(x) = 3x^2 e^{\sqrt{x}}$

Aufgabe (89.10) Berechne die Ableitungen der folgenden Funktionen!

(a) $f(x) = 4^{x\sin(x)}$
(b) $f(x) = x^{\sin x}$
(c) $f(x) = e^{-x}\cos(x^2)$
(d) $f(x) = \ln(\sin^2 x + 2e^x)$
(e) $f(x) = x\sin(\sqrt{x})$
(f) $f(x) = x\sqrt{x+4}$
(g) $f(x) = x^2/(x^2+1)$
(h) $f(x) = x^4/(x^2+1)$

Aufgabe (89.11) (a) Es seien $I \subseteq \mathbb{R}$ ein offenes Intervall sowie $u : I \to (0,\infty)$ und $v : I \to \mathbb{R}$ differentiierbare Funktionen. Zeige, daß dann auch $f(x) := u(x)^{v(x)}$ differentiierbar ist, und berechne die Ableitung von f.

(b) Berechne für jede der folgenden Funktionen $f : (0,\infty) \to \mathbb{R}$ die Ableitung:

- $f(x) = x^x$
- $f(x) = x^{(x^x)}$
- $f(x) = (x^x)^x$
- $f(x) = \sqrt[x]{x}$
- $f(x) = x^{\cos(x)}$

Lösungen zu »Ableitungsbegriff und Ableitungsregeln« siehe Seite 459

Aufgabe (89.12) (a) Berechne die Ableitung der Funktion

$$g_1(x) := \ln \frac{\sqrt{x+1}-1}{\sqrt{x+1}+1}.$$

(b) Ausgehend von der Funktion g_1 aus Teil (a) definieren wir eine Folge von Funktionen $g_1, g_2, g_3, \ldots$ durch die Rekursionsvorschrift

$$g_{n+1}(x) := -\frac{\sqrt{x+1}}{nx^n} - \frac{2n-1}{2n} g_n(x).$$

Beweise mit vollständiger Induktion, daß die Ableitung der Funktion g_n gegeben ist durch

$$g_n'(x) = \frac{1}{x^n\sqrt{x+1}}.$$

Aufgabe (89.13) Berechne mit der Umkehrregel die Ableitungen der Funktionen arcsin, arccos und arctan.

Aufgabe (89.14) Berechne die Ableitungen der Funktionen arsinh, arcosh und artanh sowohl mit der Umkehrregel als auch mit den expliziten Darstellungen $\operatorname{arsinh}(x) = \ln(x+\sqrt{x^2+1})$, $\operatorname{arcosh}(x) = \ln(x+\sqrt{x^2-1})$ und $\operatorname{artanh}(x) = (1/2)\cdot\ln\big((1+x)/(1-x)\big)$.

Aufgabe (89.15) Es seien $I \subseteq \mathbb{R}$ ein um den Nullpunkt zentriertes Intervall und $f : I \to \mathbb{R}$ eine differentiierbare Funktion. Beweise die folgenden Aussagen!
(a) Ist f gerade, so ist f' ungerade.
(b) Ist f ungerade, so ist f' gerade.

Aufgabe (89.16) Entscheide, an welchen Punkten die Funktion $f : \mathbb{R} \to \mathbb{R}$ stetig bzw. differentiierbar ist, die definiert ist durch

$$f(x) := \begin{cases} x^2, & \text{falls } x \text{ rational;} \\ 0, & \text{falls } x \text{ irrational.} \end{cases}$$

Aufgabe (89.17) Es sei $\alpha \in \mathbb{R}$ eine feste Zahl. Wir definieren $f : [0,\infty) \to \mathbb{R}$ durch

$$f(x) := \begin{cases} x^\alpha \sin(1/x), & \text{falls } x > 0; \\ 0, & \text{falls } x = 0. \end{cases}$$

Für welche Werte von α ist f differentiierbar? Für welche α existiert die Ableitung f', ist aber unbeschränkt in der Nähe des Nullpunkts? Für welche α ist f stetig differentiierbar?

Aufgabe (89.18) Die Funktion $f : \mathbb{R} \to \mathbb{R}$ sei definiert durch

$$f(x) := \begin{cases} x^4 \exp(-x^2/4)\sin(8/x^3), & \text{falls } x \neq 0; \\ 0, & \text{falls } x = 0. \end{cases}$$

Zeige, daß f auf ganz $\mathbb{R}$ differentiierbar ist, daß für $I := [-1,1]$ die Gleichungen $\inf_{x\in I} f'(x) = -24$ und $\sup_{x\in I} f'(x) = 24$ gelten, daß aber die Funktion f' die Werte ± 24 nicht annimmt. (Die Funktion f' nimmt daher auf dem Intervall $I = [-1,1]$ weder einen Minimal- noch einen Maximalwert an.)

Aufgabe (89.19) Bestimme die folgenden Grenzwerte durch Interpretation als Ableitungswerte!
(a) $\displaystyle\lim_{x\to 0} \frac{(1+x)^\alpha - 1}{x}$
(b) $\displaystyle\lim_{x\to 0} \frac{\ln(1+x)}{x}$
(c) $\displaystyle\lim_{x\to 0} \frac{a^x - 1}{x}$
(d) $\displaystyle\lim_{x\to 0} \frac{\arcsin(x)}{x}$

Aufgabe (89.20) (a) Zeige: Ist eine Funktion $f : \mathbb{R} \to \mathbb{R}$ an der Stelle x_0 differentiierbar, so stimmt $f'(x_0)$ überein mit dem Grenzwert

$$\lim_{h\to 0} \frac{f(x_0+h) - f(x_0-h)}{2h}.$$

(b) Zeige, daß der Grenzwert in (a) auch existieren kann, wenn f an der Stelle x_0 nicht differentiierbar ist.

(c) Fülle für $f(x) := x^3$ und $x_0 := 2$ die folgende Tabelle aus und vergleiche jeweils mit dem exakten Wert $f'(x_0) = 12$!

h	0.1	0.01	0.001
$\dfrac{f(x_0+h) - f(x_0)}{h}$			
$\dfrac{f(x_0-h) - f(x_0)}{-h}$			
$\dfrac{f(x_0+h) - f(x_0-h)}{2h}$			

Aufgabe (89.21) (a) Es sei $f(x) = Ax^2 + Bx + C$. Zeige, daß für alle $x_0 \in \mathbb{R}$ and alle $h > 0$ die Tangente der Kurve $y = f(x)$ die gleiche Steigung hat wie die Sekante durch die Punkte $\big(x_0 - h, f(x_0-h)\big)$ und $\big(x_0+h, f(x_0+h)\big)$.

(b) Gegeben sei eine Parabel mit der Leitlinie ℓ. Erläutere mit Hilfe von Teil (a), wie sich die Tangente an die Parabel in einem beliebigen Punkt allein mit Zirkel und Lineal konstruieren läßt!

Aufgabe (89.22) Es seien $I \subseteq \mathbb{R}$ ein Intervall, $f : I \to \mathbb{R}$ eine Funktion und x_0 ein innerer Punkt von I. Beweise die folgenden Aussagen.
(a) Existiert

$$\xi := \lim_{x,y\to x_0} \frac{f(x)-f(y)}{x-y},$$

Lösungen zu »Ableitungsbegriff und Ableitungsregeln« siehe Seite 459

so ist f an der Stelle x_0 differentiierbar, und es gilt $f'(x_0) = \xi$.

(b) Auch wenn f an jeder Stelle des Intervalls differentiierbar ist, muß der Grenzwert ξ nicht existieren. **Hinweis:** Betrachte

$$f(x) := \begin{cases} |x|^{3/2}\cos(1/x), & x \neq 0 \\ 0, & x = 0 \end{cases}$$

sowie $x_k := \big((\pi/2) + 2k\pi\big)^{-1}$ und $y_k := x_k - x_k^3$ für $k \in \mathbb{N}$.

Aufgabe (89.23) Es sei ξ ein innerer Punkt des Intervalls $I \subseteq \mathbb{R}$. Zeige, daß für eine Funktion $f : I \to \mathbb{R}$ die folgenden Aussagen äquivalent sind:

(1) f ist differentiierbar an der Stelle ξ;

(2) f ist stetig an der Stelle ξ, und

$$\lim_{\substack{x, y \to \xi, \\ x < \xi < y}} \frac{f(y) - f(x)}{y - x}$$

existiert (in dem Sinne, daß für jede Folge (x_n), die von links gegen ξ konvergiert, und für jede Folge (y_n), die von rechts gegen ξ konvergiert, die Ausdrücke $\big(f(y_n) - f(x_n)\big)/(y_n - x_n)$ gegen den gleichen Wert $c \in \mathbb{R}$ konvergieren.

Hinweis zur Implikation (1) $\Rightarrow$ (2): Sind $a, b, c, d \in \mathbb{R}$ Zahlen mit $b, d > 0$ und $a/b \leq c/d$, so gilt

$$\frac{a}{b} \leq \frac{a+c}{b+d} \leq \frac{c}{d}.$$

Aufgabe (89.24) Es sei $I \subseteq \mathbb{R}$ ein Intervall.

(a) Zeige, daß eine Funktion $f : I \to \mathbb{R}$ genau dann differentiierbar an einer Stelle $x_0 \in I$ ist, wenn es eine an der Stelle x_0 stetige Funktion $\varphi : I \to \mathbb{R}$ gibt mit

$$f(x) = f(x_0) + (x - x_0)\varphi(x).$$

Ist dies der Fall, so gilt $f'(x_0) = \varphi(x_0)$.

(b) Benutze Teil (a), um die Summen-, die Faktor-, die Produkt- und die Quotientenregel herzuleiten.

(c) Benutze Teil (a), um die Kettenregel herzuleiten.

(d) Benutze Teil (a), um die Umkehrregel herzuleiten.

Aufgabe (89.25) Die Funktion f sei differentiierbar an der Stelle x_0 und erfülle $f(x_0) = 0$. Zeige: Gilt $f'(x_0) \neq 0$, so wechselt f an der Stelle x_0 das Vorzeichen; d.h., es gibt ein $\varepsilon > 0$ derart, daß für $x_0 - \varepsilon < x_1 < x_0$ und $x_0 < x_2 < x_0 + \varepsilon$ die Zahlen $f(x_1)$ und $f(x_2)$ unterschiedliche Vorzeichen haben.

Aufgabe (89.26) Die Funktion $f : I \to \mathbb{R}$ sei differentiierbar an einer Stelle $\xi \in I$. Beweise die folgenden Aussagen!

(a) Gilt $f'(\xi) > 0$, so gibt es ein $\delta > 0$ mit $f(\xi) < f(x)$ für alle $x \in I$ mit $\xi < x < \xi + \delta$. (Insbesondere kann f an der Stelle ξ kein lokales Maximum annehmen.)

(b) Gilt $f'(\xi) < 0$, so gibt es ein $\delta > 0$ mit $f(\xi) > f(x)$ für alle $x \in I$ mit $\xi - \delta < x < \xi$. (Insbesondere kann f an der Stelle ξ kein lokales Minimum annehmen.)

(c) Liegt ξ im Innern des Intervalls I und nimmt f an der Stelle ξ ein lokales Minimum oder Maximum an, so gilt $f'(\xi) = 0$.

Aufgabe (89.27) (a) Die Funktion $f : \mathbb{R} \to \mathbb{R}$ sei stetig an der Stelle x_0. Zeige: Ist $|f|$ differentiierbar an der Stelle x_0, dann auch f selbst.

(b) Zeige, daß die Aussage in (a) nicht mehr gilt, wenn nicht die Stetigkeit von f an der Stelle x_0 vorausgesetzt wird.

Aufgabe (89.28) Es seien $c_1, c_2, \omega \in \mathbb{R}$ feste Zahlen.

(a) Zeige, daß jede Funktion der Form $f(x) = c_1\cos(\omega x) + c_2\sin(\omega x)$ die Identität $f'' + \omega^2 f = 0$ erfüllt.

(b) Zeige, daß jede Funktion der Form $f(x) = c_1\cosh(\omega x) + c_2\sinh(\omega x)$ die Identität $f'' - \omega^2 f = 0$ erfüllt.

(c) Zeige, daß jede Funktion der Form $f(x) = c_1 e^{-x} + c_2 e^{-2x}$ die Identität $f'' + 3f' + 2f = 0$ erfüllt.

Aufgabe (89.29) Für alle $x \neq 1$ gilt die geometrische Summenformel

$$\sum_{k=0}^{n} x^k = \frac{1 - x^{n+1}}{1 - x}.$$

Leite eine entsprechende explizite Formel für die Summe $\sum_{k=0}^{n-1}(k+1)x^k$ her!

Aufgabe (89.30) Besitzt die differentiierbare Funktion f eine differentiierbare Umkehrfunktion f^{-1}, so gilt $(f^{-1})' = 1/(f' \circ f^{-1})$ nach der Umkehrregel.

(a) Zeige, daß mit f auch f^{-1} zweimal differentiierbar ist, und berechne $(f^{-1})''$.

(b) Welche Beziehung muß zwischen den Ableitungen von f bestehen, damit $(f^{-1})'' = 1/(f'' \circ f^{-1})$ gilt?

Aufgabe (89.31) Beweise die folgende Verallgemeinerung der Produktregel: Sind $f_1, \ldots, f_n$ an der Stelle x differentiierbar, dann auch das Produkt $f_1 f_2 \cdots f_n$, und es gilt

$$f'(x) = \sum_{i=1}^{n} f_1(x) \cdots f_{i-1}(x) f_i'(x) f_{i+1}(x) \cdots f_n(x).$$

Aufgabe (89.32) Beweise die **Leibniz-Regel**: Sind $f, g : I \to \mathbb{R}$ jeweils n-mal differentiierbar, dann auch das (argumentweise definierte) Produkt $fg : I \to \mathbb{R}$, und es gilt

$$(fg)^{(n)} = \sum_{k=0}^{n} \binom{n}{k} f^{(k)} g^{(n-k)}.$$

Lösungen zu »Ableitungsbegriff und Ableitungsregeln« siehe Seite 459

Aufgabe (89.33) (a) Zeige, daß die n-te Ableitung der Funktion $f(x) = \sin(x)$ gegeben ist durch

$$f^{(n)}(x) = \sin\left(x + \frac{n\pi}{2}\right).$$

Leite eine analoge Formel für $g(x) = \cos(x)$ her.

(b) Berechne für eine beliebige Zahl $n \in \mathbb{N}$ die n-te Ableitung von $f(x) = x\sin(x)$ und $g(x) = x\cosh(x)$.

Aufgabe (89.34) (a) Die Funktion $f : \mathbb{R} \to \mathbb{R}$ sei definiert durch

$$f(x) := \begin{cases} 0, & \text{falls } x \leq 0; \\ e^{-1/x}, & \text{falls } x > 0. \end{cases}$$

Zeige, daß es für jedes $n \in \mathbb{N}$ ein Polynom p_n vom Grad $2n$ gibt mit $f^{(n)}(x) = p_n(1/x)e^{-1/x}$ für alle $x > 0$. Schließe daraus, daß f eine C^∞-Funktion von $\mathbb{R}$ nach $\mathbb{R}$ ist.

(b) Wir definieren eine Funktion $g : \mathbb{R} \to \mathbb{R}$ durch

$$g(x) := e^e \cdot f\big(f(1) - f(1-x)\big).$$

Begründe, warum g eine C^∞-Funktion ist und die folgenden Eigenschaften hat:

- $g \equiv 0$ auf $(-\infty, 0]$;
- g wächst streng monoton auf $[0, 1]$;
- $g \equiv 1$ auf $[1, \infty)$.

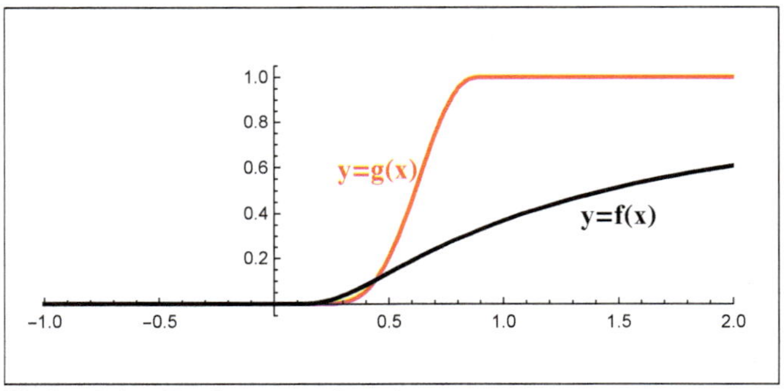

Verlauf der Funktionen f und g.

(c) Es seien $a < b$ reelle Zahlen. Zeige, daß es eine C^∞-Funktion $f_{a,b} : \mathbb{R} \to \mathbb{R}$ mit folgenden Eigenschaften gibt:

- $f_{a,b} \equiv 0$ auf $(-\infty, a]$;
- $f_{a,b}$ wächst streng monoton auf $[a, b]$;
- $f_{a,b} \equiv 1$ auf $[b, \infty)$.

(d) Es seien $a < A < B < b$ reelle Zahlen. Zeige, daß es eine C^∞-Funktion $\varphi : \mathbb{R} \to \mathbb{R}$ mit folgenden Eigenschaften gibt:

- $\varphi \equiv 0$ auf $(-\infty, a]$;
- φ wächst streng monoton auf $[a, A]$;
- $\varphi \equiv 1$ auf $[A, B]$;
- φ fällt streng monoton auf $[B, b]$;
- $\varphi \equiv 0$ auf $[b, \infty)$.

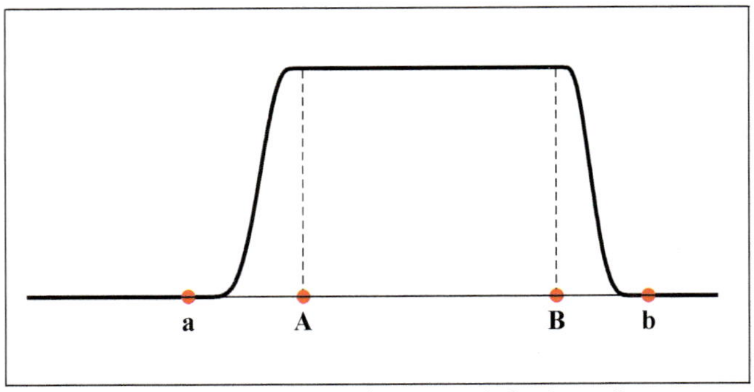

Verlauf einer sogenannten "Abschneidefunktion".

Aufgabe (89.35) Für $x \in \mathbb{R}$ sei $\varphi(x)$ der Abstand von x zur nächstgelegenen ganzen Zahl; dann ist $\varphi : \mathbb{R} \to \mathbb{R}$ eine Funktion mit der Periodenlänge 1. Für $k \in \mathbb{N}_0$ definieren wir $\varphi_k : \mathbb{R} \to \mathbb{R}$ durch

$$\varphi_k(x) := \frac{\varphi(2^k x)}{2^k}.$$

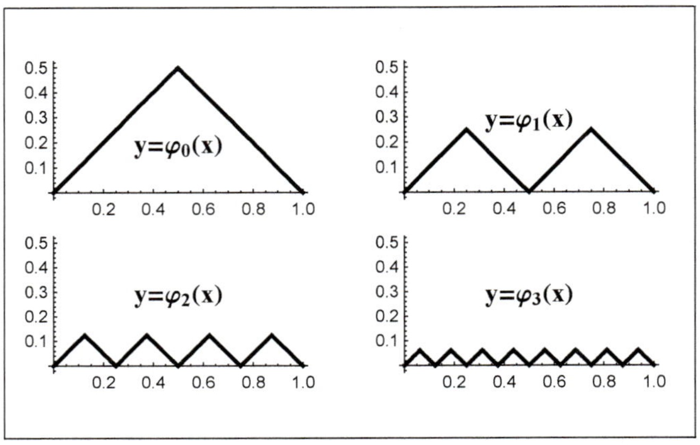

Verlauf der Funktionen φ_k.

Für $n \in \mathbb{N}_0$ sei dann $\sigma_n(x) := \sum_{k=0}^n \varphi_k(x)$. Zeige, daß dann die Funktion

$$\Phi(x) := \lim_{n\to\infty} \sigma_n(x) = \sum_{k=0}^\infty \frac{\varphi(2^k x)}{2^k}$$

auf ganz $\mathbb{R}$ stetig ist, aber an keiner einzigen Stelle differentiierbar.

Hinweis: Ist $\xi \in \mathbb{R}$ eine beliebige reelle Zahl und ist $n \in \mathbb{N}$, so sei $i_n \in \mathbb{Z}$ definiert durch $i_n \leq 2^n\xi < i_n + 1$. Zeige, daß dann für $u_n := i_n/2^n$ und $v_n := (i_n+1)/2^n$ die folgenden Aussagen gelten:

- $\varphi(2^k u_n) = \varphi(2^k v_n) = 0$ für alle $k \geq n$;
- jede der Funktionen $\varphi_0, \ldots, \varphi_{n-1}$ ist linear auf $[u_n, v_n]$ (hat also keine Knickstellen im Intervall $[u_n, v_n]$.

Schließe aus diesen beiden Eigenschaften, daß der Grenzwert $\lim_{n\to\infty}\big(\Phi(v_n)-\Phi(u_n)\big)/(v_n-u_n)$ nicht existiert und daß daher Φ an der Stelle ξ nicht differentiierbar ist.

In den folgenden Abbildungen wird die angegebene Konstruktion graphisch veranschaulicht.

Lösungen zu »Ableitungsbegriff und Ableitungsregeln« siehe Seite 459

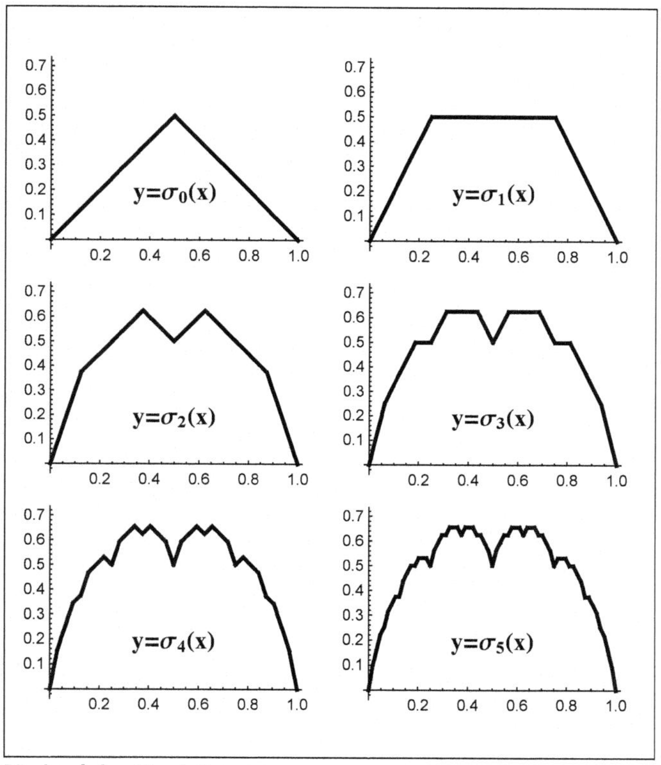

Verlauf der Funktionen σ_n.

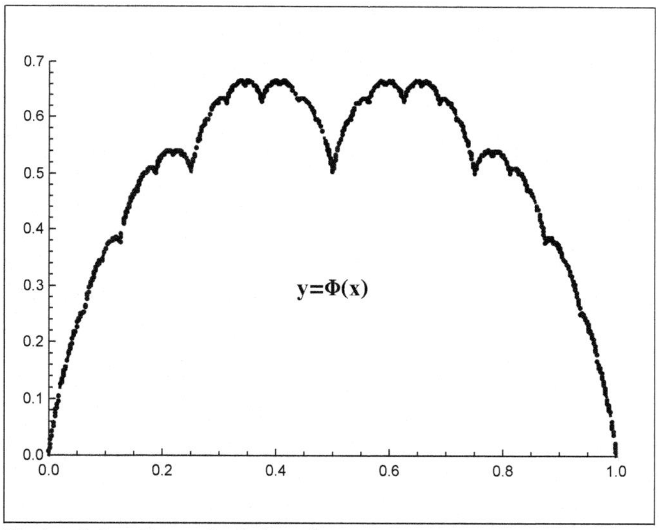

Verlauf der Grenzfunktion Φ.

Lösungen zu »Ableitungsbegriff und Ableitungsregeln« siehe Seite 459

A90: Differentiation vektorwertiger Funktionen

Aufgabe (90.1) Die folgende Abbildung zeigt die Spuren eines Fahrrades. Welche der beiden Spuren stammt vom Vorderrad, welche vom Hinterrad? In welche Richtung bewegte sich das Fahrrad, das die Spur hinterließ?

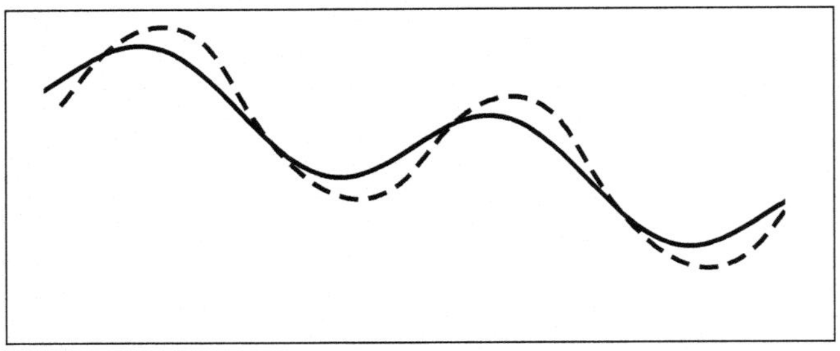

Hinweis: Zu jedem Zeitpunkt t sei $u(t) \in \mathbb{R}^2$ der Punkt, in dem das Hinterrad den Boden berührt, während $v(t) \in \mathbb{R}^2$ der Punkt sei, in dem das Vorderrad den Boden berührt; ferner sei ℓ die Länge des Fahrradrahmens. Wir machen die (vereinfachende, aber näherungsweise erfüllte) Annahme, die Lenkergabel befinde sich immer senkrecht oberhalb des Berührpunktes von Vorderrad und Boden. Zeige, daß unter dieser Annahme die folgende Bedingung erfüllt ist:

$$v(t) = u(t) + \ell \cdot \frac{\dot{u}(t)}{\|\dot{u}(t)\|}.$$

Aufgabe (90.2) Überprüfe die Gültigkeit der Ableitungsregeln $\langle u, v\rangle^{\cdot} = \langle \dot{u}, v\rangle + \langle u, \dot{v}\rangle$ und $(u \times v)^{\cdot} = \dot{u} \times v + u \times \dot{v}$ für die Vektorfunktionen

$$u(t) = \begin{bmatrix} t \\ t^2 \\ t^3 \end{bmatrix} \quad \text{und} \quad v(t) = \begin{bmatrix} \cos t \\ \sin t \\ e^t \end{bmatrix}.$$

Aufgabe (90.3) Es seien $I \subseteq \mathbb{R}$ ein offenes Intervall, V ein endlichdimensionaler reeller Vektorraum und $W = \mathrm{End}(V)$ der Vektorraum aller linearen Abbildungen $A : V \to V$. (Nach Wahl einer Basis können wir V mit dem Vektorraum $\mathbb{R}^n$ aller Spaltenvektoren der Länge n und W mit dem Vektorraum $\mathbb{R}^{n\times n}$ aller $(n \times n)$-Matrizen identifizieren.) Die Abbildungen $A, B : I \to W$ seien differentiierbar an der Stelle $t_0 \in I$. Beweise die folgenden Aussagen!

(a) Für alle $\lambda, \mu \in \mathbb{R}$ ist die Abbildung $\lambda A + \mu B$ an der Stelle x_0 differentiierbar, und es gilt

$$(\lambda A + \mu B)'(x_0) = \lambda A'(x_0) + \mu B'(x_0),$$

(b) Die Abbildung $AB : t \mapsto A(t)B(t)$ ist an der Stelle t_0 differentiierbar, und es gilt

$$(AB)'(t_0) = A'(t_0)B(t_0) + A(t_0)B'(t_0).$$

(c) Ist $A(t_0)$ invertierbar, so ist auf einer Umgebung von t_0 die Abbildung $A^{-1} : t \mapsto A(t)^{-1}$ wohldefiniert und an der Stelle t_0 differentiierbar mit

$$(A^{-1})'(t_0) = -A(t_0)^{-1}A'(t_0)A(t_0)^{-1}.$$

Aufgabe (90.4) Überprüfe die Gültigkeit der Ableitungsregel

$$(A^{-1})^{\cdot} = -A^{-1}\dot{A}A^{-1}$$

für die matrixwertigen Funktionen

$$A(t) = \begin{bmatrix} \cos t & -\sin t \\ \sin t & \cos t \end{bmatrix} \quad \text{und} \quad A(t) = \begin{bmatrix} e^t & t^2e^t \\ 0 & e^{-t} \end{bmatrix}.$$

Aufgabe (90.5) Es seien $t \mapsto a_i(t) \in \mathbb{R}^n$ die Spalten der matrixwertigen Funktion $t \mapsto A(t) = \big(a_1(t) \mid \cdots \mid a_n(t)\big) \in \mathbb{R}^{n\times n}$. Überprüfe die Ableitungsregel

$$\frac{\mathrm{d}}{\mathrm{d}t}\,[\det A(t)] = \sum_{i=1}^{n} \det\big(a_1(t), \ldots, \dot{a}_i(t), \ldots, a_n(t)\big)$$

für die Funktionen $A(t) = \begin{bmatrix} t & t^2 \\ t^3 & t^4 \end{bmatrix}$ und $A(t) = \begin{bmatrix} t & t^2 \\ t^4 & t^7 \end{bmatrix}$.

Aufgabe (90.6) Die Reihe $f(A) = \sum_{k=0}^{\infty} a_k A^k$ sei konvergent für alle Matrizen $A \in \mathbb{R}^{n\times n}$ mit $\|A\| < \rho$. Für eine feste Matrix A mit $\|A\| < \rho$ definieren wir $\varphi(t) := f(tA)$ (für $|t| < \rho/\|A\|$). Zeige, daß φ differentiierbar ist mit $\varphi'(t) = f'(tA) \cdot A$.

Aufgabe (90.7) Eine Perle gleite reibungsfrei auf einem senkrecht aufgehängten Drahtring. Dieser Drahtring rotiere mit konstanter Winkelgeschwindigkeit ω um die in der folgenden Seitenansicht eingezeichnete Achse.

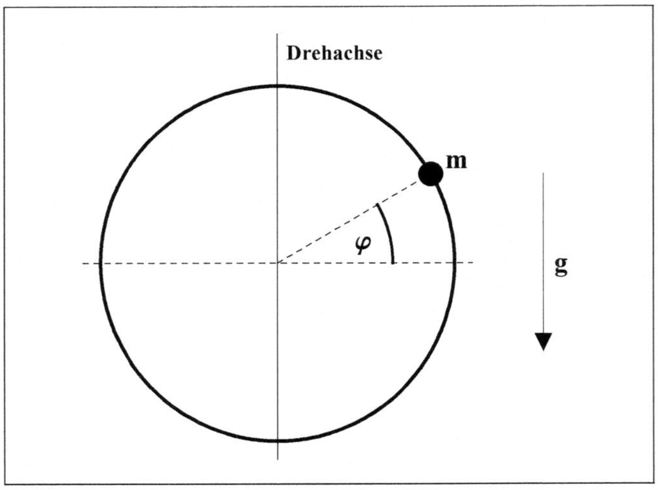

(a) Drücke die Absolutgeschwindigkeit und die Absolutbeschleunigung der Perle im rotierenden System durch die Funktion $t \mapsto \varphi(t)$ aus!
(b) Stelle die Bewegungsgleichung für die Funktion $t \mapsto \varphi(t)$ auf!
(c) Welche Gleichgewichtslagen hat das System?

Lösungen zu »Differentiation vektorwertiger Funktionen« siehe Seite 470

Aufgabe (90.8) Formuliere die Gleichung $\dot{g} = L(\omega)g$, die die Kinematik einer Drehbewegung beschreibt, als ein Differentialgleichungssystem für die Eulerwinkel α, β, γ, die gegeben sind durch

$$g = \begin{bmatrix} c_\alpha c_\gamma - s_\alpha c_\beta s_\gamma & -c_\alpha s_\gamma - s_\alpha c_\beta c_\gamma & s_\alpha s_\beta \\ s_\alpha c_\gamma + c_\alpha c_\beta s_\gamma & -s_\alpha s_\gamma + c_\alpha c_\beta c_\gamma & -c_\alpha s_\beta \\ s_\beta s_\gamma & s_\beta c_\gamma & c_\beta \end{bmatrix}$$

(wobei wir kurz $s_\varphi = \sin\varphi$ und $c_\varphi = \cos\varphi$ schreiben).

Aufgabe (90.9) Formuliere die Gleichung $\dot{g} = L(\omega)g$, die die Kinematik einer Drehbewegung beschreibt, als ein Differentialgleichungssystem für die Quaternionen q_0, q_1, q_2 und q_3, die gegeben sind durch

$$g = \begin{bmatrix} q_0^2+q_1^2-q_2^2-q_3^2 & 2(q_1q_2-q_0q_3) & 2(q_1q_3+q_0q_2) \\ 2(q_1q_2+q_0q_3) & q_0^2-q_1^2+q_2^2-q_3^2 & 2(q_2q_3-q_0q_1) \\ 2(q_1q_3-q_0q_2) & 2(q_2q_3+q_0q_1) & q_0^2-q_1^2-q_2^2+q_3^2 \end{bmatrix}$$

mit der Nebenbedingung $q_0^2 + q_1^2 + q_2^2 + q_3^2 = 1$.

Aufgabe (90.10) Ein starrer Körper (etwa ein Satellit) soll aus der Ruhelage g_0 in die Ruhelage g_1 mit

$$g_0 = \frac{1}{3}\begin{bmatrix} -1 & 2 & 2 \\ 2 & 2 & -1 \\ -2 & 1 & -2 \end{bmatrix} \quad \text{und} \quad g_1 = \frac{1}{75}\begin{bmatrix} -25 & 62 & -34 \\ 50 & 41 & 38 \\ 50 & -10 & -55 \end{bmatrix}$$

überführt werden. Gib eine Eigenachsendrehung an, die diesen Übergang ermöglicht.

Aufgabe (90.11) Zeige, daß bei einem Eigenachsenmanöver die Drehachse nicht nur im raumfesten, sondern auch im körperfesten System sich zeitlich nicht ändert. (Siehe (119.14) im Buch.)

Aufgabe (90.12) Ein Lagemanöver soll so durchgeführt werden, daß eine körperfeste Richtung $b^\star$ eine raumfeste Richtung d mit einem Mindestsicherheitswinkel Φ vermeidet. Zeige, daß ein solches Lagemanöver immer als Hintereinanderausführung zweier Eigenachsendrehungen durchführbar ist!

Bemerkung: Diese Fragestellung ist etwa wichtig bei Raumfahrtanwendungen, in denen ein (in körperfeste Richtung $b^\star$ zeigendes) Teleskop, das sich an Bord eines Satelliten befindet, während der Durchführung von Lagemanövern nicht in Richtung auf ein helles Objekt wie die Sonne zeigen darf. Der Grund zur Vermeidung solcher Richtungen liegt darin, daß ein Weltraumteleskop auf extrem niedrige Temperaturen gekühlt wird und das Anvisieren eines hellen Objekts zu einem unnötigen Verbrauch an Kühlmittel (bei dem es sich typischerweise um flüssiges Helium handelt) führen würde.

Aufgabe (90.13) Wir betrachten ein raumfestes Koordinatensystem (e_1, e_2, e_3) und ein zeitlich bewegliches Koordinatensystem mit dem Ursprung $x_0(t)$ und dem Koordinatendreibein $\big(b_1(t) \mid b_2(t) \mid b_3(t)\big) \in SO(3)$. Position, Geschwindigkeit und Beschleunigung seien im raumfesten System gegeben durch

$$\begin{aligned} r(t) &= x_0(t) + x_1(t)e_1 + x_2(t)e_2 + x_3(t)e_3, \\ v(t) &= \dot{x}_0(t) + \dot{x}_1(t)e_1 + \dot{x}_2(t)e_2 + \dot{x}_3(t)e_3, \\ a(t) &= \ddot{x}_0(t) + \ddot{x}_1(t)e_1 + \ddot{x}_2(t)e_2 + \dot{x}_3(t)e_3, \end{aligned}$$

im bewegten System dagegen durch

$$\begin{aligned} r^\star(t) &= \xi_1(t)b_1(t) + \xi_2(t)b_2(t) + \xi_3(t)b_3(t), \\ v^\star(t) &= \dot{\xi}_1(t)b_1(t) + \dot{\xi}_2(t)b_2(t) + \dot{\xi}_3(t)b_3(t), \\ a^\star(t) &= \ddot{\xi}_1(t)b_1(t) + \ddot{\xi}_2(t)b_2(t) + \ddot{\xi}_3(t)b_3(t). \end{aligned}$$

(**Achtung:** Die Funktion $t \mapsto x_0(t)$ ist eine vektorwertige Funktion, die Funktionen $t \mapsto x_i(t)$ mit $1 \le i \le 3$ sind skalarwertig.) Es sei $t \mapsto \omega(t)$ die Winkelgeschwindigkeit des beweglichen Dreibeins (b_1, b_2, b_3) relativ zum raumfesten Dreibein (e_1, e_2, e_3).

(a) Beweise die Gleichungen

$$\begin{aligned} v &= \dot{x}_0 + \omega \times r^\star + v^\star \quad \text{und} \\ a &= \ddot{x}_0 + \dot{\omega} \times r^\star + \omega \times (\omega \times r^\star) + 2\omega \times v^\star + a^\star. \end{aligned}$$

(b) Wann gilt $v = v^\star$ für beliebige Bewegungen eines Massenpunktes? (Wie müssen sich also die beiden Koordinatensysteme zueinander bewegen, damit in jedem der beiden Systeme Geschwindigkeitsmessungen zum gleichen Ergebnis führen?)

(c) Wann gilt $a = a^\star$ für beliebige Bewegungen eines Massenpunktes? (Wie müssen sich also die beiden Koordinatensysteme zueinander bewegen, damit in jedem der beiden Systeme Beschleunigungsmessungen zum gleichen Ergebnis führen?)

Aufgabe (90.14) (a) Wir betrachten ein raumfestes xyz-Koordinatensystem, eine sich mit der Winkelgeschwindigkeit $t \mapsto \omega_0(t)$ um die z-Achse drehende Scheibe, deren Mittelpunkt sich in einer zeitlich veränderlichen Höhe $h(t)$ über der xy-Ebene befindet, sowie ein fest mit der Scheibe verbundenes $\xi\eta\zeta$-Koordinatensystem, dessen $\xi\eta$-Ebene mit der Scheibenebene und dessen ζ-Achse mit der z-Achse zusammenfällt. Der Positionsverlauf $t \mapsto \big(\xi(t), \eta(t), \zeta(t)\big)$ eines Punktes bezüglich des $\xi\eta\zeta$-Systems sei gegeben. Bestimme die Absolutgeschwindigkeit und die Absolutbeschleunigung dieses Punktes!

(b) Wir betrachten in (a) den Spezialfall $h \equiv 0$ und $\omega_0 = \text{const.}$; die Scheibe drehe sich also mit konstanter Winkelgeschwindigkeit in der xy-Ebene. Eine Masse m befinde sich am Ende einer Feder mit Steifigkeit k und ungedehnter Länge ℓ_0, die am Scheibenmittelpunkt befestigt ist und sich durch eine Führung nur in Richtung der ξ-Achse bewegen kann. Stelle die Bewegungsgleichung für die Masse auf!

Lösungen zu »Differentiation vektorwertiger Funktionen« siehe Seite 470

Aufgabe (90.15) Eine Scheibe vom Radius R mit dem Mittelpunkt O im Koordinatenursprung drehe sich mit konstanter Winkelgeschwindigkeit Ω um die z-Achse. An einem Randpunkt A der Scheibe sei ein Rad vom Radius r befestigt, das sich mit konstanter Winkelgeschwindigkeit ω um die Achse OA drehe. Für einen Punkt auf dem Rand des Rades (in der Skizze rot eingezeichnet) sollen die Absolutgeschwindigkeit v und die Absolutbeschleunigung a berechnet werden. In welcher Position des Punktes wird der Betrag von v maximal bzw. minimal?

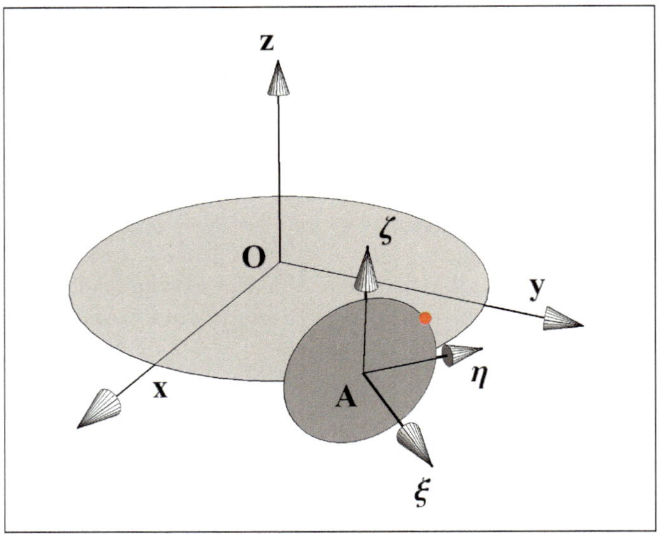

Aufgabe (90.16) Ein Karussell bestehe aus einer Scheibe vom Radius R, die sich mit der konstanten Winkelgeschwindigkeit Ω um ihren Mittelpunkt dreht, und mehreren kreisförmigen Sitzgondeln vom Radius r mit fest an der Scheibe montierten Mittelpunkten, die sich jeweils mit konstanter Winkelgeschwindigkeit ω um ihren Mittelpunkt drehen. Bestimme für eine Person, die sich in einer der Sitzgondeln befindet (in der Skizze etwa an der rot markierten Stelle) die Absolutgeschwindigkeit und die Absolutbeschleunigung! An welcher Stelle ist die Geschwindigkeit bzw. die wirkende Kraft am größten?

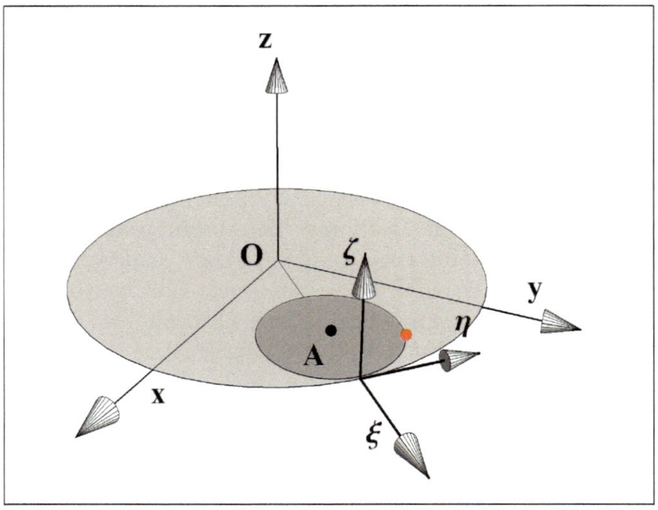

Aufgabe (90.17) Ein Fahrgeschäft auf einem Jahrmarkt bestehe aus einem Tragarm der Länge ℓ, dessen eines Ende O fest ist und an dessen anderem Ende A eine rotierende kreisförmige Sitzgondel vom Radius r befestigt ist. Der Tragarm bewege sich gemäß einer vorgegebenen Funktion $t \mapsto \varphi(t)$, die den von der Horizontalen aus gemessenen Winkel angibt, auf und ab, während die Gondel mit konstanter Winkelgeschwindigkeit ω um den Punkt A rotiere. Bestimme Absolutgeschwindigkeit und Absolutbeschleunigung einer in der Gondel sitzenden Person!

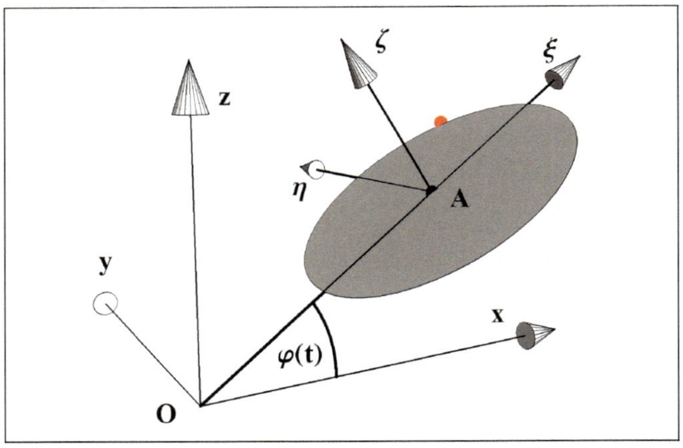

Aufgabe (90.18) Die zeitliche Änderung einer Vektorfunktion φ werde in zwei verschiedenen Bezugssystemen A und B gemessen, die sich mit den Winkelgeschwindigkeiten ω_A bzw. ω_B gegenüber einem raumfesten System drehen. Beweise den Zusammenhang

$$\left.\frac{\mathrm{d}}{\mathrm{d}t}\right|_B \varphi = \left.\frac{\mathrm{d}}{\mathrm{d}t}\right|_A \varphi + (\omega_A - \omega_B) \times \varphi .$$

Aufgabe (90.19) In dem abgebildeten Kugellager bewege sich der innere Ring (Radius r_1) mit konstanter Winkelgeschwindigkeit ω_1, der äußere Ring (Radius r_2) mit konstanter Winkelgeschwindigkeit ω_2. Mit welcher Winkelgeschwindigkeit dreht sich eine Kugel innerhalb des Lagers?

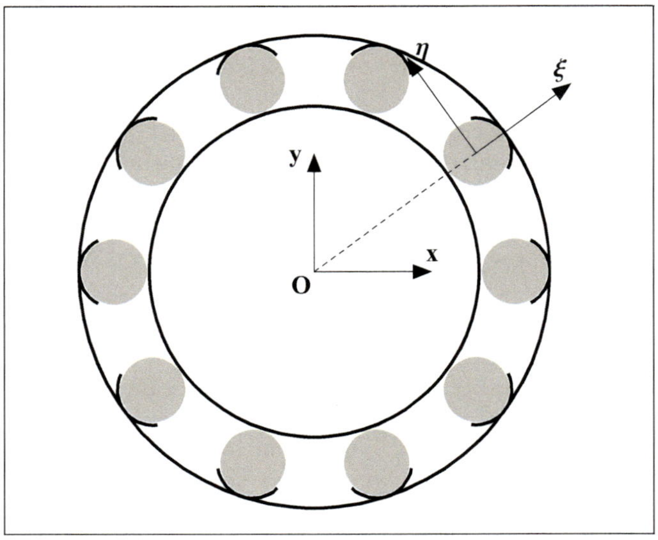

Lösungen zu »Differentiation vektorwertiger Funktionen« siehe Seite 470

A91: Ableitungswerte und lokales Verhalten

Aufgabe (91.1) Nach dem Satz von Rolle liegt zwischen je zwei Nullstellen einer differentiierbaren Funktion f mindestens eine Nullstelle der Ableitungsfunktion f'. Bestätige diese Aussage für die folgenden Funktionen!
(a) $f(x) = x^3 - x$
(b) $f(x) = \sin(x)$
(c) $f(x) = x^m(1-x)^n$ mit $m, n \in \mathbb{N}$

Aufgabe (91.2) Die Funktion $f : [a, b] \to \mathbb{R}$ sei mindestens n-mal differentiierbar und habe $n+1$ verschiedene reelle Nullstellen. Zeige, daß es dann eine Zahl $\xi \in (a, b)$ gibt mit $f^{(n)}(\xi) = 0$.

Aufgabe (91.3) Es seien $a < b$ zwei aufeinanderfolgende Nullstellen der differentiierbaren Funktion f. (Es mögen also die Bedingungen $f(a) = f(b) = 0$ und $f(x) \neq 0$ für $a < x < b$ gelten.) Zeige, daß f' zwischen a und b eine ungerade Zahl von Nullstellen hat, wenn diese mit Vielfachheit gezählt werden. **Hinweis:** Schreibe $f(x) = (x-a)^r(x-b)^s\varphi(x)$, wenn $r \geq 1$ die Vielfachheit der Nullstelle a und $s \geq 1$ die Vielfachheit der Nullstelle b bezeichnet.

Aufgabe (91.4) Ein reelles Polynom p vom Grad n habe n verschiedene reelle Nullstellen. Zeige, daß die Ableitung p' dann $n-1$ verschiedene Nullstellen hat.

Aufgabe (91.5) Es seien $n \geq 2$ eine natürliche Zahl und $p, q \in \mathbb{R}$ reelle Zahlen. Wir definieren $f : \mathbb{R} \to \mathbb{R}$ durch $f(x) := x^n + px + q$. Beweise die folgenden Aussagen!
(a) Ist n gerade, so hat f maximal zwei reelle Nullstellen.
(b) Ist n ungerade, so hat f maximal drei reelle Nullstellen.

Aufgabe (91.6) Für $n \in \mathbb{N}_0$ sei

$$p_n(x) := \sum_{k=0}^{n} \frac{x^k}{k!} = 1 + x + \frac{x^2}{2!} + \frac{x^3}{3!} + \cdots + \frac{x^n}{n!}.$$

Zeige, daß p_n für gerades n gar keine und für ungerades n genau eine reelle Nullstelle hat.

Aufgabe (91.7) Es sei $p : \mathbb{R} \to \mathbb{R}$ eine beliebige Polynomfunktion. Zeige, daß es eine Konstante $c \in \mathbb{R}$ derart gibt, daß die Funktion $q(x) := p(x) + c$ höchstens eine reelle Nullstelle hat.

Aufgabe (91.8) Der Mittelwertsatz besagt, daß es für jede auf $[a, b]$ stetige und auf (a, b) differentiierbare Funktion $f : [a, b] \to \mathbb{R}$ eine Zahl $\xi \in (a, b)$ gibt mit

$$\frac{f(b) - f(a)}{b - a} = f'(\xi).$$

Bestimme für die folgenden Funktionen und gegebene Zahlen $a < b$ eine solche Zahl ξ jeweils explizit!
(a) $f(x) = Ax^2 + Bx + C$ (mit $A, B, C \in \mathbb{R}$, $A \neq 0$)
(b) $f(x) = x^3$
(c) $f(x) = \sqrt{x}$ (mit $a \geq 0$)
(d) $f(x) = 1/x$ (mit $a > 0$)

Aufgabe (91.9) Man kann den Mittelwertsatz folgendermaßen benutzen, um komplizierte Funktionen näherungsweise auszuwerten. Der Wert $f(a)$ sei bekannt, und der Wert $f(a+h)$ mit einem leicht geänderten Argument soll näherungsweise bestimmt werden. Nach dem Mittelwertsatz gilt $f(a+h) = f(a) + f'(\xi)h$ mit einer Zahl ξ zwischen a und $a+h$; durch Abschätzen von $f'(\xi)$ kann man dann $f(a+h)$ näherungsweise bestimmen. Benutze diese Methode, um $\sqrt{105}$ zu berechnen!

Aufgabe (91.10) Zeige, daß die beiden Funktionen

$$f(x) := \arctan(x) \quad \text{und}$$
$$g(x) := \frac{1}{2} \arctan\left(\frac{2x}{1-x^2}\right)$$

die gleiche Ableitung haben. Ist $f - g$ konstant?

Aufgabe (91.11) Zeige, daß die Funktion $f : \mathbb{R} \to \mathbb{R}$ mit $f(x) = (x^3/3) - x^2 + 2x + 2$ bijektiv ist und daher eine Umkehrfunktion $g = f^{-1} : \mathbb{R} \to \mathbb{R}$ besitzt. Bestimme $g'(2)$, $g''(2)$, $g'(8)$ und $g''(8)$.

Aufgabe (91.12) Die Funktion $f : [0, \infty) \to \mathbb{R}$ sei differentiierbar. Welche der folgenden Bedingungen garantieren, daß $f \geq 0$ (also $f(x) \geq 0$ für alle $x \geq 0$) gilt?
(1) $f(0) \geq 0$ und $\big(f(x) \geq 0 \Rightarrow f'(x) \geq 0\big)$
(2) $f(0) \geq 0$ und $\big(f(x) \geq 0 \Rightarrow f'(x) > 0\big)$
(3) $f(0) \geq 0$ und $\big(f(x) > 0 \Rightarrow f'(x) \geq 0\big)$
(4) $f(0) \geq 0$ und $\big(f(x) > 0 \Rightarrow f'(x) > 0\big)$
(5) $f(0) > 0$ und $\big(f(x) \geq 0 \Rightarrow f'(x) \geq 0\big)$
(6) $f(0) > 0$ und $\big(f(x) \geq 0 \Rightarrow f'(x) > 0\big)$
(7) $f(0) > 0$ und $\big(f(x) > 0 \Rightarrow f'(x) \geq 0\big)$
(8) $f(0) > 0$ und $\big(f(x) > 0 \Rightarrow f'(x) > 0\big)$

Aufgabe (91.13) Es sei $I \subseteq \mathbb{R}$ ein Intervall. Zeige, daß für eine Funktion $f : I \to \mathbb{R}$ die beiden folgenden Aussagen äquivalent sind!
(1) Für alle $\xi \in I$ existiert

$$\lim_{\substack{x,y\to\xi,\\ x\neq y}} \frac{f(x) - f(y)}{x - y} = \lim_{\substack{h,k\to 0,\\ k\neq 0}} \frac{f(\xi+h+k) - f(\xi+h)}{k}.$$

(2) Die Funktion f ist stetig differentiierbar.

Aufgabe (91.14) Es sei x_0 ein innerer Punkt des Intervalls I. Die Funktion $f : I \to \mathbb{R}$ sei stetig, und für alle $x \in I \setminus \{x_0\}$ existiere $f'(x)$. Zeige: Gibt es eine Zahl $c \in \mathbb{R}$ mit $f'(x) \to c$ für $x \to x_0$, so ist f auch an der Stelle x_0 differentiierbar, und es gilt $f'(x_0) = c$.

Lösungen zu »Ableitungswerte und lokales Verhalten« siehe Seite 478

Aufgabe (91.15) Beweise die folgenden Aussagen!

(a) Für alle $0 < a < b$ und alle $n \in \mathbb{N}$ mit $n \geq 2$ gilt

$$n(b-a)a^{n-1} \;<\; b^n - a^n \;<\; n(b-a)b^{n-1}.$$

(b) Für alle $x > 0$ gilt $\dfrac{x}{1+x} < \ln(1+x) < x$.

(c) Für alle $x > 0$ und alle $n \in \mathbb{N}$ mit $n \geq 2$ gilt

$$\sqrt[n]{1+x} - 1 \;<\; \frac{x}{n}.$$

(d) Für alle $x > 0$ gilt $x - (x^3/3) < \arctan(x) < x$.

(e) Für alle $x \in (-1,0) \cup (0,\infty)$ und alle $\alpha > 1$ gilt

$$(1+x)^\alpha \;>\; 1 + \alpha x.$$

(f) Für $x \geq 0$ und $\alpha \in [0,1]$ gilt $x^\alpha \leq \alpha x + (1-\alpha)$.

(g) Für alle $u, v \geq 0$ und alle $\alpha \in [0,1]$ gilt

$$u^\alpha v^{1-\alpha} \;\leq\; \alpha u + (1-\alpha)v.$$

Aufgabe (91.16) (a) Zeige, daß jede Funktion der Form

$$(\star) \qquad f(x) \;=\; C_1 \cos(x) + C_2 \sin(x)$$

mit Konstanten C_i die Gleichung $f'' + f = 0$ erfüllt.

(b) Zeige umgekehrt: Ist eine Funktion $f : I \to \mathbb{R}$ zweimal differentiierbar und erfüllt die Gleichung $f''+f = 0$, so ist f von der Form $(\star)$.

Hinweis zu (b): Berechne die Ableitungen der Funktionen $f \cdot \sin + f' \cdot \cos$ und $f \cdot \cos - f' \cdot \sin$.

Aufgabe (91.17) Die Funktion $f : [0,1] \to \mathbb{R}$ sei differentiierbar mit $f(0) = 0$. Es gebe eine Konstante $\lambda \in \mathbb{R}$ mit $f'(x) \leq \lambda f(x)$ für alle $x \in [0,1]$. Zeige, daß dann $f(x) \leq 0$ für alle $x \in [0,1]$ gilt. **Hinweis:** Berechne die Ableitung der Funktion $F(x) := e^{-\lambda x} \cdot f(x)$.

Aufgabe (91.18) Die Funktion $g : (-\varepsilon, \varepsilon) \to \mathbb{R}$ sei differentiierbar mit $g(0) = 0$. Zeige: Gilt $g'(x)/x \to 0$ für $x \to 0$, so gilt auch $g(x)/x^2 \to 0$ für $x \to 0$.

Aufgabe (91.19) Es seien I ein offenes Intervall und $f : I \to \mathbb{R}$ eine differentiierbare Funktion. An einer Stelle $\xi \in I$ existiere die zweite Ableitung $f''(\xi)$ und sei von Null verschieden. Für alle hinreichend kleinen Werte von $|h|$ gibt es nach dem Mittelwertsatz eine Zahl $\theta(h) \in (0,1)$ mit

$$\frac{f(\xi+h) - f(\xi)}{h} \;=\; f'\big(\xi + \theta(h)h\big).$$

Zeige, daß $\theta(h) \to 1/2$ für $h \to 0$ gilt.

Hinweis: Betrachte in einer Umgebung von 0 die Funktion $F(x) := f(x+\xi) - f(\xi) - f'(\xi)x$ und wende die vorige Aufgabe auf $g(x) := F(x) - F''(0) \cdot x^2/2$ an.

Aufgabe (91.20) Es seien I ein offenes Intervall und $f : I \to \mathbb{R}$ eine differentiierbare Funktion. Zeige: Existiert an einer Stelle $\xi \in I$ die zweite Ableitung $f''(\xi)$, so gilt

$$f''(\xi) \;=\; \lim_{h \to 0} \frac{f(\xi+h) - 2f(\xi) + f(\xi-h)}{h^2}.$$

Aufgabe (91.21) Verifiziere die Aussage der vorhergehenden Aufgabe für jede der folgenden Funktionen!

(a) $f(x) = x^2$
(b) $f(x) = x^3$
(c) $f(x) = e^x$
(d) $f(x) = \ln(x)$

Aufgabe (91.22) Beweise die folgenden Varianten der L'Hospitalschen Regeln unter Benutzung der angegebenen Hinweise. Es seien jeweils b und c Elemente von $\mathbb{R} \cup \{\pm\infty\}$, und es seien f und g in einer Umgebung von b definierte differentiierbare Funktionen.

(a) Es sei $b \in \mathbb{R}$, und es gelte $g'(x) \neq 0$ in einer Umgebung von b. Für $x \to b$ mögen die Beziehungen $f(x) \to 0$, $g(x) \to 0$ und $f'(x)/g'(x) \to c$ gelten. Zeige, daß dann auch $f(x)/g(x) \to c$ für $x \to b$ gilt. **Hinweis:** Setze f und g durch $f(b) := g(b) := 0$ stetig fort und wende dann den verallgemeinerten Mittelwertsatz an auf

$$\frac{f(x)}{g(x)} \;=\; \frac{f(x) - f(b)}{g(x) - g(b)}.$$

(b) Nun sei $b \in \{\pm\infty\}$. Wieder mögen die Beziehungen $f(x) \to 0$, $g(x) \to 0$ und $f'(x)/g'(x) \to c$ für $x \to b$ gelten. Zeige, daß dann auch $f(x)/g(x) \to c$ für $x \to b$ gilt. **Hinweis:** Wende Teil (a) an auf $F(x) := f(1/x)$, $G(x) := g(1/x)$ und $b_0 := 0$.

(c) Für $x \to b$ mögen die Beziehungen $g(x) \to \infty$ und $f'(x)/g'(x) \to c$ gelten. Zeige, daß dann auch $f(x)/g(x) \to c$ für $x \to b$ gilt. **Hinweis:** Für $g(x) > g(a) > 0$ gilt die Identität

$$(\star) \qquad \frac{f(x)}{g(x)} \;=\; \frac{f(x) - f(a)}{g(x) - g(a)} \left(1 - \frac{g(a)}{g(x)}\right) + \frac{f(a)}{g(x)}.$$

Aufgabe (91.23) Bestimme die folgenden Grenzwerte in Abhängigkeit von dem Parameter $\alpha \in \mathbb{R}$.

(a) $\displaystyle\lim_{x \to \infty} \frac{\ln(x)}{x^\alpha}$ (b) $\displaystyle\lim_{x \to \infty} \frac{x^\alpha}{e^x}$ (c) $\displaystyle\lim_{x \to \infty} x^\alpha \cdot (\sqrt[x]{x} - 1)$

Aufgabe (91.24) Bestimme die folgenden Grenzwerte in Abhängigkeit von den Parametern $\alpha, \beta \in \mathbb{R}$.

(a) $\displaystyle\lim_{x \to \infty} \frac{\ln(x)^\alpha}{x^\beta}$ (b) $\displaystyle\lim_{x \to \infty} \frac{x^\alpha}{e^{\beta x}}$ (c) $\displaystyle\lim_{x \to \infty} \frac{x^a}{b^x}$

Lösungen zu »Ableitungswerte und lokales Verhalten« siehe Seite 478

Aufgabe (91.25) Berechne die folgenden Grenzwerte mit Hilfe der L'Hospitalschen Regeln.

(a) $\lim_{x\to 0} \dfrac{1-\cos x}{x^2}$ (b) $\lim_{x\to 0} \dfrac{a^x - b^x}{x}$

(c) $\lim_{x\to 1} \dfrac{x^3+x^2-x-1}{x^2-1}$ (d) $\lim_{x\to\infty} \dfrac{\ln(1+e^x)}{x}$

(e) $\lim_{x\to 0} \dfrac{1-\cos(x/2)}{1-\cos(x)}$ (f) $\lim_{x\to 0} \dfrac{\sqrt{\cos(ax)}-\sqrt{\sin(ax)}}{x^2}$

(g) $\lim_{x\to 0} \dfrac{(1+x)^\alpha - (1+\alpha x)}{x^2}$ (h) $\lim_{x\to 0} \left[\dfrac{1}{x} - \dfrac{1}{e^x-1}\right]$

(i) $\lim_{x\to 0} \dfrac{e^x-1}{\ln(1+x)}$ (j) $\lim_{x\to 1} \ln(x)\cdot\tan(\pi x/2)$

(k) $\lim_{x\to 0} \dfrac{x\tan(x)}{\sqrt{1-x^2}-1}$ (l) $\lim_{x\to 0} \left(\dfrac{1}{\sin(x)} - \dfrac{1}{x}\right)$

(m) $\lim_{x\to 0} \dfrac{\arcsin(x)-x}{x^3}$ (n) $\lim_{x\to 0} \left(\dfrac{1}{x}\right)^{\sin(x)}$

(o) $\lim_{x\to 0} \left(\dfrac{\tan(x)}{x}\right)^{1/x}$ (p) $\lim_{x\to 0} \left(\dfrac{1}{\sin^2 x} - \dfrac{1}{x^2}\right)$

(q) $\lim_{x\to 0+} \sin(x)^{\tan(x)}$ (r) $\lim_{x\to 0+} x^{a/\ln(x)}$

Aufgabe (91.26) Bestimme die folgenden Grenzwerte!

(a) $\lim_{x\to 0} \dfrac{6^x-2^x}{x}$

(b) $\lim_{x\to 1} \left(\dfrac{1}{x-1} - \dfrac{1}{\ln(x)}\right)$

(c) $\lim_{x\to 0} \dfrac{x-\sin(\sin x)}{x^3}$

(d) $\lim_{x\to 0+} (e^x-1)\ln(x)$

(e) $\lim_{x\to 0} \dfrac{6^x-5^x}{2x-3x^4}$

(f) $\lim_{x\to 0} \dfrac{\cos\big(\cos(x)\cdot\pi/2\big)}{x^2-x^3}$

Aufgabe (91.27) Die durch

$$f(x) := \begin{cases} x\sin(1/x^4)e^{-1/x^2}, & x\neq 0 \\ 0, & x=0 \end{cases}$$

und

$$g(x) := \begin{cases} e^{-1/x^2}, & x\neq 0 \\ 0, & x=0 \end{cases}$$

definierten Funktionen $f,g:\mathbb{R}\to\mathbb{R}$ sind differentiierbar. Zeige, daß für $x\to 0$ die Aussagen $f(x)\to 0$, $g(x)\to 0$, $f(x)/g(x)\to 0$, $f'(x)\to 0$ und $g'(x)\to 0$ gelten, daß aber $\lim_{x\to 0} f'(x)/g'(x)$ nicht existiert. Warum widerspricht dies nicht den l'Hospitalschen Regeln?

Aufgabe (91.28) Behauptung: Ist $f : I\to\mathbb{R}$ differentiierbar, so ist f' automatisch stetig. **Begründung:** Für alle $a\in I$ gilt nach den L'Hospitalschen Regeln die Gleichung

$$\begin{aligned} f'(a) &= \lim_{x\to a} \frac{f(x)-f(a)}{x-a} = \lim_{x\to a} \frac{(\mathrm{d}/\mathrm{d}x)\big(f(x)-f(a)\big)}{(\mathrm{d}/\mathrm{d}x)(x-a)} \\ &= \lim_{x\to a} \frac{f'(x)}{1} = \lim_{x\to a} f'(x); \end{aligned}$$

also gilt $f'(x)\to f'(a)$ für $x\to a$, so daß f' an der Stelle a stetig ist.

Die Behauptung ist falsch; also kann auch die Begründung nicht stimmen. Wo liegt der Fehler?

Aufgabe (91.29) Die Funktion $f : [0,\infty)\to\mathbb{R}$ sei stetig auf ganz $[0,\infty)$ und differentiierbar auf $(0,\infty)$; ferner gelte $f(0)=0$. Zeige: Wächst f' monoton auf $(0,\infty)$, dann wächst auch $x\mapsto f(x)/x$ monoton auf $(0,\infty)$.

Aufgabe (91.30) (a) Die Funktion $f : [a,\infty)\to\mathbb{R}$ sei differentiierbar, und es gebe eine Konstante $c>0$ mit $f'(x)+cf(x)\to b$ für $x\to\infty$. Zeige, daß dann $f(x)\to b/c$ für $x\to\infty$ gilt. (Dabei kann b entweder eine reelle Zahl oder $\pm\infty$ sein.)

(b) Die Funktion $f : [a,\infty)\to\mathbb{R}$ sei zweimal differentiierbar mit $f''(x)+3f'(x)+2f(x)\to 2$ für $x\to\infty$. Zeige, daß dann $f(x)\to 1$ für $x\to\infty$ gilt.

Hinweis: Wende für (a) die Regel von de l'Hospital auf die Funktion $g(x) := x\cdot f\big(\ln(x)/c\big)$ an. Wende für (b) den Aufgabenteil (a) zweimal geeignet an.

Aufgabe (91.31) Es seien I und J Intervalle in $\mathbb{R}$, und es sei $f : I\to J$ eine bijektive Funktion. Beweise die folgenden Aussagen!

(a) Ist f streng monoton wachsend und (streng) konvex, so ist f^{-1} streng monoton wachsend und (streng) konkav.

(b) Ist f streng monoton fallend und (streng) konvex, so ist f^{-1} streng monoton fallend und (streng) konkav.

(c) Ist f streng monoton wachsend und (streng) konkav, so ist f^{-1} streng monoton wachsend und (streng) konvex.

(d) Ist f streng monoton fallend und (streng) konkav, so ist f^{-1} streng monoton fallend und (streng) konvex.

Zeige ferner, wie sich diese Aussagen auch aus Satz (91.10) im Buch ergeben, wenn wir voraussetzen, daß f und f^{-1} zweimal differentiierbar sind.

Aufgabe (91.32) Die Funktion $f:\mathbb{R}\to\mathbb{R}$ sei definiert durch

$$f(x) := \begin{cases} x^4\big(2+\sin(1/x)\big), & \text{falls } x\neq 0; \\ 0, & \text{falls } x=0. \end{cases}$$

Zeige, daß f an der Stelle $x_0=0$ ein striktes globales Minimum besitzt, daß aber f' in jeder Umgebung des Nullpunkts unendlich oft das Vorzeichen wechselt. Existiert $f''(0)$?

Aufgabe (91.33) Führe für jede der folgenden Funktionen jeweils eine Kurvendiskussion durch! Bestimme insbesondere den maximalen Definitionsbereich von f, das Verhalten von $f(x)$, wenn x gegen den Rand des Definitionsbereichs geht (Verhalten im Unendlichen, Asymptoten, Polstellen), die Nullstellen von f, das Monotonieverhalten (insbesondere Minima und Maxima) und das

Lösungen zu »Ableitungswerte und lokales Verhalten« siehe Seite 478

Krümmungsverhalten (insbesondere Wendepunkte). Untersuche auch, ob die Funktion periodisch, gerade oder ungerade ist. Fertige jeweils eine Skizze an, an der man die wesentlichen Eigenschaften der Funktion f ablesen kann.

(a) $f(x) = x^4 - 2x^2 + 1$
(b) $f(x) = (x^2+1)/(x-3)$
(c) $f(x) = (2x-1)/x^2$
(d) $f(x) = xe^{-x}$
(e) $f(x) = (-x^2+2x+2)e^{-x}$
(f) $f(x) = x^4 - 2x^3 + 2x - 1$
(g) $f(x) = (1+x)\sqrt{1-x^2}$
(h) $f(x) = \cos(2x) - 4\sin(x)$
(i) $f(x) = x^3/(x^2-1)$
(j) $f(x) = \sqrt{x^2+x^3}$
(k) $f(x) = \sin(2x) + 2\cos(x)$
(l) $f(x) = x^3e^x - 2$
(m) $f(x) = \sqrt[3]{x^2}/(x^2+8)$
(n) $f(x) = \sqrt{x} - x$
(o) $f(x) = 2\sin(x) - \cos(2x)$
(p) $f(x) = (x+1)/\sqrt{x^2+1}$
(q) $f(x) = (x-1)/\sqrt{x^2-1}$
(r) $f(x) = \cos(x+1)^2 - \cos(x)\cos(x+2)$
(s) $f(x) = e^{2x} - 5e^x + 6$
(t) $f(x) = 3 + 4\sin(x) - \cos(2x)$

Aufgabe (91.34) Führe für die folgenden Funktionen jeweils eine Kurvendiskussion durch! Gib ferner jeweils die Gleichung der Tangente an die Kurve $y = f(x)$ an der angegebenen Stelle $x = x_0$ an.

(a) $f(x) = \sin(x)/\big(2-\cos(x)\big)$, $x_0 = 0$
(b) $f(x) = (x^2-1)/(x^2+x-2)$, $x_0 = -1$
(c) $f(x) = x^{5/3} + 5x^{2/3}$, $x_0 = 1$
(d) $f(x) = \big(x/(x+1)\big)^2$, $x_0 = -1/2$
(e) $f(x) = \ln(x)^2/x$, $x_0 = \sqrt{e}$
(f) $f(x) = e^x(x^3 - x^2)$, $x_0 = 1$
(g) $f(x) = x^3e^{-x^2}$, $x_0 = 1$
(h) $f(x) = 1/(8x+1) - 8/(x+8)$, $x_0 = 0$
(i) $f(x) = \sin(x) - \sin(x)^2$, $x_0 = \pi/2$
(j) $f(x) = \sqrt[3]{6x^2 - x^3}$, $x_0 = 3$
(k) $f(x) = (x^3 - x^2 - 5x - 3)/x^3$, $x_0 = 1$
(l) $f(x) = (x^2-1)e^{-x}$, $x_0 = 0$
(m) $f(x) = x^2/(x-5)$, $x_0 = -1$
(n) $f(x) = \ln(3x^2 - 2x^3)$, $x_0 = -1$
(o) $f(x) = x^3/\sqrt{e^x}$, $x_0 = 4$
(p) $f(x) = x^2e^x$, $x_0 = 1$
(q) $f(x) = x^4 - 20x^2 + 64$, $x_0 = 2$
(r) $f(x) = \sin(x) + \cos(x)$, $x_0 = \pi$
(s) $f(x) = 2\sin(x) - \sin(2x)$, $x_0 = \pi/4$
(t) $f(x) = x^2 \cdot \big(\ln(x) - 1\big)$, $x_0 = e$

Aufgabe (91.35) Wir betrachten die Funktionen $f(x) = x^5 - x^4 - 1$ und $g(x) = x^{10} - x^9 - 1$.

(a) Begründe, warum f eine Nullstelle im Intervall $[1,2]$ besitzt, und führe, beginnend mit dem Startwert $x_0 = 1$, zwei Schritte des Newtonverfahrens aus, um diese Nullstelle zu bestimmen.

(b) Skizziere den Verlauf von f!

(c) Begründe, warum g in jedem der Intervalle $[-1,-0.6]$ und $[1,1.4]$ eine Nullstelle besitzt, und führe jeweils die ersten zwei Schritte des Bisektionsverfahrens aus, um diese Nullstellen zu bestimmen.

(d) Skizziere den Verlauf von g!

Aufgabe (91.36) (a) Wo besitzt der Graph der Funktion $f(x) = \sin(x) + \cos(x)^2$ im Intervall $[0, 2\pi]$ eine waagrechte Tangente?

(b) Wie lautet die Gleichung der Tangente an die Kurve $y = \sqrt{x+7}$ an der Stelle $x_0 = 2$?

(c) Wo schneidet der Graph der Funktion $h(x) = (x^3 - 2x)/(x+1)$ die x-Achse?

Aufgabe (91.37) (a) Begründe, warum die Gleichung $x = \cos(x)$ genau eine reelle Lösung besitzt, und gib ein Intervall der Länge 1 an, in dem diese Lösung liegt.

(b) Führe zwei Schritte des Bisektionsverfahrens durch, um diese Lösung zu finden, beginnend mit dem in (a) angegebenen Intervall.

(c) Führe zwei Schritte des Newtonverfahrens durch, um diese Lösung zu finden, beginnend mit einem geeignet gewählten Näherungswert.

Aufgabe (91.38) (a) Begründe, warum die Funktion $f(x) = e^x + x$ genau eine reelle Nullstelle besitzt.

(b) Führe zwei Schritte des Bisektionsverfahrens durch, um diese Nullstelle zu finden, beginnend mit einem geeignet gewählten Intervall der Länge 1.

(c) Führe zwei Schritte des Newtonverfahrens durch, um diese Nullstelle zu finden, beginnend mit einem geeignet gewählten Näherungswert für die Nullstelle.

Aufgabe (91.39) (a) Begründe, warum die Funktion $f(x) = x^3 - 3x + 3$ genau eine reelle Nullstelle besitzt.

(b) Führe drei Schritte des Bisektionsverfahrens durch, um diese Nullstelle zu finden, beginnend mit einem geeignet gewählten Intervall der Länge 1.

(c) Führe drei Schritte des Newtonverfahrens durch, um diese Nullstelle zu finden, beginnend mit einem geeignet gewählten Näherungswert für die Nullstelle.

Aufgabe (91.40) Gegeben seien eine natürliche Zahl $n \in \mathbb{N}$ und eine reelle Zahl $a > 0$. Bestimme für die Funktion

$$f(x) := x^n e^{-ax}$$

die Nullstellen von f, f' und f'' und fertige dann eine Skizze an, die den Verlauf der Funktion f qualitativ korrekt beschreibt.

Aufgabe (91.41) Für eine feste Zahl $a > 0$ betrachten wir die Funktion $f : [0, \infty) \to \mathbb{R}$, die gegeben ist durch

$$f(x) = x^a \cdot a^x.$$

Lösungen zu »Ableitungswerte und lokales Verhalten« siehe Seite 478

Skizziere den Verlauf der Funktion f! Unterscheide dabei die Fälle $a = 1$, $a > 1$ und $a < 1$. (Eine grobe Skizze reicht, sofern sie den Funktionsverlauf qualitativ korrekt beschreibt.)

Aufgabe (91.42) (a) Führe eine Kurvendiskussion durch für die Funktion

$$f(x) := \frac{3 \cdot \sqrt[3]{x}}{x+2}.$$

(b) Bestimme die Gleichung der Tangente an die Kurve $y = f(x)$ an der Stelle $x_0 = -1$.

(c) Skizziere durch Rückführung auf Teil (a), also ohne erneute Rechnung, den Verlauf der Funktion

$$g(x) := \frac{3 \cdot \sqrt[3]{x^2}}{x^2+2}.$$

Aufgabe (91.43) (a) Zeige, daß die Funktion $f(x) := (x^5+5x+6)/5$ eine Umkehrfunktion $g : \mathbb{R} \to \mathbb{R}$ besitzt und daß $g(0) = -1$ gilt. Berechne die Ableitungswerte $g'(0)$, $g''(0)$ und $g'''(0)$!

(b) Zeige, daß die Funktion $f(x) = x - \sin(x)$ eine Umkehrfunktion $g : \mathbb{R} \to \mathbb{R}$ besitzt. Skizziere den Verlauf von f und von g!

Aufgabe (91.44) Wir betrachten die Funktion

$$f(x) := e^x + \arctan(x).$$

(a) Gib den Bildbereich $I := f(\mathbb{R})$ an.
(b) Zeige, daß f eine Umkehrfunktion $g : I \to \mathbb{R}$ besitzt und daß $g(1) = 0$ gilt.
(c) Berechne die Ableitungswerte $g'(1)$ und $g''(1)$!
(d) Wie lautet die Gleichung der Tangente an die Kurve $y = g(x)$ an der Stelle $x = 1$?

Aufgabe (91.45) Für $a > 0$ definieren wir $f_a : \mathbb{R} \to \mathbb{R}$ durch $f_a(x) := a^x - x$. Führe eine Kurvendiskussion für f_a durch und beweise insbesondere die folgenden Aussagen.

(a) Für alle $a > 0$ ist f_a konvex, für $a \neq 1$ sogar strikt konvex.
(b) Für $0 < a \leq 1$ ist f_a streng monoton fallend mit $f_a(x) \to -\infty$ für $x \to \infty$.
(c) Für $a > 1$ besitzt f_a ein eindeutig bestimmtes globales Minimum an der Stelle $\xi_a = -\ln(\ln(a))/\ln(a)$, und es gelten die folgenden Aussagen.
   - Für $1 < a < e^{1/e}$ gilt $f_a(\xi_a) < 0$, und f_a besitzt genau zwei Nullstellen $\xi_1(a) < \xi_2(a)$; für diese gilt $1 < a < \xi_1(a) < \xi_a < \xi_2(a)$.
   - Für $a = e^{1/e}$ haben wir $\xi_a = e$ und $f(\xi_a) = 0$, so daß der Graph von f_a die x-Achse an der einzigen Nullstelle ξ_a berührt.
   - Für $a > e^{1/e}$ gilt $f_a(\xi_a) > 0$, so daß f_a keine Nullstelle besitzt.

Bemerkung: Siehe nun noch einmal die Aufgaben (77.31) und (77.32).

Aufgabe (91.46) Diskutiere den Verlauf der Funktion $f : (0,\infty) \to \mathbb{R}$, die definiert ist durch $f(x) := x^{1/x}$.

Aufgabe (91.47) Für $0 < x < e^{1/e}$ ist nach Aufgabe (77.32) die Funktion

$$f(x) := {}^{\cdot^{\cdot^{\cdot}}} x^{\left(x^{\left(x^{x}\right)}\right)}$$

definiert. Zeige, daß diese Funktion das Intervall $(0, e^{1/e}]$ streng monoton wachsend auf das Intervall $(0, e]$ abbildet und daß die Umkehrfunktion $g : (0, e] \to (0, e^{1/e}]$ gegeben ist durch

$$g(u) := u^{1/u}.$$

Bestimme die Tangenten an die Kurve $y = f(x)$ in den Punkten $(1,1)$ und $(\sqrt{2}, 2)$.

Aufgabe (91.48) Bestimme in den folgenden Fällen jeweils, wieviele Nullstellen die angegebene Funktion f hat, und bestimme diese mit Hilfe des Newtonverfahrens.

(a) $f(x) = x^3 + 2x - 5$
(b) $f(x) = x^4 + 2x^3 - 23x^2 + 2x + 1$
(c) $f(x) = x^2 - 2\cos(x)$

Aufgabe (91.49) Es seien $I \subseteq \mathbb{R}$ ein Intervall, $f : I \to \mathbb{R}$ eine $(n+1)$-mal stetig differentiierbare Funktion und $x_0 \in I$ ein Punkt in I. Zeige, daß für ein Polynom p vom Grad $\leq n$ die folgenden Aussagen äquivalent sind:

(1) es gibt ein Intervall um x_0, auf dem $|f - p| \leq |f - q|$ für alle Polynome q vom Grad $\leq n$ gilt;
(2) p ist das n-te Taylorpolynom von f an der Stelle x_0.

(Das n-te Taylorpolynom von f an der Stelle x_0 läßt sich also charakterisieren als dasjenige Polynom vom Grad $\leq n$, das f in einer Umgebung von x_0 bestmöglich approximiert.)

Aufgabe (91.50) Bestimme für jede der folgenden Funktionen das Taylorpolynom fünften Grades um den Nullpunkt.

(a) $f(x) = a^x$
(b) $f(x) = \sin(x)^2$
(c) $f(x) = \sin(x^2)$
(d) $f(x) = \arctan(x)$
(e) $f(x) = e^x/(1-x)$
(f) $f(x) = x/\sqrt{1-x^2}$
(g) $f(x) = \sqrt{1-x+x^2}$
(h) $f(x) = \cos(\sin x)$
(i) $f(x) = \cos(\cos x)$

Aufgabe (91.51) Zeige, daß ein kubisches Polynom $p \in \mathbb{R}[X]$ einen eindeutig bestimmten Wendepunkt hat. Zeige ferner, daß der Graph von p symmetrisch zu diesem Wendepunkt verläuft.

Lösungen zu »Ableitungswerte und lokales Verhalten« siehe Seite 478

Aufgabe (91.52) Bestimme in den folgenden Fällen jeweils die erste Zahl $n \in \mathbb{N}$ mit $f^{(n)}(0) \neq 0$ und entscheide, ob an der Stelle 0 ein Minimum, ein Maximum oder ein Sattelpunkt der Funktion f vorliegt.

(a) $f(x) = x^5 + 10x^4$
(b) $f(x) = x \arctan(x)$
(c) $f(x) = x^3 \sin(x^2)$
(d) $f(x) = \sin(x) \cdot (1 + x - e^x)$
(e) $f(x) = 2 - x^2 - 2\cos(x)$

Aufgabe (91.53) Die Funktion $f : [a, b] \to \mathbb{R}$ sei stetig mit $f(a) = f(b)$. Nach Aufgabe (82.51) gibt es dann eine Schachtelung aus Intervallen $I_n = [a_n, b_n]$ mit $f(a_n) = f(b_n)$ für alle n, wobei alle I_n mit $n \geq 2$ im Innern (a, b) von $[a, b]$ liegen. Zeige: Ist $\xi \in (a, b)$ der Grenzpunkt der Intervallschachtelung (I_n) und ist f an der Stelle ξ differentiierbar, so gilt $f'(\xi) = 0$. (Diese Aufgabe liefert einen alternativen Beweis des Satzes von Rolle.)

Aufgabe (91.54) Die Funktion $f : [x_0, \infty) \to \mathbb{R}$ sei differentiierbar. Welche der folgenden Aussagen sind richtig, welche sind falsch? (Es ist jeweils ein Beweis oder ein Gegenbeispiel anzugeben.)

(a) Es gelte $f(x_0) \geq 0$, und aus $f(x) \geq 0$ folge $f'(x) \geq 0$. Dann gilt $f(x) \geq 0$ für alle $x > x_0$.
(b) Es gelte $f(x_0) \geq 0$, und aus $f(x) \geq 0$ folge $f'(x) \geq 0$. Dann gilt $f(x) > 0$ für alle $x > x_0$.
(c) Es gelte $f(x_0) \geq 0$, und aus $f(x) \geq 0$ folge $f'(x) > 0$. Dann gilt $f(x) \geq 0$ für alle $x > x_0$.
(d) Es gelte $f(x_0) \geq 0$, und aus $f(x) \geq 0$ folge $f'(x) > 0$. Dann gilt $f(x) > 0$ für alle $x > x_0$.
(e) Es gelte $f(x_0) \geq 0$, und aus $f(x) > 0$ folge $f'(x) \geq 0$. Dann gilt $f(x) \geq 0$ für alle $x > x_0$.
(f) Es gelte $f(x_0) \geq 0$, und aus $f(x) > 0$ folge $f'(x) \geq 0$. Dann gilt $f(x) > 0$ für alle $x > x_0$.
(g) Es gelte $f(x_0) \geq 0$, und aus $f(x) > 0$ folge $f'(x) > 0$. Dann gilt $f(x) \geq 0$ für alle $x > x_0$.
(h) Es gelte $f(x_0) \geq 0$, und aus $f(x) > 0$ folge $f'(x) > 0$. Dann gilt $f(x) > 0$ für alle $x > x_0$.
(i) Es gelte $f(x_0) > 0$, und aus $f(x) \geq 0$ folge $f'(x) \geq 0$. Dann gilt $f(x) \geq 0$ für alle $x > x_0$.
(j) Es gelte $f(x_0) > 0$, und aus $f(x) \geq 0$ folge $f'(x) \geq 0$. Dann gilt $f(x) > 0$ für alle $x > x_0$.
(k) Es gelte $f(x_0) > 0$, und aus $f(x) \geq 0$ folge $f'(x) > 0$. Dann gilt $f(x) \geq 0$ für alle $x > x_0$.
(l) Es gelte $f(x_0) > 0$, und aus $f(x) \geq 0$ folge $f'(x) > 0$. Dann gilt $f(x) > 0$ für alle $x > x_0$.
(m) Es gelte $f(x_0) > 0$, und aus $f(x) > 0$ folge $f'(x) \geq 0$. Dann gilt $f(x) \geq 0$ für alle $x > x_0$.
(n) Es gelte $f(x_0) > 0$, und aus $f(x) > 0$ folge $f'(x) \geq 0$. Dann gilt $f(x) > 0$ für alle $x > x_0$.
(o) Es gelte $f(x_0) > 0$, und aus $f(x) > 0$ folge $f'(x) > 0$. Dann gilt $f(x) \geq 0$ für alle $x > x_0$.
(p) Es gelte $f(x_0) > 0$, und aus $f(x) > 0$ folge $f'(x) > 0$. Dann gilt $f(x) > 0$ für alle $x > x_0$.

Aufgabe (91.55) Zeige, daß für jede der Funktionen $\varphi : [0, \infty) \to [0, \infty)$ in Aufgabe (81.14) die Bedingung $\varphi(u + v) \leq \varphi(u) + \varphi(v)$ für alle $u, v \geq 0$ erfüllt ist.

Hinweis: Wegen $\varphi(0) = 0$ genügt es, die Bedingung für $u, v > 0$ zu zeigen. Ist $\varphi \in C^2(0, \infty)$ mit $\varphi'' \leq 0$, so ist φ' monoton fallend; daher gilt $\varphi'(u) - \varphi'(u + v) \geq 0$, so daß $u \mapsto \varphi(u) + \varphi(v) - \varphi(u + v)$ für jedes feste v monoton wächst.

Aufgabe (91.56) Zeige, daß für eine Zahl $c > 0$ die beiden folgenden Aussagen äquivalent sind:

(1) $x \leq c^x$ für alle $x \geq 0$;
(2) aus $x_1 + \cdots + x_n \leq a$ mit $x_i \geq 0$ folgt $x_1 \cdots x_n \leq c^a$.

Zeige, daß eine Zahl c diese Eigenschaft genau dann hat, wenn $c \geq e^{1/e}$ gilt.

Aufgabe (91.57) Warum können Ingenieure Optimierungsaufgaben gut lösen, auch wenn sie schlecht rechnen können?

Aufgabe (91.58) Ein Baumstamm habe einen kreisförmigen Querschnitt vom Durchmesser d. Aus diesem Baumstamm soll ein Balken mit rechteckigem Querschnitt (Breite b, Höhe h) so geschnitten werden, daß die Tragfähigkeit des Balkens (welche proportional zu bh^2 ist) maximal wird. Wie müssen b und h gewählt werden?

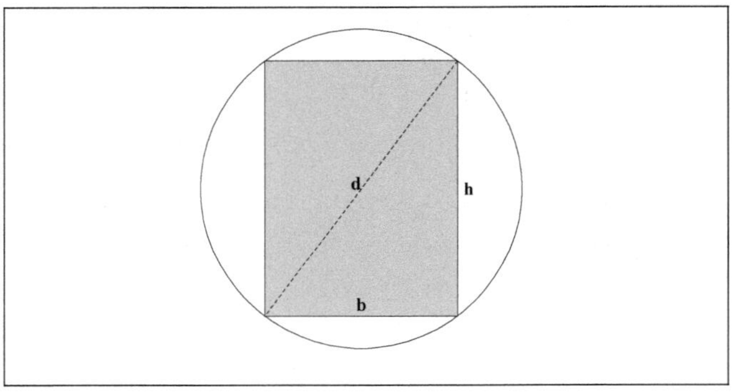

Aufgabe (91.59) Von einem Wasserturm aus sollen ein Hauptgebäude und ein abseits gelegenes Seitengebäude über geradlinig verlegte Leitungen mit Wasser versorgt werden; die gegenseitige Lage der Gebäude ist in der Zeichnung unten angegeben. An welcher Stelle der Hauptleitung muß die Seitenleitung abzweigen, wenn die Baukosten minimiert werden sollen und wenn der Preis für die Hauptleitung $c_1 = 30000$ EUR/km, für die entlastete Hauptleitung $c_2 = 22000$ EUR/km und für die Nebenleitung $c_3 = 12000$ EUR/km beträgt?

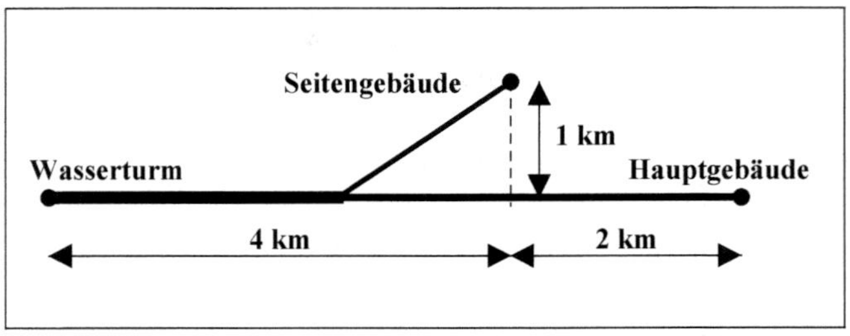

Lösungen zu »Ableitungswerte und lokales Verhalten« siehe Seite 478

Aufgabe (91.60) Unter allen rechtwinkligen Dreiecken mit vorgegebenem Umfang U soll dasjenige bestimmt werden, das die kürzeste Hypotenuse hat.

Aufgabe (91.61) Legt man in eine innen glatte halbkugelförmige Schale einen Strohhalm, so nimmt dieser eine Gleichgewichtslage an, bei der sein Mittelpunkt (= Schwerpunkt) möglichst tief zu liegen kommt. Wir bezeichnen mit r den Radius der Schale, mit 2ℓ die Länge des Strohhalms (wobei $r \leq \ell \leq 2r$ vorausgesetzt sei) und mit α den Winkel, den der Strohhalm mit der Horizontalen bildet. Für welchen Wert von α wird die Gleichgewichtslage angenommen? Wie tief liegt dann der Mittelpunkt des Halms?

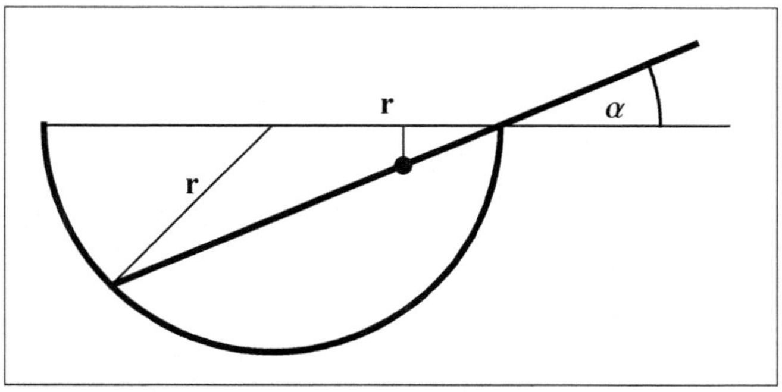

Aufgabe (91.62) Eine Straße soll durch Lampen am Straßenrand beleuchtet werden. Die Beleuchtungsstärke in einem Punkt der Straßenebene ist dann proportional zum Kosinus des Winkels des Lichtstrahls gegen die Ebenennormale und umgekehrt proportional zum Abstand des Punktes von der Lichtquelle. In welcher Höhe muß man die Lampen anbringen, damit die Straßenmitte möglichst hell erleuchtet wird?

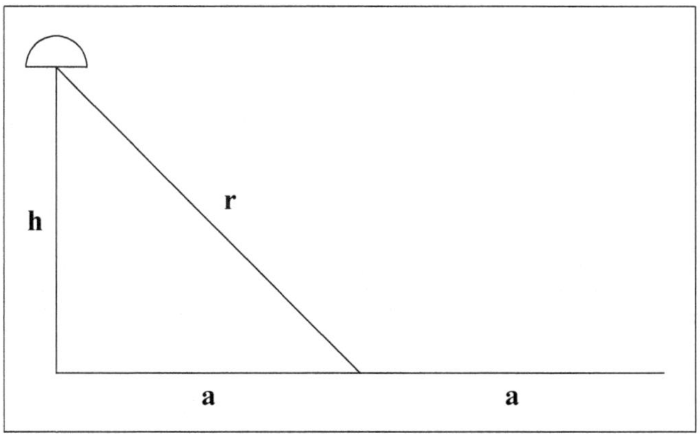

Aufgabe (91.63) An ein auf dem Boden liegendes Brett der Breite b sollen zwei Bretter der Breite a angelegt werden, um eine Rinne zu erhalten. Wie ist der Anstellwinkel φ zu wählen, damit diese Rinne ein möglichst großes Fassungsvermögen hat? Was ergibt sich insbesondere im Fall $a = b$?

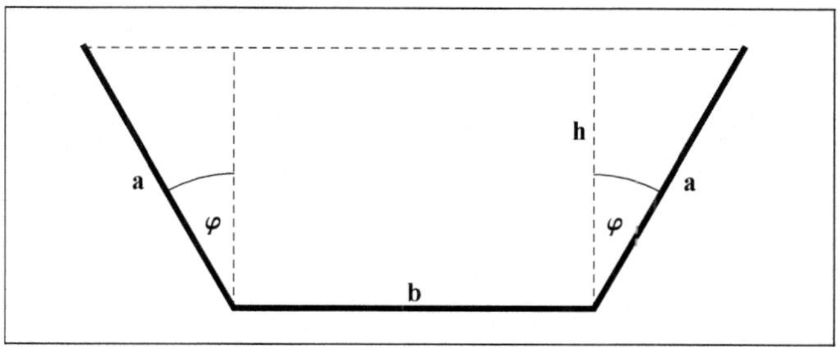

Aufgabe (91.64) (a) Es soll ein zweizügiger Schornstein gemauert werden, bei dem die beiden rechteckigen Öffnungen eine vorgegebene Querschnittsfläche von je $Q = 360$ cm^2 haben sollen, während für die Seitenwände und die Trennwand eine einheitliche Dicke von $d = 12$ cm vorgegeben ist. Wie muß man die Innenmaße x und y wählen, damit der Materialverbrauch möglichst gering wird?

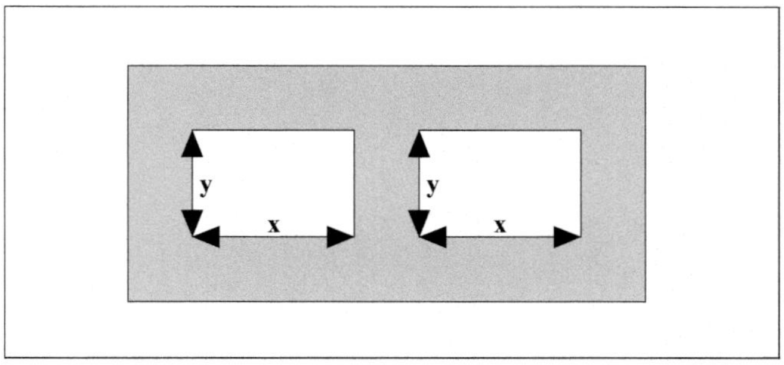

(b) Nachträglich wird beschlossen, statt $d = 12$ cm nun $d = 15$ cm für die Dicke der Wände zu wählen. Wie wirkt sich diese Änderung auf das Ergebnis der obigen Optimierungsaufgabe aus?

Aufgabe (91.65) Der Querschnitt eines Abwasserkanals bestehe aus einem Rechteck mit aufgesetztem Halbkreis und habe eine vorgeschriebene Fläche von 5 Quadratmetern. Wie sind die Abmessungen des Querschnitts zu wählen, damit für die Ummauerung (Umfang der Querschnittsfläche) der Materialverbrauch möglichst klein wird?

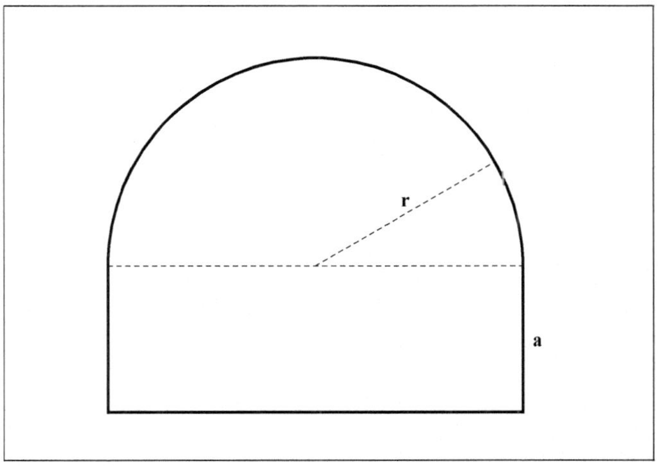

Lösungen zu »Ableitungswerte und lokales Verhalten« siehe Seite 478

Aufgabe (91.66) Die Abbildung zeigt einen Seitenkanal der Breite b, der rechtwinklig in einen Hauptkanal der Breite a mündet. Das Verhältnis der Breiten sei dabei $a : b = 3\sqrt{3}$.

(a) Gib die Länge ℓ der eingezeichneten Verbindungslinie zwischen den Kanalufern als Funktion des Winkels φ an. Für welchen Wert von φ wird ℓ minimal?

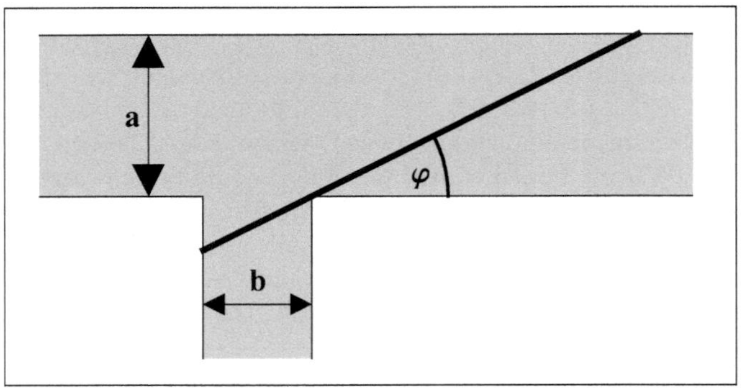

(b) Ein im Wasser schwimmender Baumstamm von vernachlässigbarer Dicke soll vom Seitenkanal in den Hauptkanal manövriert werden. Wie lang darf der Baumstamm höchstens sein, damit dies möglich ist?

Aufgabe (91.67) Vier Orte bilden die Ecken eines Quadrates mit einer Kantenlänge von einem Kilometer. Diese Orte sollen so durch Straßen miteinander verbunden werden, daß jeder Ort von jedem anderen aus erreicht werden kann. Von 5 verschiedenen Bauingenieurbüros liegen die folgenden Vorschläge für die Anlage der Straßen vor.

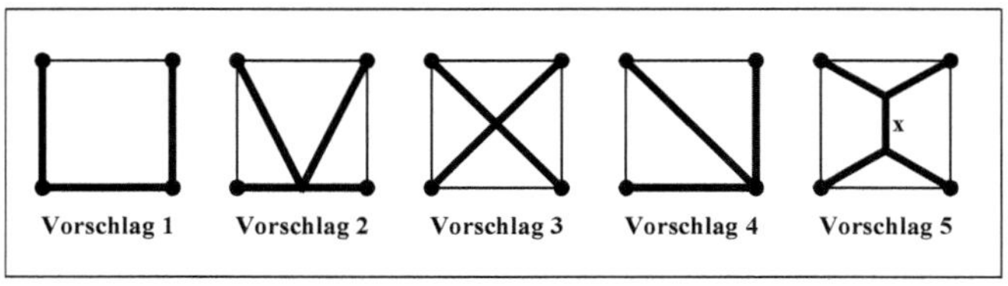

(a) Gib für jeden der fünf Vorschläge die entstehende Gesamtstraßenlänge an!

(b) Wie muß in Vorschlag 5 die Strecke x gewählt werden, damit die Gesamtstraßenlänge minimal wird? Ist für diese optimale Wahl von x der fünfte Vorschlag besser als die ersten vier Vorschläge?

Aufgabe (91.68) Eine Laufbahn der vorgegebenen Länge $\ell = 400$ m soll aus zwei geraden Strecken und zwei Halbkreisbögen gebildet werden, und zwar so, daß das eingeschlossene rechteckige Sportfeld (in der Skizze grau markiert) eine möglichst große Fläche bekommt. Wie sind die Abmessungen der Laufbahn zu wählen?

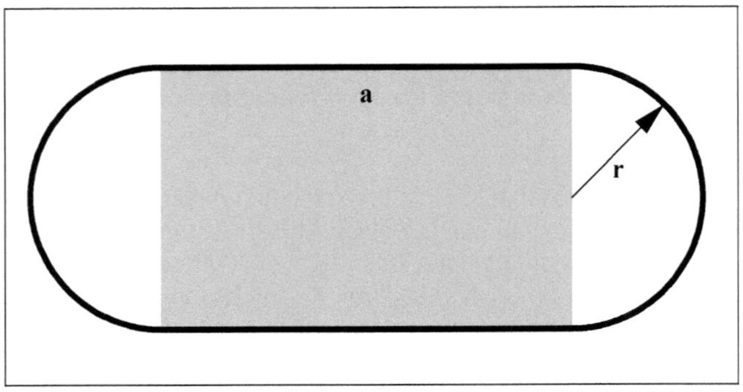

Aufgabe (91.69) Mit einem Zaun der vorgegebenen Länge ℓ soll ein Kreissektor eingezäunt werden. Wie müssen dessen Radius r und Zentriwinkel φ gewählt werden, damit der Flächeninhalt des Kreissektors maximal wird?

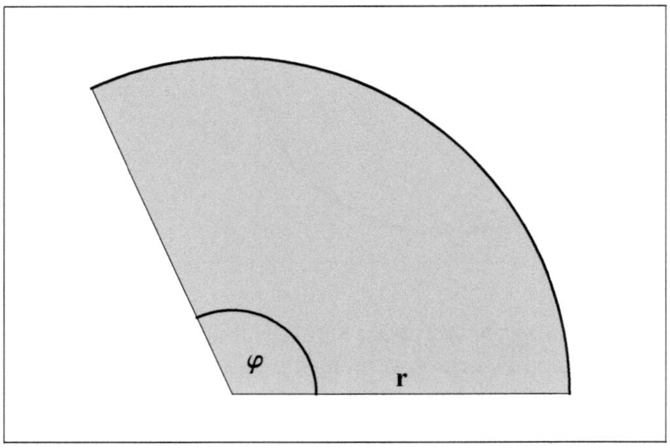

Aufgabe (91.70) Auf einem Sportgelände soll ein Hammerwurfbereich eingezäunt werden, und zwar mit einem Zaun der vorgegebenen Länge ℓ. Der Bereich soll die Form eines gleichschenkligen Dreiecks mit einem aufgesetzten Halbkreis haben. Wie sind die Abmessungen zu wählen, damit der eingezäunte Bereich einen möglichst großen Flächeninhalt hat?

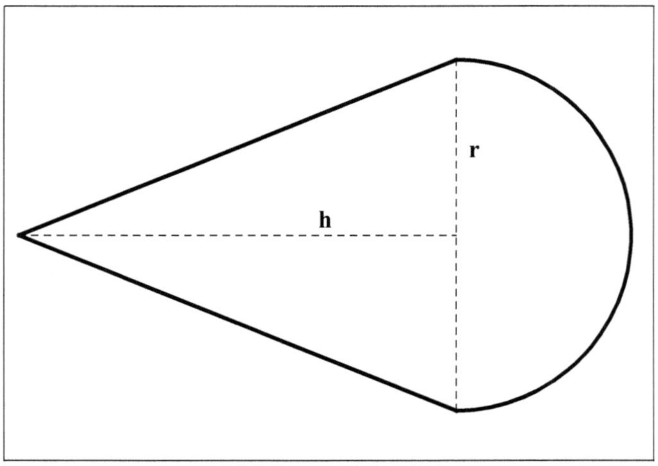

Lösungen zu »Ableitungswerte und lokales Verhalten« siehe Seite 478

Aufgabe (91.71) Eine Leitung soll von A nach C verlegt werden. Dabei ist es möglicherweise günstiger, nicht die kürzeste Verbindung zu wählen, sondern einen Teil der Leitung entlang der Straße von A nach B zu verlegen, denn die Verlegungskosten K_S entlang der Straße sind geringer als die Verlegungskosten K_G im Gelände. Bestimme den kostengünstigsten Verlauf der Leitung in den beiden folgenden Fällen:

(a) $K_S = 300\,\mathrm{EUR/m}$, $K_G = 376\,\mathrm{EUR/m}$;
(b) $K_S = 300\,\mathrm{EUR/m}$, $K_G = 330\,\mathrm{EUR/m}$.

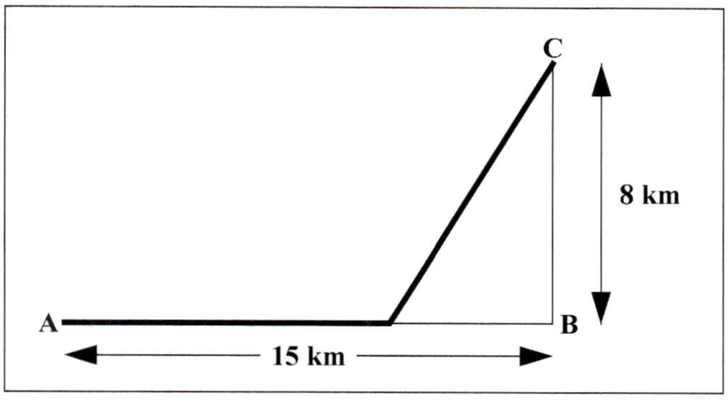

Aufgabe (91.72) Einem Kreiskegel mit gegebenem Grundkreisradius R und gegebener Höhe H soll ein Zylinder mit möglichst großem Volumen einbeschrieben werden (beispielsweise, wenn in der Spitze eines Turms ein Turmzimmer maximalen Volumens eingerichtet werden soll). Wie müssen der Radius r und die Höhe h des Zylinders gewählt werden? Welchen Prozentsatz des Kegelvolumens macht dann das Zylindervolumen aus?

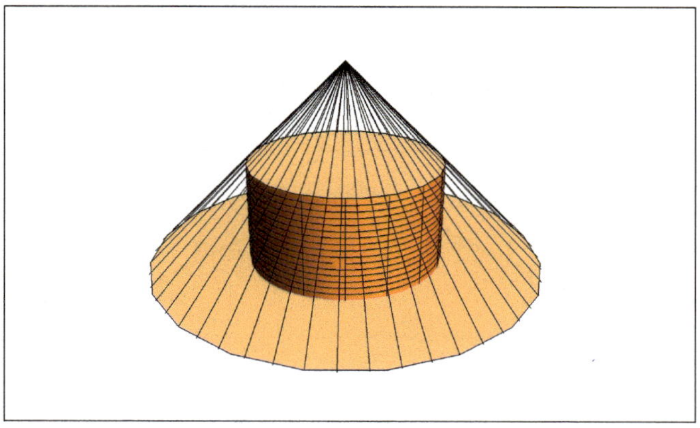

Aufgabe (91.73) Professor S. will von einem Punkt P am Ufer eines kreisförmigen Sees zum exakt gegenüberliegenden Uferpunkt Q gelangen. Er kann mit einer Geschwindigkeit von $u = 3$ km/h schwimmen und mit einer Geschwindigkeit von $v = 10$ km/h laufen. Wie muß er den Winkel θ wählen, um in möglichst kurzer Zeit den Weg von P nach Q zu schaffen?

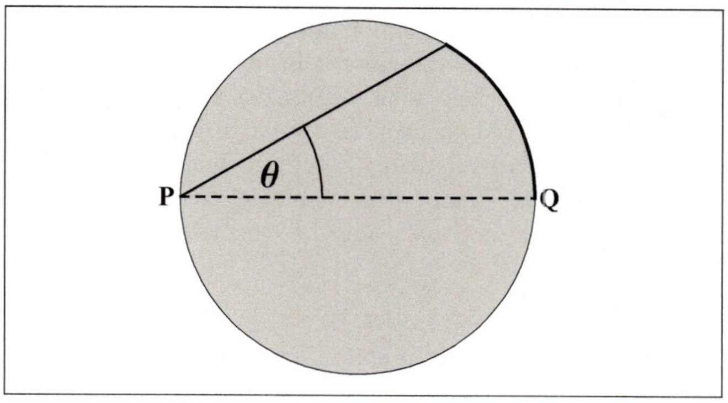

Aufgabe (91.74) Bei einem Blatt Papier der Breite b und der Höhe $h > b$ werde die linke untere Ecke auf die rechte Seite hinübergefaltet; anschließend werde das gefaltete Blatt Papier glattgestrichen. Für welche Wahl der Länge x wird die Länge f des entstehenden Falzes minimal?

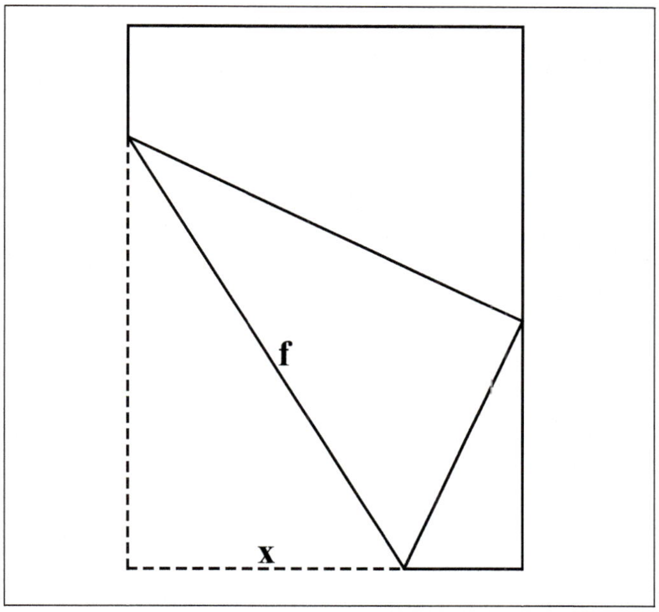

Aufgabe (91.75) (a) Eine zylinderförmige Dose von vorgegebenem Volumen V soll so hergestellt werden, daß für die Oberfläche (Mantel, Boden und Deckel) möglichst wenig Material verbraucht wird. Wie sind die Höhe h und der Grundkreisradius r der Dose zu wählen?

(b) Wie ändert sich die Antwort, wenn es sich nicht um eine Dose handelt, sondern um einen Eimer ohne Deckel?

(c) Wie ändert sich die Antwort, wenn der Boden und der Deckel aus einem quadratischen Stück herausgeschnitten werden müssen und der entstehende Verschnitt nicht mehr verwendet werden kann, also als Materialverlust zu behandeln ist?

(d) Wie ändert sich die Antwort, wenn der Deckel und der Boden um eine fest vorgegebene Länge a überstehen müssen, die dann heruntergebogen und am Mantel festgelötet wird?

Lösungen zu »Ableitungswerte und lokales Verhalten« siehe Seite 478

Aufgabe (91.76) Eine zylindrische Bierdose (Masse M, Radius R, Höhe H) sei bis zur Höhe h mit Bier (Dichte ρ) gefüllt. Bei welcher Höhe h liegt der Schwerpunkt des aus der Dose und dem Bier bestehenden Gesamtsystems am tiefsten? – **Bemerkung:** Es mag mehr Spaß machen, diese Aufgabe mit einer entsprechenden Versuchsreihe experimentell zu lösen, aber eine Lösung mit analytischen Mitteln ist möglich.

Aufgabe (91.77) In einem Rechteck mit der Länge a und der Breite b werde wie in der Zeichnung jeweils eine Strecke x von jeder Ecke aus abgetragen. Wie ist x zu wählen, damit das entstehende Parallelogramm möglichst kleinen Flächeninhalt hat?

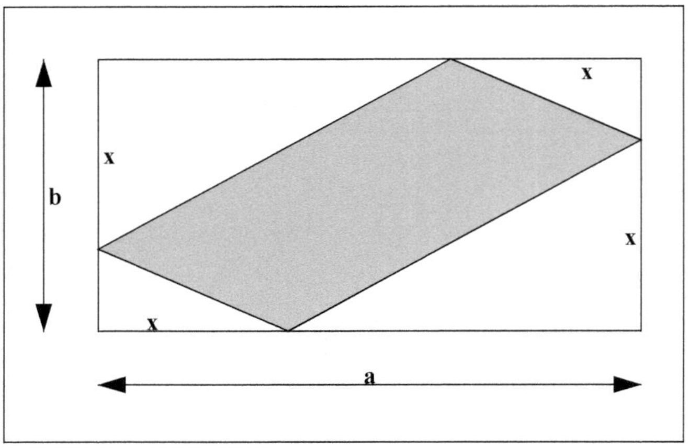

Aufgabe (91.78) Ein Zaun der Höhe h steht in der Entfernung a von einem Gebäude. Wie lang muß eine Leiter mindestens sein, die von außerhalb des Zauns an das Gebäude angelegt werden soll?

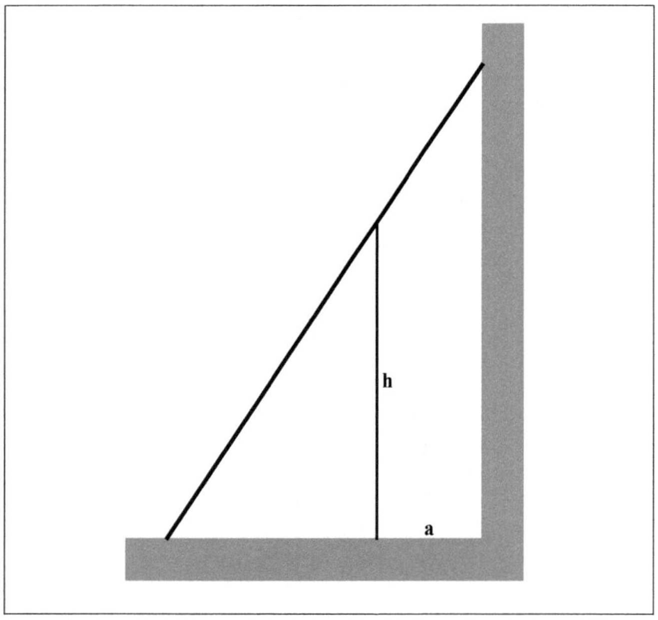

Aufgabe (91.79) Ein Draht mit der vorgegebenen Länge ℓ soll in zwei Teilstücke zerschnitten werden, von denen das eine zu einem Quadrat, das andere zu einem Kreis gebogen wird. Wie ist die Zerteilung vorzunehmen, damit die Gesamtfläche des Quadrats und des Kreises

(a) minimal wird?

(b) maximal wird?

Aufgabe (91.80) Aus vier Stäben der Länge ℓ soll das Gerüst eines Zelts erstellt werden, das die Form einer quadratischen Pyramide hat. Wie müssen die Stäbe positioniert werden, damit das entstehende Zelt das größtmögliche Volumen hat?

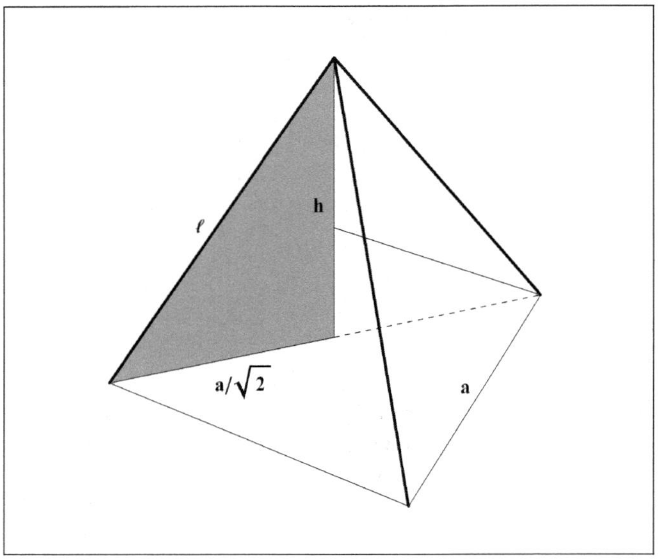

Aufgabe (91.81) Aus sechs Holzstäben soll der Rahmen eines Drachens gebastelt werden; dabei seien die Längen a und b der Stäbe außen am Rahmen fest vorgegeben. Wie müssen die Längen der beiden inneren Stäbe, die zusammen ein Kreuz bilden, gewählt werden, damit der Flächeninhalt des Drachens möglichst groß wird?

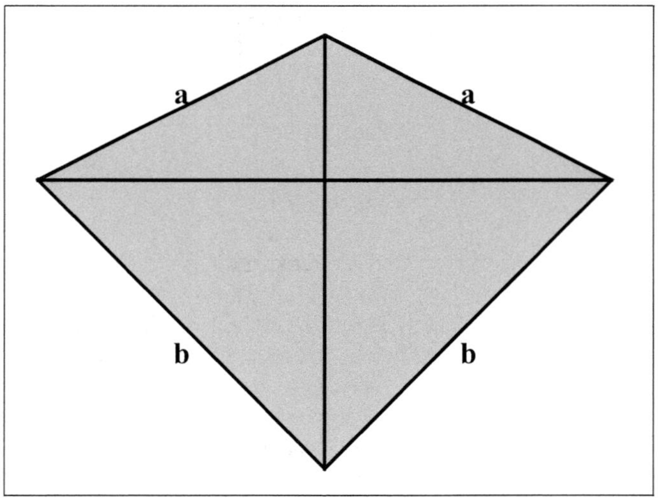

Lösungen zu »Ableitungswerte und lokales Verhalten« siehe Seite 478

Aufgabe (91.82) Ein Dachgeschoß, dessen Querschnitt ein gleichschenkliges Dreieck der Höhe $h = 6$ m und der Grundseite $s = 12$ m ist, soll derart ausgebaut werden, daß ein Raum mit rechteckigem Querschnitt entsteht. Wie müssen die Maße gewählt werden, damit diese Querschnittsfläche (und damit das Volumen des ausgebauten Teils des Dachgeschosses) möglichst groß wird?

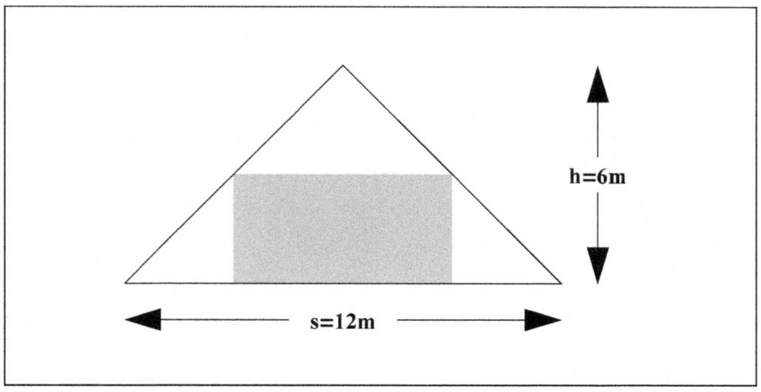

Aufgabe (91.83) Einem Kreis vom Radius 1 soll wie skizziert ein Kreuz einbeschrieben werden. Für welchen Winkel φ bzw. für welche Streckenlänge x wird der Flächeninhalt dieses Kreuzes maximal? Wieviel Prozent der Kreisfläche macht dann die Kreuzfläche aus?

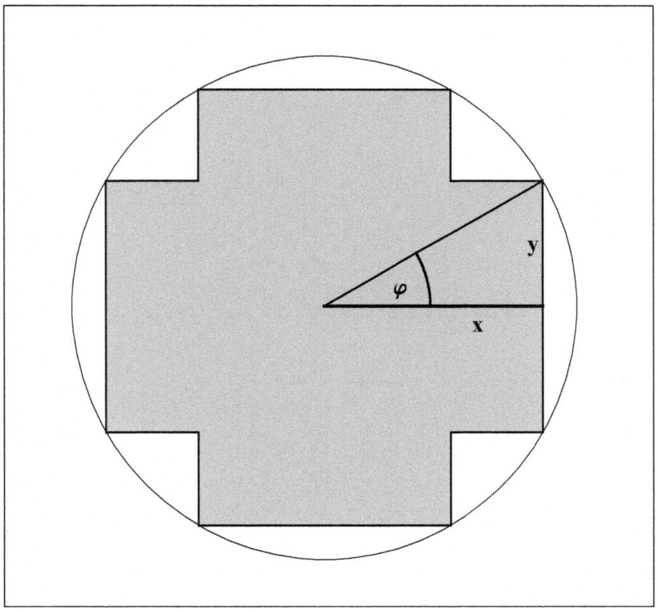

Aufgabe (91.84) In eine gleichseitige Pyramide der Höhe H mit quadratischer Grundfläche der Seitenlänge a soll ein Zylinder eingebaut werden. Wie groß müssen Radius und Höhe dieses Zylinders gewählt werden, damit sein Volumen möglichst groß wird? Wie groß ist dann das Zylindervolumen im Verhältnis zum Volumen der Pyramide?

Aufgabe (91.85) Ein Mann befindet sich in einem Ruderboot 5 km vom Ufer eines stillen Gewässers entfernt. Er will zu einem Punkt gelangen, der 6 km uferaufwärts liegt. An welcher Stelle sollte er anlegen, wenn er mit einer Geschwindigkeit von 2 km/h rudern und einer Geschwindigkeit von 4 km/h laufen kann und den Zielpunkt in möglichst kurzer Zeit erreichen will?

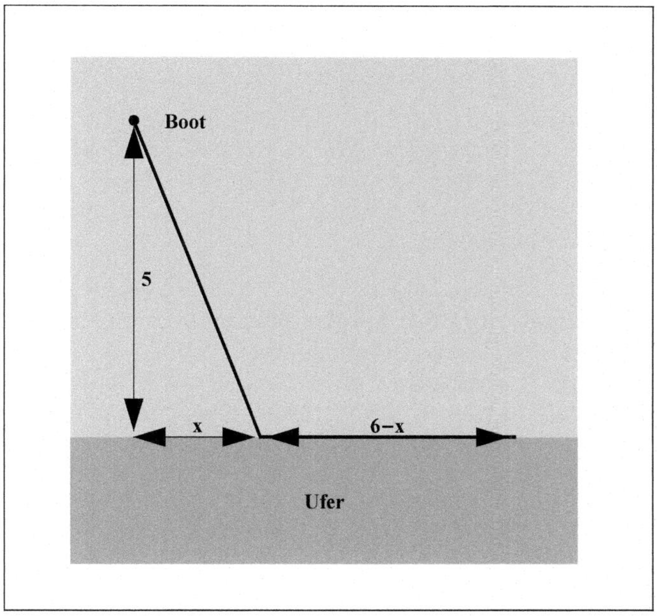

Aufgabe (91.86) Aus einer kreisförmigen Pappscheibe von gegebenem Radius r soll gemäß der Abbildung die Oberfläche einer Pyramide mit quadratischer Grundfläche ausgeschnitten werden. Wie ist die Seitenlänge des Quadrats zu wählen, damit das Volumen der entstehenden Pyramide maximal wird? – **Hinweis:** Das Volumen einer Pyramide ist gegeben durch

$$\text{Volumen} = (1/3) \cdot \text{Grundfläche} \cdot \text{Höhe}.$$

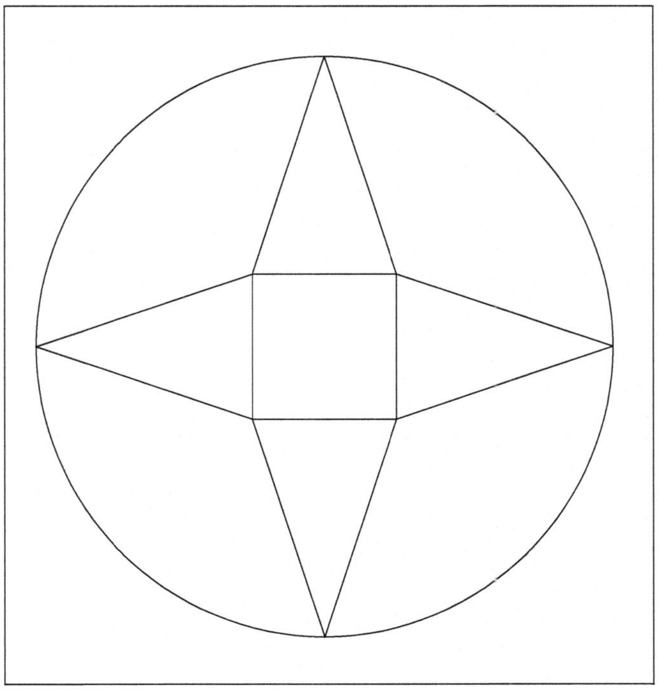

Lösungen zu »Ableitungswerte und lokales Verhalten« siehe Seite 478

Aufgabe (91.87) Aus Draht soll das Kantengestell eines Quaders mit der Länge a, der Breite b und der Höhe h erstellt werden. Die Gesamtlänge des verfügbaren Drahts sei eine gegebene Zahl ℓ. Wie müssen a, b und c gewählt werden, damit der durch das Drahtgestell gegebene Quader ein möglichst großes Volumen hat?

Aufgabe (91.88) Ein Punkt $P = (x_0, y_0)$ mit $x_0 > 0$ und $y_0 > 0$ sei vorgegeben. Welche Gerade durch P schneidet aus dem ersten Quadranten (also der Menge aller Punkte (x, y) mit $x \geq 0$ und $y \geq 0$) ein Dreieck mit maximalem Flächeninhalt aus?

Aufgabe (91.89) Ein Kreiskegel mit vorgegebenem Volumen V soll so konstruiert werden, daß möglichst wenig Material verbraucht wird. Wie ist der Öffnungswinkel des Kegels zu wählen. (Die Antwort hängt davon ab, ob ein Kegel mit oder ein Kegel ohne Deckel konstruiert werden soll.)

Aufgabe (91.90) Bei einer rechteckigen Pappscheibe mit der Länge a und der Breite b wird an jeder der vier Ecken ein Quadrat der Kantenlänge x abgeschnitten; die entstehenden vier Seitenteile werden dann senkrecht hochgeklappt, um eine Schachtel (ohne Deckel) zu erhalten. Wie muß x gewählt werden, damit diese Schachtel ein möglichst großes Volumen hat?

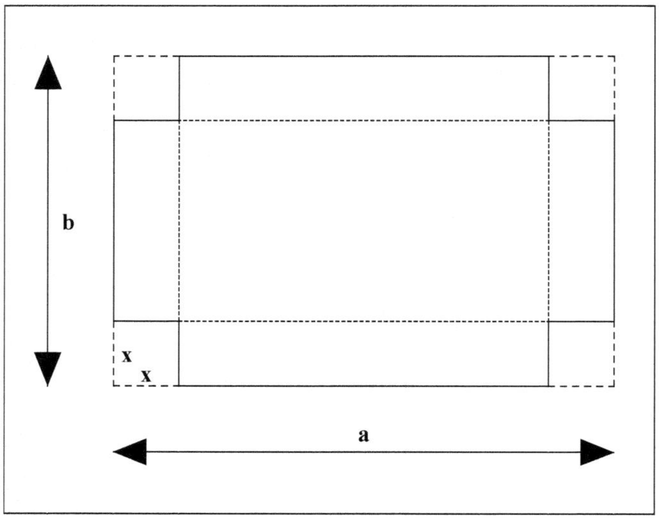

Aufgabe (91.91) Gegeben sei eine kreisförmige Scheibe aus Blech mit dem Radius R. Wählt man einen konzentrischen Kreis mit einem Radius $0 < r < R$, so kann man den äußeren Kreisring hochklappen und erhält nach leichtem Verbiegen eine kreiszylindrische Dose mit dem Grundkreisradius r und der Höhe $R - r$. Es sei $V(r)$ das Volumen dieser Dose. Skizziere den Verlauf der Funktion $r \mapsto V(r)$. Wie ist r zu wählen, damit die Dose ein möglichst großes Volumen hat?

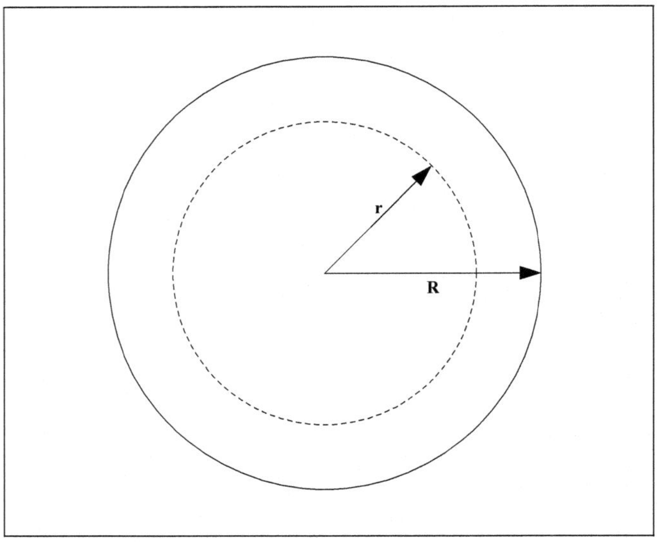

Aufgabe (91.92) Zwischen der x-Achse und der Parabel $y = (4 - x^2)/2$ werde wie in der Skizze ein rechtwinkliges Dreieck einbeschrieben, dessen Katheten von einem Punkt $(x, 0)$ ausgehen. Wie ist x zu wählen, damit das entstehende Dreieck einen möglichst großen Flächeninhalt hat?

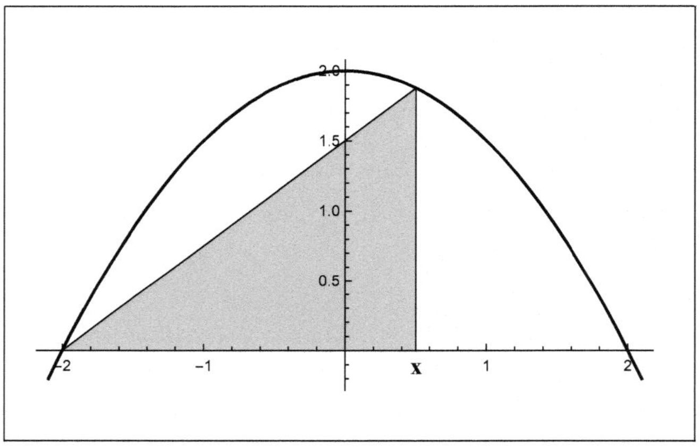

Aufgabe (91.93) Es sei ABC ein beliebiges Dreieck. Auf der Seite AB werde ein Punkt X gewählt, der dann gemäß der Skizze ein Parallelogramm bestimmt. Wie ist X zu wählen, damit dieses Parallelogramm einen möglichst großen Flächeninhalt hat?

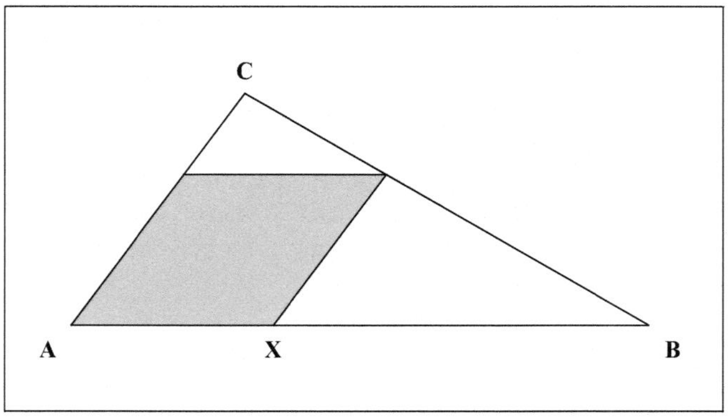

Lösungen zu »Ableitungswerte und lokales Verhalten« siehe Seite 478

Aufgabe (91.94) In der folgenden Aufgabe soll eine elementare Theorie des Regenbogens hergeleitet werden. Dabei werden die folgenden Tatsachen aus der Optik benutzt:

• Ein Lichtstrahl werde an einer Fläche reflektiert; das Einfallslot ist dann die Gerade durch den Auftreffpunkt, die senkrecht zur reflektierenden Fläche verläuft. Wir bezeichnen den Winkel zwischen dem einfallenden Strahl und dem Einfallslot als Einfallswinkel, den Winkel zwischen dem reflektierten Strahl und dem Einfallslot als Ausfallswinkel. Dann gilt das **Reflexionsgesetz**

$$\text{Einfallswinkel} = \text{Ausfallswinkel}.$$

• Als Brechungsindex eines Mediums wird die Zahl $n := c/v$ bezeichnet, wenn v die Lichtgeschwindigkeit in dem Medium und c die Lichtgeschwindigkeit im Vakuum bezeichnet. Ein Lichtstrahl werde an der Grenzfläche zwischen zwei Medien gebrochen; wir bezeichnen mit α_1 den Winkel zwischen dem einfallenden Strahl und dem Einfallslot, mit α_2 den Winkel zwischen dem gebrochenen Strahl und dem Einfallslot; ferner seien $n_1 = c/v_1$ der Brechungsindex des ersten und $n_2 = c/v_2$ der Brechungsindex des zweiten Mediums. Dann gilt das **Brechungsgesetz**

$$\frac{\sin(\alpha_1)}{\sin(\alpha_2)} = \frac{v_1}{v_2} = \frac{n_2}{n_1}.$$

Wir begründen nun die Entstehung eines Regenbogens durch die Brechung und Reflexion von Sonnenstrahlen an Regentropfen, die als sphärisch idealisiert werden. Dabei benutzen wir, daß das Verhältnis $k := n_{\text{Wasser}} : n_{\text{Luft}}$ in guter Näherung den Wert $k = 4/3$ hat.

(a) Ein Sonnenstrahl treffe unter dem Einfallswinkel α auf einen Regentropfen, werde dann bei A gebrochen, bei B reflektiert und bei C erneut gebrochen. Welche Winkeländerung $W(\alpha)$ erleidet dieser Strahl beim Durchgang durch den Regentropfen, und unter welchem Sichtwinkel $S(\alpha)$ wird dieser Strahl dann vom Auge eines Beobachters gesehen?

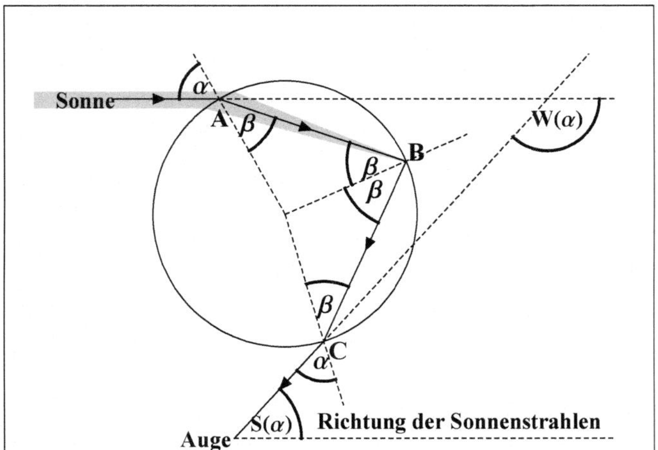

Durchgang eines Lichtstrahls durch einen Regentropfen mit einfacher Reflexion.

(b) Für welchen Winkel α_1 nimmt die Funktion $\alpha \mapsto S(\alpha)$ einen Extremwert an? Für einen solchen Wert gilt $S'(\alpha_1) = 0$ und daher $S(\alpha_1 + \delta\alpha) \approx S(\alpha_0)$ bis auf Terme höherer als erster Ordnung. Ein Strahlenbündel, das in Form eines Sektors mit dem Öffnungswinkel $\delta\alpha$ um α_1 herum in den Regentropfen eintritt, verläßt diesen also näherungsweise in einer festen Richtung, erscheint daher, wenn er in das Auge eines Beobachters einfällt, als besonders konzentriert und lichtstark. (Dieser Teil der Aufgabe erklärt, unter welchem Sichtwinkel gegenüber der Einfallsrichtung der Sonnenstrahlen man einen Regenbogen sieht.)

(c) In Wirklichkeit setzt sich Sonnenlicht aus Lichtstrahlen verschiedener Wellenlängen zusammen, und der Brechungsindex hängt von der Wellenlänge ab. (Dieses Phänomen heißt *Dispersion*.) Für rotes Licht (am einen Ende des sichtbaren Spektrums) haben wir $k = 1.3318$, für violettes Licht (am andern Ende des Spektrums) dagegen $k = 1.3435$. Ein Beobachter sieht daher das an den Regentropfen gebrochene Licht in verschiedenen Farben. Unter welchem Sichtwinkel erscheint die Abfolge dieser Farben? (Dieser Teil der Aufgabe erklärt, wie breit der Regenbogen einem Beobachter erscheint.)

(d) Ein Teil des Lichts wird beim Durchgang durch einen Regentropfen nicht nur einmal, sondern zweimal reflektiert, bevor es den Tropfen wieder verläßt. Ermittle wieder, welche Winkeländerung $W(\alpha)$ ein Lichtstrahl erleidet, der unter dem Einfallswinkel α in den Tropfen eindringt und dann zweimal reflektiert wird, bevor er den Tropfen verläßt, und unter welchem Sichtwinkel gegenüber der Sonnenrichtung ein Beobachter diesen Strahl sieht.

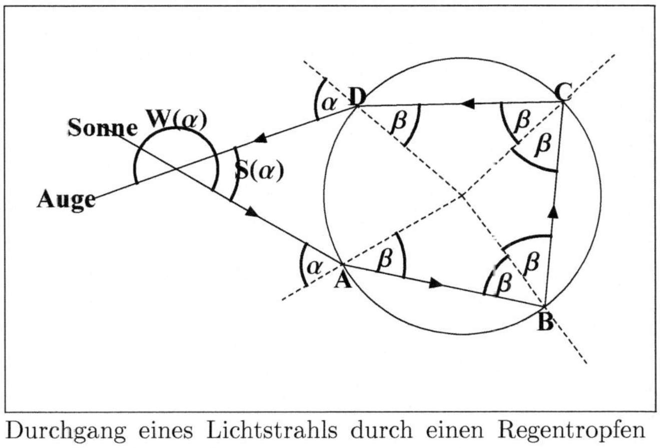

Durchgang eines Lichtstrahls durch einen Regentropfen mit zweifacher Reflexion.

Für welchen Winkel α_2 nimmt diese neue Funktion $\alpha \mapsto S(\alpha)$ einen Extremwert an? (Dieser Teil der Aufgabe erklärt, unter welchem Winkel man gelegentlich einen zweiten (sekundären) Regenbogen beobachten kann. Dieser ist schwächer als der Hauptregenbogen, weil nur ein geringerer Teil der Strahlung den beschriebenen Weg durch einen Regentropfen nimmt. Theoretisch treten auch weitere Regenbogen höherer Ordnung auf, aber diese sind so lichtschwach, daß sie praktisch nicht zu sehen sind.)

Lösungen zu »Ableitungswerte und lokales Verhalten« siehe Seite 478

(e) Begründe, warum der zweite Regenbogen oberhalb des Hauptregenbogens zu sehen ist, warum er breiter erscheint als letzterer und warum die Farben beim Zweitregenbogen in umgekehrter Reihenfolge auftreten als beim Hauptregenbogen!

Regenbogen mit schwächerem Sekundärbogen.

Lösungen zu »Ableitungswerte und lokales Verhalten« siehe Seite 478

A92: Stammfunktionen

Aufgabe (92.1) (a) Es seien I ein Intervall, $a \neq 0$ und b reelle Zahlen sowie $J := \{x \in \mathbb{R} \mid ax + b \in I\}$. Für eine gegebene Funktion $f : I \to \mathbb{R}$ definieren wir dann $g : J \to \mathbb{R}$ durch $g(x) := f(ax+b)$. Zeige: Ist F eine Stammfunktion von f, so definiert $G(x) := (1/a)\cdot F(ax+b)$ eine Stammfunktion von g.

(b) Finde Stammfunktionen der Funktionen $f_1(x) := \cos(2x+1)$, $f_2(x) := \sin(3-4x)$ sowie $f_3(x) := \sin(2x) - 3\cos(x)$.

Aufgabe (92.2) Forme in jedem der folgenden Fälle die Funktion f geeignet um, um dann eine Stammfunktion von f zu finden.

(a) $f(x) = \cos^2 x$
(b) $f(x) = \sin^2 x$
(c) $f(x) = x\sqrt{x+4}$
(d) $f(x) = x^2/(x^2+1)$
(e) $f(x) = x^4/(x^2+1)$

Aufgabe (92.3) Zeige, daß

$$F(x) := \frac{1}{2}\left(x\sqrt{a^2-x^2} + a^2 \arcsin(x/a)\right)$$

eine Stammfunktion der Funktion $f(x) := \sqrt{a^2-x^2}$ ist. (Einfach gebaute Funktionen können also durchaus komplizierte Stammfunktionen haben.)

Aufgabe (92.4) (a) Zeige, daß genau dann F eine Stammfunktion von $f : I \to \mathbb{C}$ ist, wenn $\operatorname{Re} F$ eine Stammfunktion von $\operatorname{Re} f : I \to \mathbb{R}$ als auch $\operatorname{Im} F$ eine Stammfunktion von $\operatorname{Im} f : I \to \mathbb{R}$ ist.

(b) Benutze Teil (a), um Stammfunktionen von $x \mapsto e^{ax}\cos(bx)$ und $x \mapsto e^{ax}\sin(bx)$ zu finden.

Aufgabe (92.5) Zeige: Ist $f(x) = \sum_{n=0}^{\infty} a_n(x-x_0)^n$ konvergent für $|x-x_0| < R$, so ist eine Stammfunktion von f gegeben durch

$$F(x) := \sum_{n=0}^{\infty} \frac{a_n}{n+1}(x-x_0)^{n+1}.$$

Aufgabe (92.6) (a) Benutze die vorhergehende Aufgabe, um eine Potenzreihendarstellung von $f(x) = \arctan(x)$ zu finden.

(b) Benutze Teil (a), um die Zahl π mit der in Aufgabe (43.30) gefundenen Formel

$$\frac{\pi}{4} = 4\arctan\left(\frac{1}{5}\right) - \arctan\left(\frac{1}{239}\right)$$

auf drei Nachkommastellen genau zu bestimmen.

Aufgabe (92.7) Zeige, daß die Funktionen $F_1(x) := x + 2\arctan(1/x)$ und $F_2(x) := x - 2\arctan(x)$ Stammfunktionen von $f(x) := (x^2-1)/(x^2+1)$ sind, die sich wegen $F_1(1) - F_2(1) = \pi$ und $F_1(-1) - F_2(-1) = -\pi$ nicht nur um eine Konstante unterscheiden. Warum ist dies kein Widerspruch zu Satz (92.2) im Buch?

Aufgabe (92.8) Bestimme alle Paare (f,g) differentiierbarer Funktionen $f, g : (0,\infty) \to \mathbb{R}$ mit

$$f'(x) = \frac{g(x)}{x} \quad \text{und} \quad g'(x) = \frac{f(x)}{x}.$$

Aufgabe (92.9) Zeige, daß für alle $x \in \mathbb{R}$ die Gleichung

$$\begin{aligned}&\arctan(2x-\sqrt{3}) + \arctan(2x+\sqrt{3})\\ &= \arctan(x) + \arctan(x^3)\end{aligned}$$

gilt. **Hinweis:** Bezeichne die linke Seite mit $F(x)$, die rechte Seite mit $G(x)$ und berechne die Ableitungen der Funktionen F und G.

Aufgabe (92.10) Ein Triebwagen durchfährt eine geradlinige Strecke zwischen zwei 5 km voneinander entfernten Stationen. Er fährt auf der ersten Station mit konstanter Beschleunigung $0.2\,\text{m/s}^2$ an, bis er seine Reisegeschwindigkeit erreicht, fährt dann mit konstanter Geschwindigkeit weiter und bremst 500 m vor der zweiten Station ab, um auf dem Bahnhof zum Stillstand zu kommen. Die Fahrt dauert insgesamt 6 Minuten. Welches ist die Reisegeschwindigkeit des Zuges?

Aufgabe (92.11) Aus einem tropfenden Wasserhahn fallen mit einem zeitlichen Abstand Δ zwei Wassertropfen. Gib ihren gegenseitigen Abstand $a(t)$ als Funktion der Zeit an, wobei die Zeit von dem Moment an gezählt werde, in dem der zweite Tropfen den Wasserhahn verläßt.

Aufgabe (92.12) Um die Tiefe eines Brunnens zu bestimmen, läßt man einen Stein aus der Ruhe heraus in den Brunnen hineinfallen und mißt die Zeit T vom Beginn des Falles bis zu dem Zeitpunkt, zu dem man das Aufschlagen des Steines auf das Wasser hört. Wie läßt sich die Tiefe durch T ausdrücken, wenn man für die Schallgeschwindigkeit in Luft (bei 20^0C) den Wert $v = 343$ m/s und für die Erdbeschleunigung den Wert $g = 9.81\text{m/s}^2$ annimmt? Wie tief ist der Brunnen, wenn $T = 2$s beträgt? (Zuerst schätzen!)

Aufgabe (92.13) Auf der Einfädelspur einer Autobahn befindet sich ein Pkw auf gleicher Höhe mit einem auf der Autobahn fahrenden Lkw, der sich mit einer konstanten Geschwindigkeit von 80 km/h bewegt; der Pkw hat in diesem Moment eine Geschwindigkeit von 60 km/h. Die Einfädelspur ist 200 m lang, und der Fahrer des Pkw

Lösungen zu »Stammfunktionen« siehe Seite 521

möchte sich am Ende der Spur mindestens 20 m vor dem Lkw befinden, wenn er auf die Autobahn überwechselt. Welche konstante Beschleunigung a muß der Pkw aufbringen, damit dies gelingt?

Aufgabe (92.14) Ein Student will unbedingt den Zug erreichen, um pünktlich zur Mathematikvorlesung zu kommen. In dem Moment, in dem der Zug mit konstanter Beschleunigung a anfährt, befindet sich der Student im Abstand d hinter dem Zugende, dem er mit konstanter Geschwindigkeit u hinterherläuft. Welche Beziehung muß zwischen der Beschleunigung a, dem Abstand d und der Geschwindigkeit u bestehen, damit der Student den Zug noch erreichen kann? Hat er mehr als eine Gelegenheit, auf das Zugende aufzuspringen?

Aufgabe (92.15) Die geradlinige Bewegung eines Fahrzeugs werde durch das abgebildete Geschwindigkeits-Zeit-Diagramm beschrieben. Skizziere für diese Bewegung die Diagramme folgender Funktionen:

(a) zurückgelegter Weg als Funktion der Zeit,
(b) Beschleunigung als Funktion der Zeit,
(c) Geschwindigkeit als Funktion des Ortes,
(d) Beschleunigung als Funktion des Ortes.

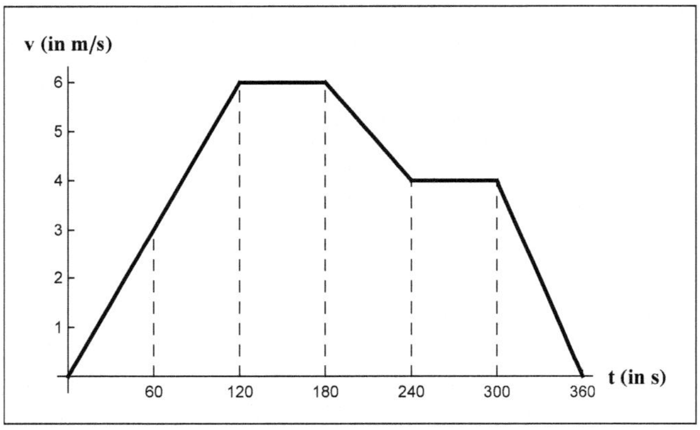

Aufgabe (92.16) Weil Professor S. (Position P) zu schwierige Aufgaben stellt, hetzen seine Studenten einen Löwen (Position L) auf ihn. Professor S. läuft sofort mit konstanter Beschleunigung a auf das sichere Haus H zu, bis er seine Höchstgeschwindigkeit u erreicht, und läuft dann mit konstanter Geschwindigkeit u weiter auf das Haus zu. Der Löwe will ihm den Weg abschneiden und läuft ebenfalls geradewegs auf H zu, und zwar mit der konstanten Geschwindigkeit $v > u$.

(a) Welche Beziehung muß zwischen den genannten Größen und den in der Skizze eingezeichneten Abständen bestehen, damit Professor S. eine Überlebenschance hat?
(b) Ab welchem Wert für das Verhältnis $v : u$ hat Professor S. keine Überlebenschance, unabhängig davon, welche Beschleunigung a er aufbringen kann?

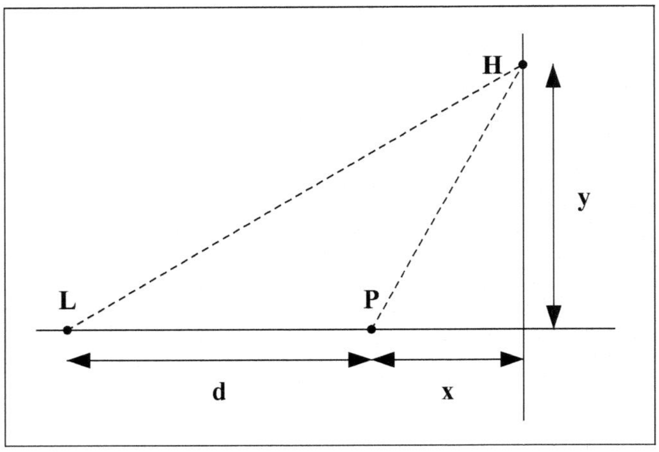

Aufgabe (92.17) (a) Zeige: Ist g eine C^1-Funktion mit $g(x) \neq 0$ auf einem Intervall I, so ist $\ln |g|$ eine Stammfunktion von g'/g auf I.

(b) Finde Stammfunktionen für die folgenden Funktionen!

$$f(x) = \frac{x}{x^2+1} \qquad f(x) = \tan(x) \qquad f(x) = \frac{1}{x\ln(x)}$$

Aufgabe (92.18) Beweise die Gleichung

$$\arctan(1/x) = \begin{cases} -\arctan(x) - (\pi/2), & \text{falls } x < 0, \\ -\arctan(x) + (\pi/2), & \text{falls } x > 0. \end{cases}$$

Lösungen zu »Stammfunktionen« siehe Seite 521

A93: Ableitungen längs Kurven

Aufgabe (93.1) Wir betrachten die Funktion

$$f(x,y) \;:=\; \frac{4x}{x^2+y^2+1}\,.$$

(a) Bestimme die Höhenlinien $f(x,y) = C$, erstelle ein Höhenliniendiagramm und erschließe dann den Verlauf der Fläche $z = f(x,y)$.
(b) Berechne den Gradienten von f an einer beliebigen Stelle (x,y) und zeichne für einige Punkte (x,y) diesen Gradienten in das Höhenliniendiagramm aus Teil (a) ein!
(c) Bestimme die Gleichung der Tangentialebene an die Fläche $z = f(x,y)$ im Punkt $p = (1,1)$.
(d) Bestimme die Richtungsableitung $(\partial_v f)(p)$ im Punkt $p = (1,1)$ in der Richtung $v = (0.8, 0.6)^T$ zum einen direkt nach der Definition, zum andern mit Hilfe der Kettenregel!

Aufgabe (93.2) Genau wie die vorige Aufgabe, aber diesmal mit $f(x,y) := y^2 - xy$.

Aufgabe (93.3) Die Funktion $f : \mathbb{R}^2 \to \mathbb{R}$ sei definiert durch $f(0,0) := 0$ und für $(x,y) \neq (0,0)$ durch

$$f(x,y) \;:=\; \frac{x^3 y}{x^4+y^2}\,.$$

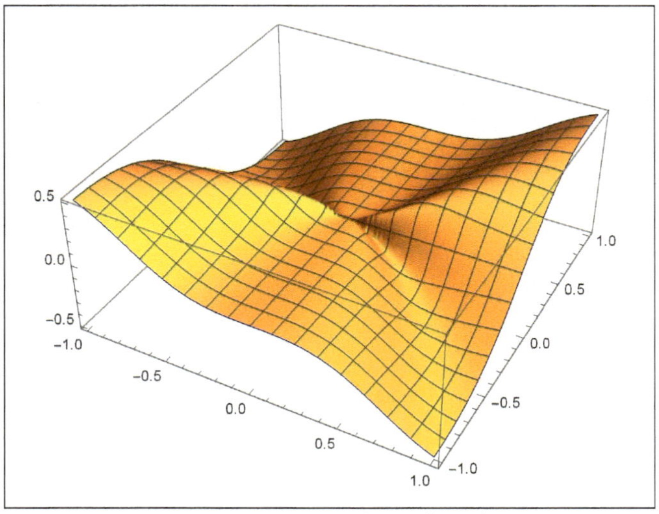

Graph der Funktion $f(x,y) = x^3y/(x^4+y^2)$.

(a) Zeige, daß f auf ganz $\mathbb{R}^2$ stetig ist.
(b) Zeige, daß für jeden Punkt $p \in \mathbb{R}^2$ und jeden Vektor $v \in \mathbb{R}^2$ die Richtungsableitung $(\partial_v f)(p)$ existiert. Zeige ferner, daß $(\partial_v f)(0,0) = 0$ für alle $v \in \mathbb{R}^2$ gilt.
(c) Zeige, daß f im Punkt $(0,0)$ nicht differentiierbar ist.
(d) Schließe aus (b) und (c), daß f im Punkt $(0,0)$ nicht schwach differentiierbar sein kann.
(e) Zeige, daß für jede an der Stelle $t = 0$ differentiierbare Abbildung $\alpha : \mathbb{R} \to \mathbb{R}^2$ der Form $\alpha(t) = (t^a, t^b)$ auch $f \circ \alpha$ an der Stelle 0 differentiierbar ist.
(f) Gib eine Abbildung $\alpha : \mathbb{R} \to \mathbb{R}^2$ mit $\alpha(0) = (0,0)$ derart an, daß zwar α, nicht aber $f \circ \alpha$ an der Stelle 0 differentiierbar ist. (Eine solche Abbildung muß es nach (d) geben.)

Aufgabe (93.4) Wir betrachten die Funktion

$$f(x,y) \;:=\; (x+y)^2 - (x^3+y^3)$$

und den Punkt $p = (1,0,0)$ auf der Fläche $z = f(x,y)$.

(a) Bestimme die Gleichung der Tangentialebene an die Fläche $z = f(x,y)$ im Punkt p in Punktrichtungsform und in Normalenform.
(b) Welches ist vom Punkt $(1,0,0)$ aus die Richtung des stärksten Anstiegs der Fläche $z = f(x,y)$?
(c) Berechne die Richtungsableitung der Funktion f im Punkt p in der Richtung $v = (1/\sqrt{2}, 1/\sqrt{2})$ einmal direkt nach Definition der Richtungsableitung, zum andern durch Anwendung der Formel $(\partial_v f)(p) = \langle(\nabla f)(p), v\rangle$.

Aufgabe (93.5) Berechne alle partiellen Ableitungen bis zur dritten Ordnung für die Funktion $f : \mathbb{R}^2 \to \mathbb{R}$, die gegeben ist durch

$$f(x,y) \;=\; 4x^3y^2 - 5xy^4 + 2x^2y^2 + 3x^2 + 4xy\,.$$

Aufgabe (93.6) Berechne alle partiellen Ableitungen bis zur dritten Ordnung für die Funktion $f : \mathbb{R}^3 \to \mathbb{R}$, die gegeben ist durch

$$f(x,y,z) \;=\; xz^2 + y^3e^x + \sin(y)\cos(z).$$

Aufgabe (93.7) Wir betrachten wie in Aufgabe (91.71) das Problem, eine Leitung von A nach C zu verlegen, wobei ein Teil der Leitung entlang der Straße von A nach B verlegt werden soll (zu einem Preis von K_S pro Längeneinheit) und ein Teil im Gelände (zu einem Preis von $K_G > K_S$ pro Längeneinheit).

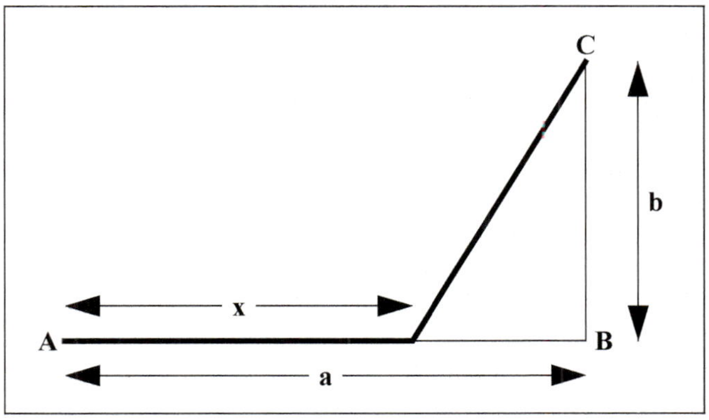

Lösungen zu »Ableitungen längs Kurven« siehe Seite 527

Ab welchem Wert des Verhältnisses $q := K_G/K_S$ ist es kostengünstiger, für die Leitung nicht die kürzestmögliche Verbindung zu wählen, sondern erst in einem Abstand x von A von der Straße abzuzweigen? Welches ist (bei einem gegebenen Wert von q) der optimale Abzweigungsabstand $x_{\text{opt}}(q)$? Skizziere (bei fest vorgegebenem Referenzwert K_S) den Graphen der Kostenfunktion

$$K : \begin{array}{ccc} [0,a] \times [1,\infty) & \to & \mathbb{R} \\ (x,q) & \mapsto & K(x,q) \end{array}$$

als Funktion des Abzweigpunkts x und des Kostenverhältnisses q sowie den Verlauf der Funktion $q \mapsto K_{\text{opt}}(q) := K\big(x_{\text{opt}}(q), q\big)$, die die erreichbaren Minimalkosten als Funktion von q beschreibt.

Lösungen zu »Ableitungen längs Kurven« siehe Seite 527

A94: Differentiierbarkeit als Linearisierbarkeit

Aufgabe (94.1) Zeige, daß der Begriff der Differentiierbarkeit einer Funktion $f : V \to W$ in einem Punkt $p \in V$ unberührt bleibt, wenn wir die Norm auf V und die Norm auf W jeweils durch eine äquivalente Norm ersetzen.

Aufgabe (94.2) Es seien $V_1, \ldots, V_n, W$ normierte Räume und $f_i : V_i \to W$ Abbildungen. Wir versehen $V := V_1 \times \cdots \times V_n$ mit der Norm $\|(v_1, \ldots, v_n)\| := \sum_{i=1}^n \|v_i\|_{V_i}$ und definieren $f : V \to W$ durch

$$f(x_1, \ldots, x_n) := \sum_{i=1}^n f_i(x_i).$$

Zeige: Ist für $1 \leq i \leq n$ jeweils f_i in $p_i \in V_i$ differentiierbar, so ist f in $p := (p_1, \ldots, p_n)$ differentiierbar.

Aufgabe (94.3) Bestimme für die folgenden Funktionen das totale Differential!

(a) $z(x, y) = 4x^3y - 3x\exp(y)$
(b) $z(x, t) = (t^2 + x)/(2t - 4x)$
(c) $w(x, y) = \exp(x)\ln(y) + x^2\cos(y)$
(d) $u(x, y) = x^{y^2 z}$
(e) $f(r_i, r_a, \ell) = \ln(r_a/r_i)/(2\pi k\ell)$ mit festem $k > 0$

Bemerkung: Die Funktion in (e) beschreibt den elektrischen Widerstand in einem geladenen Hohlzylinder mit Innenradius r_i, Außenradius r_a und Länge ℓ, wenn k die Leitfähigkeit des Materials zwischen der Innen- und der Außenwand des Zylinders bezeichnet.

Aufgabe (94.4) Linearisiere jeweils die Funktion f um den Punkt p!

(a) $f(x, y) = (x + y)/(xy)$, $p = (1000, 500)$
(b) $f(x, y) = \ln(x^3 + y^2)$, $p = (2, 1)$
(c) $f(x, y) = 5\ln(x - y) - 5\ln(y^2) - 1$, $p = (2, 1)$
(d) $f(x, y) = \sin(x + 5y) + \ln(4 - x - y^2)$, $p = (0, 0)$
(e) $f(r, h) = 2\pi rh + 2\pi r^2$, $p = (10, 25)$

Aufgabe (94.5) Für die Auswertung einer an einem Punkt $x^{(0)}$ differentiierbaren Funktion $f : V \to W$ benutzt man oft die Näherungsformel

$$f(x^{(0)} + \Delta x) \approx f(x^{(0)}) + f'(x^{(0)})\Delta x.$$

Benutze diese Formel zur näherungsweisen Bestimmung der folgenden Funktionswerte und vergleiche jeweils mit dem exakten Wert!

(a) $\arctan(1.02/0.96)$
(b) $\ln\big(\sqrt[3]{1.03} + \sqrt[4]{0.98} - 1\big)$
(c) $2\pi \cdot 10.5 \cdot 24.5 + 2\pi \cdot 10.5^2$

Bemerkung: Betrachte für Teil (c) die Funktion in Aufgabe (94.4)(e). Diese beschreibt die Oberfläche eines Kreiszylinders einschließlich Boden und Deckel. Hier soll also näherungsweise ermittelt werden, wie stark sich bei einem gegebenen Zylinder mit Radius $r = 10$ cm und Höhe $h = 25$ cm die Oberfläche ändert, wenn man den Radius um 5% vergrößert und gleichzeitig die Höhe um 2% verkleinert.

Aufgabe (94.6) Die Funktion $f : \mathbb{R}^2 \to \mathbb{R}^2$ sei definiert durch

$$f(x, y) := \begin{bmatrix} \sqrt{3x^2+5y^4+1} + \cos(\pi x) \\ \exp(x^2-y) + 2\sin(\pi y/2) \end{bmatrix}.$$

Diese Funktion wird an der Stelle $(x_0, y_0) = (1, 1)$ ausgewertet. Wie groß ist der Fehler, den man bei der Funktionsauswertung macht, wenn die Eingangsdaten mit den Fehlern $\Delta x = 0.07$ und $\Delta y = 0.12$ behaftet sind? Bitte sowohl den exakten Fehler als auch den durch Linearisierung erhaltenen Näherungswert angeben.

Aufgabe (94.7) Die Funktion $f : \mathbb{R}^3 \to \mathbb{R}^4$ sei definiert durch

$$f(x, y, z) := \begin{bmatrix} 3xy^2 + 2\sin(\pi xz/2) \\ 4x+3y^2+\cos(\pi z^2) \\ 2\exp(3z) \\ z\sqrt{1+x^2+y^2} + \exp(z) \end{bmatrix}.$$

Diese Funktion wird an der Stelle $(x_0, y_0, z_0) = (1, 1, 1)$ ausgewertet. Wie groß ist der Fehler, den man bei der Funktionsauswertung macht, wenn die Eingangsdaten mit den Fehlern $\Delta x = 0.08$, $\Delta y = 0.05$ und $\Delta z = 0.03$ behaftet sind? Bitte sowohl den exakten Fehler als auch den durch Linearisierung erhaltenen Näherungswert angeben.

Aufgabe (94.8) In den folgenden Fällen sei jeweils $v := w/\|w\|$ die Richtung des angegebenen Vektors w. Bestimme in allen Fällen die Richtungsableitung $(\partial_v f)(p)$, und zwar sowohl direkt nach Definition des Begriffs der Richtungsableitung als auch durch Benutzung der Formel $\partial_v f = \langle \nabla f, v \rangle$.

(a) $f(x, y) = x^2 - xy + y^2$, $p = (1, 1)$, $w = (3, 4)^T$
(b) $f(x, y, z) = xyz$, $p = (2, 1, 1)$, $w = (1, 1, 1)^T$
(c) $f(x, y, z) = (x/2) + (y/3) + (z/6)$, $p = (4, 6, -1)$, $w = (2, 1, -2)^T$
(d) $f(x, y, z) = xy^2z^3$, $p = (3, 2, 1)$, $w = (5, 4, 2)^T$

Aufgabe (94.9) Bestimme in den folgenden Fällen jeweils diejenige Richtung, in der vom Punkt p aus die Werte der Funktion f am stärksten ansteigen bzw. abfallen.

(a) $f(x, y, z) = x\sin(z) - y\cos(z)$, $p = (0, 0, 0)$
(b) $f(x, y, z) = \tan(x) - x + 3\sin(y) - \sin(y)^3 + z + \cot(z)$, $p = (\pi/4, \pi/3, \pi/2)$

Aufgabe (94.10) Drücke in den folgenden Fällen jeweils die partiellen Ableitungen von F mit Hilfe der partiellen Ableitungen von f aus!

(a) $F(x, y) = f\big(x^2 + y^3, \sin(xy)\big)$
(b) $F(x, y, z) = f(xy + yz, z^2 - y^2)$

Lösungen zu »Differentiierbarkeit als Linearisierbarkeit« siehe Seite 532

Aufgabe (94.11) Bestimme in den folgenden Beispielen die Ableitung von $g \circ f$ zum einen durch direktes Hinschreiben der Funktion $g \circ f$, zum andern durch Anwendung der Kettenregel $(g \circ f)'(p) = g'\big(f(p)\big)f'(p)$.

(a) $f : \mathbb{R}^2 \to \mathbb{R}^3$, $f(u,v) = (u^2-v^2,\ 2uv,\ u^2+v^2)$
$g : \mathbb{R}^3 \to \mathbb{R}^4$, $g(x,y,z) = (xy,\ 2x+3z,\ y^2-z,\ x^2+y^2-z^2)$
(b) $f : \mathbb{R} \to \mathbb{R}^2$, $f(t) = (\cos t, \sin t)$
$g : \mathbb{R}^2 \to \mathbb{R}^3$, $g(u,v) = (u^2-v^2,\ 2uv,\ u^2+v^2)$
(c) $f : \mathbb{R}^2 \to \mathbb{R}^2$, $f(u,v) = (u^2 - v^2, u^2 + v^2)$,
$g : \mathbb{R}^2 \to \mathbb{R}^3$, $g(x,y) = (x^3, xy, y^3)$
(d) $f : \mathbb{R} \to \mathbb{R}^4$, $f(t) = (1, t^2, t^3, t^8)$
$g : \mathbb{R}^4 \to \mathbb{R}$, $g(a,b,c,d) = a - b^2 + c^3 - d^4$
(e) $f : \mathbb{R}^2 \to \mathbb{R}^2$, $f(r,\varphi) = (r\cos\varphi, r\sin\varphi)$
$g : \mathbb{R}^2 \to \mathbb{R}$, $g(x,y) = e^x y^3$
(f) $f : \mathbb{R}^2 \to \mathbb{R}$, $f(u,\varphi) = (e^u\cos\varphi, e^u\sin\varphi)$
$g : \mathbb{R}^2 \to \mathbb{R}$, $g(x,y) = \sqrt{x^2+y^2}$
(g) $f : \mathbb{R} \to \mathbb{R}^2$, $f(t) = (\sin t, t^3)$,
$g : \mathbb{R}^2 \to \mathbb{R}$, $g(x,y) = \exp(x - 2y)$
(h) $f : \mathbb{R} \to \mathbb{R}^2$, $f(t) = (e^t, \sin t)$
$g : \mathbb{R}^2 \to \mathbb{R}$, $g(x,y) = x^2 + y^2 + xy$
(i) $f : \mathbb{R}^2 \hookrightarrow \mathbb{R}^2$, $f(\xi,\eta) = (\xi\eta, \xi/\eta)$
$g : \mathbb{R}^2 \hookrightarrow \mathbb{R}$, $g(x,y) = \ln(x^2+y^2)$

Bemerkung: Wir schreiben allgemein $\varphi : A \hookrightarrow B$, wenn φ eine Funktion von einer Teilmenge von A nach B ist.

Aufgabe (94.12) Zu einer gegebenen Funktion $u : \mathbb{R}^2 \to \mathbb{R}$ definieren wir $U : \mathbb{R}^2 \to \mathbb{R}$ durch $U(r,\varphi) := u(r\cos\varphi, r\sin\varphi)$. (Man sagt, U entstehe aus u durch Transformation auf Polarkoordinaten.) Beweise mit Hilfe der Kettenregel die Beziehung

$$U_{rr} + \frac{1}{r^2}U_{\varphi\varphi} + \frac{1}{r}U_r \;=\; u_{xx} + u_{yy}.$$

Aufgabe (94.13) Die Funktion $f : \mathbb{R}^n \to \mathbb{R}$ sei differentiierbar mit $f \equiv 1$ auf $S := \{x \in \mathbb{R}^n \mid \|x\| = 1\}$. Zeige, daß es einen Punkt $p \in \mathbb{R}$ mit $\|p\| < 1$ gibt mit $(\nabla f)(p) = 0$.

Aufgabe (94.14) Wir definieren $f : \mathbb{R}^2 \to \mathbb{R}^2$ durch $f(x,y) = (e^x\cos y, e^x\sin y)$. Zeige, daß es zu $a := (0,0)$ und $b := (0,2\pi)$ keinen Punkt $\xi \in \mathbb{R}^2$ gibt mit $f(b) - f(a) = f'(\xi)(b-a)$.

Aufgabe (94.15) Bestimme für jede der folgenden Funktionen $f : \mathbb{R}^2 \to \mathbb{R}$ das Taylorpolynom dritter Ordnung um den angegebenen Entwicklungspunkt!

(a) $f(x,y) = \sin(x)\sin(y)$, $p = (0,0)$
(b) $f(x,y) = \exp(x)\cos(y)$, $p = (0,0)$
(c) $f(x,y) = \ln(1+x)\ln(1+y)$, $p = (0,0)$
(d) $f(x,y) = (xy^3/4) - yx^3 + (x^2y^2/2) - 2x + 3y - 4$, $p = (1,2)$
(e) $f(x,y) = \exp(x^3 + y^2)$, $p = (3,2)$
(f) $f(x,y,z) = x^3y^2z + 2z^4y^3x + y^4x^2z$, $p = (1,1,1)$
(g) $f(x,y,z) = e^x\sin(y)\cos(z)$, $p = (0,0,0)$

Aufgabe (94.16) Bestimme das Taylorpolynom zweiten Grades von $f(x,y) = x^y$ an der Stelle $(1,1)$ und benutze es, um per Hand den Wert $1.1^{1.02}$ näherungsweise zu bestimmen.

Aufgabe (94.17) In dieser Aufgabe sollen Lösungen des Systems der beiden Gleichungen $x^2 - xy + y^2 = 1$ und $x^2 - 2x + xy + y^2 = 0$ ermittelt werden. Dazu betrachten wir die Funktion $F : \mathbb{R}^2 \to \mathbb{R}^2$, die durch $F(x,y) := (x^2 - xy + y^2 - 1, x^2 - 2x + xy + y^2)$ definiert ist und deren Nullstellen offensichtlich genau die Lösungen des obigen Gleichungssystems sind.

(a) Führe, beginnend mit dem Startwert $(x_0,y_0) := (2,0)$, die ersten drei Schritte des Newtonverfahrens zum Auffinden einer Nullstelle von F durch.
(b) Wiederhole die Vorgehensweise in Teil (a) mit dem Startwert $(x_0,y_0) := (0,-1)$, um eine zweite Nullstelle von F zu finden.

Aufgabe (94.18) In dieser Aufgabe sollen Lösungen des Systems der beiden Gleichungen $x^3 + y^3 - 3xy = 0$ und $x^4 + y^4 - 4xy = 2$ ermittelt werden. Dazu betrachten wir die Funktion $F : \mathbb{R}^2 \to \mathbb{R}^2$, die durch $F(x,y) := (x^3 + y^3 - 3xy, x^4 + y^4 - 4xy - 2)$ definiert ist und deren Nullstellen offensichtlich genau die Lösungen des obigen Gleichungssystems sind.

(a) Führe, beginnend mit dem Startwert $(x_0,y_0) := (1,-1)$, die ersten drei Schritte des Newtonverfahrens zum Auffinden einer Nullstelle von F durch.
(b) Zeige mit Hilfe von Symmetrieeigenschaften der Funktion F, daß mit der in Teil (a) ermittelten Nullstelle von F automatisch eine zweite Nullstelle von F bekannt ist.

Aufgabe (94.19) (a) Stelle für die Funktion $f(x,y) = 3x^2y$ die Gleichung der Tangentialebene im Punkt $(\frac{1}{3}, \frac{1}{2})$ auf.

(b) Bestimme die Schnittgerade dieser Tangentialebene mit der Ebene durch die Punkte $(1,-1,2)$, $(4,0,0)$ und $(3,0,7)$.

Aufgabe (94.20) (a) Stelle für die Funktion

$$f(x,y) \;=\; \frac{3x^2 + 2xy^2}{1-x}$$

die Gleichung der Tangentialebene im Punkt $(2,3)$ auf.

(b) Bestimme für die Funktion

$$f(x,y) \;=\; \sin(x+y)\cos(x-y)$$

die Richtungsableitung im Punkt $(\pi/3, \pi/6)$ in der Richtung $\begin{bmatrix} 4/5 \\ 3/5 \end{bmatrix}$.

Lösungen zu »Differentiierbarkeit als Linearisierbarkeit« siehe Seite 532

Aufgabe (94.21) Es sei V der Raum aller beschränkten reellen Zahlenfolgen $x = (x_1, x_2, x_3, \ldots)$ mit der Norm $\|x\| := \sup_i |x_i|$. Zeige: gibt es für $p \in V$ einen Index i_0 und eine Zahl $\alpha > 0$ mit mit $|p_{i_0}| \geq |p_i| + \alpha$ für alle $i \neq i_0$, so ist die Normfunktion $f : V \to \mathbb{R}$ mit $f(x) := \|x\|$ an der Stelle p differentiierbar, und es gilt $(\partial_v f)(p) = \text{sign}(p_{i_0}) \cdot v_{i_0}$ für alle $v \in V$. Zeige ferner, daß diese Aussage nicht zutrifft, wenn man nur $|p_{i_0}| > |p_i|$ für alle $i \neq i_0$ voraussetzt.

Aufgabe (94.22) Es seien V und W normierte Räume und $\Omega \subseteq V$ eine offene Menge. Zeige, daß $C^1(\Omega, W)$ ein Vektorraum ist.

Aufgabe (94.23) Es seien V und W endlichdimensionale reelle Vektorräume und $\Omega \subseteq V$ eine offene Teilmenge. Beweise für eine Abbildung $f : \Omega \to W$ die Äquivalenz der folgenden Aussagen:

(1) die Abbildung $f' : \Omega \to \mathbb{B}(V, W)$ ist definiert und stetig;

(2) für jeden Vektor $v \in V$ ist $\partial_v f : \Omega \to W$ definiert und stetig;

(3) für jede Basis $(e_1, \ldots, e_n)$ von V ist jede der Abbildungen $\partial_{e_i} f : \Omega \to W$ definiert und stetig;

(4) es gibt eine Basis $(e_1, \ldots, e_n)$ von V derart, daß jede der Abbildungen $\partial_{e_i} f : \Omega \to W$ definiert und stetig ist.

Aufgabe (94.24) Für eine auf einer offenen Menge Ω differentiierbare Funktion $f : \Omega \to W$ definieren wir die **Tangentialabbildung** $T_f : \Omega \times V \to W \times W$ durch

$$T_f(p, v) := \big(f(p), f'(p)v\big) .$$

Zeige, daß $T_{g \circ f} = T_g \circ T_f$ gilt. Definiere T^r und zeige: sind f und g zwei C^r-Abbildungen, dann auch $g \circ f$, und es gilt $T^r_{g \circ f} = T^r_g \circ T^r_f$.

Lösungen zu »Differentiierbarkeit als Linearisierbarkeit« siehe Seite 532

A95: Optimierungsaufgaben

Aufgabe (95.1) Bestimme für jede der folgenden Funktionen $f : \mathbb{R}^2 \to \mathbb{R}$ jeweils alle kritischen Punkte und ermittle in jedem Fall, ob es sich um ein lokales Maximum, ein lokales Minimum oder einen Sattelpunkt handelt!

(a) $f(x, y) = x^3 - y^3 + 6xy$
(b) $f(x, y) = x^6 + y^3 + 6x - 12y + 7$
(c) $f(x, y) = (x^2 + y^2)^2 - 2(x^2 - y^2)$
(d) $f(x, y) = xy^2(3x + 6y - 2)$
(e) $f(x, y) = x^4 + y^4 - 2(x - y)^2$
(f) $f(x, y) = x^3y^2 + 3x^2 + 8y^2$
(g) $f(x, y) = (x^2 + y^2)e^{-x}$
(h) $f(x, y) = xy(1 - x - y)$
(i) $f(x, y) = (x + y + 1)^2/(x^2 + y^2 + 1)$
(j) $f(x, y) = x^3 + x^2 - 2xy + y^2 - 12x + 2$
(k) $f(x, y) = xy^3(3x + 6y - 2)$
(l) $f(x, y) = x^4 + y^4 - 4xy + 1$
(m) $f(x, y) = xye^{-(x^2+y^2)/2}$
(n) $f(x, y) = x^3(y + 1) - xy^2$

Aufgabe (95.2) Für jede der folgenden Funktionen sei $D \subseteq \mathbb{R}^2$ der maximale Definitionsbereich. Bestimme für $f : D \to \mathbb{R}$ jeweils alle kritischen Punkte und ermittle in jedem Fall, ob es sich um ein lokales Maximum, ein lokales Minimum oder einen Sattelpunkt handelt!

(a) $f(x, y) = xy + 2x - \ln(x^2y)$
(b) $f(x, y) = x^2y - 15y^3 + (y^2/x)$
(c) $f(x, y) = xy^2 + \ln(xy) - y$
(d) $f(x, y) = xy - (27/x) + (27/y)$
(e) $f(x, y) = x^4y - 8\ln(x) - \ln(y) + x^2 + 2$
(f) $f(x, y) = (x^2 + y^2)/(x + y - 1)$
(g) $f(x, y) = (1 + x)(1 + y)(x + y)/(x^2y^2)$

Aufgabe (95.3) Bestimme in jedem der folgenden Fälle das Minimum und das Maximum der angegebenen Funktion f auf dem angegebenen Definitionsbereich D!

(a) $f(x, y) = xy - (27/x) + (27/y)$
$D = \{(x, y) \in \mathbb{R}^2 \mid 2 \le x \le 4,\ -4 \le y \le -2\}$
(b) $f(x, y) = x^3y^2 + 3x^2 + 8y^2$
$D = \{(x, y) \in \mathbb{R}^2 \mid x^2 + y^2 \le 5\}$
(c) $f(x, y) = x^4 - 2x^2 + y^2$
$D =$ Quadrat mit den Ecken $(\pm a, \pm a)$
(d) $f(x, y) = x^4 - 2x^2 + y^2$
$D =$ Quadrat mit den Ecken $(\pm a, 0)$ und $(0, \pm a)$

Bemerkung: In (c) und (d) sei jeweils $a > 0$ eine beliebige positive Zahl. Die gleiche Funktion wie in (c) und (d) wurde bereits in Aufgabe (95.14) im Buch benutzt, allerdings mit einem anderen Definitionsbereich.

Aufgabe (95.4) Bestimme alle kritischen Punkte der Funktion $f(x, y, z) = xyz(1 - x - y - z)$ und entscheide jeweils, ob es sich um ein lokales Minimum, ein lokales Maximum oder einen Sattelpunkt handelt.

Lösungen zu »Optimierungsaufgaben« siehe Seite 541

Aufgabe (95.5) Bestimme für eine gegebene Zahl $a > 0$ das Maximum der Funktion

$$W(x, t) = x^2(a - x)t^2e^{-t} = (ax^2 - x^3)t^2e^{-t}$$

im Bereich $0 \le x \le a$ und $t \ge 0$.

Aufgabe (95.6) Ein Futtertrog von vorgegebenem Volumen V soll aus zwei rechteckigen Wänden, zwei dreieckigen Stirnseiten und einem Deckel so hergestellt werden, daß möglichst wenig Material verbraucht wird. Wie sind die Abmessungen des Trogs zu wählen?

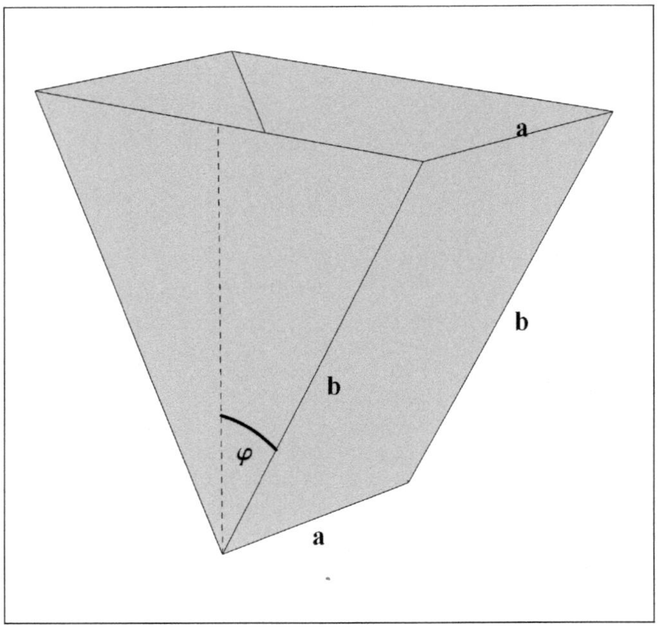

Aufgabe (95.7) Ein Kanal soll einen trapezförmigen Querschnitt mit vorgegebenem Flächeninhalt A haben. Wie sind die Höhe h und der Anstellwinkel φ bzw. die eingezeichneten Abmessungen a und b zu wählen, damit der benetzbare Umfang $b + 2a$ minimal wird? (Denkt man sich den Kanal aus drei Wänden der Breiten a, b und wieder a gebildet, so bedeutet diese Minimierung gerade die Minimierung des Materialverbrauchs.) Vergleiche auch mit Aufgabe (91.52)!

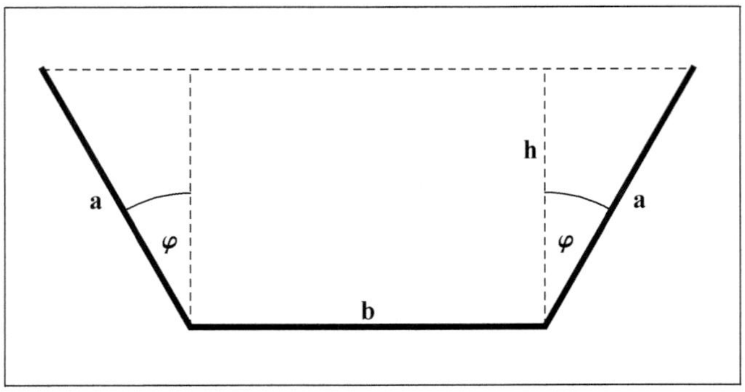

Aufgabe (95.8) (a) Es soll eine nach oben geöffnete Wasserrinne mit trapezförmigem Querschnitt so gebaut werden, daß bei gegebener Gesamtfläche des Bodens und der Seitenwände die Querschnittsfläche möglichst groß wird. Wie sind die Abmessungen zu wählen?

(b) Wie ändert sich die Lösung, wenn es sich statt einer offenen Wasserrinne um einen unterirdischen Kanal handelt, wenn also auch eine Deckenfläche benötigt wird?

Bemerkung: In der vorigen Aufgabe war bei gegebenem Querschnitt der benetzbare Umfang zu minimieren; in dieser Aufgabe ist bei gegebenem benetzbarem Umfang die Querschnittsfläche zu maximieren.

Aufgabe (95.9) Aus vier Brettern der Breite 1 soll eine Rinne gebildet werden, deren Querschnittsfläche möglichst groß ist. Wie sind dazu die Winkel α und β zu wählen?

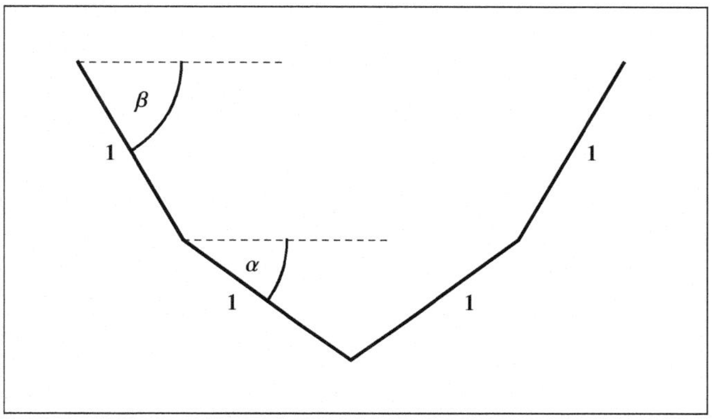

Aufgabe (95.10) Eine Fassade habe die Form eines Rechtecks mit einem aufgesetzten gleichschenkligen Dreieck. Wie sind die Abmessungen x, θ und h zu wählen, damit die Fassade einerseits einen vorgegebenen Umfang U hat, andererseits eine möglichst große Fläche besitzt?

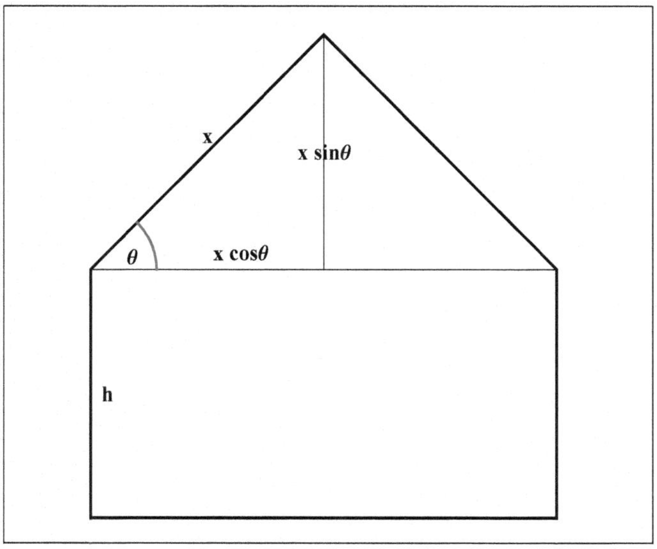

Aufgabe (95.11) Entlang einer geradlinigen Straße der Länge ℓ soll eine gegebene Zahl n von Notrufsäulen derart angebracht werden, daß der durchschnittliche Weg von irgendeinem Punkt der Straße aus zur jeweils nächsten Notrufsäule möglichst kurz wird. Wo sind die Notrufsäulen zu postieren?

Aufgabe (95.12) Wir betrachten die Parabel P mit der Gleichung $y = x^2 + 1$ und die Gerade G mit der Gleichung $y = x/2$. Welche Punkte auf P und auf G liegen am dichtesten beisammen?

Aufgabe (95.13) Es sei $\eta = 15/16$. Zwischen dem Festland $F = \{(x,y) \in \mathbb{R}^2 \mid y \leq -(x^2-1)^2\}$ und der Insel $I = \{(x,y) \in \mathbb{R}^2 \mid x^2 + (y-\eta)^2 \leq 1\}$ soll eine geradlinig verlaufende Brücke minimaler Länge gelegt werden. Zwischen welchen Punkten muß eine solche Brücke verlaufen?

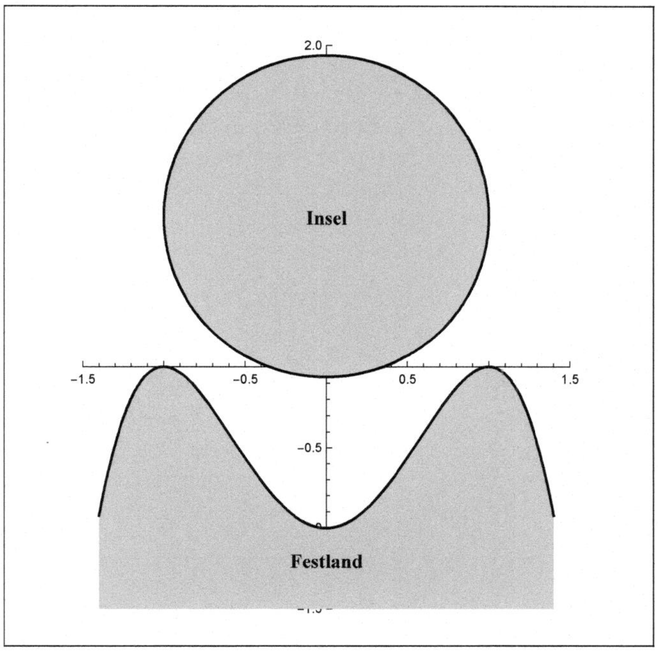

Aufgabe (95.14) Wir betrachten die Funktion $f(x) = x^2 - x^3$ für $0 \leq x \leq 1$. Wie müssen zwei Zahlen $a, b \in [0,1]$ gewählt werden, damit das Trapez mit den Ecken $(a,0)$, $(a, f(a))$, $(b, f(b))$ und $(b,0)$ maximale Fläche hat?

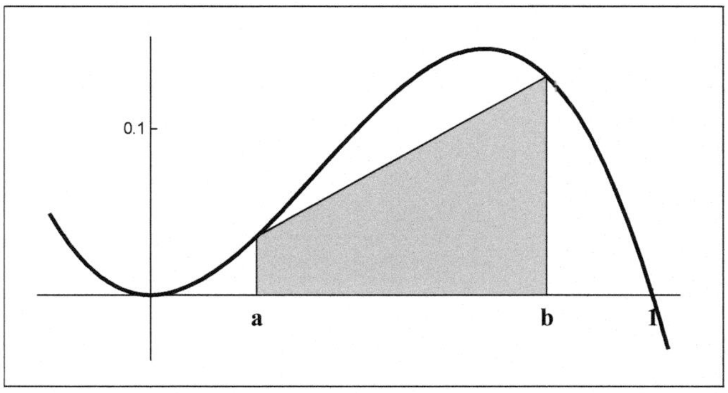

Lösungen zu »Optimierungsaufgaben« siehe Seite 541

Aufgabe (95.15) Welcher Punkt des Rotationsparaboloids $z = x^2 + y^2$ hat den kleinsten Abstand vom Punkt $(1, 1, 3)$?

Aufgabe (95.16) Bestimme die Ausgleichsgerade durch die folgenden Datenpunkte.

−1.000	−0.800	−0.600	−0.400	−0.200	0.000
−0.750	−0.884	−0.902	−0.828	−0.686	−0.500
0.200	0.400	0.600	0.800	1.000	1.200
−0.294	−0.092	0.082	0.204	0.250	0.196

Aufgabe (95.17) (a) Durch n vorgegebene Datenpunkte $(x_1, y_1), \ldots, (x_n, y_n)$ soll ein Parabelbogen $y = ax^2 + bx + c$ derart gelegt werden, daß der Ausdruck $\sum_{i=1}^{n}(ax_i^2 + bx_i + c - y_i)^2$ minimal wird. Zeige, daß es genau eine solche Parabel gibt, wenn die Werte $x_1, \ldots, x_n$ paarweise verschieden sind; diese Parabel nennt man die **Ausgleichsparabel** durch die gegebenen Datenpunkte.

(b) Bestimme die Ausgleichsparabel durch die Datenpunkte der vorigen Aufgabe.

Aufgabe (95.18) (a) Zwischen n vorgegebene Datenpunkte $P_i = (x_i, y_i)$ soll eine Gerade g so gelegt werden, daß die Quadratsumme der Abstände der P_i zu g minimal wird. Wie läßt sich diese Gerade g bestimmen? (**Hinweis:** Setze die Gleichung von g in der Form $x \cos\varphi + y \sin\varphi = d$ an. Anders als bei der Ausgleichsgeraden werden hier die Verbindungsstrecken senkrecht zur gesuchten Geraden gewählt, nicht senkrecht zur x-Achse.)

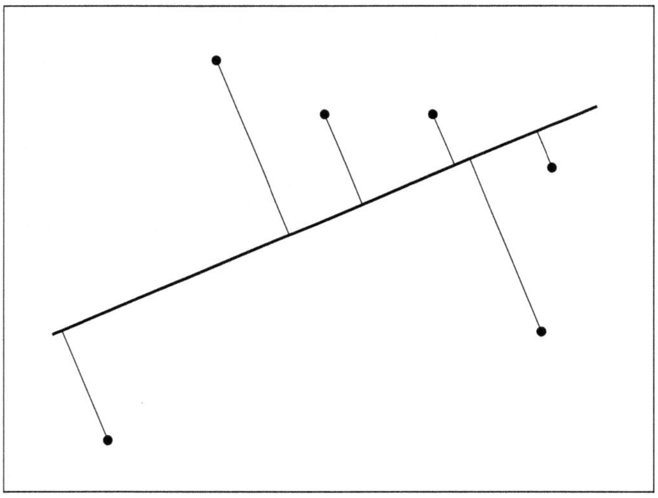

Minimierung der Summe der Abstandsquadrate.

(b) Finde die in Teil (a) definierte Gerade für die Datenpunkte aus Aufgabe (95.16) und vergleiche das Ergebnis mit der dort gefundenen Ausgleichsgeraden.

Aufgabe (95.19) Bestimme die Ausgleichsgerade durch die folgenden Datenpunkte! Zeichne anschließend die gefundene Gerade mitsamt den Datenpunkten in ein Koordinatensystem ein.

x	0	1	2	3	4
y	1	3	2	4	5

Aufgabe (95.20) (a) Bestimme die Ausgleichsgerade durch die folgenden Datenpunkte! Zeichne anschließend die gefundene Gerade mitsamt den Datenpunkten in ein Koordinatensystem ein.

x	−2	−1	0	1	2
y	−1	−1	0	1	1

(b) Zu den oben angegebenen Datenpunkten kommen noch die neuen Punkte $(x, y) = (-3, 0)$ und $(x, y) = (3, -2)$ hinzu. Wie ändert sich dadurch die Ausgleichsgerade?

Aufgabe (95.21) Aus Draht soll das Kantengestell eines Quaders mit der Länge a, der Breite b und der Höhe h erstellt werden. Die Gesamtlänge des verfügbaren Drahts sei eine gegebene Zahl ℓ. Wie müssen a, b und c gewählt werden, damit der durch das Drahtgestell gegebene Quader ein möglichst großes Volumen hat?

Aufgabe (95.22) (a) Eine quaderförmige Kiste ohne Deckel mit einem vorgegebenen Volumen V soll mit möglichst wenig Materialverbrauch hergestellt werden. Wie sind die Abmessungen der Kiste zu wählen?

(b) Da sich die Kiste für den Transport schwerer Lasten eignen soll, wird der Boden verstärkt; eine Flächeneinheit des Bodens ist daher um den Faktor $k > 0$ teurer als eine Flächeneinheit der Seitenwände. Wie sind die Abmessungen der Kiste zu wählen, um die Materialkosten zu minimieren?

(c) Wie ändert sich das Ergebnis, wenn die Kiste einen Deckel haben soll?

Lösungen zu »Optimierungsaufgaben« siehe Seite 541

A96: Auflösen von Gleichungen

Aufgabe (96.1) Zeige, daß die durch

$$f(x,y) := \begin{bmatrix} xe^y + y \\ xe^y - y \end{bmatrix}$$

definierte Abbildung $f : \mathbb{R}^2 \to \mathbb{R}^2$ ein Diffeomorphismus ist.

Aufgabe (96.2) Zeige, daß die durch

$$f(x,y,z) := \begin{bmatrix} x/(2+y^2) + ye^z \\ x/(2+y^2) - ye^z + z \\ 2ye^z + z \end{bmatrix}$$

definierte Abbildung $f : \mathbb{R}^3 \to \mathbb{R}^3$ ein Diffeomorphismus ist.

Aufgabe (96.3) Definiere $f : \mathbb{R}^2 \to \mathbb{R}^2$ durch

$$f(x,y) := \begin{bmatrix} e^x \cos y \\ e^x \sin y \end{bmatrix}.$$

Zeige, daß $f'(x,y)$ an jeder Stelle $(x,y) \in \mathbb{R}^2$ invertierbar ist, daß aber f trotzdem kein Diffeomorphismus ist.

Aufgabe (96.4) Wir definieren $f : \mathbb{R}^2 \to \mathbb{R}^2$ durch

$$f(r,\varphi) := \begin{bmatrix} r\cos\varphi \\ r\sin\varphi \end{bmatrix}.$$

Gilt dann $(x,y) = f(r,\varphi)$, so ist $r = \sqrt{x^2+y^2}$ durch x und y eindeutig bestimmt, der Winkel φ dagegen für $(x,y) = (0,0)$ gar nicht und für $(x,y) \neq (0,0)$ nur bis auf ein Vielfaches von 2π. Gib für jede der folgenden Funktionen maximale offene Mengen $U, V \subseteq \mathbb{R}^2 \setminus \{0,0\}$ derart an, daß durch

$$g(x,y) := \begin{bmatrix} \sqrt{x^2+y^2} \\ \varphi(x,y) \end{bmatrix}$$

eine lokale Umkehrfunktion $g : U \to V$ zu f definiert wird.

(a) $\varphi(x,y) := \arctan(y/x)$
(b) $\varphi(x,y) := \arccos(x/\sqrt{x^2+y^2})$
(c) $\varphi(x,y) := \arcsin(y/\sqrt{x^2+y^2})$
(d) $\varphi(x,y) := 2\arctan\big(y/(x+\sqrt{x^2+y^2})\big)$

Aufgabe (96.5) Wir definieren $f : \mathbb{R}^2 \to \mathbb{R}^2$ durch

$$f(x,y) := \begin{bmatrix} \exp(x) + \exp(y) \\ \exp(x) + \exp(-y) \end{bmatrix}.$$

Bestimme die Bildmenge $\Omega := f(\mathbb{R}^2)$! Wo ist f ein lokaler Diffeomorphismus? Ist f als Abbildung $f : \mathbb{R}^2 \to \Omega$ sogar ein globaler Diffeomorphismus?

Aufgabe (96.6) Wir betrachten die Funktion $f : \mathbb{R}^2 \to \mathbb{R}^2$ mit

$$f(x,y) := \begin{bmatrix} x^2+y^2 \\ 2xy \end{bmatrix}.$$

(a) Bestimme alle Punkte (x_0,y_0), an denen f lokal ein Diffeomorphismus ist.

(b) Bestimme die Bildmenge $f(\mathbb{R}^2)$ der Funktion f.

(c) Bestimme für jeden regulären Wert (u_0,v_0) von f die Menge aller möglichen lokalen Umkehrabbildungen von f, die in einer Umgebung von (u_0,v_0) definiert sind.

Aufgabe (96.7) Wir betrachten die Funktion $f : \mathbb{R}^2 \to \mathbb{R}^2$ mit

$$f(x,y) := \begin{bmatrix} x^2-y^2 \\ 2xy \end{bmatrix}.$$

(a) Bestimme alle Punkte (x_0,y_0), an denen f lokal ein Diffeomorphismus ist.

(b) Bestimme die Bildmenge $f(\mathbb{R}^2)$ der Funktion f.

(c) Bestimme für jeden regulären Wert (u_0,v_0) von f die Menge aller möglichen lokalen Umkehrabbildungen von f, die in einer Umgebung von (u_0,v_0) definiert sind.

Aufgabe (96.8) In einer Ebene E betrachten wir zwei Kreise K_1 und K_2 mit den Radien r_1 und r_2; der Abstand zwischen den Mittelpunkten dieser Kreise sei ein gegebener Wert $a > r_1 + r_2$. Bestimme die Menge aller Punkte in E, die als Mittelpunkt einer Strecke P_1P_2 mit $P_1 \in K_1$ und $P_2 \in K_2$ auftreten können.

Aufgabe (96.9) Das Gleichungssystem

$$\begin{aligned} x^2 - y^2 - u^3 + v^2 + 4 &= 0, \\ 2xy + y^2 - 2u^2 + 3v^4 + 8 &= 0 \end{aligned}$$

hat die Lösung $(x_0,y_0,u_0,v_0) = (2,-1,2,1)$. Nach welchen zweien der vier Variablen (als Funktion der beiden anderen Variablen) läßt sich dieses System in einer Umgebung der angegebenen Lösung auflösen?

Aufgabe (96.10) Zeige, daß sich in einer Umgebung des Punktes $(0,0,0)$ die Gleichung

$$x + y^2 + z = \sin(xz)$$

nach z als Funktion von x und y auflösen läßt, daß es also eine auf einer Umgebung $U \subseteq \mathbb{R}^2$ von $(0,0)$ definierte Funktion $Z : U \to \mathbb{R}$ mit $Z(0,0) = 0$ derart gibt, daß $\big(x,y,Z(x,y)\big)$ die angegebene Gleichung identisch erfüllt. Bestimme zusätzlich alle partiellen Ableitungen erster und zweiter Ordnung der Funktion Z.

Lösungen zu »Auflösen von Gleichungen« siehe Seite 562

Aufgabe (96.11) Zeige, daß sich das Gleichungssystem

$$\begin{aligned} x^2 + uy + e^v &= 0 \\ 2x + u^2 - uv &= 5 \end{aligned}$$

in einer Umgebung von $(x_0, y_0, u_0, v_0) = (2, 5, -1, 0)$ nach (u, v) als Funktionen von (x, y) auflösen läßt.

Aufgabe (96.12) Zeige, daß es eine Umgebung $U \subseteq \mathbb{R}^2$ von $(1, -1)$ und eine C^∞-Funktion $f : U \to \mathbb{R}$ mit $f(1, -1) = 0$ gibt, die die Identität

$$x \cdot f(x,y)^2 + e^{2f(x,y)} + y = 0 \quad \big((x,y) \in U\big)$$

erfüllt. Berechne ferner die Werte der partiellen Ableitungen f_x, f_y, f_{xx}, f_{xy}, f_{yx} und f_{yy} an der Stelle $(1, -1)$.

Aufgabe (96.13) Zeige, daß sich das Gleichungssystem

$$\begin{aligned} xu + yu^2 v &= 2 \\ xu^3 + y^2 v^4 &= 2 \end{aligned}$$

in einer Umgebung des Punktes $(x_0, y_0, u_0, v_0) = (1, 1, 1, 1)$ nach (u, v) als Funktionen von (x, y) auflösen läßt.

Aufgabe (96.14) Es sei $n \in \mathbb{N}$ beliebig. Zeige, daß es möglich ist, das Gleichungssystem

$$\begin{aligned} x^n - y &= a \\ y^n - z &= b \\ z^n - x &= 0 \end{aligned}$$

in einer Umgebung der Lösung $(x_0, y_0, z_0, a_0, b_0) = (0, 0, 0, 0, 0)$ nach (x, y, z) aufzulösen.

Aufgabe (96.15) In dieser Aufgabe wollen wir das in Beispiel (96.22) im Buch diskutierte Kartesische Blatt etwas genauer untersuchen, also die Nullstellenmenge der Funktion

$$f(x,y) = y^3 + x^3 - 3xy.$$

(a) Zeige mit Hilfe der in (44.10) erhaltenen Lösungsformeln für kubische Gleichungen, daß die Gleichung $f(x, y) = 0$ für $0 < x < \sqrt[3]{4}$ drei verschiedene Lösungen y bzw. für $0 < y < \sqrt[3]{4}$ drei verschiedene Lösungen x besitzt.

(b) Bestimme den Geschwindigkeitsvektor der in Beispiel (96.22) im Buch angegebenen Parametrisierung $t \mapsto \big(x(t), y(t)\big)$ des kartesischen Blattes.

(c) Zeige, daß die Singularität dieser Parametrisierung bei $t = -1$ verschwindet, wenn wir stereographische Projektion benutzen.

(d) Zeige, daß es eine in einer Umgebung von 0 definierte analytische Funktion $y = y(x)$ gibt, die die Gleichung des Kartesischen Blattes identisch erfüllt, für die also $f\big(x, y(x)\big) \equiv 0$ gilt. **Hinweis:** Da eine solche Funktion notwendigerweise $y(0) = y'(0) = 0$ erfüllt (warum?), ist es sinnvoll, den Ansatz $y(x) = x^2\eta(x)$ zu machen, der auf $x^3\eta^3 + 1 - 3\eta = 0$ führt. Wende den Satz (76.12) im Buch über implizit gegebene analytische Funktionen an, um zu zeigen, daß diese Gleichung eine analytische Lösung $x \mapsto \eta(x)$ besitzt, und berechne den Anfang der Taylorentwicklung von η.

Aufgabe (96.16) Es sei $M = \{x \in \mathbb{R}^4 \mid g_1(x) = g_2(x) = 0\}$ mit

$$\begin{aligned} g_1(x_1, x_2, x_3, x_4) &:= x_1x_4 - x_2x_3 - 1, \\ g_2(x_1, x_2, x_3, x_4) &:= x_1x_3 + x_2x_4. \end{aligned}$$

Zeige, daß M als Graph einer Funktion darstellbar ist.

Aufgabe (96.17) Es sei $M = \{x \in \mathbb{R}^4 \mid g_1(x) = g_2(x) = 0\}$ mit

$$\begin{aligned} g_1(x_1, x_2, x_3, x_4) &:= x_1x_4 - x_2x_3 - 1, \\ g_2(x_1, x_2, x_3, x_4) &:= x_1^2 + x_2^2 + x_3^2 + x_4^2 - 2. \end{aligned}$$

An welchen Punkten $x = (x_1, x_2, x_3, x_4) \in M$ können die beiden Gleichungen $g_1(x) = 0$ und $g_2(x) = 0$ nach zwei der vier Variablen x_i als Funktionen der beiden anderen Variablen aufgelöst werden? Gib die möglichen Auflösungen der beiden Gleichungen nach x_1 und x_4 als Funktionen von x_2 und x_3 explizit an!

Aufgabe (96.18) Es sei ξ eine einfache Nullstelle des Polynoms $a_0 + a_1X + \cdots + a_nX^n \in \mathbb{R}[X]$. Zeige, daß es dann eine Umgebung $U \subseteq \mathbb{R}^{n+1}$ von $(a_0, a_1, \ldots, a_n)$ und eine C^∞-Funktion $X : U \to \mathbb{R}$ derart gibt, daß für alle $(\alpha_0, \alpha_1, \ldots, \alpha_n) \in U$ der Wert $X(\alpha_0, \alpha_1, \ldots, \alpha_n)$ eine einfache Nullstelle des Polynoms $\alpha_0 + \alpha_1X + \cdots + \alpha_nX^n$ ist (glatte Abhängigkeit der Nullstellen eines Polynoms von dessen Koeffizienten).

Hinweis: Benutze den Satz über implizite Funktionen, um die Gleichung $a_0 + a_1x + \cdots + a_nx^n = 0$ nach x aufzulösen.

Aufgabe (96.19) Es seien V ein endlichdimensionaler reeller Vektorraum mit einem Skalarprodukt $\langle\cdot,\cdot\rangle$ und $\mathrm{End}(V)$ der Vektorraum aller Endomorphismen von V. Wir definieren $f : V \times \mathbb{R} \times \mathrm{End}(V) \to V \times \mathbb{R}$ durch

$$f(x, \lambda, A) := \begin{bmatrix} Ax - \lambda x \\ \|x\|^2 - 1 \end{bmatrix} = \begin{bmatrix} Ax - \lambda x \\ \langle x, x\rangle - 1 \end{bmatrix}.$$

Es sei (x_0, λ_0, A_0) eine Lösung der Gleichung $f(x, \lambda, A) = 0$; d.h., es sei x_0 ein normierter Eigenvektor von A_0 zum Eigenwert λ_0. Wir setzen ferner voraus, daß die algebraische Vielfachheit von λ_0 als Eigenwert von A_0 gleich 1 ist, daß also ein einfacher Eigenwert vorliegt. Zeige, daß sich dann in einer Umgebung von (x_0, λ_0, A_0) die Gleichung $f(x, \lambda, A) = 0$ glatt nach x und λ als Funktionen von A auflösen läßt, daß es also eine Umgebung $U \subseteq \mathrm{End}(V)$ von A_0 und C^∞-Funktionen $\Phi : U \to V$ und $\psi : U \to \mathbb{R}$ gibt mit $f\big(\Phi(A), \psi(A), A\big) = 0$. (Die Aufgabe zeigt also die glatte Abhängigkeit von Eigenwerten und Eigenvektoren einer Matrix von den Matrixkoeffizienten.)

Lösungen zu »Auflösen von Gleichungen« siehe Seite 562

Aufgabe (96.20) Zeige, daß die Gleichung $x^3 - y^3 = 0$ sogar global sowohl nach x als Funktion von y als auch nach y als Funktion von x aufgelöst werden kann, obwohl die Voraussetzungen des Satzes über implizite Funktionen im Punkt $(0,0)$ nicht erfüllt sind.

Aufgabe (96.21) Wir betrachten eine Funktion $g : \mathbb{R}^n \to \mathbb{R}^m$ und schreiben einen Vektor $x \in \mathbb{R}^n$ in der Form $x = (x', x'')$ mit $x' \in \mathbb{R}^{n-m}$ und $x'' \in \mathbb{R}^m$. In einer Umgebung des Punktes $p \in \mathbb{R}^n$ sei die Gleichung $g(x) = 0$ nach x'' als Funktion von x' auflösbar. Zeige, daß dann die folgende Bedingung gilt:

$$(\star) \qquad \operatorname{rank} \underbrace{\left[\frac{\partial g}{\partial x}\right]}_{m\times n} = \operatorname{rank} \underbrace{\left[\frac{\partial g}{\partial x''}\right]}_{m\times m}.$$

Bemerkung: Bedingung $(\star)$ ist eine *notwendige* Bedingung für die lokale Auflösbarkeit der Gleichung $g(x) = 0$. Der Satz über implizite Funktionen liefert eine *hinreichende* Bedingung, nämlich

$$(\star\star) \qquad \operatorname{rank} \underbrace{\left[\frac{\partial g}{\partial x''}\right]}_{m\times m} = m.$$

Es ist klar, daß aus $(\star\star)$ stets $(\star)$ folgt, denn wenn eine $(m \times n)$-Matrix mit $n \geq m$ eine $(m \times m)$-Untermatrix vom Rang m hat, so hat sie selbst schon den Rang m.

Aufgabe (96.22) Rechne Beispiel (96.7) im Buch mit der Norm $\|\cdot\|_1$ und der Norm $\|\cdot\|_\infty$ statt der euklidischen Norm $\|\cdot\|_2$.

Aufgabe (96.23) In der Umkehrregel (96.8) wurde die Stetigkeit sowohl von f als auch von f^{-1} vorausgesetzt, in der Umkehrregel (89.13)(f) dagegen nur die Stetigkeit von f selbst. Erkläre!

Aufgabe (96.24) Von einer (2×2)-Matrix A sei bekannt, daß sie die Determinante 1 hat, daß A^2 eine Diagonalmatrix ist und daß die Spur von A^2 einen gegebenen Wert σ hat. Läßt sich aus diesen Angaben die Matrix A rekonstruieren?

Lösungen zu »Auflösen von Gleichungen« siehe Seite 562

Teil 2:
Lösungen

L61: Tensorprodukte

Lösung (61.1) (a) Wegen der linearen Unabhängigkeit der Vektoren $v_1^{(k)}$ in V_1 gibt es Linearformen $f_1^{(k)}$ in $V^\star$ mit $f_1^{(k)}(v_1^{(\ell)}) = \delta_{k\ell}$; ferner wählen wir völlig beliebige Linearformen $f_i^{(k)}$ für $2 \leq i \leq n$ und $1 \leq k \leq N$. Eine Multilinearform $f : V_1 \times \cdots \times V_n \to K$ ist dann definiert durch

$$f(x_1, \ldots, x_n) := \sum_{k=1}^{N} f_1^{(k)}(x_1) f_2^{(k)}(x_2) \cdots f_n^{(k)}(x_n).$$

Nach Definition des Tensorprodukts gibt es daher eine (eindeutig bestimmte) Linearform $F : V_1 \otimes \cdots \otimes V_n \to K$ mit $f(x_1, \ldots, x_n) = F(x_1 \otimes \cdots \otimes x_n)$ für alle $x_i \in V_i$. Insbesondere gilt dann

$$\begin{aligned} 0 &= F(0) = F\Big(\sum_{\ell=1}^{N} v_1^{(\ell)} \otimes \cdots \otimes v_n^{(\ell)}\Big) \\ &= \sum_{\ell=1}^{N} F(v_1^{(\ell)} \otimes \cdots \otimes v_n^{(\ell)}) \\ &= \sum_{\ell=1}^{N} f(v_1^{(\ell)}, \ldots, v_n^{(\ell)}) \\ &= \sum_{\ell=1}^{N} \sum_{k=1}^{N} f_1^{(k)}(v_1^{(\ell)}) f_2^{(k)}(v_2^{(\ell)}) \cdots f_n^{(k)}(v_n^{(\ell)}) \\ &= \sum_{\ell=1}^{N} \sum_{k=1}^{N} \delta_{k\ell} f_2^{(k)}(v_2^{(\ell)}) \cdots f_n^{(k)}(v_n^{(\ell)}) \\ &= \sum_{k=1}^{N} f_2^{(k)}(v_2^{(k)}) \cdots f_n^{(k)}(v_n^{(k)}). \end{aligned}$$

Da die Linearformen $f_2^{(k)}, \ldots, f_n^{(k)}$ völlig beliebig gewählt waren, folgt die Behauptung.

(b) Gilt $v_i = 0$ für einen Index i, so ist $v_1 \otimes \cdots \otimes v_n = 0$ aufgrund der Linearität des Tensorprodukts in der i-ten Komponente. Gilt umgekehrt $v_1 \otimes \cdots \otimes v_n = 0$, so ergibt sich aus Teil (a) mit $N := 1$ sofort, daß $v_i = 0$ für wenigstens einen Index i gelten muß.

Lösung (61.2) Gilt $w_i = \lambda_i v_i$ für $1 \leq i \leq n$ mit $\lambda_1 \cdots \lambda_n = 1$, so erhalten wir

$$\begin{aligned} w_1 \otimes \cdots \otimes w_n &= (\lambda_1 v_1) \otimes \cdots \otimes (\lambda_n v_n) \\ &= \lambda_1 \cdots \lambda_n \, v_1 \otimes \cdots \otimes v_n = v_1 \otimes \cdots \otimes v_n. \end{aligned}$$

Umgekehrt gelte $v_1 \otimes \cdots \otimes v_n = w_1 \otimes \cdots \otimes w_n$, also

$$(1) \qquad v_1 \otimes \cdots \otimes v_n - w_1 \otimes \cdots \otimes w_n = 0.$$

Wären v_1 und w_1 linear unabhängig, so müßten nach der vorhergehenden Aufgabe beide Terme in (1) verschwinden, was wegen $v_i \neq 0$ und $w_i \neq 0$ für alle i nicht der Fall ist. Also sind v_1 und w_1 linear abhängig, so daß es ein Element $\lambda_1 \neq 0$ in K geben muß mit $w_1 = \lambda_1 v_1$. Einsetzen in (1) ergibt dann

$$v_1 \otimes (v_2 \otimes \cdots \otimes v_n - \lambda_1 \, w_2 \otimes \cdots \otimes w_n) = 0.$$

Nach der vorigen Aufgabe folgt hieraus

$$(2) \qquad v_2 \otimes \cdots \otimes v_n - w_2 \otimes \cdots \otimes (\lambda_1 w_n) = 0.$$

Wir wiederholen nun unsere Schlußweise und erkennen, daß es ein Element $\lambda_2 \neq 0$ in K gibt mit $w_2 = \lambda_2 v_2$. Fahren wir in dieser Weise fort, so bleibt am Ende die Gleichung $v_n = \lambda_1 \cdots \lambda_n \, w_n$ übrig, also $w_n = \lambda_n v_n$ mit $\lambda_n := 1/(\lambda_1 \cdots \lambda_n)$ und damit $\lambda_1 \cdots \lambda_n = 1$.

Lösung (61.3) Die Eindeutigkeit einer Darstellung der angegebenen Art folgt sofort aus Aufgabe (61.1); es bleibt die Existenz einer solchen Darstellung nachzuweisen. Wegen $\xi \neq 0$ gibt es eine Darstellung $\xi = \sum_{k=1}^{n} v_k \otimes w_k$ mit $v_k \neq 0$ und $w_k \neq 0$ für $1 \leq k \leq n$. Weil (e_i) eine Basis von V ist, gibt es für jeden Index k eine Darstellung $v_k = \sum_{i \in I} \lambda_i^{(k)} e_i$, wobei nur endlich viele der Koeffizienten $\lambda_i^{(k)}$ von Null verschieden sind. Hieraus folgt

$$\begin{aligned} \xi &= \Big[\sum_{i \in I} \lambda_i^{(1)} e_i\Big] \otimes w_1 + \cdots + \Big[\sum_{i \in I} \lambda_i^{(n)} e_i\Big] \otimes w_n \\ &= \sum_{i \in I} e_i \otimes \big(\lambda_i^{(1)} w_1\big) + \cdots + \sum_{i \in I} e_i \otimes \big(\lambda_i^{(n)} w_n\big) \\ &= \sum_{i \in I} e_i \otimes \big(\lambda_i^{(1)} w_1 + \cdots + \lambda_i^{(n)} w_n\big). \end{aligned}$$

Lösung (61.4) (a) Es sei $\xi = \sum_{i=1}^{m} a_i \otimes b_i$ eine Darstellung mit minimaler Summandenzahl. Wären $a_1, \ldots, a_m$ linear abhängig, so ließe sich einer der Vektoren a_k als Linearkombination der übrigen Vektoren a_i mit $i \neq k$ darstellen; ohne Beschränkung der Allgemeinheit möge $a_m = \sum_{i=1}^{m-1} \lambda_i a_i$ gelten. Wir hätten dann

$$\begin{aligned} \xi &= \sum_{i=1}^{m-1} a_i \otimes b_i + \Big(\sum_{i=1}^{m-1} \lambda_i a_i\Big) \otimes b_n \\ &= \sum_{i=1}^{m-1} a_i \otimes (b_i + \lambda_i b_m), \end{aligned}$$

was der Minimalität der Zahl m widerspräche. Also müssen $a_1, \ldots, a_m$ linear unabhängig sein. Vollkommen analog ergibt sich, daß auch $b_1, \ldots, b_m$ linear unabhängig sein müssen.

Aufgaben zu »Tensorprodukte« siehe Seite 9

(b) Es seien $\xi = \sum_{i=1}^m a_i \otimes b_i$ und $\xi = \sum_{i=1}^n a_i' \otimes b_i'$ zwei Standarddarstellungen mit unterschiedlicher Summandenzahl, sagen wir $m < n$. Dann hat der von $a_1', \ldots, a_n'$ aufgespannte Unterraum eine größere Dimension als der von $a_1, \ldots, a_m$ aufgespannte Unterraum; es gibt daher Elemente a_i', die von $a_1, \ldots, a_m$ linear unabhängig sind. Nach Umnumerierung dürfen wir annehmen, daß $a_1, \ldots, a_m, a_1', \ldots, a_r'$ linear unabhängig sind und daß r mit dieser Eigenschaft maximal gewählt ist. Für jeden Index $k > r$ gibt es dann eine Darstellung

$$a_k' = \sum_{i=1}^m \lambda_i^{(k)} a_i + \sum_{i=1}^r \mu_i^{(k)} a_i'.$$

Es folgt

$$\begin{aligned}
0 &= \sum_{i=1}^m a_i \otimes b_i - \sum_{i=1}^n a_i' \otimes b_i' \\
&= \sum_{i=1}^m a_i \otimes b_i - \sum_{i=1}^r a_i' \otimes b_i' \\
&\quad - \sum_{k=r+1}^n \left[\sum_{i=1}^m \lambda_i^{(k)} a_i + \sum_{i=1}^r \mu_i^{(k)} a_i' \right] \otimes b_k' \\
&= \sum_{i=1}^m a_i \otimes b_i - \sum_{i=1}^r a_i' \otimes b_i' \\
&\quad - \sum_{i=1}^m \sum_{k=r+1}^n \lambda_i^{(k)} a_i \otimes b_k' - \sum_{i=1}^r \sum_{k=r+1}^n \mu_i^{(k)} a_i' \otimes b_k' \\
&= \sum_{i=1}^m a_i \otimes b_i - \sum_{i=1}^r a_i' \otimes b_i' \\
&\quad - \sum_{i=1}^m a_i \otimes \left[\sum_{k=r+1}^n \lambda_i^{(k)} b_k' \right] - \sum_{i=1}^r a_i' \otimes \left[\sum_{k=r+1}^n \mu_i^{(k)} b_k' \right] \\
&= \sum_{i=1}^m a_i \otimes \left(b_i - \sum_{k=r+1}^n \lambda_i^{(k)} b_k' \right) \\
&\quad - \sum_{i=1}^r a_i' \otimes \left(b_i' + \sum_{k=r+1}^n \mu_i^{(k)} b_k' \right).
\end{aligned}$$

Da $a_1, \ldots, a_m, a_1', \ldots, a_r'$ linear unabhängig sind, folgt aus Aufgabe (61.1), daß alle Ausdrücke $b_i - \sum_{k=r+1}^n \lambda_i^{(k)} b_k'$ mit $1 \le i \le m$ und alle Ausdrücke $b_i' + \sum_{k=r+1}^n \mu_i^{(k)} b_k'$ mit $1 \le i \le r$ verschwinden müssen. Insbesondere gilt also $b_i' = -\sum_{k=r+1}^n \mu_i^{(k)} b_k'$ für $1 \le i \le r$, aber dies widerspricht der vorausgesetzten linearen Unabhängigkeit von $b_1', \ldots, b_n'$. Dieser Widerspruch zeigt, daß die Annahme $m < n$ falsch war. Zwei Standarddarstellungen von ξ haben also die gleiche Summandenzahl.

Ein Beispiel für zwei verschiedene Standarddarstellungen eines Elements von $A \otimes B$ erhält man, wenn man $A = B$ als zweidimensionalen Vektorraum über einem Körper K mit $\mathrm{char}(K) \ne 2$ wählt. Ist dann (e_1, e_2) eine Basis von A, so ist $\xi := (2e_1) \otimes e_1 + (2e_2) \otimes e_2$ ein Element in Standarddarstellung, und eine zweite Standarddarstellung von ξ ist $(e_1 - e_2) \otimes (e_1 - e_2) + (e_1 + e_2) \otimes (e_1 + e_2)$.

Lösung (61.5) Es gelte $a \otimes b = b \otimes a$, also $a \otimes b - b \otimes a = 0$. Wären a und b linear unabhängig, so würde aus Aufgabe (61.1) folgen, daß $b = a = 0$ ist, was natürlich der angenommenen linearen Unabhängigkeit von a und b widerspricht. Also müssen a und b linear abhängig sein. Umgekehrt folgt aus der linearen Abhängigkeit von a und b schon die Gültigkeit der Gleichung $a \otimes b = b \otimes a$. Gilt etwa $b = \lambda a$, so folgt $a \otimes b = a \otimes (\lambda a) = \lambda(a \otimes a) = (\lambda a) \otimes a = b \otimes a$. Im Fall $a = \lambda b$ ergibt sich diese Gleichung in analoger Weise.

Lösungen (61.6) Die Abbildungen

$$f: \begin{array}{ccc} V_1 \times \cdots \times V_n & \to & V_{\sigma(1)} \otimes \cdots \otimes V_{\sigma(n)} \\ (v_1, \ldots, v_n) & \mapsto & v_{\sigma(1)} \otimes \cdots \otimes v_{\sigma(n)} \end{array}$$

und

$$g: \begin{array}{ccc} V_{\sigma(1)} \times \cdots \times V_{\sigma(n)} & \to & V_1 \otimes \cdots \otimes V_n \\ (v_{\sigma(1)}, \ldots, v_{\sigma(n)}) & \mapsto & v_1 \otimes \cdots \otimes v_n \end{array}$$

sind n-linear, faktorisieren also durch die zugehörigen Tensorprodukte; d.h., es gibt lineare Abbildungen $F: V_1 \otimes \cdots \otimes V_n \to V_{\sigma(1)} \otimes \cdots \otimes V_{\sigma(n)}$ und $G: V_{\sigma(1)} \otimes \cdots \otimes V_{\sigma(n)} \to V_1 \otimes \cdots \otimes V_n$ mit

$$\begin{aligned}
F(v_1 \otimes \cdots \otimes v_n) &= f(v_1, \ldots, v_n) = v_{\sigma(1)} \otimes \cdots \otimes v_{\sigma(n)}, \\
G(v_{\sigma(1)} \otimes \cdots \otimes v_{\sigma(n)}) &= g(v_{\sigma(1)}, \ldots, v_{\sigma(n)}) = v_1 \otimes \cdots \otimes v_n
\end{aligned}$$

für alle $v_j \in V_j$. Also gelten die Bedingungen

$$\begin{aligned}
(G \circ F)(v_1 \otimes \cdots \otimes v_n) &= v_1 \otimes \cdots \otimes v_n \text{ und} \\
(F \circ G)(v_{\sigma(1)} \otimes \cdots \otimes v_{\sigma(n)}) &= v_{\sigma(1)} \otimes \cdots \otimes v_{\sigma(n)}
\end{aligned}$$

für alle $v_j \in V_j$ und damit auch die Gleichungen $G \circ F = \mathrm{id}_{V_1 \otimes \cdots \otimes V_n}$ sowie $F \circ G = \mathrm{id}_{V_{\sigma(1)} \otimes \cdots \otimes V_{\sigma(n)}}$. Folglich sind F und G zueinander inverse Isomorphismen.

Lösung (61.7) Wir wenden Bedingung (6) in Satz (61.2) des Buches an. Ist $(e_1, \ldots, e_n)$ die kanonische Basis von K^n und sind $v_1, \ldots, v_n$ beliebige Vektoren in V, so gilt $(v_1, \ldots, v_n) = \sum_{i=1}^n e_i \otimes v_i$, so daß $V \oplus \cdots \oplus V$ von den Elementen $x \otimes v$ aufgespannt wird. Es bleibt zu zeigen, daß für linear unabhängige Vektoren $x^{(1)}, \ldots, x^{(r)}$ in K^n und linear unabhängige Vektoren $v^{(1)}, \ldots, v^{(s)}$ in V auch die Elemente $x^{(i)} \otimes v^{(j)}$ mit $1 \le i \le r$ und $1 \le j \le s$ linear unabhängig in $V \oplus \cdots \oplus V$ sind. Es gelte also

$$\begin{aligned}
(0, \ldots, 0) &= \textstyle\sum_{i=1}^r \sum_{j=1}^s \lambda_{ij} \, x^{(i)} \otimes v^{(j)} \\
&= \textstyle\sum_{i=1}^r \sum_{j=1}^s \lambda_{ij} \left(x_1^{(i)} v^{(j)}, \ldots, x_n^{(i)} v^{(j)} \right) \\
&= \left(\sum_{j=1}^s \sum_{i=1}^r \lambda_{ij} x_1^{(i)} \, v^{(j)}, \ldots, \sum_{j=1}^s \sum_{i=1}^r \lambda_{ij} x_n^{(i)} \, v^{(j)} \right).
\end{aligned}$$

Aufgaben zu »Tensorprodukte« siehe Seite 9

Da $v^{(1)},\ldots,v^{(s)}$ linear unabhängig sind, ist dies genau dann erfüllt, wenn für jeden Index j mit $1\le j\le s$ die Gleichungen $\sum_{i=1}^r \lambda_{ij}x_k^{(i)}=0$ für $1\le k\le n$ gelten, was nichts anderes bedeutet als

$$\sum_{i=1}^{r}\lambda_{ij}x^{(i)} \;=\; 0 \quad \text{in } K^n.$$

Da $x^{(1)},\ldots,x^{(r)}$ linear unabhängig in K^n sind, folgt hieraus $\lambda_{ij}=0$ für $1\le i\le r$ bei beliebigem Index j. Die Bedingung $\sum_{i,j}\lambda_{ij}x^{(i)}\otimes v^{(j)}=0$ ist also genau dann erfüllt, wenn $\lambda_{ij}=0$ für alle i,j gilt. Damit ist die lineare Unabhängigkeit der Elemente $x^{(i)}\otimes v^{(j)}$ gezeigt. Nach Satz (61.2) des Buches ist daher nachgewiesen, daß die in der Aufgabe angegebene Konstruktion eine Realisierung des Tensorprodukts $K^n\otimes V$ liefert.

Lösung (61.8) Wir schreiben ganz allgemein $Z_i(M)$ für die i-te Zeile und $S_i(M)$ für die i-te Spalte einer Matrix M. Wegen $x=\big(Z_1(X),\ldots,Z_q(X)\big)^T$ ergibt sich dann

$$\begin{aligned}
(A\otimes B^T)x &= \begin{bmatrix} a_{11}B^T & \cdots & a_{1q}B^T\\ \vdots & & \vdots\\ a_{p1}B^T & \cdots & a_{pq}B^T\end{bmatrix}\begin{bmatrix} Z_1(X)^T\\ \vdots\\ Z_q(X)^T\end{bmatrix}\\
&= \begin{bmatrix} a_{11}B^T & \cdots & a_{1q}B^T\\ \vdots & & \vdots\\ a_{p1}B^T & \cdots & a_{pq}B^T\end{bmatrix}\begin{bmatrix} S_1(X^T)\\ \vdots\\ S_q(X^T)\end{bmatrix}\\
&= \begin{bmatrix} \sum_{k=1}^q a_{1k}B^TS_k(X^T)\\ \vdots\\ \sum_{k=1}^q a_{pk}B^TS_k(X^T)\end{bmatrix} = \begin{bmatrix} \sum_{k=1}^q a_{1k}S_k(B^TX^T)\\ \vdots\\ \sum_{k=1}^q a_{pk}S_k(B^TX^T)\end{bmatrix}\\
&= \begin{bmatrix} (B^TX^T)S_1(A^T)\\ \vdots\\ (B^TX^T)S_p(A^T)\end{bmatrix} = \begin{bmatrix} S_1(B^TX^TA^T)\\ \vdots\\ S_p(B^TX^TA^T)\end{bmatrix}\\
&= \begin{bmatrix} S_1\big((AXB)^T\big)\\ \vdots\\ S_p\big((AXB)^T\big)\end{bmatrix} = \begin{bmatrix} Z_1(AXB)^T\\ \vdots\\ Z_p(AXB)^T\end{bmatrix},
\end{aligned}$$

während andererseits

$$c \;=\; \big(Z_1(C),\ldots,Z_p(C)\big)^T \;=\; \begin{bmatrix} Z_1(C)^T\\ \vdots\\ Z_p(C)^T\end{bmatrix}$$

gilt. Dies liefert die Behauptung.

Lösung (61.9) Die Abbildung $(f_1,\ldots,f_n)\mapsto f_1\otimes\cdots\otimes f_n$ ist offensichtlich n-linear. Für $1\le k\le n$ seien jeweils linear unabhängige Funktionen $f_i^{(k)}$ in $F(X_k)$ gegeben, sagen wir mit $1\le i\le a_k$. Wir wollen zeigen, daß dann auch die Funktionen $f_{i_1}^{(1)}\otimes\cdots\otimes f_{i_n}^{(n)}$ mit $1\le i_k\le a_k$ linear unabhängig in $F(X_1,\ldots,X_n)$ sind. Es gelte also

$$\sum_{i_1=1}^{a_1}\cdots\sum_{i_n=1}^{a_n}\lambda_{i_1,\ldots,i_n}f_{i_1}^{(1)}\otimes\cdots\otimes f_{i_n}^{(n)} \;=\; 0,$$

wobei die Null hier die Nullfunktion in $F(X_1,\ldots,X_n)$ bezeichnet. Für alle $(x_1,\ldots,x_n)\in X_1\times\cdots\times X_n$ gilt dann

$$\sum_{i_1=1}^{a_1}\cdots\sum_{i_n=1}^{a_n}\lambda_{i_1,\ldots,i_n}f_{i_1}^{(1)}(x_1)\cdots f_{i_n}^{(n)}(x_n) \;=\; 0,$$

wobei jetzt die Null das Nullelement in K bezeichnet. Da $x_1\in X_1$ beliebig war, bedeutet dies, daß für alle $(x_2,\ldots,x_n)\in X_2\times\cdots\times X_n$ die Gleichung

$$\sum_{i_1=1}^{a_1}\left(\sum_{i_2=1}^{a_2}\cdots\sum_{i_n=1}^{a_n}\lambda_{i_1,\ldots,i_n}f_{i_2}^{(2)}(x_2)\cdots f_{i_n}^{(n)}(x_n)\right)f_{i_1}^{(1)} \;=\; 0$$

gilt, wobei jetzt die Null die Nullfunktion in $F(X_1)$ bezeichnet. Da nach Voraussetzung die Funktionen $f_{i_1}^{(1)}$ mit $1\le i_1\le a_1$ linear unabhängig in $F(X_1)$ sind, folgt hieraus, daß für jeden Index i_1 die Gleichung

$$\sum_{i_2=1}^{a_2}\cdots\sum_{i_n=1}^{a_n}\lambda_{i_1,\ldots,i_n}f_{i_2}^{(2)}(x_2)\cdots f_{i_n}^{(n)}(x_n) \;=\; 0\in K$$

für alle $(x_2,\ldots,x_n)\in X_2\times\cdots\times X_n$ gilt. Wir wiederholen jetzt dieses Argument mit x_2 statt mit x_1, dann mit x_3, und so weiter. Am Ende ergibt sich, daß $\lambda_{i_1,\ldots,i_n}=0$ für alle $i_1,\ldots,i_n$ gelten muß, und damit ist die lineare Unabhängigkeit der Funktionen $f_{i_1}^{(1)}\otimes\cdots\otimes f_{i_n}^{(n)}$ gezeigt. Nach Satz (61.2) im Buch ist daher der von diesen Funktionen aufgespannte Unterraum von $F(X_1\times\cdots\times X_n)$ eine Realisierung des Tensorprodukts $F(X_1)\otimes\cdots\otimes F(X_n)$, denn dieser Unterraum erfüllt Bedingung (6) des Satzes (61.2) im Buch.

Lösung (61.10) Da ganz allgemein $\dim\big(\mathrm{Hom}(V,W)\big)=\dim(V)\cdot\dim(W)$ gilt, erhalten wir einerseits

$$\begin{aligned}
&\dim\left(\bigotimes_{i=1}^{n}\mathrm{Hom}(V_i,W_i)\right)\\
(1)\qquad &= \prod_{i=1}^{n}\dim\big(\mathrm{Hom}(V_i,W_i)\big)\\
&= \prod_{i=1}^{n}\big(\dim(V_i)\cdot\dim(W_i)\big),
\end{aligned}$$

andererseits

$$\begin{aligned}
&\dim\left(\mathrm{Hom}\left(\bigotimes_{i=1}^{n}V_i,\bigotimes_{i=1}^{n}W_i\right)\right)\\
(2)\qquad &= \dim\left(\bigotimes_{i=1}^{n}V_i\right)\cdot\dim\left(\bigotimes_{i=1}^{n}W_i\right)\\
&= \left(\prod_{i=1}^{n}\dim(V_i)\right)\cdot\left(\prod_{i=1}^{n}\dim(W_i)\right).
\end{aligned}$$

Aufgaben zu »Tensorprodukte« siehe Seite 9

Die Ausdrücke (1) und (2) sind gleich. Also haben für die Inklusionsabbildung

$$(\star)\quad \Phi : \bigotimes_{i=1}^{n} \mathrm{Hom}(V_i, W_i) \hookrightarrow \mathrm{Hom}\left(\bigotimes_{i=1}^{n} V_i, \bigotimes_{i=1}^{n} W_i\right)$$

beide Seiten die gleiche Dimension, und im endlichdimensionalen Fall können wir dann schließen, daß die beiden Seiten von $(\star)$ sogar gleich sein müssen. Im unendlichdimensionalen Fall trifft das nicht mehr zu, weil jede Abbildung der Form $f_1 \otimes \cdots \otimes f_n$ offensichtlich endlichen Rang hat und damit auch im Bild von Φ nur Abbildungen mit endlichem Rang liegen.

Lösung (61.11) Die Abbildung $U_1 \times \cdots \times U_n \to V_1 \otimes \cdots \otimes V_n$ mit $(u_1, \ldots, u_n) \mapsto u_1 \otimes \cdots \otimes u_n$ ist n-linear. Ist für $1 \leq i \leq n$ jeweils A_i eine linear unabhängige Teilmenge von U_i, so sind die Elemente $u_1 \otimes \cdots \otimes u_n$ mit $u_i \in A_i$ linear unabhängig in $V_1 \otimes \cdots \otimes V_n$. (Diese Eigenschaft ist erfüllt, weil sie aufgrund der Eigenschaften des Tensorprodukts $V_1 \otimes \cdots \otimes V_n$ sogar für beliebige linear unabhängige Teilmengen $A_i \subseteq V_i$ gilt.) Nach Satz (61.2) im Buch ist daher der von den Elementen $u_1 \otimes \cdots \otimes u_n$ mit $u_i \in U_i$ aufgespannte Unterraum von $V_1 \otimes \cdots \otimes V_n$ eine Realisierung des Tensorprodukts $U_1 \otimes \cdots \otimes U_n$, denn dieser Unterraum erfüllt Bedingung (6) des Satzes (61.2) im Buch.

Lösung (61.12) (a) Die Abbildung $V \times V^\star \to \mathrm{Hom}(V, V)$ mit $(v, f) \mapsto v \otimes f$ ist offenbar bilinear. Sind $v_1, \ldots, v_m$ linear unabhängig in V und $f_1 \ldots, f_n$ linear unabhängig in $V^\star$, so sind die linearen Abbildungen $v_i \otimes f_j$ mit $1 \leq i \leq m$ und $1 \leq j \leq n$ linear unabhängig in $\mathrm{Hom}(V, V)$. Um dies nachzuweisen, gehen wir aus von einer Gleichung $\sum_{i,j} \lambda_{ij}\, v_i \otimes f_j = 0$ in $\mathrm{Hom}(V, V)$. Für alle $x \in V$ gilt dann

$$\begin{aligned} 0 &= \sum_{i,j} \lambda_{ij}(v_i \otimes f_j)(x) = \sum_{i,j} \lambda_{ij} f_j(x) v_i \\ &= \sum_{i=1}^{m} \left(\sum_{j=1}^{n} \lambda_{ij} f_j(x)\right) v_i. \end{aligned}$$

Da $v_1, \ldots, v_m$ linear unabhängig sind, gilt daher für jeden festen Index i die Gleichung $\sum_{j=1}^{n} \lambda_{ij} f_j(x) = 0$ für alle $x \in V$ und daher $\sum_{j=1}^{n} \lambda_{ij} f_j = 0$ in $V^\star$. Da $f_1, \ldots, f_n$ linear unabhängig sind, folgt hieraus $\lambda_{ij} = 0$ für alle j (bei festem Index i). Wir erhalten also $\lambda_{ij} = 0$ für alle i und alle j, womit die lineare Unabhängigkeit der Endomorphismen $v_i \otimes f_j$ gezeigt ist. Der von den Abbildungen $v \otimes f$ mit $v \in V$ und $f \in V^\star$ aufgespannte Unterraum von $\mathrm{Hom}(V, V)$ erfüllt daher Bedingung (6) in Satz (61.2) des Buches und ist folglich gemäß diesem Satz eine Realisierung des Tensorprodukts $V \otimes V^\star$.

Wir behaupten, daß dieser Unterraum genau der Raum $\mathrm{Hom}_{\mathrm{eR}}(V, V)$ aller Endomorphismen $\varphi : V \to V$ von endlichem Rang ist. Zunächst gilt $v \otimes f = \mathbf{0}$ für $v = 0$ oder $f = 0$. Für $v \neq 0$ und $f \neq 0$ gilt $\mathrm{Bild}(v \otimes f) = Kv$, so daß $v \otimes f$ den Rang 1 hat. Damit haben alle endlichen Summen $\sum_{i=1}^{m} v_i \otimes f_i$ endlichen Rang. Ist umgekehrt $\varphi : V \to V$ ein Endomorphismus von endlichem Rang, so seien $(v_1, \ldots, v_n)$ eine Basis von $\mathrm{Bild}(\varphi)$ und $(g_1, \ldots, g_n)$ die zugehörige Basis von $\mathrm{Bild}(\varphi)^\star$. Für alle $x \in V$ gilt dann

$$\varphi(x) = \sum_{i=1}^{n} g_i(\varphi(x))\, v_i = \left(\sum_{i=1}^{n} v_i \otimes (g_i \circ \varphi)\right)(x),$$

so daß $\varphi = \sum_{i=1}^{n} v_i \otimes (g_i \circ \varphi)$ gilt. Diese Gleichung zeigt, daß φ in $V \otimes V^\star$ liegt.

(b) Für alle $x \in V$ gilt

$$\begin{aligned} \big((v_1 \otimes f_1) \circ (v_2 \otimes f_2)\big)(x) &= (v_1 \otimes f_1)\big((v_2 \otimes f_2)(x)\big) \\ &= (v_1 \otimes f_1)\big(f_2(x) \cdot v_2\big) = f_2(x) \cdot (v_1 \otimes f_1)(v_2) \\ &= f_2(x) f_1(v_2) \cdot v_1 = f_1(v_2) \cdot (v_1 \otimes f_2)(x). \end{aligned}$$

Da $x \in V$ beliebig war, bedeutet dies

$$(v_1 \otimes f_1) \circ (v_2 \otimes f_2) = f_1(v_2)\, v_1 \otimes f_2.$$

(c) Die Abbildung $v \otimes f$ bildet V in V ab; die duale Abbildung $(v \otimes f)^\star$ bildet also $V^\star$ in $V^\star$ ab. Für alle $g \in V^\star$ und alle $x \in V$ gilt

$$\begin{aligned} \big((v \otimes f)^\star(g)\big)(x) &= \big(g \circ (v \otimes f)\big)(x) \\ &= g\big(f(x)\, v\big) = f(x)\, g(v) = \big(g(v) \cdot f\big)(x); \end{aligned}$$

also gilt $(v \otimes f)^\star(g) = g(v) \cdot f$ für alle $g \in V^\star$. Für $v \in V$ definieren wir die Auswertungsabbildung $\widehat{v} : V^\star \to K$ durch $\widehat{v}(g) := g(v)$. Wir haben dann $(v \otimes f)^\star(g) = \widehat{v}(g) \cdot f = (f \otimes \widehat{v})(g)$ für alle $g \in V^\star$ und damit

$$(v \otimes f)^\star = f \otimes \widehat{v},$$

wobei $f \otimes \widehat{v}$ ein Element von $V^\star \otimes V^{\star\star} \cong \mathrm{Hom}_{\mathrm{eR}}(V^\star, V^\star)$ ist. Das folgende Diagramm ist also kommutativ.

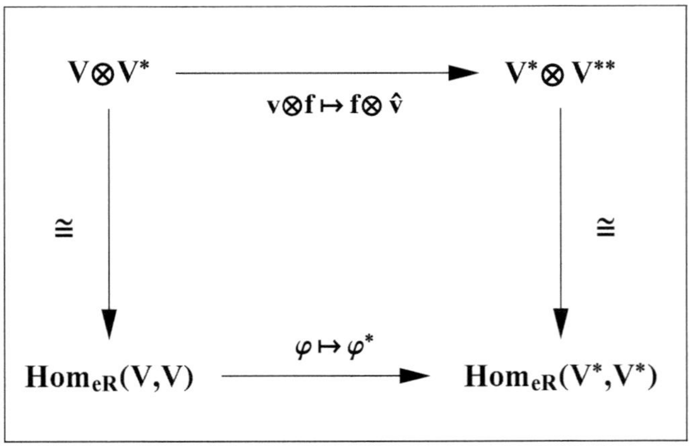

(d) Die Auswertungsabbildung $V \times V^\star \to K$ mit $(v,f) \mapsto f(v)$ ist offenbar bilinear und faktorisiert daher durch das Tensorprodukt $V \otimes V^\star$, d.h., es gibt genau eine lineare Abbildung $\theta : V \otimes V^\star \to K$ mit $\theta(v \otimes f) = f(v)$ für alle $v \in V$ und alle $f \in V^\star$. Da wir $V \otimes V^\star$ mit $\mathrm{Hom}_{\mathrm{eR}}(V,V)$ identifizieren, fassen wir θ als lineare Abbildung $\theta : \mathrm{Hom}_{\mathrm{eR}}(V,V) \to K$ auf. Wegen $(v\otimes f)(x) = f(x)v$ gilt $\mathrm{Bild}(v \otimes f) \subseteq Kv$ (mit Gleichheit außer für $v \neq 0$ und $f = 0$). Für $v = 0$ oder $f = 0$ gilt $v \otimes f = \mathbf{0}$ und daher $\theta(v \otimes f) = 0 = \mathrm{tr}(v \otimes f)$. Für $v \neq 0$ und $f \neq 0$ ist wegen $(v \otimes f)(x) = f(x)v$ das Bild von $v \otimes f$ der eindimensionale Unterraum $U := Kv$. Nach Aufgabe (60.11)(a) gilt daher $\mathrm{tr}(v\otimes f) = \mathrm{tr}\big((v\otimes f)|_U\big) = f(v)$, denn wegen $(v \otimes f)(v) = f(v)\,v$ ist die Einschränkung von $v \otimes f$ auf U nichts anderes als die Skalarmultiplikation mit $f(v)$. Für ein beliebiges Element $A = \sum_{i=1}^n v_i \otimes f_i$ in $\mathrm{Hom}_{\mathrm{eR}}$ gilt daher $\theta(A) = \theta(\sum_{i=1}^n v_i \otimes f_i) = \sum_{i=1}^n \theta(v_i \otimes f_i) = \sum_{i=1}^n \mathrm{tr}(v_i \otimes f_i) = \mathrm{tr}(\sum_{i=1}^n v_i \otimes f_i) = \mathrm{tr}(A)$.

Damit ist alles gezeigt. Die Aufgabe liefert eine koordinatenfreie Charakterisierung der Spur eines Endomorphismus von endlichem Rang: die Spurbildung ist nichts anderes als die Auswertungsabbildung $v\otimes f \mapsto f(v)$, wenn wir $\mathrm{Hom}_{\mathrm{eR}}$ mit $V \otimes V^\star$ identifizieren.

(e) Jeder Vektor $x \in V$ läßt sich in eindeutiger Weise als Linearkombination $x = \sum_{i=1}^n \lambda_i v_i$ darstellen. Beiderseitige Anwendung von f_j liefert $f_j(x) = \lambda_j$. Also gilt $\mathrm{id}_V(x) = x = \sum_{i=1}^n f_i(x) v_i = \sum_{i=1}^n (v_i \otimes f_i)(x)$. Da $x \in V$ beliebig war, bedeutet dies $\mathrm{id}_V = \sum_{i=1}^n v_i \otimes f_i$.

(f) Es seien $g \in V^\star$ und $\Phi \in V^{\star\star}$ vorgegeben. Für alle $v \in V$ und alle $f \in V^\star$ gilt dann

$$\begin{aligned} I(g\otimes\Phi)(v\otimes f) &= \Phi(f)\cdot g(v) \;=\; \Phi(f)\cdot\widehat{v}(g) \\ &= \mathrm{tr}\big(\Phi(f)\,g\otimes\widehat{v}\big) \;=\; \mathrm{tr}\big((g\otimes\Phi)\circ(f\otimes\widehat{v})\big) \\ &= \mathrm{tr}\big((g\otimes\Phi)\circ(v\otimes f)^\star\big) \;=\; J(g\otimes\Phi)(v\otimes f), \end{aligned}$$

wenn wir $\big(J(B)\big)(A) := \mathrm{tr}(BA^\star) = \mathrm{tr}(AB^\star)$ definieren. Der Einbettung I von $V^\star\otimes V^{\star\star}$ in $(V\otimes V^\star)^\star$ entspricht also die Einbettung J von $\mathrm{Hom}_{\mathrm{eR}}(V^\star,V^\star)$ in $\mathrm{Hom}_{\mathrm{eR}}(V,V)^\star$, die gegeben ist durch $J(B) = \mathrm{tr}(\bullet B^\star)$ und für die das folgende Diagramm kommutativ wird.

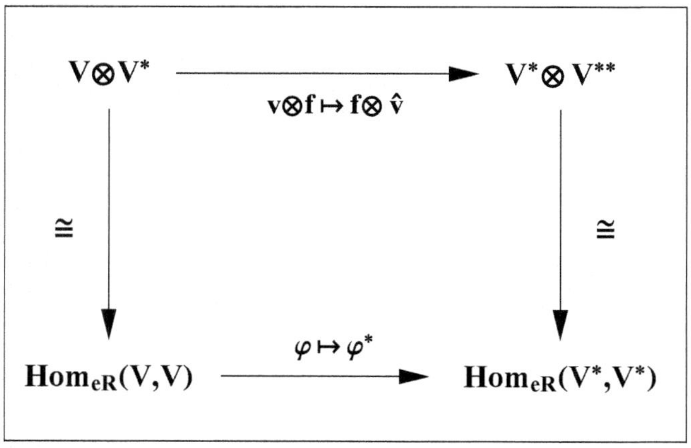

Lösung (61.13) Es sei $i_0 \in I$ ein beliebiger, aber fest gewählter Index. Dann gilt $\bigcap_{i\in U} U_i \subseteq U_{i_0}$ und folglich $(\bigcap_{i\in I} U_i) \otimes W \subseteq U_{i_0} \otimes W$. Da dies für jeden beliebigen Index $i_0 \in I$ gilt, ist damit die Inklusion $(\bigcap_{i\in I} U_i)\otimes W \subseteq \bigcap_{i\in I}(U_i\otimes W)$ gezeigt. Umgekehrt sei $\xi \in \bigcap_{i\in I}(U_i\otimes W)$. Es sei $(w_\alpha)_{\alpha\in A}$ eine Basis von W. Nach Aufgabe (61.3) gibt es dann für jeden Index $i \in I$ eine eindeutige Darstellung $\xi = \sum_{\alpha\in A} u_\alpha^{(i)} \otimes w_\alpha$ mit $u_\alpha^{(i)} \in U_i$, wobei es für jedes i nur endlich viele $\alpha \in A$ gibt mit $u_\alpha^{(i)} \neq 0$. Für je zwei Indices $i_1, i_2 \in I$ gilt dann $\sum_{\alpha\in A}(u_\alpha^{(i_1)} - u_\alpha^{(i_2)})\otimes w_\alpha = 0$ und daher $u_\alpha^{(i_1)} - u_\alpha^{(i_2)} = 0$, also $u_\alpha^{(i_1)} = u_\alpha^{(i_2)} \in U_{i_1} \cap U_{i_2}$. Da i_1 und i_2 beliebig waren, liegen also alle auftretenden Elemente $u_\alpha^{(i)}$ in $\bigcap_{i\in I} U_i$, so daß ξ in $(\bigcap_{i\in I} U_i) \otimes W$ liegt. Damit ist auch die Inklusion $\bigcap_{i\in I}(U_i \otimes W) \subseteq (\bigcap_{i\in U_i}) \otimes W$ gezeigt.

Lösung (61.14) Es sei $f : V^{(1)}\times\cdots\times V^{(n)} \to W$ eine multilineare Abbildung. Für jede Wahl von $i = (i_1,\ldots,i_n)$ ist dann die Einschränkung f_i von f auf $V_{i_1}^{(1)}\times\cdots\times V_{i_n}^{(n)} =: V_i$ eine multilineare Abbildung $f_i : V_i \to W$; nach Definition des Tensorprodukts gibt es also eine eindeutig bestimmte lineare Abbildung $F_i : T_i \to W$ mit $f_i = F_i \circ \otimes_i$. Wir definieren nun F als die eindeutig bestimmte lineare Abbildung $F : T \to W$ mit $F|_{T_i} = F_i$; dann gilt

$$\begin{aligned} & F\Big(\big(\sum_{i_1\in I_1} v_{i_1}^{(1)}\big)\otimes\cdots\otimes\big(\sum_{i_n\in I_n} v_{i_n}^{(n)}\big)\Big) \\ &= F\Big(\sum_{i=(i_1,\ldots,i_n)\in I} v_{i_1}^{(1)} \otimes_i \cdots \otimes_i v_{i_n}^{(n)}\Big) \\ &= \sum_{i=(i_1,\ldots,i_n)\in I} F_i\big(v_{i_1}^{(1)} \otimes_i \cdots \otimes_i v_{i_n}^{(n)}\big) \\ &= \sum_{i=(i_1,\ldots,i_n)\in I} f_i\big(v_{i_1}^{(1)}, \ldots, v_{i_n}^{(n)}\big) \\ &= \sum_{i=(i_1,\ldots,i_n)\in I} f\big(v_{i_1}^{(1)}, \ldots, v_{i_n}^{(n)}\big) \\ &= f\Big(\sum_{i_1\in I_1} v_{i_1}^{(1)}, \ldots, \sum_{i_n\in I_n} v_{i_n}^{(n)}\Big) \end{aligned}$$

und damit $f = F \circ \otimes$. Andererseits muß, damit $f = F \circ \otimes$ gelten kann, zwangsläufig $f_i = F \circ \otimes_i$ für alle $i \in I$ gelten; wir hatten (wegen der Eindeutigkeitsbedingung für das Tensorprodukt $\otimes_i$) also gar keine andere Wahl, als F durch $F|_{T_i} = F_i$ zu definieren. Damit ist gezeigt, daß es zu jeder multilinearen Abbildung $f : V^{(1)} \times \cdots \times V^{(n)} \to W$ eine eindeutig bestimmte lineare Abbildung $F : T \to W$ gibt mit $f = F \circ \otimes$; definitionsgemäß ist daher $(T, \otimes)$ ein Tensorprodukt von $V^{(1)}, \ldots, V^{(n)}$.

Lösung (61.15) Daß B_i eine Basis von V_i ist, bedeutet gerade, daß V_i die direkte Summe der eindimensionalen Unterräume $K \cdot b$ mit $b \in B_i$ ist. Nach der vorherigen Aufgabe ist daher $V_1 \otimes \cdots \otimes V_n$ die direkte Summe der Unterräume $(Kb_1) \otimes \cdots \otimes (Kb_n) = K\,(b_1 \otimes \cdots \otimes b_n)$ mit $b_i \in B_i$; diese sind nach Aufgabe (61.1)(b) aber eindimensional. Damit ist alles gezeigt.

Aufgaben zu »Tensorprodukte« siehe Seite 9

Lösung (61.16) Gilt $u_k \in \bigcap_{i\in I_k} U_i^{(k)}$ für alle k, so liegt $u_1\otimes\cdots\otimes u_n$ in $U_{i_1}^{(1)}\otimes\cdots\otimes U_{i_n}^{(n)}$ für alle $(i_1,\ldots,i_n)\in I_1\times\cdots\times I_n$ und damit natürlich auch im Durchschnitt aller Räume $U_{i_1}^{(1)}\otimes\cdots\otimes U_{i_n}^{(n)}$; die Inklusion $\supseteq$ gilt also trivialerweise. Umgekehrt sei $\xi\in\bigcap_{i_1,\ldots,i_n} U_{i_1}^{(1)}\otimes\cdots\otimes U_{i_n}^{(n)}$. Für je zwei Tupel $(i_1,\ldots,i_n)$ und $(j_1,\ldots,j_n)$ von Indices in $I_1\times\cdots\times I_n$ gibt es dann Darstellungen als endliche Summen

$$\xi = \sum u_1\otimes\cdots\otimes u_n = \sum \widehat{u}_1\otimes\cdots\otimes\widehat{u}_n$$

mit $(u_1,\ldots,u_n)\in U_{i_1}^{(1)}\times\cdots\times U_{i_n}^{(n)}$ und $(\widehat{u}_1,\ldots,\widehat{u}_n)\in U_{j_1}^{(1)}\times\cdots\times U_{j_n}^{(n)}$. Anwendung von Aufgabe (61.1) auf die Gleichung

$$\sum u_1\otimes\cdots\otimes u_n - \sum\widehat{u}_1\otimes\cdots\otimes\widehat{u}_n = 0$$

zeigt dann, daß für alle in den Summen auftretenden Terme die Bedingung $u_k\in U_{i_k}^{(k)}\cap U_{j_k}^{(k)}$ gilt. Da i_k und j_k beliebig waren, bedeutet dies $u_k\in\bigcap_{i\in I_k}U_i^{(k)}$. Also liegt ξ in $(\bigcap_{i_1\in I_1}U_{i_1}^{(1)})\otimes\cdots\otimes(\bigcap_{i_n\in I_n}U_{i_n}^{(n)})$. Damit ist auch die Inklusion $\subseteq$ gezeigt.

Lösung (61.17) (a) Offensichtlich gilt $U_1\otimes\cdots\otimes U_n\subseteq\widehat{V}_i$ für alle i und damit auch $U_1\otimes\cdots\otimes U_n\subseteq\bigcap_{i=1}^n\widehat{V}_i$. Umgekehrt sei ξ in diesem Durchschnitt enthalten. Für alle $i_1\neq i_2$ ist dann ξ darstellbar durch endliche Summen

$$\xi = \sum v_1\otimes\cdots\otimes v_n = \sum\widehat{v}_1\otimes\cdots\otimes\widehat{v}_n$$

mit $v_{i_1}\in U_{i_1}$ und $\widehat{v}_{i_2}\in U_{i_2}$. Anwendung von Aufgabe (61.1) auf die Gleichung

$$\sum v_1\otimes\cdots\otimes v_n - \sum\widehat{v}_1\otimes\cdots\otimes\widehat{v}_n = 0$$

zeigt dann, daß alle in diesen Summen auftretenden Vektoren $\widehat{v}_{i_1}$ in U_{i_1} und alle auftretenden Vektoren v_{i_2} in U_{i_2} liegen müssen. Also liegen alle in den Summen auftretenden Vektoren v_i und $\widehat{v}_i$ jeweils in U_i. Damit ist auch die Inklusion $\bigcap_{i=1}^n\widehat{V}_i\subseteq U_1\otimes\cdots\otimes U_n$ bewiesen.

(b) Es sei $(V_1/U_1)\otimes\cdots\otimes(V_n/U_n)$ irgendein (abstrakt gegebenes) Tensorprodukt der Quotientenräume V_i/U_i. Die Abbildung

$$f:\begin{array}{ccc} V_1\times\cdots\times V_n & \rightarrow & (V_1/U_1)\otimes\cdots\otimes(V_n/U_n)\\ (v_1,\ldots,v_n) & \mapsto & [v_1]_{U_1}\otimes\cdots\otimes[v_n]_{U_n}\end{array}$$

ist dann n-linear, faktorisiert also durch das Tensorprodukt $V_1\otimes\cdots\otimes V_n=V$. Es gibt also eine (eindeutig bestimmte) lineare Abbildung $F:V\rightarrow(V_1/U_1)\otimes\cdots\otimes(V_n/U_n)$ mit

$$F(v_1\otimes\cdots\otimes v_n) = [v_1]_{U_1}\otimes\cdots\otimes[v_n]_{U_n}$$

für alle $v_i\in V_i$. Nach Aufgabe (61.1) ist der Kern von F gerade der Unterraum U, denn ein einzelner Ausdruck $[v_1]_{U_1}\otimes\cdots\otimes[v_n]_{U_n}$ ist genau dann Null, wenn einer der Ausdrücke $[v_i]_{U_i}$ gleich Null ist, wenn also für mindestens einen Index i die Bedingung $v_i\in U_i$ gilt. Nach dem Homomorphiesatz ist die von F induzierte Abbildung $\widehat{F}:V/U\rightarrow(V_1/U_1)\otimes\cdots\otimes(V_n/U_n)$ ein Isomorphismus. Die Umkehrabbildung F^{-1} identifiziert dann $[v_1]_{U_1}\otimes\cdots\otimes[v_n]_{U_n}$ mit $[v_1\otimes\cdots\otimes v_n]_U$.

Lösung (61.18) Es sei jeweils $v_i\neq 0$ ein Eigenvektor von A zum Eigenwert λ_i. Für jede Wahl von Indices $i_1,\ldots,i_k$ gilt dann

$$\widehat{A}(v_{i_1}\otimes\cdots\otimes v_{i_k}) = (Av_{i_1})\otimes\cdots\otimes(Av_{i_k}) = (\lambda_{i_1}v_{i_1})\otimes\cdots\otimes(\lambda_{i_k}v_{i_k}) = \lambda_{i_1}\cdots\lambda_{i_k}\,v_{i_1}\otimes\cdots\otimes v_{i_k};$$

also ist $v:=v_{i_1}\otimes\cdots\otimes v_{i_k}$ ein Eigenvektor von $\widehat{A}$ zum Eigenwert $\lambda:=\lambda_{i_1}\cdots\lambda_{i_k}$. (Beachte, daß nach Aufgabe (61.1)(b) die Bedingung $v\neq 0$ erfüllt ist.)

Lösung (61.19) (a) Es sei $\widehat{B}=(\widehat{e}_1,\ldots,\widehat{e}_n)$ eine weitere Basis von V, und es sei $\widehat{F}=(\widehat{f}^1,\ldots,\widehat{f}^n)$ die zu $\widehat{B}$ gehörige Dualbasis von $V^\star$. (Wir benutzen hier wie schon in der Aufgabenstellung ausnahmsweise obere Indices; die Gründe werden später klar werden.) Es seien $P=(P_j^i)=\mathrm{Trafo}(B,\widehat{B})$ und $Q=(Q_i^j)=\mathrm{Trafo}(F,\widehat{F})$ die zugehörigen Transformationsmatrizen, die gegeben sind durch

$$\widehat{e}_i = \sum_{k=1}^n P_i^k e_k \qquad\text{und}\qquad \widehat{f}^j = \sum_{\ell=1}^n Q_\ell^j f^\ell$$

für $1\le i,j\le n$. (Beachte, daß wir für die Einträge P_j^i von P den Zeilenindex i oben und den Zeilenindex j unten hinschreiben, während wir es für Q umgekehrt machen. Auch hierfür werden die Gründe erst später klar werden, aber es handelt sich ja nur um eine Frage der Notation und sollte keine begrifflichen Schwierigkeiten bereiten.) Nach Satz (53.12) im Buch gilt $Q=P^{T-1}$. Für alle Indices $1\le i_k,j_\ell\le n$ gilt dann wegen der Linearität des Tensorprodukts in jedem Argument die Gleichung

$$\widehat{e}_{i_1}\otimes\cdots\otimes\widehat{e}_{i_r}\otimes\widehat{f}^{j_1}\otimes\cdots\otimes\widehat{f}^{j_s} = \sum_{\substack{k_1,\ldots,k_r,\\ \ell_1,\ldots,\ell_s}} P_{i_1}^{k_1}\cdots P_{i_r}^{k_r}Q_{\ell_1}^{j_1}\cdots Q_{\ell_s}^{j_s}\,e_{k_1}\otimes\cdots\otimes e_{k_r}\otimes f^{\ell_1}\otimes\cdots\otimes f^{\ell_s},$$

wobei die Summe eine Mehrfachsummation mit insgesamt $r+s$ einzelnen Summen bedeutet:

$$\sum_{\substack{k_1,\ldots,k_r,\\ \ell_1,\ldots,\ell_s}} = \sum_{k_1=1}^n\cdots\sum_{k_r=1}^n\sum_{\ell_1=1}^n\cdots\sum_{\ell_s=1}^n.$$

Einsetzen in die Gleichung

$$\Theta = \sum_{\substack{i_1,\ldots,i_r,\\ j_1,\ldots,j_s}}\widehat{\Theta}_{j_1,\ldots,j_s}^{i_1,\ldots,i_r}\widehat{e}_{i_1}\otimes\cdots\otimes\widehat{e}_{i_r}\otimes\widehat{f}^{j_1}\otimes\cdots\otimes\widehat{f}^{j_s}$$

Aufgaben zu »Tensorprodukte« siehe Seite 9

liefert dann

$$(\star) \quad \Theta^{i_1,\dots,i_r}_{j_1,\dots,r_s} = \sum_{\substack{k_1,\dots,k_r,\\ \ell_1,\dots,\ell_s}} \widehat{\Theta}^{i_1,\dots,i_r}_{j_1,\dots,j_s} P^{k_1}_{i_1}\cdots P^{k_r}_{i_r} Q^{j_1}_{\ell_1}\cdots Q^{j_s}_{\ell_s}.$$

(b) Die Existenz von C^k_ℓ folgt sofort aus der universellen Eigenschaft des Tensorprodukts, denn die Abbildung $V\times\cdots\times V\times V^\star\times\cdots\times V^\star \to T^{r-1}_{s-1}(V)$ mit

$$(v_1,\dots,v_r,\varphi_1,\dots,\varphi_s) \mapsto \varphi_\ell(v_k)\cdot \underbrace{v_1\otimes\cdots\otimes v_r}_{\text{ohne } v_k} \otimes \underbrace{\varphi_1\otimes\cdots\otimes\varphi_s}_{\text{ohne } \varphi_\ell}$$

ist offensichtlich linear in jeder Komponente, faktorisiert also durch $T^r_s(V)$. Der Koeffizient von

$$\underbrace{e_1\otimes\cdots\otimes e_r}_{\text{ohne } e_k} \otimes \underbrace{f^1\otimes\cdots\otimes f^s}_{\text{ohne } f^\ell}$$

in einer Koordinatendarstellung von $C^k_\ell(\Theta)$ ist gerade das $\varphi_\ell(v_k)$-fache des Koeffizienten von $e_1\otimes\cdots\otimes e_r\otimes f^1\otimes\cdots\otimes f^s$ in der Koordinatendarstellung von Θ bezüglich der gleichen Basis von V.

(c) Aufgrund der in Teil (a) erhaltenen Gleichung $(\star)$ müßte

$$\varepsilon^{i_1,\dots,i_n} = \sum_{k_1,\dots,k_n} \widehat{\varepsilon}^{i_1,\dots,i_n} P^{k_1}_{i_1}\cdots P^{k_r}_{i_r} = \det(P)$$

für alle Indices $i_1,\dots,i_n$ gelten, was natürlich unmöglich ist. Es gibt also keinen Tensor, der bezüglich einer beliebigen Basis das Levi-Civita-Symbol als Koordinatendarstellung besitzt.

(d) Wir gehen die Ausdrücke der Reihe nach durch.

- Für alle Indices i,j,k gilt $\delta_{ij}\varepsilon^{ijk}=0$, denn für $i\neq j$ gilt $\delta_{ij}=0$, und für $i=j$ gilt $\varepsilon^{ijk}=0$.
- Für je zwei Indices $i\neq j$ gibt es genau einen Index k mit $\varepsilon^{ijk}\neq 0$ und damit $(\varepsilon^{ijk})^2=1$; also gilt $\sum_{i,j,k}(\varepsilon^{ijk})^2=\sum_{i\neq j}1=\sum_i 2=3\cdot 2=6$.
- Es gilt $\sum_{i,j}\varepsilon^{ijk}\varepsilon^{ij\ell}=\sum_{i\neq j}\varepsilon^{ijk}\varepsilon^{ij\ell}=2\cdot\sum_{i<j}\varepsilon^{ijk}\varepsilon^{ij\ell}$. Für $k\neq\ell$ verschwindet jeder einzelne Summand, der in dieser Summe auftritt, denn entweder gilt $k\in\{i,j\}$ oder $\ell\in\{i,j\}$. Für $k=\ell$ lautet der Ausdruck $2\sum_{i<j}(\varepsilon^{ijk})^2=2\cdot\big((\varepsilon^{12k})^2+(\varepsilon^{13k})^2+(\varepsilon^{23k})^2\big)=2$, denn genau eines der drei auftretenden Quadrate ist 1, während die anderen beiden verschwinden. Also gilt

$$\sum_{i,j}\varepsilon^{ijk}\varepsilon^{ij\ell} = 2\delta_{k\ell} = \begin{cases} 2, & \text{falls } k\neq\ell,\\ 0, & \text{falls } k=\ell.\end{cases}$$

- Ein Durchgehen der verschiedenen Möglichkeiten zeigt die Gültigkeit der Gleichung

$$\sum_k \varepsilon^{ijk}\varepsilon^{rsk} = \begin{cases} 1, & \text{falls } i=r \text{ und } j=s,\\ -1, & \text{falls } i=s \text{ und } j=r,\\ 0, & \text{sonst.}\end{cases}$$

Hartgesottene schreiben dies in der Form $\sum_k\varepsilon^{ijk}\varepsilon^{rsk} = \delta_{ir}\delta_{js}-\delta_{is}\delta_{jr}$.

Schließlich erkennt man leicht, daß die Gleichung $a\times b=(a_2b_3-a_3b_2)e_1+(a_3b_1-a_1b_3)e_2+(a_1b_2-a_2b_1)e_3$, in Koordinatenschreibweise also

$$\begin{bmatrix}a_1\\a_2\\a_3\end{bmatrix}\times\begin{bmatrix}b_1\\b_2\\b_3\end{bmatrix} = \begin{bmatrix}a_2b_3-a_3b_2\\a_3b_1-a_1b_3\\a_1b_2-a_2b_1\end{bmatrix},$$

bei Benutzung des Levi-Civita-Symbols in die in der Aufgabenstellung angegebene Form übergeht.

Bemerkung: Diese Aufgabe erlaubt einen ersten (schaudererregenden) Blick in die Abgründe des Tensorkalküls in Koordinaten. Tensoren treten in der Physik als Größen auf, die von vielen Indices abhängen (beispielsweise, wenn man die an den verschiedenen Punkten eines Körpers in verschiedenen Richtungen auftretenden Spannungen auflistet), und eine solche Ansammlung von Daten ist natürlich nur dann von physikalischer Bedeutung (kann also etwa in der Formulierung von Naturgesetzen auftreten), wenn sie unabhängig von der Wahl des Koordinatensystems ist, denn ein Koordinatensystem ist ja nur ein willkürliches Artefakt, das ein Beobachter wählt, um die von ihm beobachtete (koordinatenunabhängige) physikalische Wirklichkeit zu beschreiben. Die Koordinateninvarianz einer Größe erweist sich dann durch ein korrektes Transformationsverhalten der Koordinatenbeschreibungen dieser Größe bei Basiswechseln, also der Formel $(\star)$ in Teil (a), die in etwa die berüchtigte Physikerdefinition eines Tensors liefert: "Ein Tensor ist etwas, was sich wie ein Tensor transformiert." Durch die Verwendung oberer bzw. unterer Indices deutet man dabei an, ob das Transformationsverhalten wie bei Vektoren ist (kovariant) oder wie bei Linearformen (kontravariant). Dabei treten immer Summen auf, in denen ein oberer Index einem unteren Index entspricht, und die **Einsteinsche Summationskonvention** besteht darin, bei solchen Ausdrücken die auftretenden Summenzeichen nicht mehr hinzuschreiben, sondern sich die Summation implizit zu denken. Das ändert zwar nichts an der Furchtbarkeit der auftretenden Ausdrücke (der französische Mathematiker Elie Joseph Cartan [1869-1951] sprach von "débauches d'indices", also von Ausschweifungen von Indices), spart aber immerhin Platz beim Hinschreiben der Formeln.

Lösung (61.20) Wir wollen zunächst die Einführung des Tensorprodukts $\mathbb{R}\otimes(\mathbb{R}/\mathbb{Q}\pi)$ motivieren. Ist eine beliebige Zerlegung eines Polyeders in Teilpolyeder gegeben, so ist es geometrisch plausibel, alle auftretenden Paare $(\ell(k),\varphi(k))$ zu betrachten, weil diese offenbar Informationen darüber enthalten, wie die einzelnen Teilpolyeder "zusammenpassen", welche Möglichkeiten es also gibt, diese zu einem großen Polyeder zusammenzusetzen. Diese Paare sind Elemente von $\mathbb{R}\times(\mathbb{R}/\mathbb{Q}\pi)$. Nun das Tensorprodukt $\mathbb{R}\otimes(\mathbb{R}/\mathbb{Q}\pi)$ zu betrachten, wird durch folgende geometrische Überlegungen nahegelegt.

Aufgaben zu »Tensorprodukte« siehe Seite 9

- Legt man einen Schnitt quer zu einer Kante, so daß deren Länge ℓ in zwei Teillängen ℓ_1 und ℓ_2 zerlegt wird, so werden aus einem Paar $(\ell_1+\ell_2,\varphi)$ die beiden Paare (ℓ_1,φ) und (ℓ_2,φ). Das Paar $(\ell_1+\ell_2,\varphi)$ ist also sozusagen äquivalent zur Zusammenfassung der beiden Paare (ℓ_1,φ) und (ℓ_2,φ).
- Legt man einen Schnitt entlang einer Kante, so daß ein an dieser Kante auftretender Diederwinkel φ in zwei Teilwinkel φ_1 und φ_2 zerlegt wird, so werden aus einem Paar $(\ell,\varphi_1+\varphi_2)$ die beiden Paare (ℓ,φ_1) und (ℓ,φ_2). Das Paar $(\ell,\varphi_1+\varphi_2)$ ist also sozusagen äquivalent zur Zusammenfassung der beiden Paare (ℓ,φ_1) und (ℓ,φ_2).

Das Tensorprodukt liefert dann eine algebraische Konstruktion, die es erlaubt, diese Identifikationen in einer rechnerisch handhabbaren Weise zu realisieren.

(a) Wir gehen von einem Polyeder P aus, das in Teilpolyeder $Q\in\mathfrak{Z}$ zerlegt wurde, und betrachten alle Kanten der Teilpolyeder Q, die bei dieser Zerlegung auftreten. Wir betrachten dann die Summe

$$(\star)\qquad \sum_{Q\in\mathfrak{Z}} D(Q) \;=\; \sum_{Q\in\mathfrak{Z}}\;\sum_{k\in K(Q)} \ell(k)\otimes\varphi(k),$$

wobei wir für $Q\in\mathfrak{Z}$ mit $K(Q)$ die Menge der Kanten von Q bezeichnen.

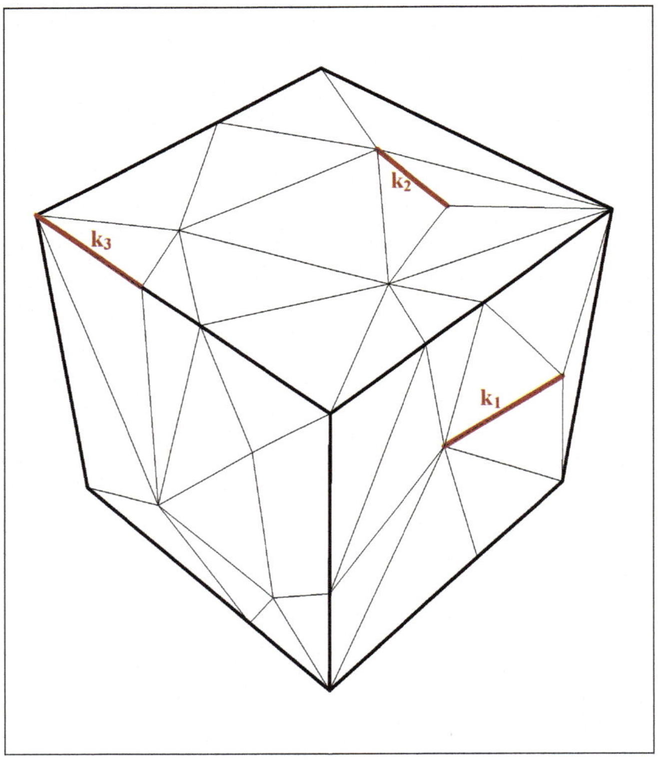

Kanten im Innern von P (wie etwa k_1 in der Abbildung) oder im Innern einer Seitenfläche von P (wie k_2) tragen nichts zur Summe $(\star)$ bei, da sich die an diesen Kanten auftretenden Winkel zu 2π bzw. π summieren, also modulo π gleich Null sind. Also muß nur über diejenigen Kanten summiert werden, die als Teilkanten einer Kante des ursprünglichen Polyeders P auftreten (wie etwa k_3 in der Abbildung). Da dabei alle Teilkanten, die in einer Kante k_0 des ursprünglichen Polyeders enthalten sind, den gleichen Diederwinkel haben (nämlich den von k_0), während sich die Längen dieser Teilkanten zum Wert $\ell(k_0)$ aufaddieren, ist die Summe $(\star)$ daher genau die Dehn-Invariante $D(P)$ des ursprünglichen Polyeders.

(b) Sind P_1 und P_2 zerlegungsgleich, so können P_1 und P_2 aus der gleichen Familie $\mathfrak{P}$ von Polyedern zusammengesetzt werden. Nach Teil (a) erhalten wir also

$$D(P_1) \;=\; \sum_{P\in\mathfrak{P}} D(P) \;=\; D(P_2).$$

(c) Der Würfel W hat 12 Kanten, von denen jede die Länge ℓ und den Diederwinkel $\pi/2$ hat. Es gilt also (wenn wir allgemein für einen Winkel φ mit $[\varphi]$ die Äquivalenzklasse von φ modulo π bezeichnen) die Gleichung

$$D(W) = 12\cdot\ell\otimes[\pi/2] \;=\; \ell\otimes[6\pi] \;=\; 0.$$

(d) Wir berechnen zunächst den Diederwinkel eines regelmäßigen Tetraeders. Da dieser Winkel unter einer Skalierung invariant ist, dürfen wir die Kantenlänge 1 voraussetzen und daher unter Verwendung der Lösung zu Aufgabe (48.4) annehmen, daß die Ecken des Tetraeders gegeben sind durch $P_1=(0,0,0)$, $P_2=(1,0,0)$, $P_3=(1/2,\,\sqrt{3}/2,\,0)$ und $P_4=(1/2,\,1/(2\sqrt{3}),\,\sqrt{2}/\sqrt{3})$. Die Ebene, in der P_1, P_2 und P_3 liegen, ist die xy-Ebene, hat also den Normalenvektor $n_1=(0,0,1)^T$. Die Ebene, in der P_1, P_2 und P_4 liegen, hat den Normalenvektor

$$\overrightarrow{P_1P_2}\times\overrightarrow{P_1P_4} = \begin{bmatrix}1\\0\\0\end{bmatrix}\times\begin{bmatrix}1/2\\1/(2\sqrt{3})\\\sqrt{2}/\sqrt{3}\end{bmatrix} = \frac{1}{2\sqrt{3}}\begin{bmatrix}0\\-2\sqrt{2}\\1\end{bmatrix},$$

nach Normierung auf Länge 1 also $n_2=(0,-2\sqrt{2}/3,1/3)^T$. Der Schnittwinkel zwischen den beiden Ebenen ist daher $\arccos(\langle n_1,n_2\rangle)=\arccos(1/3)\approx 70.5288^0$. Ein gleichseitiges Tetraeder mit der Kantenlänge a hat daher sechs Kanten, von denen jede die Kantenlänge a und den Diederwinkel $\arccos(1/3)$ hat. Es gilt also

$$D(T) \;=\; 6\cdot a\otimes[\arccos(1/3)].$$

Nach Aufgabe (43.35) ist $\arccos(1/3)$ kein rationales Vielfaches von π und daher $[\arccos(1/3)]$ nicht das Nullelement in $\mathbb{R}(\mathbb{Q}\pi)$. Nach Aufgabe (61.1)(b) gilt daher $D(T)\neq 0$ in $\mathbb{R}\otimes(\mathbb{R}/\mathbb{Q}\pi)$.

(e) Für einen Würfel W gilt $D(W)=0$ nach Teil (c), und für ein gleichseitiges Tetraeder T gilt $D(T)\neq 0$ nach Teil (d). Es gilt also $D(W)\neq D(T)$, und nach Teil (b) können daher W und T nicht zerlegungsgleich sein.

(f) Die Ebene, in der P_1, P_2 und P_3 liegen, hat den Einheitsnormalenvektor $n=(1/\sqrt{3})(1,1,1)^T$; die anderen Seitenflächen von T_0 sind jeweils in einer Koordinatenebene enthalten, haben also als Einheitsnormalenvektor einen der Basisvektoren e_i. Das Tetraeder T_0 hat daher drei Kanten der Länge 1 mit dem Diederwinkel $\pi/2$

Aufgaben zu »Tensorprodukte« siehe Seite 9

und drei Kanten der Länge $\sqrt{2}$ mit dem Diederwinkel $\varphi = \arccos(\langle e_i, n\rangle) = \arccos(1/\sqrt{3})$. Die Dehn-Invariante von T_0 ist daher

$$\begin{aligned} D(T_0) &= 3 \cdot \left(1 \otimes \frac{\pi}{2}\right) + 3 \cdot (\sqrt{2} \otimes \varphi) \\ &= 1 \otimes \frac{3\pi}{2} + (3\sqrt{2}) \otimes \varphi \\ &= 1 \otimes \frac{\pi}{2} + (3\sqrt{2}) \otimes \varphi. \end{aligned}$$

Weil 1 und $3\sqrt{2}$ linear unabhängig über $\mathbb{Q}$ sind (Irrationalität von $\sqrt{2}$!), gilt $D(T_0) \neq 0$ nach Aufgabe (61.1). (Bei dieser Überlegung spielt überhaupt keine Rolle, ob $\varphi = 0$ modulo π gilt; es ist also interessanterweise leichter, die Bedingung $D(T_0) \neq 0$ nachzuweisen, als die Bedingung $D(T) \neq 0$ in Teil (d), obwohl $D(T)$ auf den ersten Blick eine einfachere Form hat als $D(T_0)$.).

Wegen $D(T_0) \neq 0$ kann T_0 nicht zerlegungsgleich zu einem Würfel sein. Wir wollen nachprüfen, ob T_0 zerlegungsgleich zu einem gleichseitigen Tetraeder T gleichen Volumens sein kann. Das Volumen von T_0 ist $V_0 = 1/6$. Das Volumen eines gleichseitigen Tetraeders mit Kantenlänge a ist $V = a^3\sqrt{2}/12$. Damit $V = V_0$ gilt, muß $a^3 = \sqrt{2}$ gelten, also $a = \sqrt[6]{2}$. Als Dehn-Invariante von T ergibt sich nach Teil (d) daher

$$D(T) = (6\sqrt[6]{2}) \otimes \psi$$

mit $\psi := \arccos(1/3)$. Hieraus folgt

$$D(T_0) - D(T) = 1 \otimes \frac{\pi}{2} + (3\sqrt{2}) \otimes \varphi - (6\sqrt[6]{2}) \otimes \psi,$$

und dieser Ausdruck ist nach Aufgabe (61.1) von Null verschieden, weil die reellen Zahlen 1, $\sqrt{2}$ und $\sqrt[6]{2}$ linear unabhängig über $\mathbb{Q}$ sind (Nachweis?). Also gilt $D(T_0) \neq D(T)$, und daher ist T_0 nicht zerlegungsgleich zu T.

L62: Grundkörpererweiterungen

Lösung (62.1) Wir definieren $0_\mathbb{C} := 0+i\cdot 0$ sowie das Negative eines Elements $v = v_1 + iv_2 \in V_\mathbb{C}$ mit $v_1, v_2 \in V$ durch $-v := (-v_1) + i(-v_2)$ und müssen für alle Vektoren $u, v, w \in V_\mathbb{C}$ und alle komplexen Zahlen $\lambda, \mu \in \mathbb{C}$ dann die folgenden Bedingungen nachrechnen:

(1) $(u+v)+w = u+(v+w)$;
(2) $v+w = w+v$;
(3) $v + 0_\mathbb{C} = v$;
(4) $v + (-v) = 0_\mathbb{C}$;
(5) $\lambda(\mu v) = (\lambda\mu)v$;
(6) $1 \cdot v = v$;
(7) $\lambda(v+w) = \lambda v + \lambda w$;
(8) $(\lambda+\mu)v = \lambda v + \mu v$.

Dies ist eine reine Fleißaufgabe. Wir schreiben $u = u_1 + iu_2$, $v = v_1+iv_2$ und $w = w_1+iw_2$ mit $u_1, u_2, v_1, v_2, w_1, w_2 \in V$ sowie $\lambda = a+ib$ und $\mu = c+id$ mit $a,b,c,d \in \mathbb{R}$ und gehen die zu beweisenden Gleichungen der Reihe nach durch; es zeigt sich dann, daß sich die Gültigkeit dieser Gleichungen unmittelbar von V auf $V_\mathbb{C}$ überträgt.

(1) Es gilt

$$\begin{aligned}(u+v)+w &= \big((u_1+iu_2)+(v_1+iv_2)\big)+(w_1+iw_2)\\ &= \big((u_1+v_1)+i(u_2+v_2)\big)+(w_1+iw_2)\\ &= \big((u_1+v_1)+w_1\big)+i\big((u_2+v_2)+w_2\big)\\ &= \big(u_1+(v_1+w_1)\big)+i\big(u_2+(v_2+w_2)\big)\\ &= (u_1+iu_2)+\big((v_1+w_1)+i(v_2+w_2)\big)\\ &= (u_1+iu_2)+\big((v_1+iv_2)+(w_1+iw_2)\big)\\ &= u+(v+w).\end{aligned}$$

(2) Es gilt

$$\begin{aligned}v+w &= (v_1+iv_2)+(w_1+iw_2)\\ &= (v_1+w_1)+i(v_2+w_2)\\ &= (w_1+v_1)+i(w_2+v_2)\\ &= (w_1+iw_2)+(v_1+iv_2)\\ &= w+v.\end{aligned}$$

(3) Es gilt

$$\begin{aligned}v+0 &= (v_1+iv_2)+(0+i\cdot 0)\\ &= (v_1+0)+i\,(v_2+0)\\ &= v_1+iv_2 = v.\end{aligned}$$

(4) Es gilt

$$\begin{aligned}v+(-v) &= (v_1+iv_2)+\big((-v_1)+i(-v_2)\big)\\ &= \big(v_1+(-v_1)\big)+i\big(v_2+(-v_2)\big)\\ &= 0+i\cdot 0 = 0_\mathbb{C}.\end{aligned}$$

(5) Es gilt

$$\begin{aligned}\lambda(\mu v) &= (a+ib)\big((c+id)(v_1+iv_2)\big)\\ &= (a+ib)\big((cv_1-dv_2)+i(dv_1+cv_2)\big)\\ &= a(cv_1-dv_2)-b(dv_1+cv_2)\\ &\qquad +i\cdot\big(b(cv_1-dv_2)+a(dv_1+cv_2)\big)\\ &= (ac-bd)v_1-(ad+bc)v_2\\ &\qquad +i\cdot\big((ad+bc)v_1+(ac-bd)v_2\big)\\ &= \big((ac-bd)+i(ad+bc)\big)(v_1+iv_2)\\ &= \big((a+ib)(c+id)\big)(v_1+iv_2) = (\lambda\mu)v.\end{aligned}$$

(6) Es gilt

$$\begin{aligned}1\cdot v &= (1+0\cdot i)(v_1+iv_2)\\ &= (1\cdot v_1)+i(1\cdot v_2)\\ &= v_1+iv_2 = v.\end{aligned}$$

(7) Es gilt

$$\begin{aligned}\lambda(v+w) &= (a+ib)\big((v_1+iv_2)+(w_1+iw_2)\big)\\ &= (a+ib)\big((v_1+w_1)+i(v_2+w_2)\big)\\ &= a(v_1+w_1)-b(v_2+w_2)\\ &\qquad +i\cdot\big(b(v_1+w_1)+a(v_2+w_2)\big)\\ &= \big((av_1-bv_2)+i(bv_1+av_2)\big)\\ &\qquad +\big((aw_1-bw_2)+i(bw_1+aw_2)\big)\\ &= (a+ib)(v_1+iv_2)+(a+ib)(w_1+iw_2)\\ &= \lambda v+\lambda w.\end{aligned}$$

(8) Es gilt

$$\begin{aligned}(\lambda+\mu)v &= \big((a+ib)+(c+id)\big)(v_1+iv_2)\\ &= \big((a+c)+i(b+d)\big)(v_1+iv_2)\\ &= \big((a+c)v_1-(b+d)v_2\big)\\ &\qquad +i\cdot\big((b+d)v_1+(a+c)v_2\big)\\ &= \big((av_1-bv_2)+i(bv_1+av_2)\big)\\ &\qquad +\big((cv_1-dv_2)+i(dv_1+cv_2)\big)\\ &= (a+ib)(v_1+iv_2)+(c+id)(v_1+iv_2)\\ &= \lambda v+\mu v.\end{aligned}$$

Lösung (62.2) Für zwei beliebige Vektoren $v = v_1 + iv_2$ und $w = w_1+iw_2$ in $V_\mathbb{C}$ mit $v_1, v_2, w_1, w_2 \in V$ erhalten wir

$$\begin{aligned}T_\mathbb{C}(v+w) &= T_\mathbb{C}\big((v_1+iv_2)+(w_1+iw_2)\big)\\ &= T_\mathbb{C}\big((v_1+w_1)+i(v_2+w_2)\big)\\ &= T(v_1+w_1)+i\,T(v_2+w_2)\\ &= (Tv_1+Tw_1)+i(Tv_2+Tw_2)\\ &= (Tv_1+iTv_2)+(Tw_1+iTw_2)\\ &= T_\mathbb{C}(v_1+iv_2)+T_\mathbb{C}(w_1+iw_2)\\ &= T_\mathbb{C}v+T_\mathbb{C}w;\end{aligned}$$

Aufgaben zu »Grundkörpererweiterungen« siehe Seite 13

also ist $T_{\mathbb{C}}$ additiv. Für eine beliebige Zahl $\lambda = a+ib \in \mathbb{C}$ mit $a, b \in \mathbb{R}$ und einen beliebigen Vektoren $v = v_1 + iv_2 \in V_{\mathbb{C}}$ mit $v_1, v_2 \in V$ erhalten wir

$$\begin{aligned} T_{\mathbb{C}}(\lambda v) &= T_{\mathbb{C}}\big((a+ib)(v_1+iv_2)\big) \\ &= T_{\mathbb{C}}\big((av_1-bv_2)+i(bv_1+av_2)\big) \\ &= T(av_1-bv_2)+i\,T(bv_1+av_2) \\ &= (aTv_1-bTv_2)+i(bTv_1+aTv_2) \\ &= (a+ib)\,(Tv_1+iTv_2) \\ &= (a+ib)\,T_{\mathbb{C}}(v_1+iv_2) \\ &= \lambda\, T_{\mathbb{C}}v; \end{aligned}$$

also ist $T_{\mathbb{C}}$ auch $\mathbb{C}$-homogen. Damit ist die $\mathbb{C}$-Linearität von $T_{\mathbb{C}}$ nachgewiesen.

Lösung (62.3) (a) Für alle Vektoren $v = v_1 + iv_2$ mit $v_1, v_2 \in V$ gilt

$$\begin{aligned} (A+B)_{\mathbb{C}}v &= (A+B)_{\mathbb{C}}(v_1+iv_2) \\ &= (A+B)v_1 + i\,(A+B)v_2 \\ &= (Av_1+Bv_1) + i\,(Av_2+Bv_2) \\ &= (Av_1+iAv_2) + (Bv_1+iBv_2) \\ &= A_{\mathbb{C}}(v_1+iv_2) + B_{\mathbb{C}}(v_1+iv_2) \\ &= A_{\mathbb{C}}v + B_{\mathbb{C}}v \;=\; (A_{\mathbb{C}}+B_{\mathbb{C}})v; \end{aligned}$$

also gilt $(A+B)_{\mathbb{C}} = A_{\mathbb{C}}+B_{\mathbb{C}}$. Für alle Vektoren $v = v_1+iv_2$ mit $v_1, v_2 \in V$ gilt

$$\begin{aligned} (\lambda A)_{\mathbb{C}}v &= \lambda(A_{\mathbb{C}}v) \;=\; \lambda \cdot A_{\mathbb{C}}(v_1+iv_2) \\ &= \lambda\,(Av_1+iAv_2) \;=\; \lambda(Av_1)+i\lambda(Av_2) \\ &= (\lambda A)v_1 + i(\lambda A)v_2 \;=\; (\lambda A)_{\mathbb{C}}(v_1+iv_2) \\ &= (\lambda A)_{\mathbb{C}}v; \end{aligned}$$

also gilt $(\lambda A)_{\mathbb{C}} = \lambda \cdot A_{\mathbb{C}}$. Damit ist die $\mathbb{R}$-Linearität der Abbildung $A \mapsto A_{\mathbb{C}}$ nachgewiesen.

(b) Für alle Vektoren $x = x_1+ix_2 \in X_{\mathbb{C}}$ mit $x_1, x_2 \in X$ gilt

$$\begin{aligned} (T\circ S)_{\mathbb{C}}(x) &= (T\circ S)_{\mathbb{C}}(x_1+ix_2) \\ &= (T\circ S)(x_1) + i(T\circ S)(x_2) \\ &= T\big(S(x_1)\big) + iT\big(S(x_2)\big) \\ &= T_{\mathbb{C}}\big(S(x_1)+iS(x_2)\big) \\ &= T_{\mathbb{C}}\big(S_{\mathbb{C}}(x_1+ix_2)\big) \\ &= T_{\mathbb{C}}\big(S_{\mathbb{C}}(x)\big) \;=\; (T_{\mathbb{C}}\circ S_{\mathbb{C}})(x); \end{aligned}$$

also gilt $(T\circ S)_{\mathbb{C}} = T_{\mathbb{C}} \circ S_{\mathbb{C}}$.

(c) Da die Potenz A^n nichts anderes als die mehrfache Verkettung $A\circ A\circ\cdots\circ A$ ist, folgt mit trivialer Induktion aus Teil (b) sofort, daß $(A^n)_{\mathbb{C}} = (A_{\mathbb{C}})^n$ für alle $n \in \mathbb{N}$ gilt. Ist nun $p[X] = a_0 + a_1X + a_2X^2 + \cdots + a_nX^n$, so folgt unter Anwendung von Teil (a) sofort

$$\begin{aligned} p(A)_{\mathbb{C}} &= (a_0\mathbf{1} + a_1A + a_2A^2 + \cdots + a_nA^n)_{\mathbb{C}} \\ &= a_0\mathbf{1}_{\mathbb{C}} + a_1A_{\mathbb{C}} + a_2(A^2)_{\mathbb{C}} + \cdots + a_n(A^n)_{\mathbb{C}} \\ &= a_0\mathbf{1}_{\mathbb{C}} + a_1A_{\mathbb{C}} + a_2(A_{\mathbb{C}})^2 + \cdots + a_n(A_{\mathbb{C}})^n \\ &= p(A_{\mathbb{C}}). \end{aligned}$$

Lösung (62.4) (a) Wegen $1 \neq 0$ ist die Menge $\{1\}$ linear unabhängig über K, kann also nach dem Basisergänzungssatz zu einer Basis B des K-Vektorraums $\overline{K}$ ergänzt werden. Jedes andere Element $k \in K$ ist dann wegen $k = k \cdot 1$ von 1 linear abhängig, kann also nicht selbst noch in B enthalten sein. (Beachte aber, daß eine Basis B von $\overline{K}$ über K nicht notwendigerweise ein Element von K enthält; beispielsweise ist $(1+i, 1-i)$ eine Basis von $\mathbb{C}$ über $\mathbb{R}$.)

(b) Nach Aufgabe (61.3) besitzt jedes Element von $\overline{V} = \overline{K} \otimes_K V$ eine eindeutige Darstellung der Form $\sum_{i\in I} \kappa_i \otimes v_i$, wobei nur endlich viele v_i von Null verschieden sind. Schreibt man statt $\kappa_i \otimes v_i$ einfach $\kappa_i v_i$ als rein formalen Ausdruck, so geht diese Darstellung über in die formale Summe $\sum_{i\in I} \kappa_i v_i$. Wegen $1 \in B$ enthält $\overline{V}$ alle Elemente der Form $1 \cdot v$, so daß V in natürlicher Weise als Teilmenge von $\overline{V}$ auftritt.

Setzt man den Begriff des Tensorprodukts voraus, so ist eine formale Summe $\sum_i \kappa_i v_i$ nichts anderes als eine andere Notation für den Ausdruck $\sum_i \kappa_i \otimes v_i$, und man muß nicht mehr nachprüfen, daß diese formalen Summen tatsächlich einen $\overline{K}$-Vektorraum bilden. Will man dagegen den Begriff des Tensorprodukts vermeiden, so bleibt einem diese Rechnung nicht erspart. (In Aufgabe (61.1) wurde sie ja im Detail für $K = \mathbb{R}$ und $\overline{K} = \mathbb{C}$ durchgeführt.) Dabei ist es leicht, die Summe zweier formaler Summen zu definieren, nämlich durch

$$(\star) \qquad \Big(\sum_i \kappa_i v_i\Big) + \Big(\sum_i \kappa_i v_i'\Big) := \sum_i \kappa_i (v_i + v_i').$$

Zur Festlegung der Skalarmultiplikation müssen wir definieren, was $\kappa(\sum_i \kappa_i v_i)$ für beliebige Elemente $\kappa \in \overline{K}$ und beliebige Vektoren $v_i \in V$ sein soll. Wir beachten nun, daß es – da ja $(\kappa_i)_{i\in I}$ eine Basis von $\overline{K}$ über K ist – Koeffizienten $\mu_r^{(i,j)} \in K$ gibt mit

$$\kappa_j \kappa_i = \sum_r \mu_r^{(i,j)} \kappa_r \qquad (i, j \in I).$$

Wir definieren nun die Skalarmultiplikation durch

$$(\star\star) \qquad \Big(\sum_j \lambda_j \kappa_j\Big) \cdot \Big(\sum_i \kappa_i v_i\Big) := \sum_r \kappa_r \Big[\sum_{i,j} \lambda_j \mu_r^{(i,j)} v_i\Big].$$

Streng genommen müßte jetzt noch nachgeprüft werden, daß mit den durch $(\star)$ und $(\star\star)$ definierten Rechenoperationen $\overline{V}$ tatsächlich zu einem $\overline{K}$-Vektorraum wird. Diese Fleißarbeit ersparen wir uns (insbesondere, weil sie ja bei der Einführung des Begriffs des Tensorprodukts schon in allgemeinerer Form geleistet wurde).

(c) Fassen wir eine formale Summe $\sum_i \kappa_i v_i$ einfach nur als eine andere Notation für den Ausdruck $\sum_i \kappa_i \otimes v_i$ auf, so erhalten wir wegen $\overline{T} = \mathrm{id}_{\overline{K}} \otimes T$ die Gleichung

$$\overline{T}\Big(\sum_i \kappa_i v_i\Big) = \overline{T}\Big(\sum_i \kappa_i \otimes v_i\Big) = \sum_i \kappa_i \otimes T v_i = \sum_i \kappa_i (T v_i).$$

Aufgaben zu »Grundkörpererweiterungen« siehe Seite 13

Wollen wir dagegen den Begriff des Tensorprodukts vermeiden, so können wir $\overline{T}$ *definieren* durch

$$\overline{T}(\sum_i \kappa_i v_i) \; := \; \sum_i \kappa_i (Tv_i),$$

müssen dann aber nachprüfen, daß diese Definition tatsächlich eine $\overline{K}$-lineare Abbildung liefert. Dies ist wieder eine reine Fleißarbeit, die wir uns ersparen (zumal sie in der allgemeinen Behandlung von Tensorprodukten schon mit enthalten ist). Es ist aber wichtig sich klarzumachen, was noch zu tun ist, wenn man den expliziten Begriff des Tensorprodukts vermeiden und nur mit formalen Summen hantieren will.

Lösung (62.5) Es sei $(\kappa_i)_{i\in I}$ eine Basis von $\overline{K}$ über K.

(a) Für alle Vektoren $v_i \in V$ erhalten wir

$$\begin{aligned}
(\overline{A+B})\,(\textstyle\sum_i \kappa_i v_i) \; &= \; \textstyle\sum_i \kappa_i (A+B) v_i \\
&= \; \textstyle\sum_i \kappa_i (Av_i + Bv_i) \; = \; \sum_i \big(\kappa_i(Av_i) + \kappa_i(Bv_i)\big) \\
&= \; \textstyle\sum_i \kappa_i (Av_i) + \sum_i \kappa_i (Bv_i) \\
&= \; \overline{A}(\textstyle\sum_i \kappa_i v_i) + \overline{B}(\sum_i \kappa_i v_i) \\
&= \; (\overline{A} + \overline{B})\,(\textstyle\sum_i \kappa_i v_i)\,;
\end{aligned}$$

also gilt $\overline{A+B} = \overline{A} + \overline{B}$. Ferner gilt

$$\begin{aligned}
\overline{\lambda\cdot A}\,(\textstyle\sum_i \kappa_i v_i) \; &= \; \textstyle\sum_i \kappa_i (\lambda\cdot A) v_i \; = \; \sum_i \kappa_i \big(\lambda\cdot(Av_i)\big) \\
&= \; \textstyle\sum_i \lambda\cdot\kappa_i(Av_i) \; = \; \lambda\cdot\sum_i \kappa_i(Av_i) \\
&= \; \lambda\cdot\overline{A}(\textstyle\sum_i \kappa_i v_i) \; = \; (\lambda\cdot\overline{A})\,(\sum_i \kappa_i v_i)\,;
\end{aligned}$$

also gilt $\overline{\lambda\cdot A} = \lambda\cdot\overline{A}$.

(b) Für alle Vektoren $x_i \in X$ gilt

$$\begin{aligned}
(\overline{T\circ S})(\textstyle\sum \kappa_i x_i) \; &= \; \textstyle\sum_i \kappa_i (T\circ S)(x_i) \; = \; \sum_i \kappa_i\, T\big(S(x_i)\big) \\
&= \; \overline{T}(\textstyle\sum_i \kappa_i (Sx_i)) \; = \; \overline{T}\big(\overline{S}(\sum_i \kappa_i x_i)\big) \; = \; (\overline{T}\circ\overline{S})(\sum_i \kappa_i x_i);
\end{aligned}$$

also gilt $\overline{T\circ S} = \overline{T}\circ\overline{S}$.

(c) Da die Potenz A^n nichts anderes als die mehrfache Verkettung $A\circ A\circ\cdots\circ A$ ist, folgt mit trivialer Induktion aus Teil (b) sofort, daß $\overline{A^n} = \overline{A}^n$ für alle $n \in \mathbb{N}$ gilt. Ist nun $p[X] = a_0 + a_1X + a_2X^2 + \cdots + a_nX^n$ mit Koeffizienten $a_i \in K$, so folgt unter Anwendung von Teil (a) sofort

$$\begin{aligned}
\overline{p(A)} \; &= \; \overline{a_0\mathbf{1} + a_1A + a_2A^2 + \cdots + a_nA^n} \\
&= \; a_0\overline{\mathbf{1}} + a_1\overline{A} + a_2\overline{A^2} + \cdots + a_n\overline{A^n} \\
&= \; a_0\overline{\mathbf{1}} + a_1\overline{A} + a_2\overline{A}^2 + \cdots + a_n\overline{A}^n \\
&= \; p(\overline{A}).
\end{aligned}$$

Lösung (62.6) Wir nehmen zunächst an, M sei linear unabhängig in $\overline{V}$. Dann gibt es keine von Null verschiedenen Skalare $\lambda_1,\ldots,\lambda_n$ in $\overline{K}$ und Vektoren $v_1,\ldots,v_n$ in M mit $\sum_{k=1}^n \lambda_k v_k = 0$. Erst recht gibt es dann aber auch keine von Null verschiedenen Skalare $\lambda_1,\ldots,\lambda_n$ in dem kleineren Körper K und Vektoren $v_1,\ldots,v_n$ in M mit $\sum_{k=1}^n \lambda_k v_k = 0$. Also ist M auch linear unabhängig als Teilmenge von V.

Umgekehrt sei M linear unabhängig in V; wir wollen zeigen, daß dann M auch linear unabhängig in $\overline{V}$ ist. Dazu nehmen wir an, es gelte eine Gleichung $\sum_{k=1}^n \mu_k v_k = 0$ mit Koeffizienten $\mu_1,\ldots,\mu_n$ in $\overline{K}$ und Vektoren $v_1,\ldots,v_n$ in M. Es sei $(\kappa_i)_{i\in I}$ eine Basis von $\overline{K}$ über K; für jeden Index $1 \le k \le n$ gibt es dann eine Darstellung $\mu_k = \sum_i \lambda_i^{(k)}\kappa_i$ mit Koeffizienten $\lambda_i^{(k)} \in K$. Es ergibt sich

$$0 \; = \; \sum_{k=1}^n \Big(\sum_i \lambda_i^{(k)}\kappa_i\Big) v_k \; = \; \sum_i \kappa_i \Big(\sum_{k=1}^n \lambda_i^{(k)} v_k\Big).$$

Aufgrund der Eindeutigkeit der Darstellung gilt folglich für jeden Index i die Gleichung

$$\sum_{k=1}^n \lambda_i^{(k)} v_k \; = \; 0,$$

und weil M nach Voraussetzung linear unabhängig in V ist, folgt hieraus $\lambda_i^{(k)} = 0$ für $1 \le k \le n$ für jeden beliebigen Index i. Also gilt $\mu_k = 0$ für $1 \le k \le n$. Eine Gleichung $\sum_{k=1}^n \mu_k v_k = 0$ mit Koeffizienten $\mu_k \in \overline{K}$ und Vektoren $v_k \in M$ ist also nur erfüllbar, wenn alle Koeffizienten verschwinden, und dies zeigt die lineare Unabhängigkeit von M als Teilmenge von $\overline{V}$.

Lösung (62.7) Es sei $d = \dim_K V = \dim_{\overline{K}} \overline{V}$; wir können dann V mit K^d und $\overline{V}$ mit $\overline{K}^d$ identifizieren und A als Matrix $A \in K^{d\times d} \subseteq \overline{K}^{d\times d}$ auffassen. (Die Matrixdarstellung ist die gleiche für $A : V \to V$ wie für $\overline{A} : \overline{V} \to \overline{V}$.) Wir bezeichnen mit $p \in K[X]$ das Minimalpolynom von A und mit $q \in \overline{K}[X]$ dasjenige von $\overline{A}$. Nach Aufgabe (62.5)(c) gilt $p(\overline{A}) = \overline{p(A)} = \overline{\mathbf{0}}$, so daß q ein Teiler von p ist. Ist m der Grad von q, so nimmt die Gleichung $q(\overline{A}) = \overline{0}$ die Form

$$A^m + q_{m-1}A^{m-1} + \cdots + q_1A + q_0\mathbf{1} \; = \; \mathbf{0}$$

mit Koeffizienten in $\overline{K}$ an, so daß $\mathbf{1}, A, \ldots, A^m$ linear abhängig in $\overline{K}^{d\times d}$ sind. Nach der vorhergehenden Aufgabe sind dann $\mathbf{1}, A, \ldots, A^m$ aber auch schon linear abhängig in $K^{d\times d}$; d.h., A erfüllt eine nichttriviale Polynomgleichung vom Grad $\le m$ mit Koeffizienten in K. Also gilt $\mathrm{Grad}(p) \le m = \mathrm{Grad}(q)$. Weil q ein Teiler von p ist, gilt dann zwangsläufig $p = q$; die beiden Minimalpolynome sind also gleich.

Aufgaben zu »Grundkörpererweiterungen« siehe Seite 13

Lösung (62.8) (a) Wir müssen zeigen, daß jedes von Null verschiedene Element von $\overline{K}$ ein Inverses besitzt. Es gelte also $[g] \neq [0]$, so daß g nicht durch f teilbar ist. Da f irreduzibel ist, sind dann g und f teilerfremd; nach dem Euklidischen Algorithmus gibt es daher Polynome $p, q \in K[X]$ mit $pg+qf = 1$. Hieraus folgt $[1] = [pg+qf] = [p]\,[g] + [q]\,[f] = [p]\,[g] + [q]\,[0] = [p]\,[g]$, so daß $[p]$ zu $[g]$ invers ist.

(b) Offenbar gelten die Gleichungen $i(0) = [0]$, $i(k_1 + k_2) = i(k_1) + i(k_2)$, $i(1) = [1]$ und $i(k_1 k_2) = i(k_1)i(k_2)$, so daß i ein Homomorphismus unitärer Ringe ist. Gilt $i(k_1) = i(k_2)$, also $[k_1] = [k_2]$ bzw. $[k_2 - k_1] = [0]$, so ist $k_2 - k_1$ durch f teilbar. Weil $k_2 - k_1$ ein konstantes Polynom ist, dagegen $\text{Grad}(f) \geq 1$ gilt, ist dies nur für $k_1 = k_2$ möglich. Also ist i injektiv. Damit ist i als Einbettung (also als injektiver Homomorphismus) nachgewiesen. Indem wir k mit $i(k) = [k]$ identifizieren, können wir K als Teilmenge (und damit Teilkörper) von $\overline{K}$ auffassen.

(c) Es sei $f(X) = a_0 + a_1 X + \cdots + a_n X^n$ mit Koeffizienten $a_i \in K$. Dann gilt

$$\begin{aligned} f(\xi) &= f([X]) = a_0 + a_1[X] + a_2[X]^2 + \cdots + a_n[X]^n \\ &= [a_0 + a_1 X + a_2 X^2 + \cdots + a_n X^n] = [f(X)] = [0]. \end{aligned}$$

(d) Unmittelbar aus der Definition folgt, daß $K(\alpha)$ der kleinste Teilring von L ist, der K und α enthält. Die Abbildung

$$\Phi : \begin{array}{ccc} K[X] & \to & L \\ p & \mapsto & p(\alpha) \end{array}$$

ist ein Ringhomomorphismus, deren Bild gerade $K(\alpha)$ und deren Kern gerade $\langle\langle f \rangle\rangle$ ist. Nach dem Homomorphiesatz gilt daher $K(\alpha) = \text{Bild}(\Phi) \cong K[X]/\text{Kern}(\Phi) = K[X]/\langle\langle f \rangle\rangle = \overline{K}$. Aus der Isomorphie $K(\alpha) \cong \overline{K}$ folgt dann auch, daß $K(\alpha)$ nicht nur ein Ring ist (was anhand der Definition unmittelbar klar ist), sondern sogar ein Körper.

(e) Betrachte die nach Teil (d) existierenden Isomorphismen $i_1 : \overline{K} \to K(\alpha_1)$ und $i_2 : \overline{K} \to K(\alpha_2)$; dann ist offenbar $\sigma := i_2 \circ i_1^{-1} : K(\alpha_1) \to K(\alpha_2)$ ein Isomorphismus mit den gewünschten Eigenschaften.

Bemerkung: Diese Aufgabe zeigt, daß es zu jedem irreduziblen Polynom $f \in K[X]$ einen Erweiterungskörper $\overline{K}$ von K gibt, in dem f eine Nullstelle besitzt, und daß dieser Körper bis auf Isomorphie eindeutig bestimmt ist, wenn er so klein wie möglich gewählt wird.

Lösung (62.9) (a) Wegen $\sigma(0)$ bildet die angegebene Abbildung das Nullpolynom in $K_1[X]$ auf das Nullpolynom in $K_2[X]$ ab. Für $p(X) = \sum_{k=0}^m a_k X^k$ und $q(X) = \sum_{k=0}^n b_k X^k$ dürfen wir zunächst (notfalls durch Ergänzung von Monomen mit dem Koeffizienten Null) $m = n$ annehmen und erhalten dann

$$\begin{aligned} \big(\sigma \star (p+q)\big)(X) &= \textstyle\sum_k \sigma(a_k + b_k) X^k \\ &= \textstyle\sum_k \big(\sigma(a_k) + \sigma(b_k)\big) X^k \\ &= \textstyle\sum_k \sigma(a_k) X^k + \sum_k \sigma(b_k) X^k \\ &= (\sigma \star p)(X) + (\sigma \star q)(X), \end{aligned}$$

also $\sigma\star(p+q) = (\sigma\star p)+(\sigma\star q)$. Für das Produkt $(pq)(X) = p(X)q(X) = \sum_{k=0}^{m+n}(\sum_{i+j=k} a_i b_j) X^k$ ergibt sich

$$\begin{aligned} \big(\sigma \star (pq)\big)(X) &= \textstyle\sum_k \sigma\big(\sum_{i+j=k} a_i b_j\big) X^k \\ &= \textstyle\sum_k \big(\sum_{i+j=k} \sigma(a_i)\sigma(b_j)\big) X^k \\ &= \big(\textstyle\sum_{k=0}^m \sigma(a_k) X^k\big)\big(\sum_{k=0}^n \sigma(b_k) X^k\big) \\ &= (\sigma \star p)(X) \cdot (\sigma \star q)(X), \end{aligned}$$

also $\sigma \star (p \cdot q) = (\sigma \star p) \cdot (\sigma \star q)$. Damit ist σ als Ringhomomorphismus nachgewiesen. Ist $\sigma \not\equiv 0$, so gilt $\sigma(1) = 1$, so daß das Einspolynom in $K_1[X]$ auf das Einspolynom in $K_2[X]$ abgebildet wird. In diesem Fall ist die Abbildung $p \mapsto \sigma \star p$ also sogar ein Homomorphismus unitärer Ringe.

(b) Für $p(X) = \sum_{k=0}^n a_k X^k$ ergibt sich $(\sigma_1 \star p)(X) = \sum_k \sigma_1(a_k) X^k$ und daher

$$\begin{aligned} \big(\sigma_2 \star (\sigma_1 \star p)\big)(X) &= \textstyle\sum_k \sigma_2\big(\sigma_1(a_k)\big) X^k \\ &= \textstyle\sum_k (\sigma_2 \circ \sigma_1)(a_k) X^k = \big((\sigma_2 \circ \sigma_1) \star p\big)(X). \end{aligned}$$

(c) Es seien $i_1 : \overline{K} \to K(\alpha_1)$ und $i_2 : \overline{K} \to K(\alpha_2)$ die Isomorphismen gemäß Teil (d) der vorigen Aufgabe. Dann ist $\sigma := i_2 \circ i_1^{-1}$ ein Isomorphismus mit den gewünschten Eigenschaften.

Lösung (62.10) (a) Hat f den Grad 1, so ist K selbst ein Zerfällungskörper von f. Es gelte also $\text{Grad}(f) > 1$. Zerfällt f über K, so ist wieder K selbst ein Zerfällungskörper von f. Andernfalls besitzt f einen irreduziblen Faktor g mit Grad größer als 1. Nach der vorigen Aufgabe besitzt g eine Nullstelle α in einem Erweiterungskörper $K(\alpha)$ von K; über diesem gilt dann $f(X) = (X - \alpha)h(X)$ mit einem Polynom h, das kleineren Grad hat als f. Nach Induktionsannahme besitzt h einen Zerfällungskörper Z über $K(\alpha)$. Dann ist aber Z automatisch ein Zerfällungskörper von f über K.

(b) Hat f den Grad 1, so haben wir $Z_1 = K_1$ und $Z_2 = K_2$; in diesem Fall ist die Aussage trivial. Ist der Grad von f größer als 1, so betrachten wir eine Zerlegung $f = gh$ mit einem irreduziblen Faktor g (möglicherweise f selbst; in diesem Fall ist $h = 1$). Dann gilt $\sigma\star f = (\sigma\star g)(\sigma\star h)$, und $\sigma\star g$ ist ebenfalls irreduzibel (weil $p \mapsto \sigma \star p$ ein Ringisomorphismus ist). Wähle gemäß Aufgabe (62.8) eine Nullstelle α_1 von g (und damit von f) in irgendeiner Erweiterung von K_1 und eine Nullstelle α_2 von $\sigma\star g$ (und damit von $\sigma\star f$) in irgendeiner Erweiterung von K_2. Nach Aufgabe (62.9)(c) gibt es einen Isomorphismus $\Sigma_0 : K_1(\alpha_1) \to K_2(\alpha_2)$ mit $\Sigma_0|_{K_1} = \sigma$ und $\Sigma_0(\alpha_1) = \alpha_2$. Abspalten des Linearfaktors $X - \alpha_1$ liefert eine Darstellung $f = (X - \alpha_1)\rho$ und damit $\Sigma_0 \star f = (X - \alpha_2)(\Sigma_0 \star \rho)$. Dann ist Z_1 ein Zerfällungskörper von ρ über $K_1(\alpha_1)$, und Z_2 ist ein Zerfällungskörper von $\Sigma_0\star\rho$ über $K_2(\alpha_2)$. Nach Induktionsannahme gibt es einen Isomorphismus $\Sigma : Z_1 \to Z_2$ mit $\Sigma|_{K_1(\alpha_1)} = \Sigma_0$. Wegen $\Sigma_0|_{K_1} \equiv \sigma$ gilt dann auch $\Sigma|_{K_1} \equiv \sigma$. Damit ist alles gezeigt.

(c) Wir müssen nur Teil (b) mit $K_2 := K_1 := K$ und $\sigma = \text{id}_{K_1}$ anwenden.

Aufgaben zu »Grundkörpererweiterungen« siehe Seite 13

Lösung (62.11) (a) In der vorigen Aufgabe behandelten wir den Fall eines einzelnen Polynoms f, also einer einelementigen Familie $\mathfrak{F} = \{f\}$. Jetzt müssen wir die Lösungskonstruktion der vorigen Aufgabe iterieren, sie also nacheinander für alle Elemente einer beliebigen Familie $\mathfrak{F}$ anwenden. Dazu versehen wir $\mathfrak{F}$ mit einer Wohlordnung $(f_i)_{i\in I}$. Ist i_0 das kleinste Element von I, so definieren wir Z_{i_0} als Zerfällungskörper des einzelnen Polynoms f_{i_0}. Für $i > i_0$ sei Z_i ein Zerfällungskörper von f_i über $\bigcup_{j<i} Z_j$; beachte, daß diese Vereinigung wegen $Z_j \subseteq Z_i$ für $j < i$ ein Körper ist. Dann ist $Z := \bigcup_{i\in I} Z_i$ ein Zerfällungskörper von $\mathfrak{F}$, denn offensichtlich zerfällt jedes Polynom f_i über Z in Linearfaktoren, und kein echt kleinerer Teilkörper von Z hat diese Eigenschaft.

(b) Wir betrachten alle Tripel (A_1, A_2, α) derart, daß A_1 ein Körper mit $K_1 \subseteq A_1 \subseteq Z_1$ ist, A_2 ein Körper mit $K_2 \subseteq A_2 \subseteq Z_2$ und $\alpha : A_1 \to A_2$ ein Isomorphismus, der σ fortsetzt. Wir definieren auf der Menge $\mathfrak{M}$ aller dieser Tripel eine Ordnung $\preceq$ durch

$$(A_1, A_2, \alpha) \preceq (B_1, B_2, \beta) \;:\Leftrightarrow\; \begin{cases} A_1 \subseteq B_1, \\ A_2 \subseteq B_2, \\ \alpha = \beta|_{A_1}. \end{cases}$$

Die Menge $\mathfrak{M}$ enthält das Tripel (K_1, K_2, σ), ist also nicht leer. Jede Kette $(A_1^{(i)}, A_2^{(i)}, \alpha^{(i)})_{i\in I}$ in $\mathfrak{M}$ besitzt eine obere Schranke in $\mathfrak{M}$, nämlich (A_1, A_2, α) mit $A_1 = \bigcup_{i\in I} A_1^{(i)}$, $A_2 = \bigcup_{i\in I} A_2^{(i)}$ und $\alpha : A_1 \to A_2$ mit $\alpha|_{A_1^{(i)}} = \alpha^{(i)}$ für alle $i \in I$. Nach dem Zornschen Lemma gibt es in $\mathfrak{M}$ ein maximales Element (A_1, A_2, α). Wir behaupten, daß dann die Gleichungen $A_1 = Z_1$ und $A_2 = Z_2$ gelten, so daß $\alpha : Z_1 \to Z_2$ die gesuchte Fortsetzung von σ ist.

Wir nehmen an, es gelte $A_1 \subsetneqq Z_1$; dann gibt es mindestens ein Polynom $f \in \mathfrak{F}$, das nicht über A_1 zerfällt. Wir fassen f als Polynom in $A_1[X]$ und $\sigma \star f = \alpha \star f$ als Polynom in $A_2[X]$ auf. Da f über Z_1 zerfällt, enthält Z_1 einen Zerfällungskörper $F_1 \supseteq A_1$, und für diesen gilt $F_1 \supsetneqq A_1$. Ferner zerfällt $\sigma \star f$ über Z_2; also enthält Z_2 einen Zerfällungskörper $F_2 \supseteq A_2$ von $\sigma \star f$. Da wir den Fall eines einzelnen Polynoms schon behandelt haben, wissen wir, daß sich dann $\alpha : A_1 \to A_2$ zu einem Isomorphismus $\widehat{\alpha} : F_1 \to F_2$ fortsetzen läßt. Dann ist aber $(F_1, F_2, \widehat{\alpha})$ im Sinne der Ordnung $\preceq$ strikt größer als (A_1, A_2, α), was der Maximalität von (A_1, A_2, α) widerspricht. Analog zeigt man (unter Benutzung von α^{-1} statt α), daß auch die Annahme $A_2 \subsetneqq Z_2$ zu einem Widerspruch führt. Wir haben also $A_1 = Z_1$ sowie $A_2 = Z_2$ und damit die Behauptung.

(c) Wir müssen nur Teil (b) mit $K_1 := K_2 := K$ und $\sigma = \mathrm{id}_K$ anwenden.

Lösung (62.12) (a) Ein Element $\xi \in K$ ist als Nullstelle des Polynoms $X - \xi \in K[X]$ trivialerweise algebraisch über K.

(b) Es sei ξ Nullstelle des Polynoms

$$p(X) = \sum_{k=0}^{n} a_k X^k = a_0 + a_1 X + a_2 X^2 + \cdots + a_n X^n$$

mit Koeffizienten $a_k \in K$, wobei $a_n \neq 0$ gilt. (Dabei dürfen wir noch $a_0 \neq 0$ voraussetzen, weil wir sonst aus der Gleichung $p(\xi) = 0$ eine Potenz von ξ herauskürzen und dadurch eine Gleichung $q(\xi) = 0$ von kleinerem Grad erhalten könnten.) Aus $\sum_{k=0}^n a_k \xi^k = 0$ folgt $\sum_{k=0}^n (-1)^k a_k (-\xi)^k = 0$; also ist $-\xi$ Nullstelle des Polynoms

$$\sum_{k=0}^{n} (-1)^k a_k X^k = a_0 - a_1 X \pm \cdots + (-1)^n a_n X^n$$

und damit ebenfalls algebraisch über K. Dividieren wir die Gleichung $\sum_{k=0}^n a_k \xi^k = 0$ durch ξ^n, so ergibt sich $0 = \sum_{k=0}^n a_k \xi^{k-n} = \sum_{k=0}^n a_k (\xi^{-1})^{n-k} = \sum_{k=0}^n a_{n-k} (\xi^{-1})^k$; also ist $1/\xi$ Nullstelle des *reziproken* Polynoms

$$\sum_{k=0}^{n} a_{n-k} X^k = a_n + a_{n-1} X + \cdots + a_1 X^{n-1} + a_0 X^n$$

und damit ebenfalls algebraisch über K.

(c) Es mögen Gleichungen $p(\alpha) = 0$ und $q(\beta) = 0$ mit $\mathrm{Grad}(p) = m$ und $\mathrm{Grad}(q) = n$ gelten. Dann ist α^m (und damit auch jede Potenz α^r mit $r \geq m$) eine K-Linearkombination von $1, \alpha, \ldots, \alpha^{m-1}$, und β^n (und damit auch jede Potenz β^s mit $s \geq n$) eine K-Linearkombination von $1, \beta, \ldots, \beta^{n-1}$. Ausmultiplizieren zeigt nun, daß sich jedes Produkt $\alpha^r \beta^s$ mit $r, s \in \mathbb{N}_0$ als K-Linearkombination der mn Produkte $\alpha^k \beta^\ell$ mit $0 \leq k \leq m-1$ und $0 \leq \ell \leq n-1$ darstellen läßt. Der K-Unterraum U von L, der von allen Produkten $\alpha^r \beta^s$ mit $r, s \in \mathbb{N}_0$ aufgespannt wird, hat also höchstens die Dimension mn.

Nach diesen Vorüberlegungen ist es leicht, die Algebraizität von $\alpha + \beta$ und $\alpha\beta$ zu beweisen. Jede Potenz von $\alpha + \beta$ liegt nach der binomischen Formel in U. Die unendlich vielen Potenzen $(\alpha + \beta)^k$ mit $k \in \mathbb{N}_0$ können daher nicht alle linear unabhängig sein; es gibt also einen kleinsten Exponenten M (und zwar mit $M \leq mn$), für den $(\alpha + \beta)^M$ als K-Linearkombination der Potenzen $(\alpha + \beta)^k$ mit $0 \leq k \leq M - 1$ darstellbar ist, und das bedeutet, daß $\alpha + \beta$ eine Polynomgleichung vom Grad M über K erfüllt. Analog können die unendlich vielen Potenzen $(\alpha\beta)^k = \alpha^k \beta^k$ mit $k \in \mathbb{N}_0$, die ja alle in U liegen, nicht linear unabhängig sein; es muß also einen Exponenten N (und zwar mit $N \leq mn$) derart geben, daß sich $(\alpha\beta)^N$ als K-Linearkombination der Potenzen $(\alpha\beta)^k$ mit $0 \leq k \leq N - 1$ ausdrücken läßt, und das bedeutet, daß $\alpha\beta$ eine Polynomgleichung vom Grad N über K erfüllt.

(d) Es sei A die Menge aller Elemente von L, die algebraisch über K sind. Nach (a) liegen 0 und 1 in A, nach (b) ist A abgeschlossen bezüglich der Bildung additiver und

Aufgaben zu »Grundkörpererweiterungen« siehe Seite 13

multiplikativer Inverser, und nach (c) ist A abgeschlossen bezüglich der Bildung von Summen und Produkten. Dies zeigt schon, daß A ein Körper ist. (Die Gültigkeit der Rechengesetze [Kommutativ-, Assoziativ-, Distributivgesetze] muß nicht mehr nachgeprüft werden, weil sich diese einfach von L auf A überträgt.)

(e) Wir gehen zunächst davon aus, daß $(L : K)$ algebraisch ist. Dann ist trivialerweise auch $(L : Z)$ algebraisch (denn jedes Element $\alpha \in L$ erfüllt eine nichttriviale Polynomgleichung sogar über K, erst recht also über Z), und in ebenso trivialer Weise ist auch $(Z : K)$ algebraisch (denn wenn sogar jedes Element in L eine nichttriviale Polynomgleichung über K erfüllt, dann erst recht jedes Element in der kleineren Menge Z). Umgekehrt gehen wir davon aus, die Körpererweiterungen $(L : Z)$ und $(Z : K)$ seien algebraisch, und es sei $\alpha \in L$ beliebig. Da α algebraisch über Z ist, gibt es Elemente $z_k \in Z$ mit

$$\alpha^n + z_{n-1}\alpha^{n-1} + \cdots + z_1\alpha + z_0 \;=\; 0.$$

Betrachte $Z_0 := K(z_0, \ldots, z_{n-1})$; dann ist $Z_0(\alpha)$ endlichdimensional als Vektorraum über Z_0, und $Z_0 = K(z_0, \ldots, z_{n-1})$ ist endlichdimensional als Vektorraum über K. (Erfüllt nämlich z_k über K eine Gleichung vom Grad d_k, so wird Z_0 als K-Vektorraum aufgespannt von den endlich vielen Produkten $z_0^{e_0} z_1^{e_1} \cdots z_{n-1}^{e_{n-1}}$ mit $0 \le e_k < d_k$.) Dann ist aber $Z_0(\alpha)$ auch endlichdimensional über K; insbesondere ist also α algebraisch über K. Da $\alpha \in L$ beliebig war, ist damit nachgewiesen, daß $(L : K)$ eine algebraische Körpererweiterung ist.

Lösung (62.13) Wir schreiben $x := \sqrt{2} + \sqrt[3]{3}$. Dann gilt $x - \sqrt{2} = \sqrt[3]{3}$. Beiderseitiges Bilden der dritten Potenz liefert $x^3 - 3x^2\sqrt{2} + 6x - 2\sqrt{2} = 3$ und damit

$$x^3 + 6x - 3 \;=\; \sqrt{2} \cdot (3x^2 + 2).$$

Beiderseitiges Quadrieren liefert nun $x^6 + 36x^2 + 9 + 12x^4 - 6x^3 - 36x = 2 \cdot (9x^4 + 12x^2 + 4) = 18x^4 + 24x^2 + 8$; also gilt die Polynomgleichung

$$x^6 - 6x^4 - 6x^3 + 12x^2 - 36x + 1 \;=\; 0.$$

Weiter schreiben wir $y := \sqrt{2} \cdot \sqrt[3]{3}$. Bilden der sechsten Potenz liefert $y^6 = 8 \cdot 9 = 72$; also gilt die Polynomgleichung $y^6 - 72 = 0$.

Lösung (62.14) Die Implikation (1)$\Rightarrow$(2) ist trivial. Die Implikation (2)$\Rightarrow$(1) folgt leicht mit Induktion über $n := \mathrm{Grad}(f)$. Ist $n = 1$, so ist f selbst schon ein Linearfaktor. Ist $n > 1$, so besitzt f wegen (2) eine Nullstelle $x_0 \in K$; es gibt dann eine Zerlegung $f(X) = (X - x_0)g(X)$ mit $\mathrm{Grad}(g) < n$. Nach Induktionsannahme zerfällt g in Linearfaktoren; damit zerfällt aber auch f in Linearfaktoren.

Wir beweisen nun die Implikation (1)$\Rightarrow$(3). Es sei $(L : K)$ eine algebraische Körpererweiterung, und es sei $\alpha \in L$ beliebig. Es sei $p \neq 0$ ein Polynom in $K[X]$ mit $p(\alpha) = 0$. Wegen (1) zerfällt p über K in Linearfaktoren. Einer dieser Linearfaktoren ist zwangsläufig $X - \alpha$; also liegt α in K.

Schließlich beweisen wir die Implikation (3)$\Rightarrow$(2). Es sei $f \in [X]$ vom Grad ≥ 1. Dann gibt es einen Erweiterungskörper von K, in dem f eine Nullstelle α besitzt. Dann ist aber $\big(K(\alpha) : K\big)$ eine algebraische Körpererweiterung. Wegen (2) gilt dann $K(\alpha) = K$ und folglich $\alpha \in K$. Also ist α eine Nullstelle von f in K.

Lösung (62.15) (1)$\Rightarrow$(2) Es sei L die Menge aller Elemente von $\overline{K}$, die algebraisch über K sind; dann ist $(L : K)$ eine algebraische Erweiterung. Wir behaupten, daß L algebraisch abgeschlossen ist. Ist dies gezeigt, so folgt $L = \overline{K}$ wegen (1), so daß $(\overline{K} : K)$ eine algebraische Erweiterung ist, womit dann (2) gezeigt ist. Es sei also $p \in L[X]$. Da $\overline{K}$ algebraisch abgeschlossen ist, zerfällt p über $\overline{K}$, sagen wir $p(X) = a_n \prod_{i=1}^n (X - \alpha_i)$ mit $\alpha_i \in \overline{K}$. Dann sind die Elemente α_i algebraisch über L, also auch über K, liegen also in L. Das bedeutet aber, daß p schon über L in Linearfaktoren zerfällt. Da $p \in L[X]$ beliebig war, ist damit die algebraische Abgeschlossenheit von L gezeigt.

(2)$\Rightarrow$(5) Ist $\varphi_0 = 0$, so können wir einfach $\Phi_0 = 0$ wählen. Es gelte $\varphi_0 \neq 0$; dann ist φ_0 eine Einbettung. Es sei $\mathfrak{M}$ die Menge aller Paare (Z, φ) derart, daß Z ein Körper mit $Z_0 \subseteq Z \subseteq L_0$ und $\varphi : Z \to \overline{K}$ eine Einbettung mit $\varphi|_{Z_0} = \varphi_0$ ist. Wir ordnen $\mathfrak{M}$ vermöge

$$(Z_1, \varphi_1) \preceq (Z_2, \varphi_2) \;:\Leftrightarrow\; Z_1 \subseteq Z_2,\; \varphi_1 = \varphi_2|_{Z_1}.$$

Diese Ordnung ist induktiv, denn jede Kette $(Z_i, \varphi_i)_{i \in I}$ in $\mathfrak{M}$ besitzt eine obere Schranke (nämlich (Z, φ) mit $Z := \bigcup_{i \in I} Z_i$ und $\varphi \equiv \varphi_i$ auf Z_i). Nach dem Zornschen Lemma besitzt $\mathfrak{M}$ ein maximales Element (Z, φ). Wir behaupten, daß $Z = L_0$ gilt (so daß dann $\Phi_0 := \varphi$ die gesuchte Fortsetzung von φ_0 ist).

Um einen Widerspruch zu erhalten, nehmen wir an, es gelte $Z \subsetneq L_0$; dann gibt es ein Element $\alpha \in L_0 \setminus Z$. Da α algebraisch über Z_0 und damit auch über K ist, gibt es ein Polynom $p \neq 0$ in $K[X]$ mit $p(\alpha) = 0$. Dann besitzt $\varphi \star p = \varphi_0 \star p \in \overline{K}[X]$ eine Nullstelle α' in $\overline{K}$, denn $\overline{K}$ ist algebraisch abgeschlossen. Nach Aufgabe (62.9)(c) läßt sich $\varphi : Z \to \overline{K}$ zu einer Einbettung $\Phi : Z(\alpha) \to \overline{K}(\alpha') = \overline{K}$ fortsetzen, so daß $\big(Z(\alpha), \Phi\big)$ in $\mathfrak{M}$ liegt. Dies widerspricht aber der Maximalität von (Z, φ).

(5)$\Rightarrow$(6) Es sei $(L : K)$ eine algebraische Erweiterung. Anwendung von (5) mit $Z_0 := K$ und $L_0 := L$ und mit φ_0 als der Einbettungsabbildung von K in $\overline{K}$ zeigt dann, daß es eine Fortsetzung $\Phi_0 : L \to \overline{K}$ von φ_0 gibt. Wir setzen $\sigma := \Phi_0$. Wegen $\varphi_0 \neq 0$ ist $\sigma \neq 0$ und damit automatisch injektiv.

(6)$\Rightarrow$(3) Es sei $f \in K[X]$ vom Grad ≥ 1, und es sei Z ein Zerfällungskörper von f. Wegen (6) gibt es eine Einbettung $\sigma : Z \to \overline{K}$ mit $\sigma|_K = \mathrm{id}_K$. Dann ist $\sigma(Z) \subseteq \overline{K}$ ein Zerfällungskörper von $\sigma \star f$; insbesondere zerfällt

$\sigma \star f$ über $\overline{K}$. Weil aber f in $K[X]$ liegt und σ die Identität auf K ist, gilt $\sigma \star f = f$; also zerfällt f über $\overline{K}$.

(3)⇒(4) Es sei $K \subseteq Z \subseteq \overline{Z}$ der Zerfällungskörper der Polynomfamilie $\mathfrak{F} = K[X]$. Es sei $\alpha \in \overline{K}$ beliebig. Nach der ersten Voraussetzung in (3) ist α algebraisch über K, tritt also als Nullstelle eines Polynoms $f \in \mathfrak{F}$ auf und liegt daher (da ja f über Z zerfällt) in Z. Da α beliebig war, ist damit die Gleichheit $Z = \overline{K}$ gezeigt.

(4)⇒(3) Es sei Z die Menge aller Elemente in $\overline{K}$, die algebraisch über K sind; dann ist $(Z : K)$ eine algebraische Erweiterung, und wir sind fertig, wenn wir zeigen können, daß $Z = \overline{K}$ gilt. Diese Gleichheit zeigen wir durch den Nachweis, daß jedes Polynom $f \in K[X]$ schon über Z zerfällt. Es sei also $f \in K[X]$ gegeben. Nach Voraussetzung (4) zerfällt f über $\overline{K}$, sagen wir $f(X) = a_n \prod_{i=1}^n (X - \alpha_i)$ mit $\alpha_i \in \overline{K}$. Dann sind aber die Elemente α_i algebraisch über K, liegen also in Z. Dies zeigt, daß f über Z zerfällt.

(3)⇒(2) Es sei $q \in \overline{K}[X]$ ein beliebiges Polynom mit Koeffizienten in $\overline{K}$. Über irgendeinem Zerfällungskörper von q gilt $q(X) = a_n \prod_{i=1}^n (X - \alpha_i)$. Dann sind die Nullstellen α_i algebraisch über $\overline{K}$ und folglich auch über K; es sei $p_k \neq 0$ ein Polynom in $K[X]$ mit $p_k(\alpha_k) = 0$. Dann ist q ein Teiler von $p := p_1 p_2 \cdots p_n \in K[X]$ in $\overline{K}[X]$. Da p nach Voraussetzung (3) über $\overline{K}$ zerfällt, muß also auch q über $\overline{K}$ zerfallen. Da $q \in \overline{K}[X]$ beliebig war, ist damit die algebraische Abgeschlossenheit von $\overline{K}$ gezeigt.

(2)⇒(1) Es sei Z ein algebraisch abgeschlossener Körper mit $K \subseteq Z \subseteq \overline{K}$; wir müssen zeigen, daß $Z = \overline{K}$ gilt. Es sei $\alpha \in \overline{K}$ beliebig. Wegen der ersten Voraussetzung in (2) ist dann α algebraisch über K; es gibt also ein Polynom $p \neq 0$ in $K[X]$ mit $p(\alpha) = 0$. Dann liegt p erst recht in $Z[X]$, und wegen der algebraischen Abgeschlossenheit von Z gilt dann $\alpha \in Z$. Da $\alpha \in \overline{K}$ beliebig war, ist damit die Gleichheit $Z = \overline{K}$ gezeigt.

Lösung (62.16) Das charakteristische Polynom von A ist

$$p(\lambda) = \det \begin{bmatrix} 1-\lambda & 1 \\ 1 & -\lambda \end{bmatrix} = \lambda^2 - \lambda - 1 = \lambda^2 + \lambda + 1.$$

Wegen $p(0) = p(1) = 1$ hat p in K keine Nullstelle. Wir adjungieren eine solche Nullstelle ε. (Wir betrachten also formal $\varepsilon := [X]$ in $K[X]/(X^2 + X + 1)$ und bezeichnen diesen Quotientenring, der ja sogar ein Körper ist, mit $\overline{K} = K(\varepsilon)$.) Die Polynomdivision $(X^2 + X + 1) : (X - \varepsilon)$ liefert $X + (1 + \varepsilon) = X - (1 + \varepsilon)$; über $\overline{K}$ zerfällt also p gemäß

$$p(X) = X^2 + X + 1 = (X - \varepsilon)\big(X - (1 + \varepsilon)\big)$$

in Linearfaktoren, so daß A über $\overline{K}$ die Eigenwerte $\lambda_1 = \varepsilon$ und $\lambda_2 = 1+\varepsilon$ besitzt. (Da diese verschieden sind, ist klar, daß A über $\overline{K}$ diagonalisierbar ist.) Lösen der Gleichungssysteme $(A - \lambda_1 \mathbf{1})v_1 = 0$ und $(A - \lambda_2 \mathbf{1})v_2 = 0$ liefert die Eigenvektoren $v_1 = (\varepsilon, 1)^T$ und $v_2 = (1, \varepsilon)^T$. Wir rechnen die Eigenwertgleichungen noch einmal explizit nach:

$$Av_1 = \begin{bmatrix} 1 & 1 \\ 1 & 0 \end{bmatrix} \begin{bmatrix} \varepsilon \\ 1 \end{bmatrix} = \begin{bmatrix} \varepsilon+1 \\ \varepsilon \end{bmatrix} = \begin{bmatrix} \varepsilon^2 \\ \varepsilon \end{bmatrix} = \varepsilon \begin{bmatrix} \varepsilon \\ 1 \end{bmatrix},$$

$$Av_2 = \begin{bmatrix} 1 & 1 \\ 1 & 0 \end{bmatrix} \begin{bmatrix} 1 \\ \varepsilon \end{bmatrix} = \begin{bmatrix} 1+\varepsilon \\ 1 \end{bmatrix} = \begin{bmatrix} 1+\varepsilon \\ \varepsilon^2+\varepsilon \end{bmatrix} = (1+\varepsilon) \begin{bmatrix} 1 \\ \varepsilon \end{bmatrix}$$

und damit $Av_1 = \varepsilon v_1$ sowie $Av_2 = (1+\varepsilon)v_2$. Es gilt also

$$T^{-1}AT = \begin{bmatrix} \varepsilon & 0 \\ 0 & 1+\varepsilon \end{bmatrix} \quad \text{mit} \quad T := \begin{bmatrix} \varepsilon & 1 \\ 1 & \varepsilon \end{bmatrix}.$$

Lösung (62.17) (a) Gilt $A^n = \mathbf{0}$, dann nach Aufgabe (62.5)(b) auch $\overline{A}^n = \overline{A^n} = \overline{\mathbf{0}} = \mathbf{0}$; mit A ist also auch $\overline{A}$ nilpotent.

(b) Wir betrachten die im Hinweis angegebene Abbildung $A : K^2 \to K^2$. Wir behaupten, daß A trivialerweise halbeinfach ist, und zwar, weil die einzigen A-invarianten Unterräume, die es überhaupt gibt, die trivialen Unterräume $\{0\}$ und K^2 sind. Ein nichttrivialer A-invarianter Unterraum müßte nämlich eindimensional und damit ein Eigenraum sein. Aber A besitzt in K keine Eigenwerte, denn das charakteristische Polynom $p(A) = \det(A - \lambda \mathbf{1}) = \lambda^2 - X$ besitzt in K keine Nullstelle. Eine solche müßte nämlich ein rationaler Ausdruck $\lambda = p(X)/q(X)$ mit Polynomen $p, q \in \mathbb{Z}_2[X]$ (wobei $q \neq 0$) sein, für den $\lambda^2 = X$ gilt, also $p(X)^2 = X \cdot q(X)^2$. Wir wollen uns überlegen, daß es solche Polynome p und q nicht geben kann. Setzen wir $p(X) = a_0 + a_1 X + \cdots + a_m X^m$ und $q(X) = b_0 + b_1 X + \cdots + b_n X^n$ mit Koeffizienten $a_i, b_j \in \mathbb{Z}_2$, so gelten wegen $2 = 0$ in K und $x^2 = x$ für $x \in \mathbb{Z}_2$ die Gleichungen

$$\begin{aligned} p(X)^2 &= (a_0 + a_1 X + \cdots + a_m X^m)^2 \\ &= a_0^2 + a_1^2 X^2 + \cdots + a_m^2 X^{2m} \\ &= a_0 + a_1 X^2 + \cdots + a_m X^{2m} \\ &= p(X^2) \end{aligned}$$

und

$$\begin{aligned} q(X)^2 &= (b_0 + b_1 X + \cdots + b_n X^n)^2 \\ &= b_0^2 + b_1^2 X^2 + \cdots + b_n^2 X^{2n} \\ &= b_0 + b_1 X^2 + \cdots + b_n X^{2n} \\ &= q(X^2), \end{aligned}$$

so daß die Gleichung $p(X)^2 = X\, q(X)^2$ übergeht in $p(X^2) = X\, q(X^2)$, ausgeschrieben also

$$a_0 + a_1 X^2 + \cdots + a_m X^{2m} = b_0 X + b_1 X^3 + \cdots + b_n X^{2n+1}.$$

Das kann aber nicht sein, weil die linke Seite nur gerade Potenzen enthält, die rechte Seite dagegen nur ungerade Potenzen und wegen $q \neq 0$ vom Nullpolynom verschieden ist. Dieses Argument zeigt, daß A keinen Eigenwert und damit keinen eindimensionalen invarianten Unterraum besitzt und folglich halbeinfach ist.

Aufgaben zu »Grundkörpererweiterungen« siehe Seite 13

Nun adjungieren wir zu K eine Lösung ξ der Gleichung $\xi^2 = X$, betrachten also den Körper $\overline{K} = K(\xi)$; dies ist der Zerfällungskörper von p. Über $\overline{K}$ gilt $p(\lambda) = \lambda^2 - \xi^2 = (\lambda - \xi)(\lambda + \xi) = (\lambda - \xi)^2$, so daß p in $\overline{K}$ (und auch jeder Erweiterung dieses Körpers) den doppelten Eigenwert ξ hat. Der zugehörige Eigenraum ist aber der eindimensionale Raum

$$\overline{K}\begin{bmatrix}\xi\\1\end{bmatrix},$$

der folglich kein $\overline{A}$-invariantes Komplement besitzen kann. Also ist $\overline{A} : \overline{K}^2 \to \overline{K}^2$ nicht halbeinfach. Mit den Transformationsmatrizen

$$T = \begin{bmatrix}\xi & 1\\1 & 0\end{bmatrix} \quad \text{und} \quad T^{-1} = \begin{bmatrix}0 & 1\\1 & \xi\end{bmatrix}$$

ergibt sich die Jordansche Normalform

$$T^{-1}\begin{bmatrix}0 & \xi^2\\1 & 0\end{bmatrix}T = \begin{bmatrix}\xi & 1\\0 & \xi\end{bmatrix}.$$

Aufgaben zu »Grundkörpererweiterungen« siehe Seite 13

L63: Symmetrien multilinearer Abbildungen

Lösung (63.1) (a) Wir schreiben $v_i := f(u_i)$ für $1 \le i \le k$; es gilt dann $(f^\star T)(u_1,\ldots,u_k) = T(v_1,\ldots,v_k)$, für jede Permutation $\sigma \in \mathrm{Sym}_k$ daher $(f^\star T)(u_{\sigma(1)},\ldots,u_{\sigma(k)}) = T(v_{\sigma(1)},\ldots,v_{\sigma(k)})$. Eine Permutation wirkt also auf die Argumente von $f^\star T$ in gleicher Weise wie auf die entsprechenden Argumente von T; hieraus folgt sofort die Behauptung.

(b) Für alle $u_1,\ldots,u_k \in U$ gilt

$$\begin{aligned}&\big(f^\star(\alpha S+\beta T)\big)(u_1,\ldots,u_k)\\ &= (\alpha S+\beta T)\big(f(u_1),\ldots,f(u_k)\big)\\ &= \alpha\cdot S\big(f(u_1),\ldots,f(u_k)\big) + \beta\cdot T\big(f(u_1),\ldots,f(u_k)\big)\\ &= \alpha\cdot(f^\star S)(u_1,\ldots,u_k) + \beta\cdot(f^\star T)(u_1,\ldots,u_k)\\ &= \big(\alpha(f^\star S)+\beta(f^\star T)\big)(u_1,\ldots,u_k).\end{aligned}$$

(c) Für alle $u_1,\ldots,u_k \in U$ gilt

$$\begin{aligned}&\big((\alpha f+\beta g)^\star T\big)(u_1,\ldots,u_k)\\ &= T\big((\alpha f+\beta g)(u_1),\ldots,(\alpha f+\beta g)(u_k)\big)\\ &= T\big(\alpha f(u_1)+\beta g(u_1),\ldots,\alpha f(u_k)+\beta g(u_k)\big)\\ &= \alpha\cdot T\big(f(u_1),\ldots,f(u_k)\big) + \beta\cdot T\big(g(u_1),\ldots,g(u_k)\big)\\ &= \alpha\cdot(f^\star T)(u_1,\ldots,u_k) + \beta\cdot(g^\star T)(u_1,\ldots,u_k)\\ &= \big(\alpha(f^\star T)+\beta(g^\star T)\big)(u_1,\ldots,u_k).\end{aligned}$$

(d) Für alle $u_1,\ldots,u_k \in U$ gilt

$$\begin{aligned}&\big(f^\star(g^\star T)\big)(u_1,\ldots,u_k)\\ &(g^\star T)\big(f(u_1),\ldots,f(u_k)\big)\\ &T\big(g(f(u_1)),\ldots,g(f(u_k))\big)\\ &T\big((g\circ f)(u_1),\ldots,(g\circ f)(u_k)\big)\\ &\big((g\circ f)^\star T\big)(u_1,\ldots,u_k).\end{aligned}$$

Lösung (63.2) (a) Für $i = j$ ist die Aussage trivial; wir dürfen also $i \ne j$ voraussetzen. Nun ist jede der Abbildungen ∂_i linear, und jedes Polynom läßt sich als Linearkombination $\sum_{k,\ell} a_{k\ell}(\xi)X_i^k X_j^\ell$ von Monomen $X_i^k X_j^\ell$ darstellen, deren Koeffizienten nur noch von dem $(n-2)$-Tupel ξ der Variablen X_k mit $k \notin \{i,k\}$ abhängen und daher bei Anwendung von ∂_i und ∂_j einfach als Konstanten herausgezogen werden dürfen. Es genügt daher, die Gleichheit $\partial_i \circ \partial_j = \partial_j \circ \partial_i$ auf der Menge aller Monome $X_i^k X_j^\ell$ nachzuprüfen. Das ist aber leicht, denn

$$\begin{aligned}\partial_i\left(\partial_j X_i^k X_j^\ell\right) &= \partial_i\left(\ell X_i^k X_j^{\ell-1}\right) = k\ell\, X_i^{k-1}X_j^{\ell-1}\\ &= \partial_j\left(k X_i^{k-1}X_j^\ell\right) = \partial_j\left(\partial_i X_i^k X_j^\ell\right).\end{aligned}$$

Mit einer trivialen Induktion folgt hieraus, daß bei einer Verkettung $\partial_{i_1}\circ\cdots\circ\partial_{i_k}$ die Reihenfolge der Indices keine Rolle spielt.

(b) Mit den transformierten Indices $j_r := i_{\sigma^{-1}(r)}$ erhalten wir

$$\begin{aligned}&f^{(k)}(p)\,[h^{(\sigma(1))},\ldots,h^{(\sigma(k))}] =\\ &\sum_{i_1,\ldots,i_k}(\partial_{i_1,\ldots,i_k}f)(p)\,h_{i_1}^{(\sigma(1))}h_{i_2}^{(\sigma(2))}\cdots h_{i_k}^{(\sigma(k))}\\ &\sum_{i_1,\ldots,i_k}(\partial_{i_1,\ldots,i_k}f)(p)\,h_{i_{\sigma^{-1}(1)}}^{(1)}h_{i_{\sigma^{-1}(2)}}^{(2)}\cdots h_{i_{\sigma^{-1}(k)}}^{(k)}\\ &\sum_{j_1,\ldots,j_k}(\partial_{j_{\sigma(1)},\ldots,j_{\sigma(k)}}f)(p)\,h_{j_1}^{(1)}h_{j_2}^{(2)}\cdots h_{j_k}^{(k)}\\ &\sum_{j_1,\ldots,j_k}(\partial_{j_1,\ldots,j_k}f)(p)\,h_{j_1}^{(1)}h_{j_2}^{(2)}\cdots h_{j_k}^{(k)}\\ &= f^{(k)}(p)\,[h^{(1)},\ldots,h^{(k)}],\end{aligned}$$

wobei wir beim Übergang von der vierten zur fünften Zeile die in Teil (a) bewiesene Symmetrie der partiellen Ableitungen $\partial_{i_1,\ldots,i_k}f$ unter einer Permutation der Indices i_j benutzten. Da die Vektoren $h^{(i)}$ beliebig waren, ist damit die Symmetrie der Multilinearform $f^{(k)}(p)$ gezeigt.

(c) Die Auswertungsabbildung $f \mapsto f(p+h)$ und sämtliche Abbildungen $f \mapsto f^{(k)}(p)$ sind linear. Da sich jedes Polynom als K-Linearkombination von Monomen schreiben läßt genügt es daher, die Behauptung für den Spezialfall zu beweisen, daß f ein Monom ist, sagen wir

$$f(X_1,\ldots,X_n) = X_1^{m_1}\cdots X_n^{m_n}.$$

Nach der binomischen Formel gilt zunächst

$$\begin{aligned}f(p+h) &= (p_1+h_1)^{m_1}\cdots(p_n+h_n)^{m_n}\\ &= \left(\sum_{\substack{i_1+j_1\\=m_1}}\frac{m_1!}{i_1!j_1!}p_1^{i_1}h_1^{j_1}\right)\cdots\left(\sum_{\substack{i_n+j_n\\=m_n}}\frac{m_n!}{i_n!j_n!}p_n^{i_n}h_n^{j_n}\right)\\ &= \sum_{\substack{i_1+j_1\\=m_1}}\cdots\sum_{\substack{i_n+j_n\\=m_n}}\frac{m_1!\cdots m_n!}{i_1!\cdots i_n!\,j_1!\cdots j_n!}\,p_1^{i_1}\cdots p_n^{i_n}h_1^{j_1}\cdots h_n^{j_n}.\end{aligned}$$

Um die andere Seite der zu beweisenden Gleichung umzuformen, betrachten wir zunächst ein festes Tupel $(i_1,\ldots,i_k)$, für das wir die partielle Ableitung $\partial_{i_1,\ldots,i_k}f$ berechnen wollen. Wir nehmen an, unter den Indices $i_1,\ldots,i_k$ komme für $1 \le r \le n$ jeweils j_r-mal der Index r vor. Dann haben wir $j_1+\cdots+j_n = k$, und es gilt

$$\begin{aligned}\partial_{i_1,\ldots,i_k}f &= (\partial_1^{j_1}\circ\cdots\circ\partial_n^{j_n})(X_1^{m_1}\cdots X_n^{m_n})\\ &= (\partial_1^{j_1}X_1^{m_1})\cdots(\partial_n^{j_n}X_n^{m_n})\\ &= \frac{m_1!}{(m_1-j_1)!}X_1^{m_1-j_1}\cdots\frac{m_n!}{(m_n-j_n)!}X_n^{m_n-j_n},\end{aligned}$$

falls $0 \le j_r \le m_r$ für alle r. (Gilt $j_r > m_r$ für einen Index r, so ist der Ausdruck Null, weil die $(m+1)$-te Ableitung eines Polynoms vom Grad m verschwindet.) Insbesondere ist also $(\partial_{i_1,\ldots,i_k}f)(p)$ gegeben durch

$$\frac{m_1!\cdots m_n!}{(m_1-j_1)!\cdots(m_n-j_n)!}\,p_1^{m_1-j_1}\cdots p_n^{m_n-j_n}.$$

Aufgaben zu »Symmetrien multilinearer Abbildungen« siehe Seite 16

Der Rest der Aufgabe besteht in rein kombinatorischen Überlegungen. Wir müssen für einen gegebenen Vektor h die Summe

$$\sum_{i_1,\ldots,i_k} (\partial_{i_1,\ldots,i_k} f)(p)\, h_{i_1} h_{i_2} \cdots h_{i_k}$$

berechnen. Dazu müssen wir überlegen, wie viele Tupel $(i_1,\ldots,i_k)$ es für einen vorgegebenen Typ $(j_1,\ldots,j_n)$ mit $j_1+\cdots+j_n=k$ gibt. Zunächst gibt es

$$\binom{k}{j_1}$$

Möglichkeiten, diejenigen j_1 Positionen auszuwählen, an denen der Index 1 auftreten soll. Für die dann verbleibenden $k-j_1$ Positionen gibt es jeweils

$$\binom{k-j_1}{j_2}$$

Möglichkeiten, diejenigen j_2 Positionen auszuwählen, an denen der Index 2 auftreten soll. Fahren wir in dieser Weise fort, so ergeben sich

$$\binom{k}{j_1}\binom{k-j_1}{j_2}\cdots\binom{k-j_1-\cdots-j_{n-1}}{j_n} = \frac{k!}{j_1!\cdots j_n!}$$

Möglichkeiten, ein Tupel $(i_1,\ldots,i_k)$ zu bilden, in dem j_1 Einsen, j_2 Zweien und so weiter vorkommen. Wir haben also folgendes Ergebnis: Es gibt jeweils $k!/(j_1!\cdots j_n!)$ Tupel $(i_1,\ldots,i_k)$ vom Typ $(j_1,\ldots,j_n)$; für jedes solche gilt offensichtlich

$$h_{i_1}\cdots h_{i_k} = h_1^{j_1}\cdots h_n^{j_n},$$

und mit $I_k := m_k - j_k$ gilt

$$(\partial_{i_1,\ldots,i_k} f)(p) = \frac{m_1!\cdots m_n!}{I_1!\cdots I_n!}\, p_1^{I_1}\cdots p_n^{I_n}.$$

Also ergibt sich

$$\begin{aligned} f^{(k)}(p)[h,\ldots,h] &= \sum_{i_1,\ldots,i_k} (\partial_{i_1,\ldots,i_k} f)(p)\, h_{i_1}\cdots h_{i_k} \\ &= \frac{k!}{j_1!\cdots j_n!}\cdot \sum_{\substack{j_1+\cdots\\ +j_n=k}} \frac{m_1!\cdots m_n!}{I_1!\cdots I_n!}\, p_1^{I_1}\cdots p_n^{I_n}\, h_1^{j_1}\cdots h_n^{j_n} \\ &= k!\cdot \sum_{\substack{j_1+\cdots\\ +j_n=k}} \frac{m_1!\cdots m_n!}{I_1!\cdots I_n!\, j_1!\cdots j_n!}\, p_1^{I_1}\cdots p_n^{I_n}\, h_1^{j_1}\cdots h_n^{j_n}. \end{aligned}$$

Division durch $k!$ und anschließendes Aufsummieren über $0\le k\le n$ liefert dann das gleiche Ergebnis, das wir zuvor für den Ausdruck $f(p+h)$ erhielten. Damit ist die Taylorentwicklung $f(p+h)=\sum_{k=0}^n (1/k!) f^{(k)}(p)[h,\ldots,h]$ nachgewiesen.

Lösung (63.3) (a) Damit überhaupt $\xi\wedge\eta = v\wedge w$ gelten kann, müssen ξ und η die gleiche Ebene E aufspannen wie v und w. Dies ist genau dann der Fall, wenn es Skalare a,b,c,d mit $ad-bc\neq 0$ gibt mit $\xi = av+bw$ und $\eta = cv+dw$, und in diesem Fall gilt $\xi\wedge\eta = (ad-bc)\,v\wedge w$, so daß genau dann $\xi\wedge\eta = v\wedge w$ gilt, wenn die Bedingung $ad-bc=1$ erfüllt ist. Für ξ kann man also jeden vom Nullvektor verschiedenen Vektor in E wählen, und für η kommen dann alle Vektoren in E in Frage, für die (ξ,η) gleichorientiert mit (v,w) ist und das von v und w gebildete Parallelogramm den gleichen Flächeninhalt hat wie das von ξ und η aufgespannte Parallelogramm. Ist η_0 ein solcher Vektor, so entsteht jeder andere aus η_0 durch Scherung entlang $K\xi$, hat also die Form $\eta = \eta_0+\lambda\xi$ mit $\lambda\in K$. Dies spiegelt sich in der Gleichung $\xi\wedge(\eta_0+\lambda\xi) = \xi\wedge\eta_0$ wider.

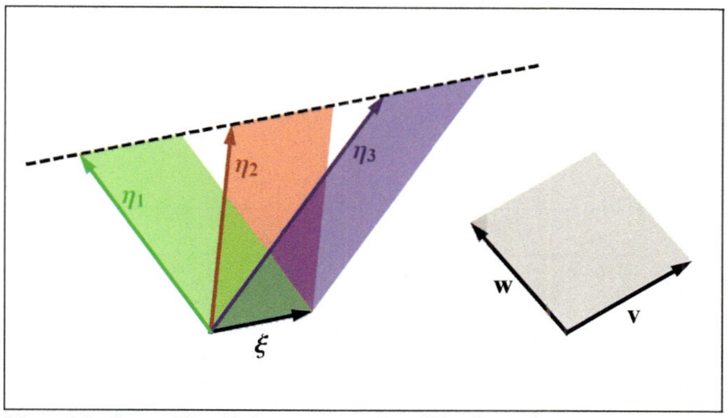

Verschiedene Realisierungen des Flächenelements $v\wedge w$ durch gleichorientierte und gleichgroße Parallelogramme.

(b) Gemäß Teil (a) kann $v\wedge w$ durch jeden Ausdruck $\xi\wedge\eta$ repräsentiert werden, für den ξ und η die gleiche Ebene E aufspannen wie v und w, für die (ξ,η) gleichorientiert mit (v,w) ist und für die das von ξ und η aufgespannte Parallelogramm $P_{\xi,\eta}$ den gleichen Flächeninhalt hat wie das von v und w aufgespannte Parallelogramm. Die Position und Lage von $P_{\xi,\eta}$ in E spielt keine Rolle, ebensowenig die Form von $P_{\xi,\eta}$. (Wir können einen der Vektoren ξ und η mit einem beliebigen Faktor $\lambda\neq 0$ skalieren, wenn wir dafür den jeweils anderen Vektor mit dem Faktor $1/\lambda$ skalieren.) Der Ausdruck $v\wedge w$ repräsentiert also die Klasse aller solchen Parallelogramme $P_{\xi,\eta}$; dabei gelten zwei Parallelogramme als äquivalent, wenn sie den gleichen orientierten Flächeninhalt haben. Insofern läßt sich also $v\wedge w$ als orientiertes Flächenelement deuten. Dies entspricht völlig der Interpretation von Vektoren als orientierten Linienelementen; ein Vektor ist also eine Äquivalenzklasse von Liniensegmenten, wobei zwei solche Liniensegmente äquivalent heißen, wenn sie die gleiche orientierte Länge haben.

Lösung (63.4) (a) Die folgende Abbildung illustriert die Gültigkeit der Gleichung $(a_1+a_2)\wedge b = (a_1\wedge b)+(a_2\wedge b)$, also die Additivität des Keilprodukts im ersten Argument. (Die Additivität im zweiten Argument sieht man in völlig analoger Weise ein.)

Aufgaben zu »Symmetrien multilinearer Abbildungen« siehe Seite 16

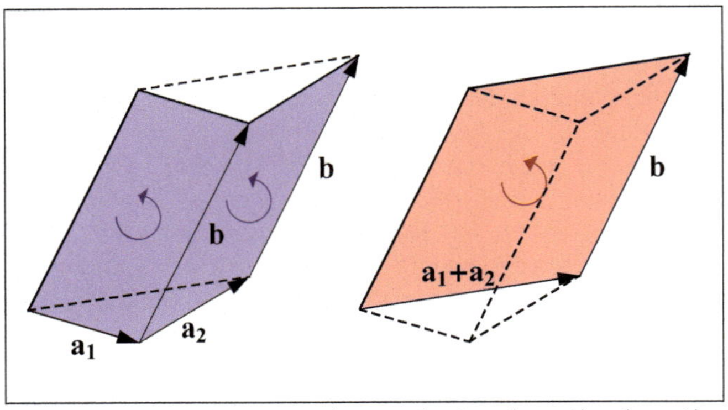

Illustration der Gleichung $(a_1+a_2)\wedge b = (a_1 \wedge b)+(a_2 \wedge b)$.

Die folgende Abbildung illustriert die Gültigkeit der Gleichungen $(\lambda a)\wedge b = \lambda(a \wedge b)$ sowie $\big((-\lambda)a\big)\wedge b = (-\lambda)(a \wedge b) = -\big(\lambda(a\wedge b)\big)$ und damit der Homogenität des Keilprodukts im ersten Argument. (Die Homogenität im zweiten Argument sieht man in völlig analoger Weise ein.)

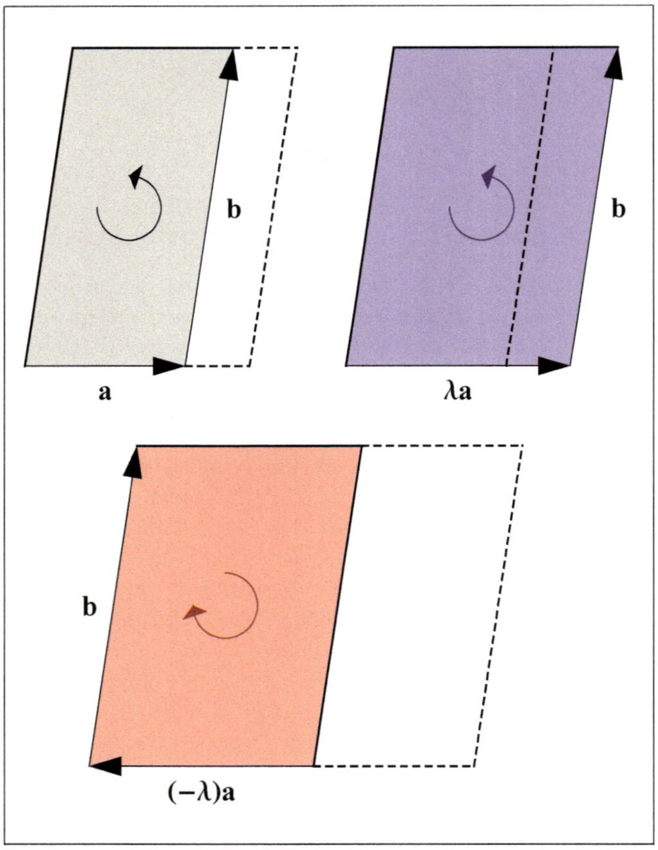

Illustration der Gleichungen $(\lambda a) \wedge b = \lambda(a \wedge b)$ sowie $\big((-\lambda)a\big)\wedge b = (-\lambda)(a \wedge b) = -\big(\lambda(a \wedge b)\big)$.

Die folgende Abbildung illustriert die Gültigkeit der Gleichung $b\wedge a = -(a \wedge b)$, also der Schiefsymmetrie des Keilprodukts.

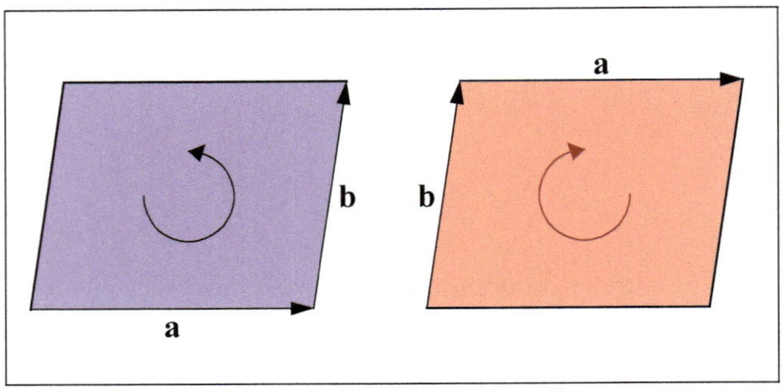

Illustration der Gleichung $b \wedge a = -(a \wedge b)$.

(b) Die folgende Abbildung illustriert die Gültigkeit der Gleichung $(4e_1 + e_2) \wedge (2e_1 + 3e_2) = (4e_1) \wedge (3e_2) + e_2 \wedge (2e_1)$ und damit die Bildung einer orientierten Parallelogrammfläche aus orientierten Teilflächen.

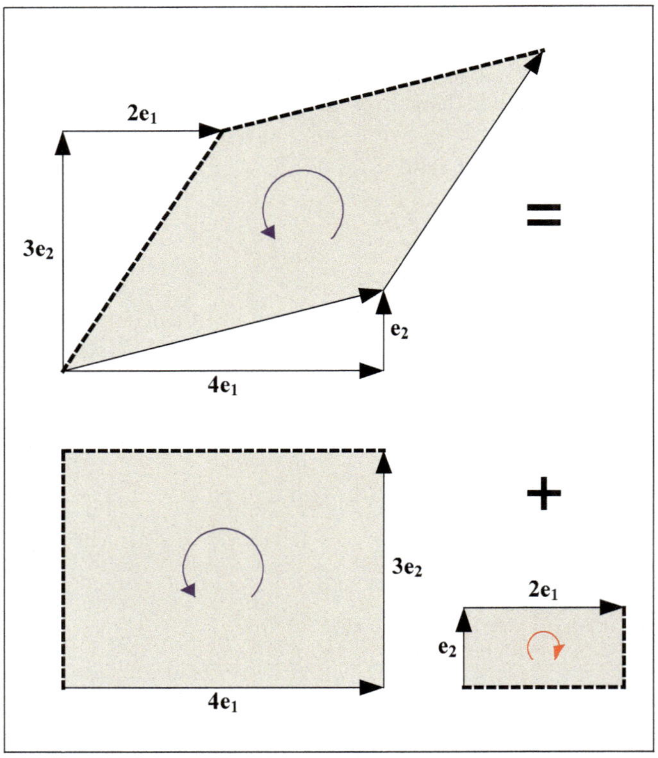

Illustration des Rechnens mit Keilprodukten: Die beiden unteren (orientierten) Flächenstücke ergeben zusammen den Flächeninhalt des oberen Parallelogramms, wie man auch elementargeometrisch leicht einsieht.

Lösung (63.5) Wollen wir zwei Vektoren a und b in einem zweidimensionalen Raum addieren, so können wir diese Vektoren durch Pfeile repräsentieren, die von einem gemeinsamen Punkt p aus abgetragen werden und daher ein Parallelogramm aufspannen. Die Summe $a+b$ ist dann derjenige Vektor, der durch den von p ausgehenden Diagonalpfeil dieses Parallelogramms repräsentiert wird.

Aufgaben zu »Symmetrien multilinearer Abbildungen« siehe Seite 16

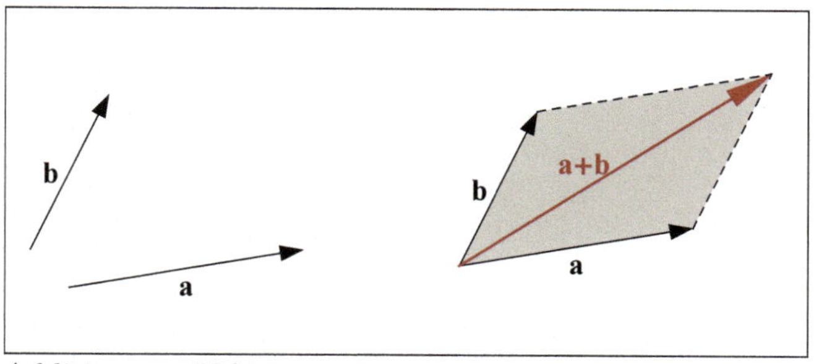

Addition von Vektoren.

In analoger Weise betrachten wir zwei einfache Bivektoren A und B. Diese lassen sich nach der vorigen Aufgabe durch zwei orientierte Parallelogramme mit einer gemeinsamen Kante darstellen. Wählen wir für diese Parallelogramme aufspannende Vektoren unter Berücksichtigung der Orientierungen, so erhalten wir Darstellungen $A = a \wedge c$ und $B = b \wedge c$, wobei der Vektor c die gemeinsame Kante liefert. (Dies entspricht dem gemeinsamen Aufpunkt, von dem aus zwei Vektoren a und b zum Zwecke ihrer Addition abgetragen werden.) Die Vektoren a, b und c spannen dann einen orientierten Spat auf; die Summe $A + B = (a \wedge c) + (b \wedge c) = (a + b) \wedge c$ ist dann das orientierte Flächenelement, das durch das von c ausgehende Diagonalparallelogramm dieses Spats repräsentiert wird.

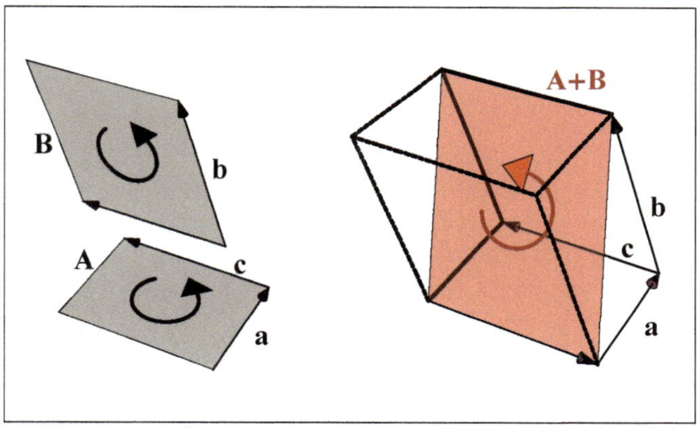

Addition einfacher Bivektoren.

Lösung (63.6) Wir bilden in der Gleichung $a+b+c = 0$ nacheinander von links das Keilprodukt mit a, b und c und erhalten dadurch

$$\begin{aligned} 0 &= a \wedge 0 = a \wedge a + a \wedge b + a \wedge c = a \wedge b - c \wedge a, \\ 0 &= b \wedge 0 = b \wedge a + b \wedge b + b \wedge c = -a \wedge b + b \wedge c, \\ 0 &= c \wedge 0 = c \wedge a + c \wedge b + c \wedge c = c \wedge a - b \wedge c; \end{aligned}$$

also gelten die Gleichungen $a \wedge b = b \wedge c = c \wedge a$. Diese Gleichungen drücken aus, daß sich das orientierte Dreieck mit den Seitenvektoren a, b, c in dreierlei Weise als halbes orientiertes Parallelogramm auffassen läßt, nämlich als $(1/2) \cdot (a \wedge b)$ (blau), als $(1/2) \cdot (b \wedge c)$ (rot) und als $(1/2) \cdot (c \wedge a)$ (grün).

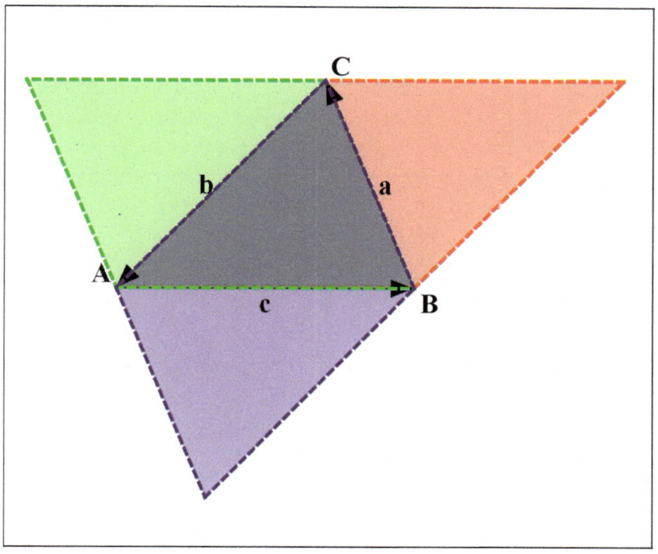

Zur weiteren Interpretation dieser Gleichungen beachten wir, daß für Vektoren $a, b \neq 0$ die Gleichung

$$a \wedge b = \|a\| \, \|b\| \, \sin\bigl(\angle(a,b)\bigr) \cdot I$$

gilt, wenn $\angle(a,b) \in (-\pi, \pi]$ den von a nach b gezählten Winkel und I eine orientierte Einheitsfläche bezeichnet. Werden die Vektoren a, b und c so gewählt, daß diese in Richtung der im positiven Sinn durchlaufenen Dreiecksseiten zeigen, so haben wir $\angle(a,b) = \pi - \gamma$, $\angle(b,c) = \pi - \alpha$ sowie $\angle(c,a) = \pi - \beta$ und damit $\sin\bigl(\angle(a,b)\bigr) = \sin(\gamma)$, $\sin\bigl(\angle(b,c)\bigr) = \sin(\alpha)$ sowie $\sin\bigl(\angle(c,a)\bigr) = \sin(\beta)$.

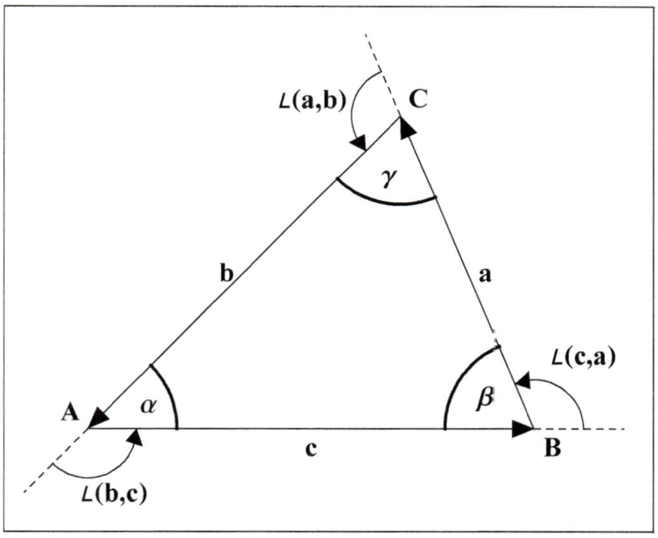

Die Gleichungen $a \wedge b = b \wedge c = c \wedge a$ gehen dann über in

$$\|a\| \, \|b\| \, \sin(\gamma) = \|b\| \, \|c\| \, \sin(\alpha) = \|c\| \, \|a\| \, \sin(\beta),$$

nach Division durch $\|a\| \, \|b\| \, \|c\|$ also in

$$\frac{\sin(\gamma)}{\|c\|} = \frac{\sin(\alpha)}{\|a\|} = \frac{\sin(\beta)}{\|b\|}.$$

Das ist gerade der Sinussatz.

Aufgaben zu »Symmetrien multilinearer Abbildungen« siehe Seite 16

Lösung (63.7) Die Keilprodukte $e_1 \wedge e_2$, $e_2 \wedge e_3$ und $e_3 \wedge e_1$ sind orientierte "Basisparallelogramme" in den Koordinatenebenen. (Ist V ein reeller Skalarproduktraum und ist (e_1, e_2, e_3) ein Orthonormalsystem, so handelt es sich um orientierte Einheitsquadrate.)

Die angegebene Gleichung $v \wedge w = c_{12}\, e_1 \wedge e_2 + c_{23}\, e_2 \wedge e_3 + c_{31}\, e_3 \wedge e_1$ stellt dann das orientierte Flächenelement $v \wedge w$ als formale Linearkombination dieser orientierten Basisparallelogramme dar. Die auftretenden Koeffizienten c_{ij} sind dabei die (in konsistenter Weise mit Vorzeichen versehenen) Flächeninhalte der "Schatten" des von v und w aufgespannten Parallelogramms auf die Koordinatenebenen.

Lösung (63.8) (a) Anwendung des Distributiv- und des Assoziativgesetzes sowie der alternierenden Eigenschaft des Keilprodukts liefert

$$\begin{aligned}(2e_1 - 3e_2 + 5e_3) \wedge (4e_4 - 7e_2 + 8e_1) \wedge (e_1 + e_2 - 9e_4) \\ = 75 \cdot e_1 \wedge e_2 \wedge e_3 - 110 \cdot e_1 \wedge e_2 \wedge e_4 \\ + 380 \cdot e_1 \wedge e_3 \wedge e_4 - 295 \cdot e_2 \wedge e_3 \wedge e_4.\end{aligned}$$

(b) Anwendung des Distributivgesetzes sowie der alternierenden Eigenschaft des Keilprodukts liefert $(e_1 - e_2 + e_4) \wedge (e_1 - e_2 + e_4) = 0$ und damit erst recht

$$(e_1 - e_2 + e_4) \wedge (e_1 - e_2 + e_4) \wedge (e_1 - e_2 + e_4) = 0.$$

Lösung (63.9) (a) Es sei (e_1, e_2) eine Basis von K^2; dann ist $(e_1 \wedge e_2)$ eine Basis des eindimensionalen Vektorraums $\bigwedge^2(K^2) \cong K$. Wegen

$$(ae_1 + be_2) \wedge (ce_1 + de_2) = (ad - bc) \cdot e_1 \wedge e_2$$

kommt damit jedes Element $\lambda \cdot e_1 \wedge e_2$ im Bild der Abbildung $\wedge : K^2 \times K^2 \to K$ vor (beispielsweise können wir $a := \lambda$, $d := 1$, $b := c := 0$ wählen); diese Abbildung ist daher surjektiv.

Es sei (e_1, e_2, e_3) eine Basis von K^3; dann ist $(e_1 \wedge e_2,\ e_2 \wedge e_3,\ e_3 \wedge e_1)$ eine Basis von $\bigwedge^2(K^3) \cong K^3$. Für Vektoren $a = \sum_{i=1}^3 a_i e_i$ und $b = \sum_{i=1}^3 b_i e_i$ gilt $a \wedge b = c_1 \cdot e_2 \wedge e_3 + c_2 \cdot e_3 \wedge e_1 + c_3 \cdot e_1 \wedge e_2$ mit

$$(\star) \qquad \begin{bmatrix} c_1 \\ c_2 \\ c_3 \end{bmatrix} = \begin{bmatrix} a_2b_3 - a_3b_2 \\ a_3b_1 - a_1b_3 \\ a_1b_2 - a_2b_1 \end{bmatrix} = \begin{bmatrix} a_1 \\ a_2 \\ a_3 \end{bmatrix} \times \begin{bmatrix} b_1 \\ b_2 \\ b_3 \end{bmatrix}.$$

Zum Nachweis der Surjektivität der Abbildung $(a, b) \mapsto a \wedge b$ ist also zu zeigen, daß es zu jedem vorgegebenen Vektor $c = (c_1, c_2, c_3)^T \in K^3$ Vektoren $a, b \in K^3$ gibt, die die Bedingung $(\star)$ erfüllen. Das ist tatsächlich der Fall.

- Gilt $c_1 \neq 0$, so wähle etwa
$$a := \begin{bmatrix} c_2 \\ -c_1 \\ 0 \end{bmatrix} \quad \text{und} \quad b := \begin{bmatrix} c_3/c_1 \\ 0 \\ -1 \end{bmatrix}.$$
- Ist $c_2 \neq 0$, so wähle etwa
$$a := \begin{bmatrix} c_2 \\ -c_1 \\ 0 \end{bmatrix} \quad \text{und} \quad b := \begin{bmatrix} 0 \\ c_3/c_2 \\ -1 \end{bmatrix}.$$
- Ist $c_3 \neq 0$, so wähle etwa
$$a := \begin{bmatrix} c_3 \\ 0 \\ -c_1 \end{bmatrix} \quad \text{und} \quad b := \begin{bmatrix} 0 \\ 1 \\ -c_2/c_3 \end{bmatrix}.$$
- Gilt $c_1 = c_2 = c_3 = 0$, so wähle etwa $a := b := (0, 0, 0)^T$.

(b) Der Bivektor $\xi := e_1 \wedge e_2 + e_2 \wedge e_3 - e_3 \wedge e_1$ hat in der Notation von Teil (a) die Koordinaten $(c_1, c_2, c_3)^T = (1, -1, 1)^T$. Es gilt beispielsweise $c = a \times b$ mit $a := (1, 1, 0)^T$ und $b := (-1, 0, 1)^T$. Mit $u := e_1 + e_2$ und $v := -e_1 + e_3$ gilt daher $\xi = u \wedge v$.

Lösung (63.10) Es ist zu zeigen, daß es keine Zahlen $a_1, \ldots, a_4, b_1, \ldots, b_4$ gibt mit

$$(\star) \qquad \begin{bmatrix} 1 \\ 0 \\ 0 \\ 0 \\ 0 \\ 1 \end{bmatrix} = \begin{bmatrix} a_1b_2 - a_2b_1 \\ a_1b_3 - a_3b_1 \\ a_1b_4 - a_4b_1 \\ a_2b_3 - a_3b_2 \\ a_2b_4 - a_4b_2 \\ a_3b_4 - a_4b_3 \end{bmatrix}.$$

Nehmen wir an, die Elemente $a_i, b_i \in K$ seien so gewählt, daß $(\star)$ gilt; wir numerieren die einzelnen Gleichungen in $(\star)$ mit (1) bis (6). Wäre $b_3 = 0$, so wäre $a_3 \neq 0$ wegen (6), folglich $b_2 = 0$ wegen (4), folglich $a_2 \neq 0$ wegen (1), folglich $b_4 = 0$ wegen (5). Die Bedingungen $b_3 = b_4 = 0$ widersprechen aber (6). Also kann für eine Lösung nur $b_3 \neq 0$ gelten. Aus (2) und (4) erhalten wir dann

$$a_1 = \frac{a_3b_1}{b_3} \quad \text{und} \quad a_2 = \frac{a_3b_2}{b_3}.$$

Setzen wir dies in (1) ein, so erhalten wir den Widerspruch $0 = 1$. Die Annahme, eine Lösung existiere, führt also in jedem Fall auf einen Widerspruch.

Lösung (63.11) Mit den Bezeichnungen von Satz (63.17) im Buch sind für alle Tupel (i_1, i_2) und (j_1, j_2, j_3) die folgenden Bedingungen zu erfüllen:

$$0 = a(j_1, i_2)a(j_2, j_3) - a(j_2, i_2)a(j_1, j_3) + a(j_3, i_2)a(j_1, j_2);$$
$$0 = a(i_1, j_1)a(j_2, j_3) - a(i_1, j_2)a(j_1, j_3) + a(i_1, j_3)a(j_1, j_2).$$

Diese sind trivial, wenn $\{i_1, i_2\}$ und $\{j_1, j_2, j_3\}$ nicht disjunkt sind, und für die übrigen Tupel treten Gleichungen mehrfach auf. Streicht man alle redundanten Gleichungen, so bleiben die folgenden Bedingungen übrig:

$$\begin{aligned}
0 &= a(1,2)\cdot a(3,4) - a(1,3)\cdot a(2,4) + a(1,4)\cdot a(2,3);\\
0 &= a(1,2)\cdot a(3,5) - a(1,3)\cdot a(2,5) + a(1,5)\cdot a(2,3);\\
0 &= a(1,2)\cdot a(4,5) - a(1,4)\cdot a(2,5) + a(1,5)\cdot a(2,4);\\
0 &= a(1,3)\cdot a(4,5) - a(1,4)\cdot a(3,5) + a(1,5)\cdot a(3,4);\\
0 &= a(2,3)\cdot a(4,5) - a(2,4)\cdot a(3,5) + a(2,5)\cdot a(3,4).
\end{aligned}$$

Ein Bivektor $\sum_{i<j} c_{ij}\, e_i \wedge e_j$ läßt sich also genau dann als Keilprodukt $a \wedge b$ zweier Vektoren $a, b \in K^5$ darstellen, wenn die folgenden Bedingungen gelten:

$$\begin{aligned}
0 &= c_{12}c_{34} - c_{13}c_{24} + c_{14}c_{23};\\
0 &= c_{12}c_{35} - c_{13}c_{25} + c_{15}c_{23};\\
0 &= c_{12}c_{45} - c_{14}c_{25} + c_{15}c_{24};\\
0 &= c_{13}c_{45} - c_{14}c_{35} + c_{15}c_{34};\\
0 &= c_{23}c_{45} - c_{24}c_{35} + c_{25}c_{34}.
\end{aligned}$$

Lösung (63.12) Es sei

$$\begin{aligned}
a \wedge b &= c_{12}\cdot e_1 \wedge e_2 + c_{13}\cdot e_1 \wedge e_3 + c_{14}\cdot e_1 \wedge e_4\\
&\quad + c_{23}\cdot e_2 \wedge e_3 + c_{24}\cdot e_2 \wedge e_4 + c_{34}\cdot e_3 \wedge e_4.
\end{aligned}$$

Anwendung des Distributiv- und des Assoziativgesetzes sowie der alternierenden Eigenschaft des Keilprodukts ergibt dann für $(a \wedge b) \wedge (a \wedge b)$ den Ausdruck

$$2\,(c_{12}c_{34} - c_{13}c_{24} + c_{14}c_{23})\cdot e_1 \wedge e_2 \wedge e_3 \wedge e_4.$$

Dies liefert die Behauptung.

Lösung (63.13) (a) Für je n–1 Vektoren $v_1, \ldots, v_{n-1}$ ist durch

$$(\star) \qquad f_{v_1,\ldots,v_{n-1}}(x) := \det(x, v_1, \ldots, v_{n-1})$$

eine Linearform auf V definiert, also ein Element von $V^\star$. Diese ist explizit gegeben durch

$$(\star\star) \quad x \mapsto \det\begin{bmatrix} x_1 & | & & | \\ \vdots & v_1 & \cdots & v_{n-1} \\ x_n & | & & | \end{bmatrix} = \sum_{i=1}^{n} (-1)^{i+1} x_i \det(A_{(i)}),$$

wenn A die $n\times(n-1)$-Matrix mit den Spalten $v_1, \ldots, v_{n-1}$ ist und wenn $A_{(i)}$ aus A durch Streichen der i-ten Zeile hervorgeht. Durch $(\star)$ ist eine Abbildung

$$f: \begin{array}{ccc} V\times\cdots\times V & \to & V^\star \\ (v_1, \ldots, v_{n-1}) & \mapsto & f_{v_1,\ldots,v_{n-1}} \end{array}$$

definiert, die offensichtlich $(n-1)$-linear und alternierend ist und daher durch $\bigwedge^{n-1}(V)$ faktorisiert; es gibt also genau eine lineare Abbildung $F : \bigwedge^{n-1}(V) \to V^\star$ mit $F(v_1 \wedge \cdots \wedge v_{n-1}) = f_{v_1,\ldots,v_{n-1}}$ für alle $v_i \in V$. Wir behaupten, daß F eine Bijektion ist; um dies zu zeigen, genügt wegen $\dim\bigl(\bigwedge^{n-1}(V)\bigr) = n = \dim(V^\star)$ der Nachweis, daß F bzw. f surjektiv ist. Das ist aber klar: Wählen wir $v_1, \ldots, v_{n-1}$ so, daß

$$A = \begin{bmatrix} | & & | \\ v_1 & \cdots & v_{n-1} \\ | & & | \end{bmatrix} = \begin{bmatrix} 1 & & 0 & 0 & \cdots & 0 \\ & \ddots & & \vdots & & \vdots \\ 0 & & 1 & 0 & \cdots & 0 \\ 0 & \cdots & 0 & 0 & \cdots & 0 \\ 0 & \cdots & 0 & 1 & & 0 \\ \vdots & & \vdots & & \ddots & \\ 0 & \cdots & 0 & 0 & & 1 \end{bmatrix}$$

mit lauter Nullen in der i-ten Zeile gilt, so gilt offenbar $f_{v_1,\ldots,v_{n-1}}(x) = (-1)^{i+1}x_i$ und damit $f_{v_1,\ldots,v_{n-1}} = (-1)^{i+1}\pi_i$. Das Bild von f enthält also alle Projektionen $\pi_1, \ldots, \pi_n$ und folglich ganz $V^\star$, da diese Projektionen ganz $V^\star$ aufspannen. Ist nun $a \in K^n$ gegeben, so wählen wir $v_1, \ldots, v_{n-1}$ so, daß $f_{v_1,\ldots,v_{n-1}}(x) = x_1a_1 - x_2a_2 \pm \cdots + (-1)^{n+1}x_na_n$ gilt; Vergleich mit $(\star\star)$ zeigt dann, daß $a_i = \det A_{(i)}$ für $1 \le i \le n$ gilt.

(b) Es sei $(e_1, \ldots, e_n)$ eine Basis von V. Gegeben sei ein beliebiges Element $\xi \in \bigwedge^{n-1}(V)$; dieses besitzt dann eine Darstellung $\xi = \sum_{i=1}^n a_i\, e_1 \wedge \cdots \wedge \widehat{e_i} \wedge \cdots \wedge e_n$ mit Koeffizienten $a_i \in K$, wobei das Hutzeichen über dem Term e_i bedeutet, daß dieser Term bei der Bildung des Keilprodukts wegzulassen ist. Wähle eine Matrix $A \in K^{n\times(n-1)}$ mit $a_i = \det A_{(i)}$ für $1 \le i \le n$, was nach Teil (a) möglich ist. Sind nun $v_1, \ldots, v_{n-1}$ die Spalten von A, so gilt nach Satz (63.9) im Buch die Gleichung

$$\begin{aligned}
v_1 \wedge \cdots \wedge v_{n-1} &= \sum_{i=1}^{n} \det(A_{(i)})\cdot e_1 \wedge \cdots \wedge \widehat{e_i} \wedge \cdots \wedge e_n\\
&= \sum_{i=1}^{n} a_i \cdot e_1 \wedge \cdots \wedge \widehat{e_i} \wedge \cdots \wedge e_n = \xi.
\end{aligned}$$

Also läßt sich jedes Element $\xi \in \bigwedge^{n-1}(V)$ in der Form $\xi = v_1 \wedge \cdots \wedge v_{n-1}$ mit Vektoren $v_i \in V$ schreiben (und nicht nur als Linearkombination solcher Ausdrücke).

Lösung (63.14) Es sei $\mathfrak{I}$ die Menge aller k-Tupel $I = (i_1, \ldots, i_k)$ mit $i_1 < i_2 < \cdots < i_k$. Für $I \in \mathfrak{I}$ schreiben wir kurz $e_I := e_{i_1} \wedge \cdots \wedge e_{i_k}$; dann besitzt jedes Element $\alpha \in \bigwedge^k(V)$ eine eindeutige Darstellung $\alpha = \sum_I \lambda_I e_I$ mit

Aufgaben zu »Symmetrien multilinearer Abbildungen« siehe Seite 16

Koeffizienten $\lambda_I \in K$, wobei über alle Tupel $I \in \mathfrak{I}$ summiert wird. Wir erhalten dann

$$(\star) \qquad \alpha \wedge \alpha = \left(\sum_{I \in \mathfrak{I}} \lambda_I e_I\right)\left(\sum_{J \in \mathfrak{I}} \lambda_J e_J\right) = \sum_{I,J \in \mathfrak{I}} \lambda_I \lambda_J \cdot e_I \wedge e_J.$$

Enthalten I und J einen gemeinsamen Index k, so enthält $e_I \wedge e_J$ nach Anwendung des Assoziativgesetzes und der alternierenden Eigenschaft des Keilprodukts den Faktor $e_k \wedge e_k = 0$ und ist daher gleich Null; in $(\star)$ muß also nur über die Tupel I und J mit $I \cap J = \emptyset$ summiert werden. Die Summanden treten dann aber in Paaren

$$(\star\star) \qquad \begin{aligned} &\lambda_I \lambda_J \cdot e_I \wedge e_J + \lambda_J \lambda_I \cdot e_J \wedge e_I \\ &\lambda_I \lambda_J \cdot \bigl(1 + (-1)^k\bigr) \cdot e_I \wedge e_J \end{aligned}$$

auf. Um die letzte Gleichung einzusehen, beachten wir, daß das Tupel $(j_1, \ldots, j_k, i_1, \ldots, i_k)$ in das Tupel $(i_1, \ldots, i_k, j_1, \ldots, j_k)$ übergeht, indem wir zunächst den Index j_k nacheinander mit $i_1, \ldots i_k$ vertauschen (das sind k Vertauschungen), dann den Index j_{k-1} (das sind wieder k Vertauschungen), und so weiter. Der Übergang von (J, I) zu (I, J) bzw. von $e_I \wedge e_J$ zu $e_J \wedge e_I$ ist also mit k^2 Vertauschungen zu bewerkstelligen, und daher gilt $e_J \wedge e_I = (-1)^{k^2} e_I \wedge e_J = (-1)^k e_I \wedge e_J$.

(a) Ist k ungerade, so sind alle Ausdrücke $(\star\star)$ gleich Null, und damit wird auch der Ausdruck $\alpha \wedge \alpha$ in $(\star)$ zu Null.

(b) Wir wählen irgendeinen Vektorraum V mit $\dim(V) \geq 4$ und in diesem linear unabhängige Vektoren e_1, e_2, e_3, e_4. Für $\alpha := e_1 \wedge e_2$ gilt dann $\alpha \wedge \alpha = 0$. Für $\beta := e_1 \wedge e_2 + e_3 \wedge e_4$ gilt dagegen $\beta \wedge \beta = 2 \cdot e_1 \wedge e_2 \wedge e_3 \wedge e_4 \neq 0$.

Aufgaben zu »Symmetrien multilinearer Abbildungen« siehe Seite 16

L64: Die äußere Algebra eines Vektorraums

Lösung (64.1) (a) Wegen $\mathrm{Sym}_2 = \{\mathrm{id}, (12)\}$ ist die Alternierung von φ gegeben durch

$$\begin{aligned}\mathrm{Alt}(\varphi)(x,y) &= \frac{1}{2!}\big(\varphi(x,y) - \varphi(y,x)\big)\\ &= \frac{1}{2}\cdot\big(x^TAy - y^TAx\big) = \frac{1}{2}\cdot\big(x^TAy - x^TA^Ty\big)\\ &= \frac{1}{2}\cdot x^T(A-A^T)y = x^TSy \quad \text{mit } S := \frac{1}{2}(A-A^T).\end{aligned}$$

Ist also φ gegeben durch eine Matrix A, so ist $\mathrm{Alt}(\varphi)$ gegeben durch deren schiefsymmetrischen Anteil $(A-A^T)/2$.

(b) Wegen $\mathrm{Sym}_3 = \{\mathrm{id}, (123), (132), (12), (23), (13)\}$ ist die Alternierung von φ gegeben durch

$$\begin{aligned}\mathrm{Alt}(\varphi)(x,y,z) &= \frac{1}{3!}\big(\varphi(x,y,z) + \varphi(y,z,x) + \varphi(z,x,y)\\ &\qquad - \varphi(y,x,z) - \varphi(x,z,y) - \varphi(z,y,x)\big)\\ &= \frac{x_1y_2z_3 + y_1z_2x_3 + z_1x_2y_3 - y_1x_2z_3 - x_1z_2y_3 - z_1y_2x_3}{6}\\ &= \frac{x_1(y_2z_3 - y_3z_2) + x_2(y_3z_1 - y_1z_3) + x_3(y_1z_2 - y_2z_1)}{6}.\end{aligned}$$

(c) Hier ist

$$\begin{aligned}\mathrm{Alt}(\varphi)(x,y,z) &= \frac{1}{3!}\big(\varphi(x,y,z) + \varphi(y,z,x) + \varphi(z,x,y)\\ &\qquad - \varphi(y,x,z) - \varphi(x,z,y) - \varphi(z,y,x)\big)\\ &= \frac{x_1y_1z_3 + y_1z_1x_3 + z_1x_1y_3 - y_1x_1z_3 - x_1z_1y_3 - z_1y_1x_3}{6}\end{aligned}$$

und damit $\mathrm{Alt}(\varphi) = 0$.

Lösung (64.2) (a) Die Abbildung $V \times \cdots \times V \to \bigwedge^k(W)$ mit

$$(\star) \qquad (v_1,\ldots,v_k) \mapsto f(v_1)\wedge\cdots\wedge f(v_k)$$

ist k-linear und alternierend. Gemäß der universellen Eigenschaft von $\bigwedge^k(V)$ gibt es also genau eine lineare Abbildung $\wedge^k f : \bigwedge^k(V) \to \bigwedge^k(W)$ mit $(\wedge^k f)(v_1\wedge\cdots\wedge v_k) = f(v_1)\wedge\cdots\wedge f(v_k)$ für alle Vektoren $v_i \in V$. (Man drückt dies durch die Sprechweise aus, die Abbildung $(\star)$ faktorisiere durch $\bigwedge^k(V)$.)

(b) Für alle Vektoren $u_1,\ldots,u_k \in U$ gilt

$$\begin{aligned}&\big((\wedge^k f)\circ(\wedge^k g)\big)(u_1\wedge\cdots\wedge u_k)\\ &= (\wedge^k f)\big(g(u_1)\wedge\cdots\wedge g(u_k)\big)\\ &= f\big(g(u_1)\big)\wedge\cdots\wedge f\big(g(u_k)\big)\\ &= (f\circ g)(u_1)\wedge\cdots\wedge(f\circ g)(u_k)\\ &= \big(\wedge^k(f\circ g)\big)(u_1\wedge\cdots\wedge u_k).\end{aligned}$$

Also stimmen $(\wedge^k f)\circ(\wedge^k g)$ und $\wedge^k(f\circ g)$ auf einem Erzeugendensystem von $\bigwedge^k(U)$ überein und sind daher gleich.

(c) Für alle Vektoren $v_1,\ldots,v_n \in V$ gilt

$$\begin{aligned}(\wedge^k f)(v_1\wedge\cdots\wedge v_n) &= (fv_1)\wedge\cdots\wedge(fv_n)\\ &= \det(f)\cdot v_1\wedge\cdots\wedge v_n;\end{aligned}$$

also ist $\wedge^k f$ nichts anderes als die Multiplikation mit $\det(f)$. Die Gleichung $\wedge^k(f\circ g) = (\wedge^k f)\circ(\wedge^k g)$ geht dann einfach über in den Determinantenmultiplikationssatz $\det(f\circ g) = \det(f)\cdot\det(g)$.

Lösung (64.3) Wir erhalten zunächst

$$\begin{aligned}(\wedge^2 f)(e_2\wedge e_3) &= f(e_2)\wedge f(e_3)\\ &= (2e_1 - e_2)\wedge(3e_1 + e_2 + e_3)\\ &= -1\cdot e_2\wedge e_3 - 2\cdot e_3\wedge e_1 + 5\cdot(e_1\wedge e_2),\end{aligned}$$

dann

$$\begin{aligned}(\wedge^2 f)(e_3\wedge e_1) &= f(e_3)\wedge f(e_1)\\ &= (3e_1 + e_2 + e_3)\wedge(e_1 + 2e_2 - 2e_3)\\ &= -4\cdot e_2\wedge e_3 + 7\cdot e_3\wedge e_1 + 5\cdot e_1\wedge e_2\end{aligned}$$

und schließlich

$$\begin{aligned}(\wedge^2 f)(e_1\wedge e_2) &= f(e_1)\wedge f(e_2)\\ &= (e_1 + 2e_2 - 2e_3)\wedge(2e_1 - e_2)\\ &= -2\cdot e_2\wedge e_3 - 4\cdot e_3\wedge e_1 - 5\cdot e_1\wedge e_2.\end{aligned}$$

Die in diesen Gleichungen auftretenden Koeffizienten sind genau die Einträge der gesuchten Matrixdarstellung ("die Spalten sind die Bilder der Basisvektoren"). Die Matrixdarstellung von $\wedge^2 f$ bezüglich der Basis $(e_2\wedge e_3, e_3\wedge e_1, e_1\wedge e_2)$ ist also

$$\begin{bmatrix} -1 & -4 & -2\\ -2 & 7 & -4\\ 5 & 5 & -5\end{bmatrix}.$$

Lösung (64.4) (a) Nach Voraussetzung besitzt V eine Basis aus Eigenvektoren von f, sagen wir $(v_1,\ldots,v_n)$ mit $f(v_i) = \lambda_i v_i$ für $1 \le i \le n$. Dann bilden die Vektoren $v_{i_1}\wedge\cdots\wedge v_{i_k}$ mit $i_1 < \ldots < i_k$ eine Basis von $\bigwedge^k(V)$, und wir behaupten, daß jeder solche Vektor ein Eigenvektor von $\wedge^k f$ ist. Das ist auch leicht einzusehen, denn es gilt

$$\begin{aligned}&(\wedge^k f)(v_{i_1}\wedge\cdots\wedge v_{i_k}) = f(v_{i_1})\wedge\cdots\wedge f(v_{i_k})\\ &= (\lambda_{i_1}v_{i_1})\wedge\cdots\wedge(\lambda_{i_k}v_{i_k}) = \lambda_{i_1}\cdots\lambda_{i_k}\cdot v_{i_1}\wedge\cdots\wedge v_{i_k},\end{aligned}$$

so daß $v_{i_1}\wedge\cdots\wedge v_{i_k}$ ein Eigenvektor von $\wedge^k f$ zum Eigenwert $\lambda_{i_1}\cdots\lambda_{i_k}$ ist. Also ist $\wedge^k f$ diagonalisierbar, und die Eigenwerte von $\wedge^k$ sind genau die Produkte $\lambda_{i_1}\cdots\lambda_{i_k}$, wobei alle k-elementigen Teilmengen $\{i_1,\ldots,i_k\}$ von $\{1,\ldots,n\}$ durchlaufen werden.

Aufgaben zu »Die äußere Algebra eines Vektorraums« siehe Seite 18

(b) Da die Spur eines Endomorphismus gerade die Summe seiner Eigenwerte ist, gilt nach Teil (a) die Gleichung

$$\operatorname{tr}(\wedge^k f) = \sum_{\{i_1,\ldots,i_k\}} \lambda_{i_1}\cdots\lambda_{i_k} =: \sigma_k,$$

wobei die Summe über alle k-elementigen Teilmengen von $\{1,\ldots,n\}$ gebildet wird und wobei die Zahlen $\lambda_1,\ldots,\lambda_n$ gerade die Eigenwerte von f sind. Andererseits ist das charakteristische Polynom von f gegeben durch

$$\det(f-\lambda\mathbf{1}) = (\lambda_1-\lambda)\cdots(\lambda_n-\lambda),$$

und Ausmultiplizieren der Klammern auf der rechten Seite zeigt, daß dieses Polynom gerade gegeben ist durch

$$\sigma_n - \sigma_{n-1}\lambda + \sigma_{n-2}\lambda^2 + \cdots + (-1)^{n-1}\sigma_1\lambda^{n-1} + (-1)^n\lambda^n.$$

Das ist schon die Behauptung.

Lösung (64.5) Es sei $f = D+N$ die Jordan-Chevalley-Zerlegung von f in einen diagonalisierbaren Anteil D und einen nilpotenten Anteil N mit $DN = ND$. Dann ist $\wedge^k f = (\wedge^k D) + (\wedge^k N)$ die Jordan-Chevalley-Zerlegung von $\wedge^k f$, denn mit D ist nach Aufgabe (64.4)(a) auch $\wedge^k D$ diagonalisierbar, mit N ist wegen $(\wedge^k N)^m = \wedge^k(N^m)$ für alle $m\in\mathbb{N}$ auch $\wedge^k N$ nilpotent, und es gilt $(\wedge^k D)(\wedge^k N) = \wedge^k(DN) = \wedge^k(ND) = (\wedge^k N)(\wedge^k D)$. Nun sind die Eigenwerte von f genau die Eigenwerte von D, und die Eigenwerte von $\wedge^k f$ sind genau die Eigenwerte von $\wedge^k D$. Die Aufgabe ist damit auf den diagonalisierbaren Fall zurückgeführt, und dieser wurde schon in der vorhergehenden Aufgabe behandelt.

Lösung (64.6) Durch

$$\operatorname{vol}(v_1,\ldots,v_n) := \omega(v_1\wedge\cdots\wedge v_n)$$

ist eine von Null verschiedene alternierende Multilinearform auf $V\times\cdots\times V$ definiert, also eine Volumenfunktion im Sinne von Kapitel 59 des Buches. Wir deuten $v_1\wedge\cdots\wedge v_n$ als orientiertes Volumenelement, das durch das von $v_1,\ldots,v_n$ aufgespannte Parallelepiped realisiert wird (was natürlich nur für $K=\mathbb{R}$ und nicht für jeden beliebigen Körper eine wirkliche geometrische Bedeutung hat). Wählen wir eine Referenzbasis $(e_1,\ldots,e_n)$ mit $\omega(e_1\wedge\cdots\wedge e_n) = 1$ (was wir durch Skalierung der e_i immer erreichen können), so deuten wir $e_1\wedge\cdots\wedge e_n$ als Einheitsvolumen bzw. Volumeneinheit. Sind $v_1,\ldots,v_n$ irgendwelche anderen Vektoren, so gibt es genau einen Endomorphismus $f: V\to V$ mit $f(e_i) = v_i$ für $1\le i\le n$, und es gilt dann

$$\begin{aligned}\omega(v_1\wedge\cdots\wedge v_n) &= \omega\big(f(e_1)\wedge\cdots\wedge f(e_n)\big)\\ &= \omega\big(\det(f)\cdot e_1\wedge\cdots\wedge e_n\big) = \det(f),\end{aligned}$$

was wir als orientiertes Volumen des von $(v_1,\ldots,v_n)$ aufgespannten Parallelepipeds interpretieren.

Lösung (64.7) Nach Satz (58.11) im Buch ist ω bezüglich einer geeigneten Basis $(e_1,f_1,\ldots,e_n,f_n)$ von V durch eine Matrix der Form

$$\operatorname{diag}(J,\ldots,J) \quad\text{mit}\quad J := \begin{bmatrix}0&-1\\1&0\end{bmatrix}$$

darstellbar. Ist $(\widehat{e}_1,\widehat{f}_1\ldots,\widehat{e}_n,\widehat{f}_n)$ die zugehörige duale Basis, so gilt für alle Vektoren $\xi = \sum_{i=1}^n(u_ie_i+v_if_i)$ und $\xi' = \sum_{i=1}^n(u_i'e_i+v_i'f_i)$ die Gleichung

$$\begin{aligned}\sum_{i=1}^n(\widehat{e}_i\wedge\widehat{f}_i)(\xi\wedge\xi') &= \sum_{i=1}^n\det\begin{bmatrix}\widehat{e}_i(\xi)&\widehat{f}_i(\xi)\\ \widehat{e}_i(\xi')&\widehat{f}_i(\xi')\end{bmatrix}\\ = \sum_{i=1}^n\det\begin{bmatrix}u_i&v_i\\u_i'&v_i'\end{bmatrix} &= \sum_{i=1}^n(u_iv_i'-u_i'v_i)\\ = -\sum_{i=1}^n\begin{bmatrix}u_i&v_i\end{bmatrix}\begin{bmatrix}0&-1\\1&0\end{bmatrix}\begin{bmatrix}u_i'\\v_i'\end{bmatrix} &= -\omega(\xi,\xi');\end{aligned}$$

mit leichtem Mißbrauch der Notation gilt also $-\omega = \sum_{i=1}^n(\widehat{e}_i\wedge\widehat{f}_i)$. (Das Minuszeichen ließe sich durch Ersetzung von J durch $-J$ in der Normalform für ω vermeiden.) Also ist $\omega^n = (-1)^n(-\omega)\wedge\cdots\wedge(-\omega)$ bis auf den Vorfaktor $(-1)^n$ genau das n-fach gebildete Keilprodukt von $\sum_{i=1}^n(\widehat{e}_i\wedge\widehat{f}_i)$ mit sich selbst. Um dieses zu berechnen, schreiben wir zur Abkürzung $\omega_i := \widehat{e}_i\wedge\widehat{f}_i$. Dann gilt $\omega_i\wedge\omega_j = \omega_j\wedge\omega_i$ für $1\le i,j\le n$ (denn der Übergang von $(\widehat{e}_i,\widehat{f}_i,\widehat{e}_j,\widehat{f}_j)$ zu $(\widehat{e}_j,\widehat{f}_j,\widehat{e}_i,\widehat{f}_i)$ ist eine gerade Permutation), und offensichtlich gilt $\omega_i\wedge\omega_i = 0$ für $1\le i\le n$. Damit erhalten wir für das Keilprodukt $(-\omega)\wedge\cdots\wedge(-\omega)$ mit n Faktoren den Ausdruck

$$\begin{aligned}\Big(\sum_{i=1}^n\omega_i\Big)^n &= \sum_{\sigma\in\mathrm{Sym}_n}\omega_{\sigma(1)}\wedge\omega_{\sigma(2)}\wedge\cdots\wedge\omega_{\sigma(n)}\\ = \sum_{\sigma\in\mathrm{Sym}_n}\omega_1\wedge\omega_2\wedge\cdots\wedge\omega_n &= n!\cdot\omega_1\wedge\omega_2\wedge\cdots\wedge\omega_n.\end{aligned}$$

Es folgt dann, daß

$$\omega\wedge\cdots\wedge\omega = \frac{(-1)^n}{n!}\cdot\widehat{e}_1\wedge\widehat{f}_1\wedge\cdots\wedge\widehat{e}_n\wedge\widehat{f}_n$$

ein von Null verschiedenes Element von $\bigwedge^{2n}(V^\star)$ und damit eine Volumenform auf V ist.

Lösung (64.8) Die Bilinearität der Abbildung c folgt sofort aus der Bilinearität des Keilprodukts. Es bleibt zu zeigen, daß c nicht ausgeartet ist. Dazu sei $\alpha\ne 0$. Dann ist in der eindeutigen Darstellung $\alpha = \sum_I\lambda_Ie_I$ mindestens ein Koeffizient λ_{I_0} von Null verschieden. Setzen wir nun $\beta := e_{J_0}$, wobei J_0 komplementär zu I_0 ist, so gilt $e_I\wedge e_{J_0} = 0$ für alle $I\ne I_0$ und daher $c(\alpha,\beta)\omega = \alpha\wedge\beta =$

$\lambda_{I_0} e_{I_0} \wedge e_{J_0} \neq 0$ und daher $c(\alpha, \beta) \neq 0$; also ist $c(\alpha, \bullet)$ nicht die Nullabbildung. Vollkommen analog sieht man, daß für $\beta \neq 0$ auch die Abbildung $c(\bullet, \beta)$, also die Abbildung $\alpha \mapsto c(\alpha, \beta)$, nicht die Nullabbildung ist. Damit ist gezeigt, daß die bilineare Abbildung c nicht ausgeartet ist. Insbesondere hat die Abbildung

$$\begin{array}{ccc} \bigwedge^k(V) & \rightarrow & \bigwedge^{n-k}(V)^\star \\ \alpha & \mapsto & c(\alpha, \bullet) \end{array}$$

trivialen Kern, ist daher injektiv und wegen $\dim\bigl(\bigwedge^k(V)\bigr) = \dim\bigl(\bigwedge^{n-k}(V^\star)\bigr)$ folglich sogar ein Isomorphismus.

Aufgaben zu »Die äußere Algebra eines Vektorraums« siehe Seite 18

L65: Skalarprodukträume

Lösung (65.1) (a) Es gilt $\|a-b\|^2 = \langle a-b, a-b\rangle = \|a\|^2 - 2\langle a,b\rangle + \|b\|^2$; hieraus folgt sofort die Behauptung. Geometrisch spiegelt diese Aussage gerade den **Satz des Pythagoras** mitsamt dessen Umkehrung wider: Genau dann gilt $c^2 = a^2 + b^2$ für die Seiten a, b, c eines Dreiecks, wenn der der Seite c gegenüberliegende Winkel ein rechter Winkel ist.

(b) Es gilt $\langle a-b, a+b\rangle = \|a\|^2 - \|b\|^2$; die linke Seite dieser Gleichung ist also genau dann Null, wenn $\|a\| = \|b\|$ gilt. Diese Aussage spiegelt den **Satz des Thales** und dessen Umkehrung wider: Ein Dreieck hat genau dann an einer seiner Ecken einen rechten Winkel, wenn diese Ecke auf dem Kreis liegt, der die der Ecke gegenüberliegende Seite als Durchmesser hat.

(c) Es gilt $\|a-b\|^2 + \|a+b\|^2 = (\|a\|^2 - 2\langle a,b\rangle + \|b\|^2) + (\|a\|^2 + 2\langle a,b\rangle + \|b\|^2) = 2\|a\|^2 + 2\|b\|^2$; diese Identität bezeichnet man als **Parallelogrammgleichung**, und ihre geometrische Bedeutung ist die Aussage, daß bei einem Parallelogramm die Quadratsumme der Diagonalen gleich der Quadratsumme der Seitenlängen ist.

(d) Es gilt $\|a+\lambda b\|^2 = \langle a+\lambda b, a+\lambda b\rangle = \|a\|^2 + 2\lambda\langle a,b\rangle + \lambda^2\|b\|^2$ und damit

$$\begin{aligned}\|a+\lambda b\|^2 - \|a\|^2 &= 2\lambda\langle a,b\rangle + \lambda^2\|b\|^2 \\ &= \lambda\big(2\langle a,b\rangle + \lambda\|b\|^2\big)\,.\end{aligned}$$

Ist $\langle a,b\rangle = 0$, so ist dieser Ausdruck gleich $\lambda^2\|b\|^2$ und damit stets ≥ 0. Ist dagegen $\langle a,b\rangle \neq 0$, so wechselt dieser Ausdruck im Bereich $0 < |\lambda| < 2|\langle a,b\rangle|/\|b\|^2$ sein Vorzeichen, wenn man das Vorzeichen von λ wechselt; der betrachtete Ausdruck kann in diesem Fall also sowohl positiv als auch negativ werden. Geometrisch läßt sich dies folgendermaßen deuten: Wir betrachten einen Kreis um 0 mit dem Radius $\|a\|$. Gilt $b \perp a$, so ist $a + \mathbb{R}b$ gerade die Tangente an diesen Kreis durch a; diese kommt dem Kreismittelpunkt nirgends näher als im Berührpunkt a. Gilt $b \not\perp a$, so ist die Gerade $a + \mathbb{R}b$ eine Sekante des Kreises, kommt dem Kreismittelpunkt also näher als an den Schnittpunkten mit der Kreislinie.

Lösung (65.2) Wir schreiben $a := \overrightarrow{AB}$ und $b := \overrightarrow{AD}$ und haben dann $\|a+b\| = 210$ sowie $\|a-b\| = 120$. Das grau markierte Rechteck hat nun die Höhe $\|a\|$ und die Breite $\|b\|\cos\varphi$, wenn φ den Winkel $\angle(BAD)$ bezeichnet; der Flächeninhalt dieses Rechtecks ist also

$$\begin{aligned}F &= \|a\|\,\|b\|\cos\varphi = \langle a,b\rangle = \frac{\|a+b\|^2 - \|a-b\|^2}{4} \\ &= \frac{210^2 - 120^2}{4}\,\mathrm{m}^2 = \frac{(210-120)(210+120)}{4}\,\mathrm{m}^2 \\ &= \frac{90\cdot 330}{4}\,\mathrm{m}^2 = 45\cdot 165\,\mathrm{m}^2 = 7425\,\mathrm{m}^2.\end{aligned}$$

Lösung (65.3) Allgemein gilt

$$\begin{aligned}\|u\pm v\|^2 &= \langle u\pm v, u\pm v\rangle \\ &= \|u\|^2 \pm (\langle u,v\rangle + \langle v,u\rangle) + \|v\|^2 \\ &= \|u\|^2 \pm (\langle u,v\rangle + \overline{\langle u,v\rangle}) + \|v\|^2 \\ &= \|u\|^2 \pm 2\,\mathrm{Re}(\langle u,v\rangle) + \|v\|^2\end{aligned}$$

und damit $\|u+v\|^2 - \|u-v\|^2 = 4\,\mathrm{Re}(\langle u,v\rangle)$. Wir erhalten also

$$\begin{aligned}&\|x+y\|^2 - \|x-y\|^2 + i\|x+iy\|^2 - i\|x-iy\|^2 \\ &= 4\,\mathrm{Re}\langle x,y\rangle + 4i\,\mathrm{Re}\langle x,iy\rangle = 4\,\mathrm{Re}\langle x,y\rangle + 4i\,\mathrm{Re}(-i\langle x,y\rangle) \\ &= 4\,\mathrm{Re}\langle x,y\rangle + 4i\,\mathrm{Im}\langle x,y\rangle = 4\langle x,y\rangle,\end{aligned}$$

wobei wir die für jede komplexe Zahl $z \in \mathbb{C}$ gültige Beziehung $\mathrm{Re}(-iz) = \mathrm{Im}(z)$ ausnutzten. (Ist $z = a + ib$, so ist $-iz = -ia + b$.)

Lösung (65.4) Sesquilinearität: Aus der Definition von $\langle\!\langle\cdot,\cdot\rangle\!\rangle$ ist unmittelbar klar, daß man Summen sowohl aus dem ersten als auch aus dem zweiten Argument herausziehen darf; es bleiben nur die Regeln über das Herausziehen von Vorfaktoren zu überprüfen. Es gilt

$$\begin{aligned}&\langle\!\langle (a+ib)(v_1+iv_2),\ w_1+iw_2\rangle\!\rangle \\ &= \langle\!\langle (av_1-bv_2)+i(bv_1+av_2),\ w_1+iw_2\rangle\!\rangle \\ &= \langle av_1-bv_2, w_1\rangle + \langle bv_1+av_2, w_2\rangle \\ &\qquad + i\langle bv_1+av_2, w_1\rangle - i\langle av_1-bv_2, w_2\rangle \\ &= a\langle v_1,w_1\rangle + a\langle v_2,w_2\rangle - b\langle v_2,w_1\rangle + b\langle v_1,w_2\rangle \\ &\qquad + ib\langle v_1,w_1\rangle + ib\langle v_2,w_2\rangle + ia\langle v_2,w_1\rangle - ia\langle v_1,w_2\rangle \\ &= (a+ib)\big(\langle v_1,w_1\rangle + \langle v_2,w_2\rangle + i\,(\langle v_2,w_1\rangle - \langle v_1,w_2\rangle)\big) \\ &= (a+ib)\langle\!\langle v_1+iv_2, w_1+iw_2\rangle\!\rangle\,.\end{aligned}$$

Vollkommen analog rechnet man die Beziehung

$$\langle\!\langle v_1+iv_2, (a+ib)(w_1+iw_2)\rangle\!\rangle = (a-ib)\langle\!\langle v_1+iv_2, w_1+iw_2\rangle\!\rangle$$

nach. **Schiefsymmetrie:** Unmittelbar aus der Definition ergibt sich die Beziehung

$$\langle\!\langle w_1+iw_2, v_1+iv_2\rangle\!\rangle = \overline{\langle\!\langle v_1+iv_2, w_1+iw_2\rangle\!\rangle}\,.$$

Positive Definitheit: Es gilt $\langle\!\langle v_1+iv_2, v_1+iv_2\rangle\!\rangle = \langle v_1,v_1\rangle + \langle v_2,v_2\rangle \geq 0$ mit Gleichheit genau dann, wenn $v_1 = v_2 = 0$ in V gilt, also $v_1 + iv_2 = 0$ in $V_{\mathbb{C}}$.

Lösung (65.5) Es seien $v_1,\ldots,v_n$ von Null verschiedene Vektoren, die paarweise aufeinander senkrecht stehen. Um zu zeigen, daß $v_1,\ldots,v_n$ linear unabhängig sind, gehen wir von einer Gleichung $\lambda_1 v_1 + \cdots + \lambda_n v_n = 0$ aus und müssen dann $\lambda_1 = \cdots = \lambda_n = 0$ folgern. Bilden wir auf beiden Seiten der Gleichung $\sum_{i=1}^n \lambda_i v_i = 0$ das Skalarprodukt mit v_k, so ergibt sich $\lambda_k\|v_k\|^2 = 0$ und damit $\lambda_k = 0$. Da $1 \leq k \leq n$ beliebig gewählt werden kann, gilt also tatsächlich $\lambda_1 = \cdots = \lambda_n = 0$.

Aufgaben zu »Skalarprodukträume« siehe Seite 19

Lösung (65.6) Wir betrachten den Vektorraum $\mathbb{C}^n$ (oder auch $\mathbb{R}^n$) mit seinem kanonischen Skalarprodukt; die Cauchy-Schwarzsche Ungleichung liefert dann

$$\langle \begin{bmatrix} 1 \\ \vdots \\ 1 \end{bmatrix}, \begin{bmatrix} |a_1| \\ \vdots \\ |a_n| \end{bmatrix} \rangle \leq \| \begin{bmatrix} 1 \\ \vdots \\ 1 \end{bmatrix} \| \cdot \| \begin{bmatrix} |a_1| \\ \vdots \\ |a_n| \end{bmatrix} \|.$$

Diese Ungleichung bedeutet aber $|a_1| + \cdots + |a_n| \leq \sqrt{n} \cdot \sqrt{|a_1|^2 + \cdots + |a_n|^2}$.

Lösung (65.7) Wir bezeichnen mit (w_1, w_2, w_3) die mit dem Gram-Schmidtschen Verfahren aus (u_1, u_2, u_3) konstruierte Orthonormalbasis; die dabei benutzten Zwischenergebnisse (vor dem Normieren) bezeichnen wir mit (v_1, v_2, v_3). Der erste Schritt des Verfahrens liefert $v_1 := u_1$ und $w_1 := v_1/\|v_1\| = v_1/\sqrt{3}$, also

$$w_1 = \frac{1}{\sqrt{3}} \begin{bmatrix} 1 \\ 1 \\ 0 \\ 1 \end{bmatrix}.$$

Beim zweiten Schritt bilden wir zunächst den Vektor $v_2 := u_2 - \langle u_2, w_1 \rangle w_1$, also

$$\begin{aligned} v_2 &= \begin{bmatrix} 0 \\ 1 \\ 0 \\ 1 \end{bmatrix} - \frac{1}{3} \langle \begin{bmatrix} 0 \\ 1 \\ 0 \\ 1 \end{bmatrix}, \begin{bmatrix} 1 \\ 1 \\ 0 \\ 1 \end{bmatrix} \rangle \begin{bmatrix} 1 \\ 1 \\ 0 \\ 1 \end{bmatrix} \\ &= \begin{bmatrix} 0 \\ 1 \\ 0 \\ 1 \end{bmatrix} - \frac{2}{3} \begin{bmatrix} 1 \\ 1 \\ 0 \\ 1 \end{bmatrix} = \frac{1}{3} \begin{bmatrix} -2 \\ 1 \\ 0 \\ 1 \end{bmatrix}. \end{aligned}$$

Normieren liefert dann

$$w_2 = \frac{v_2}{\|v_2\|} = \frac{1}{\sqrt{6}} \begin{bmatrix} -2 \\ 1 \\ 0 \\ 1 \end{bmatrix}.$$

Der dritte Schritt liefert $v_3 := u_3 - \langle u_3, w_1 \rangle w_1 - \langle u_3, w_2 \rangle w_2$, also

$$\begin{aligned} v_3 &= \begin{bmatrix} 0 \\ 0 \\ 0 \\ 1 \end{bmatrix} - \frac{1}{3} \langle \begin{bmatrix} 0 \\ 0 \\ 0 \\ 1 \end{bmatrix}, \begin{bmatrix} 1 \\ 1 \\ 0 \\ 1 \end{bmatrix} \rangle \begin{bmatrix} 1 \\ 1 \\ 0 \\ 1 \end{bmatrix} - \frac{1}{6} \langle \begin{bmatrix} 0 \\ 0 \\ 0 \\ 1 \end{bmatrix}, \begin{bmatrix} -2 \\ 1 \\ 0 \\ 1 \end{bmatrix} \rangle \begin{bmatrix} -2 \\ 1 \\ 0 \\ 1 \end{bmatrix} \\ &= \begin{bmatrix} 0 \\ 0 \\ 0 \\ 1 \end{bmatrix} - \frac{1}{3} \begin{bmatrix} 1 \\ 1 \\ 0 \\ 1 \end{bmatrix} - \frac{1}{6} \begin{bmatrix} -2 \\ 1 \\ 0 \\ 1 \end{bmatrix} = \frac{1}{6} \begin{bmatrix} 0 \\ -3 \\ 0 \\ 3 \end{bmatrix} = \frac{1}{2} \begin{bmatrix} 0 \\ -1 \\ 0 \\ 1 \end{bmatrix}; \end{aligned}$$

Normierung führt dann auf

$$w_3 = \frac{v_3}{\|v_3\|} = \frac{1}{\sqrt{2}} \begin{bmatrix} 0 \\ -1 \\ 0 \\ 1 \end{bmatrix}.$$

Das Gram-Schmidt-Verfahren liefert also das Orthonormalsystem (w_1, w_2, w_3) mit

$$w_1 = \frac{1}{\sqrt{3}} \begin{bmatrix} 1 \\ 1 \\ 0 \\ 1 \end{bmatrix}, \quad w_2 = \frac{1}{\sqrt{6}} \begin{bmatrix} -2 \\ 1 \\ 0 \\ 1 \end{bmatrix}, \quad w_3 = \frac{1}{\sqrt{2}} \begin{bmatrix} 0 \\ -1 \\ 0 \\ 1 \end{bmatrix}.$$

Lösung (65.8) Wir verwenden die Bezeichnungen (v_1, v_2, v_3) und (w_1, w_2, w_3) wie in der vorigen Aufgabe. Der erste Schritt des Gram-Schmidt-Verfahrens liefert $v_1 := u_1$ und $w_1 := v_1/\|v_1\| = v_1/2$, also

$$w_1 = \frac{1}{2} \begin{bmatrix} 1+i \\ i \\ 1 \end{bmatrix}.$$

Beim zweiten Schritt bilden wir zunächst den Vektor $v_2 := u_2 - \langle u_2, w_1 \rangle w_1 = u_2 - (1-i) w_1$, also

$$v_2 = \begin{bmatrix} 1 \\ i \\ -i \end{bmatrix} - \frac{1-i}{2} \begin{bmatrix} 1+i \\ i \\ 1 \end{bmatrix} = \frac{1}{2} \begin{bmatrix} 0 \\ -1+i \\ -1-i \end{bmatrix} = w_2;$$

dabei gilt die letzte Gleichung, weil der Vektor v_2 schon die Länge 1 hat, also nicht mehr normiert werden muß. Im dritten Schritt berechnen wir $v_3 := u_3 - \langle u_3, w_1 \rangle w_1 - \langle u_3, w_2 \rangle w_2$, also

$$\begin{aligned} v_3 &= \begin{bmatrix} 1 \\ 1 \\ 0 \end{bmatrix} - \frac{1}{4} \langle \begin{bmatrix} 1 \\ 1 \\ 0 \end{bmatrix}, \begin{bmatrix} 1+i \\ i \\ 1 \end{bmatrix} \rangle \begin{bmatrix} 1+i \\ i \\ 1 \end{bmatrix} \\ &\quad - \frac{1}{4} \langle \begin{bmatrix} 1 \\ 1 \\ 0 \end{bmatrix}, \begin{bmatrix} 0 \\ -1+i \\ -1-i \end{bmatrix} \rangle \begin{bmatrix} 0 \\ -1+i \\ -1-i \end{bmatrix} \\ &= \begin{bmatrix} 1 \\ 1 \\ 0 \end{bmatrix} - \frac{1-2i}{4} \begin{bmatrix} 1+i \\ i \\ 1 \end{bmatrix} + \frac{1+i}{4} \begin{bmatrix} 0 \\ -1+i \\ -1-i \end{bmatrix} \\ &= \frac{1}{4} \begin{bmatrix} 4 - (1-2i)(1+i) \\ 4 - (1-2i)i + (1+i)(-1+i) \\ -(1-2i) + (1+i)(-1-i) \end{bmatrix} = \frac{1}{4} \begin{bmatrix} 1+i \\ -i \\ -1 \end{bmatrix}. \end{aligned}$$

Normieren liefert $w_3 = v_3/\|v_3\| = (1/2) \cdot (1+i, -i, -1)^T$. Insgesamt erhalten wir also die Lösung

$$w_1 = \frac{1}{2} \begin{bmatrix} 1+i \\ i \\ 1 \end{bmatrix}, \quad w_2 = \frac{1}{2} \begin{bmatrix} 0 \\ -1+i \\ -1-i \end{bmatrix}, \quad w_3 = \frac{1}{2} \begin{bmatrix} 1+i \\ -i \\ -1 \end{bmatrix}.$$

Lösung (65.9) Jede der drei angegebenen Abbildungen ist offensichtlich sesquilinear, schiefsymmetrisch und positiv semidefinit; nur die positive Definitheit bleibt zu zeigen. Wir müssen also nachweisen, daß aus $\langle f, f \rangle = 0$ schon $f = 0$ folgt. In (a) haben wir $\langle f, f \rangle = |f(0)|^2 + |f(1)|^2 + |f(2)|^2$; dieser Ausdruck ist genau dann Null, wenn $f(0) = f(1) = f(2) = 0$ gilt. Setzen wir $f(x) = a + bx + cx^2 = 0$ an, so bedeutet dies $a = 0$, $a+b+c = 0$ und $a+2b+4c = 0$; diese Gleichungen haben offensichtlich $a = b = c = 0$ und damit $f = 0$ zur Folge. In (b) haben wir $\langle f, f\rangle = |f(0)|^2 + |f'(0)|^2 + |f''(0)|^2$; dieser Ausdruck ist genau dann Null, wenn $f(0) = f'(0) = f''(0) = 0$ gilt. Setzen wir $f(x) = a + bx + cx^2$ an, so bedeutet dies $a = 0$, $b = 0$ und $2c = 0$, also wieder $f = 0$. In (c) schließlich ist $\langle f, f\rangle = \int_0^1 |f(x)|^2 dx$. Wäre $f \neq 0$, sagen wir $|f(x_0)| = \varepsilon > 0$ für ein $x_0 \in [0,1]$, so gäbe es aus Stetigkeitsgründen um x_0 ein ganzes Intervall $[a,b] \subseteq [0,1]$, auf dem $|f| \geq \varepsilon/2$ gilt; dann wäre aber $\langle f, f\rangle = \int_0^1 |f|^2 \geq \int_a^b |f|^2 \geq \int_a^b (\varepsilon/2)^2 = (b-a)\varepsilon^2/4 > 0$. Also handelt es sich in jedem der drei Fälle um ein Skalarprodukt.

Zur Herleitung der Matrixdarstellungen gehen wir zunächst allgemein vor: Ist $(b_1, \ldots, b_n)$ irgendeine Basis eines Skalarproduktraums und sind $x = \sum_i x_i b_i$ und $y = \sum_j y_j b_j$ die Koordinatendarstellungen zweier Vektoren $x, y \in V$ bezüglich dieser Basis, so gilt

$$\begin{aligned}\langle x, y\rangle &= \left\langle \sum_{i=1}^n x_i b_i, \sum_{j=1}^n x_j b_j \right\rangle = \sum_{i,j=1}^n x_i \overline{y_j} \langle b_i, b_j\rangle \\ &= [x_1, \ldots, x_n] \begin{bmatrix} \langle b_1, b_1\rangle & \cdots & \langle b_1, b_n\rangle \\ \vdots & & \vdots \\ \langle b_n, b_1\rangle & \cdots & \langle b_n, b_n\rangle \end{bmatrix} \begin{bmatrix} \overline{y_1} \\ \vdots \\ \overline{y_n} \end{bmatrix};\end{aligned}$$

die gesuchte Matrixdarstellung ist also die Gramsche Matrix $(\langle b_i, b_j\rangle)_{i,j=1}^n$. In unserem Fall ist die Matrix

$$\begin{bmatrix} \langle 1,1\rangle & \langle 1,x\rangle & \langle 1,x^2\rangle \\ \langle x,1\rangle & \langle x,x\rangle & \langle x,x^2\rangle \\ \langle x^2,1\rangle & \langle x^2,x\rangle & \langle x^2,x^2\rangle \end{bmatrix}$$

zu berechnen; in den drei Fällen (a), (b) und (c) erhalten wir

$$\begin{bmatrix} 3 & 3 & 5 \\ 3 & 5 & 9 \\ 5 & 9 & 17 \end{bmatrix}, \quad \begin{bmatrix} 1 & 0 & 0 \\ 0 & 1 & 0 \\ 0 & 0 & 4 \end{bmatrix}, \quad \begin{bmatrix} 1 & 1/2 & 1/3 \\ 1/2 & 1/3 & 1/4 \\ 1/3 & 1/4 & 1/5 \end{bmatrix}.$$

Lösung (65.10) Wir schreiben jeweils $f_1(x) = 1$, $f_2(x) = x$ und $f_3(x) = x^2$, dann $G_1 := f_1$ und $g_1 := G_1/\|G_1\|$, weiter $G_2 := f_2 - \langle f_2, g_1\rangle g_1$ und $g_2 := G_2/\|G_2\|$ sowie $G_3 := f_3 - \langle f_3, g_1\rangle g_1 - \langle f_3, g_2\rangle g_2$ und $g_3 := G_3/\|G_3\|$.

(a) Wegen $\langle 1,1\rangle = 3$ ist $g_1 = 1/\sqrt{3}$. Weiter gilt $G_2 = x - (1/3)\langle x, 1\rangle 1 = x - 1$ mit $\langle G_2, G_2\rangle = 2$; folglich ist $g_2 = (x-1)/\sqrt{2}$. Schließlich ist $G_3 = x^2 - (1/3)\langle x^2, 1\rangle 1 - (1/2)\langle x^2, x-1\rangle (x-1) = x^2 - (5/3) - 2(x-1) = x^2 - 2x + (1/3)$ mit $\langle G_3, G_3\rangle = 2/3$ und damit $g_3 = (\sqrt{3}/\sqrt{2})G_3 = (1/\sqrt{6})(3x^2 - 6x + 1)$. Wir erhalten also

$$g_1(x) = \frac{1}{\sqrt{3}}, \quad g_2(x) = \frac{x-1}{\sqrt{2}}, \quad g_3(x) = \frac{3x^2 - 6x + 1}{\sqrt{6}}.$$

(b) Wegen $\langle 1,1\rangle = 1$ ist $g_1 = 1$. Weiter gilt $G_2 = x - \langle x, 1\rangle 1 = x$ mit $\langle G_2, G_2\rangle = 1$; folglich ist $g_2 = x$. Schließlich ist $G_3 = x^2 - \langle x^2, 1\rangle 1 - \langle x^2, x\rangle x = x^2$ mit $\langle G_3, G_3\rangle = 4$ und damit $g_3 = x^2/2$. Wir erhalten also

$$g_1(x) = 1, \quad g_2(x) = x, \quad g_3(x) = x^2/2.$$

(c) Wegen $\langle 1,1\rangle = 1$ ist $g_1 = 1$. Weiter gilt $G_2 = x - \langle x, 1\rangle 1 = x - (1/2)$ mit $\langle G_2, G_2\rangle = 1/12$; folglich ist $g_2 = \sqrt{12}\cdot(x - 1/2) = \sqrt{3}(2x-1)$. Schließlich ist $G_3 = x^2 - \langle x^2, 1\rangle 1 - 3\langle x^2, 2x-1\rangle(2x-1) = x^2 - x + (1/6)$ mit

$$\begin{aligned}\langle G_3, G_3\rangle &= \int_0^1 \left(x^2 - x + \frac{1}{6}\right)^2 dx \\ &= \int_0^1 \left(x^4 - 2x^3 + \frac{4x^2}{3} - \frac{x}{3} + \frac{1}{36}\right) dx \\ &= \left[\frac{x^5}{5} - \frac{x^4}{2} + \frac{4x^3}{9} - \frac{x^2}{6} + \frac{x}{36}\right]_{x=0}^1 \\ &= \frac{1}{5} - \frac{1}{2} + \frac{4}{9} - \frac{1}{6} + \frac{1}{36} = \frac{1}{180}\end{aligned}$$

und damit $g_3 = \sqrt{180}\cdot G_3 = 6\sqrt{5}\,G_3 = \sqrt{5}(6x^2 - 6x + 1)$. Wir erhalten also

$$g_1(x) = 1, \; g_2(x) = \sqrt{3}\,(2x-1), \; g_3(x) = \sqrt{5}\,(6x^2 - 6x + 1).$$

Lösung (65.11) (a) Dieser Teil der Aufgabe ist identisch mit Teil (c) der vorangehenden Aufgabe; wir wiederholen aber die Lösung noch einmal (in etwas anderer Notation). Wir bezeichnen die zu berechnende Orthonormalbasis mit (e_1, e_2, e_3). Wegen $\langle 1, 1\rangle = \int_0^1 1\,dx = 1$ gilt $e_1(x) = 1$. Weiter sei $\widehat{e}_2 := x - \langle x, 1\rangle\, 1$; wegen $\langle x, 1\rangle = \int_0^1 x\,dx = 1/2$ ist dies $\widehat{e}_2(x) = x - (1/2)$. Nun gilt

$$\langle \widehat{e}_2, \widehat{e}_2\rangle = \int_0^1 \left(x - \frac{1}{2}\right)^2 dx = \left[\frac{(x-1/2)^3}{3}\right]_{x=0}^1 = \frac{1}{12};$$

Normieren liefert $e_2 = \widehat{e}_2/\|\widehat{e}_2\| = \sqrt{12}\,\widehat{e}_2 = 2\sqrt{3}\,\widehat{e}_2$, also

$$e_2(x) = \sqrt{3}\cdot(2x-1).$$

Schließlich sei $\widehat{e}_3 := x^2 - \langle x^2, e_1\rangle e_1 - \langle x^2, e_2\rangle e_2 = x^2 - \langle x^2, 1\rangle\, 1 - 3\langle x^2, 2x-1\rangle(2x-1)$; wegen $\langle x^2, 1\rangle = \int_0^1 x^2\,dx = 1/3$ und

$$\langle x^2, 2x-1\rangle = \int_0^1 (2x^3 - x^2)\,dx = \left[\frac{x^4}{2} - \frac{x^3}{3}\right]_{x=0}^1 = \frac{1}{6}$$

ist dies die Funktion $\widehat{e}_3(x) = x^2 - (1/3) - (1/2)\cdot(2x-1) = x^2 - x + (1/6)$. Die Norm von $\widehat{e}_3$ ergibt sich aus der Rechnung

$$\begin{aligned}\|\widehat{e}_3\|^2 &= \int_0^1 \left(x^2 - x + \frac{1}{6}\right)^2 dx \\ &= \int_0^1 \left(x^4 - 2x^3 + \frac{4x^2}{3} - \frac{x}{3} - \frac{1}{36}\right) dx \\ &= \left[\frac{x^5}{5} - \frac{x^4}{2} + \frac{4x^3}{9} - \frac{x^2}{6} + \frac{x}{36}\right]_{x=0}^1 \\ &= \frac{1}{5} - \frac{1}{2} - \frac{4}{9} - \frac{1}{6} + \frac{1}{36} = \frac{1}{180}\end{aligned}$$

Aufgaben zu »Skalarprodukträume« siehe Seite 19

zu $\|\widehat{e}_3\| = 1/\sqrt{180} = 1/(6\sqrt{5})$. Damit ergibt sich $e_3 := \widehat{e}_3/\|\widehat{e}_3\|$ zu

$$e_3(x) = \sqrt{5}\cdot(6x^2-6x+1).$$

(b) Die gesuchte Bestapproximation von $f(x)=\sqrt{x}$ ist $\langle f,e_1\rangle e_1 + \langle f,e_2\rangle e_2 + \langle f,e_3\rangle e_3$. Nun haben wir

$$\begin{aligned}
\langle f,e_1\rangle &= \int_0^1 \sqrt{x}\,\mathrm{d}x = \left[\frac{2}{3}x^{3/2}\right]_{x=0}^1 = \frac{2}{3},\\
\langle f,e_2\rangle &= \sqrt{3}\int_0^1 \sqrt{x}(2x-1)\,\mathrm{d}x = \sqrt{3}\int_0^1 (2x^{3/2}-x^{1/2})\,\mathrm{d}x\\
&= \sqrt{3}\left[\frac{4}{5}x^{5/2}-\frac{2}{3}x^{3/2}\right]_{x=0}^1 = \sqrt{3}\left(\frac{4}{5}-\frac{2}{3}\right) = \frac{2\sqrt{3}}{15},\\
\langle f,e_3\rangle &= \sqrt{5}\int_0^1 \sqrt{x}(6x^2-6x+1)\,\mathrm{d}x\\
&= \sqrt{5}\int_0^1 (6x^{5/2}-6x^{3/2}+x^{1/2})\,\mathrm{d}x\\
&= \sqrt{5}\left[\frac{12}{7}x^{7/2}-\frac{12}{5}x^{5/2}+\frac{2}{3}x^{3/2}\right]_{x=0}^1\\
&= \sqrt{5}\left(\frac{12}{7}-\frac{12}{5}+\frac{2}{3}\right) = \frac{-2\sqrt{5}}{105}
\end{aligned}$$

ist die gesuchte Bestapproximation also

$$\begin{aligned}
p(x) &= \frac{2}{3}\cdot 1+\frac{2\sqrt{3}}{15}\cdot\sqrt{3}\,(2x-1)-\frac{2\sqrt{5}}{105}\cdot\sqrt{5}\,(6x^2-6x+1)\\
&= \frac{2}{3}+\frac{2}{5}\cdot(2x-1)-\frac{2}{21}\cdot(6x^2-6x+1)\\
&= -\frac{4}{7}\cdot x^2+\frac{48}{35}x+\frac{6}{35} = \frac{2}{35}\cdot(-10x^2+24x+3).
\end{aligned}$$

Lösung (65.12) (a) Im ersten Fall haben wir

$$U := \mathrm{Bild}(A) = \mathbb{R}\begin{bmatrix}1\\3\\5\end{bmatrix}+\mathbb{R}\begin{bmatrix}2\\4\\6\end{bmatrix} \quad\text{und}\quad b = \begin{bmatrix}3\\7\\5\end{bmatrix};$$

die Bestapproximation von b in U ist gesucht (in geometrischer Sprechweise also die Orthogonalprojektion von b auf die Ebene U). Diese Aufgabe haben wir bereits in verschiedenen Varianten gelöst; hier gehen wir so vor, daß wir eine Orthonormalbasis (e_1,e_2) von U ermitteln und die gesuchte Bestapproximation dann direkt in der Form $\langle b,e_1\rangle e_1 + \langle b,e_2\rangle e_2$ hinschreiben. Anwendung des Gram-Schmidt-Verfahrens liefert zunächst

$$e_1 = \frac{1}{\sqrt{35}}\begin{bmatrix}1\\3\\5\end{bmatrix},$$

dann

$$\begin{aligned}
\widehat{e}_2 &= \begin{bmatrix}2\\4\\6\end{bmatrix}-\frac{1}{35}\left\langle\begin{bmatrix}2\\4\\6\end{bmatrix},\begin{bmatrix}1\\3\\5\end{bmatrix}\right\rangle\begin{bmatrix}1\\3\\5\end{bmatrix}\\
&= \begin{bmatrix}2\\4\\6\end{bmatrix}-\frac{44}{35}\begin{bmatrix}1\\3\\5\end{bmatrix} = \frac{2}{35}\begin{bmatrix}13\\4\\-5\end{bmatrix}
\end{aligned}$$

und nach Normieren schließlich

$$e_2 = \frac{\widehat{e}_2}{\|\widehat{e}_2\|} = \frac{1}{\sqrt{210}}\begin{bmatrix}13\\4\\-5\end{bmatrix}.$$

Die gesuchte Bestapproximation $\langle b,e_1\rangle e_1 + \langle b,e_2\rangle e_2$ ist dann

$$\begin{aligned}
&\frac{1}{35}\left\langle\begin{bmatrix}3\\7\\5\end{bmatrix},\begin{bmatrix}1\\3\\5\end{bmatrix}\right\rangle\begin{bmatrix}1\\3\\5\end{bmatrix}+\frac{1}{210}\left\langle\begin{bmatrix}3\\7\\5\end{bmatrix},\begin{bmatrix}13\\4\\-5\end{bmatrix}\right\rangle\begin{bmatrix}13\\4\\-5\end{bmatrix}\\
&= \frac{7}{5}\begin{bmatrix}1\\3\\5\end{bmatrix}+\frac{1}{5}\begin{bmatrix}13\\4\\-5\end{bmatrix} = \begin{bmatrix}4\\5\\6\end{bmatrix}.
\end{aligned}$$

(In geometrischer Sprechweise ist dies der Lotfußpunkt, wenn wir von b aus das Lot auf U fällen.) Damit ist die Frage beantwortet, wie klein der Abstand $\|Ax-b\|$ durch geeignete Wahl von x gemacht werden kann; wir fragen jetzt noch, wie x zu wählen ist, um dieses Minimum zu erhalten. Dazu müssen wir das Gleichungssystem

$$\begin{bmatrix}1&2\\3&4\\5&6\end{bmatrix}\begin{bmatrix}x_0\\y_0\end{bmatrix} = \begin{bmatrix}4\\5\\6\end{bmatrix}$$

lösen; dieses hat die eindeutige Lösung $(x_0,y_0)=(-3,3.5)$. Damit ist die gesuchte "optimale Näherungslösung" des betrachteten Gleichungssystems gefunden. (Die Eindeutigkeit der Lösung (x_0,y_0) ist von vornherein klar, denn A hat den Rang 2 und nach der Dimensionsformel für lineare Abbildungen daher einen trivialen Kern.)

(b) Die ersten beiden Spalten der betrachteten Matrix sind offensichtlich linear unabhängig, die dritte ergibt sich, indem man die erste Spalte vom Doppelten der zweiten subtrahiert. Das Bild von A wird also von den ersten beiden Spalten aufgespannt; d.h., wir haben

$$U := \mathrm{Bild}(A) = \mathbb{R}\begin{bmatrix}1\\2\\3\end{bmatrix}+\mathbb{R}\begin{bmatrix}4\\5\\6\end{bmatrix} \quad\text{und}\quad b = \begin{bmatrix}12\\15\\10\end{bmatrix};$$

Wie in (a) ermitteln wir eine Orthonormalbasis (e_1,e_2) von U; wir erhalten

$$e_1 = \frac{1}{\sqrt{14}}\begin{bmatrix}1\\2\\3\end{bmatrix},$$

dann

$$\begin{aligned}
\widehat{e}_2 &= \begin{bmatrix}4\\5\\6\end{bmatrix}-\frac{1}{14}\left\langle\begin{bmatrix}4\\5\\6\end{bmatrix},\begin{bmatrix}1\\2\\3\end{bmatrix}\right\rangle\begin{bmatrix}1\\2\\3\end{bmatrix}\\
&= \begin{bmatrix}4\\5\\6\end{bmatrix}-\frac{16}{7}\begin{bmatrix}1\\2\\3\end{bmatrix} = \frac{3}{7}\begin{bmatrix}4\\1\\-2\end{bmatrix}
\end{aligned}$$

und nach Normieren schließlich

$$e_2 = \frac{1}{\sqrt{21}}\begin{bmatrix}4\\1\\-2\end{bmatrix}.$$

Die gesuchte Bestapproximation (also dasjenige Element im Bild von A, das am dichtesten bei der rechten Seite des Gleichungssystems liegt), ist also

$$\frac{1}{14}\langle\begin{bmatrix}12\\15\\10\end{bmatrix},\begin{bmatrix}1\\2\\3\end{bmatrix}\rangle\begin{bmatrix}1\\2\\3\end{bmatrix}+\frac{1}{21}\langle\begin{bmatrix}12\\15\\10\end{bmatrix},\begin{bmatrix}4\\1\\-2\end{bmatrix}\rangle\begin{bmatrix}4\\1\\-2\end{bmatrix}$$
$$= \frac{36}{7}\begin{bmatrix}1\\2\\3\end{bmatrix}+\frac{43}{21}\begin{bmatrix}4\\1\\-2\end{bmatrix} = \frac{1}{3}\begin{bmatrix}40\\37\\34\end{bmatrix}.$$

Wir müssen nun noch das Gleichungssystem

$$\begin{bmatrix}1&4&7\\2&5&8\\3&6&9\end{bmatrix}\begin{bmatrix}x_0\\y_0\\z_0\end{bmatrix} = \frac{1}{3}\begin{bmatrix}40\\37\\34\end{bmatrix}$$

lösen, wobei von vornherein klar ist, daß es unendlich viele Lösungen gibt, denn A hat einen nichttrivialen Kern. Eine spezielle Lösung erhalten wir, indem wir $z_0 := 0$ wählen und dann nur die ersten beiden Gleichungen betrachten (die dritte ist dann automatisch erfüllt). Es ergibt sich die spezielle Lösung $(-52/9,\ 43/9,\ 0)$; zu dieser Lösung dürfen wir noch beliebige Elemente des Kerns von A addieren, um weitere Lösungen zu erhalten. Die Menge der optimalen Näherungslösungen des betrachteten Gleichungssystems ergibt sich damit zu

$$\frac{1}{9}\begin{bmatrix}-52\\43\\0\end{bmatrix}+\mathbb{R}\begin{bmatrix}1\\-2\\1\end{bmatrix}.$$

Frage am Rande: Gibt es unter diesen Näherungslösungen eine mit nur ganzzahligen Komponenten?

Lösung (65.13) (a) Zu zeigen ist, daß mit $\sum_k |x_k|^2$ und $\sum_k |y_k|^2$ auch die Reihen $\sum_k |x_k+y_k|^2$ und $\sum_k |\lambda x_k|^2$ konvergieren. Letzteres ist klar, weil man den Faktor $|\lambda|^2$ aus jeder endlichen Teilsumme einfach herausziehen darf. Ersteres folgt beispielsweise aus dem Majorantenkriterium, denn $|x_k+y_k|^2 \le (|x_k|+|y_k|)^2 = |x_k|^2+2|x_k|\,|y_k|+|y_k|^2 \le |x_k|^2+(|x_k|^2+|y_k|^2)+|y_k|^2 = 2|x_k|^2+2|y_k|^2$.

(b) Wegen $|x_k|\,|y_k| \le (1/2)\cdot(|x_k|^2+|y_k|^2)$ konvergiert die Reihe $\sum_k x_k\overline{y_k}$ nach dem Majorantenkriterium absolut; also ist der Ausdruck $\langle x,y\rangle := \sum_k x_k\overline{y_k}$ wohldefiniert. Daß dieser Ausdruck die definierenden Eigenschaften eines Skalarprodukts besitzt (Sesquilinearität, Schiefsymmetrie, positive Definitheit), ist offensichtlich.

(c) Gilt $x_k \neq 0$ für nur endlich viele Indices $k \in K_1$ und gilt $y_k \neq 0$ für nur endlich viele Indices $k \in K_2$, so gilt jedenfalls $x_k + y_k = 0$ für alle k außerhalb der endlichen Menge $K_1 \cup K_2$; mit x und y liegt also auch $x+y$ in U. Ferner folgt offensichtlich aus $x \in U$ auch $\lambda x \in U$ für alle $\lambda \in \mathbb{K}$. Damit ist U ein Unterraum von V. Es sei $a \in U^\perp$. Gäbe es einen Index k mit $a_k \neq 0$, so läge $e_k := (0,\ldots,0,1,0,\ldots)$ (mit einer Eins an der k-ten Stelle) in U; wegen $a \in U^\perp$ müßte also $\langle a, e_k\rangle = 0$ gelten, während doch $\langle a, e_k\rangle = a_k \neq 0$ gilt. Also besteht $U^\perp$ nur aus dem Nullvektor.

Lösung (65.14) (a) Wir berechnen

$$\begin{aligned}\mathrm{Spur}(B^\star A) &= \sum_{i=1}^n (B^\star A)_{ii}\\ &= \sum_{i=1}^n\sum_{k=1}^m (B^\star)_{ik}A_{ki} = \sum_{i=1}^n\sum_{k=1}^m A_{ki}\overline{B_{ki}} \quad\text{und}\\ \mathrm{Spur}(AB^\star) &= \sum_{k=1}^m (AB^\star)_{kk}\\ &= \sum_{k=1}^m\sum_{i=1}^n A_{ki}(B^\star)_{ik} = \sum_{k=1}^m\sum_{i=1}^n A_{ki}\overline{B_{ki}};\end{aligned}$$

diesen Ausdruck erhält man aber, indem man die Elemente von A und B als lange Spaltenvektoren schreibt (also $\mathbb{K}^{m\times n}$ mit $\mathbb{K}^{mn}$ identifiziert) und dann das gewöhnliche Skalarprodukt auf $\mathbb{K}^{mn}$ bildet. Dies zeigt, daß $\langle\!\langle\cdot,\cdot\rangle\!\rangle$ ein Skalarprodukt auf $\mathbb{K}^{m\times n}$ ist.

(b) Für alle $x \in \mathbb{K}^n$ erhalten wir

$$\begin{aligned}\|Ax\|^2 &= \sum_{i=1}^m |(Ax)_i|^2 = \sum_{i=1}^m\left|\sum_{k=1}^n A_{ik}x_k\right|^2\\ &\le \sum_{i=1}^m\left(\sum_{k=1}^n |A_{ik}|\cdot|x_k|\right)^2\\ &\le \sum_{i=1}^m\left[\left(\sum_{k=1}^n |A_{ik}|^2\right)\left(\sum_{k=1}^n |x_k|^2\right)\right]\\ &\le \sum_{i=1}^m\left[\left(\sum_{k=1}^n |A_{ik}|^2\right)\|x\|^2\right]\\ &= \left(\sum_{i=1}^m\sum_{k=1}^n |A_{ik}|^2\right)\|x\|^2 = \|A\|^2\|x\|^2;\end{aligned}$$

dabei folgt die erste Ungleichung mit der Dreiecksungleichung, die zweite ergibt sich durch Anwendung der Cauchy-Schwarzschen Ungleichung.

(c) Es mögen die Bedingungen $A^\star = A$ und $B^\star = -B$ gelten; dann ist $\langle\!\langle A,B\rangle\!\rangle = \mathrm{Spur}(AB^\star) = \mathrm{Spur}(-AB) = -\mathrm{Spur}(A^\star B) = -\langle\!\langle B,A\rangle\!\rangle = -\langle\!\langle A,B\rangle\!\rangle$, also $\langle\!\langle A,B\rangle\!\rangle = -\langle\!\langle A,B\rangle\!\rangle$ und damit $\langle\!\langle A,B\rangle\!\rangle = 0$. Ist A eine Diagonalmatrix und hat B nur Nullen auf der Diagonalen, so hat $B^\star$ und folglich auch $AB^\star$ nur Nullen auf der Diagonalen; insbesondere ist die Spur von $AB^\star$ (also die Summe aller Diagonalelemente) gleich Null. Das bedeutet $\langle\!\langle A,B\rangle\!\rangle = 0$.

Lösung (65.15) Steht ursprünglich auf der Seite x des Würfels die Zahl $f(x)$, so ist es nach k Tagen die Zahl

Aufgaben zu »Skalarprodukträume« siehe Seite 19

$(L^k f)(x)$, wobei $L^k = L \circ \cdots \circ L$ die k-malige Anwendung des Operators L bedeutet. Daß die in der Anleitung angegebenen Mengen $\mathfrak{F}_1$, $\mathfrak{F}_2$ und $\mathfrak{F}_3$ Untervektorräume von $\mathfrak{F}$ sind, sieht man sofort; daß sie paarweise aufeinander senkrecht stehen, sieht man folgendermaßen (wobei jeweils $x_1, x_2, x_3 \in W$ drei Seiten des Würfels seien, von denen je zwei benachbart sind).

- Für $f \in \mathfrak{F}_1$ (sagen wir $f \equiv c$) und $g \in \mathfrak{F}_2$ gilt

$$\langle f, g\rangle \;=\; \sum_{x\in W} f(x)g(x) \;=\; c\sum_{x\in W} g(x) \;=\; 0.$$

- Für $f \in \mathfrak{F}_1$ (sagen wir $f \equiv c$) und $g \in \mathfrak{F}_3$ gilt wegen $g(x_i^\star) = -g(x_i)$ die Beziehung

$$\begin{aligned}\langle f, g\rangle \;&=\; \sum_{i=1}^{3}\big(f(x_i)\,g(x_i) + f(x_i^\star)\,g(x_i^\star)\big)\\ &=\; \sum_{i=1}^{3}\big(c\cdot g(x_i) - c\cdot g(x_i)\big) \;=\; 0.\end{aligned}$$

- Für $f \in \mathfrak{F}_2$ und $g \in \mathfrak{F}_3$ gilt wegen $f(x_i^\star) = f(x_i)$ und $g(x_i^\star) = -g(x_i)$ die Beziehung

$$\begin{aligned}\langle f, g\rangle \;&=\; \sum_{i=1}^{3}\big(f(x_i)\,g(x_i) + f(x_i^\star)g(x_i^\star)\big)\\ &=\; \sum_{i=1}^{3}\big(f(x_i)\,g(x_i) - f(x_i)\,g(x_i)\big) \;=\; 0.\end{aligned}$$

Wie wirkt nun L auf jedem dieser drei Untervektorräume?

- Für $f \in \mathfrak{F}_1$ (sagen wir $f \equiv c$) gilt $Lf = f$, denn für alle $x \in W$ gilt

$$(Lf)(x) \;=\; \frac{1}{4}\sum_{\substack{y \text{ benach-}\\ \text{bart zu } x}} c \;=\; \frac{1}{4}\cdot 4c \;=\; c \;=\; f(x).$$

- Für $f \in \mathfrak{F}_2$ gilt $Lf = -(1/2)\cdot f$, denn für alle $x \in W$ gilt

$$\begin{aligned}(Lf)(x) \;&=\; \frac{1}{4}\Big(\sum_{y\in W} f(y) - f(x) - f(x^\star)\Big)\\ &=\; \frac{1}{4}\big(0 - f(x) - f(x)\big) \;=\; -\frac{1}{2}\,f(x).\end{aligned}$$

- Für $f \in \mathfrak{F}_3$ gilt $Lf = 0$ (Nullfunktion), denn für alle $x \in W$ gilt

$$\begin{aligned}(Lf)(x) \;&=\; \frac{1}{4}\Big(\sum_{y\in W} f(y) - f(x) - f(x^\star)\Big)\\ &=\; \frac{1}{4}\big(0 - f(x) + f(x)\big) \;=\; 0.\end{aligned}$$

Wir sehen also, daß $\mathfrak{F} = \mathfrak{F}_1 \oplus \mathfrak{F}_2 \oplus \mathfrak{F}_3$ als orthogonale direkte Summe gilt und daß L bezüglich dieser Zerlegung die Blockdiagonalform $\mathrm{diag}\big(\mathbf{1}, -(1/2)\,\mathbf{1}, \mathbf{0}\big)$ annimmt. Ist nun $f \in \mathfrak{F}$ beliebig und bezeichnet $P_k : \mathfrak{F} \to \mathfrak{F}_k$ die Orthogonalprojektion auf $\mathfrak{F}_k$ (wobei $1 \le k \le 3$ sei), so gilt

$$L^n f \;=\; P_1 f + (-\tfrac{1}{2})^n P_2 f \;\to\; P_1 f \text{ für } n \to \infty.$$

Wählen wir $e_1, \ldots, e_6 \in W$ wie im folgenden Diagramm (wobei jeweils ein ausgebreiteter Mantel des Würfels mit entsprechender Beschriftung zu sehen ist), so bildet $\{e_1\}$ eine Orthonormalbasis von $\mathfrak{F}_1$, weiter $\{e_2, e_3\}$ eine solche von $\mathfrak{F}_2$ und schließlich $\{e_4, e_5, e_6\}$ eine solche von $\mathfrak{F}_3$.

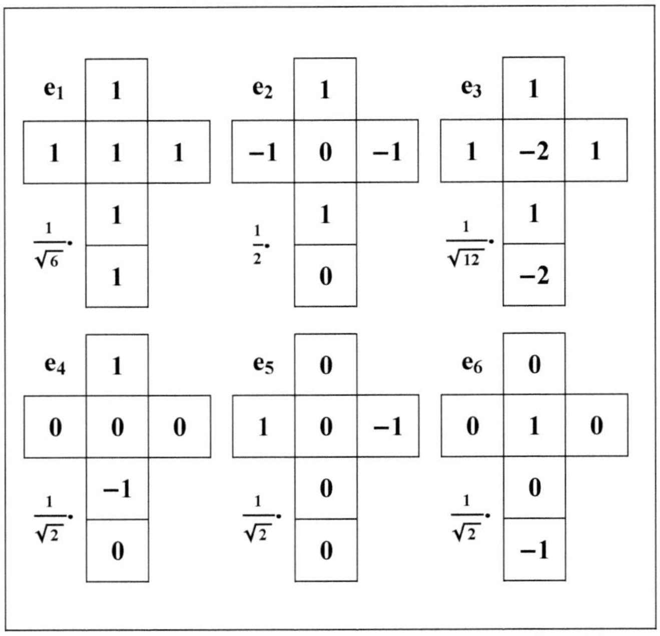

Wahl einer Orthonormalbasis von $\mathfrak{F}$, die an die Abbildung L angepaßt ist.

Wir haben dann $P_1 f = \langle f, e_1\rangle e_1$, sowie $P_2 f = \langle f, e_2\rangle e_2 + \langle f, e_3\rangle e_3$; ist dabei f gegeben durch die Beschriftung $(f_1, f_2, f_3, f_4, f_5, f_6)$, so haben wir

$$\begin{aligned}\langle f, e_1\rangle \;&=\; (1/\sqrt{6})\cdot(f_1 + f_2 + f_3 + f_4 + f_5 + f_6),\\ \langle f, e_2\rangle \;&=\; (1/2)\cdot(f_1 - f_2 - f_4 + f_5),\\ \langle f, e_3\rangle \;&=\; (1/\sqrt{12})\cdot(f_1 + f_2 - 2f_3 + f_4 + f_5 - 2f_6).\end{aligned}$$

Für $n \to \infty$ nähert sich die Zahlenverteilung auf dem Würfel also der konstanten Verteilung an, bei der auf jeder Seite des Würfels das arithmetische Mittel der Ausgangszahlen steht. Die Differenz zwischen diesem "Grenzzustand" und dem tatsächlichen Zustand nach n-facher Durchführung des Vorgangs ist

$$\left(\frac{1}{2}\right)^n \cdot \|P_2 f\| = \frac{1}{2^n}\cdot\sqrt{\langle f, e_2\rangle^2 + \langle f, e_3\rangle^2}\,.$$

Lösung (65.16) Es sei (a_{ij}) die gesuchte Matrixdarstellung. Bekannt sind die Matrizen $G := (g_{ij})$ mit $g_{ij} := \langle v_i, v_j\rangle$ sowie $B := (b_{ij})$ mit $b_{ij} := \langle v_i, Av_j\rangle$. Wir erhalten dann

$$b_{jk} = \langle v_j, Av_k\rangle = \langle v_j, \sum_{i=1}^n a_{ik}v_i\rangle = \sum_{i=1}^n a_{ik}\langle v_i, v_j\rangle$$
$$= \sum_{i=1}^n \langle v_j, v_i\rangle a_{ik} = \sum_{i=1}^n g_{ji}a_{ik} = (GA)_{jk}.$$

Es gilt also $B = GA$ und damit $A = G^{-1}B$.

Lösung (65.17) Es sei $(B_i)_{i\in I}$ eine totalgeordnete Menge von Orthonormalsystemen des Skalarproduktraums V (d.h., für je zwei Indices $i, j \in I$ gelte $B_i \subseteq B_j$ oder $B_j \subseteq B_i$). Dann ist auch $B := \bigcup_{i\in I} B_i$ ein Orthonormalsystem in V. Jede Kette von Orthonormalsystemen von V besitzt also eine obere Schranke. Das Zornsche Lemma garantiert dann die Existenz maximaler Elemente in der Menge aller Orthonormalsysteme.

Lösung (65.18) Wir behaupten, daß der einzige Vektor $v \in V$, der senkrecht auf U steht, der Nullvektor ist. Ist nämlich $v = (v_1, \ldots, v_n, 0, 0, 0, \ldots) \in U^\perp$, so betrachten wir den Vektor $u = (0, \ldots, 1, \ldots, 0, -1, 0, \ldots) \in U$ mit $u_i = 1$, $u_{n+1} = -1$ sowie $u_j = 0$ für alle anderen Indices j. Wir haben dann $0 = \langle v, u\rangle = v_i \cdot 1 + v_{n+1} \cdot (-1) = v_i$. Da i beliebig war, ist damit $v = 0$ gezeigt. Damit ist klar, daß jedes maximale Orthonormalsystem von U schon ein maximales Orthonormalsystem für V ist. Ein solches Orthonormalsystem kann keine Vektorraumbasis von V sein, da U ein echter Untervektorraum von V ist.

Lösung (65.19) Wir erhalten $b_1 = (1/\sqrt{11})\cdot(1, 3, 1)^T$, dann

$$\widehat{b}_2 = v_2 - \langle v_2, b_1\rangle b_1 = \begin{bmatrix} 5 \\ 1 \\ 3 \end{bmatrix} - \begin{bmatrix} 1 \\ 3 \\ 1 \end{bmatrix} = 2\begin{bmatrix} 2 \\ -1 \\ 1 \end{bmatrix}$$

und damit $b_2 = (1/\sqrt{6}) \cdot (2, -1, 1)^T$ sowie schließlich

$$\widehat{b}_3 = v_3 - \langle v_3, b_1\rangle b_1 - \langle v_3, b_2\rangle b_2$$
$$= \begin{bmatrix} 1 \\ 6 \\ -8 \end{bmatrix} - \begin{bmatrix} 1 \\ 3 \\ 1 \end{bmatrix} + 2\begin{bmatrix} 2 \\ -1 \\ 1 \end{bmatrix} = \begin{bmatrix} 4 \\ 1 \\ -7 \end{bmatrix}$$

und damit $b_3 = (1/\sqrt{66}) \cdot (4, 1, -7)^T$.

Lösung (65.20) Normieren von v_1 liefert

$$b_1 = \frac{1}{\sqrt{6}}\begin{bmatrix} 1 \\ -2 \\ 1 \end{bmatrix}.$$

Weiter berechnen wir $\widehat{b}_2 = v_2 - \langle v_2, b_1\rangle b_1$, also

$$\widehat{b}_2 = \begin{bmatrix} -1 \\ 4 \\ -2 \end{bmatrix} - \frac{1}{6}\langle\begin{bmatrix} -1 \\ 4 \\ -2 \end{bmatrix}, \begin{bmatrix} 1 \\ -2 \\ 1 \end{bmatrix}\rangle\begin{bmatrix} 1 \\ -2 \\ 1 \end{bmatrix}$$
$$= \begin{bmatrix} -1 \\ 4 \\ -2 \end{bmatrix} + \frac{11}{6}\begin{bmatrix} 1 \\ -2 \\ 1 \end{bmatrix} = \frac{1}{6}\begin{bmatrix} 5 \\ 2 \\ -1 \end{bmatrix};$$

Normieren führt auf

$$b_2 = \frac{1}{\sqrt{30}}\begin{bmatrix} 5 \\ 2 \\ -1 \end{bmatrix}.$$

Als Ergänzung des Orthonormalsystems (b_1, b_2) zu einer Orthonormalbasis (b_1, b_2, b_3) definieren wir

$$b_3 = b_1 \times b_2 = \frac{1}{\sqrt{180}}\begin{bmatrix} 1 \\ -2 \\ 1 \end{bmatrix} \times \begin{bmatrix} 5 \\ 2 \\ -1 \end{bmatrix}$$
$$= \frac{1}{6\sqrt{5}}\begin{bmatrix} 0 \\ 6 \\ 12 \end{bmatrix} = \frac{1}{\sqrt{5}}\begin{bmatrix} 0 \\ 1 \\ 2 \end{bmatrix}.$$

Lösung (65.21) Man rechnet sofort nach, daß die Bedingungen $\|b_1\| = \|b_2\| = 1$ und $\langle b_1, b_2\rangle = 0$ gelten; also ist (b_1, b_2) ein Orthonormalsystem. Der bequemste Weg, dieses zu einer Orthonormalbasis (b_1, b_2, b_3) zu ergänzen, ist die Berechnung des Vektorproduktes

$$b_3 = b_1 \times b_2 = \frac{1}{9}\begin{bmatrix} 2 \\ -2 \\ 1 \end{bmatrix} \times \begin{bmatrix} 2 \\ 1 \\ -2 \end{bmatrix} = \frac{1}{9}\begin{bmatrix} 3 \\ 6 \\ 6 \end{bmatrix} = \frac{1}{3}\begin{bmatrix} 1 \\ 2 \\ 2 \end{bmatrix}.$$

Lösung (65.22) Wir erhalten

$$b_1 = \frac{v_1}{\|v_1\|} = \frac{1}{\sqrt{2}}\begin{bmatrix} 1 \\ 1 \\ 0 \\ 0 \end{bmatrix},$$

dann

$$\widehat{b}_2 = v_2 - \langle v_2, b_1\rangle b_1 = \frac{1}{2}\begin{bmatrix} -1 \\ 1 \\ 2 \\ 0 \end{bmatrix}, \text{ damit } b_2 = \frac{1}{\sqrt{6}}\begin{bmatrix} -1 \\ 1 \\ 2 \\ 0 \end{bmatrix}$$

und schließlich

$$\widehat{b}_3 = v_3 - \langle v_3, b_1\rangle b_1 - \langle v_3, b_2\rangle b_2 = \frac{2}{3}\begin{bmatrix} 1 \\ -1 \\ 1 \\ 0 \end{bmatrix}$$

und nach Normieren dann

$$b_3 = \frac{1}{\sqrt{3}}\begin{bmatrix} 1 \\ -1 \\ 1 \\ 0 \end{bmatrix}.$$

Da b_1, b_2, b_3 allesamt in der vierten Komponente eine Null haben, kann man $b_4 := (0, 0, 0, 1)^T$ als Ergänzung zu einer Orthonormalbasis wählen.

Aufgaben zu »Skalarprodukträume« siehe Seite 19

Lösung (65.23) Wir erhalten

$$b_1 = \frac{1}{\sqrt{3}}\begin{bmatrix}1\\0\\1\\1\end{bmatrix}, \text{ dann } \widehat{b}_2 := v_2 - \langle v_2, b_1\rangle b_1 = \begin{bmatrix}0\\1\\-1\\1\end{bmatrix}$$

bzw. nach Normieren

$$b_2 = \frac{1}{\sqrt{3}}\begin{bmatrix}0\\1\\-1\\1\end{bmatrix}$$

und schließlich

$$\widehat{b}_3 := v_3 - \langle v_3, b_1\rangle b_1 - \langle v_3, b_2\rangle b_2 = \frac{1}{3}\begin{bmatrix}5\\1\\-2\\-3\end{bmatrix}$$

bzw. nach Normieren

$$b_3 = \frac{1}{\sqrt{39}}\begin{bmatrix}5\\1\\-2\\-3\end{bmatrix}.$$

Um (b_1, b_2, b_3) zu einer Orthonormalbasis zu ergänzen, können wir irgendeinen von v_1, v_2, v_3 linear unabhängigen Vektor wählen (zum Beispiel $v_4 := (0,0,0,1)^T$) und das Gram-Schmidt-Verfahren weiterführen, oder aber wir können $v = (a,b,c,d)^T$ ansetzen und das System der Gleichungen $\langle v, v_k\rangle = 0$ für $k = 1,2,3$ lösen, um einen auf $\mathbb{R}v_1 + \mathbb{R}v_2 + \mathbb{R}v_3 = \mathbb{R}b_1 + \mathbb{R}b_2 + \mathbb{R}b_3$ senkrechten Vektor zu finden (den wir dann nur noch auf Länge 1 normieren müssen). Die Orthonormalprojektion von $v := (1,1,1,1)^T$ auf $\mathbb{R}v_1 + \mathbb{R}v_2$ ist gegeben durch

$$P(v) = \langle v, b_1\rangle b_1 + \langle v, b_2\rangle b_2 = \frac{1}{3}\begin{bmatrix}3\\1\\2\\4\end{bmatrix}.$$

Lösung (65.24) Wir erhalten

$$b_1 = \frac{1}{\sqrt{3}}\begin{bmatrix}1\\0\\-1\\1\end{bmatrix}, \text{ dann } \widehat{b}_2 = v_2 - \langle v, b_1\rangle b_1 = \begin{bmatrix}1\\1\\1\\0\end{bmatrix}$$

und damit

$$b_2 = \frac{1}{\sqrt{3}}\begin{bmatrix}1\\1\\1\\0\end{bmatrix}$$

sowie

$$\widehat{b}_3 = v_3 - \langle v_3, b_1\rangle b_1 - \langle v_3, b_2\rangle b_2 = \frac{2}{3}\begin{bmatrix}1\\-1\\0\\-1\end{bmatrix}$$

und damit

$$b_3 = \frac{1}{\sqrt{3}}\begin{bmatrix}1\\-1\\0\\-1\end{bmatrix}.$$

Um b_4 zu bestimmen, können wir entweder einen von b_1, b_2, b_3 linear unabhängigen Vektor v_4 wählen, zum Beispiel $v_4 := (0,1,0,0)^T$, und mit diesem das Gram-Schmidt-Verfahren fortsetzen. Wir können aber auch den Ansatz $b_4 = (a,b,c,d)^T$ machen, die drei Gleichungen $\langle b_4, b_k\rangle = 0$ mit $k = 1,2,3$ lösen und b_4 dann auf Länge 1 normieren. Wir erhalten $b_4 = (1/\sqrt{3}) \cdot (0,-1,1,1)^T$. Die Orthogonalprojektion von $v := (1,1,1,1)^T$ auf den Unterraum $\mathbb{R}v_1 + \mathbb{R}v_2 = \mathbb{R}b_1 + \mathbb{R}b_2$ ist gegeben durch

$$Pv = \langle v, b_1\rangle b_1 + \langle v, b_2\rangle b_2 = \frac{1}{3}\begin{bmatrix}4\\3\\2\\1\end{bmatrix}.$$

Lösung (65.25) Eine mögliche Wahl ist $v_4 := (0,0,0,1)^T$, wie man sofort durch Berechnen der Determinante $\det(v_1, v_2, v_3, v_4)$ erkennt. Das Gram-Schmidt-Verfahren liefert zunächst $b_1 = (1/\sqrt{10}) \cdot (1,2,2,-1)^T$, anschließend

$$\begin{aligned}\widehat{b}_2 &= v_2 - \langle v_2, b_1\rangle b_1\\ &= \begin{bmatrix}1\\1\\-1\\1\end{bmatrix} - 0\cdot\begin{bmatrix}1\\2\\2\\-1\end{bmatrix} = \begin{bmatrix}1\\1\\-1\\1\end{bmatrix}\end{aligned}$$

und damit $b_2 = (1/2) \cdot (1,1,-1,1)^T$, weiter

$$\begin{aligned}\widehat{b}_3 &= v_3 - \langle v_3, b_1\rangle b_1 - \langle v_3, b_2\rangle b_2\\ &= \begin{bmatrix}0\\0\\-1\\0\end{bmatrix} + \frac{1}{5}\begin{bmatrix}1\\2\\2\\-1\end{bmatrix} - \frac{1}{4}\begin{bmatrix}1\\1\\-1\\1\end{bmatrix} = \frac{1}{20}\begin{bmatrix}-1\\3\\-7\\-9\end{bmatrix}\end{aligned}$$

und damit $b_3 = \big(1/(2\sqrt{35})\big) \cdot (-1,3,-7,-9)^T$ und schließlich

$$\begin{aligned}\widehat{b}_4 &= v_4 - \langle v_4, b_1\rangle b_1 - \langle v_4, b_2\rangle b_2 - \langle v_4, b_3\rangle b_3\\ &= \begin{bmatrix}0\\0\\0\\1\end{bmatrix} + \frac{1}{10}\begin{bmatrix}1\\2\\2\\-1\end{bmatrix} - \frac{1}{4}\begin{bmatrix}1\\1\\-1\\1\end{bmatrix} + \frac{9}{140}\begin{bmatrix}-1\\3\\-7\\-9\end{bmatrix}\\ &= \frac{1}{14}\begin{bmatrix}-3\\2\\0\\1\end{bmatrix}\end{aligned}$$

und damit $b_4 = (1/\sqrt{14}) \cdot (-3,2,0,1)^T$.

Aufgaben zu »Skalarprodukträume« siehe Seite 19

Lösung (65.26) Man erkennt schnell, daß $v_4 := (0,0,0,1)^T$ von v_1, v_2, v_3 linear unabhängig ist und diese drei Vektoren daher zu einer Basis von $\mathbb{R}^4$ ergänzt. Wir führen nun das Gram-Schmidt-Verfahren durch und erhalten zunächst $b_1 = v_1/\|v_1\| = (1/\sqrt{30}) \cdot (1,4,2,3)^T$, dann

$$\widehat{b}_2 = v_2 - \langle v_2, b_1\rangle b_1 = \begin{bmatrix}1\\5\\0\\3\end{bmatrix} - 1 \cdot \begin{bmatrix}1\\4\\2\\3\end{bmatrix} = \begin{bmatrix}0\\1\\-2\\0\end{bmatrix}$$

und damit $b_2 = \widehat{b}_2/\|\widehat{b}_2\| = (1/\sqrt{5}) \cdot (0,1,-2,0)^T$, weiter

$$\begin{aligned}\widehat{b}_3 &= v_3 - \langle v_3, b_1\rangle b_1 - \langle v_3, b_2\rangle b_2 \\ &= \begin{bmatrix}-1\\9\\2\\7\end{bmatrix} - 2 \cdot \begin{bmatrix}1\\4\\2\\3\end{bmatrix} - \begin{bmatrix}0\\1\\-2\\0\end{bmatrix} = \begin{bmatrix}-3\\0\\0\\1\end{bmatrix}\end{aligned}$$

und damit $b_3 = (1/\sqrt{10})\,(-3,0,0,1)^T$ sowie schließlich

$$\begin{aligned}\widehat{b}_4 &= v_4 - \langle v_4, b_1\rangle b_1 - \overbrace{\langle v_4, b_2\rangle}^{=0} b_2 - \langle v_4, b_3\rangle b_3 \\ &= \begin{bmatrix}0\\0\\0\\1\end{bmatrix} - \frac{1}{10}\begin{bmatrix}1\\4\\2\\3\end{bmatrix} - \frac{1}{10}\begin{bmatrix}-3\\0\\0\\1\end{bmatrix} = \frac{1}{5}\begin{bmatrix}1\\-2\\-1\\3\end{bmatrix}\end{aligned}$$

und damit $b_4 = (1/\sqrt{15})\,(1,-2,-1,3)^T$.

Lösung (65.27) Normieren von v_1 liefert

$$b_1 = \frac{1}{\sqrt{2}}\begin{bmatrix}1\\1\\0\\0\end{bmatrix}.$$

Anschließend berechnen wir $\widehat{b}_2 = v_2 - \langle v_2, b_1\rangle b_1$, also

$$\begin{aligned}\widehat{b}_2 &= \begin{bmatrix}0\\1\\1\\0\end{bmatrix} - \frac{1}{2}\left\langle \begin{bmatrix}0\\1\\1\\0\end{bmatrix}, \begin{bmatrix}1\\1\\0\\0\end{bmatrix}\right\rangle \begin{bmatrix}1\\1\\0\\0\end{bmatrix} \\ &= \begin{bmatrix}0\\1\\1\\0\end{bmatrix} - \frac{1}{2}\begin{bmatrix}1\\1\\0\\0\end{bmatrix} = \frac{1}{2}\begin{bmatrix}-1\\1\\2\\0\end{bmatrix}\end{aligned}$$

und nach Normieren dann

$$b_2 = \frac{1}{\sqrt{6}}\begin{bmatrix}-1\\1\\2\\0\end{bmatrix}.$$

Weiterhin berechnen wir $\widehat{b}_3 = v_3 - \langle v_3, b_1\rangle b_1 - \langle v_3, b_2\rangle b_2$, also

$$\begin{aligned}\widehat{b}_3 &= \begin{bmatrix}0\\0\\1\\1\end{bmatrix} - \frac{1}{2}\left\langle \begin{bmatrix}0\\0\\1\\1\end{bmatrix}, \begin{bmatrix}1\\1\\0\\0\end{bmatrix}\right\rangle \begin{bmatrix}1\\1\\0\\0\end{bmatrix} - \frac{1}{6}\left\langle \begin{bmatrix}0\\0\\1\\1\end{bmatrix}, \begin{bmatrix}-1\\1\\2\\0\end{bmatrix}\right\rangle \begin{bmatrix}-1\\1\\2\\0\end{bmatrix} \\ &= \begin{bmatrix}0\\0\\1\\1\end{bmatrix} - \frac{1}{3}\begin{bmatrix}-1\\1\\2\\0\end{bmatrix} = \frac{1}{3}\begin{bmatrix}1\\-1\\1\\3\end{bmatrix}\end{aligned}$$

und nach Normieren dann

$$b_3 = \frac{1}{\sqrt{12}}\begin{bmatrix}1\\-1\\1\\3\end{bmatrix} = \frac{1}{2\sqrt{3}}\begin{bmatrix}1\\-1\\1\\3\end{bmatrix}.$$

Um das Orthonormalsystem (b_1, b_2, b_3) zu einer Orthonormalbasis (b_1, b_2, b_3, b_4) von $\mathbb{R}^4$ zu ergänzen, könnten wir irgendeinen Vektor $v_4 \in \mathbb{R}^4 \setminus \langle\!\langle v_1, v_2, v_3\rangle\!\rangle$ wählen und das Gram-Schmidt-Verfahren fortsetzen. Schneller geht es mit der Beobachtung, daß v_1, v_2 und v_3 allesamt senkrecht auf $(1,-1,1,-1)^T$ stehen und deshalb

$$b_4 := \frac{1}{2}\begin{bmatrix}1\\-1\\1\\-1\end{bmatrix}$$

ein Vektor der gesuchten Art ist (wobei ein solcher Vektor bis auf einen Faktor -1 schon eindeutig bestimmt ist).

Lösung (65.28) Eine mögliche Wahl ist

$$v_1 = \begin{bmatrix}1\\2\\3\\4\end{bmatrix}, \quad v_2 = \begin{bmatrix}1\\1\\1\\1\end{bmatrix}, \quad v_3 = \begin{bmatrix}0\\0\\1\\0\end{bmatrix}, \quad v_4 = \begin{bmatrix}0\\0\\0\\1\end{bmatrix};$$

die lineare Unabhängigkeit dieser vier Vektoren erkennt man sofort durch Betrachten der Matrix mit den Spalten v_1, v_2, v_3, v_4, der man aufgrund ihrer Blockdreiecksgestalt ansieht, daß sie eine von Null verschiedene Determinante hat. Anwendung des Gram-Schmidt-Verfahrens liefert

$$b_1 = \frac{1}{\sqrt{30}}\begin{bmatrix}1\\2\\3\\4\end{bmatrix},$$

dann $\widehat{b}_2 = v_2 - \langle v_2, b_1\rangle b_1$ und $b_2 = \widehat{b}_2/\|\widehat{b}_2\|$, also

$$\widehat{b}_2 = \begin{bmatrix}1\\1\\1\\1\end{bmatrix} - \frac{10}{30}\begin{bmatrix}1\\2\\3\\4\end{bmatrix} = \frac{1}{3}\begin{bmatrix}2\\1\\0\\-1\end{bmatrix} \text{ und } b_2 = \frac{1}{\sqrt{6}}\begin{bmatrix}2\\1\\0\\-1\end{bmatrix}.$$

Aufgaben zu »Skalarprodukträume« siehe Seite 19

Weiter bilden wir $\widehat{b_3} := v_3 - \langle v_3, b_1\rangle b_1 - \langle v_3, b_2\rangle b_2$ und $b_3 := \widehat{b_3}/\|\widehat{b_3}\|$, also

$$\widehat{b_3} = \begin{bmatrix}0\\0\\1\\0\end{bmatrix} - \frac{3}{30}\begin{bmatrix}1\\2\\3\\4\end{bmatrix} - \frac{0}{6}\begin{bmatrix}2\\1\\0\\-1\end{bmatrix} = \frac{1}{10}\begin{bmatrix}-1\\-2\\7\\-4\end{bmatrix}$$

und

$$b_3 = \frac{1}{\sqrt{70}}\begin{bmatrix}-1\\-2\\7\\-4\end{bmatrix}.$$

Schließlich bilden wir $\widehat{b_4} := v_4 - \langle v_4, b_1\rangle b_1 - \langle v_4, b_2\rangle b_2 - \langle v_4, b_3\rangle b_3$ und $b_4 := \widehat{b_4}/\|\widehat{b_4}\|$, also

$$\widehat{b_4} = \begin{bmatrix}0\\0\\0\\1\end{bmatrix} - \frac{4}{30}\begin{bmatrix}1\\2\\3\\4\end{bmatrix} + \frac{1}{6}\begin{bmatrix}2\\1\\0\\-1\end{bmatrix} + \frac{4}{70}\begin{bmatrix}-1\\-2\\7\\-4\end{bmatrix}$$
$$= \frac{1}{210}\begin{bmatrix}30\\-45\\0\\15\end{bmatrix} = \frac{1}{14}\begin{bmatrix}2\\-3\\0\\1\end{bmatrix} \text{ und } b_4 = \frac{1}{\sqrt{14}}\begin{bmatrix}2\\-3\\0\\1\end{bmatrix}.$$

Lösung (65.29) Der Vektorraum U wird (zum Beispiel!) aufgespannt von den Vektoren

$$v_1 = \begin{bmatrix}1\\-1\\0\\0\end{bmatrix}, \quad v_2 = \begin{bmatrix}0\\1\\-1\\0\end{bmatrix}, \quad v_3 = \begin{bmatrix}0\\0\\1\\-1\end{bmatrix}.$$

(Natürlich hätten wir auch eine andere Basis von U wählen können; die nachfolgenden Rechnungen wären dann entsprechend anzupassen.) Normieren von v_1 liefert

$$b_1 = \frac{1}{\sqrt{2}}\begin{bmatrix}1\\-1\\0\\0\end{bmatrix}.$$

Als nächstes berechnen wir $\widehat{b_2} := v_2 - \langle v_2, b_1\rangle b_1$, also

$$\widehat{b_2} = \begin{bmatrix}0\\1\\-1\\0\end{bmatrix} - \frac{1}{2}\left\langle\begin{bmatrix}0\\1\\-1\\0\end{bmatrix}, \begin{bmatrix}1\\-1\\0\\0\end{bmatrix}\right\rangle\begin{bmatrix}1\\-1\\0\\0\end{bmatrix}$$
$$= \begin{bmatrix}0\\1\\-1\\0\end{bmatrix} + \frac{1}{2}\begin{bmatrix}1\\-1\\0\\0\end{bmatrix} = \frac{1}{2}\begin{bmatrix}1\\1\\-2\\0\end{bmatrix};$$

Normieren führt auf

$$b_2 = \frac{1}{\sqrt{6}}\begin{bmatrix}1\\1\\-2\\0\end{bmatrix}.$$

Weiterhin berechnen wir $\widehat{b_3} = v_3 - \langle v_3, b_1\rangle b_1 - \langle v_3, b_2\rangle b_2$; wegen $\langle v_3, b_1\rangle = 0$ reduziert sich dies auf $\widehat{b_3} = v_3 - \langle v_3, b_2\rangle b_2$, also

$$\widehat{b_3} = \begin{bmatrix}0\\0\\1\\-1\end{bmatrix} - \frac{1}{6}\left\langle\begin{bmatrix}0\\0\\1\\-1\end{bmatrix}, \begin{bmatrix}1\\1\\-2\\0\end{bmatrix}\right\rangle\begin{bmatrix}1\\1\\-2\\0\end{bmatrix}$$
$$= \begin{bmatrix}0\\0\\1\\-1\end{bmatrix} + \frac{1}{3}\begin{bmatrix}1\\1\\-2\\0\end{bmatrix} = \frac{1}{3}\begin{bmatrix}1\\1\\1\\-3\end{bmatrix};$$

Normieren liefert

$$b_3 = \frac{1}{\sqrt{12}}\begin{bmatrix}1\\1\\1\\-3\end{bmatrix} = \frac{1}{2\sqrt{3}}\begin{bmatrix}1\\1\\1\\-3\end{bmatrix}.$$

Um das Orthonormalsystem (b_1, b_2, b_3) zu einer Orthonormalbasis (b_1, b_2, b_3, b_4) fortzusetzen, wählen wir irgendeinen Vektor v_4, der nicht in $U = \langle\!\langle v_1, v_2, v_3\rangle\!\rangle$ liegt, und setzen das Gram-Schmidt-Verfahren fort. Für $v_4 := (0,0,0,1)^T$ gilt beispielsweise $\langle v_4, b_1\rangle = \langle v_4, b_2\rangle = 0$ und $\langle v_4, b_3\rangle = -(\sqrt{3}/2)$, folglich $\widehat{b_4} = v_4 - \langle v_4, b_1\rangle b_1 + \langle v_4, b_2\rangle b_2 - \langle v_4, b_3\rangle b_3 = v_4 + (\sqrt{3}/2)b_3$, also

$$\widehat{b_4} = \begin{bmatrix}0\\0\\0\\1\end{bmatrix} + \frac{1}{4}\begin{bmatrix}1\\1\\1\\-3\end{bmatrix} = \frac{1}{4}\begin{bmatrix}1\\1\\1\\1\end{bmatrix}, \text{ folglich } b_4 = \frac{1}{2}\begin{bmatrix}1\\1\\1\\1\end{bmatrix},$$

wobei beim letzten Schritt auf Länge 1 normiert wurde. Die Fortsetzung des Gram-Schmidt-Verfahrens hätte man sich mit der Beobachtung sparen können, daß ja U als die Menge aller Vektoren $(a,b,c,d)^T \in \mathbb{R}^4$ mit $a+b+c+d = 0$ definiert war, also als Lotraum des Vektors $(1,1,1,1)^T$.

Lösung (65.30) (a) Wir erhalten die Matrix

$$\begin{bmatrix}\langle p_1,p_1\rangle & \langle p_1,p_2\rangle & \langle p_1,p_3\rangle\\ \langle p_2,p_1\rangle & \langle p_2,p_2\rangle & \langle p_2,p_3\rangle\\ \langle p_3,p_1\rangle & \langle p_3,p_2\rangle & \langle p_3,p_3\rangle\end{bmatrix} = \begin{bmatrix}4 & 10 & 34\\ 10 & 30 & 98\\ 34 & 98 & 326\end{bmatrix}.$$

(b) Es gilt $\widehat{b_1} = v_1$ mit $\|\widehat{b_1}\| = 2$; folglich ist

$$b_1(X) = \frac{1}{2}(X^2 - X).$$

Weiter ist $\widehat{b_2} = v_2 - \langle v_2, b_1\rangle b_1 = (-3X^2 + 5X + 2)/2$; Normieren liefert

$$b_2(X) = \frac{1}{2\sqrt{5}}(-3X^2 + 5X + 2).$$

Schließlich ist $\widehat{b_3} = v_3 - \langle v_3, b_1\rangle b_1 - \langle v_3, b_2\rangle b_2 = 4(-2X^2 + 5X - 2)/5$; Normieren liefert

$$b_3(X) = \frac{1}{\sqrt{5}}(-2X^2 + 5X - 2).$$

Aufgaben zu »Skalarprodukträume« siehe Seite 19

L66: Abbildungen Euklidischer Räume

Lösung (66.1) Aus $A = B$ folgt offensichtlich $\langle Av, w\rangle = \langle Bv, w\rangle$ für alle $v \in V$ und alle $w \in W$. Ist umgekehrt diese Bedingung erfüllt, so gilt $\langle Av - Bv, w\rangle = 0$ für alle v und w, mit $w := Av - Bv$ also $0 = \langle Av - Bv, Av - Bv\rangle = \|Av - Bv\|^2$ und damit $Av - Bv = 0$ für alle $v \in V$. Das bedeutet aber $A = B$.

Lösung (66.2) Genau dann ist ein lineares Gleichungssystem $Ax = b$ lösbar, wenn b in Bild(A) liegt. Die Behauptung folgt dann daraus, daß $\text{Bild}(A) = \text{Kern}(A^\star)^\perp$ gilt.

Lösung (66.3) (a) Die Schieflinearität überträgt sich sofort von $\langle\cdot,\cdot\rangle$ auf $\langle\!\langle\cdot,\cdot\rangle\!\rangle$. Genau dann ist $\langle\!\langle\cdot,\cdot\rangle\!\rangle$ schiefsymmetrisch, wenn

$$\langle x, Ay\rangle = \overline{\langle y, Ax\rangle} = \langle Ax, y\rangle = \langle x, A^\star y\rangle$$

für alle $x, y \in V$ gilt, also gemäß Aufgabe (66.1) genau dann, wenn $A^\star = A$ gilt, wenn also A selbstadjungiert ist. Ferner ist $\langle\!\langle\cdot,\cdot\rangle\!\rangle$ genau dann positiv definit, wenn $\langle x, Ax\rangle > 0$ für alle $x \neq 0$ gilt; eine selbstadjungierte Abbildung mit dieser Eigenschaft heißt daher auch positiv definit.

(b) Schieflinearität und Schiefsymmetrie übertragen sich sofort von $\langle\cdot,\cdot\rangle$ auf $\langle\!\langle\cdot,\cdot\rangle\!\rangle$; ferner gilt $\langle\!\langle x, x\rangle\!\rangle = \langle Bx, Bx\rangle \geq 0$ für alle $x \in V$ mit Gleichheit genau dann, wenn $Bx = 0$ ist; also ist $\langle\!\langle\cdot,\cdot\rangle\!\rangle$ genau dann positiv definit, wenn B injektiv ist.

(c) Ein Skalarprodukt der Form (b) läßt sich schreiben als

$$\langle\!\langle x, y\rangle\!\rangle = \langle Bx, By\rangle = \langle x, B^\star By\rangle,$$

hat also die Form (a) mit $A := B^\star B$. Ist umgekehrt $\langle\!\langle\cdot,\cdot\rangle\!\rangle$ ein Skalarprodukt von der Form (a), so können wir auch eine lineare Abbildung B derart finden, daß $\langle\!\langle\cdot,\cdot\rangle\!\rangle$ die Form (b) hat, und zwar am einfachsten, indem wir in Koordinaten rechnen, also lineare Abbildungen durch Matrizen darstellen. Ist $(b_1, \ldots, b_n)$ eine Orthonormalbasis von V bezüglich des ursprünglichen Skalarprodukts $\langle\cdot,\cdot\rangle$, so haben wir einerseits $\langle\!\langle x, y\rangle\!\rangle = \langle x, Ay\rangle = x^T\overline{Ay} = x^T\overline{A}\,\overline{y}$, andererseits $\langle\!\langle x, y\rangle\!\rangle = \langle\!\langle \sum_i x_i b_i, \sum_j y_j b_j\rangle\!\rangle = \sum_{i,j} x_i \overline{y_j} \langle\!\langle b_i, b_j\rangle\!\rangle = x^T G\overline{y}$ mit der Gramschen Matrix $G = (\langle\!\langle b_i, b_j\rangle\!\rangle)_{i,j=1}^n$. Ein Vergleich der Darstellungen $\langle\!\langle x, y\rangle\!\rangle = x^T\overline{A}\overline{y}$ und $\langle\!\langle x, y\rangle\!\rangle = x^T G\overline{y}$ zeigt, daß dann $A = \overline{G}$ gilt. Sind nun $\beta_1, \ldots, \beta_n$ die Koordinatendarstellungen der Vektoren $b_1, \ldots, b_n$ bezüglich einer Orthonormalbasis bezüglich $\langle\!\langle\cdot,\cdot\rangle\!\rangle$ und betrachten wir die Matrix $B := (\beta_1 \mid \cdots \mid \beta_n)$ mit den Spalten $\beta_1, \ldots, \beta_n$, so haben wir $G = B^T\overline{B}$ und damit $B^\star B = \overline{G} = A$.

Lösung (66.4) Es gilt $\langle\!\langle Av, w\rangle\!\rangle_W = \langle Av, Qw\rangle_W = \langle v, A^\star Qw\rangle_V = \langle\!\langle v, P^{-1}A^\star Qw\rangle\!\rangle_V$ für alle $v \in V$ und alle $w \in W$ und damit $A^{(\star)} = P^{-1}A^\star Q$.

Lösung (66.5) Die Skalarprodukte auf A und B sind gerade die Einschränkungen der Skalarprodukte auf V bzw. W; für alle $a \in A$ und alle $b \in B$ gilt daher

$$\langle T_{AB}\, a, b\rangle = \langle Ta, b\rangle = \langle a, T^\star b\rangle = \langle a, (T^\star)_{BA}\, b\rangle.$$

Lösung (66.6) Nach Wahl einer Orthonormalbasis von V deuten wir T als Matrix und haben dann $T^\star = \overline{T}^T$; die Matrixdarstellung der adjungierten Abbildung ergibt sich also durch Konjugieren und Transponieren der Matrixdarstellung der ursprünglichen Abbildung T.

(a) Wir bezeichnen mit p das charakteristische Polynom von T und mit q dasjenige von $T^\star$. Es gilt dann

$$\begin{aligned} q(\lambda) &= \det(T^\star - \lambda\mathbf{1}) = \det(\overline{T}^T - \lambda\mathbf{1}) \\ &= \overline{\det(T^T - \overline{\lambda}\mathbf{1})} = \overline{\det(T - \overline{\lambda}\mathbf{1})} = \overline{p(\overline{\lambda})}. \end{aligned}$$

Unmittelbar aus der Art, wie man die Determinante bzw. die Spur einer Matrix berechnet, ergeben sich die Gleichungen $\det(T^\star) = \det(\overline{T}^T) = \det(\overline{T}) = \overline{\det(T)}$ und $\text{tr}(T^\star) = \text{tr}(\overline{T}^T) = \text{tr}(\overline{T}) = \overline{\text{tr}(T)}$.

(b) Es gelten die folgenden Äquivalenzen:

$$\begin{aligned} & U^\perp \text{ ist invariant unter } T^\star \\ \Leftrightarrow\ & T^\star v \in U^\perp \text{ für alle } v \in U^\perp \\ \Leftrightarrow\ & \langle T^\star v, u\rangle = 0 \text{ für alle } v \in U^\perp \text{ und alle } u \in U \\ \Leftrightarrow\ & \langle v, Tu\rangle = 0 \text{ für alle } v \in U^\perp \text{ und alle } u \in U \\ \Leftrightarrow\ & Tu \in U^{\perp\perp} = U \text{ für alle } u \in U \\ \Leftrightarrow\ & U \text{ ist invariant unter } T. \end{aligned}$$

(c) Wegen (a) ist λ genau dann eine m-fache Nullstelle des charakteristischen Polynoms p von T, wenn $\overline{\lambda}$ eine m-fache Nullstelle des charakteristischen Polynoms q von $T^\star$ ist; also tritt λ als Eigenwert von T mit der gleichen algebraischen Vielfachheit auf wie $\overline{\lambda}$ als Eigenwert von $T^\star$. Die entsprechende Aussage für die geometrische Vielfachheit ergibt sich aus der Gleichungskette

$$\begin{aligned} \dim\text{Kern}(T^\star - \overline{\lambda}\mathbf{1}) &= \dim\text{Kern}\big((T - \lambda\mathbf{1})^\star\big) \\ &= \dim\big(\text{Bild}(T - \lambda\mathbf{1})^\perp\big) \\ &= \dim V - \dim\text{Bild}(T - \lambda\mathbf{1}) \\ &= \dim\text{Kern}(T - \lambda\mathbf{1}). \end{aligned}$$

(d) Es seien v ein Eigenvektor von T zum Eigenwert λ und w ein Eigenvektor von $T^\star$ zum Eigenwert μ. Wir erhalten dann

$$\begin{aligned} \lambda\langle v, w\rangle &= \langle \lambda v, w\rangle = \langle Tv, w\rangle \\ &= \langle v, T^\star w\rangle = \langle v, \mu w\rangle = \overline{\mu}\langle v, w\rangle \end{aligned}$$

und damit $(\lambda - \overline{\mu})\langle v, w\rangle = 0$. Gilt also $\mu \neq \overline{\lambda}$, so folgt hieraus $\langle v, w\rangle = 0$, also $v \perp w$.

Aufgaben zu »Abbildungen Euklidischer Räume« siehe Seite 23

Lösung (66.7) (a) Wir haben

$$A^\star A = \begin{bmatrix} 1 & 3 & 5 \\ 2 & 4 & 6 \end{bmatrix} \begin{bmatrix} 1 & 2 \\ 3 & 4 \\ 5 & 6 \end{bmatrix} = \begin{bmatrix} 35 & 44 \\ 44 & 56 \end{bmatrix}$$

und

$$A^\star b = \begin{bmatrix} 1 & 3 & 5 \\ 2 & 4 & 6 \end{bmatrix} \begin{bmatrix} 3 \\ 7 \\ 5 \end{bmatrix} = \begin{bmatrix} 49 \\ 64 \end{bmatrix};$$

die Normalengleichung lautet also

$$\begin{bmatrix} 35 & 44 \\ 44 & 56 \end{bmatrix} \begin{bmatrix} x \\ y \end{bmatrix} = \begin{bmatrix} 49 \\ 64 \end{bmatrix}.$$

Die Koeffizientenmatrix dieses Gleichungssystems ist invertierbar; wir erhalten die eindeutige Lösung

$$\begin{bmatrix} x \\ y \end{bmatrix} = \frac{1}{24} \begin{bmatrix} 56 & -44 \\ -44 & 35 \end{bmatrix} \begin{bmatrix} 49 \\ 64 \end{bmatrix} = \begin{bmatrix} -3 \\ 3.5 \end{bmatrix}.$$

(b) Wir haben

$$A^\star A = \begin{bmatrix} 1 & 2 & 3 \\ 4 & 5 & 6 \\ 7 & 8 & 9 \end{bmatrix} \begin{bmatrix} 1 & 4 & 7 \\ 2 & 5 & 8 \\ 3 & 6 & 9 \end{bmatrix} = \begin{bmatrix} 14 & 32 & 50 \\ 32 & 77 & 122 \\ 50 & 122 & 194 \end{bmatrix}$$

und

$$A^\star b = \begin{bmatrix} 1 & 2 & 3 \\ 4 & 5 & 6 \\ 7 & 8 & 9 \end{bmatrix} \begin{bmatrix} 12 \\ 15 \\ 10 \end{bmatrix} = \begin{bmatrix} 72 \\ 183 \\ 294 \end{bmatrix};$$

die Normalengleichung lautet also

$$\begin{bmatrix} 14 & 32 & 50 \\ 32 & 77 & 122 \\ 50 & 122 & 194 \end{bmatrix} \begin{bmatrix} x \\ y \\ z \end{bmatrix} = \begin{bmatrix} 72 \\ 183 \\ 294 \end{bmatrix}.$$

Anwendung des Gaußschen Algorithmus (etwas modifiziert, um Brüche möglichst lange zu vermeiden) liefert

$$\left[\begin{array}{ccc|c} 7 & 16 & 25 & 36 \\ 32 & 77 & 122 & 183 \\ 50 & 122 & 194 & 294 \end{array}\right] \to \left[\begin{array}{ccc|c} 7 & 16 & 25 & 36 \\ -3 & -3 & -3 & 3 \\ 1 & 10 & 19 & 42 \end{array}\right],$$

wobei wir zunächst die erste Zeile durch 2 teilten und anschließend von der zweiten Zeile das Fünffache und von der dritten Zeile das Siebenfache der ersten Zeile subtrahierten. Wir dividieren nun die zweite Zeile durch -3 und tauschen dann die erste Zeile nach unten; es ergibt sich

$$\left[\begin{array}{ccc|c} 1 & 1 & 1 & -1 \\ 1 & 10 & 19 & 42 \\ 7 & 16 & 25 & 36 \end{array}\right] \to \left[\begin{array}{ccc|c} 1 & 1 & 1 & -1 \\ 0 & 9 & 18 & 43 \\ 0 & 9 & 18 & 43 \end{array}\right]$$

$$\to \left[\begin{array}{ccc|c} 1 & 1 & 1 & -1 \\ 0 & 1 & 2 & 43/9 \\ 0 & 0 & 0 & 0 \end{array}\right] \to \left[\begin{array}{ccc|c} 1 & 0 & -1 & -52/9 \\ 0 & 1 & 2 & 43/9 \\ 0 & 0 & 0 & 0 \end{array}\right]$$

Als allgemeine Lösung dieses Gleichungssystems ergibt sich

$$\begin{bmatrix} x \\ y \\ z \end{bmatrix} = \begin{bmatrix} -52/9 \\ 43/9 \\ 0 \end{bmatrix} + z \cdot \begin{bmatrix} 1 \\ -2 \\ 1 \end{bmatrix},$$

wobei z frei wählbar ist. In diesem Fall gibt es also unendlich viele bestapproximierende Lösungen des gegebenen Gleichungssystems.

Lösung (66.8) (a) Ist $T = \mathbf{0}$, so gilt trivialerweise $\langle Tv, v\rangle = 0$ für alle $v \in V$; der schwierigere Teil des Beweises ist die Umkehrung. Diese ist für den Grundkörper $\mathbb{R}$ auch gar nicht richtig (man denke an eine 90^0-Drehung im $\mathbb{R}^2$); zum Beweis dieser Umkehrung müssen also auf jeden Fall komplexe Skalare benutzt werden. Für alle $x, y \in V$ haben wir

$$\begin{aligned} 0 &= \langle T(x+iy), x+iy\rangle = \langle Tx + iTy, x+iy\rangle \\ &= \underbrace{\langle Tx, x\rangle}_{=0} + i\langle Ty, x\rangle - i\langle Tx, y\rangle + \underbrace{\langle Ty, y\rangle}_{=0} \\ &= i\big(\langle Ty, x\rangle - \langle Tx, y\rangle\big) \end{aligned}$$

und damit

$$(1) \qquad \langle Ty, x\rangle = \langle Tx, y\rangle.$$

Ersetzen wir in dieser Gleichung y durch iy, so erhalten wir $i\langle Ty, x\rangle = -i\langle Tx, y\rangle$, nach Division durch i also

$$(2) \qquad \langle Ty, x\rangle = -\langle Tx, y\rangle.$$

Vergleich von (1) und (2) zeigt $\langle Tx, y\rangle = 0$ für alle $x, y \in V$; nach Aufgabe (66.1) ist dann $T = \mathbf{0}$.

(b) Ist T selbstadjungiert, so gilt $\langle Tv, v\rangle = \langle v, Tv\rangle = \overline{\langle Tv, v\rangle}$ und damit $\langle Tv, v\rangle \in \mathbb{R}$ für alle $v \in V$. Gilt umgekehrt $\langle Tv, v\rangle \in \mathbb{R}$ für alle $v \in V$, dann auch

$$\begin{aligned} \langle (T - T^\star)v, v\rangle &= \langle Tv - T^\star v, v\rangle = \langle Tv, v\rangle - \langle T^\star v, v\rangle \\ &= \langle Tv, v\rangle - \langle v, Tv\rangle = \langle Tv, v\rangle - \overline{\langle Tv, v\rangle} \\ &= 2i\,\mathrm{Im}(\langle Tv, v\rangle) = 0 \end{aligned}$$

für alle $v \in V$, wegen (a) also $T - T^\star = \mathbf{0}$ bzw. $T^\star = T$. Also ist T selbstadjungiert.

(c) Ist T schiefadjungiert, so gilt $\langle Tv, v\rangle = -\langle v, Tv\rangle = -\overline{\langle Tv, v\rangle}$ und damit $\langle Tv, v\rangle \in i\mathbb{R}$ für alle $v \in V$. Gilt umgekehrt $\langle Tv, v\rangle \in i\mathbb{R}$ für alle $v \in V$, dann auch

$$\begin{aligned} \langle (T + T^\star)v, v\rangle &= \langle Tv + T^\star v, v\rangle = \langle Tv, v\rangle + \langle T^\star v, v\rangle \\ &= \langle Tv, v\rangle + \langle v, Tv\rangle = \langle Tv, v\rangle + \overline{\langle Tv, v\rangle} \\ &= 2i\,\mathrm{Re}(\langle Tv, v\rangle) = 0 \end{aligned}$$

für alle $v \in V$, wegen (a) also $T + T^\star = \mathbf{0}$ bzw. $T^\star = -T$. Also ist T schiefadjungiert.

(d) Wegen $(iT)^\star = -iT^\star$ gilt die Äquivalenz $T^\star = T \Leftrightarrow (iT)^\star = -iT$; dies ist die Behauptung. (Natürlich

Aufgaben zu »Abbildungen Euklidischer Räume« siehe Seite 23

kann diese Behauptung auch aus (c) und (d) gefolgert werden.)

(e) Wegen $(iT)^\star = -iT^\star$ gilt die Äquivalenz $T^\star = -T \Leftrightarrow (iT)^\star = iT$; dies ist die Behauptung. (Natürlich kann diese Behauptung auch aus (c) und (d) gefolgert werden.)

Lösung (66.9) Ist T schiefadjungiert, so gilt $\langle Tv, v\rangle = \langle v, T^\star v\rangle = \langle v, -Tv\rangle = -\langle v, Tv\rangle = -\langle Tv, v\rangle$ und damit $\langle Tv, v\rangle = 0$ für alle $v \in V$. Ist umgekehrt diese Bedingung erfüllt, so gilt

$$\begin{aligned} 0 &= \langle T(x+y), x+y\rangle = \langle Tx+Ty, x+y\rangle \\ &= \underbrace{\langle Tx, x\rangle}_{=0} + \langle Tx, y\rangle + \langle Ty, x\rangle + \underbrace{\langle Ty, y\rangle}_{=0} \\ &= \langle Tx, y\rangle + \langle Ty, x\rangle = \langle Tx, y\rangle + \langle y, T^\star x\rangle \\ &= \langle Tx, y\rangle + \langle T^\star x, y\rangle \end{aligned}$$

und damit $\langle T^\star x, y\rangle = \langle (-T)x, y\rangle$ für alle $x, y \in V$. Nach Aufgabe (66.1) gilt dann $T^\star = -T$; also ist T schiefadjungiert.

Lösung (66.10) Genau dann ist $\|Ax - b\|$ minimal, wenn $Ax - b$ in $\text{Bild}(A)^\perp = \text{Kern}(A^\star)$ liegt, wenn also die Normalengleichung $(A^\star A)x = A^\star b$ gilt. In unserem Fall haben wir

$$A^\star A = \begin{bmatrix} -1 & 2 & 0 \\ 2 & 0 & -2 \\ 0 & -2 & 1 \\ 1 & 2 & -2 \\ -1 & 0 & 1 \end{bmatrix} \begin{bmatrix} -1 & 2 & 0 & 1 & -1 \\ 2 & 0 & -2 & 2 & 0 \\ 0 & -2 & 1 & -2 & 1 \end{bmatrix} = \begin{bmatrix} 5 & -2 & -4 & 3 & 1 \\ -2 & 8 & -2 & 6 & -4 \\ -4 & -2 & 5 & -6 & 1 \\ 3 & 6 & -6 & 9 & -3 \\ 1 & -4 & 1 & -3 & 2 \end{bmatrix}$$

und

$$A^\star b = \begin{bmatrix} -1 & 2 & 0 \\ 2 & 0 & -2 \\ 0 & -2 & 1 \\ 1 & 2 & -2 \\ -1 & 0 & 1 \end{bmatrix} \begin{bmatrix} 1 \\ 0 \\ -2 \end{bmatrix} = \begin{bmatrix} -1 \\ 6 \\ -2 \\ 5 \\ -3 \end{bmatrix}.$$

Anwendung des Gaußschen Algorithmus liefert

$$\left[\begin{array}{ccccc|c} 5 & -2 & -4 & 3 & 1 & -1 \\ -2 & 8 & -2 & 6 & -4 & 6 \\ -4 & -2 & 5 & -6 & 1 & -2 \\ 3 & 6 & -6 & 9 & -3 & 5 \\ 1 & -4 & 1 & -3 & 2 & -3 \end{array}\right] \rightarrow \left[\begin{array}{ccccc|c} 0 & 18 & -9 & 18 & -9 & 14 \\ 0 & 0 & 0 & 0 & 0 & 0 \\ 0 & -18 & 9 & -18 & 9 & -14 \\ 0 & 18 & -9 & 18 & -9 & 14 \\ 1 & -4 & 1 & -3 & 2 & -3 \end{array}\right];$$

es entstehen drei Nullzeilen, und das verbleibende Gleichungssystem reduziert sich auf

$$\left[\begin{array}{ccccc|c} 1 & -4 & 1 & -3 & 2 & -3 \\ 0 & 2 & -1 & 2 & -1 & 14/9 \end{array}\right] \rightarrow \left[\begin{array}{ccccc|c} 1 & 0 & -1 & 1 & 0 & 1/9 \\ 0 & 2 & -1 & 2 & -1 & 14/9 \end{array}\right].$$

Wir haben also $x_1 = (1/9) + x_3 - x_4$ und $x_2 = (7/9) + (x_3/2) - x_4 + (x_5/2)$; die allgemeine Lösung lautet daher

$$\begin{bmatrix} x_1 \\ x_2 \\ x_3 \\ x_4 \\ x_5 \end{bmatrix} = \begin{bmatrix} 1/9 \\ 7/9 \\ 0 \\ 0 \\ 0 \end{bmatrix} + \frac{x_3}{2} \begin{bmatrix} 2 \\ 1 \\ 2 \\ 0 \\ 0 \end{bmatrix} + x_4 \begin{bmatrix} -1 \\ -1 \\ 0 \\ 1 \\ 0 \end{bmatrix} + \frac{x_5}{2} \begin{bmatrix} 0 \\ 1 \\ 0 \\ 0 \\ 2 \end{bmatrix}.$$

Lösung (66.11) Genau dann ist $\|Ax - b\|$ minimal, wenn x die Normalengleichung $A^T Ax = A^T b$ löst, also

$$\begin{bmatrix} 3 & 2 & 1 \\ 2 & 4 & 2 \\ 1 & 2 & 3 \end{bmatrix} \begin{bmatrix} x_1 \\ x_2 \\ x_3 \end{bmatrix} = \begin{bmatrix} 10.2 \\ 15.9 \\ 14.1 \end{bmatrix}$$

Anwendung des Gaußschen Algorithmus liefert

$$x = \begin{bmatrix} 1.125 \\ 1.875 \\ 3.075 \end{bmatrix} \quad \text{mit} \quad Ax - b = \begin{bmatrix} 0.025 \\ -0.100 \\ 0.075 \\ -0.025 \\ 0.050 \\ -0.125 \end{bmatrix}$$

und damit den Minimalabstand $\|Ax - b\| = \sqrt{0.035}$.

Aufgaben zu »Abbildungen Euklidischer Räume« siehe Seite 23

L67: Adjungiertheitseigenschaften

Lösung (67.1) Bedingung (1) bedeutet $T^\star T = TT^\star$, was nach Aufgabe (66.1) gleichbedeutend ist mit $\langle x, T^\star Ty\rangle = \langle x, TT^\star y\rangle$ für alle $x, y \in V$ und damit mit Bedingung (2). Aus (2) folgt mit $x := y := v$ sofort (3); umgekehrt folgt aus (3) auch (2), weil sich Skalarprodukte stets durch Normen ausdrücken lassen (siehe Satz (65.4) im Buch). Damit sind die ersten drei Bedingungen äquivalent. Aus (1) folgt sofort (4); aus (4) folgt $\langle T^\star Tv, v\rangle = \langle TT^\star v, v\rangle$ und damit (3). Also sind alle vier Bedingungen äquivalent.

Lösung (67.2) Nach Aufgabe (56.9) haben $TT^\star$ und $T^\star T$ die gleichen von Null verschiedenen Eigenwerte. Ist $v \in V$ ein Eigenvektor von $T^\star T$ zu einem Eigenwert $\lambda \neq 0$, so zeigt Anwendung von T auf die Gleichung $T^\star Tv = \lambda v$, daß Tv ein Eigenvektor von $TT^\star$ zum Eigenwert λ ist. (Wegen $T^\star Tv \neq 0$ ist $Tv \neq 0$.) Analog sieht man: Ist $w \in W$ ein Eigenvektor von $TT^\star$ zum Eigenwert $\lambda \neq 0$, so ist $T^\star w$ ein Eigenvektor von $T^\star T$ zum gleichen Eigenwert λ.

Lösung (67.3) (a) Hier kann man die Eigenwerte und Eigenvektoren durch scharfes Hinschauen feststellen; offenbar ist $(1,1)^T$ ein Eigenvektor zum Eigenwert 2, dagegen $(-1,1)^T$ ein Eigenvektor zum Eigenwert 0. Dann ist die Matrix

$$P := \frac{1}{\sqrt{2}}\begin{bmatrix} 1 & -1 \\ 1 & 1 \end{bmatrix},$$

in deren Spalten die auf Länge 1 normierten Eigenvektoren stehen, eine unitäre Matrix. (Ferner gilt $\det(P) = 1$, was wir aufgrund der Vorzeichenwahl für die letzte Spalte stets erreichen können; die Matrix P stellt also geometrisch eine Drehung dar.) Es gilt dann

$$P^{-1}AP = \begin{bmatrix} 2 & 0 \\ 0 & 0 \end{bmatrix} =: D.$$

Die Quadratwurzel von A ist also gegeben durch

$$\begin{aligned} P\sqrt{D}P^{-1} &= P\begin{bmatrix} \sqrt{2} & 0 \\ 0 & 0 \end{bmatrix}P^T \\ &= \frac{1}{2}\begin{bmatrix} 1 & -1 \\ 1 & 1 \end{bmatrix}\begin{bmatrix} \sqrt{2} & 0 \\ 0 & 0 \end{bmatrix}\begin{bmatrix} 1 & 1 \\ -1 & 1 \end{bmatrix} \\ &= \frac{1}{\sqrt{2}}\begin{bmatrix} 1 & -1 \\ 1 & 1 \end{bmatrix}\begin{bmatrix} 1 & 0 \\ 0 & 0 \end{bmatrix}\begin{bmatrix} 1 & 1 \\ -1 & 1 \end{bmatrix} \\ &= \frac{1}{\sqrt{2}}\begin{bmatrix} 1 & -1 \\ 1 & 1 \end{bmatrix}\begin{bmatrix} 1 & 1 \\ 0 & 0 \end{bmatrix} = \frac{1}{\sqrt{2}}\begin{bmatrix} 1 & 1 \\ 1 & 1 \end{bmatrix}. \end{aligned}$$

Um eine Cholesky-Zerlegung $A = B^\star B = B^T B$ mit einer oberen Dreiecksmatrix B zu erhalten, machen wir den Ansatz

$$\begin{bmatrix} 1 & 1 \\ 1 & 1 \end{bmatrix} = \begin{bmatrix} a & 0 \\ b & c \end{bmatrix}\begin{bmatrix} a & b \\ 0 & c \end{bmatrix} = \begin{bmatrix} a^2 & ab \\ ab & b^2+c^2 \end{bmatrix} \quad (a, c \geq 0).$$

Dieser Ansatz führt nacheinander auf die Gleichungen $a^2 = 1$ und damit $a = 1$, dann $b = 1/a = 1$ und schließlich $1 = b^2 + c^2 = 1 + c^2$ und damit $c = 0$. Wir erhalten also die eindeutige Cholesky-Zerlegung

$$A = B^\star B \quad \text{mit} \quad B = \begin{bmatrix} 1 & 1 \\ 0 & 0 \end{bmatrix}.$$

(b) Auch hier können wir Eigenwerte und Eigenvektoren durch scharfes Hinschauen erkennen; mit

$$v_1 = \frac{1}{\sqrt{2}}\begin{bmatrix} 1 \\ 1 \\ 0 \end{bmatrix}, \quad v_2 = \frac{1}{\sqrt{2}}\begin{bmatrix} -1 \\ 1 \\ 0 \end{bmatrix}, \quad v_3 = \begin{bmatrix} 0 \\ 0 \\ 1 \end{bmatrix}$$

(diese Vektoren sind bereits auf Länge 1 normiert) haben wir $Av_1 = 3v_1$, $Av_2 = v_2$ und $Av_3 = 4v_3$, also

$$P^{-1}AP = \begin{bmatrix} 3 & 0 & 0 \\ 0 & 1 & 0 \\ 0 & 0 & 4 \end{bmatrix} =: D \text{ mit } P = \frac{1}{\sqrt{2}}\begin{bmatrix} 1 & -1 & 0 \\ 1 & 1 & 0 \\ 0 & 0 & \sqrt{2} \end{bmatrix}.$$

Die Quadratwurzel von A ist also gegeben durch

$$\begin{aligned} P\sqrt{D}P^{-1} &= P\begin{bmatrix} \sqrt{3} & 0 & 0 \\ 0 & 1 & 0 \\ 0 & 0 & 2 \end{bmatrix}P^T \\ &= \frac{1}{2}\begin{bmatrix} 1 & -1 & 0 \\ 1 & 1 & 0 \\ 0 & 0 & \sqrt{2} \end{bmatrix}\begin{bmatrix} \sqrt{3} & 0 & 0 \\ 0 & 1 & 0 \\ 0 & 0 & 2 \end{bmatrix}\begin{bmatrix} 1 & 1 & 0 \\ -1 & 1 & 0 \\ 0 & 0 & \sqrt{2} \end{bmatrix} \\ &= \frac{1}{2}\begin{bmatrix} 1 & -1 & 0 \\ 1 & 1 & 0 \\ 0 & 0 & \sqrt{2} \end{bmatrix}\begin{bmatrix} \sqrt{3} & \sqrt{3} & 0 \\ -1 & 1 & 0 \\ 0 & 0 & 2\sqrt{2} \end{bmatrix} \\ &= \frac{1}{2}\begin{bmatrix} \sqrt{3}+1 & \sqrt{3}-1 & 0 \\ \sqrt{3}-1 & \sqrt{3}+1 & 0 \\ 0 & 0 & 4 \end{bmatrix}. \end{aligned}$$

Um eine Cholesky-Zerlegung zu erhalten, machen wir den Ansatz

$$\begin{aligned} \begin{bmatrix} 2 & 1 & 0 \\ 1 & 2 & 0 \\ 0 & 0 & 4 \end{bmatrix} &= \begin{bmatrix} a & 0 & 0 \\ b & d & 0 \\ c & e & f \end{bmatrix}\begin{bmatrix} a & b & c \\ 0 & d & e \\ 0 & 0 & f \end{bmatrix} \\ &= \begin{bmatrix} a^2 & ab & ac \\ ab & b^2+d^2 & bc+de \\ ac & bc+de & c^2+e^2+f^2 \end{bmatrix} \end{aligned}$$

mit $a, d, f \geq 0$. Dieser Ansatz liefert nacheinander $a^2 = 2$, also $a = \sqrt{2}$, dann $ab = 1$, also $b = \sqrt{1/2}$, dann $ac = 0$, also $c = 0$, weiter $b^2 + d^2 = 2$, also $d^2 = 3/2$ und damit $d = \sqrt{3/2}$, ferner $bc + de = 0$ und damit $e = 0$ und schließlich $c^2 + e^2 + f^2 = 4$ und damit $f^2 = 4$ bzw. $f = 2$. Wir erhalten also die eindeutige Cholesky-Zerlegung

$$A = B^\star B \quad \text{mit} \quad B = \begin{bmatrix} \sqrt{2} & \sqrt{1/2} & 0 \\ 0 & \sqrt{3/2} & 0 \\ 0 & 0 & 2 \end{bmatrix}.$$

Aufgaben zu »Adjungiertheitseigenschaften« siehe Seite 24

Lösung (67.4) Offensichtlich ist A selbstadjungiert. Das charakteristische Polynom ist

$$\det(A - \lambda \mathbf{1}) \;=\; (2-\lambda)(\lambda-1)(\lambda-3);$$

also hat A nur positive Eigenwerte und ist daher positiv definit. Zu den Eigenwerten $\lambda_1 := 1$, $\lambda_2 := 2$ und $\lambda_3 := 3$ erhalten wir die Eigenvektoren

$$v_1 = \begin{bmatrix} 1 \\ 0 \\ -1 \end{bmatrix}, \quad v_2 = \begin{bmatrix} 0 \\ 1 \\ 0 \end{bmatrix}, \quad v_3 = \begin{bmatrix} 1 \\ 0 \\ 1 \end{bmatrix}.$$

Normieren wir diese und fassen wir sie als Spalten der Transformationsmatrix

$$T \;:=\; \frac{1}{\sqrt{2}} \begin{bmatrix} 1 & 0 & 1 \\ 0 & \sqrt{2} & 0 \\ -1 & 0 & 1 \end{bmatrix}$$

auf, so gilt

$$T^{-1}AT \;=\; \begin{bmatrix} 1 & 0 & 0 \\ 0 & 2 & 0 \\ 0 & 0 & 3 \end{bmatrix}.$$

Die gesuchte Quadratwurzel B aus A ist dann

$$\begin{aligned} B \;&=\; T \begin{bmatrix} 1 & 0 & 0 \\ 0 & \sqrt{2} & 0 \\ 0 & 0 & \sqrt{3} \end{bmatrix} T^{-1} \;=\; T \begin{bmatrix} 1 & 0 & 0 \\ 0 & \sqrt{2} & 0 \\ 0 & 0 & \sqrt{3} \end{bmatrix} T^T \\ &=\; \frac{1}{2} \begin{bmatrix} 1+\sqrt{3} & 0 & -1+\sqrt{3} \\ 0 & 2\sqrt{2} & 0 \\ -1+\sqrt{3} & 0 & 1+\sqrt{3} \end{bmatrix}. \end{aligned}$$

Lösung (67.5) Das charakteristische Polynom von A ist

$$\begin{aligned} p(\lambda) \;&=\; (1/2-\lambda)(\lambda^2 - (9/2)\lambda + (7/2)) \\ &=\; (1/2-\lambda)(\lambda-1)(\lambda-7/2); \end{aligned}$$

also hat die (offenbar symmetrische) Matrix A die Eigenwerte $\lambda_1 = 7/2$, $\lambda_2 = 1$ und $\lambda_3 = 1/2$ und ist daher positiv definit. Zugehörige Eigenvektoren (normiert auf Länge 1) sind

$$v_1 = \frac{1}{\sqrt{5}} \begin{bmatrix} 2 \\ 1 \\ 0 \end{bmatrix}, \quad v_2 = \frac{1}{\sqrt{5}} \begin{bmatrix} 1 \\ -2 \\ 0 \end{bmatrix}, \quad v_3 = \begin{bmatrix} 0 \\ 0 \\ 1 \end{bmatrix}.$$

Mit der Transformationsmatrix

$$T \;:=\; \frac{1}{\sqrt{5}} \begin{bmatrix} 2 & 1 & 0 \\ 1 & -2 & 0 \\ 0 & 0 & \sqrt{5} \end{bmatrix}$$

ist dann die gesuchte Quadratwurzel aus A gegeben durch

$$\begin{aligned} B &= T \begin{bmatrix} \sqrt{7/2} & 0 & 0 \\ 0 & 1 & 0 \\ 0 & 0 & \sqrt{1/2} \end{bmatrix} T^{-1} = T \begin{bmatrix} \sqrt{7/2} & 0 & 0 \\ 0 & 1 & 0 \\ 0 & 0 & \sqrt{1/2} \end{bmatrix} T^T \\ &= \frac{1}{5} \begin{bmatrix} 4\sqrt{7/2}+1 & 2\sqrt{7/2}-2 & 0 \\ 2\sqrt{7/2}-2 & \sqrt{7/2}+4 & 0 \\ 0 & 0 & 5/\sqrt{2} \end{bmatrix}. \end{aligned}$$

Lösung (67.6) Wir zäumen das Pferd von hinten her auf. Es sei $(b_1, \ldots, b_n)$ die Orthonormalbasis von V, die durch Anwendung des Gram-Schmidt-Verfahrens auf die Basis $(w_1, \ldots, w_n)$ entsteht. Dann ist die Matrix B mit den Spalten $b_1, \ldots, b_n$ eine orthogonale Matrix; d.h., es gilt $B^T B = \mathbf{1}$. Dann ist

$$M \;:=\; B^{-1}W \;=\; B^T W$$

eine obere Dreiecksmatrix, denn es gilt $m_{ij} = \langle b_i, w_j \rangle$, und nach Konstruktion steht jeder Vektor b_i senkrecht auf $b_1, \ldots, b_{i-1}$ und damit auch auf $w_1, \ldots, w_{i-1}$ (denn die Vektoren $b_1, \ldots, b_{i-1}$ spannen den gleichen Unterraum von V auf wie $w_1, \ldots, w_{i-1}$). Ferner gilt $M^T M = (B^T W)^T (B^T W) = W^T B B^T W = W^T W = G$. Schließlich gilt $B^{-1} = M W^{-1}$ unmittelbar nach Definition von M und damit $B = W M^{-1}$. Damit ist alles gezeigt.

Lösung (67.7) In Matrixform ist die Quadrik gegeben durch

$$\begin{bmatrix} x & y \end{bmatrix} \begin{bmatrix} 2 & -3/2 \\ -3/2 & -2 \end{bmatrix} \begin{bmatrix} x \\ y \end{bmatrix} + \begin{bmatrix} 3 & -1 \end{bmatrix} \begin{bmatrix} x \\ y \end{bmatrix} + 4 \;=\; 0.$$

Wegen

$$\begin{vmatrix} 2-\lambda & -3/2 \\ -3/2 & -2-\lambda \end{vmatrix} \;=\; \lambda^2 - \frac{25}{4}$$

hat die Koeffizientenmatrix die Eigenwerte $\lambda_1 = 5/2$ und $\lambda_2 = -5/2$; zugehörige Eigenvektoren ergeben sich leicht als $v_1 = (3,-1)^T$ und $v_2 = (1,3)^T$. Normieren wir diese noch auf Länge 1 und schreiben wir sie als Spalten einer Matrix, so ergibt sich die Transformationsmatrix

$$P \;=\; \frac{1}{\sqrt{10}} \begin{bmatrix} 3 & 1 \\ -1 & 3 \end{bmatrix};$$

diese bedeutet geometrisch eine Drehung des Koordinatensystems um $-\arccos(3/\sqrt{10}) \approx -18.435^0$. In den neuen Koordinaten (ξ, η), die definiert sind durch

$$\begin{bmatrix} x \\ y \end{bmatrix} \;=\; P \begin{bmatrix} \xi \\ \eta \end{bmatrix} \;=\; \frac{1}{\sqrt{10}} \begin{bmatrix} 3 & 1 \\ -1 & 3 \end{bmatrix} \begin{bmatrix} \xi \\ \eta \end{bmatrix},$$

geht der quadratische Teil $2x^2 - 3xy - 2y^2$ über in $(5/2)\,\xi^2 - (5/2)\,\eta^2$, der lineare Teil $3x - y$ in $(1/\sqrt{10}) \cdot (9\xi + 3\eta + \xi - 3\eta) = \sqrt{10}\,\xi$. Die Gleichung in den neuen Koordinaten lautet also

$$\begin{aligned} & \frac{5}{2}\,(\xi^2 - \eta^2) + \sqrt{10}\,\xi + 4 \;=\; 0 \\ \Leftrightarrow\; & \xi^2 - \eta^2 + \frac{2\sqrt{2}}{\sqrt{5}}\xi + \frac{8}{5} \;=\; 0 \\ \Leftrightarrow\; & \left(\xi + \frac{\sqrt{2}}{\sqrt{5}}\right)^2 - \eta^2 + \frac{6}{5} \;=\; 0 \\ \Leftrightarrow\; & \eta^2 - \left(\xi + \frac{\sqrt{2}}{\sqrt{5}}\right)^2 \;=\; \frac{6}{5}. \end{aligned}$$

Aufgaben zu »Adjungiertheitseigenschaften« siehe Seite 24

Setzen wir $X := \xi + \sqrt{2/5}$ und $Y := \eta$, so gilt $Y^2 - X^2 = 6/5$ bzw.

$$\left(\frac{Y}{\sqrt{6/5}}\right)^2 - \left(\frac{X}{\sqrt{6/5}}\right)^2 = 1;$$

dies ist die Gleichung einer Hyperbel.

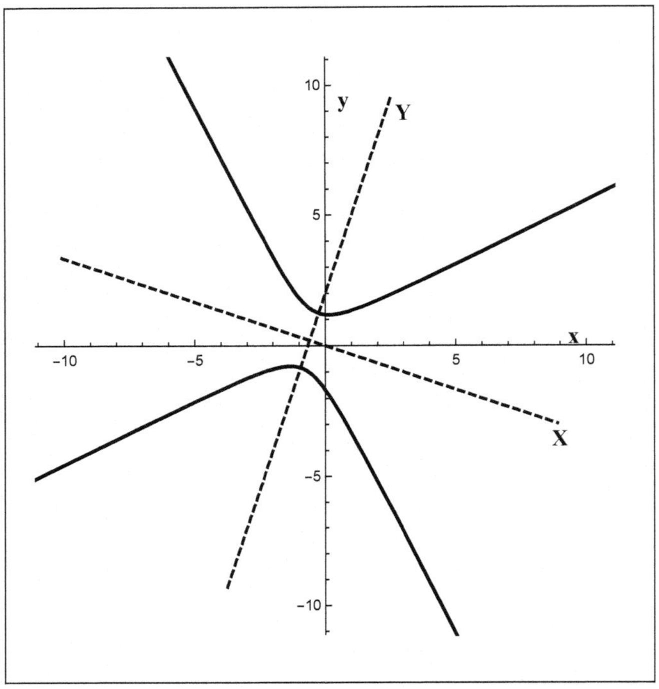

Parameterdarstellungen der beiden Äste dieser Hyperbel sind gegeben durch $Y(t) = \pm\sqrt{6/5}\cosh(t) = \eta(t)$ und $X(t) = \sqrt{6/5}\sinh(t) = \xi(t) + \sqrt{2/5}$ und damit

$$\begin{aligned}
\begin{bmatrix} x(t) \\ y(t) \end{bmatrix} &= \frac{1}{\sqrt{10}}\begin{bmatrix} 3 & 1 \\ -1 & 3 \end{bmatrix}\begin{bmatrix} \xi(t) \\ \eta(t) \end{bmatrix} \\
&= \frac{1}{\sqrt{50}}\begin{bmatrix} 3 & 1 \\ -1 & 3 \end{bmatrix}\begin{bmatrix} \sqrt{6}\sinh(t) - \sqrt{2} \\ \pm\sqrt{6}\cosh(t) \end{bmatrix} \\
&= \frac{1}{5}\begin{bmatrix} 3 & 1 \\ -1 & 3 \end{bmatrix}\begin{bmatrix} \sqrt{3}\sinh(t) - 1 \\ \pm\sqrt{3}\cosh(t) \end{bmatrix} \\
&= \frac{1}{5}\begin{bmatrix} 3\sqrt{3}\sinh(t) - 3 \pm \sqrt{3}\cosh(t) \\ -\sqrt{3}\sinh(t) + 1 \pm 3\sqrt{3}\cosh(t) \end{bmatrix}.
\end{aligned}$$

Lösung (67.8) In Matrixform ist die Quadrik gegeben durch

$$\left\langle \begin{bmatrix} x \\ y \\ z \end{bmatrix}, \begin{bmatrix} 8 & 10 & 4 \\ 10 & 17 & 14 \\ 4 & 14 & 20 \end{bmatrix}\begin{bmatrix} x \\ y \\ z \end{bmatrix} \right\rangle - \left\langle \begin{bmatrix} 48 \\ 114 \\ 78 \end{bmatrix}, \begin{bmatrix} x \\ y \\ z \end{bmatrix} \right\rangle + 207 = 0.$$

Die Koeffizientenmatrix hat die Eigenwerte 36, 9 und 0; eine zugehörige Orthonormalbasis aus Eigenvektoren ist gegeben durch

$$v_1 = \frac{1}{3}\begin{bmatrix} 1 \\ 2 \\ 2 \end{bmatrix}, \quad v_2 = \frac{1}{3}\begin{bmatrix} 2 \\ 1 \\ -2 \end{bmatrix}, \quad v_3 = \frac{1}{3}\begin{bmatrix} 2 \\ -2 \\ 1 \end{bmatrix}.$$

In Koordinaten (ξ, η, ζ) bezüglich der Basis (v_1, v_2, v_3), also mit der Koordinatentransformation

$$\begin{bmatrix} x \\ y \\ z \end{bmatrix} = \frac{1}{3}\begin{bmatrix} 1 & 2 & 2 \\ 2 & 1 & -2 \\ 2 & -2 & 1 \end{bmatrix}\begin{bmatrix} \xi \\ \eta \\ \zeta \end{bmatrix},$$

nimmt also der quadratische Teil $8x^2+17y^2+20z^2+20xy+8xz+28yz$ die Form $36\xi^2+9\eta^2$ an, in der keine gemischten Glieder mehr vorkommen; für den linearen Teil erhalten wir

$$\begin{aligned}
&-48x - 114y + 78z \\
= &-16(\xi+2\eta+2\zeta) - 38(2\xi+\eta-2\zeta) - 26(2\xi-2\eta+\zeta) \\
= &-144\xi - 18\eta + 18\zeta.
\end{aligned}$$

In den neuen Koordinaten nimmt die Gleichung der Quadrik also die Form $36\xi^2+9\eta^2-144\xi-18\eta+18\zeta+207 = 0$ an, nach Division durch 9 folglich

$$4\xi^2 + \eta^2 - 16\xi - 2\eta + 2\zeta + 23 = 0.$$

Mit quadratischer Ergänzung geht dies über in

$$4(\xi-2)^2 + (\eta-1)^2 + 2\zeta + 6 = 0.$$

Mit $X := \xi-2$, $Y := \eta-1$ und $Z := \zeta+3$ geht dies über in $4X^2 + Y^2 + 2Z = 0$ bzw. $Z = -2X^2 - Y^2/2$; dies ist die Gleichung eines Paraboloids.

Lösung (67.9) Die Gleichung der Quadrik lautet

$$[x\ y\ z]\begin{bmatrix} 8 & 2 & 2 \\ 2 & 5 & -4 \\ 2 & -4 & 5 \end{bmatrix}\begin{bmatrix} x \\ y \\ z \end{bmatrix} + [12\ 12\ -6]\begin{bmatrix} x \\ y \\ z \end{bmatrix} - 27 = 0.$$

Die auftretende (3×3)-Matrix hat das charakteristische Polynom

$$\begin{vmatrix} 8-\lambda & 2 & 2 \\ 2 & 5-\lambda & -4 \\ 2 & -4 & 5-\lambda \end{vmatrix} = -\lambda^3+18\lambda^2-81\lambda = -\lambda(\lambda-9)^2$$

und damit die Eigenwerte $\lambda_{1,2} = 9$ und $\lambda_3 = 0$. Ein zugehöriges Orthonormalsystem aus Eigenvektoren ist gegeben durch

$$v_1 = \frac{1}{3}\begin{bmatrix} 2 \\ -1 \\ 2 \end{bmatrix}, \quad v_2 = \frac{1}{3}\begin{bmatrix} 2 \\ 2 \\ -1 \end{bmatrix}, \quad v_3 = \frac{1}{3}\begin{bmatrix} -1 \\ 2 \\ 2 \end{bmatrix}.$$

Wir benutzen nun die Transformationsmatrix P mit den Spalten v_1, v_2, v_3 und führen neue Koordinaten (ξ, η, ζ) durch

$$\begin{bmatrix} x \\ y \\ z \end{bmatrix} = P\begin{bmatrix} \xi \\ \eta \\ \zeta \end{bmatrix} = \frac{1}{3}\begin{bmatrix} 2 & 2 & -1 \\ -1 & 2 & 2 \\ 2 & -1 & 2 \end{bmatrix}\begin{bmatrix} \xi \\ \eta \\ \zeta \end{bmatrix}$$

Aufgaben zu »Adjungiertheitseigenschaften« siehe Seite 24

ein; in diesen neuen Koordinaten ist die Gleichung der Quadrik dann dadurch gegeben, daß

$$[\xi\ \eta\ \zeta]\begin{bmatrix}9&0&0\\0&9&0\\0&0&0\end{bmatrix}\begin{bmatrix}\xi\\ \eta\\ \zeta\end{bmatrix}+[4\ 4\ -2]\begin{bmatrix}2&2&-1\\-1&2&2\\2&-1&2\end{bmatrix}\begin{bmatrix}\xi\\ \eta\\ \zeta\end{bmatrix}$$

gleich 27 ist; es gilt also $9(\xi^2+\eta^2+2\eta-3)=0$ und damit $0=\xi^2+\eta^2+2\eta-3=\xi^2+(\eta+1)^2-4$, also $\xi^2+(\eta+1)^2=2^2$. Im (ξ,η,ζ)-System ist dies ein Kreiszylinder mit Radius 2 um die Achse $(0,-1,0)^T+\mathbb{R}(0,0,1)^T$, im xyz-System also ein Kreiszylinder mit Radius 2 um die Achse

$$\frac{1}{3}\begin{bmatrix}-2\\-2\\1\end{bmatrix}+\mathbb{R}\begin{bmatrix}-1\\2\\2\end{bmatrix}.$$

Lösung (67.10) Die Gleichung der Quadrik lautet

$$[x\quad y]\begin{bmatrix}9&12\\12&16\end{bmatrix}\begin{bmatrix}x\\y\end{bmatrix}+[50\quad 25]\begin{bmatrix}x\\y\end{bmatrix}+50 = 0.$$

Die auftretende (2×2)-Matrix hat das charakteristische Polynom

$$\begin{vmatrix}9-\lambda&12\\12&16-\lambda\end{vmatrix} = \lambda^2-25\lambda = \lambda(\lambda-25)$$

und damit die Eigenwerte $\lambda_1=25$ und $\lambda_2=0$. Zugehörige (auf Länge 1 normierte) Eigenvektoren sind

$$v_1 = \frac{1}{5}\begin{bmatrix}3\\4\end{bmatrix}\quad\text{und}\quad v_2 = \frac{1}{5}\begin{bmatrix}-4\\3\end{bmatrix}.$$

Wir benutzen nun die Transformationsmatrix P mit den Spalten v_1 und v_2 und führen neue Koordinaten (ξ,η) durch

$$\begin{bmatrix}x\\y\end{bmatrix} = P\begin{bmatrix}\xi\\ \eta\end{bmatrix} = \frac{1}{5}\begin{bmatrix}3&-4\\4&3\end{bmatrix}\begin{bmatrix}\xi\\ \eta\end{bmatrix} = \frac{1}{5}\begin{bmatrix}3\xi-4\eta\\4\xi+3\eta\end{bmatrix}$$

ein; wegen $50x+25y=50\xi-25\eta$ lautet die Gleichung der Quadrik in diesen neuen Koordinaten dann $25\xi^2+50\xi-25\eta+50=0$ bzw. $\xi^2+2\xi-\eta+2=0$, also $(\xi+1)^2-\eta+1=0$ bzw. $\eta=(\xi+1)^2+1$. Dies ist die Gleichung einer Parabel (der im $\xi\eta$-System um eine Einheit nach links und eine Einheit nach oben verschobenen Normalparabel). Die Lage dieser Parabel im xy-System ist der folgenden Skizze zu entnehmen.

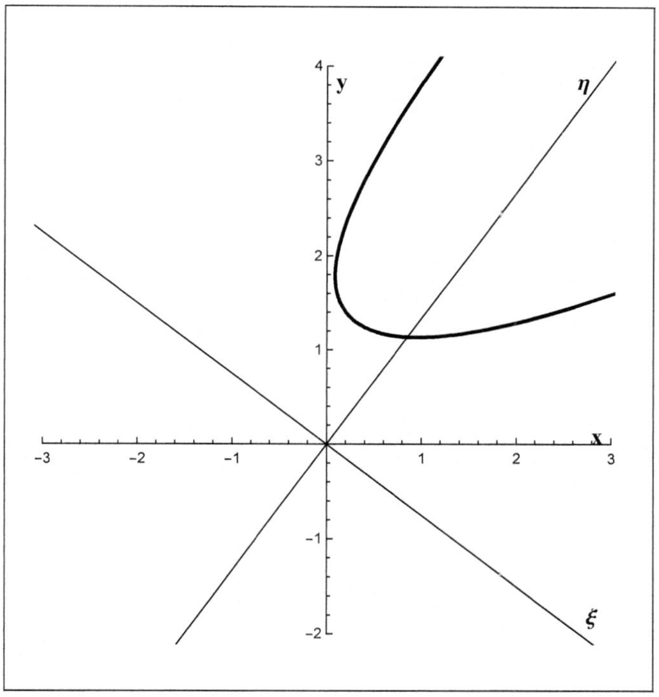

Lösung (67.11) (a) Es sei $x\in V$ beliebig. Wegen $\langle P_1x,x\rangle\ge 0$ und $\langle P_2x,x\rangle\ge 0$ sowie $c_1\ge 0$ und $c_2\ge 0$ erhalten wir $\langle(c_1P_1+c_2P_2)x,x\rangle=c_1\langle P_1x,x\rangle+c_2\langle P_2x,x\rangle\ge 0$; also ist auch $c_1P_1+c_2P_2$ positiv semidefinit.

(b) Weil die Nullabbildung offensichtlich in $\mathfrak{P}$ liegt, ist die Relation $\sim$ reflexiv. Sie ist transitiv, weil $\mathfrak{P}$ additiv abgeschlossen ist; aus $A\le B$ und $B\le C$, also $B-A\in\mathfrak{P}$ und $C-B\in\mathfrak{P}$, folgt nach Teil (a) nämlich $C-A=(C-B)+(B-A)\in\mathfrak{P}$ und damit $A\le C$. Die Relation $\sim$ ist ferner identitiv; gelten nämlich die Bedingungen $A\le B$ und $B\le A$, so sind sowohl $B-A$ als auch $A-B$ positiv semidefinit, was nur für $B-A=\mathbf{0}$ und damit $A=B$ möglich ist. Die letzte Behauptung folgt daraus, daß $B-A$ genau dann positiv semidefinit ist, wenn $\langle(B-A)v,v\rangle\ge 0$ für alle $v\in V$ gilt.

(c) Genau dann gilt $\langle Av,v\rangle\le\langle Bv,v\rangle$ für alle $v\in V$, wenn $\langle Av,v\rangle+\langle Cv,v\rangle\le\langle Bv,v\rangle+\langle Cv,v\rangle$ bzw. $\langle(A+C)v,v\rangle\le\langle(B+C)v,v\rangle$ für alle $v\in V$ gilt.

(d) Genau dann gilt $\langle Av,v\rangle\le\langle Bv,v\rangle$ für alle $v\in V$, wenn $c\langle Av,v\rangle\le c\langle Bv,v\rangle$ bzw. $\langle(cA)v,v\rangle\le\langle(cB)v,v\rangle$ für alle $v\in V$ gilt.

(e) Sind alle P_i positiv semidefinit, so ist nach Teil (a) auch $P:=(P_1+\cdots+P_n)/n$ positiv semidefinit. Ist zusätzlich auch nur einer der Operatoren $P_1,\ldots,P_n$ (sagen wir P_i positiv definit), so ist auch P positiv definit, denn für alle $v\in V\setminus\{0\}$ gilt dann $\langle Pv,v\rangle\ge(1/n)\cdot\langle P_iv,v\rangle>0$.

(f) Für $1\le i\le n$ ist P_i positiv definit, folglich invertierbar, und zwar so, daß P_i^{-1} wieder positiv definit ist. (Die Eigenwerte von P_i^{-1} sind gerade die Kehrwerte der Eigenwerte von P_i, folglich positiv.) Nach Teil (e) ist dann $(P_1^{-1}+\cdots+P_n^{-1})/n$ ebenfalls positiv definit (und damit insbesondere invertierbar.)

Aufgaben zu »Adjungiertheitseigenschaften« siehe Seite 24

Lösung (67.12) Die Matrix

$$A^\star A = \begin{bmatrix} 4 & 3 \\ 0 & -5 \end{bmatrix} \begin{bmatrix} 4 & 0 \\ 3 & -5 \end{bmatrix} = \begin{bmatrix} 25 & -15 \\ -15 & 25 \end{bmatrix}$$

hat das charakteristische Polynom $(25-\lambda)^2 - 225 = (25-\lambda)^2 - 15^2 = (10-\lambda)(40-\lambda)$ mit den beiden Nullstellen $\lambda_1 = 40$ und $\lambda_2 = 10$. (Die Singulärwerte von A sind daher $\sigma_1 = \sqrt{40}$ und $\sigma_2 = \sqrt{10}$.) Die Eigenvektoren von $A^\star A$ zu den Eigenwerten λ_1 und λ_2 erfüllen die homogenen Gleichungssysteme

$$\left[\begin{array}{cc|c} -15 & -15 & 0 \\ -15 & -15 & 0 \end{array}\right] \text{ und } \left[\begin{array}{cc|c} 15 & -15 & 0 \\ -15 & 15 & 0 \end{array}\right];$$

auf Länge 1 normierte Eigenvektoren sind also

$$v_1 := \frac{1}{\sqrt{2}} \begin{bmatrix} 1 \\ -1 \end{bmatrix} \quad \text{und} \quad v_2 := \frac{1}{\sqrt{2}} \begin{bmatrix} 1 \\ 1 \end{bmatrix}.$$

(Die Vorzeichen wurden so gewählt, daß die Basis (v_1, v_2) positiv orientiert ist.) Aus diesen berechnen wir die Vektoren

$$w_1 = \frac{1}{\sigma_1} A v_1 = \frac{1}{\sqrt{80}} \begin{bmatrix} 4 & 0 \\ 3 & -5 \end{bmatrix} \begin{bmatrix} 1 \\ -1 \end{bmatrix} = \frac{1}{\sqrt{5}} \begin{bmatrix} 1 \\ 2 \end{bmatrix}$$

und

$$w_2 = \frac{1}{\sigma_2} A v_2 = \frac{1}{\sqrt{20}} \begin{bmatrix} 4 & 0 \\ 3 & -5 \end{bmatrix} \begin{bmatrix} 1 \\ 1 \end{bmatrix} = \frac{1}{\sqrt{5}} \begin{bmatrix} 2 \\ -1 \end{bmatrix}.$$

Damit erhalten wir die Singulärwertzerlegung

$$A = \underbrace{\frac{1}{\sqrt{5}} \begin{bmatrix} 1 & 2 \\ 2 & -1 \end{bmatrix}}_{W} \cdot \underbrace{\begin{bmatrix} \sqrt{40} & 0 \\ 0 & \sqrt{10} \end{bmatrix}}_{\Sigma} \cdot \underbrace{\frac{1}{\sqrt{2}} \begin{bmatrix} 1 & -1 \\ 1 & 1 \end{bmatrix}}_{V^\star}$$

bzw. $A = \sigma_1 v_1 \otimes w_1 + \sigma_2 v_2 \otimes w_2$, also

$$\begin{aligned} A &= \frac{\sigma_1}{\sqrt{10}} \begin{bmatrix} 1 \\ -1 \end{bmatrix} [1 \;\; 2] + \frac{\sigma_2}{\sqrt{10}} \begin{bmatrix} 1 \\ 1 \end{bmatrix} [2 \;\; -1] \\ &= 2 \begin{bmatrix} 1 & 2 \\ -1 & -2 \end{bmatrix} + \begin{bmatrix} 2 & -1 \\ 2 & -1 \end{bmatrix} \\ &= \begin{bmatrix} 2 & 4 \\ -2 & -4 \end{bmatrix} + \begin{bmatrix} 2 & -1 \\ 2 & -1 \end{bmatrix}. \end{aligned}$$

Die erste Matrix in dieser letzten Summe approximiert A bestmöglich unter allen (2×2)-Matrizen vom Rang 1.

Lösung (67.13) Die Matrix

$$A^\star A = \begin{bmatrix} -2 & 20 & 8 \\ 14 & 10 & 19 \end{bmatrix} \begin{bmatrix} -2 & 14 \\ 20 & 10 \\ 8 & 19 \end{bmatrix} = \begin{bmatrix} 468 & 324 \\ 324 & 657 \end{bmatrix}$$

hat das charakteristische Polynom

$$\begin{vmatrix} 468-\lambda & 324 \\ 324 & 657-\lambda \end{vmatrix} = \lambda^2 - 1125\lambda + 202\,500$$

mit den Nullstellen

$$\begin{aligned} \lambda_{1,2} &= \frac{1125 \pm \sqrt{1125^2 - 810\,000}}{2} \\ &= \frac{1125 \pm \sqrt{1125^2 - 900^2}}{2} = \frac{1125 \pm \sqrt{225 \cdot 2025}}{2} \\ &= \frac{1125 \pm 15 \cdot 45}{2} = \frac{1125 \pm 675}{2}, \end{aligned}$$

also $\lambda_1 = 900$ und $\lambda_2 = 225$. (Die Singulärwerte von A sind daher $\sigma_1 = 30$ und $\sigma_2 = 15$.) Die Eigenvektoren von $A^\star A$ zu den Eigenwerten λ_1 und λ_2 erfüllen die homogenen Gleichungssysteme

$$\begin{bmatrix} -432 & 324 \\ 324 & -243 \end{bmatrix} \to \begin{bmatrix} -4 & 3 \\ 4 & -3 \end{bmatrix} \text{ und } \begin{bmatrix} 243 & 324 \\ 324 & 432 \end{bmatrix} \to \begin{bmatrix} 3 & 4 \\ 3 & 4 \end{bmatrix};$$

auf Länge 1 normierte Eigenvektoren sind also

$$v_1 := \frac{1}{5} \begin{bmatrix} 3 \\ 4 \end{bmatrix} \quad \text{und} \quad v_2 := \frac{1}{5} \begin{bmatrix} -4 \\ 3 \end{bmatrix}.$$

Aus diesen berechnen wir die Vektoren

$$w_1 = \frac{1}{\sigma_1} A v_1 = \frac{1}{150} \begin{bmatrix} -2 & 14 \\ 20 & 10 \\ 8 & 19 \end{bmatrix} \begin{bmatrix} 3 \\ 4 \end{bmatrix} = \frac{1}{3} \begin{bmatrix} 1 \\ 2 \\ 2 \end{bmatrix}$$

und

$$w_2 = \frac{1}{\sigma_2} A v_2 = \frac{1}{75} \begin{bmatrix} -2 & 14 \\ 20 & 10 \\ 8 & 19 \end{bmatrix} \begin{bmatrix} -4 \\ 3 \end{bmatrix} = \frac{1}{3} \begin{bmatrix} 2 \\ -2 \\ 1 \end{bmatrix};$$

diese werden zu einer Orthonormalbasis von $\mathbb{R}^3$ ergänzt durch

$$w_3 = w_1 \times w_2 = \frac{1}{9} \begin{bmatrix} 1 \\ 2 \\ 2 \end{bmatrix} \times \begin{bmatrix} 2 \\ -2 \\ 1 \end{bmatrix} = \frac{1}{3} \begin{bmatrix} 2 \\ 1 \\ -2 \end{bmatrix}.$$

Damit erhalten wir die Singulärwertzerlegung

$$A = \underbrace{\frac{1}{3} \begin{bmatrix} 1 & 2 & 2 \\ 2 & -2 & 1 \\ 2 & 1 & -2 \end{bmatrix}}_{W} \cdot \underbrace{\begin{bmatrix} 30 & 0 \\ 0 & 15 \\ 0 & 0 \end{bmatrix}}_{\Sigma} \cdot \underbrace{\frac{1}{5} \begin{bmatrix} 3 & 4 \\ -4 & 3 \end{bmatrix}}_{V^\star}$$

bzw.

$$\begin{aligned} A &= \frac{\sigma_1}{15} \begin{bmatrix} 1 \\ 2 \\ 2 \end{bmatrix} [3 \;\; 4] + \frac{\sigma_2}{15} \begin{bmatrix} 2 \\ -2 \\ 1 \end{bmatrix} [-4 \;\; 3] \\ &= \begin{bmatrix} 6 & 8 \\ 12 & 16 \\ 12 & 16 \end{bmatrix} + \begin{bmatrix} -8 & 6 \\ 8 & -6 \\ -4 & 3 \end{bmatrix}. \end{aligned}$$

Die erste Matrix in dieser letzten Summe approximiert A bestmöglich unter allen (3×2)-Matrizen vom Rang 1.

Aufgaben zu »Adjungiertheitseigenschaften« siehe Seite 24

Lösung (67.14) (a) Wir haben

$$A^\star A = \begin{bmatrix} 1 & 0 & 1 \\ 1 & 1 & 0 \end{bmatrix} \begin{bmatrix} 1 & 1 \\ 0 & 1 \\ 1 & 0 \end{bmatrix} = \begin{bmatrix} 2 & 1 \\ 1 & 2 \end{bmatrix}.$$

Diese Matrix hat wegen

$$\begin{vmatrix} 2-\lambda & 1 \\ 1 & 2-\lambda \end{vmatrix} = \lambda^2 - 4\lambda + 3 = (\lambda-3)(\lambda-1)$$

die Eigenwerte $\lambda_1 = 3$ und $\lambda_2 = 1$; zugehörige auf Länge 1 normierte Eigenvektoren sind

$$v_1 = \frac{1}{\sqrt{2}} \begin{bmatrix} 1 \\ 1 \end{bmatrix} \quad \text{und} \quad v_2 = \frac{1}{\sqrt{2}} \begin{bmatrix} -1 \\ 1 \end{bmatrix}.$$

Die Singulärwerte von A sind $\sigma_1 = \sqrt{\lambda_1} = \sqrt{3}$ und $\sigma_2 = \sqrt{\lambda_2} = 1$; wir erhalten

$$w_1 = \frac{1}{\sigma_1} A v_1 = \frac{1}{\sqrt{6}} \begin{bmatrix} 1 & 1 \\ 0 & 1 \\ 1 & 0 \end{bmatrix} \begin{bmatrix} 1 \\ 1 \end{bmatrix} = \frac{1}{\sqrt{6}} \begin{bmatrix} 2 \\ 1 \\ 1 \end{bmatrix},$$

$$w_2 = \frac{1}{\sigma_2} A v_2 = \frac{1}{\sqrt{2}} \begin{bmatrix} 1 & 1 \\ 0 & 1 \\ 1 & 0 \end{bmatrix} \begin{bmatrix} -1 \\ 1 \end{bmatrix} = \frac{1}{\sqrt{2}} \begin{bmatrix} 0 \\ 1 \\ -1 \end{bmatrix};$$

durch

$$w_3 := w_1 \times w_2 = \frac{1}{\sqrt{12}} \begin{bmatrix} 2 \\ 1 \\ 1 \end{bmatrix} \times \begin{bmatrix} 0 \\ 1 \\ -1 \end{bmatrix} = \frac{1}{\sqrt{3}} \begin{bmatrix} -1 \\ 1 \\ 1 \end{bmatrix}$$

werden diese beiden Vektoren zu einer Orthonormalbasis von $\mathbb{R}^3$ ergänzt. Die Spektraldarstellung $A = \sigma_1\, w_1 \otimes v_1 + \sigma_2\, w_2 \otimes v_2$ lautet

$$\begin{aligned} A &= \frac{1}{2} \begin{bmatrix} 2 \\ 1 \\ 1 \end{bmatrix} \otimes \begin{bmatrix} 1 \\ 1 \end{bmatrix} + \frac{1}{2} \begin{bmatrix} 0 \\ 1 \\ -1 \end{bmatrix} \otimes \begin{bmatrix} -1 \\ 1 \end{bmatrix} \\ &= \begin{bmatrix} 1 & 1 \\ 1/2 & 1/2 \\ 1/2 & 1/2 \end{bmatrix} + \begin{bmatrix} 0 & 0 \\ -1/2 & 1/2 \\ 1/2 & -1/2 \end{bmatrix}; \end{aligned}$$

die erste der beiden Matrizen am Ende approximiert A bezüglich der Frobeniusnorm bestmöglich unter allen (3×2)-Matrizen vom Rang 1. Mit $\Sigma = \text{diag}(\sigma_1, \sigma_2)$ sowie $V = (v_1 \mid v_2)$ und $W = (w_1 \mid w_2 \mid w_3)$ erhalten wir die Singulärwertzerlegung $A = W\Sigma V^\star$, also

$$A = \underbrace{\frac{1}{\sqrt{6}} \begin{bmatrix} 2 & 0 & -\sqrt{2} \\ 1 & \sqrt{3} & \sqrt{2} \\ 1 & -\sqrt{3} & \sqrt{2} \end{bmatrix}}_{=W} \cdot \underbrace{\begin{bmatrix} \sqrt{3} & 0 \\ 0 & 1 \\ 0 & 0 \end{bmatrix}}_{=\Sigma} \cdot \underbrace{\frac{1}{\sqrt{2}} \begin{bmatrix} 1 & 1 \\ -1 & 1 \end{bmatrix}}_{=V^\star}.$$

Diese läßt sich auch als reduzierte Singulärwertzerlegung $A = W_{\text{red}} \Sigma_{\text{red}} V^\star$ schreiben, wobei W_{red} aus W durch Streichen der letzten Spalte und Σ_{red} aus Σ durch Streichen der letzten Zeile hervorgeht.

(b) Wir haben

$$B^\star B = \begin{bmatrix} 1 & -1 & \sqrt{2} \\ -1 & 1 & \sqrt{2} \end{bmatrix} \begin{bmatrix} 1 & -1 \\ -1 & 1 \\ \sqrt{2} & \sqrt{2} \end{bmatrix} = \begin{bmatrix} 4 & 0 \\ 0 & 4 \end{bmatrix}.$$

Diese Matrix hat den doppelten Eigenwert $\lambda_1 = \lambda_2 = 4$; eine Orthonormalbasis aus Eigenvektoren wird etwa von $v_1 := (1,0)^T$ und $v_2 := (0,1)^T$ gebildet. Die Singulärwerte von B sind also $\sigma_1 = \sigma_2 = 2$; wir erhalten

$$w_1 = \frac{1}{\sigma_1} B v_1 = \frac{1}{2} \begin{bmatrix} 1 \\ -1 \\ \sqrt{2} \end{bmatrix} \quad \text{und} \quad w_2 = \frac{1}{\sigma_2} B v_2 = \frac{1}{2} \begin{bmatrix} -1 \\ 1 \\ \sqrt{2} \end{bmatrix};$$

durch

$$w_3 := w_1 \times w_2 = \frac{1}{4} \begin{bmatrix} 1 \\ -1 \\ \sqrt{2} \end{bmatrix} \times \begin{bmatrix} -1 \\ 1 \\ \sqrt{2} \end{bmatrix} = -\frac{1}{\sqrt{2}} \begin{bmatrix} 1 \\ 1 \\ 0 \end{bmatrix}$$

werden diese beiden Vektoren zu einer Orthonormalbasis von $\mathbb{R}^3$ ergänzt. Die Spektraldarstellung $B = \sigma_1\, w_1 \otimes v_1 + \sigma_2\, w_2 \otimes v_2$ lautet

$$\begin{aligned} B &= \frac{1}{4} \begin{bmatrix} 1 \\ -1 \\ \sqrt{2} \end{bmatrix} \otimes \begin{bmatrix} 1 \\ 0 \end{bmatrix} + \frac{1}{4} \begin{bmatrix} -1 \\ 1 \\ \sqrt{2} \end{bmatrix} \otimes \begin{bmatrix} 0 \\ 1 \end{bmatrix} \\ &= \frac{1}{4} \begin{bmatrix} 1 & 0 \\ -1 & 0 \\ \sqrt{2} & 0 \end{bmatrix} + \frac{1}{4} \begin{bmatrix} 0 & -1 \\ 0 & 1 \\ 0 & \sqrt{2} \end{bmatrix}; \end{aligned}$$

die erste (oder auch die zweite, zum gleichen Singulärwert gehörige) der beiden Matrizen am Ende approximiert B bezüglich der Frobeniusnorm bestmöglich unter allen (3×2)-Matrizen vom Rang 1. Mit $\Sigma = \text{diag}(\sigma_1, \sigma_2)$ sowie $V = (v_1 \mid v_2)$ und $W = (w_1 \mid w_2 \mid w_3)$ erhalten wir die Singulärwertzerlegung $B = W\Sigma V^\star$, also

$$B = \underbrace{\frac{1}{2} \begin{bmatrix} 1 & -1 & -\sqrt{2} \\ -1 & 1 & -\sqrt{2} \\ \sqrt{2} & \sqrt{2} & 0 \end{bmatrix}}_{=W} \cdot \underbrace{\begin{bmatrix} 2 & 0 \\ 0 & 2 \\ 0 & 0 \end{bmatrix}}_{=\Sigma} \cdot \underbrace{\begin{bmatrix} 1 & 0 \\ 0 & 1 \end{bmatrix}}_{=V^\star}.$$

Diese läßt sich auch als reduzierte Singulärwertzerlegung $A = W_{\text{red}} \Sigma_{\text{red}} V^\star$ schreiben, wobei W_{red} aus W durch Streichen der letzten Spalte und Σ_{red} aus Σ durch Streichen der letzten Zeile hervorgeht.

(c) Wir haben

$$C^\star C = \begin{bmatrix} 0 & 7 & 6 \\ 7 & 6 & 0 \end{bmatrix} \begin{bmatrix} 0 & 7 \\ 7 & 6 \\ 6 & 0 \end{bmatrix} = \begin{bmatrix} 85 & 42 \\ 42 & 85 \end{bmatrix}.$$

Diese Matrix hat wegen

$$\begin{vmatrix} 85-\lambda & 42 \\ 42 & 85-\lambda \end{vmatrix} = \lambda^2 - 170\lambda + 5461 = (\lambda-127)(\lambda-43)$$

Aufgaben zu »Adjungiertheitseigenschaften« siehe Seite 24

die Eigenwerte $\lambda_1 = 127$ und $\lambda_2 = 43$; zugehörige auf Länge 1 normierte Eigenvektoren sind

$$v_1 = \frac{1}{\sqrt{2}}\begin{bmatrix}1\\1\end{bmatrix} \quad\text{und}\quad v_2 = \frac{1}{\sqrt{2}}\begin{bmatrix}-1\\1\end{bmatrix}.$$

Die Singulärwerte von C sind $\sigma_1 = \sqrt{\lambda_1} = \sqrt{127}$ und $\sigma_2 = \sqrt{\lambda_2} = \sqrt{43}$; wir erhalten

$$w_1 = \frac{1}{\sigma_1}Cv_1 = \frac{1}{\sqrt{254}}\begin{bmatrix}7\\13\\6\end{bmatrix},$$

$$w_2 = \frac{1}{\sigma_2}Cv_2 = \frac{1}{\sqrt{86}}\begin{bmatrix}7\\-1\\-6\end{bmatrix};$$

durch $w_3 := w_1 \times w_2$, also

$$w_3 := \frac{1}{2\sqrt{127\cdot 43}}\begin{bmatrix}7\\13\\6\end{bmatrix}\times\begin{bmatrix}7\\-1\\-6\end{bmatrix} = \frac{1}{\sqrt{5461}}\begin{bmatrix}-36\\42\\-49\end{bmatrix},$$

werden diese beiden Vektoren zu einer Orthonormalbasis von $\mathbb{R}^3$ ergänzt. Die Spektraldarstellung $C = \sigma_1\, w_1 \otimes v_1 + \sigma_2\, w_2 \otimes v_2$ lautet

$$\begin{aligned} C &= \frac{1}{2}\begin{bmatrix}7\\13\\6\end{bmatrix}\otimes\begin{bmatrix}1\\1\end{bmatrix} + \frac{1}{2}\begin{bmatrix}7\\-1\\-6\end{bmatrix}\otimes\begin{bmatrix}-1\\1\end{bmatrix}\\ &= \frac{1}{2}\begin{bmatrix}7&7\\13&13\\6&6\end{bmatrix} + \frac{1}{2}\begin{bmatrix}-7&7\\1&-1\\6&-6\end{bmatrix}; \end{aligned}$$

die erste der beiden Matrizen am Ende approximiert C bezüglich der Frobeniusnorm bestmöglich unter allen (3×2)-Matrizen vom Rang 1. Mit $\Sigma = \mathrm{diag}(\sigma_1, \sigma_2)$, $V = (v_1 \mid v_2)$ und $W = (w_1 \mid w_2 \mid w_3)$, also

$$\Sigma = \begin{bmatrix}\sqrt{127}&0\\0&\sqrt{43}\\0&0\end{bmatrix} \quad\text{und}\quad V = \frac{1}{\sqrt{2}}\begin{bmatrix}1&-1\\1&1\end{bmatrix}$$

sowie

$$W = \begin{bmatrix}7/\sqrt{254} & 7/\sqrt{86} & -36/\sqrt{5461}\\ 13/\sqrt{254} & -1/\sqrt{86} & 42/\sqrt{5461}\\ 6/\sqrt{254} & -6/\sqrt{86} & -49/\sqrt{5461}\end{bmatrix}$$

erhalten wir die Singulärwertzerlegung $C = W\Sigma V^\star$. Diese läßt sich auch als reduzierte Singulärwertzerlegung $A = W_{\mathrm{red}}\Sigma_{\mathrm{red}}V^\star$ schreiben, wobei W_{red} aus W durch Streichen der letzten Spalte und Σ_{red} aus Σ durch Streichen der letzten Zeile hervorgeht.

Lösung (67.15) Statt der Eigenwerte und Eigenvektoren von

$$T^\star T = \begin{bmatrix}54&44&7&63&46&38\\44&54&7&63&38&46\\7&7&1&9&6&6\\63&63&9&81&54&54\\46&38&6&54&41&31\\38&46&6&54&31&41\end{bmatrix}$$

bestimmen wir gemäß Aufgabe (67.2) diejenigen von

$$TT^\star = \begin{bmatrix}10&8&0\\8&10&0\\0&0&252\end{bmatrix},$$

was weniger Aufwand bereitet. Das charakteristische Polynom von $TT^\star$ ist

$$\begin{vmatrix}10-\lambda&8&0\\8&10-\lambda&0\\0&0&252-\lambda\end{vmatrix} = (252-\lambda)(\lambda-18)(\lambda-2);$$

die Singulärwerte von $TT^\star$ sind also $\sigma_1 = \sqrt{252} = 6\sqrt{7}$, $\sigma_2 = \sqrt{18} = 3\sqrt{2}$ und $\sigma_3 = \sqrt{2}$. Zu den Eigenwerten $\lambda_1, \lambda_2, \lambda_3$ gehörige Eigenvektoren von $TT^\star$ sind

$$\widehat{v}_1 = \begin{bmatrix}0\\0\\1\end{bmatrix},\quad \widehat{v}_2 = \frac{1}{\sqrt{2}}\begin{bmatrix}1\\1\\0\end{bmatrix},\quad \widehat{v}_3 = \frac{1}{\sqrt{2}}\begin{bmatrix}-1\\1\\0\end{bmatrix}.$$

Hieraus ergeben sich die durch $\widehat{w}_k := \sigma_k^{-1}T^\star\widehat{v}_k$ definierten Vektoren

$$\widehat{w}_1 = \frac{1}{6\sqrt{7}}\begin{bmatrix}7\\7\\1\\9\\6\\6\end{bmatrix},\quad \widehat{w}_2 = \frac{1}{2}\begin{bmatrix}1\\-1\\0\\0\\1\\-1\end{bmatrix},\quad \widehat{w}_3 = \frac{1}{2}\begin{bmatrix}1\\-1\\0\\0\\-1\\1\end{bmatrix},$$

die sich beispielsweise durch

$$\widehat{w}_4 := \frac{1}{\sqrt{82}}\begin{bmatrix}0\\0\\-9\\1\\0\\0\end{bmatrix},\quad \widehat{w}_5 := \frac{1}{\sqrt{7380}}\begin{bmatrix}41\\41\\-7\\-63\\0\\0\end{bmatrix},\quad \widehat{w}_6 := \frac{1}{\sqrt{630}}\begin{bmatrix}7\\7\\1\\9\\-15\\-15\end{bmatrix}$$

zu einer Orthonormalbasis von $\mathbb{R}^6$ ergänzen lassen. (Man kann die Vektoren $\widehat{w}_1$, $\widehat{w}_2$, $\widehat{w}_3$ *irgendwie* zu einer Basis von $\mathbb{R}^6$ ergänzen und dann das Gram-Schmidt-Verfahren anwenden.) Mit $\widehat{V} := (\widehat{v}_1 \mid \widehat{v}_2 \mid \widehat{v}_3)$ und $\widehat{W} := (\widehat{w}_1 \mid \widehat{w}_2 \mid \widehat{w}_3 \mid \widehat{w}_4 \mid \widehat{w}_5 \mid \widehat{w}_6)$ sowie

$$\widehat{\Sigma} := \begin{bmatrix}6\sqrt{7}&0&0\\0&3\sqrt{2}&0\\0&0&\sqrt{2}\\0&0&0\\0&0&0\\0&0&0\end{bmatrix}$$

ist also $T^\star = \widehat{W}\widehat{\Sigma}\widehat{V}^\star$ eine Singulärwertzerlegung von $T^\star$. Bilden wir auf beiden Seiten dieser Gleichung die adjungierte Abbildung, so erhalten wir $T = \widehat{V}\widehat{\Sigma}^\star\widehat{W}^\star$; mit $V := \widehat{W}$, $W := \widehat{V}$ und

$$\Sigma := \widehat{\Sigma}^\star = \begin{bmatrix}6\sqrt{7}&0&0&0&0&0\\0&3\sqrt{2}&0&0&0&0\\0&0&\sqrt{2}&0&0&0\end{bmatrix}$$

also die (eigentlich gesuchte) Singulärwertzerlegung $T = W\Sigma V^\star$ für T selbst. Diese läßt sich auch als reduzierte Singulärwertzerlegung $A = W\Sigma_{\rm red}V_{\rm red}^\star$ schreiben, wobei $\Sigma_{\rm red}$ aus V durch Streichen der letzten drei Spalten und $V_{\rm red}^\star$ aus $V^\star$ durch Streichen der letzten drei Zeilen hervorgeht.

Die Singulärwertzerlegung von T läßt sich auch schreiben in der Form $T = T_1 + T_2 + T_3$ mit $T_k = \sigma_k w_k \otimes v_k = \sigma_k \widehat{v}_k \otimes \widehat{w}_k$; dabei haben wir

$$T_1 = \begin{bmatrix} 0 \\ 0 \\ 1 \end{bmatrix} \otimes \begin{bmatrix} 7 \\ 7 \\ 1 \\ 9 \\ 6 \\ 6 \end{bmatrix} = \begin{bmatrix} 0 & 0 & 0 & 0 & 0 & 0 \\ 0 & 0 & 0 & 0 & 0 & 0 \\ 7 & 7 & 1 & 9 & 6 & 6 \end{bmatrix},$$

$$T_2 = \frac{3}{2}\begin{bmatrix} 1 \\ 1 \\ 0 \end{bmatrix} \otimes \begin{bmatrix} 1 \\ -1 \\ 0 \\ 0 \\ 1 \\ -1 \end{bmatrix} = \frac{3}{2}\begin{bmatrix} 1 & -1 & 0 & 0 & 1 & -1 \\ 1 & -1 & 0 & 0 & 1 & -1 \\ 0 & 0 & 0 & 0 & 0 & 0 \end{bmatrix},$$

$$T_3 = \frac{1}{2}\begin{bmatrix} -1 \\ 1 \\ 0 \end{bmatrix} \otimes \begin{bmatrix} 1 \\ -1 \\ 0 \\ 0 \\ -1 \\ 1 \end{bmatrix} = \frac{1}{2}\begin{bmatrix} -1 & 1 & 0 & 0 & 1 & -1 \\ 1 & -1 & 0 & 0 & -1 & 1 \\ 0 & 0 & 0 & 0 & 0 & 0 \end{bmatrix}.$$

Die erste dieser drei Matrizen ist die (im Sinne der Frobeniusnorm) bestmögliche Approximation von T durch eine Matrix vom Rang 1, die Summe der ersten beiden die bestmögliche Approximation von T durch eine Matrix vom Rang 2.

Lösung (67.16) Setze $R := UV^\star$ und $P := U\Sigma U^\star$; dann ist R unitär, P ist positiv definit, und es gilt $PR = (U\Sigma U^\star)(UV^\star) = U\Sigma(U^\star U)V^\star = U\Sigma V^\star = A$.

Lösung (67.17) Nach Definition ist $\|A - A_k\|^2$ der größte Eigenwert von

$$\begin{aligned}(A-A_k)^\star(A-A_k) &= \Big(\sum_{i>k}\sigma_i u_i v_i^\star\Big)^\star\Big(\sum_{j>k}\sigma_j u_j v_j^\star\Big) \\ &= \sum_{i,j>k}\sigma_i\sigma_j v_i u_i^\star u_j v_j^\star = \sum_{i,j>k}\sigma_i\sigma_j\delta_{ij}v_i v_j^\star \\ &= \sum_{i>k}\sigma_i^2 v_i v_i^\star = \sum_{i>k}\sigma_i^2 v_i\otimes v_i.\end{aligned}$$

Bezüglich der Basis $(v_1,\ldots,v_r)$ ist dies gerade die Diagonalmatrix $\mathrm{diag}(0,\ldots,0,\sigma_{k+1}^2,\sigma_{k+2}^2,\ldots)$, und der größte Eigenwert dieser Matrix ist σ_{k+1}^2. Also gilt $\|A - A_k\| = \sigma_{k+1}$.

Nun sei B eine beliebige Matrix mit Rang $\le k$. Dann gilt $\dim \mathrm{Kern}(B) \ge n-k$; wegen $\dim\langle\!\langle v_1,\ldots,v_{k+1}\rangle\!\rangle = k+1$ gilt nach der Dimensionsformel für Untervektorräume daher

$$\dim\big(\mathrm{Kern}(B)\cap\langle\!\langle v_1,\ldots,v_{k+1}\rangle\!\rangle\big) \ge 1;$$

mit $U_1 := \mathrm{Kern}(B)$ und $U_2 := \langle\!\langle v_1,\ldots,v_{k+1}\rangle\!\rangle$ haben wir nämlich

$$\begin{aligned}\dim(U_1\cap U_2) &= \underbrace{\dim(U_1)}_{\ge n-k} + \underbrace{\dim(U_2)}_{=k+1} - \underbrace{\dim(U_1+U_2)}_{\le n} \\ &\ge (n-k)+(k+1)-n = 1.\end{aligned}$$

Also ist $W := \mathrm{Kern}(B)\cap\langle\!\langle v_1,\ldots,v_{k+1}\rangle\!\rangle$ nicht gleich $\{0\}$, so daß es in W einen Vektor w der Länge 1 gibt. Da $\|\cdot\|$ die Operatornorm bezüglich der Euklidischen Norm $\|\cdot\|_2$ ist, gilt dann

$$\begin{aligned}\|A-B\|^2 &\ge \|(A-B)w\|_2^2 = \|Aw\|_2^2 \\ &= \|\sum_{i=1}^{k+1}\sigma_i\langle v_i,w\rangle u_i\|_2^2 = \sum_{i=1}^{k+1}\sigma_i^2|\langle v_i,w\rangle|^2 \\ &\ge \sigma_{k+1}^2\sum_{i=1}^{k+1}|\langle v_i,w\rangle|^2 = \sigma_{k+1}^2\|w\|^2 = \sigma_{k+1}^2\end{aligned}$$

und damit $\|A-B\| \ge \sigma_{k+1}$.

Lösung (67.18) Für alle $v_1,\ldots,v_k \in V$ und alle $w_1,\ldots w_k \in W$ erhalten wir

$$\begin{aligned}&\langle\!\langle(\wedge^k f)(v_1\wedge\cdots\wedge v_k), w_1\wedge\cdots\wedge w_k\rangle\!\rangle_{\wedge^k W} \\ &= \langle\!\langle f(v_1)\wedge\cdots\wedge f(v_k), w_1\wedge\cdots\wedge w_k\rangle\!\rangle_{\wedge^k W} \\ &= \det\big(\langle f(v_i),w_j\rangle_W\big) = \det\big(\langle v_i, f^\star w_j\rangle_V\big) \\ &= \langle\!\langle v_1\wedge\cdots\wedge v_k, f^\star(w_1)\wedge\cdots\wedge f^\star(w_k)\rangle\!\rangle_{\wedge^k V} \\ &= \langle\!\langle v_1\wedge\cdots\wedge v_k, (\wedge^k f^\star)(w_1\wedge\cdots\wedge w_k)\rangle\!\rangle_{\wedge^k V}.\end{aligned}$$

Hieraus folgt $\langle\!\langle(\wedge^k f)(\xi),\eta\rangle\!\rangle_{\wedge^k W} = \langle\!\langle\xi,(\wedge^k f^\star)(\eta)\rangle\!\rangle_{\wedge^k V}$ für alle $\xi \in \bigwedge^k(V)$ und alle $\eta \in \bigwedge^k(W)$, und das bedeutet gerade $\wedge^k(f^\star) = (\wedge^k f)^\star$.

Es seien nun $\sigma_1,\ldots,\sigma_n$ die Singulärwerte von f; es gelte also $\sigma_i = \sqrt{\rho_i}$, wobei $\rho_1,\ldots,\rho_n$ die Eigenwerte von $f^\star f$ seien. Nach Aufgabe (64.5) sind nun die Eigenwerte von

$$(\wedge^k f)^\star(\wedge^k f) = \wedge^k(f^\star)\wedge^k(f) = \wedge^k(f^\star f)$$

genau die Produkte $\rho_{i_1}\cdots\rho_{i_k}$, wobei die Zahlen ρ_i die Eigenwerte von $f^\star f$ sind, und das bedeutet genau, daß die Singulärwerte von $\wedge^k f$ genau die Produkte $\sigma_{i_1}\cdots\sigma_{i_k}$ sind, wobei die Zahlen σ_i die Singulärwerte von f sind.

Lösung (67.19) Bezüglich einer geeigneten Orthonormalbasis von V haben wir eine Darstellung $T^\star T = \mathrm{diag}(\sigma_1^2,\ldots,\sigma_n^2)$; hieraus folgt leicht die Gleichung $\sigma_1^2 =$

$\max\{\langle v, T^\star Tv\rangle \mid \|v\| = 1\} = \max\{\|Tv\|^2 \mid \|v\| = 1\}$. Für alle Vektoren v der Länge 1 gilt daher $\sigma_1^2 \geq \|Tv\|^2$. Wählen wir speziell v als Eigenvektor zu einem Eigenwert λ von T, so folgt $\sigma_1^2 \geq \|Tv\|^2 = \|\lambda v\|^2 = |\lambda|^2\|v\|^2 = |\lambda|^2$ und daher $|\lambda| \leq \sigma_1$. Damit ist der Fall $k = 1$ nachgeprüft.

Aus Aufgabe (64.5) folgt nun sofort, daß $\prod_{i=1}^k |\lambda_i|$ der betragsgrößte Eigenwert von $\wedge^k T$ ist, und nach Aufgabe (67.18) ist $\prod_{i=1}^k \sigma_i$ der größe Singulärwert von $\wedge^k T$. Anwendung der bereits bewiesenen Ungleichung $|\lambda_1| \leq \sigma_1$ auf $\wedge^k T$ statt auf T liefert daher $\prod_{i=1}^k |\lambda_i| \leq \prod_{i=1}^k \sigma_i$.

Lösung (67.20) Nach Wahl einer Basis schreiben wir $\beta(v,w) = v^T Aw$ und benutzen die Zerlegung $A = A_1 + A_2$ mit A_1 symmetrisch und A_2 schiefsymmetrisch, also $A_1 := (1/2)\cdot(A + A^T)$ und $A_2 := (1/2)\cdot(A - A^T)$. Für alle $v \neq 0$ gilt dann $0 < \beta(v,v) = v^T A_1 v + v^T A_2 v = v^T A_1 v$. Wegen Satz (58.17)(a) im Buch gibt es dann eine invertierbare Matrix P mit $P^T A_1 P = \mathbf{1}$. Für $\widehat{A}_1 := P^T AP$ erhalten wir mit der wiederum schiefsymmetrischen Matrix $\widehat{A}_2 := P^T A_2 P$ dann $\widehat{A} = \mathbf{1} + \widehat{A}_2$. Also ist $\widehat{A} - \mathbf{1}$ schiefsymmetrisch; nach Satz (67.6) im Buch gibt es dann eine *orthogonale* Matrix Q derart, daß $Q^T(\widehat{A} - \mathbf{1})Q = Q^T\widehat{A}Q - Q^TQ = Q^T\widehat{A}Q - \mathbf{1}$ die Form

$$(\rho_1 J, \ldots, \rho_k J, 0, \ldots, 0) \quad \text{mit} \quad J = \begin{bmatrix} 0 & -1 \\ 1 & 1 \end{bmatrix}$$

hat. Dann ist aber $Q^T\widehat{A}Q = Q^T P^T APQ$ gegeben durch

$$\mathbf{1} + (\rho_1 J, \ldots, \rho_k J, 0, \ldots, 0) = (M_{\rho_1}, \ldots, M_{\rho_k}, 1, \ldots, 1).$$

Bemerkung: Die Aufgabe hätten wir bereits in Kapitel 58 formulieren, aber mit den dort bereitgestellten Methoden noch nicht lösen können. Entscheidend ist, daß wir bei der zweiten Transformation nicht nur eine beliebige, sondern sogar eine *orthogonale* Transformationsmatrix wählen können, weil wir ja nicht nur den schiefsymmetrischen Anteil transformieren wollen, sondern dabei die zuvor für den symmetrischen Anteil gewählte Transformation nicht mehr beeinträchtigen wollen.

Lösung (67.21) (a) Surjektivität: Es sei $y \in \mathrm{Bild}(A)$. Es gibt dann ein Element $x \in X$ mit $y = Ax$. Schreibe $x = x_1 + x_2$ gemäß der Zerlegung $X = \mathrm{Kern}(A) \oplus \mathrm{Kern}(A)^\perp$. Dann gilt $y = Ax = Ax_1 + Ax_2 = Ax_2 = A_0 x_2 \in \mathrm{Bild}(A_0)$. Injektivität: Es sei $A_0 x = A_0 x'$ mit $x, x' \in \mathrm{Kern}(A)^\perp$. Dann gilt $0 = A_0 x - A_0 x' = Ax - Ax' = A(x - x')$, folglich $x - x' \in \mathrm{Kern}(A)$, folglich $x - x' \in \mathrm{Kern}(A) \cap \mathrm{Kern}(A)^\perp = \{0\}$ und damit $x = x'$.

(b) Eindeutigkeit einer Pseudo-Inversen: Wir machen den Ansatz

$$A^+ = \begin{bmatrix} B_1 & B_2 \\ B_3 & B_4 \end{bmatrix}$$

bezüglich der im Hinweis angegebenen direkten Zerlegungen. Die Gleichung $A = AA^+A$ lautet dann

$$\begin{bmatrix} 0 & A_0 \\ 0 & 0 \end{bmatrix} = \begin{bmatrix} 0 & A_0 \\ 0 & 0 \end{bmatrix}\begin{bmatrix} B_1 & B_2 \\ B_3 & B_4 \end{bmatrix}\begin{bmatrix} 0 & A_0 \\ 0 & 0 \end{bmatrix} = \begin{bmatrix} 0 & A_0 B_3 A_0 \\ 0 & 0 \end{bmatrix}.$$

Ferner müssen die folgenden Matrizen selbstadjungiert sein:

$$AA^+ = \begin{bmatrix} 0 & A_0 \\ 0 & 0 \end{bmatrix}\begin{bmatrix} B_1 & B_2 \\ B_3 & B_4 \end{bmatrix} = \begin{bmatrix} A_0 B_3 & A_0 B_4 \\ 0 & 0 \end{bmatrix},$$

$$A^+A = \begin{bmatrix} B_1 & B_2 \\ B_3 & B_4 \end{bmatrix}\begin{bmatrix} 0 & A_0 \\ 0 & 0 \end{bmatrix} = \begin{bmatrix} 0 & B_1 A_0 \\ 0 & B_3 A_0 \end{bmatrix}.$$

Dies erzwingt $B_3 = A_0^{-1}$ sowie $B_1 = 0$ und $B_4 = 0$. Die Gleichung $A^+ = A^+AA^+$ lautet nun

$$\begin{bmatrix} 0 & B_2 \\ A_0^{-1} & 0 \end{bmatrix} = \begin{bmatrix} 0 & B_2 \\ A_0^{-1} & 0 \end{bmatrix}\begin{bmatrix} 0 & A_0 \\ 0 & 0 \end{bmatrix}\begin{bmatrix} 0 & B_2 \\ A_0^{-1} & 0 \end{bmatrix} = \begin{bmatrix} 0 & 0 \\ A_0^{-1} & 0 \end{bmatrix}$$

und liefert $B_2 = 0$. Also gilt zwangsläufig

$$A^+ = \begin{bmatrix} 0 & 0 \\ A_0^{-1} & 0 \end{bmatrix}.$$

Existenz einer Pseudo-Inversen: Der Eindeutigkeitsbeweis zeigte ja bereits, welches die Pseudo-Inverse der Abbildung

$$A = \begin{bmatrix} 0 & A_0 \\ 0 & 0 \end{bmatrix}$$

sein muß, nämlich

$$A^+ := \begin{bmatrix} 0 & 0 \\ A_0^{-1} & 0 \end{bmatrix}.$$

Es bleibt zu zeigen, daß die so definierte Abbildung A^+ tatsächlich die definierenden Eigenschaften einer Pseudo-Inversen hat. Wir haben

$$A^+A = \begin{bmatrix} 0 & 0 \\ A_0^{-1} & 0 \end{bmatrix}\begin{bmatrix} 0 & A_0 \\ 0 & 0 \end{bmatrix} = \begin{bmatrix} 0 & 0 \\ 0 & \mathbf{1} \end{bmatrix},$$

$$AA^+ = \begin{bmatrix} 0 & A_0 \\ 0 & 0 \end{bmatrix}\begin{bmatrix} 0 & 0 \\ A_0^{-1} & 0 \end{bmatrix} = \begin{bmatrix} \mathbf{1} & 0 \\ 0 & 0 \end{bmatrix}.$$

Diese beiden Operatoren sind offensichtlich selbstadjungiert. Genauer: A^+A ist die Orthogonalprojektion auf $\mathrm{Kern}(A)^\perp$, und AA^+ ist die Orthogonalprojektion auf $\mathrm{Bild}(A)$. Ferner haben wir

$$AA^+A = \begin{bmatrix} 0 & A_0 \\ 0 & 0 \end{bmatrix}\begin{bmatrix} 0 & 0 \\ 0 & \mathbf{1} \end{bmatrix} = \begin{bmatrix} 0 & A_0 \\ 0 & 0 \end{bmatrix} = A,$$

$$A^+AA^+ = \begin{bmatrix} 0 & 0 \\ A_0^{-1} & 0 \end{bmatrix}\begin{bmatrix} \mathbf{1} & 0 \\ 0 & 0 \end{bmatrix} = \begin{bmatrix} 0 & 0 \\ A_0^{-1} & 0 \end{bmatrix} = A^+.$$

Aufgaben zu »Adjungiertheitseigenschaften« siehe Seite 24

(c) Definitionsgemäß ist A^{++} die eindeutig bestimmte lineare Abbildung B, die die folgenden Bedingungen erfüllt:

$$A^+ = A^+BA^+, \quad B = BA^+B, \qquad (BA^+)^\star = BA^+, \quad (A^+B)^\star = A^+B.$$

Die Abbildung $B := A$ erfüllt aber diese Gleichungen. Weiter ist definitionsgemäß $(A^\star)^+$ die eindeutig bestimmte lineare Abbildung B, die die folgenden Bedingungen erfüllt:

$$A^\star = A^\star BA^\star, \quad B = BA^\star B, \qquad (BA^\star)^\star = BA^\star, \quad (A^\star B)^\star = A^\star B.$$

Die Abbildung $B := (A^+)^\star$ erfüllt aber diese Gleichungen, wie sich durch Adjungieren der folgenden (die Abbildung A^+ definierenden) Gleichungen ergibt:

$$A = AA^+A, \quad A^+ = A^+AA^+, \qquad (A^+A)^\star = A^+A, \quad (AA^+)^\star = AA^+.$$

(d) Aufgrund der vorausgesetzten Rangbedingung ist $A^\star A$ invertierbar. Wir definieren nun

$$A^+ := (A^\star A)^{-1}A^\star$$

und zeigen, daß diese Abbildung die definierenden Eigenschaften einer Pseudo-Inversen erfüllt. Offensichtlich sind $A^+A = (A^\star A)^{-1}A^\star A = \mathbf{1}$ und $AA^+ = A(A^\star A)^{-1}A^\star$ selbstadjungiert. Ferner haben wir $AA^+A = A\cdot\mathbf{1} = A$ und $A^+AA^+ = \mathbf{1}\cdot A^+ = A^+$. Damit sind alle Eigenschaften nachgeprüft.

(e) Hat A den Rang m, dann auch $B := A^\star : Y \to X$. Unter Verwendung von (c) und (d) erhalten wir dann

$$\begin{aligned} A^+ &= (B^\star)^+ = (B^+)^\star = \big((B^\star B)^{-1}B^\star\big)^\star \\ &= B(B^\star B)^{-1} = A^\star(AA^\star)^{-1}. \end{aligned}$$

Lösung (67.22) (a) Wir klären zunächst die geometrische Bedeutung von P_w. Wegen $P_w^T = (\mathbf{1}-2ww^T)^T = \mathbf{1}-2ww^T = P_w$ ist P_w selbstadjungiert, und wegen $P_w^2 = (\mathbf{1}-2ww^T)(\mathbf{1}-2ww^T) = \mathbf{1}-4ww^T+4w(w^Tw)w^T = \mathbf{1}$ ist P_w involutiv; also ist P_w eine Orthogonalspiegelung, und zwar die Spiegelung an der Ebene $w^\perp$. (Ist $x = \lambda w + \xi$ mit $\xi \in w^\perp$, so gilt $P_w x = x - 2ww^Tx = x - 2\lambda w$.) Insbesondere ist P_w orthogonal und damit längenerhaltend; es gilt daher $\|P_w x\| = \|x\|$ und folglich $P_w x = \varepsilon\|x\|\,e_1$ mit $\varepsilon \in \{\pm 1\}$. Aus der geometrischen Deutung von P_w folgt dann

$$w = \frac{x - \varepsilon\|x\|\,e_1}{\|x - \varepsilon\|x\|\,e_1\|}.$$

(Um Auslöschungsphänomene möglichst zu vermeiden, wählt man $\varepsilon := -\mathrm{sign}(x_1)$, wenn x_1 die erste Komponente des Vektors x ist.)

(b) Wir gehen induktiv vor und wählen im ersten Schritt gemäß Teil (a) den Vektor w so, daß $P_1 := P_w$ die erste Spalte von A auf ein Vielfaches von e_1 abbildet; wir haben dann

$$P_1 A = \begin{bmatrix} r_{11} & \star & \cdots & \star \\ 0 & \star & & \star \\ \vdots & \vdots & & \vdots \\ 0 & \star & \cdots & \star \end{bmatrix}.$$

Nach k Schritten seien $P_1, \ldots, P_k$ gefunden mit

$$P_k \cdots P_1 A = \begin{bmatrix} r_{11} & \cdots & \star & \star & \cdots & \star \\ \vdots & \ddots & \vdots & \vdots & & \vdots \\ 0 & \cdots & r_{kk} & \star & \cdots & \star \\ 0 & \cdots & 0 & \star & \cdots & \star \\ \vdots & & \vdots & \vdots & & \vdots \\ 0 & \cdots & 0 & \star & \cdots & \star \end{bmatrix}.$$

Wir wählen nun einen Vektor $w \in \mathbb{R}^{m-k}$ gemäß Teil (a) und dann

$$P_{k+1} := \begin{bmatrix} \mathbf{1}_k & 0 \\ 0 & P_w \end{bmatrix}$$

mit

$$P_{k+1}P_k \cdots P_1 A = \begin{bmatrix} r_{11} & \cdots & \star & \star & \star & \cdots & \star \\ \vdots & \ddots & \vdots & \vdots & \vdots & & \vdots \\ 0 & \cdots & r_{kk} & \star & \star & \cdots & \star \\ 0 & \cdots & 0 & r_{k+1,k-1} & \star & \cdots & \star \\ 0 & \cdots & 0 & 0 & \star & \cdots & \star \\ \vdots & & \vdots & \vdots & \vdots & & \vdots \\ 0 & \cdots & 0 & 0 & \star & \cdots & \star \end{bmatrix}.$$

Ist nun $s := \min(m,n)$, so hat nach s Schritten die Matrix $P_sP_{s-1}\cdots P_1A$ obere Dreiecksgestalt, und als Produkt orthogonaler Matrizen ist $P := P_sP_{s-1}\cdots P_1$ selbst orthogonal.

(c) Wir setzen $Q := P^T = P^{-1}$. Aus $PA = R$ folgt dann $A = QR$ und nach Aufgabe (67.21)(d) daher

$$\begin{aligned} A^+ &= (A^TA)^{-1}A^T = (R^TQ^TQR)^{-1}R^TQ^T \\ &= (R^TR)^{-1}R^TP = (R_0^TR_0)^{-1}[R_0^T \mid 0]\,P \\ &= [R_0^{-1}R_0^{T-1}R_0^T \mid 0]\,P = [R_0^{-1} \mid 0]\,P. \end{aligned}$$

(Beachte, daß die Matrix R_0 wegen $n = \mathrm{Rang}(A) = \mathrm{Rang}(PA) = \mathrm{Rang}(R) = \mathrm{Rang}(R_0)$ invertierbar ist.)

(d) Wir schreiben $B := A^T \in \mathbb{R}^{n\times m}$ und haben dann $PB = R$. Nach Teil (c) gilt folglich $B^+ = [R_0^{-1} \mid 0]\,P$. Nach Aufgabe (67.21)(c) gilt daher

$$A^+ = (B^T)^+ = (B^+)^T = P^T\begin{bmatrix} R_0^{T-1} \\ 0 \end{bmatrix}.$$

Aufgaben zu »Adjungiertheitseigenschaften« siehe Seite 24

L68: Normierte Räume

Lösung (68.1) Die Gleichheit der beiden angegebenen Ausdrücke für $\langle x,y\rangle$ ist lediglich eine Umformulierung der Parallelogrammgleichung; wir werden die zweite Darstellung benutzen.

(a) Positive Definitheit: Es gilt $\langle x,x\rangle = (1/4)\|2x\|^2 = \|x\|^2$ und damit $\langle x,x\rangle \geq 0$ mit Gleichheit genau für $x=0$. Damit ist die positive Definitheit von $\langle\cdot,\cdot\rangle$ gezeigt. Die Gleichheit $\|x\| = \sqrt{\langle x,x\rangle}$ zeigt ferner, daß das Skalarprodukt $\langle\cdot,\cdot\rangle$ (wenn es als solches nachgewiesen ist) die Norm $\|\cdot\|$ induziert.

(b) Symmetrie: Es gilt $4\langle y,x\rangle = \|y+x\|^2 - \|y-x\|^2 = \|x+y\|^2 - \|x-y\|^2 = 4\langle x,y\rangle$ und damit $\langle y,x\rangle = \langle x,y\rangle$. (Aufgrund der Symmetrie ist dann klar, daß zum Nachweis der Bilinearität nur die Linearität im ersten Argument nachzuweisen ist.)

(c) Additivität: Wir müssen $\langle x+x',y\rangle = \langle x,y\rangle + \langle x',y\rangle$ nachweisen, also

$$\|x+x'+y\|^2 - \|x+x'-y\|^2 = \|x+y\|^2 - \|x-y\|^2 + \|x'+y\|^2 - \|x'-y\|^2.$$

Dazu beachten wir, daß aufgrund der Parallelogrammgleichung die folgenden Bedingungen erfüllt sind:

$$\begin{aligned}
&(1)\quad \|x'+y+x\|^2 + \|x'+y-x\|^2 = 2\big(\|x'+y\|^2 + \|x\|^2\big),\\
&(2)\quad \|x'-y+x\|^2 + \|x'-y-x\|^2 = 2\big(\|x'-y\|^2 + \|x\|^2\big),\\
&(3)\quad \|x+y+x'\|^2 + \|x+y-x'\|^2 = 2\big(\|x+y\|^2 + \|x'\|^2\big),\\
&(4)\quad \|x-y+x'\|^2 + \|x-y-x'\|^2 = 2\big(\|x-y\|^2 + \|x'\|^2\big).
\end{aligned}$$

Subtrahieren wir (2) von (1), so ergibt sich

$$(5)\quad \begin{aligned} 2(\|x'+y\|^2 - \|x'-y\|^2) = \|x'+y+x\|^2 + \|x'+y-x\|^2\\ - \|x'-y+x\|^2 - \|x'-y-x\|^2\end{aligned}$$

Subtrahieren wir (4) von (3), so ergibt sich

$$(6)\quad \begin{aligned} 2(\|x+y\|^2 - \|x-y\|^2) = \|x+y+x'\|^2 + \|x+y-x'\|^2\\ - \|x-y+x'\|^2 - \|x-y-x'\|^2\end{aligned}$$

Addieren wir die Gleichungen (5) und (6), so heben sich vier Terme jeweils paarweise weg, und es bleibt

$$\begin{aligned} &2\big(\|x+y\|^2 - \|x-y\|^2 + \|x'+y\|^2 - \|x'-y\|^2\big)\\ &= 2\big(\|x+x'+y\|^2 - \|x+x'-y\|^2\big),\end{aligned}$$

was zu zeigen war.

(d) Homogenität (Teil 1): Wir müssen $\langle\lambda x,y\rangle = \lambda\langle x,y\rangle$ für alle $x,y\in V$ und alle $\lambda\in\mathbb{R}$ zeigen. Dazu seien x,y fest vorgegeben. Für $\lambda = n\in\mathbb{N}$ benutzen wir vollständige Induktion. Für $n=1$ ist die Aussage trivial, und der Schritt von n auf $n+1$ folgt aus (c), denn

$$\begin{aligned}\langle (n+1)x,y\rangle &= \langle nx+x,y\rangle = \langle nx,y\rangle + \langle x,y\rangle\\ &= n\langle x,y\rangle + \langle x,y\rangle = (n+1)\langle x,y\rangle.\end{aligned}$$

(Hierbei ist die erste Gleichung trivial, die zweite gilt nach (c), die dritte nach Induktionsannahme, und die letzte ist wieder trivial.) Weiter gilt

$$\begin{aligned}\langle -x,y\rangle &= (1/4)\cdot\big(\|-x+y\|^2 - \|-x-y\|^2\big)\\ &= (1/4)\cdot\big(\|x-y\|^2 - \|x+y\|^2\big) = -\langle x,y\rangle.\end{aligned}$$

Für alle $n\in\mathbb{N}$ gilt daher $\langle(-nx),y\rangle = \langle -(nx),y\rangle = -\langle nx,y\rangle = -n\langle x,y\rangle$. Damit ist die Behauptung für alle $\lambda\in\mathbb{Z}$ nachgewiesen. Für $m,n\in\mathbb{Z}$ mit $n\neq 0$ gilt dann $n\langle(m/n)x,y\rangle = \langle mx,y\rangle = m\langle x,y\rangle$ und damit $\langle(m/n)x,y\rangle = (m/n)\langle x,y\rangle$. Also gilt die Behauptung für alle $\lambda\in\mathbb{Q}$. Für beliebige $\lambda\in\mathbb{R}$ folgt die Behauptung nun daraus, daß wir eine reelle Zahl beliebig genau durch rationale Zahlen annähern können.

(e) Approximationsargument: Es seien $x,y\in V$ und $a>0$ fest vorgegeben. Dann gibt es eine Konstante L mit

$$|\,\langle rx,y\rangle - \langle sx,y\rangle\,| \leq L\cdot|r-s| \quad \text{für alle } r,s\in[-a,a].$$

Für $r,s\in[-a,a]$ gilt nämlich einerseits

$$(7)\quad |\,\|rx+y\| - \|sx+y\|\,| \leq \|rx-sx\| = |r-s|\,\|x\|,$$

andererseits

$$(8)\quad \begin{aligned} &|\,\|rx+y\| + \|sx+y\|\,|\\ &\leq |r|\,\|x\| + \|y\| + |s|\,\|x\| + \|y\|\\ &= (|r|+|s|)\,\|x\| + 2\|y\|\\ &\leq (2a\|x\| + 2\|y\|) =: C.\end{aligned}$$

Aus (7) und (8) ergibt sich durch Multiplikation die Ungleichung

$$(9)\quad |\,\|rx+y\|^2 - \|sx+y\|^2\,| \leq C\|x\|\,|r-s|.$$

Vollkommen analog ergibt sich

$$(10)\quad |\,\|rx-y\|^2 - \|sx-y\|^2\,| \leq C\|x\|\,|r-s|.$$

Schreiben wir also $f(r) := \langle rx,y\rangle$, so folgt insgesamt wegen

$$\begin{aligned}4\cdot\big(f(r)-f(s)\big) &= (\|rx+y\|^2 + \|rx-y\|^2)\\ &\quad - (\|sx+y\|^2 - \|sx-y\|^2)\end{aligned}$$

die Abschätzung $4\,|f(r)-f(s)| \leq 2C\|x\|\,|r-s|$, mit $L := C\|x\|/2$ also $|f(r)-f(s)| \leq L|r-s|$ wie behauptet.

(f) Homogenität (Teil 2): Es seien $x,y\in V$ und $\lambda\in\mathbb{R}$ gegeben. Ferner sei $\varepsilon>0$ beliebig. Da sich jede reelle Zahl beliebig genau durch rationale Zahlen approximieren läßt,

Aufgaben zu »Normierte Räume« siehe Seite 27

gibt es eine rationale Zahl r mit $|\lambda - r| < \varepsilon/(L + |\langle x, y\rangle|)$. Weil wir nach (d) schon wissen, daß $\langle rx, y\rangle = r\langle x, y\rangle$ gilt, erhalten wir

$$\begin{aligned} & |\,\langle \lambda x, y\rangle - \lambda\langle x, y\rangle\,| \\ = {} & |\,\langle \lambda x, y\rangle - \langle rx, y\rangle + r\langle x, y\rangle - \lambda\langle x, y\rangle| \\ = {} & |\,f(\lambda) - f(r) + (r-\lambda)\langle x, y\rangle\,| \\ \le {} & |\,f(\lambda) - f(r)\,| + |r-\lambda|\,|\langle x, y\rangle| \\ \le {} & \big(L + |\langle x, y\rangle|\big)\cdot|r-\lambda| \;<\; \varepsilon. \end{aligned}$$

Die Zahl $\langle \lambda x, y\rangle - \lambda\langle x, y\rangle$ ist also betragsmäßig kleiner als jede beliebige Zahl $\varepsilon > 0$, kann also nur Null sein. Also gilt $\langle \lambda x, y\rangle = \lambda\langle x, y\rangle$ wie behauptet.

Bemerkung: Wenn uns erst der Konvergenz- und der Stetigkeitsbegriff zur Verfügung stehen, können wir etwas kürzer argumentieren. In (e) wurde nachgerechnet, daß die Funktion f auf jedem Intervall $[-a, a]$ (und damit auf ganz $\mathbb{R}$) stetig ist (genauer: Lipschitz-stetig mit der Lipschitzkonstanten L). Ist nun $\lambda \in \mathbb{R}$ vorgegeben, so gibt es eine Folge (r_n) in $\mathbb{Q}$ mit $r_n \to \lambda$; aufgrund der Stetigkeit von f folgt dann $f(r_n) \to f(\lambda)$, und wir erhalten

$$\langle \lambda x, y\rangle \;=\; \langle \lim_{n\to\infty} r_n x, y\rangle \;=\; \lim_{n\to\infty} r_n\langle x, y\rangle \;=\; \lambda\langle x, y\rangle.$$

Die Zurückführung der Homogenität bezüglich beliebiger reeller Vorfaktoren auf die (zuvor schon nachgeprüfte) Homogenität bezüglich rationaler Vorfaktoren ist ein typisches "Stetigkeitsargument".

Lösung (68.2) Indem wir die Skalarmultiplikation auf $\mathbb{R} \times V$ einschränken, können wir V als reellen Vektorraum auffassen. Nach der vorherigen Aufgabe ist dann durch

$$(v, w) \;:=\; (1/2)\cdot\big(\|v+w\|^2 - \|v\|^2 - \|w\|^2\big)$$

ein reelles Skalarprodukt auf V definiert, das die Norm $\|\cdot\|$ induziert. Für alle $v, w \in V$ gilt nun

$$\begin{aligned} 2\,(iv, w) &= \|iv+w\|^2 - \|iv\|^2 - \|w\|^2 \\ &= \|(-i)(iv+w)\|^2 - \|v\|^2 - \|w\|^2 \\ &= \|v - iw\|^2 - \|v\|^2 - \|w\|^2 \\ &= -\|v+iw\|^2 + \|v\|^2 + \|w\|^2 \\ &= -2\,(v, iw), \end{aligned}$$

wobei die vorletzte Gleichung aufgrund der Parallelogrammgleichung $\|v - iw\|^2 + \|v + iw\|^2 = 2(\|v\|^2 + \|w\|^2)$ gilt. Für alle $v, w \in V$ gilt also

$$(iv, w) \;=\; -(v, iw) \;=\; (v, -iw)\,.$$

Wegen $\langle v, w\rangle = (v, w) + i(v, iw)$ ergeben sich hieraus die Gleichungen

$$(1)\qquad \begin{aligned} \langle iv, w\rangle &= (iv, w) + i(iv, iw) \\ &= (v, -iw) + i(v, w) \\ &= (-(v, iw) + i(v, w) \\ &= i\big((v, w) + i(v, iw)\big) \;=\; i\langle v, w\rangle \end{aligned}$$

sowie

$$(2)\qquad \begin{aligned} \langle v, iw\rangle &= (v, iw) + i(v, -w) \\ &= (v, iw) - i(v, w) \\ &= (-i)\big(i(v, iw) + (v, w)\big) \;=\; -i\langle v, w\rangle \end{aligned}\quad .$$

Da von vornherein klar ist, daß mit $(\cdot,\cdot)$ auch $\langle\cdot,\cdot\rangle$ bilinear über $\mathbb{R}$ ist, folgt aus (1) und (2) die Sesquilinearität von $\langle\cdot,\cdot\rangle$. Da $(\cdot,\cdot)$ symmetrisch und reellwertig ist, gilt ferner

$$\begin{aligned} \langle v, w\rangle &= (w, v) + i(w, iv) \\ &= (v, w) + i(iv, w) \\ &= (v, w) + i(v, -iw) \\ &= (v, w) - i(v, iw) \\ &= \overline{(v, w) + i(v, iw)} \;=\; \overline{\langle v, w\rangle} \end{aligned}$$

für alle $v, w \in V$, so daß $\langle\cdot,\cdot\rangle$ schiefsymmetrisch ist. Ferner läßt sich $\langle v, v\rangle$ schreiben als

$$\begin{aligned} & \frac{1}{2}\cdot\big(\|2v\|^2 - \|v\|^2 - \|v\|^2\big) + \frac{i}{2}\cdot\big(\|(1+i)v\|^2 - \|v\|^2 - \|v\|^2\big) \\ = {} & \frac{1}{2}\cdot\underbrace{\big(4\|v\|^2 - 2\|v\|^2\big)}_{=2\|v\|^2} + \frac{i}{2}\cdot\underbrace{\big(|1+i|^2\|v\|^2 - 2\|v\|^2\big)}_{=0} = \|v\|^2, \end{aligned}$$

so daß $\langle\cdot,\cdot\rangle$ positiv definit ist. Damit ist $\langle\cdot,\cdot\rangle$ als komplexes Skalarprodukt nachgewiesen. Die zuletzt bewiesene Gleichung $\langle v, v\rangle = \|v\|^2$ zeigt ferner, daß dieses Skalarprodukt die Norm $\|\cdot\|$ induziert.

Lösung (68.3) Für $n = 1$ stimmen alle drei Ausdrücke mit der Betragsfunktion auf $\mathbb{K}$ überein; diese ist eine Norm, die von dem Skalarprodukt $(x, y) \mapsto x\overline{y}$ induziert wird. Wir nehmen nun $n \ge 2$ an.

(a) Offensichtlich gilt $\|x\|_1 \ge 0$ für alle $x \in \mathbb{K}^n$ mit Gleichheit genau für $x = 0$. Für alle $x \in \mathbb{K}^n$ und alle $\lambda \in \mathbb{K}$ gilt

$$\|\lambda x\|_1 = \sum_{i=1}^n |\lambda x_i| = \sum_{i=1}^n |\lambda|\,|x_i| = |\lambda|\sum_{i=1}^n |x_i| = |\lambda|\,\|x\|_1.$$

Schließlich erhalten wir für alle $x, y \in \mathbb{K}^n$ die Abschätzung

$$\begin{aligned} \|x+y\|_1 &= \sum_{i=1}^n |x_i + y_i| \;\le\; \sum_{i=1}^n \big(|x_i| + |y_i|\big) \\ &= \sum_{i=1}^n |x_i| + \sum_{i=1}^n |y_i| \;=\; \|x\|_1 + \|y\|_1. \end{aligned}$$

Damit ist nachgerechnet, daß $\|\cdot\|_1$ eine Norm auf $\mathbb{K}^n$ ist. Bezeichnen wir mit $e_i = (0, \ldots, 0, 1, 0, \ldots, 0)^T$ den i-ten Einheitsvektor, so erhalten wir für $i \ne j$ die Gleichungen $\|e_i+e_j\|_1^2+\|e_i-e_j\|_1^2 = 2^2+2^2 = 8$ sowie $2(\|e_i\|_1^2+\|e_j\|_1^2) = 2\cdot(1^2+1^2) = 4$. Die Norm $\|\cdot\|_1$ erfüllt also nicht die

Parallelogrammgleichung und kann daher nicht von einem Skalarprodukt induziert sein.

(b) Für alle $x \in \mathbb{K}^n$ gilt $\|x\|_2 = \sqrt{\langle x, x\rangle}$ mit dem Standardskalarprodukt $\langle x, y\rangle = \sum_{i=1}^n x_i \overline{y_i}$. Also ist $\|\cdot\|_2$ die von $\langle\cdot,\cdot\rangle$ induziert Norm auf $\mathbb{K}^n$.

(c) Offensichtlich gilt $\|x\|_\infty \geq 0$ für alle $x \in \mathbb{K}^n$ mit Gleichheit genau für $x = 0$. Für alle $x \in \mathbb{K}^n$ und alle $\lambda \in \mathbb{K}$ gilt

$$\begin{aligned}\|\lambda x\|_\infty &= \max_{1\leq i\leq n} |\lambda x_i| = \max_{1\leq i\leq n} |\lambda|\,|x_i| \\ &= |\lambda| \max_{1\leq i\leq n} |x_i| = |\lambda|\,\|x\|_\infty.\end{aligned}$$

Schließlich erhalten wir für alle $x, y \in \mathbb{K}^n$ die Abschätzung

$$\begin{aligned}\|x+y\|_\infty &= \max_{1\leq i\leq n} |x_i + y_i| \leq \max_{1\leq i\leq n} \big(|x_i| + |y_i|\big) \\ &\leq \max_{1\leq i\leq n} |x_i| + \max_{1\leq i\leq n} |y_i| = \|x\|_\infty + \|y\|_\infty.\end{aligned}$$

Damit ist nachgerechnet, daß $\|\cdot\|_\infty$ eine Norm auf $\mathbb{K}^n$ ist. Bezeichnen wir mit $e_i = (0,\ldots,0,1,0,\ldots,0)^T$ den i-ten Einheitsvektor, so erhalten wir für $i \neq j$ die Gleichungen $\|e_i + e_j\|_\infty^2 + \|e_i - e_j\|_\infty^2 = 1^2 + 1^2 = 2$ sowie $2(\|e_i\|_1^2 + \|e_j\|_\infty^2) = 2 \cdot (1^2 + 1^2) = 4$. Die Norm $\|\cdot\|_\infty$ erfüllt also nicht die Parallelogrammgleichung und kann daher nicht von einem Skalarprodukt induziert sein.

Lösung (68.4) (a) Reflexivität: Jede Norm ist trivialerweise zu sich selbst äquivalent; man muß ja nur $a := b := 1$ wählen. Symmetrie: ist $\|\cdot\|_1$ äquivalent mit $\|\cdot\|_2$, dann auch $\|\cdot\|_2$ mit $\|\cdot\|_1$; aus $a\|v\|_1 \leq \|v\|_2 \leq b\|v\|_1$ folgt nämlich $(1/b)\cdot\|v\|_2 \leq \|v\|_1 \leq (1/a)\cdot\|v\|_2$. Transitivität: ist $\|\cdot\|_1$ äquivalent mit $\|\cdot\|_2$ und $\|\cdot\|_2$ mit $\|\cdot\|_3$, so ist auch $\|\cdot\|_1$ äquivalent mit $\|\cdot\|_3$; aus $a\|v\|_1 \leq \|v\|_2 \leq b\|v\|_1$ und $A\|v\|_2 \leq \|v\|_3 \leq B\|v\|_2$ folgt nämlich $aA\|v\|_1 \leq \|v\|_3 \leq bB\|v\|_1$.

(b) Für alle $x \in \mathbb{K}^n$ gilt $\|x\|_\infty = \max_i |x_i| \leq |x_1| + |x_2| + \cdots + |x_n| \leq \|x\|_\infty + \|x\|_\infty + \cdots + \|x\|_\infty = n\|x\|_\infty$, insgesamt also

$$(1) \qquad \|x\|_\infty \leq \|x\|_1 \leq n\|x\|_\infty.$$

Damit sind die Normen $\|\cdot\|_\infty$ und $\|x\|_1$ äquivalent. Die Abschätzungen in (1) sind dabei bestmöglich, denn sowohl die erste als auch die zweite Ungleichung kann für speziell gewählte Vektoren x zu einer Gleichung werden; für die erste Ungleichung ist dies etwa für $x = (0,\ldots,0,1,0,\ldots,0)^T$ der Fall, für die zweite Ungleichung für $x = (1,1,\ldots,1)^T$.

Für $x \in \mathbb{K}^n$ gilt ferner $\|x\|_\infty = \max_i |x_i| = \sqrt{\max_i |x_i|^2} \leq \sqrt{|x_1|^2 + |x_2|^2 + \cdots + |x_n|^2} \leq \sqrt{\|x\|_\infty^2 + \|x\|_\infty^2 + \cdots + \|x\|_\infty^2} = \sqrt{n\|x\|_\infty^2} = \sqrt{n}\|x\|_\infty$, insgesamt also

$$(2) \qquad \|x\|_\infty \leq \|x\|_2 \leq \sqrt{n}\|x\|_\infty.$$

Damit sind auch die Normen $\|\cdot\|_\infty$ und $\|x\|_2$ äquivalent. Die Abschätzungen in (2) sind wieder bestmöglich, denn wieder geht für $x = (0,\ldots,0,1,0,\ldots,0)^T$ die erste und für $x = (1,1,\ldots,1)^T$ die zweite Ungleichung in eine Gleichung über.

Da jede der Normen $\|\cdot\|_1$ und $\|\cdot\|_2$ zur Norm $\|\cdot\|_\infty$ äquivalent ist, sind diese beiden Normen gemäß Teil (a) auch untereinander äquivalent. Wir wollen aber noch die bestmöglichen Konstanten herleiten, um diese beiden Normen gegeneinander abzuschätzen. Wir behaupten, daß diese bestmöglichen Abschätzungen gegeben sind durch

$$(3) \qquad \|x\|_2 \leq \|x\|_1 \leq \sqrt{n}\|x\|_2.$$

Die erste Ungleichung gilt dabei wegen $\|x\|_1^2 - \|x\|_2^2 = (|x_1| + \cdots + |x_n|)^2 - (|x_1|^2 + \cdots + |x_n|^2) = \sum_{i\neq j} |x_i|\,|x_j| \geq 0$. Die zweite Ungleichung ergibt sich, indem man die Cauchy-Schwarzsche Ungleichung auf die beiden Vektoren $(|x_1|, |x_2|, \ldots, |x_n|)^T$ und $(1,1,\ldots,1)^T$ anwendet; es ergibt sich $\|x\|_1 = \sum_i 1\cdot|x_i| \leq \sqrt{\sum_i 1^2}\cdot\sqrt{\sum_i |x_i|^2} = \sqrt{n}\|x\|_2$. Jede der beiden Ungleichungen geht für $x = (0,\ldots,0,1,0,\ldots,0)^T$ in eine Gleichung über und kann folglich nicht verbessert werden.

Lösung (68.5) Die Implikationen (1) $\Rightarrow$ (2) und (2) $\Rightarrow$ (3) sind trivial; nur (3)$\Rightarrow$(1) bleibt zu zeigen. Da (1) für $v = 0$ ohnehin gilt, dürfen wir $v \neq 0$ annehmen. Dann erfüllt $u := v/\|v\|_2$ die Bedingung $\|u\|_2 = 1$; wegen (3) gilt folglich $\|u\|_1 \leq c$. Das bedeutet aber $\|v\|_1/\|v\|_2 \leq c$ und damit $\|v\|_1 \leq c\|v\|_2$.

Lösung (68.6) (a) Diese Aussage bedeutet geometrisch, daß sich zwei offene Kugeln genau dann schneiden, wenn die beiden Mittelpunkte näher beieinander liegen als die Summe der beiden Radien. Dies ist für Kreisscheiben in der Ebene völlig klar. Der folgende Beweis zeigt, daß unsere durch die Euklidische Geometrie geschulte Intuition ausreicht, das Ergebnis auch für beliebige normierte Räume zu beweisen.

Ist der Durchschnitt $B_r(x) \cap B_s(y)$ nicht leer, so wählen wir in dieser Menge ein Element ξ. Dieses Element erfüllt dann die Bedingungen $\|x - \xi\| < r$ und $\|\xi - y\| < s$. Folglich gilt $\|x - y\| = \|x - \xi + \xi - y\| \leq \|x - \xi\| + \|\xi - y\| < r + s$, insgesamt also $\|x - y\| < r + s$. Gilt umgekehrt $\|x - y\| < r + s$, so suchen wir ein Element ξ in $B_r(x) \cap B_s(y)$, und zwar auf der Verbindungsstrecke zwischen x und y. Wir machen also den Ansatz $\xi = x + \theta(y - x)$ mit $0 < \theta < 1$ und müssen dann die Bedingungen

$$\begin{aligned} r &> \|\xi - x\| = \theta\|x - y\| \quad \text{sowie} \\ s &> \|\xi - y\| = \|(1-\theta)(x-y)\| = (1-\theta)\,\|x - y\|\end{aligned}$$

erfüllen. Für $x = y$ können wir θ beliebig wählen; für $x \neq y$ ist ein θ zu finden mit

$$1 - \frac{s}{\|x-y\|} < \theta < \frac{r}{\|x-y\|}.$$

Ein solches θ gibt es genau dann, wenn

$$1 - \frac{s}{\|x-y\|} < \frac{r}{\|x-y\|}$$

gilt, also $1 < (r+s)/\|y-x\|$ bzw. $r+s > \|y-x\|$. Damit ist Teil (a) bewiesen.

(b) Diese Aussage bedeutet gerade, daß eine offene Kugel in einer andern offenen Kugel genau dann enthalten ist, wenn der Abstand zwischen den Kugelmittelpunkten höchstens so groß ist wie die Differenz der Radien; auch dies ist für Kreisscheiben in der Ebene (oder auch Kugeln im Raum) völlig klar.

Wir nehmen zunächst $\|x-y\| \leq s-r$ an. Gilt dann $\xi \in B_r(x)$, also $\|\xi - x\| < r$, so folgt $\|\xi - y\| = \|\xi - x + x - y\| \leq \|\xi - x\| + \|x-y\| < r + \|x-y\| \leq r + (s-r) = s$ und damit $\xi \in B_s(y)$; damit ist die Inklusion $B_r(x) \subseteq B_s(y)$ nachgewiesen. Gilt umgekehrt $B_r(x) \subseteq B_s(y)$, so gilt $x - \rho(y-x)/\|y-x\| \in B_s(y)$ für $0 < \rho < r$, also

$$\begin{aligned} s &> \left\| x - y - \rho \frac{y-x}{\|y-x\|} \right\| \\ &= \left\| \left(1 + \frac{\rho}{\|y-x\|}\right)(x-y) \right\| \\ &= \|x-y\| + \rho \end{aligned}$$

bzw. $\|x-y\| < s - \rho$ für alle ρ mit $0 < \rho < r$. Das bedeutet aber $\|x-y\| \leq s-r$. Damit ist die Äquivalenz der Bedingungen $\|x-y\| \leq s-r$ und $B_r(x) \subseteq B_s(y)$ gezeigt. Vollkommen analog ergibt sich die Äquivalenz der Bedingungen $\|x-y\| \leq r-s$ und $B_s(y) \subseteq B_r(x)$ und damit die Behauptung.

Lösung (68.7) Die positive Definitheit, die Homogenität und die Dreiecksungleichung übertragen sich trivialerweise von V auf U. Wird ferner die Norm $\|\cdot\|$ von einem Skalarprodukt $\langle \cdot, \cdot \rangle$ auf V induziert, so ist die Einschränkung von $\langle \cdot, \cdot \rangle$ auf $U \times U$ ein Skalarprodukt auf U, das die Unterraumnorm $\|\cdot\|_U$ induziert.

Lösung (68.8) Positive Semidefinitheit, Symmetrie und Dreiecksungleichung übertragen sich sofort von $\|\cdot\|_W$ auf $\|\cdot\|_V$. Genau dann gilt $\|v\|_V = 0$, wenn $\|f(v)\|_W = 0$ gilt, also $f(v) = 0$ und damit $v \in \mathrm{Kern}(f)$. Also ist $\|\cdot\|_V$ genau dann positiv definit, wenn f trivialen Kern hat, also injektiv ist.

Lösung (68.9) (a) Wir weisen die definierenden Eigenschaften einer Norm nach. Zunächst gilt wegen (2) und (3) die Bedingung $\Phi(a_1, \ldots, a_n) \geq \Phi(0, \ldots, 0) = 0$ für alle $a_i \geq 0$ und damit $\|(v_1, \ldots, v_n)\| \geq 0$ für alle $(v_1, \ldots, v_n) \in V_1 \times \cdots \times V_n$. Wegen (1) gilt dabei $\|(v_1, \ldots, v_n)\| = 0$ genau dann, wenn $\|v_i\| = 0$ und damit $v_i = 0$ für $1 \leq i \leq n$ gilt, also genau für $(v_1, \ldots, v_n) = (0, \ldots, 0)$. Unter Benutzung von (2) erhalten wir für alle Vektoren $v_i \in V_i$ die Gleichheit

$$\begin{aligned} &\|\lambda(v_1, \ldots, v_n)\| = \|(\lambda v_1, \ldots, \lambda v_n)\| \\ &= \Phi\big(\|\lambda v_1\|, \ldots, \|\lambda v_n\|\big) = \Phi\big(|\lambda|\,\|v_1\|, \ldots, |\lambda|\,\|v_n\|\big) \\ &= |\lambda| \cdot \Phi\big(\|v_1\|, \ldots, \|v_n\|\big) = |\lambda| \cdot \|(v_1, \ldots, v_n)\|. \end{aligned}$$

Zum Beweis der Dreiecksungleichung weisen wir zunächst nach, daß

$$(\star) \quad \Phi(a_1+b_1, \ldots, a_n+b_n) \leq \Phi(a_1, \ldots, a_n) + \Phi(b_1, \ldots, b_n)$$

für alle $a_i, b_i \geq 0$ bzw. kurz $\Phi(a+b) \leq \Phi(a) + \Phi(b)$ für alle $a, b \in [0, \infty)^n$ gilt. Diese Ungleichung gilt wegen $\Phi(0) = 0$ trivialerweise für $a = 0$ oder $b = 0$; wir dürfen also $a \neq 0$ und $b \neq 0$ (und damit $\Phi(a) > 0$ und $\Phi(b) > 0$) annehmen. Wir erhalten dann

$$\begin{aligned} \frac{\Phi(a+b)}{\Phi(a)+\Phi(b)} &= \Phi\left(\frac{a+b}{\Phi(a)+\Phi(b)}\right) \\ &= \Phi\left(\frac{\Phi(a)}{\Phi(a)+\Phi(b)} \cdot \frac{a}{\Phi(a)} + \frac{\Phi(b)}{\Phi(a)+\Phi(b)} \cdot \frac{b}{\Phi(b)}\right) \leq 1 \end{aligned}$$

und damit $\Phi(a+b) \leq \Phi(a) + \Phi(b)$. Dabei gilt die Gleichung am Anfang wegen Bedingung (2), angewandt mit $\lambda := \Phi(a) + \Phi(b)$, die Ungleichung am Ende wegen Bedingung (5), angewandt mit $x := a/\Phi(a)$, $y := b/\Phi(b)$ und $t := \Phi(a)/\big(\Phi(a) + \Phi(b)\big)$. Die Dreiecksungleichung ergibt sich dann folgendermaßen: wir schreiben $v := (v_1, \ldots, v_n)$ und $w := (w_1, \ldots, w_n)$ und erhalten

$$\begin{aligned} \|v+w\| &= \Phi\big(\|v_1+w_1\|, \ldots, \|v_n+w_n\|\big) \\ &\leq \Phi\big(\|v_1\| + \|w_1\|, \ldots, \|v_n\| + \|w_n\|\big) \\ &\leq \Phi\big(\|v_1\|, \ldots, \|v_n\|\big) + \Phi\big(\|w_1\|, \ldots, \|w_n\|\big) \\ &= \|(v_1, \ldots, v_n)\| + \|(w_1, \ldots, w_n)\| = \|v\| + \|w\|; \end{aligned}$$

dabei gilt die erste Ungleichung wegen Bedingung (3), die zweite Ungleichung wegen $(\star)$. Damit sind alle Eigenschaften einer Norm nachgeprüft. Wegen Bedingung (4) stimmt die Einschränkung von $\|\cdot\|$ auf $\{0\} \times \cdots \{0\} \times V_i \times \{0\} \times \{0\}$ mit der ursprünglich auf V_i gegebenen Norm überein.

Bemerkung: Wir rechnen nach, daß die Funktion $\Phi(a_1, \ldots, a_n) := \max_i |a_i|$ die angegebenen Eigenschaften hat. Die Bedingungen (1) bis (4) sind trivialerweise erfüllt. Zum Nachweis von (5) betrachten wir $x, y \in [0, \infty)^n$ mit $\Phi(x) \leq 1$ und $\Phi(y) \leq 1$, also $0 \leq x_i, y_i \leq 1$ für $1 \leq i \leq n$. Für alle $t \in [0,1]$ gilt dann auch $0 \leq tx_i + (1-t)y_i \leq 1$ für $1 \leq i \leq n$ und damit $\Phi\big(tx + (1-t)y\big) = \max_i\big(tx_i + (1-t)y_i\big) \leq 1$. Daß auch die Funktionen $(a_1, \ldots, a_n) \mapsto a_1 + \cdots + a_n$ und $(a_1, \ldots, a_n) \mapsto \sqrt{a_1^2 + \cdots + a_n^2}$ die angegebenen Eigenschaften haben, rechnen wir später (in Kapitel 84) in allgemeinerer Form nach (nämlich für die Funktionen $\Phi(a_1, \ldots, a_n) := (\sum_i a_i^p)^{1/p}$ mit einem beliebigen Exponenten $p \geq 1$).

Lösung (68.10) Wir haben

$$A = \begin{bmatrix} 2 & 4 \\ 1 & 3 \end{bmatrix} \quad \text{und} \quad A^{-1} = \frac{1}{2}\begin{bmatrix} 3 & -4 \\ -1 & 2 \end{bmatrix}.$$

(a) Die Operatornorm zur $\|\cdot\|_\infty$-Norm ist die Zeilensummennorm; also gilt

$$\mathrm{cond}_\infty(A) = \|A\|_{\mathrm{op},\infty} \|A^{-1}\|_{\mathrm{op},\infty} = 6 \cdot \frac{7}{2} = 21.$$

Aufgaben zu »Normierte Räume« siehe Seite 27

(b) Die Operatornorm zur $\|\cdot\|_1$-Norm ist die Spaltensummennorm; also gilt

$$\mathrm{cond}_1(A) = \|A\|_{\mathrm{op},1}\|A^{-1}\|_{\mathrm{op},1} = 7\cdot 3 = 21.$$

(c) Die Matrizen

$$A^TA = \begin{bmatrix} 5 & 11 \\ 11 & 25 \end{bmatrix} \quad \text{und} \quad A^{T-1}A^{-1} = \frac{1}{2}\begin{bmatrix} 5 & -7 \\ -7 & 10 \end{bmatrix}$$

haben die Eigenwerte $15 \pm \sqrt{221}$ bzw. $(15 \pm \sqrt{221})/4$. Da die Operatornorm zur $\|\cdot\|_2$-Norm die Spektralnorm ist, erhalten wir

$$\begin{aligned} \mathrm{cond}_2(A) &= \|A\|_{\mathrm{op},2}\|A^{-1}\|_{\mathrm{op},2} \\ &= \sqrt{15+\sqrt{221}}\cdot\frac{\sqrt{15+\sqrt{221}}}{2} \\ &= \frac{15+\sqrt{221}}{2} \approx 14.933. \end{aligned}$$

Allgemein ergibt sich für jede invertierbare (2×2)-Matrix

$$A = \begin{bmatrix} a & b \\ c & d \end{bmatrix} \quad \text{mit} \quad A^{-1} = \frac{1}{ad-bc}\begin{bmatrix} d & -b \\ -c & a \end{bmatrix},$$

daß die Konditionszahlen $\mathrm{cond}_\infty(A)$ und $\mathrm{cond}_1(A)$ beide den gleichen Wert haben, nämlich

$$\frac{\max(|a|+|b|,\ |c|+|d|)\cdot\max(|a|+|c|,\ |b|+|d|)}{|ad-bc|}.$$

Lösung (68.11) Wir haben

$$\|A\|_{\mathrm{op},2}^2 = \text{größter Eigenwert von } A^\star A = \sigma_{\max}(A)^2$$

und

$$\begin{aligned} &\|A^{-1}\|_{\mathrm{op},2}^2 \\ &= \text{größter Eigenwert von } (A^{-1})^\star A^{-1} = (AA^\star)^{-1} \\ &= \text{Kehrwert des kleinsten Eigenwerts von } AA^\star \\ &= \text{Kehrwert des kleinsten Eigenwerts von } A^\star A \\ &= 1/\sigma_{\min}(A)^2, \end{aligned}$$

also $\mathrm{cond}_2(A) = \|A\|_{\mathrm{op},2}\|A^{-1}\|_{\mathrm{op},2} = \sigma_{\max}(A)/\sigma_{\min}(A)$ wie behauptet. (In der Herleitung wurde benutzt, daß für $A \in K^{m\times n}$ und $B \in K^{n\times n}$ die Matrizen AB und BA die gleichen von Null verschiedenen Eigenwerte haben.)

Lösung (68.12) (a) Es sei $f \in \mathfrak{F}$. Für alle $k \in \mathbb{N}$ gilt dann $|(T_1f)(k)| = |f(k+2)| \le \|f\|$; folglich gilt auch $\|T_1f\| \le \|f\|$. Daher ist T_1 eine beschränkte lineare Abbildung mit $\|T_1\|_{\mathrm{op}} \le 1$. Da in der Ungleichung $\|T_1f\| \le \|f\|$ Gleichheit angenommen werden kann (etwa für $f = (0,0,1,0,\ldots)$), gilt $\|T_1\|_{\mathrm{op}} = 1$.

(b) Es sei $f \in \mathfrak{F}$. Für alle $k \in \mathbb{N}$ gilt dann $|(T_2f)(k)| = |7f(k+1) - 8f(k+3)| \le 7\cdot|f(k+1)| + 8|f(k+3)| \le 7\|f\| + 8\|f\| = 15\|f\|$; folglich gilt auch $\|T_2f\| \le 15\|f\|$. Daher ist T_2 eine beschränkte lineare Abbildung mit $\|T\|_{\mathrm{op}} \le 15$. Da in der Ungleichung $\|T_2f\| \le 15\|f\|$ Gleichheit angenommen werden kann (etwa für $f = (0,1,0,-1,0,0,\ldots)$), gilt $\|T_2\|_{\mathrm{op}} = 15$.

(c) Bezeichnen wir mit $f_n := (1,1,\ldots,1,0,0,0,\ldots)$ die Folge, die mit n Einsen beginnt und sonst nur Nullen hat, so gilt $\|f_n\| = 1$ und $\|T_3f_n\| = n$ für alle $n \in \mathbb{N}$; es kann also keine Konstante $C > 0$ geben mit $\|T_3f\| \le C\|f\|$ für alle $f \in \mathfrak{F}$. Die lineare Abbildung $T_3 : V \to V$ ist also nicht beschränkt.

(d) Es sei $f \in \mathfrak{F}$. Für alle $k \in \mathbb{N}$ gilt dann $|(T_4f)(k)| = 2^{-k}|f(k)| \le 2^{-1}|f(k)| \le 2^{-1}\|f\|$; also gilt auch $\|T_4f\| \le (1/2)\cdot\|f\|$. Daher ist T_4 eine beschränkte lineare Abbildung mit $\|T_4\|_{\mathrm{op}} \le 1/2$. Da in der Ungleichung $\|T_4f\| \le (1/2)\cdot\|f\|$ Gleichheit angenommen werden kann (etwa für $f = (1,0,0,0,\ldots)$), gilt $\|T_4\|_{\mathrm{op}} = 1/2$.

(e) Bezeichnen wir mit $f_n := (1,1,\ldots,1,0,0,0,\ldots)$ die Folge, die mit $(n^2+n)/2$ Einsen beginnt und sonst nur Nullen hat, so gilt $\|f_n\| = 1$ und $\|T_5f_n\| = n$ für alle $n \in \mathbb{N}$; es kann also keine Konstante $C > 0$ geben mit $\|T_5f\| \le C\|f\|$ für alle $f \in \mathfrak{F}$. Die lineare Abbildung $T_5 : V \to V$ ist also nicht beschränkt.

Lösung (68.13) Offensichtlich gilt $\|f\|_\infty \le \|f\|_1$ für alle $f \in \mathfrak{F}$ mit Gleichheit genau dann, wenn f höchstens einen von Null verschiedenen Wert annimmt; also ist die identische Abbildung $T : W \to V$ beschränkt mit $\|T\|_{\mathrm{op}} = 1$. Andererseits gibt es keine Konstante C mit $\|f\|_1 \le C\|f\|_\infty$ für alle $f \in \mathfrak{F}$, wie man etwa sieht, wenn für f Elemente der Form $f = (1,1,\ldots,1,0,0,\ldots)$ wählt; also ist die identische Abbildung als lineare Abbildung $S : V \to W$ nicht beschränkt. Die Normen $\|\cdot\|_1$ und $\|\cdot\|_\infty$ auf $\mathfrak{F}$ sind nicht äquivalent.

Lösung (68.14) (a) Gäbe es einen Vektor $x \ne 0$ mit $Ax = x$, so gälte für die Matrix $M := (x \mid \cdots \mid x)$, die in jeder Spalte den Vektor x stehen hat, die Gleichung $AM = M$, folglich

$$\begin{aligned} 0 &= \|M - AM\| \ge \|M\| - \|AM\| \\ &\ge \|M\| - \|A\|\cdot\|M\| > 0, \end{aligned}$$

wobei die erste Ungleichung aufgrund der Dreiecksungleichung gilt, die zweite aufgrund der Submultiplikativität von $\|\cdot\|$ und die dritte wegen $\|A\| < 1$ und $\|M\| > 0$. Damit ist gezeigt, daß $\mathbf{1} - A$ trivialen Kern hat, damit injektiv und folglich sogar bijektiv ist. Also existiert $(\mathbf{1}-A)^{-1}$. Multiplizieren wir wie angegeben die Gleichung $\mathbf{1} - (\mathbf{1}-A) = A$ von rechts mit $(\mathbf{1}-A)^{-1}$ durch, so ergibt sich

$$(\mathbf{1}-A)^{-1} - \mathbf{1} = A(\mathbf{1}-A)^{-1}$$

und aufgrund der Submultiplikativität von $\|\cdot\|$ damit

$$\|(\mathbf{1}-A)^{-1} - \mathbf{1}\| \le \|A\|\,\|(\mathbf{1}-A)^{-1}\|.$$

Aufgaben zu »Normierte Räume« siehe Seite 27

Damit ist (1) gezeigt. Aus (1) folgt mit der Dreiecksungleichung die Abschätzung

$$\begin{aligned}\|(\mathbf{1}-A)^{-1}\| &= \|\mathbf{1}+\big((\mathbf{1}-A)^{-1}-\mathbf{1}\big)\| \\ &\leq \|\mathbf{1}\|+\|\big((\mathbf{1}-A)^{-1}-\mathbf{1}\| \\ &\leq 1+\|A\|\,\|(\mathbf{1}-A)^{-1}\|,\end{aligned}$$

wobei wir im letzten Schritt die Abschätzung (1) sowie die Bedingung $\|\mathbf{1}\|=1$ benutzten. Subtrahieren wir auf beiden Seiten den Ausdruck $\|A\|\,\|(\mathbf{1}-A)^{-1}\|$, so ergibt sich $(1-\|A\|)\cdot\|(\mathbf{1}-A)^{-1}\|<1$ und damit die Abschätzung (2), wenn wir noch durch $1-\|A\|$ dividieren. Die Abschätzung (3) ergibt sich dann sofort, wenn wir (2) auf der rechten Seite von (1) einsetzen.

Bemerkung: Die gerade gegebene Lösung läßt sich vereinfachen, wenn wir voraussetzen, daß $\|\cdot\|$ eine Operatornorm ist. In diesem Fall gilt für alle $x\neq 0$ die Abschätzung $\|Ax\|\leq\|A\|\cdot\|x\|<1\cdot\|x\|$ und daher $\|(\mathbf{1}-A)x\|=\|x-Ax\|\geq\|x\|-\|Ax\|>0$. Also ist $\mathbf{1}-A$ injektiv und damit invertierbar. Auch die angegebene Abschätzung läßt sich im Fall einer Operatornorm leichter beweisen:

$$\begin{aligned}\|(\mathbf{1}-A)^{-1}\| &= \sup_{x\neq 0}\frac{\|(\mathbf{1}-A)^{-1}x\|}{\|x\|} = \sup_{y\neq 0}\frac{\|y\|}{\|(\mathbf{1}-A)y\|} \\ &\leq \sup_{y\neq 0}\frac{\|y\|}{\|y\|-\|A\|\cdot\|y\|} = \frac{1}{1-\|A\|},\end{aligned}$$

wobei wir $y:=(\mathbf{1}-A)^{-1}x$ substituierten und beim Übergang von der ersten zur zweiten Zeile die Abschätzung $\|y-Ay\|\geq\|y\|-\|Ay\|\geq\|y\|-\|A\|\cdot\|y\|$ benutzten.

(b) Für $X:=-A^{-1}(B-A)$ gilt $\|X\|\leq\|A^{-1}\|\,\|B-A\|<1$; nach Teil (a) ist also $\mathbf{1}-X$ invertierbar. Dann ist aber auch $B=A(\mathbf{1}-X)$ invertierbar, und es gilt $B^{-1}=(\mathbf{1}-X)^{-1}A^{-1}$, folglich $B^{-1}-A^{-1}=\big((\mathbf{1}-X)^{-1}-\mathbf{1}\big)A^{-1}$. Die Abschätzung (3) aus Teil (a) liefert dann

$$\begin{aligned}\|B^{-1}-A^{-1}\| &\leq \|(\mathbf{1}-X)^{-1}-\mathbf{1}\|\,\|A^{-1}\| \\ &\leq \frac{\|X\|}{1-\|X\|}\cdot\|A^{-1}\| \\ &\leq \frac{\|A^{-1}\|\,\|B-A\|\,\|A^{-1}\|}{1-\|A^{-1}\|\,\|B-A\|};\end{aligned}$$

dabei benutzten wir im letzten Schritt die Abschätzung $\|X\|\leq\|A^{-1}\|\,\|B-A\|$ sowie das monotone Wachstum der Funktion $t\mapsto t/(1-t)$.

Lösung (68.15) (a) Es sei $x=(x_1,\ldots,x_n)^T$ der gesuchte Produktionsvektor. Um die Produktionszahlen x_j zu erreichen, werden in dem Unternehmen also $\sum_{j=1}^n a_{ij}x_j$ Einheiten des Produkts P_i verbraucht; für den Markt verbleiben demnach noch $x_i-\sum_{j=1}^n a_{ij}x_j$ Einheiten. Die Zahlen x_j müssen also so gewählt werden, daß $y_i=x_i-\sum_{j=1}^n a_{ij}x_j$ für alle Indices $1\leq i\leq n$ gilt. Dies läßt sich folgendermaßen als lineares Gleichungssystem schreiben:

$$y = (\mathbf{1}-A)x\,.$$

(b) Die angegebene Bedingung läßt sich schreiben in der Form $\|A\|<1$, wenn $\|\cdot\|$ die Spaltensummennorm bezeichnet. Da diese submultiplikativ ist und die Bedingung $\|\mathbf{1}\|=1$ erfüllt, ist nach Aufgabe (68.14) die Matrix $\mathbf{1}-A$ invertierbar; das Gleichungssystem $(\mathbf{1}-A)x=y$ besitzt also die eindeutige Lösung $x=(\mathbf{1}-A)^{-1}y$.

(c) Da $\sum_{i=1}^n a_{ij}$ genau die Kosten sind, die zur Herstellung einer Werteinheit des Produkts P_j durch Aufnahme der übrigen Produkte P_i entstehen, bedeutet die Bedingung $\sum_{i=1}^n a_{ij}<1$ genau, daß Fabrik F_j rentabel arbeitet. Die Planungsaufgabe ist gemäß Teil (b) also jedenfalls dann lösbar, wenn alle Fabriken rentabel arbeiten.

Lösung (68.16) Wir wählen irgendeine Norm auf $\mathbb{K}^n$ und bezeichnen mit $\|\!|\cdot|\!\|$ die zugehörige Operatornorm auf $\mathbb{K}^{n\times n}$.

(a) Wir haben $Ax=b$ und $A(x+\Delta x)=b+\Delta b$; folglich ist $A\Delta x=\Delta b$ und damit $\Delta x=A^{-1}\Delta b$, also auch

$$\|\Delta x\| \leq |\!|\!|A^{-1}|\!|\!|\,\|\Delta b\|\,.$$

Dividieren wir diese Ungleichung durch $\|x\|$ und nutzen wir noch $\|b\|=\|Ax\|\leq|\!|\!|A|\!|\!|\,\|x\|$, also $1/\|x\|\leq|\!|\!|A|\!|\!|/\|b\|$ aus, so ergibt sich

$$\frac{\|\Delta x\|}{\|x\|} \leq |\!|\!|A^{-1}|\!|\!|\,|\!|\!|A|\!|\!|\cdot\frac{\|\Delta b\|}{\|b\|}\,.$$

(b) Wir haben $Ax=b$ und $(A+\Delta A)(x+\Delta x)=b$, folglich $\Delta x=(A+\Delta A)^{-1}b-x=(A+\Delta A)^{-1}b-A^{-1}b$ und unter der Voraussetzung $|\!|\!|\Delta A|\!|\!|<1/|\!|\!|A^{-1}|\!|\!|$ damit

$$\begin{aligned}\|\Delta x\| &= \|\big((A+\Delta A)^{-1}-A^{-1}\big)b\| \\ &\leq |\!|\!|(A+\Delta A)^{-1}-A^{-1}|\!|\!|\,\|b\| \\ &\leq \frac{|\!|\!|A^{-1}|\!|\!|^2\,|\!|\!|\Delta A|\!|\!|}{1-|\!|\!|A^{-1}|\!|\!|\,|\!|\!|\Delta A|\!|\!|}\,\|b\|,\end{aligned}$$

wobei wir Aufgabe (68.14)(b) ausnutzten. Dividieren wir wieder durch $\|x\|$ unter Benutzung der Abschätzung $1/\|x\|\leq|\!|\!|A|\!|\!|/\|b\|$, so ergibt sich

$$\begin{aligned}\frac{\|\Delta x\|}{\|x\|} &\leq \frac{|\!|\!|A^{-1}|\!|\!|^2\,|\!|\!|A|\!|\!|\,|\!|\!|\Delta A|\!|\!|}{1-|\!|\!|A^{-1}|\!|\!|\,|\!|\!|\Delta A|\!|\!|} \\ &= \frac{|\!|\!|A^{-1}|\!|\!|^2\,|\!|\!|A|\!|\!|^2\cdot\big(|\!|\!|\Delta A|\!|\!|/|\!|\!|A|\!|\!|\big)}{1-|\!|\!|A^{-1}|\!|\!|\,|\!|\!|A|\!|\!|\cdot\big(|\!|\!|\Delta A|\!|\!|/|\!|\!|A|\!|\!|\big)}\,.\end{aligned}$$

Bemerkung: Den Ausdruck $\mathrm{cond}(A):=|\!|\!|A|\!|\!|\,|\!|\!|A^{-1}|\!|\!|$ bezeichnet man als **Konditionszahl** von A. Mit dieser Zahl lassen sich die Abschätzungen in (a) und (b) für den relativen Fehler etwas kürzer hinschreiben, nämlich in der Form

$$\frac{\|\Delta x\|}{\|x\|} \leq \mathrm{cond}(A)\cdot\frac{\|\Delta b\|}{\|b\|}$$

Aufgaben zu »Normierte Räume« siehe Seite 27

bzw.

$$\frac{\|\Delta x\|}{\|x\|} = \frac{\operatorname{cond}(A)^2 \cdot (\|\Delta A\|/\|A\|)}{1 - \operatorname{cond}(A) \cdot (\|\Delta A\|/\|A\|)}.$$

Eine große Konditionszahl ist also ein Hinweis darauf, daß selbst relativ kleine Fehler in den Ausgangsdaten zu substantiellen Fehlern in den Ergebnissen führen können; Probleme, bei denen dies der Fall ist, nennt man "schlecht konditioniert". In Teil (b) muß $\|\Delta A\|/\|A\| < 1/\operatorname{cond}(A)$ vorausgesetzt werden, damit die Invertierbarkeit von $A + \Delta A$ gesichert ist.

Lösung (68.17) (a) Offensichtlich gilt $\|\mathbf{1}\|_\infty = 1$. Setzen wir

$$A := B := \begin{bmatrix} 1 & \cdots & 1 \\ \vdots & & \vdots \\ 1 & \cdots & 1 \end{bmatrix}, \quad \text{so ist } AB = \begin{bmatrix} n & \cdots & n \\ \vdots & & \vdots \\ n & \cdots & n \end{bmatrix}$$

und damit $\|AB\|_\infty = n > 1 \cdot 1 = \|A\|_\infty \|B\|_\infty$. Also ist $\|\cdot\|_\infty$ nicht submultiplikativ.

(b) Offensichtlich gilt $\|\mathbf{1}\|_1 = n \cdot 1 = n > 1$. Die Submultiplikativität von $\|\cdot\|_1$ folgt aus der Abschätzung

$$\begin{aligned} \|AB\|_1 &= \sum_{i,j=1}^n |(AB)_{ij}| = \sum_{i,j=1}^n \Big| \sum_{k=1}^n A_{ik} B_{kj} \Big| \\ &\le \sum_{i,j,k=1}^n |A_{ik}|\,|B_{kj}| \\ &\le \Big(\sum_{i,k=1}^n |A_{ik}| \Big) \cdot \Big(\sum_{j,\ell=1}^n |B_{\ell j}| \Big) = \|A\|_1 \|B\|_1 . \end{aligned}$$

(c) Für alle $A, B \in \mathbb{K}^{n\times n}$ haben wir

$$\|A\| = \sqrt{\operatorname{tr}(A^\star A)} = \sqrt{\sum_{i,j=1}^n |A_{ij}|^2}.$$

und daher

$$\begin{aligned} \|AB\|^2 &= \sum_{i,j=1}^n |(AB)_{ij}|^2 = \sum_{i,j=1}^n \Big| \sum_{k=1}^n A_{ik} B_{kj} \Big|^2 \\ &\le \sum_{i,j=1}^n \Big((\sum_{k=1}^n |A_{ik}|^2)(\sum_{\ell=1}^n |B_{\ell j}|^2) \Big) = \sum_{i,j,k,\ell=1}^n |A_{ik}|^2 |B_{\ell j}|^2 \\ &= \Big(\sum_{i,k=1}^n |A_{ik}|^2 \Big) \Big(\sum_{j,\ell=1}^n |B_{\ell j}|^2 \Big) = \|A\|^2 \|B\|^2, \end{aligned}$$

wobei beim Übergang von der ersten zur zweiten Zeile die Cauchy-Schwarzsche Ungleichung $|\sum_k u_k v_k|^2 \le (\sum_k |u_k|^2)(\sum_\ell |v_\ell|^2)$ benutzt wurde. Also gilt $\|AB\| \le \|A\|\,\|B\|$ für alle $A, B \in \mathbb{K}^{n\times n}$. Damit ist die Frobeniusnorm als submultiplikativ nachgewiesen. Bezeichnet $\mathbf{1}$ die $(n\times n)$-Einheitsmatrix, so gilt $\|\mathbf{1}\|^2 = \operatorname{tr}(\mathbf{1}^\star \mathbf{1}) = \operatorname{tr}(\mathbf{1}) = n$ und damit $\|\mathbf{1}\| = \sqrt{n}$, folglich $\|\mathbf{1}\| > 1$.

Lösung (68.18) (a) Offenbar gilt $|\!|\!|A|\!|\!| = 0$ genau dann, wenn A die Nullmatrix ist. Auch die Bedingung $|\!|\!|\lambda A|\!|\!| = |\lambda| \cdot |\!|\!|A|\!|\!|$ für alle $A \in \mathbb{K}^{2\times 2}$ und alle $\lambda \in \mathbb{K}$ ist offensichtlich erfüllt. Zum Beweis der Dreiecksungleichung schreiben wir

$$(\star) \qquad A_1 := \begin{bmatrix} a_1 & b_1 \\ c_1 & d_1 \end{bmatrix} \quad \text{und} \quad A_2 := \begin{bmatrix} a_2 & b_2 \\ c_2 & d_2 \end{bmatrix}$$

und erhalten

$$\begin{aligned} & |\!|\!|A_1 + A_2|\!|\!| \\ &= \max\{|a_1{+}a_2| + 2|b_1{+}b_2|,\ 2|c_1{+}c_2| + |d_1{+}d_2|\} \\ &\le \max\{|a_1|{+}|a_2|{+}2|b_1|{+}2|b_2|,\ 2|c_1|{+}2|c_2|{+}|d_1|{+}|d_2|\} \\ &\le \max\{|a_1|{+}2|b_1|, 2|c_1|{+}|d_1|\} \\ &\qquad + \max\{|a_2|{+}2|b_2|, 2|c_2|{+}|d_2|\} \\ &= |\!|\!|A_1|\!|\!| + |\!|\!|A_2|\!|\!| . \end{aligned}$$

Damit sind die Normeigenschaften nachgewiesen. Die Bedingung $|\!|\!|\mathbf{1}|\!|\!| = 1$ ist offensichtlich. Es bleibt die Submultiplikativität zu zeigen. Mit A_1 und A_2 wie in $(\star)$ haben wir

$$A_1 A_2 = \begin{bmatrix} a_1 a_2 + b_1 c_2 & a_1 b_2 + b_1 d_2 \\ c_1 a_2 + d_1 c_2 & c_1 b_2 + d_1 d_2 \end{bmatrix}$$

und damit $|\!|\!|A_1 A_2|\!|\!| = \max(u, v)$ mit

$$\begin{aligned} u &:= |a_1 a_2 + b_1 c_2| + 2\,|a_1 b_2 + b_1 d_2| \\ &\le |a_1|\,|a_2| + |b_1|\,|c_2| + 2\,|a_1|\,|b_2| + 2\,|b_1|\,|d_2| \\ &\le |a_1|\,|a_2| + 4\,|b_1|\,|c_2| + 2\,|a_1|\,|b_2| + 2\,|b_1|\,|d_2| \\ &= |a_1|\,\big(|a_2| + 2|b_2|\big) + 2|b_1|\,\big(2|c_2| + |d_2|\big) \\ &\le |a_1| \cdot |\!|\!|A_2|\!|\!| + 2|b_1| \cdot |\!|\!|A_2|\!|\!| \\ &= \big(|a_1| + 2|b_1|\big) \cdot |\!|\!|A_2|\!|\!| \le |\!|\!|A_1|\!|\!| \cdot |\!|\!|A_2|\!|\!| \end{aligned}$$

und

$$\begin{aligned} v &:= 2\,|c_1 a_2 + d_1 c_2| + |c_1 b_2 + d_1 d_2| \\ &\le 2\,|c_1|\,|a_2| + 2\,|d_1|\,|c_2| + |c_1|\,|b_2| + |d_1|\,|d_2| \\ &\le 2\,|c_1|\,|a_2| + 2\,|d_1|\,|c_2| + 4\,|c_1|\,|b_2| + |d_1|\,|d_2| \\ &= 2|c_1|\,\big(|a_2| + 2|b_2|\big) + |d_1|\,\big(2|c_2| + |d_2|\big) \\ &\le 2|c_1| \cdot |\!|\!|A_2|\!|\!| + |d_1| \cdot |\!|\!|A_2|\!|\!| \\ &= \big(2|c_1| + |d_2|\big) \cdot |\!|\!|A_2|\!|\!| \le |\!|\!|A_1|\!|\!| \cdot |\!|\!|A_2|\!|\!| . \end{aligned}$$

Also gilt $|\!|\!|A_1 A_2|\!|\!| = \max(u, v) \le |\!|\!|A_1|\!|\!| \cdot |\!|\!|A_2|\!|\!|$.

(b) Wir nehmen an, die Norm $|\!|\!|\cdot|\!|\!|$ sei die Abbildungsnorm zu einer Vektornorm $\|\cdot\|$. Wegen $|\!|\!|A|\!|\!| = 1$ und $|\!|\!|D|\!|\!| = 1$ haben wir dann $\|Av\| \le \|v\|$ und $\|Dv\| \le \|v\|$ für alle Vektoren $v \in \mathbb{K}^2$. Wegen $|\!|\!|B|\!|\!| = |\!|\!|C|\!|\!| = 2$ gibt es ferner Vektoren $x, y \in \mathbb{K}^2$ mit $\|Bx\| > \|x\|$ und $\|Cy\| > \|y\|$. Insbesondere haben wir dann $\|Bx\| > \|Dx\|$ und $\|Cy\| > \|Ay\|$, also

$$\Big\| \begin{bmatrix} x_2 \\ 0 \end{bmatrix} \Big\| > \Big\| \begin{bmatrix} 0 \\ x_2 \end{bmatrix} \Big\| \quad \text{und} \quad \Big\| \begin{bmatrix} 0 \\ y_1 \end{bmatrix} \Big\| > \Big\| \begin{bmatrix} y_1 \\ 0 \end{bmatrix} \Big\| .$$

Dann sind zwangsläufig x_2 und y_1 von Null verschieden, und wir dürfen die beiden Ungleichungen durch $|x_2|$ bzw. $|y_1|$ dividieren; dies führt auf

$$\left\|\begin{bmatrix}1\\0\end{bmatrix}\right\| > \left\|\begin{bmatrix}0\\1\end{bmatrix}\right\| \quad\text{und}\quad \left\|\begin{bmatrix}0\\1\end{bmatrix}\right\| > \left\|\begin{bmatrix}1\\0\end{bmatrix}\right\|.$$

Da sich die beiden letzten Ungleichungen widersprechen, ist damit die Annahme, $\|\cdot\|$ sei von einer Vektornorm induziert, als falsch nachgewiesen.

In leicht abgewandelter Form können wir den Beweis auch folgendermaßen führen. Wir nehmen wieder an, die Norm $\|\cdot\|$ sei von einer Vektornorm induziert (die wir ebenfalls mit $\|\cdot\|$ bezeichnen). Schreiben wir $e_1 = (1,0)^T$ und $e_2 = (0,1)^T$, so gelten für alle $a, b \in \mathbb{K}$ die folgenden Bedingungen:

$$\begin{aligned}\|ae_1\| &= \left\|\begin{bmatrix}1&0\\0&0\end{bmatrix}\begin{bmatrix}a\\b\end{bmatrix}\right\| \le \left\|\begin{matrix}1&0\\0&0\end{matrix}\right\| \left\|\begin{matrix}a\\b\end{matrix}\right\| = \left\|\begin{bmatrix}a\\b\end{bmatrix}\right\|,\\ \|be_2\| &= \left\|\begin{bmatrix}0&0\\0&1\end{bmatrix}\begin{bmatrix}a\\b\end{bmatrix}\right\| \le \left\|\begin{matrix}0&0\\0&1\end{matrix}\right\| \left\|\begin{matrix}a\\b\end{matrix}\right\| = \left\|\begin{bmatrix}a\\b\end{bmatrix}\right\|.\end{aligned}$$

Nach Definition von $\|\cdot\|$ als Maximumsnorm gibt es nun einen Vektor $u = (a,b)^T$ mit

$$\left\|\begin{bmatrix}0&1\\0&0\end{bmatrix}\begin{bmatrix}a\\b\end{bmatrix}\right\| = \left\|\begin{bmatrix}0&1\\0&0\end{bmatrix}\right\| \left\|\begin{bmatrix}a\\b\end{bmatrix}\right\|,$$

also $\|be_1\| = 2\|u\|$ und damit $\|be_1\| \ge 2\|be_2\|$, nach Division durch $|b|$ also $\|e_1\| \ge 2\|e_2\|$. Andererseits gibt es auch einen Vektor $v = (\alpha, \beta)^T$ mit

$$\left\|\begin{bmatrix}0&0\\1&0\end{bmatrix}\begin{bmatrix}\alpha\\\beta\end{bmatrix}\right\| = \left\|\begin{bmatrix}0&0\\1&0\end{bmatrix}\right\| \left\|\begin{bmatrix}\alpha\\\beta\end{bmatrix}\right\|,$$

also $\|\alpha e_2\| = 2\|v\|$ und damit $\|\alpha e_2\| \ge 2\|\alpha e_1\|$, nach Division durch $|\alpha|$ also $\|e_2\| \ge 2\|e_1\|$. Wir haben also einerseits $\|e_1\| \ge 2\|e_2\|$, andererseits auch $\|e_2\| \ge 2\|e_1\|$, was natürlich nicht möglich ist.

Lösung (68.19) Es sei $M := \max_{1\le i\le n} \|T_i\|_{\text{Abb}}$. Für alle $v = (v_1, \ldots, v_n)$ gilt dann

$$\begin{aligned}\|Tv\| &= \|(T_1v_1, \ldots, T_nv_n)\| = \Phi(\|T_1v_1\|, \ldots, \|T_nv_n\|)\\ &\le \Phi(M\|v_1\|, \ldots, M\|v_n\|) = M\cdot\Phi(\|v_1\|, \ldots, \|v_n\|)\\ &= M\cdot\|v\|;\end{aligned}$$

der Übergang von der ersten zur zweiten Zeile gilt dabei wegen $\|T_iv_i\| \le \|T_i\|_{\text{Abb}}\|v_i\| \le M\|v_i\|$ für alle i und der vorausgesetzten Monotonie von Φ in jedem Argument. Also gilt $\|T\|_{\text{Abb}} \le M$. Umgekehrt gibt es zu jedem Index i und jedem $\varepsilon > 0$ einen Vektor v_i mit $\|v_i\| \le 1$ und $\|T_iv_i\| > \|T_i\|_{\text{Abb}} - \varepsilon$. Für $v := (0, \ldots, 0, v_i, 0, \ldots, 0)$ gelten dann die Bedingungen $\|v\| = \|v_i\| \le 1$ und $\|Tv\| = \|T_iv_i\| \ge \|T_i\|_{\text{Abb}} - \varepsilon$. Dies zeigt

$$\|T\|_{\text{Abb}} \ge \|T_i\|_{\text{Abb}} - \varepsilon$$

für alle Indices $1 \le i \le n$ und alle $\varepsilon > 0$; damit gilt aber auch $\|T\|_{\text{Abb}} \ge \max_{1\le i\le n} \|T_i\|_{\text{Abb}}$.

Lösung (68.20) (a) Es gilt $\|\mathbf{1}\|_\star = \|T^{-1}\mathbf{1}T\| = \|\mathbf{1}\|$.

(b) Ist $\|\cdot\|$ submultiplikativ, dann auch $\|\cdot\|_\star$, denn für alle $A, B \in \mathbb{K}^{n\times n}$ gilt dann

$$\begin{aligned}\|BA\|_\star &= \|T^{-1}BAT\| = \|T^{-1}BTT^{-1}AT\|\\ &\le \|T^{-1}BT\|\,\|T^{-1}AT\| = \|B\|_\star\|A\|_\star.\end{aligned}$$

Umgekehrt ist mit $\|\cdot\|_\star$ auch $\|\cdot\|$ submultiplikativ, denn $\|\cdot\|$ geht aus $\|\cdot\|_\star$ in völlig analoger Weise hervor wie $\|\cdot\|_\star$ aus $\|\cdot\|$; für alle $A \in \mathbb{K}^{n\times n}$ gilt nämlich

$$\|A\| = \|S^{-1}AS\|_\star \quad\text{mit}\quad S := T^{-1}.$$

(c) Die Norm $\|\cdot\|$ sei eine Operatornorm, werde also von einer Vektornorm $\|\cdot\|$ auf $\mathbb{K}^n$ induziert. Dann definiert $\|v\|_\star := \|T^{-1}v\|$ ebenfalls eine Vektornorm auf $\mathbb{K}^n$, und wir behaupten, daß diese die Matrixnorm $\|\cdot\|$ induziert. Diese Behauptung ergibt sich aus der Rechnung

$$\begin{aligned}\|A\|_\star &= \|T^{-1}AT\| = \sup_{\|v\|\le 1} \|T^{-1}ATv\|\\ &= \sup_{\|T^{-1}w\|\le 1} \|T^{-1}Aw\| = \sup_{\|w\|_\star\le 1} \|Aw\|_\star,\end{aligned}$$

wobei wir beim Übergang von der ersten zur zweiten Zeile $w := Tv$ setzten. Mit $\|\cdot\|$ ist also auch $\|\cdot\|_\star$ eine Operatornorm. Da $\|\cdot\|$ aus $\|\cdot\|_\star$ in völlig analoger Weise hervorgeht wie $\|\cdot\|_\star$ aus $\|\cdot\|$, ist daher mit $\|\cdot\|_\star$ auch $\|\cdot\|$ eine Operatornorm.

Aufgaben zu »Normierte Räume« siehe Seite 27

L69: Affine Geometrie

Lösung (69.1) Für alle $P \in \mathbb{A}$ ist $\overrightarrow{PP}$ der Nullvektor und damit ein Element von V_0, so daß $P \sim P$ gilt. Gilt $P \sim Q$, so liegt $\overrightarrow{PQ}$ in V_0; dann liegt aber auch $\overrightarrow{QP} = -\overrightarrow{PQ}$ in V_0, so daß $Q \sim P$ folgt. Gelten schließlich die Bedingungen $P \sim Q$ und $Q \sim R$, so liegen die Vektoren $\overrightarrow{PQ}$ und $\overrightarrow{QR}$ in V_0; dann liegt aber auch $\overrightarrow{PQ} + \overrightarrow{QR} = \overrightarrow{PR}$ in V_0, so daß $P \sim R$ folgt. Damit ist gezeigt, daß $\sim$ eine Äquivalenzrelation auf $\mathbb{A}$ ist. (Wir bezeichnen mit $[P]$ die Äquivalenzklasse eines Punktes $P \in \mathbb{A}$ unter $\sim$.)

Wir müssen nun zeigen, daß die Abbildung $\widehat{\delta} : \widehat{\mathbb{A}} \times \widehat{\mathbb{A}} \to V/V_0$ mit $\widehat{\delta}([P],[Q]) := \overrightarrow{PQ} + V_0$ wohldefiniert ist, d.h., daß für $[P'] = [P]$ und $[Q'] = [Q]$ auch $\overrightarrow{P'Q'} + V_0 = \overrightarrow{PQ} + V_0$ gilt, daß aus $P' \sim P$ und $Q' \sim Q$ also $\overrightarrow{P'Q'} - \overrightarrow{PQ}$ in V_0 liegt. Dies trifft aber zu, denn

$$\overrightarrow{P'Q'} = \underbrace{\overrightarrow{P'P}}_{\in V_0} + \overrightarrow{PQ} + \underbrace{\overrightarrow{QQ'}}_{\in V_0} \in \overrightarrow{PQ} + V_0.$$

Es bleibt zu zeigen, daß die beiden definierenden Bedingungen (1) und (2) in Definition (69.2) des Buchs erfüllt sind. Zu (1): Sind ein Element $[P]$ von $\widehat{A}$ und ein Vektor $v + V_0$ in V/V_0 gegeben, so gibt es zunächst (da $(\mathbb{A}, V, \delta)$ ein affiner Raum ist) einen Punkt Q mit $v = \overrightarrow{PQ}$. Für diesen Punkt Q gilt dann $v + V_0 = \overrightarrow{PQ} + V_0 = \overrightarrow{[P]\,[Q]}$. Dabei ist $[Q]$ eindeutig bestimmt; gilt nämlich $\overrightarrow{PQ_1} + V_0 = \overrightarrow{PQ_2} + V_0$, dann auch $\overrightarrow{Q_1Q_2} = \overrightarrow{PQ_2} - \overrightarrow{PQ_1} \in V_0$ und damit $[Q_1] = [Q_2]$. Zu (2): Für alle $P, Q, R \in \mathbb{A}$ gilt

$$\begin{aligned}\overrightarrow{[P]\,[Q]} + \overrightarrow{[Q]\,[R]} &= (\overrightarrow{PQ} + V_0) + (\overrightarrow{QR} + V_0) \\ &= (\overrightarrow{PQ} + \overrightarrow{QR}) + V_0 = \overrightarrow{PR} + V_0 = \overrightarrow{[P]\,[R]}.\end{aligned}$$

Lösung (69.2) Wir müssen die beiden Bedingungen (1) und (2) aus Definition (69.2) nachprüfen. Sind ein Punkt $P = (P_i)_{i\in I}$ und ein Vektor $v = (v_i)_{i\in I}$ gegeben, so gibt es für jedes $i \in I$ (da $(\mathbb{A}_i, V_i, \delta_i)$ ein affiner Raum ist) einen eindeutig bestimmten Punkt $Q_i \in \mathbb{A}_i$ mit $v_i = \overrightarrow{P_iQ_i}$. Mit $Q := (Q_i)_{i\in I}$ gilt dann $v = (\overrightarrow{P_iQ_i})_{i\in I} = \overrightarrow{PQ}$. Dabei ist Q eindeutig bestimmt, da die einzelnen Punkte Q_i eindeutig bestimmt sind. Für alle Punkte $P = (P_i)$, $Q = (Q_i)$ und $R = (R_i)$ gilt ferner

$$\begin{aligned}\overrightarrow{PQ} + \overrightarrow{QR} &= (P_iQ_i)_{i\in I} + (Q_iR_i)_{i\in I} \\ &= (\overrightarrow{P_iQ_i} + \overrightarrow{Q_iR_i})_{i\in I} = (\overrightarrow{P_iR_i})_{i\in I} = \overrightarrow{PR}.\end{aligned}$$

Lösung (69.3) Wir schreiben $E = p + U$ mit einer Ebene $U \subseteq \mathbb{R}^3$ durch den Nullpunkt (also einen zweidimensionalen Untervektorraum von $\mathbb{R}^3$). Die zu E schwach parallelen affinen Unterräume von $\mathbb{R}^3$ sind dann die folgenden:

- die Ebenen der Form $x + U$ mit $x \in \mathbb{R}^3$ (dies sind gerade die Paralleltranslate von E, also die zu E echt parallelen affinen Unterräume von $\mathbb{R}^3$);
- die Geraden der Form $x + \mathbb{R}u$ mit $x \in \mathbb{R}^3$ und $u \in U \setminus \{0\}$ (also die Paralleltranslate von Geraden, die in U verlaufen);
- alle einpunktigen Mengen $\{x\}$ mit $x \in \mathbb{R}^3$ (also alle Paralleltranslate des Unterraums $\{0\}$ von U).

Lösung (69.4) Ein Punkt $(x, y, z) \in K^3$ liegt genau dann in V, wenn es Elemente $\xi, \eta, \theta \in K$ gibt mit

$$\begin{bmatrix} x \\ y \\ z \end{bmatrix} = (1-\theta)\begin{bmatrix} \xi \\ 0 \\ 1 \end{bmatrix} + \theta\begin{bmatrix} 0 \\ \eta \\ 0 \end{bmatrix} = \begin{bmatrix} (1-\theta)\xi \\ \theta\eta \\ 1-\theta \end{bmatrix}.$$

Ist z von 0 und 1 verschieden, so ist diese Gleichung immer lösbar, nämlich durch die Setzung $\theta := 1 - z$, $\xi := x/z$ und $\eta := y/(1-z)$. Ist $z = 0$, dann ist $\theta = 1 - z = 1$ und damit $x = 0$ (während y beliebig sein darf). Ist $z = 1$, dann ist $\theta = 1 - z = 0$ und folglich $y = 0$ (während x beliebig sein darf). Also besteht V aus allen Punkten, die entweder außerhalb der Ebenen $z = 0$ und $z = 1$ liegen oder aber auf einer der Geraden X und Y. Die Menge V enthält also alle Punkte von K^3 mit Ausnahme derjenigen Punkte der beiden rot und blau markierten Ebenen in dem folgenden Diagramm, die nicht auf einer der beiden dick markierten Geraden liegen. (Diese Überlegung gilt ganz allgemein, wenn X und Y windschiefe Geraden in K^3 sind.)

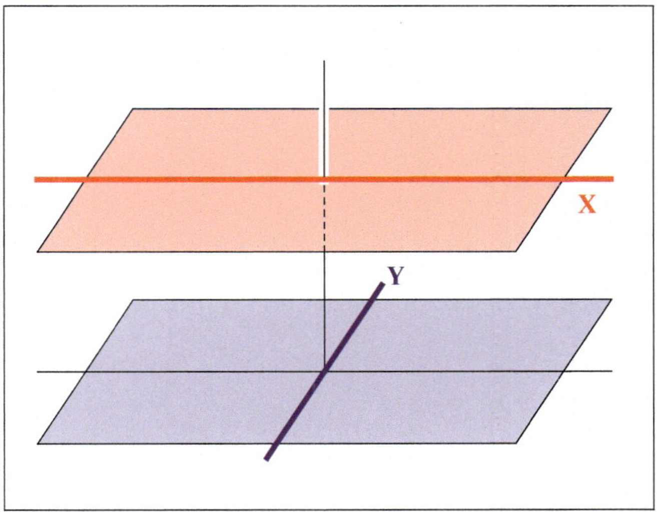

Lösung (69.5) Da affine Transformationen Schnittpunkte und Teilverhältnisse erhalten, sind nur die folgenden Schritte nötig (die man rechnerisch mit Koordinaten oder zeichnerisch mit Hilfe des Strahlensatzes durchführen kann.

- Bestimme den eindeutigen Punkt S' auf $\overline{B'C'}$, der die Bedingung $\mathrm{TV}(B', S', C') = \mathrm{TV}(B, S, C)$ erfüllt; dann gilt zwangsläufig $f(S) = S'$.

- Bestimme den eindeutigen Punkt P' auf $\overline{A'S'}$, der die Bedingung $\mathrm{TV}(A', S', P') = \mathrm{TV}(A, S, P)$ erfüllt; dann gilt zwangsläufig $f(P) = P'$.

Die Aufgabe besagt letztlich, daß durch drei nichtkollineare Punkte ein Koordinatensystem festgelegt wird, in dem die Lage eines beliebigen weiteren Punktes P durch dessen relative Lage zu A, B, C schon eindeutig bestimmt wird. Sind also die Bilder A', B', C' und damit das transformierte Koordinatensystem festgelegt, so ist auch die Lage des Bildpunktes P' festgelegt.

Lösung (69.6) Ist α eine affine Abbildung, sagen wir $\alpha(v) = f(v) + b$, so gilt für je zwei Punkte X und Y die Gleichung $\alpha(Y) - \alpha(X) = f(Y) - f(X) = f(Y - X) = f(\overrightarrow{XY})$. Es müssen daher die folgenden Gleichungen gelten:

$$\begin{aligned} f(P_2 - P_1) &= \alpha(P_2) - \alpha(P_1) = Q_2 - Q_1, \\ f(P_3 - P_1) &= \alpha(P_3) - \alpha(P_1) = Q_3 - Q_1. \end{aligned}$$

Identifizieren wir f mit einer (2×2)-Matrix A, so bedeutet dies $A\,[\,P_2 - P_1\; P_3 - P_1\,] = [\,Q_2 - Q_1\; Q_3 - Q_1\,]$; falls $\overrightarrow{P_1P_2}$ und $\overrightarrow{P_1P_3}$ linear unabhängig sind, so ist dies äquivalent zu der Bedingung

$$A = [\,Q_2 - Q_1\; Q_3 - Q_1\,]\,[\,P_2 - P_1\; P_3 - P_1\,]^{-1}.$$

Sobald A ermittelt ist, ergibt sich b aus der Gleichung $b = \alpha(P_i) - f(P_i) = Q_i - f(P_i)$ für irgendeinen Index i.

(a) Hier gilt

$$\begin{aligned} A &= \begin{bmatrix} 1 & -16 \\ 1 & 4 \end{bmatrix} \begin{bmatrix} -6 & -1 \\ -2 & 2 \end{bmatrix}^{-1} \\ &= \frac{1}{14} \begin{bmatrix} 1 & -16 \\ 1 & 4 \end{bmatrix} \begin{bmatrix} -2 & -1 \\ -2 & 6 \end{bmatrix} \\ &= \frac{1}{14} \begin{bmatrix} 30 & -97 \\ -10 & 23 \end{bmatrix}. \end{aligned}$$

Für den Translationsvektor $b = Q_1 - f(P_1)$ ergibt sich

$$b = \begin{bmatrix} 7 \\ 2 \end{bmatrix} - \frac{1}{14} \begin{bmatrix} 30 & -97 \\ -10 & 23 \end{bmatrix} \begin{bmatrix} 2 \\ 3 \end{bmatrix} = \frac{1}{2} \begin{bmatrix} 47 \\ -3 \end{bmatrix}.$$

Es gibt also genau eine affine Abbildung mit dem gesuchten Abbildungsverhalten, nämlich

$$\alpha\left(\begin{bmatrix} x \\ y \end{bmatrix}\right) = \frac{1}{14} \begin{bmatrix} 30 & -97 \\ -10 & 23 \end{bmatrix} \begin{bmatrix} x \\ y \end{bmatrix} + \frac{1}{2} \begin{bmatrix} 47 \\ -3 \end{bmatrix}.$$

(b) Die Bedingungen $f(\overrightarrow{P_1P_2}) = \overrightarrow{Q_1Q_2}$ und $f(\overrightarrow{P_1P_3}) = \overrightarrow{Q_1Q_3}$ lauten hier

$$A \begin{bmatrix} -6 \\ -2 \end{bmatrix} = \begin{bmatrix} 2 \\ 2 \end{bmatrix} \quad \text{und} \quad A \begin{bmatrix} 3 \\ 1 \end{bmatrix} = \begin{bmatrix} -1 \\ -1 \end{bmatrix}.$$

Wegen $\overrightarrow{P_1P_2} = -2 \cdot \overrightarrow{P_1P_3}$ und $\overrightarrow{Q_1Q_2} = -2 \cdot \overrightarrow{Q_1Q_3}$ sind diese beiden Bedingungen äquivalent und werden von allen linearen Abbildungen bzw. Matrizen der Form

$$A = \begin{bmatrix} a & -1-3a \\ c & -1-3c \end{bmatrix}$$

mit $a, c \in \mathbb{R}$ erfüllt. Der Translationsvektor $b = Q_1 - f(P_1)$ ist dann

$$b = \begin{bmatrix} 7 \\ 2 \end{bmatrix} - \begin{bmatrix} a & -1-3a \\ c & -1-3c \end{bmatrix} \begin{bmatrix} 2 \\ 3 \end{bmatrix} = \begin{bmatrix} 7a+10 \\ 7c+5 \end{bmatrix}.$$

Es gibt also unendlich viele affine Abbildungen $\alpha : \mathbb{R}^2 \to \mathbb{R}^2$ mit $\alpha(P_i) = Q_i$ für $i = 1, 2, 3$, nämlich alle Abbildungen der Form

$$\alpha\left(\begin{bmatrix} x \\ y \end{bmatrix}\right) = \begin{bmatrix} a & -1-3a \\ c & -1-3c \end{bmatrix} \begin{bmatrix} x \\ y \end{bmatrix} + \begin{bmatrix} 7a+10 \\ 7c+5 \end{bmatrix}$$

mit $a, c \in \mathbb{R}$.

Lösung (69.7) Sind $p_1, \ldots, p_n$ affin abhängig, so gibt es einen Index i_0 mit $p_{i_0} \in \mathrm{aff}(\{p_i \mid i \neq i_0\})$. Es gibt dann Elemente $\mu_i \in K$ mit $p_{i_0} = \sum_{i \neq i_0} \mu_i p_i$ und $\sum_{i\neq i_0} \mu_i = 1$. Mit $\lambda_{i_0} := 1$ und $\lambda_i := -\mu_i$ für $i \neq i_0$ gelten dann die Bedingungen $\sum_{i=1}^n \lambda_i p_i = 0$ und $\sum_{i=1}^n \lambda_i = 0$.

Umgekehrt mögen die Bedingungen $\sum_{i=1}^n \lambda_i p_i = 0$ und $\sum_{i=1}^n \lambda_i = 0$ mit $\lambda_{i_0} \neq 0$ gelten. Wir haben dann

$$p_{i_0} = \sum_{i \neq i_0} \frac{-\lambda_i}{\lambda_{i_0}} p_i \quad \text{und} \quad 1 = \sum_{i\neq i_0} \frac{-\lambda_i}{\lambda_{i_0}}$$

und folglich $p_{i_0} \in \mathrm{aff}(\{p_i \mid i \neq i_0\})$, so daß $p_1, \ldots, p_n$ affin abhängig sind.

Lösung (69.8) Wegen $m - 1 > n$ sind die $m - 1$ Vektoren $p_2 - p_1, p_3 - p_1, \ldots, p_m - p_1$ linear abhängig; dies liefert schon die Behauptung. Man kann unter Benutzung von Aufgabe (69.7) auch anders argumentieren. Setzen wir $p_i = (x_1^{(i)}, \ldots, x_n^{(i)})$ bezüglich einer Basis von V, so hat das homogene Gleichungssystem

$$\begin{bmatrix} x_1^{(1)} & \cdots & x_1^{(m)} \\ \vdots & & \vdots \\ x_n^{(1)} & \cdots & x_n^{(m)} \\ 1 & \cdots & 1 \end{bmatrix} \begin{bmatrix} \lambda_1 \\ \vdots \\ \lambda_m \end{bmatrix} = \begin{bmatrix} 0 \\ \vdots \\ 0 \end{bmatrix}$$

(bei dem die Koeffizientenmatrix mehr Spalten als Zeilen hat) und damit das System der Gleichungen $\lambda_1 p_1 + \cdots + \lambda_m p_m = 0$ und $\lambda_1 + \cdots + \lambda_m = 0$ eine nichttriviale Lösung. Nach Aufgabe (69.7) sind daher $p_1, \ldots, p_m$ affin abhängig.

Lösung (69.9) Wäre $\alpha(v) = f(v) + b$ für alle $v \in K^2$, so müßte für den Nullvektor $0 = (0,0)^T \in K^2$ die Bedingung $0 = \alpha(0) = f(0) + b$ gelten, also $b = 0$ und damit $\alpha = f$. Die Abbildung α müßte also selbst linear sein. Das ist sie aber nicht, denn

$$\begin{aligned} \alpha\left(\begin{bmatrix}1\\0\end{bmatrix}+\begin{bmatrix}0\\1\end{bmatrix}\right) &= \alpha\left(\begin{bmatrix}1\\1\end{bmatrix}\right) = \begin{bmatrix}1\\1\end{bmatrix} \\ \neq \begin{bmatrix}0\\0\end{bmatrix}+\begin{bmatrix}0\\1\end{bmatrix} &= \alpha\left(\begin{bmatrix}1\\0\end{bmatrix}\right)+\alpha\left(\begin{bmatrix}0\\1\end{bmatrix}\right). \end{aligned}$$

Lösung (69.10) Wir identifizieren $\mathbb{A}$ mit $\mathbb{A}(V)$ und $\mathbb{B}$ mit $\mathbb{A}(W)$, wenn V bzw. W der jeweilige Trägerraum ist.

(1)⇒(2). Sind $P_1, \ldots, P_n$ in allgemeiner Lage, so sind die Vektoren $p_i - p_1$ für $2 \leq i \leq n$ linear unabhängig. Es gibt daher eine eindeutige lineare Abbildung $f : V \to W$ mit $f(p_i - p_1) = q_i - q_1$ für $2 \leq i \leq n$. Wir setzen $b := q_1 - f(p_1)$ und definieren die affine Abbildung $\alpha : V \to W$ durch $\alpha(v) := f(v) + b$. Dann gilt $\alpha(p_1) = q_1$, und für $2 \leq i \leq n$ erhalten wir $\alpha(p_i) = f(p_i) + b = f(p_i) + q_1 - f(p_1) = f(p_i - p_1) + q_1 = q_i - q_1 + q_1 = q_i$. Also bildet α jeweils P_i auf Q_i ab. Daß α eindeutig bestimmt ist, ergibt sich aus der Eindeutigkeit von f und b.

(2)⇒(1). Wir nehmen an, $P_1, \ldots, P_n$ seien nicht in allgemeiner Lage. Dann ist einer der Vektoren $p_i - p_1$ linear abhängig von den übrigen dieser Vektoren, sagen wir

$$(\star) \qquad p_{i_0} - p_1 = \sum_{i \neq i_0} \lambda_i (p_i - p_1)$$

mit geeigneten Skalaren λ_i. Erfüllt nun $\alpha(v) = f(v) + b$ die Bedingungen $\alpha(P_i) = Q_i$ für $1 \leq i \leq n$, so folgt

$$\begin{aligned} \alpha(p_{i_0}) &= f(p_{i_0}) + b = f(p_{i_0} - p_1) + f(p_1) + b \\ &= \sum_{i \neq i_0} \lambda_i \big(f(p_i) - f(p_1)\big) + f(p_1) + b \\ &= \sum_{i \neq i_0} \lambda_i \big(\alpha(p_i) - \alpha(p_1)\big) + \alpha(p_1) \\ &= \sum_{i \neq i_0} \lambda_i (q_i - q_1) + q_1, \end{aligned}$$

wobei der Übergang von der ersten zur zweiten Zeile wegen $(\star)$ gilt. Also ist $\alpha(p_{i_0})$ durch die Werte $\alpha(p_i)$ mit $i \neq i_0$ schon eindeutig festgelegt und kann nicht beliebig vorgegeben werden.

Lösung (69.11) (1)⇒(3): Wir setzen $b := f(0)$ und definieren $A : V \to W$ durch $A(v) := f(v) - f(0)$. Für alle $\lambda \in K$ und alle $v \in V$ folgt wegen (1) aus $\lambda v - v = (\lambda - 1)(v - 0)$ dann $f(\lambda v) - f(v) = (\lambda - 1)\big(f(v) - f(0)\big)$, also $A(\lambda v) - A(v) = (\lambda - 1)A(v) = \lambda A(v) - A(v)$ und daher $A(\lambda v) = \lambda \cdot A(v)$. Ferner folgt aus $2w - (v + w) = -\frac{1}{2}(2v - 2w)$ die Gleichung $f(2w) - f(v + w) = -\frac{1}{2}\big(f(2v) - f(2w)\big)$ und damit $A(2w) - A(v + w) = -\frac{1}{2}\big(A(2v) - A(2w)\big)$, also $2A(w) - A(v + w) = -A(v) + A(w)$ und folglich $A(v + w) = A(v) + A(w)$. Dies zeigt, daß A linear ist.

(3)⇒(2): Klar!

(2)⇒(1): Gilt $x - p = \lambda(q - x)$, also $x = (1 + \lambda)^{-1}p + \lambda(1 + \lambda)^{-1}q$, dann nach (2) auch $f(x) = (1 + \lambda)^{-1}f(p) + \lambda(1 + \lambda)^{-1}f(q)$ und damit $f(x) - f(p) = \lambda\big(f(q) - f(x)\big)$.

Lösung (69.12) (a) Die Orthogonalprojektion auf die Ebene E mit Aufpunkt a und Normalenvektor n ist gegeben durch

$$Px = \underbrace{x - \frac{\langle x, n\rangle}{\langle n, n\rangle} n}_{\text{linearer Anteil}} + \underbrace{\frac{\langle a, n\rangle}{\langle n, n\rangle} n}_{\text{Translationsanteil}} .$$

(b) Die Spiegelung an der Ebene E mit Aufpunkt a und Normalenvektor n ist gegeben durch

$$Sx = \underbrace{x - 2\frac{\langle x, n\rangle}{\langle n, n\rangle} n}_{\text{linearer Anteil}} + \underbrace{2\frac{\langle a, n\rangle}{\langle n, n\rangle} n}_{\text{Translationsanteil}} .$$

(c) Es seien D die Drehung um den Winkel φ um die Achse $a + \mathbb{R}n$, und es sei D_0 die Drehung um den Winkel φ um die durch den Nullpunkt verschobene Achse $\mathbb{R}n$. Nach Nummer (48.37) im Buch ist D_0 gegeben durch

$$D_0(x) = \cos(\varphi)x + \big(1 - \cos(\varphi)\big)\langle n, x\rangle n + \sin(\varphi)\, n \times x;$$

wegen $D(x) = D_0(x - a) + a$ erhalten wir dann $D(x) = D_0(x) + a - D_0(a)$ mit dem linearen Anteil $D_0(x)$ und dem Translationsanteil $a - D_0(a)$, ausgeschrieben also

$$\begin{aligned} Dx = {} & \underbrace{\cos(\varphi)x + \big(1 - \cos(\varphi)\big)\langle n, x\rangle n + \sin(\varphi)\, n \times x}_{\text{linearer Anteil}} \\ & + \underbrace{\big(1 - \cos(\varphi)\big) \cdot (a - \langle n, a\rangle n) - \sin(\varphi)\, n \times a}_{\text{Translationsanteil}} . \end{aligned}$$

Lösung (69.13) Es seien P der Schnittpunkt der Geraden g_1, g_2, g_3 und Q der Schnittpunkt der Geraden h_1, h_2, h_3. Eine affine Abbildung, die jeweils g_i auf h_i abbildet, muß zwangsläufig P auf Q abbilden. Wir wählen nun eine beliebige Gerade g, die nicht durch P verläuft und zu keiner der Geraden g_i parallel ist, sowie eine Gerade h, die nicht durch Q verläuft und zu keiner der Geraden h_i parallel ist. Für $1 \leq i \leq 3$ sei P_i der Schnittpunkt von g mit g_i sowie Q_i der Schnittpunkt von h mit h_i. Dann befinden sich die Punkte P, P_1, P_2 in allgemeiner Lage. Nach Aufgabe (69.10) gibt es daher eine eindeutige affine Abbildung α mit $\alpha(P) = Q$, $\alpha(P_1) = Q_1$ und $\alpha(P_2) = Q_2$, und diese ist zwangsläufig bijektiv, weil sich auch die Punkte Q, Q_1, Q_2 in allgemeiner Lage befinden.

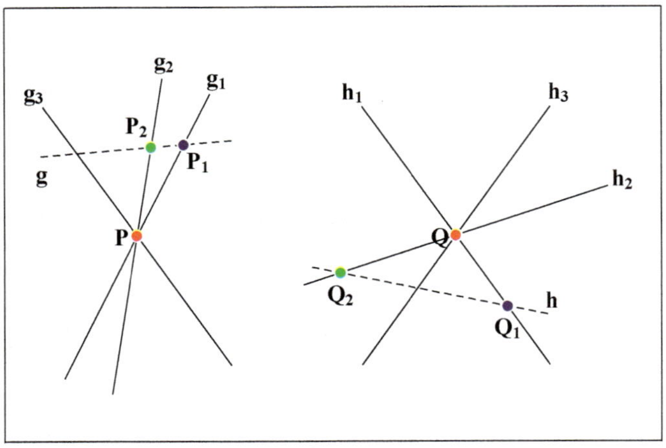

Wir haben dann

$$(\star) \quad \alpha(g_i) = \alpha(\overline{PP_i}) = \overline{\alpha(P)\alpha(P_i)} = \overline{QQ_i} = h_i$$

für $i = 1, 2$ sowie

$$\alpha(g) = \alpha(\overline{P_1P_2}) = \overline{\alpha(P_1)\alpha(P_2)} = \overline{Q_1Q_2} = h.$$

Andererseits gilt $\{\alpha(P_3)\} = \alpha(g_3 \cap g) = \alpha(g_3) \cap \alpha(g) = h_3 \cap h = \{Q_3\}$, also $\alpha(P_3) = Q_3$, so daß $(\star)$ automatisch auch noch für $i = 3$ gilt.

Lösung (69.14) (a) Zwei Geraden in einer Ebene sind entweder parallel, oder sie schneiden sich, und diese beiden Konfigurationen sind offensichtlich nicht affin äquivalent. Andererseits lassen sich je zwei Paare jeweils paralleler Geraden und auch je zwei Paare sich schneidender Geraden affin aufeinander abbilden; es gibt daher genau zwei affin inäquivalente Konfigurationen.

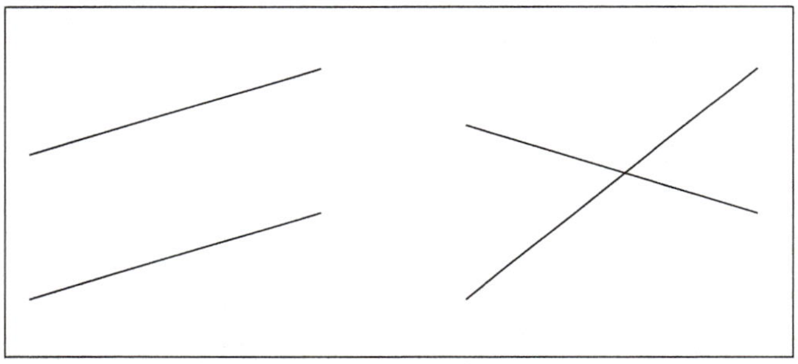

Mögliche Konfigurationen zweier Geraden in einer Ebene.

(b) Wir betrachten drei Geraden in einer Ebene. Entweder sind alle drei parallel; oder es sind zwei parallel, während die dritte die ersten beiden schneidet; oder keine zwei der drei Geraden sind parallel. Im letzten Fall gehen die drei Geraden entweder durch einen gemeinsamen Punkt, oder die Schnittpunkte je zweier der Geraden sind paarweise verschieden. Je zwei Konfigurationen der drei letztgenannten Typen sind dabei affin äquivalent (lassen sich also durch eine affine Transformation ineinander überführen). Zwei Konfigurationen des ersten Typs sind dabei genau dann affin äquivalent, wenn die Verhältnisse der Abstände zwischen den Geraden jeweils gleich sind; dieser Typ zerfällt also noch in eine einparametrige Familie jeweils affin äquivalenter Konfigurationen (mit dem Abstandsverhältnis der Geraden als Parameter).

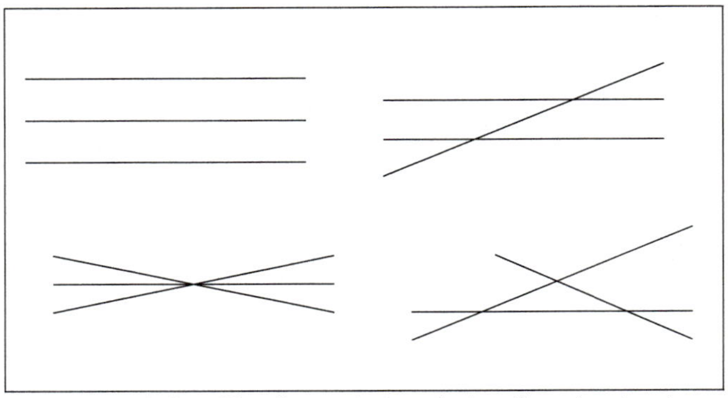

Typen möglicher Konfigurationen dreier Geraden in einer Ebene.

(c) Identifiziert man zwei Konfigurationen vierer Geraden unter dem Gesichtspunkt der topologischen Äquivalenz (also dann, wenn sie sich durch einen Homöomorphismus ineinander überführen lassen), so erhält man die folgenden möglichen Typen von Konfigurationen.

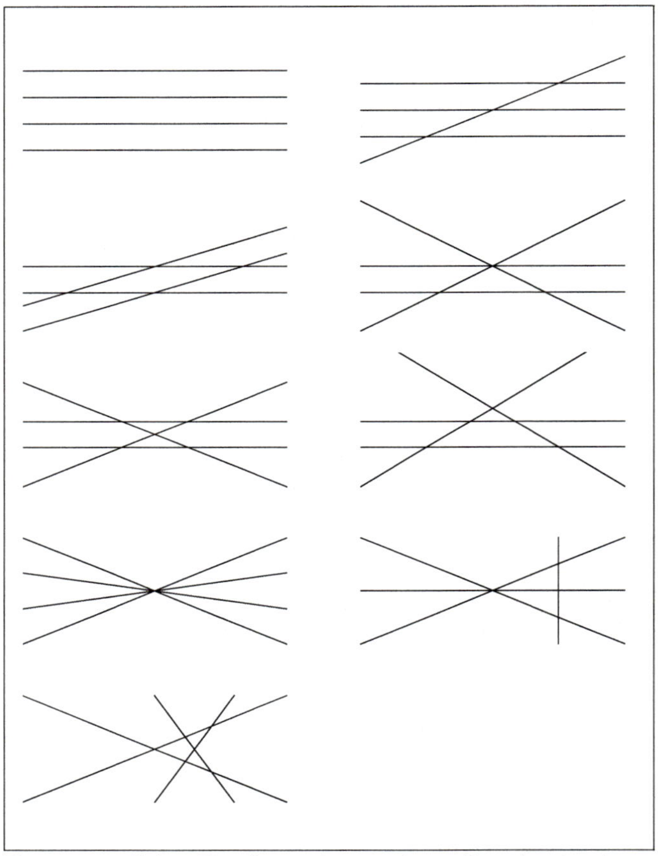

Typen möglicher Konfigurationen vierer Geraden in einer Ebene.

Identifiziert man zwei Konfigurationen nur dann, wenn sie affin äquivalent sind (also mit Hilfe einer bijektiven affinen Abbildung ineinander überführt werden können), so bildet nur der vierte Typ eine einzelne affine Äquivalenzklasse;

alle anderen zerfallen in eine zweiparametrige Schar (Typen 1 und 9) bzw. eine einparametrige Schar (Typen 2, 3, 5, 6, 7 und 8) affiner Äquivalenzklassen (je nach den auftretenden Abstands- bzw. Teilverhältnissen).

Lösung (69.15) (a) Wir überlegen uns, daß durch die angegebenen Eigenschaften eine eindeutig bestimmte Abbildung α wohldefiniert ist. Es sei P ein beliebiger Punkt von $\mathbb{A}$. Gilt $P \in a$, dann gilt $\alpha(P) = P$ wegen (1). Gilt $P \notin A$, so ist $P' := \alpha(P)$ wegen (1) verschieden von P, und $\overline{PP'}$ ist wegen (2) parallel zu r, folglich nicht parallel zu a, schneidet also die Gerade a in einem eindeutig bestimmten Punkt A. Wegen (3) gilt dann $\alpha(P) = A + \lambda\overrightarrow{AP}$. Offensichtlich ist α bijektiv, und aus dem Strahlensatz folgt, daß α eine geraden- und parallelentreue Abbildung ist.

(b) Um sicherzustellen, daß $\varphi_1(A) = A^\star$ gilt, können wir für φ_1 etwa die Spiegelung an der Mittelsenkrechten der Strecke $AA^\star$ wählen, denn jede Geradenspiegelung ist eine Parallelstreckung. Um (unter Fixierung von $A^\star$) nun B auf $B^\star$ abzubilden, wählen wir φ_2 als eine Parallelstreckung, deren Richtunsgerade r die Gerade $BB^\star$ ist und deren Achse a eine Gerade durch $A^\star$ ist, die weder durch B noch durch $B^\star$ geht. (Wählen wir etwa a als die Gerade durch A und den Mittelpunkt der Strecke $BB^\star$, so ergibt sich für φ_2 eine Schrägspiegelung mit dem Streckfaktor $\lambda = -1$.) Um (unter Fixierung von $A^\star$ und $B^\star$) auch noch C auf $C^\star$ abzubilden, wählen wir als Achse a die Gerade $\overline{A^\star B^\star}$ und als Richtungsgerade r die Gerade $\overline{CC^\star}$; der für φ_3 zu wählende Streckfaktor ergibt sich dann eindeutig aus der Bedingung $\overrightarrow{AC^\star} = \lambda\,\overrightarrow{AC}$, wenn A der Schnittpunkt von a und r ist. Die Hintereinanderausführung $\varphi_3\circ\varphi_2\circ\varphi_1$ bildet dann A auf $A^\star$, B auf $B^\star$ und C auf $C^\star$ ab. Da eine affine Abbildung durch ihre Wirkung auf die Ecken eines Dreiecks schon eindeutig bestimmt ist, ist damit gezeigt, daß sich jede affine Transformation als Hintereinanderausführung dreier Parallelstreckungen darstellen läßt, daß also die affine Gruppe einer Ebene durch die Parallelstreckungen erzeugt wird.

(c) Es sei $\sigma = \varphi_{a,r,\lambda} \circ \varphi_{a,s,1/\lambda}$. Gilt $r \parallel s$, so ist σ die identische Abbildung. Andernfalls läßt σ jeden Punkt auf der Achse a fest, und für $P \notin a$ ist der Vektor $\overrightarrow{P\sigma(P)}$ parallel zu a und hat eine Länge, die proportional zum Abstand von P zu der Achse a ist. Eine Scherung ist also eine Verschiebung entlang der Achse a, wobei das Ausmaß der Verschiebung eines Punktes P proportional zum Abstand von P von der Achse a ist. (Eine Scherung wird etwa dadurch realisiert, daß man bei einem auf einem Tisch liegenden Buch den oberen Buchdeckel vom Buchrücken aus nach vorne schiebt.)

Lösung (69.16) Wir wählen irgendeinen Punkt S_0 auf der Dreiecksseite AC, fällen das Lot auf die Seite AB (mit Lotfußpunkt P_0), greifen mit dem Zirkel den Abstand P_0S_0 ab, um den Punkt Q_0 zu konstruieren und erhalten dann ein Quadrat $P_0Q_0R_0S_0$. Dies ist noch nicht das gesuchte Quadrat, hat aber bereits seine Grundseite auf der Geraden AB und berührt in S_0 die Seite AC. Das gesuchte Quadrat $PQRS$ entsteht dann aus $P_0Q_0R_0S_0$ durch Anwenden einer zentrischen Streckung mit dem Streckzentrum A. Der Streckfaktor ist dabei so zu wählen, daß der Punkt R_0 in den Schnittpunkt R der Geraden AR_0 und BC übergeht. Zeichnerisch ergibt sich der Punkt R dann wie in der Skizze angegeben; der Punkt Q ergibt sich durch Fällen des Lotes von R auf AB. Trägt man dann die Strecke QR von Q aus ab, so ergibt sich der Punkt P, und S ergibt sich dann durch Ziehen der Parallelen zu AB durch R. Damit ist das gesuchte Quadrat $PQRS$ konstruiert.

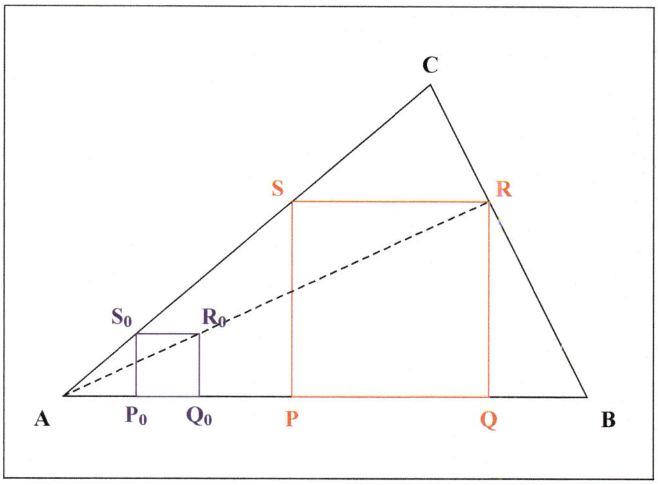

Lösung (69.17) Wir zeichnen irgendeinen Kreis ("Referenzkreis") ein, der die beiden Strahlen berührt. (Den Mittelpunkt M können wir beliebig auf der Winkelhalbierenden der beiden Strahlen wählen; der Radius ergibt sich dann durch das Fällen des Lotes von M aus auf einen der beiden Strahlen.) Verbinden wir nun P mit dem Schnittpunkt S der beiden Strahlen, so ergeben sich zwei Schnittpunkte P_1 und P_2 mit dem Referenzkreis. Die beiden gesuchten Kreise ergeben sich dann aus dem Referenzkreis durch eine zentrische Streckung mit Streckzentrum S und Streckfaktor $SP : SP_1$ bzw. $SP : SP_2$.

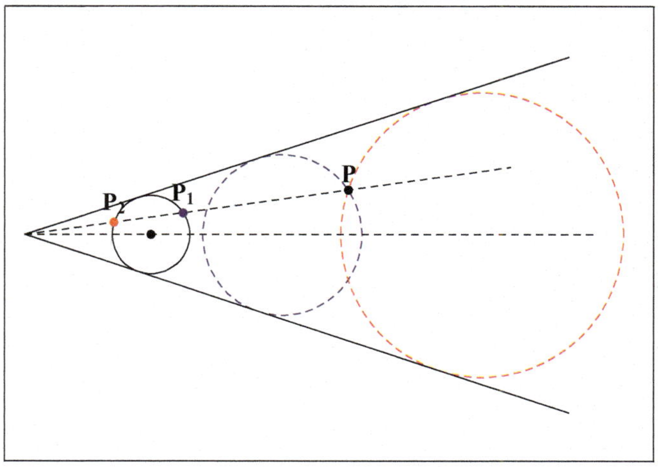

Zur zeichnerischen Konstruktion der Lösung verschieben wir die Geraden MP_1 und MP_2 parallel durch P, um die Mittelpunkt M_1 und M_2 der beiden gesuchten Kreise zu finden; die Radien sind dann einfach die Strecken M_1P und M_2P.

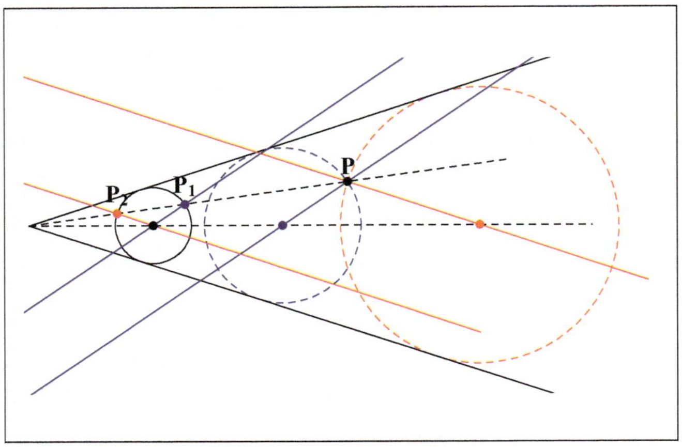

Lösung (69.18) Wenn wir $\mathbb{A}$ mit $\mathbb{R}^2$ und Punkte mit ihren Ortsvektoren identifizieren, können wir

$$\sigma_{z,\lambda}(x) = z - \lambda(x - z)$$

schreiben. Bezeichnen wir mit τ_v die Translation um den Vektor v, so haben wir zunächst die Gleichung

$$(1) \qquad \tau_v \circ \tau_w = \tau_w \circ \tau_v = \tau_{v+w}$$

für alle Vektoren v, w. Ferner gilt

$$\begin{aligned}(\sigma_{z,\lambda} \circ \tau_v)(x) &= \sigma_{z,\lambda}(x+v) = z - \lambda(x+v-z)\\ &= z - \lambda(x-z) + \lambda v = \sigma_{z,\lambda}(x) + \lambda v\end{aligned}$$

für alle x und damit

$$(2) \qquad \sigma_{z,\lambda} \circ \tau_v = \tau_{\lambda v} \circ \sigma_{z,\lambda}.$$

Ersetzen wir v durch $\lambda^{-1}v$, so bedeutet dies

$$(3) \qquad \tau_v \circ \sigma_{z,\lambda} = \sigma_{z,\lambda} \circ \tau_{\lambda^{-1}v}.$$

Schließlich ist die Hintereinanderausführung zweier zentrischer Streckungen gegeben durch

$$\begin{aligned}(\sigma_{z_2,\lambda_2} \circ \sigma_{z_1,\lambda_1})(x) &= z_2 + \lambda_2\big(\sigma_{z_1,\lambda_1}(x) - z_2\big)\\ &= z_2 + \lambda_2\big(z_1 + \lambda_1(x - z_1) - z_2\big)\\ &= z_2 + \lambda_2 z_1 + \lambda_2\lambda_1(x - z_1) - \lambda_2 z_2\\ &= z_1 + \lambda_2\lambda_1(x - z_1) + z_2 - z_1 - \lambda_2(z_2 - z_1)\\ &= \sigma_{z_1,\lambda_1\lambda_2}(x) + z_2 - z_1 - \lambda_2(z_2 - z_1)\end{aligned}$$

und damit

$$(4) \qquad \sigma_{z_2,\lambda_2} \circ \sigma_{z_1,\lambda_1} = \tau_{z_2 - z_1 - \lambda_2(z_2 - z_1)} \circ \sigma_{z_1,\lambda_1\lambda_2}.$$

Die Gleichungen (1) bis (4) zeigen, daß die Menge aller zentrischen Streckungen und Translationen abgeschlossen unter der Verkettung von Abbildungen ist. Wegen

$$(5) \qquad \tau_{-v} = \tau_v^{-1} \quad \text{und} \quad \sigma_{z,1/\lambda} = \sigma_{z,\lambda}^{-1}$$

ist diese Menge auch abgeschlossen unter der Inversenbildung, bildet also eine Untergruppe der affinen Gruppe von $\mathbb{A}$. Ist ferner $\varphi : \mathbb{A} \to \mathbb{A}$ eine affine Transformation von $\mathbb{A}$, so erhalten wir

$$\begin{aligned}(\varphi \circ \sigma_{z,\lambda} \circ \varphi^{-1})(x) &= \varphi\big(z + \lambda(\varphi^{-1}(x) - z)\big)\\ &= \varphi\big((1-\lambda)z + \lambda\,\varphi^{-1}(x)\big)\\ &= (1-\lambda)\varphi(z) + \lambda x\\ &= \varphi(z) + \lambda\big(x - \varphi(z)\big)\end{aligned}$$

und damit

$$(6) \qquad \varphi \circ \sigma_{z,\lambda} \circ \varphi^{-1} = \sigma_{\varphi(z),\lambda}.$$

Ist ferner $\varphi(x) = f(x) + b$ und damit $\varphi^{-1}(y) = f^{-1}(y - b)$, so ergibt sich

$$\begin{aligned}(\varphi \circ \tau_v \circ \varphi^{-1})(x) &= \varphi\big(\varphi^{-1}(x) + v\big)\\ &= f\big(f^{-1}(x - b) + v\big) + b\\ &= x - b + f(v) + b = x + f(v)\end{aligned}$$

und damit

$$(7) \qquad \varphi \circ \tau_v \circ \varphi^{-1} = \tau_{f(v)}$$

für jede Translation τ_v. Die Bedingungen (6) und (7) zeigen, daß die Menge aller zentrischen Streckungen und Translationen auch abgeschlossen unter beliebigen Konjugationen innerhalb der affinen Gruppe ist und daher einen Normalteiler der affinen Gruppe bildet. Die Behauptung, daß eine zentrische Streckung jede Gerade g auf eine zu g parallele Gerade abbildet, ergibt sich schließlich aus der Rechnung

$$\begin{aligned}\sigma_{z,\lambda}(a + \mathbb{R}v) &= z + \lambda(a + \mathbb{R}v - z)\\ &= z + \lambda(a - z) + \lambda\mathbb{R}v\\ &= \sigma_{z,\lambda}(a) + \mathbb{R}v.\end{aligned}$$

Lösung (69.19) Der Streckfaktor der betrachteten zentrischen Streckung σ ist definitionsgemäß $-\lambda$ mit $\lambda = c_a/c_b$. Das Bild von C ist der Schnittpunkt der Geraden CZ mit der Parallelen zu AC durch B. Da das Bild $\overline{\sigma(A)\sigma(C)}$ der Geraden $\overline{AC}$ parallel zu $\overline{AC}$ ist, sind die eingezeichneten Winkel bei C und bei $\sigma(C)$ gleich; also ist $C\sigma(C)B$ ein gleichschenkliges Dreieck, so daß $B\sigma(C) = BC = a$ gilt. Es gilt daher

$$a : b = \sigma(A)\sigma(C) : AC = |\lambda| = c_a : c_b.$$

Die folgende Skizze zeigt die geometrische Konstruktion.

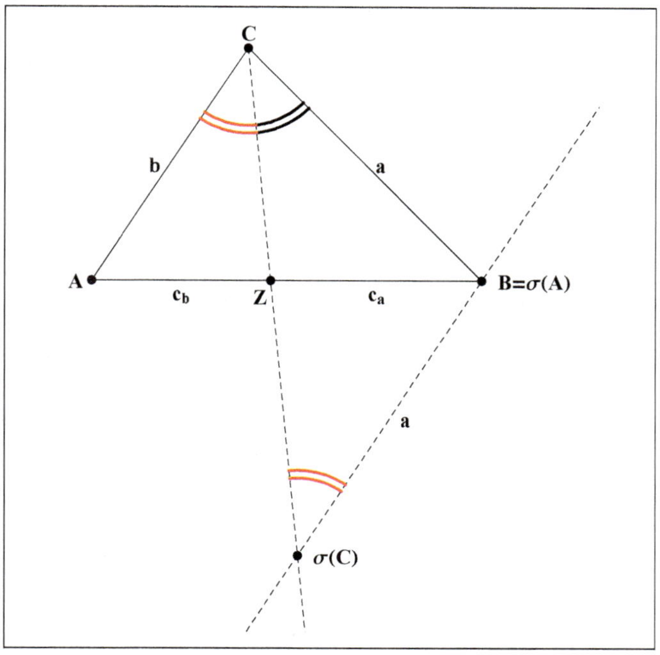

Lösung (69.20) Wir betrachten einen ebenen Schnitt durch das Prisma, der senkrecht zu dessen Kanten verläuft; dieser Schnitt liefert dann ein fest vorgegebenes Dreieck OA_0B_0. Wir wählen ein Koordinatensystem mit O als Ursprung, dessen x-Achse von O aus in Richtung A_0 zeigt und dessen z-Achse in Richtung der Kanten des Prismas zeigt. In diesem Koordinatensystem haben wir dann Darstellungen $A_0 = (w, 0, 0)$ und $B_0 = (u, v, 0)$ mit bekannten Zahlen u, v, w. Gesucht ist ein Dreieck OAB fest vorgegebener Form, bei dem A senkrecht über A_0 und B senkrecht über B_0 liegt. Die Form des Dreiecks denken wir uns gegeben durch den Winkel φ bei O und das Verhältnis q der anliegenden Seiten.

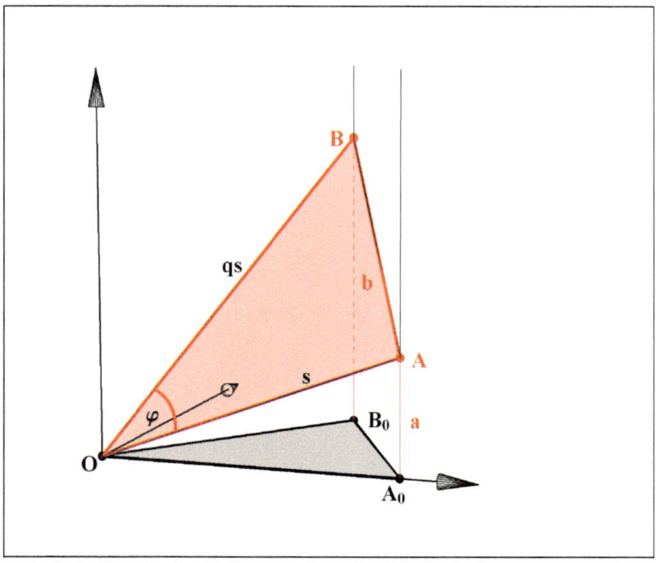

Schnitt durch ein Prisma, der ein Dreieck fest vorgegebener Form liefert.

Wir müssen dann eine Höhe a und eine Höhe b derart finden, daß das Dreieck mit den Ecken $O = (0, 0, 0)$, $A = (w, 0, a)$ und $B = (u, v, b)$ die fest vorgegebene Form hat. Mit den Bezeichnungen der Skizze gelten die Gleichungen $s^2 = w^2 + a^2$, $(qs)^2 = u^2 + v^2 + b^2$ sowie

$$wu + ab = \langle \overrightarrow{OA}, \overrightarrow{OB} \rangle = s \cdot qs \cdot \cos\varphi = qs^2 \cos\varphi.$$

Die Frage ist also, ob sich bei fest vorgegebenen Zahlen u, v, w, q, φ stets Zahlen a, b so wählen lassen, daß die beiden folgenden Gleichungen erfüllt sind:

$$(1) \qquad \begin{aligned} q^2(w^2+a^2) &= u^2 + v^2 + b^2, \\ wu + ab &= q(w^2+a^2)\cos\varphi. \end{aligned}$$

(Das geometrische Problem, durch einen geeigneten Schnitt ein bis auf Ähnlichkeit eindeutig bestimmtes Dreieck zu erhalten, ist damit umformuliert als das algebraische Problem, eine Lösung eines Systems quadratischer Gleichungen zu ermitteln.) Die zweite Gleichung läßt sich umschreiben als

$$(2) \qquad ab = -wu + q(w^2+a^2)\cos\varphi;$$

sobald a bekannt ist, läßt sich diese Gleichung dazu benutzen, um b zu bestimmen. Die erste Gleichung multiplizieren wir mit a^2 durch und setzen in den rechts entstehenden Ausdruck $a^2b^2 = (ab)^2$ dann die Gleichung (2) ein; es ergibt sich

$$q^2a^2(w^2+a^2) = (u^2+v^2)a^2 + \big(-wu + q(w^2+a^2)\cos\varphi\big)^2$$

und damit eine Gleichung, in der nur noch a als Unbekannte auftritt. Ausmultiplizieren und Umformen führt dann auf die Gleichung

$$(3) \qquad A \cdot a^4 + B \cdot a^2 + C = 0$$

mit

$$\begin{aligned} A &:= q^2 \sin^2\varphi, \\ B &:= q^2w^2\sin^2\varphi - v^2 - (u - qw\cos\varphi)^2, \\ C &:= -w^2(u - qw\cos\varphi)^2. \end{aligned}$$

Die Frage, ob die Gleichung (3) eine Lösung a besitzt, ist dann äquivalent zu der Frage, ob die Gleichung $Ax^2 + Bx + C = 0$ eine nichtnegative Lösung x besitzt. Dies ist aber wegen $A > 0$ und $C \leq 0$ der Fall.

- Ist $C < 0$, so hat die Gleichung $Ax^2 + Bx + C = 0$ eine einzige nichtnegative Lösung x, und diese ist sogar strikt positiv. Die Gleichung (3) hat daher die beiden Lösungen $a = \pm\sqrt{x}$, und für jede von diesen läßt sich Gleichung (2) eindeutig nach b auflösen. Es gibt also zwei ebene Schnitte, die ein Dreieck der gewünschten Form liefern.

- Ist $C = 0$, so gilt $u = qw\cos\varphi$ und damit $B = q^2w^2 - u^2 - v^2 = q^2w^2\sin^2\varphi - v^2$. Gelten nun die Bedingungen $C = 0$ und $B < 0$, so hat die Gleichung

$Ax^2 + Bx + C = 0$ die Lösung $x_1 = 0$ und eine Lösung $x_2 > 0$; die Gleichung (3) hat dann die drei Lösungen $a = 0$ sowie $a = \pm\sqrt{x}$. Für die beiden letztgenannten Lösungen ergibt sich aus (2) wieder jeweils eine eindeutige zugehörige Lösung b. Für die Lösung $a = 0$ geht die erste Gleichung in (1) über in $b^2 = q^2w^2 - u^2 - v^2 = q^2w^2 \sin^2\varphi - v^2 < 0$, und diese letzte Gleichung hat natürlich keine Lösung. Die Lösung $a = 0$ liefert also keine Lösung des ursprünglichen Problems (was daran liegt, daß das Durchmultiplizieren der ersten Gleichung von (1) mit a^2 im Fall $a = 0$ natürlich keine Äquivalenzumformung ist).

• Gelten die Bedingungen $C = 0$ und $B \geq 0$, so ist $x = 0$ die einzige nichtnegative Lösung der Gleichung $Ax^2 + Bx + C = 0$, und diese liefert in diesem Fall die einzige Lösung $a = 0$ von (3). Die erste Gleichung in (1) geht dann über in $b^2 = q^2w^2 - u^2 - v^2 = q^2w^2 \sin^2\varphi - v^2 = B \geq 0$, und diese Gleichung hat zwei Lösungen für b (die im Fall $B = 0$ und damit $v = qw\sin\varphi$ zusammenfallen, wobei dieser Fall genau die Situation beschreibt, in der der senkrechte Schnitt durch das Prisma bereits ein Dreieck der gesuchten Form liefert).

Fazit: Liefert ein Schnitt senkrecht zu der Kantenrichtung des Prismas bereits ein Dreieck der gesuchten Form, so ist ein solcher Schnitt auch die einzige Möglichkeit, diese Dreiecksform zu erhalten. In allen anderen Fällen gibt es (bis auf Parallelverschiebung) genau zwei verschiedene ebene Schnitte, die ein Dreieck der gesuchten Form liefern.

Alternative Lösung. Wir geben noch einen zweiten (diesmal synthetischen, nicht analytischen) Beweis des Satzes von L'Huilier. Das Dreieck $A_0B_0C_0$ bilde einen Querschnitt durch das Prisma senkrecht zu dessen Kanten. Wir fangen von hinten her an und gehen davon aus, es gebe einen Dreiecksquerschnitt ABC mit $C = C_0$ mit der gewünschten Form; die nachfolgende Analyse wird dann ergeben, wie sich dieses Dreieck konstruieren läßt. Da wir das Dreieck ABC beliebig entlang der Kanten des Prismas nach oben oder nach unten verschieben können, dürfen wir o.B.d.A. annehmen, daß $C_0 = C$ gilt.

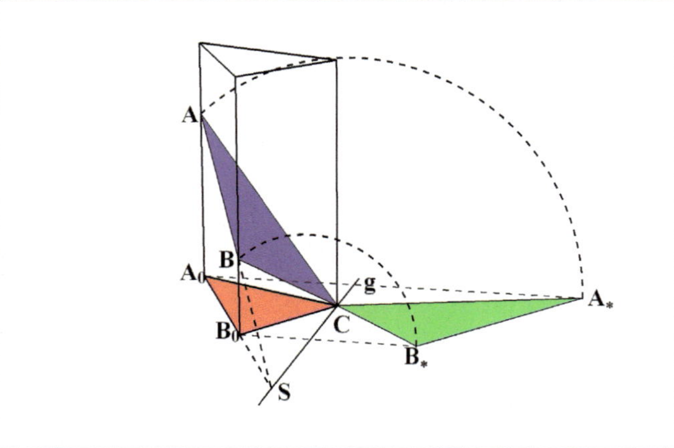

Umklappen des Schnittdreiecks in die Grundebene des Prismas.

Es seien nun E_0 die Ebene durch A_0, B_0, $C_0 = C$ (also die Grundebene des Prismas), E die Ebene durch A, B, C (also die Schnittebene, in der das gesuchte Dreieck liegt) und g die Schnittgerade von E_0 und E. Wir gehen zunächst davon aus, daß die Geraden A_0B_0 und AB nicht parallel sind, sondern einen Schnittpunkt S besitzen; es gilt dann $g = CS$. Es sei nun R diejenige Rotation um die Achse g, die die Ebene E in die Ebene E_0 überführt und dabei so gewählt ist, daß die Bildpunkte $A_\star = R(A)$ und $B_\star = R(B)$ einerseits, die Punkte A_0 und B_0 andererseits auf verschiedenen Seiten der Geraden g liegen. Wir bezeichnen mit X und Y die Lotfußpunkte von A_0 und B_0 auf g in der Ebene E_0. Da XA senkrecht auf g steht, steht $R(X)R(A) = XA_\star$ senkrecht auf $R(g) = g$; analog steht auch $YB_\star$ senkrecht auf g. Also liegt X auf $A_0A_\star$, und Y liegt auf $B_0B_\star$. Ist α der Winkel zwischen E_0 und E (und damit $\pi - \alpha$ der zu R gehörige Drehwinkel), so gelten die Beziehungen $\cos(\alpha) = XA_0 : XA = XA_0 : XA_\star$ und $\cos(\alpha) = YB_0 : YB = YB_0 : YB_\star$. Wir betrachten nun die Dreiecke A_0B_0C und $A_\star B_\star C$ in der Ebene E_0.

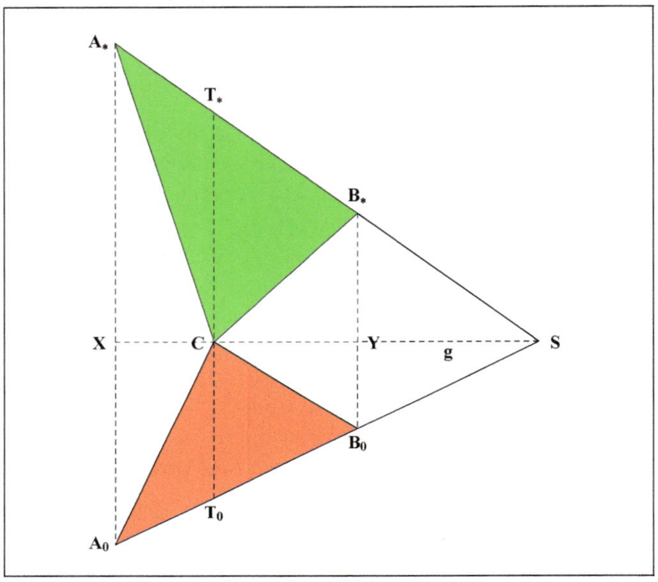

Durchführung der angegebenen Konstruktion.

Die Senkrechte zu g durch C schneidet die Geraden A_0B_0 und $A_\star B_\star$ in zwei Punkten T_0 bzw. $T_\star$. Zusammen mit den bereits gefundenen Beziehungen $\cos(\alpha) = XA_0 : XA_\star$ und $\cos(\alpha) = YB_0 : YB_\star$ haben wir dann

$$\cos(\alpha) = XA_0 : XA_\star = YB_0 : YB_\star = CT_0 : CT_\star.$$

Da die Strecken $A_0A_\star$, $T_0T_\star$ und $B_0B_\star$ parallel sind (nämlich allesamt senkrecht zu g), gelten nach dem Strahlensatz die Gleichungen

$$SB_0 : B_0T_0 : T_0A_0 = SB_\star : B_\star T_\star : T_\star A_\star$$

Deshalb kann man eine Parallele zu $SA_\star$ so ziehen, daß für die entstehenden Schnittpunkte A_1, T_1, B_1, S_1 (siehe nachfolgende Skizze) die folgenden Gleichungen gelten:

$$S_1B_1 = SB_0, \quad B_1T_1 = B_0T_0, \quad T_1A_1 = T_0A_0.$$

Aufgaben zu »Affine Geometrie« siehe Seite 31

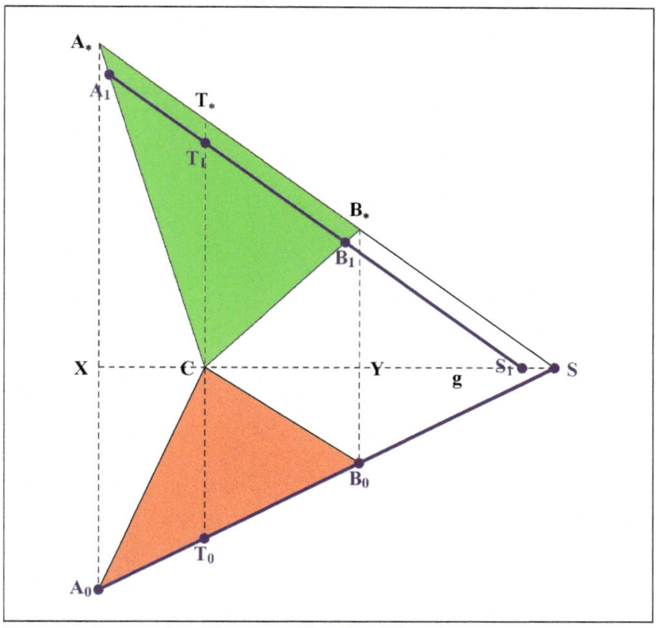

Konstruktion der Punkte S_1, B_1, T_1, A_1.

Wir wählen nun den Punkt V so, daß die folgenden äquivalenten Bedingungen erfüllt sind:

- die Dreiecke SB_0V und S_1B_1C sind kongruent;
- die Dreiecke ST_0V und S_1T_1C sind kongruent;
- die Dreiecke SA_0V und S_1A_1C sind kongruent;
- die Dreiecke A_0B_0V und A_1B_1C sind kongruent.

Dann sind die Dreiecke A_0B_0V und $A_\star B_\star C$ ähnlich. Da S_1T_1C bei C einen rechten Winkel hat, hat also auch ST_0V bei V einen rechten Winkel. Nach der Umkehrung des Thalessatzes liegt also V auf dem Halbkreis über der Strecke ST_0.

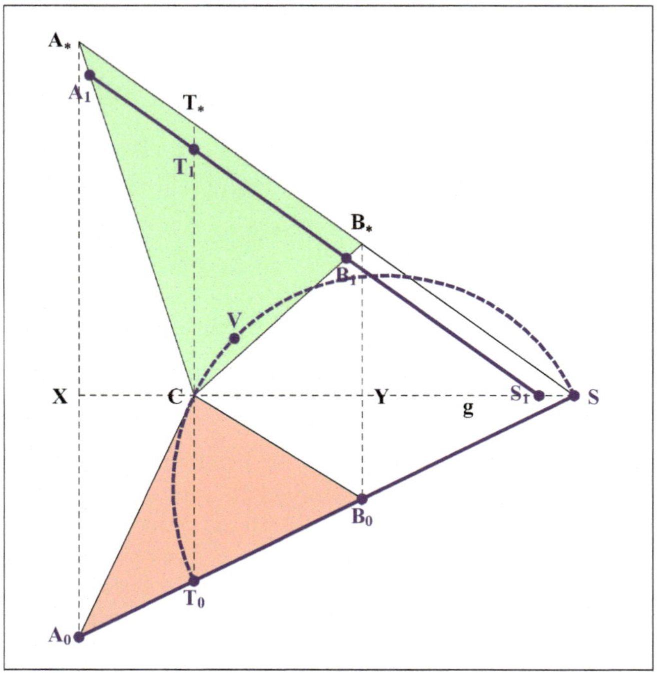

Lage des Punktes V, für den A_0B_0V und ABC ähnlich sind.

Wir lesen jetzt die Konstruktion gewissermaßen rückwärts, um das gesuchte Dreieck $A_\star B_\star C$ und den Winkel α zu rekonstruieren. Gegeben seien die Punkte A_0, B_0, C_0 sowie der Punkt V derart, daß das Dreieck A_0B_0V ähnlich zu dem vorgegebenen Dreieck ABC ist; diese Punkte sind in der folgenden Abbildung schwarz markiert. Aufgrund unserer Annahme, daß sich A_0B_0 und AB schneiden, verläuft C_0V nicht senkrecht zu A_0B_0; die Mittelsenkrechte der Strecke C_0V schneidet daher A_0B_0 in einem Punkt M. (Der Sonderfall, daß sich A_0B_0 und AB nicht schneiden, wird am Ende separat behandelt.)

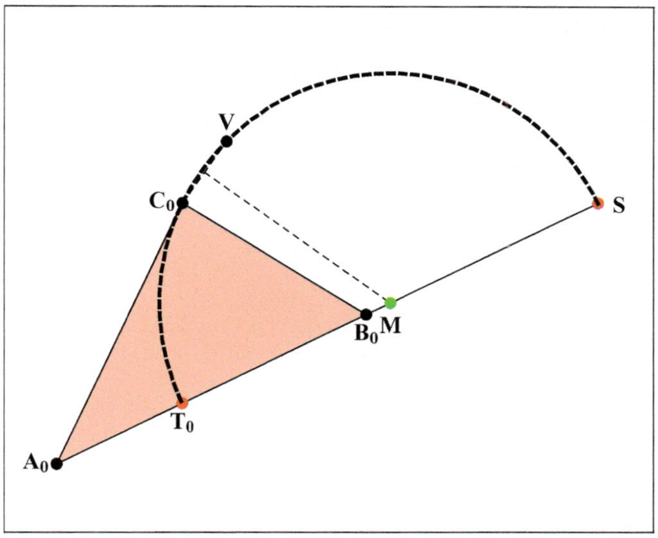

Umkehrung der Konstruktionsschritte.

Wir setzen nun $C := C_0$ und führen nacheinander die folgenden Konstruktionsschritte durch!

(1) Bestimme die Mittelsenkrechte der Strecke CV sowie deren Schnittpunkt M mit der Geraden A_0B_0. (Dieser Punkt ist grün markiert.)

(2) Schlage um M den Kreis mit dem Radius $MC = MV$ und bezeichne mit T_0 und S die Schnittpunkte dieses Halbkreises mit der Geraden A_0B_0. (Diese Punkte sind rot markiert.) Die Bezeichnung dieser Punkte sei dabei so gewählt, daß SV und T_0C Seiten (und nicht Diagonalen) des Sehnenvierecks ST_0CV sind.

(3) Wähle auf der Strecke CS einen Punkt S_1 mit $CS_1 = VS$ und auf der Geraden CT_0 einen Punkt T_1 mit $CT_1 = VT_0$ derart, daß C zwischen T_0 und T_1 liegt.

(4) Ziehe die Parallele zu S_1T_1 durch S.

(5) Fälle die Lote von A_0, B_0 und T_0 aus auf $g = CS$ und bestimme die Schnittpunkte $A_\star$, $B_\star$ und $T_\star$ dieser Lote mit der im vorigen Schritt gezogenen Parallelen.

Die gerade beschriebene Konstruktion ist in der folgenden Abbildung dargestellt.

Aufgaben zu »Affine Geometrie« siehe Seite 31

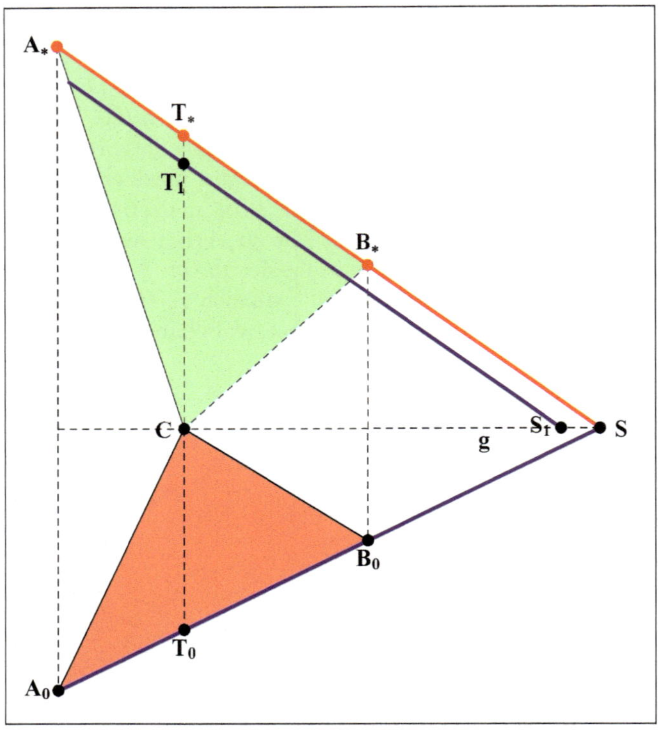

Konstruktion der Punkte $A_\star$, $B_\star$, $T_\star$.

Rotieren wir das Dreieck $A_\star B_\star C$ um den Winkel $\pi-\alpha$ mit $\alpha := \arccos(CT_0/CT_\star)$, so ist das entstehende Dreieck ABC das gesuchte Dreieck (d.h., das Dreieck A_0B_0C, das die Grundfläche des Prismas darstellt, ist gerade die Normalprojektion des Dreiecks $A_\star B_\star C$).

Wir müssen noch begründen, warum der Winkel α wohldefiniert ist, warum also $CT_0/CT_\star$ kleiner als Eins ist. Nach dem Strahlensatz gilt

$$\frac{CT_\star}{CT_1} = \frac{CS}{CS_1}, \quad \text{also} \quad \frac{CT_\star}{VT_0} = \frac{CS}{VS},$$

und hieraus folgt

$$\frac{CT_0}{CT_\star} = \frac{CT_0 \cdot VS}{CS \cdot VT_0}.$$

Diese letzte Zahl ist kleiner als Eins, weil nach dem Satz des Ptolemaios in dem Sehnenviereck ST_0CV das Produkt $CT_0 \cdot VS$ zweier gegenüberliegender Seiten kleiner ist als das Produkt $CS \cdot VT_0$ der beiden Diagonalen.

Behandlung des bisher ausgesparten Sonderfalls: Schließlich behandeln wir noch den Sonderfall, daß die Geraden A_0B_0 und AB parallel sind. In diesem Fall bezeichnen wir die Höhe des Dreiecks $A_0B_0C_0$ durch C_0 mit h_0 und die Höhe des Dreiecks ABC durch $C = C_0$ mit h; der Winkel α zwischen den Ebenen E_0 und E ist dann gegeben durch $\cos(\alpha) = h_0/h$.

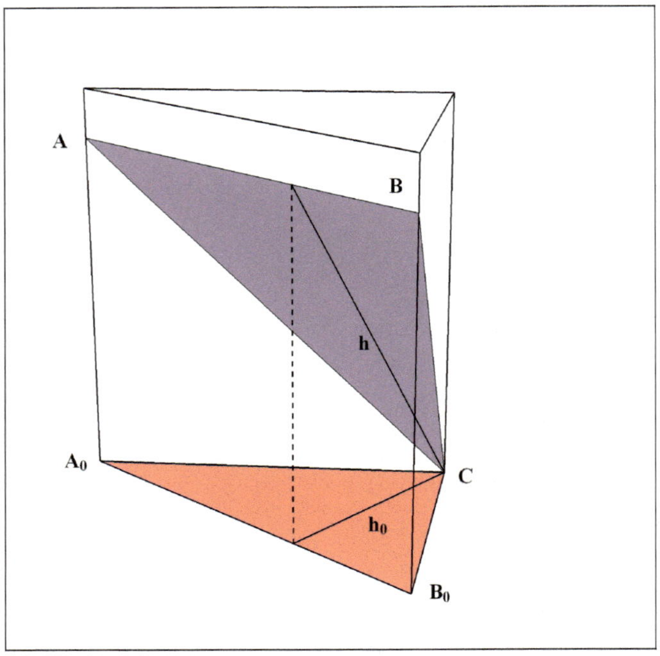

Schnittdreieck mit $AB \parallel A_0B_0$.

Der Rest der Konstruktion erfolgt wie oben im generischen Fall. Wir müssen wieder den Punkt V so finden, daß die Dreiecke A_0B_0V und $A_\star B_\star C$ kongruent sind. Das ist aber in diesem Fall besonders leicht; wir müssen ja nur C an der Geraden spiegeln, die durch die Mittelpunkt der Strecken $A_0A_\star$ und $B_0B_\star$ verläuft. Damit ist der synthetische Beweis des Satzes von L'Huilier abgeschlossen.

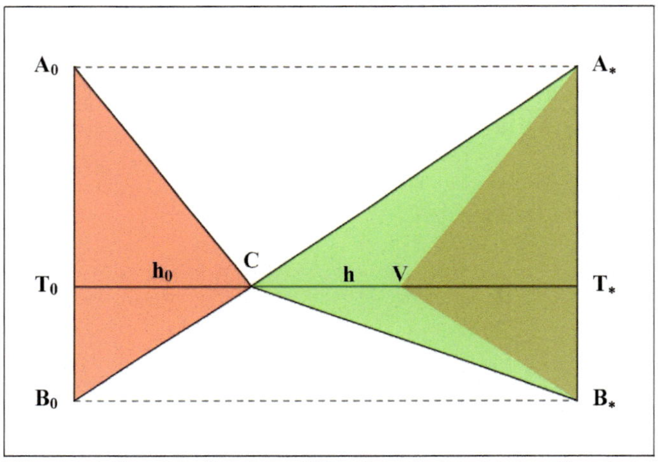

Konstruktion des Punktes V in dem betrachteten Sonderfall.

Lösung (69.21) Es sei S_B der Schnittpunkt der Geraden O_BY_B und X_BZ_B in der Bildebene E. Dann ist S_B das Bild sowohl eines Punktes S_1 auf der Strecke OY als auch eines Punktes S_2 auf der Strecke XZ unter der fraglichen Parallelprojektion. Da bei einer Parallelprojektion Teilverhältnisse erhalten bleiben, haben wir zwangsläufig

$$\begin{aligned} OS_1 : OY &= O_BS_B : O_BY_B =: \lambda \quad \text{und} \\ XS_2 : XZ &= X_BS_B : X_BZ_B =: \mu. \end{aligned}$$

Da die ebene Figur $O_B X_B Y_B Z_B$ gegeben ist, sind die Zahlen λ und μ bekannt; damit ist die Lage der Punkte S_1 und S_2 bezüglich der Würfelecke aber eindeutig festgelegt. Wenn also eine vorgegebene Würfelecke auf die ebene Figur $O_B X_B Y_B Z_B$ projiziert werden soll, so ist die Projektionsrichtung zwangsläufig in Richtung der Geraden $S_1 S_2$. Ist uns also eine Würfelecke vorgegeben, so wissen wir, in welche Richtung wir projizieren müssen. Die Frage ist nun, ob wir die Bildebene relativ zu dieser Projektionsrichtung so legen können, daß das gewünschte Bild entsteht.

Verschieben wir die Gerade $S_1 S_2$ parallel durch O, X und Z, so erhalten wir die Kanten eines dreiseitigen Prismas. Nach dem Satz von L'Huilier (siehe die vorhergehende Aufgabe) können wir eine Ebene E so legen, daß der Schnitt des Prismas mit E ähnlich zu dem Dreieck $O_B X_B Z_B$ ist. Wegen der Invarianz der Teilverhältnisse ist dann aber auch der Schnitt des vierseitigen Prismas mit Kanten durch O, X, Y, Z ähnlich zu der ebenen Figur $O_B X_B Y_B Z_B$. Wir müssen jetzt nur noch (unter Beibehaltung der Projektionsrichtung und der Lage der Bildebene E) die Würfelecke $OXYZ$ mit einem geeigneten Streckfaktor skalieren, damit ihr Bild unter der Projektion nicht nur ähnlich zu der Figur $O_B X_B Y_B Z_B$ ist, sondern sogar kongruent zu ihr.

Bemerkung 1: Ein anderer, sehr eleganter Beweis des Satzes von Pohlke wird in der folgenden Referenz gegeben: Helmut Bergold, *Eine Verallgemeinerung des Satzes von Pohlke*, Elemente der Mathematik **69** (2), 2014, S. 57-60. Dieser Beweis, der sogar eine noch etwas allgemeinere Aussage liefert, beruht auf einer pfiffigen Anwendung des Rechnens mit komplexen Zahlen.

Bemerkung 2: Will man eine dreidimensionale Szene so zweidimensional darstellen, daß die Darstellung sich als Bild einer geeigneten Parallelprojektion ergibt, so verbürgt der Satz von Pohlke, daß man die Bilder einer Würfelecke völlig beliebig vorgeben kann (also keinerlei Bedingungen hinsichtlich der im Bild auftretenden Winkel und relativen Verkürzungen der Kanten beachten muß). Das Bild dieser Würfelecke legt dann natürlich die Bilder aller anderen Punkte im dreidimensionalen Raum schon fest. In der Praxis sind die folgenden Typen von Parallelprojektionen besonders verbreitet.

- **Kavalierperspektive.**† Horizontale und vertikale Linien bleiben unverkürzt und werden auch horizontal bzw. vertikal wiedergegeben; Tiefenlinien werden in einem 45^0-Winkel zur Waagrechten dargestellt und verkürzt wiedergegeben (typischerweise um den Faktor $1/2$). Die Vorderansicht (der Aufriß) wird bei dieser Projektion unverzerrt dargestellt.
- **Militärperspektive.** Sowohl horizontale und vertikale Linien als auch Tiefenlinien werden unverkürzt wiedergegeben; horizontale Linien und Tiefenlinien werden in einem Winkel von 30^0 bzw. 60^0 zur Waagrechten dargestellt. Grundflächen werden bei dieser Darstellungsform unverzerrt wiedergegeben.
- **Isometrische Projektion.** Sowohl horizontale und vertikale Linien als auch Tiefenlinien werden unverkürzt wiedergegeben; horizontale Linien und Tiefenlinien werden in einem Winkel von jeweils 30^0 zur Waagrechten dargestellt. Alle drei Ansichten (Grundriß, Aufriß, Seitenriß) werden bei dieser Darstellungsform gleichwertig behandelt.
- **Dimetrische Projektion.** Die Vertikalen bleiben unverkürzt. Von dem waagrechten Linien und den Tiefenlinien werden die einen in einem Winkel von 42^0 zur Waagrechten dargestellt und um den Faktor $1/2$ verkürzt, während die andern in einem Winkel von 7^0 zur Waagrechten dargestellt und unverkürzt wiedergegeben werden. Bei dieser Projektion wird die Vorderansicht betont und nur durch eine geringe Tiefenwirkung modifiziert.

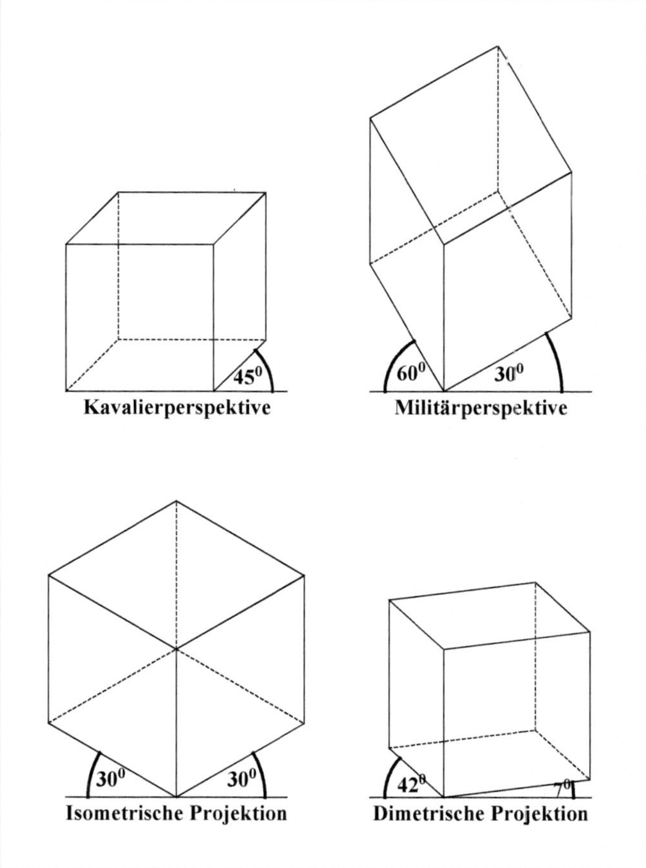

Darstellung gängiger Arten von Parallelprojektionen.

† Der Begriff "Kavalier" in der hier benutzten Bedeutung stammt aus dem Festungsbau und bezeichnet einen erhöhten Punkt mit freiem Blick auf das Vorgelände, von dem aus Angreifer frühzeitig entdeckt und von dem aus Geschütze besonders effektiv eingesetzt werden können. Sprachlich hängt der Begriff mit dem Wort "Kavallerist" für "Reiter" zusammen (frz. *chevalier*, ital. *cavaliere*, engl. *cavalier*), aus dem sich auch die zweite Bedeutung des Begriffs "Kavalier" ergibt: Ein Reiter hat vom Pferd aus eine gute Sicht von oben und sollte auch besonders "ritterliche" Umgangsformen besitzen.

Aufgaben zu »Affine Geometrie« siehe Seite 31

L70: Projektive Geometrie

Lösung (70.1) Bestimme zunächst den Schnittpunkt S der Geraden AB mit der Horizontlinie und dann den Schnittpunkt B' der Geraden $A'S$ mit dem linken Gleis. Damit ist der gesuchte Punkt B' gefunden, von dem aus der Rand der nächsten Gleisschwelle abzutragen ist (und zwar parallel zur Horizontlinie).

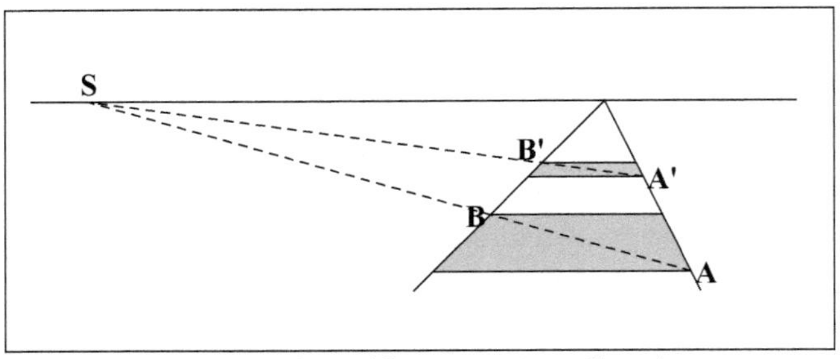

Perspektivisch korrektes Abtragen einer Strecke.

Lösung (70.2) Bestimme den Schnittpunkt S' von $\overline{A'B'}$ und $\overline{C'D'}$; dann gilt zwangsläufig $f(S) = S'$.

- Bestimme den eindeutigen Punkt U' auf $\overline{C'D'}$, der die Bedingung $\mathrm{DV}(U', C', D', S') = \mathrm{DV}(U, C, D, S)$ erfüllt; dann gilt zwangsläufig $f(U) = U'$.
- Bestimme den Schnittpunkt V' von $\overline{A'U'}$ und $\overline{B'C'}$; dann gilt zwangsläufig $f(V) = V'$.
- Bestimme den eindeutigen Punkt P' auf $\overline{U'V'}$, der die Bedingung $\mathrm{DV}(P', A', U', V') = \mathrm{DV}(P, A, U, V)$ erfüllt; dann gilt zwangsläufig $f(P) = P'$.

Lösung (70.3) Wir schreiben $T_1 := \mathrm{TV}(P_1, P_3, P_4)$ und $T_2 := \mathrm{TV}(P_2, P_3, P_4)$ sowie $D := \mathrm{DV}(P_1, P_2, P_3, P_4)$; dann ist $D = T_1/T_2$. Gemäß (69.33)(b) im Buch gilt genau dann $\mathrm{TV}(A, B, C) < 0$, wenn A zwischen B und C liegt; hieraus ergeben sich dann leicht die folgenden Ergebnisse.

(a) Hier ist $T_1 > 0$ und $T_2 > 0$ und damit $D > 0$.
(b) Hier ist $T_1 > 0$ und $T_2 < 0$ und damit $D < 0$.
(c) Hier ist $T_1 > 0$ und $T_2 > 0$ und damit $D > 0$.
(d) Hier ist $T_1 > 0$ und $T_2 < 0$ und damit $D < 0$.
(e) Hier ist $T_1 > 0$ und $T_2 < 0$ und damit $D < 0$.
(f) Hier ist $T_1 > 0$ und $T_2 > 0$ und damit $D > 0$.

Wir sehen, daß $\mathrm{DV}(P_1, P_2, P_3, P_4)$ genau dann negativ ist, wenn die Paare (P_1, P_2) und (P_3, P_4) in der betrachteten (zyklisch zu denkenden) Reihenfolge gemischt werden, während $\mathrm{DV}(P_1, P_2, P_3, P_4)$ genau dann positiv ist, wenn diese Paare jeweils unmittelbar beieinander bleiben.

Lösung (70.4) Wird statt g eine andere Gerade g' gewählt und sind P_1', P_2', P_3', P_4' die resultierenden Schnittpunkte, so gehen diese aus den Punkten P_1, P_2, P_3, P_4 durch eine zentrische Streckung mit Streckzentrum Z hervor, haben also das gleiche Doppelverhältnis wie P_1, P_2, P_3, P_4. Also hängt der Wert $\mathrm{DV}(g_1, g_2, g_3, g_4)$ nicht von der (willkürlichen) Wahl der Geraden g ab und ist daher wohldefiniert. Wir drücken dieses Doppelverhältnis nur durch die Winkel α_{ij} aus. (In der Skizze der Aufgabenstellung sind α_{13} und α_{14} blau markiert, α_{23} und α_{24} dagegen rot.)

Die Fläche eines Dreiecks, in der γ den von den Seiten a und b eingeschlossenen Winkel bezeichnet, ist gegeben durch $(1/2)\cdot a\cdot b\cdot\sin(\gamma)$. Mit den Bezeichnungen der Skizze in der Aufgabenstellung erhalten wir daher

$$\begin{aligned}\mathrm{TV}(P_1, P_3, P_4) &= \frac{\overline{P_1P_3}}{\overline{P_1P_4}} = \frac{\text{Fläche}(P_1ZP_3)}{\text{Fläche}(P_1ZP_4)}\\ &= \frac{(1/2)\cdot\overline{P_1Z}\cdot\overline{P_3Z}\cdot\sin(\alpha_{13})}{(1/2)\cdot\overline{P_1Z}\cdot\overline{P_4Z}\cdot\sin(\alpha_{14})} = \frac{\overline{P_3Z}\cdot\sin(\alpha_{13})}{\overline{P_4Z}\cdot\sin(\alpha_{14})}\end{aligned}$$

sowie

$$\begin{aligned}\mathrm{TV}(P_2, P_3, P_4) &= \frac{\overline{P_2P_3}}{\overline{P_2P_4}} = \frac{\text{Fläche}(P_2ZP_3)}{\text{Fläche}(P_2ZP_4)}\\ &= \frac{(1/2)\cdot\overline{P_2Z}\cdot\overline{P_3Z}\cdot\sin(\alpha_{23})}{(1/2)\cdot\overline{P_2Z}\cdot\overline{P_4Z}\cdot\sin(\alpha_{24})} = \frac{\overline{P_3Z}\cdot\sin(\alpha_{23})}{\overline{P_4Z}\cdot\sin(\alpha_{24})}\end{aligned}$$

und folglich

$$\begin{aligned}\mathrm{DV}(P_1, P_2, P_3, P_4) &= \frac{\mathrm{TV}(P_1, P_3, P_4)}{\mathrm{TV}(P_2, P_3, P_4)}\\ &= \frac{\sin(\alpha_{13})}{\sin(\alpha_{14})} : \frac{\sin(\alpha_{23})}{\sin(\alpha_{24})}.\end{aligned}$$

Lösung (70.5) Wir schreiben $P_i = [v_i] = K \cdot v_i$ mit $v_i \in V$. Da die Punkte P_i paarweise verschieden sind, sind die Vektoren v_i paarweise linear unabhängig. Daß sich die Geraden P_1P_2 und P_3P_4 schneiden, bedeutet, daß sich die Ebenen $Kv_1 + Kv_2$ und $Kv_3 + Kv_4$ in einer Ursprungsgeraden schneiden; diese wird aufgespannt von einem Vektor $\lambda_1v_1 + \lambda_2v_2 = \lambda_3v_3 + \lambda_4v_4$ mit $(\lambda_1, \lambda_2) \neq (0, 0)$ und $(\lambda_3, \lambda_4) \neq (0, 0)$. Dann ist der Vektor $\lambda_1v_1 - \lambda_3v_3 = \lambda_4v_4 - \lambda_2v_2$ vom Nullvektor verschieden; dies zeigt, daß sich auch die Ebenen $Kv_1 + Kv_3$ und $Kv_2 + Kv_4$ in einer Ursprungsgeraden schneiden, und das bedeutet, daß sich die Geraden P_1P_3 und P_2P_4 schneiden.

Lösung (70.6) Um Teil (c) gleich mitzubehandeln, setzen wir von vornherein voraus, daß f semilinear ist, daß es also einen Körperhomomorphismus $\sigma : K \to K$ gibt mit $f(\lambda v) = \sigma(\lambda)f(v)$ für alle $\lambda \in K$ und alle $v \in V$. Bei uns ist stets $f \neq 0$ und damit auch $\sigma \neq 0$, so daß σ sogar ein Körperisomorphismus ist.

(a) Genau dann ist $\mathbb{P}(f)$ wohldefiniert, wenn aus $v \neq 0$ stets $f(v) \neq 0$ folgt, wenn also die Bedingung $f(v) = 0$ nur für $v = 0$ erfüllt ist. Ist dies der Fall, so ist f zwangsläufig injektiv, denn aus $f(v_1) = f(v_2)$ folgt $f(v_1 - v_2) = 0$, damit $v_1 - v_2 = 0$ und folglich $v_1 = v_2$. Ist umgekehrt f injektiv, so folgt aus $f(v) = 0 = f(0)$ sofort $v = 0$. Zum Nachweis der zweiten Aussage nehmen wir an, f sei injektiv. Wir wollen zeigen, daß dann auch $\mathbb{P}(f)$ injektiv ist.

Aufgaben zu »Projektive Geometrie« siehe Seite 35

Es gelte $K \cdot f(w) = K \cdot f(v)$. Es gibt dann ein Skalar $\lambda = \lambda(v,w)$ mit $f(w) = \lambda f(v) = f(\sigma^{-1}(\lambda)v)$, also $f(w - \sigma^{-1}(\lambda)v) = 0$ und damit $w - \sigma^{-1}(\lambda)v = 0$, daher $w = \sigma^{-1}(\lambda)v \in Kv$ und folglich $K \cdot w = K \cdot v$. Aus $\mathbb{P}(f)(K \cdot w) = \mathbb{P}(f)(K \cdot v)$ folgt also $K \cdot w = K \cdot v$; damit ist die Injektivität von $\mathbb{P}(f)$ gezeigt.

(b) Daß aus $g = c \cdot f$ schon $\mathbb{P}(g) = \mathbb{P}(f)$ folgt, ist klar. Umgekehrt gelte $\mathbb{P}(g) = \mathbb{P}(f)$, also $K \cdot g(v) = K \cdot f(v)$ für alle Vektoren $v \neq 0$ in V. Zu jedem Vektor $v \neq 0$ gibt es daher ein Skalar $\lambda_v \neq 0$ in K mit

$$(\star) \qquad g(v) \;=\; \lambda_v f(v) \quad \text{für alle } v \in V.$$

Wir nehmen nun an, f und g seien semilinear bezüglich der Körperisomorphismen σ bzw. τ; für alle $v \in V$ und alle $\xi \in K$ seien also die Gleichungen $f(\xi v) = \sigma(\xi) f(v)$ und $g(\xi v) = \tau(\xi) g(v)$ erfüllt. Ersetzen wir v in Gleichung $(\star)$ durch ξv, so folgt

$$g(\xi v) \;=\; \lambda_{\xi v} f(\xi v) \;=\; \lambda_{\xi v}\, \sigma(\xi) \cdot f(v);$$

andererseits gilt

$$g(\xi v) \;=\; \tau(\xi)\, g(v) \;=\; \tau(\xi)\, \lambda_v \cdot f(v).$$

Koeffizientenvergleich zeigt dann, daß die Funktion $v \mapsto \lambda_v$ die folgende Bedingung erfüllt:

$$(\star\star) \qquad \lambda_{\xi v} \;=\; \frac{\tau(\xi)}{\sigma(\xi)}\, \lambda_v \quad \text{für alle } v \in V \text{ und alle } \xi \in K.$$

Diese Gleichung zeigt, wie λ_v und λ_w zusammenhängen, wenn v und w linear abhängig sind. Wir betrachten nun den Fall, daß v und w linear unabhängig sind. Wir haben dann einerseits

$$g(v+w) \;=\; \lambda_{v+w} f(v+w) \;=\; \lambda_{v+w} f(v) + \lambda_{v+w} f(w),$$

andererseits

$$g(v+w) \;=\; g(v) + g(w) \;=\; \lambda_v f(v) + \lambda_w f(w).$$

Da mit v und w auch $f(v)$ und $f(w)$ linear unabhängig sind, können wir für die rechten Seiten dieser beiden Gleichungen einen Koeffizientenvergleich durchführen und erhalten $\lambda_v = \lambda_{v+w} = \lambda_w$. Im Fall $\dim(V) \geq 2$ folgt hieraus sofort, daß die Funktion $v \mapsto \lambda_v$ konstant ist und daß $\tau = \sigma$ gilt. Sind nämlich $v \neq 0$ in V und $\xi \neq 0$ in K gegeben, so gibt es einen Vektor w, der von v und damit auch von ξv linear unabhängig ist, und dies erzwingt $\lambda_v = \lambda_w = \lambda_{\xi v} = (\tau(\xi)/\sigma(\xi)) \cdot \lambda_v$ und damit $\tau(\xi) = \sigma(\xi)$. Es gibt also eine Konstante c mit $g = c \cdot f$. In dem Trivialfall $\dim(V) = 1$ können wir für einen Erzeuger v von V den Wert $c := \lambda_v \neq 0$ beliebig wählen und erhalten aus $(\star)$ und $(\star\star)$ dann ebenfalls $g = c \cdot f$. Damit ist gezeigt, daß ganz allgemein $\mathbb{P}(g) = \mathbb{P}(f)$ genau dann gilt, wenn $g = cf$ mit einer Konstanten c gilt.

Lösung (70.7) Nach Satz (70.12) im Buch ist eine Teilmenge eines projektiven Raums genau dann ein projektiver Unterraum, wenn sie mit je zwei Punkten $P \neq Q$ schon die gesamte Gerade durch P und Q enthält. Da φ eine geradentreue Bijektion ist, hat eine Teilmenge A genau dann diese Eigenschaft, wenn die Bildmenge $\varphi(A)$ sie hat. Daß eine geradentreue Bijektion dimensionserhaltend ist, ist klar.

Lösung (70.8) (a) Wähle irgendeine Vektorraumbasis $(e_0, \ldots, e_n)$ von W und definiere $P_k := [e_k]$ für $0 \leq k \leq n$ sowie $P_{n+1} := [e_0 + \cdots + e_n]$; beachte, daß P_{n+1} wegen $e_0 + \cdots + e_n \neq 0$ wohldefiniert ist. Dann bilden die Punkte $P_0, \ldots, P_{n+1}$ eine projektive Basis von $\mathbb{P}(W)$.

(b) Gilt $e_i' = \lambda e_i$ für alle i, dann offensichtlich auch $[e_i'] = [e_i]$ für alle i sowie $[e_0' + \cdots + e_n'] = [\lambda e_0 + \cdots + \lambda e_n] = [\lambda(e_0 + \cdots + e_n)] = [e_0 + \cdots + e_n]$. Gilt umgekehrt $[e_i'] = [e_i]$ für $0 \leq i \leq n$, so gibt es für jedes i ein Skalar $\lambda_i \neq 0$ mit $e_i' = \lambda_i e_i$. Gilt ferner $[e_0' + \cdots + e_n'] = [e_0 + \cdots + e_n]$, so gibt es ein $\lambda \neq 0$ mit $e_0' + \cdots + e_n' = \lambda(e_0 + \cdots + e_n)$, also $\lambda_0 e_0 + \cdots + \lambda_n e_n = \lambda e_0 + \cdots + \lambda e_n$. Wegen der linearen Unabhängigkeit der e_i ist dies nur für $\lambda_0 = \cdots = \lambda_n = \lambda$ möglich.

(c) Existenz: es gibt eine lineare Abbildung $f : W \to W'$ mit $f(e_i) = e_i'$ für alle i; dann bildet $\varphi := \mathbb{P}(f)$ jeweils P_i nach Q_i ab. Eindeutigkeit: $\varphi_2^{-1} \circ \varphi_1$ bildet jeweils P_i nach P_i ab. Gilt $\varphi_2^{-1} \circ \varphi_1 = \mathbb{P}(f)$, so bedeutet dies $f(e_i) = \lambda e_i$ für alle i, also $f = \lambda \mathrm{id}_W$, damit $\mathbb{P}(f) = \mathrm{id}$ und folglich $\varphi_2 = \varphi_1$.

Lösung (70.9) Die Bilder der einzelnen Fliesen werden nacheinander durch Ausführen der folgenden Schritte konstruiert.

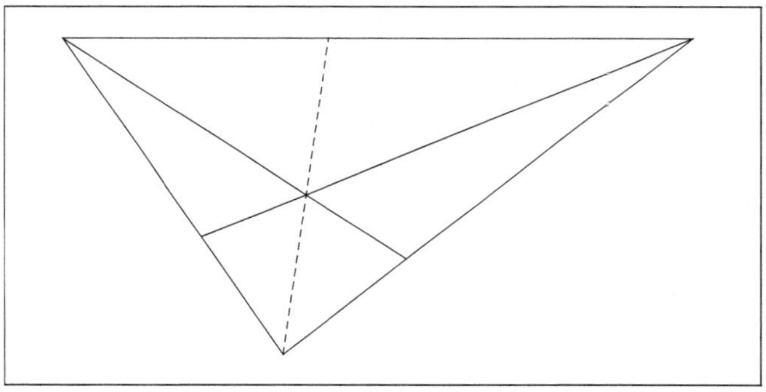

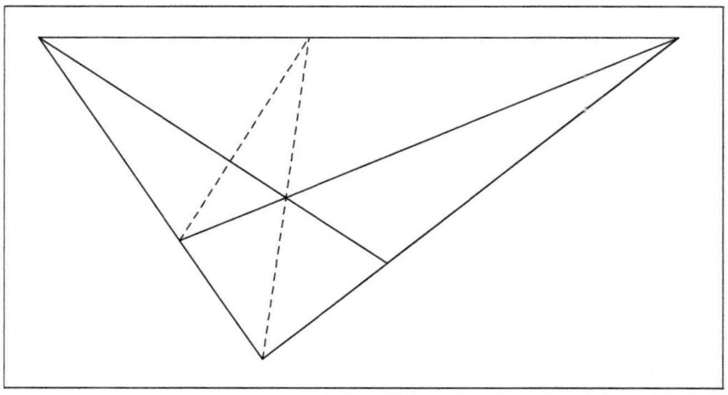

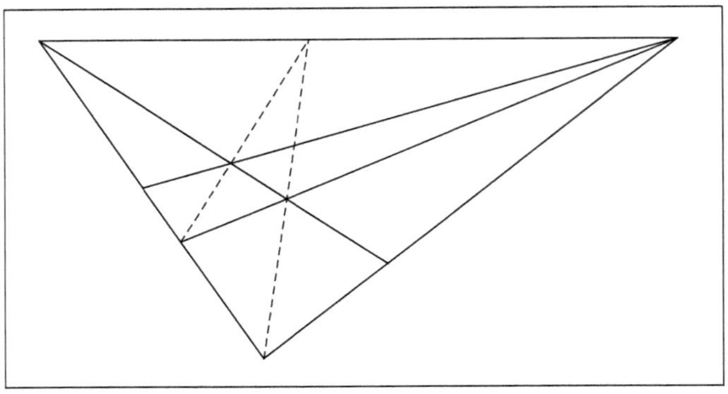

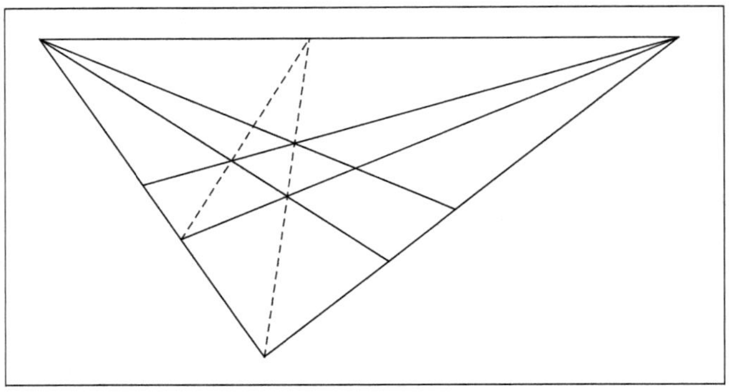

Lösung (70.10) (a) Da eine dreieckige Fliese durch Halbierung einer quadratischen Fliese entlang einer Diagonalen entsteht, können wir die Lösung der vorigen Aufgabe unmittelbar übernehmen und müssen nur diejenigen Diagonalen einzeichnen, die als neue Begrenzungskanten auftreten.

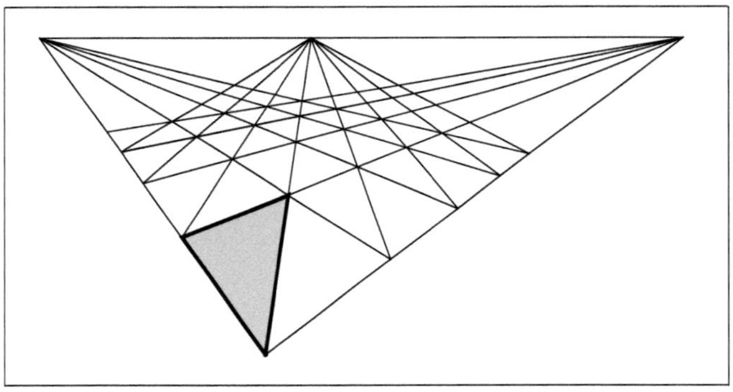

(b) Die Lösung ergibt sich dadurch aus derjenigen von Teil (a), daß wir jeweils sechs benachbarte Dreiecke zu einem Sechseck als neuer Grundfigur zusammenfassen.

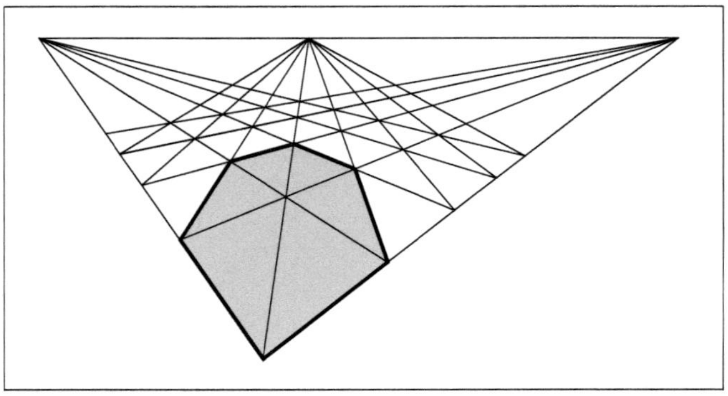

Lösung (70.11) (a) Es sei g die Sichtgerade vom Auge $(0,-d,a)$ zum Urbildpunkt $(x,y,0)$; der Bildpunkt ergibt sich dann als Schnittpunkt von g mit der Bildebene und damit aus der Gleichung

$$\begin{bmatrix} u \\ 0 \\ v \end{bmatrix} = \begin{bmatrix} 0 \\ -d \\ a \end{bmatrix} + \lambda \begin{bmatrix} x-0 \\ y+d \\ 0-a \end{bmatrix} = \begin{bmatrix} \lambda x \\ -d+\lambda(y+d) \\ (1-\lambda)a \end{bmatrix}.$$

Die y-Komponente liefert $\lambda = d/(y+d)$; setzt man dies in die erste und die dritte Komponente ein, so ergibt sich die Abbildungsgleichung

$$\begin{bmatrix} u \\ v \end{bmatrix} = \frac{1}{y+d} \begin{bmatrix} dx \\ ay \end{bmatrix}.$$

(b) Die zweite Komponente der in (a) gefundenen Gleichung liefert $ay = v(y+d) = vy + vd$ und damit $(a-v)y = vd$ bzw. $y = dv/(a-v)$. Setzt man dies in die erste Komponente ein und löst man dann nach x auf, so ergibt sich die Gleichung

$$\begin{bmatrix} x \\ y \end{bmatrix} = \frac{1}{a-v} \begin{bmatrix} au \\ dv \end{bmatrix}.$$

(c) Die Gleichung $x^2+y^2 = 1$ des Einheitskreises geht wegen (b) über in die Gleichung $a^2u^2 + d^2v^2 = (a-v)^2 = a^2 - 2av + v^2$ und damit $a^2u^2 + (d^2-1)v^2 + 2av = a^2$ bzw.

$$a^2u^2 + (d^2-1)\left(v + \frac{a}{d^2-1}\right)^2 = \frac{a^2d^2}{d^2-1}.$$

Dies ist (für $d > 1$) die Gleichung einer Ellipse (die genau dann ein Kreis ist, wenn $a^2 = d^2 - 1$ gilt).

(d) Die Gleichung $y = x^2$ der Normalparabel geht wegen (b) über in die Gleichung $a^2u^2 = dv(a-v) = adv - dv^2$ und damit $a^2u^2 + dv^2 - adv = 0$ bzw.

$$a^2u^2 + d\left(v - \frac{a}{2}\right)^2 = \frac{da^2}{4}.$$

Dies ist die Gleichung einer Ellipse (die genau dann ein Kreis ist, wenn $a^2 = d$ gilt).

(e) Nach (c) und (d) erscheinen sowohl der Einheitskreis als auch die Normalparabel im Bild kreisförmig, wenn die Gleichungen $a^2 = d^2 - 1 = d$ gelten. Dies ist genau für $d = (1+\sqrt{5})/2 \approx 1.61803$ und $a = \sqrt{d} \approx 1.27202$ der Fall.

(f) Das Bild des Einheitskreises ist in rot, das Bild der Normalparabel in grün und das Bilder der Kurve $x^3+y^3 = 6$ in blau eingetragen.

Aufgaben zu »Projektive Geometrie« siehe Seite 35

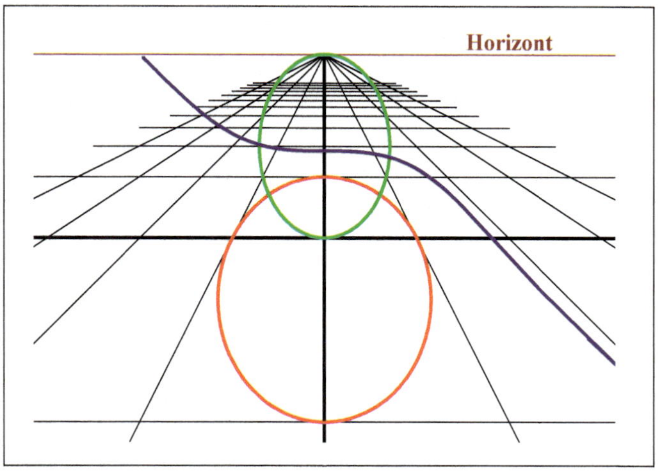

Lösung (70.12) Es sei jeweils $[X : Y : Z]$ eine projektive Lösung der betrachteten Gleichung. Ist $Z \neq 0$, so gilt $[X : Y : Z] = [X/Z : Y/Z : Z/Z] = [x : y : 1]$ mit $x := X/Z$ und $y := Y/Z$; die Lösung $[X : Y : Z]$ geht dann über in die Lösung (x, y) im affinen Teil der Kurve. Die (aus Sicht dieses affinen Teils) unendlich fernen Punkte der Kurve sind diejenigen mit $Z = 0$. Wir gehen daher jeweils folgendermaßen vor: schreibe $x = X/Z$ und $y = Y/Z$ und multipliziere mit dem entstehenden Hauptnenner durch; die Gleichung nimmt dann die Form $p(X, Y, Z) = 0$ mit einem homogonen Polynom an ("Homogenisierung der Gleichung"). Setze in dieser Polynomgleichung $Z = 0$ und finde die Lösungen der resultierenden Gleichung.

(a) Die Gleichung ist schon homogen; d.h., die homogenisierte Gleichung lautet $Y^2 = X^2$ bzw. $0 = Y^2 - X^2 = (Y - X)(Y + X)$ mit den Lösungen $Y = X$ und $Y = -X$. Es gibt also genau zwei Punkte im Unendlichen, nämlich $[X : X : 0] = [1 : 1 : 0]$ und $[X : -X : 0] = [1 : -1 : 0]$.

(b) Die homogenisierte Gleichung lautet $ZY^2 = X^3$; für $Z = 0$ folgt $X^3 = 0$ und damit $X = 0$. Es gibt daher genau einen unendlich fernen Punkt, nämlich $[0 : Y : 0] = [0 : 1 : 0]$.

(c) Die homogenisierte Gleichung lautet $ZY^2 = X^3 + Z^2X$; für $Z = 0$ folgt $X^3 = 0$ und damit $X = 0$. Es gibt daher genau einen unendlich fernen Punkt, nämlich $[0 : Y : 0] = [0 : 1 : 0]$.

(d) Die homogenisierte Gleichung lautet $X^3 + Y^3 = ZXY$; für $Z = 0$ folgt $X^3 + Y^3 = 0$ und damit $Y = -X$. Es gibt daher genau einen unendlich fernen Punkt, nämlich $[X : -X : 0] = [1 : -1 : 0]$.

(e) Die homogenisierte Gleichung lautet $Y^4 = Z^2X^2 + Z^4$; für $Z = 0$ folgt $Y^4 = 0$ und damit $Y = 0$. Es gibt daher genau einen unendlich fernen Punkt, nämlich $[X : 0 : 0] = [1 : 0 : 0]$.

(f) Die homogenisierte Gleichung lautet $X^2 + Y^2 = Z^2$; für $Z = 0$ folgt $X^2 + Y^2 = 0$ und damit $X = Y = 0$; dies liefert keinen projektiven Punkt. Es gibt daher keinen unendlich fernen Punkt (was plausibel ist, denn der Einheitskreis ist eine beschränkte Kurve, erstreckt sich also nicht ins Unendliche).

(g) Die homogenisierte Gleichung lautet $X^2 + Y^2 = XZ$; für $Z = 0$ folgt $X^2 + Y^2 = 0$ und damit $X = Y = 0$; dies liefert keinen projektiven Punkt. Es gibt daher keinen unendlich fernen Punkt. Das ist plausibel, denn die Gleichung $x^2 + y^2 = x$ bzw. $(x - 1/2)^2 + y^2 = (1/2)^2$ beschreibt den Kreis mit Mittelpunkt $(1/2, 0)$ und Radius $1/2$, und dieser erstreckt sich nicht ins Unendliche.

(h) Die homogenisierte Gleichung lautet $ZY^2 = X^3 + ZX^2$; für $Z = 0$ folgt $X^3 = 0$ und damit $X = 0$. Es gibt daher genau einen unendlich fernen Punkt, nämlich $[0 : Y : 0] = [0 : 1 : 0]$.

(i) Die homogenisierte Gleichung lautet $Z^2Y^2 = X^4 + Z^2X^2 + Z^4$; für $Z = 0$ folgt $X^4 = 0$ und damit $X = 0$. Es gibt daher genau einen unendlich fernen Punkt, nämlich $[0 : Y : 0] = [0 : 1 : 0]$.

(j) Die homogenisierte Gleichung lautet $Y^3 = X^3 + ZXY$; für $Z = 0$ folgt $Y^3 = X^3$ und damit $Y = X$. Es gibt daher genau einen unendlich fernen Punkt, nämlich $[X : X : 0] = [1 : 1 : 0]$.

(k) Die homogenisierte Gleichung lautet $X^2 + XY + XZ = 0$; für $Z = 0$ folgt $0 = X^2 + XY = X(X + Y)$ und damit $X = 0$ oder $Y = -X$. Es gibt daher genau zwei unendlich ferne Punkte, nämlich $[0 : Y : 0] = [0 : 1 : 0]$ und $[X : -X : 0] = [1 : -1 : 0]$. Dieses Ergebnis ist klar, denn die Gleichung $0 = x^2 + xy + x = x(x + y + 1)$ beschreibt die Vereinigung der Geraden $x = 0$ und $x + y + 1 = 0$.

Lösung (70.13) Für $Z = 1$ ergibt sich $Y^2 = X^3$ (mit $[0 : 1 : 0]$ als unendlich fernem Punkt), für $X = 1$ ergibt sich $Y^2Z = 1$ (mit $[0 : 1 : 0]$ und $[0 : 0 : 1]$ als unendlich fernen Punkten), für $Y = 1$ ergibt sich $Z = X^3$ (mit $[0 : 0 : 1]$ als unendlich fernem Punkt); dies liefert die ersten drei der folgenden Abbildungen.

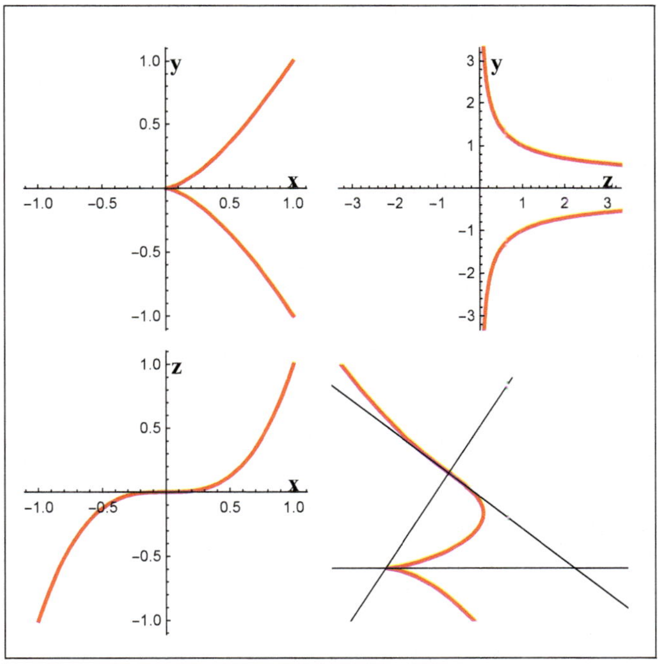

Verschiedene affine Ansichten der Neilschen Parabel $Y^2Z = X^3$.

Aufgaben zu »Projektive Geometrie« siehe Seite 35

Für $X+Y+Z=1$ ergibt sich $X^3 = Y^2(1-X-Y)$; unendlich ferne Punkte $[X:Y:Z]$ bezüglich dieser affinen Ansicht sind gegeben durch die Gleichungen $Z=-X-Y$ und $X^3 = -Y^2(X+Y)$. Wäre $X=0$, dann auch $Y=Z=0$, was nicht möglich ist; also gilt $X \neq 0$. Dann erfüllt $q := Y/X$ die Gleichung $1 = -q^2(1+q)$ bzw. $q^3+q^2+1=0$ mit der einzigen reellen Lösung $q \approx -1.466$; wir erhalten dann $Y=qX$ und $Z=-X-qX=-(1+q)X$ bzw. $[X:Y:Z] = [1:q:-q-1]$ als einzigen unendlich fernen Punkt. Die vierte Abbildung in dem vorigen Diagramm zeigt diese affine Ansicht.

In dreidimensionaler Betrachtungsweise ist eine Kurve in der projektiven Ebene eine Schar von Ursprungsgeraden im Raum bzw. (wenn wir die Ursprungsgeraden mit ihren Durchstoßpunkten mit der Einheitssphäre identifizieren) eine Kurve auf der Einheitsspäre, die mit jedem Punkt auch den zugehörigen Antipodenpunkt enthält, also symmetrisch zum Nullpunkt ist. Das Einheitskreismodell dieser Kurve erhalten wir dann durch senkrechte Projektion auf die xy-Ebene (wobei dann der Einheitskreis die unendlich ferne Gerade darstellt).

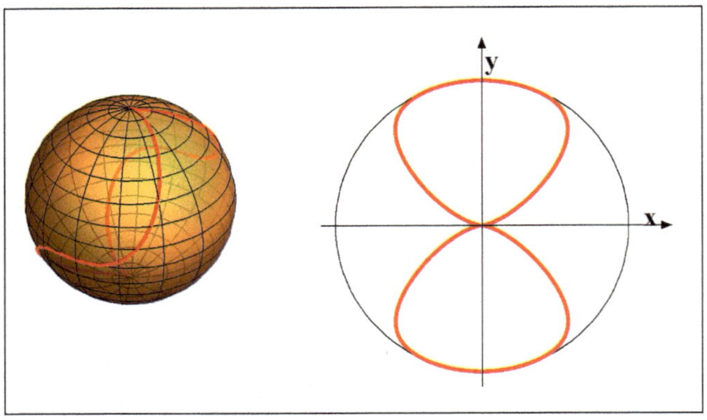

Neilsche Parabel als Kurve auf der Einheitssphäre (links) und deren Projektion auf die xy-Ebene (rechts).

Wir geben noch kurz an, wie man eine Parametrisierung der dargestellten Kurve auf der Einheitssphäre finden kann. Ein beliebiger Punkt auf der Einheitssphäre ist von der Form $(X,Y,Z) = \big(\cos(\varphi)\cos(\theta),\ \sin(\varphi)\cos(\theta),\ \sin(\theta)\big)$ mit der geographischen Länge $\varphi \in [0,2\pi)$ und der geographischen Breite $\theta \in [-\pi/2, \pi/2]$. Die Gleichung $Y^2Z = X^3$ liefert dann $\tan(\theta) = (\cos^3\varphi)/(\sin^2\varphi)$ und folglich

$$\begin{aligned}\cos(\theta) &= \frac{1}{\sqrt{1+\tan^2\theta}} = \frac{\sin^2\varphi}{\sqrt{\sin^4\varphi+\cos^6\varphi}},\\ \sin(\theta) &= \frac{\tan\theta}{\sqrt{1+\tan^2\theta}} = \frac{\cos^3\varphi}{\sqrt{\sin^4\varphi+\cos^6\varphi}}.\end{aligned}$$

Einsetzen liefert dann die Parameterdarstellung

$$\begin{bmatrix} X(\varphi)\\ Y(\varphi)\\ Z(\varphi)\end{bmatrix} = \frac{1}{\sqrt{\sin^4\varphi+\cos^6\varphi}}\begin{bmatrix}\cos\varphi\,\sin^2\varphi\\ \sin^3\varphi\\ \cos^3\varphi\end{bmatrix}.$$

Wir wollen das Zustandekommen der gefundenen affinen Ansichten noch geometrisch etwas besser verständlich machen. Dazu schreiben wir die Neilsche Parabel zunächst in projektiver Form

$$C = \{[X_0 : X_1 : X_2] \in \mathbb{P}_2(\mathbb{R}) \mid X_0X_2^2 - X_1^3 = 0\}$$

und stellen uns C als Kurve auf der Einheitssphäre vor, wobei wir aber in Gedanken Antipodenpunkte jeweils miteinander identifizieren müssen.

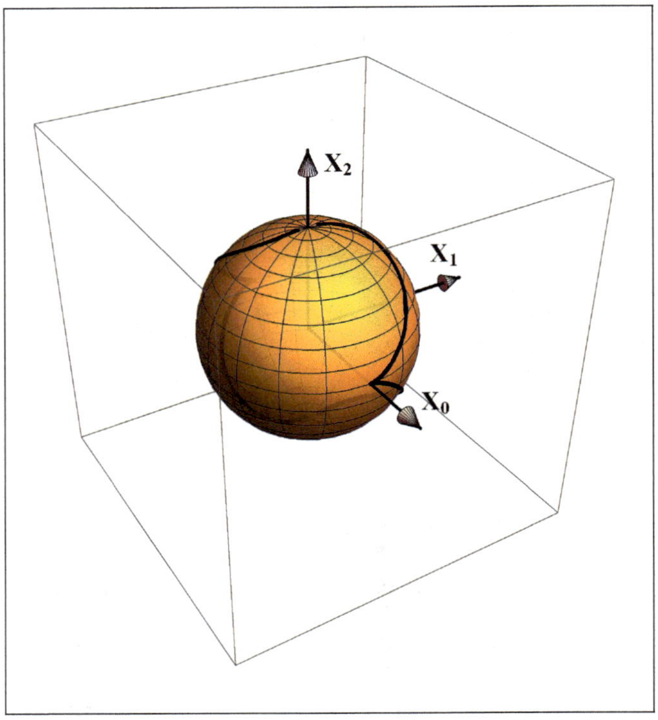

Erste affine Realisierung. Mit $x_1 := X_1/X_0$ und $x_2 := X_2/X_0$ gilt

$$\begin{aligned} C &= \{(1,x_1,x_2) \in \mathbb{R}^3 \mid x_2^2 = x_1^3\}\\ &= \{(1,t^2,t^3) \mid t \in \mathbb{R}\}\end{aligned}$$

zusammen mit etwa noch vorhandenen Punkten der Kurve "im Unendlichen". Aus $X_0 = 0$ folgt $X_1 = 0$ und damit $[X_0 : X_1 : X_2] = [0:0:1]$. Es gibt also bei dieser Realisierung genau einen unendlich fernen Punkt, nämlich $[0:0:1]$. Den Zusammenhang mit der Kurve auf der Einheitssphäre erhält man durch stereographische Projektion

$$\varphi_1(t) := \frac{\pm 1}{\sqrt{1+t^4+t^6}}\begin{bmatrix}1\\ t^2\\ t^3\end{bmatrix}.$$

Für $t \to \pm\infty$ konvergiert $\varphi_1(t)$ gegen den unendlich fernen Punkt $[0:0:1]$.

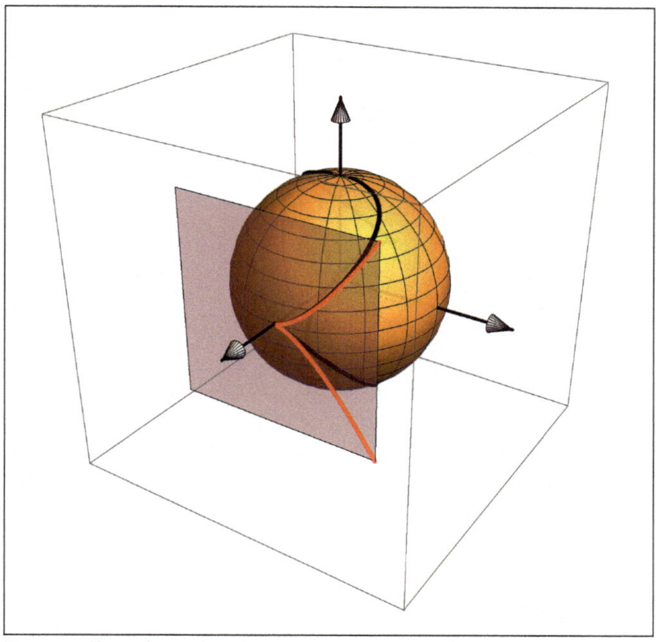

Erste affine Ansicht der Neilschen Parabel.

Zweite affine Realisierung. Mit $x_0 := X_0/X_1$ und $x_2 := X_2/X_1$ gilt

$$\begin{aligned} C &= \{(x_0, 1, x_2) \in \mathbb{R}^3 \mid x_0 x_2^2 = 1\} \\ &= \{(1/t^2,\, 1,\, t) \mid t \in \mathbb{R} \setminus \{0\}\} \end{aligned}$$

zusammen mit etwa noch vorhandenen Punkten der Kurve "im Unendlichen". Aus $X_1 = 0$ folgt $X_0 X_2^2 = 0$ und damit entweder $X_0 = 0$ oder $X_2 = 0$, also $[X_0 : X_1 : X_2] = [0 : 0 : 1]$ oder $[X_0 : X_1 : X_2] = [1 : 0 : 0]$. Es gibt also bei dieser Realisierung zwei unendlich ferne Punkte, nämlich $[0 : 0 : 1]$ und $[1 : 0 : 0]$. Den Zusammenhang mit der Kurve auf der Einheitssphäre erhält man durch stereographische Projektion

$$\varphi_2(t) := \frac{\pm 1}{\sqrt{(1/t^4) + 1 + t^2}} \begin{bmatrix} 1/t^2 \\ 1 \\ t \end{bmatrix}.$$

Für $t \to \pm\infty$ konvergiert $\varphi_2(t)$ gegen den unendlich fernen Punkt $[0 : 0 : 1]$, für $t \to 0$ gegen den unendlich fernen Punkt $[1 : 0 : 0]$.

Dritte affine Realisierung. Mit $x_0 := X_0/X_2$ und $x_1 := X_1/X_2$ gilt

$$\begin{aligned} C &= \{(x_0, x_1, 1) \in \mathbb{R}^3 \mid x_0 = x_1^3\} \\ &= \{(t^3,\, t,\, 1) \mid t \in \mathbb{R}\} \end{aligned}$$

zusammen mit etwa noch vorhandenen Punkten der Kurve "im Unendlichen". Aus $X_2 = 0$ folgt $X_1 = 0$ und damit $[X_0 : X_1 : X_2] = [1 : 0 : 0]$. Es gibt also bei dieser Realisierung genau einen unendlich fernen Punkt, nämlich $[1 : 0 : 0]$. Den Zusammenhang mit der Kurve auf der Einheitssphäre erhält man durch stereographische Projektion

$$\varphi_3(t) := \frac{\pm 1}{\sqrt{t^6 + t^2 + 1}} \begin{bmatrix} t^3 \\ t \\ 1 \end{bmatrix}.$$

Für $t \to \pm\infty$ konvergiert $\varphi_3(t)$ gegen den unendlich fernen Punkt $[1 : 0 : 0]$.

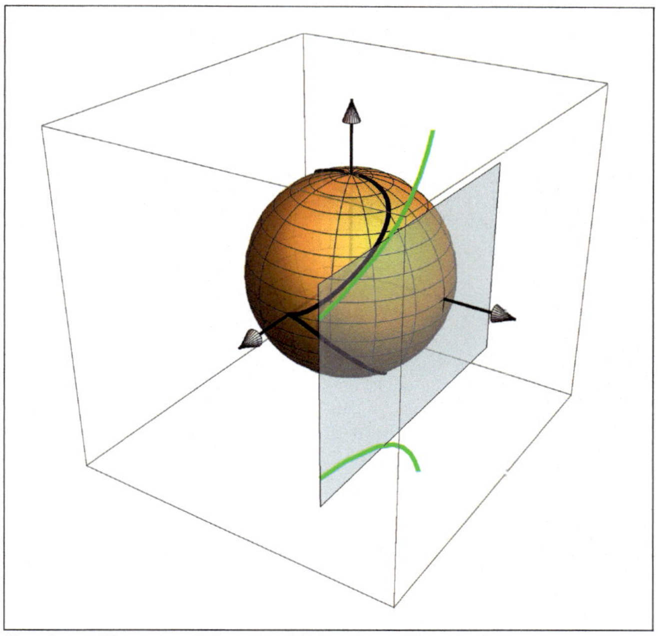

Zweite affine Ansicht der Neilschen Parabel.

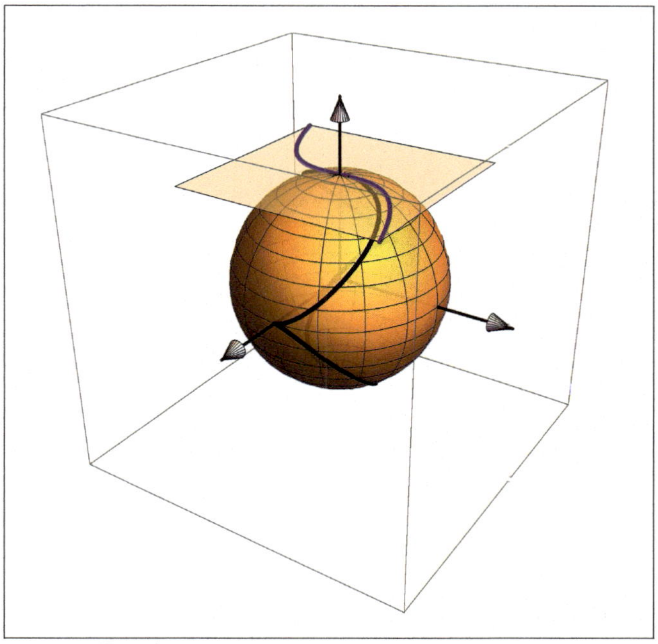

Dritte affine Ansicht der Neilschen Parabel.

Lösung (70.14) Die gleiche Vorgehensweise wie in der vorigen Aufgabe liefert für den Newton-Knoten die folgenden affinen Ansichten.

Aufgaben zu »Projektive Geometrie« siehe Seite 35

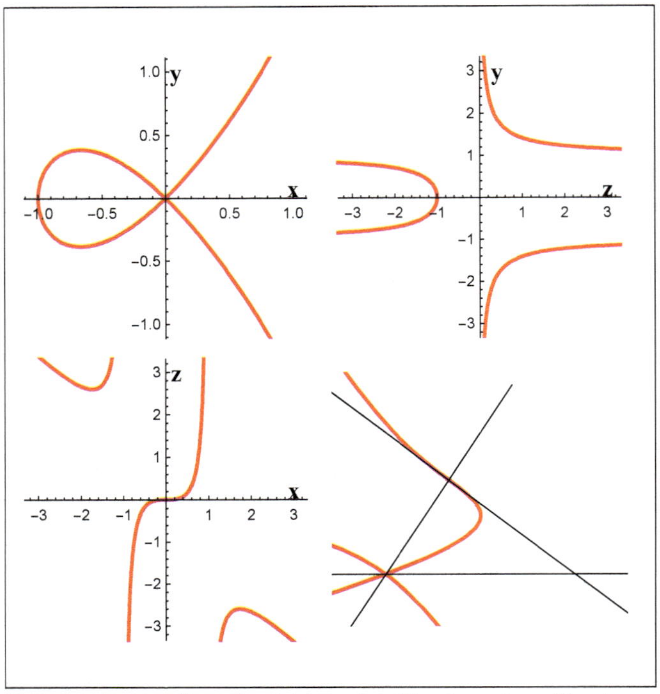

Verschiedene affine Ansichten des Newtonschen Knotens $Y^2Z = X^3 + X^2Z$.

Für die Weierstraß-Quartik ergeben sich die folgenden Ansichten.

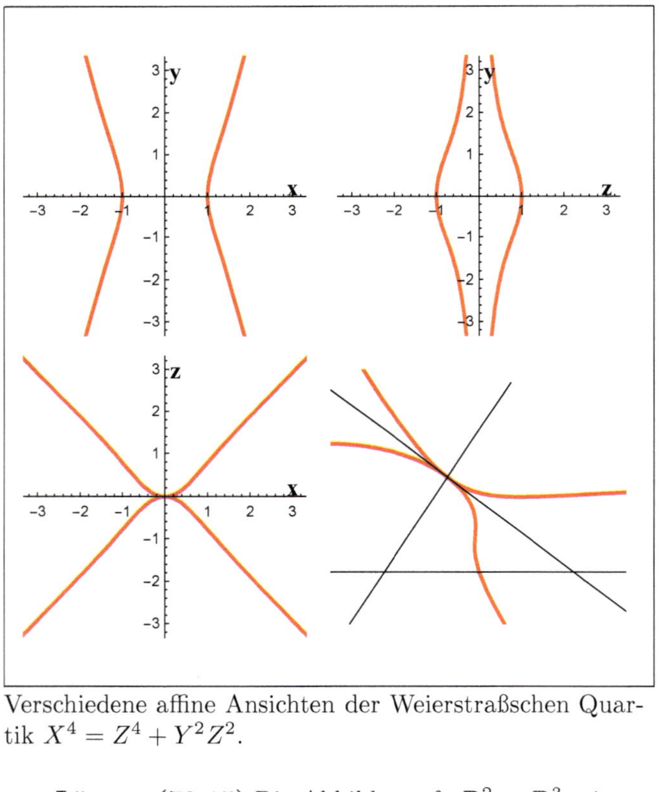

Verschiedene affine Ansichten der Weierstraßschen Quartik $X^4 = Z^4 + Y^2Z^2$.

Lösung (70.15) Die Abbildung $f : \mathbb{R}^2 \to \mathbb{R}^3$ mit

$$f(t_0, t_1) \;:=\; \begin{bmatrix} (t_0+t_1)^2(t_0-t_1)^2 \\ 4t_0^2(t_0-t_1)^2 \\ 4t_0^2(t_0+t_1)^2 \end{bmatrix} \;=:\; \begin{bmatrix} X_0 \\ X \\ Y \end{bmatrix}$$

erfüllt die Bedingung $f(\lambda t_0, \lambda t_1) = \lambda^4 f(t_0, t_1)$ für alle λ und induziert daher eine wohldefinierte Abbildung $\varphi : \mathbb{P}_1(\mathbb{R}) \to \mathbb{P}_2(\mathbb{R})$. Wir wählen die affinen Ansichten $t_0 = 1$ und $x_0 = 1$; dies liefert die parametrisierte affine Kurve

$$(\star) \qquad \begin{bmatrix} x(t) \\ y(t) \end{bmatrix} = \begin{bmatrix} 4/(1+t)^2 \\ 4/(1-t)^2 \end{bmatrix}.$$

die an den Stellen $t = \pm 1$ nicht definiert ist und die für $t \to \pm\infty$ gegen den Punkt $(0,0)$ läuft, der aber von der Parametrisierung $(\star)$ nicht erfaßt wird. Der Wert $t = -1$ liefert den unendlich fernen Punkt $[X : Y : X_0] = [1 : 0 : 0]$, der Wert $t = 1$ den unendlich fernen Punkt $[X : Y : X_0] = [0 : 1 : 0]$; der Punkt $(0,0)$ bzw. $[X : Y : X_0] = [0 : 0 : 1]$ wird als Bild des unendlich fernen Punktes $[t_0 : t_1] = [0 : 1]$ unter der projektiven Abbildung φ erfaßt. Wir wollen den Parameter t aus der Parameterdarstellung $(\star)$ eliminieren, um eine Darstellung der Kurve in Gleichungsform zu erhalten. Dazu multiplizieren wir zunächst die Gleichungen $4 = x(1+t)^2$ und $4 = y(1-t)^2$ mit y bzw. x, erhalten also die Gleichungen $4y = xy(1+t)^2$ und $4x = xy(1-t^2)$, und subtrahieren dann diese Gleichungen voneinander. Dies liefert die Gleichung $4y - 4x = 4xyt$ und damit

$$t = \frac{y-x}{xy}.$$

Setzen wir dies in $(\star)$ ein, so geht jede der beiden Komponentengleichungen über in

$$x^2y^2 + x^2 + y^2 - 2xy^2 - 2x^2y - 2xy = 0$$

bzw. $x^2y^2 + x^2 + y^2 = 2xy(1+x+y)$ als Gleichung der Kurve in affiner Form. Diese ist in der folgenden Abbildung dargestellt.

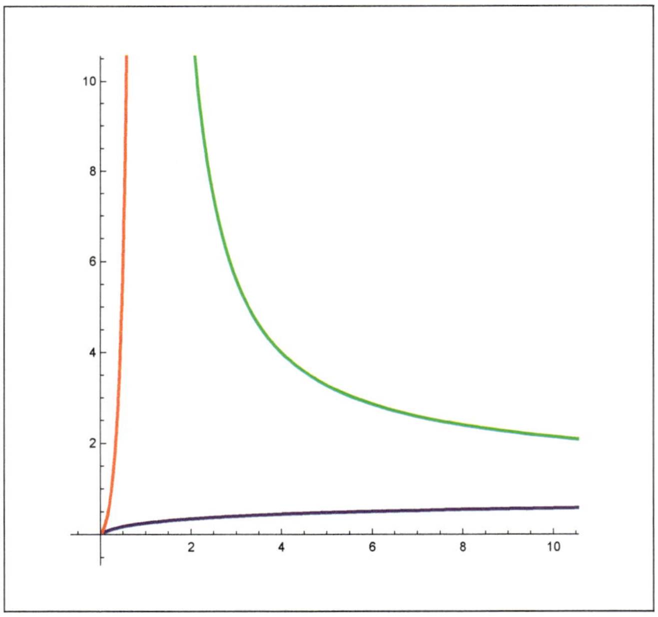

Bild der Kurve $x^2y^2 + x^2 + y^2 = 2xy(1+x+y)$. Blau: Parameterwerte $-\infty < t < -1$; grün: Parameterwerte $-1 < t < 1$; rot: Parameterwerte $1 < t < \infty$.

Lösung (70.16) Wir wählen eine affine Ansicht der projektiven Ebene, in der die Gerade $A^\star C^\star$ zur unendlich fernen Geraden wird. Dann schneiden sich AB' und $A'B$ im Unendlichen, sind also (affin betrachtet) parallel. Ebenso schneiden sich BC' und $B'C$ im Unendlichen, sind also (affin betrachtet) wieder parallel. Nach der affinen Version des Papposschen Satzes sind dann auch AC' und $A'C$ parallel; ihr (projektiver) Schnittpunkt $B^\star$ liegt also auf der unendlich fernen Geraden. Diese unendlich ferne Gerade ist aber $A^\star C^\star$. Also liegt $B^\star$ auf $A^\star C^\star$, und das bedeutet, daß die Punkte $A^\star$, $B^\star$ und $C^\star$ auf einer Geraden liegen.

Bemerkung: Wir geben auch noch einen direkten Beweis für die projektive Version des Satzes von Pappos. Dazu betrachten wir zusätzlich zu den im Satz angegebenen Größen noch die Punkte

$$\begin{aligned} M &:= \text{Schnittpunkt von } BC' \text{ und } A'C, \\ N &:= \text{Schnittpunkt von } AC' \text{ und } A'B, \\ O &:= \text{Schnittpunkt von } g \text{ und } g'. \end{aligned}$$

Es sei nun $\varphi : BC' \to g' \to A'B$ die Projektivität, die entsteht, indem wir zuerst die Gerade BC' von C aus auf g' projizieren (blau) und dann die Gerade g' von A aus auf $A'B$ projizieren (rot). Diese Hintereinanderausführung φ bildet dann Punkte folgendermaßen ab:

$$\begin{array}{ccccc} B & \mapsto & O & \mapsto & B, \\ M & \mapsto & A' & \mapsto & A', \\ C' & \mapsto & C' & \mapsto & N, \\ A^\star & \mapsto & B' & \mapsto & C^\star. \end{array}$$

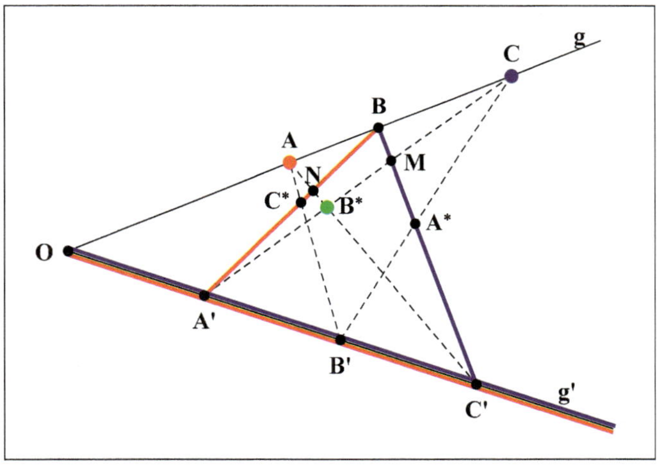

Andererseits können wir auch die Perspektivität $\psi : BC' \mapsto A'B$ mit dem Projektionszentrum $B^\star$ betrachten (grün), die das folgende Abbildungsverhalten aufweist:

$$B \mapsto B, \quad M \mapsto A', \quad C' \mapsto N.$$

Da die Abbildungen φ und ψ auf den drei Punkten B, M und C' übereinstimmen, sind sie schon gleich (denn eine Projektivität ist durch ihre Wirkung auf drei Punkte schon eindeutig festgelegt); insbesondere gilt also $\psi(A^\star) = \varphi(A^\star) = C^\star$. Das bedeutet aber, daß die Gerade $A^\star B^\star$ durch $C^\star$ verläuft, so daß $A^\star$, $B^\star$ und $C^\star$ auf einer Geraden liegen.

Lösung (70.17) Wir wählen eine affine Ansicht der projektiven Ebene, in der die Gerade $A^\star C^\star$ zur unendlich fernen Geraden wird. Dann schneiden sich AB und $A'B'$ im Unendlichen, sind also (affin betrachtet) parallel. Ebenso schneiden sich BC und $B'C'$ im Unendlichen, sind also (affin betrachtet) wieder parallel. Nach der affinen Version des Satzes von Desargues sind dann auch CA und $C'A'$ parallel; ihr (projektiver) Schnittpunkt $B^\star$ liegt also auf der unendlich fernen Geraden. Diese unendlich ferne Gerade ist aber $A^\star C^\star$. Also liegt $B^\star$ auf $A^\star C^\star$, und das bedeutet, daß die Punkte $A^\star$, $B^\star$ und $C^\star$ auf einer Geraden liegen.

Bemerkung 1: Auch diesen Satz wollen wir direkt beweisen (statt durch Zurückführung auf einen Spezialfall). Wir geben sogar zwei Beweise, wobei der erste auf einer Formulierung als dreidimensionales Problem basiert. Obwohl die Aussage des Satzes rein zweidimensional ist, können wir sie dreidimensional deuten. Wir stellen uns die Dreiecke ABC und $A'B'C'$ als in zwei Ebenen E und E' liegend vor, die sich in einer Geraden g schneiden. Nach Voraussetzung stimmt die Ebene durch P, A, B mit der Ebene durch P, A', B' überein. Diese Ebene schneidet E in der Geraden AB und E' in der Geraden $A'B'$. Diese beiden Geraden enthalten aber auch den Punkt $C^\star$. Also ist $C^\star$ ein gemeinsamer Punkt von E und E', also ein Punkt auf der Geraden g. Analog liegen $A^\star$ und $B^\star$ auf g. Insbesondere liegen also $A^\star$, $B^\star$ und $C^\star$ auf einer Geraden.

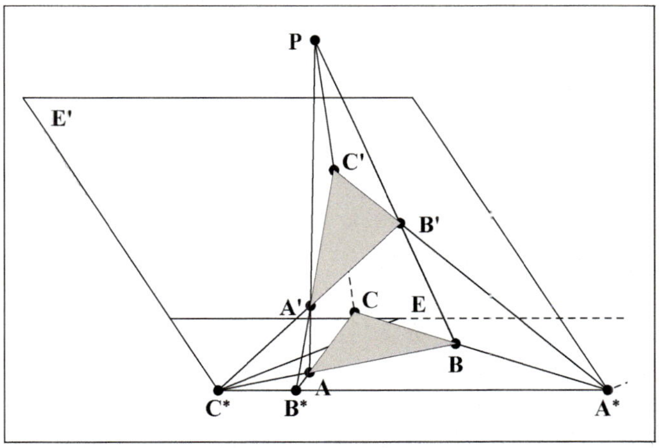

"Dreidimensionaler Beweis" des Satzes von Desargues.

Der zweite Beweis bedient sich einer algebraischen Rechnung. Es sei $P = AA' \cap BB' \cap CC'$. Daß $P \in AA'$ gilt, bedeutet in Koordinaten, daß es Zahlen λ und μ gibt mit

$$\begin{bmatrix} p_1 \\ p_2 \\ p_3 \end{bmatrix} = \lambda \begin{bmatrix} a_1 \\ a_2 \\ a_3 \end{bmatrix} + \mu \begin{bmatrix} a_1' \\ a_2' \\ a_3' \end{bmatrix}.$$

Aufgaben zu »Projektive Geometrie« siehe Seite 35

Nach geeigneter Reskalierung der homogenen Koordinaten dürfen wir $\lambda = \mu = 1$ annehmen; das Ergebnis schreiben wir dann etwas salopp in der Form $P = A + A'$. Analog haben wir $P = B + B'$ und $P = C + C'$. Dann steht $A - B = B' - A'$ sowohl senkrecht auf $A \times B$ als auch auf $A' \times B'$, und das bedeutet, daß der Schnittpunkt $C^\star$ der Geraden AB und $A'B'$ gleich $[A - B]$ ist. Analog erhalten wir $A^\star = [B - C]$ und $B^\star = [C - A]$. Wegen $(A - B) + (B - C) - (C - A) = 0$ sind daher $A^\star$, $B^\star$ und $C^\star$ kollinear.

Bemerkung 2: Keiner der angegebenen Beweise ist rein projektiver Natur. Das ist kein Zufall: Wenn man die projektive Geometrie axiomatisch begründet (was wir nicht getan haben), so stellt sich heraus, daß es projektive Ebenen gibt, in denen der Satz von Desargues nicht gilt. (Aufgrund des "dreidimensionalen" Beweises kann dann eine solche nicht-desarguessche Ebene nicht in einen dreidimensionalen Raum einbettbar sein.)

Lösung (70.18) Da projektiv alle Kegelschnitte äquivalent sind, dürfen wir annehmen, daß der betrachtete Kegelschnitt ein Kreis ist. Die Projektion von A' aus auf $\overline{AB'}$ (rot in der folgenden Skizze) überführe (A, B, C, B') in $(A, C^\star, X, B')$. Die Projektion von C' aus auf $B'C$ (blau in der folgenden Skizze) überführe (A, B, C, B') in $(Y, A^\star, C, B')$. Wir beachten nun, daß wir den Punkten A, B, C, B' ein Doppelverhältnis zuweisen können, da sie zwar nicht auf einer Geraden, aber auf einem Kreis liegen. (Siehe die nachfolgende Aufgabe (70.19).) Da Zentralprojektionen Doppelverhältnisse erhalten, gilt

$$\mathrm{DV}(A, C^\star, X, B') = \mathrm{DV}(A, B, C, B') = \mathrm{DV}(Y, A^\star, C, B').$$

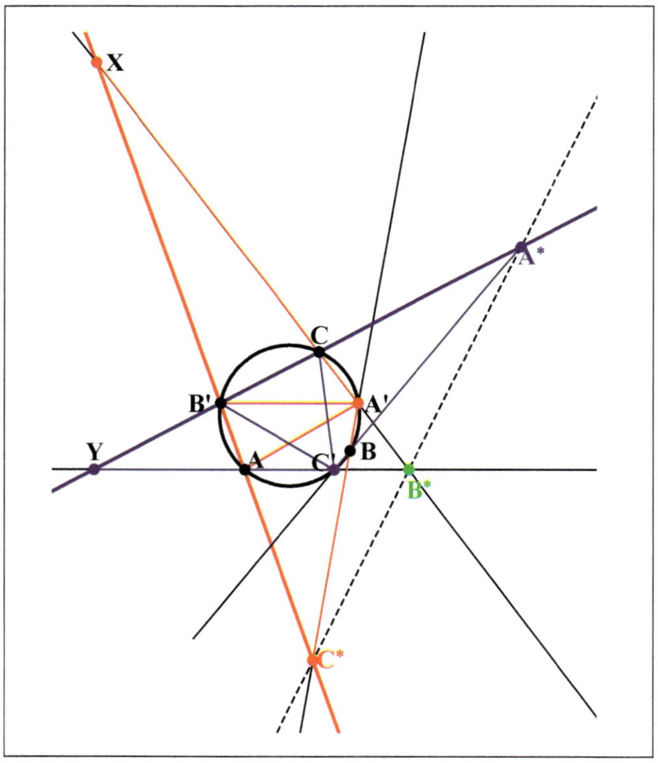

Die Projektion $\pi : \overline{AB'} \to \overline{B'C}$ von der roten auf die blaue Gerade vom Projektionszentrum $B^\star$ aus überführt dann $(A, C^\star, X, B')$ in $(Y, \pi(C^\star), C, B')$; daher gilt

$$\begin{aligned} \mathrm{DV}(Y, \pi(C^\star), C, B') &= \mathrm{DV}(A, C^\star, X, B') \\ &= \mathrm{DV}(Y, A^\star, C, B'). \end{aligned}$$

Da $\pi(C^\star)$ und $A^\star$ beide auf der Geraden $\overline{B'C}$ liegen, folgt aus der Gleichung $\mathrm{DV}(Y, \pi(C^\star), C, B') = \mathrm{DV}(Y, A^\star, C, B')$ schon, daß $\pi(C^\star) = A^\star$ gilt. Folglich liegen $A^\star$, $B^\star$ und $C^\star$ auf einer Geraden.

Lösung (70.19) Nach dem Peripheriewinkelsatz liegen z_1, z_2, z_3, z_4 genau dann auf einem Kreis, wenn die orientierten Winkel $\angle(z_1 z_4 z_2)$ und $\angle(z_1 z_3 z_2)$ gleich sind oder sich um π unterscheiden, wenn also die Argumente der komplexen Zahlen $(z_2 - z_4)/(z_1 - z_4)$ und $(z_2 - z_3)/(z_1 - z_3)$ sich nur um einen Faktor ± 1 unterscheiden. Diese Bedingung können wir nun auf verschiedene Arten äquivalent ausdrücken:

$$\begin{aligned} & \frac{(z_2 - z_4)/|z_2 - z_4|}{(z_1 - z_4)/|z_1 - z_4|} = \pm \frac{(z_2 - z_3)/|z_2 - z_3|}{(z_1 - z_3)/|z_1 - z_3|} \\ \Leftrightarrow\ & \left(\frac{(z_2 - z_4)/|z_2 - z_4|}{(z_1 - z_4)/|z_1 - z_4|}\right)^2 = \left(\frac{(z_2 - z_3)/|z_2 - z_3|}{(z_1 - z_3)/|z_1 - z_3|}\right)^2 \\ \Leftrightarrow\ & \frac{(z_2 - z_4)/(\overline{z_2 - z_4})}{(z_1 - z_4)/(\overline{z_1 - z_4})} = \frac{(z_2 - z_3)/(\overline{z_2 - z_3})}{(z_1 - z_3)/(\overline{z_1 - z_3})} \\ \Leftrightarrow\ & \overline{\frac{z_1 - z_3}{z_2 - z_3} \cdot \frac{z_2 - z_4}{z_1 - z_4}} = \frac{z_1 - z_3}{z_2 - z_3} \cdot \frac{z_2 - z_4}{z_1 - z_4} \\ \Leftrightarrow\ & \overline{\mathrm{DV}(z_1, z_2, z_3, z_4)} = \mathrm{DV}(z_1, z_2, z_3, z_4) \\ \Leftrightarrow\ & \mathrm{DV}(z_1, z_2, z_3, z_4) \in \mathbb{R}. \end{aligned}$$

(Beim Übergang von der zweiten Zeile wurde dabei ausgenutzt, daß für alle komplexen Zahlen z die Gleichheit $z\overline{z} = |z|^2$ gilt.)

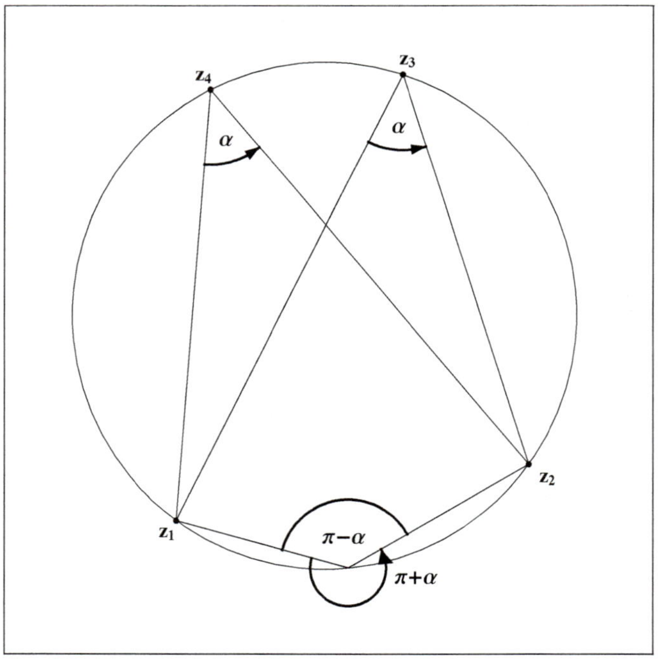

Lösung (70.20) Die geometrischen Eigenschaften der projektiven Ebene basieren auf den folgenden Grundtatsachen:

- Durch je zwei Punkte geht eine eindeutig bestimmte Gerade.
- Je zwei Geraden schneiden sich in einem eindeutig bestimmten Punkt.

Anders als in der affinen Geometrie, wo die Existenz paralleler Geraden immer wieder die Betrachtung von Sonderfällen erfordert, treten in der projektiven Geometrie Punkte und Geraden in vollkommen symmetrischer Weise auf. Das zeigt sich auch, wenn man mit Koordinaten rechnet. Ein Punkt der projektiven Ebene ist eine Ursprungsgerade im Raum, eine Gerade in der projektiven Ebene ist eine Ursprungsebene im Raum. Nach Wahl eines Koordinatensystems ist ein Punkt daher gegeben durch ein Tripel $[X : Y : Z]$ homogener Koordinaten, die nur bis auf einen gemeinsamen Faktor bestimmt sind. Eine Gerade ist gegeben durch ein Tripel $[A : B : C]$ homogener Koordinaten, da in einer Ebenengleichung $AX + BY + CZ = 0$ die Koeffizienten A, B, C ebenfalls nur bis auf einen gemeinsamen Skalarfaktor bestimmt sind. Die Gleichung

$$ax + by + cz = 0$$

können wir dann so lesen, daß der Punkt $[x : y : z]$ auf der Geraden $[a : b : c]$ liegt, aber auch so, daß der Punkt $[a : b : c]$ auf der Geraden $[x : y : z]$ liegt. Den Ausdruck

$$[a_2b_3 - a_3b_2 : a_3b_1 - a_1b_3 : a_1b_2 - a_1b_2]$$

können wir einerseits als die Gerade durch die beiden Punkte $[a_1 : a_2 : a_3]$ und $[b_1 : b_2 : b_3]$ auffassen, aber andererseits auch als den Schnittpunkt der beiden Geraden $[a_1 : a_2 : a_3]$ und $[b_1 : b_2 : b_3]$. Die Aussage

$$\det \begin{bmatrix} a_1 & a_2 & a_3 \\ b_1 & b_2 & b_3 \\ c_1 & c_2 & c_3 \end{bmatrix} = 0$$

können wir so interpretieren, daß die Punkte $[a_1 : a_2 : a_3]$, $[b_1 : b_2 : b_3]$ und $[c_1 : c_2 : c_3]$ auf einer Geraden liegen (kollinear sind), aber auch so, daß die Geraden $[a_1 : a_2 : a_3]$, $[b_1 : b_2 : b_3]$ und $[c_1 : c_2 : c_3]$ durch einen Punkt verlaufen (kopunktal sind). Diese vollkommen symmetrische Rolle von Punkten und Geraden führt dann dazu, daß jeder Satz der projektiven Geometrie (also jeder Satz, in dessen Formulierung nur Punkte und Geraden und deren Inzidenzbeziehungen vorkommen, nicht aber Längen, Winkel, Teilverhältnisse oder dergleichen) automatisch den dazu dualen Satz impliziert.

Lösung (70.21) (a) Der Satz von Pappos lautet: Es seien A, B, C Punkte auf einer Geraden g sowie A', B', C' Punkte auf einer Geraden g'. Dann liegen die folgenden Punkte auf einer Geraden (sind also kollinear):

$$\begin{aligned} A^\star &:= \text{Schnittpunkt von } BC' \text{ und } B'C, \\ B^\star &:= \text{Schnittpunkt von } CA' \text{ und } C'A, \\ C^\star &:= \text{Schnittpunkt von } AB' \text{ und } A'B. \end{aligned}$$

Der dazu duale Satz lautet daher: Es seien a, b, c Geraden durch einen Punkt G sowie a', b', c' Geraden durch einen Punkt G'. Dann verlaufen die folgenden Geraden durch einen Punkt (sind also kopunktal):

$$\begin{aligned} a^\star &:= \text{Gerade durch } b \cap c' \text{ und } b' \cap c, \\ b^\star &:= \text{Gerade durch } c \cap a' \text{ und } c' \cap a, \\ c^\star &:= \text{Gerade durch } a \cap b' \text{ und } a' \cap b. \end{aligned}$$

(b) Der Satz von Desargues besagt folgendes: Sind A, A', B, B', C, C' Punkte derart, daß die Geraden AA', BB', CC' kopunktal sind, so sind die Punkte

$$(\star) \qquad AB \cap A'B', \quad BC \cap B'C', \quad CA \cap C'A'$$

kollinear. Der dazu duale Satz lautet daher folgendermaßen: Sind a, a', b, b', c, c' Geraden derart, daß die Punkte $a \cap a', b \cap b', c \cap c'$ kollinear sind, so sind die Geraden

$$(\star\star) \quad (a \cap b)(a' \cap b'), \quad (b \cap c)(b' \cap c'), \quad (c \cap a)(c' \cap a')$$

kopunktal. Wir betrachten nun Punkte A, A', B, B', C, C', die die Bedingung $(\star)$ erfüllen. Dann erfüllen die Geraden

$$\begin{aligned} a &:= BC, \quad b := CA, \quad c := AB, \\ a' &:= B'C', \quad b' := C'A', \quad c' := A'B' \end{aligned}$$

die Voraussetzungen des dualen Satzes. Dieser zeigt dann, daß diese Geraden die Bedingung $(\star\star)$ erfüllen. Wegen

$$\begin{aligned} a \cap b = C, \quad a' \cap b' = C', \quad b \cap c = A, \\ b' \cap c' = A', \quad c \cap a = B, \quad c' \cap a' = B' \end{aligned}$$

geht diese Bedingung aber über in die Aussage, daß die Geraden AA', BB', CC' kopunktal sind. Der zum Satz von Desargues duale Satz besagt also gerade, daß Punkte, die die Folgerung des Satzes von Desargues erfüllen, auch dessen Voraussetzung erfüllen. Der zum Satz von Desargues duale Satz ist also gerade die Umkehrung des Desargueschen Satzes. Dieser läßt sich daher statt als "wenn, dann"-Aussage auch als "genau dann, wenn"-Aussage formulieren. (Tut man dies, so wird der Satz selbstdual, stimmt also mit dem zu ihm dualen Satz überein.)

(c) Hier müssen wir zunächst überlegen, was der Begriff der Dualität für Kegelschnitte bedeutet. Typischerweise stellen wir uns einen Kegelschnitt als eine Menge von Punkten vor, aber wir können uns einen Kegelschnitt auch als die Einhüllende seiner Tangenten vorstellen und damit durch eine Menge von Geraden repräsentieren. Diese duale Beschreibungsweise ermöglicht die Anwendung des Dualitätsprinzips auch auf Sätze über Kegelschnitte. Der zum Satz von Pascal duale Satz lautet dann folgendermaßen. Es seien a, c', b, a', c und b' sechs Tangenten an einen Kegelschnitt, die ein Sechseck bilden. Dann gehen die Verbindungsgeraden gegenüberliegender Ecken dieses Sechsecks durch einen Punkt, also die Geraden

$$\begin{aligned} a^\star &:= \text{Gerade durch } b \cap c' \text{ und } b' \cap c, \\ b^\star &:= \text{Gerade durch } a \cap c' \text{ und } a' \cap c, \\ c^\star &:= \text{Gerade durch } a \cap b' \text{ und } a' \cap b. \end{aligned}$$

Diese Aussage ist als **Satz von Brianchon** bekannt.

Aufgaben zu »Projektive Geometrie« siehe Seite 35

Lösung (70.22) Teil (a) ist klar, weil die Geraden $\overline{BA}$ und $\overline{AB}$ gleich sind. Teil (b) ist ebenso klar, weil die Parallele von $\overline{NA}$ durch N natürlich $\overline{NA}$ selbst ist. Zum Beweis von Teil (c) verschieben wir die Tangente an K im Punkt N parallel durch A; der zweite Schnittpunkt $A^\star$ dieser Parallelen mit K ist dann der gesuchte Punkt, wie sich unmittelbar aus der Definition der Operation $\oplus$ ergibt. Der einzig nichttriviale Teil ist Teil (d), also die Gültigkeit des Assoziativgesetzes. Dazu betrachten wir drei Punkte $A, B, C \in K$ und bestimmen zunächst $A \oplus B$ und $B \oplus C$.

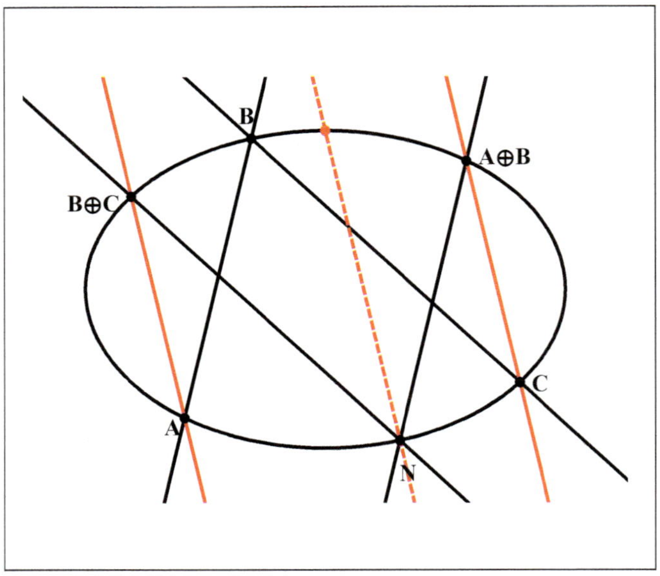

Assoziativität der Addition auf einem Kegelschnitt.

In dem von den Punkten N, A, B, C, $A \oplus B$ und $B \oplus C$ gebildeten Sechseck sind nun nach Konstruktion einerseits die Geraden BC und $N(B\oplus C)$, andererseits auch die Geraden AB und $N(A\oplus B)$ parallel. Nach dem Satz von Pascal sind daher auch die Geraden $(A \oplus B)C$ und $A(B \oplus C)$ parallel, gehen also bei Parallelverschiebung durch N in die gleiche Gerade über. Deren zweiter Schnittpunkt mit K ist dann einerseits $(A\oplus B)\oplus C$, andererseits $A\oplus(B\oplus C)$. Damit ist das Assoziativgesetz gezeigt.

Lösung (70.23) Unmittelbar nach Definition gilt $\varphi(N_1) = N_2$. Wir müssen zeigen, daß $\varphi(A \oplus_1 B) = \varphi(A) \oplus_2 \varphi(B)$ für alle Punkte $A, B \in K$ gilt. Dazu betrachten wir auf K zunächst die sechs Punkte N_1, $\varphi(A)$, A, B, $\varphi(A \oplus_1 B)$ sowie $A \oplus_1 B$. Die Geraden $A\varphi(A)$ und $(A \oplus_1 B)\varphi(A \oplus_1 B)$ sind parallel (und zwar beide parallel zu der Geraden N_1N_2) aufgrund der Definition der Abbildung φ. Die Geraden AB und $N_1(A \oplus_1 B)$ sind parallel aufgrund der Definition der Verknüpfung $\oplus_1$. Nach dem Satz von Pascal sind daher auch die (gestrichelten) Geraden $N_1\varphi(A)$ und $B\varphi(A \oplus_1 B)$ parallel.

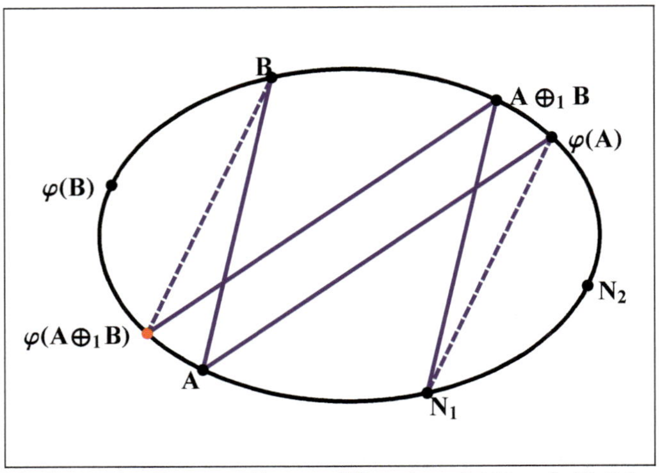

Nachweis der Isomorphie von $(K, \oplus_1)$ und $(K, \oplus_2)$, Teil 1.

Wir betrachten nun die sechs Punkte N_1, $\varphi(A)$, $\varphi(B)$, B, $\varphi(A)\oplus_2\varphi(B)$ sowie N_2. Die Geraden $B\varphi(B)$ und N_1N_2 sind parallel aufgrund der Definition der Abbildung φ. Die Geraden $\varphi(A)\varphi(B)$ und $N_2\big(\varphi(A) \oplus_2 \varphi(B)\big)$ sind parallel aufgrund der Definition der Verknüpfung $\oplus_2$. Nach dem Satz von Pascal sind daher auch die (gestrichelten) Geraden $N_1\varphi(A)$ und $B\big(\varphi(A) \oplus_2 \varphi(B)\big)$ parallel.

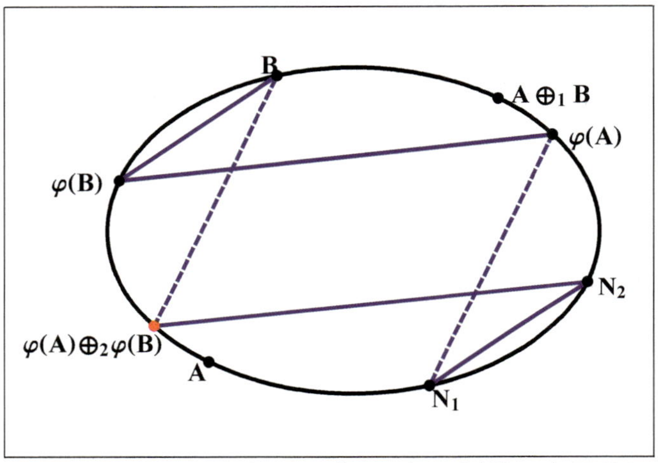

Nachweis der Isomorphie von $(K, \oplus_1)$ und $(K, \oplus_2)$, Teil 2.

Die Geraden $B\varphi(A \oplus_1 B)$ und $B\big(\varphi(A) \oplus_2 \varphi(B)\big)$ sind also beide parallel zu der Geraden $N_1\varphi(A)$, daher also auch untereinander parallel. Da diese Geraden aber beide durch den Punkt B verlaufen, müssen sie sogar gleich sein. Insbesondere müssen dann auch die Punkte $\varphi(A \oplus_1 B)$ und $\varphi(A)\oplus_2\varphi(B)$ gleich sein, und genau das war zu zeigen. Damit ist die Isomorphie der Gruppen $(K, \oplus_1)$ und $(K, \oplus_2)$ nachgewiesen.

Lösung (70.24) Die Summe $A \oplus B$ zweier Punkte $A = (a, a^2)$ und (b, b^2) erhalten wir, indem wir von $N = (0, 0)$ dasjenige Vielfache des Vektors $\overrightarrow{AB}$ abtragen, für das wieder ein Parabelpunkt herauskommt. Der gesuchte Punkt $A \oplus B$ ist also gegeben durch

$$\begin{bmatrix} x \\ y \end{bmatrix} = \begin{bmatrix} 0 \\ 0 \end{bmatrix} + \lambda \begin{bmatrix} b-a \\ b^2-a^2 \end{bmatrix}$$

Aufgaben zu »Projektive Geometrie« siehe Seite 35

mit $\lambda \neq 0$ und $y = x^2$, also $\lambda(b^2 - a^2) = \lambda^2(b-a)^2$ mit $\lambda \neq 0$ und damit $b+a = \lambda(b-a)$ bzw. $\lambda = (b+a)/(b-a)$. Dies führt auf

$$\begin{bmatrix} x \\ y \end{bmatrix} = \frac{b+a}{b-a}\begin{bmatrix} b-a \\ b^2-a^2 \end{bmatrix} = \begin{bmatrix} a+b \\ (a+b)^2 \end{bmatrix}.$$

Die Addition lautet also $(a,a^2) \oplus (b,b^2) = \big(a+b, (a+b)^2\big)$, ist also im wesentlichen einfach die Addition $(a,b) \mapsto a+b$ reeller Zahlen.

Lösung (70.25) Die Summe $A \oplus B$ zweier Punkte $A = (a, 1/a)$ und $(b, 1/b)$ erhalten wir, indem wir von $N = (1,1)$ dasjenige Vielfache des Vektors $\overrightarrow{AB}$ abtragen, für das wieder ein Hyperbelpunkt herauskommt. Der gesuchte Punkt $A \oplus B$ ist also gegeben durch

$$\begin{bmatrix} x \\ y \end{bmatrix} = \begin{bmatrix} 1 \\ 1 \end{bmatrix} + \lambda \begin{bmatrix} b-a \\ (1/b)-(1/a) \end{bmatrix}$$

mit $\lambda \neq 0$ und $y = 1/x$, also

$$\begin{aligned} 1 &= xy = \big(1+\lambda(b-a)\big)\big(1+\lambda(b^{-1}-a^{-1})\big) \\ &= 1 + \lambda(b-a) + \lambda(b^{-1}-a^{-1}) + \lambda^2(2 - ba^{-1} - ab^{-1}) \end{aligned}$$

bzw.

$$\begin{aligned} 0 &= b - a + \frac{1}{b} - \frac{1}{a} + \lambda\left(2 - \frac{b}{a} - \frac{a}{b}\right) \\ &= \frac{1}{ab}\big(ab(b-a) + a - b + \lambda(2ab - b^2 - a^2)\big) \\ &= \frac{1}{ab}\big(ab(b-a) + (a-b) - \lambda(b-a)^2\big) \\ &= \frac{b-a}{ab}\big(ab - 1 - \lambda(b-a)\big) \end{aligned}$$

und damit $\lambda = (ab-1)/(b-a)$. Dies führt auf

$$\begin{bmatrix} x \\ y \end{bmatrix} = \begin{bmatrix} 1 \\ 1 \end{bmatrix} + \frac{ab-1}{b-a}\begin{bmatrix} b-a \\ b^{-1}-a^{-1} \end{bmatrix} = \begin{bmatrix} ab \\ 1/(ab) \end{bmatrix}.$$

Die Addition lautet also $(a, 1/a) \oplus (b, 1/b) = \big(ab, 1/(ab)\big)$, ist also im wesentlichen einfach die Multiplikation $(a,b) \mapsto ab$ von Null verschiedener reeller Zahlen.

Lösung (70.26) Die Summe $A \oplus B$ zweier Punkte $A = (a, a^2)$ und (b, b^2) erhalten wir, indem wir von $N = (e, e^2)$ aus dasjenige Vielfache des Vektors $\overrightarrow{AB}$ abtragen, für das wieder ein Parabelpunkt herauskommt. Der gesuchte Punkt $A \oplus B$ ist also gegeben durch

$$\begin{bmatrix} x \\ y \end{bmatrix} = \begin{bmatrix} e \\ e^2 \end{bmatrix} + \lambda \begin{bmatrix} b-a \\ b^2-a^2 \end{bmatrix}$$

mit $\lambda \neq 0$ und $y = x^2$, also

$$\begin{bmatrix} e \\ e^2 \end{bmatrix} + \lambda \begin{bmatrix} b-a \\ b^2-a^2 \end{bmatrix} = \begin{bmatrix} x \\ x^2 \end{bmatrix}.$$

Dann ist

$$\begin{aligned} e^2 + \lambda(b^2 - a^2) &= \big(e + \lambda(b-a)\big)^2 \\ &= e^2 + 2e\lambda(b-a) + \lambda^2(b-a)^2 \end{aligned}$$

und damit

$$0 = \lambda(b-a)\big(2e + \lambda(b-a) - (b+a)\big).$$

Für $b \neq a$ folgt hieraus $\lambda = (b+a-2e)/(b-a)$ und folglich

$$A \oplus B = \begin{bmatrix} e \\ e^2 \end{bmatrix} + \frac{b+a-2e}{b-a}\begin{bmatrix} b-a \\ b^2-a^2 \end{bmatrix} = \begin{bmatrix} b+a-e \\ (b+a-e)^2 \end{bmatrix};$$

in dieser letzten Form ist das Ergebnis auch für $b = a$ gültig. Die Addition lautet also

$$(a, a^2) \oplus (b, b^2) = \big(a+b-e, (a+b-e)^2\big),$$

ist also im wesentlichen die auf $\mathbb{R}$ definierte Gruppenoperation $a \star b = a + b - e$ mit dem Neutralelement e.

Aufgaben zu »Projektive Geometrie« siehe Seite 35

L71: Konvexgeometrie

Lösung (71.1) Die Idee der Lösung ist ganz einfach: Ist x innerer Punkt einer Strecke $[p,q] \subseteq X$, so verkürzen wir diese Strecke auf einer Seite so, daß x zum Mittelpunkt der verkürzten Strecke wird. Wir betrachten also eine Strecke $[p,q] \subseteq X$, und es sei x ein innerer Punkt von $[p,q]$, sagen wir $x = \theta p + (1-\theta)q$ mit $0 < \theta < 1$. Ist $\theta = 1/2$, so ist x schon der Mittelpunkt von $[p,q]$, und es ist nichts weiter zu zeigen. Gilt $\theta < 1/2$, so setzen wir $a := x - (q-x) = 2x - q$ und $b := q$; wegen $a = (2\theta)p + (1-2\theta)q$ gilt $[a,b] \subseteq [p,q] \subseteq X$, und $x = (a+b)/2$ ist der Mittelpunkt der Strecke $[a,b]$. Gilt $\theta > 1/2$, so setzen wir $a := p$ und $b := x + (x-p) = 2x - p$; wegen $b = (2\theta-1)p + (2-2\theta)q$ gilt $[a,b] \subseteq [p,q] \subseteq X$, und $x = (a+b)/2$ ist der Mittelpunkt der Strecke $[a,b]$.

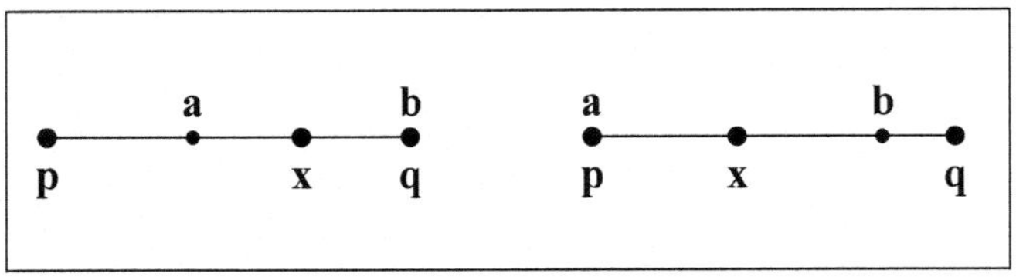

Lösung (71.2) (a) Wähle $n+2$ verschiedene Punkte $p_1, \ldots, p_{n+2}$ in X. Diese sind nach Aufgabe (69.8) affin abhängig; nach Aufgabe (69.7) gibt es daher Zahlen $\lambda_1, \ldots, \lambda_{n+2} \in \mathbb{R}$ (nicht alle gleich Null) mit $\sum_{i=1}^{n+2} \lambda_i p_i = 0$ und $\sum_{i=1}^{n+2} \lambda_i = 0$. Nach Umnumerieren dürfen wir $\lambda_i > 0$ für $i \le k$ und $\lambda_i \le 0$ für $i > k$ annehmen. Es folgt dann $\sum_{i=1}^{k} \lambda_i p_i = \sum_{i=k+1}^{n+2} (-\lambda_i) p_i$. Division dieser Gleichung durch $c := \lambda_1 + \cdots + \lambda_k = -\lambda_{k+1} - \cdots - \lambda_{n+2} > 0$ liefert die Gleichung

$$\underbrace{\sum_{i=1}^{k} \frac{\lambda_i}{c} p_i}_{\in \mathrm{conv}(\{p_1,\ldots,p_k\})} = \underbrace{\sum_{i=k+1}^{n+2} \frac{-\lambda_i}{c} p_i}_{\in \mathrm{conv}(\{p_{k+1},\ldots,p_{n+2}\})}$$

und damit $\mathrm{conv}(\{p_1,\ldots,p_k\}) \cap \mathrm{conv}(\{p_{k+1},\ldots,p_{n+2}\}) \neq \emptyset$. Schlagen wir die restlichen Elemente von X beliebig entweder der Menge $\{p_1,\ldots,p_k\}$ oder der Menge $\{p_{k+1},\ldots,p_{n+2}\}$ zu, so erhalten wir zwei disjunkte Mengen $X_1 \supseteq \{p_1,\ldots,p_k\}$ und $X_2 \supseteq \{p_{k+1},\ldots,p_{n+2}\}$ mit $X = X_1 \cup X_2$ und $\mathrm{conv}(X_1) \cap \mathrm{conv}(X_2) \neq \emptyset$.

(b) Es gibt die folgenden Möglichkeiten.

• Keiner der vier Punkte ist in der konvexen Hülle der drei andern Punkte enthalten. In diesem Fall bilden die vier Punkte die Ecken eines konvexen Vierecks, und die einzig mögliche Zerlegung $X = X_1 \cup X_2$ besteht darin, für X_1 die Endpunkte der einen Diagonalen und für X_2 die Endpunkte der anderen Diagonalen dieses Vierecks auszuwählen.

• Einer der Punkte (nennen wir ihn D) liegt im Innern des von den anderen Punkten (nennen wir sie A, B, C) gebildeten Dreiecks. In diesem Fall ist $X = \{A,B,C\} \cup \{D\}$ die einzige Zerlegung der gewünschten Art.

• Drei der Punkte liegen auf einer Geraden (sagen wir in der Reihenfolge A, B, C), während der vierte Punkt D nicht auf dieser Geraden liegt. In diesem Fall gibt es zwei Radon-Zerlegungen, nämlich $X = \{A,C,D\} \cup \{B\}$ und $X = \{A,C\} \cup \{B,D\}$.

• Alle vier Punkte liegen auf einer Geraden, sagen wir in der Reihenfolge A, B, C, D. In diesem Fall gibt es die Radon-Zerlegungen $X = \{A\} \cup \{B,C,D\}$, $X = \{A,B\} \cup \{C,D\}$ und $X = \{A,B,C\} \cup \{D\}$.

(c) Keiner der fünf Punkte liegt in der konvexen Hülle der vier anderen Punkte; also kommen nur Zerlegungen in eine 2- und eine 3-elementige Menge in Frage. Systematisches Durchprobieren aller Möglichkeiten liefert die fünf Lösungen $X = \{A,C\} \cup \{B,D,E\}$, $X = \{A,D\} \cup \{B,C,E\}$, $X = \{B,D\} \cup \{A,C,E\}$, $X = \{B,E\} \cup \{A,C,D\}$ sowie $X = \{C,E\} \cup \{A,B,D\}$.

Lösung (71.3) Es sei m die Anzahl der Mengen in der betrachteten Familie; wir benutzen Induktion über m. Für $m \le n$ ist die Behauptung auf leere Weise erfüllt; für $m = n+1$ ist sie trivialerweise richtig. Beim Induktionsschritt nehmen wir an, die Aussage gelte für eine Zahl $m \ge n+1$; wir wollen zeigen, daß sie dann auch für $m+1$ gilt. Es seien also $A_1, \ldots, A_{m+1}$ konvexe Mengen derart, daß für $1 \le i \le m+1$ jeweils

$$B_i := A_1 \cap \cdots \cap A_{i-1} \cap A_{i+1} \cap \cdots \cap A_{m+1}$$

nicht leer ist, sagen wir $x_i \in B_i$. Nach dem Satz von Radon (siehe vorherige Aufgabe) können wir die Menge $X := \{x_1, \ldots, x_{m+1}\}$ derart in zwei disjunkte Mengen R und S zerlegen, daß $\mathrm{conv}(R) \cap \mathrm{conv}(S) \neq \emptyset$ gilt, sagen wir $x \in \mathrm{conv}(R) \cap \mathrm{conv}(S)$. Wir wollen zeigen, daß dann x in jeder der Mengen A_i liegt; ist dies gezeigt, so folgt $\bigcap_{i=1}^{m+1} A_i \neq \emptyset$, und wir sind fertig.

Nach Umnumerieren dürfen wir $R = \{x_1, \ldots, x_k\}$ und $S = \{x_{k+1}, \ldots, x_{m+1}\}$ annehmen. Zunächst sei $1 \le i \le k$. Für $j > k$ gilt dann $x_j \in B_j \subseteq A_i$, folglich $x \in \mathrm{conv}(\{x_{k+1}, \ldots, x_{m+1}\}) \subseteq A_i$. Damit ist gezeigt, daß x in jeder der Mengen A_i mit $1 \le i \le k$ liegt. Nun sei $i > k$. Für $1 \le j \le k$ gilt dann $x_j \in B_j \subseteq A_i$, folglich $x \in \mathrm{conv}(\{x_1, \ldots, x_k\}) \subseteq A_i$. Damit ist gezeigt, daß x auch in jeder der Mengen A_i mit $i > k$ liegt.

Lösung (71.4) (a) Wir wählen einen Vektor e der Länge 1; der betrachtete Vektorraum ist dann die Menge aller Elemente λe mit $\lambda \in \mathbb{R}$. Schreiben wir $x_i = \lambda_i e$ und $x = \lambda e$, so ist $f(x) = (1/n) \cdot \sum_{i=1}^{n} |\lambda - \lambda_i|$. Dieser Ausdruck wird genau dann minimal, wenn λ ein **Median** der Elemente λ_i ist, wenn also die Anzahl der Indices i mit $\lambda_i < \lambda$ gleich der Anzahl der Indices i mit $\lambda_i > \lambda$ ist. Sind die Indices so gewählt, daß $\lambda_1 \le \lambda_2 \le \cdots \le \lambda_n$ gilt, so ist also $M(x_1, \ldots, x_n) = \{\lambda_{m+1} e\}$, falls $n = 2m+1$ ungerade ist, während $M(x_1, \ldots, x_n) = \{\lambda e \mid \lambda_m \le \lambda \le \lambda_{m+1}\}$ gilt, wenn $n = 2m$ gerade ist.

(b) Wir behaupten, daß $M(x_1, x_2)$ das abgeschlossene Quadrat mit den Ecken $v_1 = (1,1)$, $v_2 = (1,-1)$, $(0,0)$ und $(2,0)$ ist; dies ist die rot eingezeichnete Menge in dem folgenden Diagramm.

Aufgaben zu »Konvexgeometrie« siehe Seite 40

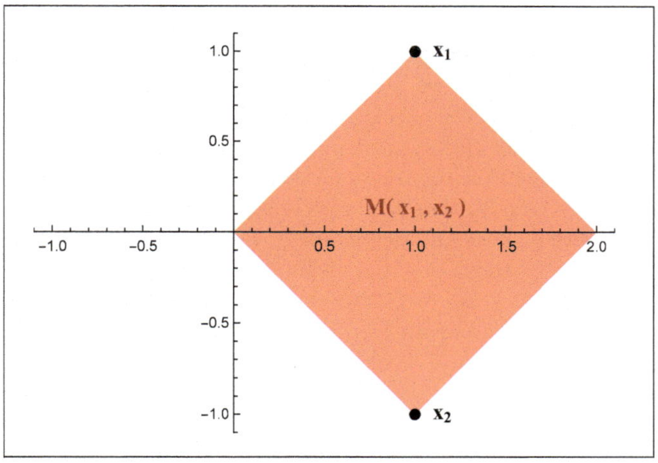

Zum Nachweis schreiben wir

$$f_1(x,y) := \|(x-1,\, y-1)\| \;=\; \max\big(|x-1|,\, |y-1|\big)$$
$$= \begin{cases} x-1, & \text{falls } |y-1| \le x-1, \\ 1-x, & \text{falls } |y-1| \le 1-x, \\ y-1, & \text{falls } |x-1| \le y-1, \\ 1-y, & \text{falls } |x-1| \le 1-y \end{cases}$$

sowie

$$f_2(x,y) := \|(x-1,\, y+1)\| \;=\; \max\big(|x-1|,\, |y+1|\big)$$
$$= \begin{cases} x-1, & \text{falls } |y+1| \le \;\; x-1, \\ 1-x, & \text{falls } |y+1| \le \;\; 1-x, \\ y+1, & \text{falls } |x-1| \le \;\; y+1, \\ -y-1, & \text{falls } |x-1| \le -y-1. \end{cases}$$

Durch die Geraden $y = \pm x$ und $y = \pm(x-2)$ wird $\mathbb{R}^2$ in neun Gebiete zerlegt, in denen jeweils f_1 und f_2 und damit auch $f = f_1 + f_2$ durch affine Funktionen beschrieben werden.

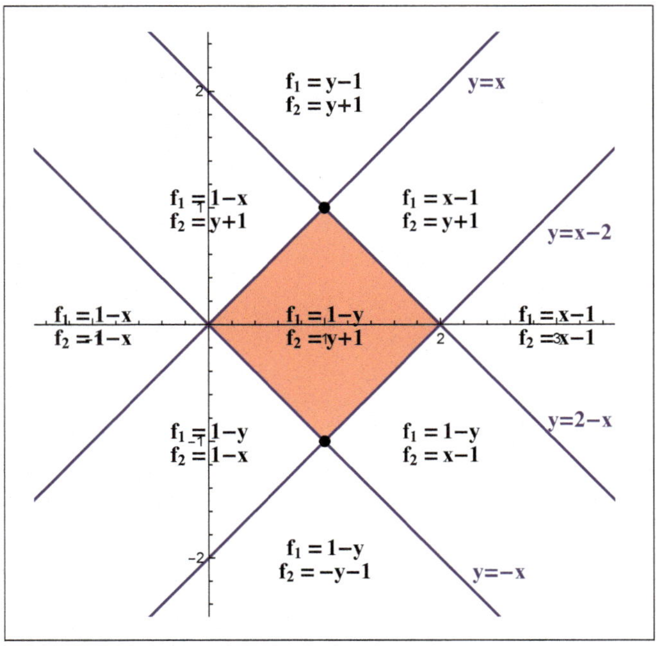

Wir sehen dann, daß $f \equiv 2$ innerhalb des abgeschlossenen roten Quadrats gilt, aber $f > 2$ außerhalb dieses Quadrats. Hieraus folgt die Behauptung.

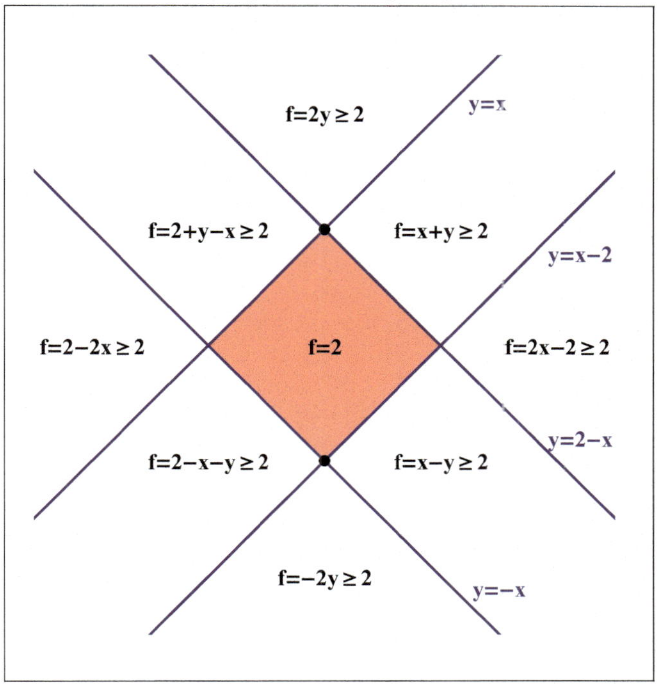

(c) Statt f können wir natürlich genausogut die Funktion

$$g(x) \;:=\; \sum_{i=1}^{n} \|x - x_i\|$$

minimieren; die beiden Funktionen unterscheiden sich ja nur um den konstanten Vorfaktor $1/n$. Die Menge $\{g(x) \mid x \in V\}$ ist eine durch 0 nach unten beschränkte Teilmenge von $\mathbb{R}$, besitzt also ein Infimum m. Genau dann ist ξ ein Mittelwert von $x_1, \ldots, x_n$, wenn $g(\xi) = m$ gilt. Es seien $u, v \in M(x_1, \ldots, x_n)$ und $0 < \theta < 1$; wir müssen zeigen, daß dann auch $\xi := (1-\theta)u + \theta v$ ein Mittelwert von $x_1, \ldots, x_n$ ist. Wegen $f(u) = f(v) = m$ gilt

$$\begin{aligned} g(\xi) &= \sum_{i=1}^{n} \|\xi - x_i\| \\ &= \sum_{i=1}^{n} \|(1-\theta)u + \theta v - (1-\theta)x_i - \theta x_i\| \\ &= \sum_{i=1}^{n} \|(1-\theta)(u-x_i) + \theta(v-x_i)\| \\ &\le \sum_{i=1}^{n} \big((1-\theta)\|u-x_i\| + \theta\|v-x_i\|\big) \\ &= (1-\theta)\sum_{i=1}^{n} \|u-x_i\| + \theta \sum_{i=1}^{n} \|v-x_i\| \\ &= (1-\theta)m + \theta m \;=\; m. \end{aligned}$$

Nach Definition von m gilt andererseits natürlich auch $g(\xi) \ge m$, insgesamt also $g(\xi) = m$ und damit $\xi \in M(x_1, \ldots, x_n)$.

Aufgaben zu »Konvexgeometrie« siehe Seite 40

(d) Es gilt $g(x) = \sum_i \|x - x_i\| \geq \sum_i (\|x\| - \|x_i\|) = n \cdot \|x\| - \sum_i \|x_i\|$ und damit $g(x) \to \infty$ für $\|x\| \to \infty$; es gibt daher einen Radius R mit $m = \inf\{g(x) \mid x \in V\} = \inf\{g(x) \mid x \in K_R(0)\}$. Ist nun V endlichdimensional, so ist die abgeschlossene und beschränkte Menge $K_R(0)$ kompakt; als stetige Funktion nimmt daher die Funktion g ihr Minimum auf $K_R(0)$ an; es gibt also mindestens ein $\xi \in K_R(0)$ mit $g(\xi) = m$. Dann gilt aber $\xi \in M(x_1, \ldots, x_n)$.

(e) Wir nehmen an, $a \neq b$ seien zwei verschiedene Mittelwerte von $x_1, \ldots, x_n$; dann gilt jedenfalls $f(a) = f(b)$. Für mindestens einen Index i_0 sind dann $a - x_{i_0}$ und $b - x_{i_0}$ linear unabhängig, so daß wegen der vorausgesetzten strikten Konvexität für alle $0 < \lambda < 1$ dann

$$(\star) \qquad \begin{aligned} &\|\lambda(a - x_{i_0}) + (1-\lambda)(b - x_{i_0})\| \\ &< \lambda\|a - x_{i_0}\| + (1-\lambda)\|b - x_{i_0}\| \end{aligned}$$

gilt. Wären nämlich $a - x_i$ und $b - x_i$ stets linear abhängig, so gäbe es Skalare $\lambda_i, \mu_i \in \mathbb{R}$ mit $\lambda_i + \mu_i = 1$ und $0 = \lambda_i(a - x_i) + \mu_i(b - x_i) = \lambda_i a + \mu_i b - x_i$ und damit $x_i = \lambda_i a + \mu_i b$ für $1 \leq i \leq n$, so daß alle Punkte x_i auf der Geraden durch a und b lägen. Es war aber vorausgesetzt, daß $x_1, \ldots, x_n$ nicht allesamt auf einer Geraden liegen. Es gibt also mindestens einen Index i_0 mit $(\star)$. Hieraus folgt dann

$$\begin{aligned} f\big(\lambda a + (1-\lambda)b\big) &= \frac{1}{n}\sum_{i=1}^n \|\lambda a + (1-\lambda)b - x_i\| \\ &= \frac{1}{n}\sum_{i=1}^n \|\lambda(a - x_i) + (1-\lambda)(b - x_i)\| \\ &< \frac{1}{n}\sum_{i=1}^n \big(\lambda\|a - x_i\| + (1-\lambda)\|b - x_i\|\big) \\ &= \frac{\lambda}{n}\sum_{i=1}^n \|a - x_i\| + \frac{1-\lambda}{n}\sum_{i=1}^n \|b - x_i\| \\ &= \lambda \cdot f(a) + (1-\lambda) \cdot f(b) = f(a) = f(b). \end{aligned}$$

Dies widerspricht aber der Voraussetzung, daß a und b Mittelwerte von $x_1, \ldots, x_n$ sein und daher die Funktion f minimieren sollten.

Lösung (71.5) Mit $e := (1, 1, \ldots, 1)^T \in \mathbb{R}^n$ gilt

$$K = \{A \in \mathbb{R}^{n \times n} \mid A \geq \mathbf{0},\ Ae = e\}.$$

(a) Für $A, B \in K$ und $\theta \in [0,1]$ gilt $\theta A + (1-\theta)B \geq \mathbf{0}$ sowie $\big(\theta A + (1-\theta)B\big)e = \theta Ae + (1-\theta)Be = \theta e + (1-\theta)e = e$ und damit $\theta A + (1-\theta)B \in K$; also ist K konvex. Für $A \in K$ gilt $\sum_{i,j} |a_{ij}| = \sum_{i,j} a_{ij} = n$; also ist K eine beschränkte Menge. Gilt $A = \lim_{n\to\infty} A_n$ mit $A_n \in K$ für alle $n \in \mathbb{N}$, so folgt zunächst $A_{ij} = \lim_{n\to\infty} (A_n)_{ij} \geq 0$ für alle i, j und dann $Ae = \lim_n A_n e = \lim_n e = e$; also liegt auch A in K. Damit ist K abgeschlossen. Als abgeschlossene und beschränkte Teilmenge von $\mathbb{R}^{n\times n}$ ist dann K kompakt.

(b) Offensichtlich liegt die Einheitsmatrix $\mathbf{1}$ in K. Sind $A, B \in K$ Elemente von K, so liegt auch das Produkt AB in K, denn aus $A \geq \mathbf{0}$ und $B \geq \mathbf{0}$ folgt $AB \geq \mathbf{0}$, und aus $Ae = e$ und $Be = e$ folgt $(AB)e = A(Be) = Ae = e$. Also ist K eine Halbgruppe mit dem Einselement $\mathbf{1}$.

(c) Wir behaupten, daß die Extrempunkte von K genau diejenigen Matrizen sind, bei denen in jeder Zeile eine Eins auftritt. (Die anderen Einträge in der jeweiligen Zeile sind dann zwangsläufig alle gleich Null.)

Zunächst gehen wir davon aus, daß A in der i-ten Zeile eine Eins hat, sagen wir $a_{ij_i} = 1$ (und damit $a_{ij} = 0$ für $j \neq j_i$). Gilt dann $A = \theta P + (1-\theta)Q$ mit $P, Q \in K$ und $\theta \in (0,1)$, so folgt $1 = A_{ij_i} = \theta P_{ij_i} + (1-\theta)Q_{ij_i}$, was nur für $P_{ij_i} = Q_{ij_i} = 1$ (und damit $P_{ij} = Q_{ij} = 0$ für $j \neq j_i$) möglich ist. Also stimmen in diesem Fall P und Q in der i-ten Zeile mit A überein. Hat also A in jeder Zeile eine Eins, so folgt aus $A = \theta P + (1-\theta)Q$ mit $P, Q \in K$ und $0 < \theta < 1$ schon $P = Q = A$; in diesem Fall ist also A ein Extrempunkt von K.

Gibt es umgekehrt mindestens eine Zeile von P, in der keine Eins auftritt, so müssen in dieser Zeile mindestens zwei Elemente u, v auftreten, die im offenen Intervall $(0,1)$ liegen. Wir wählen nun $\varepsilon > 0$ so klein, daß $u \pm \varepsilon$ und $v \pm \varepsilon$ ebenfalls noch in $(0,1)$ liegen, betrachten die Matrix E, die an den Positionen, an denen P die Elemente u und v hat, die Elemente ε und $-\varepsilon$ hat und überall sonst nur Nullen aufweist. Dann liegen $P - E$ und $P + E$ in K (denn $P \pm E \geq \mathbf{0}$ nach Wahl von ε und $(P \pm E)e = Pe \pm Ee = e \pm 0 = e$), und P ist der Mittelpunkt der Strecke $[P - E, P + E]$, kann also kein Extrempunkt von K sein.

Lösung (71.6) (a) Wir beweisen die Kontraposition der Behauptung, nämlich die folgende Aussage: Genau dann ist $x \in X$ *kein* Extrempunkt von X, wenn die Spalten a_i mit $i \in I$ linear abhängig sind.

Wir nehmen zunächst an, die Spalten a_i mit $i \in I$ seien linear abhängig. Dann gibt es Zahlen λ_i (nicht alle gleich Null) mit $\sum_{i\in I} \lambda_i a_i = 0$. Für $\theta \in \mathbb{R}$ definieren wir $\xi(\theta) \in \mathbb{R}^n$ durch

$$\xi_k(\theta) := \begin{cases} x_k, & \text{falls } k \notin I; \\ x_k + \theta\lambda_k, & \text{falls } k \in I. \end{cases}$$

Ist $|\theta|$ hinreichend klein, so gilt $\xi \geq 0$; ferner gilt

$$A\xi(\theta) = Ax + \theta\Big(\sum_{i\in I} \lambda_i a_i\Big) = Ax + \theta \cdot 0 = Ax = b$$

und damit $\xi(\theta) \in X$. Wählen wir also eine hinreichend kleine Zahl $\theta > 0$ und setzen wir $p := x(\theta)$ und $q := x(-\theta)$, so haben wir $p, q \in X$ sowie $x = (1/2)(p + q)$. Also ist x kein Extrempunkt von X.

Umgekehrt sei x kein Extrempunkt von X. Dann gibt es $p \neq q \in X$ und $0 < \theta < 1$ mit $x = \theta p + (1-\theta)q$. Für $k \notin I$ gilt dann

$$0 = x_k = \underbrace{\theta}_{>0}\underbrace{p_k}_{\geq 0} + \underbrace{(1-\theta)}_{>0}\underbrace{q_k}_{\geq 0},$$

Aufgaben zu »Konvexgeometrie« siehe Seite 40

was nur für $p_k = q_k = 0$ möglich ist. Es gilt dann

$$0 = b - b = Ap - Aq = \sum_{i \in I} (p_i - q_i) a_i,$$

und weil wegen $p \neq q$ nicht $p_i = q_i$ für alle $i \in I$ gelten kann, folgt aus dieser Gleichung, daß die Vektoren a_i mit $i \in I$ linear abhängig sind.

(b) Es gibt $\binom{n}{m}$ Möglichkeiten, aus den n Spalten von A eine Auswahl von m Spalten zu treffen; mit Teil (a) folgt dann die Behauptung.

Lösung (71.7) Das betrachtete Gleichungssystem lautet

$$(\star) \qquad \begin{bmatrix} 3 & -2 & 1 & 0 \\ 1 & 1 & 2 & 5 \end{bmatrix} \begin{bmatrix} a \\ b \\ c \\ d \end{bmatrix} = \begin{bmatrix} 7 \\ 4 \end{bmatrix}.$$

Gemäß Aufgabe (71.6) betrachten wir alle Indexmengen $I \subseteq \{1, 2, 3, 4\}$, für die die zugehörigen Spalten der Koeffizientenmatrix in $(\star)$ linear unabhängig sind; für jedes solche I ist dann jeder Vektor x in der betrachteten Menge X mit $I = \{i \mid x_i \neq 0\}$ ein Extrempunkt von X (und auf diese Weise erhält man auch *alle* Extrempunkte von X). Wir gehen die Möglichkeiten der Reihe nach durch.

- $I = \{1\} \Rightarrow b = c = d = 0$; dies ist für eine Lösung von $(\star)$ nicht möglich.
- $I = \{2\} \Rightarrow a = c = d = 0$; dies ist für eine Lösung von $(\star)$ nicht möglich.
- $I = \{3\} \Rightarrow a = b = d = 0$; dies ist für eine Lösung von $(\star)$ nicht möglich.
- $I = \{4\} \Rightarrow a = b = c = 0$; dies ist für eine Lösung von $(\star)$ nicht möglich.
- $I = \{1, 2\} \Rightarrow c = d = 0 \Rightarrow a = 3,\ b = 1$; dies liefert den Extrempunkt $(3, 1, 0, 0)$.
- $I = \{1, 3\} \Rightarrow b = d = 0 \Rightarrow a = 2,\ c = 1$; dies liefert den Extrempunkt $(2, 0, 1, 0)$.
- $I = \{1, 4\} \Rightarrow b = c = 0 \Rightarrow a = 7/3,\ d = 1/3$; dies liefert den Extrempunkt $(7/3,\ 0,\ 0,\ 1/3)$.
- $I = \{2, 3\} \Rightarrow a = d = 0 \Rightarrow b = -2,\ c = 3$; diese Lösung ist wegen $b < 0$ nicht zulässig.
- $I = \{2, 4\} \Rightarrow a = c = 0 \Rightarrow b = -7/2,\ d = 3/2$; diese Lösung ist wegen $b < 0$ nicht zulässig.
- $I = \{3, 4\} \Rightarrow a = b = 0 \Rightarrow c = 7,\ d = -2$; diese Lösung ist wegen $d < 0$ nicht zulässig.

Die betrachtete Menge hat also genau drei Extrempunkte, nämlich $(3, 1, 0, 0)$, $(2, 0, 1, 0)$ und $(7/3,\ 0,\ 0,\ 1/3)$.

Lösung (71.8) Nach den Hahn-Banach-Sätzen ist $\mathrm{cl}(A)$ der Durchschnitt aller abgeschlossenen Halbräume, die A umfassen. Dann ist $\mathrm{int}(A)$ der Durchschnitt aller offenen Halbräume, die $\mathrm{int}(A)$ umfassen. (Siehe Bemerkung (71.25) im Buch.) Endlich viele Halbräume reichen beispielsweise bei einer Kreisscheibe nicht aus. Ein einfaches Beispiel, in dem A selbst nicht als Durchschnitt von (offenen oder abgeschlossenen) Halbräumen darstellbar ist, erhalten wir, wenn wir $A \subseteq \mathbb{R}^2$ als Vereinigung $A = Q \cup \{p\}$ wählen, wobei Q ein offenes Quadrat ist und p ein Randpunkt von Q. Dann ist A offensichtlich konvex (siehe auch Aufgabe (37.8)(a)), aber A läßt sich dann und nur dann als Durchschnitt von Halbräumen (hier Halbebenen) darstellen, wenn p eine Ecke des Quadrats ist. Jede andere Wahl von p liefert also ein Gegenbeispiel der gesuchten Art.

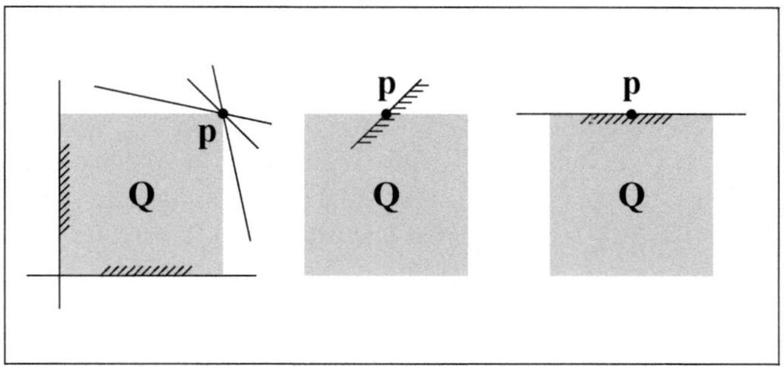

Lösung (71.9) (a) Für alle $c_1, c_2 \in C$ und alle $\theta \in (0, 1)$ gilt $\theta c_1 + (1-\theta) c_2 \in \mathbb{R}_0^+ C + \mathbb{R}_0^+ C \subseteq C + C \subseteq C$; also ist C konvex.

(b) Offenbar ist $C \cap (-C)$ sowohl abgeschlossen bezüglich der Addition als auch bezüglich der Multiplikation mit beliebigen Skalaren, folglich ein Untervektorraum von V (der offensichtlich in C enthalten ist). Ist umgekehrt U ein Untervektorraum von V mit $U \subseteq C$, so gilt auch $-U = U \subseteq C$ und damit $U \subseteq -C$, also $U \subseteq C \cap (-C) = K(C)$.

(c) Für alle $x \in V$ gilt $x - x = 0 \in C$ und damit $x \leq x$. Aus $x \leq y$ und $y \leq z$ folgt ferner $z - x = (z-y) + (y-x) \in C + C \subseteq C$ und damit $x \leq z$. Also ist $\leq$ eine Ordnungsrelation. Die Menge $x\uparrow = \{y \in V \mid y - x \in C\} = x + C$ entsteht durch Translation des Kegels C um den Vektor x, also durch Abtragen des Kegels C von x aus.

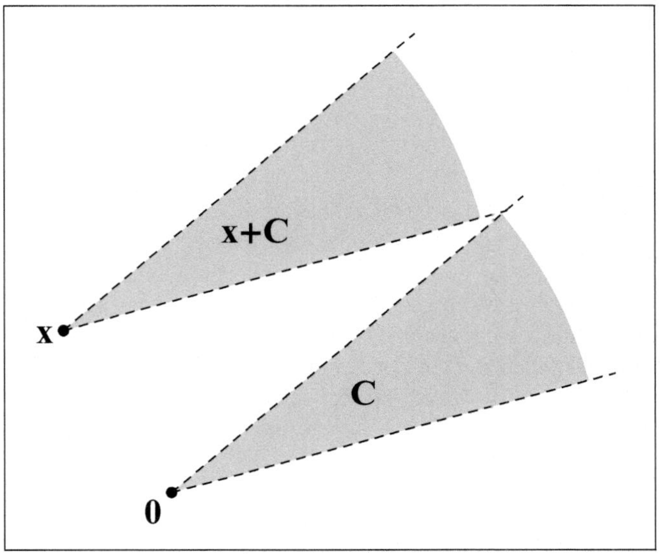

Lösung (71.10) (a) Nach Definition gilt $\langle x, c\rangle \geq 0$ für alle $x \in C^\star$ und alle $c \in C$, folglich $C \subseteq (C^\star)^\star$. Die umgekehrte Inklusion gilt aufgrund der Hahn-Banach-Sätze.

(b) Genau dann gilt $x \in K(C^\star) = (C^\star) \cap (-C^\star)$, wenn $\langle x, c\rangle \geq 0$ und $\langle x, c\rangle \leq 0$ für alle $c \in C$ gilt, wenn also $\langle x, c\rangle = 0$ für alle $c \in C$ gilt, wenn also x in $C^\perp$ liegt. Die Gleichheit $C^\perp = (C - C)^\perp$ ist trivial, denn $C - C$ ist einfach der von C erzeugte Vektorraum.

(c) Nach Teil (b) gilt $(C^\star - C^\star)^\perp = K(C^{\star\star}) = K(C)$; also gilt $C^\star - C^\star = (C^\star - C^\star)^{\perp\perp} = K(C)^\perp$.

(d) Dieser Teil folgt sofort, indem wir (b) auf $C^\star$ statt auf C anwenden.

(e) Es gelte $C_1 \subseteq C_2$. Liegt dann x in $C_2^\star$, so gilt $\langle x, c\rangle \geq 0$ für alle $c \in C_2$, erst recht also für alle $c \in C_1$; also liegt x in $C_1^\star$. Damit ist gezeigt, daß aus $C_1 \subseteq C_2$ stets $C_2^\star \subseteq C_1^\star$ folgt. Gilt umgekehrt $C_2^\star \subseteq C_1^\star$, so folgt mit dem gerade benutzten Argument die Inklusion $C_1^{\star\star} \subseteq C_2^{\star\star}$; diese bedeutet nach (a) aber einfach $C_1 \subseteq C_2$.

(f) Genau dann liegt x in $(\sum_i C_i)^\star$, wenn $\langle x, w\rangle \geq 0$ für alle $w \in \sum_i C_i$ gilt, was genau dann der Fall ist, wenn $\langle x, c_i\rangle \geq 0$ für alle $c_i \in C_i$ gilt, wenn also $x \in C_i^\star$ für alle $i \in I$ gilt, wenn also x in $\bigcap_{i\in I} C_i^\star$ liegt.

(g) Gilt $x = \sum_j x_j$ mit $x_j \in C_j^\star$ (wobei j über eine endliche Teilmenge $J \subseteq I$ läuft) und liegt c in $\bigcap_{i\in I} C_i$, so liegt c in jedem der Kegel C_j; also gilt $\langle x_j, c\rangle \geq 0$ für alle j und damit auch $\langle x, c\rangle = \sum_j \langle x_j, c\rangle \geq 0$. Damit ist die angegebene Inklusion gezeigt. Diese ergibt sich auch aus Dualisierung von Teil (f). Wenden wir (f) auf $C_i^\star$ statt C_i an, so erhalten wir $(\sum_{i\in I} C_i^\star)^\star = \bigcap_{i\in I} C_i^{\star\star} = \bigcap_{i\in I} C_i$; hieraus folgt dann $(\bigcap_{i\in I} C_i)^\star = (\sum_{i\in I} C_i^\star)^{\star\star} \supseteq \sum_{i\in I} C_i^\star$, wobei am Ende nicht Gleichheit gelten muß, weil $\sum_{i\in I} C_i^\star$ nicht notwendigerweise abgeschlossen ist.

Bezeichnen wir beispielsweise für $\alpha \in (0, \pi/2) =: I$ mit C_α den senkrechten Kreiskegel mit Öffnungswinkel α, so ist $(\bigcap_{\alpha\in I} C_\alpha)^\star = (\mathbb{R}_0^+ e_z)^\star = \{(x, y, z) \in \mathbb{R}^3 \mid z \geq 0\}$ der abgeschlossene obere Halbraum, während $\sum_{\alpha\in I} C_\alpha^\star = \sum_{\alpha\in I} C_{(\pi/2)-\alpha} = \sum_{\beta\in I} C_\beta = \{(x, y, z) \in \mathbb{R}^3 \mid z > 0\} \cup \{(0, 0, 0)\}$ die Vereinigung des offenen oberen Halbraums mit $\{(0, 0, 0)\}$ und damit gleich einer echten Teilmenge des abgeschlossenen oberen Halbraums ist. (Wegen der Beziehung $C_\alpha^\star = C_{(\pi/2)-\alpha}$ siehe Teil (b) der nachfolgenden Aufgabe.)

Lösung (71.11) (a) Offensichtlich ist $\mathbb{R}_0^+ c$ ein abgeschlossener Kegel. Der Dualkegel $C^\star = \{x \in V \mid \langle x, c\rangle \geq 0\}$ besteht aus allen Vektoren, die mit c einen Winkel von maximal 90^0 einschließen; dies ist der abgeschlossene Halbraum, der von der Hyperebene $\{x \in V \mid \langle x, c\rangle = 0\}$ begrenzt wird und in den c hineinzeigt.

(b) Die Menge C_α ist der senkrechte Kreiskegel, dessen Achse die positive z-Achse und dessen Öffnungswinkel der Winkel α ist. Der Dualkegel $C_\alpha^\star$ besteht aus allen Vektoren, die mit jedem Vektor in C_α einen Winkel von maximal 90^0 bilden; dies sind genau die Vektoren, die mit der positiven z-Achse einen Winkel von maximal $90^0 - \alpha$ bilden. Der Dualkegel $C_\alpha^\star$ ist also selbst wieder ein senkrechter Kreiskegel um die positive z-Achse, und zwar mit Öffnungswinkel $(\pi/2) - \alpha$. Es gilt also

$$C_\alpha^\star = C_{(\pi/2)-\alpha}.$$

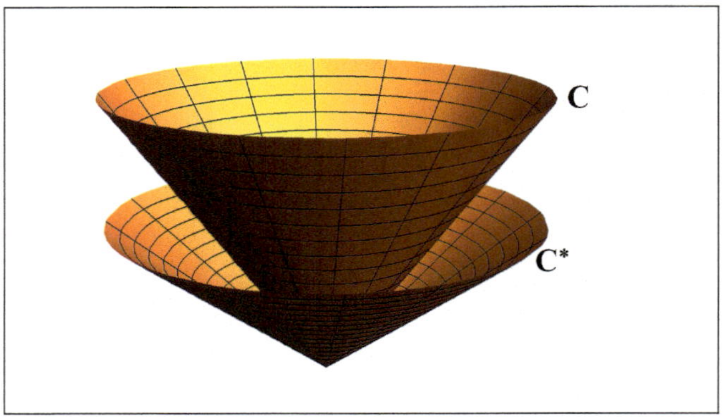

(c) Der Dualkegel besteht aus allen Punkten $(x, y, z) \in \mathbb{R}^3$ mit

$$0 \leq \left\langle \begin{bmatrix} x \\ y \\ z \end{bmatrix}, \begin{bmatrix} 0 \\ a \\ b \end{bmatrix} \right\rangle = ya + zb \quad \text{für alle } (a, b) \text{ mit } b \geq |a|.$$

Die Bedingung $zb \geq -ya$ für alle (a, b) mit $|a| \leq b$ ist genau dann erfüllt, wenn $|y| \leq z$ gilt; also ist

$$C^\star = \{(x, y, z) \in \mathbb{R}^3 \mid |y| \leq z\}.$$

Dieser Kegel hat die Form eines unendlich ausgedehnten Futtertrogs, bestehend aus zwei Halbebenen, die sich unter einem Winkel von 45^0 entlang der x-Achse schneiden.

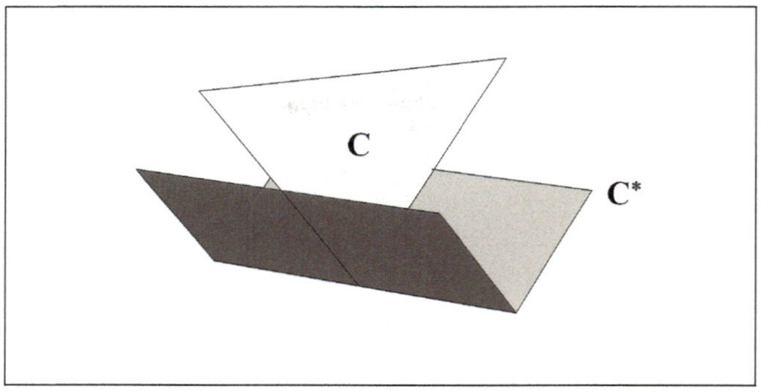

Hinter dieser Aufgabe steht ein allgemeinerer Sachverhalt: Ist der Kegel $C \subseteq V$ enthalten in einem Unterraum U und ist $C^{(\star)} := \{u \in U \mid \langle u, c\rangle \geq 0 \text{ für alle } c \in C\}$ der Dualkegel von C bezüglich U, so gilt

$$C^\star = C^{(\star)} \oplus U^\perp.$$

(d) Der Kegel C ist der Schnitt des Kreiskegels C_α aus Teil (b) mit dem Halbraum $H := \{(x, y, z) \in \mathbb{R}^3 \mid x \leq 0\}$ (also sozusagen die linke Hälfte des Kreiskegels C_α). Daher gilt $C^\star = (C_\alpha \cap H)^\star = C_\alpha^\star + H^\star = C_{(\pi/2)-\alpha} + \mathbb{R}_0^+ \cdot$

Aufgaben zu »Konvexgeometrie« siehe Seite 40

$(-1,0,0)^T$. Das kann man folgendermaßen auch elementar ausrechnen. In der Höhe $h := 1/\tan(\alpha)$ ist der Schnitt dieses Kegels mit der horizontalen Ebene $z = h$ ein Halbkreis mit Radius 1. Der Dualkegel $C^\star$ besteht aus allen Vektoren $v = (x,y,z)^T \in \mathbb{R}^3$ mit $\langle v, c\rangle \geq 0$ für alle $c \in C$, also

$$\left\langle \begin{bmatrix} x \\ y \\ z \end{bmatrix}, \begin{bmatrix} 0 \\ u \\ h \end{bmatrix} \right\rangle \geq 0 \quad \text{und} \quad \left\langle \begin{bmatrix} x \\ y \\ z \end{bmatrix}, \begin{bmatrix} \cos t \\ \sin t \\ h \end{bmatrix} \right\rangle \geq 0$$

für $-1 \leq u \leq 1$ und $\pi/2 \leq t \leq 3\pi/2$. Diese Bedingungen sind genau dann erfüllt, wenn sowohl

$$zh \;\geq\; \max_{-1\leq u\leq 1} -yu \;=\; |y|$$

als auch

$$\begin{aligned} zh \;&\geq\; \max_{\pi/2\leq t\leq 3\pi/2} (-x\cos t - y\sin t) \\ &= \begin{cases} \max\Big(|y|, (y^2-x^2)/\sqrt{x^2+y^2}\Big), & \text{falls } x \leq 0 \\ \sqrt{x^2+y^2}, & \text{falls } x \geq 0 \end{cases} \end{aligned}$$

gilt, mit $h = \cot(\alpha) = \tan\big((\pi/2)-\alpha\big)$ insgesamt also

$$z\tan\big((\pi/2)-\alpha\big) \;\geq\; \begin{cases} |y|, & \text{falls } x \leq 0; \\ \sqrt{x^2+y^2}, & \text{falls } x \geq 0. \end{cases}$$

Dieser Dualkegel $C^\star$ ist die Vereinigung der rechten Hälfte des Kreiskegels $C_{(\pi/2)-\alpha}$ und der linken Hälfte einer unendlich ausgedehnten "Wanne" wie in Teil (c), deren Rand der für $x \leq 0$ gegebene Bereich zwischen zwei Ebenen ist, die sich entlang der x-Achse unter einem Winkel von $\pi - 2\alpha$ schneiden.

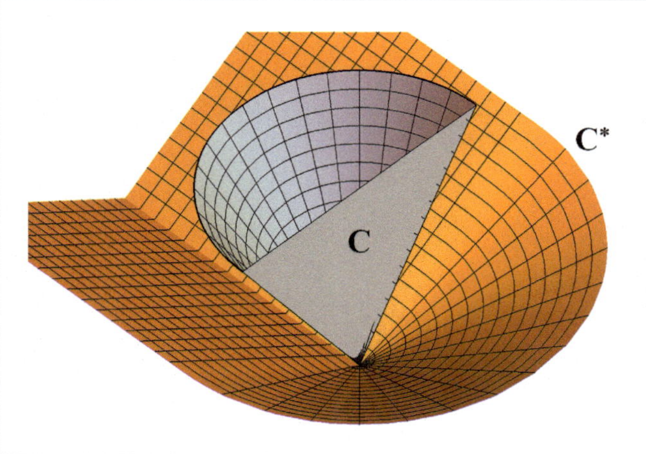

(e) Genau dann gilt $y \in C^\star$, wenn $0 \leq \langle y, Bx\rangle = y^TBx = (B^Ty)^Tx$ für alle $x \geq 0$ gilt, was genau dann der Fall ist, wenn $B^Ty \geq 0$ gilt. Also ist $C^\star = \{y \in \mathbb{R}^n \mid B^Ty \geq 0\}$.

(f) Nach Teil (e) gilt $C = D^\star$ mit $D := \{A^Tx \mid x \geq 0\}$; also ist $C^\star = D^{\star\star} = D$, d.h. $C^\star = \{A^Tx \mid x \geq 0\}$.

(g) Eine symmetrische Matrix $A \in \mathbb{R}^{n\times n}$ ist positiv semidefinit genau dann, wenn $\langle Ax, x\rangle \geq 0$ für alle $x \in \mathbb{R}^n$ gilt. Sind nun A, B positiv semidefinit und ist $\lambda \geq 0$, so haben wir $\langle(\lambda A)x, x\rangle = \lambda \cdot \langle Ax, x\rangle \geq 0$ und

$$\langle (A+B)x, x\rangle \;=\; \underbrace{\langle Ax, x\rangle}_{\geq 0} + \underbrace{\langle Bx, x\rangle}_{\geq 0} \;\geq\; 0$$

für alle $x \in \mathbb{R}^n$; also liegen auch $A+B$ und λA in C. Damit ist gezeigt, daß C ein Kegel ist. Offensichtlich ist C auch abgeschlossen, denn aus $P_n \to P$ mit $P_n \in C$ folgt $\langle Px, x\rangle = \lim_n \langle P_n x, x\rangle \geq 0$ für alle $x \in \mathbb{R}^n$ und damit $P \in C$. Wir wollen den Dualkegel $C^\star$ von C bestimmen.

Sind P und Q positiv semidefinit, so gibt es Matrizen A, B mit $P = A^TA$ und $Q = B^TB$; dann gilt $\langle\langle P, Q\rangle\rangle = \operatorname{tr}(PQ) = \operatorname{tr}(A^TAB^TB) = \operatorname{tr}(AB^TBA^T) = \operatorname{tr}\big((BA^T)^T(BA^T)\big) = \langle\langle BA^T, BA^T\rangle\rangle \geq 0$. Also gilt $\langle\langle P, Q\rangle\rangle \geq 0$ für alle $P, Q \in C$; dies zeigt $C \subseteq C^\star$.

Nun sei $A \in C^\star$; dann gilt $\langle\langle A, P\rangle\rangle \geq 0$ für alle positiv semidefiniten Matrizen P. Da dies genau die Matrizen der Form BB^T sind, bedeutet dies

$$(\star) \qquad 0 \;\leq\; \langle\langle A, BB^T\rangle\rangle \;=\; \operatorname{tr}(ABB^T) \;=\; \operatorname{tr}(B^TAB)$$

für alle $B \in \mathbb{R}^{n\times n}$. Wir führen zunächst eine Hauptachsentransformation durch, wählen also Q so, daß $Q^TAQ = \operatorname{diag}(\lambda_1, \ldots, \lambda_n)$ mit den Eigenwerten λ_i von A gilt. Ist D_i die Diagonalmatrix mit einer Eins in der (i,i)-Position und Nullen sonst, so erfüllt $B := QD_i$ die Gleichung $B^TAB = D_i^T(Q^TAQ)D_i = \operatorname{diag}(0, \ldots, 0, \lambda_i, 0, \ldots, 0)$; wegen $(\star)$ gilt dann $\lambda_i \geq 0$. Also kann A nur nichtnegative Eigenwerte haben, muß also positiv semidefinit und damit ein Element von C sein. Damit ist die Inklusion $C^\star \subseteq C$ gezeigt. Insgesamt ist damit dann die Gleichheit $C^\star = C$ nachgewiesen.

Lösung (71.12) Wir beweisen zunächst den angegebenen Hilfssatz. Es sei also $C = \mathbb{R}_0^+ w_1 + \cdots + \mathbb{R}_0^+ w_n$ ein endlich erzeugter Kegel, der keine Halbgerade ist. In der zu beweisenden Formel

$$C \;=\; \bigcap_{i=1}^{n} \big(C + \mathbb{R}_0^+(-w_i)\big)$$

ist die Inklusion $\subseteq$ trivial. Zur umgekehrten Inklusion $\supseteq$ betrachten wir ein beliebiges Element $x \in \bigcap_{i=1}^n \big(C + \mathbb{R}_0^+(-w_i)\big)$; wir müssen x als Linearkombination der w_i mit lauter nichtnegativen Koeffizienten darstellen. Da x in dem betrachteten Durchschnitt liegt, gibt es jedenfalls Darstellungen

$$\begin{array}{ccccccccc} x &=& a_{11}w_1 &+& a_{12}w_2 &+& \cdots &+& a_{1n}w_n \\ x &=& a_{21}w_1 &+& a_{22}w_2 &+& \cdots &+& a_{2n}w_n \\ & \vdots & & & & & & & \\ x &=& a_{n1}w_1 &+& a_{n2}w_2 &+& \cdots &+& a_{nn}w_n \end{array}$$

mit Koeffizienten a_{ij} derart, daß $a_{ij} \geq 0$ für $i \neq j$ gilt. Ist zufällig auch $a_{11} \geq 0$, so haben wir bereits eine Darstellung von x der gewünschten Art gefunden. Ist dagegen

$a_{11} < 0$, so gibt es wegen $a_{j1} \geq 0$ jeweils ein $t_j \in [0,1]$ mit $t_j a_{11} + (1-t_j)a_{j1} = 0$; ersetzen wir also in dem obigen Gleichungssystem für $2 \leq j \leq n$ die j-te Zeile durch die Summe des t_j-fachen der ersten Zeile und des $(1-t_j)$-fachen der j-ten Zeile, so erhalten wir ein Gleichungssystem der Gestalt

$$\begin{array}{rcl} x &=& b_{11}w_1 + b_{12}w_2 + \cdots + b_{1n}w_n \\ x &=& b_{22}w_2 + \cdots + b_{2n}w_n \\ &\vdots& \\ x &=& b_{n2}w_2 + \cdots + b_{nn}w_n \end{array}$$

(bei dem also der Vektor w_1 ab der zweiten Zeile eliminiert wurde). Ist nun der neu entstandene Koeffizient b_{22} nichtnegativ, so sind wir fertig; andernfalls wiederholen wir die Prozedur. Sollte bei keiner Wiederholung des Verfahrens eine Darstellung von x der gewünschten Form entstehen, so erhalten wir schließlich ein Gleichungssystem

$$\begin{array}{rcl} x &=& c_{11}w_1 + c_{12}w_2 + \cdots + c_{1n}w_n \\ x &=& c_{22}w_2 + \cdots + c_{2n}w_n \\ &\vdots& \\ x &=& c_{nn}w_n \end{array}$$

mit lauter negativen Koeffizienten $c_{kk} < 0$. Durch Rückwärtsrechnen sieht man, daß dann alle Vektoren w_i positive Vielfache von w_1 sind. Dies steht aber im Widerspruch zur Voraussetzung, daß C keine Halbgerade sein sollte. Damit ist der Hilfssatz bewiesen. Wir wählen nun irgendein Skalarprodukt auf V und beweisen Teil (a). Wir betrachten zunächst einen endlich erzeugten Kegel

$$C = \mathbb{R}_0^+ w_1 + \cdots + \mathbb{R}_0^+ w_n$$

und wollen zeigen, daß sich C als Durchschnitt endlich vieler Halbräume darstellen läßt. Dazu benutzen wir Induktion über n. Ist $n = 1$, so ist $C = \mathbb{R}_0^+ w_1$ eine Halbgerade. In diesem Fall ergänzen wir w_1 zu einer Basis $(w_1, v_2, \ldots, v_d)$ von V derart, daß die Vektoren $w_1, v_2, \ldots, v_d$ paarweise aufeinander senkrecht stehen. Dann gilt

$$C = w_1^\star \cap v_2^\star \cap (-v_2)^\star \cap \cdots \cap v_d^\star \cap (-v_d)^\star,$$

so daß wir C als Durchschnitt endlich vieler Halbräume dargestellt haben. Nun zum Induktionsschritt. Wir betrachten die Orthogonalprojektion auf $w_1^\perp$, die gegeben ist durch

$$p(x) = x - \frac{\langle w_1, x\rangle}{\langle w_1, w_1\rangle} w_1 .$$

Man prüft nun sofort die Gleichheit

$$C + \mathbb{R}_0^+(-w_1) = \mathbb{R}w_1 + \mathbb{R}_0^+ p(w_2) + \cdots + \mathbb{R}_0^+ p(w_n)$$

nach, aus der sich leicht die Äquivalenz

$$x \in C + \mathbb{R}_0^+(-w_1) \Leftrightarrow p(x) \in \mathbb{R}_0^+ p(w_2) + \cdots + \mathbb{R}_0^+ p(w_n)$$

ergibt. Nach Induktionsannahme gibt es nun endlich viele abgeschlossene Halbräume $H_j = h_j^\star$ $(1 \leq j \leq m)$ mit $\mathbb{R}_0^+ p(w_2) + \cdots + \mathbb{R}_0^+ p(w_n) = H_1 \cap \cdots \cap H_m$. Dann gelten aber die folgenden Äquivalenzen:

$$\begin{aligned} & x \in C + \mathbb{R}_0^+(-w_1) \\ \Leftrightarrow\ & p(x) \in H_1 \cap \cdots \cap H_m = h_1^\star \cap \cdots \cap h_m^\star \\ \Leftrightarrow\ & 0 \leq \langle p(x), h_j\rangle = \langle x, p(h_j)\rangle \quad \text{für } 1 \leq j \leq m \\ \Leftrightarrow\ & x \in p(h_1)^\star \cap \cdots \cap p(h_m)^\star . \end{aligned}$$

Also gilt $C + \mathbb{R}_0^+(-w_1) = p(h_1)^\star \cap \cdots \cap p(h_m)^\star$, so daß $C + \mathbb{R}_0^+(-w_1)$ der Schnitt endlich vieler Halbräume ist. Dies gilt dann natürlich für alle Kegel $C + \mathbb{R}_0^+(-w_i)$ mit $1 \leq i \leq n$; folglich ist auch der Durchschnitt $\bigcap_{i=1}^n (C + \mathbb{R}_0^+(-w_i))$ der Schnitt endlich vieler Halbräume. In Anbetracht des Hilfssatzes sind wir dann mit dem Induktionsbeweis fertig. Damit ist gezeigt, daß jeder endlich erzeugte Kegel sich als Durchschnitt endlich vieler abgeschlossener Halbräume darstellen läßt.

Umgekehrt sei $C = H_1 \cap \cdots \cap H_p$ der Durchschnitt endlich vieler Halbräume $H_k = (\mathbb{R}_0^+ v_k)^\star$. Nach Aufgabe (71.10)(f) gilt dann $C = (\mathbb{R}_0^+ v_1 + \cdots + \mathbb{R}_0^+ v_p)^\star$. Aufgrund der bewiesenen Implikation ist nun $\mathbb{R}_0^+ v_1 + \cdots + \mathbb{R}_0^+ v_p$ der Durchschnitt endlich vieler Halbräume $\widehat{H}_i = (\mathbb{R}_0^+ \widehat{v}_i)^\star$ mit $1 \leq i \leq q$; also gilt

$$\begin{aligned} C &= (\widehat{H}_1 \cap \cdots \cap \widehat{H}_q)^\star = \big((\mathbb{R}_0^+\widehat{v}_1)^\star \cap \cdots \cap (\mathbb{R}_0^+\widehat{v}_q)^\star\big)^\star \\ &= (\mathbb{R}_0^+\widehat{v}_1 + \cdots + \mathbb{R}_0^+\widehat{v}_q)^{\star\star} = \mathbb{R}_0^+\widehat{v}_1 + \cdots + \mathbb{R}_0^+\widehat{v}_q . \end{aligned}$$

(b) Ist $C = \mathbb{R}_0^+ v_1 + \cdots + \mathbb{R}_0^+ v_n$ endlich erzeugt, so ist $C^\star = (\mathbb{R}_0^+ v_1)^\star \cap \cdots \cap (\mathbb{R}_0^+ v_n)^\star$ der Schnitt endlich vieler Halbräume, nach Teil (a) also wieder endlich erzeugt. Ist umgekehrt $C^\star$ endlich erzeugt, so ist nach der gerade bewiesenen Implikation auch $C^{\star\star}$ endlich erzeugt; wegen $C^{\star\star} = C$ ist also C endlich erzeugt.

Lösung (71.13) Da C endlich erzeugt ist, gibt es eine Matrix mit $C = \{x \in V \mid Ax \leq 0\}$. Nach dem Lemma von Farkas (Nummer (71.33) im Buch) ist dann $C^\star = \{A^T y \mid y \geq 0\}$. Dann gilt

$$\begin{aligned} & x \in (C^\star)^\star \Leftrightarrow x^T A^T y \leq 0 \text{ für alle } y \geq 0 \\ & \Leftrightarrow x^T A^T \leq 0 \Leftrightarrow Ax \leq 0 \Leftrightarrow x \in C. \end{aligned}$$

Lösung (71.14) (a) Es seien $p, p_1, p_2 \in \mathfrak{P}$ und $\lambda \geq 0$. Für $x, y \in V$ und $\mu \geq 0$ erhalten wir

$$\begin{aligned} (p_1+p_2)(x+y) &= p_1(x+y) + p_2(x+y) \\ &\leq \big(p_1(x)+p_1(y)\big) + \big(p_2(x)+p_2(y)\big) \\ &= \big(p_1(x)+p_2(x)\big) + \big(p_1(y)+p_2(y)\big) \\ &= (p_1+p_2)(x) + (p_1+p_2)(y) \end{aligned}$$

sowie

$$\begin{aligned} (p_1+p_2)(\mu x) &= p_1(\mu x) + p_2(\mu x) = \mu p_1(x) + \mu p_2(x) \\ &= \mu\big(p_1(x) + p_2(x)\big) = \mu\,(p_1+p_2)(x); \end{aligned}$$

also gilt $p_1 + p_2 \in \mathfrak{P}$. Ferner erhalten wir

$$\begin{aligned}(\lambda p)(x+y) &= \lambda \cdot p(x+y) \le \lambda \cdot \big(p(x) + p(y)\big) \\ &= \lambda \cdot p(x) + \lambda \cdot p(y) = (\lambda p)(x) + (\lambda p)(y)\end{aligned}$$

sowie

$$\begin{aligned}(\lambda p)(\mu x) &= \lambda \cdot p(\mu x) = \lambda \cdot \big(\mu \cdot p(x)\big) \\ &= \mu \cdot \big(\lambda \cdot p(x)\big) = \mu \cdot (\lambda p)(x)\end{aligned}$$

und damit $\lambda p \in \mathfrak{P}$. Genau dann liegt p in der Kante von $\mathfrak{P}$, wenn die Abbildungen p und $-p$ beide sublinear sind, wenn also p linear ist.

(b) Für $x, y \in V$ und $\lambda \ge 0$ erhalten wir

$$\begin{aligned}p(x+y) &= \sup_{i\in I} p_i(x+y) \le \sup_{i\in I}\big(p_i(x) + p_i(y)\big) \\ &\le \sup_{i\in I} p_i(x) + \sup_{i\in I} p_i(y) = p(x) + p(y)\end{aligned}$$

und

$$\begin{aligned}p(\mu x) &= \sup_{i\in I} p_i(\mu x) = \sup_{i\in I} \mu\, p_i(x) \\ &= \mu \cdot \sup_{i\in I} p_i(x) = \mu \cdot p(x);\end{aligned}$$

also gilt $p \in \mathfrak{P}$.

Lösung (71.15) Aus der Definition der Konvexität einer Funktion folgt sofort, daß der Graph von f unterhalb der Strecken BC und CE verlaufen muß. Gäbe es einen Punkt P des Graphen von f unterhalb der Strecke AC, so müßte der Graph von f aufgrund der Konvexität von f unterhalb der Strecke PE verlaufen; das ist aber nicht der Fall, weil der Punkt C zum Graphen von f gehört.

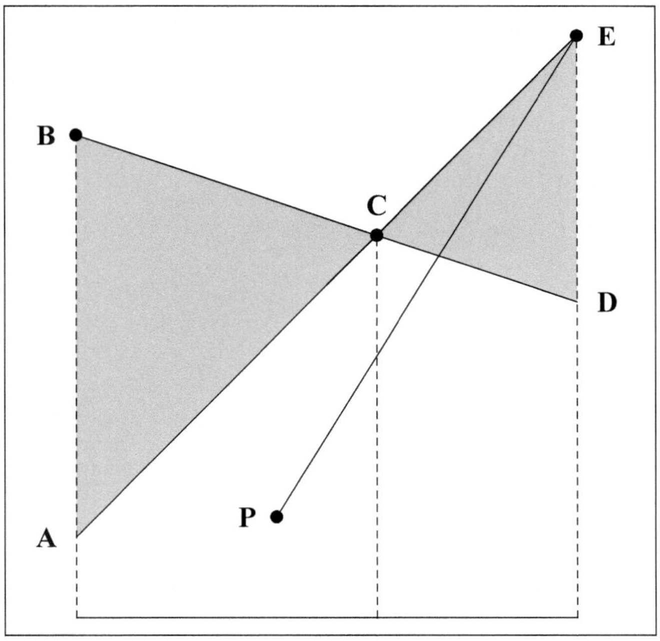

Analog schließt man aus, daß es einen Punkt des Graphen von f unterhalb der Strecke CD gibt. Damit ist gezeigt, daß der Graph von f ganz innerhalb des schraffierten Bereichs verlaufen muß.

Lösung (71.16) (1)⇒(2). Es seien $a, b \in I$. Ist f konvex (bzw. strikt konvex), so gilt die Ungleichung $f\big((1-\lambda)a + \lambda b\big) \le (1-\lambda)f(a) + \lambda f(b)$ (bzw. die entsprechende strikte Ungleichung) für alle $\lambda \in (0,1)$, insbesondere also für $\lambda = 1/2$.

(2)⇒(3). Gilt (2), so gilt (3) mit $\theta := 1/2$.

(3)⇒(4). Gilt (3), so wähle $\varepsilon := \min(\theta, 1-\theta)$; für gegebene Zahlen $a < b$ erfüllt dann $\xi := (1-\theta)a + \theta b$ die Bedingung ($\star$).

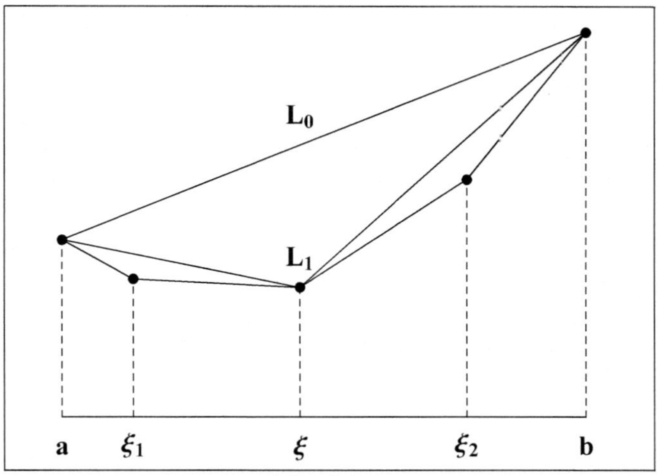

Beweis der Implikation (4)⇒(1).

(4)⇒(1). Es seien $a < x < b$ Zahlen in I; wir wollen zeigen, daß der Punkt $\big(x, f(x)\big)$ (strikt) unterhalb des Liniensegments L_0 zwischen $\big(a, f(a)\big)$ und $\big(b, f(b)\big)$ liegt. Wir wenden Bedingung (4) zunächst auf das Intervall $[a, b]$ an und finden eine Zahl ξ mit der angegebenen Eigenschaft. Im zweiten Schritt wenden wir Bedingung (4) auf jedes der beiden Intervalle $[a, \xi]$ und $[\xi, b]$ an und erhalten dann Zahlen ξ_1 und ξ_2 mit der angegebenen Eigenschaft. Wir bezeichnen mit L_1 die Vereinigung der Liniensegmente von $\big(a, f(a)\big)$ nach $\big(\xi, f(\xi)\big)$ sowie von $\big(\xi, f(\xi)\big)$ nach $\big(b, f(b)\big)$.

Fahren wir in dieser Weise fort, so erhalten wir im n-ten Schritt eine Unterteilung des Intervalls $[a, b]$ in 2^n Teilintervalle $I_k^{(n)}$. Jeder der auftretenden Unterteilungspunkte $\xi_k^{(n)}$ mit $1 \le k \le 2^n - 1$ erfüllt dann die in (4) angegebene Beziehung bezüglich seiner beiden Nachbarpunkte (die jeweils im vorherigen Schritt gewählt wurden); ferner setzen wir $\xi_0^{(n)} := a$ und $\xi_{2^n}^{(n)} := b$. Da die Vereinigung dieser Intervalle ganz $[a, b]$ ist, gilt $x \in I_{k_n}^{(n)}$ für einen Index n. Da sich nach Voraussetzung durch Einziehen eines Zwischenpunkts $\xi_k^{(n)}$ die Länge des momentanen Intervalls mindestens um den Faktor $1 - \varepsilon$ verkleinert, bilden die Intervalle $I_{k_n}^{(n)}$ eine Intervallschachtelung, die auf den Punkt x zusammenschrumpft. Da nach Konstruktion jeder der Punkte $\big(\xi_{k_n}^{(n)}, f(\xi_{k_n}^{(n)})\big)$ unterhalb von L_1 liegt und damit (strikt) unterhalb von L_0, gilt dies auch für den Punkt $\big(x, f(x)\big)$, denn wir haben $\xi_{k_n}^{(n)} \to x$ und aufgrund der Stetigkeit von f auch $f(\xi_{k_n}^{(n)}) \to f(x)$ für $n \to \infty$. Da die

Zahlen $a < x < b$ beliebig gewählt waren, ist damit die (strikte) Konvexität von f gezeigt.

Lösung (71.17) Die angegebene Determinante ist

$$(x_2 - x_1)\big(f(x_3) - f(x_1)\big) - (x_3 - x_1)\big(f(x_2) - f(x_1)\big);$$

sie ist genau dann nichtnegativ, wenn

$$\frac{f(x_2) - f(x_1)}{x_2 - x_1} \leq \frac{f(x_3) - f(x_1)}{x_3 - x_1}$$

gilt. Die Behauptung folgt nun sofort aus der in Satz (71.47) gegebenen Charakterisierung konvexer Funktionen (ebenso wie die entsprechende Aussage, daß die Determinante für alle $x_1 < x_2 < x_3$ strikt positiv ist, wenn f strikt konvex ist).

Lösung (71.18) Jede Funktion der Form $x \mapsto x^2 + c$ ist strikt konvex als Summe der strikt konvexen Funktion $x \mapsto x^2$ und einer konstanten (und damit trivialerweise konvexen) Funktion; also sind $f(x) := x^2 - 1$ und $g(x) := x^2 + 1$ strikt konvex auf ganz $\mathbb{R}$. Die Funktionen f^2, f/g und $g \circ f$ sind gegeben durch $f(x)^2 = x^4 - 2x^2 + 1$ sowie $f(x)/g(x) = 1 - \big(2/(x^2+1)\big)$ und $g\big(f(x)\big) = x^4 - 2x^2 + 2$. Keine dieser Funktionen ist konvex, wie man sofort an den Graphen dieser Funktionen abliest.

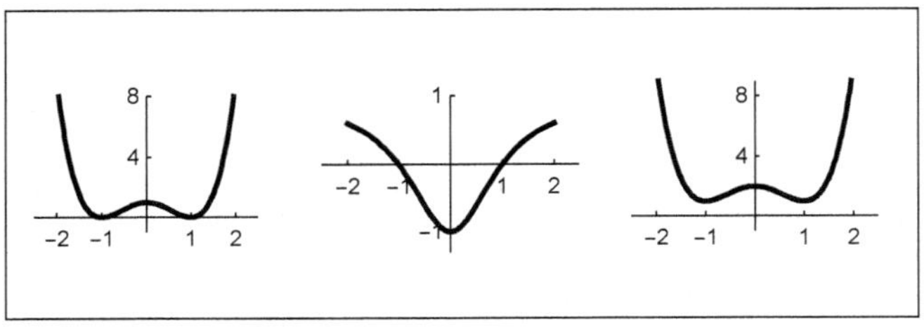

Bemerkung: Diese Aufgabe zeigt, daß das Produkt, der Quotient und die Hintereinanderausführung (sogar strikt) konvexer Funktionen nicht wieder konvex sein muß.

Lösung (71.19) Wir müssen zeigen, daß aus $0 \leq a < x < b$ stets $(x^p - a^p)/(x-a) < (b^p - a^p)/(b-a)$ folgt. Für $a = 0$ ist dies trivial, denn die Bedingung $x^{p-1} < b^{p-1}$ folgt aus der strengen Monotonie der Abbildung $u \mapsto u^{p-1}$. Wir dürfen also $0 < a < b$ voraussetzen, wollen also die strenge Konvexität von f auf dem Intervall $[a,b]$ zeigen. Dazu benutzen wir die Implikation (4)$\Rightarrow$(1) in Aufgabe (71.16). Wir behaupten dazu, daß das geometrische Mittel $\xi := \sqrt{ab}$ die Bedingung (4) in Aufgabe (71.16) erfüllt. Wir beweisen zunächst die Ungleichung

$$(\star) \qquad \frac{f(\xi) - f(a)}{\xi - a} < \frac{f(b) - f(a)}{b - a}$$

und schreiben dazu $\sigma := \sqrt{b/a}$. Wir haben dann $\xi = \sigma a$ sowie $b = \sigma^2 a$ und können die zu beweisende Ungleichung $(\star)$ folgendermaßen äquivalent umformen:

$$\begin{aligned} & \frac{\sigma^p a^p - a^p}{\sigma a - a} < \frac{\sigma^{2p} a^p - a^p}{\sigma^2 a - a} \iff \frac{a^p(\sigma^p - 1)}{a(\sigma - 1)} < \frac{a^p(\sigma^{2p} - 1)}{a(\sigma^2 - 1)} \\ \iff & \frac{\sigma^p - 1}{\sigma - 1} < \frac{\sigma^{2p} - 1}{\sigma^2 - 1} \iff \frac{\sigma^p - 1}{\sigma - 1} < \frac{(\sigma^p - 1)(\sigma^p + 1)}{(\sigma - 1)(\sigma + 1)} \\ \iff & \sigma + 1 < \sigma^p + 1 \iff \sigma < \sigma^p \iff 1 < \sigma^{p-1}, \end{aligned}$$

und diese letzte Aussage trifft zu, denn wegen $\sigma > 1$ und $p > 1$ gilt $\sigma^{p-1} > 1$.

Um die Voraussetzung von Bedingung (4) in Aufgabe (71.16) zu überprüfen, müssen wir nun noch zeigen, daß es eine Zahl $\varepsilon \in (0, 1/2]$ gibt mit $a + \varepsilon(b-a) \leq \xi \leq b - \varepsilon(b-a)$, also $(\xi - a)/(b-a) \geq \varepsilon$ und $(b - \xi)/(b-a) \geq \varepsilon$. Wähle $\alpha, \beta > 0$ mit $\alpha < a < b < \beta$. Dann gilt einerseits

$$\frac{\xi - a}{b - a} = \frac{\sqrt{ab} - a}{b - a} = \frac{\sqrt{a}(\sqrt{b} - \sqrt{a})}{b - a} = \frac{\sqrt{a}}{\sqrt{b} + \sqrt{a}} \geq \frac{\sqrt{\alpha}}{2\sqrt{\beta}},$$

andererseits

$$\begin{aligned} \frac{b - \xi}{b - a} &= \frac{b - \sqrt{ab}}{b - a} = \frac{\sqrt{b}(\sqrt{b} - \sqrt{a})}{b - a} \\ &= \frac{\sqrt{b}}{\sqrt{b} + \sqrt{a}} \geq \frac{1}{2} \geq \frac{\sqrt{\alpha}}{2\sqrt{\beta}}. \end{aligned}$$

Die Behauptung ist also mit $\varepsilon := \sqrt{\alpha}/(2\sqrt{\beta})$ erfüllt.

Lösung (71.20) Für alle $x, y \in I$ und alle $t \in (0,1)$ gilt wegen der Konvexität von f die Ungleichung

$$(1) \qquad f\big((1-t)x + ty\big) \leq (1-t)f(x) + tf(y).$$

Wegen des monotonen Wachstums von g folgt hieraus

$$(2) \qquad g\Big(f\big((1-t)x + ty\big)\Big) \leq g\big((1-t)f(x) + tf(y)\big),$$

und wegen der Konvexität von g gilt

$$(3) \quad g\big((1-t)f(x) + tf(y)\big) \leq (1-t)g\big(f(x)\big) + tg\big(f(y)\big).$$

Die Ungleichungen (2) und (3) zusammen liefern die Ungleichung $g\Big(f\big((1-t)x + ty\big)\Big) \leq (1-t)g\big(f(x)\big) + tg\big(f(y)\big)$; das heißt aber gerade

$$(4) \quad (g \circ f)\big((1-t)x + ty\big) \leq (1-t)(g \circ f)(x) + t\,(g \circ f)(y)\ ,$$

was die Konvexität von $g \circ f$ zeigt. Ist f strikt konvex, so gilt in (1) die strikte Ungleichung. Ist zusätzlich g streng monoton wachsend oder strikt konvex, so gilt in (2) oder in (3) und damit auch in (4) sogar die strikte Ungleichung, so daß unter den genannten Voraussetzungen $g \circ f$ sogar strikt konvex ist.

Lösung (71.21) (a) Diese Aussage ist falsch. Beispielsweise sind die Funktionen $f(x) = x^2 - 1$ und $g(x) = x^2$ auf ganz $\mathbb{R}$ strikt konvex, aber das Produkt $(fg)(x) = x^4 - x^2$ ist nicht konvex. (Vgl. Aufgabe (71.18).)

(b) Diese Aussage ist richtig. Ist (f_i) eine Familie konvexer Funktionen und ist $f := \sup_i f_i$ das argumentweise definierte Supremum, so gilt für alle Argumente x, y und alle Zahlen $0 < \lambda < 1$ die Abschätzung

$$\begin{aligned} f\big(\lambda x + (1-\lambda)y\big) &= \sup_{i\in I} f_i\big(\lambda x + (1-\lambda)y\big) \\ &\leq \sup_i \big(\lambda f_i(x) + (1-\lambda)f_i(y)\big) \\ &\leq \lambda \sup_{i\in I} f_i(x) + (1-\lambda)\sup_i f_i(y)\big) \\ &= \lambda f(x) + (1-\lambda)f(y). \end{aligned}$$

(c) Diese Aussage ist falsch. Auf dem Intervall $I = (-1, 1)$ ist beispielsweise jede der Funktionen $f_k(x) = -x^{2k}$ mit $k \in \mathbb{N}$ strikt konvex, aber das punktweise Supremum $f(x) := \sup_{k\in\mathbb{N}} f_k(x)$ ist die Nullfunktion und daher nicht mehr strikt konvex. Die Aussage stimmt aber, wenn wir nur endliche Familien von Funktionen betrachten. Sind nämlich $f_1, \ldots, f_n$ strikt konvexe Funktionen und ist $\varphi := \max_{1\leq i\leq n} f_i(x)$, so gilt für gegebene Argumente x, y und eine gegebene Zahl $0 < \lambda < 1$ für jeden Index i die Abschätzung

$$\begin{aligned} f_i\big(\lambda x + (1-\lambda)y\big) &< \lambda f_i(x) + (1-\lambda)\, f_i(x) \\ &\leq \lambda\varphi(x) + (1-\lambda)\,\varphi(x), \end{aligned}$$

und $\varphi(\lambda x + (1-\lambda)y)$ ist einer der Werte $f_i\big(\lambda x + (1-\lambda)y\big)$, die auf der linken Seite dieser Ungleichungen auftreten.

(d) Diese Aussage ist falsch; nicht einmal das Minimum zweier strikt konvexer Funktionen muß konvex sein, wie man etwa am Beispiel der Funktionen $f(x) = x^2$ und $g(x) = (x-1)^2$ sieht.

(e) Dies ist falsch, wie schon in Teil (d) gezeigt.

(f) Diese Aussage ist falsch. Beispielsweise sind die Funktionen $f(x) = x^2 - 1$ und $g(x) = x^2$ (sogar strikt) konvex auf ganz $\mathbb{R}$, aber $(g\circ f)(x) = (x^2-1)^2 = x^4 - 2x^2 + 1$ ist nicht konvex. (Vgl. Aufgabe (71.18).)

(g) Diese Aussage ist falsch, wie man sofort anhand der unten skizzierten Funktion sieht.

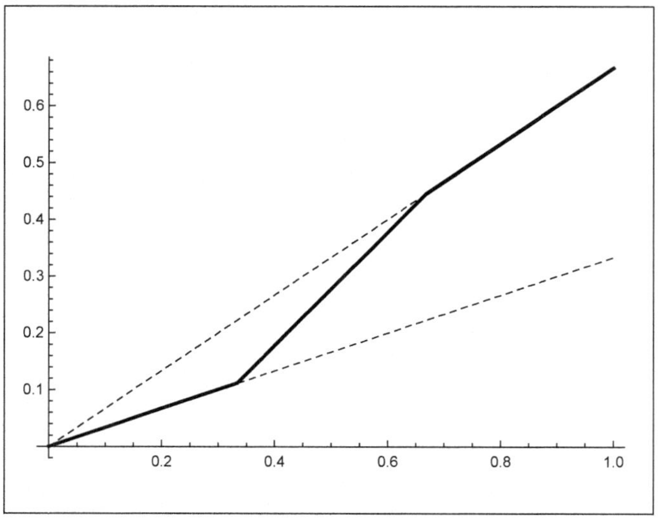

Lösung (71.22) Es seien $a, b \in I$ mit $a < b$ und $t \in (0, 1)$. Dann gilt

$$\begin{aligned} (fg)\big(ta + (1-t)\big) &= f\big(ta + (1-t)b\big)\cdot g\big(ta + (1-t)b\big) \\ &\leq \big(tf(a) + (1-t)f(b)\big)\cdot\big(tg(a) + (1-t)g(b)\big) \\ &= t^2 f(a)g(a) + (1-t)^2 f(b)g(b) \\ &\qquad + t(1-t)f(b)g(a) + t(1-t)f(a)g(b) \\ &= t\,f(a)g(a) + (1-t)\,f(b)g(b) \\ &\qquad + (t^2-t)\,f(a)g(a) + (t^2-t)\,f(b)g(b) \\ &\qquad - (t^2-t)\,f(b)g(a) - (t^2-t)\,f(a)g(b) \\ &= t\,(fg)(a) + (1-t)\,(fg)(b) \\ &\qquad + \underbrace{(t^2-t)}_{<0}\underbrace{\big(f(a)-f(b)\big)\big(g(a)-g(b)\big)}_{\geq 0} \\ &\leq t\,(fg)(a) + (1-t)(fg)(b). \end{aligned}$$

Dies zeigt, daß fg konvex ist. Sind f und g beide streng konvex, so ist die Ungleichung beim Übergang von der ersten zur zweiten Zeile strikt; sind f und g beide streng monoton, so ist die Ungleichung beim Übergang von der vorletzten zur letzten Zeile strikt. In diesen beiden Fällen ist daher fg sogar strikt konvex.

Lösung (71.23) (a) Die Behauptung besagt, daß für konvexe Funktionen $f, g : X \to \mathbb{R}$ und eine Zahl $\lambda \geq 0$ auch die Funktionen $f + g$ und λf konvex sind; das wurde in Satz (71.38)(a) im Buch bewiesen.

(b) Für $p, q \in X$ und $0 < \theta < 1$ erhalten wir

$$\begin{aligned} &(f+g)\big(\theta p + (1-\theta)q\big) \\ &= \underbrace{f\big(\theta p + (1-\theta)q\big)}_{\leq \theta f(p)+(1-\theta)f(q)} + \underbrace{g\big(\theta p + (1-\theta)q\big)}_{<\theta g(p)+(1-\theta)g(q)} \\ &< \big(\theta f(p) + (1-\theta)f(q)\big) + \big(\theta g(p) + (1-\theta)g(q)\big) \\ &= \theta\big(f(p) + g(p)\big) + (1-\theta)\big(f(q) + g(q)\big) \\ &= \theta(f+g)(p) + (1-\theta)(f+g)(q); \end{aligned}$$

also ist $f + g$ strikt konvex. Ferner ist für $\lambda > 0$ auch λg strikt konvex, denn für $p, q \in X$ und $0 < \theta < 1$ gilt

$$\begin{aligned} &(\lambda g)\big(\theta p + (1-\theta)q\big) \\ &= \lambda\cdot g\big(\theta p + (1-\theta)q\big) \\ &< \lambda\cdot\big(\theta\, g(p) + (1-\theta)\, g(q)\big) \\ &= \theta\cdot(\lambda g)(p) + (1-\theta)\cdot(\lambda g)(q). \end{aligned}$$

Lösung (71.24) (a) Wegen der Bijektivität von f ist f sogar streng monoton fallend; dann ist auch f^{-1} streng monoton fallend. Es seien nun $s, t > 0$ mit $s + t = 1$. Dann gilt $f(sx + ty) \leq sf(x) + tf(y)$ für alle $x \neq y$ in I, wegen der Monotonie von f^{-1} also $sx + ty \geq f^{-1}\big(sf(x) + ft(y)\big)$ für alle $x \neq y$ in I bzw. $sf^{-1}(\xi) + tf^{-1}(\eta) \geq f^{-1}(s\xi + t\eta)$ für alle $\xi, \eta \in J$. Das bedeutet, daß f^{-1} konvex ist. Ist f

sogar strikt konvex, so sind die obigen Ungleichungen jeweils strikt, so daß f^{-1} in diesem Fall sogar strikt konvex ist.

(b) Der Beweis ist völlig analog zu demjenigen in Teil (a); wir müssen nur ausnutzen, daß in diesem Fall f (und damit auch f^{-1}) streng monoton wachsend ist.

Lösung (71.25) Wir benutzen Induktion über n, wobei der Fall $n = 1$ trivial ist (und der Fall $n = 2$ einfach die Definition von Konvexität). Die Behauptung sei richtig für ein $n \in \mathbb{N}$. Wir betrachten nun $x_1, \ldots, x_{n+1} \in I$ und $\lambda_1, \ldots, \lambda_{n+1} \geq 0$ mit $\sum_{i=1}^{n+1} \lambda_i = 1$. Ist $\lambda_{n+1} = 1$, so haben wir $\lambda_1 = \cdots = \lambda_n = 0$, und die Aussage gilt trivialerweise. Es sei also $\lambda_{n+1} < 1$. Dann gilt

$$\begin{aligned} & f(\lambda_1 x_1 + \cdots + \lambda_n x_n + \lambda_{n+1} x_{n+1}) \\ &= f\left((1-\lambda_{n+1})\left(\frac{\lambda_1 x_1 + \cdots + \lambda_n x_n}{1-\lambda_{n+1}}\right) + \lambda_{n+1} x_{n+1}\right) \\ &\leq (1-\lambda_{n+1}) f\left(\frac{\lambda_1 x_1 + \cdots + \lambda_n x_n}{1-\lambda_{n+1}}\right) + \lambda_{n+1} f(x_{n+1}) \\ &\leq (1-\lambda_{n+1}) \sum_{i=1}^{n} \frac{\lambda_i}{1-\lambda_{n+1}} f(x_i) + \lambda_{n+1} f(x_{n+1}) \\ &= \lambda_1 f(x_1) + \cdots + \lambda_n f(x_n) + \lambda_{n+1} f(x_{n+1}). \end{aligned}$$

Dabei gilt die erste Ungleichung aufgrund der Konvexität von f, die zweite aufgrund der Induktionsannahme. Die Induktionsannahme ist dabei anwendbar, weil die Zahlen $\mu_i := \lambda_i/(1-\lambda_{n+1})$ nichtnegativ sind und die Bedingung $\sum_{i=1}^{n} \mu_i = (\sum_{i=1}^{n} \lambda_i)/(1-\lambda_{n+1}) = 1$ erfüllen.

Lösung (71.26) Es seien $x_1, x_2 \in X$ beliebig, aber fest gewählt. Wir geben uns $\varepsilon > 0$ beliebig vor. Nach Definition des Supremums gibt es dann Elemente $y_1, y_2 \in Y$ mit $f(x_1, y_1) \geq \sup_y f(x_1, y) - \varepsilon$ und $f(x_2, y_2) \geq \sup_y f(x_2, y) - \varepsilon$. Für alle $\alpha \in [0,1]$ gilt dann

$$\begin{aligned} & \alpha\,\varphi(x_1) + (1-\alpha)\,\varphi(x_2) \\ &= \alpha \sup_{y\in Y} f(x_1, y) + (1-\alpha) \sup_{y \in Y} f(x_2, y) \\ &\leq \alpha \cdot \big(f(x_1, y_1) + \varepsilon\big) + (1-\alpha) \cdot \big(f(x_2, y_2) + \varepsilon\big) \\ &= \alpha\, f(x_1, y_1) + (1-\alpha)\, f(x_2, y_2) + \varepsilon \\ &\leq f\big(\alpha\,(x_1, y_1) + (1-\alpha)\,(x_2, y_2)\big) + \varepsilon \\ &= f\big(\alpha\, x_1 + (1-\alpha) x_2,\ \alpha\, y_1 + (1-\alpha) y_2\big) + \varepsilon \\ &\leq \sup_{y\in Y} f\big(\alpha\, x_1 + (1-\alpha) x_2,\ y\big) + \varepsilon \\ &= \varphi\big(\alpha\, x_1 + (1-\alpha) x_2\big) + \varepsilon, \end{aligned}$$

wobei wir beim Übergang von der vierten zur fünften Zeile die Konkavität von f in der kombinierten Variablen (x, y) ausnutzten. Da $\varepsilon > 0$ beliebig war, gilt $\alpha\,\varphi(x_1) + (1-\alpha)\,\varphi(x_2) \leq \varphi\big(\alpha\, x_1 + (1-\alpha) x_2\big)$. Da $x_1, x_2 \in X$ und $\alpha \in [0,1]$ beliebig waren, ist damit die Konkavität von φ gezeigt.

Aufgaben zu »Konvexgeometrie« siehe Seite 40

Lösung (71.27) (a) Die Funktion f ist konvex und damit automatisch stetig, nimmt also auf dem Kompaktum X ihr Infimum m an. Also ist $K = \{x \in X \mid f(x) = m\}$ nicht leer. Diese Menge ist beschränkt (als Teilmenge der beschränkten Menge X) und abgeschlossen (als Urbild der abgeschlossenen Menge $\{m\}$ unter der stetigen Abbildung f), also kompakt. Ferner ist K konvex; sind nämlich $x_1, \ldots, x_n$ Elemente von K und $\lambda_1, \ldots, \lambda_n \geq 0$ Zahlen mit $\sum_{i=1}^{n} \lambda_i = 1$, so gilt zunächst $\sum_{i=1}^{n} \lambda_i x_i \in X$ (denn X ist konvex) und dann

$$\begin{aligned} m &= \min_{x\in X} f(x) \leq f\Big(\sum_{i=1}^{n} \lambda_i x_i\Big) \leq \sum_{i=1}^{n} \lambda_i f(x_i) \\ &= \sum_{i=1}^{n} \lambda_i m = \Big(\sum_{i=1}^{n} \lambda_i\Big) m = m \end{aligned}$$

und damit $f(\sum_{i=1}^{n} \lambda_i x_i) = m$, folglich $\sum_{i=1}^{n} \lambda_i x_i \in K$.

(b) Es sei ξ ein Extrempunkt von K. Wäre ξ kein Extrempunkt von X, so gäbe es $p, q \in X$ und $0 < \theta < 1$ mit $\xi = \theta p + (1-\theta) q$. Dann wäre

$$m = f(\xi) = f\big(\theta p + (1-\theta) q\big) = \theta \underbrace{f(p)}_{\geq m} + (1-\theta) \underbrace{f(q)}_{\geq m} \geq m,$$

was nur erfüllbar ist mit $f(p) = f(q) = m$, also $p, q \in K$. Dann wäre aber ξ ein Punkt im Innern des Liniensegments $[p, q]$ mit Endpunkten in K, was der Voraussetzung von ξ als Extrempunkt von K widerspricht.

Da K mindestens einen Extrempunkt besitzt und dieser (wie gerade gesehen) automatisch ein Extrempunkt von X ist, nimmt die Funktion f also ihr Minimum in mindestens einem Extrempunkt von X an.

(c) Die beiden folgenden Diagramme zeigen zwei einfache Gegenbeispiele (in denen jeweils X ein reelles Intervall ist).

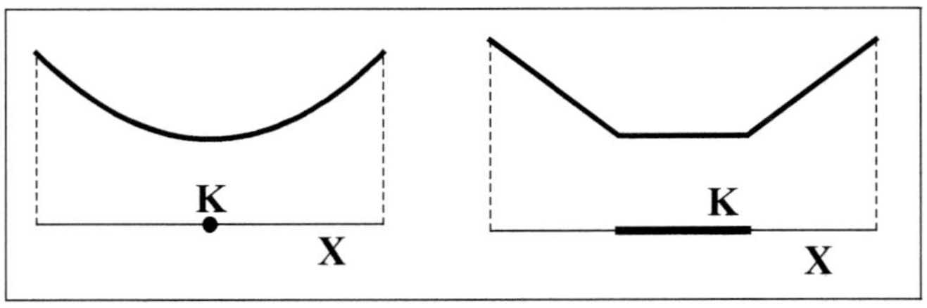

Lösung (71.28) Die zu bestimmenden Größen sind die Mengen x_i; natürlich muß $x_i \geq 0$ für $1 \leq i \leq n$ gelten. Daß für jeden Nährstoff die notwendige Mindestmenge zugeführt wird, bedeutet

$$a_{i1} x_1 + a_{i2} x_2 + \cdots + a_{in} x_n \geq b_i \quad \text{für } 1 \leq i \leq m.$$

Die Gesamtkosten der Diät belaufen sich auf $c_1 x_1 + \cdots + c_n x_n$. Fassen wir die Größen c_i, x_i und b_j zu Vektoren $c \in \mathbb{R}^n$, $x \in \mathbb{R}^n$ bzw. $b \in \mathbb{R}^m$ und die Größen a_{ij} zu einer Matrix $A \in \mathbb{R}^{m \times n}$ zusammen, so läßt sich die zu lösende Optimierungsaufgabe folgendermaßen formulieren (wobei die für Vektoren formulierten Ungleichungen komponentenweise zu verstehen sind): Minimiere $c^T x$ unter den Nebenbedingungen $x \geq 0$ und $Ax \geq b$.

Lösung (71.29) Die zu bestimmenden Größen sind die Produktionsmengen x_{ij}; natürlich muß $x_{ij} \geq 0$ für $1 \leq i \leq m$ und $1 \leq j \leq n$ gelten. Daß die Kapazität und der maximale Energieverbrauch in der j-ten Fabrik nicht überschritten werden, bedeutet

$$(\star) \qquad \begin{aligned} e_{i1}x_{i1} + e_{i2}x_{i2} + \cdots + e_{in}x_{in} &\leq e_i, \\ k_{i1}x_{i1} + k_{i2}x_{i2} + \cdots + k_{in}x_{in} &\leq k_i. \end{aligned}$$

Der Reingewinn bei der Produktion ist

$$(\star\star) \qquad \sum_{j=1}^{n} \left(\sum_{i=1}^{m} (p_j - c_{ij}) x_{ij} \right).$$

Das zu lösende Optimierungsproblem besteht also darin, den Ausdruck $(\star\star)$ unter all denjenigen Zahlen $x_{ij} \geq 0$ zu maximieren, die die Bedingungen $(\star)$ erfüllen.

Lösung (71.30) Natürlich muß $x_{ij} \geq 0$ für alle Indices $1 \leq i \leq m$ und $1 \leq j \leq n$ gelten. Da der Bedarf aller Abnehmer erfüllt werden soll, müssen die Gleichungen

$$(1) \qquad \sum_{i=1}^{m} x_{ij} = b_j \quad (1 \leq j \leq n)$$

gelten. Da nicht eine größere Menge des Gutes transportiert werden kann, als tatsächlich vorhanden ist, muß

$$(2) \qquad \sum_{j=1}^{n} x_{ij} \leq a_i \quad (1 \leq i \leq m)$$

gelten. Aus (1) und (2) folgt dann die notwendige Bedingung

$$(\star) \qquad \sum_{i=1}^{m} a_i \geq \sum_{i=1}^{m} \sum_{j=1}^{n} x_{ij} = \sum_{j=1}^{n} b_j.$$

Zu minimieren sind die Gesamttransportkosten; diese sind gegeben durch den Ausdruck $\sum_{i=1}^{m} \sum_{j=1}^{n} c_{ij}x_{ij}$. Dabei ist es keine Beschränkung der Allgemeinheit, wenn man in $(\star)$ sogar Gleichheit fordert, denn man kann immer einen fiktiven weiteren Abnehmer $n+1$ einführen mit der Eigenschaft, daß der Transport von jedem Lager aus zu diesem Abnehmer kostenlos ist, daß also $x_{i,n+1} = 0$ für $1 \leq i \leq m$ gilt. Transporte zu diesem Abnehmer sind dann äquivalent dazu, die fraglichen Mengen einfach nicht zu transportieren, sondern im jeweiligen Lager zu lassen; das neue Problem ist daher äquivalent zu der ursprünglichen Aufgabe.

Lösung (71.31) Wir führen die folgenden Bezeichnungen ein:

a := Anzahl der Fahrten nach P_1 mit L_1;
b := Anzahl der Fahrten nach P_1 mit L_2;
c := Anzahl der Fahrten nach P_2 mit L_1;
d := Anzahl der Fahrten nach P_2 mit L_2;

natürlich gelten dann die Bedingungen $a \geq 0$, $b \geq 0$, $c \geq 0$ und $d \geq 0$. Die Bedingungen für die Liefermengen sind $100a + 400b \geq 60\,000$ und $100c + 400d \geq 40\,000$, also $a + 4b \geq 600$ und $c + 4d \geq 400$. Wir benutzen Ungleichungen statt Gleichungen, weil evtl. bei der letzten Fahrt der Wagen nicht voll beladen werden muß (was äquivalent dazu ist, daß der Wagen voll beladen wird und damit etwas mehr als die tatsächlich benötigte Anzahl an Kisten transportiert). Die Beschränkungen für die Anzahl der Fahrten lauten $a + c \leq 300$ und $b + d \leq 200$. Die Kosten in EUR belaufen sich auf $50a + 100b + 150c + 300d = 50 \cdot (a + 2b + 3c + 6d)$; unter den angegebenen Nebenbedingungen ist also der Ausdruck

$$(\star) \qquad a + 2b + 3c + 6d$$

zu minimieren, wobei natürlich nur ganzzahlige Lösungen sinnvoll sind. Damit ist die Textaufgabe als ein rein mathematisches Problem formuliert: Minimiere $(\star)$ in $\mathbb{Z}^4$ unter den Nebenbedingungen

$$\begin{aligned} &a \geq 0, \quad b \geq 0, \quad c \geq 0, \quad d \geq 0, \\ &a+4b \geq 600, \quad c+4d \geq 400, \quad a+c \leq 300, \quad b+d \leq 200. \end{aligned}$$

Lösung (71.32) Die Bedingung $2 \leq x_1 \leq 3$ bedeutet $x_1 = 2 + u_1$ und $x_1 = 3 - u_2$ mit zwei Hilfsvariablen $u_1, u_2 \geq 0$, die die Kompatibilitätsbedingung $2 + u_1 = 3 - u_2$ erfüllen müssen, also

$$u_1 + u_2 = 1.$$

Die Bedingung $x_2 \geq -4$ bedeutet $x_2 = -4 + u_3$ mit $u_3 \geq 0$. Für x_3 ist keine numerische Beschränkung vorgegeben; wir schreiben also $x_3 = u_4 - u_5$ mit $u_4, u_5 \geq 0$. Setzen wir diese Ausdrücke in die restlichen Bedingungen ein, so erhalten wir

$$\begin{aligned} 3u_1 - 2u_3 &\geq -6, \\ u_1 + u_3 + u_4 - u_5 &\leq 6, \\ 9u_1 - 8u_3 + 7u_4 - 7u_5 &= -49. \end{aligned}$$

Der zu minimierende Ausdruck ist $5u_1 + 6u_3 - 7u_4 - 7u_5 - 14$; äquivalent dazu ist also der Ausdruck

$$-5u_1 - 6u_3 - 7u_4 + 7u_5$$

zu maximieren. Damit sind wir (nach Einführung weiterer Schlupfvariablen) in der Lage, das Problem in der gewünschten Standardform zu formulieren.

(a) Maximiere $-5u_1 - 6u_3 - 7u_4 + 7u_5$ unter den Nebenbedingungen $u_i \geq 0$ für $1 \leq i \leq 7$ sowie

$$\begin{aligned} u_1 + u_2 &= 1, \\ 3u_1 - 2u_3 - u_6 &= -6, \\ u_1 + u_3 + u_4 - u_5 + u_7 &= 6, \\ 9u_1 - 8u_3 + 7u_4 - 7u_5 &= -49. \end{aligned}$$

Aufgaben zu »Konvexgeometrie« siehe Seite 40

(b) Maximiere $-5u_1 - 6u_3 - 7u_4 + 7u_5$ unter den Nebenbedingungen $u_i \geq 0$ für $1 \leq i \leq 5$ sowie

$$\begin{aligned} u_1 + u_2 &\leq 1, \\ -u_1 - u_2 &\leq -1, \\ -3u_1 + 2u_3 &\leq 6, \\ u_1 + u_3 + u_4 - u_5 &\leq 6, \\ 9u_1 - 8u_3 + 7u_4 - 7u_5 &\leq -49, \\ -9u_1 + 8u_3 - 7u_4 + 7u_5 &\leq 49. \end{aligned}$$

Ist das auf Normalform transformierte Problem gelöst (sind also optimale Werte für die u_i gefunden), so erhält man eine Lösung des ursprünglichen Optimierungsproblems durch die Setzungen $x_1 := 2 + u_1$, $x_2 := -4 + u_3$ uns $x_3 := u_4 - u_5$.

Lösung (71.33) Wir zeichnen jeweils den zulässigen Bereich (grau markiert) und einige Höhenlinien $f(x, y) = C$ der zu optimierenden Funktion $f(x, y) = x + y$; es ist dann an der Zeichnung direkt ablesbar, wo das Minimum bzw. Maximum von f unter den angegebenen Nebenbedingungen angenommen wird.

(a) Das Maximum wird an der Stelle $(2, 2)$, das Minimum an der Stelle $(0, 0)$ angenommen.

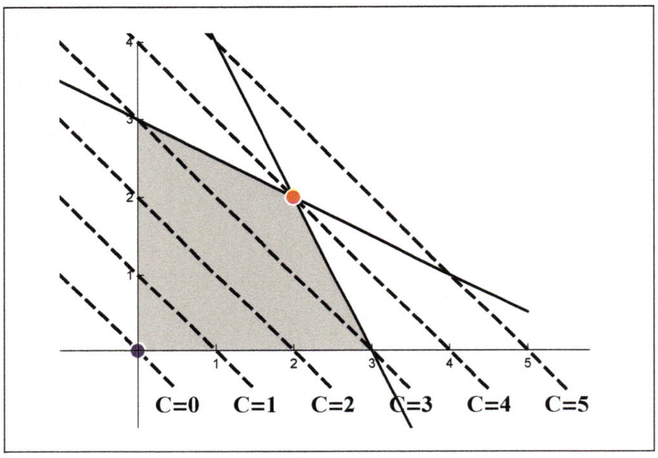

(b) Das Maximum wird an der Stelle $(2, 2)$, das Minimum an der Stelle $(0, 1)$ angenommen.

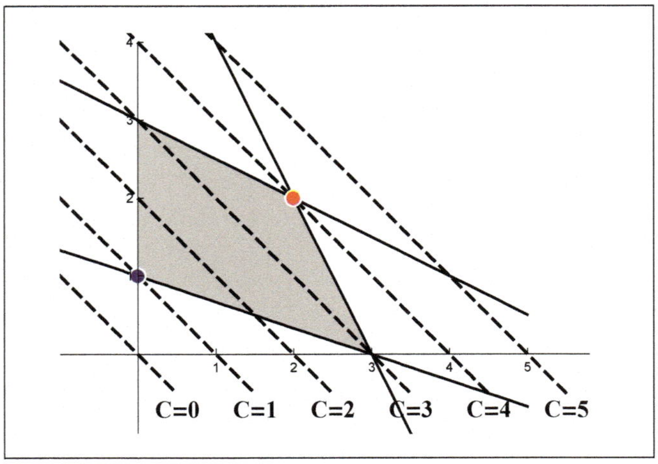

(c) Das Maximum wird an der Stelle $(1, 2.5)$, das Minimum an der Stelle $(0, 0)$ angenommen.

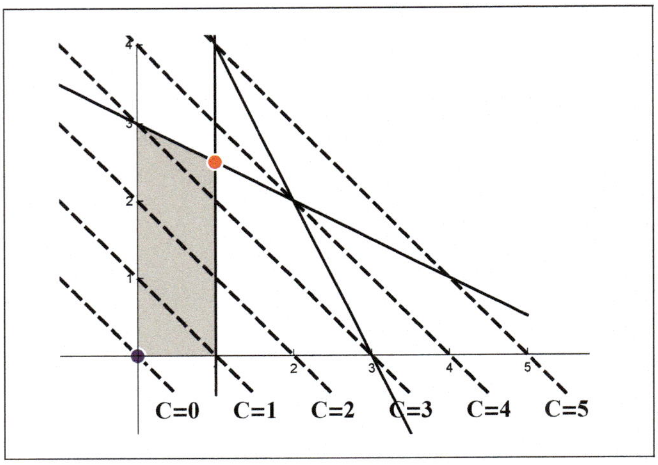

(d) Das Minimum wird an der Stelle $(0, 0)$ angenommen; ein Maximum existiert nicht. (Der zulässige Bereich ist unbeschränkt, und f nimmt innerhalb dieses Bereichs beliebig große Werte an.)

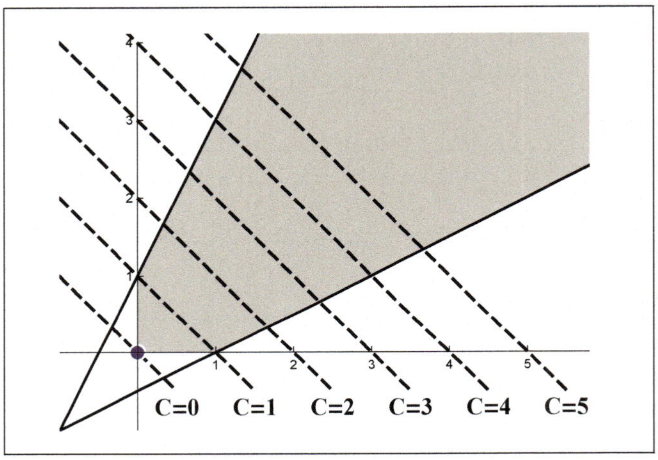

(e) Das Maximum wird an der Stelle $(1, 2)$, das Minimum an der Stelle $(0, 0)$ angenommen.

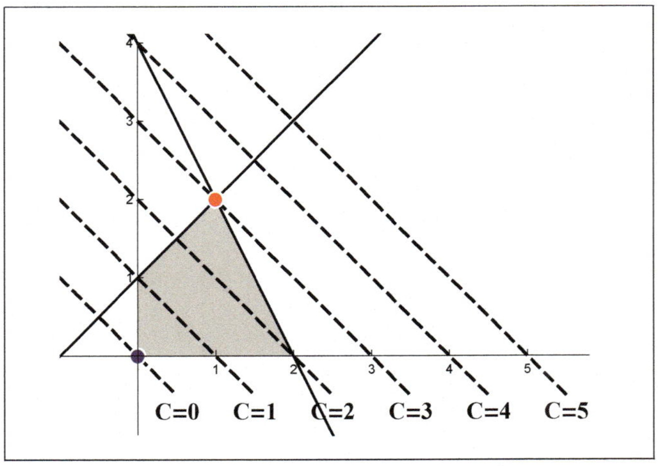

Aufgaben zu »Konvexgeometrie« siehe Seite 40

(f) Der zulässige Bereich besitzt nur ein einziges Element, nämlich den Punkt $(1,0)$. An diesem Punkt nimmt dann die Funktion f trivialerweise sowohl ihr Minimum als auch ihr Maximum an.

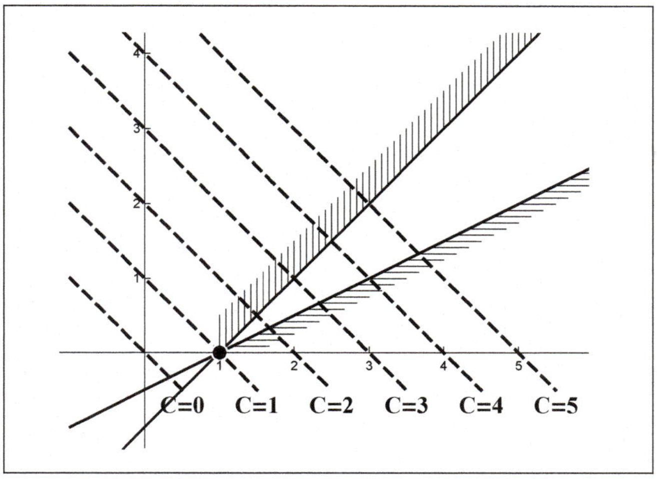

(g) Der zulässige Bereich ist leer; dieses Optimierungsproblem ist also nicht sinnvoll gestellt.

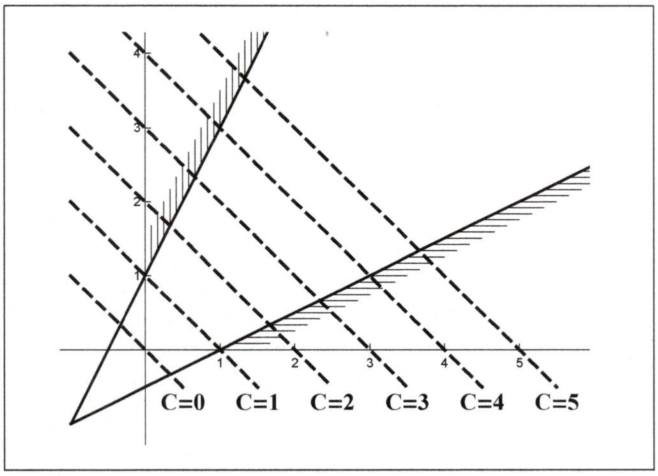

(h) Das Maximum wird an jedem Punkt der Verbindungsstrecke von $(1,2)$ und $(2,1)$ angenommen, das Minimum an der Stelle $(1,0)$.

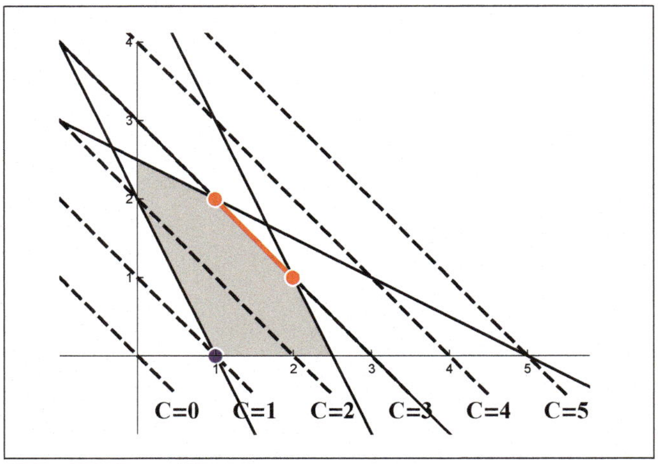

Lösung (71.34) Wir führen die folgenden Bezeichnungen ein:

x := Anzahl der von Lager 1 zu Verbraucher 1 transportierten Einheiten;

y := Anzahl der von Lager 1 zu Verbraucher 2 transportierten Einheiten.

Da von Lager 1 aus insgesamt 50 Einheiten zu transportieren sind und da die Verbraucher 1, 2 und 3 insgesamt jeweils 20, 36 und 34 Einheiten erhalten müssen, liefert dies dann die folgende Tabelle:

Transportmengen	Verbraucher 1	Verbraucher 2	Verbraucher 3
Lager 1	x	y	$50-x-y$
Lager 2	$20-x$	$36-y$	$x+y-16$

(Der Eintrag rechts unten ergibt sich dabei als $34-(50-x-y)=x+y-16$.) Aufgrund der Tabelle

Einheitstransportkosten	Verbraucher 1	Verbraucher 2	Verbraucher 3
Lager 1	42	55	60
Lager 2	36	47	51

ergeben sich dann die Gesamttransportkosten $42x+55y+60(50-x-y)+36(20-x)+47(36-y)+51(x+y-16)=4596-3x-y$. Also ist der Ausdruck $4596-3x-y$ zu minimieren (bzw. der Ausdruck $y+3x$ zu maximieren), und zwar unter den Nebenbedingungen $x\geq 0$, $y\geq 0$, $50-x-y\geq 0$, $20-x\geq 0$, $36-y\geq 0$ und $x+y-16\geq 0$ bzw.

$$0\leq x\leq 20,\quad 0\leq y\leq 36,\quad 16\leq x+y\leq 50.$$

Die folgende Abbildung zeigt grau schraffiert den zulässigen Bereich (also die Menge aller Punkte $(x,y)\in\mathbb{R}^2$, die die Nebenbedingungen erfüllen) sowie punktiert einige Geraden $y+3x=C$ (also Geraden, auf denen die zu optimierende Funktion konstant ist).

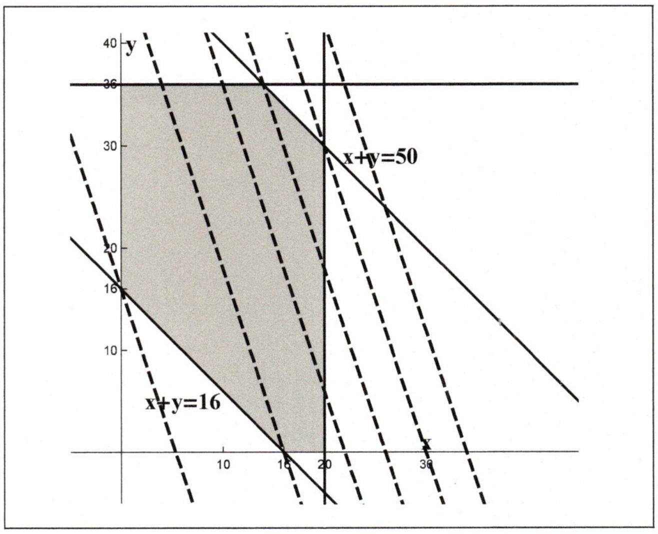

Der größtmögliche Wert C, für den die Gerade $y+3x=C$ den zulässigen Bereich trifft, ist $C=90$ (angenommen im Eckpunkt $(20,30)$ des zulässigen Bereichs).

optimale Transportmengen	Verbraucher 1	Verbraucher 2	Verbraucher 3
Lager 1	20	30	0
Lager 2	0	6	34

Es fällt auf, daß bei dem optimalen Transportplan keine Ware von Lager 2 zu Verbraucher 1 transportiert wird, obwohl auf diesem Transportweg die Einheitstransportkosten minimal sind.

Lösung (71.35) Wir führen die folgenden Entscheidungsvariablen ein:

x := Menge an Orangensaft (in Litern);
y := Menge an Grapefruitsaft (in Litern).

Nach Vorgabe sind dann die folgenden Bedingungen zu erfüllen:

$$0 \le x \le 12, \quad 0 \le y \le 5, \quad x+y \ge 12,$$
$$\frac{1}{6} \le \frac{y}{x} \le \frac{1}{2}, \quad \text{also } 6y-x \ge 0 \quad \text{und} \quad 2y-x \le 0.$$

Die folgende Abbildung zeigt den zulässigen Bereich sowie einige Niveaulinien der Kostenfunktion $0.95x+1.40y$. Wir erkennen, daß die Minimalkosten im Schnittpunkt der Geraden $x+y=12$ und $y=x/6$ angenommen werden, also im Punkt $(x,y)=(72/7,\,12/7)$. Es sind also 72/7 Liter Orangensaft und 12/7 Liter Grapefruitsaft zu verwenden; die Kosten für diese Mischung betragen gerundet 12,17 Euro.

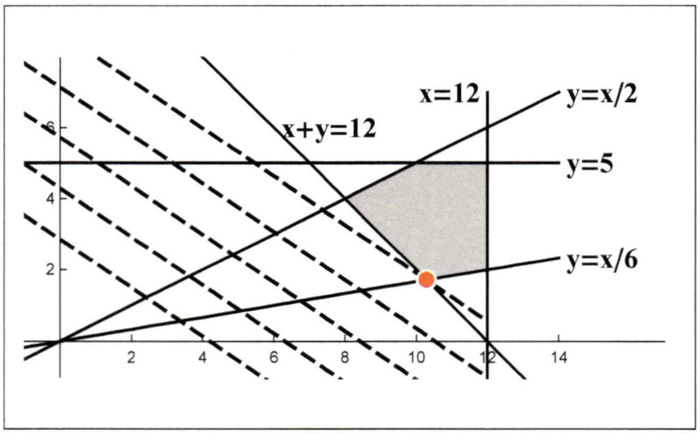

Lösung (71.36) Der Bauer bepflanze x Ar mit Sorte A und y Ar mit Sorte B. Die Kosten für das Saatgut (in Euro) belaufen sich dann auf $10x+5y$, so daß nach Vorgabe die Bedingung $10x+5y \le 800$ bzw. $2x+y \le 160$ zu erfüllen ist. Die zum Anbau benötigte Zeit (in Stunden) beträgt $3x+6y$, so daß nach Vorgabe die Bedingung $3x+6y \le 420$ bzw. $x+2y \le 140$ zu erfüllen ist. Da der Bauer 90 Ar besitzt, muß $x+y \le 90$ gelten. Der Reingewinn ist $36x+45y = 9\cdot(4x+5y)$. Die zu lösende Optimierungsaufgabe lautet also folgendermaßen: Maximiere $4x+5y$ unter den Nebenbedingungen

$$x,y \ge 0, \quad x+y \le 90, \quad 2x+y \le 160, \quad x+2y \le 140\,.$$

Die folgende Abbildung zeigt den zulässigen Bereich sowie einige Niveaulinien der (skalierten) Gewinnfunktion $4x+5y$. Wir erkennen, daß der Maximalgewinn im Schnittpunkt der Geraden $x+y=90$ und $x+2y=140$ angenommen wird, also im Punkt $(x,y)=(40,50)$. Der Bauer sollte also 40 Ar mit Sorte A und 50 Ar mit Sorte B bepflanzen.

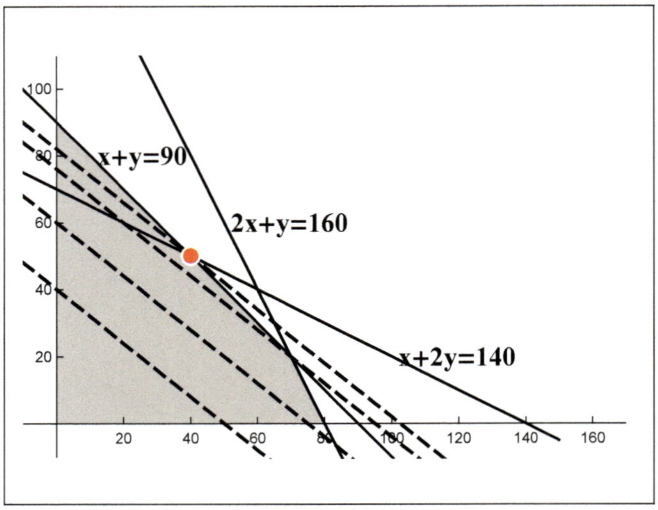

Lösung (71.37) Wir führen die folgenden Entscheidungsvariablen ein:

x := Anzahl der hergestellten Einheiten des Produkts X;
y := Anzahl der hergestellten Einheiten des Produkts Y.

Zu maximieren ist dann $x+y$ unter den folgenden Nebenbedingungen:

- $50x+24y \le 40\cdot 60$ (Laufzeit von Maschine A);
- $30x+33y \le 35\cdot 60$ (Laufzeit von Maschine B);
- $x \ge 75-30$ sowie $y \ge 95-90$ (es muß mindestens soviel über den vorhandenen Vorrat hinaus hergestellt werden, wie verkauft werden kann).

Die Nebenbedingungen lauten daher folgendermaßen;

$$25x+12y \le 1200, \quad 10x+11y \le 700, \quad x \ge 45, \quad y \ge 5.$$

Die folgende Abbildung zeigt die den zulässigen Bereich definierenden Geraden; allerdings ist dieser Bereich aufgrund der gewählten Skalen kaum zu erkennen.

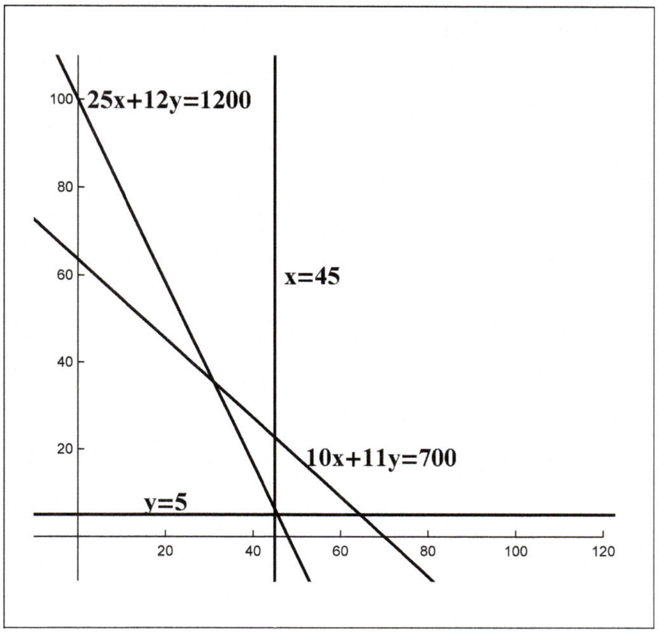

Erst ein kleiner gewählter Ausschnitt zeigt, daß der zulässige Bereich das Dreieck ist, das von den Geraden $x = 45$, $y = 5$ und $25x + 12y = 1200$ begrenzt wird. Die Produktionsmengenfunktion $x + y$ nimmt auf diesem Bereich ihr Maximum im Punkt $(45, 75/12)$ an; die optimale Strategie besteht also darin, 45 Einheiten des Produkts X und $75/12 = 6.25$ Einheiten des Produkts Y zu erzeugen.

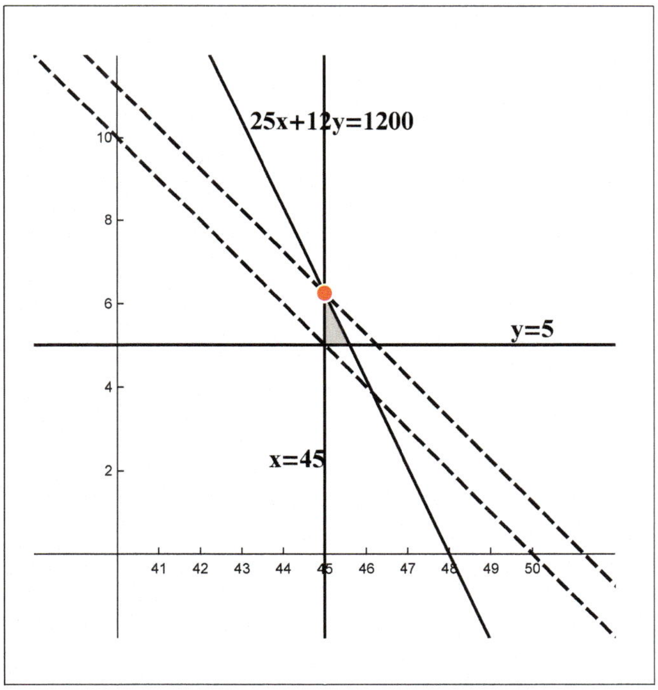

Lösung (71.38) Durch Einführung von Schlupfvariablen wandeln wir das ursprüngliche Optimierungsproblem in das folgende äquivalente Problem um:

Maximiere $z := 5x_1 + 4x_2 + 3x_3$ unter den Nebenbedingungen

$$(\star)\quad \begin{array}{rcrcrcrcrcrcl} 2x_1 &+& 3x_2 &+& x_3 &+& x_4 & & & & &=& 5 \\ 4x_1 &+& x_2 &+& 2x_3 &+& &+& x_5 & & &=& 11 \\ 3x_1 &+& 4x_2 &+& 2x_3 & & & & &+& x_6 &=& 8 \end{array}$$

sowie $x_1, x_2, x_3, x_4, x_5, x_6 \geq 0$.

Erster Schritt: Wir wählen die Schlupfvariablen x_4, x_5, x_6 als Basisvariablen und drücken diese (und auch die zu optimierende Zielgröße z) durch die anderen Variablen (Nichtbasisvariablen) aus.

$$(1)\quad \begin{array}{rclcrcrcr} x_4 &=& 5 &-& 2x_1 &-& 3x_2 &-& x_3 \\ x_5 &=& 11 &-& 4x_1 &-& x_2 &-& 2x_3 \\ x_6 &=& 8 &-& 3x_1 &-& 4x_2 &-& 2x_3 \\ z &=& & & 5x_1 &+& 4x_2 &+& 3x_3 \end{array}$$

Als zulässige Lösung wählen wir die, bei denen die Nichtbasisvariablen auf Null gesetzt werden ($x_1 := x_2 := x_3 := 0$); wir erhalten dann $x_4 = 5$, $x_5 = 11$, $x_6 = 8$ sowie $z = 0$. Wir wollen nun den zu maximierenden Zielwert z verbessern.

Zweiter Schritt: Durch Erhöhung von x_1 können wir den Zielwert z erhöhen. (Das Gleiche gilt auch für x_2 und x_3, aber da in der Gleichung $z = 5x_1 + 4x_2 + 3x_3$ in (1) die Variable x_1 den größten Koeffizienten hat, verspricht eine Erhöhung von x_1 – jedenfalls auf den ersten Blick – eine größere Verbesserung des Zielwertes als eine Erhöhung von x_2 oder x_3.) Um wieviel können wir x_1 erhöhen (während wir gleichzeitig die Werte $x_2 = 0$ und $x_3 = 0$ belassen), ohne die Nebenbedingungen zu verletzen? Wegen (1) erzwingen die Bedingungen $x_4 \geq 0$, $x_5 \geq 0$, $x_6 \geq 0$ nacheinander $x_1 \leq 5/2$, $x_1 \leq 11/4$, $x_1 \leq 8/3$, also $x_1 \leq \min\{5/2, 11/4, 8/3\} = 5/2$. Für $x_1 := 5/2$ wird $x_4 = 0$; wir machen daher x_1 zur Basisvariablen und x_4 zur Nichtbasisvariablen. Aus (1) erhalten wir dann

$$\begin{aligned} x_1 &= \frac{5}{2} - \frac{x_4}{2} - \frac{3x_2}{2} - \frac{x_3}{2}, \\ x_5 &= 11 - 4\left(\frac{5}{2} - \frac{x_4}{2} - \frac{3x_2}{2} - \frac{x_3}{2}\right) - x_2 - 2x_3, \\ x_6 &= 8 - 3\left(\frac{5}{2} - \frac{x_4}{2} - \frac{3x_2}{2} - \frac{x_3}{2}\right) - 4x_2 - 2x_3, \\ z &= 5\left(\frac{5}{2} - \frac{x_4}{2} - \frac{3x_2}{2} - \frac{x_3}{2}\right) + 4x_2 + 3x_3, \end{aligned}$$

was nach Zusammenfassen folgendermaßen aussieht.

$$(2)\quad \begin{array}{rclcrcrcr} x_1 &=& (5/2) &-& (1/2)\,x_4 &-& (3/2)\,x_2 &-& (1/2)\,x_3 \\ x_5 &=& 1 &+& 2x_4 &+& 5x_2 & & \\ x_6 &=& (1/2) &+& (3/2)\,x_4 &+& (1/2)\,x_2 &-& (1/2)\,x_3 \\ z &=& (25/2) &-& (5/2)\,x_4 &-& (7/2)\,x_2 &+& (1/2)\,x_3 \end{array}$$

Als zulässige Lösung wählen wir die, bei denen die Nichtbasisvariablen x_2, x_3, x_4 auf Null gesetzt werden; wir erhalten dann $x_1 = 5/2$, $x_5 = 1$, $x_6 = 1/2$ sowie $z = 25/2$.

Aufgaben zu »Konvexgeometrie« siehe Seite 40

Der Zielwert wurde also von 0 auf 25/2 verbessert; können wir ihn weiter verbessern?

Dritter Schritt. Da x_3 in der Gleichung $z = (25/2) - (5x_4/2) - (7x_2/2) + (x_3/2)$ mit einem positiven Koeffizienten auftritt, wird eine Erhöhung von x_3 die Zielgröße z erhöhen. (Für x_2 und x_4 trifft das nicht zu.) Um wieviel können wir x_3 erhöhen (während wir gleichzeitig die Werte $x_2 = 0$ und $x_4 = 0$ belassen), ohne die Nebenbedingungen zu verletzen? Wegen (2) erzwingen die Bedingungen $x_1 \geq 0$, $x_5 \geq 0$, $x_6 \geq 0$ nacheinander $x_3 \leq 5$, keine Einschränkung, $x_3 \leq 1$, also $x_3 \leq \min\{5, 1\} = 1$. Für $x_3 := 1$ wird $x_6 = 0$; wir machen daher x_3 zur Basisvariablen und x_6 zur Nichtbasisvariablen. Aus (2) erhalten wir dann

$$\begin{aligned} x_3 &= 1 + 3x_4 + x_2 - 2x_6, \\ x_1 &= \frac{5}{2} - \frac{x_4}{2} - \frac{3x_2}{2} - \frac{1 + 3x_4 + x_2 - 2x_6}{2}, \\ x_5 &= 1 + 2x_4 + 5x_2, \\ z &= \frac{25}{2} - \frac{5x_4}{2} - \frac{7x_2}{2} + \frac{1 + 3x_4 + x_2 - 2x_6}{2}, \end{aligned}$$

was nach Zusammenfassen folgendermaßen aussieht.

$$\begin{aligned} x_3 &= 1 + 3x_4 + x_2 - 2x_6 \\ x_1 &= 2 - 2x_4 - 2x_2 + x_6 \\ x_5 &= 1 + 2x_4 + 5x_2 \\ z &= 13 - x_4 - 3x_2 - x_6 \end{aligned} \tag{3}$$

Als zulässige Lösung wählen wir die, bei denen die Nichtbasisvariablen x_2, x_4, x_6 auf Null gesetzt werden; hieraus erhalten wir $x_3 = 1$, $x_1 = 2$, $x_5 = 1$ sowie $z = 13$. Der Zielwert wurde also von 25/2 auf 13 verbessert. Da alle Koeffizienten der Variablen x_i in der Gleichung $z = 13 - x_4 - 3x_2 - x_6$ in (3) negativ sind, können wir diesen Wert der Zielgröße nicht mehr verbessern, denn aus den Bedingungen $x_2 \geq 0$, $x_4 \geq 0$ und $x_6 \geq 0$ folgt zwangsläufig $z \leq 13$. Wir haben also unser Optimierungsproblem gelöst!

Ergebnis: Der erzielbare Maximalwert ist $z = 13$; er wird angenommen für $x_1 = 2$, $x_2 = 0$ und $x_3 = 1$. (Ob dieser Maximalwert auch noch für andere Werte für x_1, x_2, x_3 angenommen wird, wird nicht weiter untersucht.) **Zusatzfrage:** Was ergibt sich, wenn wir im zweiten Schritt nicht x_1, sondern x_2 oder x_3 erhöhen?

Lösung (71.39) Wir schreiben zunächst das nach Einführung der Schlupfvariablen entstehende Gleichungssystem auf. (Dabei könnten die obere Zeile mit den Variablennamen und die immer gleiche Spalte links auch weggelassen werden, um Schreibarbeit zu sparen, aber wir führen sie der Deutlichkeit halber stets mit auf.) Die Spalten, die zu den Basisvariablen x_4, x_5 und x_6 gehören, markieren wir grau.

Aufgaben zu »Konvexgeometrie« siehe Seite 40

z	x₁	x₂	x₃	x₄	x₅	x₆		
0	**2** (eingekreist)	3	1	1	0	0	5	5/2
0	4	1	2	0	1	0	11	11/4
0	3	4	2	0	0	1	8	8/3
−1	5	4	3	0	0	0	0	

• Die Spalte, in der in der untersten Zeile das größte Element steht, heißt **Pivotspalte**. (Bei mehreren maximalen Elementen wählen wir irgendeine der zugehörigen Spalten aus.) Hier ist dies die Spalte für x_1; die Variable x_1 wird damit zur neuen Basisvariablen.

• In jeder Zeile, in der in der Pivotspalte ein positives Element steht, bildet man nun den Quotienten aus dem Element in der letzten Spalte und dem Element in der Pivotspalte; diese Quotienten werden an das rechte Ende des Tableaus geschrieben. Der kleinste auftretende Quotient (hier 5/2) bestimmt die **Pivotzeile** (hier die erste Zeile). Das Element in der Pivotzeile und -spalte wird als **Pivotelement** bezeichnet; es ist hier rot eingekreist. Die Basisvariable, die in der Pivotzeile eine Eins stehen hat (hier x_4), verläßt die Basis. In unserem Fall verläßt also x_4 die Basis, während x_1 in die Basis aufgenommen wird.

• Wir führen nun den Gaußalgorithmus durch, indem wir die Pivotzeile durch das Pivotelement teilen (und dadurch eine Eins in der Pivot-Position erzeugen) und ansonsten Nullen in der Pivotspalte erzeugen.

z	x₁	x₂	x₃	x₄	x₅	x₆	
0	1	3/2	1/2	1/2	0	0	5/2
0	0	−5	0	−2	1	0	1
0	0	−1/2	1/2	−3/2	0	1	1/2
−1	0	−7/2	1/2	−5/2	0	0	−25/2

• Die neuen Basisvariablen sind nun x_1, x_5, x_6. Die aktuell beste bekannte Lösung ergibt sich, indem wir die Nichtbasisvariablen auf Null setzen ($x_2 := x_3 := x_4 := 0$) Die Werte der Basisvariablen ergeben sich, indem man für jede Basisvariable in deren Spalte diejenige Zeile aufsucht, in der Eins steht, und dann den entsprechenden Wert am Ende dieser Zeile abliest; in unserem Fall ergeben sich die Werte

$$x_1 = 5/2, \quad x_5 = 1, \quad x_6 = 1/2\,.$$

Die letzte Zeile liefert dann $-z = -25/2$, also $z = 25/2$.

• Wir schauen nun, ob in der letzten Zeile noch ein positiver Eintrag auftritt, und wählen irgendeinen solchen, in der Regel den größten. (Tritt kein positiver Eintrag mehr auf, so sind wir schon fertig!) In unserem Beispiel ist dies nur für x_3 der Fall. (Erhöhen wir also x_3, so erhöht sich auch der Zielwert z.) Wir machen daher die Spalte von x_3 zur Pivotspalte und ermitteln wie zuvor die Pivotzeile und damit auch das Pivotelement (hier wieder rot eingekreist).

z	x_1	x_2	x_3	x_4	x_5	x_6		
0	1	3/2	1/2	1/2	0	0	5/2	5
0	0	−5	0	−2	1	0	1	–
0	0	−1/2	1/2	−3/2	0	1	1/2	1
−1	0	−7/2	1/2	−5/2	0	0	−25/2	

• In unserem Fall wird also x_3 zur neuen Basisvariablen, während x_6 die Basis verlassen muß. Durchführung des Gaußschen Algorithmus wie oben beschrieben führt dann auf das folgende Tableau.

z	x_1	x_2	x_3	x_4	x_5	x_6	
0	1	2	0	2	0	−1	2
0	0	−5	0	−2	1	0	1
0	0	−1	1	−3	0	2	1
−1	0	−3	0	−1	0	−1	−13

• Die neuen Basisvariablen sind nun x_1, x_3 und x_5. Die Nichtbasisvariablen werden auf Null gesetzt ($x_2 := x_4 := x_6 := 0$); als Werte für die Basisvariablen und für den Zielwert erhalten wir

$$x_1 = 2, \quad x_3 = 1, \quad x_5 = 1, \quad z = 13.$$

In dem letzten Tableau tritt in der letzten Zeile nun kein positiver Wert mehr auf; der z-Wert kann also durch eine zulässige Änderung der Variablenwerte nicht mehr verbessert werden. Damit haben wir die Lösung unseres Optimierungsproblems gefunden; wir müssen $(x_1, x_2, x_3, x_4, x_5, x_6) = (2, 0, 1, 0, 1, 0)$ wählen (also $(x, y, z) = (2, 0, 1)$ in der ursprünglichen Formulierung der Aufgabe) und erhalten dann den maximal möglichen Wert $z = 13$.

Lösung (71.40) Wir führen die Umbenennung $(x_1, x_2, x_3) := (x, y, z)$ durch, führen Schlupfvariablen x_4, x_5, x_6 ein und nennen die Zielvariable z. (Zu unterscheiden von der ursprünglichen Variablen, die ebenfalls mit z bezeichnet wurde!) Wir können dann den Simplexalgorithmus durchführen.

Erster Schritt:

z	x_1	x_2	x_3	x_4	x_5	x_6		
0	1	4	0	1	0	0	5	5
0	2	4	−2	0	1	0	6	3
0	1	1	−2	0	0	1	2	2
−1	3	2	−4	0	0	0	0	

Zweiter Schritt:

z	x_1	x_2	x_3	x_4	x_5	x_6		
0	0	3	2	1	0	−1	3	3/2
0	0	2	2	0	1	−2	2	1
0	1	1	−2	0	0	1	2	–
−1	0	−1	2	0	0	−3	−6	

Dritter Schritt:

z	x_1	x_2	x_3	x_4	x_5	x_6	
0	0	1	0	1	−1	1	1
0	0	1	1	0	1/2	−1	1
0	1	3	0	0	1	−1	4
−1	0	−3	0	0	−1	−1	−8

Da in der letzten Zeile nur noch negative Einträge vorkommen, sind wir fertig. Die optimale Lösung erhalten wir, indem wir die Nichtbasisvariablen auf Null setzen ($x_2 := x_5 := x_6 := 0$) und dann die Basisvariablen rechts ablesen ($x_1 = 4$, $x_3 = x_4 = 1$). In der Formulierung des ursprünglichen Problems ist die optimale Lösung daher gegeben durch $(x, y, z) = (4, 0, 1)$; der optimale Wert der Zielvariablen ist 8.

Lösung (71.41) Ist (x_0, y_0, z_0) irgendeine zulässige Lösung (zum Beispiel $(0, 0, 0)$), so ist für jede Zahl $z \geq z_0$ auch (x_0, y_0, z) eine zulässige Lösung. Es gibt also zulässige Lösungen mit beliebig großen z-Werten; die Zielgröße nimmt daher beliebig große Werte an und kann folglich nicht maximiert werden. (Das ist möglich, weil der zulässige Bereich des Problems unbeschränkt ist.) Es stellt sich die Frage, wie wir die Nichtlösbarkeit – wenn wir sie nicht durch scharfes Hinschauen sofort erkennen – bei der Ausführung des Simplexalgorithmus bemerken können.

z	x_1	x_2	x_3	x_4	x_5		
0	3	1	−2	1	0	5	5/3
0	4	3	0	0	1	7	7/3
−1	1	1	1	0	0	0	

z	x_1	x_2	x_3	x_4	x_5		
0	1	1/3	−2/3	1/3	0	5/3	–
0	0	5/3	8/3	−4/3	1	1/3	8
−1	0	2/3	5/3	−1/3	0	−5/3	

z	x_1	x_2	x_3	x_4	x_5		
0	1	3/4	0	0	1/4	7/4	–
0	0	5/8	1	−1/2	3/8	1/8	–
−1	0	−3/8	0	1/2	−5/8	−15/8	

Jetzt gibt es nur noch ein positives Element in der letzten Zeile, also nur noch eine mögliche Pivotspalte. In dieser treten aber oberhalb der letzten Zeile nur noch nichtpositive Werte auf, so daß ein Pivotelement nicht ermittelt werden kann. Dies zeigt allgemein, daß das behandelte Problem keine Lösung besitzt (siehe Aufgabe (71.44) unten). Wir hätten gleich am Anfang feststellen können, daß dieses Phänomen in der dritten Spalte des Anfangstableaus auftritt, und hätten dann ohne weitere Rechnung sagen können, daß keine Lösung existiert.

Lösung (71.42) Wie üblich führen wir Schlupfvariablen ein und beginnen dann den Simplexalgorithmus. Der erste Schritt sieht folgendermaßen aus:

z	x_1	x_2	x_3	x_4	x_5	x_6		
0	2	−4	6	1	0	0	3	1/2
0	−1	3	4	0	1	0	2	1/2
0	0	0	2	0	0	1	1	1/2
−1	2	−1	8	0	0	0	0	

Das Pivotelement ist nicht eindeutig bestimmt; wir könnten es in jeder Zeile wählen! Wählen wir es (wie angegeben) in der untersten Zeile, so lautet der zweite Schritt folgendermaßen:

z	x_1	x_2	x_3	x_4	x_5	x_6		
0	2	−4	0	1	0	−3	0	0
0	−1	3	0	0	1	−2	0	–
0	0	0	1	0	0	1/2	1/2	–
−1	2	−1	0	0	0	−4	−4	

Jetzt ist das Pivotelement eindeutig bestimmt; der dritte Schritt lautet

z	x_1	x_2	x_3	x_4	x_5	x_6		
0	1	−2	0	1/2	0	−3/2	0	–
0	0	1	0	1/2	1	−7/2	0	0
0	0	0	1	0	0	1/2	1/2	–
−1	0	3	0	−1	0	−1	−4	

Wir bemerken, daß der Wert der Zielvariablen gegenüber dem vorigen Schritt gleich geblieben ist; wir haben also keine Verbesserung erzielt. Der nächste Schritt sieht so aus:

z	x_1	x_2	x_3	x_4	x_5	x_6		
0	1	0	0	3/2	2	−17/2	0	–
0	0	1	0	1/2	1	−7/2	0	–
0	0	0	1	0	0	1/2	1/2	1
−1	0	0	0	−5/2	−3	19/2	−4	

Wieder ist keine Änderung in der Zielvariablen aufgetreten. Es ist nicht klar, ob eine Verbesserung überhaupt noch möglich ist und ob der Algorithmus überhaupt irgendwann abbricht. Wir versuchen den nächsten Schritt:

z	x_1	x_2	x_3	x_4	x_5	x_6	
0	1	0	17	3/2	2	0	17/2
0	0	1	7	1/2	1	0	7/2
0	0	0	2	0	0	1	1
−1	0	0	−19	−5/2	−3	0	−27/2

Aufgaben zu »Konvexgeometrie« siehe Seite 40

Tatsächlich erhalten wir jetzt eine Verbesserung; da in der letzten Zeile nur negative Koeffizienten auftreten, ist sogar das Optimum erreicht! Dieses wird angenommen für $(x, y, z) = (17/2, 7/2, 0)$ und hat den Wert $27/2$.

Lösung (71.43) Erster Schritt:

z	x1	x2	x3	x4	x5	x6	x7		
0	1	1	1	1	0	0	0	4	4
0	1	0	0	0	1	0	0	2	–
0	0	0	1	0	0	1	0	3	–
0	0	3	1	0	0	0	1	6	2
–1	1	14	6	0	0	0	0	0	

Zweiter Schritt:

z	x1	x2	x3	x4	x5	x6	x7		
0	1	0	2/3	1	0	0	–1/3	2	3
0	1	0	0	0	1	0	0	2	–
0	0	0	1	0	0	1	0	3	3
0	0	1	1/3	0	0	0	1/3	2	6
–1	1	0	4/3	0	0	0	–14/3	–28	

Jetzt ist das Pivot-Element nicht eindeutig bestimmt; wir können entweder die erste oder die dritte Zeile als Pivot-Zeile wählen (und entscheiden uns für die dritte, weil hier das entsprechende Element schon den Wert 1 hat und nicht mehr normiert werden muß). Der dritte Schritt sieht also folgendermaßen aus:

z	x1	x2	x3	x4	x5	x6	x7		
0	1	0	0	1	0	–2/3	–1/3	0	0
0	1	0	0	0	1	0	0	2	2
0	0	0	1	0	0	1	0	3	–
0	0	1	0	0	0	–1/3	1/3	1	–
–1	1	0	0	0	0	–4/3	–14/3	–32	

Vierter Schritt:

z	x1	x2	x3	x4	x5	x6	x7	
0	1	0	0	1	0	–2/3	–1/3	0
0	0	0	0	–1	1	2/3	1/3	2
0	0	0	1	0	0	1	0	3
0	0	1	0	0	0	–1/3	1/3	1
–1	0	0	0	–1	0	–2/3	–13/3	–32

Da jetzt in der letzten Zeile keine positiven Einträge mehr auftreten, ist das Optimum gefunden; es hat den Wert 32 und wird angenommen für $(x_1, x_2, x_3) = (0, 1, 3)$. Es fällt auf, daß sich der Wert der Zielvariablen im letzten Schritt nicht mehr geändert hat; wir hatten also bereits nach dem dritten Schritt das Optimum gefunden. (Allerdings war nach dem dritten Schritt noch nicht klar, daß das Optimum schon gefunden wurde, denn in der letzten Zeile tauchte nach diesem Schritt noch ein positiver Eintrag auf.)

Lösung (71.44) Die Spalte mit dem Index j_0 habe die Eigenschaft, daß das Element c_{j_0} in der letzten Zeile positiv ist, alle Elemente a_{ij_0} oberhalb der letzten Zeile aber nichtpositiv. Schreiben wir den Inhalt des Tableaus in Form von Gleichungen und bezeichnen wir mit B die Menge der (Indices der) Basisvariablen, so erhalten wir

$$x_i = b_i - \sum_{j \notin B} a_{ij} b_j = b_i - \sum_{\substack{j \notin B, \\ j \neq j_0}} a_{ij} b_j + |a_{ij_0}|\, b_{j_0}$$

für alle $i \in B$ sowie

$$z_i = z_{\text{alt}} + \sum_{j \notin B} c_j x_j = z_{\text{alt}} + \sum_{\substack{j \notin B, \\ j \neq j_0}} c_j x_j + |c_{j_0}| x_{j_0}.$$

Setzen wir nun $x_j := 0$ für $j \notin B$ mit $j \neq j_0$, so erkennen wir, daß wir den Wert der Variablen x_{j_0} beliebig groß wählen können, ohne die Nebenbedingungen $x_i \geq 0$ zu verletzen. Also nimmt die Zielgröße z beliebig große Werte an.

Lösung (71.45) Genau dann ist die gefundene Lösung eindeutig, wenn in der letzten Zeile des Abschlußtableaus keine Null in einer der zu Nichtbasisvariablen gehörigen Spalten steht. Ist nämlich N die Menge der (Indices der) Nichtbasisvariablen, so entspricht die letzte Zeile einer Gleichung $z = z_{\max} - \sum_{j \in N} c_j x_j$, und aus dieser kann man genau dann $x_j = 0$ für alle $j \in N$ schließen (was dann die Werte der Basisvariablen eindeutig bestimmt), wenn $c_j > 0$ für alle $j \in N$ gilt.

Lösung (71.46) Es sei $I := \{i \mid \xi_i \neq 0\}$. Wir definieren $c \in \mathbb{R}^n$ durch $c_i := 0$ für $i \in I$ und $c_i := -1$ für $i \notin I$. Dann gilt $c^T \xi = 0$, und dies ist wegen $c^T x \leq 0$ für alle $x \geq 0$ der Maximalwert, den die Funktion $x \mapsto c^T x$ auf dem zulässigen Bereich annehmen kann. Ist nun y eine weitere Lösung des Optimierungsproblems, so gilt $c^T y = 0$, folglich $y_i = 0$ für alle i mit $c_i \neq 0$, also $y_i = 0$ für alle $i \notin I$. Die Gleichung $Ay = b$ reduziert sich also auf $\sum_{i \in I} y_i a_i = b$, wenn a_i die i-te Spalte der Matrix A bezeichnet. Da nach Aufgabe (71.6) die Spalten a_i mit $i \in I$ linear unabhängig sind, ist die Lösung der Gleichung $\sum_{i \in I} y_i a_i = b$ eindeutig; also muß $y_i = x_i$ für alle $i \in I$ gelten. In geometrischer Sprechweise bedeutet die gerade bewiesene Aussage, daß es zu jedem Extrempunkt ξ der zulässigen Menge X eine Hyperebene gibt, die mit X den Punkt ξ gemeinsam hat, aber keinen weiteren Punkt.

Aufgaben zu »Konvexgeometrie« siehe Seite 40

Lösung (71.47) Anwendung des Simplexalgorithmus liefert (nach einer Umbenennung $(x, y) \to (x_1, x_2)$ und Einführung der Schlupfvariablen x_3, x_4, x_5) die folgenden Tableaux.

z	x1	x2	x3	x4	x5		
0	1	1	1	0	0	90	90
0	2	1	0	1	0	160	160
0	1	2	0	0	1	140	70
−1	4	5	0	0	0	0	

z	x1	x2	x3	x4	x5		
0	1/2	0	1	0	−1/2	20	40
0	3/2	0	0	1	−1/2	90	60
0	1/2	1	0	0	1/2	70	140
−1	3/2	0	0	0	−5/2	−350	

z	x1	x2	x3	x4	x5	
0	1	0	2	0	−1	40
0	0	0	−3	1	1	30
0	0	1	−1	0	1	50
−1	0	0	−3	0	−1	−410

Wie in Aufgabe (71.36) erhalten wir die (eindeutige) Lösung $(x_1, x_2) = (40, 50)$, die den maximalen Zielwert $z = 410$ liefert.

Lösung (71.48) Die ersten sechs Tableaux sehen folgendermaßen aus:

z	x1	x2	x3	x4	x5	x6	x7		
0	1/4	−60	−1/25	9	1	0	0	0	0
0	1/2	−90	−1/50	3	0	1	0	0	0
0	0	0	1	0	0	0	1	1	–
−1	3/4	−150	1/50	−6	0	0	0	0	

z	x1	x2	x3	x4	x5	x6	x7		
0	1	−240	−4/25	36	4	0	0	0	–
0	0	30	3/50	−15	−2	1	0	0	0
0	0	0	1	0	0	0	1	1	–
−1	0	30	7/50	−33	−3	0	0	0	

z	x1	x2	x3	x4	x5	x6	x7		
0	1	0	8/25	−84	−12	8	0	0	0
0	0	1	1/500	−1/2	−1/15	1/30	0	0	0
0	0	0	1	0	0	0	1	1	1
−1	0	0	2/25	−18	−1	−1	0	0	

z	x1	x2	x3	x4	x5	x6	x7		
0	25/8	0	1	−525/2	−75/2	25	0	0	–
0	−1/160	1	0	1/40	1/120	−1/60	0	0	0
0	−25/8	0	0	525/2	75/2	−25	1	1	2/525
−1	−1/4	0	0	3	2	−3	0	0	

z	x1	x2	x3	x4	x5	x6	x7		
0	−125/2	10500	1	0	50	−150	0	0	0
0	−1/4	40	0	1	1/3	−2/3	0	0	0
0	125/2	−10500	0	0	−50	150	1	1	–
−1	1/2	−120	0	0	1	−1	0	0	

z	x1	x2	x3	x4	x5	x6	x7		
0	−5/4	210	1/50	0	1	−3	0	0	–
0	1/6	−30	−1/150	1	0	1/3	0	0	0
0	0	0	1	0	0	0	1	1	–
−1	7/4	−330	−1/50	0	0	2	0	0	

Das nächste Tableau stimmt mit dem Ausgangstableau überein. Wir stellen fest, daß wir bei der Durchführung des Simplexverfahrens zwar von einem Schritt zum andern stets die Basis ändern, aber nie von der zulässigen Lösung $(0, 0, 0, 0, 0, 0, 1)$ wegkommen und daß dementsprechend sich auch der Wert der Zielvariablen niemals ändert. Aufgrund des zyklischen Verhaltens führt das Simplexverfahren (zumindest in der angegebenen Form) nicht zu einer

Aufgaben zu »Konvexgeometrie« siehe Seite 40

Lösung, obwohl eine solche existiert. Die zu optimierende Funktion ist nämlich gegeben durch

$$\left(\frac{3x_1}{4} - 150x_2 - \frac{3x_3}{50} + 12x_4\right) + \frac{4x_3}{50} - 18x_4$$
$$\leq\ 0 + \frac{4x_3}{50} + 0\ \leq\ \frac{4}{50}$$

(wobei sich die Tatsache, daß der Klammerausdruck nicht positiv sein kann, durch Addition der beiden ersten Nebenbedingungen ergibt). Die Abschätzung zeigt, daß diese Funktion nach oben beschränkt ist, wegen der Abgeschlossenheit des Definitionsbereichs ihr Maximum also annimmt.

Bemerkung: Das Beispiel stammt aus E. M. L. Beale, *Cycling in the Dual Simplex Method*, Naval Research Logistics Quarterly **2** (4), 1955. Das erste in der Literatur angegebene Beispiel für das Auftreten von Zyklen im Simplexverfahren ist A. J. Hoffman, *Cycling in the Simplex Algorithm*, Report No. 2974, National Bureau of Standards, Gaithersburg (MD), 1953; dieses Beispiel ist aber deutlich komplizierter als das hier angegebene.

Lösung (71.49) Gemäß Aufgabe (71.6) ist für eine Menge der Form

$$\{x \in \mathbb{R}^n \mid Ax = b,\ x \geq 0\}$$

ein Punkt $x \in X$ genau dann ein Extrempunkt von X, wenn mit $I := \{i \mid x_i \neq 0\}$ die Spalten a_i $(i \in I)$ der Matrix A linear unabhängig sind. (Wir sagen dann, der Extrempunkt x gehöre zur Indexmenge I.) Um diese Extrempunkte zu bestimmen, gehen wir alle Teilmengen $I \subseteq \{1, \ldots, n\}$ durch, für die die Spalten a_i mit $i \in I$ linear unabhängig sind, beginnend mit denjenigen, deren Mächtigkeit $|I|$ gleich dem Rang von A ist. Für jedes solche I hat dann das lineare Gleichungssystem $\sum_{i \in I} \xi_i a_i = b$ eine eindeutige Lösung. Gilt $\xi_i < 0$ für ein $i \in I$, so gibt es keinen Extrempunkt, der zu I (oder zu einer Teilmenge von I) gehört. Gilt dagegen $\xi_i \geq 0$ für alle $i \in I$, so ist der Vektor x mit $x_i = \xi_i$ für $i \in I$ und $x_j = 0$ für $j \notin I$ der eindeutig bestimmte Extrempunkt von X, der zu einer Teilmenge von I gehört. (Zu jeder Indexmenge I kann es also höchstens einen Extrempunkt geben, und gibt es einen solchen Extrempunkt, so kann es keinen zu einer echten Teilmenge von I geben.) Haben wir alle Indexmengen I durchgearbeitet, deren Mächtigkeit der Rang von A ist, so sind als nächstes die echten Teilmengen derjenigen Indexmengen I durchzuarbeiten, für die die Spalten a_i mit $i \in I$ linear abhängig sind. Auch hier gilt, daß, sobald ein Extrempunkt gefunden ist, es sich erübrigt, die echten Teilmengen der zugehörigen Indexmenge noch separat zu untersuchen.) In unserem Beispiel erhalten wir das folgende Ergebnis.

• Die Untersuchung der Indexmengen $\{1,2,7\}$, $\{1,3,7\}$, $\{1,4,7\}$, $\{1,5,7\}$, $\{1,6,7\}$, $\{2,3,7\}$, $\{2,4,7\}$, $\{2,5,7\}$, $\{2,6,7\}$, $\{3,4,7\}$, $\{3,5,7\}$, $\{3,6,7\}$, $\{4,5,7\}$, $\{4,5,7\}$ und $\{5,6,7\}$ führt in jedem Fall auf den Extrempunkt

$$x = (0,0,0,0,0,0,1) \quad \text{mit} \quad I = \{7\}\,.$$

Die zu maximierende Funktion $f(x) = (3x_1/4) - 150x_2 + (x_3/50) - 6x_4$ liefert für diesen Extrempunkt den Wert 0.

• Die anderen Indexmengen der Mächtigkeit 3, die zu linear unabhängigen Spalten von A führen, sind mitsamt der jeweiligen Lösung des betrachteten Gleichungssystems aufgeführt. Bei denjenigen Lösungen, bei denen alle Komponenten nichtnegativ sind (und die daher tatsächlich Extrempunkte des zulässigen Bereichs darstellen), ist auch der zugehörige Wert der Kostenfunktion mit angegeben.

I	Lösung	Wert von f
$\{1,2,3\}$	$\left(\frac{-8}{25}, \frac{-1}{500}, 1, 0, 0, 0, 0\right)$	
$\{1,3,4\}$	$\left(\frac{2}{125}, 0, 1, \frac{1}{250}, 0, 0, 0\right)$	$\frac{1}{125}$
$\{1,3,5\}$	$\left(\frac{1}{25}, 0, 1, 0, \frac{3}{100}, 0, 0\right)$	$\frac{1}{20}$
$\{1,3,6\}$	$\left(\frac{4}{25}, 0, 1, 0, 0, \frac{-3}{50}, 0\right)$	
$\{2,3,4\}$	$\left(0, \frac{-1}{10500}, 1, \frac{2}{525}, 0, 0, 0\right)$	
$\{2,3,5\}$	$\left(0, \frac{-1}{4500}, 1, 0, \frac{2}{75}, 0, 0\right)$	
$\{2,3,6\}$	$\left(0, \frac{-1}{1500}, 1, 0, 0, \frac{-1}{25}, 0\right)$	
$\{3,4,5\}$	$\left(0, 0, 1, \frac{1}{150}, \frac{-1}{50}, 0, 0\right)$	
$\{3,4,6\}$	$\left(0, 0, 1, \frac{1}{225}, 0, \frac{1}{150}, 0\right)$	$\frac{-1}{150}$
$\{3,5,6\}$	$\left(0, 0, 1, 0, \frac{1}{25}, \frac{1}{50}, 0\right)$	$\frac{1}{50}$

• Für die nicht aufgeführten dreielementigen Indexmengen sind die zugehörigen Spalten der Koeffizientenmatrix linear abhängig, und wir müssen echte Teilmengen dieser Indexmengen untersuchen. Für die Indexmengen $\{1,2\}$, $\{1,4\}$, $\{1,5\}$, $\{1,6\}$, $\{2,4\}$, $\{2,5\}$, $\{2,6\}$, $\{4,5\}$, $\{4,6\}$ und $\{5,6\}$ ergibt sich jeweils der Extrempunkt

$$x = (0,0,0,0,0,0,0) \quad \text{mit} \quad I = \emptyset\,.$$

Es gibt also genau sechs Extrempunkte. Da die zu optimierende Funktion f ihr Maximum an einem von diesen annehmen muß, ergibt sich $1/20$ als Maximalwert von f (angenommen im Punkt $x = (1/25,\ 0,\ 1,\ 0,\ 3/100,\ 0,\ 0)$ und nirgends sonst).

Lösung (71.50) (a) Es sei B eine fest gewählte Menge von (Indices von) Basisvariablen, und es sei $N := \{1, \ldots, n\} \setminus B$ die zugehörige Menge der (Indices der) Nichtbasisvariablen. Wir nehmen an, es gebe zwei

Tableaux, die zu dieser Basis gehören. Es gibt dann zwei verschiedene Darstellungen

$$\begin{aligned} x_i &= \widehat{b}_i - \sum_{j\in N} \widehat{a}_{ij}x_j \quad (i \in B), \\ z &= \widehat{z} + \sum_{j\in N} \widehat{c}_j x_j \end{aligned}$$

und

$$\begin{aligned} x_i &= b_i^\star - \sum_{j\in N} a_{ij}^\star x_j \quad (i \in B), \\ z &= z^\star + \sum_{j\in N} c_j^\star x_j \,. \end{aligned}$$

Dabei bezeichne $\widehat{a}_{ij}$ bzw. $a_{ij}^\star$ den Koeffizienten in der j-ten Spalte (also der Spalte zur Nichtbasisvariablen x_j) und derjenigen Zeile, in der in der i-ten Spalte (also der Spalte zur Basisvariablen x_i) eine Eins steht. Wir wählen einen Index $j_0 \in N$ und eine beliebige Zahl $u \in \mathbb{R}$ und betrachten diejenige Lösung des durch jedes der beiden Tableaux bestimmten linearen Gleichungssystems, die definiert ist durch $x_{j_0} = u$ und $x_j = 0$ für $j \in N \setminus \{j_0\}$. Dann erhalten wir

$$\begin{aligned} \widehat{b}_i - \widehat{a}_{ij_0}u &= x_i = b_i^\star - a_{ij_0}^\star u \quad (i \in B), \\ \widehat{z} + \widehat{c}_{j_0}u &= z = z^\star + c_{j_0}^\star u. \end{aligned}$$

Setzen wir $u := 0$, so ergeben sich die Bedingungen $\widehat{b}_i = b_i^\star$ für alle $i \in B$ sowie $\widehat{z} = z^\star$. Setzen wir anschließend $u := 1$, so erhalten wir $\widehat{a}_{ij_0} = a_{ij_0}^\star$ für alle $i \in B$. Da $j_0 \in N$ beliebig gewählt war, ist damit gezeigt, daß die beiden Tableaux übereinstimmen.

(b) Ist a_{ij} das Pivotelement in einem beliebigen Schritt des Verfahrens, so gilt $a_{ij} > 0$, und für das Element c_j in der untersten Zeile des Tableaus gilt $c_j > 0$. Alle Elemente b_i in der rechten Spalte des Tableaus sind nichtnegativ. (Das ist am Anfang nach Voraussetzung so, und der Algorithmus ist gerade so angelegt, daß sich das niemals ändert.) Die Durchführung des Gaußalgorithmus bewirkt nun im Wert der Zielvariablen (dessen Negatives rechts unten im Tableau erscheint) die Änderung

$$(\star) \qquad z_{\text{neu}} = z_{\text{alt}} + \frac{c_j}{a_{ij}} \cdot b_i$$

und damit entweder eine echte Vergrößerung (falls $b_i > 0$) oder aber ein Gleichbleiben (falls $b_i = 0$).

(c) Die Äquivalenz der beiden ersten Aussagen folgt sofort aus der Formel ($\star$) in Teil (b), denn wegen $c_j > 0$ und $a_{ij} > 0$ gilt genau dann $z_{\text{neu}} = z_{\text{alt}}$, wenn $b_i = 0$ gilt. Daß die dritte Bedingung die zweite impliziert, ist klar. Wir zeigen nun, daß die erste Bedingung die dritte impliziert. Es sei (i, j) die Pivotposition; dann kommt die Variable x_j neu in die Basis, während die Variable $x_{j_\star}$, die die Basis verläßt, dadurch bestimmt ist, daß $x_{j_\star}$ den Wert b_i hat. Dann sind x_j und $x_{j_\star}$ die einzigen Variablen, die möglicherweise beim Übergang zum nächsten Tableau ihren Wert ändern. Sie tun dies aber nicht, wenn $b_i = 0$ gilt: Einerseits hat x_i zunächst als Nichtbasisvariable den Wert 0, anschließend als neue Basisvariable den Wert $b_i/a_{ij} = 0/a_{ij} = 0$; andererseits hat $x_{j_\star}$ zunächst als Basisvariable den Wert $x_{j_\star} = b_i = 0$, anschließend als Nichtbasisvariable den Wert 0. Die Äquivalenz der ersten und der letzten Aussage ist klar, denn ist a_{ij} das Pivotelement und b_i das Element am Ende der Pivotzeile, so ist $x_j = b_i/a_{ij}$ der Wert der neuen Basisvariablen,

(d) Es gibt nur endlich viele mögliche Basislösungen des Systems, also nach (a) auch nur endlich viele mögliche Tableaux. Bricht der Simplexalgorithmus also niemals ab, so muß ein Tableau mehrfach vorkommen. Da nun aber nach Voraussetzung die Bildung eines neuen Tableaus aus einem alten nach einer festen Regel geschieht, wiederholt sich dann das Verfahren endlos. Ist $T_1, T_2, \ldots, T_N, T_{N+1} = T_1$ die Folge sich wiederholender Tableaux, so gelten für die Zielgröße die Bedingungen

$$z_1 \leq z_2 \leq \cdots \leq z_N \leq z_1$$

und damit $z_1 = z_2 = \cdots = z_N$. Der Wert der Zielgröße bleibt also konstant. Wegen (c) ändert dann auch die gefundene zulässige Lösung ihren Wert nicht; d.h., der Simplexalgorithmus bleibt bei einer Lösung "stecken", von der er nicht mehr wegkommt.

Lösung (71.51) Wir nehmen an, trotz der Anwendung der Blandschen Regel komme es zum Kreiseln des Simplexverfahrens; o. B. d. A. nehmen wir an, dies sei gleich ab dem ersten Tableau der Fall. Dann muß jede Variable, die neu in eine Basis eintritt, diese irgendwann wieder verlassen; umgekehrt muß eine Variable, die eine Basis verläßt, irgendwann wieder in die Basis aufgenommen werden. Wir nennen solche Variablen kurz *Wechselvariablen.* Da sich die aktuelle zulässige Lösung gemäß Aufgabe (71.50) beim Kreiseln nicht ändern kann, haben alle Wechselvariablen stets den Wert Null.

Es sei nun x_q die Wechselvariable mit dem größten Index. Das Tableau T in dem Moment, in dem x_q die Basis verläßt, sei gegeben durch

$$(1) \qquad \begin{aligned} x_i &= b_i - \sum_{j\notin B} a_{ij}x_j \quad (i \in B), \\ z &= z_0 + \sum_{j\notin B} c_j x_j. \end{aligned}$$

Dabei bezeichne a_{ij} den Koeffizienten in der j-ten Spalte (also der Spalte zur Nichtbasisvariablen x_j) und derjenigen Zeile, in der in der i-ten Spalte (also der Spalte zur Basisvariablen x_i) eine Eins steht. Es sei x_p diejenige Variable, die bei diesem Schritt neu in die Basis eintritt; dann ist x_p ebenfalls eine Wechselvariable, so daß nach Wahl von q also $p < q$ gilt. Weil x_q die Basis verläßt, während x_p in die Basis eintritt, gilt

$$(2) \qquad a_{qp} > 0.$$

Ferner sei $T^\star$ das Tableau in dem Moment, in dem x_q in die Basis eintritt; es gilt dann

$$(3) \qquad c_q^\star > 0$$

und, da wir davon ausgehen, daß die neu in die Basis eintretende Variable nach der Blandschen Regel ermittelt wurde, ferner

$$(4) \qquad c_k^\star \leq 0 \quad \text{für } k < q\,.$$

Da sich der Wert der Zielvariablen niemals ändert, haben wir

$$(5) \qquad z = z_0 + \sum_{j \notin B^\star} c_j^\star x_j = z_0 + \sum_{j=1}^{n} c_j^\star x_j\,.$$

(Beachte, daß $c_j^\star = 0$ gilt, wenn j der Index einer Basisvariablen im Tableau $T^\star$ ist.) Weil sich die gefundene zulässige Lösung nicht ändert, muß jede Lösung von (1) auch (5) erfüllen. Wählen wir speziell $x_p := u$ und $x_j := 0$ für $j \notin B$ mit $j \neq p$, wobei $u \in \mathbb{R}$ beliebig ist, so erhalten wir

$$z_0 + c_p u = z = z_0 + c_p^\star u + \sum_{j \in B} c_j^\star (b_j - a_{jp} u),$$

also

$$\left(c_p - c_p^\star + \sum_{i \in B} c_i^\star a_{ip} \right) \cdot u = \sum_{i \in B} c_i^\star b_i\,.$$

Da u beliebig war, kann diese Gleichung nur gelten, wenn beide Seiten gleich Null sind; also gilt

$$c_p - c_p^\star = -\sum_{i \in B} c_i^\star a_{ip}\,.$$

Da x_p im Tableau T in die Basis eintritt, gilt $c_p > 0$; wegen (4) ist $c_p^\star \leq 0$; also gilt $c_p - c_p^\star > 0$, folglich $\sum_{i \in B} c_i^\star a_{ip} < 0$ und damit

$$(6) \qquad c_s^\star a_{sp} < 0$$

für mindestens einen Index $s \in B$. Wegen $s \in B$ ist x_s Basisvariable im Tableau T, wegen $c_s^\star \neq 0$ ist x_s nicht Basisvariable im Tableau $T^\star$; also ist x_s eine Wechselvariable. Nach Wahl von q gilt daher $s \leq q$. Vergleich von (2) und (3) mit (6) zeigt, daß $s \neq q$ und damit sogar $s < q$ gelten muß. Daher gilt $c_s^\star \leq 0$, denn sonst wäre $c_s^\star$ ein positives Element in der letzten Zeile von $T^\star$ links von $c_q^\star$, so daß nach der Blandschen Regel nicht x_q hätte in die Basis eintreten dürfen. Wegen (6) gilt $c_s^\star \neq 0$ und damit sogar $c_s^\star < 0$; wieder nach (6) gilt dann $a_{sp} > 0$. Da x_s ferner eine Wechselvariable ist und daher den Wert Null hat, gilt $b_s = 0$; die Bedingungen $a_{sp} > 0$ und $b_s = 0$ implizieren aber, daß im Tableau T die Variable x_s eine derjenigen Variablen ist, die für das Verlassen der Basis in Frage kommen. Aber die Variable, die die Basis tatsächlich verläßt, ist x_q, was wegen $s < q$ einen Widerspruch zur vorausgesetzten Anwendung der Blandschen Regel darstellt. Die Annahme, trotz Anwendung dieser Regel sei ein Kreiseln des Simplexalgorithmus möglich, führt also auf einen Widerspruch.

Lösung (71.52) Wir können die Ergebnisse aus Aufgabe (71.48) bis zum fünften Tableau unmittelbar übernehmen, weil wir (zufälligerweise) bis zu diesem Tableau genau nach der Regel von Bland verfuhren. (Wir wählten als Pivotspalte immer diejenige mit dem größten Element in der letzten Zeile, aber dieses war zufälligerweise immer auch das am weitesten links stehende positive Element in der letzten Zeile.) Die Blandsche Regel führt aber im fünften Tableau zu einer anderen Pivotspalte und damit auch zu einem anderen Pivotelement.

z	x1	x2	x3	x4	x5	x6	x7		
0	−125/2	10500	1	0	50	−150	0	0	–
0	−1/4	40	0	1	1/3	−2/3	0	0	–
0	125/2	−10500	0	0	−50	150	1	1	2/125
−1	1/2	−120	0	0	1	−1	0	0	

Der nächste Schritt führt auf das folgende Tableau.

z	x1	x2	x3	x4	x5	x6	x7		
0	0	0	1	0	0	0	1	1	–
0	0	−2	0	1	2/15	−1/15	1/250	1/250	3/100
0	1	−168	0	0	−4/5	12/5	2/125	2/125	–
−1	0	−36	0	0	7/5	−11/5	−1/125	−1/125	

Wir erkennen, daß wir durch die geänderte Wahl der Pivotspalte von der Lösung $(0, 0, 0, 0, 0, 0, 1)$ wegkommen, und zwar zuerst zu der Lösung $(2/125,\ 0,\ 1,\ 1/250,\ 0, 0, 0)$, an der der Zielwert $1/125$ angenommen wird. Der nächste Schritt liefert das folgende Tableau.

z	x1	x2	x3	x4	x5	x6	x7	
0	0	0	1	0	0	0	1	1
0	0	−15	0	15/2	1	−1/2	3/100	3/100
0	1	−180	0	6	0	2	1/25	1/25
−1	0	−15	0	−21/2	0	−3/2	−1/20	−1/20

Die zugehörige Lösung $(1/25,\ 0,\ 1,\ 0,\ 3/100,\ 0, 0)$ mit dem Zielwert $1/20$ ist optimal, da in der letzten Zeile des Tableaus keine positiven Elemente mehr auftreten; dies steht

Aufgaben zu »Konvexgeometrie« siehe Seite 40

in völliger Übereinstimmung mit dem in Aufgabe (71.49) erhaltenen Ergebnis.

Lösung (71.53) Durchführung des Simplexalgorithmus unter Verwendung der Regel von Bland liefert die folgenden Tableaux.

z	x1	x2	x3	x4	x5	x6	x7		
0	1	−2	−3	4	1	0	0	0	0
0	4	−3	−2	1	0	1	0	0	0
0	1	1	1	1	0	0	1	1	1
−1	1	−1	1	−1	0	0	0	0	

z	x1	x2	x3	x4	x5	x6	x7		
0	1	−2	−3	4	1	0	0	0	–
0	0	5	10	−15	−4	1	0	0	0
0	0	3	4	−3	−1	0	1	1	1/3
−1	0	1	4	−5	−1	0	0	0	

z	x1	x2	x3	x4	x5	x6	x7		
0	1	0	1	−2	−3/5	2/5	0	0	0
0	0	1	2	−3	−4/5	1/5	0	0	0
0	0	0	−2	6	7/5	−3/5	1	1	–
−1	0	0	2	−2	−1/5	−1/5	0	0	

z	x1	x2	x3	x4	x5	x6	x7		
0	1	0	1	−2	−3/5	2/5	0	0	–
0	−2	1	0	1	2/5	−3/5	0	0	0
0	2	0	0	2	1/5	1/5	1	1	1/2
−1	−2	0	0	2	1	−1	0	0	

z	x1	x2	x3	x4	x5	x6	x7		
0	−3	2	1	0	1/5	−4/5	0	0	–
0	−2	1	0	1	2/5	−3/5	0	0	–
0	6	−2	0	0	−3/5	7/5	1	1	1/6
−1	2	−2	0	0	1/5	1/5	0	0	

z	x1	x2	x3	x4	x5	x6	x7		
0	0	1	1	0	−1/10	−1/10	1/2	1/2	–
0	0	1/3	0	1	1/5	−2/15	1/3	1/3	5/3
0	1	−1/3	0	0	−1/10	7/30	1/6	1/6	–
−1	0	−4/3	0	0	2/5	−4/15	−1/3	−1/3	

z	x1	x2	x3	x4	x5	x6	x7	
0	0	7/6	1	1/2	0	−1/6	2/3	2/3
0	0	5/3	0	5	1	−2/3	5/3	5/3
0	1	−1/6	0	1/2	0	1/6	1/3	1/3
−1	0	−2	0	−2	0	0	−1	−1

Der Maximalwert ist also $z = 1$. Die gefundene Lösung für die ursprünglichen Variablen ist $(1/3, 0, 2/3, 0)$, aber wir erkennen, daß jede Lösung der Form $(\theta, 0, 1-\theta, 0)$ mit $0 \leq \theta \leq 1$ eine optimale Lösung ist. (Andere kann es nicht geben, denn die dritte Nebenbedingung impliziert $x_1 + x_3 \leq 1$, was wegen $x_i \geq 0$ für alle i genau auf die angegebenen Lösungen führt.) Geometrisch bedeutet dies, daß die Lösungsmenge des Optimierungsproblems genau die Verbindungsstrecke zwischen den Extrempunkten $(0, 0, 1, 0)$ und $(1, 0, 0, 0)$ des zulässigen Bereichs ist.

Lösung (71.54) (a) Es sei j der Index der gewählten Pivotspalte. Tritt eine Mehrdeutigkeit bei der Wahl der Pivotzeile auf, so gibt es Zeilenindices $i_1 \neq i_2$ mit $b_{i_1}/a_{i_1 j} = b_{i_2}/a_{i_2 j}$, was dazu führt, daß im nächsten Schritt eine Null in der rechten Spalte des Simplextableaus entsteht. Um das Auftreten von Mehrdeutigkeiten auszuschließen, genügt es also zu zeigen, daß in der rechten Spalte eines Tableaus niemals eine Null entstehen kann. Dazu zeigen wir, daß in jedem Schritt die Elemente der rechten Spalte bei hinreichend kleiner Wahl der Zahlen $\varepsilon_i > 0$ positiv und von m verschiedenen Größenordnungen sind. Am Anfang gilt dies nach Setzung. Gilt $Ax = b + \varepsilon$ innerhalb des Simplexalgorithmus und streichen wir aus A die Spalten, die zu den Nichtbasisvariablen gehören, so erhalten wir eine Gleichung $A_0 x_0 = b + \varepsilon$, wobei $A_0 \in \mathbb{R}^{m \times m}$ invertierbar ist. Dann ist die rechte Spalte des nächsten Tableaus gegeben durch $x_0 = A_0^{-1} b + A_0^{-1} \varepsilon \geq 0$. Wäre eine Komponente von $A_0^{-1}\varepsilon$ gleich Null, so wäre ε eine Linearkombination von maximal $m-1$ der Ausdrücke ε_i im Widerspruch dazu, daß die Komponenten von ε ja m verschiedene Größenordnungen haben. Also gilt $A_0^{-1}\varepsilon > 0$, wenn die ε_i hinreichend klein sind.

(b) Es ist offensichtlich, daß die Ausdrücke ε_i nur in der rechten Spalte des Simplextableaus vorkommen, nirgends sonst, und keinerlei Einfluß auf die sonstigen Einträge im Simplextableau haben; ihr einziger Zweck ist es, bei der Wahl der Pivotzeilen eine Mehrdeutigkeit zu verhindern und dafür zu sorgen, daß bei jedem Schritt des Simplexalgorithmus eine neue Basis verwandt wird und damit ein neues Tableau entsteht. Ist dies geschafft, so kann man am Ende alle ε_i gegen Null laufen lassen bzw. so tun, als wären alle ε_i immer gleich Null gewesen und als hätte man sozusagen durch Intuition immer eine Pivotzeile gewählt, die ein Kreiseln verhindert.

Lösung (71.55) Wir wählen zunächst die erste Spalte als Pivotspalte (genausogut hätten wir auch die dritte

Spalte wählen können); da ε_2 von kleinerer Ordnung ist als ε_1 oder gar 1, wird die zweite Zeile zur Pivotzeile.

z	x_1	x_2	x_3	x_4	x_5	x_6	x_7		
0	1	−2	−3	4	1	0	0	ε_1	ε_1
0	4	−3	−2	1	0	1	0	ε_2	$\varepsilon_2/4$
0	1	1	1	1	0	0	1	$1+\varepsilon_3$	$1+\varepsilon_3$
−1	1	−1	1	−1	0	0	0	0	

Im nächsten Tableau ist nur noch eine Pivotzeile möglich.

z	x_1	x_2	x_3	x_4	x_5	x_6	x_7		
0	0	−5/4	−5/2	15/4	1	−1/4	0	$\varepsilon_1-\varepsilon_2/4$	–
0	1	−3/4	−1/2	1/4	0	1/4	0	$\varepsilon_2/4$	–
0	0	7/4	3/2	3/4	0	−1/4	1	$1+\varepsilon_3-\varepsilon_2/4$	*
−1	0	−1/4	3/2	−5/4	0	−1/4	0	$-\varepsilon_2/4$	

Durchführung des Gaußschen Algorithmus liefert in der letzten Zeile keinen positiven Eintrag mehr; wir setzen daher alle ε_i auf Null und haben damit die Lösung des Ausgangsproblems gefunden.

z	x_1	x_2	x_3	x_4	x_5	x_6	x_7	
0	0	5/3	0	5	1	−2/3	5/3	5/3
0	1	−1/6	0	1/2	0	1/6	1/3	1/3
0	0	7/6	1	1/2	0	−1/6	2/3	2/3
−1	0	−2	0	−2	0	0	−1	−1

Wir erhalten also die gleiche Lösung wie in Aufgabe (71.53), aber mit erheblich weniger Rechenaufwand.

Lösung (71.56) (a) Der zulässige Bereich ist nicht leer, denn ein Vektor $(x_0, x) \in \mathbb{R}^{1+n}$ erfüllt sicher dann die Nebenbedingungen $Ax - x_0 e \leq b$ sowie $(x_0, x) \geq 0$, wenn nur x_0 hinreichend groß gewählt ist. Ferner ist die Zielfunktion nach oben beschränkt (nämlich durch 0), muß also (da die Zielfunktion stetig und ihr Definitionsbereich abgeschlossen ist) ihr Maximum annehmen.

(b) Ist nicht 0 das Maximum, so gibt es kein $x \in \mathbb{R}^n$ mit $x \geq 0$ derart, daß $(0, x)$ eine zulässige Lösung von (2) ist, d. h., es gibt keinen Vektor $x \geq 0$ in $\mathbb{R}^n$ mit $Ax \leq b$.

(c) Ist 0 das Maximum, so gibt es einen Vektor $x \in \mathbb{R}^n$ derart, daß $(0, x)$ Optimallösung für (2) ist. Dann gelten aber die Bedingungen $x \geq 0$ und $Ax = Ax - 0 \cdot e \leq b$. Nach Definition des Simplexverfahrens ist klar, daß nach jedem Schritt die Standardeinheitsvektoren als Spalten im Simplextableau auftreten. Die einzig mögliche Komplikation ist das eventuelle Auftreten eines solchen Einheitsvektors in der x_0-Spalte am Ende des Verfahrens. Geschieht dies, so sei i der Index der Zeile, in der in der x_0-Spalte eine Eins steht. Gibt es in der i-ten Zeile ein anderes positives Element, so kann man durch Anwendung des Gaußalgorithmus die Spalte mit diesem Element zu einer Einheitsspalte machen. (Man bezeichnet dies als "Ausräumen" der Spalte.) Dadurch hat dann das Simplextableau auch nach Streichen der x_0-Spalte noch Basisform. Daß in der i-ten Zeile kein anderes positives Element auftritt, ist nur in Trivialfällen möglich, denn eine Gleichung der Form $a_{i1}x_1 + \cdots + a_{in}x_n = b_i$ mit $b_i \geq 0$ sowie $x_j \geq 0$ und $a_{ij} \leq 0$ für alle j ist nur erfüllt, wenn $b_i = 0$ sowie $a_{ij}x_j = 0$ für alle j gilt.

Lösung (71.57) Wir lösen zunächst das in der vorigen Aufgabe unter (2) formulierte Hilfsproblem, wobei wir die Zielgröße mit $w := -x_0$ bezeichnen. Aus Gründen, die später klar werden, führen wir in dem Tableau immer auch die Zielgröße z mit auf, ohne daß dies zunächst irgendwelche Auswirkungen auf die Durchführung des Simplexalgorithmus hätte. Bei der ersten Wahl des Pivotelements wählen wir diejenige Zeile, bei der ganz rechts das am stärksten negative Element steht. (Bei Mehrdeutigkeit wählen wir irgendeine der möglichen Pivotzeilen.)

w	z	x_0	x_1	x_2	x_3	x_4	x_5	x_6		
0	0	−1	2	−1	2	1	0	0	4	
0	0	−1	2	−3	1	0	1	0	−5	*
0	0	−1	−1	1	−2	0	0	1	−1	
0	−1	0	1	−1	1	0	0	0	0	
−1	0	−1	0	0	0	0	0	0	0	

Ab diesem Schritt treten in der rechten Spalte nur noch nichtnegative Elemente auf; wir führen nun den gewöhnlichen Simplexalgorithmus bezüglich der Zielvariablen w durch, und zwar so lange, bis das Maximum von w ermittelt ist, bis also in der allerletzten Zeile in den Spalten der Variablen x_0 bis x_n kein positives Element mehr auftritt. (In unserem Fall ist $n = 6$. In der Spalte ganz rechts, die der rechten Seite des Gleichungssystems entspricht, kann noch eine positive Zahl stehen.)

w	z	x_0	x_1	x_2	x_3	x_4	x_5	x_6		
0	0	0	0	2	1	1	−1	0	9	9/2
0	0	1	−2	3	−1	0	−1	0	5	5/3
0	0	0	−3	4	−3	0	−1	1	4	1
0	−1	0	1	−1	1	0	0	0	0	
−1	0	0	−2	3	−1	0	−1	0	5	

Aufgaben zu »Konvexgeometrie« siehe Seite 40

w	z	x_0	x_1	x_2	x_3	x_4	x_5	x_6		
0	0	0	3/2	0	5/2	1	−1/2	−1/2	7	14/5
0	0	1	1/4	0	5/4	0	−1/4	−3/4	2	8/5
0	0	0	−3/4	1	−3/4	0	−1/4	1/4	1	–
0	−1	0	1/4	0	1/4	0	−1/4	1/4	1	
−1	0	0	1/4	0	5/4	0	−1/4	−3/4	2	

w	z	x_0	x_1	x_2	x_3	x_4	x_5	x_6	
0	0	−2	1	0	0	1	0	1	3
0	0	4/5	1/5	0	1	0	−1/5	−3/5	8/5
0	0	3/5	−3/5	1	0	0	−2/5	−1/5	11/5
0	−1	−1/5	1/5	0	0	0	−1/5	2/5	3/5
−1	0	−1	0	0	0	0	0	0	0

Nun ist die erste Phase des Verfahrens abgeschlossen; der Maximalwert von w ist gefunden. Ist dieser negativ (d.h., tritt ganz rechts unten ein positives Element auf), so ist der zulässige Bereich des ursprünglichen Problems leer; das ursprüngliche Problem hat in diesem Fall keine Lösung. Ist dagegen (wie in unserem Beispiel) der Maximalwert von w gleich Null, so sind wir bei einer Lösung angekommen, bei der $x_0 = 0$ gilt. Wir können dann einfach die x_0-Spalte und auch die w-Spalte sowie die allerletzte Zeile streichen; es bleibt dann ein zulässiges Tableau für die ursprüngliche Optimierungsaufgabe übrig, bei dem nun die rechte Seite nur noch nichtnegative Elemente aufweist und mit dem wir daher das gewöhnliche Simplexverfahren für das ursprünglich gestellte Problem beginnen können (Phase 2). In unserem Beispiel geht es mit den folgenden Tableaux weiter.

z	x_1	x_2	x_3	x_4	x_5	x_6		
0	1	0	0	1	0	1	3	3
0	1/5	0	1	0	−1/5	−3/5	8/5	–
0	−3/5	1	0	0	−2/5	−1/5	11/5	–
−1	1/5	0	0	0	−1/5	2/5	3/5	

z	x_1	x_2	x_3	x_4	x_5	x_6	
0	1	0	0	1	0	1	3
0	4/5	0	1	3/5	−1/5	0	17/5
0	−2/5	1	0	1/5	−2/5	0	14/5
−1	−1/5	0	0	−2/5	−1/5	0	−3/5

Damit ist das ursprüngliche Optimierungsproblem gelöst; der erreichbare Maximalwert für die Zielvariable ist $3/5$, und dieser wird angenommen für $(x_1, x_2, x_3, x_4, x_5, x_6) = (0, 14/5, 17/5, 0, 0, 3)$.

Lösung (71.58) Wir bezeichnen mit K, L, P, T und Z die Mengen (in kg) an Karotten, Lauch, Paprika, Tomaten und Zwiebeln, die für den Eintopf benutzt werden. Dann ist der Ausdruck $K + L + 2P + 3T + 3Z$ unter den Nebenbedingungen

$$\begin{aligned} &2 \leq P + Z \leq 6,\\ &4K + 2L \geq 24,\\ &T \geq 12,\\ &K + Z = 4T,\\ &P = 2L \end{aligned}$$

zu minimieren. Wir benutzen die beiden letzten Bedingungen, um die Größen $L := P/2$ und $T := (K+Z)/4$ zu eliminieren; es bleibt dann die Aufgabe, den Ausdruck

$$\frac{7}{4}K + \frac{5}{2}P + \frac{15}{4}Z$$

unter den Nebenbedingungen

$$\begin{aligned} &P + Z \leq 6,\\ &-P - Z \leq -2,\\ &-4K - P \leq -24,\\ &-K - Z \leq -48 \end{aligned}$$

zu minimieren, was äquivalent dazu ist, die Zielfunktion

$$\widehat{z} := -\frac{7}{4}K - \frac{5}{2}P - \frac{15}{4}Z$$

unter den genannten Nebenbedingungen zu maximieren. (Wir schreiben $\widehat{z}$ statt z für die Zielfunktion, um die Bezeichnung von der Bezeichnung Z für "Zwiebeln" abzuheben.) Einführung der Hilfsvariablen x_0 sowie der Schlupfvariablen a, b, c, d führt auf das folgende Simplextableau.

Aufgaben zu »Konvexgeometrie« siehe Seite 40

w	$\hat{z}$	x_0	K	P	Z	a	b	c	d		
0	0	−1	0	1	1	1	0	0	0	6	
0	0	−1	0	−1	−1	0	1	0	0	−2	
0	0	−1	−4	−1	0	0	0	1	0	−24	
0	0	−1	−1	0	−1	0	0	0	1	−48	*
0	−1	0	−7/4	−5/2	−15/4	0	0	0	0	0	
−1	0	−1	0	0	0	0	0	0	0	0	

In diesem ersten Schritt wird das Pivotelement in der x_0-Spalte und in derjenigen Zeile gewählt, in der ganz rechts das am stärksten negative Element steht. Ab jetzt wird der gewöhnliche Simplexalgorithmus mit der Zielfunktion w angewandt.

w	$\hat{z}$	x_0	K	P	Z	a	b	c	d		
0	0	0	1	1	2	1	0	0	−1	54	54
0	0	0	1	−1	0	0	1	0	−1	46	46
0	0	0	−3	−1	1	0	0	1	−1	24	–
0	0	1	1	0	1	0	0	0	−1	48	48
0	−1	0	−7/4	−5/2	−15/4	0	0	0	0	0	
−1	0	0	1	0	1	0	0	0	−1	48	

w	$\hat{z}$	x_0	K	P	Z	a	b	c	d	
0	0	0	0	2	2	1	−1	0	0	8
0	0	0	1	−1	0	0	1	0	−1	46
0	0	0	0	−4	1	0	3	1	−4	162
0	0	1	0	1	1	0	−1	0	0	2
0	−1	0	0	−17/4	−15/4	0	7/4	0	−7/4	161/2
−1	0	0	0	1	1	0	−1	0	0	2

w	$\hat{z}$	x_0	K	P	Z	a	b	c	d	
0	0	−2	0	0	0	1	1	0	0	4
0	0	1	1	0	1	0	0	0	−1	48
0	0	4	0	0	5	0	−1	1	−4	170
0	0	1	0	1	1	0	−1	0	0	2
0	−1	17/4	0	0	1/2	0	−5/2	0	−7/4	89
−1	0	−1	0	0	0	0	0	0	0	0

Wir erkennen jetzt, daß der Zielwert Null angenommen wird. (Das ursprüngliche Optimierungsproblem besitzt daher zulässige Lösungen.) Wir dürfen dann $x_0 = 0$ setzen und die w-Spalte, die x_0-Spalte und die letzte Zeile streichen; dadurch erhalten wir ein Tableau für das ursprüngliche Problem.

$\hat{z}$	K	P	Z	a	b	c	d	
0	0	0	0	1	1	0	0	4
0	1	0	1	0	0	0	−1	48
0	0	0	5	0	−1	1	−4	170
0	0	1	1	0	−1	0	0	2
−1	0	0	1/2	0	−5/2	0	−7/4	89

Bemerkung: Es hätte passieren können, daß im letzten Schritt der ersten Phase die Variable x_0 als Basisvariable auftritt. Beim Streichen dieser Spalte würde dann in dem entstehenden ersten Simplextableau der zweiten Phase ein Einheitsvektor (also eine grau markierte Spalte) fehlen. (Vergleiche Teil (c) in Aufgabe (71.56).) In diesem Fall wäre dann ein zusätzlicher Schritt des Gauß-Algorithmus durchzuführen, um den in der Spalte von x_0 auftretenden Einheitsvektor in einer der anderen Spalten zu erzeugen (was man als das "Ausräumen" der fraglichen Spalte bezeichnet).

In unserem Fall ist dies aber nicht nötig, und es kann unmittelbar ein weiterer (und letzter) Schritt des Simplex-Algorithmus durchgeführt werden.

$\hat{z}$	K	P	Z	a	b	c	d	
0	0	0	0	1	1	0	0	4
0	1	−1	0	0	1	0	−1	46
0	0	−5	0	0	4	1	−4	160
0	0	1	1	0	−1	0	0	2
−1	0	−1/2	0	0	−2	0	−7/4	88

Jetzt ist der Simplex-Algorithmus beendet; die optimale Lösung ist gegeben durch $K = 46$, $P = 0$, $Z = 2$, $a = 4$, $b = 0$, $c = 160$ und $d = 0$. Zusammen mit den Gleichungen $L = P/2$ und $T = (K + Z)/4$ erkennen wir also, daß der kostengünstigste Eintopf, der die geforderten Bedingungen erfüllt, 46 kg Karotten, 12 kg Tomaten und 2 kg Zwiebeln enthält, aber weder Lauch noch Paprika. Die Kosten für den Eintopf belaufen sich dann auf 88 Euro.

Lösung (71.59) (a) Wir untersuchen die Fälle $b \geq 2$ und $b \leq 2$ separat. Im Fall $b \geq 2$ müssen wir $2a+b+c$ unter den Nebenbedingungen $a + b + c + 2b \leq 4$, $a, c \geq 0$ und $b \geq 2$ maximieren (die Bedingung $b \geq -4$ ist in diesem Fall redundant). Mit $b =: 2 + \beta$ lautet die Aufgabe also folgendermaßen:

Aufgabe: *Maximiere* $2a + \beta + c$ *unter den Nebenbedingungen* $a + 3\beta + c \leq -2$ *sowie* $a, \beta, c \geq 0$.

Um eine Startlösung zu finden, wenden wir die Zweiphasenmethode des Simplexverfahrens an.

w	z	x_0	a	β	c	d		
0	0	−1	1	3	1	1	−2	*
0	−1	0	2	1	1	0	0	
−1	0	−1	0	0	0	0	0	

w	z	x_0	a	β	c	d	
0	0	1	−1	−3	−1	−1	2
0	−1	0	2	1	1	0	0
−1	0	0	−1	−3	−1	−1	2

Der maximal erreichbare Zielwert ist also $w = -2$ (und nicht Null); der zulässige Bereich des ursprünglichen Problems ist daher leer. Es gibt daher keine Lösung für $b \geq 2$. (Das hätte man übrigens auch durch scharfes Hinschauen statt Anwendung des Simplexverfahrens erkennen können: aus $b \geq 2$ und $a, c \geq 0$ folgt $a + 3b + c \geq 0 + 6 + 0 = 6$, was die Nebenbedingung $a + 3b + c \leq 4$ ausschließt.) Es bleibt also der Fall $b \leq 2$. In diesem Fall ist $2a + 2 + c$ unter den Nebenbedingungen $a + b + c + 4 \leq 4$ sowie $a, c \geq 0$ und $-4 \leq b \leq 2$ zu maximieren. Mit $b = -4 + \beta$ lautet die Aufgabe also folgendermaßen:

Aufgabe: *Maximiere* $2a + c$ *unter den Nebenbedingungen* $a + \beta + c \leq 4$, $\beta \leq 6$ *und* $a, \beta, c \geq 0$.

Hier haben wir die Startlösung $(a, \beta, c) = (0, 0, 0)$, können also direkt mit Phase II des Simplexalgorithmus starten.

z	a	β	c	d	e		
0	1	1	1	1	0	4	4
0	0	1	0	0	1	6	–
−1	2	0	1	0	0	0	

z	a	β	c	d	e	
0	1	1	1	1	0	4
0	0	1	0	0	1	6
−1	0	−2	−1	−2	0	−8

Wir erkennen, daß die optimale Lösung gegeben ist durch $a = 4$, $\beta = 0$ (und damit $b = -4$ im ursprünglichen Problem) sowie $c = 0$.

(b) Alternativ setzen wir $d := \max(b, 2)$ und versuchen dann, $2a + c + d$ unter den Nebenbedingungen $a + b + c + 2d \leq 4$, $a, c \geq 0$ und $b \geq -4$ sowie $d \geq 2$ und $d \geq b$ zu maximieren. (Hier ist aber nicht a priori klar, warum dieses Problem äquivalent zu dem ursprünglich gestellten Problem ist. Dazu müßte man zeigen, daß für eine optimale Lösung (a, b, c, d) des neuen Problems zwangsläufig $d = \max(2, b)$ gelten muß.) Mit $b = -4 + \beta$ und $d = 2 + \delta$ lautet die Problemstellung folgendermaßen.

Aufgabe: *Maximiere* $2a + c + \delta$ *unter den Nebenbedingungen* $a + \beta + c + 2\delta \leq 4$ *und* $\beta - \delta \leq 6$ *sowie* $a, \beta, c, \delta \geq 0$.

Hier treten auf der rechten Seite nur nichtnegative Zahlen auf, so daß wir direkt mit Phase II des Simplexalgorithmus beginnen können.

z	a	β	c	δ	u	v		
0	1	1	1	2	1	0	4	4
0	0	1	0	−1	0	1	6	–
−1	2	0	1	1	0	0	0	

z	a	β	c	δ	u	v	
0	1	1	1	2	1	0	4
0	0	1	0	−1	0	1	6
−1	0	−2	−1	−3	−2	0	−8

Die optimale Lösung ist also gegeben durch $(a, \beta, c, \delta) = (4, 0, 0, 0)$; für die ursprünglichen Variablen bedeutet dies $(a, b, c, d) = (4, -4, 0, 2)$. Dies ist tatsächlich die gleiche Lösung wie im Ausgangsproblem.

Lösung (71.60) Für $1 \leq i \leq 4$ sei x_i die Menge des verbrauchten Rohstoffs R_i. Dann sind die Kosten

$$K = 15x_1 + 12x_2 + 16x_3 + 10x_4$$

unter den folgenden Nebenbedingungen zu minimieren:

$$\begin{array}{rcl} 0.2x_1 + 0.5x_2 + 0.4x_3 + 0.3x_4 & \geq & 3.5 \\ 0.2x_1 + 0.1x_2 + 0.2x_3 + 0.1x_4 & \geq & 2.0 \\ 0.2x_1 + 0.4x_2 + 0.3x_3 + 0.2x_4 & \geq & 4.5 \end{array}$$

sowie $x_1, x_2, x_3, x_4 \geq 0$. Dies ist äquivalent dazu, die Zielfunktion

$$z = -15x_1 - 12x_2 - 16x_3 - 10x_4$$

unter den Nebenbedingungen

$$\begin{array}{rcl} -2x_1 - 5x_2 - 4x_3 - 3x_4 & \leq & -35 \\ -2x_1 - x_2 - 2x_3 - x_4 & \leq & -20 \\ -2x_1 - 4x_2 - 3x_3 - 2x_4 & \leq & -45 \end{array}$$

sowie $x_1, x_2, x_3, x_4 \geq 0$ zu maximieren. Phase I des Simplexverfahrens liefert die folgende Serie von Tableaux.

w	z	x_0	x_1	x_2	x_3	x_4	x_5	x_6	x_7		
0	0	−1	−2	−5	−4	−3	1	0	0	−35	
0	0	−1	−2	−1	−2	−1	0	1	0	−20	
0	0	−1	−2	−4	−3	−2	0	0	1	−45	*
0	−1	0	−15	−12	−16	−10	0	0	0	0	
−1	0	−1	0	0	0	0	0	0	0	0	

w	z	x_0	x_1	x_2	x_3	x_4	x_5	x_6	x_7		
0	0	0	0	−1	−1	−1	1	0	−1	10	–
0	0	0	0	3	1	1	0	1	−1	25	25/3
0	0	1	2	4	3	2	0	0	−1	45	45/4
0	−1	0	−15	−12	−16	−10	0	0	0	0	
−1	0	0	2	4	3	2	0	0	−1	45	

w	z	x_0	x_1	x_2	x_3	x_4	x_5	x_6	x_7		
0	0	0	0	0	−2/3	−2/3	1	1/3	−4/3	55/3	–
0	0	0	0	1	1/3	1/3	0	1/3	−1/3	25/3	–
0	0	1	2	0	5/3	2/3	0	−4/3	1/3	35/3	35/6
0	−1	0	−15	0	−12	−6	0	4	−4	100	
−1	0	0	2	0	5/3	2/3	0	−4/3	1/3	35/3	

w	z	x_0	x_1	x_2	x_3	x_4	x_5	x_6	x_7	
0	0	0	0	0	−2/3	−2/3	1	1/3	−4/3	55/3
0	0	0	0	1	1/3	0	0	1/3	−1/3	25/3
0	0	1/2	1	0	5/6	1/3	0	−2/3	1/6	35/6
0	−1	15/2	0	0	1/2	−1	0	−6	−3/2	375/2
−1	0	−1	0	0	0	0	0	0	0	0

Damit ist das Ende der Phase I erreicht. Das Maximum des Hilfsproblems ist also Null; damit hat das ursprüngliche Problem zulässige Lösungen. Eine von diesen (in Basisform) erhalten wir, indem wir die Hilfsgrößen w und x_0 aus dem zuletzt erhaltenen Tableau streichen. Auf das resultierende Tableau wenden wir dann den üblichen Simplexalgorithmus an (Phase II).

z	x_1	x_2	x_3	x_4	x_5	x_6	x_7		
0	0	0	−2/3	−2/3	1	1/3	−4/3	55/3	–
0	0	1	1/3	0	0	1/3	−1/3	25/3	25
0	1	0	5/6	1/3	0	−2/3	1/6	35/6	7
−1	0	0	1/2	−1	0	−6	−3/2	375/2	

z	x_1	x_2	x_3	x_4	x_5	x_6	x_7	
0	4/5	0	0	−2/5	1	−1/5	−6/5	23
0	−2/5	1	0	−2/15	0	3/5	−2/5	6
0	6/5	0	1	2/5	0	−4/5	1/5	7
−1	−3/5	0	0	−6/5	0	−28/5	−8/5	184

Phase II des Simplexverfahrens ist damit schon beendet, denn in der letzten Zeile (mit Ausnahme des Elements ganz rechts) treten keine positiven Koeffizienten mehr auf. Der für z erreichbare Maximalwert ist demnach -184; die Minimalkosten sind also gegeben durch $K = 184$. Diese Minimalkosten werden erzielt, wenn man $x_1 = 0$, $x_2 = 6$, $x_3 = 7$ und $x_4 = 0$ wählt.

Lösung (71.61) Ein Vektor $p = (p_1, \ldots, p_m)^T$ von Preiserhöhungen p_i führt für den Verkauf des j-ten Produkts zu der Gewinneinbuße $\sum_{i=1}^m p_i a_{ij} x_j$. Genau dann macht also das Unternehmen keinen Gewinn mit dem j-ten Produkt mehr, wenn $\sum_{i=1}^m p_i a_{ij} x_j \geq c_j x_j$ gilt, also

$$c_j \leq \sum_{i=1}^m p_i a_{ij} = (A^T p)_j .$$

Solange der Hersteller noch irgendeinen Gewinn macht, kann der Markt die Rohstoffpreise erhöhen. (Der Markt will nicht dem Hersteller einen Gewinn einräumen, sondern diesem nur erlauben, verlustfrei zu arbeiten – andere wollen auch "ihr Stück vom Kuchen abhaben".) Der Markt wird also die Preise erhöhen, bis $A^T p \geq c$ gilt. Bei dieser Preiserhöhung erhöht sich der Gesamtwert der verfügbaren Rohstoffe um $\sum_{i=1}^m b_i p_i = b^T p$, und der Markt wird versuchen, diese Preiserhöhung so gering wie möglich zu halten, um überhaupt noch potentiell realisierbare Gewinne und damit ein Marktgeschehen zu ermöglichen. (Der Markt wird nur versuchen, möglichst viel von

Aufgaben zu »Konvexgeometrie« siehe Seite 40

den Gewinnen des Herstellers abzubekommen, aber nicht, den Hersteller aus dem Geschäft zu drängen und Marktchancen grundsätzlich zu be- oder sogar verhindern.) Der Markt löst also das folgende duale Problem: Minimiere $b^T p$ unter den Nebenbedingungen $A^T p \geq c$ und $p \geq 0$.

Lösung (71.62) Das Problem (D) läßt sich folgendermaßen als primales Problem schreiben:

(P′) Maximiere den Ausdruck $(-b)^T y$ unter den Nebenbedingungen $(-A^T)y \leq -c$ und $y \geq 0$.

Das zugehörige duale Problem lautet folgendermaßen:

(D′) Minimiere den Ausdruck $(-c)^T x$ unter den Nebenbedingungen $(-A^T)^T x \geq -b$ und $x \geq 0$.

Offensichtlich ist aber D' nur eine Umformulierung des ursprünglichen primalen Problems:

(P) Maximiere $c^T x$ unter den Nebenbedingungen $Ax \leq b$ und $x \geq 0$.

Lösung (71.63) (a) Ist x zulässig für (P) und ist y zulässig für (D), so erhalten wir unter Ausnutzung der Bedingungen $x \geq 0$ und $y \geq 0$ die Ungleichungen

$$c^T x \;\leq\; (A^T y)^T x \;=\; y^T A x \;\leq\; y^T b.$$

(b) Ist y eine zulässige Lösung von (D), so ist die Zielfunktion des Maximierungsproblems (P) wegen Teil (a) nach oben beschränkt; besitzt dieses Problem also überhaupt eine Lösung, dann auch eine optimale Lösung. Ist umgekehrt x eine zulässige Lösung von (P), so ist die Zielfunktion des Minimierungsproblems (D) wegen Teil (a) nach unten beschränkt; besitzt dieses Problem also überhaupt eine Lösung, dann auch eine optimale Lösung.

(c) Wir beweisen zunächst den Hinweis. Der Übergang vom Ausgangs- zum Endtableau erfolgt durch diverse Anwendungen des Gaußschen Algorithmus, kann also durch Linksmultiplikation mit einer geeigneten Matrix bewerkstelligt werden. Ist $A \in \mathbb{R}^{m\times n}$, so ist dies eine $(m+1)\times(m+1)$-Matrix, die wir in Blöcke $T \in \mathbb{R}^{m\times m}$, $u \in \mathbb{R}^{m\times 1}$, $v^T \in \mathbb{R}^{1\times m}$ und $w \in R^{1\times 1}$ partitionieren. Es ergibt sich dann die Gleichung

$$\begin{bmatrix} T & u \\ v^T & w \end{bmatrix} \begin{bmatrix} 0 & A & \mathbf{1} & b \\ -1 & c^T & 0^T & 0 \end{bmatrix} = \begin{bmatrix} 0 & \widehat{A} & R & \widehat{b} \\ -1 & \widehat{c}^T & -y^T & -z^\star \end{bmatrix},$$

nach Ausmultiplizieren auf der linken Seite also

$$\begin{bmatrix} -u & TA{+}uc^T & T & Tb \\ -w & v^T A{+}wc^T & v^T & v^T b \end{bmatrix} = \begin{bmatrix} 0 & \widehat{A} & R & \widehat{b} \\ -1 & \widehat{c}^T & -y^T & -z^\star \end{bmatrix}.$$

Wir vergleichen nun die einzelnen Einträge links und rechts. Man erkennt sofort

$$u = 0, \qquad w = 1, \qquad v = -y, \qquad T = R, \qquad Tb = \widehat{b};$$

für die drei verbliebenen Einträge ergibt sich dann

$$TA = \widehat{A}, \qquad \widehat{c} = c - A^T y, \qquad z^\star = y^T b = b^T y.$$

Da das Endtableau optimal ist, haben wir $y \geq 0$ und $\widehat{c} \leq 0$, folglich $A^T y \geq c$; also ist y eine zulässige Lösung des dualen Problems (D). Ferner ist

$$b^T y \;=\; z^\star \;=\; \max\{c^T x \mid Ax \leq b,\, x \geq 0\},$$

was nach Teil (a) garantiert, daß y sogar eine optimale Lösung von (D) ist. Damit ist gezeigt, daß im Fall der Lösbarkeit von (P) (die sich im Erreichen eines Optimaltableaus beim Simplexverfahren zeigt) eine optimale Lösung y_{opt} von (D) existiert und daß diese die Bedingung $b^T y_{\text{opt}} = c^T x_{\text{opt}}$ erfüllt, wenn x_{opt} eine optimale Lösung von (P) ist. Das dazu duale Argument zeigt, daß im Fall der Lösbarkeit von (D) auch eine optimale Lösung für (P) existiert und daß die entsprechenden Zielfunktionen wieder gleiche optimale Werte annehmen. Daß umgekehrt Lösungen x_0 von (P) und y_0 von (D) mit $b^T y_0 = c^T x_0$ schon optimal sein müssen, folgt sofort aus Teil (a).

Lösung (71.64) Das gestellte Problem besteht darin, den Ausdruck $a + 2b + 3c + 6d$ unter den Nebenbedingungen

$$\begin{bmatrix} 1 & 4 & 0 & 0 \\ 0 & 0 & 1 & 4 \\ -1 & 0 & -1 & 0 \\ 0 & -1 & 0 & -1 \end{bmatrix} \begin{bmatrix} a \\ b \\ c \\ d \end{bmatrix} \geq \begin{bmatrix} 600 \\ 400 \\ -300 \\ -200 \end{bmatrix}$$

sowie $a, b, c, d \geq 0$ zu minimieren. Natürlich könnten wir dies als Maximierungsproblem umformulieren und die Ungleichungen in den Nebenbedingungen nach Durchmultiplizieren mit -1 umkehren; wegen der dann auf der rechten Seite auftretenden negativen Koeffizienten müßten wir dann aber die Zweiphasenmethode anwenden. Stattdessen können wir auch das zugehörige duale Problem betrachten; dieses besteht darin, den Ausdruck $600A + 400B - 300C - 200D$ unter den Nebenbedingungen

$$\begin{bmatrix} 1 & 0 & -1 & 0 \\ 4 & 0 & 0 & -1 \\ 0 & 1 & -1 & 0 \\ 0 & 4 & 0 & -1 \end{bmatrix} \begin{bmatrix} A \\ B \\ C \\ D \end{bmatrix} \leq \begin{bmatrix} 1 \\ 2 \\ 3 \\ 6 \end{bmatrix}$$

sowie $A, B, C, D \geq 0$ zu maximieren. Dieses Problem hat den Vorteil, auf der rechten Seite nur positive Koeffizienten stehen zu haben; wir können also direkt mit Phase II beginnen. Es ergeben sich die folgenden Simplextableaux.

z	A	B	C	D	p	q	r	s		
0	1	0	−1	0	1	0	0	0	1	1
0	4	0	0	−1	0	1	0	0	2	1/2
0	0	1	−1	0	0	0	1	0	3	–
0	0	4	0	−1	0	0	0	1	6	–
−1	600	400	−300	−200	0	0	0	0	0	

z	A	B	C	D	p	q	r	s		
0	0	0	−1	1/4	1	−1/4	0	0	1/2	–
0	1	0	0	−1/4	0	1/4	0	0	1/2	–
0	0	1	−1	0	0	0	1	0	3	3
0	0	4	0	−1	0	0	0	1	6	3/2
−1	0	400	−300	−50	0	−150	0	0	−300	

z	A	B	C	D	p	q	r	s		
0	0	0	−1	1/4	1	−1/4	0	0	1/2	2
0	1	0	0	−1/4	0	1/4	0	0	1/2	–
0	0	0	−1	1/4	0	0	1	−1/4	3/2	6
0	0	1	0	−1/4	0	0	0	1/4	3/2	–
−1	0	0	−300	50	0	−150	0	−100	−900	

z	A	B	C	D	p	q	r	s	
0	0	0	−4	1	4	−1	0	0	2
0	1	0	−1	0	1	0	0	0	1
0	0	0	0	0	−1	1/4	1	−1/4	1
0	0	1	−1	0	1	−1/4	0	1/4	2
−1	0	0	−100	0	−200	−100	0	−100	−1000

Gemäß Aufgabe (71.63) (siehe den Hinweis zu dieser Aufgabe!) können wir nun eine Optimallösung der urspünglichen Aufgabe sofort an dem Simplextableau ablesen, nämlich $a = 200$, $b = 100$, $c = 0$ und $d = 100$.

Lösung (71.65) (a) Es sei $b_i < 0$ das Element ganz rechts in der i-ten Zeile. Wären alle Zeilenelemente a_{ij} mit $1 \leq j \leq n$ nichtnegativ, so hätten wir eine Gleichung $\sum_{j=1}^n a_{ij}x_j = b_i$ mit nichtnegativer linker Seite und negativer rechter Seite, was natürlich unmöglich ist.

(b) Die Elemente $c_j \leq 0$ in der untersten Zeile gehen nach dem Austauschschritt über in $c_j^\star = c_j - (c_{j_0}/a_{ij_0})a_{ij}$; dabei ist $c_{j_0}/a_{ij_0} = q_{j_0}$ nichtnegativ (denn der Zähler ist nichtpositiv und der Nenner negativ). Für $a_{ij} \geq 0$ gilt $c_j^\star \leq c_j \leq 0$. Ist $a_{ij} < 0$, so gilt $c_j/a_{ij} \geq c_{j_0}/a_{ij_0}$ nach Wahl von j_0 und damit ebenfalls $c_j^\star \leq 0$. Die Nichtpositivität der letzten Zeile bleibt also erhalten. Das Element ganz rechts in der i-ten Zeile geht dagegen über in $b_i^\star = b_i/a_{ij_0}$, und diese Zahl ist wegen $b_i < 0$ und $a_{ij_0} < 0$ strikt positiv.

(c) Ein Tableau der Form

0	A	b
-1	c^T	$-z^\star$

mit $b \geq 0$ und $c \leq 0$ ist offensichtlich ein Optimaltableau.

Lösung (71.66) Die Bedingung $x_i = b_i - \sum_j a_{ij}x_j$ können wir auch in der Form

$$x_i = [b_i] + \{b_i\} - \sum_j ([a_{ij}] + \{a_{ij}\})x_j$$

schreiben. Nun gilt für jede zulässige Lösung (egal, ob ganzzahlig oder nicht) wegen $x \geq 0$ die Bedingung

$$(\star) \qquad \{b_i\} - \sum_j \{a_{ij}\}x_j \leq \{b_i\} < 1.$$

Für ganzzahlige Lösungen $x \in \mathbb{Z}^n$ haben wir ferner

$$\{b_i\} - \sum_j \{a_{ij}\}x_j = x_i - [b_i] + \sum_j [a_{ij}]x_j \in \mathbb{Z};$$

für solche Lösungen verschärft sich die Bedingung $(\star)$ zu

$$(\star\star) \qquad \{b_i\} - \sum_j \{a_{ij}\}x_j \leq 0.$$

(Beachte, daß die gefundene nichtganzzahlige Lösung die Restriktion $(\star\star)$ wegen $\{b_i\} > 0$ nicht mehr erfüllt.)

Lösung (71.67) Wir ignorieren zunächst die Ganzzahligkeitsanforderung und maximieren $2x + y$ unter den Nebenbedingungen

$$\begin{aligned} -2x + 3y &\leq 6 \\ 8x + 3y &\leq 20 \end{aligned}$$

sowie $x, y \geq 0$. Durchführung des Simplexalgorithmus liefert die folgenden Tableaux. (Beachte: Da überall nur ganzzahlige Koeffizienten auftreten, sind die Schlupfvariablen a und b automatisch ganzzahlig, wenn die Entscheidungsvariablen x und y ganzzahlig sind.)

z	x	y	a	b		
0	−2	3	1	0	6	–
0	8	3	0	1	20	5/2
−1	8	4	0	0	0	

Aufgaben zu »Konvexgeometrie« siehe Seite 40

z	x	y	a	b		
0	0	15/4	1	1/4	11	44/15
0	1	3/8	0	1/8	5/2	20/3
−1	0	1	0	−1	−20	

z	x	y	a	b	
0	0	1	4/15	1/15	44/15
0	1	0	−1/10	1/10	7/5
−1	0	0	−4/15	−16/15	−344/15

Damit ist die Optimallösung ohne Berücksichtigung der Ganzzahligkeitsbedingung gefunden, nämlich $(x, y) = (7/5, 44/15) = (1.4, 2.9\overline{3})$ mit dem Zielwert $344/15 = 22.9\overline{3}$. Wir lösen nun das Gleichungssystem nach den Basisvariablen auf und spalten dabei positive nichtganzzahlige Terme ab:

$$(\star)\qquad \begin{aligned} x &= \frac{7}{5} + \frac{a}{10} - \frac{b}{10} \\ &= 1 + \frac{2}{5} + \frac{a}{10} - b + \frac{9b}{10}, \\ y &= \frac{44}{15} - \frac{4a}{15} - \frac{b}{15} \\ &= 2 + \frac{14}{15} - a + \frac{11a}{15} - b + \frac{14b}{15}, \\ -z &= -\frac{344}{15} + \frac{4a}{15} + \frac{16}{15}b \\ &= -23 + \frac{1}{15} + \frac{4a}{15} + b + \frac{b}{15}. \end{aligned}$$

Dann sind die Ausdrücke

$$\begin{aligned} \frac{2}{5} + \frac{a}{10} + \frac{9b}{10} &\geq \frac{2}{5}, \\ \frac{14}{15} + \frac{11a}{15} + \frac{14b}{15} &\geq \frac{14}{15}, \\ \frac{1}{15} + \frac{4a}{15} + \frac{b}{15} &\geq \frac{1}{15} \end{aligned}$$

für die gesuchte Lösung ganzzahlig (denn diese sind gemäß $(\star)$ gegeben durch $x - 1 + b$ bzw. $y - 2 + a + b$ bzw. $23 - z - b$, und x, y, z, a, b sind ganzzahlig). Anders als für die bisher gefundene nichtganzzahlige Lösung gelten also für die gesuchte Lösung sogar die schärferen Abschätzungen

$$\frac{2}{5} + \frac{a}{10} + \frac{9b}{10} \geq 1, \quad \frac{14}{15} + \frac{11a}{15} + \frac{14b}{15} \geq 1, \quad \frac{1}{15} + \frac{4a}{15} + \frac{b}{15} \geq 1$$

bzw. $a + 9b \geq 6$, $11a + 14b \geq 1$ und $4a + b \geq 14$ oder auch

$$(\star\star)\qquad \begin{aligned} -a - 9b &\leq -6, \\ -11a - 14b &\leq -1, \\ -4a - b &\leq -14. \end{aligned}$$

Fügen wir diese neuen Restriktionen (die man aus gleich zu erklärenden Gründen auch Schnittrestriktionen nennt) in das Simplextableau ein, so erhalten wir das folgende Tableau, bei dem wir zunächst duale Austauschschritte vornehmen, um in der rechten Spalte nichtnegative Einträge zu erhalten, und dann eine optimale Lösung für das verschärfte Problem finden können (die aber immer noch nicht ganzzahlig ist).

z	x	y	a	b	c	d	e	
0	0	1	4/15	1/15	0	0	0	44/15
0	1	0	−1/10	1/10	0	0	0	7/5
0	0	0	−1	−9	1	0	0	−6
0	0	0	−11	−14	0	1	0	−1
0	0	0	−4	−1	0	0	1	−14
−1	0	0	−4/15	−16/15	0	0	0	−344/15

Das Verfahren wird jetzt (durch Einführung immer neuer Schnittbedingungen und damit verbundener Vergrößerungen des jeweiligen Tableaus) fortgesetzt, bis man eine ganzzahlige Lösung erhält. Angesichts des beträchtlichen Rechenaufwandes wollen wir das hier nicht tun, aber wir wollen uns klarmachen, was geometrisch hinter dem Verfahren steckt. Dazu überlegen wir uns, was die Restriktionen $(\star\star)$ für die Originalvariablen x und y bedeuten. Zu diesem Zweck lösen wir $(\star)$ nach a und b auf (mit dem Ergebnis $a = 6 + 2x - 3y$ und $b = 20 - 8x - 3y$), setzen dieses Ergebnis in $(\star\star)$ ein und erhalten

$$\begin{aligned} 7x + 3y &\leq 18, \\ 6x + 5y &\leq 23, \\ y &\leq 2. \end{aligned}$$

Dies sind zusätzliche Bedingungen, die alle ganzzahligen zulässigen Lösungen des Ausgangsproblems erfüllen müssen. Diese schneiden die nichtganzzahlige Optimallösung $(x, y) = (7/5, 44/15)$ aus dem zu untersuchenden Bereich heraus. (Dies ist der Grund, warum die Bedingungen $(\star\star)$ als Schnittrestriktionen bezeichnet werden.) In unserem Beispiel liegen im zulässigen Bereich überhaupt nur acht Punkte mit ganzzahligen Koordinaten; Durchprobieren zeigt, daß die optimale Lösung durch $(x, y) = (2, 1)$ mit dem Zielwert 20 gegeben ist.

Aufgaben zu »Konvexgeometrie« siehe Seite 40

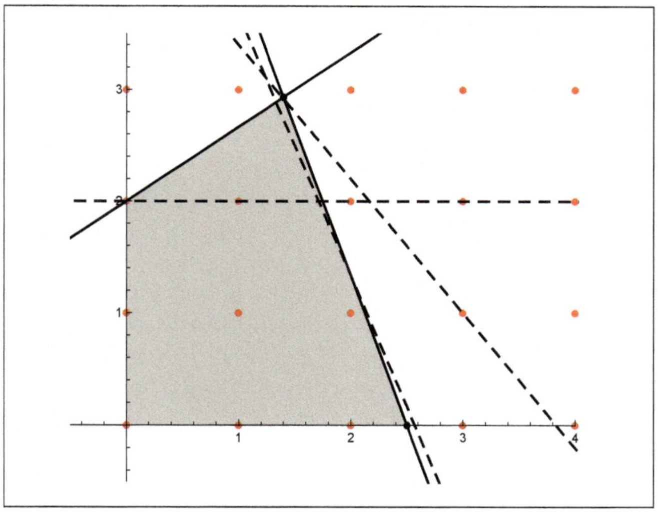

Bemerkungen: (1) Wir sehen, daß in diesem Beispiel eine der beiden Schnittbedingungen redundant ist. (Das ist aber nicht a priori klar und kann bei höherdimensionalen Problemen auch nicht einfach verifiziert werden.) Das verursacht, wenn man weiterrechnet, eine eigentlich unnötige Erhöhung des Rechenaufwands.

(2) In der Regel berücksichtigt man bei jedem Schritt nur eine der auftretenden Schnittrestriktionen. Heuristisch erwartet man von derjenigen Restriktion, die am meisten vom betrachteten zulässigen Bereich wegschneidet, den geringsten weiteren Rechenaufwand. In der Praxis wird daher oft von den gefundenen Restriktionen diejenige ausgewählt, bei der die zugehörige Hyperebene am weitesten von der gerade betrachteten nichtganzzahligen Lösung entfernt ist.

(3) In der Arbeit A. Ouyahia, *Programmes linéaires à variables discrètes*, in: Revue Française de Recherche Operationnelle **6** (1962), S. 55-75, ist ein Beispiel mit 29 Variablen und 20 Restriktionen angegeben, bei dem man je nach Wahl der Schnittrestriktionen nach 70 Schritten schon eine ganzzahlige Lösung erhalten kann oder auch nach 30 000 Schritten noch nicht am Ziel ist.

(4) Ähnlich wie bei der Regel von Bland kann man Auswahlkriterien für die Schnittrestriktionen angeben, die garantieren, daß nach endlich vielen Schritten eine ganzzahlige Optimallösung gefunden wird.

Lösung (71.68) Wir lösen die Aufgabe zunächst ohne Berücksichtigung der Ganzzahligkeitsforderung; es ergeben sich dann die folgenden Tableaux.

z	x	y	a	b		
0	6	5	1	0	27	27/5
0	2	6	0	1	21	7/2
−1	1	2	0	0	0	

z	x	y	a	b		
0	13/3	0	1	−5/6	19/2	57/26
0	1/3	1	0	1/6	7/2	21/2
−1	1/3	0	0	−1/3	−7	

z	x	y	a	b	
0	1	0	3/13	−5/26	57/26
0	0	1	−1/13	3/13	36/13
−1	0	0	−1/13	−7/26	−201/26

Wir schreiben die Lösungen nun in der Form

$$(\star) \qquad \begin{aligned} x &= 2 + \frac{5}{26} - a + \frac{10a}{13} + \frac{5b}{26}, \\ y &= 2 + \frac{10}{13} + \frac{a}{13} - b + \frac{10b}{13}, \\ -z &= -8 + \frac{7}{26} + \frac{a}{13} + \frac{7b}{26} \end{aligned}$$

und erhalten daraus die Schnittrestriktionen

$$\begin{aligned} \frac{5}{26} + \frac{10a}{13} + \frac{5b}{26} &\geq 1, \\ \frac{10}{13} + \frac{a}{13} + \frac{10b}{13} &\geq 1, \\ \frac{7}{26} + \frac{a}{13} + \frac{7b}{26} &\geq 1 \end{aligned}$$

bzw.

$$(\star\star) \qquad \frac{20a}{21} + \frac{5b}{21} \geq 1, \quad \frac{a}{3} + \frac{10b}{3} \geq 1, \quad \frac{2a}{19} + \frac{7b}{19} \geq 1 .$$

Um den Rechenaufwand gering zu halten, wollen wir nur eine dieser drei Restriktionen verwenden. Für die optimale nichtganzzahlige Lösung ist $a = b = 0$. Die Ungleichungen in $(\star\star)$ beschreiben Halbebenen im $\mathbb{R}^2$, und wir wollen diejenige der drei auswählen, für die die begrenzende Gerade möglichst weit vom Punkt $(a, b) = (0, 0)$ entfernt ist. Die Abstände vom Nullpunkt sind gegeben durch

$$\frac{21}{\sqrt{20^2 + 5^2}}, \qquad \frac{3}{\sqrt{1^2 + 10^2}}, \qquad \frac{19}{\sqrt{2^2 + 7^2}},$$

und von diesen drei Zahlen ist die letzte am größten; wir verwenden daher die dritte Restriktion. Wir schreiben diese in der Form

$$\frac{a}{13} + \frac{7b}{26} \geq \frac{19}{26} \quad \text{bzw.} \quad -\frac{a}{13} - \frac{7b}{26} \leq -\frac{19}{26},$$

nehmen diese Ungleichung als zusätzliche Bedingung in das Simplextableau mit auf und führen dann einen dualen Austauschschritt durch, um in der Spalte rechts nichtnegative Einträge zu erzeugen.

z	x	y	a	b	c	
0	1	0	3/13	−5/26	0	57/26
0	0	1	−1/13	3/13	0	36/13
0	0	0	−1/13	−7/26	1	−19/26
−1	0	0	−1/13	−7/26	0	−201/26

z	x	y	a	b	c	
0	1	0	0	−1	3	0
0	0	1	0	1/2	−1	7/2
0	0	0	1	7/2	−13	19/2
−1	0	0	0	0	−1	−7

Die jetzt gefundene Lösung ist immer noch nicht ganzzahlig. Die zweite und die dritte Gleichung enthalten noch nichtganzzahlige Koeffizienten und liefern

$$y = 3 + \frac{1}{2} - b + \frac{b}{2} + c \quad \text{und} \quad a = 9 + \frac{1}{2} - 4b + \frac{b}{2} + 13c,$$

führen also beide auf die Restriktion $(1/2) + (b/2) \geq 1$ bzw. $b \geq 1$. Nehmen wir diese Bedingung noch mit auf und führen wir wieder einen dualen Austauschschritt durch, so erhalten wir die beiden folgenden Tableaux.

z	x	y	a	b	c	d	
0	1	0	0	−1	3	0	0
0	0	1	0	1/2	−1	0	7/2
0	0	0	1	7/2	−13	0	19/2
0	0	0	0	−1	0	1	−1
−1	0	0	0	0	−1	0	−7

z	x	y	a	b	c	d	
0	1	0	0	0	3	−1	1
0	0	1	0	0	−1	1/2	3
0	0	0	1	0	−13	7/2	6
0	0	0	0	1	0	−1	1
−1	0	0	0	0	−1	0	−7

Damit ist nun die optimale ganzzahlige Lösung gefunden, nämlich $(x, y) = (1, 3)$ mit dem Zielwert $z = 7$. Wir wollen uns noch kurz überlegen, was geometrisch hinter dem verwendeten Verfahren steckt. Dazu lösen wir $(\star)$ nach a und b auf und erhalten

$$\begin{aligned} a &= 27 - 6x - 5y, \\ b &= 21 - 2x - 6y. \end{aligned}$$

Einsetzen in $(\star\star)$ liefert dann die Schnittrestriktionen

$$\begin{aligned} 5x + 5y &\leq 24, \\ 2x + 5y &\leq 18, \\ x + 2y &\leq 7; \end{aligned}$$

die weitere Bedingung $b \geq 1$ liefert $x + 3y \leq 10$. Die folgende Abbildung zeigt den zulässigen Bereich, die ersten drei Schnittrestriktionen für die Originalvariablen x und y blau gestrichelt und die zuletzt hinzukommende Schnittrestriktion rot gestrichelt.

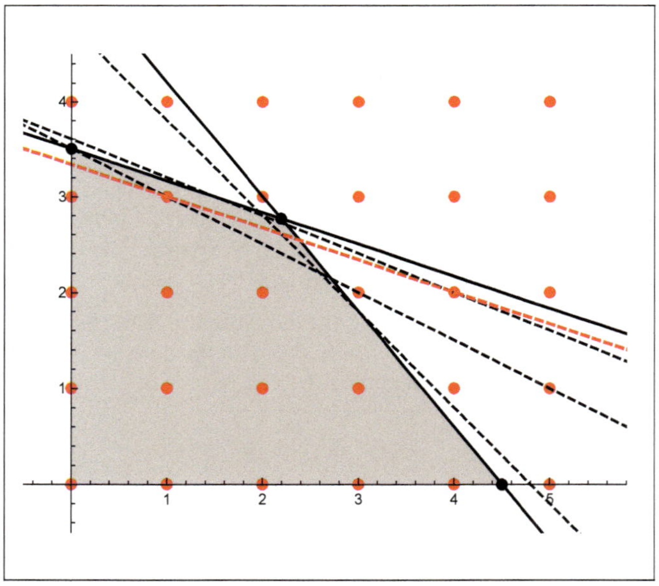

Lösung (71.69) Wir beginnen mit dem Bereich B und erhalten die optimale (nichtganzzahlige) Lösung $(x, y) = (57/26, 36/13) \approx (2.19, 2.77)$ mit dem Zielwert

Aufgaben zu »Konvexgeometrie« siehe Seite 40

$201/26 \approx 7.73$. Durch fortgesetzte Hinzunahme neuer Restriktionen zerlegen wir das Programm dann nach dem folgenden Entscheidungsbaum in Teilprobleme. Wir geben die einzelnen Rechnungen hier nicht an, sondern nur die Ergebnisse. (Die Rechnungen selbst finden sich in dem Buch Theodor Ellinger, Günter Beuermann, Rainer Leisten, *Operations Research*, Springer-Verlag, 6. Auflage, 2003, dem ich das Beispiel entnommen habe.) Die grün markierten Felder zeigen gefundene ganzzahlige Lösungen an.

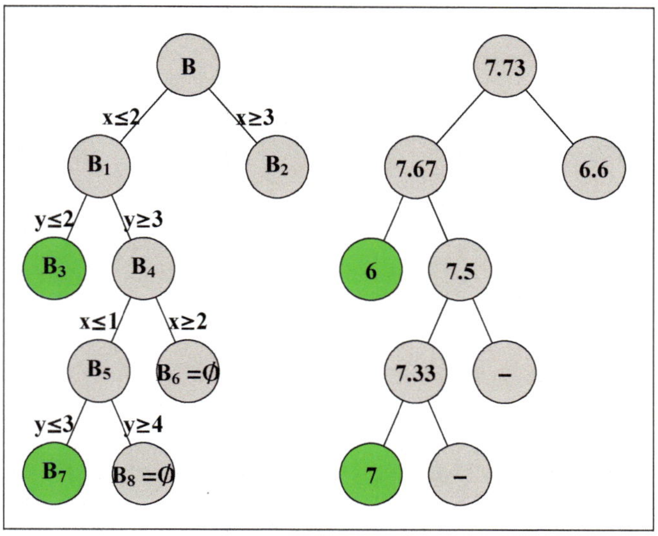

Die Entscheidungsfindung erfolgt folgendermaßen.

- Da für die optimale Lösung in B die Bedingung $2 < x < 3$ gilt, unterscheiden wir die Fälle $x \leq 2$ und $x \geq 3$. Diese zusätzlichen Restriktionen definieren die Teilbereiche B_1 und B_2.
- Als optimale Lösung in B_1 erhält man $(2, 17/6) = (2, 2.8\overline{3})$ mit dem Zielwert $23/3 = 7.\overline{6}$; als optimale Lösung in B_2 erhält man $(3, 9/5) = (3, 1.8)$ mit dem Zielwert $33/5 = 6.6$. Da der Zielwert in B_1 besser ist, unterteilen wir zunächst B_1, und zwar wegen $2 < y < 3$ in die Teilbereiche B_3 mit $y \leq 2$ und B_4 mit $y \geq 3$.
- Die optimale Lösung in B_3 ist $(2, 2)$ und damit ganzzahlig (mit dem Zielwert 6); den Bereich B_3 müssen wir also nicht mehr weiter untersuchen. Dagegen ist die optimale Lösung in B_4 gegeben durch $(x, y) = (3/2, 3)$ mit dem Zielwert $15/2 = 7.5$; wir unterteilen daher B_4 in die Bereiche B_5 mit $x \leq 1$ und B_6 mit $x \geq 2$.
- Der Bereich B_6 stellt sich als leer heraus. In B_5 ergibt sich die optimale Lösung $(x, y) = (1, 19/6) = (1, 3.1\overline{6})$ mit dem Zielwert $22/3 = 7.\overline{3}$. Wir zerlegen daher B_5 in die Bereiche B_7 mit $y \leq 3$ und B_8 mit $y \geq 4$.
- Der Bereich B_8 stellt sich als leer heraus. Die optimale Lösung in B_7 ist $(x, y) = (1, 3)$ und damit ganzzahlig; der angenommene Zielwert ist 7. Damit erübrigt sich eine weitere Untersuchung von B_7. Wir müssen jetzt schauen, ob weiter oben im Entscheidungsbaum fortgefahren werden muß, um noch weitere Lösungen zu finden. In B_2 liegt aber der maximal erreichbare Zielwert (selbst ohne Ganzzahligkeitsforderung!) mit 6.6 unterhalb der bereits gefundenen ganzzahligen Lösung mit dem Zielwert 7; eine weitere Verbesserung ist daher nicht mehr möglich, und wir sind fertig.

Das folgende Diagramm veranschaulicht die vorgenommenen Unterteilungen des zu untersuchenden zulässigen Bereichs. (Der Bereich B_7 ist nur noch das Liniensegment zwischen den Punkten $(0, 3)$ und $(1, 3)$ und wurde daher nicht mehr eigens dargestellt.)

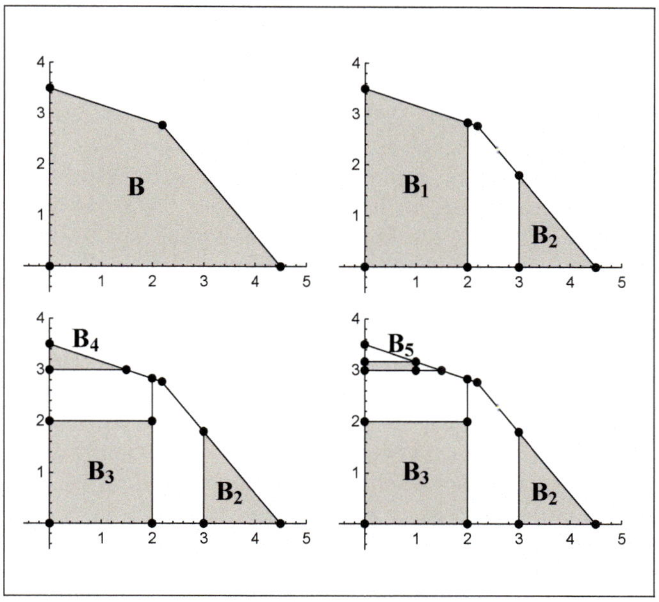

Es ist klar, daß das Verfahren nach endlich vielen Schritten abbrechen muß, weil durch fortgesetzte Unterteilungen die Bereiche irgendwann so klein werden, daß sie keine Punkte mit ganzzahligen Koordinaten mehr enthalten.

Lösung (71.70) Wir führen die folgenden Bezeichnungen ein:

$$\begin{aligned} a &:= \text{Anzahl der Fahrten nach } P_1 \text{ mit } L_1; \\ b &:= \text{Anzahl der Fahrten nach } P_1 \text{ mit } L_2; \\ c &:= \text{Anzahl der Fahrten nach } P_2 \text{ mit } L_1; \\ d &:= \text{Anzahl der Fahrten nach } P_2 \text{ mit } L_2; \end{aligned}$$

natürlich gelten dann die Bedingungen $a \geq 0$, $b \geq 0$, $c \geq 0$ und $d \geq 0$. Die Bedingungen für die Liefermengen sind $100a + 400b \geq 60\,000$ und $100c + 400d \geq 40\,000$, also $a + 4b \geq 600$ und $c + 4d \geq 400$. Wir benutzen Ungleichungen statt Gleichungen, weil evtl. bei der letzten Fahrt der Wagen nicht voll beladen werden muß (was äquivalent dazu ist, daß der Wagen voll beladen wird und damit etwas mehr als die tatsächlich benötigte Anzahl an Kisten transportiert). Die Beschränkungen für die Anzahl der Fahrten lauten $a + c \leq 300$ und $b + d \leq 200$. Die Kosten in EUR belaufen sich auf $50a + 100b + 150c + 300d = 50 \cdot (a + 2b + 3c + 6d)$; unter den angegebenen Nebenbedingungen ist also der Ausdruck

$$(\star) \qquad a + 2b + 3c + 6d$$

Aufgaben zu »Konvexgeometrie« siehe Seite 40

zu minimieren, wobei natürlich nur ganzzahlige Lösungen sinnvoll sind. Damit ist die Textaufgabe als ein rein mathematisches Problem formuliert: Minimiere $(\star)$ in $\mathbb{Z}^4$ unter den Nebenbedingungen

$$a+4b \geq 600,\ c+4d \geq 400,\ a+c \leq 300,\ b+d \leq 200,$$
$$a \geq 0, \quad b \geq 0, \quad c \geq 0, \quad d \geq 0.$$

Wir haben diese Aufgabe (ohne Berücksichtigung der Ganzzahligkeitsbedingung) bereits in Aufgabe (71.64) gelöst. Die dort gefundene Lösung $(a, b, c, d) = (200, 100, 0, 100)$ ist schon ganzzahlig; also sind wir fertig.

Lösung (71.71) Wir argumentieren zunächst, warum es überhaupt möglich ist, ohne Kenntnis der Zwischentableaux aus dem Endtableau auf das Anfangstableau zurückzuschließen. Das Endtableau liefert die Basisvariablen x_2, x_4, x_5, x_8 als Funktionen der Nichtbasisvariablen x_1, x_3, x_6, x_7, x_9. Dieses Gleichungssystem lösen wir nach den Variablen x_6, x_7, x_8 und x_9 auf, die die Basisvariablen (Schlupfvariablen) des Anfangstableaus waren; dieses Auflösen läuft letztlich auf die Inversion einer (4×4)-Matrix hinaus. Aus dem Endtableau erhalten wir schließlich eine Darstellung von z durch die Nichtbasisvariablen x_1, x_3, x_6, x_7, x_9; verwenden wir für x_6, x_7 und x_9 die erhaltenen Darstellungen als Funktionen von x_1, x_2, x_3, x_4, x_5, so ergibt sich z als Funktion von x_1, x_2, x_3, x_4, x_5. Die so gefundenen Darstellungen von x_6, x_7, x_8, x_9 und z als Funktionen von x_1, x_2, x_3, x_4 und x_5 liefern das Anfangstableau.

In der Praxis können wir viel schematischer vorgehen: Nach Aufgabe (71.63) bestehen allgemein zwischen dem Anfangstableau und dem Endtableau, sagen wir

$$\begin{bmatrix} 0 & A & \mathbf{1} & b \\ -1 & c^T & 0^T & 0 \end{bmatrix} \quad \text{und} \quad \begin{bmatrix} 0 & \widehat{A} & R & \widehat{b} \\ -1 & \widehat{c}^T & -y^T & -z^\star \end{bmatrix},$$

die Zusammenhänge $RA = \widehat{A}$, $Rb = \widehat{b}$, $c = \widehat{c} + A^T y$, $b^T y = z^\star$ und damit

$$A = R^{-1}\widehat{A}, \qquad b = R^{-1}\widehat{b}, \qquad c = \widehat{c} + A^T y.$$

(Die Invertierbarkeit von R ist dabei von vornherein klar, denn R entsteht durch Anwendung des Gaußschen Algorithmus aus der Einheitsmatrix.) In unserem Fall ist

$$A = \begin{bmatrix} -2 & 0 & 0 & 3 \\ 1 & -1 & 1 & 0 \\ 3 & -2 & 0 & 0 \\ 1 & 0 & 0 & 1 \end{bmatrix}^{-1} \begin{bmatrix} -2 & 0 & -2 & 1 & 0 \\ 0 & 0 & 2 & 0 & 0 \\ 0 & 1 & 7 & 0 & 0 \\ -1 & 0 & -1 & 0 & 1 \end{bmatrix}$$
$$= \frac{1}{10} \begin{bmatrix} -2 & 0 & 0 & 6 \\ -3 & 0 & -5 & 9 \\ -1 & 10 & -5 & 3 \\ 2 & 0 & 0 & 4 \end{bmatrix} \begin{bmatrix} -2 & 0 & -2 & 1 & 0 \\ 0 & 0 & 2 & 0 & 0 \\ 0 & 1 & 7 & 0 & 0 \\ -1 & 0 & -1 & 0 & 1 \end{bmatrix}$$
$$= \frac{1}{10} \begin{bmatrix} -2 & 0 & -2 & -2 & 6 \\ -3 & -5 & -38 & -3 & 9 \\ -1 & -5 & -16 & -1 & 3 \\ -8 & 0 & -8 & 2 & 4 \end{bmatrix}$$

sowie

$$b = R^{-1} \begin{bmatrix} 1 \\ 2 \\ 3 \\ 4 \end{bmatrix} = \frac{1}{10} \begin{bmatrix} -2 & 0 & 0 & 6 \\ -3 & 0 & -5 & 9 \\ -1 & 10 & -5 & 3 \\ 2 & 0 & 0 & 4 \end{bmatrix} \begin{bmatrix} 1 \\ 2 \\ 3 \\ 4 \end{bmatrix} = \frac{1}{10} \begin{bmatrix} 22 \\ 18 \\ 16 \\ 18 \end{bmatrix}$$

und

$$c = \begin{bmatrix} -9 \\ 0 \\ -8 \\ 0 \\ 0 \end{bmatrix} + \frac{1}{10} \begin{bmatrix} -2 & -3 & -1 & -8 \\ 0 & -5 & -5 & 0 \\ -2 & -38 & -16 & -8 \\ -2 & -3 & -1 & 2 \\ 6 & 9 & 3 & 4 \end{bmatrix} \begin{bmatrix} 7 \\ 6 \\ 0 \\ 5 \end{bmatrix}$$
$$= \begin{bmatrix} -9 \\ 0 \\ -8 \\ 0 \\ 0 \end{bmatrix} + \frac{1}{10} \begin{bmatrix} -72 \\ -30 \\ -282 \\ -22 \\ 116 \end{bmatrix} = \frac{1}{10} \begin{bmatrix} -162 \\ -30 \\ -362 \\ -22 \\ 116 \end{bmatrix}.$$

Das Anfangstableau sieht also folgendermaßen aus.

z	x1	x2	x3	x4	x5	x6	x7	x8	x9	
0	−0.2	0	−0.2	−0.2	0.6	1	0	0	0	2.2
0	−0.3	−0.5	−3.8	−0.3	0.9	0	1	0	0	1.8
0	−0.1	−0.5	−1.6	−0.1	0.3	0	0	1	0	1.6
0	−0.8	0	−0.8	0.2	0.4	0	0	0	1	1.8
−1	−16.2	−3	−36.2	−2.2	11.6	0	0	0	0	0

Lösung (71.72) Wir benutzen wieder die in der vorigen Aufgabe angegebenen Formeln, die die Beziehung zwischen Anfangs- und Endtableau beim Simplexverfahren herstellen.

(a) Wird b durch $b_{\text{neu}} = b + \Delta b$ ersetzt, so ändert sich $\widehat{b}$ zu $\widehat{b}_{\text{neu}} = Rb_{\text{neu}} = R(b+\Delta b) = Rb + R(\Delta b) = \widehat{b} + R(\Delta b)$. Die Bedingung dafür, daß das geänderte Tableau immer noch optimal ist, ist $\widehat{b}_{\text{neu}} \geq 0$, also

$$R(\Delta b) \;\geq\; -\widehat{b}.$$

Ist dies der Fall, so ist der neue optimale Zielwert gegeben durch $z^\star_{\text{neu}} = y^T b_{\text{neu}} = y^T b + y^T(\Delta b) = z_\star + y^T(\Delta b)$, also

$$\Delta z^\star \;=\; y^T(\Delta b).$$

(b) Wegen $\widehat{c} = c - A^T y$ führt eine Änderung Δc im Gewinnvektor c zu einer Änderung $\Delta\widehat{c} = \Delta c$ in der untersten Zeile des Endtableaus. Ist speziell x_i eine Nichtbasisvariable und ist $\Delta c = (\Delta c_i) \cdot e_i$ (wird also nur der Reingewinn für das i-te Produkt variiert), so bleibt x_i auch mit den geänderten Daten eine Nichtbasisvariable, solange $0 \geq \widehat{c}_i^{\text{neu}} = \widehat{c}_i + \Delta c_i$ gilt, also

$$\Delta c_i \;\leq\; -\widehat{c}_i \;=\; |\widehat{c}_i|.$$

Ist dagegen $\Delta c_i > |\widehat{c}_i|$, so wird das neue Element in der untersten Zeile positiv, und ein weiterer Schritt des Simplexverfahrens wird notwendig, bei dem dann x_i in die Basis aufgenommen wird. Ab diesem Gewinn lohnt es sich also für das Unternehmen, das i-te Produkt herzustellen.

Aufgaben zu »Konvexgeometrie« siehe Seite 40

(c) Wie in (b) haben wir den Fall $\Delta c = (\Delta c_i) \cdot e_i$, d.h., nur der Reingewinn für das i-te Produkt variiert. In diesem Fall erhalten wir im Endtableau die Änderung $\Delta\widehat{c} = \Delta c$, d.h., in der Spalte der Basisvariablen x_i steht dann in der untersten Zeile keine Null mehr, sondern Δc_i. Um dies wieder in ein Endtableau des Simplexalgorithmus zu überführen, müssen wir von der untersten Zeile das (Δc_i)-fache derjenigen Zeile abziehen, in der bei x_i eine Eins steht. Die gesuchte Bedingung für Δc_i ist dann, daß bei dieser Subtraktion in der untersten Zeile keine positiven Zahlen entstehen.

(d) Wir ergänzen das neue Produkt in unserem Tableau durch Einführung einer neuen Variablen x_{neu}, in deren Spalte wir uns im ursprünglichen Tableau lauter Nullen denken können. Wegen

$$\begin{bmatrix} R & 0 \\ -y^T & 1 \end{bmatrix} \begin{bmatrix} a_{\text{neu}} & A & \mathbf{1} & b \\ c_{\text{neu}} & c^T & 0^T & 0 \end{bmatrix} = \begin{bmatrix} Ra_{\text{neu}} & RA & R & Rb \\ c_{\text{neu}} - y^T a_{\text{neu}} & c^T - y^T A & -y^T & -y^T b \end{bmatrix}$$

ist das modifizierte Endtableau weiterhin optimal, falls $c_{\text{neu}} - y^T a_{\text{neu}} \leq 0$ gilt. Solange also

$$c_{\text{neu}} \leq y^T a_{\text{neu}}$$

gilt, bleibt x_{neu} eine Nichtbasisvariable, erhält also im optimalen Produktionsplan den Wert Null. Erst für $c_{\text{neu}} > y^T a_{\text{neu}}$ ist der mit dem neuen Produkt erzielbare Gewinn so hoch, daß sich die Aufnahme von x_{neu} in den Produktionsplan lohnt.

Lösung (71.73) (a) Die Funktion $20x_1 + 30x_2 + 50x_3 + 40x_4$ ist unter den Nebenbedingungen

$$\begin{array}{rcrcrcrcl} x_1 & + & x_2 & + & x_3 & + & x_4 & \leq & 40 \\ 10x_1 & + & 10x_2 & + & 20x_3 & + & 20x_4 & \leq & 600 \\ 20x_1 & + & 20x_2 & + & 30x_3 & + & 20x_4 & \leq & 900 \\ 20x_1 & + & 10x_2 & + & 30x_3 & + & 30x_4 & \leq & 700 \end{array}$$

sowie $x_1, x_2, x_3, x_4 \geq 0$ zu maximieren; Durchführung des Simplexverfahrens liefert die folgenden Tableaux.

z	x1	x2	x3	x4	x5	x6	x7	x8	
0	1	1	1	1	1	0	0	0	40
0	10	10	20	20	0	1	0	0	600
0	20	20	30	20	0	0	1	0	900
0	20	10	30	30	0	0	0	1	700
−1	20	30	50	40	0	0	0	0	0

z	x1	x2	x3	x4	x5	x6	x7	x8	
0	1/3	2/3	0	0	1	0	0	−1/30	50/3
0	−10/3	10/3	0	0	0	1	0	−2/3	400/3
0	0	10	0	−10	0	0	1	−1	200
0	2/3	1/3	1	1	0	0	0	1/30	70/3
−1	−40/3	40/3	0	−10	0	0	0	−5/3	−3500/3

z	x1	x2	x3	x4	x5	x6	x7	x8	
0	1/3	0	0	2/3	1	0	−1/15	1/30	10/3
0	−10/3	0	0	10/3	0	1	−1/3	−1/3	200/3
0	0	1	0	−1	0	0	1/10	−1/10	20
0	2/3	0	1	4/3	0	0	−1/30	1/15	50/3
−1	−40/3	0	0	10/3	0	0	−4/3	−1/3	−4300/3

z	x1	x2	x3	x4	x5	x6	x7	x8	
0	1/2	0	0	1	3/2	0	−1/10	1/20	5
0	−5	0	0	0	−5	1	0	−1/2	50
0	1/2	1	0	0	3/2	0	0	−1/20	25
0	0	0	1	0	−2	0	1/10	0	10
−1	−15	0	0	0	−5	0	−1	−1/2	−1450

Die optimale Lösung ist also gegeben durch $(x_1, x_2, x_3, x_4) = (0, 25, 10, 5)$.

(b) Wegen $x_1 = 0$ kommt das erste Produkt im optimalen Produktionsplan nicht vor. Wegen $\widehat{c}_1 = -15$ lohnt sich nach Aufgabe (71.72)(b) dessen Herstellung erst dann, wenn der Reingewinn um mindestens 15 Geldeinheiten pro Einheit dieses Produkts erhöht wird, wenn dieser also mindestens 35 Geldeinheiten beträgt.

(c) Mit $c_{\text{neu}} = c + \Delta c$ ergibt sich $\widehat{c}_{\text{neu}} = c_{\text{neu}} - A^T y = c + \Delta c - A^T y = \widehat{c} + \Delta c$. Speziell mit $c_{\text{neu}} = c + \delta e_3$ ergibt sich

$$(-1 \mid -15,\, 0,\, \delta,\, 0,\, -5,\, 0,\, -1,\, -1/2 \mid -1450)$$

als neue letzte Zeile des Tableaus. Das hat noch keine Standardform, da in der Spalte der Basisvariablen x_3 unten keine Null (sondern eben δ) steht. Wir subtrahieren daher das δ-fache der vierten von der fünften Zeile, wodurch die letztere in

$$\left(-1 \middle| -15, 0, 0, 0, -5+2\delta, 0, -1-\frac{\delta}{10}, \frac{-1}{2} \middle| -1450-10\delta \right)$$

übergeht. Das so erhaltene neue Tableau ist optimal, sofern die Bedingungen $-5 + 2\delta \leq 0$ und $-1 - \delta/10 \leq 0$ gelten, solange also $-10 \leq \delta \leq 5/2$ gilt.

Aufgaben zu »Konvexgeometrie« siehe Seite 40

(d) Hier ist $\Delta b = \delta e_2$; die Bedingung $R(\Delta b) \geq -\widehat{b}$ aus Aufgabe (71.72)(a) geht dann über in $\delta R e_2 \geq -\widehat{b}$ bzw.

$$\delta \begin{bmatrix} 0 \\ 1 \\ 0 \\ 0 \end{bmatrix} \geq \begin{bmatrix} -5 \\ -50 \\ -25 \\ -10 \end{bmatrix}$$

und damit $\delta \geq -50$. Ab einer verfügbaren Zeit von 550 Stunden für Schritt 1 ändert sich also der Produktionsplan nicht mehr.

(e) Gemäß Aufgabe (71.72)(a) ist die Bedingung $R(\Delta b) \geq -\widehat{b}$ zu erfüllen, mit $\Delta b = \delta e_1$ hier also $\delta R e_1 \geq -\widehat{b}$ bzw.

$$\delta \begin{bmatrix} 3/2 \\ -5 \\ 3/2 \\ -2 \end{bmatrix} \geq \begin{bmatrix} -5 \\ -50 \\ -25 \\ -10 \end{bmatrix} \quad \Leftrightarrow \quad \begin{bmatrix} \delta & \geq & -10/3 \\ \delta & \leq & 10 \\ \delta & \geq & -50/3 \\ \delta & \leq & 5 \end{bmatrix},$$

insgesamt also $-10/3 \leq \delta \leq 5$. Wählt man δ in diesem Bereich, so ergibt sich $\widehat{b}_{\text{neu}} = \widehat{b} + R(\Delta b) = \widehat{b} + \delta R e_1$, also

$$\widehat{b} = \begin{bmatrix} 5 + 3\delta/2 \\ 50 - 5\delta \\ 25 + 3\delta/2 \\ 10 - 2\delta \end{bmatrix} \quad \text{und damit} \quad \begin{bmatrix} x_1 \\ x_2 \\ x_3 \\ x_4 \end{bmatrix} = \begin{bmatrix} 0 \\ 25 + 3\delta/2 \\ 10 - 2\delta \\ 5 + 3\delta/2 \end{bmatrix}.$$

Bis zu 5 Einheiten des Rohstoffs kann man also zusätzlich kaufen, ohne daß sich die Basis ändert (ohne daß sich also an der Entscheidung etwas ändert, das erste Produkt nicht herzustellen, die drei anderen Produkte aber schon). Speziell für $\delta = 5$ ergibt sich der Produktionsplan $(x_1, x_2, x_3, x_4) = (0, 32.5, 0, 12.5)$. Für $\delta \in [-10/3, 5]$ ändert sich der Reingewinn um $\Delta z^\star = y^T(\Delta b) = \delta y^T e_1 = \delta y_1 = 5\delta$; der Zukauf lohnt sich also für das Unternehmen, solange der Kaufpreis unter 5 Geldeinheiten pro Einheit des Rohstoffs liegt.

(f) Wir haben

$$y^T a_{\text{neu}} = \left\langle \begin{bmatrix} 5 \\ 0 \\ 1 \\ 1/2 \end{bmatrix}, \begin{bmatrix} 1 \\ 10 \\ 10 \\ 10 \end{bmatrix} \right\rangle = 20 < 22 = c_{\text{neu}};$$

gemäß Aufgabe (71.72)(d) lohnt sich also die Herstellung des neuen Produkts.

Lösung (71.74) (a) Wir haben $a = 2 - x_1$, $b = 3 + x_2$ und $c = x_3 - x_4$ mit $x_1, x_2, x_3, x_4 \geq 0$. Zu minimieren ist also $2(2-x_1)+(3+x_2)-3(x_3-x_4) = 7-2x_1+x_2-3x_3+3x_4$ unter den Nebenbedingungen $(2 - x_1) - (3 + x_2) + (x_3 - x_4) \leq 0$ und $(2-x_1)-(3+x_2)-(x_3-x_4) \geq -5$. Äquivalent dazu ist also der Ausdruck $2x_1 - x_2 + 3x_3 - 3x_4$ unter den Nebenbedingungen

$$-x_1 - x_2 + x_3 - x_4 \leq 1 \quad \text{und} \quad x_1 + x_2 + x_3 - x_4 \leq 4$$

sowie $x_1, x_2, x_3, x_4 \geq 0$ zu maximieren.

(b) Durchführung des Simplexverfahrens liefert die folgenden Tableaux.

z	x1	x2	x3	x4	x5	x6		
0	−1	−1	1	−1	1	0	1	1
0	1	1	1	−1	0	1	4	4
−1	2	−1	3	−3	0	0	0	

z	x1	x2	x3	x4	x5	x6		
0	−1	−1	1	−1	1	0	1	–
0	2	2	0	0	−1	1	3	3/2
−1	5	2	0	0	−3	0	−3	

z	x1	x2	x3	x4	x5	x6	
0	0	0	1	−1	1/2	1/2	5/2
0	1	1	0	0	−1/2	1/2	3/2
−1	0	−3	0	0	−1/2	−5/2	−21/2

(c) In (b) erhalten wir die Lösung $(x_1, x_2, x_3, x_4) = (3/2, 0, 5/2, 0)$; dies bedeutet

$$(a, b, c) = (1/2, 3, 5/2).$$

Lösung (71.75) (a) Es mögen x bzw. y Mengeneinheiten des ersten bzw. zweiten Produkts hergestellt werden. Dann ist $150x + 400y = 50\,(3x + 8y)$ unter den folgenden Nebenbedingungen zu maximieren:

- $3x + 6y \leq 270$, also $y \leq 45 - (x/2)$;
- $3x + 3y \leq 200$, also $y \leq (200/3) - x$;
- $1.5x + 7y \leq 294$, also $y \leq 42 - (3x/14)$;
- $x, y \geq 0$.

(b) Wir zeichnen die Begrenzungsgeraden des zulässigen Bereichs ein und dann schraffiert einige Niveaulinien der zu maximierenden Funktion.

Aufgaben zu »Konvexgeometrie« siehe Seite 40

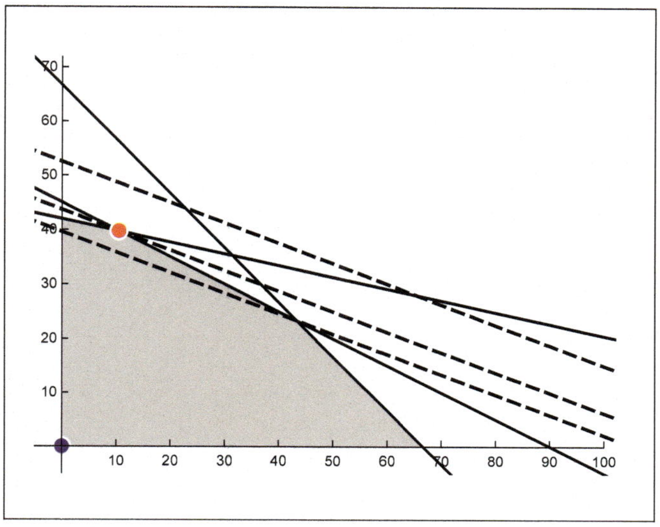

Wir erkennen, daß das gesuchte Optimum am Schnittpunkt der Geraden $3x + 6y = 270$ (bzw. $x + 2y = 90$) und $1.5x + 7y = 294$ angenommen wird; dieser Schnittpunkt ist

$$\begin{bmatrix} x \\ y \end{bmatrix} = \begin{bmatrix} 1 & 2 \\ 1.5 & 7 \end{bmatrix}^{-1} \begin{bmatrix} 90 \\ 294 \end{bmatrix} = \frac{1}{4} \begin{bmatrix} 7 & -2 \\ -1.5 & 1 \end{bmatrix} \begin{bmatrix} 90 \\ 294 \end{bmatrix}$$
$$= \frac{1}{4} \begin{bmatrix} 42 \\ 159 \end{bmatrix} = \begin{bmatrix} 10.5 \\ 39.75 \end{bmatrix}.$$

(c) Das gesuchte Anfangstableau sieht folgendermaßen aus.

z	x_1	x_2	x_3	x_4	x_5	
0	3	6	1	0	0	270
0	3	3	0	1	0	200
0	3/2	7	0	0	1	294
−1	150	400	0	0	0	0

Lösung (71.76) Wir geben die Zahlen x_i in Prozentpunkten an. Zu maximieren ist dann der Ausdruck $5x_1 + 8x_2 + 3x_3 = 5x_1 + 8x_2 + 3(100 - x_1 - x_2)$ und damit der Ausdruck

$$z := 2x_1 + 5x_2$$

unter den Nebenbedingungen $x_1 - x_2 \leq 20$, $x_2 - x_1 \leq 20$, $x_1 + x_2 \geq 80$ bzw. $-x_1 - x_2 \leq -80$ sowie $x_1 + x_2 \leq 90$. Wir wenden das Zweiphasenverfahren des Simplexalgorithmus an und erhalten in der ersten Phase die folgenden Tableaux. (Achtung: x_3 ist ab jetzt eine Schlupfvariable, nicht mehr der liquide Anteil $100 - x_1 - x_2$.)

w	z	x_0	x_1	x_2	x_3	x_4	x_5	x_6		
0	0	−1	1	−1	1	0	0	0	20	
0	0	−1	−1	1	0	1	0	0	20	
0	0	−1	−1	−1	0	0	1	0	−80	*
0	0	−1	1	1	0	0	0	1	90	
0	−1	0	2	5	0	0	0	0	0	
−1	0	−1	0	0	0	0	0	0	0	

w	z	x_0	x_1	x_2	x_3	x_4	x_5	x_6		
0	0	0	2	0	1	0	−1	0	100	50
0	0	0	0	2	0	1	−1	0	100	–
0	0	1	1	1	0	0	−1	0	80	80
0	0	0	2	2	0	0	−1	1	170	85
0	−1	0	2	5	0	0	0	0	0	
−1	0	0	1	1	0	0	−1	0	80	

w	z	x_0	x_1	x_2	x_3	x_4	x_5	x_6		
0	0	0	1	0	1/2	0	−1/2	0	50	–
0	0	0	0	2	0	1	−1	0	100	50
0	0	1	0	1	−1/2	0	−1/2	0	30	30
0	0	0	0	2	−1	0	0	1	70	35
0	−1	0	0	5	−1	0	1	0	−100	
−1	0	0	0	1	−1/2	0	−1/2	0	30	

w	z	x_0	x_1	x_2	x_3	x_4	x_5	x_6	
0	0	0	1	0	1/2	0	−1/2	0	50
0	0	−2	0	0	1	1	0	0	40
0	0	1	0	1	−1/2	0	−1/2	0	30
0	0	−2	0	0	0	0	1	1	10
0	−1	−5	0	0	3/2	0	7/2	0	−250
−1	0	−1	0	0	0	0	0	0	0

Wir haben damit eine zulässige Lösung des ursprünglichen Problems erhalten (nämlich $(x_1, x_2) = (50, 30)$) und können nun die zweite Phase des Simplexalgorithmus durchführen.

Aufgaben zu »Konvexgeometrie« siehe Seite 40

z	x1	x2	x3	x4	x5	x6		
0	1	0	1/2	0	−1/2	0	50	–
0	0	0	1	1	0	0	40	–
0	0	1	−1/2	0	−1/2	0	30	–
0	0	0	0	0	1	1	10	10
−1	0	0	3/2	0	7/2	0	−250	

z	x1	x2	x3	x4	x5	x6		
0	1	0	1/2	0	0	1/2	55	110
0	0	0	1	1	0	0	40	40
0	0	1	−1/2	0	0	1/2	35	–
0	0	0	0	0	1	1	10	–
−1	0	0	3/2	0	0	−7/2	−285	

z	x1	x2	x3	x4	x5	x6	
0	1	0	0	−1/2	0	1/2	35
0	0	0	1	1	0	0	40
0	0	1	0	1/2	0	1/2	55
0	0	0	0	0	1	1	10
−1	0	0	0	−3/2	0	−7/2	−345

Damit sind wir fertig. Das schließlich erhaltene Ergebnis hätte uns bei einigem Nachdenken von vornherein klar sein können: Da jede der beiden Aktienanlagen mehr Rendite abwirft als die liquiden Mittel, ist klar, daß der maximal mögliche Anteil des Fondsvermögens (nämlich 90%) investiert wird, und da Branche 2 eine höhere Rendite hat als Branche 1, wird man so viel wie möglich in Branche 2 investieren, was wegen der Vorgabe $x_2 \leq x_1 + 20$ auf $x_2 = x_1 + 20$ und damit $x_1 = 35$ und $x_2 = 55$ führt. Wir hätten uns also die Durchführung des Simplexverfahrens in diesem Beispiel sparen können!

Lösung (71.77) (a) Das Problem läßt sich formulieren als die Aufgabe, den Ausdruck $-6x - 7y - 18z$ unter den Nebenbedingungen $-y-3z \leq -4$ und $-x-y-z \leq -3$ sowie $x, y, z \geq 0$ zu maximieren. Wir wenden die Zweiphasenmethode an und erhalten zunächst die folgenden Tableaux (in denen wir $x_1 := x$, $x_2 := y$ und $x_3 := z$ setzen).

w	z	x0	x1	x2	x3	x4	x5		
0	0	−1	0	−1	−3	1	0	−4	*
0	0	−1	−1	−1	−1	0	1	−3	
0	−1	0	−6	−7	−18	0	0	0	
−1	0	−1	0	0	0	0	0	0	

w	z	x0	x1	x2	x3	x4	x5		
0	0	1	0	1	3	−1	0	4	4/3
0	0	0	−1	0	2	−1	1	1	1/2
0	−1	0	−6	−7	−18	0	0	0	
−1	0	0	0	1	3	−1	0	4	

w	z	x0	x1	x2	x3	x4	x5		
0	0	1	3/2	1	0	1/2	−3/2	5/2	5/3
0	0	0	−1/2	0	1	−1/2	1/2	1/2	–
0	−1	0	−15	−7	0	−9	9	9	
−1	0	0	3/2	1	0	1/2	−3/2	5/2	

w	z	x0	x1	x2	x3	x4	x5	
0	0	2/3	1	2/3	0	1/3	−1	5/3
0	0	1/3	0	1/3	1	−1/3	0	4/3
0	−1	10	0	3	0	−4	−6	34
−1	0	−1	0	0	0	0	0	0

Es folgt nun die zweite Phase mit den folgenden Tableaux.

z	x1	x2	x3	x4	x5		
0	1	2/3	0	1/3	−1	5/3	5/2
0	0	1/3	1	−1/3	0	4/3	4
−1	0	3	0	−4	−6	34	

z	x_1	x_2	x_3	x_4	x_5	
0	3/2	1	0	1/2	−3/2	5/2
0	−1/2	0	1	−1/2	1/2	1/2
−1	−9/2	0	0	−11/2	−3/2	53/2

Also ist eine optimale Lösung gegeben durch $(x, y, z) = (0, 5/2, 1/2)$; es ergibt sich dann 53/2 als minimal möglicher Wert, den der Ausdruck $6x + 7y + 18z$ unter den gegebenen Nebenbedingungen annehmen kann.

(b) Das zu der gegebenen Aufgabe duale Problem lautet folgendermaßen: Maximiere $4\xi + 3\eta$ unter den Nebenbedingungen

$$\eta \leq 6, \quad \xi + \eta \leq 7, \quad 3\xi + \eta \leq 18, \quad \xi, \eta \geq 0.$$

Dieses duale Problem läßt sich nun direkt mit dem Simplexalgorithmus lösen (wobei wir $\xi_1 := \xi$ und $\xi_2 := \eta$ schreiben).

z	ξ_1	ξ_2	ξ_3	ξ_4	ξ_5		
0	0	1	1	0	0	6	–
0	1	1	0	1	0	7	7
0	3	1	0	0	1	18	6
−1	4	3	0	0	0	0	

z	ξ_1	ξ_2	ξ_3	ξ_4	ξ_5		
0	0	1	1	0	0	6	6
0	0	2/3	0	1	−1/3	1	3/2
0	1	1/3	0	0	1/3	6	18
−1	0	5/3	0	0	−4/3	−24	

z	ξ_1	ξ_2	ξ_3	ξ_4	ξ_5	
0	0	0	1	−3/2	1/2	9/2
0	0	1	0	3/2	−1/2	3/2
0	1	0	0	−1/2	1/2	11/2
−1	0	0	0	−5/2	−1/2	−53/2

Die optimale Lösung des ursprünglichen Problems ist dann $(x, y, z) = (-\xi_3, -\xi_4, -\xi_5) = (0,\ 5/2,\ 1/2)$.

Lösung (71.78) Wir ignorieren zunächst die Ganzzahligkeitsforderung und lösen das Optimierungsproblem mit reellen Variablen mit dem Simplexalgorithmus.

z	a	b	c	d	u	v		
0	−2	2	1	0	1	0	1	1/2
0	7	−2	0	1	0	1	14	–
−1	0	1	0	0	0	0	0	

z	a	b	c	d	u	v		
0	−1	1	1/2	0	1/2	0	1/2	–
0	5	0	1	1	1	1	15	3
−1	1	0	−1/2	0	−1/2	0	−1/2	

z	a	b	c	d	u	v	
0	0	1	7/10	1/5	7/10	1/5	7/2
0	1	0	1/5	1/5	1/5	1/5	3
−1	0	0	−7/10	−1/5	−7/10	−1/5	−7/2

Wir lösen nun nach den Basisvariablen und der Zielfunktion auf und erhalten

$$\begin{aligned}
b &= \frac{7}{2} - \frac{7c}{10} - \frac{d}{5} - \frac{7u}{10} - \frac{v}{5} \\
&= 3 + \frac{1}{2} - c + \frac{3c}{10} - d + \frac{4d}{5} - u + \frac{3u}{10} - v + \frac{4v}{5}, \\
a &= 3 - \frac{c}{5} - \frac{d}{5} - \frac{u}{5} - \frac{v}{5} \\
&= 3 - c - d - u - v + \frac{4c}{5} + \frac{4d}{5} + \frac{4u}{5} + \frac{4v}{5}, \\
z &= \frac{7}{2} - \frac{7c}{10} - \frac{d}{5} - \frac{7u}{10} - \frac{v}{5} \\
&= 3 + \frac{1}{2} - c + \frac{3c}{10} - d + \frac{4d}{5} - u + \frac{3u}{10} - v + \frac{4v}{5}.
\end{aligned}$$

Die Gleichung für a liefert keine neue Restriktion, weil auf der rechten Seite schon eine ganze Zahl (nämlich 3) steht. Ferner sind die Gleichungen für b und für z identisch, so daß diese beiden Gleichungen nur eine einzige Restriktion liefern, nämlich

$$\frac{3c}{10} + \frac{4d}{5} + \frac{3u}{10} + \frac{4v}{5} \geq 1 - \frac{1}{2} = \frac{1}{2}.$$

Wir nehmen diese neue Restriktion (nach Durchmultiplizieren mit -1) in das Simplextableau mit auf und führen dann einen dualen Austauschschritt durch.

z	a	b	c	d	u	v	w	
0	0	1	7/10	1/5	7/10	1/5	0	7/2
0	1	0	1/5	1/5	1/5	1/5	0	3
0	0	0	−3/10	−4/5	−3/10	−4/5	1	−1/2
−1	0	0	−7/10	−1/5	−7/10	−1/5	0	−7/2

z	a	b	c	d	u	v	w	
0	0	1	5/8	0	5/8	0	1/4	27/8
0	1	0	1/8	0	1/8	0	1/4	23/8
0	0	0	3/8	1	3/8	1	−5/4	5/8
−1	0	0	−5/8	0	−5/8	0	−1/4	−27/8

Damit ist der erste Schritt des Verfahrens von Gomory abgeschlossen.

L72: Metrische Geometrie

Lösung (72.1) Jede der behaupteten Gleichungen folgt sofort durch Ausführung einer Matrizenmultiplikation und Benutzung der Additionstheoreme

$$\begin{aligned}\cos(\alpha+\beta) &= \cos\alpha\cos\beta-\sin\alpha\sin\beta,\\ \sin(\alpha+\beta) &= \sin\alpha\cos\beta+\cos\alpha\sin\beta.\end{aligned}$$

Die angegebenen Gleichungen zeigen, daß G multiplikativ abgeschlossen ist, ein neutrales Element enthält (nämlich $D_0 = \mathbf{1}$) und mit jedem Element auch ein dazu inverses Element besitzt (denn $D_\varphi^{-1} = D_{-\varphi}$ und $S_\varphi^{-1} = S_\varphi$). Da die Matrizenmultiplikation ohnehin assoziativ ist, folgt hieraus, daß G eine Gruppe und U eine Untergruppe von G ist. Die Untergruppe U ist sogar ein Normalteiler von G, denn für alle Winkel α und φ gilt $S_\varphi^{-1}D_\alpha S_\varphi = S_\varphi S_{\alpha+\varphi} = D_{\varphi-(\alpha+\varphi)} = D_{-\alpha}$.

Lösung (72.2) (a) Wir legen ein Koordinatensystem so, daß der Ursprung im Mittelpunkt des betrachteten regelmäßigen n-Ecks liegt und die x-Achse mit der Spiegelungsachse von S zusammenfällt; mit der Notation der vorhergehenden Aufgabe haben wir dann $S = S_0$. Ferner gilt $D = D_\varphi$ mit $\varphi = 2\pi/n$. Dann ist $D^k = D_\varphi^k = D_{k\varphi}$, und die Drehungen $D, D^2, \ldots, D^{n-1}, D^n = D^0 = \mathbf{1}$ sind genau die Drehungen, die das n-Eck in sich überführen. Wegen $SD^k = S_0 D_{k\varphi} = S_{-k\varphi} = S_{(n-k)\varphi}$ sind ferner die Abbildungen SD^k mit $1 \le k \le n$ genau die Spiegelungen, die das n-Eck in sich überführen.

(b) Wir haben $D^n = D_\varphi^n = D_{n\varphi} = D_{2\pi} = D_0 = \mathbf{1}$ und $S^2 = S_0^2 = D_0 = \mathbf{1}$. Ferner ist einerseits $DS = D_\varphi S_0 = S_\varphi$, andererseits $SD^{n-1} = SD^{-1} = S_0 D_\varphi^{-1} = S_0 D_{-\varphi} = S_\varphi$ und damit $DS = SD^{n-1}$.

(c) Ist b gerade, so gilt $(S^aD^k)(S^bD^\ell) = S^aD^kD^\ell = S^aD^{k+\ell}$. Ist dagegen b ungerade, so gilt wegen $DS = SD^{n-1} = SD^{-1}$ zunächst $D^kS^b = D^kS = SD^{-k}$ und damit dann $(S^aD^k)(S^bD^\ell) = S^a(D^kS)D^\ell = S^a(SD^{-k})D^\ell = S^{a+1}D^{\ell-k}$. Wir haben also $(S^aD^k)(S^bD^\ell) = S^cD^m$ mit $c := a+b$ modulo 2 und

$$m := \begin{cases} \ell+k, & \text{falls } b \text{ gerade,}\\ \ell-k, & \text{falls } b \text{ ungerade.}\end{cases}$$

Wir können dies kurz in der Form $(S^aD^k)(S^bD^\ell) = S^{a+b}D^{\ell+bk}$ schreiben, wenn klar ist, daß a und b modulo 2 zu nehmen sind.

Lösung (72.3) Die Implikationen (1) $\Rightarrow$ (2) $\Rightarrow$ (3) sind trivial. (Dabei kann in (1) die Bedingung $\lambda > 0$ auch durch $\lambda \neq 0$ ersetzt werden, denn mit $T \in \mathrm{O}(V)$ gilt auch $-T \in \mathrm{O}(V)$.) Es gelte (3). Sind $v, w \in V$ linear unabhängig, so steht $w - (\langle v,w\rangle/\|v\|^2)v$ senkrecht auf v; nach (3) steht dann $\xi := Aw - (\langle v,w\rangle/\|v\|^2)Av$ senkrecht auf Av. Andererseits steht auch $\eta := Aw - (\langle Av,Aw\rangle/\|Av\|^2)Av$ senkrecht auf Av. Da sowohl ξ und η in dem zweidimensionalen Unterraum von V liegen, der von Av und Aw aufgespannt wird, müssen dann ξ und η linear abhängig sein, und da sie die gleiche Komponente in Richtung Aw haben, müssen sie sogar gleich sein. Das bedeutet aber $\langle Av,Aw\rangle/\|Av\|^2 = \langle v,w\rangle/\|v\|^2$. Vollkommen analog gilt auch $\langle Av,Aw\rangle/\|Aw\|^2 = \langle v,w\rangle/\|w\|^2$. Gilt $\langle v,w\rangle \neq 0$, so gilt auch $\langle Av,Aw\rangle \neq 0$, und es folgt

$$(\star) \qquad \frac{\|Aw\|^2}{\|Av\|^2} = \frac{\|w\|^2}{\|v\|^2}.$$

Also gilt $(\star)$ immer dann, wenn v und w linear unabhängig und nicht orthogonal sind, aus Stetigkeitsgründen dann aber sogar für alle $v, w \in V\setminus\{0\}$. Hieraus ergibt sich dann (4), so daß die Implikation (3) $\Rightarrow$ (4) gezeigt ist.

Gilt (4), so ist die Abbildung $\|Av\|/\|v\| = \|A(v/\|v\|)\|$ konstant. (Sonst gäbe es zwei Vektoren der Länge 1, deren Bildvektoren unterschiedlich lang sind.) Es gibt dann also ein $\lambda > 0$ mit $\|Av\| = \lambda\|v\|$ für alle $v \in V\setminus\{0\}$ und damit natürlich für alle $v \in V$. Dann ist aber $T := \lambda^{-1}A$ längenerhaltend und folglich eine orthogonale Abbildung.

Lösung (72.4) Legen wir den Koordinatenursprung in den Kugelmittelpunkt, so ist die Abbildung, die die Anfangslage in die Endlage der Billardkugel bzw. des Fußballs überführt, eine Drehung im dreidimensionalen Raum. Entweder ist diese Drehung die identische Abbildung, oder sie hat den Eigenwert 1 mit der Vielfachheit 1 und besitzt damit einen (bis aufs Vorzeichen eindeutig bestimmten) zugehörigen Eigenvektor v, dessen Länge gerade der Kugelradius ist. Im ersten Fall stimmen Anfangs- und Endlage überein, im zweiten Fall befinden sich genau die Punkte $\pm v$ auf der Kugeloberfläche an der gleichen Stelle wie zu Anfang der Bewegung.

Lösung (72.5) Ist $n := v/\|v\|$ der Richtungsvektor der Drehachse, so ist die gesuchte Drehung gegeben durch

$$\cos(\varphi)\,\mathbf{1} + \bigl(1-\cos(\varphi)\bigr)\, n\otimes n + \sin(\varphi)\, L(n).$$

Durch Anwendung dieser Formel erhalten wir die folgenden Ergebnisse.

(a) Wir haben $\sin\varphi = 0$, $\cos\varphi = -1$, $n = (1,1,0)^T/\sqrt{2}$ und damit die Drehmatrix

$$-\begin{bmatrix}1&0&0\\0&1&0\\0&0&1\end{bmatrix} + \begin{bmatrix}1&1&0\\1&1&0\\0&0&0\end{bmatrix} = \begin{bmatrix}0&1&0\\1&0&0\\0&0&-1\end{bmatrix}.$$

(b) Wir haben $\sin\varphi = \sqrt{3}/2$, $\cos\varphi = 1/2$ sowie $n = (-6,-3,-2)^T/7$ und damit die Drehmatrix

$$\frac{1}{2}\begin{bmatrix}1&0&0\\0&1&0\\0&0&1\end{bmatrix} + \frac{1}{98}\begin{bmatrix}36&18&12\\18&9&6\\12&6&4\end{bmatrix} + \frac{\sqrt{3}}{14}\begin{bmatrix}0&2&-3\\-2&0&6\\3&-6&0\end{bmatrix}$$
$$= \frac{1}{98}\begin{bmatrix}85&18+14\sqrt{3}&12-21\sqrt{3}\\18-14\sqrt{3}&58&6+42\sqrt{3}\\12+21\sqrt{3}&6-42\sqrt{3}&53\end{bmatrix}.$$

Aufgaben zu »Metrische Geometrie« siehe Seite 52

(c) Wir haben $\sin\varphi = \sqrt{3}/2$, $\cos\varphi = -1/2$ sowie $n = (1,1,1)^T/\sqrt{3}$ und damit die Drehmatrix

$$-\frac{1}{2}\begin{bmatrix}1&0&0\\0&1&0\\0&0&1\end{bmatrix}+\frac{1}{2}\begin{bmatrix}1&1&1\\1&1&1\\1&1&1\end{bmatrix}+\frac{1}{2}\begin{bmatrix}0&-1&1\\1&0&-1\\-1&1&0\end{bmatrix} = \begin{bmatrix}0&0&1\\1&0&0\\0&1&0\end{bmatrix}.$$

Diese Matrix ist eine Permutationsmatrix; ihre Anwendung auf einen Vektor $(x, y, z)^T$ liefert $(z, x, y)^T$, permutiert also gerade die Komponenten des Vektors. Dies spiegelt die Tatsache wider, daß die angegebene Drehung die x- in die y-Achse, die y- in die z-Achse und die z- in die x-Achse überführt.

(d) Wir haben $\sin\varphi = 0$, $\cos\varphi = -1$, $n = (1,2,2)^T/3$ und damit die Drehmatrix

$$-\begin{bmatrix}1&0&0\\0&1&0\\0&0&1\end{bmatrix}+\frac{2}{9}\begin{bmatrix}1&2&2\\2&4&4\\2&4&4\end{bmatrix} = \frac{1}{9}\begin{bmatrix}-7&4&4\\4&-1&8\\4&8&-1\end{bmatrix}.$$

(e) Wir haben $\sin\varphi = \cos\varphi = \sqrt{2}/2$, $n = (1,-2,2)^T/3$ und damit die Drehmatrix

$$\frac{\sqrt{2}}{2}\begin{bmatrix}1&0&0\\0&1&0\\0&0&1\end{bmatrix}+\frac{2-\sqrt{2}}{18}\begin{bmatrix}1&-2&2\\-2&4&-4\\2&-4&4\end{bmatrix}+\frac{\sqrt{2}}{6}\begin{bmatrix}0&-2&-2\\2&0&-1\\2&1&0\end{bmatrix}$$
$$= \frac{1}{18}\begin{bmatrix}2+8\sqrt{2}&-4-4\sqrt{2}&4-8\sqrt{2}\\-4+8\sqrt{2}&8+5\sqrt{2}&-8+\sqrt{2}\\4+4\sqrt{2}&-8+7\sqrt{2}&8+5\sqrt{2}\end{bmatrix}.$$

Lösung (72.6) Nachzurechnen sind die Bedingungen $A^TA = \mathbf{1}$ und $\det(A) = 1$; das ist jeweils eine Fleißaufgabe, die wir hier nicht ausführen. Der Drehwinkel φ und ein die Drehachse aufspannender Vektor sind gegeben durch die Gleichungen $\mathrm{tr}(A) = 1 + 2\cos(\varphi)$ und $A - A^T = L(v)$, also

$$\varphi = \arccos\left(\frac{\mathrm{tr}(A)-1}{2}\right) \quad \text{und} \quad v = \begin{bmatrix}a_{32}-a_{23}\\a_{13}-a_{31}\\a_{21}-a_{12}\end{bmatrix}$$

(wobei v natürlich nur bis auf einen positiven Faktor eindeutig bestimmt ist). Wir erhalten die folgenden Ergebnisse.

(a) $\mathrm{tr}(A) = -1/3$, $\varphi \approx 131.81^0$, $v = (1,2,0)^T$
(b) $\mathrm{tr}(A) = 1+\sqrt{3}$, $\varphi = 30^0$, $v = (1,-1,0)^T$
(c) $\mathrm{tr}(A) = (1+\sqrt{5})/2$, $\varphi = 72^0$, $v = (1+\sqrt{5},0,2)^T$
(d) $\mathrm{tr}(A) = (1+\sqrt{5})/2$, $\varphi = 72^0$, $v = (2,0,1+\sqrt{5})^T$
(e) $\mathrm{tr}(A) = 1+\sqrt{2}$, $\varphi = 45^0$, $v = (1,2,2)^T$
(f) $\mathrm{tr}(A) = 1$, $\varphi = 90^0$, $v = (3,4,0)^T$

Lösung (72.7) Es sei n einer der beiden die Drehachse aufspannenden Einheitsvektoren. Dann gilt

$$A = \cos\varphi\,\mathbf{1} + (1-\cos\varphi)\,n\otimes n \pm \sin\varphi\,L(n).$$

Ist also u irgendein Vektor senkrecht zu n, so gilt $Au = \cos\varphi\,u \pm \sin\varphi\,(n\times u)$ und daher

$$\det(n,u,Au) = \langle Au, n\times u\rangle = \pm\sin\varphi\,\|n\times u\|^2.$$

Ist $\det(n,u,Au) > 0$, so gilt $A = D(n,\varphi)$; gilt dagegen $\det(n,u,Au) < 0$, so gilt $A = D(-n,\varphi)$. Diese Methode, das Vorzeichen von n zu ermitteln, ist auch anschaulich klar, denn das Vorzeichen von $\det(n,u,Au)$ ist die Orientierung des Dreibeins (n,u,Au), und n muß so gewählt werden, daß diese Orientierung positiv ist (denn von n aus gesehen muß Au aus u durch eine Drehung gegen den Uhrzeigersinn hervorgehen).

Lösung (72.8) Es sei Γ die Menge aller Elemente von $\mathrm{O}(n)$ mit ganzzahligen Einträgen. Dann liegt $\mathbf{1}$ in Γ, und das Produkt zweier Elemente aus Γ liegt offensichtlich wieder in Γ. (Da $\mathbb{Z}$ additiv und multiplikativ abgeschlossen ist, ist Γ bezüglich der Matrizenmultiplikation abgeschlossen.) Ferner liegt mit jeder Matrix A auch die inverse Matrix A^{-1} in Γ, denn wegen $\det(A) = \pm1$ gilt $A^{-1} = \pm\,\mathrm{adj}(A)$, und die Adjunkte einer Matrix aus Γ liegt offensichtlich wieder in Γ. Damit ist gezeigt, daß Γ eine Gruppe ist.

Wir wollen Γ explizit beschreiben. Da für eine Matrix $A \in \mathrm{O}(n)$ die Zeilen und Spalten die Länge 1 haben müssen, kommen als Einträge nur die Zahlen 0 und ±1 in Frage. Die einzigen Vektoren der Länge 1, deren Einträge nur 0 und ±1 sind, sind aber diejenigen, die an einer Position ±1 und an allen anderen Positionen eine Null haben. Damit besteht Γ genau aus denjenigen Matrizen, die in jeder Zeile und jeder Spalte genau eine Zahl der Form ±1 und überall sonst Nullen haben.

Lösung (72.9) Wir müssen zeigen, daß die Gleichung $\langle gv, v\rangle = 0$ eine Lösung $v \neq 0$ hat. In einem geeignet gewählten Koordinatensystem lautet diese Gleichung

$$0 = \left\langle \begin{bmatrix}\cos\varphi&-\sin\varphi&0\\\sin\varphi&\cos\varphi&0\\0&0&1\end{bmatrix}\begin{bmatrix}x\\y\\z\end{bmatrix}, \begin{bmatrix}x\\y\\z\end{bmatrix}\right\rangle = (x^2+y^2)\cos\varphi + z^2.$$

Wegen $90^0 < \varphi < 270^0$ gilt $\cos\varphi < 0$; die Gleichung lautet daher $z^2 = |\cos\varphi|(x^2+y^2)$ und besitzt selbstverständlich eine Lösung $(x,y,z) \neq (0,0,0)$. (Wir können $(x,y) \neq (0,0)$ beliebig wählen und müssen dann nur $z := \pm\sqrt{|\cos\varphi|}\cdot\sqrt{x^2+y^2}$ setzen.)

Lösung (72.10) Jede gegebene Drehmatrix A können wir bezüglich eines geeigneten Koordinatensystems in der Form

$$A = \begin{bmatrix}\cos\varphi&-\sin\varphi&0\\\sin\varphi&\cos\varphi&0\\0&0&1\end{bmatrix}$$

darstellen. Betrachten wir nun bezüglich des gleichen Koordinatensystems die Drehmatrix

$$B := \begin{bmatrix}0&1&0\\1&0&0\\0&0&-1\end{bmatrix},$$

so erhalten wir

$$B^{-1}AB = \begin{bmatrix} 0 & 1 & 0 \\ 1 & 0 & 0 \\ 0 & 0 & -1 \end{bmatrix} \begin{bmatrix} \cos\varphi & -\sin\varphi & 0 \\ \sin\varphi & \cos\varphi & 0 \\ 0 & 0 & 1 \end{bmatrix} \begin{bmatrix} 0 & 1 & 0 \\ 1 & 0 & 0 \\ 0 & 0 & -1 \end{bmatrix}$$
$$= \begin{bmatrix} \cos\varphi & \sin\varphi & 0 \\ -\sin\varphi & \cos\varphi & 0 \\ 0 & 0 & 1 \end{bmatrix} = A^{-1}.$$

Lösung (72.11) Wir beweisen die Implikationen (1) $\Rightarrow$ (2) $\Rightarrow$ (3) $\Rightarrow$ (1).

• Gilt (1), so gilt für alle $a, b, c \in \mathbb{R}^3$ die Gleichung

$$\langle (ga) \times (gb), gc \rangle = \langle g(a \times b), gc \rangle .$$

Die linke Seite dieser Gleichung ist nun $\det(ga, gb, gc) = \det(g)\det(a, b, c) = \det(g)\langle a \times b, c\rangle = \langle a \times b, \big((\det g)\mathbf{1}\big)c\rangle$; die rechte Seite ist $\langle a \times b, (g^T g)c\rangle$. Die Gültigkeit der angegebenen Gleichung für alle $a, b, c \in \mathbb{R}^3$ ist also gleichwertig mit

$$\langle a \times b, \big(g^T g - \det(g)\mathbf{1}\big)c\rangle = 0,$$

und dies kann nur dann für alle $a, b, c \in \mathbb{R}^3$ gelten, wenn $g^T g - \det(g)\mathbf{1} = \mathbf{0}$ gilt. Aus (1) folgt also (2).

• Gilt (2), so folgt $\det(g^T g) = \det\big(\det(g)\mathbf{1}\big)$, also $\det(g)^2 = \det(g)^3 \det(\mathbf{1}) = \det(g)^3$ und damit $\det(g) = 1$ oder $\det(g) = 0$. Gilt $\det(g) = 1$, so geht (2) über in $g^T g = \mathbf{1}$ und damit $g \in \mathrm{O}(3)$, wegen $\det(g) = 1$ also $g \in \mathrm{SO}(3)$. Gilt $\det(g) = 0$, so geht (2) über in $g^T g = \mathbf{0}$, damit $g = \mathbf{0}$. (Gilt nämlich $g^T g = \mathbf{0}$, dann $0 = v^T g^T g v = \|gv\|^2$ für alle $v \in \mathbb{R}^3$ und folglich $g = \mathbf{0}$.) Aus (2) folgt also (3).

• Es gelte nun (3). Ist $g = \mathbf{0}$, so gilt (1) trivialerweise; es sei also $g \in \mathrm{SO}(3)$. Für $a, b \in \mathbb{R}^3$ ist $a \times b$ definiert als der eindeutig bestimmte Vektor, der auf a und b senkrecht steht, die Länge $\|a\|\,\|b\|\,|\sin\angle(a, b)|$ hat und ein positiv orientiertes Tripel $(a, b, a \times b)$ liefert. Da $g \in \mathrm{SO}(3)$ längen-, winkel- und orientierungserhaltend ist, erfüllt dann $g(a \times b)$ die definierenden Eigenschaften von $(ga) \times (gb)$, so daß also $(ga) \times (gb) = g(a \times b)$ gilt. Aus (3) folgt also (1).

Lösung (72.12) Für alle $w \in \mathbb{R}^3$ gilt

$$L(gv)w = (gv) \times w$$
$$= g\big(v \times (g^{-1}w)\big) = \big(g \circ L(v) \circ g^{-1}\big)w,$$

wobei der Übergang von der ersten zur zweiten Zeile aufgrund von Aufgabe (72.11) gilt. Da $w \in \mathbb{R}^3$ beliebig war, ist dies schon die erste Behauptung. Zum Nachweis der zweiten Behauptung benutzen wir die Formel

$$a \times (b \times c) = b\langle a, c\rangle - c\langle a, b\rangle$$

und erhalten für alle $u, v, w \in \mathbb{R}^3$ dann

$$\big(L(u)L(v) - L(v)L(u)\big)w = u \times (v \times w) - v \times (u \times w)$$
$$= v\langle u, w\rangle - w\langle u, v\rangle - u\langle v, w\rangle + w\langle u, v\rangle$$
$$= v\langle u, w\rangle - u\langle v, w\rangle = -w \times (u \times v)$$
$$= (u \times v) \times w = L(u \times v)w.$$

Bemerkung: Der Vektorraum $\mathbb{R}^3$ ist eine Liealgebra mit der Kreuzproduktbildung $\times$, der Vektorraum $\mathrm{so}(3)$ aller schiefsymmetrischen Matrizen ist eine Liealgebra mit der Kommutatorbildung $[A, B] := AB - BA$. Die Aussage $L(u \times v) = \big[L(u), L(v)\big]$ drückt dann aus, daß $L : \mathbb{R}^3 \to \mathrm{so}(3)$ ein Liealgebrenisomorphismus ist.

Lösung (72.13) Es gelte (1). Ist X eine schiefsymmetrische Matrix, so ist für jede Zahl $t \in \mathbb{R}$ die Matrix $\exp(tA)$ ein Element von $\mathrm{SO}(3)$; wegen (1) gilt also

$$\exp(tX)A = A\exp(tX) \quad \text{für alle } t \in \mathbb{R}.$$

Hieraus folgt dann

$$XA = \frac{\mathrm{d}}{\mathrm{d}t}\Big|_{t=0} \exp(tX)A = \frac{\mathrm{d}}{\mathrm{d}t}\Big|_{t=0} A\exp(tX) = AX.$$

Da X beliebig war, ist damit die Implikation (1)$\Rightarrow$(2) gezeigt. Es gelte nun (2). Schreiben wir $A = (a_{ij})$, so gilt zunächst

$$\begin{bmatrix} -a_{21} & -a_{22} & -a_{23} \\ a_{11} & a_{12} & a_{13} \\ 0 & 0 & 0 \end{bmatrix} = \begin{bmatrix} 0 & -1 & 0 \\ 1 & 0 & 0 \\ 0 & 0 & 0 \end{bmatrix} \begin{bmatrix} a_{11} & a_{12} & a_{13} \\ a_{21} & a_{22} & a_{23} \\ a_{31} & a_{32} & a_{33} \end{bmatrix}$$
$$= \begin{bmatrix} a_{11} & a_{12} & a_{13} \\ a_{21} & a_{22} & a_{23} \\ a_{31} & a_{32} & a_{33} \end{bmatrix} \begin{bmatrix} 0 & -1 & 0 \\ 1 & 0 & 0 \\ 0 & 0 & 0 \end{bmatrix} = \begin{bmatrix} a_{12} & -a_{11} & 0 \\ a_{22} & -a_{21} & 0 \\ a_{32} & -a_{31} & 0 \end{bmatrix}$$

und damit $a_{13} = a_{31} = a_{23} = a_{32} = 0$ sowie $a_{22} = a_{11}$ und $a_{12} = -a_{21}$; also hat A die Form

$$A = \begin{bmatrix} a & -b & 0 \\ b & a & 0 \\ 0 & 0 & c \end{bmatrix}$$

mit $a, b, c \in \mathbb{R}$. Da A nach Voraussetzung mit allen schiefsymmetrischen Matrizen kommutiert, gilt weiterhin

$$\begin{bmatrix} 0 & 0 & 0 \\ 0 & 0 & -c \\ b & a & 0 \end{bmatrix} = \begin{bmatrix} 0 & 0 & 0 \\ 0 & 0 & -1 \\ 0 & 1 & 0 \end{bmatrix} \begin{bmatrix} a & -b & 0 \\ b & a & 0 \\ 0 & 0 & c \end{bmatrix}$$
$$= \begin{bmatrix} a & -b & 0 \\ b & a & 0 \\ 0 & 0 & c \end{bmatrix} \begin{bmatrix} 0 & 0 & 0 \\ 0 & 0 & -1 \\ 0 & 1 & 0 \end{bmatrix} = \begin{bmatrix} 0 & 0 & b \\ 0 & 0 & -a \\ 0 & c & 0 \end{bmatrix}$$

und folglich $b = 0$ sowie $a = c$ und damit $A = a\mathbf{1}$. Damit ist auch die Implikation (2) $\Rightarrow$ (3) gezeigt. Da die Implikation (3) $\Rightarrow$ (1) trivialerweise gilt, ist damit die Äquivalenz der drei Aussagen gezeigt.

Lösung (72.14) (a) Ist $\beta : \mathbb{R}^3 \times \mathbb{R}^3 \to \mathbb{R}^3$ bilinear, so ist für $i = 1, 2, 3$ die i-te Komponentenfunktion β_i von β eine Bilinearform auf $\mathbb{R}^3$, also von der Form $\beta_i(v, w) = v^T A_i w$ mit einer Matrix $A_i \in \mathbb{R}^{3\times 3}$. Die Bedingung $\beta(gv, gw) = \beta(v, w)$ bedeutet dann $v^T A_i w = (gv)^T A_i (gw) = v^T g^T A_i g w$ für alle $v, w \in \mathbb{R}^3$ und $i =$

$1, 2, 3$, folglich $g^T A_i g = A_i$ bzw. $A_i g = g A_i$ für $i = 1, 2, 3$. Nach der vorigen Aufgabe ist dies genau dann der Fall, wenn A_i ein Vielfaches der Einheitsmatrix ist, sagen wir $A_i = c_i \mathbf{1}$ mit $c_i \in \mathbb{R}$. Schreiben wir $c := (c_1, c_2, c_3)^T$, so bedeutet dies

$$\beta(v,w) = \begin{bmatrix} c_1 v^T w \\ c_2 v^T w \\ c_3 v^T w \end{bmatrix} = v^T w \begin{bmatrix} c_1 \\ c_2 \\ c_3 \end{bmatrix} = \langle v, w \rangle c.$$

(b) Zunächst seien $v, w \in \mathbb{R}^3$ fest. Gilt $\beta(gv, gw) = g\beta(v, w)$ für alle $g \in \mathrm{SO}(3)$, so gilt $\beta\big(\exp(tX)v, \exp(tX)w\big) = \exp(tX)\beta(v, w)$ für alle $X \in \mathrm{so}(3)$ und alle $t \in \mathbb{R}$. Ableiten dieser Identität nach t und anschließendes Einsetzen des Wertes $t = 0$ liefert

$$\beta(Xv.w) + \beta(v, Xw) = X\beta(v, w)$$

für alle $v, w \in \mathbb{R}^3$ und alle $X \in \mathrm{so}(3)$. Wie in Teil (a) argumentieren wir, daß es (3×3)-Matrizen A, B, C gibt mit $\beta(v, w) = (v^T Aw, v^T Bw, v^T Cw)^T$; die obige Gleichung lautet dann

$$\begin{bmatrix} v^T(X^T A + AX)w \\ v^T(X^T B + BX)w \\ v^T(X^T C + CX)w \end{bmatrix} = X \begin{bmatrix} v^T Aw \\ v^T Bw \\ v^T Cw \end{bmatrix}.$$

Schreiben wir

$$X = L(\omega) = \begin{bmatrix} 0 & -\omega_3 & \omega_2 \\ \omega_3 & 0 & -\omega_1 \\ -\omega_2 & \omega_1 & 0 \end{bmatrix}$$

und ersetzen wir X^T durch $-X$, so geht dies über in

$$\begin{bmatrix} v^T\big(AL(\omega) - L(\omega)A\big)w \\ v^T\big(BL(\omega) - L(\omega)B\big)w \\ v^T\big(CL(\omega) - L(\omega)C\big)w \end{bmatrix} = \begin{bmatrix} v^T(-\omega_3 B + \omega_2 C)w \\ v^T(\ \omega_3 A - \omega_1 C)w \\ v^T(-\omega_2 A + \omega_1 B)w \end{bmatrix}$$

für alle $v, w \in \mathbb{R}^3$, so daß die Matrizengleichungen

$$\begin{aligned} AL(\omega) - L(\omega)A &= -\omega_3 B + \omega_2 C \\ BL(\omega) - L(\omega)B &= \omega_3 A - \omega_1 C \\ CL(\omega) - L(\omega)C &= -\omega_2 A + \omega_1 B \end{aligned}$$

gelten müssen. Wählen wir für ω speziell die Einheitsvektoren e_1, e_2 und e_3, so ergeben sich die Gleichungen

$$\begin{array}{lrcl} (1) & AL(e_1) - L(e_1)A &=& \mathbf{0}, \\ (2) & BL(e_1) - L(e_1)B &=& -C, \\ (3) & CL(e_1) - L(e_1)C &=& B, \\ (4) & AL(e_2) - L(e_2)A &=& C, \\ (5) & BL(e_2) - L(e_2)B &=& \mathbf{0}, \\ (6) & CL(e_2) - L(e_2)C &=& -A, \\ (7) & AL(e_3) - L(e_3)A &=& -B, \\ (8) & BL(e_3) - L(e_3)B &=& A, \\ (9) & CL(e_3) - L(e_3)C &=& \mathbf{0}. \end{array}$$

Bedingung (1) lautet ausgeschrieben

$$\begin{bmatrix} 0 & a_{13} & -a_{12} \\ a_{31} & a_{23} + a_{32} & -a_{22} + a_{33} \\ -a_{21} & a_{33} - a_{22} & -a_{32} - a_{23} \end{bmatrix} = \begin{bmatrix} 0 & 0 & 0 \\ 0 & 0 & 0 \\ 0 & 0 & 0 \end{bmatrix}$$

und liefert

$$A = \begin{bmatrix} a_{11} & 0 & 0 \\ 0 & a_{22} & a_{23} \\ 0 & -a_{23} & a_{22} \end{bmatrix}.$$

Einsetzen von (2) in (3) liefert $B = 2L(e_1)BL(e_1) - BL(e_1)^2 - L(e_1)^2 B$, ausgeschrieben

$$\begin{bmatrix} b_{11} & b_{12} & b_{13} \\ b_{21} & b_{22} & b_{23} \\ b_{31} & b_{32} & b_{33} \end{bmatrix} = \begin{bmatrix} 0 & b_{12} & b_{13} \\ b_{21} & 2(b_{22} - b_{33}) & 2(b_{23} + b_{32}) \\ b_{31} & 2(b_{23} + b_{32}) & 2(b_{33} - b_{22}) \end{bmatrix}$$

und damit

$$B = \begin{bmatrix} 0 & b_{12} & b_{13} \\ b_{21} & 0 & 0 \\ b_{31} & 0 & 0 \end{bmatrix}.$$

Setzen wir dies in (2) ein, so ergibt sich

$$C = \begin{bmatrix} 0 & -b_{13} & b_{12} \\ -b_{31} & 0 & 0 \\ b_{21} & 0 & 0 \end{bmatrix}.$$

Einsetzen von B in (5) liefert $b_{12} = b_{21} = 0$ und $b_{31} = -b_{13}$, mit $x := b_{13}$ folglich $B = x\,L(e_2)$ und damit auch $C = x\,L(e_3)$. Einsetzen in (8) liefert dann $A = x\big(L(e_2)L(e_3) - L(e_3)L(e_2)\big) = x\,L(e_2 \times e_3) = x\,L(e_1)$. Damit gilt

$$\beta(v, w) = x \begin{bmatrix} v^T L(e_1)w \\ v^T L(e_2)w \\ v^T L(e_3)w \end{bmatrix} = x\,(v \times w),$$

wobei man die letzte Gleichheit unmittelbar nachrechnet. Schreiben wir jetzt c statt x, so erhalten wir die Behauptung.

Lösung (72.15) (a) Wir schreiben kurz c_φ und s_φ für den Cosinus und den Sinus eines Winkels φ. Genau dann sind (α, β, γ) Eulerwinkel für $A \in \mathrm{SO}(3)$, wenn

$$A = \begin{bmatrix} c_\alpha c_\gamma - s_\alpha c_\beta s_\gamma & -c_\alpha s_\gamma - s_\alpha c_\beta c_\gamma & s_\alpha s_\beta \\ s_\alpha c_\gamma + c_\alpha c_\beta s_\gamma & -s_\alpha s_\gamma + c_\alpha c_\beta c_\gamma & -c_\alpha s_\beta \\ s_\beta s_\gamma & s_\beta c_\gamma & c_\beta \end{bmatrix}$$

gilt. Dies ist wegen

$$\begin{aligned} c_{\alpha+\pi} &= -c_\alpha, & c_{\gamma+\pi} &= -c_\gamma, & c_{-\beta} &= c_\beta, \\ s_{\alpha+\pi} &= -s_\alpha, & s_{\gamma+\pi} &= -s_\gamma, & s_{-\beta} &= -s_\beta \end{aligned}$$

genau dann der Fall, wenn auch $(\alpha + \pi, -\beta, \gamma + \pi)$ Eulerwinkel für A sind. Die Eulerwinkel sind also (wenn wir

Aufgaben zu »Metrische Geometrie« siehe Seite 52

keine weitere Einschränkung vornehmen) niemals eindeutig bestimmt; wir können stets $\beta \in [0,\pi]$ voraussetzen. Tun wir dies, so sind die Eulerwinkel eindeutig bestimmt, sofern $|a_{33}| < 1$ gilt; in diesem Fall haben wir nämlich

$$\begin{aligned}\beta &= \arccos(a_{33}),\\ \alpha &= \text{Polarwinkel von } (-a_{23}, a_{13})^T \in \mathbb{R}^2,\\ \gamma &= \text{Polarwinkel von } (\ a_{32}, a_{31})^T \in \mathbb{R}^2.\end{aligned}$$

In den beiden Sonderfällen $a_{33} = \pm 1$ sind die Eulerwinkel dagegen nicht eindeutig bestimmt. Für $a_{33} = 1$ haben wir $\cos(\beta) = 1$, $\sin(\beta) = 0$ und damit

$$A = \begin{bmatrix}\cos(\alpha+\gamma) & -\sin(\alpha+\gamma) & 0\\ \sin(\alpha+\gamma) & \cos(\alpha+\gamma) & 0\\ 0 & 0 & 1\end{bmatrix};$$

diese Gleichung legt nur die Summe $\alpha+\gamma$ fest, nicht aber die Winkel α und γ einzeln. Analog haben wir im Fall $a_{33} = -1$ die Bedingungen $\cos(\beta) = -1$, $\sin(\beta) = 0$ und damit

$$A = \begin{bmatrix}\cos(\alpha-\gamma) & \sin(\alpha-\gamma) & 0\\ \sin(\alpha-\gamma) & -\cos(\alpha-\gamma) & 0\\ 0 & 0 & -1\end{bmatrix};$$

diese Gleichung legt nur die Differenz $\alpha-\gamma$ fest, nicht aber die Winkel α und γ einzeln.

(b) Wir erhalten

$$\begin{aligned}\beta &= \arccos(\sqrt{3}/2) = 30^0,\\ \alpha &= \text{Polarwinkel von } (1,\sqrt{3})^T = 60^0,\\ \gamma &= \text{Polarwinkel von } (2,0)^T = 0^0.\end{aligned}$$

(c) Gilt $A = D^z_\alpha D^x_\beta D^z_\gamma$, so gilt

$$A^{-1} = (D^z_\gamma)^{-1}(D^x_\beta)^{-1}(D^z_\alpha)^{-1} = D^z_{-\gamma}D^x_{-\beta}D^z_{-\alpha}.$$

Sind also (α,β,γ) Eulerwinkel für A, so sind $(-\gamma,-\beta,-\alpha)$ bzw. $(\pi-\gamma,\beta,\pi-\alpha)$ Eulerwinkel für A^{-1}.

Lösung (72.16) Wir schreiben kurz c_φ und s_φ für den Cosinus und den Sinus eines Winkels φ. Sind α,β,γ die Eulerwinkel von A (wobei β in $(0,\pi)$ gewählt sei), so haben wir $c_\beta = a_{33}$ sowie

$$\begin{bmatrix}c_\alpha\\ s_\alpha\end{bmatrix} = \frac{1}{\sqrt{1-a_{33}^2}}\begin{bmatrix}-a_{23}\\ a_{13}\end{bmatrix} \quad\text{und}\quad \begin{bmatrix}c_\gamma\\ s_\gamma\end{bmatrix} = \frac{1}{\sqrt{1-a_{33}^2}}\begin{bmatrix}a_{32}\\ a_{31}\end{bmatrix}$$

und folglich

$$\begin{aligned}a_{11} &= c_\alpha c_\gamma - s_\alpha c_\beta s_\gamma = -\frac{a_{23}a_{32}+a_{13}a_{31}a_{33}}{1-a_{33}^2},\\ a_{12} &= -c_\alpha s_\gamma - s_\alpha c_\beta c_\gamma = \frac{a_{23}a_{31}-a_{13}a_{32}a_{33}}{1-a_{33}^2},\\ a_{21} &= s_\alpha c_\gamma + c_\alpha c_\beta s_\gamma = \frac{a_{13}a_{32}-a_{23}a_{31}a_{33}}{1-a_{33}^2},\\ a_{22} &= -s_\alpha s_\gamma + c_\alpha c_\beta c_\gamma = -\frac{a_{13}a_{31}+a_{23}a_{32}a_{33}}{1-a_{33}^2}.\end{aligned}$$

Lösung (72.17) (a) Die angegebenen Beziehungen rechnet man sofort nach. Sie zeigen, daß die Menge $\{\pm\mathbf{1}, \pm I, \pm J, \pm K\}$ gegenüber Produkt- und Inversenbildung abgeschlossen und daher eine Gruppe ist (und zwar offensichtlich die kleinste Gruppe, die $\mathbf{1}$, I, J und K erhält).

(b) Es sei U eine Untergruppe von Q. Enthält U eines der Elemente $A \in \{I,J,K\}$, dann auch $A^2 = -\mathbf{1}$ und folglich auch $(-\mathbf{1})^2 = \mathbf{1}$ und $(-\mathbf{1})A = -A$. Enthält eine solche Untergruppe zwei der Elemente I,J,K, dann aufgrund der Beziehungen $IJ = K$, $JK = I$ und $KI = J$ auch schon das dritte. Damit ergibt sich für Q die folgende Untergruppenstruktur.

$$\begin{array}{ccccccccc} & & & \nearrow & \{\pm\mathbf{1},\pm I\} & \searrow & \\ \{\mathbf{1}\} & \to & \{\pm\mathbf{1}\} & \to & \{\pm\mathbf{1},\pm J\} & \to & Q\\ & & & \searrow & \{\pm\mathbf{1},\pm K\} & \nearrow & \end{array}$$

(c) Es gilt

$$M(a) = \begin{bmatrix}a_0+a_1i & -a_2-a_3i\\ a_2-a_3i & a_0-a_1i\end{bmatrix} = \begin{bmatrix}z & w\\ -\overline{w} & \overline{z}\end{bmatrix}$$

mit $z := a_0+a_1i$ und $w := -a_2-a_3i$.

(d) Damit die angegebene Definition möglich ist, müssen wir nachrechnen, daß die Multiplikation zweier Matrizen der Form $M(a)$ wieder eine Matrix dieser Form ist. Dies folgt aus der Rechnung

$$\begin{aligned}&\begin{bmatrix}z_1 & w_1\\ -\overline{w_1} & \overline{z_1}\end{bmatrix}\begin{bmatrix}z_2 & w_2\\ -\overline{w_2} & \overline{z_2}\end{bmatrix}\\ &= \begin{bmatrix}z_1z_2 - w_1\overline{w_2} & z_1w_2 + w_1\overline{z_2}\\ -\overline{w_1}z_2 - \overline{w_2}\overline{z_1} & -\overline{w_1}w_2 + \overline{z_1}\overline{z_2}\end{bmatrix} = \begin{bmatrix}z & w\\ -\overline{w} & \overline{z}\end{bmatrix}\end{aligned}$$

mit $z := z_1z_2 - w_1\overline{w_2}$ und $w := z_1w_2 + w_1\overline{z_2}$. Da die Matrizenmultiplikation bilinear ist, erhalten wir das Produkt

$$(a_0\mathbf{1} + a_1I + a_2J + a_3K)(b_0\mathbf{1} + b_1I + b_2J + b_3K)$$

einfach, indem wir nach den Distributivgesetzen ausmultiplizieren und dann die Rechenregeln aus Teil (a) benutzen. (Dies reduziert die Multiplikation auf $\mathbb{R}^4$ auf die Multiplikation in Q.) Die Multiplikation ist assoziativ, weil die Matrizenmultiplikation assoziativ ist; sie ist aber nicht kommutativ, weil etwa $M(0,1,0,0)M(0,0,1,0) = IJ \neq JI = M(0,0,1,0)M(0,1,0,0)$ gilt.

(e) Wir müssen nur $1,i,j,k$ mit $\mathbf{1},I,J,K$ und daher V mit $\{M(a) \mid a \in \mathbb{R}^4\}$ identifizieren. Die einzige Bedingung, die nicht unmittelbar klar ist, ist die Äquivalenz der Relationen $i^2 = j^2 = k^2 = -1$ und $ij = k$, $jk = i$ und $ki = j$ einerseits und der Relationen $i^2 = j^2 = k^2 = ijk = -1$ andererseits (unter Voraussetzung der übrigen Rechenregeln). Gelten die ersten Relationen, so erhalten wir $ijk = k^2 = -1$; gelten die zweiten Relationen, so erhalten wir $ij = -ijk^2 = (-ijk)k = k$, $jk = (-i^2)jk = i(-ijk) = i$ sowie $ki = (ij)(jk) = -ik = -i(ij) = (-i^2)j = j$.

(f) Da die Multiplikation in $\mathbb{H}$ bilinear über $\mathbb{R}$ und das Konjugieren linear über $\mathbb{R}$ ist, genügt es, die ersten

Aufgaben zu »Metrische Geometrie« siehe Seite 52

beiden Rechenregeln für $q_1, q_2 \in \{1, i, j, k\}$ zu verifizieren. Die erste Regel folgt dann sofort wegen $\overline{1} = 1$ sowie $\overline{i} = -i$, $\overline{j} = -j$ und $\overline{k} = -k$; die zweite Regel folgt dann, wenn wir zusätzlich noch die Rechenregeln aus Teil (a) verwenden. (Beispielsweise gilt $\overline{ij} = \overline{k} = -k = ji = (-j)(-i) = \overline{j}\,\overline{i}$.) Die dritte Regel ergibt sich durch direktes Nachrechnen; für $q = a + bi + cj + dk$ gilt

$$\begin{aligned} q\overline{q} &= (a + bi + cj + dk)(a - bi - cj - dk) \\ &= \quad a^2 - abi - acj - adk \\ &\quad + b^2 + abi + bdj - bck \\ &\quad + c^2 - cdi + acj + bck \\ &\quad + d^2 + cdi - bdj + adk \\ &= a^2 + b^2 + c^2 + d^2 = |q|^2. \end{aligned}$$

Die letzte Regel folgt dann wegen

$$\begin{aligned} |q_1q_2|^2 &= q_1q_2\overline{q_1q_2} = q_1q_2\overline{q_2}\,\overline{q_1} \\ &= q_1|q_2|^2\overline{q_1} = q_1\overline{q_1}|q_2|^2 = |q_1|^2|q_2|^2. \end{aligned}$$

(g) Es gilt $1 \in \mathbb{H} \setminus \{0\}$; mit $q \neq 0$ gilt auch $q^{-1} = \overline{q}/|q|^2 \neq 0$, und mit $q_1, q_2 \neq 0$ gilt auch $q_1q_2 \neq 0$ (denn $|q_1q_2| = |q_1|\,|q_2| \neq 0$); also ist $\mathbb{H} \setminus \{0\}$ eine Gruppe. Es gilt $1 \in \mathbb{S}^3$; mit $|q| = 1$ gilt auch $|q^{-1}| = |\overline{q}/|q|^2| = |\overline{q}| = 1$, und mit $q_1, q_2 \in \mathbb{S}^3$ gilt auch $q_1q_2 \in \mathbb{S}^3$ (denn $|q_1q_2| = |q_1|\,|q_2| = 1 \cdot 1 = 1$); also ist $\mathbb{S}^3$ eine Gruppe.

(h) Gilt $x^2 + 1 = 0$, dann auch $|x|^2 = |x^2| = |-1| = 1$. Ferner gilt dann $\overline{x} = \overline{x}/|x|^2 = x^{-1} = -x$, mit $x = a + bi + cj + dk$ also $a - bi - cj - dk = -a - bi - cj - dk$ und damit $a = 0$. Gilt also $x^2 + 1 = 0$, so hat x die Form $x = bi + cj + dk$ mit $b^2 + c^2 + d^2 = 1$. Hat umgekehrt x diese Form, so gilt $x^2 = x(-\overline{x}) = -x\overline{x} = -|x|^2 = -1$. Die Lösungen der Gleichung $x^2 + 1 = 0$ sind also genau die Quaternionen der Form $x = bi + cj + dk$ mit $b^2 + c^2 + d^2 = 1$. (Wir sehen, daß es also in $\mathbb{H}$ eine Polynomgleichung zweiten Grades mit unendlich vielen Lösungen gibt. Aufgrund der Nichtkommutativität der Multiplikation sind also die algebraischen Eigenschaften von $\mathbb{H}$ deutlich verschieden von denen eines Körpers.)

(i) Für $q = q_0 + q_1i + q_2j + q_3k$ gelte $q\alpha = \alpha q$ für alle $\alpha \in \mathbb{H}$. Speziell für $\alpha = i$ bedeutet dies

$$q_0i - q_1 - q_2k + q_3j = q_0i - q_1 + q_2k - q_3j$$

und damit $q_2 = q_3 = 0$. Die Wahl $\alpha = j$ zeigt dann, daß auch $q_1 = 0$ und damit $q = q_0 \in \mathbb{R}$ gilt. Umgekehrt ist klar, daß eine reelle Quaternion mit allen Quaternionen kommutiert.

(j) Gilt $\overline{\alpha} = -\alpha$, so gilt auch $\overline{T_q\alpha} = \overline{q\alpha\overline{q}} = q\overline{\alpha}\,\overline{q} = q(-\alpha)\overline{q} = -q\alpha\overline{q} = -(T_q\alpha)$; also läßt T_q den Unterraum $U = \{\alpha \in \mathbb{H} \mid \overline{\alpha} = -\alpha\}$ invariant. Ferner gilt $|T_q\alpha| = |q\alpha\overline{q}| = |q|\,|\alpha|\,|\overline{q}| = 1 \cdot |\alpha| \cdot 1 = |\alpha|$; also ist T_q längenerhaltend. Wir ermitteln nun die Matrixdarstellung von T_q bezüglich der Basis (i, j, k) von U. Mit $q = q_0 + q_1i + q_2j + q_3k$ gilt

$$\begin{aligned} T_q(i) = qi\overline{q} &= (q_0i - q_1 - q_2k + q_3j)(q_0 - q_1i - q_2j - q_3k) = \\ & i(q_0^2 + q_1^2 - q_2^2 - q_3^2) + j(2q_0q_3 + 2q_1q_2) + k(2q_1q_3 - 2q_0q_2), \end{aligned}$$

weiter

$$\begin{aligned} T_q(j) = qj\overline{q} &= (q_0j + q_1k - q_2 - q_3i)(q_0 - q_1i - q_2j - q_3k) = \\ & i(2q_1q_2 - 2q_0q_3) + j(q_0^2 - q_1^2 + q_2^2 - q_3^2) + k(2q_0q_1 + 2q_2q_3) \end{aligned}$$

und schließlich

$$\begin{aligned} T_q(k) = qk\overline{q} &= (q_0k - q_1j + q_2i - q_3)(q_0 - q_1i - q_2j - q_3k) = \\ & i(2q_1q_3 + 2q_0q_2) + j(2q_2q_3 - 2q_0q_1) + k(q_0^2 - q_1^2 - q_2^2 + q_3^2). \end{aligned}$$

Da die Spalten einer Matrix gerade die Bilder der Basisvektoren sind, liefert dies für T_q die Matrixdarstellung

$$\begin{bmatrix} q_0^2 + q_1^2 - q_2^2 - q_3^2 & 2(q_1q_2 - q_0q_3) & 2(q_1q_3 + q_0q_2) \\ 2(q_1q_2 + q_0q_3) & q_0^2 - q_1^2 + q_2^2 - q_3^2 & 2(q_2q_3 - q_0q_1) \\ 2(q_1q_3 - q_0q_2) & 2(q_2q_3 + q_0q_1) & q_0^2 - q_1^2 - q_2^2 + q_3^2 \end{bmatrix}.$$

(k) Offensichtlich gilt $T_1 = \mathrm{id}_U$, und es gilt

$$\begin{aligned} T_{q_1q_2}(\alpha) &= q_1q_2\alpha\overline{q_1q_2} = q_1q_2\alpha\overline{q_2}\,\overline{q_1} \\ &= T_{q_1}(q_2\alpha\overline{q_2}) = T_{q_1}(T_{q_2}\alpha) = (T_{q_1} \circ T_{q_2})(\alpha) \end{aligned}$$

für alle $\alpha \in U$. Also gilt $T_{q_1q_2} = T_{q_1}T_{q_2}$. Damit ist T ein Gruppenhomomorphismus. Wir wollen nun das Bild von T bestimmen.

Für $q_1 = q_2 = 0$ sowie $q_0 = \cos\alpha$ und $q_3 = \sin\alpha$ erhalten wir

$$\begin{aligned} T_q &= \begin{bmatrix} q_0^2 - q_3^2 & -2q_0q_3 & 0 \\ 2q_0q_3 & q_0^2 - q_3^2 & 0 \\ 0 & 0 & q_0^2 + q_3^2 \end{bmatrix} \\ &= \begin{bmatrix} \cos(2\alpha) & -\sin(2\alpha) & 0 \\ \sin(2\alpha) & \cos(2\alpha) & 0 \\ 0 & 0 & 1 \end{bmatrix}. \end{aligned}$$

Für $q_1 = q_3 = 0$ sowie $q_0 = \cos\beta$ und $q_2 = \sin\beta$ erhalten wir

$$\begin{aligned} T_q &= \begin{bmatrix} q_0^2 - q_2^2 & 0 & 2q_0q_2 \\ 0 & q_0^2 + q_2^2 & 0 \\ -2q_0q_2 & 0 & q_0^2 - q_2^2 \end{bmatrix} \\ &= \begin{bmatrix} \cos(2\beta) & 0 & \sin(2\beta) \\ 0 & 1 & 0 \\ -\sin(2\beta) & 0 & \cos(2\beta) \end{bmatrix}. \end{aligned}$$

Für $q_2 = q_3 = 0$ sowie $q_0 = \cos\gamma$ und $q_1 = \sin\gamma$ erhalten wir

$$\begin{aligned} T_q &= \begin{bmatrix} q_0^2 + q_1^2 & 0 & 0 \\ 0 & q_0^2 - q_1^2 & -2q_0q_1 \\ 0 & 2q_0q_1 & q_0^2 - q_1^2 \end{bmatrix} \\ &= \begin{bmatrix} 1 & 0 & 0 \\ 0 & \cos(2\gamma) & -\sin(2\gamma) \\ 0 & \sin(2\gamma) & \cos(2\gamma) \end{bmatrix}. \end{aligned}$$

Damit enthält das Bild von T alle Drehungen um die x-, die y- und die z-Achse, folglich auch die von diesen Drehungen erzeugte Untergruppe von $\mathrm{SO}(3)$, das heißt aber ganz $\mathrm{SO}(3)$ (denn nach dem Satz über die Eulerwinkel läßt sich jede Drehmatrix als Produkt von Drehungen um die x- und z-Achse darstellen). Andererseits ist das Bild von T enthalten in $\mathrm{SO}(3)$; das kann man entweder dadurch verifizieren, daß man $\det(T_q) = +1$ für alle $q \in \mathbb{S}^3$ nachrechnet, oder aber durch das abstraktere Argument, daß T als stetige Abbildung die zusammenhängende Menge $\mathbb{S}^3$ in die Zusammenhangskomponente von $\mathbf{1}$ in $\mathrm{O}(3)$ abbilden muß; diese Zusammenhangskomponente ist aber $\mathrm{SO}(3)$. Damit ist gezeigt, daß das Bild von T gerade $\mathrm{SO}(3)$ ist. Genau dann liegt q im Kern von T, wenn $T_q = \mathbf{1}$ gilt, also $q\alpha\overline{q} = \alpha$ bzw. $q\alpha = \alpha q$ für alle $\alpha \in U$. Dann gilt aber sogar $q\alpha = \alpha q$ für alle $\alpha \in \mathbb{H}$ und damit $q \in \mathbb{R}$ gemäß Teil (i). Wegen $|q| = 1$ bedeutet dies aber $q = \pm 1$. Der Kern von T ist also $\{\pm 1\}$.

(l) Zunächst gilt $1+2\cos\varphi = \mathrm{tr}(A) = \mathrm{tr}(T_q) = 4q_0^2-1$ und damit $4q_0^2 = 2 + 2\cos\varphi = 4\cos^2(\varphi/2)$, folglich $q_0 = \pm\cos(\varphi/2)$ und nach Wahl des Vorzeichens daher $q_0 = \cos(\varphi/2)$. Für den Drehvektor n erhalten wir

$$2\sin(\varphi)\,n = \begin{bmatrix} A_{32} - A_{23} \\ A_{13} - A_{31} \\ A_{21} - A_{12} \end{bmatrix} = 4q_0 \begin{bmatrix} q_1 \\ q_2 \\ q_3 \end{bmatrix}.$$

Schreiben wir die linke Seite als $4\sin(\varphi/2)\cos(\varphi/2)n$ und schreiben wir rechts $4q_0 = 4\cos(\varphi/2)$, so folgt die Behauptung.

(m) Wir erhalten

$$\begin{aligned} \begin{bmatrix} b \\ w \end{bmatrix}\begin{bmatrix} a \\ v \end{bmatrix} &= (b + w_1 i + w_2 j + w_3 k)(a + v_1 i + v_2 j + v_3 k) \\ &= (ba - w_1v_1 - w_2v_2 - w_3v_3) + (bv_1 + aw_1 + w_2v_3 - v_2w_3)i \\ &+ (bv_2 + aw_2 + w_3v_1 - w_1v_3)j + (bv_3 + aw_3 + w_1v_2 - w_2v_1)k \\ &= \begin{bmatrix} ba - \langle w, v\rangle \\ bv + aw + w \times v \end{bmatrix}. \end{aligned}$$

(n) Nach (k) entspricht die Hintereinanderausführung von Drehungen der Multiplikation der zugehörigen Quaternionen. Setzen wir (l) in (m) ein, so bedeutet dies

$$\begin{bmatrix} \cos(\theta_3) \\ \sin(\theta_3)n_3 \end{bmatrix} = \begin{bmatrix} \cos(\theta_2) \\ \sin(\theta_2)n_2 \end{bmatrix} \cdot \begin{bmatrix} \cos(\theta_1) \\ \sin(\theta_1)n_1 \end{bmatrix} = \begin{bmatrix} \cos(\theta_2)\cos(\theta_1) - \sin(\theta_2)\sin(\theta_1)\langle n_2, n_1\rangle \\ c_2s_1\,n_1 + c_1s_2\,n_2 + s_2s_1\,n_2 \times n_1 \end{bmatrix},$$

wobei wir in der letzten Zeile kurz $c_i := \cos(\theta_i)$ und $s_i := \sin(\theta_i)$ schrieben. Das ist die Behauptung.

Lösung (72.18) Wir beweisen zunächst den Hinweis. Daß jeder Punkt der Form $\big((1-a^2)/(1+a^2),\, 2a/(1+a^2)\big)$ in der Menge $\{(x,y) \in \mathbb{R}^2 \mid x^2+y^2 = 1, x \neq -1\}$ enthalten ist, rechnet man sofort nach. Umgekehrt hat jede Gerade der Form $y = a(x+1)$ mit $a \in \mathbb{R}$ neben $(-1,0)$ genau einen weiteren Schnittpunkt mit dem Einheitskreis, nämlich gerade $(x,y) = \big((1-a^2)/(1+a^2),\, 2a/(1+a^2)\big)$. Schreiben wir diesen zweiten Schnittpunkt in der Polarform $(\cos\varphi, \sin\varphi)$, so gilt

$$a = \frac{y}{x+1} = \frac{\sin\varphi}{1+\cos\varphi} = \tan(\varphi/2).$$

(a) Offensichtlich gilt $R(0) = \mathbf{1} \in \mathrm{SO}(3)$. Es sei $u \neq 0$; mit $n := u/\|u\|$ gilt dann

$$R(u) = \frac{1-\|u\|^2}{1+\|u\|^2}\mathbf{1} + \frac{2\|u\|^2}{1+\|u\|^2}\, n \otimes n + \frac{2\|u\|}{1+\|u\|^2}\, L(n).$$

Ein Vergleich mit der Formel

$$D(n,\varphi) = \cos(\varphi)\mathbf{1} + \big(1 - \cos(\varphi)\big)\, n \otimes n + \sin(\varphi)\, L(n)$$

zeigt, daß genau dann $R(u) = D(n,\varphi)$ gilt, wenn die folgenden Bedingungen erfüllt sind:

$$(\star) \qquad \frac{2u}{1+\|u\|^2} = \sin(\varphi)n, \qquad \frac{1-\|u\|^2}{1+\|u\|^2} = \cos\varphi.$$

Offensichtlich gilt hier $u = 0$ genau dann, wenn die Gleichungen $\sin(\varphi) = 0$ und $\cos(\varphi) = 1$ gelten, wenn also $\varphi \equiv 0$ modulo 2π gilt.

Ist $u \in \mathbb{R}^3 \setminus \{0\}$ gegeben, so können wir $\sigma := \mathrm{sign}(\sin\varphi) \in \{\pm 1\}$ beliebig wählen und erhalten aus $(\star)$ dann

$$n := \frac{\sigma u}{\|u\|} \text{ und } \varphi := \text{Polarwinkel von } \left(\frac{1-\|u\|^2}{1+\|u\|^2}, \frac{2\sigma\|u\|}{1+\|u\|^2}\right);$$

mit dem so gewählten Vektor n und dem so gewählten Winkel φ gilt $R(u) = D(n,\varphi)$. (Daß das Vorzeichen σ beliebig gewählt werden darf, ist klar, weil $D(-n,-\varphi) = D(n,\varphi)$ gilt.)

Sind umgekehrt ein Einheitsvektor n und ein Winkel φ mit $\cos(\varphi) \neq -1$ gegeben, so folgt aus $(\star)$ die Gleichung

$$u = \sin(\varphi) \cdot \frac{1+\|u\|^2}{2} n = \frac{\sin\varphi}{1+\cos\varphi}\, n = \tan(\varphi/2)\, n;$$

mit diesem Vektor u gilt dann $D(n,\varphi) = R(u)$. Damit ist gezeigt, daß R eine Bijektion von $\mathbb{R}^3$ auf die Menge aller Drehmatrizen mit einem von 180^0 verschiedenen Drehwinkel ist.

(b) Hier ist zu überlegen, wie sich der Drehwinkel und die Drehachse von $A := R(u)$ direkt aus dem Vektor u ermitteln lassen. Ist eine Rotationsmatrix $A = D(n,\varphi)$ mit $\sin\varphi \neq 0$ gegeben, so können wir aufgrund der Formel $L(n) = (2\sin\varphi)^{-1}(A - A^\star)$ den Vektor $u \in \mathbb{R}^3$ mit $A = R(u)$ folgendermaßen bestimmen: Wegen $u = \tan(\varphi/2)n$ gilt

$$\begin{aligned} L(u) &= \tan(\varphi/2)L(n) = \frac{\tan(\varphi/2)}{2\sin\varphi}(A - A^\star) \\ &= \frac{\tan(\varphi/2)}{4\sin(\varphi/2)\cos(\varphi/2)}(A - A^\star) = \frac{1}{4\cos^2(\varphi/2)}(A - A^\star) \\ &= \frac{1}{2+2\cos\varphi}(A - A^\star) = \frac{1}{1+\mathrm{tr}(A)}(A - A^\star) \end{aligned}$$

und damit

$$u = \frac{1}{1+\mathrm{tr}(A)}\begin{bmatrix} A_{32} - A_{23} \\ A_{13} - A_{31} \\ A_{21} - A_{12} \end{bmatrix}.$$

Aufgaben zu »Metrische Geometrie« siehe Seite 52

(c) Die Formel von Cayley rechnen wir am einfachsten nach, indem wir bei gegebenem Vektor $u \in \mathbb{R}^3$ ein Koordinatensystem (e_1, e_2, e_3) so wählen, daß $u = \lambda e_1$ gilt. Wir erhalten dann

$$(\mathbf{1} + L(u))(\mathbf{1} - L(u))^{-1} = \begin{bmatrix} 1 & 0 & 0 \\ 0 & 1 & -\lambda \\ 0 & \lambda & 1 \end{bmatrix} \begin{bmatrix} 1 & 0 & 0 \\ 0 & 1 & \lambda \\ 0 & -\lambda & 1 \end{bmatrix}^{-1}$$

$$= \frac{1}{1+\lambda^2} \begin{bmatrix} 1+\lambda^2 & 0 & 0 \\ 0 & 1-\lambda^2 & -2\lambda \\ 0 & 2\lambda & 1-\lambda^2 \end{bmatrix} = R(u).$$

(d) Die Formel $w = (u + v - u \times v)/(1 - \langle u, v \rangle)$ ergibt sich, wenn wir in (72.17)(n) die zweite Zeile durch die erste Zeile dividieren und anschließend den auf der rechten Seite entstehenden Bruch mit $\cos(\theta_2)\cos(\theta_1)$ kürzen.

Lösung (72.19) (a) Es seien E_1 und E_2 zwei Ebenen durch den Nullpunkt, und es sei S_i die Spiegelung an der Ebene E_i. Ist $E_1 = E_2$, so ist $S_2 S_1$ die identische Abbildung und damit ein Element von SO(3). Ist $E_1 \neq E_2$, so sei $\mathbb{R}n$ die Schnittgerade $E_1 \cap E_2$, und es sei σ der Winkel von E_1 nach E_2 (von n aus gesehen). Dann ist $S_2 S_1$ die Drehung um die Achse $\mathbb{R}n$ um den Winkel 2σ und damit wieder ein Element von SO(3). Das Produkt zweier Ebenenspiegelungen ist also stets eine Drehung.

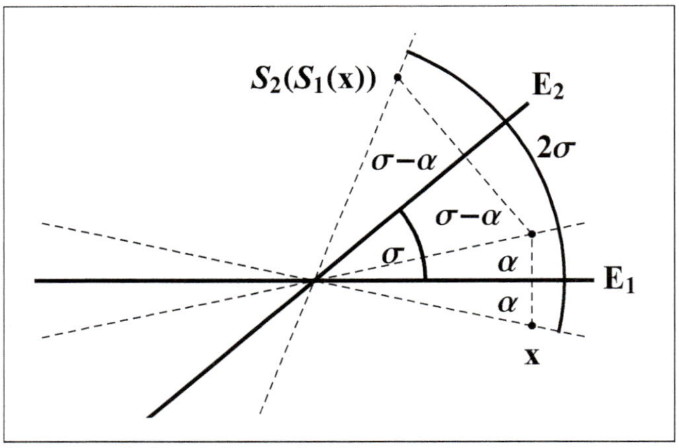

Drehung als Produkt zweier Ebenenspiegelungen.

Die gerade angestellte Überlegung zeigt ferner, wie sich jede Drehung D als Produkt zweier Ebenenspiegelungen darstellen läßt. Ist $\mathbb{R}n$ die Drehachse und φ der Drehwinkel, so wählen wir irgendeine Ebene E_1, die n enthält, und wählen dann E_2 als diejenige Ebene, die n enthält und (von n aus gesehen) den Winkel $\varphi/2$ mit E_1 bildet. Ist dann jeweils S_i die Spiegelung an E_i, so gilt $D = S_2 S_1$; jede beliebige Drehung ist also als Produkt zweier Ebenenspiegelungen darstellbar.

Hieraus wollen wir nun folgern, daß das Produkt zweier Drehungen D_1 und D_2 wieder eine Drehung ist. Bezeichnen wir allgemein mit $D(n, \varphi)$ die Drehung um eine Achse $\mathbb{R}n$ und einen Winkel φ, so schreiben wir $D_1 = D(n_1, \varphi_1)$ und $D_2 = D(n_2, \varphi_2)$. Ist $\mathbb{R}n_1 = \mathbb{R}n_2$, so ist die Aussage trivial; wir dürfen also voraussetzen, daß die Drehachsen der beiden betrachteten Drehungen verschieden sind. Wir bezeichnen nun mit $E = \mathbb{R}n_1 + \mathbb{R}n_2$ die von den beiden Drehachsen aufgespannte Ebene und mit E_1 bzw. E_2 die Ebenen, die gemäß der folgenden Skizze mit E die Winkel $\varphi_1/2$ bzw. $\varphi_2/2$ bilden. (Damit die Zeichnung übersichtlicher wird, zeichnen wir statt der Ebenen E, E_1 und E_2 deren Schnitte mit der Einheitssphäre im $\mathbb{R}^3$; bei diesen Schnitten handelt es sich um Großkreise auf der Kugeloberfläche.)

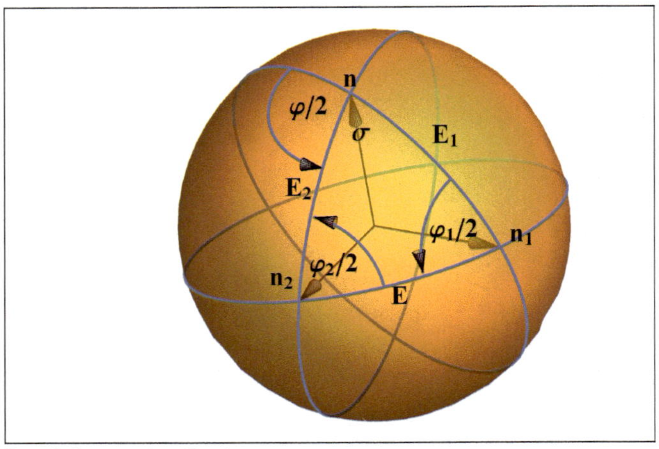

Produkt zweier Drehungen.

Schreiben wir nun S, S_1 und S_2 für die Spiegelung an der Ebene E, E_1 bzw. E_2, so haben wir $D_1 = SS_1$, $D_2 = S_2 S$ und damit $D_2 D_1 = (S_2 S)(SS_1) = S_2(SS)S_1 = S_2 S_1 = D(n, \varphi)$, wobei n und φ der Skizze zu entnehmen sind. Also ist das Produkt $D_2 D_1$ wieder eine Drehung (und die Herleitung zeigt auch, wie wir Drehachse und Drehwinkel von $D_2 D_1$ bestimmen können).

(b) Die Beweisidee ergibt sich unmittelbar aus (a). Ist $D = D(n, \varphi)$ die betrachtete Drehung, so wählen wir n_2 als einen beliebigen Einheitsvektor senkrecht auf n und dann $n_1 := \cos(\sigma)\, n_2 + \sin(\sigma)\,(n \times n_2)$ mit $\sigma := \pi - (\varphi/2)$; das bedeutet $n_1 := -\cos(\varphi/2)\, n_2 + \sin(\varphi/2)\,(n \times n_2)$. Es gilt dann $D(n, \varphi) = D(n_2, \pi)\, D(n_1, \pi)$.

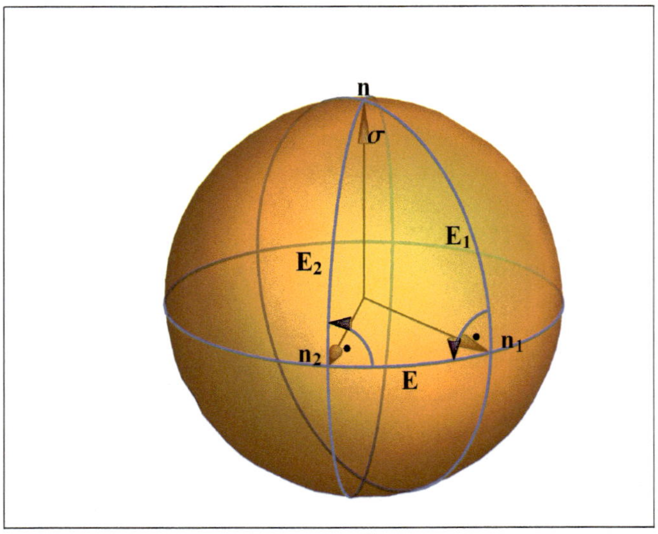

Drehung als Produkt zweier 180^0-Drehungen.

(c) Die Matrix A stellt die Drehung um die Achse $\mathbb{R}n$ mit $n = (1/\sqrt{2})\,(1,-1,0)^T$ um den Winkel $\varphi = 30^0$ dar. Wir wählen $n_2 := (0,0,1)^T$ senkrecht zu n und bilden gemäß Teil (b) dann

$$n_1 = -\cos(15^0)\,n_2 + \sin(15^0)\,(n \times n_2).$$

Wegen

$$\sin(15^0) = \frac{\sqrt{2-\sqrt{3}}}{2} = \frac{\sqrt{3}-1}{2\sqrt{2}} \quad \text{und}$$
$$\cos(15^0) = \frac{\sqrt{2+\sqrt{3}}}{2} = \frac{\sqrt{3}+1}{2\sqrt{2}}$$

bedeutet dies

$$n_1 = -\frac{\sqrt{3}+1}{2\sqrt{2}}\begin{bmatrix}0\\0\\1\end{bmatrix} - \frac{\sqrt{3}-1}{4}\begin{bmatrix}1\\1\\0\end{bmatrix} = \frac{1}{4}\begin{bmatrix}1-\sqrt{3}\\1-\sqrt{3}\\-\sqrt{2}(\sqrt{3}+1)\end{bmatrix}.$$

Mit $D_1 := D(n_1,\pi) = 2\,n_1 \otimes n_1 - \mathbf{1}$ und $D_2 := D(n_2,\pi) = 2\,n_2 \otimes n_2 - \mathbf{1}$ gilt dann $A = D_2 D_1$. Ausgeschrieben erhalten wir

$$D_2 = \begin{bmatrix}-1&0&0\\0&-1&0\\0&0&1\end{bmatrix} \quad \text{und}$$
$$D_1 = \frac{1}{4}\begin{bmatrix}-2-\sqrt{3} & 2-\sqrt{3} & \sqrt{2}\\ 2-\sqrt{3} & -2-\sqrt{3} & \sqrt{2}\\ \sqrt{2} & \sqrt{2} & 2\sqrt{3}\end{bmatrix}.$$

Lösung (72.20) Es sei N ein Normalteiler von $\mathrm{SO}(3)$. Enthält N eine Drehung $D(n,\varphi) = \exp(\varphi L(n))$ (mit $\|n\| = 1$), dann auch $gD(n,\varphi)g^{-1} = \exp(\varphi\, gL(n)g^{-1}) = \exp(\varphi L(gn)) = D(gn,\varphi)$. Dieses Argument zeigt: Enthält N irgendeine Drehung mit dem Drehwinkel φ, so enthält N schon alle Drehungen mit dem Drehwinkel φ (um beliebige Drehachsen).

Folglich enthält N alle Drehungen der Form $D(n,\varphi)$ mit $\|n\| = 1$, damit aber auch alle Drehungen der Form $D(n_2,\varphi)D(n_1,\varphi)$ mit $\|n_1\| = \|n_2\| = 1$. Ist $\varphi \neq 0$, so ergeben sich durch Variation von n_1 und n_2 Drehungen, deren Drehwinkel ein Intervall $[\alpha,\beta]$ bilden (vgl. die Konstruktion in Teil (a) der vorigen Aufgabe). Dieses Intervall enthält ein kleineres Intervall $[\sigma, \sigma + 2\pi/n]$ mit $n \in \mathbb{N}$. Durch Inversenbildung sehen wir, daß N dann auch alle Drehungen mit einem Drehwinkel in $[0, 2\pi/n]$ enthält. Da mit jeder Drehung A auch die n-te Potenz A^n in N liegt, erkennen wir, daß N alle Drehungen mit einem Drehwinkel in $[n\cdot 0, n\cdot(2\pi/n)] = [0,2\pi]$ enthält, also alle Drehungen überhaupt. Der einzige Normalteiler $N \neq \{\mathbf{1}\}$ von $\mathrm{SO}(3)$ ist also $N = \mathrm{SO}(3)$.

Lösung (72.21) (a) Mit $n = (1/3)\,(1,-2,2)^T$ und $\varphi = 90^0$ erhalten wir die Darstellung

$$\begin{aligned}
A &= \cos(\varphi)\,\mathbf{1} + \big(1-\cos(\varphi)\big)\,n\otimes n + \sin(\varphi)\,L(n)\\
&= n \otimes n + L(n)\\
&= \frac{1}{9}\begin{bmatrix}1\\-2\\2\end{bmatrix}\begin{bmatrix}1&-2&2\end{bmatrix} + \frac{1}{3}\begin{bmatrix}0&-2&-2\\2&0&-1\\2&1&0\end{bmatrix}\\
&= \frac{1}{9}\begin{bmatrix}1&-2&2\\-2&4&-4\\2&-4&4\end{bmatrix} + \frac{1}{9}\begin{bmatrix}0&-6&-6\\6&0&-3\\6&3&0\end{bmatrix}\\
&= \frac{1}{9}\begin{bmatrix}1&-8&-4\\4&4&-7\\8&-1&4\end{bmatrix}.
\end{aligned}$$

(b) Wir haben

$$\begin{aligned}
\beta &= \arccos(4/9),\\
\alpha &= \text{Polarwinkel von } (7,-4)^T = -\arctan(4/7),\\
\gamma &= \text{Polarwinkel von } (-1,8)^T = \pi - \arctan(8).
\end{aligned}$$

Die numerischen Werte sind

$$\beta = 63.6122^0, \quad \alpha = -29.7449^0, \quad \gamma = 97.125^0.$$

(c) Wir haben $q_0^2 = \big(1 + \mathrm{tr}(A)\big)/4 = 1/2$, also $q_0 = \pm\sqrt{2}/2$, und dann

$$\begin{aligned}
q_1 &= \frac{a_{32}-a_{23}}{4q_0} = \frac{2/3}{4q_0} = \pm\frac{\sqrt{2}}{6},\\
q_2 &= \frac{a_{13}-a_{31}}{4q_0} = \frac{-4/3}{4q_0} = \mp\frac{\sqrt{2}}{3},\\
q_3 &= \frac{a_{21}-a_{12}}{4q_0} = \frac{4/3}{4q_0} = \pm\frac{\sqrt{2}}{3}.
\end{aligned}$$

Dies liefert die beiden Lösungen

$$(q_0,q_1,q_2,q_3) = \pm\frac{\sqrt{2}}{6}\,(3,1,-2,2).$$

(d) Wir wählen irgendeinen Einheitsvektor n_2, der senkrecht auf n steht, zum Beispiel $n_2 = (1/\sqrt{2})\,(0,1,1)^T$, und setzen dann $n_1 := -\cos(\pi/4)\,n_2 + \sin(\pi/4)\,n \times n_2$, hier also

$$n_1 = -\frac{1}{2}\begin{bmatrix}0\\1\\1\end{bmatrix} + \frac{1}{6}\begin{bmatrix}-4\\-1\\1\end{bmatrix} = -\frac{1}{3}\begin{bmatrix}2\\2\\1\end{bmatrix}.$$

Es gilt dann $A = D(n_2,\pi)D(n_1,\pi)$, wobei die 180^0-Drehung um die Achse n_i jeweils gegeben ist durch $D(n_i,\pi) = -\mathbf{1} + 2n_i \otimes n_i$.

Aufgaben zu »Metrische Geometrie« siehe Seite 52

Lösung (72.22) Der Induktionsanfang $n = 2$ ist trivial; es sei $n \geq 3$. Wähle irgendeine Orthonormalbasis $(e_1, \ldots, e_n)$ von V. Da e_n und De_n die gleiche Länge haben, gibt es eine Elementardrehung D_1 mit $D_1 e_n = De_n$. Dann bildet $D_1^{-1}D$ die Gerade $\mathbb{R}e_n$ und damit auch den $(n-1)$-dimensionalen Unterraum $V_0 := (\mathbb{R}e_n)^\perp$ in sich ab. Nach Induktionsannahme (angewandt auf die Einschränkung von $D_1^{-1}D$ auf V_0) läßt sich $D_1^{-1}D$ als Produkt $D_1^{-1}D = D_2 \cdots D_{n-1}$ von $n-2$ Elementardrehungen darstellen. Dies liefert aber die Darstellung $D = D_1 D_2 \cdots D_{n-1}$ von D als Produkt von $n-1$ Elementardrehungen.

Lösung (72.23) In etwas salopper Notation schreiben wir $e_I := e_{i_1} \wedge \cdots \wedge e_{i_k}$ mit $I := \{i_1, \ldots, i_k\}$ sowie $e_J := e_{j_1} \wedge \cdots \wedge e_{j_{n-k}}$ mit $J := \{j_1, \ldots, j_{n-k}\}$, wobei immer J komplementär zu I sei. (Eigentlich sollte man also statt J etwa $\overline{I}$ oder $I_\star$ oder dergleichen schreiben, aber das würde die Notation unansehnlicher machen.) Dann ist also $\star$ durch die Gleichung

$$\star e_I \;:=\; \operatorname{sign}(I, J) \cdot e_J$$

gegeben. Es genügt, die Aussagen des Hinweises für Basiselemente $\alpha = e_I$ zu beweisen. Ist dann $k = |I|$ und ist $A : V \to V$ eine lineare Abbildung, so schreiben wir $\widehat{A}$ statt $\wedge^k A$ und $\widetilde{A}$ statt $\wedge^{n-k} A$. Wir beweisen nun die Aussagen des Hinweises.

(a) Zu zeigen ist die Aussage

$$(1) \qquad \star(\widehat{P_\sigma} e_I) \;=\; \operatorname{sign}(\sigma) \cdot \widetilde{P_\sigma}(\star e_I).$$

Wir betrachten zunächst den Fall, daß σ zwei benachbarte Elemente ℓ und $\ell+1$ vertauscht und die übrigen Elemente von $\{1, \ldots, n\}$ festläßt, und schreiben kurz P statt P_σ. Wir unterscheiden vier Fälle.

• **Erster Fall:** $\ell, \ell+1 \in I$ und damit $e_I = e_{i_1} \wedge \cdots e_\ell \wedge e_{\ell+1} \wedge \cdots \wedge e_{i_k}$. Wir erhalten dann

$$\begin{aligned}
\widehat{P} e_I \;&=\; \widehat{P}(e_{i_1} \wedge \cdots \wedge e_\ell \wedge e_{\ell+1} \wedge \cdots \wedge e_{i_k}) \\
&=\; (Pe_{i_1}) \wedge \cdots \wedge (Pe_\ell) \wedge (Pe_{\ell+1}) \wedge \cdots \wedge (Pe_{i_k}) \\
&=\; e_{i_1} \wedge \cdots \wedge e_{\ell+1} \wedge e_\ell \wedge \cdots \wedge e_{i_k} \\
&=\; -e_{i_1} \wedge \cdots \wedge e_\ell \wedge e_{\ell+1} \wedge \cdots \wedge e_{i_k} \;=\; -e_I.
\end{aligned}$$

Ferner gilt $\widetilde{P} e_J = e_J$, weil die Anwendung von P keinerlei Auswirkungen auf die Basisvektoren e_j mit $j \in J$ hat. Es gilt dann $\star(\widehat{P} e_I) = \star(-e_I) = -(\star e_I) = -\operatorname{sign}(I, J) e_J = -\operatorname{sign}(I, J)(\widetilde{P} e_J) = \widetilde{P}\big(-\operatorname{sign}(I, J) e_J\big) = \widetilde{P}(\star e_I)$ und damit die Behauptung.

• **Zweiter Fall:** $\ell, \ell+1 \in J$. Hier ist die Vorgehensweise völlig analog wie im ersten Fall. Es gilt $\widehat{P} e_I = e_I$ (weil P ja keine Wirkung auf die Basisvektoren e_i mit $i \in I$ hat), während $\widetilde{P} e_J = -e_J$ gilt; hieraus folgt die Behauptung.

• **Dritter Fall:** $\ell \in I$, $\ell+1 \in J$. Wir erhalten dann

$$\begin{aligned}
\widehat{P} e_I \;&=\; \widehat{P}(e_{i_1} \wedge \cdots \wedge e_\ell \wedge \cdots \wedge e_{i_k}) \\
&=\; (Pe_{i_1}) \wedge \cdots \wedge (Pe_\ell) \wedge \cdots \wedge (Pe_{i_k}) \\
&=\; e_{i_1} \wedge \cdots \wedge e_{\ell+1} \wedge \cdots \wedge e_{i_k} \;=:\; e_{I'}
\end{aligned}$$

sowie

$$\begin{aligned}
\widetilde{P} e_J \;&=\; \widetilde{P}(e_{j_1} \wedge \cdots \wedge e_{\ell+1} \wedge \cdots \wedge e_{j_{n-k}}) \\
&=\; (Pe_{j_1}) \wedge \cdots \wedge (Pe_{\ell+1}) \wedge \cdots \wedge (Pe_{j_{n-k}}) \\
&=\; e_{j_1} \wedge \cdots e_\ell \wedge \cdots \wedge e_{j_{n-k}} \;=:\; e_{J'}.
\end{aligned}$$

(Beachte, daß nach Anwendung von $\widehat{P}$ bzw. $\widetilde{P}$ die betroffenen Basisvektoren an der gleichen Stelle des jeweiligen Keilproduktes sitzen wie vor der Anwendung!) Wegen $(I, J) = \sigma \circ (I', J')$ gilt dann $\operatorname{sign}(I', J') = -\operatorname{sign}(I, J)$, und es folgt

$$\begin{aligned}
\star(\widehat{P} e_I) \;&=\; \star e_{I'} \;=\; \operatorname{sign}(I', J') e_{J'} \;=\; \operatorname{sign}(I', J') \widetilde{P} e_J \\
&=\; -\operatorname{sign}(I, J) \widetilde{P} e_J \;=\; -\widetilde{P}\big(\operatorname{sign}(I, J) e_J\big) \;=\; -\widetilde{P}(\star e_I);
\end{aligned}$$

dies ist die Behauptung.

• Vierter Fall: $\ell+1 \in I$, $\ell \in J$. Dieser Fall wird völlig analog zu dem dritten Fall behandelt.

Eine beliebige Permutation σ läßt sich nun als Hintereinanderausführung $\sigma = \sigma_1 \cdots \sigma_m$ von Permutationen darstellen, die jeweils nur zwei benachbarte Elemente vertauschen, also von dem bisher behandelten Typ sind. Für die zugehörigen Permutationsabbildungen gilt dann $P = P_1 \cdots P_m$, und wir erhalten

$$\begin{aligned}
\star(\widehat{P} e_I) \;&=\; \star(\widehat{P_1} \cdots \widehat{P_m} e_I) \\
&=\; \operatorname{sign}(\sigma_1) \cdots \operatorname{sign}(\sigma_m) \cdot \widetilde{P_1} \cdots \widetilde{P_m}(\star e_I) \\
&=\; \operatorname{sign}(\sigma) \cdot \widetilde{P}(\star e_I).
\end{aligned}$$

Die Gültigkeit der Behauptung für $P_1, \ldots, P_m$ überträgt sich also auf die Gültigkeit dieser Behauptung für P. Damit ist Aussage (1) für beliebige Permutationen nachgewiesen.

(b) Es sei D eine beliebige Drehung. Wir wollen zeigen, daß

$$(2) \qquad \star(\widehat{D} e_I) \;=\; \widetilde{D}(\star e_I)$$

für alle $I = \{i_1, \ldots, i_k\}$ gilt. Wir betrachten zunächst den Spezialfall, daß mit den Abkürzungen $c_\varphi := \cos(\varphi)$ und $s_\varphi := \sin(\varphi)$ die Drehung D gegeben ist durch $D(e_1) = c_\varphi e_1 + s_\varphi e_2$ und $D(e_2) = -s_\varphi e_1 + c_\varphi e_2$ sowie $D(e_k) = e_k$ für $k \geq 3$, daß es sich also um eine allein in der (e_1, e_2)-Ebene stattfindende Elementardrehung handelt. Zum Nachweis von (2) unterscheiden wir wieder vier Fälle.

• **Erster Fall:** $1, 2 \in I$. In diesem Fall haben wir

$$\begin{aligned}\widehat{D}(e_I) &= \widehat{D}(e_1 \wedge e_2 \wedge e_{i_3} \wedge \cdots \wedge e_{i_k}) \\ &= (De_1) \wedge (De_2) \wedge (De_{i_3}) \wedge \cdots \wedge (De_{i_k}) \\ &= (c_\varphi e_1 + s_\varphi e_1) \wedge (-s_\varphi e_1 + c_\varphi e_2) \wedge e_{i_3} \wedge \cdots \wedge e_{i_k} \\ &= (c_\varphi^2 + s_\varphi^2) e_1 \wedge e_2 \wedge e_{i_3} \wedge \cdots \wedge e_{i_k} \\ &= e_1 \wedge e_2 \wedge e_{i_3} \wedge \cdots \wedge e_{i_k} = e_I,\end{aligned}$$

und offensichtlich gilt auch $\widetilde{D}e_J = e_J$, weil ja die Drehung D keine Wirkung auf die Basisvektoren e_j mit $j \in J$ hat. Es folgt dann $\star(\widehat{D}e_I) = \star e_I = \text{sign}(I, J)e_J = \text{sign}(I, J)\widetilde{D}e_J = \widetilde{D}\big(\text{sign}(I, J)e_J\big) = \widetilde{D}(\star e_I)$ und damit die Behauptung.

• **Zweiter Fall:** $1, 2 \in J$. Dieser Fall wird völlig analog zum ersten Fall behandelt.

• **Dritter Fall:** $1 \in I$, $2 \in J$. Wir haben dann $e_I = e_1 \wedge e_{i_2} \wedge \cdots \wedge e_{i_k}$ und $e_J = e_2 \wedge e_{j_2} \wedge \cdots \wedge e_{j_{n-k}}$, folglich

$$\begin{aligned}\widehat{D}e_I &= \widehat{D}(e_1 \wedge e_{i_2} \wedge \cdots \wedge e_{i_k}) \\ &= (De_1) \wedge (De_{i_2}) \wedge \cdots \wedge (De_{i_k}) \\ &= (c_\varphi e_1 + s_\varphi e_2) \wedge e_{i_2} \wedge \cdots \wedge e_{i_k} \\ &= c_\varphi \cdot (e_1 \wedge e_{i_2} \wedge \cdots \wedge e_{i_k}) + s_\varphi \cdot (e_2 \wedge e_{i_2} \wedge \cdots \wedge e_{i_k}) \\ &= c_\varphi e_I + s_\varphi e_{I'} \quad \text{mit } I' := \{2, i_2, \ldots, i_k\}\end{aligned}$$

und

$$\begin{aligned}\widetilde{D}e_J &= \widetilde{D}(e_2 \wedge e_{j_2} \wedge \cdots \wedge e_{j_{n-k}}) \\ &= (De_2) \wedge (De_{j_2}) \wedge \cdots \wedge (De_{j_{n-k}}) \\ &= (-s_\varphi e_1 + c_\varphi e_2) \wedge e_{j_2} \wedge \cdots \wedge e_{j_{n-k}} \\ &= -s_\varphi \cdot (e_1 \wedge e_{j_2} \wedge \cdots \wedge e_{j_{n-k}}) + c_\varphi \cdot (e_2 \wedge e_{j_2} \wedge \cdots \wedge e_{j_{n-k}}) \\ &= -s_\varphi e_{J'} + c_\varphi e_J \quad \text{mit } J' := \{1, j_2, \ldots, j_{n-k}\}.\end{aligned}$$

Wegen $(I, J) = (1, 2) \circ (I', J')$ gilt $\text{sign}(I', J') = -\text{sign}(I, J)$, und daher gilt

$$\begin{aligned}\star(\widehat{D}e_I) &= \star(c_\varphi e_I + s_\varphi e_{I'}) = c_\varphi(\star e_I) + s_\varphi(\star e_{I'}) \\ &= c_\varphi\big(\text{sign}(I, J)e_J\big) + s_\varphi\big(\text{sign}(I', J')e_{J'}\big) \\ &= \text{sign}(I, J) \cdot \big(c_\varphi e_J - s_\varphi e_{J'}\big) \\ &= \text{sign}(I, J) \cdot \widetilde{D}e_J = \widetilde{D}\big(\text{sign}(I, J)e_J\big) = \widetilde{D}(\star e_I).\end{aligned}$$

Damit ist die Behauptung für den Spezialfall bewiesen, daß $D = D_{12}$ eine Elementardrehung in der (e_1e_2)-Ebene ist. Nun sei $D = D_{ij}$ eine Elementardrehung in der (e_i, e_j)-Ebene. Wähle irgendeine Permutation σ mit $\sigma(1) = i$ und $\sigma(2) = j$. Dann gilt $D_{ij} = P_\sigma D_{12} P_\sigma^{-1} = P_\sigma D_{12} P_{\sigma^{-1}}$; nach Teil (a) und dem bereits bewiesenen Spezialfall $D = D_{12}$ gilt daher

$$\begin{aligned}\star(\widehat{D}_{ij}e_I) &= \star(\widehat{P}_\sigma \widehat{D}_{12} \widehat{P}_{\sigma^{-1}} e_I) \\ &= \text{sign}(\sigma)\,\text{sign}(\sigma^{-1}) \widetilde{P}_\sigma \widetilde{D}_{12} \widetilde{P}_{\sigma^{-1}}(\star e_I) \\ &= \widetilde{P}_\sigma \widetilde{D}_{12} \widetilde{P}_{\sigma^{-1}}(\star e_I) = \widetilde{D}_{ij}(\star e_I).\end{aligned}$$

Damit ist Behauptung (2) für beliebige Elementardrehungen nachgewiesen. Eine beliebige Drehung D läßt sich nun als Hintereinanderausführung $D = D_1 \cdots D_m$ von Elementardrehungen darstellen. Wir erhalten dann

$$\begin{aligned}\star(\widehat{D}e_I) &= \star(\widehat{D_1} \cdots \widehat{D_m} e_I) \\ &= \widetilde{D_1} \cdots \widetilde{D_m}(\star e_I) = \widetilde{D}(\star e_I).\end{aligned}$$

Die Gültigkeit der Behauptung für $D_1, \ldots, D_m$ überträgt sich also auf die Gültigkeit dieser Behauptung für D. Damit ist Aussage (2) für beliebige Drehungen nachgewiesen.

Aufgaben zu »Metrische Geometrie« siehe Seite 52

L73: Die Vollständigkeit der Zahlengeraden

Lösung (73.1) In dieser Aufgabe wird es bequem sein, für eine beliebige reelle Zahl x die Notation

$$[x] := \text{größte ganze Zahl } m \text{ mit } m \le x$$

einzuführen. (Die Funktion $f : \mathbb{R} \to \mathbb{Z}$ mit $f(x) := [x]$ wird als **Gaußklammerfunktion** bezeichnet.) Es sei jeweils $\varepsilon > 0$ beliebig vorgegeben.

(a) Es ist

$$|a_n - a| = \left|\frac{n}{n+1} - 1\right| = \left|\frac{n-(n+1)}{n+1}\right| = \frac{1}{n+1}.$$

Daher gilt $|a_n - a| < \varepsilon$ genau dann, wenn $1/(n+1) < \varepsilon$ bzw. $n+1 > 1/\varepsilon$ gilt, also $n > (1/\varepsilon) - 1$ bzw. $n \ge [1/\varepsilon] =: N_\varepsilon$. Dies liefert die folgende Tabelle.

ε	1	1/2	10^{-1}	10^{-2}	10^{-3}	10^{-6}
N_ε	1	2	10	100	1000	1 000 000

(b) Es gilt

$$|a_n - a| = \left|\frac{n+1}{n} - 1\right| = \left|\frac{n+1-n}{n}\right| = \frac{1}{n}.$$

Daher gilt $|a_n - a| < \varepsilon$ genau dann, wenn $n > 1/\varepsilon$ bzw. $n \ge [1/\varepsilon] + 1 =: N_\varepsilon$ gilt. Dies liefert die folgende Tabelle.

ε	1	1/2	10^{-1}	10^{-2}	10^{-3}	10^{-6}
N_ε	2	3	11	101	1001	1 000 001

(c) Es gilt

$$|a_n - a| = \left|\frac{n}{2n+1} - \frac{1}{2}\right| = \left|\frac{2n-2n-1}{4n+2}\right| = \frac{1}{4n+2}.$$

Daher gilt genau dann $|a_n - a| < \varepsilon$, wenn $4n + 2 > 1/\varepsilon$ bzw. $n > (\varepsilon^{-1} - 2)/4$ gilt, also $n \ge [(\varepsilon^{-1}-2)/4] + 1 =: N_\varepsilon$. Dies liefert die folgende Tabelle.

ε	1	1/2	10^{-1}	10^{-2}	10^{-3}	10^{-6}
N_ε	1	1	3	25	250	250 000

(d) Es gilt

$$|a_n - a| = \left|\frac{(-1)^{n(n+1)/2}}{n}\right| = \frac{1}{n}.$$

Daher gilt genau dann $|a_n - a| < \varepsilon$, wenn $n > 1/\varepsilon$ bzw. $n \ge [1/\varepsilon] + 1 =: N_\varepsilon$ gilt. Dies liefert die folgende Tabelle.

ε	1	1/2	10^{-1}	10^{-2}	10^{-3}	10^{-6}
N_ε	2	3	11	101	1001	1 000 001

(e) Wegen $|a_n - a| = (3n)/(2n^2 - 1)$ gilt $|a_n - a| < \varepsilon$ genau dann, wenn $3n < \varepsilon(2n^2 - 1)$ bzw. $2\varepsilon n^2 - 3n - \varepsilon > 0$ gilt. Nach Division durch 2ε geht diese Ungleichung über in

$$0 < n^2 - \frac{3n}{2\varepsilon} - \frac{1}{2} = \left(n - \frac{3}{4\varepsilon}\right)^2 - \frac{9+8\varepsilon^2}{16\varepsilon^2},$$

wobei wir beim letzten Schritt eine quadratische Ergänzung durchführten. Die Bedingung $|a_n - a| < \varepsilon$ ist also äquivalent zu der Ungleichung

$$\left(n - \frac{3}{4\varepsilon}\right)^2 > \frac{9+8\varepsilon^2}{16\varepsilon^2} \quad \text{bzw.} \quad \left|n - \frac{3}{4\varepsilon}\right| > \frac{\sqrt{9+8\varepsilon^2}}{4\varepsilon}.$$

Da dies für alle $n \in \mathbb{N}$ ab einem kleinsten Index N_ε gelten soll, führt dies auf die Bedingung

$$n - \frac{3}{4\varepsilon} > \frac{\sqrt{9+8\varepsilon^2}}{4\varepsilon} \quad \text{bzw.} \quad n > \frac{3+\sqrt{9+8\varepsilon^2}}{4\varepsilon}$$

und damit

$$n \ge \left[\frac{3+\sqrt{9+8\varepsilon^2}}{4\varepsilon}\right] + 1 =: N_\varepsilon$$

Dies liefert die folgende Tabelle.

ε	1	1/2	10^{-1}	10^{-2}	10^{-3}	10^{-6}
N_ε	2	4	16	151	1501	1 500 001

In Teil (e) war die Vorgehensweise ziemlich mühsam, und bei noch komplizierteren Folgen ist es gar nicht mehr möglich, die Ungleichung $|a_n - a| < \varepsilon$ nach n aufzulösen, also auf die Form $n > A(\varepsilon)$ zu bringen. Wir können uns das Leben aber sehr erleichtern, wenn wir nicht den falschen Ehrgeiz haben, den **kleinstmöglichen** Index N zu bestimmen, ab dem $|a_n - a| < \varepsilon$ gilt, sondern nur **irgendeinen** solchen Index. Dies gelingt durch geeignete Abschätzungen, die die erhaltene Ungleichung vereinfachen. In unserem Beispiel erhalten wir etwa (durch Verkleinern des Nenners und dadurch Vergrößern des Bruches) die Abschätzung

$$(\star) \qquad |a_n - a| = \frac{3n}{2n^2-1} \le \frac{3n}{n^2} = \frac{3}{n}$$

und schließen dann so: Wenn wir n so groß wählen, daß $3/n < \varepsilon$ gilt, so gilt wegen $(\star)$ erst recht die gewünschte

Ungleichung $|a_n - a| < \varepsilon$; die Bedingung $3/n < \varepsilon$ ist aber einfach äquivalent mit $n > 3/\varepsilon$ bzw. $n \geq [3/\varepsilon]+1$. Wählen wir also $N_\varepsilon := [3/\varepsilon]+1$, so können wir sicher sein, daß wie gewünscht $|a_n - a| < \varepsilon$ für alle $n \geq N_\varepsilon$ gilt (auch wenn der so gefundene Index N_ε nicht der kleinstmögliche ist). Mit dieser Wahl erhalten wir die folgende Tabelle.

ε	1	1/2	10^{-1}	10^{-2}	10^{-3}	10^{-6}
N_ε	4	7	31	301	3001	3 000 001

Lösung (73.2) Es gilt $a_n = 0$ für n ungerade und $a_n = 2$ für n gerade. Nun sei $a \in \mathbb{R}$ eine beliebige reelle Zahl. Ist $a \geq 1$, so gilt $|a_n - a| \geq 1$ für alle ungeraden n; ist $a \leq 1$, so gilt $|a_n - a| \geq 1$ für alle geraden n. Es gibt also keinen Index N mit $|a_n - a| \leq 1/2$ für alle $n \geq N$; damit kann nicht $a_n \to a$ gelten. Da $a \in \mathbb{R}$ beliebig war, besitzt die Folge (a_n) also keinen Grenzwert.

Lösung (73.3) Für $n > m$ gilt

$$(\star) \qquad |a_n - a_m| = \frac{1}{n} + \frac{1}{n-1} + \cdots + \frac{1}{m+1}.$$

Genau dann ist (a_n) eine Cauchyfolge bzw. eine konvergente Folge, wenn dieser Ausdruck beliebig klein wird, wenn nur m und n hinreichend groß sind. Das ist aber nicht der Fall, denn da jeder der $n-m$ Summanden größer ist als $1/n$, gilt

$$|a_n - a_m| > \frac{n-m}{n},$$

und dieser Ausdruck wird für jedes beliebig gewählte m beliebig groß, wenn wir nur n hinreichend groß wählen, (Wählen wir etwa $n := 2m$, so erhalten wir $|a_{2m} - a_m| > 1/2$ für alle $m \in \mathbb{N}$.) Die Folge (a_n) erfüllt also nicht das Cauchy-Kriterium und ist folglich nicht konvergent.

Lösung (73.4) (a) Der Grenzwert ist 0, denn nach Kürzen mit n^2 ergibt sich für $n \to \infty$ die Beziehung

$$0 \leq \frac{1000\,n}{n^2+1} = \frac{1000/n}{1+(1/n^2)} \to \frac{0}{1+0} = 0.$$

(b) Der Grenzwert ist 1/3, denn für $n \to \infty$ gilt

$$\frac{n^2+3n+10}{3n^2-5n-1} = \frac{1+3/n+10/n^2}{3-5/n-1/n^2} \to \frac{1+0+0}{3-0-0} = \frac{1}{3}.$$

(c) Der Grenzwert ist 1/2, denn für $n \to \infty$ gilt

$$\frac{n^3-n^2+n-7}{2n^3+8} = \frac{1-\frac{1}{n}+\frac{1}{n^2}-\frac{7}{n^3}}{2+\frac{8}{n^3}} \to \frac{1-0+0-0}{2+0}.$$

(d) Der Grenzwert ist 0, denn für $n \to \infty$ gilt

$$\frac{n^3-n^2+n-7}{2n^4+8} = \frac{\frac{1}{n}-\frac{1}{n^2}+\frac{1}{n^3}-\frac{7}{n^4}}{2+\frac{8}{n^4}} \to \frac{0-0+0-0}{2+0}.$$

(e) Der Grenzwert ist 0, denn für $n \geq 2$ ist $n! \geq n(n-1)(n-2)$ und damit

$$\begin{aligned} 0 \leq \frac{n^2}{n!} &\leq \frac{n^2}{(n-2)(n-1)n} = \frac{n}{n^2-3n+2} \\ &= \frac{1/n}{1-(3/n)+(2/n^2)} \to \frac{0}{1} = 0. \end{aligned}$$

(f) Der Grenzwert ist 0, denn für alle $n \in \mathbb{N}$ gilt $(2n-1)/(3n+2) < (2n)/(3n) = 2/3$ (Vergrößerung des Bruchs sowohl durch Vergrößerung des Zählers als auch durch Verkleinerung des Nenners) und daher

$$0 \leq \left(\frac{2n-1}{3n+2}\right)^n \leq \left(\frac{2}{3}\right)^n \to 0.$$

(g) Der Grenzwert ist wieder 0, und zwar mit fast der gleichen Begründung wie in (f): Für große Werte von n ist $(2n+1)/(3n-2)$ nahe bei $2/3$; die Folge verhält sich daher "im wesentlichen" wie $(2/3)^n$ und konvergiert folglich für $n \to \infty$ gegen Null. Um dieses Argument hieb- und stichfest zu machen, können wir aber nicht ganz so bequem abschätzen wie in (f), sondern wir benutzen die für $n \geq 10$ gültige (recht grobe) Abschätzung $(2n+1)/(3n-2) \leq 3/4$ (nachprüfen!). Für $n \geq 10$ erhalten wir dann

$$0 \leq \left(\frac{2n+1}{3n-2}\right)^n \leq \left(\frac{3}{4}\right)^n \to 0.$$

(h) Der Grenzwert ist 0, denn für $n \geq 5$ gilt wegen $n^2 < 2^n$ (vollständige Induktion!) die Abschätzung

$$0 \leq \frac{125\,n}{2^n} < \frac{125\,n}{n^2} = \frac{125}{n} \to 0.$$

Lösung (73.5) (a) Wir müssen zeigen, daß

$$(\star) \qquad \begin{aligned} a_n - x &= \frac{x_1+x_2+\cdots+x_n}{n} - x \\ &= \frac{(x_1-x)+(x_2-x)+\cdots+(x_n-x)}{n} \end{aligned}$$

betragsmäßig beliebig klein wird, wenn nur n hinreichend groß ist. Die Idee, dies nachzuweisen, ist die folgende: Ab einem bestimmten Index K wird $|x_k - x|$ wegen $x_k \to x$ so klein, wie wir dies wünschen, und die endlich vielen Glieder $|x_k - x|$ mit $k < K$ stören in $(\star)$ nicht, weil wir dann immer noch n hinreichend groß wählen können. Versuchen wir, diese Idee in einen hieb- und stichfesten Beweis umzuwandeln!

Aufgaben zu »Die Vollständigkeit der Zahlengeraden« siehe Seite 57

Es sei $\varepsilon > 0$ beliebig vorgegeben. Wegen $x_k \to x$ gibt es einen Index K mit $|x_k - x| < \varepsilon/2$ für alle $k \geq K$. Dann ist $|x_1 - x| + \cdots + |x_{K-1} - x| =: c$ eine feste Zahl. Wegen $c/n \to 0$ für $n \to \infty$ gibt es einen Index M mit $c/n < \varepsilon/2$ für alle $n \geq M$. Setze $N := \max(K, M)$; für alle $n \geq N$ gilt wegen $(\star)$ dann

$$\begin{aligned}|a_n - x| \;&\leq\; \frac{\sum_{k=1}^{K-1} |x_k - x| + \sum_{k=K}^{n} |x_k - x|}{n}\\ &=\; \frac{c + |x_K - x| + \cdots + |x_n - x|}{n} \;\leq\; \frac{c + (\varepsilon/2) + \cdots + (\varepsilon/2)}{n}\\ &=\; \frac{c + \big(n - (K-1)\big) \cdot (\varepsilon/2)}{n} \;\leq\; \frac{c + n \cdot (\varepsilon/2)}{n}\\ &=\; \frac{c}{n} + \frac{\varepsilon}{2} \;<\; \frac{\varepsilon}{2} + \frac{\varepsilon}{2} \;=\; \varepsilon.\end{aligned}$$

Zu jedem $\varepsilon > 0$ gibt es also ein $N \in \mathbb{N}$ mit $|a_n - x| < \varepsilon$ für alle $n \geq N$; das bedeutet $a_n \to x$ für $n \to \infty$.

(b) Setze $x_n := (-1)^{n+1}$; dann ist $a_n = 1/n$ für n ungerade und $a_n = 0$ für n gerade. Insbesondere gilt $a_n \to 0$, während die Folge (x_n) nicht konvergiert.

Lösung (73.6) Es sei $(a_{n_1}, a_{n_2}, a_{n_3}, \ldots)$ eine beliebige Teilfolge von (a_n), und es sei $\varepsilon > 0$ beliebig vorgegeben. Wegen $a_n \to a$ gibt es einen Index $N \in \mathbb{N}$ mit $|a_n - a| < \varepsilon$ für alle $n \geq N$. Weil $n_1 < n_2 < n_3 < \cdots$ eine streng monoton wachsende Folge natürlicher Zahlen ist, gibt es einen Index K mit $n_k \geq N$ für alle $k \geq K$. Für alle $k \geq K$ gilt dann $|a_{n_k} - a| < \varepsilon$ für alle $k \geq K$. Damit ist gezeigt, daß $a_{n_k} \to a$ für $k \to \infty$ gilt.

Lösung (73.7) Für alle geraden Indices $n = 2m$ gilt

$$c_n \;=\; c_{2m} \;=\; 5a_{2m} + b_{2m} \;\to\; 5a + b \quad \text{für } m \to \infty.$$

Für alle ungeraden Indices $n = 2m + 1$ gilt

$$c_n \;=\; c_{2m+1} \;=\; 5a_{2m+1} - b_{2m+1} \;\to\; 5a - b \quad \text{für } m \to \infty.$$

Ist $b \neq 0$, so sind $5a + b$ und $5a - b$ voneinander verschieden; die Folge (c_n) hat in diesem Fall also Teilfolgen mit verschiedenen Grenzwerten und kann daher nicht konvergent sein. Ist $b = 0$, so konvergieren die beiden Teilfolgen gegen den gleichen Wert $5a + b = 5a - b = 5a$; in diesem Fall konvergiert auch die Gesamtfolge gegen $5a$, was man folgendermaßen einsieht: Es sei $\varepsilon > 0$ beliebig vorgegeben. Wegen $c_{2m} \to 5a$ gibt es eine Zahl m_1 mit $|c_{2m} - 5a| < \varepsilon$ für alle $m \geq m_1$, und wegen $c_{2m+1} \to 5a$ gibt es eine Zahl m_2 mit $|c_{2m+1} - 5a| < \varepsilon$ für alle $m \geq m_2$. Für alle $n \geq \max(2m_1, 2m_2 + 1) =: N$ gilt dann $|c_n - 5a| < \varepsilon$. Zum Nachweis der Aussage $c_n \to 5a$ kann man auch folgendermaßen argumentieren: Unter Benutzung der Dreiecksungleichung erhalten wir

$$\begin{aligned}|c_n - 5a| \;&=\; |5a_n + (-1)^n b_n - 5a|\\ &=\; |5(a_n - a) + (-1)^n b_n| \;\leq\; |5(a_n - a)| + |(-1)^n b_n|\\ &=\; 5|a_n - a| + |b_n - 0| \;\to\; 5 \cdot 0 + 0 \;=\; 0.\end{aligned}$$

Lösung (73.8) Jede konstante Folge ist natürlich konvergent. Es bleibt zu zeigen, daß eine periodische Zahlenfolge $(a_1, a_2, a_3, \ldots)$ nicht konvergieren kann, wenn sie nicht konstant ist. In diesem Fall gibt es zwei Folgenglieder, die nicht übereinstimmen, sagen wir $a_i \neq a_j$. Ist k die Periodenlänge der Folge, so sind $(a_i, a_{i+k}, a_{i+2k}, a_{i+3k}, \ldots)$ und $(a_j, a_{j+k}, a_{j+2k}, a_{j+3k}, \ldots)$ zwei konstante Teilfolgen der ursprünglichen Folge mit unterschiedlichen Werten (und damit insbesondere zwei konvergente Teilfolgen mit unterschiedlichen Grenzwerten). Die Existenz zweier solcher Teilfolgen schließt aber die Konvergenz der Folge (a_n) aus.

Lösung (73.9) (a) Diese Aussage ist falsch; wähle etwa $x_n := 1/n$ und $a := 0$.

(b) Diese Aussage ist richtig. Um sie zu beweisen, machen wir die Widerspruchsannahme $x < a$. Dann ist $\varepsilon := a - x$ positiv, und wegen $x_n \to x$ gibt es dann nach Definition der Konvergenz einen Index $N \in \mathbb{N}$ mit $-\varepsilon < x_n - x < \varepsilon$ für alle $n \geq N$. Für $n \geq N$ gilt dann insbesondere $x_n < x + \varepsilon = a$ im Widerspruch dazu, daß doch $x_n \geq a$ für alle n vorausgesetzt war. Die Annahme $x < a$ erweist sich als falsch; also gilt $x \geq a$.

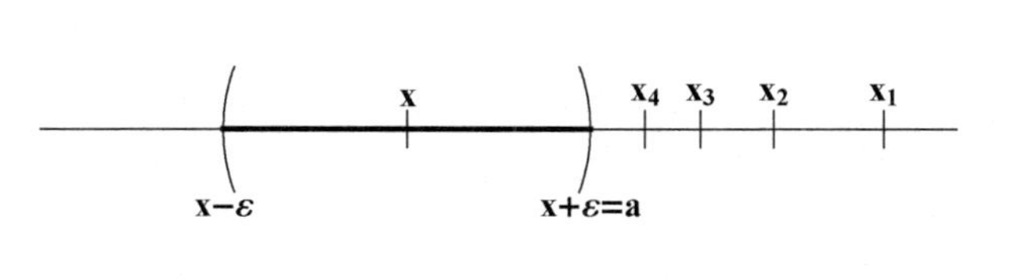

(c) Diese Aussage ist richtig; die konstante Folge mit dem Wert a konvergiert natürlich gegen den (eindeutig bestimmten) Grenzwert $x = a$.

(d) Diese Aussage ist richtig. Man beweist sie entweder in Analogie zu Teil (b) oder durch direkte Anwendung von Teil (b). Gilt $x_n \to x$ mit $x_n \leq a$ für alle $n \in \mathbb{N}$, so gilt $(-x_n) \to (-x)$ mit $(-x_n) \geq (-a)$ für alle $n \in \mathbb{N}$. Wegen (b) gilt dann $(-x) \geq (-a)$; das bedeutet aber $x \leq a$.

(e) Diese Aussage ist falsch; wähle etwa $x_n := -1/n$ und $a := 0$.

Lösung (73.10) Die Behauptung folgt sofort aus der Abschätzung $\big|\,|a_n| - |a|\,\big| \leq |a_n - a| \to 0$.

Lösung (73.11) Da jede konvergente Folge beschränkt ist, gibt es eine Zahl $C > 0$ mit $|a_n| \leq C$ für alle $n \in \mathbb{N}$. Es gilt dann $|a_n^2 - a^2| = |a_n + a| \cdot |a_n - a| \leq (|a_n| + |a|) \cdot |a_n - a| \leq (C + |a|) \cdot |a_n - a| \to 0$ und damit $a_n^2 \to a^2$. (Etwas allgemeiner folgt aus $a_n \to a$ und $b_n \to b$ stets $a_n b_n \to ab$.)

Lösung (73.12) Ist $a > 0$, so gilt nach Erweitern mit $\sqrt{a_n} + \sqrt{a}$ die Gleichung

$$|\sqrt{a_n} - \sqrt{a}| \;=\; \frac{|a_n - a|}{\sqrt{a_n} + \sqrt{a}} \;\leq\; \frac{1}{\sqrt{a}} \cdot |a_n - a| \to 0$$

Aufgaben zu »Die Vollständigkeit der Zahlengeraden« siehe Seite 57

und damit $\sqrt{a_n} \to \sqrt{a}$ für $n \to \infty$. Gilt $a = 0$ (also $a_n \to 0$), so gibt es zu vorgegebenem $\varepsilon > 0$ ein $N \in \mathbb{N}$ mit $a_n < \varepsilon^2$ für alle $n \geq N$; für $n \geq N$ ist dann aber auch $|\sqrt{a_n} - \sqrt{a}| = \sqrt{a_n} < \varepsilon$. Also gilt auch in diesem Fall $\sqrt{a_n} \to \sqrt{a}$.

Lösung (73.13) Ist $|b_n| \leq C$ für alle $n \in \mathbb{N}$, so gilt $|a_n b_n - 0| = |a_n| \cdot |b_n| \leq C|a_n| \to 0$.

Lösung (73.14) (a) Der Grenzwert ist $1/2$, denn für $n \to \infty$ gilt

$$\frac{\sqrt{n^2+1}}{2n} = \sqrt{\frac{n^2+1}{4n^2}} = \sqrt{\frac{1+1/n^2}{4}} \to \sqrt{\frac{1}{4}} = \frac{1}{2}.$$

(b) Der Grenzwert ist 4, denn nach Kürzen mit n ergibt sich

$$\frac{\sqrt{n^2+n+2}+3n}{n+2} = \frac{\sqrt{1+\dfrac{1}{n}+\dfrac{2}{n^2}}+3}{1+2/n} \to \frac{\sqrt{1+0+0}+3}{1+0}.$$

(c) Der Grenzwert ist 0, denn

$$\begin{aligned} 0 &\leq (\sqrt{n+1}-\sqrt{n}) \cdot \frac{\sqrt{n+1}+\sqrt{n}}{\sqrt{n+1}+\sqrt{n}} \\ &= \frac{(n+1)-n}{\sqrt{n+1}+\sqrt{n}} = \frac{1}{\sqrt{n+1}+\sqrt{n}} \leq \frac{1}{2\sqrt{n}} \to 0. \end{aligned}$$

(d) Der Grenzwert ist 1; Erweitern mit $\sqrt{n+\sqrt{n}} + \sqrt{n-\sqrt{n}}$ liefert nämlich

$$\begin{aligned} \sqrt{n+\sqrt{n}} - \sqrt{n-\sqrt{n}} &= \frac{2\sqrt{n}}{\sqrt{n+\sqrt{n}}+\sqrt{n-\sqrt{n}}} \\ &= \frac{2}{\sqrt{1+1/\sqrt{n}}+\sqrt{1-1/\sqrt{n}}} \to \frac{2}{1+1} = 1. \end{aligned}$$

Lösung (73.15) Aussage (a) ist nach Satz (73.12)(e) im Buch richtig: Aus $a_n \to a$ und $b_n \to b$ folgt $a_n + b_n \to a + b$. Aussage (c) ist ebenfalls richtig; würde nämlich die Folge (c_n) konvergieren, dann nach Satz (73.12)(e) auch die Folge $(c_n - a_n) = (b_n)$, während ja (b_n) als divergent vorausgesetzt wurde. Damit ist dann Aussage (b) automatisch falsch. Aussage (d) ist falsch; als Gegenbeispiel wähle man etwa $a_n := n$ und $b_n := -n$ für alle b. Aussage (e) ist ebenfalls falsch; als Gegenbeispiel wähle man etwa $a_n := b_n := n$.

Lösung (73.16) Aussage (a) ist nach Satz (73.12)(e) im Buch richtig: Aus $a_n \to a$ und $b_n \to b$ folgt $a_n b_n \to ab$. Alle anderen Aussagen sind falsch, wie man an den folgenden Gegenbeispielen erkennt:
(b) wähle $a_n := 1$ und $b_n := n$;
(c) wähle $a_n := 0$ und $b_n := n$;
(d) wähle $a_n := 1 + (-1)^n$ und $b_n := 1 + (-1)^{n+1}$;
(e) wähle $a_n := b_n := n$.

Lösung (73.17) Hier sind alle fünf Aussagen falsch, wie man an den folgenden Gegenbeispielen erkennt:
(a) wähle $a_n := 1$ und $b_n := 1/n$;
(b) wähle $a_n := 1$ und $b_n := (-1)^n$;
(c) wähle $a_n := 0$ und $b_n := n$;
(d) wähle $a_n := b_n := n$;
(e) wähle $a_n := n^2$ und $b_n := n$.

Lösung (73.18) Für die ersten 10 Glieder der Folge ergeben sich die folgenden Werte:

a_1	=	0.25000000	a_6	=	0.40018783
a_2	=	0.31250000	a_7	=	0.41015030
a_3	=	0.34765625	a_8	=	0.41822327
a_4	=	0.37086487	a_9	=	0.42491070
a_5	=	0.38754075	a_{10}	=	0.43054911

Dies legt die Vermutung nahe, daß die Folge (a_n) monoton wächst und nach oben durch $1/2$ beschränkt ist. Die Monotonie folgt sofort aus der Beziehung $a_{n+1} - a_n = a_n^2 - a_n + (1/4) = \big(a_n - (1/2)\big)^2 \geq 0$, also $a_{n+1} \geq a_n$. Die Beschränktheitsaussage beweisen wir durch vollständige Induktion. Induktionsanfang: $a_1 = 1/4 \leq 1/2$. Induktionsschritt: gilt $a_n \leq 1/2$, dann auch $a_{n+1} = a_n^2 + 1/4 \leq (1/2)^2 + (1/4) = 1/2$. Die Folge (a_n) ist also monoton und beschränkt, nach dem Monotonieprinzip daher konvergent. Setzen wir $a := \lim_{n\to\infty} a_n$ und lassen wir in der Gleichung $a_{n+1} = a_n^2 + (1/4)$ auf beiden Seiten $n \to \infty$ gehen, so erhalten wir $a = a^2 + (1/4)$ und damit $0 = a^2 - a + (1/4) = \big(a - (1/2)\big)^2$. Der Grenzwert der Folge ist also $a = 1/2$.

Lösung (73.19) Für die ersten 10 Glieder der Folge ergeben sich die folgenden Werte:

a_1	=	2.00000000	a_6	=	1.13168724
a_2	=	1.66666667	a_7	=	1.08779150
a_3	=	1.44444444	a_8	=	1.05852766
a_4	=	1.29629630	a_9	=	1.03901844
a_5	=	1.19753086	a_{10}	=	1.02601229

Dies legt die Vermutung nahe, daß die Folge (a_n) monoton fällt und nach unten durch 1 beschränkt ist. Die Monotonie folgt mit vollständiger Induktion sofort aus der Beziehung $a_{n+1} - a_n = (\frac{2}{3}a_n + \frac{1}{3}) - (\frac{2}{3}a_{n-1} + \frac{1}{3}) = \frac{2}{3}(a_n - a_{n-1})$. Daß alle Folgenglieder größer als 1 sind, beweisen wir mit vollständiger Induktion. Induktionsanfang: $a_1 = 2 > 1$. Induktionsschritt: gilt $a_n > 1$, dann auch $a_{n+1} = \frac{2}{3}a_n + \frac{1}{3} > \frac{2}{3} \cdot 1 + \frac{1}{3} = 1$. Die Folge (a_n) ist also monoton und beschränkt, nach dem Monotonieprinzip daher konvergent. Setzen wir $a := \lim_{n\to\infty} a_n$ und lassen wir in der Gleichung $a_{n+1} = \frac{2}{3}a_n + \frac{1}{3}$ auf beiden Seiten $n \to \infty$ gehen, so erhalten wir $a = \frac{2}{3}a + \frac{1}{3}$ und damit $a = 1$. Der Grenzwert der Folge ist also $a = 1$.

Lösung (73.20) Die Bedeutung der einzelnen Aussagen ist wie folgt.

Aufgaben zu »Die Vollständigkeit der Zahlengeraden« siehe Seite 57

(1) Die Folge (a_n) konvergiert gegen a.
(2) Mindestens ein Glied der Folge (a_n) hat den Wert a, oder eine Teilfolge von (a_n) konvergiert gegen a.
(3) Die Folge (a_n) ist konstant mit dem Wert a.
(4) Es gibt eine gegen a konvergente Teilfolge von (a_n).
(5) Die Folge (a_n) ist beschränkt.
(6) Die Folge (a_n) ist eine völlig beliebige Folge.
(7) Die Folge (a_n) ist beschränkt.
(8) Die Folge (a_n) besitzt eine beschränkte Teilfolge.
(9) Ab einem gewissen Index ist die Folge (a_n) konstant mit dem Wert a.
(10) Eine Teilfolge von (a_n) konvergiert gegen a.
(11) Wie (3).
(12) Wie (4).
(13) Wie (5).
(14) Wie (6).
(15) Die Folge (a_n) ist beschränkt.
(16) Die Folge (a_n) ist eine völlig beliebige Folge.

Bemerkung: Bei (11), (12), (13) und (14) muß man nicht neu überlegen, weil die Reihenfolge der beiden ersten Quantoren vertauschbar ist.

Lösung (73.21) (a) Diese Aussage ist falsch; beispielsweise ist jede konstante Folge konvergent, aber nicht pseudo-konvergent.

(b) Diese Aussage ist falsch. Beispielsweise ist die durch $a_n := 1/n$ definierte Folge (a_n) pseudo-konvergent gegen -1 (sic!), aber nicht konvergent gegen -1.

(c) Diese Aussage ist falsch; beispielsweise ist jede streng monoton gegen einen Grenzwert a fallende Folge pseudo-konvergent gegen jede Zahl $x \leq a$.

(d) Diese Aussage ist falsch; ein Gegenbeispiel ist etwa gegeben durch die (gegen 0 pseudo-konvergente) Folge (a_n) mit

$$a_n := (-1)^n \left(1 + \frac{1}{n}\right).$$

(e) Diese Aussage ist richtig. Ist nämlich (a_n) pseudo-konvergent gegen a, so gilt $|a_n| \leq |a_n - a| + |a| \leq |a_1 - a| + |a|$ für alle $n \in \mathbb{N}$.

(f) Diese Aussage ist richtig. Eine monotone pseudo-konvergente Folge ist nach (e) nämlich monoton und beschränkt, folglich konvergent.

(g) Diese Aussage ist richtig, da jede beschränkte und monotone Folge konvergiert. Wächst etwa (a_n) streng monoton gegen einen Grenzwert a, so ist (a_n) auch pseudo-konvergent gegen a (und auch gegen jede Zahl $x \geq a$). Fällt dagegen (a_n) streng monoton gegen einen Grenzwert a, so ist (a_n) auch pseudo-konvergent gegen a (und auch gegen jede Zahl $x \leq a$).

(h) Diese Aussage ist falsch; beispielsweise ist jede konstante Folge ein Gegenbeispiel.

(i) Diese Aussage ist wahr. Genau dann ist nämlich (a_n) pseudo-konvergent gegen a, wenn $0 < |a_n - a| < |a_m - a|$ für alle $n > m$ gilt, und diese Eigenschaft bleibt beim Übergang zu einer Teilfolge erhalten.

(j) Diese Aussage ist falsch, wie man am Beispiel der Folge (a_n) mit $a_n := -1 + (2/n)$ sieht. Die Folge $(a_n) = (1, 0, -1/3, -2/4, -3/5, -4/6, \ldots)$ ist pseudo-konvergent gegen -1; die Folge $(|a_n|) = (1, 0, 1/3, 2/4, 3/5, 4/6, \ldots)$ ist dagegen nicht pseudo-konvergent. (Als Pseudo-Grenzwert käme nur eine Zahl a mit $a \geq 1$ in Frage, aber für eine solche gilt $|a_2 - a| > |a_1 - a|$.)

(k) Diese Aussage ist wahr, denn es gelten die folgenden Äquivalenzen:

$$\begin{aligned}
& (a_n) \text{ ist pseudo-konvergent gegen Null} \\
\Leftrightarrow\ & 0 < |a_{n+1} - 0| < |a_n - 0| \text{ für alle } n \in \mathbb{N} \\
\Leftrightarrow\ & 0 < |a_{n+1}| < |a_n| \text{ für alle } n \in \mathbb{N} \\
\Leftrightarrow\ & 0 < \big||a_{n+1}| - 0\big| < \big||a_n| - 0\big| \text{ für alle } n \in \mathbb{N} \\
\Leftrightarrow\ & (|a_n|) \text{ ist pseudo-konvergent gegen Null.}
\end{aligned}$$

(l) Diese Aussage ist falsch; ein Gegenbeispiel ist etwa gegeben durch $a_n := 1/n$ und $b_n := -1/n$.

Lösung (73.22) Die Folge (a_n) ist gegeben durch die Rekursionsformel $a_{n+1} = \sqrt{1 + a_n}$. Wir haben $a_1 = 1$ und $a_2 = \sqrt{2} \approx 1.414$; aus der Formel

$$a_{n+1} - a_n = \sqrt{1+a_n} - \sqrt{1+a_{n-1}} = \frac{a_n - a_{n-1}}{\sqrt{1+a_n} + \sqrt{1+a_{n-1}}}$$

folgt mit vollständiger Induktion sofort, daß $a_n - a_{n-1} > 0$ für alle $n \geq 2$ gilt. Die Folge (a_n) wächst also streng monoton. Ferner gilt $a_n < 2$ für alle $n \in \mathbb{N}$; dies ist klar für $n = 1$ und folgt wegen $a_{n+1} = \sqrt{1 + a_n} < \sqrt{1+2} = \sqrt{3} < 2$ dann mit vollständiger Induktion für beliebige $n \in \mathbb{N}$. Nach dem Monotonieprinzip konvergiert die Folge (a_n) also gegen einen Grenzwert a. Lassen wir in der Gleichung $a_{n+1} = \sqrt{1 + a_n}$ auf beiden Seiten $n \to \infty$ gehen, so folgt $a = \sqrt{1 + a}$, nach Quadrieren also $a^2 = 1 + a$ bzw. $a^2 - a - 1 = 0$ und damit $a = (1/2) \pm \sqrt{5/4}$. Die negative Lösung entfällt, und es ergibt sich $a = (1/2) + \sqrt{5/4} = (1 + \sqrt{5})/2 \approx 1.61803$.

Lösung (73.23) (a) Wegen $n + \sqrt{n+1} > n$ und der Monotonie der Quadratwurzelfunktion wächst die Folge (b_n) streng monoton. Ferner gilt

$$\begin{aligned}
b_n^2 &= 1 + \sqrt{2 + \sqrt{3 + \sqrt{4 + \cdots + \sqrt{n}}}} \\
&= 1 + \sqrt{2} \cdot \sqrt{1 + \sqrt{\frac{3}{4} + \sqrt{\frac{4}{16} + \cdots + \sqrt{\frac{n}{2^{2^{n-2}}}}}}} \\
&< 1 + \sqrt{2} \cdot \sqrt{1 + \sqrt{1 + \sqrt{1 + \cdots + \sqrt{1}}}} \\
&= 1 + \sqrt{2} \cdot a_n \ < \ 1 + \sqrt{2} \cdot a,
\end{aligned}$$

wenn (a_n) die Folge aus der vorigen Aufgabe mit dem Grenzwert a bezeichnet; also ist die Folge (b_n) nach oben beschränkt. Nach dem Monotonieprinzip existiert dann $b := \lim_{n\to\infty} b_n$.

(b) Für $n \geq 2$ gilt

$$\begin{aligned} c_n &= \sqrt{n + \sqrt{(n+1) + \sqrt{(n+2) + \cdots}}} \\ &= \sqrt{n} \cdot \sqrt{1 + \sqrt{\frac{n+1}{n^2} + \sqrt{\frac{n+2}{n^4} + \cdots}}} \\ &< \sqrt{n} \cdot \sqrt{1 + \sqrt{1 + \sqrt{1 + \cdots}}} = \sqrt{n} \cdot a \end{aligned}$$

und wegen des monotonen Wachstums der Folge (b_n) daher

$$\begin{aligned} b_n \leq b &= \sqrt{1 + \sqrt{2 + \cdots + \sqrt{(n-1) + c_n}}} \\ &\leq \sqrt{1 + \sqrt{2 + \cdots + \sqrt{(n-1) + a\sqrt{n}}}}. \end{aligned}$$

(c) Anwendung der in (b) gefundenen Abschätzung für $n := 6$ zeigt, daß b zwischen

$$\sqrt{1 + \sqrt{2 + \sqrt{3 + \sqrt{4 + \sqrt{5 + \sqrt{6}}}}}} \approx 1.75764$$

und

$$\sqrt{1 + \sqrt{2 + \sqrt{3 + \sqrt{4 + \sqrt{5 + a\sqrt{6}}}}}} \approx 1.75837$$

liegt; auf drei Nachkommastellen genau gilt also $b = 1.758$.

Lösung (73.24) Die Folge ist gegeben durch den Startwert $x_1 = \sqrt{a}$ und die Rekursionsformel

$$(\star) \qquad x_{n+1} = \sqrt{a + x_n}.$$

(Man könnte also auch mit $x_0 := 0$ beginnen.) Die Folge (x_n) wächst streng monoton, denn es gilt $x_2 = \sqrt{a + \sqrt{a}} > \sqrt{a+0} = x_1$, und wegen

$$x_{n+1}^2 - x_n^2 = (a + x_n) - (a + x_{n-1}) = x_n - x_{n-1}$$

folgt aus $x_n > x_{n-1}$ automatisch $x_{n+1} > x_n$. Wir behaupten ferner, daß die Folge (x_n) nach oben beschränkt ist; dazu unterscheiden wir die Fälle $a \leq 1$ und $a \geq 1$. Im Fall $a \leq 1$ gilt $x_n \leq 2$ für alle $n \in \mathbb{N}$; dies ist klar für $n = 1$ (denn aus $a \leq 1$ folgt $\sqrt{a} \leq 1 \leq 2$) und überträgt sich von n auf $n+1$ wegen

$$x_{n+1} = \sqrt{a + x_n} \leq \sqrt{1+2} = \sqrt{3} \leq 2.$$

Im Fall $a \geq 1$ gilt $x_n \leq 2a$ für alle $n \in \mathbb{N}$; dies ist klar für $n = 1$ (denn aus $a \geq 1$ folgt $\sqrt{a} \leq a \leq 2a$) und überträgt sich von n auf $n+1$ wegen

$$x_{n+1} = \sqrt{a + x_n} \leq \sqrt{a + 2a} = \sqrt{3a} \leq \sqrt{4a} = 2\sqrt{a} \leq 2a.$$

Als beschränkte und monotone Folge ist (x_n) konvergent; es existiert also $x := \lim_{n\to\infty} x_n$. Um x zu bestimmen, lassen wir auf beiden Seiten von $(\star)$ jeweils $n \to \infty$ laufen und erhalten

$$(\star\star) \qquad x = \sqrt{a + x}.$$

Quadrieren liefert $x^2 = a + x$ bzw. $x^2 - x - a = 0$; Auflösen dieser quadratischen Gleichung ergibt $x = (1 \pm \sqrt{4a+1})/2$. Wegen $(\star\star)$ muß $x \geq 0$ gelten, so daß die negative Lösung entfällt. Also gilt

$$\lim_{n\to\infty} x_n = \frac{1 + \sqrt{4a+1}}{2}.$$

Lösung (73.25) Die Folge ist gegeben durch den Startwert $x_1 = \sqrt{a}$ und die Rekursionsformel

$$(\star) \qquad x_{n+1} = \sqrt{a x_n}.$$

(Man könnte also auch mit $x_0 := 1$ beginnen.) Offensichtlich gilt $x_n > 0$ für alle $n \in \mathbb{N}$, und es ist

$$(\star\star) \qquad \frac{x_{n+1}}{x_n} = \frac{\sqrt{a x_n}}{\sqrt{a x_{n-1}}} = \sqrt{\frac{x_n}{x_{n-1}}}.$$

Wir überlegen zunächst, welchen Wert der Grenzwert der Folge (x_n) haben kann, wenn er denn überhaupt existiert. Es existiere also $x := \lim_{n\to\infty} x_n$. Durch Grenzübergang $n \to \infty$ in $(\star)$ ergibt sich dann $x = \sqrt{ax}$, damit $x^2 = ax$ und folglich $x = 0$ oder $x = a$. Als mögliche Grenzwerte kommen also nur die Zahlen 0 und a in Frage. Wir unterscheiden nun drei Fälle.

1. Fall: $0 < a < 1$. In diesem Fall ist die Folge (x_n) streng monoton fallend, denn es gilt $x_1 = \sqrt{a} < 1 = x_0$, und wegen $(\star\star)$ folgt aus $x_n < x_{n-1}$ automatisch schon $x_{n+1} < x_n$. Ferner gilt $x_n > a$ für alle $n \in \mathbb{N}$, denn es gilt $x_0 = 1 > a$, und aus $x_n > a$ folgt $x_{n+1} = \sqrt{a x_n} > \sqrt{a \cdot a} = a$. Als monoton fallende und nach unten beschränkte Folge ist (x_n) automatisch konvergent. Wegen $x_n \geq a > 0$ für alle n scheidet 0 als Grenzwert aus; also folgt $x_n \to a$ in diesem Fall.

2. Fall: $a = 1$. In diesem Fall ist die Folge (x_n) offensichtlich die konstante Folge mit dem Wert 1, die natürlich gegen 1 konvergiert.

3. Fall $a > 1$. In diesem Fall ist die Folge (x_n) streng monoton wachsend, denn es gilt $x_1 = \sqrt{a} > 1 = x_0$, und wegen $(\star\star)$ folgt aus $x_n > x_{n-1}$ automatisch schon $x_{n+1} > x_n$. Ferner gilt $x_n < a$ für alle $n \in \mathbb{N}$, denn es gilt $x_0 = 1 < a$, und aus $x_n < a$ folgt $x_{n+1} = \sqrt{a x_n} < \sqrt{a \cdot a} = a$.

Aufgaben zu »Die Vollständigkeit der Zahlengeraden« siehe Seite 57

Als monoton wachsende und nach oben beschränkte Folge ist (x_n) automatisch konvergent. Wegen $0 < 1 = x_0 < x_1 < x_2 < x_3 < \cdots$ scheidet Null als Grenzwert aus; also gilt $x_n \to a$ auch in diesem Fall.

Für alle $a > 0$ gilt also $\lim_{n\to\infty} x_n = a$.

Lösung (73.26) (a) Offensichtlich (bzw. nach einer trivialen Induktion) gilt $x_n > 0$ für alle n. Wegen $x_{n+1} = (x_n^2 + a)/(2x_n)$ gelten die folgenden Äquivalenzen:

$$\begin{aligned} x_{n+1} \geq \sqrt{a} \ &\Leftrightarrow\ x_n^2 + a \geq 2x_n\sqrt{a} \\ &\Leftrightarrow x_n^2 - 2x_n\sqrt{a} + a \geq 0 \ \Leftrightarrow\ (x_n - \sqrt{a})^2 \geq 0. \end{aligned}$$

Da die letzte Aussage offensichtlich richtig ist, ist damit die Behauptung bewiesen.

(b) Für alle $n \geq 1$ gilt $x_n^2 \geq a$ nach (a) und damit

$$\frac{x_{n+1}}{x_n} = \frac{1}{2}\left(1 + \frac{a}{x_n^2}\right) \leq \frac{1}{2}(1+1) = 1$$

und damit $x_{n+1} \leq x_n$.

(c) Die Folge ist ab $n = 1$ wegen (b) monoton fallend und wegen (a) nach unten beschränkt, folglich konvergent.

(d) Da wir nach (c) wissen, daß der Grenzwert $x = \lim_{n\to\infty} x_n$ existiert, dürfen wir bei der Gleichung

$$x_{n+1} = \frac{x_n^2 + a}{2x_n}$$

auf beiden Seiten jeweils den Grenzübergang $n \to \infty$ durchführen und erhalten dann

$$x = \frac{x^2 + a}{2x},$$

also $2x^2 = x^2 + a$ bzw. $x^2 = a$. Da x als Grenzwert einer Folge positiver Zahlen nicht negativ sein kann, folgt hieraus $x = \sqrt{a}$.

(e) Diese Behauptung ergibt sich sofort aus der Rechnung

$$\begin{aligned} x_{n+1} - \sqrt{a} &= \frac{x_n^2 + a}{2x_n} - \sqrt{a} \\ &= \frac{x_n^2 - 2\sqrt{a}x_n + a}{2x_n} = \frac{(x_n - \sqrt{a})^2}{2x_n}. \end{aligned}$$

(f) Die Behauptung ist offensichtlich richtig für $n = 0$; wir zeigen, daß sie auch für $n+1$ gilt, wenn sie für n gilt. Beim Induktionsschritt schreiben wir $S_n := (x_0 + \sqrt{a})^{2^n}$ sowie $D_n := (x_0 - \sqrt{a})^{2^n}$ und erhalten dann

$$\begin{aligned} x_{n+1} &= \frac{1}{2}\left(x_n + \frac{a}{x_n}\right) = \frac{\sqrt{a}}{2} \cdot \left(\frac{S_n + D_n}{S_n - D_n} + \frac{S_n - D_n}{S_n + D_n}\right) \\ &= \frac{\sqrt{a}}{2} \cdot \frac{(S_n + D_n)^2 + (S_n - D_n)^2}{(S_n - D_n)(S_n + D_n)} \\ &= \frac{\sqrt{a}}{2} \cdot \frac{S_n^2 + 2S_nD_n + D_n^2 + S_n^2 - 2S_nD_n + D_n^2}{S_n^2 - D_n^2} \\ &= \sqrt{a} \cdot \frac{S_n^2 + D_n^2}{S_n^2 - D_n^2} = \sqrt{a} \cdot \frac{S_{n+1} + D_{n+1}}{S_{n+1} - D_{n+1}}, \end{aligned}$$

was zu zeigen war.

Lösung (73.27) Mit $y_n = a/x_n$ geht die Rekursionsformel für die Folge (x_n) über in

$$x_{n+1} = \frac{x_n + (a/x_n)}{2}$$

und damit genau die Rekursionsvorschrift des Babylonischen Wurzelziehens. (Aus $x_n \to \sqrt{a}$ folgt dann $y_n = a/x_n \to a/\sqrt{a} = \sqrt{a}$, so daß die Folgen (x_n) und (y_n) beide gegen $\sqrt{a}$ konvergieren.) Für $a := 5$ wählen wir $x_0 := 2$ und erhalten nacheinander

$$\begin{aligned} x_1 &= \frac{9}{4} = 2.25, \\ x_2 &= \frac{161}{72} \approx 2.23611, \\ x_3 &= \frac{51\,841}{23\,184} \approx 2.23607. \end{aligned}$$

Wir stellen fest, daß sich bereits jetzt an den ersten drei Nachkommastellen nichts mehr ändert. Für den Fehler $a_n := |x_n - \sqrt{5}|$ gilt die a-posteriori-Abschätzung $a_{n+1} \leq a_n^2/(2x_n)$; wegen $a_0 < 0.3$ erhalten wir aus dieser Abschätzung zunächst $a_1 < 0.0225$ und dann $a_2 < 0.0001125$. Dies bestätigt, daß bereits der Näherungswert x_2 auf drei Nachkommastellen genau ist.

Lösung (73.28) Es gilt

$$\begin{aligned} x_{n+1} - \sqrt{a} &= \frac{2ax_n}{x_n^2 + a} - \sqrt{a} = \frac{2ax_n - \sqrt{a}x_n^2 - a\sqrt{a}}{x_n^2 + a} \\ &= \frac{-\sqrt{a}(x_n^2 - 2x_n\sqrt{a} + a)}{x_n^2 + a} = \frac{-\sqrt{a}(x_n - \sqrt{a})^2}{x_n^2 + a} \leq 0 \end{aligned}$$

(so daß ab $n = 1$ alle Folgenglieder x_n unterhalb von $\sqrt{a}$ liegen) und damit

$$|x_{n+1} - \sqrt{a}| = \frac{\sqrt{a}}{x_n^2 + a}(x_n - \sqrt{a})^2 \leq \frac{1}{\sqrt{a}}(x_n - \sqrt{a})^2.$$

Für $n \geq 1$ gilt

$$(\star) \qquad \frac{x_{n+1}}{x_n} - 1 = \frac{2a}{x_n^2 + a} - 1 = \frac{a - x_n^2}{x_n^2 + a} \geq 0$$

und damit $x_{n+1} \geq x_n$. Die Folge $(x_1, x_2, x_3, \ldots)$ wächst also monoton und ist nach oben durch $\sqrt{a}$ beschränkt; nach dem Monotonieprinzip existiert daher $x := \lim_{n\to\infty} x_n$. Grenzübergang $n \to \infty$ in $(\star)$ liefert $0 = a - x^2$ und damit $x = \sqrt{a}$.

Lösung (73.29) (a) Es gilt

$$\begin{aligned} x_{n+1} - \sqrt{a} &= \frac{x_n(x_n^2 + 3a)}{3x_n^2 + a} - \sqrt{a} \\ &= \frac{x_n^3 + 3ax_n - 3\sqrt{a}x_n^2 - a\sqrt{a}}{3x_n^2 + a} = \frac{(x_n - \sqrt{a})^3}{3x_n^2 + a} \end{aligned}$$

und damit

$$\left|x_{n+1}-\sqrt{a}\right| = \frac{|x_n-\sqrt{a}|^3}{3x_n^2+a} \le \frac{1}{a}\left|x_n-\sqrt{a}\right|^3 ;$$

ferner sieht man, daß die Zahlen $x_{n+1}-\sqrt{a}$ und $x_n-\sqrt{a}$ gleiche Vorzeichen haben (oder beide gleich Null sind). Im Fall $x_0=\sqrt{a}$ ist die Folge (x_n) also konstant; andernfalls liegen entweder alle Folgenglieder x_n unterhalb von $\sqrt{a}$ oder alle Folgenglieder oberhalb von $\sqrt{a}$. Im ersten Fall wächst dabei die Folge streng monoton, im zweiten Fall fällt sie streng monoton; dies ergibt sich aus der Rechnung

$$(\star) \qquad \frac{x_{n+1}}{x_n}-1 = \frac{x_n^2+3a}{3x_n^2+a}-1 = \frac{2(a-x_n^2)}{3x_n^2+a},$$

die zeigt, daß $x_{n+1}>x_n$ im Falle $x_n<\sqrt{a}$ und $x_{n+1}<x_n$ im Falle $x_n>\sqrt{a}$ gilt. Nach dem Monotonieprinzip ist die Folge (x_n) daher konvergent; der Grenzwert x erfüllt dabei (wie man durch Grenzübergang $n\to\infty$ in $(\star)$ sieht) die Gleichung $0=2(a-x^2)$ und damit $x=\sqrt{a}$.

Lösung (73.30) (a) Die Iterationsvorschrift aus Aufgabe (73.28) liefert mit $a=2$ und $x_0=1$ die Folgenglieder

$$\begin{aligned} x_1 &= \frac{4}{3} \approx 1.333333333333,\\ x_2 &= \frac{24}{17} \approx 1.411764705882,\\ x_3 &= \frac{816}{577} \approx 1.414211438475,\\ x_4 &= \frac{941\,664}{665\,857} \approx 1.414213562372. \end{aligned}$$

Für die Fehler $a_n := |x_n-\sqrt{2}|$ erhalten wir wegen $a_{n+1}\le a_n^2/\sqrt{2}\le(3/4)\cdot a_n^2$ und wegen $a_0=\sqrt{2}-1<1/2$ die a-priori-Abschätzungen $a_1\le(3/4)\cdot(1/2)^2=3/2^4$, dann $a_2\le(3/4)\cdot(3^2/2^8)=3^3/2^{10}$, weiter $a_3\le(3/4)\cdot(3^6/2^{20})=3^7/2^{22}$ sowie $a_4\le(3/4)\cdot(3^{14}/2^{44})=3^{15}/2^{46}\approx 2.0391\cdot10^{-7}$.

(b) Die Iterationsvorschrift aus Aufgabe (73.29) liefert mit $a=2$ und $x_0=1$ die Folgenglieder

$$\begin{aligned} x_1 &= \frac{7}{5} = 1.400000000000,\\ x_2 &= \frac{1393}{985} \approx 1.411764705882,\\ x_3 &= \frac{10\,812\,186\,007}{7\,645\,370\,045} \approx 1.414213562373; \end{aligned}$$

für x_4 ergibt sich mit der angegebenen Zahl von Dezimalstellen keine Änderung mehr. (Als Bruch ist x_4 durch den monströsen Ausdruck

$$x_4 = \frac{5\,055\,923\,762\,956\,339\,922\,096\,065\,927\,393}{3\,575\,077\,977\,948\,634\,627\,394\,046\,618\,865}$$

gegeben.) Für die Fehler $a_n := |x_n-\sqrt{2}|$ erhalten wir wegen $a_{n+1}\le a_n^3/2$ und wegen $a_0=\sqrt{2}-1<2^{-1}$ die a-priori-Abschätzungen $a_1<2^{-1}\cdot2^{-3}=2^{-4}$, dann $a_2<2^{-1}\cdot2^{-12}=2^{-13}$, weiter $a_3<2^{-1}\cdot2^{-39}=2^{-40}<10^{-14}$ und schließlich $a_4<2^{-1}\cdot2^{-120}=2^{-121}<3.8\cdot10^{-37}$.

Lösung (73.31) Offensichtlich haben wir $a_n>0$ und $b_n>0$ für alle n (was man formal mit einer trivialen Induktion nachweist). Unter Benutzung der Äquivalenzumformungen

$$a_{n+1}>a_n \Leftrightarrow \frac{a_{n+1}}{a_n}>1 \Leftrightarrow \sqrt{\frac{b_n}{a_n}}>1 \Leftrightarrow b_n>a_n \text{ und}$$

$$b_{n+1}<b_n \Leftrightarrow \frac{a_n+b_n}{2}<b_n \Leftrightarrow a_n+b_n<2b_n \Leftrightarrow a_n<b_n$$

sowie

$$a_{n+1}<b_{n+1} \Leftrightarrow 2\sqrt{a_nb_n}<a_n+b_n \Leftrightarrow 0<(\sqrt{b_n}-\sqrt{a_n})^2$$

folgt mit vollständiger Induktion dann leicht, daß $a_n<a_{n+1}<b_{+1}<b_n$ und damit $[a_{n+1},b_{n+1}]\subsetneqq[a_n,b_n]$ für alle $n\in\mathbb{N}_0$ gilt. Da b_{n+1} gerade in der Mitte des Intervalls $[a_n,b_n]$ liegt, ist das Intervall $[a_{n+1},b_{n+1}]$ höchstens halb so lang wie das Intervall $[a_n,b_n]$; bezeichnet also $L_n := b_n-a_n$ die Länge des n-ten Intervalls, so gilt $L_{n+1}\le(1/2)\cdot L_n$ und damit $L_n\le(1/2)^n\cdot L_0=(1/2)^n\cdot(b-a)$ für alle $n\in\mathbb{N}_0$. Hieraus folgt $L_n\to0$ für $n\to\infty$. Damit ist nachgewiesen, daß eine Intervallschachtelung vorliegt. Ist ξ der Grenzpunkt dieser Intervallschachtelung, so gilt

$$\xi \in [a_n,b_n] \subseteq [a_1,b_1] = [\sqrt{ab},(a+b)/2]$$

für alle $n\in\mathbb{N}$; insbesondere liegt also ξ zwischen dem geometrischen und dem arithmetischen Mittel der beiden Ausgangszahlen.

Bemerkung: Man kann zeigen, daß die Intervalllängen L_n sogar mit quadratischer Konvergenz gegen Null gehen; es gilt nämlich

$$\begin{aligned} b_{n+1}-a_{n+1} &= \frac{b_n+a_n-2\sqrt{a_nb_n}}{2} = \frac{(\sqrt{b_n}-\sqrt{a_n})^2}{2}\\ &= \frac{(\sqrt{b_n}-\sqrt{a_n})^2}{2}\cdot\frac{(\sqrt{b_n}+\sqrt{a_n})^2}{(\sqrt{b_n}+\sqrt{a_n})^2}\\ &= \frac{(b_n-a_n)^2}{2(\sqrt{b_n}+\sqrt{a_n})^2} \le \frac{1}{8a}(b_n-a_n)^2 \end{aligned}$$

und damit $L_{n+1}\le(8a)^{-1}\cdot L_n^2$ für alle $n\in\mathbb{N}_0$.

Lösung (73.32) Offensichtlich haben wir $a_n>0$ und $b_n>0$ für alle n (was man formal mit einer trivialen Induktion nachweist). Unter Benutzung der Äquivalenzumformungen

$$\begin{aligned} a_{n+1}>a_n &\Leftrightarrow \frac{a_{n+1}}{a_n}>1 \Leftrightarrow \frac{2b_n}{a_n+b_n}>1\\ &\Leftrightarrow 2b_n>a_n+b_n \Leftrightarrow b_n>a_n \end{aligned}$$

und

$$b_{n+1}<b_n \Leftrightarrow \frac{b_{n+1}}{b_n}<1 \Leftrightarrow \sqrt{\frac{a_n}{b_n}}<1 \Leftrightarrow a_n<b_n$$

sowie

$$a_{n+1} < b_{n+1} \Leftrightarrow \frac{2a_nb_n}{a_n+b_n} < \sqrt{a_nb_n} \Leftrightarrow 2\sqrt{a_nb_n} < a_n+b_n$$
$$\Leftrightarrow 0 < (\sqrt{b_n}-\sqrt{a_n})^2$$

folgt mit vollständiger Induktion dann leicht, daß $a_n < a_{n+1} < b_{n+1} < b_n$ und damit $[a_{n+1}, b_{n+1}] \subsetneq [a_n, b_n]$ für alle $n \in \mathbb{N}_0$ gilt. Wegen $b_{n+1} = \sqrt{a_nb_n} \le (a_n+b_n)/2$ liegt b_{n+1} links von der Mitte des Intervalls $[a_n, b_n]$; wie in Aufgabe (73.31) ist also die Länge $L_n = b_n - a_n$ des n-ten Intervalls höchstens halb so groß wie die des Vorgängerintervalls; dies hat $L_n \to 0$ zur Folge, so daß wieder eine Intervallschachtelung vorliegt. Ist ξ der Grenzpunkt dieser Intervallschachtelung, so gilt

$$\xi \in [a_n, b_n] \subseteq [a_1, b_1] = [2ab/(a+b), \sqrt{ab}]$$

für alle $n \in \mathbb{N}$; insbesondere liegt also ξ zwischen dem harmonischen und dem geometrischen Mittel der beiden Ausgangszahlen.

Bemerkung: Wie in Aufgabe (73.31) konvergieren die Intervallängen sogar quadratisch gegen Null, denn es gilt

$$\begin{aligned} b_{n+1} - a_{n+1} &= \sqrt{a_nb_n} - \frac{2a_nb_n}{a_n+b_n} \\ &= \frac{\sqrt{a_nb_n}\,(a_n+b_n) - 2a_nb_n}{a_n+b_n} \\ &= \frac{\sqrt{a_nb_n}\,(\sqrt{b_n}-\sqrt{a_n})^2}{a_n+b_n} \le \frac{b_n(\sqrt{b_n}-\sqrt{a_n})^2}{b_n} \\ &= (\sqrt{b_n}-\sqrt{a_n})^2 \cdot \frac{(\sqrt{b_n}+\sqrt{a_n})^2}{(\sqrt{b_n}+\sqrt{a_n})^2} = \frac{(b_n-a_n)^2}{(\sqrt{a_n}+\sqrt{b_n})^2} \\ &\le \frac{(b_n-a_n)^2}{a} \end{aligned}$$

und damit $L_{n+1} \le a^{-1} \cdot L_n^2$ für alle $n \in \mathbb{N}_0$.

Lösung (73.33) Aus $0 < a_n < b_n$ folgt

$$a_n < \frac{2a_nb_n}{a_n+b_n} < \frac{a_n+b_n}{2} < b_n,$$

wie man für jede der drei Ungleichungen leicht durch "Rückwärtsrechnen" erkennt; also gilt allgemein $a_n < a_{n+1} < b_{n+1} < b_n$. Wegen

$$b_{n+1}-a_{n+1} = \frac{a_n+b_n}{2} - \frac{2a_nb_n}{a_n+b_n} = \frac{(b_n-a_n)^2}{2(a_n+b_n)} \le \frac{b_n-a_n}{2}$$

gilt $b_n - a_n \le (b_0-a_0)/2^n = (b-a)/2^n \to 0$. Damit bilden die Intervalle $[a_n, b_n]$ eine Schachtelung. Nach Konstruktion gilt $a_{n+1}b_{n+1} = a_nb_n$ für alle $n \in \mathbb{N}_0$ und folglich $a_nb_n = a_0b_0 = ab$ für alle $n \in \mathbb{N}_0$. Mit $x := \lim_{n\to\infty} a_n = \lim_{n\to\infty} b_n$ gilt also $x^2 = ab$ und damit $x = \sqrt{ab}$. Der Grenzpunkt der Intervallschachtelung ist also das geometrische Mittel $\sqrt{ab}$ der Ausgangszahlen a und b. Das harmonisch-arithmetische Mittel zweier Zahlen ist also identisch mit dem geometrischen Mittel dieser Zahlen!

Lösung (73.34) Wir haben $a = 1$ und $b = 2$.

(a) Die Intervallschachtelung aus Aufgabe (73.31) liefert

$$\begin{aligned} [a_1, b_1] &= [1.41421,\ 1.50000], \\ [a_2, b_2] &= [1.45648,\ 1.45711], \\ [a_3, b_3] &= [1.45679,\ 1.45679]. \end{aligned}$$

Das geometrisch-arithmetische Mittel von 1 und 2 ist also 1.45679.

(b) Die Intervallschachtelung aus Aufgabe (73.32) liefert

$$\begin{aligned} [a_1, b_1] &= [1.33333,\ 1.41421], \\ [a_2, b_2] &= [1.37258,\ 1.37318], \\ [a_3, b_3] &= [1.37288,\ 1.37288]. \end{aligned}$$

Das harmonisch-geometrische Mittel von 1 und 2 ist also 1.37288.

(c) Die Intervallschachtelung aus Aufgabe (73.33) liefert

$$\begin{aligned} [a_1, b_1] &= [1.33333,\ 1.50000], \\ [a_2, b_2] &= [1.41176,\ 1.41667], \\ [a_3, b_3] &= [1.41421,\ 1.41422], \\ [a_4, b_4] &= [1.41421,\ 1.41421]. \end{aligned}$$

Das harmonisch-arithmetische Mittel von 1 und 2 ist also 1.41421. Diese Rechnung hätten wir uns aber sparen können, denn nach Aufgabe (73.33) ist das harmonisch-arithmetische Mittel zweier Zahlen einfach deren geometrisches Mittel, in unserem Fall also $\sqrt{ab} = \sqrt{2}$.

Lösung (73.35) (a) Damit x_1 wohldefiniert ist, muß $x_0 \le 1$ gelten. Damit x_2 wohldefiniert ist, muß $x_1 \le 1$ gelten, was $x_0 \ge 0$ erzwingt. Für die Wohldefiniertheit der Folge (x_n) ist also die Bedingung $0 \le x_0 \le 1$ notwendig. Diese Bedingung ist aber auch hinreichend, weil die Funktion $f(x) := \sqrt{1-x}$ das Intervall $[0, 1]$ in sich abbildet.

(b) Ist $x_0 \in \{0, 1\}$, so nehmen die Glieder der Folge (x_n) abwechselnd die Werte 0 und 1 an; in diesem Fall ist die Folge (x_n) also nicht konvergent. Wenn $x := \lim_{n\to\infty} x_n$ überhaupt existiert, so ergibt sich durch Grenzübergang $n \to \infty$ auf beiden Seiten der Gleichung

$$x_{n+1} = \sqrt{1-x_n}$$

die Bedingung $x = \sqrt{1-x}$, folglich $x^2 = 1-x$ bzw. $x^2 + x - 1 = 0$ und damit $x = (-1 \pm \sqrt{5})/2$. Da die Glieder der Folge nichtnegativ sind, kann der Grenzwert nicht negativ sein; der einzig mögliche Grenzwert der Folge ist also die Zahl $\xi := (\sqrt{5}-1)/2 \approx 0.618$. Wir überlegen uns nun geometrisch, wie sich die Folgenglieder der Reihe nach aus einem Startwert $x_0 \in (0, 1)$ ergeben.

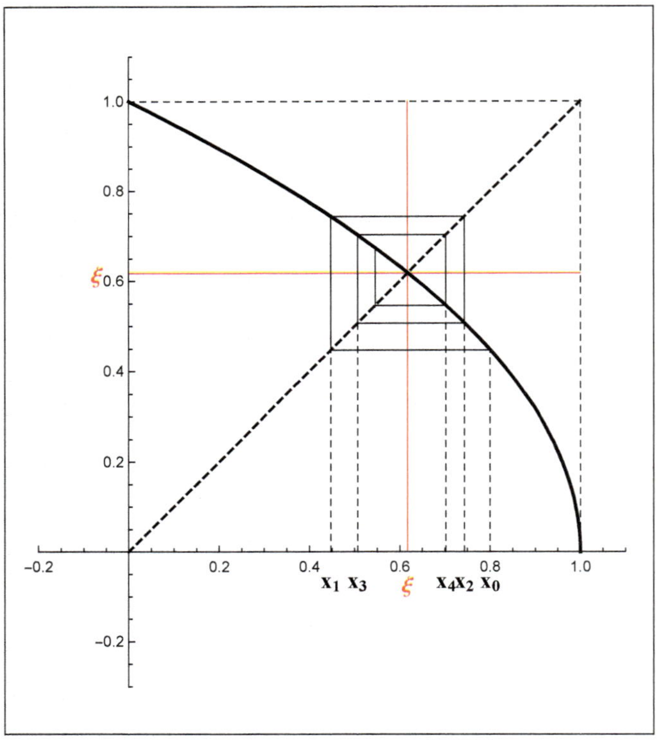

Iteration $x_{n+1} = f(x_n)$ mit $f(x) := \sqrt{1-x}$.

Wegen $f(\xi) = \xi$ ist sofort klar, daß sich für $x_0 := \xi$ die konstante Folge mit dem Wert ξ ergibt. Da die Funktion f die offenen Intervalle $(0,\xi)$ und $(\xi,1)$ bijektiv aufeinander abbildet, ist klar, daß für $x_0 \neq \xi$ die Folgenglieder x_n immer abwechselnd größer und kleiner sind als ξ. Die Abbildung legt die Vermutung nahe, daß dabei die Teilfolgen $(x_0, x_2, x_4, x_6, \ldots)$ und $(x_1, x_3, x_4, \ldots)$ sich jeweils monoton an den Grenzwert ξ annähern, daß also

$$(\star) \qquad |x_{n+2} - \xi| < |x_n - \xi| \quad \text{für alle } n \in \mathbb{N}_0$$

gilt. Wir versuchen, dies zu beweisen, und erhalten unter Ausnutzung der Gleichung $\xi = \sqrt{1-\xi}$ die folgende Gleichungskette:

$$\begin{aligned} x_{n+2} - \xi &= \left(\sqrt{1-x_{n+1}} - \sqrt{1-\xi}\right) \cdot \frac{\sqrt{1-x_{n+1}} + \sqrt{1-\xi}}{\sqrt{1-x_{n+1}} + \sqrt{1-\xi}} \\ &= \frac{\xi - x_{n+1}}{\sqrt{1-x_{n+1}} + \sqrt{1-\xi}} \\ &= \frac{\sqrt{1-\xi} - \sqrt{1-x_n}}{\sqrt{1-x_{n+1}} + \sqrt{1-\xi}} \cdot \frac{\sqrt{1-\xi} + \sqrt{1-x_n}}{\sqrt{1-\xi} + \sqrt{1-x_n}} \\ &= \frac{x_n - \xi}{\left(\sqrt{1-\sqrt{1-x_n}} + \sqrt{1-\xi}\right)\left(\sqrt{1-\xi} + \sqrt{1-x_n}\right)} \\ &= \frac{x_n - \xi}{\left(\sqrt{1-\sqrt{1-x_n}} + \xi\right)\left(\xi + \sqrt{1-x_n}\right)}. \end{aligned}$$

Bedingung $(\star)$ ist sicher dann nachgewiesen, wenn wir zeigen können, daß der Nenner im letzten Ausdruck für $x_n \in (0,\xi) \cup (\xi,1)$ immer größer als 1 ist. Zur Abkürzung schreiben wir $a := \sqrt{1-\sqrt{1-x_n}}$; dann ist $\sqrt{1-x_n} = 1 - a^2$, und die zu beweisende Ungleichung lautet

$$\begin{aligned} & (a+\xi)(1-a^2+\xi) > 1 \\ \Leftrightarrow\ & a - a^3 + a\xi + \xi - a^2\xi + \xi^2 - 1 > 0 \\ \Leftrightarrow\ & a(1+\xi) - a^2\xi - a^3 > 0 \quad (\text{denn } \xi^2 + \xi - 1 = 0) \\ \Leftrightarrow\ & a\left(1 + \xi - a\xi - a^2\right) > 0 \\ \Leftrightarrow\ & (-a)(a^2 + \xi a - 1 - \xi) > 0 \\ \Leftrightarrow\ & (-a)(a-1)(a+1+\xi) > 0 \\ \Leftrightarrow\ & a(1-a)(a+1+\xi) > 0; \end{aligned}$$

die letzte Bedingung ist wegen $0 < a < 1$ aber natürlich erfüllt. Damit ist $(\star)$ nachgewiesen und folglich auch die Tatsache, daß die Teilfolgen $(x_0, x_2, x_4, \ldots)$ und $(x_1, x_3, x_5, \ldots)$ sich streng monoton an ξ annähern. Wir zeigen nun, daß diese beiden Teilfolgen sogar gegen ξ konvergieren müssen. Als beschränkte und monotone Folgen sind diese Teilfolgen jedenfalls konvergent; der Grenzwert x muß (wie sich durch $n \to \infty$ in der Rekursionsformel

$$x_{n+2} = \sqrt{1 - \sqrt{1-x_n}}$$

ergibt) die Gleichung $x = \sqrt{1-\sqrt{1-x}}$ erfüllen, also $x^2 = 1 - \sqrt{1-x}$ bzw. $\sqrt{1-x} = 1 - x^2 = (1+x)(1-x)$, wegen $x \neq 1$ damit auch $1 = (1+x)\sqrt{1-x}$, nach Quadrieren folglich $1 = (1+x)^2(1-x) = (1+2x+x^2)(1-x) = 1+x-x^2-x^3$ und somit $0 = x - x^2 - x^3 = x(1-x-x^2)$, wegen $x \neq 0$ also schließlich $x^2 + x - 1 = 0$. Der gemeinsame Grenzwert der beiden Teilfolgen $(x_0, x_2, x_4, \ldots)$ und $(x_1, x_3, x_5, \ldots)$ ist damit ξ (als einzige nichtnegative Lösung der Gleichung $x^2 + x - 1 = 0$).

Fassen wir unser Ergebnis zusammen! Die angegebene Folge konvergiert genau dann, wenn $0 < x_0 < 1$ gilt; der Grenzwert ist dabei jeweils $\xi = (\sqrt{5}-1)/2$ (unabhängig vom Startwert x_0). Für $x_0 = \xi$ erhalten wir die konstante Folge mit dem Wert ξ; für $x_0 \neq \xi$ sind die Folgenglieder abwechselnd kleiner und größer als ξ, wobei von beiden Seiten die Annäherung an ξ jeweils streng monoton ist.

Lösung (73.36) (a) Die Funktion f hat eine Definitionslücke bei -1; also muß $x_0 \neq -1$ sein. Da die Funktion f den Wert -1 nicht annimmt, kann für $x_0 \neq -1$ nicht irgendwann der Fall $x_n = -1$ eintreten; die Folge (x_n) ist also genau dann wohldefiniert, wenn $x_0 \neq -1$ gilt. Falls $x := \lim_{n\to\infty} x_n$ existiert, so erhalten wir durch Grenzübergang $n \to \infty$ in der Gleichung

$$x_{n+1} = \frac{1 - x_n}{1 + x_n}$$

die Bedingung $x = (1-x)/(1+x)$, also $1 - x = x(1+x) = x + x^2$ und damit $x^2 + 2x - 1 = 0$ bzw. $x = -1 \pm \sqrt{2}$. Wählen wir als Startwert x_0 einen dieser beiden Werte, so erhalten wir eine konstante Folge, die natürlich konvergent ist. Probieren wir irgendeinen anderen Startwert x_0 aus, so finden wir, daß jeweils $x_2 = x_0$ gilt.

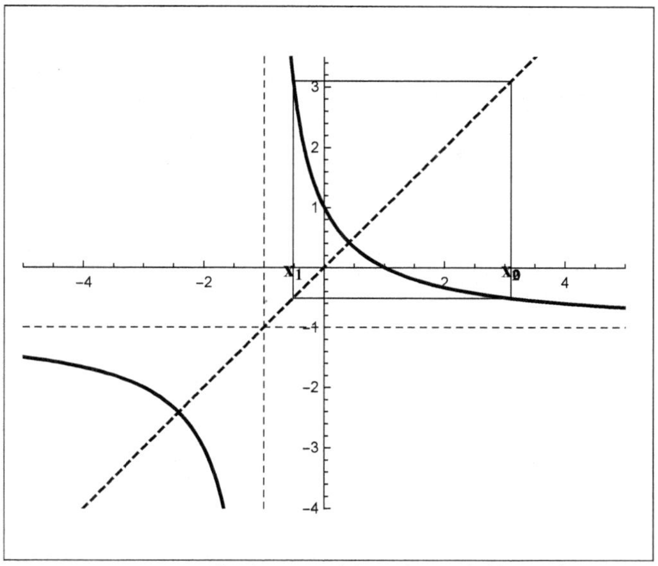

Iteration $x_{n+1} = f(x_n)$ mit $f(x) = (1-x)/(1+x)$.

Dies ist kein Zufall, denn für alle $x \neq -1$ gilt

$$\begin{aligned} f\big(f(x)\big) &= \frac{1-f(x)}{1+f(x)} = \frac{1-\dfrac{1-x}{1+x}}{1+\dfrac{1-x}{1+x}} \\ &= \frac{(1+x)-(1-x)}{(1+x)+(1-x)} = \frac{2x}{2} = x \end{aligned}$$

und damit $x_{n+2} = f(x_{n+1}) = f\big(f(x_n)\big) = x_n$ für alle $n \in \mathbb{N}_0$. Gilt also $x_0 \neq -1 \pm \sqrt{2}$, so ist die Folge $(x_0, x_1, x_2, x_3, x_4, \ldots) = (x_0, x_1, x_0, x_1, x_0, \ldots)$ periodisch mit der Periode 2 und damit nicht konvergent.

(b) Damit x_1 definiert ist, muß $x_0 \neq -1$ gelten; damit x_2 definiert ist, muß $x_1 \neq -1$ und damit $x_0 \neq 0$ gelten; damit x_3 definiert ist, muß $x_2 \neq -1$ und damit $x_1 \neq 0$ bzw. $x_0 \neq 1$ sein; für alle übrigen Startwerte (also für $x_0 \notin \{-1, 0, 1\}$) ist die Folge wohldefiniert. Falls $x := \lim_{n\to\infty} x_n$ existiert, so erhalten wir durch Grenzübergang $n \to \infty$ in der Gleichung

$$x_{n+1} = \frac{x_n - 1}{x_n + 1}$$

die Bedingung $x = (x-1)/(x+1)$, also $x - 1 = x(x+1) = x^2 + x$ und damit $x^2 = -1$, was unmöglich ist (jedenfalls solange wir nur reelle und nicht komplexe Folgen betrachten). Die Folge (x_n) ist also für keinen der zulässigen Startwerte $x_0 \in \mathbb{R} \setminus \{-1, 0, 1\}$ konvergent. Damit ist die Aufgabe eigentlich schon gelöst, aber wir wollen geometrisch verstehen, warum die Folge nicht konvergieren kann. Probieren wir irgendeinen anderen Startwert x_0 aus, so finden wir, daß jeweils $x_4 = x_0$ gilt, daß wir also nach vier Schritten immer wieder da sind, wo wir begonnen haben.

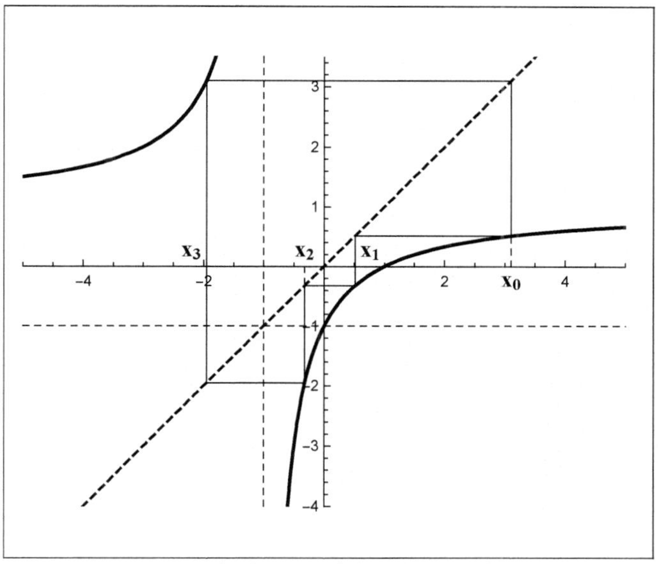

Iteration $x_{n+1} = f(x_n)$ mit $f(x) = (x-1)/(x+1)$.

Prüfen wir nach, daß dies tatsächlich der Fall ist! Wir erhalten

$$\begin{aligned} f\big(f(x)\big) &= \frac{f(x)-1}{f(x)+1} = \frac{\dfrac{x-1}{x+1}-1}{\dfrac{x-1}{x+1}+1} \\ &= \frac{(x-1)-(x+1)}{(x-1)+(x+1)} = \frac{-2}{2x} = \frac{-1}{x} \end{aligned}$$

und damit

$$f\Big(f\Big(f\big(f(x)\big)\Big)\Big) = \frac{-1}{f\big(f(x)\big)} = \frac{-1}{-1/x} = x.$$

Die Funktion f ist also periodisch mit der Periode 4, und es gilt $x_{n+4} = x_n$ für alle $n \in \mathbb{N}_0$. Da die Gleichung $x = f(x)$ keine Lösung hat, gilt jeweils $x_1 \neq x_0$; die Folge $(x_0, x_1, x_2, \ldots)$ hat also die Periode 4, ist aber nicht konstant und damit nicht konvergent. (Die Folgenglieder alternieren zyklisch zwischen den Intervallen $(-\infty, -1)$, $(1, \infty)$, $(0, 1)$ und $(-1, 0)$.)

(c) In dieser Aufgabe erhalten wir eine ganze Folge unzulässiger Startwerte. Zunächst ist der Startwert $y := -1$ nicht erlaubt, denn an der Stelle -1 ist die Funktion f nicht definiert. Ist nun ein Startwert y nicht erlaubt, dann auch nicht derjenige Wert $\widehat{y}$ mit $y = f(\widehat{y}) = (2+\widehat{y})/(1+\widehat{y})$; Auflösen dieser Gleichung (also *de facto* Bestimmen der Umkehrfunktion von f) liefert $\widehat{y} = (y-2)/(1-y)$. Definieren wir also $y_0 := -1$ und $y_{n+1} := (y_n - 2)/(1 - y_n)$, so erhalten wir die folgende Folge verbotener Startwerte:

$$y_0 = -1,\; y_1 = -\frac{3}{2},\; y_2 = -\frac{7}{5},\; y_3 = -\frac{17}{12},\; y_4 = -\frac{41}{29},$$

und so weiter. Für alle Startwerte $x_0 \in \mathbb{R} \setminus \{y_0, y_1, y_2, \ldots\}$ ist die Folge (x_n) wohldefiniert.

Aufgaben zu »Die Vollständigkeit der Zahlengeraden« siehe Seite 57

Wir überlegen nun, welche Grenzwerte überhaupt möglich sind. Existiert $\lim_{n\to\infty} x_n$, so können wir auf beiden Seiten der Gleichung

$$x_{n+1} = \frac{x_n+2}{x_n+1}$$

jeweils $n \to \infty$ laufen lassen und erhalten $x = (x+2)/(x+1)$, also $x+2 = x(x+1) = x^2+x$ und damit $x^2 = 2$ bzw. $x = \pm\sqrt{2}$. Nur diese beiden Zahlen kommen also als mögliche Grenzwerte in Frage. Wählen wir $x_0 \in \{\pm\sqrt{2}\}$, so ist die Folge $(x_0, x_1, x_2, \ldots)$ konstant und damit natürlich konvergent. Ausprobieren irgendeines anderen Startwertes x_0 läßt vermuten, daß (zumindest für $x_0 \geq 0$) immer $x_n \to +\sqrt{2}$ gilt.

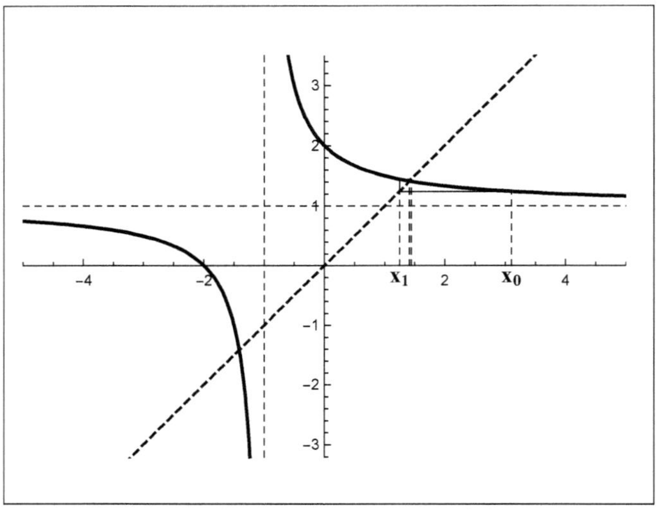

Iteration $x_{n+1} = f(x_n)$ mit $f(x) = (x+2)/(x+1)$.

Nehmen wir zunächst $x_0 > 1$ an! Weil f das Intervall $(1,\infty)$ in sich abbildet, gilt dann $x_n > 1$ für alle $n \geq 0$. Wegen

$$\begin{aligned} x_{n+1} - x_n &= \frac{x_n+2}{x_n+1} - \frac{x_{n-1}+2}{x_{n-1}+1} \\ &= \frac{(x_n+2)(x_{n-1}+1) - (x_{n-1}+2)(x_n+1)}{(x_n+1)(x_{n-1}+1)} \\ &= \frac{(x_nx_{n-1}+x_n+2x_{n-1}+2) - (x_nx_{n-1}+2x_n+x_{n-1}+2)}{(1+x_n)(1+x_{n-1})} \\ &= \frac{x_{n-1}-x_n}{(1+x_n)(1+x_{n-1})} \end{aligned}$$

erkennen wir zunächst, daß $x_{n+1}-x_n$ und $x_n - x_{n-1}$ immer unterschiedliches Vorzeichen haben (die Folgenglieder werden also abwechselnd größer und kleiner); Betragsbildung liefert wegen $x_{n-1} \geq 1$ und $x_n \geq 1$ dann

$$\begin{aligned} |x_{n+1} - x_n| &= \frac{|x_{n-1}-x_n|}{(1+x_n)(1+x_{n-1})} \\ &\leq \frac{|x_n - x_{n-1}|}{(1+1)(1+1)} = \frac{|x_n - x_{n-1}|}{4}. \end{aligned}$$

Der Abstand zwischen je zwei aufeinanderfolgenden Folgengliedern vermindert sich also bei jedem Schritt mindestens um den Faktor $1/4$. Hieraus folgt

$$|x_{n+1} - x_n| \leq (1/4)^n \cdot |x_1 - x_0|$$

und für alle $m > n$ daher

$$\begin{aligned} |x_m - x_n| &= \left|\sum_{k=n}^{m-1}(x_{k+1}-x_k)\right| \leq \sum_{k=n}^{m-1}|x_{k+1}-x_k| \\ &\leq \sum_{k=n}^{m-1}(1/4)^k|x_1-x_0| = \frac{(1/4)^n-(1/4)^m}{3/4}\cdot|x_1-x_0|, \end{aligned}$$

wobei wir im letzten Schritt die geometrische Summenformel benutzten. Insbesondere gilt

$$|x_m - x_n| \leq \frac{4}{3}\cdot|x_1-x_0|\cdot\left(\frac{1}{4}\right)^n \to 0 \quad \text{für } n\to\infty.$$

Damit ist gezeigt, daß (x_n) eine Cauchyfolge und folglich konvergent ist. Da der Grenzwert nur $\pm\sqrt{2}$ sein kann, andererseits wegen $x_n \geq 1$ für alle n dieser Grenzwert nicht negativ sein kann, ist damit gezeigt, daß für jeden Startwert $x_0 \geq 1$ die Folge (x_n) gegen $\sqrt{2}$ konvergiert. Wir behaupten, daß dies sogar für alle zulässigen Startwerte $x_0 \in \mathbb{R}\setminus\{y_0, y_1, y_2, \ldots\}$ mit Ausnahme des Wertes $-\sqrt{2}$ (der die konstante Folge mit dem Wert $-\sqrt{2}$ liefert) gilt. Dies ist zunächst klar für alle $x_0 > -1$, denn f bildet das Intervall $(-1,\infty)$ in das Intervall $(1,\infty)$ ab, so daß ab dem Wert x_1 die obige Analyse greift. Liegt x_0 in $(-\infty,-1)$, so liegt x_1 in $(0,1)$, und wird sind wieder fertig. Allgemein bildet f die Intervalle zwischen je zwei unzulässigen Startwerten folgendermaßen ab:

$$\begin{aligned} &(-\infty,-1) \leftarrow (y_2,y_0) \leftarrow (y_1,y_3) \\ &\leftarrow (y_4,y_2) \leftarrow (y_3,y_5) \leftarrow (y_6,y_4) \leftarrow \cdots; \end{aligned}$$

dieses Abbildungsverhalten ist in der folgenden (nicht maßstabsgetreuen!) Skizze angedeutet.

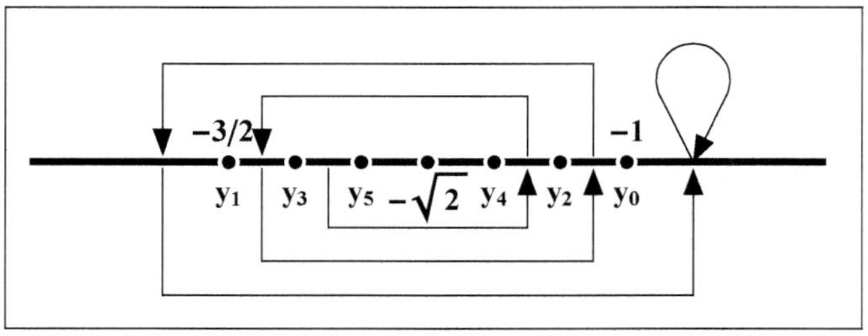

Abbildungsverhalten der Funktion $f(x) = (x+2)/(x+1)$.

Damit ist klar, daß für jeden zulässigen Startwert außer $-\sqrt{2}$ irgendein Folgenglied größer als 0 ist, und dann greift die obige Analyse. Damit ist alles gezeigt.

Lösung (73.37) (a) Einsetzen liefert

$$\begin{bmatrix} a_{11} & a_{12} & a_{13} & a_{14} \\ a_{21} & a_{22} & a_{23} & a_{24} \\ a_{31} & a_{32} & a_{33} & a_{34} \end{bmatrix} = \begin{bmatrix} 0 & 1/2 & 2/3 & 3/4 \\ 1 & 1/2 & 7/18 & 23/64 \\ 4/3 & 17/24 & 40/81 & 2009/5184 \end{bmatrix}.$$

Aufgaben zu »Die Vollständigkeit der Zahlengeraden« siehe Seite 57

(b) Für einen festen Wert m gilt

$$\begin{aligned} a_{mn} &= \frac{1}{m}\left(1-\frac{1}{n}\right)^m + \left(1+\frac{1}{n}\right)\left(1-\frac{1}{m}\right)^n \\ &\to \frac{1}{m}\cdot 1 + 1\cdot 0 = \frac{1}{m} \quad \text{für } n\to\infty. \end{aligned}$$

(c) Für einen festen Wert n gilt

$$\begin{aligned} a_{mn} &= \frac{1}{m}\left(1-\frac{1}{n}\right)^m + \left(1+\frac{1}{n}\right)\left(1-\frac{1}{m}\right)^n \\ &\to 0\cdot 0 + \left(1+\frac{1}{n}\right)\cdot 1 = 1+\frac{1}{n} \quad \text{für } n\to\infty. \end{aligned}$$

(d) Es gilt

$$\begin{aligned} \lim_{n\to\infty}\left(\lim_{m\to\infty} a_{mn}\right) &= \lim_{n\to\infty}\left(1+\frac{1}{n}\right) = 1 \\ \neq 0 = \lim_{m\to\infty}\frac{1}{m} &= \lim_{m\to\infty}\left(\lim_{n\to\infty} a_{mn}\right). \end{aligned}$$

Die Vertauschung zweier Grenzübergänge ist also nicht ohne weiteres erlaubt.

Lösung (73.38) (a) Für $n \in \mathbb{N}$ sei $s_n := \sup\{a_k \mid k \geq n\}$; dann ist $\lim_{n\to\infty} s_n = \limsup_{n\to\infty} a_n := s$. Nach Definition des Supremums einer Menge gibt es zunächst einen Index n_1 mit $s_1 - 1 < a_{n_1} \leq s_1$. Weiter gibt es einen Index $n_2 > n_1$ mit $s_{n_1+1} - (1/2) < a_{n_2} \leq s_{n_1+1}$. Fahren wir in dieser Weise fort, so erhalten wir eine Folge $n_1 < n_2 < n_3 < \cdots$ mit

$$s_{n_k+1} - \frac{1}{k} < a_{n_k} \leq s_{n_k+1}.$$

Da die linke und die rechte Seite dieser Ungleichung für $k\to\infty$ beide gegen s konvergieren, gilt auch $a_{n_k}\to s$; es gibt also eine Teilfolge von (a_n), die gegen s konvergiert, so daß s ein Häufungspunkt von (a_n) ist.

Nun sei a ein beliebiger Häufungspunkt von (a_n); es gibt dann eine Teilfolge (a_{n_k}) mit $a_{n_k}\to a$. Unmittelbar nach Definition der Zahlen s_n gilt $a_{n_k}\leq s_{n_k}$ für alle $k\in\mathbb{N}$. Grenzübergang $k\to\infty$ in dieser Ungleichung liefert $a\leq s$. Damit ist gezeigt, daß jeder Häufungspunkt der Folge (a_n) höchstens den Wert s hat.

Insgesamt ist damit gezeigt, daß s der größte Häufungspunkt der Folge (a_n) ist.

(b) Der Beweis kann völlig analog zu demjenigen in Teil (a) geführt werden. Wir gehen hier anders vor und führen (b) auf (a) zurück. Es gilt $\liminf_{n\to\infty} a_n = -\limsup_{n\to\infty}(-a_n)$. Nach (a) ist $\limsup(-a_n)$ der größte Häufungspunkt der Folge $(-a_n)$; also ist $-\limsup(-a_n)$ der kleinste Häufungspunkt der Folge $-(-a_n) = (a_n)$. Das ist aber schon die Behauptung.

(c) Ist die Folge (a_n) konvergent, so ist sie auch nach unten und oben beschränkt, so daß $\liminf_{n\to\infty} a_n$ und $\limsup_{n\to\infty} a_n$ existieren. Es sei a der Grenzwert von (a_n); dann konvergieren auch alle Teilfolgen von (a_n) gegen a, so daß a der einzige Häufungspunkt von (a_n) ist. Insbesondere müssen dann die Häufungspunkte $\liminf_{n\to\infty} a_n$ und $\limsup_{n\to\infty} a_n$ beide mit a übereinstimmen.

Umgekehrt mögen $\liminf_n a_n$ und $\limsup_n a_n$ beide existieren und den gemeinsamen Wert a haben. In der für jedes n gültigen Ungleichung

$$\inf\{a_k \mid k\geq n\} \leq a_n \leq \sup\{a_k \mid k\geq n\}$$

streben für $n\to\infty$ sowohl die linke als auch die rechte Seite gegen a; nach dem Einschnürungskriterium folgt dann $a_n\to a$, so daß (a_n) gegen a konvergiert.

Lösung (73.39) Wir schreiben jeweils $A = \{a_1, a_2, a_3, \ldots\}$ für die Menge der Folgenglieder.

(a) Die Folge $(a_1, a_2, a_3, a_4, a_5, \ldots)$ ist gegeben durch

$$\left(0, \frac{1}{2}, -\frac{2}{3}, \frac{3}{4}, -\frac{4}{5}, \ldots\right).$$

Die Teilfolge $(a_1, a_3, a_5, \ldots)$ fällt streng monoton gegen -1, die Teilfolge $(a_2, a_4, a_6, \ldots)$ wächst streng monoton gegen 1. Hieraus erhalten wir $\inf(A) = \liminf_{n\to\infty} a_n = -1$ und $\sup(A) = \limsup_{n\to\infty} a_n = 1$. Die Folge (a_n) hat zwei Häufungspunkte, nämlich 1 und -1.

(b) Die Folge $(a_1, a_2, a_3, a_4, a_5, \ldots)$ ist gegeben durch

$$\left(2, -\frac{3}{2}, \frac{4}{3}, -\frac{5}{4}, \frac{6}{5}, \ldots\right).$$

Die Teilfolge $(a_1, a_3, a_5, \ldots)$ fällt streng monoton gegen 1, die Teilfolge $(a_2, a_4, a_6, \ldots)$ wächst streng monoton gegen -1. Hieraus erhalten wir $\inf(A) = \min(A) = a_2 = -3/2$, $\liminf_{n\to\infty} a_n = -1$, $\sup(A) = \max(A) = a_1 = 2$ sowie $\limsup_{n\to\infty} a_n = 1$. Die Folge (a_n) hat wieder die beiden Häufungspunkte 1 und -1.

(c) Wegen

$$\cos(n\pi/2) = \begin{cases} 0, & \text{falls } n = 4k+1 \\ -1, & \text{falls } n = 4k+2 \\ 0, & \text{falls } n = 4k+3 \\ 1, & \text{falls } n = 4k+4 \end{cases} \quad \text{mit } k\in\mathbb{N}_0$$

ist die Folge $(a_1, a_2, a_3, a_4, a_5, a_6, \ldots)$ gegeben durch

$$\left(0, -\frac{4}{5}, 0, \frac{16}{17}, 0, -\frac{36}{37}, \ldots\right).$$

Die Teilfolge $(a_1, a_3, a_5, \ldots)$ ist konstant mit dem Wert 0, die Teilfolge $(a_2, a_6, a_{10}, \ldots)$ fällt streng monoton gegen -1, und die Teilfolge $(a_4, a_8, a_{12}, \ldots)$ wächst streng monoton gegen 1. Hieraus erhalten wir $\inf(A) = \liminf_{n\to\infty} a_n = -1$ und $\sup(A) = \limsup_{n\to\infty} a_n = 1$. Die Folge hat drei Häufungspunkte, nämlich -1, 0 und 3.

Aufgaben zu »Die Vollständigkeit der Zahlengeraden« siehe Seite 57

(d) Wegen

$$\cos(2n\pi/3) \;=\; \begin{cases} -1/2, & \text{falls } n = 3k+1 \\ -1/2, & \text{falls } n = 3k+2 \\ 1, & \text{falls } n = 3k+3 \end{cases} \quad (k \in \mathbb{N}_0)$$

und

$$1 + (-1)^n \;=\; \begin{cases} 0, & \text{falls } n \text{ ungerade} \\ 2, & \text{falls } n \text{ gerade} \end{cases}$$

erhalten wir

$$a_n \;=\; \begin{cases} 0. & \text{falls } n = 6k+1 \\ -1, & \text{falls } n = 6k+2 \\ 0, & \text{falls } n = 6k+3 \\ -1, & \text{falls } n = 6k+4 \\ 0, & \text{falls } n = 6k+5 \\ 2, & \text{falls } n = 6k+6 \end{cases} \quad (k \in \mathbb{N}_0).$$

Die Folge (a_n) ist also die periodische Folge

$$(0, -1, 0, -1, 0, 2, 0, -1, 0, -1, 0, 2, \ldots).$$

Hieraus erhalten wir $\inf(A) = \min(A) = \liminf_{n\to\infty} a_n = -1$ und $\sup(A) = \max(A) = \limsup_{n\to\infty} a_n = 2$. Die Folge hat drei Häufungspunkte, nämlich -1, 0 und 2.

(e) Es gilt

$$\frac{a_{n+1}}{a_n} \;=\; \frac{1000^{n+1}\cdot n!}{(n+1)!\cdot 1000^n} \;=\; \frac{1000}{n+1} \begin{cases} < 1, & \text{falls } n > 999; \\ = 1, & \text{falls } n = 999; \\ \geq 1, & \text{falls } n \leq 999. \end{cases}$$

Wir haben also $1000 = a_1 < a_2 < a_3 \cdots < a_{999} = a_{1000} > a_{1001} > a_{1002} > \cdots > 0$. Damit erhalten wir $\sup(A) = \max(A) = a_{999} = a_{1000} = 1000^{1000}/1000!$. Wir behaupten, daß $a_n \to 0$ für $n \to \infty$ gilt; ist dies gezeigt, so wissen wir, daß $\liminf_{n\to\infty} a_n = \limsup_{n\to\infty} a_n = 0$ gilt und daß 0 der einzige Häufungspunkt der Folge und gleichzeitig das Infimum von A ist.

Für alle $n \geq 1000$ gilt

$$\begin{aligned} 0 \;\leq\; a_n \;&=\; \frac{1000}{1}\cdot\frac{1000}{2}\cdots\frac{1000}{1000}\cdot\frac{1000}{1001}\cdot\frac{1000}{1002}\cdots\frac{1000}{n} \\ &\leq\; \frac{1000}{1}\cdot\frac{1000}{2}\cdots\frac{1000}{1000}\cdot\frac{1000}{1001}\cdot\frac{1000}{1001}\cdots\frac{1000}{1001} \\ &=\; \underbrace{\frac{1000}{1}\cdot\frac{1000}{2}\cdots\frac{1000}{1000}}_{=:\,B}\cdot\left(\frac{1000}{1001}\right)^{n-1000}, \end{aligned}$$

also $0 \leq a_n \leq B\cdot q^{n-1000}$ mit $q := 1000/1001$. Wegen $0 < q < 1$ gilt $q^n \to 0$ und damit auch $a_n = (B/q^{1000})\cdot q^n \to 0$ für $n \to \infty$.

(f) Die Folge $(a_1, a_2, a_3, a_4, a_5, \ldots)$ ist gegeben durch

$$\left(4,\, 2\frac{1}{2},\, 1\frac{1}{8},\, 3\frac{1}{4},\, 2\frac{4}{5},\, 1\frac{1}{64},\, \ldots\right).$$

Die Teilfolge $(a_1, a_4, a_7, \ldots)$ fällt streng monoton gegen 2, die Teilfolge $(a_2, a_5, a_8, \ldots)$ wächst streng monoton gegen 3, und die Teilfolge $(a_3, a_6, a_9, \ldots)$ fällt streng monoton gegen 1. Hieraus erhalten wir $\inf(A) = \liminf_{n\to\infty} a_n = 1$, $\sup(A) = \max(A) = 4$ sowie $\limsup_{n\to\infty} a_n = 3$. Die Folge (a_n) hat die drei Häufungspunkte 1, 2 und 3.

Lösung (73.40) Für $x = 0.37$ erhalten wir

$$\begin{aligned} a_1(x) &= 0.37 - [0.37] &= 0.37; \\ a_2(x) &= 0.74 - [0.74] &= 0.74; \\ a_3(x) &= 1.11 - [1.11] &= 0.11; \\ a_4(x) &= 1.48 - [1.48] &= 0.48; \\ a_5(x) &= 1.85 - [1.85] &= 0.85; \\ a_6(x) &= 2.22 - [2.22] &= 0.22. \end{aligned}$$

Wir bilden also $a_n(x)$, indem wir nx berechnen und dann den ganzzahligen Anteil weglassen, also nur die Stellen nach dem Dezimalpunkt übernehmen. Wir beweisen nun die angegebenen Aussagen.

(a) Ist $x \in \mathbb{Z}$, so ist nx für jedes $n \in \mathbb{N}$ eine ganze Zahl, so daß $[nx] = nx$ und damit $a_n(x) = 0$ gilt. Also ist $(a_n(x))$ die konstante Folge mit dem Wert Null.

(b) Ist $x \in \mathbb{Q}\backslash\mathbb{Z}$, so gibt es eine eindeutige Darstellung $x = m + (r/s)$ mit $m \in \mathbb{Z}$ und teilerfremden natürlichen Zahlen $0 < r < s$. Dann sind für $0 \leq n \leq s-1$ die Zahlen

$$nx - [nx] \;=\; \frac{nr}{s}$$

paarweise verschieden, während sich für $n = s$ wieder der gleiche Wert ergibt wie für $n = 0$; ab dann wiederholen sich die Zahlenwerte. Die Folge $(a_n(x))$ hat also in diesem Fall die Periode s.

(c) Ist $x \in \mathbb{R} \setminus \mathbb{Q}$ irrational, so sind die Zahlen $a_n(x)$ paarweise verschieden. Würde für $m \neq n$ nämlich $a_m(x) = a_n(x)$ gelten, also $mx - [mx] = nx - [nx]$ bzw. $(m-n)x = [mx] - [nx]$, so wäre $x = ([mx] - [nx])/(m-n)$ der Quotient zweier ganzer Zahlen und damit eine rationale Zahl. Damit ist die erste Aussage des Hinweises gezeigt.

Wir wollen nun auch die zweite Aussage des Hinweises beweisen. Es seien $a \in [0,1]$ und $\varepsilon > 0$ beliebig vorgegeben. Wir wählen ein $N \in \mathbb{N}$ mit $1/N < \varepsilon$ und zerlegen das Intervall $[0,1]$ dann in N gleichgroße Teilintervalle der Länge $1/N < \varepsilon$. Dann müssen von den $N+1$ Zahlen $a_0(x), a_1(x), \ldots, a_N(x)$ mindestens zwei im gleichen dieser N Intervalle liegen, sagen wir $a_m(x)$ und $a_{m+k}(x)$ mit $k \geq 1$. Für $\xi := a_{m+k}(x) - a_m(x)$ gilt dann einerseits $|\xi| < \varepsilon$, andererseits

$$\begin{aligned} \xi \;&=\; (m+k)x - [(m+k)x] - mx + [mx] \\ &=\; kx - [mx + kx] +]mx] \;=\; kx + \mu \end{aligned}$$

mit $\mu \in \mathbb{Z}$. Für alle $n \in \mathbb{N}$ gilt dann

$$(\star)\quad \begin{aligned} a_{nk}(x) \;&=\; nkx - [nkx] \;=\; n\xi - n\mu - [n\xi - n\mu] \\ &=\; n\xi - n\mu - [n\xi] + n\mu \;=\; n\xi - [n\xi] \;=\; a_n(\xi). \end{aligned}$$

Aufgaben zu »Die Vollständigkeit der Zahlengeraden« siehe Seite 57

Ist $\xi > 0$, so erfolgt der Übergang von $a_n(\xi)$ zu $a_{n+1}(\xi)$ entweder durch einen Schritt nach rechts um $\xi < \varepsilon$ oder durch einen Sprung von dem letzten Intervall $[(N-1)/N, 1]$ in das erste Intervall $[0, 1/N]$. Ist $\xi < 0$, so erfolgt der Übergang von $a_n(\xi)$ zu $a_{n+1}(\xi)$ entweder durch einen Schritt nach links um $|\xi| < \varepsilon$ oder durch einen Sprung von dem ersten Intervall $[0, 1/N]$ in das letzte Intervall $[(N-1)/N, 1]$. In jedem Fall verbleibt man bei jedem Schritt von $a_n(\xi)$ zu $a_{n+1}(\xi)$ entweder im gleichen der N Intervalle oder wechselt in ein benachbartes Intervall; keinesfalls wird ein Intervall übersprungen. Damit ist klar, daß die Folgenglieder $a_n(\xi)$ unendlich oft jedes der Intervalle $[0, 1/N]$, $[1/N, 2/N]$, ..., $[(N-1)/N, 1]$ treffen, insbesondere auch dasjenige, in dem die vorgegebene Zahl a liegt. Jede Zahl in diesem Intervall ist aber von a um weniger als ε entfernt. Also gibt es eine Teilfolge von $(a_n(\xi))$, deren Glieder x allesamt die Bedingung $|x-a| < \varepsilon$ erfüllen. Wegen $(\star)$ ist diese Teilfolge dann automatisch auch eine Teilfolge der ursprünglichen Folge $\big(a_n(x)\big)$; damit ist die zweite Aussage des Hinweises bewiesen.

Wir wenden diese Aussage jetzt nacheinander mit $\varepsilon = 1$, $\varepsilon = 1/2$, $\varepsilon = 1/3$, $\varepsilon = 1/4$ und so weiter an. Zunächst gibt es einen Index $n_1 \in \mathbb{N}$ mit $|a_{n_1}(x) - a| < 1$. Sind $n_1 < n_2 < \cdots < n_k$ mit $|a_{n_i}(x) - a| < 1/i$ für $1 \le i \le k$ konstruiert, so wählen wir einen Index $n_{k+1} > n_k$ derart, daß $a_{n_{k+1}}(x)$ eines der unendliche vielen Elemente $a_n(x)$ mit $|a_n(x) - a| < 1/(k+1)$ ist. Mit dieser Konstruktion erhalten wir eine Folge $n_1 < n_2 < n_3 < \cdots$ derart, daß

$$|a_{n_\ell} - a| < 1/\ell$$

für alle $\ell \in \mathbb{N}$ gilt, was für $\ell \to \infty$ sofort auf $a_{n_\ell}(x) \to a$ führt. Also gibt es eine Teilfolge von $\big(a_n(x)\big)$, die gegen a konvergiert; also ist a ein Häufungspunkt der Folge $\big(a_n(x)\big)$. Da a beliebig war, ist alles bewiesen.

Lösung (73.41) (a) Konvergiert eine Folge gegen einen Grenzwert ξ, so konvergieren auch alle Teilfolgen dieser Folge gegen ξ. Umgekehrt mögen die beiden Teilfolgen $(a_1, a_3, a_5, \ldots)$ und $(a_2, a_4, a_6, \ldots)$ gegen den gleichen Wert ξ konvergieren. Zu gegebenem $\varepsilon > 0$ gibt es dann Indices n_1 und n_2 mit $|a_{2n+1} - \xi| < \varepsilon$ für alle $n \ge n_1$ und $|a_{2n} - \xi| < \varepsilon$ für alle $n \ge n_2$. Setze $N := \max(2n_1+1, 2n_2)$; für alle $n \ge N$ gilt dann $|a_n - \xi| < \varepsilon$. Da $\varepsilon > 0$ beliebig war, ist damit $a_n \to \xi$ gezeigt.

(b) Dies ist eigentlich nur eine Umformulierung von Teil (a). Die Aussage ergibt sich durch Anwendung von Teil (a) auf die Folge

$$(x_1, x_2, x_3, x_4, \ldots) := (a_1, b_1, a_2, b_2, \ldots).$$

Lösung (73.42) Die Folge (s_n) sei konvergent, und $\varepsilon > 0$ sei beliebig vorgegeben. Nach dem Cauchykriterium gibt es einen Index N mit $|s_n - s_m| < \varepsilon$ für alle $n \ge m \ge N$. Speziell mit $n := m+1$ gilt dann $\varepsilon > |s_{m+1} - s_m| = |a_{m+1}|$ für alle $m \ge N$, also $|a_n| < \varepsilon$ für alle $n \ge N+1$. Da $\varepsilon > 0$ beliebig war, ist hiermit $a_n \to 0$ gezeigt.

Bemerkung: Die Konvergenz von (s_n) impliziert also $a_n \to 0$. Daß umgekehrt aus $a_n \to 0$ noch nicht die Konvergenz von (s_n) folgt, sieht man an dem in Aufgabe (73.3) gegebenen Beispiel.

Lösung (73.43) Wir unterscheiden zwei Fälle.

Erster Fall: $a_n \to 0$. In diesem Fall gilt

$$0 \le b_n = \frac{a_n}{a_1 + a_2 + \cdots + a_n} \le \frac{a_n}{a_1} \to 0 \quad \text{für } n \to \infty.$$

Zweiter Fall: $a_n \not\to 0$. In diesem Fall divergiert nach der vorigen Aufgabe die Folge (s_n); da diese monoton wächst, bedeutet dies $s_n \to \infty$ und damit $1/s_n \to 0$. In diesem Fall gilt

$$0 \le b_n = \frac{a_n}{s_n} \le M \cdot \frac{1}{s_n} \to 0 \quad \text{für } n \to \infty.$$

In beiden Fällen gilt also $b_n \to 0$ nach dem Einschnürungskriterium.

Lösung (73.44) Die Menge $X := \{x \in [a,b] \mid x \le f(x)\}$ ist nicht leer (denn $a \in X$) und nach oben beschränkt (durch b); also existiert $s := \sup(X)$, und es gilt $s \in X$. Wir wollen zeigen, daß $f(s) = s$ gilt, daß also s ein Fixpunkt von f ist.

• **Annahme:** $s < f(s)$. Da f monoton wächst, folgt hieraus $f(s) \le f\big(f(s)\big)$ und damit $f(s) \in X$, folglich $f(s) \le \sup(X) = s$ im Widerspruch zur Annahme $s < f(s)$.

• **Annahme:** $f(s) < s$. Wegen $s = \sup(X)$ gibt es dann ein Element $x \in X$ mit $f(s) < x \le s$. Da f monoton wächst, folgt aus $x \le s$ schon $f(x) \le f(s)$, wegen $x \le f(x)$ (da $x \in X$) also erst recht $x \le f(s)$, während nach Wahl von x doch $f(s) < x$ gelten sollte - ein Widerspruch!

Die Annahme $s \ne f(s)$ führt also in jedem Fall auf einen Widerspruch; also kann nur $s = f(s)$ gelten. Anschaulich ist das Ergebnis klar, denn der Graph der Funktion f muß sich von der Menge $\{a\} \times [a,b]$ zur Menge $\{b\} \times [a,b]$ erstrecken, was wegen des monotonen Wachstums von f nicht möglich ist, ohne daß der Graph von f mindestens einmal die Winkelhalbierende kreuzt.

Lösung (73.45) (a) Kürzen mit x^4 liefert

$$\lim_{x\to\infty} \frac{4x^4 - x^2 + 2}{x + 3x^3 - 2x^4} = \lim_{x\to\infty} \frac{4 - (1/x^2) + (2/x^4)}{(1/x^3) + (3/x) - 2} = \frac{4 - 0 + 0}{0 + 0 - 2} = -2.$$

(b) Der Zähler läßt sich umformen zu $x^3 - x^2 - x - 1 = x^2(x+1) - (x+1) = (x+1)(x^2-1) = (x-1)^2(x-1)$; Kürzen mit $x-1$ liefert dann

$$\lim_{x\to 1} \frac{x^3 + x^2 - x - 1}{x - 1} = \lim_{x\to 1} \frac{(x+1)^2(x-1)}{(x-1)} = \lim_{x\to 1} \frac{(x+1)^2}{1} = 2^2 = 4.$$

Aufgaben zu »Die Vollständigkeit der Zahlengeraden« siehe Seite 57

(c) Erweitern mit $1+\sqrt{1-x^2}$ liefert

$$\lim_{x\to 0}\frac{1-\sqrt{1-x^2}}{x^2}\cdot\frac{1+\sqrt{1-x^2}}{1+\sqrt{1-x^2}} = \lim_{x\to 0}\frac{x^2}{x^2(1+\sqrt{1-x^2})}$$
$$= \lim_{x\to 0}\frac{1}{1+\sqrt{1-x^2}} = \frac{1}{1+\sqrt{1}} = \frac{1}{2}.$$

(d) Erweitern mit $\sqrt{x+1}+\sqrt{x}$ liefert

$$\lim_{x\to\infty}\sqrt{2x}\cdot(\sqrt{x+1}-\sqrt{x})\cdot\frac{\sqrt{x+1}+\sqrt{x}}{\sqrt{x+1}+\sqrt{x}}$$
$$= \lim_{x\to\infty}\frac{\sqrt{2x}}{\sqrt{x+1}+\sqrt{x}}$$
$$= \lim_{x\to\infty}\frac{\sqrt{2}}{\sqrt{1+(1/x)}+1} = \frac{\sqrt{2}}{\sqrt{1}+1} = \frac{\sqrt{2}}{2}.$$

(e) Der Zähler läßt sich umformen zu $x^3+x^2-x-1 = x^2(x+1)-(x+1) = (x+1)(x^2-1) = (x+1)^2(x-1)$; der Nenner läßt sich, wie die Polynomdivision $x^3-1 : x-1$ zeigt, schreiben als $x^3-1 = (x-1)(x^2+x+1)$. Kürzen mit $x-1$ liefert dann

$$\lim_{x\to 1}\frac{x^3+x^2-x-1}{x^3-1} = \lim_{x\to 1}\frac{(x+1)^2(x-1)}{(x^2+x+1)(x-1)}$$
$$= \lim_{x\to 1}\frac{x^2+2x+1}{x^2+x+1} = \frac{1^2+2\cdot 1+1}{1^2+1+1} = \frac{4}{3}.$$

(f) Ausführen der Polynomdivision $(x^4-a^4):(x-a)$ liefert

$$\lim_{x\to a}\frac{x^4-a^4}{x-a} = \lim_{x\to a}(x^3+x^2a+xa^2+a^3)$$
$$= a^3+a^3+a^3+a^3 = 4a^3.$$

(g) Es gilt

$$\lim_{x\to 1}\frac{x^2-1}{x^2+1} = \frac{0}{2} = 0.$$

(h) Da der Zählergrad größer ist als der Nennergrad, ist der gesuchte Funktionsgrenzwert gleich ∞.

(i) Wir formen den Zähler nach der dritten binomischen Formel um und kürzen dann. Der gesuchte Grenzwert ist

$$\lim_{x\to 1}\frac{(1-\sqrt{x})(1+\sqrt{x})}{1-\sqrt{x}} = \lim_{x\to 1}(1+\sqrt{x}) = 2.$$

(j) Nach Kürzen mit x^2 ergibt sich der Grenzwert

$$\lim_{x\to\infty}\frac{1}{1-(4/x)+(1/x^2)} = \frac{1}{1-0+0} = 1.$$

(k) Erweitern mit $\sqrt{1+x}+1$ liefert

$$\lim_{x\to 0}\frac{(\sqrt{1+x}-1)(\sqrt{1+x}+1)}{x(\sqrt{1+x}+1)} = \lim_{x\to 0}\frac{(1+x)-1}{x(\sqrt{1+x}+1)}$$
$$= \lim_{x\to 0}\frac{x}{x(\sqrt{1+x}+1)} = \lim_{x\to 0}\frac{1}{\sqrt{1+x}+1} = \frac{1}{1+1} = \frac{1}{2}.$$

(l) Wir schreiben den Ausdruck unter einer Wurzel und kürzen dann mit x unter der Wurzel; dies liefert den Grenzwert

$$\lim_{x\to\infty}\sqrt{\frac{x+\sqrt{x+\sqrt{x}}}{x+1}} = \lim_{x\to\infty}\sqrt{\frac{1+\sqrt{(1/x)+\big(1/(x\sqrt{x})\big)}}{1+(1/x)}}$$
$$= \sqrt{\frac{1+\sqrt{0+0}}{1+0}} = \sqrt{1} = 1.$$

(m) Es gilt

$$\lim_{x\to 4}\frac{5x+2}{2x+3} = \frac{20+2}{8+3} = \frac{22}{11} = 2.$$

(n) Nach Kürzen mit x erhalten wir

$$\lim_{x\to\infty}\frac{3x+5}{2x+7} = \lim_{x\to\infty}\frac{3+(5/x)}{2+(7/x)} = \frac{3+0}{2+0} = \frac{3}{2}.$$

(o) Nach Faktorisieren des Zählers und des Nenners und anschließendem Kürzen erhalten wir

$$\lim_{x\to 3}\frac{(x-3)(x+3)}{x(x-3)} = \lim_{x\to 3}\frac{x+3}{x} = \frac{3+3}{3} = 2.$$

(p) Nach Faktorisieren des Zählers und des Nenners und anschließendem Kürzen erhalten wir

$$\frac{x^3-1000}{x^3-20x^2+100x} = \frac{(x-10)(x^2+10x+100)}{x(x-10)^2}$$
$$= \frac{x^2+10x+100}{x(x-10)}.$$

Der Grenzwert dieses Ausdrucks für $x\to 10$ existiert nicht. (Der linksseitige Grenzwert ist $-\infty$, der rechtsseitige Grenzwert ist $+\infty$.)

(q) Nach Erweitern mit $\sqrt{x+4}+2$ und anschließendem Kürzen erhalten wir

$$\lim_{x\to 0}\frac{\sqrt{x+4}-2}{x} = \lim_{x\to 0}\frac{(\sqrt{x+4}-2)(\sqrt{x+4}+2)}{x(\sqrt{x+4}+2)}$$
$$= \lim_{x\to 0}\frac{(x+4)-4}{x(\sqrt{x+4}+2)} = \lim_{x\to 0}\frac{1}{\sqrt{x+4}+2} = \frac{1}{2+2} = \frac{1}{4}.$$

(r) Der betrachtete Grenzwert ist

$$\lim_{x\to\infty}\sqrt{\frac{9x^8-12x^4+4}{x^8+3x+4}} = \lim_{x\to\infty}\sqrt{\frac{9-(12/x^4)+(4/x^8)}{1+(3/x^7)+(4/x^8)}}$$
$$= \sqrt{\frac{9-0+0}{1+0+0}} = \sqrt{9} = 3.$$

Lösung (73.46) Wäre die Behauptung falsch, so gäbe es eine Folge (x_n) und eine Zahl $\varepsilon > 0$ mit $x_n \to a$ und $x_n < a$ für alle $n \in \mathbb{N}$ sowie $|f(x_n)-b| > \varepsilon$ für alle

Aufgaben zu »Die Vollständigkeit der Zahlengeraden« siehe Seite 57

$n \in \mathbb{N}$. Die Folge (x_n) besitzt aber eine monoton wachsende Teilfolge (a_n), und für diese gälte dann ebenfalls $a_n \to a$ sowie $|f(a_n) - b| > \varepsilon$ für alle $n \in \mathbb{N}$, während nach Voraussetzung aber $f(a_n) \to b$ gelten müßte.

Lösung (73.47) Gegeben seien eine auf einem Intervall I definierte Funktion $f: I \to \mathbb{R}$ und ein Punkt x_0 im Innern von I. Für hinreichend kleine Werte $\varepsilon > 0$ existieren dann

$$(\star) \quad u(\varepsilon) := \inf_{|x-x_0|\leq\varepsilon} f(x) \quad \text{und} \quad v(\varepsilon) := \sup_{|x-x_0|\leq\varepsilon} f(x)$$

als Werte in $\mathbb{R} \cup \{\pm\infty\}$, und für $\varepsilon_1 < \varepsilon_2$ gelten die Bedingungen $u(\varepsilon_1) \geq u(\varepsilon_2)$ und $v(\varepsilon_1) \leq v(\varepsilon_2)$. (Wenn also ε näher und näher gegen 0 rückt, so kann u allenfalls größer, v allenfalls kleiner werden.) Daher existieren

$(\star\star)$

$$\liminf_{x\to x_0} f(x) := \lim_{\varepsilon\to 0+} u(\varepsilon) = \lim_{\varepsilon\to 0+} \inf_{|x-x_0|\leq\varepsilon} f(x) \quad \text{und}$$

$$\limsup_{x\to x_0} f(x) := \lim_{\varepsilon\to 0+} v(\varepsilon) = \lim_{\varepsilon\to 0+} \sup_{|x-x_0|\leq\varepsilon} f(x)$$

als eigentliche oder uneigentliche Grenzwerte. Existiert $\lim_{x\to x_0} f(x)$, so müssen die beiden Werte $(\star\star)$ mit diesem Grenzwert übereinstimmen; aus (1) folgt daher (2) (und zwar jeweils sogar mit Gleichheit). Gilt umgekehrt (2), so folgt (1), denn es gilt immer $\liminf_{x\to x_0} f(x) \leq \limsup_{x\to x_0} f(x)$, bei Gültigkeit von (2) aber zusätzlich auch $\liminf_{x\to x_0} f(x) \geq \limsup_{x\to x_0} f(x)$ und damit Gleichheit.

Bemerkung 1: Offensichtlich ist $\liminf_{x\to x_0} f(x)$ der kleinstmögliche Wert, gegen den für eine gegen x_0 konvergente Folge (x_n) die Bildfolge $\big(f(x_n)\big)$ konvergieren kann, dagegen $\limsup_{x\to x_0} f(x)$ der größtmögliche solche Wert.

Bemerkung 2: In manchen Fällen ist f an der Stelle x_0 gar nicht definiert; in diesen Fällen ist in den Definitionen $(\star)$ und $(\star\star)$ die Infimums- bzw. Supremumsbildung nur über alle x mit $0 < |x - x_0| \leq \varepsilon$ und damit $x \neq x_0$ durchzuführen. In Bemerkung 1 sind dann nur solche Folgen (x_n) zu betrachten, bei denen alle Glieder von x_0 verschieden sind.

Lösung (73.48) Es gilt

$$f(x) = \begin{cases} 1, & \text{falls } |x| < 1; \\ 1/2, & \text{falls } |x| = 1; \\ 0, & \text{falls } |x| > 1. \end{cases}$$

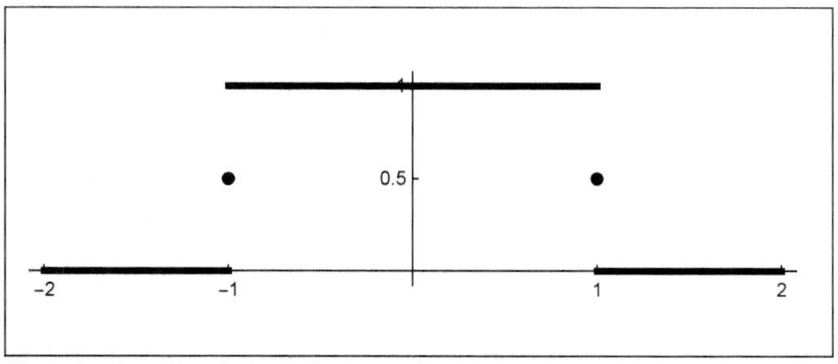

Graph der Funktion f.

Lösung (73.49) Wir müssen zeigen, daß es zu jeder Zahl $y \in \mathbb{R}$ genau eine Zahl $x \in (0,1)$ gibt mit

$$(\star) \quad y = \frac{2x-1}{x-x^2} \quad \text{bzw.} \quad yx^2 - yx + 2x - 1 = 0.$$

Für $y = 0$ hat diese Gleichung die eindeutige Lösung $x = 1/2$ (und umgekehrt führt $x = 1/2$ auch auf $y = 0$). Für $y \neq 0$ ist $(\star)$ äquivalent mit

$$x^2 - \frac{y-2}{y}x - \frac{1}{y} = 0 \quad \text{bzw.} \quad x_{1,2} = \frac{y - 2 \pm \sqrt{y^2+4}}{2y}.$$

Wir behaupten, daß von den beiden Lösungen $x_{1,2}$ genau eine im Intervall $(0,1)$ liegt, nämlich

$$x = \frac{y-2+\sqrt{y^2+4}}{2y}.$$

Dazu unterscheiden wir die Fälle $y > 0$ und $y < 0$. Ist $y > 0$, so ist die Bedingung $0 < x < 1$ äquivalent mit $0 < y - 2 + \sqrt{y^2+4} < 2y$ bzw. $2 - y < \sqrt{y^2+4} < y + 2$, und dies ist wegen $y > 0$ erfüllt. (Es gilt ja sogar $2 < \sqrt{y^2+4} < y + 2$.) Andererseits gilt $(y - 2 - \sqrt{y^2+4})/(2y) < 0$)nachrechnen!), so daß nur die Lösung x im Intervall $(0,1)$ liegt. Gilt dagegen $y < 0$, so ist die Bedingung $0 < x < 1$ äquivalent mit $0 > y - 2 + \sqrt{y^2+4} > 2y$ bzw. $y + 2 < \sqrt{y^2+4} < 2 - y$, also $2 - |y| < \sqrt{y^2+4} < 2 + |y|$, und diese Bedingung ist wieder erfüllt. (Es gilt ja sogar die stärkere Bedingung $2 < \sqrt{y^2+4} < |y| + 2$.) Andererseits gilt $(y-2-\sqrt{y^2+4})/(2y) > 1$ (nachrechnen!), so daß nur die Lösung x im Intervall $(0,1)$ liegt. Damit ist gezeigt, daß die angegebene Funktion $f: (0,1) \to \mathbb{R}$ die (wohldefinierte) Umkehrfunktion $g: \mathbb{R} \to (0,1)$ hat, die definiert ist durch

$$g(y) := \begin{cases} (y - 2 + \sqrt{y^2+4})/(2y), & \text{falls } y \neq 0; \\ 1/2, & \text{falls } y = 0. \end{cases}$$

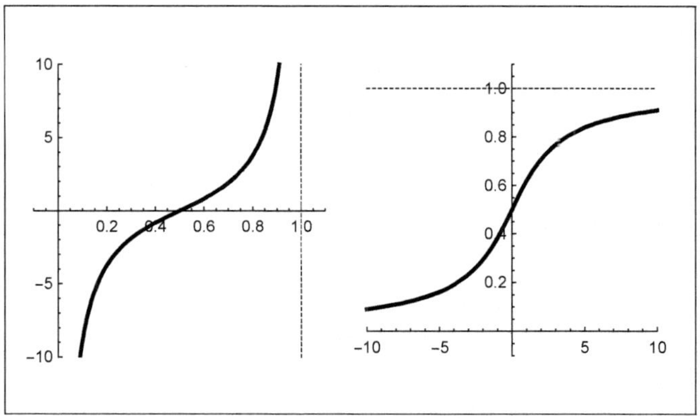

Graphen der Funktion f (links) und g (rechts). Die Abbildungen sind nicht maßstabsgetreu!

Lösung (73.50) Ist auch nur eine der beiden Dezimaldarstellungen $0.a_1a_2a_3\ldots$ und $0.b_1b_2b_3\ldots$ nichtabbrechend, so ist auch die Dezimaldarstellung $0.a_1b_1a_2b_2\ldots$

nichtabbrechend. Da jede Zahl $x \in (0,1]$ eine eindeutige nichtabbrechende Dezimaldarstellung besitzt, ist die Abbildung f daher wohldefiniert und injektiv. Sie ist nicht surjektiv, weil Zahlen der Form $0.a_1 \ldots a_n 0\star 0\star 0\star 0\star \ldots$ nicht im Bild von f vorkommen.

Wir schreiben kurz $I := (0,1]$. Die Existenz einer injektiven Abbildung $I \times I \to I$ zeigt, daß $|I \times I| \leq |I|$ gilt. Da es umgekehrt trivialerweise eine injektive Abbildung $I \to I \times I$ gibt (zum Beispiel $x \mapsto (x,1)$), gilt auch $|I| \leq |I \times I|$. Nach dem Satz von Schröder und Bernstein gilt dann $|I| = |I \times I|$, d.h., das Intervall I und das "Quadrat" $I \times I$ sind gleichmächtig.

Lösung (73.51) Jeder Teilmenge A von $\mathbb{N}$ kann man die charakteristische Funktion $\chi_A : \mathbb{N} \to \{0,1\}$ zuordnen, die definiert ist durch

$$\chi_A(n) := \begin{cases} 1, & \text{falls } n \in A, \\ 0, & \text{falls } n \notin A; \end{cases}$$

dadurch ist eine Abbildung

$$S : \begin{array}{ccc} \mathfrak{P}(\mathbb{N}) & \to & \{0,1\}^{\mathbb{N}} \\ A & \mapsto & \chi_A \end{array}$$

definiert. Umgekehrt kann man jeder Funktion $f : \mathbb{N} \to \{0,1\}$ die Menge $f^{-1}(1) = \{n \in \mathbb{N} \mid f(n) = 1\}$ zuordnen; dadurch ist eine Abbildung

$$T : \begin{array}{ccc} \{0,1\}^{\mathbb{N}} & \to & \mathfrak{P}(\mathbb{N}) \\ f & \mapsto & f^{-1}(1) \end{array}$$

definiert. Man prüft sofort nach, daß S und T zueinander inverse Bijektionen sind; also sind $\mathfrak{P}(\mathbb{N})$ und $\{0,1\}^{\mathbb{N}}$ gleichmächtig. Da eine Folge $(a_1, a_2, a_3, \ldots)$ aus Nullen und Einsen nichts anderes ist als eine Abbildung $a : \mathbb{N} \to \{0,1\}$ (mit $a(n) = a_n$ für alle $n \in \mathbb{N}$), sind damit die in (a), (b) und (c) genannten Mengen allesamt gleichmächtig. Wir zeigen nun, daß sie gleichmächtig zu $\mathbb{R}$ sind. Da wir schon wissen, daß $\mathbb{R}$ gleichmächtig mit dem Intervall $(0,1]$ ist, genügt es dazu zu zeigen, daß die Mengen $\mathfrak{F}$ und $(0,1]$ gleichmächtig sind. Dazu beobachten wir, daß jede Zahl $x \in (0,1]$ eine eindeutige nichtabbrechende Darstellung im Zweiersystem (**dyadische Darstellung**) besitzt; diese werden wir in der Folge immer benutzen. Dann ist die Abbildung

$$\begin{array}{ccc} (0,1] & \to & \mathfrak{F} \\ 0.x_1x_2x_3\ldots & \mapsto & (x_1, x_2, x_3, \ldots) \end{array}$$

aufgrund der Eindeutigkeit der betrachteten Darstellung wohldefiniert und injektiv; die Existenz einer solchen Abbildung zeigt, daß $|(0,1]| \leq |\mathfrak{F}|$ gilt. Umgekehrt ist auch die Abbildung

$$\begin{array}{ccc} \mathfrak{F} & \to & (0,1] \\ (x_1, x_2, x_3, \ldots) & \mapsto & 0.x_1 1 x_2 1 x_3 1 \ldots \end{array}$$

injektiv, so daß auch $|\mathfrak{F}| \leq |(0,1]|$ gilt. (Beachte, daß die Abbildung $(x_1, x_2, x_3, \ldots) \mapsto 0.x_1x_2x_3\ldots$ **nicht** injektiv ist, weil diese etwa die beiden Folgen $(1,0,0,0,\ldots)$ und $(0,1,1,1,\ldots)$ auf die gleiche reelle Zahl abbildet.) Wegen $|(0,1]| \leq |\mathfrak{F}|$ und $|\mathfrak{F}| \leq |(0,1]|$ gilt nach dem Satz von Schröder und Bernstein dann $|(0,1]| = |\mathfrak{F}|$.

Es steht noch der Nachweis aus, daß $\mathbb{R}$ gleichmächtig mit der Menge $\mathbb{R}^{\mathbb{N}}$ aller reellen Zahlenfolgen ist. Nach dem Satz von Schröder und Bernstein genügt dazu der Nachweis, daß es sowohl eine injektive Abbildung $\mathbb{R} \to \mathbb{R}^{\mathbb{N}}$ als auch eine injektive Abbildung $\mathbb{R}^{\mathbb{N}} \to \mathbb{R}$ gibt. Offensichtlich ist durch

$$\begin{array}{ccc} \mathbb{R} & \to & \mathbb{R}^{\mathbb{N}} \\ x & \mapsto & (x,0,0,0,\ldots) \end{array}$$

eine injektive Abbildung $\mathbb{R} \to \mathbb{R}^{\mathbb{N}}$ gegeben. Um umgekehrt die Existenz einer injektiven Abbildung $\mathbb{R}^{\mathbb{N}} \to \mathbb{R}$ nachzuweisen, genügt es, eine injektive Abbildung $(0,1]^{\mathbb{N}} \to (0,1]$ anzugeben. Dazu schreiben wir ein Element $x \in (0,1]^{\mathbb{N}}$ in der Form $(x^{(1)}, x^{(2)}, x^{(3)}, \ldots)$, wobei $x^{(k)}$ die (eindeutige) nichtabbrechende dyadische Darstellung $0.x_1^{(k)}x_2^{(k)}x_3^{(k)}\ldots$ habe. Wir schreiben nun die Ziffern $x_i^{(k)}$ nach dem ersten Cantorschen Diagonalverfahren als Folge $(\xi_1, \xi_2, \xi_3, \ldots)$; es ist klar, daß dann $x \mapsto (\xi_1, \xi_2, \xi_3, \ldots)$ eine injektive Abbildung $(0,1]^{\mathbb{N}} \to \mathfrak{F}$ definiert. Damit ist alles gezeigt.

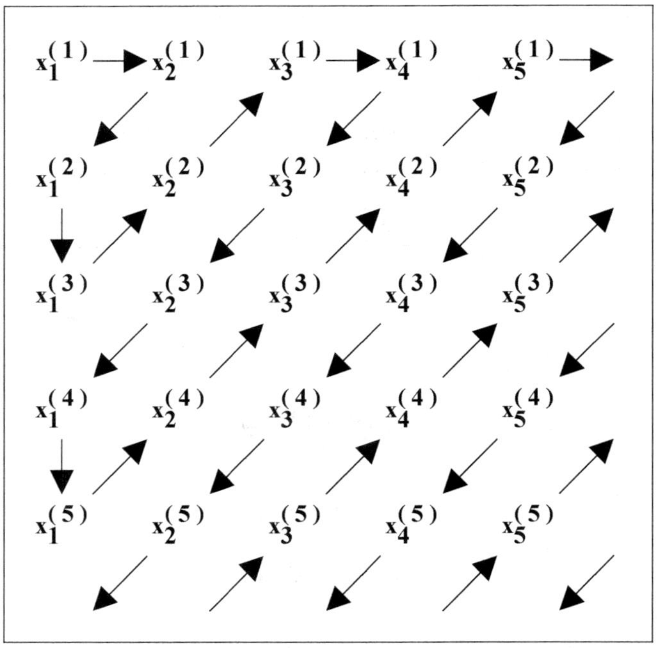

Anwendung des ersten Cantorschen Diagonalverfahrens auf eine Folge reeller Zahlen in dyadischer Darstellung.

Lösung (73.52) (a) Daß I_n aus 2^n disjunkten abgeschlossenen Intervallen der Länge $(1/3)^n$ besteht, folgt mit einer trivialen Induktion über n. Ebenso folgt die Aussage über die linken Randpunkte dieser Intervalle mit Induktion. Für $n = 1$ haben wir die beiden Intervalle $[0, 1/3]$ und $[2/3, 1]$; die auftretenden linken Randpunkte sind also $0/3$ und $2/3$. Beim Induktionsschritt $n \to n+1$ beobachten wir, daß ein linker Randpunkt x eines der Intervalle von I_{n+1} von der Form $x = a$ oder $x = a + 2/3^{k+1}$

ist, wobei a ein linker Randpunkt eines der Intervalle von I_n ist; hieraus folgt unter Benutzung der Induktionsannahme dann, daß $x = \sum_{k=1}^{n+1} a_k/3^k$ mit $a_k \in \{0, 2\}$ für $1 \leq k \leq n+1$ gilt.

(b) Jede Zahl $a \in [0, 1]$ besitzt eine triadische Darstellung $a = 0.a_1a_2a_3 \ldots$ mit $a_i \in \{0, 1, 2\}$ für alle i. Diese Darstellung ist dann nicht eindeutig bestimmt, wenn $a \neq 0$ gilt und wenn eine abbrechende Darstellung möglich ist. Um Eindeutigkeit zu erzwingen, führen wir die folgende *normierte* triadische Darstellung ein:

- besitzt a ohnehin nur eine einzige triadische Darstellung, so ist diese die normierte Darstellung;
- besitzt a eine abbrechende triadische Darstellung, die auf die Ziffer 2 endet, so ist diese Darstellung die normierte;
- besitzt a eine abbrechende Darstellung, die auf eine Eins endet (sagen wir $a = 0.a_1 \ldots a_n 1$), so ist die normierte triadische Darstellung diejenige, bei der die Eins am Ende durch $0\overline{2}$ ersetzt wird (also $0.a_1 \ldots a_n 02222\ldots$).

Wir behaupten nun, daß eine Zahl $a \in [0, 1]$ genau dann in einem der 2^n Intervalle von I_n liegt, wenn in der normierten Darstellung $0.a_1a_2a_3 \ldots$ unter den Ziffern $a_1, \ldots, a_n$ nur Nullen und Zweien vorkommen. Das ist klar für $n = 1$, denn I_1 besteht aus den Intervallen $[0, 1/3] = [0, 0.1] = [0.\overline{0}, 0.0\overline{2}]$ und $[2/3, 1] = [0.2, 1] = [0.2, 0.\overline{2}]$. Gilt die Behauptung für n, dann auch für $n+1$, denn jedes der 2^{n+1} Intervalle von I_{n+1} hat nach Teil (a) die Form $[0.a_1 \ldots a_n, 0.a_1 \ldots a_n + (1/3)^{n+1}] = [0.a_1 \ldots a_n, 0.a_1 \ldots a_n 1] = [0.a_1 \ldots a_n, 0.a_1 \ldots a_n 0222\ldots]$. Eine Zahl $a \in [0, 1]$ liegt nun genau dann in C, wenn sie in jeder der Mengen I_n liegt, wenn also die normierte triadische Darstellung von a nur Nullen und Zweien enthält.

(c) Die Menge $\mathbb{R}$ ist nach der vorigen Aufgabe gleichmächtig zur Menge aller Folgen aus Nullen und Einsen, folglich auch zur Menge F aller Folgen aus Nullen und Zweien. Da C genau aus denjenigen Zahlen $a \in [0, 1]$ besteht, deren normierte triadische Darstellung nur Nullen und Zweien aufweist, ist

$$\begin{array}{ccc} F & \to & C \\ (a_1, a_2, a_3, \ldots) & \mapsto & 0.a_1a_2a_3\ldots \end{array}$$

eine wohldefinierte Bijektion. Also gilt $|C| = |F| = |\mathbb{R}|$.

Lösung (73.53) (a) ist klar. Zu (b): Offensichtlich gilt $A \trianglelefteq F$, denn hat $a \in A$ nur endliche viele von Null verschiedene Glieder, so hat auch jede Folge ax mit $x \in F$ nur endlich viele von Null verschiedene Gleider.

- $B \trianglelefteq E$, aber $B \ntrianglelefteq F$ (denn mit $b = (1, 1/2, 1/3, 1/4, \ldots)$ und $x = (1, 2, 3, 4, \ldots)$ haben wir $bx = (1, 1, 1, 1, \ldots) \in F \setminus B$;
- Es gilt $C \ntrianglelefteq D$, denn ist $x = (x_1, x_2, x_3, \ldots) \in D$ irgendeine Folge, die in $\mathbb{R}$ gegen $\sqrt{2}$ konvergiert, und ist $c = (1, 1, 1, \ldots) \in C$, so gilt $cx \in D \setminus C$;
- Es gilt $D \ntrianglelefteq E$, denn für $d = (1, 1, 1, 1, \ldots) \in D$ und $e = (1, -1, 1, -1, \ldots)$ erhalten wir $ed = e \in E \setminus D$.

Aufgaben zu »Die Vollständigkeit der Zahlengeraden« siehe Seite 57

L74: Grenzwerte in der komplexen Zahlenebene

Lösung (74.1) Die Behauptung folgt sofort aus der Abschätzung $\big|\, |a_n| - |a| \,\big| \le |a_n - a| \to 0$.

Lösung (74.2) Da jede konvergente Folge beschränkt ist, gibt es eine Zahl $C > 0$ mit $|a_n| \le C$ für alle $n \in \mathbb{N}$. Es gilt dann $|a_n^2 - a^2| = |a_n + a| \cdot |a_n - a| \le (|a_n| + |a|) \cdot |a_n - a| \le (C + |a|) \cdot |a_n - a| \to 0$ und damit $a_n^2 \to a^2$. (Etwas allgemeiner folgt aus $a_n \to a$ und $b_n \to b$ stets $a_n b_n \to ab$.)

Lösung (74.3) Ist $|b_n| \le C$ für alle $n \in \mathbb{N}$, so gilt $|a_n b_n - 0| = |a_n| \cdot |b_n| \le C|a_n| \to 0$.

Lösung (74.4) (a) Kürzen mit n^3 liefert

$$a_n = \frac{n^2 + 4in - 4}{n^3 - in + 2 + 3i} = \frac{(1/n) + (4i/n^2) - 4/n^3}{1 - i/n^2 + (2+3i)/n^3} \to \frac{0+0-0}{1-0+0} = 0 \quad \text{für } n \to \infty.$$

(b) Kürzen mit n^5 liefert

$$a_n = \frac{(2/n^2) + 3i}{1 - (i/n^3) + (3/n^5)} \to \frac{0 + 3i}{1 - 0 + 0} = 3i.$$

(c) Es gilt $|a_n| = (\sqrt{2}/2)^n = (1/\sqrt{2})^n \to 0$ und damit $a_n \to 0$ für $n \to \infty$.

(d) Kürzen mit n^2 liefert

$$a_n = \frac{-n^2 + n}{n^2 + in^2} = \frac{-1 + (1/n)}{1 + i} \to \frac{-1}{1+i} = \frac{-1+i}{2}.$$

Lösung (74.5) Wir erhalten

$$\begin{aligned} x_2 &= x_1 - x_0, \\ x_3 &= x_2 - x_1 = -x_0, \\ x_4 &= x_3 - x_2 = -x_1, \\ x_5 &= x_4 - x_3 = x_0 - x_1, \\ x_6 &= x_5 - x_4 = x_0, \\ x_7 &= x_6 - x_5 = x_1, \end{aligned}$$

und wir sehen, daß sich ab dem sechsten Glied die Folge genauso verhält wie ab dem Anfangsglied. Für jeden Index $0 \le k \le 5$ ist daher $(x_{k+6n})_{n \ge 0}$ eine konstante Teilfolge der betrachteten Folge. Da eine Folge genau dann konvergiert, wenn ihre sämtlichen Teilfolgen konvergieren, tritt Konvergenz genau dann ein, wenn die ersten sechs Glieder allesamt gleich sind, was genau dann der Fall ist, wenn $x_0 = x_1 = 0$ gilt.

Lösung (74.6) Wir erhalten $x_1 = (x_0 + a)/b$, $x_2 = (x_1 + a)/b = (x_0 + a)/b^2 + (a/b) = (x_0/b^2) + (a/b^2) + (a/b)$ und allgemein

$$x_n = \frac{x_0}{b^n} + \frac{a}{b^n} + \frac{a}{b^{n-1}} + \cdots + \frac{a}{b} = \frac{x_0}{b^n} + \sum_{k=1}^{n} \frac{a}{b^k},$$

wie man durch vollständige Induktion sofort verifiziert. Für $b = 1$ bedeutet dies

$$x_n = x_0 + na \qquad \text{für alle } n \in \mathbb{N}_0.$$

In diesem Spezialfall konvergiert die Folge (x_n) also genau dann, wenn $a = 0$ gilt, und dann für jeden beliebigen Startwert x_0. (Für $b = 1$ und $a = 0$ ist die Folge (x_n) konstant.) Im Fall $b \ne 1$ können wir die geometrische Summenformel anwenden und erhalten

$$\begin{aligned} x_n &= \frac{x_0}{b^n} + a \cdot \sum_{k=0}^{n} \left(\frac{1}{b}\right)^k - a \\ &= \frac{x_0}{b^n} + a \cdot \frac{1 - (1/b)^{n+1}}{1 - (1/b)} - a \\ &= \frac{x_0}{b^n} + a \cdot \frac{b - (1/b)^n}{b - 1} - a \\ &= \frac{x_0 - a/(b-1)}{b^n} + \frac{ab - a(b-1)}{b-1} \\ &= \frac{x_0 - a/(b-1)}{b^n} + \frac{a}{b-1}. \end{aligned}$$

Gilt nun $|b| > 1$, so konvergiert diese Folge gegen $a/(n-1)$, und zwar für jeden beliebigen Startwert x_0. Gilt dagegen $|b| \le 1$ (mit $b \ne 1$), so konvergiert die Folge genau dann, wenn $x_0 = a/(b-1)$ gilt; in diesem Fall liegt eine konstante Folge vor.

Lösung (74.7) (a) Die Riemannsche Zahlensphäre hat den Mittelpunkt $(0, 0, 1/2)$ und den Radius $1/2$, ist also gegeben durch die Gleichung $\xi^2 + \eta^2 + (\zeta - 1/2)^2 = (1/2)^2$ bzw.

$$\xi^2 + \eta^2 + \zeta^2 - \zeta = 0.$$

Die Verbindungsgerade zwischen einem Punkt $(x, y, 0)$ und dem Nordpol $(0, 0, 1)$ hat die Parameterdarstellung

$$\begin{bmatrix} 0 \\ 0 \\ 1 \end{bmatrix} + \lambda \begin{bmatrix} x - 0 \\ y - 0 \\ 0 - 1 \end{bmatrix} = \begin{bmatrix} \lambda x \\ \lambda y \\ 1 - \lambda \end{bmatrix}.$$

Gleichsetzen mit der Gleichung der Sphäre liefert $0 = \lambda^2 x^2 + \lambda^2 y^2 + (1-\lambda)^2 - (1-\lambda) = \lambda^2(x^2 + y^2) + \lambda^2 - \lambda = \lambda\big((1 + x^2 + y^2)\lambda - 1\big)$ mit den beiden Lösungen $\lambda = 0$ und $\lambda = 1/(1 + x^2 + y^2)$. Die Lösung $\lambda = 0$ entspricht dem Nordpol $N = (0, 0, 1)$; die andere Lösung liefert den gesuchten Schnittpunkt

$$\begin{bmatrix} \xi \\ \eta \\ \zeta \end{bmatrix} = \frac{1}{1 + x^2 + y^2} \begin{bmatrix} x \\ y \\ x^2 + y^2 \end{bmatrix} =: \sigma(x + iy).$$

Aufgaben zu »Grenzwerte in der komplexen Zahlenebene« siehe Seite 64

Ist umgekehrt ein Punkt $(\xi, \eta, \zeta) \in K \setminus \{N\}$ vorgegeben, so hat die Verbindungsgerade zwischen (ξ, η, ζ) und dem Nordpol N die Parameterdarstellung

$$\begin{bmatrix} 0 \\ 0 \\ 1 \end{bmatrix} + \lambda \begin{bmatrix} \xi - 0 \\ \eta - 0 \\ \zeta - 1 \end{bmatrix} = \begin{bmatrix} \lambda\xi \\ \lambda\eta \\ 1 + \lambda(\zeta - 1) \end{bmatrix}.$$

Der Schnittpunkt dieser Geraden mit der xy-Ebene ist charakterisiert durch die Bedingung $1 + \lambda(\zeta - 1) = 0$, also $\lambda = 1/(1 - \zeta)$; dies liefert

$$\begin{bmatrix} x \\ y \end{bmatrix} = \frac{1}{1-\zeta} \begin{bmatrix} \xi \\ \eta \end{bmatrix} =: \sigma^{-1}(\xi, \eta, \zeta).$$

(b) Wir schreiben $z_1 = x_1 + iy_1$ sowie $z_2 = x_2 + iy_2$ und bezeichnen mit $\|v\|$ die Länge eines Vektors $v \in \mathbb{R}^3$. Zur Abkürzung schreiben wir ferner $Q_1 = x_1^2 + y_1^2$ und $Q_2 := x_2^2 + y_2^2$. Nach Teil (a) haben wir dann

$$\begin{aligned} D(z_1, z_2)^2 &= \left\| \frac{1}{1+Q_1} \begin{bmatrix} x_1 \\ y_1 \\ Q_1 \end{bmatrix} - \frac{1}{1+Q_2} \begin{bmatrix} x_2 \\ y_2 \\ Q_2 \end{bmatrix} \right\|^2 \\ &= \frac{Q_1 + Q_1^2}{(1+Q_1)^2} - 2 \cdot \frac{x_1x_2 + y_1y_2 + Q_1Q_2}{(1+Q_1)(1+Q_2)} + \frac{Q_2 + Q_2^2}{(1+Q_2)^2} \\ &= \frac{Q_1}{1+Q_1} - 2 \cdot \frac{x_1x_2 + y_1y_2 + Q_1Q_2}{(1+Q_1)(1+Q_2)} + \frac{Q_2}{1+Q_2} \\ &= \frac{Q_1 + Q_1Q_2 - 2x_1x_2 - 2y_1y_2 - 2Q_1Q_2 + Q_2 + Q_1Q_2}{(1+Q_1)(1+Q_2)} \\ &= \frac{(x_1 - x_2)^2 + (y_1 - y_2)^2}{(1+x_1^2+y_1^2)(1+x_2^2+y_2^2)} = \frac{|z_1 - z_2|^2}{(1 + |z_1|^2)(1 + |z_2|^2)}; \end{aligned}$$

also gilt

$$D(z_1, z_2) = \frac{|z_1 - z_2|}{\sqrt{1 + |z_1|^2} \cdot \sqrt{1 + |z_2|^2}}.$$

Für $z_1, z_2 \neq 0$ ergibt sich

$$\begin{aligned} D(z_1^{-1}, z_2^{-1}) &= \frac{|z_1^{-1} - z_2^{-1}|}{\sqrt{1 + |z_1|^{-2}} \cdot \sqrt{1 + |z_2|^{-2}}} \cdot \frac{|z_1|\,|z_2|}{|z_1|\,|z_2|} \\ &= \frac{|z_2 - z_1|}{\sqrt{|z_1|^2 + 1} \cdot \sqrt{|z_2|^2 + 1}} = D(z_1, z_2). \end{aligned}$$

(c) Gilt $z_n \to w$, so gilt $D(z_n, w) \leq |z_n - w| \to 0$. Gilt umgekehrt $D(z_n, w) \to 0$, so gelten mit $\sigma(z_n) = (\xi_n, \eta_n, \zeta_n)$ und $\sigma(w) = (\xi, \eta, \zeta)$ die Bedingungen $\xi_n \to \xi$, $\eta_n \to \eta$ und $\zeta_n \to \zeta$. Mit $z_n = x_n + iy_n$ und $w = x + iy$ gilt dann aber auch

$$\begin{bmatrix} x_n \\ y_n \end{bmatrix} = \frac{1}{1-\zeta_n} \begin{bmatrix} \xi_n \\ \eta_n \end{bmatrix} \to \frac{1}{1-\zeta} \begin{bmatrix} \xi \\ \eta \end{bmatrix} = \begin{bmatrix} x \\ y \end{bmatrix},$$

folglich $x_n \to x$ sowie $y_n \to y$ und damit $z_n \to w$.

(d) Wir können die Bedingung $z_n \to \infty$ dadurch definieren, daß sie gerade $\sigma(z_n) \to N$ auf der Zahlensphäre bedeuten soll. Mit $z_n = x_n + iy_n$ bedeutet dies, daß der Ausdruck

$$\begin{aligned} \left\| \frac{1}{1+x_n^2+y_n^2} \begin{bmatrix} x_n \\ y_n \\ x_n^2+y_n^2 \end{bmatrix} - \begin{bmatrix} 0 \\ 0 \\ 1 \end{bmatrix} \right\| &= \left\| \frac{1}{1+x_n^2+y_n^2} \begin{bmatrix} x_n \\ y_n \\ -1 \end{bmatrix} \right\| \\ &= \frac{1}{\sqrt{1+x_n^2+y_n^2}} \end{aligned}$$

für $n \to \infty$ gegen Null geht, was genau dann der Fall ist, wenn $|z_n| = \sqrt{x_n^2 + y_n^2}$ für $n \to \infty$ gegen Unendlich geht. (Damit gilt $z_n \to \infty$ genau dann, wenn $1/z_n \to 0$ gilt.) Wir können also die Menge $\mathbb{C}$ der komplexen Zahlen durch ein Objekt ∞ (das dem Nordpol auf der Zahlensphäre entspricht) zu einer Menge $\mathbb{C}_\infty = \mathbb{C} \cup \{\infty\}$ erweitern, was manche Berechnungen etwas vereinfacht und Fallunterscheidungen erspart. Für alle $z \in \mathbb{C}$ gilt dann $D(z, \infty) = D(z^{-1}, 0) = 1/\sqrt{1 + |z|^2}$.

Lösung (74.8) (a) Für $z \neq 1$ gilt

$$\begin{aligned} \frac{z^3 - 1}{z - 1} &= \frac{(z-1)(z^2 + z + 1)}{z - 1} \\ &= z^2 + z + 1 \to 3 \text{ für } z \to 1. \end{aligned}$$

(b) Für $z \neq -2$ gilt

$$\begin{aligned} \frac{z^3 + 8}{z + 2} &= \frac{(z+2)(z^2 - 2z + 4)}{z + 2} \\ &= z^2 - 2z + 4 \to 12 \text{ für } z \to -2. \end{aligned}$$

(c) Für $z \neq 0$ gilt

$$\frac{|z|^2}{z} = \frac{|z|^2 \cdot \overline{z}}{z\overline{z}} = \overline{z} \to 0 \text{ für } z \to 0.$$

Lösung (74.9) Es sei

$$f(z) = \frac{a_m z^m + a_{m-1} z^{m-1} + \cdots + a_1 z + a_0}{b_n z^n + b_{n-1} z^{n-1} + \cdots + b_1 z + b_0}.$$

Für $m < n$ gilt

$$f(z) = \frac{\dfrac{a_m}{z^{n-m}} + \dfrac{a_{m-1}}{z^{n+1-m}} + \cdots + \dfrac{a_1}{z^{n-1}} + \dfrac{a_0}{z^n}}{b_n + \dfrac{b_{n-1}}{z} + \cdots + \dfrac{b_1}{z^{n-1}} + \dfrac{b_0}{z^n}} \to \frac{0}{b_n} = 0.$$

Für $m = n$ gilt

$$f(z) = \frac{a_n + \dfrac{a_{n-1}}{z} + \cdots + \dfrac{a_1}{z^{n-1}} + \dfrac{a_0}{z^n}}{b_n + \dfrac{b_{n-1}}{z} + \cdots + \dfrac{b_1}{z^{n-1}} + \dfrac{b_0}{z^n}} \to \frac{a_n}{b_n}.$$

Aufgaben zu »Grenzwerte in der komplexen Zahlenebene« siehe Seite 64

Für $m > n$ gilt

$$f(z) = z^{m-n} \cdot \frac{a_m + \dfrac{a_{m-1}}{z} + \cdots + \dfrac{a_1}{z^{m-1}} + \dfrac{a_0}{z^m}}{b_n + \dfrac{b_{n-1}}{z} + \cdots + \dfrac{b_1}{z^{n-1}} + \dfrac{b_0}{z^n}} \to \infty$$

in dem Sinne, daß für jede Folge (z_n) mit $|z_n| \to \infty$ auch $|f(z_n)| \to \infty$ gilt.

Lösung (74.10) Für $q = 0$ ist die Behauptung trivial. Für $0 < |q| < 1$ setzen wir $h := 1/|q| - 1 > 0$ und erhalten für alle $n \geq k+1$ die Abschätzung

$$\begin{aligned} |n^k q^n - 0| &= n^k |q|^n = \frac{n^k}{(1+h)^n} \\ &= \frac{n^k}{\sum_{i=0}^n \binom{n}{i} h^i} \leq \frac{n^k}{\binom{n}{k+1} h^{k+1}} \\ &= \frac{n^k (k+1)!}{(n-k)(n-k+1)\cdots n \cdot h^{k+1}} \\ &= \frac{(k+1)!}{n h^{k+1} \prod_{i=1}^k (1 - i/n)} \\ &\leq \frac{(k+1)!}{n h^{k+1} \prod_{i=1}^k (1 - i/(k+1))} =: \frac{C}{n}; \end{aligned}$$

die Behauptung folgt dann sofort mit dem Einschnürungskriterium.

Alternative Lösung: Wir setzen $a_n := n^k |q|^n$ (wobei k und q fest vorgegeben sind) und erhalten

$$\frac{|a_{n+1}|}{|a_n|} = \frac{(n+1)^k |q|^{n+1}}{n^k |q|^n} = \left(\frac{n+1}{n}\right)^k |q| = \left(1 + \frac{1}{n}\right)^k |q|.$$

Dieser letzte Ausdruck konvergiert für $n \to \infty$ gegen $|q| < 1$; für genügend große n gilt folglich $|a_{n+1}| < |a_n|$. Ab einem gewissen Index ist die Folge der Beträge $|a_n|$ also streng monoton fallend; da sie durch Null nach unten beschränkt ist, existiert daher $\lim_{n\to\infty} n^k |q|^n =: a \geq 0$. Da der Exponent k völlig beliebig gewählt war, existiert (mit dem gleichen Argument, jetzt aber angewandt auf $k+1$ statt auf k) auch $b := \lim_{n\to\infty} n^{k+1} |q|^n$. Lassen wir nun auf beiden Seiten der Gleichung $n^{k+1}|q|^n = n \cdot n^k |q|^n$ den Index n gegen Unendlich laufen, so konvergiert die linke Seite gegen b; wäre $a > 0$, so würde die rechte Seite gegen Unendlich laufen, was nicht sein kann. Also ist $a = b = 0$, und die Beziehung $n^k q^n \to 0$ ist bewiesen. (Das geschickte Argumentieren mit Monotonie- und Beschränktheitseigenschaften kann also mühselige Rechnungen und Abschätzungen ersparen!)

Lösung (74.11) Wir setzen $a_n := c^n/n!$, bezeichnen mit N die kleinste natürliche Zahl n mit $n \leq |c|$ und erhalten für alle $n > N$ dann

$$\begin{aligned} 0 \leq |a_n| &= \frac{|c|}{1} \cdot \frac{|c|}{2} \cdots \frac{|c|}{N} \cdot \frac{|c|}{N+1} \cdot \frac{|c|}{N+2} \cdots \frac{|c|}{n} \\ &\leq \frac{|c|}{1} \cdot \frac{|c|}{2} \cdots \frac{|c|}{N} \cdot \frac{|c|}{N+1} \cdot \frac{|c|}{N+1} \cdots \frac{|c|}{N+1} \\ &= \underbrace{\frac{|c|}{1} \cdot \frac{|c|}{2} \cdots \frac{|c|}{N}}_{=:A} \cdot \left(\frac{|c|}{N+1}\right)^{n-N} = A \cdot |q|^{n-N} \end{aligned}$$

mit den Konstanten $A := |c|^N/N!$ und $q := c/(N+1)$. Wegen $|q| < 1$ gilt $|q|^n \to 0$, nach dem Einschnürungskriterium daher auch $|a_n| \to 0$ und folglich $a_n \to 0$.

Alternative Lösung: Für alle genügend großen Zahlen $n \in \mathbb{N}$ gilt

$$\frac{|a_n|}{|a_{n-1}|} = \left|\frac{c^n \cdot (n-1)!}{n! \cdot c^{n-1}}\right| = \frac{|c|}{n} < 1$$

und damit $|a_n| < |a_{n-1}|$. Hieraus folgt, daß die Folge der Beträge $|a_n|$ ab einem gewissen Index (dessen Wert wir gar nicht wissen müssen) monoton fällt. Andererseits ist diese Folge natürlich durch Null nach unten beschränkt. Als monotone und beschränkte Folge ist $(|a_n|)$ konvergent, sagen wir $|a_n| \to a$. Lassen wir nun auf beiden Seiten der Gleichung

$$|a_n| = \frac{|c|}{n} \cdot |a_{n-1}|$$

den Index n gegen Unendlich laufen, so erhalten wir $a = 0 \cdot a$ und damit $a = 0$. Also gilt $|a_n| \to 0$, folglich $a_n \to 0$.

Lösung (74.12) (a) Für alle $n \in \mathbb{N}$ gilt $|z_n| = |q^n| = |q|^n = 1^n = 1$ und damit $z_n \in K$.

(b) Es gelte $\alpha = 2\pi \cdot r/s$ mit teilerfremden ganzen Zahlen r, s, wobei wir $s > 0$ annehmen dürfen. Dann gilt $z_s = e^{is\alpha} = e^{2\pi i r} = 1 = z_0$; d.h., die Folge $(z_0, z_1, z_2, \ldots)$ ist periodisch mit der Periode s.

(c) Wir nehmen an, es gelte $z_m = z_n$ mit $m < n$, also $e^{im\alpha} = e^{in\alpha}$ bzw. $m\alpha = n\alpha + 2k\pi$ mit $k \in \mathbb{Z}$. Dann ist $(m-n)\alpha = k \cdot 2\pi$. Dies ist nur für $k = 0$ und damit $m = n$ möglich, denn aus $k \neq 0$ würde $2\pi/\alpha = (m-n)/k$ folgen im Widerspruch zur vorausgesetzten Irrationalität von $2\pi/\alpha$. Nun sei $\varepsilon > 0$ beliebig. Wir wählen $N \in \mathbb{N}$ so groß, daß $N > 2\pi/\varepsilon$ gilt, und zerlegen den Einheitskreis K in N gleichgroße Kreisbögen. Dann müssen von den $N+1$ Zahlen $z_0, z_1, \ldots, z_N$ mindestens zwei im gleichen dieser N Kreisbögen liegen, sagen wir z_m und z_n mit $m < n$. Dann ist die Länge des Bogens zwischen m und n höchstens $2\pi/N < \varepsilon$; es gilt daher

$$z_{n-m} = q^{n-m} = \frac{q^n}{q^m} = \frac{z_n}{z_m} = e^{i\varphi} =: \xi$$

mit $|\varphi| < \varepsilon$. Dann sind die Zahlen ξ, ξ^2, ξ^3, ξ^4, … jeweils durch Bögen der Länge $< \varepsilon$ voneinander getrennt; jeder beliebige Bogen der Länge ε enthält also mindestens eines der Elemente ξ^k. Jedes dieser Elemente ist aber wegen

$$\xi^k = z_{n-m}^k = (q^{(n-m)})^k = q^{k(n-m)} = z_{k(n-m)}$$

ein Glied der Folge $(z_0, z_1, z_2, \ldots)$. In jedem noch so kleinen Teilbogen von K liegt also mindestens ein Glied dieser Folge (damit liegen dann natürlich sogar unendlich viele Folgenglieder in jedem Teilbogen); also liegt diese Folge dicht in K.

Lösung (74.13) Für $|q| < 1$ gilt $|q^n - 0| = |q^n| = |q|^n \to 0$ und damit $q^n \to 0$ für $n \to \infty$; die Folge (q^n) konvergiert in diesem Fall also gegen Null. Für $|q| > 1$ gilt $|q^n| = |q|^n \to \infty$ für $n \to \infty$; die Folge (q^n) divergiert in diesem Fall daher. Für $q = 1$ ist (q^n) die konstante Folge mit dem Wert 1 und damit natürlich konvergent gegen 1. Für $|q| = 1$ mit $q \neq 1$ divergiert die Folge (q^n) nach den Ergebnissen der vorherigen Aufgabe. Die Folge (q^n) konvergiert also genau dann, wenn entweder $|q| < 1$ oder aber $q = 1$ gilt.

Bemerkung: Es ist nicht nötig, die vorige Aufgabe heranzuziehen; man kann auch folgendermaßen argumentieren. Die Folge erfüllt die Rekursionsformel $z_{n+1} = qz_n$. Existiert $z := \lim_{n\to\infty} z_n$, so können wir auf beiden Seiten dieser Rekursionsformel den Grenzübergang $n \to \infty$ durchführen und erhalten dann $z = qz$ und damit $z = 0$ oder $q = 1$. Damit ist klar, daß für $|q| \geq 1$ die Folge nur konvergieren kann, wenn $q = 1$ gilt.

Lösung (74.14) Wir erhalten $z_1 = z_0^2$, $z_2 = z_1^2 = z_0^4$, $z_3 = z_2^2 = z_0^8$ und mit vollständiger Induktion dann

$$z_n = z_0^{2^n} \quad \text{für alle } n \in \mathbb{N}_0.$$

Wir überlegen zunächst, welche Grenzwerte überhaupt möglich sind. Existiert $z := \lim_{n\to\infty} z_n$, so folgt aus der Rekursionsformel $z_{n+1} = z_n^2$ durch Grenzübergang $n \to \infty$ die Gleichung $z = z^2$ mit den beiden Lösungen 0 und 1; nur diese beiden Zahlen kommen also als mögliche Grenzwerte in Frage.

Ist $|z_0| < 1$, so gilt $|z_n| = |z_0|^{2^n} \to 0$ für $n \to \infty$ (denn $q^m \to 0$ für $m \to \infty$, falls $|q| < 1$) und damit $z_n \to 0$. Für $|z_0| < 1$ konvergiert die Folge also gegen Null. Für $|z_0| > 1$ gilt $|z_n| = |z_0|^{2^n} \to \infty$ für $n \to \infty$ (denn $q^m \to \infty$, falls $q > 1$). Für $|z_0| > 1$ divergiert also die Folge (z_n).

Gilt $|z_0| = 1$, so gilt $|z_n| = 1$ für alle $n \in \mathbb{N}$; als möglicher Grenzwert kommt also nur $z = 1$ in Frage. Nehmen wir an, es gelte $z_n \to 1$. Wir betrachten einen (kleinen) Kreisbogen um 1, etwa $B = \{e^{i\varphi} \mid -\pi/4 < \varphi < \pi/4\}$. Wegen $z_n \to 1$ gibt es dann einen Index $N \in \mathbb{N}$ mit $z_n \in B$ für alle $n \geq N$. Gilt $z_N \neq 1$, so gibt es einen Winkel $\varphi \neq 0$ mit $-\pi/4 < \varphi < \pi/4$ und $z_N = e^{i\varphi}$. Dann gilt $z_{N+1} = e^{2i\varphi}$, $z_{N+2} = e^{4i\varphi}$ und allgemein $z_{N+k} = e^{i2^k\varphi}$. Da sich der Polarwinkel bei jedem Schritt verdoppelt, gibt es ein k mit $z_{N+k} \notin B$ im Widerspruch zur Wahl von N.

Diese Überlegung zeigt, daß für $|z_0| = 1$ die Folge nur dann konvergieren kann, wenn es einen Index N gibt mit $z_N = 1$ (und in diesem Fall konvergiert die Folge auch tatsächlich, denn es gilt dann $z_n = 1$ für alle $n \geq N$).

Wir müssen überlegen, wann dieser Fall eintritt. Es gibt einen Winkel α mit $z_0 = e^{i\alpha}$. Dann gilt $z_n = e^{i2^n\alpha}$ für alle $n \in \mathbb{N}$, und es gelten die folgenden Äquivalenzen:

$$z_N = 1 \;\Leftrightarrow\; e^{i2^N\alpha} = 1 \;\Leftrightarrow 2^N\alpha = 2k\pi \text{ mit } k \in \mathbb{Z}$$
$$\Leftrightarrow \alpha = \frac{2\pi k}{2^N} \text{ mit } k \in \mathbb{Z}.$$

Endergebnis: Gilt $|z_0| < 1$, so konvergiert die Folge gegen 0. Gilt $z_0 = e^{i\alpha}$ mit $\alpha = k \cdot 2\pi/2^N$ mit $k \in \mathbb{Z}$ und $N \in \mathbb{N}$, so konvergiert die Folge gegen 1. (Genauer: Die Folge wird nach endlich vielen Schritten konstant mit dem Wert 1.) In allen anderen Fällen divergiert die Folge.

Lösung (74.15) (a) Wir schreiben

$$\begin{bmatrix} A & B \\ C & D \end{bmatrix} * z := \frac{Az+B}{Cz+D} \quad \text{und} \quad M := \begin{bmatrix} A & B \\ C & D \end{bmatrix}.$$

Ist M nicht invertierbar, so ist die Abbildung $z \mapsto M * z$ konstant; wir dürfen also o.B.d.A. annehmen, daß M invertierbar ist, daß also $AD - BC \neq 0$ gilt. Wir erhalten

$$\begin{aligned}
\begin{bmatrix} A_2 & B_2 \\ C_2 & D_2 \end{bmatrix} \star \left(\begin{bmatrix} A_1 & B_1 \\ C_1 & D_1 \end{bmatrix} \star z \right) &= \frac{A_2 \cdot \dfrac{A_1 z + B_1}{C_1 z + D_1} + B_2}{C_2 \cdot \dfrac{A_1 z + B_1}{C_1 z + D_1} + D_2} \\
&= \frac{A_2(A_1 z + B_1) + B_2(C_1 z + D_1)}{C_2(A_1 z + B_1) + D_2(C_1 z + D_1)} \\
&= \frac{(A_2A_1 + B_2C_1)z + (A_2B_1 + B_2D_1)}{(C_2A_1 + D_2C_1)z + (C_2B_1 + D_2D_1)} \\
&= \left(\begin{bmatrix} A_2 & B_2 \\ C_2 & D_2 \end{bmatrix} \begin{bmatrix} A_1 & B_1 \\ C_1 & D_1 \end{bmatrix} \right) \star z;
\end{aligned}$$

für je zwei Matrizen M_1 und M_2 gilt also $M_2 \star (M_1 \star z) = (M_2M_1) \star z$. Für die Einheitsmatrix $\mathbf{1}$ gilt ferner $\mathbf{1} \star z = z$ für alle $z \in \mathbb{C}_\infty$. (Dies zeigt, daß durch $(M, z) \mapsto M \star z$ eine Gruppenwirkung der Gruppe aller invertierbaren (2×2)-Matrizen auf der Menge $\mathbb{C}_\infty = \mathbb{C} \cup \{\infty\}$ gegeben ist.)

Ist nun M gegeben, so können wir eine Transformationsmatrix T derart wählen, daß $T^{-1}MT =: J$ Jordansche Normalform hat. Die Folge (z_n) ist nun definiert durch $z_{n+1} = M \star z_n$, folglich

$$z_{n+1} = M^n \star z_0 = (TJT^{-1})^n \star z_0 = (TJ^nT^{-1}) \star z_0.$$

Schreiben wir $w_n := T^{-1} \star z_n$ für alle $n \in \mathbb{N}_0$, so bedeutet dies $w_{n+1} = J^n w_0$ für alle $n \in \mathbb{N}$. Für die Jordansche Normalform gibt es nun zwei Möglichkeiten.

1. Fall: $\begin{bmatrix} \lambda_1 & 0 \\ 0 & \lambda_2 \end{bmatrix}$ (wobei wir o.B.d.A. $|\lambda_1| \leq |\lambda_2|$ annehmen dürfen). In diesem Fall haben wir

$$w_n = \begin{bmatrix} \lambda_1^n & 0 \\ 0 & \lambda_2^n \end{bmatrix} \star w_0 = \frac{\lambda_1^n w_0}{\lambda_2^n} = q^n w_0$$

mit $q := \lambda_1/\lambda_2$. Gilt $|q| < 1$, so gilt $w_n \to 0$ für jeden beliebigen Startwert w_0, folglich $z_n = T \star w_n \to T \star 0$ für jeden beliebigen Startwert z_0. Gilt $q = 1$, so ist $M = \mathbf{1}$, und die Folge (z_n) ist konstant, konvergiert also für jeden beliebigen Startwert z_0 gegen z_0. Gilt dagegen $|q| = 1$ mit $q \neq 1$, so divergiert die Folge (q^n); die Folge (w_n) kann daher in diesem Fall nur für $w_0 = 0$ konvergieren, die Folge (z_n) daher nur für $z_0 = T \star 0$.

2. Fall: $J = \begin{bmatrix} \lambda & 1 \\ 0 & \lambda \end{bmatrix}$ mit $\lambda \neq 0$. In diesem Fall haben wir

$$w_n = \begin{bmatrix} \lambda^n & n\lambda^{n-1} \\ 0 & \lambda^n \end{bmatrix} \star w_0 = \frac{\lambda^n w_0 + n\lambda^{n-1}}{\lambda^n} = w_0 + \frac{n}{\lambda}.$$

In diesem Fall divergiert die Folge (w_n); folglich kann auch die Folge (z_n) nicht konvergieren.

Bemerkung: Man vergleiche die Eleganz der Lösung dieser Aufgabe mit den mühsamen Rechnungen, die wir in der Lösung zu Aufgabe (73.36) anstellten!

Lösung (74.16) (a) Es gilt $1/n! = o(1/n^k)$, denn $n^k/n! \to 0$ für $n \to \infty$. (Die Fakultäten gehen schneller gegen Unendlich als jede Potenz von n.) Es gilt $p(n) = o\big(q(n)\big)$ genau dann, wenn der Grad von q größer als der von p ist; es gilt genau dann $p(n) = O\big(q(n)\big)$, wenn der Grad von q nicht kleiner als der von p ist; es gilt dann genau dann $p(n) \sim q(n)$, wenn p und q den gleichen Grad und den gleichen Leitkoeffizienten haben. Schließlich gilt $p(n) = o(c^n)$ für jedes Polynom p und jede Zahl $c > 0$, denn $p(n)/c^n \to 0$ für $n \to \infty$. (Ein Exponentialausdruck geht schneller gegen Unendlich als jeder Polynomausdruck.)

(b) Die angegebenen Implikationen spiegeln einfache Rechenregeln für Grenzwerte wider.

- Gilt $a_n/b_n \to 0$, so ist die Folge (a_n/b_n) natürlich beschränkt; aus $a_n = o(b_n)$ folgt daher $a_n = O(b_n)$.
- Es mögen die Beziehungen $a_n = O(b_n)$ und $b_n = o(c_n)$ gelten. Es gibt dann eine Konstante C mit $|a_n| \leq C|b_n|$ für alle n, und es gilt $b_n/c_n \to 0$. Hieraus folgt
$$\left|\frac{a_n}{c_n}\right| = \left|\frac{a_n}{b_n}\right| \cdot \left|\frac{b_n}{c_n}\right| \leq C \cdot \left|\frac{b_n}{c_n}\right| \to 0$$
und damit $a_n = o(c_n)$.
- Es mögen die Beziehungen $a_n = o(b_n)$ und $b_n = O(c_n)$ gelten. Es gibt dann eine Konstante C mit $|b_n| \leq C|c_n|$ für alle n, und es gilt $a_n/b_n \to 0$. Hieraus folgt
$$\left|\frac{a_n}{c_n}\right| = \left|\frac{a_n}{b_n}\right| \cdot \left|\frac{b_n}{c_n}\right| \leq \left|\frac{a_n}{b_n}\right| \cdot C \to 0$$
und damit $a_n = o(c_n)$.
- Es mögen die Beziehungen $a_n = O(b_n)$ und $b_n = O(c_n)$ gelten. Es gibt dann Konstanten C_1 und C_2 mit $|a_n| \leq C_1|b_n|$ und $|b_n| \leq C_2|c_n|$ für alle n. Es folgt $|a_n| \leq C_1C_2|c_n|$ und damit $a_n = O(c_n)$.

Für jede Folge (a_n) gilt $a_n/a_n \to 1$ und damit $a_n \sim a_n$ (Reflexivität). Aus $a_n/b_n \to 1$ folgt $b_n/a_n = (a_n/b_n)^{-1} \to 1^{-1} = 1$ (Symmetrie). Aus $a_n/b_n \to 1$ und $b_n/c_n \to 1$ folgt $a_n/c_n = (a_n/b_n) \cdot (b_n/c_n) \to 1 \cdot 1 = 1$ (Transitivität). Also ist $\sim$ eine Äquivalenzrelation.

Lösung (74.17) (a) Es gilt $x \sin^2 x = o(2x \sin x)$ für $x \to 0$, denn

$$\frac{x \sin^2 x}{2x \sin x} = \frac{\sin x}{2} \to 0 \text{ für } x \to 0.$$

(Der Ausdruck $x \sin^2 x$ geht für $x \to 0$ also schneller gegen Null als der Ausdruck $2x \sin x$.)

(b) Es gilt sowohl $5x^2 + 2x^5 = O(3x^2 + 2x^3)$ als auch $3x^2 + 2x^3 = O(5x^2 + 2x^5)$ für $x \to 0$, denn

$$\frac{5x^2 + 2x^5}{3x^2 + 2x^3} = \frac{5 + 2x^3}{3 + 2x} \to \frac{5}{3} \text{ für } x \to 0.$$

(c) Es gilt $\sqrt{x} - 1 = o(\sqrt{x-1})$ für $x \to 1+$, denn

$$\frac{\sqrt{x} - 1}{\sqrt{x-1}} \cdot \frac{\sqrt{x}+1}{\sqrt{x}+1} = \frac{x-1}{\sqrt{x-1}(\sqrt{x}+1)} = \frac{\sqrt{x-1}}{\sqrt{x}+1} \to 0 \text{ für } x \to 1+.$$

(Der Ausdruck $\sqrt{x} - 1$ geht für $x \to 1+$ also schneller gegen Null als der Ausdruck $\sqrt{x-1}$.)

Aufgaben zu »Grenzwerte in der komplexen Zahlenebene« siehe Seite 64

L75: Reihen

Lösung (75.1) (a) Mit vollständiger Induktion sehen wir leicht, daß

$$P_k = \left(\frac{1}{2^k}, \frac{1}{2}\right) \quad \text{und} \quad Q_k = \left(\frac{1}{2^k}, 1\right)$$

für alle $k \in \mathbb{N}_0$ gilt. Wir fassen den unendlichen Polygonzug $DABP_0Q_0P_1Q_1P_2Q_2\ldots$ gewissermaßen als Zaun auf, der ein Grundstück einschließt. Die Länge dieses "Zauns" ist dann

$$2\frac{1}{2} + \sum_{k=0}^{\infty}(\overline{P_kQ_k} + \overline{Q_kP_{k+1}}) = 2\frac{1}{2} + \sum_{k=0}^{\infty}\left(\frac{1}{2} + \frac{1}{2}\sqrt{1 + \frac{1}{4^k}}\right)$$

und damit unendlich groß. Dagegen hat das von dem Zaun eingeschlossene "Grundstück" den endlichen Flächeninhalt $3/4$, was auch ohne Rechnung klar ist, weil die untere Hälfte des Quadrats den Flächeninhalt $1/2$ hat und die obere Hälfte des Quadrats genau zur Hälfte zum Flächeninhalt beiträgt. Wir können dieses Ergebnis auch nachrechnen. Da der Flächeninhalt eines Trapezes das Produkt aus Grundseite und mittlerer Höhe ist, hat das k-te Trapez (das oben mit dem Dreieck $P_{k-1}Q_{k-1}P_k$ abschließt) den Flächeninhalt

$$F_k = \left(\frac{1}{2^{k-1}} - \frac{1}{2^k}\right) \cdot \frac{(1/2)+1}{2} = \frac{1}{2^k} \cdot \frac{3}{4} = \frac{3/2}{2^{k+1}};$$

die Summe aller Trapezflächen ergibt sich unter Benutzung der geometrischen Summenformel $\sum_{k=0}^{\infty} q^k = (1-q)^{-1}$ mit $q := 1/2$ dann zu

$$\sum_{k=1}^{\infty} \frac{3/2}{2^{k+1}} = \frac{3}{2}\sum_{k=2}^{\infty}\left(\frac{1}{2}\right)^k = \frac{3}{2}\left(\frac{1}{1-1/2} - 1 - \frac{1}{2}\right) = \frac{3}{4}.$$

(b) Mit vollständiger Induktion sehen wir leicht, daß

$$P_k = \left(\frac{1}{k+1}, \frac{k}{k+1}\right) \quad \text{und} \quad Q_k = \left(\frac{1}{1+k}, 1\right)$$

für alle $k \in \mathbb{N}_0$ gilt. Für die Länge des unendlichen Polygonzugs $DAP_0Q_0P_1Q_1P_2Q_2\ldots$ ergibt sich daher

$$\begin{aligned} &2 + \sum_{k=0}^{\infty}(\overline{P_kQ_k} + \overline{Q_kP_{k+1}}) \\ &= 2 + \sum_{k=0}^{\infty}\left(\frac{1}{k+1} + \sqrt{\frac{1}{(k+1)^2(k+2)^2} + \frac{1}{(k+2)^2}}\right) \\ &= 2 + \sum_{k=0}^{\infty}\left(\frac{1}{k+1} + \frac{1}{k+2}\sqrt{\frac{1}{(k+1)^2} + 1}\right) = \infty; \end{aligned}$$

die Divergenz der Reihe folgt dabei aus der Divergenz der harmonischen Reihe. Wieder hat der betrachtete Polygonzug unendliche Länge. Wir berechnen nun den von diesem Polygonzug eingeschlossenen Flächeninhalt. Das k-te Trapez hat die Breite $1/k - 1/(k+1)$, die linke Höhe $k/(k+1)$ und die rechte Höhe 1, folglich den Flächeninhalt

$$\begin{aligned} F_k &= \frac{1}{2}\left(\frac{k}{k+1} + 1\right) \cdot \left(\frac{1}{k} - \frac{1}{k+1}\right) \\ &= \frac{1}{2}\left(\frac{1}{k+1} + \frac{1}{k} - \frac{k}{(k+1)^2} - \frac{1}{k+1}\right) \\ &= \frac{1}{2}\left(\frac{1}{k} - \frac{1}{k+1} + \frac{1}{(k+1)^2}\right). \end{aligned}$$

Also gilt

$$\begin{aligned} \sum_{k=1}^{n} F_k &= \frac{1}{2}\sum_{k=1}^{n}\left(\frac{1}{k} - \frac{1}{k+1}\right) + \frac{1}{2}\sum_{k=1}^{n}\frac{1}{(k+1)^2} \\ &= \frac{1}{2}\left(1 - \frac{1}{n+1}\right) + \frac{1}{2}\sum_{k=2}^{n+1}\frac{1}{k^2} \\ &= \frac{1}{2}\sum_{k=1}^{n+1}\frac{1}{k^2} - \frac{1}{2}\cdot\frac{1}{n+1}, \end{aligned}$$

und dieser Ausdruck geht für $n \to \infty$ gegen den endlichen Wert $(1/2) \cdot \sum_{k=1}^{\infty} 1/k^2$. (Der numerische Wert ist $\pi^2/12 \approx 0.822467$, aber dies zu beweisen, erfordert stärkere Mittel als die, die wir derzeit zur Verfügung haben.)

Lösung (75.2) In dem rechtwinkligen Dreieck OP_kP_{k+1} erhalten wir die Beziehungen

$$\overline{OP_{k+1}} = \overline{OP_k}\cos\varphi \quad \text{und} \quad \overline{P_kP_{k+1}} = \overline{OP_k}\sin\varphi.$$

Wegen $\overline{OP_0} = a$ folgt aus der ersten Gleichung mit einer einfachen Induktion, daß $\overline{OP_k} = a \cdot \cos^k\varphi$ für alle $k \in \mathbb{N}_0$ gilt. Die zweite Gleichung liefert dann $\overline{P_kP_{k+1}} = a\sin\varphi \cdot \cos^k\varphi$. Als Länge der Spirale ergibt sich daher

$$\begin{aligned} \sum_{k=0}^{\infty}\overline{P_kP_{k+1}} &= \sum_{k=0}^{\infty} a\sin\varphi \cdot \cos^k\varphi = a\sin\varphi \cdot \sum_{k=0}^{\infty}(\cos\varphi)^k \\ &= a\sin\varphi \cdot \frac{1}{1-\cos\varphi} = \frac{a\sin\varphi}{1-\cos\varphi} = \frac{a}{\tan(\varphi/2)}, \end{aligned}$$

wobei wir beim Übergang von der ersten zur zweiten Zeile die Summenformel für geometrische Reihen benutzten und bei der letzten (im Grunde nicht mehr notwendigen) Umformung die Gleichungen $\sin\varphi = 2\sin(\varphi/2)\cos(\varphi/2)$ und $\cos\varphi = 1 - 2\sin^2(\varphi/2)$. Für $\varphi = 30^\circ$ haben wir $\sin(\varphi) = 1/2$ und $\cos(\varphi) = \sqrt{3}/2$ und damit die Spiralenlänge $a/(2-\sqrt{3}) = a \cdot (2+\sqrt{3}) \approx 3.73205 \cdot a$.

Lösung (75.3) Wir tragen von der Kante der obersten Platte aus eine x-Achse ab und bezeichnen mit x_n die x-Koordinate des Schwerpunkts der obersten n Platten. Offensichtlich gilt $x_1 = \ell/2$. Fügt man nun zu n gegebenen Platten von unten eine weitere Platte hinzu, deren Kante gerade an der Stelle x_n zu liegen kommt, so ist

Aufgaben zu »Reihen« siehe Seite 66

die Koordinate x_{n+1} des Schwerpunkts aller $n+1$ Platten gegeben durch

$$x_{n+1} = \frac{n \cdot x_n + 1 \cdot (x_n + \ell/2)}{n+1} = \frac{(n+1)x_n + \ell/2}{n+1} = x_n + \frac{\ell/2}{n+1}.$$

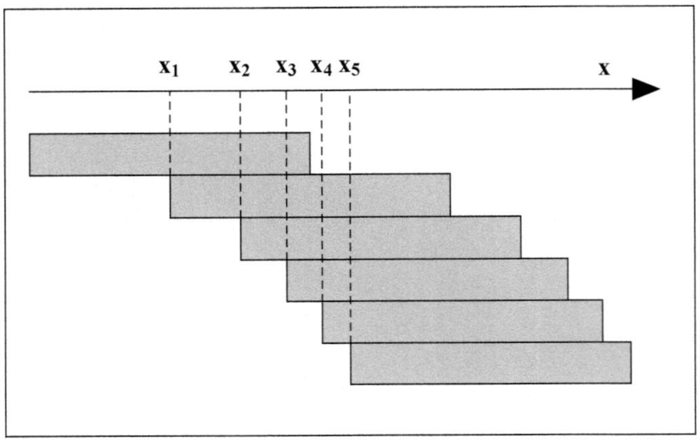

Aus dieser Rekursionsformel folgt nun mit vollständiger Induktion sofort die Aussage

$$x_n = \frac{\ell}{2} \cdot \left(1 + \frac{1}{2} + \frac{1}{3} + \cdots + \frac{1}{n}\right).$$

Wegen der Divergenz der harmonischen Reihe kann also (zumindest theoretisch) ein beliebig großer Überhang erzielt werden.

Lösung (75.4) Bezeichnen wir mit t die Zeit, die seit Beginn des Rennens vergangen ist, so befindet sich Achilles zur Zeit t im Abstand vt vom Ursprungspunkt, die Schildkröte dagegen im Abstand $a+ut$ vom Ursprung. Der Zeitpunkt t, zu dem Achilles die Schildkröte einholt, ist gegeben durch die Gleichung $vt = a+ut$, also $(v-u)t = a$ bzw.

$$t = \frac{a}{v-u}.$$

Das gleiche Ergebnis erhalten wir auch durch eine inkrementelle Betrachtung. Es sei $t_0 = 0$ die Zeit zu Beginn des Rennens, und für $k \in \mathbb{N}$ sei t_k die Zeitspanne, die vergeht, bis Achilles von seiner Position zur Zeit $t_1 + \cdots + t_{k-1}$ bis zur Position der Schildkröte zur Zeit $t_1 + \cdots + t_{k-1}$ benötigt. Wir haben dann $vt_1 = a$ sowie $vt_{k+1} = ut_k$ für alle $k \geq 1$, denn Achill legt im $(k+1)$-ten Zeitintervall die gleiche Strecke zurück wie die Schildkröte im k-ten Zeitintervall. Damit gelten die Gleichungen $t_1 = a/v$ sowie $t_{k+1} = (u/v)t_k$ für alle $k \geq 1$, folglich $t_{k+1} = (u/v)^k t_1$ für alle $k \geq 0$ und damit

$$\sum_{k=1}^{\infty} t_k = t_1 \cdot \sum_{k=0}^{\infty} \left(\frac{u}{v}\right)^k = \frac{t_1}{1-(u/v)} = \frac{t_1 v}{v-u} = \frac{a}{v-u}.$$

Die Vorstellung, daß die Addition unendlich vieler positiver Zeitspannen eine endliche Gesamtdauer ergeben könne, war Zenon fremd (wie sich die antike griechische Mathematik mit dem Grenzwertbegriff generell schwertat, obwohl sie ihm etwa bei Eudoxos oder Archimedes zum Greifen nahe war).

Lösung (75.5) (1)⇒(2). Es sei s_n die n-te Partialsumme der Reihe $\sum_{n=1}^{\infty} a_n$. Die n-te Partialsumme der Reihe $\sum_{n=n_0}^{\infty} a_n$ ist dann

$$\sigma_n = a_{n_0} + a_{n_0+1} + \cdots + a_{n_0+n-1} = s_{n_0+n-1} - s_{n_0-1}.$$

Da nach Voraussetzung die Folge (s_n) konvergiert (sagen wir gegen s), konvergiert dann auch die Folge (σ_n) für $n \to \infty$ (und zwar gegen $s - s_{n_0-1}$); hieraus folgt die Behauptung.

(2)⇒(3). Diese Implikation ist trivial.

(3)⇒(1). Es sei σ_n die n-te Partialsumme der Reihe $\sum_{n=n_0}^{\infty} a_n$. Für $n \geq n_0$ ist dann die n-te Partialsumme der Reihe $\sum_{n=1}^{\infty} a_n$ gegeben durch

$$s_n = a_1 + a_2 + \cdots + a_n = s_{n_0-1} + \sigma_{n-n_0+1}.$$

Da nach Voraussetzung die Folge (σ_n) konvergiert (sagen wir gegen den Wert σ), so konvergiert für $n \to \infty$ dann auch die Folge (s_n) (und zwar gegen $s_{n_0-1} + \sigma$).

Lösung (75.6) Existierte $s := \sum_{n=1}^{\infty} 1/n$ als endlicher Wert, so wäre

$$s = \underbrace{1 + \frac{1}{2}}_{>2\cdot(1/2)} + \underbrace{\frac{1}{3} + \frac{1}{4}}_{>2\cdot(1/4)} + \underbrace{\frac{1}{5} + \frac{1}{6}}_{>2\cdot(1/6)} + \cdots > \frac{2}{2} + \frac{2}{4} + \frac{2}{6} \cdots = 1 + \frac{1}{2} + \frac{1}{3} + \ldots = s$$

und damit $s > s$, was natürlich ein Widerspruch ist.

Lösung (75.7) (a) Hier handelt es sich um die geometrische Reihe $\sum_{n=0}^{\infty} q^n$ mit $q = -1/8$; ihr Wert ist

$$\frac{1}{1-q} = \frac{1}{9/8} = \frac{8}{9} = 0.\overline{8}.$$

(b) Hier handelt es sich um die geometrische Reihe $\sum_{n=1}^{\infty} q^n = \sum_{n=0}^{\infty} q^n - 1$ mit $q = \sqrt{2}/\sqrt{3}$; ihr Wert ist

$$\frac{1}{1-q} - 1 = \frac{q}{1-q} = \frac{\sqrt{2}/\sqrt{3}}{1-\sqrt{2}/\sqrt{3}} = \frac{\sqrt{2}}{\sqrt{3}-\sqrt{2}} = \sqrt{2} \cdot (\sqrt{3}+\sqrt{2}).$$

(c) Hier handelt es sich um die geometrische Reihe $\sum_{n=3}^{\infty} q^n = \sum_{n=0}^{\infty} q^n - (1+q+q^2)$ mit $q = 0.2$; ihr Wert ist

$$\frac{1}{1-q} - (1+q+q^2) = \frac{1}{0.8} - (1+0.2+0.04) = 1.25 - 1.24 = 0.01 = \frac{1}{100}.$$

Aufgaben zu »Reihen« siehe Seite 66

Lösung (75.8) Wegen

$$\frac{1}{(2n-1)(2n+1)} = \frac{1}{2}\cdot\left(\frac{1}{2n-1}-\frac{1}{2n+1}\right)$$

ist die N-te Partialsumme $\sum_{n=1}^{N} 1/\big((2n-1)(2n+1)\big)$ der betrachteten Reihe gegeben durch

$$\begin{aligned}&\frac{1}{2}\cdot\left(1-\frac{1}{3}+\frac{1}{3}-\frac{1}{5}+\frac{1}{5}\cdots-\frac{1}{2N-1}+\frac{1}{2N+1}\right)\\ &= \frac{1}{2}\left(1-\frac{1}{2N+1}\right).\end{aligned}$$

(Es handelt sich um eine Teleskopsumme, bei der sich aufeinanderfolgende Glieder jeweils gegenseitig wegheben.) Für $N\to\infty$ konvergieren diese Partialsummen gegen den Reihenwert $1/2$.

Lösung (75.9) Der Hinweis (den man sofort nachrechnet) zeigt, daß es sich bei den Partialsummen der Reihe um Teleskopsummen handelt, bei denen sich die meisten Glieder gegenseitig wegheben. Die N-te Partialsumme ist gegeben durch

$$\begin{aligned}s_N &= \frac{1}{2}\cdot\sum_{n=1}^{N}\left(\frac{1}{n}-\frac{2}{n+1}+\frac{1}{n+2}\right)\\ &= \frac{1}{2}\left(\sum_{n=1}^{N}\frac{1}{n}-2\sum_{n=1}^{N}\frac{1}{n+1}+\sum_{n=1}^{N}\frac{1}{n+2}\right)\\ &= \frac{1}{2}\left(\sum_{n=0}^{N-1}\frac{1}{n+1}-2\sum_{n=1}^{N}\frac{1}{n+1}+\sum_{n=2}^{N+1}\frac{1}{n+1}\right)\\ &= \frac{1}{2}\left(1+\frac{1}{2}-\frac{2}{2}-\frac{2}{N+1}+\frac{1}{N+1}+\frac{1}{N+2}\right)\\ &= \frac{1}{2}\left(\frac{1}{2}-\frac{1}{N+1}+\frac{1}{N+2}\right) = \frac{1}{4}-\frac{1/2}{N+1}+\frac{1/2}{N+2}.\end{aligned}$$

Der Wert s der Reihe ist dann $s=\lim_{N\to\infty} s_N = 1/4$.

Lösung (75.10) (a) Für $|z|>1$ gilt $|z^n+1|\geq|z|^n-1$ und damit $|z^n+1|\geq|z|^n/2$ ab einem genügend großen Index N. Für alle $n\geq N$ gilt dann

$$\left|\frac{1}{z^n+1}\right| \leq \frac{1}{|z|^n-1} \leq \frac{2}{|z|^n}.$$

Da die geometrische Reihe $\sum_{n=0}^{\infty} q^n$ mit $q:=1/|z|$ konvergiert, konvergiert nach dem Majorantenkriterium die gegebene Reihe für $|z|>1$ also absolut. Ist dagegen $|z|\leq 1$, so gilt $|z^n+1|\leq|z|^n+1\leq 2$ und damit

$$\left|\frac{1}{z^n+1}\right| \geq \frac{1}{2}.$$

In diesem Fall divergiert die angegebene Reihe, weil nicht einmal die für Reihenkonvergenz notwendige Bedingung erfüllt ist, daß die Reihenglieder gegen Null gehen müssen.

(b) Für $|z|>1$ gilt $|z^n+1|\geq|z|^n-1$ und damit $|z^n+1|\geq|z|^n/2$ ab einem genügend großen Index N. Für alle $n\geq N$ gilt dann

$$\left|\frac{n}{z^n+1}\right| \leq \frac{n}{|z|^n-1} \leq \frac{2n}{|z|^n}.$$

Da die Reihe $\sum_{n=0}^{\infty} nq^n$ mit $q:=1/|z|$ konvergiert, konvergiert nach dem Majorantenkriterium die gegebene Reihe für $|z|>1$ also absolut. Ist dagegen $|z|\leq 1$, so gilt $|z^n+1|\leq|z|^n+1\leq 2$ und damit

$$\left|\frac{n}{z^n+1}\right| \geq \frac{n}{2}.$$

In diesem Fall divergiert die angegebene Reihe, weil nicht einmal die für Reihenkonvergenz notwendige Bedingung erfüllt ist, daß die Reihenglieder gegen Null gehen müssen.

(c) Gilt $|z|<1$, so erhalten wir die Abschätzung

$$\left|\frac{z^n}{z^n+1}\right| \leq \frac{|z|^n}{1-|z|^n} \leq \frac{|z|^n}{1-|z|};$$

dann ist $\sum_{n=0}^{\infty}|z|^n/(1-|z|)$ eine konvergente Majorante. Für $|z|<1$ ist die angegebene Reihe also absolut konvergent. Gilt dagegen $|z|\geq 1$, so erhalten wir

$$\left|\frac{z^n}{z^n+1}\right| = \frac{|z|^n}{|1+z^n|} \geq \frac{|z|^n}{1+|z|^n};$$

dieser Ausdruck geht für $n\to\infty$ nicht gegen Null, so daß die Reihe in diesem Fall nicht konvergieren kann.

Lösung (75.11) Wir beweisen zunächst die angegebene Identität. Mit der Abkürzung $w:=z^{2^n}$ gilt

$$\begin{aligned}&\frac{2^n}{z^{2^n}-1}-\frac{2^{n+1}}{z^{2^{n+1}}-1} = \frac{2^n}{w-1}-\frac{2\cdot 2^n}{w^2-1}\\ &= \frac{2^n(w+1)-2\cdot 2^n}{w^2-1} = \frac{2^n(w-1)}{w^2-1} = \frac{2^n}{w+1}.\end{aligned}$$

Damit ergibt sich die Teleskopsumme

$$\begin{aligned}\sum_{n=0}^{N}\frac{2^n}{z^{2^n}+1} &= \sum_{n=0}^{N}\left(\frac{2^n}{z^{2^n}-1}-\frac{2^{n+1}}{z^{2^{n+1}}-1}\right)\\ &= \frac{1}{z-1}-\frac{2^{N+1}}{z^{2^{N+1}}-1}.\end{aligned}$$

Im Fall $|z|>1$ geht dieser Ausdruck für $N\to\infty$ gegen $1/(z-1)$; also gilt

$$\sum_{n=0}^{\infty}\frac{2^n}{z^{2^n}+1} = \frac{1}{z-1} \qquad (|z|>1).$$

Lösung (75.12) Mit $q:=(iz-3+2i)/(2z+i)$ hat die Reihe die Form $\sum_{n=0}^{\infty} q^n$; sie konvergiert genau dann, wenn $|q| < 1$ gilt (und zwar dann gegen $1/(1-q)$). Schreiben wir $z = x + iy$ mit $x, y \in \mathbb{R}$, so können wir die Konvergenzbedingung folgendermaßen umformulieren:

$$\begin{aligned} |q| < 1 &\Leftrightarrow |iz - 3 + 2i| < |2z + i| \\ &\Leftrightarrow |z + 3i + 2|^2 < |2z + i|^2 \\ &\Leftrightarrow (x+2)^2 + (y+3)^2 < (2x)^2 + (2y+1)^2 \\ &\Leftrightarrow x^2 + 4x + 4 + y^2 + 6y + 9 < 4x^2 + 4y^2 + 4y + 1 \\ &\Leftrightarrow 0 < 3x^2 - 4x + 3y^2 - 2y - 12 \\ &\Leftrightarrow 0 < x^2 - \frac{4}{3}x + y^2 - \frac{2}{3}y - 4 \\ &\Leftrightarrow 0 < \left(x - \frac{2}{3}\right)^2 + \left(y - \frac{1}{3}\right)^2 - \frac{41}{9} \\ &\Leftrightarrow \frac{41}{9} < \left(x - \frac{2}{3}\right)^2 + \left(y - \frac{1}{3}\right)^2 \\ &\Leftrightarrow \frac{41}{9} < \left|z - \frac{2+i}{3}\right|^2 \Leftrightarrow \frac{\sqrt{41}}{3} < \left|z - \frac{2+i}{3}\right|. \end{aligned}$$

Die Reihe konvergiert also genau dann, wenn z außerhalb des Kreises mit Mittelpunkt $z = (2+i)/3$ mit Radius $\sqrt{41}/3$ liegt. Der Wert der Reihe ist in diesem Fall

$$\frac{1}{1-q} = \frac{2z+i}{(2z+i) - (iz - 3 + 2i)} = \frac{2z+i}{(2-i)z + (3-i)}.$$

Lösung (75.13) (a) Es gilt $\sum_{n=1}^{N} b_n = \sum_{n=1}^{2N} a_n$; aus der Konvergenz der Reihe $\sum a_n$ folgt daher die Konvergenz von $\sum b_n$. Diese Aussage ist also richtig.

(b) Diese Aussage ist falsch; ein Gegenbeispiel ist etwa gegeben durch $a_n := (-1)^n$.

(c) Es gilt $\sum_{n=1}^{N} |b_n| = \sum_{n=1}^{N} |a_{2n-1} + a_{2n}| \le \sum_{n=1}^{N}(|a_{2n-1}| + |a_{2n}|) = \sum_{n=1}^{2N} |a_n|$; aus der Konvergenz von $\sum |a_n|$ folgt daher die Konvergenz von $\sum |b_n|$. Diese Aussage ist also richtig.

(d) Diese Aussage ist falsch; ein Gegenbeispiel ist wie in Teil (b) gegeben durch $a_n := (-1)^n$.

Lösung (75.14) (a) Es gilt $\sum_{n=1}^{N} b_n = a_N$; die Konvergenz der Folge (a_n) ist also äquivalent zur Konvergenz der Reihe $\sum b_n$. Diese Aussage ist also richtig.

(b) Diese Aussage ist falsch; ein Gegenbeispiel ist gegeben durch

$$a_n = \sum_{k=1}^{n} \frac{(-1)^{k+1}}{k} = 1 - \frac{1}{2} + \frac{1}{3} - \frac{1}{4} \pm \cdots + \frac{(-1)^{n+1}}{n}.$$

(c) Diese Aussage ist richtig. Dies folgt sofort aus Teil (a), denn wenn $\sum a_n$ konvergiert, so gilt $a_n \to 0$; insbesondere konvergiert dann also die Folge (a_n), und Teil (a) ist anwendbar.

(d) Diese Aussage ist falsch; ein Gegenbeispiel ist etwa gegeben durch $a_n := (-1)^n/\sqrt{n}$. Die Reihe $\sum a_n$ konvergiert nach dem Leibnizkriterium, aber die Reihe $\sum b_n$ konvergiert nicht absolut, denn für $n \ge 2$ gilt

$$\begin{aligned} |b_n| &= \left|(-1)^n \left(\frac{1}{\sqrt{n}} + \frac{1}{\sqrt{n-1}}\right)\right| = \frac{\sqrt{n-1} + \sqrt{n}}{\sqrt{n}\sqrt{n-1}} \\ &\ge \frac{\sqrt{n-1}}{\sqrt{n}\sqrt{n-1}} = \frac{1}{\sqrt{n}}, \end{aligned}$$

und die Reihe $\sum 1/\sqrt{n}$ divergiert.

(e) Diese Aussage ist richtig, denn wegen $\sum_{n=1}^{N} |b_n| \le |a_1| + \sum_{n=2}^{N}(|a_n| + |a_{n-1}|) \le 2\sum_{n=1}^{N} |a_n|$ folgt aus der Konvergenz von $\sum |a_n|$ die Konvergenz von $\sum |b_n|$.

Lösung (75.15) (a) Die Reihen $\sum |a_n|^2$ und $\sum |b_n|^2$ mögen konvergieren. Wegen $|a_n b_n| = |a_n|\,|b_n| \le (|a_n|^2 + |b_n|^2)/2$ konvergiert nach dem Majorantenkriterium dann auch $\sum |a_n b_n|$ und wegen $|a_n + b_n|^2 \le (|a_n| + |b_n|)^2 = |a_n|^2 + 2|a_n|\,|b_n| + |b_n|^2$ dann ebenfalls nach dem Majorantenkriterium auch $\sum |a_n + b_n|^2$.

(b) Für alle $N \in \mathbb{N}$ gilt $\sum_{n=1}^{N} |\lambda a_n|^2 = \sum_{n=1}^{N} |\lambda|^2 |a_n|^2 = |\lambda|^2 \sum_{n=1}^{N} |a_n|^2$; aus der Konvergenz der Reihe $\sum |a_n|^2$ folgt dann sofort die Konvergenz der Reihe $\sum |\lambda a_n|^2$ (zusammen mit der Gleichung $\sum |\lambda a_n|^2 = |\lambda|^2 \sum |a_n|^2$).

Die Menge $\mathfrak{F}$ *aller* komplexen Zahlenfolgen ist mit den komponentenweisen Operationen offensichtlich ein $\mathbb{C}$-Vektorraum. Die Teilmenge $\ell^2 \subseteq \mathfrak{F}$ ist nun wegen Teil (a) abgeschlossen unter der Addition und wegen Teil (b) abgeschlossen bezüglich der Skalarmultiplikation mit beliebigen Skalaren; also ist ℓ^2 ein Untervektorraum von $\mathfrak{F}$. Die Abbildung $(a, b) \mapsto \langle a, b\rangle$ ist wohldefiniert nach Teil (a); die definierenden Eigenschaften eines Skalarprodukts (Sesquilinearität, Schiefsymmetrie und Positivität) folgen dann trivialerweise.

Lösung (75.16) Nach Voraussetzung gilt $a \in \ell^2$; mit $b_n := 1/n$ für alle $n \in \mathbb{N}$ gilt auch $b \in \ell^2$ (denn die Reihe $\sum_{n=1}^{\infty} 1/n^2$ konvergiert). Nach der vorigen Aufgabe konvergiert dann auch die Reihe $\sum_{n=1}^{\infty} a_n b_n$ (sogar absolut), und dies ist die Behauptung.

Lösung (75.17) Aus der Bedingung $a_{n+1} \le (1/2)a_n$ folgt induktiv sofort $a_n \le (1/2)^{n-1} a_1$ für alle $n \ge 1$. Dann ist aber die geometrische Reihe $a_1 \sum_{n=2}^{\infty} (1/2)^{n-1}$ eine konvergente Majorante der gegebenen Reihe. Die Behauptung folgt also mit dem Majorantenkriterium.

Lösung (75.18) Wir bezeichnen jeweils mit a_n das n-te Glied der betrachteten Reihe.

(a) Hier ist $a_n = n!/n^n$, folglich

$$\frac{a_{n+1}}{a_n} = \frac{(n+1)!\,n^n}{(n+1)^{n+1} n!} = \frac{n^n}{(n+1)^n} = \frac{1}{(1+1/n)^n}.$$

Für $n \to \infty$ konvergiert dieser Ausdruck gegen $1/e < 1$; das Quotientenkriterium liefert damit die Konvergenz der Reihe.

(b) Hier ist $a_n = \big(n/(n+1)\big)^{n^2}$, folglich

$$\sqrt[n]{|a_n|} = \left(\frac{n}{n+1}\right)^n = \frac{1}{(1+1/n)^n}.$$

Für $n \to \infty$ konvergiert dieser Ausdruck gegen $1/e < 1$; das Wurzelkriterium liefert damit die Konvergenz der Reihe.

(c) Es gilt $|a_n| \le 3/2^n = 3\cdot(1/2)^n$; die Konvergenz der Reihe folgt dann sofort aus dem Majorantenkriterium.

(d) Hier ist $a_n = (n!)^2/(2n)!$, folglich

$$\begin{aligned}\frac{a_{n+1}}{a_n} &= \frac{\big((n+1)!\big)^2(2n)!}{(n!)^2(2n+2)!} \\ &= \frac{(n+1)^2}{(2n+1)(2n+2)} = \frac{(1+1/n)^2}{(2+1/n)(2+2/n)}.\end{aligned}$$

Für $n \to \infty$ konvergiert dieser Ausdruck gegen $1/4 < 1$; das Quotientenkriterium liefert damit die Konvergenz der Reihe.

(e) Hier ist $a_n = n^2/n!$, folglich

$$\frac{a_{n+1}}{a_n} = \frac{(n+1)^2\cdot n!}{(n+1)!\cdot n^2} = \frac{n+1}{n^2} = \frac{1}{n} + \frac{1}{n^2}.$$

Für $n \to \infty$ konvergiert dieser Ausdruck gegen $0 < 1$; das Quotientenkriterium liefert damit die Konvergenz der Reihe.

(f) Nach Erweitern mit $\sqrt{n+1} + \sqrt{n}$ erhalten wir

$$a_n = \frac{1}{n^{3/4}(\sqrt{n+1}+\sqrt{n})} \le \frac{1}{n^{3/4}\cdot 2\sqrt{n}} = \frac{1}{2n^{5/4}}.$$

Weil $\sum 1/n^\alpha$ für jedes $\alpha > 1$ konvergiert, liefert nun das Majorantenkriterium die Konvergenz der gegebenen Reihe.

(g) Hier ist $a_n = n^2/2^n$; wegen

$$\left|\frac{a_{n+1}}{a_n}\right| = \frac{(n+1)^2\cdot 2^n}{2^{n+1}\cdot n^2} = \frac{(1+1/n)^2}{2} \to \frac{1}{2}$$

für $n \to \infty$ konvergiert die Reihe nach dem Quotientenkriterium.

(h) Hier gilt $|a_n| = (2^n)/n \to \infty$ für $n \to \infty$; das für Reihenkonvergenz notwendige Kriterium $a_n \to 0$ ist also nicht erfüllt, so daß die Reihe divergiert.

(i) Die Reihe ist $\sum_{n=11}^\infty 1/n$; sie divergiert aufgrund der Divergenz der harmonischen Reihe.

(j) Hier gilt $a_n = n/(3n-1) \to 1/3$ für $n \to \infty$; das für Reihenkonvergenz notwendige Kriterium $a_n \to 0$ ist also nicht erfüllt, so daß die Reihe divergiert.

(k) Wegen $4\cdot 2^n - 3 \ge 2^n$ gilt $a_n \le (1/2)^n$ für alle $n \in \mathbb{N}$; die geometrische Reihe $\sum_{n=1}^\infty (1/2)^n$ ist also eine konvergente Majorante der gegebenen Reihe, die daher nach dem Majorantenkriterium konvergiert.

(l) Hier ist $a_n = \big(n/(2n+1)\big)^n$, folglich

$$\sqrt[n]{|a_n|} = \frac{n}{2n+1} \to \frac{1}{2} \quad \text{für } n \to \infty.$$

Die Reihe konvergiert daher nach dem Wurzelkriterium.

(m) Hier ist $a_n = (1+1/n)^{n^2}/2^n$. Wegen $(1+1/n)^n \to e \approx 2.718$ gilt $(1+1/n)^n > 2$ und damit $a_n > 1$ ab einem genügend großen Index $N \in \mathbb{N}$. Das für Konvergenz notwendige Kriterium $a_n \to 0$ ist also nicht erfüllt; die Reihe divergiert.

(n) Hier ist $a_n = 2^n/n^{10}$; wegen $a_n \to \infty$ für $n \to \infty$ kann die Reihe nicht konvergieren.

(o) Hier ist $a_n = 2^n/n^n$. Für alle $n \ge 3$ ist $a_n \le 2^n/3^n = (2/3)^n$; die geometrische Reihe $\sum_n q^n$ mit $q = 2/3$ ist daher eine konvergente Majorante. Die Reihe konvergiert also nach dem Majorantenkriterium.

(p) Hier ist $a_n = \big((n-1)/(n+1)\big)^{n(n-1)}$; mit $m := n-1$ gilt daher

$$\begin{aligned}\sqrt[n]{|a_n|} &= \frac{1}{\big((n+1)/(n-1)\big)^{n-1}} = \frac{1}{\big((m-2)/m\big)^m} \\ &\le \frac{1}{(1+1/m)^m} \to 1/e\end{aligned}$$

für $m \to \infty$ bzw. $n \to \infty$. Wegen $1/e < 1$ konvergiert die Reihe also nach dem Wurzelkriterium.

(q) Hier ist $a_n = n/\sqrt{3}^n$; wegen $a_{n+1}/a_n = (n+1)/(n\sqrt{3}) \to 1/\sqrt{3}$ für $n \to \infty$ konvergiert die Reihe nach dem Quotientenkriterium.

(r) Hier ist $a_n = 10^n/n!$; wegen $a_{n+1}/a_n = 10/(n+1) \to 0$ für $n \to \infty$ konvergiert die Reihe nach dem Quotientenkriterium.

(s) Hier handelt es sich um eine alternierende Reihe, deren Absolutbeträge monoton gegen Null fallen; die Reihe konvergiert daher nach dem Leibnizkriterium.

(t) Hier gilt $|a_n| = 1/(1+0.1^n) \to 1$ für $n \to \infty$. Weil nicht $a_n \to 0$ gilt, kann die Reihe nicht konvergieren.

(u) Hier gilt $|a_n| \le 1/2^n = (1/2)^n$. Die geometrische Reihe $\sum_n q^n$ mit $q = 1/2$ ist eine konvergente Majorante; die Reihe konvergiert also absolut nach dem Majorantenkriterium.

(v) Hier ist $a_n = 1/\sqrt{4n^2-1} \ge 1/(2n)$. Wegen der Divergenz der harmonischen Reihe $\sum_n 1/n$ divergiert die angegebene Reihe nach dem Minorantenkriterium.

(w) Hier ist $a_n = (-1)^n/\sqrt{4n^2-1}$; es handelt sich um eine alternierende Reihe, deren Absolutbeträge monoton gegen Null fallen. Die Reihe konvergiert daher nach dem Leibnizkriterium.

Lösung (75.19) Wir bezeichnen jeweils mit a_n das n-te Glied der betrachteten Reihe.

(a) Wegen $|a_n| \le 1/n^2$ konvergiert die Reihe nach dem Majorantenkriterium absolut.

(b) Es gilt $|a_n| = q^n$ mit $q := (3n-1)/(5n+2) \le (3n)/(5n) = 3/5$. Wegen $q < 1$ ist die geometrische Reihe $\sum_n q^n$ eine konvergente Majorante; nach dem Majorantenkriterium konvergiert die gegebene Reihe absolut.

(c) Es gilt $a_n \ge 1/(n\sqrt{2})$. Wegen der Divergenz der harmonischen Reihe $\sum_n 1/n$ divergiert die angegebene Reihe nach dem Minorantenkriterium.

(d) Hier handelt es sich um eine alternierende Reihe, deren Absolutbeträge $1/\sqrt{n^2+n}$ monoton gegen Null fallen. Die Reihe konvergiert daher nach dem Leibnizkriterium.

(e) Wegen der Divergenz der harmonischen Reihe divergiert die angegebene Reihe.

(f) Hier ist $a_n = (-1)^n/(\sqrt{n+1}+\sqrt{n})$; die Reihe konvergiert nach dem Leibnizkriterium.

(g) Hier handelt es sich um eine alternierende Reihe, deren Absolutbeträge monoton gegen Null fallen. Die Reihe konvergiert daher nach dem Leibnizkriterium.

(h) Hier gilt $|a_n| = n/(2n+1) \to 1/2$ für $n \to \infty$. Weil nicht $a_n \to 0$ gilt, kann die Reihe nicht konvergieren.

(i) Für alle $n \geq 3$ gilt $a_n \leq (1/2 + 1/3)^n = (5/6)^n$. Die geometrische Reihe $\sum_n q^n$ mit $q = 5/6$ ist also eine konvergente Majorante; die Reihe konvergiert daher nach dem Majorantenkriterium.

(j) Wegen $n^2|a_n| = (2n^3+n^2)/(n^3+n+1) \to 2$ für $n \to \infty$ gilt $n^2/|a_n| \leq 3$ und damit $|a_n| \leq 3/n^2$ ab einem genügend großen Index $N \in \mathbb{N}$. Nach dem Majorantenkriterium konvergiert daher die Reihe absolut.

(k) Es handelt sich um eine alternierende Reihe, deren Absolutbeträge monoton gegen Null fallen; die Reihe konvergiert daher nach dem Leibnizkriterium.

(l) Hier gilt $|a_n| = n^2/(4n^2+1) \to 1/4$ für $n \to \infty$. Weil nicht $a_n \to 0$ gilt, kann die Reihe nicht konvergieren.

(m) Hier ist $a_{n+1}/a_n = 2/(n+1) \to 0$ für $n \to \infty$; die Reihe konvergiert nach dem Quotientenkriterium.

(n) Hier handelt es sich um die geometrische Reihe $\sum_{n=1}^{\infty} q^n$ mit $q = -2/3$; wegen $|q| < 1$ ist diese absolut konvergent.

(o) Hier gilt $a_n \geq 1/n$; wegen der Divergenz der harmonischen Reihe divergiert nach dem Minorantenkriterium auch die angegebene Reihe.

(p) Der Realteil der angegebenen Reihe ist die divergente harmonische Reihe; daher ist die angegebene Reihe divergent.

(q) Hier handelt es sich um die geometrische Reihe $\sum_{n=1}^{\infty} q^n$ mit $q = 1/(1+i)$; wegen $|q| = 1/\sqrt{2} < 1$ ist diese absolut konvergent.

(r) Da sowohl der Realteil $\sum_{n=1}^{\infty} 1/\big(n(n+1)\big)$ als auch der Imaginärteil $\sum_{n=1}^{\infty}(1/2)^n$ konvergent ist, konvergiert die angegebene Reihe.

(s) Hier ist $a_n = c^n/n!$ mit $c := (3-2i)/2$; wegen $|a_{n+1}/a_n| = |c|/(n+1) \to 0$ für $n \to \infty$ ist die Reihe absolut konvergent nach dem Quotientenkriterium.

(t) Sowohl der Realteil $\sum_{n=1}^{\infty}(-1)^n/(2n)$ als auch der Imaginärteil $\sum_{n=1}^{\infty}(-1)^{n+1}/(2n-1)$ ist konvergent (jeweils nach dem Leibnizkriterium); also konvergiert die angegebene Reihe.

(u) Hier gilt $a_n = \cos(n\pi/3) + i\sin(n\pi/3)$ und damit $|a_n| = 1$. Weil nicht $a_n \to 0$ gilt, kann die Reihe nicht konvergieren.

Lösung (75.20) (a) Das n-te Glied der Reihe ist $(-1)^n a_n$ mit

$$a_n = \frac{1}{2}\cdot\frac{3}{4}\cdot\frac{5}{6}\cdots\frac{2n-1}{2n} = \underbrace{\frac{3}{2}\cdot\frac{5}{4}\cdots\frac{2n-1}{2n-2}}_{=:\,b_n}\cdot\frac{1}{2n}.$$

Die Folge (b_n) wächst monoton; folglich fällt die Folge $(1/b_n)$ monoton und ist nach unten durch Null beschränkt, ist folglich konvergent. Gilt $1/b_n \to g > 0$, so gilt $b_n \to 1/g$ und damit $a_n = b_n \cdot \big(1/(2n)\big) \to (1/g)\cdot 0 = 0$. Gilt dagegen $1/b_n \to 0$, so haben wir

$$\frac{2n}{2n-1}a_n = \frac{1}{2}\cdot\frac{3}{4}\cdot\frac{5}{6}\cdots\frac{2n-3}{2n-2} < \frac{2}{3}\cdot\frac{4}{5}\cdot\frac{6}{7}\cdots\frac{2n-2}{2n-1} = \frac{1}{b_n}$$

und damit $a_n < (1/b_n)\cdot\big((2n-1)/(2n)\big) \to 0\cdot 1 = 0$. In jedem Fall gilt also $a_n \to 0$. Da die Folge (a_n) offensichtlich monoton fällt, konvergiert dann die angegebene Reihe nach dem Leibnizkriterium.

(b) Es handelt sich um die Reihe $\sum_{n=2}^{\infty}(-1)^n a_n$ mit

$$\begin{aligned} a_n &= \frac{2^2-1}{2^2}\cdot\frac{3^2-1}{3^2}\cdots\frac{n^2-1}{n^2} \\ &= \frac{(2-1)(2+1)}{2\cdot 2}\cdot\frac{(3-1)(3+1)}{3\cdot 3}\cdots\frac{(n-1)(n+1)}{n\cdot n} \\ &= \frac{1}{2}\cdot\frac{n+1}{n}, \end{aligned}$$

wobei wir ausnutzten, daß sich alle mittleren Terme wegkürzen. Es gilt also $a_n \to 1/2$ für $n \to \infty$; weil nicht $a_n \to 0$ gilt, kann die Reihe daher nicht konvergieren.

(c) Die Summe jeweils zweier aufeinanderfolgender Glieder ist gegeben durch

$$\frac{1}{\sqrt{n}-1} - \frac{1}{\sqrt{n}+1} = \frac{2}{n-1};$$

wegen der Divergenz der harmonischen Reihe divergiert daher die angegebene Reihe.

(d) Wegen $|(-1)^n a_n| \leq (1/2)^n$ ist die geometrische Reihe $\sum_{n=1}^{\infty}(1/2)^n$ eine konvergente Majorante. Nach dem Majorantenkriterium konvergiert die angegebene Reihe daher absolut.

Lösung (75.21) (a) Da die Reihe $\sum_{n=1}^{\infty}|a_n|$ konvergiert, gilt $a_n \to 0$ für $n \to \infty$. Ab einem gewissen Index N gilt dann $|a_n| \leq 1$ und damit auch $|a_n^2| = |a_n|^2 \leq |a_n|$; folglich ist $\sum_{n=N}^{\infty}|a_n|$ eine konvergente Majorante für $\sum_{n=N}^{\infty}|a_n^2|$; also konvergiert $\sum_{n=N}^{\infty}|a_n^2|$ und damit auch $\sum_{n=1}^{\infty}|a_n^2|$. Das bedeutet aber gerade, daß die Reihe $\sum_{n=1}^{\infty}a_n^2$ absolut konvergiert.

(b) Wegen $a_n \to 0$ gilt ab einem genügend großen Index N die Bedingung $|a_n| \leq 1/2$ (folglich $a_n \neq -1$) und damit auch die Abschätzung

$$\left|\frac{a_n}{1+a_n}\right| = \frac{|a_n|}{|1+a_n|} \leq \frac{|a_n|}{1-|a_n|} \leq 2|a_n|.$$

Nach dem Majorantenkriterium konvergiert daher die Reihe $\sum_n a_n/(1+a_n)$ absolut.

(c) Mit $\sum a_n$ konvergiert nach Teil (b) auch die Reihe $\sum b_n$ mit $b_n := a_n^2$ absolut. Wenden wir den schon bewiesenen Teil (b) auf $\sum b_n$ an, so ergibt sich die Behauptung.

Aufgaben zu »Reihen« siehe Seite 66

Lösung (75.22) Für $m \in \mathbb{N}$ sei

$$s_m \; := \; \sup\{a_{m+1} + a_{m+2} + \cdots + a_n \mid n \in \mathbb{N}\};$$

nach dem Cauchykriterium gilt dann $s_m \to 0$ für $m \to \infty$. Ist also $\varepsilon > 0$ beliebig vorgegeben, so gibt es einen Index m mit $s_m \leq \varepsilon$. Für alle $n \geq 2m$ gilt dann

$$\begin{aligned} \varepsilon \; &\geq \; s_m \; \geq \; a_{m+1} + a_{m+2} + \cdots + a_n \\ &\geq \; a_n + a_n + \cdots + a_n \; = \; (n-m)a_n \; \geq \; \frac{n}{2} \cdot a_n. \end{aligned}$$

Zu jedem $\varepsilon > 0$ gibt es also einen Index N (nämlich $N = 2m$) mit $na_n \leq 2\varepsilon$ für alle $n \geq N$. Damit ist gezeigt, daß $na_n \to 0$ für $n \to \infty$ gilt.

Lösung (75.23) (a) Es gilt

$$\begin{aligned} \sum_{k=1}^{n} A_k(b_{k+1} - b_k) \; &= \; \sum_{k=1}^{n} A_k b_{k+1} - \sum_{k=1}^{n} A_k b_k \\ &= \; \sum_{k=1}^{n} A_k b_{k+1} - \sum_{k=0}^{n-1} A_{k+1} b_{k+1} \\ &= \; A_n b_{n+1} + \sum_{k=1}^{n-1} (A_k - A_{k+1}) b_{k+1} - A_1 b_1 \\ &= \; A_n b_{n+1} - \sum_{k=1}^{n-1} a_{k+1} b_{k+1} - a_1 b_1 \\ &= \; A_n b_{n+1} - \sum_{k=1}^{n} a_k b_k. \end{aligned}$$

(b) Es gelte $|A_n| \leq C$ für alle $n \in \mathbb{N}$. Einerseits konvergiert dann die Folge $(A_n b_{n+1})$ gegen Null (denn $|A_n b_{n+1}| \leq C b_{n+1} \to 0$ für $n \to \infty$); andererseits konvergiert die Reihe $\sum_{n=1}^{\infty} A_k(b_{k+1} - b_k)$ absolut, denn $\sum_{n=1}^{N} |A_k(b_{k+1} - b_k)| \leq \sum_{n=1}^{N} C|b_{k+1} - b_k| = C\sum_{n=1}^{N}(b_k - b_{k+1}) = C(b_1 - b_{N+1}) \to Cb_1$ für $N \to \infty$ (Teleskopsumme!). Insgesamt gilt also

$$\begin{aligned} \sum_{k=1}^{n} a_k b_k \; &= \; A_n b_{n+1} - \sum_{k=1}^{n} A_k(b_{k+1} - b_k) \\ &\to \; 0 - \sum_{k=1}^{\infty} A_k(b_{k+1} - b_k) \quad \text{für } n \to \infty. \end{aligned}$$

Wir wählen nun einen Winkel $\varphi \in (0, \pi)$ und wenden das Dirichlet-Kriterium mit $a_k := e^{ik\varphi}$ und $b_k := 1/k$ an. Das ist möglich, weil die Partialsummen

$$\begin{aligned} A_n \; &= \; \sum_{k=1}^{n} a_k \; = \; \sum_{k=1}^{n} e^{ik\varphi} \; = \; \sum_{k=0}^{n} (e^{i\varphi})^k - 1 \\ &= \; \frac{1 - e^{i(k+1)\varphi}}{1 - e^{i\varphi}} - 1 \; = \; \frac{e^{i\varphi} - e^{i(k+1)\varphi}}{1 - e^{i\varphi}} \end{aligned}$$

beschränkt bleiben; es gilt nämlich

$$\begin{aligned} |A_n| \; &\leq \; \frac{2}{|1 - e^{i\varphi}|} \; = \; \frac{2}{\sqrt{(1 - \cos\varphi)^2 + (\sin\varphi)^2}} \\ &= \; \frac{2}{\sqrt{2 - 2\cos\varphi}} \; = \; \frac{\sqrt{2}}{\sqrt{1 - \cos\varphi}}. \end{aligned}$$

Also konvergiert die Reihe

$$\sum_{k=1}^{\infty} \frac{e^{ik\varphi}}{k} \; = \; \sum_{k=1}^{\infty} \frac{\cos(k\varphi)}{k} + i \cdot \sum_{k=1}^{\infty} \frac{\sin(k\varphi)}{k}.$$

Lösung (75.24) (a) Einerseits gilt

$$\begin{aligned} \sum_{n=1}^{\infty} a_n \; &= \; a_1 + \underbrace{a_2 + a_3}_{\leq 2a_2} + \underbrace{a_4 + a_5 + a_6 + a_7}_{\leq 4a_4} + \cdots \\ &\leq a_1 + 2a_2 + 4a_4 + 8a_8 + \cdots \; = \; a_1 + \sum_{n=1}^{\infty} 2^n a_{2^n}; \end{aligned}$$

andererseits gilt auch

$$\begin{aligned} \sum_{n=1}^{\infty} a_n \; &= \; a_1 + a_2 + \underbrace{a_3 + a_4}_{\geq 2a_4} + \underbrace{a_5 + a_6 + a_7 + a_8}_{\geq 4a_8} + \cdots \\ &\geq a_1 + a_2 + 2a_4 + 4a_8 + 8a_{16} + \cdots \; = \; a_1 + \frac{1}{2} \sum_{n=1}^{\infty} 2^n a_{2^n}. \end{aligned}$$

Nach dem Majoranten- bzw. Minorantenkriterium konvergiert daher jede der beiden Reihen genau dann, wenn die jeweils andere konvergiert.

(b) Nach (a) konvergiert die Reihe $\sum_{n=1}^{\infty} 1/(n\sqrt{n})$ genau dann, wenn die verdichtete Reihe

$$\sum_{n=1}^{\infty} 2^n \cdot \frac{1}{2^n\sqrt{2^n}} \; = \; \sum_{n=1}^{\infty} \frac{1}{\sqrt{2^n}} \; = \; \sum_{n=1}^{\infty} \left(\frac{1}{\sqrt{2}}\right)^n$$

konvergiert. Diese ist aber eine geometrische Reihe mit $q = 1/\sqrt{2} < 1$; nach dem Majorantenkriterium konvergiert also die gegebene Reihe.

Bemerkung: (a) Es liegt nichts Spezielles in der Wahl der Zahl 2; wir hätten auch jede andere natürliche Zahl $m \geq 2$ wählen können. Genau dann konvergiert also $\sum_{n=1}^{\infty} a_n$, wenn $\sum_{n=1}^{\infty} m^n a_{m^n}$ konvergiert.

(b) Sobald wir allgemeine Potenzen eingeführt haben, läßt sich das Argument in Teil (b) verallgemeinern und zeigt, daß $\sum_{n=1}^{\infty} 1/n^{\alpha}$ genau dann konvergiert, wenn $\alpha > 1$ gilt.

Lösung (75.25) (a) Die Menge N_k besteht aus 9^k Elementen (denn jede Zahl $n \in N_k$ hat k Stellen, und für

Aufgaben zu »Reihen« siehe Seite 66

jede der k Stellen kommen die Ziffern $1, 2, \ldots, 9$ in Frage), und es gilt $n > 10^{k-1}$ für alle $n \in N_k$. Also gilt

$$\begin{aligned}\sum_{n\in N}\frac{1}{n} &= \sum_{k=1}^{\infty}\sum_{n\in N_k}\frac{1}{n} < \sum_{k=1}^{\infty}9^k\cdot\frac{1}{10^{k-1}}\\ &= 9\cdot\sum_{k=1}^{\infty}\left(\frac{9}{10}\right)^{k-1} = 9\cdot\sum_{k=0}^{\infty}\left(\frac{9}{10}\right)^{k} = 90,\end{aligned}$$

wobei wir im letzten Schritt die Formel $\sum_{k=0}^{\infty}q^k = 1/(1-q)$ mit $q := 9/10$ benutzten. Damit ist die Konvergenz der Reihe $\sum_{n\in N}1/n$ gezeigt (zusammen mit der sehr groben Abschätzung $s < 90$ für den Reihenwert s).

Nach Definition ist s_k die Summe aller Zahlen $1/n$, wobei n eine k-stellige Zahl ohne Nullen ist. Es gilt also

$$\begin{aligned}s_k = {} & \frac{1}{11\ldots 11}+\frac{1}{11\ldots 12}+\cdots+\frac{1}{11\ldots 19}\\ & +\frac{1}{11\ldots 21}+\frac{1}{11\ldots 22}+\cdots+\frac{1}{11\ldots 29}\\ & +\cdots\\ & +\frac{1}{99\ldots 91}+\frac{1}{99\ldots 92}+\cdots+\frac{1}{99\ldots 99}.\end{aligned}$$

Nun ist jeder der neun Terme in der ersten Zeile kleiner als $1/11\ldots 10$, jeder der neun Terme in der zweiten Zeile kleiner als $1/11\ldots 20$, und so weiter; dies liefert die Abschätzung

$$\begin{aligned}s_k &< 9\cdot\frac{1}{11\ldots 10}+9\cdot\frac{1}{11\ldots 20}+\cdots+9\cdot\frac{1}{99\ldots 90}\\ &= \frac{9}{10}\left(\frac{1}{11\ldots 1}+\frac{1}{11\ldots 2}+\cdots+\frac{1}{99\ldots 9}\right) = \frac{9}{10}s_{k-1},\end{aligned}$$

denn in der Klammer treten jetzt als Nenner genau alle $(k-1)$-stelligen Zahlen ohne Nullen auf. Analog ergibt sich

$$\begin{aligned}u_k = {} & \frac{1}{11\ldots 12}+\frac{1}{11\ldots 13}+\cdots+\frac{1}{11\ldots 20}\\ & +\frac{1}{11\ldots 22}+\frac{1}{11\ldots 23}+\cdots+\frac{1}{11\ldots 30}\\ & +\cdots\\ & +\frac{1}{99\ldots 92}+\frac{1}{99\ldots 93}+\cdots+\frac{1}{100\ldots 00}.\end{aligned}$$

Nun ist jeder der neun Terme in der ersten Zeile größer als $1/11\ldots 20$, jeder der neun Terme in der zweiten Zeile größer als $1/11\ldots 30$, und so weiter; dies liefert die Abschätzung

$$\begin{aligned}u_k &< 9\cdot\frac{1}{11\ldots 20}+9\cdot\frac{1}{11\ldots 30}+\cdots+9\cdot\frac{1}{100\ldots 00}\\ &= \frac{9}{10}\left(\frac{1}{11\ldots 2}+\frac{1}{11\ldots 3}+\cdots+\frac{1}{100\ldots 0}\right) = \frac{9}{10}u_{k-1},\end{aligned}$$

denn in der Klammer treten jetzt als Nenner genau alle um 1 erhöhten $(k-1)$-stelligen Zahlen ohne Nullen auf.

Schließlich erhalten wir

$$\begin{aligned}s_k &> 9\cdot\frac{1}{11\ldots 20}+9\cdot\frac{1}{11\ldots 30}+\cdots+9\cdot\frac{1}{100\ldots 00}\\ &= \frac{9}{10}\left(\frac{1}{11\ldots 2}+\frac{1}{11\ldots 3}+\cdots+\frac{1}{100\ldots 0}\right) = \frac{9}{10}u_{k-1},\end{aligned}$$

denn in der Klammer treten jetzt alle um 1 erhöhten $(k-1)$-stelligen Zahlen ohne Nullen auf. Damit ist der Hinweis bewiesen. Anwendung des Hinweises liefert

$$\left(\frac{9}{10}\right)^{k-2}u_2 < \frac{9}{10}u_{k-1} < s_k < \left(\frac{9}{10}\right)^{k-2}s_2$$

für alle $k \geq 3$ und damit

$$u_2\cdot\sum_{k=3}^{\infty}\left(\frac{9}{10}\right)^{k-2} < \sum_{k=3}^{\infty}s_k < s_2\cdot\sum_{k=3}^{\infty}\left(\frac{9}{10}\right)^{k-2}$$

bzw.

$$u_2\cdot\sum_{k=1}^{\infty}\left(\frac{9}{10}\right)^{k} < \sum_{k=3}^{\infty}s_k < s_2\cdot\sum_{k=1}^{\infty}\left(\frac{9}{10}\right)^{k},$$

also $9u_2 < s - s_1 - s_2 < 9s_2$ und damit $s_1 + s_2 + 9u_2 < s < s_1 + 10s_2$. Mit den Zahlenwerten $s_1 = 2.82897$, $s_2 = 1.97071$ und $u_2 = 1.93079$ ergibt sich die recht gute Abschätzung $22.1767 < s < 22.536$.

Lösung (75.26) (a) Das Cauchyprodukt der beiden angegebenen Reihen ist

$$\begin{aligned}\frac{q(1+q)}{(1-q)^4} &= \left(\sum_{n=0}^{\infty}q^n\right)\left(\sum_{n=0}^{\infty}n^2q^n\right)\\ &= \sum_{n=0}^{\infty}\sum_{k=0}^{n}q^{n-k}k^2q^k = \sum_{n=0}^{\infty}\frac{n(n+1)(2n+1)}{6}q^n\\ &= \frac{1}{3}\sum_{n=0}^{\infty}n^3q^n+\frac{1}{2}\sum_{n=0}^{\infty}n^2q^n+\frac{1}{6}\sum_{n=0}^{\infty}nq^n\\ &= \frac{1}{3}\sum_{n=0}^{\infty}n^3q^n+\frac{q(1+q)}{2(1-q)^3}+\frac{q}{6(1-q)^2}.\end{aligned}$$

Es folgt

$$\begin{aligned}\sum_{n=0}^{\infty}n^3q^n &= \frac{3q(1+q)}{(1-q)^4}-\frac{3q(1+q)}{2(1-q)^3}-\frac{q}{2(1-q)^2}\\ &= \frac{q(q^2+4q+1)}{(1-q)^4}.\end{aligned}$$

(b) Einsetzen von $q = 1/2$ in die Formel $\sum_{n=1}^{\infty}n^2q^n = q(1+q)/(1-q)^3$ liefert $\sum_{n=1}^{\infty}n^2/2^n = 6$. Einsetzen von $q = 1/3$ in die gerade hergeleitete Formel $\sum_{n=1}^{\infty}n^3q^n = q(q^2+4q+1)/(1-q)^4$ liefert $\sum_{n=1}^{\infty}(n^3/3^n) = 33/8$.

Aufgaben zu »Reihen« siehe Seite 66

Lösung (75.27) Die Reihe $\sum_{n=1}^{\infty}(-1)^n/\sqrt{n}$ konvergiert nach dem Leibnizkriterium. Bilden wir (mit $a_n = (-1)^n/\sqrt{n}$) das Cauchyprodukt dieser Reihe mit sich selbst, so ergibt sich die Reihe $\sum_{n=2}^{\infty} b_n$ mit

$$\begin{aligned} b_n &= a_1a_{n-1} + a_2a_{n-2} + \cdots + a_{n-1}a_1 = \sum_{k=1}^{n-1} a_{n-k}a_k \\ &= \sum_{k=1}^{n-1} \frac{(-1)^{n-k}}{\sqrt{n-k}} \cdot \frac{(-1)^k}{\sqrt{k}} = (-1)^n \sum_{k=1}^{n-1} \frac{1}{\sqrt{(n-k)k}}. \end{aligned}$$

Für $1 \leq k \leq n-1$ gilt nun $k(n-k) \leq (n/2)^2 = n^2/4$ (nachprüfen!) und damit

$$|b_n| = \sum_{k=1}^{n-1} \frac{1}{\sqrt{(n-k)k}} \geq \sum_{k=1}^{n-1} \frac{2}{n} = \frac{2(n-1)}{n}.$$

Also gilt $|b_n| \to 2$ für $n \to \infty$. Die Reihe $\sum_{n=1}^{\infty} b_n$ kann nicht konvergieren, weil die für Konvergenz notwendige Bedingung $b_n \to 0$ nicht erfüllt ist.

Lösung (75.28) Nach dem Hinweis gilt die Abschätzung

$$\begin{aligned} &\left| \sum_{k=0}^{2n} c_k - \left(\sum_{k=0}^{n} a_k\right)\left(\sum_{k=0}^{n} b_k\right) \right| \\ &\leq \sum_{k=0}^{n-1} \left(|b_k| \left| \sum_{i=n+1}^{2n-k} a_i \right| \right) + \sum_{k=n+1}^{2n} \left(|b_k| \left| \sum_{i=0}^{2n-k} a_i \right| \right). \end{aligned}$$

Wir setzen $\alpha := \sup_{N\in\mathbb{N}} |\sum_{i=0}^{N} a_i|$ und $\beta := \sum_{n=0}^{\infty} |b_n|$. Es sei $\varepsilon > 0$ beliebig vorgegeben. Es gibt dann einen Index n_1 mit $|\sum_{k=n+1}^{N} a_k| < \varepsilon/(2\beta)$ für alle $N > n \geq n_1$ und einen Index n_2 mit $\sum_{k=n+1}^{N} |b_k| < \varepsilon/(2\alpha)$ für alle $N > n \geq n_2$. Für alle $n \geq n_1$ gilt dann

$$\sum_{k=0}^{n-1} \left(|b_k| \left| \sum_{i=n+1}^{2n-k} a_i \right| \right) \leq \frac{\varepsilon}{2\beta} \sum_{k=0}^{n-1} |b_k| \leq \frac{\varepsilon}{2\beta} \cdot \beta = \frac{\varepsilon}{2},$$

und für alle $n \geq n_2$ gilt

$$\sum_{k=n+1}^{2n} \left(|b_k| \left| \sum_{i=0}^{2n-k} a_i \right| \right) \leq \alpha \sum_{k=n+1}^{2n} |b_k| \leq \alpha \cdot \frac{\varepsilon}{2\alpha} = \frac{\varepsilon}{2}.$$

Für alle $n \geq \max(n_1, n_2)$ gilt dann

$$\left| \sum_{k=0}^{2n} c_k - \left(\sum_{k=0}^{n} a_k\right)\left(\sum_{k=0}^{n} b_k\right) \right| \leq \frac{\varepsilon}{2} + \frac{\varepsilon}{2} = \varepsilon.$$

Folglich gilt $\sum_{k=0}^{2n} c_k - (\sum_{k=0}^{n} a_k)(\sum_{k=0}^{n} b_k) \to 0$ und damit

$$\begin{aligned} \sum_{k=0}^{2n} c_k &= \left(\sum_{k=0}^{2n} c_k - \left[\sum_{k=0}^{n} a_k\right]\left[\sum_{k=0}^{n} b_k\right] \right) + \left[\sum_{k=0}^{n} a_k\right]\left[\sum_{k=0}^{n} b_k\right] \\ &\to 0 + \left[\sum_{k=0}^{\infty} a_k\right]\left[\sum_{k=0}^{\infty} b_k\right]. \end{aligned}$$

Lösung (75.29) Damit das Gleichungssystem überhaupt sinnvoll ist, muß die Reihe $\sum_{k=1}^{\infty} x_k$ konvergieren, so daß die Zahlen $b_n = \sum_{k=n}^{\infty} x_k$ eine Nullfolge bilden müssen. Die Bedingung $b_n \to 0$ ist also notwendig für die Lösbarkeit des angegebenen Systems. Diese Bedingung ist aber auch hinreichend, denn ist sie erfüllt und setzen wir $x_k := b_k - b_{k+1}$, so konvergiert wegen $\sum_{k=1}^{n} x_k = b_1 - b_{n+1} \to b_1$ für $n \to \infty$ die Reihe $\sum_{k=1}^{\infty} x_k$ gegen b_1, und alle angegebenen Gleichungen gelten. Die Lösung ist in diesem Fall auch eindeutig, denn durch Subtraktion der $(k+1)$-ten von der k-ten Gleichung ergibt sich zwangsläufig $x_k = b_k - b_{k+1}$.

Lösung (75.30) Wir erhalten die Abschätzung

$$\begin{aligned} &\underbrace{q^{\sqrt{1}} + q^{\sqrt{2}} + q^{\sqrt{3}}}_{\leq 3 \cdot q^1} + \underbrace{q^{\sqrt{4}} + q^{\sqrt{5}} + q^{\sqrt{6}} + q^{\sqrt{7}} + q^{\sqrt{8}}}_{\leq 5 \cdot q^2} + \cdots \\ &+ \underbrace{q^{\sqrt{n^2}} + q^{\sqrt{n^2+1}} + \cdots + q^{\sqrt{n^2+2n}}}_{\leq (2n+1) \cdot q^n} + \cdots \end{aligned}$$

und erkennen, daß $\sum_{n=1}^{\infty}(2n+1)q^n$ eine konvergente Majorante der gegebenen Reihe ist. Nach dem Majorantenkriterium konvergiert diese also.

Lösung (75.31) Die Zuordnung der "Energiewerte" wurde gerade so gewählt, daß die Gesamtenergie bei jedem Zug erhalten bleibt; es gilt also sozusagen der "Energieerhaltungssatz". (Eine solche Verteilung von Energiewerten ist bis auf einen Skalarfaktor eindeutig bestimmt, wie man sich schnell überlegt.)

Wenn es möglich ist, das dick eingerahmte Feld freizuräumen, so ist die Energie des Systems echt kleiner als die Energie jeder der beiden folgenden (energiemäßig äquivalenten) Konstellationen:

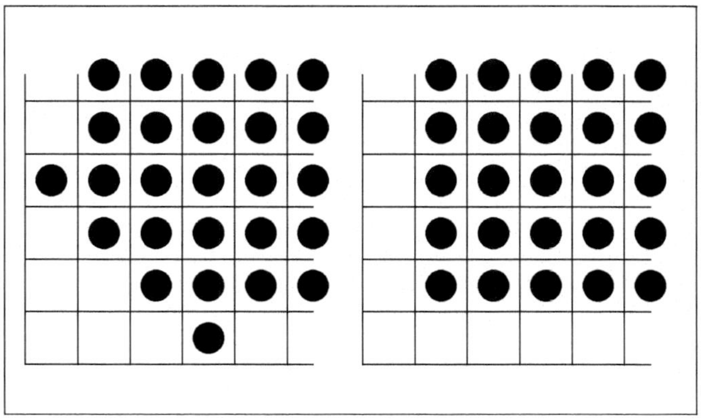

Nach den Regeln des Spiels ist nämlich klar, daß zu jedem Zeitpunkt exakt ein Feld in der linken Spalte und in der unteren Zeile besetzt ist, und in der linken Anordnung wurden einfach *alle* Felder in den anderen Zeilen und Spalten belegt. Da zu jedem Zeitpunkt des Spiels nur endlich viele Felder belegt sind, ist die Gesamtenergie jeweils echt kleiner als diejenige der Konfiguration links. Daß die Konfiguration rechts den gleichen Energiewert hat, sieht man sofort. Die Energie der untersten Zeile der letzten Konfiguration ist nun $(1/4) + (1/8) + (1/16) + \cdots = 1/2$. Beim Übergang zu jeder nächsthöheren Zeile halbiert sich der Energiegehalt; die Gesamtenergie der Konstellation rechts ist also $(1/2)+(1/4)+(1/8)+\cdots = 1$. Zu jedem Zeitpunkt ist also die Energie einer im Spiel auftretenden Stellung echt kleiner als 1, was aber dem Energieerhaltungssatz widerspricht.

Bemerkung: Der physikalische Begriff der "Energie" wird hier nur metaphorisch gebraucht, weckt aber hilfreiche Assoziationen. Was dahintersteckt, ist die Suche nach Erhaltungsgrößen oder Invarianten. Es ist ein in der Mathematik oft hilfreiches Grundprinzip, bei Änderungen eines Systems nach solchen Größen zu fragen, die bei solchen Änderungen invariant bleiben.

Lösung (75.32) Die Energiewerte der am Anfang besetzten Felder sehen folgendermaßen aus.

q^2	q	1	q	q^2
q^3	q^2	q	q^2	q^3
q^4	q^3	q^2	q^3	q^4

Wir wollen nun nachprüfen, daß bei einem zulässigen Zug die Energie nicht zunehmen kann, und überlegen daher, wie sich die Energie bei einem erlaubten Zug ändert.

• **Sprung nach oben:** Bis auf einen allen drei beteiligten Feldern gemeinsamen positiven Faktor geht die Energie über von q^2+q nach 1; der erzielte Energiesprung ist also bis auf einen positiven Faktor $1-q-q^2=0$. Bei Sprüngen nach oben bleibt also die Energie erhalten.

• **Sprung nach unten:** Bis auf einen allen drei beteiligten Feldern gemeinsamen positiven Faktor geht die Energie über von $1+q$ nach q^2; der erzielte Energiesprung ist also bis auf einen positiven Faktor $q^2-q-1=-2q<0$. Bei Sprüngen nach unten nimmt also die Energie strikt ab.

• **Sprung nach links oder rechts:** Bis auf einen allen drei beteiligten Feldern gemeinsamen positiven Faktor geht die Energie über entweder von $1+q$ nach q^2 oder aber von $q+1$ nach q oder aber von q^2+q nach 1; der erzielte Energiesprung ist also bis auf einen positiven Faktor entweder $q^2-q-1=-2q<0$ oder aber $q-q-1=-1<0$ oder aber $1-q-q^2=0$. Bei Sprüngen nach rechts oder links nimmt die Energie daher entweder strikt ab, oder sie bleibt erhalten.

Zu jedem Zeitpunkt ist also die Energie höchstens so groß wie die Energie am Anfang. Berechnen wir diese! Der Energiegehalt der Spalte Null (also derjenigen Spalte, in der die Zahl $q^0=1$ auftritt) ist

$$1+q+q^2+q^3+\cdots = \frac{1}{1-q} = \frac{1}{q^2} = q^{-2}.$$

Der Gesamtenergiegehalt der Ausgangskonfiguration ist daher

$$q^{-2}\cdot(1+2q+2q^2+\cdots) = q^{-2}\left(\frac{2}{1-q}-1\right)$$
$$= q^{-2}\cdot\frac{1+q}{1-q} = q^{-2}\cdot\frac{1/q}{q^2} = q^{-5}.$$

Das ist aber genau die Energie des Feldes $(0,5)$. Wäre es also möglich, einen Stein in die fünfte Reihe über dem Horizont zu bringen (undf zwar o.B.d.A. in der Spalte Null), so müßte dieser die gesamte Energie der unendlichen vielen Steine der Ausgangskonfiguration in sich tragen. Die Energie der zugehörigen Stellung wäre dann echt größer als die Energie der Ausgangskonfiguration, und dies ist, wie wir gesehen haben, nicht möglich.

L76: Analytische Funktionen

Lösung (76.1) (a) Entwickelt man alle drei Terme in Potenzreihen, so erhält man die für $|x| < 1$ gültige Gleichung

$$\sum_{n=0}^{\infty} x^{2n} = \frac{1}{2}\sum_{n=0}^{\infty} x^n + \frac{1}{2}\sum_{n=0}^{\infty}(-1)^n x^n = \sum_{n=0}^{\infty} \frac{1+(-1)^n}{2} x^n.$$

(b) Entwickelt man alle drei Terme in Potenzreihen, so erhält man die für $|x| < 1$ gültige Gleichung

$$\begin{aligned}\sum_{n=0}^{\infty}(-1)^n x^{2n} &= \frac{1}{2}\sum_{n=0}^{\infty}(ix)^n + \frac{1}{2}\sum_{n=0}^{\infty}(-i)^n x^n \\ &= \sum_{n=0}^{\infty} \frac{i^n + (-i)^n}{2} x^n.\end{aligned}$$

(c) Die Potenzreihenentwicklung gilt sowohl im Reellen als auch im Komplexen, und als komplexe Funktion hat die Abbildung $x \mapsto 1/(1+x^2)$ Singularitäten an den Stellen $\pm i$. Diese treten zwar im Reellen nicht in Erscheinung, machen sich aber beispielsweise im Konvergenzradius der Potenzreihe bemerkbar. (Dies ist ein Hinweis darauf, daß auch rein "reelle" Phänomene eine "komplexe" Erklärung besitzen und manchmal erst durch eine Betrachtung der Situation im Komplexen verständlich werden.)

Lösung (76.2) Alle drei Potenzreihen haben den Konvergenzradius 1 (wie man jeweils sofort mit dem Quotientenkriterium oder dem Wurzelkriterium sieht). Das Konvergenzverhalten am Rand des Konvergenzkreises (also auf dem Einheitskreis $K := \{z \in \mathbb{C} \mid |z| = 1\}$) ist in den drei Fällen aber unterschiedlich.

(a) Die erste Reihe konvergiert an keinem Punkt $z \in K$ (geometrische Reihe).

(b) Die zweite Reihe divergiert an der Stelle $z = 1$ (harmonische Reihe), konvergiert aber gemäß Aufgabe (75.23) an jeder Stelle $z \in K \setminus \{1\}$.

(c) Die dritte Reihe konvergiert an jeder Stelle $z \in K$, und zwar sogar absolut, denn die Reihe $\sum_{n=1}^{\infty} 1/n^2$ konvergiert.

Lösung (76.3) Es sei jeweils a_n der Koeffizient von z^n in der betrachteten Potenzreihe.

(a) Es gilt

$$\left|\frac{a_{n+1}}{a_n}\right| = \frac{(n+1)^2 \cdot n!}{(n+1)! \cdot n^2} = \frac{1}{n+1} \cdot \left(\frac{n+1}{n}\right)^2 \to 0$$

für $n \to \infty$. Der Konvergenzradius ist also ∞; d.h., die Potenzreihe konvergiert auf ganz $\mathbb{R}$ bzw. $\mathbb{C}$.

(b) Es gilt

$$\left|\frac{a_{n+1}}{a_n}\right| = \frac{(n+1)!}{n!} = n+1 \to \infty$$

für $n \to \infty$. Der Konvergenzradius ist also 0; d.h., die Potenzreihe konvergiert nur im Punkt $z = 0$ und sonst nirgends.

(c) Es gilt

$$\limsup_{n\to\infty} \sqrt[n]{|a_n|} = \lim_{n\to\infty} \frac{1}{\sqrt[2n+1]{2n+1}} = \lim_{m\to\infty} \frac{1}{\sqrt[m]{m}} = 1;$$

der Konvergenzradius ist also 1.

(d) Hier gilt $a_m \neq 0$ nur dann, wenn $m = 2n+1$ ungerade ist; dann gilt $n = (m-1)/2$ und folglich

$$\limsup_{n\to\infty} \sqrt[n]{|a_n|} = \lim_{m\to\infty} \sqrt[m]{\frac{m}{5^{(m-1)/2}}} = \frac{1}{\sqrt{5}}$$

für $m \to \infty$. Der Konvergenzradius ist also $\sqrt{5}$. Das sieht man etwa auch, wenn man nicht die Formel für den Konvergenzradius einer Potenzreihe anwendet, sondern das Quotientenkriterium auf die numerische Reihe, die sich für einen festen Wert $z \neq 0$ ergibt. Der Quotient zweier aufeinanderfolgender Glieder dieser Reihe ist

$$\left|\frac{(2n+3)z^{2n+3} \cdot 5^n}{5^{n+1} \cdot (2n+1)z^{2n+1}}\right| = \frac{2n+3}{2n+1} \cdot \frac{|z|^2}{5} \to \frac{|z|^2}{5}$$

für $n \to \infty$. Nach dem Quotientenkriterium konvergiert die Reihe für $|z| < \sqrt{5}$ absolut, während sie für $|z| > \sqrt{5}$ divergiert. Der Konvergenzradius ist also $\sqrt{5}$.

(e) Hier ist $\sqrt[n]{|a_n|} = 1 + (1/n) \to 1$ für $n \to \infty$; der Konvergenzradius ist also 1.

(f) Es gilt

$$\begin{aligned}\limsup_{n\to\infty} \sqrt[n]{|a_n|} &= \lim_{n\to\infty} \sqrt[2n]{2^{2n} + 3^{2n}} \\ &= \lim_{m\to\infty} \sqrt[m]{2^m + 3^m} = 3\end{aligned}$$

für $m \to \infty$; die Konvergenzaussage folgt hierbei mit dem Einschnürungskriterium aus der Ungleichung $3^m \leq 2^m + 3^m \leq 2 \cdot 3^m$. Der Konvergenzradius der Reihe ist also $1/3$.

(g) Der Konvergenzradius der Reihe ist 1, denn für $m \to \infty$ gilt

$$\limsup_{n\to\infty} \sqrt[n]{|a_n|} = \lim_{n\to\infty} \sqrt[2n]{\frac{2}{2n}} = \lim_{m\to\infty} \sqrt[m]{\frac{2}{m}} = 1.$$

(h) Der Konvergenzradius ist 1, denn es gilt

$$\limsup_{n\to\infty} \sqrt[n]{|a_n|} = \lim_{n\to\infty} \sqrt[n^2]{n} = \lim_{m\to\infty} \sqrt[m]{\sqrt{m}} = 1.$$

(i) Der Konvergenzradius ist 1, denn es gilt

$$\limsup_{n\to\infty} \sqrt[n]{|a_n|} = \lim_{n\to\infty} \sqrt[2^n]{1} = \lim_{m\to\infty} \sqrt[m]{1} = 1.$$

(j) Der Konvergenzradius ist 1, denn es gilt

$$\limsup_{n\to\infty} \sqrt[n]{|a_n|} = \lim_{n\to\infty} \sqrt[n!]{1} = \lim_{m\to\infty} \sqrt[m]{1} = 1.$$

Aufgaben zu »Analytische Funktionen« siehe Seite 72

(k) Der Konvergenzradius ist $1/3$, denn es gilt

$$\limsup_{n\to\infty} \sqrt[n]{|a_n|} = \lim_{n\to\infty} \sqrt[2n+1]{3^{2n+1}} = \lim_{m\to\infty} \sqrt[m]{3^m} = 3.$$

(l) Wählen wir $\alpha \in \mathbb{N}$ größer als den Grad von p und $\beta \in \mathbb{N}$ größer als den Grad von q, so gelten für alle hinreichend großen n die Abschätzungen $1 \le |p(n)| \le n^\alpha$ und $1 \le |q(n)| \le n^\beta$ und damit auch die Abschätzung $n^{-\beta} \le |p(n)/q(n)| \le n^\alpha$, also $n^{-\beta} \le |a_n| \le n^\alpha$. Ziehen wir die n-te Wurzel und lassen wir dann $n \to \infty$ gehen, so ergibt sich nach dem Einschnürungskriterium die Konvergenzaussage $\sqrt[n]{|a_n|} \to 1$ für $n \to \infty$. Der Konvergenzradius ist also 1.

Lösung (76.4) Es sei jeweils a_n der Koeffizient von z^n in der betrachteten Potenzreihe.

(a) Der Konvergenzradius ist 1, denn

$$\lim_{n\to\infty} \left|\frac{a_{n+1}}{a_n}\right| = \lim_{n\to\infty} \frac{n^2}{(n+1)^2} = 1.$$

(b) Der Konvergenzradius ist 1, denn

$$\lim_{n\to\infty} \left|\frac{a_{n+1}}{a_n}\right| = \lim_{n\to\infty} \frac{n}{n+1} = 1.$$

(c) Der Konvergenzradius ist 1, denn

$$\lim_{n\to\infty} \left|\frac{a_{n+1}}{a_n}\right| = \lim_{n\to\infty} \frac{n^2-1}{n^2} = 1.$$

(d) Der Konvergenzradius ist 2, denn

$$\lim_{n\to\infty} \left|\frac{a_{n+1}}{a_n}\right| = \lim_{n\to\infty} \frac{n^3}{2(n+1)^3} = \frac{1}{2}.$$

(e) Der Konvergenzradius ist 0, denn

$$\lim_{n\to\infty} \left|\frac{a_{n+1}}{a_n}\right| = \lim_{n\to\infty} (n+1) = \infty.$$

(f) Die Reihe $\sum_{n=0}^\infty (z^3/10)^n$ konvergiert für $|z^3/10| < 1$, also $|z|^3 < 10$, und divergiert für $|z^3/10| > 1$, also $|z|^3 > 10$. Der Konvergenzradius ist daher $\sqrt[3]{10}$.

(g) Wir wenden das Quotientenkriterium auf die angegebene Reihe (aufgefaßt als numerische Reihe mit einer festen Zahl z) an. Wegen

$$\frac{2^{n+1}\cdot z^{5n+5}}{2n+1}\cdot\frac{2n-1}{2^n\cdot z^{5n}} = \frac{2z^5(2n-1)}{2n+1} \to 2z^5$$

konvergiert die Reihe für $|2z^5| < 1$, also $|z|^5 < 1/2$, und divergiert für $|2z^5| > 1$, also $|z|^5 > 1/2$. Der Konvergenzradius ist daher $\sqrt[5]{1/2}$.

(h) Wir wenden das Wurzelkriterium auf die angegebene Reihe (aufgefaßt als numerische Reihe mit einer festen Zahl z) an. Wegen

$$\frac{n+1}{2n+1}\cdot|z-2|^2 \to \frac{|z-2|^2}{2}$$

konvergiert die Reihe für $|z-2|^2/2 < 1$, also $|z-2| < \sqrt{2}$, und divergiert für $|z-2|^2/2 > 1$, also $|z-2| > \sqrt{2}$. Der Konvergenzradius ist daher $\sqrt{2}$.

(i) Der Konvergenzradius ist 4, denn

$$\left|\frac{a_{n+1}}{a_n}\right| = \frac{\big((n+1)!\big)^2\cdot(2n)!}{(2n+2)!\cdot(n!)^2} = \frac{(n+1)^2}{(2n+1)(2n+2)} = \frac{n^2+2n+1}{4n^2+6n+2} \to \frac{1}{4}.$$

(j) Der Konvergenzradius ist $1/e$, denn

$$\sqrt[n]{|a_n|} = \Big(1+\frac{1}{n}\Big)^n \to e.$$

(k) Wir wenden das Quotientenkriterium auf die angegebene Reihe (aufgefaßt als numerische Reihe mit einer festen Zahl z) an. Wegen

$$\frac{|z-1|^{(n+1)(n+2)}\cdot n^n}{(n+1)^{n+1}\cdot|z-1|^{n(n+1)}} = \frac{|z-1|^{2n+2}}{(n+1)(1+1/n)^n} \to \begin{cases} 0, & \text{falls } |z-1|<1,\\ \infty, & \text{falls } |z-1|>1\end{cases}$$

konvergiert die Reihe für $|z-1| < 1$ und divergiert für $|z-1| > 1$. Der Konvergenzradius ist also 1.

Lösung (76.5) (a) Es gilt $\limsup_{n\to\infty} \sqrt[n]{|a_n^2|} = (\limsup_{n\to\infty} \sqrt[n]{|a_n|})^2 = 1/R^2$. Nach der Formel für den Konvergenzradius folgt hieraus sofort, daß die Reihe $\sum_{n=0}^\infty a_n^2 z^n$ den Konvergenzradius R^2 hat.

(b) Es gilt

$$R_2 = \frac{1}{\limsup_{n\to\infty}\sqrt[n]{1/|a_n|}} = \liminf_{n\to\infty}\frac{1}{\sqrt[n]{1/|a_n|}} = \liminf_{n\to\infty}\sqrt[n]{|a_n|} \le \limsup_{n\to\infty}\sqrt[n]{|a_n|} = \frac{1}{R_1}.$$

Daß nicht Gleichheit gelten muß, sieht man an dem folgenden (ziemlich allgemeinen) Beispiel: Wähle völlig beliebige reelle Zahlen $0 < a < b$ und definiere

$$a_n := \begin{cases} a^n, & \text{falls } n \text{ gerade;}\\ b^n, & \text{falls } n \text{ ungerade.}\end{cases}$$

Dann hat die Potenzreihe $\sum_{n=0}^\infty a_n z^n$ den Konvergenzradius $1/b$, die Potenzreihe $\sum_{n=0}^\infty (1/a_n)\,z^n$ dagegen den Konvergenzradius a.

Lösung (76.6) (a) Für $|z| < 2$ gilt

$$\begin{aligned}\frac{z-3}{z+2} &= \frac{z-3}{2}\cdot\frac{1}{1+(z/2)} = \frac{z-3}{2}\sum_{n=0}^{\infty}\left(-\frac{z}{2}\right)^n \\ &= \sum_{n=0}^{\infty}\frac{(-1)^n z^{n+1}}{2^{n+1}} - \sum_{n=0}^{\infty}\frac{3\,(-1)^n z^n}{2^{n+1}} \\ &= \sum_{n=1}^{\infty}\frac{(-1)^{n-1}z^n}{2^n} - \sum_{n=0}^{\infty}\frac{3\,(-1)^n z^n}{2^{n+1}} \\ &= -\frac{3}{2} + \sum_{n=1}^{\infty}\frac{(-1)^{n-1}\cdot 5}{2^{n+1}}\,z^n.\end{aligned}$$

(b) Für $|z-2i| < |2i-1| = \sqrt{5}$ gilt

$$\frac{1}{z-1} = \frac{1}{(z-2i)+(2i-1)} = \frac{1}{2i-1}\cdot\frac{1}{1+\dfrac{z-2i}{2i-1}} =$$

$$\frac{1}{2i-1}\sum_{n=0}^{\infty}(-1)^n\left(\frac{z-2i}{2i-1}\right)^n = \sum_{n=0}^{\infty}\frac{(-1)^n}{(2i-1)^{n+1}}(z-2i)^n.$$

(c) Für $|z-2| < 2$ gilt

$$\begin{aligned}\frac{1}{z}+5z^2+z+2 &= \frac{1}{(z-2)+2} + 5(z-2)^2+21(z-2)+24 \\ &= \frac{1}{2}\cdot\frac{1}{1+\dfrac{z-2}{2}} + 5(z-2)^2+21(z-2)+24 \\ &= \frac{1}{2}\sum_{n=0}^{\infty}(-1)^n\left(\frac{z-2}{2}\right)^n + 5(z-2)^2+21(z-2)+24 \\ &= 24\frac{1}{2} + 20\frac{3}{4}(z-2) + 5\frac{1}{8}(z-2)^2 + \sum_{n=3}^{\infty}\frac{(-1)^n}{2^{n+1}}(z-2)^n.\end{aligned}$$

(d) Für $|z-1| < 1$ gilt unter Benutzung der Formel für die geometrische Reihe die Gleichung

$$\frac{1}{z} = \frac{1}{1+z-1} = \sum_{n=0}^{\infty}(-1)^n(z-1)^n.$$

(e) Bilden wir das Cauchyprodukt der Reihe in (d) mit sich selbst, so erhalten wir für $|z-1| < 1$ die Darstellung

$$\begin{aligned}\frac{1}{z^2} &= \left(\sum_{n=0}^{\infty}(-1)^n(z-1)^n\right)^2 \\ &= \sum_{n=0}^{\infty}\left(\sum_{k=0}^{n}(-1)^{n-k}(z-1)^{n-k}\cdot(-1)^k(z-1)^k\right) \\ &= \sum_{n=0}^{\infty}(n+1)(-1)^n(z-1)^n.\end{aligned}$$

(f) Für $|z-z_0| < |z_0-w| =: R$ gilt

$$\frac{1}{z-w} = \frac{1}{(z-z_0)+(z_0-w)} = \frac{1}{z_0-w}\cdot\frac{1}{1+\dfrac{z-z_0}{z_0-w}}$$

$$= \frac{1}{z_0-w}\sum_{n=0}^{\infty}(-1)^n\left(\frac{z-z_0}{z_0-w}\right)^n = \sum_{n=0}^{\infty}\frac{(-1)^n}{(z_0-w)^{n+1}}(z-z_0)^n.$$

Der Konvergenzkreis reicht also gerade vom Entwicklungspunkt z_0 aus bis zur Singularität w.(Dies ist kein Zufall; beim Studium komplexer Funktionen werden wir sehen, daß die Potenzreihendarstellung einer Funktion um einen Entwicklungspunkt z_0 als Konvergenzradius den Abstand bis zur von z_0 aus nächstgelegenen Singularität hat.

Lösung (76.7) (a) Der Nenner ist $z^2+(3-i)z-3i = (z+3)(z-i)$; wir machen also den Ansatz

$$\frac{z+1}{z^2+(3-i)z-3i} = \frac{A}{z+3}+\frac{B}{z-i},$$

der auf $A = (3-i)/5$ und $B = (2+i)/5$ führt. Hiermit ergibt sich die für $|z+1| < 2$ und $|z+1| < |1+i| = \sqrt{2}$ (insgesamt also für $|z+1| < \sqrt{2}$) gültige Darstellung

$$\begin{aligned}\frac{z+1}{z^2+(3-i)z-3i} &= \frac{z+1}{(z+3)(z-i)} \\ &= \frac{(3-i)/5}{z+3} + \frac{(2+i)/5}{z-i} \\ &= \frac{(3-i)/5}{(z+1)+2} + \frac{(2+i)/5}{(z+1)-(1+i)} \\ &= \frac{3-i}{10}\cdot\frac{1}{1+\dfrac{z+1}{2}} - \frac{2+i}{5(1+i)}\cdot\frac{1}{1-\dfrac{z+1}{1+i}} \\ &= \frac{3-i}{10}\sum_{n=0}^{\infty}\frac{(-1)^n(z+1)^n}{2^n} - \frac{3-i}{10}\sum_{n=0}^{\infty}\frac{(z+1)^n}{(1+i)^n} \\ &= \frac{3-i}{10}\cdot\sum_{n=0}^{\infty}\frac{(-1)^n-(1-i)^n}{2^n}\cdot(z+1)^n.\end{aligned}$$

(b) Der Ansatz

$$\frac{z}{z^2+4} = \frac{A}{z+2i}+\frac{B}{z-2i}$$

zur Partialbruchzerlegung führt auf $A = B = 1/2$. Also ist

$$\begin{aligned}f(z) &= \frac{1/2}{z+2i}+\frac{1/2}{z-2i} = \frac{1/2}{(z-i)+3i}+\frac{1/2}{(z-i)-i} \\ &= \frac{1/(6i)}{1+\big((z-i)/(3i)\big)} + \frac{-1/(2i)}{1-\big((z-i)/i\big)} \\ &= \frac{1}{6i}\sum_{n=0}^{\infty}\frac{(-1)^n(z-i)^n}{(3i)^n} - \frac{1}{2i}\sum_{n=0}^{\infty}\frac{(z-i)^n}{i^n} \\ &= \sum_{n=0}^{\infty}\left(\frac{(-1)^n}{2(3i)^{n+1}} - \frac{1}{2\,i^{n+1}}\right)(z-i)^n \\ &= \sum_{n=0}^{\infty}\frac{i^{n+1}}{2}\left((-1)^n - \frac{1}{3^{n+1}}\right)(z-i)^n.\end{aligned}$$

Der Konvergenzradius dieser Potenzreihe ist 1, wie sich leicht mit dem Wurzel- oder dem Quotientenkriterium ergibt oder wie auch daraus folgt, daß der Abstand vom

Entwicklungspunkt zur nächstgelegenen Singularität der Funktion f gerade den Wert 1 hat.

(c) Es ist

$$f(z) = \frac{1}{(z-1)(z-2)} = \frac{1}{z-2} - \frac{1}{z-1}.$$

Für $|z| < 1$ gilt

$$\begin{aligned} f(z) &= \frac{1}{1-z} - \frac{1}{2-z} = \frac{1}{1-z} - \frac{1/2}{1-(z/2)} \\ &= \sum_{n=0}^{\infty} z^n - \frac{1}{2}\sum_{n=0}^{\infty}\left(\frac{z}{2}\right)^n = \sum_{n=0}^{\infty}\left(1 - \frac{1}{2^{n+1}}\right) z^n. \end{aligned}$$

(d) Für $|z| < 1$ gilt

$$\begin{aligned} f(z) &= \frac{2z}{z^2+1} = \frac{1}{z+i} + \frac{1}{z-i} \\ &= \frac{1}{i\left(1+\frac{z}{i}\right)} + \frac{1}{-i\left(1-\frac{z}{i}\right)} \\ &= \frac{1}{i}\sum_{n=0}^{\infty}(-1)^n\left(\frac{z}{i}\right)^n - \frac{1}{i}\sum_{n=0}^{\infty}\left(\frac{z}{i}\right)^n \\ &= \frac{1}{i}\sum_{n=0}^{\infty}\big((-1)^n - 1\big)\left(\frac{z}{i}\right)^n = \sum_{n=0}^{\infty}\frac{(-1)^n-1}{i^{n+1}} z^n \\ &= \sum_{m=0}^{\infty}\frac{-2}{i^{2m+1}}\cdot z^{2m+1}. \end{aligned}$$

(e) Polynomdivision mit anschließender Partialbruchzerlegung liefert

$$\begin{aligned} f(z) &= 1 + \frac{z+1}{z^2-z} = 1 + \frac{2}{z-1} - \frac{1}{z} \\ &= 1 + \frac{2}{(z-i)+(i-1)} - \frac{1}{(z-i)+i}. \end{aligned}$$

Für $|z-i| < 1$, also auf der Kreisscheibe um i mit Radius 1, gilt

$$\begin{aligned} f(z) &= 1 + \frac{2}{i-1}\cdot\frac{1}{1+\dfrac{z-i}{i-1}} - \frac{1}{i}\cdot\frac{1}{1+\dfrac{z-i}{i}} \\ &= 1 + \frac{2}{i-1}\sum_{n=0}^{\infty}\frac{(-1)^n(z-i)^n}{(i-1)^n} + i\sum_{n=0}^{\infty}\frac{(-1)^n(z-i)^n}{i^n} \\ &= \sum_{n=1}^{\infty}\left(\frac{(-1)^{n+1}(1+i)}{(i-1)^n} + \frac{(-1)^n i}{i^n}\right)(z-i)^n \\ &= \sum_{n=1}^{\infty}\left(i^{n+1} - \frac{(1+i)^{n+1}}{2^n}\right)(z-i)^n. \end{aligned}$$

(f) Mit Polynomdivision und Partialbruchzerlegung erhalten wir

$$\begin{aligned} f(z) &= 1 + \frac{-iz+i}{z^2+iz} = 1 + \frac{1}{z} - \frac{1+i}{z+i} \\ &= 1 + \frac{1}{z-1+1} - \frac{1+i}{(z-1)+(1+i)}. \end{aligned}$$

Für $|z-1| < 1$, also auf der Kreisscheibe um 1 mit Radius 1, gilt

$$\begin{aligned} f(z) &= 1 + \frac{1}{1+(z-1)} - \frac{1}{1+\dfrac{z-1}{1+i}} \\ &= 1 + \sum_{n=0}^{\infty}(-1)^n(z-1)^n - \sum_{n=0}^{\infty}(-1)^n\left(\frac{z-1}{1+i}\right)^n \\ &= 1 + \sum_{n=0}^{\infty}(-1)^n\left(1 - \frac{1}{(1+i)^n}\right)(z-1)^n. \end{aligned}$$

Lösung (76.8) (a) Wir rechnen zunächst rein formal (ohne Berücksichtigung von Konvergenzfragen) und erhalten

$$\begin{aligned} (1-X-X^2)f(X) &= (1-X-X^2)\sum_{n=0}^{\infty} a_n X^n \\ &= \sum_{n=0}^{\infty} a_n X^n - \sum_{n=0}^{\infty} a_n X^{n+1} - \sum_{n=0}^{\infty} a_n X^{n+2} \\ &= \sum_{n=0}^{\infty} a_n X^n - \sum_{n=1}^{\infty} a_{n-1} X^n - \sum_{n=2}^{\infty} a_{n-2} X^n \\ &= \underbrace{a_0}_{=1} + \underbrace{(a_1 - a_0)}_{=0}X + \sum_{n=2}^{\infty}\underbrace{(a_n - a_{n-1} - a_{n-2})}_{=0}X^n = 1. \end{aligned}$$

(b) Es gilt $x^2 + x - 1 = (x-\alpha)(x-\beta)$; wir machen also den Ansatz

$$\frac{1}{1-x-x^2} = \frac{-1}{(x-\alpha)(x-\beta)} = \frac{A}{x-\alpha} + \frac{B}{x-\beta}.$$

Dieser Ansatz führt auf $A = 1/\sqrt{5}$ und $B = -1/\sqrt{5}$; wir erhalten daher eine für $|x| < (\sqrt{5}-1)/2$ gültige Potenzreihendarstellung gemäß der folgenden Rechnung:

$$\begin{aligned} \frac{1}{1-x-x^2} &= \frac{-1}{\left(x + \dfrac{1-\sqrt{5}}{2}\right)\left(x + \dfrac{1+\sqrt{5}}{2}\right)} \\ &= \frac{-1/\sqrt{5}}{x + \dfrac{1-\sqrt{5}}{2}} + \frac{1/\sqrt{5}}{x + \dfrac{1+\sqrt{5}}{2}} \\ &= \frac{2/\sqrt{5}}{1+\sqrt{5}}\cdot\frac{1}{1+\dfrac{2x}{1+\sqrt{5}}} - \frac{2/\sqrt{5}}{1-\sqrt{5}}\cdot\frac{1}{1+\dfrac{2x}{1-\sqrt{5}}} \\ &= \frac{2/\sqrt{5}}{1+\sqrt{5}}\sum_{n=0}^{\infty}\frac{(-1)^n 2^n x^n}{(1+\sqrt{5})^n} - \frac{2/\sqrt{5}}{1-\sqrt{5}}\sum_{n=0}^{\infty}\frac{(-1)^n 2^n x^n}{(1-\sqrt{5})^n} \\ &= \sum_{n=0}^{\infty}\frac{(-1)^n 2^{n+1}}{\sqrt{5}}\left(\frac{1}{(1+\sqrt{5})^{n+1}} - \frac{1}{(1-\sqrt{5})^{n+1}}\right)x^n \\ &= \sum_{n=0}^{\infty}\frac{(1+\sqrt{5})^{n+1} - (1-\sqrt{5})^{n+1}}{\sqrt{5}\cdot 2^{n+1}}\,x^n. \end{aligned}$$

(c) Nach dem Eindeutigkeitssatz für Potenzreihen muß die in (b) gefundene Potenzreihe in allen Koeffizienten mit der Reihe $\sum_{n=0}^{\infty} a_n x^n$ übereinstimmen; die n-te Fibonacci-Zahl ist daher gegeben durch

$$a_n = \frac{(1+\sqrt{5})^{n+1} - (1-\sqrt{5})^{n+1}}{\sqrt{5}\cdot 2^{n+1}}.$$

Lösung (76.9) Für alle $x, y \in \mathbb{C}$ und alle $n \in \mathbb{N}$ gilt

$$\begin{aligned} |x^n - y^n| &= |(x-y)(x^{n-1}+x^{n-2}y+\cdots+xy^{n-2}+y^{n-1})| \\ &\le |x-y|\cdot(|x|^{n-1}+|x|^{n-2}|y|+\cdots|x|\,|y|^{n-2}+|y|^{n-1}) \\ &\le |x-y|\cdot(n\cdot\max(|x|,|y|)^{n-1}); \end{aligned}$$

für $\max(|x|,|y|) \le r$ mit $x \ne y$ gilt also $|x^n - y^n|/|x-y| \le nr^{n-1}$. Wir betrachten nun eine Potenzreihe $f(z) = \sum_{n=0}^{\infty} a_n z^n$ mit positivem Konvergenzradius $R > 0$ und $a_1 \ne 0$. Wähle $0 < r < R$; für alle $x, y \in \mathbb{C}$ mit $|x| \le r$, $|y| \le r$ und $x \ne y$ gilt dann

$$\begin{aligned} f(x) - f(y) &= \sum_{n=0}^{\infty} a_n x^n - \sum_{n=0}^{\infty} a_n y^n = \sum_{n=1}^{\infty} a_n (x^n - y^n) \\ &= (x-y)\left(a_1 + \underbrace{a_2\frac{x^2-y^2}{x-y} + a_3\frac{x^3-y^3}{x-y} + \cdots}_{=:\, h(x,y)} \right). \end{aligned}$$

Nach der obigen Abschätzung gilt

$$\begin{aligned} |h(x,y)| &\le \sum_{n=2}^{\infty} |a_n|\cdot n\cdot r^{n-1} = r\sum_{n=2}^{\infty} |a_n|\cdot n\cdot r^{n-2} \\ &= r\sum_{n=0}^{\infty} |a_{n+2}|\cdot(n+2)\cdot r^n =: C\cdot r; \end{aligned}$$

dabei ist $C := \sum_{n=0}^{\infty} |a_{n+2}|(n+2)r^n < \infty$, weil die Potenzreihe $\sum_{n=0}^{\infty} a_{n+2}(n+2)z^n$ den gleichen Konvergenzradius $R > r$ hat wie die ursprüngliche Reihe $\sum_{n=0}^{\infty} a_n z^n$. (Das sieht man sofort an der Formel für den Konvergenzradius.) Wählen wir nun $r < |a_1|/C$, so gilt

$$\begin{aligned} |f(x) - f(y)| &= |x-y|\cdot|a_1 + h(x,y)| \\ &\ge |x-y|\cdot(|a_1| - |h(x,y)|) \\ &\ge |x-y|\cdot(|a_1| - Cr) > 0 \end{aligned}$$

und damit insbesondere $f(x) \ne f(y)$. Damit ist f injektiv auf der Kreisscheibe $\{x \in \mathbb{C} \mid |x| \le r\}$.

Bemerkung: Die Funktion $f: \mathbb{R} \to \mathbb{R}$ mit $f(x) = x^3$ (also $f(x) = \sum_{n=0}^{\infty} a_n x^n$ mit $a_3 = 1$ und $a_n = 0$ für alle $n \ne 3$) ist injektiv (sogar auf ganz $\mathbb{R}$); die Bedingung $a_1 \ne 0$ ist also hinreichend, aber nicht notwendig für lokale Injektivität. Interessanterweise ist dies über dem Körper $\mathbb{C}$ der komplexen Zahlen anders; über $\mathbb{C}$ ist die Bedingung $a_1 \ne 0$ notwendig und hinreichend für die Injektivität von $f(z) = \sum_{n=0}^{\infty} a_n z^n$ in einer Umgebung von 0. Um dies einzusehen, ist aber ein tieferes Studium komplexer Funktionen nötig.

Lösung (76.10) Die Funktion $f(x) = \sum_{n=0}^{\infty} a_n x^n$ besitze einen positiven Konvergenzradius und erfülle die Identität $f(x)^3 = x$ auf einer Umgebung von 0. Dann gilt $f(0)^3 = 0$ und folglich $0 = f(0) = a_0$, also $f(x) = a_1 x + a_2 x^2 + \cdots$. Es folgt

$$x = f(x)^3 = a_1^3 x^3 + \text{höhere Potenzen von } x,$$

was dem Eindeutigkeitssatz für Potenzreihen widerspricht.

Lösung (76.11) Für $n = 1$ ist die Aussage klar, denn ein vom Nullpolynom verschiedenes Polynom in einer Unbekannten hat nur eine endliche Anzahl von Nullstellen. Ist $n \ge 1$, so fassen wir p als Polynomial in einer Unbestimmten X_n über dem rationalen Funktionenkörper $K(X_1, \ldots, X_{n-1})$ in $n-1$ Unbestimmten auf, schreiben also

$$p(X_1, \ldots, X_n) = \sum_{i=0}^{d} p_i(X_1, \ldots, X_{n-1}) X_n^d.$$

Wir halten $\alpha_1, \ldots, \alpha_{n-1} \in \mathbb{N}$ mit $\alpha_i \ge k$ für $1 \le i \le n-1$ fest. Dann hat das Polynom $q(X_n) := p(\alpha_1, \ldots, \alpha_{n-1}, X_n)$ alle natürlichen Zahlen $\alpha \ge k$ als Nullstellen, ist folglich das Nullpolynom. Folglich gilt $p_i(\alpha_1, \ldots, \alpha_{n-1}) = 0$ für $0 \le i \le d$. Jedes der Polynome p_i verschwindet also an allen Stellen $(\alpha_1, \ldots, \alpha_{n-1}) \in \mathbb{N}^{n-1}$ mit $\alpha_i \ge k$, ist folglich nach Induktionsannahme das Nullpolynom (in $n-1$ Unbestimmten). Dann ist aber auch p selbst das Nullpolynom (in n Unbestimmten).

Lösung (76.12) (a) Wir erhalten die folgenden Ergebnisse:

$$\begin{aligned} \binom{1/2}{4} &= \frac{(1/2)(-1/2)(-3/2)(-5/2)}{1\cdot 2\cdot 3\cdot 4} = \frac{-5}{128}, \\ \binom{-2/3}{3} &= \frac{(-2/3)(-5/3)(-8/3)}{1\cdot 2\cdot 3} = \frac{-40}{81}, \\ \binom{4/5}{2} &= \frac{(4/5)(-1/5)}{1\cdot 2} = \frac{-2}{25}, \\ \binom{3}{7} &= \frac{3\cdot 2\cdot 1\cdot 0\cdot(-1)\cdot(-2)\cdot(-3)}{1\cdot 2\cdot 3\cdot 4\cdot 5\cdot 6\cdot 7} = 0. \end{aligned}$$

(Es gilt generell $\binom{n}{k} = 0$ für $n, k \in \mathbb{N}$ mit $k > n$.)

(b) Zunächst gelte $\alpha_i \in \mathbb{N}_0$ für $1 \le i \le n$. Dann ist

$$\binom{\alpha_1 + \cdots + \alpha_n}{k}$$

die Anzahl der Möglichkeiten, aus $\alpha_1 + \cdots + \alpha_n$ Objekten k auszuwählen. Wir denken uns die $\alpha_1 + \cdots + \alpha_n$ Objekte in n Haufen (mit α_i Objekten im i-ten Haufen) eingeteilt. Die Auswahl von insgesamt k Objekten erfolgt dann so, daß eine Anzahl k_i von Objekten des i-ten Haufens getroffen wird, und zwar so, daß $k_1 + \cdots + k_n = k$ gilt. Alle solchen Einzelauswahlen können dann beliebig kombiniert werden, um eine Gesamtauswahl zu erhalten. Die betrachtete Anzahl stimmt daher überein mit

$$\sum_{k_1+\cdots+k_n=k} \binom{\alpha_1}{k_1}\binom{\alpha_2}{k_2}\cdots\binom{\alpha_n}{k_n}.$$

Der allgemeine Fall (mit $\alpha_1,\ldots,\alpha_n \in K$) folgt dann, indem wir die Aussage von Aufgabe (76.11) auf das folgende Polynom anwenden:

$$\begin{aligned} p(a_1,\ldots,a_n) \; := \; & \binom{a_1+\cdots+a_n}{k} \\ & - \sum_{k_1+\cdots+k_n=k} \binom{a_1}{k_1}\binom{a_2}{k_2}\cdots\binom{a_n}{k_n}. \end{aligned}$$

Lösung (76.13) (a) Der k-te Koeffizient in der Potenzreihe ist $a_k = \binom{\alpha}{k}$. Ist $\alpha = n \in \mathbb{N}$, so gilt $a_k = 0$ für alle $k > n$; der Konvergenzradius ist in diesem Fall $R = \infty$. (Die Potenzreihe hat dann nur endlich viele von Null verschiedene Terme, ist also ein Polynom.) Für $\alpha \in \mathbb{C} \setminus \mathbb{N}_0$ sind alle Koeffizienten a_k von Null verschieden. Wir erhalten

$$\left|\frac{a_{k+1}}{a_k}\right| = \left|\frac{\alpha-k}{k+1}\right| \to 1 \quad \text{für } k \to \infty$$

und damit den Konvergenzradius $R = 1$.

(b) Bilden wir das Cauchyprodukt der Potenzreihen $f_{\alpha_1},\ldots,f_{\alpha_n}$, so ergibt sich aufgrund der Funktionalgleichung in Aufgabe (76.12)(b) die für $|z| < 1$ gültige Gleichung

$$f_{\alpha_1}(z)\cdots f_{\alpha_n}(z) = \sum_{k=0}^{\infty}\left[\sum_{k_1+\cdots+k_n=k}\binom{\alpha_1}{k_1}\cdots\binom{\alpha_n}{k_n}\right] z^k$$
$$\sum_{k=0}^{\infty}\binom{a_1+\cdots+a_n}{k} z^k = f_{\alpha_1+\cdots+\alpha_n}(z).$$

(c) Wegen (b) gilt $f_\alpha(z)^n = f_{n\alpha}(z) = f_m(z) = \sum_{k=0}^{\infty} B(m,k)z^k = \sum_{k=0}^{m} B(m,k)z^k = (1+z)^m$ nach der binomischen Formel. Für $\alpha = 1/2$ bedeutet dies $f_{1/2}(z)^2 = 1+z$; damit gilt $f_{1/2}(x) = \sqrt{1+x}$ für alle $x \in \mathbb{R}$ mit $-1 < x < 1$. (Im Komplexen könnten wir $f_{1/2}$ zur Definition einer Wurzelfunktion innerhalb einer Kreisscheibe um $z_0 = 1$ benutzen.)

Lösung (76.14) (a) Nach der Formel für den Konvergenzradius gilt $\limsup_{n\to\infty} \sqrt[n]{|a_n|} = 1/R$. Es sei $\varepsilon > 0$ mit $\varepsilon < 1/R$ beliebig. Ab einem gewissen Index N gilt dann $\sqrt[n]{|a_n|} \le (1/R)+\varepsilon$, folglich $\sqrt[n]{\sqrt[n]{|a_n|}} \le \sqrt[n]{(1/R)+\varepsilon}$ und damit

$$\limsup_{n\to\infty} \sqrt[n]{\sqrt[n]{|a_n|}} \le \limsup_{n\to\infty} \sqrt[n]{(1/R)+\varepsilon} = 1.$$

Umgekehrt gibt es eine streng monoton wachsende Folge (n_k) mit $\sqrt[n_k]{|a_{n_k}|} \ge (1/R) - \varepsilon > 0$ für alle k und damit

$$\begin{aligned} \limsup_{n\to\infty} \sqrt[n]{\sqrt[n]{|a_n|}} & \ge \limsup_{k\to\infty} \sqrt[n_k]{\sqrt[n_k]{|a_{n_k}|}} \\ & \ge \limsup_{k\to\infty} \sqrt[n_k]{(1/R)-\varepsilon} = 1. \end{aligned}$$

Insgesamt gilt also $\limsup_{n\to\infty} \sqrt[n]{\sqrt[n]{|a_n|}} = 1$, und dies bedeutet, daß die Reihe $\sum_{n=1}^{\infty} \sqrt[n]{|a_n|}\, z^n$ den Konvergenzradius 1 hat.

(b) Für eine beliebige Zahl $\alpha > 0$ betrachten wir die Reihe $\sum_{n=1}^{\infty} a_n z^n$ mit $a_n := \alpha^{n^2}$. Wegen $\sqrt[n]{|a_n|} = \alpha^n$ hat diese den Konvergenzradius 0 für $\alpha > 1$ und den Konvergenzradius ∞ für $0 < \alpha < 1$. Wegen $\sqrt[n]{\sqrt[n]{|a_n|}} = \alpha$ hat die Reihe $\sum_{n=1}^{\infty} \sqrt[n]{|a_n|}$ den Konvergenzradius $1/\alpha$.

Lösung (76.15) (a) Es sei $q := \liminf_{n\to\infty} |a_{n+1}/a_n|$, und es sei $\varepsilon > 0$ beliebig. Es gibt dann einen Index N mit $q-\varepsilon \le |a_{n+1}/a_n|$ für alle $n \ge N$. Wir haben dann $|a_{n+1}| \ge (q-\varepsilon)|a_n|$ für alle $n \ge N$ und damit $|a_{N+1}| \ge (q-\varepsilon)|a_N|$, dann $|a_{N+2}| \ge (q-\varepsilon)|a_{N+1}| \ge (q-\varepsilon)^2|a_N|$ und allgemein

$$|a_{N+k}| \ge (q-\varepsilon)^k|a_N| = (q-\varepsilon)^{N+k}\cdot\frac{|a_N|}{(q-\varepsilon)^N},$$

wie man durch Induktion über k schnell sieht. Schreiben wir $c := |a_N|/(q-\varepsilon)^N$ und $m := N+k$, so erhalten wir also $|a_m| \ge c(q-\varepsilon)^m$ bzw.

$$\sqrt[m]{|a_m|} \ge \sqrt[m]{c}\cdot(q-\varepsilon) \quad \text{für alle } m \ge N.$$

Für $m \to \infty$ folgt hieraus $\liminf_{m\to\infty} \sqrt[m]{|a_m|} \ge 1\cdot(q-\varepsilon)$. Da $\varepsilon > 0$ beliebig war, folgt hieraus $\liminf_{m\to\infty} \sqrt[m]{|a_m|} \ge q$. Damit ist die erste Ungleichung bewiesen.

(b) Die zweite Ungleichung ist trivial; der limes inferior einer Folge ist stets höchstens so groß wie der limes superior.

(c) Es sei $q := \limsup_{n\to\infty} |a_{n+1}/a_n|$, und es sei $\varepsilon > 0$ beliebig. Es gibt dann einen Index N mit $|a_{n+1}/a_n| \le q+\varepsilon$ für alle $n \ge N$. Wir haben dann $|a_{n+1}| \le (q+\varepsilon)|a_n|$ für alle $n \ge N$ und damit $|a_{N+1}| \le (q+\varepsilon)|a_N|$, dann $|a_{N+2}| \le (q-\varepsilon)|a_{N+1}| \le (q+\varepsilon)^2|a_N|$ und allgemein

$$|a_{N+k}| \le (q+\varepsilon)^k|a_N| = (q+\varepsilon)^{N+k}\cdot\frac{|a_N|}{(q+\varepsilon)^N},$$

wie man durch Induktion über k schnell sieht. Schreiben wir $c := |a_N|/(q+\varepsilon)^N$ und $m := N+k$, so erhalten wir also $|a_m| \le c(q+\varepsilon)^m$ bzw.

$$\sqrt[m]{|a_m|} \le \sqrt[m]{c}\cdot(q+\varepsilon) \quad \text{für alle } m \ge N.$$

Für $m \to \infty$ folgt hieraus $\limsup_{m\to\infty} \sqrt[m]{|a_m|} \le 1\cdot(q+\varepsilon)$. Da $\varepsilon > 0$ beliebig war, folgt hieraus $\limsup_{m\to\infty} \sqrt[m]{|a_m|} \le q$. Damit ist auch die dritte Ungleichung bewiesen.

Aufgaben zu »Analytische Funktionen« siehe Seite 72

L77: Potenzen, Wurzeln, Logarithmen

Lösung (77.1) (a) Die Zahlen $x_{1,2} := \sqrt{3} \pm \sqrt{2}$ sind positiv und erfüllen die Gleichungen $x_i^2 = 3 \pm 2\sqrt{6} + 2 = 5 \pm \sqrt{24}$; nach der Definition von Quadratwurzeln gelten also die Gleichungen $x_{1,2} = \sqrt{5 \pm \sqrt{24}}$.

(b) Die Zahlen $a, b \in \mathbb{Q}$ müssen so gewählt werden, daß $4 + 2\sqrt{3} = (a + b\sqrt{3})^2 = a^2 + 2ab\sqrt{3} + 3b^2 = (a^2 + 3b^2) + 2ab\sqrt{3}$ gilt, was jedenfalls dann (und wegen der Irrationalität von $\sqrt{3}$ auch nur dann) erfüllt ist, wenn die Gleichungen $a^2 + 3b^2 = 4$ und $2ab = 2$ gelten. Die zweite Gleichung liefert $b = 1/a$; Einsetzen in die erste Gleichung liefert dann $a^2 + 3/a^2 = 4$ bzw. $a^4 - 4a^2 + 3 = 0$ und damit $a^2 = 2 \pm \sqrt{4-3} = 2 \pm 1$. Da a rational sein soll und nach Definition von Quadratwurzeln auch positiv sein muß, bleibt nur die Lösung $a = 1$, was $b = 1$ nach sich zieht. Es gilt also $\sqrt{4 + 2\sqrt{3}} = 1 + \sqrt{3}$.

Völlig analog machen wir zur Bestimmung von c und d den Ansatz $\sqrt{7 + 4\sqrt{3}} = c + d\sqrt{3}$. Quadrieren liefert dann $7 + 4\sqrt{3} = c^2 + 3d^2 + 2cd\sqrt{3}$. Wenn c und d rational sein sollen, ist dies genau dann erfüllt, wenn die Gleichungen $c^2 + 3d^2 = 7$ und $2cd = 4$ bzw. $cd = 2$ gelten. Einsetzen der Gleichung $d = 2/c$ in die erste Gleichung liefert $c^2 + 12/c^2 = 7$ bzw. $c^4 - 7c^2 + 12 = 0$ mit den Lösungen $c^2 = (7/2) \pm (1/2)$. Da c^2 rational sein muß, folgt hieraus $c^2 = 4$ mit $c = \pm 2$ und damit $d = 2/c = \pm 1$. Da $c + d\sqrt{3}$ positiv sein muß, erhalten wir $c = 2$ und $d = 1$, also $\sqrt{7 + 4\sqrt{3}} = 2 + \sqrt{3}$.

Lösung (77.2) (a) Die Gleichung $x + 2\sqrt{x} - 3 = 0$ ist eine quadratische Gleichung für $\sqrt{x}$; Anwendung der pq-Formel liefert $\sqrt{x} = -1 \pm \sqrt{1+3} = -1 \pm 2$ und damit (weil eine Wurzel nicht negativ sein kann) die einzige Lösung $\sqrt{x} = 1$ bzw. $x = 1$.

(b) Ausklammern von x liefert $x(1 + \sqrt{2}) = 3$ und damit

$$x = \frac{3}{1+\sqrt{2}} \cdot \frac{1-\sqrt{2}}{1-\sqrt{2}} = \frac{3(1-\sqrt{2})}{1-2} = 3(\sqrt{2}-1)\,.$$

(c) Die Gleichung $x - 3\sqrt{x} - 2 = 0$ ist eine quadratische Gleichung für $\sqrt{x}$; Anwendung der pq-Formel liefert $\sqrt{x} = (3/2) \pm \sqrt{(9/4) + 2} = (3/2) \pm \sqrt{17/4}$. Da eine Wurzel nicht negativ sein kann, folgt hieraus $\sqrt{x} = (3 + \sqrt{17})/2$ und damit $x = (13 + 3\sqrt{17})/2$.

(d) Diese Gleichung kann keine Lösung haben, denn die Summe der Zahl 1 und zweier nichtnegativer Terme kann nicht Null sein.

(e) Anwendung der pq-Formel auf die Gleichung $x + \sqrt{x} - 2 = 0$ liefert $\sqrt{x} = (-1/2) \pm \sqrt{(1/4) + 2} = (-1/2) \pm (3/2)$ und damit $\sqrt{x} = 1$, folglich $x = 1$.

(f) Anwendung der pq-Formel auf die Gleichung $x - 3\sqrt{x} + 2 = 0$ liefert $\sqrt{x} = (3/2) \pm \sqrt{(9/4) - 2} = (3/2) \pm (1/2)$ und damit $\sqrt{x} = 1$ oder $\sqrt{x} = 2$, folglich $x = 1$ oder $x = 4$.

Lösung (77.3) (a) Wir gehen davon aus, die Zahl $x \in \mathbb{R}$ sei eine Lösung der Gleichung. Dann gilt:

$$\begin{aligned}
&\sqrt{2x^2 + 11} = 2 - x^2 \quad \Longrightarrow \quad \text{(Quadrieren)}\\
&2x^2 + 11 = 4 - 4x^2 + x^4 \quad \Leftrightarrow \quad \text{(Umstellen)}\\
&x^4 - 6x^2 - 7 = 0 \quad \Leftrightarrow \quad (pq\text{-Formel})\\
&x^2 = 3 \pm \sqrt{9+7} = 3 \pm \sqrt{16} = 3 \pm 4 \quad \Leftrightarrow \quad x^2 = 7,
\end{aligned}$$

wobei die letzte Äquivalenz gilt, weil ein Quadrat nicht negativ sein kann. Setzt man $x^2 = 7$ in die ursprüngliche Gleichung ein, so ergibt sich der Widerspruch $5 = -5$; die angegebene Gleichung hat also keine Lösung.

(b) Wir nehmen an, die Gleichung sei erfüllt. Es folgt dann:

$$\begin{aligned}
\sqrt{x + 2 + \sqrt{2x+7}} &= 4 \quad \Longrightarrow \quad \text{(Quadrieren)}\\
x + 2 + \sqrt{2x+7} &= 16 \quad \Leftrightarrow \quad \text{(Isolieren der Wurzel)}\\
\sqrt{2x+7} &= 14 - x \quad \Longrightarrow \quad \text{(Quadrieren)}\\
2x + 7 &= 196 - 28x + x^2 \quad \Leftrightarrow \quad \text{(Umstellen)}\\
x^2 - 30x + 189 &= 0 \quad \Leftrightarrow \quad (pq\text{-Formel})\\
x &= 15 \pm \sqrt{225 - 189} = 15 \pm \sqrt{36} = 15 \pm 6 \quad \Leftrightarrow\\
x &= 21 \text{ oder } x = 9\,.
\end{aligned}$$

Wenn also x eine Lösung der Gleichung ist, *dann* muß $x = 21$ oder $x = 9$ gelten. Einsetzen in die ursprüngliche Gleichung zeigt, daß zwar $x = 9$ eine Lösung ist, nicht aber $x = 21$. Die einzige Lösung der Gleichung ist also $x = 9$.

(c) Damit die beiden Wurzeln überhaupt definiert sind, muß $0 \leq |x| \leq a$ gelten; ferner kann x als Summe zweier Wurzeln nicht negativ sein, so daß von vornherein nur Lösungen mit $0 \leq x \leq a$ in Frage kommen. Für diese ist das Quadrieren der gegebenen Gleichung eine Äquivalenzumformung, die auf $a + x + 2\sqrt{a^2 - x^2} + a - x = x^2$ bzw. $2\sqrt{a^2 - x^2} = x^2 - 2a$ (und damit $x^2 \geq 2a$) führt. Nochmaliges Quadrieren liefert $4a^2 - 4x^2 = x^4 - 4ax^2 + 4a^2$ bzw. $0 = x^4 + 4x^2 - 4ax^2 = x^2(x^2 + 4 - 4a)$. Dies liefert die beiden möglichen Lösungen $x = 0$ (die aber nach Einsetzen in die Originalgleichung außer in dem Trivialfall $a = 0$ ausscheidet) und $x = \sqrt{4a - 4}$ (die negative Wurzel entfällt wegen $x \geq 0$); Einsetzen dieser Lösung in die quadrierte Gleichung liefert $|a - 2| = a - 2$ und damit $a \geq 2$. Die gegebene Gleichung hat also keine Lösung für $a < 2$ und die einzige Lösung $x = \sqrt{4a - 4}$ für $a \geq 2$.

(d) Quadrieren der Gleichung führt auf $x - a^2 + 2\sqrt{x - a^2}\sqrt{x - b^2} + x - b^2 = a^2 - 2ab + b^2$, also

$$\sqrt{x - a^2}\sqrt{x - b^2} = a^2 - ab + b^2 - x\,.$$

Erneutes Quadrieren liefert $(x - a^2)(x - b^2) = (a^2 - ab + b^2 - x)^2$, also $x^2 - (a^2 + b^2)x + a^2b^2 = (a^2 - ab + b^2)^2 - 2(a^2 - ab + b^2)x + x^2$ und damit

$$x\big(2(a^2 - ab + b^2) - (a^2 + b^2)\big) = (a^2 - ab + b^2)^2 - a^2b^2.$$

Aufgaben zu »Wurzeln, Potenzen, Logarithmen« siehe Seite 77

was sich nach Umformung der rechten Seite gemäß der Formel $u^2 - v^2 = (u+v)(u-v)$ auch in der Form

$$\begin{aligned} x(a-b)^2 &= (a^2 - ab + b^2 - ab)(a^2 - ab + b^2 + ab) \\ &= (a-b)^2(a^2+b^2) \end{aligned}$$

schreiben läßt. Für $a = b$ liefert diese Gleichung keinerlei Information über x; in diesem Fall lautet die Originalgleichung gerade $2\sqrt{x - a^2} = 0$ mit der eindeutigen Lösung $x = a^2$. Im Fall $a \neq b$ ergibt sich $x = a^2 + b^2$; Einsetzen in die Originalgleichung führt auf $|b| + |a| = a - b$, was genau dann erfüllt ist, wenn die Bedingungen $a \geq 0$ und $b \leq 0$ gelten. (Nur unter diesen Bedingungen ist also die gegebene Gleichung lösbar.)

(e) Beiderseitiges Quadrieren liefert

$$\begin{aligned} & x - 9 + 2\sqrt{x-9}\sqrt{x-4} + x - 4 \\ &= x - 7 + 2\sqrt{x-7}\sqrt{x-6} + x - 6 \end{aligned}$$

und damit $\sqrt{x-9}\sqrt{x-4} = \sqrt{x-7}\sqrt{x-6}$. Erneutes Quadrieren führt auf $(x-9)(x-4) = (x-7)(x-6)$, also $x^2 - 13x + 36 = x^2 - 13x + 42$ und damit auf den Widerspruch $36 = 42$. Die gegebene Gleichung besitzt also keine Lösung.

(f) Der Ausdruck unter der ersten Wurzel ist $(9/4) - \big((x - 1/2)\big)^2 = (1/4) \cdot \big(9 - (2x-1)^2\big)$; diese Wurzel ist also definiert für $|2x - 1| \leq 3$ bzw. $-1 \leq x \leq 2$. Der Ausdruck unter der zweiten Wurzel ist $1 - (x-4)^2$; diese Wurzel ist also definiert für $|x - 4| \leq 1$ bzw. $3 \leq x \leq 5$. Es gibt also keine einzige reelle Zahl x, für die die linke Seite der gegebenen Gleichung überhaupt definiert ist; insbesondere hat die Gleichung keine Lösung.

Lösung (77.4) (a) Durchmultiplizieren mit dem Hauptnenner liefert

$$\begin{aligned} & \sqrt{x}\sqrt{x+1} - 2\sqrt{6}\sqrt{x} + \sqrt{x} + 4\sqrt{x+1} - 8\sqrt{6} + 4 \\ &= \sqrt{x}\sqrt{x+1} + 2\sqrt{6}\sqrt{x} + \sqrt{x} - 4\sqrt{x+1} - 8\sqrt{6} - 4 \end{aligned}$$

und damit $8 + 8\sqrt{x+1} = 4\sqrt{6}\sqrt{x}$, nach Division durch $4\sqrt{2}$ also $\sqrt{2}(1 + \sqrt{x+1}) = \sqrt{3}\sqrt{x}$. Quadrieren dieser Gleichung liefert $2(1 + 2\sqrt{x+1} + x + 1) = 3x$ bzw. $4\sqrt{x+1} = x - 4$. Erneutes Quadrieren führt auf $16(x+1) = x^2 - 8x + 16$, also $0 = x^2 - 24x = x(x-24)$ und damit $x = 0$ oder $x = 24$. Wenn also eine Zahl x die gegebene Gleichung erfüllt, so muß $x \in \{0, 24\}$ gelten. Eine Probe zeigt, daß $x = 24$ tatsächlich eine Lösung ist, $x = 0$ dagegen nicht.

(b) Durchmultiplizieren mit $\sqrt{x-4}$ liefert die Gleichung $\sqrt{x-1}\sqrt{x-4} = (x-4) - 3 = x - 7$. Quadrieren führt auf $(x-1)(x-4) = (x-7)^2$ bzw. $x^2 - 5x + 4 = x^2 - 14x + 49$, also $9x = 45$ und damit $x = 5$. Einsetzen in die ursprüngliche Gleichung zeigt, daß 5 diese aber nicht erfüllt; die Gleichung hat also keine Lösung.

(c) Damit die Wurzelausdrücke in der Gleichung überhaupt definiert sind, muß $x \geq 1$ gelten. Durchmultiplizieren mit $\sqrt{x + \sqrt{x}}$ liefert $x + \sqrt{x} - \sqrt{x^2 - x} = (3/2)\sqrt{x}$, also $x - \sqrt{x^2 - x} = (1/2)\sqrt{x}$. Nochmaliges Quadrieren liefert $x^2 - 2x\sqrt{x^2 - x} + x^2 - x = x/4$, nach Division durch x also $x - 2\sqrt{x^2 - x} + x - 1 = \frac{1}{4}$ bzw. $\sqrt{x^2 - x} = x - (5/8)$. Quadrieren wir noch einmal, so erhalten wir $x^2 - x = x^2 - (5/4)x + (25/64)$ und damit $x/4 = 25/64$. Wir erhalten also die Lösung $x = 25/16$.

(d) Damit die in der Gleichung auftretenden Terme überhaupt definiert sind, müssen die Bedingungen $a + x > 0$ und $2a + x \geq 0$ erfüllt sein. Durchmultiplizieren der Gleichung mit $\sqrt{a+x}$ liefert $a + x - |a| = \sqrt{(2a+x)(a+x)}$. Für $a \geq 0$ lautet dies $x = \sqrt{(2a+x)(a+x)}$ (woraus $x \geq 0$ folgt), also $x^2 = (2a+x)(a+x) = x^2 + 3ax + 2a^2$ und damit $3ax = -2a^2$. Für $a > 0$ liefert dies $x = -2a/3$ im Widerspruch zu $x \geq 0$. Für $a < 0$ lautet die obige Gleichung $2a + x = \sqrt{(2a+x)(a+x)}$, also $\sqrt{2a+x} = \sqrt{a+x}$ und damit $2a + x = a + x$, was unmöglich ist. Im Fall $a \neq 0$ hat die angegebene Gleichung also keine Lösung. Im Fall $a = 0$ ist dagegen jede Zahl $x > 0$ eine Lösung der Gleichung.

Lösung (77.5) (a) Damit die beiden Wurzelausdrücke überhaupt definiert sind, muß $-1 \leq x \leq 3$ gelten. Damit die linke Seite der Ungleichung überhaupt positiv sein kann, muß ferner $3 - x > x + 1$, also $x < 1$ gelten. In diesem Fall ist Quadrieren eine Äquivalenzumformung und liefert $3 - x - 2\sqrt{(3-x)(x+1)} + x + 1 > 1/4$ bzw. $\sqrt{(3-x)(x+1)} < 15/8$, d.h., $(3-x)(x+1) < 225/64$ bzw. $x^2 - 2x + (33/64) > 0$, also $(x-1)^2 > 31/64$ und damit $|x - 1| > \sqrt{31}/8$. Dies gilt entweder für $x > 1 + \sqrt{31}/8$ (unmöglich wegen $x < 1$) oder aber für $x < 1 - \sqrt{31}/8$. Die Ungleichung wird also genau von denjenigen Zahlen x erfüllt, für die $-1 \leq x < 1 - \sqrt{31}/8 \approx 0.304029$ gilt.

(b) Damit die in der Ungleichung auftretenden Terme überhaupt definiert sind, muß $x \geq 0$ gelten; unter dieser Voraussetzung ist das Quadrieren der Ungleichung eine Äquivalenzumformung und führt auf

$$\begin{aligned} & x + 2 - 2\sqrt{x+2}\sqrt{x+1} + x + 1 > x \\ \Leftrightarrow\ & x + 3 > 2\sqrt{x+2}\sqrt{x+1} \\ \Leftrightarrow\ & (x+3)^2 > 4(x+1)(x+2) \\ \Leftrightarrow\ & x^2 + 6x + 9 > 4x^2 + 12x + 8 \\ \Leftrightarrow\ & 0 > 3x^2 + 6x - 1 \\ \Leftrightarrow\ & x^2 + 2x < 1/3 \\ \Leftrightarrow\ & (x+1)^2 < 4/3 \quad \text{(quadratische Ergänzung!)} \\ \Leftrightarrow\ & |x+1| < 2/\sqrt{3} \\ \Leftrightarrow\ & -2/\sqrt{3} < x + 1 < 2/\sqrt{3} \\ \Leftrightarrow\ & -(2/\sqrt{3}) - 1 < x < (2/\sqrt{3}) - 1. \end{aligned}$$

Da die Generalvoraussetzung $x \geq 0$ gemacht werden mußte, ist die Ungleichung also genau denn erfüllt, wenn $0 \leq x < (2/\sqrt{3}) - 1 \approx 0.154701$ gilt.

(c) Damit die auftretenden Terme überhaupt definiert sind, muß $-1 < x < 1$ gelten. Damit die linke Seite der Ungleichung überhaupt positiv sein kann, muß ferner $1+x<1-x$, also $x<0$ gelten. Durchmultiplizieren mit $\sqrt{(1+x)(1-x)} = \sqrt{1-x^2}$ liefert $\sqrt{1-x} - \sqrt{1+x} \geq \sqrt{1-x^2}$. Quadrieren führt auf $1-x-2\sqrt{1-x^2}+1+x \geq 1-x^2$. Mit $u := \sqrt{1-x^2}$ bedeutet dies $u^2+2u-2 \leq 0$, also $(u+1)^2 \leq 3$ bzw. $|u+1| \leq \sqrt{3}$, folglich $-\sqrt{3} \leq u+1 \leq \sqrt{3}$ und damit $-\sqrt{3}-1 \leq u \leq \sqrt{3}-1$. Nach Definition ist $u \geq 0$; also haben wir $0 \leq u \leq \sqrt{3}-1$ und damit $0 \leq \sqrt{1-x^2} \leq \sqrt{3}-1$, nach Quadrieren dann $0 \leq 1-x^2 \leq 4-2\sqrt{3}$ und schließlich $x^2 \geq 2\sqrt{3}-3$ bzw. $|x| \geq \sqrt{2\sqrt{3}-3}$. Wegen $x<0$ reduziert sich dies auf $-1 < x \leq -\sqrt{2\sqrt{3}-3} \approx -0.68125$ als notwendige und hinreichende Bedingung dafür, daß die Zahl x die angegebene Ungleichung erfüllt.

Lösung (77.6) Erweitern mit $1+\sqrt{2}+\sqrt{3}$ liefert

$$\frac{1-\sqrt{2}+\sqrt{3}}{1+\sqrt{2}-\sqrt{3}} = \frac{(1+\sqrt{3})^2-2}{(1+\sqrt{2})^2-3} = \frac{2+2\sqrt{3}}{2\sqrt{2}} = \frac{1+\sqrt{3}}{\sqrt{2}} = \frac{\sqrt{2}+\sqrt{6}}{2};$$

dies liefert die offensichtlichen Lösungen $(x,y)=(6,2)$ und $(x,y)=(2,6)$. Wir fragen, ob es noch andere Lösungen gibt. Es sei also $\sqrt{x}+\sqrt{y}=\sqrt{2}+\sqrt{6}$ mit $x,y \in \mathbb{N}_0$. Quadrieren liefert $x+y+2\sqrt{xy}=8+2\sqrt{12}$ und damit

$$(\star) \qquad x+y-8 = 2(\sqrt{12}-\sqrt{xy}),$$

nach Quadrieren also $(x+y-8)^2 = 4\cdot(12+xy-4\sqrt{3xy})$, woraus folgt, daß $\sqrt{3xy}$ rational und folglich sogar ganzzahlig ist, sagen wir $3xy=m^2$ mit $m \in \mathbb{N}_0$. Dann ist m durch 3 teilbar, sagen wir $m=3n$, so daß $xy=3n^2$ gilt. Wegen $(\star)$ ist $\sqrt{12}-\sqrt{xy}=(2-n)\sqrt{3}$ rational, was nur für $n=2$ möglich ist. Hieraus folgt $xy=12$, nach $(\star)$ daher $x+y=8$. Wegen $y=12/x$ haben wir dann $x+(12/x)=8$, folglich $x^2+12=8x$ bzw. $0=x^2-8x+12=(x-2)(x-6)$. Also ist $x=2$ oder $x=6$; außer $(x,y)=(6,2)$ und $(x,y)=(2,6)$ gibt es also keine weiteren Lösungen.

Lösung (77.7) Damit der Ausdruck $\sqrt{x-1}$ definiert ist, muß jedenfalls $x \geq 1$ gelten. Umformen liefert dann

$$\begin{aligned} f(x) &= \sqrt{(x-1)+2\sqrt{x-1}+1} + \sqrt{(x-1)-2\sqrt{x-1}+1} \\ &= \sqrt{(\sqrt{x-1}+1)^2} + \sqrt{(\sqrt{x-1}-1)^2} \\ &= |\sqrt{x-1}+1| + |\sqrt{x-1}-1| \\ &= \sqrt{x-1}+1+|\sqrt{x-1}-1|; \end{aligned}$$

dies zeigt, daß f auf $D := \{x \in \mathbb{R} \mid x \geq 1\}$ definiert ist und daß die folgende Darstellung gilt:

$$f(x) = \begin{cases} 2, & \text{falls } 1 \leq x \leq 2; \\ 2\sqrt{x-1}, & \text{falls } x \geq 2. \end{cases}$$

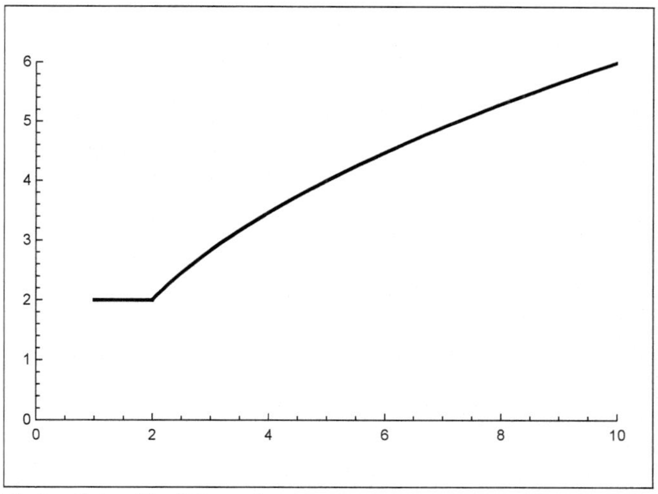

Verlauf der Funktion f.

Lösung (77.8) Bezeichnen wir mit x die linke Seite der Gleichung, so haben wir

$$\begin{aligned} x-\sqrt{11+2\sqrt{29}} &= \sqrt{16-2\sqrt{29}+2\sqrt{55-10\sqrt{29}}} \\ &= \sqrt{16-2\sqrt{29}+2\sqrt{5}\cdot\sqrt{11-2\sqrt{29}}}. \end{aligned}$$

Quadrieren liefert $x^2-2x\sqrt{11+2\sqrt{29}}+11+2\sqrt{29} = 16-2\sqrt{29}+2\sqrt{5}\cdot\sqrt{11-2\sqrt{29}}$, also

$$x^2-5+4\sqrt{29} = 2\sqrt{5}\cdot\sqrt{11-2\sqrt{29}} + 2x\sqrt{11+2\sqrt{29}}.$$

Erneutes Quadrieren liefert

$$\begin{aligned} & x^4+25+464-10x^2+8x^2\sqrt{29}-40\sqrt{29} \\ &= 20(11-2\sqrt{29}) + 4x^2(11+2\sqrt{29}) \\ &\qquad + 8x\sqrt{5}\cdot\sqrt{(11-2\sqrt{29})(11+2\sqrt{29})} \\ &= 220-40\sqrt{29}+44x^2+8x^2\sqrt{29}+8x\sqrt{5}\cdot\sqrt{121-116} \\ &= 220-40\sqrt{29}+44x^2+8x^2\sqrt{29}+40x \end{aligned}$$

und damit $x^4+489-10x^2 = 220+44x^2+40x$ bzw. $x^4-54x^2-40x+269=0$.

Bezeichnen wir mit y die rechte Seite der Gleichung, so ist $y-\sqrt{5}=\sqrt{22+2\sqrt{5}}$, nach Quadrieren also $y^2-2y\sqrt{5}+5=22+2\sqrt{5}$ bzw. $y^2-17=2\sqrt{5}(1+y)$ und nach erneutem Quadrieren daher $y^4-34y^2+289=20(1+2y+y^2)$, also $y^4-54y^2-40y+269=0$. Beide Seiten sind also positive Nullstellen des Polynoms

$$p(t) = t^4-54t^2-40t+269.$$

Die folgende Wertetabelle zeigt nun, daß die Vorzeichenwechsel (und damit die Nullstellen) von p in den Intervallen $(-7,-6)$, $(-3,-2)$, $(1,2)$ und $(7,8)$ auftreten.

-7	-6	-3	-2	1	2	7	8
304	-139	-16	149	176	-11	-256	589

Wegen $x > \sqrt{11+2\sqrt{29}} > \sqrt{11+2\sqrt{25}} = \sqrt{21} > 4$ und $y = \sqrt{5} + \sqrt{22+2\sqrt{5}} > \sqrt{4} + \sqrt{22+2\sqrt{4}} = 2 + \sqrt{26} > 2+5 = 7$ müssen daher x und y mit der eindeutig bestimmten Nullstelle von p im Intervall $(7,8)$ übereinstimmen. (Es gilt $x = y \approx 7.38118$.)

Lösung (77.9) Gilt $(\sqrt{2}+1)^n = b_n\sqrt{2} + a_n$, dann auch $(\sqrt{2}-1)^n = b_n\sqrt{2} - a_n$. (Das macht man sich sofort klar, wenn man sich überlegt, wie sich beim Ausmultiplizieren des Produkts $(\sqrt{2}\pm 1)^n$ die Vorzeichen verteilen. Die Behauptung folgt auch mit einer einfachen Induktion.) Es sei nun n fest gewählt; wir schreiben kurz a und b statt a_n und b_n. Es gilt dann $2b^2 - a^2 = (b\sqrt{2}+a)(b\sqrt{2}-a) = (\sqrt{2}+1)^n(\sqrt{2}-1)^n = \big((\sqrt{2}+1)(\sqrt{2}-1)\big)^n = 1^n = 1$, also $2b^2 = a^2+1$ bzw. $b\sqrt{2} = \sqrt{a^2+1}$. Wegen $a < \sqrt{a^2+1} < a+1$ ist also a oder $a+1$ diejenige ganze Zahl, die am dichtesten bei $b\sqrt{2}$ liegt. Daß a dichter bei $b\sqrt{2} = \sqrt{a^2+1}$ liegt als $a+1$, ergibt sich aus den folgenden Äquivalenzumformungen:

$$\begin{aligned} & \sqrt{a^2+1} - a \ < \ a+1-\sqrt{a^2+1} \\ \Leftrightarrow\ & 2\sqrt{a^2+1} \ < \ 2a+1 \\ \Leftrightarrow\ & 4a^2+4 \ < \ 4a^2+4a+1 \\ \Leftrightarrow\ & 3 \ < \ 4a \quad \Leftrightarrow \quad 3/4 \ < \ a. \end{aligned}$$

Lösung (77.10) (a) Der Wurzelausdruck ist nur definiert für $x^2 \geq y^2$, also $|x| \geq |y|$. Unter dieser Voraussetzung gelten dann die folgenden Äquivalenzen:

$$\begin{aligned} & \sqrt{x^2-y^2} = x-y \ \Leftrightarrow\ x-y \geq 0 \text{ und } x^2-y^2 = (x-y)^2 \\ \Leftrightarrow\ & x \geq y \quad \text{und} \quad (x-y)(x+y) = (x-y)(x-y) \\ \Leftrightarrow\ & x = y \quad \text{oder} \quad (x \geq y \text{ und } x+y = x-y) \\ \Leftrightarrow\ & y = x \quad \text{oder} \quad (x \geq y \text{ und } y = 0) \\ \Leftrightarrow\ & y = x \quad \text{oder} \quad (y = 0 \text{ und } x \geq 0). \end{aligned}$$

(b) Beide Seiten der Gleichung sind auf ganz $\mathbb{R}^2$ definiert. Es gelten die folgenden Äquivalenzen:

$$\begin{aligned} & \sqrt{x^2+y^2} = x+y \ \Leftrightarrow\ x+y \geq 0 \text{ und } x^2+y^2 = (x+y)^2 \\ \Leftrightarrow\ & x+y \geq 0 \quad \text{und} \quad x^2+y^2 = x^2+2xy+y^2 \\ \Leftrightarrow\ & x+y \geq 0 \quad \text{und} \quad xy = 0 \\ \Leftrightarrow\ & (x = 0 \text{ und } y \geq 0) \quad \text{oder} \quad (y = 0 \text{ und } x \geq 0). \end{aligned}$$

(c) Die linke Seite ist nur für $x^2 \geq y^2$ bzw. $|x| \geq |y|$ definiert, die rechte auf ganz $\mathbb{R}^2$. Unter der Voraussetzung $|x| \geq |y|$ sind beide Seiten der Ungleichung nichtnegativ, so daß das Quadrieren eine Äquivalenzumformung ist:

$$\begin{aligned} & \sqrt{x^2-y^2} = \sqrt{x^2} - \sqrt{y^2} \ \Leftrightarrow\ x^2-y^2 = (|x|-|y|)^2 \\ \Leftrightarrow\ & x^2-y^2 = x^2 - 2|x|\,|y| + y^2 \\ \Leftrightarrow\ & 2\,|x|\,|y| = 2y^2 \\ \Leftrightarrow\ & y = 0 \text{ oder } |x| = |y|. \end{aligned}$$

(d) Die beiden Seiten der Ungleichung sind genau für $x \geq y \geq 0$ definiert. Unter dieser Voraussetzung sind beide Seiten auch nichtnegativ, so daß das Quadrieren eine Äquivalenzumformung ist. Es gelten daher die folgenden Äquivalenzen:

$$\begin{aligned} & \sqrt{x-y} = \sqrt{x} - \sqrt{y} \ \Leftrightarrow\ x-y = x - 2\sqrt{x}\sqrt{y} + y \\ \Leftrightarrow\ & 2\sqrt{x}\sqrt{y} = 2y \ \Leftrightarrow\ y = 0 \text{ oder } \sqrt{x} = \sqrt{y} \\ \Leftrightarrow\ & y = 0 \text{ oder } x = y \ \Leftrightarrow\ y = 0 \text{ oder } y = x \geq 0. \end{aligned}$$

In jedem der folgenden Diagramme ist jeweils in grau der Bereich dargestellt, auf der die jeweilige Gleichung überhaupt definiert ist, und in rot dann die Lösungsmenge dieser Gleichung. Die Teile (a), (b), (c) und (d) entsprechen den Diagrammen links oben, rechts oben, links unten und rechts unten (in dieser Reihenfolge).

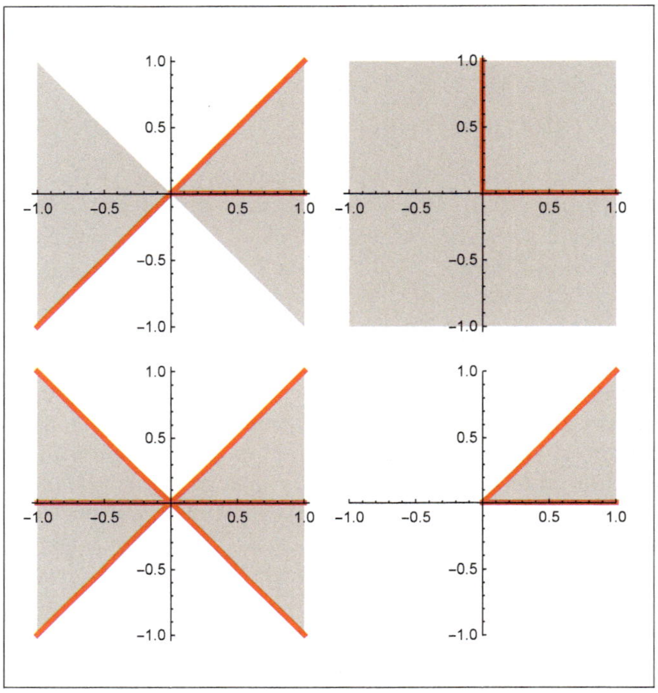

Lösung (77.11) Es seien s_i bzw. σ_i die vom Armeeverband bzw. von dem Kurier während der i-ten Phase zurückgelegte Strecke und t_i die Zeitdauer der i-ten Phase. Sind u und v die Geschwindigkeiten des Armeeverbandes bzw. des Kuriers, so haben wir $u = s_i/t_i$ und $v = \sigma_i/t_i$ und folglich $\theta := v/u = \sigma_i/s_i$, also $\sigma_i = \theta s_i$ für alle i. Es gelten die folgenden Gleichungen:

$$\begin{aligned} \theta s_1 &= \sqrt{\ell^2 + s_1^2}, \\ \theta s_2 &= \ell + s_2, \\ \theta s_3 &= \sqrt{\ell^2 + s_3^2}, \\ \theta s_4 &= s_1 + s_2 + s_3 \quad \text{mit } s_1+s_2+s_3+s_4 = \ell. \end{aligned}$$

Aufgaben zu »Wurzeln, Potenzen, Logarithmen« siehe Seite 77

Mit den dimensionslosen Größen $r_i := s_i/\ell$ gilt also

$$\begin{aligned} \theta r_1 &= \sqrt{1+r_1^2}, \\ \theta r_2 &= 1+r_2, \\ \theta r_3 &= \sqrt{1+r_3^2}, \\ \theta &= (1+\theta)(r_1+r_2+r_3). \end{aligned}$$

Dies führt auf die Gleichung

$$\frac{\theta}{1+\theta} = \frac{1}{\sqrt{\theta^2-1}} + \frac{1}{\theta-1} + \frac{1}{\sqrt{\theta^2-1}}$$

bzw.

$$\frac{\theta}{\theta+1} - \frac{1}{\theta-1} = \frac{2}{\sqrt{\theta^2-1}}.$$

Es ergibt sich

$$\theta^4 - 4\theta^3 - 2\theta^2 + 4\theta + 5 = 0.$$

Diese Gleichung hat zwei Lösungen $\theta_1 \approx 1.36734$ und $\theta_2 \approx 4.18113$, von denen für unser Problem nur die größere in Frage kommt. Der Kurier bewegt sich also $\theta_2$mal so schnell wie der Heeresverband, legt also in der fraglichen Zeit rund 4.18113 Kilometer zurück.

Lösung (77.12) Wir betrachten zunächst Schwimmer A. Benötigt er die Zeit t_1 mit dem Strom und die Zeit t_2 gegen den Strom, so gelten die Gleichungen $v+u = s/t_1$ und $v-u = s/t_2$ bzw. $t_1 = s/(v+u)$ und $t_2 = s/(v-u)$; die von ihm benötigte Gesamtzeit ist daher

$$t_A = \frac{s}{v+u} + \frac{s}{v-u} = \frac{2sv}{v^2-u^2}.$$

Für Schwimmer B hat die Geschwindigkeit nach dem Satz des Pythagoras sowohl auf dem Hin- als auch auf dem Rückweg den Betrag $\sqrt{v^2-u^2}$. Sind t_1 die Zeiten für den Hin- und den Rückweg, so gelten also die Gleichungen $t_1 = t_2 = s/\sqrt{v^2-u^2}$; die Gesamtzeit ist daher

$$t_B = \frac{2s}{\sqrt{v^2-u^2}} = \frac{2s\sqrt{v^2-u^2}}{v^2-u^2}.$$

Es gilt also $t_A > t_B$.

Lösung (77.13) (a) Mit der Substitution $u := \sqrt[3]{x+7}$ nimmt die angegebene Gleichung die Form $u^2 - u - 6 = 0$ an, hat also nach der pq-Formel die Lösungen $u = (1/2) \pm \sqrt{(1/4)+6} = (1/2) \pm (5/2)$, also $u = 3$ oder $u = -2$. Die erste Lösung führt auf $x+7 = 3^3 = 27$ und damit $x = 20$, die zweite Lösung auf $x+7 = -8$ und damit $x = -15$.

(b) Mit $u := \sqrt[3]{2x+1}$ und $v := \sqrt[3]{x-5}$ nimmt die Gleichung die Form $u - v = 1$ an, nach Erheben in die dritte Potenz also $1 = (u-v)^3 = u^3 - v^3 - 3uv(u-v) = u^3 - v^3 - 3uv \cdot 1$. Das bedeutet

$$\begin{aligned} 1 &= (2x+1) - (x-5) - 3 \cdot \sqrt[3]{(2x+1)(x-5)} \\ &= x + 6 - 3 \cdot \sqrt[3]{(2x+1)(x-5)} \end{aligned}$$

bzw. $3 \cdot \sqrt[3]{(2x+1)(x-5)} = x+5$. Erneutes Erheben in die dritte Potenz liefert $27(2x+1)(x-5) = (x+5)^3$, nach Ausmultiplizieren und Sortieren also $x^3 - 39x^2 + 318x + 260 = 0$. Ausprobieren liefert die Lösung $x_1 = 13$; anschließende Polynomdivision liefert

$$(x^3 - 39x^2 + 318x + 260) : (x-13) = x^2 - 26x - 20$$

und damit die weiteren Lösungen $x_{2,3} = 13 \pm \sqrt{169+20} = 13 \pm \sqrt{189}$.

Lösung (77.14) Wir machen allgemein die folgende Beobachtung: ist $x = u + v$ die Summe zweier Zahlen u und v, so gilt

$$\begin{aligned} x^3 &= u^3 + 3u^2v + 3uv^2 + v^3 \\ &= u^3 + v^3 + 3uv(u+v) \\ &= u^3 + v^3 + 3uvx \end{aligned}$$

und damit

$$(\star) \qquad x^3 - 3uv\,x - (u^3+v^3) = 0.$$

(a) Für $u := \sqrt[3]{10+\sqrt{108}}$ und $v := \sqrt[3]{10-\sqrt{108}}$ erhalten wir $u^3 + v^3 = 10 + \sqrt{108} + 10 - \sqrt{108} = 20$ und $u^3v^3 = 100 - 108 = -8$, also $uv = -2$; die Gleichung $(\star)$ lautet daher $x^3 + 6x - 20 = 0$. Da die Funktion $f(x) := x^3 + 6x - 20$ streng monoton wächst, besitzt sie höchstens eine reelle Nullstelle; andererseits überprüft man durch Einsetzen sofort, daß 2 eine Nullstelle ist. Es muß also $x = 2$ gelten.

(b) Wir setzen $u := \sqrt[3]{2+\sqrt{5}}$ und $v := \sqrt[3]{2-\sqrt{5}}$; für $x := u + v$ lautet die Gleichung $(\star)$ dann $x^3 + 3x - 4 = 0$. Da $f(x) := x^3 + 3x - 4$ streng monoton wächst und daher höchstens eine reelle Nullstelle besitzt und da andererseits 1 tatsächlich eine Nullstelle ist, ergibt sich $x = 1$.

(c) Wir setzen $u := \sqrt[3]{1+(2/3)\sqrt{7/3}}$ und $v := \sqrt[3]{1-(2/3)\sqrt{7/3}}$. Die Gleichung $(\star)$ lautet dann $x^3 + x - 2 = 0$; da $f(x) := x^3 + x - 2$ streng monoton wächst und daher höchstens eine Nullstelle besitzt und da andererseits 1 tatsächlich eine Nullstelle ist, ergibt sich $x = 1$.

Lösung (77.15) Wir schreiben $x := \sqrt[4]{5/3} + \sqrt[4]{3/5}$ und $u := \sqrt[4]{5/3}$. Dann gilt $x = u + (1/u)$, folglich $x^2 = u^2 + 2 + (1/u^2)$ und damit $u^2 + (1/u^2) = x^2 - 2$, nach Quadrieren also $u^4 + 2 + \frac{1}{u^4} = x^4 - 4x^2 + 4$. Setzen wir $u^4 = 5/3$ in diese Gleichung ein und bringen wir alle Terme auf eine Seite,

Aufgaben zu »Wurzeln, Potenzen, Logarithmen« siehe Seite 77

so ergibt sich $0 = x^4 - 4x^2 - (4/15)$. Durchmultiplizieren mit 15 liefert dann die gewünschte ganzzahlige Gleichung

$$15x^4 - 60x^2 - 4 = 0.$$

Lösung (77.16) (a) Quadrieren der Gleichung $x - \sqrt{2} = \sqrt{3}$ liefert $x^2 - 2\sqrt{2}x + 2 = 3$, also $x^2 - 1 = 2\sqrt{2}x$. Erneutes Quadrieren liefert $x^4 - 2x^2 + 1 = 8x^2$. Die Zahl x erfüllt also die Polynomgleichung

$$x^4 - 10x^2 + 1 = 0.$$

(b) Erheben der Gleichung $\sqrt[3]{3} = x - \sqrt{2}$ in die dritte Potenz liefert $3 = x^3 - 3x^2\sqrt{2} + 6x - 2\sqrt{2} = x^3 + 6x - (3x^2 + 2)\sqrt{2}$, also $\sqrt{2} \cdot (3x^2 + 2) = x^3 + 6x - 3$. Quadrieren dieser Gleichung liefert $2 \cdot (9x^4 + 12x^2 + 4) = x^6 + 36x^2 + 9 + 12x^4 - 6x^3 - 36x$. Die Zahl x erfüllt damit die Polynomgleichung

$$x^6 - 6x^4 - 6x^3 + 12x^2 - 36x + 1 = 0.$$

(c) Erheben der gegebenen Gleichung in die dritte Potenz liefert

$$\begin{aligned} x^3 &= 2 + 3 \cdot \sqrt[3]{16} + 3 \cdot \sqrt[3]{32} + 4 \\ &= 6 + 6 \cdot \sqrt[3]{2} + 6 \cdot \sqrt[3]{4} = 6 + 6x; \end{aligned}$$

die Zahl x erfüllt also die Polynomgleichung

$$x^3 - 6x - 6 = 0.$$

(d) Erheben der gegebenen Gleichung in die dritte Potenz liefert

$$\begin{aligned} x^3 &= 2 + 3 \cdot \sqrt[3]{20} + 3 \cdot \sqrt[3]{50} + 5 \\ &= 7 + 3 \cdot \sqrt[3]{10} \cdot (\sqrt[3]{2} + \sqrt[3]{5}) \\ &= 7 + 3 \cdot \sqrt[3]{10} \cdot x. \end{aligned}$$

Erheben der Gleichung $3 \cdot \sqrt[3]{10} \cdot x = x^3 - 7$ in die dritte Potenz liefert nun $270x^3 = (x^3 - 7)^3 = x^9 - 21x^6 + 147x^3 - 343$. Die Zahl x ist damit Lösung der Polynomgleichung

$$x^9 - 21x^6 - 123x^3 - 343 = 0.$$

Lösung (77.17) (a) Es ist

$$4^{5/2} - \frac{4^x \cdot 4^{2x}}{2^{3x}} = 2^5 - \frac{4^{3x}}{2^{3x}} = 32 - 2^{3x} = 32 - 8^x.$$

(b) Es ist

$$\frac{a^{1/2}}{a^{2/3}} + \frac{a^{1/2} + a^{2/3}}{a^{4/3} + a^{3/2}} = a^{-1/6} + \frac{a^{1/2}(1 + a^{1/6})}{a^{4/3}(1 + a^{1/6})} = a^{-1/6} + a^{-5/6}.$$

(c) Es ist $\sqrt{12} + \sqrt[4]{9} + \sqrt[6]{27} = \sqrt{4 \cdot 3} + (3^2)^{1/4} + (3^3)^{1/6} = 2\sqrt{3} + \sqrt{3} + \sqrt{3} = 4\sqrt{3}$.

(d) Mit der Abkürzung $b := a^{1/60}$ läßt sich der angegebene Ausdruck folgendermaßen umformen:

$$\begin{aligned} & \frac{a^{11/6} + a^{9/5} - a^{7/4} - a^{5/3}}{a^{-1/6} + a^{-1/5} - a^{-1/4} - a^{-1/3}} \\ = & \frac{a^{110/60} + a^{108/60} - a^{105/60} - a^{100/60}}{a^{-10/60} + a^{-12/60} - a^{-15/60} - a^{-20/60}} \\ = & \frac{b^{110} + b^{108} - b^{105} - b^{100}}{b^{-10} + b^{-12} - b^{-15} - b^{-20}} \\ = & \frac{b^{100} \cdot (b^{10} + b^8 - b^5 - 1)}{b^{-20} \cdot (b^{10} + b^8 - b^5 - 1)} = b^{120} = a^2. \end{aligned}$$

Lösung (77.18) Die Iterationsvorschrift lautet

$$x_{n+1} = x_n - \frac{x_n^3 - 5}{3x_n^2} = \frac{2x_n^3 + 5}{3x_n^2}.$$

Mit dem Startwert $x_0 := 1.5$ erhalten wir nacheinander die (gerundeten) Werte $x_1 \approx 1.74074$, $x_2 \approx 1.71052$, $x_3 \approx 1.70998$; ab diesem Schritt ändern sich die ersten fünf Dezimalstellen nicht mehr. Auf drei Dezimalstellen genau gilt also $\sqrt[3]{5} = 1.710$.

Lösung (77.19) Es sei f die Frequenz des Grundtons. Der eine Oktave höher liegende Ton hat dann einerseits die Frequenz $2f$, andererseits die Frequenz $q^{12} \cdot f$. Also gilt $q^{12} = 2$ bzw. $q = \sqrt[12]{2}$. Den numerischen Wert bestimmen wir mit dem Babylonischen Wurzelziehen. Ausgehend von $x_0 := 1$ erhalten wir mit der Rekursionsformel

$$x_{n+1} = x_n - \frac{x_n^{12} - 2}{12x_n^{11}} = \frac{11x_n^{12} + 2}{12x_n^{11}}$$

die Näherungswerte $x_1 \approx 1.08333$, $x_2 \approx 1.06215$ und $x_3 \approx 1.0595$, $x_4 = 1.05946$; ab diesem Schritt ändern sich die ersten fünf Dezimalstellen nicht mehr. Auf drei Nachkommastellen genau gilt also $q = 1.060$.

Lösung (77.20) Wegen $m \geq n$ ist $\sqrt[m]{n} \leq \sqrt[n]{n}$; es genügt also zu zeigen, daß $\sqrt[n]{n} \leq \sqrt[3]{3}$ bzw. äquivalent dazu $n^3 \leq 3^n$ für alle $n \in \mathbb{N}$ gilt. Diese letzte Ungleichung beweisen wir mit Induktion über n, wobei der Induktionsanfang $n = 1$ trivial ist. Der Induktionsschritt ergibt sich wegen

$$\begin{aligned} 3^{n+1} &= 3 \cdot 3^n \geq 3n^3 \\ &= n^3 + 3n^2 + 3n + (n-3)n^2 + (n^2 - 3)n \\ &\geq n^3 + 3n^2 + 3n + 1 = (n+1)^3. \end{aligned}$$

Lösung (77.21) (a) Aus $\sqrt[n]{n} \to 1$ folgt $\sqrt[n]{n^2} = (\sqrt[n]{n})^2 \to 1^2 = 1$ für $n \to \infty$.

(b) Aus $\sqrt[n]{n} \to 1$ folgt $\sqrt[2n]{n} = \sqrt{\sqrt[n]{n}} \to \sqrt{1} = 1$ für $n \to \infty$.

(c) Für alle $n \geq 1$ gilt $\sqrt[n]{n} \leq \sqrt[n]{n+1} \leq \sqrt[n]{2n} = \sqrt[n]{2} \cdot \sqrt[n]{n}$. Für $n \to \infty$ haben wir $\sqrt[n]{n} \to 1$ und $\sqrt[n]{2} \to 1$; also konvergieren sowohl die linke als auch die rechte Seite der Abschätzung gegen 1. Folglich gilt auch $\sqrt[n]{n+1} \to 1$ nach dem Einschnürungskriterium.

(d) Aus $\sqrt[n]{n} \to 1$ und $\sqrt[n]{2} \to 1$ folgt $\sqrt[n]{2n} = \sqrt[n]{2} \cdot \sqrt[n]{n} \to 1 \cdot 1 = 1$ für $n \to \infty$.

(e) Aus $\sqrt[n]{n} \to 1$ und $\sqrt[n]{4} \to 1$ folgt $\sqrt[3n]{4n^5} = \sqrt[3]{(\sqrt[n]{4})(\sqrt[n]{n})^5} \to \sqrt[3]{1 \cdot 1^5} = 1$ für $n \to \infty$.

(f) Für alle $n \geq 1$ gilt $1 \leq \sqrt[n]{3n^2+2n+1} \leq \sqrt[n]{3n^2+2n^2+n^2} = \sqrt[n]{6n^2} = \sqrt[n]{6} \cdot (\sqrt[n]{n})^2$. Für $n \to \infty$ geht sowohl die linke als auch die rechte Seite dieser Abschätzung gegen 1; nach dem Einschnürungskriterium folgt dann $\sqrt[n]{3n^2+2n+1} \to 1$.

(g) Wegen $\sqrt[n]{n} \to 1$ für $n \to \infty$ gibt es eine Zahl N mit $\sqrt[n]{n} \leq 2$ für alle $n \geq N$. Für $n \geq N$ gilt dann

$$1 \leq \sqrt[n]{\sqrt[n]{n}} \leq \sqrt[n]{2} \to 1$$

für $n \to \infty$. Nach dem Einschnürungskriterium gilt dann $\sqrt[n]{\sqrt[n]{n}} \to 1$ für $n \to \infty$.

(h) Der Ausdruck geht für $n \to \infty$ gegen 1, denn für alle $n \geq 3$ gilt

$$1 \leq \sqrt[n+1]{\sqrt[n+2]{n+3}} \leq \sqrt[n]{\sqrt[n]{n+3}} \leq \sqrt[n]{\sqrt[n]{2n}} \to 1.$$

Lösung (77.22) Der Konvergenzradius ist

$$R = \frac{1}{\lim\limits_{n\to\infty} \sqrt[n]{1/n^\alpha}} = (\lim_{n\to\infty} \sqrt[n]{n})^\alpha = 1^\alpha = 1.$$

Wir wollen das Konvergenzverhalten am Rande des Konvergenzkreises untersuchen und betrachten dazu für eine feste Zahl z mit $|z| = 1$ die Reihe

$$(\star) \qquad \sum_{n=1}^{\infty} a_n \quad \text{mit} \quad a_n = \frac{z^n}{n^\alpha}.$$

• **Erster Fall:** $\alpha > 1$. In diesem Fall konvergiert die Reihe $(\star)$ absolut, denn die Reihe $\sum_{n=1}^{\infty} |a_n| = \sum_{n=1}^{\infty} 1/n^\alpha$ konvergiert, wie man beispielsweise mit dem Cauchyschen Verdichtungskriterium sieht: Die verdichtete Reihe ist gegeben durch

$$\sum_{n=1}^{\infty} \frac{2^n}{(2^n)^\alpha} = \sum_{n=1}^{\infty} (2^n)^{1-\alpha} = \sum_{n=1}^{\infty} (2^{1-\alpha})^n$$

und dies ist eine geometrische Reihe mit $q := 2^{1-\alpha} < 1$.

• **Zweiter Fall:** $0 < \alpha \leq 1$. Für $z = 1$ divergiert die Reihe nach dem Minorantenkriterium, denn es gilt $1/n^\alpha \geq 1/n$, und die harmonische Reihe $\sum_{n=1}^{\infty} 1/n$ divergiert. Für $z \neq 1$, sagen wir $z = e^{i\varphi}$ mit $\varphi \in (0, 2\pi)$, konvergiert die Reihe nach dem Dirichletschen Konvergenzkriterium; siehe Aufgabe (75.23)(b).

• **Dritter Fall:** Für $\alpha \leq 0$ kann die Reihe nicht konvergieren, weil nicht einmal die für Konvergenz notwendige Bedingung $a_n \to 0$ erfüllt ist; es gilt nämlich $|a_n| = 1/n^\alpha = n^{-\alpha} \not\to 0$ für $n \to \infty$.

Lösung (77.23) (a) $\log_4 64 = 3$, denn $4^3 = 64$
(b) $\log_2 64 = 6$, denn $2^6 = 64$
(c) $\log_2 8 = 3$, denn $2^3 = 8$
(d) $\log_2(1/8) = -3$, denn $2^{-3} = 1/2^3 = 1/8$
(e) $\log_4 2 = 1/2$, denn $4^{1/2} = \sqrt{4} = 2$
(f) $\log_3 81 = 4$, denn $3^4 = 81$
(g) $\log_5(1/5) = -1$, denn $5^{-1} = 1/5$
(h) $\log_{\sqrt{2}}(2\sqrt{2}) = 3$, denn $\sqrt{2}^3 = \sqrt{2} \cdot \sqrt{2} \cdot \sqrt{2} = 2\sqrt{2}$
(i) $\log_{100} 10 = 1/2$, denn $100^{1/2} = \sqrt{100} = 10$
(j) $\log_{1000} 100 = 2/3$, denn $1000^{2/3} = 10^2 = 100$

Lösung (77.24) (a) Es gilt

$$\frac{\log_b(x^{10})}{\log_b(x^5)} = \frac{10\log_b(x)}{5\log_b(x)} = \frac{10}{5} = 2.$$

(b) Es gilt

$$\begin{aligned} & \frac{\log_b(3x^2) - \log_b(3x/2)}{\log_b(2x)} \\ = {} & \frac{\log_b(3) + 2\log_b(x) - \log_b(3) - \log_b(x) + \log_b(2)}{\log_b(2) + \log_b(x)} \\ = {} & \frac{\log_b(x) + \log_b(2)}{\log_b(2) + \log_b(x)} = 1. \end{aligned}$$

(c) Es gilt

$$\frac{\log_{2b}(b^{3^x})}{\log_b(b^{3x})} = \frac{3x\log_{2b}(b)}{3x\log_b(b)} = \log_{2b}(b).$$

Lösung (77.25) (a) Wir schreiben $u = \log_b a$ und $v = \log_{1/b} a$, haben also $b^u = a$ und $(1/b)^v = a$. Dann ist aber $b^u = (1/b)^v = b^{-v}$ und damit $u = -v$, also $u+v = 0$.

(b) Wir schreiben $u = \log_a b$ und $v = \log_b a$, haben also $a^u = b$ und $b^v = a$. Dann ist aber $a^{uv} = (a^u)^v = b^v = a = a^1$ und damit $uv = 1$.

(c) Gilt $a^b = 1$, dann $b\log(a) = \log(1) = 0$ (wenn log den Logarithmus bezüglich irgendeiner Basis bezeichnet) und damit $b = 0$ oder $a = 1$.

Lösung (77.26) (a) Logarithmieren zur Basis 6 führt auf $\log_6 9 + \sqrt{x}\log_6 12 = x$ bzw. $x - \log_6 12 \cdot \sqrt{x} - \log_6 9 = 0$; dies ist eine quadratische Gleichung für $\sqrt{x}$. Die pq-Formel liefert

$$\sqrt{x} = (1/2) \cdot (\log_6 12 \pm \sqrt{(\log_6 12)^2 + 4\log_6 9}).$$

Da eine Wurzel nicht negativ sein kann, entfällt die Lösung mit dem Minuszeichen vor der Wurzel; die Lösung mit dem Pluszeichen liefert $\sqrt{x} = 2$ und damit $x = 4$.

Aufgaben zu »Wurzeln, Potenzen, Logarithmen« siehe Seite 77

(b) Die Gleichung lautet $(a/b)^x = (a/b)^{-c}$ und hat die eindeutige Lösung $x = -c$.

(c) Die Gleichung lautet $(2/3)^x + (2/3)^{-x} = 13/6$. Durchmultiplizieren mit $u := (2/3)^x$ liefert $(2/3)^{2x} + 1 = (13/6) \cdot (2/3)^x$, also $u^2 - (13/6)u + 1 = 0$. Diese quadratische Gleichung hat die Lösungen

$$u = \frac{13}{12} \pm \sqrt{\frac{169-144}{144}} = \frac{13}{12} \pm \frac{5}{12} = \frac{3}{2} \text{ oder } \frac{2}{3};$$

also ist $(2/3)^x$ gleich $3/2$ oder $2/3$ und damit $x = \pm 1$.

(d) Ausklammern liefert $a^x(1+a+a^2) = a^6$ und damit $a^x = a^6/(1+a+a^2)$; die Lösung ist also

$$x = \log_a \frac{a^6}{1+a+a^2} = 6 - \log_a(1+a+a^2).$$

(e) Die Substitution $u := a^x$ führt auf $1 - u + u^2 - u^3 = 0$. Probieren liefert die Lösung $u = 1$; anschließende Polynomdivision ergibt $(u^2 - u^2 + u - 1) : (u-1) = u^2 + 1$, so daß es keine weitere Lösung mehr gibt. Also ist $a^x = 1$ und damit $x = 0$.

(f) Anwendung der pq-Formel auf die Gleichung $a^{2x} + a^x - a^3 = 0$ liefert

$$a^x = \frac{-1}{2} \pm \sqrt{\frac{1+4a^3}{4}} = \frac{-1 \pm \sqrt{1+4a^3}}{2};$$

weil a^x positiv sein muß, entfällt die Lösung mit dem Minuszeichen vor der Wurzel, und es bleibt die eindeutige Lösung

$$x = \log_a \frac{-1+\sqrt{1+4a^3}}{2}.$$

(g) Die Substitution $u := a^x$ führt auf $u + u^2 = u^3$, außer für $u = 0$ (d.h. $a = 0$) also auf $1 + u = u^2$ bzw. $u^2 - u - 1 = 0$ mit den Lösungen $u_{1,2} = (1 \pm \sqrt{5})/2$. Da $u = a^x$ nicht negativ sein kann, entfällt die negative Lösung; es bleibt $u = (1+\sqrt{5})/2$ und damit $x = \log_a\big((1+\sqrt{5})/2\big)$.

Lösung (77.27) Alle denkbaren Kombinationen können tatsächlich auftreten.

(a) Wähle $a = b = 1$.
(b) Wähle $a = 2$ und $b = 1/2$.
(c) Wähle $a = 1$ und $b = \sqrt{2}$.
(d) Wähle $a = 2$ und $b = \log_2 \sqrt{3}$.
(e) Wähle $a = \sqrt{2}$ und $b = 2$.
(f) Wähle $a = \sqrt{2}$ und $b = 1$.
(g) Wähle $a = \sqrt{2}$ und $b = \log_{\sqrt{2}} 3$.
(h) Wähle $a = \sqrt{2}$ und $b = \log_2 3$.

Bemerkung: Die Frage, ob es irrationale Zahlen a und b derart gibt, daß a^b rational ist, läßt sich durch die folgende Argumentation mit "ja" beantworten, ohne daß ein konkretes Beispielpaar (a, b) angegeben wird. Wir betrachten die Zahl $\sqrt{2}^{\sqrt{2}}$. Ist diese rational, so können wir $a := b := \sqrt{2}$ als Beispiel wählen. Ist diese dagegen irrational, so können wir $a := \sqrt{2}^{\sqrt{2}}$ und $b := \sqrt{2}$ wählen (denn für diese Zahlen ist $a^b = \sqrt{2}^2 = 2$ rational). Unabhängig davon, ob nun $\sqrt{2}^{\sqrt{2}}$ irrational ist oder nicht, haben wir also einen Beweis dafür gefunden, daß a^b rational sein kann, auch wenn a und b irrational sind.

Lösung (77.28) (a) Wir setzen $t := y/x$ und haben dann $y = tx$; wegen $x, y > 0$ gilt auch $t > 0$. Da wir nichttriviale Lösungen suchen, dürfen wir $y \neq x$ bzw. $t \neq 1$ voraussetzen. Es gelten dann die folgenden Äquivalenzen:

$$x^y = y^x \Leftrightarrow x^{(tx)} = (tx)^x \Leftrightarrow (x^t)^x = (tx)^x$$
$$\Leftrightarrow x^t = tx \Leftrightarrow x^{t-1} = t \Leftrightarrow x = t^{1/(t-1)}.$$

(Die Bedingung $t \neq 1$ wurde dabei nur im letzten Schritt benutzt.) Es folgt dann $y = t \cdot x = t^{t/(t-1)}$. Die nichttrivialen Lösungen der Gleichung $x^y = y^x$ erlauben also die Parametrisierung

$$\big(x(t), y(t)\big) = \big(t^{1/(t-1)}, t^{t/(t-1)}\big) \quad (t > 0, t \neq 1).$$

Mit $\varphi(t) := t^{1/(t-1)}$ gilt also $\big(x(t), y(t)\big) = \big(\varphi(t), t\cdot\varphi(t)\big)$ oder auch (wie man durch Nachrechnen sofort bestätigt) $\big(x(t), y(t)\big) = \big(\varphi(t), \varphi(1/t)\big)$.

(b) Setzen wir $u := 1/(t-1)$ bzw. $t = 1 + (1/u)$, so gehen die Zahlen $0 < t < 1$ über in die Zahlen $-\infty < u < -1$ und die Zahlen $t > 1$ in die Zahlen $0 < u < \infty$. Wir erhalten ferner $x = t^u = (1+1/u)^u$ und $y = t^{tu} = (1+1/u)^{1+u}$. Damit ist schon alles gezeigt. Benutzen wir die in (a) bzw. (b) erhaltene Parametrisierung, so erhalten wir die folgende Darstellung der Menge $\{(x,y) \in I^2 \mid x^y = y^x\}$. Die Darstellung zeigt, daß (x, y) nur dann eine nichttriviale Lösung sein kann, wenn $x > e$ und $y < e$ gilt. Die Lösungsmenge der Gleichung $x^y = y^x$ ist in dem folgenden Diagramm dargestellt. (Die beiden durchgezogenen Kurven zeigen die nichttrivialen Lösungen, die gestrichelte Winkelhalbierende zeigt die trivialen Lösungen.)

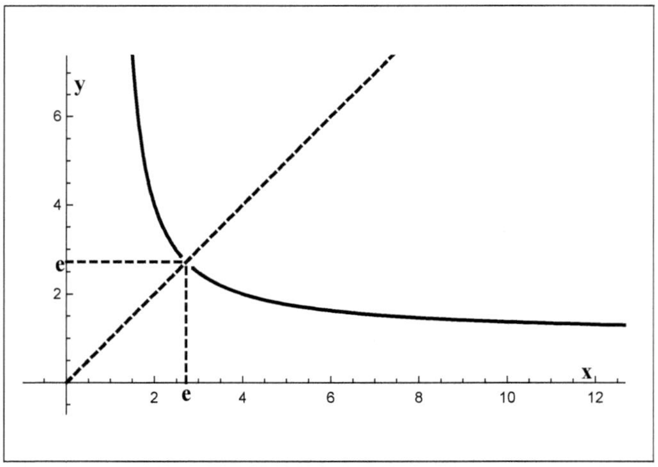

Lösungsmenge der Gleichung $x^y = y^x$.

(c) Wir nehmen an, (x, y) sei eine nichttriviale rationale Lösung. Benutzen wir die Darstellung aus (a), so sind sowohl $x = \varphi(t)$ als auch $y = t\varphi(t)$ rational; also ist auch

$t = y/x$ rational, sagen wir $t = r/s$ mit $r, s \in \mathbb{N}$ teilerfremd. Wir nehmen zunächst $t > 1$ an, also $r > s$; für jedes so gefundene t ist dann auch der Kehrwert $1/t$ eine Lösung. Mit $m := r - s \in \mathbb{N}$ gilt dann

$$x = \varphi(t) = \left(\frac{r}{s}\right)^{s/(r-s)} = \sqrt[m]{\frac{r^s}{s^s}}.$$

Da x rational ist, sagen wir $x = a/b$ mit $a, b \in \mathbb{N}$ teilerfremd, haben wir also $a^m/b^m = r^s/s^s$. Da Zähler und Nenner eines gekürzten positiven Bruches eindeutig bestimmt sind, haben wir $r^s = a^m$ und $s^s = b^m$; die Zahlen r^s und s^s sind also m-te Potenzen in $\mathbb{N}$. Wir behaupten, daß sogar r und s selbst m-te Potenzen in $\mathbb{N}$ sein müssen. Ist beispielsweise p ein Primfaktor von r und tritt dieser in r mit dem Exponenten k auf, so tritt er in r^s mit dem Exponenten sk auf, und da r^s eine m-te Potenz ist, muß sk ein Vielfaches von m, also durch m teilbar sein. Da s teilerfremd zu $m = r - s$ ist, muß also k selbst durch m teilbar sein. Da dies für jeden Primteiler von r gilt, ist also r eine m-te Potenz. Analog zeigt man, daß auch s eine m-te Potenz ist. Also ist $m = r - s$ eine Differenz m-ter Potenzen, und das ist nur für $m = 1$ möglich, wie man leicht (mit $s = u^m$ und $r = v^m$) aus der Darstellung $m = u^m - v^m = (u-v)(u^{m-1} + u^{m-2}v + \cdots + uv^{m-2} + v^{m-1}) \geq (u-v) \cdot mv^{m-1}$ folgert. Also haben wir $1 = m = r - s$ und damit $r = s + 1$, folglich $t = r/s = (s+1)/s = 1 + (1/s)$ und damit $\varphi(t) = (1 + 1/s)^s$. Für $(x, y) = \big(\varphi(t), t \cdot \varphi(t)\big)$ ergibt sich dann

$$(1) \qquad (x, y) = \left(\left(1 + \frac{1}{s}\right)^s, \left(1 + \frac{1}{s}\right)^{s+1}\right).$$

Für den Kehrwert $\tau := 1/t = s/(s+1) = 1 - 1/(s+1)$ erhalten wir $\varphi(\tau) = \big((s+1)/s\big)^{s+1}$ und für $(x, y) = \big(\varphi(\tau), \tau \cdot \varphi(\tau)\big)$ damit

$$(2) \qquad (x, y) = \left(\left(1 + \frac{1}{s}\right)^{s+1}, \left(1 + \frac{1}{s}\right)^s\right).$$

Die rationalen Lösungen der Gleichung $x^y = y^x$ sind also genau die Paare der Formen (1) und (2), wobei $s \in \mathbb{N}$ eine beliebige natürliche Zahl ist.

(d) Der einzige Wert von s, der in (1) bzw. (2) eine ganzzahlige Lösung liefert, ist $s = 1$. Die nichttrivialen ganzzahligen Lösungen der Gleichung $x^y = y^x$ sind also genau die Paare $(2, 4)$ und $(4, 2)$.

Lösung (77.29) (a) Die zu untersuchende Gleichung ist äquivalent mit

$$(\star) \qquad x^{yz} = x^{y^z}.$$

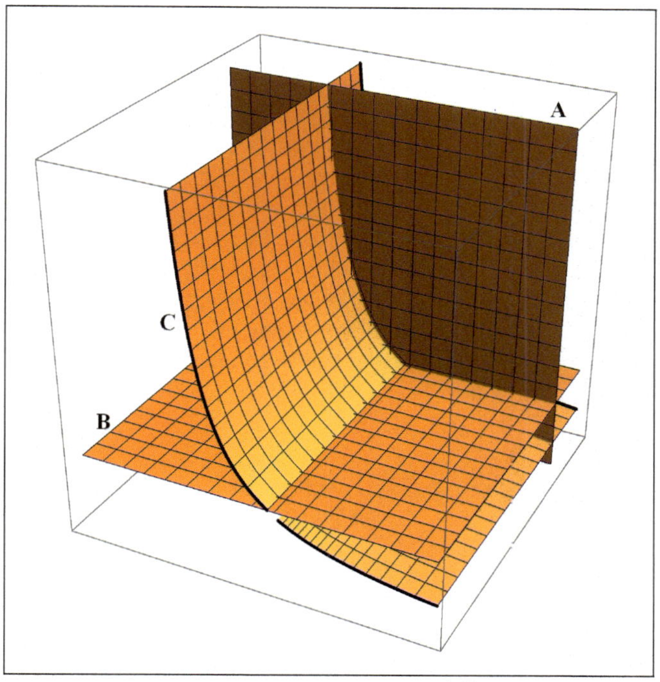

Lösungsmenge der Gleichung $(x^y)^z = x^{(y^z)}$.

Diese Gleichung ist immer erfüllt, wenn $x = 1$ gilt. Für $x \neq 1$ ist sie äquivalent mit $yz = y^z$ bzw. $z = y^{z-1}$. Diese letzte Gleichung ist nun genau dann erfüllt, wenn entweder $z = 1$ gilt oder aber $y = z^{1/(z-1)}$. Die Menge aller Tripel (x, y, z) mit $x, y, z > 0$ und $(x^y)^z = x^{(y^z)}$ ist also die Vereinigung der drei folgenden Mengen:

$$\begin{aligned} A &= \{(1, y, z) \mid y, z > 0\}, \\ B &= \{(x, y, 1) \mid x, y > 0\}, \\ C &= \{(x, z^{1/(z-1)}, z) \mid x, z > 0, z \neq 1\}. \end{aligned}$$

(b) Es ist klar, welche Elemente von A bzw. B rational sind. In C sind genau diejenigen Punkte $(x, \varphi(z), z)$ mit $\varphi(z) := z^{1/(z-1)}$ rational, für die sowohl x als auch z und $\varphi(z)$ rational sind. Wie wir in der vorigen Aufgabe nachrechneten, liefert dies für z genau die Elemente $1 + 1/s$ (mit $\varphi(z) = (1 + 1/s)^s$) sowie $z = s/(s+1)$ (mit $\varphi(z) = (1 + 1/s)^{s+1}$) mit $s \in \mathbb{N}$. Die Menge aller rationalen Lösungen ist also die Vereinigung der vier folgenden Mengen:

$$\begin{aligned} A_0 &= \{(1, y, z) \mid y, z > 0,\ y, z \in \mathbb{Q}\}, \\ B_0 &= \{(x, y, 1) \mid x, y > 0,\ x, y \in \mathbb{Q}\}, \\ C_1 &= \left\{\left(x, \left(\frac{n+1}{n}\right)^n, \frac{n+1}{n}\right) \mid x > 0, x \in \mathbb{Q}, n \in \mathbb{N}\right\}, \\ C_2 &= \left\{\left(x, \left(\frac{n+1}{n}\right)^{n+1}, \frac{n}{n+1}\right) \mid x > 0, x \in \mathbb{Q}, n \in \mathbb{N}\right\}. \end{aligned}$$

(c) Die ganzzahligen Lösungen in A_0 und B_0 sind die Tripel $(1, y, z)$ und $(x, y, 1)$ mit $x, y, z \in \mathbb{N}$. In der Menge C_1 liegen die ganzzahligen Lösungen $(x, 2, 2)$ mit $x \in \mathbb{N}$. Die Menge C_2 enthält keine ganzzahligen Lösungen.

Lösung (77.30) Zunächst sei $a \neq 0$; dann gilt auch $a_n \neq 0$ für alle hinreichend großen Indices n. Ist $c > 0$ beliebig, so folgt aus $a_n \to a$ dann $\log_c(a_n) \to \log_c(a)$, wegen $b_n \to b$ folglich auch $b_n \log_c(a_n) \to b \log_c(a)$ bzw. $x_n := \log_c(a_n^{b_n}) \to \log_c(a^b) =: x$. Aus $x_n \to x$ folgt aber $c^{x_n} \to c^x$, und das bedeutet $a_n^{b_n} \to a^b$.

Nun sei $a = 0$ (und folglich $b \neq 0$, also $b > 0$). Wir wollen zeigen, daß aus $a_n \to 0$ und $b_n \to b$ stets $a_n^{b_n} \to 0$ folgt. Dazu sei $\varepsilon > 0$ beliebig vorgegeben. Wir wählen irgendeine Zahl $c > 0$ und setzen $\delta := \min\bigl(c^{2\log_c(\varepsilon)/b}, 1\bigr)$. Wegen $a_n \to 0$ gibt es einen Index N_1 mit $a_n < \delta$ für alle $n \geq N_1$. Wegen $b_n \to b$ gibt es einen Index N_2 mit $b_n > b/2$ für alle $n \geq N_2$. Für alle $n \geq \max(N_1, N_2)$ gilt dann

$$0 \leq a_n^{b_n} \leq \delta^{b_n} \leq \delta^{b/2} \leq \left(c^{2\log_c(\varepsilon)/b}\right)^{b/2} = c^{\log_c(\varepsilon)} = \varepsilon.$$

Da $\varepsilon > 0$ beliebig vorgegeben war, ist damit $a_n^{b_n} \to a^b = 0$ gezeigt.

Nun sei $a = b = 0$. Um zu zeigen, daß $\lim_{(a,b)\to(0,0)} a^b$ nicht existiert, wählen wir irgendeine Zahl $q \in (0,1)$ und setzen $a_n := q^n$ sowie $b_n := 1/n$. Wir haben dann $a_n \to 0$, $b_n \to 0$ sowie $a_n^{b_n} = q$ für alle $n \in \mathbb{N}$ und damit trivialerweise $a_n^{b_n} \to q$. Für verschiedene Folgen (a_n) und (b_n) können wir also für die Folge $(a_n^{b_n})$ verschiedene Grenzwerte erhalten, und indem wir Folgen mischen, können wir auch Folgen (a_n) und (b_n) mit $a_n \to 0$ und $b_n \to 0$ finden, für die die Folge $(a_n^{b_n})$ divergiert. Damit ist alles gezeigt.

Lösung (77.31) Wir setzen $u := \limsup \sqrt[n]{|a_n|}$ und $v := \limsup |a_{n+1}/a_n|$ und wählen irgendeine Zahl $q > v$. Dann gibt es einen Index m mit $|a_{n+1}/a_n| \leq q$, also $|a_{n+1}| \leq q|a_n|$ für alle $n \geq m$. Hieraus folgt $|a_{m+k}| \leq q^k |a_m|$ und damit $\sqrt[k]{|a_{m+k}|} \leq q \cdot \sqrt[k]{|a_m|}$ für alle $k \in \mathbb{N}_0$. In dieser Ungleichung geht für $k \to \infty$ die rechte Seite gegen $q \cdot 1 = q$; für die linke Seite ergibt sich wegen $k/(m+k) \to 1$ für $k \to \infty$ dann

$$\limsup_{k\to\infty} \sqrt[k]{|a_{m+k}|} = \limsup_{k\to\infty} \left(\sqrt[m+k]{|a_{m+k}|}\right)^{k/(m+k)} = u;$$

also gilt $u \leq q$. Aus $v < q$ folgt also $u \leq q$; dies impliziert $u \leq v$. (Wäre nämlich $u > v$, so könnten wir eine Zahl q mit $u > q > v$ wählen.) Damit ist die Behauptung bewiesen.

Lösung (77.32) Konvergiert die Folge gegen einen Grenzwert $x > 0$, so erfüllt dieser die Gleichung $x = x^x$, also $1 = x^{x-1}$ und damit $x = 1$. Nun sei $a := x_0$; wir unterscheiden drei Fälle.

• **1. Fall:** $a > 1$. In diesem Fall wächst die Folge (x_n) streng monoton. (Zunächst ist $x_1 = a^a > a^1 = x_0 > 1$. Ist nun $x_n > x_{n-1} > 1$, dann auch $x_{n+1} = x_n^{x_n} > x_n^{x_{n-1}} > x_n^1 = x_n$.) Da als Grenzwert nur 1 in Frage kommt, divergiert die Folge (x_n) in diesem Fall gegen ∞.

• **2. Fall:** $a = 1$. In diesem Fall ist (x_n) die konstante Folge mit dem Wert 1.

• **3. Fall:** $0 < a < 1$. In diesem Fall ist die Folge (x_n) durch 1 nach oben beschränkt (denn aus $0 < x_n < 1$ folgt $x_{n+1} = x_n^{x_n} < x_n^1 = x_n < 1$) und streng monoton wachsend (denn $x_{n+1}/x_n = x_n^{x_n-1} = 1/x_n^{1-x_n} > 1$). Nach dem Monotonieprinzip konvergiert die Folge daher; wie bereits zuvor gezeigt, kann der Grenzwert nur 1 sein.

Lösung (77.33) Im Fall $a = 1$ ist (x_n) die konstante Folge (x_0), konvergiert also insbesondere gegen x_0 (egal, wie x_0 gewählt ist). Wir dürfen also $a \neq 1$ voraussetzen. Konvergiert die Folge (x_n) dann gegen einen Grenzwert x, so muß dieser die Gleichung $x = x^a$ und damit $x = 0$ oder $1 = x^{a-1}$, also $x = 0$ oder $x = 1$ erfüllen. Als mögliche Grenzwerte kommen also nur 0 und 1 in Frage. Wir unterscheiden nun zwei Fälle.

• **1. Fall:** $a > 1$. Ist in diesem Fall $0 < x_0 < 1$, so ist die Folge (x_n) durch 0 nach unten beschränkt und fällt streng monoton. (Es ist $x_1 = x_0^a < x_0$, und es gilt $x_{n+1}/x_n = x_n^{a-1} < 1^{a-1} = 1$ und damit $x_{n+1} < x_n$.) Nach dem Monotonieprinzip konvergiert also die Folge (x_n); der Grenzwert kann dann nur 0 sein. Ist $x_0 = 1$, so ist (x_n) die konstante Folge mit dem Wert 1. Ist dagegen $x_0 > 1$, so gilt $x_{n+1}/x_n = x_n^{a-1} > 1^{a-1} = 1$ und damit $x_{n+1} > x_n$ für alle n; die Folge ist in diesem Fall also streng monoton wachsend. Wäre sie nach oben beschränkt, so müßte sie nach dem Monotonieprinzip konvergieren; da als mögliche Grenzwerte der Folge nur 0 und 1 in Frage kommen, ist dies aber unmöglich, so daß die Folge (x_n) gegen ∞ divergiert.

• **2. Fall:** $0 < a < 1$. Ist $0 < x_0 < 1$, so gilt $0 < x_n < 1$ für alle n, und wegen $x_{n+1}/x_n = x_n^{a-1} = 1/x_n^{1-a} > 1$ (also $x_{n+1} > x_n$) wächst die Folge streng monoton. Ist $x_0 > 1$, so gilt $x_n > 1$ für alle n, und wegen $x_{n+1}/x_n = x_n^{a-1} < 1^{a-1} = 1$ (also $x_{n+1} < x_n$) fällt die Folge streng monoton. In beiden Fällen konvergiert die Folge nach dem Monotonieprinzip, wobei als Grenzwert jeweils nur 1 in Frage kommt. Ist $x_0 = 1$, so ist (x_n) die konstante Folge mit dem Wert 1.

Wir fassen die Ergebnisse in der folgenden Tabelle zusammen, in der die folgende Notation verwendet wird: $\nearrow$ bedeutet "wächst streng monoton gegen", $\searrow$ bedeutet "fällt streng monoton gegen", und $\equiv$ bedeutet "ist konstant gleich".

	$0 < a < 1$	$a = 1$	$a > 1$
$0 < x_0 < 1$	$x_n \nearrow 1$	$x_n \equiv x_0$	$x_n \searrow 0$
$x_0 = 1$	$x_n \equiv 1$	$x_n \equiv 1$	$x_n \equiv 1$
$x_0 > 1$	$x_n \searrow 1$	$x_n \equiv x_0$	$x_n \nearrow \infty$

Lösung (77.34) Es handelt sich um einen Spezialfall der vorigen Aufgabe, nämlich um die Untersuchung des Konvergenzverhaltens der rekursiv definierten Folge $x_{n+1} := x_n^a$ mit dem speziellen Startwert $x_0 := a$. Nach der vorigen Aufgabe (siehe die Diagonaleinträge der obigen Tabelle) konvergiert die so definierte Folge genau für $0 < a \leq 1$, und zwar gegen 1.

Lösung (77.35) Wir unterscheiden verschiedene Fälle gemäß der Größe des Wertes a. Dabei werden wir die folgenden Sachverhalte ausnutzen, die sich aus einem genaueren Studium (einer "Kurvendiskussion") der Funktion $x \mapsto a^x - x$ ergeben, wie sie uns mit unseren bisherigen Mitteln noch nicht möglich ist:

- im Fall $1 < a < e^{1/e}$ besitzt die Gleichung $a^x = x$ zwei Lösungen $0 < \xi_1(a) < \xi_2(a)$;
- im Fall $a = e^{1/e}$ berühren sich die Graphen der Funktionen $x \mapsto a^x$ und $x \mapsto x$ an der Stelle $\xi = e$;
- im Fall $a > e^{1/e}$ verläuft der Graph der Funktion $x \mapsto a^x$ oberhalb der Winkelhalbierenden.

Akzeptieren wir diese Sachverhalte für den Augenblick – wir werden sie später beweisen –, so ergibt sich die folgende Analyse.

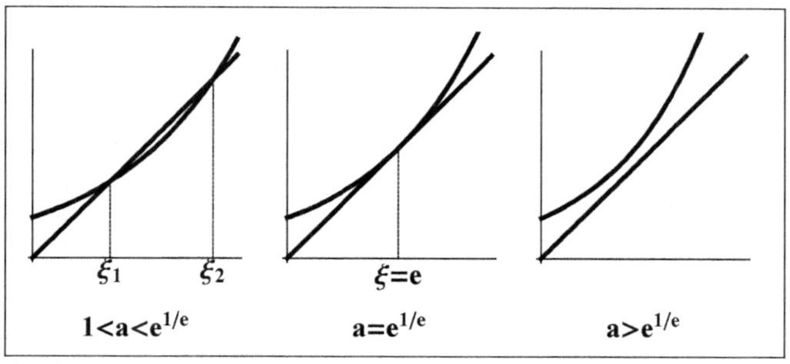

Gegenseitige Lage der Kurven $y = a^x$ und $y = x$ für $a > 1$.

1. Fall: $0 < a < 1$. In diesem Fall fällt die Funktion $x \mapsto a^x$ streng monoton gegen Null, schneidet also die Winkelhalbierende an einer eindeutig bestimmten Stelle ξ; es gilt dann $a^\xi = \xi$. Für einen beliebigen Startwert $x_0 > 0$ konvergiert dann die Folge (x_n) gegen ξ; die Folgenglieder x_n sind abwechselnd größer und kleiner als ξ.

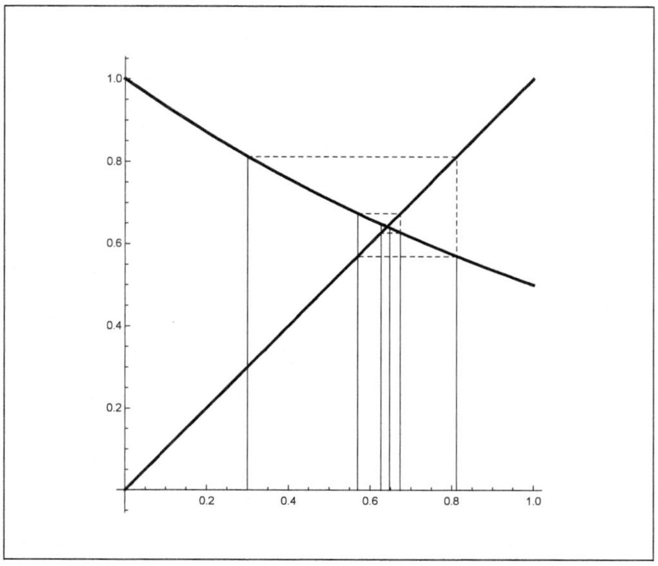

2. Fall: $a = 1$. Ab dem Glied x_1 ist (x_n) in diesem Fall die konstante Folge mit dem Wert 1.

3. Fall: $1 < a < e^{1/e}$. In diesem Fall besitzt die Gleichung $a^x = x$ zwei Lösungen $0 < \xi_1 < \xi_2$, und eine Analyse der Iteration $x_{n+1} := a^{x_n}$ wie im ersten Fall liefert das folgende Ergebnis:

- für $x_0 < \xi_1$ wächst (x_n) streng monoton gegen ξ_1;
- für $x_0 = \xi_1$ ist (x_n) konstant mit dem Wert ξ_1;
- für $\xi_1 < x_0 < \xi_2$ fällt (x_n) streng monoton gegen ξ_1;
- für $x_0 = \xi_2$ ist (x_n) konstant mit dem Wert ξ_2;
- für $x_0 > \xi_2$ wächst (x_n) streng monoton gegen ∞.

4. Fall: $a = e^{1/e} \approx 1.44467$. In diesem Fall berühren sich die Graphen der Funktionen $x \mapsto a^x$ und $x \mapsto x$ an der Stelle $\xi = e$, und die betrachtete Folge hat das folgende Konvergenzverhalten:

- für $x_0 < e$ wächst (x_n) streng monoton gegen e;
- für $x_0 = e$ ist (x_n) konstante mit dem Wert e;
- für $x_0 > e$ wächst (x_n) streng monoton gegen ∞.

5. Fall: $a > e^{1/e}$. In diesem Fall wächst die Folge (x_n) für jeden Startwert $x_0 > 0$ streng monoton gegen ∞, ist also divergent.

Lösung (77.36) Es handelt sich um einen Spezialfall der vorigen Aufgabe, nämlich um die Untersuchung des Konvergenzverhaltens der rekursiv definierten Folge $x_{n+1} := a^{x_n}$ mit dem speziellen Startwert $x_0 := a$. Aus der vorigen Lösung (Fälle 1,2,4,5) können wir die folgenden Aussagen sofort übernehmen.

- Für $0 < a < 1$ konvergiert die Folge, und zwar gegen die eindeutige Lösung ξ der Gleichung $a^\xi = \xi$; dabei gilt $\xi < 1$.
- Für $a = 1$ ist die Folge konstant mit dem Wert 1 und damit natürlich konvergent gegen 1.
- Für $a = e^{1/e}$ ist $a < e$, so daß die Folge streng monoton gegen e wächst.
- Für $a > e^{1/e}$ wächst die Folge streng monoton gegen Unendlich.

Der Fall, in dem die Antwort nicht sofort klar ist, ist der Fall $1 < a < e^{1/e}$. Die Konvergenz der betrachteten Folge hängt in diesem Fall davon ab, wo der Startwert $x_0 = a$ relativ zu den beiden Lösungen $0 < \xi_1(a) < \xi_2(a)$ der Gleichung $a^\xi = \xi$ liegt. (Siehe den dritten Fall in der Lösung zur vorigen Aufgabe.) Eine genauere Analyse (die wir mit unseren bisherigen Mitteln noch nicht leisten können, die wir aber im Kapitel über Kurvendiskussion nachholen werden) liefert das folgende Ergebnis:

- Für $1 < a < e^{1/e}$ gilt $a < \xi_1(a)$; die betrachtete Folge wächst daher streng monoton gegen $\xi_1(a)$ (also gegen die kleinere der beiden Lösungen der Gleichung $a^\xi = \xi$).

Speziell für $a = \sqrt{2}$ kann man die beiden Lösungen der Gleichung $a^x = x$ explizit angeben, nämlich $\xi_1 = 2$ und $\xi_2 = 4$. Da a selbst zwischen diesen beiden Werten liegt, konvergiert also mit $x_0 := \sqrt{2}$ die Folge (x_n) mit $x_{n+1} =$

$\sqrt{2}^{x_n}$ gegen $\xi_1 = 2$; dies liefert die Formel

$$\left(\cdot^{\cdot^{\cdot}}\sqrt{2}^{\left(\sqrt{2}^{\left(\sqrt{2}^{\sqrt{2}}\right)}\right)}\right) = 2$$

Nachtrag: Wir tragen hier schon einmal die in den Lösungen (77.35) und (77.36) fehlenden Argumente nach. Diese benötigen den Ableitungsbegriff, den wir erst später einführen werden.

• Für $f(x) := a^x - x$ erhalten wir $f'(x) = a^x \ln(a) - 1$. Für $a > 1$ hat f' eine einzige Nullstelle, nämlich $\xi_a = -\ln\big(\ln(a)\big)/\ln(a)$, und es gilt

$$f(\xi_a) = \frac{1 - \ln\big(\ln(a)\big)}{\ln(a)}.$$

Die Funktion f fällt also streng monoton auf dem Intervall $(0, \xi_a]$ und wächst streng monoton auf dem Intervall $[\xi_a, \infty)$ (mit $f(x) \to \infty$ für $x \to \infty$).

- Für $1 < a < e^{1/e}$ ist $f(\xi_a) < 0$. In diesem Fall hat f genau zwei Nullstellen, eine kleiner, die andere größer als ξ_a.
- Für $a = e^{1/e}$ gilt $\xi_a = e$ mit $f(\xi_a) = 0$. In diesem Fall berührt der Graph von f die x-Achse an der einzigen Nullstelle ξ_a.
- Für $a > e^{1/e}$ ist $f(\xi_a) > 0$; in diesem Fall besitzt f gar keine Nullstelle.

Für $1 < a < e^{1/e}$ seien $\xi_1(a) < \xi_2(a)$ die beiden Nullstellen von f, so daß $\xi_1(a) < \xi_a < \xi_2(a)$ gilt. In der Lösung (77.36) benutzten wir, daß $a < \xi_1(a)$ gilt, und dies wollen wir nun beweisen. Dazu beachten wir zunächst, daß $f(a) = a^a - a = a(a^{a-1} - 1) > 0$ und damit entweder $a < \xi_1(a)$ oder $a > \xi_2(a)$ gilt. Andererseits ist $f'(a) = a^a \ln(a) - 1 < 0$ und damit $a < \xi_a$, so daß insgesamt $a < \xi_1(a)$ gilt. Es steht noch der Nachweis der Bedingung $a^a \ln(a) - 1 < 0$ bzw. $a^a \ln(a) < 1$ aus, die äquivalent ist zu der Bedingung

$$(\star) \qquad a\ln(a) + \ln\big(\ln(a)\big) < 0.$$

Zum Nachweis von $(\star)$ betrachten wir die Hilfsfunktion $\varphi(x) := x\ln(x) + \ln\big(\ln(x)\big)$; diese wächst auf $(1, \infty)$ streng monoton wegen $\varphi'(x) = \ln(x) + 1 + 1/\big(x\ln(x)\big) > 0$. Wegen $a < e^{1/e}$ gilt daher

$$\varphi(a) < \varphi(e^{1/e}) = e^{1/e} \cdot \frac{1}{e} + \ln\left(\frac{1}{e}\right) = e^{(1/e)-1} - 1 < 0,$$

also $\varphi(a) < 0$ und damit $(\star)$. Damit ist alles gezeigt.

Lösung (77.37) (a) Es gilt $B(\alpha, k) = p_k(\alpha)/k!$ mit $p_0 = 1$ und $p(x) = x(x-1)\cdots\big(x-(k-1)\big)$ für $k \geq 1$. Die Behauptung folgt, wenn wir zeigen können, daß $|p_k(\alpha + \delta) - p_k(\alpha)| \leq \delta k!$ für alle $k \in \mathbb{N}_0$ gilt. Diese letzte Bedingung wird nun mit Induktion über k bewiesen, wobei der Induktionsanfang $k = 0$ trivial ist. Der Induktionsschritt $k \to k+1$ ergibt sich dann aus der Rechnung

$$\begin{aligned}
& |p_{k+1}(\alpha + \delta) - p_{k+1}(\alpha)| \\
= \; & |p_k(\alpha + \delta)(\alpha + \delta - k) - p_k(\alpha)(\alpha - k)| \\
= \; & \big|(\alpha - k)\big(p_k(\alpha + \delta) - p_k(\alpha)\big) + \delta \cdot p_k(\alpha + \delta)\big| \\
\leq \; & |\alpha - k| \cdot |p_k(\alpha + \delta) - p_k(\alpha)| \\
& \qquad + \delta \cdot \big|(\alpha + \delta)(\alpha + \delta - 1)\cdots\big(\alpha + \delta - (k-1)\big)\big| \\
\leq \; & k \cdot \delta k! + \delta(k-1)! = \delta(k-1)!(k^2 + 1) \\
\leq \; & \delta(k-1)!(k^2 + k) = \delta(k+1)!\,.
\end{aligned}$$

(b) Aufgrund der in Aufgabe (76.13) hergeleiteten Funktionalgleichung genügt es, die Behauptung im Fall $0 < \alpha < 1$ nachzuweisen. Wählen wir dann $\delta > 0$ so klein, daß auch $\alpha + \delta \in (0, 1)$ gilt, so erhalten wir wegen Teil (a) die Abschätzung

$$\begin{aligned}
|f_{\alpha+\delta}(x) - f_\alpha(x)| & \leq \sum_{k=0}^{\infty} \left| \binom{\alpha + \delta}{k} - \binom{\alpha}{k} \right| |x|^k \\
& \leq \sum_{k=0}^{\infty} |x|^k \cdot \delta = \frac{\delta}{1 - |x|},
\end{aligned}$$

und dieser Ausdruck geht für $\delta \to 0$ gegen Null.

(c) Zunächst gilt $g(x) = g(x/2)^2 \geq 0$ für alle $x \in \mathbb{R}$. Für $m \in \mathbb{Z}$ und $n \in \mathbb{N}$ erhalten wir aufgrund der Funktionalgleichung die Beziehung $g(1)^m = g(m \cdot 1) = g\big(n \cdot (m/n)\big) = g(m/n)^n$ und damit $g(m/n) = \sqrt[n]{g(1)^m}$. Ist also $g(1) = 0$, dann auch $g(x) = 0$ für alle $x = m/n \in \mathbb{Q}$, und aufgrund der vorausgesetzten Stetigkeit folgt dann $g \equiv 0$ auf ganz $\mathbb{R}$. Ist dagegen $g(1) > 0$, so erhalten wir $g(x) = g(1)^x$ für alle $x = m/n \in \mathbb{Q}$ und daher, wieder aufgrund der Stetigkeit von g, sogar $g(x) = g(1)^x$ für alle $x \in \mathbb{R}$.

(d) Wende Teil (c) auf die Funktion $g(\alpha) := f_\alpha(x)$ an; es ergibt sich $f_\alpha(x) = g(\alpha) = g(1)^\alpha = f_1(x)^\alpha = (1 + x)^\alpha$.

L78: Exponential- und Logarithmusfunktionen

Lösung (78.1) Wir schreiben $s_n(x) := \sum_{k=0}^n x^k/k!$; nach Satz (78.6) im Buch gilt für $|x| < n+2$ dann die Fehlerabschätzung

$$|\exp(x) - s_n(x)| \le \frac{|x|^{n+1}}{(n+1)!} \cdot \frac{n+2}{n+2-|x|} =: r_n(x).$$

(a) Zur Berechnung von $e = \exp(1)$ setzen wir $x = 1$ und haben dann $r_n(1) = \big(1/(n+1)!\big) \cdot \big((n+2)/(n+1)\big)$. Für $n = 5$ erhalten wir $s_n(1) = \sum_{k=0}^5 1/k! \approx 2.71667$ und $r_5(1) \approx 0.00162037$; auf zwei Nachkommastellen genau gilt also $e \approx 2.72$.

(b) Zur Berechnung von $1/e = \exp(-1)$ setzen wir $x = -1$ und haben dann $r_n(-1) = r_n(1) = \big(1/(n+1)!\big) \cdot \big((n+2)/(n+1)\big)$. Für $n = 5$ erhalten wir $s_n(-1) = \sum_{k=0}^5 (-1)^k/k! \approx 0.366667$ und $r_5(1) \approx 0.00162037$; auf zwei Nachkommastellen genau gilt also $1/e \approx 0.37$.

(c) Zur Berechnung von $\sqrt{e} = \exp(1/2)$ setzen wir $x = 1/2$ und haben dann $r_n(1/2) = \big((1/2)^{n+1}/(n+1)!\big) \cdot \big((n+1)/(n+3/2)\big)$. Für $n = 4$ erhalten wir $s_4(1/2) = \sum_{k=0}^4 (1/2)^k/k! \approx 1.64844$ und $r_4(1/2) \approx 0.000284091$; auf zwei Nachkommastellen genau gilt also $\sqrt{e} \approx 1.65$.

Lösung (78.2) (a) Aus $(1+1/n)^n \to e$ folgt $(1+1/n)^{2n} = \big((1+1/n)^n\big)^2 \to e^2$ für $n \to \infty$.

(b) Aus $(1+1/n)^n \to e$ folgt

$$\Big(1+\frac{1}{2n}\Big)^n = \sqrt{\Big(1+\frac{1}{2n}\Big)^{2n}} \to \sqrt{e}.$$

(c) Es gilt $(2+1/n)^n \ge 2^n \to \infty$ für $n \to \infty$.

(d) Aus $(1+1/n)^n \to e$ folgt

$$\Big(1+\frac{1}{3n}\Big)^{4n} = \bigg(\Big(1+\frac{1}{3n}\Big)^{3n}\bigg)^{4/3} \to e^{4/3} = e\sqrt[3]{e}.$$

(e) Aus $(1+1/n)^n \to e$ folgt

$$\Big(\frac{n}{n+1}\Big)^n = \frac{1}{\Big(\dfrac{n+1}{n}\Big)^n} = \frac{1}{(1+1/n)^n} \to \frac{1}{e}.$$

(f) Aus $(1+1/n)^n \to e$ folgt

$$\Big(1-\frac{1}{n}\Big)^n = \Big(\frac{n-1}{n}\Big)^n = \frac{1}{\big(\frac{n}{n-1}\big)^n} = \frac{1}{\big(1+\frac{1}{n-1}\big)^n}$$
$$= \frac{1}{\big(1+\frac{1}{n-1}\big)^{n-1}\big(1+\frac{1}{n-1}\big)} \to \frac{1}{e\cdot 1} = \frac{1}{e}.$$

(g) Für alle $n \ge 3$ gilt $0 \le (1/2+1/n)^n \le (1/2+1/3)^n = (5/6)^n \to 0$ und daher $\big((1/2)+(1/n)\big)^n \to 0$ für $n \to \infty$ nach dem Einschnürungskriterium.

(h) Es gilt

$$\Big(1-\frac{1}{n^2}\Big)^n = \bigg[\Big(1-\frac{1}{n^2}\Big)^{n^2}\bigg]^{1/n};$$

wegen $(1-1/n^2)^{n^2} \to 1/e$ nach Teil (f) und wegen $\alpha^{1/n} \to 1$ für jede feste Zahl $\alpha > 0$ folgt dann $(1-1/n^2)^n \to 1$ für $n \to \infty$.

Lösung (78.3) (a) Für $x \le -1$ gilt die Behauptung trivialerweise, denn dann gilt $1+x \le 0 < \exp(x)$. Für $x > 0$ gilt $\exp(x) = 1+x+\sum_{n=2}^\infty x^n/n! > 1+x$, weil alle Summanden $x^n/n!$ positiv sind. Für $-1 < x < 0$ gilt

$$\frac{x^{2n}}{(2n)!} + \frac{x^{2n+1}}{(2n+1)!} = \frac{|x|^{2n}}{(2n)!} - \frac{|x|^{2n+1}}{(2n+1)!}$$
$$= \frac{|x|^{2n}}{(2n)!}\Big(1-\frac{|x|}{2n+1}\Big) > 0$$

und daher

$$\exp(x) = 1+x+\underbrace{\frac{x^2}{2!}+\frac{x^3}{3!}}_{>0}+\underbrace{\frac{x^4}{4!}+\frac{x^5}{5!}}_{>0}+\cdots > 1+x.$$

Damit ist (a) nachgewiesen. Geometrisch bedeutet diese Bedingung, daß die Gerade $y = 1+x$ die Kurve $y = \exp(x)$ an der Stelle $x = 0$ berührt und ansonsten strikt unterhalb dieser Kurve verläuft.

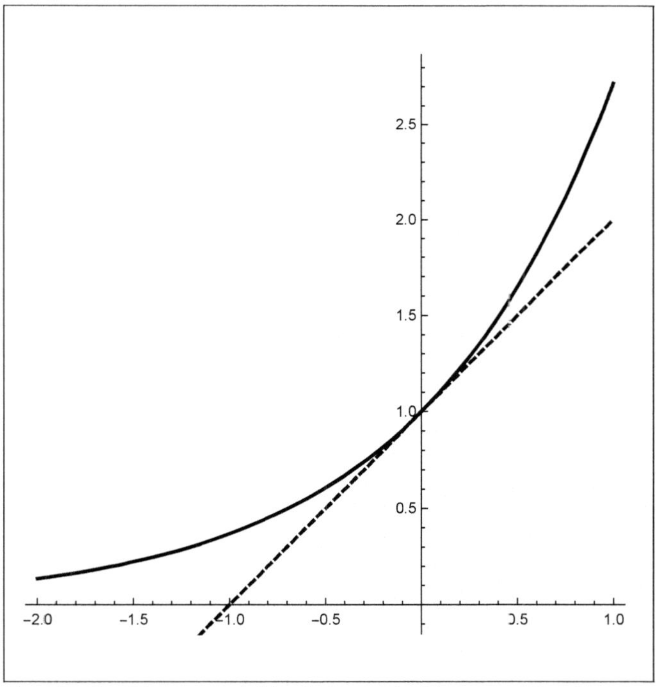

Graph der Exponentialfunktion mit Tangente im Punkt $(0,1)$.

(b) Für $x > 0$ ist $\exp(x) > 1+x > 1$.

(c) Nach (b) gilt $\exp(x_2-x_1) > 1$; aufgrund der Positivität und der Funktionalgleichung der Exponentialfunktion gilt daher $\exp(x_1) < \exp(x_2-x_1)\exp(x_1) = \exp(x_2)$.

Aufgaben zu »Exponential- und Logarithmusfunktionen« siehe Seite 81

Lösung (78.4) Die Behauptung ist richtig für $n = 1$, denn es gilt $\exp(1) = e \approx 2.718 > 2$. Ist die Behauptung richtig für n, dann auch für $n+1$, denn

$$\begin{aligned}&\exp\left(1+\frac{1}{2}+\cdots+\frac{1}{n}+\frac{1}{n+1}\right)\\ &= \exp\left(1+\frac{1}{2}+\cdots+\frac{1}{n}\right)\exp\left(\frac{1}{n+1}\right)\\ &> (n+1)\cdot\left(1+\frac{1}{n+1}\right) \;=\; (n+1)+1 \;=\; n+2.\end{aligned}$$

(Dabei benutzten wir beim Übergang von der ersten zur zweiten Zeile die Funktionalgleichung der Exponentialfunktion, beim Übergang von der zweiten zur dritten Zeile die Induktionsannahme sowie Teil (a) der vorigen Aufgabe.) Damit ist die Behauptung gezeigt. Wäre die harmonische Reihe konvergent, so gäbe es eine Konstante $s > 0$ mit $1 + (1/2) + \cdots + (1/n) \leq s$ für alle $n \in \mathbb{N}$; dies hätte $n+1 \leq \exp\big(1 + (1/2) + \cdots + (1/n)\big) \leq \exp(s)$ für alle $n \in \mathbb{N}$ zur Folge, was natürlich unmöglich ist.

Lösung (78.5) Wie in Aufgabe (78.1) schreiben wir $s_n(x) := \sum_{k=0}^{n} x^k/k!$; nach Satz (78.6) im Buch gilt für $|x| < n+2$ dann die Fehlerabschätzung

$$|\exp(x) - s_n(x)| \;\leq\; \frac{|x|^{n+1}}{(n+1)!}\cdot\frac{n+2}{n+2-|x|} \;=:\; r_n(x).$$

Speziell für $x = i$ haben wir $r_n(i) = \big(1/(n+1)!\big)\cdot\big((n+2)/(n+1)\big)$. Für $n = 5$ erhalten wir $s_n(i) = \sum_{k=0}^{5} i^k/k! \approx 0.541667 + 0.841667\,i$ und $r_5(i) \approx 0.00162037$. Also gilt $\exp(i) \approx (13/24) + (101/120)i \approx 0.54 + 0.84\,i$.

Lösung (78.6) Aus den angegebenen Formeln ergeben sich sofort die Ungleichungen

$$\frac{n^n}{n!} \;\leq\; e^{n-1} \;\leq\; \frac{n^n}{(n-1)!}$$

und damit (für eine beliebige Zahl $z \in \mathbb{C}$) die Abschätzung

$$\left|\frac{z^n}{n!}\right| \leq \frac{|z|^n}{n!} \leq \frac{|z|^n e^{n-1}}{n^n} = \frac{1}{e}\cdot\left(\frac{|z|e}{n}\right)^n = \frac{1}{e}\cdot\left(\frac{C}{n}\right)^n.$$

Da der letzte Term offensichtlich gegen Null strebt, folgt die Behauptung mit dem Einschnürungskriterium.

Lösung (78.7) Der Waldbestand nach x Jahren (gemessen in Millionen Festmetern) werde mit $W(x)$ bezeichnet; da der Bestand jedes Jahr um den Faktor 1.03 wächst, gilt $W(x) = 4\cdot(1.03)^x$. Zu lösen ist also die Gleichung $4\cdot(1.03)^x = 6$ bzw. $(1.03)^x = 6/4 = 1.5$. Logarithmieren liefert $x = \ln(1.5)/\ln(1.03) \approx 13.7172$. Nach etwa 13.7 Jahren ist also der Waldbestand auf 6 Millionen Festmeter angewachsen.

Lösung (78.8) Der gesuchte Zeitpunkt (gemessen in Minuten vom Anfangszeitpunkt des Abkühlprozesses) sei t^*; es gelten dann die folgenden Gleichungen:

$$\begin{aligned}(T_0-20)e^{-50k} &= 85-20 = 65;\\ (T_0-20)e^{-150k} &= 30-20 = 10;\\ (T_0-20)e^{-kt^*} &= 60-20 = 40.\end{aligned}$$

Division der ersten durch die zweite Gleichung liefert $e^{100k} = 6.5$, also $k = \ln(6.5)/100 \approx 0.018718$. Division der ersten durch die dritte Gleichung liefert dann $e^{kt^*-50k} = 65/40 = 1.625$, also $kt^* - 50k = \ln(1.625)$ bzw. $t^* = (\ln(1.625) + 50k)/k \approx 75.938$. Nach etwa 76 Minuten beträgt die Temperatur also 60^0C.

Lösung (78.9) (a) Wir multiplizieren die gegebene Gleichung mit e^x durch und bringen alle Terme auf eine Seite; es ergibt sich $e^{2x} - 2e^x - 8 = 0$. Dies ist eine quadratische Gleichung für e^x mit der Lösung $e^x = 1 + \sqrt{1+8} = 4$. (Die Lösung mit der negativen Wurzel entfällt, da e^x positiv sein muß.) Also hat die Gleichung eine eindeutige Lösung, nämlich $x = \ln 4$.

(b) Wir ziehen die Wurzel auf der rechten Seite und erhalten $15^{3x-7} = 15^{x-1}$; dies ist äquivalent zu $3x - 7 = x - 1$ bzw. $2x = 6$. Die gegebene Gleichung hat also die eindeutige Lösung $x = 3$.

(c) Wir formen die gegebene Gleichung unter Ausnutzung der Rechenregeln für Logarithmen folgendermaßen um:

$$\begin{aligned}1 &= 2\ln\sqrt{x+3} + \ln(x-3) = \ln(x+3) + \ln(x-3)\\ &= \ln\big((x+3)(x-3)\big) = \ln(x^2-9);\end{aligned}$$

die Gleichung ist also äquivalent zu $x^2 - 9 = e$ bzw. $x^2 = 9 + e$. Da die Terme in der ursprünglichen Gleichung nur für $x > 3$ definiert sind, erhalten wir also die eindeutige Lösung $x = \sqrt{9+e}$.

(d) Wir gehen von der gegebenen Gleichung aus und führen Äquivalenzumformungen durch.

$$\begin{aligned}&\sqrt[x+2]{32^{2x+1}} = \sqrt[4x-1]{4^{6x-1}} \Leftrightarrow \text{(Umschreiben)}\\ &32^{(2x+1)/(x+2)} = 4^{(6x-1)/(4x-1)} \Leftrightarrow \text{(Logarithmieren)}\\ &\frac{2x+1}{x+2}\underbrace{\log_2 32}_{=5} = \frac{6x-1}{4x-1}\underbrace{\log_2 4}_{=2} \Leftrightarrow \text{(Hauptnenner)}\\ &(10x+5)(4x-1) = (12x-2)(x+2) \Leftrightarrow \text{(Ausmultiplizieren)}\\ &40x^2 + 10x - 5 = 12x^2 + 22x - 4 \Leftrightarrow \text{(Umstellen)}\\ &28x^2 - 12x - 1 = 0 \Leftrightarrow \text{(Division durch 28)}\\ &x^2 - \frac{3}{7}x - \frac{1}{28} = 0 \iff (p,q\text{-Formel})\\ &x = \frac{3}{14} \pm \sqrt{\frac{9+7}{14\cdot 14}} = \frac{3\pm 4}{14}.\end{aligned}$$

Die beiden Lösungen der Gleichung sind also $x = 1/2$ und $x = -1/14$.

Aufgaben zu »Exponential- und Logarithmusfunktionen« siehe Seite 81

(e) Wir gehen aus von einer Lösung x der Gleichung und setzen $u := x + 7$. Es ergibt sich:

$$\begin{aligned} \sqrt[3]{u^2} - \sqrt[3]{u} &= 6 \Leftrightarrow \text{(Erheben in die dritte Potenz)} \\ u^2 - 3\sqrt[3]{u^5} + 3\sqrt[3]{u^4} - u &= 216 \Leftrightarrow \text{(Sortieren)} \\ u^2 - u - 3u\underbrace{(\sqrt[3]{u^2} - \sqrt[3]{u})}_{=6} - 216 &= 0 \Leftrightarrow \text{(Vereinfachen)} \\ u^2 - 19u - 216 &= 0 \Leftrightarrow (p, q\text{-Formel}) \\ u = \frac{19}{2} \pm \sqrt{\frac{361 + 864}{4}} &= \frac{19}{2} \pm \sqrt{\frac{1225}{4}} = \frac{19 \pm 35}{2}; \end{aligned}$$

dies liefert die zwei Lösungen $u = 27$ und $u = -8$ bzw. $x = 20$ und $x = -15$.

(f) Offensichtlich ist mit x auch $-x$ eine Lösung; wir dürfen also $x > 0$ annehmen. Dann gilt $\log_{100} x^2 = \log_{10} x$ und daher

$$\begin{aligned} 2 &= 3\log_{10} x^2 - 5\log_{100} x^2 = 3\log_{10} x^2 - 5\log_{10} x \\ &= \log_{10} x^6 - \log_{10} x^5 = \log_{10}(x^6/x^5) = \log_{10} x, \end{aligned}$$

also $x = 10^2 = 100$. Die beiden Lösungen der Gleichung sind daher $x = \pm 100$.

(g) Die Gleichung ist äquivalent zu $x^2 - 2x = 0$, also $x(x-2) = 0$, und hat daher die Lösungen $x = 0$ und $x = 2$.

(h) Die Gleichung ist äquivalent zu $x^2 - 2x = \ln(2)$ bzw. $x^2 - 2x - \ln(2) = 0$, hat also nach der pq-Formel die Lösungen $x = 1 \pm \sqrt{1 + \ln(2)}$.

(i) Damit alle in der Gleichung auftretenden Terme überhaupt definiert sind, muß $x > 0$ gelten. Nach den Rechenregeln für Logarithmen ist die Gleichung äquivalent mit $(1/2)\ln(x) + (3/2)\ln(x) = \ln(2) + \ln(x)$, also $\ln(x) = \ln(2)$ und damit $x = 2$. Also hat die angegebene Gleichung die eindeutige Lösung $x = 2$.

Lösung (78.10) Vertauschen von x und y in der Gleichung $y = f(x)$ liefert $x = (e^y + e^{-y})/(e^y + 1)$, nach Durchmultiplizieren mit dem Nenner also $xe^y + x = e^y + e^{-y}$ bzw. $(x-1)e^y + x - e^{-y} = 0$. Durchmultiplizieren mit e^y liefert $(x-1)e^{2y} + xe^y - 1 = 0$ bzw.

$$e^{2y} + \frac{x}{x-1}e^y - \frac{1}{x-1} = 0.$$

Dies ist eine quadratische Gleichung für e^y mit den Lösungen

$$e^y = \frac{-x \pm \sqrt{x^2 + 4x - 4}}{2(x-1)} = \frac{-x \pm \sqrt{(x+2)^2 - 8}}{2(x-1)}.$$

Wir erhalten also die Umkehrfunktionen

$$g_1(x) = \ln \frac{-x + \sqrt{x^2 + 4x - 4}}{2(x-1)}$$

und

$$g_2(x) = \ln \frac{-x - \sqrt{x^2 + 4x - 4}}{2(x-1)}.$$

Hierbei hat g_1 als Definitionsbereich das Intervall $(2\sqrt{2} - 2, \infty)$ und als Wertebereich das Intervall $I_1 := \big(-\infty, \ln(1+\sqrt{2})\big)$, während g_2 den Definitionsbereich $(2\sqrt{2} - 2, 1)$ und den Wertebereich $I_2 := \big(\ln(1+\sqrt{2}), \infty\big)$ hat. Die Intervalle I_1 und I_2 sind also die maximalen Intervalle, auf denen die gegebene Funktion f eine Umkehrfunktion besitzt.

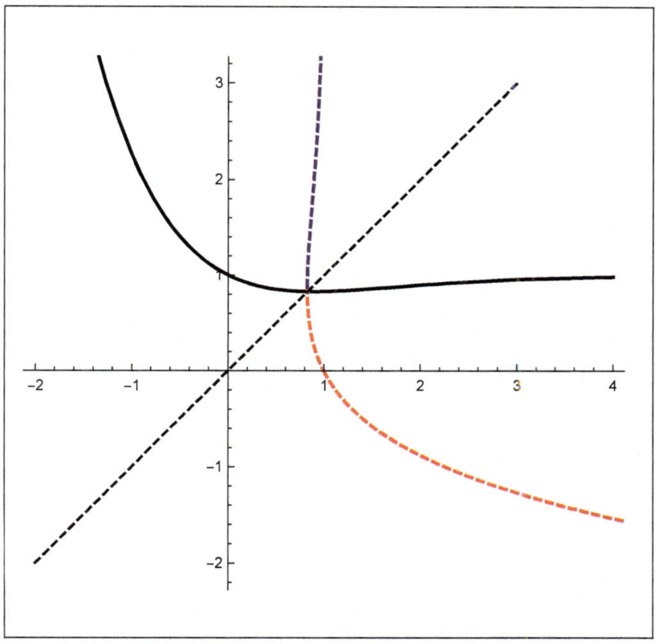

Graph der Funktion f (schwarz) und Graphen der Umkehrfunktionen g_1 (rot) und g_2 (blau).

Lösung (78.11) (a) Der Grenzwert ist $\exp(3) = e^3$.

(b) Mit $u := 3x$ läßt sich der Grenzwert umschreiben als $\lim_{u\to\infty}(1 + 2/u)^{4u/3} = (e^2)^{4/3} = e^{8/3}$.

(c) Wegen $\big(2 + 3/(4x)\big)^{5x} \geq 2^{5x} = 32^x \to \infty$ für $x \to \infty$ geht der betrachtete Ausdruck für $x \to \infty$ gegen Unendlich.

(d) Mit $u := x - 2$ geht der betrachtete Grenzwert über in

$$\lim_{u\to\infty}\left(\frac{u+10}{u}\right)^{u+2} = \lim_{u\to\infty}\left[1 + \frac{10}{u}\right]^u \left[1 + \frac{10}{u}\right]^2 = e^{10} \cdot 1 = e^{10}.$$

(e) Für $x \to 3+$ gilt $x - 3 \to 0+$, folglich $1/(x-3) \to +\infty$ und damit $2^{(1/(x-3))} \to \infty$; der angegebene Grenzwert ist daher Null.

(f) Für $x \to 3-$ gilt $x - 3 \to 0-$, folglich $1/(x-3) \to -\infty$ und damit $2^{(1/(x-3))} \to 0$; der angegebene Grenzwert ist daher $1/3$.

Lösung (78.12) Die Funktion $x \mapsto x - a$ ist sowohl auf $(-\infty, a)$ als auch auf (a, ∞) streng monoton wachsend; folglich ist $x \mapsto 1/(x-a)$ und damit auch $x \mapsto \exp\big(1/(x-a)\big)$ auf jedem dieser beiden Intervalle streng monoton fallend. Offensichtlich gilt $f(x) \to \exp(0) = 1$ für $x \to \pm\infty$; ferner haben wir $f(x) \to 0$ für $x \to a-$ und $f(x) \to \infty$ für $x \to a+$. Dies liefert den folgenden Funktionsverlauf (mit einem unendlichen Sprung an der Stelle $x = a$.)

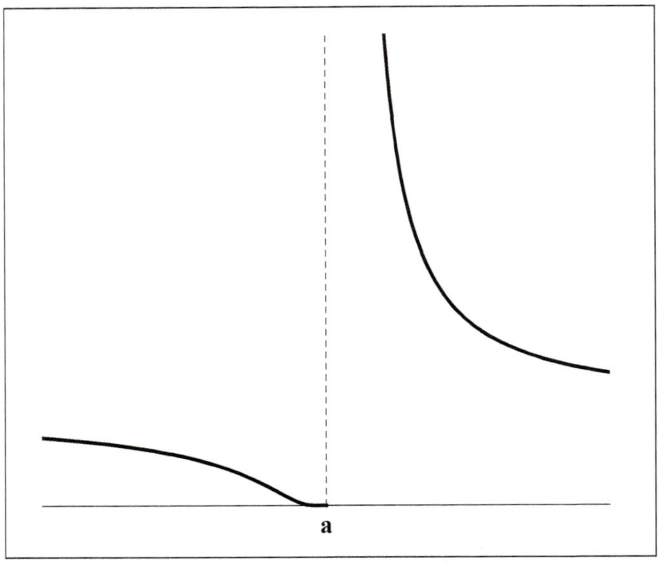

Verlauf der Funktion $x \mapsto \exp\big(1/(x-a)\big)$ mit unendlichem Sprung an der Stelle a.

Lösung (78.13) (a) Es gilt

$$\overline{\exp(z)} = \overline{\sum_{n=0}^{\infty} \frac{z^n}{n!}} = \sum_{n=0}^{\infty} \frac{\overline{z^n}}{n!} = \sum_{n=0}^{\infty} \frac{\overline{z}^n}{n!} = \exp(\overline{z}).$$

(b) Wir schreiben $z = x + iy$ mit $x, y \in \mathbb{R}$. Unter Benutzung von Teil (a) und der Funktionalgleichung der Exponentialfunktion erhalten wir dann $|\exp(z)|^2 = \exp(z)\overline{\exp(z)} = \exp(z)\exp(\overline{z}) = \exp(z+\overline{z}) = \exp(2\operatorname{Re} z) = \exp(\operatorname{Re} z)^2$, insgesamt also $|\exp(z)|^2 = \exp(\operatorname{Re} z)^2$. Da die Zahlen $|\exp(z)|$ und $\exp(\operatorname{Re} z)$ beides positive reelle Zahlen sind, können wir die Wurzel ziehen und erhalten $|\exp(z)| = \exp(\operatorname{Re} z)$.

(c) Mit (b) gilt $|\exp(iz)| = \exp\big(\operatorname{Re}(iz)\big) = \exp(-\operatorname{Im} z)$.

(d) Wir schreiben $z = x + iy$; nach (b) und unter Berücksichtigung der strengen Monotonie der reellen Exponentialfunktion gilt dann $|\exp(z)| = \exp(x) \le \exp(\sqrt{x^2+y^2}) = \exp(|z|)$ mit Gleichheit genau dann, wenn $x = \sqrt{x^2+y^2}$ gilt, also $x \ge 0$ und $y = 0$.

Lösung (78.14) (a) Für alle $n \ge 3$ gilt $1 \le \ln(n) \le n$, folglich $1 \le \sqrt[n]{\ln(n)} \le \sqrt[n]{n} \to 1$ für $n \to \infty$. Für alle $\alpha \in \mathbb{R}$ gilt daher $\sqrt[n]{\ln(n)^\alpha} = \left(\sqrt[n]{\ln(n)}\right)^\alpha \to 1^\alpha = 1$ für $n \to \infty$. Der Konvergenzradius ist daher 1. Für das Verhalten am Rand des Konvergenzbereichs, also auf dem Einheitskreis $K := \{z \in \mathbb{C} \mid |z| = 1\}$, unterscheiden wir zwei Fälle.

Erster Fall: $\alpha \le 0$. In diesem Fall divergiert die Reihe an jeder Stelle $z \in K$, denn für $|z| = 1$ ist nicht einmal die für Reihenkonvergenz notwendige Bedingung erfüllt, daß die Reihenglieder gegen Null gehen müssen.

Zweiter Fall: $\alpha > 0$. Hier divergiert die Reihe an der Stelle $z = 1$ (denn die harmonische Reihe ist eine divergente Minorante der Reihe $\sum_n 1/\ln(n)^\alpha$), aber sie konvergiert für alle $z \in K \setminus \{1\}$ nach dem Dirichlet-Kriterium.

(b) Wegen $\ln(n^\alpha) = \alpha \ln(n)$ konvergiert die angegebene Reihe genau dann, wenn die Reihe $\sum_{n=2}^{\infty} z^n/\ln(n)$ konvergiert. Nach Teil (a) ist dies genau dann der Fall, wenn $|z| < 1$ gilt.

(c) Nach den Rechenregeln für Logarithmen ist die angegebene Reihe nichts anderes als $\sum_{n=1}^{\infty} a_n z^n$ mit $a_n := (-1)^n \ln(1+1/n)^n$. Es gilt $\sqrt[n]{|a_n|} = 1 + 1/n \to 1$ für $n \to \infty$; der Konvergenzradius ist also 1. Die Reihe konvergiert also für $|z| < 1$ und divergiert für $|z| > 1$. Sie divergiert ferner auch an allen Randpunkten des Konvergenzkreises, denn für $|z| = 1$ gilt $|a_n z^n| = |a_n| = (1+1/n)^n \to e$ für $n \to \infty$; die für Konvergenz notwendige Bedingung, daß die Reihenglieder gegen Null gehen, ist nicht erfüllt.

Lösung (78.15) Wir schreiben $z = x + iy$ mit $x, y \in \mathbb{R}$; das n-te Glied der betrachteten Reihe ist dann

$$a_n = \frac{e^{-nz^2}}{n} = \frac{e^{-n(x^2-y^2)}}{n} \cdot e^{-2inxy}.$$

Erster Fall: $|x| > |y|$, also $x^2 > y^2$. In diesem Fall ist $|a_n| = q^n/n \le q^n$ mit $q = e^{-(x^2-y^2)} < 1$; die Reihe ist also absolut konvergent, denn die geometrische Reihe $\sum_{n=0}^{\infty} q^n$ ist eine Majorante.

Zweiter Fall: $|x| < |y|$, also $x^2 < y^2$. In diesem Fall ist $|a_n| = q^n/n$ mit $q = e^{y^2-x^2} > 1$; die Reihe ist dann divergent, weil $|a_n| \to \infty$ für $n \to \infty$ gilt.

Dritter Fall: $y = \pm x$ mit $x^2 = y^2 = m\pi$ für eine Zahl $m \in \mathbb{N}_0$. In diesem Fall ist $a_n = e^{\pm 2inm\pi}/n = 1/n$; die gegebene Reihe stimmt also mit der harmonischen Reihe überein und ist daher divergent.

Vierter Fall: $y = \pm x$ mit $x^2 = y^2 \notin \mathbb{N}_0 \cdot \pi$. In diesem Fall gilt $a_n = e^{in\varphi}/n$ mit $\varphi = \pm 2x^2$; nach der vorhergehenden Aufgabe konvergiert die Reihe dann bedingt.

Das folgende Diagramm zeigt die Bereiche, in denen die Reihe $\sum_{n=0}^{\infty} e^{-nz^2}/n$ in Abhängigkeit von z konvergiert (blau) bzw. divergiert (rot).

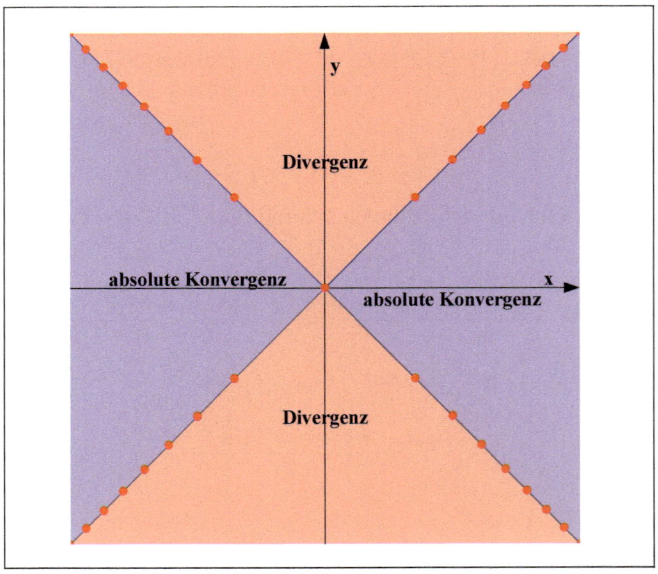

Lösung (78.16) (a) Es gilt

$$e^z = e^1 \cdot e^{z-1} = e \sum_{n=0}^{\infty} \frac{(z-1)^n}{n!} = \sum_{n=0}^{\infty} \frac{e}{n!}(z-1)^n.$$

(b) Es gilt

$$e^z = e^i \cdot e^{z-i} = e^i \sum_{n=0}^{\infty} \frac{(z-i)^n}{n!} = \sum_{n=0}^{\infty} \frac{e^i}{n!}(z-i)^n.$$

(c) Es gilt

$$\frac{e^z}{1-z} = \left(\sum_{n=0}^{\infty} \frac{z^n}{n!}\right)\left(\sum_{n=0}^{\infty} z^n\right) = \sum_{n=0}^{\infty}\left(\sum_{k=0}^{n} \frac{1}{k!}\right) z^n.$$

Lösung (78.17) Nach Aufgabe (71.16) genügt es zu zeigen, daß für alle $x \neq y$ die Ungleichung

$$\exp\big((x+y)/2)\big) < \big(\exp(x)+\exp(y)\big)/2$$

gilt. Nach Durchmultiplizieren mit $2\exp\big((-x-y)/2\big)$ ist diese Ungleichung äquivalent zu

$$2 < \exp\big((x-y)/2\big) + \exp\big((y-x)/2\big),$$

also zu $2 < u + u^{-1}$, wenn wir $u := \exp\big((x-y)/2\big)$ setzen. Diese letzte Ungleichung ist aber äquivalent zu $0 < u - 2 + u^{-1} = (\sqrt{u} - \sqrt{u^{-1}})^2$ und damit erfüllt, weil das Quadrat einer von Null verschiedenen Zahl positiv ist und weil $u \neq u^{-1}$ wegen $x \neq y$ gilt.

Lösung (78.18) Für $a = 0$ oder $b = 0$ ist die Aussage trivial; wir dürfen also $a, b > 0$ voraussetzen. Es gibt dann reelle Zahlen $x, y \in \mathbb{R}$ mit $a = \exp(x)$ und $b = \exp(y)$. Aufgrund der Konvexität der Exponentialfunktion gilt dann

$$\begin{aligned} ab &= \exp(x+y) = \exp\left(\frac{1}{p}\cdot px + \frac{1}{q}\cdot qy\right) \\ &\leq \frac{1}{p}\exp(px) + \frac{1}{q}\exp(qy) = \frac{1}{p}a^p + \frac{1}{q}b^q. \end{aligned}$$

Lösung (78.19) (a) Für jeden Wert $k \in \{1, \ldots, n\}$ kann man k Objekte für die erste Menge A_1 auswählen (dafür gibt es $\binom{n}{k}$ Möglichkeiten), und für jede getroffene Wahl gibt es dann definitionsgemäß a_{n-k} mögliche Tupel von Teilmengen, die aus den verbleibenden $n-k$ Objekten gebildet werden können. Nimmt man noch das leere Tupel hinzu, so ergibt dies

$$a_n = 1 + \sum_{n=1}^{n} \binom{n}{k} a_{n-k}.$$

(b) Es gilt $b_0 = a_0/0! = 1$ sowie

$$\begin{aligned} b_n &= 1 + \sum_{k=1}^{n} \binom{n}{k} \frac{a_{n-k}}{n!} = 1 + \sum_{k=1}^{n} \frac{n!}{k!(n-k)!} \cdot \frac{a_{n-k}}{n!} \\ &= 1 + \sum_{k=1}^{n} \frac{1}{k!} \cdot \frac{a_{n-k}}{(n-k)!} = 1 + \sum_{k=1}^{n} \frac{b_{n-k}}{k!}. \end{aligned}$$

(c) Diese Aussage beweisen wir mit Induktion über n, wobei der Induktionsanfang $n = 0$ trivial ist. Es sei $n \geq 1$, und es gelte $1/\ln(2)^k \leq b_k \leq 2/\ln(2)^k$ für alle $k < n$ nach Induktionsannahme. Wegen (b) gilt dann einerseits unter Benutzung der in Satz (78.6) im Buch angegebenen Restgliedabschätzung die folgende Abschätzung nach oben:

$$\begin{aligned} \ln(2)^n b_n &= \frac{\ln(2)^n}{n!} + \sum_{k=1}^{n} \frac{\ln(2)^n b_{n-k}}{k!} \\ &\leq \frac{\ln(2)^n}{n!} + \sum_{k=1}^{n} \frac{2\ln(2)^n}{k!\ln(2)^{n-k}} \\ &= \frac{\ln(2)^n}{n!} + 2\sum_{k=1}^{n} \frac{\ln(2)^k}{k!} = \frac{\ln(2)^n}{n!} - 2 + 2\sum_{k=0}^{n} \frac{\ln(2)^k}{k!} \\ &\leq \frac{\ln(2)^n}{n!} - 2 + 2e^{\ln(2)} + \frac{2\ln(2)^{n+1}(n+2)}{(n+1)!\big(n+2-\ln(2)\big)} \\ &= \underbrace{\frac{\ln(2)^n}{n!}}_{\leq 1}\left(1 + \underbrace{\frac{2(n+2)\ln(2)}{(n+1)\big(n+2-\ln(2)\big)}}_{\leq 1}\right) \leq 2. \end{aligned}$$

Andererseits erhalten wir (wiederum unter Benutzung der Induktionsannahme und der in Satz (78.6) angegebenen Restgliedabschätzung) die folgende Abschätzung nach unten:

$$\begin{aligned} \ln(2)^n b_n &= \frac{\ln(2)^n}{n!} + \sum_{k=1}^{n} \frac{\ln(2)^n b_{n-k}}{k!} \\ &\geq \frac{\ln(2)^n}{n!} + \sum_{k=1}^{n} \frac{\ln(2)^n}{k!\ln(2)^{n-k}} \\ &= \frac{\ln(2)^n}{n!} + \sum_{k=1}^{n} \frac{\ln(2)^k}{k!} = \frac{\ln(2)^n}{n!} - 1 + \sum_{k=0}^{n} \frac{\ln(2)^k}{k!} \\ &\geq \frac{\ln(2)^n}{n!} - 1 + e^{\ln(2)} - \frac{\ln(2)^{n+1}(n+2)}{(n+1)!\big(n+2-\ln(2)\big)} \\ &= 1 + \underbrace{\frac{\ln(2)^n}{n!}}_{>0}\underbrace{\left(1 - \frac{(n+2)\ln(2)}{(n+1)\big(n+2-\ln(2)\big)}\right)}_{>0} > 1. \end{aligned}$$

(d) Nach (c) gilt $1/\ln(2)^n \leq b_n \leq 2/\ln(2)^n$, damit $1/\ln(2) \leq \sqrt[n]{b_n} \leq \sqrt[n]{2}/\ln(2)$. Nach dem Einschnürungskriterium folgt hieraus sofort $\sqrt[n]{b_n} \to 1/\ln(2)$ für $n \to \infty$. Der Konvergenzradius der Potenzreihe $\sum_{n=0}^{\infty} b_n x^n$ ist daher $1/\limsup_{n\to\infty} \sqrt[n]{b_n} = \ln(2)$.

Aufgaben zu »Exponential- und Logarithmusfunktionen« siehe Seite 81

(e) Unter Benutzung von (b) gilt

$$\begin{aligned} f(x) &= \sum_{n=0}^{\infty} b_n x^n = 1 + \sum_{n=1}^{\infty} \left(\frac{1}{n!} + \sum_{k=1}^{n} \frac{b_{n-k}}{k!} \right) x^n \\ &= 1 + \sum_{n=1}^{\infty} \frac{x^n}{n!} + \sum_{n=1}^{\infty} \sum_{k=1}^{n} \frac{b_{n-k} x^n}{k!} \\ &= e^x + \sum_{k=1}^{\infty} \sum_{n=k}^{\infty} \frac{b_{n-k} x^n}{k!} = e^x + \sum_{k=1}^{\infty} \sum_{n=0}^{\infty} \frac{b_n x^{n+k}}{k!} \\ &= e^x + \sum_{k=1}^{\infty} \frac{x^k}{k!} \cdot \sum_{n=0}^{\infty} b_n x^n = e^x + (e^x - 1) f(x); \end{aligned}$$

dies führt auf $(2 - e^x) f(x) = e^x$ und damit

$$f(x) = \frac{e^x}{2 - e^x}.$$

Aufgaben zu »Exponential- und Logarithmusfunktionen« siehe Seite 81

L79: Winkel- und Bogenfunktionen

Lösung (79.1) (a) Der Wert $\varphi_0 := \arcsin(c)$ ist die eindeutige Lösung der Gleichung $\sin(\varphi) = c$ im Intervall $[-\pi/2, \pi/2]$; aus den Symmetrieeigenschaften der Sinusfunktion ergibt sich dann die zweite Lösung $\varphi_1 = \pi - \varphi_0$. (Für $c = 1$ gilt $\varphi_0 = \varphi_1 = \pi/2$; für $c = -1$ haben wir $\varphi_0 = -\pi/2$ und $\varphi_1 = 3\pi/2 = \varphi_0 + 2\pi$.) Alle anderen Lösungen ergeben sich aus diesen beiden durch Verschiebung um ein Vielfaches von 2π; die sämtlichen Lösungen der Gleichung $\sin(\varphi) = c$ sind also die Zahlen $\arcsin(\varphi) + 2k\pi$ bzw. $\pi - \arcsin(\varphi) + 2k\pi$ mit einer ganzen Zahl $k \in \mathbb{Z}$.

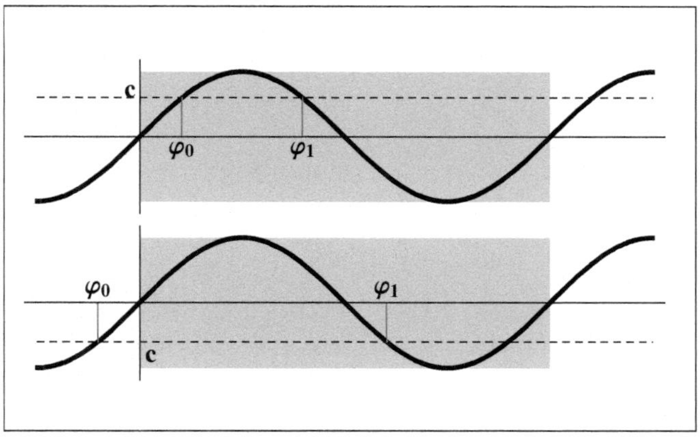

Lösungen der Gleichung $\sin(\varphi) = c$.

(b) Der Wert $\varphi_0 := \arccos(c)$ ist die eindeutige Lösung der Gleichung $\cos(\varphi) = c$ im Intervall $[0, \pi]$; aus den Symmetrieeigenschaften der Cosinusfunktion ergibt sich dann die zweite Lösung $\varphi_1 = 2\pi - \varphi_0$. (Für $c = 1$ haben wir $\varphi_0 = 0$ und $\varphi_1 = 2\pi$; für $c = -1$ haben wir $\varphi_0 = \varphi_1 = \pi$.) Alle anderen Lösungen ergeben sich aus diesen beiden durch Verschiebung um ein Vielfaches von 2π; die sämtlichen Lösungen der Gleichung $\cos(\varphi) = c$ sind also die Zahlen $\pm\arccos(\varphi) + 2k\pi$ mit einer ganzen Zahl $k \in \mathbb{Z}$.

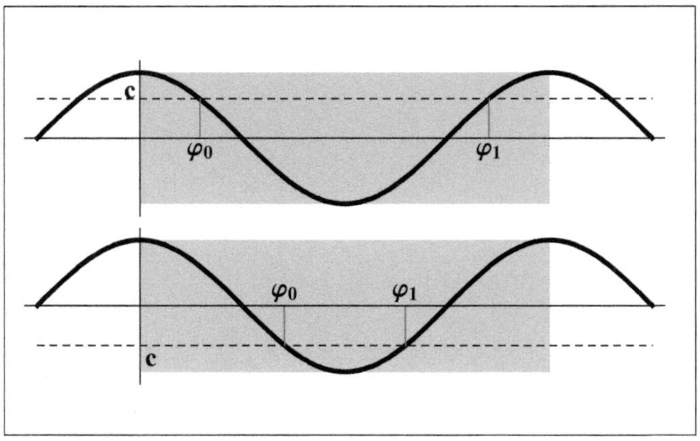

Lösungen der Gleichung $\cos(\varphi) = c$.

(c) Der Wert $\varphi_0 := \arctan(c)$ ist die eindeutige Lösung der Gleichung $\tan(\varphi) = c$ im Intervall $(-\pi/2, \pi/2)$. Alle anderen Lösungen ergeben sich aus dieser durch Verschiebung um ein Vielfaches von π; die sämtlichen Lösungen der Gleichung $\tan(\varphi) = c$ sind also die Zahlen $\arctan(c) + k\pi$ mit einer ganzen Zahl $k \in \mathbb{Z}$.

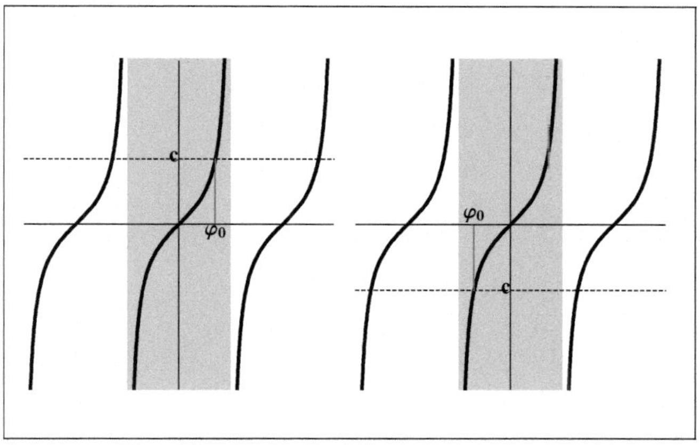

Lösungen der Gleichung $\tan(\varphi) = c$.

Lösung (79.2) (a) Wir setzen $\varphi_0 := \arcsin(1/2) = \pi/6 = 30^0$ und $\varphi_1 := \pi - \varphi_0 = 5\pi/6 = 150^0$. Nach der vorigen Aufgabe ist dann

$$\{\varphi \in \mathbb{R} \mid \sin(\varphi) = 1/2\} = \left(\frac{\pi}{6} + \mathbb{Z} \cdot 2\pi\right) \cup \left(\frac{5\pi}{6} + \mathbb{Z} \cdot 2\pi\right).$$

(b) Wir setzen $\varphi_0 := \arccos(-1/2) = 2\pi/3 = 120^0$ und $\varphi_1 := 2\pi - \varphi_0 = 4\pi/3 = 240^0$. Nach der vorigen Aufgabe ist dann

$$\{\varphi \in \mathbb{R} \mid \cos(\varphi) = -1/2\} = \left(\frac{2\pi}{3} + \mathbb{Z} \cdot 2\pi\right) \cup \left(\frac{4\pi}{3} + \mathbb{Z} \cdot 2\pi\right).$$

(c) Wir setzen $\varphi_0 := \arcsin(-1) = -\pi/2 = -90^0$. Nach der vorigen Aufgabe ist dann

$$\{\varphi \in \mathbb{R} \mid \sin(\varphi) = -1\} = -\frac{\pi}{2} + \mathbb{Z} \cdot 2\pi = \frac{3\pi}{2} + \mathbb{Z} \cdot 2\pi.$$

(d) Wir setzen $\varphi_0 := \arctan(-1) = -\pi/4 = -45^0$. Nach der vorigen Aufgabe gilt dann

$$\{\varphi \in \mathbb{R} \mid \tan(\varphi) = -1\} = -\frac{\pi}{4} + \mathbb{Z} \cdot \pi = \frac{3\pi}{4} + \mathbb{Z} \cdot \pi.$$

(e) Mit $\varphi_0 := \arcsin\big(-\sin(1)\big) = \arcsin\big(\sin(-1)\big) = -1 \approx -57.2958^0$ und $\varphi_1 := \pi - \varphi_0 = \pi + 1 \approx 237.296^0$ gilt nach der vorigen Aufgabe die Gleichheit

$$\{\varphi \in \mathbb{R} \mid \sin(\varphi) = -\sin(1)\}$$
$$(-1 + \mathbb{Z} \cdot 2\pi) \cup (\pi + 1 + \mathbb{Z} \cdot 2\pi).$$

Aufgaben zu »Winkel- und Bogenfunktionen« siehe Seite 83

Lösung (79.3) Wir betrachten die folgende Skizze.

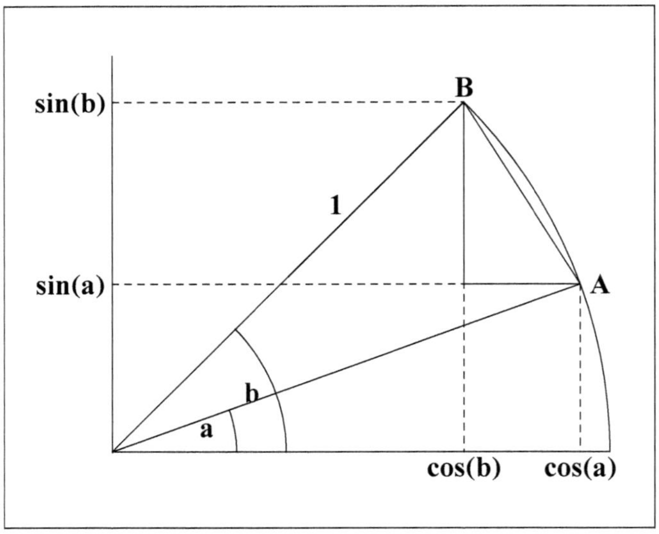

Nach dem Satz des Pythagoras ist die Länge der Strecke AB gegeben durch

$$\overline{AB} = \sqrt{\big(\cos(b)-\cos(a)\big)^2 + \big(\sin(b)-\sin(a)\big)^2}.$$

Nach Definition des Bogenmaßes ist die Länge des Bogens AB gegeben durch $\widehat{AB} = |b-a|$. Da die Länge eines Kreisbogens größer ist als die Länge eines beliebigen einbeschriebenen Polygonzugs, gilt $\overline{AB} < \widehat{AB}$, und das ist die Behauptung. Insbesondere haben wir also

$$|\sin(b)-\sin(a)| \le |b-a| \quad \text{und}$$
$$|\cos(b)-\cos(a)| \le |b-a|$$

für alle a, b. Gilt also $a_n \to a$, dann wegen $0 \le |\sin(a_n) - \sin(a)| \le |a_n - a| \to 0$ und wegen $0 \le |\cos(a_n) - \cos(a)| \le |a_n - a| \to 0$ auch $\sin(a_n) \to \sin(a)$ und $\cos(a_n) \to \cos(a)$. Ferner folgt hieraus im Fall $\cos(a) \neq 0$ auch $\tan(a_n) = \sin(a_n)/\cos(a_n) \to \sin(a)/\cos(a) = \tan(a)$ nach den Rechenregeln für Grenzwerte.

Lösung (79.4) (a) Nach dem Satz des Pythagoras gilt $\overline{AC}^2 = \overline{AB}^2 + \overline{BC}^2 > \overline{AB}^2$ und damit $\overline{AB} < \overline{AC}$. Aufgrund der Einschachtelung der Länge eines Kreisbogens durch einbeschriebene bzw. umbeschriebene Polygonzüge gilt ferner $\overline{AC} < \widehat{AC} < \overline{AP} + \overline{PC}$. Drücken wir alle auftretenden Größen durch den Winkel φ aus, so gehen die Ungleichungen $\overline{AB} < \overline{AC} < \widehat{AC} < \overline{AP} + \overline{PC}$ über in

$$\sin(2\varphi) < \sqrt{\sin^2(2\varphi) + \big(1-\cos(2\varphi)\big)^2} < 2\varphi < 2\tan(\varphi).$$

(b) Wegen (a) gilt $\sin(2\varphi) < 2\varphi < 2\tan(\varphi)$, also $2\sin(\varphi)\cos(\varphi) < 2\varphi < 2\sin(\varphi)/\cos(\varphi)$. Dividieren wir diese Ungleichung durch $2\sin(\varphi)$, so ergibt sich

$$\cos(\varphi) < \frac{\varphi}{\sin(\varphi)} < \frac{1}{\cos(\varphi)}.$$

Für $\varphi \to 0$ gilt $\cos(\varphi) \to 1$ nach der vorigen Aufgabe und nach dem Einschnürungskriterium dann $\varphi/\sin(\varphi) \to 1$, folglich auch $\sin(\varphi)/\varphi \to 1$.

(c) Es gilt $\cos(\varphi) = \cos(2\cdot\varphi/2) = \cos^2(\varphi/2) - \sin^2(\varphi/2) = 1 - 2\sin^2(\varphi/2)$ und damit

$$\frac{1-\cos(\varphi)}{\varphi^2} = \frac{2\sin^2(\varphi/2)}{\varphi^2} = \frac{1}{2}\left(\frac{\sin(\varphi/2)}{\varphi/2}\right)^2 \to \frac{1}{2}$$

wegen $\sin(\varphi/2)/(\varphi/2) \to 1$ für $\varphi \to 0$ nach Teil (b).

Lösung (79.5) Man prüft anhand des Verlaufs der Funktionen Sinus und Cosinus im Intervall $[0, 2\pi)$ sowie deren 2π-Periodizität sofort nach, daß die Gleichungen

$$\cos(m\pi/2) = \begin{cases} 1 & \text{für } m = 4k \\ 0 & \text{für } m = 4k+1 \\ -1 & \text{für } m = 4k+2 \\ 0 & \text{für } m = 4k+3 \end{cases}$$

und

$$\sin(m\pi/2) = \begin{cases} 0 & \text{für } m = 4k \\ 1 & \text{für } m = 4k+1 \\ 0 & \text{für } m = 4k+2 \\ -1 & \text{für } m = 4k+3 \end{cases}$$

gelten. Einsetzen der vier möglichen Fälle zeigt, daß jeweils $\cos(m\pi/2) = a_m$ gilt; hieraus folgt dann $\sin(m\pi/2) = \cos(m\pi/2 - \pi/2) = \cos\big((m-1)\pi/2\big) = a_{m-1}$. Ersetzen wir in der ersten Formel m durch $2m$, so ergibt sich $\cos(m\pi) = \cos(2m\cdot\pi/2) = a_{2m} = (-1)^{m(2m+1)} = (-1)^m$. Ersetzen wir in der zweiten Formel m durch $2m+1$, so ergibt sich $\sin\big((2m+1)\pi/2\big) = a_{2m} = (-1)^m$.

Lösung (79.6) (a) Für $a = 0$ ist der Grenzwert offensichtlich 0; es gelte also $a \neq 0$. Nach Teil (b) der vorigen Aufgabe gilt $\sin(x)/x \to 1$ für $x \to 0$. Hieraus folgt

$$\frac{\sin(ax)}{bx} = \frac{a}{b}\cdot\frac{\sin(ax)}{ax} \to \frac{a}{b} \quad \text{für } x \to 0.$$

(b) Für $a = 0$ ist der Grenzwert offensichtlich 0; es gelte also $a \neq 0$. Nach Teil (b) der vorigen Aufgabe gilt $\sin(x)/x \to 1$ für $x \to 0$. Hieraus folgt

$$\frac{\sin(ax)}{\sin(bx)} = \frac{a\cdot\dfrac{\sin(ax)}{ax}}{b\cdot\dfrac{\sin(bx)}{bx}} \to \frac{a}{b} \quad \text{für } x \to 0.$$

(c) Es gilt $\big(1-\cos(x)\big)/x^2 \to 1/2$ für $x \to 0$ nach Teil (c) der vorigen Aufgabe ; hieraus folgt

$$\frac{1-\cos(x)}{x} = x\cdot\frac{1-\cos(x)}{x^2} \to 0\cdot\frac{1}{2} = 0 \quad \text{für } x \to 0.$$

(d) Unter Benutzung von $\sin(x)/x \to 1$ für $x \to 0$ erhalten wir

$$\frac{\tan(x)}{x} = \frac{1}{\cos(x)}\cdot\frac{\sin(x)}{x} \to 1\cdot 1 = 1 \quad \text{für } x \to 0.$$

Aufgaben zu »Winkel- und Bogenfunktionen« siehe Seite 83

(e) Wegen $\sin(x)/x \to 1$ für $x \to 0$ gilt

$$\frac{\sin(3x)-\sin(5x)}{\sin(7x)} = \frac{3\cdot\dfrac{\sin(3x)}{3x} - 5\cdot\dfrac{\sin(5x)}{5x}}{7\cdot\dfrac{\sin(7x)}{7x}}$$

$$\to \frac{3\cdot 1 - 5\cdot 1}{7\cdot 1} = \frac{-2}{7} \quad \text{für } x \to 0.$$

(f) Mit der Substitution $u := 1/x$ erhalten wir

$$\lim_{x\to\infty} x\sin(1/x) = \lim_{x\to\infty}\frac{\sin(1/x)}{1/x} = \lim_{u\to 0}\frac{\sin(u)}{u} = 1.$$

(g) Der angegebene Ausdruck geht durch Erweitern mit $1/x$ über in

$$\frac{\dfrac{1-\cos(x)}{x}+\dfrac{\sin(x)}{x}}{a\cdot\dfrac{1-\cos(ax)}{ax}+a\cdot\dfrac{\sin(ax)}{ax}} \to \frac{0+1}{0+a} = \frac{1}{a} \quad \text{für } x \to 0.$$

(h) Mit $y := x - \pi/2$ (also $x = y + \pi/2$) gilt

$$\lim_{x\to\pi/2}\frac{\sin(mx)}{\sin(nx)} = \lim_{y\to 0}\frac{\sin(my+m\pi/2)}{\sin(ny+n\pi/2)}$$

$$= \lim_{y\to 0}\frac{\sin(my)\cos(m\pi/2)+\cos(my)\sin(m\pi/2)}{\sin(ny)\cos(n\pi/2)+\cos(ny)\sin(n\pi/2)}.$$

Wir unterscheiden nun vier Fälle:

- m, n gerade. In diesem Fall ist der gesuchte Grenzwert
$$\lim_{y\to 0}\frac{\sin(my)\cos(m\pi/2)}{\sin(ny)\cos(n\pi/2)} = \frac{m}{n}\cdot\frac{\cos(m\pi/2)}{\cos(n\pi/2)}.$$
- m, n ungerade. In diesem Fall ist der gesuchte Grenzwert
$$\lim_{y\to 0}\frac{\cos(my)\sin(m\pi/2)}{\cos(ny)\sin(n\pi/2)} = \frac{\sin(m\pi/2)}{\sin(n\pi/2)}.$$
- m gerade, n ungerade. In diesem Fall ist der gesuchte Grenzwert
$$\lim_{y\to 0}\frac{\sin(my)\cos(m\pi/2)}{\cos(ny)\sin(n\pi/2)} = 0.$$
- m ungerade, n gerade. In diesem Fall existiert der Grenzwert nicht, denn es würde sich ergeben
$$\lim_{y\to 0}\frac{\cos(my)\sin(m\pi/2)}{\sin(ny)\cos(n\pi/2)},$$
wobei der Zähler gegen $\sin(m\pi/2) \neq 0$ geht, der Nenner dagegen gegen 0.

(i) Wir setzen $x = a + h$ und erhalten dann

$$\lim_{x\to a}\frac{\sin(x)-\sin(a)}{x-a} = \lim_{h\to 0}\frac{\sin(a+h)-\sin(a)}{h}$$

$$= \lim_{h\to 0}\frac{\sin(a)\cos(h)+\cos(a)\sin(h)-\sin(a)}{h}$$

$$= \lim_{h\to 0}\left(\sin(a)\cdot\frac{\cos(h)-1}{h}+\cos(a)\cdot\frac{\sin(h)}{h}\right)$$

$$= \sin(a)\cdot 0 + \cos(a)\cdot 1 = \cos(a).$$

Lösung (79.7) (a) Die Periode ist π.
(b) Die Periode ist 4π.
(c) Die Periode ist π.
(d) Es gilt $\varphi(t) = (1/2)\sin(2t)$; die Periode ist daher π.
(e) Die Perioden der drei einzelnen Summanden sind π, 4π und 8π; die Gesamtperiode ist daher 8π.
(f) Die Perioden der drei einzelnen Summanden sind $\pi/2$, 2π und $2\pi/3$; die Gesamtperiode ist daher 2π.
(g) Die Periode ist 6.

Lösung (79.8) Sind $f, g : \mathbb{R} \to \mathbb{R}$ Funktionen und ist g periodisch mit einer Periode T, so ist auch $f \circ g$ periodisch mit der Periode T, denn für alle $t \in \mathbb{R}$ gilt

$$(f\circ g)(t+T) = f\big(g(t+T)\big) = f\big(g(t)\big) = (f\circ g)(t).$$

Also sind alle vier betrachteten Funktionen 2π-periodisch. Aus den Monotonieeigenschaften des Sinus und des Cosinus ergeben sich dann sofort die folgenden Funktionsverläufe. (Die roten Hilfslinien haben dabei die Gleichungen $y = \pm\sin(1) \approx \pm 0.841471$ bzw. $y = \cos(1) \approx 0.540302$.)

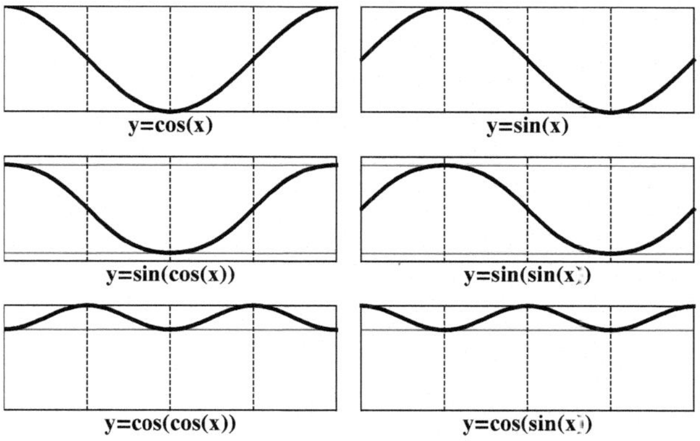

Lösung (79.9) (a) Wir setzen

$$\begin{aligned}\varphi_1 &:= \arccos(x),\\ \varphi_2 &:= \pi - \arccos(-x),\\ \varphi_3 &:= (\pi/2) - \arcsin(x).\end{aligned}$$

Nach Definition ist φ_1 die eindeutige Lösung der Gleichung $\cos(\varphi) = x$ im Intervall $[0,\pi]$. Wegen $\arccos(-x) \in [0,\pi]$ und $\arcsin(x) \in [-\pi/2, \pi/2]$ liegen auch φ_2 und φ_3 im Intervall $[0,\pi]$; wir sind also fertig, wenn wir die Gültigkeit der Gleichungen $\cos(\varphi_2) = x$ und $\cos(\varphi_3) = x$ nachweisen können, denn dann erfüllen φ_2 und φ_3 genau die Bedingungen, durch die φ_1 definiert ist. Nach den Additionstheoremen haben wir nun einerseits

$$\cos(\varphi_2) = \cos\big(\pi - \arccos(-x)\big) =$$
$$\underbrace{\cos(\pi)}_{=-1}\underbrace{\cos\big(\arccos(-x)\big)}_{=-x} + \underbrace{\sin(\pi)}_{=0}\sin\big(\arccos(-x)\big) = x,$$

andererseits auch

$$\cos(\varphi_3) = \cos\big((\pi/2) - \arcsin(x)\big)$$
$$\underbrace{\cos(\pi/2)}_{=0}\cos\big(\arcsin(x)\big) + \underbrace{\sin(\pi/2)}_{=1}\underbrace{\sin\big(\arcsin(x)\big)}_{=x} = x.$$

Aufgaben zu »Winkel- und Bogenfunktionen« siehe Seite 83

(b) Wir setzen

$$\begin{aligned}\varphi_1 &:= \arccos(x),\\ \varphi_2 &:= \arcsin(\sqrt{1-x^2}),\\ \varphi_3 &:= \arctan(\sqrt{1-x^2}/x).\end{aligned}$$

Wegen $x \in (0,1]$ ist φ_1 die eindeutige Lösung der Gleichung $\cos(\varphi) = x$ im Intervall $[0,\pi/2]$. Dann ist $\sin(\varphi_1) = \sqrt{1-\cos^2\varphi} = \sqrt{1-x^2}$; nach Definition ist aber φ_2 die eindeutige Lösung der Gleichung $\sin(\varphi) = \sqrt{1-x^2} \in [0,1)$ im Intervall $[0,\pi/2]$. Also gilt $\varphi_1 = \varphi_2$. Andererseits gilt $\tan(\varphi_1) = \sin(\varphi_1)/\cos(\varphi_1) = \sqrt{1-x^2}/x$; nach Definition ist aber φ_3 die eindeutige Lösung der Gleichung $\tan(\varphi) = \sqrt{1-x^2}/x$ im Intervall $[0,\pi/2]$. Also gilt auch $\varphi_1 = \varphi_3$.

Für $x = -1/2$ ist die Gleichung falsch, denn es gilt $\arccos(-1/2) = 2\pi/3 = 120^0$, aber $\arcsin(\sqrt{3}/2) = \pi/3 = 60^0$ und $\arctan(-\sqrt{3}) = -\pi/3 = -60^0$.

Lösung (79.10) In der folgenden Skizze sei S so gewählt, daß $\overline{SB_0} = \overline{SB}$ gilt. (Das bedeutet, daß S der Schnittpunkt der Mittelsenkrechten der Strecke BB_0 mit der Geraden AB_0 ist.)

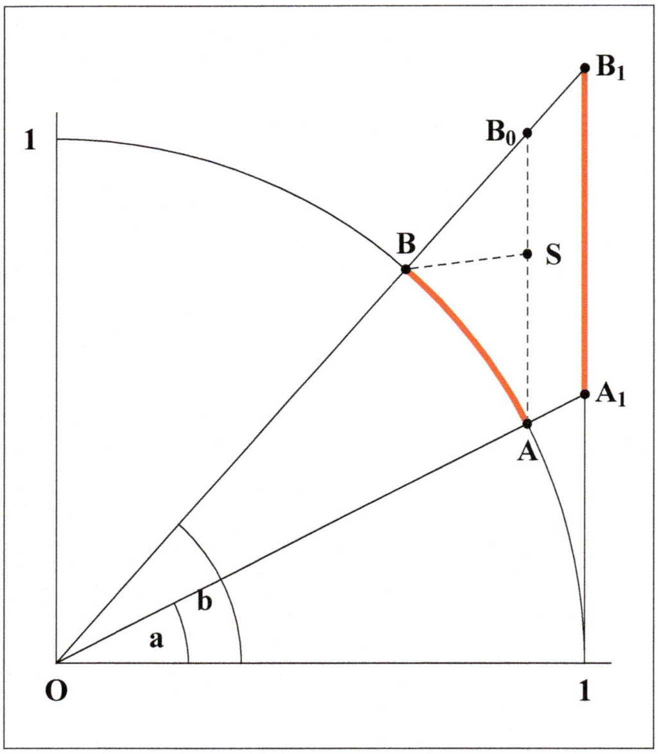

Vergleich von $|b-a|$ (Länge des roten Bogens) und $|\tan(b)-\tan(a)|$ (Länge der roten Strecke).

Es gilt dann

$$\widehat{AB} < \overline{AS}+\overline{SB} = \overline{AS}+\overline{SB_0} = \overline{AB_0} < \overline{A_1B_1};$$

dabei gilt die erste Ungleichung, weil der Bogen $\widehat{AB}$ kürzer ist als der umbeschriebene Polygonzug ASB, und die zweite Ungleichung gilt, weil nach dem Strahlensatz die Verhältnisgleichung $AB_0 : A_1B_1 = OA : OA_1 < 1$ gilt. Insbesondere haben wir also $|b-a| = b-a = \widehat{AB} \leq \overline{A_1B_1} = \tan(b)-\tan(a) = |\tan(b)-\tan(a)|$. Damit ist die erste Behauptung bewiesen. Die zweite Behauptung folgt, indem wir für gegebene Zahlen $x,y \in \mathbb{R}$ für a und b die Werte $b := \arctan(x)$ und $a := \arctan(y)$ wählen; wir erhalten dann $|\arctan(x)-\arctan(y)| = |b-a| \leq |\tan(b)-\tan(a)| = |x-y|$.

Lösung (79.11) (a) Mit der Substitution $u := \arctan(x)$ erhalten wir unter Benutzung von Aufgabe (79.6)(d) die Beziehung

$$\lim_{x\to 0}\frac{\arctan(x)}{x} = \lim_{u\to 0}\frac{u}{\tan(u)} = 1.$$

(b) Unter Benutzung von Teil (a) und Aufgabe (79.6)(d) erhalten wir

$$\lim_{x\to 0}\frac{\arctan(x)}{\tan(x)} = \frac{\dfrac{\arctan(x)}{x}}{\dfrac{\tan(x)}{x}} = \frac{1}{1} = 1.$$

(c) Mit der Substitution $u := \arcsin(x)$ erhalten wir unter Benutzung von Aufgabe (79.4)(b) die Beziehung

$$\lim_{x\to 0}\frac{\arcsin(x)}{x} = \lim_{u\to 0}\frac{u}{\sin(u)} = 1.$$

(d) Wegen $\arccos(x) \to \pi/2$ für $x \to 0$ gilt

$$\lim_{x\to 0+}\frac{\arccos(x)}{x} = \infty.$$

Lösung (79.12) (a) Wir erhalten zunächst $T_0(x) = \cos(0) = 1$ und $T_1(x) = \cos\big(\arccos(x)\big) = x$. Schreiben wir zur Abkürzung $\varphi := \arccos(x)$, so haben wir $x = \cos(\varphi)$ und nach Induktionsannahme daher

$$\begin{aligned}2xT_n(x) - T_{n-1}(x) &= 2\cos(\varphi)\cos(n\varphi) - \cos\big((n-1)\varphi\big)\\ &= 2\cos(\varphi)\cos(n\varphi) - \cos(n\varphi-\varphi)\\ &= 2\cos(\varphi)\cos(n\varphi) - \cos(n\varphi)\cos(\varphi) - \sin(n\varphi)\sin(\varphi)\\ &= \cos(n\varphi)\cos(\varphi) - \sin(n\varphi)\sin(\varphi)\\ &= \cos(n\varphi+\varphi) = \cos\big((n+1)\varphi\big) = T_{n+1}(x).\end{aligned}$$

Aus der Rekursionsformel folgt mit einer trivialen Induktion sofort, daß T_n eine Polynomfunktion vom Grad n ist.

(b) Die definierende Bedingung für T_n ist die Gleichung

$$(\star) \qquad T_n\big(\cos(\varphi)\big) = \cos(n\varphi)$$

für alle $\varphi \in \mathbb{R}$. Für $x = \cos(\varphi)$ gelten daher die Äquivalenzen

$$\begin{aligned} 2T_m(x)T_n(x) &= T_{m+n}(x) + T_{m-n}(x) \\ \Leftrightarrow 2T_m(\cos\varphi)T_n(\cos\varphi) &= T_{m+n}(\cos\varphi) + T_{m-n}(\cos\varphi) \\ \Leftrightarrow 2\cos(m\varphi)\cos(n\varphi) &= \cos\big((m+n)\varphi\big) + \cos\big((m-n)\varphi\big) \\ \Leftrightarrow 2\cos(m\varphi)\cos(n\varphi) &= \cos(m\varphi + n\varphi) + \cos(m\varphi - n\varphi). \end{aligned}$$

Die Gültigkeit der letzten Aussage ergibt sich aber sofort, indem man auf der rechten Seite das Additionstheorem für die Cosinusfunktion benutzt.

(c) Mit $x = \cos\varphi$ erhalten wir

$$\begin{aligned} T_n\big(T_m(x)\big) &= T_n\big(T_m(\cos\varphi)\big) = T_n\big(\cos(m\varphi)\big) \\ &= \cos\big(n(m\varphi)\big) = \cos(nm\varphi) \\ &= T_{nm}(\cos\varphi) = T_{nm}(x). \end{aligned}$$

(d) Aufgrund der Additionstheoreme gilt die Gleichung

$$\begin{aligned} \cos(n\varphi) + i\sin(n\varphi) &= \big(\cos(\varphi) + i\sin(\varphi)\big)^n \\ = \sum_{m=0}^{n} \binom{n}{m} \cos(\varphi)^{n-m} \cdot i^m \sin(\varphi)^m . \end{aligned}$$

Wir betrachten auf beiden Seiten den Realteil und bemerken, daß auf der rechten Seite die für ungerade Zahlen m auftretenden Terme rein imaginär sind, die für gerade Zahlen m auftretenden Terme dagegen reell. Schreiben wir $m = 2k$, so ergibt sich durch beiderseitige Bildung des Realteils die Gleichung

$$\cos(n\varphi) = \sum_{k=0}^{[n/2]} \binom{n}{2k} \cos(\varphi)^{n-2k} i^{2k} \sin(\varphi)^{2k}.$$

Nun gilt $i^{2k} = (-1)^k$. Schreiben wir ferner $x = \cos\varphi$, so haben wir $\cos(n\varphi) = T_n(\cos\varphi) = T_n(x)$ sowie $\sin(\varphi)^{2k} = (\sin^2\varphi)^k = (1-\cos^2\varphi)^k = (1-x^2)^k$; die vorige Gleichung geht daher über in

$$T_n(x) = \sum_{k=0}^{[n/2]} (-1)^k \binom{n}{2k} x^{n-2k}(1-x^2)^k.$$

(e) Aufgrund der definierenden Eigenschaft $(\star)$ gilt

$$T_n(x_k) = \cos\big((2k-1)\cdot\pi/2\big) = 0$$

für $1 \le k \le n$; die Zahlen $x_1, \ldots, x_n$ sind also allesamt Nullstellen von T_n. (Da T_n eine Polynomfunktion vom Grad n ist, kann es keine weiteren Nullstellen geben.)

(f) Aufgrund der definierenden Eigenschaft $(\star)$ gilt $T_n(\xi_k) = \cos(k\pi) = (-1)^k$. Da die Funktion $T_n : [-1,1] \to \mathbb{R}$ unmittelbar nach Definition nur Werte zwischen -1 und 1 annehmen kann, wird also an jeder der Stellen ξ_k ein Maximum oder Minimum angenommen.

Lösung (79.13) Da es sich um eine reine Rollbewegung handelt, stimmen der am raumfesten Kreis markierte Bogen $R\Phi$ und der am sich bewegenden Kreis markierte Bogen überein; es gilt also $r\varphi = R\Phi$. Wie man an der folgenden Zeichnung sieht, hat sich der bewegliche Kreis um den Winkel $\varphi + \Phi = (R/r)\Phi + \Phi = \big((R+r)/r\big)\Phi$ gedreht.

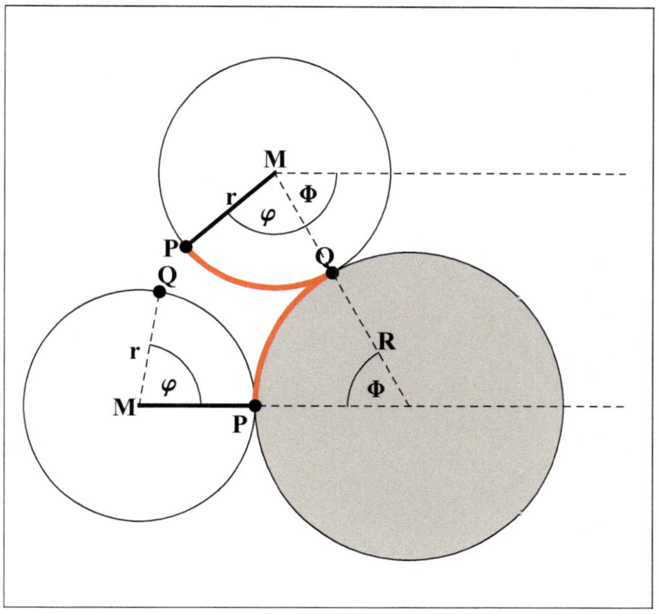

Lösung (79.14) Man überlegt sich zunächst anhand der folgenden Skizze folgendes: Rollt ein Kreis auf einem festen Kreis mit gleichem Radius einen Winkel φ ab, so führt der rollende Kreis eine Rotation um den doppelten Winkel 2φ gegenüber einer festen Richtung (etwa der Horizontalen) aus.

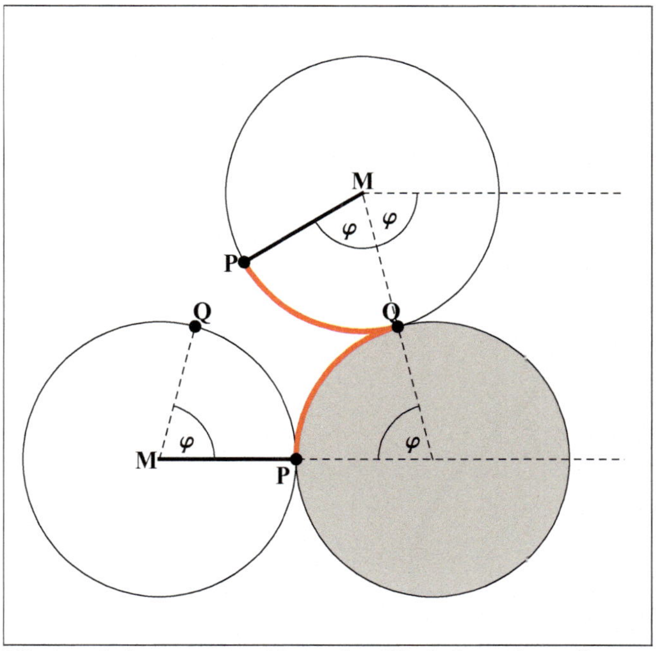

Wird auf dem grauen Kreis der Winkel φ abgerollt, so dreht sich das Liniensegment MP um den Winkel 2φ.

Aufgaben zu »Winkel- und Bogenfunktionen« siehe Seite 83

In der betrachteten Aufgabenstellung rollt der schwarze Kreis entlang jeder der sechs äußeren grauen Münzen einen Winkel von 120^0 ab; der insgesamt abgerollte Winkel ist daher $6 \cdot 120^0 = 720^0 = 2 \cdot 360^0$. Nach der obigen Überlegung führt dann die schwarze Münze eine Drehung um den doppelten Winkel aus, also $4 \cdot 360^0$. Das sind exakt vier volle Umdrehungen.

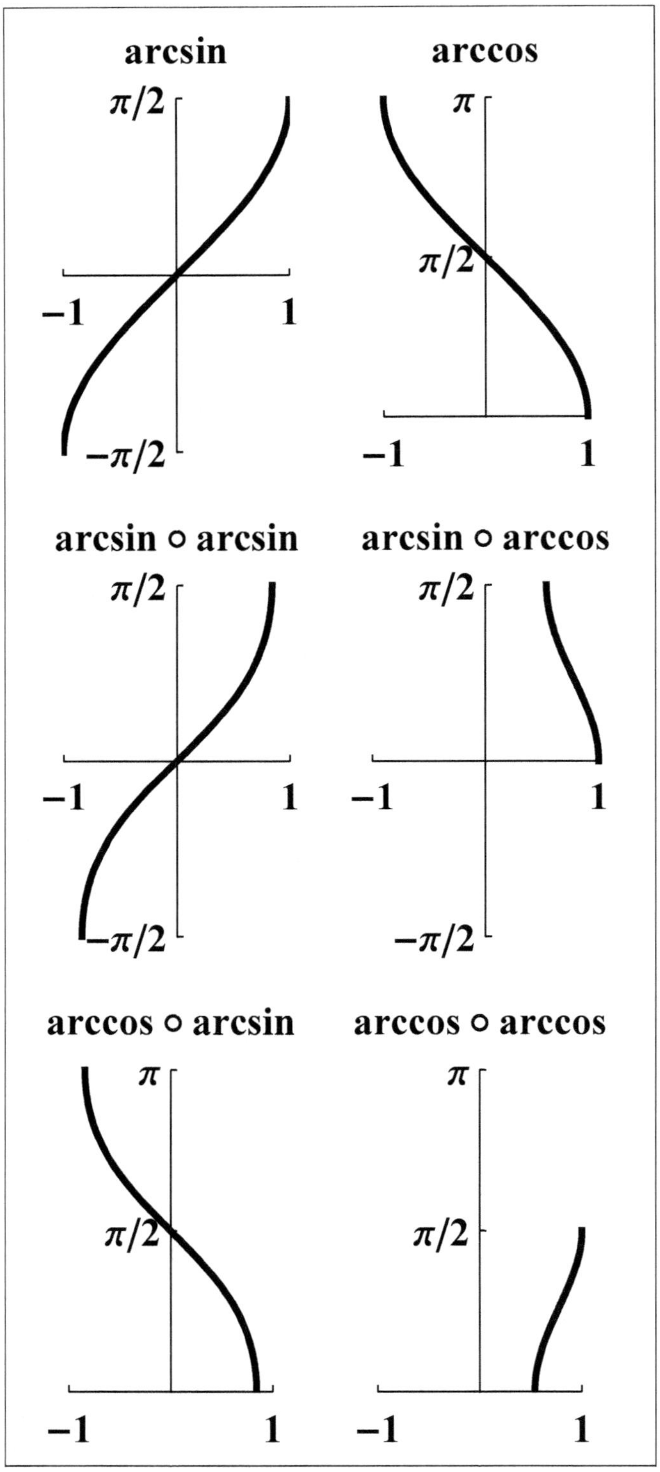

Verkettungen von Bogenfunktionen.

Lösung (79.15) (a) Der Definitionsbereich ist

$$\begin{aligned}\{x \in [-1,1] \mid \arccos(x) \in [-1,1]\} \\ = \{x \in [-1,1] \mid \arccos(x) \in [0,1]\} \\ = [\cos(1), 1] \approx [0.540302,\ 1].\end{aligned}$$

Als Hintereinanderausführung zweier streng monoton fallender Funktionen ist $\arccos \circ \arccos$ streng monoton wachsend.

(b) Der Definitionsbereich ist

$$\{x \in [-1,1] \mid \arcsin(x) \in [-1,1]\} = [-\sin(1), \sin(1)]$$

mit $\sin(1) \approx 0.841471$. Als Hintereinanderausführung einer streng monoton wachsenden und einer streng monoton fallenden Funktion ist $\arccos \circ \arcsin$ streng monoton fallend.

(c) Der Definitionsbereich ist

$$\begin{aligned}\{x \in [-1,1] \mid \arccos(x) \in [-1,1]\} \\ = \{x \in [-1,1] \mid \arccos(x) \in [0,1]\} = [\cos(1), 1]\end{aligned}$$

mit $\cos(1) \approx 0.540302$. Als Hintereinanderausführung einer streng monoton fallenden und einer streng monoton wachsenden Funktion ist $\arcsin \circ \arccos$ streng monoton fallend.

(d) Der Definitionsbereich ist

$$\{x \in [-1,1] \mid \arcsin(x) \in [-1,1]\} = [-\sin(1), \sin(1)]$$

mit $\sin(1) \approx 0.841471$. Als Hintereinanderausführung zweier streng monoton wachsender Funktionen ist $\arcsin \circ \arcsin$ streng monoton wachsend.

Lösung (79.16) (a) Nach Aufgabe (43.31) ist f die 2π-periodische Fortsetzung der Funktion f mit

$$f(x) = \begin{cases} (\pi/2) + x, & \pi/2 \le x \le 0, \\ (\pi/2) - x, & 0 \le x \le \pi/2. \end{cases}$$

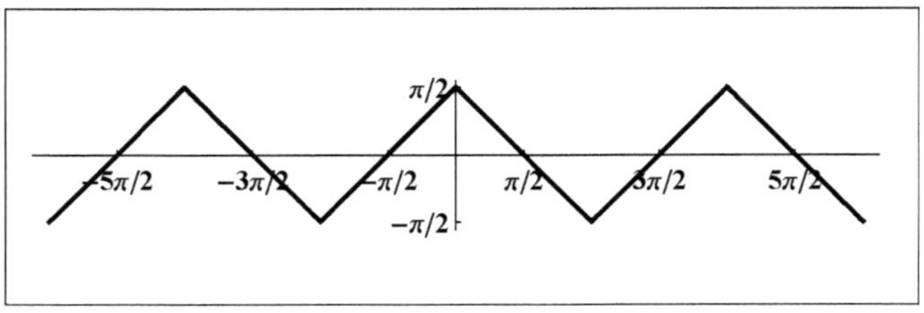

(b) Nach Aufgabe (43.31) ist f die 2π-periodische Fortsetzung der Funktion f mit

$$f(x) = \begin{cases} (\pi/2) - x, & -\pi/2 \le x \le \pi/2, \\ x - (\pi/2), & \pi/2 \le x \le 3\pi/2. \end{cases}$$

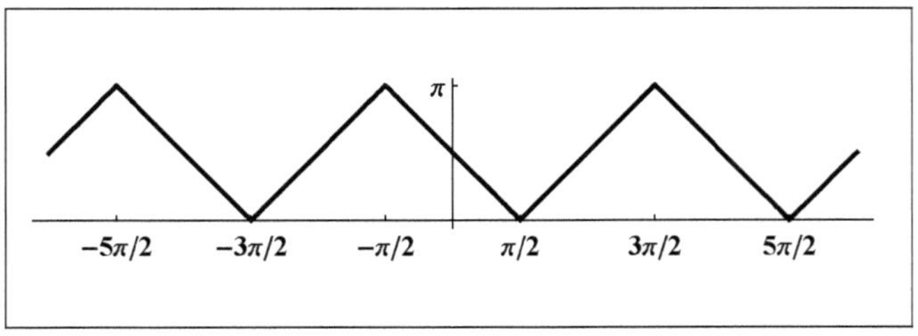

(c) Nach Aufgabe (43.31) hat f das Intervall $[-1,1]$ als Definitionsbereich, und es gilt $f(x) = \sqrt{1-x^2}$ für alle $x \in [-1,1]$.

(d) Nach Aufgabe (43.31) hat f das Intervall $[-1,1]$ als Definitionsbereich, und es gilt $f(x) = \sqrt{1-x^2}$ für alle $x \in [-1,1]$.

(e) Der Definitionsbereich von f ist das Intervall $[-1,1]$, und wegen (a) und (c) haben wir

$$f(x) = \begin{cases} (\pi/2) + x - \sqrt{1-x^2}, & -1 \le x \le 0, \\ (\pi/2) - x - \sqrt{1-x^2}, & 0 \le x \le 1. \end{cases}$$

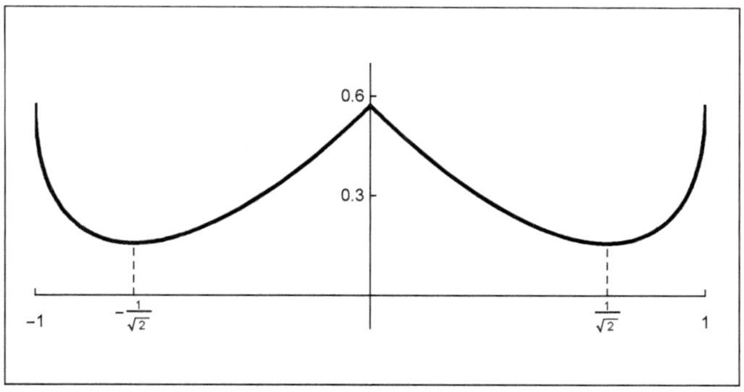

(f) Der Definitionsbereich von f ist das Intervall $[-1,1]$, und wegen (b) und (d) haben wir

$$f(x) = (\pi/2) - x - \sqrt{1-x^2}.$$

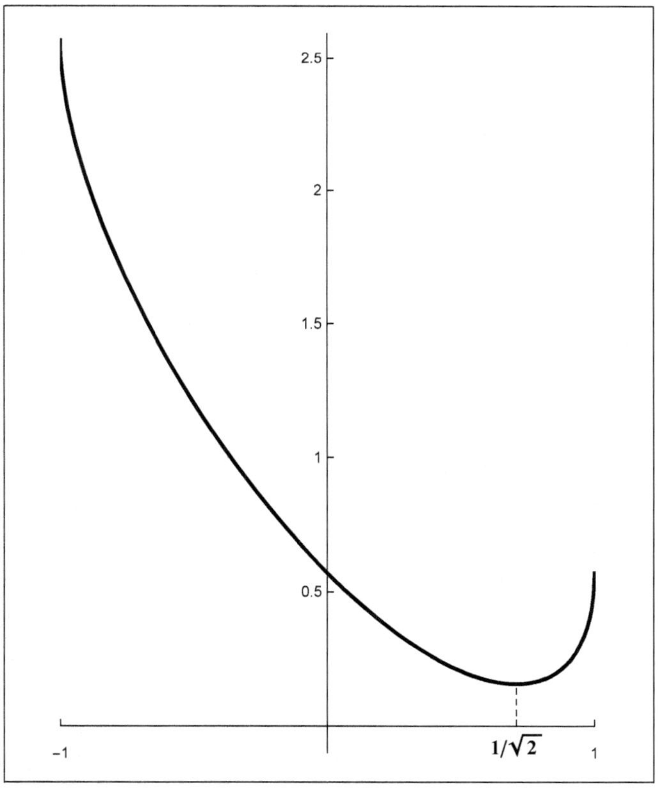

Lösung (79.17) Die Sinusfunktion $f(x) = \sin(x)$ ist konkav auf $[0,\pi]$; also gilt $(1/3)f(\alpha) + (1/3)f(\beta) + (1/3)f(\gamma) \ge f\big((\alpha+\beta+\gamma)/3\big) = f(\pi/3) = \sqrt{3}/2$.

Lösung (79.18) Wir haben

$$\begin{aligned} h_{n+1} &= 2^n s_{n+1} = 2^n\sqrt{2-\sqrt{4-s_n^2}} \\ &= \sqrt{2\cdot 2^{2n} - 2^{2n}\sqrt{4-s_n^2}} \\ &= \sqrt{2^{2n+1} - 2^{n+1}\cdot 2^{n-1}\sqrt{4-s_n^2}} \\ &= \sqrt{2^{2n+1} - 2^{n+1}\sqrt{4\cdot 2^{2n-2} - 2^{2n-2}s_n^2}} \\ &= \sqrt{2^{2n+1} - 2^{n+1}\sqrt{2^{2n} - h_n^2}} \\ &= \sqrt{2^{2n+1} - 2^{n+1}\sqrt{4^n - h_n^2}} \\ &= \sqrt{2^{n+1}\left(2^n - \sqrt{4^n - h_n^2}\right)} \end{aligned}$$

mit der Anfangsbedingung $h_2 = 2\sqrt{2}$. Analog ergibt sich

$$\begin{aligned} H_{n+1} &= 2^n S_{n+1} = \frac{2^{n+1}\sqrt{4+S_n^2} - 2^{n+2}}{S_n} \\ &= \frac{4\cdot 2^{n-1}\sqrt{4+S_n^2} - 2^{n+2}}{S_n} \\ &= \frac{4\sqrt{4\cdot 2^{2n-2} + 2^{2n-2}S_n^2} - 2^{n+2}}{S_n} \\ &= \frac{4\sqrt{4^n + H_n^2} - 2^{n+2}}{H_n/2^{n-1}} \\ &= 2^{n-1}\cdot\frac{4\sqrt{4^n+H_n^2} - 2^{n+2}}{H_n} \\ &= 2^{n+1}\cdot\frac{\sqrt{4^n+H_n^2} - 2^n}{H_n} \end{aligned}$$

mit der Anfangsbedingung $H_2 = 4$.

Lösung (79.19) Kehrwertbildung der Ungleichung $\sin(\theta) < \theta < \tan(\theta)$ liefert $\cot(\theta) < 1/\theta < 1/\sin(\theta)$; Quadrieren führt dann auf $\cot(\theta)^2 < 1/\theta^2 < 1 + \cot(\theta)^2$. Mit $\theta_k := k\pi/(2m+1)$ gilt also

$$\sum_{k=1}^m \cot(\theta_k)^2 < \frac{(2m+1)^2}{\pi^2}\sum_{k=1}^m \frac{1}{k^2} < m + \sum_{k=1}^m \cot(\theta_k)^2.$$

Nach Aufgabe (44.35) bedeutet dies

$$\frac{m(2m-1)}{3} < \frac{(2m+1)^2}{\pi^2}\sum_{k=1}^m \frac{1}{k^2} < m + \frac{m(2m-1)}{3}$$

bzw.

$$\frac{\pi^2}{6}\cdot\frac{m^2-(m/2)}{m^2+m+(1/4)} < \sum_{k=1}^m \frac{1}{k^2} < \frac{\pi^2}{6}\cdot\frac{m^2+m}{m^2+m+(1/4)}.$$

Für $m \to \infty$ folgt

$$\sum_{k=1}^\infty \frac{1}{k^2} = \frac{\pi^2}{6}.$$

Aufgaben zu »Winkel- und Bogenfunktionen« siehe Seite 83

L80: Hyperbel- und Areafunktionen

Lösung (80.1) Wir erhalten

$$\begin{aligned}\cosh(-x) &= \frac{e^{-x}+e^{x}}{2} = \frac{e^{x}+e^{-x}}{2} = \cosh(x),\\ \sinh(-x) &= \frac{e^{-x}-e^{x}}{2} = -\frac{e^{x}-e^{-x}}{2} = -\sinh(x),\\ \tanh(-x) &= \frac{\sinh(-x)}{\cosh(-x)} = \frac{-\sinh(x)}{\cosh(x)} = -\tanh(x).\end{aligned}$$

Lösung (80.2) Wir erhalten

$$\begin{aligned}&\sinh(x)\cosh(y)+\cosh(x)\sinh(y)\\ &= \frac{e^x-e^{-x}}{2}\cdot\frac{e^y+e^{-y}}{2}+\frac{e^x+e^{-x}}{2}\cdot\frac{e^y-e^{-y}}{2}\\ &= \frac{e^xe^y-e^{-x}e^y+e^xe^{-y}-e^{-x}e^{-y}}{4}\\ &\qquad+\frac{e^xe^y+e^{-x}e^y-e^xe^{-y}-e^{-x}e^{-y}}{4}\\ &= \frac{e^xe^y-e^{-x}e^{-y}}{2} = \frac{e^{x+y}-e^{-(x+y)}}{2} = \sinh(x+y).\end{aligned}$$

Analog ergibt sich

$$\begin{aligned}&\cosh(x)\cosh(y)+\sinh(x)\sinh(y)\\ &= \frac{e^x+e^{-x}}{2}\cdot\frac{e^y+e^{-y}}{2}+\frac{e^x-e^{-x}}{2}\cdot\frac{e^y-e^{-y}}{2}\\ &= \frac{e^xe^y+e^{-x}e^y+e^xe^{-y}+e^{-x}e^{-y}}{4}\\ &\qquad+\frac{e^xe^y-e^{-x}e^y-e^xe^{-y}+e^{-x}e^{-y}}{4}\\ &= \frac{e^xe^y+e^{-x}e^{-y}}{2} = \frac{e^{x+y}+e^{-(x+y)}}{2} = \cosh(x+y).\end{aligned}$$

Aufgabe (80.3) Der Einfachheit halber schreiben wir $C_u := \cosh(u/2)$ und $S_u := \sinh(u/2)$ für alle $u \in \mathbb{R}$.

(a) Es gilt

$$\begin{aligned}&2\sinh\left(\frac{x\pm y}{2}\right)\left(\cosh\frac{x\mp y}{2}\right)\\ &= 2\sinh\left(\frac{x}{2}\pm\frac{y}{2}\right)\cosh\left(\frac{x}{2}\mp\frac{y}{2}\right)\\ &= 2(S_xC_y\pm C_xS_y)(C_xC_y\mp S_xS_y)\\ &= 2(S_xC_xC_y^2\mp S_x^2S_yC_y\pm C_x^2S_yC_y-S_xC_xS_y^2)\\ &= 2S_xC_x(C_y^2-S_y^2)\pm 2S_yC_y(C_x^2-S_x^2)\\ &= 2S_xC_x\cdot 1\pm 2S_yC_y\cdot 1\\ &= 2S_xC_x\pm 2S_yC_y\\ &= \sinh\big(2\cdot(x/2)\big)\pm\sinh\big(2\cdot(y/2)\big)\\ &= \sinh(x)\pm\sinh(y).\end{aligned}$$

(b) Es gilt

$$\begin{aligned}&2\cosh\left(\frac{x+y}{2}\right)\cosh\left(\frac{x-y}{2}\right)\\ &= 2\cosh\left(\frac{x}{2}+\frac{y}{2}\right)\cosh\left(\frac{x}{2}-\frac{y}{2}\right)\\ &= 2(C_xC_y+S_xS_y)(C_xC_y-S_xS_y)\\ &= 2(C_x^2C_y^2-S_x^2S_y^2)\\ &= 2C_x^2(C_y^2-S_y^2)+2(C_x^2-S_x^2)S_y^2\\ &= 2C_x^2\cdot 1+2\cdot 1\cdot S_y^2\\ &= 2C_x^2+2S_y^2\\ &= C_x^2+(S_x^2+1)+(C_y^2-1)+S_y^2\\ &= C_x^2+S_x^2+C_y^2+S_y^2\\ &= \cosh\big(2\cdot(x/2)\big)+\cosh\big(2\cdot(y/2)\big)\\ &= \cosh(x)+\cosh(y).\end{aligned}$$

(c) Es gilt

$$\begin{aligned}&2\sinh\left(\frac{x+y}{2}\right)\sinh\left(\frac{x-y}{2}\right)\\ &= 2\sinh\left(\frac{x}{2}+\frac{y}{2}\right)\sinh\left(\frac{x}{2}-\frac{y}{2}\right)\\ &= 2(S_xC_y+C_xS_y)(S_xC_y-C_xS_y)\\ &= 2(S_x^2C_y^2-C_x^2S_y^2)\\ &= 2S_x^2(C_y^2-S_y^2)+2(S_x^2-C_x^2)S_y^2\\ &= 2S_x^2\cdot 1+2\cdot(-1)\cdot S_y^2\\ &= 2S_x^2-2S_y^2\\ &= (C_x^2-1)+S_x^2-(C_y^2-1)-S_y^2\\ &= (C_x^2+S_x^2)-(C_y^2+S_y^2)\\ &= \cosh\big(2\cdot(x/2)\big)-\cosh\big(2\cdot(y/2)\big)\\ &= \cosh(x)-\cosh(y).\end{aligned}$$

(d) Es gilt

$$\begin{aligned}\frac{\sinh(x\pm y)}{\cosh(x)\cosh(y)} &= \frac{\sinh(x)\cosh(y)\pm\cosh(x)\sinh(y)}{\cosh(x)\cosh(y)}\\ &= \frac{\sinh(x)}{\cosh(x)}\pm\frac{\sinh(y)}{\cosh(y)} = \tanh(x)\pm\tanh(y).\end{aligned}$$

Lösung (80.4) (a) Aus der bekannten Reihendarstellung der Exponentialfunktion erhalten wir

$$\begin{aligned}\cosh(x) &= \frac{e^x+e^{-x}}{2} = \frac{1}{2}\left[\sum_{n=0}^{\infty}\frac{x^n}{n!}+\sum_{n=0}^{\infty}\frac{(-x)^n}{n!}\right]\\ &= \sum_{n=0}^{\infty}\frac{1+(-1)^n}{2}\frac{x^n}{n!} = \sum_{m=0}^{\infty}\frac{x^{2m}}{(2m)!}\end{aligned}$$

und

$$\begin{aligned}\sinh(x) &= \frac{e^x-e^{-x}}{2} = \frac{1}{2}\left[\sum_{n=0}^{\infty}\frac{x^n}{n!}-\sum_{n=0}^{\infty}\frac{(-x)^n}{n!}\right]\\ &= \sum_{n=0}^{\infty}\frac{1-(-1)^n}{2}\frac{x^n}{n!} = \sum_{m=0}^{\infty}\frac{x^{2m+1}}{(2m+1)!}.\end{aligned}$$

Aufgaben zu »Hyperbel- und Areafunktionen« siehe Seite 86

(b) Unmittelbar anhand der Potenzreihendarstellungen erkennt man, daß für alle $\xi > 0$ die Bedingungen $\cosh(\xi) > 1 = \cosh(0)$ und $\sinh(\xi) > 0 = \sinh(0)$ gelten. Für alle $x, h > 0$ erhalten wir unter Benutzung der Additionstheoreme dann

$$\cosh(x+h) - \cosh(x) = \underbrace{\cosh(x)}_{>1}\underbrace{\big(\cosh(h)-1\big)}_{>0} + \underbrace{\sinh(x)}_{>0}\underbrace{\sinh(h)}_{>0} > 0$$

und damit $\cosh(x+h) > \cosh(x)$ sowie

$$\sinh(x+h) - \sinh(x) = \underbrace{\sinh(x)}_{>0}\underbrace{\big(\cosh(h)-1\big)}_{>0} + \underbrace{\cosh(x)}_{>1}\underbrace{\sinh(h)}_{>0} > 0$$

und damit $\sinh(x+h) > \sinh(x)$. Dies zeigt, daß der Hyperbelcosinus und der Hyperbelsinus auf $[0,\infty)$ streng monoton wachsen. Da der Hyperbelsinus eine ungerade Funktion ist, wächst er daher sogar streng monoton auf ganz $\mathbb{R}$, denn aus $a < b < 0$ folgt $0 < -b < -a$ und damit $0 < \sinh(-b) < \sinh(-a)$, also $0 < -\sinh(b) < -\sinh(a)$ und damit $\sinh(a) < \sinh(b) < 0$. Da andererseits der Hyperbelcosinus eine gerade Funktion ist, fällt er auf $(-\infty, 0]$ streng monoton, denn aus $a < b < 0$ folgt $0 < -b < -a$ und damit $\cosh(0) < \cosh(-b) < \cosh(-a)$, also $\cosh(0) < \cosh(b) < \cosh(a)$ bzw. $\cosh(a) > \cosh(b) > \cosh(0)$.

(c) Diese Aussage folgt sofort aus (b), weil der Hyperbelcosinus auf $(-\infty, 0]$ streng monoton fällt und auf $[0,\infty)$ streng monoton wächst.

Bemerkung: Die Überlegung in (b) zeigt ganz allgemein: Eine ungerade Funktion $f : \mathbb{R} \to \mathbb{R}$, die auf $[0,\infty)$ (streng) monoton wächst, wächst auf ganz $\mathbb{R}$ (streng) monoton. Eine gerade Funktion $f : \mathbb{R} \to \mathbb{R}$, die auf $[0,\infty)$ (streng) monoton wächst, fällt dagegen (streng) auf $(-\infty, 0]$. Beispiele sind etwa die Potenzfunktionen $f(x) = x^n$ mit $n \in \mathbb{N}$ oder die Wurzelfunktionen $f(x) = \sqrt[n]{x}$ mit einer ungeraden Zahl $n \in \mathbb{N}$. Beim Hyperbelsinus kann man aber auch direkt argumentieren; er wächst streng monoton als Summe der streng monoton wachsenden Funktionen $x \mapsto e^x/2$ und $x \mapsto -e^{-x}/2$.

Lösung (80.5) In beiden Fällen gelten die folgenden Äquivalenzen:

$$y = \cosh_i^{-1}(x) \Leftrightarrow \cosh(y) = x \Leftrightarrow x = \frac{e^y + e^{-y}}{2}$$
$$\Leftrightarrow 2x = e^y + e^{-y} \Leftrightarrow e^y - 2x + (1/e^y) = 0$$
$$\Leftrightarrow (e^y)^2 - 2xe^y + 1 = 0 \Leftrightarrow e^y = x \pm \sqrt{x^2-1}.$$

Die Unterscheidung kommt nun daher, welchen Zweig des Hyperbelcosinus wir betrachten. Für $y = \cosh_1^{-1}(x)$ muß $y \le 0$ gelten, also $e^y \le 1$ und damit $e^y = x - \sqrt{x^2-1}$. Für $y = \cosh_2^{-1}(x)$ muß dagegen $y \ge 0$ gelten, also $e^y \ge 1$ und damit $e^y = x + \sqrt{x^2-1}$. Wir erhalten also

$$\cosh_1^{-1}(x) = \ln\big(x - \sqrt{x^2-1}\big) \quad \text{und}$$
$$\cosh_2^{-1}(x) = \ln\big(x + \sqrt{x^2-1}\big).$$

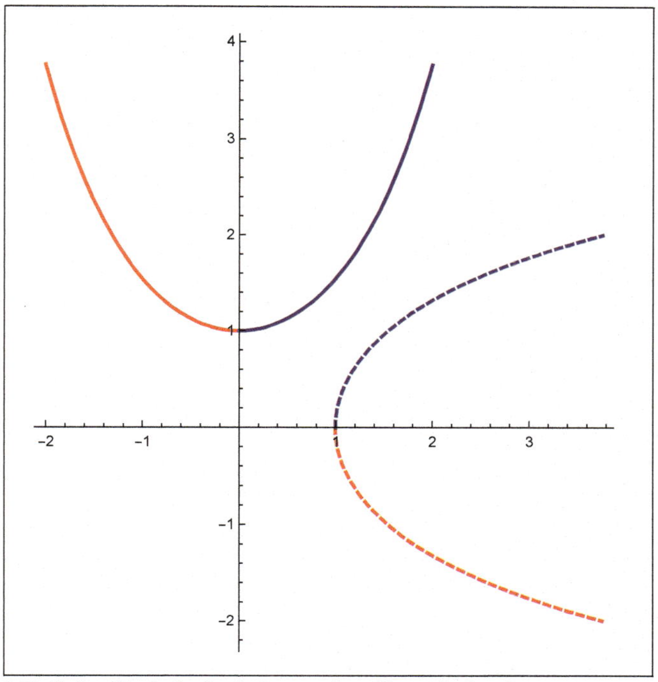

Mögliche Umkehrfunktionen des Hyperbelcosinus.

Lösung (80.6) Wir setzen $y := \operatorname{arcosh} x$, so daß $x = \cosh y$ mit $y \ge 0$ gilt. Dann ist $\sinh y = +\sqrt{\cosh^2 y - 1} = \sqrt{x^2-1}$ (also $y = \operatorname{arsinh}\sqrt{x^2-1}$) und

$$\tanh(y) = \frac{\sinh(y)}{\cosh(y)} = \frac{\sqrt{x^2-1}}{x},$$

also $y = \operatorname{artanh}(\sqrt{x^2-1}/x)$.

Lösung (80.7) Wir schreiben $v_1(t) := gt$ und $v_2(t) = v_G \tanh(gt/v_G)$. Wegen $\tanh(x) \to 1$ für $x \to \infty$ gilt $v_2(t) \to v_G$ für $t \to \infty$; die Größe v_G hat also die Bedeutung einer Grenzgeschwindigkeit, an die sich die Fallgeschwindigkeit asymptotisch annähert, ohne sie je zu erreichen. (Insbesondere bleibt also die Fallgeschwindigkeit beschränkt.) Das Verhalten der Fallgeschwindigkeiten v_1 und v_2 ist in der folgenden Skizze dargestellt.

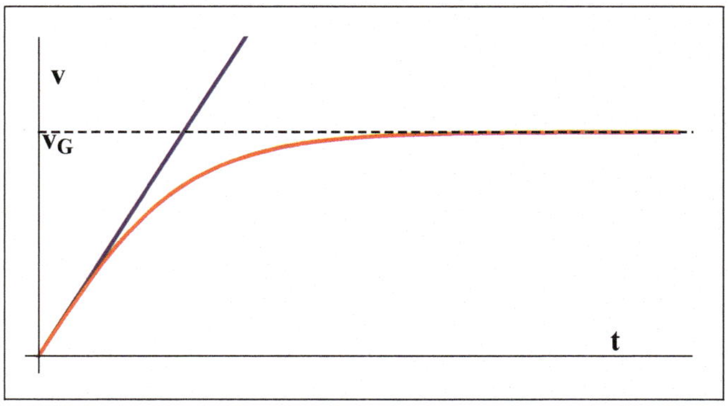

Fallgeschwindigkeit mit Luftwiderstand (rot) und ohne Luftwiderstand (blau).

Aufgaben zu »Hyperbel- und Areafunktionen« siehe Seite 86

Lösung (80.8) Die Gleichungen für ℓ und η lassen sich mit Hilfe der Differenzenformeln für die hyperbolischen Funktionen in der Form

$$(\star)\qquad \begin{aligned} \ell &= 2c^{-1}\sinh\left(\frac{c\xi}{2}\right)\cosh\left(\frac{c(a+b)}{2}\right) \\ \eta &= 2c^{-1}\sinh\left(\frac{c\xi}{2}\right)\sinh\left(\frac{c(a+b)}{2}\right) \end{aligned}$$

schreiben; Quadrieren beider Gleichungen und Subtrahieren der zweiten von der ersten liefert wegen der Identität $\cosh^2 - \sinh^2 = 1$ die Gleichung $\ell^2 - \eta^2 = 4c^{-2}\sinh^2(c\xi/2)$ bzw.

$$\sinh\left(\frac{c\xi}{2}\right) = \sqrt{\ell^2 - \eta^2}\cdot\frac{c}{2}.$$

Dies ist eine Gleichung für c allein. Faßt man die beiden Seiten der Gleichung als Funktionen von c auf und vergegenwärtigt man sich die Graphen dieser Funktionen, so erkennt man sofort, daß die Gleichung eine eindeutige positive Lösung $c > 0$ hat, die man numerisch leicht ermitteln kann. Sobald c bekannt ist, läßt sich $a + b$ aus $(\star)$ ermitteln; es gilt

$$a + b = \frac{2}{c}\cdot\operatorname{artanh}\left(\frac{\eta}{\ell}\right).$$

Man kennt dann $b+a$, wegen $b-a = \xi$ aber auch $b-a$ und damit $a = \big((b+a)-(b-a)\big)/2$ sowie $b = \big((b+a)+(b-a)\big)/2$.

Aufgaben zu »Hyperbel- und Areafunktionen« siehe Seite 86

L81: Metrische Räume

Lösung (81.1) Nach der Dreiecksungleichung gilt $d(x,z) \leq d(x,y) + d(y,z)$ und damit

$$(1) \qquad d(x,z) - d(y,z) \;\leq\; d(x,y).$$

Wiederum nach der Dreiecksungleichung und aufgrund der Symmetrie gilt $d(y,z) \leq d(y,x) + d(x,z) = d(x,y) + d(x,z)$ und damit

$$(2) \qquad d(y,z) - d(x,z) \;\leq\; d(x,y).$$

Wegen $|u| = \max(u, -u)$ für alle $u \in \mathbb{R}$ folgt aus (1) und (2) die Behauptung.

Lösung (81.2) Offensichtlich gilt $d(B,A) = d(A,B)$ für alle $A, B \in X$. Ferner gilt $d(A,B) \geq 0$ für alle $A, B \in X$, und es gelten die Äquivalenzen

$$\begin{aligned} d(A,B) = 0 &\Leftrightarrow A \setminus B = \emptyset \text{ und } B \setminus A = \emptyset \\ &\Leftrightarrow A \subseteq B \text{ und } B \subseteq A \\ &\Leftrightarrow A = B\,. \end{aligned}$$

Nun sei C eine dritte Menge. Mit den Bezeichnungen der Skizze haben wir dann

$$\begin{aligned} d(A,C) &= |A_0| + |AB| + |C_0| + |BC|, \\ d(C,B) &= |B_0| + |AB| + |C_0| + |AC| \end{aligned}$$

und folglich

$$\begin{aligned} & d(A,C) + d(C,B) \\ &= |A_0| + |AC| + |B_0| + |BC| + 2|AB| + 2|C_0| \\ &\geq |A_0| + |AC| + |B_0| + |BC| \;=\; d(A,B). \end{aligned}$$

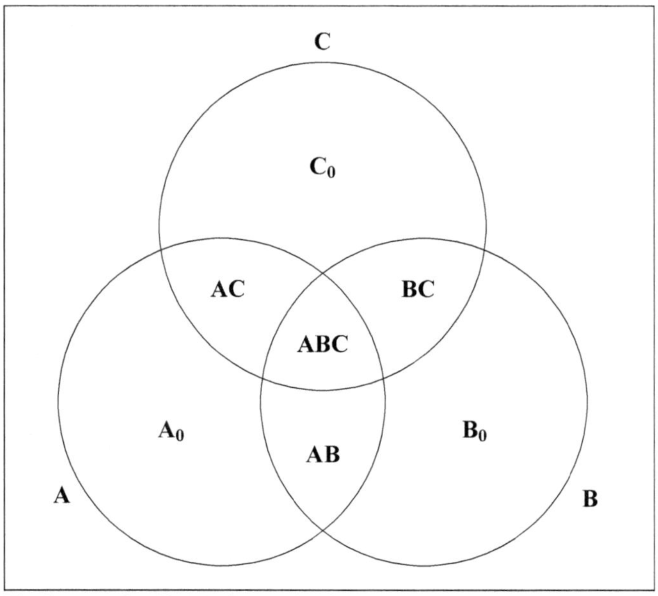

Nachweis der Dreiecksungleichung.

Lösung (81.3) Positive Definitheit und Symmetrie sind sofort klar; lediglich die Dreiecksungleichung $d(a,b) \leq d(a,u) + d(u,b)$ ist nachzuprüfen. Dazu geben wir zwei Beweise. Zunächst beobachten wir, daß die Indexmenge $I = \{1, \ldots, \ell\}$ in fünf disjunkte Teilmengen zerfällt, nämlich

$$\begin{aligned} I_1 &:= \{i \in I \mid u_i = a_i,\, u_i = b_i\}, \\ I_2 &:= \{i \in I \mid u_i \neq a_i,\, u_i = b_i\}, \\ I_3 &:= \{i \in I \mid u_i = a_i,\, u_i \neq b_i\}, \\ I_4 &:= \{i \in I \mid u_i \neq a_i,\, u_i \neq b_i,\, a_i = b_i\}, \\ I_5 &:= \{i \in I \mid u_i \neq a_i,\, u_i \neq b_i,\, a_i \neq b_i\}. \end{aligned}$$

Dann haben wir

$$\begin{aligned} d(a,b) &= |I_2| + |I_3| + |I_5|, \\ d(a,u) &= |I_2| + |I_4| + |I_5|, \\ d(u,b) &= |I_3| + |I_4| + |I_5|. \end{aligned}$$

und folglich

$$\begin{aligned} d(a,b) &= |I_2| + |I_3| + |I_5| \\ &\leq |I_2| + |I_3| + 2\,|I_4| + 2\,|I_5| \\ &= d(a,u) + d(u,b)\,. \end{aligned}$$

Noch etwas schneller kann man folgendermaßen argumentieren: $d(a,b)$ ist die Minimalzahl der Änderungen einzelner Textzeichen, die notwendig sind, um a in b zu überführen. Gelten also die Gleichungen $d(a,u) = m$ und $d(u,b) = n$, so kann man mit m Änderungen a in u und dann mit n Änderungen u in b überführen. Dann kann man aber mit $m+n$ Änderungen a in b überführen, und das bedeutet $m + n \geq d(a,b)$.

Lösung (81.4) Positive Definitheit und Symmetrie sind sofort klar, und beim Nachweis der Dreiecksungleichung kann man wie bei der Hamming-Metrik argumentieren: $d(a,b)$ ist die Minimalzahl der Änderungen, Streichungen und Einfügungen einzelner Textzeichen, die notwendig sind, um a in b zu überführen. Gelten also die Gleichungen $d(a,u) = m$ und $d(u,b) = n$, so kann man mit m Änderungen a in u und dann mit n Änderungen u in b überführen. Dann kann man aber mit $m+n$ Änderungen a in b überführen, und das bedeutet $m + n \geq d(a,b)$.

Wir beweisen nun die angegebenen Ungleichungen. Die Zahl $m := |\ell(x) - \ell(y)|$ ist der Längenunterschied zwischen den Wörtern x und y, und das mindeste, was zur Überführung des kürzeren in das längere Wort nötig ist, ist die Anfügung von m Textzeichen; also gilt $d(x,y) \geq m$. Die Zahl $n := \max\bigl(\ell(x), \ell(y)\bigr)$ ist die größere der beiden Wortlängen, und man kann auf jeden Fall das längere der beiden Wörter in das kürzere überführen, indem man sämtliche n Positionen des längeren Wortes abändert oder streicht; also gilt $d(x,y) \leq n$.

Aufgaben zu »Metrische Räume« siehe Seite 87

Lösung (81.5) Zunächst ist in jedem der vier Fälle die Funktion d wohldefiniert, weil von jedem Feld aus jedes andere Feld durch eine endliche Anzahl von Zügen erreichbar ist. (Das wäre etwa bei Verwendung eines Läufers anders.) Positive Definitheit ist unmittelbar klar. Symmetrie gilt, denn ist $(Z_1, Z_2, \ldots, Z_n)$ eine Zugfolge, mit der man von x nach y gelangt, so ist $(Z_n^{-1}, \ldots, Z_2^{-1}, Z_1^{-1})$ eine Zugfolge, die von y nach x führt. (Dabei bedeutet Z^{-1} die Ausführung des Zuges Z in umgekehrter Richtung.) Zum Nachweis der Dreiecksungleichung $d(x, y) \leq d(x, u) + d(u, y)$ setzen wir $m := d(x, u)$ und $n := d(u, y)$. Dann kann man mit m Zügen von x nach u und mit n Zügen von u nach y gelangen; Hintereinanderschaltung der beiden Zugfolgen zeigt dann, daß man mit $m + n$ Zügen von x nach y gelangen kann. Das bedeutet aber $d(x, y) \leq m + n = d(x, u) + d(u, y)$.

In jedem der folgenden Bilder ist in jedem Feld die Minimalzahl der Züge eingetragen, die man braucht, um von dem schwarz markierten Feld aus das jeweilige Feld zu erreichen. (Das Schachbrett kann man sich dabei in beide Richtungen unbegrenzt fortgesetzt denken; bei einem wirklichen Schachbrett muß man sich dann diejenigen Felder wegdenken, die jenseits des Randes liegen.)

4	4	4	4	4	4	4	4	4
4	3	3	3	3	3	3	3	4
4	3	2	2	2	2	2	3	4
4	3	2	1	1	1	2	3	4
4	3	2	1		1	2	3	4
4	3	2	1	1	1	2	3	4
4	3	2	2	2	2	2	3	4
4	3	3	3	3	3	3	3	4
4	4	4	4	4	4	4	4	4

1	2	2	2	1	2	2	2	1
2	1	2	2	1	2	2	1	2
2	2	1	2	1	2	1	2	2
2	2	2	1	1	1	2	2	2
1	1	1	1		1	1	1	1
2	2	2	1	1	1	2	2	2
2	2	1	2	1	2	1	2	2
2	1	2	2	1	2	2	1	2
1	2	2	2	1	2	2	2	1

2	2	2	2	1	2	2	2	2
2	2	2	2	1	2	2	2	2
2	2	2	2	1	2	2	2	2
2	2	2	2	1	2	2	2	2
1	1	1	1		1	1	1	1
2	2	2	2	1	2	2	2	2
2	2	2	2	1	2	2	2	2
2	2	2	2	1	2	2	2	2
2	2	2	2	1	2	2	2	2

4	3	2	3	2	3	2	3	4
3	2	3	2	3	2	3	2	3
2	3	4	1	2	1	4	3	2
3	2	1	2	3	2	1	2	3
2	3	2	3		3	2	3	2
3	2	1	2	3	2	1	2	3
2	3	4	1	2	1	4	3	2
3	2	3	2	3	2	3	2	3
4	3	2	3	2	3	2	3	4

Minimalzahlen von Zügen, um Felder vom mittleren Feld aus zu erreichen. Links oben: König. Rechts oben: Dame. Links unten: Turm. Rechts unten: Springer.

Lösung (81.6) (a) Positive Definitheit und Symmetrie sind klar; nur die Gültigkeit der Dreiecksungleichung ist nachzuprüfen. Es seien $a, b, c \in \mathbb{C}$ komplexe Zahlen. Liegen a und c auf einer gemeinsamen Ursprungsgeraden, so haben wir

$$\begin{aligned} d(a,c) &= |a-c| = |a-b+b-c| \\ &\leq |a-b| + |b-c| \\ &\leq d(a,b) + d(b,c). \end{aligned}$$

Liegen a und c nicht auf einer Ursprungsgeraden, so kann nicht gleichzeitig b mit a und mit c auf einer gemeinsamen Ursprungsgeraden liegen; o.B.d.A. nehmen wir an, a und b liegen nicht auf einer gemeinsamen Ursprungsgeraden. Dann gilt

$$\begin{aligned} d(a,c) &= |a| + |c| = |a| + |b+c-b| \\ &\leq |a| + |b| + |c-b| = d(a,b) + |c-b| \\ &\leq d(a,b) + d(b,c). \end{aligned}$$

(b) Ist $z = 0$, so ist $B_r(z)$ die offene Kreisscheibe um 0 mit dem Radius r; es sei also $z \neq 0$. Ist $r \leq |z|$, so ist $B_r(z)$ das Liniensegment der Länge $2r$ auf der Ursprungsgeraden durch z mit z als Mittelpunkt. Ist $r > |z|$, so ist $B_r(z)$ die Vereinigung des Liniensegments $\{tz \mid 0 < t < 2\}$ mit der offenen Kreisscheibe um den Nullpunkt mit Radius $r - |z|$.

(c) Es sei $K := \{z \in \mathbb{C} \mid |z-2| = 1\}$, und es seien z_1 und z_2 die Berührpunkte der beiden Tangenten, die man vom Nullpunkt aus an den Kreis K legen kann. Dann ist der gesuchte Rand gerade $K \setminus \{z_1, z_2\}$.

Lösung (81.7) Hier ist einfach nach den Formeln für den Abstand zwischen einem Punkt und einer Geraden, zwischen einem Punkt und einer Ebene sowie zwischen zwei Geraden gefragt. Gemäß Nummer (48.26) im Buch ist der Abstand eines Punktes P (mit Ortsvektor p) von der Geraden $g = a + \mathbb{R}v$ gegeben durch

$$\operatorname{dist}(\{P\}, g) = \frac{\|v \times (p-a)\|}{\|v\|}.$$

Gemäß (48.28) im Buch ist der Abstand eines Punktes P von einer Ebene E mit dem Aufpunkt A und dem Normalenvektor n gegeben durch

$$\operatorname{dist}(\{P\}, E) = \frac{|\langle p-a, n\rangle|}{\|n\|}.$$

Schließlich ist der Abstand zweier windschiefer Geraden $g_1 = a_1 + \mathbb{R}v_1$ und $g_2 = a_2 + \mathbb{R}v_2$ (für die also die Richtungsvektoren v_1 und v_2 linear unabhängig sind) gemäß (48.30) im Buch gegeben durch

$$\operatorname{dist}(g_1, g_2) = \left| \left\langle a_2 - a_1, \frac{v_1 \times v_2}{\|v_1 \times v_2\|} \right\rangle \right|.$$

Lösung (81.8) (a) Offensichtlich gilt $\widehat{d} \geq 0$ mit $\widehat{d}(A, A) = 0$ für alle $A \in \mathfrak{A}$. Aus $\widehat{d}(A, B) = 0$ folgt aber nicht $A = B$ (sondern nur $\overline{A} \cap \overline{B} \neq \emptyset$); also ist $\widehat{d}$ nicht positiv definit (außer in dem Trivialfall, daß X eine einpunktige Menge ist). Offensichtlich ist $\widehat{d}$ symmetrisch. Im allgemeinen erfüllt $\widehat{d}$ nicht die Dreiecksungleichung; betrachten wir etwa die Menge $X = \mathbb{R}$ mit ihrer Standardmetrik und die Mengen $A = \{0\}$, $B = \{1\}$ und $C = [0, 1]$, so haben wir $\widehat{d}(A, B) = 1 > 0 + 0 = \widehat{d}(A, C) + \widehat{d}(C, B)$.

Aufgaben zu »Metrische Räume« siehe Seite 87

(b) Die Tatsache, daß wir nur beschränkte Teilmengen von X betrachten, garantiert, daß $\widehat{d}$ nur reelle Werte (und nicht den Wert ∞) annimmt. Wählen wir nämlich einen festen Punkt $a_0 \in A$ und einen festen Punkt $b_0 \in B$, so gilt für alle $a \in A$ und alle $b \in B$ die Abschätzung

$$\begin{aligned} d(a,b) &\leq d(a,a_0) + d(a_0,b_0) + d(b_0,b) \\ &\leq \operatorname{diam}(A) + d(a_0,b_0) + \operatorname{diam}(B) < \infty; \end{aligned}$$

hieraus folgt $\widehat{d}(A,B) \leq \operatorname{diam}(A) + d(a_0,b_0) + \operatorname{diam}(B) < \infty$. Offensichtlich gilt $\widehat{d}(A,B) \geq 0$. Allerdings gilt $\widehat{d}(A,B) = 0$ nur dann, wenn $A = B = \{x_0\}$ mit einem Punkt $x_0 \in X$ gilt; aus $A = B$ folgt also nicht $\widehat{d}(A,B) = 0$. Damit ist $\widehat{d}$ nicht positiv definit. Offensichtlich ist $\widehat{d}$ symmetrisch. Wir zeigen nun, daß $\widehat{d}$ auch die Dreiecksungleichung erfüllt. Dazu seien $A, B, C \subseteq X$ nichtleere beschränkte Teilmengen und $\varepsilon > 0$ beliebig. Nach Definition von $\widehat{d}$ gibt es Elemente $a \in A$ und $b \in B$ mit $d(a,b) \geq \widehat{d}(A,B) - \varepsilon$. Ist nun $c \in C$ beliebig gewählt, so ergibt sich $\widehat{d}(A,B) \leq d(a,b) + \varepsilon \leq d(a,c) + d(c,b) + \varepsilon \leq \widehat{d}(A,C) + \widehat{d}(C,B) + \varepsilon$; also gilt

$$\widehat{d}(A,B) \leq \widehat{d}(A,C) + \widehat{d}(C,B) + \varepsilon$$

für alle $\varepsilon > 0$ und damit $\widehat{d}(A,B) \leq \widehat{d}(A,C) + \widehat{d}(C,B)$. Damit ist gezeigt, daß $\widehat{d}$ die Dreiecksungleichung erfüllt.

Lösung (81.9) (a) Anschaulich ist der Hausdorff-Abstand zwischen zwei Mengen A und B der größtmögliche Abstand, den ein Element einer der beiden Mengen zu der jeweils anderen Menge haben kann. Die Funktion $\widehat{d}$ ist wohldefiniert (d.h., es gilt $\widehat{d}(A,B) < \infty$ für alle A, B), weil wir von vornherein nur beschränkte Teilmengen von X betrachten. Offensichtlich gilt $\widehat{d}(A,B) \geq 0$ für alle A, B; Gleichheit gilt genau dann, wenn für alle $a \in A$ und alle $b \in B$ die Bedingungen $\operatorname{dist}(a,B) = 0$ und $\operatorname{dist}(b,A) = 0$ (also $a \in \overline{B}$ und $b \in \overline{A}$) erfüllt sind, wenn also die Inklusionen $A \subseteq \overline{B}$ und $B \subseteq \overline{A}$ gelten. Da wir von vornherein nur abgeschlossene Teilmengen von X betrachten, bedeutet dies $A \subseteq B$ und $B \subseteq A$, also $A = B$. Es bleibt die Dreiecksungleichung $\widehat{d}(A,B) \leq \widehat{d}(A,U) + \widehat{d}(U,B)$ nachzuweisen. Ist $a \in A$ ein beliebiges Element, so gibt es ein $u \in U$ mit $d(a,u) \leq \widehat{d}(A,U)$. Zu diesem Element u gibt es ein Element $b \in B$ mit $d(u,b) \leq \widehat{d}(U,B)$. Nach der Dreiecksungleichung gilt $d(a,b) \leq d(a,u) + d(u,b) \leq \widehat{d}(A,U) + \widehat{d}(U,B)$. Zu jedem $a \in A$ gibt es also ein $b \in B$ mit $d(a,b) \leq \widehat{d}(A,U) + \widehat{d}(U,B)$; das bedeutet $\operatorname{dist}(a,B) \leq \widehat{d}(A,U) + \widehat{d}(U,B)$. Da $a \in A$ beliebig war, gilt also

$$\sup_{a \in A} \operatorname{dist}(a,B) \leq \widehat{d}(A,U) + \widehat{d}(U,B).$$

Vollkommen analog erhalten wir

$$\sup_{b \in B} \operatorname{dist}(b,A) \leq \widehat{d}(A,U) + \widehat{d}(U,B).$$

Die beiden letzten Ungleichungen zusammen liefern dann $\widehat{d}(A,B) \leq \widehat{d}(A,U) + \widehat{d}(U,B)$.

(b) Der Hausdorff-Abstand zwischen K_1 und K_2 ist

$$\widehat{d}(K_1,K_2) = \|m_1 - m_2\| + |r_1 - r_2|.$$

Dieser Abstand hängt also sowohl davon ab, wie weit die Mengen auseinander liegen, als auch davon, inwieweit sie sich in ihrer geometrischen Gestalt (hier ihrer Größe) unterscheiden. Zum Nachweis müssen wir die verschiedenen Möglichkeiten betrachten, wie die beiden Kreisscheiben zueinander liegen.

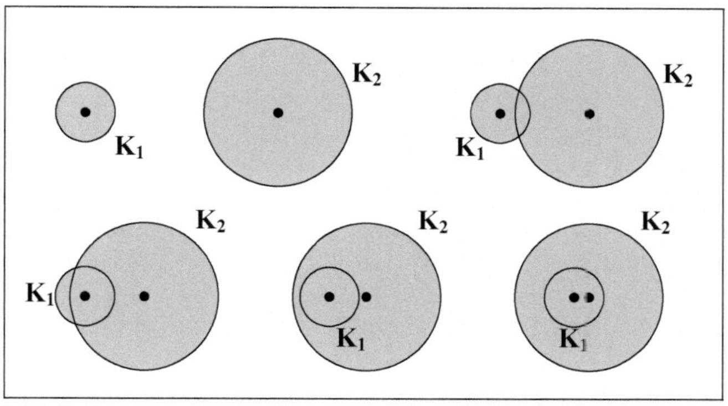

Mögliche gegenseitige Lagen zweier Kreisscheiben.

Wir betrachten beispielhaft den Fall, daß sich die beiden Kreisscheiben überlappen, aber keiner der Mittelpunkte in beiden Kreisscheiben enthalten ist.

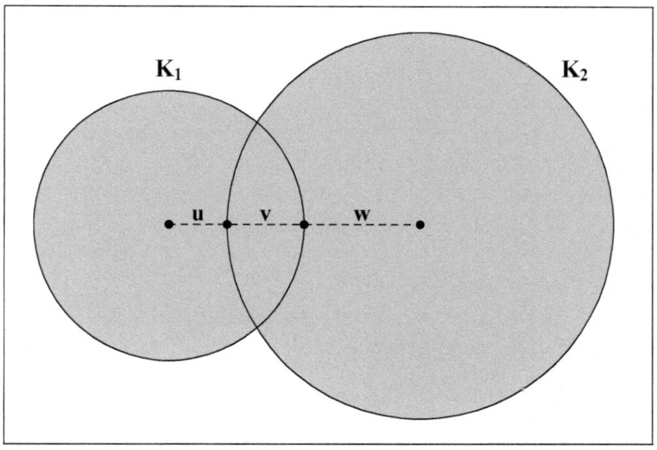

Mit den Bezeichnungen der Skizze haben wir $u + v = r_1$, $v + w = r_2$, $u + v + w = d =: \|m_1 - m_2\|$ und damit $v = r_1 + r_2 - d$ sowie $u = d - r_2$ und $w = d - r_1$. Es folgt

$$\begin{aligned} \widehat{d}(K_1,K_2) &= \max\Big(\sup_{a \in K_1} \operatorname{dist}(a,K_2), \sup_{b \in K_2} \operatorname{dist}(b,K_1)\Big) \\ &= \max(r_1+u, r_2+w) = \max(d+r_1-r_2, d+r_2-r_1) \\ &= d + |r_1 - r_2| = \|m_1 - m_2\| + |r_1 - r_2| \end{aligned}$$

und damit die Behauptung. In den anderen Fällen kann man diese Behauptung in völlig analoger Weise herleiten.

Aufgaben zu »Metrische Räume« siehe Seite 87

Lösung (81.10) Offensichtlich gilt $d \geq 0$. Gilt $x = y$, so folgt $d_i(x,y) = 0$ für $1 \leq i \leq n$ und damit $d(x,y) = 0$. Umgekehrt gelte $d(x,y) = 0$. Nach Voraussetzung gibt es einen Index i_0 mit $\alpha_{i_0} > 0$; aus $d(x,y) = 0$ folgt dann $d_{i_0}(x,y) = 0$ und daher $x = y$. Damit ist d positiv definit. Die Symmetrie von d folgt sofort aus der Symmetrie der Abbildungen d_i. Sind x, y, z Elemente von X, so gilt $d_i(x,y) \leq d_i(x,z) + d_i(z,y)$ für $1 \leq i \leq n$ und damit $d(x,y) = \sum_i \alpha_i d_i(x,y) \leq \sum_i \alpha_i \big(d_i(x,z) + d_i(z,y)\big) = \sum_i \alpha_i d_i(x,z) + \sum_i \alpha_i d_i(z,y) = d(x,z) + d(z,y)$; also erfüllt d auch die Dreiecksungleichung und ist daher eine Metrik auf X.

Lösung (81.11) (a) Wir schreiben $y = f(x) = x/(1+|x|)$; wegen $|y| = |x|/(1+|x|) < 1$ gilt dann $|y| < 1$, so daß f die Menge $\mathbb{R}$ tatsächlich in das Intervall $(-1,1)$ hinein abbildet. Wir sind fertig, wenn wir zeigen können, daß es zu jeder Zahl $y = (-1,1)$ genau eine Zahl $x \in \mathbb{R}$ gibt mit $y = x/(1+|x|)$. Für $y = 0$ ist $x = 0$ die eindeutige Lösung dieser Gleichung. Für $y > 0$ muß $x > 0$ und damit $|x| = x$ gelten, und die Gleichung geht über in $y = x/(1+x)$ bzw. $y + yx = x$, also $y = x(1-y)$ und damit $x = y/(1-y)$. Für $y < 0$ muß $x < 0$ und damit $|x| = -x$ gelten, und die Gleichung geht über in $y = x/(1-x)$ bzw. $y - yx = x$, also $y = x(1+y)$ und damit $x = y/(1+y)$. Die Gleichung $y = f(x)$ läßt sich also für jede Zahl $y \in (-1,1)$ in eindeutiger Weise nach x auflösen; in allen drei Fällen gilt $x = g(y)$ mit

$$g(y) := \frac{y}{1-|y|}.$$

Damit sind $f : \mathbb{R} \to (-1,1)$ und $g : (-1,1) \to \mathbb{R}$ zueinander inverse Bijektionen.

(b) Gilt $x_n \to x$ in $\mathbb{R}$, so gilt nach den Rechenregeln für Grenzwerte auch $f(x_n) = x_n/(1+|x_n|) \to x/(1+|x|) = f(x)$ für $n \to \infty$. Gilt umgekehrt $y_n \to y$ in $(-1,1)$, so gilt nach den Rechenregeln für Grenzwerte auch $g(y_n) = y_n/(1-|y_n|) \to y/(1-|y|) = g(y)$. Damit ist die Behauptung bewiesen.

(c) Gilt $x_n \to \infty$, so ist $x_n > 0$ für alle genügend großen Indices n und damit

$$|f(x_n) - 1| = \left|\frac{x_n}{1+x_n} - 1\right| = \frac{1}{1+x_n} \to 0$$

und damit $f(x_n) \to 1$ für $n \to \infty$. Gilt dagegen $x_n \to -\infty$, so ist $x_n < 0$ für alle genügend großen Indices n und damit

$$|f(x_n) - (-1)| = \left|\frac{x_n}{1-x_n} + 1\right| = \frac{1}{1-x_n} \to 0$$

und damit $f(x_n) \to -1$ für $n \to \infty$.

(d) Wir identifizieren $\mathbb{R}$ mit $(-1,1)$ unter der Abbildung f; wegen (b) bleibt dabei die Konvergenzstruktur von $\mathbb{R}$ erhalten. (In technischem Jargon: die Abbildung f ist ein Homöomorphismus.) Fügen wir dann zu $\mathbb{R}$ formal zwei neue Elemente $-\infty$ und ∞ hinzu und identifizieren wir diese mit den Elementen -1 und 1, so hat $\overline{\mathbb{R}} := \mathbb{R} \cup \{\pm\infty\}$ mit der dadurch definierten Konvergenzstruktur die gewünschten Eigenschaften.

Erweiterte Zahlengerade $\overline{\mathbb{R}}$.

Lösung (81.12) (a) Die Verbindungsgerade zwischen den Punkten $(0,1)$ und $(\xi, 0)$ hat die Parameterdarstellung

$$\lambda \mapsto \begin{bmatrix} 0 \\ 1 \end{bmatrix} + \lambda \begin{bmatrix} \xi \\ -1 \end{bmatrix} = \begin{bmatrix} \lambda\xi \\ 1-\lambda \end{bmatrix}.$$

Die Punkte, an denen diese Gerade die Sphäre $\mathbb{S}^n$ schneidet, sind gegeben durch die Parameterwerte λ mit

$$\begin{aligned} 1 &= \left\| \begin{bmatrix} \lambda\xi \\ 1-\lambda \end{bmatrix} \right\|^2 = \lambda^2 \|\xi\|^2 + (1-\lambda)^2 \\ &= \lambda^2(\|\xi\|^2 + 1) + 1 - 2\lambda \end{aligned}$$

und damit $\lambda^2(1 + \|\xi\|^2) = 2\lambda$. Eine Lösung ist selbstverständlich $\lambda = 0$ (dieser Parameterwert liefert den Nordpol der Sphäre); der andere ist gegeben durch $\lambda = 2/(1 + \|\xi\|^2)$. Eine Bijektion $p : \mathbb{R}^n \to \mathbb{S}^n \setminus \{N\}$ ist also gegeben durch

$$(\star) \qquad p(\xi) = \frac{1}{\|\xi\|^2 + 1} \begin{bmatrix} 2\xi \\ \|\xi\|^2 - 1 \end{bmatrix}.$$

Die Umkehrabbildung p^{-1} ist dadurch gegeben, daß $p^{-1}(x)$ der Durchstoßpunkt der Verbindungsgeraden von $(0,1)$ und x mit der Hyperebene $\mathbb{R}^n \times \{0\}$ ist. Schreiben wir $n := (0,1)$ und $x = (\widehat{x}, x_{n+1})$ mit $\widehat{x} \in \mathbb{R}^n$, so ist die definierende Bedingung gegeben durch

$$\begin{bmatrix} p^{-1}(x) \\ 0 \end{bmatrix} = \begin{bmatrix} 0 \\ 1 \end{bmatrix} + \lambda \begin{bmatrix} \widehat{x} \\ x_{n+1} - 1 \end{bmatrix} = \begin{bmatrix} \lambda\widehat{x} \\ 1 + \lambda(x_{n+1} - 1) \end{bmatrix}.$$

Der letzten Komponente entnehmen wir $\lambda = 1 - x_{n+1}$; es ergibt sich dann

$$(\star\star) \qquad p^{-1}(x) = \frac{1}{1 - x_{n+1}} \widehat{x} = \frac{1}{1 - x_{n+1}} \begin{bmatrix} x_1 \\ \vdots \\ x_n \end{bmatrix}.$$

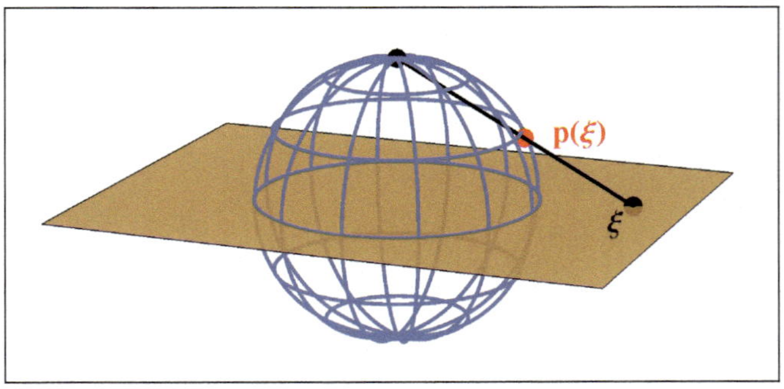

Stereographische Projektion.

(b) Gilt $\xi^{(k)} \to \xi$, so folgt aus der expliziten Darstellung ($\star$) sofort $p(\xi^{(k)}) \to p(\xi)$ nach den Rechenregeln für Grenzwerte. Gilt umgekehrt $x^{(k)} \to x$ in $\mathbb{S}^n \setminus \{N\}$, so gilt $x_{n+1}^{(k)} \neq 0$ für hinreichend große Indices k; aus der expliziten Darstellung ($\star\star$) folgt dann sofort $p^{-1}(x^{(k)}) \to p^{-1}(x)$ nach den Rechenregeln für Grenzwerte.

(c) Gilt $\|\xi^{(k)}\| \to \infty$, so folgt aus der expliziten Darstellung ($\star$) sofort $\varphi(x^{(k)}) \to N$ nach den Rechenregeln für Grenzwerte. Gilt umgekehrt $x^{(k)} \to N$ und schreiben wir $x^{(k)} = (\widehat{x}^{(k)}, x_{n+1}^{(k)}) \in \mathbb{R}^n \times \mathbb{R}$, so bedeutet dies $\|\widehat{x}^{(k)}\| \to 0$ und $x_{n+1}^{(k)} \to 1$ für $k \to \infty$; aus der expliziten Darstellung ($\star\star$) folgt dann $\|p^{-1}(x^{(k)})\| \to \infty$.

(d) Wir identifizieren $\mathbb{R}^n$ mit $\mathbb{S}^n \setminus \{N\}$ unter den Abbildungen φ und ψ; wegen (b) bleibt dabei die Konvergenzstruktur von $\mathbb{R}^n$ erhalten. Fügen wir dann zu $\mathbb{R}^n$ formal ein neues Elemente ∞ hinzu und identifizieren wir dieses mit dem Nordpol N, so hat $X := \mathbb{R}^n \cup \{\infty\}$ mit der dadurch definierten Konvergenzstruktur die gewünschten Eigenschaften. Die resultierende Metrik auf $\mathbb{R}^n$ ist dann gegeben durch $d(\xi, \eta) = \|p(\xi) - p(\eta)\|$. Die folgende Rechnung liefert eine explizite Darstellung dieser Metrik:

$$\begin{aligned}
\|p(\xi) - p(\eta)\|^2 &= \langle p(\xi) - p(\eta), p(\xi) - p(\eta)\rangle \\
= \|p(\xi)\|^2 - 2\langle p(\xi), p(\eta)\rangle + \|p(\eta)\|^2 &= 2 - 2\langle p(\xi), p(\eta)\rangle \\
&= \frac{2\big((\|\xi\|^2+1)(\|\eta\|^2+1) - 4\langle \xi, \eta\rangle - (\|\xi\|^2-1)(\|\eta\|^2-1)\big)}{(\|\xi\|^2+1)(\|\eta\|^2+1)} \\
&= \frac{4\big(\|\xi\|^2 - 2\langle \xi, \eta\rangle + \|\eta\|^2\big)}{(\|\xi\|^2+1)(\|\eta\|^2+1)} = \frac{4\|\xi - \eta\|^2}{(\|\xi\|^2+1)(\|\eta\|^2+1)}.
\end{aligned}$$

Es gilt also

$$d(\xi, \eta) = \|p(\xi) - p(\eta)\| = \frac{2\|\xi - \eta\|}{\sqrt{\|\xi\|^2+1} \cdot \sqrt{\|\eta\|^2+1}}.$$

Der Ausdruck $d(\xi, \eta)$ wird manchmal auch als **chordaler Abstand** zwischen ξ und η bezeichnet.

Bemerkung: In der Literatur wird zuweilen als stereographische Projektion nicht die Projektion auf die Einheitssphäre bezeichnet, sondern die Projektion auf die Sphäre mit Radius 1 und Mittelpunkt $(0, 1/2) \in \mathbb{R}^n \times \mathbb{R}$, deren Südpol mit dem Nullpunkt von $\mathbb{R}^{n+1}$ zusammenfällt. Die oben angegebenen Formeln ändern sich dann geringfügig.

Lösung (81.13) (a) Die Symmetrie und die Gültigkeit der Dreiecksungleichung übertragen sich sofort von d auf D, und zwar völlig unabhängig von den Eigenschaften von f; ebenso gilt offensichtlich $D \geq 0$. Wegen $D(x_1, x_2) = 0 \Leftrightarrow d\big(f(x_1), f(x_2)\big) \Leftrightarrow f(x_1) = f(x_2)$ ist D genau dann positiv definit, wenn aus $f(x_1) = f(x_2)$ schon $x_1 = x_2$ folgt. Also ist D genau dann eine Metrik, wenn f injektiv ist.

(b) Dies ist ein Spezialfall von (a) $\big($mit $d(x, y) = |x - y|$ und $f(x) = \arctan(x)\big)$; da f injektiv ist, ist D eine Metrik. Wir können $D(x_1, x_2)$ deuten als den Winkel $\angle\big((x_1, 0), (0, 1), (0, x_2)\big)$.

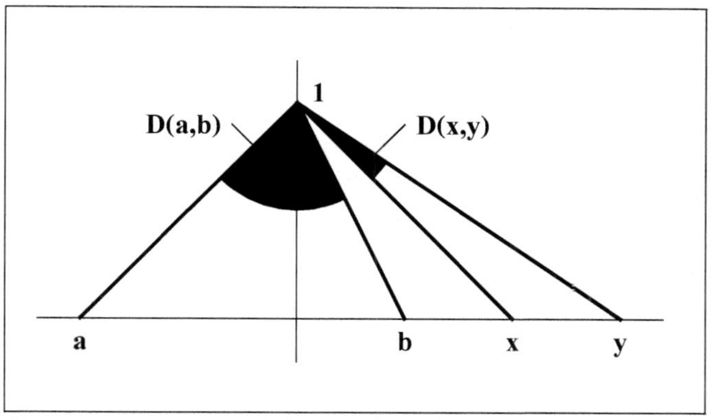

Geometrische Deutung der in (b) angegebenen Metrik.

Lösung (81.14) Wegen $\varphi\big([0, \infty)\big) \subseteq [0, \infty)$ nimmt φ nur nichtnegative Werte an. Wegen Bedingung (1) gilt $d'(x, y) = 0$ genau dann, wenn $d(x, y) = 0$ gilt; weil d eine Metrik ist, ist dies genau dann der Fall, wenn $x = y$ gilt. Die Symmetrie von d' folgt sofort aus derjenigen von d. Für alle Elemente $x, y, z \in X$ gilt ferner $d(x, y) \leq d(x, z) + d(z, y)$; hieraus folgt

$$\varphi\big(d(x, y)\big) \leq \varphi\big(d(x, z) + d(z, y)\big) \leq \varphi\big(d(x, z)\big) + \varphi\big(d(z, y)\big),$$

wobei die erste Ungleichung wegen (2) gilt, die zweite wegen (3). Damit haben wir aber $d'(x, y) \leq d'(x, z) + d'(z, y)$; also überträgt sich auch die Gültigkeit der Dreiecksungleichung von d auf d'.

Lösung (81.15) Die Funktion $d_1 = \sqrt{d}$ ist stets eine Metrik; dies folgt aus Aufgabe (81.14) mit $\varphi(u) := \sqrt{u}$. Die Funktion $d_2 = d^2$ ist positiv definit und symmetrisch; die Frage ist also, ob d_2 auch die Dreiecksungleichung erfüllt. Dies ist manchmal der Fall (etwa, wenn d die diskrete Metrik auf X ist, denn dann ist einfach $d_2 = d$), aber nicht immer. $\big($Ist etwa d die übliche Metrik auf $\mathbb{R}$, so gilt $d_2(0, 1) = 1 > (1/4) + (1/4) = d_2(0, 1/2) + d_2(1/2, 1)$.$\big)$ Also ist d_2 manchmal, aber nicht immer eine Metrik.

Lösung (81.16) Positive Definitheit und Symmetrie übertragen sich von d_1 und d_2 auf jede der vier aufgeführten Abbildungen; lediglich die Gültigkeit der Dreiecksungleichung ist nachzuprüfen. Dazu seien jeweils drei Elemente $a, b, c \in X$ beliebig vorgegeben; wir schreiben abkürzend

$$\begin{aligned}
u_1 &:= d_1(a, c), & v_1 &:= d_1(a, b), & w_1 &:= d_1(b, c), \\
u_2 &:= d_2(a, c), & v_2 &:= d_2(a, b), & w_2 &:= d_2(b, c);
\end{aligned}$$

und haben dann $u_1 \leq v_1 + w_1$ sowie $u_2 \leq v_2 + w_2$ aufgrund der Dreiecksungleichung für d_1 bzw. d_2.

(a) Für $d := d_1 + d_2$ erhalten wir

$$\begin{aligned}
d(a, c) &= u_1 + u_2 \leq (v_1 + w_1) + (v_2 + w_2) \\
&= (v_1 + v_2) + (w_1 + w_2) = d(a, b) + d(b, c).
\end{aligned}$$

Aufgaben zu »Metrische Räume« siehe Seite 87

(b) Für $d := \max(d_1, d_2)$ erhalten wir

$$\begin{aligned} u_1 &\leq v_1+w_1 \leq \max(v_1,v_2)+\max(w_1,w_2) \\ &= d(a,b)+d(b,c), \\ u_2 &\leq v_2+w_2 \leq \max(v_1,v_2)+\max(w_1,w_2) \\ &= d(a,b)+d(b,c) \end{aligned}$$

und folglich $d(a,c) = \max(u_1,u_2) \leq d(a,b) + d(b,c)$.

(d) Für $d := \sqrt{d_1^2 + d_2^2}$ erhalten wir

$$\begin{aligned} &\big(d(a,b) + d(b,c)\big)^2 - d(a,c)^2 \\ &= \big(\sqrt{v_1^2+v_2^2} + \sqrt{w_1^2+w_2^2}\big)^2 - (u_1^2 + u_2^2) \\ &\geq \big(\sqrt{v_1^2+v_2^2} + \sqrt{w_1^2+w_2^2}\big)^2 - (v_1+w_1)^2 - (v_2+w_2)^2 \\ &= 2\big(\sqrt{v_1^2+v_2^2}\sqrt{w_1^2+w_2^2} - v_1w_1 - v_2w_2\big) \geq 0, \end{aligned}$$

wobei man die Gültigkeit der letzten Ungleichung dadurch erweist, daß man sie in der Form $\sqrt{v_1^2+v_2^2}\sqrt{w_1^2+w_2^2} \geq v_1w_1 + v_2w_2$ hinschreibt und dann beide Seiten quadriert. Also gilt $\big(d(a,b) + d(b,c)\big)^2 \geq d(a,c)^2$ und damit auch $d(a,b) + d(b,c) \geq d(a,c)$.

(c) Die vorausgegangenen Rechnungen zeigen, daß mit d_1 und d_2 auch $d_1 + d_2$, $\max(d_1,d_2)$ und $\sqrt{d_1^2 + d_2^2}$ Metriken auf X sind. Für $\min(d_1,d_2)$ trifft das nicht allgemein zu, und zwar im wesentlichen deswegen, weil wir aus $u_1 \leq v_1 + w_1$ und $u_2 \leq v_2 + w_2$ *nicht* folgern können, daß auch $\min(u_1,u_2) \leq \min(v_1,v_2) + \min(w_1,w_2)$ gilt. Beispielsweise können wir (X,d_1) und (X,d_2) als Varianten des "French Railroad Space" aus Aufgabe (81.6) wählen, wobei der in der folgenden Skizze mit "Paris 1" bzw. "Paris 2" bezeichnete Punkt die Rolle des Ursprungs übernimmt.

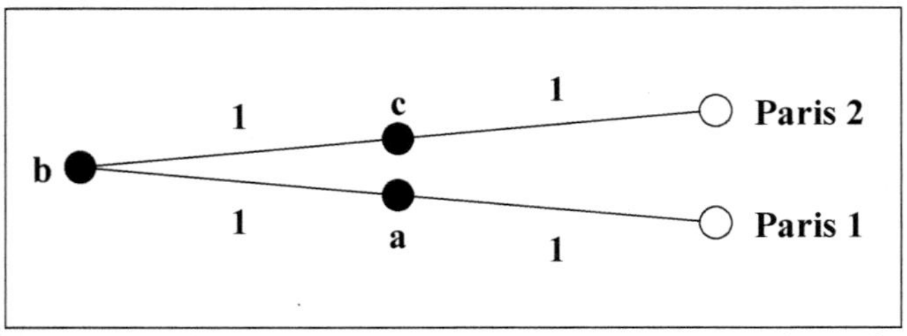

Beispiel zweier Metriken d_1 und d_2, für die $\min(d_1,d_2)$ keine Metrik ist.

Mit a,b,c wie in der Skizze haben wir dann

$$\begin{aligned} d_1(a,c) &= 2+\varepsilon, & d_1(a,b) &= 1, & d_1(b,c) &> 3, \\ d_2(a,c) &= 2+\varepsilon, & d_2(a,b) &> 3, & d_2(b,c) &= 1, \end{aligned}$$

wobei $\varepsilon > 0$ eine kleine Zahl ist. Mit $d := \min(d_1,d_2)$ gilt daher $d(a,c) = 2+\varepsilon > 1+1 = d(a,b) + d(b,c)$.

Lösung (81.17) (a) Offensichtlich ist D positiv definit und symmetrisch; nur die Dreiecksungleichung $D(x,z) \leq D(x,y) + D(y,z)$ ist zu zeigen. Diese gilt trivialerweise für $x = z$; es sei also $x \neq z$. Wir erhalten dann

$$\begin{aligned} D(x,z) &= \frac{d(x,z)}{d(x,z)+d(x,a)+d(a,z)} \\ &\leq \frac{d(x,y)+d(y,z)}{d(x,y)+d(y,z)+d(x,a)+d(a,z)} \\ &= \frac{d(x,y)}{d(x,y)+d(y,z)+d(x,a)+d(a,z)} \\ &\quad + \frac{d(y,z)}{d(x,y)+d(y,z)+d(x,a)+d(a,z)} \\ &\leq \frac{d(x,y)}{d(x,y)+d(y,a)+d(x,a)} + \frac{d(y,z)}{d(y,z)+d(y,a)+d(a,z)} \\ &= D(x,y) + D(y,z). \end{aligned}$$

Hierbei gilt die erste Ungleichung aufgrund des Hinweises, die zweite aufgrund der Verkleinerung der beiden Nenner durch Anwenden der Dreiecksungleichung für d.

(b) Wegen $A = \emptyset$ gilt $d(A,X) = |X|$ für alle $X \in \mathfrak{P}_{\text{endlich}}(M)$. Für alle $X,Y \in \mathfrak{P}_{\text{endlich}}(M)$ gilt daher

$$\begin{aligned} 2D(X,Y) &= \frac{2\big(|X\cup Y| - |X\cap Y|\big)}{|X| + \big(|X\cup Y| - |X\cap Y|\big) + |Y|} \\ &= \frac{2\big(|X\cup Y| - |X\cap Y|\big)}{|X\cup Y| + \big(|X| + |Y| - |X\cap Y|\big)} \\ &= \frac{2\big(|X\cup Y| - |X\cap Y|\big)}{2|X\cup Y|} \\ &= \frac{|X\cup Y| - |X\cap Y|}{|X\cup Y|} = 1 - \frac{|X\cap Y|}{|X\cup Y|}. \end{aligned}$$

Lösung (81.18) Wir beobachten zunächst, daß d wohldefiniert ist, denn wegen $d/(1+d) < 1$ für alle $d \geq 0$ ist die geometrische Reihe $\sum_{i=1}^{\infty}(1/2)^i$ eine konvergente Majorante der die Funktion d definierenden Reihe. Offensichtlich gilt $d \geq 0$, und es gelten die Äquivalenzen $d(x,y) = 0 \Leftrightarrow d_i(x_i,y_i) = 0$ für alle $i \Leftrightarrow x_i = y_i$ für alle $i \Leftrightarrow x = y$. Da alle d_i symmetrisch sind, folgt sofort auch die Symmetrie von d. Es bleibt die Dreiecksungleichung zu zeigen. Dazu beachten wir, daß nach Aufgabe (81.14) mit d_i auch $D_i := d_i/(1+d_i)$ eine Metrik auf X_i ist und damit die Dreiecksungleichung erfüllt. Für alle $x,y,u \in X$ ergibt sich dann

$$\begin{aligned} d(x,y) &= \sum_{i=1}^{\infty} \frac{D_i(x_i,y_i)}{2^i} \leq \sum_{i=1}^{\infty} \frac{D_i(x_i,u_i) + D_i(u_i,y_i)}{2^i} \\ &= \sum_{i=1}^{\infty} \frac{D_i(x_i,u_i)}{2^i} + \sum_{i=1}^{\infty} \frac{D_i(u_i,y_i)}{2^i} = d(x,u) + d(u,y). \end{aligned}$$

Damit ist nachgewiesen, daß d eine Metrik auf X ist. Es bleibt zu zeigen, daß Konvergenz bezüglich dieser Metrik genau komponentenweise Konvergenz bedeutet.

Wir nehmen zunächst an, daß $d(x^{(k)},x) \to 0$ für $k \to \infty$ gilt. Für jedes feste i gilt dann $D_i(x_i^{(k)},x_i)/2^i \leq d(x^{(k)},x)$, folglich $D_i(x_i^{(k)},x_i) \leq 2^i\, d(x^{(k)},x) \to 0$ für $k \to \infty$, wegen $d_i = D_i/(1-D_i)$ also auch $d_i(x_i^{(k)},x_i) \to 0$. Damit ist gezeigt, daß aus $x^{(k)} \to x$ in X für jedes feste i schon $x_i^{(k)} \to x_i$ in X_i folgt. Konvergenz in X impliziert also komponentenweise Konvergenz.

Wir nehmen nun umgekehrt an, daß für jedes feste $i \in \mathbb{N}$ die Konvergenzaussage $x_i^{(k)} \to x_i$ für $k \to \infty$ gilt; wir müssen zeigen, daß dann $x^{(k)} \to x$ gilt. Es sei $\varepsilon > 0$ beliebig. Aufgrund der Konvergenz der Reihe $\sum_{i=1}^{\infty} 1/2^i$ gibt es eine Zahl $N \in \mathbb{N}$ mit $\sum_{i=N+1}^{\infty} 1/2^i < \varepsilon/2$. Für jedes feste i gibt es wegen $x_i^{(k)} \to x_i$ einen Index K_i mit $d_i(x_i^{(k)},x_i) < \varepsilon/2$ für alle $k \geq K_i$. Setze $K := \max(K_1,\ldots,K_N)$. Für alle $k \geq K$ erhalten wir unter Ausnutzung des monotonen Wachstums der Funktion $t \mapsto t/(1+t)$ dann

$$\begin{aligned} d(x^{(k)},x) &= \sum_{i=1}^{\infty} \frac{1}{2^i} \frac{d_i(x_i^{(k)},x_i)}{1+d_i(x_i^{(k)},x_i)} \\ &= \sum_{i=1}^{N} \frac{1}{2^i} \frac{d_i(x_i^{(k)},x_i)}{1+d_i(x_i^{(k)},x_i)} + \sum_{i=N+1}^{\infty} \frac{1}{2^i} \frac{d_i(x_i^{(k)},x_i)}{1+d_i(x_i^{(k)},x_i)} \\ &\leq \sum_{i=1}^{N} \frac{1}{2^i} \frac{\varepsilon/2}{1+(\varepsilon/2)} + \sum_{i=N+1}^{\infty} \frac{1}{2^i} \cdot 1 \\ &\leq \sum_{i=1}^{N} \frac{1}{2^i} \cdot (\varepsilon/2) + \sum_{i=N+1}^{\infty} \frac{1}{2^i} < \frac{\varepsilon}{2} + \frac{\varepsilon}{2} = \varepsilon, \end{aligned}$$

wobei wir im letzten Schritt die Abschätzung $\sum_{i=1}^{N} 1/2^i < \sum_{i=1}^{\infty} (1/2)^i = 1$ ausnutzten. Da $\varepsilon > 0$ beliebig gewählt war, ist hiermit gezeigt, daß $x^{(k)} \to x$; komponentenweise Konvergenz impliziert also Konvergenz in (X,d).

Lösung (81.19) (a) Da die diskrete Metrik d nur die Werte 0 und 1 annehmen kann, bleibt nur zu zeigen, daß nicht $d(x,y) = 1$ gelten kann, wenn es ein Element u mit $d(x,u) = 0$ und $d(u,y) = 0$ gibt. Aus $d(x,u) = 0$ und $d(u,y) = 0$ folgt aber $x = u$ und $u = y$, damit $x = y$ und folglich $d(x,y) = 0$.

(b) Positive Definitheit und Symmetrie sind klar; nur die Dreiecksungleichung (in ihrer verschärften Form) ist nachzuweisen. Es seien m der erste Index i mit $x_i \neq u_i$ und n der erste Index i mit $u_i \neq y_i$; ist dann $k := \min(m,n)$, so stimmen sowohl x und u als auch u und y jeweils in den ersten $k-1$ Positionen überein; der erste Index, an dem sich x und y unterscheiden können, ist also k. Damit gilt $\min\{i \in \mathbb{N} \mid x_i \neq y_i\} \geq k$, folglich $d(x,y) \leq 1/k = 1/\min(m,n) = \max\bigl(1/m, 1/n\bigr) = \max\bigl(d(x,u), d(u,y)\bigr)$.

(c) Positive Definitheit und Symmetrie sind klar; nur die verschärfte Dreiecksungleichung $d(x,y) \leq \max\bigl(d(x,u), d(u,y)\bigr)$ ist zu beweisen. Diese gilt trivialerweise, wenn zwei der drei Elemente x,y,z gleich sind; wir dürfen also annehmen, daß x,y,z paarweise verschieden sind. Die verschärfte Dreiecksungleichung ist dann äquivalent zu $v_p(x-y) \geq \min\bigl(v_p(x-u), v_p(u-y)\bigr)$, mit $\xi := x-u$ und $\eta := u-y$ also zu der Bedingung

$$(\star) \qquad v_p(\xi+\eta) \geq \min\bigl(v_p(\xi), v_p(\eta)\bigr).$$

Wir setzen $m := v_p(\xi)$ und $n := v_p(\eta)$; es gibt dann zu p teilerfremde Zahlen q und r mit $\xi = \pm p^m q$ und $\eta = \pm p^n r$. Dann ist aber $\xi+\eta$ durch $p^{\min(m,n)}$ teilbar, und das bedeutet schon $v_p(\xi+\eta) \geq \min(m,n) = \min\bigl(v_p(\xi), v_p(\eta)\bigr)$. Damit ist $(\star)$ gezeigt.

Lösung (81.20) (a) Nehmen wir in Aufgabe (81.5) einen Läufer (statt eines Königs, Turms, Springers oder einer Dame) und setzen wir $d(x,y) := \infty$, wenn von x keine endliche Folge von Zügen zu y führt, so erhalten wir eine Fastmetrik, die keine Metrik ist.

(b) Wählen wir eine Funktion φ wie in Aufgabe (81.14), für die $\xi := \lim_{u\to\infty} \varphi(u)$ als endlicher Grenzwert existiert, und setzen wir $\varphi(\infty) := \xi$, so definiert $d'(x,y) := \varphi\bigl(d(x,y)\bigr)$ eine echte Metrik auf X, auch wenn d nur eine Fastmetrik ist. (Für $\varphi(u) = u/(1+u)$ ist etwa $\xi = 1$.)

Lösung (81.21) (a) Es sei X die Menge aller beschränkten Zahlenfolgen über $\mathbb{K} = \mathbb{R}$ oder $\mathbb{C}$; diese Menge bildet einen Vektorraum über $\mathbb{K}$. Für $a = (a_1, a_2, a_3, \ldots) \in X$ definieren wir

$$\|a\| := \inf\{C \geq 0 \mid |a_i| \leq C \text{ für fast alle } i\},$$

wobei "fast alle" zu verstehen ist als "alle mit endlich vielen Ausnahmen". (Beachte, daß auch Null eine endliche Zahl ist!) Dann hat $\|\cdot\|$ die folgenden Eigenschaften:

- $\|a\| = 0$ für alle $a \in X$ mit Gleichheit genau dann, wenn a nur endlich viele von Null verschiedene Glieder hat;
- $\|\lambda a\| = |\lambda|\,\|a\|$ für alle $a \in X$ und alle $\lambda \in \mathbb{K}$;
- $\|a+b\| \leq \|a\| + \|b\|$ für alle $a,b \in \mathbb{K}$ (was daraus folgt, daß es nur endliche Ausnahmemengen I und J gibt mit $|a_i| > \|a\|$ und $|b_j| > \|b\|$ für $i \in I$ und $j \in J$, so daß dann für alle k außerhalb der endlichen Menge $I \cup J$ die Abschätzung $|a_k+b_k| \leq |a_k|+|b_k| \leq \|a\|+\|b\|$ gilt, die $\|a+b\| \leq \|a\| + \|b\|$ nach sich zieht).

Die Abbildung $\|\cdot\|$ ist also "fast" eine Norm, und es ist leicht nachzuprüfen, daß durch $d(a,b) := \|a-b\|$ eine Fastmetrik auf X definiert ist. Es handelt sich nicht um eine Metrik, weil $d(a,b) = 0$ genau dann gilt, wenn sich a und b nur in endlich vielen Komponenten unterscheiden (und nicht etwa nur dann, wenn a und b sogar gleich sind).

Bemerkung: Etwas weniger künstliche Beispiele kann man angeben, wenn der Maß- bzw. Integralbegriff zur Verfügung steht. Es sei etwa X die Menge aller (im Riemannschen oder Lebesgueschen Sinne) integrierbaren Funktionen $f : [a,b] \to \mathbb{R}$. Dann ist eine Halbmetrik gegeben durch

$$d(f,g) := \int_a^b |f-g|.$$

(Dies ist keine Metrik, weil aus $d(f,g) = 0$ nicht $f = g$ folgt, sondern nur $f = g$ fast überall, d.h., außerhalb einer Nullmenge.) Ein verwandtes Beispiel erhalten wir, wenn wir für X die Menge aller (Jordan- oder Lebesgue-) meßbaren Teilmengen von $\mathbb{R}^n$ nehmen und $d : X \times X \to [0, \infty)$ durch

$$d(A, B) := \mu(A \setminus B) + \mu(B \setminus A)$$

definieren. (Vgl. Aufgabe (81.2).) Dies definiert keine Metrik, weil aus $d(A, B) = 0$ nicht $A = B$ folgt, sondern nur, daß sich A und B nur um eine Nullmenge unterscheiden (was gerade $\mu(A \setminus B) = \mu(B \setminus A) = 0$ bedeutet).

(b) Die Relation $\sim$ ist reflexiv wegen (1), symmetrisch wegen (2) und transitiv wegen (3).

(c) Aus $x \sim x'$ und $y \sim y'$ folgt $d(x,y) = d(x',y')$, denn nach der Dreiecksungleichung ist einerseits $d(x,y) \leq d(x,x') + d(x',y') + d(y',y) = 0 + d(x',y') + 0 = d(x',y')$, also $d(x,y) \leq d(x',y')$, und vollkommen analog gilt $d(x',y') \leq d(x,y)$. Also hängt die Zahl $d(x,y)$ nur von den Äquivalenzklassen von x und y unter $\sim$ ab. Bezeichnen wir mit $X/\sim$ den zugehörigen Quotientenraum und mit $[x]$ die Äquivalenzklasse eines Elementes $x \in X$, so ist daher durch

$$D([x],[y]) := d(x,y)$$

eine Abbildung $D : (X/\sim) \times (X/\sim) \to [0, \infty)$ wohldefiniert, bei der es sich um eine echte Metrik handelt, denn $D([x],[y]) = 0 \Leftrightarrow d(x,y) = 0 \Leftrightarrow x \sim y \Leftrightarrow [x] = [y]$.

Lösung (81.22) (a) Sind x und y zwei Orte innerhalb einer Stadt, so kann etwa $D(x,y)$ die kürzeste Zeit sein, in der man (mit dem Pkw oder mit öffentlichen Verkehrsmitteln) von x nach y gelangen kann. Diese Abbildung erfüllt offensichtlich die Bedingungen (1) und (2), ist aber nicht notwendigerweise symmetrisch (beispielsweise aufgrund von Einbahnverkehr, Bauarbeiten oder der Routenplanung für öffentliche Verkehrsmittel).

(b) Offensichtlich ist d_1 positiv definit und symmetrisch; nachzuprüfen ist die Dreiecksungleichung. Für alle $x, y, u \in X$ gilt nun

$$\begin{aligned} & d(x,u) + d(u,y) \\ &= \max\big(D(x,u), D(u,x)\big) + \max\big(D(u,y), D(y,u)\big) \\ &\geq \max\big(D(x,u) + D(u,y),\ D(u,x) + D(y,u)\big) \\ &\geq \max\big(D(x,y),\ D(y,x)\big) = d_1(x,y). \end{aligned}$$

Also ist auch die Dreiecksungleichung erfüllt, so daß d_1 tatsächlich eine Metrik ist.

(c) Offensichtlich ist d_2 positiv definit und symmetrisch. Die Dreiecksungleichung ist aber nicht allgemein erfüllt, wie man sofort an dem folgenden Beispiel sieht.

$$\begin{aligned} D(x,y) &= 1, \quad D(y,x) = 2, \quad D(y,z) = 3, \\ D(z,y) &= 1, \quad D(x,z) = 4, \quad D(z,x) = 3 \end{aligned}$$

In diesem Beispiel haben wir $d_2(x,z) = 3 > 1 + 1 = d_2(x,y) + d_2(y,z)$. Im allgemeinen ist also d_2 keine Metrik.

Lösung (81.23) (a) Wir zeigen zunächst, daß D wohldefiniert ist. Sind $f, g : X \to Y$ beschränkte Funktionen, so gibt es Konstanten C_f und C_g mit $d\big(f(x), f(x')\big) \leq C_f$ und $d\big(g(x), g(x')\big) \leq C_g$ für alle $x, x' \in X$. Wählen wir beliebig ein festes Element $x_0 \in X$, so gilt für alle $x \in X$ die Abschätzung $d\big(f(x), g(x)\big) \leq d\big(f(x), f(x_0)\big) + d\big(f(x_0), g(x_0)\big) + d\big(g(x_0), g(x)\big)$, also

$$d\big(f(x), g(x)\big) \leq C_f + d\big(f(x_0), g(x_0)\big) + C_g.$$

Damit ist die Menge $\{d\big(f(x), g(x)\big) \mid x \in X\} \subseteq \mathbb{R}$ nach oben beschränkt, besitzt folglich ein Supremum. Damit ist D wohldefiniert. Trivialerweise gilt $D(f,g) \geq 0$ für alle f, g mit Gleichheit genau dann, wenn $d\big(f(x), g(x)\big) = 0$ bzw. $f(x) = g(x)$ für alle $x \in X$ und damit $f = g$ gilt. Die Symmetrie von D folgt sofort aus der Symmetrie von d. Zum Nachweis der Dreiecksungleichung betrachten wir drei beschränkte Funktionen $f, g, h : X \to Y$; für alle $x \in X$ gilt dann

$$\begin{aligned} d\big(f(x), h(x)\big) &\leq d\big(f(x), g(x)\big) + d\big(g(x), h(x)\big) \\ &\leq D(f,g) + D(g,h); \end{aligned}$$

Supremumsbildung über alle $x \in X$ auf der linken Seite liefert dann die Dreiecksungleichung $D(f,h) \leq D(f,g) + D(g,h)$. Damit ist nachgewiesen, daß D eine Metrik ist.

(b) Die Abbildung $f : X \to Y$ sei beschränkt; es gebe also eine Konstante C mit $\|f(x) - f(x')\| \leq C$ für alle $x, x' \in X$. Wähle irgendein festes Element $x_0 \in X$ und setze $M := C + \|f(x_0)\|$; für alle $x \in X$ gilt dann

$$\begin{aligned} \|f(x)\| &= \|f(x) - f(x_0) + f(x_0)\| \\ &\leq \|f(x) - f(x_0)\| + \|f(x_0)\| \\ &\leq C + \|f(x_0)\| = M. \end{aligned}$$

Gibt es umgekehrt eine Konstante M mit $\|f(x)\| \leq M$ für alle $x \in X$, so gilt für alle $x, x' \in X$ auch die Abschätzung

$$\|f(x) - f(x')\| \leq \|f(x)\| + \|f(x')\| \leq M + M = 2M,$$

so daß f eine beschränkte Funktion im Sinne von (81.8) im Buch ist.

Lösung (81.24) Für $\sigma \in \mathrm{Sym}_n$ schreiben wir kurz

$$D_\sigma\big((x_1, \ldots, x_n), (y_1, \ldots, y_n)\big) := \frac{1}{n} \sum_{i=1}^{n} d\big(x_i, y_{\sigma(i)}\big);$$

dann ist $D = \min_\sigma D_\sigma$. Für $X = (x_1, \ldots, x_n)$ erhalten wir $0 \leq D(X,X) \leq D_{\mathrm{id}}(X,X) = 0$ und damit $D(X,X) = 0$. Wegen $D_\sigma(X,Y) = D_{\sigma^{-1}}(Y,X)$ für alle σ gilt $D(Y,X) = D(X,Y)$. Für n-Tupel X, U, Y seien $\alpha, \beta \in \mathrm{Sym}_n$ so, daß $D(X,U) = D_\alpha(X,U)$ und $D(U,Y) = D_\beta(U,Y)$ gilt; wir haben dann

$$\begin{aligned} & D(X,U)+D(U,Y) \\ &= \frac{1}{n}\left(\sum_{i=1}^{n} d(x_i,u_{\alpha(i)}) + \sum_{j=1}^{n} d(u_j,y_{\beta(j)})\right) \\ &= \frac{1}{n}\left(\sum_{i=1}^{n} d(x_i,u_{\alpha(i)}) + \sum_{i=1}^{n} d(u_{\alpha(i)},y_{\beta(\alpha(i))})\right) \\ &= \frac{1}{n}\sum_{i=1}^{n}\Big(d(x_i,u_{\alpha(i)}) + d(u_{\alpha(i)},y_{\beta(\alpha(i))})\Big) \\ &\geq \frac{1}{n}\sum_{i=1}^{n} d(x_i,y_{\beta(\alpha(i))}) \;=\; D_{\beta\circ\alpha}(X,Y) \;\geq\; D(X,Y). \end{aligned}$$

Damit ist gezeigt, daß D eine Halbmetrik ist; D wird zu einer Metrik, wenn wir zwei Tupel X und Y dann miteinander identifizieren, wenn sie sich durch eine Permutation ineinander überführen lassen. (Vgl. Aufgabe (81.21); die Äquivalenzklasse eines Tupels $(x_1,\ldots,x_n)$ läßt sich dabei als eine "Punktwolke" interpretieren, die sich von der Menge $\{x_1,\ldots,x_n\}$ dadurch unterscheidet, daß mehrfach auftretende Elemente auch mehrfach gezählt werden.) Die Wasserstein-Distanz ist dann ein Maß dafür, wie gut sich zwei solche "Punktwolken" miteinander abgleichen lassen (was etwa beim Musterabgleich in der Bildverarbeitung von Interesse ist).

Lösung (81.25) Wir behaupten: Gilt $x_{i_1} \leq x_{i_2} \leq \cdots \leq x_{i_n}$ und $y_{j_1} \leq y_{j_2} \leq \cdots \leq y_{j_n}$, so ist die minimierende Permutation gegeben durch $\sigma(i_k) = j_k$ für alle k; die Wasserstein-Distanz ist dann $\sum_{k=1}^{n}(x_{i_k} - y_{j_k})^2$. Zum Nachweis nehmen wir an, die Elemente x_i und y_i seien jeweils nach Größe geordnet und i sei der erste Index, bei dem für die optimale Permutation σ nicht $y_{\sigma(i)}$ mit y_i übereinstimmt; es sei etwa x_i dem Element y_j mit $y_j > y_i$ zugeordnet, und y_i sei einem Element x_k mit $x_k > x_i$ zugeordnet. Wir behaupten, daß sich dann durch die Änderung der Zuordnung von $(x_i \leftrightarrow y_i,\ x_k \leftrightarrow y_j)$ zu $(x_i \leftrightarrow y_j,\ x_k \leftrightarrow y_i)$ (unter Beibehaltung der übrigen Zuordnungen) die Summe $\sum_i (x_i - y_i)^2$ verkleinern läßt. Dies ergibt sich aus den Äquivalenzen

$$\begin{aligned} & (x_i-y_i)^2 + (x_k-y_j)^2 > (x_i-y_j)^2 + (y_i-x_k)^2 \\ \Leftrightarrow\quad & -2x_iy_i - 2x_ky_j > -2x_iy_j - 2y_ix_k \\ \Leftrightarrow\quad & x_iy_j - x_iy_i + x_ky_i - x_ky_j > 0 \\ \Leftrightarrow\quad & (x_k - x_i)(y_i - y_j) > 0. \end{aligned}$$

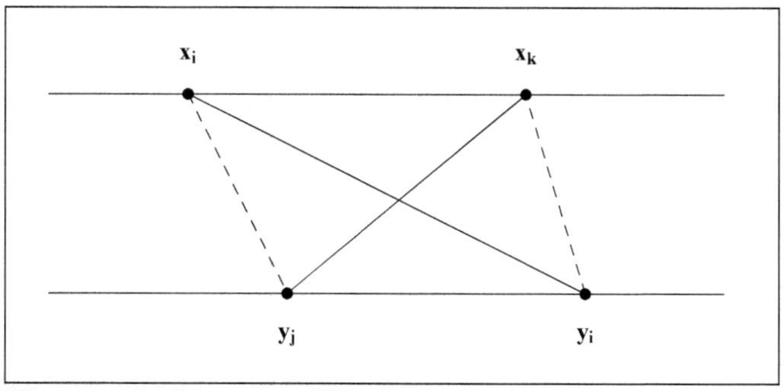

Wasserstein-Distanz auf $\mathbb{R}$.

Lösung (81.26) Ist d von einer Norm $\|\cdot\|$ induziert, so haben wir

$$\begin{aligned} d(x+u, y+u) &= \|(x+u) - (y+u)\| \\ &= \|x-y\| = d(x,y) \end{aligned}$$

sowie

$$\begin{aligned} d(\lambda x, \lambda y) &= \|\lambda x - \lambda y\| = \|\lambda(x-y)\| \\ &= |\lambda| \cdot \|x-y\| = |\lambda| \cdot d(x,y) \end{aligned}$$

für alle $x,y,u \in V$ und alle $\lambda \in \mathbb{K}$. Gelten umgekehrt die Bedingungen (1) und (2), so definiert

$$\|v\| := d(v,0)$$

eine Norm auf V. (Die positive Definitheit von $\|\cdot\|$ folgt sofort aus derjenigen von d. Die Homogenität gilt wegen $\|\lambda v\| = d(\lambda v, 0) = d(\lambda\cdot v, \lambda\cdot 0) = |\lambda|\cdot d(v,0) = |\lambda|\cdot\|v\|$. Die Dreiecksungleichung für $\|\cdot\|$ ergibt sich aus der Rechnung $\|v-w\| = d(v-w,0) = d(v,w) \leq d(v,0)+d(0,w) = d(v,0)+d(w,0) = \|v\| + \|w\|$.) Diese Norm induziert d, denn wegen der vorausgesetzten Translationsinvarianz gilt $d(x,y) = d(x-y,0) = \|x-y\|$ für alle $x,y \in V$.

Lösung (81.27) (a) Gilt $x_n \to a$ und $x_n \to b$, so haben wir $d(x_n,a) \to 0$ und $d(x_n,b) \to 0$, folglich $0 \leq d(a,b) \leq d(a,x_n) + d(x_n,b) \to 0$ und damit $d(a,b) = 0$. Das bedeutet aber $a = b$.

(b) Wir nehmen an, die Folge (x_n) konvergiere gegen x, und betrachten eine Teilfolge (x_{n_k}) mit $n_1 < n_2 < n_3 < n_4 < \cdots$. Wir geben uns $\varepsilon > 0$ beliebig vor. Wegen $x_n \to x$ gibt es einen Index N mit $d(x_n,x) < \varepsilon$ für alle $n \geq N$. Es sei K der erste Index k mit $n_k \geq N$. Für alle $k \geq K$ gilt dann $n_k \geq n_K \geq N$ und damit $d(x_{n_k},x) < \varepsilon$. Damit ist nachgewiesen, daß $x_{n_k} \to x$ für $k \to \infty$ gilt.

(c) Es gelte $x_n \to x$. Zu jedem $\varepsilon > 0$ gibt es einen Index N mit $d(x_n,x) < \varepsilon/2$ für alle $n \geq N$. Für alle $m,n \geq N$ gilt dann $d(x_m,x_n) \leq d(x_m,x) + d(x,x_n) < (\varepsilon/2) + (\varepsilon/2) = \varepsilon$. Damit ist (x_n) als Cauchyfolge nachgewiesen.

(d) Die Folge (x_n) sei eine Cauchyfolge, und die Teilfolge (x_{n_k}) konvergiere gegen x. Wir geben uns $\varepsilon > 0$ beliebig vor und müssen einen Index N finden mit $d(x_n,x) < \varepsilon$ für alle $n \geq N$. Da (x_n) eine Cauchyfolge ist, gibt es einen Index n_0 mit $d(x_m,x_n) < \varepsilon/2$ für alle $m,n \geq n_0$. Wegen $x_{n_k} \to x$ gibt es ferner einen Index k_0 mit $d(x_{n_k},x) < \varepsilon/2$ für alle $k \geq k_0$. Es sei K der erste Index $k \geq k_0$ mit $n_k \geq n_0$. Setzen wir $N := n_K$, so gilt für alle $n \geq N$ einerseits $d(x_n,x_N) < \varepsilon/2$, andererseits $d(x_N,x) < \varepsilon/2$ und damit insgesamt $d(x_n,x) \leq d(x_n,x_N) + d(x_N,x) < (\varepsilon/2) + (\varepsilon/2) = \varepsilon$.

Lösung (81.28) Gibt es einen Index N mit $x_n = x$ für alle $n \geq N$, so gilt trivialerweise $x_n \to x$. (Diese Aussage ist für jede beliebige Metrik richtig.) Gilt umgekehrt $x_n \to x$, so gibt es zu $\varepsilon := 1/2$ einen Index N

Aufgaben zu »Metrische Räume« siehe Seite 87

mit $d(x_n, x) < \varepsilon$ für alle $n \geq N$. In der diskreten Metrik ist aber die Aussage $d(x_n, x) < 1/2$ gleichbedeutend mit $d(x_n, x) = 0$ und damit $x_n = x$.

Lösung (81.29) (a) Offensichtlich gilt $\|x\| = 0$ genau dann, wenn $x_n = 0$ für alle n gilt, also $x = 0$. Für jede (reelle oder komplexe) Zahl λ gilt $\|\lambda x\| = \sum_n |\lambda x_n| = \sum_n |\lambda| \cdot |x_n| = |\lambda| \cdot \sum_n |x_n| = |\lambda| \, \|x\|$. Schließlich gilt für alle $x, y \in \ell^1$ die Abschätzung

$$\begin{aligned}\|x+y\| &= \sum_{n=1}^{\infty} |x_n + y_n| \leq \sum_{n=1}^{\infty} \big(|x_n| + |y_n|\big) \\ &= \sum_{n=1}^{\infty} |x_n| + \sum_{n=1}^{\infty} |y_n| = \|x\| + \|y\|.\end{aligned}$$

Damit sind die Normeigenschaften nachgewiesen.

(b) Offensichtlich gilt $\|x\| = 0$ genau dann, wenn $x_n = 0$ für alle n gilt, also $x = 0$. Für jede (reelle oder komplexe) Zahl λ gilt $\|\lambda x\| = \sup_n |\lambda x_n| = \sup_n |\lambda| \cdot |x_n| = |\lambda| \cdot \sup_n |x_n| = |\lambda| \, \|x\|$. Schließlich gilt für alle $x, y \in \ell^\infty$ die Abschätzung

$$\begin{aligned}\|x+y\| &= \sup_{n\in\mathbb{N}} |x_n + y_n| \leq \sup_{n\in\mathbb{N}} \big(|x_n| + |y_n|\big) \\ &= \sup_{n\in\mathbb{N}} |x_n| + \sup_{n\in\mathbb{N}} |y_n| = \|x\| + \|y\|.\end{aligned}$$

Damit sind die Normeigenschaften nachgewiesen.

(c) Als Grenzwert der Folge $(x^{(n)})$ kommt nur x in Frage, denn gilt $y_i \neq x_i$ für einen Index i, so gilt $\|x^{(n)} - y\| \geq |x_i - y_i|$ für alle $n \geq i$ und damit $x^{(n)} \not\to y$ für $n \to \infty$. Im Fall (a) ist

$$\|x^{(n)} - x\| = \sum_{i=n+1}^{\infty} |x_i|,$$

und dieser Ausdruck geht für $n \to \infty$ gegen Null. In ℓ^1 gilt also $x^{(n)} \to x$ für *jede* Folge $x \in \ell^1$. Im Fall (b) ist

$$\|x^{(n)} - x\| = \sup_{i \geq n+1} |x_i|,$$

und dieser Ausdruck geht genau dann gegen Null, wenn x eine Nullfolge ist, wenn also $x_n \to 0$ für $n \to \infty$ gilt. In ℓ^∞ gilt also $x^{(n)} \to x$ genau dann, wenn x eine Nullfolge ist.

Lösung (81.30) (a) Offensichtlich gilt $0 \leq |p| \leq 1$ für alle $p \in K[[X]]$ mit $|p| = 0$ genau für $p = 0$. Die Gleichung $|-p| = |p|$ gilt trivialerweise für $p = 0$; sie gilt auch für $p \neq 0$, denn aus $p(X) = \sum_{i=k}^{\infty} a_i X^i$ mit $a_k \neq 0$ folgt $(-p)(X) = \sum_{i=k}^{\infty} (-a_i) X^i$, wobei $-a_k \neq 0$. Die Ungleichung $|p+q| \leq \max(|p|, |q|)$ gilt trivialerweise, falls $p = 0$ oder $q = 0$ oder $q = -p$ gilt; betrachten wir also $p, q \in K[[X]]$ mit $p \neq 0$, $q \neq 0$ und $p + q \neq 0$. Bezeichnen wir allgemein für $f \neq 0$ mit $k(f)$ den Index k mit $f(X) = \sum_{i=k}^{\infty} a_i X^i$ und $a_k \neq 0$, so haben wir

$$k(p+q) \begin{cases} = k(p), & \text{falls } k(p) < k(q); \\ = k(q), & \text{falls } k(q) < k(p); \\ \geq k(p), & \text{falls } k(p) = k(q). \end{cases}$$

(Im letzten Fall muß nicht Gleichheit gelten, weil sich die beiden ersten Koeffizienten von p und q wegheben können.) In jedem Fall gilt also $k(p+q) \geq \min\big(k(p), k(q)\big)$, folglich

$$\begin{aligned}|p+q| &= 2^{-k(p+q)} \leq 2^{-\min\left(k(p),k(q)\right)} \\ &= \max\big(2^{-k(p)}, 2^{-k(q)}\big) = \max(|p|, |q|).\end{aligned}$$

Die Gleichung $|pq| = |p| \cdot |q|$ gilt trivialerweise, falls $p = 0$ oder $q = 0$ gilt; für $p \neq 0$ und $q \neq 0$ gilt sie ebenfalls, denn aus $p(X) = a_k X^k + a_{k+1} X^{k+1} \cdots$ und $q(X) = b_\ell X^\ell + b_{\ell+1} X^{\ell+1} + \cdots$ mit $a_k \neq 0$ und $b_\ell \neq 0$ folgt $(pq)(X) = c_{k+\ell} X^{k+\ell} + c_{k+\ell+1} X^{k+\ell+1} + \cdots$ mit $c_{k+\ell} = a_k b_\ell \neq 0$.

(b) Nach (a) gilt $d(p,q) \geq 0$ für alle $p, q \in K[[X]]$ mit Gleichheit genau für $p - q = 0$, also $p = q$. Ferner gilt $d(q,p) = |q-p| = |-(p-q)| = |p-q| = d(p,q)$ für alle $p, q \in K[[X]]$. Schließlich gilt $\max\big(d(p,q), d(q,r)\big) = \max\big(|p-q|, |q-r|\big) \geq |(p-q)+(q-r)| = |p-r| = d(p,r)$ für alle $p, q, r \in K[[X]]$. Damit sind alle Eigenschaften einer Metrik nachgewiesen.

(c) Es mögen die Bedingungen $p_n \to p$ und $q_n \to q$ gelten, also $|p_n - p| \to 0$ und $|q_n - q| \to 0$ für $n \to \infty$. Dann erhalten wir

$$\begin{aligned}|(p_n+q_n) - (p+q)| &= |(p_n - p) + (q_n - q)| \\ &\leq \max\big(|p_n - p|, |q_n - q|\big) \to 0\end{aligned}$$

und

$$\begin{aligned}|p_n q_n - pq| &= |p_n(q_n - q) + q(p_n - p)| \\ &\leq \max\big(|p_n(q_n - q)|, |q(p_n - p)|\big) \\ &= \max\big(|p_n| \cdot |q_n - q|, |q| \cdot |p_n - p|\big) \\ &\leq \max\big(|p_n - p|, |q_n - q|\big) \to 0\end{aligned}$$

und damit $p_n + q_n \to p + q$ und $p_n q_n \to pq$ für $n \to \infty$.

(d) Wähle irgendeine Potenzreihe $p \neq 0$ und setze $p_n := p$ sowie $\lambda_n := 1/n$ für alle $n \in \mathbb{N}$. Mit $\lambda := 0$ haben wir dann $p_n \to p$ in $\mathbb{K}[[X]]$ und $\lambda_n \to \lambda$ in $\mathbb{K}$, aber wegen $|\lambda_n p_n| = |(1/n)p| = |p|$ für alle $n \in \mathbb{N}$ gilt **nicht** $\lambda_n p_n \to 0 = \lambda p$ in $\mathbb{K}[[X]]$.

Lösung (81.31) (a) Trägt X die diskrete Metrik, so ist

$$f(x) = \frac{1}{n} \cdot (\text{Anzahl der Indices } i \text{ mit } x \neq x_i).$$

Also ist ξ genau dann ein Mittelwert von $(x_1, \ldots, x_n)$, wenn ξ mit einem der am häufigsten in der Liste $(x_1, \ldots, x_n)$ auftretenden Elemente übereinstimmt.

(b) Eine Zahl $\xi \in \mathbb{R}$ ist genau dann ein Mittelwert von $(x_1, \ldots, x_n)$, wenn ξ den Ausdruck $g(x) := \sum_{i=1}^{n} |x - x_i|$ minimiert. Nach Umnumerieren dürfen wir annehmen, daß $x_1 \leq x_2 \leq \cdots \leq x_n$ gilt. Gilt dann $x_r \leq x \leq x_{r+1}$, so erhalten wir

$$\begin{aligned}g(x) &= \sum_{i=1}^{r} (x - x_i) + \sum_{i=r+1}^{n} (x_i - x) \\ &= (2r - n)x + \left[\sum_{i=r+1}^{n} x_i - \sum_{i=1}^{r} x_i\right].\end{aligned}$$

Auf dem Intervall $[x_r, x_{r+1}]$ ist daher g eine lineare Funktion mit der Steigung $2r-n$; diese Steigung ist negativ für $r < n/2$, positiv für $r > n/2$ und gleich Null für $r = n/2$ (was natürlich nur für eine gerade Anzahl n möglich ist). Hieraus ergibt sich das folgende Resultat:

- Ist $n = 2m+1$ ungerade, so gibt es genau einen Mittelwert, nämlich das mittlere Element $\xi = x_{m+1}$.
- Ist $n = 2m$ gerade, so ist die Menge der Mittelwerte von $(x_1, \ldots, x_n)$ genau das abgeschlossene Intervall $[x_m, x_{m+1}]$ zwischen den beiden mittleren Elementen.

Bemerkung: Jede Zahl ξ, die den Ausdruck $\sum_{i=1}^n |x-x_i|$ minimiert, wird als **Median** von $(x_1, \ldots, x_n)$ bezeichnet. (Der Median ist also genau dann eindeutig bestimmt, wenn n ungerade ist oder wenn n gerade ist und die beiden mittleren Elemente übereinstimmen.) Das arithmetische Mittel $(x_1 + \ldots + x_n)/n$ von $(x_1, \ldots, x_n)$ ist dagegen dadurch charakterisiert, daß es den Ausdruck $\sum_{i=1}^n (x-x_i)^2$ minimiert.

Lösung (81.32) (a) Gilt $A \subseteq B$, dann auch $\operatorname{diam}(A) \le \operatorname{diam}(B)$; die Beschränktheit von B impliziert also diejenige von A. Gilt $B \subseteq \bigcup_{i=1}^n B_i$ mit $\operatorname{diam}(B_i) < \varepsilon$ für alle i, so gilt mit $A_i := A \cap B_i$ auch $A \subseteq \bigcup_{i=1}^n A_i$ mit $\operatorname{diam}(A_i) \le \operatorname{diam}(B_i) < \varepsilon$ für alle i; die Totalbeschränktheit von B impliziert also diejenige von A.

(b) Wegen $\operatorname{diam}(\overline{B}) = \operatorname{diam}(B)$ ist mit B auch $\overline{B}$ beschränkt. Gilt $B \subseteq \bigcup_{i=1}^n B_i$ mit $\operatorname{diam}(B_i) < \varepsilon$ für alle i, so gilt $\overline{B} \subseteq \bigcup_{i=1}^n \overline{B_i}$ mit $\operatorname{diam}(\overline{B_i}) = \operatorname{diam}(B_i) < \varepsilon$ für alle i; die Totalbeschränktheit von B impliziert also diejenige von $\overline{B}$.

(c) Es seien $x, y \in \bigcup_{k=1}^n B_k$, sagen wir $x \in B_i$ und $y \in B_j$. Wir geben uns $\varepsilon > 0$ beliebig vor; dann gibt es $\xi \in B_i$ und $\eta \in B_j$ mit $d(\xi, \eta) \le \operatorname{dist}(B_i, B_j) + \varepsilon$. Wir erhalten dann

$$\begin{aligned} d(x,y) &\le d(x,\xi) + d(\xi,\eta) + d(\eta,y) \\ &\le \operatorname{diam}(B_i) + \operatorname{dist}(B_i,B_j) + \varepsilon + \operatorname{diam}(B_j). \end{aligned}$$

Da $\varepsilon > 0$ beliebig war, gilt dann also

$$d(x,y) \le \operatorname{diam}(B_i) + \operatorname{dist}(B_i,B_j) + \operatorname{diam}(B_j).$$

Bilden wir nun links das Supremum über alle $x, y \in \bigcup_{k=1}^n B_k$, so ergibt sich

$$\begin{aligned} \operatorname{diam}\Big(\bigcup_{k=1}^n B_k\Big) &= \sup\{d(x,y) \mid x,y \in \bigcup_{k=1}^n B_k\} \\ &\le \max_{1 \le i,j \le n} \big(\operatorname{diam}(B_i) + \operatorname{dist}(B_i,B_j) + \operatorname{diam}(B_j)\big) < \infty; \end{aligned}$$

mit $B_1, \ldots, B_n$ ist daher auch $\bigcup_{k=1}^n B_k$ beschränkt. Gilt schließlich $B_i \subseteq \bigcup_{j=1}^{n_i} X_j^{(i)}$ mit $\operatorname{diam}(X_j^{(i)}) < \varepsilon$, so gilt auch

$$\bigcup_{i=1}^n B_i \subseteq \bigcup_{i=1}^n \bigcup_{j=1}^{n_i} X_j^{(i)};$$

sind also $B_1, \ldots, B_n$ totalbeschränkt, so ist auch $\bigcup_{i=1}^n B_i$ totalbeschränkt.

Lösung (81.33) (a) Wir müssen zeigen, daß wir um jeden Punkt $y \in B_r(x)$ noch eine Kugel legen können, die ganz in $B_r(x)$ enthalten ist. Dazu wählen wir $\rho := r - d(x,y)$. (Wegen $d(y,x) < r$ ist $\rho > 0$.) Für $a \in B_\rho(y)$ gilt dann $d(a,x) \le d(a,y) + d(y,x) < \rho + d(x,y) = r$ und damit $a \in B_r(x)$. Da $a \in B_\rho(y)$ beliebig war, gilt also $B_\rho(y) \subseteq B_r(x)$.

(b) Wir müssen zeigen, daß wir um jeden Punkt $y \in X \setminus K_r(x)$ noch eine Kugel legen können, die ganz in $X \setminus K_r(x)$ enthalten ist. Dazu wählen wir $\rho := d(x,y) - r$. (Wegen $d(y,x) > r$ ist $\rho > 0$.) Für $a \in B_\rho(y)$ gilt dann $d(x,y) \le d(x,a) + d(a,y) < d(x,a) + \rho$, folglich $d(x,a) > d(x,y) - \rho = r$ und damit $a \in X \setminus K_r(x)$. Da $a \in B_\rho(y)$ beliebig war, gilt also $B_\rho(y) \subseteq X \setminus K_r(x)$.

(c) Ist $a = \lim_n a_n$ Grenzwert einer Folge (a_n) in $B_r(x)$, so gilt $d(x,a_n) < r$ für alle $n \in \mathbb{N}$, nach Grenzübergang für $n \to \infty$ daher $d(x,a) \le r$ und folglich $a \in K_r(x)$. Damit ist $\overline{B_r(x)} \subseteq K_r(x)$ gezeigt. Daß die Inklusion echt sein kann, sieht man etwa am Beispiel der diskreten Metrik auf einer mindestens zweielementigen Menge X; für jedes Element $x \in X$ gilt dann nämlich $B_1(x) = \{x\}$, folglich $\overline{B_1(x)} = \{x\}$, aber $K_1(x) = X$.

(d) Wir müssen $K_r(x) \subseteq \overline{B_r(x)}$ zeigen, also nachweisen, daß sich jedes Element y mit $\|y-x\| \le r$ als Grenzwert einer Folge (y_n) darstellen läßt, deren Glieder y_n allesamt in $B_r(x)$ liegen, also die Bedingung $\|y_n - x\| < r$ erfüllen. Dazu setzen wir

$$y_n := x + \frac{n}{n+1} \cdot (y-x).$$

Es gilt dann offensichtlich $y_n \to x + (y-x) = y$ für $n \to \infty$, und für alle $n \in \mathbb{N}$ gilt ferner

$$\|y_n - x\| = \frac{n}{n+1}\|y-x\| \le \frac{n}{n+1} \cdot r < r.$$

Lösung (81.34) (a) Für jede Metrik d gilt $d \sim d$, denn jede d-Kugel enthält sich selbst als Teilmenge; also ist $\sim$ reflexiv. Die Relation $\sim$ ist symmetrisch, weil die Definition der Beziehung $d_1 \sim d_2$ symmetrisch in d_1 und d_2 ist. Zum Nachweis der Transitivität nehmen wir an, die Beziehungen $d_1 \sim d_2$ und $d_2 \sim d_3$ seien erfüllt. Ist nun eine d_1-Kugel um einen Punkt p gegeben, so schließt diese wegen $d_1 \sim d_2$ eine d_2-Kugel um p ein; letztere schließt aber wegen $d_2 \sim d_3$ eine d_3-Kugel um p ein. Vollkommen analog erkennen wir, daß jede d_3-Kugel um p auch eine d_1-Kugel um p einschließt. Also gilt $d_1 \sim d_3$, und die Transitivität von $\sim$ ist gezeigt.

(b) Es seien $p \in X$ und $r > 0$ beliebig; wir wollen eine d-Kugel um p finden, die ganz in $B_r(p; d')$ enthalten ist. Wir wählen zunächst $0 < \varepsilon < r$ und $\delta > 0$ so, daß $\varphi(u) < \varepsilon$ für $u < \delta$ gilt (was nach den gemachten Voraussetzungen möglich ist). Dann gilt $B_\delta(p;d) \subseteq B_r(p;d')$, denn aus $d(x,p) < \delta$ folgt $d'(x,p) = \varphi\big(d(x,p)\big) < \varepsilon < r$. Ist umgekehrt eine d'-Kugel $B_r(p;d')$ vorgegeben, so wählen wir $0 < \varepsilon < r$ und $\delta > 0$ so, daß $\varphi : [0,\varepsilon] \to [0,\delta]$ eine Bijektion ist. Dann gilt $B_\delta(p;d') \subseteq B_r(p;d)$, denn aus $d'(x,p) < \delta$ folgt $d(x,p) = \varphi^{-1}\big(d'(x,p)\big) < \varepsilon < r$.

Aufgaben zu »Metrische Räume« siehe Seite 87

(c) Für jede Metrik d gilt $d \approx d$, denn mit $c := C := 1$ gilt $c \cdot d \leq d \leq C \cdot d$. Gilt $c\,d_1 \leq d_2 \leq C\,d_1$, dann auch $(1/C)\,d_2 \leq d_1 \leq (1/c)\,d_2$; aus $d_1 \approx d_2$ folgt also $d_2 \approx d_1$. Gelten die Beziehungen $c'\,d_1 \leq d_2 \leq C'\,d_1$ und $c''\,d_2 \leq d_3 \leq C''\,d_2$, so gilt auch $(c'c'')\,d_1 \leq d_3 \leq (C'C'')\,d_1$; aus $d_1 \approx d_2$ und $d_2 \approx d_3$ folgt also $d_1 \approx d_3$.

(d) Gilt $c\,d_1 \leq d_2 \leq C\,d_1$, so gelten für jeden Punkt p und jeden Radius $r > 0$ die Inklusionen $B_{r/C}(p; d_1) \subseteq B_r(p; d_2)$ sowie $B_{cr}(p; d_2) \subseteq B_r(p; d_1)$, denn aus $d_1(p,x) < r/C$ folgt $d_2(p,x) < C \cdot (r/C) = r$, und aus $d_2(p,x) < cr$ folgt $d_1(p,x) < (1/c) \cdot cr = r$. Aus $d_1 \approx d_2$ folgt also $d_1 \sim d_2$.

(e) Nehmen wir für d_1 die übliche Metrik auf $\mathbb{R}$ (gegeben durch $d_1(x,y) = |x-y|$ für alle $x, y \in \mathbb{R}$) und für d_2 die Metrik $d_1/(1+d_1)$, so gilt $d_1 \sim d_2$ nach Teil (b), aber nicht $d_1 \approx d_2$, denn d_1 ist unbeschränkt, während $d_2(x,y) < 1$ für alle $x, y \in \mathbb{R}$ gilt.

Lösung (81.35) (1)$\Longrightarrow$(2). Es seien U eine d_1-offene Menge und $p \in U$. Dann gibt es eine d_1-Kugel um p, die ganz in U liegt, wegen (1) also auch eine solche d_2-Kugel, die wir o.B.d.A. als offen annehmen dürfen, sagen wir V_p. Dann gilt $U = \bigcup_{p \in U} \{p\} = \bigcup_{p \in U} V_p$; folglich ist U auch d_2-offen (als Vereinigung d_2-offener Kugeln). Vollkommen analog ergibt sich, daß jede d_2-offene Menge auch d_1-offen ist.

(2)$\Longrightarrow$(3). Ist A eine d_1-abgeschlossene Menge, so ist $X \setminus A$ eine d_1-offene Menge, wegen (2) also auch eine d_2-offene Menge. Dann ist aber A als Komplement einer d_2-offenen Menge d_2-abgeschlossen. Vollkommen analog ergibt sich, daß auch jede d_2-abgeschlossene Menge d_1-abgeschlossen ist.

(3)$\Longrightarrow$(4). Man überlegt sich schnell, daß der Abschluß einer Menge M genau der Durchschnitt aller abgeschlossenen Obermengen von M ist. Für jede Teilmenge $M \subseteq X$ gilt daher

$$\begin{aligned} \overline{M}^{d_1} &= \bigcap \{A \subseteq X \mid A \text{ ist } d_1\text{-abgeschlossen mit } A \supseteq M\} \\ &= \bigcap \{A \subseteq X \mid A \text{ ist } d_2\text{-abgeschlossen mit } A \supseteq M\} = \overline{M}^{d_2}, \end{aligned}$$

wobei wir beim Übergang von der ersten zur zweiten Zeile Bedingung (3) ausnutzten.

(4)$\Longrightarrow$(5). Es gelte $x_n \to x$ bezüglich d_1. Wir nehmen an, es gelte nicht $x_n \to x$ bezüglich d_2. Dann gibt es eine Teilfolge (x_{n_k}) von (x_n) sowie eine Zahl $\varepsilon > 0$ mit $d_2(x_{n_k}, x) \geq \varepsilon$ für alle k. Setze $M := \{x_{n_1}, x_{n_2}, x_{n_3}, \ldots\}$. Dann gilt $x \notin \overline{M}^{d_2}$. Andererseits folgt aus $x_n \to x$ bezüglich d_1 natürlich $x_{n_k} \to x$ bezüglich d_1 und damit $x \in \overline{M}^{d_1}$. Damit gilt $\overline{M}^{d_1} \neq \overline{M}^{d_2}$ im Widerspruch zur Voraussetzung (4); die Annahme war also falsch. Aus $x_n \to x$ bezüglich d_1 folgt also $x_n \to x$ bezüglich d_2 (und in analoger Weise folgt natürlich auch die umgekehrte Implikation).

(5)$\Longrightarrow$(6). Die Folge $(x_1, x_2, x_3, \ldots)$ sei d_1-konvergent gegen a. Dann ist die Folge $(x_1, a, x_2, a, x_3, a, \ldots)$ ebenfalls d_1-konvergent gegen a, nach Voraussetzung (5) also auch d_2-konvergent. Der d_2-Grenzwert kann aber nur a sein, denn die konstante Folge $(a, a, a, \ldots)$ tritt als Teilfolge dieser Folge auf. Dann ist aber auch die Teilfolge $(x_1, x_2, x_3, \ldots)$ dieser Folge d_2-konvergent gegen a. In völlig analoger Weise ergibt sich, daß aus $x_n \to a$ bezüglich d_2 auch $x_n \to a$ bezüglich d_1 folgt.

(6)$\Rightarrow$(1). Wir nehmen an, es gäbe ein $r > 0$ derart, daß die d_1-Kugel $B_r^{(d_1)}(p)$ um p keine d_2-Kugel um p enthält. Für jedes $n \in \mathbb{N}$ ist daher $B_{1/n}^{(d_2)}(p)$ nicht in $B_r^{(d_1)}(p)$ enthalten; es gibt also ein Element x_n mit $d_2(x_n, p) < 1/n$ und $d_1(x_n, p) \geq r$. Dann gilt $x_n \to p$ bezüglich d_2, aber $x_n \not\to p$ bezüglich d_1, was der Voraussetzung (6) widerspricht. Unsere Annahme war also falsch; tatsächlich muß in jeder d_1-Kugel um einen Punkt p schon eine d_2-Kugel um p liegen. Analog liegt in jeder d_2-Kugel um p schon eine d_1-Kugel um p.

Lösung (81.36) Für die Zwecke dieser Aufgabe bezeichnen wir für eine Menge $M \subseteq \mathbb{R}$ mit $I(M)$ die Menge der inneren Punkte, mit $A(M)$ die Menge der äußeren Punkte, mit $R(M)$ die Menge der Randpunkte, mit $H(M)$ die Menge der Häufungspunkte sowie mit $\mathrm{Iso}(M)$ die Menge der isolierten Punkte von M. (Diese Bezeichnungen sind nicht generell üblich. Dagegen werden häufig die Bezeichnungen M^0 für $I(M)$, ∂M für $R(M)$ sowie $\overline{M}$ für $H(M) \cup \mathrm{Iso}(M)$ benutzt.) Wir erhalten dann die folgenden Ergebnisse.

(a) Für $M = (0,1)$ ist $I(M) = (0,1)$, weiter $A(M) = (-\infty, 0) \cup (1, \infty)$, dann $R(M) = \{0, 1\}$, ferner $H(M) = [0,1]$ und schließlich $\mathrm{Iso}(M) = \emptyset$.

(b) Für $M = [0,1)$ ergeben sich genau die gleichen Ergebnisse wie in (a).

(c) Für $M = \{1/n \mid n \in \mathbb{N}\}$ ist $I(M) = \emptyset$, weiter $A(M) = \mathbb{R} \setminus (M \cup \{0\})$, dann $R(M) = \{0\}$, ferner $H(M) = \{0\}$ und schließlich $\mathrm{Iso}(M) = M$.

(d) Für $M = \mathbb{Q}$ ist $I(M) = \emptyset$, weiter $A(M) = \emptyset$, dann $R(M) = \mathbb{Q}$, ferner $H(M) = \mathbb{R}$ und schließlich $\mathrm{Iso}(M) = \emptyset$.

(e) Für $M = \mathbb{R}$ ist $I(M) = \mathbb{R}$, weiter $A(M) = \emptyset$, dann $R(M) = \emptyset$, ferner $H(M) = \mathbb{R}$ und schließlich $\mathrm{Iso}(M) = \emptyset$.

(f) Für $M = \emptyset$ gilt einerseits $I(M) = R(M) = H(M) = \mathrm{Iso}(M) = \emptyset$, andererseits $A(M) = \mathbb{R}$.

Lösung (81.37) Es seien $x \neq y$ zwei verschiedene Punkte in X. Wären x und y Mittelpunkte der gleichen Kugel B vom Radius r, so lägen für $0 < \varepsilon < r$ sowohl $x + \varepsilon(y-x)/\|y-x\|$ als auch $y + \varepsilon(y-x)/\|y-x\|$ in B. Insbesondere gälte für $0 < \varepsilon < r$ dann

$$\begin{aligned} r &> \left\| y + \varepsilon \frac{y-x}{\|y-x\|} - x \right\| = \left\| \left(1 + \frac{\varepsilon}{\|y-x\|}\right)(y-x) \right\| \\ &= \left(1 + \frac{\varepsilon}{\|y-x\|}\right) \|y-x\| = \|y-x\| + \varepsilon \end{aligned}$$

Aufgaben zu »Metrische Räume« siehe Seite 87

und daher $\|y - x\| < r - \varepsilon$. Da wir ε beliebig nahe bei r wählen können, ist dies nur für $\|y - x\| = 0$ möglich, was der Voraussetzung $x \neq y$ widerspricht. Also ist der Mittelpunkt einer Kugel eindeutig bestimmt. Der Radius r ist dann ebenfalls eindeutig bestimmt, denn ist u ein beliebiger Einheitsvektor, so gilt $r = \sup\{\varepsilon > 0 \mid x + \varepsilon u \in B\}$.

Lösung (81.38) Aus $B = B_r(y)$ folgt natürlich $y \in B$. Umgekehrt gelte $y \in B = B_r(x)$, also $d(y, x) < r$. Ist nun $z \in B$ beliebig, so gilt $d(z, x) < r$, damit aber auch $d(z, y) = \min\{d(z, x), d(x, y)\} < \min\{r, r\} = r$ und damit $z \in B_r(y)$. Da $z \in B$ beliebig war, gilt damit $B \subseteq B_r(y)$, also $B_r(x) \subseteq B_r(y)$. Vertauschung der Rollen von x und y zeigt, daß auch $B_r(y) \subseteq B_r(x)$ gilt. Insgesamt ist also $B_r(x) = B_r(y)$ für jeden Punkt $y \in B_r(x)$.

Aufgaben zu »Metrische Räume« siehe Seite 87

L82: Stetigkeit

Lösung (82.1) Die Funktion ist offensichtlich auf jedem der Intervalle $(-\infty, 0)$, $(0, 1)$, $(1, 3)$ und $(3, \infty)$ stetig; es ist nur nachzuprüfen, daß die einzelnen Funktionen an den "Nahtstellen" stetig aneinander anschließen, daß also jeweils links- und rechtsseitiger Grenzwert existieren und mit dem jeweiligen Funktionswert übereinstimmen. Das ist an allen drei Stellen der Fall: die Funktion ist stetig an der Stelle $x_0 = 0$ wegen

$$\begin{aligned}\lim_{x\to 0-} f(x) &= \lim_{x\to 0-} \exp(x) = 1\\ &= \lim_{x\to 0+} \cos(\pi x) = \lim_{x\to 0+} f(x),\end{aligned}$$

sie ist stetig an der Stelle $x_0 = 1$ wegen

$$\begin{aligned}\lim_{x\to 1-} f(x) &= \lim_{x\to 1-} \cos(\pi x) = -1\\ &= \lim_{x\to 1+} (-x^2 + 4x - 4) = \lim_{x\to 1+} f(x),\end{aligned}$$

und sie ist schließlich auch stetig an der Stelle $x_0 = 3$ wegen

$$\begin{aligned}\lim_{x\to 3-} f(x) &= \lim_{x\to 3-} (-x^2 + 4x - 4)\\ &= -1 = \lim_{x\to 3+} (2 - x) = \lim_{x\to 3+} f(x).\end{aligned}$$

Lösung (82.2) Wir erhalten die links- und rechtsseitigen Grenzwerte

$$\begin{aligned}\lim_{x\to(-\pi/2)-} f(x) &= \lim_{x\to(-\pi/2)-} -2\sin(x) = 2,\\ \lim_{x\to(-\pi/2)+} f(x) &= \lim_{x\to(-\pi/2)+} A\sin(x) + B = -A + B,\\ \lim_{x\to(\pi/2)-} f(x) &= \lim_{x\to(\pi/2)-} A\sin(x) + B = A + B,\\ \lim_{x\to(\pi/2)+} f(x) &= \lim_{x\to(\pi/2)+} \cos(x) = 0.\end{aligned}$$

Die Funktion f ist also genau dann stetig an der Stelle $-\pi/2$, wenn $-A + B = 2$ gilt, und sie ist genau dann stetig an der Stelle $\pi/2$, wenn $A + B = 0$ gilt. Sie ist genau dann überall stetig, wenn beide Gleichungen gelten, was genau für $A = -1$ und $B = 1$ der Fall ist.

Lösung (82.3) Wir erhalten

$$\lim_{x\to 0-} f(x) = 1 \quad \text{und} \quad \lim_{x\to 0+} f(x) = -1.$$

Also existiert sowohl der links- als auch der rechtsseitige Grenzwert, aber sie sind nicht gleich; durch keine Festsetzung des Funktionswerts $f(0)$ kann daher f zu einer stetigen Funktion $f : \mathbb{R} \to \mathbb{R}$ gemacht werden. (Dagegen ist f stetig als Funktion $f : \mathbb{R} \setminus \{0\} \to \mathbb{R}$.)

Aufgaben zu »Stetigkeit« siehe Seite 92

Lösung (82.4) Für $\alpha > 0$ gilt $|f_\alpha(x)| \le |x|^\alpha \to 0$ für $x \to 0$; also läßt sich f_α durch $f_\alpha(0) := 0$ stetig in den Nullpunkt fortsetzen. Für $\alpha = 1$ ist das nicht mehr der Fall, denn der Grenzwert $\lim_{x\to 0+} \sin(1/x)$ existiert nicht. Genauer: zu jeder Zahl $c \in [-1, 1]$ gibt es eine Folge (x_n) mit $x_n \to 0$ und $\sin(1/x_n) \to c$. (Man muß ja nur $x_n = 1/\big(\arcsin(c) + 2n\pi\big)$ für alle $n \in \mathbb{N}$ wählen.) Die folgenden Abbildungen zeigen für $\alpha \in \{2, 1, 1/2, 0\}$ jeweils den Verlauf von f_α. (Die Abbildungen sind nicht maßstabsgetreu, haben aber alle die gleiche Skalierung.)

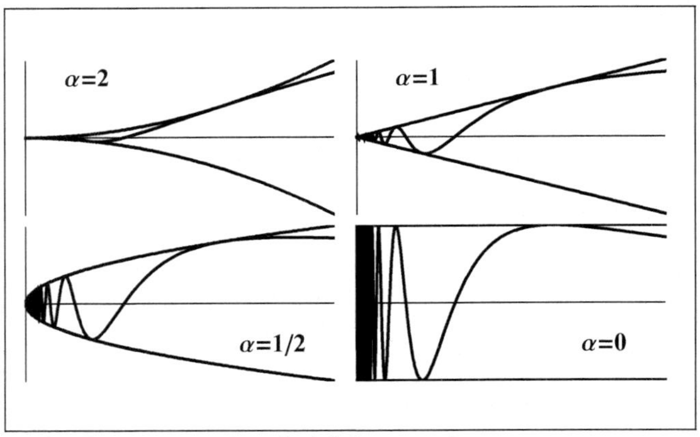

Verlauf von $x \mapsto x^\alpha \sin(1/x)$ für $\alpha \ge 0$.

Noch "schlimmer" ist das Verhalten von f_α für $\alpha < 0$; in diesem Fall kann man zu jeder Zahl $c \in \mathbb{R}$ eine Folge (x_n) in $(0, \infty)$ finden mit $x_n \to 0$ und $f_\alpha(x_n) \to c$. Der Grenzwert $\lim_{x\to 0+} x^\alpha \sin(1/x)$ existiert daher wieder nicht, so daß die Funktion f_α nicht stetig in den Nullpunkt fortgesetzt werden kann. Dies wird für $\alpha \in \{-1/2, -1\}$ dargestellt. (Die Skalierung ist bei den beiden Diagrammen gleich, aber verschieden von derjenigen in den ersten vier Diagrammen.)

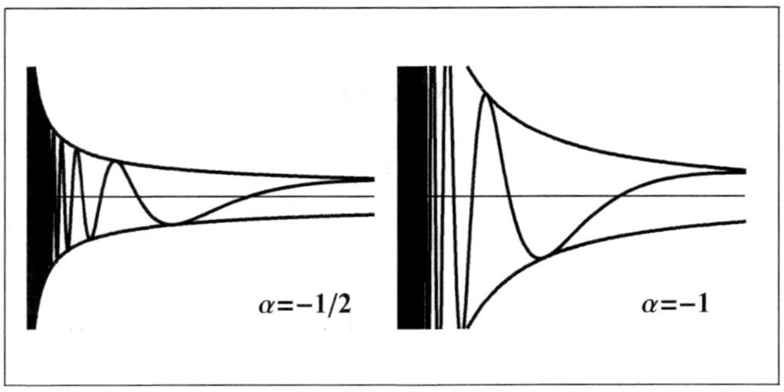

Verlauf von $x \mapsto x^\alpha \sin(1/x)$ für $\alpha < 0$.

Lösung (82.5) Wir erhalten

$$f(x) = \begin{cases} -3 & \text{für } x < a\\ -2 & \text{für } x = a\\ -1 & \text{für } a < x < b\\ 0 & \text{für } x = b\\ 1 & \text{für } b < x < c\\ 2 & \text{für } x = c\\ 3 & \text{für } x = c \end{cases}$$

und

$$g(x) = \begin{cases} -1 & \text{für } x < a \\ 0 & \text{für } x = a \\ 1 & \text{für } a < x < b \\ 0 & \text{für } x = b \\ -1 & \text{für } b < x < c \\ 0 & \text{für } x = c \\ 1 & \text{für } x = c \end{cases}$$

und stellen fest, daß f und g an den Punkten a, b, c unstetig sind, an allen anderen Punkten $x \in \mathbb{R}$ dagegen stetig.

Lösung (82.6) Nach Voraussetzung gibt es in jedem Intervall $(x_0 - 1/n, x_0 + 1/n)$ mit $n \in \mathbb{N}$ ein Element a_n mit $f(a_n) > 0$ und ein Element b_n mit $f(b_n) < 0$. Wegen $|a_n - x_0| < 1/n$ und $|b_n - x_0| < 1/n$ haben wir $a_n \to x_0$ und $b_n \to x_0$, aufgrund der Stetigkeit von f im Punkt x_0 daher auch $f(a_n) \to f(x_0)$ und $f(b_n) \to f(x_0)$. Wegen $f(a_n) > 0$ für alle $n \in \mathbb{N}$ gilt daher $f(x_0) \geq 0$, wegen $f(b_n) < 0$ für alle n andererseits auch $f(x_0) \leq 0$, insgesamt also $f(x_0) = 0$.

Lösung (82.7) (a) Diese Funktion ist nirgends stetig, denn in jeder noch so kleinen Umgebung eines beliebig vorgegebenen Punktes nimmt f sowohl den Wert 1 als auch den Wert -1 an.

(b) Diese Funktion ist an der Stelle $x_0 = 0$ stetig, aber nirgends sonst. Die Stetigkeit an der Stelle 0 folgt aus der Abschätzung $|f(x) - f(0)| = |f(x)| = |x| \to 0$ für $x \to 0$; aus $x \to 0$ folgt also $f(x) \to f(0)$. Ist $x_0 \neq 0$, so gibt es sowohl eine Folge (a_n) rationaler Zahlen mit $a_n \to x_0$ als auch eine Folge (b_n) irrationaler Zahlen mit $b_n \to x_0$. Wir haben dann $f(a_n) = a_n \to x_0$ und $f(b_n) = -b_n \to -x_0$; die Folgen $\big(f(a_n)\big)$ und $\big(f(b_n)\big)$ haben also verschiedene Grenzwerte, so daß f an der Stelle x_0 nicht stetig sein kann.

(c) Wir behaupten, daß f stetig an allen irrationalen und unstetig an allen rationalen Zahlen ist. Ist x_0 rational, so wählen wir eine Folge (x_n) irrationaler Zahlen mit $x_n \to x_0$; dann gilt $f(x_n) \to 0 \neq f(x_0)$, so daß f an der Stelle $x_0 = 0$ nicht stetig ist. Umgekehrt seien x_0 irrational und $\varepsilon > 0$ vorgegeben. Wir wählen eine Zahl $N \in \mathbb{N}$ mit $1/N < \varepsilon$ und anschließend eine Zahl $\delta > 0$ so klein, daß im Intervall $(x_0 - \delta, x_0 + \delta)$ nur solche rationalen Zahlen liegen, deren Nenner in der Darstellung als gekürzter Bruch einen Nenner größer als N hat. (Die Wahl eines solchen δ ist möglich, weil man nur endlich viele in Frage kommende Brüche ausschließen muß.) Für alle $x \in \mathbb{R}$ mit $|x - x_0| < \delta$ gilt dann $|f(x) - f(x_0)| < \varepsilon$; dies ist klar, falls x irrational ist, und folgt für $x = \pm p/q$ mit $q > N$ wegen $|f(x) - f(x_0)| = 1/q < 1/N < \varepsilon$. Also ist f an der Stelle x_0 stetig.

(d) Wir behaupten, daß f stetig an allen irrationalen Zahlen und bei $x_0 = 0$ ist, dagegen unstetig an allen rationalen Zahlen außer 0. Der Nachweis, daß f stetig an allen irrationalen Zahlen und unstetig an allen von Null verschiedenen rationalen Zahlen ist, wird genauso geführt wie in (c). Nun sei $x_0 = 0$. Ist $\varepsilon > 0$ beliebig vorgegeben, so wählen wir ein $N \in \mathbb{N}$ mit $1/N < \varepsilon$ und setzen $\delta := 1/N$; aus $|x - x_0| < \delta$ folgt dann $|f(x) - f(x_0)| < \varepsilon$. (Dies ist klar, falls x irrational ist; ist x rational, so folgt $x = \pm p/q$ mit $q > N$ und damit $|f(x) - f(x_0)| = 1/q < 1/N < \varepsilon$.) Also ist f an der Stelle $x_0 = 0$ stetig.

Lösung (82.8) (a) Für alle $x \neq 1$ gilt $f(x) = x - 1$; durch die Festsetzung $f(1) := 0$ kann f also stetig fortgesetzt werden. (Die Funktion $F(x) := x - 1$ ist eine stetige Fortsetzung von f auf ganz $\mathbb{R}$.)

(b) Die Funktion f ist definiert auf $\mathbb{R} \setminus \{2, -2\}$; wegen $\lim_{x\to(-2)-} f(x) = \lim_{x\to 2-} f(x) = -\infty$ und $\lim_{x\to(-2)+} f(x) = \lim_{x\to 2+} f(x) = \infty$ kann f an keiner der beiden Definitionslücken stetig fortgesetzt werden.

(c) Es gilt $\lim_{x\to 0-} f(x) = 0$ und $\lim_{x\to 0+} f(x) = \infty$; die Funktion f ist also nicht stetig in den Nullpunkt fortsetzbar.

(d) Es gilt $f(x) = \sqrt{x}$ für $x \geq 0$ und $f(x) = -\sqrt{|x|}$ fü $x < 0$; durch die Festsetzung $f(0) := 0$ wird f zu einer auf ganz $\mathbb{R}$ stetigen Funktion fortgesetzt. (Genauer: Die Funktion $F(x) := \operatorname{sign}(x) \cdot \sqrt{|x|}$ ist eine stetige Fortsetzung von f auf ganz $\mathbb{R}$.)

(e) Die Funktion f hat die Definitionslücken $x_k := k \cdot \pi/2$ mit $k \in \mathbb{Z}$. Für $k \neq 0$ gilt $|f(x)| \to \infty$ für $x \to x_k$, so daß eine stetige Fortsetzung an der Stelle x_k nicht möglich ist. An der Stelle $x_0 = 0$ ist dagegen eine stetige Fortsetzung möglich, denn es gilt

$$f(x) = \frac{3}{2} \cdot \frac{2x}{\sin(2x)} \to \frac{3}{2} \quad \text{für } x \to 0.$$

Durch die Festsetzung $f(0) := 3/2$ wird f also stetig in den Nullpunkt fortgesetzt.

(f) Die Funktion f hat eine Definitionslücke bei $x = 1$ (dem einzigen Wert, bei dem der Nenner Null wird). Mit der Substitution $u := 1 - x$ erhalten wir

$$\lim_{x\to 1-} f(x) = \lim_{u\to 0+} \frac{1}{1 - e^u} = -\infty$$

und

$$\lim_{x\to 1+} f(x) = \lim_{u\to 0-} \frac{1}{1 - e^u} = \infty.$$

Die Funktion f weist also an der Stelle $x = 1$ einen unendlichen Sprung auf; eine stetige Fortsetzung ist nicht möglich.

(g) Die Funktion f ist nicht definiert an der Stelle $x = 1$; für alle $x \neq 1$ gilt

$$f(x) = \frac{x^3 - x^2 + x - 1}{x^3 - x^2 + 2x - 2} = \frac{(x-1)(x^2+1)}{(x-1)(x^2+2)} = \frac{x^2+1}{x^2+2}.$$

Für $x \to 1$ gilt $f(x) \to 2/3$; durch die Festsetzung $f(1) := 2/3$ wird also f stetig in den Punkt $x = 1$ fortgesetzt. Genauer: Die Funktion $F(x) := (x^2+1)/(x^2+2)$ ist eine stetige Fortsetzung von f auf ganz $\mathbb{R}$.

Aufgaben zu »Stetigkeit« siehe Seite 92

(h) An der Stelle $x = 0$ ist f nicht definiert; für alle $x \neq 0$ gilt $f(x) = \text{sign}(\sqrt{|x|}) = 1$. Setzen wir also $f(0) := 1$, so wird f zu einer auf ganz $\mathbb{R}$ stetigen Funktion. (Genauer: Die konstante Funktion $F \equiv 1$ ist eine stetige Fortsetzung von f auf ganz $\mathbb{R}$.)

Lösung (82.9) Ein Fehler $\Delta x := x - x_0$ in der Messung der Größe x führt zu einem Fehler $\Delta y := f(x) - f(x_0) = f(x_0+\Delta x) - f(x_0)$ in der Bestimmung der Größe $f(x) = 1/x$, der gegeben ist durch

$$\Delta y = \frac{1}{x_0+\Delta x} - \frac{1}{x_0} = \frac{-\Delta x}{x_0(x_0+\Delta x)}.$$

Wir wollen die Bedingung $|\Delta y| < \varepsilon$ garantieren, also $|\Delta x| < \varepsilon x_0(x_0 + \Delta x) = \varepsilon x_0^2 + \varepsilon x_0 \Delta x$. (Offensichtlich muß $x_0 + \Delta x > 0$ gelten.) Ist $\Delta x < 0$, so bedeutet dies $|\Delta x| < \varepsilon x_0^2 - \varepsilon x_0 |\Delta x|$ bzw. $(1 + \varepsilon x_0)|\Delta x| < \varepsilon x_0^2$; die Messung darf also höchstens $\delta_1 := \varepsilon x_0^2/(1 + \varepsilon x_0)$ nach unten abweichen, ohne die Zielgenauigkeit zu verletzen. Ist dagegen $\Delta x > 0$, so läßt sich die angegebene Bedingung umschreiben zu $|\Delta x| < \varepsilon x_0^2 + \varepsilon x_0 |\Delta x|$ bzw. $(1 - \varepsilon x_0)|\Delta x| < \varepsilon x_0^2$; für $\varepsilon \geq 1/x_0$ ist diese Bedingung automatisch erfüllt, und für $\varepsilon < 1/x_0$ ist sie äquivalent zu $|\Delta x| < \varepsilon x_0^2/(1 - \varepsilon x_0) =: \delta_2$, so daß die Messung höchstens um δ_2 nach oben abweichen darf, ohne die Zielgenauigkeit zu verletzen. Der maximale Meßfehler, den man sich (nach oben oder unten) erlauben kann, ist also $\delta := \min(\delta_1, \delta_2) = \varepsilon x_0^2/(1 + \varepsilon x_0)$ (wobei der kritische Fall der einer Abweichung nach unten ist). Wird die Messung also mit der Genauigkeit δ durchgeführt, so kann für den y-Wert die Genauigkeit ε garantiert werden. Wir sehen, daß der noch tolerierbare Meßfehler um so kleiner ist, je näher der "Arbeitspunkt" x_0 an der kritischen Stelle Null liegt; es gibt keine universell gültige Meßgenauigkeit, die gleichmäßig über den gesamten "Arbeitsbereich" $x > 0$ hinweg die erforderliche Genauigkeit für y garantieren könnte. Dieser Sachverhalt wird durch die folgende Skizze illustriert, die die betrachtete Situation für $x_0 = 1$ und für $x_0 = 1/2$ zeigt.

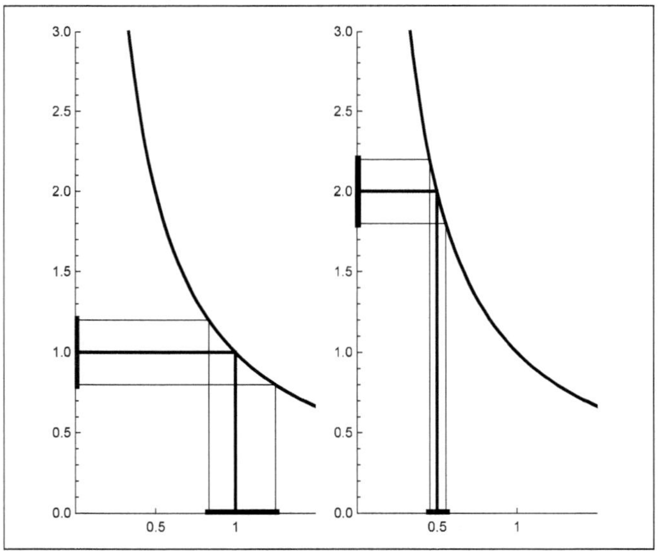

Lösung (82.10) Wir müssen $\delta > 0$ so bestimmen, daß aus $|x - x_0| < \delta$ schon $|\sqrt{x} - \sqrt{x_0}| < \varepsilon$ folgt, also $\sqrt{x_0} - \varepsilon < \sqrt{x} < \sqrt{x_0} + \varepsilon$. Ist $\varepsilon < \sqrt{x_0}$, so ist diese Bedingung nach Quadrieren äquivalent zu

$$\begin{aligned} & x_0 - 2\varepsilon\sqrt{x_0} + \varepsilon^2 < x < x_0 + 2\varepsilon\sqrt{x_0} + \varepsilon^2 \\ \Leftrightarrow\; & \underbrace{-2\varepsilon\sqrt{x_0} + \varepsilon^2}_{<0} < \Delta x < \underbrace{2\varepsilon\sqrt{x_0} + \varepsilon^2}_{>0} \\ \Leftrightarrow\; & |\Delta x| < \min(2\varepsilon\sqrt{x_0} - \varepsilon^2, 2\varepsilon\sqrt{x_0} + \varepsilon^2) = 2\varepsilon\sqrt{x_0} - \varepsilon^2. \end{aligned}$$

(Da die rechte Seite größer als ε^2 gilt, ist die gewünschte Bedingung sicher dann erfüllt, wenn $\delta < \varepsilon^2$ gewählt wird.) Ist dagegen $\varepsilon \geq \sqrt{x_0}$, so ist die gewünschte Bedingung genau dann erfüllt, wenn $x < (\sqrt{x_0} + \varepsilon)^2 = x_0 + 2\varepsilon\sqrt{x_0} + \varepsilon^2$ gilt, also $x - x_0 < 2\varepsilon\sqrt{x_0} + \varepsilon^2$; dies ist wiederum sicher dann erfüllt, wenn $|x - x_0| < \varepsilon^2$ gewählt wird. Es gilt also allgemein, daß aus $|x - x_0| < \varepsilon^2$ stets $|f(x) - f(x_0)| < \varepsilon$ folgt; die Meßgenauigkeit ε^2 für x garantiert also die Bestimmung von $\sqrt{x}$ mit der vorgegebenen Fehlertoleranz ε. Bemerkenswert ist, daß δ unabhängig vom "Arbeitspunkt" x_0 gewählt werden kann; die Stetigkeit der Funktion $f(x) = \sqrt{x}$ ist also gleichmäßig auf dem gesamten Definitionsbereich $[0, \infty)$.

Lösung (82.11) (a) Es seien P und ℓ die exakten Werte für die kritische Last bzw. die Länge der Säule; ferner sei $c := \pi^2 EI$. Es gilt dann $\ell = \sqrt{c/P}$. Der kleinste erlaubte gemessene Wert für ℓ, der P noch mit der erlaubten Genauigkeit liefert, ist daher $\ell_{\min} := \sqrt{c/(P + \varepsilon)}$; die größte erlaubte Abweichung des gemessenen vom exakten Wert nach unten ist folglich

$$\begin{aligned} \delta_1 &:= \sqrt{\frac{c}{P}} - \sqrt{\frac{c}{P+\varepsilon}} \\ &= \sqrt{c} \cdot \frac{\sqrt{P+\varepsilon} - \sqrt{P}}{\sqrt{P(P+\varepsilon)}} \cdot \frac{\sqrt{P+\varepsilon} + \sqrt{P}}{\sqrt{P+\varepsilon} + \sqrt{P}} \\ &= \sqrt{c} \cdot \frac{P + \varepsilon - P}{\sqrt{P(P+\varepsilon)}(\sqrt{P+\varepsilon} + \sqrt{P})} \\ &= \frac{\sqrt{c}\,\varepsilon}{(P+\varepsilon)\sqrt{P} + P\sqrt{P+\varepsilon}}. \end{aligned}$$

Der größte erlaubte gemessene Wert für ℓ, der P noch mit der erlaubten Genauigkeit liefert, ist $\ell_{\max} := \sqrt{c/(P - \varepsilon)}$; die größte erlaubte Abweichung des gemessenen vom exakten Wert nach oben ist folglich

$$\begin{aligned} \delta_2 &:= \sqrt{\frac{c}{P-\varepsilon}} - \sqrt{\frac{c}{P}} \\ &= \sqrt{c} \cdot \frac{\sqrt{P} - \sqrt{P-\varepsilon}}{\sqrt{P(P-\varepsilon)}} \cdot \frac{\sqrt{P} + \sqrt{P-\varepsilon}}{\sqrt{P} + \sqrt{P-\varepsilon}} \\ &= \sqrt{c} \cdot \frac{P - (P - \varepsilon)}{\sqrt{P(P-\varepsilon)}(\sqrt{P} + \sqrt{P-\varepsilon})} \\ &= \frac{\sqrt{c}\,\varepsilon}{(P-\varepsilon)\sqrt{P} + P\sqrt{P-\varepsilon}}. \end{aligned}$$

Um P mit einer Genauigkeit kleiner als ε zu bestimmen, müssen wir also ℓ mit einer Genauigkeit kleiner als $\min\{\delta_1, \delta_2\} = \delta_1$ messen; diese Zahl ist also das erlaubte "Spiel" bei der Messung von ℓ, das die Bestimmung von P mit der geforderten Genauigkeit ε nicht gefährdet.

(b) Wir schreiben $c := EI$ und haben dann $P = \pi^2 c/\ell^2$ bzw. $c = \ell^2 P/\pi^2$. Die größte erlaubte Abweichung des gemessenen vom exakten Wert von c nach unten ist $\delta_1 = \ell^2 P/\pi^2 - \ell^2(P-\varepsilon)/\pi^2 = \ell^2\varepsilon/\pi^2$; die größte erlaubte Abweichung nach oben ist $\delta_2 = \ell^2(P+\varepsilon)/\pi^2 - \ell^2 P/\pi^2 = \ell^2\varepsilon/\pi^2$. Also ist $\delta := \delta_1 = \delta_2$ das erlaubte "Spiel" bei der Messung von c, dessen Einhaltung die Bestimmung von P mit der geforderten Genauigkeit ε garantiert.

Lösung (82.12) (a) Die Gleichung $(1/g) + (1/b) = 1/f$ läßt sich umschreiben in der Form

$$g = \frac{bf}{b-f} \quad \text{bzw.} \quad b = \frac{gf}{g-f}.$$

Wir müssen zu vorgegebenem $\varepsilon > 0$ eine Zahl $\delta > 0$ derart finden, daß für jede Bildweite im Intervall $(b-\delta, b+\delta)$ die zugehörige Gegenstandsweite im Intervall $(g-\varepsilon, g+\varepsilon)$ liegt. Die maximale erlaubte Abweichung von b nach unten ist

$$\delta_1 = \frac{gf}{g-f} - \frac{(g+\varepsilon)f}{g+\varepsilon-f} = \frac{\varepsilon f^2}{(g-f)(g+\varepsilon-f)},$$

die maximale erlaubte Abweichung von b nach oben ist

$$\delta_2 = \frac{(g-\varepsilon)f}{g-\varepsilon-f} - \frac{gf}{g-f} = \frac{\varepsilon f^2}{(g-f)(g-\varepsilon-f)}.$$

Das erlaubte Spiel in der Bildweite ist also $\delta := \min\{\delta_1, \delta_2\} = \delta_1$.

(b) Nach dem Strahlensatz gilt $G : f = B : (b-f)$; der Abbildungsmaßstab α ist also gegeben durch $\alpha = B/G = (b-f)/f$, so daß $b = f\alpha + f$ gilt. Soll der ermittelte Wert für α um höchstens ε vom tatsächlichen Wert abweichen, so ist die maximal erlaubte Abweichung vom wahren Wert von b nach unten gegeben durch $\delta_1 = f\alpha + f - f(\alpha-\varepsilon) - f = \varepsilon f$, die maximal erlaubte Abweichung nach oben dagegen durch $\delta_2 = f(\alpha+\varepsilon) + f - f\alpha - f = \varepsilon f$. Das erlaubte Spiel bei der Wahl von b ist also $\delta := \delta_1 = \delta_2$.

Lösung (82.13) (a) Für $f(x,y) = (x^2-y^2)/(x^2+y^2)$ erhalten wir $f(x,0) = 1$ und $f(0,y) = -1$ für alle $x, y \neq 0$; je nachdem, ob man sich dem Nullpunkt entlang der x-Achse oder entlang der y-Achse nähert, erhält man also verschiedene Funktionsgrenzwerte. Dies zeigt, daß $\lim_{(x,y)\to(0,0)} f(x,y)$ nicht existiert und f nicht stetig in den Nullpunkt fortsetzbar ist.

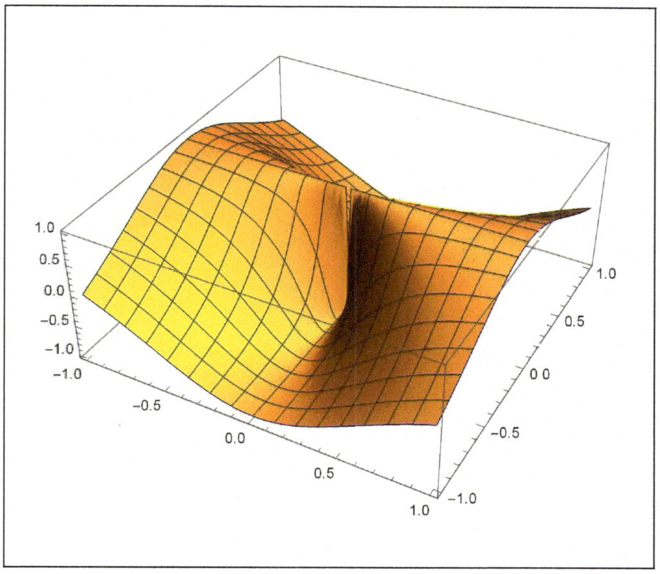

Graph der Funktion $f(x,y) = (x^2-y^2)/(x^2+y^2)$.

(b) Für $f(x,y) = xy(x^2-y^2)/(x^2+y^2)$ erhalten wir die Abschätzung $|f(x,y)| \le |xy|(x^2+y^2)/(x^2+y^2) = |xy|$, und dieser letzte Ausdruck geht für $(x,y) \to (0,0)$ offensichtlich gegen Null. Nach dem Einschnürungskriterium gilt dann $\lim_{(x,y)\to(0,0)} f(x,y) = 0$. Durch die Setzung $f(0,0) := 0$ wird also f stetig in den Nullpunkt hinein fortgesetzt.

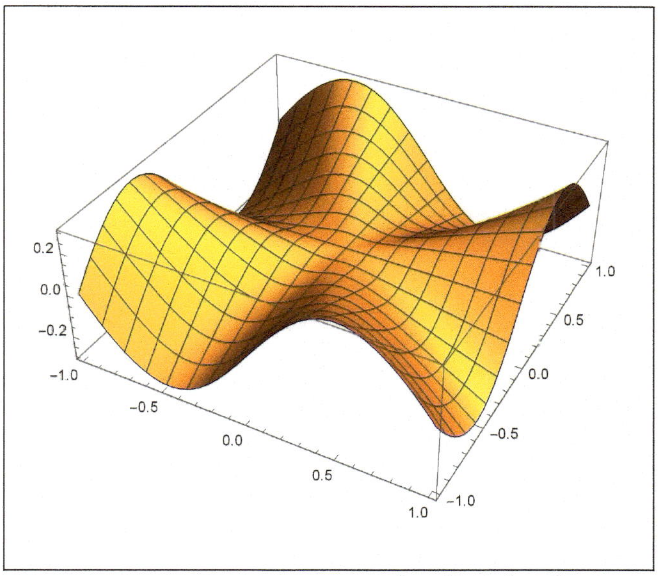

Graph der Funktion $f(x,y) = xy(x^2-y^2)/(x^2+y^2)$.

(c) Für $f(x,y) = xy/(x^2+y^2)$ erhalten wir $f(x,0) = 0$ und $f(t,t) = 1/2$ für alle $x, t \neq 0$; je nachdem, ob man sich dem Nullpunkt entlang der x-Achse oder entlang der ersten Winkelhalbierenden nähert, erhält man also verschiedene Funktionsgrenzwerte. Dies zeigt, daß $\lim_{(x,y)\to(0,0)} f(x,y)$ nicht existiert. Durch keine Festsetzung des Wertes $f(0,0)$ kann also f stetig in den Nullpunkt fortgesetzt werden.

Aufgaben zu »Stetigkeit« siehe Seite 92

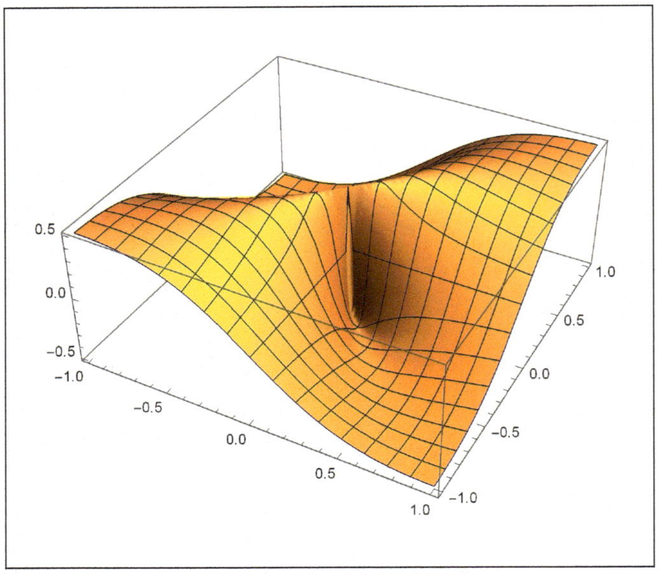

Graph der Funktion $f(x,y) = xy/(x^2+y^2)$.

(d) Für $f(x,y) = (x^2+y^4)/(x^2+3y^2)$ erhalten wir $f(x,0) = 1$ und $f(0,y) = y^2/3$ für alle $x, y \neq 0$; je nachdem, ob man sich dem Nullpunkt entlang der x-Achse oder entlang der y-Achse nähert, erhält man also verschiedene Funktionsgrenzwerte (nämlich 1 bzw. 0). Dies zeigt, daß $\lim_{(x,y)\to(0,0)} f(x,y)$ nicht existiert und f durch keine Festsetzung des Wertes $f(0,0)$ stetig in den Nullpunkt fortgesetzt werden kann.

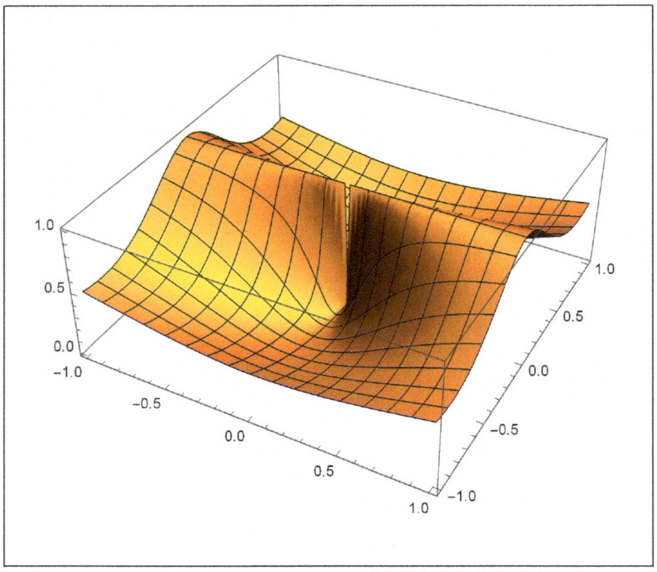

Graph der Funktion $f(x,y) = (x^2+y^4)/(x^2+3y^2)$.

(e) Für $f(x,y) = x^2y/(x^2+y^2)$ gilt die Abschätzung $|f(x,y)| \leq |y| \cdot x^2/(x^2+y^2) \leq |y|$, aus der sich sofort $\lim_{(x,y)\to(0,0)} = 0$ ergibt. Durch die Setzung $f(0,0) := 0$ wird also f stetig in den Nullpunkt hinein fortgesetzt.

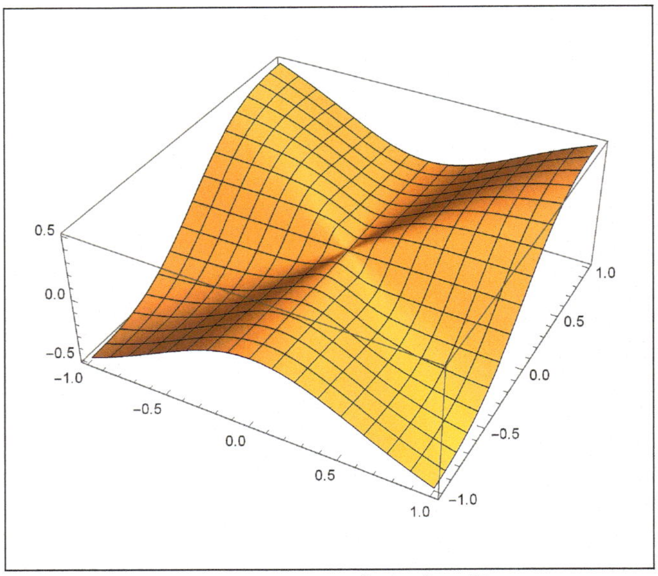

Graph der Funktion $f(x,y) = x^2y/(x^2+y^2)$.

(f) Für $f(x,y) = 2xy^3/(x^2+y^2)^2$ erhalten wir $f(x,0) = 0$ und $f(t,t) = 1/2$ für alle $x, t \neq 0$; je nachdem, ob man sich dem Nullpunkt entlang der x-Achse oder entlang der ersten Winkelhalbierenden nähert, erhält man also verschiedene Funktionsgrenzwerte. Dies zeigt, daß $\lim_{(x,y)\to(0,0)} f(x,y)$ nicht existiert und f nicht stetig in den Nullpunkt fortsetzbar ist.

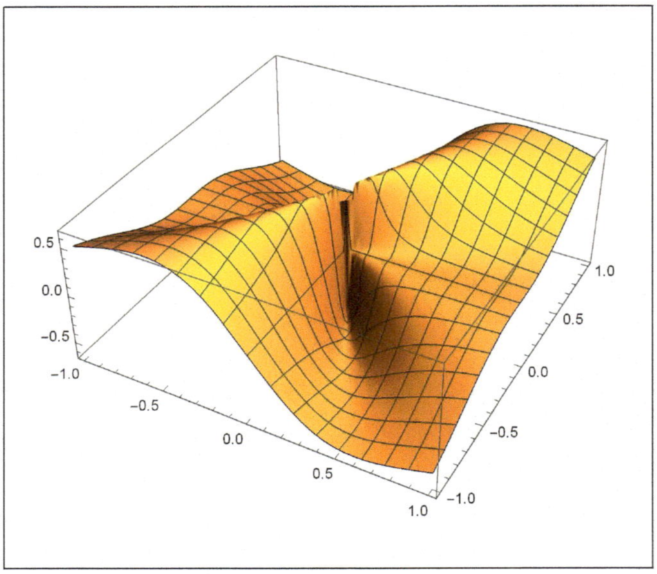

Graph der Funktion $f(x,y) = 2xy^3/(x^2+y^2)^2$.

(g) Für $f(x,y) = x^2(x^2-y^2)/(x^2+y^2)^2$ erhalten wir $f(x,0) = 1$ und $f(0,y) = 0$ für alle $x, y \neq 0$; je nachdem, ob man sich dem Nullpunkt entlang der x-Achse oder entlang der y-Achse nähert, erhält man also verschiedene Funktionsgrenzwerte. Dies zeigt, daß $\lim_{(x,y)\to(0,0)} f(x,y)$ nicht existiert und f nicht stetig in den Nullpunkt fortsetzbar ist.

Aufgaben zu »Stetigkeit« siehe Seite 92

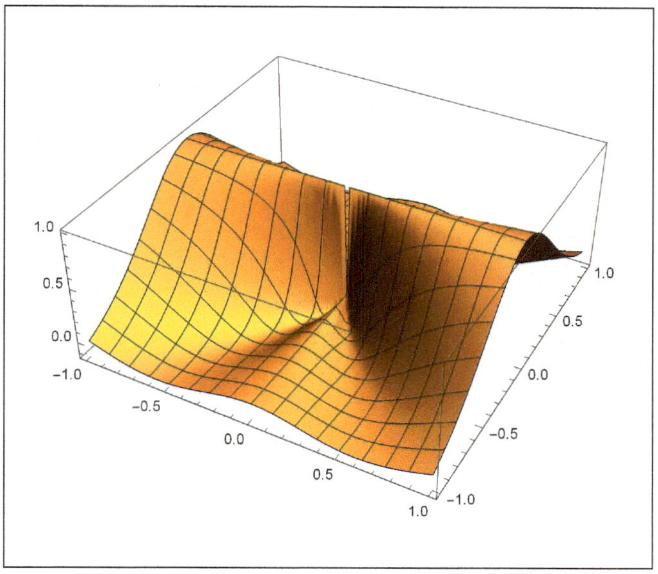

Graph der Funktion $f(x,y) = x^2(x^2-y^2)/(x^2+y^2)^2$.

(h) Für $f(x,y) = (x^3 - y^3)/(2x^2 + 3y^2)$ erhalten wir die Abschätzung $|f(x,y)| \leq (|x|^3 + |y|^3)/(2x^2 + 3y^2) \leq |x| \cdot x^2/(2x^2+3y^2) + |y| \cdot y^2/(2x^2+3y^2) \leq |x|/2 + |y|/3$, aus der sich sofort $\lim_{(x,y)\to(0,0)} f(x,y) = 0$ ergibt. Durch die Setzung $f(0,0) := 0$ wird also f stetig in den Nullpunkt fortgesetzt.

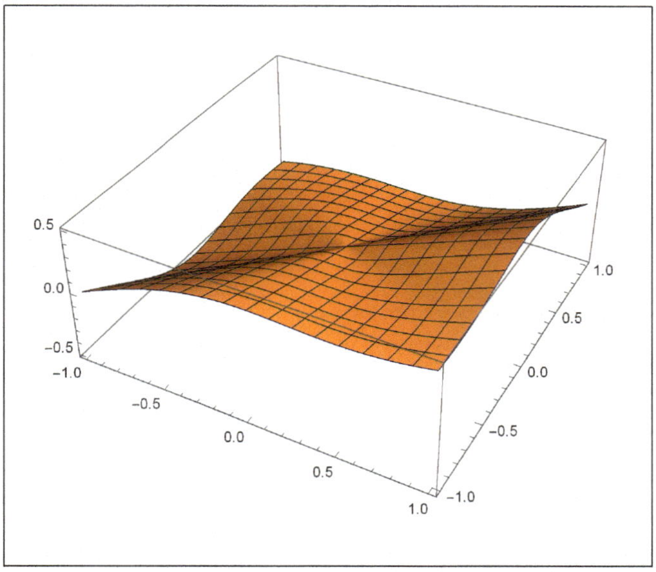

Graph der Funktion $f(x,y) = (x^3-y^3)/(2x^2+3y^2)$.

Lösung (82.14) (a) Für alle Zahlen $u \neq 0$ gelten die Gleichungen $f(u,0) = au^2/u^2 = a$, $f(0,u) = cu^2/u^2 = c$ und $f(u,u) = (a+b+c)u^2/(2u^2) = (a+b+c)/2$. Wenn f also überhaupt eine Chance haben soll, stetig zu sein, müssen die Gleichungen $a = c = (a+b+c)/2$ gelten, also $c = a$ und $b = 0$. Dann ist aber $f(x,y) = (ax^2+ay^2)/(x^2+y^2) = a$, und als konstante Funktion ist f dann tatsächlich stetig.

(b) Es gilt

$$\begin{aligned} |ax^3 + by^3| &\leq |a|\,|x|\,x^2 + |b|\,|y|\,y^2 \\ &\leq |a|\,|x|\,(x^2+y^2) + |b|\,|y|\,(x^2-y^2) \\ &= (|a|\,|x| + |b|\,|y|)(x^2+y^2) \end{aligned}$$

und damit $|f(x,y)| \leq |a|\,|x| + |b|\,|y| \to 0$ für $(x,y) \to (0,0)$. Aus $(x,y) \to (0,0)$ folgt also $f(x,y) \to 0$, was gerade die Stetigkeit von f im Nullpunkt bedeutet.

Lösung (82.15) Die Bedeutung der einzelnen Aussagen ist wie folgt.

(1) Die Funktion f ist konstant mit dem Wert $f(x_0)$.
(2) Die Funktion f ist auf einer Umgebung von x_0 beschränkt.
(3) Die Funktion f ist stetig an der Stelle x_0.
(4) Die Funktion f ist auf jeder beschränkten Umgebung von x_0 beschränkt.
(5) Die Funktion f ist beschränkt.
(6) Die Funktion f ist auf einer Umgebung von x_0 konstant.

Lösung (82.16) (a) Zwei solche Funktionen f und g kann es nicht geben, denn aus der Stetigkeit von f und g folgt automatisch die Stetigkeit von $g \circ f$. Aus $x_n \to x$ folgt (aufgrund der Stetigkeit von f im Punkt x) nämlich $f(x_n) \to f(x)$ und dann (aufgrund der Stetigkeit von g im Punkt $f(x)$) auch $g(f(x_n)) \to g(f(x))$, also $(g \circ f)(x_n) \to (g \circ f)(x)$ (was die Stetigkeit von $g \circ f$ im Punkt x zeigt).

(b) Wähle irgendeine konstante Funktion $f : X \to Y$ (mit dem Wert $y_0 \in Y$) und irgendeine unstetige Funktion $g : Y \to Z$; dann ist $g \circ f : X \to Z$ konstant (mit dem Wert $g(y_0)$) und damit stetig.

(c) Es sei $g : Y \to Z$ eine beliebige unstetige Funktion. Wähle $X := Y$ und $f := \mathrm{id}_X$ (also $f(x) = x$ für alle $x \in X$). Dann gilt $g \circ f = g$; aufgrund der Unstetigkeit von g ist dann also auch $g \circ f$ unstetig.

(d) Wähle eine beliebige unstetige Funktion $f : X \to Y$ und eine konstante Funktion $g : Y \to Z$ (mit dem Wert z_0); dann ist $g \circ f$ konstant (mit dem Wert z_0) und damit stetig.

(e) Es sei $f : X \to Y$ eine beliebige unstetige Funktion. Wähle $Z := Y$ und $g := \mathrm{id}_Y$ (also $g(y) = y$ für alle $y \in Y$). Dann gilt $g \circ f = f$; aufgrund der Unstetigkeit von f ist dann also auch $g \circ f$ unstetig.

(f) Definiere $f, g : \mathbb{R} \to \mathbb{R}$ durch die folgenden Festsetzungen.

$$f(x) := \begin{cases} 0, & \text{falls } x < 0 \\ 1, & \text{falls } x \geq 0 \end{cases} \qquad g(x) := \begin{cases} 0, & \text{falls } x \leq 1 \\ 1, & \text{falls } x > 1 \end{cases}$$

Dann ist $g \circ f \equiv 0$ konstant und damit stetig.

(g) Definiere $f, g : \mathbb{R} \to \mathbb{R}$ durch

$$f(x) := \begin{cases} 1, & \text{falls } x \neq 0 \\ 0, & \text{falls } x = 0 \end{cases}$$

und $g := f$. Dann sind die Funktionen f, $g = f$ und $g \circ f = f \circ f = f$ allesamt unstetig.

Aufgaben zu »Stetigkeit« siehe Seite 92

Lösung (82.17) Es gelte $x_n \to x_0$ in X. Aufgrund der Stetigkeit von f und g im Punkt x_0 gelten dann auch die Konvergenzaussagen $f(x_n) \to f(x_0)$ und $g(x_n) \to g(x_0)$ in $\mathbb{R}$. Aufgrund der Rechenregeln für Grenzwerte gelten dann auch die Aussagen $f(x_n)+g(x_n) \to f(x_0)+g(x_0)$, $f(x_n)-g(x_n) \to f(x_0)-g(x_0)$, $\lambda f(x_n) \to \lambda f(x_0)$ und $f(x_n)g(x_n) \to f(x_0)g(x_0)$ sowie im Fall $g(x_0) \neq 0$ auch $f(x_n)/g(x_n) \to f(x_0)/g(x_0)$.

Lösung (82.18) (a) Sind f und g beide stetig im Punkt x_0, dann auch $f+g$; aus $x_n \to x_0$ folgen nämlich die Bedingungen $f(x_n) \to (x_0)$ (aufgrund der Stetigkeit von f) und $g(x_n) \to g(x_0)$ (aufgrund der Stetigkeit von g), damit aber auch $(f+g)(x_n) = f(x_n)+g(x_n) \to f(x_0)+g(x_0) = (f+g)(x_0)$. Ein Beispiel mit der angegebenen Eigenschaft kann es also nicht geben.

(b) Zwei solche Funktionen kann es nicht geben, denn aus der Stetigkeit von f und $f+g$ folgt automatisch die Stetigkeit von $(f+g)-f = g$.

(c) Ein Beispiel (mit $X = \mathbb{R}$ und $x_0 \in X$ beliebig) ist gegeben durch die beiden folgenden Funktionen, die beide an der Stelle x_0 unstetig sind, deren Summe aber konstant 1 und daher überall stetig ist.

$$f(x) := \begin{cases} 0, & \text{falls } x < x_0 \\ 1, & \text{falls } x \geq x_0 \end{cases} \qquad g(x) := \begin{cases} 1, & \text{falls } x < x_0 \\ 0, & \text{falls } x \geq x_0 \end{cases}$$

(d) Ein Beispiel (mit $X = \mathbb{R}$ und $x_0 \in X$ beliebig) ist gegeben durch

$$f(x) := g(x) := \begin{cases} 0, & \text{falls } x < x_0; \\ 1, & \text{falls } x \geq x_0. \end{cases}$$

Lösung (82.19) (a) Sind f und g beide stetig im Punkt x_0, so ist auch fg stetig in diesem Punkt; aus $x_n \to x_0$ folgen nämlich die Bedingungen $f(x_n) \to f(x_0)$ (aufgrund der Stetigkeit von f) und $g(x_n) \to g(x_0)$ (aufgrund der Stetigkeit von f), damit aber auch $(fg)(x_n) = f(x_n)g(x_n) \to f(x_0)g(x_0) = (fg)(x_0)$. Ein Beispiel mit der angegebenen Eigenschaft kann es also nicht geben.

(b) Wähle $f \equiv 0$ und irgendeine in einem Punkt x_0 unstetige Funktion g; dann ist $fg \equiv 0$ und damit überall stetig.

(c) Ein Beispiel (mit $X = \mathbb{R}$ und $x_0 \in X$ beliebig) ist gegeben durch die beiden folgenden Funktionen, die beide an der Stelle x_0 unstetig sind, deren Produkt aber konstant 0 und daher überall stetig ist.

$$f(x) := \begin{cases} 0, & \text{falls } x < x_0 \\ 1, & \text{falls } x \geq x_0 \end{cases} \qquad g(x) := \begin{cases} 1, & \text{falls } x < x_0 \\ 0, & \text{falls } x \geq x_0 \end{cases}$$

(d) Ein Beispiel (mit $X = \mathbb{R}$ und $x_0 \in X$ beliebig) ist gegeben durch

$$f(x) := g(x) := \begin{cases} 0, & \text{falls } x < x_0; \\ 1, & \text{falls } x \geq x_0. \end{cases}$$

Wegen $fg = f^2 = f$ folgt aus der Unstetigkeit von f sofort die Unstetigkeit von fg an der Stelle x_0.

Lösung (82.20) Es gelte $x_n \to x_0$ in X. Aufgrund der Stetigkeit von f und g haben wir dann $f(x_n) \to f(x_0)$ und $g(x_n) \to g(x_0)$ in $\mathbb{R}$, folglich $\max\bigl(f(x_n), g(x_n)\bigr) \to \max\bigl(f(x_0), g(x_0)\bigr)$ und $\min\bigl(f(x_n), g(x_n)\bigr) \to \min\bigl(f(x_0), g(x_0)\bigr)$. Das bedeutet aber gerade, daß die Aussagen $\max(f,g)(x_n) \to \max(f,g)(x_0)$ und $\min(f,g)(x_n) \to \min(f,g)(x_0)$ gelten. Dies zeigt die Stetigkeit der Funktionen $\max(f,g)$ und $\min(f,g)$ im Punkt x_0.

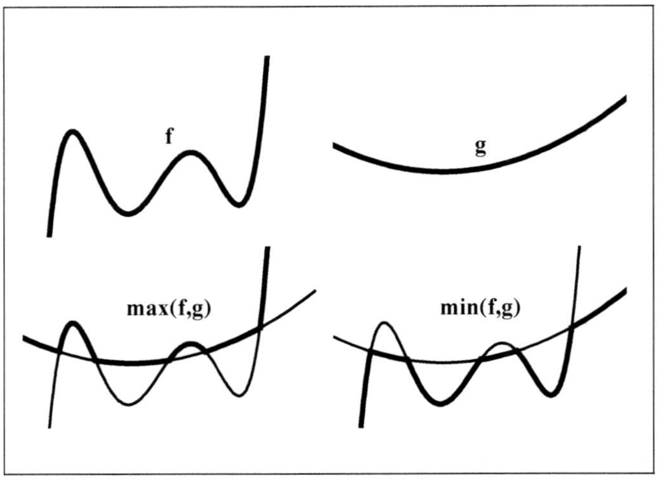

Maximum und Minimum zweier reellwertiger Funktionen.

Lösung (82.21) (a) Es gilt

$$\begin{aligned} f(x)-f(y) &= \left(\frac{1/5}{x-6} - \frac{1/5}{x-1}\right) - \left(\frac{1/5}{y-6} - \frac{1/5}{y-1}\right) \\ &= \frac{1}{5}\cdot\frac{y-x}{(x-6)(y-6)} - \frac{1}{5}\cdot\frac{y-x}{(x-1)(y-1)} \\ &= \frac{y-x}{5}\cdot\left(\frac{1}{(x-6)(y-6)} - \frac{1}{(x-1)(y-1)}\right). \end{aligned}$$

Für alle $a \in [6.1, \infty)$ haben wir nun $|a-1| \geq 5.1$ und $|a-6| \geq 0.1$; für $x, y \in [6.1, \infty)$ gilt daher

$$\begin{aligned} |f(x)-f(y)| &\leq \frac{|y-x|}{5}\cdot\left(\frac{1}{|x-6|\,|y-6|} + \frac{1}{|x-1|\,|y-1|}\right) \\ &\leq \frac{|x-y|}{5}\cdot\left(\frac{1}{0.1^2} + \frac{1}{5.1^2}\right) \\ &\leq \frac{|x-y|}{5}\cdot\left(100 + \frac{1}{5.1^2}\right) \leq \frac{101}{5}\cdot|x-y|. \end{aligned}$$

Mit $L := 101/5$ ist die Einschränkung von f auf das Intervall $[6.1, \infty)$ daher Lipschitz-stetig mit der Lipschitzkonstanten L und daher gleichmäßig stetig.

Aufgaben zu »Stetigkeit« siehe Seite 92

(b) Es gilt

$$\begin{aligned} f(x)-f(y) &= \frac{1}{(x^2-1)(x^2-25)} - \frac{1}{(y^2-1)(y^2-25)} \\ &= \frac{(y^4-26y^2+25)-(x^4-26x^2+25)}{(x^2-1)(x^2-25)(y^2-1)(y^2-25)} \\ &= \frac{(y^4-x^4)-26(y^2-x^2)}{(x^2-1)(x^2-25)(y^2-1)(y^2-25)} \\ &= (y^2-x^2)\cdot\frac{y^2+x^2-26}{(x^2-1)(x^2-25)(y^2-1)(y^2-25)} \\ &= (y-x)\cdot\frac{(y+x)(y^2+x^2-26)}{(x^2-1)(x^2-25)(y^2-1)(y^2-25)}. \end{aligned}$$

Für alle $a \in [1.1,\, 4.9]$ haben wir $|a^2-1| = |a-1|\cdot|a+1| \geq 0.1\cdot 2.1 = 0.21$ und $|a^2-25| = |a-5|\cdot|a+5| \geq 0.1\cdot 6.1 = 0.61$; für $x, y \in [1.1,\, 4.9]$ gilt daher

$$|f(x)-f(y)| \leq |x-y|\cdot\frac{9.8\cdot 22.02}{0.21^2\cdot 0.61^2}.$$

Mit $L := 9.8\cdot 22.02/(0.21^2\cdot 0.61^2)$ ist also die Einschränkung von f auf das Intervall $[1.1,\, 4.9]$ Lipschitz-stetig mit der Lipschitzkonstanten L und daher gleichmäßig stetig.

(c) Wir beweisen zunächst den Hinweis. Mit der Substitution $h := y-x$ ergeben sich die folgenden Äquivalenzen:

$$\begin{aligned} & |\sqrt[n]{x}-\sqrt[n]{y}| \leq \sqrt[n]{|x-y|} && \text{für alle } x, y \geq 0 \\ \Leftrightarrow\ & \sqrt[n]{y}-\sqrt[n]{x} \leq \sqrt[n]{y-x} && \text{für alle } y \geq x \geq 0 \\ \Leftrightarrow\ & \sqrt[n]{x+h}-\sqrt[n]{x} \leq \sqrt[n]{h} && \text{für alle } x, h \geq 0 \\ \Leftrightarrow\ & \sqrt[n]{x+h} \leq \sqrt[n]{x}+\sqrt[n]{h} && \text{für alle } x, h \geq 0 \\ \Leftrightarrow\ & x+h \leq (\sqrt[n]{x}+\sqrt[n]{h})^n && \text{für alle } x, h \geq 0. \end{aligned}$$

Die Gültigkeit der letzten Aussage ergibt sich sofort durch Anwendung der binomischen Formel auf der rechten Seite. Damit ist der Hinweis gezeigt. Ist nun $\varepsilon > 0$ beliebig vorgegeben, so wählen wir $\delta := \varepsilon^n$; aus $|x-y| < \delta$ folgt nach dem Hinweis dann $|f(x)-f(y)| \leq \sqrt[n]{|x-y|} < \sqrt[n]{\varepsilon^n} = \varepsilon$. Damit ist die gleichmäßige Stetigkeit von f gezeigt.

(d) Nach (c) ist f gleichmäßig stetig auf $[0,\infty)$. Wegen $f(-x) = -f(x)$ für alle $x \geq 0$ ist dann f auch gleichmäßig stetig auf $(-\infty, 0]$. Wir zeigen, daß in dieser Situation automatisch f gleichmäßig stetig auf ganz $\mathbb{R}$ ist. Es sei also $f: \mathbb{R} \to \mathbb{R}$ eine beliebige Funktion, die sowohl auf $(-\infty, 0]$ als auch auf $[0,\infty)$ gleichmäßig stetig ist. Weiter sei $\varepsilon > 0$ beliebig vorgegeben. Wegen der gleichmäßigen Stetigkeit von f auf $[0,\infty)$ gibt es ein $\delta_1 > 0$ mit $|f(x)-f(y)| < \varepsilon/2$ für alle $x, y \in [0,\infty)$ mit $|x-y| < \delta_1$. Wegen der gleichmäßigen Stetigkeit von f auf $(-\infty, 0]$ gibt es ein $\delta_2 > 0$ mit $|f(x)-f(y)| < \varepsilon/2$ für alle $x, y \in (-\infty, 0]$ mit $|x-y| < \delta_2$. Setze $\delta := \min(\delta_1, \delta_2)$; wir behaupten, daß für alle $x, y \in \mathbb{R}$ mit $|x-y| < \delta$ dann $|f(x)-f(y)| < \varepsilon$ gilt (womit dann die gleichmäßige Stetigkeit von f auf ganz $\mathbb{R}$ gezeigt wäre). Zum Nachweis der Behauptung unterscheiden wir vier Fälle.

- Erster Fall: $x, y \in [0,\infty)$. In diesem Fall folgt wegen $|x-y| < \delta \leq \delta_1$ dann $|f(x)-f(y)| < \varepsilon/2 < \varepsilon$ aufgrund der Wahl von δ_1.
- Zweiter Fall: $x, y \in (-\infty, 0]$. In diesem Fall folgt wegen $|x-y| < \delta \leq \delta_2$ dann $|f(x)-f(y)| < \varepsilon/2 < \varepsilon$ aufgrund der Wahl von δ_2.
- Dritter Fall: $x \in (-\infty, 0]$, $y \in [0,\infty)$. In diesem Fall folgt wegen $|x-0| \leq |x-y| < \delta \leq \delta_2$ zunächst $|f(x)-f(0)| < \varepsilon/2$ aufgrund der Wahl von δ_2 und wegen $|y-0| \leq |x-y| < \delta \leq \delta_1$ dann $|f(y)-f(0)| < \varepsilon/2$ aufgrund der Wahl von δ_1. Insgesamt ergibt sich $|f(x)-f(y)| \leq |f(x)-f(0)| + |f(0)-f(y)| < (\varepsilon/2)+(\varepsilon/2) = \varepsilon$.
- Vierter Fall: $x \in [0,\infty)$, $y \in (-\infty, 0]$. Dieser Fall ergibt sich durch Vertauschung der Rollen von x und y aus dem vorherigen Fall.

Lösung (82.22) (a) Wähle $f(x) = \sin(x)$. Diese Funktion nimmt nur Werte zwischen -1 und 1 an und ist daher beschränkt; sie ist ferner Lipschitz-stetig mit der Lipschitzkonstanten 1 und daher gleichmäßig stetig.

(b) Wähle $f(x) = x$. Diese Funktion ist offenbar unbeschränkt; sie ist ferner Lipschitz-stetig mit der Lipschitzkonstanten 1 und daher gleichmäßig stetig.

(c) Wähle $f(x) = x^2$. Diese Funktion ist offenbar unbeschränkt; sie ist nicht gleichmäßig stetig, denn $|f(x)-f(y)|$ kann sogar beliebig groß werden, selbst wenn $|x-y|$ beliebig klein wird. (Für $x_n := n^2$ und $y_n := n^2+1/n$ haben wir beispielsweise $|x_n-y_n| = 1/n \to 0$ und $|f(x_n)-f(y_n)| = 2n+(1/n^2) \to \infty$ für $n \to \infty$.)

(d) Wähle $f(x) = \sin(x^2)$. Diese Funktion nimmt nur Werte zwischen -1 und 1 an und ist daher beschränkt; sie ist nicht gleichmäßig stetig, denn $|f(x)-f(y)|$ kann beliebig nahe bei 1 liegen, selbst wenn $|x-y|$ beliebig klein wird. (Für $x_n := n\sqrt{\pi}$ und $y_n := n\sqrt{\pi}+(\sqrt{\pi}/(4n))$ haben wir beispielsweise $|x_n-y_n| = \sqrt{\pi}/(4n) \to 0$ und $|f(x_n)-f(y_n)| = \sin\big((\pi/2)+\pi/(16n^2)\big) \to 1$ für $n \to \infty$.)

Lösung (82.23) (a) Es sei $\varepsilon > 0$ beliebig vorgegeben. Wegen der gleichmäßigen Stetigkeit von g gibt es dann ein $\widehat{\varepsilon} > 0$ derart, daß für alle $y_1, y_2 \in Y$ mit $d(y_1, y_2) < \widehat{\varepsilon}$ die Abschätzung $d\big(g(y_1), g(y_2)\big) < \varepsilon$ gilt. Da f gleichmäßig stetig ist, gibt es zu dieser Zahl $\widehat{\varepsilon} > 0$ eine Zahl $\delta > 0$ derart, daß für alle $x_1, x_2 \in X$ mit $d(x_1, x_2) < \delta$ die Abschätzung $d\big(f(x_1), f(x_2)\big) < \widehat{\varepsilon}$ gilt. Damit gilt für alle $x_1, x_2 \in X$ mit $d(x_1, x_2) < \delta$ aber auch $d\big(g(f(x_1)), g(f(x_2))\big) < \varepsilon$, also $d\big((g\circ f)(x_1), (g\circ f)(x_2)\big) < \varepsilon$. Da $\varepsilon > 0$ beliebig vorgegeben war, ist damit die gleichmäßige Stetigkeit von $g\circ f$ gezeigt.

(b) Wähle für f eine konstante Funktion und für g irgendeine unstetige Funktion.

(c) Wähle für g eine konstante Funktion und für f irgendeine unstetige Funktion.

Lösung (82.24) Es sei $\varepsilon > 0$ beliebig. Da f und g gleichmäßig stetig sind, gibt es Zahlen $\delta_1 > 0$ und $\delta_2 > 0$ mit $\big((d(x,y) < \delta_1 \Rightarrow |f(x)-f(y)| < \varepsilon/2)\big)$ und $\big(d(x,y) < \delta_2 \Rightarrow |f(x)-g(y)| < \varepsilon/2\big)$. Wähle $\delta := \min(\delta_1, \delta_2)$; für alle

$x, y \in X$ mit $d(x,y) < \delta$ gelten dann die Abschätzungen

$$\begin{aligned} |(f+g)(x) - (f+g)(y)| &= |f(x) - f(y) + g(x) - g(y)| \\ &\leq \underbrace{|f(x) - f(y)|}_{<\varepsilon/2} + \underbrace{|g(x) - g(y)|}_{<\varepsilon/2} < \varepsilon \end{aligned}$$

und

$$\begin{aligned} |(f-g)(x) - (f-g)(y)| &= |f(x) - f(y) - \big(g(x) - g(y)\big)| \\ &\leq \underbrace{|f(x) - f(y)|}_{<\varepsilon/2} + \underbrace{|g(x) - g(y)|}_{<\varepsilon/2} < \varepsilon, \end{aligned}$$

die zeigen, daß $f+g$ und $f-g$ wieder gleichmäßig stetig sind. Wir behaupten, daß auch λf wieder gleichmäßig stetig ist. Dies ist trivial für $\lambda = 0$; für $\lambda \neq 0$ folgt die gleichmäßige Stetigkeit von λf aus der Gleichung $|(\lambda f)(x) - (\lambda f)(y)| = |\lambda \cdot \big(f(x) - f(y)\big)| = |\lambda| \cdot |f(x) - f(y)|$. Das Produkt fg ist dagegen nicht zwangsläufig gleichmäßig stetig; ein Gegenbeispiel ist etwa gegeben mit $X = \mathbb{R}$ und $f(x) := g(x) := x$ für alle $x \in \mathbb{R}$. Daß mit f auch $|f|$ gleichmäßig stetig ist, folgt sofort aus der Abschätzung

$$\big|\, |f|(x) - |f|(y) \,\big| = \big|\, |f(x)| - |f(y)| \,\big| \leq |f(x) - f(y)|.$$

Aus (a), (b), (c) und (e) folgt dann, daß auch

$$\max(f,g) = \frac{f+g+|f+g|}{2}$$

und

$$\min(f,g) = -\max(-f,-g) = \frac{f+g-|f-g|}{2}$$

gleichmäßig stetig sind.

Lösung (82.25) (a) Wähle $X = Y = \mathbb{R}$, $A = \mathbb{Q}$, $B = \mathbb{R} \setminus \mathbb{Q}$ und definiere $f : \mathbb{R} \to \mathbb{R}$ durch

$$f(x) := \begin{cases} 1, & \text{falls } x \in \mathbb{Q}, \\ 0, & \text{falls } x \notin \mathbb{Q}. \end{cases}$$

Dann sind die Einschränkungen $f|_A$ und $f|_B$ konstant und damit gleichmäßig stetig, während f selbst nicht einmal stetig ist (geschweige denn gleichmäßig stetig).

(b) Ist $\varepsilon > 0$ beliebig vorgegeben, so gibt es wegen der gleichmäßigen Stetigkeit von $f|_A$ und von $f|_B$ eine Zahl $\delta > 0$ derart, daß für alle $a_1, a_2 \in A$ mit $|a_1 - a_2| < \delta$ und für alle $b_1, b_2 \in B$ mit $|b_1 - b_2| < \delta$ die Bedingungen $d\big(f(a_1), f(a_2)\big) < \varepsilon/2$ und $d\big(f(b_1), f(b_2)\big) < \varepsilon/2$ gelten. Wir behaupten, daß aus $d(x,y) < \delta$ dann schon die Bedingung $d\big(f(x), f(y)\big) < \varepsilon$ folgt (woraus dann die gleichmäßige Stetigkeit von f folgt). Dies ist klar, wenn x und y entweder beide in A oder beide in B liegen. Liegt eines der beiden Element in A, das andere in B, so liegt x_0 zwischen x und y. Wir haben dann $|x - x_0| \leq |x-y| < \delta$ und folglich $d\big(f(x), f(x_0)\big) < \varepsilon/2$ sowie $|x_0 - y| \leq |x-y| < \delta$ und folglich $d\big(f(x_0), f(y)\big) < \varepsilon/2$, nach der Dreiecksungleichung daher $d\big(f(x), f(y)\big) \leq d\big(f(x), f(x_0)\big) + d\big(f(x_0), f(y)\big) < (\varepsilon/2) + (\varepsilon/2) = \varepsilon$ wie behauptet.

Lösung (82.26) Es sei (x_n) eine Cauchyfolge in X, und es sei $\varepsilon > 0$ beliebig vorgegeben. Wegen der gleichmäßigen Stetigkeit von f gibt es ein $\delta > 0$ derart, daß aus $d(x', x'') < \delta$ stets $d\big(f(x'), f(x'')\big) < \varepsilon$ folgt. Da (x_n) eine Cauchyfolge ist, gibt es einen Index N mit $d(x_m, x_n) < \delta$ für alle $m, n \geq N$. Für alle $m, n \geq N$ gilt dann $d\big(f(x_m), f(x_n)\big) < \varepsilon$. Da $\varepsilon > 0$ beliebig vorgegeben war, zeigt dies, daß $\big(f(x_n)\big)$ eine Cauchyfolge in Y ist.

Lösung (82.27) (a) Für $\delta_1 \leq \delta_2$ gilt $M_{\delta_1} \subseteq M_{\delta_2}$ und folglich $\omega_f(\delta_1) = \sup M_f(\delta_1) \leq \sup M_f(\delta_2) = \omega_f(\delta_2)$.

(b) Wir schreiben kurz d statt d_X. Gilt $d(x_1, x_2) \leq \delta_1 + \delta_2$, so können wir (falls d von einer Norm $\|\cdot\|$ induziert wird!) ein Element $u \in X$ finden mit $d(x_1, u) \leq \delta_1$ und $d(u, x_2) \leq \delta_2$. (Gilt $d(x_1, x_2) \leq \delta_1$, so wählen wir einfach $u := x_2$; andernfalls wählen wir $u := x_1 + \delta_1 \cdot (x_2 - x_1)/\|x_2 - x_1\|$.) Wir erhalten dann $d_Y\big(f(x_1), f(u)\big) \leq \omega_f(\delta_1)$ und $d_Y\big(f(u), f(x_2)\big) \leq \omega_f(\delta_2)$, folglich

$$\begin{aligned} d_Y\big(f(x_1), f(x_2)\big) &\leq d_Y\big(f(x_1), f(u)\big) + d_Y\big(f(u), f(x_2)\big) \\ &\leq \omega_f(\delta_1) + \omega_f(\delta_2). \end{aligned}$$

Da x_1 und x_2 mit $d(x_1, x_2) \leq \delta_1 + \delta_2$ beliebig waren, folgt durch Supremumsbildung die Behauptung.

(c) Genau dann ist f gleichmäßig stetig, wenn es zu jedem $\varepsilon > 0$ ein $\delta > 0$ gibt mit $M_f(\delta) \subseteq [0, \varepsilon)$, was gleichbedeutend ist mit $\omega_f(\delta) \leq \varepsilon$. Da ω_f nichtnegativ und monoton wachsend ist, bedeutet dies genau $\omega_f(\delta) \to 0$ für $\delta \to 0$.

Lösung (82.28) Wäre f nicht gleichmäßig stetig, so gäbe es ein $\varepsilon > 0$ derart, daß es beliebig dicht beieinander liegende Punkte x und y gibt mit $|f(x) - f(y)| \geq \varepsilon$. Es gäbe dann also Folgen (x_n) und (y_n) in I mit $|x_n - y_n| \leq 1/n$ und $|f(x_n) - f(y_n)| \geq \varepsilon$ für alle $n \in \mathbb{N}$. Die beschränkte Folge (x_n) besäße eine konvergente Teilfolge, sagen wir $x_{n_k} \to x_\star$. Die beschränkte Folge (y_{n_k}) besäße wiederum eine konvergente Teilfolge, sagen wir $y_{n_{k_\ell}} \to y_\star$. Wegen $|x_{n_{k_\ell}} - y_{n_{k_\ell}}| \to 0$ ist dann $x_\star = y_\star$. Schreiben wir $\xi_\ell := x_{n_{k_\ell}}$ und $\eta_\ell := y_{n_{k_\ell}}$, so haben wir einerseits $f(\xi_\ell) \to f(x_\star)$ und $f(\eta_\ell) \to f(x_\star)$ aufgrund der Stetigkeit von f, folglich $|f(\xi_\ell) - f(\eta_\ell)| \to 0$ für $\ell \to \infty$, andererseits $|f(\xi_\ell) - f(\eta_\ell)| \geq \varepsilon$ für alle ℓ nach Konstruktion. Dieser Widerspruch zeigt, daß die Annahme falsch war, f sei nicht gleichmäßig stetig.

Lösung (82.29) (1)⇒(2): Wähle irgendeine Folge (x_n) in (a,b) mit $x_n \to b$. Da f gleichmäßig stetig ist, ist dann $\big(f(x_n)\big)$ eine Cauchyfolge (weil (x_n) eine ist), folglich konvergent, sagen wir $f(x_n) \to c$. Dabei ist der Grenzwert

c unabhängig von der Wahl der Folge (x_n). Sind nämlich (x_n) und (y_n) Folgen mit $x_n \to b$ und $y_n \to b$, so ist auch $(x_1, y_1, x_2, y_2, x_3, y_3, \ldots)$ eine gegen b konvergente Folge, so daß auch die Folge $\big(f(x_1), f(y_1), f(x_2), f(y_2), \ldots\big)$ konvergieren muß; dies schließt aus, daß $\big(f(x_n)\big)$ und $\big(f(y_n)\big)$ gegen verschiedene Grenzwerte konvergieren. Also existiert $\lim_{x\to b-} f(x)$. Völlig analog erkennen wir, daß auch $\lim_{x\to a+} f(x)$ existiert.

(2)⇒(3): Definiere $F(a) := \lim_{x\to a+} f(x)$ und $F(b) := \lim_{x\to b-} f(x)$ sowie $F(x) := f(x)$ für $a < x < b$; dann ist F eine stetige Fortsetzung von f.

(3)⇒(1): Nach Aufgabe (82.28) ist F sogar gleichmäßig stetig; dann ist $f = F|_{(a,b)}$ erst recht gleichmäßig stetig.

Lösung (82.30) Es sei $\varepsilon > 0$ beliebig. Wegen $f(x) \to u$ für $x \to -\infty$ und $f(x) \to v$ für $x \to \infty$ gibt es ein Intervall $[a,b]$ mit $a, b \in \mathbb{R}$ derart, daß $|f(x) - u| < \varepsilon/3$ für alle $x \le a$ und $|f(x) - v| < \varepsilon/3$ für alle $x \ge b$ gilt. Da die Einschränkung von f auf $[a,b]$ nach Aufgabe (82.28) sogar gleichmäßig stetig ist, gibt es ein $\delta > 0$ mit $|f(x) - f(y)| < \varepsilon/3$ für alle $x, y \in [a,b]$ mit $|x - y| < \delta$, wobei wir o.B.d.A. $\delta < b - a$ wählen können. Wir behaupten, daß für alle $x, y \in \mathbb{R}$ mit $|x - y| < \delta$ die Bedingung $|f(x) - f(y)| < \varepsilon$ gilt. (Ist dies gezeigt, so ist die gleichmäßige Stetigkeit von f nachgewiesen.) Die folgenden Fälle können auftreten. (Beachte, daß wegen $\delta < b - a$ nicht eines der Elemente x und y in $(-\infty, a]$, das andere in $[b, \infty)$ liegen kann.)

- Beide Elemente x und y mögen in $(-\infty, a]$ liegen. Dann haben wir $|f(x) - f(y)| \le |f(x) - u| + |u - f(y)| < (\varepsilon/3) + (\varepsilon/3) < \varepsilon$ (und zwar sogar völlig unabhängig davon, wie weit x und y voneinander entfernt sind).
- Eines der Elemente x und y liege in $(-\infty, a]$, das andere in $[a,b]$; sagen wir $x \le a$ und $y \ge a$. Dann gilt $|y - a| \le |y - x| < \delta$, folglich $d\big(f(y), f(a)\big) < \varepsilon/3$ und damit $d\big(f(x), f(y)\big) \le d\big(f(x), u\big) + d\big(u, f(a)\big) + d\big(f(a), f(y)\big) < (\varepsilon/3) + (\varepsilon/3) + (\varepsilon/3) = \varepsilon$.
- Beide Elemente x und y mögen in $[a,b]$ liegen. Dann gilt $d\big(f(x), f(y)\big) < \varepsilon/3 < \varepsilon$.
- Eines der Elemente x und y liege in $[a,b]$, das andere in $[b, \infty)$; sagen wir $x \le b$ und $y \ge b$. Dann gilt $|x - b| \le |x - y| < \delta$, folglich $d\big(f(x), f(b)\big) < \varepsilon/3$ und damit $d\big(f(x), f(y)\big) \le d\big(f(x), f(b)\big) + d\big(f(b), v\big) + d\big(v, f(y)\big) < (\varepsilon/3) + (\varepsilon/3) + (\varepsilon/3) = \varepsilon$.
- Beide Elemente x und y mögen in $[b, \infty)$ liegen. Dann haben wir $|f(x) - f(y)| \le |f(x) - v| + |v - f(y)| < (\varepsilon/3) + (\varepsilon/3) < \varepsilon$ (und zwar sogar völlig unabhängig davon, wie weit x und y voneinander entfernt sind).

In allen Fällen folgt aus $|x - y| < \delta$ also $d\big(f(x), f(y)\big) < \varepsilon$, was zu zeigen war.

Lösung (82.31) Offensichtlich ist eine Abbildung genau dann Lipschitz-stetig mit der Lipschitz-Konstanten 0, wenn sie konstant ist.

Lösung (82.32) Ist f Lipschitz-stetig mit der Lipschitz-Konstanten L_1 und ist g Lipschitz-stetig mit der Lipschitz-Konstanten L_2, so ist $g \circ f$ Lipschitz-stetig mit der Lipschitz-Konstanten $L_1 L_2$, denn für alle $a, b \in X$ gilt $d_Z\big((g\circ f)(a), (g \circ f)(b)\big) = d_Z\big(g(f(a)), g(f(b))\big) \le L_2 \cdot d_Y\big(f(a), f(b)\big) \le L_2 \cdot (L_1\, d_X(a,b)) = (L_1 L_2) \cdot d_X(a,b)$.

Lösung (82.33) Die Funktionen f_1 und f_2 seien Lipschitz-stetig mit den Lipschitz-Konstanten L_1 bzw. L_2.

(a) Für alle $x, y \in X$ erhalten wir

$$\begin{aligned} & |(f_1 + f_2)(x) - (f_1 + f_2)(y)| \\ &= |f_1(x) - f_1(y) + f_2(x) - f_2(y)| \\ &\le |f_1(x) - f_1(y)| + |f_2(x) - f_2(y)| \\ &\le L_1\, d(x,y) + L_2\, d(x,y) \\ &= (L_1 + L_2) \cdot d(x,y); \end{aligned}$$

also ist $f_1 + f_2$ Lipschitz-stetig mit der Lipschitz-Konstanten $L_1 + L_2$.

(b) Für alle $x, y \in X$ erhalten wir

$$\begin{aligned} & |(\lambda f_1)(x) - (\lambda f_1)(y)| \\ &= |\lambda\big(f_1(x) - f_1(y)\big)| \\ &= |\lambda| \cdot |f_1(x) - f_1(y)| \\ &\le \lambda \cdot L_1\, d(x,y) \\ &= (|\lambda| L_1) \cdot d(x,y); \end{aligned}$$

also ist λf_1 Lipschitz-stetig mit der Lipschitz-Konstanten $|\lambda| \cdot L_1$.

(c) Nach Voraussetzung gibt es Konstanten $C_1, C_2 \in \mathbb{R}$ mit $|f_1(x)| \le C_1$ und $|f_2(x)| \le C_2$ für alle $x \in X$. Für alle $x, y \in X$ gilt dann

$$\begin{aligned} & |(f_1 f_2)(x) - (f_1 f_2)(y)| \\ &= |f_1(x) f_2(x) - f_1(y) f_2(y)| \\ &= |f_1(x) f_2(x) - f_1(x) f_2(y) + f_1(x) f_2(y) - f_1(y) f_2(y)| \\ &= |\, f_1(x)\big(f_2(x) - f_2(y)\big)| + |\big(f_1(x) - f_1(y)\big) f_2(y)| \\ &\le |f_1(x)| \cdot |f_2(x) - f_2(y)| + |f_1(x) - f_1(y)| \cdot |f_2(y)| \\ &\le C_1 \cdot L_2\, d(x,y) + L_1\, d(x,y) \cdot C_2 \\ &= (C_1 L_2 + C_2 L_1) \cdot d(x,y); \end{aligned}$$

also ist $f_1 f_2$ Lipschitz-stetig mit der Lipschitz-Konstanten $C_1 L_2 + C_2 L_1$.

Wir definieren $f_1, f_2 : \mathbb{R} \to \mathbb{R}$ durch $f_1(x) := x$ und $f_2(x) := \sin x$; dann sind f_1 und f_2 beide Lipschitz-stetig mit der Lipschitz-Konstanten 1 (und f_2 ist überdies beschränkt). Das Produkt $f := f_1 f_2$ (also die Funktion $f(x) = x \sin x$) ist aber nicht Lipschitz-stetig, was wir durch den Nachweis zeigen, daß die Menge

$$\left\{ \frac{|f(x) - f(y)|}{|x - y|} \;\middle|\; x, y \in \mathbb{R}, x \ne y \right\}$$

nicht beschränkt ist. Setzen wir nämlich $x := 2k\pi + (\pi/2)$ und $y := 2k\pi - (\pi/2)$ mit $k \in \mathbb{N}$, so haben wir

$$\begin{aligned} \left| \frac{f(x) - f(y)}{x - y} \right| &= \left| \frac{\big(2k\pi + (\pi/2)\big) \cdot 1 - \big(2k\pi - (\pi/2)\big)(-1)}{\big(2k\pi + (\pi/2)\big) - \big(2k\pi - (\pi/2)\big)} \right| \\ &= \frac{4\pi k}{\pi} = 4k \to \infty \quad \text{für } k \to \infty. \end{aligned}$$

Aufgaben zu »Stetigkeit« siehe Seite 92

Lösung (82.34) Die angegebene Ungleichung läßt sich umschreiben als

$$\frac{f(a)-f(x_0)}{a-x_0}(x-x_0) \le f(x)-f(x_0) \le \frac{f(b)-f(x_0)}{b-x_0}(x-x_0);$$

für $x \to x_0$ (also $x - x_0 \to 0$) folgt nach dem Einschachtelungskriterium dann sofort $f(x)-f(x_0) \to 0$, also $f(x) \to f(x_0)$.

Lösung (82.35) (a) Wie angegeben gelte $h(x) = \sum_{k=n}^{\infty} a_k(x-x_\star)^k$; das bedeutet $h(x) = (x-x_\star)^n\big(a_n + r(x)\big)$ mit $r(x) := a_{n+1}(x-x_\star) + a_{n+2}(x-x_\star)^2 + \cdots$. Für $\rho < R$ konvergiert $\sum_{k=1}^{\infty} |a_{n+k}|\rho^{k-1} =: c$; es gilt dann $|r(x)| \le c|x-x_\star|$ und folglich $r(x) \to 0$ für $|x-x_\star| \to 0$; hieraus folgt die Behauptung.

(b) Wir wenden Teil (a) auf $h := f - g$ an. Gälte nicht $a_k = b_k$ für alle k, so gäbe es nach (a) eine Zahl $\varepsilon > 0$ mit $f(x) \ne g(x)$ für alle x mit $0 < |x - x_\star| < \varepsilon$; das widerspräche aber der Existenz einer Folge (x_n) wie in (b) angegeben.

Lösung (82.36) Für alle $x \in \mathbb{R}$ gilt zunächst $g(x) = g(x/2)^2 \ge 0$. Für $m \in \mathbb{Z}$ und $n \in \mathbb{N}$ erhalten wir dann $g(1)^m = g(m \cdot 1) = g\big(n \cdot (m/n)\big) = g(m/n)^n$ und daher $g(m/n) = \sqrt[n]{g(1)^m}$. Gilt also $g(1) = 0$, so gilt $g(x) = 0$ für alle $x = m/n \in \mathbb{Q}$ und daher $g \equiv 0$ aufgrund der Stetigkeit von g. Gilt dagegen $g(1) > 0$, so folgt $g(x) = g(1)^x$ für alle $x = m/n \in \mathbb{Q}$ und daher auch $g(x) = g(1)^x$ für alle $x \in \mathbb{R}$, wieder aufgrund der Stetigkeit von g.

Lösung (82.37) (a) Es gilt $B(\alpha,k) = p_k(\alpha)/k!$ mit $p_0(x) = 1$ und $p_k(x) = x(x-1)\cdots\big(x-(k-1)\big)$ für $k \ge 1$; die Behauptung der Aufgabe folgt, wenn wir zeigen können, daß $|p_k(\alpha+\delta) - p_k(\alpha)| \le \delta k!$ für alle $k \in \mathbb{N}_0$ gilt. Diese Abschätzung ist trivial für $k = 0$ und überträgt sich von k auf $k+1$ wegen

$$\begin{aligned}
&|p_{k+1}(\alpha+\delta) - p_{k+1}(\alpha)| \\
&= |p_k(\alpha+\delta)(\alpha+\delta-k) - p_k(\alpha)(\alpha-k)| \\
&= \big|(\alpha-k)\big(p_k(\alpha+\delta) - p_k(\alpha)\big) + \delta \cdot p_k(\alpha+\delta)\big| \\
&\le |\alpha-k| \cdot |p_k(\alpha+\delta) - p_k(\alpha)| \\
&\quad + \delta \cdot \big|(\alpha+\delta)(\alpha+\delta-1)\cdots\big(\alpha+\delta-(k-1)\big)\big| \\
&\le k \cdot \delta k! + \delta(k-1)! \;=\; \delta(k-1)!(k^2+1) \\
&\le \delta(k-1)!(k^2+k) \;=\; \delta(k+1)!\,.
\end{aligned}$$

(b) Mit dem Quotientenkriterium sehen wir sofort, daß die angegebene Reihe für $|x| < 1$ absolut konvergiert. Wiederholte Bildung von Cauchyprodukten liefert die Funktionalgleichung $f_{\alpha_1+\cdots+\alpha_n}(x) = f_{\alpha_1}(x)\cdots f_{\alpha_n}(x)$ für alle $\alpha_i \in \mathbb{R}$. Aufgrund dieser Funktionalgleichung genügt es, die Stetigkeit von $\alpha \mapsto f_\alpha(x)$ für $0 < \alpha < 1$ nachzuweisen, was durch Anwendung von Teil (a) gelingt. Für $\alpha, \alpha+\delta \in (0,1)$ gilt nämlich

$$\begin{aligned}
|f_{\alpha+\delta}(x) - f_\alpha(x)| &\le \sum_{k=0}^{\infty} \left| \binom{\alpha+\delta}{k} - \binom{\alpha}{k} \right| |x|^k \\
&\le \sum_{k=0}^{\infty} |x|^k \cdot \delta \;=\; \frac{\delta}{1-|x|} \;\to\; 0 \quad \text{für } \delta \to 0.
\end{aligned}$$

(c) Für festes x wenden wir Aufgabe (82.36) auf $g(\alpha) := f_\alpha(x)$ an und erhalten $f_\alpha(x) = f_1(x)^\alpha = (1+x)^\alpha$.

Lösung (82.38) Als Verkettung stetiger Abbildungen ist f selbst stetig, und für $y := f(x) = x/(1+\|x\|)$ gilt $\|y\| = \|x\|/(1+\|x\|) < 1$, also $y \in B$. Also ist $f : V \to B$ eine stetige Abbildung. Aus der letzten Gleichung folgt $\|y\| + \|x\|\,\|y\| = \|x\|$, also $\|y\| = \|x\| \cdot (1 - \|y\|)$ und damit $\|x\| = \|y\|/(1-\|y\|)$ bzw. $1 + \|x\| = 1/(1-\|y\|)$. Setzen wir dies in die definierende Gleichung $y = x/(1+\|x\|)$ ein, so ergibt sich $x = y/(1-\|y\|)$; die Gleichung $y = f(x)$ läßt sich also in eindeutiger Weise nach x auflösen. Damit ist f bijektiv mit der Umkehrfunktion $f^{-1} : B \to V$, die gegeben ist durch

$$f^{-1}(y) \;=\; \frac{y}{1-\|y\|}\,.$$

Lösung (82.39) Es sei $x_0 \ne 0$ beliebig, und es sei (x_n) eine Folge in $V \setminus \{0\}$ mit $x_n \to x_0$. Dann gilt

$$\begin{aligned}
\|f(x_n) - f(x_0)\| &= \left\| \frac{x_n}{\|x_n\|} - \frac{x_0}{\|x_0\|} \right\| \\
&= \frac{\|\,\|x_0\|x_n - \|x_n\|x_0\,\|}{\|x_n\|\,\|x_0\|} \\
&\to \frac{\|\,\|x_0\|x_0 - \|x_0\|x_0\,\|}{\|x_0\|^2} \;=\; 0 \quad \text{für } n \to \infty.
\end{aligned}$$

Aus $x_n \to x_0$ folgt also $f(x_n) \to f(x_0)$, so daß f stetig an der (beliebig gewählten) Stelle x_0 ist. Allerdings ist f nicht gleichmäßig stetig; wählen wir etwa $y := -x$, so gilt

$$\|f(x) - f(y)\| \;=\; \left\| \frac{x}{\|x\|} - \frac{-x}{\|x\|} \right\| \;=\; \left\| \frac{2x}{\|x\|} \right\| \;=\; 2$$

unabhängig davon, wie klein $\|x-y\| = 2\|x\|$ ist.

Lösung (82.40) (a) Daß die angegebenen Funktionen tatsächlich Normen sind, folgt sofort aus Aufgabe (68.9), wenn wir $\Phi(a_1, a_2) := a_1 + a_2$ wählen. (Natürlich kann man die Normeigenschaften auch noch einmal "per Hand" nachrechnen!)

(b) Um die Stetigkeit der Skalarmultiplikation nachzuweisen, müssen wir zeigen, daß aus $(\lambda_n, x_n) \to (\lambda, x)$ in $\mathbb{K} \times V$ schon $\lambda_n x_n \to \lambda x$ in V folgt. Wegen

$$\begin{aligned}
\|(\lambda_n, x_n) - (\lambda, x)\| &= \|(\lambda_n - \lambda, x_n - x)\| \\
&= |\lambda_n - \lambda| + \|x_n - x\|
\end{aligned}$$

Aufgaben zu »Stetigkeit« siehe Seite 92

ist $(\lambda_n, x_n) \to (\lambda, x)$ in $\mathbb{K} \times V$ gleichbedeutend mit $\lambda_n \to \lambda$ in $\mathbb{K}$ und $x_n \to x$ in V; hieraus folgt $\|x_n\| \to \|x\|$ und folglich

$$\begin{aligned} \|\lambda_n x_n - \lambda x\| &= \|(\lambda_n - \lambda)x_n + \lambda(x_n - x)\| \\ &\leq |\lambda_n - \lambda| \cdot \|x_n\| + |\lambda| \cdot \|x_n - x\| \\ &\to 0 \cdot \|x\| + |\lambda| \cdot 0 = 0 \end{aligned}$$

für $n \to \infty$. Um die Stetigkeit der Addition nachzuweisen, müssen wir zeigen, daß aus $(x_n, y_n) \to (x, y)$ in $V \times V$ schon $x_n + y_n \to x + y$ in V folgt. Wegen

$$\|(x_n, y_n) - (x, y)\| = \|(x_n - x, y_n - y)\| = \|x_n - x\| + \|y_n - y\|$$

ist $(x_n, y_n) \to (x, y)$ in $V \times V$ gleichbedeutend mit $x_n \to x$ und $y_n \to y$ in V; hieraus folgt $\|(x_n + y_n) - (x + y)\| = \|(x_n - x) + (y_n - y)\| \leq \|x_n - x\| + \|y_n - y\| \to 0 + 0 = 0$ für $n \to \infty$.

Lösung (82.41) Die Implikation (1)$\Rightarrow$(2) ist trivial. Es gelte (2). Zu $\varepsilon := 1$ gibt es dann ein $\delta > 0$ derart, daß aus $\|u_1\| \leq \delta, \ldots, \|u_n\| \leq \delta$ die Bedingung $\|\varphi(u_1, \ldots, u_n)\| \leq \varepsilon = 1$ folgt. Für alle Vektoren $v_i \in V_i \setminus \{0\}$ gilt (mit $u_i := \delta \cdot v_i / \|v_i\|$) dann

$$1 \geq \left\| \varphi\left(\frac{\delta \cdot v_1}{\|v_1\|}, \ldots, \frac{\delta \cdot v_n}{\|v_n\|} \right) \right\| = \delta^n \cdot \frac{\|\varphi(v_1, \ldots, v_n)\|}{\|v_1\| \cdots \|v_n\|}$$

und damit $\|\varphi(v_1, \ldots, v_n)\| \leq (1/\delta^n) \cdot \|v_1\| \cdots \|v_n\|$. Diese letzte Ungleichung gilt aber trivialerweise auch noch, wenn $v_i = 0$ für einen Index oder mehrere Indices i gilt. Das ist aber genau Bedingung (3) mit $c := 1/\delta^n$. Damit ist die Implikation (2)$\Rightarrow$(3) bewiesen. Wir nehmen nun an, es gelte (3). Dann haben wir

$$\begin{aligned} &\varphi(v_1 + \Delta_1, \ldots, v_n + \Delta_n) - \varphi(v_1, \ldots, v_n) \\ &= \sum_i \varphi(\cdots \Delta_i \cdots) + \sum_{i<j} \varphi(\cdots \Delta_i \cdots \Delta_j \cdots) + \\ &\quad \cdots + \varphi(\Delta_1, \ldots, \Delta_n), \end{aligned}$$

wobei an den mit Pünktchen versehenen Stellen jeweils die Argumente v_i einzusetzen sind. In etwas kompakterer Schreibweise haben wir also

$$\begin{aligned} &\varphi(v_1 + \Delta_1, \ldots, v_n + \Delta_n) - \varphi(v_1, \ldots, v_n) \\ &= \sum_{k=1}^{n} \sum_{i_1 < \cdots < i_k} \varphi(\cdots \Delta_{i_1} \cdots \Delta_{i_k} \cdots) \end{aligned}$$

und damit

$$\begin{aligned} &\|\varphi(v_1 + \Delta_1, \ldots, v_n + \Delta_n) - \varphi(v_1, \ldots, v_n)\| \\ &\leq \sum_{k=1}^{n} \sum_{i_1 < \cdots < i_k} \|\varphi(\cdots \Delta_{i_1} \cdots \Delta_{i_k} \cdots)\| \\ &\leq \sum_{k=1}^{n} \sum_{i_1 < \cdots < i_k} c\|v\|_1 \cdots \|\Delta_{i_1}\| \cdots \|\Delta_{i_k}\| \cdots \|v_n\|. \end{aligned}$$

Diese Abschätzung zeigt sofort, daß der betrachtete Ausdruck für $\Delta_1 \to 0, \ldots, \Delta_n \to 0$ gegen Null geht. Also gilt $\varphi(v_1 + \Delta_1, \ldots, v_n + \Delta_n) \to \varphi(v_1, \ldots, v_n)$ für $\Delta_i \to 0$, und das bedeutet, daß φ stetig in $(v_1, \ldots, v_n)$ ist. Da $(v_1, \ldots, v_n)$ beliebig war, folgt die Behauptung.

Lösung (82.42) Bricht das Verfahren nach endlich vielen Schritten ab, so ist nichts weiter zu zeigen. Andernfalls bilden die Intervalle $[a_n, b_n]$ eine Intervallschachtelung, denn $[a_{n+1}, b_{n+1}]$ ist nach Konstruktion entweder die linke oder die rechte Hälfte von $[a_n, b_n]$, also in $[a_n, b_n]$ enthalten und halb so lang wie $[a_n, b_n]$. (Die Länge von $[a_n, b_n]$ ist daher $(1/2)^n \cdot (b - a)$, und dieser Ausdruck geht für $n \to \infty$ gegen Null.) Es sei ξ der Grenzpunkt dieser Intervallschachtelung; wir haben dann $a_n \to \xi$ und $b_n \to \xi$ für $n \to \infty$, aufgrund der Stetigkeit von f also auch $f(a_n) \to f(\xi)$ und $f(b_n) \to f(\xi)$. Nach Konstruktion gilt nun $f(a_n) < 0$ und $f(b_n) > 0$ für alle $n \in \mathbb{N}$; für $n \to \infty$ folgen hieraus die Bedingungen $f(\xi) \leq 0$ und $f(\xi) \geq 0$, insgesamt also $f(\xi) = 0$. Damit ist die Behauptung bewiesen.

Lösung (82.43) Die einzigen möglichen rationalen Nullstellen des Polynoms $p(x) = x^4 + 2x^3 - 23x^2 + 2x + 1$ sind ± 1, und Einsetzen zeigt, daß keine dieser beiden Möglichkeiten zutrifft. Um uns einen Überblick über den Verlauf von p zu verschaffen, erstellen wir eine Wertetabelle.

-6	-5	-4	-3	-2	-1	0	1	2	3	4
25	-209	-247	-185	-95	-25	1	-17	-55	-65	25

Anhand der Vorzeichenwechsel erkennen wir, daß p in jedem der Intervalle $(-6, -5)$, $(-1, 0)$, $(0, 1)$ und $(3, 4)$ eine Nullstelle besitzen muß; da ein Polynom vierten Grades höchstens vier Nullstellen besitzt, kann es keine weiteren Möglichkeiten geben. Anwendung des Bisektionsverfahrens auf jedes dieser Intervalle liefert die Nullstellen $x_1 = -5.930397$, $x_2 = -0.168623$, $x_3 = 0.260518$ und $x_4 = 3.838501$.

Lösung (82.44) Die einzigen möglichen rationalen Nullstellen von $p(x) = 12x^3 - 16x + 7$ sind die Zahlen $\pm 1/s$ und $\pm 7/s$ mit $s \in \{1, 2, 3, 4, 6, 12\}$, und Einsetzen zeigt, daß keine dieser Möglichkeiten zutrifft. Um uns einen Überblick über den Verlauf von f zu verschaffen, erstellen wir eine Wertetabelle.

-2	-1	0	0.5	1	2
-57	11	7	0.5	3	71

Im Intervall $(-2, 1)$ muß es wegen des Vorzeichenwechsels von f eine Nullstelle geben. Ferner erkennen wir, daß irgendwo im Intervall $(0, 1)$ die Funktion f ein Minimum annimmt, so daß es sich lohnt, in diesem Bereich die Wertetabelle zu verfeinern.

0.1	0.2	0.3	0.4	0.5	0.6	0.7	0.8	0.9
5.412	3.896	2.524	1.368	0.500	-0.008	-0.084	0.344	1.348

Anhand der Vorzeichenwechsel erkennen wir, daß f in jedem der Intervalle $(0.5, 0.6)$ und $(0.7, 0.8)$ eine weitere Nullstelle besitzen muß; da ein Polynom dritten Grades höchstens drei Nullstellen besitzt, kann es keine weiteren Möglichkeiten geben. Anwendung des Bisektionsverfahrens auf jedes der drei Intervalle liefert die Nullstellen $x_1 = -1.331013$, $x_2 = 0.597416$ und $x_3 = 0.733597$.

Lösung (82.45) (a) Damit $p > 0$ gelten kann, muß der Grad n von p eine gerade Zahl sein, und der Leitkoeffizient von p muß positiv sein. Es gilt dann $p(x) \to \infty$ für $x \to \pm\infty$, so daß es eine Zahl $R > 0$ geben muß mit $p(x) > p(0)$ für alle $x \in \mathbb{R}$ mit $|x| \geq R$. Als stetige Funktion nimmt p auf dem kompakten Intervall $[-R, R]$ ein Minimum an, und dieses ist dann gleichzeitig globales Minimum von p auf ganz $\mathbb{R}$. Da das Minimum wegen $p(0) < p(R)$ und $p(0) < p(-R)$ nicht an einem der beiden Randpunkte des Intervalls $[-R, R]$ angenommen wird, muß es zwangsläufig an einer Nullstelle von p' angenommen werden, und deren gibt es höchstens $n-1$, sagen wir $x_1, \ldots, x_m$ mit $m \leq n-1$. Mit $\varepsilon := \min_{1 \leq i \leq m} p(x_i) > 0$ gilt dann $p(x) \geq \varepsilon$ für alle $x \in \mathbb{R}$.

(b) Offensichtlich gilt $p \geq 0$. Gäbe es einen Punkt (x, y) mit $p(x, y) = 0$, so müßten simultan die Bedingungen $x = 0$ und $xy - 1 = 0$ erfüllt sein, was offensichtlich unmöglich ist; also gilt sogar $p > 0$. Für $\varepsilon > 0$ gilt $p(\sqrt{\varepsilon}, 1/\sqrt{\varepsilon}) = \varepsilon$; also nimmt p jede positive Zahl als Wert an.

Lösung (82.46) Es gelte $f(a) < z < f(b)$ oder $f(a) > z > f(b)$. Dann ist die Funktion $\varphi(x) := f(x) - z$ stetig auf $[a, b]$ und nimmt an den Stellen $x = a$ und $x = b$ Werte mit unterschiedlichen Vorzeichen an, besitzt also nach Aufgabe (82.42) eine Nullstelle $\xi \in (a, b)$. Die Gleichung $\varphi(\xi) = 0$ bedeutet aber genau $f(\xi) = z$.

Lösung (82.47) Die Funktion $\varphi := g - f$ erfüllt die Bedingungen $\varphi(a) > 0$ und $\varphi(b) < 0$, besitzt also nach Aufgabe (82.42) eine Nullstelle $x_0 \in (a, b)$. Die Gleichung $\varphi(x_0) = 0$ bedeutet aber genau $f(x_0) = g(x_0)$.

Lösung (82.48) Die Funktion $f(x) := \sqrt{x} - 1/(1+x^2)$ ist stetig auf $[0, \infty)$ mit $f(0) = -1 < 0$ und $f(1) = 1/2 > 0$, besitzt also nach Aufgabe (82.42) eine Nullstelle zwischen 0 und 1 (die sich beispielsweise mit dem Bisektionsverfahren bestimmen läßt). Da f als Summe der streng monoton wachsenden Funktionen $x \mapsto \sqrt{x}$ und $x \mapsto -1/(1+x^2)$ selbst streng monoton wachsend und damit injektiv ist, kann es nicht mehr als eine Nullstelle geben. Durchführung des Bisektionsverfahrens liefert den Näherungswert 0.56984 für die Nullstelle von f.

Lösung (82.49) Wir identifizieren die Punkte A und B mit reellen Zahlen $a < b$ und messen mit t die Zeit in Stunden ab Mitternacht. Es seien $f(t)$ die Position auf dem Hinweg und $g(t)$ die Position auf dem Rückweg zur Zeit t. Wir haben dann $f(8) = a$ und $f(17) = b$ sowie $g(8) = b$ und $g(17) = a$. Nach Aufgabe (82.47) gibt es dann eine Zeit $t_0 \in (8, 17)$ mit $f(t_0) = g(t_0)$; also gilt die behauptete Aussage. Diese Aussage wird völlig klar, wenn man sich statt eines Wanderers, der den Weg von A nach B und den Weg von B nach A an zwei verschiedenen Tagen zurücklegt, zwei verschiedene Wanderer vorstellt, die die beiden Wege innerhalb des gleichen Zeitraums zurücklegen; es ist klar, daß sich diese beiden Wanderer irgendwann einmal begegnen müssen, und nichts anderes wird in der Aufgabe ausgesagt.

Lösung (82.50) Jede konstante Funktion ist natürlich stetig. Umgekehrt sei $f : \mathbb{R} \to \mathbb{R}$ eine nicht konstante stetige Funktion; dann nimmt f mindestens zwei verschiedene Werte an. Da zwischen je zwei reellen Zahlen unendlich viele irrationale Zahlen liegen, muß dann f nach dem Zwischenwertsatz auch unendlich viele irrationale Werte annehmen.

Lösung (82.51) (a) Die angegebene Funktion g ist wohldefiniert und stetig; sie erfüllt $g(a) = f(a+\ell) - f(a) = f(m) - f(a) = f(m) - f(b) = f(m) - f(m+\ell) = -g(m)$. Nach dem Zwischenwertsatz gibt es daher eine Zahl $u \in [a, m]$ mit $g(u) = 0$, also $f(u + \ell) = f(u)$. Wählen wir $v := u + \ell$, so hat das Intervall $[u, v]$ die gewünschte Eigenschaft. Ist dabei $u \in (a, m)$, so liegt $[u, v]$ im Innern von $[a, b]$. Ist $u \in \{a, m\}$, so haben wir $f(a) = f(b) = f(m)$; in diesem Fall können wir sowohl $I = [a, m]$ als auch $I = [m, b]$ wählen.

(b) Wir müssen nur die Vorgehensweise aus Teil (a) iterieren und erhalten so eine Folge von Intervallen $I_n = [a_n, b_n]$ (jedes halb so lang wie das vorhergehende) mit $f(a_n) = f(b_n)$ für alle $n \in \mathbb{N}_0$. Liegt dabei schon I_1 im Innern von $[a, b]$, dann auch alle I_n mit $n \geq 1$. Andernfalls wählen wir für I_1 die linke Hälfte von I_0. Liegt dann I_2 nicht im Innern von I_1, so wählen wir I_2 als die rechte Hälfte von I_1; in jedem Fall liegt dann I_2 im Innern des Intervalls $[a, b]$. Für jedes $n \geq 2$ liegt dann auch I_n im Innern von $[a, b]$.

Lösung (82.52) (a) Setze $m := \inf_{x \in I} f(x)$ und $M := \sup_{x \in I} f(x)$. (Ist die Wertemenge von f nicht nach unten beschränkt, so sei $m = -\infty$; ist sie nicht nach oben beschränkt, so sei $M = \infty$.) Nach Definition von Infimum und Supremum gibt es Folgen (a_n) und (b_n) in I mit $f(a_n) \to m$ und $f(b_n) \to M$. Da I beschränkt ist, sind (a_n) und (b_n) beschränkte Folgen, besitzen also nach dem Satz von Bolzano und Weierstraß konvergente Teilfolgen, sagen wir $a_{n_k} \to a$ und $b_{n_k} \to b$. Da I abgeschlossen ist, liegen die Grenzwerte a und b selbst wieder in I. Da f stetig ist, folgen aus den Beziehungen

$a_{n_k} \to a$ und $b_{n_k} \to b$ die Beziehungen $f(a_{n_k}) \to f(a)$ und $f(b_{n_k}) \to f(b)$. Andererseits gelten wegen $f(a_n) \to m$ und $f(b_n) \to M$ natürlich auch die Beziehungen $f(a_{n_k}) \to m$ und $f(b_{n_k}) \to M$. Da eine reelle Zahlenfolge nicht zwei verschiedene Grenzwerte haben kann, erhalten wir $f(a) = m$ und $f(b) = M$; die Funktion f nimmt also sowohl das Infimum als auch das Supremum ihrer Werte selbst als Wert an, und das war zu zeigen.

(b) Wir zeigen jeweils anhand eines Beispiels, daß jede der drei Voraussetzungen wirklich benötigt wird.

- Das Intervall $I := (-1, 1)$ ist beschränkt (aber nicht abgeschlossen), und die Funktion $f : I \to \mathbb{R}$ mit $f(x) := x$ ist stetig (und beschränkt), nimmt aber weder einen Minimal- noch einen Maximalwert an.
- Das Intervall $I := [0, \infty)$ ist abgeschlossen (aber nicht beschränkt), und die Funktion $f : I \to \mathbb{R}$ mit $f(x) := x^2 \sin(x)/(1 + x^2)$ ist stetig (und beschränkt), nimmt aber weder einen Minimal- noch einen Maximalwert an.
- Das Intervall $I := [-1, 1]$ ist abgeschlossen und beschränkt. Die unstetige (und beschränkte) Funktion $f : I \to \mathbb{R}$, die durch

$$f(x) := \begin{cases} x + 1, & \text{falls } x < 0 \\ 0, & \text{falls } x = 0 \\ x - 1, & \text{falls } x > 0 \end{cases}$$

definiert ist, nimmt weder einen Minimal- noch einen Maximalwert an.

Lösung (82.53) (a) Die Definitionen sind wie folgt.

• **Stetigkeit:** Eine Funktion f heißt stetig im Punkt x_0, wenn es zu jedem $\varepsilon > 0$ ein $\delta > 0$ so gibt, daß für alle $x \in X$ aus $d(x, x_0) < \delta$ schon $d\big(f(x), f(x_0)\big) < \varepsilon$ folgt. Dabei hängt δ von ε, f und x_0 ab.

• **Gleichmäßige Stetigkeit:** Eine Funktion f heißt gleichmäßig stetig, wenn es zu jedem $\varepsilon > 0$ ein $\delta > 0$ so gibt, daß für alle $x_1, x_2 \in X$ aus $d(x_1, x_2) < \delta$ schon $d\big(f(x_1), f(x_2)\big) < \varepsilon$ folgt. Dabei hängt δ von ε und f ab, ist aber unabhängig von der Wahl eines "Arbeitspunktes" x_0, sondern ist gleichmäßig über den gesamten "Arbeitsbereich" X gültig.

• **Gleichgradige Stetigkeit:** Eine Funktionenfamilie $\mathfrak{F}$ heißt gleichgradig stetig im Punkt x_0, wenn es zu jedem $\varepsilon > 0$ ein $\delta > 0$ so gibt, daß für alle $x \in X$ und alle $f \in \mathfrak{F}$ aus $d(x, x_0) < \delta$ schon $d\big(f(x), f(x_0)\big) < \varepsilon$ folgt. Dabei hängt δ von ε und x_0 ab, ist aber unabhängig von der speziellen Funktion $f \in \mathfrak{F}$, sondern ist gleichmäßig über den gesamten Funktionenbereich $\mathfrak{F}$ gültig.

• **Gleichmäßige gleichgradige Stetigkeit:** Eine Funktionenfamilie $\mathfrak{F}$ heißt gleichmäßig gleichgradig stetig, wenn es zu jedem $\varepsilon > 0$ ein $\delta > 0$ so gibt, daß für alle $x_1, x_2 \in X$ und alle $f \in \mathfrak{F}$ aus $d(x_1, x_2) < \delta$ schon $d\big(f(x_1), f(x_2)\big) < \varepsilon$ folgt. Dabei hängt δ von ε ab, ist aber unabhängig sowohl von der Wahl eines "Arbeitspunktes" x_0 als auch von der speziellen Funktion $f \in \mathfrak{F}$, sondern ist gleichmäßig sowohl über den gesamten "Arbeitsbereich" X als auch über den gesamten Funktionenbereich $\mathfrak{F}$ gültig.

(b) Genau dann ist $\mathfrak{F}$ gleichgradig stetig an einer Stelle x_0, wenn alle Funktionen f_i stetig an der Stelle x_0 sind. Genau dann ist $\mathfrak{F}$ gleichmäßig gleichgradig stetig, wenn alle Funktionen f_i gleichmäßig stetig sind. Das sieht man jeweils sofort, wenn man zu vorgegebenem $\varepsilon > 0$ für jede der Funktionen f_i ein passendes $\delta_i > 0$ wählt und dann $\delta := \min(\delta_1, \ldots, \delta_n)$ setzt.

(c) Wegen $f_n(x) - f_n(y) = \varphi(x) - \varphi(y)$ für alle n ist $\mathfrak{F}$ genau dann gleichgradig stetig an einer Stelle $x_0 \in X$, wenn φ stetig an dieser Stelle ist, und genau dann gleichmäßig gleichgradig stetig, wenn φ gleichmäßig stetig ist.

(d) Es gelte $d\big(f(x_1), f(x_2)\big) \le L\, d(x_1, x_2)$ für alle $x_1, x_2 \in X$ und alle $f \in \mathfrak{F}$. Ist nun $\varepsilon > 0$ beliebig vorgegeben, so wähle man $\delta := \varepsilon/L$; aus $d(x_1, x_2) < \delta$ folgt dann $d\big(f(x_1), f(x_2)\big) < L\delta = \varepsilon$ für alle $f \in \mathfrak{F}$. Damit ist die gleichmäßige gleichgradige Stetigkeit von $\mathfrak{F}$ gezeigt.

(e) Wir gehen die angegebenen Funktionenfamilien der Reihe nach durch.

• Alle Funktionen f_a sind Lipschitz-stetig mit der gemeinsamen Lipschitz-Konstanten 1, denn $|f_a(x) - f_a(y)| = |\sin(x + a) - \sin(y + a)| \le |(x + a) - (y + a)| = |x - y|$ für alle $x, y \in \mathbb{R}$. Nach Teil (d) ist $\mathfrak{F}$ daher gleichmäßig gleichgradig stetig.

• Die Familie $\mathfrak{F}$ der Funktionen $f_n(x) = x^n$ ist nicht gleichmäßig gleichgradig stetig auf $\mathbb{R}$, weil ja nicht einmal die einzelne Funktion f_2 gleichmäßig stetig auf ganz $\mathbb{R}$ ist.

• Alle Funktionen f_c sind Lipschitz-stetig mit der gemeinsamen Lipschitz-Konstanten 0, denn $|f_c(x) - f_c(y)| = |c - c| = 0 = 0 \cdot |x - y|$ für alle $x, y \in \mathbb{R}$. Nach Teil (d) ist $\mathfrak{F}$ daher gleichmäßig gleichgradig stetig.

• Setzen wir $x_n := n$ und $y_n := x_n + (u/n)$ für irgendeine feste Zahl $u > 0$, so haben wir $f_n(x_n) = \arctan(0) = 0$ und $f_n(y_n) = \arctan(u)$, folglich $|x_n - y_n| = u/n \to 0$, aber $|f_n(x_n) - f_n(y_n)| = \arctan(u) \not\to 0$ für $n \to \infty$. Damit ist klar, daß die Menge der Funktionen f_n nicht gleichmäßig gleichgradig stetig auf $\mathbb{R}$ ist. Das folgende Diagramm zeigt, wie sich die Funktionen f_n mit wachsendem n ändern: Die Funktion f_n hat ihre einzige Nullstelle bei $x = n$ und ist in ihrem Nulldurchgang um so steiler, je größer n ist; dieses Verhalten erklärt die Wahl der Stellen x_n und y_n.

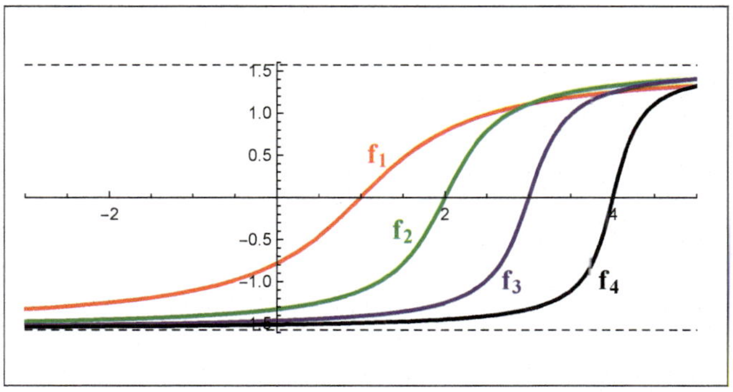

Verlauf der Funktionen $f_n(x) := \arctan(nx - n^2)$.

Aufgaben zu »Stetigkeit« siehe Seite 92

Bemerkung 1: Wir haben in Teil (e) der letzten Aufgabe gesehen, daß die Funktionen $f_n(x) = x^n$ nicht gleichmäßig gleichgradig stetig auf $\mathbb{R}$ sind. Wir können diese Aussage etwas präzisieren.

• Ist $|x_0| \geq 1$, so ist die Familie (f_n) nicht einmal gleichgradig stetig an der festen Stelle x_0. Setzen wir nämlich $x_n := x_0 + (1/n)$ für $x_0 > 1$ bzw. $x_n := x_0 - (1/n)$ für $x_0 < -1$, so haben wir jeweils $|x_n - x_0| = 1/n \to 0$ für $n \to \infty$, aber

$$|f_n(x_n) - f_n(x_0)| = \left(|x_0| + \frac{1}{n}\right)^n - |x_0|^n$$
$$= \sum_{k=1}^{n} \binom{n}{k} |x_0|^{n-k} \cdot \frac{1}{n^k}$$
$$\geq \binom{n}{2} |x_0|^{n-2} \cdot \frac{1}{n^2} = \frac{n-1}{2n} \cdot |x_0|^{n-2} \to \infty$$

für $n \to \infty$. Wir haben also $|x_n - x_0| \to 0$, aber $|f_n(x_n) - f_n(x_0)| \not\to 0$ für $n \to \infty$, was die gleichgradige Stetigkeit der Familie (f_n) an der Stelle x_0 ausschließt.

• Andererseits ist die Familie (f_n) gleichmäßig gleichgradig stetig auf jedem Intervall $[a, b] \subseteq (-1, 1)$ (und damit insbesondere gleichgradig stetig an jeder festen Stelle $x_0 \in (-1, 1)$). Ist nämlich $\varepsilon > 0$ so klein, daß $[a, b] \subseteq [-1 + \varepsilon, 1 - \varepsilon]$ gilt, so gilt für alle $x, y \in [a, b]$ mit $x \neq y$ und alle $n \in \mathbb{N}$ die Abschätzung

$$\left|\frac{f_n(x) - f_n(y)}{x - y}\right| = |x^{n-1} + x^{n-2}y + \cdots + xy^{n-2} + y^{n-1}|$$
$$\leq |x|^{n-1} + |x|^{n-2}|y| + \cdots + |x|\,|y|^{n-2} + |y|^{n-1}$$
$$\leq n \cdot (1 - \varepsilon)^{n-1} \to 0 \quad \text{für } n \to \infty.$$

Es gibt also ein $N \in \mathbb{N}$ mit $|f_n(x) - f_n(y)|/|x - y| \leq 1$ für alle $n > N$. Dann sind alle Funktionen in der Familie $\mathfrak{F}_2 := \{f_n \mid n > N\}$ Lipschitz-stetig mit der gemeinsamen Lipschitzkonstanten 1, so daß $\mathfrak{F}_2$ nach Teil (d) gleichmäßig gleichgradig stetig auf $[a, b]$ ist. Andererseits ist auch $\mathfrak{F}_1 := \{f_1, \ldots, f_N\}$ gleichmäßig gleichgradig stetig auf $[a, b]$ (als endliche Familie gleichmäßig stetiger Funktionen). Folglich ist auch $\mathfrak{F} = \mathfrak{F}_1 \cup \mathfrak{F}_2$ gleichmäßig gleichgradig stetig auf $[a, b]$.

Bemerkung 2: Wir haben in Teil (e) der letzten Aufgabe gesehen, daß die Funktionen $f_n(x) = \arctan(nx - x^2)$ nicht gleichmäßig gleichgradig stetig auf $\mathbb{R}$ sind. Wir zeigen aber, daß sie gleichmäßig gleichgradig stetig auf jedem Intervall $(-\infty, a] =: I_a$ mit $a \in \mathbb{R}$ sind. Für alle $x, y \in (-\infty, a]$ und alle $n \in \mathbb{N}$ gilt nämlich

$$|f_n(x) - f_n(y)| \leq \left(\sup_{x \in I_a} f_n(x)\right) - \left(\inf_{x \in I_a} f_n(x)\right)$$
$$= f_n(a) - \left(-\frac{\pi}{2}\right) = \arctan(na - n^2) + \frac{\pi}{2} \to 0$$

für $n \to \infty$. Ist also $\varepsilon > 0$ beliebig vorgegeben, so gibt es einen Index N derart, daß sogar $|f_n(x) - f_n(y)| < \varepsilon$ für alle $n \geq N$ und alle $x, y \in I_a$ gilt (nicht nur solche x und y, die dicht beieinander liegen). Andererseits ist jede der endlich vielen Funktionen $f_1, \ldots, f_N$ gleichmäßig stetig auf I_a (Übungsaufgabe!), so daß wir ein $\delta > 0$ so wählen können, daß aus $|x - y| < \delta$ schon $|f_n(x) - f_n(y)| < \varepsilon$ für $1 \leq n \leq N$ folgt. Dies zeigt, daß die Familie (f_n) gleichmäßig gleichgradig stetig auf I_a ist.

Lösung (82.54) Nach der Dreiecksungleichung gilt

$$|f_a(x)| = |d(x, a) - d(x, x_0)| \leq d(a, x_0) \text{ für alle } x \in X;$$

also ist f_a eine beschränkte Funktion (mit $\|f_a\| \leq d(a, x_0)$). Für alle $a, b \in X$ gilt ferner

$$\|f_a - f_b\| = \sup_{x \in X} |f_a(x) - f_b(x)|$$
$$= \sup_{x \in X} |d(x, a) - d(x, b)| = d(a, b),$$

wobei bei der letzten Gleichung zunächst die Abschätzung $\leq$ aufgrund der Dreiecksungleichung gilt und dann die Abschätzung $\geq$ durch Wahl von $x := a$ oder $x := b$. Damit ist alles gezeigt.

Lösung (82.55) Dies ist eine Variante der vorigen Aufgabe. Wir müssen zunächst zeigen, daß D tatsächlich eine Metrik ist, also nur endliche Werte annimmt. Wir wählen ein festes Element $x_0 \in X$. Aus der definierenden Bedingung für $\mathfrak{F}$ sehen wir, daß $-f(x_0) \leq d(x, x_0) - f(x) \leq f(x_0)$ für alle $f \in \mathfrak{F}$ und alle $x \in X$ gilt; also ist die Funktion $F(x) := d(x, x_0) - f(x)$ beschränkt. Für $f, g \in \mathfrak{F}$ mit den zugeordneten Funktionen $F(x) := d(x, x_0) - f(x)$ und $G(x) := d(x, x_0) - g(x)$ existiert also $\sup_{x \in X} |F(x) - G(x)| = \sup_{x \in X} |g(x) - f(x)| = D(f, g)$ als endlicher Wert. Daß jede der Funktionen g_a in $\mathfrak{F}$ liegt, folgt sofort aus der Dreiecksungleichung. Für $a, b \in X$ gilt ferner

$$D(g_a, g_b) = \sup_{x \in X} |f_a(x) - f_b(x)|$$
$$= \sup_{x \in X} |d(x, a) - d(x, b)| = d(a, b)$$

wie in der vorigen Aufgabe, so daß $a \mapsto g_a$ eine isometrische Einbettung ist.

Lösung (82.56) Für alle $A \in \mathfrak{A}_b(X)$ und alle $x \in X$ gilt $|f_A(x)| = |\text{dist}(x, A) - d(x, x_0)| = |\inf_{a \in A} d(x, a) - d(x, x_0)| \leq \sup_{a \in A} |d(x, a) - d(x, x_0)| \leq \sup_{a \in A} d(a, x_0)$, und dies ist eine endliche Zahl, weil A eine beschränkte Menge ist. Also gilt $\|f_A\| \leq \sup_{a \in A} d(a, x_0) < \infty$ und damit $f_A \in \mathfrak{B}(X, \mathbb{R})$. Weiterhin gilt

$$(\star) \qquad \|f_A - f_B\| = \sup_{x \in X} |\text{dist}(x, A) - \text{dist}(x, B)|.$$

Für alle $x \in X$ gilt nun $|d(x, a) - d(x, b)| \leq d(a, b)$ nach der Dreiecksungleichung; es genügt daher bei der Supremumsbildung in $(\star)$, das Supremum über alle $x \in A$ und alle $x \in B$ zu bilden. Für $x = a \in A$ geht $(\star)$ über in $\sup_{a \in A} \text{dist}(a, B)$, für $x = b \in B$ dagegen in $\sup_{b \in B} \text{dist}(b, A)$; also ist $\|f_A - f_B\|$ gleich dem Ausdruck

$$\max\left(\sup_{a \in A} \text{dist}(a, B), \sup_{b \in B} \text{dist}(b, A)\right) = \widehat{d}(A, B).$$

Aufgaben zu »Stetigkeit« siehe Seite 92

Lösung (82.57) (a) Mit f ist natürlich auch $f\circ\Phi$ ein Element von $C_b(X)$; also ist S wohldefiniert. Offensichtlich ist S auch linear. Es gilt

$$\|Sf\| = \|f\circ\Phi\| = \sup_{x\in X}|f(\Phi(x))| = \sup_{y\in \mathrm{Bild}(\Phi)}|f(y)| \leq \sup_{y\in X}|f(y)| = \|f\|;$$

also ist S Lipschitz-stetig mit der Lipschitzkonstanten 1.

(b) Mit f ist auch $\varphi\circ f$ ein Element von $C_b(X)$ (wobei die Beschränktheit von $\varphi\circ f$ daraus folgt, daß das Bild von f in einem endlichen Intervall $[a,b]$ enthalten ist, auf dem die stetige Funktion φ ihr Minimum und ihr Maximum annimmt); also ist T wohldefiniert. Wir betrachten ein festes Element $f_0\in C_b(X)$ und wollen zeigen, daß T an der Stelle f_0 stetig ist. Dazu geben wir uns $\varepsilon>0$ beliebig vor. Das Bild von f_0 ist in einem Intervall $[a,b]$ enthalten, und φ ist stetig und damit sogar gleichmäßig stetig auf $[a-\varepsilon,b+\varepsilon]$. Es gibt daher ein $\delta>0$ derart, daß für alle $u,v\in[a-\varepsilon,b+\varepsilon]$ mit $|u-v|<\delta$ die Bedingung $|\varphi(u)-\varphi(v)|<\varepsilon$ gilt. Wir behaupten, daß aus $\|f-f_0\|<\min(\delta,\varepsilon)$ dann $\|Tf-Tf_0\|\leq\varepsilon$ gilt; ist dies gezeigt, so ist die Stetigkeit von T an der Stelle f_0 nachgewiesen. Es sei $x\in X$ beliebig. Wegen $f_0(x)\in[a,b]$ und $f(x)=f_0(x)+\big(f(x)-f(x_0)\big)\in[a,b]+[-\varepsilon,\varepsilon]=[a-\varepsilon,b+\varepsilon]$ liegen die Zahlen $f(x)$ und $f_0(x)$ beide in $[a-\varepsilon,b+\varepsilon]$, und wegen $|f(x)-f_0(x)|\leq\|f-f_0\|<\delta$ folgt

$$|(Tf)(x)-(Tf_0)(x)| = |\varphi(f(x))-\varphi(f_0(x))| < \varepsilon.$$

Supremumsbildung in dieser letzten Ungleichung über alle $x\in X$ liefert $\|Tf-Tf_0\|\leq\varepsilon$ wie behauptet.

Ist $\varphi:\mathbb{R}\to\mathbb{R}$ sogar gleichmäßig stetig, dann ist auch $T:C_b(X)\to C_b(X)$ gleichmäßig stetig. Ist nämlich $\varepsilon>0$ beliebig vorgegeben, so gibt es ein $\delta>0$ derart, daß aus $|u-v|<\delta$ stets $|\varphi(u)-\varphi(v)|<\varepsilon$ folgt. Wir behaupten, daß dann aus $\|f-g\|<\delta$ stets $\|Tf-Tg\|\leq\varepsilon$ folgt (womit dann die gleichmäßige Stetigkeit von T gezeigt wäre). Es gelte $\|f-g\|<\delta$. Für alle $x\in X$ gilt dann $|f(x)-g(x)|<\delta$, folglich $|(Tf)(x)-(Tg)(x)|=|\varphi(f(x))-\varphi(g(x))|<\varepsilon$ und damit, da $x\in X$ beliebig war, auch $\|Tf-Tg\|\leq\varepsilon$, wie behauptet.

Ist schließlich φ Lipschitz-stetig mit der Lipschitzkonstanten L, so gilt für alle $x\in X$ die Abschätzung $|(Tf)(x)-(Tg)(x)|=|\varphi(f(x))-\varphi(g(x))|\leq L\cdot|f(x)-g(x)|\leq L\cdot\|f-g\|$. Da $x\in X$ beliebig war, gilt dann sogar $\|Tf-Tg\|\leq L\cdot\|f-g\|$; also ist auch T Lipschitz-stetig mit der Lipschitzkonstanten L.

Lösung (82.58) (a) Für alle $x,y\in V\setminus\{0\}$ gilt

$$\begin{aligned}\left\|\frac{x}{\|x\|}-\frac{y}{\|y\|}\right\| &= \left\|\frac{\|y\|\,x-\|x\|\,y}{\|x\|\,\|y\|}\right\| \\ &= \left\|\frac{(\|y\|-\|x\|)\,x+\|x\|\,(x-y)}{\|x\|\,\|y\|}\right\| \\ &\leq \frac{|\,\|x\|-\|y\|\,|\cdot\|x\|+\|x\|\cdot\|x-y\|}{\|x\|\,\|y\|} \\ &\leq \frac{|\,\|x\|-\|y\|\,|+\|x-y\|}{\|y\|} \leq \frac{2\|x-y\|}{\|y\|}.\end{aligned}$$

Gilt nun $y\in B_r(x_0)$, so ist $\|y\|=\|x_0-(y-x_0)\|\geq\|x_0\|-\|y-x_0\|\geq\|x_0\|-r$, und die obige Abschätzung liefert

$$\|f(x)-f(y)\| \leq \frac{2\|x-y\|}{\|y\|} \leq \frac{2\|x-y\|}{\|x_0\|-r}.$$

Mit $L:=2/(\|x_0\|-r)$ ist dies die gewünschte Abschätzung.

(b) Ist $v\neq0$ ein fester Vektor und ist $\varepsilon>0$ eine positive reelle Zahl, so gilt für $x:=\varepsilon v$ und $y:=-\varepsilon v$ die Gleichheit

$$\frac{\|f(x)-f(y)\|}{\|x-y\|} = \frac{2}{2\varepsilon\|v\|} = \frac{1}{\varepsilon\|v\|} \to \infty$$

für $\varepsilon\to0$. Es gibt also keine Konstante L mit $\|f(x)-f(y)\|/\|x-y\|\leq L$ für alle $x,y\in V\setminus\{0\}$.

Lösung (82.59) (a) An der Stelle $x=-1$ ist die Folge $\big(f_n(x)\big)$ nicht konvergent, denn es gilt

$$f_n(-1) = (-1)^n = \begin{cases}1, & \text{falls } n \text{ gerade ist;}\\ -1, & \text{falls } n \text{ ungerade ist.}\end{cases}$$

(b) Wegen $x^n\to0$ für $|x|<1$ konvergiert (f_n) auf dem Intervall $(-1,1]$ punktweise gegen die Grenzfunktion

$$f(x) := \begin{cases}0, & \text{falls } -1<x<1;\\ 1, & \text{falls } x=1.\end{cases}$$

Die Konvergenz von (f_n) gegen f ist aber nicht stetig, denn für $x_n:=1/\sqrt[n]{n}$ gilt $f_n(x_n)=1/n\to0$ und damit $x_n\to1$, aber $f_n(x_n)\not\to f(1)$.

(c) Es gelte $x_n\to x$ in $(-1,1)$. Wegen $|x|<1$ gibt es dann eine Zahl $q<1$ und einen Index N mit $|x_n|\leq q$ für alle $n\geq N$. Für $n\geq N$ gilt dann

$$|f_n(x_n)| = |x_n|^n \leq q^n \to 0$$

für $n\to0$; also konvergiert (f_n) stetig gegen die Nullfunktion $f\equiv0$ auf $(-1,1)$. Die Konvergenz ist aber nicht gleichmäßig, denn $\sup_{|x|<1}|f_n(x)-0|=\sup_{|x|<1}|x|^n=1$ für alle $n\in\mathbb{N}$; also gilt $\sup_{|x|<1}|f_n(x)-0|\not\to0$ für $n\to\infty$.

(d) Es sei $q:=\max\{|a|,|b|\}$; für alle $x\in[a,b]$ gilt dann $\sup_{a\leq x\leq b}|f_n(x)|\leq q^n$, und hieraus folgt

$$\sup_{a\leq x\leq b}|f_n(x)| \leq q^n \to 0$$

für $n\to\infty$. Das bedeutet aber, daß (f_n) gleichmäßig auf $[a,b]$ gegen die Nullfunktion konvergiert.

Lösung (82.60) Natürlich gilt $\sup_{x\in[-1,1]}|f_n(x)-f(x)|=0$ für alle n; also konvergiert (f_n) gleichmäßig auf $[-1,1]$ gegen f. Wählen wir andererseits $x_n:=1/n$, so gilt $f_n(x_n)=0$ für alle $n\in\mathbb{N}$, folglich $x_n\to0$, aber $f_n(x_n)\not\to f(0)$. Damit konvergiert (f_n) nicht stetig gegen die Funktion f.

Aufgaben zu »Stetigkeit« siehe Seite 92

Lösung (82.61) Ist f nicht stetig, so konvergiert die konstante Folge $(f, f, f, \ldots)$ nicht stetig gegen f. (Das sieht man genau wie in Aufgabe (82.60).) Das müßte aber selbstverständlich der Fall sein, wenn sich stetige Konvergenz als Konvergenz im Sinne einer Metrik auffassen ließe.

Lösung (82.62) (a) Wir müssen zeigen, daß für zwei verschiedene Folgen (x_n) und (ξ_n) in X, die beide gegen den gleichen Grenzwert konvergieren, auch die Folgen $\big(f_n(x_n)\big)$ und $\big(f_n(\xi_n)\big)$ in Y gegen den gleichen Grenzwert konvergieren. Gelten die Konvergenzaussagen $x_n \to x$ und $\xi_n \to x$, so konvergiert auch die gemischte Folge $(x_1, \xi_2, x_3, \xi_4, \ldots)$ gegen x; nach Voraussetzung besitzt dann die Folge $\big(f_1(x_1), f_2(\xi_2), f_3(x_3), f_4(\xi_4), \ldots\big)$ einen Grenzwert. Dieser Grenzwert muß aber sowohl übereinstimmen mit dem Grenzwert der Teilfolge $\big(f_1(x_1), f_3(x_3), f_5(x_5), \ldots\big)$ und damit dem nach Voraussetzung existierenden Grenzwert $\lim_{n\to\infty} f_n(x_n) =: y$ als auch mit dem Grenzwert der Teilfolge $\big(f_2(\xi_2), f_4(\xi_4), f_6(\xi_6), \ldots\big)$ und damit dem nach Voraussetzung existierenden Grenzwert $\lim_{n\to\infty} f_n(\xi_n) =: \eta$. Also gilt $\eta = y$.

(b) Ein Punkt $x \in X$ sei gegeben. Die konstante Folge $x_n := x$ erfüllt $x_n \to x$; aufgrund stetiger Konvergenz gilt dann $f_n(x_n) \to f(x)$; das bedeutet aber $f_n(x) \to f(x)$. Da $x \in X$ beliebig war, konvergiert (f_n) punktweise gegen f.

(c) Wir betrachten einen Punkt $x \in X$ und eine Folge (x_k) mit $x_k \to x$; wir müssen zeigen, daß dann $f(x_k) \to f(x)$ gilt. Wir geben uns $\varepsilon > 0$ beliebig vor. Für jeden Index k gilt nach (b) die Konvergenzaussage $f_n(x_k) \to f(x_k)$ für $n \to \infty$; es gibt daher eine Indexfolge $n_1 < n_2 < n_3 < \cdots$ mit $d\big(f_{n_k}(x_k), f(x_k)\big) < \varepsilon/2$ für alle $k \in \mathbb{N}$. Aufgrund stetiger Konvergenz gilt ferner $f_{n_k}(x_k) \to f(x)$ für $k \to \infty$ (was man etwa sieht, indem man eine Folge ξ_n definiert durch $\xi_n := x$ für $n \notin \{n_1, n_2, n_3, \ldots\}$ und $\xi_{n_k} := x_k$); es gibt also einen Index k_0 mit $d\big(f_{n_k}(x_k), f(x)\big) < \varepsilon/2$ für alle $k \geq k_0$. Für alle $k \geq k_0$ gilt dann

$$\begin{aligned} d\big(f(x), f(x_k)\big) &\leq d\big(f(x), f_{n_k}(x_k)\big) + d\big(f_{n_k}(x_k), f(x_k)\big) \\ &< (\varepsilon/2) + (\varepsilon/2) = \varepsilon. \end{aligned}$$

(d) Die Folge (f_n) konvergiere stetig gegen f. Würde (f_n) nicht lokal gleichmäßig gegen f konvergieren, so gäbe es einen Punkt $x \in X$ und eine Zahl $\varepsilon > 0$ mit $\sup_{\xi \in B_{1/n}(x)} d\big(f_n(\xi), f(\xi)\big) > \varepsilon$ für alle $n \in \mathbb{N}$. Wir könnten dann für jedes $n \in \mathbb{N}$ ein Element $x_n \in B_{1/n}(x)$ wählen mit $d\big(f_n(x_n), f(x_n)\big) > \varepsilon$. Dann wäre

$$\varepsilon < d\big(f_n(x_n), f(x_n)\big) \leq d\big(f_n(x_n), f(x)\big) + d\big(f(x), f(x_n)\big)$$

für alle $n \in \mathbb{N}$, was aber nicht sein kann, weil beide Summanden auf der rechten Seite für $n \to \infty$ gegen Null gehen (der erste aufgrund stetiger Konvergenz, der zweite aufgrund der nach (c) gegebenen Stetigkeit von f an der Stelle x).

(e) Wir nehmen an, (f_n) konvergiere lokal gleichmäßig gegen f, und geben uns eine beliebige in X konvergente Folge vor, sagen wir $x_n \to x$. Nach Voraussetzung gibt es eine Umgebung U von x, auf der (f_n) gleichmäßig gegen f konvergiert; wegen $x_n \to x$ gibt es einen Index n_0 mit $x_n \in U$ für alle $n \geq n_0$. Für $n \geq n_0$ gilt dann

$$\begin{aligned} d\big(f_n(x_n), f(x)\big) &\leq d\big(f_n(x_n), f(x_n)\big) + d\big(f(x_n), f(x)\big) \\ &\leq \sup_{\xi \in U} d\big(f_n(\xi), f(\xi)\big) + d\big(f(x_n), f(x)\big). \end{aligned}$$

Die beiden letzten Summanden gehen aber für $n \to \infty$ gegen Null; der erste aufgrund der gleichmäßigen Konvergenz von (f_n) auf U, der zweite, weil die Grenzfunktion f wieder stetig ist. (Vgl. Beispiel (83.6)(d) im Buch.)

Lösung (82.63) (a) Gilt $f_n \to f$ im Sinne der Metrik d (konvergiert also (f_n) gleichmäßig auf I gegen f), so konvergiert (f_n) nach Aufgabe (82.62)(e) auch stetig gegen f. Konvergiert (f_n) stetig gegen f, so besitzt nach Aufgabe (82.62)(d) jeder Punkt $x \in I$ eine Umgebung U_x, auf der (f_n) gleichmäßig gegen f konvergiert. Wir behaupten, daß endlich viele dieser Umgebungen schon ganz I überdecken (eine Eigenschaft, die wir später als *Kompaktheit* des Intervalls I bezeichnen werden); also konvergiert (f_n) sogar gleichmäßig auf ganz I gegen f.

Zum Nachweis, daß schon endlich viele der Umgebungen U ganz I überdecken, nehmen wir an, dies wäre nicht so. Dann könnten wir, beginnend mit $[a_1, b_1] := [a, b] = I$, durch fortgesetzte Intervallhalbierung eine Folge von Intervallen $[a_n, b_n]$ konstruieren, von denen keines von endlich vielen der Umgebungen U überdeckt wird. Es sei ξ der Grenzpunkt der Intervallschachtelung $([a_n, b_n])_{n\in\mathbb{N}}$; für einen hinreichend großen Index N müßte dann $[a_N, b_N] \subseteq U_\xi$ gelten im Widerspruch dazu, daß doch $[a_N, b_N]$ nicht durch endlich viele der fraglichen Umgebungen überdeckt werden kann.

(b) Nichtnegativität, Symmetrie und Dreiecksungleichung für d sind klar, weil die entsprechenden Eigenschaften für jede der Halbmetriken d_k gelten; dabei gilt die Dreiecksungleichung, weil $\varphi(u) := u/(1+u)$ eine Funktion wie in Aufgabe (81.14) ist. Ferner gilt $d(f, g) = 0$ genau dann, wenn $d_k(f, g) = 0$ für alle k gilt, wenn also $f \equiv g$ auf jedem Intervall $[-k, k]$ gilt; dies ist genau dann der Fall, wenn $f = g$ ist. Damit ist d tatsächlich eine Metrik. Für eine Funktionenfolge (f_n) gilt nun $d(f_n, f) \to 0$ genau dann, wenn $d_k(f_n, f) \to 0$ für jedes feste k gilt, wenn also (f_n) auf jedem endlichen Intervall $[-k, k]$ gleichmäßig gegen f konvergiert; dies ist genau dann der Fall, wenn (f_n) lokal gleichmäßig gegen f konvergiert. Nach Aufgabe (82.62) ist diese Bedingung aber gleichbedeutend mit stetiger Konvergenz.

(c) Ist $\mathfrak{F}$ ein Funktionenraum, der auch nur eine einzige unstetige Funktion enthält, so gibt es nach Aufgabe (82.61) keine Metrik d auf $\mathfrak{F}$ derart, daß Konvergenz im Sinne von d gerade stetige Konvergenz ist. Diese Aufgabe zeigt, daß die Situation für Funktionenräume anders ist, die ausschließlich stetige Funktionen enthalten.

Lösung (82.64) Wie im Buch gezeigt wurde, konvergiert die Potenzreihe $\sum_{k=0}^{\infty} a_k x^k$ auf jedem Intervall $[a,b] \subseteq (-R,R)$ gleichmäßig; nach Aufgabe (82.62)(e) liegt dann stetige Konvergenz vor.

Lösung (82.65) (a) Definieren wir $f_n : \mathbb{R} \to \mathbb{R}$ durch

$$f_n(x) := \begin{cases} -n, & \text{falls } x \le -n, \\ x, & \text{falls } -n < x < n, \\ n, & \text{falls } x \ge n, \end{cases}$$

so konvergiert die Folge punktweise gegen die Funktion f mit $f(x) = x$ für alle $x \in \mathbb{R}$. Wegen $|f_n(x)| \le n$ für $x \in \mathbb{R}$ ist jede der Funktionen f_n beschränkt; die Grenzfunktion f ist aber unbeschränkt.

(b) Weil (f_n) gleichmäßig gegen f konvergiert, gibt es einen Index N mit $d\big(f_n(x), f(x)\big) \le 1$ für alle $x \in X$ und alle $n \ge N$. Weil f_N eine beschränkte Funktion ist, gibt es eine Zahl $M > 0$ mit $d\big(f_N(x_1), f_N(x_2)\big) \le M$ für alle $x_1, x_2 \in X$. Für alle $x_1, x_2 \in X$ ist dann $d\big(f(x_1), f(x_2)\big)$ nach der Dreiecksungleichung höchstens so groß wie

$$d\big(f(x_1), f_N(x_1)\big) + d\big(f_N(x_1), f_N(x_2)\big) + d\big(f_N(x_2), f(x_2)\big);$$

es gilt also $d\big(f(x_1), f(x_2)\big) \le 1 + M + 1 = M + 2$. Also ist f beschränkt (denn das Bild von f hat einen Durchmesser $\le M + 2$).

Lösung (82.66) Wir schreiben $\|f\| := \sup_{x \in X} |f(x)|$ und $D(f,g) = \|f - g\|$. Für alle $x \in X$ haben wir

$$\begin{aligned} &\big|\big(f_n(x) \pm g_n(x)\big) - \big(f(x) \pm g(x)\big)\big| \\ &\le |f_n(x) - f(x)| + |g_n(x) - g(x)| \\ &\le D(f_n, f) + D(g_n, g); \end{aligned}$$

also gilt $D(f_n \pm g_n, f \pm g) \le D(f_n, f) + D(g_n, g)$. Aus $D(f_n, f) \to 0$ und $D(g_n, g) \to 0$ folgt also sowohl $D(f_n + g_n, f + g) \to 0$ als auch $D(f_n - g_n, f - g) \to 0$. Damit ist gezeigt, daß sich gleichmäßige Konvergenz auf Summen und Differenzen überträgt.

Nun wollen wir zeigen, daß sich gleichmäßige Konvergenz auch auf Produkte überträgt. Wir betrachten zwei beschränkte Funktionen f und g (sagen wir $|f(x)| \le A$ und $|g(x)| \le B$ für alle $x \in X$) und gleichmäßig konvergente Folgen (f_n) und (g_n) mit $f_n \to f$ und $g_n \to g$. Wir haben dann

$$\begin{aligned} &|\, f_n(x) g_n(x) - f(x) g(x)\, | \\ &= |f_n(x)\big(g_n(x) - g(x)\big) + \big(f_n(x) - f(x)\big) g(x)| \\ &\le |f_n(x)| \cdot |g_n(x) - g(x)| + |f_n(x) - f(x)| \cdot |g(x)| \\ &\le |f_n(x)| \cdot D(g_n, g) + D(f_n, f) \cdot B \\ &\le \big(|f_n(x) - f(x)| + |f(x)|\big) \cdot D(g_n, g) + B \cdot D(f_n, f) \\ &\le \big(D(f_n, f) + A\big) \cdot D(g_n, g) + B \cdot D(f_n, f) \end{aligned}$$

und damit

$$D(f_n g_n, fg) \le \big(A + D(f_n, f)\big) \cdot D(g_n, g) + B \cdot D(f_n, f).$$

Aus $D(f_n, f) \to 0$ und $D(g_n, g) \to 0$ folgt aus dieser Abschätzung dann $D(f_n g_n, fg) \to 0$; also konvergiert $(f_n g_n)$ gleichmäßig gegen fg.

Nun mögen die Abschätzungen $|f(x)| \le A$, $|g(x)| \le B$ sowie $|g_n(x)| \ge c$ für alle $x \in X$ und alle $n \in \mathbb{N}$ gelten. Mit $n \to \infty$ folgt aus der letzten Ungleichung auch $|g(x)| \ge c$ für alle $x \in X$, und wir erhalten

$$\begin{aligned} \left|\frac{f_n(x)}{g_n(x)} - \frac{f(x)}{g(x)}\right| &= \left|\frac{f_n(x) g(x) - f(x) g_n(x)}{g_n(x) g(x)}\right| \\ &= \left|\frac{\big(f_n(x) - f(x)\big) g(x) + f(x)\big(g(x) - g_n(x)\big)}{g_n(x) g(x)}\right| \\ &\le \frac{|f_n(x) - f(x)| \cdot |g(x)| + |f(x)| \cdot |g(x) - g_n(x)|}{|g_n(x)| \cdot |g(x)|} \\ &\le \frac{D(f_n, f) \cdot B + A \cdot D(g_n, g)}{c^2}. \end{aligned}$$

Aus $D(f_n, f) \to 0$ und $D(g_n, g) \to 0$ folgt daher unter den genannten Voraussetzungen auch $D(f_n/g_n, f/g) \to 0$; also konvergiert (f_n/g_n) gleichmäßig gegen f/g.

Bemerkung: Es hätte gereicht, $|g(x)| \ge c$ für alle $x \in X$ vorauszusetzen, denn dann gilt $|g_n(x)| \ge |g(x)| - |g_n(x) - g(x)| \ge |g(x)| - D(g_n, g) \ge c - D(g_n, g) \to c$ für $n \to \infty$. Zu jeder Zahl $0 < c_0 < c$ gibt es dann also einen Index N mit $|g_n(x)| \ge c_0$ für alle $x \in X$ und alle $n \ge N$.

Lösung (82.67) (a) Für $x = 0$ ist $\big(f_n(x)\big)_{n \in \mathbb{N}}$ die konstante Folge mit dem Wert 0; für alle $x \ne 0$ divergiert die Folge $\big(f_n(x)\big)_{n \in \mathbb{N}}$ gegen ∞ oder $-\infty$ (je nach Vorzeichen von x). Also ist punktweise Konvergenz der Folge (f_n) nur auf der einpunktigen Menge $D = \{0\}$ gegeben; die Konvergenz auf dieser Menge ist dann trivialerweise sogar gleichmäßig.

(b) Für jede feste Zahl $x \in \mathbb{R}$ gilt $f_n(x) = x/n \to 0$ für $n \to \infty$; die Funktionenfolge (f_n) konvergiert also auf ganz $D := \mathbb{R}$ gegen die Nullfunktion. Die Konvergenz ist aber nicht gleichmäßig, denn beispielsweise gilt $f_n(n^2) = n \to \infty$ für $n \to \infty$. Dagegen konvergiert (f_n) auf jedem Intervall $D_0 := [-a, a]$ mit $a > 0$ sogar gleichmäßig, denn für einen festen Wert a gilt

$$\sup_{x \in D_0} |f_n(x) - 0| = \sup_{-a \le x \le a} |x/n| = a/n \to 0.$$

(c) Die Folge (f_n) konvergiert punktweise auf $D := (-1, 1)$ gegen die Nullfunktion und divergiert an jeder Stelle $x \in \mathbb{R} \setminus D$. Für $n \to \infty$ gilt $(1 - 1/n)^n \to e^{-1} = 1/e$; daher divergieren mit $x_n := 1 - 1/n$ und $y_n := -1 + 1/n$ die Folgen $\big(f_n(x_n)\big) = \big(n^2(1 - 1/n)^n\big)$ und $\big(f_n(y_n)\big) = \big(n^2(-1)^n(1 - 1/n)^n\big)$; die Konvergenz kann also auf keinem Intervall der Form $(-1, b)$ oder $[a, 1)$ gleichmäßig sein. Dagegen konvergiert (f_n) auf jedem Intervall $D_0 := [a, b]$ mit

$-1 < a < b < 1$ gleichmäßig, denn mit $q := \max(|a|,|b|)$ gilt $\sup_{x\in[a,b]} |f_n(x)| = n^2q^n \to 0$ für $n \to \infty$.

(d) Die Folge (f_n) konvergiert auf $D := [0,2)$ punktweise gegen die Nullfunktion und divergiert auf $\mathbb{R} \setminus D$. Für $(x_n) := 2 - 1/n$ divergiert wegen $f_n(x_n) = (2n-1)(-1)^n(1-1/n)^n$ die Folge $(f_n(x_n))$, so daß die Konvergenz auf keinem Intervall der Form $[a,2)$ gleichmäßig sein kann. Für $y_n := 1/n$ gilt $f_n(y_n) = (1-1/n)^n \to e^{-1} \neq 0$, so daß die Konvergenz auch auf keinem Intervall der Form $(-1,b]$ gleichmäßig sein kann. Dagegen konvergiert (f_n) auf jedem Intervall $D_0 := [a,b]$ mit $0 < a < 1 < b < 2$ sogar gleichmäßig, denn mit $q := \max(1-a, 2-b)$ gilt $\sup_{x\in[a,b]} |f_n(x)| = nbq^n \to 0$ für $n \to \infty$.

(e) Für jedes feste x konvergiert die Folge der Zahlen $f_n(x) = (x/n) + (x/n)^2$ gegen Null; also konvergiert die Folge (f_n) auf ganz $D := \mathbb{R}$ punktweise gegen die Nullfunktion. Wegen $f_n(n) = 2$ und $f_n(-n^2) = n^2 - n \to \infty$ für $n \to \infty$ kann die Konvergenz auf keinem Intervall der Form $(-\infty, b]$ oder $[a,\infty)$ gleichmäßig sein. Dagegen konvergiert (f_n) auf jedem endlichen Intervall $D_0 = [a,b]$ gleichmäßig gegen die Nullfunktion, denn mit $q := \max(|a|,|b|)$ gilt $\sup_{x\in[a,b]} |f_n(x)| \leq (nq+q^2)/n^2 = (q/n) + (q/n)^2 \to 0$ für $n \to \infty$.

(f) Für alle $x \in \mathbb{R}$ gilt $0 \leq (1-n|x|)^2 = 1 - 2n|x| + n^2x^2$ und damit $2n|x| \leq 1 + n^2x^2$, folglich

$$|f_n(x)| = \frac{|x|}{1+n^2x^2} \leq \frac{1}{2n}.$$

Es gilt daher $\sup_{x\in\mathbb{R}} |f_n(x)| \leq 1/(2n) \to 0$ für $n \to \infty$. Die Funktionenfolge (f_n) konvergiert also gleichmäßig auf ganz $\mathbb{R}$ gegen die Nullfunktion.

(g) Für jeden Wert $x \in \mathbb{R}$ konvergiert die Zahlenfolge $(f_n(x))$ gegen 0; für $x = 0$ gilt dies trivialerweise und für $x \neq 0$ aufgrund der Abschätzung $|f_n(x)| \leq n|x|/(1+n^2x^2) \leq n|x|/(n^2x^2) = 1/(n|x|)$. Also konvergiert (f_n) auf ganz $D := \mathbb{R}$ punktweise gegen die Nullfunktion. Die Ableitung von f_n ist gegeben durch

$$f_n'(x) = \frac{n(1-n^2x^2)}{(1+n^2x^2)^2};$$

daher nimmt die Funktion f_n ihren maximalen Betrag an den Stellen $x_n := \pm 1/n$ an, und dieser maximale Betrag ist gegeben durch $f_n(1/n) = 1/2$. Diese Rechnung zeigt, daß die Konvergenz der Folge (f_n) auf keinem Intervall der Form $(a,0)$ bzw. $(0,b)$ gleichmäßig sein kann. Dagegen konvergiert (f_n) auf jeder Menge $D_\varepsilon := (-\infty,-\varepsilon] \cup [\varepsilon,\infty)$ mit $\varepsilon > 0$, denn für alle n mit $1/n < \varepsilon$ gilt $\sup_{x\in D_\varepsilon} |f_n(x)| = |f_n(\varepsilon)| = n\varepsilon/(1+n^2\varepsilon^2) \to 0$ für $n \to \infty$.

(h) Für jeden Wert $x \in \mathbb{R}$ konvergiert die Zahlenfolge $(f_n(x))$ gegen 0; für $x = 0$ gilt dies trivialerweise und für $x \neq 0$ aufgrund des Terms mit n im Nenner. Also konvergiert (f_n) auf ganz $D := \mathbb{R}$ punktweise gegen die Nullfunktion. Die Ableitung von f_n ist gegeben durch

$$f_n'(x) = \frac{-2x(nx-1)}{\big(x^2+(nx-1)\big)\big)^2}$$

und verschwindet an den Stellen 0 und $1/n$. Wegen

$$f_n(0) = 0, \quad f_n(1/n) = 1, \quad \lim_{x\to\infty} f_n(x) = \frac{1}{1+n^2}$$

kann die Konvergenz der Folge (f_n) auf keinem Intervall der Form $(a,a]$ gleichmäßig sein. Dagegen konvergiert (f_n) auf jeder Menge der Form $D_0 = (-\infty,0] \cup [\varepsilon,\infty)$ mit $\varepsilon > 0$ gleichmäßig, denn für alle n mit $1/n < \varepsilon$ gilt $\sup_{x\in D_0} |f_n(x)| = |f_n(\varepsilon)| \to 0$ für $n \to \infty$.

(i) Wegen $f_n(x) = x^2/\big((1/n)+|x|\big)$ konvergiert die Folge (f_n) auf ganz $D := \mathbb{R}$ punktweise gegen die Grenzfunktion $f(x) := |x|$, und wegen $|f_n(x) - |x|| = |x|/\big(1+n|x|\big) \leq 1/n$ für alle $x \in \mathbb{R}$ ist die Konvergenz sogar gleichmäßig auf ganz $\mathbb{R}$.

(j) Für $n \to \infty$ gilt

$$f_n(x) = \frac{1-x^{2n}}{1+x^{2n}} \to f(x) := \begin{cases} 1, & \text{falls } |x| < 1; \\ 0, & \text{falls } |x| = 1; \\ -1, & \text{falls } |x| > 1. \end{cases}$$

Die Funktionenfolge konvergiert also auf ganz $\mathbb{R}$ punktweise. Da die Grenzfunktion f nicht stetig ist, kann die Konvergenz nicht gleichmäßig sein. Man rechnet schnell nach, daß für jede der vier Folgen (x_n) mit $x_n := \pm 1 \pm (1/n)$ für $n \to \infty$ jeweils $f_n(x_n) \to 0$ gilt. Damit ist klar, daß die Konvergenz auf keinem Intervall der Form $[a,-1)$ bzw. $(-1,b]$ bzw. $[a,1)$ bzw. $(1,b]$ gleichmäßig sein kann. Dagegen konvergiert (f_n) gleichmäßig auf jeder Menge der Form $(-\infty,-1-\varepsilon] \cup [-1+\varepsilon, 1-\varepsilon] \cup [1+\varepsilon,\infty)$ mit $0 < \varepsilon < 1$, denn für $|x| \geq 1+\varepsilon$ gilt

$$|f_n(x) - f(x)| = \left|\frac{1-x^{2n}}{1+x^{2n}} + 1\right| = \frac{2}{1+x^{2n}} \leq \frac{2}{1+(1+\varepsilon)^{2n}},$$

und für $|x| \leq 1-\varepsilon$ gilt

$$|f_n(x) - f(x)| = \left|\frac{1-x^{2n}}{1+x^{2n}} - 1\right| = \frac{2x^{2n}}{1+x^{2n}} \leq 2x^{2n} \leq 2(1-\varepsilon)^{2n}.$$

Insgesamt gilt also

$$\sup_{x\in D_\varepsilon} |f_n(x) - f(x)| \leq \max\left\{\frac{2}{1+(1+\varepsilon)^{2n}}, 2(1-\varepsilon)^{2n}\right\} \to 0.$$

(k) Für alle $x \notin (\pi/2) + \mathbb{Z}\pi$ gilt $|\sin(x)| < 1$ und damit $\sin(x)^n \to 0$ für $n \to \infty$. Für $x = (\pi/2) + 2m\pi$ mit $m \in \mathbb{Z}$ gilt $f_n(x) = 1^n = 1$, für $x = (\pi/2) + (2m+1)\pi$ mit $m \in \mathbb{Z}$ gilt dagegen $f_n(x) = (-1)^n$. Der Konvergenzbereich der Funktionenfolge (f_n) ist also $D := \mathbb{R} \setminus \{(\pi/2) + (2m+1)\pi \mid m \in \mathbb{Z}\}$, und die Grenzfunktion ist gegeben durch

$$f(x) := \begin{cases} 0, & \text{falls } x \notin (\pi/2) + \mathbb{Z}\cdot 2\pi; \\ 1, & \text{falls } x \in (\pi/2) + \mathbb{Z}\cdot 2\pi. \end{cases}$$

Da jede der Funktionen f_n stetig, die Grenzfunktion f an den Stellen der Form $(\pi/2) + 2m\pi$ mit $m \in \mathbb{Z}$ dagegen unstetig ist, kann die Konvergenz nicht gleichmäßig auf

Aufgaben zu »Stetigkeit« siehe Seite 92

einem Intervall sein, das einen dieser Punkte enthält oder als Randpunkt hat. Dagegen konvergiert die Folge (f_n) auf jeder der Mengen $D_\varepsilon := \bigcup_{m\in\mathbb{Z}}[(\pi/2)+m\pi+\varepsilon,(\pi/2)+(m+1)\pi-\varepsilon]$ mit $0<\varepsilon<(\pi/2)$ gleichmäßig gegen die Nullfunktion, denn es gilt $\sup_{x\in D_\varepsilon}|f_n(x)| = \sin(\varepsilon)^n \to 0$ für $n\to\infty$.

(l) Für alle $x\neq 0$ gilt

$$f_n(x) = n\sin(x/n) = x\cdot\frac{\sin(x/n)}{x/n} \to x$$

für $n\to\infty$; die Aussage $f_n(x)\to x$ gilt trivialerweise auch an der Stelle $x=0$. Die Funktionenfolge (f_n) konvergiert also auf ganz $\mathbb{R}$ punktweise gegen die Grenzfunktion $f(x)=x$. Die Konvergenz kann nicht gleichmäßig sein, denn für $x_n := n\pi$ erhalten wir $|f_n(x_n)-f(x_n)| = n\pi\to\infty$ für $n\to\infty$. Wir behaupten aber, daß (f_n) auf jedem endlichen Intervall $[-a,a]$ mit $a>0$ gleichmäßig konvergiert. Dazu beachten wir, daß die Funktion

$$\varphi(u) := \frac{\sin(u)}{u}-1 = -u^2\left(\frac{1}{3!}-\frac{u^2}{5!}+\frac{u^4}{7!}\mp\cdots\right)$$

fü $|u|\le 1$ die Abschätzung $|\varphi(u)|\le u^2/3! = u^2/6$ erfüllt. Ist für einen festen Wert $a>0$ nun $a/n\le 1$ (also $n\ge a$), so gilt für alle $x\in[-a,a]$ die Abschätzung

$$|f_n(x)-f(x)| = \left|x\left(\frac{\sin(x/n)}{x/n}-1\right)\right| = |x|\cdot|\varphi(x/n)|$$
$$\le |x|\cdot\frac{x^2/n^2}{3!} = \frac{|x|^3}{6n^2} \le \frac{a^3}{6n^2} \to 0 \quad \text{für } n\to\infty.$$

(m) Wegen $|f_n(x)|\le 1/\sqrt{n}$ für alle $x\in\mathbb{R}$ konvergiert die Folge (f_n) gleichmäßig auf ganz $D=\mathbb{R}$ gegen die Nullfunktion.

(n) Wegen

$$f_n(x) = \frac{1+\big(\cos(nx)/n\big)}{2+(1/n)} \to \frac{1}{2} \quad \text{für } n\to\infty$$

konvergiert (f_n) auf ganz $D:=\mathbb{R}$ punktweise gegen die konstante Grenzfunktion $f\equiv 1/2$. Wegen

$$|f_n(x)-f(x)| = \left|\frac{n+\cos(nx)}{2n-1}-\frac{1}{2}\right|$$
$$= \left|\frac{2\cos(nx)-1}{2(2n+1)}\right| \le \frac{3}{2(2n+1)}$$

für alle $x\in\mathbb{R}$ ist die Konvergenz sogar gleichmäßig auf ganz $\mathbb{R}$.

(o) Die Folge (f_n) konvergiert auf ganz $D:=\mathbb{R}$ punktweise gegen die Grenzfunktion

$$f(x) := \begin{cases}1, & \text{falls } x\neq 0;\\ 0, & \text{falls } x=0.\end{cases}$$

Wegen $f_n(\pm n^n) = n^2\to\infty$ und $f_n(n^{-n}) = 1/n^2 \to 0$ kann die Konvergenz auf keinem Intervall der Form $(-\infty,b]$, $[a,0)$, $(0,b]$ oder $[a,\infty)$ gleichmäßig sein. Dagegen konvergiert (f_n) gleichmäßig auf jeder Menge der Form $D_0 := [-a,-\varepsilon]\cup[\varepsilon,a]$ mit $0<\varepsilon<1<a$ gegen die konstante Funktion $f\equiv 1$, denn für $n\to\infty$ gilt

$$\sup_{x\in D_0}|f_n(x)-f(x)| = \max\big(1-\sqrt[n]{\varepsilon^2},\ \sqrt[n]{a^2}-1\big) \to 0.$$

Die Teile (p), (q) und (r) können simultan behandelt werden. In jedem der drei Fälle ist jede der Funktionen f_n gerade und auf $[0,\infty)$ streng monoton wachsend, und für jede feste Zahl $x\in\mathbb{R}$ gilt $f_n(x)\to 1$ für $n\to\infty$. Auf jedem Intervall der Form $[-a,a]$ mit $a>0$ gilt für $n\to\infty$ nun

$$\sup_{x\in[-a,a]}|f_n(x)-1| = \max\big(|f_n(0)-1|,\ |f_n(a)-1|\big) \to 0,$$

so daß die Folge (f_n) gleichmäßig auf $[-a,a]$ gegen die konstante Grenzfunktion $f\equiv 1$ konvergiert. Die Konvergenz kann aber nicht gleichmäßig auf einen Intervall der Form $(-\infty,b]$ oder $[a,\infty)$ sein, denn es gilt $|f_n(\pm n^n)|\ge \sqrt[n]{n^{2n}} = n^2\to\infty$ für $n\to\infty$.

Lösung (82.68) Die Funktionenfolge (f_n) konvergiert auf ganz $\mathbb{R}$ punktweise gegen die Nullfunktion. (An der Stelle $x=0$ gilt dies trivialerweise, und für $x\neq 0$ folgt dies daraus, daß die Folge $(e^{-nx^2})_{n\in\mathbb{N}}$ schneller gegen 0 geht, als die Folge $(n^\alpha)_{n\in\mathbb{N}}$ wächst.) Wegen

$$f_n'(x) = n^\alpha e^{-nx^2}(1-2nx^2)$$

nimmt die Funktion f_n ihren maximalen Betrag an den Stellen $x_n = \pm 1/\sqrt{2n}$ an; daher gilt

$$\sup_{x\in\mathbb{R}}|f_n(x)| = |f_n(x_n)| = \frac{n^\alpha}{\sqrt{2n}}\cdot e^{-1/2} = \frac{e^{-1/2}}{\sqrt{2}}\cdot n^{\alpha-(1/2)}.$$

Dieser Ausdruck geht genau dann gegen Null für $n\to\infty$, wenn $\alpha<1/2$ gilt.

Lösung (82.69) Für jedes feste $x\in X$ gilt die Abschätzung $|\sum_{k=m}^n f_k(x)|\le\sum_{k=m}^n M_k\to 0$ für $m,n\to\infty$, so daß die Folge der Partialsummen $\sum_{k=1}^n f_k(x)$ eine Cauchyfolge in $\mathbb{K}$ und damit konvergent ist. Also existiert die (punktweise definierte) Grenzfunktion $f(x) := \sum_{k=1}^\infty f_k(x)$. Wir wollen zeigen, daß die Partialsummen sogar gleichmäßig auf X gegen die Grenzfunktion f konvergieren. Wir geben uns $\varepsilon>0$ beliebig vor. Wegen der Konvergenz der Reihe $\sum_{k=1}^\infty M_k$ gibt es einen Index N mit $\sum_{k=n+1}^\infty M_k<\varepsilon$ für alle $n\ge N$. Für alle $x\in X$ und alle $n\ge N$ gilt dann $|f(x)-\sum_{k=1}^n f_k(x)| = |\sum_{k=n-1}^\infty f_k(x)|\le\sum_{k=n+1}^\infty|f_k(x)|\le\sum_{k=n+1}^\infty M_k$; also gilt auch

$$\sup_{x\in X}\left|f(x)-\sum_{k=1}^n f_k(x)\right| \le \sum_{k=n+1}^\infty M_k < \varepsilon$$

Aufgaben zu »Stetigkeit« siehe Seite 92

für alle $n \geq N$. Da $\varepsilon > 0$ beliebig vorgegeben war, ist damit die gleichmäßige Konvergenz der Funktionenreihe $\sum_{k=1}^{\infty} f_k(x)$ auf X bewiesen.

Lösung (82.70) Gilt $x \neq y$ für $x, y \in I$, dann gilt entweder $x < y$ oder $x > y$ (weil I totalgeordnet ist), aufgrund der strengen Monotonie daher $f(x) < f(y)$ oder $f(x) > f(y)$, in jedem Fall also $f(x) \neq f(y)$. Aus $x \neq y$ folgt damit $f(x) \neq f(y)$, so daß f injektiv ist. (Bisher ging die Stetigkeit von f nicht ein.)

Umgekehrt sei f nicht streng monoton. Dann gibt es Punkte $a < b < c$ mit $f(a) < f(b)$ und $f(b) > f(c)$ oder Punkte $a < b < c$ mit $f(a) > f(b)$ und $f(b) < f(c)$. Im ersten Fall sei $y := \max\bigl(f(a), f(c)\bigr)$; im zweiten Fall sei $y := \min\bigl(f(a), f(c)\bigr)$. Da f stetig ist, nimmt f nach dem Zwischenwertsatz jeden Wert zwischen $f(b)$ und y sowohl im Intervall (a, b) als auch im Intervall (b, c) mindestens einmal an, im Intervall (a, c) daher mindestens zweimal. Also kann f nicht injektiv sein. Eine stetige Funktion $f : I \to \mathbb{R}$, die nicht streng monoton ist, kann also auch nicht injektiv sein.

Ohne die Voraussetzung der Stetigkeit ist diese Aussage falsch. Definieren wir $f : (-1, 1) \to \mathbb{R}$ durch

$$f(x) := \begin{cases} x+1, & -1 < x \leq 0, \\ x-1, & 0 < x < 1, \end{cases}$$

so ist f injektiv, aber weder monoton wachsend noch monoton fallend (und damit insbesondere nicht streng monoton).

Lösung (82.71) Der Beweis ist fast wörtlich der gleiche wie derjenige in Lösung (75.23).

Lösung (82.72) (a) Die Reihe konvergiert offensichtlich für alle $x \in \mathbb{R}$ absolut, und zwar für $x = 0$ gegen Null und für $x \neq 0$ aufgrund der Eigenschaften geometrischer Reihen gegen

$$x \sum_{n=0}^{\infty} \left(\frac{1}{1+x^2}\right)^n = \frac{x}{1 - \dfrac{1}{1+x^2}} = \frac{x(1+x^2)}{x^2} = \frac{1}{x} + x.$$

Da die Grenzfunktion f an der Stelle $x = 0$ nicht stetig ist, kann die Konvergenz nicht gleichmäßig sein. Die Konvergenz ist aber gleichmäßig auf jeder Menge der Form $[-a, -\varepsilon] \cup [\varepsilon, a]$, denn für $\varepsilon \leq |x| \leq a$ gilt $|x|/(1+x^2)^n \leq a/(1+\varepsilon)^n$, so daß der Weierstraßsche Majorantentest die Behauptung liefert.

(b) Die Reihe divergiert offenbar für $x = 0$, konvergiert aber für jede Zahl $x \neq 0$ nach dem Majorantenkriterium absolut; also existiert die punktweise Grenzfunktion $f(x) := \sum_{n=0}^{\infty} 1/(1+n^2 x)$ für alle $x \neq 0$. Die Konvergenz kann nicht gleichmäßig auf einem Intervall der Form $[a, 0)$ oder $(0, b]$ sein (sonst ließe sich f stetig in den Nullpunkt fortsetzen, was wegen $|f(x)| \to \infty$ für $x \to 0$ nicht der Fall ist). Die Konvergenz ist aber gleichmäßig auf jeder Menge der Form $(-\infty, -\varepsilon] \cup [\varepsilon, \infty)$, wie sich sofort aus dem Weierstraßschen Majorantentest ergibt: für $|x| \geq \varepsilon$ gilt $|1 + n^2 x| \geq n^2|x| - 1 \geq n^2\varepsilon - 1$, folglich $|f_n(x)| \leq 1/(n^2\varepsilon - 1)$, und die Reihe $\sum_{n=1}^{\infty} 1/(n^2\varepsilon - 1)$ konvergiert.

(c) Die Reihe konvergiert nach dem Leibnizkriterium für alle $x \in \mathbb{R}$, aber aufgrund der Divergenz der harmonischen Reihe für keine Zahl $x \in \mathbb{R}$ absolut. Dagegen konvergiert die Reihe gleichmäßig auf ganz $\mathbb{R}$; das ergibt sich, indem wir den Dirichlet-Test aus Aufgabe (82.71) mit $f_n(x) := 1/(n + x^2)$ und $g_n(x) := (-1)^n$ anwenden.

Lösung (82.73) Die Polynomfolge (p_n) konvergiere gleichmäßig auf ganz $\mathbb{R}$ gegen die Grenzfunktion f. Dann sind ab einem gewissen Index N alle Funktionen $p_n - f$ beschränkt; definieren wir also $\|g\| := \sup_{x\in\mathbb{R}} |g(x)|$, so gilt $\|p_n - f\| < \infty$ für alle $n \geq N$ sowie $\|p_n - f\| \to 0$ für $n \to \infty$. Dann gilt auch $\|p_n - p_m\| \to 0$ für $m, n \to \infty$, insbesondere also $\|p_n - p_m\| \leq 1$ ab einem Index n_0. Da eine beschränkte Polynomfunktion $p : \mathbb{R} \to \mathbb{R}$ konstant sein muß, ist also jede der Funktionen $p_n - p_m$ mit $m, n \geq n_0$ konstant. Es gibt daher eine Folge reeller Zahlen c_k mit $p_{n_0+k} - p_{n_0} \equiv c_k$ für alle $k \in \mathbb{N}$. Wegen $|c_k - c_\ell| = \|p_{n_0+k} - p_{n_0+\ell}\| \to 0$ für $k, \ell \to \infty$ ist (c_k) eine Cauchyfolge reeller Zahlen, folglich konvergent; sagen wir $c_k \to c$. Es gilt dann $\|p_{n_0+k} - (p_{n_0} + c)\| = |c_k - c| \to 0$ für $k \to \infty$; die Folge $(p_{n_0+k})_{k\in\mathbb{N}}$ (und damit auch die Folge (p_n) insgesamt) konvergiert also gleichmäßig auf ganz $\mathbb{R}$ gegen $p_{n_0} + c =: p$; diese Funktion ist aber offensichtlich eine Polynomfunktion (weil p_{n_0} eine ist).

Bemerkung: Setzen wir $a_k := c_k - c$, so gilt $a_k \to 0$, und für alle $k \in \mathbb{N}$ haben wir $p_{n_0+k} = p_{n_0} + c_k = p_{n_0} + c + a_k = p + a_k$. Es gibt also nur eine sehr "langweilige" Art, wie eine Folge von Polynomen gleichmäßig auf ganz $\mathbb{R}$ konvergieren kann: es gibt ein festes Polynom p und eine Nullfolge reeller Zahlen, so daß ab einem bestimmten Index einfach $p_n = p + a_n$ gilt, also beispielsweise so etwas wie $p_n(x) = p(x) + (1/n)$.

Lösung (82.74) (a) Wir zeigen zuerst, daß f wohldefiniert ist, daß also der Nenner $\operatorname{dist}(x, A) + \operatorname{dist}(x, B)$ nie Null wird. Wäre dieser Ausdruck für ein Element $x \in X$ gleich Null, so müßte sowohl $\operatorname{dist}(x, A) = 0$ als auch $\operatorname{dist}(x, B) = 0$ gelten, also sowohl $x \in \overline{A} = A$ als auch $x \in \overline{B} = B$, was wegen der Disjunktheit von A und B nicht möglich ist. Wegen Nummer (82.3)(i) im Buch ist f stetig. Offensichtlich gilt $-1 \leq f(x) \leq 1$ für alle $x \in X$, also $|f| \leq 1$. Genau dann gilt $f(x) = -1$, wenn $\operatorname{dist}(x, A) = 0$ gilt, also $x \in \overline{A} = A$. Genau dann gilt $f(x) = 1$, wenn $\operatorname{dist}(x, B) = 0$ gilt, also $x \in \overline{B} = B$. Damit ist alles gezeigt.

(b) In dem angegebenen Beispiel haben wir

$$\operatorname{dist}(x, A) = \begin{cases} -2 - x, & \text{falls } x < -2, \\ 0, & \text{falls } -2 \leq x \leq -1, \\ x + 1, & \text{falls } x > -1 \end{cases}$$

sowie

$$\operatorname{dist}(x,B) = \begin{cases} 1-x, & \text{falls } x<1,\\ 0, & \text{falls } 1\le x\le 2,\\ x-2, & \text{falls } x>2 \end{cases}$$

und damit

$$f(x) = \begin{cases} 3/(2x+1), & \text{falls } x<-2,\\ -1, & \text{falls } -2\le x\le -1,\\ x, & \text{falls } -1<x<1,\\ 1, & \text{falls } 1\le x\le 2,\\ 3/(2x-1), & \text{falls } x>2. \end{cases}$$

Lösung (82.75) Die Konstruktion der Funktionen g_n ist möglich, weil A_n und B_n jeweils abgeschlossene disjunkte Teilmengen von X sind und die vorherige Aufgabe daher anwendbar ist.

(a) Wir unterscheiden drei Fälle.

- Gilt $x \in A_n$, so haben wir $g_n(x) = -2^{n-1}M/3^n$ und

$$-\frac{2^{n-1}M}{3^{n-1}} \le f(x) - \sum_{k=1}^{n-1} g_k(x) \le \frac{-2^{n-1}M}{3^n},$$

wobei die linke Ungleichung nach Induktionsannahme gilt und die rechte nach Definition von A_n. Beiderseitige Subtraktion von $g_n(x) = -2^{n-1}M/3^n$ liefert dann

$$-\frac{2^n M}{3^n} \le f(x) - \sum_{k=1}^{n} g_k(x) \le 0.$$

- Gilt $x \in B_n$, so haben wir $g_n(x) = 2^{n-1}M/3^n$ und

$$\frac{2^{n-1}M}{3^n} \le f(x) - \sum_{k=1}^{n-1} g_k(x) \le \frac{2^{n-1}M}{3^{n-1}},$$

wobei die rechte Ungleichung nach Induktionsannahme gilt und die linke nach Definition von B_n. Beiderseitige Subtraktion von $g_n(x) = 2^{n-1}M/3^n$ liefert dann

$$0 \le f(x) - \sum_{k=1}^{n} g_k(x) \le \frac{2^n M}{3^n}.$$

- Gilt $x \in C \setminus (A_n \cup B_n)$, so haben wir $|g_n(x)| < 2^{n-1}M/3^n$ und

$$-\frac{2^{n-1}M}{3^n} < f(x) - \sum_{k=1}^{n-1} g_k(x) < \frac{2^{n-1}M}{3^n}.$$

Beiderseitige Subtraktion von $g_n(x)$ unter Benutzung der Abschätzungen $-2^{n-1}M/3^n < g_n(x) < 2^{n-1}M/3^n$ liefert dann

$$\frac{-2^n M}{3^n} \le f(x) - \sum_{k=1}^{n} g_k(x) \le \frac{2^n M}{3^n}.$$

(b) Wegen $|g_k(x)| \le 2^{k-1}M/3^k$ besitzt die Reihe $\sum_{k=1}^\infty g_k(x)$ die Majorante

$$\sum_{k=1}^\infty \frac{2^{k-1}M}{3^k} = \frac{M}{3}\cdot\sum_{k=0}^\infty \frac{2^k}{3^k} = M$$

und ist daher absolut konvergent; also ist $F : X \to [-M, M]$ eine wohldefinierte Abbildung. Da die Majorante unabhängig von x ist, ist diese Funktion F auch stetig.

(c) Aus der in Teil (a) erhaltenen Abschätzung $|f(x) - \sum_{k=1}^n g_k(x)| \le 2^n M/3^n$ ergibt sich durch den Grenzübergang $n \to \infty$ die Abschätzung $|f(x) - F(x)| \le 0$ für alle $x \in C$; das bedeutet aber $F(x) = f(x)$ für alle $x \in C$.

Lösung (82.76) Ist f beschränkt (sagen wir $|f(x)| \le M$ für alle $x \in C$), so folgt dies unmittelbar aus der vorherigen Aufgabe (die weiter zeigt, daß die Fortsetzung F so gewählt werden kann, daß auch $|F(x)| \le M$ für alle $x \in X$ gilt). Ist f unbeschränkt, so wählen wir einen Homöomorphismus $h : \mathbb{R} \to (-M, M)$ auf ein endliches Intervall (beispielsweise $h(x) := \arctan(x)$ mit $M := \pi/2$ oder $h(x) := x/\sqrt{1+x^2}$ mit $M := 1$). Dann ist $\varphi := h \circ f : C \to (-M, M)$ eine beschränkte stetige Abbildung, besitzt also eine stetige Fortsetzung $\Phi : X \to (-M, M)$. Dann ist aber $F := h^{-1} \circ \Phi : X \to \mathbb{R}$ eine stetige Funktion, die auf C mit $h^{-1} \circ \varphi = f$ übereinstimmt und daher eine stetige Fortsetzung von f ist.

Lösung (82.77) (a) Ist f konstant, so gilt offensichtlich $V(f;P) = 0$ für jede Partition P und damit auch $V_a^b(f) = 0$. Ist umgekehrt f nicht konstant, so gibt es eine Zahl $x \in [a,b]$ mit $f(x) \ne f(a)$; dann ist $P := \{a, x, b\}$ eine Partition von $[a,b]$, und es folgt

$$\begin{aligned} V_a^b(f) &\ge V(f;P) = |f(x) - f(a)| + |f(b) - f(x)| \\ &\ge |f(x) - f(a)| > 0. \end{aligned}$$

(b) Es sei f monoton wachsend. Für jede Partition $P = \{a = x_0 < x_1 < \ldots < x_n = b\}$ des Intervalls $[a,b]$ gilt dann

$$\begin{aligned} V(f;P) &= \sum_{k=1}^n |f(x_k) - f(x_{k-1})| \\ &= \sum_{k=1}^n \bigl(f(x_k) - f(x_{k-1})\bigr) = f(b) - f(a), \end{aligned}$$

wobei im letzten Schritt das Auftreten einer Teleskopsumme ausgenutzt wurde. Supremumsbildung über alle Partitionen P zeigt dann, daß f von beschränkter Variation ist mit $V_a^b(f) = f(b) - f(a)$. Ist f dagegen monoton fallend, so zeigt eine völlig analoge Rechnung, daß f von beschränkter Variation ist mit $V_a^b(f) = f(a) - f(b)$.

(c) Es sei $x \in (a,b)$ beliebig. Dann ist $P := \{a < x < b\}$ eine Partition des Intervalls $[a,b]$, und es gilt

$|f(x) - f(a)| + |f(b) - f(a)| = V(f;P) \leq V_a^b(f)$. Hieraus folgt

$$|f(x)| \;\leq\; |f(x) - f(a)| + |f(a)| \;\leq\; V_a^b(f) + |f(a)|.$$

Also ist f beschränkt durch die Konstante $|f(a)| + V_a^b(f)$.

(d) Nach Teil (b) ist f von beschränkter Variation mit $V_0^1(f) = 1$.

(e) Wir wählen eine Zahl $N \in \mathbb{N}$ und betrachten die Partition $P_N := \{0 < x_N < x_{N-1} < \cdots < x_1 < x_0 < 1\}$ mit $x_k := 1/\big((\pi/2) + k\pi\big)$. Die Unterteilungspunkte x_k sind so gewählt, daß $\sin(1/x_k) = (-1)^k$ gilt, also der Sinusterm zwischen seinen betragsmäßig größtmöglichen Werten $+1$ und -1 hin- und herspringt. Setzen wir noch $x_{N+1} := 0$ und $x_{-1} := 1$, so erhalten wir

$$\begin{aligned} V(f;P_N) &= \sum_{k=0}^{N+1} |f(x_k) - f(x_{k-1})| \\ &\geq \sum_{k=1}^{N} |f(x_k) - f(x_{k-1})| = \sum_{k=1}^{N} |(-1)^k x_k - (-1)^{k-1} x_{k-1}| \\ &= \sum_{k=1}^{N} (x_k + x_{k-1}) = \sum_{k=1}^{N} \frac{2\pi k}{(\pi/2 + k\pi)\big(\pi/2 + (k-1)\pi\big)} \\ &\geq \sum_{k=1}^{N} \frac{2\pi k}{(k+1)\pi \cdot k\pi} = \sum_{k=1}^{N} \frac{2}{(k+1)\pi}. \end{aligned}$$

Also gilt

$$\begin{aligned} V_0^1(f) &= \sup_P V(f;P) \;\geq\; \sup_N V(f;P_N) \\ &\geq \sup_N \sum_{k=1}^{N} \frac{2}{(k+1)\pi} \;=\; \infty, \end{aligned}$$

wobei die letzte Gleichheit gilt, weil die harmonische Reihe divergiert. Insbesondere ist also f nicht von beschränkter Variation.

(f) Ist P_1 eine beliebige Partition des Intervalls $[a,b]$ und P_2 eine beliebige Partition des Intervalls $[b,c]$, so ist $P := P_1 \cup P_2$ eine Partition des Intervalls $[a,c]$, für die offensichtlich $V(f;P_1) + V(f;P_2) = V(f;P)$ und damit $V(f;P_1) + V(f;P_2) \leq V_a^c(f)$ gilt. Bilden wir auf der linken Seite das Supremum über alle P_1 und alle P_2, so ergibt sich

$$V_a^b(f) + V_b^c(f) \;\leq\; V_a^c(f).$$

Umgekehrt sei $P = \{a = x_0 < x_1 < \cdots < x_n = c\}$ eine beliebige Partition des Intervalls $[a,c]$. Es sei m der eindeutig bestimmte Index k mit $x_k \leq b < x_{k+1}$. Dann ist $P_1 := \{a = x_0 < \cdots < x_m \leq b\}$ eine Partition des Intervalls $[a,b]$, und $P_2 := \{b < x_{m+1} < \cdots < x_n = c\}$ ist eine Partition des Intervalls $[b,c]$; offensichtlich gilt $V(f;P) \leq V(f;P_1) + V(f;P_2)$ und damit $V(f;P) \leq V_a^b(f) + V_b^c(f)$. Da P beliebig war, bleibt diese Ungleichung erhalten, wenn wir auf der linken Seite das Supremum über alle Partitionen P bilden; es ergibt sich

$$V_a^c(f) \;\leq\; V_a^b(f) + V_b^c(f).$$

(g) Für $a \leq x \leq y$ gilt nach Teil (f) die Ungleichung $V(y) = V_a^y(f) = V_a^x(f) + V_x^y(f) \geq V_a^x(f) = V(x)$; also ist die Funktion V monoton wachsend. Ist P_0 eine beliebige Partition des Intervalls $[a,x]$, so ist $P := P_0 \cup \{y\}$ eine Partition des Intervalls $[a,y]$, und es gilt $V(f;P) = V(f;P_0) + |f(y) - f(x)|$. Hieraus folgt $V_a^y(f) \geq V(f;P_0) + |f(y) - f(x)|$. Bilden wir auf der rechten Seite dieser Ungleichung das Supremum über alle Partitionen P_0 von $[a,x]$, so folgt $V_a^y(f) \geq V_a^x(f) + |f(y) - f(x)|$, also $V(y) \geq V(x) + |f(y) - f(x)|$. Diese Ungleichung ist äquivalent zu den beiden Ungleichungen

$$\begin{aligned} V(y) &\geq V(x) + f(y) - f(x) \quad \text{und} \\ V(y) &\geq V(x) - f(y) + f(x) \end{aligned}$$

bzw.

$$\begin{aligned} V(y) - f(y) &\geq V(x) - f(x) \quad \text{und} \\ V(y) + f(y) &\geq V(x) + f(x). \end{aligned}$$

Da die Zahlen $x < y$ beliebig waren, beweist die erste Ungleichung das monotone Wachstum der Funktion $V - f$, während die zweite Ungleichung das monotone Wachstum der Funktion $V + f$ zeigt.

Lösung (82.78) (a) Es sei $P = \{a = x_0 < x_1 < \cdots < x_n = b\}$ eine beliebige Partition des Intervalls $[a,b]$. Dann gilt

$$\begin{aligned} V(f+g;P) &= \sum_{k=1}^{n} |(f+g)(x_k) - (f+g)(x_{k-1})| \\ &= \sum_{k=1}^{n} |f(x_k) - f(x_{k-1}) + g(x_k) - g(x_{k-1})| \\ &\leq \sum_{k=1}^{n} \big(|f(x_k) - f(x_{k-1})| + |g(x_k) - g(x_{k-1})|\big) \\ &= \sum_{k=1}^{n} |f(x_k) - f(x_{k-1})| + \sum_{k=1}^{n} |g(x_k) - g(x_{k-1})| \\ &= V(f;P) + V(g;P). \end{aligned}$$

Supremumsbildung bezüglich P liefert dann $V_a^b(f+g) \leq V_a^b(f) + V_a^b(g)$.

(b) Es sei $P = \{a = x_0 < x_1 < \cdots < x_n = b\}$ eine beliebige Partition des Intervalls $[a,b]$. Dann gilt

$$\begin{aligned} V(\lambda f;P) &= \sum_{k=1}^{n} |(\lambda f)(x_k) - (\lambda f)(x_{k-1})| \\ &= \sum_{k=1}^{n} |\lambda\big(f(x_k) - f(x_{k-1})\big)| \\ &= \sum_{k=1}^{n} |\lambda| \cdot |f(x_k) - f(x_{k-1})| \\ &= |\lambda| \cdot \sum_{k=1}^{n} |f(x_k) - f(x_{k-1})| \\ &= |\lambda| \cdot V(f;P). \end{aligned}$$

Aufgaben zu »Stetigkeit« siehe Seite 92

Supremumsbildung bezüglich P liefert dann $V_a^b(\lambda f) = |\lambda| V_a^b(f)$.

(c) Es sei $P = \{a = x_0 < x_1 < \cdots < x_n = b\}$ eine Partition des Intervalls $[a, b]$. Für jeden Index k gilt dann

$$\begin{aligned}
|(fg)(x_k) - (fg)(x_{k-1})| &= |f(x_k)g(x_k) - f(x_{k-1})g(x_{k-1})| \\
&= |f(x_k)\big(g(x_k) - g(x_{k-1})\big) + g(x_{k-1})\big(f(x_k) - f(x_{k-1})\big)| \\
&\leq |f(x_k)|\,|g(x_k) - g(x_{k-1})| + |g(x_{k-1})|\,|f(x_k) - f(x_{k-1})| \\
&\leq \|f\|_\infty \cdot |g(x_k) - g(x_{k-1})| + \|g\|_\infty \cdot |f(x_k) - f(x_{k-1})|.
\end{aligned}$$

Aufsummieren liefert

$$\begin{aligned}
V(fg; P) &= \sum_{k=1}^{n} |(fg)(x_k) - (fg)(x_{k-1})| \\
&\leq \sum_{k=1}^{n} \big(\|f\|_\infty \cdot |g(x_k) - g(x_{k-1})| + \|g\|_\infty \cdot |f(x_k) - f(x_{k-1})|\big) \\
&= \|f\|_\infty \sum_{k=1}^{n} |g(x_k) - g(x_{k-1})| + \|g\|_\infty \sum_{k=1}^{n} |f(x_k) - f(x_{k-1})| \\
&= \|f\|_\infty \cdot V(g; P) + \|g\|_\infty \cdot V(f; P).
\end{aligned}$$

Supremumsbildung bezüglich P liefert dann

$$V_a^b(fg) \leq \|f\|_\infty \cdot V_a^b(g) + \|g\|_\infty \cdot V_a^b(f).$$

(d) Es sei $P = \{a = x_0 < x_1 < \cdots < x_n = b\}$ eine Partition des Intervalls $[a, b]$. Für jeden Index k gilt dann

$$\begin{aligned}
\left|\frac{f}{g}(x_k) - \frac{f}{g}(x_{k-1})\right| &= \left|\frac{f(x_k)}{g(x_k)} - \frac{f(x_{k-1}}{g(x_{k-1})}\right| \\
&= \left|\frac{f(x_k)g(x_{k-1}) - f(x_{k-1})g(x_k)}{g(x_k)g(x_{k-1})}\right| \\
&= \left|\frac{\big(f(x_k) - f(x_{k-1})\big)g(x_{k-1}) + f(x_{k-1})\big(g(x_{k-1}) - g(x_k)\big)}{g(x_k)g(x_{k-1})}\right| \\
&\leq \frac{|f(x_k) - f(x_{k-1})|\,|g(x_{k-1})| + |f(x_{k-1})|\,|g(x_{k-1}) - g(x_k)|}{|g(x_k)|\,|g(x_{k-1})|} \\
&\leq \frac{|f(x_k) - f(x_{k-1})|\,\|g\|_\infty + \|f\|_\infty |g(x_{k-1}) - g(x_k)|}{\delta^2}.
\end{aligned}$$

Aufsummieren liefert dann

$$\begin{aligned}
V(f/g; P) &= \sum_{k=1}^{n} \left|\frac{f}{g}(x_k) - \frac{f}{g}(x_{k-1})\right| \\
&\leq \sum_{k=1}^{n} \frac{|f(x_k) - f(x_{k-1})|\,\|g\|_\infty + \|f\|_\infty |g(x_{k-1}) - g(x_k)|}{\delta^2} \\
&= \frac{\|g\|_\infty}{\delta^2} \sum_{k=1}^{n} |f(x_k) - f(x_{k-1})| \\
&\qquad + \frac{\|f\|_\infty}{\delta^2} \sum_{k=1}^{n} |g(x_k) - g(x_{k-1})| \\
&= \frac{\|g\|_\infty}{\delta^2} \cdot V(f; P) + \frac{\|f\|_\infty}{\delta^2} \cdot V(g; P).
\end{aligned}$$

Supremumsbildung bezüglich P liefert dann

$$V_a^b(f/g) \leq \big(\|f\|_\infty \cdot V_a^b(g) + \|g\|_\infty \cdot V_a^b(f)\big)/\delta^2.$$

Lösung (82.79) Es seien f_1 und f_2 monoton wachsend. Dann sind f_1 und f_2 nach Teil (b) von Aufgabe (82.77) von beschränkter Variation, und nach Teil (a) und (b) von Aufgabe (82.78) ist daher auch $f := f_1 - f_2$ von beschränkter Variation. Also ist jede Differenz monoton wachsender Funktionen von beschränkter Variation. Umgekehrt sei f von beschränkter Variation. Mit $V(x) := V_a^x(f)$ sind nach Teil (g) von Aufgabe (82.77) dann V und $V - f$ monoton wachsend; also ist $f : V - (V - f)$ darstellbar als Differenz zweier monoton wachsender Funktionen.

L83: Vollständigkeit metrischer Räume

Lösung (83.1) Der Raum (X, d_1) sei vollständig. Jede d_2-Cauchyfolge ist wegen $d_1 \leq c^{-1}d_2$ auch eine d_1-Cauchyfolge, folglich d_1-konvergent gegen ein Element $x \in X$, damit wegen $d_2 \leq Cd_1$ auch d_2-konvergent gegen x. Also ist auch (X, d_2) vollständig. Da die angegebene Bedingung symmetrisch in d_1 und d_2 ist (die Bedingung $cd_1 \leq d_2 \leq Cd_1$ ist ja äquivalent zu $C^{-1}d_2 \leq d_1 \leq c^{-1}d_2$), folgt aus der Vollständigkeit von (X, d_2) auch die Vollständigkeit von (X, d_1).

Lösung (83.2) (1)⇒(2). Es sei (A_n) eine Folge abgeschlossener Mengen wie angegeben. Wählt man für jedes $n \in \mathbb{N}$ ein Element $a_n \in A_n$, so gilt für alle $n \geq m$ wegen $a_m, a_n \in A_m$ stets $d(a_m, a_n) \leq \operatorname{diam}(A_m) \to 0$ für $m \to \infty$; also ist (a_n) eine Cauchyfolge. Wegen der vorausgesetzten Vollständigkeit von X existiert $\lim_{n\to\infty} a_n =: a$. Ist nun $m \in \mathbb{N}$ beliebig, so gilt $a_n \in A_m$ für alle $n \geq m$, folglich $a = \lim_{n\to\infty} a_n \in \overline{A_m} = A_m$. Da m beliebig war, gilt also $a \in \bigcap_{m=1}^{\infty} A_m$.

(2)⇒(3). Ist (K_n) eine Folge von Kugeln wie angegeben und ist r_n der Radius der n-ten Kugel, so gilt $\operatorname{diam}(K_n) \leq 2r_n \to 0$, so daß (2) anwendbar ist und die Aussage $\bigcap_{n=1}^{\infty} K_n \neq \emptyset$ liefert.

(3)⇒(1). Es sei $(x_1, x_2, x_3, \ldots)$ eine Cauchyfolge in X. Es gibt dann einen Index n_1 mit $d(x_n, x_{n_1}) < 1/2$ für alle $n \geq n_1$. Weiter gibt es einen Index $n_2 \geq n_1$ mit $d(x_n, x_{n_2}) < 1/2^2$ für alle $n \geq n_2$. Allgemein wählen wir $n_k \geq n_{k-1}$ mit $d(x_n, x_{n_k}) < 1/2^k$ für alle $n \geq n_k$. Wir definieren nun $K_k := \{x \in X \mid d(x, x_{n_k}) \leq 1/2^k\}$; dann gilt jeweils $K_{k+1} \subseteq K_k$, denn aus $d(x, x_{n_{k+1}}) \leq 1/2^{k+1}$ folgt wegen $x_{n_{k+1}} \in K_k$ stets

$$\begin{aligned} d(x, x_{n_k}) &\leq d(x, x_{n_{k+1}}) + d(x_{n_{k+1}}, x_{n_k}) \\ &< \frac{1}{2^{k+1}} + \frac{1}{2^{k+1}} = \frac{1}{2^k}. \end{aligned}$$

Nach Voraussetzung (3) gibt es dann ein Element x in $\bigcap_{k=1}^{\infty} K_k$. Für dieses Element x gilt $d(x, x_{n_k}) \leq 1/2^k \to 0$ für $k \to \infty$; die Teilfolge $(x_{n_1}, x_{n_2}, x_{n_3}, \ldots)$ konvergiert also gegen x. Da (x_n) eine Cauchyfolge ist, konvergiert dann aber sogar die Folge $(x_1, x_2, x_3, \ldots)$ selbst gegen x. Jede Cauchyfolge in X konvergiert also in X.

Lösung (83.3) Es sei $(x^{(n)})$ eine Cauchyfolge in ℓ^p. (Dies ist also eine Folge von Folgen!) Für jeden Index $i \in \mathbb{N}$ ist wegen $|x_i^{(m)} - x_i^{(n)}| \leq \|x^{(m)} - x^{(n)}\|$ dann $(x_i^{(n)})_{n\in\mathbb{N}}$ eine Cauchyfolge in $\mathbb{K}$, wegen der Vollständigkeit von $\mathbb{K}$ also konvergent. Es sei $x_i := \lim_{n\to\infty} x_i^{(n)}$. Wir behaupten nun, daß die Folge $x = (x_1, x_2, x_3, \ldots)$ wieder in ℓ^p liegt und daß $\|x^{(n)} - x\| \to 0$ gilt; ist dies bewiesen, so ist die Vollständigkeit von ℓ^p gezeigt.

Es sei $k \in \mathbb{N}$ beliebig. Zu jedem vorgegebenen $\varepsilon > 0$ gibt es einen Index $N \in \mathbb{N}$ mit

$$\sum_{i=1}^{k} |x_i^{(m)} - x_i^{(n)}|^p \leq \|x^{(m)} - x^{(n)}\|^p < \varepsilon^p \text{ für alle } m, n \geq N.$$

Für $m \to \infty$ folgt hieraus $\sum_{i=1}^{k} |x_i - x_i^{(n)}|^p \leq \varepsilon^p$ für alle $n \geq N$. (Entscheidend ist, daß wir nur eine endliche Summe betrachten, auf die wir die üblichen Rechenregeln für Grenzwerte anwenden können.) Da $k \in \mathbb{N}$ beliebig war, folgt nun $\sum_{i=1}^{\infty} |x_i - x_i^{(n)}|^p = \sup_{k\in\mathbb{N}} \sum_{i=1}^{k} |x_i - x_i^{(n)}|^p \leq \varepsilon^p$ und damit $x - x^{(n)} \in \ell^p$ mit $\|x - x^{(n)}\| \leq \varepsilon$ für alle $n \geq N$. Da die Summe zweier Elemente von ℓ^p nach der Minkowskischen Ungleichung wieder in ℓ^p liegt, haben wir $x = (x - x^{(n)}) + x^{(n)} \in \ell^p$ mit $\|x - x^{(n)}\| \leq \varepsilon$ für alle $n \geq N$. Da $\varepsilon > 0$ beliebig war, ist damit $\|x - x^{(n)}\| \to 0$ für $n \to \infty$ gezeigt. Es gilt also $x^{(n)} \to x$ nicht nur komponentenweise, sondern auch im Sinne der ℓ^p-Norm.

Es sei $x \in \ell^p$ beliebig. Dann liegt jede der Folgen

$$x^{(n)} := (x_1, x_2, \ldots, x_n, 0, 0, 0, \ldots)$$

in U, und es gilt $\|x^{(n)} - x\|^p = \sum_{k=n+1}^{\infty} |x_k|^p \to 0$ für $n \to \infty$ (denn die Reihe $\sum_k |x_k|^p$ konvergiert), also $x^{(n)} \to x$ in ℓ^p. Also liegt x in $\overline{U}$; da x beliebig war, gilt also $\overline{U} = \ell^p$. (Man sagt, U liege dicht in ℓ^p.) Insbesondere gilt $\overline{U} \neq U$; also ist U nicht abgeschlossen in ℓ^p und damit auch nicht vollständig.

Lösung (83.4) (a) Der Raum ℓ^∞ ist nichts anderes als der Raum aller beschränkten Funktionen $x : \mathbb{N} \to \mathbb{K}$, wobei $\mathbb{N}$ mit der diskreten Metrik und $\mathbb{K}$ mit der üblichen Metrik versehen wird; die Vollständigkeit von ℓ^∞ ist also eine unmittelbare Konsequenz von Beispiel (83.2)(c) im Buch. Wir geben aber trotzdem noch einmal einen eigenen Beweis. Es sei $(x^{(n)})$ eine Cauchyfolge in ℓ^∞. (Dies ist also eine Folge von Folgen!) Für jeden Index $i \in \mathbb{N}$ ist wegen $|x_i^{(m)} - x_i^{(n)}| \leq \|x^{(m)} - x^{(n)}\|$ dann $(x_i^{(n)})_{n\in\mathbb{N}}$ eine Cauchyfolge in $\mathbb{K}$, wegen der Vollständigkeit von $\mathbb{K}$ also konvergent. Es sei $x_i := \lim_{n\to\infty} x_i^{(n)}$. Wir behaupten nun, daß die Folge $x = (x_1, x_2, x_3, \ldots)$ wieder in ℓ^∞ liegt und daß $\|x^{(n)} - x\| \to 0$ gilt; ist dies bewiesen, so ist die Vollständigkeit von ℓ^∞ gezeigt. Es sei $\varepsilon > 0$ beliebig; es gibt dann einen Index N mit $\|x^{(m)} - x^{(n)}\| < \varepsilon$ für alle $m, n \geq N$. Für jeden Index i gilt dann $|x_i^{(m)} - x_i^{(n)}| < \varepsilon$ für alle $m, n \geq N$. Lassen wir in dieser Ungleichung $m \to \infty$ laufen, so ergibt sich $|x_i - x_i^{(n)}| \leq \varepsilon$ für alle $n \geq N$; da i beliebig war, zeigt dies $x - x^{(n)} \in \ell^\infty$ mit $\|x - x^{(n)}\| \leq \varepsilon$ für alle $n \geq N$. Dann liegt auch $x = (x - x^{(n)}) + x^{(n)}$ in ℓ^∞, und es gilt $\|x - x^{(n)}\| \to 0$, also $x^{(n)} \to x$ in ℓ^∞.

(b) Nach Aufgabe (81.29) ist $\overline{U}$ der Raum aller Nullfolgen; insbesondere gilt $\overline{U} \neq U$. Also ist U nicht abgeschlossen in ℓ^∞, folglich nicht vollständig.

Aufgaben zu »Vollständigkeit metrischer Räume« siehe Seite 102

(c) Genau dann ist V vollständig, wenn V abgeschlossen in ℓ^∞ ist, wenn also $\overline{V} = V$ gilt. Es sei also $x \in \overline{V}$; es gibt dann eine Folge $(x^{(n)})$ in V (also eine Folge von Folgen!) mit $x^{(n)} \to x$. Jede der Folgen $x^{(n)}$ liegt in V, ist also konvergent (sagen wir gegen $x_\star^{(n)} = \lim_{i\to\infty} x_i^{(n)}$), und wir müssen untersuchen, ob x selbst in V liegt, also ebenfalls eine konvergente Folge ist. Für jeden Index i gilt $|x_i^{(m)} - x_i^{(n)}| \le \|x^{(m)} - x^{(n)}\|$; für $i \to \infty$ folgt hieraus $|x_\star^{(m)} - x_\star^{(n)}| \le \|x^{(m)} - x^{(n)}\|$. Da $(x^{(n)})$ eine Cauchyfolge in ℓ^∞ ist, ist folglich $(x_\star^{(n)})$ eine Cauchyfolge in $\mathbb{K}$, also konvergent; sagen wir $x_\star^{(n)} \to x_\star$ für $n \to \infty$. Wir behaupten, daß x gegen $x_\star$ konvergiert. Um dies nachzuweisen, geben wir uns $\varepsilon > 0$ beliebig vor. Wegen $x^{(n)} \to x$ in ℓ^∞ und $x_\star^{(n)} \to x_\star$ in $\mathbb{K}$ gibt es einen Index N mit $\|x^{(n)} - x\| < \varepsilon/3$ und $|x_\star^{(n)} - x_\star| < \varepsilon/3$ für alle $n \ge N$. Für den festen Index N gibt es wegen $x_i^{(N)} \to x_\star^{(N)}$ einen Index i_0 mit $|x_i^{(N)} - x_\star^{(N)}| < \varepsilon/3$ für $i \ge i_0$. Für alle $i \ge i_0$ gilt dann

$$\begin{aligned} |x_i - x_\star| &\le |x_i - x_i^{(N)}| + |x_i^{(N)} - x_\star^{(N)}| + |x_\star^{(N)} - x_\star| \\ &\le \underbrace{\|x - x^{(N)}\|}_{<\varepsilon/3} + \underbrace{|x_i^{(N)} - x_\star^{(N)}|}_{<\varepsilon/3} + \underbrace{|x_\star^{(N)} - x_\star|}_{<\varepsilon/3} < \varepsilon. \end{aligned}$$

Also gilt $x_i \to x_\star$; daher ist die Folge x selbst wieder konvergent und damit ein Element von V. Das folgende Diagramm veranschaulicht die betrachtete Situation.

$$\begin{array}{cccccc} x_1^{(1)} & x_2^{(1)} & x_3^{(1)} & \cdots & \longrightarrow & x_\star^{(1)} \\ x_1^{(2)} & x_2^{(2)} & x_3^{(2)} & \cdots & \longrightarrow & x_\star^{(2)} \\ x_1^{(3)} & x_2^{(3)} & x_3^{(3)} & \cdots & \longrightarrow & x_\star^{(3)} \\ \downarrow & \downarrow & \downarrow & \cdots & & \downarrow \\ x_1 & x_2 & x_3 & \cdots & \longrightarrow & x_\star \end{array}$$

Lösung (83.5) Wir schreiben abkürzend $D_i := d_i/(1 + d_i)$. Wir nehmen zunächst an, daß alle Räume (X_i, d_i) vollständig sind, und betrachten eine Cauchyfolge $(x^{(n)})$ in X. Dann ist für jeden festen Index i die Folge $(x_i^{(n)})$ eine Cauchyfolge in X_i (denn aus $d(x^{(m)}, x^{(n)}) \to 0$ für $m, n \to \infty$ folgt $D_i(x_i^{(m)}, x_i^{(n)}) \to 0$ und damit auch $d_i(x_i^{(m)}, x_i^{(n)}) \to 0$ für $m, n \to \infty$), wegen der vorausgesetzten Vollständigkeit von X_i also konvergent, sagen wir $x_i^{(n)} \to x_i$ für $n \to \infty$. Die Folge $x = (x_1, x_2, x_3, \ldots)$ der so erhaltenen Grenzwerte ist dann ein Element von X, und wir behaupten, daß $d(x^{(n)}, x) \to 0$ gilt. Dazu geben wir uns $\varepsilon > 0$ beliebig vor. Es gibt dann wegen der Konvergenz der Reihe $\sum_{i=1}^\infty 1/2^i$ zunächst einen Index m mit $\sum_{i=m+1}^\infty 1/2^i < \varepsilon/2$. Anschließend wählen wir einen Index N mit $D_i(x_i^{(n)}, x_i) < \varepsilon/2$ für alle $n \ge N$ und für $1 \le i \le m$. Für $n \ge N$ gilt dann

$$\begin{aligned} d(x^{(n)}, x) &= \sum_{i=1}^m \frac{D_i(x_i^{(n)}, x_i)}{2^i} + \sum_{i=m+1}^\infty \frac{D_i(x_i^{(n)}, x_i)}{2^i} \\ &\le \sum_{i=1}^m \frac{\varepsilon/2}{2^i} + \sum_{i=m+1}^\infty \frac{1}{2^i} \le \frac{\varepsilon}{2} \cdot \sum_{i=1}^\infty \frac{1}{2^i} + \frac{\varepsilon}{2} = \varepsilon. \end{aligned}$$

Damit ist gezeigt, daß $d(x^{(n)}, x) \to 0$ gilt, also $x^{(n)} \to x$ in X. Jede Cauchyfolge in X konvergiert also in X, so daß die Vollständigkeit von X gezeigt ist. Umgekehrt nehmen wir an, X sei vollständig; wir wollen zeigen, daß für jeden Index i_0 auch X_{i_0} vollständig ist. Dazu sei $\xi^{(n)}$ eine Cauchyfolge in X_{i_0}. Wir wählen nun für jeden Index $i \ne i_0$ ein beliebiges Element $x_i \in X_i$ und definieren eine Folge $(x^{(n)})$ in X durch

$$x^{(n)} := (x_1, \ldots, x_{i_0-1}, \xi^{(n)}, x_{i_0+1}, x_{i_0+2}, \ldots).$$

Wegen $d(x^{(m)}, x^{(n)}) = D_{i_0}(\xi^{(m)}, \xi^{(n)})/2^{i_0}$ ist dann $(x^{(n)})$ eine Cauchyfolge in X, folglich konvergent in X. Konvergenz in X ist aber komponentenweise Konvergenz; also konvergiert die Folge $(x_{i_0}^{(n)}) = (\xi^{(n)})$ in X_{i_0}. Jede Cauchyfolge in X_{i_0} ist also konvergent, so daß die Vollständigkeit von X_{i_0} gezeigt ist.

Lösung (83.6) Es sei jeweils (f_n) eine Folge in der betrachteten Menge, die gleichmäßig gegen eine Grenzfunktion f konvergiert; es ist zu prüfen, ob dann f selbst in der betrachteten Menge liegt.

(a) Es sei $x_0 := (a + b)/2$. Aus $f_n(x_0) = 0$ für alle n folgt mit $n \to \infty$ sofort $f(x_0) = 0$ (dafür reicht sogar punktweise Konvergenz). Also ist die Menge abgeschlossen in $\mathfrak{B}(I)$. (Etwas allgemeiner ist für jede Teilmenge $A \subseteq I$ die Menge $\{f \in \mathfrak{B}(I) \mid f \equiv 0 \text{ auf } A\}$ abgeschlossen in $\mathfrak{B}(I)$.)

(b) Aus $f_n(a) = f_n(b)$ für alle n folgt mit $n \to \infty$ sofort $f(a) = f(b)$ (sogar bei nur punktweiser Konvergenz). Die Menge ist also wieder abgeschlossen.

(c) Es seien $u < v$ beliebige Elemente von I. Wegen $f_n(u) \le f_n(v)$ für alle $n \in \mathbb{N}$ folgt mit $n \to \infty$ sofort $f(u) \le f(v)$. Also ist auch f monoton wachsend; die Menge ist also abgeschlossen.

(d) Diese Menge ist nicht abgeschlossen. Wählt man etwa eine Funktion g, die an einer einzigen Stelle von Null verschieden ist, und setzt man $f_n := (1/n) \cdot g$, so liegt jede der Funktionen f_n in der angegebenen Menge, die Grenzfunktion $f \equiv 0$ aber nicht.

(e) Die Grenzfunktion einer Folge stetiger Funktionen ist bei gleichmäßiger Konvergenz selbst wieder stetig; diese Menge ist also abgeschlossen.

(f) Selbst bei gleichmäßiger Konvergenz ist die Grenzfunktion einer Folge von Polynomfunktionen nicht selbst zwangsläufig eine Polynomfunktion (wie etwa aus den Beispielen (83.6)(e) und (83.6)(f) im Buch folgt); diese Menge ist also nicht abgeschlossen.

(g) Diese Menge ist nicht abgeschlossen. Wähle etwa irgendeine Funktion g, die auf ganz I positiv ist, und setze $f_n := (1/n) \cdot g$. Dann gilt $f_n > 0$ für alle n, aber $f \equiv 0$.

(h) Aus $f_n(x) \leq -3$ für alle $x \in I$ folgt mit $n \to \infty$ sofort $f(x) \leq -3$ für alle $x \in I$; diese Menge ist also abgeschlossen.

(i) Diese Menge ist nicht abgeschlossen; wähle etwa irgendeine Funktion g, die streng monoton fällt, und setze $f_n := (1/n) \cdot g$. Dann ist jede der Funktionen f_n streng monoton fallend, die Grenzfunktion $f \equiv 0$ aber nicht.

Lösung (83.7) Wir setzen $u := (a+b)/2$ (dies ist der Mittelpunkt des Intervalls $[a,b]$) sowie $c := (b-a)/2$ (dies ist die halbe Länge des Intervalls $[a,b]$) und definieren $f_n : [a,b] \to \mathbb{R}$ durch

$$f_n(x) := \begin{cases} 0, & \text{falls } a \leq x \leq u - c/n; \\ \dfrac{n(x-u)+c}{2c}, & \text{falls } u - c/n \leq x \leq u + c/n; \\ 1, & \text{falls } u + c/n \leq x \leq b. \end{cases}$$

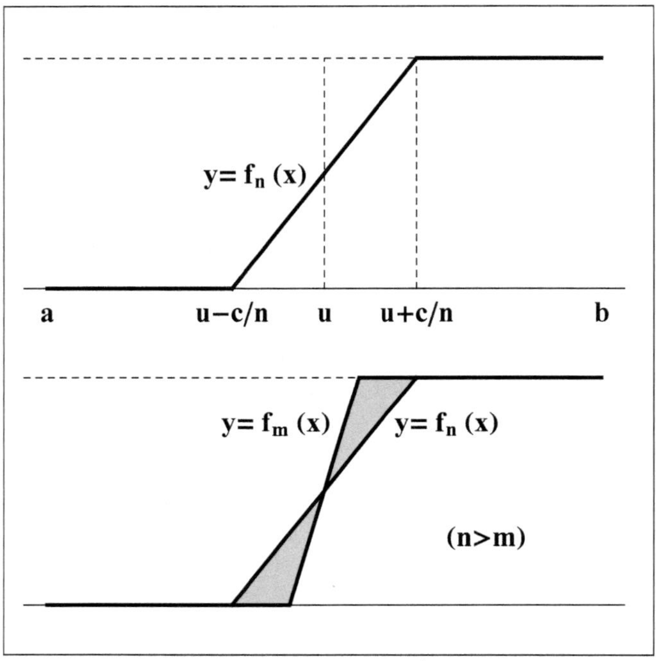

Folge stetiger Funktionen, die im L^1-Sinne nicht gegen eine stetige Funktion konvergiert.

Für $n > m$ ist dann $\|f_m - f_n\|$ die Summe der beiden schraffierten Dreiecksflächen; daher gilt

$$\|f_m - f_n\| = \frac{c}{2}\left(\frac{1}{m} - \frac{1}{n}\right) \to 0 \quad \text{für} \quad m, n \to \infty.$$

Also ist (f_n) eine Cauchyfolge. Mit

$$f(x) := \begin{cases} 0, & x \leq u, \\ 1, & x > u \end{cases}$$

gilt nun offensichtlich $\|f_n - f\| = c/(2n) \to 0$ für $n \to \infty$, aber f liegt nicht in $C(I)$. Gäbe es eine stetige Funktion $g \in C(I)$ mit $f_n \to g$, so müßte $\|g - f\| \leq \|g - f_n\| + \|f_n - f\| \to 0$ für $n \to \infty$ und damit $\|f - g\| = 0$ gelten, was unmöglich ist. Also ist (f_n) eine Cauchyfolge in $C(I)$, die nicht in $C(I)$ konvergiert; folglich ist $C(I)$ nicht vollständig.

Bemerkung: Der Raum $C(I)$ kann zum Raum $L^1(I)$ aller absolut Lebesgue-integrierbaren Funktionen vervollständigt werden. In diesem Raum gilt dann $f_n \to f$.

Lösung (83.8) (a) Mit der angegebenen Norm ist $C^1[a,b]$ nicht vollständig, denn wenn eine Folge (f_n) stetig differentiierbarer Funktionen gleichmäßig gegen eine Grenzfunktion f konvergiert, so ist zwar f automatisch wieder stetig, aber nicht zwangsläufig auch differentiierbar. Definieren wir beispielsweise

$$f_n(x) = \begin{cases} -x, & \text{falls } x \leq -1/n, \\ \dfrac{2}{n} - \sqrt{\dfrac{2}{n^2} - x^2}, & \text{falls } -1/n \leq x \leq 1/n, \\ x, & \text{falls } x \geq 1/n, \end{cases}$$

so ist f_n auf ganz $\mathbb{R}$ differentiierbar mit

$$f_n'(x) = \begin{cases} -1, & \text{falls } x \leq -1/n, \\ x/\sqrt{\dfrac{2}{n^2} - x^2}, & \text{falls } -1/n \leq x \leq 1/n, \\ 1, & \text{falls } x \geq 1/n. \end{cases}$$

Die Funktionenfolge (f_n) konvergiert gleichmäßig auf $\mathbb{R}$ gegen die Grenzfunktion $f(x) = |x|$, und diese ist nicht differentiierbar an der Stelle 0. (Wir erhalten f_n aus f, indem wir die Spitze im Nullpunkt etwas "abrunden".) Durch Verschiebung des Arguments erhalten wir ein entsprechendes Beispiel in einem beliebigen Intervall $[a,b]$.

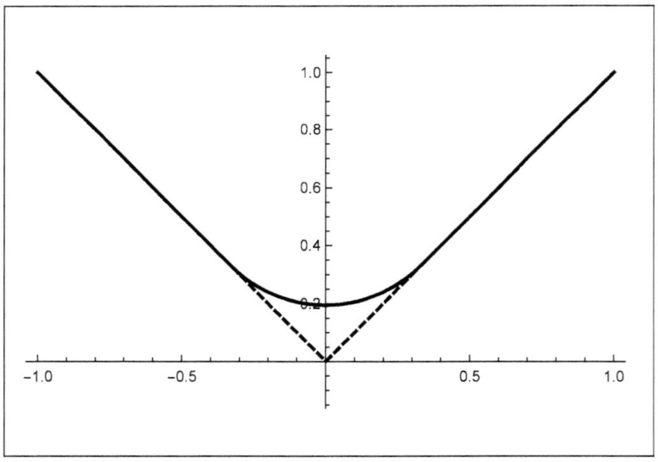

Approximation der Betragsfunktion durch eine C^1-Funktion.

(b) Mit der angegebenen Norm ist $C^1[a,b]$ vollständig. Zunächst ist (f_n') eine Cauchyfolge in $C[a,b]$, folglich gleichmäßig konvergent gegen eine Grenzfunktion φ. Ferner ist $\big(f_n(a)\big)$ eine Cauchyfolge in $\mathbb{R}$, folglich konvergent gegen eine Zahl b. Da bei gleichmäßiger Konvergenz Integration und Grenzübergang vertauscht werden dürfen, erhalten wir

$$\begin{aligned} f_n(x) &= f_n(a) + \int_a^x f_n'(\xi)\,d\xi \to \\ b + \int_a^x \varphi(\xi)\,d\xi &=: f(x) \text{ für } n \to \infty. \end{aligned}$$

Dann ist f von der Klasse C^1 mit $f' = \varphi$ und $f(a) = b$, und es gilt $\|f_n - f\| = |f_n(a) - f(a)| + \|f_n' - f'\|_\infty = |f_n(a) - b| + \|f_n' - \varphi\|_\infty \to 0$ für $n \to \infty$, also $f_n \to f$. Damit ist gezeigt, daß jede Cauchyfolge konvergiert.

(c) Mit dieser Norm ist $C^1[a,b]$ ebenfalls vollständig. Dazu genügt es zu zeigen, daß die beiden Normen in (b) und in (c) äquivalent sind. Trivialerweise gilt $\|f\|_b \leq \|f\|_c$ für alle $f \in C^1[a,b]$. Ist umgekehrt $x \in [a,b]$ beliebig, so haben wir wegen $f(x) = f(a) + \int_a^x f'$ die Abschätzung $|f(x)| \leq |f(a)| + \|f'\|_\infty (x-a) \leq |f(a)| + (b-a)\|f'\|_\infty$; da x beliebig war, gilt dann $\|f\|_\infty \leq |f(a)| + (b-a)\|f'\|_\infty$ und damit $\|f\|_c \leq |f(a)| + (b-a+1)\|f'\|_\infty \leq (b-a+1)\cdot(|f(a)| + \|f'\|_\infty) = (b-a+1)\|f\|_b$. Insgesamt gilt also die Abschätzung

$$\|f\|_b \leq \|f\|_c \leq (b-a+1)\,\|f\|_b.$$

(d) Wir zeigen, daß auch die hier angegebene Norm äquivalent zu derjenigen aus Teil (b) ist (woraus dann wieder die Vollständigkeit folgt). Es sei $x \in [a,b]$ beliebig. Nach dem Mittelwertsatz gibt es eine Zahl ξ zwischen a und x mit $f(x) = f(a) + f'(\xi)(x-a)$, woraus $|f(x)| \leq |f(a)| + \|f'\|_\infty (x-a)$ folgt. Integration dieser Ungleichung über das Intervall $[a,b]$ liefert $\|f\|_1 = \int_a^b |f| \leq (b-a)|f(a)| + \|f'\|_\infty (b-a)^2/2$ und damit

$$\begin{aligned} \|f\|_d &= \|f\|_1 + \|f'\|_\infty \\ &\leq (b-a)\,|f(a)| + \left(\frac{(b-a)^2}{2} + 1\right) \|f'\|_\infty \\ &\leq \left(\frac{(b-a)^2}{2} + 1\right) (|f(a)| + \|f'\|_\infty) \\ &= \left(\frac{(b-a)^2}{2} + 1\right) \|f\|_b. \end{aligned}$$

Umgekehrt folgt aus der Gleichung $f(a) = f(x) - f'(\xi)(x-a)$ die Abschätzung $|f(a)| \leq |f(x)| + \|f'\|_\infty (x-a)$. Integration dieser Ungleichung über das Intervall $[a,b]$ liefert $(b-a)|f(a)| \leq \|f\|_1 + \|f'\|_\infty (b-a)^2/2$. Damit gilt dann

$$\begin{aligned} \|f\|_b &= |f(a)| + \|f'\|_\infty \leq \frac{\|f\|_1}{b-a} + \frac{b-a}{2}\|f'\|_\infty + \|f'\|_\infty \\ &\leq \max\left(\frac{1}{b-a}, \frac{b-a+2}{2}\right) (\|f\|_1 + \|f'\|_\infty) \\ &= \max\left(\frac{1}{b-a}, \frac{b-a+2}{2}\right) \cdot \|f\|_d. \end{aligned}$$

(e) Mit dieser Norm ist $C^1[a,b]$ nicht vollständig. Zum Nachweis konstruieren wir eine Cauchyfolge (f_n) in $C^1[a,b]$, die nicht in $C^1[a,b]$ konvergiert. Setze $u := (a+b)/2$ sowie $c := (b-a)/2$ und definiere

$$\varphi_n(x) := \begin{cases} 0, & a \leq x \leq u - c/n; \\ \dfrac{n(x-u)+c}{2c}, & u - c/n \leq x \leq u + c/n; \\ 1, & u + c/n \leq x \leq b. \end{cases}$$

Weiter definieren wir $f_n(x) := \int_a^x \varphi_n(\xi)\,d\xi$, also

$$f_n(x) := \begin{cases} 0, & a \leq x \leq u - c/n; \\ \dfrac{n(x-u)^2}{4c} + \dfrac{x-u}{2} + \dfrac{c}{4n}, & u - \dfrac{c}{n} \leq x \leq u + \dfrac{c}{n}; \\ x - u, & u + c/n \leq x \leq b. \end{cases}$$

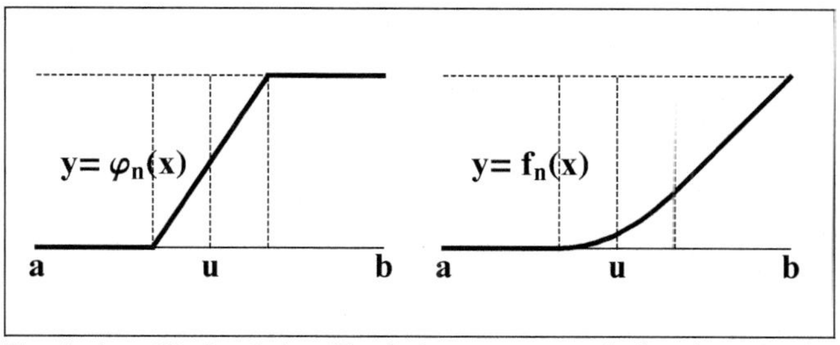

Typischer Verlauf der Funktionen φ_n und f_n. Aus optischen Gründen wurde ein Intervall der Länge 2 gewählt, damit die beiden Diagramme gleich hoch sind.

Dann gilt $\|f_m - f_n\| = \int_a^b |\varphi_m - \varphi_n| \to 0$ für $m, n \to \infty$. Nun konvergiert (f_n) offensichtlich punktweise gegen die (nicht differentiierbare) Funktion

$$f(x) = \begin{cases} 0, & x \leq u; \\ x - u, & x \geq u. \end{cases}$$

Setzen wir die betrachtete Norm für den Augenblick auf den Raum aller stetigen und stückweise stetig differentiierbaren Funktionen fort, so gilt $\|f_n - f\| \to 0$. Gäbe es nun eine Grenzfunktion $F \in C^1[a,b]$ mit $f_n \to F$, so müßte $\|F - f\| \leq \|F - f_n\| + \|f_n - f\| \to 0$ für $n \to \infty$ und damit $\|F - f\| = 0$ gelten. Für die (stetige!) Funktion F' wäre dann $0 = \int_a^u |F'| + \int_u^b |F' - 1|$, was offenbar unmöglich ist. Also ist (f_n) eine Cauchyfolge in $C^1[a,b]$, die nicht in $C^1[a,b]$ konvergiert. Mit der angegebenen Norm ist daher $C^1[a,b]$ nicht vollständig.

Lösung (83.9) Wenn wir $\mathbb{R}$ als Vervollständigung von $\mathbb{Q}$ gemäß Satz (83.7) im Buch definieren, so sind reelle Zahlen nichts anderes als Cauchyfolgen rationaler Zahlen, wobei wir zwei solche Cauchyfolgen (a_n) und (b_n) genau dann miteinander identifizieren (also als äquivalent auffassen), wenn $|a_n - b_n| \to 0$ für $n \to \infty$ gilt. Die durch eine rationale Cauchyfolge (a_n) definierte reelle Zahl α ist also gerade die Äquivalenzklasse $[(a_n)]$ der Folge (a_n). Indem wir eine rationale Zahl x mit der Äquivalenzklasse der konstanten Cauchyfolge $(x, x, x, \ldots)$ identifizieren, können wir $\mathbb{Q}$ als Teilmenge von $\mathbb{R}$ auffassen. Wir müssen zeigen, daß dies nicht nur eine Erweiterung im mengentheoretischen

Sinne ist, sondern auch im algebraischen, ordnungstheoretischen und topologischen Sinn. Wir geben jeweils nur an, was genau zu zeigen ist; die Durchführung der Nachweise ist dann eine reine Fleißaufgabe.

• Definition der Addition und der Multiplikation auf $\mathbb{R}$. Wir müssen zeigen, daß mit (a_n) und (b_n) auch $(a_n + b_n)$ und $(a_n b_n)$ Cauchyfolgen rationaler Zahlen sind und daß aus $(a_n) \sim (a_n')$ und $(b_n) \sim (b_n')$ die Bedingungen $(a_n + b_n) \sim (a_n' + b_n')$ und $(a_n b_n) \sim (a_n' b_n')$ folgen. Wir können dann die Addition und Multiplikation reeller Zahlen folgendermaßen definieren: Repräsentiere $\alpha, \beta \in \mathbb{R}$ durch rationale Cauchyfolgen (a_n) und (b_n); dann werden die Summe $\alpha + \beta$ und das Produkt $\alpha\beta$ als diejenigen reellen Zahlen definiert, die durch die rationalen Cauchyfolgen $(a_n + b_n)$ und $(a_n b_n)$ repräsentiert werden. Beispielsweise ist $\sqrt{2} + \sqrt{3}$ gegeben durch die Näherungsfolge $(1.4 + 1.7, 1.41 + 1.73, 1.414 + 1.732, \ldots)$.

• Nachweis der Körpereigenschaften. Man sieht sofort, daß die so definierten Rechenoperationen auf $\mathbb{R}$ die Kommutativ-, Assoziativ- und Distributivgesetze erfüllen; die entsprechenden Eigenschaften übertragen sich unmittelbar von $\mathbb{Q}$ nach $\mathbb{R}$. Ferner sind die Äquivalenzklassen der konstanten Folgen $(0, 0, 0, \ldots)$ und $(1, 1, 1, \ldots)$ Neutralelemente für Addition ("Null") bzw. Multiplikation ("Eins"). Zum Nachweis der Existenz additiver Inverser müssen wir zeigen, daß mit (a_n) auch $(-a_n)$ eine Cauchyfolge in $\mathbb{Q}$ ist und daß aus $(a_n) \sim (a_n')$ schon $(-a_n) \sim (-a_n')$ folgt; ist dann $\alpha \in \mathbb{R}$ durch eine rationale Cauchyfolge (a_n) gegeben, so können wir $-\alpha := [(-a_n)]$ definieren und erkennen sofort, daß diese reelle Zahl tatsächlich additiv invers zu α ist. Zum Nachweis der Existenz multiplikativer Inverser müssen wir zeigen, daß eine reelle Zahl $\alpha \neq 0$ durch eine rationale Cauchyfolge (a_n) mit $a_n \neq 0$ für alle n repräsentiert werden kann, daß für eine solche Folge auch (a_n^{-1}) eine Cauchyfolge in $\mathbb{Q}$ ist und daß aus $(a_n) \sim (a_n')$ für zwei solche Folgen schon $(a_n^{-1}) \sim (a_n'^{-1})$ folgt; wir können dann $\alpha^{-1} := [(a_n^{-1})]$ definieren und erkennen sofort, daß diese reelle Zahl tatsächlich multiplikativ invers zu α ist. Es ist klar, daß die so definierten Rechenoperationen (Addition, additive Inversenbildung, Multiplikation, multiplikative Inversenbildung) gerade die entsprechenden Operationen rationaler Zahlen fortsetzen. Damit ist gezeigt, daß $\mathbb{R}$ ein Erweiterungskörper von $\mathbb{Q}$ ist.

• Definition der Anordnung auf $\mathbb{R}$. Wir wollen nun noch die Anordnung rationaler Zahlen auf den Bereich $\mathbb{R}$ der reellen Zahlen fortsetzen. Dazu sagen wir, eine rationale Cauchyfolge (a_n) sei kleiner als eine zweite Folge (b_n) und schreiben $(a_n) < (b_n)$, wenn es eine rationale Zahl $\varepsilon > 0$ und einen Index N gibt mit $b_n - a_n \geq \varepsilon$ für alle $n \geq N$. Wir beobachten nun, daß aus $(a_n) < (b_n)$ sowie $(a_n) \sim (a_n')$ und $(b_n) \sim (b_n')$ die Bedingung $(a_n') < (b_n')$ folgt. Also können wir die Anordnung reeller Zahlen folgendermaßen definieren: Werden die reellen Zahlen α und β durch die Cauchyfolgen (a_n) und (b_n) repräsentiert, so setzen wir $\alpha < \beta$ genau dann, wenn $(a_n) < (b_n)$ gilt. Man prüft leicht nach, daß hierdurch eine totale Ordnung auf $\mathbb{R}$ definiert wird, die die schon bekannte Ordnung der rationalen Zahlen fortsetzt, und daß diese Ordnung auf $\mathbb{R}$ die Monotoniegesetze und die Bedingung von Eudoxos und Archimedes erfüllt. Damit ist klar, daß $\mathbb{R}$ wieder ein angeordneter Körper ist.

• Definition der metrischen Struktur auf $\mathbb{R}$. Ist (a_n) eine rationale Cauchyfolge, dann auch $(|a_n|)$, und aus $(a_n) \sim (a_n')$ folgt $(|a_n|) \sim (|a_n'|)$. Also kann man die Betragsfunktion folgendermaßen von $\mathbb{Q}$ auf $\mathbb{R}$ fortsetzen: Repräsentiere eine reelle Zahl α durch eine rationale Cauchyfolge (a_n) und definiere $|\alpha|$ als diejenige reelle Zahl, die durch die rationale Cauchyfolge $(|a_n|)$ repräsentiert wird. Dann wird durch $\widehat{d}(\alpha, \beta) := |\alpha - \beta|$ eine Metrik auf $\mathbb{R}$ definiert, die die auf $\mathbb{Q}$ gegebene Metrik $d(a, b) := |a - b|$ fortsetzt.

Lösung (83.10) Es sei $x \in \overline{A}$; es gibt dann eine Folge (a_n) in A mit $a_n \to x$. Dann ist (a_n) eine Cauchyfolge in X; wegen der gleichmäßigen Stetigkeit von f ist daher $\big(f(a_n)\big)$ eine Cauchyfolge in Y, wegen der Vollständigkeit von Y also konvergent, sagen wir $f(a_n) \to y$. Der Grenzwert y ist dabei unabhängig von der speziellen Wahl der Folge (a_n); ist nämlich $(\widehat{a}_n)$ eine andere Folge in A mit $\widehat{a}_n \to x$ und gilt $f(\widehat{a}_n) \to \widehat{y}$, so ist auch die "gemischte" Folge $(a_1, \widehat{a}_1, a_2, \widehat{a}_2, a_3, \widehat{a}_3, \ldots)$ eine gegen x konvergente Folge, deren Bildfolge also konvergieren muß; dies erzwingt $y = \widehat{y}$. Also ist durch

$$F(x) := \lim_{a \to x, a \in A} f(a)$$

eine Abbildung $F : \overline{A} \to Y$ wohldefiniert. Nun sei $\varepsilon > 0$ beliebig. Wegen der gleichmäßigen Stetigkeit von f gibt es dann ein $\delta > 0$ mit $d\big(f(a), f(\widehat{a})\big) < \varepsilon/3$ für alle $a, \widehat{a} \in A$ mit $d(a, \widehat{a}) < \delta$. Wir behaupten, daß dann $d\big(F(x), F(\widehat{x})\big) < \varepsilon$ für alle $x, \widehat{x} \in \overline{A}$ mit $d(x, \widehat{x}) < \delta/3$ gilt; ist dies gezeigt, so ist die gleichmäßige Stetigkeit von F nachgewiesen.

Es seien $x, \widehat{x} \in \overline{A}$ Elemente mit $d(x, \widehat{x}) < \delta/3$. Es gibt dann Folgen (a_n) und $(\widehat{a}_n)$ in A mit $a_n \to x$ und $\widehat{a}_n \to \widehat{x}$. Nach Definition von F gelten die Grenzwertbeziehungen $f(a_n) \to F(x)$ und $f(\widehat{a}_n) \to F(\widehat{x})$. Es gibt daher einen Index $N \in \mathbb{N}$, so daß für alle $n \geq N$ die Bedingungen

$$\begin{aligned} &d(a_n, x) < \delta/3, \quad d(\widehat{a}_n, \widehat{x}) < \delta/3, \\ &d\big(f(a_n), F(x)\big) < \varepsilon/3, \quad d\big(f(\widehat{a}_n), F(\widehat{x})\big) < \varepsilon/3 \end{aligned}$$

gelten. Für $n \geq N$ gilt dann

$$d(a_n, \widehat{a}_n) \leq \underbrace{d(a_n, x)}_{<\delta/3} + \underbrace{d(x, \widehat{x}_n)}_{<\delta/3} + \underbrace{d(\widehat{x}_n, \widehat{a}_n)}_{<\delta/3} < \delta,$$

nach Wahl von δ daher auch $d\big(f(a_n), f(\widehat{a}_n)\big) < \varepsilon/3$ und folglich $d\big(F(x), F(\widehat{x})\big) \leq d\big(F(x), f(a_n)\big) + d\big(f(a_n), f(\widehat{a}_n)\big) + d\big(f(\widehat{a}_n), F(\widehat{x})\big) < (\varepsilon/3) + (\varepsilon/3) + (\varepsilon/3) = \varepsilon$.

Lösung (83.11) Fassen wir f zunächst als Abbildung von $\mathbb{R}\backslash\{0\}$ nach $\mathbb{R}$ auf, so bildet f das Intervall $[0,\infty)$ in sich ab und ist wegen $|f'(x)| \leq 1/2$ für alle $x \geq 1$ eine Kontraktion. (Siehe die Rechnungen in Lösung (83.13) unten mit $p = 2$.) Der nach dem Banachschen Fixpunktsatz existierende eindeutige Fixpunkt von f ist $\sqrt{2}$; dies ist eine irrationale Zahl. Wählen wir nun $\mathbb{Q}$ als Grundkörper, d.h., betrachten wir wie angegeben den metrischen Raum $\{x \in \mathbb{Q} \mid x \geq 1\}$, so ist $f : X \to X$ eine Kontraktion, die keinen Fixpunkt in X besitzt. Dies zeigt, daß die Voraussetzung der Vollständigkeit bei der Formulierung des Banachschen Fixpunktsatzes nicht verzichtbar ist.

Lösung (83.12) (a) Wegen $x + (1/x) - 2 = (\sqrt{x} - 1/\sqrt{x})^2 \geq 0$ gilt $x + 1/x \geq 2$ und damit $f_\alpha(x) \geq 2\alpha$ für alle $x > 0$. Für $\alpha \geq 1/2$ bildet f_α daher $(0,\infty)$ in $[1,\infty)$ ab und ist damit insbesondere eine Selbstabbildung des Intervalls $[1,\infty)$.

(b) Nach dem Mittelwertsatz gibt es für alle $x, y \geq 1$ ein ξ zwischen x und y mit

$$\left|\frac{f_\alpha(x) - f_\alpha(y)}{x - y}\right| = |f'_\alpha(\xi)| = \alpha \cdot \left(1 - \frac{1}{\xi^2}\right) \leq \alpha;$$

folglich gilt $|f_\alpha(x) - f_\alpha(y)| \leq \alpha \cdot |x - y|$ für alle $x, y \in [1,\infty)$. Für $\alpha < 1$ ist daher f_α eine Kontraktion. Nach dem Banachschen Fixpunktsatz besitzt f daher einen eindeutig bestimmten Fixpunkt $x_\alpha \in [1,\infty)$. Auflösen der Gleichung $x = \alpha(x + 1/x)$ nach x liefert sofort die Lösung

$$x_\alpha = \sqrt{\frac{\alpha}{1-\alpha}}.$$

(c) Für alle $x, y \geq 1$ mit $x \neq y$ gilt

$$\begin{aligned} |f_1(x) - f_1(y)| &= \left|x + \frac{1}{x} - y - \frac{1}{y}\right| = \left|x - y + \frac{1}{x} - \frac{1}{y}\right| \\ &= \left|x - y + \frac{y-x}{xy}\right| = \left(1 - \frac{1}{xy}\right) \cdot |x - y| < |x - y|. \end{aligned}$$

Daß die Gleichung $f_1(x) = x$, also $x = x + (1/x)$, keine Lösung hat, ist offensichtlich.

Bemerkung: Für die in (b) gefundenen Fixpunkte x_α gilt $x_\alpha \to \infty$ für $\alpha \to 1$. Der gemäß (c) "fehlende" Fixpunkt von f_1 liegt also sozusagen "im Unendlichen". Man kann das Intervall $[1,\infty)$ durch Hinzunahme eines Elements ∞ und geeignete Umdefinition der Metrik zu einem Raum $[1,\infty]$ ergänzen, in dem dann f_1 den Fixpunkt ∞ besitzt.

Lösung (83.13) Es gilt

$$f(\sqrt[p]{a}) = \frac{(p-1)a + a}{pa/\sqrt[p]{a}} = \frac{pa}{pa/\sqrt[p]{a}} = \sqrt[p]{a}.$$

Anhand der Darstellung $f(x) = (1 - 1/p)x + (a/p)x^{1-p}$ erkennt man ferner, daß

$$f'(x) = \frac{p-1}{p} + (1-p) \cdot \frac{a}{p} \cdot x^{-p} = \left(1 - \frac{1}{p}\right) \cdot \left(1 - \frac{a}{x^p}\right)$$

und damit $f'(x) \geq 0$ für alle $x \geq \sqrt[p]{a}$ gilt, die Funktion f also auf dem Intervall $[\sqrt[p]{a},\infty)$ monoton wächst. Damit ist klar, daß die Funktion f dieses Intervall in sich selbst abbildet. Wegen $|f'(x)| \leq 1 - 1/p < 1$ ist f ferner eine Kontraktion; nach dem Banachschen Fixpunktsatz besitzt f einen eindeutigen Fixpunkt, nämlich $x = \sqrt[p]{a}$. Die Iterationsfolge $x_{n+1} = f(x_n)$ ist nichts anderes als das Babylonische Wurzelziehen.

Lösung (83.14) Es sei $\alpha := \max(|a|,|b|,|c|,|d|)$. Bezüglich der Maximumsnorm auf $\mathbb{R}^2$ gilt

$$\begin{aligned} &\left\|\begin{bmatrix} a & b \\ c & d \end{bmatrix}\begin{bmatrix} x \\ y \end{bmatrix}\right\| = \max(|ax + by|, |cx + dy|) \\ &\leq \max(|a|\,|x| + |b|\,|y|, |c|\,|x| + |d|\,|y|) \leq \alpha(|x| + |y|) \\ &\leq 2\alpha \max(|x|,|y|) = 2\alpha\left\|\begin{bmatrix} x \\ y \end{bmatrix}\right\|. \end{aligned}$$

Bezeichnen wir also die auftretende Matrix mit A, so gilt $\|Av\| \leq 2\alpha\|v\|$ für alle $v \in \mathbb{R}^2$ und damit auch $\|Av - Aw\| = \|A(v-w)\| \leq 2\alpha\|v - w\|$ für alle $v, w \in \mathbb{R}^2$. Da nach Voraussetzung $2\alpha < 1$ gilt, ist damit A eine Kontraktion.

Lösung (83.15) Für alle $x, y \in [0,\alpha]$ gilt

$$\begin{aligned} |(Tf)(x) - (Tg)(x)| &= |x\,f(x) + x - x \cdot g(x) - x| \\ &= |x| \cdot |f(x) - g(x)| \leq \alpha\|f - g\|; \end{aligned}$$

also gilt auch $\|Tf - Tg\| \leq \alpha\|f - g\|$. Wegen $\alpha < 1$ ist damit T eine Kontraktion. Den eindeutig bestimmten Fixpunkt von f ermitteln wir sofort durch Lösen der Gleichung $Tf = f$, also $xf(x) + x = f(x)$ bzw. $x = f(x)(1-x)$ und damit $f(x) = x/(1-x)$. Die Iterationsfolge $f_{n+1} = Tf_n$ ergibt mit $f_0 \equiv 0$ die Näherungslösungen

$$\begin{aligned} f_1(x) &= x, \\ f_2(x) &= x^2 + x, \\ f_3(x) &= x^3 + x^2 + x \end{aligned}$$

und allgemein $f_n(x) = x^n + x^{n-1} + \cdots + x$. Für $n \to \infty$ gehen diese Ausdrücke gegen

$$f(x) = \sum_{n=1}^{\infty} x^n = \frac{1}{1-x} - 1 = \frac{x}{1-x}.$$

(Entscheidend ist, daß diese Konvergenz nicht nur punktweise gilt, sondern im Sinne der Metrik d, also gleichmäßig auf dem Intervall $[0,\alpha]$.)

Lösung (83.16) Offensichtlich ist $\|\cdot\|$ eine Norm auf $C[0,b]$. Wegen $e^{-ab}\|f\|_\infty \leq \|f\| \leq \|f\|_\infty$ ist diese Norm äquivalent zur Supremumsnorm. Da gemäß Beispiel

(83.6)(d) im Buch der Raum $C[0,b]$ mit der Supremumsnorm vollständig ist, ist nach Aufgabe (83.1) dann auch $C[0,b]$ mit der Norm $\|\cdot\|$ vollständig. (Der Grund, warum nicht die Supremumsnorm betrachtet wird, sondern eine durch die Gewichtsfunktion $x \mapsto e^{-ax}$ modifizierte Supremumsnorm, liegt darin, daß a so gewählt werden kann, daß T zu einer Kontraktion wird.)

Da mit f auch Tf stetig ist, ist T eine Selbstabbildung des vollständigen metrischen Raums X. Wir betrachten nun zwei Funktionen $f, g \in C[0,b]$ und berechnen

$$\begin{aligned}
\|Tf - Tg\| &= \max_{0\leq x\leq b} \left| \int_0^x t\,\big(f(t)-g(t)\big)\,dt \right| \cdot e^{-ax} \\
&= \max_{0\leq x\leq b} \left| \int_0^x t\,\big(f(t)-g(t)\big)e^{-at}e^{at}\,dt \right| \cdot e^{-ax} \\
&\leq \max_{0\leq x\leq b} \left(\int_0^x t\,\|f-g\|\,e^{at}\,dt \right) \cdot e^{-ax} \\
&= \|f-g\| \cdot \max_{0\leq x\leq b} \left(\int_0^x te^{at}dt \right) \cdot e^{-ax} \\
&= \|f-g\| \cdot \max_{0\leq x\leq b} \left[\frac{at-1}{a^2} e^{at} \right]_{t=0}^{x} \cdot e^{-ax} \\
&= \|f-g\| \cdot \max_{0\leq x\leq b} \left(\frac{ax-1}{a^2} + \frac{e^{-ax}}{a^2} \right) \\
&= \|f-g\| \cdot \frac{ab-1+1}{a^2} \\
&\leq \|f-g\| \cdot \frac{ab}{a^2} \;=\; \frac{b}{a} \cdot \|f-g\|.
\end{aligned}$$

Wählen wir also $a > b$, so ist T eine Kontraktion.

Lösung (83.17) Nach dem Banachschen Fixpunktsatz besitzt f^n einen eindeutig bestimmten Fixpunkt ξ. Dann gilt

$$(f^n)\big(f(\xi)\big) \;=\; f\big(f^n(\xi)\big) \;=\; f(\xi);$$

also ist auch $f(\xi)$ ein Fixpunkt von f^n. Da der Fixpunkt von f^n eindeutig bestimmt ist, folgt dann $f(\xi) = \xi$; d.h., ξ ist sogar ein Fixpunkt von f. Umgekehrt ist trivialerweise jeder Fixpunkt von f automatisch ein Fixpunkt von f^n. Damit ist gezeigt, daß der Fixpunkt von f^n automatisch auch der eindeutig bestimmte Fixpunkt von f ist.

Wir müssen zeigen, daß für jeden Startwert x_1 die Folge (x_n) mit $x_{n+1} = f(x_n)$ gegen ξ konvergiert. Mit $g := f^n$ lautet diese Folge folgendermaßen:

$$(\star) \qquad \begin{aligned} &x_1, x_2, \ldots, x_n, g(x_1), g(x_2), \ldots, g(x_n), \\ &g^2(x_1), g^2(x_2), \ldots, g^2(x_n), \ldots . \end{aligned}$$

Nach dem Banachschen Fixpunktsatz konvergiert für jeden Index $1 \leq i \leq n$ die Folge $\big(x_i, g(x_i), g^2(x_i), \ldots\big)$ gegen ξ. Dann konvergiert aber natürlich auch die Folge $(\star)$ gegen ξ. Damit ist alles gezeigt.

Lösung (83.18) Für $x := -1$ und $y := 0$ gilt $|f(x) - f(y)| = e - 1 > 1 = |x - y|$; also ist f keine Kontraktion. Dagegen ist $g := f \circ f$ eine Kontraktion, denn es gilt

$$\sup_{x\in\mathbb{R}} |g'(x)| \;=\; \sup_{x\in\mathbb{R}} e^{-e^{-x}} \cdot e^{-x} \;=\; \sup_{u>0} e^{-u}u \;=\; e^{-1}$$

und nach dem Mittelwertsatz daher $|g(x)-g(y)| \leq e^{-1}|x-y| \approx 0.367879\,|x-y|$ für alle $x, y \in \mathbb{R}$. Nach Aufgabe (83.17) hat damit die Gleichung $e^{-x} = x$ (bzw. äquivalent dazu $-x = \ln(x)$) eine eindeutige Lösung $\xi \in \mathbb{R}$ (die zwangsläufig in $(0,\infty)$ liegen muß). Wegen $f(0) > 0$ und $f(1) < 1$ muß ξ im Intervall $(0,1)$ liegen. Es ist also sinnvoll, den Startwert $x_0 := 1$ zu wählen. Die Fixpunktiteration $x_{n+1} = g(x_n)$ führt dann auf $x_1 = 0.692201$ und damit auf die a-priori-Abschätzung

$$|x_n - \xi| \;\leq\; \frac{(e^{-1})^n}{1-e^{-1}} \cdot |x_1 - x_0| \qquad (n \in \mathbb{N}).$$

Für $n = 7$ ergibt sich $|x_7 - \xi| \leq 0.000444024$; also ist a priori klar, daß die geforderte Genauigkeit von drei Nachkommastellen nach 7 Schritten erreicht ist. Es ergeben sich die folgenden Näherungswerte.

n	x_n
1	0.692201
2	0.606244
3	0.579612
4	0.571143
5	0.568429
6	0.567557
7	0.567276

Auf drei Nachkommastellen genau gilt daher $\xi = 0.567$.

Lösung (83.19) Für die Ableitung von $f(x) = \cos(\cos x)$ gilt

$$\begin{aligned} |f'(x)| &= |\sin(\cos x)\cdot \sin x| \;\leq\; |\sin(\cos x)| \\ &\leq \sin(1) \;\approx\; 0.841471\,. \end{aligned}$$

Nach dem Mittelwertsatz gilt dann $|f(x) - f(y)| \leq 0.842 \cdot |x-y|$ für alle $x, y \in \mathbb{R}$, so daß f eine Kontraktion ist. Dagegen hat jede Funktion g der angegebenen Form eine Potenzreihendarstellung der Form $g(x) = x + o(x)$ für $x \to 0$, und eine solche Abbildung kann keine Kontraktion sein, denn es gilt $\big(g(x) - g(0)\big)/(x-0) \to 1$ für $x \to 0$; zu jedem $\varepsilon > 0$ gibt es also ein hinreichend nahe bei 0 gewähltes Element x mit $|g(x) - g(0)|/|x-0| \geq 1-\varepsilon$ und damit $|g(x) - g(0)| \geq (1-\varepsilon)\cdot|x-0|$.

Lösung (83.20) Da K stetig ist, gibt es eine Konstante C mit $|K(x,y)| \leq C$ für alle $(x,y) \in I \times I$. Für alle $f, g \in C(I)$ und alle $x \in I$ gilt wegen $(Tf)(x) - (Tg)(x) = \int_a^x K(x,y)\big(f(y)-g(y)\big)\,dy$ dann

$$(\star) \qquad |(Tf)(x) - (Tg)(x)| \;\leq\; C \int_a^x |f(y)-g(y)|\,dy.$$

Hieraus folgt zunächst

$$|(Tf)(x)-(Tg)(x)| \leq C\|f-g\| \cdot \int_a^x \mathrm{d}y = C\|f-g\|(x-a).$$

Wenden wir nun die Abschätzung ($\star$) mit Tf und Tg statt f und g an und setzen wir die gerade erhaltene Abschätzung für $Tf - Tg$ ein, so erhalten wir

$$\begin{aligned}|(T^2f)(x) - (T^2g)(x)| &\leq C\int_a^x |(Tf)(y)-(Tg)(y)|\,\mathrm{d}y \\ &\leq C^2\|f-g\| \cdot \int_a^x (y-a)\mathrm{d}y = \frac{C^2\|f-g\|(x-a)^2}{2}.\end{aligned}$$

Wenden wir nun ($\star$) mit T^2f und T^2g statt f und g an und setzen wir dann die gerade erhaltene Abschätzung für $T^2f - T^2g$ ein, so ergibt sich

$$\begin{aligned}|(T^3f)(x)-(T^3g)(x)| &\leq C\int_a^x |(T^2f)(y)-(T^2g)(y)|\,\mathrm{d}y \\ &\leq \frac{C^3\|f-g\|}{2} \cdot \int_a^x (y-a)^2\mathrm{d}y = \frac{C^3\|f-g\|}{2\cdot 3}(x-a)^3.\end{aligned}$$

Fahren wir in dieser Weise fort, so ergibt sich mit vollständiger Induktion die Abschätzung

$$|(T^nf)(x) - (T^ng)(x)| \leq \frac{C^n\|f-g\|}{n!} \cdot (x-a)^n$$

für alle $x \in [a, b]$ und damit

$$\|(T^nf) - (T^ng)\| \leq \frac{C^n(b-a)^n}{n!}\|f-g\|.$$

Wegen $C^n(b-a)^n/n! \to 0$ für $n \to \infty$ ist damit T^nf eine Kontraktion für alle genügend großen Werte von n. Nach Aufgabe (83.17) besitzt T damit einen eindeutigen Fixpunkt; d.h., die Integralgleichung besitzt eine eindeutige Lösung. Diese Lösung erhält man, indem man eine beliebige Funktion $f_0 \in C(I)$ wählt und dann eine Funktionenfolge (f_n) durch die Vorschrift

$$f_{n+1}(x) := \varphi(x) + \int_0^x K(x,y)f_n(y)\,\mathrm{d}y$$

definiert; diese Funktionenfolge konvergiert gleichmäßig gegen die gesuchte Lösung.

Lösung (83.21) (a) Da $\mathfrak{F}$ selbst ein vollständiger metrischer Raum ist, müssen wir zeigen, daß X abgeschlossen in $\mathfrak{F}$ ist. Es sei also $(a^{(n)})$ eine Folge in X mit $a^{(n)} \to a$ in $\mathfrak{F}$; wir müssen zeigen, daß dann $a \in X$ gilt. Für jeden beliebigen Index k gilt $|a_k^{(n)}| \leq \|a^{(n)}\| \leq 1$; für $n \to \infty$ folgt hieraus $|a_k| \leq 1$. Also gilt $\|a\| \leq 1$. Wir müssen zeigen, daß a eine Nullfolge ist. Es sei $\varepsilon > 0$ beliebig. Dann gibt es ein $n \in \mathbb{N}$ mit $\|a - a^{(n)}\| < \varepsilon/2$. Da $a^{(n)}$ eine Nullfolge ist, gibt es einen Index K mit $|a_k^{(n)}| < \varepsilon/2$ für alle $k \geq K$. Für alle $k \geq K$ gilt dann

$$|a_k| \leq |a_k - a_k^{(n)}| + |a_k^{(n)}| \leq \|a - a^{(n)}\| + |a_k^{(n)}| < \frac{\varepsilon}{2} + \frac{\varepsilon}{2} = \varepsilon.$$

Da $\varepsilon > 0$ beliebig war, ist damit $a_k \to 0$ für $k \to \infty$ gezeigt. Also gilt $a \in X$, was zu zeigen war.

(b) Es sei $a \in X$. Dann gilt $|(Ta)_0| = (1+\|a\|)/2 \leq 1$ sowie $|(Ta)_n| < |a_{n-1}| \leq 1$ für alle $n \geq 1$ und damit $\|Ta\| \leq 1$. Wegen $|(Ta)_n| < |a_{n-1}| \to 0$ für $n \to 0$ ist Ta ferner eine Nullfolge. Also gilt $Ta \in X$. Damit ist gezeigt, daß mit $a \in X$ auch $Ta \in X$ gilt.

(c) Für $a, b \in X$ mit $a \neq b$ gilt

$$Ta - Tb = \left(\frac{\|a\|-\|b\|}{2}, \frac{a_0 - b_0}{2}, \frac{3(a_1-b_1)}{4}, \frac{7(a_2-b_2)}{8}, \ldots\right).$$

Da a und b Nullfolgen sind, gilt $|a_n - b_n| < \|a-b\|/2$ ab einem gewissen Index $N \in \mathbb{N}$. Ferner gilt $|(Ta - Tb)_0| = |\,\|a\| - \|b\|\,|/2 \leq \|a-b\|/2$ sowie $|(Ta-Tb)_n| \leq (1 - 2^{-N})\|a-b\|$ für $1 \leq n \leq N-1$. Also gilt $\|Ta - Tb\| \leq (1-2^{-N})\|a-b\| < \|a-b\|$.

(d) Wir nehmen an, a sein Fixpunkt von a. Dann gilt $a_0 = (1+\|a\|)/2$ sowie $a_n = (1-2^{-n})a_{n-1}$ für alle $n \geq 1$. Zunächst ist $a_0 = (1+\|a\|)/2 \geq 1/2 > 0$; andererseits ist auch $\|a\| \geq |a_0| = a_0$ und damit

$$a_0 = \frac{1+\|a\|}{2} \geq \frac{1+a_0}{2},$$

folglich $a_0 \geq 1$ und wegen $\|a\| \leq 1$ damit $a_0 = 1$. Wegen $a_n = (1-2^{-n})a_{n-1}$ folgt unter Benutzung des Hinweises dann

$$\begin{aligned} a_n &= \prod_{i=1}^n (1-2^{-i})a_0 = \frac{1}{2} \cdot \prod_{i=2}^n (1-2^{-i}) \\ &\geq \frac{1}{2}\cdot(1 - \sum_{i=2}^n 2^{-i}) = \frac{1}{2}\cdot\left(\frac{1}{2} + 2^{-n}\right) \geq \frac{1}{4},\end{aligned}$$

wobei wir beim vorletzten Schritt die geometrische Summenformel benutzten. Daß $a_n \geq 1/4$ für alle n gilt, steht aber im Widerspruch dazu, daß ja $a \in X$ eine Nullfolge sein müßte. Also besitzt T keinen Fixpunkt $a \in X$.

Lösung (83.22) Für jede Funktion $f \in X$ ist Tf wohldefiniert und selbst wieder ein Element von X, denn Tf bildet $[0,1]$ in sich ab (weil f dies tut), erfüllt die Bedingungen $(Tf)(0) = (3/4)f(0) = 0$ und $(Tf)(1) = (1+3f(1))/4 = 1$ und ist selbst wieder stetig wegen

$$\begin{aligned}\lim_{x\to(1/3)-} (Tf)(x) &= \lim_{x\to 1/3} \frac{3f(3x)}{4} = \frac{3}{4}\cdot f(1) = \frac{3}{4} \\ &= \frac{1+2f(1)}{4} = \lim_{x\to 1/3}\frac{1+2f(2-3x)}{4} = \lim_{x\to(1/3)+}(Tf)(x)\end{aligned}$$

sowie

$$\begin{aligned}\lim_{x\to(2/3)-}(Tf)(x) &= \lim_{x\to 2/3}\frac{1+2f(2-3x)}{4} = \frac{1+2f(0)}{4} = \frac{1}{4}\\ &= \frac{1+3f(0)}{4} = \lim_{x\to(2/3)+}\frac{1+3f(3x-2)}{4} = \lim_{x\to(2/3)+}(Tf)(x).\end{aligned}$$

Also ist T eine Selbstabbildung von X, und als abgeschlossener Unterraum des vollständigen metrischen Raums $C[0,1]$ ist X selbst vollständig. Für $f,g\in X$ ist $(Tf)(x)-(Tg)(x)$ gegeben durch

$$\begin{cases}(3/4)\big(f(3x)-g(3x)\big), & \text{falls } 0\le x\le 1/3;\\ (1/2)\big(f(2-3x)-g(2-3x)\big), & \text{falls } 1/3<x<2/3;\\ (3/4)\big(f(3x-2)-g(3x-2)\big), & \text{falls } 2/3\le x\le 1;\end{cases}$$

damit gilt $\|Tf-Tg\|\le(3/4)\,\|f-g\|$. Dies zeigt, daß T eine Kontraktion ist, nach dem Banachschen Fixpunktsatz folglich einen eindeutig bestimmten Fixpunkt $\varphi\in X$ besitzt. Man erhält φ als Grenzfunktion der Funktionenfolge (f_n), die definiert ist durch $f_0:=f$ und $f_{n+1}=Tf_n$ für alle n. Mit Induktion über n zeigt man leicht, daß

$$(1)\qquad \left|f_n\left(\frac{k-1}{3^n}\right)-f_n\left(\frac{k}{3^n}\right)\right| \ge \frac{1}{2^n}$$

für alle n und alle $1\le k\le 3^n$ gilt. Der Induktionsanfang $n=0$ ist trivial, und der Induktionsschritt ergibt sich aus der folgenden Fallunterscheidung:

- für $1\le k\le 3^n$ gilt

$$\begin{aligned}&\left|f_{n+1}\left(\frac{k-1}{3^{n+1}}\right)-f_{n+1}\left(\frac{k}{3^{n+1}}\right)\right|\\ &= \frac{3}{4}\left|f_n\left(\frac{k-1}{3^n}\right)-f\left(\frac{k}{3^n}\right)\right|\\ &\ge \frac{3}{4}\cdot\frac{1}{2^n} \ge \frac{1}{2^{n+1}};\end{aligned}$$

- für $3^n+1\le k\le 2\cdot 3^n$ gilt

$$\begin{aligned}&\left|f_{n+1}\left(\frac{k-1}{3^{n+1}}\right)-f_{n+1}\left(\frac{k}{3^{n+1}}\right)\right|\\ &= \frac{1}{2}\left|f_n\left(\frac{2\cdot 3^n-k+1}{3^n}\right)-f\left(\frac{2\cdot 3^n-k}{3^n}\right)\right|\\ &\ge \frac{1}{2}\cdot\frac{1}{2^n} = \frac{1}{2^{n+1}};\end{aligned}$$

- für $2\cdot 3^n+1\le k\le 3^{n+1}$ gilt

$$\begin{aligned}&\left|f_{n+1}\left(\frac{k-1}{3^{n+1}}\right)-f_{n+1}\left(\frac{k}{3^{n+1}}\right)\right|\\ &= \frac{3}{4}\left|f_n\left(\frac{k-1-2\cdot 3^n}{3^n}\right)-f\left(\frac{k-2\cdot 3^n}{3^n}\right)\right|\\ &\ge \frac{3}{4}\cdot\frac{1}{2^n} \ge \frac{1}{2^{n+1}}.\end{aligned}$$

Da sich für wachsende Indices die Werte an den Stellen $k/3^n$ nicht mehr ändern (die Abbildung T reproduziert ja jeweils den Verlauf von f auf einem Drittel des ursprünglichen Intervalls), gilt wegen (1) sogar

$$(2)\qquad \left|f_m\left(\frac{k-1}{3^n}\right)-f_m\left(\frac{k}{3^n}\right)\right| \ge \frac{1}{2^n}$$

für alle $m\ge n$ und alle $1\le k\le 3^n$. Für $m\to\infty$ gilt daher

$$(3)\qquad \left|\varphi\left(\frac{k-1}{3^n}\right)-\varphi\left(\frac{k}{3^n}\right)\right| \ge \frac{1}{2^n}$$

für alle $n\in\mathbb{N}$ und alle $1\le k\le 3^n$. Nun sei $a\in[0,1]$. Zu jedem $n\in\mathbb{N}$ gibt es dann ein $k\in\{1,\ldots,3^n\}$ mit $(k-1)/3^n\le a\le k/3^n$. Würde nun sowohl

$$\left|\varphi\left(\frac{k-1}{3^n}\right)-\varphi(a)\right| < \frac{1}{2^{n+1}}$$

als auch

$$\left|\varphi\left(\frac{k}{3^n}\right)-\varphi(a)\right| < \frac{1}{2^{n+1}}$$

gelten, so wäre

$$\begin{aligned}&\left|\varphi\left(\frac{k-1}{3^n}\right)-\varphi\left(\frac{k}{3^n}\right)\right|\\ &\le \left|\varphi\left(\frac{k-1}{3^n}\right)-\varphi(a)\right|+\left|\varphi(a)-\varphi\left(\frac{k}{3^n}\right)\right|\\ &< \frac{1}{2^{n+1}}+\frac{1}{2^{n+1}} = \frac{1}{2^n}\end{aligned}$$

im Widerspruch zu (3); also erfüllt wenigstens eine der beiden Zahlen $(k-1)/3^n$ und $k/3^n$, nennen wir sie a_n, die Bedingung $|\varphi(a_n)-\varphi(a)|\ge 1/2^{n+1}$. Wir haben dann einerseits $|a_n-a|\le 3^n$, andererseits

$$\left|\frac{\varphi(a_n)-\varphi(a)}{a_n-a}\right| \ge \frac{3^n}{2^{n+1}} = \frac{1}{2}\cdot\left(\frac{3}{2}\right)^n$$

und damit $a_n\to a$ und $|\varphi(a_n)-\varphi(a)|/|a_n-a|\to\infty$. Damit ist f an der Stelle a nicht differentiierbar. Da a beliebig war, ist f nirgends differentiierbar.

Lösung (83.23) (a) Die Funktion $f\in C[a,b]$ sei an der Stelle x differentiierbar. Wegen $\big(f(x+h)-f(x)\big)/h\to f'(x)$ für $h\to 0$ gibt es dann eine Zahl $\varepsilon>0$ mit

$$\left|\frac{f(x+h)-f(x)}{h}\right| \le |f'(x)|+1 \text{ für } |h|\le\varepsilon.$$

Außerdem gilt

$$\left|\frac{f(x+h)-f(x)}{h}\right| \le \frac{2\|f\|_\infty}{|h|} \le \frac{2\|f\|_\infty}{\varepsilon} \text{ für } |h|\ge\varepsilon.$$

Ist also $n\ge\max\{|f'(x)|+1, 2\|f\|_\infty/\varepsilon\}$, so gilt $|f(x+h)-f(x)|/|h|\le n$ für alle $h\ne 0$ und damit $f\in A_n$.

Aufgaben zu »Vollständigkeit metrischer Räume« siehe Seite 102

(b) Es sei $n \in \mathbb{N}$ fest gewählt, und es sei (f_k) eine Folge in A_n, die in $C[a,b]$ gegen eine Grenzfunktion f konvergiert; wir müssen zeigen, daß f selbst wieder in A_n liegt. Wegen $f_k \in A_n$ gibt es eine Stelle x_k mit $|f(x_k+h) - f(x_k)|/|h| \leq n$ für $0 < h \leq b - x_k$. Die beschränkte Folge (x_k) besitzt eine konvergente Teilfolge; o.B.d.A. dürfen wir annehmen, daß (x_k) selbst konvergiert, sagen wir $x_k \to x$. Es sei $h \in (0, b-x]$. Wähle $h_k \in (0, b - x_k]$ mit $h_k \to h$. Wegen $\|f_k - f\|_\infty \to 0$ gelten die Bedingungen $f_k(x_k) \to f(x)$ und $f_k(x_k + h_k) \to f(x+h)$. Hieraus folgt $f \in A_n$, denn es gilt

$$\left|\frac{f(x+h)-f(x)}{h}\right| = \lim_{k\to\infty} \underbrace{\left|\frac{f_k(x_k+h_k)-f_k(x_k)}{h_k}\right|}_{\leq n \text{ wegen } f_k \in A_n} \leq n.$$

(c) Es sei $f \in A_n$ beliebig. In jedem noch so dünnen ε-Schlauch um f liegen dann Funktionen, die nicht zu A_n gehören (beispielsweise stückweise lineare Funktionen mit beliebig kurzen und steilen "Zacken", deren Graph also aus Geradenstücken besteht, deren Steigung betragsmäßig größer als n ist). Also ist f kein innerer Punkt von A_n.

Mit der von $\|\cdot\|_\infty$ induzierten Metrik ist $X := C[a,b]$ ein vollständiger metrischer Raum. Die Mengen $\Omega_n := X \setminus A_n$ sind nach (b) und (c) offen und dicht. Nach dem Satz von Baire ist dann $\bigcap_{n=1}^\infty \Omega_n$ dicht in X. Wegen $\bigcap_{n=1}^\infty \Omega_n = \bigcap_{n=1}^\infty (X \setminus A_n) = X \setminus (\bigcup_{n=1}^\infty A_n) = X \setminus A$ ist also $X \setminus A$ dicht in X, und diese Menge besteht nach (a) ausschließlich aus nirgends differentiierbaren Funktionen. (Die Menge *aller* nirgends differentiierbaren Funktionen ist noch größer und damit erst recht dicht in X.)

Aufgaben zu »Vollständigkeit metrischer Räume« siehe Seite 102

L84: Konvergenz in normierten Räumen

Lösung (84.1) Der Beweis der Äquivalenz von (1) und (4) findet sich als Satz (84.3) im Buch; es bleibt also, die Äquivalenz der Aussagen (1), (2) und (3) zu zeigen.

Wir beweisen zunächst die Implikation (1)⇒(2). Einsetzen von $v := x - y$ in die Abschätzung $a\|v\|_1 \leq \|v\|_2 \leq b\|v\|_1$ liefert $a\, d_1(x,y) \leq d_2(x,y) \leq b\, d_1(x,y)$ für alle $x, y \in V$. Die Implikation (2)⇒(3) gilt nach Aufgabe (81.34) ganz allgemein (also für beliebige Metriken, nicht nur solche, die von einer Norm herrühren). Es bleibt die Implikation (3)⇒(1) zu beweisen. Gilt (3), so enthält die abgeschlossene d_1-Einheitskugel um den Nullpunkt eine abgeschlossene d_2-Kugel um den Nullpunkt, sagen wir mit Radius a; aus $\|v\|_2 \leq a$ folgt also $\|v\|_1 \leq 1$. Für alle $v \neq 0$ gilt daher

$$\left\| \frac{av}{\|v\|_2} \right\|_1 \leq 1, \quad \text{also} \quad a\|v\|_1 \leq \|v\|_2.$$

Diese letzte Ungleichung gilt natürlich auch noch für $v = 0$. Analog enthält die abgeschlossene d_2-Einheitskugel um den Nullpunkt eine abgeschlossene d_1-Kugel um den Nullpunkt, sagen wir mit Radius r; aus $\|v\|_1 \leq r$ folgt also $\|v\|_2 \leq 1$. Für alle $v \neq 0$ gilt daher

$$\left\| \frac{rv}{\|v\|_1} \right\|_2 \leq 1, \quad \text{also} \quad r\,\|v\|_2 \leq \|v\|_1.$$

Die letzte Ungleichung gilt natürlich auch noch für $v = 0$; mit $b := 1/r$ gilt also $\|v\|_2 \leq b\,\|v\|_1$ für alle $v \in V$. Damit haben wir die Existenz von Konstanten $a, b > 0$ bewiesen mit $a\,\|v\|_1 \leq \|v\|_2 \leq b\,\|v\|_1$ für alle $v \in V$.

Bemerkung: Äquivalente Normen induzieren auf einem Vektorraum die gleiche topologische Struktur. Eigenschaften, die beim Übergang von einer Norm zu einer äquivalenten Norm erhalten bleiben, sind etwa die folgenden:

- die Eigenschaft einer Menge $A \subseteq V$, beschränkt, offen oder abgeschlossen zu sein;
- die Eigenschaft einer Folge in V, beschränkt, konvergent oder eine Cauchyfolge zu sein;
- die Eigenschaft von V, vollständig zu sein;
- die Eigenschaft einer Funktion auf V, stetig zu sein.

Lösung (84.2) (a) Es gilt $\|(A_n + B_n) - (A+B)\| = \|A_n - A + B_n - B\| \leq \|A_n - A\| + \|B_n - B\| \to 0 + 0 = 0$.

(b) Es gilt $\|(A_n - B_n) - (A - B)\| = \|(A_n - A) - (B_n - B)\| \leq \|A_n - A\| + \|B_n - B\| \to 0 + 0 = 0$.

(c) Es gilt $\|\lambda_n A_n - \lambda A\| = \|(\lambda_n - \lambda)A_n + \lambda(A_n - A)\| \leq |\lambda_n - \lambda|\,\|A_n\| + |\lambda|\,\|A_n - A\| \to 0 \cdot \|A\| + |\lambda| \cdot 0 = 0$.

(d) Es gilt $\|A_n B_n - AB\| = \|(A_n - A)B_n + A(B_n - B)\| \leq \|A_n - A\|\,\|B_n\| + \|A\|\,\|B_n - B\| \to 0 \cdot \|B\| + \|A\| \cdot 0 = 0$. (Hier liegen im allgemeinen Fall A_n und A in einem Raum $\mathbb{K}^{k\times\ell}$, dagegen B_n und B in einem Raum $\mathbb{K}^{\ell\times m}$; es sind also drei verschiedene Normen beteiligt. Die obige Abschätzung setzt deren Kompatibilität in dem Sinne voraus, daß stets $\|XY\| \leq \|X\|\,\|Y\|$ gilt; das ist etwa der Fall, wenn jeweils die L_1-Norm verwendet wird. Die Konvergenzaussage selbst ist aber (anders als die Abschätzung) unabhängig von der Wahl der Normen, da je zwei Normen auf einem endlichdimensionalen Vektorraum äquivalent sind.)

(e) Dies folgt sofort aus Teil (b) von Aufgabe (68.14).

Bemerkung: Teil (a) drückt die Stetigkeit der Addition $\mathbb{K}^{m\times n} \times \mathbb{K}^{m\times n} \to \mathbb{K}^{m\times n}$ aus, Teil (b) die der Subtraktion $\mathbb{K}^{m\times n} \times \mathbb{K}^{m\times n} \to \mathbb{K}^{m\times n}$, Teil (c) die der Skalarmultiplikation $\mathbb{K} \times \mathbb{K}^{m\times n} \to \mathbb{K}^{m\times n}$, Teil (d) die der Matrizenmultiplikation $\mathbb{K}^{k\times\ell} \times \mathbb{K}^{\ell\times m} \to \mathbb{K}^{k\times m}$ und schließlich Teil (e) die der Inversion $\mathrm{GL}(n) \to \mathrm{GL}(n)$ mit $\mathrm{GL}(n) := \{A \in \mathbb{K}^{n\times n} \mid \det(A) \neq 0\}$.

Lösung (84.3) Aus $\|x\| \leq 1$, $\|y\| \leq 1$ und $0 < t < 1$ folgt

$$\begin{aligned} \|tx + (1-t)y\| &\leq \|tx\| + \|(1-t)y\| \\ &= |t|\,\|x\| + |1-t|\,\|y\| \\ &= t\|x\| + (1-t)\|y\| \\ &\leq t\cdot 1 + (1-t)\cdot 1 \;=\; 1; \end{aligned}$$

also ist B konvex. Für $v = 0$ gilt $v \in \rho B$ mit $\rho := 1$; für $v \neq 0$ gilt $v = \|v\| \cdot (v/\|v\|) \in \rho B$ mit $\rho := \|v\|$; also ist B absorbierend. Für $|\lambda| \leq 1$ und $x \in B$ gilt $|\lambda|\,\|x\| \leq 1\cdot 1 = 1$ und damit $\lambda x \in B$; also ist B kreisförmig. Offensichtlich ist B beschränkt durch die Norm $\|\cdot\|$, damit aber auch durch jede andere Norm auf V. Schließlich ist B abgeschlossen, denn aus $x_n \to x$ mit $x_n \in B$ folgt $\|x_n\| \to \|x\|$, wegen $\|x_n\| \leq 1$ für alle n folglich auch $\|x\| \leq 1$. (Daß V endlichdimensional ist, ging hier nur insofern ein, als im endlichdimensionalen Fall alle Normen äquivalent sind.)

Umgekehrt sei B eine Menge mit den angegebenen Eigenschaften. Unmittelbar nach Definition gilt $\|x\| \geq 0$ für alle x. Da A kreisförmig ist, gilt $0 \in A$, damit $0 \in \rho A$ für alle $\rho > 0$ und folglich $\|0\| = 0$. Nun sei $x \neq 0$. Ist $|\!|\!| \cdot |\!|\!|$ irgendeine Norm auf V, so gibt es wegen der Beschränktheit von A ein $c > 0$ mit $|\!|\!| a |\!|\!| \leq c$ für alle $a \in A$; aus $x \in \rho A$ folgt daher $|\!|\!| x/\rho |\!|\!| \leq c$ und damit $\rho \geq c^{-1}|\!|\!| x |\!|\!|$, folglich $\|x\| \geq c^{-1}|\!|\!| x |\!|\!| > 0$. Damit ist gezeigt, daß $\|\cdot\|$ positiv definit ist. Weiterhin gilt (da A kreisförmig ist) genau dann $x \in \rho A$, wenn $\lambda x \in |\lambda|\rho A$ gilt; dies zeigt $\|\lambda x\| = |\lambda|\,\|x\|$. Es bleibt die Dreiecksungleichung zu zeigen. Aus $x \in \rho_1 A$ und $y \in \rho_2 A$ (sagen wir $x = \rho_1 a_1$ und $y = \rho_2 a_2$) folgt wegen der Konvexität von A, daß auch

$$x+y \;=\; \rho_1 a_1 + \rho_2 a_2 \;=\; (\rho_1+\rho_2)\left(\frac{\rho_1}{\rho_1+\rho_2}a_1 + \frac{\rho_2}{\rho_1+\rho_2}a_2\right)$$

und damit $x + y \in (\rho_1 + \rho_2)A$ gilt; hieraus folgt $\|x+y\| \leq \|x\| + \|y\|$. Damit ist gezeigt, daß $\|\cdot\|$ tatsächlich eine Norm auf V ist. Es bleibt zu zeigen, daß A gerade die Einheitskugel bezüglich dieser Norm ist.

Für $x \in A$, also $x \in 1 \cdot A$, gilt $\|x\| \leq 1$. Gilt umgekehrt $\|x\| \leq 1$, so gibt es eine Folge von Zahlen $\rho_n > 1$ mit

Aufgaben zu »Konvergenz in normierten Räumen« siehe Seite 105

$\rho_n \to 1$ und $x \in \rho_n A$ für alle $n \in \mathbb{N}$, sagen wir $x = \rho_n a_n$. Dann gilt $a_n = (x/\rho_n) \to x$ und damit $x \in \overline{A} = A$. (Hier haben wir erstmals die Abgeschlossenheit von A benutzt.) Also gilt tatsächlich $A = \{x \in V \mid \|x\| \leq 1\}$.

Anschaulich-geometrisch ist $\|x\|$ der kleinstmögliche Streckfaktor $\rho > 0$, mit dem man die Nullumgebung A "aufblähen" muß, um den Punkt x zu erreichen.

Lösung (84.4) (a) Es seien $v, v' \in \overline{U}$. Dann gibt es Folgen (u_n) und $(u_n') \in U$ mit $u_n \to v$ und $u_n' \to v'$. Da U additiv abgeschlossen ist, ist auch $(u_n + u_n')$ eine Folge in U, und wegen

$$\begin{aligned} \|(u_n+u_n') - (v+v')\| &= \|u_n - v + u_n' - v'\| \\ &\leq \|u_n - v\| + \|u_n' - v'\| \to 0+0 = 0 \end{aligned}$$

gilt $u_n + u_n' \to v + v'$. Also liegt auch $v + v'$ in $\overline{U}$, so daß $\overline{U}$ additiv abgeschlossen ist. Ist ferner $\lambda \in \mathbb{K}$, so ist auch (λu_n) eine Folge in U, und wegen

$$\|(\lambda u_n) - (\lambda v)\| = \|\lambda(u_n - v)\| = |\lambda| \cdot \|u_n - v\| \to \lambda \cdot 0 = 0$$

gilt $\lambda u_n \to \lambda v$. Also liegt für jedes Element $\lambda \in \mathbb{K}$ auch λv in $\overline{U}$, so daß $\overline{U}$ bezüglich der Skalarmultiplikation abgeschlossen ist. Damit ist $\overline{U}$ ein Untervektorraum von V.

(b) Wir behaupten, daß $\overline{U}$ gerade der Vektorraum aller Nullfolgen ist, daß also

$$\overline{U} = \{(a_1, a_2, a_3, \ldots) \in V \mid a_k \to 0 \text{ für } k \to \infty\}$$

gilt. Zum Nachweis der Inklusion $\subseteq$ nehmen wir an, eine Folge $a^{(n)}$ in U (also eine Folge von Folgen!) konvergiere gegen eine Folge a, und geben uns eine Zahl $\varepsilon > 0$ beliebig vor. Es gibt dann einen Index n mit $\|a^{(n)} - a\| < \varepsilon$. Für dieses fest gewählte n gibt es wegen $a^{(n)} \in U$ einen Index K mit $a_k^{(n)} = 0$ für alle $k \geq K$. Für $k \geq K$ gilt dann

$$|a_k| \leq \underbrace{|a_k - a_k^{(n)}|}_{\leq \|a - a^{(n)}\|} + \underbrace{|a_k^{(n)}|}_{=0} \leq \|a - a^{(n)}\| < \varepsilon.$$

Dies zeigt, daß die Folge a eine Nullfolge ist. Damit ist die Inklusion $\subseteq$ nachgewiesen. Umgekehrt sei a eine Nullfolge. Wir geben uns $\varepsilon > 0$ beliebig vor. Es gibt dann einen Index K mit $|a_k| < \varepsilon$ für alle $k \geq K$. Dann liegt die Folge $\alpha := (a_1, \ldots, a_K, 0, 0, 0, \ldots)$ in U und erfüllt $\|a - \alpha\| = \|(0, \ldots, 0, a_{K+1}, a_{K+2}, \ldots)\| \leq \varepsilon$. Beliebig nahe bei a liegen also Elemente aus U; dies zeigt $a \in \overline{U}$. Damit ist auch die Inklusion $\supseteq$ nachgewiesen.

Lösung (84.5) Zunächst ist der Ausdruck $\|[v]\|$ wohldefiniert, denn für $[v_1] = [v_2]$, also $v_2 - v_1 \in U$, gilt

$$\inf_{u \in U} \|v_1 - u\| = \inf_{u \in U} \|v_2 - (v_2 - v_1 + u)\| = \inf_{u' \in U} \|v_2 - u'\|.$$

Offensichtlich gilt $\|[v]\| \geq 0$ für alle $v \in V$, und auch die Homogenität und die Dreiecksungleichung übertragen sich von V auf V/U, denn für $\lambda \neq 0$ gilt

$$\|\lambda[v]\| = \|[\lambda v]\| = \inf_{u \in U} \|\lambda v - u\| = \inf_{u' \in U} \|\lambda v - \lambda u'\|,$$

und für alle $x, y \in V$ gilt

$$\begin{aligned} \|[x] + [y]\| &= \|[x+y]\| = \inf_{u \in U} \|x + y - u\| \\ &= \inf_{u_1, u_2 \in U} \|x - u_1 + y - u_2\| \\ &\leq \inf_{u_1, u_2 \in U} \big(\|x - u_1\| + \|y - u_2\|\big) \\ &= \inf_{u_1 \in U} \|x - u_1\| + \inf_{u_2 \in U} \|y - u_2\| = \|[x]\| + \|[y]\|. \end{aligned}$$

Damit sind alle Eigenschaften einer Norm nachgeprüft mit Ausnahme der Bedingung, daß $\|[v]\| = 0$ genau dann gilt, wenn $[v] = [0]$ gilt. Nun ist $\|[v]\| = \inf_{u \in U} \|v - u\|$ genau dann gleich Null, wenn v beliebig genau durch Elemente aus U approximiert werden kann, wenn also v im Abschluß $\overline{U}$ von U enthalten ist. Hieraus kann genau dann auf die Bedingung $[v] = [0]$, also $v \in U$, geschlossen werden, wenn $\overline{U} = U$ gilt, wenn also U abgeschlossen ist.

(c) Ist U eine Gerade bzw. Ebene durch den Ursprungspunkt im Anschauungsraum V, so ist $\|x+U\|$ gerade die Länge des von x aus auf U gefällten Lotes. (Diese ist unabhängig von der speziellen Wahl des Repräsentanten x, da sämtliche von $x + U$ aus auf U gefällten Lote durch Parallelverschiebung längs U auseinander hervorgehen.) Der Quotientenraum V/U kann also auch als normierter Raum mit dem Lotraum $U^\perp$ identifiziert werden.

Lösung (84.6) (a) Schreiben wir $a_i^{(k)} := \|v_i^{(k)} - v_i\|$, so ist zu zeigen, daß genau dann $\Phi(a_1^{(k)}, \ldots, a_n^{(k)}) \to 0$ für $k \to \infty$ gilt, wenn für jeden Index $1 \leq i \leq n$ die Konvergenzaussage $a_i^{(k)} \to 0$ für $k \to \infty$ gilt. Gilt $\Phi(a^{(k)}) \to 0$, dann wegen $a_i^{(k)} = \Phi(0, \ldots, a_i^{(k)}, \ldots, 0) \leq \Phi(a_1^{(k)}, \ldots, a_i^{(k)}, \ldots, a_n^{(k)})$ gemäß (4) und (3) in Aufgabe (68.9) auch $a_i^{(k)} \to 0$ für alle i. Gilt umgekehrt diese letzte Bedingung, so gibt es zu jedem $\varepsilon > 0$ einen Index k_0 mit $a_i^{(k)} \leq \varepsilon$ für alle $1 \leq i \leq n$ und $k \geq k_0$. Für $k \geq k_0$ gilt wegen (3) und (2) in Aufgabe (68.9) dann $\Phi(a_1^{(k)}, \ldots, a_n^{(k)}) \leq \Phi(\varepsilon, \ldots, \varepsilon) = \varepsilon^n \Phi(1, \ldots, 1)$. Da $\varepsilon > 0$ beliebig war, bedeutet dies $\Phi(a^{(k)}) \to 0$.

(b) Zunächst sei $\Phi(a_1, \ldots, a_n) := (a_1^p + \cdots + a_n^p)^{1/p}$ mit $p \geq 1$. Die Eigenschaften (1) bis (4) gelten trivialerweise; nur Bedingung (5) ist nachzurechnen. Wir betrachten $x, y \in [0, \infty)^n$ mit $\Phi(x) \leq 1$ und $\Phi(y) \leq 1$ sowie eine Zahl $t \in [0, 1]$ und erhalten aufgrund der Konvexität der Funktion $g(u) := u^p$ auf $[0, \infty)$ die Abschätzung

$$\begin{aligned} \Phi\big(tx + (1-t)y\big)^p &= \sum_{i=1}^n \big(tx_i + (1-t)y_i\big)^p \\ &= \sum_{i=1}^n g\big(tx_i + (1-t)y_i\big) \leq \sum_{i=1}^n \big(t\, g(x_i) + (1-t)\, g(y_i)\big) \\ &= t \sum_{i=1}^n x_i^p + (1-t) \sum_{i=1}^n y_i^p \leq t \cdot 1 + (1-t) \cdot 1 = 1 \end{aligned}$$

und damit $\Phi\big(tx + (1-t)y\big) \leq 1$; genau das war aber zu zeigen.

Aufgaben zu »Konvergenz in normierten Räumen« siehe Seite 105

Lösung (84.7) (a) Daß $\|\cdot\|_p$ für $1 \le p \le \infty$ tatsächlich eine Norm ist, folgt sofort aus Aufgabe (84.6)(b), wenn wir für V_i jeweils $\mathbb{K}$ mit dem gewöhnlichen Betrag als Norm wählen. Da alle Normen auf einem endlichdimensionalen Vektorraum äquivalent sind, ist die Äquivalenz aller p-Normen von vornherein klar; wir können aber auch explizit zeigen, daß für alle $v \in \mathbb{K}^n$ die Abschätzung

$$(\star) \qquad \|v\|_\infty \le \|v\|_p \le n^{1/p}\|v\|_\infty$$

gilt, die zeigt, daß alle p-Normen zur ∞-Norm und damit auch untereinander äquivalent sind. Es gilt $\|v\|_\infty = |v_{i_0}|$ für einen Index $1 \le i_0 \le n$; daher ist $\|v\|_\infty = |v_{i_0}| \le (\sum_{i=1}^n |v_i|^p)^{1/p} \le (\sum_{i=1}^n |v_{i_0}|^p)^{1/p} = (n \cdot |v_{i_0}|^p)^{1/p} = n^{1/p}|v_{i_0}| = n^{1/p}\|v\|_\infty$. Damit ist $(\star)$ gezeigt. (Die Konstanten in der Abschätzung $(\star)$ sind bestmöglich, wie man für $v := (1,0,\ldots,0)^T$ bzw. $v := (1,1,\ldots,1)^T$ sieht.)

(b) Lassen wir in der oben erhaltenen Abschätzung $(\star)$ den Index p gegen Unendlich laufen, so folgt mit dem Einschnürungskriterium sofort $\|v\|_p \to \|v\|_\infty$ für $p \to \infty$ (was letztlich die Bezeichnung $\|\cdot\|_\infty$ rechtfertigt).

(c) Bezeichnet $e_i := (0,\ldots,0,1,0,\ldots,0)^T$ den i-ten Einheitsvektor und setzen wir $x := e_1$ und $y := e_2$, so gilt $\|x+y\|_p = 2^{1/p} > 2 = \|x\|_p + \|y\|_p$; dies ist eine Verletzung der Dreiecksungleichung.

(d) Wie die folgende Skizze zeigt, werden für $p \to \infty$ die Einheitskugeln immer "ausgebauchter" und nähern sich für $p \to \infty$ an das Einheitsquadrat (die Einheits"kugel" in der ∞-Norm) an.

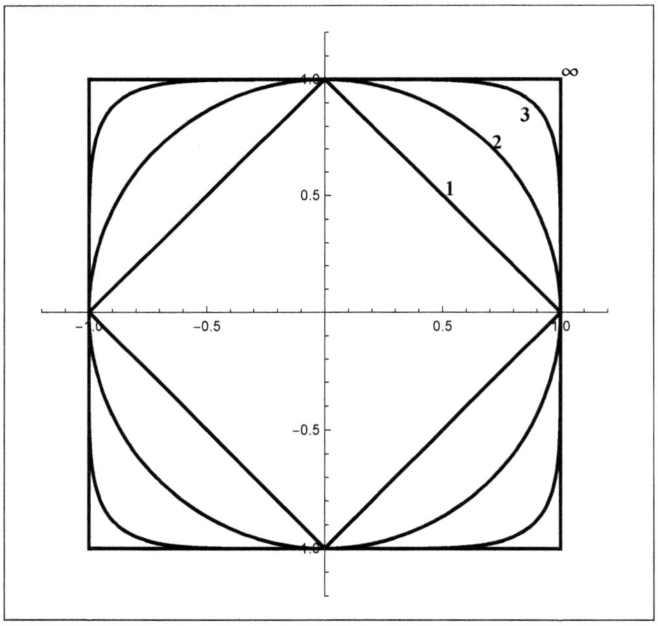

Einheitskugeln der p-Normen für $p = 1, 2, 3, \infty$.

Lösung (84.8) (a) Es gilt

$$f'(x) = \frac{1}{p}\left(1 - x^{(1/p)-1}\right) \begin{cases} < 0, & \text{falls } x < 1, \\ > 0, & \text{falls } x > 1; \end{cases}$$

hieraus folgen sofort die beiden Monotonieaussagen. Aus diesen ergibt sich, daß f an der Stelle $x = 1$ ein globales striktes Minimum besitzt; d.h., es gilt $f(x) > f(1) = 0$ für alle $x \ne 0$.

(b) Für $s = 0$ gilt die Behauptung trivialerweise (mit Gleichheit genau für $r = 0$). Für $s \ne 0$ können wir Teil (a) mit $x := r^p/s^q$ anwenden und erhalten

$$0 \le f(x) = 1 - \frac{1}{p} + \frac{r^p}{ps^q} - \frac{r}{s^{q/p}} = \frac{1}{q} + \frac{r^p}{ps^q} - \frac{r}{s^{q/p}}$$

mit Gleichheit genau für $x = 1$, also $r^p = s^q$. Nach Durchmultiplizieren mit s^q geht diese Ungleichung über in

$$\frac{s^q}{q} + \frac{r^p}{p} \ge \frac{rs^q}{s^{q/p}} = rs^{q(1-1/p)} = rs.$$

(c) Sind alle a_i oder alle b_i gleich Null, so gilt die Behauptung trivialerweise (mit Gleichheit). Andernfalls sind $\|a\|_p := (\sum_{i=1}^n a_i^p)^{1/p}$ und $\|b\|_q := (\sum_{i=1}^n b_i^q)^{1/q}$ positiv, und wir können Teil (b) mit $r_i := a_i/\|a\|_p$ und $s_i := b_i/\|b\|_q$ anwenden; wir erhalten dann

$$\frac{a_i b_i}{\|a\|_p\|b\|_q} \le \frac{1}{p}\cdot\frac{a_i^p}{\|a\|_p^p} + \frac{1}{q}\cdot\frac{b_i^q}{\|b\|_q^q}$$

mit Gleichheit genau dann, wenn $r_i^p = s_i^q$ gilt, also $a_i^p\|b\|_q^q = b_i^q\|a\|_p^p$. Addieren wir diese n Ungleichungen für $1 \le i \le n$, so ergibt sich

$$\frac{1}{\|a\|_p\|b\|_q}\sum_{i=1}^n a_i b_i \le \frac{1}{q}\cdot 1 + \frac{1}{p}\cdot 1 = 1,$$

wobei genau dann Gleichheit gilt, wenn in jeder einzelnen Ungleichung sogar Gleichheit gilt, wenn also $a_i^p\|b\|_q^q = b_i^q\|a\|_p^p$ für $1 \le i \le n$ gilt. Dies ist offenbar genau dann der Fall, wenn es ein $\lambda > 0$ mit $b_i^q = \lambda a_i^p$ für $1 \le i \le n$ gibt (und zwar ist zwangsläufig $\lambda = \|b\|_q^q/\|a\|_p^p$).

(d) Wir definieren q durch $(1/p) + (1/q) = 1$ (also $q := p/(p-1)$. Es gilt dann

$$\begin{aligned}
\sum_{i=1}^n (a_i+b_i)^p &= \sum_{i=1}^n a_i(a_i+b_i)^{p-1} + \sum_{i=1}^n b_i(a_i+b_i)^{p-1} \\
&\le \left(\sum_{i=1}^n a_i^p\right)^{1/p}\left(\sum_{i=1}^n (a_i+b_i)^{q(p-1)}\right)^{1/q} \\
&\qquad + \left(\sum_{i=1}^n b_i^p\right)^{1/p}\left(\sum_{i=1}^n (a_i+b_i)^{q(p-1)}\right)^{1/q} \\
&= \left[\left(\sum_{i=1}^n a_i^p\right)^{1/p} + \left(\sum_{i=1}^n b_i^p\right)^{1/p}\right]\cdot\left(\sum_{i=1}^n (a_i+b_i)^{q(p-1)}\right)^{1/q} \\
&= \left[\left(\sum_{i=1}^n a_i^p\right)^{1/p} + \left(\sum_{i=1}^n b_i^p\right)^{1/p}\right]\cdot\left(\sum_{i=1}^n (a_i+b_i)^{p}\right)^{1/q},
\end{aligned}$$

wobei wir beim Übergang von der ersten zur zweiten Zeile die Höldersche Ungleichung benutzten. Dividieren wir nun durch $(\sum_{i=1}^n (a_i+b_i)^p)^{1/q}$, so ergibt sich

$$\left(\sum_{i=1}^n (a_i+b_i)^p\right)^{1-1/q} \le \left(\sum_{i=1}^n a_i^p\right)^{1/p} + \left(\sum_{i=1}^n b_i^p\right)^{1/p},$$

und dies ist wegen $1-(1/q)=1/p$ die Behauptung. Gleichheit gilt nach Teil (c) genau dann, wenn es positive Zahlen $\lambda_1,\lambda_2>0$ gibt mit $(a_i+b_i)^{(p-1)q}=\lambda_1 a_i^p$ und $(a_i+b_i)^{(p-1)q}=\lambda_2 b_i^p$, wegen $(p-1)q=p$ also $\lambda_1 a_i^p=(a_i+b_i)^p=\lambda_2 b_i^p$ und damit $b_i=\lambda a_i$ mit einer Zahl $\lambda>0$ (nämlich $\lambda=(\lambda_1/\lambda_2)^{1/p}$).

(e) Offensichtlich gilt $\|x\|_p\geq 0$ für alle $x\in\mathbb{K}^n$ mit Gleichheit genau für $x=0$, und es gilt $\|\lambda x\|_p=(\sum_{i=1}^n|\lambda x_i|^p)^{1/p}=(|\lambda|^p\sum_{i=1}^n|x_i|^p)^{1/p}=|\lambda|\,\|x\|$ für alle $x\in\mathbb{K}^n$ und alle $\lambda\in\mathbb{K}$. Die Dreiecksungleichung $\|x+y\|_p\leq\|x\|_p+\|y\|_p$ folgt wegen $|x_i+y_i|\leq|x_i|+|y_i|$ sofort aus Teil (d).

Lösung (84.9) (a) Für $x=0$ oder $y=0$ ist die Behauptung trivial; wir dürfen also $x>0$ und $y>0$ annehmen. In diesem Fall ist die behauptete Bedingung nach Logarithmieren äquivalent zu

$$r\ln(x)+s\ln(y)\;\leq\;\ln(rx+sy);$$

diese Bedingung gilt aber, da die Logarithmusfunktion konkav ist.

Bemerkung: Wir geben noch eine zweite Herleitung der betrachteten Ungleichung an und betrachten dazu für einen festgehaltenen Wert $y>0$ die Funktion

$$f(x)\;:=\;rx+sy-x^ry^s\,.$$

Diese hat die Ableitung $f'(x)=r-rx^{r-1}y^s=r(1-x^{-s}y^s)$; es gilt genau dann $f'(x)=0$, wenn $x^s=y^s$ und damit $x=y$ gilt. Die Funktion f hat also einen einzigen kritischen Punkt, nämlich $x=y$; für diesen gilt $f(y)=(r+s)y-y^{r+s}=y-y=0$. Nun liegt an der kritischen Stelle zwangsläufig ein globales Minimum vor; dies folgt entweder aus den Bedingungen $f(0)=sy>0$ und $f(x)\to\infty$ für $x\to\infty$ oder aber durch Betrachten der zweiten Ableitung $f''(x)=-r(r-1)x^{r-2}y^s=rsx^{r-2}y^s>0$, deren Positivität zeigt, daß der Graph von f durchgehend linksgekrümmt ist. Also gilt $f(x)\geq f(y)=0$ für alle $x\geq 0$; da y beliebig war, ist damit die behauptete Ungleichung gezeigt.

(b) Die Bedingung $|\langle v,w\rangle|\leq\|v\|_p\|w\|_q$ gilt trivialerweise für $v=0$ oder $w=0$; wir dürfen also $v\neq 0$ und $w\neq 0$ annehmen. Teil (a) liefert unter Benutzung des angegebenen Hinweises dann

$$\frac{|v_iw_i|}{\|v\|_p\|w\|_q}\;=\;x^{1/p}y^{1/q}\;\leq\;\frac{x}{p}+\frac{y}{q}\;=\;\frac{1}{p}\frac{|v_i|^p}{\|v\|_p^p}+\frac{1}{q}\frac{|w_i|^q}{\|w\|_q^q}.$$

Aufsummieren über alle Indices $1\leq i\leq n$ liefert

$$\frac{\sum_{i=1}^n|v_iw_i|}{\|v\|_p\|w\|_q}\;\leq\;\frac{1}{p}+\frac{1}{q}\;=\;1$$

und damit $\sum_{i=1}^n|v_iw_i|\leq\|v\|_p\|w\|_q$. In der bisherigen Rechnung haben wir $1<p<\infty$ vorausgesetzt; für $p=1$ und $p=\infty$ gilt die Höldersche Ungleichung aber trivialerweise ebenfalls.

Lösung (84.10) Für alle $w\in\mathbb{K}^n$ mit $\|w\|_q\leq 1$ gilt nach der Hölderschen Ungleichung die Abschätzung $|\langle v,w\rangle|\leq\|v\|_p\|w\|_q\leq\|v\|_p$; also gilt die Ungleichung $\geq$. Wir beweisen nun die umgekehrte Ungleichung $\leq$; da diese für $v=0$ trivialerweise gilt, dürfen wir $v\neq 0$ voraussetzen. Wir wählen ε_i mit $|\varepsilon_i|=1$ und $|v_i|=\varepsilon_iv_i$ für alle i, beispielsweise

$$\varepsilon_i\;:=\;\begin{cases}|v_i|/v_i, & \text{falls } v_i\neq 0;\\ 1, & \text{falls } v_i=0.\end{cases}$$

Dann gilt

$$\|v\|_p\;=\;\sum_{i=1}^n\frac{|v_i|^p}{\|v\|_p^{p-1}}\;=\;\sum_{i=1}^n v_i\cdot\varepsilon_i\left(\frac{|v_i|}{\|v\|_p}\right)^{p-1}\;=\;\langle v,w\rangle$$

mit $w_i:=\varepsilon_i(|v_i|/\|v\|_p)^{p-1}$. Nun gilt $(1/q)+(1/p)=1$, folglich $q(p-1)=p$ und daher

$$\|w\|_q\;=\;\left(\sum_{i=1}^n|w_i|^q\right)^{1/q}\;=\;\left(\sum_{i=1}^n\left(\frac{|v_i|}{\|v\|_p}\right)^{(p-1)q}\right)^{1/q}$$

$$=\;\left(\sum_{i=1}^n\left(\frac{|v_i|}{\|v\|_p}\right)^p\right)^{1/q}\;=\;\left(\underbrace{\frac{1}{\|v\|_p^p}\sum_{i=1}^n|v_i|^p}_{=1}\right)^{1/q}\;=\;1.$$

Damit ist auch $\leq$ gezeigt. Auf ähnlichem Wege (aber etwas einfacher) beweisen wir nun die Gleichung

$$\|v\|_1\;=\;\max_{\|w\|_\infty\leq 1}|\langle v,w\rangle|\,.$$

Zunächst gilt für alle $w\in\mathbb{K}^n$ mit $\|w\|_\infty\leq 1$ die Abschätzung $|\langle v,w\rangle|\leq\sum_{i=1}^n|v_iw_i|\leq\sum_{i=1}^n|v_i|\cdot\|w\|_\infty=\|v\|_1\|w\|_\infty\leq\|v\|_1$ und damit die Ungleichung $\geq$. Ist umgekehrt $v\in\mathbb{K}^n$ gegeben und definieren wir $w\in\mathbb{K}^n$ durch

$$w_i\;:=\;\begin{cases}|v_i|/v_i, & \text{falls } v_i\neq 0,\\ 1, & \text{falls } v_i=0,\end{cases}$$

so gilt $\|v\|_1=\sum_i|v_i|=\sum_i v_iw_i=\langle v,w\rangle$; damit gilt auch die umgekehrte Ungleichung $\leq$. Schließlich beweisen wir noch die Gleichung

$$\|v\|_\infty\;=\;\max_{\|w\|_1\leq 1}|\langle v,w\rangle|\,.$$

Zunächst gilt für alle $w\in\mathbb{K}^n$ mit $\|w\|_1\leq 1$ die Abschätzung $|\langle v,w\rangle|\leq\sum_{i=1}^n|v_iw_i|\leq\sum_{i=1}^n\|v\|_\infty|w_i|=\|v\|_\infty\|w\|_1\leq\|v\|_\infty$ und damit die Ungleichung $\geq$. Ist umgekehrt $v\in\mathbb{K}^n$ gegeben mit $\|v\|_\infty=|v_{i_0}|$ und definieren wir $w\in\mathbb{K}^n$ durch

$$w_i\;:=\;\begin{cases}v_i/|v_i|, & \text{falls } i=i_0,\\ 0, & \text{falls } i\neq i_0,\end{cases}$$

so gilt $\|v\|_\infty = |v_{i_0}| = \sum_i v_i w_i = \langle v, w\rangle$; damit gilt auch die umgekehrte Ungleichung $\leq$.

Lösung (84.11) Offensichtlich gelten die folgenden Äquivalenzen:

$$\begin{aligned} & c\|\cdot\| \text{ ist submultiplikativ} \\ \Leftrightarrow\ & c\|AB\| \leq c\|A\| \cdot c\|B\| \text{ für alle } A, B \in \mathbb{K}^{n\times n} \\ \Leftrightarrow\ & \|AB\| \leq c\|A\|\,\|B\| \text{ für alle } A, B \in \mathbb{K}^{n\times n} \\ \Leftrightarrow\ & \|AB\| \leq c \text{ für alle } A, B \in \mathbb{K}^{n\times n} \text{ mit } \|A\|, \|B\| \leq 1. \end{aligned}$$

Eine Zahl $c > 0$, die die letzte Bedingung erfüllt, gibt es aber, weil die Menge $\{(A, B) \in \mathbb{K}^{n\times n} \times \mathbb{K}^{n\times n} \mid \|A\| \leq 1, \|B\| \leq 1\}$ abgeschlossen und beschränkt ist, die stetige Funktion $(A, B) \mapsto \|AB\|$ also auf dieser Menge ihr Maximum annimmt. Das kleinstmögliche c mit der angegebenen Eigenschaft ist also

$$c := \max\{\|AB\| \mid A, B \in \mathbb{K}^{n\times n}, \|A\| \leq 1, \|B\| \leq 1\}.$$

Für die Norm $\|\cdot\|_\infty$ ist dies die Zahl

$$\begin{aligned} c &= \max\{\left|\sum_{k=1}^n A_{ik}B_{kj}\right| \mid |A_{ik}| \leq 1, |B_{kj}| \leq 1\} \\ &= \max\{\left|\sum_{k=1}^n a_k b_k\right| \mid |a_k| \leq 1, |b_k| \leq 1\} = n. \end{aligned}$$

Lösung (84.12) Für $p = 1$ wurde die Aussage bereits in (68.17) bewiesen; es sei $1 < p \leq 2$. (Der in (68.17) schon behandelte Fall $p = 2$ wird hier noch einmal ohne Mehraufwand miterledigt.) Wir wählen q mit $(1/p) + (1/q) = 1$; dann ist $q \geq 2 \geq p$. Für alle $A, B \in \mathbb{K}^{n\times n}$ erhalten wir nun

$$\begin{aligned} \|AB\|_p^p &= \sum_{i,j=1}^n |(AB)_{ij}|^p = \sum_{i,j=1}^n \left|\sum_{k=1}^n A_{ik}B_{kj}\right|^p \\ &\leq \sum_{i,j=1}^n \left(\sum_{k=1}^n |A_{ik}|\,|B_{kj}|\right)^p \\ &\leq \sum_{i,j=1}^n \left\{\left(\sum_{k=1}^n |A_{ik}|^p\right)^{1/p} \left(\sum_{\ell=1}^n |B_{\ell j}|^q\right)^{1/q}\right\}^p \\ &= \sum_{i,j=1}^n \left\{\left(\sum_{k=1}^n |A_{ik}|^p\right) \left(\sum_{\ell=1}^n |B_{\ell j}|^q\right)^{p/q}\right\} \\ &= \left(\sum_{i,k=1}^n |A_{ik}|^p\right) \cdot \sum_{j=1}^n \left(\sum_{\ell=1}^n |B_{\ell j}|^q\right)^{p/q} \\ &\leq \left(\sum_{i,k=1}^n |A_{ik}|^p\right) \cdot \left(\sum_{j,\ell=1}^n |B_{\ell j}|^p\right) = \|A\|_p^p \|B\|_p^p \end{aligned}$$

und damit $\|AB\|_p \leq \|A\|_p \|B\|_p$. Dabei folgt die erste Ungleichung aus der Dreiecksungleichung in $\mathbb{K}$, die zweite aus der Hölderschen Ungleichung in $\mathbb{K}^n$ und die dritte wegen $\|v\|_q \leq \|v\|_p$ für alle $v \in \mathbb{K}^n$ wegen $q \geq p$ (angewandt auf $v = (B_{1j}, B_{2j}, \ldots, B_{nj})^T$).

Nun sei $p > 2$. Wir wählen als A die $(n \times n)$-Matrix, die nur Einsen als Einträge hat, und setzen $B := A$. Wir haben dann

$$A = B = \begin{bmatrix} 1 & \cdots & 1 \\ \vdots & & \vdots \\ 1 & \cdots & 1 \end{bmatrix} \quad \text{und} \quad AB = \begin{bmatrix} n & \cdots & n \\ \vdots & & \vdots \\ n & \cdots & n \end{bmatrix}$$

und folglich $\|A\|_p = (\sum_{i,j=1}^n 1^p)^{1/p} = (n^2 \cdot 1)^{1/p} = n^{2/p}$ und $\|AB\|_p = (\sum_{i,j=1}^n n^p)^{1/p} = (n^2 \cdot n^p)^{1/p} = n^{2/p} \cdot n$. Daher gilt

$$\|AB\|_p = n \cdot n^{2/p} > n^{2/p} \cdot n^{2/p} = \|A\|_p \|B\|_p.$$

Dies zeigt, daß $\|\cdot\|_p$ nicht submultiplikativ ist.

Lösung (84.13) Die Zeilensummennorm und die Spaltensummennorm von A haben beide den Wert $(1/3) + (3/5) = 14/15 < 1$; nach Beispiel (84.19) im Buch ist daher die Reihe $\sum_{k=0}^\infty A^k$ absolut konvergent gegen $(\mathbf{1} - A)^{-1}$. Zur Verifikation berechnen wir zunächst

$$\mathbf{1} - A = \begin{bmatrix} 2/3 & -4/15 \\ -3/5 & 2/3 \end{bmatrix}$$

und nach Invertieren dann

$$(1) \qquad (\mathbf{1} - A)^{-1} = \begin{bmatrix} 75/32 & 15/16 \\ 135/64 & 75/32 \end{bmatrix}.$$

Zur expliziten Berechnung der Reihe $\sum_{k=0}^\infty A^k$ transformieren wir T auf Diagonalform. Das charakteristische Polynom

$$\det \begin{bmatrix} (1/3) - \lambda & 4/15 \\ 3/5 & (1/3) - \lambda \end{bmatrix} = \lambda^2 - \frac{2}{3}\lambda - \frac{11}{225}$$

hat die Nullstellen $\lambda_{1,2} = (1/3) \pm (2/5)$, also $\lambda_1 = 11/15$ und $\lambda_2 = -1/15$. Zugehörige Eigenvektoren sind gegeben durch $v_1 = (2, 3)^T$ und $v_2 = (-2, 3)^T$. Mit

$$(2) \qquad T := \begin{bmatrix} 2 & -2 \\ 3 & 3 \end{bmatrix} \quad \text{und} \quad T^{-1} = \frac{1}{12}\begin{bmatrix} 3 & 2 \\ -3 & 2 \end{bmatrix}$$

gilt also

$$T^{-1}AT = \begin{bmatrix} \lambda_1 & 0 \\ 0 & \lambda_2 \end{bmatrix} = \begin{bmatrix} 11/15 & 0 \\ 0 & -1/15 \end{bmatrix} =: D$$

bzw. $A = TDT^{-1}$. Es ergibt sich

Aufgaben zu »Konvergenz in normierten Räumen« siehe Seite 105

$$\begin{aligned}\sum_{k=0}^{\infty} A^k &= \sum_{k=0}^{\infty} (TDT^{-1})^k \\ &= \sum_{k=0}^{\infty} TD^kT^{-1} = T\left(\sum_{k=0}^{\infty} D^k\right)T^{-1} \\ &= T\left(\sum_{k=0}^{\infty}\begin{bmatrix}\lambda_1^k & 0\\ 0 & \lambda_2^k\end{bmatrix}\right)T^{-1} \\ &= T\begin{bmatrix}\sum_{k=0}^{\infty}\lambda_1^k & 0\\ 0 & \sum_{k=0}^{\infty}\lambda_2^k\end{bmatrix}T^{-1} \\ &= T\begin{bmatrix}1/(1-\lambda_1) & 0\\ 0 & 1/(1-\lambda_2)\end{bmatrix}T^{-1} \\ &= T\begin{bmatrix}15/4 & 0\\ 0 & 15/16\end{bmatrix}T^{-1},\end{aligned}$$

wobei wir beim Übergang von der drittletzten zur vorletzten Zeile in den beiden Diagonalpositionen die gewöhnliche geometrische Summenformel $\sum_{k=0}^{\infty} q^k = 1/(1-q)$ für Zahlen q mit $|q| < 1$ benutzten.

Lösung (84.14) (a) Wegen $\|A\| < 1$ konvergiert die Reihe $\sum_{k=0}^{\infty} A^k$ absolut, und es gilt $(\mathbf{1}-A)\sum_{k=0}^{\infty} A^k = \sum_{k=0}^{\infty} A^k - \sum_{k=0}^{\infty} A^{k+1} = \mathbf{1}$; also ist $\mathbf{1}-A$ invertierbar mit

$$(\mathbf{1}-A)^{-1} = \sum_{k=0}^{\infty} A^k = \mathbf{1} + A + A^2 + \cdots .$$

Aus dieser Potenzreihendarstellung erhalten wir unter Benutzung der Summenformel für geometrische Reihen sofort die Abschätzung

$$\begin{aligned}\|(\mathbf{1}-A)^{-1}\| &= \|\sum_{k=0}^{\infty} A^k\| \le \sum_{k=0}^{\infty}\|A^k\| \\ &\le \sum_{k=0}^{\infty}\|A\|^k = \frac{1}{1-\|A\|}\end{aligned}$$

und wegen $(\mathbf{1}-A)^{-1} - \mathbf{1} = \sum_{k=1}^{\infty} A^k = A\sum_{k=1}^{\infty} A^{k-1} = A\sum_{k=0}^{\infty} A^k = A(\mathbf{1}-A)^{-1}$ dann auch

$$\begin{aligned}\|(\mathbf{1}-A)^{-1} - \mathbf{1}\| &= \|A(\mathbf{1}-A)^{-1}\| \\ &\le \|A\|\cdot\|(\mathbf{1}-A)^{-1}\| \le \frac{\|A\|}{1-\|A\|}.\end{aligned}$$

Die Submultiplikativität der Norm ging dabei jeweils bei der Abschätzung $\|A^k\| \le \|A\|^k$ ein.

(b) Es gilt $\|A^{-1}(B-A)\| \le \|A^{-1}\|\,\|B-A\| < 1$; nach Teil (a) ist also $\mathbf{1}+A^{-1}(B-A)$ invertierbar. Dann ist aber auch $B = A\big(\mathbf{1}+A^{-1}(B-A)\big)$ invertierbar. Ferner gilt

$$B^{-1} = \big(\mathbf{1}+A^{-1}(B-A)\big)^{-1}A^{-1};$$

mit $X := -A^{-1}(B-A)$ gilt daher

$$\begin{aligned}\|B^{-1}-A^{-1}\| &= \|(\mathbf{1}-X)^{-1}A^{-1}-A^{-1}\| \\ &= \|(\mathbf{1}+X+X^2+X^3+\cdots)A^{-1}-A^{-1}\| \\ &= \|(X+X^2+X^3+\cdots)A^{-1}\| \\ &= \|X(\mathbf{1}+X+X^2+\cdots)A^{-1}\| \\ &\le \|X\|\cdot(1+\|X\|+\|X\|^2+\cdots)\cdot\|A^{-1}\| \\ &= \frac{\|X\|\,\|A^{-1}\|}{1-\|X\|} \le \frac{\|A^{-1}\|\,\|B-A\|\,\|A^{-1}\|}{1-\|A^{-1}\|\,\|B-A\|};\end{aligned}$$

dabei benutzten wir im letzten Schritt die Abschätzung $\|X\| \le \|A^{-1}\|\,\|B-A\|$ sowie das monotone Wachstum der Funktion $t \mapsto t/(1-t)$.

Lösung (84.15) (a) Es gilt $A^2 = \mathbf{1}$ (Einheitsmatrix), damit dann $A^3 = A$, $A^4 = A^2 = \mathbf{1}$, $A^5 = A$ und so weiter; allgemein gilt $A^{2n} = \mathbf{1}$ und $A^{2n+1} = A$ für alle $n \ge 0$. Es ergibt sich

$$\begin{aligned}\exp(tA) &= \sum_{k=0}^{\infty}\frac{t^k}{k!}A^k = \sum_{n=0}^{\infty}\frac{t^{2n}A^{2n}}{(2n)!} + \sum_{n=0}^{\infty}\frac{t^{2n+1}A^{2n+1}}{(2n+1)!} \\ &= \sum_{n=0}^{\infty}\frac{t^{2n}}{(2n)!}\mathbf{1} + \sum_{n=0}^{\infty}\frac{t^{2n+1}}{(2n+1)!}A = \cosh(t)\,\mathbf{1} + \sinh(t)\,A \\ &= \begin{bmatrix}\cosh(t) & \sinh(t)\\ \sinh(t) & \cosh(t)\end{bmatrix} = \frac{1}{2}\begin{bmatrix}e^t+e^{-t} & e^t-e^{-t}\\ e^t-e^{-t} & e^t+e^{-t}\end{bmatrix}.\end{aligned}$$

Wir leiten nun das gleiche Ergebnis her, indem wir A auf Normalform transformieren. Dazu ermitteln wir zunächst die Eigenwerte von A, also die Nullstellen des charakteristischen Polynoms

$$\det(A-\lambda\mathbf{1}) = \begin{vmatrix}-\lambda & 1\\ 1 & -\lambda\end{vmatrix} = \lambda^2 - 1 = (\lambda-1)(\lambda+1);$$

wir erhalten die Lösungen $\lambda_1 = 1$ und $\lambda_2 = -1$. Zugehörige Eigenvektoren (also nichttriviale Vektoren v_i mit $Av_i = \lambda_i v_i$ bzw. $(A-\lambda_i\mathbf{1})v_i = 0$ ergeben sich etwa als $v_1 = (1,1)^T$ und $v_2 = (-1,1)^T$. Schreiben wir nun diese Eigenvektoren als Spalten einer Matrix P, so gilt $P^{-1}AP = D$, wobei D die Diagonalmatrix mit den Diagonalelementen 1 und -1 ist. Es gilt dann $\exp(tA) = \exp(tPDP^{-1}) = P\exp(tD)P^{-1}$, wegen

$$P = \begin{bmatrix}1 & -1\\ 1 & 1\end{bmatrix} \quad\text{und}\quad P^{-1} = \frac{1}{2}\begin{bmatrix}1 & 1\\ -1 & 1\end{bmatrix}$$

sowie

$$\exp(tD) = \exp\left(\begin{bmatrix}t & 0\\ 0 & -t\end{bmatrix}\right) = \begin{bmatrix}e^t & 0\\ 0 & e^{-t}\end{bmatrix}$$

also

$$\begin{aligned}\exp(tA) &= \frac{1}{2}\begin{bmatrix}1 & -1\\ 1 & 1\end{bmatrix}\begin{bmatrix}e^t & 0\\ 0 & e^{-t}\end{bmatrix}\begin{bmatrix}1 & 1\\ -1 & 1\end{bmatrix} \\ &= \frac{1}{2}\begin{bmatrix}e^t+e^{-t} & e^t-e^{-t}\\ e^t-e^{-t} & e^t+e^{-t}\end{bmatrix} = \begin{bmatrix}\cosh(t) & \sinh(t)\\ \sinh(t) & \cosh(t)\end{bmatrix}.\end{aligned}$$

Aufgaben zu »Konvergenz in normierten Räumen« siehe Seite 105

(b) Es gilt $A^2 = -\mathbf{1}$, damit dann $A^3 = -A$, $A^4 = -A^2 = \mathbf{1}$, $A^5 = A$ und so weiter; allgemein gilt $A^{2n} = (-1)^n \mathbf{1}$ und $A^{2n+1} = (-1)^n A$ für alle $n \geq 0$. Es ergibt sich

$$\begin{aligned} \exp(tA) &= \sum_{k=0}^{\infty} \frac{t^k}{k!} A^k \\ &= \sum_{n=0}^{\infty} \frac{t^{2n}}{(2n)!} A^{2n} + \sum_{n=0}^{\infty} \frac{t^{2n+1}}{(2n+1)!} A^{2n+1} \\ &= \sum_{n=0}^{\infty} \frac{(-1)^n t^{2n}}{(2n)!} \mathbf{1} + \sum_{n=0}^{\infty} \frac{(-1)^n t^{2n+1}}{(2n+1)!} A \\ &= \cos(t)\,\mathbf{1} + \sin(t)\,A = \begin{bmatrix} \cos(t) & -\sin(t) \\ \sin(t) & \cos(t) \end{bmatrix}. \end{aligned}$$

Wir leiten nun das gleiche Ergebnis her, indem wir A auf Normalform transformieren. Dazu ermitteln wir zunächst die Eigenwerte von A, also die Nullstellen des charakteristischen Polynoms

$$\det(A - \lambda\mathbf{1}) = \begin{vmatrix} -\lambda & -1 \\ 1 & -\lambda \end{vmatrix} = \lambda^2 + 1 = (\lambda + i)(\lambda - i);$$

wir erhalten die Lösungen $\lambda_1 = i$ und $\lambda_2 = -i$. Zugehörige Eigenvektoren (also nichttriviale Vektoren v_i mit $Av_i = \lambda_i v_i$ bzw. $(A - \lambda_i \mathbf{1})v_i = 0$ ergeben sich etwa als $v_1 = (i,1)^T$ und $v_2 = (-i,1)^T$. Schreiben wir nun diese Eigenvektoren als Spalten einer Matrix P, so gilt $P^{-1}AP = D$, wobei D die Diagonalmatrix mit den Diagonalelementen i und $-i$ ist. Es gilt dann $\exp(tA) = \exp(tPDP^{-1}) = P\exp(tD)P^{-1}$, wegen

$$P = \begin{bmatrix} i & -i \\ 1 & 1 \end{bmatrix} \quad \text{und} \quad P^{-1} = \frac{1}{2}\begin{bmatrix} -i & 1 \\ i & 1 \end{bmatrix}$$

sowie

$$\exp(tD) = \exp\left(\begin{bmatrix} it & 0 \\ 0 & -it \end{bmatrix}\right) = \begin{bmatrix} e^{it} & 0 \\ 0 & e^{-it} \end{bmatrix}$$

also

$$\begin{aligned} \exp(tA) &= \frac{1}{2}\begin{bmatrix} i & -i \\ 1 & 1 \end{bmatrix}\begin{bmatrix} e^{it} & 0 \\ 0 & e^{-it} \end{bmatrix}\begin{bmatrix} -i & 1 \\ i & 1 \end{bmatrix} \\ &= \frac{1}{2}\begin{bmatrix} e^{it}+e^{-it} & i(e^{it}-e^{-it}) \\ -i(e^{it}-e^{-it}) & e^{it}+e^{-it} \end{bmatrix} \\ &= \begin{bmatrix} \cos(t) & -\sin(t) \\ \sin(t) & \cos(t) \end{bmatrix}. \end{aligned}$$

Lösung (84.16) Wir berechnen $A^2 = B^2 = \mathbf{0}$ (Nullmatrix) und haben daher $A^n = B^n = \mathbf{0}$ für alle $n \geq 2$. Schreiben wir also die Exponentialreihen für $\exp(A)$ und $\exp(B)$ hin, so sind nur die jeweils ersten beiden Terme von Null verschieden; es ergeben sich die Gleichungen

$$\exp(A) = \mathbf{1}+A = \begin{bmatrix} 1 & 1 \\ 0 & 1 \end{bmatrix} \quad \text{und} \quad \exp(B) = \mathbf{1}+B = \begin{bmatrix} 1 & 0 \\ 1 & 1 \end{bmatrix}.$$

Wir haben dann

$$\exp(A)\exp(B) = \begin{bmatrix} 2 & 1 \\ 1 & 1 \end{bmatrix} \neq \begin{bmatrix} 1 & 1 \\ 1 & 2 \end{bmatrix} = \exp(B)\exp(A)$$

und nach Teil (a) der vorigen Aufgabe außerdem

$$\begin{aligned} \exp(A+B) &= \exp\begin{bmatrix} 0 & 1 \\ 1 & 0 \end{bmatrix} \\ &= \begin{bmatrix} \cosh(1) & \sinh(1) \\ \sinh(1) & \cosh(1) \end{bmatrix} \approx \begin{bmatrix} 1.543 & 1.175 \\ 1.175 & 1.543 \end{bmatrix}; \end{aligned}$$

die Matrizen $\exp(A)\exp(B)$, $\exp(B)\exp(A)$ und $\exp(A+B)$ sind also allesamt verschieden.

Lösung (84.17) (a) Gilt $A^2 = \alpha A$, dann auch $A^3 = \alpha A^2 = \alpha^2 A$, $A^4 = \alpha^2 A^2 = \alpha^3 A$ und allgemein

$$A^n = \alpha^{n-1} A \quad \text{für } n \geq 1.$$

Ist $\alpha = 0$, so folgt hieraus $\exp(tA) = \mathbf{1} + tA$; ist $\alpha \neq 0$, so folgt

$$\begin{aligned} \exp(tA) &= \mathbf{1} + \sum_{n=1}^{\infty} \frac{t^n}{n!} A^n = \mathbf{1} + \sum_{n=1}^{\infty} \frac{t^n \alpha^{n-1}}{n!} A \\ &= \mathbf{1} + \frac{1}{\alpha} \sum_{n=1}^{\infty} \frac{(t\alpha)^n}{n!} A = \mathbf{1} + \frac{e^{t\alpha}-1}{\alpha} A. \end{aligned}$$

(b) Für

$$A = \begin{bmatrix} 1 & 1 & 1 & 1 & 1 \\ 1 & 1 & 1 & 1 & 1 \\ 1 & 1 & 1 & 1 & 1 \\ 1 & 1 & 1 & 1 & 1 \\ 1 & 1 & 1 & 1 & 1 \end{bmatrix}$$

gilt $A^2 = 5A$, nach Teil (a) also

$$\exp(A) = \begin{bmatrix} 1 & 0 & 0 & 0 & 0 \\ 0 & 1 & 0 & 0 & 0 \\ 0 & 0 & 1 & 0 & 0 \\ 0 & 0 & 0 & 1 & 0 \\ 0 & 0 & 0 & 0 & 1 \end{bmatrix} + \frac{e^{5t}-1}{5} \begin{bmatrix} 1 & 1 & 1 & 1 & 1 \\ 1 & 1 & 1 & 1 & 1 \\ 1 & 1 & 1 & 1 & 1 \\ 1 & 1 & 1 & 1 & 1 \\ 1 & 1 & 1 & 1 & 1 \end{bmatrix}.$$

Lösung (84.18) Wir erhalten

$$N = \begin{bmatrix} 0 & 1 & 0 & 0 \\ 0 & 0 & 1 & 0 \\ 0 & 0 & 0 & 1 \\ 0 & 0 & 0 & 0 \end{bmatrix}, \quad N^2 = \begin{bmatrix} 0 & 0 & 1 & 0 \\ 0 & 0 & 0 & 1 \\ 0 & 0 & 0 & 0 \\ 0 & 0 & 0 & 0 \end{bmatrix}$$

$$N^3 = \begin{bmatrix} 0 & 0 & 0 & 1 \\ 0 & 0 & 0 & 0 \\ 0 & 0 & 0 & 0 \\ 0 & 0 & 0 & 0 \end{bmatrix}$$

Aufgaben zu »Konvergenz in normierten Räumen« siehe Seite 105

sowie $N^k = \mathbf{0}$ (Nullmatrix) für alle $k \geq 4$; hieraus folgt

$$e^{tN} = \sum_{k=0}^{\infty} \frac{t^k}{k!} N^k = \mathbf{1} + tN + \frac{t^2}{2}N^2 + \frac{t^3}{6}N^3 = \begin{bmatrix} 1 & t & t^2/2 & t^3/6 \\ 0 & 1 & t & t^2/2 \\ 0 & 0 & 1 & t \\ 0 & 0 & 0 & 1 \end{bmatrix}.$$

Weil N mit der Einheitsmatrix $\mathbf{1}$ kommutiert, gilt $e^{tA} = e^{t\lambda\mathbf{1}+tN} = e^{t\lambda\mathbf{1}}e^{tN} = (e^{t\lambda}\mathbf{1})e^{tN} = e^{t\lambda}e^{tN}$, also

$$e^{tA} = e^{t\lambda} \begin{bmatrix} 1 & t & t^2/2 & t^3/6 \\ 0 & 1 & t & t^2/2 \\ 0 & 0 & 1 & t \\ 0 & 0 & 0 & 1 \end{bmatrix}.$$

Lösung (84.19) Die Matrix

$$A = \begin{bmatrix} 2 & 0 & 1 \\ 1 & 0 & 1 \\ 1 & -2 & 0 \end{bmatrix}$$

hat die Eigenwerte $\lambda_1 = 2$ und $\lambda_{2,3} = \pm i$ und die zugehörigen Eigenvektoren

$$v_1 = \begin{bmatrix} 2 \\ 1 \\ 0 \end{bmatrix}, \quad v_2 = \begin{bmatrix} 2+i \\ 1+3i \\ -5 \end{bmatrix}, \quad v_3 = \begin{bmatrix} 2-i \\ 1-3i \\ -5 \end{bmatrix};$$

mit

$$P := \begin{bmatrix} 2 & 2+i & 2-i \\ 1 & 1+3i & 1-3i \\ 0 & -5 & -5 \end{bmatrix}$$

gilt also

$$P^{-1}AP = \begin{bmatrix} 2 & 0 & 0 \\ 0 & i & 0 \\ 0 & 0 & -i \end{bmatrix} =: D.$$

Damit ergibt sich

$$\exp(tA) = \exp(t\,PDP^{-1}) = P\exp(tD)\,P^{-1} =$$

$$\begin{bmatrix} 2 & 2+i & 2-i \\ 1 & 1+3i & 1-3i \\ 0 & -5 & -5 \end{bmatrix} \cdot \begin{bmatrix} e^{2t} & 0 & 0 \\ 0 & e^{it} & 0 \\ 0 & 0 & e^{-it} \end{bmatrix} \cdot \frac{1}{10} \begin{bmatrix} 6 & -2 & 2 \\ i & -2i & -1 \\ -i & 2i & -1 \end{bmatrix}$$

und nach Ausmultiplizieren dann $\exp(tA) = \frac{1}{10}\big(a_{ij}(t)\big)$ mit

$$\begin{aligned}
a_{11}(t) &= 12e^{2t} - (1-2i)e^{it} - (1+2i)e^{-it}, \\
a_{12}(t) &= -4e^{2t} + (2-4i)e^{it} + (2+4i)e^{-it}, \\
a_{13}(t) &= 4e^{2t} - (2+i)e^{it} - (2-i)e^{-it}, \\
a_{21}(t) &= 6e^{2t} - (3-i)e^{it} + (-3-i)e^{-it}, \\
a_{22}(t) &= -2e^{2t} + (6-2i)e^{it} + (6+2i)e^{-it}, \\
a_{23}(t) &= 2e^{2t} + (-1-3i)e^{it} + (-1+3i)e^{-it}, \\
a_{31}(t) &= -5ie^{it} + 5ie^{-it}, \\
a_{32}(t) &= 10ie^{it} - 10ie^{-it}, \\
a_{33}(t) &= 5e^{it} + 5e^{-it}.
\end{aligned}$$

Wegen $e^{it} = \cos t + i\sin t$ und $e^{-it} = \cos t - i\sin t$ bedeutet dies

$$\begin{aligned}
a_{11}(t) &= 12e^{2t} - 2\cos(t) - 4\sin(t), \\
a_{12}(t) &= -4e^{2t} + 4\cos(t) + 8\sin(t), \\
a_{13}(t) &= 4e^{2t} - 4\cos(t) + 2\sin(t), \\
a_{21}(t) &= 6e^{2t} - 6\cos(t) - 2\sin(t), \\
a_{22}(t) &= -2e^{2t} + 12\cos(t) + 4\sin(t), \\
a_{23}(t) &= 2e^{2t} - 2\cos(t) + 6\sin(t), \\
a_{31}(t) &= 10\sin(t), \\
a_{32}(t) &= -20\sin(t), \\
a_{33}(t) &= 10\cos(t)
\end{aligned}$$

und damit

$$\exp(tA) = \frac{e^{2t}}{5} \begin{bmatrix} 6 & -2 & 2 \\ 3 & -1 & 1 \\ 0 & 0 & 0 \end{bmatrix} + \frac{\cos t}{5} \begin{bmatrix} -1 & 2 & -2 \\ -3 & 6 & -1 \\ 0 & 0 & 5 \end{bmatrix} + \frac{\sin t}{5} \begin{bmatrix} -2 & 4 & 1 \\ -1 & 2 & 3 \\ 5 & -10 & 0 \end{bmatrix}.$$

Lösung (84.20) (Vgl. Nummer (84.26) im Buch.) Der Operator $L(\omega)$ ist charakterisiert durch die Bedingung $L(\omega)v = \omega \times v$ für alle $v \in \mathbb{R}^3$; die Matrix $L(\omega)$ ist also die Matrixdarstellung der Kreuzproduktbildung. Wir berechnen

$$\begin{aligned}
L(\omega)^2 &= \begin{bmatrix} 0 & -\omega_3 & \omega_2 \\ \omega_3 & 0 & -\omega_1 \\ -\omega_2 & \omega_1 & 0 \end{bmatrix} \begin{bmatrix} 0 & -\omega_3 & \omega_2 \\ \omega_3 & 0 & -\omega_1 \\ -\omega_2 & \omega_1 & 0 \end{bmatrix} \\
&= \begin{bmatrix} -\omega_2^2 - \omega_3^2 & \omega_1\omega_2 & \omega_1\omega_3 \\ \omega_2\omega_1 & -\omega_1^2 - \omega_3^2 & \omega_2\omega_3 \\ \omega_3\omega_1 & \omega_3\omega_2 & -\omega_1^2 - \omega_2^2 \end{bmatrix} \\
&= \begin{bmatrix} \omega_1\omega_1 & \omega_1\omega_2 & \omega_1\omega_3 \\ \omega_2\omega_1 & \omega_2\omega_2 & \omega_2\omega_3 \\ \omega_3\omega_1 & \omega_3\omega_2 & \omega_3\omega_3 \end{bmatrix} - (\omega_1^2+\omega_2^2+\omega_3^2) \begin{bmatrix} 1 & 0 & 0 \\ 0 & 1 & 0 \\ 0 & 0 & 1 \end{bmatrix};
\end{aligned}$$

das bedeutet aber $L(\omega)^2 = \omega\omega^T - \|\omega\|^2\mathbf{1}$. Wegen $L(\omega)\omega = \omega \times \omega = 0$ folgt hieraus $L(\omega)^3 = -\|\omega\|^2 L(\omega)$. Mit vollständiger Induktion ergeben sich dann die Formeln

$$\begin{aligned}
L(\omega)^{2n+1} &= (-1)^n \|\omega\|^{2n} L(\omega) \quad \text{und} \\
L(\omega)^{2n+2} &= (-1)^n \|\omega\|^{2n} \omega\omega^T + (-1)^{n+1}\|\omega\|^{2n+2}\mathbf{1},
\end{aligned}$$

die für alle $n \geq 0$ gültig sind. Wir zerlegen nun die Exponentialreihe

$$\exp\big(L(\omega)\big) = \mathbf{1} + \sum_{n=0}^{\infty} \frac{L(\omega)^{2n+1}}{(2n+1)!} + \sum_{n=0}^{\infty} \frac{L(\omega)^{2n+2}}{(2n-2)!}$$

in ihren geraden und ihren ungeraden Anteil. Der ungerade Anteil ist

$$\begin{aligned}
\sum_{n=0}^{\infty} \frac{(-1)^n \|\omega\|^{2n}}{(2n+1)!} L(\omega) &= \frac{1}{\|\omega\|} \sum_{n=0}^{\infty} \frac{(-1)^n \|\omega\|^{2n+1}}{(2n+1)!} L(\omega) \\
&= \frac{\sin(\|\omega\|)}{\|\omega\|} L(\omega);
\end{aligned}$$

der gerade Anteil ist

$$\begin{aligned}
&\mathbf{1} + \sum_{n=0}^{\infty} \frac{(-1)^n \|\omega\|^{2n}}{(2n+2)!} \omega\omega^T + \sum_{n=0}^{\infty} \frac{(-1)^{n+1} \|\omega\|^{2n+2}}{(2n+2)!} \mathbf{1} \\
&= \sum_{n=0}^{\infty} \frac{(-1)^n \|\omega\|^{2n}}{(2n)!} \mathbf{1} - \frac{1}{\|\omega\|^2} \sum_{n=1}^{\infty} \frac{(-1)^n \|\omega\|^{2n}}{(2n)!} \omega\omega^T \\
&= \cos(\|\omega\|)\mathbf{1} + \frac{1-\cos(\|\omega\|)}{\|\omega\|^2} \omega\omega^T.
\end{aligned}$$

Insgesamt ergibt sich

$$\exp\big(L(\omega)\big) = \cos(\|\omega\|)\mathbf{1} + \frac{1-\cos(\|\omega\|)}{\|\omega\|^2}\omega\omega^T + \frac{\sin(\|\omega\|)}{\|\omega\|} L(\omega).$$

Bilden wir den Einheitsvektor $n := \omega/\|\omega\|$ und schreiben wir $\Delta := \|\omega\|$, so bedeutet dies

$$\exp\big(L(\omega)\big) = \cos(\Delta)\mathbf{1} + \big(1-\cos(\Delta)\big)\, nn^T + \sin(\Delta)\, L(n);$$

als Operator ist $\exp\big(L(\omega)\big)$ also die Drehung um den Winkel Δ um die Drehachse in Richtung des Vektors n.

Lösung (84.21) Ja, denn diese Formel wird bewiesen durch eine Rechnung mit formalen Potenzreihen, bleibt also gültig, wenn für die Unbestimmte etwas eingesetzt wird (sei es eine Zahl oder eine Matrix).

Lösung (84.22) (a) Es gilt $e^A e^{-A} = e^{-A} e^A = e^{\mathbf{0}} = \mathbf{1}$; also ist e^A invertierbar (mit $(e^A)^{-1} = e^{-A}$). Denken wir uns A auf Dreiecksform D transformiert (zum Beispiel auf Jordansche Normalform), so stehen auf der Diagonalen von D die Eigenwerte $\lambda_1, \ldots, \lambda_n$ von A (gezählt mit Vielfachheit). Dann ist e^D wieder eine Dreiecksmatrix, und auf der Diagonalen von e^D stehen die Zahlen $e^{\lambda_1}, \ldots, e^{\lambda_n}$. Andererseits sind diese Diagonalelemente dann auch die Eigenwerte von e^A. Da die Determinante einer Matrix gerade das Produkt von deren Eigenwerten ist, erhalten wir

$$\det(e^A) = e^{\lambda_1} \cdots e^{\lambda_n} = e^{\lambda_1 + \ldots + \lambda_n} = e^{\operatorname{tr}(A)}.$$

(b) Konvergiert die angegebene Reihe absolut, so können wir sie in die Exponentialreihe einsetzen und dann die entstehenden Terme beliebig umordnen. Es ergibt sich eine Reihendarstellung $\exp\big(\log(\mathbf{1}+X)\big) = a_0\mathbf{1} + a_1 X + a_2 X^2 + a_3 X^3 + \cdots$, deren Koeffizienten wir zunächst nicht näher bestimmen. Andererseits ergibt sich diese Darstellung durch eine Rechnung mit formalen Potenzreihen. Diese Darstellung bleibt also gültig, wenn wir statt X eine reelle Zahl $x \in (-1,1)$ einsetzen. Für eine solche Zahl ist aber $\log(1+x)$ gerade die Taylorreihe der Funktion $\ln(1+x)$; es gilt also $\exp\big(\log(1+x)\big) = 1+x$. Nach dem Identitätssatz für analytische Funktionen können wir dann einen Koeffizientenvergleich durchführen und erhalten $a_0 = a_1 = 1$ sowie $a_n = 0$ für $n \geq 2$; folglich gilt $\exp\big(\log(\mathbf{1}+X)\big) = \mathbf{1} + X$.

Die im Beweis benötigte Voraussetzung der absoluten Konvergenz, also der Konvergenz der Reihe $\sum_{n=0}^{\infty} \|X^n\|/n$, ist sicher gewährleistet, wenn $\|X\| < 1$ gilt (denn dann ist $\|X^n\| \leq \|X\|^n$, und die Reihe $\sum_{n=0}^{\infty} \|X\|^n/n$ konvergiert für $\|X\| < 1$), aber etwa auch dann, wenn X nilpotent ist (denn dann gilt $X^n = \mathbf{0}$ ab einem gewissen Index n, und die Reihe reduziert sich auf eine endliche Summe).

(c) Für eine reelle Matrix A ist $\det(e^A) = e^{\operatorname{tr}(A)} > 0$. Das Bild der Exponentialfunktion enthält also keine Matrizen mit negativer Determinante und kann daher nicht ganz $\mathrm{GL}(n,\mathbb{R})$ sein.

(d) Es sei $J = \lambda\mathbf{1} + N$ ein Jordankästchen mit einem Eigenwert $\lambda \neq 0$ und einer nilpotenten Matrix N. Dann gilt $J = \lambda(\mathbf{1} + \lambda^{-1}N)$. Es gibt eine komplexe Zahl α mit $\lambda = e^\alpha$; ferner ist $\lambda^{-1}N$ nilpotent, so daß wir Teil (b) mit $X := \lambda^{-1}N$ anwenden können. Wir haben dann

$$J = e^\alpha \exp\big(\log(\mathbf{1}+\lambda^{-1}N)\big) = \exp\big(\alpha\mathbf{1} + \log(\mathbf{1}+\lambda^{-1}N)\big).$$

Also liegt J im Bild der Exponentialfunktion.

Im allgemeinen Fall sei $A \in \mathbb{C}^{n\times n}$ eine beliebige invertierbare Matrix. Wir finden dann eine Transformationsmatrix T mit $T^{-1}AT = \operatorname{diag}(J_1, \ldots, J_m) =: J$ mit Jordankästchen J_k. Wählen wir jeweils eine Matrix B_k mit $J_k = \exp(B_k)$ und setzen wir $B = \operatorname{diag}(B_1, \ldots, B_m)$, so gilt $\exp(B) = J$. Dann ist

$$A = TJT^{-1} = T\exp(B)T^{-1} = \exp(TBT^{-1});$$

also liegt A im Bild der Exponentialfunktion.

Lösung (84.23) (a) Bezüglich einer geeigneten Basis von $\mathbb{C}^n$ erhalten wir eine Matrixdarstellung der Form

$$A = \begin{bmatrix} \lambda_1 & & \star \\ & \ddots & \\ 0 & & \lambda_n \end{bmatrix}.$$

Ist $\rho(A) = 0$, so gilt $\lambda_1 = \cdots = \lambda_n = 0$, und A hat nur Nullen auf der Diagonalen. Wir haben dann $A^n = \mathbf{0}$, folglich $\|A^k\| = 0$ für alle $k \geq n$ und damit $\sqrt[k]{\|A^k\|} \to 0 = \rho(A)$. Nun sei $r := \rho(A) = \max_i |\lambda_i|$ strikt positiv; ferner sei $s := \max_{i<j} |A_{ij}|$. Dann ist jede Komponente von A^k höchstens so groß wie die entsprechende Komponente von

$$\begin{bmatrix} r & s & \cdots & s \\ & \ddots & \ddots & \vdots \\ & & \ddots & s \\ 0 & & & r \end{bmatrix}^k = (r\mathbf{1} + sN)^k,$$

wobei wir

$$N := \begin{bmatrix} 0 & 1 & \cdots & 1 \\ & \ddots & \ddots & \vdots \\ & & \ddots & 1 \\ 0 & & & 0 \end{bmatrix}$$

schreiben. Für $k \geq n-1$ gilt daher

$$\begin{aligned} \|A^k\|_1 &\leq \|(r\mathbf{1}+sN)^k\|_1 = \|\sum_{i=0}^{k} r^{k-i}s^iN^i\|_1 \\ &= \|\sum_{i=0}^{n-1} r^{k-i}s^iN^i\|_1 \leq \sum_{i=0}^{n-1} r^{k-i}s^i\|N^i\|_1 \\ &= r^k \cdot \sum_{i=0}^{n-1} r^{-i}s^i\|N^i\|_1 =: c\cdot r^k \end{aligned}$$

mit einer Konstanten c. Andererseits gilt

$$\|A^k\|_1 = \|\begin{bmatrix} \lambda_1^k & \cdots & \star \\ & \ddots & \vdots \\ 0 & & \lambda_n^k \end{bmatrix}\|_1 \geq \sum_{i=1}^{n} |\lambda_i^k| \geq r^k.$$

Insgesamt ergibt sich $r \leq \sqrt[k]{\|A^k\|_1} \leq c^{1/k}\, r$, für $k \to \infty$ also $r = \lim_{k\to\infty} \sqrt[k]{\|A^k\|_1}$ nach dem Einschnürungskriterium. Ist nun $\|\cdot\|$ irgendeine andere Norm auf $\mathbb{C}^{n\times n}$, so ist diese äquivalent zu $\|\cdot\|_1$; es gibt also Konstanten $a, b > 0$ mit $a\|\cdot\|_1 \leq \|\cdot\| \leq b\|\cdot\|_1$. Hieraus folgt

$$\sqrt[k]{a}\cdot\sqrt[k]{\|A^k\|_1} \leq \sqrt[k]{\|A^k\|} \leq \sqrt[k]{b}\cdot\sqrt[k]{\|A^k\|_1};$$

für $k \to \infty$ folgt mit dem Einschnürungskriterium dann $\sqrt[k]{\|A^k\|} \to r = \rho(A)$ für $k \to \infty$.

(b) Ist $\|\cdot\|$ submultiplikativ, so gilt $\sqrt[k]{\|A^k\|} \leq \sqrt[k]{\|A\|^k} = \|A\|$ für alle $k \in \mathbb{N}$, für $k \to \infty$ also $\rho(A) \leq \|A\|$. Wenden wir dies mit A^m statt mit A an, so erhalten wir $\rho(A^m) \leq \|A^m\|$. Nun sind aber die Eigenwerte von A^m genau die Zahlen λ^m, wobei λ ein Eigenwert von A ist; also gilt $\rho(A^m) = \rho(A)^m$. Wir haben also $\rho(A)^m \leq \|A^m\|$ bzw. $\rho(A) \leq \sqrt[m]{\|A^m\|}$ für alle $m \in \mathbb{N}$.

(c) Das charakteristische Polynom von A ist $\lambda^2 - 4$; die Eigenwerte von A sind also ± 2, und der Spektralradius von A ist $\rho(A) = 2$. Es gilt

$$A^2 = \begin{bmatrix} 0 & 4 \\ 1 & 0 \end{bmatrix}\begin{bmatrix} 0 & 4 \\ 1 & 0 \end{bmatrix} = \begin{bmatrix} 4 & 0 \\ 0 & 4 \end{bmatrix} = 4\cdot\mathbf{1}$$

und damit $A^{2k} = 4^k\mathbf{1}$ sowie $A^{2k+1} = 4^kA$ für alle $k \in \mathbb{N}$. Nehmen wir als Norm entweder die Zeilen- oder Spaltensummennorm oder auch die Spektralnorm, so haben wir $\|A\| = 4$ und folglich für alle $k \in \mathbb{N}$ die Beziehungen

$$\sqrt[2k]{\|A\|^{2k}} = \sqrt[2k]{4^k} = 2 \quad \text{und}$$
$$\sqrt[2k+1]{\|A\|^{2k+1}} = \sqrt[2k+1]{4^{k+1}} = 4^{(k+1)/(2k+1)} > 2.$$

Lösung (84.24) (a) Genau dann gilt $\rho(A) = 0$, wenn 0 der einzige Eigenwert von A ist. Ist dies der Fall, so ist A nach dem Satz über die Jordansche Normalform durch eine obere Dreiecksmatrix mit Nullen auf der Diagonalen darstellbar, woraus $A^n = \mathbf{0}$ folgt (mit $n := \dim V$). Gilt umgekehrt $A^m = \mathbf{0}$ für einen Exponenten m, so ist offensichtlich 0 der einzige Eigenwert von A (denn aus $Av = \lambda v$ folgt $\lambda^m v = A^m v = \mathbf{0}v = 0$ und damit $\lambda = 0$).

(b) Für $\lambda = 0$ ist die Behauptung trivial; für $\lambda \neq 0$ gilt sie, weil die Eigenwerte von λA genau die Zahlen der Form $\lambda\mu$ sind, bei denen μ ein Eigenwert von A ist.

(c) Es gelte $AB = BA$. Für jede Zahl $\lambda \in \mathbb{K}$ und jeden Exponenten $m \in \mathbb{N}$ bildet dann B den Kern von $(A - \lambda\mathbf{1})^m$ in sich ab, denn aus $(A-\lambda\mathbf{1})^m v = 0$ folgt $(A-\lambda\mathbf{1})^m Bv = B(A-\lambda\mathbf{1})^m v = B(0) = 0$. Nach dem Satz über die Jordansche Normalform gibt es also eine Basis von V, bezüglich der A und B simultan in Jordanscher Normalform dargestellt werden. Dies zeigt, daß die Eigenwerte von $A+B$ und AB genau die Zahlen der Form $\lambda+\mu$ bzw. $\lambda\mu$ sind, bei denen λ ein Eigenwert von A und μ ein Eigenwert von B ist. Hieraus folgt sofort die Behauptung.

(d) Nach Aufgabe (56.9) haben AB und BA die gleichen Eigenwerte; hieraus folgt die Behauptung.

(e) Wir schreiben $\mathrm{tr}(M)$ für die Spur (englisch "trace") einer quadratischen Matrix M. Es seien $\lambda_1, \ldots, \lambda_n$ die Eigenwerte von $AB - BA - \mathbf{1}$. Wären alle diese Eigenwerte betragsmäßig kleiner als 1, so wäre $\mathrm{tr}(AB - BA - \mathbf{1}) = \sum_{i=1}^n \lambda_i$ betragsmäßig kleiner als n; es ist aber $\mathrm{tr}(AB - BA - \mathbf{1}) = \mathrm{tr}(AB) - \mathrm{tr}(BA) - \mathrm{tr}(\mathbf{1}) = -\mathrm{tr}(\mathbf{1}) = -n$. Also gilt $|\lambda_i| \geq 1$ für mindestens einen Eigenwert λ_i; das bedeutet aber $\rho(AB - BA - \mathbf{1}) \geq 1$.

(f) Ist $(v_1, \ldots, v_m)$ eine zu einem Jordankästchen von A zu einem Eigenwert λ gehörige Basis, so hat A bezüglich der neuen Basis

$$(\widehat{v}_1, \widehat{v}_2, \ldots, \widehat{v}_m) := (v_1, \varepsilon v_2, \ldots, \varepsilon^{m-1}v_m)$$

die Matrixdarstellung

$$\begin{bmatrix} \lambda & \varepsilon & & 0 \\ & \ddots & \ddots & \\ & & \ddots & \varepsilon \\ 0 & & & \lambda \end{bmatrix};$$

aus $Av_i = \lambda v_i + v_{i-1}$ folgt nämlich

$$\begin{aligned} A\widehat{v}_i &= A(\varepsilon^{i-1}v_i) = \varepsilon^{i-1}Av_i = \varepsilon^{i-1}(\lambda v_i + v_{i-1}) \\ &= \lambda\cdot\varepsilon^{i-1}v_i + \varepsilon\cdot\varepsilon^{i-2}v_{i-1} = \lambda\widehat{v}_i + \varepsilon\widehat{v}_{i-1}. \end{aligned}$$

Führen wir dies für alle Jordankästchen durch, so hat A bezüglich der insgesamt erhaltenen Basis eine Matrixdarstellung, bei der auf der Diagonalen die Eigenwerte von A auftreten, auf der oberen Nebendiagonalen nur die Zahlen 0 und ε und außerhalb der Diagonalen nur Nullen. Wählen wir nun als Norm die (submultiplikative) Zeilen- oder Spaltensummennorm $\|\cdot\|$ bezüglich dieser Basis, so gilt offensichtlich $\|A\| \leq \rho(A) + \varepsilon$.

(g) Für die angegebenen Matrizen A und B haben wir $\rho(A) = \rho(B) = 1$ sowie

$$A+B = \begin{bmatrix} 2 & 1 \\ 1 & 2 \end{bmatrix} \quad \text{und} \quad AB = \begin{bmatrix} 2 & 1 \\ 1 & 1 \end{bmatrix}.$$

Aufgaben zu »Konvergenz in normierten Räumen« siehe Seite 105

Die Eigenwerte von $A+B$ sind die Lösungen der Gleichung $0 = (2-\lambda)^2 - 1$ bzw. $2-\lambda = \pm 1$, also $\lambda_{1,2} = 2 \pm 1$. Daher gilt $\rho(A+B) = 3 > 1+1 = \rho(A)+\rho(B)$. Die Eigenwerte von AB sind die Lösungen der Gleichung $0 = (2-\lambda)(1-\lambda) - 1 = \lambda^2 - 3\lambda + 1$, also $\lambda_{1,2} = (3 \pm \sqrt{5})/2$. Daher gilt $\rho(AB) = (3+\sqrt{5})/2 > 1 \cdot 1 = \rho(A)\rho(B)$.

(h) Es gilt $\rho(A) = 1$. Wäre $\|A\| = \rho(A) = 1$ für eine submultiplikative Norm $\|\cdot\|$, so gälte $\|A^n\| \leq \|A\|^n = 1^n = 1$ für alle $n \in \mathbb{N}$; es gilt aber

$$\|A^n\| = \left\| \begin{bmatrix} 1 & n \\ 0 & 1 \end{bmatrix} \right\| \to \infty$$

für jede beliebige Norm auf $\mathbb{C}^{2\times 2}$.

Lösung (84.25) (a) Gilt $\|A^k\| = \|A\|^k$ für alle $k \in \mathbb{N}$, so gilt $\rho(A) = \lim_{k\to\infty} \|A^k\|^{1/k} = \lim_{k\to\infty} \|A\| = \|A\|$. Ist andererseits $\rho(A) = \|A\|$, so gilt $\|A\| \leq \|A^k\|^{1/k}$, also $\|A\|^k \leq \|A^k\|$ für alle $k \in \mathbb{N}$. Die umgekehrte Ungleichung gilt aber aufgrund der Submultiplikativität von $\|\cdot\|$ sowieso; also gilt sogar Gleichheit.

(b) Es gelte $\rho(A) < 1$. Ist $\|\cdot\|$ irgendeine Norm auf $\mathbb{C}^{n\times n}$, so bedeutet dies $\lim_{n\to\infty} \sqrt[n]{\|A^n\|} < 1$. Es gibt dann eine Zahl q mit $0 < q < 1$ und einen Index n_0 mit $\sqrt[n]{\|A^n\|} \leq q$ bzw. $\|A^n\| \leq q^n$ für alle $n \geq n_0$. Wegen $q^n \to 0$ gilt dann $\|A^n\| \to 0$ und damit $A^n \to \mathbf{0}$ für $n \to \infty$.

Umgekehrt gelte $\rho(A) \geq 1$. Es gibt dann einen Eigenwert λ mit $|\lambda| \geq 1$. Wir wählen irgendeine Norm auf $\mathbb{C}^n$ und einen Eigenvektor v zum Eigenwert λ mit $\|v\| = 1$. Dann gilt $A^n v = \lambda^n v$ für alle $n \in \mathbb{N}$ und damit $\|A^n\|_{\mathrm{op}} \geq \|\lambda^n v\| = |\lambda|^n \geq 1$ für die zu $\|\cdot\|$ gehörige Operatornorm $\|\cdot\|_{\mathrm{op}}$; es kann also nicht $\|A^n\|_{\mathrm{op}} \to 0$ gelten. Da alle Normen auf $\mathbb{C}^{n\times n}$ äquivalent sind, kann also nicht $A^n \to \mathbf{0}$ gelten. Umgekehrt folgt aus $A^n \to \mathbf{0}$ daher $\rho(A) < 1$.

Lösung (84.26) Für jedes $n \in \mathbb{N}$ ist die Menge

$$I_n := \{i \in I \mid \|a_i\| \geq 1/n\}$$

endlich; dann ist aber $\{i \in I \mid a_i \neq 0\} = \bigcup_{n\in\mathbb{N}} I_n$ endlich oder abzählbar.

Lösung (84.27) (a) Wegen $0 \leq (|\lambda_i| - |\mu_i|)^2 = |\lambda_i|^2 - 2|\lambda_i\mu_i| + |\mu_i|^2$ gilt $|\lambda_i\mu_i| \leq (1/2)(|\lambda_i|^2 + |\mu_i|^2)$; aus $\sum_i |\lambda_i|^2 < \infty$ und $\sum_i |\mu_i|^2 < \infty$ folgt also $\sum_i |\lambda_i\mu_i| < \infty$, so daß die Reihe $\sum_i \lambda_i\overline{\mu}_i$ absolut konvergiert. Damit ist die Abbildung $(\lambda,\mu) \mapsto \sum_i \lambda_i\overline{\mu}_i$ wohldefiniert. Daß diese Abbildung ein Skalarprodukt ist, folgt durch einfaches Nachrechnen der Skalarprodukteigenschaften (positive Definitheit, Schiefsymmetrie und Sesquilinearität).

(b) Wir betrachten die Abbildung $X \to \ell^2(I)$ mit $x \mapsto (\langle x, x_i\rangle)_{i\in I}$, die jedem Element $x \in X$ seine Koeffizienten bezüglich der Orthonormalbasis (x_i) zuordnet. Diese Abbildung ist wohldefiniert, denn $\sum_i |\langle x, x_i\rangle|^2 = \|x\|^2 < \infty$. Sie ist offensichtlich auch linear und injektiv (denn aus $\langle x, x_i\rangle = 0$ für alle i folgt $x = \sum_i \langle x, x_i\rangle x_i = 0$). Sie ist surjektiv, denn für ein gegebenes Element $(\lambda_i)_{i\in I} \in \ell^2(I)$ ist $x := \sum_{i\in I} \lambda_i x_i$ wegen

$$\sum_i \|\lambda_i x_i\| = \sum_i |\lambda_i|\,\|x_i\| \leq \sqrt{\sum_i |\lambda_i|^2} \cdot \sqrt{\sum_i \|x_i\|^2} = \sqrt{\sum_i |\lambda_i|^2} \cdot \|x\| < \infty$$

ein wohldefiniertes Element von X, und offensichtlich wird dieses Element $x \in X$ auf das vorgegebene Element $(\lambda_i)_{i\in I} \in \ell^2(I)$ abgebildet.

(c) Ist $\sigma: I \to J$ eine Bijektion, so ist ein Isomorphismus $\ell^2(I) \to \ell^2(J)$ gegeben durch $(\lambda_i)_{i\in I} \mapsto (\lambda_{\sigma^{-1}(j)})_{j\in J}$. Umgekehrt sei ein Isomorphismus zwischen $\ell^2(I)$ und $\ell^2(J)$ gegeben. Dieser Isomorphismus bildet ein maximales Orthonormalsystem von $\ell^2(I)$ auf ein maximales Orthonormalsystem von $\ell^2(J)$ ab, so daß die beiden Orthonormalsysteme gleichmächtig sind. Nach Teil (b) hat aber ein maximales Orthonormalsystem von $\ell^2(I)$ die Mächtigkeit von I, ein maximales Orthonormalsystem von $\ell^2(J)$ die Mächtigkeit von J. Also sind I und J gleichmächtig.

Lösung (84.28) (1)⇒(2). Dies ist gerade Satz (84.39).

(2)⇒(3). Trivialerweise gilt $U \subseteq U^{\perp\perp}$. Umgekehrt sei $v \in U^{\perp\perp}$. Wegen (2) gibt es eine Darstellung $v = u + w$ mit $u \in U$ und $w \in U^\perp$. Dann liegt $w = v - u$ in $U^{\perp\perp}$, steht also auf $w \in U^\perp$ senkrecht. Daher gilt $0 = \langle w, w\rangle = \|w\|^2$, folglich $w = 0$ und damit $v = u \in U$.

(3)⇒(4). Gilt $U^\perp = \{0\}$, dann wegen (3) auch $U = U^{\perp\perp} = \{0\}^\perp = V$. Aus $U \neq V$ folgt also $U^\perp \neq \{0\}$.

(4)⇒(5). Ist $f \equiv 0$, so wähle $v := 0$. Andernfalls ist $U := \mathrm{Kern}(f)$ ein echter abgeschlossener Unterraum von V; nach (4) gibt es daher ein Element $w \in U^\perp \setminus \{0\}$. Dann gilt $f(w) \neq 0$. Für alle $x \in V$ liegt dann $x - \big(f(x)/f(w)\big)w$ in $\mathrm{Kern}(f) = U$; wegen $w \in U^\perp$ gilt dann

$$0 = \langle x - \frac{f(x)}{f(w)} w, w\rangle = \langle x, w\rangle - \frac{f(x)}{f(w)} \|w\|^2$$

und damit

$$f(x) = \frac{f(w)}{\|w\|^2} \langle x, w\rangle = \left\langle x, \frac{\overline{f(w)}}{\|w\|^2} w \right\rangle.$$

Mit $v := (\overline{f(w)}/\|w\|^2)\, w$ gilt also $f(x) = \langle x, v\rangle$ für alle $x \in V$.

(5)⇒(1). Es sei $\widehat{V}$ eine Vervollständigung von V, und es sei $\xi \in \widehat{V}$. Dann ist $f := \langle \cdot, \xi\rangle$ ein stetiges lineares Funktional (nicht nur auf $\widehat{V}$, sondern auch) auf V, folglich wegen (5) von der Form $f = \langle \cdot, v\rangle$ mit $v \in V$. Dann gilt $\langle x, \xi - v\rangle = 0$ für alle $x \in V$, aus Stetigkeitsgründen also auch $\langle x, \xi - v\rangle = 0$ für alle $x \in \overline{V} = \widehat{V}$ und damit $\xi - v = 0$, also $\xi = v \in V$. Da $\xi \in \widehat{V}$ beliebig war, gilt also $\widehat{V} = V$; d.h., V ist selbst schon vollständig.

Aufgaben zu »Konvergenz in normierten Räumen« siehe Seite 105

Lösung (84.29) (1)⇒(2). Gilt $v = \sum_{i\in I}\langle v, x_i\rangle x_i$, so gilt $v_i \neq 0$ nur für höchstens abzählbar viele Indices $i \in I$, so daß in Wirklichkeit eine konvergente Reihe $v = \sum_{i=1}^{\infty} v_i x_i$ vorliegt. Daher läßt sich v beliebig genau durch die Linearkombinationen $\sum_{i=1}^{n} v_i x_i$ mit $n \in \mathbb{N}$ approximieren.

(2)⇒(3). Es sei $\varepsilon > 0$ beliebig. Nach Voraussetzung gibt es Skalare $\lambda_1, \ldots, \lambda_n$ und Indices $i_1, \ldots, i_n \in I$ derart, daß $\|v - \sum_{k=1}^{n} \lambda_k x_{i_k}\| < \varepsilon$ gilt. Nach Satz (65.18) im Buch gilt dann erst recht $\|v - \sum_{i=1}^{n}\langle v, x_{i_k}\rangle x_{i_k}\| < \varepsilon$. Wir erhalten daher

$$0 \leq \|v\|^2 - \sum_{i\in I} |\langle v, x_i\rangle|^2 \leq \|v\|^2 - \sum_{k=1}^{n} |\langle v, x_{i_k}\rangle|^2$$
$$= \left\| v - \sum_{k=1}^{n}\langle v, x_{i_k}\rangle x_{i_k} \right\|^2 \leq \left\| v - \sum_{k=1}^{n} \lambda_k x_{i_k}\right\|^2 < \varepsilon^2,$$

wobei die erste Ungleichung gerade die Besselsche Ungleichung ist. Da $\varepsilon > 0$ beliebig war, folgt hieraus $\|v\|^2 = \sum_{i\in I} |\langle v, x_i\rangle|^2$.

(3)⇒(4). Es gibt nur höchstens abzählbar viele Indices $i \in I$ mit $\langle v, x_i\rangle \neq 0$; wir dürfen also $\|v\|^2 = \sum_{i=1}^{\infty} |\langle v, x_i\rangle|^2$ schreiben. Für alle $n \in \mathbb{N}$ gilt dann

$$\left\| v - \sum_{i=1}^{n}\langle v, x_i\rangle x_i \right\|^2 = \left\langle v - \sum_{i=1}^{n}\langle v, x_i\rangle x_i,\ v - \sum_{j=1}^{n}\langle v, x_j\rangle x_j \right\rangle$$
$$= \|v\|^2 - \sum_{i=1}^{n} |\langle v, x_i\rangle|^2 \to 0 \quad \text{für } n \to \infty.$$

Das bedeutet aber $v = \sum_{i=1}^{\infty}\langle v, x_i\rangle x_i = \sum_{i\in I}\langle v, x_i\rangle x_i$.

(4)⇒(1). Setze $v_i := \langle v, x_i\rangle$ für alle $i \in I$.

Damit ist die Äquivalenz der Bedingungen (1) bis (4) gezeigt. Erfüllt die Familie $(x_i)_{i\in I}$ diese Bedingungen und steht $v \in V$ auf allen x_i senkrecht, so gilt $v = \sum_{i\in I}\langle v, x_i\rangle x_i = \sum_{i\in I} 0 \cdot x_i = 0$; dies zeigt, daß $\{x_i \mid i \in I\}$ ein maximales Orthonormalsystem ist.

Lösung (84.30) Wir nehmen zunächst an, V sei vollständig. Es sei $(x_i)_{i\in I}$ ein maximales Orthonormalsystem in V. Ist $v \in V$ beliebig, so gilt $\sum_{i\in I} |\langle v, x_i\rangle|^2 < \infty$ aufgrund der Besselschen Ungleichung, so daß nur für höchstens abzählbar viele Indices i die Bedingung $\langle v, x_i\rangle \neq 0$ gilt, sagen wir für $i = 1, 2, 3, \ldots$ nach Umnumerierung. Für alle $n > m$ gilt dann

$$\left\| \sum_{i=1}^{n}\langle v, x_i\rangle x_i - \sum_{i=1}^{m}\langle v, x_i\rangle x_i \right\|^2 = \sum_{i=m+1}^{n} |\langle v, x_i\rangle|^2 \to 0$$

für $m, n \to \infty$, so daß die Folge der Partialsummen $\sum_{i=1}^{n}\langle v, x_i\rangle x_i$ eine Cauchyfolge ist, wegen der vorausgesetzten Vollständigkeit von V also konvergent. Also existiert $\sum_{i=1}^{\infty}\langle v, x_i\rangle x_i$. Da die Differenz $d := v - \sum_{i=1}^{\infty}\langle v, x_i\rangle x_i$ senkrecht auf jedem der Elemente x_j steht und da $(x_i)_{i\in I}$ ein *maximales* Orthonormalsystem in V ist, gilt $d = 0$, also $v = \sum_{i=1}^{\infty}\langle v, x_i\rangle x_i$. Also ist Bedingung (4) der vorhergehenden Aufgabe erfüllt.

Umgekehrt sei jedes maximale Orthonormalsystem schon eine topologische Basis für V. Gemäß Aufgabe (84.28) können wir die Vollständigkeit von V dadurch nachweisen, daß wir die Nichtexistenz eines abgeschlossenen Unterraums $U \neq V$ mit $U^\perp = \{0\}$ nachweisen. Es sei also U ein abgeschlossener Unterraum von V mit $U^\perp = \{0\}$. Wir wählen dann ein maximales Orthonormalsystem $B = \{b_i \mid i \in I\}$ von U und ergänzen dieses zu einem maximalen Orthonormalsystem $B \cup B^\star$ von V mit $B^\star = \{b_j^\star \mid j \in J\}$, was jeweils nach dem Zornschen Lemma möglich ist. Wir nehmen an, J bzw. $B^\star$ sei nicht leer. Es sei dann $j_0 \in J$ beliebig. Es gibt dann ein Element $u \in U$ mit $\langle b_{j_0}^\star, u\rangle \neq 0$ (sonst läge nämlich $b_{j_0}^\star$ in $U^\perp = \{0\}$). Da $B \cup B^\star$ nach Voraussetzungen die Bedingungen (1) bis (4), insbesondere also die Bedingung (2) der vorigen Aufgabe erfüllt, gibt es eine Darstellung $u = \sum_{i\in I} \lambda_i b_i + \sum_{j\in J} \mu_j b_j^\star$. Der Vektor $\xi := \sum_j \mu_j b_j^\star$ steht dann einerseits senkrecht auf allen Vektoren $b_i \in B$, liegt wegen $\xi = u - \sum_i \lambda_i b_i \in U$ andererseits in U, muß also (da B nach Voraussetzung ein maximales Orthonormalsystem in U ist) der Nullvektor sein. Aus $\xi = 0$ folgt aber $0 = \langle \xi, b_{j_0}^\star\rangle = \langle u, b_{j_0}^\star\rangle$ im Widerspruch zur Wahl von u. Dieser Widerspruch zeigt, daß $B^\star$ leer sein muß, B also ein maximales Orthonormalsystem für V und daher nach Voraussetzung eine topologische Basis für V sein muß. Hieraus folgt aber $V = \overline{U} = U$. Damit ist gezeigt, daß der einzige abgeschlossene Unterraum U von V mit $U^\perp = \{0\}$ der Raum V selbst ist. Nach Aufgabe (84.28) ist damit die Vollständigkeit von V gezeigt.

Lösung (84.31) Es seien A und B maximale Orthonormalsysteme in V. Ist V endlichdimensional, so ist ein maximales Orthonormalsystem das Gleiche wie eine Orthonormalbasis, und die Behauptung folgt in diesem Fall daraus, daß zwei Basen eines (endlichdimensionalen) Vektorraums die gleiche Mächtigkeit haben. Ist V unendlichdimensional, so sind A und B beides unendliche Mengen. Für $a \in A$ setzen wir

$$B_a := \{b \in B \mid \langle b, a\rangle \neq 0\}.$$

Nach der Besselschen Ungleichung ist B_a höchstens abzählbar. Da A ein *maximales* Orthonormalsystem ist, gilt $B \subseteq \bigcup_{a\in A} B_a$ und damit $|B| \leq |A| \cdot |\mathbb{N}| = |A|$. Vertauschung der Rollen von A und B zeigt, daß dann auch $|A| \leq |B|$ gilt. Nach dem Satz von Schröder und Bernstein gilt daher $|A| = |B|$.

Lösung (84.32) Der Vektorraum V ist ein Untervektorraum von $\ell^2 = \ell^2(\mathbb{N})$. Setzen wir $e := (1, 1/2, 1/3, 1/4, \ldots)$ und definieren wir $f : \ell^2 \to \mathbb{K}$ durch $f(a) := \langle a, e\rangle$, so ist f ein stetiges lineares Funktional und damit $\text{Kern}(f)$ ein abgeschlossener Untervektorraum von

ℓ^2. Dann ist aber $U = V \cap \mathrm{Kern}(f)$ ein abgeschlossener Untervektorraum von V. Wegen $e_1 \notin U$ gilt $U \neq V$. Es sei $b \in U^\perp$. Wäre $b \neq 0$, so wäre b von der Form $b = (b_1, \ldots, b_n, 0, 0, 0, \ldots)$ mit $b_n \neq 0$. Dann läge $a := (0, \ldots, 0, -n, n+1, 0, 0, \ldots)$ in U, so daß wegen $b \in U^\perp$ die Gleichung $0 = \langle b, a\rangle = -nb_n$ und damit $b_n = 0$ gälte, während doch $b_n \neq 0$ gilt. Dieser Widerspruch zeigt, daß $U^\perp = \{0\}$ gilt.

Lösung (84.33) Der Vektor $v \in V$ stehe senkrecht auf $e_2, e_3, e_4, \ldots$. Dann kann v nicht in dem von $e_2, e_3, e_4, \ldots$ aufgespannten Unterraum von V liegen, ist also zwangsläufig von der Form $v = \lambda_1(\sum_{k=1}^\infty (1/k)e_k) + \sum_{k=2}^\infty \lambda_k e_k$ mit $\lambda_1 \neq 0$. Für alle $\ell \geq 2$ gilt dann $0 = \langle v, e_\ell\rangle = \lambda_1/\ell + \lambda_\ell$ und damit $\lambda_\ell = -\lambda_1/\ell$. Dies liefert $v = \lambda_1 \sum_{k=1}^\infty (1/k)e_k - \lambda_1 \sum_{\ell=2}^\infty (1/\ell)e_\ell = \lambda_1 e_1$, was nicht möglich ist, weil e_1 ja gar nicht in V liegt. Dies zeigt, daß $\{e_2, e_3, e_4, \ldots\}$ ein maximales Orthonormalsystem in V ist. Daß dieses System keine topologische Basis von V bildet, ist klar, weil der Vektor $\sum_{k=1}^\infty (1/k)e_k \in V$ nicht von der Form $\sum_{k=2}^\infty \lambda_k e_k$ ist.

Lösung (84.34) (1)⇒(2): Wäre $A_{ij} < 0$ für ein Paar (i,j) von Indices mit $i \neq j$, so gälte wegen $e^{tA} = \mathbf{1} + tA + \mathrm{o}(t)$ auch $(e^{tA})_{ij} = tA_{ij} + \mathrm{o}(t)$ und damit $(e^{tA})_{ij} < 0$ für hinreichend kleine Werte $t > 0$, was der Voraussetzung widerspräche.

(2)⇒(1). Es sei $\leq$ die in Aufgabe (34.33) eingeführte Ordnungsrelation. Aus $A \leq B$ folgt dann $A^k \leq B^k$ für alle $k \in \mathbb{N}$; aus $\mathbf{0} \leq A \leq B$ folgt daher $e^{tA} \leq e^{tB}$ für alle $t \geq 0$. Es gelte nun (2). Mit $\alpha := \max_{1\leq i\leq n} |A_{ii}|$ haben wir dann $A + \alpha\mathbf{1} \geq \mathbf{0}$, folglich $tA + t\alpha\mathbf{1} \geq \mathbf{0}$ für alle $t \geq 0$ und damit $e^{t\alpha}e^{tA} = e^{tA+t\alpha\mathbf{1}} \geq e^{\mathbf{0}} = \mathbf{1}$, also $e^{tA} \geq e^{-t\alpha}\mathbf{1} \geq \mathbf{0}$. Also gilt (1).

Lösung (84.35) Es sei $c := \sum_{i\in I} \|a_i\|$; dann gilt $\|a_i\| < c$ für alle $i \in I$. Für $n \in \mathbb{N}$ betrachten wir die Menge

$$I_n := \left\{ i \in I \;\middle|\; \frac{c}{n+1} < \|a_i\| \leq \frac{c}{n} \right\}.$$

Dann sind die Mengen I_n offensichtlich paarweise disjunkt; wegen $0 < \|a_i\| \leq c$ für alle i ist die Vereinigung der Mengen I_n ganz I, und wegen $\sum_{i\in I} \|a_i\| < \infty$ ist jede der Mengen I_n (leer oder) endlich. Also ist $I = \bigcup_{n\in\mathbb{N}} I_n$ eine Vereinigung abzählbar vieler endlicher Mengen und damit (höchstens) abzählbar.

Lösung (84.36) Nein! Es sei V die Menge aller Polynomfunktionen $p : \mathbb{R} \to \mathbb{R}$. Wähle eine stetige Funktion $f : \mathbb{R} \to \mathbb{R}$ mit $f \equiv 17$ auf $[0,1]$ und $f \equiv 31$ auf $[2,3]$. Nach dem Weierstraßschen Approximationssatz gibt es eine Folge (p_n) von Polynomen, die gleichmäßig auf $[0,3]$ gegen f konvergiert. Durch

$$\|p\|_1 := \max_{0\leq t\leq 1} |p(t)| \qquad \text{und} \qquad \|p\|_2 := \max_{2\leq t\leq 3} |p(t)|$$

sind zwei Normen auf V definiert; es gilt $\|p_n - 17\|_1 \to 0$ und $\|p_n - 31\|_2 \to 0$, aber $17 \neq 31$.

Lösung (84.37) Nach Satz (84.4) des Buchs sind auf jedem der Räume V_i alle Normen äquivalent; wir können also nach Belieben irgendeine Norm $\|\cdot\|_i$ auf V_i wählen, um die Bedingung (3) aus Aufgabe (82.41) nachzuprüfen. Dazu wählen wir für $1 \leq i \leq n$ jeweils eine Basis $(b_1^{(i)}, \ldots, b_{d_i}^{(i)})$ von V_i (wobei d_i die Dimension von V_i ist) und definieren $\|\cdot\|_i$ als Maximumsnorm bezüglich dieser Basis, also durch

$$\|x_1 b_1^{(i)} + \cdots + x_{d_i} b_{d_i}^{(i)}\|_i := \max_{1\leq k\leq d_i} |x_k|.$$

Für alle Vektoren $v^{(i)} = \sum_{k=1}^{d_i} v_k^{(i)} b_k^{(i)}$ gilt unter Ausnutzung der n-Linearität von φ dann

$$\begin{aligned}
&\|\varphi(v^{(1)}, \ldots, v^{(n)})\| \\
&= \left\| \sum_{k_1=1}^{d_1} \cdots \sum_{k_n=1}^{d_n} v_{k_1}^{(1)} \cdots v_{k_n}^{(n)} \, \varphi\left(b_{k_1}^{(1)}, \ldots, b_{k_n}^{(n)}\right) \right\| \\
&\leq \sum_{k_1=1}^{d_1} \cdots \sum_{k_n=1}^{d_n} |v_{k_1}^{(1)}| \cdots |v_{k_n}^{(n)}| \cdot \left\| \varphi(b_{k_1}^{(1)}, \ldots, b_{k_n}^{(n)}) \right\| \\
&\leq \sum_{k_1=1}^{d_1} \cdots \sum_{k_n=1}^{d_n} \|v^{(1)}\|_1 \cdots \|v^{(n)}\|_n \cdot \left\| \varphi(b_{k_1}^{(1)}, \ldots, b_{k_n}^{(n)}) \right\| \\
&\leq \left(\sum_{k_1=1}^{d_1} \cdots \sum_{k_n=1}^{d_n} \left\| \varphi(b_{k_1}^{(1)}, \ldots, b_{k_n}^{(n)}) \right\| \right) \cdot \|v^{(1)}\|_1 \cdots \|v^{(n)}\|_n.
\end{aligned}$$

Setzen wir also

$$C := \sum_{k_1=1}^{d_1} \cdots \sum_{k_n=1}^{d_n} \left\| \varphi(b_{k_1}^{(1)}, \ldots, b_{k_n}^{(n)}) \right\|,$$

so gilt $\|\varphi(v^{(1)}, \ldots, v^{(n)})\| \leq C \cdot \|v^{(1)}\|_1 \cdots \|v^{(n)}\|_n$ für alle $v^{(i)} \in V_i$. Damit ist Bedingung (3) aus Aufgabe (82.41) nachgeprüft, und die Stetigkeit von φ ist gezeigt.

Lösung (84.38) Wähle eine Basis B von X. Da X unendlichdimensional ist, enthält B eine abzählbare Menge $B_0 := \{b_k \mid k \in \mathbb{N}\}$. Definiere eine Linearform $f : X \to \mathbb{K}$ durch $f(b_k) := k\|b_k\|$ für alle $k \in \mathbb{N}$ und $f(b) := 0$ für $b \in B \setminus B_0$. Für $x_k := b_k/\|b_k\|$ gilt dann $\|x_k\| = 1$ und $f(x_k) = k \to \infty$ für $k \to \infty$. Also ist f nicht beschränkt und daher nicht stetig.

Lösung (84.39) (1)⇒(2). Es sei $x \in \overline{\mathrm{Kern}(f)}$; es gibt dann eine Folge (x_k) in $\mathrm{Kern}(f)$ mit $x_k \to x$. Wegen der Stetigkeit von f folgt hieraus $f(x_k) \to f(x)$. Aber $f(x_k) = 0$ für alle k wegen $x_k \in \mathrm{Kern}(f)$; hieraus folgt $f(x) = 0$ und damit $x \in \mathrm{Kern}(f)$. Also ist der Kern von f abgeschlossen.

Aufgaben zu »Konvergenz in normierten Räumen« siehe Seite 105

(2)⇒(1). Es gelte (2). Wir nehmen widerspruchshalber an, f sei nicht stetig. Wegen $f \neq 0$ gibt es ein Element $v \in X$ mit $f(v) \neq 0$. Da f nicht stetig ist, gibt es eine Folge (x_k) mit $\|x_k\| = 1$ und $|f(x_k)| \to \infty$, wobei wir $f(x_k) \neq 0$ für alle k annehmen dürfen. Für

$$y_k := v - \frac{f(v)}{f(x_k)} x_k$$

gilt dann $f(y_k) = 0$ und damit $y_k \in \text{Kern}(f)$, für $k \to \infty$ aber $y_k \to v \notin \text{Kern}(f)$. Also ist der Kern von f im Widerspruch zu Voraussetzung (2) nicht abgeschlossen.

(2)⇔(3). Wegen $\{0\} \subseteq \text{Kern}(f) \subseteq \overline{\text{Kern}(f)} \subseteq \mathbb{K}$ gilt

$$0 \leq \dim \frac{X}{\overline{\text{Kern}(f)}} \leq \dim \frac{X}{\text{Kern}(f)} = 1,$$

wobei die letzte Gleichheit wegen $X/\text{Kern}(f) \cong \text{Bild}(f) = \mathbb{K}$ gilt. Also gibt es nur die beiden Möglichkeiten $\dim\big(X/\overline{\text{Kern}(f)}\big) = 0$ (so daß $\overline{\text{Kern}(f)} = X$ gilt, also $\text{Kern}(f)$ dicht in X liegt) und $\dim\big(X/\overline{\text{Kern}(f)}\big) = \dim\big(X/\text{Kern}(f)\big)$ (so daß $\overline{\text{Kern}(f)} = \text{Kern}(f)$ gilt, also $\text{Kern}(f)$ abgeschlossen ist). Wie schon gezeigt wurde, ist die zweitgenannte Möglichkeit äquivalent zur Stetigkeit von f.

Lösung (84.40) (a) Für alle $x \in X$ gilt $f(Sx) = f(x) - 2f(x) = -f(x)$ und daher

$$\begin{aligned} S(Sx) &= Sx - 2f(Sx)x_0 = Sx + 2f(x)x_0 \\ &= x - 2f(x)x_0 + 2f(x)x_0 = x. \end{aligned}$$

(b) Nach Definition von $\|\cdot\|_2$ ist klar, daß S ein isometrischer Isomorphismus zwischen $(X, \|\cdot\|_1)$ und $(X, \|\cdot\|_2)$ ist. Mit $(X, \|\cdot\|_1)$ ist daher auch $(X, \|\cdot\|_2)$ ein Banachraum.

(c) Da f unstetig bezüglich $\|\cdot\|_1$ ist, gibt es eine Folge (x_n) in X mit $\|x_n\|_1 = 1$ und $|f(x_n)| \to \infty$. Setze $y_n := Sx_n$; dann gilt $\|y_n\|_2 = \|Sx_n\|_2 = \|SSx_n\|_1 = \|x_n\|_1 = 1$ für alle n und $|f(y_n)| = |f(Sx_n)| = |-f(x_n)| = |f(x_n)| \to \infty$ für $n \to \infty$; also ist f auch unstetig bezüglich $\|\cdot\|_2$.

(d) Es gilt $Sx_0 = x_0 - 2x_0 = -x_0$ und daher $\|x_0\|_2 = \|Sx_0\|_1 = \|-x_0\|_1 = \|x_0\|_1$; wir setzen $C := 1/\|x_0\|_1 = 1/\|x_0\|_2 = 1/\|x_0\|$. Bilden wir auf beiden Seiten der Gleichung $2f(x)x_0 = x - Sx$ die Norm $\|\cdot\|$, so erhalten wir $2|f(x)|/C = \|x - Sx\| \leq \|x\| + \|Sx\| = 2\|x\|$ und damit $|f(x)| \leq C\|x\|$. Also ist f stetig bezüglich $\|\cdot\|$.

(e) Diese Aussage ergibt sich sofort aus der vorangehenden Aufgabe.

Lösung (84.41) (a) Für alle $x \in \ell^2$ gilt

$$\|Tx\|^2 = \sum_{n=1}^{\infty} \frac{|x_n|^2}{n^2} \leq \sum_{n=1}^{\infty} |x_n|^2 = \|x\|^2;$$

also ist T stetig mit $\|T\|_{\text{op}} \leq 1$. Für $e_1 := (1, 0, 0, 0, \ldots)$ gilt $\|Te_1\| = \|e_1\|$; also gilt sogar $\|T\|_{\text{op}} = 1$.

(b) Genau dann liegt $y \in \ell^2$ im Bild von T, wenn $(y_1, 2y_2, 3y_3, 4y_4, \ldots)$ wieder in ℓ^2 liegt, wenn also $\sum_{n=1}^{\infty} n^2 |y_n|^2$ konvergiert. Das ist für b nicht der Fall, denn $\sum_{n=1}^{\infty} (n|b_n|)^2 = \sum_{n=1}^{\infty} (1/n)$ divergiert.

(c) Zunächst liegt jede der Folgen $a^{(k)}$ in ℓ^2, denn $\sum_{n=1}^{\infty} n^{-\alpha}$ konvergiert für alle $\alpha > 0$. Es gilt

$$\begin{aligned} \|Ta^{(k)} - b\|^2 &= \sum_{n=1}^{\infty} \left(n^{-3/2-1/k} - n^{-3/2}\right)^2 \\ &= \sum_{n=1}^{\infty} n^{-3}(n^{-1/k} - 1)^2 \\ &= \sum_{n=2}^{\infty} n^{-3}(1 - n^{-1/k})^2. \end{aligned}$$

Wir behaupten, daß dieser Ausdruck für $k \to \infty$ gegen Null geht. Dazu geben wir uns $\varepsilon > 0$ beliebig vor. Wegen der Konvergenz der Reihe $\sum_{n=1}^{\infty} n^{-3}$ gibt es einen Index N mit $\sum_{n=N+1}^{\infty} n^{-3} < \varepsilon/2$. Wegen $n^{-1/k} \to 1$ für $k \to \infty$ für alle $n \geq 2$ gibt es ferner einen Index $k_0 \in \mathbb{N}$ mit $\sum_{n=1}^{N} n^{-3}(1 - n^{-1/k})^2 < \varepsilon/2$ für alle $k \geq k_0$. Für $k \geq k_0$ gilt dann $\|Ta^{(k)} - b\|^2 < \varepsilon$. Damit ist gezeigt, daß $Ta^{(k)} \to b$ für $k \to \infty$ gilt, sich also b beliebig genau durch Elemente im Bild von T approximieren läßt.

(d) Wegen $b \notin \text{Bild}(T)$ gilt $(0, b) \notin U_1 + U_2$. Wegen

$$(0, Ta^{(k)}) = (a^{(k)}, T(a^{(k)})) + (-a^{(k)}, 0) \in U_1 + U_2$$

und $(0, Ta^{(k)}) \to (0, b)$ für $k \to \infty$ gilt andererseits $(0, b) \in \overline{U_1 + U_2}$. Dies zeigt, daß $U_1 + U_2$ nicht abgeschlossen in $\ell^2 \times \ell^2$, während U_1 und U_2 offensichtlich abgeschlossen sind.

Lösung (84.42) (a) Für alle Indices $1 \leq i, j \leq n$ gilt die Abschätzung

$$\begin{aligned} |(AB)_{ij}| &= \left|\sum_{k=1}^{n} a_{ik} b_{kj}\right| \leq \sum_{k=1}^{n} |a_{ik}|\,|b_{kj}| \\ &\leq \sum_{k=1}^{n} \|A\|_\infty \|B\|_\infty = n\,\|A\|_\infty \|B\|_\infty; \end{aligned}$$

also gilt

$$(\star) \qquad \|AB\|_\infty \leq n\,\|A\|_\infty \|B\|_\infty$$

für alle $A, B \in \mathbb{K}^{n \times n}$. Wählt man für A und B jeweils die Matrix, deren sämtliche Einträge Einsen sind, so gilt in $(\star)$ sogar Gleichheit; die Abschätzung kann also nicht weiter verbessert werden.

(b) Mit trivialer Induktion ergibt sich aus $(\star)$ die Abschätzung

$$\|A^k\|_\infty \leq n^{k-1} \|A\|_\infty^k$$

Aufgaben zu »Konvergenz in normierten Räumen« siehe Seite 105

für alle $k \in \mathbb{N}$. Es folgt die Abschätzung

$$\begin{aligned}
\|\exp(A)\|_\infty &= \left\| \sum_{k=0}^\infty \frac{1}{k!} A^k \right\| \leq \sum_{k=0}^\infty \frac{1}{k!} \|A^k\|_\infty \\
&\leq 1 + \sum_{k=1}^\infty \frac{n^{k-1}}{k!} \|A\|_\infty^k = 1 + \frac{1}{n} \sum_{k=1}^\infty \frac{n^k \|A\|_\infty^k}{k!} \\
&= 1 + \frac{1}{n} \cdot (e^{n\|A\|_\infty} - 1) = 1 - \frac{1}{n} + \frac{1}{n} \cdot e^{n\|A\|_\infty}.
\end{aligned}$$

Lösung (84.43) Es sei $\|\cdot\|_n$ die Supremumsnorm auf dem Kompaktum $[-n,n] \subseteq \mathbb{R}$. Würde die Topologie der kompakten Konvergenz von einer Norm $\|\cdot\|$ induziert, so wäre $f \mapsto f|_{[-n,n]}$ stetig; es gäbe also für jede Zahl $n \in \mathbb{N}$ eine Konstante C_n mit $\|f\|_n \leq C_n \|f\|$ für alle $f \in C(\mathbb{R}, \mathbb{R})$. Wir wählen nun eine Funktion g, die an mindestens einer Stelle des Intervalls $[-n,n]$ einen Wert $\geq n \cdot C_n$ annimmt. (Daß es eine solche Funktion gibt, ist klar: man beginne mit einer Funktion, die auf dem Intervall $[-1,1]$ definiert ist, erweitere diese zu einer Funktion auf $[-2,2]$, dann zu einer Funktion auf $[-3,3]$, wobei bei jeder Erweiterung darauf geachtet wird, daß die angegebene Bedingung erfüllt ist.) Für die so konstruierte Funktion g gilt dann $C_n \|g\| \geq \|g\|_n \geq nC_n$ und damit $\|g\| \geq n$ für alle $n \in \mathbb{N}$, was natürlich unmöglich ist.

Aufgaben zu »Konvergenz in normierten Räumen« siehe Seite 105

L85: Topologische Räume

Lösung (85.1) Überraschenderweise darf man *alle* definierenden Eigenschaften einer Metrik weglassen und erhält immer noch eine topologische Struktur. Genauer: Ist $d : X \times X \to \mathbb{R}$ eine völlig beliebige Abbildung und ist τ_d die Familie aller derjenigen Teilmengen von X, die mit jedem Punkt x noch eine Menge der Form $B_\varepsilon(x) := \{y \in X \mid d(y,x) < \varepsilon\}$ enthalten, so ist τ_d eine Topologie auf X, was wir nun nachprüfen wollen. (Man sollte die Mengen $B_\varepsilon(x)$ nicht mehr "Kugeln" nennen; beispielsweise muß im allgemeinen Fall nicht einmal mehr $x \in B_\varepsilon(x)$ gelten.)

Trivialerweise enthält τ_d die Mengen $\emptyset$ und X. Ist $(U_i)_{i\in I}$ eine Familie von Mengen in τ_d, so liegt auch $\bigcup_{i\in I} U_i$ in τ_d. Ist nämlich x ein Element in $\bigcup_{i\in I} U_i$, so gibt es einen Index $i_0 \in I$ mit $x \in U_{i_0}$. Es gibt dann ein $\varepsilon > 0$ mit $B_\varepsilon(x) \subseteq U_{i_0}$, erst recht also $B_\varepsilon(x) \subseteq \bigcup_{i\in I} U_i$. Sind schließlich $U_1, \ldots, U_n$ Mengen in τ_d und ist x ein Element von $\bigcap_{i=1}^n U_i$, so gibt es für $1 \le i \le n$ jeweils ein $\varepsilon_i > 0$ mit $B_{\varepsilon_i}(x) \subseteq U_i$. Für $\varepsilon := \min\{\varepsilon_i \mid 1 \le i \le n\} > 0$ gilt dann $B_\varepsilon(x) \subseteq B_{\varepsilon_i}(x)$ für alle i, folglich $B_\varepsilon(x) \subseteq \bigcap_{i=1}^n B_{\varepsilon_i}(x) \subseteq \bigcap_{i=1}^n U_i$. Also liegt auch $\bigcap_{i=1}^n U_i$ in τ_d. Damit ist τ_d als Topologie nachgewiesen.

Lösung (85.2) (a) Für $i = 1, 2$ sei τ_i die von der Metrik d_i induzierte Topologie. Wir zeigen zunächst, daß im Fall der Äquivalenz von d_1 und d_2 die Topologien τ_1 und τ_2 übereinstimmen. Dazu sei U offen bezüglich d_1 (d.h., es gelte $U \in \tau_1$). Ist $x \in U$ beliebig, so gibt es eine d_1-Kugel B_1 um x, die noch ganz in U liegt. Weil d_1 und d_2 äquivalent sind, gibt es eine d_2-Kugel B_2 mit $x \in B_2 \subseteq B_1 \subseteq U$. Um jeden Punkt $x \in U$ kann man also noch eine d_2-Kugel legen, die ganz in U enthalten ist; also ist U offen bezüglich d_2. Da $U \in \tau_1$ beliebig war, gilt also $\tau_1 \subseteq \tau_2$. Die umgekehrte Inklusion folgt auf völlig analoge Weise.

Umgekehrt gelte $\tau_1 = \tau_2$. Wir geben uns eine beliebige d_1-Kugel B_1 um $x \in X$ vor. Da B_1 offen bezüglich d_1 und damit auch bezüglich d_2 ist, gibt es eine d_2-Kugel B_2 um x mit $B_2 \subseteq B_1$. Analog kann man auch in jede d_2-Kugel noch eine d_1-Kugel mit gleichem Mittelpunkt legen; damit sind die Metriken d_1 und d_2 äquivalent.

(b) Wir müssen zeigen, daß auch die Metrik d_1 die diskrete Topologie auf X induziert, daß also jede Teilmenge von X offen bezüglich d_1 ist. Für jede Zahl n schreiben wir $x_n := 1/n$ und $r_n := 1/(n+1)$; dann gilt $B_{r_n}(x_n) = \{x_n\}$, d.h., die offene d_1-Kugel um x_n mit Radius r_n enthält nur das Element x_n selbst. Also ist $\{x_n\}$ offen. Für jede Teilmenge $M \subseteq X$ ist dann aber auch $M = \bigcup_{x\in M}\{x_n\}$ offen (als Vereinigung offener Mengen).

Daß d_1 und d_2 nicht äquivalent im Sinne von Aufgabe (81.34)(a) sind, daß es also keine Konstanten $0 < c < C$ geben kann mit $c \cdot d_1 \le d_2 \le C \cdot d_1$, sieht man zum Beispiel daran, daß einerseits $d_1(x_n, x_{n+1}) = |x_n - x_{n+1}| = 1/\big(n(n+1)\big) \to 0$ für $n \to \infty$ gilt, andererseits aber $d_2(x_n, x_{n+1}) = 1$ für alle $n \in \mathbb{N}$.

Lösung (85.3) (a) Die Familie τ_1 ist abgeschlossen unter beliebigen Vereinigungen und endlichen Durchschnitten, ist also eine Topologie.

(b) Die Familie τ_2 enthält die Mengen $\{a,b,c\}$ und $\{b,c,d,e,f\}$, aber nicht deren Durchschnitt $\{b,c\}$; also ist τ_2 keine Topologie.

(c) Die Familie τ_3 enthält die Mengen $\{a\}$ und $\{b,c\}$, aber nicht deren Vereinigung $\{a,b,c\}$; also ist τ_3 keine Topologie.

Lösung (85.4) (a) Auf einer zweielementigen Menge $X = \{a,b\}$ gibt es vier Topologien, nämlich

- $\{\emptyset, \{a,b\}\}$;
- $\{\emptyset, \{a\}, \{a,b\}\}$;
- $\{\emptyset, \{b\}, \{a,b\}\}$;
- $\{\emptyset, \{a\}, \{b\}, \{a,b\}\} = \mathfrak{P}(X)$.

(b) Auf einer dreielementigen Menge $X = \{a,b,c\}$ gibt es 29 Topologien, nämlich die folgenden (wobei jeweils x, y, z die paarweise verschiedenen Elemente von X bezeichnen):

- eine Topologie mit 2 Elementen, nämlich $\{\emptyset, X\}$;
- sechs Topologien mit je 3 Elementen, nämlich die Mengen der Form $\{\emptyset, M, X\}$ mit einer beliebigen Teilmenge $\emptyset \subsetneq M \subsetneq X$;
- neun Topologien mit je 4 Elementen, nämlich die drei Mengen der Form $\{\emptyset, X, \{x\}, \{y,z\}\}$ und die sechs Mengen der Form $\{\emptyset, X, \{x\}, \{x,y\}\}$;
- sechs Topologien mit je 5 Elementen, nämlich die drei Mengen der Form $\{\emptyset, X, \{x\}, \{y\}, \{x,y\}\}$ und die drei Mengen der Form $\{\emptyset, X, \{x\}, \{x,y\}, \{x,z\}\}$;
- sechs Topologien mit je 6 Elementen, nämlich die Mengen der Form $\{\emptyset, X, \{x\}, \{y\}, \{x,y\}, \{x,z\}\}$;
- eine Topologie mit 8 Elementen, nämlich die gesamte Potenzmenge $\mathfrak{P}(X)$.

Identifiziert man Topologien, die sich nur durch Umbenennen der Elemente von X unterscheiden, so bleiben 9 verschiedene Typen von Topologien auf X übrig.

Lösung (85.5) Es sei $M \subseteq X$ eine beliebige Teilmenge von X. Dann ist $M = \bigcup_{x\in M}\{x\}$ offen (als Vereinigung offener Mengen). Daß jede Teilmenge von X offen ist, bedeutet aber genau, daß τ die diskrete Topologie auf X ist.

Lösung (85.6) Es sei $(\tau_i)_{i\in I}$ eine Familie von Topologien auf X, und es sei $\tau := \bigcap_{i\in I} \tau_i$. Zunächst liegen $\emptyset$ und X in jeder der Mengen τ_i, folglich auch in τ. Ist $(U_j)_{j\in J}$ eine Familie von Mengen in τ, so liegen alle U_j in jeder der Mengen τ_i, folglich liegt $\bigcup_{j\in J} U_j$ in jeder der Mengen τ_i, folglich liegt $\bigcup_{j\in J} U_j$ in τ. Ist schließlich $(U_j)_{j=1}^n$ eine endliche Familie von Mengen in τ, so liegen alle U_j in jeder der Mengen τ_i, folglich liegt $\bigcap_{j=1}^n U_j$ in jeder der Mengen τ_i, folglich liegt $\bigcap_{j=1}^n U_j$ in τ. Damit ist τ als Topologie nachgewiesen.

Aufgaben zu »Topologische Räume« siehe Seite 111

Lösung (85.7) (a) Es sei $(a_i)_{i\in I}$ eine Familie reeller Zahlen. Ist die Menge $\{a_i \mid i \in I\}$ nach oben unbeschränkt, so gilt $\bigcup_{i\in I}(-\infty, a_i) = (-\infty,\infty) = \mathbb{R}$; ist die Menge $\{a_i \mid i \in I\}$ dagegen nach oben beschränkt, so gilt $\bigcup_{i\in I}(-\infty, a_i) = (-\infty, a)$ mit $a := \sup_{i\in I} a_i$. Dies zeigt, daß $\mathfrak{O}_1$ abgeschlossen unter beliebigen Vereinigungen ist. Sind $a_1, \ldots, a_n$ endlich viele reelle Zahlen, so gilt $\bigcap_{i=1}^n (-\infty, a_i) = (-\infty, a)$ mit $a := \min_{1\le i\le n} a_i$. Dies zeigt, daß $\mathfrak{O}_1$ auch abgeschlossen ist gegenüber endlichen Durchschnitten. Also ist $\mathfrak{O}_1$ eine Topologie.

(b) Daß $\mathfrak{O}_2$ die leere Menge und $\mathbb{R}$ enthält sowie abgeschlossen unter beliebigen Vereinigungen ist, wurde in die Definition mit eingebaut. Es bleibt zu zeigen, daß der Durchschnitt endlich vieler Elemente $U_1, \ldots, U_n$ von $\mathfrak{O}_2$ wieder in $\mathfrak{O}_2$ liegt. Jede der Mengen U_k ist nun von der Form $\bigcup_{i_k\in I_k}(-\infty, a_{i_k}^{(k)}]$ mit einer Indexmenge I_k. Schreiben wir $i = (i_1, \ldots, i_n)$ und $I := I_1 \times \cdots \times I_n$, so ist $\bigcap_{k=1}^n U_k$ gegeben durch

$$\begin{aligned}
&\bigcup_{i_1\in I_1}(-\infty, a_{i_1}^{(1)}] \cap \bigcup_{i_2\in I_2}(-\infty, a_{i_2}^{(2)}] \cap \cdots \cap \bigcup_{i_n\in I_n}(-\infty, a_{i_n}^{(n)}] \\
&= \bigcup_{i\in I}(-\infty, a_{i_1}^{(1)}] \cap (-\infty, a_{i_2}^{(2)}] \cap \cdots \cap (-\infty, a_{i_n}^{(n)}] \\
&= \bigcup_{i\in I}(-\infty, b_i] \quad \text{mit} \quad b_i := \min\{a_{i_1}^{(1)}, a_{i_2}^{(2)}, \ldots, a_{i_n}^{(n)}\}
\end{aligned}$$

und ist daher wieder ein Element aus $\mathfrak{O}_2$. Also ist $\mathfrak{O}_2$ auch abgeschlossen unter endlichen Durchschnitten und damit eine Topologie.

(c) Es sei (a_n) eine Folge, die streng monoton wachsend gegen eine reelle Zahl a konvergiert (zum Beispiel können wir $a_n := a - (1/n)$ wählen); dann gilt

$$(-\infty, a) = \bigcup_{n=1}^{\infty}(-\infty, a_n].$$

Also gilt $\mathfrak{O}_1 \subseteq \mathfrak{O}_2$; d.h., $\mathfrak{O}_2$ ist feiner als $\mathfrak{O}_1$. Die umgekehrte Inklusion gilt nicht; beispielsweise haben wir $(-\infty, 0] \in \mathfrak{O}_2 \setminus \mathfrak{O}_1$. Die natürliche Topologie ist feiner als $\mathfrak{O}_1$; sie ist weder gröber noch feiner als $\mathfrak{O}_2$.

Lösung (85.8) Jede Menge der Form (a,b) ist offen bezüglich der Metrik d; also ist die metrische Topologie auf $\mathbb{R}$ feiner als die Ordnungstopologie auf $\mathbb{R}$. Umgekehrt ist jede bezüglich der Metrik d offene Menge als Vereinigung von Intervallen der Form (a,b) darstellbar; also ist auch die Ordnungstopologie feiner als die metrische Topologie auf $\mathbb{R}$. Insgesamt sind also die beiden Topologien gleich.

Lösung (85.9) Gibt es ein Element a mit $x < a < y$, so wählen wir $U := \{\xi \in X \mid \xi < a\}$ und $V := \{\xi \in X \mid \xi > a\}$. Gibt es kein solches Element, so wählen wir $U := \{\xi \in X \mid \xi < y\} = \{\xi \in X \mid \xi \le x\}$ und $V := \{\xi \in X \mid \xi > x\} = \{\xi \in X \mid \xi \ge y\}$. Dann gilt jeweils $u < v$ für alle $u \in U$ und alle $v \in V$, insbesondere also $U \cap V = \emptyset$. Um zwei verschiedene Punkte kann man also disjunkte Umgebungen legen; das ist gerade die Hausdorff-Eigenschaft.

Lösung (85.10) Wir müssen zeigen, daß die Familie aller Mengen der Form $V(P)$ ("Varietäten") die leere Menge und K^n enthält und abgeschlossen ist bezüglich endlicher Vereinigungen und beliebiger Durchschnitte.

- Ist P die Familie, die nur aus dem konstanten Polynom mit dem Wert 1 besteht, so gilt $V(P) = \emptyset$. Ist P die Familie, die nur aus dem konstanten Polynom mit dem Wert 0 besteht, so gilt $V(P) = K^n$.
- Es gilt $\bigcap_{i\in I} V(P_i) = V(\bigcap_{i\in I} P_i)$. (Genau dann liegt ein Punkt $x \in K^n$ in jeder der Mengen $V(P_i)$, wenn er von jedem Polynom in jeder der Mengen P_i annulliert wird, wenn er also von jedem Polynom in $\bigcap_{i\in I} P_i$ annulliert wird.)
- Es gilt $V(P_1) \cup V(P_2) \cup \cdots \cup V(P_n) = V(P)$ mit $P := \{p_1p_2\cdots p_n \mid p_i \in P_i\}$. (Ein Punkt $x \in K^n$ wird genau dann von mindestens einer Familie P_i annulliert, wenn er von allen Produkten $p_1p_2\cdots p_n$ annulliert wird. Das liegt daran, daß ein Produkt in einem Körper genau dann Null ist, wenn einer der Faktoren Null ist.)

Wir betrachten nun speziell den Fall $n = 1$. Für jede nichtleere Menge P von Polynomen ist dann $V(P)$ entweder ganz K (nämlich, wenn P die Menge ist, die das Nullpolynom als einziges Element hat) oder aber eine endliche Menge (denn ein vom Nullpolynom verschiedenes Polynom in einer Variablen hat nur endlich viele Nullstellen). Ist umgekehrt $A = \{a_1, \ldots, a_m\}$ eine beliebige endliche Teilmenge von K, so gilt $A = V(\{p\})$ mit $p(X) = (X - a_1)\cdots(X - a_m)$. Für $n = 1$ ist also eine Teilmenge von K genau dann Zariski-abgeschlossen, wenn sie ganz K oder endlich ist. (Mit den Bezeichnungen der folgenden Aufgabe ist die Zariski-Topologie auf K also gerade die kofinite Topologie.)

Lösung (85.11) Es sei τ die fragliche Mengenfamilie. Nach Definition gilt $\emptyset \in \tau$; da $X \setminus X = \emptyset$ endlich ist, gilt auch $X \in \tau$. Ist $(U_i)_{i\in I}$ eine Familie von Teilmengen von X derart, daß jede der Mengen $X \setminus U_i$ endlich ist, so ist auch $X \setminus (\bigcup_{i\in I} U_i) = \bigcap_{i\in I}(X \setminus U_i)$ endlich (als Durchschnitt endlicher Mengen); also ist τ abgeschlossen bezüglich beliebiger Vereinigungen. Sind schließlich $U_1, \ldots, U_n$ endlich viele Mengen, für die jeweils $X \setminus U_i$ endlich ist, so ist auch $X \setminus (\bigcap_{i=1}^n U_i) = \bigcup_{i=1}^n (X \setminus U_i)$ endlich (als endliche Vereinigung endlicher Mengen); also ist τ abgeschlossen unter endlichen Durchschnitten. Damit ist τ als Topologie nachgewiesen.

Lösung (85.12) (a) Die leere Menge $\emptyset$ enthält nicht x_0, liegt also in τ. Die Gesamtmenge X hat leeres (und damit endliches) Komplement, liegt also in τ. Es sei $(U_i)_{i\in I}$ eine Familie τ-offener Mengen. Enthält keine der Mengen U_i den Punkt x_0, so enthält auch $\bigcup_{i\in I} U_i$ diesen Punkt nicht, und es gilt $\bigcup_{i\in I} U_i \in \tau$. Gilt dagegen $x_0 \in U_{i_0}$ für einen Index $i_0 \in I$, so ist $X \setminus U_{i_0}$ endlich; erst recht ist dann $X \setminus (\bigcup_{i\in I} U_i) = \bigcap_{i\in I}(X \setminus U_i) \subseteq X \setminus U_{i_0}$ endlich, so daß auch in diesem Fall $\bigcup_{i\in I} U_i$ in τ liegt. Also ist τ abgeschlossen bezüglich der Bildung beliebiger Vereinigungen. Nun seien $U_1,\ldots,U_n \in \tau$. Gilt $x_0 \notin \bigcap_{i=1}^n U_i$, so liegt $\bigcap_{i=1}^n U_i$ in τ. Gilt dagegen $x_0 \in \bigcap_{i=1}^n U_i$, so ist jede der Mengen $X\setminus U_i$ endlich; dann ist aber auch $X\setminus(\bigcap_{i=1}^n U_i) = \bigcup_{i=1}^n (X\setminus U_i)$ endliche, so daß $\bigcap_{i=1}^n U_i$ auch in diesem Fall inτ liegt. Also ist τ auch abgeschlossen bezüglich der Bildung endlicher Durchschnitte. Damit ist τ als Topologie nachgewiesen.

(b) Es sei $U \in \tau$ beliebig. Gilt $x_0 \notin U$, so gilt $U = \bigcup_{x\in U}\{x\}$. Gilt $x_0 \in U$, so ist $E := X\setminus U$ endlich, und es gilt $U = X\setminus E$. Damit ist jedes Element von τ darstellbar als eine Vereinigung von Mengen in $\mathfrak{B}$, und das bedeutet, daß $\mathfrak{B}$ eine Basis von τ ist.

(c) Es sind vier Situationen zu untersuchen.

- Gilt $x_0 \notin A$ und ist A endlich, so ist A sowohl offen als auch abgeschlossen, so daß die Bedingungen $A^0 = A$ und $\overline{A} = A$ gelten.
- Gilt $x_0 \notin A$ und ist A unendlich, so ist A offen, aber nicht abgeschlossen; wir haben dann $A^0 = A$ und $\overline{A} = A\cup\{x_0\}$.
- Gilt $x_0 \in A$ und ist $X\setminus A$ endlich, so ist A sowohl offen als auch abgeschlossen, so daß die Bedingungen $A^0 = A$ und $\overline{A} = A$ gelten.
- Gilt $x_0 \in A$ und ist $X\setminus A$ unendlich, so ist A abgeschlossen, aber nicht offen; wir haben dann $A^0 = A\setminus\{x_0\}$ und $\overline{A} = A$.

Lösung (85.13) • Für $A := (0,1]$ und $B := \mathbb{R}$ sind alle in (a), (b), (f) und (g) auftretenden Inklusionen echt.

• Daß die Inklusion (c) echt sein kann, sieht man am Beispiel $I = \mathbb{R}$ mit $A_i := \{i\}$. Es gilt $\bigcup_i A_i^0 = \bigcup_i \emptyset = \emptyset$, aber $(\bigcup_i A_i)^0 = \mathbb{R}^0 = \mathbb{R}$.

• Daß die Inklusion (d) echt sein kann, sieht man am Beispiel $I = \mathbb{N}$ und $A_i := (-1/i, 1/i)$. Dann ist $(\bigcap_i A_i)^0 = \{0\}^0 = \emptyset$, aber $\bigcap_i A_i^0 = \bigcap_i (-1/i,1/i) = \{0\}$.

• Daß die Inklusion (h) echt sein kann, sieht man, wenn man eine Aufzählung $(a_i)_{i\in\mathbb{N}}$ der rationalen Zahlen betrachtet und dann $A_i := \{a_i\}$ setzt. Es gilt dann einerseits $\bigcup_i \overline{A_i} = \bigcup_i\{a_i\} = \mathbb{Q}$, andererseits $\overline{\bigcup_i A_i} = \overline{\mathbb{Q}} = \mathbb{R}$.

• Daß die Inklusion (i) echt sein kann, sieht man, indem man eine Aufzählung $(a_i)_{i\in\mathbb{N}}$ der rationalen Zahlen betrachtet und dann $A_i := \mathbb{Q}\setminus\{a_i\}$ setzt. Es gilt dann einerseits $\overline{\bigcap_i A_i} = \overline{\emptyset} = \emptyset$, andererseits $\bigcap_i \overline{A_i} = \bigcap_i \mathbb{R} = \mathbb{R}$.

• Daß die Inklusion (o) echt sein kann, sieht man (mit $n := 2$) am Beispiel $A_1 := (0,1]$ und $A_2 := [1,2)$. Dann ist $\partial(A_1\cup A_2) = \partial\big((0,2)\big) = \{0,2\}$, aber $\partial A_1 \cup \partial A_2 = \{0,1\}\cup\{1,2\} = \{0,1,2\}$.

• Daß die Inklusion (p) echt sein kann, sieht man (mit $n := 2$) am Beispiel $A_1 := (0,1)$ und $A_2 := (2,3)$. Dann ist $\partial(A_1\cap A_2) = \partial\emptyset = \emptyset$, aber $\partial A_1\cup\partial A_2 = \{0,1\}\cup\{2,3\} = \{0,1,2,3\}$.

Lösung (85.14) (a) Genau dann gilt $x\in\partial A$, wenn jede Umgebung von x sowohl A als auch $X\setminus A$ schneidet, wenn also x sowohl in $\overline{A}$ als auch in $\overline{X\setminus A}$ liegt. (Es gilt also $\partial A = \partial(X\setminus A)$, was auch anschaulich einleuchtet.)

(b) Gilt $x\in\overline{A}\setminus A$, so schneidet jede Umgebung U von x sowohl A (wegen $x\in\overline{A}$) als auch $X\setminus A$ (wegen $x\in U\cap(X\setminus A)$), so daß x im Rand von A liegt. Damit ist die Inklusion $\subseteq$ gezeigt. Die umgekehrte Inklusion gilt, weil $A\subseteq\overline{A}$ trivialerweise und $\partial A\subseteq\overline{A}$ nach Teil (a) gilt.

(c) Genau dann ist A abgeschlossen, wenn $\overline{A} = A$ gilt, was nach Teil (b) genau dann zutrifft, wenn $\partial A\subseteq A$ gilt.

(d) Genau dann ist A offen, wenn $X\setminus A$ abgeschlossen ist, gemäß Teil (c) also genau dann, wenn $\partial(X\setminus A)$ in $X\setminus A$ enthalten ist, wegen $\partial(X\setminus A) = \partial A$ gemäß Teil (a) also genau dann, wenn $\partial A\subseteq X\setminus A$ gilt, also genau dann, wenn $\partial A\cap A = \emptyset$ gilt.

Lösung (85.15) Ist $A_i = \{a_i\}$ wie angegeben, so gilt einerseits $\partial(\bigcup_{i=1}^\infty A_i) = \partial\mathbb{Q} = \mathbb{R}$, andererseits $\bigcup_{i=1}^\infty \partial A_i = \bigcup_{i=1}^\infty\{a_i\} = \mathbb{Q}$ und damit $\partial(\bigcup_{i=1}^\infty A_i) \supsetneqq \bigcup_{i=1}^\infty \partial A_i$. Bedingung (85.15)(a) gilt also nicht mehr für unendliche Vereinigungen. Auch (85.15)(p) gilt nicht mehr für unendlich viele Mengen. Ist wieder $(a_i)_{i\in\mathbb{N}}$ eine Aufzählung der rationalen Zahlen und setzen wir $A_i := \mathbb{R}\setminus\{a_i\}$, so haben wir einerseits $\partial(\bigcap_{i=1}^\infty A_i) = \partial(\mathbb{R}\setminus\mathbb{Q}) = \mathbb{R}$, andererseits $\bigcup_{i=1}^\infty \partial A_i = \bigcup_{i=1}^\infty\{a_i\} = \mathbb{Q}$.

Lösung (85.16) (a) Wir müssen zeigen, daß es in der Situation $A\in\mathfrak{V}(U_1,\ldots,U_m)\cap\mathfrak{V}(V_1,\ldots,V_n)$ offene Mengen $W_1,\ldots,W_r$ gibt mit

$$A\in\mathfrak{V}(W_1,\ldots,W_s)\subseteq\mathfrak{V}(U_1,\ldots,U_m)\cap\mathfrak{V}(V_1,\ldots,V_n)\,.$$

Dazu seien $W_1,\ldots,W_s$ diejenigen Durchschnitte $U_i\cap V_j$, die mit A einen nichtleeren Durchschnitt haben. Dann gilt offensichtlich $A\in\mathfrak{V}(W_1,\ldots,W_s)$. Gilt $B\in\mathfrak{V}(W_1,\ldots,W_s)$, so haben wir $B\subseteq\bigcup_{i=1}^m\bigcup_{j=1}^n(U_i\cap V_j) = (\bigcup_{i=1}^m U_i)\cap(\bigcup_{j=1}^n V_j)$ und damit sowohl $B\subseteq\bigcup_{i=1}^m U_i$ als auch $B\subseteq\bigcup_{j=1}^n V_j$. Gäbe es einen Index i mit $B\cap U_i = \emptyset$, so wäre $B\cap U_i\cap V_j = \emptyset$ für alle j im Widerspruch dazu, daß ja $B\cap W_r \neq \emptyset$ für alle r gelten sollte. Analog zeigt man, daß $B\cap V_j\neq\emptyset$ für alle V. Damit ist gezeigt, daß $B\in\mathfrak{V}(U_1,\ldots,U_m)\cap\mathfrak{V}(V_1,\ldots,V_n)$ gilt. Da B beliebig gewählt war, ist damit die Inklusion $\mathfrak{V}(W_1,\ldots,W_s)\subseteq\mathfrak{V}(U_1,\ldots,U_m)\cap\mathfrak{V}(V_1,\ldots,V_n)$ nachgewiesen.

(b) Wir müssen zeigen, daß sich jede Menge in $\mathfrak{B}$ als Durchschnitt endlich vieler Mengen der Form $\mathfrak{A}_U$ und $\mathfrak{B}_U$ darstellen läßt. Dieser Sachverhalt ergibt sich aber sofort aus der Darstellung

$$\mathfrak{V}(U_1,\ldots,U_n) = \mathfrak{A}_{U_1\cup\cdots\cup U_n}\cap\mathfrak{B}_{U_1}\cap\cdots\cap\mathfrak{B}_{U_n}\,.$$

Lösung (85.17) (a) In der diskreten Topologie auf X ist jede Teilmenge gleichzeitig offen und abgeschlossen. Für jede Teilmenge A gilt daher $A^0 = A = \overline{A}$.

(b) In der indiskreten Topologie auf X sind $\emptyset$ und X selbst die einzigen offenen und damit auch die einzigen abgeschlossenen Mengen. Für $A = \emptyset$ und $A = X$ gilt daher $A^0 = A = \overline{A}$, für $\emptyset \subsetneqq A \subsetneqq X$ haben wir dagegen $A^0 = \emptyset$ und $\overline{A} = X$.

Aufgaben zu »Topologische Räume« siehe Seite 111

Lösung (85.18) Bedingung (1) bedeutet, daß es eine Umgebung U von p gibt, die keine anderen Punkte als p enthält; das ist genau Bedingung (3). Nach Definition einer Umgebung gibt es bei Erfülltsein von (3) eine offene Menge O mit $p \in O \subseteq U = \{p\}$ und damit $O = \{p\}$; also gilt (2). Umgekehrt folgt aus (2) sofort (3). Also sind alle drei Bedingungen äquivalent.

Lösung (85.19) Genau dann ist x Berührpunkt von A, wenn jede Umgebung von x die Menge A schneidet. Dies kann auf zwei sich gegenseitig ausschließende Arten geschehen.

(1) Für jede Umgebung U von x gilt sogar $U \cap (A \setminus \{x\}) \neq \emptyset$; dies ist genau die Bedingung dafür, daß x ein Häufungspunkt von A ist.

(2) Es gibt eine Umgebung U von x mit $U \cap (A \setminus \{x\}) = \emptyset$, was wegen $U \cap A \neq \emptyset$ nur möglich ist für $U \cap A = \{x\}$. Die Existenz einer solchen Umgebung bedeutet aber genau, daß x ein isolierter Punkt von A ist.

Lösung (85.20) Es gilt

$$\begin{aligned} A^0 \cap B^0 &= (A \setminus \partial A) \cap (B \setminus \partial B) \\ &= (A \cap B) \setminus (\partial A \cup \partial B). \end{aligned}$$

Also gilt genau dann $A^0 \cap B^0 = \emptyset$, wenn $(A \cap B) \setminus (\partial A \cup \partial B)$ leer ist, wenn also $A \cap B \subseteq (\partial A) \cup (\partial B)$ gilt. Die Aussage dieser Aufgabe ist auch anschaulich einleuchtend: zwei Mengen haben genau dann keine inneren Punkte gemeinsam, wenn sie allenfalls Randpunkte gemeinsam haben.

Lösung (85.21) Es sei $A := \bigcup_{i=1}^\infty A_i$. Für alle i gilt $A_i \subseteq A$ und damit $\overline{A_i} \subseteq \overline{A}$. Für alle i gilt ferner $\bigcup_{j=0}^\infty A_{i+j} \subseteq A$ und damit $\overline{\bigcup_{j=0}^\infty A_{i+j}} \subseteq \overline{A}$. Hieraus folgt sofort die Inklusion $\supseteq$. Zum Beweis der umgekehrten Inklusion $\subseteq$ nehmen wir an, ein Element x sei nicht in der rechten Seite enthalten. Dann gibt es einen Index i_0 derart, daß x nicht in $\overline{B}$ mit $B := \bigcup_{i \geq i_0} A_i$ enthalten ist. Da ferner x auch in keiner der Mengen $\overline{A_i}$ enthalten ist, haben wir $x \notin \overline{A_1} \cup \cdots \cup \overline{A_{i_0}} \cup \overline{B} = \overline{A_1 \cup \cdots \cup A_{i_0} \cup B} = \overline{\bigcup_{i=1}^\infty A_i}$, so daß x auch nicht in der linken Seite liegen kann. Damit ist die behauptete Gleichheit gezeigt.

Ist $(a_i)_{i=1}^\infty$ eine Aufzählung der rationalen Zahlen und setzen wir $A_i := \{a_i\}$, so haben wir einerseits $\bigcup_{i=1}^\infty \overline{A_i} = \bigcup_{i=1}^\infty \{a_i\} = \mathbb{Q}$ und andererseits $\overline{\bigcup_{i=1}^\infty A_i} = \overline{\mathbb{Q}} = \mathbb{R}$, also $\bigcup_{i=1}^\infty \overline{A_i} \subsetneqq \overline{\bigcup_{i=1}^\infty A_i}$.

Aufgabe (85.22) (a) Für alle $U \subseteq X$ gilt $\mathrm{id}(U) = U$; also gilt $\mathrm{id} \in \mathfrak{F}_+ \cap \mathfrak{F}_-$. Aus $U \subseteq V$ folgen die Bedingungen $U^0 \subseteq V^0$ und $\overline{U} \subseteq \overline{V}$; also gelten die Bedingungen $I \in \mathfrak{F}_+$ und $A \in \mathfrak{F}_+$. Aus $U \subseteq V$ folgt ferner $X \setminus U \supseteq X \setminus V$; also gilt $K \in \mathfrak{F}_-$.

(b) Es sei $U \subseteq V$. Liegen S, T beide in $\mathfrak{F}_+$, so folgt zunächst $S(U) \subseteq S(V)$ und anschließend $T(S(U)) \subseteq T(S(V))$, insgesamt also $(TS)(U) \subseteq (TS)(V)$. Da U und V beliebig waren, bedeutet dies $TS \in \mathfrak{F}_+$. Liegen S, T beide in $\mathfrak{F}_-$, so gilt zunächst $S(U) \supseteq S(V)$ und anschließend $T(S(U)) \subseteq T(S(V))$, insgesamt also $(TS)(U) \subseteq (TS)(V)$. Da U und V beliebig waren, bedeutet dies $TS \in \mathfrak{F}_+$. Liegt S in $\mathfrak{F}_+$ und T in $\mathfrak{F}_-$, so haben wir zunächst $S(U) \subseteq S(V)$ und dann $T(S(U)) \supseteq T(S(V))$, insgesamt also $(TS)(U) \supseteq (TS)(V)$. Da U und V beliebig waren, bedeutet dies $TS \in \mathfrak{F}_-$. Liegt schließlich S in $\mathfrak{F}_-$ und T in $\mathfrak{F}_+$, so haben wir zunächst $S(U) \supseteq S(V)$ und dann $T(S(U)) \supseteq T(S(V))$, insgesamt also $(TS)(U) \supseteq (TS)(V)$. Da U und V beliebig waren, bedeutet dies $TS \in \mathfrak{F}_-$.

(c) Offensichtlich gilt $T \leq T$ für alle $T \in \mathfrak{F}$. Gelten die Bedingungen $R \leq S$ und $S \leq T$, so gilt für alle $U \subseteq X$ sowohl $R(U) \subseteq S(U)$ als auch $S(U) \subseteq T(U)$, insgesamt also $R(U) \subseteq T(U)$; aus $R \leq S$ und $S \leq T$ folgt also $R \leq T$. Damit ist $\leq$ eine partielle Ordung auf $\mathfrak{F}$. Gelten die Bedingungen $S \leq T$ und $T \leq S$, so gilt $S(U) \subseteq T(U)$ und $T(U) \subseteq S(U)$, also $S(U) = T(U)$ für alle $U \subseteq X$, also $S = T$. Also ist $\leq$ identitiv.

(d) Es gelte $S_1 \leq S_2$. Ist $T \in \mathfrak{F}$ beliebig, so ist für jede Teilmenge $U \subseteq X$ auch $T(U)$ eine Teilmenge von X, und wegen $S_1 \leq S_2$ gilt dann $S_1(T(U)) \subseteq S_2(T(U))$, also $(S_1T)(U) \subseteq (S_2T)(U)$. Da U beliebig war, bedeutet dies $S_1T \leq S_2T$. Ist $T \in \mathfrak{F}_+$ beliebig, so gilt für eine Teilmenge $U \subseteq X$ zunächst $S_1(U) \subseteq S_2(U)$ (wegen $S_1 \leq S_2$), dann $T(S_1(U)) \subseteq T(S_2(U))$ (wegen $T \in \mathfrak{F}_+$) und daher $(TS_1)(U) \subseteq (TS_2)(U)$. Da U beliebig war, bedeutet dies $TS_1 \leq TS_2$. Ist ferner $T \in \mathfrak{F}_-$ beliebig, so gilt für eine Teilmenge $U \subseteq X$ zunächst $S_1(U) \subseteq S_2(U)$ (wegen $S_1 \leq S_2$), dann $T(S_1(U)) \supseteq T(S_2(U))$ (wegen $T \in \mathfrak{F}_-$) und daher $(TS_1)(U) \supseteq (TS_2)(U)$. Da U beliebig war, bedeutet dies $TS_1 \geq TS_2$.

(e) Es gilt $KAK = I \leq \mathrm{id} \leq A$. Hieraus folgt einerseits $AKAKAKA = A(KAK)AKA \leq A \cdot \mathrm{id} \cdot AKA = A^2KA = AKA$, andererseits $AKAKAKA \geq AK \cdot \mathrm{id} \cdot K \cdot \mathrm{id} \cdot KA = AK^3A = AKA$. Insgesamt gilt also $AKAKAKA = AKA$.

(f) Wegen $K^2 = \mathrm{id}$ und $A^2 = A$ können in der Halbgruppe außer der identischen Abbildung nur Produkte vorkommen, in denen sich die Faktoren A und K abwechseln. Wegen (e) kann man in einem solchen Produkt stets $AKAKAKA$ durch AKA ersetzen; also bleiben genau die angegebenen Operatoren übrig. Teil (h) unten zeigt, daß diese im allgemeinen tatsächlich verschieden sind.

(g) Die 14 in (f) angegebenen Operatoren können eine gegebene Menge natürlich auf maximal 14 mögliche Bildmengen abbilden.

(h) Es ist eine Fleißaufgabe nachzuprüfen, daß die angegebene Menge A durch Anwendung der 14 in (f) angegebenen Operatoren tatsächlich auf 14 paarweise verschiedene Bildmengen abgebildet wird.

(i) Für jede Teilmenge $M \subseteq X$ gilt $(KAK)(M) = X \setminus (\overline{X \setminus M}) = X \setminus (X \setminus M^0) = M^0 = I(M)$.

(j) Für jede Teilmenge $M \subseteq X$ gilt $(KIK)(M) = X \setminus (X \setminus M)^0 = X \setminus (X \setminus \overline{M}) = \overline{M} = A(M)$.

Aufgaben zu »Topologische Räume« siehe Seite 111

(k) Wegen $I^2 = A^2 = \text{id}$ können in der von I und A erzeugten Halbgruppe außer der identischen Abbildung nur Produkte vorkommen, in denen sich die Faktoren I und A abwechseln. Wegen (e) und (i) gelten nun die Beziehungen $IAIA = KAKAKAKA = KAKA = IA$ und $AIAI = AKAKAKAK = AKAK = AI$; also läßt sich jedes Produkt mit mehr als drei Faktoren durch eines mit maximal drei Faktoren ersetzen. Das bedeutet aber, daß es nicht mehr als die 7 angegebenen Operatoren geben kann.

Lösung (85.23) (a) Es sei τ eine Topologie; die Familie der abgeschlossenen Mengen ist dann $\mathfrak{A} = \{X \setminus U \mid U \in \tau\}$. Wegen $\emptyset \in \tau$ liegt $X \setminus \emptyset = X$ in $\mathfrak{A}$; wegen $X \in \tau$ liegt $X \setminus X = \emptyset$ in $\mathfrak{A}$. Ist $(A_i)_{i\in I}$ eine Familie von Mengen in $\mathfrak{A}$, so sind die Mengen $X \setminus A_i$ allesamt offen; dann ist auch $\bigcup_{i\in I}(X \setminus A_i) = X \setminus (\bigcap_{i\in I} A_i)$ offen (als Vereinigung offener Mengen); also ist $\bigcap_{i\in I} A_i$ abgeschlossen (als Komplement einer offenen Menge). Dies zeigt, daß $\mathfrak{A}$ abgeschlossen bezüglich beliebiger Durchschnitte ist. Sind $A_1, \ldots, A_n$ abgeschlossene Mengen, so sind die Mengen $X \setminus A_i$ offen; also ist auch $\bigcap_{i=1}^n (X \setminus A_i) = X \setminus (\bigcup_{i=1}^n A_i)$ offen (als endlicher Durchschnitt offener Mengen); also ist $\bigcup_{i=1}^n A_i$ abgeschlossen (als Komplement einer offenen Menge). Dies zeigt, daß $\mathfrak{A}$ abgeschlossen ist bezüglich endlicher Vereinigungen.

(b) Ist eine Familie $\mathfrak{A}$ mit den angegebenen Eigenschaften gegeben, so setzen wir $\tau := \{X \setminus A \mid A \in \mathfrak{A}\}$. Überlegungen völlig analog zu denen in Teil (a) zeigen, daß τ eine Topologie auf X und $\mathfrak{A}$ genau die Menge der bezüglich dieser Topologie abgeschlossenen Mengen ist.

Lösung (85.24) (a) Es sei $\mathfrak{U}_x$ das Umgebungssystem eines Punktes $x \in X$ bezüglich der gegebenen Topologie τ; d.h., es gilt genau dann $U \in \mathfrak{U}_x$, wenn es eine offene Menge $O \in \tau$ gibt mit $x \in O \subseteq U$. Trivialerweise gilt dann $x \in U$ für alle $U \in \mathfrak{U}_x$; ebenso trivial ist die Bedingung, daß Obermengen von Umgebungen wieder Umgebungen sind. Es seien $U_1, \ldots, U_n$ Umgebungen von x; dann gibt es offene Mengen $O_1, \ldots, O_n \in \tau$ mit $x \in O_i \subseteq U_i$ fü $1 \leq i \leq n$. Da τ abgeschlossen bezüglich der Bildung endlicher Durchschnitte ist, liegt $O := O_1 \cap \cdots \cap O_n$ wieder in τ, und es gilt $x \in O = \bigcap_{i=1}^n O_i \subseteq \bigcap_{i=1}^n U_i$. Also ist auch $\bigcap_{i=1}^n U_i$ eine Umgebung von x. Ist ferner $U \in \mathfrak{U}_x$, so gibt es eine offene Menge $O \in \tau$ mit $x \in O \subseteq U$. Offensichtlich gilt dann $O \in \mathfrak{U}_y$ für alle $y \in O$; mit $V := O$ ist also auch die vierte Bedingung erfüllt.

(b) Ist jedem Punkt x eine Familie $\mathfrak{U}_x$ mit den angegebenen Eigenschaften zugeordnet, so definieren wir $\tau := \{O \subseteq X \mid O \in \mathfrak{U}_y \text{ für alle } y \in O\}$. Es ist nun eine Fleißaufgabe zu verifizieren, daß τ eine Topologie ist und daß für jeden Punkt $x \in X$ die Familie $\mathfrak{U}_x$ genau das Umgebungssystem des Punktes x bezüglich dieser Topologie ist.

Lösung (85.25) (a) Ist τ eine Topologie auf X und bezeichnet $\overline{M}$ den Abschluß einer Teilmenge $M \subseteq X$ bezüglich dieser Topologie, so gelten die Bedingungen $\overline{\emptyset} = \emptyset$, $A \subseteq \overline{A}$ für alle $A \subseteq X$, weiter $\overline{A \cup B} = \overline{A} \cup \overline{B}$ für alle $A, B \subseteq X$ und schließlich $\overline{\overline{A}} = \overline{A}$ für alle $A \subseteq X$. Genau diese Bedingungen waren aber nachzuprüfen.

(b) Ist ein Operator c mit den angegebenen Eigenschaften gegeben, so definieren wir $\mathfrak{A} := \{A \subseteq X \mid c(A) = A\}$. Aufgrund der ersten Bedingung gilt $\emptyset \in \mathfrak{A}$, aufgrund der zweiten Bedingung gilt auch $X \in \mathfrak{A}$. Es sei nun $(A_i)_{i\in I}$ eine Familie von Mengen in $\mathfrak{A}$; wir wollen zeigen, daß auch $A := \bigcap_{i\in I} A_i$ in $\mathfrak{A}$ liegt. Zunächst gilt $A \subseteq c(A)$ wegen Bedingung (2). Wegen $A \subseteq A_{i_0}$ für alle i_0 gilt $A_{i_0} = c(A_{i_0}) = c(A \cup (A_{i_0} \setminus A)) = c(A) \cup c(A_{i_0} \setminus A) \supseteq c(A)$. Also gilt $c(A) \subseteq A_{i_0}$ für jedes feste $i_0 \in I$, folglich auch $c(A) \subseteq \bigcap_{i_0\in I} A_{i_0} = A$. Insgesamt gilt $c(A) = A$, so daß auch A in $\mathfrak{A}$ liegt. Wegen Bedingung (3) gilt für $A_1, \ldots, A_n \in \mathfrak{A}$ ferner $c(\bigcup_{i=1}^n A_i) = \bigcup_{i=1}^n c(A_i) = \bigcup_{i=1}^n A_i$, so daß $\mathfrak{A}$ auch abgeschlossen ist bezüglich der Bildung endlicher Vereinigungen. Damit ist $\mathfrak{A}$ ein System abgeschlossener Mengen, das nach Aufgabe (85.23) in eindeutiger Weise von einer Topologie auf X induziert wird. Der Abschluß einer Menge $M \subseteq X$ bezüglich dieser Topologie ist der Durchschnitt aller abgeschlossenen Obermengen von M, also der Durchschnitt aller Obermengen $A \supseteq M$ mit $c(A) = A$. Dieser Durchschnitt ist aber $c(M)$: Zunächst folgt aus $A \supseteq M$ nämlich $A = c(A) \supseteq c(M)$ für alle A, über die der Durchschnitt gebildet wird, so daß dieser Durchschnitt $c(M)$ umfaßt; andererseits ist wegen $c \circ c = c$ die Menge $c(M)$ selbst eine der Mengen, über die der Durchschnitt gebildet wird.

Lösung (85.26) Die Lösung dieser Aufgabe verläuft völlig analog zu derjenigen von Aufgabe (85.25).

(a) Ist τ eine Topologie auf X und bezeichnet M^0 das Innere einer Teilmenge $M \subseteq X$ bezüglich dieser Topologie, so gelten die Bedingungen $X^0 = X$, $A^0 \subseteq A$ für alle $A \subseteq X$, weiter $(A \cap B)^0 = A^0 \cap B^0$ für alle $A, B \subseteq X$ und schließlich $A^{00} = A^0$ für alle $A \subseteq X$. Genau diese Bedingungen waren aber nachzuprüfen.

(b) Ist ein Operator i mit den angegebenen Eigenschaften gegeben, so definieren wir $\tau := \{U \subseteq X \mid i(U) = U\}$. Aufgrund der ersten Bedingung gilt $X \in \tau$, aufgrund der zweiten Bedingung gilt auch $\emptyset \in \tau$. Es sei nun $(U_j)_{j\in J}$ eine Familie von Mengen in τ; wir wollen zeigen, daß auch $U := \bigcup_{j\in J} U_j$ in τ liegt. Zunächst gilt $i(U) \subseteq U$ wegen Bedingung (2). Wegen $U_{j_0} \subseteq U$ für alle j_0 gilt $U_{j_0} = i(U_{j_0}) = i(U \cap U_{j_0}) = i(U) \cap i(U_{j_0}) \subseteq i(U)$. Also gilt $i(U) \supseteq U_{j_0}$ für jedes feste $j_0 \in J$, folglich auch $i(U) \supseteq \bigcup_{j_0\in J} U_{j_0} = U$. Insgesamt gilt $i(U) = U$, so daß auch U in τ liegt. Wegen Bedingung (3) gilt für $U_1, \ldots, U_n \in \tau$ ferner $i(\bigcap_{j=1}^n U_j) = \bigcap_{j=1}^n i(U_j) = \bigcap_{j=1}^n U_j$, so daß τ auch abgeschlossen ist bezüglich der Bildung endlicher Durchschnitte. Damit ist τ eine Topologie auf X. Das Innere einer Menge $M \subseteq X$ bezüglich dieser Topologie ist die Vereinigung aller offenen Teilmengen von M, also die Vereinigung aller Teilmengen $U \subseteq M$ mit $i(U) = U$. Diese Vereinigung ist aber $i(M)$: Zunächst folgt aus $U \supseteq M$ nämlich $U = i(U) \subseteq i(M)$ für alle U, über die die Vereinigung gebildet wird, so daß diese Vereinigung in $i(M)$

enthalten ist; andererseits ist wegen $i \circ i = i$ die Menge $i(M)$ selbst eine der Mengen, über die die Vereinigung gebildet wird.

Lösung (85.27) Es sei U ein Unterraum des diskreten topologischen Raums X. Da X diskret ist, ist jede Teilmenge $A \subseteq X$ offen in X. Nach Definition der Spurtopologie (Unterraumtopologie) ist dann jede Menge $A \cap U$ mit $A \subseteq X$ offen in U. Das bedeutet aber, daß jede Teilmenge von U offen in U ist; also ist U (mit der Unterraumtopologie) wieder diskret.

Lösung (85.28) Wir geben zwei Beweise der Behauptung, einen formuliert mit Umgebungen, einen formuliert mit Netzen. **Erster Beweis:** Genau dann gilt $x \in \overline{A}^U$, wenn x in U liegt und wenn $\Omega_U \cap A \neq \emptyset$ für jede Umgebung Ω_U von x in U gilt. Nach Definition der Spurtopologie ist dies genau dann der Fall, wenn x in U liegt und wenn $\emptyset \neq \Omega \cap U \cap A = \Omega \cap A$ für jede Umgebung Ω von x in X gilt, wenn also x sowohl in U als auch in $\overline{A}^X$ liegt, wenn also x in $\overline{A}^X \cap U$ liegt. **Zweiter Beweis:** Genau dann gilt $x \in \overline{A}^U$, wenn x in U liegt und wenn es ein Netz (a_i) in A gibt mit $a_i \to x$ in U, also genau dann, wenn x in U liegt und wenn es ein Netz (a_i) in A gibt mit $a_i \to x$ in X, also genau dann, wenn x sowohl in U als auch in $\overline{A}^X$ liegt.

Lösung (85.29) (a) Die Menge X trage die diskrete Topologie. Wir behaupten, daß genau dann $x_i \to x$ gilt, wenn es einen Index $i_0 \in I$ gibt mit $x_i = x$ für alle $i \geq i_0$, wenn also das Netz (x_i) "schließlich konstant" mit dem Wert x ist. Aus der letzten Bedingung folgt trivialerweise $x_i \to x$. Gilt umgekehrt $x_i \to x$, so muß, da $U := \{x\}$ offen und damit eine Umgebung von x ist, ab einem gewissen Index i_0 die Bedingung $x_i \in U$ erfüllt sein, was nur für $x_i = x$ möglich ist.

(b) Die Menge X trage die indiskrete Topologie. Wir behaupten, daß dann jedes Netz (x_i) in X gegen jedes Element $x \in X$ konvergiert. Dazu seien (x_i) ein beliebiges Netz und x ein beliebiger Punkt in X. Wir müssen zeigen, daß es zu jeder Umgebung U von x einen Index $i_0 \in I$ gibt mit $x_i \in U$ für alle $i \geq i_0$. Die einzige Umgebung von x ist aber $U = X$, und die zu erfüllende Bedingung $x_i \in U$ ist trivialerweise sogar für alle $i \in I$ erfüllt. Also gilt $x_i \to x$.

Lösung (85.30) Es seien (x_i) eine Folge in X und x ein Element von x.

(a) Wir behaupten, daß bezüglich τ_1 genau dann $x_i \to x$ gilt, wenn jeder von x verschiedene Wert in der Folge (x_i) nur endlich oft vorkommt. Um dies zu zeigen, nehmen wir zunächst $x_i \to x$ an. Ist dann $y \neq x$ ein von x verschiedenes Element, so ist $X \setminus \{y\}$ eine Umgebung von x; es gibt dann einen Index i_0 mit $x_i \in X \setminus \{y\}$ und damit $x_i \neq y$ für alle $i \geq i_0$; es gibt daher nur endlich viele Indices i mit $x_i = y$. (Dieser Schluß ist für beliebige Netze falsch!) Umgekehrt trete in der Folge (x_i) jeder von x verschiedene Wert nur endlich oft auf; wir behaupten, daß dann $x_i \to x$ gilt. Dazu sei U eine beliebige offene Umgebung von x; es gibt dann eine endliche Menge A mit $U = X \setminus A$. Da jeder Wert in A nur endlich oft in der Folge (x_i) vorkommt und da A selbst endlich ist, gibt es einen Index i_0 mit $x_i \notin A$ und damit $x_i \in U$ für alle $i \geq i_0$. Da U beliebig war, ist damit $x_i \to x$ gezeigt.

(b) Wir behaupten, daß bezüglich τ_2 genau dann $x_i \to x$ gilt, wenn es einen Index i_0 gibt mit $x_i = x$ für alle $i \geq i_0$. Ist letzteres der Fall, so gilt trivialerweise $x_i \to x$. Gilt umgekehrt $x_i \to x$, so sei A die (endliche oder abzählbare) Menge der von x verschiedenen Folgenglieder. Dann ist $U := X \setminus A$ eine Umgebung von x; es gibt dann einen Index $i_\star$ mit $x_i \in U$ und damit $x_i = x$ für alle $i \geq i_\star$.

Lösung (85.31) (1)⇒(2). Es gelte $x_i \to x$ bezüglich τ_2, und es sei U eine beliebige τ_1-offene Umgebung von x. Dann ist wegen (1) erst recht U eine τ_2-offene Umgebung von x; nach Voraussetzung gibt es also einen Index i_0 mit $x_i \in U$ für alle $i \geq i_0$. Da U eine beliebige τ_1-offene Umgebung von x war, ist damit die Aussage $x_i \to x$ bezüglich τ_1 gezeigt.

(2)⇒(1). Wir nehmen an, es gelte (2), aber $\tau_1 \not\subseteq \tau_2$. Dann gibt es eine τ_2-offene Menge U, die nicht τ_1-offen ist. Es ist dann $A := X \setminus U$ eine τ_2-abgeschlossene Menge, die nicht τ_1-abgeschlossen ist. Dann gibt es ein Element $x \in A = \overline{A}^{\tau_2}$ mit $x \notin \overline{A}^{\tau_1}$. Es existiert dann ein Netz (x_i) in A mit $x_i \to x$ bezüglich τ_2, aber wegen $x \notin \overline{A}^{\tau_1}$ kann nicht $x_i \to x$ bezüglich τ_1 gelten. Dies widerspricht der Voraussetzung (2).

Lösung (85.32) (1) ⇒ (2) Es seien $x \neq y$ Punkte in X; nach Voraussetzung gibt es dann Umgebungen U von x und V von y mit $U \cap V = \emptyset$. Würde ein Netz (x_i) sowohl gegen x als auch gegen y konvergieren, so gäbe es Indices $i_1, i_2 \in I$ mit $x_i \in U$ für alle $i \geq i_1$ und $x_i \in V$ für alle $i \geq i_2$. Da I gerichtet ist, gibt es einen Index i_3 mit $i_3 \geq i_1, i_2$. Dann gälte $x_i \in U \cap V$ für alle $i \geq i_3$, was wegen $U \cap V = \emptyset$ nicht möglich ist.

(2) ⇒ (1) Wir nehmen an, es gibt Punkte $x \neq y$ derart, daß $U \cap V \neq \emptyset$ für alle Umgebungen U von x und V von y gilt; wir konstruieren dann ein Netz, das sowohl gegen x als auch gegen y konvergiert. Dazu machen wir $I := \mathfrak{U}_x \times \mathfrak{U}_y$ vermöge

$$(U, V) \preceq (U', V') \quad :\Leftrightarrow \quad U' \subseteq U \text{ und } V' \subseteq V$$

zu einer gerichteten Menge. Wegen $U \cap V \neq \emptyset$ gibt es jeweils ein Element $x_{U,V} \in U \cap V$. Dann ist $(x_{U,V})_{(U,V)\in I}$ ein Netz in X, das sowohl gegen x als auch gegen y konvergiert.

Lösung (85.33) Es liege y im Abschluß der Menge $\{x\}$; wir behaupten, daß $y = x$ gilt.

(a) Wäre $y \neq x$, so gäbe es Umgebungen U von x und V von y mit $U \cap V = \emptyset$. Wegen $y \in \overline{\{x\}}$ muß jede

Umgebung von y (insbesondere also V) die Menge $\{x\}$ schneiden, also das Element x enthalten, was für V aber nicht der Fall ist.

(b) Wegen $y \in \overline{\{x\}}$ gibt es ein Netz (x_i) in $\{x\}$ mit $x_i \to y$. Dies kann aber nur das konstante Netz (x_i) mit $x_i = x$ für alle $i \in I$ sein. Wir haben dann einerseits $x_i \to y$, andererseits trivialerweise $x_i \to x$, aufgrund der Eindeutigkeit des Grenzwerts daher $y = x$.

Lösung (85.34) (1)⇒(2). Es sei $x \in X$ beliebig. Für jeden Punkt $y \neq x$ gibt es eine offene Umgebung U_y von y mit $x \notin U_y$. Dann ist $X \setminus \{x\} = \bigcup_{y \neq x} U_y$ offen (als Vereinigung offener Mengen); folglich ist $\{x\}$ abgeschlossen (als Komplement einer offenen Menge).

(2)⇒(1). Sind $x \neq y$ Punkte in X, so können wir $U := X \setminus \{y\}$ und $V := X \setminus \{x\}$ wählen, um Bedingung (1) zu erfüllen.

Lösung (85.35) (a) Für $k := (P, Z)$ und eine fest vorgegebene Funktion $f : [a, b] \to \mathbb{R}$ schreiben wir kurz $R(f; P, Z) =: R_k$. Daß $(R_i)_{i \in I}$ ein Teilnetz von $(R_j)_{j \in J}$ ist, ergibt sich daraus, daß es zu jedem $j_0 = (P_0, Z_0)$ ein i_0 (nämlich beispielsweise $i_0 := (P_0, Z_0) = j_0$) derart gibt, daß aus $i \geq i_0$ stets $j \geq j_0$ folgt. (Dies ist der Fall, weil eine Partition P', die eine Verfeinerung einer Partition P ist, automatisch mindestens die gleiche Feinheit hat wie P, weil also aus $P' \subseteq P$ automatisch $|P'| \leq |P|$ folgt.)

(b) Aus $R_j \to a$ bezüglich J folgt $R_i \to a$ bezüglich I, weil ein Teilnetz eines gegen a konvergenten Netzes automatisch ebenfalls gegen a konvergiert. Daß umgekehrt aus $R_i \to a$ bezüglich I auch schon $R_j \to a$ bezüglich J folgt, ergibt sich nicht aus rein topologischen Gründen, sondern erfordert Eigenschaften des Riemannschen Integralbegriffs (insbesondere die Abschätzbarkeit beliebiger Riemannscher Summen durch Ober- und Untersummen). Das Argument ist in Satz (105.16) des Buches ausgeführt (und zwar im allgemeinen Fall, also auch für Mehrfachintegrale) und wird hier nicht wiederholt.

Lösung (85.36) (a) Es seien U eine τ_1-offene Menge und $x \in U$. Nach Definition der Produkttopologie gibt es endlich viele offene Mengen $U_1, \ldots, U_n$ in $[0, 1]$ mit $x \in U_1 \times U_2 \times \cdots \times U_n \times [0, 1] \times [0, 1] \times \cdots =: \widehat{U} \subseteq U$. Wähle für $1 \leq i \leq n$ ein $\varepsilon_i > 0$ mit $B_{\varepsilon_i}(x_i) \subseteq U_i$ in $[0, 1]$. Mit $\varepsilon := \min_i \varepsilon_i$ gilt dann $B_\varepsilon(x) \subseteq \widehat{U} \subseteq U$ in X. Also ist U auch τ_2-offen. Damit ist $\tau_1 \subseteq \tau_2$ gezeigt.

Es seien U eine τ_2-offene Menge und $x \in U$. Dann gibt es eine Zahl $r > 0$ mit $B_r(x) \subseteq U$. Wähle irgendeine Zahl $\varepsilon \in (0, r)$, definiere $U_i := B_\varepsilon(x_i)$ in $[0, 1]$ und setze $U_0 := \prod_{n=1}^\infty U_i$. Die Menge U_0 ist offen in der Boxtopologie, und es gilt $x \in U_0 \subseteq B_r(x) \subseteq U$. Also ist U auch τ_3-offen. Damit ist $\tau_2 \subseteq \tau_3$ gezeigt.

(b) Offensichtlich gilt $a^{(n)} \to a$ argumentweise, und das bedeutet $a^{(n)} \to a$ bezüglich τ_1. Wegen $d(a^{(n)}, a) = 1$ für alle $n \in \mathbb{N}$ gilt aber nicht $a^{(n)} \to a$ bezüglich τ_2. Also können die Topologien τ_1 und τ_2 nicht gleich sein.

(c) Es gilt $d(a^{(n)}, a) = 1/n \to 0$ und damit $a^{(n)} \to a$ bezüglich τ_2. Andererseits ist $U := \prod_{n=1}^\infty [0, 1/n)$ eine τ_3-offene Umgebung von a mit $a^{(n)} \notin U$ für alle $n \in \mathbb{N}$; daher gilt nicht $a^{(n)} \to a$ bezüglich τ_3. Also können die Topologien τ_2 und τ_3 nicht gleich sein.

Lösung (85.37) (1) Es sei (x_i) ein Netz mit $x_i = p$ für alle $i \in I$. Ist U eine beliebige Umgebung von p, so können wir $i_0 \in I$ beliebig wählen; es gilt dann $x_i \in U$ für alle $i \geq i_0$. Also gilt $x_i \to p$.

(2) Es gelte $x_i \to p$, und es sei $(x_{i_j})_{j \in J}$ ein Teilnetz von $(x_i)_{i \in I}$. Wir geben uns eine beliebige Umgebung U von p vor. Wegen $x_i \to p$ gibt es einen Index $i_0 \in I$ mit $x_i \in U$ für alle $i \geq i_0$. Nach Definition eines Teilnetzes gibt es einen Index $j_0 \in J$ mit $i_j \geq i_0$ für alle $j \geq j_0$; für alle $j \geq j_0$ gilt dann $x_{i_j} \in U$. Damit ist $x_{i_j} \to p$ gezeigt.

(3) Es gelte $x_i \not\to p$; es gibt dann eine Umgebung U von p und ein Teilnetz $(x_{i_j})_{j \in J}$ von $(x_i)_{i \in I}$ mit $x_{i_j} \notin U$ für alle $j \in J$. Dann kann natürlich kein Teilnetz von (x_{i_j}) gegen p konvergieren.

(4) Es sei U eine offene Umgebung von p. Wegen $x^{(i)} \to p$ gibt es einen Index $i_0 \in I$ mit $x^{(i)} \in U$ für alle $i \geq i_0$. Für jedes $i \geq i_0$ ist dann U eine offene Umgebung von $x^{(i)}$; wegen $x_j^{(i)} \to x^{(i)}$ gibt es also einen Index $j_i \in J_i$ mit $x_j^{(i)} \in U$ für alle $j \geq j_i$. Definiere $f_0 : I \to \bigcup_{i \in I} J_i$ durch

$$f_0(i) := \begin{cases} j_i, & \text{falls } i \geq i_0, \\ \text{beliebiges Element von } J_i, & \text{falls } i \not\geq i_0. \end{cases}$$

Für alle $(i, f) \geq (i_0, f_0)$ in K gilt dann $i \geq i_0$ und $f(i) \geq f_0(i) = j_i$ und damit $x_{(i,f)} := x_{f(i)}^{(i)} \in U$. Also konvergiert das Netz $\big(x_{(i,f)}\big)_{(i,f) \in K}$ gegen p.

Lösung (85.38) Wir zeigen zunächst, daß der angegebene Operator $c : \mathfrak{P}(X) \to \mathfrak{P}(X)$ ein Hülloperator im Sinne von Aufgabe (85.25) ist.

(1) Trivialerweise gilt $c(\emptyset) = \emptyset$, denn die Menge aller Punkte $p \in X$, für die es in $\emptyset$ ein gegen p konvergentes Netz gibt, ist natürlich leer.

(2) Für jede Teilmenge $A \subseteq X$ gilt $A \subseteq c(A)$, denn für jedes Element $a \in A$ und jede gerichtete Menge I können wir das konstante Netz $(a_i)_{i \in I}$ mit $a_i := a$ für alle $i \in I$ betrachten, das nach Voraussetzung gegen a konvergiert; also gilt $a \in c(A)$.

(3) Wir müssen zeigen, daß

$$(\star) \qquad c(A \cup B) = c(A) \cup c(B)$$

für alle $A, B \subseteq X$ gilt. Wir zeigen zunächst die Inklusion $\supseteq$. Gilt $p \in c(A)$, so gibt es ein Netz (a_i) in A mit $a_i \to p$; dann ist erst recht (a_i) ein Netz in $A \cup B$ mit $a_i \to p$; also gilt $p \in c(A \cup B)$. Diese Überlegung zeigt $c(A) \subseteq c(A \cup B)$. Analog gilt $c(B) \subseteq c(A \cup B)$; insgesamt gilt also $c(A) \cup c(B) \subseteq c(A \cup B)$.

Aufgaben zu »Topologische Räume« siehe Seite 111

Umgekehrt sei $p \in c(A \cup B)$; es gibt dann ein Netz $(x_i)_{i \in I}$ in $A \cup B$ mit $x_i \to p$. Wir setzen $I_1 := \{i \in I \mid x_i \in A\}$ und $I_2 := \{i \in I \mid x_i \in B\}$; wegen $I = I_1 \cup I_2$ hat mindestens eine der Mengen I_k die Eigenschaft, daß es zu jedem $i \in I$ ein $i_k \in I_k$ gibt mit $i_k \geq i$. Dann ist $(x_i)_{i \in I_k}$ ein Teilnetz von $(x_i)_{i \in I}$, konvergiert also nach Voraussetzung wieder gegen p. Ist $k = 1$, so ist $(x_i)_{i \in I_k}$ ein Netz in A, so daß $p \in c(A)$ gilt; ist $k = 2$, so ist $(x_i)_{i \in I_k}$ ein Netz in B, so daß $p \in c(B)$ gilt; in jedem Fall gilt also $p \in c(A) \cup c(B)$.

(4) Die Inklusion $c(A) \subseteq c\big(c(A)\big)$ gilt nach (2); wir müssen zeigen, daß auch die umgekehrte Inklusion $c\big(c(A)\big) \subseteq c(A)$ gilt. Es sei $p \in c\big(c(A)\big)$; es gibt dann ein Netz $(x^{(i)})_{i \in I}$ in $c(A)$ mit $x^{(i)} \to p$. Für jedes $i \in I$ liegt $x^{(i)}$ in $c(A)$; es gibt also jeweils ein Netz $(x_j^{(i)})_{j \in J_i}$ in A mit $x_j^{(i)} \to x^{(i)}$ bezüglich J_i. Nach Voraussetzung (4) gilt dann mit $x_{(i,f)} := x_{f(i)}^{(i)}$ aber $x_{(i,f)} \to p$ bezüglich (i, f), und $x_{(i,f)}$ ist ein Netz in A; also gilt $p \in c(A)$.

Nach Aufgabe (85.25)(b) gibt es genau eine Topologie τ auf X derart, daß $c(A) = \overline{A}$ für alle $A \subseteq X$ gilt. Wir zeigen nun, daß Konvergenz im Sinne dieser Topologie τ gerade Konvergenz im Sinne der definierenden Relation bedeutet. Dazu nehmen wir zunächst an, es gäbe ein Netz $(x_i)_{i \in I}$ in X mit $(x_i) \to p$ im Sinne der gegebenen Relationen, aber $x_i \not\to p$ im Sinne der Topologie τ. Dann gibt es eine offene Umgebung U von p und ein Teilnetz $(x_{i_j})_{j \in J}$ von (x_i) mit $x_{i_j} \notin U$ für alle $j \in J$. Wegen Bedingung (2) gilt $(x_{i_j}) \to p$ bezüglich der gegebenen Relation; da (x_{i_j}) ein Netz in $X \setminus U$ ist, gilt also $p \in c(X \setminus U) = \overline{X \setminus U} = X \setminus U$, also $p \notin U$, was natürlich ein Widerspruch dazu ist, daß ja U eine Umgebung von x sein sollte. Damit ist gezeigt, daß jedes bezüglich der gegebenen Relation konvergente Netz auch bezüglich der Topologie τ konvergiert.

Umgekehrt nehmen wir an, es gäbe ein Netz, das bezüglich der Topologie τ gegen einen Punkt $p \in X$ konvergiert, aber nicht bezüglich der gegebenen Relation. Nach Bedingung (3) gibt es dann ein Teilnetz dieses Netzes mit der Eigenschaft, das kein gegen p konvergentes Teilnetz besitzt. Für jedes $i \in I$ ist nun $(x_j)_{j \geq i}$ ein Teilnetz von (x_i), das bezüglich τ dann natürlich wieder gegen p konvergiert; mit $A_i := \{x_j \mid j \geq i\}$ gilt also $p \in \overline{A_i} = c(A_i)$. Nach Definition des Operators c gibt es also ein Netz $(x_j^{(i)})_{j \in J_i}$ in A_i mit $x^{(i)} \to p$ bezüglich J_i. Nach Voraussetzung (4) gibt es dann aber ein Teilnetz $x_{(i,f)} := x_{f(i)}^{(i)}$ von (x_i), das bezüglich der gegebenen Relation gegen p konvergiert; dies ist der gewünschte Widerspruch.

Lösung (85.39) Wegen $A \subseteq \overline{A}$ für alle Teilmengen $A \subseteq X$ ist $\leq$ reflexiv. Weil aus den Beziehungen $A \subseteq \overline{B}$ und $B \subseteq \overline{C}$ die Beziehung $A \subseteq \overline{B} \subseteq \overline{\overline{C}} = \overline{C}$ folgt, ist $\leq$ auch transitiv. Die Relation ist aber im allgemeinen nicht identitiv. Beispielsweise gelten für $A := (0, 1]$ und $B := [0, 1)$ als Teilmengen von $\mathbb{R}$ die Beziehungen $A \subseteq \overline{B}$ und $B \subseteq \overline{A}$, obwohl $A \neq B$ ist.

Lösung (85.40) (a) Trivialerweise liegen $\emptyset$ und $\mathbb{Z}$ in τ. Daß die Vereinigung von Mengen aus τ wieder in τ liegt, ist ebenfalls trivial. Es seien $U_1, \ldots, U_n \in \tau$, und es sei a ein Element von $U := U_1 \cap \cdots \cap U_n$. Nach Voraussetzung gibt es dann für jeden Index $1 \leq i \leq n$ eine Zahl $m_i \in \mathbb{N}$ mit $a + m_i\mathbb{Z} \subseteq U_i$. Setze $m := m_1 \cdots m_n$; dann gilt $a + m\mathbb{Z} \subseteq a + m_i\mathbb{Z} \subseteq U_i$ für $1 \leq i \leq n$ und daher $a + m\mathbb{Z} \subseteq U$. Dies zeigt, daß auch endliche Durchschnitte von Mengen in τ wieder in τ liegen. Also erfüllt τ alle definierenden Eigenschaften einer Topologie.

(b) Ist $U \in \tau$ nicht leer, so enthält U nach Definition eine arithmetische Progression und damit eine unendliche Menge, ist folglich selbst unendlich.

(c) Es sei $U := x + m\mathbb{Z}$. Für jedes Element $a \in U$ gilt dann $a + m\mathbb{Z} = x + m\mathbb{Z} = U$; wegen $(\star)$ ist also U offen. Wir behaupten, daß auch das Komplement von U offen ist. Dies ist klar für $m = 1$, denn dann gilt $U = \mathbb{Z}$, so daß das Komplement von U leer ist. Ist $m > 1$, so ist $\mathbb{Z} \setminus U$ die Vereinigung der endlich vielen arithmetischen Progressionen $x + r\mathbb{Z}$ mit $1 \leq r \leq m-1$ und daher offen als Vereinigung offener Mengen.

(d) Die Inklusion $\subseteq$ gilt, weil eine Zahl, die einen Primteiler besitzt, nicht 1 oder -1 sein kann. Die umgekehrte Inklusion $\supseteq$ gilt, weil jede ganze Zahl außer ± 1 mindestens einen Primteiler besitzt.

(e) Wäre P endlich, so wäre $\bigcup_{p \in P} p\mathbb{Z}$ abgeschlossen als endliche Vereinigung abgeschlossener Mengen, also wäre $\mathbb{Z} \setminus \{\pm 1\}$ abgeschlossen, also wäre $\{\pm 1\}$ offen im Widerspruch zu Teil (b).

Lösung (85.41) Die folgenden Aussagen sind äquivalent:

A ist nirgends dicht
$\Leftrightarrow$ $\overline{A}$ hat keine inneren Punkte
$\Leftrightarrow$ keine offene Menge ist ganz in $\overline{A}$ enthalten
$\Leftrightarrow$ jede offene Menge schneidet $X \setminus \overline{A}$
$\Leftrightarrow$ $X \setminus \overline{A}$ schneidet jede offene Menge
$\Leftrightarrow$ $X \setminus \overline{A}$ ist dicht in X.

Lösung (85.42) (1)$\Rightarrow$(2): Es sei $U \neq \emptyset$ eine offene Menge. Da A nirgends dicht ist, ist U nicht enthalten in $\overline{A}$, schneidet also $X \setminus \overline{A}$. Also ist die Menge $U \cap (X \setminus \overline{A}) = U \setminus \overline{A} =: V$ nicht leer; diese Menge ist offen (als Durchschnitt zweier offener Mengen) und offensichtlich enthalten in U, hat also die gewünschten Eigenschaften.

(2)$\Rightarrow$(1). Wir nehmen an, (1) gelte nicht, und zeigen, daß dann auch (2) nicht gelten kann. Es sei also A *nicht* nirgends dicht, d.h., $\overline{A}^0 \neq \emptyset$. Es gibt dann eine nichtleere offene Menge U, die ganz in $\overline{A}$ enthalten ist. Für jede nichtleere offene Teilmenge V von U gilt dann $V \subseteq \overline{A}$ und folglich $V \cap A \neq \emptyset$. Also kann es keine Menge V mit der in (2) geforderten Eigenschaft geben.

Lösung (85.43) Es seien A_1 und A_2 nirgends dichte Mengen und $U \neq \emptyset$ eine offene Menge. Da A_1 nirgends dicht ist, gibt es nach der vorhergehenden Aufgabe eine offene Menge $\emptyset \neq V \subseteq U$ mit $A_1 \cap V = \emptyset$. Da A_2 nirgends dicht ist, gibt es nach der vorhergehenden Aufgabe eine offene Menge $\emptyset \neq W \subseteq V$ mit $A_2 \cap W = \emptyset$. Dann gelten die Bedingungen $\emptyset \neq W \subseteq U$ und $(A_1 \cup A_2) \cap W = \emptyset$. Wiederum nach der vorhergehenden Aufgabe (diesmal angewandt in der andern Richtung) ist damit $A_1 \cup A_2$ nirgends dicht.

Lösung (85.44) (a) Auf der Menge aller $x \in B$ mit $\|x\| < \pi$ ist $\sim$ gerade die Gleichheitsrelation und daher eine Äquivalenzrelation. Auf der Menge aller $x \in B$ mit $\|x\| = \pi$ gilt $y \sim x$ genau dann, wenn $y = \pm x$ gilt. Trivialerweise gilt dann $x \sim x$ für alle x (Reflexivität). Gilt $y \sim x$, also $y = \pm x$, dann auch $x = \pm y$ und daher $x \sim y$ (Symmetrie). Gelten die Beziehungen $x \sim y$ und $y \sim z$, also $x = \pm y$ und $y = \pm z$, so gilt auch $x = \pm z$ und damit $x \sim z$ (Transitivität).

(b) Es sei $g \in \mathrm{SO}(3)$ eine beliebige Drehung, sagen wir $g = D(n, \varphi)$ mit $\|n\| = 1$ und $|\varphi| \leq \pi$. Ist $\varphi = 0$, so ist $g = \mathbf{1} = f(0)$. Ist $\varphi \neq 0$, so können wir das Vorzeichen von n so wählen, daß $\varphi > 0$ gilt; es ist dann $g = f(\varphi n)$. Für $|\varphi| < \pi$ ist durch den Wert von φ die Richtung der Drehachse eindeutig bestimmt. Für $|\varphi| = \pi$ gilt $D(n_1, \varphi) = D(n_2, \varphi)$ genau dann, wenn $n_2 = \pm n_1$ gilt. Daher gilt $f(x) = f(y)$ genau dann, wenn $y \sim x$ gilt.

(c) Bezeichnet $[x]$ die Äquivalenzklasse eines Vektors $x \in B$, so ist $G := F^{-1}$ gegeben durch $G(\mathbf{1}) = [0]$ und $G\big(D(n, \varphi)\big) = [\varphi n]$.

(d) Die Abbildung $f : B \to \mathrm{SO}(3)$ ist offensichtlich stetig an jeder Stelle $x \neq 0$. Sie ist aber auch stetig an der Stelle $x = 0$, denn für $x \neq 0$ gilt mit $n := x/\|x\|$ und $\varphi := \|x\|$ die Beziehung

$$\begin{aligned} D(n, \varphi) &= \cos(\varphi)\,\mathbf{1} + \big(1 - \cos(\varphi)\big)\, n \otimes n + \sin(\varphi)\, L(n) \\ &= \cos(\|x\|)\,\mathbf{1} + \frac{1 - \cos(\|x\|)}{\|x\|^2}\, x \otimes x + \frac{\sin(\|x\|)}{\|x\|}\, L(x), \end{aligned}$$

und dieser Ausdruck geht für $x \to 0$ gegen $\mathbf{1}$, denn für $x \to 0$ haben wir $\cos(\|x\|) \to 1$, weiter $\big(1 - \cos(\|x\|)\big)/\|x\|^2 \to 1/2$ und $\sin(\|x\|)/\|x\| \to 1$ sowie $x \otimes x \to 0 \otimes 0 = \mathbf{0}$ und $L(x) \to L(0) = \mathbf{0}$.

L86: Allgemeiner Stetigkeitsbegriff

Lösung (86.1) Wir nehmen zunächst an, f sei stetig an der Stelle x. Ist dann V eine beliebige Umgebung von $f(x)$, so gibt es eine Umgebung U von x mit $f(U) \subseteq V$. Dann gilt $U \subseteq f^{-1}(V)$, und als Obermenge der Umgebung U ist dann $f^{-1}(V)$ selbst eine Umgebung von x. Umgekehrt sei das Urbild jeder Umgebung von $f(x)$ eine Umgebung von x. Ist dann V eine beliebige Umgebung von $f(x)$, so ist $U := f^{-1}(V)$ eine Umgebung von x mit $f(U) \subseteq V$. Die Existenz einer solchen Umgebung U zu jedem V bedeutet aber genau die Stetigkeit von f an der Stelle x.

Lösung (86.2) Wir nehmen zuerst an, f sei stetig. Ist dann A eine beliebige Teilmenge und liegt x in $\overline{A}$, so gibt es ein Netz $(a_i)_{i\in I}$ mit $a_i \to x$. Aufgrund der Stetigkeit von f gilt dann $f(a_i) \to f(x)$ und daher $f(x) \in \overline{f(A)}$ (denn $\big(f(a_i)\big)_{i\in I}$ ist ein Netz in $f(A)$). Da $x \in \overline{A}$ beliebig war, gilt also $f(\overline{A}) \subseteq \overline{f(A)}$.

Umgekehrt gelte $f(\overline{A}) \subseteq \overline{f(A)}$ für alle $A \subseteq X$. Wir nehmen an, es gebe einen Punkt $x \in X$, an dem f nicht stetig ist. Dann gibt es ein Netz $(x_i)_{i\in I}$ in X mit $x_i \to x$, aber $f(x_i) \not\to f(x)$. Es gibt dann eine offene Umgebung V von $f(x)$ und ein Teilnetz $(x_{i_j})_{j\in J}$ von (x_i) mit $f(x_{i_j}) \notin V$ für alle j. Mit $A := \{x_{i_j} \mid j \in J\}$ gilt dann einerseits $x \in \overline{A}$ (denn aus $x_i \to x$ folgt $x_{i_j} \to x$), andererseits $f(x) \notin \overline{f(A)}$ (denn $f(A) \subseteq X \setminus V$ und damit $\overline{f(A)} \subseteq \overline{X \setminus V} = X \setminus V$, aber $f(x) \in V$); es gilt dann also $f(\overline{A}) \not\subseteq \overline{f(A)}$.

Das letzte Argument können wir auch mit offenen Mengen statt mit Netzen herleiten. Wir nehmen an, f sei nicht stetig. Dann gibt es eine offene Menge $V \subseteq Y$ derart, daß $f^{-1}(V)$ nicht offen ist. Es gibt dann einen Punkt $x \in f^{-1}(V)$, der Randpunkt von $f^{-1}(V)$ und damit auch Randpunkt von $A := X \setminus f^{-1}(V)$ ist. Dann gilt einerseits $x \in \partial A \subseteq \overline{A}$ und damit $f(x) \in f(\overline{A})$, andererseits $f(x) \notin \overline{f(A)}$, denn $f(A) \subseteq Y \setminus V$ und damit $\overline{f(A)} \subseteq \overline{Y \setminus V} = Y \setminus V$, während $f(x) \in V$ gilt.

Lösung (86.3) (a) Wir schreiben $f_y(x) := f(x,y)$. Für $y \neq 0$ ist f eine auf ganz $\mathbb{R}$ definierte rationale Funktion und damit stetig; für $y = 0$ ist $f_y \equiv 0$ eine konstante Funktion und damit ebenfalls stetig.

(b) Wir schreiben $f^x(y) := f(x,y)$; dann ist $f^x = f_x$ stetig nach Teil (a).

(c) Für $(x_n, y_n) := (1/n, 0)$ gilt $(x_n, y_n) \to (0,0)$ und $f(x_n, y_n) = 0 \to 0$ für $n \to \infty$. Für $(\xi_n, \eta_n) := (1/n, 1/n)$ gilt ebenfalls $(\xi_n, \eta_n) \to (0,0)$, aber $f(\xi_n, \eta_n) = 1/2 \to 1/2$ für $n \to \infty$. Dies zeigt, daß f nicht stetig ist (und auch nicht durch Umdefinieren des Funktionswertes $f(0,0)$ stetig gemacht werden kann).

Lösung (86.4) Die Menge $\mathbb{Q}$ ist die disjunkte Zerlegung der beiden offenen Teilmengen $A := \{x \in \mathbb{Q} \mid x^2 < 2\}$ und $B := \{x \in \mathbb{Q} \mid x^2 > 2\}$. Wegen $f \equiv 0$ auf A ist f in jedem Punkt $x_0 \in A$ stetig; wegen $f \equiv 1$ auf B ist f in jedem Punkt $x_0 \in B$ stetig. Also ist f an jeder Stelle $x_0 \in \mathbb{Q}$ stetig.

Lösung (86.5) Da die Cosinus- und die Sinusfunktion stetig sind, ist auch f stetig; die Bijektivität ist klar, weil der Polarwinkel φ eines Punktes in $\mathbb{R}^2 \setminus \{(0,0)\}$ durch die Vorgabe $\varphi \in [0, 2\pi)$ eindeutig festgelegt ist. Die Umkehrfunktion ist aber nicht stetig, denn mit $t_n := 2\pi - (1/n)$ gilt einerseits $(\cos t_n, \sin t_n) \to \big(\cos(2\pi), \sin(2\pi)\big) = (1,0)$, andererseits $f^{-1}(\cos t_n, \sin t_n) = t_n \to 2\pi \neq 0 = f^{-1}(1,0)$.

Lösung (86.6) Die Funktion $g : [0, 2\pi] \to \mathbb{R}$ mit $g(\alpha) := f(\cos\alpha, \sin\alpha) - f(-\cos\alpha, -\sin\alpha)$ ist stetig und erfüllt die Bedingung $g(\pi) = -g(0)$, nimmt also an den Stellen 0 und π Werte mit unterschiedlichen Vorzeichen an. Nach dem Zwischenwertsatz gibt es dann einen Winkel $\alpha \in [0, \pi]$ mit $g(\alpha) = 0$; mit $p := (\cos\alpha, \sin\alpha)$ bedeutet dies aber gerade $0 = g(p) = f(p) - f(-p)$ und damit $f(-p) = f(p)$. Diese Aussage bedeutet, daß es immer zwei einander gegenüberliegende Punkte auf K geben muß, an denen f den gleichen Funktionswert annimmt.

Lösung (86.7) Aussage (a) ist richtig, die anderen Aussagen sind falsch.

(a) Es gelte $x_i \to x$ in X. Da f stetig an der Stelle x ist, folgt hieraus $f(x_i) \to f(x)$. Da g stetig an der Stelle $f(x)$ ist, folgt hieraus $g\big(f(x_i)\big) \to g\big(f(x)\big)$. Aus $x_i \to x$ folgt also $(g \circ f)(x_i) \to (g \circ f)(x)$; damit ist $g \circ f$ stetig im Punkt x. Da x beliebig war, folgt die Behauptung.

(b) Wähle irgendeine konstante Funktion f und irgendeine unstetige Funktion g; dann sind f und $g \circ f$ konstant und damit stetig, so daß ein Gegenbeispiel zu (b) vorliegt.

(c) Wähle irgendeine konstante Funktion g und irgendeine unstetige Funktion f; dann sind g und $g \circ f$ konstant und damit stetig, so daß ein Gegenbeispiel zu (c) vorliegt.

(d) Definiere unstetige Funktionen $f, g : \mathbb{R} \to \mathbb{R}$ durch

$$f(x) := \begin{cases} 0, & x < 0, \\ 1, & x \geq 0; \end{cases} \qquad g(x) := \begin{cases} 2, & x < 2, \\ 3, & x \geq 2. \end{cases}$$

Dann sind $f \circ g \equiv 1$ und $g \circ f \equiv 2$ beide konstant und damit stetig, so daß ein Gegenbeispiel zu (d) vorliegt.

Lösung (86.8) Die identische Abbildung $\mathrm{id} : (X, \mathfrak{O}_2) \to (X, \mathfrak{O}_1)$ ist genau dann stetig, wenn für jede $\mathfrak{O}_1$-offene Menge $U \subseteq X$ die Menge $\mathrm{id}^{-1}(U) = U$ offen bezüglich $\mathfrak{O}_2$ ist, wenn also aus $U \in \mathfrak{O}_1$ stets $U \in \mathfrak{O}_2$ folgt, wenn also $\mathfrak{O}_1 \subseteq \mathfrak{O}_2$ folgt, wenn also $\mathfrak{O}_2$ feiner als $\mathfrak{O}_1$ ist.

Aufgaben zu »Der allgemeine Stetigkeitsbegriff« siehe Seite 116

Lösung (86.9) (1)⇒(2). Die Abbildung $f : X \to Y$ sei stetig bezüglich τ_1. Für alle $V \in \tau$ gilt dann $f^{-1}(V) \in \tau_1$, wegen Bedingung (1) erst recht also $f^{-1}(V) \in \tau_2$. Jede τ-offene Menge in Y hat also ein τ_2-offenes Urbild in X; also ist f stetig bezüglich τ_2.

(2)⇒(1). Die identische Abbildung $\mathrm{id} : (X,\tau_1) \to (X,\tau_1)$ ist stetig; nach Voraussetzung (2) ist also auch $\mathrm{id} : (X,\tau_2) \to (X,\tau_1)$ stetig. Für jede τ_1-offene Menge U ist also $\mathrm{id}^{-1}(U) = U$ offen bezüglich τ_2; d.h., es gilt $\tau_1 \subseteq \tau_2$.

(1)⇒(3). Die Abbildung $g : Y \to X$ sei stetig bezüglich τ_2. Für alle $U \in \tau_1$ gilt wegen (1) dann $U \in \tau_2$, folglich $g^{-1}(V) \in \tau$ wegen der vorausgesetzten Stetigkeit von g bezüglich τ_2. Jede τ_1-offene Menge in X hat also ein τ-offenes Urbild in Y; also ist g stetig bezüglich τ_1.

(3)⇒(1). Die identische Abbildung $\mathrm{id} : (X,\tau_2) \to (X,\tau_2)$ ist stetig; nach Voraussetzung (3) ist also auch $\mathrm{id} : (X,\tau_2) \to (X,\tau_1)$ stetig. Für jede τ_1-offene Menge U ist also $\mathrm{id}^{-1}(U) = U$ offen bezüglich τ_2; d.h., es gilt $\tau_1 \subseteq \tau_2$.

Die Bemerkung am Ende der Aufgabe leuchtet auch anschaulich ein: Damit eine Abbildung $f : X \to Y$ aus X heraus stetig ist, müssen alle Urbilder in Y offener Mengen offen in X sein, und das ist um so leichter erfüllbar, je mehr offene Mengen es in X gibt, je feiner also die betrachtete Topologie auf X ist. Damit eine Abbildung $g : Y \to X$ in X hinein stetig ist, muß für jede in X offene Menge das Urbild offen in Y sein, und dies ist um so leichter erfüllbar, je weniger offene Mengen es in X gibt, je gröber also die betrachtete Topologie auf X ist.

Lösung (86.10) (a) Es sei U eine beliebige Umgebung von e; dann enthält U eine Basisumgebung der Form

$$U_{r_1,\ldots,r_n} := \{f : \mathbb{R} \to \{0,1\} \mid f(r_1) = \cdots = f(r_n) = 1\}.$$

Definiere $g \in A$ durch $g(r_k) := 1$ für $1 \le k \le n$ und $g(r) := 0$ für $r \in \mathbb{R} \setminus \{r_1,\ldots,r_n\}$. Dann gilt $g \in U \cap A$. Jede Umgebung von e enthält also mindestens ein Element von A, und das war zu zeigen.

(b) Es sei (a_n) eine beliebige Folge in A. Für jedes $n \in \mathbb{N}$ ist dann $E_n := \{r \in \mathbb{R} \mid a_n(r) \neq 0\}$ endlich; folglich ist $\bigcup_{n\in\mathbb{N}} E_n$ höchstens abzählbar. Da $\mathbb{R}$ überabzählbar ist, gibt es eine Zahl $r \in \mathbb{R}$ mit $r \notin \bigcup_{n\in\mathbb{N}} E_n$ und damit $a_n(r) = 0$ für alle $n \in \mathbb{N}$. Dann kann aber nicht $a_n \to e$ gelten, denn Konvergenz in X ist punktweise Konvergenz; aus $a_n \to e$ müßte also $a_n(r) \to e(r)$ folgen, was wegen $a_n(r) = 0$ für alle n und $e(r) = 1$ nicht der Fall ist.

(c) Wäre δ stetig in e, so müßte es eine Umgebung U von e geben mit $\delta(f) = 1$ für alle $f \in U$. Nach (a) läge aber in U ein Element $a \in A$, für das $\delta(a) = 0$ gälte.

(d) Es sei (x_n) eine Folge in X mit $x_n \to e$. Wegen (b) gibt es dann einen Index n_0 mit $x_n = e$ für alle $n \ge n_0$; dies hat dann trivialerweise $\delta(x_n) \to \delta(e)$ zur Folge.

Lösung (86.11) Es sei

$$M := \{x \in X \mid f(x) = g(x)\}.$$

Erster Beweis: Wir zeigen, daß $X \setminus M$ offen ist. Dazu sei $x \in X \setminus M$; es gelte also $f(x) \neq g(x)$. Da Y Hausdorffsch ist, gibt es eine Umgebung V_1 von $f(x)$ und eine Umgebung V_2 von $g(x)$ mit $V_1 \cap V_2 = \emptyset$. Da f und g stetig sind, sind $f^{-1}(V_1)$ und $g^{-1}(V_2)$ Umgebungen von x; dann ist aber auch $U := f^{-1}(V_1) \cap g^{-1}(V_2)$ eine Umgebung von x. Wir behaupten, daß U in $X \setminus M$ enthalten ist. Für $u \in U$ gilt nämlich einerseits $f(u) \in V_1$, andererseits $g(u) \in V_2$, wegen der Disjunktheit von V_1 und V_2 also $f(u) \neq g(u)$ und damit $u \in X \setminus M$. Jeder Punkt $x \in X \setminus M$ besitzt also eine Umgebung U, die ganz in $X \setminus M$ enthalten ist; damit ist $X \setminus M$ offen bzw. M abgeschlossen.

Zweiter Beweis: Es sei $x \in \overline{M}$. Dann gibt es ein Netz $(x_i)_{i\in I}$ in M mit $x_i \to x$. Aufgrund der Stetigkeit von f und g haben wir dann $f(x_i) \to f(x)$ und $g(x_i) \to g(x)$; wegen $x_i \in M$ gilt ferner $f(x_i) = g(x_i)$ für alle $i \in I$. Das Netz $\big(f(x_i)\big)_{i\in I}$ in Y konvergiert also sowohl gegen $f(x)$ als auch gegen $g(x)$. Da Y ein Hausdorff-Raum ist, hat ein Netz in Y höchstens einen Grenzwert; also gilt $f(x) = g(x)$ und damit $x \in M$. Aus $x \in \overline{M}$ folgt also $x \in M$; d.h., die Menge M ist abgeschlossen,

Lösung (86.12) (a) Die erste angegebene Gleichung folgt aus der folgenden Kette äquivalenter Bedingungen:

$$\begin{aligned} & x \in [\max(f,g) < r] \\ \Leftrightarrow\ & \max\big(f(x), g(x)\big) < r \\ \Leftrightarrow\ & f(x) < r \text{ und } g(x) < r \\ \Leftrightarrow\ & x \in [f < r] \text{ und } x \in [g < r] \\ \Leftrightarrow\ & x \in [f < r] \cap [g < r]. \end{aligned}$$

Die anderen Gleichungen ergeben sich in völlig analoger Weise.

(b) Aus (a) ergibt sich sofort die folgende Aussage: Sind f und g beide oberhalb stetig bzw. beide unterhalb stetig, so sind auch $\max(f,g)$ und $\min(f,g)$ beide oberhalb stetig bzw. beide unterhalb stetig.

Lösung (86.13) Erster Beweis: Ist $V \subseteq Y$ offen in Y, so ist $f^{-1}(V)$ offen in X aufgrund der Stetigkeit von f. Dann ist aber auch $f|_U^{-1}(V) = f^{-1}(V) \cap U$ offen in U nach Definition der Spurtopologie. Urbilder offener Mengen unter $f|_U$ sind also wieder offen; daher ist $f|_U$ stetig. **Zweiter Beweis:** Es sei (u_i) ein Netz in U mit $u_i \to u \in U$. Dann gilt erst recht $u_i \to u$ in X, folglich $f(u_i) \to f(u)$ (denn f ist stetig); das bedeutet aber $f|_U(u_i) \to f|_U(u)$. Aus $u_i \to u$ in U folgt also $f|_U(u_i) \to f|_U(u)$ in Y; daher ist $f|_U$ stetig.

Lösung (86.14) (a) Ein einfaches Beispiel ist gegeben mit $X = Y = \mathbb{R}$ und der Funktion $f : \mathbb{R} \to \mathbb{R}$ mit

$$f(x) := \begin{cases} 0, & \text{falls } x \le 0, \\ 1/x, & \text{falls } x > 0, \end{cases}$$

wenn wir $A := (-\infty, 0]$ und $B := (0, \infty)$ wählen. Ein anderers Beispiel erhalten wir, wenn wir $X := \mathbb{R}^2 \setminus \{(0,0)\}$

Aufgaben zu »Der allgemeine Stetigkeitsbegriff« siehe Seite 116

und $Y := [0, 2\pi)$ setzen und $\varphi : X \to Y$ durch $\varphi(x,y)$ als den Polarwinkel des Punktes (x,y) definieren. Dann ist φ stetig auf $A := \{(x,y) \in X \mid y \geq 0\}$ und auf $B := \{(x,y) \in X \mid y < 0\}$, aber nicht auf $A \cup B = X$.

(b) Es gelte $x_i \to x$ in X. Wegen $X = A \cup B$ gilt $x \in A$ oder $x \in B$; sagen wir o.B.d.A. $x \in A$. Da A offen ist, gibt es einen Index i_0 mit $x_i \in A$ und damit $f(x_i) = f|_A(x_i)$ für alle $i \geq i_0$. Da $f|_A$ stetig ist, folgt dann $f(x_i) = f|_A(x_i) \to f_A(x) = f(x)$. Aus $x_i \to x$ folgt also $f(x_i) \to f(x)$; damit ist f als stetig nachgewiesen.

(c) Es gelte $x_i \to x$. Wir setzen $I_1 := \{i \in I \mid x_i \in A\}$ und $I_2 := \{i \in I \mid x_i \in B\}$; wegen $X = A \cup B$ gilt $I = I_1 \cup I_2$. Mindestens eines der Netze $(x_i)_{i \in I_1}$ und $(x_i)_{i \in I_2}$ ist ein Teilnetz von $(x_i)_{i \in I}$ und konvergiert dann gegen x. Ist I_1 kofinal in I, so gilt $(x_i)_{i \in I_1} \to x$; da $(x_i)_{i \in I_1}$ ein Netz in A ist, gilt also $x \in \overline{A} = A$. Also gilt $x_i \to x$ bezüglich I_1 in A; hieraus folgt $f(x_i) = f|_A(x_i) \to f|_A(x) = f(x)$. Analog gilt, wenn I_2 kofinal in I ist, auch $f(x_i) \to f(x)$ bezüglich I_2. Dann gilt aber auch $f(x_i) \to f(x)$ bezüglich I. Damit ist gezeigt, daß aus $x_i \to x$ stets $f(x_i) \to f(x)$ folgt.

Lösung (86.15) Da die identische Abbildung $\mathrm{id}_X : X \to X$ ein Homöomorphismus ist, gilt stets $X \sim X$ (Reflexivität). Da mit $f : X \to Y$ auch $f^{-1} : Y \to X$ ein Homöomorphismus ist, folgt aus $X \sim Y$ stets $Y \sim X$ (Symmetrie). Da schließlich mit $f : X \to Y$ und $g : Y \to Z$ auch $g \circ f : X \to Z$ ein Homöomorphismus ist, folgt aus $X \sim Y$ und $Y \sim Z$ stets $X \sim Z$ (Transitivität). Damit ist $\sim$ als Äquivalenzrelation nachgewiesen.

Lösung (86.16) Es sei $A = [x]$ die Äquivalenzklasse eines Elements $x \in X$, und es sei $(x_i)_{i \in I}$ ein Netz in A mit $x_i \to y$ in X. Wir müssen zeigen, daß dann der Grenzwert y wieder in A liegt. Aus $x_i \to y$ in X folgt $[x_i] \to [y]$ in $X/\sim$. Wegen $x_i \sim x$ für alle i ist aber $([x_i])_{i \in I}$ das konstante Netz mit dem Wert $[x]$; also gilt $[x_i] \to [x]$. Da $X/\sim$ nach Voraussetzung Hausdorffsch ist, folgt aus $[x_i] \to [y]$ und $[x_i] \to [x]$ aber $[y] = [x]$ (Eindeutigkeit von Grenzwerten) und damit $y \in [x] = A$. Damit ist gezeigt, daß A abgeschlossen ist.

Lösung (86.17) Für die links dargestellte Äquivalenzrelation $\sim$ ist $\mathbb{R}^2/\sim$ Hausdorffsch. Wir können nämlich eine waagrechten Gerade (die wir mit $\mathbb{R}$ identifizieren) durch die Zeichnung legen; dann schneidet jede Äquivalenzlasse diese Gerade in genau einem Punkt. Ordnen wir jeder Äquivalenzklasse diesen Schnittpunkt zu, so erhalten wir eine Bijektion $f : (\mathbb{R}^2/\sim) \to \mathbb{R}$, von der man sich schnell überlegt, daß sie ein Homöomorphismus ist. Als topologischer Raum ist also $\mathbb{R}^2/\sim$ nichts anderes als $\mathbb{R}$ und damit Hausdorffsch. Für die rechts dargestellte Äquivalenzrelation $\sim$ ist dagegen $\mathbb{R}^2/\sim$ nicht Hausdorffsch, wie wir uns jetzt überlegen wollen. Legen wir wieder eine waagrechte Gerade durch die Zeichnung, so können wir jede der vertikal verlaufenden Äquivalenzklassen mit ihrem Schnittpunkt mit dieser Geraden identifizieren. Legen wir ferner eine vertikale Gerade als Symmetrieachse C in die Zeichnung, so können wir jede der nicht vertikalen Äquivalenzklassen mit ihrem Schnittpunkt mit dieser Symmetrieachse identifizieren. Als Menge können wir daher $\mathbb{R}^2/\sim$ mit der disjunkten Vereinigung zweier waagrechter Halbgeraden A und B sowie der senkrechten Geraden C identifizieren.

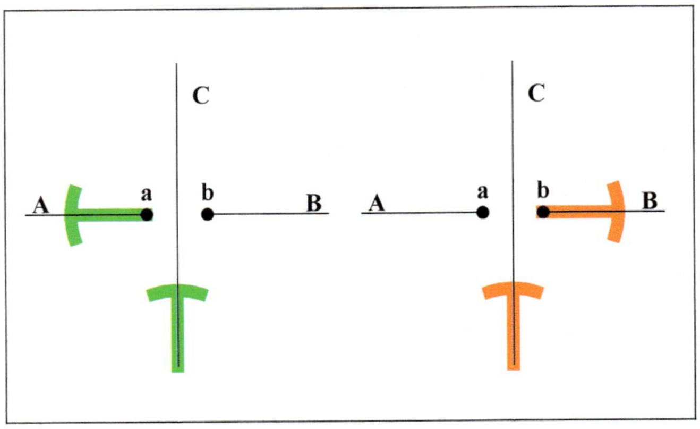

Die Quotiententopologie von $\mathbb{R}^2/\sim$ stimmt aber unter dieser Identifizierung nicht mit der Spurtopologie überein, die $A \cup B \cup C$ von $\mathbb{R}^2$ erbt. Die Punkte, an denen Schwierigkeiten auftreten, sind die Endpunkte a von A und b von B. Man sieht sofort, daß jede Umgebung von a bzw. b eine Umgebung der in der Skizze angegebenen Art enthält. Insbesondere haben also alle Umgebungen von a und b einen nichtleeren Durchschnitt, so daß $\mathbb{R}^2/\sim$ nicht Hausdorffsch ist. (Ein Netz in $\mathbb{R}^2/\sim$, das gegen a konvergiert und dessen Glieder in C liegen, konvergiert automatisch auch gegen b; das kann man sich auch an der ursprünglichen Darstellung der Äquivalenzklassen klarmachen.)

Lösung (86.18) (a) Es sei Y Hausdorffsch. Weiter gelte $[x_1] \neq [x_2]$, also $f(x_1) \neq f(x_2)$. Da Y Hausdorffsch ist, gibt es Umgebungen V_1 von x_1 und V_2 von x_2 in Y mit $V_1 \cap V_2 = \emptyset$. Wegen der Stetigkeit von f sind dann $U_1 := f^{-1}(V_1)$ und $U_2 := f^{-1}(V_2)$ disjunkte offene Umgebungen von x_1 bzw. x_2 in X, folglich sind $\pi(U_1)$ und $\pi(U_2)$ disjunkte offene Umgebungen von $[x_1]$ bzw. $[x_2]$ in $X/\sim$.

- Nachweis, daß $\pi(U_i)$ für $i = 1,2$ jeweils offen ist: Nach Definition der Quotiententopologie ist dies genau dann der Fall, wenn $\pi^{-1}(\pi(U_i))$ offen in X ist. Nun gilt $x \in \pi^{-1}(\pi(U_i)) \Leftrightarrow \pi(x) \in \pi(U_i) \Leftrightarrow f(x) \in f(U_i) \Leftrightarrow f(x) \in V_i \Leftrightarrow x \in f^{-1}(V_i) = U_i$. Also gilt $\pi^{-1}(\pi(U_i)) = U_i$, und U_i ist offen.
- Nachweis, daß $\pi(U_1)$ und $\pi(U_2)$ disjunkt sind: gälte $\pi(u_1) = \pi(u_2)$ mit $u_i \in U_i$, so folgte der Widerspruch $f(u_1) = f(u_2) \in V_1 \cap V_2 = \emptyset$.

Damit ist gezeigt, daß je zwei Punkte $[x_1] \neq [x_2]$ disjunkte offene Umgebungen besitzen; also ist $X/\sim$ Hausdorffsch.

(b) Ein Trivialbeispiel erhalten wir folgendermaßen. Wähle irgendeinen topologischen Raum Y, der nicht

Hausdorffsch ist, setze $X := Y$ und betrachte $f = \mathrm{id}_X$. Dann ist $X/\sim$ homöomorph zu X bzw. Y und daher nicht Hausdorffsch.

(c) Ein Trivialbeispiel erhalten wir, indem wir einen beliebigen topologischen Raum X wählen, einen beliebigen topologischen Raum Y, der nicht Hausdorffsch ist, und eine konstante Abbildung $f : X \to Y$. Dann ist $X/\sim$ einpunktig, also trivialerweise Hausdorffsch, während Y nach Voraussetzung nicht Hausdorffsch ist.

Lösung (86.19) (a) Für $f : (X/\sim) \to Y$ gelten die folgenden Äquivalenzen:

$$\begin{aligned} & f \text{ ist stetig} \\ \Leftrightarrow\ & \text{für alle } V_{\text{offen}} \subseteq Y \text{ ist } f^{-1}(V) \text{ offen in } X/\sim \\ \Leftrightarrow\ & \text{für alle } V_{\text{offen}} \subseteq Y \text{ ist } \pi^{-1}\big(f^{-1}(V)\big) \text{ offen in } X \\ \Leftrightarrow\ & \text{für alle } V_{\text{offen}} \subseteq Y \text{ ist } (f \circ \pi)^{-1}(V) \text{ offen in } X \\ \Leftrightarrow\ & f \circ \pi \text{ ist stetig.} \end{aligned}$$

(b) Ist $F : Y \to X$ stetig, so ist $\pi \circ F$ stetig als Hintereinanderausführung zweier stetiger Funktionen.

Lösung (86.20) Die Abbildung f ist wohldefiniert (denn aus $\alpha \sim \beta$ folgen die Bedingungen $\cos\alpha = \cos\beta$ und $\sin\alpha = \sin\beta$) und injektiv (denn aus $(\cos\alpha, \sin\alpha) = (\cos\beta, \sin\beta)$ folgt $\alpha \sim \beta$); sie ist offensichtlich auch surjektiv. Also ist f eine bijektive Abbildung. Die Abbildung f ist stetig gemäß (86.19)(a), denn

$$f \circ \pi : \begin{array}{ccc} \mathbb{R} & \to & K \\ \varphi & \mapsto & (\cos\varphi, \sin\varphi) \end{array}$$

ist stetig. Um die Stetigkeit der Umkehrabbildung f^{-1} zu beweisen, zerlegen wir K in die vier Bereiche

$$\begin{aligned} K_1 &:= \{(x,y) \in K \mid y > 0\} \quad \text{(oben)}, \\ K_2 &:= \{(x,y) \in K \mid y < 0\} \quad \text{(unten)}, \\ K_3 &:= \{(x,y) \in K \mid x > 0\} \quad \text{(rechts)}, \\ K_4 &:= \{(x,y) \in K \mid x < 0\} \quad \text{(links)}, \end{aligned}$$

auf denen wir jeweils den Polarwinkel φ durch eine explizite Formel aus (x, y) gewinnen können:

$$\begin{aligned} \varphi &= \arccos(x) =: F_1(x,y) \text{ für } (x,y) \in K_1, \\ \varphi &= 2\pi - \arccos(x) =: F_2(x,y) \text{ für } (x,y) \in K_2, \\ \varphi &= \arcsin(y) =: F_3(x,y) \text{ für } (x,y) \in K_3, \\ \varphi &= \pi - \arcsin(y) =: F_4(x,y) \text{ für } (x,y) \in K_4. \end{aligned}$$

Da die Bereiche K_i offen in K sind und ganz K überdecken, genügt es nach Aufgabe (86.14)(b), die Stetigkeit von f^{-1} auf jeder der Mengen K_i nachzuweisen. Wegen $f^{-1}|_{K_i} = \pi \circ F_i$ mit der stetigen Funktion F_i ist $f^{-1}|_{K_i}$ stetig nach Aufgabe (86.19)(b); also ist f^{-1} stetig gemäß Aufgabe (86.14)(b).

Lösung (86.21) Die Abbildung f ist wohldefiniert (denn aus $x \sim y$ folgt $x/\|x\| = y/\|y\|$) und injektiv (denn aus $x/\|x\| = y/\|y\|$ folgt $x \sim y$); sie ist offensichtlich auch surjektiv. Also ist f eine bijektive Abbildung. Die Abbildung f ist stetig gemäß Aufgabe (86.19)(a), denn

$$f \circ \pi : \begin{array}{ccc} \mathbb{R}^3 \setminus \{(0,0,0)\} & \to & \mathbb{S}^2 \\ v & \mapsto & v/\|v\| \end{array}$$

ist stetig. Die Umkehrabbildung f^{-1} läßt sich schreiben als $f^{-1} = \pi \circ F$ mit der offenbar stetigen Einbettungsabbildung

$$F : \begin{array}{ccc} \mathbb{S}^2 & \to & \mathbb{R}^3 \setminus \{(0,0,0)\} \\ x & \mapsto & x \end{array}$$

und ist daher gemäß Aufgabe (86.19)(b) ebenfalls stetig.

Lösung (86.22) Daß eine Metrik vorliegt, ist klar. (Es handelt sich um die Hamming-Metrik.) Offensichtlich gilt $d(x+a, y+a) = d(x,y)$ für alle $x, y, a \in \mathbb{R}^n$; die Metrik d ist also translationsinvariant. Ebenso offensichtlich gilt

$$d(\lambda x, \lambda y) = \begin{cases} d(x,y), & \text{falls } \lambda \neq 0; \\ 0, & \text{falls } \lambda = 0. \end{cases}$$

Also ist d nicht homogen, damit auch nicht von einer Norm induziert. Genau dann gilt $x^{(k)} \to x$ in $(\mathbb{R}^n, d)$, wenn es einen Index k_0 gibt mit $x^{(k)} = x$ für alle $k \geq k_0$. Hieraus folgt sofort, daß die Additionsabbildung $\mathbb{R}^n \times \mathbb{R}^n \to \mathbb{R}^n$ mit $(x,y) \mapsto x + y$ stetig ist, denn aus $x^{(k)} \to x$ und $y^{(k)} \to y$ folgt $x^{(k)} + y^{(k)} \to x + y$. Wir behaupten nun, daß die Skalarmultiplikation $\mathbb{R} \times \mathbb{R}^n \to \mathbb{R}^n$ an allen Stellen $(\lambda, 0)$ stetig ist, an allen Stellen (λ, x) mit $x \neq 0$ dagegen unstetig. Dazu betrachten wir eine Folge (λ_k) in $\mathbb{R}$ mit $\lambda_k \to \lambda$ und eine Folge $x^{(k)}$ in $\mathbb{R}^n$ mit $x^{(k)} \to x$. Es gibt dann einen Index k_0 mit $x^{(k)} = x$ für alle $k \geq k_0$. Für $k \geq k_0$ gilt dann

$$\begin{aligned} d(\lambda_k x^{(k)}, \lambda x) &= d(\lambda_k x, \lambda x) \\ &= |\{i \mid \lambda_k x_i \neq \lambda x_i\}| \\ &= |\{i \mid (\lambda_k - \lambda) x_i \neq 0\}. \end{aligned}$$

Gilt $x_i = 0$ für alle i, so gilt $d(\lambda_k x^{(k)}, \lambda x) = 0$ für $k \geq k_0$ und damit $\lambda_k x^{(k)} \to \lambda x$. Gibt es dagegen mindestens einen Index i mit $x_i \neq 0$ und wählen wir die Folge (λ_k) so, daß $\lambda_k \neq \lambda$ für alle $k \geq k_0$ gilt, so haben wir $d(\lambda_k x^{(k)}, \lambda x) \geq 1$ für alle $k \geq k_0$ und damit $\lambda_k x^{(k)} \not\to \lambda x$. Da die Skalarmultiplikation nicht überall stetig ist, ist $(\mathbb{R}^n, d)$ kein topologischer Vektorraum.

Lösung (86.23) (a) Die Inversion I ist nach Definition einer topologischen Gruppe stetig, und da sie mit ihrer Umkehrabbildung übereinstimmt, ist sie sogar ein Homöomorphismus. Ebenfalls nach Definition einer topologischen Gruppe ist die Multiplikationsabbildung $M : G \times G \to G$ stetig. Für jedes feste Element $g \in G$ sind dann auch die Linksmultiplikation $L_g = M(g, \bullet)$

Aufgaben zu »Der allgemeine Stetigkeitsbegriff« siehe Seite 116

und die Rechtsmultiplikation $R_g = M(\bullet, g)$ stetig. Wegen $L_g^{-1} = L_{g^{-1}}$ und $R_g^{-1} = R_{g^{-1}}$ sind dann auch die Umkehrabbildungen dieser Bijektionen stetig, so daß es sich um Homöomorphismen handelt.

(b) Es sei Ω eine beliebige Umgebung von e. Da die Multiplikationsabbildung $M : G \times G \to G$ stetig ist und die Bedingung $M(e, e) = e$ erfüllt, gibt es eine offene Umgebung V_0 von e mit $M(V_0 \times V_0) \subseteq \Omega$, also $V_0 V_0 \subseteq \Omega$. Dann ist $V := V_0 \cap V_0^{-1}$ wieder eine offene Umgebung von e, und offensichtlich gelten die Bedingungen $V^{-1} = V$ sowie $VV \subseteq V_0 V_0 \subseteq \Omega$.

(c) Ist U offen, so sind auch alle Linksnebenklassen gU offen (denn diese sind ja homöomorph zu U. Folglich ist das Komplement $G \setminus U = \bigcup_{g \notin U} gU$ offen (als Vereinigung offener Mengen), damit U selbst aber abgeschlossen. Ein Beispiel für eine solche offene Untergruppe U einer topologischen Gruppe G ist gegeben durch $G = \mathrm{O}(3) = \{A \in \mathrm{GL}(3, \mathbb{R}) \mid A^T A = \mathbf{1}\}$ und $U = \mathrm{SO}(3) = \{A \in G \mid \det(A) = 1\}$.

(d) Wir nehmen zuerst an, U sei abgeschlossen; wir wollen zeigen, daß G/U Hausdorffsch ist, daß sich also zwei verschiedene Elemente $xU \neq yU$ von G/U durch offene Mengen trennen lassen. Wegen $xU \neq yU$ liegt das Neutralelement e nicht in der abgeschlossenen Menge xUy^{-1}; es gibt daher eine Umgebung Ω von e, die disjunkt zu xUy^{-1} ist. Wir wählen nach (b) eine Umgebung V von e mit $V^{-1} = V$ und $VV \subseteq \Omega$. Dann sind die Mengen VxU und VyU disjunkt; gäbe es nämlich ein Element g in $VxU \cap VyU$, sagen wir $g = v_1 x u_1 = v_2 y u_2$ mit $v_1, v_2 \in V$ und $u_1, u_2 \in U$, so läge $x u_1 u_2^{-1} y^{-1} = v_1^{-1} v_2$ sowohl in xUy^{-1} als auch in $V^{-1}V = VV \subseteq \Omega$, was nach Wahl von Ω nicht möglich ist. Andererseits sind die Mengen $VxU = \bigcup_{u \in U} Vxu$ und $VyU = \bigcup_{u \in U} Vyu$ offen in G. Nach Definition der Quotiententopologie sind daher die beiden Mengen $\{vxU \mid v \in V\}$ und $\{vyU \mid v \in V\}$ offen in G/U. Diese beiden Mengen sind daher offene disjunkte Umgebungen von xU bzw. yU in G/U. Damit ist die Hausdorff-Eigenschaft nachgewiesen.

Ist umgekehrt G/U Hausdorffsch, so ist die einelementige Menge $\{U\}$ abgeschlossen in G/U. Nun gilt $U = \pi^{-1}(\{U\})$, wenn $\pi : G \to G/U$ die Quotientenabbildung bezeichnet; nach Definition der Quotiententopologie ist dann auch U abgeschlossen in G.

Aufgaben zu »Der allgemeine Stetigkeitsbegriff« siehe Seite 116

L87: Kompaktheit

Lösung (87.1) (a) Für $n \in \mathbb{N}$ sei $I_n := (-\infty, n)$; dann ist $\{I_n \mid n \in \mathbb{N}\}$ eine offene Überdeckung von $\mathbb{R}$ ohne endliche Teilüberdeckung.

(b) Für $n \in \mathbb{N}$ sei $I_n := (-\infty, n) \cap \mathbb{Q}$; dann ist $\{I_n \mid n \in \mathbb{N}\}$ eine offene Überdeckung von $\mathbb{Q}$ ohne endliche Teilüberdeckung.

(c) Für $n \geq 3$ sei $I_n := (1/n, 1 - 1/n)$; dann ist $\{I_n \mid n \geq 3\}$ eine offene Überdeckung von $(0,1)$ ohne endliche Teilüberdeckung.

(d) Für $n \in \mathbb{N}$ sei $I_n := [0, 1 - 1/n)$; dann ist $\{I_n \mid n \in \mathbb{N}\}$ eine offene Überdeckung von $[0,1)$ ohne endliche Teilüberdeckung.

(e) Die Menge $X := [0,1] \cap \mathbb{Q}$ ist abzählbar; sagen wir $X = \{r_n \mid n \in \mathbb{N}\}$. Für $n \in \mathbb{N}$ sei $I_n := \{x \in X \mid |x - r_n| < 1/3^n\}$. Dann ist $\{I_n \mid n \in \mathbb{N}\}$ eine offene Überdeckung von X ohne endliche Teilüberdeckung, denn je endlich viele der Intervalle $(r_n - 1/3^n, r_n + 1/3^n)$ haben eine Gesamtlänge, die kleiner ist als $2\sum_{n=1}^{\infty}(1/3)^n = 1$, und können daher nicht ganz X überdecken.

Lösung (87.2) (a) Für $n \in \mathbb{N}$ sei $\Omega_n := \{(x,y) \in \mathbb{R}^2 \mid x < n\}$; dann ist $\{\Omega_n \mid n \in \mathbb{N}\}$ eine offene Überdeckung von $\mathbb{R}^2$ ohne endliche Teilüberdeckung.

(b) Für $n \in \mathbb{N}$ sei $\Omega_n := \{(x,y) \in \mathbb{R}^2 \mid x < n\} \cap \mathbb{Q}^2$; dann ist $\{\Omega_n \mid n \in \mathbb{N}\}$ eine offene Überdeckung von $\mathbb{Q}^2$ ohne endliche Teilüberdeckung.

(c) Für $n \in \mathbb{N}$ sei $R_n := [0,1] \times (1/n, 1 - 1/n)$; dann ist $\{R_n \mid n \in \mathbb{N}\}$ eine offene Überdeckung von $[0,1] \times (0,1)$ ohne endliche Teilüberdeckung.

(d) Für $n \in \mathbb{N}$ sei $U_n := \{(x,y) \in \mathbb{R}^2 \mid x^2 + y^2 < n/(n+1)\}$; dann ist $\{U_n \mid n \in \mathbb{N}\}$ eine offene Überdeckung der angegebenen Menge ohne endliche Teilüberdeckung.

(e) Für $\varphi \in \mathbb{R}$ sei $B_\varphi := \{(\cos t, \sin t) \mid 0 \leq t < \varphi\}$; dann ist $\{B_\varphi \mid 0 \leq \varphi < \pi\}$ eine offene Überdeckung der angegebenen Menge ohne endliche Teilüberdeckung.

Lösung (87.3) (a) Hat X nur endlich viele Elemente und ist $\mathfrak{U}$ eine offene Überdeckung von X, so gibt es zu jedem Element $x \in X$ eine Menge $U_x \in \mathfrak{U}$ mit $x \in U_x$; dann ist $\{U_x \mid x \in X\}$ eine endliche Teilüberdeckung von $\mathfrak{U}$. Ist umgekehrt X unendlich, so bilden die Mengen $\{x\}$ mit $x \in X$ eine offene (!) Überdeckung, die keine endliche Teilüberdeckung besitzt. Ein diskreter Raum ist also genau dann kompakt, wenn er endlich ist.

(b) Trägt X die indiskrete Topologie, so gibt es nur zwei mögliche offene Überdeckungen von X, nämlich $\{X\}$ und $\{\emptyset, X\}$. In jedem Fall ist $\{X\}$ eine endliche Teilüberdeckung von X. Also ist X kompakt.

(c) Die Menge X trage die kofinite Topologie, und es sei $\mathfrak{U}$ eine offene Überdeckung von X. Wir wählen irgendeine nichtleere Menge $U_0 \in \mathfrak{U}$; dann gilt $U_0 = X \setminus E$ mit einer endlichen Menge E. Zu jedem Element $x \in E$ gibt es eine Menge $U_x \in \mathfrak{U}$ mit $x \in U_x$. Dann ist $\{U_0\} \cup \{U_x \mid x \in E\}$ eine endliche Teilüberdeckung von X. Damit ist gezeigt, daß X kompakt ist.

Lösung (87.4) Wir nehmen zunächst an, die Menge X sei kompakt, und wir betrachten eine beliebige nichtleere Teilmenge $A \subseteq X$. Wir bezeichnen mit S die (möglicherweise leere) Menge der oberen Schranken von A und betrachten

$$(\star) \qquad \mathfrak{U} := \{(-\infty, a) \cup (s, \infty) \mid a \in A,\ s \in S\}.$$

(Hierbei benutzen wir die Notationen $(-\infty, a) := \{x \in X \mid x < a\}$ und $(s, \infty) := \{x \in X \mid x > s\}$. Ist $S = \emptyset$, so ist die Definition von $\mathfrak{U}$ als $\mathfrak{U} = \{(-\infty, a) \mid a \in A\}$ zu verstehen, und die folgenden Argumente sind entsprechend zu modifizieren.) Wäre $\mathfrak{U}$ eine Überdeckung von X, so gäbe es eine endliche Teilüberdeckung $\{(-\infty, a_k) \cup (s_k, \infty) \mid 1 \leq k \leq n\}$. Mit $a_0 := \max_{1 \leq k \leq n} a_k \in A$ gälte dann $A \subseteq \bigcup_{k=1}^{n}(-\infty, a_k) = (-\infty, a_0)$, was natürlich wegen $a_0 \in A$ nicht möglich ist. Also ist $\mathfrak{U}$ keine Überdeckung von X; es gibt daher ein Element $x \in X$ mit $a \leq x \leq s$ für alle $a \in A$ und alle $s \in S$, und das bedeutet $x = \sup(A)$. Jede nichtleere Teilmenge von X besitzt also ein Supremum. In völlig analoger Weise ergibt sich, daß jede nichtleere Teilmenge von X auch ein Infimum besitzt.

Umgekehrt existiere eine nichtleere Teilmenge $A \subseteq X$ ohne Supremum. Wieder sei S die Menge der oberen Schranken von A, und wir betrachten $\mathfrak{U}$ wie in $(\star)$. Das obige Argument zeigt, daß $\mathfrak{U}$ eine offene Überdeckung von X ohne endliche Teilüberdeckung ist; also kann X nicht kompakt sein. Analog zeigt man, daß X nicht kompakt sein kann, wenn es eine nichtleere Teilmenge von X gibt, die kein Infimum besitzt.

Lösung (87.5) Es sei $\mathfrak{U}$ eine offene Überdeckung der Menge $A := \{x_n \mid n \in \mathbb{N}\} \cup \{x\}$. Dann gibt es ein Element $U \in \mathfrak{U}$ mit $x \in U$. Wegen $x_n \to x$ gibt es einen Index n_0 mit $x_n \in U$ für alle $n > n_0$. Da $\mathfrak{U}$ die Menge A ganz überdeckt, gibt es für $1 \leq k \leq n_0$ jeweils eine Menge $U_k \in \mathfrak{U}$ mit $x_k \in U_k$. Dann ist $\{U, U_1, U_2, \ldots, U_{n_0}\}$ eine endliche Teilüberdeckung von $\mathfrak{U}$.

Lösung (87.6) Für $x \in K$ sei $B_x := \{y \in K \mid d(y,x) = \|y - x\| < 1\}$. Wir betrachten für $n \in \mathbb{N}$ die Folge

$$e_n := (0, \ldots, 0, 1, 0, 0, \ldots) \in \ell_\infty,$$

die in der n-ten Position eine Eins und sonst lauter Nullen hat. Dann gilt $d(e_m, e_n) = \|e_m - e_n\| = 1$ für alle $m \neq n$; also kann die offene Überdeckung $\{B_x \mid x \in K\}$ von K keine endliche Teilüberdeckung besitzen. (Die Menge K ist dann ein vollständiger und beschränkter metrischer Raum, der aber nicht kompakt ist.)

Lösung (87.7) Es sei $f : X \to Y$ ein Homöomorphismus. Ist $(V_i)_{i \in I}$ eine offene Überdeckung von Y, so bilden die Mengen $U_i := f^{-1}(V_i)$ eine offene Überdeckung von X. Diese besitzt eine endliche Teilüberdeckung $\{U_{i_1}, \ldots, U_{i_n}\}$; dann ist aber $\{f(U_{i_1}), \ldots, f(U_{i_n})\} = \{V_{i_1}, \ldots, V_{i_n}\}$ eine endliche Überdeckung von Y. Damit ist

Aufgaben zu »Kompaktheit« siehe Seite 119

gezeigt, daß jede offene Überdeckung von Y eine endliche Teilüberdeckung besitzt.

Lösung (87.8) Daß offene Mengen U_i $(i \in I)$ die Menge X überdecken, bedeutet genau, daß die Komplemente $A_i := X \setminus U_i$ leeren Durchschnitt haben. Daß jede offene Überdeckung eine endliche Teilüberdeckung besitzt, ist also äquivalent dazu, daß es für jede Familie abgeschlossener Mengen, deren Durchschnitt leer ist, schon eine endliche Teilfamilie gibt, deren Durchschnitt leer ist. (Man bezeichnet diese Eigenschaft auch als "endliche Durchschnittseigenschaft".)

Lösung (87.9) Ist X kompakt, so besitzt sogar jede offene Überdeckung von X (erst recht also jede Überdeckung durch Mengen aus $\mathfrak{B}$) eine endliche Teilüberdeckung. Umgekehrt besitze jede $\mathfrak{B}$-Überdeckung von X eine endliche Teilüberdeckung. Eine beliebige offene Überdeckung $\mathfrak{U}$ sei gegeben. Zu jedem $U \in \mathfrak{U}$ und jedem Element $x \in X$ gibt es eine Menge $B_{(U,x)} \in \mathfrak{B}$ mit $B_{(U,x)} \subseteq U$. Dann gilt $\bigcup_{U\in\mathfrak{U}} \bigcup_{x\in U} B_{(U,x)} = \bigcup_{U\in\mathfrak{U}} U = X$; d.h., die Mengen $B_{(U,x)}$ überdecken X. Nach Voraussetzung können wir eine endliche Teilüberdeckung $\{B_{(U_i,x_{j_i})} \mid 1 \leq i \leq n,\ 1 \leq j_i \leq n_i\}$ auswählen. Insbesondere ist dann $\{U_i \mid 1 \leq i \leq n\}$ eine endliche Teilüberdeckung von $\mathfrak{U}$. Also besitzt jede offene Überdeckung $\mathfrak{U}$ von X eine endliche Teilüberdeckung; d.h., X ist kompakt.

Lösung (87.10) Jede τ_1-offene Überdeckung ist erst recht eine τ_2-offene Überdeckung, besitzt also wegen der Kompaktheit von (X, τ_2) eine endliche Teilüberdeckung. Daß die Umkehrung im allgemeinen falsch ist, sieht man etwa, wenn man auf $\mathbb{N}$ die indiskrete Topologie τ_1 und die diskrete Topologie τ_2 betrachtet.

Lösung (87.11) (a) Es sei $U \in \tau_2 \setminus \tau$. Dann ist U nicht τ-offen, also $X \setminus U$ nicht τ-abgeschlossen und damit nicht τ-kompakt. Es gibt daher eine Überdeckung von $X \setminus U$ durch τ-offene Mengen U_i $(i \in I)$, die keine endliche Teilüberdeckung besitzt. Dann ist $\{U_i \mid i \in I\} \cup \{U\}$ eine τ_2-offene Überdeckung von X ohne endliche Teilüberdeckung. Die Existenz einer solchen Überdeckung zeigt, daß (X, τ_2) nicht kompakt ist. (Trivialerweise ist mit (X, τ) automatisch auch (X, τ_2) Hausdorffsch, denn wenn die Mengen in τ schon ausreichen, die Punkte von X zu trennen, dann reichen die Mengen in $\tau_2 \supseteq \tau$ erst recht aus.)

(b) Es sei $U \in \tau \setminus \tau_1$; dann ist $X \setminus U$ nicht τ_1-abgeschlossen. Es gibt also ein Element $u \in U$ im τ_1-Abschluß von $X \setminus U$ und damit ein Netz (x_i) in $X \setminus U$ mit $x_i \to u$ bezüglich τ_1. Da $X \setminus U$ abgeschlossen und damit kompakt bezüglich τ ist, besitzt das Netz (x_i) ein Teilnetz (x_{i_j}) mit $x_{i_j} \to x \in X \setminus U$ bezüglich τ, erst recht also bezüglich τ_1. Bezüglich der Topologie τ_1 haben wir also einerseits $x_{i_j} \to x \in X \setminus U$, andererseits $x_{i_j} \to u \in U$. Damit hat das Netz (x_{i_j}) zwei verschiedene Grenzwerte bezüglich τ_1, so daß (X, τ_1) nicht Hausdorffsch sein kann. (Trivialerweise ist mit (X, τ) automatisch auch (X, τ_1) kompakt, denn jede τ_1-offene Überdeckung von X ist erst recht eine τ-offene Überdeckung von X.)

Lösung (87.12) Zunächst sei $A = \{a\}$ einelementig. Zu jedem Element $b \in B$ gibt es dann eine offene Umgebung U_b von a und eine offene Umgebung V_b von b mit $U_b \cap V_b = \emptyset$. Die Mengen V_b mit $b \in B$ bilden dann eine offene Überdeckung von B, wegen der Kompaktheit von B existiert dann eine endliche Teilüberdeckung $\{V_{b_1}, \ldots, V_{b_n}\}$. Dann ist $U := U_{b_1} \cap \cdots \cap U_{b_n}$ eine offene Umgebung von a, weiter ist $V := V_{b_1} \cup \cdots \cup V_{b_n}$ eine offene Umgebung von B, und nach Konstruktion gilt $U \cap V = \emptyset$. Der Fall, daß A einelementig ist, ist damit erledigt.

Im allgemeinen Fall können wir nun (unter Benutzung des gerade bewiesenen Spezialfalls!) zu jedem Element $a \in A$ eine offene Umgebung U_a von a und eine offene Umgebung V_a der gesamten Menge B mit $U_a \cap V_a = \emptyset$ finden. Dann bilden die Mengen U_a mit $a \in A$ eine offene Überdeckung von A; aufgrund der Kompaktheit von A können wir also eine endliche Teilüberdeckung $\{U_{a_1}, \ldots, U_{a_m}\}$ auswählen. Dann ist $U := U_{a_1} \cup \cdots \cup U_{a_m}$ eine offene Umgebung der Menge A, weiter ist $V := V_{a_1} \cap \cdots \cap V_{a_m}$ eine offene Umgebung der Menge B, und nach Konstruktion gilt $U \cap V = \emptyset$. Damit ist auch der allgemeine Fall erledigt.

Lösung (87.13) Es sei $f : X \to Y$ stetig, und es liege $(x, y) \in X \times Y$ im Abschluß des Graphen Γ von f. Es gibt dann ein Netz (x_i) in X mit $\big(x_i, f(x_i)\big) \to (x, y)$ in $X \times Y$, also $x_i \to x$ in X und $f(x_i) \to y$ in Y. Aufgrund der Stetigkeit von f folgt aus $x_i \to x$ die Beziehung $f(x_i) \to f(x)$. Da in Y aufgrund der Hausdorff-Eigenschaft Grenzwerte eindeutig sind, folgt hieraus $f(x) = y$ und damit $(x, y) = \big(x, f(x)\big) \in \Gamma$. Also ist der Graph Γ von f abgeschlossen.

Ist umgekehrt Γ abgeschlossen, so ist Γ selbst ein kompakter Hausdorffraum, und durch $(x, y) \mapsto x$ ist eine stetige Bijektion $\Gamma \to X$ gegeben. Deren Umkehrabbildung $x \mapsto \big(x, f(x)\big)$ ist dann automatisch ebenfalls stetig; das bedeutet aber gerade, daß f stetig ist.

Lösung (87.14) Anschaulich entsteht $[-1, 1]/\sim$ aus $[-1, 1]$, indem man das Intervall $[-1, 1]$ in der Mitte "zusammenfaltet" und gegenüberliegende Punkte x und $-x$ identifiziert ("verklebt") mit Ausnahme der beiden Randpunkte -1 und 1, die auch nach dem Zusammenfalten separate Punkte bleiben.

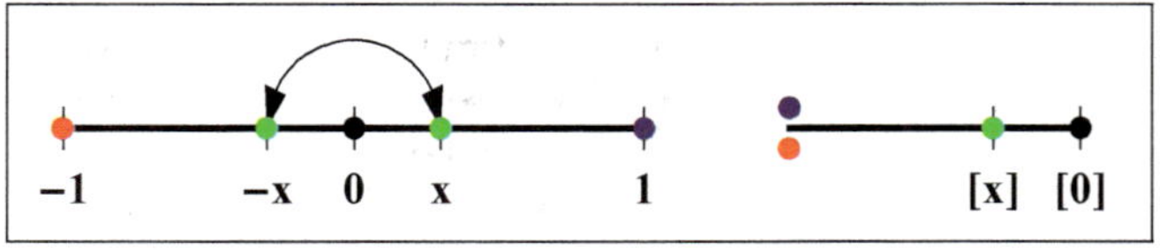

Die Räume X und $\pi([0, 1])$ sind kompakt als stetige Bilder der kompakten Mengen $[-1, 1]$ und $[0, 1]$ unter der stetigen

Abbildung π. Bezeichnen wir mit p und q die Äquivalenzklassen von -1 und 1 unter der betrachteten Relation, so ist $\pi([0,1]) = X \setminus \{q\}$, und diese Menge ist nicht abgeschlossen in X, weil die Menge $\{q\}$ nicht offen ist.

Lösung (87.15) (1)$\Rightarrow$(2): Diese Implikation ist trivial: Besitzt sogar *jede* offene Überdeckung eine endliche Teilüberdeckung, dann erst recht jede abzählbare offene Überdeckung.

(2)$\Rightarrow$(3): Wir nehmen an, (x_n) sei eine Folge in X ohne konvergente Teilfolge. Setzen wir $A_n := \overline{\{x_k \mid k \le n\}}$, so gilt dann $\bigcap_{n=1}^{\infty} A_n = \emptyset$. Dann ist $\{X \setminus A_n \mid n \in \mathbb{N}\}$ eine abzählbare offene Überdeckung von X, besitzt also nach Voraussetzung eine Teilüberdeckung $\{X \setminus A_i \mid i \in I\}$ mit einer endlichen Menge I. Es sei $n := \max I$; dann gilt einerseits $\bigcap_{i\in I} A_i = \emptyset$, andererseits $\bigcap_{i\in I} \supseteq \{a_n, a_{n+1}, a_{n+2}, \ldots\}$, was natürlich ein Widerspruch ist.

(3)$\Rightarrow$(2): Es sei $\{U_i \mid i \in \mathbb{N}\}$ eine abzählbare offene Überdeckung von X. Gäbe es keine endliche Teilüberdeckung, so könnten wir für jede Zahl $n \in \mathbb{N}$ ein Element $x_n \in X \setminus (\bigcup_{i=1}^{n} U_i)$ wählen. Die Folge (x_n) hätte dann nach Voraussetzung eine konvergente Teilfolge, sagen wir $x_{n_k} \to x$. Dann müßte x in einer der Mengen U_i liegen, sagen wir $x \in U_{i_0}$. Wegen $x_n \in X \setminus U_{i_0}$ für alle $n \ge i_0$ könnte dann aber keine Teilfolge von (x_n) gegen x konvergieren.

(2)$\Rightarrow$(1): Es gelte (2). Aufgrund der schon bewiesenen Implikation (2)$\Rightarrow$(3) kann es für kein $\varepsilon > 0$ eine unendliche Teilmenge $M \subseteq X$ geben mit $d(x,y) \ge \varepsilon$ für alle $x, y \in M$. Wählt man $\varepsilon := 1/n$ mit $n \in \mathbb{N}$, so erkennt man, daß es eine endliche Menge $M_n \subseteq X$ derart gibt, daß zu jedem $x \in X$ ein $y \in M_n$ existiert mit $d(x,y) < 1/n$. Die Menge $M_\star := \bigcup_{n\in\mathbb{N}} M_n$ ist dann dicht in X und abzählbar, sagen wir $M_\star = \{x_1, x_2, x_3, \ldots\}$. Dann ist $\mathfrak{B} := \{B_{1/k}(x_\ell) \mid k, \ell \in \mathbb{N}\}$ eine abzählbare Basis der Topologie von X. Nach Voraussetzung (2) besitzt jede Überdeckung von X durch Mengen aus $\mathfrak{B}$ eine endliche Teilüberdeckung. Nach Aufgabe (87.9) ist dann X kompakt.

Lösung (87.16) Wir betrachten eine beliebige Teilfolge (f_{n_k}) der angegebenen Folge; es gelte also $n_1 < n_2 < n_3 < \cdots$. Wählen wir speziell die Menge $M := \{n_1, n_2, n_3, \ldots\}$, so ist die Folge $\big(f_{n_1}(M), f_{n_2}(M), f_{n_3}(M), \ldots\big)$ gerade gleich $(0,1,0,1,0,1,\ldots)$ und daher nicht konvergent. Also kann die Folge (f_{n_k}) nicht in $\{0,1\}^P$ konvergieren. Keine Teilfolge von (f_n) ist also konvergent.

Lösung (87.17) (1)$\Rightarrow$(2): Gilt $X = \bigcup_{i=1}^{n} A_i$ mit $\operatorname{diam}(A_i) < \varepsilon$ und ist a_i irgendein Element von A_i, so ist A_i enthalten in der Kugel $B_i := B_\varepsilon(a_i)$ (denn für $x \in A_i$ gilt $d(x,a_i) \le \operatorname{diam}(A_i) < \varepsilon$); also wird X überdeckt durch endlich viele Kugeln vom Radius ε.

(2)$\Rightarrow$(1): Der Durchmesser einer Kugel vom Radius r ist höchstens $2r$, denn für $x, y \in B_r(p)$ gilt $d(x,y) \le d(x,p) + d(p,y) < r + r = 2r$. Wird also X von endlich vielen Kugeln mit einem Radius kleiner als r überdeckt, so ist dies eine Überdeckung durch Mengen mit einem Durchmesser kleiner als $2r$.

Lösung (87.17) alternativ Es sind zwei Implikationen zu beweisen.

(1)$\Rightarrow$(2): Es sei $r > 0$ beliebig. Wähle eine Zahl ε mit $0 < \varepsilon < r$. Nach Voraussetzung (1) gibt es nichtleere Mengen $A_1, \ldots, A_n$ mit $\operatorname{diam}(A_i) < \varepsilon$, die X überdecken. Wähle jeweils ein Element $a_i \in A_i$; dann gilt $A_i \subseteq B_\varepsilon(a_i)$ für $1 \le i \le n$, so daß X von den Kugeln $B_\varepsilon(a_i)$ mit $1 \le i \le n$ überdeckt wird.

(2)$\Rightarrow$(1): Es sei $\varepsilon > 0$ beliebig. Wähle eine Zahl r mit $0 < r < \varepsilon/2$. Nach Voraussetzung (2) wird X von endlich vielen Kugeln mit einem Radius kleiner als r überdeckt. Der Durchmesser jeder dieser Kugeln ist aber höchstens gleich $2r < \varepsilon$; also bilden diese Kugeln schon eine endliche Überdeckung von X durch Mengen mit einem Durchmesser kleiner als ε.

Lösung (87.18) Es sei L eine gemeinsame Lipschitzkonstante für alle Funktionen $f \in \mathfrak{F}$. Ist nun $\varepsilon > 0$ beliebig vorgegeben, so wählen wir $\delta := \varepsilon/L$; aus $|x-y| < \delta$ folgt dann $|f(x) - f(y)| \le L \cdot |x-y| < L \cdot \delta = \varepsilon$ für alle $x, y \in [a,b]$, und zwar gleichmäßig in $f \in \mathfrak{F}$. Damit ist schon die gleichgradige Stetigkeit der Funktionenfamilie $\mathfrak{F}$ gezeigt.

Lösung (87.19) (a) Nach dem Mittelwertsatz ist die angegebene Funktionenfamilie $\mathfrak{F}$ gleichmäßig Lipschitz-stetig mit der Lipschitzkonstanten M. Nach Aufgabe (87.18) ist daher $\mathfrak{F}$ gleichgradig stetig. Die Familie $\mathfrak{F}$ ist aber offensichtlich nicht punktweise beschränkt, folglich nicht totalbeschränkt und damit auch nicht kompakt.

(b) Für alle $\alpha \in [1,2)$ und alle $x \in [0,1]$ gilt $|f_\alpha'(x)| = |\alpha x^{\alpha-1}| \le |\alpha| \le 2$. Nach Teil (a) ist daher $\mathfrak{F}$ gleichgradig stetig. Wegen $|f_\alpha(x)| = |x^\alpha| \le 1$ für alle $\alpha \in [1,2)$ und alle $x \in [0,1]$ ist $\mathfrak{F}$ auch punktweise beschränkt, nach dem Satz von Arzela und Ascoli also totalbeschränkt. Allerdings ist wegen $f_2 \in \overline{\mathfrak{F}} \setminus \mathfrak{F}$ die Menge $\mathfrak{F}$ nicht abgeschlossen in $C[0,1]$ und daher nicht kompakt.

(c) Für $n \in \mathbb{N}$ sei

$$s_n := \sup\{|f(x) - f(y)| \mid x, y \in [0,1], f \in \mathfrak{F}, |x-y| \le 1/n\}.$$

Wäre $\mathfrak{F}$ gleichgradig stetig, so müßte $s_n \to 0$ für $n \to \infty$ gelten. Dies ist aber nicht der Fall: Für alle $f \in \mathfrak{F}$ gilt nämlich $s_n \ge |f(1/n) - f(0)| = f(1/n)$; insbesondere gilt mit $f := f_{1/n}$ also $s_n \ge f_{1/n}(1/n) = 1/\sqrt[n]{n} \to 1$ für $n \to \infty$. Also ist $\mathfrak{F}$ nicht gleichgradig stetig, nach dem Satz von Arzela und Ascoli also auch nicht totalbeschränkt und folglich erst recht nicht kompakt.

(d) Für alle $n \in \mathbb{N}$ gilt $|f_n'(x)| = |-\sin(x/n)/n^2| \le 1/n^2 \le 1$; nach Teil (a) ist also $\mathfrak{F}$ gleichgradig stetig. Wegen $|f_n(x)| \le 1/n \le 1$ für alle $n \in \mathbb{N}$ ist $\mathfrak{F}$ auch punktweise beschränkt, nach dem Satz von Arzela und Ascoli also totalbeschränkt. Wegen $f_n \to 0$ und $0 \notin \mathfrak{F}$ ist $\mathfrak{F}$ aber nicht abgeschlossen in $C[0,1]$ und damit nicht kompakt. (Dagegen ist $\overline{\mathfrak{F}} = \mathfrak{F} \cup \{0\}$ kompakt; vgl. Aufgabe (87.5).)

(e) Für alle $\alpha \in \mathbb{R}$ und alle $x \in [0,1]$ gilt $|f'_\alpha(x)| = |-\sin(x+\alpha)| \leq 1$; nach Teil (a) ist also $\mathfrak{F}$ gleichgradig stetig. Für alle $\alpha \in \mathbb{R}$ und alle $x \in [0,1]$ gilt ferner $|f_\alpha(x)| = |\cos(x+\alpha)| \leq 1$ und damit $\|f_\alpha\| \leq 1$. Also ist $\mathfrak{F}$ beschränkt. Nach dem Satz von Arzela und Ascoli ist $\mathfrak{F}$ daher totalbeschränkt. Wir zeigen nun, daß $\mathfrak{F}$ auch abgeschlossen in $C[0,1]$ und daher sogar kompakt ist. Es sei (f_{α_n}) eine Folge in $\mathfrak{F}$, die in $C[0,1]$ (also gleichmäßig auf $[0,1]$) gegen eine Grenzfunktion f konvergiert; wir müssen zeigen, daß f wieder in $\mathfrak{F}$ liegt. Wähle $a_k \in [0,2\pi)$ mit $a_k \equiv \alpha_k$ modulo 2π; dann gilt $f_{a_n} = f_{\alpha_n}$. Die beschränkte Folge (a_n) besitzt nach dem Satz von Bolzano und Weierstraß eine konvergente Teilfolge, sagen wir $a_{n_k} \to a$ für $k \to \infty$. Für alle $x \in [0,1]$ gilt dann

$$\begin{aligned} f(x) &= \lim_{n\to\infty} f_{\alpha_n}(x) = \lim_{n\to\infty} f_{a_n}(x) = \lim_{k\to\infty} f_{a_{n_k}}(x) \\ &= \lim_{k\to\infty} \cos(x + a_{n_k}) = \cos(x+a) = f_a(x). \end{aligned}$$

Folglich ist die Grenzfunktion f wieder eine Funktion der Form $x \mapsto \cos(x+\alpha)$, also ein Element von $\mathfrak{F}$.

Lösung (87.20) Wir betrachten ein Intervall $I = [-a,a]$ mit einer beliebig großen (aber fest gewählten) Zahl $a > 0$. Nach Voraussetzung gibt es eine Konstante M mit $|f(x)| \leq M$ für alle $x \in \mathbb{R}$. Für alle $x \in \mathbb{R}$ gilt dann $|y'_n(x)| = |f(y_n(x))| \leq M$; nach Aufgabe (87.19)(a) ist daher $\{y_n \mid n \in \mathbb{N}\}$ gleichgradig stetig (sogar auf ganz $\mathbb{R}$). Da die Folge $\big(y_n(0)\big)_{n\in\mathbb{N}}$ beschränkt ist, gibt es eine Konstante $C > 0$ mit $|f_n(0)| \leq C$ für alle $n \in \mathbb{N}$. Sind nun $x \in I$ und $n \in \mathbb{N}$ beliebig, so gibt es nach dem Mittelwertsatz eine Zahl ξ zwischen x und 0 mit $|f_n(x)| = |f_n(0) + f'_n(\xi)x| \leq |f_n(0)| + a|f'_n(\xi)| \leq C + aM$; also ist $\{y_n \mid n \in \mathbb{N}\}$ auf I auch punktweise beschränkt, nach dem Satz von Arzela und Ascoli folglich totalbeschränkt. Es gibt daher eine Teilfolge von (y_n), die gleichmäßig auf I gegen eine Grenzfunktion y konvergiert; o.B.d.A. konvergiere (y_n) selbst gleichmäßig gegen y. Wir müssen zeigen, daß y wieder die angegebene Differentialgleichung löst. (Achtung! Es ist a priori nicht klar, ob y überhaupt differentiierbar ist.) Für alle $x \in I$ gilt $y_n(x) = y_n(0) + \int_0^x y'_n(\xi)\,d\xi = y_n(0) + \int_0^x f\big(y_n(\xi)\big)d\xi$. Da wir bei gleichmäßiger Konvergenz Integration und Grenzübergang vertauschen dürfen, folgt für $n \to \infty$ hieraus $y(x) = y(0) + \int_0^x f\big(y(\xi)\big)d\xi$. Diese Gleichung zeigt, daß y differentiierbar ist und die Differentialgleichung $y' = f(y)$ erfüllt (und zwar auf ganz $\mathbb{R}$, weil ja das Intervall I beliebig gewählt war).

Lösung (87.21) Wir nehmen zunächst an, X sei kompakt, und wollen zeigen, daß dann auch $\mathfrak{A}(X)$ kompakt ist. Nach dem Alexanderschen Subbasensatz genügt es dazu zu zeigen, daß jede Überdeckung von $\mathfrak{A}(X)$ durch Subbasismengen eine endliche Teilüberdeckung besitzt. Es gelte also

$$(\star) \qquad \mathfrak{A}(X) = \bigcup_{i\in I} \mathfrak{A}_{U_i} \cup \bigcup_{j\in J} \mathfrak{B}_{V_j}$$

mit offenen Teilmengen $U_i, V_j \subseteq X$. Es sei $B := X \setminus \bigcup_{j\in J} V_j$. Wir unterscheiden zwei Fälle.

• Ist $B = \emptyset$, so gilt $X = \bigcup_{j\in J} V_j$. Da X kompakt ist, gibt es eine Teilüberdeckung $X = \bigcup_{j\in J_0} V_j$ mit einer endlichen Teilmenge $J_0 \subseteq J$. Dann gilt aber $\mathfrak{A}(X) = \bigcup_{j\in J_0} \mathfrak{B}_{V_j}$, so daß die Mengen $\mathfrak{B}_{V_j}$ mit $j \in J_0$ eine endliche Teilüberdeckung von $(\star)$ bilden.

• Ist dagegen $B \neq \emptyset$, so ist B ein Element von $\mathfrak{A}(X)$, folglich (da B keine der Mengen V_j schneidet und daher in keiner der Mengen $\mathfrak{B}_{V_j}$ enthalten ist) wegen $(\star)$ in einer der Mengen $\mathfrak{A}_{U_i}$ enthalten, sagen wir $B \in \mathfrak{A}_{U_{i_0}}$ bzw. $B \subseteq U_{i_0}$. Folglich gilt $X = U_{i_0} \cup \bigcup_{j\in J} V_j$. Da X kompakt ist, gibt es dann eine endliche Indexmenge $J_0 \subseteq J$ mit $X = U_{i_0} \cup \bigcup_{j\in J_0} V_j$. Dann gilt aber $\mathfrak{A}(X) = \mathfrak{A}_{U_{i_0}} \cup \bigcup_{j\in J_0} \mathfrak{B}_{V_j}$, denn jede abgeschlossene Menge, die nicht in $\bigcup_{j\in J_0} \mathfrak{B}_{V_j}$ enthalten ist, also $\bigcup_{j\in J_0} V_j$ nicht schneidet, ist in B und damit in U_{i_0} enthalten, also ein Element von $\mathfrak{A}_{U_{i_0}}$. Also bilden die Mengen U_{i_0} und V_j mit $j \in J_0$ eine endliche Teilüberdeckung von $(\star)$.

In jedem der beiden möglichen Fälle $B = \emptyset$ und $B \neq \emptyset$ besitzt also $(\star)$ eine endliche Teilüberdeckung. Jede Überdeckung von $\mathfrak{A}(X)$ durch Subbasismengen besitzt also eine endliche Teilüberdeckung; nach dem Alexanderschen Subbasensatz ist damit $\mathfrak{A}(X)$ kompakt.

Wir nehmen nun umgekehrt an, $\mathfrak{A}(X)$ sei kompakt, und wollen zeigen, daß dann auch X kompakt ist. Es sei $\mathfrak{U}$ eine offene Überdeckung von X. Dann ist $\{\mathfrak{B}_U \mid U \in \mathfrak{U}\}$ eine offene Überdeckung von $\mathfrak{A}(X)$, besitzt also eine endliche Teilüberdeckung $\{\mathfrak{B}_{U_1}, \ldots, \mathfrak{B}_{U_n}\}$. Dann ist aber $\{U_1, \ldots, U_n\}$ eine Überdeckung von X; gäbe es nämlich ein Element $x \in X \setminus \bigcup_{i=1}^n U_i$, so gälte $\overline{\{x\}} \subseteq \overline{X \setminus \bigcup_{i=1}^n U_i} = X \setminus \bigcup_{i=1}^n U_i$, so daß $\overline{\{x\}}$ ein Element von $\mathfrak{A}(X)$ wäre, das in keiner der Mengen $\mathfrak{B}_{U_i}$ enthalten ist. Die beliebig vorgegebene Überdeckung $\mathfrak{U}$ von X besitzt also die endliche Teilüberdeckung $\{U_1, \ldots, U_n\}$. Damit ist X als kompakt nachgewiesen.

Lösung (87.22) (a) Jede der Mengen B_n ist nach Definition abgeschlossen und wegen $B_n \supseteq A_n \neq \emptyset$ nicht leer; es bleibt zu zeigen, daß jede der Mengen B_n auch beschränkt ist. Da (A_n) eine Cauchyfolge ist, gibt es einen Index N mit $\widehat{d}(A_m, A_n) < 1$ für alle $m, n \geq N$. Es sei $m \geq N$. Liegt dann $x \in X$ in $B_m = \overline{\bigcup_{k\geq m} A_k}$, so gibt es ein Element $\xi \in \bigcup_{k\geq m} A_k$ mit $d(x,\xi) < 1$, sagen wir $\xi \in A_n$ mit $n \geq m$. Dann gilt $\operatorname{dist}(x, A_m) \leq d(x,\xi) + \operatorname{dist}(\xi, A_m) < 1 + \widehat{d}(A_m, A_n) < 2$. Da A_m beschränkt ist und $x \in B_m$ beliebig war, ist dann auch B_m beschränkt. Damit ist gezeigt, daß alle Mengen B_m mit

Aufgaben zu »Kompaktheit« siehe Seite 119

$m \geq N$ beschränkt sind. Dann ist aber

$$\begin{aligned} B_1 &= \overline{A_1 \cup \cdots \cup A_{N-1} \cup \bigcup_{k\geq N} A_k} \\ &= \overline{A_1} \cup \cdots \cup \overline{A_{N-1}} \cup \overline{\bigcup_{k\geq N} A_k} \\ &= A_1 \cup \cdots \cup A_{N-1} \cup B_N \end{aligned}$$

als Vereinigung endlich vieler beschränkter Mengen ebenfalls beschränkt. Wegen $B_1 \supseteq B_2 \supseteq B_3 \supseteq \cdots$ sind dann aber alle Mengen B_k beschränkt.

(b) Als Schnitt abgeschlossener und beschränkter Mengen ist A selbst abgeschlossen und beschränkt; es bleibt zu zeigen, daß A nicht leer ist. Da (A_n) eine Cauchyfolge ist, können wir Indices $n_0 < n_1 < n_2 < n_3 < \cdots$ so wählen, daß $\widehat{d}(A_r, A_s) < 2^{-k}$ für alle $r, s \geq n_k$ gilt. Wir konstruieren nun eine Folge $(x_0, x_1, \ldots)$ in X mit $x_k \in A_{n_k}$ für alle k, und zwar folgendermaßen. Wir wählen $x_0 \in A_{n_0}$ beliebig. Es seien $x_0, \ldots, x_k$ schon konstruiert. Dann gilt

$$\begin{aligned} \text{dist}(x_k, A_{n_{k+1}}) &\leq \sup_{x\in A_{n_k}} \text{dist}(x, A_{n_{k+1}}) \\ &\leq \widehat{d}(A_{n_{k+1}}, A_{n_k}) < 2^{-k}, \end{aligned}$$

also können wir $x_{k+1} \in A_{n_{k+1}}$ so wählen, daß $d(x_k, x_{k+1}) < 2^{-k}$ gilt. Dann ist (x_k) eine Cauchyfolge in X, folglich konvergent gegen ein Element $x \in X$. Für $\ell \geq k$ gilt $x_\ell \in A_{n_\ell} \subseteq \bigcup_{r\geq n_k} A_r \subseteq B_{n_k}$; also liegen in jeder der Mengen B_{n_k} fast alle Glieder der Folge und damit (da B_{n_k} abgeschlossen ist) auch deren Grenzwert. Es gilt also $x \in \bigcap_{k=1}^\infty B_{n_k} = \bigcap_{n=1}^\infty B_n = A$. Daher ist A nicht leer.

(c) Es sei $\varepsilon > 0$ vorgegeben. Da (A_n) eine Cauchyfolge ist, gibt es einen Index $N \in \mathbb{N}$ mit $\widehat{d}(A_r, A_s) \leq \varepsilon/2$ für alle $r, s \geq N$. Wir behaupten, daß dann $\widehat{d}(B_r, B_s) \leq \varepsilon$ für alle $r, s \geq N$ gilt. (Ist diese Behauptung bewiesen, so ist der Nachweis erbracht, daß (B_n) eine Cauchyfolge ist.) Es seien also $r, s \geq N$. Wir wählen $x \in B_r = \overline{\bigcup_{k\geq r} A_k}$ beliebig. Dann gibt es ein Element $\xi \in \bigcup_{k\geq r} A_k$ mit $d(x, \xi) < \varepsilon/2$, sagen wir $\xi \in A_\ell$ mit $\ell \geq r$. Es folgt

$$\begin{aligned} &\text{dist}(x, B_s) \leq d(x,\xi) + \text{dist}(\xi, B_s) \\ &= d(x,\xi) + \text{dist}(\xi, \overline{\textstyle\bigcup_{i\geq s} A_i}) = d(x,\xi) + \text{dist}(\xi, \textstyle\bigcup_{i\geq s} A_i) \\ &\leq d(x,\xi) + \text{dist}(\xi, A_s) \leq \underbrace{d(x,\xi)}_{<\varepsilon/2} + \underbrace{\widehat{d}(A_\ell, A_s)}_{\leq\varepsilon/2} < \varepsilon. \end{aligned}$$

Da $x \in B_r$ beliebig war, gilt also $\sup_{x\in B_r} \text{dist}(x, B_s) \leq \varepsilon$. Vollkommen analog erhalten wir $\sup_{y\in B_s} \text{dist}(y, B_r) \leq \varepsilon$. Insgesamt gilt also $\widehat{d}(B_r, B_s) \leq \varepsilon$.

(d) Da (B_n) eine Cauchyfolge ist, können wir Indices $n_0 < n_1 < n_2 < \cdots$ wählen mit $\widehat{d}(B_r, B_s) < 2^{-k}$ für alle $r, s \geq n_k$. Wir nehmen an, A sei kein Häufungspunkt der Folge (B_n), also erst recht keiner der Teilfolge (B_{n_k}). Es gibt daher eine Zahl $\varepsilon > 0$ mit $\widehat{d}(B_{n_k}, A) \geq \varepsilon$ ab einem Index $k = K$. Wir wählen ferner K so groß, daß $\sum_{k=K}^\infty 2^{-k} < \varepsilon/2$ gilt. Wegen

$$\widehat{d}(B_{n_K}, A) = \max\left(\underbrace{\sup_{a\in A} \text{dist}(a, B_{n_K})}_{=0}, \sup_{x\in B_{n_K}} \text{dist}(x, A)\right)$$

gilt

$$\varepsilon \leq \widehat{d}(B_{n_K}, A) = \sup\nolimits_{x\in B_{n_K}} \text{dist}(x, A);$$

also gibt es ein $x_K \in B_{n_K}$ mit $\text{dist}(x_K, A) \geq 3\varepsilon/4$. Wir wählen für jeden Index $k \geq K$ nun ein Element $x_k \in B_{n_k}$ mit $d(x_k, x_{k+1}) < 2^{-k}$; das ist möglich, denn sobald x_k gewählt ist, haben wir

$$\begin{aligned} \text{dist}(x_k, B_{n_{k+1}}) &\leq \sup_{x\in B_{n_k}} \text{dist}(x, B_{n_{k+1}}) \\ &\leq \widehat{d}(B_{n_k}, B_{n_{k+1}}) < 2^{-k}. \end{aligned}$$

Dann ist (x_k) eine Cauchyfolge in X, also konvergent gegen ein Element $x \in X$. Für $\ell \geq k$ gilt $x_\ell \in B_{n_\ell} \subseteq B_{n_k}$; also gilt $x \in \overline{B_{n_k}} = B_{n_k}$ für alle k, folglich $x \in \bigcap_{k\geq 1} B_{n_k} = \bigcap_{n\geq 1} B_n = A$. Es folgt $\text{dist}(x_n, A) \leq d(x_n, a) \to 0$ für $n \to \infty$. Andererseits gilt für alle $k \geq K$ die Abschätzung

$$\begin{aligned} &\text{dist}(x_K, A) \\ &\leq d(x_K, x_{K+1}) + \cdots + d(x_{k-1}, x_k) + \text{dist}(x_k, A) \\ &\leq 2^{-K} + \cdots + 2^{-(k-1)} + \text{dist}(x_k, A) \\ &\leq (\varepsilon/2) + \text{dist}(x_k, A) \end{aligned}$$

und damit

$$\text{dist}(x_k, A) \geq \text{dist}(x_K, A) - \frac{\varepsilon}{2} \geq \frac{3\varepsilon}{4} - \frac{\varepsilon}{2} = \frac{\varepsilon}{4}$$

im Widerspruch dazu, daß ja $\text{dist}(x_k, A) \to 0$ für $k \to \infty$ gelten muß. Die Annahme, A sei kein Häufungspunkt der Folge (B_{n_k}), führt also auf einen Widerspruch.

(e) Nach Teil (d) konvergiert eine Teilfolge von (B_n) gegen A. Da (B_n) eine Cauchyfolge ist, konvergiert dann aber sogar die Folge (B_n) selbst gegen A.

(f) Wegen $\widehat{d}(A_n, A) \leq \widehat{d}(A_n, B_n) + \widehat{d}(B_n, A)$ genügt es nach Teil (e) zu zeigen, daß $\widehat{d}(A_n, B_n) \to 0$ für $n \to \infty$ gilt. Dazu geben wir uns $\varepsilon > 0$ beliebig vor. Dann existiert ein $N \in \mathbb{N}$ mit $\widehat{d}(A_r, A_s) < \varepsilon/2$ für alle $r, s \geq N$. Für $n \geq N$ gilt dann

$$\begin{aligned} \widehat{d}(A_n, B_n) &= \max\left[\sup_{a\in A_n} \underbrace{\text{dist}(a, B_n)}_{=0,\ \text{da}\ A_n\subseteq B_n}, \sup_{b\in B_n} \text{dist}(b, A_n)\right] \\ &= \sup_{b\in B_n} \text{dist}(b, A_n). \qquad (\star) \end{aligned}$$

Es sei nun $b \in B_n = \overline{\bigcup_{k\geq n} A_k}$ beliebig. Dann gibt es ein $\xi \in \bigcup_{k\geq n} A_k$ mit $d(b, \xi) < \varepsilon/2$, sagen wir $\xi \in A_\ell$ mit $\ell \geq n$. Es folgt

$$\begin{aligned} \text{dist}(b, A_n) &\leq d(b,\xi) + \text{dist}(\xi, A_n) \\ &\leq d(b,\xi) + \widehat{d}(A_\ell, A_n) \\ &< (\varepsilon/2) + (\varepsilon/2) = \varepsilon. \end{aligned}$$

Aufgaben zu »Kompaktheit« siehe Seite 119

Setzen wir dies in ($\star$) ein, so erhalten wir $\widehat{d}(A_n, B_n) \leq \varepsilon$ für alle $n \geq N$. Da $\varepsilon > 0$ beliebig vorgegeben war, ist damit $\widehat{d}(A_n, B_n) \to 0$ gezeigt.

Lösung (87.23) (a) Es sei $A \in \mathfrak{A}_b(X)$ beliebig. Zu jedem $a \in A$ existiert ein Element $x_a \in X_0$ mit $a \in B_{\varepsilon/2}(x_a)$, also $d(x_a, a) < \varepsilon/2$. Setze

$$M := \{x_a \mid a \in A\} \subseteq X_0.$$

Für alle $a \in A$ gilt $\operatorname{dist}(a, M) \leq d(a, x_a) \leq \varepsilon/2$. Für alle $m \in M$ (sagen wir $m = x_a$) gilt $\operatorname{dist}(m, A) = \operatorname{dist}(x_a, A) \leq d(x_a, a) \leq \varepsilon/2$. Daher ist

$$\widehat{d}(A, M) = \max\left(\sup_{a\in A} \underbrace{\operatorname{dist}(a, M)}_{\leq \varepsilon/2}, \sup_{m\in M} \underbrace{\operatorname{dist}(m, A)}_{\leq \varepsilon/2}\right) < \varepsilon$$

und damit $A \in B_\varepsilon(M)$.

(b) Da X totalbeschränkt ist, können wir zu gegebenem $\varepsilon > 0$ eine endliche Menge $X_0 \subseteq X$ derart wählen, daß die Kugeln $B_{\varepsilon/2}(x)$ mit $x \in X_0$ ganz X überdecken. Dann ist die Potenzmenge $P := \mathfrak{P}(X_0)$ ebenfalls endlich, und nach Teil (a) überdecken die Kugeln $B_\varepsilon(M)$ mit $M \in P$ ganz $\mathfrak{A}_b(X)$. Zu beliebig vorgegebenem $\varepsilon > 0$ überdecken also endlich viele $\widehat{d}$-Kugeln vom Radius ε ganz $\mathfrak{A}_b(X)$. Also ist $\mathfrak{A}_b(X)$ totalbeschränkt.

Lösung (87.24) Ist X vollständig, dann nach Aufgabe (87.22) auch $\mathfrak{A}_b(X)$. Ist X totalbeschränkt, dann nach Aufgabe (87.23) auch $\mathfrak{A}_b(X)$. Da Kompaktheit bei metrischen Räumen äquivalent zu Vollständigkeit und Totalbeschränktheit ist, folgt daher aus der Kompaktheit von X diejenige von $\mathfrak{A}_b(X)$. Damit ist für jede der drei betrachteten Eigenschaften nachgewiesen, daß sie sich von X auf $\mathfrak{A}_b(X)$ überträgt.

Die umgekehrten Implikationen gelten auch, denn durch $x \mapsto \{x\}$ wird X in $\mathfrak{A}_b(X)$ eingebettet und kann daher mit einem Unterraum von $\mathfrak{A}_b(X)$ identifiziert werden. Dieser Unterraum ist abgeschlossen, denn aus $\{x_n\} \to A$ in $\mathfrak{A}_b(X)$ folgt $A = \{x\}$ für ein Element $x \in X$. (Beweis: Wegen

$$\begin{aligned}\widehat{d}(\{x_n\}, A) &= \max\left(\operatorname{dist}(x_n, A), \sup_{a\in A} \operatorname{dist}(a, \{x_n\})\right) \\ &= \sup_{a\in A} d(a, x_n)\end{aligned}$$

folgt aus $\widehat{d}(\{x_n\}, A) \to 0$ sofort $d(x_n, a) \to 0$ für alle $a \in A$, folglich $x_n \to a$ für alle $a \in A$, was gerade bedeutet, daß $a := \lim_n x_n$ existiert und daß $A = \{a\}$ gilt.)

Die Umkehrung von (a) gilt nun, weil eine abgeschlossene Teilmenge eines vollständigen metrischen Raums selbst wieder vollständig ist. Die Umkehrung von (b) gilt, weil jeder Unterraum eines totalbeschränkten metrischen Raums selbst wieder totalbeschränkt ist. Die Umkehrung von (c) folgt hieraus, weil Kompaktheit bei metrischen Räumen dasselbe ist wie Vollständigkeit und Totalbeschränktheit.

Lösung (87.25) Es sei $\varepsilon > 0$. Wähle $n \in \mathbb{N}$ mit $\widehat{d}(A_n, A) < \varepsilon/4$; zu jedem $x \in A$ gibt es dann ein Element $Y(x) \in A_n$ mit $d\big(x, Y(x)\big) < \varepsilon/4$. (Dies definiert eine Abbildung $Y : A \to A_n$.) Da A_n totalbeschränkt ist, gibt es eine endliche Teilmenge $E \subseteq A_n$ derart, daß die Kugeln $B_{\varepsilon/4}(x)$ mit $x \in E$ ganz A_n überdecken; zu jedem $y \in A_n$ gibt es also ein Element $Z(y) \in E$ mit $d\big(y, Z(y)\big) < \varepsilon/4$. (Dies definiert eine Abbildung $Z : A_n \to E$.) Für jedes $z \in E$ wählen wir beliebig ein Element $x_z \in A$ in $(Z\circ Y)^{-1}(z)$, falls ein solches existiert (falls also $(Z \circ Y)^{-1}(z)$ nicht leer ist). Dann ist die Menge

$$F := \{x_z \in A \mid z \in E,\ (Z \circ Y)^{-1}(z) \neq \emptyset\}$$

eine endliche Teilmenge von A. Es sei nun $x \in A$ beliebig. Setze $z := Z\big(Y(x)\big)$; dann gilt

$$\begin{aligned} d(x, x_z) &\leq d\big(x, Z(Y(x))\big) + d\big(Z(Y(x)), x_z\big) \\ &\leq d\big(x, Z(Y(x))\big) + d\big(Z(Y(x_z)), x_z\big) \\ &\leq \underbrace{d\big(x, Z(Y(x))\big)}_{<\varepsilon/2} + \underbrace{d\big(x_z, Z(Y(x_z))\big)}_{<\varepsilon/2} < \varepsilon, \end{aligned}$$

wobei wir am Ende ausnutzten, daß für $\xi = x$ und für $\xi = x_z$ jeweils die Abschätzung

$$d\big(\xi, Z(Y(\xi))\big) \leq \underbrace{d\big(\xi, Y(\xi)\big)}_{<\varepsilon/4} + \underbrace{d\big(Y(\xi), Z(Y(\xi))\big)}_{<\varepsilon/4} < \varepsilon/2$$

gilt. Zu jedem Element $x \in A$ gibt es also ein Element $\xi := x_z \in F$ mit $d(x, \xi) < \varepsilon$; d.h., A wird von den endlich vielen Kugeln $B_\varepsilon(\xi)$ mit $\xi \in F$ überdeckt.

Lösung (87.26) (a) Es sei (K_n) eine Folge in $\mathfrak{K}(X)$ mit $K_n \to K$ in $\mathfrak{A}_b(X)$. Dann sind alle K_n kompakt, insbesondere also totalbeschränkt. Nach Aufgabe (87.25) ist dann auch K totalbeschränkt. Als Element von $\mathfrak{A}_b(X)$ ist K automatisch abgeschlossen in dem nach Voraussetzung vollständigen Raum X, also selbst vollständig. Als totalbeschränkter und vollständiger Raum ist dann K kompakt, also ein Element von $\mathfrak{K}(X)$. Damit ist die Abgeschlossenheit von $\mathfrak{K}(X)$ in $\mathfrak{A}_b(X)$ gezeigt.

(b) Ist X kompakt, dann nach Aufgabe (87.24) auch $\mathfrak{A}_b(X)$. Nach Teil (a) ist dann $\mathfrak{K}(X)$ ein abgeschlossener Unterraum des kompakten Raums $\mathfrak{A}_b(X)$, folglich selbst kompakt.

Lösung (87.27) Wir bezeichnen mit $B_r(x)$ die Kugel mit Radius r um ein Element $x \in X$ bezüglich der ursprünglichen Metrik d auf X und mit $\widehat{B}_r(A)$ die Kugel mit Radius r um ein Element $A \in \mathfrak{A}_b$ bezüglich der zugehörigen Hausdorff-Metrik $\widehat{d}$ auf $\mathfrak{A}_b(X)$. Wir bezeichnen ferner mit τ_H die Spurtopologie, die $\mathfrak{K}(X)$ von der Hausdorff-Topologie auf $\mathfrak{A}_b(X)$ erbt, und mit τ_V die Spurtopologie, die $\mathfrak{K}(X)$ von der Vietoris-Topologie auf $\mathfrak{A}$ erbt.

Zunächst zeigen wir, daß $\tau_H \subseteq \tau_V$ gilt. Dazu geben wir uns eine beliebige Kugel $\widehat{B}_\varepsilon(K)$ um ein Element $K \in \mathfrak{K}(X)$ vor. Wir wählen irgendein $\delta > 0$ mit $\delta \leq \varepsilon/2$. (Warum, wird sich unten zeigen; vorerst kann man sich δ noch als beliebige positive Zahl vorstellen.) Da K kompakt ist, besitzt die offene Überdeckung $\{B_\delta(x) \mid x \in K\}$ eine endliche Teilüberdeckung $\{B_\delta(x_i) \mid 1 \leq i \leq n\}$. Wir behaupten, daß dann

$$(\star) \qquad \mathfrak{V}\big(B_\delta(x_1), \ldots, B_\delta(x_n)\big) \subseteq \widehat{B}_\varepsilon(K)$$

gilt. (Haben wir dies nachgeprüft, so ist gezeigt, daß in jeder τ_H-Basisumgebung eines Elements $K \in \mathfrak{K}(X)$ eine τ_V-Umgebung von K enthalten ist, und damit ist die Inklusion $\tau_H \subseteq \tau_V$ bewiesen.) Zum Nachweis von $(\star)$ betrachten wir eine Menge A, die in der linken Seite von $(\star)$ liegt; wir haben dann also $A \subseteq \bigcup_{i=1}^n B_\delta(x_i)$ sowie $A \cap B_\delta(x_i) \neq \emptyset$ für $1 \leq i \leq n$. Für jedes $a \in A$ gibt es dann einen Index i mit $a \in B_\delta(x_i)$, und dies impliziert $\operatorname{dist}(a, K) \leq d(a, x_i) < \delta$; also gilt $\sup_{a \in A} \operatorname{dist}(a, K) \leq \delta$. Für jedes $k \in K$ gibt es andererseits einen Index i mit $k \in B_\delta(x_i)$, und wegen $B_\delta(x_i) \cap A \neq \emptyset$ gibt es ein Element $a \in A$ mit $d(x_i, a) < \delta$; es folgt dann $\operatorname{dist}(k, A) \leq d(k, a) \leq d(k, x_i) + d(x_i, a) < \delta + \delta$. Damit erhalten wir

$$\widehat{d}(K, A) = \max \left[\underbrace{\sup_{a \in A} \operatorname{dist}(a, K)}_{\leq \delta}, \ \underbrace{\sup_{k \in K} \operatorname{dist}(k, A)}_{< 2\delta} \right] < 2\delta \leq \varepsilon.$$

Damit ist Bedingung $(\star)$ nachgewiesen, folglich auch die Inklusion $\tau_H \subseteq \tau_V$.

Wir beweisen nun die umgekehrte Inklusion $\tau_V \subseteq \tau_H$. Dazu geben wir uns ein beliebiges Element $K \in \mathfrak{K}(X)$ und eine beliebige Basisumgebung $\mathfrak{V}(U_1, \ldots, U_n)$ von K bezüglich τ_V vor; es gelten also die Bedingungen $K \subseteq \bigcup_{i=1}^n U_i$ sowie $K \cap U_i \neq \emptyset$ für $1 \leq i \leq n$. Wir wollen ein $\varepsilon > 0$ finden mit

$$(\star\star) \qquad \widehat{B}_\varepsilon(K) \subseteq \mathfrak{V}(U_1, \ldots, U_n).$$

(Ist dies geschafft, so ist die Inklusion $\tau_H \subseteq \tau_V$ bewiesen.) Dazu zeigen wir zunächst, daß

$$\varepsilon_0 := \inf \left\{ \operatorname{dist}(x, K) \;\middle|\; x \in X \setminus \bigcup_{i=1}^n U_i \right\}$$

positiv ist. Wäre $\varepsilon_0 = 0$, so gäbe es eine Folge (x_n) in $X \setminus \bigcup_{i=1}^n U_i$ mit $\operatorname{dist}(x_n, K) \to 0$. Es gäbe dann eine Folge (k_n) in K mit $d(x_n, k_n) \to 0$. Wegen der Kompaktheit von K besäße folglich (k_n) eine in K konvergente Teilfolge, sagen wir $k_{n_i} \to k \in K$. Dann gälte $d(x_{n_i}, k) \leq d(x_{n_i}, k_{n_i}) + d(k_{n_i}, k) \to 0$, folglich $k \in \overline{\{x_{n_i}\}} \subseteq \overline{X \setminus \bigcup_{i=1}^n U_i} = X \setminus \bigcup_{i=1}^n U_i \subseteq X \setminus K$, während doch $k \in K$ gilt. Die Annahme $\varepsilon_0 = 0$ führt also auf einen Widerspruch; daher gilt $\varepsilon_0 > 0$. Ferner gibt es für $1 \leq i \leq n$ wegen $U_i \cap K \neq \emptyset$ jeweils ein Element $k_i \in K \cap U_i$ und wegen der Offenheit von U_i dann ein $\varepsilon_i > 0$ mit $B_{\varepsilon_i}(k_i) \subseteq U_i$. Wir behaupten nun, daß

$$\varepsilon := \min\{\varepsilon_0, \varepsilon_1, \ldots, \varepsilon_n\}$$

die Bedingung $(\star\star)$ erfüllt. Es gelte $A \in \widehat{B}_\varepsilon(K)$, also $\widehat{d}(K, A) < \varepsilon$, also sowohl $\sup_{a \in A} \operatorname{dist}(a, K) < \varepsilon$ als auch $\sup_{k \in K} \operatorname{dist}(k, A) < \varepsilon$. Für $1 \leq i \leq n$ gilt also $\operatorname{dist}(k_i, A) < \varepsilon$; es gibt daher $a_i \in A$ mit $d(k_i, a_i) < \varepsilon$ und damit $a_i \in B_\varepsilon(k_i) \subseteq B_{\varepsilon_i}(k_i) \subseteq U_i$ und damit $A \cap U_i \neq \emptyset$. Ferner gilt für jedes Element $a \in A$ die Beziehung $\operatorname{dist}(a, K) < \varepsilon \leq \varepsilon_o$ und damit $a \notin X \setminus \bigcup_{i=1}^n U_i$, also $a \in \bigcup_{i=1}^n U_i$; da $a \in A$ beliebig war, gilt also $A \subseteq \bigcup_{i=1}^n U_i$. Damit haben wir sowohl $A \subseteq \bigcup_{i=1}^n U_i$ als auch $A \cap U_i \neq \emptyset$ für $1 \leq i \leq n$; das bedeutet aber gerade $A \in \mathfrak{V}(U_1, \ldots, U_n)$. Damit ist $(\star\star)$ bewiesen.

Lösung (87.28) Es gilt

$$\begin{aligned}
\sup_{\xi \in \Phi(A)} \operatorname{dist}\big(\xi, \Phi(B)\big) &= \max_{1 \leq i \leq n} \sup_{a \in A} \operatorname{dist}\big(f_i(a), \Phi(B)\big) \\
&= \max_{1 \leq i \leq n} \sup_{a \in A} \inf_{b \in B} \min_{1 \leq j \leq n} d\big(f_i(a), f_j(b)\big) \\
&\leq \max_{1 \leq i \leq n} \sup_{a \in A} \inf_{b \in B} \underbrace{d\big(f_i(a), f_i(b)\big)}_{\leq C_i \cdot d(a,b)} \\
&\leq \max_{1 \leq i \leq n} \sup_{a \in A} C_i \cdot \inf_{b \in B} d(a, b) = \max_{1 \leq i \leq n} \sup_{a \in A} C_i \cdot \operatorname{dist}(a, B) \\
&= \max_{1 \leq i \leq n} C_i \cdot \underbrace{\sup_{a \in A} \operatorname{dist}(a, B)}_{\leq \widehat{d}(A,B)} \leq \Big(\max_{1 \leq i \leq n} C_i\Big) \cdot \widehat{d}(A, B).
\end{aligned}$$

Vollkommen analog ergibt sich

$$\sup_{\eta \in \Phi(B)} \operatorname{dist}\big(\eta, \Phi(A)\big) \leq \Big(\max_{1 \leq i \leq n} C_i\Big) \cdot \widehat{d}(A, B).$$

Insgesamt folgt also $\widehat{d}\big(\Phi(A), \Phi(B)\big) \leq C \cdot \widehat{d}(A, B)$ mit $C := \max_{1 \leq i \leq n} C_i$.

Lösung (87.29) (a) Es sei $x \in V$ beliebig. Wegen $P_n \to P$ gilt $\langle P_n x, x\rangle \to \langle Px, x\rangle$, und wegen $\langle P_n x, x\rangle \geq 0$ für alle $n \in \mathbb{N}$ folgt dann auch $\langle Px, x\rangle \geq 0$. Da $x \in V$ beliebig war, ist damit P positiv semidefinit.

(b) Wir nehmen zunächst an, P sei positiv definit. Die stetige Funktion $x \mapsto \langle Px, x\rangle$ nimmt auf der kompakten Menge $S := \{x \in V \mid \|x\| = 1\}$ ihr Minimum an; es gibt also eine Konstante $c > 0$ mit $\langle Px, x\rangle \geq c$ für alle $x \in S$. Gilt nun $\|A\|_{\text{op}} < c$, so gilt $\langle Ax, x\rangle \leq \|A\|_{\text{op}} \langle x, x\rangle = \|A\|_{\text{op}} < c$ für alle $x \in S$. Wir haben dann $\langle (P+A)x, x\rangle = \langle Px, x\rangle + \langle Ax, x\rangle > 0$ für alle $x \in S$ und folglich auch $\langle (P+A)x, x\rangle > 0$ für alle $x \in V \setminus \{0\}$. Damit gilt $P + A \in \mathfrak{P}$ für alle A mit $\|A\|_{\text{op}} < c$; dies zeigt, daß P im Innern von $\mathfrak{P}$ liegt.

Aufgaben zu »Kompaktheit« siehe Seite 119

Ist umgekehrt $P \in \mathfrak{P}$ nur positiv semidefinit, aber nicht positiv definit, so kann P bezüglich einer geeigneten Orthonormalbasis dargestellt werden durch

$$P = \begin{bmatrix} \lambda_1 & & & \\ & \ddots & & \\ & & \lambda_{n-1} & \\ & & & 0 \end{bmatrix}$$

mit $\lambda_i \geq 0$ für $1 \leq i \leq n-1$. Für alle hinreichend kleinen Werte $\varepsilon > 0$ liegt dann

$$P_\varepsilon := \begin{bmatrix} \lambda_1 & & & \\ & \ddots & & \\ & & \lambda_{n-1} & \\ & & & -\varepsilon \end{bmatrix}$$

nicht in $\mathfrak{P}$. Beliebig nahe bei P liegen dann also Elemente von $\mathfrak{S}$ außerhalb von $\mathfrak{P}$; damit kann P kein innerer Punkt von $\mathfrak{P}$ sein.

Aufgaben zu »Kompaktheit« siehe Seite 119

L88: Zusammenhangseigenschaften

Lösung (88.1) Es treten die folgenden neun Äquivalenzklassen auf:

$$\begin{aligned} C_1 &= \{\textbf{C G I J L M N S U V W Z}\},\\ C_2 &= \{\textbf{D O}\},\\ C_3 &= \{\textbf{E F T Y}\},\\ C_4 &= \{\textbf{A R}\},\\ C_5 &= \{\textbf{B}\},\\ C_6 &= \{\textbf{H K}\},\\ C_7 &= \{\textbf{P}\},\\ C_8 &= \{\textbf{Q}\},\\ C_9 &= \{\textbf{X}\}. \end{aligned}$$

Daß die einzelnen Buchstaben innerhalb jeder der angegebenen Mengen tatsächlich homöomorph zueinander sind, erkennt man schnell (beispielsweise sind die Elemente von C_1 homöomorph zu einem abgeschlossenen Intervall, diejenigen von C_2 zu einer Kreislinie). Um einzusehen, daß für $i \neq j$ ein Element von C_i nicht homöomorph zu einem Element von C_j sein kann, überlegen wir, in wie viele Zusammenhangskomponenten ein Buchstabe zerfällt, wenn wir einen Punkt entfernen. Beispielsweise besitzt der Buchstabe X in C_9 einen Punkt p (nämlich den Mittelpunkt) derart, daß $X \setminus \{p\}$ in vier Zusammenhangskomponenten zerfällt, während ein Buchstabe in irgendeiner der anderen acht Klassen keinen solchen Punkt besitzt und daher nicht zu X homöomorph sein kann. Wir erstellen allgemein eine Tabelle, die für je einen Buchstaben $\mathfrak{X}$ in einer der Mengen C_i und für jede Zahl $k \in \{1,2,3,4\}$ die Anzahl derjenigen Punkte $p \in \mathfrak{X}$ mit der Eigenschaft angibt, daß $\mathfrak{X} \setminus \{p\}$ in k disjunkte nichtleere offene Mengen zerfällt.

k	C_1	C_2	C_3	C_4	C_5	C_6	C_7	C_8	C_9
1	2	∞	3	∞	∞	4	∞	∞	4
2	∞	0	∞	∞	0	∞	∞	∞	∞
3	0	0	1	0	0	2	0	1	0
4	0	0	0	0	0	0	0	0	1

Da für homöomorphe Buchstaben die jeweiligen Anzahlen übereinstimmen müssen, repräsentieren jedenfalls C_i und C_j dann unterschiedliche Homöomorphietypen, wenn die zugehörigen Spalten in dieser Tabelle verschieden sind. Zu überlegen bleibt dann nur noch, warum C_2 und C_5 einerseits, C_4 und C_7 andererseits unterschiedliche Homöomorphietypen repräsentieren. Für C_2 und C_5 ergibt sich dies daraus, daß der Buchstabe B in C_5 zwei Punkte $p \neq q$ derart besitzt, daß $B \setminus \{p,q\}$ in drei Komponenten zerfällt, während die Entfernung zweier Punkte aus einem Buchstaben in C_2 stets einen Raum mit zwei Komponenten liefert. Für C_4 und C_7 kann man so argumentieren: Bei einem Element von C_4 kann man drei Punkte so entfernen, daß die Restmenge aus fünf Komponenten besteht; bei dem Buchstaben P in C_7 kann man solche drei Punkte nicht finden. Damit repräsentieren C_i und C_j für $i \neq j$ jeweils unterschiedliche Homöomorphietypen.

Lösung (88.2) (1)$\Rightarrow$(2): ist $X = U \cup V$ eine Zerlegung von X in offene nichtleere Mengen, so setze $A := X \setminus U$ und $B := X \setminus V$; dann ist $X = A \cup B$ eine Zerlegung von X in abgeschlossene nichtleere Mengen.

(2)$\Rightarrow$(1): ist $X = A \cup B$ eine Zerlegung von X in abgeschlossene nichtleere Mengen, so setze $U := X \setminus A$ und $V := X \setminus B$; dann ist $X = U \cup V$ eine Zerlegung von X in offene nichtleere Mengen.

(1)$\Rightarrow$(3): Wäre (3) falsch, so gäbe es eine Zerlegung $X = A \cup B$ in nichtleere einander nicht berührende Mengen. Wir hätten dann $B \subseteq X \setminus \overline{A} =: U$ und $A \subseteq X \setminus \overline{B} =: V$, wobei die Mengen U und V offen und auch disjunkt sind (wegen $U \cap V = X \setminus (\overline{A} \cup \overline{B}) = X \setminus \overline{A \cup B} = X \setminus X = \emptyset$). Wir hätten dann eine Zerlegung $X = U \cup V$ in offene nichtleere Mengen, was der Voraussetzung (1) widerspräche.

(3)$\Rightarrow$(1). Wäre (1) falsch, so gäbe es eine Zerlegung $X = U \cup V$ von X in offene nichtleere Mengen. Dann wären $A := X \setminus U$ und $B := X \setminus V$ nichtleere und einander nicht berührende Mengen mit $X = A \cup B$, was der Voraussetzung (3) widerspräche.

(1)$\Rightarrow$(4): Es sei M eine sowohl offene als auch abgeschlossene Menge; dann ist auch $X \setminus M$ sowohl offen als auch abgeschlossen. Folglich ist $X = M \cup (X \setminus M)$ eine Zerlegung von X in disjunkte offene Mengen, was wegen Voraussetzung (1) nur möglich ist, wenn $M = \emptyset$ oder $M = X$ gilt.

(4)$\Rightarrow$(1): Es sei $X = U \cup V$ eine Zerlegung von X in offene Mengen. Dann sind die Mengen $U = X \setminus V$ und $V = X \setminus U$ sowohl offen als auch abgeschlossen; wegen (4) gilt dann also $(U,V) = (\emptyset, X)$ oder $(U,V) = (X, \emptyset)$; eine nichttriviale Zerlegung $X = U \cup V$ in offene Mengen ist also nicht möglich.

(1)$\Rightarrow$(5): Wäre (5) falsch, so gäbe es eine nichtkonstante stetige Abbildung $f : X \to \mathbb{Z}$. Wäre dann c einer der von f angenommenen Werte, so wären die Mengen $U := f^{-1}(\{c\})$ und $V := f^{-1}(\mathbb{Z} \setminus \{c\})$ nichtleere, disjunkte und (als Urbilder offener Mengen unter einer stetigen Abbildung) auch offene Mengen mit $X = U \cup V$, was der Voraussetzung (1) widerspräche.

(5)$\Rightarrow$(1): Gälte (1) nicht, so gäbe es eine Zerlegung $X = U \cup V$ in nichtleere offene Mengen. Dann wäre die Abbildung $f : X \to \mathbb{Z}$ mit $f(u) := 1$ für alle $u \in U$ und $f(v) := -1$ für alle $v \in V$ stetig, aber nicht konstant, was der Voraussetzung (5) widerspräche.

Bemerkung: In Bedingung (5) hätten wir statt $\mathbb{Z}$ einen beliebigen diskreten Raum mit mindestens zwei Elementen nehmen können.

Lösung (88.3) (a) Hat X mehr als ein Element und ist x_0 eines der Elemente von X, so zerfällt X in die nichtleeren offenen Mengen $U := \{x_0\}$ und $V := X \setminus \{x_0\}$; also ist X in diesem Fall nicht zusammenhängend. Ist dagegen X leer oder einelementig, so ist X trivialerweise zusammenhängend (sogar wegzusammenhängend).

(b) Ist X indiskret, so ist jede Abbildung aus einem topologischen Raum in X hinein automatisch stetig. Insbesondere ist dann X wegzusammenhängend, denn sind p und q Elemente von X, so ist durch $\alpha(t) := p$ für $0 \leq t < 1/2$ und $\alpha(t) := q$ für $1/2 \leq t \leq 1$ ein Weg $\alpha : [0,1] \rightarrow X$ von p nach q definiert. Erst recht ist also X zusammenhängend.

(c) Ist X endlich, so stimmt die kofinite Topologie mit der diskreten Topologie überein; siehe Teil (a) der Aufgabe. Ist X unendlich, so enthält jede nichtleere offene Teilmenge von X fast alle Elemente von X (also alle bis auf endlich viele); insbesondere gilt dann $U \cap V \neq \emptyset$ für zwei nichtleere offene Teilmengen $U, V \subseteq X$. Eine nichttriviale Zerlegung $X = U \cup V$ in offene Teilmengen ist daher nicht möglich, so daß X zusammenhängend ist.

Lösung (88.4) Die Menge B ist offenbar wegzusammenhängend, erst recht also zusammenhängend, und es gilt $X = \overline{B}$; also ist auch X zusammenhängend. Allerdings ist X nicht wegzusammenhängend. Um dies zu zeigen, betrachten wir irgendeinen Punkt $a \in A$ und irgendeinen Punkt $b \in B$. Wir nehmen an, es gäbe einen Weg $\alpha : [0,1] \rightarrow X$ von a nach b, sagen wir $\alpha(t) = \big(\xi(t), \eta(t)\big)$. Für $\tau := \sup\{t \in [0,1] \mid \alpha(t) \in A\} = \sup\{t \in [0,1] \mid \xi(t) = 0\}$ gilt dann $\xi(\tau) = 0$ bzw. $\alpha(\tau) \in A$; ferner gilt $\alpha(t) \in B$ für alle $t > \tau$, sagen wir $\alpha(t) = \Big(x(t), \sin\big(1/x(t)\big)\Big)$. Wegen der Stetigkeit von α gilt $x(t) \rightarrow 0$ für $t \rightarrow \tau$; da für $x \rightarrow 0$ aber $\sin(1/x)$ alle Werte zwischen -1 und 1 annimmt, kann nicht $\alpha(t) \rightarrow a$ für $t \rightarrow \tau$ gelten, was aber wegen der vorausgesetzten Stetigkeit von α der Fall sein müßte. Die Annahme, es gäbe einen Weg in X von einem Punkt in A zu einem Punkt in B führt also zu einem Widerspruch; damit ist X nicht wegzusammenhängend.

Lösung (88.5) Jede der Strecken S_n ist offenbar zusammenhängend (sogar wegzusammenhängend) und sowohl offen als auch abgeschlossen in X, folglich eine Zusammenhangskomponente von X. Liegt also x auf einer der Strecken S_n, so ist diese die Zusammenhangskomponente von x (und gleichzeitig der Durchschnitt aller gleichzeitig offenen und abgeschlossenen Teilmengen von X, die x enthalten).

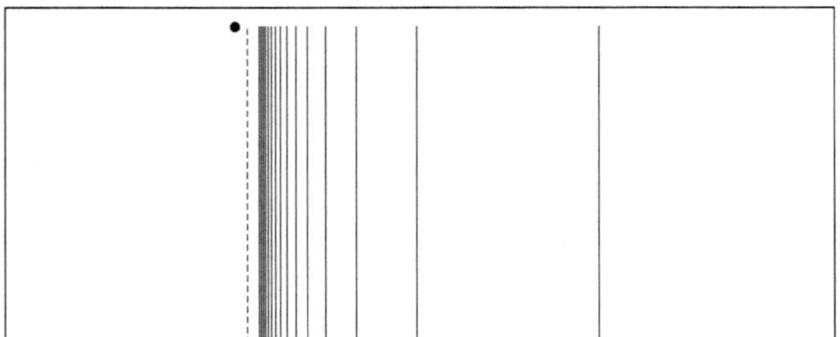

Da die Menge $\{p, q\}$ offensichtlich nicht zusammenhängend ist, sind die Zusammenhangskomponenten der Punkte p und q die einpunktigen Mengen $\{p\}$ und $\{q\}$. Diese sind aber nicht offen. Jede gleichzeitig offene und abgeschlossene Menge, die p bzw. q enthält, umfaßt eine Menge der Form $\{p,q\} \cup \bigcup_{n \geq n_0} S_n$; der Durchschnitt aller solcher Mengen ist daher $\{p, q\}$. (Diese Aufgabe zeigt, daß die Zusammenhangskomponente eines Punktes nicht übereinstimmen muß mit dem Durchschnitt aller gleichzeitig offenen und abgeschlossenen Mengen, die diesen Punkt enthalten.)

Lösung (88.6) Sind x_1 und x_2 beliebige Punkte von X, so erhalten wir einen Weg in X von x_1 nach x_2, indem wir zuerst von x_1 zu $(0,1)$ und dann von $(0,1)$ zu x_2 gehen. Der Raum X ist daher wegzusammenhängend, erst recht also zusammenhängend. Andererseits ist keine Umgebung des Punktes $(0, 1/2)$, die den Punkt $(0,1)$ nicht enthält, zusammenhängend, denn jede solche Umgebung U enthält unendlich viele Teile der Strecken S_n, die in U nicht miteinander zusammenhängen. (In der Notation von Aufgabe (88.12) sagen wir, der Raum X sei zusammenhängend, aber nicht lokal zusammenhängend.)

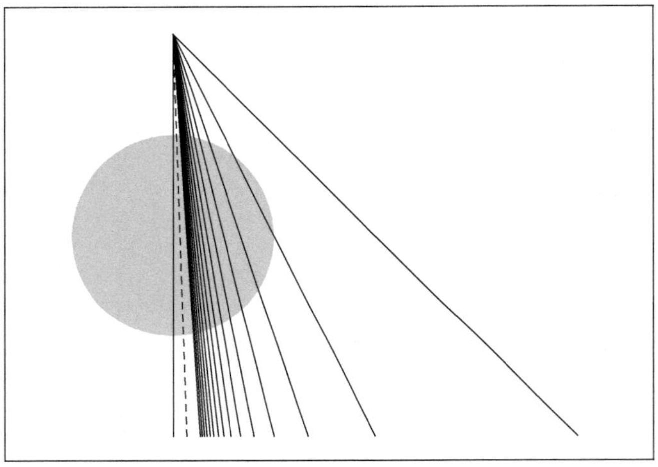

Lösung (88.7) Würde A keinen Randpunkt von B enthalten, so bildeten die Mengen $U := A \cap B^0$ und $V := A \cap (X \setminus B)^0$ eine nichttriviale Zerlegung von A in offene Teilmengen von A. Eine solche Zerlegung kann es aber nicht geben, weil A zusammenhängend ist.

Lösung (88.8) Es seien A und B Unterräume eines topologischen Raums X.

(a) Die Mengen $A := (0,2) \cup (3,4)$ und $B := (1,3] \cup [4,5)$ sind nicht zusammenhängend (als Unterräume von $\mathbb{R}$), aber $A \cap B = (1,2)$ und $A \cup B = (0,5)$ sind zusammenhängend.

(b) Die Mengen A und B seien beide offen oder beide abgeschlossen, und die Mengen $A \cap B$ und $A \cup B$ seien zusammenhängend. Sind A und B beide offen, so betrachten wir eine (disjunkte) Zerlegung $A = U \cup V$ in zwei (bezüglich A und damit auch bezüglich X) offene Mengen; sind A und B beide abgeschlossen, so betrachten wir eine (disjunkte) Zerlegung $A = U \cup V$ in zwei (bezüglich A und damit auch bezüglich X) abgeschlossene Mengen. Dann ist $A \cap B = (B \cap U) \cup (B \cap V)$ eine disjunkte Zerlegung von B in zwei bezüglich B offene bzw. abgeschlossene Mengen; da $A \cap B$ zusammenhängend ist, folgt hieraus $B \cap U = \emptyset$ oder $B \cap V = \emptyset$; sagen wir o.B.d.A. $B \cap V = \emptyset$. Dann ist $A \cup B = (U \cup B) \cap V$ eine Zerlegung von $A \cup B$ in zwei disjunkte offene bzw. abgeschlossene Mengen; weil $A \cup B$ zusammenhängend ist, folgt hieraus $U \cup B = \emptyset$ (und damit $U = B = \emptyset$) oder $V = \emptyset$. Wir haben damit gezeigt, daß aus einer disjunkten Zerlegung $A = U \cup V$ in zwei offene bzw. zwei abgeschlossene Mengen folgt, daß $U = \emptyset$ oder $V = \emptyset$ gelten muß; dies zeigt, daß A zusammenhängend ist. Vollkommen analog folgt, daß auch B zusammenhängend ist.

Lösung (88.9) Es sei $X = \bigcup_{i=1}^n Z_i$ mit endlich vielen Zusammenhangskomponenten Z_i. Da Zusammenhangskomponenten immer abgeschlossen sind, sind alle Mengen Z_i abgeschlossen, wegen $Z_i = X \setminus \bigcup_{j\neq i} Z_j$ dann aber auch offen (denn $\bigcup_{j\neq i} Z_j$ ist abgeschlossen als Vereinigung endlich vieler abgeschlossener Mengen).

Lösung (88.10) Es sei $f : X \to Y$ ein Homöomorphismus. Gilt $A(X, i, j)$, so gibt es eine i-elementige Teilmenge $U \subseteq X$ derart, daß $X \setminus U$ gerade j Zusammenhangskomponenten hat. Dann ist aber $f(U)$ eine i-elementige Teilmenge von Y, deren Komplement $Y \setminus f(U) = f(X \setminus U)$ homöomorph zu $X \setminus U$ ist und damit ebenfalls j Zusammenhangskomponenten hat. Also gilt auch die Aussage $A(Y, i, j)$. Da wir die Rollen von X und Y vertauschen können, sind die beiden Aussagen also äquivalent.

Lösung (88.11) (1)⇒(2): Liegen p und q auf der gleichen Seite von U, so ist $\alpha(t) := (1-t)p + tq$ für $0 \leq t \leq 1$ ein Weg von p nach q, der U nicht trifft; also ist $t \mapsto \big(u_1, \ldots, u_{n-1}, \alpha(t)\big)$ eine Basisdeformation der gesuchten Art.

(2)⇒(3): Diese Implikation ist trivial.

(3)⇒(4): Ist $t \mapsto \big(b_1(t), \ldots, b_n(t)\big)$ eine Basisdeformation wie in (3), so nimmt die Funktion $\Phi(t) := \det\big(b_1(t), \ldots, b_n(t)\big)$ nicht den Wert Null an, kann also nach dem Zwischenwertsatz nicht ihr Vorzeichen ändern.

(4)⇒(1): Würden p und q auf verschiedenen Seiten von U liegen, so gäbe es genau einen Wert $\tau \in (0,1)$ mit $(1-\tau)p + \tau q \in U$; für diesen Wert von t würde dann die Funktion $\mathrm{vol}\big(u_1, \ldots, u_{n-1}, (1-t)p + tq\big)$ ihr Vorzeichen ändern, was aber wegen (4) nicht sein kann.

Lösung (88.12) (a) Der in Aufgabe (88.6) angegebene Raum ist wegzusammenhängend, aber nicht lokal zusammenhängend.

(b) Der in der folgenden Skizze angegebene Raum ist wegzusammenhängend und lokal zusammenhängend, aber nicht lokal wegzusammenhängend. (Innerhalb der markierten Kreisscheibe liegt keine wegzusammenhängende Umgebung des roten Punktes.)

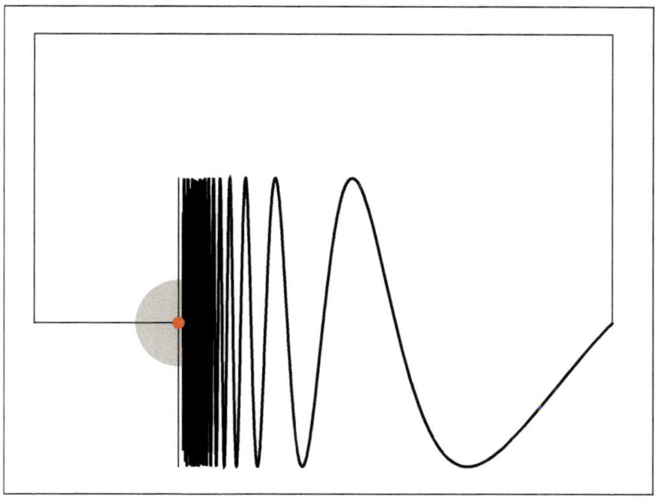

Lösung (88.13) Der Raum X sei zusammenhängend und lokal wegzusammenhängend, und es sei $W(x)$ die Wegzusammenhangskomponente eines Punktes $x \in X$. Ist $y \in W(x)$, so gibt es einen Weg von x nach y. Da X lokal wegzusammenhängend ist, besitzt y eine wegzusammenhängende Umgebung U. Für jeden Punkt $u \in U$ gibt es dann einen (ganz in U verlaufenden) Weg von y nach u. Setzen wir den Weg von x nach y und den Weg von y nach u zusammen, so erhalten wir einen Weg von x nach u. Also liegt u in $W(x)$, und da $u \in U$ beliebig war, gilt $U \subseteq W(x)$. Jeder Punkt $y \in W(x)$ besitzt also eine Umgebung, die ganz in $W(x)$ liegt; dies zeigt, daß die Menge $W(x)$ offen ist.

Es seien W_i $(i \in I)$ die Wegzusammenhangskomponenten von X. Wir haben gerade gesehen, daß alle Mengen W_i offen sind. Dann sind aber alle W_i auch abgeschlossen, denn für jeden festen Index $i_0 \in I$ ist $\bigcup_{i\neq i_0} W_i$ offen (als Vereinigung offener Mengen) und daher $W_{i_0} = X \setminus \bigcup_{i\neq i_0} W_i$ abgeschlossen (als Komplement einer offenen Menge). Da X zusammenhängend ist, ist aber X selbst die einzige nichtleere Menge, die gleichzeitig offen und abgeschlossen ist. Dies zeigt, daß es nur eine einzige Wegzusammenhangskomponente (nämlich X selbst) geben kann; das bedeutet genau, daß X wegzusammenhängend ist.

Lösung (88.14) Der Raum X sei lokal zusammenhängend, und es sei $Z(x)$ die Zusammenhangskomponente eines Punktes $x \in X$. Jeder Punkt $y \in Z(x)$ besitzt, da X lokal zusammenhängend ist, eine zusammenhängende Umgebung U. Dann sind $Z(x)$ und U zusammenhängende Mengen, die einen gemeinsamen Punkt (nämlich y) besitzen; also ist auch $Z(x) \cup U$ zusammenhängend. Nach Definition ist aber $Z(x)$ die maximale zusammenhängende Menge, die x enthält; also gilt $Z(x) \cup U = Z(x)$ bzw. $U \subseteq Z(x)$. Jeder Punkt $y \in Z(x)$ besitzt daher eine Umgebung, die ganz in $Z(x)$ enthalten ist; folglich ist $Z(x)$ eine offene Menge. Damit ist gezeigt, daß alle Zusammenhangskomponenten von X offen sind. Da Zusammenhangskomponenten immer (ohne jede Voraussetzung über X) abgeschlossen sind, ist damit die Behauptung gezeigt.

Aufgaben zu »Zusammenhangseigenschaften« siehe Seite 122

Bemerkung: Die Umkehrung des Satzes (also die Aussage, daß ein Raum, in dem alle Zusammenhangskomponenten sowohl offen als auch abgeschlossen sind, lokal zusammenhängend sein müsse) ist falsch; das sieht man etwa am Beispiel des Raums aus Aufgabe (88.6), der zusammenhängend, aber nicht lokal zusammenhängend ist.

Lösung (88.15) Es sei $X = \prod_{i\in I} X_i$. Wir nehmen zunächst an, X sei lokal zusammenhängend. Dann sind alle Faktoren X_i lokal zusammenhängend, denn jede Projektion $p_i : X \to X_i$ ist eine offene surjektive Abbildung und erhält daher lokalen Zusammenhang. Ferner müssen fast alle Faktoren X_i zusammenhängend sein, denn ist U irgendeine zusammenhängende Umgebung eines Punktes $x \in X$, so ist $p_i(U)$ einerseits zusammenhängend (als stetiges Bild einer zusammenhängenden Menge), andererseits für fast alle $i \in I$ gleich dem gesamten Raum X_i (nach Definition der Produkttopologie). Also sind fast alle Faktoren X_i zusammenhängend.

Umgekehrt nehmen wir an, alle Faktoren X_i seien zusammenhängend und es gebe eine endliche Menge $J \subseteq I$ derart, daß alle X_i mit $i \in I \setminus J$ zusammenhängend sind. Es sei U eine beliebige Umgebung eines Punktes $x \in X$. Dann enthält U eine Umgebung der Form $\prod_{i\in I} U_i$ mit $U_i = X_i$ außer für $i \in J_0 \subseteq J$ und $i \in I_0 \subseteq I \setminus J$ mit endlichen Indexmengen J_0 und I_0. Wähle für $i \in J \cup I_0$ eine zusammenhängende Umgebung $V_i \subseteq U_i$ von x_i in X_i und setze $V_i := X_i$ für $i \notin J \cup I_0$; damit sind alle V_i zusammenhängend. Dann ist $V := \prod_{i\in I} V_i$ eine in U enthaltene Umgebung von x, und V ist zusammenhängend als Produkt zusammenhängender Räume. (Beachte, daß die Spurtopologie, die V von X erbt, mit der Produkttopologie von V als Produkt der Räume V_i übereinstimmt!) Damit ist gezeigt, daß jede Umgebung U eines Punktes $x \in X$ eine zusammenhängende Umgebung V von x umfaßt; also ist X lokal zusammenhängend.

Lösung (88.16) Bei einem Zug vom Typ (1) sinkt die Gesamtzahl der Komponenten um 1, die Anzahl der Gebiete, in die die Ebene zerlegt wird, bleibt gleich, und die Anzahl der Zugmöglichkeiten bleibt ebenfalls gleich. Bei einem Zug vom Typ (2) bleibt die Anzahl der Komponenten erhalten, die Anzahl der Gebiete erhöht sich um 1, und die Anzahl der Zugmöglichkeiten sinkt (denn Züge über die neu entstandene Gebietsgrenze hinweg sind nun nicht mehr möglich, da nach den Spielregeln keine neu hinzukommende Verbindungslinie eine bereits bestehende Linie kreuzen darf).

Erste Überlegung: Das Spiel muß nach endlich vielen Zügen zu Ende sein. Wenn man nämlich mit m Kreuzen (und damit Komponenten) beginnt, so kann es höchstens $m-1$ Züge vom Typ (1) geben, und bei jedem Zug vom Typ (2) verringert sich die Anzahl der Zugmöglichkeiten, was nicht unbegrenzt möglich ist.

Zweite Überlegung: Bei jedem Zug bleibt die Anzahl der freien Arme gleich (und zwar gleich $4m$, wenn man mit m Kreuzen beginnt), denn es werden bei jedem Zug zwei freie Arme verwendet, aber durch das Einzeichnen eines Querstrichs auf der neu hinzukommenden Verbindungslinie entstehen auch zwei neue freie Arme.

Dritte Überlegung: Das Spiel ist dann zu Ende, wenn in jedes Gebiet nur noch ein freier Arm zeigt. (Solange noch zwei freie Arme in das gleiche Gebiet hineinragen, ist ein weiterer Zug möglich.)

Vierte Überlegung: Ist das Spiel zu Ende, so hat sich die Anzahl der Komponenten von m auf 1 reduziert (es muß also $m-1$ Züge vom Typ (1) gegeben haben), während die Anzahl der Gebiete gemäß der zweiten und dritten Überlegung gleich $4m$ ist (es muß also $4m-1$ Züge vom Typ (2) gegeben haben).

Die Gesamtzahl der Züge ist also $(m-1)+(4m-1) = 5m-2$. Wir erhalten also die verblüffende Antwort, daß völlig unabhängig davon, in welcher Art die Züge ausgeführt werden, das Spiel nach exakt $5m-2$ Zügen zu Ende ist, wenn man mit m Kreuzen beginnt. (Insbesondere steht also bereits am Anfang fest, wer das Spiel gewinnt, nämlich der erste Spieler, wenn m ungerade ist, und der zweite Spieler, wenn m gerade ist.)

Lösung (88.17) (1)⇒(2): Wir setzen f als stetig voraus. Dann ist Γ_f zusammenhängend als Bild des zusammenhängenden Raums $\mathbb{R}$ unter der stetigen Abbildung $\varphi : \mathbb{R} \to \mathbb{R}^2$ mit $\varphi(x) := \big(x, f(x)\big)$. Wir zeigen, daß Γ_f auch abgeschlossen ist, und betrachten dazu ein Element $(x,y) \in \overline{\Gamma_f}$. Es gibt dann eine Folge $\big(x_n, f(x_n)\big)$ in Γ_f mit $\big(x_n, f(x_n)\big) \to (x,y)$. Hieraus folgt $x_n \to x$, wegen der Stetigkeit von f also auch $f(x_n) \to f(x)$, damit auch $\big(x_n, f(x_n)\big) \to \big(x, f(x)\big)$ und daher $(x,y) = \big(x, f(x)\big) \in \Gamma_f$. Damit ist die Abgeschlossenheit von Γ_f gezeigt.

(2)⇒(1): Wir müssen zeigen, daß aus $x_n \to x$ stets $f(x_n) \to f(x)$ folgt. Wenn nun im Fall $x_n \to x$ für irgendeine Teilfolge (x_{n_k}) die Bildfolge $\big(f(x_{n_k})\big)$ überhaupt konvergiert, dann wegen der Abgeschlossenheit von Γ_f automatisch gegen $f(x)$, denn aus $x_{n_k} \to x$ und $f(x_{n_k}) \to y$ folgt $(x,y) = \lim_k \big(x_{n_k}, f(x_{n_k})\big) \in \overline{\Gamma_f} = \Gamma_f$ und daher $y = f(x)$. Wenn also f an der Stelle x nicht stetig sein sollte, so ist dies nur möglich, wenn für *keine* Folge (x_n) mit $x_n \to x$ die Bildfolge $\big(f(x_n)\big)$ überhaupt konvergiert. Da jede beschränkte Folge eine konvergente Teilfolge besitzt, bedeutet dies $|f(x_n)| \to \infty$ für jede Folge (x_n) mit $x_n \to x$, also $|f(\xi)| \to \infty$ für $\xi \to x$. Dies hat zur Folge, daß $\big(x, f(x)\big)$ ein isolierter Punkt von Γ_f ist und $U_1 := \{\big(\xi, f(\xi)\big) \mid \xi < x\}$, $U_2 := \{\big(x, f(x)\big)\}$ und $U_3 := \{\big(\xi, f(\xi)\big) \mid \xi > x\}$ nichtleere offene Teilmengen von Γ_f sind, was aber dem vorausgesetzten Zusammenhang von Γ_f widerspricht. Damit ist die Stetigkeit von f an jeder beliebigen Stelle $x \in \mathbb{R}$ bewiesen.

Aufgaben zu »Zusammenhangseigenschaften« siehe Seite 122

Bemerkung: Zur Verdeutlichung zeigen wir noch einige typische Beispiele, die die angegebene Charakterisierung stetiger Funktionen illustrieren. Definieren wir $f : \mathbb{R} \to \mathbb{R}$ durch $f(x) := \sin(1/x)$ für $x \neq 0$ und $f(0) := 0$, so ist Γ_f zusammenhängend, aber nicht abgeschlossen.

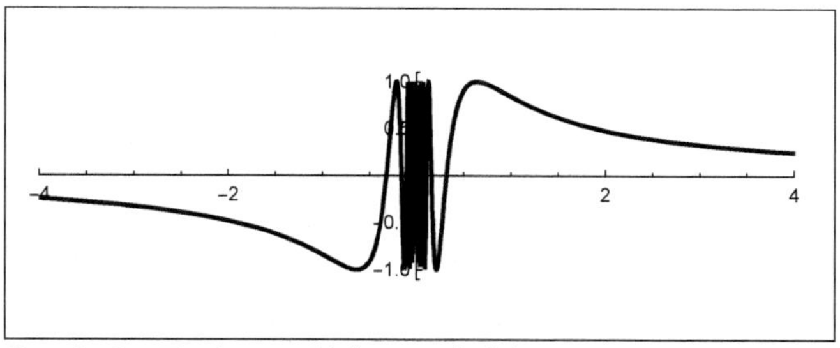

Graph der Funktion $f(x) = \sin(1/x)$.

Definieren wir $f : \mathbb{R} \to \mathbb{R}$ durch $f(x) := 1/x$ für $x \neq 0$ und $f(0) := 0$, so ist Γ_f abgeschlossen, aber nicht zusammenhängend.

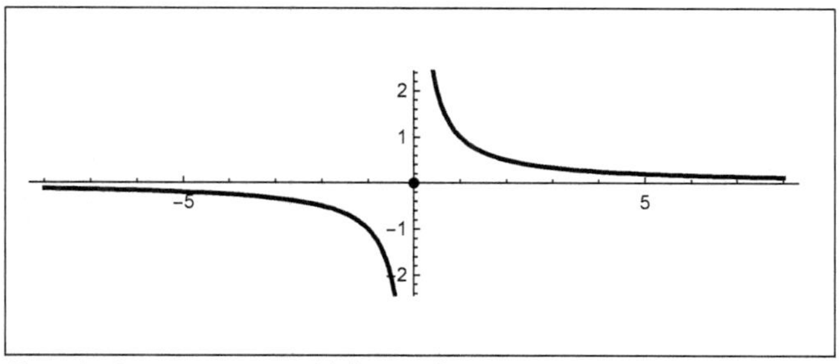

Graph der Funktion $f(x) = 1/x$.

Definieren wir $f : \mathbb{R} \to \mathbb{R}$ durch $f(x) := \operatorname{sign}(x)$, also $f(x) := -1$ für $x < 0$ und $f(x) := 1$ für $x > 0$ sowie $f(0) := 0$, so ist Γ_f weder abgeschlossen noch zusammenhängend.

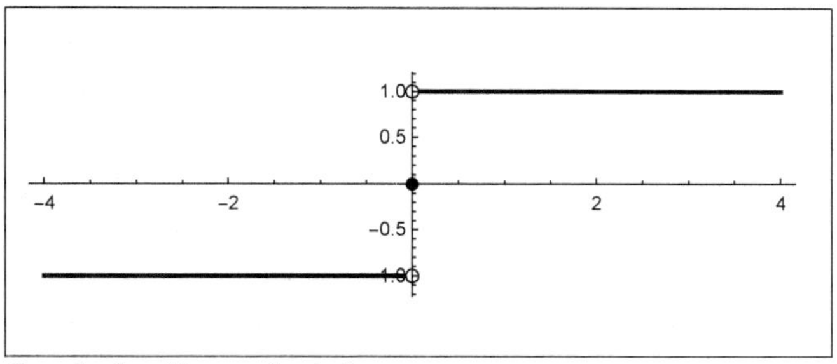

Graph der Signumfunktion.

Auch für die Funktion $f : \mathbb{R} \to \mathbb{R}$ mit $f(x) := 1$ für $x \in \mathbb{Q}$ und $f(x) := 0$ für $x \notin \mathbb{Q}$ (also die Indikatorfunktion der Menge der rationalen Zahlen) ist der Graph Γ_f weder abgeschlossen noch zusammenhängend.

Lösung (88.18) Es sei f stetig, und es sei $(x, y) \in \overline{\Gamma}$. Es gibt dann ein Netz (x_i) mit $\bigl(x_i, f(x_i)\bigr) \to (x, y)$, also $x_i \to x$ und $f(x_i) \to y$. Wegen $x_i \to x$ gilt aufgrund der Stetigkeit von f auch $f(x_i) \to f(x)$. Also gilt sowohl $f(x_i) \to f(x)$ als auch $f(x_i) \to y$; weil Y ein Hausdorffraum ist, folgt dann $f(x) = y$ und damit $(x, y) = \bigl(x, f(x)\bigr) \in \Gamma$. Also ist Γ abgeschlossen.

Umgekehrt sei Γ abgeschlossen. Wir nehmen an, f sei nicht stetig; es gibt dann ein Netz (x_i) in X und ein Element $x \in X$ mit $x_i \to x$, aber $f(x_i) \not\to f(x)$. Es gibt dann eine Umgebung U von $f(x)$ und ein Teilnetz (x_{i_j}) mit $f(x_{i_j}) \notin U$ für alle j. Weil Y kompakt ist, besitzt das Netz $\bigl(f(x_{i_j})\bigr)$ ein konvergentes Teilnetz, sagen wir $f(x_{i_{j_k}}) \to y$. Dann gilt $(x, y) = \lim_k \bigl(x_{i_{j_k}}, f(x_{i_{j_k}})\bigr) \in \overline{\Gamma} = \Gamma$ und damit $y = f(x)$, folglich $f(x_{i_{j_k}}) \to f(x)$ im Widerspruch dazu, daß ja $f(x_{i_j}) \notin U$ für alle j gilt.

Lösung (88.19) (a) Mit f ist auch $\mathrm{id} \times f : x \mapsto \bigl(x, f(x)\bigr)$ stetig. Ist also X zusammenhängend, dann auch $\Gamma = (\mathrm{id} \times f)(X)$ als Bild eines zusammenhängenden Raums unter einer stetigen Abbildung.

(b) Es sei $(x, y) \in \overline{\Gamma}$. Es gibt dann ein Netz (x_i) in X mit $\bigl(x_i, f(x_i)\bigr) \to (x, y)$, also $x_i \to x$ in X und $f(x_i) \to y$ in Y. Weil f stetig ist, folgt aus $x_i \to x$ die Beziehung $f(x_i) \to f(x)$. Weil Y Hausdorffsch ist, folgt aus $f(x_i) \to f(x)$ und $f(x_i) \to y$ schon $f(x) = y$ und damit $(x, y) = \bigl(x, f(x)\bigr) \in \Gamma$. Aus $(x, y) \in \overline{\Gamma}$ folgt also $(x, y) \in \Gamma$; also ist Γ abgeschlossen.

(c) Der Produktraum $X \times Y$ ist in diesem Fall ein einseitig berandeter Zylinder, und der Graph Γ ist eine Kurve, die sich einmal um diesen Zylinder herumwindet. Es ist klar, daß Γ zusammenhängend (sogar wegzusammenhängend) und abgeschlossen in $X \times Y$ ist, daß aber f nicht stetig ist (denn für die Folge (z_n) mit $z_n := e^{(2\pi - 1/n)i}$ gilt $z_n \to 1$, aber $f(z_n) \not\to f(1) = 0$).

Aufgaben zu »Zusammenhangseigenschaften« siehe Seite 122

L89: Ableitungsbegriff und Ableitungsregeln

Lösung (89.1) (a) Nach Definition der Ableitung gilt

$$\begin{aligned} f'(x) &= \lim_{h\to 0}\frac{1}{h}\left(\frac{1+(x+h)}{1-(x+h)}-\frac{1+x}{1-x}\right) \\ &= \lim_{h\to 0}\frac{(1+x+h)(1-x)-(1-x-h)(1+x)}{h(1-x-h)(1-x)} \\ &= \lim_{h\to 0}\frac{2h}{h(1-x-h)(1-x)} \\ &= \lim_{h\to 0}\frac{2}{(1-x-h)(1-x)} = \frac{2}{(1-x)^2}. \end{aligned}$$

Das gleiche Ergebnis erhält man auch direkt mit Hilfe der Quotientenregel:

$$f'(x) = \frac{1\cdot(1-x)-(1+x)(-1)}{(1-x)^2} = \frac{2}{(1-x)^2}.$$

(b) Die gesuchte Tangente verläuft durch den Punkt $(2,-3)$ und hat die Steigung $f'(2)=2$, hat also die Gleichung $y-(-3)=2\cdot(x-2)$ bzw. $y=2x-7$.

Lösung (89.2) (a) Nach Definition der Ableitung gilt

$$\begin{aligned} f'(x) &= \lim_{h\to 0}\frac{\sqrt{3(x+h)+1}-\sqrt{3x+1}}{h} \\ &= \lim_{h\to 0}\frac{(3x+3h+1)-(3x+1)}{h\big(\sqrt{3x+3h+1}+\sqrt{3x+1}\big)} \\ &= \lim_{h\to 0}\frac{3h}{h\big(\sqrt{3x+3h+1}+\sqrt{3x+1}\big)} \\ &= \lim_{h\to 0}\frac{3}{\sqrt{3x+3h+1}+\sqrt{3x+1}} \\ &= \frac{3}{2\sqrt{3x+1}}. \end{aligned}$$

Das gleiche Ergebnis erhält man auch direkt mit Hilfe der Kettenregel.

(b) Die gesuchte Tangente verläuft durch den Punkt $(16,7)$ und hat die Steigung $f'(16)=3/14$, hat also die Gleichung $y-7=(3/14)\cdot(x-16)$ bzw. $y=(3x+50)/14$.

Lösung (89.3) (a) Unmittelbar nach Definition des Ableitungsbegriffs gilt

$$\begin{aligned} f'(x_0) &= \lim_{h\to 0}\frac{1}{h}\left(\frac{1}{1-(x_0+h)}-\frac{1}{1-x_0}\right) \\ &= \lim_{h\to 0}\frac{h}{h(1-x_0-h)(1-x_0)} \\ &= \lim_{h\to 0}\frac{1}{(1-x_0-h)(1-x_0)} = \frac{1}{(1-x_0)^2}. \end{aligned}$$

(b) Unter Benutzung der Quotientenregel ergibt sich

$$f'(x_0) = \frac{0\cdot(1-x_0)-1\cdot(-1)}{(1-x_0)^2} = \frac{1}{(1-x_0)^2}.$$

(c) Die Funktion $f(x)=1/(1-x)=(1-x)^{-1}$ ist die Verkettung der inneren Funktion $x\mapsto 1-x$ und der äußeren Funktion $u\mapsto u^{-1}$; nach der Kettenregel gilt daher

$$f'(x_0) = -(1-x_0)^{-2}\cdot(-1) = (1-x_0)^{-2} = \frac{1}{(1-x_0)^2}.$$

(d) Wir können f folgendermaßen in eine Potenzreihe um eine beliebige Stelle $x_0\neq 1$ entwickeln:

$$\begin{aligned} f(x) &= \frac{1}{1-x} = \frac{1}{1-x_0-(x-x_0)} = \frac{1}{1-x_0}\cdot\frac{1}{1-\dfrac{x-x_0}{1-x_0}} \\ &= \frac{1}{1-x_0}\sum_{n=0}^{\infty}\left(\frac{x-x_0}{1-x_0}\right)^n = \sum_{n=0}^{\infty}\frac{(x-x_0)^n}{(1-x_0)^{n+1}}. \end{aligned}$$

Diese Potenzreihenentwicklung ist gültig für $|x-x_0|<|1-x_0|$. Da Potenzreihen im Innern ihres Konvergenzkreises gliedweise abgeleitet werden dürfen, gilt für $|x-x_0|<|1-x_0|$ die Darstellung

$$f'(x) = \sum_{n=1}^{\infty}\frac{n(x-x_0)^{n-1}}{(1-x_0)^{n+1}} = \sum_{n=0}^{\infty}\frac{(n+1)(x-x_0)^n}{(1-x_0)^{n+2}}.$$

Für $x=x_0$ ergibt sich inbesondere $f'(x_0)=1/(1-x_0)^2$ (da dann alle Terme mit $n\geq 1$ verschwinden).

Lösung (89.4) (a) Wir können natürlich einfach nach der binomischen Formel ausmultiplizieren und dann die entstehenden Terme einzeln ableiten. Bequemer ist allerdings die Anwendung der Kettenregel (mit der inneren Funktion $x\mapsto 1+x^2$ und der äußeren Funktion $u\mapsto u^3$); diese liefert

$$f'(x) = 3(1+x^2)^2\cdot 2x = 6x(1+x^2)^2.$$

(b) Zweimalige Anwendung der Kettenregel liefert

$$\begin{aligned} f'(x) &= \frac{1+\dfrac{x}{\sqrt{x^2-1}}}{x+\sqrt{x^2-1}}\cdot\frac{\sqrt{x^2-1}}{\sqrt{x^2-1}} \\ &= \frac{\sqrt{x^2-1}+x}{x+\sqrt{x^2-1}}\cdot\frac{1}{\sqrt{x^2-1}} = \frac{1}{\sqrt{x^2-1}}. \end{aligned}$$

(c) Anwendung der Summen- und der Kettenregel liefert

$$f'(x) = 1+\frac{2}{1+(1/x)^2}\cdot\frac{-1}{x^2} = 1-\frac{2}{x^2+1} = \frac{x^2-1}{x^2+1}.$$

(d) Anwendung der Summenregel liefert

$$f'(x) = 1-\frac{1}{1+x^2} = \frac{x^2}{x^2+1}.$$

Aufgaben zu »Ableitungsbegriff und Ableitungsregeln« siehe Seite 125

(e) Nach der Produkt- und der Kettenregel ist $f'(x) = 6x(\ln x)^3 + 3x^2 \cdot 3(\ln x)^2 \cdot (1/x) = 6x(\ln x)^3 + 9x(\ln x)^2$, also

$$f'(x) = 3x(\ln x)^2(3 + 2\ln x).$$

(f) Anwendung der Kettenregel liefert

$$f'(x) = \frac{6x - 6x^2}{3x^2 - 2x^3} = \frac{6 - 6x}{3x - 2x^2} = \frac{6(1-x)}{x(3-2x)}.$$

(g) Mit Hilfe der Quotientenregel und der Identität $\cos^2 + \sin^2 x = 1$ erhalten wir

$$\begin{aligned} f'(x) &= \frac{(\cos x + \sin x)^2 + (\cos x - \sin x)^2}{(\sin x + \cos x)^2} \\ &= \frac{2}{1 + 2\sin x \cos x} = \frac{2}{1 + \sin(2x)}. \end{aligned}$$

(h) Wegen $f(x) = \tanh(x) = \sinh(x)/\cosh(x)$ können wir die Quotientenregel anwenden und erhalten

$$f'(x) = \frac{\cosh^2 x - \sinh^2(x)}{\cosh^2 x} = \frac{1}{\cosh^2 x} = 1 - \tanh^2 x.$$

Lösung (89.5) (a) Zweimalige Anwendung der Kettenregel liefert

$$\begin{aligned} f'(x) &= \frac{1 + \dfrac{x}{\sqrt{x^2+1}}}{x + \sqrt{x^2+1}} \cdot \frac{\sqrt{x^2+1}}{\sqrt{x^2+1}} \\ &= \frac{\sqrt{x^2+1} + x}{x + \sqrt{x^2+1}} \cdot \frac{1}{\sqrt{x^2+1}} = \frac{1}{\sqrt{x^2+1}}. \end{aligned}$$

(b) Anwendung der Ketten- und der Quotientenregel liefert

$$f'(x) = \frac{1-x}{1+x} \cdot \frac{(1-x) + (1+x)}{(1-x)^2} = \frac{2}{(1+x)(1-x)} = \frac{2}{1-x^2}.$$

Wir können auch etwas geschickter vorgehen: die Funktion f ist definiert für $-1 < x < 1$; aufgrund der Rechenregeln für Logarithmen können wir $f(x) = \ln(1+x) - \ln(1-x)$ schreiben und erhalten damit die Ableitung

$$f'(x) = \frac{1}{1+x} - \frac{-1}{1-x} = \frac{(1-x) + (1+x)}{(1+x)(1-x)} = \frac{2}{1-x^2}.$$

(c) Nach der Summenregel gilt

$$f'(x) = 1 - \frac{2}{1+x^2} = \frac{x^2 - 1}{x^2 + 1}.$$

(d) Anwendung der Summen- und der Kettenregel liefert

$$f'(x) = 2x - \frac{2x}{x^2+1} = \frac{2x^3}{x^2+1}.$$

(e) Mit der Produktregel ergibt sich

$$f'(x) = \sqrt{2x+3} + \frac{x}{\sqrt{2x+3}} = \frac{2x+3+x}{\sqrt{2x+3}} = \frac{3(x+1)}{\sqrt{2x+3}}.$$

(f) Mit Hilfe der Produkt- und der Kettenregel erhalten wir

$$\begin{aligned} f'(x) &= \sqrt{a^2 - x^2} - \frac{x^2}{\sqrt{a^2 - x^2}} + \frac{a^2}{\sqrt{a^2 - x^2}} \\ &= \frac{a^2 - x^2 - x^2 + a^2}{\sqrt{a^2 - x^2}} = 2 \cdot \frac{a^2 - x^2}{\sqrt{a^2 - x^2}} = 2\sqrt{a^2 - x^2}. \end{aligned}$$

(g) Anwendung der Produktregel ergibt

$$\begin{aligned} f'(x) &= (12x+8)\sqrt{x+4} + \frac{3x^2+4x-32}{\sqrt{x+4}} \\ &= \frac{(12x+8)(x+4) + (3x^2+4x-32)}{\sqrt{x+4}} \\ &= \frac{15x^2 + 60x}{\sqrt{x+4}} = \frac{15x(x+4)}{\sqrt{x+4}} = 15x\sqrt{x+4}. \end{aligned}$$

(h) Wegen $f(x) = 2/(1 + e^{-2x}) = 2(1 + e^{-2x})^{-1}$ können wir die Kettenregel anwenden und erhalten

$$\begin{aligned} f'(x) &= (-2)(1 + e^{-2x})^{-2} \cdot (-2e^{-2x}) = \frac{4e^{-2x}}{(1 + e^{-2x})^2} \\ &= \left(\frac{2e^{-x}}{1 + e^{-2x}}\right)^2 = \left(\frac{2}{e^x + e^{-x}}\right)^2 = \frac{4}{(e^x + e^{-x})^2}. \end{aligned}$$

Lösung (89.6) (a) Zweifache Anwendung der Kettenregel und anschließende Anwendung der Quotientenregel liefert

$$\begin{aligned} f'(x) &= \frac{1}{1 + \dfrac{2x+3}{4x+5}} \cdot \frac{1}{2\sqrt{\dfrac{2x+3}{4x+5}}} \cdot \frac{2 \cdot (4x+5) - (2x+3) \cdot 4}{(4x+5)^2} \\ &= \frac{1}{(4x+5) + (2x+3)} \cdot \frac{-1}{\sqrt{2x+3} \cdot \sqrt{4x+5}} \\ &= \frac{-1}{(6x+8) \cdot \sqrt{2x+3} \cdot \sqrt{4x+5}}. \end{aligned}$$

(b) Wir kürzen zunächst mit $\sqrt{x}$ und erhalten die Darstellung $f(x) = (\sqrt{x} - 1)/(\sqrt{x} + 1)$; anschließende Anwendung der Quotientenregel liefert

$$f'(x) = \frac{(\sqrt{x}+1) - (\sqrt{x}-1)}{2\sqrt{x} \cdot (\sqrt{x}+1)^2} = \frac{1}{\sqrt{x}(\sqrt{x}+1)^2}.$$

(c) Zweimalige Anwendung der Kettenregel liefert

$$\begin{aligned} f'(x) &= \frac{1}{2} \cdot \frac{1}{\tan(e^x)} \cdot \frac{1}{\cos(e^x)^2} \cdot e^x \\ &= \frac{e^x}{2\sin(e^x)\cos(e^x)} = \frac{e^x}{\sin(2e^x)}. \end{aligned}$$

Lösung (89.7) (a) Wegen $f(x) = 6x^{5/3}$ gilt

$$f'(x) = 10x^{2/3} = 10 \cdot \sqrt[3]{x^2}.$$

(b) Nach der Produktregel gilt

$$f(x) = e^x \cos(x) + xe^x \cos(x) - xe^x \sin(x) = e^x\big((1+x)\cos(x) - x\sin(x)\big).$$

(c) Nach der Quotientenregel gilt

$$f'(x) = \frac{3(x^2+1) - 3x \cdot 2x}{(x^2+1)^2} = \frac{3(1-x^2)}{(x^2+1)^2}.$$

(d) Nach der Quotientenregel gilt

$$f'(x) = \frac{-\sin(x)\big(1-\sin(x)\big) + \big(1+\cos(x)\big)\cos(x)}{\big(1-\sin(x)\big)^2} = \frac{1+\cos(x)-\sin(x)}{\big(1-\sin(x)\big)^2}.$$

(e) Nach der Summenregel gilt

$$f'(x) = \frac{3}{x} + \frac{1}{\cos^2 x} = \frac{x + 3\cos^2 x}{x\cos^2 x}.$$

(f) Wegen $f(x) = \sqrt{3} \cdot x^{3/2}$ gilt

$$f'(x) = \sqrt{3} \cdot \frac{3}{2} \cdot x^{1/2} = \frac{3\sqrt{3}}{2}\sqrt{x}.$$

(g) Nach der Kettenregel gilt

$$f'(x) = 2\tan(x) \cdot \frac{1}{\cos(x)^2} = \frac{2\sin x}{\cos^3 x}.$$

(h) Bezeichnen wir mit u den Zähler und mit v den Nenner der angegebenen Funktion, so ist $u'v - uv'$ gegeben durch $(6x^2-12x+1)(x^3-5x) - (2x^3-6x^2+x-3)(3x^2+5) = 6x^4 - 22x^3 + 39x^2 - 15$. Nach der Quotientenregel gilt also

$$f'(x) = \frac{6x^4 - 22x^3 + 39x^2 - 15}{(x^3-5x)^3}.$$

Lösung (89.8) (a) Die Quotientenregel liefert

$$f'(x) = \frac{(1/x)\cdot x^2 - \ln(x)\cdot 2x}{x^4} = \frac{1 - 2\ln(x)}{x^3}.$$

(b) Die Produktregel liefert

$$f'(x) = 2x\arcsin(x) + \frac{x^2}{\sqrt{1-x^2}}.$$

(c) Die Produktregel liefert

$$f'(x) = \frac{1}{x} \cdot \cosh(x) + \ln(x) \cdot \sinh(x).$$

(d) Wir schreiben $f(x) = \arctan(x)e^{-x}$ und erhalten mit der Produktregel dann

$$f'(x) = \frac{e^{-x}}{1+x^2} - \arctan(x)e^{-x} = e^{-x}\left[\frac{1}{1+x^2} - \arctan(x)\right].$$

(e) Nach der Quotientenregel gilt

$$f'(x) = \frac{4\sqrt{x+1} - \frac{2x}{\sqrt{x+1}}}{x+1} = \frac{2x+4}{(x+1)^{3/2}}.$$

(f) Nach der Kettenregel gilt

$$f'(x) = \frac{1}{\ln x} \cdot \frac{1}{x} = \frac{1}{x\ln x}.$$

(g) Nach der Quotientenregel gilt

$$f'(x) = \frac{e^{\sin x}\cos^2 x + e^{\sin x}\sin x}{\cos^2 x} = e^{\sin x} \cdot \frac{\cos^2 x + \sin x}{\cos^2 x}.$$

(h) Nach der Kettenregel gilt

$$f'(x) = \frac{1}{\cos(x^2)^2} \cdot 2x = \frac{2x}{\cos^2(x^2)}.$$

Lösung (89.9) (a) Nach der Summenregel gilt

$$f'(x) = -3\sin(x) - 2x + e^x.$$

(b) Nach der Produktregel gilt

$$f'(x) = nx^{n-1}e^x + x^n e^x = x^{n-1}e^x \cdot (x+n).$$

(c) Nach der Produktregel gilt

$$f'(x) = 1 \cdot \ln(x) + x \cdot \frac{1}{x} = \ln(x) + 1.$$

(d) Es gilt $f(x) = \log_{\ln(x)}(x) = \ln(x)/\ln\big(\ln(x)\big)$ und nach der Quotientenregel daher

$$f'(x) = \frac{\frac{1}{x}\cdot\ln(\ln x) - \ln(x)\cdot\frac{1}{x\ln x}}{\ln(\ln x)^2} = \frac{\ln(\ln x) - 1}{x\ln(\ln x)^2}.$$

(e) Nach der Kettenregel gilt

$$f'(x) = \frac{1}{2\sqrt{\sin x}} \cdot (-\cos x) = \frac{-\cos x}{2\sqrt{\sin x}}.$$

(f) Nach der Kettenregel gilt

$$f'(x) = 2\tan(x/2) \cdot \frac{1}{\cos(x/2)^2} \cdot \frac{1}{2} = \frac{\sin(x/2)}{\cos(x/2)^3}.$$

(g) Es gilt $f(x) = \ln\big((1-x)^{1/2}\big) = (1/2)\cdot\ln(1-x)$ und daher

$$f'(x) = \frac{1}{2} \cdot \frac{1}{1-x} \cdot (-1) = \frac{1/2}{x-1}$$

Aufgaben zu »Ableitungsbegriff und Ableitungsregeln« siehe Seite 125

(h) Nach der Produktregel gilt

$$f'(x) \;=\; 6x\cdot e^{\sqrt{x}} + 3x^2\cdot\frac{e^{\sqrt{x}}}{2\sqrt{x}} \;=\; 3xe^{\sqrt{x}}\left(2+\frac{\sqrt{x}}{2}\right).$$

Lösung (89.10) (a) Mit der Ketten- und der Produktregel erhalten wir

$$f'(x) \;=\; 4^{x\sin x}\cdot\ln(4)\cdot\big(\sin(x)+x\cos(x)\big).$$

(b) Wir schreiben $f(x) = e^{(\sin x)(\ln x)}$ und erhalten nach der Ketten- und der Produktregel die Ableitung

$$\begin{aligned} f'(x) &= e^{(\sin x)(\ln x)}\,(\cos(x)\cdot\ln(x)+\sin(x)\cdot(1/x)) \\ &= x^{\sin x}\left(\cos(x)\ln(x)+\frac{\sin(x)}{x}\right). \end{aligned}$$

(c) Mit der Produkt- und der Kettenregel erhalten wir

$$\begin{aligned} f'(x) &= -e^{-x}\cos(x^2) - e^{-x}\sin(x^2)\cdot 2x \\ &= -\,e^{-x}\big(\cos(x^2)+2x\sin(x^2)\big). \end{aligned}$$

(d) Anwendung der Kettenregel liefert

$$f'(x) \;=\; \frac{2\sin x\cos x + 2e^x}{\sin^2 x + 2e^x}.$$

(e) Nach der Produktregel gilt

$$f'(x) \;=\; \sin(\sqrt{x}) + \frac{x\cos(\sqrt{x})}{2\sqrt{x}} \;=\; \sin(\sqrt{x}) + \frac{\sqrt{x}}{2}\cdot\cos(\sqrt{x}).$$

(f) Die Produktregel liefert

$$f'(x) = \sqrt{x+4} + \frac{x}{2\sqrt{x+4}} = \frac{2(x+4)+x}{2\sqrt{x+4}} = \frac{3x+8}{2\sqrt{x+4}}.$$

(g) Die Quotientenregel liefert

$$f'(x) \;=\; \frac{2x(x^2+1)-x^2\cdot 2x}{(x^2+1)^2} \;=\; \frac{2x}{(x^2+1)^2}.$$

(h) Die Quotientenregel liefert

$$f'(x) = \frac{4x^3(x^2+1)-x^4\cdot 2x}{(x^2+1)^2} = \frac{2x^5+4x^3}{(x^2+1)^2} = \frac{2x^3(x^2+2)}{(x^2+1)^2}.$$

Lösung (89.11) (a) Es gilt

$$(\star)\qquad f(x) = \exp\big(v(x)\cdot\ln(u(x))\big)\ ;$$

also ist f aus differentiierbaren Funktionen zusammengesetzt und damit selbst differentiierbar. Ableiten von f unter Anwendung der Ketten- und Produktregel (und der Tatsache, daß die Exponentialfunktion ihre eigene Ableitung ist) liefert

$$f'(x) = f(x)\cdot\left(v'(x)\ln\big(u(x)\big) \;+\; v(x)\cdot\frac{u'(x)}{u(x)}\right).$$

Dieses Ergebnis erhalten wir auch, indem wir $(\star)$ zuerst logarithmieren und dann ableiten; aus $\ln(f) = v\cdot\ln(u)$ folgt unter Anwendung von Ketten- und Produktregel nämlich

$$\frac{f'}{f} \;=\; v'\cdot\ln(u) + v\cdot\frac{u'}{u} \;=\; \frac{u'v+uv'\ln(u)}{u}.$$

(b) Es handelt sich jeweils um Spezialfälle von (a).

- Hier ist $u(x) = v(x) = x$, also $u'(x) = v'(x) = 1$ und nach (a) damit

$$f'(x) \;=\; f(x)\cdot\big(\ln(x)+1\big) \;=\; x^x\big(\ln(x)+1\big).$$

- Hier ist $u(x) = x$ und $v(x) = x^x$, also $u'(x) = 1$ sowie $v'(x) = x^x\big(\ln(x)+1\big)$ nach dem vorigen Beispiel und damit

$$\begin{aligned} \frac{f'(x)}{f(x)} &= x^x\cdot\big(\ln(x)+1\big)\cdot\ln(x) + x^x\cdot\frac{1}{x} \\ &= x^x\big(\ln(x)^2+\ln(x)\big) + x^{x-1} \end{aligned}$$

und damit

$$f'(x) \;=\; x^{(x^x)+x-1}\cdot\big(x\ln(x)^2 + x\ln(x) + 1\big).$$

- Wegen $f(x) = (x^x)^x = x^{x^2}$ haben wir hier $u(x) = x$ und $v(x) = x^2$, folglich $u'(x) = 1$ und $v'(x) = 2x$ und nach Teil (a) daher

$$\frac{f'(x)}{f(x)} \;=\; 2x\ln(x) + x^2\cdot\frac{1}{x} \;=\; x\big(2\ln(x)+1\big)$$

und damit

$$f'(x) \;=\; x^{x^2}\cdot x\big(2\ln(x)+1\big) \;=\; x^{x^2+1}\cdot\big(2\ln(x)+1\big).$$

- Hier ist $u(x) = x$ und $v(x) = 1/x$, folglich $u'(x) = 1$ und $v'(x) = -1/x^2$ und nach Teil (a) daher

$$\frac{f'(x)}{f(x)} \;=\; \frac{\dfrac{1}{x} - \dfrac{\ln(x)}{x}}{x} \;=\; \frac{1-\ln(x)}{x^2}.$$

- Hier ist $u(x) = x$ und $v(x) = \cos(x)$, folglich $u'(x) = 1$ und $v'(x) = -\sin(x)$ und nach Teil (a) daher

$$\frac{f'(x)}{f(x)} \;=\; \frac{\cos(x) - x\sin(x)\ln(x)}{x}.$$

Aufgaben zu »Ableitungsbegriff und Ableitungsregeln« siehe Seite 125

Lösung (89.12) (a) Anwendung der Ketten- und der Quotientenregel liefern die Gleichung

$$\begin{aligned} g_1'(x) &= \frac{\sqrt{x+1}+1}{\sqrt{x+1}-1} \cdot \frac{(\sqrt{x+1}+1)-(\sqrt{x+1}-1)}{2\sqrt{x+1}\cdot(\sqrt{x+1}+1)^2} \\ &= \frac{1}{(\sqrt{x+1}-1)(\sqrt{x+1}+1)\sqrt{x+1}} \\ &= \frac{1}{x\sqrt{x+1}}. \end{aligned}$$

(b) Das Ergebnis von Teil (a) ist gleichzeitig der Induktionsanfang für Teil (b). Gilt $g_n'(x) = 1/\big(x^n\sqrt{x+1}\big)$ nach Induktionsannahme, so folgt durch Ableiten der Gleichung

$$g_{n+1}(x) = -\frac{\sqrt{x+1}}{nx^n} - \frac{2n-1}{2n}\,g_n(x)$$

die Gleichung

$$\begin{aligned} g_{n+1}'(x) &= -\frac{nx^n - 2(x+1)n^2x^{n-1}}{2n^2x^{2n}\sqrt{x+1}} - \frac{2n-1}{2n}\cdot\frac{1}{x^n\sqrt{x+1}} \\ &= \frac{-nx^n + 2(x+1)n^2x^{n-1} - (2n-1)nx^n}{2n^2x^{2n}\sqrt{x+1}} \\ &= \frac{2n^2x^{n-1}}{2n^2x^{2n}\sqrt{x+1}} = \frac{1}{x^{n+1}\sqrt{x+1}}. \end{aligned}$$

Damit ist der Induktionsschritt beendet.

Lösung (89.13) (a) Gilt $y = \arcsin(x)$, so liegt y in $[-\pi/2, \pi/2]$, erfüllt also $\cos(y) \geq 0$ und damit $\cos(y) = \sqrt{1-\sin(y)^2} = \sqrt{1-x^2}$. Nach der Umkehrregel gilt daher

$$\arcsin'(x) = \frac{1}{\sin'(\arcsin x)} = \frac{1}{\cos(\arcsin x)} = \frac{1}{\sqrt{1-x^2}}.$$

(b) Gilt $y = \arccos(x)$, so liegt y in $[0, \pi]$, erfüllt also $\sin(y) \geq 0$ und damit $\sin(y) = \sqrt{1-\cos(y)^2} = \sqrt{1-x^2}$. Nach der Umkehrregel gilt daher

$$\arccos'(x) = \frac{1}{\cos'(\arccos x)} = \frac{1}{-\sin(\arccos x)} = \frac{-1}{\sqrt{1-x^2}}.$$

(c) Nach der Umkehrregel gilt

$$\begin{aligned} \arctan'(x) &= \frac{1}{\tan'(\arctan x)} \\ &= \frac{1}{1+\tan\big(\arctan x\big)^2} = \frac{1}{1+x^2}. \end{aligned}$$

Lösung (89.14) (a) Für $y = \operatorname{arsinh}(x)$ gilt $\cosh(y) = \sqrt{1+\sinh(y)^2} = \sqrt{1+x^2}$ und nach der Umkehrregel daher

$$\operatorname{arsinh}'(x) = \frac{1}{\sinh'(\operatorname{arsinh}x)} = \frac{1}{\cosh(\operatorname{arsinh}x)} = \frac{1}{\sqrt{1+x^2}}.$$

Das gleiche Ergebnis erhält man auch, wenn man die explizite Darstellung $\operatorname{arsinh}(x) = \ln(x + \sqrt{x^2+1})$ benutzt; die entsprechende Rechnung wurde in Aufgabe (89.5)(a) durchgeführt.

(b) Gilt $y = \operatorname{arcosh}(x)$, so liegt y in $[1, \infty)$, erfüllt also $\sinh(y) \geq 0$ und damit $\sinh(y) = \sqrt{\cosh(y)^2 - 1} = \sqrt{x^2-1}$. Nach der Umkehrregel gilt daher

$$\operatorname{arcosh}'(x) = \frac{1}{\cosh'(\operatorname{arcosh}x)} = \frac{1}{\sinh(\operatorname{arcosh}x)} = \frac{1}{\sqrt{x^2-1}}.$$

Das gleiche Ergebnis erhält man auch, wenn man die explizite Darstellung $\operatorname{arcosh}(x) = \ln(x + \sqrt{x^2-1})$ benutzt; die entsprechende Rechnung wurde in Aufgabe (89.4)(b) durchgeführt.

(c) Nach der Umkehrregel gilt

$$\begin{aligned} \operatorname{artanh}'(x) &= \frac{1}{\tanh'(\operatorname{artanh}x)} \\ &= \frac{1}{1-\tanh\big(\operatorname{artanh}x\big)^2} = \frac{1}{1-x^2}. \end{aligned}$$

Das gleiche Ergebnis erhält man auch, wenn man die explizite Darstellung $\operatorname{artanh}(x) = (1/2)\ln\big((1+x)/(1-x)\big)$ benutzt; die entsprechende Rechnung wurde in Aufgabe (89.5)(b) durchgeführt.

Lösung (89.15) (a) Ableiten der Identität $f(-x) = f(x)$ liefert $-f'(-x) = f'(x)$, also $f'(-x) = -f'(x)$ für alle $x \in I$.

(b) Ableiten der Identität $f(-x) = -f(x)$ liefert $-f'(-x) = -f'(x)$, also $f'(-x) = f'(x)$ für alle $x \in I$.

Lösung (89.16) Ist $x_0 \neq 0$, so gibt es in jeder noch so kleinen Umgebung von x_0 sowohl Zahlen a mit $f(a) = 0$ als auch Zahlen b mit $f(b) \geq x_0^2/2$; damit kann f an der Stelle x_0 nicht stetig (und erst recht nicht differentiierbar) sein. An der Stelle 0 ist dagegen f differentiierbar (und damit erst recht stetig) mit $f'(0) = 0$, denn für $x \neq 0$ gilt

$$\left|\frac{f(x)-f(0)}{x-0} - 0\right| = \frac{|f(x)|}{x} \leq \frac{x^2}{|x|} = |x| \to 0$$

für $x \to 0$.

Lösung (89.17) Die Funktion f ist jedenfalls differentiierbar auf $(0, \infty)$ mit

$$(\star)\qquad \begin{aligned} f'(x) &= \alpha x^{\alpha-1}\sin(1/x) + x^\alpha\cos(1/x)\cdot\frac{-1}{x^2} \\ &= x^{\alpha-2}\big(\alpha x\sin(1/x) - \cos(1/x)\big). \end{aligned}$$

Für $\alpha \leq 0$ ist f an der Stelle 0 nicht einmal stetig, geschweige denn differentiierbar. Die Funktion f ist genau dann differentiierbar an der Stelle 0, wenn

$$(\star\star)\quad f'(0) = \lim_{x\to0+}\frac{f(x)-f(0)}{x-0} = \lim_{x\to0+} x^{\alpha-1}\sin(1/x)$$

Aufgaben zu »Ableitungsbegriff und Ableitungsregeln« siehe Seite 125

existiert; das ist für $\alpha \leq 1$ ersichtlich nicht der Fall. (Für $0 < \alpha \leq 1$ ist damit f an der Stelle 0 zwar stetig, aber nicht differentiierbar.) Für $\alpha > 1$ existiert dagegen der Grenzwert $(\star\star)$ und hat den Wert 0; für $\alpha > 1$ ist also f differentiierbar mit $f'(0) = 0$. Die Ableitung f' ist dabei stetig, wenn $f'(x) \to f'(0) = 0$ für $x \to 0$ gilt; dies ist nach $(\star)$ genau dann der Fall, wenn $\alpha > 2$ gilt. Es ergibt sich damit das folgende Ergebnis:

- für $1 < \alpha < 2$ ist f differentiierbar, aber die Ableitung f' ist unbeschränkt in der Nähe des Nullpunkts;
- für $\alpha = 2$ ist f differentiierbar; die Ableitung f' ist beschränkt in der Nähe des Nullpunkts, aber im Nullpunkt nicht stetig;
- für $\alpha > 2$ ist f stetig differentiierbar, d.h., die Ableitung f' existiert und ist überall stetig.

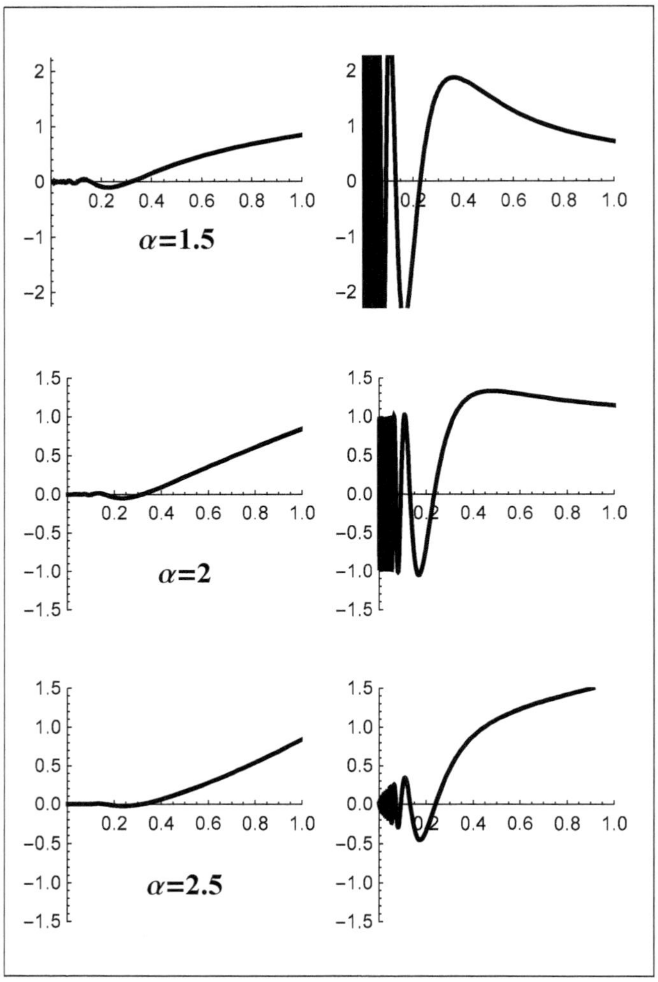

Verlauf der Funktionen $f(x) = x^\alpha \sin(1/x)$ (links) und ihrer Ableitungen (rechts).

Lösung (89.18) Für $x \neq 0$ ist f differentiierbar mit

$$f'(x) = e^{-x^2/4}\left(\left[4x^3 - \frac{x^5}{2}\right]\sin(8/x^3) - 24\cos(8/x^3)\right).$$

An der Stelle $x = 0$ ist f ebenfalls differentiierbar mit $f'(0) = 0$. Anhand der expliziten Darstellung erkennen wir sofort, daß für $x \to 0$ der Ausdruck $f'(x)$ den Werten -24 und 24 beliebig nahe kommt, denn die Funktion $x \mapsto e^{-x^2/4}\cos(8/x^3)$ oszilliert zwischen den Kurven $y = e^{-x^2/4}$ und $y = -e^{-x^2/4}$, während die Funktion $x \mapsto e^{-x^2/4}(4x^3 - x^5/2)\sin(8/x^3)$ für $x \to 0$ gegen Null geht. Wir zeigen nun, daß die Funktion f' die Werte ± 24 aber nicht annimmt. Für $0 < |x| \leq 1$ gilt

$$\begin{aligned}|f'(x)| &\leq e^{-x^2/4}\left(4|x|^3 + \frac{|x|^5}{2} + 24\right)\\ &\leq \left(1 - \frac{x^2}{4}\right)\left(24 + \frac{9|x|^3}{2}\right)\\ &= 24 - 6x^2 + \frac{9|x|^3}{2} - \frac{9|x|^5}{8}\\ &= 24 - \frac{9}{2}(x^2 - |x|^3) - \frac{3x^2}{2} - \frac{9|x|^5}{8} < 24.\end{aligned}$$

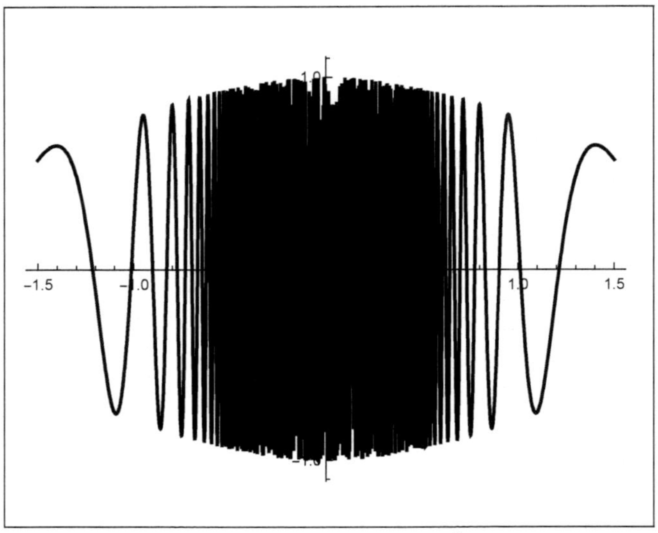

Verlauf der Ableitung von $f(x) = x^4 e^{-x^2/4}\sin(8/x^3)$.

Lösung (89.19) (a) Für $u > 0$ sei $f(u) := u^\alpha$; dann gilt $f'(u) = \alpha u^{\alpha-1}$. Der angegebene Grenzwert ist gerade $f'(1) = \alpha$.

(b) Für $u > 0$ sei $f(u) := \ln(u)$; dann gilt $f'(u) = 1/u$. Der angegebene Grenzwert ist gerade $f'(1) = 1$.

(c) Für $u \in \mathbb{R}$ sei $f(u) = a^u = e^{u\ln(a)}$; dann gilt $f'(u) = e^{u\ln(a)} \cdot \ln(a) = a^u \ln(a)$. Der angegebene Grenzwert ist gerade $f'(0) = \ln(a)$.

(d) Für $u \in (-1, 1)$ sei $f(u) = \arcsin(u)$; dann gilt $f'(u) = 1/\sqrt{1-u^2}$. Der angegebene Grenzwert ist gerade $f'(0) = 1$.

Lösung (89.20) (a) Existiert $f'(x_0)$, so gilt

$$\begin{aligned}&\frac{f(x_0+h) - f(x_0-h)}{2h} =\\ &\frac{1}{2}\left(\frac{f(x_0+h) - f(x_0)}{h} + \frac{f(x_0-h) - f(x_0)}{-h}\right)\\ &\to \frac{1}{2}\left(f'(x_0) + f'(x_0)\right) = f'(x_0) \quad \text{für } h \to 0.\end{aligned}$$

Aufgaben zu »Ableitungsbegriff und Ableitungsregeln« siehe Seite 125

(Der angegebene Grenzwert liefert also $f'(x_0)$ als arithmetisches Mittel der links- und der rechtsseitigen Ableitung von f an der Stelle x_0.)

(b) Für $f(x) := |x|$ und $x_0 := 0$ erhalten wir

$$\frac{f(x_0+h)-f(x_0-h)}{2h} = \frac{|h|-|-h|}{2h} = \frac{0}{2h} = 0.$$

Der Grenzwert $\lim_{h\to 0}\big(f(x_0+h)-f(x_0-h)\big)/(2h) = 0$ existiert also, obwohl f an der Stelle x_0 nicht differentierbar ist.

(c) Es ergeben sich die folgenden Werte.

h	0.1	0.01	0.001
$\dfrac{f(x_0+h)-f(x_0)}{h}$	12.61	12.0601	12.006001
$\dfrac{f(x_0-h)-f(x_0)}{-h}$	11.41	11.9401	11.994001
$\dfrac{f(x_0+h)-f(x_0-h)}{2h}$	12.01	12.0001	12.000001

Man sieht, daß der Wert in der letzten Zeile jeweils der beste Näherungswert für den Ableitungswert $f'(x_0)$ ist. Das ist auch plausibel, weil dieser Wert das arithmetische Mittel zwischen einem links- und einem rechtsseitigen Steigungswert ist, unterschiedliches Steigungsverhalten von f links bzw. rechts von x_0 also ausgleicht. In der Numerischen Mathematik verwendet man bei Diskretisierungsverfahren den Ausdruck $\big(f(x_0+h)-f(x_0-h)\big)/(2h)$ als Näherung für $f'(x_0)$.

Lösung (89.21) (a) Für $f(x) = Ax^2+Bx+C$ gilt

$$\begin{aligned}&\frac{f(x_0+h)-f(x_0-h)}{(x_0+h)-(x_0-h)}\\ &= \frac{A\big((x_0+h)^2-(x_0-h)^2\big)+B\big((x_0+h)-(x_0-h)\big)}{2h}\\ &= \frac{A\cdot 4x_0h + B\cdot 2h}{2h} = 2Ax_0+B = f'(x_0).\end{aligned}$$

(b) Die Leitlinie ℓ der Parabel $y = Ax^2+Bx+C$ ist parallel zur x-Achse; daher identifizieren wir eine Zahl ξ mit demjenigen Punkt auf der Leitlinie, der die x-Koordinate ξ hat. Ist nun ein Punkt P auf der Parabel gegeben, so führen wir die folgenden Schritte durch (die alle mit Zirkel und Lineal ausführbar sind).

- Fälle von P aus das Lot auf die Leitlinie ℓ; es sei x_0 der sich ergebende Lotfußpunkt.
- Trage auf ℓ von P aus eine beliebige Strecke h nach beiden Seiten ab; es entstehen dann die Punkte x_0-h und x_0+h.
- Errichte über x_0-h und x_0+h jeweils das Lot auf ℓ.
- Es seien A und B die Schnittpunkte der gerade errichteten Lote mit der Parabel; verbinde diese und verschiebe dann die Gerade AB parallel durch P.

Nach Teil (a) ist die am Ende entstehende Gerade genau die Tangente an die Parabel durch P. Diese Konstruktion liefert also die Tangente an einen vorgegebenen Punkt einer vorgegebenen Parabel.

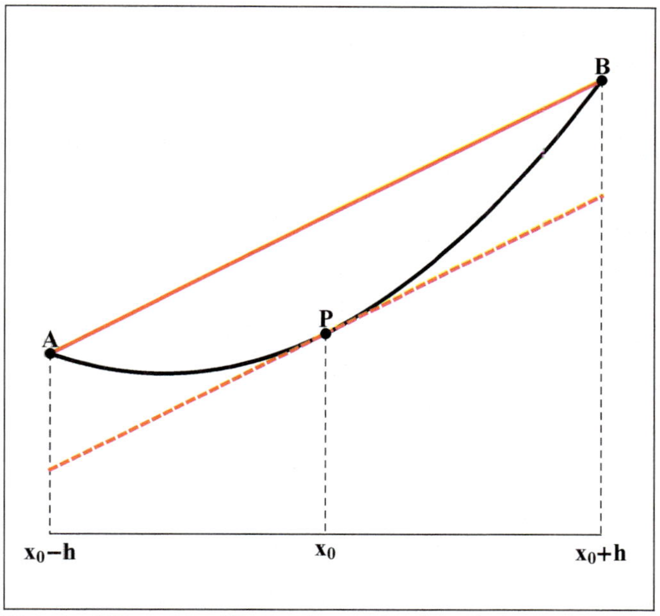

Konstruktion einer Tangente an eine Parabel.

Lösung (89.22)(a) Wählt man speziell den festen Wert $y := x_0$, so geht die angegebene Gleichung genau in die Definition des Ableitungswerts $f'(x_0)$ über.

(b) Für die angegebene Funktion f und die angegebenen Argumente x_k und $y_k = x_k(1-x_k^2)$ erhalten wir

$$\begin{aligned}\frac{f(x_k)-f(y_k)}{x_k-y_k} &= \frac{0-y_k^{3/2}\cos(1/y_k)}{x_k^3}\\ &= -\frac{(1-x_k^2)^{3/2}}{x_k^{3/2}}\cos\left(\frac{1}{y_k}\right) = \frac{(1-x_k^2)^{3/2}}{x_k^{3/2}}\sin\left(\frac{x_k}{1-x_k^2}\right);\end{aligned}$$

dabei gilt die letzte Gleichung wegen

$$\begin{aligned}\cos\left(\frac{1}{y_k}\right) &= \cos\left(\frac{1}{x_k(1-x_k^2)}\right) = \cos\left(\frac{1}{x_k}+\frac{x_k}{1-x_k^2}\right)\\ &= \underbrace{\cos\left(\frac{1}{x_k}\right)}_{=0}\cos\left(\frac{x_k}{1-x_k^2}\right) - \underbrace{\sin\left(\frac{1}{x_k}\right)}_{=1}\sin\left(\frac{x_k}{1-x_k^2}\right).\end{aligned}$$

Das bedeutet aber

$$\frac{f(x_k)-f(y_k)}{x_k-y_k} = \frac{\sin\left(\dfrac{x_k}{1-x_k^2}\right)}{\dfrac{x_k}{1-x_k^2}}\cdot\sqrt{\frac{1-x_k^2}{x_k}},$$

und wegen $\sin(h)/h \to 1$ für $h\to 0$ geht dieser Ausdruck für $k\to\infty$ gegen Unendlich. Also existiert der Grenzwert aus Teil (a) in diesem Fall nicht, obwohl die Funktion f gemäß Aufgabe (89.17) an der Stelle 0 differentiierbar ist.

Aufgaben zu »Ableitungsbegriff und Ableitungsregeln« siehe Seite 125

Lösung (89.23) Ist f an der Stelle ξ differentiierbar, dann auch stetig. Sind weiter $x, y \in \mathbb{R}$ Zahlen mit $x < \xi < y$, so gilt laut Hinweis

$$\min\left(\frac{f(y)-f(\xi)}{y-\xi}, \frac{f(\xi)-f(x)}{\xi-x}\right) \leq \frac{f(y)-f(x)}{y-x}$$
$$\leq \max\left(\frac{f(y)-f(\xi)}{y-\xi}, \frac{f(\xi)-f(x)}{\xi-x}\right).$$

Die linke und die rechte Seite dieser Ungleichung konvergieren für $x \to \xi$ und $y \to \xi$ gegen $f'(\xi)$; nach dem Einschnürungskriterium gilt dann $\big(f(y) - f(x)\big)/(y - x) \to f'(\xi)$ für $x, y \to \xi$. Damit ist die Implikation (1) $\Rightarrow$ (2) bewiesen. Umgekehrt existiere

$$c := \lim_{\substack{x,y \to \xi,\\ x<\xi<y}} \frac{f(x) - f(y)}{x - y}.$$

Zunächst sei (y_n) eine von rechts gegen ξ konvergente Folge. Wir zeigen, daß es eine von links gegen ξ konvergente Folge (x_n) gibt mit

$$(\star) \qquad \left|\frac{f(y_n) - f(\xi)}{y_n - \xi} - \frac{f(y_n) - f(x_n)}{y_n - x_n}\right| \leq \frac{1}{n}.$$

Wegen $\big(f(y_n) - f(x_n)\big)/(y_n - x_n) \to c$ folgt aus $(\star)$ dann $\big(f(y_n) - f(\xi)\big)/(y_n - \xi) \to c$. Die Konstruktion von (x_n) läuft (mit $A := f(y_n)-f(\xi)$, $B := y_n-\xi$, $a := f(x_n)-f(\xi)$, $b := x_n - \xi$) auf die folgende Frage hinaus: Wie klein muß man (bei gegebenen Werten A, B mit $B \neq 0$) die Zahlen a und b betragsmäßig wählen, damit

$$(\star\star) \qquad \frac{1}{n} \geq \left|\frac{A}{B} - \frac{A-a}{B-b}\right| = \frac{|aB - Ab|}{|B(B - b)|}$$

gilt? Wir fordern zunächst $|b| \leq |B|/2$; dann ist $|B - b| \geq |B| - |b| \geq |B|/2$ und folglich

$$\frac{|aB - Ab|}{|B(B - b)|} \leq \frac{|aB - Ab|}{B^2/2} \leq \frac{2|a|}{|B|} + \frac{2|A|\,|b|}{B^2}.$$

Bedingung $(\star\star)$ ist sicher dann erfüllt, wenn beide Summanden auf der rechten Seite von $(\star\star)$ maximal $1/(2n)$ sind, wenn also die Bedingungen $|b| \leq B^2/(4n|A|)$ und $|a| \leq |B|/(4n)$ gelten; zusammen mit der obigen Bedingung $|b| \leq |B|/2$ fordern wir also

$$|b| \leq \min\left(\frac{|B|}{2}, \frac{B^2}{4n|A|}\right), \qquad |a| \leq \frac{|B|}{4n}.$$

Bei gegebenem n wählen wir also $x_n < \xi$ so, daß die Bedingungen

$$|x_n - \xi| \leq \min\left(\frac{|y_n - \xi|}{2}, \frac{(y_n - \xi)^2}{4n|f(y_n) - f(\xi)|}\right)$$

und

$$|f(x_n) - f(\xi)| \leq \frac{|y_n - \xi|}{4n}$$

gelten. (Eine solche Wahl ist möglich, weil f an der Stelle ξ stetig ist.) Damit ist gezeigt, daß $\big(f(y_n) - f(\xi)\big)/(y_n - \xi) \to c$ für jede von rechts gegen ξ konvergierende Folge (y_n) gilt. Vollkommen analog sieht man, daß auch $\big(f(x_n) - f(\xi)\big)/(x_n - \xi) \to c$ für jede von links gegen ξ konvergierende Folge (x_n) gilt. Eine beliebige gegen ξ konvergierende Folge, in der unendlich viele Glieder links und unendlich viele Glieder rechts von ξ liegen, kann man in die beiden Teilfolgen der links bzw. rechts von ξ liegenden Glieder aufspalten; dies zeigt, daß allgemein $\big(f(x)-f(\xi)\big)/(x-\xi) \to c$ für $x \to \xi$ gilt, daß also f an der Stelle ξ differentiierbar ist mit $f'(\xi) = c$. Damit ist auch die Implikation (2) $\Rightarrow$ (1) bewiesen.

Lösung (89.24) (a) Ist f an der Stelle x_0 differentiierbar, so definieren wir $\varphi : I \to \mathbb{R}$ durch

$$\varphi(x) := \begin{cases} \big(f(x) - f(x_0)\big)/(x - x_0), & \text{falls } x \neq x_0; \\ f'(x_0), & \text{falls } x = x_0. \end{cases}$$

Nach Definition des Ableitungsbegriffs ist dann φ stetig an der Stelle x_0, und unmittelbar nach Definition gilt $f(x) = f(x_0) + (x - x_0)\varphi(x)$ für alle $x \in I$. Ist umgekehrt $\varphi : I \to \mathbb{R}$ eine Funktion mit den angegebenen Eigenschaften, so gilt

$$\frac{f(x) - f(x_0)}{x - x_0} = \varphi(x) \to \varphi(x_0) \quad \text{für } x \to x_0$$

aufgrund der Stetigkeit von φ an der Stelle x_0; folglich ist f an der Stelle x_0 differentiierbar mit $f'(x_0) = \varphi(x_0)$.

(b) Die Funktionen $f, g : I \to \mathbb{R}$ seien differentiierbar an der Stelle x_0; nach Teil (a) gibt es dann an der Stelle x_0 stetige Funktionen $\varphi, \psi : I \to \mathbb{R}$ mit

$$(\star) \qquad \begin{aligned} f(x) &= f(x_0) + (x - x_0)\varphi(x) \quad \text{und} \\ g(x) &= g(x_0) + (x - x_0)\psi(x). \end{aligned}$$

- Wegen $(\star)$ gilt $f(x) + g(x) = f(x_0) + g(x_0) + (x - x_0)\Phi(x)$ mit $\Phi(x) := \varphi(x) + \psi(x)$. Mit φ und ψ ist nun auch Φ stetig an der Stelle x_0; nach Teil (a) ist daher $f+g$ differentiierbar an der Stelle x_0 mit $(f+g)'(x_0) = \Phi(x_0) = \varphi(x_0) + \psi(x_0) = f'(x_0) + g'(x_0)$. Damit ist die Summenregel nachgewiesen.
- Es sei $c \in \mathbb{R}$ eine beliebige Konstante. Wegen $(\star)$ gilt $cf(x) = cf(x_0) + (x - x_0)\Phi(x)$ mit $\Phi(x) := c\varphi(x)$. Mit φ ist nun auch Φ stetig an der Stelle x_0; nach Teil (a) ist daher cf differentiierbar an der Stelle x_0 mit $(cf)'(x_0) = \Phi(x_0) = c\varphi(x_0) = c\,f'(x_0)$. Damit ist die Faktorregel nachgewiesen.
- Wegen $(\star)$ gilt $f(x)g(x) = f(x_0)g(x_0) + (x-x_0)\Phi(x)$ mit $\Phi(x) := \varphi(x)g(x_0) + f(x_0)\psi(x) + (x - x_0)\varphi(x)\psi(x)$, Mit φ und ψ ist nun auch Φ stetig an der Stelle x_0; nach Teil (a) ist daher fg differentiierbar an der Stelle x_0 mit $(fg)'(x_0) = \Phi(x_0) = \varphi(x_0)g(x_0) + f(x_0)\psi(x_0) = f'(x_0)g(x_0) + f(x_0)g'(x_0)$. Damit ist die Produktregel nachgewiesen.

Aufgaben zu »Ableitungsbegriff und Ableitungsregeln« siehe Seite 125

• Wegen ($\star$) gilt $f(x)/g(x) = f(x_0)/g(x_0) + (x - x_0)\Phi(x)$ mit

$$\Phi(x) := \frac{\varphi(x)g(x_0) - f(x_0)\psi(x)}{g(x)g(x_0)},$$

wie man sofort sieht, indem man den Ausdruck $f(x)/g(x) - f(x_0)/g(x_0)$ auf den Hauptnenner bringt. Mit φ und ψ ist nun auch Φ stetig an der Stelle x_0; nach Teil (a) ist daher f/g differentiierbar an der Stelle x_0 mit $(f/g)'(x_0) = \Phi(x_0) = \big(\varphi(x_0)g(x_0) - f(x_0)\psi(x_0)\big)/g(x_0)^2 = \big(f'(x_0)g(x_0) - f(x_0)g'(x_0)\big)/g(x_0)^2$. Damit ist die Quotientenregel nachgewiesen.

(c) Die Funktionen $f : I \to \mathbb{R}$ seien differentiierbar an der Stelle $x_0 \in I$, und die Funktion $g : J \to \mathbb{R}$ sei differentiierbar an der Stelle $f(x_0) \in J$. Nach Teil (a) gibt es dann eine an der Stelle x_0 stetige Funktion $\varphi : I \to \mathbb{R}$ und eine an der Stelle $f(x_0)$ stetige Funktion $\psi : J \to \mathbb{R}$ mit

$$(\star)\qquad \begin{aligned} f(x) &= f(x_0) + (x - x_0)\varphi(x) \quad \text{und} \\ g(y) &= g\big(f(x_0)\big) + \big(y - f(x_0)\big)\psi(y). \end{aligned}$$

Dann gilt

$$\begin{aligned} g\big(f(x)\big) &= g\big(f(x_0)\big) + \big(f(x) - f(x_0)\big)\psi\big(f(x)\big) \\ &= g\big(f(x_0)\big) + (x - x_0)\cdot\varphi(x)\cdot\psi\big(f(x)\big); \end{aligned}$$

dabei ist $\Phi(x) := \varphi(x)\psi\big(f(x)\big)$ stetig an der Stelle x_0. Nach Teil (a) ist daher $g \circ f$ differentiierbar an der Stelle x_0 mit $(g \circ f)'(x_0) = \Phi(x_0) = \psi\big(f(x_0)\big)\varphi(x_0) = g'\big(f(x_0)\big)f'(x_0)$. Damit ist die Kettenregel nachgewiesen.

(d) Die Funktion f sei invertierbar und erfülle $f'(x_0) \neq 0$; es gibt dann eine an der Stelle x_0 stetige Funktion $\varphi : I \to \mathbb{R}$ mit $f(x) - f(x_0) = \varphi(x)(x - x_0)$ mit $\varphi(x_0) = f'(x_0) \neq 0$. Schreiben wir $y = f(x)$, so bedeutet dies $y - y_0 = \varphi\big(f^{-1}(y)\big)\cdot\big(f^{-1}(y) - f^{-1}(y_0)\big)$. Die Umkehrabbildung f^{-1} ist nach Satz (82.10) im Buch selbst wieder stetig; folglich ist auch $\varphi \circ f^{-1}$ stetig und wegen $\varphi\big(f^{-1}(y_0)\big) = f'(x_0) \neq 0$ in einer Umgebung von y_0 von Null verschieden. Auf dieser Umgebung können wir dann

$$f^{-1}(y) - f^{-1}(y_0) = \frac{1}{\varphi\big(f^{-1}(y)\big)}\cdot(y - y_0)$$

schreiben; also ist f^{-1} an der Stelle y_0 differentiierbar mit $(f^{-1})'(y_0) = 1/\varphi\big(f^{-1}(y_0)\big) = 1/\varphi(x_0) = 1/f'(x_0)$. Damit ist die Umkehrregel bewiesen.

Lösung (89.25) O.B.d.A. sei $f'(x_0) > 0$. (Der Fall $f'(x_0) < 0$ wird völlig analog behandelt.) Wegen $f'(x_0) > 0$ gilt dann

$$0 < \frac{f(x) - f(x_0)}{x - x_0} = \frac{f(x)}{x - x_0},$$

wenn nur $|x - x_0|$ hinreichend klein ist, sagen wir $|x - x_0| < \varepsilon$. Da ein Bruch genau dann positiv ist, wenn Zähler und Nenner entweder beide positiv oder beide negativ sind, gilt dann $f(x) > 0$ für $x > x_0$ und $f(x) < 0$ für $x < x_0$; die Funktion f nimmt also negative Werte links von x_0 und positive Werte rechts von x_0 an.

Lösung (89.26) (a) Es gilt

$$0 < f'(\xi) = \lim_{x \to \xi} \frac{f(x) - f(\xi)}{x - \xi}.$$

Liegt also $x > \xi$ genügend dicht bei ξ, so gilt $\big(f(x) - f(\xi)\big)/(x - \xi) > 0$ und damit auch $f(x) - f(\xi) > 0$, also $f(x) > f(\xi)$.

(b) Gehe analog zu (a) vor (oder wende (a) auf die Funktion $-f$ an.)

(c) Wegen (a) kann nicht $f'(\xi) > 0$ gelten, und wegen (b) kann nicht $f'(\xi) < 0$ gelten; es bleibt nur die Möglichkeit $f'(\xi) = 0$.

Lösung (89.27) (a) Gilt $f(x_0) > 0$, so gibt es wegen der Stetigkeit von f ein ganzes Intervall I um x_0 mit $f > 0$ auf I. Auf I gilt dann $f = |f|$; aus der Differentiierbarkeit von $|f|$ in x_0 folgt dann die Differentiierbarkeit von f in x_0. Analog kann man argumentieren, wenn $f(x_0) < 0$ gilt; in diesem Fall gilt $|f| = -f$ in einer Umgebung von x_0. Es bleibt der Fall $f(x_0) = 0$. In diesem Fall nimmt $|f|$ an der Stelle x_0 ein Minimum an, so daß $|f|'(x_0) = 0$ gilt. Wir haben dann

$$\begin{aligned} &\left|\frac{f(x_0+h) - f(x_0)}{h}\right| = \frac{|f(x_0+h)|}{|h|} \\ &= \left|\frac{|f|(x_0+h) - |f|(x_0)}{h}\right| \\ &\to \big|\,|f|'(x_0)\,\big| = 0 \quad \text{für } h \to 0. \end{aligned}$$

Folglich gilt $\big(f(x_0 + h) - f(x_0)\big)/h \to 0$ für $h \to 0$; also ist f differentiierbar an der Stelle x_0 mit $f'(x_0) = 0$.

(b) Betrachte die Funktion $f : \mathbb{R} \to \mathbb{R}$, die definiert ist durch

$$f(x) := \begin{cases} 1, & \text{falls } x \text{ rational;} \\ -1, & \text{falls } x \text{ irrational.} \end{cases}$$

Dann ist f an keiner einzigen Stelle stetig (geschweige denn differentiierbar), aber $|f|$ ist die konstante Funktion mit dem Wert 1 und damit überall differentiierbar.

Lösung (89.28) (a) Für $f(x) = c_1\cos(\omega x) + c_2\sin(\omega x)$ haben wir $f'(x) = -\omega c_1\sin(\omega x) + \omega c_2\cos(\omega x)$ und $f''(x) = -\omega^2 c_1\cos(\omega x) - \omega^2 c_2\sin(\omega x)$; Einsetzen liefert dann sofort die Behauptung.

(b) Für $f(x) = c_1\cosh(\omega x) + c_2\sinh(\omega x)$ haben wir $f'(x) = \omega c_1\sinh(\omega x) + \omega c_2\cosh(\omega x)$ und $f''(x) = \omega^2 c_1\cosh(\omega x) + \omega^2 c_2\sinh(\omega x)$; Einsetzen liefert dann sofort die Behauptung.

Aufgaben zu »Ableitungsbegriff und Ableitungsregeln« siehe Seite 125

(c) Für $f(x) = c_1e^{-x} + c_2e^{-2x}$ haben wir $f'(x) = -c_1e^{-x} - 2c_2e^{-2x}$ und $f''(x) = c_1e^{-x} + 4c_2e^{-2x}$; Einsetzen liefert dann sofort die Behauptung.

Lösung (89.29) Beiderseitiges Ableiten der Identität

$$\sum_{k=0}^{n} x^k = \frac{1-x^{n+1}}{1-x}$$

liefert

$$\sum_{k=1}^{n} kx^{k-1} = \frac{-(n+1)x^n(1-x)+(1-x^{n+1})}{(1-x)^2},$$

also

$$\sum_{k=0}^{n-1}(k+1)x^k = \frac{1-(n+1)x^n+nx^{n+1}}{(1-x)^2}.$$

Lösung (89.30) (a) Mit f' und f^{-1} ist auch $(f^{-1})' = 1/(f'\circ f^{-1})$ differentiierbar; nach der Quotientenregel gilt

$$\begin{aligned}(f^{-1})'' &= \frac{-(f'\circ f^{-1})'}{(f'\circ f^{-1})^2} = \frac{-(f''\circ f^{-1})\cdot(f^{-1})'}{(f'\circ f^{-1})^2}\\ &= \frac{-f''\circ f^{-1}}{(f'\circ f^{-1})^3}.\end{aligned}$$

(b) Wegen (a) gilt genau dann $(f^{-1})'' = 1/(f''\circ f^{-1})$, wenn $-f''(x)/f'(x)^3 = 1/f''(x)$ für alle x aus dem Definitionsbereich von f gilt, also $f''(x)^2 = -f'(x)^3$.

Lösung (89.31) Wir benutzen Induktion über n, wobei der Induktionsanfang $n = 1$ trivial ist. Beim Induktionsschritt schreiben wir $g := f_1\cdots f_n$; nach Induktionsannahme ist nun g an der Stelle x_0 differentiierbar; die Produktregel besagt dann, daß auch $f = gf_{n+1}$ an der Stelle x_0 differentiierbar ist und daß an dieser Stelle die folgende Gleichung gilt:

$$\begin{aligned}f' &= (f_1f_2\cdots f_nf_{n+1})' = (gf_{n+1})' = g'f_{n+1}+gf'_{n+1}\\ &= \sum_{i=1}^{n}(f_1\cdots f'_i\cdots f_n)f_{n+1} + f_1\cdots f_nf'_{n+1}\\ &= \sum_{i=1}^{n+1} f_1\cdots f'_i\cdots f_{n+1}.\end{aligned}$$

Dabei verwendeten wir beim Übergang von der ersten zur zweiten Zeile die Induktionsannahme.

Lösung (89.32) Wir benutzen Induktion über n, wobei der Induktionsanfang $n = 0$ bzw. $n = 1$ (Produktregel) trivial ist. Sind f und g je $(n+1)$-mal differentiierbar, so gilt zunächst $(fg)^{(n)} = \sum_{k=0}^{n}\binom{n}{k}f^{(k)}g^{(n-k)}$ nach Induktionsannahme. Nach der Produktregel ist nun jeder der Summanden auf der rechten Seite differentiierbar; also ist fg sogar $(n+1)$-mal differentiierbar, und es gilt

$$\begin{aligned}(fg)^{(n+1)} &= \sum_{k=0}^{n}\binom{n}{k}\left(f^{(k+1)}g^{(n-k)}+f^{(k)}g^{(n-k+1)}\right)\\ &= \sum_{k=0}^{n}\binom{n}{k}f^{(k+1)}g^{(n-k)} + \sum_{k=0}^{n}\binom{n}{k}f^{(k)}g^{(n-k+1)}\\ &= \sum_{k=1}^{n+1}\binom{n}{k-1}f^{(k)}g^{(n-k+1)} + \sum_{k=0}^{n}\binom{n}{k}f^{(k)}g^{(n-k+1)}\\ &= f^{(n+1)}g^{(0)}+\sum_{k=1}^{n}\left[\binom{n}{k-1}+\binom{n}{k}\right]f^{(k)}g^{(n+1-k)}+f^{(0)}g^{(n+1)}\\ &= f^{(0)}g^{(n+1)}+\sum_{k=1}^{n}\binom{n+1}{k}f^{(k)}g^{(n+1-k)}+f^{(n+1)}g^{(0)}\\ &= \sum_{k=0}^{n+1}\binom{n+1}{k}f^{(k)}g^{(n+1-k)}.\end{aligned}$$

Lösung (89.33) (a) Wir erhalten

$$\begin{aligned}f(x) &= \sin(x),\\ f'(x) &= \cos(x) = \sin\left(x+\frac{\pi}{2}\right),\\ f''(x) &= -\sin(x) = \sin(x+\pi),\\ f'''(x) &= -\cos(x) = \sin\left(x+\frac{3\pi}{2}\right);\end{aligned}$$

wegen $f'''' = f$ wiederholt sich dann die Sequenz der auftretenden Funktionen. Da sich sowohl nach vierfachem Bilden der Ableitung als auch nach vierfacher Translation des Arguments um jeweils $\pi/2$ wieder die ursprüngliche Funktion ergibt, folgt dann die Behauptung. Für $g(x) = \cos(x)$ kann man analog vorgehen; wir können aber auch $g(x) = \cos(x) = \sin\big(x+(\pi/2)\big) = f\big(x+(\pi/2)\big)$ schreiben und erhalten dann

$$\begin{aligned}g^{(n)}(x) &= f^{(n)}\left(x+\frac{\pi}{2}\right) = \sin\left(x+\frac{\pi}{2}+n\cdot\frac{\pi}{2}\right)\\ &= \cos\left(x+\frac{n\pi}{2}\right).\end{aligned}$$

(b) Es ist $f = uv$ mit $u(x) = x$ und $v(x) = \sin(x)$; nach der Leibnizregel aus Aufgabe (89.32) gilt also

$$\begin{aligned}f^{(n)}(x) &= \sum_{k=0}^{n}\binom{n}{k}u^{(k)}(x)v^{(n-k)}(x)\\ &= \sum_{k=0}^{1}\binom{n}{k}u^{(k)}(x)v^{(n-k)}(x)\\ &= xv^{(n)}(x)+nv^{(n-1)}(x)\\ &= x\sin\left(x+\frac{n\pi}{2}\right)+n\sin\left(x+\frac{(n-1)\pi}{2}\right)\\ &= x\sin\left(x+\frac{n\pi}{2}\right)-n\cos\left(x+\frac{n\pi}{2}\right).\end{aligned}$$

Aufgaben zu »Ableitungsbegriff und Ableitungsregeln« siehe Seite 125

Analog ist $g = uv$ mit $u(x) = x$ und $v(x) = \cosh(x)$; die Leibnizregel liefert dann

$$\begin{aligned} f^{(n)}(x) &= \sum_{k=0}^{n} \binom{n}{k} u^{(k)}(x) v^{(n-k)}(x) \\ &= \sum_{k=0}^{1} \binom{n}{k} u^{(k)}(x) v^{(n-k)}(x) \\ &= x v^{(n)}(x) + n v^{(n-1)}(x) \\ &= \begin{cases} x\cosh(x) + n\sinh(x), & \text{falls } n \text{ gerade;} \\ x\sinh(x) + n\cosh(x), & \text{falls } n \text{ ungerade.} \end{cases} \end{aligned}$$

Lösung (89.34) (a) Wir betrachten die Funktion f zunächst nur auf dem Intervall $(0, \infty)$. Es gilt $f^{(0)}(x) = p_0(x)e^{-1/x}$ mit $p_0 \equiv 1$. Gilt $f^{(n)}(x) = p_n(1/x)e^{-1/x}$ nach Induktionsannahme, so erhalten wir nach Anwendung der Produkt- und der Kettenregel die Gleichung

$$\begin{aligned} f^{(n+1)}(x) &= \frac{-p_n'(1/x)}{x^2} e^{-1/x} + p_n(1/x)\frac{e^{-1/x}}{x^2} \\ &= \frac{p_n(1/x) - p_n'(1/x)}{x^2} e^{-1/x} \end{aligned}$$

und damit $f^{(n+1)}(x) = p_{n+1}(1/x)e^{-1/x}$, wenn wir $p_{n+1}(u) := u^2\big(p_n(u) - p_n'(u)\big)$ definieren. Offensichtlich ist p_{n+1} ein Polynom vom Grad $2n+2$, wenn p_n ein Polynom vom Grad $2n$ ist. Ferner gilt offensichtlich $f^{(n)}(x) = 0$ für alle $n \in \mathbb{N}_0$ und alle $x \in (-\infty, 0)$. Wir zeigen nun, daß an der Stelle $x_0 = 0$ alle Ableitungen von f existieren und den Wert 0 haben. Für $n = 0$ ist nichts zu zeigen. Ausgehend von $f^{(n)}(0) = 0$ (nach Induktionsannahme) erhalten wir den linksseitigen Grenzwert

$$f_-^{(n+1)}(0) = \lim_{x \to 0-} \frac{f^{(n)}(x) - f^{(n)}(0)}{x} = \lim_{x \to 0-} \frac{0}{x} = 0$$

und den rechtsseitigen Grenzwert

$$\begin{aligned} f^{(n+1)}(0) &= \lim_{x \to 0+} \frac{f^{(n)}(x) - f^{(n)}(0)}{x} \\ &= \lim_{x \to 0+} \frac{p_n(1/x)e^{-1/x}}{x} = \lim_{u \to \infty} u p_n(u) e^{-u} = 0, \end{aligned}$$

wobei wir die Substitution $u := 1/x$ benutzten. Also existiert auch $f^{(n+1)}(0)$ und hat den Wert Null.

(b) Da Summen und Hintereinanderausführungen von C^∞-Funktionen wieder C^∞-Funktionen sind, ist g eine C^∞-Funktion. Ist $x \leq 0$ und damit $1 - x \geq 1$, so gilt $f(1-x) \geq f(1)$ wegen des monotonen Wachstums von f und damit $f\big(f(1) - f(1-x)\big) = 0$ (denn f verschwindet auf dem Intervall $(-\infty, 0]$). Ist $x \geq 1$ und damit $1 - x \leq 0$, so gilt $f(1-x) = 0$ und damit $g(x) = e^e f\big(f(1)\big) = e^e \cdot e^{-e} = 1$. Gilt $0 \leq x < y \leq 1$, so haben wir $0 \leq 1-y < 1-x \leq 1$, wegen der strengen Monotonie von f auf $[0, \infty)$ daher $f(1-y) < f(1-x)$, folglich $f(1) - f(1-x) < f(1) - f(1-y)$ und damit $g(x) < g(y)$. Damit sind alle angegebenen Eigenschaften bewiesen.

(c) Offenbar hat die Funktion

$$f_{a,b}(x) := g\left(\frac{x-a}{b-a}\right)$$

die angegebenen Eigenschaften. (Es wird ja nur im Argument das Intervall $[a, b]$ auf das Intervall $[0, 1]$ transformiert.)

(d) Man prüft leicht nach, daß die Funktion

$$\varphi(x) := f_{a,A}(x) \cdot f_{-b,-B}(-x)$$

die angegebenen Eigenschaften hat, wenn $f_{a,A}$ und $f_{-b,-B}$ wie in Teil (c) definiert sind.

Lösung (89.35) Wir weisen die beiden angegebenen Eigenschaften nach.

- Unmittelbar nach Definition gilt $\varphi(x) = 0$ für jede ganze Zahl x, und für $k \geq n$ sind $2^k u_n$ und $2^k v_n$ ganze Zahlen.
- Die Funktion φ_k hat ihre Knickstellen im Intervall $[0, 1]$ an den Punkten $m/2^{k+1}$ mit $0 \leq m \leq 2^{k+1}$. Das Intervall $[u_n, v_n]$ ist also genau das Intervall zwischen zwei aufeinanderfolgenden Knickstellen von φ_{n-1}; daher sind $\varphi_0, \ldots, \varphi_{n-1}$ linear auf $[u_n, v_n]$.

Aufgrund der ersten Eigenschaft gelten die Gleichungen $\Phi(u_n) = \sum_{k=0}^{n-1} \varphi_k(u_n)$ und $\Phi(v_n) = \sum_{k=0}^{n-1} \varphi_k(v_n)$. Aufgrund der zweiten Eigenschaft gilt $\big(\varphi_k(v_n) - \varphi_k(u_n)\big)/(v_n - u_n) = \pm 1$ für $0 \leq k \leq n-1$, denn jede der Funktionen φ_k ist auf $[u_n, v_n]$ eine lineare Funktion mit der Steigung 1 oder -1. Es gilt daher

$$\frac{\Phi(v_n) - \Phi(u_n)}{v_n - u_n} = \sum_{k=0}^{n-1} \frac{\varphi_k(v_n) - \varphi_k(u_n)}{v_n - u_n} = \sum_{k=0}^{n-1} \pm 1;$$

diese Zahlen können für $n \to \infty$ nicht konvergieren, denn sonst erhielten wir eine konvergente Reihe, deren Glieder entweder 1 oder -1 sind, was unmöglich ist. Wäre Φ an der Stelle ξ differentiierbar, so müßte aber wegen $u_n \leq \xi < v_n$ für alle n dieser Grenzwert nach Aufgabe (89.23) existieren. Also besitzt Φ an der Stelle ξ keine Ableitung. Da $\xi \in \mathbb{R}$ beliebig war, ist Φ nirgends differentiierbar.

L90: Differentiation vektorwertiger Funktionen

Lösung (90.1) Unter der im Hinweis formulierten Annahme hat der Verbindungsvektor von $u(t)$ nach $v(t)$ immer die gleiche Länge ℓ und zeigt, da das Hinterrad starr befestigt ist, immer in Richtung des Tangentenvektors an die Kurve $t \mapsto u(t)$ in Fahrtrichtung; das bedeutet gerade

$$v(t) - u(t) = \ell \cdot \frac{\dot{u}(t)}{\|\dot{u}(t)\|}.$$

Prüft man diese Bedingung für die vier verschiedenen Möglichkeiten (zwei für die Fahrtrichtung, zwei für die Wahl von Vorder- bzw. Hinterrad) durch, so erkennt man: Die Fahrtrichtung ist von links nach rechts; die durchgezogene Kurve zeigt das Hinterrad, die gestrichelte Kurve das Vorderrad.

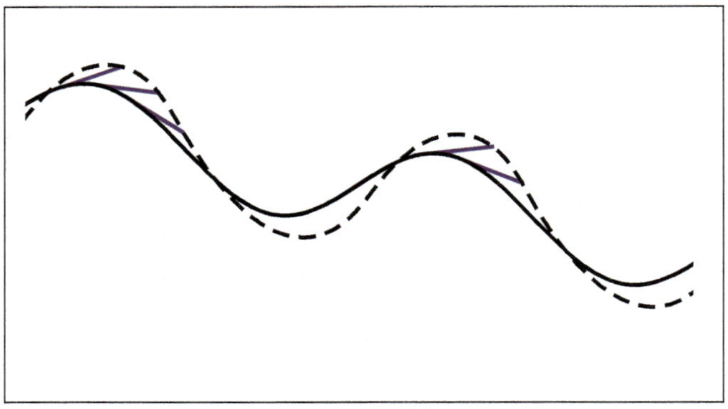

Verbindungsstrecken zwischen $u(t)$ und $v(t)$ für verschiedene Zeiten t.

Bei den anderen drei Möglichkeiten ist die Bedingung nicht erfüllt, wie beispielhaft die folgende Skizze zeigt: Würde bei Fahrtrichtung von links nach rechts die gestrichelte Linie zum Hinterrad und die durchgezogene Linie zum Vorderrad gehören, so müßten die rot eingezeichneten Strecken alle die gleiche Länge haben.

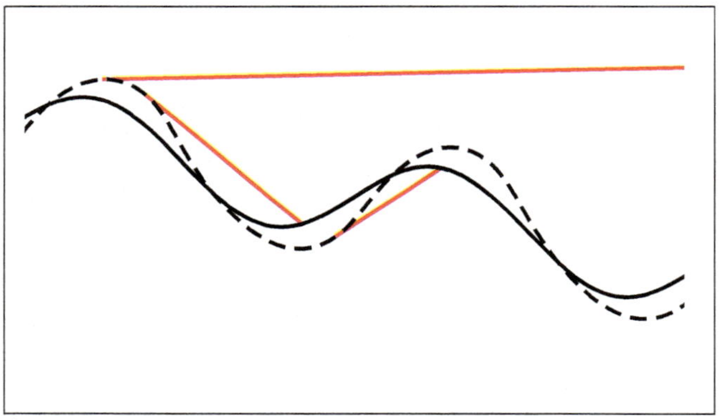

Analoges Bild unter einer falschen Annahme über das Fahrverhalten.

Lösung (90.2) Das Skalarprodukt $\sigma(t) := \langle u(t), v(t)\rangle = t\cos(t) + t^2\sin(t) + t^3\exp(t)$ hat die Ableitung

$$\dot{\sigma}(t) = (1+t^2)\cos(t) - t\sin(t) + (t^3+3t^2)\exp(t).$$

Andererseits ist $\langle \dot{u}(t), v(t)\rangle + \langle u(t), \dot{v}(t)\rangle$ gegeben durch

$$\left\langle \begin{bmatrix} 1 \\ 2t \\ 3t^2 \end{bmatrix}, \begin{bmatrix} \cos(t) \\ \sin(t) \\ \exp(t) \end{bmatrix} \right\rangle + \left\langle \begin{bmatrix} t \\ t^2 \\ t^3 \end{bmatrix}, \begin{bmatrix} -\sin(t) \\ \cos(t) \\ \exp(t) \end{bmatrix} \right\rangle$$
$$= (1+t^2)\cos(t) - t\sin(t) + (3t^2+t^3)\exp(t);$$

die beiden Ausdrücke stimmen also überein. Weiter ist $w = u \times v$ gegeben durch

$$w(t) = \begin{bmatrix} t \\ t^2 \\ t^3 \end{bmatrix} \times \begin{bmatrix} \cos(t) \\ \sin(t) \\ \exp(t) \end{bmatrix} = \begin{bmatrix} t^2\exp(t) - t^3\sin(t) \\ t^3\cos(t) - t\exp(t) \\ t\sin(t) - t^2\cos(t) \end{bmatrix}$$

und hat die (komponentenweise gebildete) Ableitung

$$\dot{w}(t) = \begin{bmatrix} (2t+t^2)\exp(t) - 3t^2\sin(t) - t^3\cos(t) \\ 3t^2\cos(t) - t^3\sin(t) - (1+t)\exp(t) \\ (1+t^2)\sin(t) - t\cos(t) \end{bmatrix}.$$

Andererseits ist $\dot{u}(t) \times v(t) + u(t) \times \dot{v}(t)$ gegeben durch

$$\begin{bmatrix} 1 \\ 2t \\ 3t^2 \end{bmatrix} \times \begin{bmatrix} \cos(t) \\ \sin(t) \\ \exp(t) \end{bmatrix} + \begin{bmatrix} t \\ t^2 \\ t^3 \end{bmatrix} \times \begin{bmatrix} -\sin(t) \\ \cos(t) \\ \exp(t) \end{bmatrix}$$
$$= \begin{bmatrix} 2t\exp(t) - 3t^2\sin(t) \\ 3t^2\cos(t) - \exp(t) \\ \sin(t) - 2t\cos(t) \end{bmatrix} + \begin{bmatrix} t^2\exp(t) - t^3\cos(t) \\ -t\exp(t) - t^3\sin(t) \\ t\cos(t) + t^2\sin(t) \end{bmatrix}$$
$$= \begin{bmatrix} (2t+t^2)\exp(t) - 3t^2\sin(t) - t^3\cos(t) \\ 3t^2\cos(t) - t^3\sin(t) - (1+t)\exp(t) \\ (1+t^2)\sin(t) - t\cos(t) \end{bmatrix};$$

auch diese beiden Ausdrücke stimmen also überein.

Lösung (90.3) (a) Es sei $\Phi(t) := \lambda A(t) + \mu B(t)$. Dann gilt

$$\frac{\Phi(t) - \Phi(t_0)}{t - t_0} = \lambda \frac{A(t) - A(t_0)}{t - t_0} + \mu \frac{B(t) - B(t_0)}{t - t_0}$$
$$\to \lambda A'(t_0) + \mu B'(t_0) \quad \text{für } t \to t_0.$$

(b) Es sei $\Phi(t) := A(t)B(t)$. Dann gilt

$$\frac{\Phi(t) - \Phi(t_0)}{t - t_0} = A(t)\frac{B(t) - B(t_0)}{t - t_0} + \frac{A(t) - A(t_0)}{t - t_0}B(t_0)$$
$$\to A(t_0)B'(t_0) + A'(t_0)B(t_0) \quad \text{für } t \to t_0.$$

(c) Nach der Cramerschen Regel sind die Koeffizienten von $B(t) := A(t)^{-1}$ rationale Funktionen in den Koeffizienten von $A(t)$ und daher differentiierbar. Ableiten der Identität $AB = \mathbf{1}$ nach der in Teil (b) hergeleiteten Produktregel liefert $\mathbf{0} = (AB)' = A'B + AB' = A'A^{-1} + AB'$ und damit $AB' = -A'A^{-1}$, nach Multiplikation mit A^{-1} von links also $B' = -A^{-1}A'A^{-1}$. Das ist aber gerade die Behauptung.

Aufgaben zu »Differentiation vektorwertiger Funktionen« siehe Seite 130

Lösung (90.4) (a) Für $A(t) = \begin{bmatrix} \cos t & -\sin t \\ \sin t & \cos t \end{bmatrix}$ erhalten wir einerseits

$$A^{-1} = \begin{bmatrix} \cos t & \sin t \\ -\sin t & \cos t \end{bmatrix} \text{ und } (A^{-1})^{\cdot} = \begin{bmatrix} -\sin t & \cos t \\ -\cos t & -\sin t \end{bmatrix}.$$

Andererseits ist $A^{-1}\dot{A}A^{-1}$ gegeben durch

$$\begin{bmatrix} \cos t & \sin t \\ -\sin t & \cos t \end{bmatrix}\begin{bmatrix} -\sin t & -\cos t \\ \cos t & -\sin t \end{bmatrix}\begin{bmatrix} \cos t & \sin t \\ -\sin t & \cos t \end{bmatrix}$$
$$= \begin{bmatrix} \cos t & \sin t \\ -\sin t & \cos t \end{bmatrix}\begin{bmatrix} 0 & -1 \\ 1 & 0 \end{bmatrix} = \begin{bmatrix} \sin t & -\cos t \\ \cos t & \sin t \end{bmatrix};$$

also gilt $(A^{-1})^{\cdot} = -A^{-1}\dot{A}A^{-1}$. Vollkommen analog erhalten wir für $A(t) = \begin{bmatrix} e^t & t^2e^t \\ 0 & e^{-t} \end{bmatrix}$ einerseits

$$A^{-1} = \begin{bmatrix} e^{-t} & -t^2e^t \\ 0 & e^t \end{bmatrix} \text{ und } (A^{-1})^{\cdot} = \begin{bmatrix} -e^{-t} & -(t^2+2t)e^t \\ 0 & e^t \end{bmatrix}.$$

Andererseits ist $A^{-1}\dot{A}A^{-1}$ gegeben durch

$$\begin{bmatrix} e^{-t} & -t^2e^t \\ 0 & e^t \end{bmatrix}\begin{bmatrix} e^t & (t^2+2t)e^t \\ 0 & -e^{-t} \end{bmatrix}\begin{bmatrix} e^{-t} & -t^2e^t \\ 0 & e^t \end{bmatrix}$$
$$= \begin{bmatrix} 1 & 2t^2+2t \\ 0 & -1 \end{bmatrix}\begin{bmatrix} e^{-t} & -t^2e^t \\ 0 & e^t \end{bmatrix} = \begin{bmatrix} e^{-t} & (t^2+2t)e^t \\ 0 & -e^t \end{bmatrix}.$$

Also gilt wieder $(A^{-1})^{\cdot} = -A^{-1}\dot{A}A^{-1}$.

Lösung (90.5) Für $A(t) = \begin{bmatrix} t & t^2 \\ t^3 & t^4 \end{bmatrix}$ haben wir einerseits $(\mathrm{d}/\mathrm{d}t)\det\bigl(A(t)\bigr) = (\mathrm{d}/\mathrm{d}t)\,0 = 0$, andererseits

$$\det\begin{bmatrix} 1 & t^2 \\ 3t^2 & t^4 \end{bmatrix} + \det\begin{bmatrix} t & 2t \\ t^3 & 4t^3 \end{bmatrix} = (-2t^4) + (2t^4) = 0.$$

Für $A(t) = \begin{bmatrix} t & t^2 \\ t^4 & t^7 \end{bmatrix}$ haben wir einerseits $(\mathrm{d}/\mathrm{d}t)\det\bigl(A(t)\bigr) = (\mathrm{d}/\mathrm{d}t)(t^8 - t^6) = 8t^7 - 6t^5$, andererseits

$$\begin{vmatrix} 1 & t^2 \\ 4t^3 & t^7 \end{vmatrix} + \begin{vmatrix} t & 2t \\ t^4 & 7t^6 \end{vmatrix} = (t^7-4t^5)+(7t^7-2t^5) = 8t^7-6t^5.$$

Lösung (90.6) Für $f(z) = \sum_{k=0}^{\infty} a_k z^k$ gilt $f'(z) = \sum_{k=1}^{\infty} k a_k z^{k-1}$. Für $\varphi(t) := f(tA) = \sum_{k=0}^{\infty} a_k t^k A^k$ gilt dann $\dot{\varphi}(t) = \sum_{k=1}^{\infty} k a_k t^{k-1} A^k = \bigl(\sum_{k=1}^{\infty} k a_k t^{k-1} A^{k-1}\bigr) A = f'(tA) \cdot A$. Da wir A statt nach rechts genauso gut nach links hätten ausklammern können, gilt auch $\dot{\varphi}(t) = A\, f'(tA)$.

Lösung (90.7) (a) Wir bezeichnen mit e_ξ, e_η und $e_\zeta = e_z$ die Einheitsvektoren im mitrotierenden Bezugssystem und erhalten dann

$$\begin{aligned} r^\star &= r\cos\varphi\, e_\xi + r\sin\varphi\, e_\zeta, \\ v^\star &= -r\dot{\varphi}\sin\varphi\, e_\xi + r\dot{\varphi}\cos\varphi\, e_\zeta, \\ a^\star &= (-r\ddot{\varphi}\sin\varphi - r\dot{\varphi}^2\cos\varphi)e_\xi \\ &\quad + (r\ddot{\varphi}\cos\varphi - r\dot{\varphi}^2\sin\varphi)e_\zeta. \end{aligned}$$

Die Absolutgeschwindigkeit v und die Absolutbeschleunigung a sind im rotierenden System dann gegeben durch

$$v = \begin{bmatrix} 0 \\ 0 \\ \omega \end{bmatrix} \times \begin{bmatrix} r\cos\varphi \\ 0 \\ r\sin\varphi \end{bmatrix} + \begin{bmatrix} -r\dot{\varphi}\sin\varphi \\ 0 \\ r\dot{\varphi}\cos\varphi \end{bmatrix} = \begin{bmatrix} -r\dot{\varphi}\sin\varphi \\ r\omega\cos\varphi \\ r\dot{\varphi}\cos\varphi \end{bmatrix}$$

und

$$\begin{aligned} a &= \begin{bmatrix} 0 \\ 0 \\ \omega \end{bmatrix} \times \left(\begin{bmatrix} 0 \\ 0 \\ \omega \end{bmatrix} \times \begin{bmatrix} r\cos\varphi \\ 0 \\ r\sin\varphi \end{bmatrix} \right) \\ &\quad + 2\begin{bmatrix} 0 \\ 0 \\ \omega \end{bmatrix} \times \begin{bmatrix} -r\dot{\varphi}\sin\varphi \\ 0 \\ r\dot{\varphi}\cos\varphi \end{bmatrix} + \begin{bmatrix} -r\ddot{\varphi}\sin\varphi - r\dot{\varphi}^2\cos\varphi \\ 0 \\ r\ddot{\varphi}\cos\varphi - r\dot{\varphi}^2\sin\varphi \end{bmatrix} \\ &= \begin{bmatrix} -r\omega^2\cos\varphi - r\ddot{\varphi}\sin\varphi - r\dot{\varphi}^2\cos\varphi \\ -2r\omega\dot{\varphi}\sin\varphi \\ r\ddot{\varphi}\cos\varphi - r\dot{\varphi}^2\sin\varphi \end{bmatrix}. \end{aligned}$$

(b) Auf die Perle wirken zwei Kräfte, nämlich die Gewichtskraft nach unten und die Normalkraft senkrecht zum Ring. Zerlegen wir diese Normalkraft in eine Komponente N_1 in der Ringebene und eine Komponente N_2 senkrecht zur Ringebene, so liefert das Newtonsche Grundgesetz die Gleichung

$$ma = F = \begin{bmatrix} -N_1\cos\varphi \\ N_2 \\ -N_1\sin\varphi - mg \end{bmatrix}.$$

Bilden wir das Skalarprodukt dieser Gleichung mit dem Vektor $(-\sin\varphi, 0, \cos\varphi)^T$, so erhalten wir die Gleichung $-mg\cos\varphi = mr\ddot{\varphi} + mr\omega^2\sin\varphi\cos\varphi$ bzw.

$$\ddot{\varphi} + \omega^2\sin\varphi\cos\varphi + (g/r)\cos\varphi = 0.$$

(c) Die Gleichgewichtslagen sind genau die konstanten Lösungen der Bewegungsgleichung, also die Winkel φ mit $\omega^2\sin\varphi\cos\varphi + (g/r)\cos\varphi = 0$, d.h.

$$0 = \cos\varphi\bigl(\omega^2\sin\varphi + g/r\bigr).$$

Dies sind die Winkel $\varphi_1 = \arcsin\bigl(-g/(r\omega^2)\bigr)$ sowie $\varphi_{2,3} = \pm\pi/2$. **Bemerkung:** Die Gleichgewichtslage $\varphi_2 = \pi/2$ ist stets instabil. Für $\omega > \sqrt{g/r}$ (also für schnelle Drehungen) ist $\varphi_3 = -\pi/2$ instabil und φ_1 stabil; für $\omega < \sqrt{g/r}$ (also für langsame Drehungen) ist dagegen $\varphi_3 = -\pi/2$ stabil und φ_1 instabil. (Das war aber in der Aufgabe nicht gefragt.)

Lösung (90.8) Mit $A := D_\alpha^z$, $B := D_\beta^x$ und $C := D_\gamma^z$ gilt $g = CBA$, folglich

$$\begin{aligned} L(\omega) = \dot g g^{-1} &= (\dot C BA + C\dot B A + CB\dot A)A^{-1}B^{-1}C^{-1} \\ &= \dot C C^{-1} + C\dot B B^{-1}C^{-1} + CB\dot A A^{-1}B^{-1}C^{-1} \\ &= \dot\gamma L(e_3) + \dot\beta CL(e_1)C^{-1} + \dot\alpha CBL(e_3)B^{-1}C^{-1} \\ &= \dot\gamma L(e_3) + \dot\beta L(Ce_1) + \dot\alpha L(CBe_3), \end{aligned}$$

und daher

$$\begin{aligned} \omega &= \dot\gamma e_3 + \dot\beta Ce_1 + \dot\alpha CBe_3 \\ &= \dot\gamma \begin{bmatrix} 0 \\ 0 \\ 1 \end{bmatrix} + \dot\beta \begin{bmatrix} \cos\gamma \\ \sin\gamma \\ 0 \end{bmatrix} + \dot\alpha \begin{bmatrix} \sin\gamma\sin\beta \\ -\cos\gamma\sin\beta \\ \cos\beta \end{bmatrix} \end{aligned}$$

bzw.

$$\begin{bmatrix} \omega_1 \\ \omega_2 \\ \omega_3 \end{bmatrix} = \begin{bmatrix} \sin\beta\sin\gamma & \cos\gamma & 0 \\ -\sin\beta\cos\gamma & \sin\gamma & 0 \\ \cos\beta & 0 & 1 \end{bmatrix} \begin{bmatrix} \dot\alpha \\ \dot\beta \\ \dot\gamma \end{bmatrix}.$$

Inversion liefert

$$\begin{bmatrix} \dot\alpha \\ \dot\beta \\ \dot\gamma \end{bmatrix} = \frac{1}{\sin\beta} \begin{bmatrix} \sin\gamma & -\cos\gamma & 0 \\ \sin\beta\cos\gamma & \sin\beta\sin\gamma & 0 \\ -\cos\beta\sin\gamma & \cos\beta\cos\gamma & \sin\beta \end{bmatrix} \begin{bmatrix} \omega_1 \\ \omega_2 \\ \omega_3 \end{bmatrix}$$

und damit (bei gegebenen Winkelgeschwindigkeiten ω_i) ein Differentialgleichungssystem für die Funktionen $t \mapsto \alpha(t)$, $t \mapsto \beta(t)$ und $t \mapsto \gamma(t)$.

Bemerkung: Andere (äquivalente) Formulierungen der Systemgleichungen sind möglich; beispielsweise gilt $-\dot\beta s_\beta = \dot g_{33} = -\omega_2 g_{13} + \omega_1 g_{23} = -\omega_2 s_\alpha s_\beta - \omega_1 c_\alpha s_\beta$ und damit $\dot\beta = \omega_1\cos(\alpha) + \omega_2\sin(\alpha)$.

Lösung (90.9) Am einfachsten ist es, die Quaternionen q_0, q_1, q_2, q_3 direkt durch die Matrixkoeffizienten g_{ij} auszudrücken. Wir erhalten

$$\begin{aligned} \mathrm{tr}(g) &= 3q_0^2 - q_1^2 - q_2^2 - q_3^2 \\ &= 4q_0^2 - (q_0^2 + q_1^2 + q_2^2 + q_3^2) = 4q_0^2 - 1 \end{aligned}$$

und damit $q_0^2 = \big(1 + \mathrm{tr}(g)\big)/4$ (wodurch q_0 bis auf das Vorzeichen festgelegt ist). Ausgeschrieben gilt also

$$(\star) \qquad 4q_0^2 = 1 + g_{11} + g_{22} + g_{33}\,.$$

Anschließend erhalten wir

$$(\star\star) \qquad \begin{aligned} g_{32} - g_{23} &= 4q_0q_1, \\ g_{13} - g_{31} &= 4q_0q_2, \\ g_{21} - g_{12} &= 4q_0q_3, \end{aligned}$$

also

$$q_1 = \frac{g_{32} - g_{23}}{4q_0}, \quad q_2 = \frac{g_{13} - g_{31}}{4q_0}, \quad q_3 = \frac{g_{21} - g_{12}}{4q_0},$$

so daß die anderen drei Quaternionen durch q_0 schon eindeutig festgelegt werden. Wir leiten nun die Gleichungen in $(\star)$ und $(\star\star)$ nach t ab, drücken die Ableitungen $\dot g_{ij}$ gemäß der Gleichung $\dot g = L(\omega)g$ bzw.

$$\begin{bmatrix} \dot g_{11} & \dot g_{12} & \dot g_{13} \\ \dot g_{21} & \dot g_{22} & \dot g_{23} \\ \dot g_{31} & \dot g_{32} & \dot g_{33} \end{bmatrix} = \begin{bmatrix} 0 & -\omega_3 & \omega_2 \\ \omega_3 & 0 & -\omega_1 \\ -\omega_2 & \omega_1 & 0 \end{bmatrix} \begin{bmatrix} g_{11} & g_{12} & g_{13} \\ g_{21} & g_{22} & g_{23} \\ g_{31} & g_{32} & g_{33} \end{bmatrix}$$

durch die Matrixelemente g_{ij} und diese wiederum durch die Quaternionen q_0, q_1, q_2, q_3 aus. Differentiation von $(\star)$ liefert zunächst

$$\begin{aligned} 8q_0\dot q_0 &= \dot g_{11} + \dot g_{22} + \dot g_{33} \\ &= \omega_1(g_{23} - g_{32}) + \omega_2(g_{31} - g_{13}) + \omega_3(g_{12} - g_{21}) \\ &= -4q_0(\omega_1q_1 + \omega_2q_2 + \omega_3q_3), \end{aligned}$$

also

$$(0) \qquad \dot q_0 = -(1/2)\,(\omega_1q_1 + \omega_2q_2 + \omega_3q_3).$$

Differentiation der ersten Gleichung in $(\star\star)$ liefert

$$\begin{aligned} 4\dot q_0q_1 + 4q_0\dot q_1 &= \dot g_{32} - \dot g_{23} \\ &= \omega_1(g_{22} + g_{33}) - \omega_2g_{12} - \omega_3g_{13} \\ &= 2\omega_1(q_0^2 - q_1^2) - 2\omega_2(q_1q_2 - q_0q_3) - 2\omega_3(q_1q_3 + q_0q_2). \end{aligned}$$

Wegen $4\dot q_0q_1 = -2(\omega_1q_1^2 + \omega_2q_1q_2 + \omega_3q_1q_3)$ gemäß (0) bedeutet dies $4q_0\dot q_1 = 2\omega_1q_0^2 + 2\omega_2q_0q_3 - 2\omega_3q_0q_2)$ und damit

$$(1) \qquad \dot q_1 = (1/2)\,(\omega_1q_0 + \omega_2q_3 - \omega_3q_2).$$

Differentiation der zweiten Gleichung in $(\star\star)$ liefert

$$\begin{aligned} 4\dot q_0q_2 + 4q_0\dot q_2 &= \dot g_{13} - \dot g_{31} \\ &= -\omega_1g_{21} + \omega_2(g_{11} + g_{33}) - \omega_3g_{23} \\ &= -2\omega_1(q_1q_2 + q_0q_3) + 2\omega_2(q_0^2 - q_2^2) - 2\omega_3(q_2q_3 - q_0q_1). \end{aligned}$$

Wegen $4\dot q_0q_2 = -2(\omega_1q_2q_1 + \omega_2q_2^2 + \omega_3q_2q_3)$ gemäß (0) bedeutet dies $4q_0\dot q_2 = -2\omega_1q_0q_3 + 2\omega_2q_0^2 + 2\omega_3q_0q_1)$ und damit

$$(2) \qquad \dot q_2 = (1/2)\,(-\omega_1q_3 + \omega_2q_0 + \omega_3q_1).$$

Differentiation der dritten Gleichung in $(\star\star)$ liefert

$$\begin{aligned} 4\dot q_0q_3 + 4q_0\dot q_3 &= \dot g_{21} - \dot g_{12} \\ &= -\omega_1g_{31} - \omega_2g_{32} + \omega_3(g_{11} + g_{22}) \\ &= -2\omega_1(q_1q_3 - q_0q_2) - 2\omega_2(q_2q_3 + q_0q_1) + 2\omega_3(q_0^2 - q_3^2). \end{aligned}$$

Wegen $4\dot q_0q_3 = -2(\omega_1q_3q_1 + \omega_2q_3q_2 + \omega_3q_3^2)$ gemäß (0) bedeutet dies $4q_0\dot q_3 = 2\omega_1q_0q_2 - 2\omega_2q_0q_1 + 2\omega_3q_0^2$ und damit

$$(3) \qquad \dot q_3 = (1/2)\,(\omega_1q_2 - \omega_2q_1 + \omega_3q_0).$$

Die Gleichungen (0), (1), (2), (3) lassen sich nun zusammenfassen zu dem Gleichungssystem

$$\begin{bmatrix} \dot q_1 \\ \dot q_2 \\ \dot q_3 \\ \dot q_4 \end{bmatrix} = \frac{1}{2} \begin{bmatrix} 0 & -\omega_1 & -\omega_2 & -\omega_3 \\ \omega_1 & 0 & -\omega_3 & \omega_2 \\ \omega_2 & \omega_3 & 0 & -\omega_1 \\ \omega_3 & -\omega_2 & \omega_1 & 0 \end{bmatrix} \begin{bmatrix} q_0 \\ q_1 \\ q_2 \\ q_3 \end{bmatrix}.$$

Lösung (90.10) Ganz allgemein suchen wir eine Drehbewegung $t \mapsto g(t)$, die die Randbedingungen $g(t_0) = g_0$ und $g(t_1) = g_1$ erfüllt und deren Winkelgeschwindigkeit die Form $\omega(t) = u(t)c$ mit einer skalaren Funktion u und einem konstanten Vektor c der Länge 1 hat. Die eindeutige Lösung der Differentialgleichung $\dot g(t) = L(\omega(t))g(t) = u(t)L(c)g(t)$, die die Anfangsbedingung $g(t_0) = g_0$ erfüllt, ist gegeben durch

$$g(t) = \exp(U(t)L(c))g_0,$$

wenn U eine Stammfunktion von u mit $U(t_0) = 0$ ist. Damit noch die Zielbedingung $g(t_1) = g_1$ erfüllt ist, muß

$$g_1 g_0^{-1} = \exp(U(t_1)L(c))$$

gelten; aus dieser Gleichung sind $U(t_1)$ und $L(c)$ zu bestimmen. Wir bestimmen nun den Drehvektor n und den Drehwinkel φ von $\gamma := g_1 g_0^{-1}$ und erhalten dadurch eine Darstellung $\gamma = \exp(\varphi L(n))$. Wenn wir also $c := n$ und $U(t_1) := \varphi$ wählen, so haben wir eine Eigenachsendrehung mit den gewünschten Eigenschaften gefunden. Der Algorithmus lautet also folgendermaßen:

- Stelle $g_1 g_0^{-1}$ in der Form $\exp(\varphi L(n))$ dar.
- Wähle $u : [t_0, t_1] \to \mathbb{R}$ mit $\int_{t_0}^{t_1} u(\tau)\,d\tau = \varphi$.
- Setze $c := n$ und $U(t) := \int_{t_0}^{t} u(\tau)\,d\tau$,

Dann ist $g(t) := \exp(U(t)L(c))$ eine Drehbewegung mit $g(t_0) = g_0$, $g(t_1) = g_1$ und der Winkelgeschwindigkeit $\omega(t) = u(t)L(c)$. (Ist der betrachtete Körper anfangs in Ruhe und wollen wir, daß er sich auch am Ende der Eigenachsendrehung wieder in Ruhe befindet, so müssen wir die Funktion u so wählen, daß die Bedingungen $u(t_0) = u(t_1) = 0$ gelten.) In dem angegebenen Beispiel haben wir

$$\gamma := g_1 g_0^{-1} = g_1 g_0^T = \frac{1}{25} \begin{bmatrix} 9 & 12 & 20 \\ 12 & 16 & -15 \\ -20 & 15 & 0 \end{bmatrix}.$$

Für diese Matrix haben wir bereits in Aufgabe (72.6)(f) die Drehachse $\mathbb{R}n$ mit $n := (3/5, 4/5, 0)^T$ und den Drehwinkel $\varphi = \pi/2$ bestimmt. Definieren wir (für eine vorgegebene Zeitdauer $T > 0$) irgendeine Funktion $u : [0, T] \to \mathbb{R}$ mit $u(0) = u(T) = 0$ und $\int_0^T u(\tau)\,d\tau = \pi/2$, so erhalten wir den Winkelgeschwindigkeitsverlauf $\omega(t) := u(t)n$ für das gesuchte Eigenachsenmanöver. Eine mögliche Wahl ist etwa

$$u(t) := \frac{3\pi}{T^3} \cdot t \cdot (T - t).$$

Auf diese Funktion kommt man, indem man den Ansatz $u(t) = At(T - t)$ macht und dann die Konstante A so bestimmt, daß sich $\int_0^T u(\tau)\,d\tau = \varphi = \pi/2$ ergibt.

Lösung (90.11) Eine beliebige Vektorfunktion habe bezüglich des raumfesten Systems die Koordinatendarstellung $(u_1(t), u_2(t), u_3(t))^T \in \mathbb{R}^3$, bezüglich des körperfesten Systems die Koordinatendarstellung $(u_1^\star(t), u_2^\star(t), u_3^\star(t))^T \in \mathbb{R}^3$. Das bedeutet

$$\begin{aligned} & u_1(t)e_1 + u_2(t)e_2 + u_3(t)e_3 \\ = {} & u_1^\star(t)g_1(t) + u_2^\star(t)g_2(t) + u_3^\star(t)g_3(t) \end{aligned}$$

bzw. $u(t) = g(t)u^\star(t)$. Es sei nun c der raumfeste Drehvektor einer Eigenachsendrehung. Wegen $g(t) = \exp(U(t)L(c))g_0$ gilt dann

$$c^\star(t) = g(t)^{-1}c = g_0^{-1}\exp(-U(t)L(c))c = g_0^{-1}c,$$

wobei wir im letzten Schritt (Anwendung der Exponentialmatrix) die Gleichung $L(c)c = c \times c = 0$ ausnutzten. Also ist auch der im körperfesten System ausgedrückte Drehvektor $c^\star$ zeitlich konstant.

Aufgabe (90.12) Es seien g_0 und g_1 die Anfangs- und die Endlage, und es sei $g_1 g_0^{-1} = D(\varphi, n)$. Wird bei der kanonischen Eigenachsendrehung die Nebenbedingung verletzt, daß eine gegebene körperfeste Richtung niemals mit einer gegebenen raumfesten Richtung übereinstimmt, so versuchen wir eine "Zwischenlage" γ mit $g_1\gamma^{-1} = D(\beta, b)$ und $\gamma g_0^{-1} = D(\alpha, a)$ derart zu finden, daß die Hintereinanderausführung der zu den Paaren (g_0, γ) und (γ, g_1) gehörigen Eigenachsendrehungen das gewünschte Manöver liefert. Dann muß $D(\varphi, n) = D(\beta, b)D(\alpha, a)$ gelten; die Bewegung der körperfesten Achse verläuft dann auf der Vereinigung zweier Kreisbögen auf der Einheitssphäre um a und b. Wir müssen sicherstellen, daß wir a und b immer so wählen können, daß die gegebene raumfeste Richtung nicht auf diesen Kreisbögen liegt. Es stellt sich also die Frage, inwieweit die Darstellung $D(\varphi, n) = D(\beta, b)D(\alpha, a)$ eindeutig ist. Es sei $D(\varphi, n) = D(\beta, \widehat{b})D(\alpha, \widehat{a})$ eine weitere solche Darstellung (mit gleichen Drehwinkeln, aber unterschiedlichen Drehachsen). Es gibt dann eine Drehung g um die Achse n mit $\widehat{a} = ga$, und wir erhalten

$$\begin{aligned} D(\varphi, n) &= D(\varphi, gn) = gD(\varphi, n)g^{-1} \\ &= gD(\beta, b)D(\alpha, a)g^{-1} = (gD(\beta, b)g^{-1})(gD(\alpha, a)g^{-1}) \\ &= D(\beta, gb)D(\beta, ga) = D(\beta, gb)D(\beta, \widehat{a}), \end{aligned}$$

woraus sich $\widehat{b} = gb$ ergibt. Die Darstellung ist also eindeutig modulo einer Drehung um die Achse $\mathbb{R}n$. Da wir den Schnitt zweier Kreisbögen immer so um die Achse $\mathbb{R}n$ drehen können, daß er eine verbotene Richtung vermeidet, ist die Aufgabe stets lösbar.

Aufgaben zu »Differentiation vektorwertiger Funktionen« siehe Seite 130

Lösung (90.13) (a) Es gilt $x(t) = x_0(t) + g(t)\xi(t)$, folglich

$$\begin{aligned} v &= \dot{x}_0 + \dot{g}\xi + g\dot{\xi} \\ &= \dot{x}_0 + L(\omega)g\xi + g\dot{\xi} \\ &= \dot{x}_0 + \omega \times r^\star + v^\star \end{aligned}$$

und weiter

$$\begin{aligned} a &= \ddot{x}_0 + L(\dot{\omega})g\xi + L(\omega)\dot{g}\xi + L(\omega)g\dot{\xi} + \dot{g}\dot{\xi} + g\ddot{\xi} \\ &= \ddot{x}_0 + L(\dot{\omega})g\xi + L(\omega)L(\omega)g\xi + 2L(\omega)g\dot{\xi} + g\ddot{\xi} \\ &= \ddot{x}_0 + \dot{\omega} \times r^\star + \omega \times (\omega \times r^\star) + 2\omega \times v^\star + a^\star. \end{aligned}$$

(b) Genau dann gilt immer $v = v^\star$, wenn $\dot{x}_0 + \omega \times r^\star = 0$ für alle Funktionen $t \mapsto r^\star(t)$ gilt, wenn also die Bedingungen $\dot{x}_0 \equiv 0$ und $\omega \equiv 0$ gelten, wenn sich also das "bewegte" Bezugssystem gerade *nicht* gegenüber dem raumfesten System bewegt.

(c) Genau dann gilt immer $a = a^\star$, wenn $\ddot{x}_0 + \dot{\omega} \times r^\star + \omega \times (\omega \times r^\star) + 2\omega \times v^\star = 0$ für alle Funktionen $t \mapsto r^\star(t)$ und $t \mapsto v^\star(t)$ gilt, die durch Gleichungen der Form $r^\star(t) = g(t)\xi(t)$ und $v^\star(t) = g(t)\dot{\xi}(t)$ (mit einer beliebigen Funktion $t \mapsto \xi(t)$) miteinander gekoppelt sind. Die Wahl $\xi \equiv 0$ liefert $r^\star \equiv 0$ und $v^\star \equiv 0$ und damit $\ddot{x}_0 \equiv 0$. Wählen wir andererseits $\xi(t) := g(t)^{-1}c = g(t)^T c$ mit einem beliebigen konstanten Vektor c, so haben wir

$$\dot{\xi} = \dot{g}^T c = -\big(L(\omega)g\big)^T c = -g^T(\omega \times c),$$

folglich $r^\star \equiv c$ und $v^\star \equiv -\omega \times c$. Dann ist

$$\begin{aligned} 0 &= \ddot{x}_0 + \dot{\omega} \times r^\star + \omega \times (\omega \times r^\star) + 2\omega \times v^\star \\ &= \dot{\omega} \times c + \omega \times (\omega \times c) - 2\omega \times (\omega \times c) \\ &= \dot{\omega} \times c - \omega \times (\omega \times c) \\ &= \dot{\omega} \times c - \langle \omega, c\rangle \omega + \|\omega\|^2 c. \end{aligned}$$

Bilden wir in dieser Gleichung das Skalarprodukt mit c, so folgt $0 = -\langle \omega, c\rangle^2 + \|\omega\|^2\|c\|^2$, also $\langle \omega, c\rangle^2 = \|\omega\|^2\|c\|^2$ für jeden beliebigen konstanten Vektor c. Das ist nur für $\omega \equiv 0$ möglich. Genau dann gilt also immer $a = a^\star$, wenn die Bedingungen $\ddot{x}_0 \equiv 0$ und $\omega \equiv 0$ gelten, wenn sich also das bewegte Bezugssystem in reiner Translationsbewegung mit konstanter Geschwindigkeit (also in gleichförmiger Bewegung) gegenüber dem raumfesten System befindet. (Den Übergang zwischen zweien sich in gleichförmiger Bewegung befindlichen Bezugssystemen bezeichnet man in der Physik als eine **Galilei-Transformation**.)

Lösung (90.14) (a) Wir bezeichnen mit e_ξ, e_η und $e_\zeta = e_3$ die Einheitsvektoren in ξ-, η- und ζ-Richtung. Wegen $x_0(t) = h(t)e_3$ und $\omega(t) = \omega_0(t)e_3$ nimmt die Gleichung $a = \ddot{x}_0 + \dot{\omega} \times r^\star + \omega \times (\omega \times r^\star) + 2\omega \times v^\star + a^\star$ die folgende Form an:

$$\begin{aligned} a &= \ddot{h}e_3 + \dot{\omega}_0 e_3 \times (\xi e_\xi + \eta e_\eta) + \omega_0^2 e_3 \times \big(e_3 \times (\xi e_\xi + \eta e_\eta)\big) \\ &\quad + 2\omega_0 e_3 \times (\dot{\xi} e_\xi + \dot{\eta} e_\eta) + \ddot{\xi} e_\xi + \ddot{\eta} e_\eta + \ddot{\zeta} e_\zeta \\ &= \ddot{h}e_3 + \dot{\omega}_0(\xi e_\eta - \eta e_\xi) - \omega_0^2(\xi e_\xi + \eta e_\eta) \\ &\quad + 2\omega_0(\dot{\xi} e_\eta - \dot{\eta} e_\xi) + \ddot{\xi} e_\xi + \ddot{\eta} e_\eta + \ddot{\zeta} e_3 \\ &= (\ddot{\xi} - \dot{\omega}_0\eta - \omega_0^2\xi - 2\omega_0\dot{\eta})e_\xi + (\ddot{\eta} + \dot{\omega}_0\xi - \omega_0^2\eta + 2\omega_0\dot{\xi})e_\eta \\ &\quad + (\ddot{h} + \ddot{\zeta})e_3. \end{aligned}$$

Im $\xi\eta\zeta$-System gilt also die Koordinatendarstellung

$$a = \begin{bmatrix} \ddot{\xi} - \dot{\omega}_0\eta - \omega_0^2\xi - 2\omega_0\dot{\eta} \\ \ddot{\eta} + \dot{\omega}_0\xi - \omega_0^2\eta + 2\omega_0\dot{\xi} \\ \ddot{h} + \ddot{\zeta} \end{bmatrix}.$$

(b) Hier haben wir $h \equiv 0$, $\eta \equiv 0$ und $\zeta \equiv 0$ und folglich auch $\dot{\eta} \equiv 0$ und $\ddot{\zeta} \equiv 0$; ferner ist ω_0 konstant, so daß $\dot{\omega}_0 = 0$ gilt. Der in (a) erhaltene Ausdruck für die Beschleunigung reduziert sich daher auf

$$a = (\ddot{\xi} - \omega_0^2\xi)e_\xi + 2\omega_0\dot{\xi}e_\eta.$$

Auf die Masse m wirken nun die Gewichtskraft $-mge_3$, die Federkraft $-k(\xi - \ell_0)e_\xi$ sowie die Normalkräfte (Zwangskräfte) $N_\eta e_\eta$ und $N_\zeta e_3$, die die Führung auf die Masse ausübt.

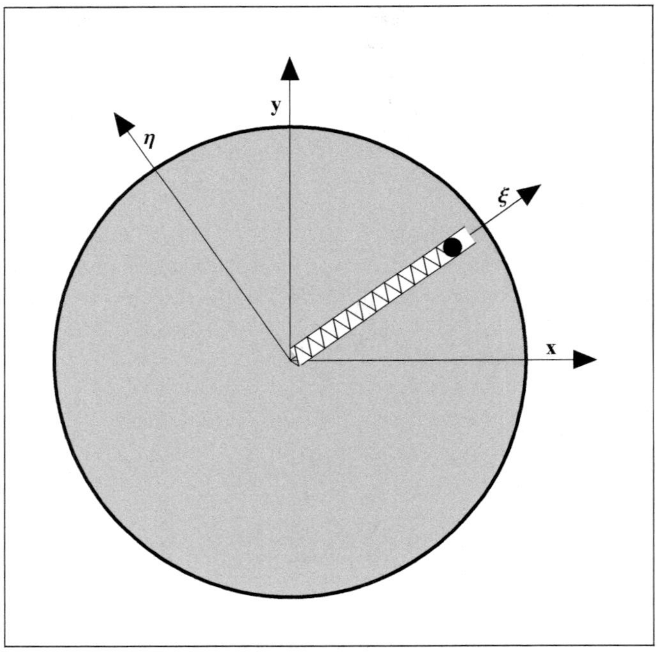

Blick von oben auf die Scheibe mit der schwingenden Feder; die Schwerkraft wirkt in die Zeichenebene hinein.

Das Newtonsche Grundgesetz ("Kraft gleich Masse mal Beschleunigung") nimmt also im $\xi\eta\zeta$-System die Form

$$m\begin{bmatrix} \ddot{\xi} - \omega_0^2\xi \\ 2\omega_0\dot{\xi} \\ 0 \end{bmatrix} = \begin{bmatrix} -k(\xi - \ell_0) \\ N_\eta \\ N_\zeta - mg \end{bmatrix}$$

Aufgaben zu »Differentiation vektorwertiger Funktionen« siehe Seite 130

an. Die erste Komponente liefert die gesuchte Bewegungsgleichung

$$(\star) \qquad \ddot{\xi} + \big((k/m) - \omega_0^2\big)\xi \;=\; k\ell_0/m\,;$$

die anderen beiden Gleichungen erlauben dann die Berechnung der Normalkräfte $N_\eta = 2m\omega_0\dot{\xi}$ und $N_\zeta = mg$. Für $\omega_0^2 < k/m$ ist $(\star)$ eine Schwingungsgleichung, wobei die Frequenz der Schwingung mit wachsendem ω_0 abnimmt; für $\omega_0^2 \geq k/m$ gilt $\xi(t) \to \infty$ für $t \to \infty$. Wenn sich die Scheibe also sehr schnell dreht, so schwingt die Masse nicht mehr, sondern wird nach außen geschleudert. (Natürlich kann nicht wirklich $\xi(t) \to \infty$ für $t \to \infty$ gelten; sobald die Feder überdehnt ist, gilt das Hookesche Gesetz nicht mehr, und die oben angegebene Bewegungsgleichung wird hinfällig.)

Lösung (90.15) Es sei P der betrachtete (rot markierte) Punkt. Wir betrachten das Bezugssystem, dessen Koordinatenachsen von den Einheitsvektoren e_ξ, e_η und $e_\zeta = e_z$ aufgespannt werden, das aber seinen Ursprung in O (nicht in A) hat. Der Punkt P hat dann in diesem (sich mit der Scheibe drehenden) Bezugssystem die Position, die Geschwindigkeit und die Beschleunigung, die gegeben sind durch

$$\begin{aligned} r^\star &= R\,e_\xi + r\cos(\alpha)\,e_\eta + r\sin(\alpha)\,e_\zeta, \\ v^\star &= -r\omega\sin(\alpha)\,e_\eta + r\omega\cos(\alpha)\,e_\zeta, \\ a^\star &= -r\omega^2\cos(\alpha)\,e_\eta - r\omega^2\sin(\alpha)\,e_\zeta, \end{aligned}$$

wobei α der Winkel vom Vektor e_η zum Vektor $\overrightarrow{AP}$ ist, also der von P gegenüber der Horizontalen zurückgelegte Winkel. (Für diesen Winkel gilt $\dot{\alpha} = \omega$, da sich nach Voraussetzung das Rad mit konstanter Winkelgeschwindigkeit ω dreht.) Die Absolutgeschwindigkeit ist dann $v = (\Omega e_z) \times r^\star + v^\star$; wegen $e_z \times e_\xi = e_\eta$, $e_z \times e_\eta = -e_\xi$ und $e_z \times e_\zeta = 0$ erhalten wir

$$(\star) \qquad (\Omega e_z) \times r^\star \;=\; R\Omega\,e_\eta - r\Omega\cos(\alpha)\,e_\xi$$

und damit

$$v \;=\; -r\Omega\cos(\alpha)e_\xi + \big(R\Omega - r\omega\sin(\alpha)\big)e_\eta + r\omega\cos(\alpha)\,e_\zeta\,.$$

Die Absolutbeschleunigung ist $a = (\Omega e_z) \times \big((\Omega e_z) \times r^\star\big) + 2(\Omega e_z) \times v^\star + a^\star$. Unter Benutzung von $(\star)$ erhalten wir

$$(\Omega e_z) \times \big((\Omega e_z) \times r^\star\big) \;=\; -R\Omega^2\,e_\xi - r\Omega^2\cos(\alpha)\,e_\eta;$$

ferner ist $(\Omega e_z) \times v^\star = r\Omega\omega\sin(\alpha)\,e_\xi$. Insgesamt erhalten wir $a = \big(-R\Omega^2 + 2r\Omega\omega\sin(\alpha)\big)\,e_\xi - r(\Omega^2+\omega^2)\cos(\alpha)\,e_\eta - r\omega^2\sin(\alpha)\,e_\zeta$. Im $\xi\eta\zeta$-System haben wir also

$$v = \begin{bmatrix} -r\Omega\cos(\alpha) \\ R\Omega - r\omega\sin(\alpha) \\ r\omega\cos(\alpha) \end{bmatrix} \quad\text{und } a = \begin{bmatrix} -R\Omega^2 + 2r\Omega\omega\sin(\alpha) \\ -r(\Omega^2+\omega^2)\cos(\alpha) \\ -r\omega^2\sin(\alpha) \end{bmatrix}.$$

Der Betrag der Geschwindigkeit ist gegeben durch

$$f(\alpha) \;:=\; r^2\Omega^2\cos^2\alpha + R^2\Omega^2 - 2rR\omega\Omega\sin\alpha + r^2\omega^2.$$

Ableiten liefert

$$\begin{aligned} f'(\alpha) &= -2r^2\Omega^2\cos(\alpha)\sin(\alpha) - 2rR\omega\Omega\cos(\alpha) \\ &= -2r\Omega\cos(\alpha)\big(r\Omega\sin(\alpha) + R\omega\big)\,. \end{aligned}$$

Die Ableitung von f wird also Null, wenn entweder $\cos(\alpha) = 0$ oder aber $\sin(\alpha) = -R\omega/(r\Omega)$ gilt (wobei die letztere Lösung nur für $R\omega \leq r\Omega$ möglich ist). Im ersten Fall erhalten wir $\sin(\alpha) = \pm 1$ und damit

$$(1) \qquad \begin{aligned} f(\alpha) &= R^2\Omega^2 \mp 2rR\omega\Omega + r^2\omega^2 \\ &= (R\Omega \pm r\omega)^2; \end{aligned}$$

im zweiten Fall ergibt sich $r^2\Omega^2\cos^2\alpha = r^2\Omega^2 - R^2\omega^2$ und damit

$$(2) \qquad \begin{aligned} f(\alpha) &= r^2\Omega^2 + R^2\omega^2 + R^2\Omega^2 + r^2\omega^2 \\ &= (r^2 + R^2)(\omega^2 + \Omega^2). \end{aligned}$$

Da der Wert in (2) größer ist als der in (1), ergibt sich die folgende Antwort: die Minimalgeschwindigkeit wird angenommen für $\alpha = \pi/2$, also im höchsten Punkt des Rades; ist $R\omega/(r\Omega) \geq 1$, so wird die Maximalgeschwindigkeit angenommen für $\alpha = 3\pi/2$, also im tiefsten Punkt des Rades; gilt $R\omega/(r\Omega) < 1$, so wird mit $\theta := \arcsin\big((R\omega)/(r\Omega)\big)$ die Maximalgeschwindigkeit für die beiden Winkel $\alpha_1 := \pi + \theta$ und $\alpha_2 := 2\pi - \theta$ angenommen (und damit an zwei Stellen, die beide unterhalb der Scheibenebene liegen).

Lösung (90.16) Es sei P der betrachtete (rot markierte) Punkt. Wir betrachten das Bezugssystem, dessen Koordinatenachsen von den Einheitsvektoren e_ξ, e_η und $e_\zeta = e_z$ aufgespannt werden, das aber seinen Ursprung in O (nicht im Mittelpunkt A der Sitzgondel oder am Rand der Karussellscheibe) hat. Der Punkt P hat dann in diesem (sich mit der Scheibe drehenden) Bezugssystem die Position, die Geschwindigkeit und die Beschleunigung, die gegeben sind durch

$$\begin{aligned} r^\star &= \big(R - r + r\cos(\alpha)\big)\,e_\xi + r\sin(\alpha)\,e_\eta, \\ v^\star &= -r\omega\sin(\alpha)\,e_\xi + r\omega\cos(\alpha)\,e_\eta, \\ a^\star &= -r\omega^2\cos(\alpha)\,e_\xi - r\omega^2\sin(\alpha)\,e_\eta, \end{aligned}$$

wobei α der Winkel vom Vektor e_ξ zum Vektor $\overrightarrow{AP}$ ist, also der von P innerhalb der Sitzgondel zurückgelegte Winkel. (Für diesen Winkel gilt $\dot{\alpha} = \omega$, da sich nach Voraussetzung die Sitzgondel mit konstanter Winkelgeschwindigkeit ω dreht.) Die Absolutgeschwindigkeit ist dann $v = (\Omega e_z) \times r^\star + v^\star$; wegen $e_z \times e_\xi = e_\eta$ und $e_z \times e_\eta = -e_\xi$ erhalten wir

$$(\star) \quad (\Omega e_z) \times r^\star \;=\; \big(R - r + r\cos(\alpha)\big)\Omega\,e_\eta - r\Omega\sin(\alpha)\,e_\xi$$

und damit

$$v = -r(\Omega+\omega)\sin(\alpha)\, e_\xi + \big((R-r)\Omega + r(\Omega+\omega)\cos(\alpha)\big)\, e_\eta\,.$$

Die Absolutbeschleunigung ist $a = (\Omega e_z)\times\big((\Omega e_z)\times r^\star\big) + 2(\Omega e_z)\times v^\star + a^\star$. Unter Benutzung von $(\star)$ erhalten wir

$$\begin{aligned}(\Omega e_z)\times\big((\Omega e_z)\times r^\star\big) &= \\ -\big(R-r+r\cos(\alpha)\big)\Omega^2\, e_\xi - r\Omega^2\sin(\alpha)\, e_\eta;\end{aligned}$$

ferner ist

$$2(\Omega e_z)\times v^\star = -2r\Omega\omega\big(\sin(\alpha)\, e_\eta + \cos(\alpha)\, e_\xi\big)\,.$$

Insgesamt erhalten wir im $\xi\eta\zeta$-System die Darstellungen

$$v = \begin{bmatrix} -r(\Omega+\omega)\sin(\alpha) \\ (R-r)\Omega + r(\Omega+\omega)\cos(\alpha) \\ 0 \end{bmatrix}$$

und

$$a = \begin{bmatrix} -(R-r)\Omega^2 - r(\Omega+\omega)^2\cos(\alpha) \\ -r(\Omega+\omega)^2\sin(\alpha) \\ 0 \end{bmatrix}.$$

Der Betrag der Geschwindigkeit ist gegeben durch

$$f(\alpha) := r^2(\Omega+\omega)^2 + (R-r)^2\Omega^2 + 2r(R-r)\Omega(\Omega+\omega)\cos\alpha.$$

Die Ableitung von f wird offenbar genau dann Null, wenn $\sin(\alpha) = 0$ gilt, also an den Stellen $\alpha_1 = 0$ und $\alpha_2 = \pi$. Wegen $\cos(\alpha_{1,2}) = \pm 1$ gilt

$$f(\alpha_{1,2}) = \big(r(\Omega+\omega) \pm (R-r)\Omega\big)^2.$$

Für den Winkel $\alpha_1 = 0$ nimmt $\|v\|^2$ den Maximalwert

$$\begin{aligned}\|v\|^2 &= \big(r(\Omega+\omega) + (R-r)\Omega\big)^2 \\ &= (r\omega + R\Omega)^2\end{aligned}$$

an, für $\alpha_2 = \pi$ dagegen den Minimalwert

$$\begin{aligned}\|v\|^2 &= \big(r(\Omega+\omega) - (R-r)\Omega\big)^2 \\ &= (2r\Omega + r\omega - R\Omega)^2\,.\end{aligned}$$

Eine Person, die in einer Sitzgondel des Karussells mitfährt, hat also die größte Absolutgeschwindigkeit, wenn sie sich ganz außen (am Rand der Karussellscheibe) befindet, dagegen die kleinste Absolutgeschwindigkeit, wenn sie sich am weitesten innen (also am nächsten beim Zentrum der Karussellscheibe) befindet. Der Betrag der Beschleunigung ist gegeben durch

$$\|a\|^2 = (R-r)^2\Omega^4 + r^2(\Omega+\omega)^4 + 2(R-r)r\Omega^2(\Omega+\omega)^2\cos\alpha$$

und wird genau dann maximal bzw. minimal, wenn $\cos\alpha = 1$ bzw. $\cos\alpha = -1$ gilt, also an den Stellen $\alpha = 0$ (ganz außen) bzw. $\alpha = \pi$ (ganz innen).

Lösung (90.17) Bezeichnen wir mit P die Stelle, an der sich die Person befindet, und mit $\alpha = \alpha(t)$ den Winkel zwischen der ξ-Achse und dem Vektor $\overrightarrow{AP}$, so gilt $\omega = \dot\alpha$ nach Vorgabe. Im mitbewegten System ergeben sich für Position, Geschwindigkeit und Beschleunigung daher die Größen

$$\begin{aligned} r^\star &= \big(\ell + r\cos(\alpha)\big)\, e_\xi + r\sin(\alpha)\, e_\eta, \\ v^\star &= -r\omega\sin(\alpha)\, e_\xi + r\omega\cos(\alpha)\, e_\eta, \\ a^\star &= -r\omega^2\cos(\alpha)\, e_\xi - r\omega^2\sin(\alpha)\, e_\eta. \end{aligned}$$

Der Tragarm bewegt sich nun mit der Winkelgeschwindigkeit $\Omega(t) := -\dot\varphi(t)$ um die y- bzw. die η-Achse. Für die Absolutgeschwindigkeit erhalten wir dann $v = (\Omega e_\eta)\times r^\star + v^\star$, im $\xi\eta\zeta$-System also

$$\begin{aligned} v &= \begin{bmatrix} 0 \\ \Omega \\ 0 \end{bmatrix} \times \begin{bmatrix} \ell + r\cos(\alpha) \\ r\sin(\alpha) \\ 0 \end{bmatrix} + \begin{bmatrix} -r\omega\sin(\alpha) \\ r\omega\cos(\alpha) \\ 0 \end{bmatrix} \\ &= \begin{bmatrix} -r\omega\sin(\alpha) \\ r\omega\cos(\alpha) \\ -\Omega\big(\ell + r\cos(\alpha)\big) \end{bmatrix}. \end{aligned}$$

Die Absolutbeschleunigung a ist die Summe der folgenden vier Terme:

- $(\dot\Omega e_\eta)\times r^\star = -\dot\Omega\big(\ell + r\cos(\alpha)\big)\, e_\zeta$;
- $(\Omega e_\eta)\times\big((\Omega e_\eta)\times r^\star\big) = -\Omega^2\big(\ell + r\cos(\alpha)\big)\, e_\xi$;
- $2(\Omega e_\zeta)\times v^\star = 2r\Omega\omega\sin(\alpha)\, e_\zeta$;
- $a^\star = -r\omega^2\cos(\alpha)\, e_\xi - r\omega^2\sin(\alpha)\, e_\eta$.

Insgesamt ergibt sich im $\xi\eta\zeta$-System also die Darstellung

$$a = \begin{bmatrix} -\Omega^2\big(\ell + r\cos(\alpha)\big) - r\omega^2\cos(\alpha) \\ -r\omega^2\sin(\alpha) \\ -\dot\Omega\big(\ell + r\cos(\alpha)\big) + 2r\Omega\omega\sin(\alpha) \end{bmatrix}.$$

Die genaue Form hängt nun vom Verlauf der Funktion $t \mapsto \Omega(t)$ ab. Ändert sich beispielsweise der Winkel φ periodisch gemäß einer Gleichung $\phi(t) = M\sin(\omega_0 t)$ mit dem Maximalwinkel M, so erhalten wir $\Omega(t) = -\dot\varphi(t) = -M\omega_0\cos(\omega_0 t)$ sowie $\dot\Omega(t) = -\ddot\varphi(t) = M\omega_0^2\sin(\omega_0 t) = \omega_0^2\varphi(t)$.

Lösung (90.18) Es seien $A(t) = \big(a_1(t) \mid a_2(t) \mid a_3(t)\big)$ und $B(t) = \big(b_1(t) \mid b_2(t) \mid b_3(t)\big)$ fest mit den beiden Systemen verbundene Dreibeine. Wir haben dann bezüglich A eine Koordinatendarstellung $\varphi(t) = \sum_{i=1}^3 u_i(t)a_i(t) = A(t)u(t)$ und erhalten

$$\dot\varphi = \dot A u + A\dot u = L(\omega_A)Au + A\dot u = \omega_A\times\varphi + \frac{\mathrm{d}}{\mathrm{d}t}\Big|_A\varphi.$$

Vollkommen analog gilt, wenn wir $\varphi(t) = \sum_{i=1}^3 v_i(t)b_i(t) = B(t)v(t)$ schreiben, die Gleichung

$$\dot\varphi = \dot B v + B\dot v = L(\omega_B)Bv + B\dot v = \omega_B\times\varphi + \frac{\mathrm{d}}{\mathrm{d}t}\Big|_B\varphi.$$

Subtrahieren wir die beiden Gleichungen voneinander, so ergibt sich die Behauptung.

Aufgaben zu »Differentiation vektorwertiger Funktionen« siehe Seite 130

Lösung (90.19) Wir betrachten eine der Kugeln des Lagers und ein fest mit dieser Kugel verbundenes Dreibein A und bezeichnen mit P_1 und P_2 die Punkte, an denen die Kugel den inneren bzw. den äußeren Ring berührt. Für die Vektorfunktion $\varphi := \overrightarrow{P_1P_2} = p_2 - p_1$ erhalten wir gemäß der vorherigen Aufgabe die Ableitung

$$(\star) \qquad \begin{aligned} \frac{\mathrm{d}}{\mathrm{d}t}(p_2-p_1) &= \left.\frac{\mathrm{d}}{\mathrm{d}t}\right|_A (p_2-p_1) + \omega_A \times (p_2-p_1) \\ &= \omega_A \times (p_2-p_1), \end{aligned}$$

wobei die letzte Gleichung gilt, weil im kugelfesten System die Ortsvektoren von P_1 und P_2 natürlich konstant sind. Nun gelten einerseits die Gleichungen $p_i = r_i e_\xi$ für $i = 1,2$. Andererseits gelten wegen des Zusammenhangs zwischen Winkel- und Bahngeschwindigkeit bei einer Kreisbewegung auch die Gleichungen $\dot{p}_i = r_i\omega_i e_\eta$ für $i = 1,2$. Explizit:

$$\begin{aligned} \dot{p}_i &= r_i\dot{e}_\xi = r_i(\omega e_z \times e_\xi) \\ &= r_i\omega\, e_z \times e_\xi = r_i\omega\, e_\eta. \end{aligned}$$

Die Gleichung $(\star)$ lautet daher

$$(\star\star) \qquad (r_2\omega_2 - r_1\omega_1)e_\eta = \omega_A \times (r_2 - r_1)e_\xi\,.$$

Dividieren wir diese Gleichung durch $r_2 - r_1$ und bilden wir von links das Vektorprodukt mit e_ξ, so ergibt sich

$$\frac{r_2\omega_2 - r_1\omega_1}{r_2 - r_1} e_\zeta = e_\xi \times (\omega_A \times e_\xi) = \omega_A - \langle e_\xi, \omega_A\rangle e_\xi.$$

Also gilt

$$\omega_A = \frac{r_2\omega_2 - r_1\omega_1}{r_2 - r_1} e_\zeta + \text{Anteil in } \xi\text{-Richtung},$$

wobei der Anteil in ξ-Richtung durch $(\star)$ nicht festgelegt wird. Die Kugeln rotieren also mit der Winkelgeschwindigkeit $(r_2\omega_2 - r_1\omega_1)/(r_2 - r_1)$ um die Drehachse der beiden Ringe des Kugellagers (wobei die Drehrichtung gegen den Uhrzeigersinn positiv, die Drehung im Uhrzeigersinn negativ zählt).

Aufgaben zu »Differentiation vektorwertiger Funktionen« siehe Seite 130

L91: Ableitungswerte und lokales Verhalten

Lösung (91.1) (a) Die Nullstellen von $f(x) = x^3 - x = x(x^2-1) = x(x-1)(x+1)$ sind ± 1 und 0; die Nullstellen von $f'(x) = 3x^2 - 1$ sind $\pm 1/\sqrt{3}$. Dabei liegt $-1/\sqrt{3}$ zwischen -1 und 0 und $1/\sqrt{3}$ zwischen 0 und 1.

(b) Die Nullstellen von $f(x) = \sin(x)$ sind die Zahlen $m\pi$ mit $m \in \mathbb{Z}$; die Nullstellen von $f'(x) = \cos(x)$ sind die Zahlen $\pi/2 + m\pi$ mit $m \in \mathbb{Z}$. Dabei liegt $\pi/2 + m\pi$ zwischen $m\pi$ und $(m+1)\pi$.

(c) Die Nullstellen von f sind 0 und 1; wir müssen also eine Zahl ξ zwischen 0 und 1 finden mit $f'(\xi) = 0$. Nun gilt

$$\begin{aligned} f'(x) &= mx^{m-1}(1-x)^n - nx^m(1-x)^{n-1} \\ &= x^{m-1}(1-x)^{n-1}\big(m(1-x) - nx\big) \\ &= x^{m-1}(1-x)^{n-1}\big(m - (m+n)x\big); \end{aligned}$$

für $\xi := m/(m+n)$ gilt also $f'(\xi) = 0$.

Lösung (91.2) Wir benutzen Induktion über n. Der Induktionsanfang $n = 1$ ergibt sich sofort aus dem Satz von Rolle. Beim Induktionsschritt wenden wir die Induktionsannahme auf f' an; das ist möglich, weil die Funktion f' mindestens $(n-1)$-mal differentiierbar ist und nach dem Satz von Rolle mindestens n reelle Nullstellen hat. Nach Induktionsannahme gibt es daher eine Zahl $\xi \in (a,b)$ mit $(f')^{(n-1)}(\xi) = 0$, also $f^{(n)}(\xi) = 0$.

Lösung (91.3) Die im Hinweis angegebene Darstellung liefert $f'(x) = r(x-a)^{r-1}(x-b)^s\varphi(x) + s(x-a)^r(x-b)^{s-1}\varphi(x) + (x-a)^r(x-b)^s\varphi'(x)$, also

$$\begin{aligned} f'(x) &= (x-a)^{r-1}(x-b)^{s-1}\Phi(x) \quad \text{mit} \\ \Phi(x) &:= \big(r(x-b) + s(x-a)\big)\varphi(x) + (x-a)(x-b)\varphi'(x). \end{aligned}$$

Wegen $\Phi(a) = r(a-b) < 0$ und $\Phi(b) = s(b-a) > 0$ muß also der Graph von Φ bzw. f' die x-Achse zwischen a und b mindestens einmal von unten nach oben durchlaufen, und jedesmal, wenn die Achse von oben nach unten durchlaufen wird, muß sie erneut von unten nach oben durchlaufen werden. Dies ergibt insgesamt eine ungerade Zahl von Nullstellen.

Lösung (91.4) Es seien $x_1 < x_2 < \cdots < x_n$ die Nullstellen von p. Nach dem Satz von Rolle gibt es in jedem Intervall (x_i, x_{i+1}) eine Nullstelle ξ_i von p'; dies liefert $n-1$ paarweise verschiedene Nullstellen $\xi_1 < \cdots < \xi_{n-1}$. Als Polynom vom Grad $n-1$ kann p' andererseits nicht mehr als $n-1$ Nullstellen haben; also hat p' genau $n-1$ Nullstellen (nämlich $\xi_1, \ldots, \xi_{n-1}$).

Lösung (91.5) Es gilt $f'(x) = nx^{n-1} + p$.

(a) Ist n gerade, so hat die Gleichung $f'(x) = 0$ eine eindeutige Lösung (nämlich $x = \sqrt[n-1]{-p/n}$). Da nach dem Satz von Rolle zwischen je zwei reellen Nullstellen von f eine Nullstelle von f' liegen muß, kann f daher höchstens zwei reelle Nullstellen haben.

(b) Ist n ungerade, so hat die Gleichung $f'(x) = 0$ keine Lösung für $p > 0$, die eindeutige Lösung $x = 0$ für $p = 0$ und die zwei Lösungen $x_{1,2} = \pm \sqrt[n-1]{-p/n}$ für $p < 0$, in jedem Fall also höchstens zwei Lösungen. Da nach dem Satz von Rolle zwischen je zwei reellen Nullstellen von f eine Nullstelle von f' liegen muß, kann f daher höchstens drei reelle Nullstellen haben.

Lösung (91.6) Die entscheidende Beobachtung ist, daß $p_n' = p_{n-1}$ für alle $n \geq 1$ gilt. Wir beweisen mit Induktion über m, daß jeweils p_{2m} gar keine Nullstelle hat (genauer: daß $p_{2m} > 0$ auf ganz $\mathbb{R}$ gilt), während p_{2m+1} genau eine Nullstelle hat (genauer: daß p_{2m+1} streng monoton wächst mit $p_{2m+1}(x) \to \pm\infty$ für $x \to \pm\infty$). Der Induktionsanfang $m = 0$ ist trivial, denn $p_0(x) = 1$ und $p_1(x) = 1 + x$. Wir führen den Induktionsschritt von $m-1$ auf m durch. Es sei ξ die nach Induktionsannahme existierende eindeutige Nullstelle von p_{2m-1}; wegen $p_{2m-1}(0) = 1$ gilt $\xi \neq 0$. Wir haben dann $p_{2m-1}(x) < 0$ für $x < \xi$ und $p_{2m-1}(x) > 0$ für $x > \xi$, also $p_{2m}'(x) < 0$ für $x < \xi$ und $p_{2m}'(x) > 0$ für $x > \xi$. Die Funktion p_{2m} fällt daher streng monoton auf $(-\infty, \xi]$ und wächst streng monoton auf $[\xi, \infty)$, nimmt also im Punkt ξ ein globales Minimum an. Wegen $p_{2m}(\xi) = p_{2m-1}(\xi) + \xi^{2m}/(2m)! = 0 + \xi^{2m}/(2m)! = \xi^{2m}/(2m)! > 0$ gilt daher $p_{2m} > 0$ auf ganz $\mathbb{R}$. Also hat p_{2m} keine Nullstelle. Wegen $p_{2m+1}(x) \to \pm\infty$ für $x \to \pm\infty$ hat p_{2m+1} mindestens einen Vorzeichenwechsel, nach dem Zwischenwertsatz also mindestens eine Nullstelle. Gäbe es mehr als eine Nullstelle, so müßte zwischen je zweien dieser Nullstellen nach dem Satz von Rolle eine Nullstelle von $p_{2m+1}' = p_{2m}$ liegen; wie wir aber gerade sahen, hat p_{2m} keine Nullstelle. Also hat p_{2m+1} genau eine Nullstelle. Damit ist der Induktionsschritt abgeschlossen, und die Behauptung ist bewiesen.

Lösung (91.7) Für konstante Polynome ist die Aussage trivial; der Grad n von p sei also mindestens 1. Wir nehmen zunächst an, daß der Leitkoeffizient von p positiv ist, daß also $p(x) = a_nx^n + a_{n-1}x^{n-1} + \cdots + a_1x + a_0$ mit $a_n > 0$ gilt. Ist n gerade, so gilt $p(x) \to \infty$ für $x \to \pm\infty$. Wir behaupten, daß es dann eine Konstante $c \geq 0$ gibt mit $p + c > 0$, daß also der Graph von p so weit nach oben verschoben werden kann, daß er keine Nullstelle mehr hat.

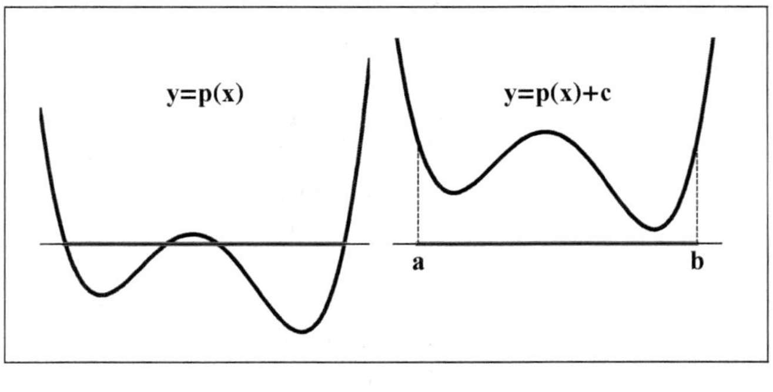

Aufgaben zu »Ableitungswerte und lokales Verhalten« siehe Seite 133

Hat p keine Nullstelle, so wähle $c := 0$. Hat p genau eine Nullstelle ξ, so gilt $p(x) > 0$ für alle $x \neq \xi$; in diesem Fall wählen wir irgendeine Zahl $c > 0$. Hat p mehrere Nullstellen, so bezeichnen wir mit a die kleinste und mit b die größte dieser Nullstellen. Weil p stetig ist, existiert $m := \min_{a \leq x \leq b} p(x) \leq 0$; für jede Zahl $c > |m|$ gilt dann $p(x) + c > 0$ für alle $x \in \mathbb{R}$. In jedem der drei Fälle gibt es also wie behauptet eine Zahl c mit $p+c > 0$. Damit ist der Fall, daß n gerade ist, erledigt. Nun betrachten wir den Fall, daß n ungerade ist; es gilt dann $p(x) \to \pm\infty$ für $x \to \pm\infty$. Wir behaupten, daß es eine Konstante $c \geq 0$ derart gibt, daß die Funktion $p+c$ streng monoton wächst, bis sie den Wert Null annimmt, und nach ihrem Nulldurchgang die x-Achse nie mehr wieder erreicht, also genau eine reelle Nullstelle hat.

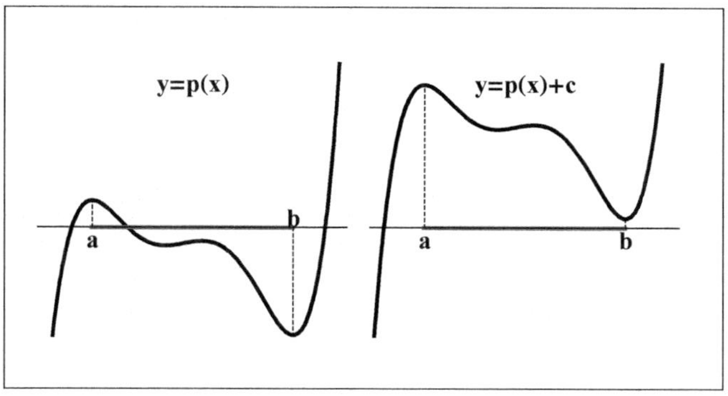

Hat p' keine Nullstelle oder exakt eine Nullstelle (an der dann zwangsläufig ein Sattelpunkt vorliegt), so wächst p streng monoton, und wir können $c := 0$ wählen. Hat p' mehr als eine Nullstelle, so bezeichnen wir mit a die kleinste und mit b die größte Nullstelle von p'. Weil p stetig ist, existiert $m := \min_{a \leq x \leq b} p(x) \leq 0$. Für jede Zahl $c > |m|$ ist dann $(p+c)' = p' > 0$ links von a und rechts von b, und es gilt $p+c > 0$ auf $[a, b]$. Folglich hat dann $p+c$ eine einzige Nullstelle (und zwar links von a). Damit ist auch der Fall erledigt, daß n ungerade ist.

Bisher setzten wir voraus, daß der Leitkoeffizient von p positiv ist. Ist er negativ, so wenden wir die erhaltenen Ergebnisse einfach auf $-p$ an (oder führen eine vollkommen analoge Argumentation noch einmal durch).

Lösung (91.8) (a) Die zu lösende Gleichung lautet

$$2A\xi + B = \frac{Ab^2 + Bb + C - Aa^2 - Ba - C}{b-a} = \frac{A(b^2 - a^2) + B(b-a)}{b-a} = A(b+a) + B.$$

Diese Gleichung hat eine eindeutige Lösung, nämlich $\xi = (a+b)/2$. (Dies ist gerade der Mittelpunkt des betrachteten Intervalls. Vgl. Aufgabe (89.19)!)

(b) Die zu lösende Gleichung lautet

$$3\xi^2 = \frac{b^3 - a^3}{b-a} = b^2 + ab + a^2$$

und hat die beiden Lösungen $\xi_{1,2} = \pm\sqrt{(b^2 + ab + a^2)/3}$. Gilt $0 \leq a < b$ bzw. $a < b \leq 0$, so ist ξ_1 bzw. ξ_2 die gesuchte Lösung; im Fall $a < 0 < b$ erfüllen beide Lösungen $\xi_{1,2}$ die Bedingung des Mittelwertsatzes.

(c) Die zu lösende Gleichung lautet

$$\frac{1}{2\sqrt{\xi}} = \frac{\sqrt{b} - \sqrt{a}}{b-a} = \frac{1}{\sqrt{b} + \sqrt{a}}$$

bzw. $2\sqrt{\xi} = \sqrt{a} + \sqrt{b}$. Dies führt auf die eindeutige Lösung $\xi = \big((\sqrt{a} + \sqrt{b})/2\big)^2$; diese liegt zwischen a und b.

(d) Die zu lösende Gleichung lautet

$$\frac{-1}{\xi^2} = \frac{(1/b) - (1/a)}{b-a} = \frac{-1}{ab}$$

bzw. $\xi^2 = ab$. Die gesuchte Lösung ist dann $\xi = \sqrt{ab}$ im Fall $0 < a < b$ und $\xi = -\sqrt{ab}$ im Fall $a < b < 0$.

Lösung (91.9) Für $f(x) = \sqrt{x}$ gilt $\sqrt{105} - 10 = f(105) - f(100) = f'(\xi) \cdot (105 - 100) = 5/(2\sqrt{\xi})$ mit einem ξ zwischen 100 und 105. Mit der sehr groben Abschätzung $100 < \xi < 121$ ergibt sich $10 < \sqrt{\xi} < 11$ und damit $5/(2\sqrt{\xi}) \in [5/22, 5/20] = [0.2\overline{27}, 0.25]$, folglich $\sqrt{105} \in [10.2\overline{27}, 10.25]$.

Lösung (91.10) Es gilt $f'(x) = 1/(1+x^2)$. Unter Anwendung der Ketten- und der Quotientenregel erhalten wir andererseits

$$\begin{aligned} g'(x) &= \frac{1}{2} \cdot \frac{1}{1 + \big((2x)/(1-x^2)\big)^2} \cdot \frac{2(1-x^2) - (2x)^2}{(1-x^2)^2} \\ &= \frac{2 + 2x^2}{2\big((1-x^2)^2 + 4x^2\big)} = \frac{1+x^2}{1 + 2x^2 + x^4} \\ &= \frac{1+x^2}{(1+x^2)^2} = \frac{1}{1+x^2}. \end{aligned}$$

Also haben f und g die gleiche Ableitung; es gilt also $(f-g)' \equiv 0$. Allerdings ist $f - g$ nicht konstant; wir haben nämlich $f(x) - g(x) \to \pm\pi/2$ für $x \to \pm\infty$ und ferner $f(0) - g(0) = 0$. Dies ist kein Widerspruch zu Satz (91.9)(a) im Buch, denn die Funktion g ist an den Stellen ± 1 gar nicht definiert. Satz (91.9)(a) ist anwendbar auf die Intervalle $(-\infty, -1)$, $(-1, 1)$ und $(1, \infty)$, und auf jedem dieser Intervalle ist $f - g$ tatsächlich konstant; es gilt

$$\frac{1}{2} \arctan\left(\frac{2x}{1-x^2}\right) = \begin{cases} \arctan(x) - (\pi/2), & \text{falls } x < -1; \\ \arctan(x), & \text{falls } x \in (-1, 1); \\ \arctan(x) + (\pi/2), & \text{falls } x > 1. \end{cases}$$

Lösung (91.11) Es gilt $f'(x) = x^2 - 2x + 2 = (x-1)^2 + 1 > 0$ für alle $x \in \mathbb{R}$; also ist f streng monoton wachsend und folglich injektiv. Wegen $f(x) \to -\infty$ für $x \to -\infty$ und $f(x) \to \infty$ für $x \to \infty$ nimmt f nach dem Zwischenwertsatz jede reelle Zahl als Wert an; also ist f auch surjektiv. Damit existiert die Umkehrfunktion $g : \mathbb{R} \to \mathbb{R}$, die wegen $f' > 0$ nach der Umkehrregel wieder differentiierbar ist. Wir erhalten die Ableitungen von f direkt vermöge

$$\begin{aligned} f(x) &= (x^3/3) - x^2 + 2x + 2, \\ f'(x) &= x^2 - 2x + 2, \\ f''(x) &= 2x - 2 \end{aligned}$$

und die Ableitungen der Umkehrfunktion g durch implizite Differentiation:

$$(\star) \qquad \begin{aligned} x &= f\big(g(x)\big); \\ 1 &= f'\big(g(x)\big)g'(x), \\ 0 &= f''\big(g(x)\big)g'(x)^2 + f'\big(g(x)\big)g''(x). \end{aligned}$$

• Wegen $f(0) = 2$ ist $g(2) = 0$. Einsetzen in die zweite Gleichung in $(\star)$ liefert $1 = f'(0)g'(2) = 2g'(2)$ und damit $g'(2) = 1/2$; die dritte Gleichung in $(\star)$ ergibt dann $0 = f''(0)g'(2)^2 + f'(0)g''(2) = -2 \cdot 1/4 + 2g''(2)$ und damit $g''(2) = 1/4$.

• Wegen $f(3) = 8$ ist $g(8) = 3$. Einsetzen in die zweite Gleichung in $(\star)$ liefert $1 = f'(3)g'(8) = 5g'(8)$ und damit $g'(8) = 1/5$; die dritte Gleichung in $(\star)$ ergibt dann $0 = f''(3)g'(8)^2 + f'(3)g''(8) = 4 \cdot 1/25 + 5g''(8)$ und damit $g''(8) = -4/125$.

Lösung (91.12) Keine der Bedingungen (1), (3) und (4) garantiert $f \geq 0$; ein Gegenbeispiel ist jeweils gegeben durch $f(x) := -x^2$. Dagegen impliziert (2) sogar die stärkere Aussage, daß $f > 0$ auf $(0, \infty)$ gilt. Zum Beweis nehmen wir an, daß $M := \{x \in (0, \infty) \mid f(x) \leq 0\}$ nicht leer sei; dann existiert $a := \inf(M)$, und es gilt $f(a) \leq 0$ (aufgrund der Stetigkeit von f), aber $f(x) > 0$ für alle $x < a$ (nach Definition des Infimums). Es sei $x < a$; nach dem Mittelwertsatz gibt es dann ein ξ mit $x < \xi < a$ und $\big(f(a) - f(x)\big)/(a - x) = f'(\xi)$, wobei $f'(\xi) > 0$ wegen (2) gilt; wir haben dann

$$f(a) = \underbrace{f'(\xi)}_{>0} \cdot \underbrace{(a - x)}_{>0} + \underbrace{f(x)}_{>0} > 0$$

im Widerspruch dazu, daß $f(a) \leq 0$ gelten muß. Es kann also kein x mit $x < a$ geben; dies führt auf $a = 0$. Beliebig dicht bei 0 muß es (nach Definition des Infimums) also Punkte x geben mit $f(x) \leq 0$. Das kann aber nicht sein, denn wegen $f'(0) > 0$ gibt es ein $\varepsilon > 0$ mit $\big(f(h) - f(0)\big)/h > 0$ und damit $f(h) > f(0) \geq 0$ für $0 < h < \varepsilon$. Dieser Widerspruch zeigt, daß M leer sein muß; es gilt also $f > 0$ auf $(0, \infty)$ wie behauptet.

Wir behaupten, daß jede der Bedingungen (5) bis (8) sogar $f > 0$ garantiert (also $f(x) > 0$ für alle $x \geq 0$). Es genügt, dies für Bedingung (7) nachzuweisen, denn jede der Bedingungen (5), (6) und (8) impliziert Bedingung (7). Es gelte also (7). Wir wollen zeigen, daß $M := \{x \in [0, \infty) \mid f(x) \leq 0\}$ leer ist. Wäre $M \neq \emptyset$, so existierte $a := \inf(M)$. Wir hätten dann $f(a) \leq 0$ (folglich $a \neq 0$), aber $f(x) > 0$ für alle $x < a$. Es gäbe dann zu jedem $x < a$ ein ξ mit $x < \xi < a$ und $\big(f(a) - f(x)\big)/(a - x) = f'(\xi)$, folglich

$$f(a) = \underbrace{f'(\xi)}_{\geq 0} \cdot \underbrace{(a - x)}_{>0} + \underbrace{f(x)}_{>0} > 0$$

im Widerspruch zu $f(a) \leq 0$. Dieser Widerspruch zeigt, daß M wie behauptet leer sein muß.

Lösung (91.13) Wir gehen zunächst davon aus, daß für alle $\xi \in I$ der Grenzwert

$$\lim_{\substack{x, y \to \xi, \\ x \neq y}} \frac{f(x) - f(y)}{x - y} = \lim_{\substack{h, k \to 0, \\ k \neq 0}} \frac{f(\xi + h + k) - f(\xi + h)}{k}$$

existiert; dieser Grenzwert ist dann zwangsläufig gleich $f'(\xi)$ (setze einfach $y := \xi$), so daß f auf ganz I differentiierbar ist. Nun sei $\xi \in I$; wir wollen zeigen, daß f' an der Stelle ξ stetig ist. Dazu geben wir uns ein $\varepsilon > 0$ vor. Dann gibt es ein $\delta > 0$ mit

$$\left| \frac{f(\xi + h + k) - f(\xi + h)}{k} - f'(\xi) \right| < \varepsilon \text{ für } |h|, |k| \leq \delta.$$

Für $k \to 0$ (bei festgehaltenem h) ergibt sich hieraus

$$|\, f'(\xi + h) - f'(\xi) \,| \leq \varepsilon \text{ für } |h| \leq \delta.$$

Damit ist die Stetigkeit von f' an der Stelle ξ gezeigt. Da $\xi \in I$ beliebig war, ist damit gezeigt, daß f stetig differentiierbar ist.

Umgekehrt gelte $f \in C^1(I)$. Sind $\xi \in I$ und $\varepsilon > 0$ gegeben, so existiert ein $\delta > 0$ mit $|f'(u) - f'(\xi)| < \varepsilon$ für alle $u \in I$ mit $|u - \xi| < \delta$. Dann gilt aber

$$\left| \frac{f(x) - f(y)}{x - y} - f'(\xi) \right| < \varepsilon \quad \begin{array}{l} \text{für } |x - \xi| < \delta \\ \text{und } |y - \xi| < \delta. \end{array}$$

Nach dem Mittelwertsatz gibt es nämlich ein u zwischen x und y mit $\big(f(x) - f(y)\big)/(x - y) = f'(u)$, und wegen $|x - \xi| < \delta$ und $|y - \xi| < \delta$ gilt erst recht $|u - \xi| < \delta$.

Lösung (91.14) Zu jedem $x \in I \setminus \{x_0\}$ gibt es nach dem Mittelwertsatz eine Zahl ξ_x zwischen x und x_0 mit

$$\frac{f(x) - f(x_0)}{x - x_0} = f'(\xi_x) \to c \quad \text{für } x \to x_0.$$

Nach Definition des Ableitungsbegriffs bedeutet dies aber, daß f an der Stelle x_0 differentiierbar ist mit $f'(x_0) = c$.

Lösung (91.15) (a) Anwendung des Mittelwertsatzes auf die Funktion $f(x) := x^n$ zeigt, daß es eine Zahl

Aufgaben zu »Ableitungswerte und lokales Verhalten« siehe Seite 133

$\xi \in (a, b)$ gibt mit $(b^n - a^n)/(b - a) = f'(\xi) = n\xi^{n-1}$, wegen des streng monotonen Wachstums von f' also $f'(a) < (b^n - a^n)/(b - a) < f'(b)$ bzw. $na^{n-1} < (b^n - a^n)/(b - a) < nb^{n-1}$. Das ist aber gerade die Behauptung.

(b) Anwendung des Mittelwertsatzes auf die Funktion $f(x) := \ln(1+x)$ zeigt, daß es eine Zahl $\xi \in (0, x)$ gibt mit $\ln(1+x)/x = \big(f(x) - f(0)\big)/(x - 0) = f'(\xi) = 1/(1+\xi) \in \big(1/(1+x), 1\big)$. Das bedeutet $1/(1+x) < \ln(x+1)/x < 1$. Durchmultiplizieren mit x liefert die Behauptung.

(c) Anwendung des Mittelwertsatzes auf die Funktion $f(x) := \sqrt[n]{1+x} - 1$ zeigt, daß es eine Zahl $\xi \in (0, x)$ gibt mit $\big(\sqrt[n]{1+x} - 1\big)/x = \big(f(x) - f(0)\big)/(x - 0) = f'(\xi) = (1/n) \cdot (1+\xi)^{(1/n)-1} < 1/n$. Durchmultiplizieren mit x liefert die Behauptung.

(d) Wir betrachten die Funktionen $f(x) := x - x^3/3$, $g(x) := \arctan(x)$ und $h(x) := x$ Wir haben dann $f(0) = g(0) = h(0)$ sowie $f'(x) < g'(x) < h'(x)$ (also $1 - x^2 < 1/(1+x^2) < 1$) für alle $x > 0$. Aus dem Mittelwertsatz folgt dann $f(x) < g(x) < h(x)$ für alle $x > 0$.

(e) Anwendung des Mittelwertsatzes auf die Funktion $f(x) := (1+x)^\alpha$ zeigt, daß es für eine gegebene Zahl $x > 0$ eine Zahl $\xi \in (0, x)$ gibt mit $\big((1+x)^\alpha - 1\big)/x = \big(f(x) - f(0)\big)/(x - 0) = f'(\xi) = \alpha \cdot (1+\xi)^{\alpha-1} > \alpha$. Durchmultiplizieren mit x liefert $(1+x)^\alpha - 1 > \alpha x$ und damit die Behauptung.

(f) Für $f(x) := x^\alpha$ und $x \neq 1$ gibt es eine Zahl ξ zwischen 1 und x mit

$$\frac{x^\alpha - 1}{x - 1} = \frac{f(x) - f(1)}{x - 1} = f'(\xi) = \alpha\xi^{\alpha-1} \begin{cases} > \alpha, & x < 1; \\ < \alpha, & x > 1. \end{cases}$$

Durchmultiplizieren mit $x - 1$ liefert in jedem der beiden Fälle $x^\alpha - 1 < \alpha(x - 1)$, folglich $x^\alpha < \alpha(x - 1) + 1 = \alpha x + (1 - \alpha)$. (Diese Ungleichung besagt anschaulich, daß die Kurve $y = x^\alpha$ unterhalb der Tangente an diese Kurve im Punkt $(1, 1)$ verläuft.)

(g) Für $v = 0$ gilt die Behauptung trivialerweise; wir dürfen also $v > 0$ voraussetzen. Wenden wir Teil (f) mit $x := u/v$ an, so ergibt sich $(u/v)^\alpha \leq \alpha(u/v) + (1 - \alpha)$. Durchmultiplizieren dieser Ungleichung mit v liefert die Behauptung.

Lösung (91.16) (a) Wir erhalten

$$\begin{aligned} f(x) &= C_1 \cos(x) + C_2 \sin(x), \\ f'(x) &= -C_1 \sin(x) + C_2 \cos(x), \\ f''(x) &= -C_1 \cos(x) - C_2 \sin(x) \end{aligned}$$

und damit $f''(x) + f(x) = 0$ für alle $x \in \mathbb{R}$.

(b) Wegen $\sin' = \cos$ und $\cos' = -\sin$ ergeben sich die Gleichungen $(f \cdot \cos - f' \cdot \sin)' = -\sin \cdot (f'' + f) = 0$ und $(f \cdot \sin + f' \cdot \cos)' = \cos \cdot (f'' + f) = 0$. Die Funktionen $f \cdot \cos - f' \cdot \sin$ und $f \cdot \sin + f' \cdot \cos$ haben also die Nullfunktion als Ableitung und sind daher konstant. Es gibt folglich Zahlen $C_1, C_2 \in \mathbb{R}$ derart, daß für alle $x \in I$ die Gleichungen $f(x)\cos(x) - f'(x)\sin(x) = C_1$ und $f(x)\sin(x) + f'(x)\cos(x) = C_2$ gelten, d.h.,

$$\begin{bmatrix} \cos(x) & -\sin(x) \\ \sin(x) & \cos(x) \end{bmatrix} \begin{bmatrix} f(x) \\ f'(x) \end{bmatrix} = \begin{bmatrix} C_1 \\ C_2 \end{bmatrix}$$

bzw.

$$\begin{bmatrix} f(x) \\ f'(x) \end{bmatrix} = \begin{bmatrix} \cos(x) & \sin(x) \\ -\sin(x) & \cos(x) \end{bmatrix} \begin{bmatrix} C_1 \\ C_2 \end{bmatrix}.$$

Lösung (91.17) Die Funktion $F(x) := e^{-\lambda x} f(x)$ ist als Produkt differentiierbarer Funktionen wieder differentiierbar mit

$$\begin{aligned} F'(x) &= -\lambda e^{-\lambda x} f(x) + e^{-\lambda x} f'(x) \\ &= e^{-\lambda x} \cdot \big(f'(x) - \lambda f(x)\big) \leq 0. \end{aligned}$$

Wegen $F' \leq 0$ fällt F monoton; wegen $F(0) = f(0) = 0$ gilt daher $F(0) \leq 0$ und folglich auch $f(x) \leq 0$ für alle $x \geq 0$.

Lösung (91.18) Für alle x mit $0 < |x| < \varepsilon$ gibt es nach dem Mittelwertsatz eine Zahl $\xi(x)$ zwischen 0 und x mit $g(x)/x = \big(g(x) - g(0)\big)/(x - 0) = g'\big(\xi(x)\big)$. Dann gilt

$$\frac{g(x)}{x^2} = \frac{g'\big(\xi(x)\big)}{x} = \frac{g'\big(\xi(x)\big)}{\xi(x)} \frac{\xi(x)}{x} \to 0$$

für $x \to 0$, denn es gilt $|\xi(x)/x| \leq 1$ nach Wahl von $\xi(x)$ und $g'(\xi)/\xi \to 0$ für $\xi \to 0$.

Lösung (91.19) Die angegebene Funktion $F(x) := f(x+\xi) - f(\xi) - f'(\xi)x$ ist auf einem offenen Intervall um $x = 0$ differentiierbar mit $F'(x) = f'(x+\xi) - f'(\xi)$ und erfüllt $F(0) = F'(0) = 0$; ferner existiert $F''(0) = f''(\xi) \neq 0$. Die Funktion $g(x) := F(x) - F''(0) \cdot x^2/2$ erfüllt dann $g(0) = 0$ und ist differentiierbar in einer Umgebung des Nullpunkts mit $g'(x) = F'(x) - F''(0)x$ und folglich

$$\frac{g'(x)}{x} = \frac{F'(x)}{x} - F''(0) = \frac{F'(x) - F'(0)}{x - 0} - F''(0) \to 0$$

für $x \to 0$. Nach der vorhergehenden Aufgabe konvergiert für $x \to 0$ dann $g(x)/x^2 = \big(F(x)/x^2\big) - \big(F''(0)/2\big)$ gegen Null, also $F(x)/x^2$ gegen $F''(0)/2 = f''(\xi)/2$. Es gilt also

$$(1) \qquad \frac{F(h)}{h^2} \to \frac{1}{2} \cdot f''(\xi) \quad \text{für } h \to 0.$$

Andererseits ist

$$(2) \qquad \begin{aligned} \frac{F(h)}{h^2} &= \frac{1}{h}\left(\frac{f(\xi+h) - f(\xi)}{h} - f'(\xi)\right) \\ &= \frac{1}{h}\big(f'(\xi + \theta(h)h) - f'(\xi)\big) \\ &= \theta(h) \cdot \underbrace{\frac{f'(\xi + \theta(h)h) - f'(\xi)}{\theta(h)h}}_{\to f''(\xi) \text{ für } h \to 0}. \end{aligned}$$

Vergleich von (1) und (2) liefert wegen $f''(\xi) \neq 0$ die Konvergenzaussage $\theta(h) \to 1/2$ für $h \to 0$.

Aufgaben zu »Ableitungswerte und lokales Verhalten« siehe Seite 133

Lösung (91.20) Nach dem Mittelwertsatz gibt es für $|h|$ hinreichend klein eine Zahl $\theta(h) \in (0,1)$ mit $f(\xi+h) = f(\xi) + hf'(\xi+\theta(h)h)$. Wir erhalten dann

$$\begin{aligned} &\frac{f(\xi+h) - 2f(\xi) + f(\xi-h)}{h^2} \\ &= \frac{f'(\xi+\theta(h)h) - f'(\xi-\theta(-h)h)}{h} \\ &= \frac{f'(\xi+\theta(h)h) - f'(\xi)}{h} + \frac{f'(\xi-\theta(-h)h) - f'(\xi)}{-h} \\ &= \theta(h) \cdot \underbrace{\frac{f'(\xi+\theta(h)h) - f'(\xi)}{\theta(h)h}}_{\to f''(\xi) \text{ für } h \to 0} \\ &\quad + \theta(-h) \cdot \underbrace{\frac{f'(\xi-\theta(-h)h) - f'(\xi)}{-\theta(-h)h}}_{\to f''(\xi) \text{ für } h \to 0}. \end{aligned}$$

Dieser Ausdruck konvergiert nun für $h \to 0$ gegen $f''(\xi)$, denn jeder der beiden Summanden am Ende konvergiert gegen $f''(\xi)/2$. Dies ist nach der vorhergehenden Aufgabe klar für $f''(\xi) \neq 0$, denn in diesem Fall haben wir $\theta(h) \to 1/2$ und folglich auch $\theta(-h) \to 1/2$ für $h \to 0$. Ist dagegen $f''(\xi) = 0$, so konvergiert wegen $|\theta(h)| \leq 1$ für alle h jeder der beiden Summanden für $h \to 0$ gegen Null und damit ebenfalls gegen $f''(\xi)/2$. Damit ist alles gezeigt.

Alternative Lösung. Nach den Regeln von de L'Hospital gilt

$$\begin{aligned} &\lim_{h\to 0} \frac{f(\xi+h) - f(\xi) - hf'(\xi)}{h^2} \\ &= \lim_{h\to 0} \frac{f'(\xi+h) - f'(\xi)}{2h} = \frac{f''(\xi)}{2}. \end{aligned}$$

Andererseits gilt

$$\begin{aligned} \frac{f(\xi+h) - f(\xi) - hf'(\xi)}{h^2} &= \frac{hf'(\xi+\theta(h)h) - hf'(\xi)}{h^2} \\ = \frac{f'(\xi+\theta(h)h) - f'(\xi)}{h} &= \theta(h) \cdot \frac{f'(\xi+\theta(h)h) - f'(\xi)}{\theta(h)h}. \end{aligned}$$

Bemerkung: Unter schärferen Voraussetzungen (etwa $f \in C^2(I)$) läßt sich die Aufgabe leichter lösen. Bemerkenswerterweise gilt aber wie gezeigt die Darstellung

$$(\star) \qquad f''(\xi) = \lim_{h\to 0} \frac{f(\xi+h) - 2f(\xi) + f(\xi-h)}{h^2}$$

sogar schon unter den Mindestvoraussetzungen, die man verlangen muß, damit der Ausdruck $(\star)$ überhaupt Sinn hat: Existenz der zweiten Ableitung an der Stelle ξ und (dafür notwendig) Existenz der ersten Ableitung f' in einer Umgebung von ξ. Der Ausdruck $(\star)$ wird in der Numerischen Mathematik bei Diskretisierungsverfahren dazu benutzt, die Werte der zweiten Ableitung einer gesuchten Funktion näherungsweise durch Werte der Funktion selbst auszudrücken.

Lösung (91.21) (a) Für alle $x \in \mathbb{R}$ und alle $h \neq 0$ gilt

$$\begin{aligned} &\frac{f(x+h) - 2f(x) + f(x-h)}{h^2} \\ &= \frac{(x+h)^2 - 2x^2 + (x-h)^2}{h^2} \\ &= \frac{2h^2}{h^2} = 2 = f''(x). \end{aligned}$$

(b) Für alle $x \in \mathbb{R}$ und alle $h \neq 0$ gilt

$$\begin{aligned} &\frac{f(x+h) - 2f(x) + f(x-h)}{h^2} \\ &= \frac{(x+h)^3 - 2x^3 + (x-h)^3}{h^2} \\ &= \frac{6xh^2}{h^2} = 6x = f''(x). \end{aligned}$$

(c) Für alle $x \in \mathbb{R}$ und alle $h \neq 0$ gilt

$$\begin{aligned} \frac{f(x+h) - 2f(x) + f(x-h)}{h^2} &= \frac{e^{x+h} - 2e^x + e^{x-h}}{h^2} \\ = e^x \cdot \frac{e^h - 2 + e^{-h}}{h^2} &= \frac{e^x}{h^2} \cdot 2 \sum_{m=1}^{\infty} \frac{h^{2m}}{(2m)!} \\ = e^x \cdot 2 \sum_{m=1}^{\infty} \frac{h^{2m-2}}{(2m)!} &\to e^x = f''(x) \text{ für } h \to 0. \end{aligned}$$

(d) Für alle $x \in \mathbb{R}$ und alle $h \neq 0$ gilt

$$\begin{aligned} &\frac{f(x+h) - 2f(x) + f(x-h)}{h^2} \\ &= \frac{\ln(x+h) - 2\ln(x) + \ln(x-h)}{h^2} \\ &= \frac{1}{h^2} \ln\left(\frac{(x+h)(x-h)}{x^2}\right) = \frac{1}{h^2} \ln\left(\frac{x^2 - h^2}{x^2}\right) \\ &= \ln\left(1 - \frac{h^2}{x^2}\right)^{1/h^2} \to \ln\exp(-1/x^2) = \frac{-1}{x^2} = f''(x) \end{aligned}$$

für $h \to 0$.

Lösung (91.22) (a) Nach dem verallgemeinerten Mittelwertsatz gibt es zu jedem x eine Zahl $\xi = \xi_x$ mit

$$(\star) \qquad \frac{f(x)}{g(x)} = \cdot \frac{f(x) - f(b)}{g(x) - g(b)} = \frac{f'(\xi)}{g'(\xi)}.$$

Mit $x \to b$ gilt auch $\xi_x \to b$ und daher $f'(\xi_x)/g'(\xi_x) \to c$; wegen $(\star)$ gilt also $f(x)/g(x) \to c$ für $x \to b$.

(b) Wegen $F'(x) = -f'(1/x)/x^2$ und $G'(x) = -g'(1/x)/x^2$ haben wir $F'(x)/G'(x) = f'(1/x)/g'(1/x)$; mit $u := 1/x$ gelten also die Beziehungen $F(u) \to 0$, $G(u) \to 0$ und $F'(u)/G'(u) \to c$ für $u \to 0$. Nach Teil (a) gilt dann auch $F(u)/G(u) \to c$ für $u \to 0$; das bedeutet aber $f(x)/g(x) \to c$ für $x \to b$.

Aufgaben zu »Ableitungswerte und lokales Verhalten« siehe Seite 133

(c) Wegen $g(x) \to \infty$ für $x \to b$ können wir zunächst a so dicht bei b wählen, daß $g(x) > 0$ für $a \leq x < b$ gilt. Für alle $x \in [a, b)$ hinreichend nahe bei b gilt dann $g(x) > g(a)$, so daß alle Nenner in der in der Aufgabe angegebenen Identität ($\star$) von Null verschieden sind. (Für $b = \pm\infty$ ist das Argument leicht umzuformulieren.) Anwendung des verallgemeinerten Mittelwertsatzes liefert dann die Existenz einer Zahl $\xi = \xi_x$ zwischen a und x mit

$$(\star\star) \qquad \frac{f(x)}{g(x)} = \frac{f'(\xi)}{g'(\xi)}\left(1 - \frac{g(a)}{g(x)}\right) + \frac{f(a)}{g(x)}.$$

Zunächst sei $c \in \mathbb{R}$; dann folgt aus ($\star\star$) die Abschätzung

$$\left|\frac{f(x)}{g(x)} - c\right| \leq \left|\frac{f'(\xi)}{g'(\xi)} - c\right| + \left|\frac{f'(\xi)}{g'(\xi)}\right| \left|\frac{g(a)}{g(x)}\right| + \left|\frac{f(a)}{g(x)}\right|.$$

Ist $\varepsilon > 0$ beliebig vorgegeben, so können wir wegen $f'(x)/g'(x) \to c$ zunächst a so nahe bei b wählen, daß $|f'(\xi)/g'(\xi) - c| < \varepsilon/2$ für alle ξ zwischen a und b gilt. Für das nunmehr feste a können wir wegen $g(x) \to \infty$ für $x \to b$ dann x so nahe bei b wählen, daß $\big(|c| + \varepsilon/2\big) \cdot |g(a)|/|g(x)| + |f(a)|/|g(x)| < \varepsilon/2$ gilt. Für alle x hinreichend nahe bei b gilt dann $|f(x)/g(x) - c| < \varepsilon$, was zu zeigen war.

Nun sei $c = \infty$; dann folgt (bei fest gewähltem a) aus ($\star\star$) die Abschätzung

$$\left|\frac{f(x)}{g(x)}\right| \geq \left|\frac{f'(\xi)}{g'(\xi)}\right| \left(1 - \left|\frac{g(a)}{g(x)}\right|\right) - \left|\frac{f(a)}{g(x)}\right|.$$

Für alle x hinreichend nahe bei b gelten dann die Bedingungen $|g(a)|/|g(x)| \leq 1/2$, $|f(a)|/|g(x)| \leq M/2$ sowie $|f'(\xi)/g'(\xi)| \geq 3M$, insgesamt also $|f(x)/g(x)| \geq 3M \cdot (1/2) - (M/2) = M$. Da M beliebig vorgegeben war, gilt dann $f(x)/g(x) \to \infty$ für $x \to b$.

Ist $c = -\infty$, so wenden wir das bereits erhaltene Ergebnis mit $-f$ und $-g$ statt f und g an.

Lösung (91.23) (a) Ist $\alpha \leq 0$, so gilt $\ln(x)/x^\alpha \geq \ln(x)$ für alle $x \geq 1$ und damit $\ln(x)/x^\alpha \to \infty$ für $x \to \infty$. Gilt dagegen $\alpha > 0$, so gilt

$$\lim_{x\to\infty} \frac{\ln(x)}{x^\alpha} = \lim_{x\to\infty} \frac{1/x}{\alpha x^{\alpha-1}} = \lim_{x\to\infty} \frac{1}{\alpha x^\alpha} = 0$$

nach der Regel von de L'Hospital. (Der Logarithmus wächst also langsamer als jede Potenzfunktion.) Also ist

$$\lim_{x\to\infty} \frac{\ln(x)}{x^\alpha} = \begin{cases} \infty, & \text{falls } \alpha \leq 0; \\ 0, & \text{falls } \alpha > 0. \end{cases}$$

(b) Ist $\alpha \leq 0$, so gilt $x^\alpha/e^x \leq 1/e^x$ für alle $x \geq 1$ und damit $x^\alpha/e^x \to 0$ für $x \to \infty$. Ist $\alpha > 0$, so gilt

$$\lim_{x\to\infty} \frac{x^\alpha}{e^x} = \lim_{x\to\infty} \frac{\alpha x^{\alpha-1}}{e^x}$$

nach der Regel von de L'Hospital. Ist $\alpha \leq 1$, so zeigt dies schon $x^\alpha/e^x \to 0$ für $x \to \infty$. Ist $\alpha > 1$, so wenden wir die Regel von de L'Hospital erneut an, und zwar so oft, bis ein negativer Exponent auftritt; dies zeigt

$$\lim_{x\to\infty} \frac{x^\alpha}{e^x} = 0 \quad \text{für alle } \alpha \in \mathbb{R}.$$

(Die Exponentialfunktion wächst also schneller als jede Potenzfunktion.) Wir hätten Teil (b) auch auf Teil (a) zurückführen können, denn mit der Substitution $u = e^x$ gilt

$$\lim_{x\to\infty} \frac{x^\alpha}{e^x} = \lim_{u\to\infty} \frac{\ln(u)^\alpha}{u} = \lim_{u\to\infty} \left(\frac{\ln(u)}{u^{1/\alpha}}\right)^\alpha.$$

(c) Für $\alpha = 1$ ist

$$\begin{aligned}
\lim_{x\to\infty} x^\alpha(\sqrt[x]{x} - 1) &= \lim_{x\to\infty} \frac{e^{\ln(x)/x} - 1}{1/x} \\
&= \lim_{x\to\infty} \frac{e^{\ln(x)/x} \cdot \dfrac{1-\ln(x)}{x^2}}{-1/x^2} \\
&= \lim_{x\to\infty} \frac{e^{\ln(x)/x} \cdot \big(\ln(x) - 1\big)}{1} = \infty.
\end{aligned}$$

Ist $\alpha \geq 1$, so gilt für alle $x \geq 1$ die Abschätzung $x^\alpha(\sqrt[x]{x} - 1) \geq x(\sqrt[x]{x} - 1) \to \infty$ (wobei im letzten Schritt der gerade behandelte Fall $\alpha = 1$ angewandt wurde). Ist dagegen $\alpha < 1$, so erhalten wir unter Benutzung der Regel von de l'Hospital die Gleichung

$$\begin{aligned}
\lim_{x\to\infty} x^\alpha(\sqrt[x]{x} - 1) &= \lim_{x\to\infty} \frac{e^{\ln(x)/x} - 1}{x^{-\alpha}} \\
&= \lim_{x\to\infty} \frac{e^{\ln(x)/x} \cdot \dfrac{1-\ln(x)}{x^2}}{-\alpha x^{-\alpha-1}} \\
&= \lim_{x\to\infty} \frac{e^{\ln(x)/x}\big(\ln(x) - 1\big)}{\alpha x^{-\alpha+1}};
\end{aligned}$$

mit $\varepsilon := 1 - \alpha > 0$ ist dies also gleich

$$\frac{1}{\alpha} \cdot \lim_{x\to\infty} x^{-\varepsilon} \cdot x^{1/x}\big(\ln(x) - 1\big) \leq \frac{1}{\alpha} \cdot \lim_{x\to\infty} x^{-\varepsilon/2} \cdot \ln(x) = 0,$$

wobei wir im vorletzten Schritt ausnutzten, daß $x^{-\varepsilon+1/x} \leq x^{-\varepsilon/2}$ für alle $x \geq 2/\varepsilon$ gilt und wobei wir im letzten Schritt Teil (a) ausnutzten. Insgesamt gilt daher

$$\lim_{x\to\infty} x^\alpha(\sqrt[x]{x} - 1) = \begin{cases} 0, & \text{falls } \alpha < 1; \\ \infty, & \text{falls } \alpha \geq 1. \end{cases}$$

Lösung (91.24) (a) Für $\alpha = 0$ ist

$$\lim_{x\to\infty} \frac{\ln(x)^\alpha}{x^\beta} = \lim_{x\to\infty} \frac{1}{x^\beta} = \begin{cases} 0, & \text{falls } \beta > 0; \\ 1, & \text{falls } \beta = 0; \\ \infty, & \text{falls } \beta < 0. \end{cases}$$

Aufgaben zu »Ableitungswerte und lokales Verhalten« siehe Seite 133

Für $\alpha \neq 0$ ergibt sich der gesuchte Grenzwert aus Aufgabe (91.23)(a); wir erhalten

$$\lim_{x\to\infty} \frac{\ln(x)^\alpha}{x^\beta} = \lim_{x\to\infty} \left(\frac{\ln(x)}{x^{\beta/\alpha}}\right)^\alpha = \begin{cases} 0, & \text{falls } \alpha > 0 \text{ und } \beta > 0; \\ \infty, & \text{falls } \alpha > 0 \text{ und } \beta \leq 0; \\ 0, & \text{falls } \alpha < 0 \text{ und } \beta \geq 0; \\ \infty, & \text{falls } \alpha < 0 \text{ und } \beta < 0. \end{cases}$$

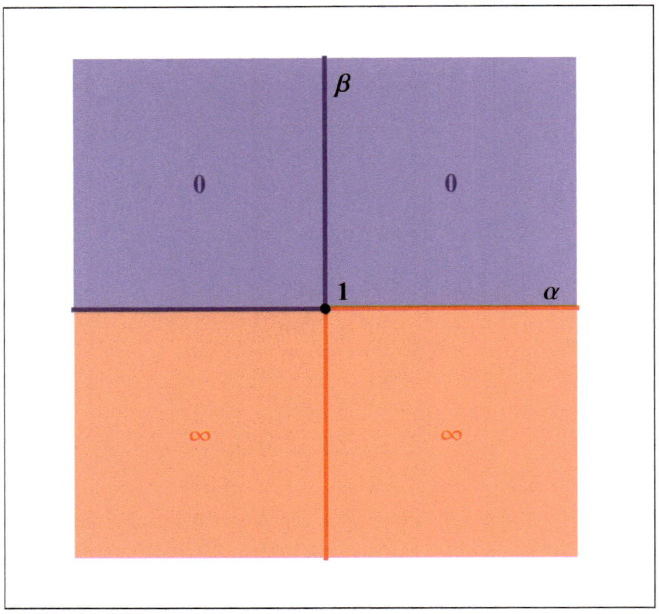

Grenzwert von $\ln(x)^\alpha/x^\beta$ für $x \to \infty$.

(b) Hier ergibt sich exakt das gleiche Konvergenzverhalten wie in Teil (a). Das ist auch klar, denn mit der Substitution $x := \ln(\xi)$ bzw. $\xi := e^x$ geht $x^\alpha/e^{\beta x}$ über in den in (b) behandelten Ausdruck $\ln(\xi)^\alpha/\xi^\beta$, und es gilt genau dann $x \to \infty$, wenn $\xi \to \infty$ gilt.

(c) Dieser Teil folgt sofort aus Teil (b) mit $\alpha := a$ und $\beta := \ln(b)$; wir erhalten

$$\lim_{x\to\infty} \frac{x^a}{b^x} = \lim_{x\to\infty} \frac{x^a}{e^{x\ln(b)}} = \begin{cases} \infty, & \text{falls } b = 1 \text{ und } a > 0; \\ 1, & \text{falls } b = 1 \text{ und } a = 0; \\ 0, & \text{falls } b = 1 \text{ und } a < 0; \\ 0, & \text{falls } b > 1; \\ \infty, & \text{falls } b < 1. \end{cases}$$

Lösung (91.25) (a) Nach den L'Hospitalschen Regeln gilt

$$\lim_{x\to 0} \frac{1-\cos x}{x^2} = \lim_{x\to 0} \frac{\sin x}{2x} = \lim_{x\to 0} \frac{\cos x}{2} = \frac{\cos 0}{2} = \frac{1}{2}.$$

(b) Die Ableitung von $f(x) := a^x = e^{x\ln(a)}$ ist $f'(x) = e^{x\ln(a)}\ln(a) = a^x\ln(a)$; nach den L'Hospitalschen Regeln gilt daher

$$\lim_{x\to 0} \frac{a^x - b^x}{x} = \lim_{x\to 0} \frac{a^x\ln(a) - b^x\ln(b)}{1} = \frac{a^0\ln(a) - b^0\ln(b)}{1} = \ln(a) - \ln(b) = \ln\frac{a}{b}.$$

(c) Der Zähler ist gegeben durch $(x+1)(x^2-1)$; für $x \neq 1$ ist der angegebene Bruch also nichts anderes als $x+1$, geht also für $x \to 1$ gegen 2. Alternativ können wir auch die L'Hospitalschen Regeln anwenden:

$$\lim_{x\to 1} \frac{x^3+x^2-x-1}{x^2-1} = \lim_{x\to 1} \frac{3x^2+2x-1}{2x} = \frac{3+2-1}{2} = 2.$$

(d) Anwendung der L'Hospitalschen Regeln liefert

$$\lim_{x\to\infty} \frac{\ln(1+e^x)}{x} = \lim_{x\to\infty} \frac{e^x/(1+e^x)}{1} = \lim_{x\to\infty} \frac{e^x}{1+e^x} = \lim_{x\to\infty} \frac{e^x}{e^x} = 1.$$

(e) Anwendung der L'Hospitalschen Regeln liefert

$$\lim_{x\to 0} \frac{1-\cos(x/2)}{1-\cos(x)} = \lim_{x\to 0} \frac{\sin(x/2)}{2\sin(x)} = \lim_{x\to 0} \frac{\cos(x/2)}{4\cos(x)} = \frac{\cos(0)}{4\cos(0)} = \frac{1}{4}.$$

(f) Hier sind die L'Hospitalschen Regeln gar nicht anwendbar, weil weder ein Grenzwert der Form $0/0$ noch einer der Form ∞/∞ vorliegt; es gilt

$$\lim_{x\to 0} \frac{\sqrt{\cos(ax)} - \sqrt{\sin(ax)}}{x^2} = \infty.$$

(g) Anwendung der L'Hospitalschen Regeln liefert

$$\lim_{x\to 0} \frac{(1+x)^\alpha - (1+\alpha x)}{x^2} = \lim_{x\to 0} \frac{\alpha(1+x)^{\alpha-1} - \alpha}{2x} = \lim_{x\to 0} \frac{\alpha(\alpha-1)(1+x)^{\alpha-2}}{2} = \frac{\alpha(\alpha-1)}{2}.$$

(h) Wir schreiben den angegebenen Ausdruck zunächst als einen Grenzwert der Form $0/0$ und wenden dann die L'Hospitalschen Regeln an; es ergibt sich

$$\lim_{x\to 0} \left[\frac{1}{x} - \frac{1}{e^x-1}\right] = \lim_{x\to 0} \frac{e^x-1-x}{xe^x - x} = \lim_{x\to 0} \frac{e^x-1}{e^x+xe^x-1} = \lim_{x\to 0} \frac{e^x}{2e^x+xe^x} = \frac{e^0}{2e^0+0} = \frac{1}{2}.$$

(i) Anwendung der l'Hospitalschen Regeln liefert

$$\lim_{x\to 0} \frac{e^x-1}{\ln(1+x)} = \lim_{x\to 0} \frac{e^x}{1/(1+x)} = \frac{1}{1} = 1.$$

(j) Anwendung der l'Hospitalschen Regeln liefert

$$\lim_{x\to 1} \frac{\ln(x)\sin(\pi x/2)}{\cos(\pi x/2)} = \lim_{x\to 1} \frac{\dfrac{\sin(\pi x/2)}{x} + \ln(x)\cos(\pi x/2)\cdot\dfrac{\pi}{2}}{-\sin(\pi x/2)\cdot\dfrac{\pi}{2}} = \frac{1+0}{-\pi/2} = \frac{-2}{\pi}.$$

Aufgaben zu »Ableitungswerte und lokales Verhalten« siehe Seite 133

(k) Anwendung der l'Hospitalschen Regeln liefert

$$\lim_{x\to 0}\frac{x\tan(x)}{\sqrt{1-x^2}-1} = \lim_{x\to 0}\frac{\tan(x)+x/\cos(x)^2}{-x/\sqrt{1-x^2}}$$
$$= \lim_{x\to 0}\frac{\big(\sin(x)\cos(x)+x\big)\sqrt{1-x^2}}{-x\cos(x)^2}$$
$$= \lim_{x\to 0}\frac{\big(\cos(x)^2-\sin(x)^2+1\big)\sqrt{1-x^2}-\dfrac{\big(\sin(x)\cos(x)+1\big)x}{\sqrt{1-x^2}}}{-\cos(x)^2+2x\cos(x)\sin(x)}$$
$$= \frac{2-0}{-1+0} = -2.$$

(l) Anwendung der l'Hospitalschen Regeln liefert den Grenzwert

$$\lim_{x\to 0}\frac{x-\sin(x)}{x\sin(x)} = \lim_{x\to 0}\frac{1-\cos(x)}{\sin(x)+x\cos(x)}$$
$$= \lim_{x\to 0}\frac{\sin(x)}{2\cos(x)-x\sin(x)} = \frac{0}{2} = 0.$$

(m) Anwendung der l'Hospitalschen Regeln liefert

$$\lim_{x\to 0}\frac{\arcsin(x)-x}{x^3} = \lim_{x\to 0}\frac{\dfrac{1}{\sqrt{1-x^2}}-1}{3x^2}$$
$$= \lim_{x\to 0}\frac{x(1-x^2)^{-3/2}}{6x} = \lim_{x\to 0}\frac{(1-x^2)^{-3/2}}{6} = \frac{1}{6}.$$

(n) Wegen $(1/x)^{\sin(x)} = x^{-\sin(x)} = e^{-\sin(x)\ln(x)}$ berechnen wir zunächst

$$\lim_{x\to 0}\big(-\sin(x)\ln(x)\big) = \lim_{x\to 0}\frac{\ln(x)}{-1/\sin(x)}$$
$$= \lim_{x\to 0}\frac{1/x}{\cos(x)/\sin(x)^2} = \lim_{x\to 0}\frac{\sin(x)^2}{x\cos(x)}$$
$$= \lim_{x\to 0}\frac{\sin(x)}{x}\cdot\frac{\sin(x)}{\cos(x)} = 1\cdot 0 = 0.$$

Der gesuchte Grenzwert ist daher $e^0 = 1$.

(o) Wegen $\big(\tan(x)/x\big)^{1/x} = \exp\big(\ln\big(\tan(x)/x\big)/x\big)$ berechnen wir zunächst

$$\lim_{x\to 0}\frac{\ln\big(\tan(x)/x\big)}{x} = \lim_{x\to 0}\frac{x}{\tan(x)}\cdot\frac{\dfrac{x}{\cos(x)^2}-\tan(x)}{x^2}$$
$$= \lim_{x\to 0}\frac{\dfrac{x}{\cos(x)^2}-\dfrac{\sin(x)}{\cos(x)}}{\dfrac{x\sin(x)}{\cos(x)}} = \lim_{x\to 0}\frac{x-\sin(x)\cos(x)}{x\sin(x)\cos(x)}$$
$$= \lim_{x\to 0}\frac{2x-\sin(2x)}{x\sin(2x)} = \lim_{x\to 0}\frac{2-2\cos(2x)}{\sin(2x)+2x\cos(2x)}$$
$$= \lim_{x\to 0}\frac{4\sin(2x)}{4\cos(2x)-4x\sin(2x)} = \frac{0}{4} = 0.$$

Der gesuchte Grenzwert ist daher $e^0 = 1$.

(p) Anwendung der l'Hospitalschen Regeln liefert

$$\lim_{x\to 0}\frac{x^2-\sin(x)^2}{x^2\sin(x)^2} = \lim_{x\to 0}\frac{2x-2\sin(x)\cos(x)}{2x\sin(x)^2+2x^2\sin(x)\cos(x)}$$
$$= \lim_{x\to 0}\frac{2x-\sin(2x)}{x-x\cos(2x)+x^2\sin(2x)}$$
$$= \lim_{x\to 0}\frac{2-2\cos(2x)}{1-\cos(2x)+4x\sin(2x)+2x^2\cos(2x)}$$
$$= \lim_{x\to 0}\frac{4\sin(2x)}{6\sin(2x)+12x\cos(2x)-4x^2\sin(2x)}$$
$$= \lim_{x\to 0}\frac{8\cos(2x)}{24\cos(2x)-32x\sin(2x)-8x^2\cos(2x)}$$
$$= \frac{8}{24} = \frac{1}{3}.$$

(q) Wegen $\sin(x)^{\tan(x)} = \exp\big(\tan(x)\ln(\sin x)\big)$ berechnen wir zunächst

$$\lim_{x\to 0+}\tan(x)\ln(\sin x) = \lim_{x\to 0+}\frac{\ln(\sin x)}{\cos(x)/\sin(x)}$$
$$= \lim_{x\to 0+}\frac{\cos(x)/\sin(x)}{-1/\sin(x)^2} = \lim_{x\to 0+}\cos(x)\sin(x) = 0.$$

Der gesuchte Grenzwert ist daher $e^0 = 1$.

(r) Für alle $x > 0$ gilt $x^{a/\ln(x)} = e^{(a/\ln(x))\cdot\ln(x)} = e^a$; der angegebene Ausdruck hängt also gar nicht von x ab. Natürlich gilt dann $\lim_{x\to 0+} x^{a/\ln(x)} = e^a$.

Bemerkung: Etliche der mühsamen Rechnungen lassen sich vermeiden, wenn man gar nicht die Regel von l'Hospital anwendet, sondern die Potenzreihenentwicklungen der auftretenden Funktionen einsetzt und dann schaut, welche Terme sich wegheben.

Lösung (91.26) (a) Nach der Regel von de l'Hospital gilt

$$\lim_{x\to 0}\frac{6^x-2^x}{x} = \lim_{x\to 0}\frac{6^x\ln(6)-2^x\ln(2)}{1}$$
$$= \ln(6)-\ln(2) = \ln(3) \approx 1.09861.$$

(b) Nach der Regel von de l'Hospital gilt

$$\lim_{x\to 1}\left(\frac{1}{x-1}-\frac{1}{\ln(x)}\right) = \lim_{x\to 1}\frac{\ln(x)-(x-1)}{(x-1)\ln(x)}$$
$$= \lim_{x\to 1}\frac{(1/x)-1}{\ln(x)+(x-1)/x} = \lim_{x\to 1}\frac{1-x}{x\ln(x)+x-1}$$
$$= \lim_{x\to 1}\frac{-1}{\ln(x)+1+1} = \frac{-1}{2}.$$

(c) Nach der Regel von de l'Hospital gilt

$$\lim_{x\to 0}\frac{x-\sin(\sin x)}{x^3} = \lim_{x\to 0}\frac{1-\cos(\sin x)\cos x}{3x^2}$$
$$= \lim_{x\to 0}\frac{\sin(\sin x)\cos^2 x+\cos(\sin x)\sin x}{6x}$$
$$= \lim_{x\to 0}\left(\frac{\sin(\sin x)}{\sin x}\cdot\frac{\sin x}{x}\cdot\frac{\cos^2 x}{6}+\frac{\cos(\sin x)}{6}\cdot\frac{\sin x}{x}\right)$$
$$= 1\cdot 1\cdot\frac{1}{6}+\frac{1}{6}\cdot 1 = \frac{2}{6} = \frac{1}{3}.$$

Aufgaben zu »Ableitungswerte und lokales Verhalten« siehe Seite 133

Beim letzten Schritt haben wir dabei nicht noch einmal die Regel von de l'Hospital angewandt (was auch möglich, aber etwas mühsam wäre), sondern die bekannte Tatsache ausgenutzt, daß $\sin(x)/x \to 1$ für $x \to 0$ gilt.

(d) Indem wir die Multiplikation mit $e^x - 1$ als Division durch $(e^x - 1)^{-1}$ schreiben, erhalten wir einen Grenzwert der Form $-\infty/\infty$ und können dann die Regel von de l'Hospital anwenden; es ergibt sich

$$\begin{aligned}\lim_{x\to 0+} \frac{\ln(x)}{(e^x-1)^{-1}} &= \lim_{x\to 0+} \frac{1/x}{-(e^x-1)^{-2}\cdot e^x} \\ = -\lim_{x\to 0+}\frac{(e^x-1)^2}{xe^x} &= -\lim_{x\to 0+}\frac{2(e^x-1)\cdot e^x}{e^x+xe^x} \\ = -\lim_{x\to 0+}\frac{2(e^x-1)}{1+x} &= -\frac{0}{1} = 0.\end{aligned}$$

(e) Hier liegt ein Grenzwert der Form $0/0$ vor. Anwendung der Regel von de l'Hospital liefert

$$\begin{aligned}\lim_{x\to 0}\frac{6^x-5^x}{2x-3x^4} &= \lim_{x\to 0}\frac{6^x\ln(6)-5^x\ln(5)}{2-12x^3} \\ = \frac{\ln(6)-\ln(5)}{2} &= \frac{\ln(6/5)}{2} \approx 0.0911608.\end{aligned}$$

(f) Hier liegt wieder ein Grenzwert der Form $0/0$ vor. Anwendung der Regel von de l'Hospital liefert

$$\begin{aligned}\lim_{x\to 0}\frac{\cos\big(\cos(x)\cdot\pi/2\big)}{x^2-x^3} &= \lim_{x\to 0}\frac{\sin\big(\cos(x)\cdot\pi/2\big)\cdot\sin(x)\cdot\pi/2}{2x-3x^2} \\ = \lim_{x\to 0}\frac{\pi}{2}\cdot\frac{\sin\big(\cos(x)\cdot\pi/2\big)}{2-3x}\cdot\frac{\sin(x)}{x} &= \frac{\pi}{2}\cdot\frac{1}{2}\cdot 1 = \frac{\pi}{4}.\end{aligned}$$

Lösung (91.27) Für $x \neq 0$ erhalten wir

$$f'(x) = \left(\sin(1/x^4) - \frac{4\cos(1/x^4)}{x^4} + \frac{2\sin(1/x^4)}{x^2}\right)e^{-1/x^2}$$

und $g'(x) = (2/x^3)e^{-1/x^2}$. Da für jeden Exponenten m der Ausdruck $(1/x)^m e^{-1/x^2}$ für $x \to 0+$ gegen Null geht, haben wir $f(x) \to 0$, $g(x) \to 0$, $f'(x) \to 0$ und $g'(x) \to 0$ für $x \to 0$. Wegen $|f(x)/g(x)| \leq |x|$ gilt ferner auch $f(x)/g(x) \to 0$ für $x \to 0$. Dagegen existiert für den Ausdruck

$$\frac{f'(x)}{g'(x)} = \frac{x^3\sin(1/x^4)}{2} - \frac{2\cos(1/x^4)}{x} + x\sin(1/x^4)$$

nicht der Grenzwert für $x \to 0$, weil der zweite Term wilde Oszillationen vollführt und in einer beliebigen Umgebung von Null alle reellen Zahlen als Werte annimmt. Das ist aber kein Widerspruch zur Regel von de l'Hospital, die ja nur besagt, daß bei Grenzwerten der Form $0/0$ oder ∞/∞ die Existenz des Grenzwerts $\lim_{x\to 0} f'(x)/g'(x)$ diejenige des Grenzwerts $\lim_{x\to 0} f(x)/g(x)$ nach sich zieht, nicht aber umgekehrt.

Lösung (91.28) Die Anwendung der l'Hospitalschen Regeln auf den Ausdruck $\big(f(x)-f(0)\big)/(x-0)$ ist nur erlaubt, wenn vorausgesetzt werden kann, daß $\lim_{x\to a} f'(x)$ existiert. (Ist dies der Fall, so garantiert die Regel von de l'Hospital, daß dann tatsächlich $\lim_{x\to a} f'(x) = f'(a)$ gilt, daß also f' keine hebbare Unstetigkeit an der Stelle a besitzt. Vergleiche auch Aufgabe (91.14).) Die Regel von de l'Hospital sagt aber nichts für den Fall aus, daß der Grenzwert $\lim_{x\to a} f'(x)$ gar nicht existiert.

Lösung (91.29) Es sei $g(x) := f(x)/x$; auf $(0,\infty)$ ist dann g differentiierbar mit

$$g'(x) = \frac{f'(x)x - f(x)}{x^2}.$$

Wir sind fertig, wenn wir $g' \geq 0$ nachweisen können, also $f'(x)x \geq f(x)$ für alle $x \in (0,\infty)$. Zu jedem $x \in (0,\infty)$ gibt es nun nach dem Mittelwertsatz ein $\xi \in (0,x)$ mit

$$\frac{f(x)}{x} = \frac{f(x)-f(0)}{x-0} = f'(\xi) \leq f'(x),$$

wobei wir beim letzten Schritt das monotone Wachstum von f' ausnutzten. Also gilt $f(x)/x \leq f'(x)$ für alle $x \in (0,\infty)$, was zu zeigen war.

Lösung (91.30) (a) Die Funktion $g(x) := xf\big(\ln(x)/c\big)$ ist definiert für $x \geq e^a$ und erfüllt

$$g'(x) = f\left(\frac{\ln(x)}{c}\right) + \frac{1}{c}\cdot f'\left(\frac{\ln(x)}{c}\right) \to \frac{b}{c} \quad \text{für } x \to \infty.$$

Nach der Regel von de l'Hospital gilt für $x \to \infty$ dann $g(x)/x \to b/c$, also $f\big(\ln(x)/c\big) \to b/c$ und folglich auch $f(x) \to b/c$. (Trivialerweise folgt für $b \in \mathbb{R}$ aus $f'(x) + cf(x) \to b$ und $f(x) \to b/c$ dann automatisch $f'(x) \to 0$.)

(b) Setze $g(x) := f'(x) + 2f(x) - 2$. Für $x \to \infty$ gilt dann $g'(x) + g(x) = f''(x) + 3f'(x) + 2f(x) - 2 \to 0$. Nach Teil (a) gilt für $x \to \infty$ dann $g(x) \to 0$, mit $h(x) := f(x) - 1$ also $h'(x) + 2h(x) \to 0$. Wiederum nach Teil (a) folgt dann $h(x) \to 0$, also $f(x) \to 1$ für $x \to \infty$.

Lösung (91.31) Die Aussagen folgen direkt aus der Definition von Monotonie und Konvexität bzw. Konkavität (ohne Bezugnahme auf irgendwelche Stetigkeits- oder Differentiierbarkeitseigenschaften). Wir beweisen nur Aussage (a); die anderen Aussagen werden in völlig analoger Weise bewiesen. Zunächst gelten (wenn wir $f(a) = \alpha$ und $f(b) = \beta$ schreiben) die folgenden Äquivalenzen:

f wächst streng monoton
$\Leftrightarrow$ $a < b$ in I genau dann, wenn $f(a) < f(b)$ in J
$\Leftrightarrow$ $\alpha < \beta$ in J genau dann, wenn $f^{-1}(\alpha) < f^{-1}(\beta)$ in I
$\Leftrightarrow$ f^{-1} wächst streng monoton.

Analog zeigt man, daß f genau dann streng monoton fällt, wenn f^{-1} streng monoton fällt. (Diese Aussagen gelten

Aufgaben zu »Ableitungswerte und lokales Verhalten« siehe Seite 133

allgemein für bijektive Abbildungen zwischen totalgeordneten Mengen.) Setzen wir nun f (und damit f^{-1}) als streng monoton wachsend voraus, so gelten die folgenden Äquivalenzen (bei denen jeweils "für alle a, b, s, t" zu lesen ist als "für alle $a, b \in I$ und alle $s, t > 0$ mit $s+t = 1$" sowie "für alle α, β, s, t" als "für alle $\alpha, \beta \in J$ und alle $s, t > 0$ mit $s + t = 1$" und bei denen bei der zweiten Äquivalenz die strenge Monotonie von f^{-1} ausgenutzt wird):

$$\begin{aligned}
& f \text{ ist konvex} \\
\Leftrightarrow\ & f(sa+tb) \le sf(a) + tf(b) \text{ für alle } a, b, s, t \\
\Leftrightarrow\ & sa+tb \le f^{-1}\big(sf(a) + tf(b)\big) \text{ für alle } a, b, s, t \\
\Leftrightarrow\ & sf^{-1}(\alpha) + tf^{-1}(\beta) \le f^{-1}\big(s\alpha + t\beta\big) \text{ für alle } \alpha, \beta, s, t \\
\Leftrightarrow\ & f^{-1}\big(s\alpha + t\beta\big) \ge sf^{-1}(\alpha) + tf^{-1}(\beta) \text{ für alle } \alpha, \beta, s, t \\
\Leftrightarrow\ & f^{-1} \text{ ist konkav.}
\end{aligned}$$

Analog gelten die Äquivalenzen

$$\begin{aligned}
& f \text{ ist streng konvex} \\
\Leftrightarrow\ & f(sa+tb) < sf(a) + tf(b) \text{ für alle } a, b, s, t \\
\Leftrightarrow\ & sa+tb < f^{-1}\big(sf(a) + tf(b)\big) \text{ für alle } a, b, s, t \\
\Leftrightarrow\ & sf^{-1}(\alpha) + tf^{-1}(\beta) < f^{-1}\big(s\alpha + t\beta\big) \text{ für alle } \alpha, \beta, s, t \\
\Leftrightarrow\ & f^{-1}\big(s\alpha + t\beta\big) > sf^{-1}(\alpha) + tf^{-1}(\beta) \text{ für alle } \alpha, \beta, s, t \\
\Leftrightarrow\ & f^{-1} \text{ ist streng konkav.}
\end{aligned}$$

Damit ist (a) gezeigt; die anderen Aussagen ergeben sich analog. Unter der zusätzlichen Voraussetzung, daß f zweimal differentiierbar ist, ergeben sich die Aussagen auch aus Satz (91.10) im Buch. Aufgrund der Umkehr-, der Quotienten- und der Kettenregel haben wir nämlich

$$\begin{aligned}
(f^{-1})' &= \frac{1}{f' \circ f^{-1}} \quad \text{und} \\
(f^{-1})'' &= \frac{-(f'' \circ f^{-1}) \cdot (f^{-1})'}{(f' \circ f^{-1})^2} = \frac{-f'' \circ f^{-1}}{(f' \circ f^{-1})^3}.
\end{aligned}$$

Damit erhalten wir dann zum Beispiel die folgenden Äquivalenzen:

$$\begin{aligned}
& f \text{ streng monoton wachsend und konvex} \\
\Leftrightarrow\ & f' > 0 \text{ und } f'' \ge 0 \text{ auf } I \\
\Leftrightarrow\ & (f^{-1})' > 0 \text{ und } (f^{-1})'' \le 0 \text{ auf } J \\
\Leftrightarrow\ & f^{-1} \text{ streng monoton wachsend und konkav.}
\end{aligned}$$

Die anderen Äquivalenzaussagen ergeben sich in völlig analoger Weise.

Lösung (91.32) Die Funktion f ist auf $\mathbb{R} \setminus \{0\}$ unendlich oft differentiierbar mit

$$\begin{aligned}
f'(x) &= 4x^3\big(2 + \sin(1/x)\big) - x^2\cos(1/x) \quad \text{und} \\
f''(x) &= 12x^2\big(2 + \sin(1/x)\big) - 6x\cos(1/x) - \sin(1/x).
\end{aligned}$$

Man überlegt sich schnell, daß f auch im Punkt 0 zweimal differentiierbar ist (mit $f'(0) = f''(0) = 0$), daß aber die dritte Ableitung im Nullpunkt nicht mehr existiert. Da die Sinusfunktion nur Werte zwischen -1 und 1 annehmen kann, oszilliert der Graph der Funktion $f(x) = x^4 \cdot \big(2 + \sin(1/x)\big)$ zwischen den Kurven $y = x^4$ und $y = 3x^4$.

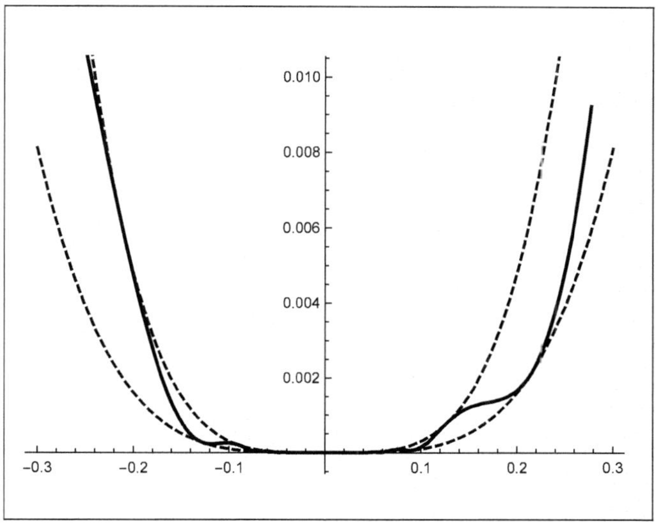

Graph der Funktion $f(x) = x^4 \cdot \big(2 + \sin(1/x)\big)$.

Lösung (91.33) (a) Die Funktion f ist offensichtlich gerade mit $f(x) \to \infty$ für $x \to \pm\infty$. Wir erhalten nacheinander

$$\begin{aligned}
f(x) &= x^4 - 2x^2 + 1 = (x^2-1)^2, \\
f'(x) &= 4x^3 - 4x = 4x(x^2-1), \\
f''(x) &= 12x^2 - 4 = 12\big(x^2 - (1/3)\big).
\end{aligned}$$

Die Darstellung $f(x) = (x^2-1)^2$ zeigt, daß $f \ge 0$ auf ganz $\mathbb{R}$ gilt. Die einzigen Nullstellen von f wie auch von f' sind die Punkte ± 1; wegen $f \ge 0$ handelt es sich hierbei um strikte globale Minima. Es gilt ferner $f'' > 0$ für $x^2 > 1/3$ (so daß f auf $(-\infty, -1/\sqrt{3})$ und auf $(1/\sqrt{3}, \infty)$ linksgekrümmt ist) sowie $f'' < 0$ für $x^2 < 1/3$ (so daß f auf $(-1/\sqrt{3}, 1/\sqrt{3})$ rechtsgekrümmt ist. An den Stellen $(\pm 1/\sqrt{3}, 4/9)$ liegen Wendepunkte vor.

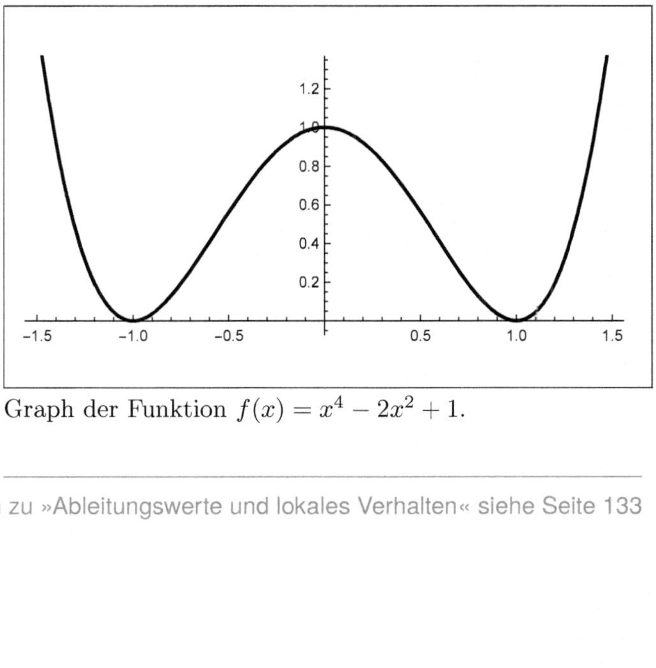

Graph der Funktion $f(x) = x^4 - 2x^2 + 1$.

Aufgaben zu »Ableitungswerte und lokales Verhalten« siehe Seite 133

(b) Polynomdivision liefert

$$(\star) \qquad f(x) = \frac{x^2+1}{x-3} = x+3+\frac{10}{x-3}$$

und damit die Ableitungen

$$f'(x) = 1 - \frac{10}{(x-3)^2} \quad \text{und} \quad f''(x) = \frac{20}{(x-3)^3}.$$

Der maximale Definitionsbereich ist $D = \mathbb{R} \setminus \{3\}$; die Gerade $x = 3$ ist eine senkrechte Asymptote (mit $f(x) \to \infty$ für $x \to 3+$ und $f(x) \to -\infty$ für $x \to 3-$). Die Darstellung $(\star)$ zeigt, daß die Gerade $y = x + 3$ für $x \to \pm\infty$ eine Asymptote für die Kurve $y = f(x)$ ist. Die Darstellung $f(x) = (x^2+1)/(x-3)$ zeigt, daß f keine Nullstelle hat. Es gilt $f'(x) > 0$ für $(x-3)^2 > 10$ und $f'(x) < 0$ für $(x-3)^2 < 10$; die Funktion f wächst also streng monoton auf $(-\infty, 3-\sqrt{10})$ und auf $(3+\sqrt{10}, \infty)$, sie fällt streng monoton auf $(3-\sqrt{10}, 3)$ und auf $(3, 3+\sqrt{10})$. Die kritischen Punkte sind die Punkte $x_{1,2} = 3 \pm \sqrt{10}$ mit $y_{1,2} = f(x_{1,2}) = 6 \pm 2\sqrt{10}$; im Punkt $(x_1, y_1) = (3-\sqrt{10}, 6-2\sqrt{10})$ liegt ein lokales Maximum vor, im Punkt $(x_2, y_2) = (3+\sqrt{10}, 6+2\sqrt{10})$ ein lokales Minimum. Wegen $f''(x) > 0$ für $x - 3 > 0$ und $f''(x) < 0$ für $x - 3 < 0$ ist f rechtsgekrümmt auf $(-\infty, 3)$ und linksgekrümmt auf $(3, \infty)$; Wendepunkte gibt es nicht.

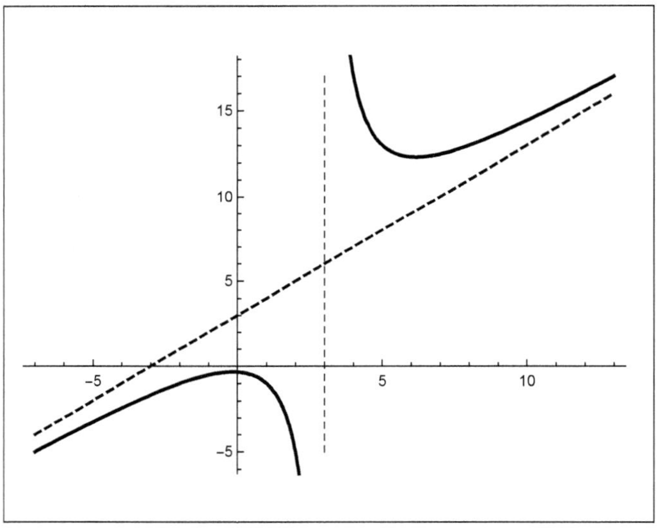

Graph der Funktion $f(x) = (x^2+1)/(x-3)$.

(c) Die Funktion ist definiert auf $D := \mathbb{R} \setminus \{0\}$. Wir erhalten

$$\begin{aligned} f(x) &= \frac{2x-1}{x^2} = 2x^{-1} - x^{-2}, \\ f'(x) &= -2x^{-2} + 2x^{-3} = \frac{2-2x}{x^3}, \\ f''(x) &= 4x^{-3} - 6x^{-4} = \frac{4x-6}{x^4}. \end{aligned}$$

Die einzige Nullstelle von f liegt bei $x = 1/2$. Die einzige Nullstelle von f' liegt bei $x = 1$. Wegen $f(1) = 1$ und $f''(1) = -2 < 0$ liegt in $(1, 1)$ ein lokales Maximum vor. Die einzige Nullstelle von f'' liegt bei $x = 3/2$, und es gilt $f(3/2) = 8/9$. Da f''' an dieser Stelle das Vorzeichen wechselt, liegt im Punkt $(3/2, 9/8)$ ein Wendepunkt vor. Offensichtlich gelten die Aussagen $f(x) \to 0$ für $x \to \pm\infty$ und $f(x) \to -\infty$ für $x \to 0$. Damit haben wir alle Informationen zur Verfügung, um den Verlauf von f zu beschreiben.

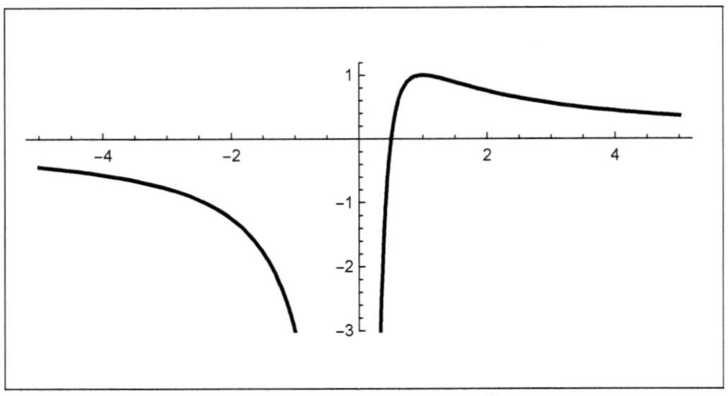

Graph der Funktion $f(x) = (2x-1)/x^2$.

(d) Wir erhalten

$$\begin{aligned} f(x) &= xe^{-x}, \\ f'(x) &= e^{-x} - xe^{-x} = (1-x)e^{-x}, \\ f''(x) &= -e^{-x} - (1-x)e^{-x} = (x-2)e^{-x}. \end{aligned}$$

Es gilt $f(x) \to -\infty$ für $x \to -\infty$ und $f(x) \to 0$ für $x \to \infty$. Einzige Nullstelle ist $x = 0$. Es gilt $f'(x) > 0$ für $x < 1$ und $f'(x) < 0$ für $x > 1$; die Funktion f wächst also streng monoton zwischen $-\infty$ und 1, hat dann ein Maximum bei $\big(1, f(1)\big) = (1, 1/e)$ und fällt streng monoton zwischen 1 und ∞. Ferner gilt $f''(x) < 0$ für $x < 2$ und $f''(x) > 0$ für $x > 2$; die Funktion f ist also rechtsgekrümmt auf $(-\infty, 2]$, hat einen Wendepunkt in $\big(2, f(2)\big) = (2, 2/e^2)$ und ist linksgekrümmt auf $[2, \infty)$.

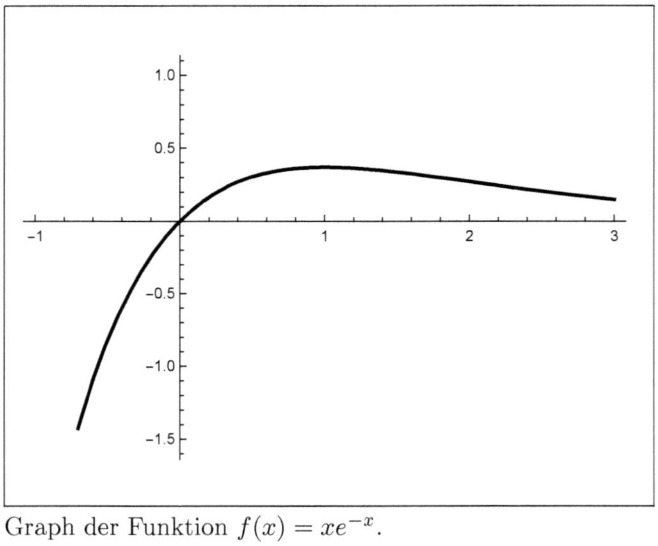

Graph der Funktion $f(x) = xe^{-x}$.

Aufgaben zu »Ableitungswerte und lokales Verhalten« siehe Seite 133

(e) Wir erhalten nacheinander

$$\begin{aligned} f(x) &= (-x^2+2x+2)e^{-x}, \\ f'(x) &= (x^2-4x)e^{-x} \;=\; x(x-4)e^{-x}, \\ f''(x) &= (-x^2+6x-4)e^{-x}. \end{aligned}$$

Es gilt $f(x) \to -\infty$ für $x \to -\infty$ und $f(x) \to 0$ für $x \to \infty$. Genau dann gilt $f(x) = 0$, wenn $x^2 - 2x - 2 = 0$ gilt, also $x = 1 \pm \sqrt{3}$. Genau dann gilt $f'(x) = 0$, wenn $x = 0$ oder $x = 4$ gilt; wegen $f'(x) > 0$ für $x < 0$ und $x > 4$ sowie $f'(x) < 0$ für $0 < x < 4$ liegt im Punkt $\big(0, f(0)\big) = (0,2)$ ein lokales Maximum vor, im Punkt $\big(4, f(4)\big) = (3, -6/e^4)$ ein lokales Minimum. Genau dann gilt $f''(x) = 0$, wenn $x^2 - 6x + 4 = 0$ gilt, also $x = 3 \pm \sqrt{5}$. Dabei gilt $f''(x) < 0$ für $x < 3-\sqrt{5}$ (so daß f auf $(-\infty, 3-\sqrt{5})$ rechtsgekrümmt ist), $f''(x) > 0$ für $3-\sqrt{5} < x < 3+\sqrt{5}$ (so daß f auf $(3-\sqrt{5}, 3+\sqrt{5})$ linksgekrümmt ist) sowie $f''(x) < 0$ für $x > 3+\sqrt{5}$ (so daß f auf $(3+\sqrt{5}, \infty)$ wieder rechtsgekrümmt ist).

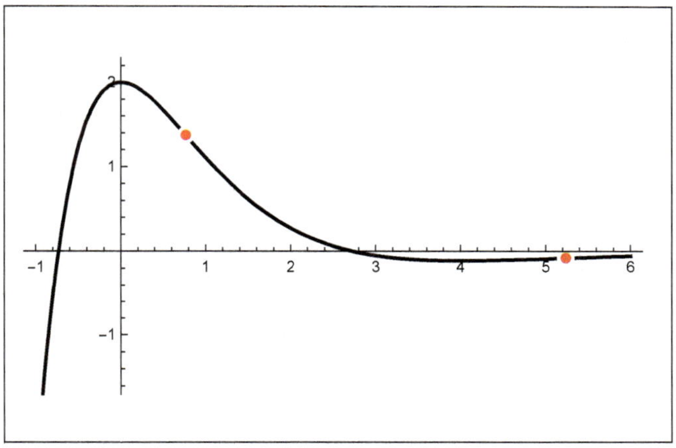

Graph der Funktion $f(x) = (-x^2+2x+2)e^{-x}$.

(f) Wir erhalten nacheinander

$$\begin{aligned} f(x) &= x^4 - 2x^3 + 2x - 1, \\ f'(x) &= 4x^3 - 6x^2 + 2, \\ f''(x) &= 12x^2 - 12x. \end{aligned}$$

Ausprobieren zeigt, daß $x = 1$ eine Nullstelle von f ist; also ist die Polynomdivision $f(x) : (x-1)$ ohne Rest durchführbar. Es ergibt sich $f(x) : (x-1) = x^3 - x^2 - x + 1$ bzw. $f(x) = (x-1)(x^3-x^2-x+1)$. Der Faktor $x^3 - x^2 - x + 1$ hat nochmals $x = 1$ als Nullstelle; Polynomdivision liefert $(x^3-x^2-x+1) : (x-1) = x^2 - 1 = (x-1)(x+1)$. Damit ergibt sich $f(x) = (x-1)^3(x+1)$. Ebenso läßt sich $f'(x)$ in Faktoren zerlegen; die Nullstelle $x = 1$ führt auf die Polynomdivision $f'(x) : (x-1) = 4x^2 - 2x - 2$, und die Nullstellen dieses quadratischen Polynoms kann man mit Hilfe der pq-Formel finden. Insgesamt ergibt sich:

$$\begin{aligned} f(x) &= (x-1)^3(x+1), \\ f'(x) &= 4(x-1)^2\big(x+(1/2)\big), \\ f''(x) &= 12x(x-1). \end{aligned}$$

Also hat f die Nullstellen -1 und 1. Eine waagrechte Tangente liegt bei $x = 1$ und bei $x = -1/2$ vor; bei $x = 1$ hat f' keinen Vorzeichenwechsel, so daß ein Sattelpunkt vorliegt, während bei $x = -1/2$ ein Minimum vorliegt. Die Nullstellen von f'' sind $x = 0$ und $x = 1$, und an beiden Stellen wechselt f'' das Vorzeichen, so daß jeweils ein Wendepunkt vorliegt. Für $x \to \pm\infty$ gilt $f(x) \to \infty$.

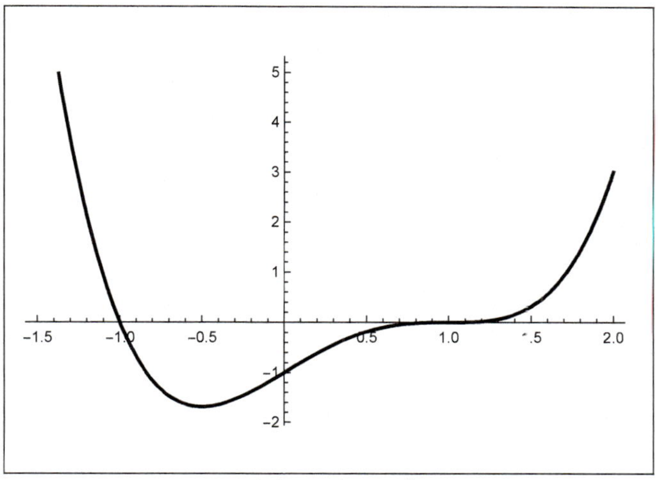

Graph der Funktion $f(x) = x^4 - 2x^3 + 2x - 1$.

(g) Die Funktion $f(x) = (1+x)\sqrt{1-x^2}$ ist definiert für $x^2 \le 1$, also $-1 \le x \le 1$, und erfüllt die Bedingungen $f(-1) = f(1) = 0$ und $f(x) > 0$ für $-1 < x < 1$, hat also an den beiden Randpunkten des Definitionsintervalls absolute Minima. Für $-1 < x < 1$ berechnen wir

$$\begin{aligned} f'(x) &= \frac{1-x-2x^2}{\sqrt{1-x^2}} \\ &= \frac{(1+x)(1-2x)}{\sqrt{1-x^2}} \\ &= \frac{\sqrt{1+x}\,(1-2x)}{\sqrt{1-x}} \end{aligned}$$

und

$$\begin{aligned} f''(x) &= \frac{2x^3-3x-1}{(1-x^2)\sqrt{1-x^2}} \;=\; \frac{2x^2-2x-1}{(1-x)\sqrt{1-x^2}} \\ &= \frac{\big(2x-(1+\sqrt{3})\big)\big(2x-(1-\sqrt{3})\big)}{2(1-x)\sqrt{1-x^2}}. \end{aligned}$$

Monotonieverhalten: Die zweite Darstellung für f' zeigt $f'(x) > 0$ für $x < 1/2$ und $f'(x) < 0$ für $x > 1/2$; also wächst f streng monoton im Intervall $-1 \le x \le 1/2$, nimmt an der Stelle $x = 1/2$ ein Maximum an (und zwar mit dem Wert $3\sqrt{3}/4 \approx 1.299$) und fällt dann streng monoton im Intervall $1/2 \le x \le 1$. Ferner gilt $f'(x) \to 0$ für $x \to -1$ (rechtsseitiger Grenzwert) und $f'(x) \to -\infty$ für $x \to 1$ (linksseitiger Grenzwert); dies zeigt, daß der Graph von f waagrecht aus dem Punkt $(-1, 0)$ herausläuft und senkrecht nach unten in den Punkt $(1, 0)$ hineinläuft. **Krümmungsverhalten:** Die dritte Darstellung für f'' zeigt $f''(x) > 0$ für $x < (1-\sqrt{3})/2$ und $f''(x) < 0$

für $x > (1-\sqrt{3})/2$. Der Graph von f ist also im Intervall $-1 \le x \le (1-\sqrt{3})/2$ eine Linkskurve, erreicht bei $x = (1-\sqrt{3})/2 \approx -0.366$ einen Wendepunkt und ist im Intervall $(1-\sqrt{3})/2 \le x \le 1$ eine Rechtskurve.

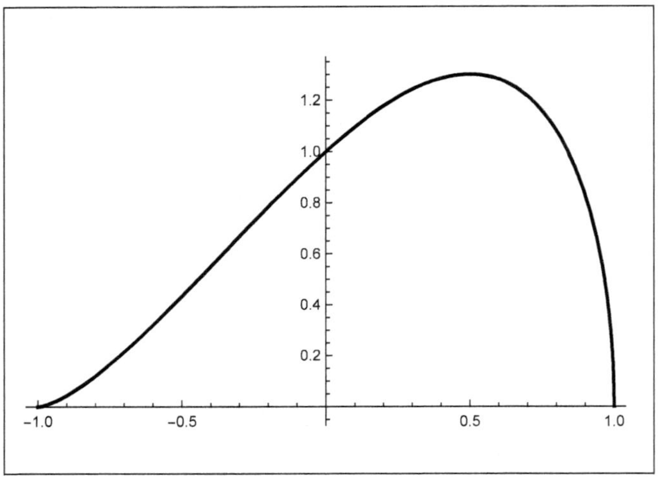

Graph der Funktion $f(x) = (1+x)\sqrt{1-x^2}$.

(h) Wir erhalten nacheinander

$$\begin{aligned} f(x) &= \cos(2x) - 4\sin x, \\ f'(x) &= -2\sin(2x) - 4\cos x, \\ f''(x) &= -4\cos(2x) + 4\sin x, \end{aligned}$$

unter Anwendung trigonometrischer Formeln also

$$\begin{aligned} f(x) &= 1 - 2\sin^2 x - 4\sin x \\ &= -2\cdot\left(\sin^2 x + 2\sin x - \frac{1}{2}\right), \\ f'(x) &= -4\sin x\cos x - 4\cos x \\ &= -4\cos x\,(\sin x + 1), \\ f''(x) &= -4 + 8\sin^2 x + 4\sin x \\ &= 8\cdot\left(\sin^2 x + \frac{1}{2}\sin x - \frac{1}{2}\right). \end{aligned}$$

Da f offensichtlich 2π-periodisch ist, genügt es, den Bereich $0 \le x < 2\pi$ zu untersuchen. Die Nullstellen von f sind die Lösungen der Gleichung $\sin^2 x + 2\sin x - 1/2 = 0$, die nach Anwendung der pq-Formel auf $\sin x = -1 \pm \sqrt{3/2}$, also $\sin x = -1 + \sqrt{3/2}$ führt. Im Intervall $[0, 2\pi)$ liefert dies die Lösungen $x_1 = \arcsin(-1 + \sqrt{3/2})$ und $x_2 = \pi - x_1$. Die Nullstellen von f' sind die Lösungen der Gleichung $\cos x = 0$ (oder $\sin x = -1$, was aber auch auf $\cos x = 0$ führt); im Intervall $[0, 2\pi)$ sind dies $\pi/2$ und $3\pi/2$. Wegen $f''(\pi/2) = 8 > 0$ liegt an der Stelle $x = \pi/2$ ein Minimum vor; an der Stelle $x = 3\pi/2$ wechselt f' das Vorzeichen von $+$ zu $-$, so daß ein Maximum vorliegt. Die Nullstellen von f'' sind nach der pq-Formel gegeben durch $\sin x = (-1 \pm 3)/4 = -1$ oder $1/2$; im Intervall $[0, 2\pi)$ liefert dies die Lösungen $\pi/6$, $5\pi/6$ und $3\pi/2$. Bei $x = \pi/6$ und $x = 5\pi/6$ wechselt f'' das Vorzeichen, so daß an diesen beiden Stellen Wendepunkte vorliegen; bei $x = 3\pi/2$ wechselt f'' nicht das Vorzeichen, so daß hier kein Wendepunkt vorliegt.

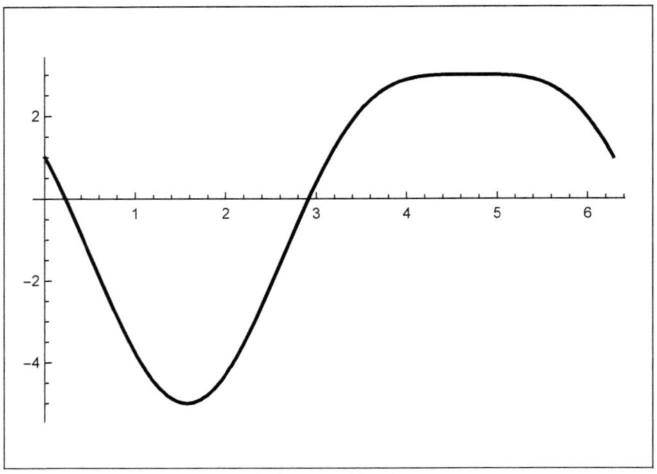

Graph der Funktion $f(x) = \cos(2x) - 4\sin x$.

(i) Die Funktion $f(x) = x^3/(x^2-1)$ ist definiert auf $D := \mathbb{R} \setminus \{1, -1\}$ und erfüllt die Bedingung $f(-x) = -f(x)$ für alle $x \in D$; der Graph von f ist also symmetrisch zum Nullpunkt. Wir erhalten

$$f'(x) = \frac{x^4 - 3x^2}{(x^2-1)^2} = \frac{x^2(x^2-3)}{(x^2-1)^2}$$

und

$$f''(x) = \frac{2x^3 + 6x}{(x^2-1)^3} = \frac{2x(x^2+3)}{(x^2-1)^2}.$$

Also gilt $f'(x) > 0$ für $x^2 > 3$ und $f'(x) < 0$ für $x^2 < 3$ und $x \neq 0$. Der Graph von f wächst daher streng monoton im Intervall $-\infty < x \le -\sqrt{3}$, nimmt bei $-\sqrt{3}$ ein lokales Maximum (mit dem Wert $-3\sqrt{3}/2$) an, fällt dann streng monoton bis zur Definitionslücke $x = -1$, fällt streng monoton von $+\infty$ bis $-\infty$ zwischen den Definitionslücken -1 und 1, fällt dann weiterhin streng monoton im Intervall $1 < x \le \sqrt{3}$, nimmt bei $\sqrt{3}$ ein lokales Minimum an (mit dem Wert $3\sqrt{3}/2$) und wächst streng monoton im Intervall $\sqrt{3} \le x < \infty$. Im Punkt $x = 0$ hat die Funktion zwar eine waagrechte Tangente, aber kein lokales Extremum. Führt man die Polynomdivision $x^3 : (x^2-1)$ explizit aus, so erhält man die Darstellung

$$f(x) = x + \frac{x}{x^2-1};$$

die Gerade $y = x$ ist also sowohl für $x \to -\infty$ als auch für $x \to \infty$ eine Asymptote.

Ferner erkennt man, daß $f''(x) > 0$ für $-1 < x < 0$ und $x > 1$ gilt, während $f''(x) < 0$ für $x < -1$ und $0 < x < 1$ gilt. Der Graph von f ist also für $x < -1$ eine Rechtskurve, für $-1 < x \le 0$ eine Linkskurve, hat bei $x = 0$ einen Wendepunkt, ist für $0 \le x < 1$ eine Rechtskurve und ist schließlich für $x > 1$ wieder eine Linkskurve.

Aufgaben zu »Ableitungswerte und lokales Verhalten« siehe Seite 133

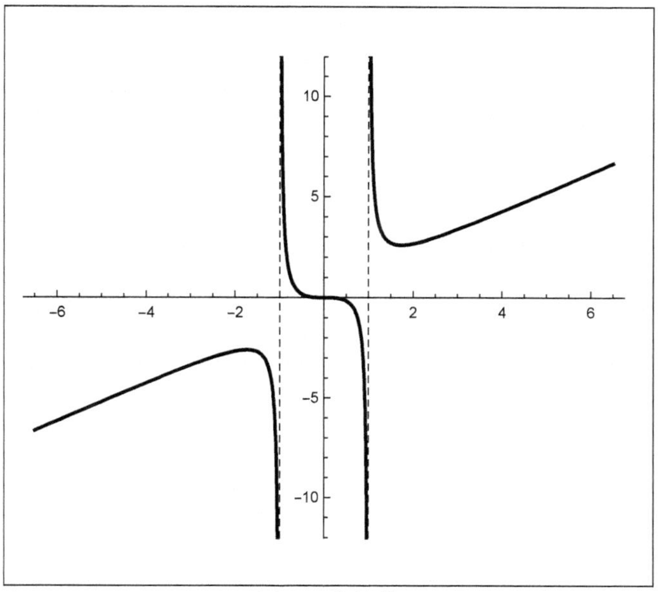

Graph der Funktion $f(x) = x^3/(x^2-1)$.

(j) Wir haben

$$\begin{aligned} f(x) &= \sqrt{x^2+x^3} = \sqrt{x^2}\sqrt{1+x} \\ &= |x|\sqrt{1+x} = \pm x\sqrt{1+x}, \end{aligned}$$

wobei das positive Vorzeichen für $x \geq 0$, das negative für $x \leq 0$ gilt. Der Definitionsbereich der Funktion ist das Intervall $[-1, \infty)$. Die Nullstellen von f sind $x = -1$ und $x = 0$; an beiden Stellen handelt es sich automatisch um globale Minima, denn die Funktion nimmt überall sonst positive Werte an. Für $x \to \infty$ gilt $f(x) \to \infty$. Wir berechnen nun die beiden ersten Ableitungen von f und erhalten:

$$\begin{aligned} f'(x) &= \pm\left(\sqrt{1+x} + \frac{x}{2\sqrt{1+x}}\right) \\ &= \pm\frac{2(1+x)+x}{2\sqrt{1+x}} = \pm\frac{3x+2}{2\sqrt{1+x}} \end{aligned}$$

sowie

$$\begin{aligned} f''(x) &= \pm\frac{6\sqrt{1+x} - (3x+2)/\sqrt{1+x}}{4(1+x)} \\ &= \pm\frac{6(1+x)-(3x+2)}{4(1+x)\sqrt{1+x}} \\ &= \pm\frac{3x+4}{4(1+x)\sqrt{1+x}}. \end{aligned}$$

Die einzige Nullstelle von f' ist $-2/3$, und wegen $f''(-2/3) = -3\sqrt{3}/2 < 0$ liegt an dieser Stelle ein Maximum vor. An den beiden Nullstellen $x = -1$ und $x = 0$ (die gleichzeitig Minimalstellen sind) existiert f' gar nicht! Es gilt $f'(-1) = \infty$, so daß an der Stelle $x = -1$ die Kurve $y = f(x)$ eine senkrechte Tangente hat; an der Stelle $x = 0$ erhalten wir die linksseitige Ableitung $f'(0-) = -1$ und die rechtsseitige Ableitung $f'(0+) = 1$, so daß die Kurve $y = f(x)$ an der Stelle $x = 0$ einen Knick hat. Da die Zahl $-4/3$ außerhalb des Definitionsbereichs von f liegt, hat f'' keine Nullstelle; also besitzt f keinen Wendepunkt im klassischen Sinne. Allerdings ist $f''(x) < 0$ für $x < 0$ und $f''(x) > 0$ für $x > 0$, so daß die Kurve $y = f(x)$ an der Stelle $x = 0$ von einer Rechts- in eine Linkskurve übergeht; f'' existiert an dieser Stelle nicht.

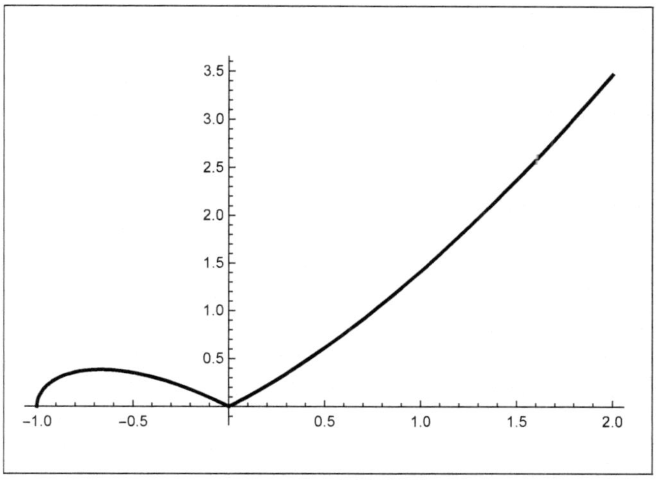

Graph der Funktion $f(x) = \sqrt{x^2+x^3}$.

(k) Wir erhalten nacheinander

$$\begin{aligned} f(x) &= \sin(2x) + 2\cos x, \\ f'(x) &= 2\cos(2x) - 2\sin x, \\ f''(x) &= -4\sin(2x) - 2\cos x, \end{aligned}$$

nach Anwendung trigonometrischer Formeln also

$$\begin{aligned} f(x) &= 2\sin x\cos x + 2\cos x \\ &= 2\cos x\,(\sin x + 1), \\ f'(x) &= 2 - 4\sin^2 x - 2\sin x \\ &= -4\cdot\left(\sin^2 x + \frac{1}{2}\sin x - \frac{1}{2}\right), \\ f''(x) &= -8\sin x\cos x - 2\cos x \\ &= -2\cos x\,(4\sin x + 1). \end{aligned}$$

Da f offensichtlich 2π-periodisch ist, genügt es, das Intervall $[0, 2\pi)$ zu betrachten. Die Nullstellen von f sind gegeben als Lösungen der Gleichung $\cos x = 0$ (oder $\sin x = -1$, was aber auch $\cos x = 0$ impliziert), im fraglichen Intervall also $\pi/2$ und $3\pi/2$. Die Nullstellen von f' sind nach der pq-Formel gegeben durch $\sin x = (-1\pm 3)/4 = -1$ oder $1/2$, was im Intervall $[0, 2\pi)$ auf die Lösungen $\pi/6$, $5\pi/6$ und $3\pi/2$ führt. An der Stelle $\pi/6$ liegt wegen $f''(\pi/6) < 0$ ein Maximum vor, an der Stelle $5\pi/6$ wegen $f''(5\pi/6) > 0$ ein Minimum; an der Stelle $3\pi/2$ wechselt f' nicht das Vorzeichen, so daß hier ein Sattelpunkt vorliegt. Die Nullstellen von f'' sind die Lösungen der Gleichungen $\cos x = 0$ und $\sin x = -1/4$, im Intervall $[0, 2\pi)$ also die vier Stellen $\pi/2$, $3\pi/2$, $\pi + \arcsin(1/4)$ und $2\pi - \arcsin(1/4)$. An all diesen Stellen wechselt f'' das Vorzeichen, so daß jeweils ein Wendepunkt vorliegt.

Aufgaben zu »Ableitungswerte und lokales Verhalten« siehe Seite 133

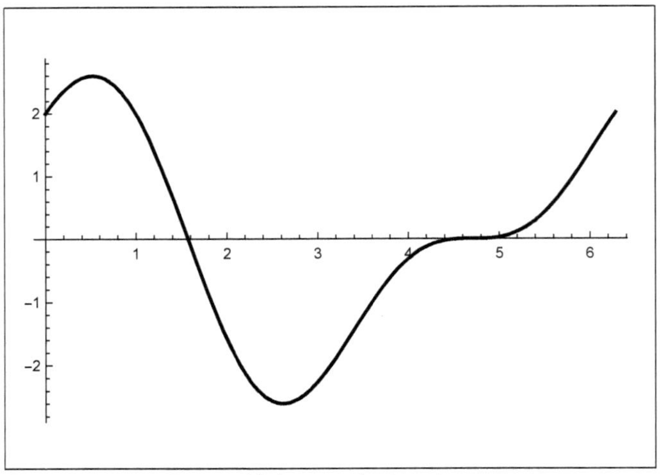

Graph der Funktion $f(x) = \sin(2x) + 2\cos x$.

(l) Wir erhalten

$$\begin{aligned} f(x) &= x^3 e^x - 2, \\ f'(x) &= (x^3 + 3x^2)e^x = x^2(x+3)e^x, \\ f''(x) &= (x^3 + 6x^2 + 6x)e^x = x(x^2 + 6x + 6)e^x. \end{aligned}$$

Offensichtlich haben wir $f(x) \to 0$ für $x \to -\infty$ und $f(x) \to \infty$ für $x \to \infty$. Die Nullstellen von f' sind $x = 0$ und $x = -3$; es gilt $f'(x) < 0$ für $x < -3$ und $f'(x) > 0$ für $x \in (-3, \infty) \setminus \{0\}$. Also fällt f streng monoton auf $(-\infty, -3)$ und wächst streng monoton auf $(-3, \infty)$. Damit ist klar, daß bei $x = -3$ ein globales Minimum und bei $x = 0$ ein Sattelpunkt vorliegt. Es ist ferner klar, daß f eine einzige Nullstelle besitzt (und zwar wegen $f(0) = -2 < 0$ und $f(1) = e - 2 > 0$ zwischen 0 und 1). Diese muß numerisch berechnet werden (etwa mit dem Bisektions- oder dem Newtonverfahren) und liegt bei $x = 0.925479$. Die zweite Ableitung verschwindet an den Stellen 0 und $x_{1,2} = -3 \pm \sqrt{3}$.

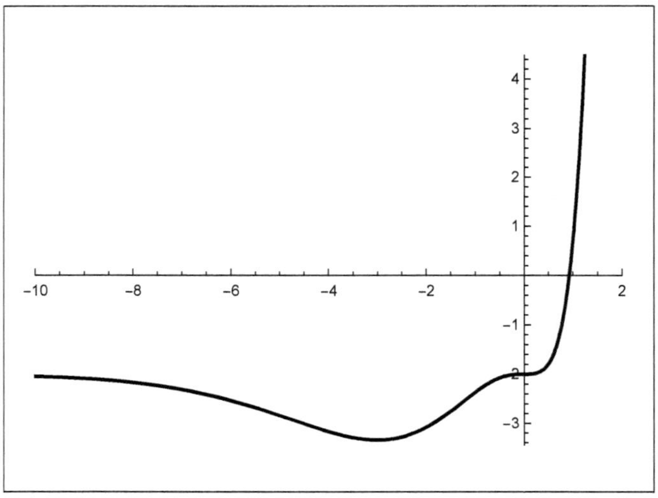

Graph der Funktion $f(x) = x^3 e^x - 2$.

(m) Offensichtlich ist f eine gerade Funktion (erfüllt also die Gleichung $f(-x) = f(x)$ für alle $x \in \mathbb{R}$) mit $f(0) = 0$ und $f(x) > 0$ für alle $x \neq 0$. (An der Stelle $x = 0$ liegt daher ein globales Minimum vor.) Wir schreiben

$$f(x) = \frac{x^{2/3}}{x^2 + 8}$$

und erhalten dann

$$\begin{aligned} f'(x) &= \frac{(2/3)x^{-1/3}(x^2+8) - x^{2/3} \cdot 2x}{(x^2+8)^2} \\ &= \frac{4}{3} \cdot \frac{4x^{-1/3} - x^{5/3}}{(x^2+8)^2} \\ &= \frac{4x^{-1/3}}{3} \cdot \frac{4 - x^2}{(x^2+8)^2} \end{aligned}$$

sowie

$$\begin{aligned} f''(x) &= \frac{4}{3} \cdot \frac{\left[\frac{-4x^{-4/3}}{3} - \frac{5x^{2/3}}{3}\right](x^2+8) - 4x(4x^{-1/3} - x^{5/3})}{(x^2+8)^3} \\ &= \frac{4}{9} \cdot \frac{7x^{8/3} - 92x^{2/3} - 32x^{-4/3}}{(x^2+8)^3} \\ &= \frac{4x^{-4/3}}{9} \cdot \frac{7x^4 - 92x^2 - 32}{(x^2+8)^3}. \end{aligned}$$

Wir erkennen, daß f im Nullpunkt nicht differentiierbar ist (dort wird f' sozusagen unendlich groß, was auf eine senkrechte Tangente hindeutet). Die Ableitung verschwindet an den Stellen ± 2; wegen $f(0) = 0$ und $f(x) \to 0$ für $x \to \pm\infty$ liegt an diesen beiden Stellen jeweils ein globales Maximum vor. Die Gleichung $f''(x) = 0$ ist genau dann erfüllt, wenn $x^4 - (92/7)\,x^2 - (32/7) = 0$. Anwendung der *pq*-Formel liefert $x^2 = (46 \pm 6\sqrt{65})/7$, wobei die Lösung mit dem Minuszeichen wegen $x^2 > 0$ entfällt. Die Funktion f hat also Wendepunkte an den Stellen $x_{1,2} = \pm\sqrt{(46 + 6\sqrt{65})/7}$.

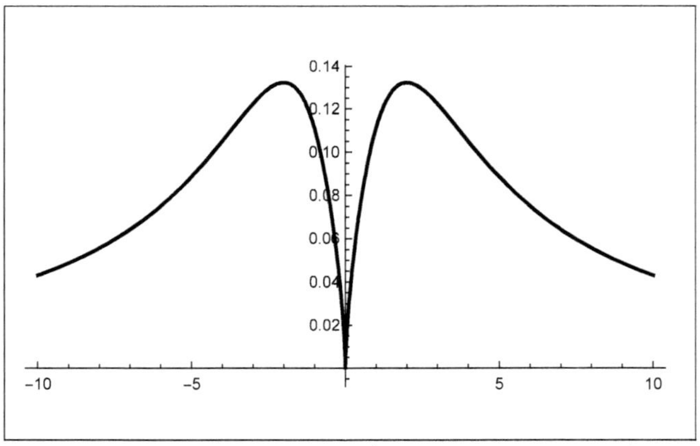

Graph der Funktion $f(x) = x^{2/3}/(x^2 + 8)$.

Aufgaben zu »Ableitungswerte und lokales Verhalten« siehe Seite 133

(n) Der Definitionsbereich von $f(x) = \sqrt{x} - x$ ist das Intervall $[0, \infty)$. Es gilt $f(x) \to f(0) = 0$ für $x \to 0$ und $f(x) \to -\infty$ für $x \to \infty$; eine Symmetrie ist nicht erkennbar. Als Ableitungen erhalten wir

$$f'(x) = \frac{1}{2\sqrt{x}} - 1 \quad \text{und} \quad f''(x) = -\frac{1}{4}x^{-3/2} = \frac{-1}{4x\sqrt{x}}.$$

Genau dann gilt $f'(x) = 0$, wenn $2\sqrt{x} = 1$ bzw. $x = 1/4$ gilt; wegen $f'(x) > 0$ für $x < 1/4$ und $f'(x) < 0$ für $x > 1/4$ liegt an der Stelle $x = 1/4$ ein globales Maximum vor. Wegen $f''(x) < 0$ für alle $x > 0$ ist die Kurve $y = f(x)$ durchgängig rechtsgekrümmt. (Wegen $f'(x) \to \infty$ für $x \to 0+$ hat die Kurve $y = f(x)$ an der Stelle $x = 0$ eine senkrechte Tangente.)

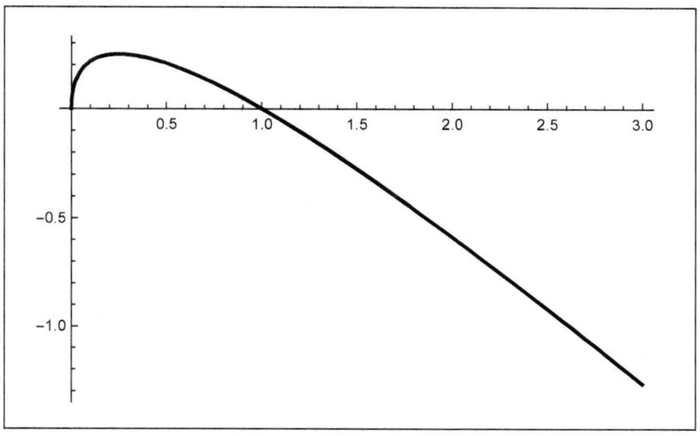

Graph der Funktion $f(x) = \sqrt{x} - x$.

(o) Da f offensichtlich 2π-periodisch ist, genügt es, den Verlauf von $f(x)$ für $0 \leq x < 2\pi$ zu untersuchen. Wir erhalten

$$\begin{aligned} f(x) &= 2\sin x - \cos(2x) &= 2\sin x - 1 + 2\sin^2 x, \\ f'(x) &= 2\cos x + 2\sin(2x) &= 2\cos x + 4\sin x\cos x, \\ f''(x) &= -2\sin x + 4\cos(2x) &= -2\sin x + 4 - 8\sin^2 x. \end{aligned}$$

- **Nullstellen:** Genau dann gilt $f(x) = 0$, wenn $\sin^2 x + \sin x - (1/2) = 0$ gilt, also $\sin x = (-1 \pm \sqrt{3})/2$. Wegen $\sin x > -1$ bleibt nur $\sin x = (\sqrt{3}-1)/2$ und damit $x = 0.374734 = 21.4707^0$ oder $x = 2.76686 = 158.529^0$.
- **Extremwerte:** Genau dann gilt $f'(x) = 0$, wenn $\cos x \cdot (1 + 2\sin x) = 0$ gilt, also $\cos x = 0$ oder $\sin x = -1/2$; dies ist der Fall für $x \in \{90^0, 210^0, 270^0, 330^0\}$. Die Funktionswerte an diesen vier Stellen sind nacheinander 3, $-3/2$, -1 und $-3/2$.
- **Wendepunkte:** Genau dann gilt $f''(x) = 0$, wenn $\sin^2 x + (1/4)\sin x - (1/2) = 0$ gilt, also $\sin x = (-1 \pm \sqrt{33})/8$. Der Wert $\sin x = (\sqrt{33} - 1)/8$ wird für $x = 0.634867 = 36.3752^0$ und für $x = 2.50673 = 143.625^0$ angenommen (wo der Wert von f jeweils 0.889605 ist), der Wert $\sin x = -(1 + \sqrt{33})/8$ für $x = 4.14456 = 237.466^0$ und für $x = 5.28022 = 302.534^0$ (wo der Wert von f jeweils -1.26461 ist).

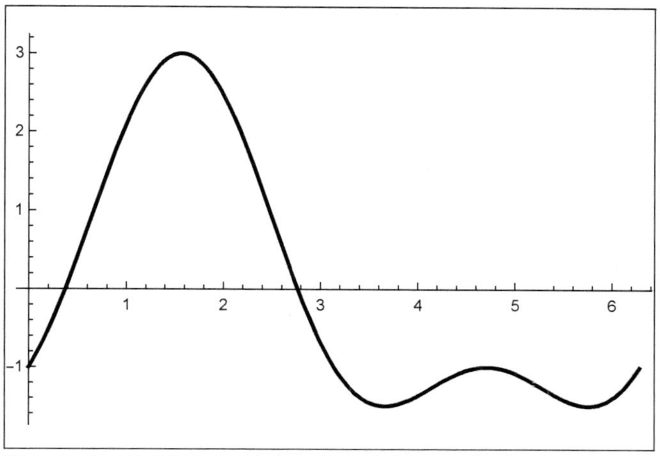

Graph der Funktion $f(x) = 2\sin(x) - \cos(2x)$.

(p) Für $f(x) = (x+1)/\sqrt{x^2+1}$ erhalten wir die Ableitungen

$$\begin{aligned} f'(x) &= \frac{1 \cdot \sqrt{x^2+1} - (x+1) \cdot \dfrac{x}{\sqrt{x^2+1}}}{x^2+1} \\ &= \frac{(x^2+1) - (x^2+x)}{(x^2+1)^{3/2}} = \frac{1-x}{(x^2+1)^{3/2}} \end{aligned}$$

und

$$\begin{aligned} f''(x) &= \frac{-1 \cdot (x^2+1)^{3/2} - (1-x) \cdot 3x(x^2+1)^{1/2}}{(x^2+1)^3} \\ &= \frac{-(x^2+1) - (3x-3x^2)}{(x^2+1)^{5/2}} = \frac{2x^2-3x-1}{(x^2+1)^{5/2}}. \end{aligned}$$

Der Definitionsbereich von f ist ganz $\mathbb{R}$; eine Symmetrie ist nicht erkennbar. Es gilt $f(x) \to \pm 1$ für $x \to \pm\infty$. Die Funktion hat eine einzige Nullstelle, und zwar bei $x = -1$. Es gilt $f'(x) = 0$ genau für $x = 1$; an dieser Stelle liegt ein Maximum vor (denn es gilt $f' > 0$ links von 1 und $f' < 0$ rechts von 1); es gilt $f(1) = \sqrt{2} \approx 1.414$. Nullsetzen von f'' liefert zwei Wendepunkte an den Stellen $x = (3 \pm \sqrt{17})/4$, also $x_1 = (3 - \sqrt{17})/4 \approx -0.281$ mit $f(x_1) \approx 0.692$ sowie $x_2 = (3 + \sqrt{17})/4 \approx 1.781$ mit $f(x_2) \approx 1.36156$.

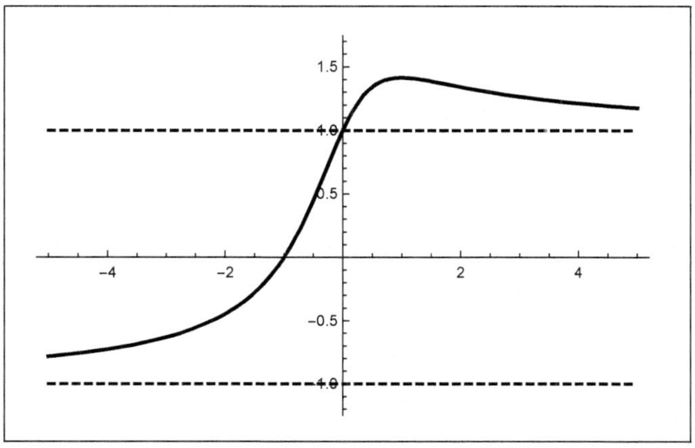

Graph der Funktion $f(x) = (x+1)/\sqrt{x^2+1}$.

Aufgaben zu »Ableitungswerte und lokales Verhalten« siehe Seite 133

(q) Die Funktion f ist definiert für $|x| > 1$, hat also den maximalen Definitionsbereich $D = (-\infty, -1) \cup (1, \infty)$. Für $x > 1$ können wir Zähler und Nenner durch $\sqrt{x-1}$ kürzen und erhalten $f(x) = \sqrt{x-1}/\sqrt{x+1}$. Das Verhalten von f am Rand des Definitionsbereichs ist gegeben durch

$$\lim_{x\to-\infty} f(x) = -1, \quad \lim_{x\to(-1)-} = -\infty, \quad \lim_{x\to 1+} = 0, \quad \lim_{x\to\infty} = 1.$$

Wir erhalten die Ableitungen

$$f'(x) = \frac{x-1}{(x^2-1)^{3/2}} \quad \text{und} \quad f''(x) = \frac{-(2x^2-3x+1)}{(x^2-1)^{5/2}}.$$

Also gilt $f' < 0$ auf $(-\infty, -1)$ und $f' > 0$ auf $(1, \infty)$. Auf ganz D gilt $f'' < 0$; die Kurve $y = f(x)$ ist also an jeder Stelle rechtsgekrümmt.

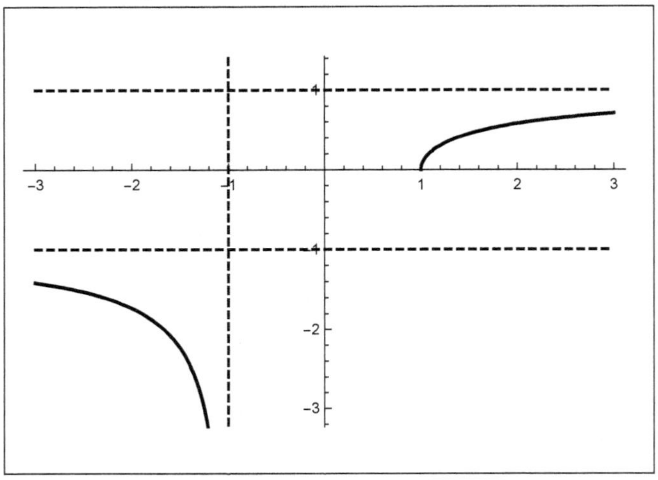

Graph der Funktion $f(x) = (x-1)/\sqrt{x^2-1}$.

(r) Es gilt

$$\begin{aligned} f'(x) &= -2\cos(x+1)\sin(x+1) + \sin(x)\cos(x+2) \\ &\quad + \cos(x)\sin(x+2) \\ &= -\sin(2x+2) + \sin\big(x + (x+2)\big) = 0. \end{aligned}$$

Die Funktion f ist also die konstante Funktion mit dem Wert $f(0) = \cos(1)^2 - \cos(2) \approx 0.708073$.

(s) Wir erhalten

$$\begin{aligned} f(x) &= e^{2x} - 5e^x + 6 = (e^x-2)(e^x-3), \\ f'(x) &= 2e^{2x} - 5e^x = e^x(2e^x-5), \\ f''(x) &= 4e^{2x} - 5e^x = e^x(4e^x-5). \end{aligned}$$

Genau dann gilt $f(x) = 0$, wenn $e^x = 2$ oder $e^x = 3$ gilt; die Funktion f hat also Nullstellen bei $\ln(2) \approx 0.693147$ und $\ln(3) \approx 1.09861$. Genau dann gilt $f'(x) = 0$, wenn $e^x = 5/2$ gilt, also $x = \ln(5/2) \approx 0.916291$; der Funktionswert an dieser Stelle ist $f(x) = -1/4$; wegen $f''\big(\ln(5/2)\big) = 25/2 > 0$ liegt ein Minimum vor. Genau dann gilt $f''(x) = 0$, wenn $e^x = 5/4$ gilt, also $x = \ln(5/4) \approx 0.223144$; der Funktionswert an dieser Stelle ist $f(x) = 21/16 = 1.3125$, und es liegt ein Wendepunkt vor. Offensichtlich gelten die Bedingung $f(x) \to \infty$ für $x \to \infty$ und $f(x) \to 6$ für $x \to -\infty$.

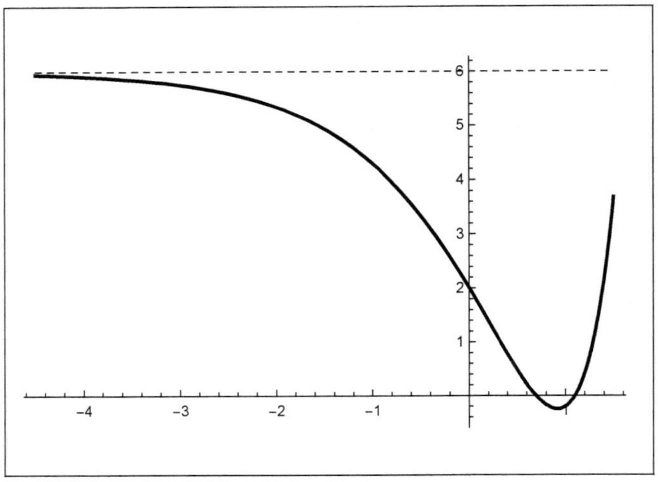

Graph der Funktion $f(x) = e^{2x} - 5e^x + 6$.

(t) Da f offensichtlich 2π-periodisch ist, genügt es, diese Funktion auf dem Intervall $[0, 2\pi)$ zu untersuchen. Unter Benutzung der Formel $\cos(x)^2 = 1 - 2\sin(x)^2$ erhalten wir

$$\begin{aligned} f(x) &= 3 + 4\sin(x) - \cos(2x) = 2\big(1+\sin(x)\big)^2, \\ f'(x) &= 4\cos(x) + 2\sin(2x) = 4\cos(x)\cdot\big(1+\sin(x)\big), \\ f''(x) &= -4\sin(x) + 4\cos(2x) \\ &= -8\left(\sin(x)^2 + \frac{1}{2}\sin(x) - \frac{1}{2}\right). \end{aligned}$$

Genau dann gilt $f(x) = 0$, wenn $\sin(x) = -1$ gilt, im Intervall $[0, 2\pi)$ also nur an der Stelle $x = 3\pi/2$. Genau dann gilt $f'(x) = 0$, wenn $\cos(x) = 0$ gilt, also an den Stellen $x = \pi/2$ (mit $f(x) = 8$) und $x = 3\pi/2$ (mit $f(x) = 0$). Genau dann gilt schließlich $f''(x) = 0$, wenn $\sin(x) = (-1 \pm 3)/4$ gilt, also $\sin(x) = 1/2$ oder $\sin(x) = -1$ und damit $x \in \{0^0, 150^0, 270^0\}$.

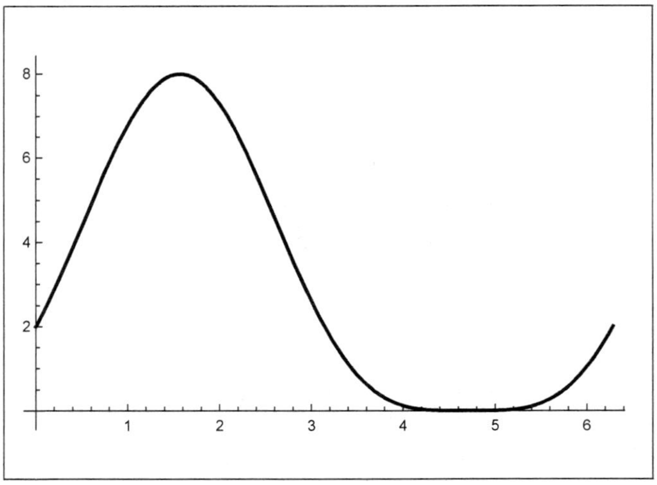

Graph der Funktion $f(x) = 3 + 4\sin(x) - \cos(2x)$.

Aufgaben zu »Ableitungswerte und lokales Verhalten« siehe Seite 133

Lösung (91.34) Die gesuchte Tangentengleichung geben wir meist ohne weiteren Kommentar an; sie lautet allgemein

$$y = f'(x_0) \cdot (x - x_0) + f(x_0).$$

(a) Die Funktion f ist symmetrisch zum Nullpunkt und 2π-periodisch (weswegen es genügt, das Intervall $-\pi < x \leq \pi$ zu untersuchen). Wir haben

$$\begin{aligned} f(x) &= \frac{\sin x}{2-\cos x}, \\ f'(x) &= \frac{2\cos x - 1}{(2-\cos x)^2}, \\ f''(x) &= \frac{-2\sin x\,(1+\cos x)}{(2-\cos x)^3}. \end{aligned}$$

Also hat f Nullstellen bei $x = 0$ und $x = \pi$, ein Maximum bei $(\pi/3, 1/\sqrt{3})$ und ein Minimum bei $(-\pi/3, -1/\sqrt{3})$; die Nullstellen sind gleichzeitig Wendepunkte. Die gesuchte Tangentengleichung lautet $y = x$.

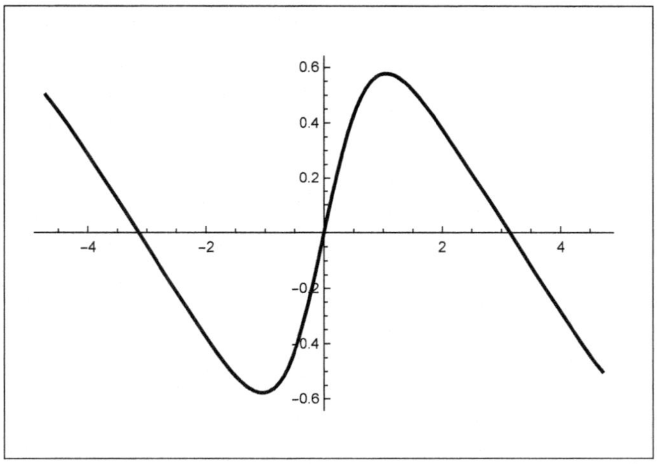

Graph der Funktion $f(x) = \sin(x)/\big(2 - \cos(x)\big)$.

(b) Der Definitionsbereich ist $D = \mathbb{R} \setminus \{1, -2\}$; für $x \in D$ gilt

$$f(x) = \frac{(x-1)(x+1)}{(x-1)(x+2)} = \frac{x+1}{x+2} = 1 - \frac{1}{x+2}.$$

Der Graph von f entsteht also aus dem der Hyperbel $x \mapsto 1/x$ durch Verschieben um zwei Einheiten nach links, Spiegelung an der x-Achse und anschließendes Verschieben um eine Einheit nach oben. Es gibt eine Nullstelle bei -1, keine Extrema und keine Wendepunkte. Die Stelle $x = -2$ ist eine Polstelle (mit $f(x) \to \infty$ für $x \to -2$ von links und $f(x) \to -\infty$ für$x \to 2$ von rechts), die Stelle $x = 1$ ist eine hebbare Singularität, und die Gerade $y = 1$ ist Asymptote für $x \to \pm\infty$. Die gesuchte Tangentengleichung lautet $y = x + 1$.

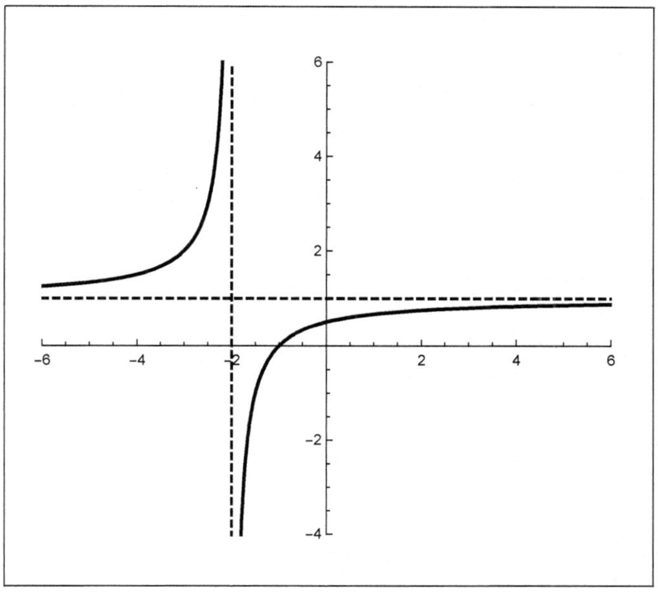

Graph der Funktion $f(x) = (x^2 - 1)/(x^2 + x - 2)$.

(c) Wir erhalten

$$\begin{aligned} f(x) &= x^{5/3} + 5x^{2/3} \;=\; x^{2/3}(x+5), \\ f'(x) &= (5/3)\,x^{2/3} + (10/3)\,x^{-1/3} \\ &= (5/3)\cdot x^{-1/3}\cdot(x+2), \\ f''(x) &= (10/9)\,x^{-1/3} - (10/9)\,x^{-4/3} \\ &= (10/9)\cdot x^{-4/3}\cdot(x-1). \end{aligned}$$

Folglich hat f Nullstellen bei $x = 0$ und $x = -5$, ein Maximum bei $x = -2$ und einen Wendepunkt bei $x = 1$; die zugehörigen Funktionswerte sind $f(-2) = 3\sqrt[3]{4} \approx 4.762$ und $f(1) = 6$. An der Stelle $x = 0$ besitzt f keine Ableitung; dort liegt ebenfalls ein Minimum vor. Die gesuchte Tangentengleichung ist $f'(1) = \big(y - f(1)\big)/(x - 1)$, also $5 = (y-6)/(x-1)$ bzw. $y = 5x + 1$.

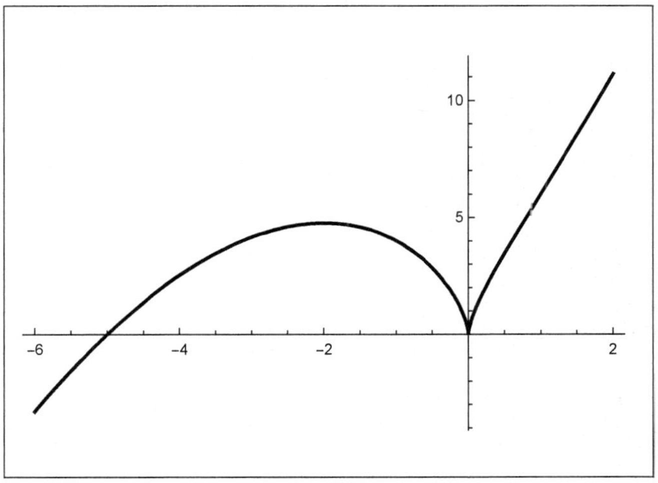

Graph der Funktion $f(x) = x^{5/3} + 5x^{2/3}$.

Aufgaben zu »Ableitungswerte und lokales Verhalten« siehe Seite 133

(d) Die Funktion f ist definiert auf $D := \mathbb{R}\backslash\{-1\}$ und hat bei $x = -1$ eine Polstelle. Offensichtlich gilt $f(x) \geq 0$ für alle $x \in D$; einzige Nullstelle ist $x = 0$. Wir haben

$$f(x) = \frac{x^2}{(x+1)^2}, \quad f'(x) = \frac{2x}{(x+1)^3}, \quad f''(x) = \frac{2-4x}{(x+1)^4};$$

die Funktion hat in $(0,0)$ ein Minimum und in $(1/2, 1/9)$ einen Wendepunkt; die Gerade $y = 1$ ist Asymptote für $x \to \pm\infty$. Die gesuchte Tangente hat die Steigung $f'(-1/2) = -8$ und geht durch $(-1/2, 1)$, hat also die Gleichung $y = -8x - 3$.

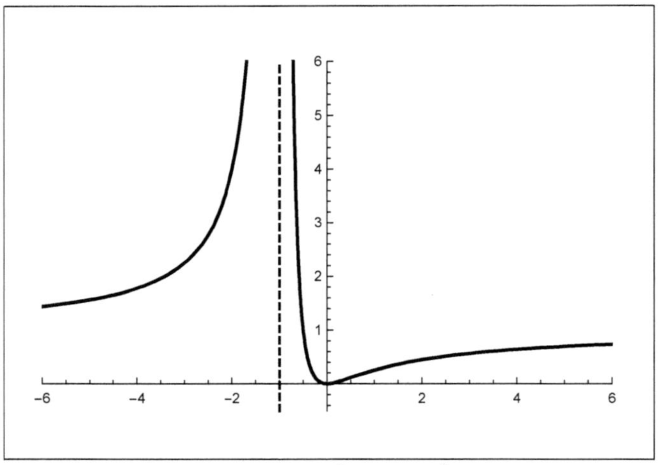

Graph der Funktion $f(x) = x^2/(x+1)^2$.

(e) Der Definitionsbereich von

$$f(x) = \frac{\ln(x)^2}{x}$$

ist das Intervall $(0, \infty)$; es gelten die Bedingungen $f(x) \to \infty$ für $x \to 0$ sowie $f(x) \to 0$ für $x \to \infty$. Anwendung der Quotientenregel liefert die Ableitungen

$$f'(x) = \frac{2(\ln x) - (\ln x)^2}{x^2}, \quad f''(x) = 2 \cdot \frac{(\ln x)^2 - 3(\ln x) + 1}{x^3}.$$

Genau dann gilt $f(x) = 0$, wenn $\ln(x) = 0$ ist, also $x = 1$. Genau dann gilt $f'(x) = 0$, wenn $(2 - \ln(x)) \cdot \ln(x) = 0$ ist, also $\ln(x) = 0$ oder $\ln(x) = 2$, d.h., $x = 1$ oder $x = e^2 \approx 7.38906$; wir haben $f(1) = 0$ und $f(e^2) = 4/e^2 \approx 0.541341$. Wegen $f''(1) = 2 > 0$ liegt an der Stelle $x = 1$ ein Minimum vor, wegen $f''(e^2) = -1/e^2 < 0$ an der Stelle $x = e^2$ ein Maximum. Genau dann gilt schließlich $f''(x) = 0$, wenn $\ln(x)^2 - 3\ln(x) + 1 = 0$ ist, also $\ln(x) = (3 \pm \sqrt{5})/2$; die Nullstellen von f'' sind also $x_{1,2} = \exp\big((3 \pm \sqrt{5})/2\big)$. An diesen Stellen liegen Wendepunkte. Die numerischen Werte sind $x_1 = 1.46516$ (mit $f(x_1) = 0.0995781$) und $x_2 = 13.7087$ (mit $f(x_2) = 0.49998$). Die gesuchte Tangentengleichung ist $f'(\sqrt{e}) = \big(y - f(\sqrt{e})\big)/(x - \sqrt{e})$, also $3/(4e) = \big(y - 1/(4\sqrt{e})\big)/(x - \sqrt{e})$ bzw. $y = 3x/(4e) - 1/(2\sqrt{e})$.

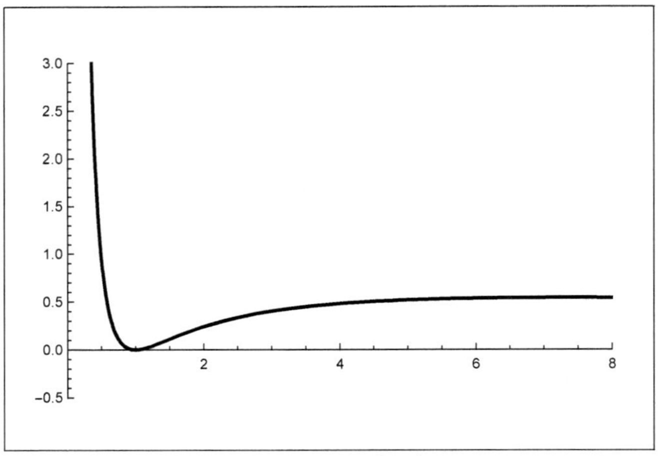

Graph der Funktion $f(x) = \ln(x)^2/x$.

(f) Zweimalige Anwendung der Produktregel liefert $f'(x) = e^x(x^3 + 2x^2 - 2x)$ und $f''(x) = e^x(x^3 + 5x^2 + 2x - 2)$; wir haben also

$$\begin{aligned} f(x) &= e^x \cdot x^2 \cdot (x-1), \\ f'(x) &= e^x \cdot x \cdot (x^2 + 2x - 2), \\ f''(x) &= e^x \cdot (x+1) \cdot (x^2 + 4x - 2). \end{aligned}$$

Folglich hat f Nullstellen bei $x = 0$ und $x = 1$, Extrema bei $x = 0$ und $x = -1 \pm \sqrt{3}$ sowie Wendepunkte bei $x = -1$ und $x = -2 \pm \sqrt{6}$. Nach Berechnung der Funktionswerte liefert dies ein Maximum bei $(0,0)$ und Minima bei $(-2.73, -1.81)$ und $(0.73, -0.30)$ sowie Wendepunkte bei $(-4.45, -1.26)$, $(-1, -0.74)$ und $(0.45, -0.17)$. Ferner haben wir $f(x) \to 0$ für $x \to -\infty$ und $f(x) \to \infty$ für $x \to \infty$. Die gesuchte Tangentengleichung ist $f'(1) = \big(y - f(1)\big)/(x-1)$, also $e = (y-0)/(x-1)$ bzw. $y = ex - e$.

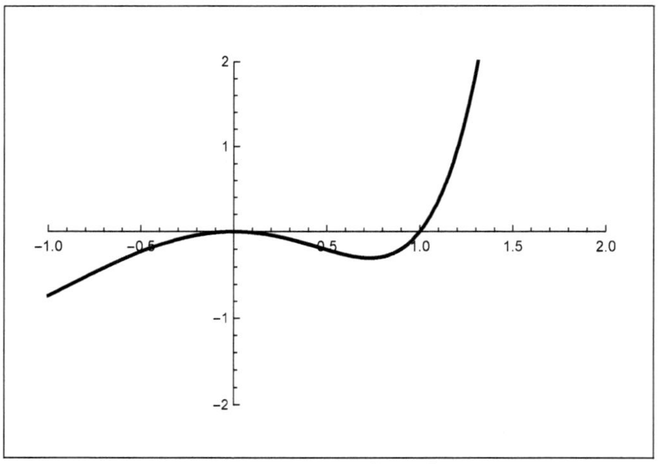

Graph der Funktion $f(x) = e^x(x^3 - x^2)$.

(g) Die Funktion $f(x) := x^3 e^{-x^2}$ ist ungerade, ihr Graph also punktsymmetrisch bezüglich $(0,0)$. Anwendung der Produktregel liefert $f'(x) = (3x^2 - 2x^4)e^{-x^2}$ und $f''(x) = (6x - 14x^3 + 4x^5)e^{-x^2}$. Die Funktion f hat eine Nullstelle bei $x = 0$, ein Maximum an der Stelle $x = \sqrt{3/2} \approx 1.22474$, ein Minimum an der Stelle

$x = -\sqrt{3/2} \approx -1.22474$ sowie Wendepunkte an den Stellen $x = \pm\sqrt{3} \approx \pm 1.73205$ und $x = \pm\sqrt{1/2} \approx \pm 0.707$; die zugehörigen Funktionswerte sind $f(\pm\sqrt{3/2}) \approx 0.409916$ sowie $f(\pm\sqrt{3}) = \pm 0.258701$ und $f(\pm\sqrt{1/2}) \approx \pm 0.214441$. Der Punkt $(0,0)$ ist ein Sattelpunkt der Kurve $y = f(x)$. Die Gleichung der Tangente an der Stelle $x_0 = 1$ lautet $y = x/e$.

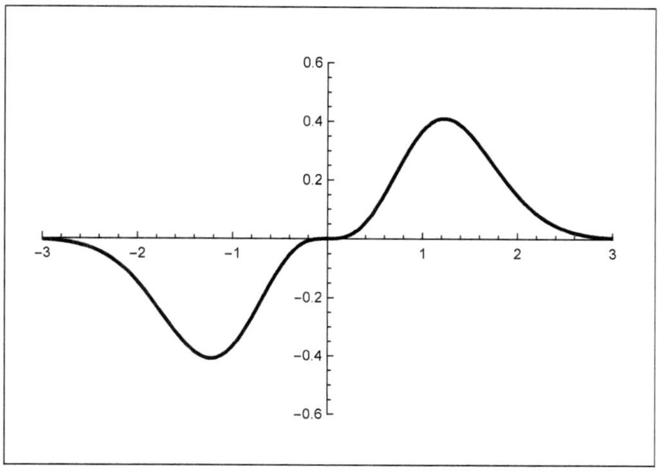

Graph der Funktion $f(x) = x^3 e^{-x^2}$.

(h) Wir haben

$$\begin{aligned} f(x) &= \frac{1}{8x+1} - \frac{8}{x+8}, \\ f'(x) &= \frac{-8}{(8x+1)^2} + \frac{8}{(x+8)^2}, \\ f''(x) &= \frac{128}{(8x+1)^3} - \frac{16}{(x+8)^3}. \end{aligned}$$

Nullsetzen von f liefert $x + 8 = 8(8x + 1) = 64x + 8$ und damit $63x = 0$; also ist $x = 0$ die einzige Nullstelle von f. Nullsetzen von f' liefert $(x + 8)^2 = (8x + 1)^2$ und damit $x+8 = \pm(8x+1)$; die erste Möglichkeit $x+8 = 8x+1$ liefert $x = 1$ (mit $f(x) = -7/9$), die zweite Möglichkeit $x + 8 = -8x - 1$ liefert $x = -1$ (mit $f(x) = -9/7$). Nullsetzen von f'' liefert schließlich $(8x+1)^3 = 8(x+8)^3$, nach Ziehen der dritten Wurzel also $8x + 1 = 2(x + 8)$ bzw. $x = 5/2$ (mit $f(x) = -5/7$); an dieser Stelle liegt ein Wendepunkt vor. Offensichtlich gilt $f(x) \to 0$ für $x \to \pm\infty$, ferner $f(x) \to \infty$ für $x \to (-8)_-$ und $x \to (-1/8)_+$ sowie $f(x) \to -\infty$ für $x \to (-8)_+$ und $x \to (-1/8)_-$; daraus ist dann auch ohne Untersuchung von f'' klar, daß bei $x = -1$ ein Maximum, bei $x = 1$ dagegen ein Minimum vorliegt. Die Tangente an der Stelle $x_0 = 0$ hat die Gleichung $y = -63x/8$.

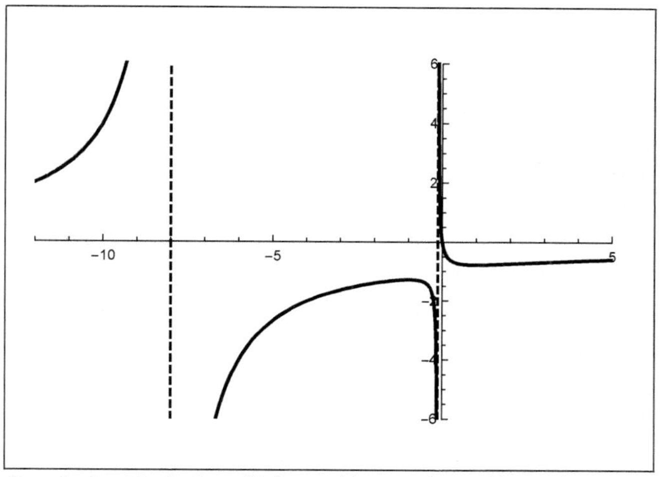

Graph der Funktion $f(x) = 1/(8x+1) - 6/(x+8)$.

(i) Die Funktion $f(x) = \sin(x) - \sin^2(x)$ ist auf ganz $\mathbb{R}$ definiert und 2π-periodisch; es genügt daher, den Verlauf von f auf dem Intervall $[0, 2\pi)$ zu untersuchen. Wir erhalten die Ableitungen

$$f'(x) = \cos(x) - 2\sin(x)\cos(x) = \cos(x)\big(1 - 2\sin(x)\big)$$

und

$$\begin{aligned} f''(x) &= -\sin(x) - 2\cos^2(x) + 2\sin^2(x) \\ &= 4\sin^2(x) - \sin(x) - 2. \end{aligned}$$

Wegen $f(x) = \sin(x)\big(1-\sin(x)\big)$ gilt genau dann $f(x) = 0$, wenn entweder $\sin(x) = 0$ oder $\sin(x) = 1$ gilt; dies ist im Intervall $[0, 2\pi)$ genau an den Stellen 0, $\pi/2$ und π der Fall. Wir erhalten also die Nullstellen

$$(0,0), \quad (\pi/2, 0), \quad (\pi, 0).$$

Wegen $f'(x) = \cos(x)\big(1 - 2\sin(x)\big)$ gilt genau dann $f'(x) = 0$, wenn entweder $\cos(x) = 0$ oder aber $\sin(x) = 1/2$ gilt; dies ist im Intervall $[0, 2\pi)$ genau an den Stellen $\pi/6$, $\pi/2$, $5\pi/6$ und $3\pi/2$ der Fall. Beachtet man noch, welches Vorzeichen f' jeweils links und rechts von diesen x-Werten hat, so ergeben sich die folgenden Extrema:

Maxima in $(\pi/6, 1/4)$ und $(5\pi/6, 1/4)$;
Minima in$(\pi/2, 0)$ und $(3\pi/2, -2)$.

Ferner gilt $f''(x) = 0$ nach der quadratischen Formel genau dann, wenn $\sin(x) = (1 \pm \sqrt{33})/8$ gilt, also an den Stellen $x_1 \approx 1.00297$ und $x_2 = 2.13863$ (mit $f(x_1) = f(x_2) \approx 0.132303$) und $x_3 \approx 3.77646$ und $x_4 \approx 5.64832$ (mit $f(x_3) = f(x_4) \approx -0.944803$); an diesen Stellen liegen Wendepunkte vor. Die Tangente an der Stelle $x_0 = \pi/2$ hat die Gleichung $y = 0$.

Aufgaben zu »Ableitungswerte und lokales Verhalten« siehe Seite 133

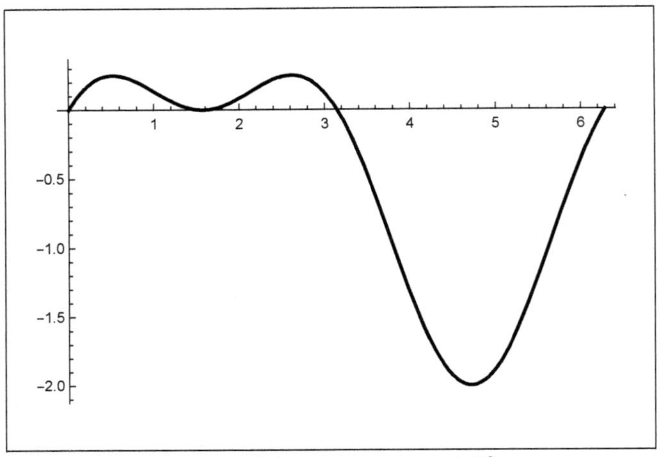

Graph der Funktion $f(x) = \sin(x) - \sin(x)^2$.

(j) Für $f(x) = (6x^2 - x^3)^{1/3}$ erhalten wir $f'(x) = (1/3) \cdot (6x^2 - x^3)^{-2/3}(12x - 3x^2)$, also

$$f'(x) = \frac{4x - x^2}{(6x^2 - x^3)^{2/3}} = \frac{4 - x}{x^{1/3}(6 - x)^{2/3}}.$$

Für $f''(x)$ liefert die Quotientenregel den Ausdruck

$$\begin{aligned} &\frac{(4-2x)(6x^2-x^3)^{2/3} - (4x-x^2)(6x^2-x^3)^{-1/3}(8x-2x^2)}{(6x^2 - x^3)^{4/3}} \\ &= \frac{(4-2x)(6x^2-x^3) - (4x-x^2)(8x-2x^2)}{(6x^2 - x^3)^{5/3}}; \end{aligned}$$

es ergibt sich

$$f''(x) = \frac{-8x^2}{(6x^2 - x^3)^{5/3}} = \frac{-8}{x^{4/3}(6 - x)^{5/3}}.$$

Die Funktion f ist definiert auf ganz $\mathbb{R}$; die Ableitungen f' und f'' dagegen nur auf $\mathbb{R} \setminus \{0, 6\}$. Nullstellen von f liegen bei $x = 0$ und $x = 6$. An der Stelle $x = 4$ hat f ein Maximum (mit $f(4) = \sqrt[3]{32} \approx 3.1748$); Wendepunkte besitzt f nicht. Die Stellen, an denen die Ableitung nicht existiert, sind separat zu untersuchen. Wegen $f(0) = 0$ und $f(x) > 0$ für $0 < |x| < 6$ liegt an der Stelle $x = 0$ ein Minimum vor; wegen $f'(x) \to -\infty$ für $x \to 0-$ und $f'(x) \to +\infty$ für $x \to 0+$ liegt dort eine senkrechte Tangente vor. Ferner gilt $f'(x) \to -\infty$ für $x \to 6$; auch an der Stelle $x = 6$ besitzt die Kurve $y = f(x)$ also eine senkrechte Tangente. Die Funktion f hat keine Symmetrieeigenschaften. Für $x \to \pm\infty$ gilt $f(x) \to \mp\infty$. (Etwas genauer läß sich nachrechnen, daß $f(x) - (2 - x) \to 0$ für $x \to \pm\infty$ gilt, daß also die Gerade $y = -x + 2$ Asymptote für $x \to \pm\infty$ ist.) Die Tangente an der Stelle $x_0 = 3$ lautet $y = (1/3) \cdot (x - 3) + 3 = (x/3) + 2$.

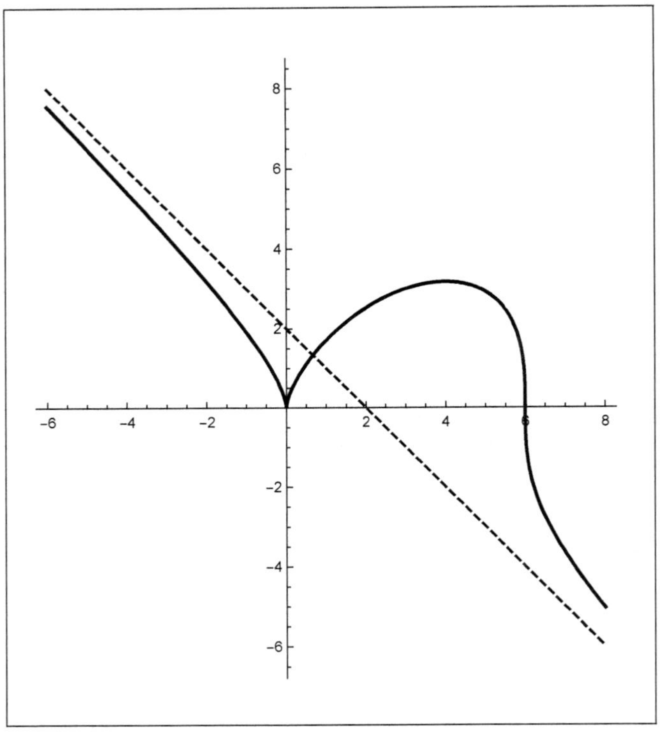

Graph der Funktion $f(x) = \sqrt[3]{6x^2 - x^3}$.

(k) Der Definitionsbereich von

$$f(x) = \frac{x^3 - x^2 - 5x - 3}{x^3}$$

ist $\mathbb{R} \setminus \{0\}$; offensichtlich gilt $f(x) \to 1$ für $x \to \pm\infty$ sowie $f(x) \to \mp\infty$ für $x \to 0\pm$. Die Funktion f hat keine erkennbare Symmetrie. Anwendung der Quotientenregel liefert zunächst

$$\begin{aligned} f'(x) &= \frac{(3x^2 - 2x - 5) \cdot x^3 - (x^3 - x^2 - 5x - 3) \cdot 3x^2}{x^4} \\ &= \frac{(3x^2 - 2x - 5) \cdot x - (x^3 - x^2 - 5x - 3) \cdot 3}{x^4} \\ &= \frac{x^2 + 10x + 9}{x^4} \end{aligned}$$

und anschließend

$$\begin{aligned} f''(x) &= \frac{(2x + 10) \cdot x^4 - (x^2 + 10x + 9) \cdot 4x^3}{x^8} \\ &= \frac{(2x + 10) \cdot x - (x^2 + 10x + 9) \cdot 4}{x^5} \\ &= \frac{-2x^2 - 30x - 36}{x^5} = -2 \cdot \frac{x^2 + 15x + 18}{x^5}. \end{aligned}$$

Probieren zeigt, daß -1 eine Nullstelle von f ist. Anschließende Polynomdivision $(x^3 - x^2 - 5x - 3) : (x + 1) = x^2 - 2x - 3 = (x + 1)(x - 3)$ liefert -1 und 3 als Nullstellen von f. Als Nullstellen von f' erhalten wir $x = -5 \pm \sqrt{25 - 9} = -5 \pm 4$, also -9 und -1. Wegen $f(-9) = 256/243 \approx 1.0535$ und $f''(-9) < 0$ liegt bei $(-9, 1.0535)$ ein lokales Maximum vor; wegen $f(-1) = 0$

Aufgaben zu »Ableitungswerte und lokales Verhalten« siehe Seite 133

und $f''(-1) > 0$ bei $(-1, 0)$ ein lokales Minimum. Als Nullstellen von f'' ergeben sich $(-15 \pm \sqrt{153})/2$, also $x = -13.6847$ (mit $f(x) = 1.04755$) und $x = -1.31534$ (mit $f(x) = 0.188565$). Die Tangente an der Stelle $x_0 = 1$ hat die Gleichung $y = 20(x-1) - 8 = 20x - 28$.

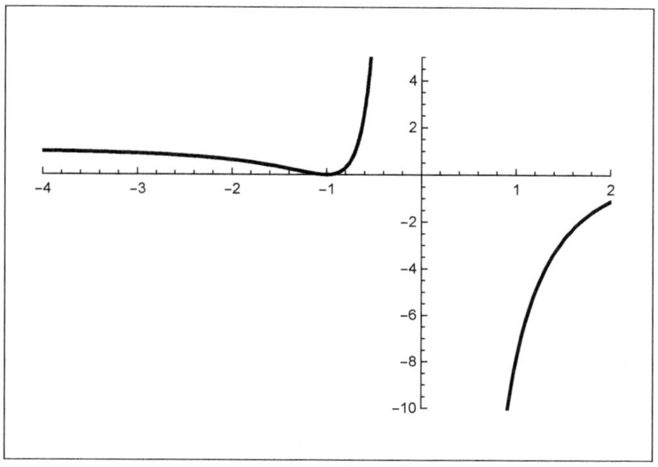

Graph der Funktion $f(x) = (x^3 - x^2 - 5x - 3)/x^3$.

(l) Die Funktion $f(x) = (x^2-1)e^{-x}$ ist auf ganz $\mathbb{R}$ definiert, hat keine erkennbaren Symmetrieeigenschaften und erfüllt die Bedingungen $f(x) \to \infty$ für $x \to -\infty$ sowie $f(x) \to 0$ für $x \to \infty$. Die beiden ersten Ableitungen von f sind nach der Produktregel gegeben durch $f'(x) = 2xe^{-x} - (x^2-1)e^{-x}$, also

$$f'(x) \;=\; (-x^2 + 2x + 1)e^{-x},$$

und $f''(x) = (-2x+2)e^{-x} - (-x^2+2x+1)e^{-x}$, also

$$f''(x) \;=\; (x^2 - 4x + 1)e^{-x}.$$

Die einzigen Nullstellen von f sind offensichtlich $x = \pm 1$. Genau dann gilt $f'(x) = 0$, wenn $x^2 - 2x - 1 = 0$ und damit $x = 1 \pm \sqrt{2}$ ist; an beiden Stellen wechselt f' das Vorzeichen, so daß es sich jeweils um einen Extremwert handelt, und zwar (was wegen des Verhaltens von f für $x \to \pm\infty$ auch ohne jede Rechnung klar ist) um ein Minimum bei $x_1 = 1 - \sqrt{2} \approx -0.414$ und ein Maximum bei $x_2 = 1 + \sqrt{2} \approx 2.414$. (Die Funktionswerte an diesen Stellen sind $f(x_1) \approx -1.254$ und $f(x_2) \approx 0.432$.) Genau dann gilt $f''(x) = 0$, wenn $x^2 - 4x + 1 = 0$ gilt, also $x = 2 \pm \sqrt{3}$; an jeder dieser beiden Stellen wechselt f'' das Vorzeichen, so daß jeweils ein Wendepunkt vorliegt. Für $x_3 := 2 - \sqrt{3} \approx 0.268$ ergibt sich $f(x_3) \approx -0.710$; für $x_4 := 2 + \sqrt{3} \approx 3.732$ ergibt sich $f(x_4) \approx 0.310$. Die Tangente an der Stelle $x_0 = 0$ hat die Gleichung $y = x - 1$.

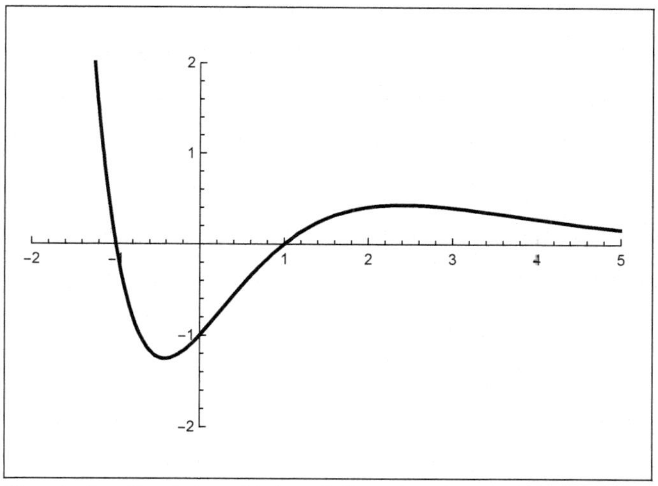

Graph der Funktion $f(x) = (x^2-1)e^{-x}$.

(m) Der Definitionsbereich von f ist $\mathbb{R} \setminus \{5\}$; Anwendung der Quotientenregel liefert

$$f(x) = \frac{x^2}{x-5}, \quad f'(x) = \frac{x^2 - 10x}{(x-5)^2}, \quad f''(x) = \frac{50}{(x-5)^3}.$$

Die einzige Nullstelle liegt bei $x = 0$; wegen $f''(x) \neq 0$ für alle x gibt es keinen Wendepunkt. Die Nullstellen von f' sind 0 und 10. Wegen $f(0) = 0$ und $f''(0) < 0$ liegt an der Stelle $(0, 0)$ ein lokales Maximum vor; wegen $f(10) = 20$ und $f''(10) > 0$ liegt an der Stelle $(10, 20)$ ein lokales Minimum vor. Es gilt $f(x) \to +\infty$ für $x \to 5$ von rechts und $f(x) \to -\infty$ für $x \to 5$ von links; die Stelle $x = 5$ ist eine Polstelle. Ferner gilt $f(x) \to \pm\infty$ für $x \to \pm\infty$; genauer gesagt ist wegen

$$f(x) \;=\; x + 5 + \frac{25}{x-5}$$

die Gerade $y = x+5$ Asymptote für $x \to \pm\infty$. Die Tangente an der Stelle $x_0 = -1$ ist $y = (11/36) \cdot (x+1) - (1/6) = (11x+5)/36$.

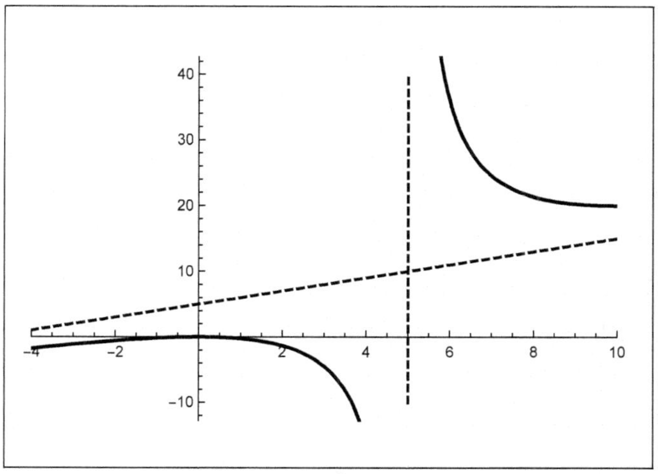

Graph der Funktion $f(x) = x^2/(x-5)$.

Aufgaben zu »Ableitungswerte und lokales Verhalten« siehe Seite 133

(n) Der Definitionsbereich ist $(-\infty, 0) \cup (0, 3/2)$. Es gilt $f(x) \to \infty$ für $x \to -\infty$ und $f(x) \to -\infty$ für $x \to 3/2$ und für $x \to 0$ (von beiden Seiten). Die Funktion hat Nullstellen bei $x = 1$ und $x = -1/2$, ein Maximum bei $x = 1$ und ist durchgängig rechtsgekrümmt. (mehr Rechnungen!!!) Die Tangente an der Stelle $x_0 = -1$ hat die Gleichung $y = -(12/5)(x+1) + \ln(5)$.

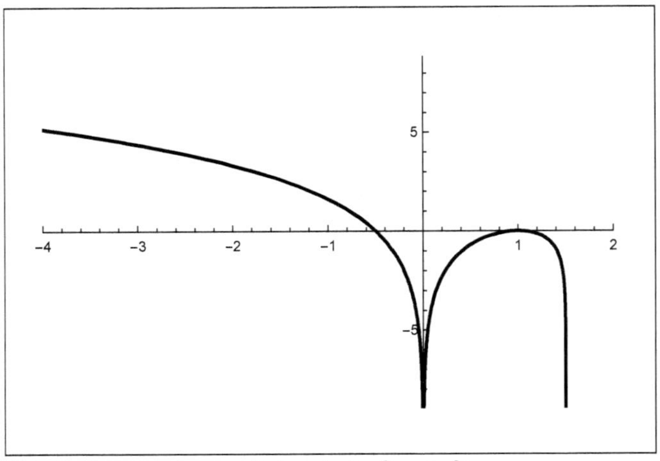

Graph der Funktion $f(x) = \ln(3x^2 - 2x^3)$.

(o) Die Funktion hat eine einzige Nullstelle bei $x = 0$; diese ist gleichzeitig ein Sattelpunkt. An der Stelle $x = 6$ (mit $f(x) \approx 10.754$) liegt ein Maximum vor. Bei $x = 0$ und $x = 6 \pm \sqrt{12}$ wechselt f'' das Vorzeichen; dies liefert die Wendepunkte $(0,0)$, $(2.536, 4.589)$ und $(9.464, 7.467)$. Ferner haben wir $f(x) \to -\infty$ für $x \to -\infty$ und $f(x) \to 0$ für $x \to \infty$. Die Gleichung der Tangente an der Stelle $x_0 = 4$ ist $y = 16e^{-2}x$.

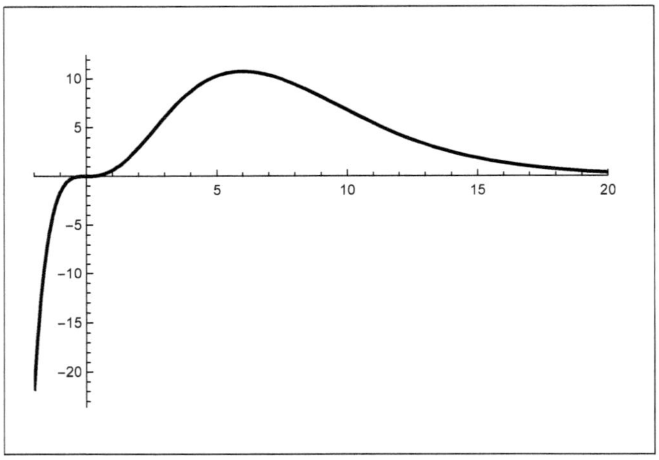

Graph der Funktion $f(x) = x^3/\sqrt{e^x} = x^3 e^{-x/2}$.

(p) Die Ableitungen von $f(x) := x^2 e^x$ sind gegeben durch

$$\begin{aligned} f'(x) &= 2xe^x + x^2e^x = (x^2+2x)e^x \quad \text{und} \\ f''(x) &= (2x+2)e^x + (x^2+2x)e^x = (x^2+4x+2)e^x. \end{aligned}$$

Einzige Nullstelle von f ist $x = 0$. Genau dann gilt $f'(x) = 0$, wenn $0 = x^2+2x = x(x+2)$ gilt, also $x = 0$ oder $x = -2$. Wegen $f(0) = 0$ und $f''(0) > 0$ liegt bei $(0,0)$ ein lokales Minimum vor, wegen $f(-2) = 4e^{-2}$ und $f''(-2) < 0$ bei $(-2, 4e^{-2}) \approx (-2, 0.541)$ ein lokales Maximum. Genau dann gilt $f''(x) = 0$, wenn $x = -2 \pm \sqrt{2}$ gilt; an diesen beiden Stellen wechselt f'' jeweils das Vorzeichen, so daß jeweils ein Wendepunkt vorliegt. Wir erhalten damit die Wendepunkte $(-3.414, 0.384)$ und $(-0.586, 0.191)$. Ferner haben wir $f(x) \to 0$ für $x \to -\infty$ und $f(x) \to \infty$ für $x \to \infty$. Die Gleichung der Tangente an der Stelle $x_0 = 1$ ist gegeben durch $y - e = 3e(x-1) = 3ex - 3e$, also $y = 3ex - 2e$.

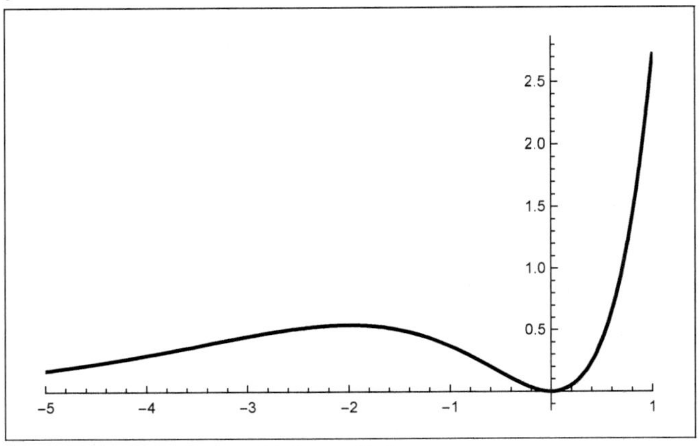

Graph der Funktion $f(x) = x^2 e^x$.

(q) Die Funktion $f(x) := x^4 - 20x^2 + 64$ ist offensichtlich eine gerade Funktion, ihr Graph also symmetrisch zur y-Achse. Wir erhalten

$$\begin{aligned} f(x) &= x^4 - 20x^2 + 64 = (x^2-16)(x^2-4) \\ &= (x-4)(x+4)(x-2)(x+2), \\ f'(x) &= 4x^3 - 40x = 4x(x^2-10), \\ f''(x) &= 12x^2 - 40 = 12(x^2 - 10/3). \end{aligned}$$

Die Funktion f hat damit Nullstellen bei ± 2 und ± 4, ein Maximum bei $x = 0$, also im Punkt $(0, 64)$, je ein Minimum bei $x = \pm\sqrt{10}$, also in den Punkten $(\pm\sqrt{10}, -36) \approx (\pm 3.16228, -36)$, sowie Wendepunkte bei $x = \pm\sqrt{10/3}$, also in den Punkten $(\pm\sqrt{10/3}, 76/9) \approx (\pm 1.82574, 8.44444)$. Die Tangente an die Kurve $y = f(x)$ an der Stelle $x_0 = 2$ hat die Gleichung $y = -48x + 96$.

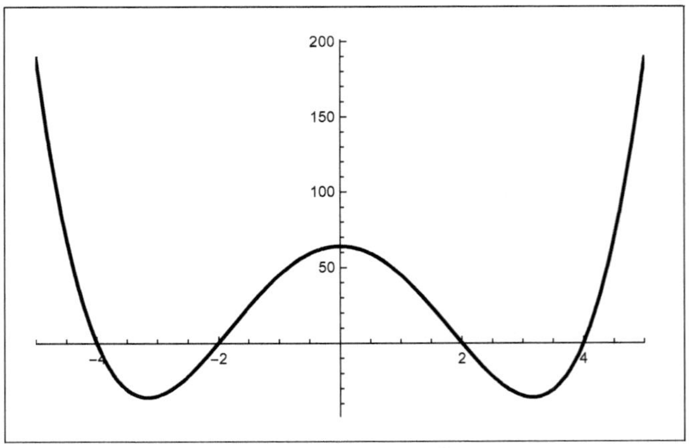

Graph der Funktion $f(x) = x^4 - 20x^2 + 64$.

Aufgaben zu »Ableitungswerte und lokales Verhalten« siehe Seite 133

(r) Die Funktion $f(x) = \sin(x) + \cos(x)$ ist auf ganz $\mathbb{R}$ definiert und 2π-periodisch; es genügt daher, den Verlauf von f auf dem Intervall $[0, 2\pi)$ zu untersuchen. Wir erhalten die Ableitungen

$$f'(x) = \cos(x) - \sin(x)$$

und

$$f''(x) = -\sin(x) - \cos(x) = -f(x).$$

Genau dann gilt $f(x) = 0$, wenn $\sin(x) = -\cos(x)$ gilt; genau dann gilt $f'(x) = 0$, wenn $\sin(x) = -\cos(x)$ gilt. Ist eine dieser beiden Gleichungen erfüllt, so gilt $\sin^2 x = \cos^2 x = 1 - \sin^2 x$, folglich $\sin^2 x = 1/2$ und damit $\sin(x) = \pm 1/\sqrt{2}$. Diese Gleichung hat vier Lösungen, nämlich $x_1 = 45^0$, $x_2 = 135^0$, $x_3 = 225^0$ und $x_4 = 315^0$. Dabei gelten die folgenden Gleichungen: zunächst $f(x_1) = \sqrt{2}$ und $f'(x_1) = 0$, dann $f(x_2) = 0$ und $f'(x_2) = -\sqrt{2}$, weiter $f(x_3) = -\sqrt{2}$ und $f'(x_3) = 0$ sowie schließlich $f(x_4) = 0$ und $f'(x_4) = \sqrt{2}$. Wegen $f'' = -f$ fallen die Wendepunkte von f mit den Nullstellen zusammen.

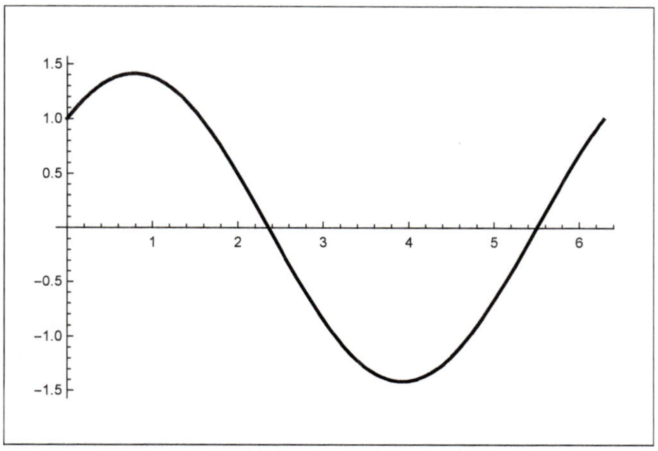

Graph der Funktion $f(x) = \sin(x) + \cos(x)$.

(s) Weil f die Periode 2π hat, genügt es, die Funktion auf dem Intervall $[0, 2\pi)$ zu untersuchen. Wir berechnen zunächst die Ableitungen:

$$\begin{aligned} f(x) &= 2\sin(x) - \sin(2x), \\ f'(x) &= 2\cos(x) - 2\cos(2x), \\ f''(x) &= -2\sin(x) + 4\sin(2x). \end{aligned}$$

Um die Nullstellen von f, f' und f'' zu finden, formen wir mit Hilfe der Additionstheoreme um und erhalten

$$\begin{aligned} f(x) &= 2\sin(x) - 2\sin(x)\cos(x) \\ &= 2\sin(x)\big(1 - \cos(x)\big), \\ f'(x) &= 2\cos(x) - 2\big(\cos(x)^2 - \sin(x)^2\big) \\ &= 2\cos(x) - 2\big(2\cos(x)^2 - 1\big) \\ &= 2\cos(x) - 4\cos(x)^2 + 2 \\ &= -4\big(\cos(x)^2 - (1/2)\cos(x) - (1/2)\big), \\ f''(x) &= -2\sin(x) + 8\sin(x)\cos(x) \\ &= 2\sin(x)\big(-1 + 4\cos(x)\big). \end{aligned}$$

Genau dann gilt $f(x) = 0$, wenn $\sin(x) = 0$ oder $\cos(x) = 1$ gilt; dies liefert die Nullstellen $x = 0$ (doppelt) und $x = \pi = 180^0$ (einfach). Genau dann gilt $f'(x) = 0$, wenn $u := \cos(x)$ die quadratische Gleichung $0 = u^2 - (1/2)u - (1/2) = (u - 1)(u + 1/2)$ erfüllt, wenn also $\cos(x) = 1$ oder $\cos(x) = -1/2$. Dies liefert die Lösungen $x = 0$ (mit $f(0) = 0$), $x = 2\pi/3 = 120^0$ (mit $f(2\pi/3) = 3\sqrt{3}/2$) und $x = 4\pi/3 = 240^0$ (mit $f(4\pi/3) = -3\sqrt{3}/2$). Schließlich gilt $f''(x) = 0$ genau dann, wenn $\sin(x) = 0$ oder $\cos(x) = 1/4$ gilt, also an den Stellen $x = 0$, $x = \pi$, $x = \arccos(1/4) \approx 75.5^0$ und $x = 2\pi - \arccos(1/4) \approx 284.5^0$. Die Tangentengleichung an der Stelle $x = \pi/4$ lautet $y = f'(\pi/4)\cdot(x - \pi/4) - f(\pi/4) = \sqrt{2}\,(x - \pi/4) + \sqrt{2} - 1$.

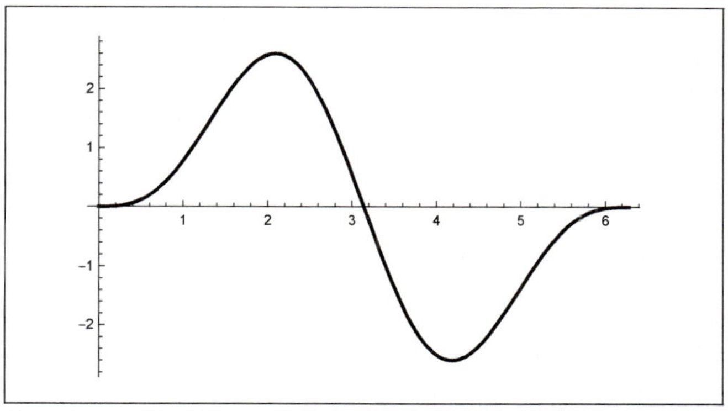

Graph der Funktion $f(x) = 2\sin(x) - \sin(2x)$.

(t) Der Definitionsbereich ist $(0, \infty)$. Wir erhalten

$$\begin{aligned} f(x) &= x^2\big(\ln(x) - 1\big), \\ f'(x) &= x \cdot \big(2\ln(x) - 1\big), \\ f''(x) &= 2\ln(x) + 1. \end{aligned}$$

Genau dann gilt $f(x) = 0$, wenn $x = e \approx 2.71828$ gilt. Genau dann gilt $f'(x) = 0$, wenn $x = \sqrt{e} \approx 1.64872$ gilt; an dieser Stelle ist $f(x) = -e/2 \approx -1.35914$. Genau dann gilt $f''(x) = 0$, wenn $x = 1/\sqrt{e} \approx 0.606531$ gilt; an dieser Stelle ist $f(x) = -3/(2e) \approx -0.551819$. Für $x \to \infty$ gilt $f(x) \to \infty$; dagegen gilt $f(x) \to 0$ und $f'(x) \to 0$ für $x \to 0+$, so daß die Kurve $y = f(x)$ waagrecht auf den Punkt $(0, 0)$ zuläuft.

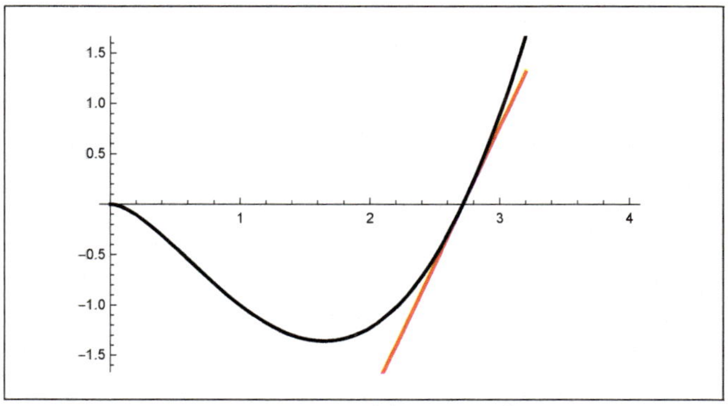

Graph der Funktion $f(x) = x^2\big(\ln(x) - 1\big)$.

Aufgaben zu »Ableitungswerte und lokales Verhalten« siehe Seite 133

Lösung (91.35) (a) Wegen $f(1) = -1 < 0$ und $f(2) = 15 > 0$ hat f zwischen $x = 1$ und $x = 2$ einen Vorzeichenwechsel und daher eine Nullstelle in diesem Intervall. Anwendung des Newtonverfahrens

$$x_{n+1} = x_n - \frac{f(x_n)}{f'(x_n)}$$

mit dem Startwert $x_0 := 1$ liefert $x_1 = 2$ und $x_2 = 27/16 \approx 1.6875$. (Die Nullstelle liegt etwa bei $x = 1.32472$.)

(b) Wir erhalten die Ableitungen $f'(x) = 5x^4 - 4x^3 = x^3(5x-4)$ und $f''(x) = 20x^3 - 12x^2 = 4x^2(5x-3)$. Die Funktion f hat also kritische Punkte an den Stellen $x = 0$ und $x = 4/5$; dabei handelt es sich um ein Maximum an der Stelle $(0,-1)$ und ein Minimum an der Stelle $(4/5, -1.08192)$. Zusammen mit den offensichtlichen Bedingungen $f(x) \to \pm\infty$ für $x \to \pm\infty$ reicht dies aus, die Kurve $y = f(x)$ zu skizzieren.

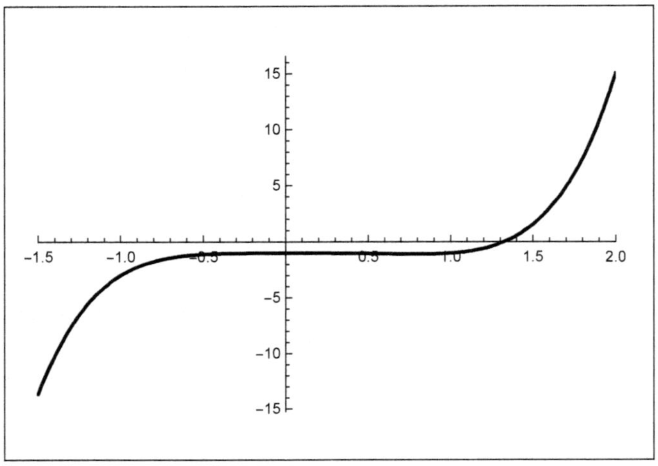

Graph der Funktion $f(x) = x^5 - x^4 - 1$.

(c) Wegen $g(-1) = 1 > 0$ und $g(-0.6) = -0.983876 < 0$ hat g einen Vorzeichenwechsel im Intervall $[-1, -0.6]$. Auswertung am Intervallmittelpunkt liefert $g[-0.8] \approx -0.758408 < 0$; also hat g einen Vorzeichenwechsel im Intervall $[-1, -0.8]$. Iteration dieses Schrittes ergibt $g(-0.9) \approx -0.263901 < 0$. Also besitzt g eine Nullstelle zwischen -1 und -0.9.

Analog hat g wegen $g(1) = -1 < 0$ und $g(1.4) \approx 7.26442$ einen Vorzeichenwechsel im Intervall $[1, 1.4]$. Auswertung am Intervallmittelpunkt ergibt $g(1.2) \approx 0.0319561 > 0$; also hat g einen Vorzeichenwechsel im Intervall $[1, 1.2]$. Erneute Auswertung am Intervallmittelpunkt liefert $g(1.1) \approx -0.764205 < 0$. Also besitzt g eine Nullstelle zwischen 1.1 und 1.2.

(d) Wir erhalten die Ableitungen $g'(x) = 10x^9 - 9x^8 = x^8(10x-9)$ und $g''(x) = 90x^8 - 72x^7 = 18x^7(5x-4)$. Die Funktion g hat also kritische Punkte an den Stellen $x = 0$ und $x = 4/5$; dabei handelt es sich um einen Sattelpunkt an der Stelle $(0,-1)$ und ein Minimum an der Stelle $(4/5, -1.02684)$. Zusammen mit den offensichtlichen Bedingungen $f(x) \to \infty$ für $x \to \pm\infty$ reicht dies aus, die Kurve $y = g(x)$ zu skizzieren.

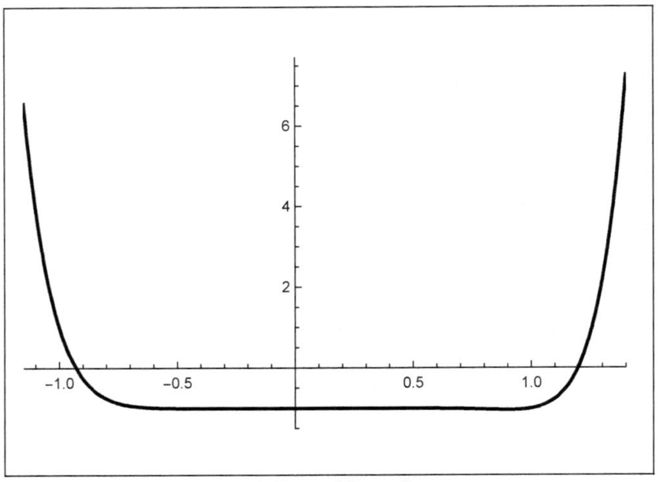

Graph der Funktion $g(x) = x^{10} - x^9 - 1$.

Lösung (91.36) (a) Die Funktion $f(x) = \sin(x) + \cos(x)^2$ hat die Ableitung $f'(x) = \cos(x) - 2\cos(x)\sin(x) = \cos(x)\big(1 - 2\sin(x)\big)$. Diese wird genau dann Null, wenn $\cos(x) = 0$ oder $\sin(x) = 1/2$ gilt; im Intervall $[0, 2\pi]$ ist dies genau an den Stellen $\pi/2$ (also 90^0), $3\pi/2$ (also 270^0) und $\pi/6$ (also 30^0) der Fall.

(b) Für $x_0 = 2$ ist $y_0 = \sqrt{9} = 3$; für $y = \sqrt{x+7}$ ist ferner $y' = 1/(2\sqrt{x+7})$. Die gesuchte Tangente geht also durch den Punkt $(2,3)$ und hat die Steigung $1/6$; ihre Gleichung ist daher $y - 3 = (1/6)\cdot(x-2)$ bzw. $y = (x+16)/6$.

(c) Genau dann ist $h(x) = 0$, wenn $0 = x^3 - 2x = x(x^2-2)$ gilt, also an den Stellen 0 und $\pm\sqrt{2}$.

Lösung (91.37) (a) Für $f(x) := x - \cos(x)$ gilt $f'(x) = 1 + \sin(x) \geq 0$ mit Gleichheit genau für $x = (3\pi/2) + 2k\pi$ mit $k \in \mathbb{Z}$; die Funktion f ist also streng monoton wachsend und kann daher höchstens eine Nullstelle haben. Wegen $f(0) = -1 < 0$ und $f(1) \approx 0.459698 > 0$ besitzt f andererseits eine Nullstelle zwischen 0 und 1.

(b) Die Funktion f hat einen Vorzeichenwechsel von $-$ nach $+$ im Intervall $[0,1]$, wegen $f(0.5) \approx -0.377583 < 0$ folglich im Intervall $[0.5, 1]$, wegen $f(0.75) \approx 0.0183111$ folglich im Intervall $[0.5, 0.75]$. Die Zahl x mit $x = \cos(x)$ liegt also zwischen 0.5 und 0.75.

(c) Die Iterationsvorschrift für das Newtonverfahren lautet $x_{n+1} = g(x_n)$ mit

$$g(x) := x - \frac{f(x)}{f'(x)} = x - \frac{x - \cos(x)}{1 + \sin(x)} = \frac{x\sin(x) + \cos(x)}{1 + \sin(x)}.$$

Die Wahl $x_0 := 0.5$ führt auf $x_1 \approx 0.755222$ und $x_2 \approx 0.739142$. (Auf sechs Dezimalstellen genau gilt $x = 0.739085$.)

Lösung (91.38) (a) Es sei $f(x) := e^x + x$. Dann gilt einerseits $f'(x) = e^x + 1 \geq 1 > 0$ für alle $x \in \mathbb{R}$; also ist f streng monoton fallend auf ganz $\mathbb{R}$ und besitzt damit höchstens eine Nullstelle. Andererseits haben wir $f(-1) = e^{-1} - 1 \approx -0.632 < 0$ und $f(0) = 1 > 0$; also besitzt f eine Nullstelle zwischen -1 und 0.

Aufgaben zu »Ableitungswerte und lokales Verhalten« siehe Seite 133

(b) Nach (a) hat f einen Vorzeichenwechsel von $-$ nach $+$ im Intervall $(-1,0)$. Wegen $f(-0.5) \approx 0.107 > 0$ hat f einen Vorzeichenwechsel von $-$ nach $+$ im Intervall $(-1,-0.5)$. Wegen $f(-0.75) \approx -0.278$ hat f einen Vorzeichenwechsel von $-$ nach $+$ im Intervall $(-0.75,-0.5)$.

(c) Die Rekursionsvorschrift für das Newtonverfahren lautet $x_{n+1} = g(x_n)$ mit

$$\begin{aligned} g(x) &:= x - \frac{f(x)}{f'(x)} = x - \frac{e^x + x}{e^x + 1} \\ &= \frac{xe^x + x - e^x - x}{e^x + 1} = \frac{e^x(x-1)}{e^x+1} = \frac{x-1}{1+e^{-x}}. \end{aligned}$$

Für $x_0 := 0$ erhalten wir $x_1 = -0.5$ und $x_2 \approx -0.566311$; für $x_0 := -1$ erhalten wir $x_1 \approx -0.537883$ und $x_2 \approx -0.566987$. (Auf sechs Nachkommastellen genau liegt die Nullstelle von f bei -0.567143.)

Lösung (91.39) (a) Wegen $f(-3) < 0$ und $f(-2) > 0$ besitzt f eine Nullstelle zwischen -3 und -2. Wegen $f'(x) = 3x^2 - 3 = 3(x^2-1)$ hat die Funktion f Extrema bei ± 1, und zwar ein lokales Maximum bei $x = -1$ und ein lokales Minimum bei $x = 1$. Wegen $f(1) = 1 > 0$ erreicht also die Kurve $y = f(x)$ nach dem ersten Nulldurchgang nicht wieder die x-Achse, besitzt also nur eine Nullstelle.

(b) Beginnend mit $[a_0, b_0] = [-3,-2]$ erhalten wir wegen $f(-2.5) < 0$ zunächst $[a_1, b_1] = [-2.5, 2]$, wegen $f(-2.25) < 0$ dann $[a_2, b_2] = [-2.25, 2]$ und wegen $f(-2.125) < 0$ schließlich $[a_3, b_3] = [-2.125, -2]$.

(c) Die Iterationsvorschrift für das Newtonverfahren lautet

$$x_{n+1} = x_n - \frac{f(x_n)}{f'(x_n)} = \frac{2x_n^3 - 3}{3x_n^2 - 3}.$$

Mit $x_0 := -2$ erhalten wir damit

$$\begin{aligned} x_1 &= -2.111111111, \\ x_2 &= -2.103835979, \\ x_3 &= -2.103803403. \end{aligned}$$

Lösung (91.40) Für $f(x) = x^n e^{-ax}$ erhalten wir unter Verwendung der Produktregel die erste Ableitung

$$f'(x) = nx^{n-1}e^{-ax} - ax^n e^{-ax} = x^{n-1}e^{-ax}(n - ax)$$

und die zweite Ableitung

$$\begin{aligned} f''(x) &= n(n-1)x^{n-2}e^{-ax} - 2anx^{n-1}e^{-ax} + a^2x^ne^{-ax} \\ &= x^{n-2}e^{-ax}\big(n(n-1) - 2nax + a^2x^2\big). \end{aligned}$$

Die einzige Nullstelle von f ist $x = 0$. Die erste Ableitung hat die Nullstellen 0 und $\xi := n/a$; die Funktionswerte an diesen Stellen sind $f(0) = 0$ und $f(\xi) = (n/a)^n e^{-n}$. Die Nullstellen von f'' sind die Lösungen der quadratischen Gleichung

$$x^2 - \frac{2n}{a}x + \frac{n^2 - n}{a^2} = 0,$$

also die Zahlen $\xi_{1,2} = (n \pm \sqrt{n})/a$, die symmetrisch zu der kritischen Stelle ξ liegen, sowie für $n \geq 3$ auch noch die Stelle $x = 0$. Ferner gilt $f(x) \to 0$ für $x \to \infty$ sowie $f(x) \to \pm\infty$ für $x \to -\infty$, wobei das positive Vorzeichen für n gerade und das negative Vorzeichen für n ungerade gilt. Diese Informationen reichen aus, um qualitativ den Verlauf der Funktion f zu beschreiben.

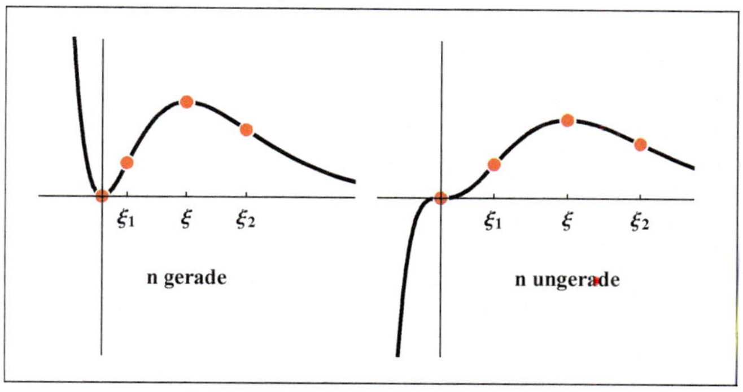

Lösung (91.41) Unabhängig von a gilt $f(0) = 0$. Wir erhalten die Ableitung

$$f'(x) = ax^{a-1} \cdot a^x + x^a \cdot a^x \cdot \ln(a) = x^{a-1} \cdot a^x \cdot \big(a + x\ln(a)\big).$$

- Für $a = 1$ gilt einfach $f(x) = x$; der Graph dieser Funktion ist die erste Winkelhalbierende.
- Für $a > 1$ erhalten wir $f'(0) = 0$ sowie $f' > 0$ auf $(0,\infty)$; die Funktion wächst also streng monoton, beginnend mit einer waagrechten Tangente an der Stelle $x = 0$. Es gelten die Grenzwertbeziehungen $\lim_{x\to\infty} f(x) = \infty$ und $\lim_{x\to\infty} f'(x) = \infty$.
- Für $0 < a < 1$ hat f' eine einzige Nullstelle bei $x_\star := -a/\ln(a) > 0$. Es gilt $\lim_{x\to 0+} f'(x) = \infty$, so daß der Graph der Funktion mit einer senkrechten Tangente im Nullpunkt startet. Es gelten die Grenzwertbeziehungen $\lim_{x\to\infty} f(x) = 0$ und $\lim_{x\to\infty} f'(x) = 0$. Die Funktion wächst also streng monoton zwischen 0 und $x_\star$ und fällt dann streng monoton gegen Null.

Die folgende Abbildung zeigt die typischen Verläufe (wobei die Werte $a = 1/2$, $a = 1$ und $a = 2$ verwendet wurden).

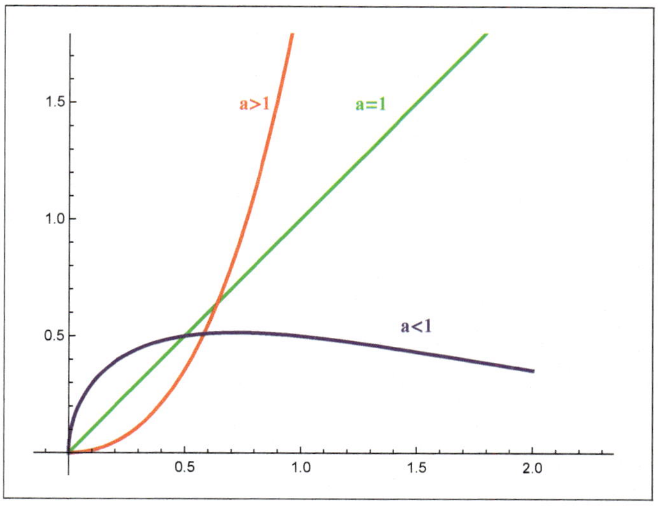

Aufgaben zu »Ableitungswerte und lokales Verhalten« siehe Seite 133

Lösung (91.42) (a) Die Funktion f ist definiert auf $\mathbb{R} \setminus \{-2\}$; an der Stelle $x = -2$ liegt eine Polstelle vor (mit $f(x) \to \infty$ für $x \to -2$ von links und $f(x) \to -\infty$ für $x \to -2$ von rechts); ferner gilt $f(x) \to 0$ für $x \to \pm\infty$. Aus der Darstellung $f(x) = 3x^{1/3}(x+2)^{-1}$ ergibt sich

$$\begin{aligned} f'(x) &= x^{-2/3}(x+2)^{-1} - 3x^{1/3}(x+2)^{-2} \\ &= \frac{x^{-2/3}}{(x+2)^2}(x+2-3x) = \frac{2x^{-2/3}}{(x+2)^2}(1-x)\,. \end{aligned}$$

Die zweite Ableitung ist dann gegeben durch

$$\frac{-2x^{-5/3}}{3}(x+2)^{-1} - 2x^{-2/3}(x+2)^{-2} + 6x^{1/3}(x+2)^{-3},$$

also

$$\begin{aligned} f''(x) &= \frac{-2x^{-5/3}}{3(x+2)^3}\left((x+2)^2 + 3x(x+2) - 9x^2\right) \\ &= \frac{-2x^{-5/3}}{3(x+2)^3}\left(-5x^2 + 10x + 4\right) \\ &= \frac{10x^{-5/3}}{3(x+2)^3}\left(x^2 - 2x - \frac{4}{5}\right). \end{aligned}$$

An der Stelle $x = 0$ ist f nicht differentiierbar (die Kurve $y = f(x)$ hat an dieser Stelle eine senkrechte Tangente); die einzige Nullstelle von f' liegt bei $x = 1$ (mit dem Funktionswert $f(1) = 1$). Die zweite Ableitung hat zwei Nullstellen, nämlich $x = 1 \pm 3/\sqrt{5}$; an diesen beiden Stellen liegen Wendepunkte vor.

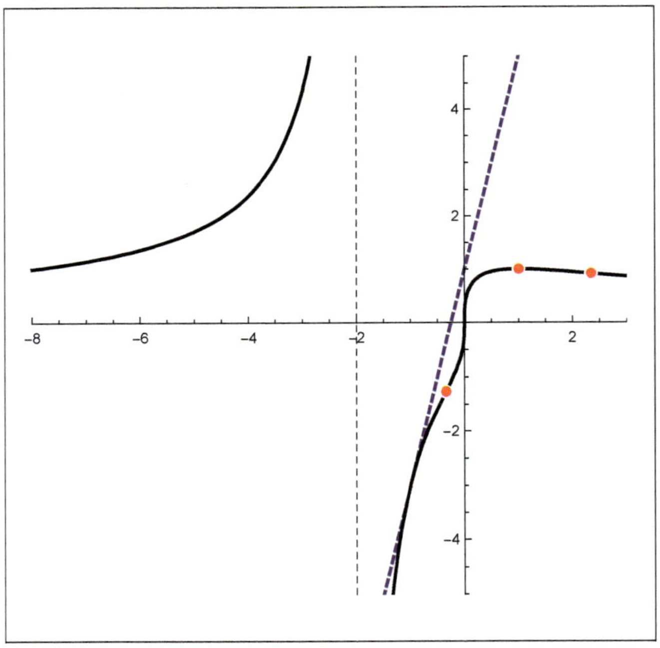

(b) Wir erhalten $f(-1) = -3$ und $f'(-1) = 4$; die Tangentengleichung lautet daher

$$\begin{aligned} y &= f'(x_0)(x - x_0) + f(x_0) \\ &= 4(x+1) - 3 = 4x + 1. \end{aligned}$$

(c) Es gilt $g(x) = f(x^2)$ für alle $x \in \mathbb{R}$. Für $x \geq 0$ sieht der Graph von g im wesentlichen (d.h., bis auf die monoton wachsende Transformation $x \mapsto x^2$ im Argument) so aus wie der Graph von f. Wegen $g(-x) = g(x)$ für alle x ist g eine gerade Funktion, der Graph von g also symmetrisch zur y-Achse.

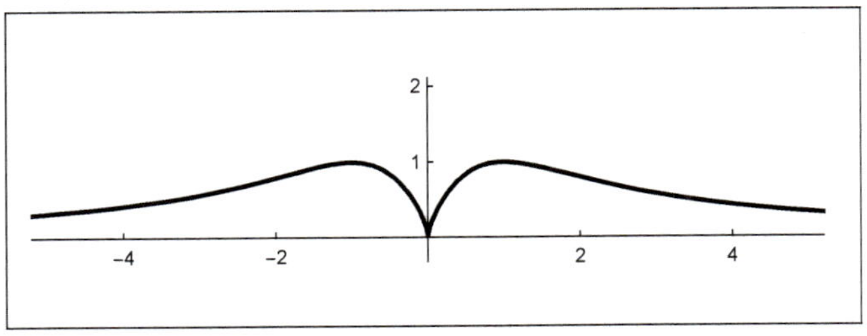

Lösung (91.43) (a) Als Summe der streng monoton wachsenden Funktion $x \mapsto x^5/5$ und $x \mapsto (5x+6)/5$ ist f selbst streng monoton wachsend, und wegen $f(x) \to \pm\infty$ für $x \to \pm\infty$ nimmt f nach dem Zwischenwertsatz jede reelle Zahl als Wert an. Also ist $f : \mathbb{R} \to \mathbb{R}$ eine streng monoton wachsende Bijektion, besitzt also eine streng monoton wachsende Umkehrabbildung $g : \mathbb{R} \to \mathbb{R}$. Wegen $f(-1) = 0$ gilt $g(0) = -1$. Nach dem Umkehrsatz ist g selbst wieder differentiierbar, und die Ableitung von g ergibt sich durch implizites Ableiten der Identität

$$x = f\big(g(x)\big) = \frac{g(x)^5 + 5g(x) + 6}{5}.$$

Sukzessives implizites Ableiten liefert

$$\begin{aligned} &1 = g(x)^4 g'(x) + g'(x) = \big(g(x)^4 + 1\big)g'(x), \\ &0 = 4g(x)^3 g'(x)^2 + \big(g(x)^4 + 1\big)g''(x), \\ &0 = 12g(x)^2 g'(x)^3 + 12g(x)^3 g'(x) g''(x) + \big(g(x)^4 + 1\big)g'''(x). \end{aligned}$$

Einsetzen von $g(0) = -1$ in die erste Gleichung liefert $1 = 2g'(0)$ und damit $g'(0) = 1/2$. Einsetzen der Gleichungen $g(0) = -1$ und $g'(0) = 1/2$ in die zweite Gleichung liefert $0 = -1 + 2g''(0)$ und damit $g''(0) = 1/2$. Einsetzen der Gleichungen $g(0) = -1$ sowie $g'(0) = g''(0) = 1/2$ in die dritte Gleichung liefert schließlich $0 = (3/2) - 3 + 2g'''(0)$ und damit $g'''(0) = 3/4$. Damit ergeben sich die Gleichungen

$$g(0) = -1, \quad g'(0) = \frac{1}{2}, \quad g''(0) = \frac{1}{2}, \quad g'''(0) = \frac{3}{4}.$$

(b) Für $f(x) = x - \sin(x)$ gilt $f'(x) = 1 - \cos(x)$ und daher $f'(x) \geq 0$ mit Gleichheit nur an den isolierten Stellen $x_k = k \cdot 2\pi$ mit $k \in \mathbb{Z}$. Also ist f streng monoton wachsend, besitzt also eine streng monoton wachsende Umkehrfunktion g (die an den Stellen x_k aber nicht differentiierbar ist, weil die Kurve $y = g(x)$ an diesen Stellen eine senkrechte Tangente hat). Die folgende Abbildung zeigt die Kurve $y = f(x)$ (durchgezogen), die Kurve $y = g(x)$ (gestrichelt) sowie die Gerade $y = x + 1$ (rot), die an den Stellen x_k tangential zu der Kurve $y = f(x)$ und ansonsten oberhalb dieser Kurve verläuft.

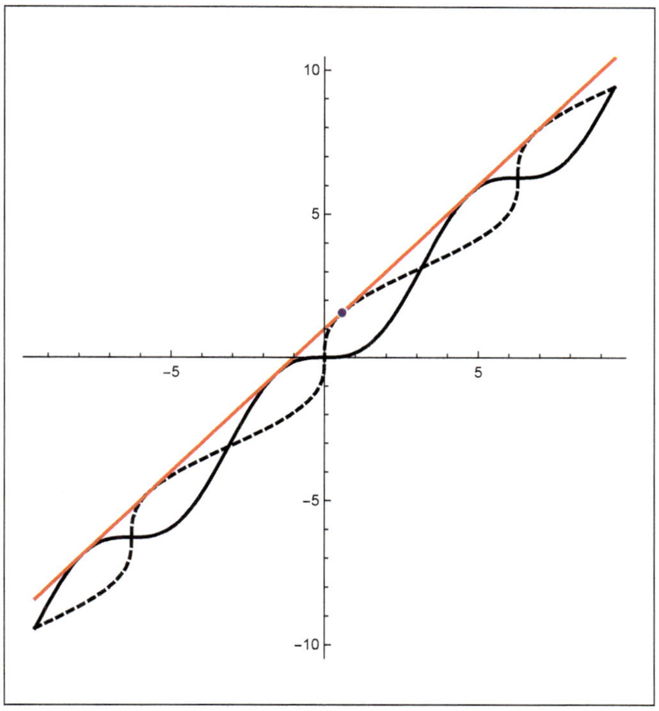

Lösung (91.44) (a) Die Exponentialfunktion und die Arcustangensfunktion sind beide streng monoton wachsend; also ist f als Summe zweier streng monoton wachsender Funktionen selbst streng monoton wachsend. Wegen $\lim_{x\to-\infty} f(x) = -\pi/2$ und $\lim_{x\to\infty} f(x) = \infty$ ist daher der Wertebereich von f das offene Intervall $I := (-\pi/2, \infty)$.

(b) Nach Wahl von I ist die Funktion $f : \mathbb{R} \to I$ surjektiv, und als streng monoton wachsende Funktion ist sie auch injektiv. Also besitzt f eine streng monoton wachsende Umkehrabbildung $g : I \to \mathbb{R}$. Wegen $f(0) = 1$ gilt $g(1) = 0$.

(c) Die Funktion $f(x) = e^x + \arctan(x)$ hat die Ableitungen

$$f'(x) = e^x + \frac{1}{1+x^2} \quad \text{und} \quad f''(x) = e^x - \frac{2x}{(1+x^2)^2}.$$

Nach dem Umkehrsatz ist g selbst wieder differentiierbar, und die Ableitungen von g ergeben sich durch sukzessives implizites Ableiten der Identität $x = f\big(g(x)\big)$. Wir erhalten zunächst

$$(1) \qquad 1 = f'\big(g(x)\big) \cdot g'(x)$$

und dann

$$(2) \qquad 0 = f''\big(g(x)\big) \cdot g'(x)^2 + f'\big(g(x)\big) \cdot g''(x).$$

Einsetzen von $x = 1$ in (1) liefert $1 = f'(0) \cdot g'(1) = 2g'(1)$ und damit $g'(1) = 1/2$. Einsetzen von $x = 1$ in (2) liefert dann $0 = f''(0)g'(1)^2 + f'(0)g''(1) = 1 \cdot (1/4) + 2 \cdot g''(1)$ und damit $g''(1) = -1/8$.

(d) Die gesuchte Tangentengleichung lautet

$$y = g'(1) \cdot (x-1) + g(1) = \frac{x-1}{2} + 0 = \frac{x-1}{2}.$$

Lösung (91.45) Für $f(x) := a^x - x$ erhalten wir $f'(x) = a^x \ln(a) - 1$. Für $a > 1$ hat f' eine einzige Nullstelle, nämlich $\xi_a = -\ln\big(\ln(a)\big)/\ln(a)$, und es gilt

$$f(\xi_a) = \frac{1 - \ln\big(\ln(a)\big)}{\ln(a)}.$$

Die Funktion f fällt also streng monoton auf dem Intervall $(0, \xi_a]$ und wächst streng monoton auf dem Intervall $[\xi_a, \infty)$ (mit $f(x) \to \infty$ für $x \to \infty$).

- Für $1 < a < e^{1/e}$ ist $f(\xi_a) < 0$. In diesem Fall hat f genau zwei Nullstellen, eine kleiner, die andere größer als ξ_a.
- Für $a = e^{1/e}$ gilt $\xi_a = e$ mit $f(\xi_a) = 0$. In diesem Fall berührt der Graph von f die x-Achse an der einzigen Nullstelle ξ_a.
- Für $a > e^{1/e}$ ist $f(\xi_a) > 0$; in diesem Fall besitzt f gar keine Nullstelle.

Für $1 < a < e^{1/e}$ seien $\xi_1(a) < \xi_2(a)$ die beiden Nullstellen von f (so daß $\xi_1(a) < \xi_a < \xi_2(a)$ gilt. In der Lösung (77.32) benutzten wir, daß $a < \xi_1(a)$ gilt, und dies wollen wir nun beweisen. Dazu beachten wir zunächst, daß $f(a) = a^a - a = a(a^{a-1} - 1) > 0$ und damit entweder $a < \xi_1(a)$ oder $a > \xi_2(a)$ gilt. Andererseits ist $f'(a) = a^a \ln(a) - 1 < 0$ und damit $a < \xi_a$, so daß insgesamt $a < \xi_1(a)$ gilt. Es steht noch der Nachweis der Bedingung $a^a \ln(a) - 1 < 0$ bzw. $a^a \ln(a) < 1$ aus, die äquivalent ist zu der Bedingung

$$(\star) \qquad a \ln(a) + \ln\big(\ln(a)\big) < 0.$$

Zum Nachweis von $(\star)$ betrachten wir die Hilfsfunktion $\varphi(x) := x\ln(x) + \ln\big(\ln(x)\big)$; diese wächst auf $(1, \infty)$ streng monoton wegen $\varphi'(x) = \ln(x) + 1 + 1/\big(x\ln(x)\big) > 0$. Wegen $a < e^{1/e}$ gilt daher

$$\varphi(a) < \varphi(e^{1/e}) = e^{1/e} \cdot \frac{1}{e} + \ln\left(\frac{1}{e}\right) = e^{(1/e)-1} - 1 < 0,$$

also $\varphi(a) < 0$ und damit $(\star)$. Damit ist alles gezeigt.

Aufgaben zu »Ableitungswerte und lokales Verhalten« siehe Seite 133

Lösung (91.46) Wegen $g(x) = x^{1/x} = \exp(\ln(x)/x)$ haben wir

$$g'(x) = g(x) \cdot \frac{1-\ln(x)}{x^2} \begin{cases} > 0 & \text{für } x < e, \\ = 0 & \text{für } x = e, \\ < 0 & \text{für } x > e. \end{cases}$$

Für alle $x \leq e$ gilt $0 \leq g(x) = x^{1/x} \leq e^{1/x} \to 0$ für $x \to 0+$. (Da alle Ableitungen von $x \mapsto e^{1/x}$ für $x \to 0+$ gegen Null gehen, gilt die gleiche Aussage auch für $x \mapsto x^{1/x}$; die Kurve $y = g(x)$ läuft also sehr flach in den Nullpunkt $(0,0)$ hinein.) Wegen $\lim_{x\to\infty} \ln(x)/x = \lim_{x\to\infty} 1/x = 0$ nach der Regel von de l'Hospital gilt ferner $g(x) \to 1$ für $x \to \infty$. Die Kurve $y = f(x)$ beginnt also im Punkt $(0,0)$, wächst dann streng monoton gegen $(e, e^{1/e})$ und fällt ab diesem Punkt streng monoton gegen den y-Wert 1.

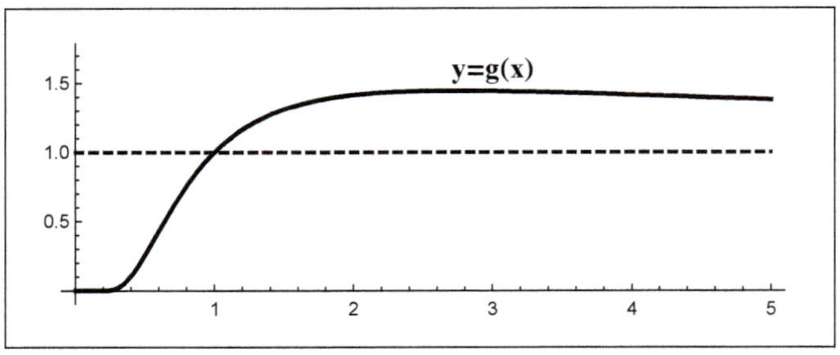

Verlauf der Funktion $g(x) = x^{1/x}$.

Lösung (91.47) Unmittelbar nach Definition von f gilt für alle x im Definitionsbereich von f die Gleichung $f(x) = x^{f(x)}$ bzw. $f(x)^{1/f(x)} = x$, also $g(f(x)) = x$. Nach der vorigen Aufgabe wächst nun $g(x)$ für $0 < x \leq e$ streng monoton zwischen 0 und $g(e) = e^{1/e} \approx 1.44467$, besitzt also eine streng monoton wachsende Umkehrfunktion, die wegen $g \circ f = \text{id}$ gerade f sein muß. Es gilt $f(1) = 1$; nach der Umkehrregel ist $f'(1) = 1/g'(1) = 1$; die Gleichung der Tangente im Punkt $(1,1)$ ist also $y = x$. Ferner gilt $f(\sqrt{2}) = 2$; nach der Umkehrregel ist $f'(\sqrt{2}) = 1/g'(2) = 2\sqrt{2}/(1-\ln(2))$; die Tangente an die Kurve $y = f(x)$ an der Stelle $x = \sqrt{2}$ ist also

$$y = \frac{2\sqrt{2}}{1-\ln(2)} \cdot (x - \sqrt{2}) + 2.$$

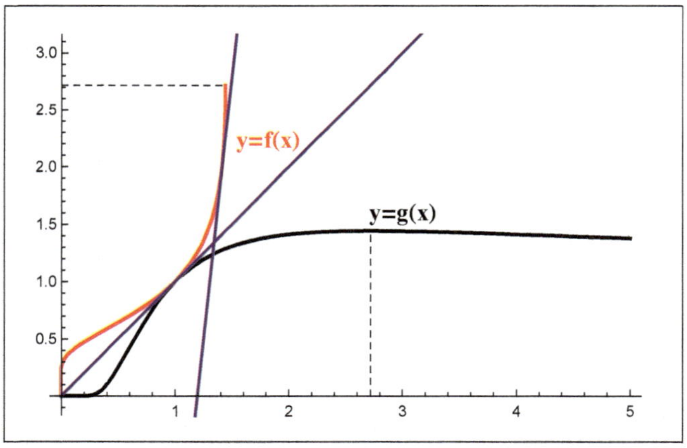

Verlauf der Funktion $g(x) = x^{1/x}$ und der Umkehrfunktion von g.

Lösung (91.48) (a) Zunächst ist die Funktion $f(x) := x^3 + 2x - 5$ als Summe zweier streng monoton wachsender Funktionen selbst wieder streng monoton wachsend, kann also höchstens eine Nullstelle besitzen. Andererseits gibt es wegen $f(1) = -2 < 0$ und $f(2) = 7 > 0$ eine Nullstelle im Intervall $(1,2)$. Anwendung der Newtoniteration

$$x_{n+1} := x_n - \frac{f(x_n)}{f'(x_n)} = x_n - \frac{x_n^3 + 2x_n - 5}{3x_n^2 + 2} = \frac{2x_n^3 + 5}{3x_n^2 + 2}$$

mit dem Startwert $x_0 := 2$ liefert die Werte der folgenden Tabelle, aus der hervorgeht, daß die gesuchte Nullstelle bei $x^* = 1.328269$ liegt.

n	1	2	3	4	5
x_n	1.500000	1.342857	1.328384	1.328269	1.328269

(b) Durch Berechnung einiger Funktionswerte (Wertetabelle!) erkennen wir, daß f in jedem der Intervalle $(-6,-5)$, $(-1,0)$, $(0,1)$ und $(3,4)$ eine Nullstelle besitzen muß; da ein Polynom vierten Grades höchstens vier Nullstellen besitzt, kann es keine weiteren Möglichkeiten geben. Die numerische Bestimmung der Nullstellen mit dem Newtonverfahren (mit vier verschiedenen geeigneten Startwerten) liefert die folgende Tabelle.

n	x_n	x_n	x_n	x_n
0	-6.000000	-1.000000	1.000000	4.000000
1	-5.932432	-0.500000	0.500000	3.852941
2	-5.930399	-0.271635	0.319079	3.838631
3	-5.930397	-0.185822	0.266455	3.838501
4	-5.930397	-0.169281	0.260594	3.838501
5	-5.930397	-0.168624	0.260518	3.838501
6	-5.930397	-0.168623	0.260518	3.838501

Die Nullstellen sind also gegeben durch $x_1 = -5.930397$, $x_2 = -0.168623$, $x_3 = 0.260518$ und $x_4 = 3.838501$.

(c) Durch Skizzieren der Graphen der Funktion $x \mapsto x^2$ und $x \mapsto 2\cos x$ wird klar, daß es genau zwei Nullstellen gibt, wobei eine das Negative der andern ist. Wegen $f(\pi/4) = (\pi^2/16) - \sqrt{2} < 0$ und $f(\pi/2) = \pi^2/4 > 0$ muß die positive Nullstelle im Intervall $(\pi/4, \pi/2)$ liegen. Wir berechnen $f'(x) = 2x + 2\sin x$ und $f''(x) = 2 - 2\cos x$. Die Newtoniteration lautet

$$x_{n+1} = x_n - \frac{x_n^2 - 2\cos x_n}{2x_n + 2\sin x_n}.$$

Wegen $f'' \geq 0$ garantiert der Fall (2) in Satz (91.28) im Buch die Konvergenz dieser Iteration, wenn wir $x_0 := \pi/2$ wählen. Da f' als Summe zweier streng monoton wachsender Funktionen selbst streng monoton wächst, gilt $m := \min_{\pi/4 \leq x \leq \pi/2} |f'(x)| = f'(\pi/4) = (\pi/2) + \sqrt{2} \approx 2.98$, und wir erhalten die Fehlerabschätzung $|x_n - \xi| \leq |f(x_n)|/2.98$. Mit $x_0 := \pi/2$ ergeben sich die Werte in der folgenden Tabelle.

n	0	1	2	3	5
x_n	1.57082	1.09091	1.02348	1.02169	1.02169

Lösung (91.49) (2)⇒(1). Wir schreiben $p(x) = \sum_{i=0}^n a_i(x-x_0)^i$ und $q(x) = \sum_{i=0}^n b_i(x-x_0)^i$; es sei k der kleinste Index i mit $a_i \neq b_i$. Es sei $M := \max_{x\in I} |f^{(n+1)}|$; dann gilt $|f(x)-p(x)| \le M|x-x_0|^{n+1}/(n+1)!$ für alle $x \in I$ nach dem Satz von Taylor. Nun ist $|f-q|-|f-p| = |f-p+p-q|-|f-p| \ge |p-q|-2|f-p|$. Es gibt Konstanten C_i mit

$$\begin{aligned} &|p(x)-q(x)| - 2|f(x)-p(x)| \\ &\ge |b_k-a_k|\cdot|x-x_0|^k - \left(\sum_{i=k+1}^{n+1} C_i|x-x_0|^i\right) \\ &= |x-x_0|^k\left(|b_k-a_k| - \sum_{i=k+1}^{n+1} C_i|x-x_0|^{i-k}\right). \end{aligned}$$

Für $x \to x_0$ geht der Klammerausdruck gegen $|b_k-a_k| > 0$; also gibt es ein Intervall J um x_0 mit $|f(x)-q(x)| > |f(x)-p(x)|$ für alle $x \in J\setminus\{x_0\}$.

(1)⇒(2). Es sei $\widehat{p}$ das Taylorpolynom von f um x_0. Nach der schon bewiesenen Implikation (2) ⇒ (1) haben wir dann $|f-\widehat{p}| \le |f-p|$ in einer Umgebung von x_0; nach Wahl von p gilt umgekehrt auch $|f-p| \le |f-\widehat{p}|$ in einer Umgebung von x_0. Insgesamt gilt also $|f-p| = |f-\widehat{p}|$ in einer Umgebung von x_0. Hieraus folgt $f(x)-p(x) = \pm\big(f(x)-\widehat{p}(x)\big)$ für alle x in einer Umgebung von x_0, damit aber sogar $f-p = \pm(f-\widehat{p})$ als Gleichheit von Funktionen. (Das Vorzeichen kann nicht von Punkt zu Punkt wechseln.) Wäre $p \neq \widehat{p}$, so folgte $f = (p+\widehat{p})/2$, so daß f selbst schon ein Polynom vom Grad $\le n$ wäre. Dann wäre aber $\widehat{p} = f$ und folglich auch $p = f = \widehat{p}$ im Widerspruch zur Annahme $p \neq \widehat{p}$.

Lösung (91.50) (a) Die Funktion $f(x) = a^x = e^{x\ln(a)}$ ist analytisch und besitzt um den Nullpunkt die Potenzreihendarstellung $f(x) = \sum_{k=0}^\infty \big(x\ln(a)\big)^k/k!$; das gesuchte Taylorpolynom ist also $p_5(x) = \sum_{k=0}^5 \big(x\ln(a)\big)^k/k!$, mit $L := \ln(a)$ also

$$p_5(x) = 1 + Lx + \frac{L^2x^2}{2} + \frac{L^3x^3}{6} + \frac{L^4x^4}{24} + \frac{L^5x^5}{120}.$$

(b) Wir könnten das Cauchyprodukt der Sinusreihe mit sich selbst bilden, aber einfacher ist es, die trigonometrische Formel $\sin(x)^2 = \big(1-\cos(2x)\big)/2$ zu nutzen und in diese die Cosinusreihe einzusetzen; es ergibt sich $f(x) = -(1/2)\cdot\sum_{k=1}^\infty (-1)^k(2x)^{2k}/(2k)!$. Das gesuchte Taylorpolynom ist daher

$$p_5(x) = x^2 - \frac{x^4}{3}.$$

(c) Einsetzen in die Sinusreihe liefert

$$\sin(x^2) = \sum_{k=0}^\infty (-1)^k\frac{(x^2)^{2k+1}}{(2k+1)!} = \sum_{k=0}^\infty (-1)^k\frac{x^{4k+2}}{(2k+1)!}.$$

Das gesuchte Taylorpolynom ist daher $p_5(x) = x^2$.

(d) Es gilt $f'(x) = 1/(1+x^2) = \sum_{k=0}^\infty (-x^2)^k = \sum_{k=0}^\infty (-1)^k x^{2k}$ für $|x| < 1$ (geometrische Reihe). Da eine Potenzreihe innerhalb ihres Konvergenzradius gliedweise abgeleitet werden darf, ergibt sich die Darstellung $f(x) = \sum_{k=0}^\infty (-1)^k x^{2k+1}/(2k+1) + C$ mit einer Konstanten C, die wegen $\arctan(0) = 0$ den Wert $C = 0$ hat. Wir erhalten also die Potenzreihendarstellung

$$\arctan(x) = \sum_{k=0}^\infty (-1)^k\frac{x^{2k+1}}{2k+1} = x - \frac{x^3}{3} + \frac{x^5}{5} - \frac{x^7}{7} \pm \cdots$$

und daher das Taylorpolynom $p_5(x) = x-(x^3/3)+(x^5/5)$.

(e) Durch Cauchyproduktbildung erhalten wir für $f(x) = e^x\cdot\big(1/(1-x)\big)$ die Potenzreihendarstellung

$$f(x) = \left[\sum_{k=0}^\infty \frac{x^k}{k!}\right]\left[\sum_{\ell=0}^\infty x^\ell\right] = \sum_{n=0}^\infty\Big(\sum_{k=0}^n \frac{1}{k!}\Big)x^n$$

und damit das Taylorpolynom

$$p_5(x) = 1 + 2x + \frac{5x^2}{2} + \frac{8x^3}{3} + \frac{65x^4}{24} + \frac{163x^5}{60}.$$

(f) Unter Anwendung der Binomialreihe erhalten wir für $f(x) = x(1-x^2)^{-1/2}$ die Potenzreihendarstellung

$$f(x) = x\sum_{k=0}^\infty \binom{-1/2}{k}(-x^2)^k = \sum_{k=0}^\infty \binom{-1/2}{k}(-1)^k x^{2k+1}$$

und damit das Taylorpolynom $p_5(x) = x-(x^3/2)+(3x^5/8)$.

(g) Eine Lösungsmöglichkeit besteht darin, den Ausdruck $u := -x+x^2$ in die Binomialreihe

$$\sqrt{1+u} = (1+u)^{1/2} = \sum_{n=0}^\infty \binom{1/2}{n}u^n$$

einzusetzen und aus der entstehenden Reihe alle Terme höherer als fünfter Ordnung zu streichen. Wir machen es anders und bestimmen das Taylorpolynom direkt durch die Berechnung der Ableitungen der Funktion $f(x) := \sqrt{1-x+x^2}$ an der Entwicklungsstelle 0. Da das direkte Berechnen der höheren Ableitungen etwas mühsam ist, benutzen wir implizite Differentiation:

$$\begin{aligned} f^2 &= 1-x+x^2, \\ 2ff' &= -1+2x, \\ 2f'^2+2ff'' &= 2, \\ 6f'f''+2ff''' &= 0, \\ 6f''^2+8f'f'''+2ff'''' &= 0, \\ 20f''f'''+10f'f''''+2ff^{(5)} &= 0. \end{aligned}$$

Aufgaben zu »Ableitungswerte und lokales Verhalten« siehe Seite 133

Beginnend mit $f(0) = 1$ erhalten wir aus diesen Gleichungen sukzessive die Werte $f'(0) = -1/2$, $f''(0) = 3/4$, $f'''(0) = 9/8$, $f''''(0) = 9/16$ und $d^{(5)}(0) = -225/16$. Für das Taylorpolynom $p_5(x) = \sum_{n=0}^{5}(f^{(n)}(0)/n!)x^n$ ergibt sich dann

$$p_5(x) = 1 - \frac{x}{2} + \frac{3x^2}{8} + \frac{9x^3}{48} + \frac{3x^4}{128} - \frac{15x^5}{128}.$$

(h) Einsetzen der Sinus- und der Cosinusreihe liefert

$$\begin{aligned} f(x) &= 1 - \frac{\sin(x)^2}{2} + \frac{\sin(x)^4}{24} + \cdots \\ &= 1 - \frac{(x - x^3/6)^2}{2} + \frac{x^4}{24} + \mathrm{O}(x^6) \\ &= 1 - \frac{x^2 - x^4/3}{2} + \frac{x^4}{24} + \mathrm{O}(x^6), \end{aligned}$$

wobei $\mathrm{O}(x^6)$ jeweils einen Ausdruck bezeichnet, in dem nur Terme mindestens sechster Ordnung auftreten. Das Taylorpolynom fünften Grades ist dann

$$p_5(x) = 1 - \frac{x^2}{2} + \frac{5x^4}{24}.$$

(i) Hier ist das rein formale Einsetzen einer Potenzreihe in eine andere nicht möglich, weil die Cosinusreihe den Leitkoeffizienten 1 hat. Wir berechnen daher die Taylorreihe unmittelbar durch Ermittlung der Koeffizienten als Ableitungswerte. Wir erhalten

$$\begin{aligned} f'(x) &= \sin(\cos x)\sin(x), \\ f''(x) &= -\cos(\cos x)\sin^2 x + \sin(\cos x)\cos x, \\ f'''(x) &= -\sin(\cos x)\sin^3 x - 3\cos(\cos x)\sin(x)\cos(x) \\ &\quad - \sin(\cos x)\sin(x), \\ f''''(x) &= \cos(\cos x)\sin^4 x - 6\sin(\cos x)\sin^2 x\cos x \\ &\quad - 3\cos(\cos x)\cos^2 x + 4\cos(\cos x)\sin^2 x \\ &\quad - \sin(\cos x)\cos x. \end{aligned}$$

Die fünfte Ableitung müssen wir (glücklicherweise!) nicht mehr berechnen, weil f eine gerade Funktion ist, in der Taylorentwicklung von f daher nur gerade Potenzen auftreten und folglich a priori klar ist, daß $f^{(5)}(0) = 0$ gelten muß. Wegen $f(0) = \cos(1)$, $f''(0) = \sin(1)$ und $f''''(0) = -3\cos(1) - \sin(1)$ ergibt sich

$$p_5(x) = \cos(1) + \frac{\sin(1)}{2}x^2 - \frac{\sin(1) + 3\cos(1)}{24}x^4$$

bzw. mit numerischen Werten $p_5(x) \approx 0.540 + 0.421x^2 - 0.103x^4$.

Lösung (91.51) Es sei $p(x) = ax^3 + bx^2 + cx + d$ mit $a \neq 0$. Wir erhalten dann $p'(x) = 3ax^2 + 2bx + c$ und $p''(x) = 6ax + 2b$; also hat p'' die eindeutige Nullstelle $x_0 = -b/(3a)$. Wegen $p'''(x) = 6a \neq 0$ liegt dann an der Stelle x_0 automatisch ein Wendepunkt vor. Für alle $h \in \mathbb{R}$ gilt ferner

$$\begin{aligned} p(x_0 + h) - p(x_0) &= p'(x_0)h + \frac{p''(x_0)}{2}h^2 + \frac{p'''(x_0)}{6}h^3 \\ &= p'(x_0)h + \frac{p'''(x_0)}{6}h^3. \end{aligned}$$

Auf der rechten Seite treten nur ungerade Potenzen von h auf. Gehen wir also von h zun $-h$ über, so wechselt also die rechte Seite gerade ihr Vorzeichen; es gilt daher $p(x_0 - h) - p(x_0) = -\big(p(x_0 + h) - p(x_0)\big)$, und diese Gleichung bedeutet genau, daß der Graph von p punktsymmetrisch zum Punkt $\big(x_0, p(x_0)\big)$ verläuft.

Lösung (91.52) Es sei jeweils n die kleinste Zahl $n \in \mathbb{N}$ mit $f^{(n)}(0) \neq 0$.

(a) Hier ist $n = 4$ (gerade) mit $f^{(n)}(0) = 10 \cdot 4! > 0$; also liegt an der Stelle $x = 0$ ein lokales Minimum von f vor.

(b) Wegen $f(x) = x \cdot (x - x^3/3 \pm \cdots) = x^2 + \mathrm{O}(x^4)$ ist $n = 2$ (gerade) mit $f''(0) = 1 \cdot 2! > 0$; also liegt an der Stelle $x = 0$ ein lokales Minimum vor.

(c) Wegen $f(x) = x^3 \cdot (x^2 - x^6/3! \pm \cdots) = x^5 + \mathrm{O}(x^9)$ ist $n = 5$; also liegt an der Stelle $x = 0$ ein Sattelpunkt von f vor.

(d) Wegen $f(x) = (x - x^3/3 + \cdots)(-x^2/2 - \cdots) = -x^3/2 + \mathrm{O}(x^4)$ ist $n = 3$ (ungerade); also liegt an der Stelle $x = 0$ ein Sattelpunkt von f vor.

(e) Wegen $f(x) = -x^4/12 + \mathrm{O}(x^6)$ ist $n = 4$ (gerade) mit $f''''(0) = (-1/12) \cdot 24 = -2 < 0$; also liegt an der Stelle $x = 0$ ein Maximum von f vor.

Lösung (91.53) Es gelte $a_n < \xi < b_n$ für alle Indices n. Dann haben wegen $f(a_n) = f(b_n)$ die Ausdrücke

$$(\star) \qquad \frac{f(a_n) - f(\xi)}{a_n - \xi} \quad \text{und} \quad \frac{f(b_n) - f(\xi)}{b_n - \xi}$$

unterschiedliches Vorzeichen, konvergieren aber beide gegen $f'(\xi)$. Das ist nur möglich, wenn $f'(\xi) = -f'(\xi)$ gilt, also $f'(\xi) = 0$. Gilt dagegen $a_n = \xi$ für alle $n \geq n_0$, so gilt

$$f'(\xi) = \lim_{n\to\infty} \frac{f(b_n) - f(\xi)}{b_n - \xi} = \lim_{n\to\infty} \frac{f(a_n) - f(\xi)}{b_n - \xi} = 0$$

wegen $f(a_n) = f(\xi)$ für alle $n \geq n_0$. Vollkommen analog gilt auch $f'(\xi) = 0$, wenn $b_n = \xi$ für alle $n \geq n_0$ gilt.

Lösung (91.54) Wir gehen die Aussagen der Reihe nach durch.

(a) Falsch. (Wähle etwa $f(x) = -x^2$ und $x_0 = 0$.)

(b) Falsch (denn sogar die schwächere Aussage (a) ist ja falsch).

(c) Richtig (denn sogar die stärkere Aussage (d) ist richtig, wie wir sogleich sehen werden).

(d) Die Aussage ist richtig. Zunächst gilt $f'(x_0) > 0$ und damit $\big(f(x_0 + h) - f(x_0)\big)/h > 0$ für $0 < h < \varepsilon$ bei

Aufgaben zu »Ableitungswerte und lokales Verhalten« siehe Seite 133

einer genügend klein gewählten Zahl $\varepsilon > 0$. Für alle $x \in (x_0, x_0 + \varepsilon)$ gilt dann $f(x) > f(x_0) \geq 0$. Wäre $J := \{x > x_0 \mid f(x) \leq 0\}$ nicht leer, so existierte $x_\star := \inf J$. Es wäre dann $f(x_\star) \leq 0$, aber $f(x) > 0$ für $x_0 < x < x_\star$. Nach dem Mittelwertsatz existierte dann eine Zahl $\xi \in (x_0, x_\star)$ mit $0 \geq f(x_\star) - f(x_0) = f'(\xi)(x_\star - x_0)$, was wegen $f'(\xi) > 0$ und $x_\star - x_0 > 0$ aber nicht möglich ist.

(e) Falsch (denn sogar die schwächere Aussage (a) ist ja falsch).

(f) Falsch (denn sogar die schwächere Aussage (e) ist ja falsch).

(g) Falsch. (Wähle etwa $f(x) = -x^2$ und $x_0 = 0$.)

(h) Falsch (denn sogar die schwächere Aussage (g) ist ja falsch).

(n) Diese Aussage ist richtig. Zum Nachweis müssen wir zeigen, daß $J := \{x > x_0 \mid f(x) \leq 0\}$ leer ist. Wäre dies nicht der Fall, so existierte $x_\star := \inf J$. Es wäre dann $f(x_\star) \leq 0$ (insbesondere also $x_\star \neq x_0$), aber $f(x) > 0$ für $x_0 < x < x_\star$. Nach dem Mittelwertsatz existierte dann eine Zahl $\xi \in (x_0, x_\star)$ mit $f(x_\star) - f(x_0) = f'(\xi)(x - x_0)$. Wegen $f(\xi) > 0$ wäre $f'(\xi) \geq 0$ nach Voraussetzung (n), folglich $f(x_\star) - f(x_0) \geq 0$ und damit $f(x_\star) \geq f(x_0) > 0$ im Widerspruch zur Definition von $x_\star$. Dieser Widerspruch zeigt, daß J leer ist, daß also $f(x) > 0$ für alle $x > x_0$ gilt.

Damit sind auch die Aussagen (i), (j), (k), (l), (m), (o) und (p) richtig, denn jede dieser Aussagen ist schwächer als die Aussage (n), deren Richtigkeit wir schon nachgewiesen haben.

Lösung (91.55) (a) Für $\varphi(u) = u^r$ erhalten wir $\varphi'(u) = ru^{r-1}$ und $\varphi''(u) = r(r-1)u^{r-2} < 0$ für alle $u > 0$.

(b) Für $\varphi(u) = \ln(1+u)$ erhalten wir $\varphi'(u) = (1+u)^{-1}$ und $\varphi''(u) = -(1+u)^{-2} < 0$ für alle $u \geq 0$.

(c) Für $\varphi(u) = u/(1+u) = 1 - (1+u)^{-1}$ erhalten wir $\varphi'(u) = (1+u)^{-2}$ und $\varphi''(u) = -2(1+u)^{-3} < 0$ für alle $u \geq 0$.

(d) Für $\varphi(u) = u/\ln(u+2)$ erhalten wir

$$\varphi'(u) = \frac{(u+2)\ln(u+2) - u}{(u+2)\ln(u+2)^2}$$

und

$$\varphi''(u) = \frac{-h(u)}{(u+2)^2 \ln(u+2)^3}$$

mit $h(u) := (u+4)\ln(u+2) - 2u$; wir müssen zeigen, daß $h(u) \geq 0$ für alle $u \geq 0$ gilt. Wir haben $h'(u) = \ln(u+2) - 1 + 2/(u+2)$ und

$$h''(u) = \frac{1}{u+2} - \frac{2}{(u+2)^2} = \frac{u}{(u+2)^2} \geq 0.$$

Also wächst h' monoton; folglich gilt $h'(u) \geq h'(0) = \ln(2) > 0$ für alle $u \geq 0$, insbesondere also $h' \geq 0$; folglich wächst h monoton; folglich gilt $h(u) \geq h(0) = 4\ln(2) > 0$ für alle $u \geq 0$.

(e) Für $\varphi(u) = \min(1, u)$ müssen wir anders argumentieren, weil diese Funktion nicht differentierbar ist. Wir unterscheiden drei Fälle:

- für $u, v, u+v \leq 1$ haben wir $\varphi(u+v) = u+v = \varphi(u) + \varphi(v)$;
- für $u, v \leq 1$ und $u+v > 1$ haben wir $\varphi(u+v) = 1 \leq u+v = \varphi(u) + \varphi(v)$;
- ist mindestens eine der Zahlen u, v größer als 1 (sagen wir $v > 1$), so ist auch $u+v > 1$, und es gilt $\varphi(u+v) = 1 \leq \varphi(u) + 1 = \varphi(u) + \varphi(v)$.

In jedem möglichen Fall gilt also $\varphi(u+v) \leq \varphi(u) + \varphi(v)$.

Lösung (91.56) Gilt (1), so folgt $x_1 x_2 \cdots x_n \leq c^{x_1} c^{x_2} \cdots c^{x_n} = c^{x_1 + \cdots + x_n}$ für alle Zahlen $x_i \geq 0$ und damit (2). Gilt umgekehrt (2), so wählen wir $n := 1$ und $x_1 := a$ und erhalten dann $a \leq c^a$ für alle $a \geq 0$ und damit (1). Damit ist die Äquivalenz von (1) und (2) gezeigt.

Nun ist Bedingung (1) für $x = 0$ automatisch erfüllt und daher äquivalent zu der Bedingung $\ln(x) \leq x \ln(c)$ für alle $x > 0$, also

$$\ln(c) \geq \frac{\ln(x)}{x}$$

für alle $x > 0$. Nach Beispiel (91.18) im Buch ist dies gleichbedeutend mit $\ln(c) \geq \ln(e)/e = 1/e$ und damit also $c \geq e^{1/e}$.

Lösung (91.57) Es sei x_{opt} eine Stelle, an der die Funktion f ein Optimum (Minimum oder Maximum) annimmt; dann gilt $f'(x_{\text{opt}}) = 0$. Weiter sei x_{ing} eine ingenieurmäßig erhaltene Näherungslösung für das gesuchte Optimum. Wenn der Näherungswert x_{inf} nicht katastrophal schlecht ist, ist die Abweichung $\delta := x_{\text{ing}} - x_{\text{opt}}$ nicht allzu groß. Dann gilt aber $f(x_{\text{ing}}) = f(x_{\text{opt}} + \delta) \approx f(x_{\text{opt}}) + f'(x_{\text{opt}})\delta = f(x_{\text{opt}})$, wobei die letzte Gleichung wegen $f'(x_{\text{opt}}) = 0$ gilt. Also unterscheiden sich $f(x_{\text{ing}})$ und $f(x_{\text{opt}})$ nicht allzu stark.

Lösung (91.58) Nach dem Satz des Pythagoras gilt $b^2 + h^2 = d^2$; um die Tragfähigkeit zu maximieren, müssen wir also den Ausdruck $bh^2 = b(d^2 - b^2) = d^2 b - b^3$ möglichst groß wählen; d.h., wir müssen das Maximum der Funktion $f(b) := d^2 b - b^3$ im Intervall $(0, d)$ finden. Dazu bestimmen wir die Nullstellen der Ableitung $f'(b) = d^2 - 3b^2$. Dies führt auf $b = d/\sqrt{3}$; wegen $f''(b) = -6b < 0$ liegt automatisch ein Maximum vor. (Dies folgt aber auch schon aus den offensichtlichen Bedingungen $f(0) = f(d) = 0$ und $f(b) > 0$ für $0 < b < d$.) Die Breite des Balkens muß also zu $b := d/\sqrt{3}$ gewählt werden; die zugehörige Höhe ist dann $h = \sqrt{d^2 - b^2} = d\sqrt{2/3}$. Das Verhältnis von Höhe zu Breite ist also $\sqrt{2} \approx 1.414$, unabhängig vom Durchmesser des Baumstammes.

Lösung (91.59) Die Länge der Hauptleitung sei x (in km); dann ist $6 - x$ die Länge der entlasteten Hauptleitung und (nach Pythagoras) $\sqrt{(4-x)^2 + 1}$ die Länge

Aufgaben zu »Ableitungswerte und lokales Verhalten« siehe Seite 133

der Nebenleitung. Die Gesamtkosten sind dann gegeben durch die Funktion

$$f(x) = c_1 x + c_2(6-x) + c_3\sqrt{(4-x)^2+1}.$$

Wir berechnen

$$f'(x) = c_1 - c_2 + c_3\frac{x-4}{\sqrt{(4-x)^2+1}} \quad \text{und}$$
$$f''(x) = \frac{c_3}{\big((4-x)^2+1\big)^{3/2}}.$$

Nullsetzen der ersten Ableitung liefert $c_3(x-4) = (c_2 - c_1)\sqrt{(4-x)^2+1}$ (folglich zwangsläufig $x < 4$) und damit $c_3^2(x-4)^2 = (c_2-c_1)^2(x-4)^2 + (c_2-c_1)^2$ bzw. $(x-4)^2 = (c_2-c_1)^2/\big(c_3^2-(c_2-c_1)^2\big)$. Berücksichtigt man die notwendige Bedingung $x < 4$, so führt dies auf die eindeutige Lösung

$$x = 4 - \frac{c_1 - c_2}{\sqrt{c_3^2-(c_2-c_1)^2}}.$$

Wegen $f''(x) > 0$ für alle x ist der Graph von f eine Linkskurve; es muß sich also um ein absolutes Minimum handeln. Mit den angegebenen Werten erhält man $x = 4-2/\sqrt{5} \approx 3.106$; man muß also etwa 3.106 km vom Kraftwerk entfernt die Leitung unter dem Fluß durchführen.

Lösung (91.60) Wir bezeichnen mit a, b die Katheten und mit c die Hypotenuse des Dreiecks. Der Umfang ist gegeben durch $a+b+c = U$, woraus $b = U-a-c$ folgt. Setzt man dies in die Gleichung $a^2+b^2 = c^2$ (Satz des Pythagoras) ein, so ergibt sich $c^2 = a^2+(U-a-c)^2 = a^2+U^2+a^2+c^2-2Ua-2Uc+2ac$, also $0 = 2a^2+U^2-2Ua-2Uc+2ac$ bzw. $(2U-2a)c = 2a^2+U^2-2Ua$. Division durch $2U-2a$ liefert dann die Hypotenusenlänge $c = c(a)$ als Funktion der Kathetenlänge a; es ergibt sich

$$c(a) = \frac{a^2+U^2/2-Ua}{U-a}.$$

Diese Funktion ist im Bereich $0 < a < U/2$ zu minimieren. Ableiten nach der Quotientenregel liefert

$$c'(a) = \frac{(2a-U)(U-a)+(a^2+U^2/2-Ua)}{(U-a)^2}$$
$$= -\frac{a^2-2Ua+U^2/2}{(U-a)^2}.$$

Nullsetzen der Ableitung führt auf die quadratische Gleichung $a^2-2Ua+U^2/2 = 0$ mit den beiden Lösungen $a = U \pm \sqrt{U^2-U^2/2} = U \pm \sqrt{U^2/2} = U \pm U/\sqrt{2}$, von denen wegen $a < U$ nur die mit dem negativen Vorzeichen in Frage kommt; es ergibt sich also $a_\star = U - U/\sqrt{2} = (1-1/\sqrt{2})U \approx 0.293\,U$. Setzt man dies in die Funktion $c = c(a)$ ein, so ergibt sich die Hypotenusenlänge $c_\star = (\sqrt{2}-1)U \approx 0.414\,U$. (Wegen $c(0) = c(U/2) = U/2$ liegt tatsächlich ein Minimum vor.) Aus der Gleichung $b = U-a-c$ folgt dann $b_\star = U - U/\sqrt{2} = a_\star$. Das Dreieck mit der kleinstmöglichen Hypotenuse hat also die Seiten

$$a_\star = b_\star = \left(1-\frac{1}{\sqrt{2}}\right)U \approx 0.293\,U \quad \text{und}$$
$$c_\star = (\sqrt{2}-1)U \approx 0.4141\,U.$$

Angesichts dieser Lösung fällt es uns wie Schuppen von den Augen! Aus Symmetriegründen ist von vornherein klar, daß $a = b$ gelten muß; der Satz des Pythagoras liefert dann $c = a\sqrt{2}$, und die Umfangsgleichung ergibt $U = a+b+c = a+a+a\sqrt{2} = (2+\sqrt{2})a$. Ohne jede Rechnung (!) erhalten wir also das Ergebnis $a = b = U/(2+\sqrt{2}) = (1-1/\sqrt{2})U$ und $c = a\sqrt{2} = (\sqrt{2}-1)U$.

Lösung (91.61) Anhand der Zeichnung ergibt sich die Tiefe d des Schwerpunktes, ausgedrückt als Funktion des Winkels α, zu

$$d(\alpha) = r\sin(2\alpha) - \ell\sin\alpha.$$

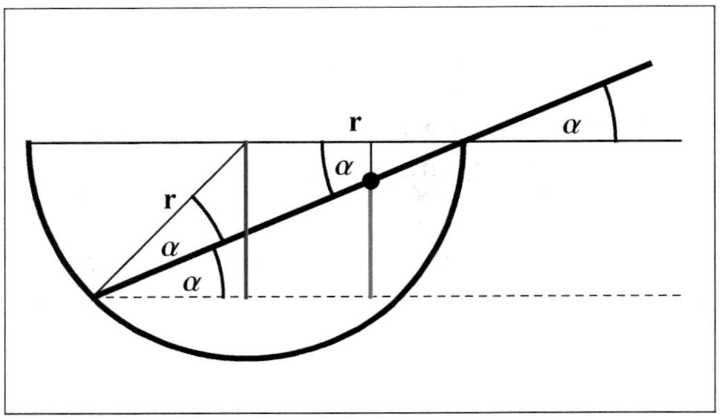

Diese Funktion ist zu maximieren. Berechnen der Ableitung liefert

$$d'(\alpha) = 2r\cos(2\alpha) - \ell\cos\alpha$$
$$= 2r(2\cos^2\alpha - 1) - \ell\cos\alpha$$
$$= 4r\cos^2\alpha - \ell\cos\alpha - 2r.$$

Nullsetzen führt auf die quadratische Gleichung $\cos^2\alpha - \big(\ell/(4r)\big)\cos\alpha - 1/2 = 0$ und damit auf

$$\cos\alpha = \frac{\ell}{8r} \pm \sqrt{\frac{\ell^2+32r^2}{64r^2}} = \frac{\ell \pm \sqrt{\ell^2+32r^2}}{8r}.$$

Wegen $\cos\alpha > 0$ entfällt die Lösung mit dem Minuszeichen; das Maximum wird daher für den folgenden Winkel angenommen:

$$\alpha_\star = \arccos\left[\frac{\ell+\sqrt{\ell^2+32r^2}}{8r}\right] = \arccos\left[\frac{\xi+\sqrt{\xi^2+32}}{8}\right]$$

Aufgaben zu »Ableitungswerte und lokales Verhalten« siehe Seite 133

mit $\xi := \ell/r \in [1,2]$. Die zugehörige maximale Tiefe ist dann

$$\begin{aligned} f(\alpha^*) &= r\cdot\sqrt{1-\cos^2\alpha^*}\cdot(2\cos\alpha^*-\xi) \\ &= \frac{r}{32}\sqrt{32-2\xi^2-2\xi\sqrt{\xi^2+32}}\left(\sqrt{\xi^2+32}-3\xi\right). \end{aligned}$$

Lösung (91.62) Es sei a die halbe Breite der Straße. Mit den Bezeichnungen der Zeichnung auf dem Aufgabenblatt ist dann die Beleuchtungsstärke in einem Punkt der Straßenmitte proportional zu $(\cos\varphi)/r$. Nun gilt $\cos\varphi = h/r$ sowie (nach Pythagoras) $a^2+h^2=r^2$; der zu maximierende Ausdruck ist daher $h/r^2 = h/(a^2+h^2)$. Die Aufgabe besteht also darin, das Maximum der Funktion

$$f(h) := \frac{h}{a^2+h^2}$$

auf dem Intervall $0 < h < \infty$ zu berechnen; die Existenz eines absoluten Maximums steht dabei wegen $f(0) = \lim_{h\to\infty} f(h) = 0$ und $f > 0$ auf $(0,\infty)$ von vornherein fest. Wir berechnen

$$f'(h) = \frac{a^2-h^2}{(h^2+a^2)^2}$$

und erhalten als notwendige Bedingung für ein Extremum sofort $h = a$. Da die Existenz eines Maximums von vornherein feststeht, wird dieses also bei $h = a$ angenommen; das Berechnen der zweiten Ableitung von f ist nicht erforderlich! Die optimale Höhe für die Straßenlampen ist also die halbe Breite der Straße.

Lösung (91.63) Der in der Zeichnung angegebene Winkel φ ist so zu wählen, daß der Querschnitt $ab\cos(\varphi)+a^2\sin(\varphi)\cos(\varphi)$ möglichst groß wird.

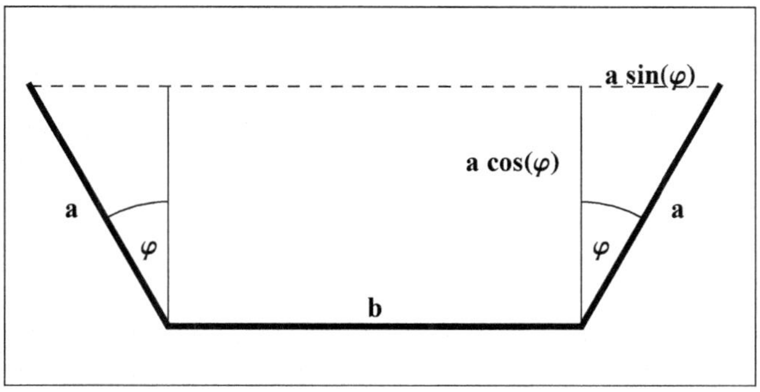

Zu maximieren ist also die Funktion

$$f(\varphi) := ab\cos(\varphi) + a^2\sin(\varphi)\cos(\varphi)$$

auf dem Intervall $[0,\pi/2]$. Wir berechnen

$$\begin{aligned} f'(\varphi) &= -ab\sin(\varphi)+a^2\cos(\varphi)^2-a^2\sin(\varphi)^2 \\ &= -ab\sin(\varphi)+a^2-2a^2\sin(\varphi)^2 \\ &= -2a^2\left(\sin(\varphi)^2+\frac{b}{2a}\sin(\varphi)-\frac{1}{2}\right). \end{aligned}$$

Nullsetzen von f' liefert mit der Abkürzung $q := b/a$ die Lösung

$$\sin(\varphi) = \frac{\sqrt{q^2+8}-q}{4};$$

die zweite Lösung entfällt, da $\sin(\varphi)$ wegen $0<\varphi<\pi/2$ positiv sein muß. Wir erhalten also

$$\varphi_\star := \arcsin\left(\frac{\sqrt{q^2+8}-q}{4}\right)$$

als einzige Nullstelle von f' im Intervall $[0,\pi/2]$. Wegen $f'(0) = a^2 > 0$ und $f'(\pi/2) = -ab-a^2 < 0$ ist daher f streng monoton wachsend im Intervall $[0,\varphi_\star]$ und streng monoton fallend im Intervall $[\varphi_\star,\pi/2]$. An der Stelle $\varphi=\varphi_\star$ liegt dann ein globales Maximum von f auf dem betrachteten Intervall vor. Speziell für $a = b$ haben wir $q = 1$ und daher $\varphi_\star = \arcsin(1/2) = 30^0$.

Lösung (91.64) Der Materialverbrauch ist proportional zur schraffierten Fläche und folglich gegeben durch $(3d+2x)(2d+y)-2xy = 6d^2+4dx+3dy = 6d^2+4dx+3dQ/x =: f(x)$. Wegen $f'(x) = 4d-3dQ/x^2$ liegt die einzige positive Nullstelle von f' bei $x^\star = \sqrt{3Q/4}$; wegen $f(x)\to\infty$ für $x\to 0+$ und für $x\to\infty$ handelt es sich dabei zwangsläufig um ein globales Minimum. Der zugehörige Wert für y ist $y^* = Q/x^* = \sqrt{4Q/3} = 4x^*/3$, unabhängig von der Wandstärke d. In unserem Fall ist $Q = 360\text{ cm}^2$; dies liefert $x^* = 3\sqrt{30}$ cm ≈ 16.43 cm und $y^* = 4\sqrt{30}$ cm ≈ 21.91 cm.

Bemerkung: Wir müssen für (b) die Rechnung nicht noch einmal wiederholen, weil wir gleich mit einer beliebigen Wanddicke d rechneten. Es ist ganz allgemein günstiger, mit nicht spezifizierten Konstanten zu rechnen und numerische Werte erst am Ende der Rechnung einzusetzen; zum einen, weil nachträgliche Änderungen bei Parameterwerten problemlos in die Lösung eingearbeitet werden können; zum andern, weil einem typischerweise weniger Rechenfehler unterlaufen, wenn man nicht sofort mit numerischen Werten losrechnet.

Lösung (91.65) Die Querschnittsfläche F ist $F = 2ar+\pi r^2/2$, der Umfang U ist $U = 2a+2r+\pi r$. Eliminiert man a aus der ersten Gleichung und setzt dann den Wert für a in die zweite Gleichung ein, so ergibt sich U als Funktion von r, nämlich

$$U(r) = \frac{F}{r}+\frac{(\pi+4)\cdot r}{2} \quad\text{mit}\quad U'(r) = -\frac{F}{r^2}+\frac{\pi+4}{2}.$$

Nullsetzen von U' liefert $r^* = \sqrt{2F/(\pi+4)}$; wegen $U(r)\to\infty$ für $r\to 0+$ und für $r\to\infty$ handelt es sich dabei um das globale Minimum von U auf dem Intervall $(0,\infty)$. Für a ergibt sich dann der Wert $a^* = \sqrt{2F/(\pi+4)} = r^*$. In unserem Fall ist $F = 5\text{ m}^2$ und damit $r^* = a^* \approx 1.18$ m.

Aufgaben zu »Ableitungswerte und lokales Verhalten« siehe Seite 133

Lösung (91.66) (a) Die Länge ℓ als Funktion des Winkels φ ist $\ell(\varphi) = \dfrac{a}{\sin\varphi} + \dfrac{b}{\cos\varphi}$ (mit $0 < \varphi < \pi/2$). Die Ableitung dieser Funktion ist

$$\ell'(\varphi) = \frac{-a\cos\varphi}{\sin^2\varphi} + \frac{b\sin\varphi}{\cos^2\varphi} = \frac{-a\cos^3\varphi + b\sin^3\varphi}{\sin^2\varphi\cos^2\varphi}.$$

Nullsetzen von ℓ' führt auf $b\sin^3\varphi = a\cos^3\varphi$ und damit $\tan^3\varphi = a/b$, also $\varphi = \arctan\sqrt[3]{a/b}$; wegen $\ell(\varphi) \to \infty$ für $\varphi \to 0+$ und für $\varphi \to (\pi/2)-$ handelt es sich um das globale Minimum von φ.

(b) Da der Baumstamm alle Winkel φ zwischen 0^0 und 90^0 passieren muß, tritt der kritische Moment während des Manövrierens bei demjenigen Winkel φ^* auf, bei dem die zulässige Länge $\ell^* = \ell(\varphi^*)$ minimal wird. Nach Teil (a) ist $\varphi^* = \arctan\sqrt[3]{a/b}$; es gilt dann

$$\begin{aligned}
\ell^* &= \frac{a}{\sin\varphi^*} + \frac{b}{\cos\varphi^*} = \sqrt{1+\tan^2\varphi^*}\left(\frac{a}{\tan\varphi^*} + b\right) \\
&= \sqrt{1+(\frac{a}{b})^{2/3}}\cdot\left(\frac{a}{(a/b)^{1/3}} + b\right) \\
&= \sqrt{1+(\frac{a}{b})^{2/3}}\cdot\left(a^{2/3}b^{1/3} + b\right) \\
&= \sqrt{1+(\frac{a}{b})^{2/3}}\cdot b^{1/3}\cdot(a^{2/3}+b^{2/3}) \\
&= \sqrt{b^{2/3}+a^{2/3}}\cdot(a^{2/3}+b^{2/3}) = (a^{2/3}+b^{2/3})^{3/2}.
\end{aligned}$$

(Die maximale erlaubte Länge wächst also – was nicht weiter verwunderlich ist – monoton mit dem Verhältnis $a : b$.) In unseren Fall ist $a = 3\sqrt{3}b$ und damit $\ell^* = 8b$.

Lösung (91.67) (a) Die Vorschläge liefern unter Benutzung des Satzes von Pythagoras der Reihe nach die Streckenlängen $s_1 = 3$, $s_2 = 1+\sqrt{5} \approx 3.236$, $s_3 = 2\sqrt{2} \approx 2.828$, $s_4 = 2+\sqrt{2} \approx 3.414$ und $s_5(x) = x + 2\sqrt{1+(1-x)^2}$.

(b) Nullsetzen von $s_5'(x) = 1 - 2(1-x)/\sqrt{1+(1-x)^2}$ führt auf $x_\star = 1 - 1/\sqrt{3}$; an dieser Stelle liegt ein Minimum mit dem Wert $s_5(x_\star) = 1+\sqrt{3} \approx 2.732$ vor. Dieser Wert ist besser als die Werte der ersten vier Vorschläge.

Lösung (91.68) Die Länge der Laufbahn ist $\ell = 2\pi r + 2a$; die zu maximierende Rechtecksfläche ist dann $2ar = r(\ell - 2\pi r) = \ell r - 2\pi r^2 =: F(r)$. Wir erhalten $F'(r) = \ell - 4\pi r$ und $F''(r) = -4\pi < 0$; also liegt für $r = \ell/(4\pi) = 100\,\text{m}/\pi \approx 31.831\,\text{m}$ ein Maximum von F vor. Es ist dann $a = \ell/4 = 100\,\text{m}$; die maximale Fläche ist folglich $F = \ell^2/(8\pi) \approx 6366.2\,\text{m}^2$.

Lösung (91.69) Der Winkel φ werde im Bogenmaß genommen; der Umfang des Kreissektors ist dann $U = 2r + r\varphi$, seine Fläche ist $F = r^2\varphi/2$. Wegen $U = \ell$ ist $r\varphi = \ell - 2r$ und damit $F = F(r) = (\ell r - 2r^2)/2$. Wegen $F'(r) = (\ell - 4r)/2$ und $F''(r) = -2 < 0$ liegt an der Stelle $r = \ell/4$ ein Maximum vor; der zugehörige Zentriwinkel ist $\varphi = (\ell - 2r)/r = 2 \approx 114.592^0$.

Lösung (91.70) Der Umfang U und die Fläche F sind gegeben durch

$$U = \pi r + 2\sqrt{h^2+r^2} \quad \text{und} \quad F = \frac{\pi}{2}r^2 + hr.$$

Aus der ersten Gleichung folgt $h^2 = \big((U-\pi r)^2 - 4r^2\big)/4$; setzt man dies in die zweite Gleichung ein, so ergibt sich die Fläche als Funktion von r in der Form

$$F(r) = \frac{\pi}{2}r^2 + \frac{r}{2}\sqrt{(U-\pi r)^2 - 4r^2}.$$

Ableiten liefert

$$F'(r) = \pi r + \frac{1}{2}\sqrt{(U-\pi r)^2 - 4r^2} - \frac{r}{2}\cdot\frac{\pi(U-\pi r)+4r}{\sqrt{(U-\pi r)^2-4r^2}}.$$

Nullsetzen, Durchmultiplizieren mit $2\sqrt{(U-\pi r)^2 - 4r^2}$ und Sortieren führt auf die Gleichung

$$2\pi r\sqrt{(U-\pi r)^2 - 4r^2} = (8-2\pi^2)r^2 + 3\pi Ur - U^2.$$

Quadriert man beide Seiten und bringt dann sämtliche Terme auf die linke Seite, so ergibt sich die Gleichung

$$\begin{aligned}
0 &= (16\pi^2 - 64)r^4 + (4\pi^3 - 48\pi)r^3U \\
&\quad + (16 - 9\pi^2)r^2U^2 + 6\pi rU^3 - U^4.
\end{aligned}$$

Dividieren wir durch U^4, so erkennen wir, daß die dimensionslose Größe $y := r/U$ die folgende Gleichung erfüllt:

$$(16\pi^2-64)y^4 + (4\pi^3-48\pi)y^3 + (16-9\pi^2)y^2 + 6\pi y - 1 = 0.$$

Diese Polynomgleichung hat vier reelle Lösungen, nämlich

$$\begin{aligned}
y_1 &= -0.876587, \\
y_2 &= 0.0755604, \\
y_3 &= 0.176798, \\
y_4 &= 0.909292.
\end{aligned}$$

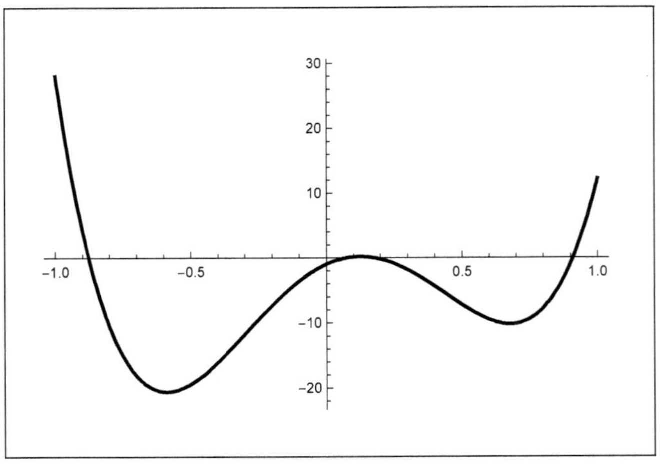

Aufgaben zu »Ableitungswerte und lokales Verhalten« siehe Seite 133

Wegen $U \geq r\pi + 2r = r(\pi + 2)$, also $y \leq 1/(\pi + 2) = 0.194492$, kommen nur y_2 und y_3 als Lösungen in Frage. Einsetzen in

$$F = (U^2/2) \cdot \left(\pi y^2 + y\sqrt{(1-\pi y)^2 - 4y^2}\right)$$

liefert $F = 0.074418 \cdot U^2/2$ für y_2 und $F = 0.14584 \cdot U^2/2$ für y_3. Die optimale Wahl ist also $r_\star = y_3 U = 0.176798\,U$; es ergibt sich dann $h_\star = 0.134736\,U$.

Lösung (91.71) Ist $x \in [0, 15]$ der Teil der Leitung entlang der Straße (in km), so sind die Kosten gegeben durch $K(x) = K_S \cdot x + K_G \cdot \sqrt{8^2 + (15-x)^2}$. Ableiten liefert

$$K'(x) = K_S - K_G \frac{15 - x}{\sqrt{64 + (15-x)^2}};$$

Nullsetzen der Ableitung führt auf $K_S \cdot \sqrt{64 + (15-x)^2} = K_G \cdot (15 - x)$, also $K_S^2(64 + (15-x)^2) = K_G^2(15-x)^2$ bzw. $64K_S^2 = (K_G^2 - K_S^2)(15-x)^2$. Es ergibt sich $15 - x = 8K_S/\sqrt{K_G^2 - K_S^2}$. Die einzige Stelle, an der die Ableitung verschwindet, ist also $x^* = 15 - 8K_S/\sqrt{K_G^2 - K_S^2}$; dieser Wert ist für das gestellte Problem nur bedeutsam, wenn er nicht negativ ist. Ansonsten kann das Minimum an einem der Randpunkte 0 und 15 angenommen werden. Für die Minimalkosten gibt es also die drei Möglichkeiten $K(0) = 8K_G$, $K(15) = 15K_S + 8K_G$ und $K(x^*) = 15K_S + 8\sqrt{K_G^2 - K_S^2}$ (falls $x^* \geq 0$); wegen $K(15) > K(0)$ scheidet $x = 15$ als Lösung von vornherein aus.

(a) Hier ist $x^* = 4.412$ km; die optimalen Kosten sind $K(x^*) \approx 6313$ TEUR (gegenüber $K(0) = 6392$ TEUR und $K(15) = 7508$ TEUR).

(b) Hier ist $x^* < 0$; die direkte Verbindung ist also die kostengünstigste. Die optimalen Kosten sind $K(0) = 5610$ TEUR (gegenüber $K(15) = 7140$ TEUR).

Lösung (91.72) Das Volumen des Kegels ist $V_K = \pi R^2 H/3$, das des Zylinders $\pi r^2 h$. Der Strahlensatz liefert die Beziehung $H : R = (H-h) : r$, also $r = (H-h)R/H$, so daß $V_Z = \pi(H-h)^2 R^2 h/H^2$ gilt. Zu maximieren ist also die Funktion $f(h) := (H-h)^2 h$ über das Intervall $[0, H]$. Wegen $f'(h) = -2(H-h)h + (H-h)^2 = (H-h)(H-3h)$ und $f(0) = f(H) = 0$ führt die Suche nach einem Maximum auf die Lösung $h = H/3$ und damit $r = 2R/3$. Für das maximal mögliche Zylindervolumen ergibt sich dann $V_Z = 4\pi R^2 H/27$ und damit $V_Z/V_K = 4/9 = 44.\overline{4}\%$.

Lösung (91.73) Wir betrachten die folgende Skizze.

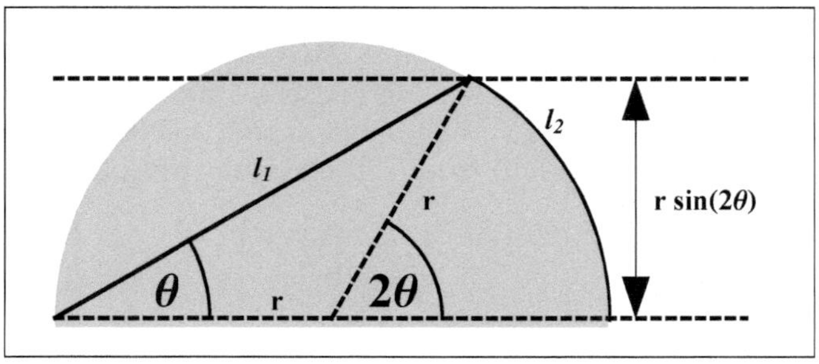

Die schwimmend zurückgelegte Strecke ist $\ell_1 = 2r\cos\theta$; das kann man auf mindestens vier verschiedene Arten erkennen:

- durch Fällen des Lotes vom Kreismittelpunkt aus auf ℓ_1 und Ausnutzen von $\cos(\theta) = (\ell_1/2)/r = \ell_1/(2r)$ in den beiden entstehenden rechtwinkligen Dreiecken;
- durch Ausnutzen der Beziehung $\sin(\theta) = r\sin(2\theta)/\ell_1 = 2r\sin(\theta)\cos(\theta)/\ell_1$ und damit $1 = 2r\cos(\theta)/\ell_1$;
- als Folge des Sinussatzes: $\ell_1/\sin(\pi - 2\theta) = r/\sin(\theta)$;
- als Folge des Kosinussatzes: $\ell_1^2 = r^2 + r^2 - 2r^2\cos(\pi - 2\theta) = 2r^2 + 2r^2\cos(2\theta) = 2r^2 + 2r^2(2\cos^2\theta - 1) = 4r^2\cos^2\theta$.

Der laufend zurückgelegte Kreisbogen hat die Länge $\ell_2 = r \cdot 2\theta$. (Daß der zu dem gelaufenen Bogen gehörige Winkel gerade 2θ ist, folgt unmittelbar aus dem Peripheriewinkelsatz, ergibt sich aber auch aus der Tatsache, daß das eingezeichnete Dreieck gleichschenklig mit dem Basiswinkel θ ist, an seiner Spitze im Kreismittelpunkt daher den Winkel $180^0 - 2\theta$ hat.) Die zum Schwimmen benötigte Zeit ist dann $t_1 = \ell_1/u = 2r\cos\theta/u$, die zum Laufen benötigte Zeit ist $t_2 = \ell_2/v = 2r\theta/v$. Die Gesamtzeit $t_1 + t_2$ ist also gegeben durch die Funktion

$$f(\theta) := \frac{2r\cos(\theta)}{u} + \frac{2r\theta}{v};$$

diese ist für $0 \leq \theta \leq \pi/2$ zu minimieren. Wir erhalten $f'(\theta) = -2r\sin(\theta)/u + 2r/v$ und $f''(\theta) = -2r\cos(\theta)/u \leq 0$. Die Ableitung f' hat genau eine Nullstelle, nämlich $\theta_\star := \arcsin(u/v)$. Wegen $f'' \leq 0$ ist f rechtsgekrümmt; bei $\theta_\star$ liegt daher ein Maximum und nicht das gesuchte Minimum vor. Dieses wird folglich am Rand des Intervalls angenommen, also entweder für $\theta = 0$ (reines Schwimmen) oder für $\theta = \pi/2$ (reines Laufen). Wegen $f(0) = 2r/u$ und $f(\pi/2) = r\pi/v$ ist das Ergebnis also folgendermaßen:

- gilt $u/v > 2/\pi \approx 0.63662$, so ist $f(0) < f(\pi/2)$, und es ist besser zu schwimmen;
- gilt $u/v < 2/\pi$, so ist $f(0) > f(\pi/2)$, und es ist besser zu laufen;
- gilt $u/v = 2/\pi$, so dauert es genauso lange zu laufen wie zu schwimmen.

Für Professor S. gilt $u/v = 0.3 < 2/\pi$; er sollte also um den See herumlaufen.

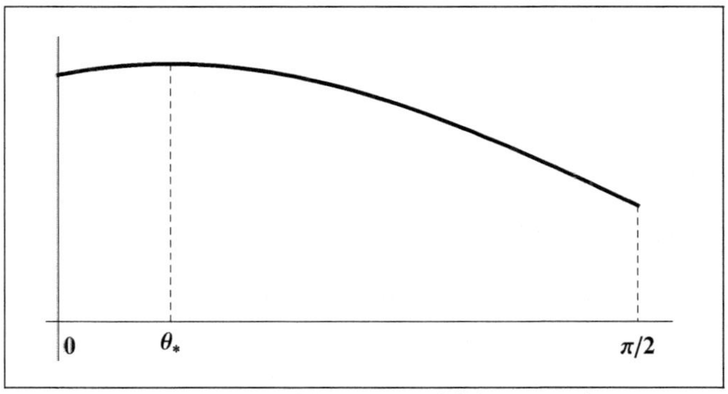

Verlauf der Funktion $f(\theta) = 2r\cos(\theta)/u + 2r\theta/v$.

Aufgaben zu »Ableitungswerte und lokales Verhalten« siehe Seite 133

Lösung (91.74) Wir verwenden die Bezeichnungen der folgenden Skizze.

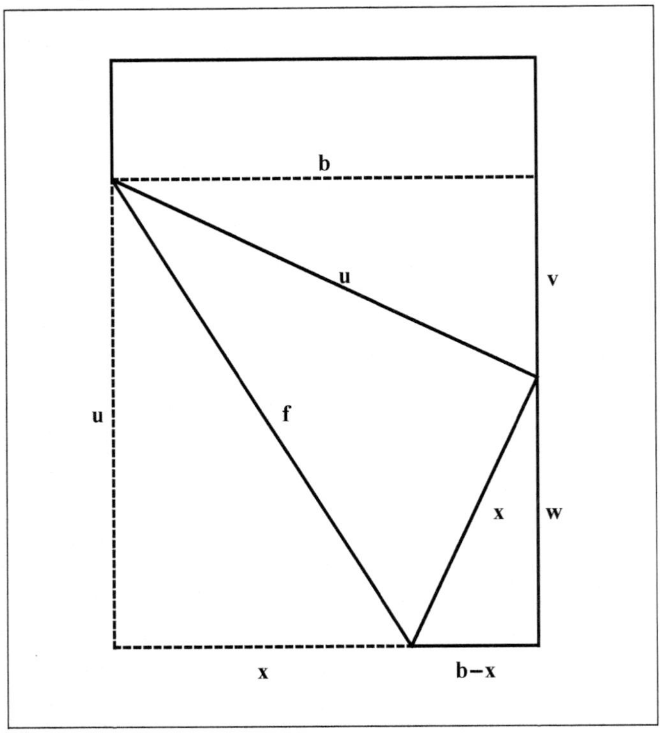

Nach dem Satz des Pythagoras gelten die Gleichungen $u = \sqrt{f^2 - x^2}$, $v = \sqrt{u^2 - b^2} = \sqrt{f^2 - x^2 - b^2}$ und $w = \sqrt{x^2 - (b-x)^2} = \sqrt{2bx - b^2}$; wegen $u = v + w$ ist also $\sqrt{f^2 - x^2} = \sqrt{f^2 - x^2 - b^2} + \sqrt{2bx - b^2}$. Beiderseitiges Quadrieren und anschließendes Isolieren der entstehenden Wurzel ergibt $b^2 - bx = \sqrt{(f^2 - x^2 - b^2)(2bx - b^2)}$; nochmaliges Quadrieren mit anschließendem Sortieren liefert dann $(2bx - b^2)f^2 = 2bx^3$ bzw. $(2x - b)f^2 = 2x^3$, also $f(x)^2 = 2x^3/(2x - b)$ (für $b/2 < x < b$). Dann ist $2f(x)f'(x) = 8x^2(x - 3b/4)/(2x - b)^2$. Nullsetzen von f' führt also auf das eindeutige Minimum $x = 3b/4$.

Lösung (91.75) Das Zylindervolumen ist $V = \pi r^2 h$; es gilt also jeweils $h = V/(\pi r^2)$. Die Mantelfläche des Zylinders ist $2\pi rh = 2V/r$; Boden und ggf. Deckel haben jeweils die Fläche πr^2.

(a) Die Oberfläche ist gegeben durch $O = 2\pi r^2 + 2V/r$. Für O als Funktion von r erhalten wir also

$$\begin{aligned} O(r) &= 2\pi r^2 + 2V/r, \\ O'(r) &= 4\pi r - 2V/r^2, \\ O''(r) &= 4\pi + 4V/r^3 > 0. \end{aligned}$$

Die einzige Nullstelle von f' ist $r_\star = \sqrt[3]{V/(2\pi)}$; da f streng konvex ist, handelt es sich dabei um ein absolutes Minimum. Für die zugehörige Höhe $h = V/(\pi r^2) = Vr/(\pi r^3)$ ergibt sich $h_\star = 2r_\star$. Die Dose mit minimaler Oberfläche ist also dadurch gekennzeichnet, daß die Höhe gleich dem Grundkreisdurchmesser ist.

(b) Hier fällt die Deckelfläche πr^2 weg; ansonsten ist die Analyse genau wie in Teil (a). Wir erhalten

$$\begin{aligned} O(r) &= \pi r^2 + 2V/r, \\ O'(r) &= 2\pi r - 2V/r^2, \\ O''(r) &= 2\pi + 4V/r^3 > 0. \end{aligned}$$

Die einzige Nullstelle von f' ist $r_\star = \sqrt[3]{V/\pi}$; da f streng konvex ist, handelt es sich wieder um ein absolutes Minimum. Für die zugehörige Höhe $h = V/(\pi r^2) = Vr/(\pi r^3)$ ergibt sich $h_\star = r_\star$. Der Eimer mit minimaler Begrenzungsfläche ist also dadurch gekennzeichnet, daß die Höhe gleich dem Grundkreisradius ist.

(c) Jetzt müssen wir für Boden und Deckel nicht nur die reine Kreisfläche πr^2, sondern jeweils den Flächeninhalt $(2r)^2 = 4r^2$ des umbeschriebenen Quadrats veranschlagen. Für die "effektive Oberfläche" erhalten wir dann

$$\begin{aligned} O(r) &= 8r^2 + 2V/r, \\ O'(r) &= 16r - 2V/r^2, \\ O''(r) &= 16 + 4V/r^3 > 0. \end{aligned}$$

Die einzige Nullstelle von f' ist $r_\star = \sqrt[3]{V/8}$; da f streng konvex ist, handelt es sich wieder um ein absolutes Minimum. Für die zugehörige Höhe $h = V/(\pi r^2) = Vr/(\pi r^3)$ ergibt sich $h_\star = (8/\pi)r_\star \approx 2.54648\,r_\star$. Die Dose mit minimalem Materialverbrauch wird hier also deutlich höher als in (a) oder (b); das ist aber auch plausibel, weil Boden und Deckel überproportional teuer sind, was dazu führt, daß sich eine Dose mit vergleichsweise kleiner Boden- und Deckelfläche ergibt.

(d) Hier muß für Boden und Deckel jeweils der Kreisradius $r + a$ statt r angesetzt werden. Für die "effektive Oberfläche" erhalten wir daher

$$\begin{aligned} O(r) &= 2\pi(r + a)^2 + 2V/r, \\ O'(r) &= 4\pi(r + a) - 2V/r^2, \\ O''(r) &= 4\pi + 4V/r^3 > 0. \end{aligned}$$

Die einzige Nullstelle von f' ist die eindeutige positive Lösung $r_\star$ der kubischen Gleichung $r^3 + ar^2 - V/(2\pi) = 0$. (Die Funktion $r \mapsto r^3 + ar^2 - V/(2\pi)$ wächst streng monoton auf $[0, \infty)$, nimmt bei 0 einen negativen Wert an und geht für $r \to \infty$ gegen Unendlich, hat also eine eindeutige positive Nullstelle.) Aufgrund der strengen Konvexität von f liegt wieder ein absolutes Minimum vor.

Lösung (91.76) Die leere Dose hat die Masse m und die Schwerpunktshöhe $h/2$; das sich bis zur Höhe x erstreckende Getränk hat die Masse $\rho \cdot \pi r^2 x$ und die Schwerpunktshöhe $x/2$. Die bis zur Höhe x gefüllte Dose (einschließlich Getränk) hat daher die Schwerpunktshöhe

$$\begin{aligned} f(x) &= \frac{m \cdot (h/2) + \rho\pi r^2 x \cdot (x/2)}{m + \rho\pi r^2 x} \\ &= \frac{m \cdot h + \rho\pi r^2 x^2}{2m + 2\rho\pi r^2 x}. \end{aligned}$$

Aufgaben zu »Ableitungswerte und lokales Verhalten« siehe Seite 133

Wir erhalten $f(0) = f(h) = h/2$; sowohl die leere als auch die vollständig gefüllte Dose haben ihren Schwerpunkt jeweils auf halber Dosenhöhe. Um zu sehen, für welchen Wert von x der Wert $f(x)$ minimal wird, untersuchen wir, wann die Ableitung

$$\begin{aligned} f'(x) &= \frac{2\rho\pi r^2 x(2m+2\rho\pi r^2 x) - (mh+\rho\pi r^2 x^2)\cdot 2\rho\pi r^2}{(2m+2\rho\pi r^2 x)^2} \\ &= \frac{2m\rho\pi r^2(2x-h) + 2\rho^2\pi^2 r^4 x^2}{(2m+2\rho\pi r^2 x)^2} \\ &= 2\rho\pi r^2 \cdot \frac{\rho\pi r^2 x^2 + 2mx - hm}{(2m+2\rho\pi r^2 x)^2} \end{aligned}$$

zu Null wird; mit $c := m/(\rho\pi r^2)$ führt dies auf $x^2 + 2cx - hc = 0$ bzw. $x = -c \pm \sqrt{c^2+hc}$, wobei natürlich nur die positive Lösung in Frage kommt. Die Füllhöhe, bei der der Schwerpunkt am tiefsten liegt, ist also $x = -c + \sqrt{c^2+hc}$.

Lösung (91.77) Der Flächeninhalt des Parallelogramms ist die gesamte Rechtecksfläche abzüglich der vier weggefallenen Dreiecksflächen; es gilt also

$$F(x) = ab - x(b-x) - x(a-x) = 2x^2 - (a+b)x + ab.$$

Wir erhalten $F'(x) = 4x - (a+b)$ sowie $F''(x) = 4 > 0$; die Funktion F hat also im Intervall $[0,\infty)$ ein absolutes Minimum bei $x_0 := (a+b)/4$. Wir suchen allerdings das Minimum im Bereich $[0,m]$ mit $m := \min(a,b)$. Nun gilt $x_0 \geq m$ genau dann, wenn $m \leq a, b \leq 3m$ gilt; also wird das Minimum angenommen für

$$x_\star = \begin{cases} (a+b)/4, & \text{falls } \max(a,b) \leq 3\min(a,b); \\ \min(a,b), & \text{falls } \max(a,b) \geq 3\min(a,b). \end{cases}$$

Lösung (91.78) Eine möglichst kurze Leiter muß beim Anlegen natürlich den oberen Rand des Zauns berühren. Zwischen der Länge ℓ der Leiter und dem Abstand x des unteren Endes der Leiter vom Zaun besteht nach dem Strahlensatz und dem Satz des Pythagoras daher der Zusammenhang

$$\frac{h}{x} = \frac{\sqrt{\ell^2 - (x+a)^2}}{x+a}.$$

Hieraus folgt zunächst $\sqrt{\ell^2 - (x+a)^2} = (x+a)\cdot h/x$, dann $\ell^2 - (x+a)^2 = (x+a)^2 \cdot h^2/x^2$ und schließlich

$$\ell(x)^2 = (x+a)^2 + (x+a)^2\frac{h^2}{x^2} = (x+a)^2\left(1 + \frac{h^2}{x^2}\right).$$

Ableiten ergibt

$$2\ell(x)\ell'(x) = 2(x+a)\left(1+\frac{h^2}{x^2}\right) + (x+a)^2\left(\frac{-2h^2}{x^3}\right) =$$
$$2(x+a)\left(1+\frac{h^2}{x^2} - \frac{h^2(x+a)}{x^3}\right) = 2(x+a)\left(1 - \frac{h^2 a}{x^3}\right);$$

Nullsetzen von $\ell'(x)$ führt auf $x^3 = h^2 a$ und damit auf die eindeutige Lösung $x = \sqrt[3]{h^2 a}$. Es ist klar, daß es sich dabei um ein Minimum handelt, denn es gilt $\ell(x) \to \infty$ sowohl für $x \to 0$ als auch für $x \to \infty$.

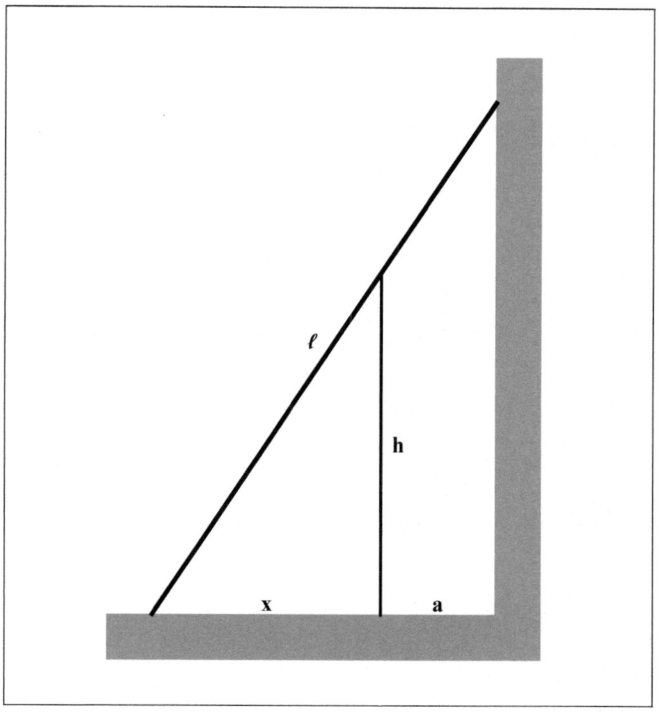

Lösung (91.79) Wir bezeichnen mit a die Kantenlänge des entstehenden Quadrats und mit r den Radius des entstehenden Kreises; zu minimieren ist dann die Gesamtfläche $F = a^2 + \pi r^2$ unter der Nebenbedingung $4a + 2\pi r = \ell$. Schreiben wir $r = (\ell - 4a)/(2\pi)$ (wobei $0 \leq a \leq \ell/4$ ist), so ergibt sich

$$\begin{aligned} F(a) &= a^2 + \frac{(\ell-4a)^2}{4\pi} = \frac{4+\pi}{\pi}\left[a^2 - \frac{2\ell a}{4+\pi} + \frac{\ell^2}{4(4+\pi)}\right] \\ &= \frac{4+\pi}{\pi}\left(\left(a - \frac{\ell}{4+\pi}\right)^2 + \frac{\pi\ell^2}{4(4+\pi)^2}\right). \end{aligned}$$

(a) Das (eindeutig bestimmte) Minimum ergibt sich für $a_\star = \ell/(4+\pi)$ (sowie dann $r_\star = a_\star/2$ und folglich $U_{\text{Quadrat}} = (4/\pi)U_{\text{Kreis}}$). Die minimal erreichbare Gesamtfläche ist dann $F(a_\star) = \ell^2/(16+4\pi)$.

(b) Wegen $F(0) = \ell^2/(4\pi) > \ell^2/16 = F(\ell/4)$ wird das Maximum für $a = 0$ angenommen; die maximale Gesamtfläche wird also erreicht, wenn nur ein Kreis und überhaupt kein Quadrat aus dem Draht geformt wird.

Lösung (91.80) Wir benutzen die Bezeichnungen der folgenden Skizze.

Aufgaben zu »Ableitungswerte und lokales Verhalten« siehe Seite 133

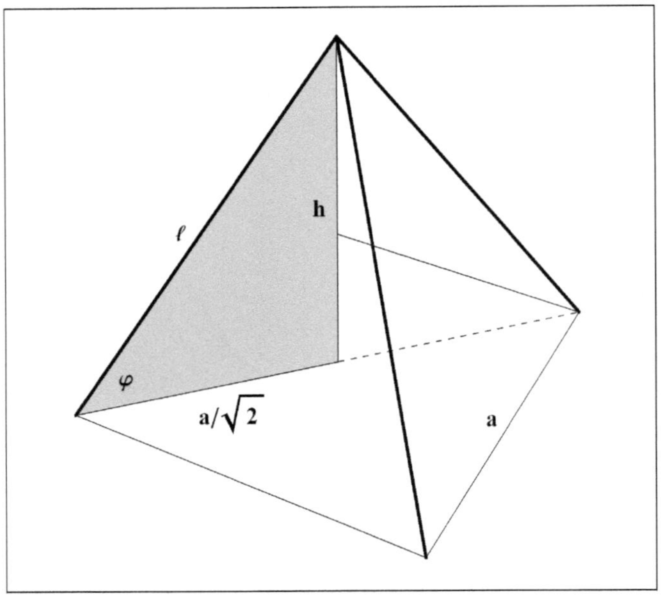

Nun gilt einerseits $\sin(\varphi) = h/\ell$, also $h = \ell \sin(\varphi)$; nach dem Satz des Pythagoras gilt andererseits auch $a^2 + a^2 = \big(2\ell\cos(\varphi)\big)^2$, also $a^2 = 2\ell^2\cos^2\varphi$. Für die Höhe h des Zelts und die Kantenlänge a von dessen Basisfläche erhalten wir also

$$h = \ell\sin(\varphi) \quad \text{und} \quad a = \ell\sqrt{2}\cos(\varphi).$$

Für das Zeltvolumen ergibt sich daher $V = (1/3)\cdot$Grundfläche$\cdot$Höhe $= (1/3)\,a^2h = (2\ell^3/3)\cos^2\varphi\sin\varphi$. Zu maximieren ist also die Funktion

$$V(\varphi) := (2\ell^3/3)\cdot\cos(\varphi)^2\sin(\varphi)$$

im Bereich $0 \leq \varphi \leq \pi/2$. Wegen $V(0) = V(\pi/2) = 0$ (interpretiere diese Gleichungen!) und $V(\varphi) > 0$ für $0 < \varphi < \pi/2$ ist klar, daß V im Innern des Intervalls $(0, \pi/2)$ ein absolutes Maximum annimmt. Dieses ist zwangsläufig eine Nullstelle von

$$\begin{aligned} V'(\varphi) &= (2\ell^3/3)\big(-2\cos(\varphi)\sin(\varphi)^2 + \cos(\varphi)^3\big) \\ &= (2\ell^3/3)\cos(\varphi)\big(1 - 3\sin(\varphi)^2\big). \end{aligned}$$

Nullsetzen führt auf $\cos(\varphi) = 0$ (mit $\varphi = \pi/2$) oder $\sin(\varphi)^2 = 1/3$ (mit $\varphi = \arcsin(1/\sqrt{3}) \approx 35.2644^0$). Da $\varphi_\star := \arcsin(1/\sqrt{3})$ die einzige Nullstelle von V' im Intervall $(0, \pi/2)$ ist, wird für diesen Wert das eindeutig bestimmte Maximum von φ angenommen. (Keinerlei weitere Überlegungen – etwa das Auswerten der zweiten Ableitung – sind nötig!)

Lösung (91.81) Wir benutzen die Bezeichnungen der folgenden Skizze.

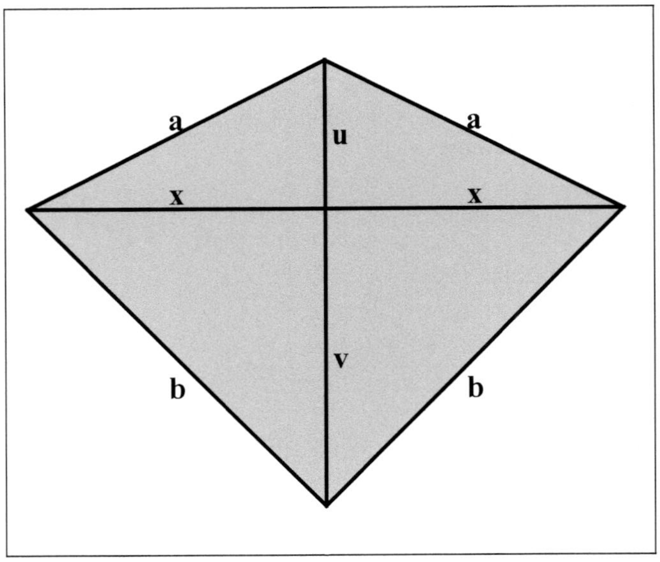

Nach dem Satz des Pythagoras gelten dann die Gleichungen $u^2 + x^2 = a^2$ und $v^2 + x^2 = b^2$, also $u = \sqrt{a^2 - x^2}$ und $v = \sqrt{b^2 - x^2}$. Der Flächeninhalt des Drachens ist $F = ux + vx = x(u+v)$, als Funktion von x also

$$F(x) = x\left(\sqrt{a^2-x^2} + \sqrt{b^2-x^2}\right) \quad \text{für } 0 < x < \min(a,b).$$

Für $F'(x)$ ergibt sich der Ausdruck

$$\begin{aligned} &\sqrt{a^2-x^2} + \sqrt{b^2-x^2} + x\left(\frac{-x}{\sqrt{a^2-x^2}} + \frac{-x}{\sqrt{b^2-x^2}}\right) \\ =\; &\sqrt{a^2-x^2} + \sqrt{b^2-x^2} - x^2\cdot\frac{\sqrt{a^2-x^2}+\sqrt{b^2-x^2}}{\sqrt{a^2-x^2}\cdot\sqrt{b^2-x^2}} \\ =\; &\left(\sqrt{a^2-x^2} + \sqrt{b^2-x^2}\right)\left(1 - \frac{x^2}{\sqrt{a^2-x^2}\cdot\sqrt{b^2-x^2}}\right). \end{aligned}$$

Nullsetzen führt auf $x^2 = \sqrt{a^2-x^2}\cdot\sqrt{b^2-x^2}$; anschließendes Quadrieren ergibt $x^4 = a^2b^2 - (a^2+b^2)x^2 + x^4$ bzw. $x^2 = a^2b^2/(a^2+b^2)$; die optimale Lösung ist also $x_\star := ab/\sqrt{a^2+b^2}$.

Bemerkung: Um uns davon zu überzeugen, daß bei $x = x_\star$ tatsächlich ein Maximum vorliegt, beobachten wir zunächst, daß $0 < x_\star < \min(a,b)$ liegt; ferner ergibt sich $F(x_\star) = ab$. Ist nun o.B.d.A. $a \leq b$, so gilt $F\big(\min(a,b)\big) = F(a) = a\sqrt{b^2-a^2} < ab = F(x_\star)$; ferner ist $F(0) = 0 < F(x_\star)$. Da $x_\star$ die einzige Stelle des Definitionsintervalls ist, an der die Ableitung von F verschwindet, und da der Funktionswert an der Stelle $x_\star$ größer als an jedem der beiden Randpunkte ist, liegt bei $x_\star$ tatsächlich ein Maximum vor.

Lösung (91.82) Wir bezeichnen mit a die Höhe und mit b die Breite des einbeschriebenen Rechtecks. Nach dem Strahlensatz gilt dann $(h-a)/b = h/s$, also $(6-a)/b = 1/2$ bzw. $b = 12 - 2a$. Die zu maximierende Querschnittsfläche ist also $ab = a(12-2a) = 12a - 2a^2$. Zu maximieren ist also die Funktion $Q(a) := 12a - 2a^2$ im Bereich $0 \leq a \leq 6$. Wegen $Q'(a) = 12 - 4a$ liegt die optimale Lösung bei $a_\star = 3$. Die optimal gewählte Deckenhöhe liegt also bei 3 Metern.

Lösung (91.83) Jeder der beiden Arme des Kreuzes hat die Fläche $2x \cdot 2y = 4xy$. Addiert man diese beiden Flächen zur Summe $8xy$, so wird die Durchschnittsmenge beider Arme (ein Quadrat der Fläche $2y \cdot 2y = 4y^2$) doppelt gezählt und muß daher wieder abgezogen werden; die Fläche des Kreuzes ist also $8xy - 4y^2$.

Nach Pythagoras ist $y = \sqrt{1-x^2}$; wählen wir also x als Variable, so ist $F(x) = 8x\sqrt{1-x^2} - 4(1-x^2)$. Geschickter ist es aber, den Winkel φ als Variable zu wählen; wegen $x = \cos\varphi$ und $y = \sin\varphi$ ist dann $F(\varphi) = 8\sin\varphi\cos\varphi - 4\sin^2\varphi$; gefragt ist nach dem Maximum von F im Bereich $0^0 \leq \varphi \leq 45^0$ (wobei $F(0^0) = 0$ und $F(45^0) = 2$ gilt). Wegen $F'(\varphi) = 8\cos^2\varphi - 8\sin^2\varphi - 8\sin\varphi\cos\varphi = 8\cos(2\varphi) - 4\sin(2\varphi)$ gilt $F'(\varphi) = 0$ genau dann, wenn $\tan(2\varphi) = 2$ ist, also $\varphi = \frac{1}{2}\arctan(2) \approx 31.7175^0$. Für diesen Winkel erhalten wir die maximal mögliche Kreuzfläche $F(\varphi) = 2(\sqrt{5}-1) \approx 2.47214$; deren Anteil an der Kreisfläche ist $2(\sqrt{5}-1)/\pi = 0.786905 = 78.6905\%$.

Lösung (91.84) Wir schreiben $R := a/2$ für die halbe Seitenlänge des Quadrats. Bezeichnen wir mit h die Höhe und mit r den Radius des Zylinders, so gilt nach dem Strahlensatz die Gleichung

$$\frac{H}{R} = \frac{h}{R-r}, \quad \text{also } h = H \cdot \frac{R-r}{R}.$$

Das Zylindervolumen ist dann

$$V = \pi r^2 h = \pi r^2 \cdot H \frac{R-r}{R} = \frac{\pi H}{R}(Rr^2 - r^3).$$

Fassen wir dies als Funktion von r auf, so ist die Ableitung gegeben durch

$$V' = \frac{\pi H}{R}(2Rr - 3r^2) = \frac{\pi H r}{R}(2R - 3r).$$

Nullsetzen führt auf $r = (2/3) \cdot R$ und dann $h = H/3$. Das maximal mögliche Zylindervolumen ist daher $V = (4\pi/27) \cdot R^2 H$; das Volumen der Pyramide ist $V = (1/3) \cdot a^2 H = (1/3) \cdot (2R)^2 H = (4/3) \cdot R^2 H$. Der Anteil des Zylindervolumens am Pyramidenvolumen ist daher $(4\pi/27)/(4/3) = \pi/9 \approx 0.349066 = 34.9066\%$.

Lösung (91.85) Wir bezeichnen mit x die Strecke uferaufwärts bis zum gesuchten Anlegepunkt; der Ruderer legt dann die Strecke $\sqrt{x^2+25}$ im Wasser und die Strecke $6-x$ an Land zurück (jeweils in km). Da er im Wasser pro Kilometer eine halbe Stunde und an Land pro Kilometer eine Viertelstunde benötigt, ist die benötigte Gesamtzeit (in Stunden) gegeben durch

$$T(x) = \frac{1}{2}\sqrt{x^2+25} + \frac{1}{4} \cdot (6-x).$$

Dieser Ausdruck ist durch geeignete Wahl von x zu minimieren. Wir berechnen

$$T'(x) = \frac{1}{2} \cdot \frac{x}{\sqrt{x^2+25}} - \frac{1}{4}$$

und

$$T''(x) = \frac{1}{2} \cdot \frac{\sqrt{x^2+25} - x \cdot \dfrac{x}{\sqrt{x^2+25}}}{x^2+25} = \frac{25/2}{(x^2+25)^{3/2}}.$$

Nullsetzen von T' führt auf $2x = \sqrt{x^2+25}$, nach Quadrieren also $4x^2 = x^2 + 25$ bzw. $3x^2 = 25$ und damit $x = 5/\sqrt{3} \approx 2.887$. (Die negative Lösung scheidet natürlich aus.) Wegen $T''(x) > 0$ für alle $x \in \mathbb{R}$ ist die Funktion $x \mapsto T(x)$ strikt konvex; an der Stelle $x = 5/\sqrt{3}$ liegt also ein Minimum vor.

Lösung (91.86) Wir bezeichnen mit a die halbe Seitenlänge des Quadrats; dann ist $r - a$ die Länge der Mittelsenkrechten jeder der Dreiecksflächen der Pyramidenoberfläche.

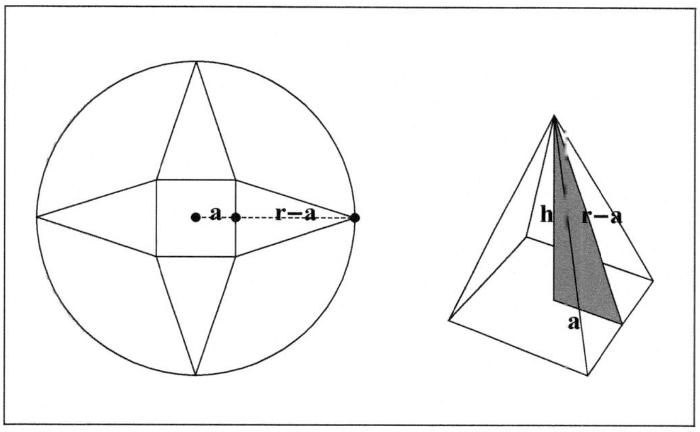

Nach dem Satz des Pythagoras gilt für die Höhe h der Pyramide dann $h^2 = (r-a)^2 - a^2 = r^2 - 2ra$. Das Pyramidenvolumen V ist dann gegeben durch $(1/3) \cdot (2a)^2 \cdot h = (4/3)a^2\sqrt{r^2 - 2ra}$; dieses Volumen ist über den Bereich $0 < a < r/2$ zu minimieren. Statt V können wir nun genausogut V^2 minimieren, also die Funktion

$$f(a) := \frac{16}{9} \cdot a^4 \cdot (r^2 - 2ra) = \frac{16}{9} \cdot (r^2 a^4 - 2ra^5).$$

Die Ableitung ist

$$f'(a) = \frac{16}{9} \cdot (4r^2 a^3 - 10ra^4) = \frac{32}{9} \cdot ra^3 \cdot (2r - 5a)$$

mit den Nullstellen $a = 0$ und $a = (2/5)r$. Wegen $f(0) = f(r/2) = 0$ und $f(a) > 0$ für $0 < a < r/2$ besitzt f ein eindeutiges globales Maximum bei $a = (2/5)r$. Als Kantenlänge $2a$ des Quadrats muß also $(4/5)r$ gewählt werden.

Aufgaben zu »Ableitungswerte und lokales Verhalten« siehe Seite 133

Lösung (91.87) Das Volumen des Quaders ist $V = abc$, die benötigte Drahtlänge ist $4a + 4b + 4c$, und diese hat den vorgegebenen Wert ℓ. Setzen wir $L := \ell/4$, so ist also $a + b + c = L$; das Volumen ist daher gegeben durch die Funktion

$$V(a,b) = ab(L-a-b) = Lab - a^2 b - ab^2.$$

Diese Funktion ist zu maximieren im Bereich $0 \leq a, b \leq a+b \leq L$; da V am Rand dieses Bereichs identisch Null ist, muß das Maximum zwangsläufig im Innern dieses Bereichs auftreten. Wir erhalten die partiellen Ableitungen

$$\begin{aligned} V_a(a,b) &= Lb - 2ab - b^2 = b(L-2a-b), \\ V_b(a,b) &= La - a^2 - 2ab = a(L-a-2b). \end{aligned}$$

Wegen $a \neq 0$ und $b \neq 0$ führt Nullsetzen auf die Gleichungen $2a + b = L$ und $a + 2b = L$ mit der eindeutigen Lösung $a = b = L/3$. Hieraus folgt $c = L - a - b = L/3$. Das größtmögliche Volumen wird also für ein würfelförmiges Quadermodell erzielt.

Lösung (91.88) Jede (nicht senkrecht verlaufende) Gerade ist durch eine Gleichung der Form $y = mx + b$ gegeben. Es muß $y_0 = mx_0 + b$ gelten, also $b = y_0 - mx_0$. Wir fragen also, welche Gerade der Form $y = mx + y_0 - mx_0$ (mit $m < 0$) ein möglichst großes Dreieck aus dem ersten Quadranten herausschneidet. Sind X und Y die Achsenabschnitte dieser Geraden, so ist die Dreiecksfläche gegeben durch $A = XY/2$; wegen $X = (mx_0 - y_0)/m$ und $Y = y_0 - mx_0$ ist A als Funktion von m also gegeben durch

$$A(m) = \frac{1}{2} \cdot \frac{mx_0 - y_0}{m} \cdot (y_0 - mx_0) = \frac{(mx_0 - y_0)^2}{-2m}.$$

Ableiten unter Benutzung der Quotientenregel liefert

$$A'(m) = \frac{(y_0 - mx_0)(y_0 + mx_0)}{2m^2};$$

dieser Ausdruck verschwindet für $m = \pm y_0/x_0$, wobei wegen $m < 0$ nur die Lösung $m = -y_0/x_0$ in Frage kommt. Wegen $A(m) \to \infty$ für $m \to 0-$ und $m \to -\infty$ wird für diesen Wert von m ein (absolutes) Minimum angenommen. Die gesuchte Gerade ist also gegeben durch die Gleichung $y = -(y_0/x_0)(x - x_0) + y_0$; es handelt sich dabei um die Gerade durch P, die senkrecht zur Verbindungsgeraden von P zum Ursprung verläuft.

Lösung (91.89) Es seien Φ der Zentriwinkel und R der Radius des Kreissektors, der nach Abrollen der Mantelfläche des Kegels entsteht. Dann gilt $R\Phi = 2\pi R \sin\alpha$, also $\Phi = 2\pi \sin\alpha$. Das Volumen des Kegels ist dann

$$(\star) \quad V = \frac{1}{3} \cdot \pi R^2 \sin^2\alpha \cdot R\cos\alpha = \frac{\pi R^3}{3} \sin^2\alpha \cos\alpha;$$

seine Mantelfläche ist derjenige Anteil der Kreisfläche vom Radius R, den der Zentriwinkel Φ am Vollwinkel hat, also

$$M = \frac{\Phi}{2\pi} \cdot \pi R^2 = \pi R^2 \sin\alpha.$$

(a) Wenn der Kegel keinen Deckel haben soll, so ist einfach die Mantelfläche $M = \pi R^2 \sin\alpha$ zu minimieren. Äquivalent dazu können wir auch $M^3 = \pi^3 R^6 \sin^3\alpha$ minimieren, was bequem ist, weil sich $(\star)$ leicht nach R^3 auflösen läßt. Wir erhalten $R^3 = (3V)/(\pi \sin^2\alpha \cos\alpha)$, folglich

$$M^3 = \pi^3 \cdot \frac{9V^2}{\pi^2 \sin^4\alpha \cos^2\alpha} \cdot \sin^3\alpha = \frac{9\pi V^2}{\sin\alpha \cos^2\alpha}.$$

Wir schreiben $s := \sin\alpha$. Gesucht ist nun derjenige Winkel $\alpha \in (0, \pi/2)$, für den M^3 minimal wird, also $\sin\alpha\cos^2\alpha = \sin\alpha(1 - \sin^2\alpha) = s(1-s^2) = s - s^3 =: g(s)$ maximal. Wegen $g(s) = 0$ für $s = 0$ und $s = 1$ sowie $g'(s) = 1 - 3s^2$ erhalten wir $3s^2 = 1$, also $s^2 = 1/3$ und damit die Lösung

$$\alpha = \arcsin(1/\sqrt{3}) \approx 35.2644^0.$$

(b) Wenn der Kegel einen Deckel haben soll, so müssen wir die Gesamtfläche minimieren, also die Summe aus der Mantelfläche $\pi R^2 \sin\alpha$ und der Deckelfläche $\pi R^2 \sin^2\alpha$ und damit den Ausdruck $G = \pi R^2(\sin\alpha + \sin^2\alpha)$. Wieder ist es bequemer, statt G den Ausdruck $G^3 = \pi^3 R^6 (\sin\alpha + \sin^2\alpha)^3$ zu betrachten, der sich schreiben läßt als

$$\begin{aligned} G^3 &= \pi^3 \cdot \frac{9V^2 \sin^3\alpha(1+\sin\alpha)^3}{\pi^2 \sin^4\alpha\cos^2\alpha} = \frac{9\pi V^2(1+\sin\alpha)^3}{\sin\alpha\cos^2\alpha} \\ &= \frac{9\pi V^2(1+\sin\alpha)^3}{\sin\alpha(1-\sin\alpha)(1+\sin\alpha)} = \frac{9\pi V^2(1+\sin\alpha)^2}{\sin\alpha(1-\sin\alpha)}. \end{aligned}$$

Mit $s := \sin\alpha$ ist also die Funktion

$$g(s) := \frac{(1+s)^2}{s(1-s)}$$

im Bereich $0 < s < 1$ zu minimieren. (Die Existenz eines globalen Minimums ist wegen $g(s) \to \infty$ für $s \to 0$ und $s \to 1$ klar.) Es gilt

$$g'(s) = \frac{(2+2s)s(1-s) - (1+s)^2(1-2s)}{s^2(1-s)^2} = \frac{(1+s)(3s-1)}{s^2(1-s)^2};$$

dies führt auf die Lösung $s = 1/3$. Es gilt also

$$\alpha = \arcsin(1/3) \approx 19.4712^0.$$

(Es war von vornherein klar, daß der Winkel kleiner sein würde als in (a), weil ein größerer Winkel durch eine dann größere Deckelfläche zu höherem Materialverbrach führt.)

Lösung (91.90) Es muß $0 < x < \min(a,b)/2$ gelten, damit die Fragestellung sinnvoll ist. Die entstehende

Aufgaben zu »Ableitungswerte und lokales Verhalten« siehe Seite 133

Schachtel hat die Länge $a - 2x$, die Breite $b - 2x$ und die Höhe x, folglich das Volumen

$$\begin{aligned} V(x) &= (a-2x)(b-2x)x \\ &= (ab - 2ax - 2bx + 4x^2)x \\ &= 4x^3 - 2(a+b)x^2 + abx. \end{aligned}$$

Wegen

$$V'(x) = 12x^2 - 4(a+b)x + ab = 12\left(x^2 - \frac{a+b}{3} + \frac{ab}{12}\right)$$

hat die Gleichung $V'(x) = 0$ die beiden Lösungen

$$x_{1,2} = \frac{a+b}{6} \pm \sqrt{\frac{(a+b)^2 - 3ab}{36}} = \frac{a+b \pm \sqrt{a^2 - ab + b^2}}{6}.$$

Da die Funktion V offensichtlich die drei Nullstellen 0, $a/2$ und $b/2$ hat und nach dem Satz von Rolle zwischen je zwei Nullstellen von f eine Nullstelle von f' liegen muß, liegt die kleinere der beiden Nullstellen zwischen 0 und $\min(a, b)/2$, die größere der beiden Nullstellen zwischen $\min(a, b)/2$ und $\max(a, b)/2$.

Lösung (91.91) Die nach dem Umklappen entstehende Dose hat den Grundkreisradius r und die Höhe $R - r$, folglich das Volumen

$$V(r) = \pi r^2 \cdot (R - r) = \pi(Rr^2 - r^3).$$

Wegen $V(0) = V(R) = 0$ und $V > 0$ auf $(0, R)$ muß ein globales Maximum von V im offenen Intervall $(0, R)$ existieren; dieses finden wir durch Nullsetzen der Ableitung

$$V'(r) = \pi(2Rr - 3r^2) = \pi r(2R - 3r);$$

es ergibt sich die Lösung $r = 2R/3$. Den Verlauf der Funktion $r \mapsto V(r)$ zeigt das folgende Diagramm.

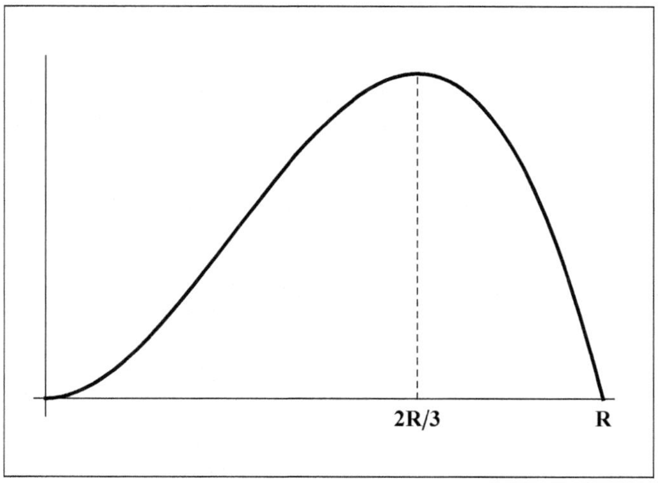

Lösung (91.92) Das betrachtete Dreieck hat die Grundseite $2 + x$ und die Höhe $(4 - x^2)/2$, folglich den Flächeninhalt

$$F(x) = \frac{1}{2} \cdot (2 + x) \cdot \frac{4 - x^2}{2} = \frac{1}{4}(-x^3 - 2x^2 + 4x + 8).$$

Es gilt dann

$$F'(x) = \frac{1}{4}(-3x^2 - 4x + 4) = \frac{-3}{4}\left(x^2 + \frac{4}{3}x - \frac{4}{3}\right).$$

Wegen $F(-2) = F(2) = 0$ und $F(x) > 0$ für $-2 < x < 2$ nimmt die Funktion F im Intervall $(-2, 2)$ ein Maximum an, und zwar notwendigerweise an einer Stelle, an der $F'(x) = 0$ gilt, also $x = (-2 \pm 4)/3$ und damit $x = 2/3$. Der Flächeninhalt wird also maximal, wenn $x = 2/3$ ist.

Lösung (91.93) Es sei $x \in [0, 1]$ der Anteil, den die Strecke AX an der Strecke AB hat; es gelte also $AX = x \cdot AB$. Unter Benutzung der Bezeichnungen der folgenden Skizze gilt nach dem Strahlensatz die Gleichung

$$\frac{AC}{AB} = \frac{XY}{XB} = \frac{XY}{AB \cdot (1 - x)}$$

und damit $XY = (1 - x)\, AC$.

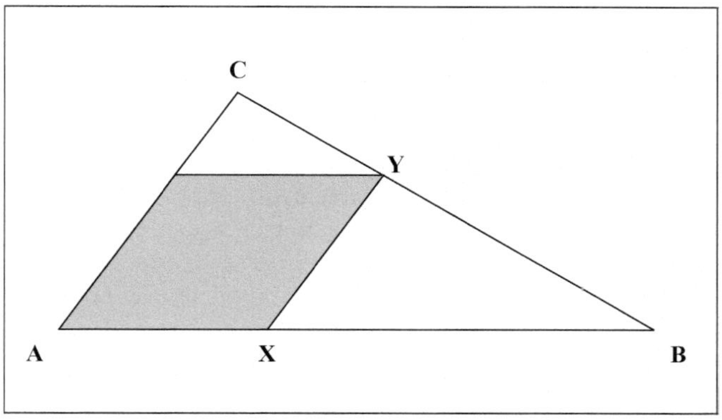

Ist α der Winkel bei A, so ist die Fläche des Parallelogramms gegeben durch

$$F = AX \cdot XY \cdot \sin(\alpha) = x \cdot AB \cdot (1 - x) \cdot AC \cdot \sin(\alpha).$$

Zu maximieren ist also die Funktion $f(x) := x(1 - x) = x - x^2$ über das Intervall $[0, 1]$. Die einzige Nullstelle von $f'(x) = 1 - 2x$ ist $x = 1/2$, und es gilt $f(1/2) = 1/4$. Wegen $f(0) = f(1) = 0$ nimmt die Funktion f also ihr Maximum an der Stelle $x = 1/2$ an. Dies bedeutet, daß das Parallelogramm genau dann die größtmögliche Fläche hat, wenn X genau in der Mitte zwischen A und B gewählt wird.

Lösung (91.94) (a) Der einfallende Strahl erleidet bei seiner Brechung an der Stelle A eine Winkeländerung von $\alpha - \beta$, bei seiner Reflexion an der Stelle B eine Winkeländerung von $\pi - 2\beta$ und bei seiner erneuten Berechnung an der Stelle C eine Winkeländerung von $\alpha - \beta$, insgesamt also eine Winkeländerung von $(\alpha - \beta) + (\pi - 2\beta) + (\alpha - \beta) = 2\alpha - 4\beta + \pi$ (jeweils im Uhrzeigersinn gezählt). Der Sichtwinkel $S(\alpha)$ ist offensichtlich gegeben durch $S(\alpha) = \pi - W(\alpha)$, also

$$S(\alpha) := 4 \arcsin\left(\frac{\sin(\alpha)}{k}\right) - 2\alpha.$$

(b) Aus Teil (a) folgt die Gleichung

$$S'(\alpha) = \frac{4\cos(\alpha)/k}{\sqrt{1-\sin(\alpha)^2/k^2}} - 2 = \frac{4\cos(\alpha)}{\sqrt{k^2-\sin^2\alpha}} - 2.$$

Nullsetzen von S' liefert $2\cos\alpha = \sqrt{k^2-\sin^2\alpha} = \sqrt{k^2-1+\cos^2\alpha}$, nach Quadrieren also $4\cos^2\alpha = k^2 - 1 + \cos^2\alpha$ bzw. $3\cos^2\alpha = k^2-1$. Dies liefert die Lösung

$$\alpha_1 := \arccos\sqrt{\frac{k^2-1}{3}}.$$

Mit $k = 4/3$ liefert dies den Winkel $\alpha_1 \approx 59.3911^0$ und dann den Sichtwinkel $S(\alpha_1) = 42.0297^0$.

(c) Ersetzen wir in der obigen Rechnung $k = 4/3$ durch $k = 1.3318$ (für rotes Licht), so ergibt sich $S(\alpha_1) = 42.2529^0$; ersetzen wir dagegen $k = 4/3$ durch $k = 1.3435$ (für violettes Licht), so ergibt sich $S(\alpha_1) = 40.5754^0$. Die Differenz zwischen diesen beiden Winkeln beträgt 1.6775^0; unter diesem Blickwinkel erscheint die Breite des Regenbogens.

(d) Der einfallende Strahl erleidet bei seiner Brechung an der Stelle A eine Winkeländerung von $\alpha - \beta$, bei seiner Reflexion an der Stelle B eine Winkeländerung von $\pi - 2\beta$, bei seiner zweiten Reflexion an der Stelle C erneut eine Winkeländerung von $\pi - 2\beta$ und bei seiner erneuten Berechnung an der Stelle D eine Winkeländerung von $\alpha - \beta$, insgesamt also eine Winkeländerung von $(\alpha-\beta) + 2\cdot(\pi-2\beta) + (\alpha-\beta) = 2\alpha - 6\beta + 2\pi$ (jeweils gegen den Uhrzeigersinn gezählt). Also ergibt sich $W(\alpha) = 2\alpha - 6\beta + 2\pi$. Der Sichtwinkel $S(\alpha)$, unter dem der im Auge des Beobachters ankommende Strahl gegenüber der Sonnenrichtung gesehen wird, ist daher $S(\alpha) = W(\alpha) - \pi$, also

$$S(\alpha) := 2\alpha - 6\arcsin\left(\frac{\sin(\alpha)}{k}\right) + \pi.$$

Dies liefert

$$S'(\alpha) = 2 - \frac{6\cos(\alpha)/k}{\sqrt{1-\sin(\alpha)^2/k^2}} = 2 - \frac{6\cos(\alpha)}{\sqrt{k^2-\sin^2\alpha}}.$$

Nullsetzen von S' liefert $3\cos\alpha = \sqrt{k^2-\sin^2\alpha} = \sqrt{k^2-1+\cos^2\alpha}$, nach Quadrieren also $9\cos^2\alpha = k^2 - 1 + \cos^2\alpha$ bzw. $8\cos^2\alpha = k^2-1$. Dies liefert die Lösung

$$\alpha_2 := \arccos\sqrt{\frac{k^2-1}{8}}.$$

Mit $k = 4/3$ liefert dies $\alpha_2 \approx 71.832^0$ und damit den Sichtwinkel $S(\alpha_2) = 50.9781^0$.

(e) Der sekundäre Regenbogen wird unter einem Winkel von rund 51^0 gegenüber der Einfallsrichtung der Sonnenstrahlen gesehen, und dieser Wert ist größer als der entsprechende Winkel von rund 42^0 für den Hauptregenbogen. Der sekundäre Regenbogen erscheint also oberhalb des Hauptregenbogens. Ersetzen wir in Teil (d) den Wert $k = 4/3$ durch den Wert $k = 1.3318$ für rotes Licht, so erhalten wir $\alpha_2 = 71.8814^0$ und damit $S(\alpha_2) = 50.5757^0$. Ersetzen wir dagegen den Wert $k = 4/3$ durch den Wert $k = 1.3435$ für violettes Licht, so erhalten wir $\alpha_2 = 71.5055^0$ und damit $S(\alpha_2) = 53.6053^0$. Der Unterschied zwischen den beiden Sichtwinkeln beträgt 4.0296^0 und ist daher größer als beim Hauptregenbogen. Die Farben treten beim Hauptregenbogen und beim sekundären Regenbogen in umgekehrter Reihenfolge auf, weil die Winkeländerung beim Durchgang durch den Regentropfen einmal im Uhrzeigersinn und einmal gegen den Uhrzeigersinn erfolgt.

Aufgaben zu »Ableitungswerte und lokales Verhalten« siehe Seite 133

L92: Stammfunktionen

Lösung (92.1) (a) Die Kettenregel liefert $G'(x) = a \cdot F'(ax+b)/a = F'(ax+b) = f(ax+b) = g(x)$.

(b) Wegen Teil (a) sind $F_1(x) = (1/2)\sin(2x+1)+C_1$, $F_2(x) = (1/4)\cos(3-4x)+C_2$ und $F_3(x) = -\cos(2x)/2 - 6\sin(x/2) + C_3$ Stammfunktionen von f_1, f_2 bzw. f_3.

Lösung (92.2) (a) Es gilt $f(x) = \big(1+\cos(2x)\big)/2$. Nach der vorigen Aufgabe ist daher die allgemeine Stammfunktion von f gegeben durch

$$F(x) = \frac{x}{2} + \frac{\sin(2x)}{4} + C = \frac{x+\sin(x)\cos(x)}{2} + C.$$

(b) Es gilt $f(x) = \big(1-\cos(2x)\big)/2$. Nach der vorigen Aufgabe ist daher die allgemeine Stammfunktion von f gegeben durch

$$F(x) = \frac{x}{2} - \frac{\sin(2x)}{4} + C = \frac{x-\sin(x)\cos(x)}{4} + C.$$

Wegen $\sin^2 x = 1-\cos^2 x$ folgt dieses Ergebnis auch direkt aus Teil (a).

(c) Wir haben $f(x) = (x+4)\sqrt{x+4} - 4\sqrt{x+4}$, also $f(x) = (x+4)^{3/2} - 4(x+4)^{1/2}$. Die allgemeine Stammfunktion von f ist daher gegeben durch

$$\begin{aligned} F(x) &= \frac{2}{5}(x+4)^{5/2} - \frac{8}{3}(x+4)^{3/2} + C \\ &= \frac{2}{5}(x+4)^2\sqrt{x+4} - \frac{8}{3}(x+4)\sqrt{x+4} + C \\ &= (x+4)\sqrt{x+4}\left(\frac{2x}{5} - \frac{16}{15}\right) + C. \end{aligned}$$

(d) Polynomdivision liefert $f(x) = 1 - 1/(x^2+1)$. Aus dieser Darstellung ergibt sich sofort die Stammfunktion $F(x) = x - \arctan(x) + C$.

(e) Polynomdivision liefert $f(x) = x^2 - 1 + 1/(x^2+1)$. Aus dieser Darstellung ergibt sich sofort die Stammfunktion $F(x) = (x^3/3) - x + \arctan(x) + C$.

Lösung (92.3) Die Ableitung von F ist gegeben durch

$$\begin{aligned} F'(x) &= \frac{1}{2}\left(\sqrt{a^2-x^2} - \frac{x^2}{\sqrt{a^2-x^2}} + \frac{a}{\sqrt{1-(x/a)^2}}\right) \\ &= \frac{1}{2}\left(\sqrt{a^2-x^2} + \frac{a^2-x^2}{\sqrt{a^2-x^2}}\right) = \sqrt{a^2-x^2} = f(x). \end{aligned}$$

Lösung (92.4) (a) Es seien u, v, U, V jeweils reellwertige Funktionen. Genau dann ist $F = U + iV$ eine Stammfunktion von $f = u + iv$, wenn $F' = f$ gilt, also $U' + iV' = u + iv$, was wiederum genau dann der Fall ist, wenn die Gleichungen $U' = u$ und $V' = v$ gelten, wenn also U eine Stammfunktion von u und V eine Stammfunktion von v ist. Wegen $u = \operatorname{Re} f$ und $v = \operatorname{Im} f$ sowie $U = \operatorname{Re} F$ sowie $V = \operatorname{Im} F$ ist dies schon die Behauptung.

(b) Wir schreiben $u(x) = e^{ax}\cos(bx)$ und $v(x) = e^{ax}\sin(bx)$. Für $f(x) := u(x) + iv(x)$ gilt dann $f(x) = e^{ax}e^{ibx} = e^{(a+ib)x}$. Eine Stammfunktion von f ist gegeben durch

$$\begin{aligned} F(x) &= \frac{e^{(a+ib)x}}{a+ib} = \frac{(a-ib)e^{ax}e^{ibx}}{a^2+b^2} \\ &= \frac{e^{ax}\cdot(a-ib)\big(\cos(bx)+i\sin(bx)\big)}{a^2+b^2} \\ &= \frac{e^{ax}\big(a\cos(bx)+b\sin(bx)\big) + i\big(a\sin(bx)-b\cos(bx)\big)}{a^2+b^2}. \end{aligned}$$

Die allgemeine Stammfunktion von $u(x) = e^{ax}\cos(bx)$ ist daher $U(x) = \operatorname{Re} F(x) + C$, also

$$U(x) = \frac{e^{ax}\big(a\cos(bx)+b\sin(bx)\big)}{a^2+b^2} + C;$$

die allgemeine Stammfunktion von $v(x) = e^{ax}\sin(bx)$ ist dagegen $V(x) = \operatorname{Im} F(x) + C$, also

$$V(x) = \frac{e^{ax}\big(a\sin(bx)-b\cos(bx)\big)}{a^2+b^2} + C.$$

Lösung (92.5) Nach Satz (89.20) im Buch ist die angegebene Funktion F an jeder Stelle x mit $|x-x_0| < R$ differentiierbar, und die Ableitung ist gegeben durch $F'(x) = \sum_{n=0}^{\infty} a_n(x-x_0)^n = f(x)$.

Lösung (92.6) (a) Für $|x| < 1$ gilt aufgrund der Summenformel für die geometrische Reihe die Darstellung

$$f'(x) = \frac{1}{1+x^2} = \sum_{n=0}^{\infty}(-x^2)^n = \sum_{n=0}^{\infty}(-1)^n x^{2n}$$

und nach der vorigen Aufgabe daher die Gleichung

$$f(x) = \sum_{n=0}^{\infty}\frac{(-1)^n}{2n+1}x^{2n+1}.$$

(Die Stammfunktion f von f' ist nur bis auf eine Konstante festgelegt, die so zu wählen ist, daß $f(0) = 0$ gilt.)

(b) Wir setzen $u := 1/5$ und $v := 1/239$; es gilt dann $\pi = 16\arctan(u) - 4\arctan(v)$. Nun gilt $\arctan(u) = u - (u^3/3) + (u^5/5) + r_1$ mit $|r_1| \le u^7/7$, wobei wir die Fehlerabschätzung des Leibniz-Kriteriums (Satz (75.9) im Buch) benutzten. Analog gilt $\arctan(v) = v - (v^3/3) + r_2$ mit $|r_2| \le v^5/5$. Daher ergibt sich

$$(\star) \qquad \pi = 16\left(u - \frac{u^3}{3} + \frac{u^5}{5}\right) - 4\left(v - \frac{v^3}{3}\right) + r$$

Aufgaben zu »Stammfunktionen« siehe Seite 147

mit $r = 16r_1 - 4r_2$ und damit $|r| \leq 16|r_1| + 4|r_2| \leq 16 \cdot (u^7/7) + 4 \cdot (v^5/5) \approx 0.0000292571$. Einsetzen der Werte für u und v in $(\star)$ ergibt $\pi = 3.141621029 \pm 0.0000292571$. Auf drei Nachkommastellen gerundet gilt daher $\pi \approx 3.142$.

Lösung (92.7) Für $F_1(x) = x + 2\arctan(1/x)$ und $F_2(x) = x - 2\arctan x$ erhalten wir

$$F_1'(x) = 1 + \frac{2}{1+(1/x)^2} \cdot \frac{-1}{x^2} = 1 - \frac{2}{x^2+1} = \frac{x^2-1}{x^2+1} = f(x)$$

und

$$F_2'(x) = 1 - \frac{2}{x^2+1} = \frac{x^2-1}{x^2+1} = f(x).$$

Die Funktionen F_1 und F_2 haben also die gleiche Ableitung. Wegen $\arctan(1) = \pi/4$ erhalten wir $F_1(1) - F_2(1) = \big(1 + (\pi/2)\big) - \big(1 - (\pi/2)\big) = \pi$ und $F_1(-1) - F_2(-1) = \big(-1 - (\pi/2)\big) - \big(-1 + (\pi/2)\big) = -\pi$. Also ist $F_1 - F_2$ nicht konstant; die beiden Funktionen F_1 und F_2 unterscheiden sich nicht nur um eine Konstante.

Die Funktion F_1 ist nicht definiert für $x = 0$; sie ist eine Stammfunktion von f auf jedem der Intervalle $(-\infty, 0)$ und $(0, \infty)$, aber nicht auf einem Intervall, welches den Nullpunkt enthält. Da eine Stammfunktion auf ihrem Definitionsintervall bis auf eine Konstante eindeutig bestimmt ist, müssen also die Identitäten $F_1(x) - F_2(x) \equiv \pi$ für $x > 0$ und $F_1(x) - F_2(x) \equiv -\pi$ für $x < 0$ gelten.

Lösung (92.8) Erfüllen f und g die angegebenen Bedingungen, so gelten für die Summe $S := f + g$ und die Differenz $D := f - g$ die Gleichungen $S'(x) = S(x)/x$ und $D'(x) = -D(x)/x$. Im Fall $S = 0$ (also $g = -f$) erhalten wir $f'(x) = -f(x)/x$ und damit $0 = f(x) + xf'(x) = (\mathrm{d}/\mathrm{d}x)\, xf(x)$, daher $xf(x) = C$ mit einer Konstanten C, also $f(x) = C/x$ und $g(x) = -C/x$. Im Fall $D = 0$ (also $g = f$) erhalten wir $f'(x) = f(x)/x$ und damit $xf'(x) - f(x) = 0$, nach der Quotientenregel folglich $(\mathrm{d}/\mathrm{d}x)\, f(x)/x = 0$, daher $f(x)/x = C$ mit einer Konstanten C, also $f(x) = Cx$ und $g(x) = Cx$. Sind S und D beide von Null verschieden auf einem Teilintervall von $(0, \infty)$, so gehen die Gleichungen $S'(x) = S(x)/x$ und $D'(x) = -D(x)/x$ über in

$$\frac{S'(x)}{S(x)} = \frac{1}{x} \quad \text{und} \quad \frac{D'(x)}{D(x)} = \frac{-1}{x}.$$

Hieraus erhalten wir $\ln S(x) = \ln(x) + \widehat{C}_1$ und $\ln D(x) = -\ln(x) + \widehat{C}_2$ mit geeigneten Konstanten $\widehat{C}_1$ und $\widehat{C}_2$, folglich $S(x) = C_1 x$ und $D(x) = C_2/x$ mit Konstanten $C_1, C_2 \neq 0$ $\big($nämlich $C_1 = \pm\exp(\widehat{C}_1)$ und $C_2 = \pm\exp(\widehat{C}_2)\big)$. Lassen wir $C_1 = 0$ bzw. $C_2 = 0$ zu, so erhalten wir die zuvor betrachteten Sonderfälle $S = 0$ bzw. $D = 0$. Wegen $f = (S + D)/2$ und $g = (S - D)/2$ ergibt sich, daß es Konstanten A und B gibt mit

$$f(x) = Ax + \frac{B}{x} \quad \text{und} \quad g(x) = Ax - \frac{B}{x}.$$

Aufgaben zu »Stammfunktionen« siehe Seite 147

Lösung (92.9) Für die angegebenen Funktionen erhalten wir die Ableitungen

$$\begin{aligned} F'(x) &= \frac{2}{(2x-\sqrt{3})^2+1} + \frac{2}{(2x+\sqrt{3})^2+1} \\ &= \frac{2}{4x^2-4x\sqrt{3}+4} + \frac{2}{4x^2+4x\sqrt{3}+4} \\ &= \frac{1/2}{x^2+1-x\sqrt{3}} + \frac{1/2}{x^2+1+x\sqrt{3}} \\ &= \frac{(1/2)\big(x^2+1+x\sqrt{3}+x^2+1-x\sqrt{3}\big)}{(x^2+1)^2-3x^2} \\ &= \frac{x^2+1}{x^4-x^2+1} \end{aligned}$$

und

$$\begin{aligned} G'(x) &= \frac{1}{x^2+1} + \frac{3x^2}{x^6+1} \\ &= \frac{1}{x^2+1} + \frac{3x^2}{(x^2+1)(x^4-x^2+1)} \\ &= \frac{(x^4-x^2+1)+3x^2}{(x^2+1)(x^4-x^2+1)} \\ &= \frac{x^4+2x^2+1}{(x^2+1)(x^4-x^2+1)} \\ &= \frac{(x^2+1)^2}{(x^2+1)(x^4-2x^2+1} \\ &= \frac{x^2+1}{x^4-x^2+1}. \end{aligned}$$

Die Funktionen F und G haben also die gleiche Ableitung und können sich daher nur um eine additive Konstante unterscheiden. Wegen $F(0) = G(0) = 0$ ist diese Konstante aber Null; also gilt $F(x) = G(x)$ für alle $x \in \mathbb{R}$.

Lösung (92.10) Es seien $a > 0$ die konstante Beschleunigung auf dem ersten Teilstück, v die gesuchte Reisegeschwindigkeit und $b < 0$ die negative Beschleunigung während des Bremsvorgangs. Die Zeiten, die der Triebwagen für die einzelnen Teilstücke benötigt, bezeichnen wir mit t_1, t_2 und t_3, die jeweils zurückgelegten Strecken mit s_1, s_2 und s_3. Wir betrachten die drei Teilstrecken getrennt.

1. Während des Anfahrvorgangs führen wir eine Koordinatenachse x ein, die im Bahnhof beginnt, und zählen die Zeit vom Moment des Anfahrens an; wir haben dann $x(0) = 0$ und $\dot{x}(0) = 0$, folglich $\ddot{x}(t) = a$, $\dot{x}(t) = at$ und $x(t) = at^2/2$. Am Ende des Anfahrvorgangs haben wir $x(t_1) = s_1$ und $\dot{x}(t_1) = v$; dies liefert die Gleichungen

$$at_1 = v \quad \text{und} \quad s_1 = \frac{at_1^2}{2} = \frac{v^2}{2a}.$$

2. Für den Bremsvorgang führen wir ein neues Koordinatensystem ein, dessen Ursprung $s_3 = 500\,\mathrm{m}$ vor

dem zweiten Bahnhof liegt, und zählen die Zeit vom Beginn des Bremsvorgangs an; wegen $x(0) = 0$ und $\dot{x}(0) = v$ haben wir dann $\ddot{x}(t) = b$, $\dot{x}(t) = bt + v$ und $x(t) = bt^2/2 + vt$. Die Ankunftsbedingungen lauten $x(t_3) = s_3$ und $\dot{x}(t_3) = 0$, also $bt_3 = -v$ und $bt_3^2/2+vt_3 = s_3$. Elimination der Unbekannten b führt auf $b = -v/t_3$; Einsetzen in die letzte Gleichung liefert dann

$$vt_3 = 2s_3 .$$

3. Im mittleren Abschnitt bewegt sich der Zug mit der konstanten Geschwindigkeit v; es gilt

$$v = s_2/t_2 .$$

Aus diesen Gleichungen ist v zu ermitteln, wobei die Werte $a = 0.2\,\mathrm{m/s^2}$, $s_3 = 500\,\mathrm{m}$, $S := s_1 + s_2 + s_3 = 5\,\mathrm{km}$ und $T := t_1 + t_2 + t_3 = 6\,\mathrm{min}$ gegeben sind. Wir erhalten

$$t_1 = \frac{v}{a}, \quad t_2 = \frac{s_2}{v} = \frac{S-s_3-v^2/(2a)}{v}, \quad t_3 = \frac{2s_3}{v};$$

für $T = t_1 + t_2 + t_3$ ergibt sich dann

$$T = \frac{v}{a} + \frac{S-s_3}{v} - \frac{v}{2a} + \frac{2s_3}{v} = \frac{v}{2a} + \frac{S+s_3}{v}.$$

dies ist eine Gleichung, in der als einzige Unbekannte noch v auftritt. Durchmultiplizieren mit $2av$ liefert $2avT = v^2 + 2a(S+s_3)$ bzw. $v^2 - 2aTv + 2a(S+s_3) = 0$ und damit

$$v = aT \pm \sqrt{a^2T^2 - 2a(S+s_3)} .$$

Mit den angegebenen Zahlenwerten ergibt sich $v = (72 \pm \sqrt{2984})\,\mathrm{m/s}$, also

$$v_1 = 17.374\,\frac{\mathrm{m}}{\mathrm{s}} = 62.5464\,\frac{\mathrm{km}}{\mathrm{h}} \quad \text{bzw.}$$
$$v_2 = 126.626\,\frac{\mathrm{m}}{\mathrm{s}} = 455.854\,\frac{\mathrm{km}}{\mathrm{h}} .$$

(Der zweite Wert ist natürlich unrealistisch, aber theoretisch denkbar.)

Lösung (92.11) Wir betrachten jeweils eine Koordinatenachse, die am Wasserhahn ansetzt und senkrecht nach unten zeigt. Zählen wir zunächst die Zeit τ von dem Moment an, in dem der *erste* Tropfen den Hahn verläßt, und bedeutet $x(\tau)$ die Position des ersten Tropfens zur Zeit τ, so haben wir $\ddot{x}(\tau) = g$, $\dot{x}(\tau) = g\tau$ und $x(\tau) = g\tau^2/2$. Zählen wir nun die Zeit t von dem Moment ab, in dem der *zweite* Tropfen den Hahn verläßt, so gelten für diesen die entsprechenden Gleichungen $\ddot{y}(t) = g$, $\dot{y}(t) = gt$ und $y(t) = gt^2/2$. Der Zusammenhang zwischen den beiden Zeiten ist $\tau = t + \Delta$ (wenn $t = 0$ ist, gilt $\tau = \Delta$); die Position des ersten Tropfens in der neuen Zeit ist also $x(t) = g(t+\Delta)^2/2$. Der Abstand zwischen beiden Tropfen ist daher

$$x(t) - y(t) = g\big((t+\Delta)^2 - t^2\big)/2 = g(t\Delta + \Delta^2/2).$$

Dieser Abstand nimmt also linear mit der Zeit zu; die beiden Tropfen bewegen sich mit konstanter Relativgeschwindigkeit $g\Delta$ auseinander.

Lösung (92.12) Die Strecke, die der Stein bis zur Zeit t nach unten zurückgelegt hat, ist $gt^2/2$; der Auftreffzeitpunkt t_1 ist gegeben durch $gt_1^2/2 = a$, also $t_1 = \sqrt{2a/g}$. Anschließend benötigt der Schall noch die Zeitdauer $t_2 = a/v$. Nun ist

$$T = t_1 + t_2 = \sqrt{\frac{2a}{g}} + \frac{a}{v}$$

bzw. $a + (v\sqrt{2}/\sqrt{g}) \cdot \sqrt{a} - vT = 0$. Dies ist eine quadratische Gleichung für $\sqrt{a}$ mit der eindeutigen positiven Lösung

$$\sqrt{a} = \frac{-v}{\sqrt{2g}} + \sqrt{\frac{v^2 + 2gvT}{2g}};$$

Quadrieren liefert dann

$$a = \frac{v^2 + gvT - v\sqrt{v^2 + 2gvT}}{g} .$$

Mit den Zahlenwerten $T = 2\,\mathrm{s}$, $v = 343\,\mathrm{m/s}$ und $g = 9.81\,\mathrm{m/s^2}$ ergibt sich $a = 18.572\,\mathrm{m}$; der Brunnen ist also etwa 18.572 Meter tief.

Lösung (92.13) Wir zählen die Zeit t und die Position beider Fahrzeuge ab dem Moment, in dem sich Pkw und Lkw auf gleicher Höhe befinden. Mit $v := 80\,\mathrm{km/h}$ und $u := 60\,\mathrm{km/h}$ ist die Position des Lkw zur Zeit t dann vt, die des Pkw dagegen $(1/2)\,at^2 + ut$. Der Zeitpunkt T, zu dem der Pkw das Ende der Einfädelspur erreicht, ist gegeben durch $(1/2)\,aT^2 + uT = y := 200\,\mathrm{m}$; zu diesem Zeitpunkt soll $(1/2)\,aT^2 + uT - vT \geq x := 20\,\mathrm{m}$ gelten. Die erste Gleichung führt auf die Lösung

$$T = \frac{\sqrt{u^2 + 2ay} - u}{a}$$

(die zweite Lösung der quadratischen Gleichung ist für die Aufgabenstellung irrelevant); die zweite Bedingung lautet dann

$$\begin{aligned} x &\leq \frac{aT^2}{2} + uT - vT = y - vT \\ &= y + \frac{v}{a} \cdot \big(u - \sqrt{u^2 + 2ay}\big); \end{aligned}$$

diese Ungleichung ist äquivalent zu der Ungleichung

$$v\sqrt{u^2 + 2ay} \leq uv + a(y-x)$$

bzw. nach Quadrieren zu

$$\begin{aligned} v^2u^2 + 2ayv^2 &\leq u^2v^2 + 2a(y-x)uv + a^2(y-x)^2 \\ \Leftrightarrow\ 2av(yv - yu + xu) &\leq a^2(y-x)^2 \\ \Leftrightarrow\ 2v(yv - yu + xu) &\leq a(y-x)^2 \end{aligned}$$

und damit

$$a \geq \frac{2v(yv - yu + xu)}{(y-x)^2} .$$

Mit den angegebenen Zahlenwerten bedeutet dies $a \geq 1.98141\,\mathrm{m/s^2}$.

Lösung (92.14) Die Position des Studenten bzw. des Zuges zur Zeit t sind gegeben durch

$$S(t) = ut - d \quad \text{und} \quad Z(t) = \frac{at^2}{2} .$$

Genau dann befindet sich der Student zur Zeit t am Ende des Zuges, wenn $S(t) = Z(t)$ gilt, also

$$t^2 - \frac{2u}{a}t + \frac{2d}{a} = 0 \quad \text{bzw.} \quad t = \frac{u \pm \sqrt{u^2 - 2ad}}{a} .$$

Damit der Student den Zug also überhaupt zu irgendeiner Zeit erreichen kann, muß $u^2 - 2ad \geq 0$ gelten, also $u^2 \geq 2ad$. Gilt $u^2 = 2ad$, so gibt es nur einen einzigen Zeitpunkt, zu dem der Student auf das Zugende aufspringen kann; gilt $u^2 > 2ad$, so gibt es zwei Gelegenheiten. (In diesem Fall läuft der Student schnell genug, um das Zugende zu überholen.)

Lösung (92.15) Das angegebene Geschwindigkeitsprofil ist gegeben durch

$$v(t) = \begin{cases} t/20, & \text{falls } 0 \leq t \leq 120, \\ 6, & \text{falls } 120 \leq t \leq 180, \\ 12 - (t/30), & \text{falls } 180 \leq t \leq 240, \\ 4, & \text{falls } 240 \leq t \leq 300, \\ 24 - (t/15), & \text{falls } 300 \leq t \leq 360. \end{cases}$$

(a) Der zurückgelegte Weg als Funktion der Zeit ist dann $s(t) = \int_0^t v(\tau)\,\mathrm{d}\tau$, also

$$s(t) = \begin{cases} t^2/40, & \text{falls } 0 \leq t \leq 120, \\ 6t - 360, & \text{falls } 120 \leq t \leq 180, \\ 12t - (t^2/60) - 900, & \text{falls } 180 \leq t \leq 240, \\ 4t + 60, & \text{falls } 240 \leq t \leq 300, \\ 24t - (t^2/30) - 2940, & \text{falls } 300 \leq t \leq 360. \end{cases}$$

(Die Integrationskonstanten müssen immer so gewählt werden, daß die stückweise definierten Funktionen stetig aneinander anschließen.)

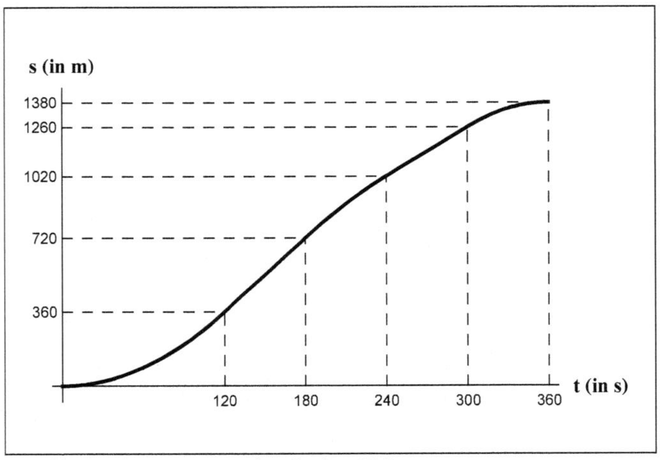

Profil des Positionsverlaufs des Fahrzeugs.

Aufgaben zu »Stammfunktionen« siehe Seite 147

(b) Die Beschleunigung als Funktion der Zeit ist gegeben durch

$$a(t) = \dot{v}(t) = \begin{cases} 1/20, & \text{falls } 0 \leq t < 120, \\ 0, & \text{falls } 120 < t < 180, \\ -1/30, & \text{falls } 180 < t < 240, \\ 0, & \text{falls } 240 < t < 300, \\ -1/15, & \text{falls } 300 < t \leq 360. \end{cases}$$

(Beachte, daß die Geschwindigkeitsfunktion $t \mapsto v(t)$ an den "Nahtstellen" keine Ableitung besitzt, die Beschleunigung also an diesen Stellen nicht definiert ist.)

(c) Da die Geschwindigkeit stets positiv ist (das Fahrzeug also immer vorwärts fährt), ist die Funktion $t \mapsto s(t)$ streng monoton wachsend und daher bijektiv; wir müssen, um die Geschwindigkeit als Funktion des Ortes auszudrücken, also immer nur schauen, welche Zeitpunkte welchen Ortskoordinaten entsprechen, und jeweils t durch s ausdrücken. Dies liefert die Funktion

$$v(s) = \begin{cases} \sqrt{s/10}, & \text{falls } 0 \leq s \leq 360, \\ 6, & \text{falls } 360 \leq s \leq 720, \\ \sqrt{(1260 - s)/15}, & \text{falls } 720 \leq s \leq 1020, \\ 4, & \text{falls } 1020 \leq s \leq 1260, \\ \sqrt{(2760 - 2s)/15}, & \text{falls } 1260 \leq s \leq 1380. \end{cases}$$

(d) Analog zu Teil (c) erhalten wir die Beschleunigung als Funktion des Ortes:

$$a(s) = \begin{cases} 1/20, & \text{falls } 0 \leq s < 360, \\ 0, & \text{falls } 360 < s < 720, \\ -1/30, & \text{falls } 720 < t < 1020, \\ 0, & \text{falls } 1020 < s < 1260, \\ -1/15, & \text{falls } 1260 < s \leq 1380. \end{cases}$$

Lösung (92.16) (a) Die Zeit t_1, die Professor S. braucht, um seine Maximalgeschwindigkeit u zu erreichen, ist gegeben durch $at_1 = u$, also $t_1 = u/a$; die während dieser Zeit zurückgelegte Strecke ist $at_1^2/2 = u^2/(2a)$. Die Zeit t_2, die Professor S. benötigt, um die dann noch verbleibende Strecke $\sqrt{x^2+y^2} - u^2/(2a)$ zurückzulegen, ist gegeben durch die Gleichung

$$u = \frac{\sqrt{x^2+y^2} - u^2/(2a)}{t_2} .$$

Die Gesamtzeit, die Professor S. zum Erreichen des Hauses benötigt, ist dann $t_1 + t_2$, also

$$t_P = \frac{u}{a} + \frac{\sqrt{x^2+y^2} - u^2/(2a)}{u} = \frac{(u^2/2) + a\sqrt{x^2+y^2}}{au} .$$

Die Zeit, die der Löwe benötigt, ist dagegen

$$t_L = \frac{\sqrt{(x+d)^2 + y^2}}{v} .$$

Professor S. hat genau dann eine Überlebenschance, wenn $t_P < t_L$ gilt, also

$$\frac{u}{2a} + \frac{\sqrt{x^2+y^2}}{u} < \frac{\sqrt{(x+d)^2 + y^2}}{v} .$$

(b) Professor S. hat (unabhängig von seinem Beschleunigungsvermögen) keine Überlebenschance, wenn $\sqrt{x^2+y^2}/u \geq \sqrt{(x+d)^2+y^2}/v$ gilt, also

$$\frac{v}{u} \geq \sqrt{\frac{(x+d)^2+y^2}{x^2+y^2}}.$$

Lösung (92.17) (a) Wegen $g \neq 0$ gilt auf I entweder $\ln|g| = \ln(g)$ oder $\ln|g| = \ln(-g)$. In jedem der beiden Fälle gilt nach der Kettenregel die Gleichung

$$\frac{\mathrm{d}}{\mathrm{d}x} \ln|g(x)| = \frac{g'(x)}{g(x)}.$$

(b) Anwendung von Teil (a) mit $g(x) := x^2+1$ liefert $(\mathrm{d}/\mathrm{d}x)\ln(x^2+1) = 2x/(x^2+1)$; also ist

$$F_1(x) := (1/2)\cdot\ln(x^2+1)$$

eine Stammfunktion von $f_1(x) := x/(x^2+1)$. Anwendung von Teil (a) mit $g(x) := \cos(x)$ liefert $(\mathrm{d}/\mathrm{d}x)\ln|\cos(x)| = \sin(x)/\cos(x) = \tan(x)$; also ist

$$F_2(x) := \ln|\cos(x)|$$

eine Stammfunktion von $f_2(x) = \tan(x)$ (und zwar auf jedem Intervall, in dem der Tangens keine Nullstelle hat, also auf jedem Intervall $\big((2k-1)\pi/2,\ (2k+1)\pi/2\big)$ mit $k \in \mathbb{Z}$. Schließlich liefert Anwendung von Teil (a) mit $g(x) := \ln(x)$ die Gleichung $(\mathrm{d}/\mathrm{d}x)\ln|\ln(x)| = 1/(x\ln(x))$; also ist

$$F_3(x) := \ln|\ln(x)|$$

eine Stammfunktion von $f_3(x) = 1/\big(x\ln(x)\big)$ (und zwar auf jedem Intervall, das entweder in $(0,1)$ oder in $(1,\infty)$ enthalten ist).

Lösung (92.18) Die Funktionen $F_1(x) := \arctan(1/x)$ und $F_2(x) := -\arctan(x)$ haben beide die Ableitung $f(x) := -1/(1+x^2)$, können sich also auf einem Intervall I, auf dem beide Funktionen definiert sind, nur um eine Konstante unterscheiden. Es gibt daher Konstanten C_1 und C_2 mit $\arctan(1/x) = -\arctan(x) + C_1$ auf $(-\infty, 0)$ und $\arctan(1/x) = -\arctan(x) + C_2$ auf $(0,\infty)$. Einsetzen irgendeines Wertes x (oder bequemer Grenzübergang $x \to -\infty$ bzw. $x \to \infty$) ergibt dann $C_1 = -\pi/2$ und $C_2 = \pi/2$.

Aufgaben zu »Stammfunktionen« siehe Seite 147

L93: Ableitungen längs Kurven

Lösung (93.1) (a) Die Gleichung $f(x,y)=C$ lautet $C(x^2+y^2+1)=4x$. Für $C=0$ bedeutet dies $x=0$; die Höhenlinie zum Niveau $C=0$ ist also die y-Achse. Für $C\neq 0$ können wir die Gleichung $f(x,y)=C$ weiter umformen und erhalten $x^2+y^2+1=(4/C)x$, also $x^2-(4/C)x+y^2=-1$ bzw. $(x-2/C)^2+y^2=(4/C^2)-1=(4-C^2)/C^2$. Für $|C|<2$ ist dies die Gleichung eines Kreises mit Mittelpunkt $(2/C,0)$ und Radius $\sqrt{4-C^2}/|C|$; für $C=\pm 2$ degeneriert dieser Kreis zum Punkt $(\pm 1,0)$, und für $|C|>2$ hat die Gleichung $f(x,y)=C$ gar keine Lösung (die Funktion f nimmt also nur Werte zwischen -2 und 2 an). Diese Überlegungen liefern das folgende Höhenliniendiagramm, aus dem sich dann auch leicht eine Skizze der Fläche $z=f(x,y)$ ergibt.

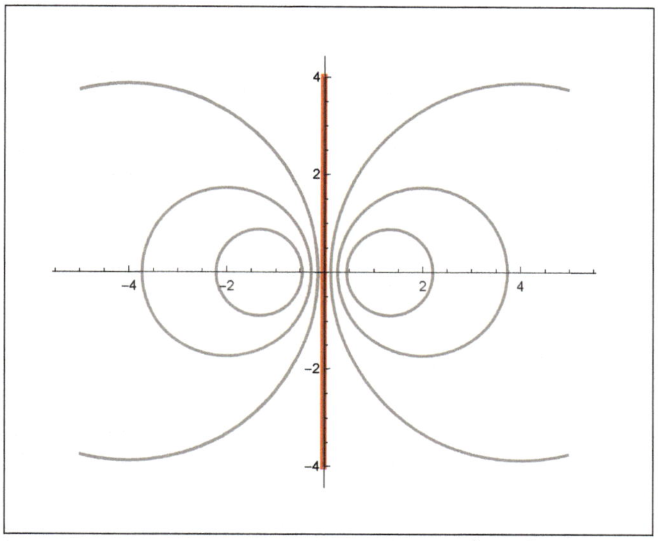

Höhenliniendiagramm für $f(x,y)=4x/(x^2+y^2+1)$.

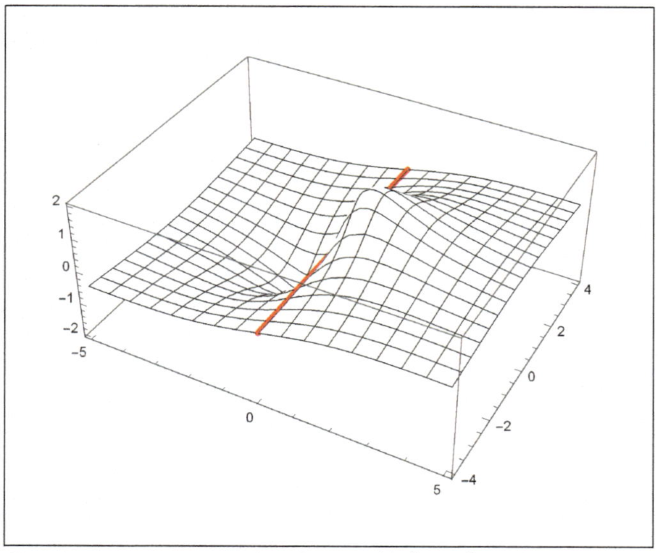

Graph der Funktion $f(x,y)=4x/(x^2+y^2+1)$.

(b) Der Gradient von $f(x,y)=4x/(x^2+y^2+1)$ an der Stelle (x,y) ist der Vektor

$$\begin{bmatrix} f_x(x,y) \\ f_y(x,y)\end{bmatrix} = \frac{1}{(x^2+y^2+1)^2}\begin{bmatrix} 4(x^2+y^2+1)-4x\cdot 2x \\ -4x\cdot 2y\end{bmatrix} = \frac{4}{(x^2+y^2+1)^2}\begin{bmatrix} -x^2+y^2+1 \\ -2xy\end{bmatrix}.$$

(c) Die Tangentialebene im Punkt $(x_0,y_0)=(1,1)$ ist gegeben durch die Gleichung

$$\begin{aligned} z &= f(x_0,y_0)+\left\langle \begin{bmatrix} f_x(x_0,y_0)\\ f_y(x_0,y_0)\end{bmatrix}, \begin{bmatrix} x-x_0\\ y-y_0\end{bmatrix}\right\rangle \\ &= \frac{4}{3}+\left\langle \frac{4}{9}\begin{bmatrix} 1\\ -2\end{bmatrix}, \begin{bmatrix} x-1\\ y-1\end{bmatrix}\right\rangle \\ &= \frac{4}{3}+\frac{4}{9}(x-1)-\frac{8}{9}(y-1), \end{aligned}$$

also $9z=12+4(x-1)-8(y-1)=16+4x-8y$ bzw.

$$4x-8y-9z = -16.$$

(d) Direkt nach Definition der Richtungsableitung ergibt sich

$$\begin{aligned} (\partial_v f)(p) &= \lim_{t\to 0}\frac{f(p+tv)-f(p)}{t} \\ &= \lim_{t\to 0}\frac{f(1+0.8t,1+0.6t)-f(1,1)}{t} \\ &= \lim_{t\to 0}\frac{1}{t}\left[\frac{4(1+0.8t)}{(1+0.8t)^2+(1+0.6t)^2+1}-\frac{4}{3}\right] \\ &= \lim_{t\to 0}\frac{1}{t}\left[\frac{4+3.2t}{3+2.8t+t^2}-\frac{4}{3}\right] \\ &= \lim_{t\to 0}\frac{12+9.6t-12-11.2t-4t^2}{3t(3+2.8t+t^2)} \\ &= \lim_{t\to 0}\frac{-1.6-4t}{3(3+2.8t+t^2)} = \frac{-1.6}{9} = -0.1\overline{7} \end{aligned}$$

oder auch

$$\begin{aligned} (\partial_v f)(p) &= \left.\frac{\mathrm{d}}{\mathrm{d}t}\right|_{t=0} f(p+tv) = \left.\frac{\mathrm{d}}{\mathrm{d}t}\right|_{t=0} f(1+0.8t,1+0.6t) \\ &= \left.\frac{\mathrm{d}}{\mathrm{d}t}\right|_{t=0}\frac{4(1+0.8t)}{(1+0.8t)^2+(1+0.6t)^2+1} \\ &= \left.\frac{\mathrm{d}}{\mathrm{d}t}\right|_{t=0}\frac{4+3.2t}{3+2.8t+t^2} \\ &= \left.\frac{3.2\,(3+2.8t+t^2)-(4+3.2t)(2.8+2t)}{(3+2.8t+t^2)^2}\right|_{t=0} \\ &= \frac{9.6-11.2}{9} = \frac{-1.6}{9} = -0.1\overline{7}. \end{aligned}$$

Das gleiche Ergebnis erhalten wir auf kürzerem Wege durch Anwendung der Kettenregel:

$$\begin{aligned} (\partial_v f)(p) &= \langle \mathrm{grad} f(p), v\rangle = \left\langle \frac{4}{9}\begin{bmatrix} 1\\ -2\end{bmatrix}, \begin{bmatrix} 0.8\\ 0.6\end{bmatrix}\right\rangle \\ &= \frac{4}{9}(0.8-1.2) = \frac{-1.6}{9} = -0.1\overline{7}. \end{aligned}$$

Aufgaben zu »Ableitungen längs Kurven« siehe Seite 149

Lösung (93.2) (a) Für $C = 0$ läßt sich die Gleichung $f(x,y) = C$ umschreiben als $y(y-x) = 0$; die "Höhenlinie" zum Niveau $C = 0$ ist also die Vereinigung der beiden Geraden $y = 0$ und $y = x$. Für $C \neq 0$ läßt sich die Gleichung $f(x,y) = C$ auf die Form $(y - x/2)^2 = C + x^2/4$ bringen, was nach y aufgelöst gerade $y = (x \pm \sqrt{4C + x^2})/2 =: f_{1,2}(x)$ liefert. Für $C > 0$ sind die Funktionen $f_{1,2}$ auf ganz $\mathbb{R}$ definiert und streng monoton wachsend und haben die Kurven $y = 0$ bzw. $y = x$ als Asymptoten für $x \to \pm\infty$. Für $C < 0$ sind die Funktionen f_i definiert für $|x| > 2\sqrt{|C|}$; die Graphen von f_1 und f_2 kommen jeweils auf der Geraden $y = x/2$ zusammen. Die Höhenlinien bilden das folgende Diagramm, aus dem man sich den Verlauf der Fläche $z = f(x,y)$ klarmachen kann. (Am besten stellt man sich die Fläche $z = f(x,y)$ als Gebirgsprofil vor, das von zwei kerzengeraden Straßen auf konstanter Höhe 0 durchschnitten wird. Zwischen den beiden Straßen fällt das Gelände ab, nach außen steigt es an.)

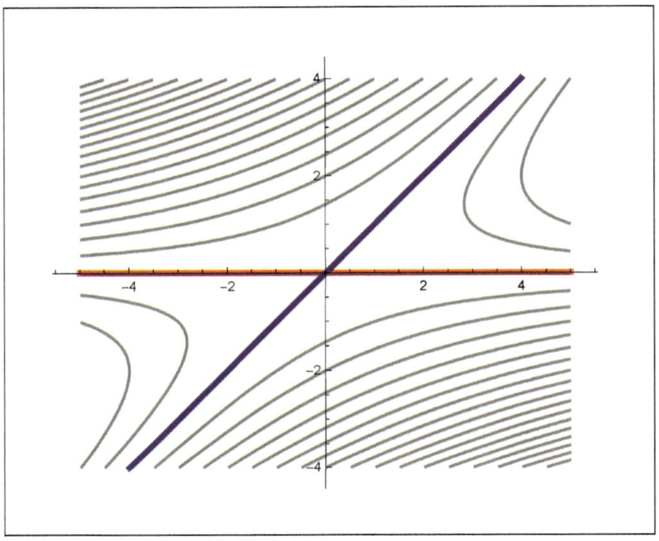

Höhenliniendiagramm der Funktion $f(x,y) = y^2 - xy$.

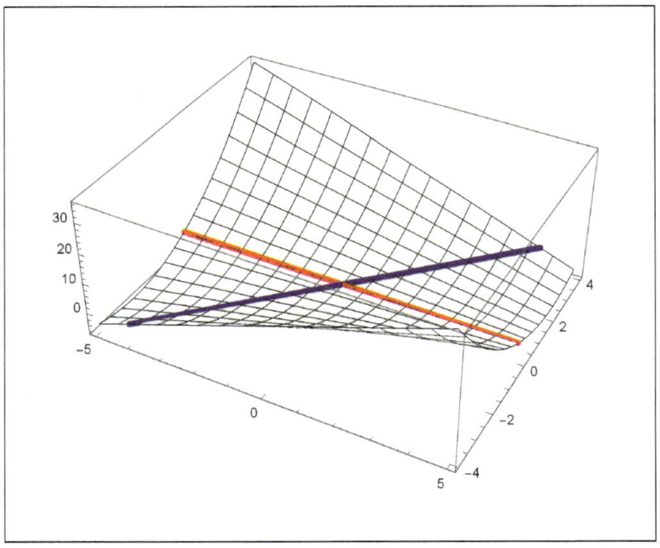

Graph der Funktion $f(x,y) = y^2 - xy$.

Aufgaben zu »Ableitungen längs Kurven« siehe Seite 149

(b) Es gilt

$$(\mathrm{grad} f)(x,y) = \begin{bmatrix} f_x(x,y) \\ f_y(x,y) \end{bmatrix} = \begin{bmatrix} -y \\ 2y - x \end{bmatrix}.$$

(c) Die Gleichung der Tangentialebene an die Fläche $z = f(x,y)$ im Punkt $(x_0, y_0) = (1,1)$ lautet

$$\begin{aligned} z &= f(x_0,y_0) + \left\langle \begin{bmatrix} f_x(x_0,y_0) \\ f_y(x_0,y_0) \end{bmatrix}, \begin{bmatrix} x-x_0 \\ y-y_0 \end{bmatrix} \right\rangle \\ &= 0 + \left\langle \begin{bmatrix} -1 \\ 1 \end{bmatrix}, \begin{bmatrix} x-1 \\ y-1 \end{bmatrix} \right\rangle = -(x-1) + (y-1), \end{aligned}$$

also $z = -x + y$ bzw. $x - y + z = 0$.

(d) Direkt nach Definition der Richtungsableitung ergibt sich

$$\begin{aligned} (\partial_v f)(p) &= \lim_{t\to 0} \frac{f(p+tv) - f(p)}{t} \\ &= \lim_{t\to 0} \frac{f(1+0.8t, 1+0.6t) - f(1,1)}{t} \\ &= \lim_{t\to 0} \frac{(1+0.6t)^2 - (1+0.8t)(1+0.6t)}{t} \\ &= \lim_{t\to 0} \frac{-0.2t - 0.12t^2}{t} = \lim_{t\to 0}(-0.2 - 0.12t) = -0.2 \end{aligned}$$

oder auch

$$\begin{aligned} (\partial_v f)(p) &= \frac{\mathrm{d}}{\mathrm{d}t}\Big|_{t=0} f(p+tv) = \frac{\mathrm{d}}{\mathrm{d}t}\Big|_{t=0} f(1+0.8t, 1+0.6t) \\ &= \frac{\mathrm{d}}{\mathrm{d}t}\Big|_{t=0} \big((1+0.6t)^2 - (1+0.8t)(1+0.6t)\big) \\ &= \frac{\mathrm{d}}{\mathrm{d}t}\Big|_{t=0} (-0.2t - 0.12t^2) = -0.2 - 0.24t\Big|_{t=0} = -0.2 . \end{aligned}$$

Das gleiche Ergebnis erhalten wir auf kürzerem Wege durch Anwendung der Kettenregel:

$$\begin{aligned} (\partial_v f)(p) &= \langle \mathrm{grad} f(p), v \rangle = \left\langle \begin{bmatrix} -1 \\ 1 \end{bmatrix}, \begin{bmatrix} 0.8 \\ 0.6 \end{bmatrix} \right\rangle \\ &= -0.8 + 0.6 = -0.2 . \end{aligned}$$

Lösung (93.3) (a) Als rationale Funktion ist f jedenfalls an jeder Stelle (x,y) stetig, die nicht Nullstelle des Nenners ist; es bleibt also nur die Stetigkeit im Punkt $(0,0)$ nachzuweisen. Für $|y| \leq x^2$ ist nun $|f(x,y)| \leq x^3 y/x^4 \leq |x|^5/x^4 = |x|$; für $|y| \geq x^2$ ist dagegen $|f(x,y)| \leq |x^3 y/y^2| = |x^3/y| \leq |x^3/x^2| = |x|$. Für alle $(x,y) \in \mathbb{R}^2$ gilt damit $|f(x,y)| \leq |x|$, woraus sich sofort die Stetigkeit von f im Punkt $(0,0)$ ergibt.

(b) Als rationale Funktion ist f an jeder Stelle (x,y) differentiierbar, die nicht Nullstelle des Nenners ist; da Differentiierbarkeit die Existenz aller Richtungsableitungen nach sich zieht, ist die Existenz der Richtungsableitungen daher nur noch im Punkt $(0,0)$ nachzuweisen. Für jede Richtung $(u,v) \neq (0,0)$ gilt nun

$$\frac{f(0+tu, 0+tv) - f(0,0)}{t} = \frac{f(tu,tv)}{t} = \frac{t^2u^3v}{t^2u^4 + v^2},$$

und dieser Ausdruck geht für $t \to 0+$ gegen Null, wie eine Unterscheidung der Fälle $v = 0$ und $v \neq 0$ sofort ergibt. Also existieren alle Richtungsableitungen von f an der Stelle $(0,0)$ und haben den Wert Null.

(c) Wäre f im Punkt $(0,0)$ differentiierbar, so müßte $f'(0,0)$ nach (b) die Nullabbildung sein; für $(x,y) \to (0,0)$ müßte daher

$$\frac{f(x,y) - f(0,0) - f'(0,0)(x,y)}{\|(x,y)\|} = \frac{f(x,y)}{\sqrt{x^2+y^2}}$$

gegen Null gehen, was offensichtlich nicht der Fall ist. (Wähle etwa $(x,y) = (t,t^2)$ mit $t \to 0+$.)

(d) Da die Richtungsableitungen $(\partial_v f)(0,0)$ nach (b) alle existieren und linear von v abhängen, würde die schwache Differentiierbarkeit von f schon die starke Differentiierbarkeit von f im Nullpunkt nach sich ziehen, was (c) widerspräche; also kann f in $(0,0)$ nicht schwach differentiierbar sein.

(e) Damit $\alpha(t) = (t^a, t^b)$ an der Stelle $t = 0$ differentiierbar ist, müssen die Bedingungen $a \geq 1$ und $b \geq 1$ gelten; wir wollen nachweisen, daß dann $\big(f(t^a,t^b) - f(0,0)\big)/t$ für $t \to 0+$ einen Grenzwert besitzt. Wir haben nun einerseits die Abschätzung

$$\frac{f(t^a,t^b)}{t} = \frac{t^{3a+b-1}}{t^{4a}+t^{2b}} \leq \frac{t^{3a+b-1}}{t^{4a}} = t^{b-a-1};$$

andererseits auch die Abschätzung

$$\frac{f(t^a,t^b)}{t} = \frac{t^{3a+b-1}}{t^{4a}+t^{2b}} \leq \frac{t^{3a+b-1}}{t^{2b}} = t^{3a-b-1}.$$

Die erste Abschätzung zeigt $f(t^a,t^b)/t \to 0$ im Fall $b > a+1$; die zweite Abschätzung zeigt $f(t^a,t^b)/t \to 0$ im Fall $b < 3a-1$. Es fehlt noch der Fall $3a - 1 \leq b \leq a+1$, der wegen $a \geq 1$ nur für $a = 1$ und damit $b = 2$ eintreten kann; dieser letzte Fall wird erledigt durch die Rechnung

$$\frac{f(t,t^2)}{t} = \frac{t^4}{t^4+t^4} = \frac{1}{2}.$$

(f) Definiere $\alpha : [0,1] \to \mathbb{R}^2$ durch $\alpha(0) := (0,0)$ sowie

$$\alpha(t) := \begin{cases} (t,0), & \text{falls } 1/(2n+1) < t \leq 1/(2n), \\ (t,t^2), & \text{falls } 1/(2n) < t \leq 1/(2n-1). \end{cases}$$

Dann ist

$$f\big(\alpha(t)\big) = \begin{cases} 0, & \text{falls } 1/(2n+1) < t \leq 1/(2n), \\ t/2, & \text{falls } 1/(2n) < t \leq 1/(2n-1); \end{cases}$$

folglich ist dann zwar α, nicht aber $f \circ \alpha$ an der Stelle $t = 0$ differentiierbar.

Lösung (93.4) Es sei $M := \{(x,y,z) \in \mathbb{R}^3 \mid z = f(x,y)\}$, also

$$M = \{(x,y,z) \in \mathbb{R}^3 \mid z = (x+y)^2 - x^3 - y^3\}.$$

Dies ist eine Fläche im $\mathbb{R}^3$ (oder, wie wir später auch sagen werden, eine zweidimensionale eingebettete Untermannigfaltigkeit von $\mathbb{R}^3$).

(a) Die Tangentialebene ("der Tangentialraum") T_pM von M in einem beliebigen Punkt $p = (x,y,z) \in M$ wird aufgespannt von den Vektoren

$$\frac{\partial}{\partial x}\begin{bmatrix} x \\ y \\ f(x,y) \end{bmatrix} = \begin{bmatrix} 1 \\ 0 \\ f_x(x,y) \end{bmatrix} = \begin{bmatrix} 1 \\ 0 \\ 2(x+y) - 3x^2 \end{bmatrix}$$

und

$$\frac{\partial}{\partial y}\begin{bmatrix} x \\ y \\ f(x,y) \end{bmatrix} = \begin{bmatrix} 0 \\ 1 \\ f_y(x,y) \end{bmatrix} = \begin{bmatrix} 0 \\ 1 \\ 2(x+y) - 3y^2 \end{bmatrix}$$

und hat den Normalenvektor

$$n = \begin{bmatrix} f_x(x,y) \\ f_y(x,y) \\ -1 \end{bmatrix}.$$

Er wird vom Punkt p aus abgetragen. Speziell für $p = (1,0,0)$ ergeben sich die Punktrichtungsform

$$T_pM = \begin{bmatrix} 1 \\ 0 \\ 0 \end{bmatrix} + \mathbb{R}\begin{bmatrix} 1 \\ 0 \\ -1 \end{bmatrix} + \mathbb{R}\begin{bmatrix} 0 \\ 1 \\ 2 \end{bmatrix}$$

und die Normalenform

$$T_pM = \{(x,y,z) \in \mathbb{R}^3 \mid 0 = \langle \begin{bmatrix} x-1 \\ y-0 \\ z-0 \end{bmatrix}, \begin{bmatrix} -1 \\ 2 \\ -1 \end{bmatrix} \rangle\},$$

so daß T_pM aus allen Vektoren $(x,y,z)^T$ besteht, die die Normalengleichung $0 = -(x-1)+2y-z$ bzw. $x-2y+z = 1$ erfüllen.

(b) Der Gradient von f im Punkt $p = (1,0,0)$ ist

$$(\nabla f)(p) = \begin{bmatrix} 2(x+y) - 3x^2 \\ 2(x+y) - 3y^2 \end{bmatrix}\Bigg|_{(x,y)=(1,0)} = \begin{bmatrix} -1 \\ 2 \end{bmatrix}.$$

Von p aus ist also die Richtung des stärksten Anstiegs der Fläche M gerade

$$\frac{(\nabla f)(p)}{\|(\nabla f)(p)\|} = \frac{1}{\sqrt{5}}\begin{bmatrix} -1 \\ 2 \end{bmatrix}.$$

Die Steigung selbst ist der Betrag des Gradienten, also $\|(\nabla f)(p)\| = \sqrt{5}$.

(c) Direkt nach Definition der Richtungsableitung ergibt sich

$$(\partial_v f)(p) = \frac{\mathrm{d}}{\mathrm{d}t}\Big|_{t=0} f(p+tv) = \frac{\mathrm{d}}{\mathrm{d}t}\Big|_{t=0} f(1+t/\sqrt{2}, t/\sqrt{2})$$

$$= \frac{\mathrm{d}}{\mathrm{d}t}\Big|_{t=0} \Big(\big(1+t\sqrt{2}\big)^2 - (1+t/\sqrt{2})^3 - (t/\sqrt{2})^3\Big)$$

$$= 2(1+t\sqrt{2}) \cdot \sqrt{2} - 3\left(1+\frac{t}{\sqrt{2}}\right)^2 \cdot \frac{1}{\sqrt{2}} - 3\left(\frac{t}{\sqrt{2}}\right)^2 \cdot \frac{1}{\sqrt{2}}\Bigg|_{t=0}$$

$$= 2\sqrt{2} - \frac{3}{\sqrt{2}} - 0 = \frac{1}{\sqrt{2}}.$$

Aufgaben zu »Ableitungen längs Kurven« siehe Seite 149

Einfacher erhalten wir dies aus der Formel

$$(\partial_v f)(p) = \langle v, (\nabla f)(p)\rangle = \langle \frac{1}{\sqrt{2}}\begin{bmatrix}1\\1\end{bmatrix}, \begin{bmatrix}-1\\2\end{bmatrix}\rangle = \frac{1}{\sqrt{2}}.$$

Lösung (93.5) Die partiellen Ableitungen erster Ordnung sind

$$\begin{aligned} f_x &= 12x^2y^2 - 5y^4 + 4xy^2 + 6x + 4y, \\ f_y &= 8x^3y - 20xy^3 + 4x^2y + 4x. \end{aligned}$$

Die partiellen Ableitungen zweiter Ordnung sind

$$\begin{aligned} f_{xx} &= 24xy^2 + 4y^2 + 6, \\ f_{xy} &= f_{yx} = 24x^2y - 20y^3 + 8xy + 4, \\ f_{yy} &= 8x^3 - 60xy^2 + 4x^2. \end{aligned}$$

Die partiellen Ableitungen dritter Ordnung sind

$$\begin{aligned} f_{xxx} &= 24y^2, \\ f_{xxy} &= f_{xyx} = f_{yxx} = 48xy + 8y, \\ f_{xyy} &= f_{yxy} = f_{yyx} = 24x^2 - 60y^2 + 8x, \\ f_{yyy} &= -120xy. \end{aligned}$$

Lösung (93.6) Die partiellen Ableitungen erster Ordnung sind

$$\begin{aligned} f_x &= z^2 + y^3e^x, \\ f_y &= 3y^2e^x + \cos(y)\cos(z), \\ f_z &= 2xz - \sin(y)\sin(z). \end{aligned}$$

Die partiellen Ableitungen zweiter Ordnung sind

$$\begin{aligned} f_{xx} &= y^3e^x, \\ f_{xy} &= f_{yx} = 3y^2e^x, \\ f_{xz} &= f_{zx} = 2z, \\ f_{yy} &= 6ye^x - \sin(y)\cos(z), \\ f_{yz} &= f_{zy} = -\cos(y)\sin(z), \\ f_{zz} &= 2x - \sin(y)\cos(z). \end{aligned}$$

Die partiellen Ableitungen dritter Ordnung sind

$$\begin{aligned} f_{xxx} &= y^3e^x, \\ f_{xxy} &= f_{xyx} = f_{yxx} = 3y^2e^x, \\ f_{xxz} &= f_{xzx} = f_{zxx} = 0, \\ f_{xyy} &= f_{yxy} = f_{yyx} = 6ye^x, \\ f_{xyz} &= f_{zxy} = f_{yzx} = f_{xzy} = f_{zyx} = f_{yxz} = 0, \\ f_{xzz} &= f_{zxz} = f_{zzx} = 2, \\ f_{yyy} &= 6e^x - \cos(y)\cos(z), \\ f_{yyz} &= f_{yzy} = f_{zyy} = \sin(y)\sin(z), \\ f_{yzz} &= f_{zyz} = f_{zzy} = -\cos(y)\cos(z), \\ f_{zzz} &= \sin(y)\sin(z). \end{aligned}$$

Aufgaben zu »Ableitungen längs Kurven« siehe Seite 149

Lösung (93.7) Sind a, b, K_S und K_G fest vorgegebene Konstanten, so sind die Verlegungskosten als Funktion von x allein gegeben durch

$$K(x) = K_S \cdot x + K_G \cdot \sqrt{b^2 + (a-x)^2}.$$

Mit dem Verhältnis $q := K_G/K_S > 1$ erhalten wir

$$\begin{aligned} K(x) &= K_S \cdot \left(x + q\sqrt{b^2 + (a-x)^2}\right), \\ K'(x) &= K_S \cdot \left(1 - q \cdot \frac{a-x}{\sqrt{b^2 + (a-x)^2}}\right), \\ K''(x) &= K_S \cdot \frac{qb^2}{\left(b^2 + (a-x)^2\right)^{3/2}}. \end{aligned}$$

Gesucht ist das Minimum der Funktion $x \mapsto K(x)$ auf dem Intervall $[0, a]$. Offensichtlich gilt $K'' > 0$, so daß die Funktion K durchgängig linksgekrümmt ist. Es sei $x_\star$ eine Stelle, an der $K'(x_\star) = 0$ gilt. Mit $\xi := a - x_\star$ bedeutet dies $1 = q\xi/\sqrt{b^2 + \xi^2}$, also $\sqrt{b^2 + \xi^2} = q\xi$, nach Quadrieren also $b^2 + \xi^2 = q^2\xi^2$ bzw. $(q^2 - 1)\xi^2 = b^2$ und damit

(1) $$\xi = \frac{b}{\sqrt{q^2 - 1}}.$$

Dies führt auf die eindeutig bestimmte Lösung

(2) $$x_\star = a - \xi = a - \frac{b}{\sqrt{q^2 - 1}},$$

die aber nur dann zulässig ist, wenn $\xi \le a$ gilt, also

(3) $$\frac{b}{a} \le \sqrt{q^2 - 1} \quad \text{bzw.} \quad q \ge \frac{\sqrt{a^2 + b^2}}{a}.$$

(Beachte, daß diese Bedingung gleichwertig ist mit der Bedingung $K'(0) \le 0$.) Einsetzen von (2) in die Funktion K ergibt

(4) $$K(x_\star) = K_S \cdot \left(a + b\sqrt{q^2 - 1}\right).$$

Da die Funktion K auf dem Intervall $[0, a]$ ihr Minimum entweder an einer Nullstelle von K' oder an einem der beiden Randpunkte annimmt, müssen wir zum Vergleich die Werte

$$K(0) = K_S \cdot q\sqrt{a^2 + b^2} \quad \text{und} \quad K(a) = K_S \cdot (a + qb)$$

betrachten. Offensichtlich gilt $K(x_\star) < K(a)$, so daß $x = a$ als mögliche Minimalstelle ausscheidet. Um nachzuprüfen, ob auch $K(x_\star) \le K(0)$ gilt, führen wir die folgenden Äquivalenzumformungen durch:

$$\begin{aligned} & K(x_\star) \le K(0) \quad \Leftrightarrow \quad a + b\sqrt{q^2-1} \le q\sqrt{a^2+b^2} \\ \Leftrightarrow \quad & a^2 + 2ab\sqrt{q^2-1} + b^2(q^2-1) \le q^2(a^2+b^2) \\ \Leftrightarrow \quad & 2ab\sqrt{q^2-1} \le (q^2-1)a^2 + b^2 \\ \Leftrightarrow \quad & 0 \le (q^2-1)a^2 - 2ab\sqrt{q^2-1} + b^2 \\ \Leftrightarrow \quad & 0 \le \left(a\sqrt{q^2-1} - b\right)^2, \end{aligned}$$

und diese Bedingung ist immer erfüllt (mit Gleichheit genau dann, wenn in (3) Gleichheit gilt). Ist also Bedingung (3) erfüllt, so ist $x_\star$ die eindeutig bestimmte Minimalstelle von K. Ist dagegen Bedingung (3) nicht erfüllt, gilt also $1 < q < \sqrt{a^2+b^2}/a$, so scheidet $x_\star$ als Lösung aus, und es gilt $K(0) < K(a)$. Dies folgt sofort aus $K'(0) \geq 0$ und $K'' > 0$, läßt sich aber auch direkt nachrechnen:

$$\begin{aligned} K(0) < K(a) \quad &\Leftrightarrow \quad q\sqrt{a^2+b^2} \; < \; a+qb \\ \Leftrightarrow \quad q^2(a^2+b^2) \; &< \; a^2+2qab+q^2b^2 \\ \Leftrightarrow \quad (q^2-1)a \; < \; 2qb \quad &\Leftrightarrow \quad \frac{b}{a} \; > \; \frac{q^2-1}{2q}, \end{aligned}$$

und die letzte Bedingung ist natürlich erfüllt, denn es gilt ja sogar die stärkere Bedingung $b/a > \sqrt{q^2-1}$. Mit dem kritischen Wert $q_{\text{krit}} := \sqrt{a^2+b^2}/a = \sqrt{1+(b/a)^2}$ erhalten wir damit

$$x_{\text{opt}}(q) \;=\; \begin{cases} 0, & \text{falls } 1 \leq q \leq q_{\text{krit}}, \\ a-(b/\sqrt{q^2-1}), & \text{falls } q \geq q_{\text{krit}} \end{cases}$$

und damit

$$\begin{aligned} K_{\text{opt}}(q) \;&=\; K\big(x_{\text{opt}}(q)\big) \\ &=\; K_S \cdot \begin{cases} q\sqrt{a^2+b^2}, & \text{falls } 1 \leq q \leq q_{\text{krit}}, \\ a+b\sqrt{q^2-1}, & \text{falls } q \geq q_{\text{krit}}. \end{cases} \end{aligned}$$

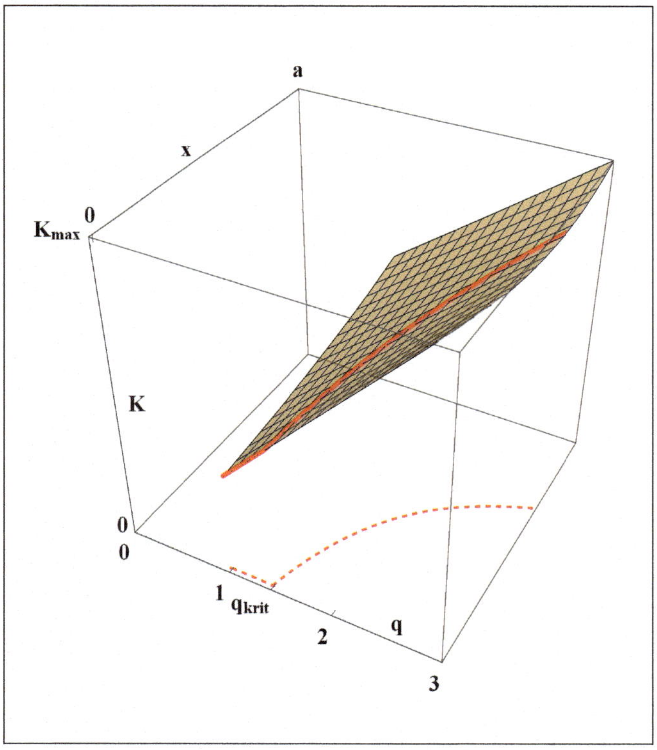

Mit dem Verhältnis $\rho := b/a$ erhalten wir also

$$\frac{x_{\text{opt}}(q)}{a} \;=\; \begin{cases} 0, & \text{falls } 1 \leq q \leq \sqrt{1+\rho^2}, \\ 1-(\rho/\sqrt{q^2-1}), & \text{falls } q \geq \sqrt{1+\rho^2} \end{cases}$$

sowie

$$\frac{K_{\text{opt}}(q)}{K_S \cdot a} \;=\; \begin{cases} q\sqrt{1+\rho^2}, & \text{falls } 1 \leq q \leq \sqrt{1+\rho^2}, \\ 1+\rho\sqrt{q^2-1}, & \text{falls } q \geq \sqrt{1+\rho^2}. \end{cases}$$

In der Abbildung wird der Verlauf der Funktion $q \mapsto K_{\text{opt}}(q)$ durch die rote Kurve wiedergegeben, die innerhalb des Graphen der Kostenfunktion $(x,q) \mapsto K(x;q)$ verläuft. Das erhaltene Ergebnis läßt sich folgendermaßen interpretieren:

- solange q "klein" ist (im Sinne von $q \leq q_{\text{krit}}$), solange also eine Verlegung im Gelände nur unwesentlich teurer ist als eine Verlegung entlang der Straße, ist es am günstigsten, die Leitung kürzestmöglich zu verlegen, also geradlinig von A auf C zu;
- je größer q wird, desto weiter verschiebt sich der optimale Abzweigepunkt in Richtung von B; je kostengünstiger also die Verlegung entlang der Straße relativ zur Verlegung im Gelände ist, desto weiter sollte im Sinne der Kostenminimierung auch die Leitung entlang der Straße verlegt werden;
- für $q \to \infty$ gilt $x_{\text{opt}}(q) \to a$ (was sich darin zeigt, daß in der Skizze die rot gestrichelte Kurve sich asymptotisch an die Gerade $x = a$ annähert); wenn die Verlegungskosten im Gelände also prohibitiv hoch werden, sollte nur ein möglichst kleiner Teil der Leitung im Gelände verlegt werden.

Aufgaben zu »Ableitungen längs Kurven« siehe Seite 149

L94: Differentiierbarkeit als Linearisierbarkeit

Lösung (94.1) Die Abbildung $f: V \to W$ ist definitionsgemäß genau dann differentiierbar im Punkt p, wenn es eine lineare Abbildung $A = f'(p): V \to W$ gibt mit

$$(\star) \qquad \frac{\|f(p+v)-f(p)-Av\|_W}{\|v\|_V} \to 0 \quad \text{für} \quad \|v\|_V \to 0.$$

Ist nun $\|\!| \cdot |\!\|_V$ eine zu $\|\cdot\|_V$ äquivalente Norm auf V und ist $\|\!| \cdot |\!\|_W$ eine zu $\|\cdot\|_W$ äquivalente Norm auf W, so gilt jede der beiden in $(\star)$ auftretenden Konvergenzaussagen genau dann bezüglich der Normen $\|\cdot\|_V$ und $\|\cdot\|_W$, wenn sie bezüglich der Normen $\|\!| \cdot |\!\|_V$ und $\|\!| \cdot |\!\|_W$ gilt. Das ist schon die Behauptung.

Lösung (94.2) Nach Voraussetzung gibt es für jeden Index $1 \le i \le n$ eine lineare Abbildung $f_i'(p_i): V_i \to W$ mit $f(p_i+v_i) = f_i(p_i) + f_i'(p_i)v_i + r_i$ mit $\|r_i\|/\|v_i\| \to 0$ für $\|v_i\| \to 0$. Daher gilt $f(p+v) = \sum_i f_i(p_i+v_i) = \sum_i \big(f_i(p_i) + f_i'(p_i)v_i + r_i\big)$, mit $r := r_1 + \cdots + r_n$ also

$$(\star) \qquad f(p+v) = f(p) + \sum_{i=1}^n f'(p_i)v_i + r.$$

Nun ist einerseits die Funktion $v \mapsto \sum_{i=1}^n f_i'(p_i)v_i$ linear; andererseits gilt

$$\frac{\|r\|}{\|v\|} \le \sum_{i=1}^n \frac{\|r_i\|}{\|v\|} \le \sum_{i=1}^n \frac{\|r_i\|}{\|v_i\|} \to 0$$

für $\|v\| \to 0$ (was gleichbedeutend ist mit $\|v_i\|_{V_i} \to 0$ für $1 \le i \le n$). Die Gleichung $(\star)$ zeigt daher, daß f an der Stelle p differentiierbar ist mit

$$f'(p) = \sum_{i=1}^n f_i'(p_i)v_i\,.$$

Lösung (94.3) Das totale Differential einer Funktion $z = f(x_1, \ldots, x_n)$ ist $\mathrm{d}z = \sum_{i=1}^n (\partial f/\partial x_i)\,\mathrm{d}x_i$. Es handelt sich um einen formalen Ausdruck (dem später im Rahmen des Differentialformenkalküls ein präziser mathematischer Sinn zukommt) mit der folgenden Bedeutung: Werden die Argumente $x_1, \ldots, x_n$ um die "infinitesimal kleinen" Inkremente $\mathrm{d}x_1, \ldots, \mathrm{d}x_n$ geändert, so ist $\mathrm{d}z$ näherungsweise die resultierende Änderung des Werts der Funktion f.

(a) Es gilt $\mathrm{d}z = (12x^2y - 3e^y)\,\mathrm{d}x + (4x^3 - 3xe^y)\,\mathrm{d}y$.

(b) Es gilt

$$\mathrm{d}z = \frac{t+2t^2}{2(t-2x)^2}\,\mathrm{d}x + \frac{t^2-4xt-x}{2(t-2x)^2}\,\mathrm{d}t\,.$$

(c) Es gilt

$$\mathrm{d}w = \big(e^x\ln(y) + 2x\cos y\big)\,\mathrm{d}x + \left(\frac{e^x}{y} - x^2\sin y\right)\mathrm{d}y\,.$$

(d) Es gilt

$$\mathrm{d}u = x^{y^2z}\cdot\left(\frac{y^2z}{x}\,\mathrm{d}x + 2yz\ln(x)\,\mathrm{d}y + y^2\ln(x)\,\mathrm{d}z\right).$$

(e) Es gilt

$$\mathrm{d}f = \frac{1/r_a}{2k\pi\ell}\,\mathrm{d}r_a - \frac{1/r_i}{2k\pi\ell}\,\mathrm{d}r_i - \frac{\ln(r_a/r_i)}{2k\pi\ell^2}\,\mathrm{d}\ell.$$

Lösung (94.4) (a) Es gilt $f(x,y) = (1/y) + (1/x)$, folglich $f_x(x,y) = -1/x^2$ und $f_y(x,y) = -1/y^2$ und damit

$$\begin{aligned} & f(1000+\Delta x, 500+\Delta y) \\ & \approx f(1000,500) + f_x(1000,500)\Delta x + f_y(1000,500)\Delta y \\ & = \frac{3}{1000} - \frac{\Delta x}{1000^2} - \frac{\Delta y}{500^2}\,. \end{aligned}$$

(b) Für $f(x,y) = \ln(x^3+y^2)$ erhalten wir $f_x(x,y) = 3x^2/(x^3+y^2)$ und $f_y(x,y) = 2y/(x^3+y^2)$, folglich

$$\begin{aligned} f(2+\Delta x, 1+\Delta y) &\approx f(2,1) + f_x(2,1)\Delta x + f_y(2,1)\Delta y \\ &= \ln(9) + \frac{4\Delta x}{3} + \frac{2\Delta y}{9}. \end{aligned}$$

(c) Es gilt $f(x,y) = 5\ln(x-y) - 10\ln(|y|) - 1$ und damit $f_x(x,y) = 5/(x-y)$ sowie $f_y(x,y) = -5/(x-y) - 10/y$. Hieraus folgt

$$\begin{aligned} f(2+\Delta x, 1+\Delta y) &\approx f(2,1) + f_x(2,1)\Delta x + f_y(2,1)\Delta y \\ &= -1 + 5\Delta x - 5\Delta y. \end{aligned}$$

(d) Für $f(x,y) = \sin(x+5y) + \ln(4-x-y^2)$ erhalten wir $f_x(x,y) = \cos(x+5y) - 1/(4-x-y^2)$ und $f_y(x,y) = 5\cos(x+5y) - 2y/(4-x-y^2)$. Hieraus folgt

$$\begin{aligned} f(0+\Delta x, 0+\Delta y) &\approx f(0,0) + f_x(0,0)\Delta x + f_y(0,0)\Delta y \\ &= \ln(4) + (3/4)\Delta x + (1/5)\Delta y. \end{aligned}$$

(e) Für $f(r,h) = 2\pi rh + 2\pi r^2$ gilt $f'(r,h) = (2\pi h + 4\pi r, 2\pi r) = 2\pi(h+2r, r)$. Die Linearisierung von f an der Stelle $(10, 25)$ ist daher gegeben durch

$$\begin{aligned} f(10+\Delta r,\, 25+\Delta h) &\approx f(10,25) + f'(10,25)\begin{bmatrix}\Delta r\\ \Delta h\end{bmatrix} \\ = 700\pi + 2\pi\,[45,\ 10]\begin{bmatrix}\Delta r\\ \Delta h\end{bmatrix} &= 700\pi + 90\pi\Delta r + 20\pi\Delta h. \end{aligned}$$

Lösung (94.5) (a) Für $f(x,y) = \arctan(y/x)$ erhalten wir

$$f'(x,y) = \left(\frac{-y/x^2}{1+(y/x)^2}, \frac{1/x}{1+(y/x)^2}\right) = \left(\frac{-y}{x^2+y^2}, \frac{x}{x^2+y^2}\right)$$

Aufgaben zu »Differentiierbarkeit als Linearisierbarkeit« siehe Seite 151

und damit

$$\begin{aligned}\arctan\left(\frac{1.02}{0.96}\right) &= f(1+0.02,\ 1-0.04)\\ &\approx f(1,1)+f'(1,1)\begin{bmatrix}0.02\\-0.04\end{bmatrix}\\ &= \arctan(1)+\left(\frac{-1}{2},\frac{1}{2}\right)\begin{bmatrix}0.02\\-0.04\end{bmatrix}\\ &= \frac{\pi}{4}-0.03 \approx 0.755398.\end{aligned}$$

(Der wahre Wert liegt bei 0.8156919233.)

(b) Für $f(x,y)=\ln(\sqrt[3]{x}+\sqrt[4]{y}-1)=\ln(x^{1/3}+y^{1/4}-1)$ gilt

$$f'(x,y) = \left(\frac{(1/3)\cdot x^{-2/3}}{x^{1/3}+y^{1/4}-1},\ \frac{(1/4)\cdot y^{-3/4}}{x^{1/3}+y^{1/4}-1}\right)$$

und damit

$$\begin{aligned}\ln(\sqrt[3]{1.03}+\sqrt[4]{0.98}-1) &= f(1+0.03,\ 1-0.02)\\ \approx f(1,1)+f'(1,1)\begin{bmatrix}0.03\\-0.02\end{bmatrix} &= 0+\left(\frac{1}{3},\frac{1}{4}\right)\begin{bmatrix}0.03\\-0.02\end{bmatrix}\\ = 0.01-0.005 &= 0.005.\end{aligned}$$

Der wahre Wert liegt bei 0.004851900912.)

(c) Setzen wir $\Delta r = 0.5$ und $\Delta h = 0.5$ in die in (94.4)(e) erhaltene Linearisierung ein, so ergibt sich der Wert $700\pi+45\pi-10\pi = 735\pi = 2309.07$ (gegenüber dem wahren Wert 2309.070600.)

Lösung (94.6) Die Komponentenfunktionen

$$\begin{aligned}u(x,y) &= \sqrt{3x^2+5y^4+1}+\cos(\pi x),\\ v(x,y) &= \exp(x^2-y)+2\sin(\pi y/2)\end{aligned}$$

haben die partiellen Ableitungen

$$\begin{aligned}u_x(x,y) &= \frac{3x}{\sqrt{3x^2+5y^4+1}}-\pi\sin(\pi x),\\ u_y(x,y) &= \frac{10y^3}{\sqrt{3x^2+5y^4+1}}\end{aligned}$$

und

$$\begin{aligned}v_x(x,y) &= 2x\exp(x^2-y),\\ v_y(x,y) &= -\exp(x^2-y)+\pi\cos(\pi y/2).\end{aligned}$$

Die Ableitungsmatrix an der Stelle $(1,1)$ ist dann

$$f'(1,1) = \begin{bmatrix}u_x(1,1) & u_y(1,1)\\ v_x(1,1) & v_y(1,1)\end{bmatrix} = \begin{bmatrix}1 & 10/3\\ 2 & -1\end{bmatrix}$$

In linearer Näherung gilt also

$$f(1+\Delta x,\ 1+\Delta y)-f(1,1) \approx \begin{bmatrix}1 & 10/3\\ 2 & -1\end{bmatrix}\begin{bmatrix}\Delta x\\ \Delta y\end{bmatrix}.$$

Mit $\Delta x = 0.07$ und $\Delta y = 0.12$ liefert dies

$$f(1.07,\ 1.12)-f(1,1) \approx \begin{bmatrix}1 & 10/3\\ 2 & -1\end{bmatrix}\begin{bmatrix}0.07\\ 0.12\end{bmatrix} = \begin{bmatrix}0.47\\ 0.02\end{bmatrix}.$$

Der wirkliche Wert ist

$$f(1.07,\ 1.12)-f(1,1) = \begin{bmatrix}0.5315463\\ -0.0102129\end{bmatrix}.$$

Lösung (94.7) Die Komponentenfunktionen von f sind

$$\begin{aligned}a(x,y,z) &= 3xy^2+2\sin(\pi xz/2),\\ b(x,y,z) &= 4x+3y^2+\cos(\pi z^2),\\ c(x,y,z) &= 2\exp(3z),\\ d(x,y,z) &= z\sqrt{1+x^2+y^2}+\exp(z).\end{aligned}$$

Die partiellen Ableitungen dieser Komponentenfunktionen sind

$$\begin{aligned}&a_x = 3y^2+\pi z\cos(\pi xz/2),\ a_y = 6xy,\ a_z = \pi x\cos(\pi xz/2),\\ &b_x = 4,\ b_y = 6y,\ b_z = -2\pi z\sin(\pi z^2),\\ &c_x = 0,\ c_y = 0, c_z = 6\exp(3z),\\ &d_x = \frac{xz}{\sqrt{1+x^2+y^2}},\ d_y = \frac{zy}{\sqrt{1+x^2+y^2}} \text{ und}\\ &\quad d_z = \sqrt{1+x^2+y^2}+\exp(z).\end{aligned}$$

Die Ableitungsmatrix von f an der Stelle $(1,1,1)$ ist daher

$$f'(1,1,1) = \begin{bmatrix}a_x(1,1,1) & a_y(1,1,1) & a_z(1,1,1)\\ b_x(1,1,1) & b_y(1,1,1) & b_z(1,1,1)\\ c_x(1,1,1) & c_y(1,1,1) & c_z(1,1,1)\\ d_x(1,1,1) & d_y(1,1,1) & d_z(1,1,1)\end{bmatrix} = \begin{bmatrix}3 & 6 & 0\\ 4 & 6 & 0\\ 0 & 0 & 6e^3\\ 1/\sqrt{3} & 1/\sqrt{3} & \sqrt{3}+e\end{bmatrix}.$$

In linearer Näherung gilt daher

$$f(1+\Delta x,\ 1+\Delta y,\ 1+\Delta z)-f(1,1,1) \approx \begin{bmatrix}3 & 6 & 0\\ 4 & 6 & 0\\ 0 & 0 & 6e^3\\ 1/\sqrt{3} & 1/\sqrt{3} & \sqrt{3}+e\end{bmatrix}\begin{bmatrix}\Delta x\\ \Delta y\\ \Delta z\end{bmatrix},$$

mit $\Delta x = 0.08$, $\Delta y = 0.05$ und $\Delta z = 0.03$ also

$$f(1.08,\ 1.05,\ 1.03)-f(1,1,1) \approx \begin{bmatrix}3 & 6 & 0\\ 4 & 6 & 0\\ 0 & 0 & 6e^3\\ 1/\sqrt{3} & 1/\sqrt{3} & \sqrt{3}+e\end{bmatrix}\begin{bmatrix}0.08\\ 0.05\\ 0.03\end{bmatrix} = \begin{bmatrix}0.540000\\ 0.620000\\ 3.615397\\ 0.208566\end{bmatrix}.$$

Aufgaben zu »Differentiierbarkeit als Linearisierbarkeit« siehe Seite 151

Der wahre Wert ist

$$f(1.08,\,1.05,\,1.03) - f(1,1,1) \;=\; \begin{bmatrix} 0.541008 \\ 0.645746 \\ 3.783082 \\ 0.212983 \end{bmatrix}.$$

Lösung (94.8) (a) Es ist $v = w/\|w\| = (0.6, 0.8)^T$. Unmittelbar nach Definition der Richtungsableitung erhalten wir

$$\begin{aligned}(\partial_v f)(p) &= \frac{\mathrm{d}}{\mathrm{d}t}\Big|_{t=0} f(1+0.6t,\,1+0.8t)\\ &= \frac{\mathrm{d}}{\mathrm{d}t}\Big|_{t=0} (1+0.6t)^2 - (1+0.6t)(1+0.8t) + (1+0.8t)^2\\ &= \frac{\mathrm{d}}{\mathrm{d}t}\Big|_{t=0} (1+1.4t+0.52t^2)\\ &= 1.4 + 1.04t\big|_{t=0} \;=\; 1.4.\end{aligned}$$

Wegen $(\nabla f)(x,y) = (2x-y, 2y-x)^T$ ergibt sich das gleiche Resultat auch aus der Formel

$$(\partial_v f)(p) \;=\; \langle(\nabla f)(p), v\rangle \;=\; \langle \begin{bmatrix}1\\1\end{bmatrix}, \begin{bmatrix}0.6\\0.8\end{bmatrix}\rangle \;=\; 1.4.$$

(b) Es ist $v = (1/\sqrt{3})(1,1,1)^T$. Unmittelbar nach Definition der Richtungsableitung erhalten wir

$$\begin{aligned}(\partial_v f)(p) &= \frac{\mathrm{d}}{\mathrm{d}t}\Big|_{t=0} f\left(2+\frac{t}{\sqrt{3}},\,1+\frac{t}{\sqrt{3}},\,1+\frac{t}{\sqrt{3}}\right)\\ &= \frac{\mathrm{d}}{\mathrm{d}t}\Big|_{t=0} \left(2+\frac{t}{\sqrt{3}}\right)\left(1+\frac{t}{\sqrt{3}}\right)\left(1+\frac{t}{\sqrt{3}}\right)\\ &= \frac{\mathrm{d}}{\mathrm{d}t}\Big|_{t=0} \left(2+\frac{5t}{\sqrt{3}}+\frac{4t^2}{3}+\frac{t^3}{3\sqrt{3}}\right)\\ &= \frac{5}{\sqrt{3}}+\frac{8t}{3}+\frac{t^2}{\sqrt{3}}\Big|_{t=0} \;=\; \frac{5}{\sqrt{3}}.\end{aligned}$$

Wegen $(\nabla f)(x,y) = (yz, xz, xy)^T$ ergibt sich das gleiche Resultat auch aus der Formel

$$(\partial_v f)(p) \;=\; \langle(\nabla f)(p), v\rangle \;=\; \langle \begin{bmatrix}1\\2\\2\end{bmatrix}, \frac{1}{\sqrt{3}}\begin{bmatrix}1\\1\\1\end{bmatrix}\rangle \;=\; \frac{5}{\sqrt{3}}.$$

(c) Es ist $v = (1/3)(2,1,-2)^T$. Unmittelbar nach Definition der Richtungsableitung erhalten wir

$$\begin{aligned}(\partial_v f)(p) &= \frac{\mathrm{d}}{\mathrm{d}t}\Big|_{t=0} f\left(4+\frac{2t}{3},\,6+\frac{t}{3},\,-1-\frac{2t}{3}\right)\\ &= \frac{\mathrm{d}}{\mathrm{d}t}\Big|_{t=0} \left(2+\frac{t}{3}+2+\frac{t}{9}-\frac{1}{6}-\frac{t}{9}\right)\\ &= \frac{1}{3}+\frac{1}{9}-\frac{1}{9} \;=\; \frac{1}{3}.\end{aligned}$$

Wegen $(\nabla f)(x,y) = (1/2, 1/3, 1/6)^T$ ergibt sich das gleiche Resultat auch aus der Formel

$$\begin{aligned}(\partial_v f)(p) &= \langle(\nabla f)(p), v\rangle \;=\; \langle \begin{bmatrix}1/2\\1/3\\1/6\end{bmatrix}, \frac{1}{3}\begin{bmatrix}2\\1\\-2\end{bmatrix}\rangle\\ &= \frac{1}{3}\left(1+\frac{1}{3}-\frac{1}{3}\right) \;=\; \frac{1}{3}.\end{aligned}$$

(d) Es ist $v = \big(1/(3\sqrt{5})\big)(5,4,2)^T$. Unmittelbar nach Definition der Richtungsableitung erhalten wir

$$\begin{aligned}(\partial_v f)(p) &= \frac{\mathrm{d}}{\mathrm{d}t}\Big|_{t=0} f\left(3+\frac{5t}{3\sqrt{5}},\,2+\frac{4t}{3\sqrt{5}},\,1+\frac{2t}{3\sqrt{5}}\right)\\ &= \frac{\mathrm{d}}{\mathrm{d}t}\Big|_{t=0} \left(3+\frac{5t}{3\sqrt{5}}\right)\left(2+\frac{4t}{3\sqrt{5}}\right)^2\left(1+\frac{2t}{3\sqrt{5}}\right)^3\\ &= \frac{5}{3\sqrt{5}}\cdot 2^2\cdot 1^3 + 3\cdot 2\cdot 2\cdot\frac{4}{3\sqrt{5}}\cdot 1^3 + 3\cdot 2^2\cdot 3\cdot 1^2\cdot\frac{2}{3\sqrt{5}}\\ &= \frac{20+48+72}{3\sqrt{5}} \;=\; \frac{140}{3\sqrt{5}}.\end{aligned}$$

(Beim Übergang von der zweiten zur dritten Zeile benutzten wir dabei die Produktregel und setzten nach dem Ableiten sofort den Wert $t = 0$ ein.) Wegen $(\nabla f)(x,y) = (y^2z^3, 2xyz^3, 3xy^2z^2)^T$ ergibt sich das gleiche Resultat auch aus der Formel

$$\begin{aligned}(\partial_v f)(p) &= \langle(\nabla f)(p), v\rangle \;=\; \langle \begin{bmatrix}4\\12\\36\end{bmatrix}, \frac{1}{3\sqrt{5}}\begin{bmatrix}5\\4\\2\end{bmatrix}\rangle\\ &= \frac{20+48+72}{3\sqrt{5}} \;=\; \frac{140}{3\sqrt{5}}.\end{aligned}$$

Lösung (94.9) (a) Wir erhalten $(\nabla f)(x,y,z) = (\sin z, -\cos z, x\cos z + y\sin z)^T$ und damit $(\nabla f)(0,0,0) = (0,-1,0)^T$. Im Nullpunkt ist also $(0,-1,0)^T$ die Richtung, in der f am stärksten anwächst, und $(0,1,0)^T$ die Richtung, in der f am stärksten abfällt.

(b) Wir erhalten $(\nabla f)(x,y,z) = (\tan^2 x, 3\cos y - 3\sin^2 y\cos y, 1 - 1/\sin^2 z) = (\tan^2 x, 3\cos^3 y, -\cot^2 z)$ und damit $(\nabla f)(\pi/4, \pi/3, \pi/2) = (1, 3/8, 0)^T = (1/8)\cdot(8,3,0)^T$. Von p aus steigt die Funktion f also am stärksten in der Richtung $(1/\sqrt{73})\cdot(8,3,0)^T$ an, während sie in der Richtung $-(1/\sqrt{73})\cdot(8,3,0)^T$ am stärksten abfällt.

Lösung (94.10) (a) Nach der Kettenregel gelten die Gleichungen

$$\begin{aligned}F_x(x,y) &= f_x\big(x^2+y^3, \sin(xy)\big)\cdot 2x\\ &\quad + f_y\big(x^2+y^3, \sin(xy)\big)\cdot y\cos(xy),\\ F_y(x,y) &= f_x\big(x^2+y^3, \sin(xy)\big)\cdot 3y^2\\ &\quad + f_y\big(x^2+y^3, \sin(xy)\big)\cdot x\cos(xy).\end{aligned}$$

Aufgaben zu »Differentiierbarkeit als Linearisierbarkeit« siehe Seite 151

(b) Nach der Kettenregel gelten die Gleichungen

$$\begin{aligned} F_x(x,y,z) &= f_x(xy+yz, z^2-y^2)\cdot y, \\ F_y(x,y,z) &= f_x(xy+yz, z^2-y^2)\cdot(x+z) \\ &\quad - f_y(xy+yz, z^2-y^2)\cdot 2y, \\ F_z(x,y,z) &= f_x(xy+yz, z^2-y^2)\cdot y \\ &\quad + f_y(xy+yz, z^2-y^2)\cdot 2z. \end{aligned}$$

Lösung (94.11) (a) Direkte Rechnung zeigt

$$(g\circ f)(u,v) = g(u^2-v^2, 2uv, u^2+v^2) = \begin{bmatrix} 2u^3v-2uv^3 \\ 5u^2+v^2 \\ 4u^2v^2-u^2-v^2 \\ 0 \end{bmatrix}$$

und damit

$$(g\circ f)'(u,v) = \begin{bmatrix} 6u^2v-2v^3 & 2u^3-6uv^2 \\ 10u & 2v \\ 8uv^2-2u & 8u^2v-2v \\ 0 & 0 \end{bmatrix}.$$

Andererseits haben wir

$$g'(x,y,z) = \begin{bmatrix} y & x & 0 \\ 2 & 0 & 3 \\ 0 & 2y & -1 \\ 2x & 2y & -2z \end{bmatrix}, \quad f'(u,v) = \begin{bmatrix} 2u & -2v \\ 2v & 2u \\ 2u & 2v \end{bmatrix}$$

und nach der Kettenregel folglich

$$\begin{aligned} (g\circ f)'(u,v) &= g'\big(f(u,v)\big)f'(u,v) \\ &= f'(u^2-v^2, 2uv, u^2+v^2)g'(u,v) \\ &= \begin{bmatrix} 2uv & u^2-v^2 & 0 \\ 2 & 0 & 3 \\ 0 & 4uv & -1 \\ 2u^2-2v^2 & 4uv & -2u^2-2v^2 \end{bmatrix} \begin{bmatrix} 2u & -2v \\ 2v & 2u \\ 2u & 2v \end{bmatrix} \\ &= \begin{bmatrix} 6u^2v-2v^3 & 2u^3-6uv^2 \\ 10u & 2v \\ 8uv^2-2u & 8u^2v-2v \\ 0 & 0 \end{bmatrix}. \end{aligned}$$

(b) Direkte Rechnung zeigt

$$(g\circ f)(t) = g(\cos t, \sin t) = \begin{bmatrix} \cos^2 t - \sin^2 t \\ 2\cos t \sin t \\ \cos^2 t + \sin^2 t \end{bmatrix} = \begin{bmatrix} \cos(2t) \\ \sin(2t) \\ 1 \end{bmatrix}$$

und

$$(g\circ f)'(t) = \begin{bmatrix} -2\sin(2t) \\ 2\cos(2t) \\ 0 \end{bmatrix}.$$

Andererseits haben wir

$$g'(u,v) = \begin{bmatrix} 2u & -2v \\ 2v & 2u \\ 2u & 2v \end{bmatrix} \text{ und } f'(t) = \begin{bmatrix} -\sin t \\ \cos t \end{bmatrix},$$

nach der Kettenregel folglich

$$\begin{aligned} (g\circ f)'(t) &= g'\big(f(t)\big)f'(t) = g'(\cos t, \sin t)f'(t) \\ &= \begin{bmatrix} 2\cos t & -2\sin t \\ 2\sin t & 2\cos t \\ 2\cos t & 2\sin t \end{bmatrix} \begin{bmatrix} -\sin t \\ \cos t \end{bmatrix} \\ &= \begin{bmatrix} -4\sin t\cos t \\ 2\cos^2 t - 2\sin^2 t \\ 0 \end{bmatrix} = \begin{bmatrix} -2\sin(2t) \\ 2\cos(2t) \\ 0 \end{bmatrix}. \end{aligned}$$

(c) Direkte Rechnung zeigt

$$(g\circ f)(u,v) = g(u^2-v^2, u^2+v^2) = \begin{bmatrix} (u^2-v^2)^3 \\ u^4-v^4 \\ (u^2+v^2)^3 \end{bmatrix}$$

und damit

$$(g\circ f)'(u,v) = \begin{bmatrix} 6u(u^2-v^2)^2 & -6v(u^2-v^2)^2 \\ 4u^3 & -4v^3 \\ 6u(u^2+v^2)^2 & 6v(u^2+v^2)^2 \end{bmatrix}.$$

Andererseits haben wir

$$g'(x,y,z) = \begin{bmatrix} 3x^2 & 0 \\ y & x \\ 0 & 3y^2 \end{bmatrix}, \quad f'(u,v) = \begin{bmatrix} 2u & -2v \\ 2u & 2v \end{bmatrix}$$

und nach der Kettenregel folglich

$$\begin{aligned} (g\circ f)'(u,v) &= g'\big(f(u,v)\big)f'(u,v) \\ &= g'(u^2-v^2,\ u^2+v^2)f'(u,v) \\ &= \begin{bmatrix} 3(u^2-v^2)^2 & 0 \\ u^2+v^2 & u^2-v^2 \\ 0 & 3(u^2+v^2)^2 \end{bmatrix} \begin{bmatrix} 2u & -2v \\ 2u & 2v \end{bmatrix} \\ &= \begin{bmatrix} 6u(u^2-v^2)^2 & -6v(u^2-v^2)^2 \\ 2u\cdot 2u^2 & -2v\cdot 2v^2 \\ 6u(u^2+v^2)^2 & 6v(u^2+v^2)^2 \end{bmatrix}. \end{aligned}$$

(d) Direkte Rechnung zeigt

$$(g\circ f)(t) = g(1, t^2, t^3, t^8) = 1 - t^4 + t^9 - t^{32}$$

und damit

$$(g\circ f)'(t) = -4t^3 + 9t^8 - 32t^{31}.$$

Andererseits haben wir

$$g'(a,b,c,d) = [\,1 \quad -2b \quad 3c^2 \quad -4d^3\,], \quad f'(t) = \begin{bmatrix} 0 \\ 2t \\ 3t^2 \\ 8t^7 \end{bmatrix}$$

und nach der Kettenregel folglich

$$\begin{aligned} (g\circ f)'(t) &= g'\big(f(t)\big)f'(t) = g'(1,t^2,t^3,t^8)f'(t) \\ &= [\,1 \quad -2t^2 \quad 3t^6 \quad -4t^{24}\,] \begin{bmatrix} 0 \\ 2t \\ 3t^2 \\ 8t^7 \end{bmatrix} \\ &= -4t^3 + 9t^8 - 32t^{31}. \end{aligned}$$

(e) Direkte Rechnung zeigt

$$(g\circ f)(r,\varphi) = g(r\cos\varphi, r\sin\varphi) = e^{r\cos\varphi}\cdot r^3\sin^3\varphi$$

und damit

$$\begin{aligned}\frac{\partial g}{\partial r} &= e^{r\cos\varphi}\cdot r^3\sin^3\varphi\cos\varphi + e^{r\cos\varphi}\cdot 3r^2\sin^3\varphi,\\ \frac{\partial g}{\partial\varphi} &= -e^{r\cos\varphi}\cdot r^4\sin^4\varphi + e^{r\cos\varphi}\cdot 3r^3\sin^2\varphi\cos\varphi,\end{aligned}$$

folglich $(g\circ f)'(r,\varphi) = e^{r\cos\varphi}\cdot r^2\sin^2\varphi\cdot M$ mit

$$M := [\, r\sin\varphi\cos\varphi + 3\sin\varphi \quad -r^2\sin^2\varphi + 3r\cos\varphi\,].$$

Andererseits haben wir

$$g'(x,y) = [\, e^x y^3 \quad e^x\cdot 3y^2\,] = e^x y^2\cdot [\, y \quad 3\,]$$

sowie

$$f'(r,\varphi) = \begin{bmatrix}\cos\varphi & -r\sin\varphi\\ \sin\varphi & r\cos\varphi\end{bmatrix}$$

und nach der Kettenregel folglich

$$\begin{aligned}(g\circ f)'(r,\varphi) &= g'\big(f(r,\varphi)\big)f'(r,\varphi)\\ &= g'(r\cos\varphi,\, r\sin\varphi)f'(r,\varphi)\\ &= e^{r\cos\varphi}\cdot r^2\sin^2\varphi\cdot[\, r\sin\varphi \quad 3\,]\begin{bmatrix}\cos\varphi & -r\sin\varphi\\ \sin\varphi & r\cos\varphi\end{bmatrix}\\ &= e^{r\cos\varphi}\cdot r^2\sin^2\varphi\cdot M.\end{aligned}$$

(f) Direkte Rechnung zeigt

$$(g\circ f)(u,\varphi) = g(e^u\cos\varphi, e^u\sin\varphi) = \sqrt{e^{2u}} = e^u$$

und damit $(g\circ f)'(u,\varphi) = [\, e^u \quad 0\,]$. Andererseits haben wir

$$g'(x,y) = \left[\frac{x}{\sqrt{x^2+y^2}} \quad \frac{y}{\sqrt{x^2+y^2}}\right]$$

sowie

$$f'(u,\varphi) = \begin{bmatrix} e^u\cos\varphi & -e^u\sin\varphi\\ e^u\sin\varphi & e^u\cos\varphi\end{bmatrix}$$

und nach der Kettenregel folglich

$$\begin{aligned}(g\circ f)'(u,\varphi) &= g'\big(f(u,\varphi)\big)f'(u,\varphi)\\ &= g'(e^u\cos\varphi,\, e^u\sin\varphi)f'(u,\varphi)\\ &= [\,\cos\varphi \quad \sin\varphi\,]\begin{bmatrix} e^u\cos\varphi & -e^u\sin\varphi\\ e^u\sin\varphi & e^u\cos\varphi\end{bmatrix} = [\, e^u \quad 0\,].\end{aligned}$$

(g) Direkte Rechnung zeigt $(g\circ f)(t) = g(\sin t, t^3) = \exp(\sin t - 2t^3)$ und damit $(g\circ f)'(t) = \exp(\sin t - 2t^3)\cdot(\cos -6t^2)$. Andererseits haben wir

$$g'(x,y) = [\, e^{x-2y} \quad -2e^{x-2y}\,] = e^{x-2y}\cdot[\,1 \quad -2\,]$$

sowie $f'(t) = (\cos t, 3t^2)^T$, nach der Kettenregel folglich

$$\begin{aligned}(g\circ f)'(t) &= g'\big(f(t)\big)f'(t) = g'(\sin t, t^3)f'(t)\\ &= e^{\sin t - 2t^3}[\,1 \quad -2\,]\begin{bmatrix}\cos t\\ 3t^2\end{bmatrix} = e^{\sin t-2t^3}\cdot\big(\cos t - 6t^2\big).\end{aligned}$$

(h) Direkte Rechnung zeigt

$$(g\circ f)(t) = g(e^t,\sin t) = e^{2t} + \sin^2 t + e^t\sin t$$

und damit

$$(g\circ f)'(t) = 2e^{2t} + 2\sin t\cos t + e^t\sin t + e^t\cos t.$$

Andererseits haben wir $g'(x,y) = [\,2x+y \quad 2y+x\,]$ sowie $f'(t) = (e^t,\cos t)^T$, nach der Kettenregel folglich

$$\begin{aligned}(g\circ f)'(t) &= g'\big(f(t)\big)f'(t) = g'(e^t,\sin t)f'(t)\\ &= [\,2e^t+\sin t \quad e^t + 2\sin t\,]\begin{bmatrix}e^t\\ \cos t\end{bmatrix}\\ &= 2e^{2t} + e^t\sin t + e^t\cos t + 2\sin t\cos t.\end{aligned}$$

(i) Direkte Rechnung zeigt

$$\begin{aligned}(g\circ f)(\xi,\eta) &= g(\xi\eta,\xi/\eta) = \ln(\xi^2\eta^2 + \xi^2/\eta^2)\\ &= \ln\left(\frac{\xi^2(\eta^4+1)}{\eta^2}\right) = 2\ln|\xi| + \ln(\eta^4+1) - 2\ln|\eta|\end{aligned}$$

und damit

$$(g\circ f)'(\xi,\eta) = \left[\frac{2}{\xi} \quad \frac{4\eta^3}{\eta^4+1} - \frac{2}{\eta}\right] = \left[\frac{2}{\xi} \quad \frac{2\eta^4-2}{\eta(\eta^4+1)}\right].$$

Andererseits haben wir

$$g'(x,y) = \left[\frac{2x}{x^2+y^2} \quad \frac{2y}{x^2+y^2}\right]$$

sowie

$$f'(\xi,\eta) = \begin{bmatrix}\eta & \xi\\ 1/\eta & -\xi/\eta^2\end{bmatrix},$$

nach der Kettenregel folglich

$$\begin{aligned}(g\circ f)'(\xi,\eta) &= g'\big(f(\xi,\eta)\big)f'(\xi,\eta) = g'(\xi\eta,\xi/\eta)f'(\xi,\eta)\\ &= \left[\frac{2\xi\eta}{\xi^2\eta^2+\xi^2/\eta^2} \quad \frac{2\xi/\eta}{\xi^2\eta^2+\xi^2/\eta^2}\right]\begin{bmatrix}\eta & \xi\\ 1/\eta & -\xi/\eta^2\end{bmatrix}\\ &= \left[\frac{2\xi\eta^3}{\xi^2(\eta^4+1)} \quad \frac{2\xi\eta}{\xi^2(\eta^4+1)}\right]\begin{bmatrix}\eta & \xi\\ 1/\eta & -\xi/\eta^2\end{bmatrix}\\ &= \frac{2\eta}{\xi(\eta^4+1)}\cdot[\,\eta^2 \quad 1\,]\begin{bmatrix}\eta & \xi\\ 1/\eta & -\xi/\eta^2\end{bmatrix}\\ &= \frac{2\eta}{\xi(\eta^4+1)}\cdot\left[\eta^3 + \frac{1}{\eta} \quad \xi\eta^2 - \frac{\xi}{\eta^2}\right] = \left[\frac{2}{\xi} \quad \frac{2\eta^4-2}{\eta(\eta^4+1)}\right].\end{aligned}$$

Lösung (94.12) Die Kettenregel liefert zunächst die Gleichungen $U_r = u_x\cos\varphi + u_y\sin\varphi$ und $U_\varphi = -ru_x\sin\varphi$

$+ru_y \cos\varphi$; dies fassen wir in bequemer Operatorschreibweise folgendermaßen zusammen:

$$\begin{aligned}\frac{\partial}{\partial r} &= \cos\varphi\frac{\partial}{\partial x} + \sin\varphi\frac{\partial}{\partial y},\\ \frac{\partial}{\partial\varphi} &= -r\sin\varphi\frac{\partial}{\partial x} + r\cos\varphi\frac{\partial}{\partial y}.\end{aligned}$$

Wir erhalten dann

$$\begin{aligned}U_{rr} &= \frac{\partial}{\partial r}(u_x\cos\varphi + u_y\sin\varphi)\\ &= (u_x)_r\cos\varphi + (u_y)_r\sin\varphi\\ &= \cos\varphi\cdot\left[\cos\varphi\frac{\partial}{\partial x} + \sin\varphi\frac{\partial}{\partial y}\right](u_x)\\ &\quad + \sin\varphi\cdot\left[\cos\varphi\frac{\partial}{\partial x} + \sin\varphi\frac{\partial}{\partial y}\right](u_y)\\ &= \cos^2\varphi\cdot u_{xx} + \sin\varphi\cos\varphi\cdot u_{xy}\\ &\quad + \sin\varphi\cos\varphi\cdot u_{yx} + \sin^2\varphi\cdot u_{yy}\end{aligned}$$

und

$$\begin{aligned}U_{\varphi\varphi} &= \frac{\partial}{\partial\varphi}(-ru_x\sin\varphi + ru_y\cos\varphi)\\ &= -r\big((u_x)_\varphi\sin\varphi + u_x\cos\varphi\big) + r\big((u_y)_\varphi\cos\varphi - u_y\sin\varphi\big)\\ &= -r(u_x\cos\varphi + u_y\sin\varphi)\\ &\quad - r\sin\varphi\cdot\left[-r\sin\varphi\frac{\partial}{\partial x} + r\cos\varphi\frac{\partial}{\partial y}\right](u_x)\\ &\quad + r\cos\varphi\cdot\left[-r\sin\varphi\frac{\partial}{\partial x} + r\cos\varphi\frac{\partial}{\partial y}\right](u_y)\\ &= -rU_r + r^2\sin^2\varphi\cdot u_{xx} - r^2\sin\varphi\cos\varphi\cdot u_{xy}\\ &\quad - r^2\sin\varphi\cos\varphi\cdot u_{yx} + r^2\cos^2\varphi\cdot u_{yy}\end{aligned}$$

und damit unter Benutzung der Identität $\cos^2 + \sin^2 = 1$ die gewünschte Gleichung

$$U_{rr} + \frac{1}{r^2}U_{\varphi\varphi} + \frac{1}{r}U_r = u_{xx} + u_{yy}.$$

Lösung (94.13) Weil die Funktion f stetig ist, nimmt sie auf der beschränkten und abgeschlossenen Menge $\{x \in \mathbb{R}^n \mid \|x\| \le 1\}$ ihr Minimum m und ihr Maximum M an. Gilt $m = M = 1$, so ist f konstant und erfüllt $(\nabla f)(p) = 0$ sogar für alle Punkte p mit $\|p\| < 1$. Gilt $m < 1$ oder $M > 1$, so wird der Minimalwert m oder der Maximalwert M an einem Punkt p im Innern der Menge $\{x \in \mathbb{R}^n \mid \|x\| \le 1\}$ angenommen; dann ist aber p zwangsläufig ein kritischer Punkt von f, so daß $(\nabla f)(p) = 0$ gilt. (Beachte die völlige Analogie zum Satz von Rolle für Funktionen in einer Variablen sowohl hinsichtlich der Aussage dieser Aufgabe als auch hinsichtlich des Beweises dieser Aussage!)

Lösung (94.14) Wegen

$$f'(x,y) = \begin{bmatrix} e^x\cos(y) & -e^x\sin(y)\\ e^x\sin(y) & e^x\cos(y)\end{bmatrix}$$

geht mit $a = (0,0)$, $b = (0,2\pi)$ und $\xi = (x,y)$ die Gleichung $f(b) - f(a) = f'(\xi)(b-a)$ über in

$$\begin{bmatrix}0\\0\end{bmatrix} = \begin{bmatrix} e^x\cos y & -e^x\sin y\\ e^x\sin y & e^x\cos y\end{bmatrix}\begin{bmatrix}0\\2\pi\end{bmatrix} = 2\pi e^x\begin{bmatrix}-\sin y\\ \cos y\end{bmatrix}.$$

Es ist klar, daß diese Gleichung keine Lösung (x,y) besitzt. (Diese Aufgabe zeigt, daß der Mittelwertsatz nicht in wortwörtlich gleicher Form für Funktionen $f : V \to W$ gilt wie für Funktionen $f : \mathbb{R} \to \mathbb{R}$.)

Lösung (94.15) In der Folge steht das Symbol $\cdots$ immer für Terme höherer als dritter Ordnung.

(a) Unter Benutzung der Potenzreihendarstellung der Sinusfunktion erhalten wir

$$\begin{aligned}f(x,y) &= \sin(x)\sin(y)\\ &= \left(x - \frac{x^3}{6} \pm\cdots\right)\left(y - \frac{y^3}{6} \pm\cdots\right)\\ &= xy + \cdots.\end{aligned}$$

Das gesuchte Taylorpolynom dritter Ordnung ist also einfach $p(x,y) = xy$.

(b) Unter Benutzung der Potenzreihendarstellungen der Exponential- und der Cosinusfunktion erhalten wir

$$\begin{aligned}f(x,y) &= \exp(x)\cos(y)\\ &= \left(1 + x + \frac{x^2}{2} + \frac{x^3}{6} + \cdots\right)\left(1 - \frac{y^2}{2} \pm\cdots\right)\\ &= 1 + x + \frac{x^2}{2} - \frac{y^2}{2} + \frac{x^3}{6} - \frac{xy^2}{2} + \cdots.\end{aligned}$$

Das gesuchte Taylorpolynom dritter Ordnung ist also $p(x,y) = 1 + x + (x^2/2) - (y^2/2) + (x^3/6) - (xy^2/2)$.

(c) Unter Benutzung der Logarithmusreihe erhalten wir

$$\begin{aligned}f(x,y) &= \ln(1+x)\ln(1+y)\\ &= \left(x - \frac{x^2}{2} + \frac{x^3}{3} \mp\cdots\right)\left(y - \frac{y^2}{2} + \frac{y^3}{3} \mp\cdots\right)\\ &= xy - \frac{x^2y}{2} - \frac{xy^2}{2} + \cdots.\end{aligned}$$

Das gesuchte Taylorpolynom dritter Ordnung ist also $p(x,y) = xy - (x^2y/2) - (xy^2/2)$.

(d) Wir schreiben $x = 1 + u$ und $y = 2 + v$, setzen dies in die Definition von f ein, multiplizieren aus und sortieren nach Potenzen von u und v; es ergibt sich

$$\begin{aligned}f(1+u,2+v) &= 2 - 2u + 7v - 4u^2 + 4uv + 2v^2\\ &\quad - 2u^3 - u^2v + \frac{5uv^2}{2} + \frac{v^3}{4} - u^3v + \frac{u^2v^2}{2} + \frac{uv^3}{4}.\end{aligned}$$

Lassen wir alle Terme höherer als dritter Ordnung weg und schreiben wir $u = x - 1$ sowie $v = y - 2$, so ergibt sich das gesuchte Taylorpolynom

$$\begin{aligned}f(x,y) &= 2 - 2(x-1) + 7(y-2) - 4(x-1)^2\\ &\quad + 4(x-1)(y-2) + 2(y-2)^2 - 2(x-1)^3\\ &\quad - (x-1)^2(y-2) + \frac{(y-2)^3}{4} + \frac{5(y-1)(y-2)^2}{2}.\end{aligned}$$

(e) Wir schreiben $x = 3+u$ und $y = 2+v$ und erhalten dann $x^3+y^2 = (3+u)^3+(2+v)^2 = 31+27u+4v+9u^2+v^2+u^3$. Schreiben wir $H_0(u,v) = 31$, $H_1(u,v) = 27u+4v$, $H_2(u,v) = 9u^2+v^2$ und $H_3(u,v) = u^3$, so enthält jeweils H_k nur Ausdrücke vom Grad k, und wir erhalten $f(x,y) = \exp\big(H_0(u,v)+H_1(u,v)+H_2(u,v)+H_3(u,v)\big)$. Wegen

$$\begin{aligned}
&\exp(H_0+H_1+H_2+H_3)\\
&= \exp(H_0)\exp(H_1)\exp(H_2)\exp(H_3)\\
&= e^{H_0}\exp(H_1)\,(1+H_2+\cdots)\,(1+H_3+\cdots)\\
&= e^{31}\left(1+H_1+\frac{H_1^2}{2}+\frac{H_1^3}{6}+\cdots\right)(1+H_2+H_3\cdots)\\
&= e^{31}\bigg(1+H_1+H_2+\frac{H_1^2}{2}\\
&\qquad +H_3+H_1H_2+\frac{H_1^2H_2}{2}+\frac{H_1^3}{6}+\cdots\bigg)\\
&= e^{31}\bigg(1+27u+4v+\frac{747u^2}{2}+108uv+9v^2\\
&\qquad +\frac{7049u^3}{2}+1494u^2v+243uv^2+\frac{44v^3}{3}+\cdots\bigg).
\end{aligned}$$

(f) Wir schreiben $x = 1+u$, $y = 1+v$ und $z = 1+v$, setzen dies in die Definition von f ein, multiplizieren aus und sortieren nach Potenzen von u, v und w. Wenn wir alle Terme höherer als dritter Ordnung weglassen, ergibt sich das Taylorpolynom

$$\begin{aligned}
&3+5u+8v+9w+3u^2+12uv+11uw+7v^2\\
&+26vw+12w^2+u^3+6u^2v+3u^2w+9uv^2\\
&+30uvw+12uw^2+2v^3+25v^2w+36vw^2+8w^3.
\end{aligned}$$

(g) Für $f(x,y,z) = \exp(x)\sin(y)\cos(z)$ gilt

$$\begin{aligned}
f(x,y,z) &= e^x\left[y-\frac{y^3}{6}+\cdots\right]\left[1-\frac{z^2}{2}+\cdots\right]\\
&= e^x\left[y-\frac{y^3}{6}-\frac{yz^2}{2}+\cdots\right]\\
&= \left[1+x+\frac{x^2}{2}+\frac{x^3}{6}+\cdots\right]\left[y-\frac{y^3}{6}-\frac{yz^2}{2}+\cdots\right]\\
&= y+xy+\frac{x^2y}{2}-\frac{y^3}{6}-\frac{yz^2}{2}+\cdots.
\end{aligned}$$

Lösung (94.16) Die Funktion $f(x,y) = x^y$ hat die partiellen Ableitungen

$$\begin{aligned}
f_x &= yx^{y-1},\\
f_y &= x^y\ln(x),\\
f_{xx} &= y(y-1)x^{y-2},\\
f_{xy} &= x^{y-1}+yx^{y-1}\ln(x) = f_{yx},\\
f_{yy} &= x^y\ln(x)^2
\end{aligned}$$

und damit um den Entwicklungspunkt $(1,1)$ das Taylorpolynom

$$\begin{aligned}
p(x,y) &= f(1,1)+f_x(1,1)\,(x-1)+f_y(1,1)\,(y-1)\\
&\quad+\frac{f_{xx}(1,1)}{2}\,(x-1)^2+f_{xy}(1,1)\,(x-1)(y-1)\\
&\quad+\frac{f_{yy}(1,1)}{2}\,(y-1)^2\\
&= 1+(x-1)+(x-1)(y-1).
\end{aligned}$$

Es ergibt sich der Näherungswert $1.1^{1.02} = f(1.1,1.02) \approx p(1.1,1.02) = 1+0.1+0.1\cdot 0.02 = 1.102$. (Der wahre Wert ist auf zehn signifikante Stellen genau durch 1.102098824 gegeben.)

Lösung (94.17) Die Rekursionsformel für das Newtonverfahren lautet

$$\begin{bmatrix} x_{n+1}\\ y_{n+1}\end{bmatrix} = \begin{bmatrix} x_n\\ y_n\end{bmatrix} - F'(x_n,y_n)^{-1}F(x_n,y_n) =$$
$$\begin{bmatrix} x_n\\ y_n\end{bmatrix} - \begin{bmatrix} 2x_n-y_n & 2y_n-x_n\\ 2x_n-2+y_n & x_n+2y_n\end{bmatrix}^{-1}\begin{bmatrix} x_n^2-x_ny_n+y_n^2-1\\ x_n^2-2x_n+x_ny_n+y_n^2\end{bmatrix}.$$

(a) Beginnend mit $(x_0,y_0) = (2,0)$ erhalten wir zuerst

$$\begin{aligned}
\begin{bmatrix} x_1\\ y_1\end{bmatrix} &= \begin{bmatrix} 2\\ 0\end{bmatrix} - \begin{bmatrix} 4 & -2\\ 2 & 2\end{bmatrix}^{-1}\begin{bmatrix} 3\\ 0\end{bmatrix}\\
&= \begin{bmatrix} 2\\ 0\end{bmatrix} - \frac{1}{6}\begin{bmatrix} 1 & 1\\ -1 & 2\end{bmatrix}\begin{bmatrix} 3\\ 0\end{bmatrix} = \begin{bmatrix} 1.5\\ 0.5\end{bmatrix},
\end{aligned}$$

dann

$$\begin{aligned}
\begin{bmatrix} x_2\\ y_2\end{bmatrix} &= \begin{bmatrix} 1.5\\ 0.5\end{bmatrix} - \begin{bmatrix} 2.5 & -0.5\\ 1.5 & 2.5\end{bmatrix}^{-1}\begin{bmatrix} 0.75\\ 0.25\end{bmatrix}\\
&= \begin{bmatrix} 1.5\\ 0.5\end{bmatrix} - \frac{1}{7}\begin{bmatrix} 2.5 & 0.5\\ -1.5 & 2.5\end{bmatrix}\begin{bmatrix} 0.75\\ 0.25\end{bmatrix} = \begin{bmatrix} 1.21429\\ 0.57143\end{bmatrix}
\end{aligned}$$

und schließlich

$$\begin{aligned}
\begin{bmatrix} x_3\\ y_3\end{bmatrix} &= \begin{bmatrix} 1.21429\\ 0.57143\end{bmatrix} - \begin{bmatrix} 1.85714 & -0.07143\\ 1.00000 & 2.35714\end{bmatrix}^{-1}\begin{bmatrix} 0.10714\\ 0.06633\end{bmatrix}\\
&= \begin{bmatrix} 1.21429\\ 0.57143\end{bmatrix} - \frac{1}{4.44898}\begin{bmatrix} 2.35714 & 0.07143\\ -1.00000 & 1.85714\end{bmatrix}\begin{bmatrix} 0.10714\\ 0.06633\end{bmatrix}\\
&= \begin{bmatrix} 1.15645\\ 0.56782\end{bmatrix}.
\end{aligned}$$

(b) Beginnend mit $(x_0,y_0) = (0,-1)$ erhalten wir zunächst

$$\begin{aligned}
\begin{bmatrix} x_1\\ y_1\end{bmatrix} &= \begin{bmatrix} 0\\ -1\end{bmatrix} - \begin{bmatrix} 1 & -2\\ -3 & -2\end{bmatrix}^{-1}\begin{bmatrix} 0\\ 1\end{bmatrix}\\
&= \begin{bmatrix} 0\\ -1\end{bmatrix} + \frac{1}{8}\begin{bmatrix} -2 & 2\\ 3 & 1\end{bmatrix}\begin{bmatrix} 0\\ 1\end{bmatrix} = \begin{bmatrix} 0.250\\ -0.875\end{bmatrix},
\end{aligned}$$

Aufgaben zu »Differentiierbarkeit als Linearisierbarkeit« siehe Seite 151

dann

$$\begin{bmatrix} x_2 \\ y_2 \end{bmatrix} = \begin{bmatrix} x_1 \\ y_1 \end{bmatrix} - \begin{bmatrix} 1.375 & -2.0 \\ -2.375 & -1.5 \end{bmatrix}^{-1} \begin{bmatrix} 0.046875 \\ 0.109375 \end{bmatrix}$$
$$= \begin{bmatrix} 0.271789 \\ -0.836583 \end{bmatrix}$$

und schließlich

$$\begin{bmatrix} x_3 \\ y_3 \end{bmatrix} = \begin{bmatrix} x_2 \\ y_2 \end{bmatrix} - \begin{bmatrix} 1.38016 & -1.94495 \\ -2.29300 & -1.40138 \end{bmatrix}^{-1} \begin{bmatrix} 0.00111358 \\ 0.00278774 \end{bmatrix}$$
$$= \begin{bmatrix} 0.272393 \\ -0.835581 \end{bmatrix}.$$

Bemerkung: Das Lösen des betrachteten Gleichungssystems bedeutet geometrisch das Auffinden der Schnittpunkte der beiden Ellipsen $x^2 - 2xy + y^2 = 1$ und $x^2 - 2x + xy + y^2 = 0$. Deren genaue Lage, die man durch eine Hauptachsentransformation ermitteln kann, ist der folgenden Abbildung zu entnehmen.

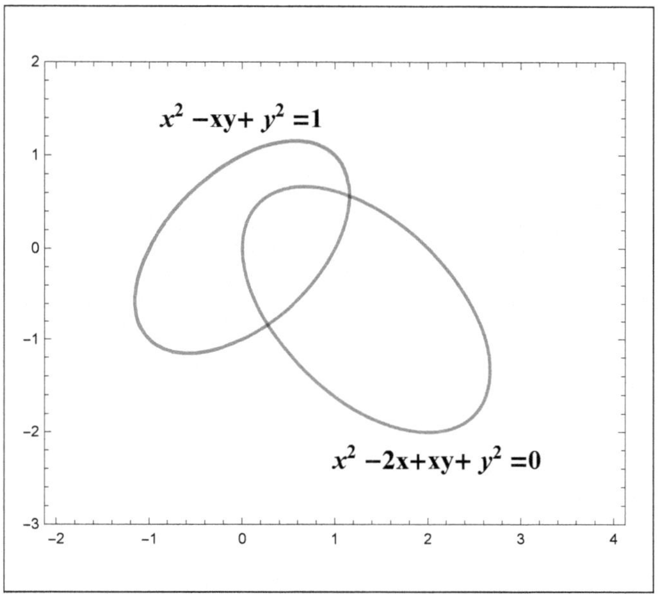

Lösung (94.18) (a) Das Newtonverfahren zur Bestimmung einer Nullstelle von $F(x, y) := (x^3 + y^3 - 3xy, x^4 + y^4 - 4xy - 2)$ lautet folgendermaßen:

$$\begin{bmatrix} x_{n+1} \\ y_{n+1} \end{bmatrix} = \begin{bmatrix} x_n \\ y_n \end{bmatrix} - F'(x_n, y_n)^{-1} F(x_n, y_n) =$$
$$= \begin{bmatrix} x_n \\ y_n \end{bmatrix} - \begin{bmatrix} 3x_n^2 - 3y_n & 3y_n^2 - 3x_n \\ 4x_n^3 - 4y_n & 4y_n^3 - 4x_n \end{bmatrix}^{-1} \begin{bmatrix} x_n^3 + y_n^3 - 3x_n y_n \\ x_n^4 + y_n^4 - 4x_n y_n - 2 \end{bmatrix}.$$

Ausgehend von dem Startwert $(x_0, y_0) := (1, -1)$ erhalten wir zunächst

$$\begin{bmatrix} x_1 \\ y_1 \end{bmatrix} = \begin{bmatrix} 1 \\ -1 \end{bmatrix} - \begin{bmatrix} 6 & 0 \\ 8 & -8 \end{bmatrix}^{-1} \begin{bmatrix} 3 \\ 4 \end{bmatrix} = \begin{bmatrix} 0.5 \\ -1.0 \end{bmatrix},$$

dann

$$\begin{bmatrix} x_2 \\ y_2 \end{bmatrix} = \begin{bmatrix} x_1 \\ y_1 \end{bmatrix} - \begin{bmatrix} 3.75 & 1.5 \\ 4.50 & -6.0 \end{bmatrix}^{-1} \begin{bmatrix} 0.6250 \\ 1.0625 \end{bmatrix} = \begin{bmatrix} 0.317308 \\ -0.959936 \end{bmatrix}$$

und schließlich

$$\begin{bmatrix} x_3 \\ y_3 \end{bmatrix} = \begin{bmatrix} x_2 \\ y_2 \end{bmatrix} - \begin{bmatrix} 3.18186 & 1.81251 \\ 3.96754 & -4.80747 \end{bmatrix}^{-1} \begin{bmatrix} 0.0611742 \\ 0.0776372 \end{bmatrix}$$
$$= \begin{bmatrix} 0.297972 \\ -0.959744 \end{bmatrix}.$$

(b) Offenbar gilt $F(y, x) = F(x, y)$ für alle $x, y \in \mathbb{R}$; mit der in (a) gefundenen Lösung $(x_\star, y_\star)$ ist also auch der an der ersten Winkelhalbierenden gespiegelte Punkt $(y_\star, x_\star)$ eine Nullstelle von F.

Bemerkung: Geometrisch handelt es sich bei dieser Aufgabe darum, einen Schnittpunkt der beiden Kurven $x^3 + y^3 - 3xy = 0$ (gestrichelt) und und $x^4 + y^4 - 4xy = 2$ (durchgezogen) zu ermitteln.

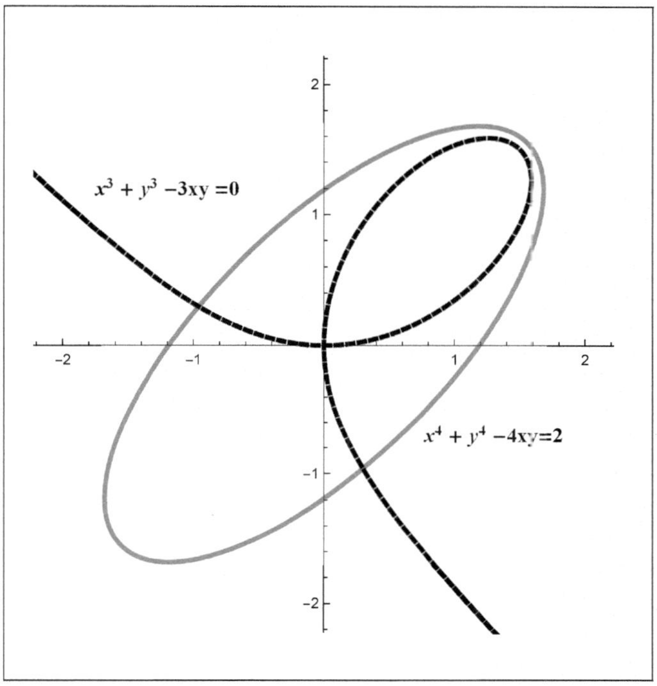

Lösung (94.19) (a) Für $f(x, y) := 3x^2y$ erhalten wir die partiellen Ableitungen $f_x = 6xy$ und $f_y = 3x^2$. Die Tangentialebene an der Stelle $(x_0, y_0) = (1/3, 1/2)$ ist dann

$$z = f(x_0, y_0) + f_x(x_0, y_0)(x - x_0) + f_y(x_0, y_0)(y - y_0)$$
$$= \frac{1}{6} + 1 \cdot (x - \frac{1}{3}) + \frac{1}{3} \cdot (y - \frac{1}{2}) = \frac{6x + 2y - 2}{6},$$

also $6z = -2 + 6x + 2y$ bzw. $3x + y - 3z = 1$.

(b) Ein typischer Punkt der betrachteten Ebene hat den Ortsvektor

$$(\star) \qquad \begin{bmatrix} 1 \\ -1 \\ 2 \end{bmatrix} + \lambda \begin{bmatrix} 3 \\ 1 \\ -2 \end{bmatrix} + \mu \begin{bmatrix} 2 \\ 1 \\ 5 \end{bmatrix}.$$

Einsetzen in die in (a) erhaltene Normalenform liefert $1 = 3 \cdot (1 + 3\lambda + 2\mu) + 1 \cdot (-1 + \lambda + \mu) - 3 \cdot (2 - 2\lambda + 5\mu) =$

$-4+16\lambda-8\mu$ bzw. $\mu=2\lambda-(5/8)$. Setzen wir dieses Ergebnis wieder in $(\star)$ ein, so erhalten wir

$$\begin{bmatrix}1\\-1\\2\end{bmatrix}+\lambda\begin{bmatrix}3\\1\\-2\end{bmatrix}+(2\lambda-\frac{5}{8})\begin{bmatrix}2\\1\\5\end{bmatrix}=\begin{bmatrix}-1/4\\-13/8\\-9/8\end{bmatrix}+\lambda\begin{bmatrix}7\\3\\8\end{bmatrix}$$

und damit die Punktrichtungsform der gesuchten Schnittgeraden.

Lösung (94.20) (a) Für $f(x,y)=(3x^2+2xy^2)/(1-x)$ erhalten wir die partiellen Ableitungen

$$f_x(x,y)=\frac{-3x^2+6x+2y^2}{(1-x)^2}\quad\text{und}\quad f_y(x,y)=\frac{4xy}{1-x},$$

im Punkt $(x_0,y_0)=(2,3)$ daher die Tangentialebene

$$\begin{aligned}z&=f(x_0,y_0)+f_x(x_0,y_0)(x-x_0)+f_y(x_0,y_0)(y-y_0)\\&=-48+18(x-2)-24(y-3)\;=\;-12+18x-24y\end{aligned}$$

bzw. $18x-24y-z=12$.

(b) Die Funktion $f(x,y)=\sin(x+y)\cos(x-y)$ hat die partiellen Ableitungen

$$\begin{aligned}f_x&=\cos(x+y)\cos(x-y)-\sin(x+y)\sin(x-y)=\cos(2x),\\f_y&=\cos(x+y)\cos(x-y)+\sin(x+y)\sin(x-y)=\cos(2y).\end{aligned}$$

(Das gleiche Ergebnis erhält man auch, wenn man zuerst mit Hilfe der Additionstheoreme die Darstellung $f(x,y)=\sin x\cos x+\sin y\cos y=\frac{1}{2}\big(\sin(2x)+\sin(2y)\big)$ gewinnt.) Bezeichnet $(\nabla f)(x,y)$ den Gradienten von f an der Stelle (x,y), so ist die gesuchte Richtungsableitung gegeben durch

$$\begin{aligned}&\left\langle(\nabla f)(\frac{\pi}{3},\frac{\pi}{6}),\begin{bmatrix}4/5\\3/5\end{bmatrix}\right\rangle=\left\langle\begin{bmatrix}\cos(2\pi/3)\\\cos(\pi/3)\end{bmatrix},\begin{bmatrix}4/5\\3/5\end{bmatrix}\right\rangle\\&=\left\langle\begin{bmatrix}-1/2\\1/2\end{bmatrix},\begin{bmatrix}4/5\\3/5\end{bmatrix}\right\rangle=\frac{-1}{10}.\end{aligned}$$

Lösung (94.21) Definieren wir die (offensichtlich lineare) Abbildung $A:V\to\mathbb{R}$ durch $A(v):=\operatorname{sign}(p_{i_0})v_{i_0}$, so ist zu zeigen, daß

$$(\star)\qquad\frac{f(p+v)-f(p)-Av}{\|v\|}=\frac{\|p+v\|-\|p\|-A(v)}{\|v\|}\to 0$$

für $v\to 0$ gilt. Gilt nun $\|v\|<\alpha$, dann auch $\|p+v\|=|p_{i_0}+v_{i_0}|$; d.h., bei der Folge $p+v$ tritt an der gleichen Position das betragsgrößte Element auf wie bei der Folge p. Aus $\|v\|<\alpha$ folgt daher $\|p+v\|-\|p\|-Av=|p_{i_0}+v_{i_0}|-|p_{i_0}|-\operatorname{sign}(p_{i_0})v_{i_0}=\operatorname{sign}(p_{i_0})(p_{i_0}+v_{i_0})-\operatorname{sign}(p_{i_0})p_{i_0}-\operatorname{sign}(p_{i_0})v_{i_0}=0$, woraus sofort Bedingung $(\star)$ folgt. Setzen wir nur $|p_{i_0}|>|p_i|$ für alle $i\neq i_0$ voraus, so gilt diese Behauptung nicht mehr. Beispielsweise gilt für

$$p:=\left(-1,\;0,\;\frac{1}{2},\;\frac{2}{3},\;\frac{3}{4},\;\frac{4}{5},\;\ldots\right)$$

und $v:=(\varepsilon,\varepsilon,\varepsilon,\ldots)$ die Gleichung $\big(\|p+v\|-\|p\|-A(v)\big)/\|v\|=\big((1+\varepsilon)-1+\varepsilon\big)/\varepsilon=2$, so daß Bedingung $(\star)$ nicht erfüllt ist.

Lösung (94.22) Diese Aussage folgt sofort aus Satz (94.7)(b) im Buch und der Tatsache, daß Linearkombinationen stetiger Funktionen selbst wieder stetig sind.

Lösung (94.23) (1)⇒(2): Es gilt $(\partial_v f)(x)=f'(x)v$, und mit $x\mapsto f'(x)$ ist auch $x\mapsto f'(x)v$ stetig.
(2)⇒(3): Setze $v:=e_i$.
(3)⇒(4): Diese Implikation ist trivial.
(4)⇒(1): Dies folgt aus Satz (94.22) im Buch.

Lösung (94.24) Es gilt

$$\begin{aligned}T_{g\circ f}(p,v)&=\big((g\circ f)(p),(g\circ f)'(p)v\big)\\&=\big(g(f(p)),g'(f(p))f'(p)v\big)\\&=T_g\big(f(p),f'(p)v\big)\\&=T_g\big(T_f(p,v)\big)\;=\;(T_g\circ T_f)(p,v).\end{aligned}$$

Wir schreiben zwecks besserer Lesbarkeit ab jetzt $T(f)$ statt T_f. Die höheren Tangentialabbildungen werden iterativ definiert: Ist $f\in C^2(\Omega)$, so ist mit $\Omega^{(1)}:=\Omega\times V$ und $W^{(1)}:=W\times W$ die Abbildung $Tf:\Omega^{(1)}\to W^{(1)}$ eine differentiierbare Funktion, und wir können deren Tangentialabbildung $T(Tf)=:T^2f$ betrachten. Ist allgemein $T^rf:\Omega^{(r)}\to W^{(r)}$ gegeben, so setzen wir $\Omega^{(r+1)}:=\Omega^{(r)}\times V^{(r)}$ und $W^{(r+1)}:=W^{(r)}\times W^{(r)}$ sowie $T^{r+1}f:=T(T^rf):\Omega^{(r+1)}\to W^{(r+1)}$. Daß dann stets $T^r(g\circ f)=(T^rg)\circ(T^rf)$ gilt, folgt mit einer trivialen Induktion. Den Induktionsanfang $r=1$ haben wir schon bewiesen, und zur Durchführung des Induktionsschrittes schreiben wir

$$\begin{aligned}T^{r+1}(g\circ f)&=T\big(T^r(g\circ f)\big)\;=\;T\big((T^rg)\circ(T^rf)\big)\\&=T(T^rg)\circ T(T^rf)\;=\;(T^{r+1}g)\circ(T^{r+1}f).\end{aligned}$$

Dabei folgt die erste Gleichung unmittelbar aus der Definition, die zweite aus der Induktionsannahme, die dritte aus dem Induktionsanfang und die vierte wieder unmittelbar aus der Definition.

Bemerkung: Die abstrakte Notation T^rf verschleiert einen recht komplizierten Ausdruck, der in Koordinaten unangenehm hinzuschreiben ist. Für $r=2$ ergibt sich beispielsweise für $(T^2f)(p,v;v_1,v_2)$ der Ausdruck

$$\big(f(p),\;f'(p)v,\;f'(p)v_1,\;f''(p)[v_1,v]+f'(p)v_2\big).$$

Es ist klar, daß T^rf in Koordinaten durch die partiellen Ableitungen von f bis zur Ordnung r ausgedrückt werden kann (und daß die Abbildung T^rf eine elegante Möglichkeit darstellt, die in diesen Ableitungen enthaltene Information zu codieren). In der Sprache der Differentialgeometrie betrachtet man eine Abbildung $f:M\to N$ zwischen Mannigfaltigkeiten, und $T(f):T(M)\to T(N)$ ist dann die Anhebung von f auf die zugehörigen Tangentialbündel (was immer das heißen mag).

Aufgaben zu »Differentiierbarkeit als Linearisierbarkeit« siehe Seite 151

L95: Optimierungsaufgaben

Lösung (95.1) (a) Für $f(x,y) = x^3 - y^3 + 6xy$ erhalten wir

$$(\nabla f)(x,y) = \begin{bmatrix} 3x^2+6y \\ -3y^2+6x \end{bmatrix} = 3\begin{bmatrix} x^2+2y \\ -y^2+2x \end{bmatrix}$$

sowie

$$f''(x,y) = \begin{bmatrix} 6x & 6 \\ 6 & -6y \end{bmatrix}.$$

Ein Punkt ist genau dann ein kritischer Punkt, wenn die Gleichungen $y = -x^2/2$ und $0 = 2x - y^2 = 2x - x^4/4 = (x/4)\cdot(8-x^3)$ gelten, also $x = 0$ oder $x = 2$ und $y = -x^2/2$. Dies liefert die kritischen Punkte $(0,0)$ und $(2,-2)$. Weil

$$f''(0,0) = \begin{bmatrix} 0 & 6 \\ 6 & 0 \end{bmatrix}$$

indefinit ist, liegt an der Stelle $(0,0)$ ein Sattelpunkt vor; weil andererseits

$$f''(2,-2) = \begin{bmatrix} 12 & 6 \\ 6 & 12 \end{bmatrix}$$

positiv definit ist, liegt an der Stelle $(2,-2)$ ein lokales Minimum vor.

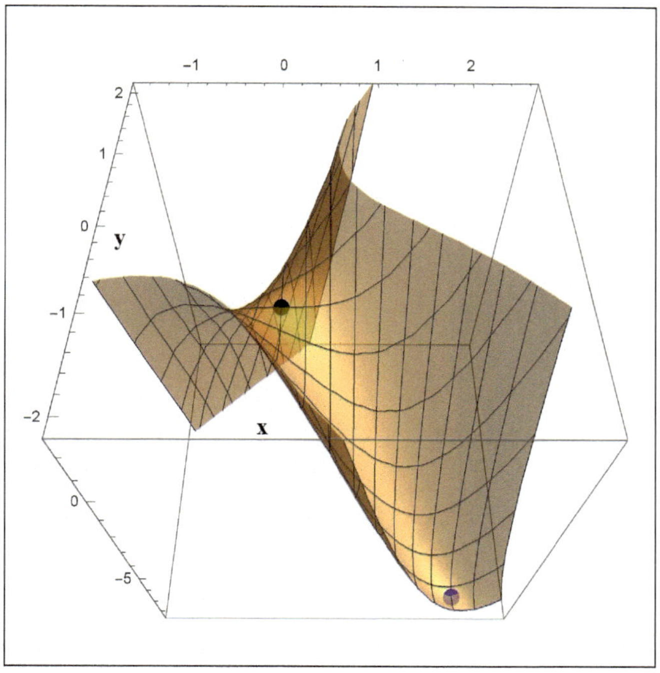

Graph von $f(x,y) = x^3 - y^3 + 6xy$.

(b) Für $f(x,y) = x^6 + y^3 + 6x - 12y + 7$ erhalten wir

$$(\nabla f)(x,y) = \begin{bmatrix} 6x^5+6 \\ 3y^2-12 \end{bmatrix}$$

und

$$f''(x,y) = \begin{bmatrix} 30x^4 & 0 \\ 0 & 6y \end{bmatrix}.$$

Ein Punkt (x,y) ist genau dann ein kritischer Punkt, wenn die Gleichungen $x^5 = -1$ und $y^2 = 4$ gelten, also $x = -1$ und $y = \pm 2$. Die kritischen Punkte sind also $(-1,2)$ und $(-1,-2)$. Wir erhalten

$$f''(-1,2) = \begin{bmatrix} 30 & 0 \\ 0 & 12 \end{bmatrix} \quad \text{und} \quad f''(-1,-2) = \begin{bmatrix} 30 & 0 \\ 0 & -12 \end{bmatrix}.$$

Weil $f''(-1,2)$ positiv definit ist, liegt an der Stelle $(-1,2)$ ein lokales Minimum vor. Dagegen ist $f''(-1,-2)$ indefinit, so daß an der Stelle $(-1,-2)$ ein Sattelpunkt vorliegt.

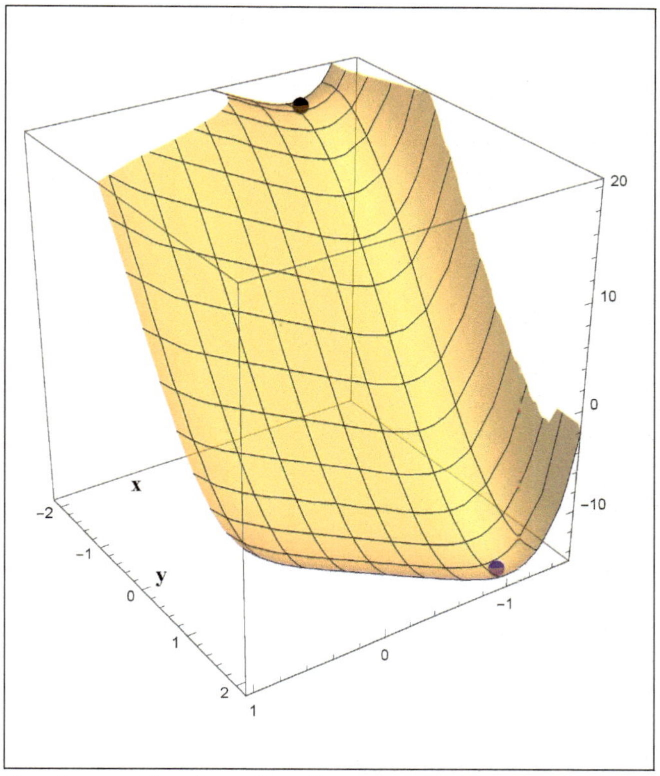

Graph von $f(x,y) = x^6 + y^3 + 6x - 12y + 7$.

(c) Für $f(x,y) = (x^2+y^2)^2 - 2(x^2-y^2) = x^4 + 2x^2y^2 + y^4 - 2x^2 + 2y^2$ erhalten wir

$$(\nabla f)(x,y) = \begin{bmatrix} 4x^3+4xy^2-4x \\ 4x^2y+4y^3+4y \end{bmatrix} = \begin{bmatrix} 4x(x^2+y^2-1) \\ 4y(x^2+y^2+1) \end{bmatrix}$$

und

$$f''(x,y) = \begin{bmatrix} 12x^2+4y^2-4 & 8xy \\ 8xy & 4x^2+12y^2+4 \end{bmatrix}.$$

Nullsetzen von f_y führt auf $y = 0$; anschließendes Nullsetzen von f_x ergibt $0 = 4x(x^2-1)$ und damit $x \in \{0,1,-1\}$. Es gibt also genau drei kritische Punkte, nämlich $(0,0)$, $(1,0)$ und $(-1,0)$. Da

$$f''(0,0) = \begin{bmatrix} -4 & 0 \\ 0 & 4 \end{bmatrix}$$

Aufgaben zu »Optimierungsaufgaben« siehe Seite 154

indefinit ist, liegt in $(0,0)$ ein Sattelpunkt vor. Andererseits ist

$$f''(\pm 1,0) = \begin{bmatrix} 8 & 0 \\ 0 & 8 \end{bmatrix}$$

positiv definit, so daß in den Punkten $(1,0)$ und $(-1,0)$ jeweils ein lokales Minimum vorliegt.

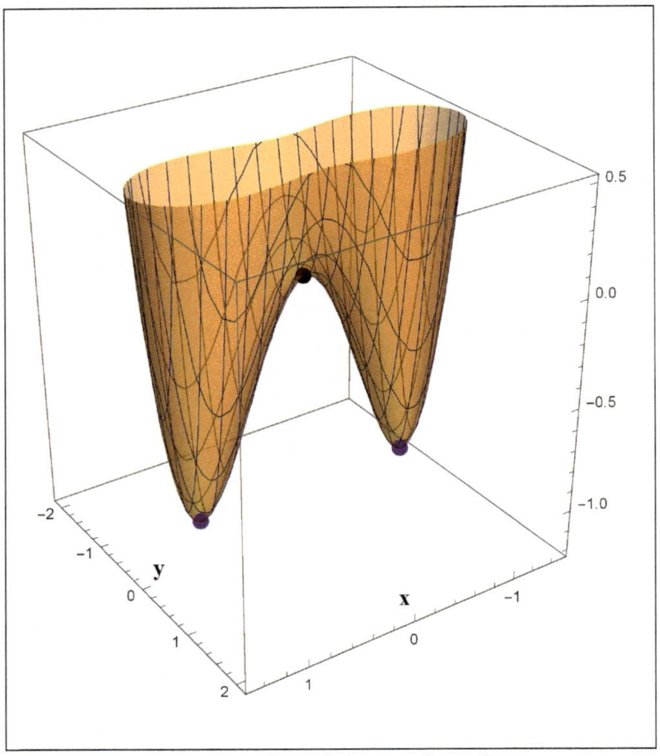

Graph von $f(x,y) = (x^2+y^2)^2 - 2(x^2-y^2)$.

(d) Für $f(x,y) = xy^2(3x+6y-2) = 3x^2y^2+6xy^3-2xy^2$ erhalten wir

$$\begin{aligned} f_x(x,y) &= 6xy^2+6y^3-2y^2 = 2y^2(3x+3y-1) \quad \text{und} \\ f_y(x,y) &= 6x^2y+18xy^2-4xy = 2xy(3x+9y-2). \end{aligned}$$

Beide partiellen Ableitungen verschwinden genau dann, wenn entweder $x = 3x+3y-1 = 0$ oder $3x+3y-1 = 3x+9y-2 = 0$ oder aber $y = 0$ gilt; dies liefert als mögliche Kandidaten für Minima und Maxima die Punkte $(0,1/3)$ und $(1/6,1/6)$ sowie alle Punkte der Form $(\xi,0)$. Wir untersuchen jetzt, in welchen dieser Punkte tatsächlich ein Minimum oder Maximum vorliegt. Die Hesse-Matrix von f ist gegeben durch

$$f''(x,y) = \begin{bmatrix} 6y^2 & 12xy+18y^2-4y \\ 12xy+18y^2-4y & 6x^2+36xy-4x \end{bmatrix};$$

dann ist

$$f''(0,1/3) = \begin{bmatrix} 2/3 & 2/3 \\ 2/3 & 0 \end{bmatrix}$$

indefinit, so daß in $(0,1/3)$ ein Sattelpunkt vorliegt, während

$$f''(1/6,1/6) = \begin{bmatrix} 1/6 & 1/6 \\ 1/6 & 1/2 \end{bmatrix}$$

positiv definit ist, weswegen in $(1/6,1/6)$ ein Minimum vorliegt. Für Punkte der Form $(\xi,0)$ ist

$$f''(\xi,0) = \begin{bmatrix} 0 & 0 \\ 0 & 6\xi^2-4\xi \end{bmatrix}$$

nur positiv semidefinit, was noch keine Aussage darüber liefert, ob ein Minimum, ein Maximum oder ein Sattelpunkt vorliegt. Um das Verhalten von f in einer kleinen Umgebung eines Punktes $(\xi,0)$ zu untersuchen, betrachten wir für betragsmäßig kleine Zahlen u und v den Ausdruck

$$(\star) \qquad \begin{aligned} & f(\xi+u,v) - f(\xi,0) = \\ & (\xi+u)v^2(3\xi+3u+6v-2). \end{aligned}$$

Ist $\xi(3\xi-2) < 0$ (also $0 < \xi < 2/3$), so ist auch $(\star)$ negativ (bzw. Null für $v = 0$), und in $(\xi,0)$ liegt ein lokales Maximum vor. Ist dagegen $\xi(3\xi-2) > 0$ (also $\xi < 0$ oder $\xi > 2/3$), so ist auch $(\star)$ positiv (bzw. Null für $v = 0$), und in $(\xi,0)$ liegt ein lokales Minimum vor. Es bleiben die Fälle $\xi = 0$ und $\xi = 2/3$; in diesen Fällen nimmt $(\star)$ die Form $uv^2(3u+6v-2)$ bzw. $(u+2/3)v^2(3u+6v)$ und kann bei geeigneter Wahl für u und v sowohl positives als auch negatives Vorzeichen annehmen. Die Punkte $(0,0)$ und $(2/3,0)$ sind also Sattelpunkte von f.

Das folgende Diagramm verdeutlicht das Verhalten der Funktion f; die Minima sind blau markiert, die Maxima rot und die Sattelpunkte schwarz. Verfolgt man den Verlauf der Funktion f entlang der x-Achse, so fährt man sozusagen eine kerzengerade Straße entlang, die für $x < 0$ und $x > 2/3$ am Boden einer Talsenke und für $0 < x < 2/3$ auf dem Grat eines Bergrückens verläuft.

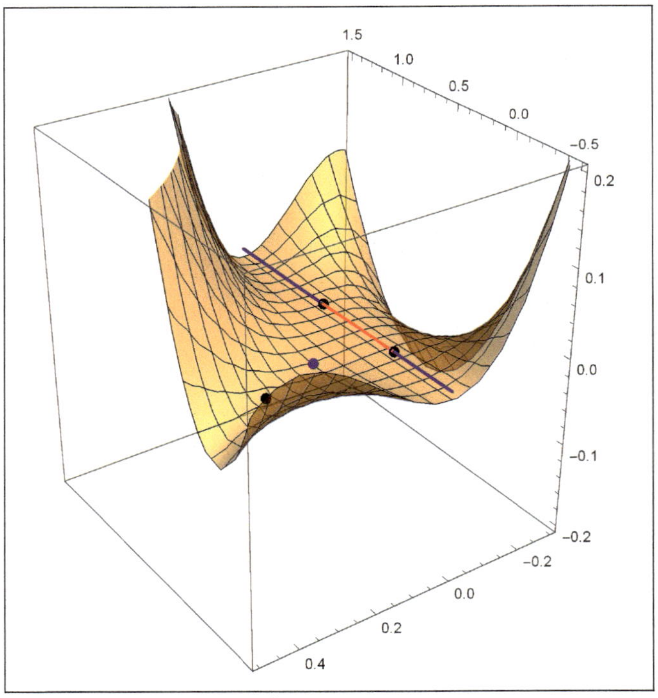

Graph von $f(x,y) = xy^2(3x+6y-2)$.

(e) Für $f(x,y) = x^4 + y^4 - 2(x-y)^2$ erhalten wir $f_x(x,y) = 4x^3 - 4(x-y)$ und $f_y(x,y) = 4y^3 + 4(x-y)$. Für Minima und Maxima kommen also nur diejenigen Punkte (x,y) in Frage, für die $x^3 = x - y$ und $y^3 = -(x-y)$ gilt. Dann ist notwendigerweise $y^3 = -x^3$ und damit $y = -x$; Einsetzen in eine der beiden Gleichungen liefert dann $x^3 = 2x$ und damit $x \in \{0, \pm\sqrt{2}\}$. Die kritischen Punkte sind also $(0,0)$, $(\sqrt{2}, -\sqrt{2})$ und $(-\sqrt{2}, \sqrt{2})$. Wegen $f(t,t) = 2t^4$ und $f(t,-t) = 2t^4 - 8t^2 = 2t^2(t^2-4)$ nimmt f beliebig nahe bei $(0,0)$ sowohl positive als auch negative Werte an; also liegt bei $(0,0)$ ein Sattelpunkt vor (schwarz markiert). Für $(x,y) = (\pm\sqrt{2}, \mp\sqrt{2})$ ist

$$f''(x,y) = \begin{bmatrix} 12x^2-4 & 4 \\ 4 & 12y^2-4 \end{bmatrix} = \begin{bmatrix} 20 & 4 \\ 4 & 20 \end{bmatrix}$$

positiv definit, so daß in diesen beiden Punkten jeweils ein lokales Minimum vorliegt (blau markiert).

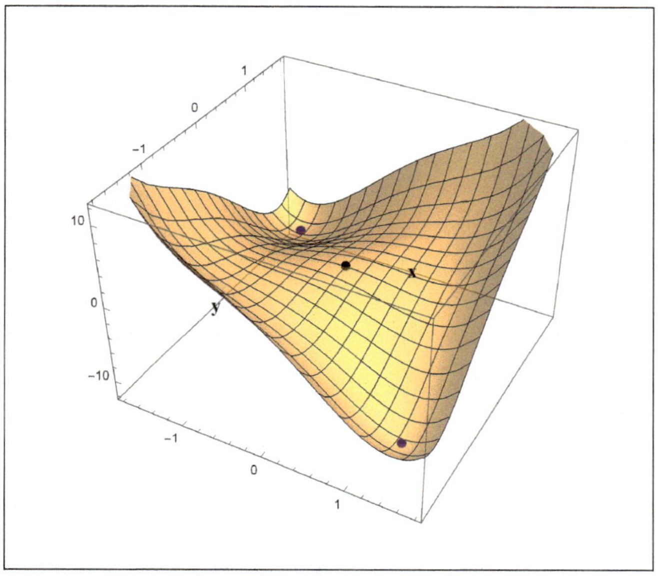

Graph von $f(x,y) = x^4 + y^4 - 2(x-y)^2$.

(f) Für $f(x,y) = x^3y^2 + 3x^2 + 8y^2$ erhalten wir die partiellen Ableitungen $f_x(x,y) = 3x^2y^2 + 6x = 3x(xy^2 + 2)$ und $f_y(x,y) = 2x^3y + 16y = 2y(x^3+8)$. Wir wollen das Gleichungssystem $f_x(x,y) = f_y(x,y) = 0$ lösen. Eine Lösung ist $(x,y) = (0,0)$. Ist $y \neq 0$, so folgt aus $f_y = 0$ die Bedingung $x = -2$ und dann aus $f_x = 0$ die Bedingung $y^2 = 1$, also $y = \pm 1$. Wir erhalten also die kritischen Punkt $(0,0)$, $(-2,1)$ und $(-2,-1)$. Die Hesse-Matrix ist

$$f''(x,y) = \begin{bmatrix} 6xy^2+6 & 6x^2y \\ 6x^2y & 2x^3+16 \end{bmatrix}.$$

an den kritischen Stellen haben wir also

$$f''(-2,1) = \begin{bmatrix} -6 & 24 \\ 24 & 0 \end{bmatrix}, \; f''(-2,-1) = \begin{bmatrix} -6 & -24 \\ -24 & 0 \end{bmatrix}$$

sowie $f''(0,0) = \begin{bmatrix} 6 & 0 \\ 0 & 16 \end{bmatrix}$.

Da $f''(0,0)$ positiv definit ist, liegt an der Stelle $(0,0)$ ein lokales Minimum vor; dagegen sind $f''(-2,1)$ und $f''(-2,-1)$ indefinit, so daß an den Stellen $(-2,1)$ und $(-2,-1)$ Sattelpunkte vorliegen.

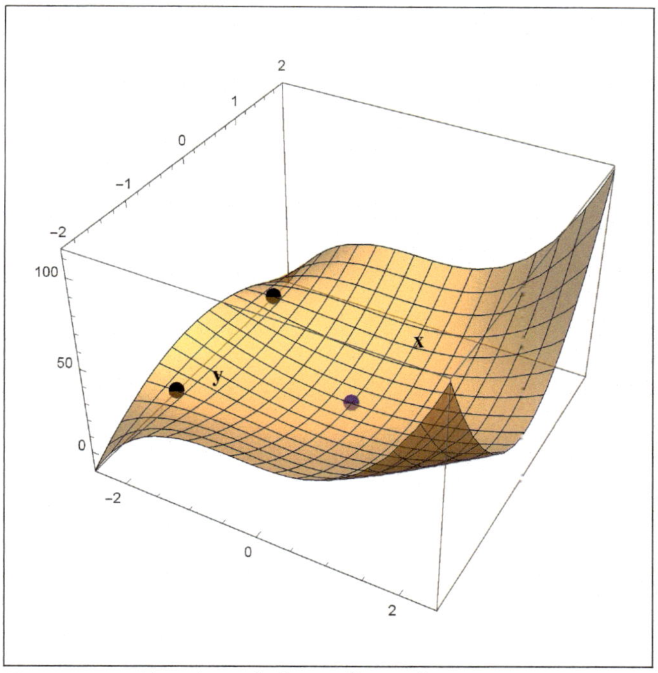

Graph von $f(x,y) = x^3y^2 + 3x^2 + 8y^2$.

(g) Für $f(x,y) = (x^2+y^2)e^{-x}$ erhalten wir die partiellen Ableitungen

$$\begin{aligned} f_x &= (2x - x^2 - y^2)e^{-x}, \\ f_y &= 2ye^{-x} \end{aligned}$$

sowie

$$\begin{aligned} f_{xx} &= (2 - 4x + x^2 + y^2)e^{-x}, \\ f_{xy} &= -2ye^{-x} = f_{yx}, \\ f_{yy} &= 2e^{-x}. \end{aligned}$$

Die kritischen Punkte von f sind die Lösungen des Gleichungssystems $f_x(x,y) = f_y(x,y) = 0$. Die Gleichung $f_y = 0$ führt auf $y = 0$; setzt man dies in die Gleichung $f_x = 0$ ein, so ergibt sich $0 = 2x - x^2 = x(2-x)$ mit den Lösungen $x = 0$ und $x = 2$. Es gibt also zwei kritische Punkte, nämlich $(0,0)$ und $(2,0)$. Für die Matrix

$$f''(x,y) = \begin{bmatrix} f_{xx} & f_{xy} \\ f_{yx} & f_{yy} \end{bmatrix}$$

der zweiten partiellen Ableitungen erhalten wir

$$f''(0,0) = \begin{bmatrix} 2 & 0 \\ 0 & 2 \end{bmatrix} \quad \text{und} \quad f''(2,0) = \begin{bmatrix} -2e^{-2} & 0 \\ 0 & 2e^{-2} \end{bmatrix};$$

Bilden der Diskriminante zeigt dann, daß an der Stelle $(0,0)$ ein lokales Minimum vorliegt, an der Stelle $(2,0)$ dagegen ein Sattelpunkt.

Aufgaben zu »Optimierungsaufgaben« siehe Seite 154

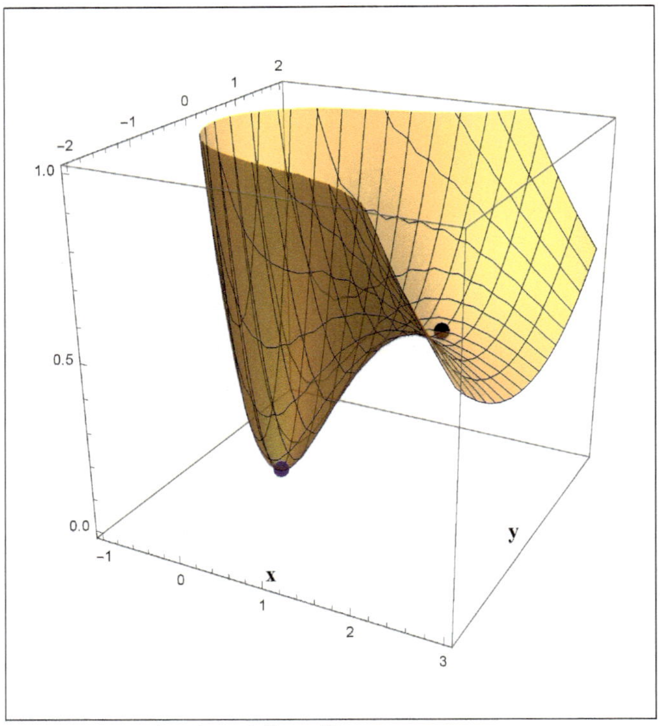

Graph von $f(x,y) = (x^2+y^2)e^{-x}$.

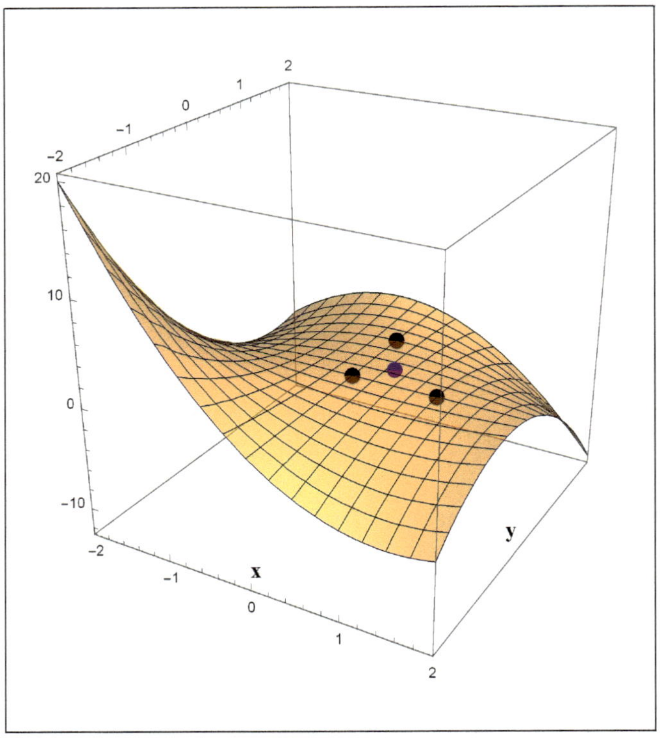

Graph von $f(x,y) = xy(1-x-y)$.

(h) Für $f(x,y) = xy(1-x-y) = xy - x^2y - xy^2$ ergeben sich die partiellen Ableitungen

$$\begin{aligned} f_x &= y-2xy-y^2 = y(1-2x-y) \\ f_y &= x-x^2-2xy = x(1-x-2y) \end{aligned}$$

sowie $f_{xx} = -2y$, $f_{xy} = f_{yx} = 1-2x-2y$ und $f_{yy} = -2x$ und damit

$$\begin{aligned} f''(x,y) &= \begin{bmatrix} f_{xx} & f_{xy} \\ f_{yx} & f_{yy} \end{bmatrix} \\ &= \begin{bmatrix} -2y & 1-2x-2y \\ 1-2x-2y & -2x \end{bmatrix}. \end{aligned}$$

Nullsetzen der beiden ersten partiellen Ableitungen führt auf die folgenden Lösungen:

- $x=0$ und $y=0$, also $(x,y) = (0,0)$;
- $x=0$ und $1-2x-y=0$, also $(x,y) = (0,1)$;
- $y=0$ und $1-x-2y=0$, also $(x,y) = (1,0)$;
- $1-2x-y=0$ und $1-x-2y=0$, also $x=y=1/3$.

An jeder der Stellen $(0,0)$, $(1,0)$ und $(0,1)$ ist f'' indefinit, so daß hier Sattelpunkte vorliegen. Dagegen ist $f''(1/3,1/3)$ negativ definit, so daß an der Stelle $(1/3,1/3)$ ein lokales Maximum vorliegt.

(i) Für $f(x,y) = (x+y+1)^2/(x^2+y^2+1)$ ergeben sich die partiellen Ableitungen

$$\begin{aligned} f_x &= \frac{2(x+y+1)(x^2+y^2+1) - (x+y+1)^2 \cdot 2x}{(x^2+y^2+1)^2} \\ &= \frac{2(x+y+1)(y^2+1-xy-x)}{(x^2+y^2+1)^2} \end{aligned}$$

und

$$\begin{aligned} f_y &= \frac{2(x+y+1)(x^2+y^2+1) - (x+y+1)^2 \cdot 2y}{(x^2+y^2+1)^2} \\ &= \frac{2(x+y+1)(x^2+1-xy-y)}{(x^2+y^2+1)^2}. \end{aligned}$$

Genau dann gilt $f_x(x,y) = f_y(x,y) = 0$, wenn einer der beiden folgenden Fälle eintritt.

1. Fall: $x+y+1=0$. In diesem Fall gilt $f(x,y)=0$; wegen $f \geq 0$ auf ganz $\mathbb{R}^2$ liegt also an jedem Punkt der Geraden $x+y+1=0$ ein absolutes Minimum vor.

2. Fall: $y^2+1 = xy+x$ und $x^2+1 = xy+y$. Subtraktion dieser Gleichungen liefert $y^2-x^2 = x-y$, also $(y-x)(y+x) = -(y-x)$. Dies ist erfüllt, wenn $y=x$ gilt oder aber $y+x=-1$. Letzteres ist in diesem 2. Fall aber nicht möglich, denn mit $y=-1-x$ geht die Gleichung $y^2+1 = xy+x = x(y+1)$ über in $x^2+2x+2 = -x^2$, also $x^2+x+1=0$, und diese Gleichung hat keine reelle Lösung. Es bleibt der Fall $y=x$; die Gleichung $y^2+1 = xy+x$ geht dann über in $x=1$, so daß wir die Lösung $(x,y) = (1,1)$ erhalten. Es gilt $f(1,1) = 3$, und dies ist ein absolutes

Aufgaben zu »Optimierungsaufgaben« siehe Seite 154

Maximum für f. (Dies kann man folgendermaßen einsehen: die Bedingung $f(x,y) \geq 3$ ist gleichbedeutend mit $\varphi(x,y) \geq 0$ für $\varphi(x,y) := x^2+y^2+1-xy-x-y$. Einziger kritischer Punkt von φ (und damit zwangsläufig eine Minimalstelle) ist der Punkt $(1,1)$, und es gilt $\varphi(1,1) = 0$.)

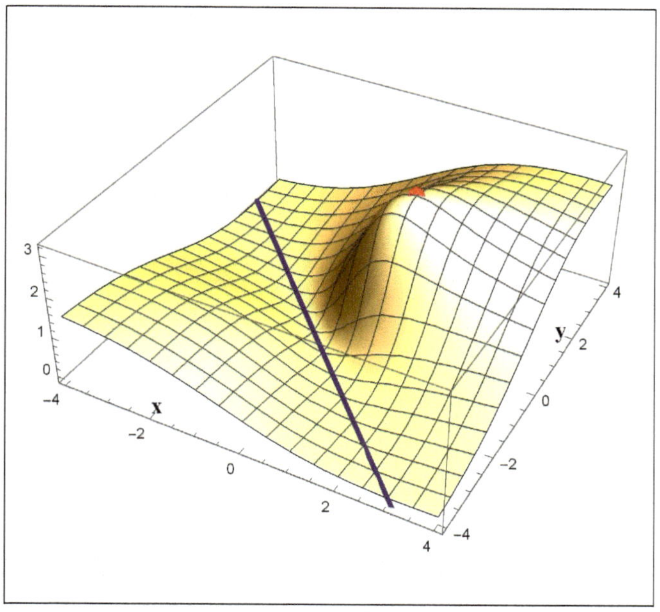

Graph von $f(x,y) = (x+y+1)^2/(x^2+y^2+1)$.

(j) Für $f(x,y) = x^3+x^2-2xy+y^2-12x+2$ erhalten wir

$$\begin{aligned} f_x(x,y) &= 3x^2+2x-2y-12, \\ f_y(x,y) &= -2x+2y \end{aligned}$$

Nullsetzen von f_y liefert $y = x$; Nullsetzen von f_x unter Benutzung von $y = x$ liefert dann $3x^2 = 12$, also $x = \pm 2$. Die beiden einzigen kritischen Stellen sind also $(2,2)$ und $(-2,-2)$. Für alle genügend kleinen Werte $a, b \neq 0$ ist

$$\begin{aligned} f(2+a, 2+b) - f(2,2) &= 7a^2 - 2ab + b^2 + a^3 \\ &= (b-a)^2 + a^2(6+a) > 0, \end{aligned}$$

weswegen an der Stelle $(2,2)$ ein relatives Minimum vorliegt. Andererseits kann

$$\begin{aligned} &f(-2+a, -2+b) - f(-2,-2) \\ &= -5a^2 - 2ab + b^2 + a^3 \end{aligned}$$

für beliebig kleine Werte von a und b sowohl positive als auch negative Werte annehmen, so daß an der Stelle $(-2,-2)$ ein Sattelpunkt vorliegt. (Für $a = 0$ ergibt sich $b^2 > 0$, für $b = 0$ ergibt sich $-5a^2 + a^3 = a^2(a-5) < 0$ für alle $a \neq 0$ mit $a < 5$.)

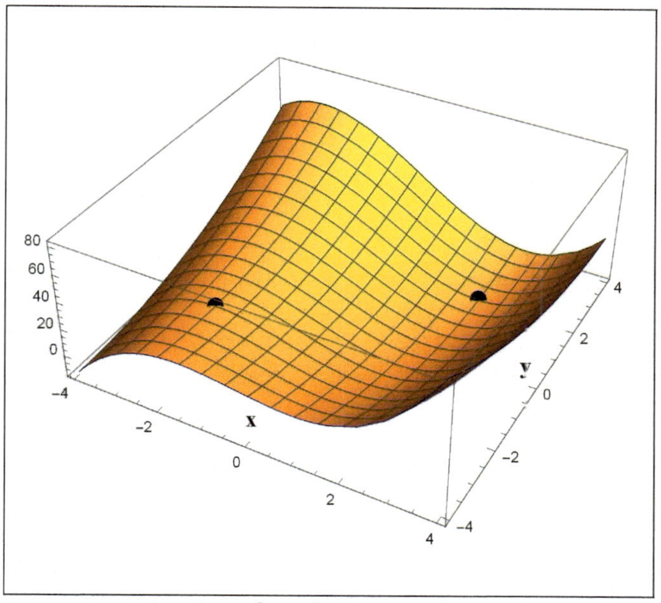

Graph von $f(x,y) = x^3 + x^2 - 2xy + y^2 - 12x + 2$.

(k) Für $f(x,y) = xy^3(3x+6y-2) = 3x^2y^3 + 6xy^4 - 2xy^3$ ergeben sich die partiellen Ableitungen

$$\begin{aligned} f_x &= 6xy^3 + 6y^4 - 2y^3 = 2y^3(3x+3y-1), \\ f_y &= 9x^2y^2 + 24xy^3 - 6xy^2 = 3xy^2(3x+8y-2) \end{aligned}$$

sowie $f_{xx} = 6y^3$, $f_{xy} = f_{yx} = 18xy^2 + 24y^3 - 6y^2$ und $f_{yy} = 18x^2y + 72xy^2 - 12xy$; die Hessesche Matrix

$$f''(x,y) = \begin{bmatrix} f_{xx} & f_{xy} \\ f_{yx} & f_{yy} \end{bmatrix}$$

ist damit gegeben durch

$$f''(x,y) = \begin{bmatrix} 6y^3 & 6y^2(3x+4y-1) \\ 6y^2(3x+4y-1) & 6xy(3x+12y-2) \end{bmatrix}.$$

Nullsetzen der beiden ersten partiellen Ableitungen führt auf die folgenden Lösungen:

- $x = 0$ und $y = 1/3$, also $(x,y) = (0, 1/3)$;
- $3x + 8y - 2 = 0$ und $3x + 3y - 1 = 0$, also $(x,y) = (2/15, 1/5)$;
- $y = 0$ und x beliebig.

Zunächst ist

$$f''\left(0, \frac{1}{3}\right) = \frac{2}{9}\begin{bmatrix} 1 & 1 \\ 1 & 0 \end{bmatrix}$$

indefinit, so daß an der Stelle $(0, 1/3)$ ein Sattelpunkt vorliegt. Weiter ist

$$f''\left(\frac{2}{15}, \frac{1}{5}\right) = \frac{2}{125}\begin{bmatrix} 3 & 3 \\ 3 & 8 \end{bmatrix}$$

positiv definit, so daß an der Stelle $(2/15, 1/5)$ ein lokales Minimum vorliegt. Für jede Zahl x ist $f''(x,0)$ die Nullmatrix, so daß hier aus der Hesse-Matrix keine Information

Aufgaben zu »Optimierungsaufgaben« siehe Seite 154

gewonnen werden kann. Wir zeigen aber nun durch direkte Rechnung, daß jeder Punkt $(x,0)$ ein Sattelpunkt ist, und zwar durch den Nachweis, daß die Funktion f in jeder Umgebung von $(x,0)$ sowohl positive als auch negative Werte annimmt (weswegen dann an der Stelle $(x,0)$ weder ein Minimum noch ein Maximum vorliegen kann.)

- Ist $x \neq 0$ und $x \neq 2/3$, so hat für hinreichend kleine Werte von $|y|$ der Ausdruck $3x-2+6y$ das gleiche Vorzeichen wie $3x-2$ und damit
$$f(x,y) = \underbrace{x}_{\neq 0} \cdot y^3 \cdot (\underbrace{3x-2}_{\neq 0}+6y)$$
das gleiche Vorzeichen wie y und kann damit je nach Wahl von y beiderlei Vorzeichen annehmen.
- Ist $x=0$, so gilt für hinreichend kleine Werte von $|u|$ einerseits $f(u,u)=u^4(9u-2)<0$, andererseits $f(u,-u)=-u^4(-3u-2)>0$, so daß f beliebig nahe bei $(0,0)$ beiderlei Vorzeichen annimmt.
- Ist $x=2/3$, so betrachten wir den Ausdruck $f(x+u,u^2)=(2+3u)(u+2u^2)u^6$; dieser nimmt für hinreichend kleine Werte $|u|>0$ das gleiche Vorzeichen an wie u, kann damit also je nach Wahl von u beiderlei Vorzeichen annehmen.

Jeder Punkt auf der x-Achse ist damit ein Sattelpunkt.

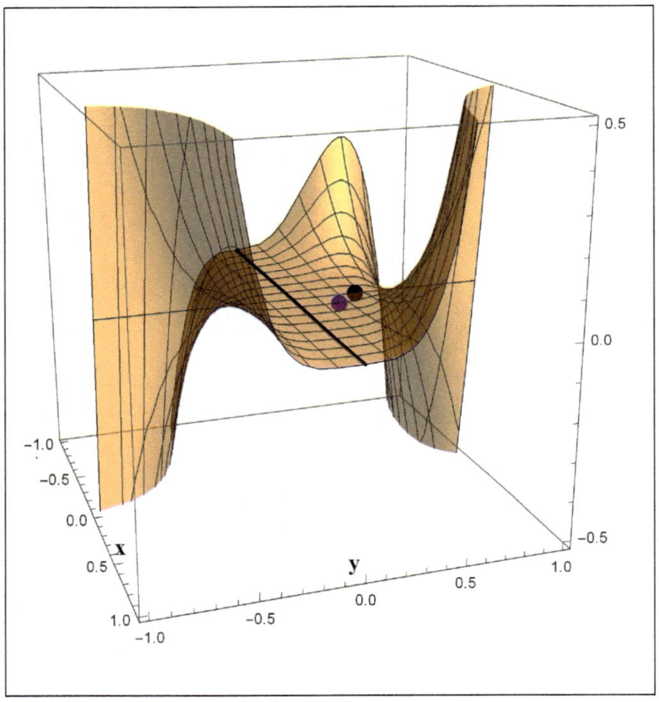

Graph von $f(x,y)=xy^3(3x+6y-2)$.

(l) Die partiellen Ableitungen von $f(x,y)=x^4+y^4-4xy+1$ sind gegeben durch
$$f_x = 4x^3-4y \quad \text{und} \quad f_y = 4y^3-4x;$$
ein Punkt (x,y) ist also genau dann ein kritischer Punkt von f, wenn die Gleichungen $y=x^3$ und $x=y^3$ gelten. Einsetzen der ersten in die zweite Gleichung liefert $x=(x^3)^3=x^9$ und damit
$$\begin{aligned} 0 &= x^9-x = x(x^8-1) = x(x^4-1)(x^4+1) \\ &= x(x^2-1)(x^2+1)(x^4+1) \\ &= x(x-1)(x+1)(x^2+1)(x^4+1); \end{aligned}$$
dies liefert die Möglichkeiten $x=0$ und $x=\pm 1$. Wegen $y=x^3$ gibt es also genau drei kritische Punkte, nämlich $(0,0)$, $(1,1)$ und $(-1,-1)$. Zur Charakterisierung dieser Punkte betrachten wir die Hessesche Matrix
$$f''(x,y) = \begin{bmatrix} f_{xx}(x,y) & f_{xy}(x,y) \\ f_{yx}(x,y) & f_{yy}(x,y) \end{bmatrix} = \begin{bmatrix} 12x^2 & -4 \\ -4 & 12y^2 \end{bmatrix}$$
und erhalten
$$f''(0,0) = \begin{bmatrix} 0 & -4 \\ -4 & 0 \end{bmatrix} \quad \text{und} \quad f''(\pm1,\pm1) = \begin{bmatrix} 12 & -4 \\ -4 & 12 \end{bmatrix};$$
an den Stellen $(1,1)$ und $(-1,-1)$ liegen also Minima vor, an der Stelle $(0,0)$ dagegen ein Sattelpunkt.

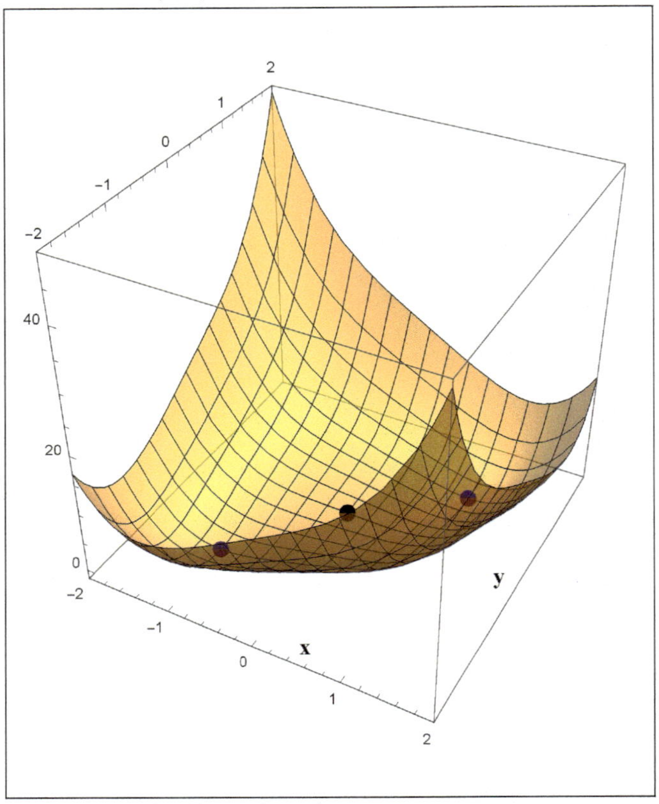

Graph von $f(x,y)=x^4+y^4-4xy+1$.

(m) Für $f(x,y)=xy\exp\bigl(-(x^2+y^2)/2\bigr)$ erhalten wir
$$\begin{aligned} f_x &= (y-x^2y)e^{-(x^2+y^2)/2} = y(1-x^2)e^{-(x^2+y^2)/2}, \\ f_y &= (x-xy^2)e^{-(x^2+y^2)/2} = x(1-y^2)e^{-(x^2+y^2)/2} \end{aligned}$$
sowie
$$\begin{aligned} f_{xx} &= xy(x^2-3)e^{-(x^2+y^2)/2}, \\ f_{xy} &= (1-x^2)(1-y^2)e^{-(x^2+y^2)/2} = f_{yx}, \\ f_{yy} &= xy(y^2-3)e^{-(x^2+y^2)/2}. \end{aligned}$$

Aufgaben zu »Optimierungsaufgaben« siehe Seite 154

Da die Exponentialfunktion nur positive Werte annimmt, führen die Gleichungen $f_x = f_y = 0$ auf $x = y = 0$ oder $x^2 = y^2 = 1$. Es gibt also fünf kritische Punkte, nämlich $(\pm 1, \pm 1)$ mit allen vier Vorzeichenkombinationen sowie $(0,0)$. Weil

$$f''(1,1) = f''(-1,-1) = \begin{bmatrix} -2/e & 0 \\ 0 & -2/e \end{bmatrix}$$

negativ definit ist, liegt an den Punkten $(1,1)$ und $(-1,-1)$ ein lokales Maximum vor. Weil

$$f''(-1,1) = f''(1,-1) = \begin{bmatrix} 2/e & 0 \\ 0 & 2/e \end{bmatrix}$$

positiv definit ist, liegt an den Punkten $(1,-1)$ und $(-1,1)$ ein lokales Minimum vor. Weil schließlich

$$f''(0,0) = \begin{bmatrix} 0 & 1 \\ 1 & 0 \end{bmatrix}$$

indefinit ist, ist der Punkt $(0,0)$ ein Sattelpunkt.

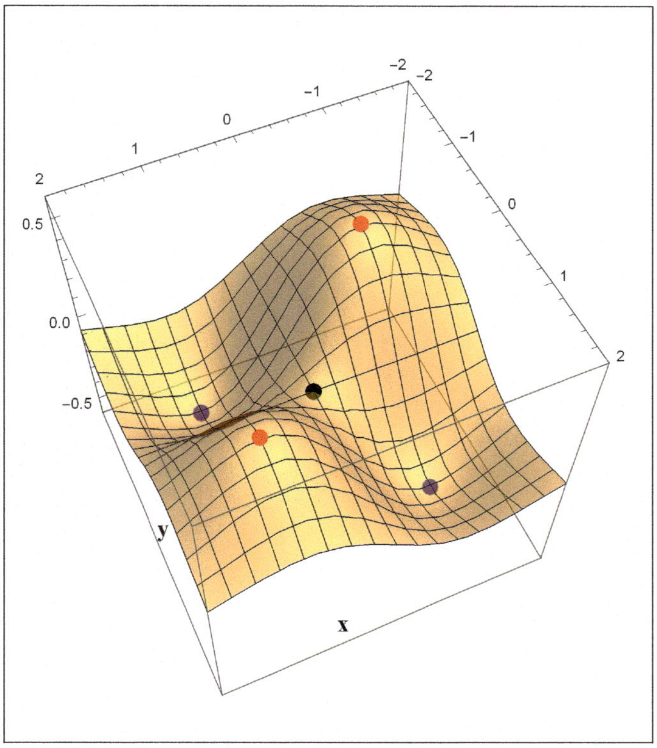

Graph von $f(x,y) = xy \exp\big(-(x^2+y^2)/2\big)$.

(n) Für $f(x,y) = x^3y + x^3 - xy^2$ erhalten wir die partiellen Ableitungen

$$\begin{aligned} f_x &= 3x^2y + 3x^2 - y^2, \\ f_y &= x^3 - 2xy \end{aligned}$$

sowie

$$\begin{aligned} f_{xx} &= 6xy + 6x, \\ f_{xy} &= 3x^2 - 2y = f_{yx}, \\ f_{yy} &= -2x. \end{aligned}$$

Die kritischen Punkte von f sind die Lösungen der Gleichungen $f_x = f_y = 0$. Nun gilt $0 = f_y(x,y) = x(x^2 - 2y)$ entweder für $x = 0$ oder für $x^2 = 2y$; Einsetzen der beiden Möglichkeiten in die Gleichung $f_x(x,y) = 0$ führt dann auf $y = 0$ bzw. $0 = 5y^2 + 6y = y(5y+6)$. Die Lösung $y = -6/5$ entfällt, da y wegen $2y = x^2$ nicht negativ sein kann; also ist $(0,0)$ der einzige kritische Punkt von f.

Wegen $f(x,x) = x^4$ nimmt f beliebig nahe bei $(0,0)$ positive Werte an; wegen $f(x,-x) = -x^4$ nimmt f beliebig nahe bei $(0,0)$ aber auch negative Werte an. Der kritische Punkt $(0,0)$ ist also ein Sattelpunkt von f.

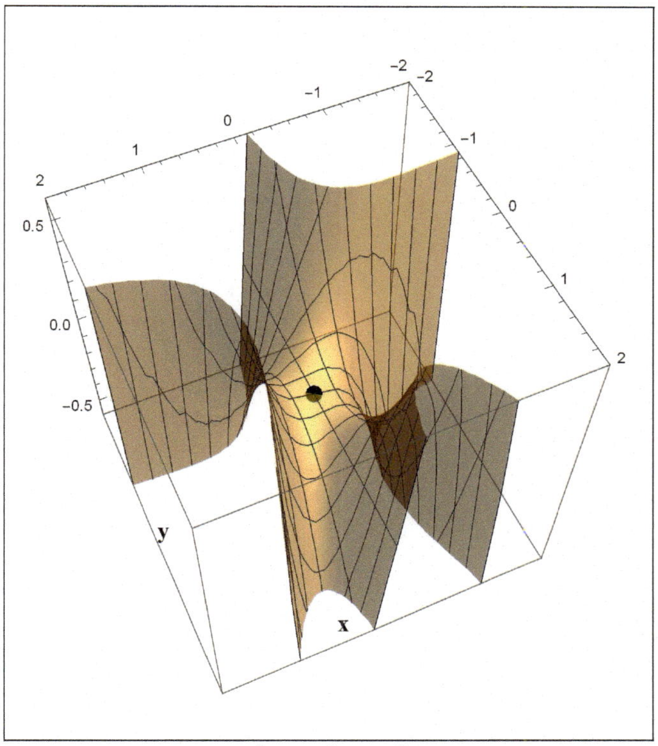

Graph von $f(x,y) = x^3y + x^3 - xy^2$.

Lösung (95.2) (a) Der maximale Definitionsbereich von f ist

$$D = \{(x,y) \in \mathbb{R}^2 \mid x \neq 0, y > 0\},$$

und auf D ist f gegeben durch $f(x,y) = xy + 2x - 2\ln(|x|) - \ln(y)$. Wir erhalten die partiellen Ableitungen

$$f_x = y + 2 - \frac{2}{x} \quad \text{und} \quad f_y = x - \frac{1}{y}$$

sowie

$$f_{xx} = \frac{2}{x^2}, \; f_{xy} = f_{yx} = 1, \; f_{yy} = \frac{1}{y^2}.$$

Genau dann ist (x,y) ein kritischer Punkt von f, wenn $f_x(x,y) = f_y(x,y) = 0$ gilt; dies führt auf $x = 1/y$ und dann auf $0 = y + 2 - 2y = 2 - y$, also $y = 2$. Einziger kritischer Punkt ist also $(1/2, 2)$. An diesem Punkt haben wir $f_{xx} = 8$, $f_{xy} = 1$ und $f_{yy} = 1/4$, folglich $f_{xx}f_{yy} - f_{xy}^2 > 0$ und $f_{xx} > 0$. An der Stelle $(1/2, 2)$ liegt also ein lokales Minimum der Funktion f vor.

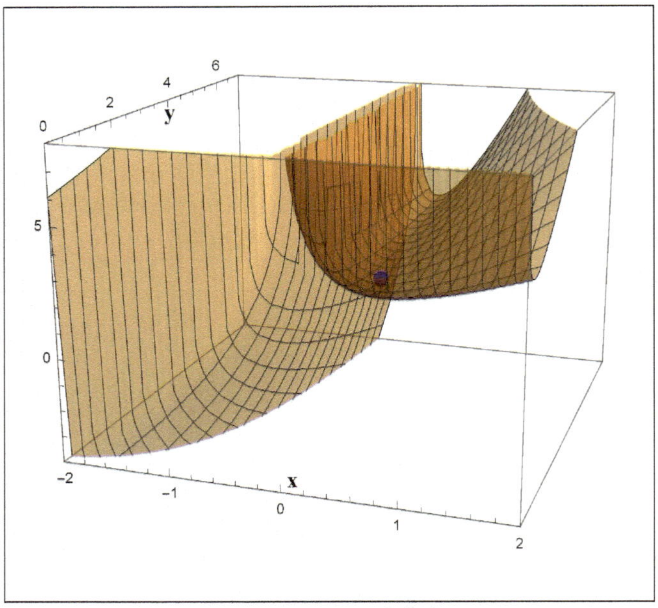

Graph von $f(x,y) = xy + 2x - \ln(x^2 y)$.

(b) Der maximale Definitionsbereich der Funktion

$$f(x,y) \;=\; x^2 y - 15y^3 + \frac{y^2}{x}$$

ist $D = \{(x,y) \in \mathbb{R}^2 \mid x \neq 0\}$, also die gesamte Ebene mit Ausnahme der y-Achse. Wir erhalten die partiellen Ableitungen

$$f_x \;=\; 2xy - \frac{y^2}{x^2} \quad \text{und} \quad f_y \;=\; x^2 - 45y^2 + \frac{2y}{x}$$

sowie

$$f_{xx} = 2y + \frac{2y^2}{x^3}, \; f_{xy} = f_{yx} = 2x - \frac{2y}{x^2}, \; f_{yy} = -90y + \frac{2}{x}.$$

Genau dann ist (x,y) ein kritischer Punkt von f, wenn $f_x(x,y) = f_y(x,y) = 0$ gilt. Die erste Gleichung führt auf $y^2 = 2x^3 y$ und damit auf $y = 0$ oder $y = 2x^3$. Wäre $y = 0$, so würde die zweite Gleichung auf $x = 0$ führen, was unmöglich ist; also kann nur $y = 2x^3$ gelten. Setzt man dies in die zweite Gleichung ein, so ergibt sich $0 = 5x^2 - 180x^6 = 5x^2(1 - 36x^4)$ und damit $x^4 = 1/36$ bzw. $x^2 = 1/6$, also $x = \pm 1/\sqrt{6}$. Damit ergeben sich die beiden kritischen Punkte

$$\left(\frac{1}{\sqrt{6}}, \frac{1}{3\sqrt{6}}\right) \quad \text{und} \quad \left(\frac{-1}{\sqrt{6}}, \frac{-1}{3\sqrt{6}}\right).$$

Einsetzen jedes dieser beiden Punkte in die Diskriminante $f_{xx}f_{yy} - f_{xy}^2$ liefert den Wert $-6\frac{2}{3} < 0$; beide Punkte sind also Sattelpunkte.

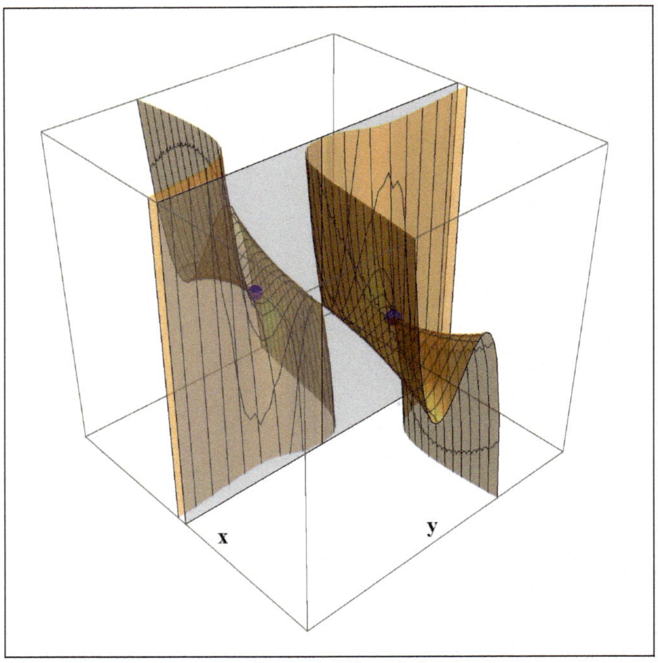

Graph von $f(x,y) = x^2 y - 15y^3 + (y^2/x)$.

(c) Der Definitionsbereich von $f(x,y) = xy^2 + \ln(xy) - y$ ist die Menge aller Punkte (x,y) mit $xy > 0$, also entweder $x > 0$ und $y > 0$ (erster Quadrant) oder aber $x < 0$ und $y < 0$ (dritter Quadrant). Wir erhalten die partiellen Ableitungen

$$f_x = y^2 + (1/x) \quad \text{und} \quad f_y = 2xy + (1/y) - 1 \quad \text{sowie}$$
$$f_{xx} = -1/x^2, \quad f_{xy} = f_{yx} = 2y, \quad f_{yy} = 2x - (1/y^2).$$

Nullsetzen von f_x liefert $x = -1/y^2$; Einsetzen in die Gleichung $f_y = 0$ führt dann auf $-(1/y) - 1 = 0$, also $y = -1$, was dann $x = -1/y^2 = -1$ ergibt. Einziger kritischer Punkt ist also $(-1,-1)$. An dieser Stelle erhalten wir $f_{xx} = -1$, $f_{xy} = -2$, $f_{yy} = -3$ und damit die Diskriminante $\Delta = f_{xx}f_{yy} - f_{xy}^2 = -1 < 0$; es handelt sich also um einen Sattelpunkt.

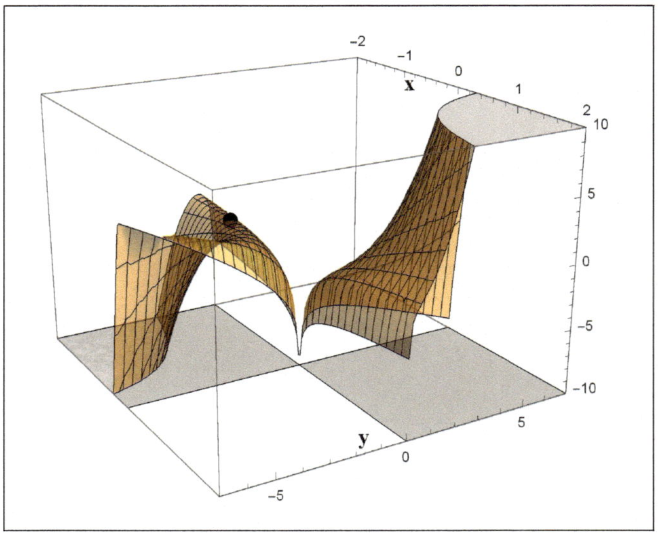

Graph von $f(x,y) = xy^2 - y + \ln(xy) - y$.

Aufgaben zu »Optimierungsaufgaben« siehe Seite 154

(d) Für $f(x,y) = xy-(27/x)+(27/y)$ erhalten wir die partiellen Ableitungen $f_x = y+27/x^2$ und $f_y = x-27/y^2$. Nullsetzen führt auf $y = -27/x^2$ und folglich $0 = x - x^4/27 = (27-x^3)\cdot x/27$, was nur die Möglichkeiten $x = 0$ und $x = 3$ offenläßt. Die Möglichkeit $x = 0$ scheidet aus, weil Punkte der Form $(0,y)$ nicht im Definitionsbereich von f liegen; es bleibt nur $x = 3$, was auf $y = -3$ führt. Der einzige kritische Punkt von f ist also der Punkt $(3,-3)$. Wir erhalten

$$f_{xx} = \frac{-54}{x^3}, \quad f_{xy} = 1 = f_{yx}, \quad f_{yy} = \frac{54}{y^3}$$

und damit

$$f''(3,-3) = \begin{bmatrix} -2 & 1 \\ 1 & -2 \end{bmatrix}.$$

Diese Matrix ist negativ definit, so daß an der Stelle $(3,-3)$ ein lokales Maximum vorliegt.

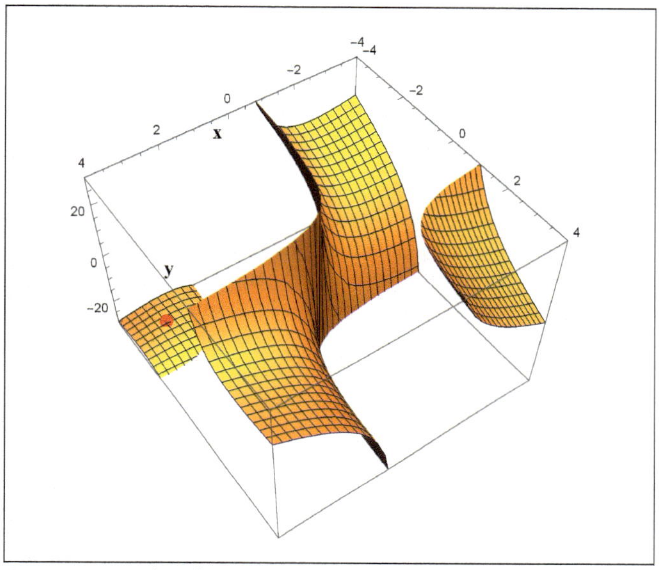

Graph von $f(x,y) = xy - (27/x) + (27/y)$.

(e) Die Funktion $f(x,y) = x^4y-8\ln(x)-\ln(y)+x^2+2$ hat die partiellen Ableitungen

$$\begin{aligned} f_x(x,y) &= 4x^3y-(8/x)+2x, \\ f_y(x,y) &= x^4-(1/y) \end{aligned}$$

sowie

$$\begin{aligned} f_{xx}(x,y) &= 12x^2y+(8/x^2)+2, \\ f_{xy}(x,y) &= 4x^3 = f_{yx}(x,y), \\ f_{yy}(x,y) &= 1/y^2. \end{aligned}$$

Nullsetzen von f_y führt auf $y = 1/x^4$; Einsetzen dieses Ergebnisses in die Gleichung $f_x = 0$ liefert dann $0 = (4/x)-(8/x)+2x = 2x-4/x = 2(x-2/x)$ und damit $x^2 = 2$. Die einzige positive Lösung dieser Gleichung ist $x_0 = \sqrt{2}$; dann ist $y_0 = 1/x_0^4 = 1/4$. Die Funktion f hat also einen einzigen kritischen Punkt, nämlich $(x_0,y_0) = (\sqrt{2},1/4)$. Nun hat

$$f''(x_0,y_0) = \begin{bmatrix} f_{xx}(x_0,y_0) & f_{xy}(x_0,y_0) \\ f_{yx}(x_0,y_0) & f_{yy}(x_0,y_0) \end{bmatrix} = \begin{bmatrix} 12 & 8\sqrt{2} \\ 8\sqrt{2} & 16 \end{bmatrix}$$

eine positive Determinante (64) und positive Diagonalelemente (12 und 16), ist also positiv definit; an der Stelle (x_0,y_0) liegt daher ein lokales Minimum vor.

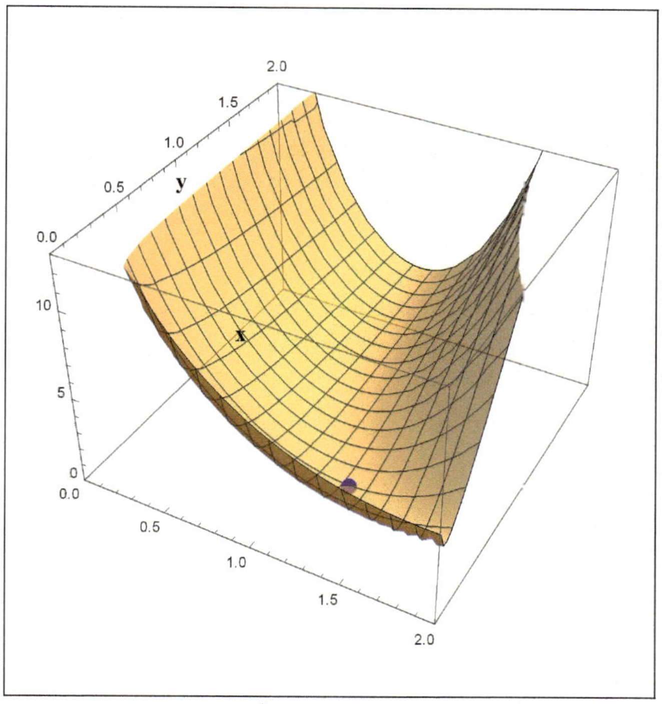

Graph von $f(x,y) = x^4y - 8\ln(x) - \ln(y) + x^2 + 2$.

(f) Für $f(x,y) = (x^2+y^2)/(x+y-1)$ erhalten wir

$$\begin{aligned} f_x(x,y) &= \frac{2x(x+y-1)-(x^2+y^2)}{(x+y-1)^2} \quad \text{und} \\ f_y(x,y) &= \frac{2y(x+y-1)-(x^2+y^2)}{(x+y-1)^2}. \end{aligned}$$

Sind beide partiellen Ableitungen Null, so gilt zunächst $2x(x+y-1) = 2y(x+y-1)$ und damit (wegen $x+y-1 \neq 0$ im Definitionsbereich von f) auch $y = x$; dies führt dann auf die Gleichung $2x(2x-1) = 2x^2$ mit den Lösungen $x = 0$ und $x = 1$. Für alle $(x,y) \neq (0,0)$ nahe bei Null gilt offensichtlich $f(x,y) < 0 = f(0,0)$; an der Stelle $(0,0)$ liegt also ein lokales Maximum vor. Für $(u,v) \neq (0,0)$ nahe bei $(0,0)$ gilt ferner

$$\begin{aligned} f(1+u,1+v)-f(1,1) &= \frac{(1+u)^2+(1+v)^2}{(1+u)+(1+v)-1} - 2 \\ &= \frac{u^2+v^2}{1+u+v} > 0, \end{aligned}$$

so daß an der Stelle $(1,1)$ ein lokales Minimum vorliegt. Die Funktion ist entlang der Geraden $y = 1-x$ singulär; Annäherung von der Seite $y < 1-x$ her an den Graphen von f erscheint als das Hineinfahren in eine unendlich tiefe Schlucht, Annäherung von der Seite $y > 1-x$ her als das Zufahren auf eine unendlich steil aufragende Felswand.

Aufgaben zu »Optimierungsaufgaben« siehe Seite 154

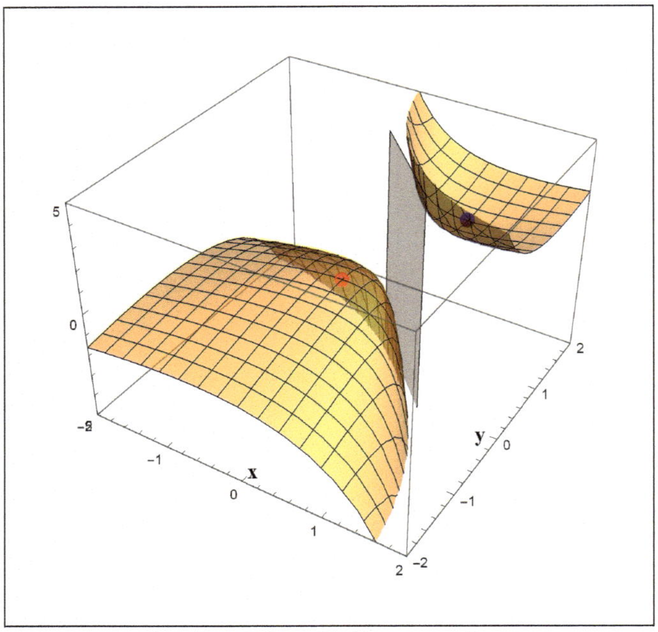

Graph von $f(x,y) = (x^2+y^2)/(x+y-1)$.

(g) Für $f(x,y) = (1+x)(1+y)(x+y)/(x^2y^2)$ erhalten wir mit der Quotientenregel die partiellen Ableitungen

$$f_x(x,y) = -\frac{(1+y)(x+xy+2y)}{x^3y^2} \quad \text{und}$$
$$f_y(x,y) = -\frac{(1+x)(2x+xy+y)}{x^2y^3}.$$

Dafür, daß beide Ableitungen verschwinden, gibt es vier Möglichkeiten. **1. Möglichkeit:** $1+y=0$ und $1+x=0$,also $(x,y)=(-1,-1)$. Es gilt $f(-1,-1)=0$; für (x,y) nahe bei $(-1,-1)$ wird $f(x,y)$ wahlweise positiv oder negativ, je nachdem, ob wir x und y größer oder kleiner als -1 wählen. An der Stelle $(-1,-1)$ liegt also ein Sattelpunkt vor. **2. Möglichkeit:** $1+y=0$ und $2x+xy+y=0$, also $y=-1$ und $x=1$ bzw. $(x,y)=(1,-1)$. Es gilt $f(1,-1)=0$; beliebig nahe bei $(1,-1)$ nimmt f sowohl positive als auch negative Werte an, so daß wieder ein Sattelpunkt vorliegt. **3. Möglichkeit:** $x+xy+2y=0$ und $1+x=0$, also $x=-1$ und $y=1$ bzw. $(x,y)=(-1,1)$. Ähnlich wie bei der dritten Möglichkeit erkennt man wieder, daß ein Sattelpunkt vorliegt. **4. Möglichkeit:** $x+xy+2y=0$ und $2x+xy+y=0$. Subtraktion beider Gleichungen liefert $-x+y=0$, also $y=x$; Einsetzen in eine der beiden Gleichungen zeigt dann $0=3x+x^2=x(3+x)$ und damit $x=0$ oder $x=-3$. Für $x=0$ ist $f(x,y)$ gar nicht definiert; es bleibt die Lösung $(x,y)=(-3,-3)$. Setzen wir $x=-3+u$ und $y=-3+v$, so erhalten wir

$$f(x,y)-f(-3,-3) = \frac{(u-2)(v-2)(u+v-6)}{(u-3)^2(v-3)^2}+\frac{8}{27}$$
$$= \frac{18(u^2+uv+v^2)-21(u^2v+uv^2)+8u^2v^2}{27(u-3)^2(v-3)^2}.$$

Wegen $u^2+uv+v^2 = (u+v/2)^2+3v^2/4 > 0$ für alle $(u,v) \neq (0,0)$ ist dieser Ausdruck positiv für alle (u,v) genügend nahe bei $(0,0)$; also liegt an der Stelle $(-3,-3)$ ein lokales Minimum vor. Da die Funktion f entlang der Koordinatenachsen $x=0$ und $y=0$ singulär ist, hat der Graph von f ein stark zerklüftetes Aussehen.

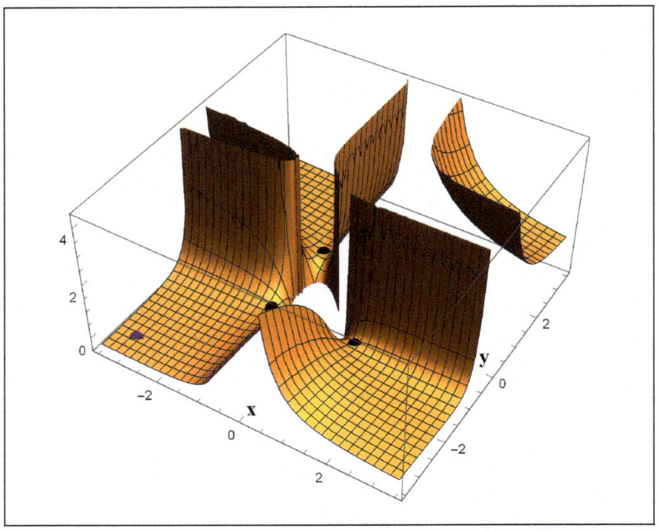

Graph von $f(x,y) = (1+x)(1+y)(x+y)/(x^2y^2)$.

Lösung (95.3) (a) Minima und Maxima *im Innern* von D können nur an solchen Stellen angenommen werden, an denen die beiden partiellen Ableitungen $f_x = y+27/x^2$ und $f_y = x-27/y^2$ verschwinden. Dann ist $y=-27/x^2$ und folglich $0 = x-x^4/27 = (27-x^3)\cdot x/27$, was nur die Möglichkeiten $x=0$ und $x=3$ offenläßt. Die Möglichkeit $x=0$ scheidet aus, weil Punkte der Form $(0,y)$ nicht im Definitionsbereich von f liegen; es bleibt nur $x=3$, was auf $y=-3$ führt. Das einzige mögliche Extremum im Innern von D liegt also an der Stelle $(3,-3)$; es gilt $f(3,-3)=-27$.

Es bleibt noch, die möglichen Randextrema von f zu finden. Dazu unterscheiden wir die vier verschiedenen Teile des Randes. **Unterer Rand:** $y=-4$. Für $h(x) := f(x,-4) = -4x-27/x+27/4$ gilt $h'(x) = -4+27/x^2$ mit den Nullstellen $x = \pm\sqrt{27/4} = \pm 3\sqrt{3}/2$, von denen nur $x = 3\sqrt{3}/2$ in Frage kommt. Es gilt $h(3\sqrt{3}/2) = f(3\sqrt{3}/2,-4) = -12\sqrt{3}-27/4 \approx -27.5346$. **Rechter Rand:** $x=4$. Für $h(y) := f(4,y) = 4y-27/4+27/y$ gilt $h'(y) = 4-27/y^2$ mit den Nullstellen $y = \pm\sqrt{27/4} = \pm 3\sqrt{3}/2$, von denen nur $y=-3\sqrt{3}/2$ in Frage kommt. Es gilt $h(-3\sqrt{3}/2) = f(4,-3\sqrt{3}/2) = -12\sqrt{3}-27/4 \approx -27.5346$. **Oberer Rand:** $y=-2$. Für $h(x) := f(x,-2) = -2x-27/x-27/2$ gilt $h'(x) = -2+27/x^2$ mit den Nullstellen $x = \pm\sqrt{27/2} = \pm 3\sqrt{6}/2$, von denen nur $x = 3\sqrt{6}/2$ in Frage kommt. Es gilt $h(3\sqrt{6}/2) = f(3\sqrt{6}/2,-2) = -6\sqrt{6}-27/2 = -28.1969$. **Linker Rand:** $x=2$. Für $h(y) := f(2,y) = 2y-27/2+27/y$ gilt $h'(y) = 2-27/y^2$ mit den Nullstellen $y = \pm\sqrt{27/2} = \pm 3\sqrt{6}/2$, von denen nur $y = -3\sqrt{6}/2$ in Frage kommt. Es gilt $h(-3\sqrt{6}/2) = f(2,-3\sqrt{6}/2) = -6\sqrt{6}-27/2 \approx -28.1969$. Schließlich bleiben noch die vier Ecken des Definitionsbereichs; an diesen erhalten wir die Funktionswerte $f(2,-4) = -28.25$, $f(4,-4) = -29.5$, $f(4,-2) = -28.25$ und $f(2,-2) = -31$. Die Funktion f nimmt also ihr Minimum (nämlich -31) im Punkt $(2,-2)$ an, ihr Maximum (nämlich -27) im Punkt $(3,-3)$.

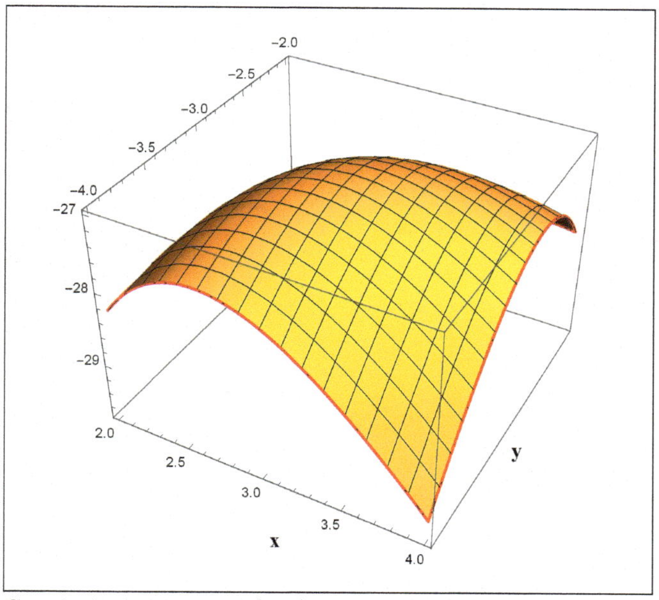

Graph der Funktion $f(x,y) = xy - (27/x) + (27/y)$.

Die Abbildung verdeutlicht, daß f separat im Innern und an den Rändern des Definitionsbereichs untersucht werden muß, weil f an einem Randpunkt ein Maximum oder Minimum annehmen kann, auch wenn in diesem Punkt die partiellen Ableitungen nicht verschwinden.

(b) In einem Maximum oder Minimum *im Innern* des Definitionsbereichs D müssen die partiellen Ableitungen $f_x(x,y) = 3x^2y^2 + 6x = 3x(xy^2+2)$ und $f_y(x,y) = 2x^3y + 16y = 2y(x^3+8)$ verschwinden. Eine Lösung ist $(x,y) = (0,0)$. Ist $y \neq 0$, so folgt aus $f_y = 0$ die Bedingung $x = -2$ und dann aus $f_x = 0$ die Bedingung $y^2 = 1$, also $y = \pm 1$. Wir erhalten also die Kandidaten $(0,0)$, $(-2,1)$ und $(-2,-1)$ als mögliche Minima oder Maxima von f (wobei $(0,0)$ im Innern von D liegt, während die Punkte $(-2,\pm 1)$ gerade auf dem Rand von D liegen); die Funktionswerte an diesen Stellen sind $f(0,0) = 0$ und $f(-2,\pm 1) = 12$. Der Rand von D ist der Kreis um $(0,0)$ mit Radius $r := \sqrt{5}$; das Verhalten von f auf diesem Rand wird also beschrieben durch die Funktion

$$\begin{aligned} F(\varphi) &:= f(r\cos\varphi, r\sin\varphi) \\ &= r^5\cos^3\varphi\sin^2\varphi + 3r^2\cos^2\varphi + 8r^2\sin^2\varphi \\ &= r^5\cos^3\varphi(1-\cos^2\varphi) + 3r^2\cos^2\varphi + 8r^2(1-\cos^2\varphi) \\ &= -r^5\cos^5\varphi + r^5\cos^3\varphi - 5r^2\cos^2\varphi + 8r^2 \end{aligned}$$

mit der Ableitung

$$\begin{aligned} F'(\varphi) &= 5r^5\cos^4\varphi\sin\varphi - 3r^5\cos^2\varphi\sin\varphi + 10r^2\cos\varphi\sin\varphi \\ &= r^2\cos\varphi\sin\varphi(5r^3\cos^3\varphi - 3r^3\cos\varphi + 10) \\ &= 25\cos\varphi\sin\varphi(5\sqrt{5}\cos^3\varphi - 3\sqrt{5}\cos\varphi + 2). \end{aligned}$$

Also verschwindet $F'(\varphi)$ genau dann, wenn entweder $\sin\varphi = 0$ oder $\cos\varphi = 0$ oder aber $5\sqrt{5}\cos^3\varphi - 3\sqrt{5}\cos\varphi + 2 = 0$ gilt. Die letzte Gleichung nimmt unter der Substitution $u := \sqrt{5}\cos\varphi$ die Form $u^3 - 3u + 2 = 0$ bzw. $(u-1)^2(u+2) = 0$ an; dies führt auf die Möglichkeiten $\cos\varphi = 1/\sqrt{5}$ bzw. $\cos\varphi = -2/\sqrt{5}$. Für $\sin\varphi = 0$ (also $\cos\varphi = \pm 1$) ist $F(\varphi) = 15$, für $\cos\varphi = 0$ ist $F(\varphi) = 40$, für $\cos\varphi = 1/\sqrt{5}$ ist $F(\varphi) = 39$ und für $\cos\varphi = -2/\sqrt{5}$ ist schließlich $F(\varphi) = 12$. Der Maximalwert von f ist also 40 und wird an den beiden Randpunkten $(0,\pm\sqrt{5})$ angenommen; der Minimalwert ist 12 und wird an den Stellen $(-2,\pm 1)$ angenommen, die ebenfalls Randpunkte sind.

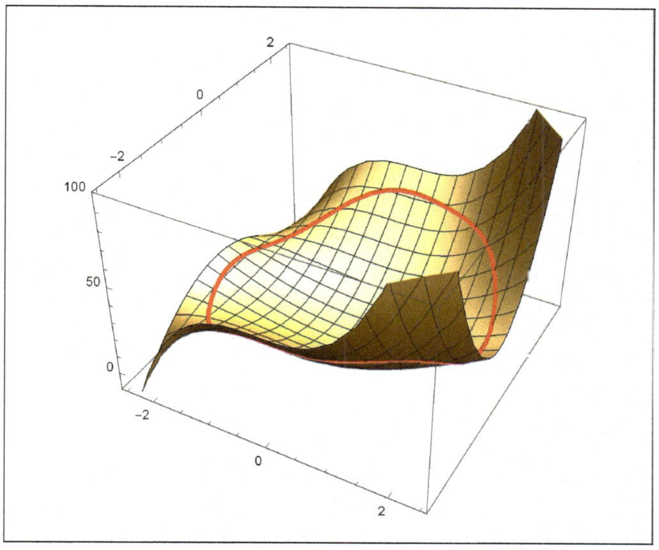

Graph der Funktion $f(x,y) = x^3y^2 + 3x^2 + 8y^2$ sowie von deren Einschränkung auf den Kreis $x^2 + y^2 = 5$.

(c) Man prüft schnell nach, daß f drei kritische Punkte hat, nämlich einen Sattelpunkt an der Stelle $(0,0)$ sowie lokale Minima in den Punkten $(\pm 1, 0)$. Bei dieser Aufgabe ist aber zu beachten, daß das Minimum und das Maximum von f auf einem beschränkten und abgeschlossenen Definitionsbereich D gesucht sind. Die Ermittlung der kritischen Punkte identifiziert nur mögliche Minimal- und Maximalstellen von f im Innern von D, aber hier müssen wir auch die Randextreme bestimmen (bei denen der Gradient von f nicht verschwinden muß). Es sei also $D = \{(x,y) \mid -a \leq x, y \leq a\}$ mit $a > 0$. Der Rand von D besteht aus vier Liniensegmenten:

- der linke Rand L_a besteht aus allen Punkten der Form $(-a,t)$ mit $-a \leq t \leq a$, und es gilt $f(a,t) = a^4 - 2a^2 + t^2$;
- der rechte Rand R_a besteht aus allen Punkten der Form (a,t) mit $-a \leq t \leq a$, und es gilt $f(a,t) = a^4 - 2a^2 + t^2$;
- der untere Rand U_a besteht aus allen Punkten der Form $(t,-a)$ mit $-a \leq t \leq a$, und es gilt $f(t,-a) = t^4 - 2t^2 + a^2 = (t^2-1)^2 + a^2 - 1$;
- der obere Rand O_a besteht aus allen Punkten der Form (t,a) mit $-a \leq t \leq a$, und es gilt $f(t,a) = t^4 - 2t^2 + a^2 = (t^2-1)^2 + a^2 - 1$.

Wir müssen jeweils überprüfen, für welchen Wert von t der angegebene Ausdruck minimal oder maximal wird. Wir stellen die Ergebnisse in der folgenden Tabelle zusammen. (Dabei müssen wir drei Fälle unterscheiden: $a \leq 1$ (Fall A), $1 \leq a \leq \sqrt{2}$ (Fall B) und $a \geq \sqrt{2}$ (Fall C).

Menge	Minimal-stellen	Minimal-wert	Maximal-stellen	Maximal-wert
L_a	$(-a,0)$	a^4-2a^2	$(a,\pm a)$	a^4-a^2
R_a	$(a,0)$	a^4-2a^2	$(-a,\pm a)$	a^4-a^2
$O_a(A)$	$(\pm a,a)$	a^4-a^2	$(0,a)$	a^2
$O_a(B)$	$(\pm 1,a)$	a^2-1	$(0,a)$	a^2
$O_a(C)$	$(\pm 1,a)$	a^2-1	$(\pm a,a)$	a^4-a^2
$U_a(A)$	$(\pm a,-a)$	a^4-a^2	$(0,-a)$	a^2
$U_a(B)$	$(\pm 1,-a)$	a^2-1	$(0,-a)$	a^2
$U_a(C)$	$(\pm 1,-a)$	a^2-1	$(\pm a,-a)$	a^4-a^2

Insgesamt ergeben sich die folgenden Ergebnisse:

- für $a \leq 1$ hat f den Minimalwert a^4-2a^2 (angenommen in $(\pm a,0)$) und den Maximalwert a^2 (angenommen in $(0,\pm a)$);
- für $1 \leq a \leq \sqrt{2}$ hat f den Minimalwert -1 (angenommen in $(\pm 1,0)$) und den Maximalwert a^2 (angenommen in $(0,\pm a)$);
- für $a \geq \sqrt{2}$ hat f den Minimalwert -1 (angenommen in $(\pm 1,0)$) und den Maximalwert a^4-a^2 (angenommen in $(\pm a,\pm a)$, also an den Ecken des betrachteten Quadrats).

Das folgende Diagramm zeigt den Verlauf von f entlang des Randes von D für $a = 1/2$, $a = 1$ und $a = \sqrt{2}$.

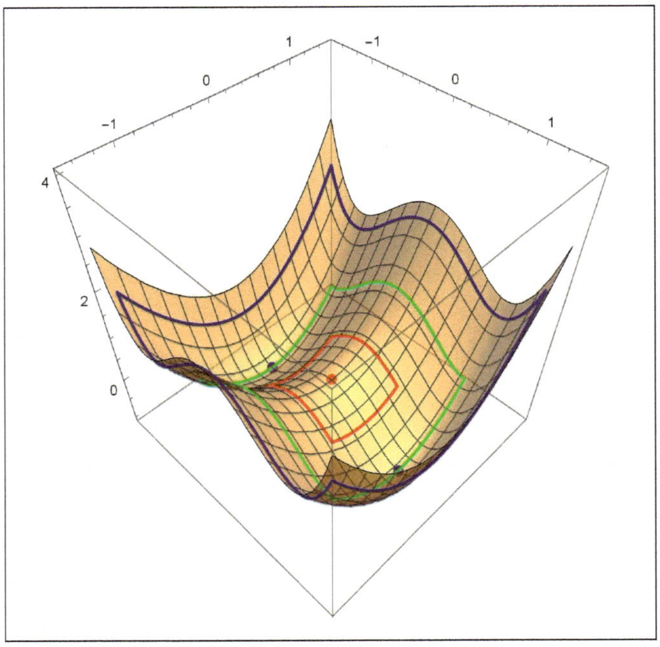

Verlauf von $f(x,y) = x^4 - 2x^2 + y^2$ entlang des Randes von $[-a,a] \times [-a,a]$.

(d) Hier ist die Vorgehensweise ähnlich wie in Teil (c), weswegen wir nicht alle Details ausführen. Das betrachtete Quadrat wird von vier Liniensegmenten begrenzt:

- rechts oben von $\{(ta,\,(1-t)a) \mid 0 \leq t \leq 1\}$,
- links oben von $\{(-ta,\,(1-t)a) \mid 0 \leq t \leq 1\}$,
- links unten von $\{(-ta,-(1-t)a) \mid 0 \leq t \leq 1\}$,
- rechts unten von $\{(ta,-(1-t)a) \mid 0 \leq t \leq 1\}$.

Auf allen vier Liniensegmenten nimmt f die gleichen Werte an, nämlich

$$\begin{aligned} f(\pm ta,\pm(1-t)a) &= t^4a^4 - 2t^2a^2 + (1-t)^2a^2 \\ &= a^2(a^2t^4 - t^2 - 2t + 1) \end{aligned}$$

mit $0 \leq t \leq 1$. Für jedes fest gegebene $a > 0$ müssen wir also das Minimum und das Maximum der Hilfsfunktion $\varphi(t) := a^2t^4 - t^2 - 2t + 1$ im Intervall $0 \leq t \leq 1$ ermitteln. Das folgende Diagramm zeigt den Verlauf von f entlang des Randes des angegebenen Definitionsbereichs D für $a = 1/2$, $a = 1$ und $a = \sqrt{2}$.

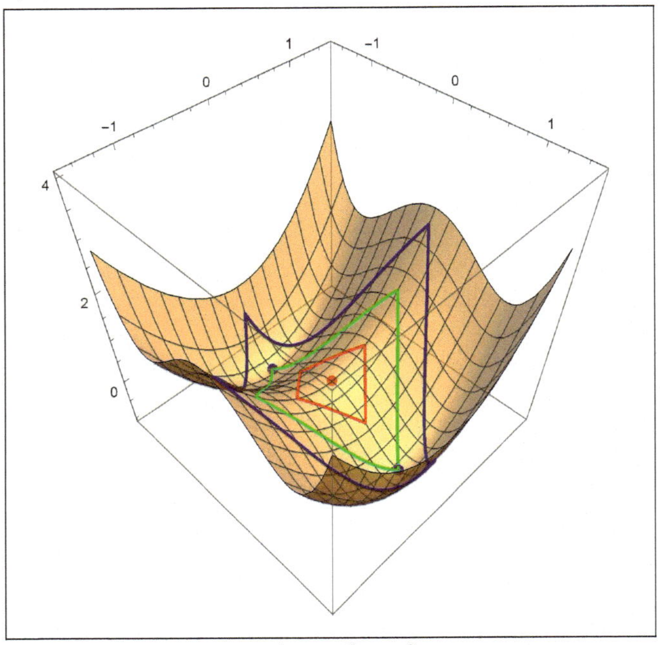

Verlauf von $f(x,y) = x^4 - 2x^2 + y^2$ entlang des Randes von $\{(x,y) \in \mathbb{R}^2 \mid |x| + |y| \leq a\}$.

Lösung (95.4) Wir erhalten die partiellen Ableitungen

$$\begin{aligned} f_x &= yz(1-x-y-z) - xyz &= yz(1-2x-y-z), \\ f_y &= xz(1-x-y-z) - xyz &= xz(1-x-2y-z), \\ f_z &= xy(1-x-y-z) - xyz &= xy(1-x-y-2z). \end{aligned}$$

Dafür, daß alle drei partiellen Ableitungen an der Stelle (x,y) verschwinden, gibt es die folgenden Möglichkeiten.

1. Möglichkeit: $x = y = 0$, $x = z = 0$ oder $y = z = 0$, also alle Punkte, die auf einer der Koordinatenachsen liegen. Für einen solchen Punkt ist $f(x,y,z) = 0$, und man überlegt sich leicht, daß in einer beliebig kleinen Umgebung von (x, y, z) die Funktion f sowohl positive als auch negative Werte annimmt. All diese Punkte sind also Sattelpunkte.

2. Möglichkeit: $x = 1 - y - z = 0$, $y = 1 - x - z = 0$ oder $z = 1 - x - y = 0$, also alle Punkte der Form $(0, t, 1-t)$, $(t, 0, 1-t)$ oder $(t, 1-t, 0)$. Wie bei der 1. Möglichkeit überlegt man sich leicht, daß in jeder noch so kleinen Umgebung eines solchen Punktes die Funktion f sowohl negative also auch positive Werte annimmt. Auch diese Punkte sind also allesamt Sattelpunkte.

3. Möglichkeit: $2x + y + z = 1$, $x + 2y + z = 1$ und $x + y + 2z = 1$; die eindeutige Lösung dieses linearen Gleichungssystems ist $(x, y, z) = (1/4, 1/4, 1/4)$. Um den Charakter dieses kritischen Punktes festzustellen, werten wir die Hessesche Matrix $f''(x, y, z)$, die durch

$$\begin{bmatrix} -2yz & z(1-2x-2y-z) & y(1-2x-y-2z) \\ z(1-2x-2y-z) & -2xz & x(1-x-2y-2z) \\ y(1-2x-y-2z) & x(1-x-2y-2z) & -2xy \end{bmatrix}$$

gegeben ist, an der Stelle $(1/4, 1/4, 1/4)$ aus. Da

$$f''(\frac{1}{4}, \frac{1}{4}, \frac{1}{4}) = \begin{bmatrix} -1/8 & -1/16 & -1/16 \\ -1/16 & -1/8 & -1/16 \\ -1/16 & -1/16 & -1/8 \end{bmatrix} = \frac{-1}{16} \begin{bmatrix} 2 & 1 & 1 \\ 1 & 2 & 1 \\ 1 & 1 & 2 \end{bmatrix}$$

negativ definit ist, liegt an der Stelle $(1/4, 1/4, 1/4)$ ein lokales Maximum vor.

Lösung (95.5) Wir bestimmen zunächst die partiellen Ableitungen

$$\begin{aligned} W_x &= (2ax - 3x^2)t^2 e^{-t} = x(2a - 3x)t^2 e^{-t}, \\ W_t &= x^2(a - x)(2te^{-t} - t^2 e^{-t}) = x^2(a - x)t(2 - t)e^{-t}. \end{aligned}$$

Offensichtlich gilt $W(0, t) = W(a, t) = W(x, 0) = 0$ für alle $t \geq 0$ und alle $x \in [0, a]$, und es gilt $W(x, t) \to 0$ für $t \to \infty$ für jeden festen Wert $0 < x < a$. Ist also T genügend groß gewählt, so muß das Maximum, das W auf der kompakten Menge $[0, a] \times [0, T]$ annimmt, zwangsläufig schon das globale Maximum von W auf dem gesamten Definitionsbereich $[0, a] \times [0, \infty)$ sein. Der einzige kritische Punkt von W mit $0 < x < a$ und $t > 0$ ist nun gegeben durch $(x, t) = (2a/3, 2)$; an dieser Stelle nimmt dann die Funktion W ihr globales Maximum $W(2a/3, 2) = 16a^3/(27e^2) > 0$ an. (Davon, daß an dieser Stelle ein lokales Maximum vorliegt, kann man sich auch durch Betrachtung der Hesse-Matrix überzeugen, aber dieser Schritt ist nicht notwendig.)

Lösung (95.6) Bezeichnen wir mit a und b die Länge und die Breite der Seitenbretter sowie mit φ den Anstellwinkel gegenüber der Vertikalen, so ist das Volumen des Trogs gegeben durch $V = ab^2 \sin\varphi \cos\varphi$; es gilt also

$$(1) \qquad a = \frac{V}{b^2 \sin\varphi \cos\varphi}.$$

Die Gesamtfläche der Wände und des Deckels ist $F = 2b^2 \sin\varphi \cos\varphi + 2ab + 2ab \sin\varphi = 2b^2 \sin\varphi \cos\varphi + 2ab(1 + \sin\varphi)$. Einsetzen des Ausdrucks für a liefert

$$F(b, \varphi) = 2b^2 \sin\varphi \cos\varphi + \frac{2V}{b} \cdot \frac{1 + \sin\varphi}{\sin\varphi \cos\varphi}$$

als zu minimierende Funktion; der Definitionsbereich ist dabei $D := \{(b, \varphi) \mid 0 < b < \infty,\ 0 < \varphi < \pi/2\}$.

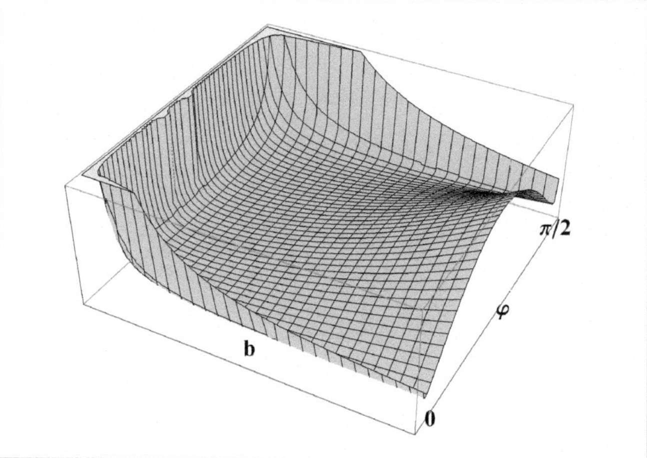

Graph der Funktion F.

Da offensichtlich $F(b, \varphi) \to \infty$ gilt, wenn (b, φ) gegen einen Randpunkt von D geht, ist die Existenz eines globalen Minimums im Innern von D von vornherein gesichert. Um zu sehen, wo dieses Minimum angenommen wird, berechnen wir die partiellen Ableitungen von F und erhalten

$$\frac{\partial F}{\partial b}(b, \varphi) = 4b \sin\varphi \cos\varphi - \frac{2V}{b^2} \cdot \frac{1 + \sin\varphi}{\sin\varphi \cos\varphi}$$

sowie

$$\begin{aligned} \frac{\partial F}{\partial \varphi}(b, \varphi) &= 2b^2(\cos^2\varphi - \sin^2\varphi) \\ &+ \frac{2V}{b} \cdot \frac{\cos^2\varphi \sin\varphi - (1 + \sin\varphi)(\cos^2\varphi - \sin^2\varphi)}{\sin^2\varphi \cos^2\varphi}. \end{aligned}$$

Nullsetzen der partiellen Ableitungen liefert die Gleichungen

$$(2) \qquad 2b^3 \sin^2\varphi \cos^2 = V(1 + \sin\varphi)$$

und

$$(3) \qquad \begin{aligned} &2b^3 \sin^2\varphi \cos^2\varphi(\cos^2\varphi - \sin^2\varphi) = \\ &2V \cdot \big((1 + \sin\varphi)(\cos^2\varphi - \sin^2\varphi) - \cos^2\varphi \sin\varphi\big). \end{aligned}$$

Einsetzen von (2) in (3) zwecks Elimination von b liefert $(1 + \sin\varphi)(\cos^2\varphi - \sin^2\varphi) = 2(1 + \sin\varphi)(\cos^2\varphi - \sin^2\varphi) - 2\cos^2\varphi \sin\varphi$; diese Gleichung kann benutzt werden, um φ zu bestimmen. Wir schreiben $\sigma := \sin\varphi$ und benutzen die Identität $\cos^2 + \sin^2 = 1$, um alle Kosinusterme zu eliminieren; es ergibt sich $(1 + \sigma)(1 - 2\sigma^2) = 2(1 + \sigma)(1 -$

Aufgaben zu »Optimierungsaufgaben« siehe Seite 154

$2\sigma^2) - 2(1-\sigma^2)\sigma$ bzw. $2\sigma(1-\sigma^2) = (1+\sigma)(1-2\sigma^2)$. Ausmultiplizieren liefert $2\sigma - 2\sigma^3 = 1 + \sigma - 2\sigma^2 - 2\sigma^3$, also $2\sigma^2 + \sigma - 1 = 0$. Dies ist eine quadratische Gleichung mit den Lösungen $\sigma_1 = 1/2$ und $\sigma_2 = -1$. Wegen $0 < \varphi < \pi/2$ kommt nur die erste Lösung in Frage; es gilt also $\sin\varphi = 1/2$ und damit $\varphi = 30^0$. Einsetzen in (2) liefert $b = \sqrt[3]{4V}$; anschließendes Einsetzen in (1) ergibt dann $a = \sqrt[3]{4V}/\sqrt{3}$. Die optimale Lösung ist also gegeben durch

$$\varphi = 30^0, \quad b = \sqrt[3]{4V}, \quad a = \sqrt[3]{4V}/\sqrt{3} = b/\sqrt{3}.$$

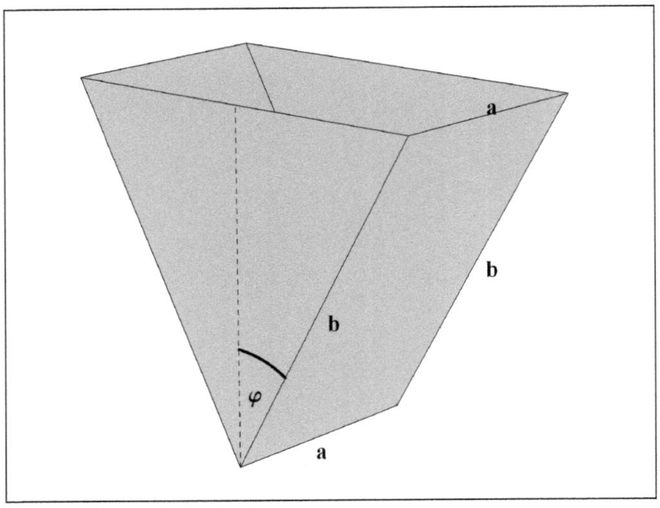

Optimale Gestalt des Trogs.

Lösung (95.7) Die Querschnittsfläche ist

$$A = ab\cos(\varphi) + a^2\sin(\varphi)\cos(\varphi) = bh + h^2\tan(\varphi),$$

so daß

$$b = \frac{A}{h} - h\tan(\varphi)$$

gilt. Ferner ist $h = a\cos(\varphi)$. Der zu minimierende Ausdruck $b + 2a$ ist daher gegeben durch die Funktion

$$F(h,\varphi) := \frac{A}{h} - h\tan\varphi + \frac{2h}{\cos\varphi} = \frac{A}{h} + h\cdot\frac{2-\sin\varphi}{\cos\varphi},$$

die für $h > 0$ und $\varphi \in (0,\pi/2)$ zu betrachten ist. Nullsetzen der partiellen Ableitungen

$$\begin{aligned}\frac{\partial F}{\partial\varphi} &= \frac{-h}{\cos^2\varphi} + \frac{2h\sin\varphi}{\cos^2\varphi} = \frac{h(2\sin\varphi - 1)}{\cos^2\varphi},\\ \frac{\partial F}{\partial h} &= \frac{-A}{h^2} - \tan\varphi + \frac{2}{\cos\varphi} = \frac{-A}{h^2} + \frac{2-\sin\varphi}{\cos\varphi}\end{aligned}$$

führt zunächst auf $\sin\varphi = 1/2$, also $\varphi = 30^0$, und dann auf $A/h^2 = \sqrt{3}$, also $h = \sqrt{A/\sqrt{3}}$. Da die Funktion F wegen $F(h,\varphi) \geq A/h$ und $F(h,\varphi) \geq h$ sowohl für $h \to 0$ als auch für $h \to \infty$ gegen Unendlich geht, liegt dabei zwangsläufig ein globales Minimum vor.

Lösung (95.8) Der Flächeninhalt des Trapezes ist gegeben durch

$$F = a^2\sin\varphi\cos\varphi + ab\cos\varphi.$$

(a) Hier ist $2a + b =: U$ eine vorgegebene Zahl. Der Flächeninhalt als Funktion von a und φ ergibt sich daher zu

$$\begin{aligned}F(a,\varphi) &= a^2\sin\varphi\cos\varphi + a(U-2a)\cos\varphi\\ &= a^2\sin\varphi\cos\varphi + (Ua - 2a^2)\cos\varphi.\end{aligned}$$

Nullsetzen der partiellen Ableitungen

$$\begin{aligned}\frac{\partial F}{\partial a}(a,\varphi) &= 2a\sin\varphi\cos\varphi + (U-4a)\cos\varphi\\ &= \cos\varphi\cdot\big(2a\sin\varphi - (4a-U)\big),\\ \frac{\partial F}{\partial\varphi}(a,\varphi) &= a^2(\cos^2\varphi - \sin^2\varphi) - (Ua-2a^2)\sin\varphi\\ &= a^2(1-2\sin^2\varphi) - (Ua-2a^2)\sin\varphi\end{aligned}$$

führt zunächst auf $2a\sin\varphi = 4a - U$, also

$$(\star) \qquad \sin\varphi = \frac{4a-U}{2a},$$

und dann auf

$$\begin{aligned}0 &= a^2\left(1 - 2\cdot\frac{(4a-U)^2}{4a^2}\right) - (Ua-2a^2)\cdot\frac{4a-U}{2a}\\ &= a^2 - \frac{(4a-U)^2}{2} - (U-2a)\cdot\frac{4a-U}{2}\\ &= a^2 - \frac{4a-U}{2}\cdot(4a-U+U-2a)\\ &= a^2 - (4a-U)a = Ua - 3a^2 = a(U-3a)\end{aligned}$$

und damit $a = U/3$. (Es ist dann auch $b = U - 2a = U/3$.) Setzen wir dies in $(\star)$ ein, so ergibt sich $\sin\varphi = 1/2$ und damit $\varphi = 30^0$.

(b) Wird eine Deckelfläche benötigt, so ist der Gesamtumfang $2a + 2b + 2a\sin\varphi =: U$ vorgegeben, und wir erhalten die Bedingung $b = (U/2) - a - a\sin\varphi$. Die Querschnittsfläche als Funktion von a und φ ergibt sich dann zu $F(a,\varphi) = a^2\sin\varphi\cos\varphi + (U/2)\cdot a\cos\varphi - a^2\cos\varphi - a^2\sin\varphi\cos\varphi$, also

$$F(a,\varphi) = \frac{U}{2}\cdot a\cos\varphi - a^2\cos\varphi.$$

Nullsetzen der partiellen Ableitungen

$$\begin{aligned}\frac{\partial F}{\partial\varphi}(a,\varphi) &= -\frac{U}{2}\cdot a\sin\varphi + a^2\sin\varphi = \frac{a}{2}(2a-U)\sin\varphi,\\ \frac{\partial F}{\partial a}(a,\varphi) &= \frac{U}{2}\cos\varphi - 2a\cos\varphi = \frac{4a-U}{2}\cos\varphi\end{aligned}$$

führt wegen $\cos\varphi \neq 0$ zunächst auf $a = U/4$ und dann auf $\sin\varphi = 0$ und damit $\varphi = 0$. Die optimale Wahl in

Aufgaben zu »Optimierungsaufgaben« siehe Seite 154

diesem Fall ist es also, die Querschnittsfläche des Kanals quadratisch zu wählen.

Lösung (95.9) Wir schreiben $x := \cos\alpha$ und $y := \cos\beta$; die Querschnittsfläche ist dann

$$f(x,y) := x\sqrt{1-x^2} + y\sqrt{1-y^2} + 2x\sqrt{1-y^2}.$$

Gesucht ist das Maximum der Funktion f für $(x,y) \in [0,1] \times [0,1]$. Wir suchen zunächst kritische Punkte von f im Innern dieses Quadrats und berechnen dazu die partiellen Ableitungen

$$\begin{aligned} f_x(x,y) &= \sqrt{1-x^2} - \frac{x^2}{\sqrt{1-x^2}} + 2\sqrt{1-y^2} \\ &= \frac{1-2x^2+2\sqrt{(1-x^2)(1-y^2)}}{\sqrt{1-x^2}} \end{aligned}$$

und

$$\begin{aligned} f_y(x,y) &= \sqrt{1-y^2} - \frac{y^2}{\sqrt{1-y^2}} - \frac{2xy}{\sqrt{1-y^2}} \\ &= \frac{1-2y^2-2xy}{\sqrt{1-y^2}}. \end{aligned}$$

Nullsetzen der partiellen Ableitungen führt auf das Gleichungssystem

$$\begin{aligned} \sqrt{1-x^2}\cdot\sqrt{1-y^2} &= x^2-(1/2), \\ y^2+xy-(1/2) &= 0. \end{aligned}$$

Auflösen der zweiten Gleichung nach x liefert

$$x = \frac{1}{2y} - y \quad \text{bzw.} \quad x^2 = \frac{1}{4y^2} - 1 + y^2.$$

Einsetzen dieses Zusammenhangs in die erste Gleichung und anschließendes Quadrieren liefert

$$\left(2 - \frac{1}{4y^2} - y^2\right)(1-y^2) = \left(\frac{1}{4y^2} - \frac{3}{2} + y^2\right)^2.$$

Wir multiplizieren mit $(4y^2)^2$ durch, um alle Nenner verschwinden zu lassen, und erhalten

$$(8y^2-1-4y^4)(4y^2-4y^4) = (1-6y^2+4y^4)^2.$$

Ausmultiplizieren und Zusammenfassen führt auf $8y^4 - 8y^2 + 1$ bzw.

$$y^4 - y^2 + \frac{1}{8} = 0.$$

Hieraus ergibt sich

$$y^2 = \frac{1}{2} \pm \sqrt{\frac{1}{8}} = \frac{\sqrt{2}\pm 1}{2\sqrt{2}}.$$

Da y nicht negativ sein kann, erhalten wir die beiden Lösungen

$$y_1 = \sqrt{\frac{\sqrt{2}-1}{2\sqrt{2}}} \quad \text{und} \quad y_2 = \sqrt{\frac{\sqrt{2}+1}{2\sqrt{2}}}.$$

Einsetzen in die Gleichung $x = 1/(2y) - y$ liefert die zugehörigen x-Werte

$$x_1 = \sqrt{\frac{\sqrt{2}+1}{2\sqrt{2}}} \quad \text{und} \quad x_2 = -\sqrt{\frac{\sqrt{2}-1}{2\sqrt{2}}}$$

da x von seiner Bedeutung her nicht negativ sein kann, erhalten wir $(x,y) = (x_1,y_1)$ als einzigen kritischen Punkt von f. Die optimal gewählten Winkel sind also

$$\begin{aligned} \alpha &= \arccos\sqrt{\frac{\sqrt{2}+1}{2\sqrt{2}}} = 22.5^0 \quad \text{und} \\ \beta &= \arccos\sqrt{\frac{\sqrt{2}-1}{2\sqrt{2}}} = 67.5^0. \end{aligned}$$

(Hierbei handelt es sich um exakte, nicht um gerundete Werte!)

Lösung (95.10) Mit den Bezeichnungen der Skizze in der Aufgabenstellung ist der Umfang gegeben durch $U = 2h + 2x + 2x\cos\theta$, so daß wir

$$(1) \qquad 2h = U - 2x - 2x\cos\theta$$

erhalten. Der Flächeninhalt ist $F = h\cdot 2x\cos\theta + (1/2)\cdot 2x\cos\theta \cdot x\sin\theta$, unter Benutzung von (1) also

$$\begin{aligned} F &= (U-2x-2x\cos\theta)x\cos\theta + x^2\sin\theta\cos\theta \\ &= Ux\cos\theta - 2x^2\cos\theta - 2x^2\cos^2\theta + x^2\sin\theta\cos\theta. \end{aligned}$$

Diese Funktion ist bezüglich x und θ zu maximieren, wobei wir aufgrund der Aufgabenstellung $0 \le \theta \le \pi/2$ und $0 \le x \le U/2$ voraussetzen dürfen. (Da $D := [0,\pi/2] \times [0,U/2]$ eine abgeschlossene und beschränkte Menge ist, ist von vornherein klar, daß die stetige Funktion F auf D ein Maximum annimmt.)

Es ergeben sich die partiellen Ableitungen

$$\begin{aligned} F_x &= U\cos\theta - 4x\cos\theta - 4x\cos^2\theta + 2x\sin\theta\cos\theta), \\ F_\theta &= -Ux\sin\theta + x^2\big(2\sin\theta + 4\sin\theta\cos\theta + 1 - 2\sin^2\theta\big). \end{aligned}$$

Nullsetzen von F_x führt auf

$$(2) \qquad U\cos\theta = x\big(4\cos\theta + 4\cos^2\theta - 2\sin\theta\cos\theta\big);$$

Nullsetzen von F_θ auf $x = 0$ oder

$$(3) \qquad U\sin\theta = x(2\sin\theta + 4\sin\theta\cos\theta + 1 - 2\sin^2\theta).$$

Aufgaben zu »Optimierungsaufgaben« siehe Seite 154

Die Lösung $x = 0$ liefert $F = 0$ und damit nicht das gesuchte Maximum. Wir eliminieren x aus den Gleichungen (2) und (3) und schreiben kurz $C := \cos\theta$ und $S := \sin\theta$; es ergibt sich

$$C(2S + 4SC + 1 - 2S^2) = S(4C + 4C^2 - 2SC)$$

und nach Ausmultiplizieren und Zusammenfassen dann $0 = 2SC - C = C(2S-1)$. (Daß sich U herauskürzen würde, war von vornherein klar, denn die optimale Gestalt der Fassade – und damit insbesondere die optimale Wahl des Winkels θ – muß skalierungsinvariant sein.) Die Lösung $C = 0$, also $\cos\theta = 0$, führt wieder auf $F = 0$; es bleibt nur die Lösung $S = 1/2$, also $\sin\theta = 1/2$ bzw. $\theta = 30^0$. Setzen wir dies in (2) oder (3) ein, so ergibt sich

$$x = \frac{U}{3+2\sqrt{3}} = \frac{2\sqrt{3}-3}{3}\cdot U$$

und aus (1) dann $h = U\cdot(3-\sqrt{3})/6$. Als charakteristischer Wert für die Gestalt der Fassade ergibt sich

$$\frac{\text{Höhe des Dachgeschosses}}{\text{Höhe des Erdgeschosses}} = \frac{x\sin\theta}{h} = \frac{x/2}{h} = \frac{\sqrt{3}-1}{2}.$$

(Der numerische Wert ist $(\sqrt{3}-1)/2 \approx 0.366025$.)

Lösung (95.11) Bei dieser Aufgabe kann man die Lösung fast raten: Es wird optimal sein, die Notrufsäulen möglichst gleichmäßig entlang der Straße zu positionieren. Man sollte also (wie bei anderen Aufgaben auch!) vor der Durchführung der Rechnung zunächst einmal überlegen, welche Lösung man erwartet.

Wir identifizieren die Straße mit dem Intervall $[0,\ell]$ und bezeichnen mit $0 \le x_1 \le x_2 \le \cdots \le x_n \le \ell$ die Positionen der Notrufsäulen. Für jedes der Teilintervalle $[0,x_1]$, $[x_i,m_i]$ und $[m_i,x_{i+1}]$ (wobei $m_i := (x_i+x_{i+1})/2$) mit $1 \le i \le n-1$ sowie $[x_n,\ell]$ berechnen wir das Produkt aus der Wahrscheinlichkeit, daß sich eine gegebene Person (unter Annahme der Gleichverteilung entlang der Straße) in dem betrachteten Intervall befindet, und dem durchschnittlichen Weg zur nächsten Notrufsäule in diesem Intervall; dies liefert $(x_1/\ell)\cdot(x_1/2) = x_1^2/(2\ell)$ für das Intervall $[0,x_1]$, weiter $\big((x_{i+1}-x_i)/(2\ell)\big)\cdot(x_{i+1}-x_i)/4 = (x_{i+1}-x_i)^2/(8\ell)$ für jedes der Teilintervalle $[x_i,m_i]$ und $[m_i,x_{i+1}]$ und schließlich $\big((\ell-x_n)/\ell\big)\cdot(\ell-x_n)/2$ für das Intervall $[x_n,\ell]$. Die zu minimierende Funktion ist dann gerade die Summe all dieser Ausdrücke, also

$$F(x_1,\ldots,x_n) := \frac{1}{2\ell}\left(x_1^2 + \sum_{i=1}^{n-1}\frac{(x_{i+1}-x_i)^2}{2} + (\ell-x_n)^2\right).$$

Da der Faktor $1/(2\ell)$ für die Minimierung keine Rolle spielt, können wir genausogut die Funktion

$$f(x_1,\ldots,x_n) := x_1^2 + \sum_{i=1}^{n-1}\frac{(x_{i+1}-x_i)^2}{2} + (\ell-x_n)^2$$

minimieren. Nullsetzen der partiellen Ableitungen

$$\begin{aligned}(\partial_1 f)(x_1,\ldots,x_n) &= 2x_1 - (x_2-x_1),\\ (\partial_i f)(x_1,\ldots,x_n) &= (x_i-x_{i-1}) - (x_{i+1}-x_i),\\ (\partial_n f)(x_1,\ldots,x_n) &= (x_n-x_{n-1}) - 2(\ell-x_n),\end{aligned}$$

also

$$\begin{aligned}(\partial_1 f)(x_1,\ldots,x_n) &= 3x_1 - x_2,\\ (\partial_i f)(x_1,\ldots,x_n) &= -x_{i-1} + 2x_i - x_{i+1},\\ (\partial_n f)(x_1,\ldots,x_n) &= -x_{n-1} + 3x_n - 2\ell\end{aligned}$$

(wobei $2 \le i \le n-1$) führt auf die Gleichungen

$$\begin{aligned}x_2 &= 3x_1,\\ x_3 &= -x_1 + 2x_2 = 5x_1,\\ x_4 &= -x_2 + 2x_3 = 7x_1,\\ &\vdots\\ x_n &= -x_{n-2} + 2x_{n-1} = (2n-1)x_1,\\ 2\ell &= 3x_n - x_{n-1} = 4n\cdot x_1.\end{aligned}$$

Mit $a := \ell/n$ gilt also $x_1 = a/2$, dann $x_{i+1} - x_i = 2x_1 = a$ für $1 \le i \le n-1$ sowie $x_n = (2n-1)\cdot a/2 = \ell - a/2$.

Lösung (95.12) Die Punkte auf P sind genau die Punkte der Form (a, a^2+1), die Punkte auf G die Punkte der Form $(2b, b)$; wir müssen also $a, b \in \mathbb{R}$ so finden, daß die Funktion

$$f(a,b) := (a-2b)^2 + (a^2+1-b)^2$$

(die das Quadrat des Abstandes zwischen den Punkten (a, a^2+1) und $(2b, b)$ angibt) minimal wird. Wir erhalten die partiellen Ableitungen

$$\begin{aligned}\frac{\partial f}{\partial a} &= 2(a-2b) + 2(a^2+1-b)\cdot 2a,\\ \frac{\partial f}{\partial b} &= 2(a-2b)\cdot(-2) + 2(a^2+1-b)\cdot(-1);\end{aligned}$$

Nullsetzen führt auf

(1) $\quad a - 2b + 2a(a^2+1-b) = 0,$

(2) $\quad 2(a-2b) + (a^2+1-b) = 0.$

Aus (2) folgt

(3) $\quad a^2 + 1 - b = -2(a-2b);$

Einsetzen in (1) liefert dann $0 = a - 2b - 4a(a-2b) = (a-2b)(1-4a)$ und damit $a = 2b$ oder $a = 1/4$. Einsetzen der ersten Möglichkeit in (3) liefert $4b^2 - b + 1 = 0$;

da diese Gleichung keine reelle Lösung hat, bleibt nur die zweite Möglichkeit $a = 1/4$. Einsetzen in (3) liefert $(17/16) - b = 4b - (1/2)$ und damit $5b = 25/16$, also $b = 5/16$. Die Funktion f hat also nur einen einzigen kritischen Punkt, nämlich $(a, b) = (1/4,\ 5/16)$. Wegen $f(a, b) \to \infty$ für $(a, b) \to \infty$ (genaue Begründung?) besitzt f zwangsläufig ein (sogar globales) Minimum (genaue Begründung?); also liegt an der Stelle $(a, b) = (1/4,\ 5/16)$ ein globales Minimum vor. Der kürzeste Abstand wird also zwischen den Punkten $(a, a^2 + 1) = (1/4,\ 17/16)$ und $(2b, b) = (5/8,\ 5/16)$ angenommen.

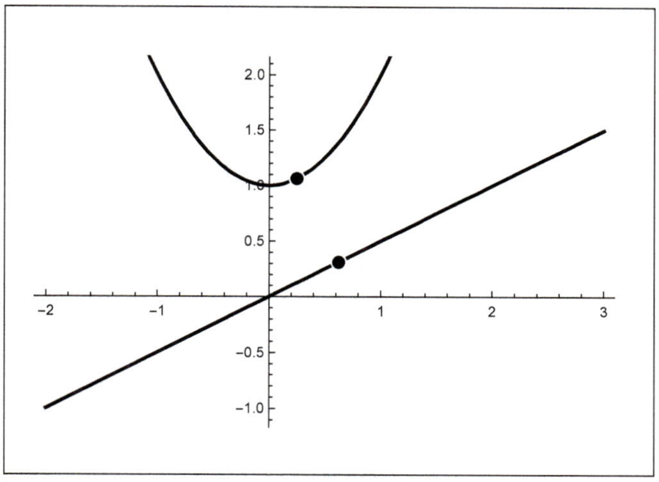

Lösung (95.13) Der (obere) Rand des Festlandes ist der Graph der Funktion $f(x) := -(x^2 - 1)^2$; der untere Rand der Insel ist der Graph der Funktion $g(x) := \eta - \sqrt{1 - x^2}$; der Abstand zwischen zwei Punkten $\big(a, f(a)\big)$ und $\big(b, f(b)\big)$ ist dann die Quadratwurzel aus

$$F(a, b) \ := \ (a - b)^2 + \big(f(a) - g(b)\big)^2,$$

und statt des Abstandes können wir genausogut die Funktion F minimieren, und zwar über alle Paare (a, b) mit $a \in \mathbb{R}$ und $-1 \le b \le 1$; wegen $F(a, b) \to \infty$ für $a \to \pm\infty$ ist dabei die Existenz eines globalen Minimums von vornherein gesichert. Die partiellen Ableitungen von F sind

$$\begin{aligned} \partial F/\partial a &= 2(a - b) + 2\big(f(a) - g(b)\big) \cdot f'(a), \\ \partial F/\partial b &= -2(a - b) - 2\big(f(a) - g(b)\big) \cdot g'(b). \end{aligned}$$

Nullsetzen liefert $\big(f(a) - g(b)\big)f'(a) = b - a = \big(f(a) - g(b)\big)g'(b)$. Der Trivialfall $f(a) = g(b)$ (und damit $a = b$) entfällt, da sich die beiden Ufer natürlich nicht berühren; es folgt dann $f'(a) = g'(b)$. Zu lösen ist also das System der folgenden beiden Gleichungen:

$$f'(a) = g'(b), \quad \big(f(a) - g(b)\big) \cdot f'(a) = b - a.$$

Bisher waren unsere Überlegungen ganz allgemein; jetzt betrachten wir speziell die gegebenen Funktionen $f(x) = -(x^2 - 1)^2$ und $g(x) = \eta - \sqrt{1 - x^2}$. Die Gleichung $f'(a) = g'(b)$ lautet dann $-4a(a^2 - 1) = b/\sqrt{1 - b^2}$, also $-4a(a^2 - 1)\sqrt{1 - b^2} = b$; die Gleichung $b - a = f'(a)\big(f(a) - g(b)\big)$ geht über in

$$\begin{aligned} b - a &= -4a(a^2 - 1)\Big[-(a^2 - 1)^2 - \eta + \sqrt{1 - b^2}\Big] \\ &= 4a(a^2 - 1)^3 + 4a\eta(a^2 \ - 1) + b \end{aligned}$$

bzw. $a(4U^3 + 4\eta U + 1) = 0$ mit $U := a^2 - 1$. Eine Lösung ist $a = 0$ (und damit $b = 0$); es ist geometrisch klar (und wird sich später auch rechnerisch ergeben), daß diese Lösung ein lokales Maximum für die Brückenlänge liefert. Die andere Möglichkeit ist $4U^3 + 4\eta U + 1 = 0$, also $16U^3 + 15U + 4 = 0$; durch Durchprobieren der möglichen rationalen Lösungen erhält man die Lösung $U = -1/4$, und Polynomdivision liefert dann die Zerlegung $16U^3 + 15U + 4 = (4U + 1)(4U^2 - U + 4)$, die zeigt, daß außer $U = -1/4$ keine Lösungen existieren. Die Gleichung $U = -1/4$ bedeutet nun $a^2 = 3/4$, also $a = \pm\sqrt{3/4}$. Einsetzen in die Gleichung $-4a(a^2 - 1)\sqrt{1 - b^2} = b$ liefert $a\sqrt{1 - b^2} = b$ (damit hat b das gleiche Vorzeichen wie a) und nach Quadrieren dann $3(1 - b^2) = 4b^2$, also $3 = 7b^2$ bzw. $b^2 = 3/7$. Wir erhalten also außer $(a, b) = (0, 0)$ die beiden Lösungen $(a, b) = \pm(\sqrt{3/4}, \sqrt{3/7}) \approx \pm(0.866025,\ 0.654654)$. Die erste Lösung liefert die Brückenlänge $\sqrt{F(0, 0)} = |\eta| = 0.9375$; die beiden anderen Lösungen liefern die Brückenlänge $\sqrt{F(\pm\sqrt{3/4}, \pm\sqrt{3/7})} = \sqrt{(11/4) - \sqrt{7}} \approx 0.322876$. Da wegen der Stetigkeit von F die Existenz von Minima und Maxima von vornherein gesichert ist, handelt es sich bei der ersten Lösung um ein lokales Maximum, bei den beiden anderen Lösungen jeweils um ein lokales Minimum. (Daß es zwei Lösungen geben würde, war aus Symmetriegründen von Anfang an klar.)

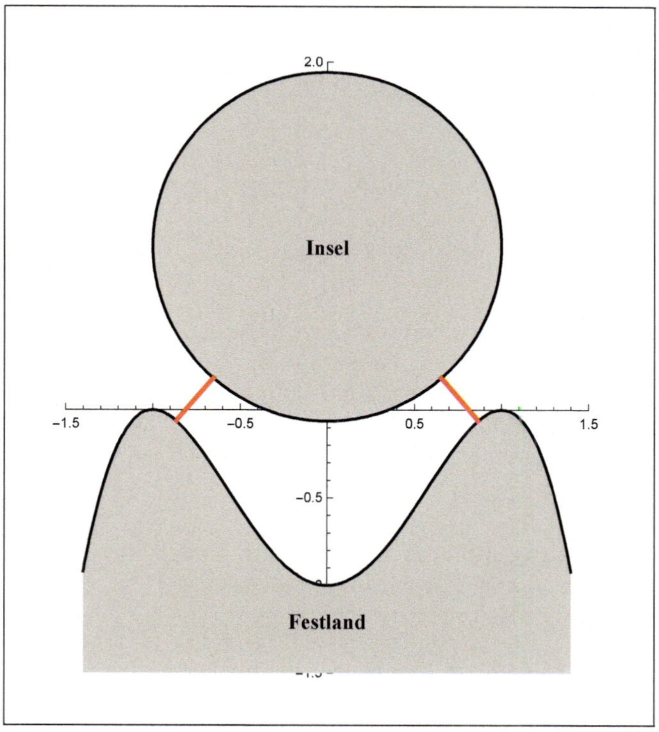

Kürzestmögliche geradlinige Verbindungen zwischen Festland und Insel.

Aufgaben zu »Optimierungsaufgaben« siehe Seite 154

Lösung (95.14) Der Flächeninhalt des Trapezes ist gegeben durch $F(a,b) = \frac{1}{2}\big(f(a)+f(b)\big)\cdot(b-a)$, wenn wir $a \le b$ voraussetzen. Nullsetzen der partiellen Ableitungen dieser Funktion liefert die Bedingungen

$$\begin{aligned} 0 &= f'(a)(b-a) - \big(f(a)+f(b)\big), \\ 0 &= f'(b)(b-a) + \big(f(a)+f(b)\big). \end{aligned}$$

Durch Addition beider Gleichungen und Division durch a ergibt sich

$$\begin{aligned} (1)\quad 0 &= 3b^2 - 2b + 3a^2 - 2a \quad \text{und} \\ (2)\quad 0 &= b^3 - b^2 + (2a-3a^2)b + (4a^3-3a^2), \end{aligned}$$

die ein System von zwei Polynomgleichungen bilden. Fassen wir nur b als Unbekannte auf, so muß die Resultante

$$\begin{aligned} &\det\begin{bmatrix} 3 & -2 & 3a^2-2a & 0 & 0 \\ 0 & 3 & -2 & 3a^2-2a & 0 \\ 0 & 0 & 3 & -2 & 3a^2-2a \\ 1 & -1 & 2a-3a^2 & 4a^3-3a^2 & 0 \\ 0 & 1 & -1 & 2a-3a^2 & 4a^3-3a^2 \end{bmatrix} \\ &= 864a^6 - 1728a^5 + 1152a^4 - 288a^3 + 24a^2 \\ &= 24a^2(1-6a+6a^2)^2 \end{aligned}$$

verschwinden; dies führt auf die Möglichkeiten $a = 0$ und $a = (3\pm\sqrt{3})/6$. (Diese Rechnung wurde in Beispiel (36.31) des Buches ausgeführt.) Aus $a = 0$ folgt mit (1) und (2) sofort $b = 0$. Für $a = (3+\sqrt{3})/6$ liefert (1) zunächst die beiden Möglichkeiten $6b = 2 \pm \sqrt{4-2\sqrt{3}} = 2 \pm (1-\sqrt{3})$, also $b = (3-\sqrt{3})/6$ oder $b = (1+\sqrt{3})/6$; von diesen beiden Werten erfüllt aber nur der erste auch Bedingung (2). Analog liefert für $a = (3-\sqrt{3})/6$ Gleichung (1) zunächst die beiden Möglichkeiten $6b = 2 \pm \sqrt{4+2\sqrt{3}} = 2 \pm (1+\sqrt{3})$, also $b = (3+\sqrt{3})/6$ oder $b = (1-\sqrt{3})/6$; von diesen beiden Werten erfüllt aber wieder nur der erste auch Bedingung (2). Die Gleichungen (1) und (2) haben also die folgenden Lösungen:

$$(a,b) = (0,0), \quad (a,b) = \left(\frac{3+\sqrt{3}}{6}, \frac{3-\sqrt{3}}{6}\right),$$
$$(a,b) = \left(\frac{3-\sqrt{3}}{6}, \frac{3+\sqrt{3}}{6}\right).$$

Da $a \le b$ gelten muß, ist die letzte Lösung diejenige, nach der in der Aufgabe gefragt ist. Um den Flächeninhalt des Trapezes zu maximieren, müssen wir also $a = (3-\sqrt{3})/6 \approx 0.211325$ und $b = (3+\sqrt{3})/6 \approx 0.788675$ wählen; der Flächeninhalt selbst ist dann $F(a,b) = \sqrt{3}/36 \approx 0.0481125$.

Lösung (95.15) Der gesuchte Punkt ist von der Form (x, y, x^2+y^2); sein Abstand zu $(1,1,3)$ ist

$$\sqrt{(x-1)^2 + (y-1)^2 + (x^2+y^2-3)^2} := d(x,y).$$

Statt d können wir genausogut die Funktion $f := (1/2)d^2$ minimieren, die rechnerisch etwas bequemer zu handhaben ist. Wir erhalten

$$f(x,y) = (1/2)\big((x-1)^2 + (y-1)^2 + (x^2+y^2-3)^2\big).$$

Offensichtlich gilt $f(x,y) \to \infty$ für $(x,y) \to \infty$; es gibt also eine hinreichend große abgeschlossene Kreisscheibe K um den Nullpunkt derart, daß außerhalb von K nur Werte größer als (beispielsweise) $f(0,0) = 11/2$ angenommen werden. Da die stetige Funktion f auf der abgeschlossenen und beschränkten Menge K ein Minimum annehmen muß und das Minimum von $f\,|_K$ nach Konstruktion schon das Minimum von f auf ganz $\mathbb{R}^2$ ist, ist damit die Existenz eines globalen Minimums von vornherein gesichert. Nullsetzen der partiellen Ableitungen liefert

$$\begin{aligned} 0 &= f_x(x,y) = (x-1) + (x^2+y^2-3)\cdot 2x, \\ 0 &= f_y(x,y) = (y-1) + (x^2+y^2-3)\cdot 2y. \end{aligned}$$

Wir multiplizieren die erste Gleichung mit y, die zweite mit x und subtrahieren dann die beiden Gleichungen; es ergibt sich $0 = y(x-1) - x(y-1) = x - y$, also $y = x$. Setzen wir dies in die erste Gleichung ein, so ergibt sich $0 = x - 1 + 2x(2x^2-3) = 4x^3 - 5x - 1$. Eine Lösung ist $x_1 = -1$. Um weitere Lösungen zu finden, führen wir die Polynomdivision $(4x^3-5x-1) : (x+1)$ durch und erhalten $4x^2 - 4x - 1$ und damit die weiteren Lösungen $x_2 = (1+\sqrt{2})/2$ und $x_3 = (1-\sqrt{2})/2$. Die Funktion f hat also genau die drei kritischen Punkte (x_i, x_i) mit $1 \le i \le 3$. Wegen $f(x_1,x_1) = 9/2 = 4.5$ sowie $f(x_2,x_2) = (23-16\sqrt{2})/8 \approx 0.0465729$ und $f(x_3,x_3) = (23+16\sqrt{2})/8 \approx 5.70343$ wird das Minimum im Punkt (x_2,x_2) angenommen. Der kürzeste Abstand eines Punktes auf der Fläche $z = x^2+y^2$ wird also im Punkt $\big((1+\sqrt{2})/2, (1+\sqrt{2})/2, (3+2\sqrt{2})/2\big)$ angenommen und beträgt $d(x_2,x_2) \approx 0.305198$.

Lösung (95.16) Wir erhalten $\sum_i x_i = 1.2$, $\sum_i x_i^2 = 5.84$, $\sum_i y_i = -4.204$ und $\sum_i x_i y_i = 3.0688$; die Koeffizienten a und b der Ausgleichsparabel $y = ax+b$ ergeben sich dann zu

$$\begin{bmatrix} a \\ b \end{bmatrix} = \begin{bmatrix} 5.84 & 1.2 \\ 1.2 & 12 \end{bmatrix}^{-1} \begin{bmatrix} 3.0688 \\ -4.2040 \end{bmatrix} = \begin{bmatrix} 0.610000 \\ -0.411333 \end{bmatrix}.$$

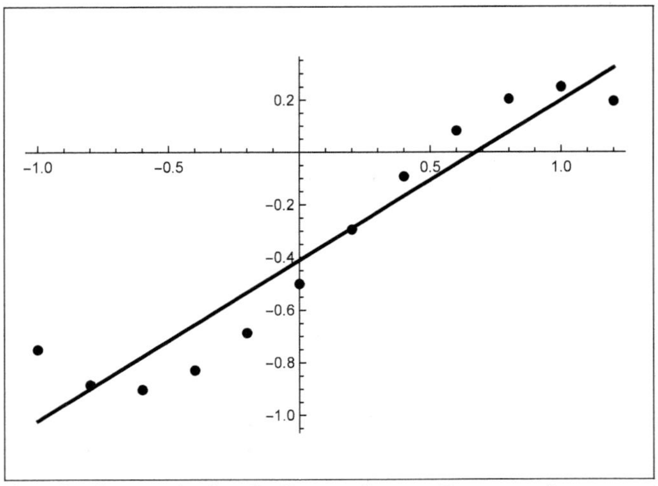

Ausgleichsgerade durch die gegebenen Datenpunkte.

Aufgaben zu »Optimierungsaufgaben« siehe Seite 154

Lösung (95.17) (a) Zu minimieren ist die Funktion $F(a,b,c) := \sum_{i=1}^n (ax_i^2 + bx_i + c - y_i)^2$; dabei ist die Existenz eines globalen Minimums wegen $F(a,b,c) \to \infty$ für $\|(a,b,c)\| \to \infty$ von vornherein gesichert. Nullsetzen der partiellen Ableitungen

$$\begin{aligned}(\partial F/\partial a)(a,b,c) &= 2\sum\nolimits_{i=1}^n (ax_i^2 + bx_i + c - y_i)\cdot x_i^2,\\ (\partial F/\partial b)(a,b,c) &= 2\sum\nolimits_{i=1}^n (ax_i^2 + bx_i + c - y_i)\cdot x_i,\\ (\partial F/\partial c)(a,b,c) &= 2\sum\nolimits_{i=1}^n (ax_i^2 + bx_i + c - y_i)\cdot 1\end{aligned}$$

führt auf das lineare Gleichungssystem

$$\begin{bmatrix}\sum_{i=1}^n x_i^4 & \sum_{i=1}^n x_i^3 & \sum_{i=1}^n x_i^2\\ \sum_{i=1}^n x_i^3 & \sum_{i=1}^n x_i^2 & \sum_{i=1}^n x_i\\ \sum_{i=1}^n x_i^2 & \sum_{i=1}^n x_i & n\end{bmatrix}\begin{bmatrix}a\\ b\\ c\end{bmatrix} = \begin{bmatrix}\sum_{i=1}^n y_i x_i^2\\ \sum_{i=1}^n y_i x_i\\ \sum_{i=1}^n y_i\end{bmatrix},$$

dessen Lösung (a,b,c) das gesuchte Minimum liefert. (Das Gleichungssystem besitzt genau dann eine eindeutige Lösung, wenn mindestens drei der x_i paarweise verschieden sind; dies ergibt sich daraus, daß sich die Koeffizientenmatrix des Gleichungssystems in der Form

$$\begin{bmatrix}x_1^2 & x_2^2 & \cdots & x_n^2\\ x_1 & x_2 & \cdots & x_n\\ 1 & 1 & \cdots & 1\end{bmatrix}\begin{bmatrix}x_1^2 & x_1 & 1\\ x_2^2 & x_2 & 1\\ \vdots & \vdots & \vdots\\ x_n^2 & x_n & 1\end{bmatrix}$$

schreiben läßt und daher genau dann den vollen Rang 3 hat, wenn die genannte Bedingung erfüllt ist.)

(b) Über die bereits in der vorigen Aufgabe ermittelten Werte hinaus erhalten wir $\sum_i x_i^3 = 1.728$, $\sum_i x_i^4 = 5.2064$ und $\sum_i x_i y_i^2 = -1.13456$; die Koeffizienten a, b und c der Ausgleichsparabel $y = ax^2 + bx + c$ ergeben sich dann zu

$$\begin{bmatrix}a\\ b\\ c\end{bmatrix} = \begin{bmatrix}5.2064 & 1.728 & 5.84\\ 1.728 & 5.84 & 1.2\\ 5.84 & 1.2 & 12\end{bmatrix}^{-1}\begin{bmatrix}-1.13456\\ 3.06880\\ -4.20400\end{bmatrix} = \begin{bmatrix}0.100\\ 0.590\\ -0.458\end{bmatrix}.$$

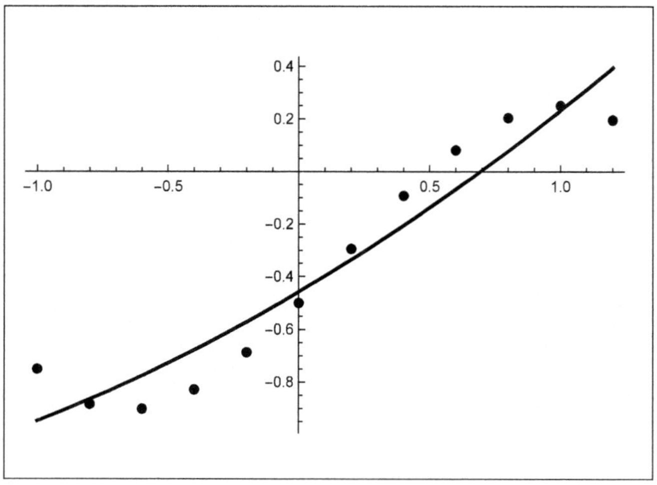

Ausgleichsparabel durch die gegebenen Datenpunkte.

Lösung (95.18) (a) Es sei $(\cos\varphi, \sin\varphi)^T$ ein Richtungsvektor der gesuchten Geraden g; diese hat dann die Form $y\cos\varphi - x\sin\varphi = d$ mit einer noch zu bestimmenden Konstanten d. Die Orthogonalprojektion eines Datenpunktes (x_i, y_i) auf g ist derjenige Punkt (ξ_i, η_i), der auf g liegt (also die Gleichung $\eta_i\cos\varphi - \xi_i\sin\varphi = d$ erfüllt) und für den der Differenzvektor $(x_i - \xi_i, y_i - \eta_i)^T$ ein Vielfaches des Normalenvektors $(-\sin\varphi, \cos\varphi)^T$ ist (für den also ein $\lambda_i \in \mathbb{R}$ existiert mit $x_i - \xi_i = -\lambda_i\sin\varphi$ und $y_i - \eta_i = \lambda_i\cos\varphi$). Dies führt auf

$$\begin{bmatrix}-\sin\varphi & \cos\varphi & 0\\ 1 & 0 & -\sin\varphi\\ 0 & 1 & \cos\varphi\end{bmatrix}\begin{bmatrix}\xi_i\\ \eta_i\\ \lambda_i\end{bmatrix} = \begin{bmatrix}d\\ x_i\\ y_i\end{bmatrix} \quad \text{bzw.}$$

$$\begin{bmatrix}\xi_i\\ \eta_i\\ \lambda_i\end{bmatrix} = \begin{bmatrix}-\sin\varphi & \cos^2\varphi & \cos\varphi\sin\varphi\\ \cos\varphi & \cos\varphi\sin\varphi & \sin^2\varphi\\ -1 & -\sin\varphi & \cos\varphi\end{bmatrix}\begin{bmatrix}d\\ x_i\\ y_i\end{bmatrix}.$$

Die zu minimierende Funktion ist $F(\varphi, d) = \sum_{i=1}^n \big((x_i - \xi_i)^2 + (y_i - \eta_i)^2\big) = \sum_{i=1}^n \lambda_i^2 = \sum_{i=1}^n (y_i\cos\varphi - x_i\sin\varphi - d)^2$; die partiellen Ableitungen dieser Funktion sind

$$\begin{aligned}\frac{\partial F}{\partial d} &= -2\sum_{i=1}^n (y_i\cos\varphi - x_i\sin\varphi - d) \quad \text{und}\\ \frac{\partial F}{\partial\varphi} &= -2\sum_{i=1}^n (y_i\cos\varphi - x_i\sin\varphi - d)(y_i\sin\varphi + x_i\cos\varphi).\end{aligned}$$

Nullsetzen führt auf die Gleichungen $nd = \Sigma_y\cos\varphi - \Sigma_x\sin\varphi$ und $0 = (\Sigma_{yy} - \Sigma_{xx})\sin\varphi\cos\varphi + \Sigma_{xy}(\cos^2\varphi - \sin^2\varphi) - d(\Sigma_y\sin\varphi + \Sigma_x\cos\varphi)$, wobei wir die folgenden Abkürzungen benutzen: $\Sigma_x := \sum_i x_i$, $\Sigma_y := \sum_i y_i$, $\Sigma_{xx} := \sum_i x_i^2$, $\Sigma_{xy} := \sum_i x_i y_i$ und $\Sigma_{yy} := \sum_i y_i^2$. Setzen wir nun die erste Gleichung in die zweite ein, multiplizieren aus und benutzen die Identitäten $2\sin\varphi\cos\varphi = \sin(2\varphi)$ und $\cos^2\varphi - \sin^2\varphi = \cos(2\varphi)$, so erhalten wir $0 = \big(n(\Sigma_{yy} - \Sigma_{xx}) - (\Sigma_y^2 - \Sigma_x^2)\big)\cdot\sin(2\varphi) + 2\cdot(n\Sigma_{xy} - \Sigma_x\Sigma_y)\cdot\cos(2\varphi)$ bzw.

$$\tan(2\varphi) = 2\cdot\frac{\Sigma_x\Sigma_y - n\Sigma_{xy}}{n(\Sigma_{yy} - \Sigma_{xx}) - (\Sigma_y^2 - \Sigma_x^2)} =: \tau.$$

Wir suchen einen Winkel φ im Intervall $[-\pi/2, \pi/2]$; setzen wir also $a := \arctan(\tau)$, so ergeben sich im Fall $a \le 0$ die beiden Möglichkeiten $\varphi = a/2$ und $\varphi = (a - \pi)/2$, im Fall $a \ge 0$ dagegen die beiden Möglichkeiten $\varphi = a/2$ und $\varphi = (a + \pi)/2$. Ist φ gefunden, so ergibt sich d zu

$$d = \frac{1}{n}\cdot(\Sigma_y\cos\varphi - \Sigma_x\sin\varphi).$$

(b) Einsetzen liefert die Gerade $y = ax + b$ mit $a = 0.626376$ und $b = -0.412971$; diese ist mit bloßem Auge kaum von der in Aufgabe (95.16) ermittelten Ausgleichsgeraden zu unterscheiden.

Aufgaben zu »Optimierungsaufgaben« siehe Seite 154

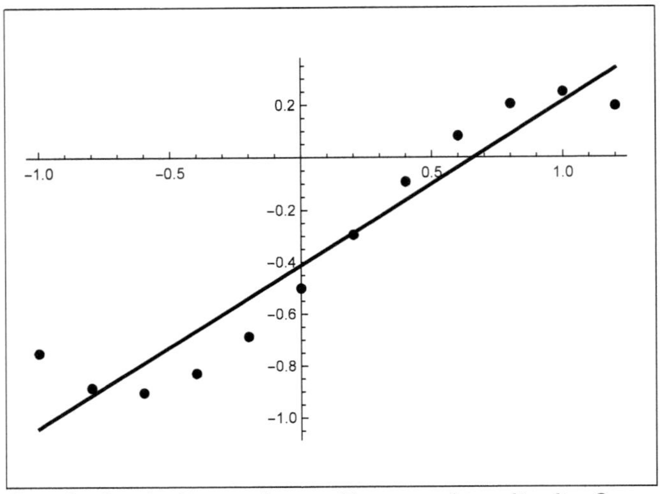

Gerade durch die gegebenen Datenpunkte, die die Quadratsumme der Abstände minimiert.

Lösung (95.19) Ist $y = ax + b$ die Gleichung der gesuchten Ausgleichsgeraden, so müssen die Koeffizienten a und b das folgende Gleichungssystem erfüllen:

$$\begin{aligned} a(\sum_{i=1}^n x_i^2) + b(\sum_{i=1}^n x_i) &= \sum_{i=1}^n x_i y_i \\ a(\sum_{i=1}^n x_i) + b \cdot n &= \sum_{i=1}^n y_i. \end{aligned}$$

In unserem Fall haben wir $n = 5$, $\sum_{i=1}^n x_i = 10$, $\sum_{i=1}^n y_i = 15$, $\sum_{i=1}^n x_i^2 = 30$ und $\sum_{i=1}^n x_i y_i = 39$; das Gleichungssystem lautet daher

$$30a + 10b = 39, \quad 10a + 5b = 15\,.$$

Die zweite Gleichung liefert $b = 3 - 2a$; Einsetzen in die erste Gleichung liefert $30a + 30 - 20a = 39$ bzw. $10a = 9$, also $a = 0.9$. Es ergibt sich dann $b = 3 - 1.8 = 1.2$; die Gleichung der Ausgleichsgeraden ist daher

$$y \;=\; 0.9\,x \;+\; 1.2\,.$$

Die folgende Abbildung zeigt die Datenpunkte mitsamt der zugehörigen Ausgleichsgeraden.

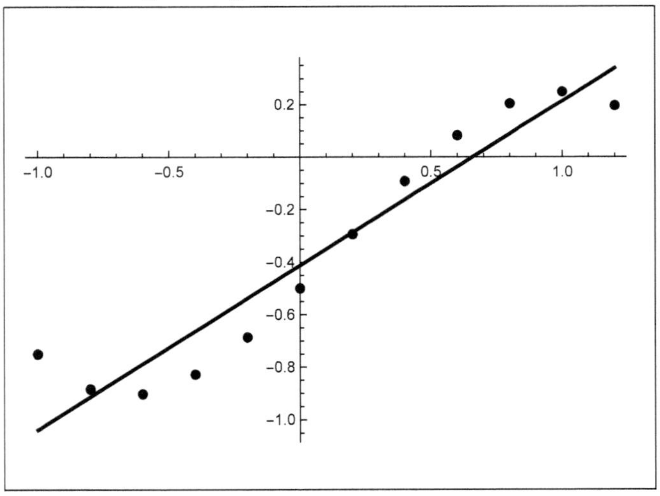

Lösung (95.20) (a) Ist $y = ax + b$ die Gleichung der gesuchten Ausgleichsgeraden, so müssen die Koeffizienten a und b das folgende Gleichungssystem erfüllen:

$$\begin{aligned} a(\sum_{i=1}^n x_i^2) + b(\sum_{i=1}^n x_i) &= \sum_{i=1}^n x_i y_i \\ a(\sum_{i=1}^n x_i) + b \cdot n &= \sum_{i=1}^n y_i. \end{aligned}$$

In unserem Fall haben wir $n = 5$, $\sum_{i=1}^n x_i = 0$, $\sum_{i=1}^n y_i = 0$, $\sum_{i=1}^n x_i^2 = 10$ und $\sum_{i=1}^n x_i y_i = 6$; das Gleichungssystem lautet daher

$$10a = 6, \quad 5b = 0$$

und hat als Lösung $a = 0.6$ und $b = 0$. Die Gleichung der Ausgleichsgeraden ist also $y = 3x/5 = 0.6x$.

(b) Durch die neu hinzugekommenen Datenpunkte ändern sich die Koeffizienten zu $n = 7$, $\sum_{i=1}^n x_i = 0$, $\sum_{i=1}^n y_i = -2$, $\sum_{i=1}^n x_i^2 = 28$ und $\sum_{i=1}^n x_i y_i = 0$; das Gleichungssystem lautet daher

$$28a = 0, \quad 7b = -2$$

und hat als Lösung $a = 0$ und $b = -2/7$. Die neue Ausgleichsgerade hat daher die Gleichung $y = -2/7 = -0.\overline{285714}$. Die folgende Abbildung zeigt die Datenpunkte mitsamt der zugehörigen Ausgleichsgeraden.

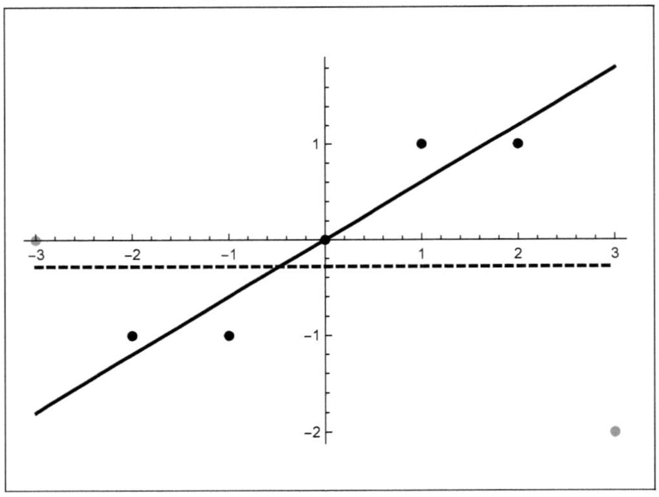

Lösung (95.21) Das Volumen des Quaders ist $V = abc$, die benötigte Drahtlänge ist $4a + 4b + 4c$, und diese hat den vorgegebenen Wert ℓ. Setzen wir $L := \ell/4$, so ist also $a + b + c = L$; das Volumen ist daher gegeben durch die Funktion

$$V(a, b) \;=\; ab(L - a - b) \;=\; Lab - a^2 b - ab^2.$$

Diese Funktion ist zu maximieren im Bereich $0 \le a, b \le a + b \le L$; da V am Rand dieses Bereichs identisch Null ist,

Aufgaben zu »Optimierungsaufgaben« siehe Seite 154

muß das Maximum zwangsläufig im Innern dieses Bereichs auftreten. Wir erhalten die partiellen Ableitungen

$$\begin{aligned} V_a(a,b) &= Lb - 2ab - b^2 = b(L-2a-b), \\ V_b(a,b) &= La - a^2 - 2ab = a(L-a-2b). \end{aligned}$$

Wegen $a \neq 0$ und $b \neq 0$ führt Nullsetzen auf die Gleichungen $2a+b=L$ und $a+2b=L$ mit der eindeutigen Lösung $a=b=L/3$. Hieraus folgt $c=L-a-b=L/3$. Das größtmögliche Volumen wird also für ein würfelförmiges Quadermodell erzielt.

Lösung (95.22) (a) Dieser Aufgabenteil ist als Spezialfall $k=1$ in Teil (b) enthalten, weswegen wir gleich zu Teil (b) übergehen.

(b) Bezeichnen wir mit a die Länge, mit b die Breite und mit h die Höhe der Kiste, so haben wir die Bodenfläche ab und die Gesamtseitenfläche $2ah+2bh$. Ist das Material für den Boden k mal so teuer wie das Material für die Seitenwände, so ist also der Ausdruck $kab+2(a+b)h$ unter der Nebenbedingung $abh=V$ zu minimieren. Schreiben wir $h=V/(ab)$, so müssen wir also die Funktion

$$f(a,b) := kab + 2(a+b)\cdot\frac{V}{ab} = kab + \frac{2V}{b} + \frac{2V}{a}$$

für $a>0$ und $b>0$ minimieren. Wir erhalten die partiellen Ableitungen

$$f_a = kb - \frac{2V}{a^2} \quad \text{und} \quad f_b = ka - \frac{2V}{b^2}.$$

Nullsetzen führt auf $ka^2b = 2V = kab^2$ und damit $a=b$. Es ist dann $ka = 2V/a^2$, also $a^3 = 2V/k$. Wir erhalten also die Lösung

$$a = b = \sqrt[3]{\frac{2V}{k}}$$

als einzigen kritischen Punkt von f; wegen $f(a,b)\to\infty$ für $(a,b)\to\infty$ liegt tatsächlich ein Minimum vor. Als Höhe der Kiste ergibt sich $h=V/(ab)=aV/a^3=(k/2)\cdot a$. Die optimal abgemessene Kiste hat also eine quadratische Grundfläche und eine Höhe, die das $(k/2)$-fache der Grundseite beträgt.

(c) Hier ergibt sich offenbar das gleiche Ergebnis wie in (b), wenn wir k durch $k+1$ ersetzen. Ist insbesondere $k=1$ (haben also Boden, Deckel und Seitenwände gleiche Herstellungskosten, so ist die optimal abgemessene Kiste mit Deckel würfelförmig.)

Aufgaben zu »Optimierungsaufgaben« siehe Seite 154

L96: Auflösen von Gleichungen

Lösung (96.1) Wir schreiben $u := xe^y + y$ und $v := xe^y - y$ und versuchen, diese beiden Gleichungen nach x und y aufzulösen. Subtraktion beider Gleichungen liefert $u - v = 2y$ und damit $y = (u-v)/2$; es folgt $x = (u - y)e^{-y} = \big((u+v)/2\big) \cdot e^{(v-u)/2}$. Die Auflösung ist also für alle $(u,v) \in \mathbb{R}^2$ eindeutig möglich; daher ist f invertierbar mit der Umkehrfunktion

$$f^{-1}(u,v) \;=\; \frac{1}{2}\begin{bmatrix} (u+v)e^{(v-u)/2} \\ u-v \end{bmatrix}.$$

Da diese Abbildung von der Klasse C^∞ (ja sogar analytisch) ist, ist f ein C^∞-Diffeomorphismus.

Lösung (96.2) Wir schreiben

$$u = \frac{x}{2+y^2} + ye^z, \quad v = \frac{x}{2+y^2} - ye^z + z, \quad w = 2ye^z + z$$

und versuchen, diese drei Gleichungen nach x, y und z aufzulösen. Wir erhalten zunächst $u - v = 2ye^z - z$ und dann $w - (u-v) = 2z$, also

$$z \;=\; \frac{w+v-u}{2} \;=:\; f_3(u,v,w).$$

Aus der Gleichung $u - v = 2ye^z - z$ folgt dann $2y = (u - v + z)e^{-z}$, also

$$y \;=\; \frac{1}{2}\big(u - v + f_3(u,v,w)\big)e^{-f_3(u,v,w)} \;=:\; f_2(u,v,w).$$

Setzen wir die gefundenen Ausdrücke für z und y in die Gleichung $x = (u - ye^z)\cdot(2+y^2)$ ein, so ergibt sich

$$x = \big(u - f_2(u,v,w)e^{f_3(u,v,w)}\big)\cdot\big(2 + f_2(u,v,w)^2\big) =: f_1(u,v,w).$$

Also lassen sich x, y und z in eindeutiger Weise als analytische Funktionen von u, v und w darstellen; hieraus folgt die Behauptung.

Lösung (96.3) Offensichtlich gilt $f(\mathbb{R}^2) = \mathbb{R}^2 \setminus \{(0,0)\}$. Für alle $(x,y) \in \mathbb{R}^2$ erhalten wir

$$f'(x,y) \;=\; \begin{bmatrix} e^x\cos(y) & -e^x\sin(y) \\ e^x\sin(y) & e^x\cos(y) \end{bmatrix}$$

und damit $\det\big(f'(x,y)\big) = e^{2x} > 0$. Nach dem Satz über die Umkehrfunktion ist f daher an jeder Stelle $(x,y) \in \mathbb{R}^2$ ein Diffeomorphismus zwischen einer Umgebung von (x,y) und einer Umgebung von $f(x,y)$. Andererseits gilt $f(x, y+2\pi) = f(x,y)$ für alle $(x,y) \in \mathbb{R}^2$, so daß f nicht injektiv und damit insbesondere kein Diffeomorphismus ist.

Lösung (96.4) (a) Da der Arcustangens nur Werte zwischen $-\pi/2$ und $\pi/2$ annimmt, kann die angegebene Funktion nur Polarwinkel zwischen $-\pi/2$ und $\pi/2$ wiedergeben, also in der offenen rechten Halbebene $x > 0$. Umgekehrt folgt für $x > 0$ aus der Gleichung $\tan(\varphi) = y/x$ auch tatsächlich $\varphi = \arctan(y/x)$. Also definiert g einen Diffeomorphismus von $U := \{(x,y) \in \mathbb{R}^2 \mid x > 0\}$ auf $V := (0,\infty) \times (-\pi/2, \pi/2)$, der f umkehrt.

(b) Da der Arcuscosinus nur Werte zwischen 0 und π annimmt, kann die angegebene Funktion nur Polarwinkel zwischen 0 und π wiedergeben, also in der offenen oberen Halbebene $y > 0$. Umgekehrt folgt für $y > 0$ aus der Gleichung $\cos(\varphi) = x/r$ mit $r := \sqrt{x^2+y^2}$ auch tatsächlich $\varphi = \arccos(x/r)$. Also definiert g einen Diffeomorphismus von $U := \{(x,y) \in \mathbb{R}^2 \mid y > 0\}$ auf $V := (0,\infty) \times (0,\pi)$ und ist dort eine Umkehrfunktion zu f.

(c) Da der Arcussinus nur Werte zwischen $-\pi/2$ und $\pi/2$ annimmt, kann die angegebene Funktion nur Polarwinkel zwischen $-\pi/2$ und $\pi/2$ wiedergeben, also in der offenen rechten Halbebene $x > 0$. Umgekehrt folgt für $x > 0$ aus der Gleichung $\sin(\varphi) = y/r$ mit $r := \sqrt{x^2+y^2}$ auch tatsächlich $\varphi = \arcsin(y/r)$. Also definiert g einen Diffeomorphismus von $U := \{(x,y) \in \mathbb{R}^2 \mid x > 0\}$ auf $V := (0,\infty) \times (-\pi/2, \pi/2)$, der f umkehrt.

(d) Aus $x = r\cos\varphi$ und $y = r\sin\varphi$ folgt

$$\begin{aligned} \frac{y}{x+\sqrt{x^2+y^2}} &= \frac{r\sin\varphi}{r\cos\varphi + r} = \frac{\sin\varphi}{1+\cos\varphi} \\ &= \frac{\sin(2\cdot\varphi/2)}{1+\cos(2\cdot\varphi/2)} = \frac{2\sin(\varphi/2)\cos(\varphi/2)}{1+\cos(\varphi/2)^2 - \sin(\varphi/2)^2} \\ &= \frac{2\sin(\varphi/2)\cos(\varphi/2)}{2\cos(\varphi/2)^2} = \frac{\sin(\varphi/2)}{\cos(\varphi/2)} = \tan(\varphi/2). \end{aligned}$$

Für $-\pi < \varphi < \pi$ gilt nun $-\pi/2 < \varphi/2 < \pi/2$, und für Winkel in diesem Bereich gilt $\theta = \arctan(\tan\theta)$. Für $\varphi \in (-\pi,\pi)$ gilt daher $\varphi/2 = \arctan\big(y/(x+\sqrt{x^2+y^2})\big)$, so daß auf $U := \mathbb{R}^2 \setminus \big((-\infty,0]\times\{0\}\big)$ (also auf der gesamten Ebene mit Ausnahme der negativen x-Achse) die Funktion g eine Umkehrfunktion zu f darstellt. Die Formel $\tan(\varphi/2) = y/(x+\sqrt{x^2+y^2})$ läßt sich auch leicht geometrisch als Konsequenz des Peripheriewinkelsatzes deuten. In den folgenden Diagrammen wird jeweils der Tangens von $\varphi/2$ als Quotient von Gegenkathete und Ankathete in dem grau schraffierten Dreieck ermittelt.

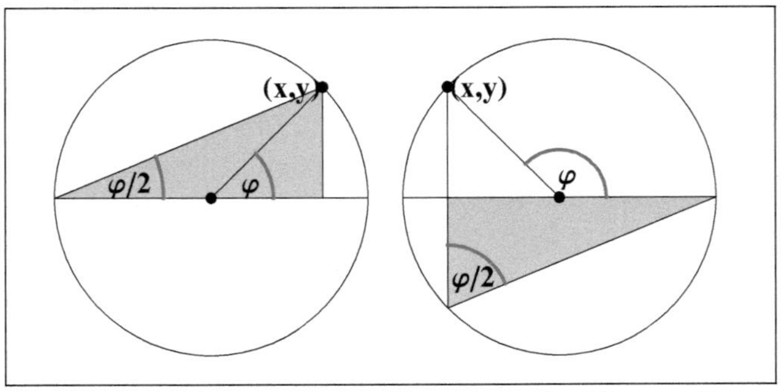

Geometrische Deutung der Formel $\tan(\varphi/2) = y/(x+\sqrt{x^2+y^2})$ für den Polarwinkel eines Punktes (x,y).

Aufgaben zu »Auflösen von Gleichungen« siehe Seite 157

Lösung (96.5) An jeder Stelle $(x,y) \in \mathbb{R}^2$ gilt

$$f'(x,y) = \begin{bmatrix} e^x & e^y \\ e^x & -e^{-y} \end{bmatrix}$$

und damit $\det\big(f'(x,y)\big) = -e^{x-y} - e^{x+y} < 0$. Nach dem Satz über die Umkehrfunktion ist daher die Gleichung

$$(\star) \qquad \begin{bmatrix} e^x + e^y \\ e^x + e^{-y} \end{bmatrix} = \begin{bmatrix} u \\ v \end{bmatrix}$$

um jeden Bildpunkt (u,v) lokal nach (x,y) auflösbar. Wir versuchen, diese Auflösung explizit anzugeben. Zunächst ist klar, daß in einem Bildpunkt (u,v) die Bedingungen $u > 0$ und $v > 0$ gelten müssen, daß also $f(\mathbb{R}^2) \subseteq (0,\infty) \times (0,\infty)$ gilt. Subtraktion der beiden Komponenten liefert $u - v = e^y - e^{-y}$, folglich $e^{2y} - (u-v)e^y - 1 = 0$ und damit $e^y = (u-v)/2 \pm \sqrt{(v-u)^2/4+1}$. Da die Exponentialfunktion nur positive Werte annimmt, entfällt das negative Vorzeichen, und wir erhalten $e^y = \big(u - v + \sqrt{(u-v)^2+4}\big)/2$ bzw.

$$y = \ln\left(\frac{u - v + \sqrt{(v-u)^2+4}}{2}\right).$$

Einsetzen in die Definition von f liefert dann $e^x = \big(u + v - \sqrt{(u-v)^2+4}\big)/2$ bzw.

$$x = \ln\left(\frac{u + v - \sqrt{(u-v)^2+4}}{2}\right).$$

Die Auflösung nach x und y als Funktionen von u und v ist also eindeutig; damit sie möglich ist (damit also die auftretenden Funktionen definiert sind), muß $u + v > \sqrt{(u-v)^2+4}$ gelten, was wegen $u, v > 0$ äquivalent ist mit $(u+v)^2 > (u-v)^2 + 4$ bzw. $uv > 1$. Also ist f ein Diffeomorphismus von $\mathbb{R}^2$ auf die Menge $f(\mathbb{R}^2) = \{(u,v) \in \mathbb{R}^2 \mid u, v > 0,\ v > 1/u\}$.

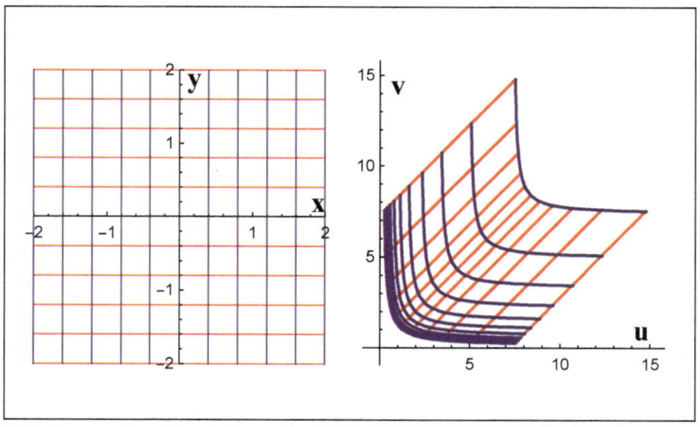

Wirkung der Funktion f.

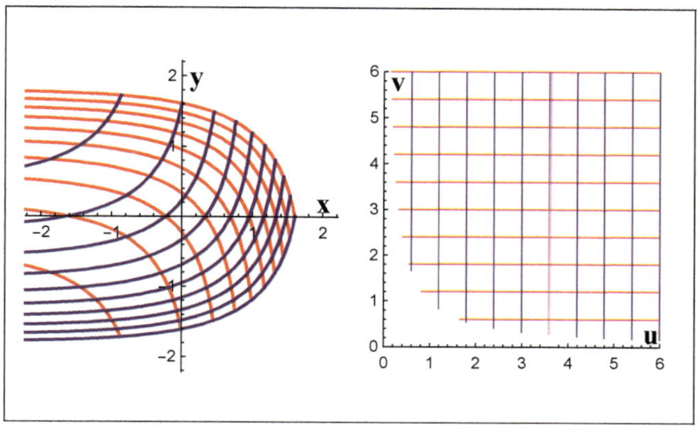

Wirkung der Umkehrfunktion $g = f^{-1}$.

Lösung (96.6) (a) Wir erhalten die Ableitungsmatrix

$$f'(x,y) = \begin{bmatrix} 2x & 2y \\ 2y & 2x \end{bmatrix}$$

und damit die Jacobi-Determinante $\det f'(x,y) = 4(x^2 - y^2)$. Diese verschwindet genau dann, wenn $y^2 = x^2$ gilt, wenn also der Punkt (x,y) auf der Vereinigung der beiden Winkelhalbierenden $y = \pm x$ liegt.

(b) Für einen Bildpunkt $(u,v) = (x^2+y^2, 2xy)$ haben wir offensichtlich $|v| = 2|xy| \le x^2+y^2 = u$. Umgekehrt ist jeder Punkt $(u,v) \in \mathbb{R}^2$ mit $|v| \le u$ tatsächlich ein Bildpunkt. Wir können die möglichen Urbilder explizit angeben. Für $v = 0$ erhalten wir entweder $x = 0$ und $y = \pm\sqrt{u}$ oder aber $y = 0$ und $x = \pm\sqrt{u}$. Nun betrachten wir den generischen Fall $v \ne 0$. Die Gleichungen $u = x^2 + y^2$ und $v = 2xy$ führen zunächst auf $y = v/(2x)$ und dann auf $u = x^2 + v^2/(4x^2)$ bzw. $x^4 - ux^2 + (v^2/4) = 0$ und damit $x^2 = (u \pm \sqrt{u^2 - v^2})/2$ (wobei die Wurzel wegen $u^2 \ge v^2$ existiert). Dies liefert die vier Lösungen x_1, x_2, x_3, x_4, die den vier möglichen Vorzeichenwahlen in der erhaltenen Gleichung

$$x(u,v) = \pm\sqrt{\frac{u \pm \sqrt{u^2 - v^2}}{2}}$$

entsprechen. Für $1 \le i \le 4$ ist dann jeweils y_i gegeben durch $y_i(u,v) = v/\big(2x_i(u,v)\big)$.

(c) Mit $V := \{(u,v) \in \mathbb{R}^2 \mid 0 < |v| < u\}$ erhalten wir die vier lokalen Umkehrabbildungen $f_i^{-1} : V \to U_i$, wobei $\bigcup_{i=1}^4 U_i$ die Menge der regulären Punkte von f ist.

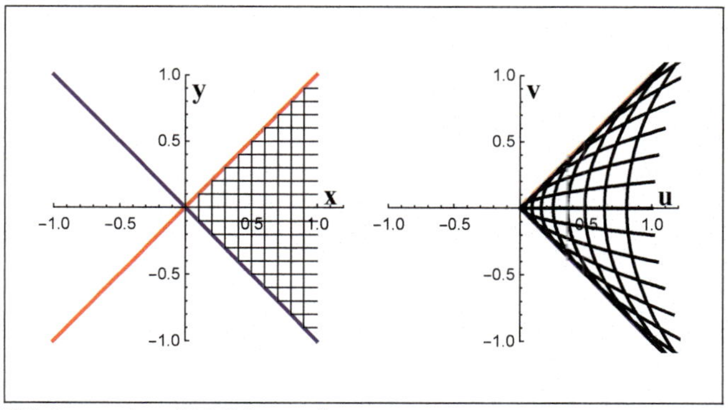

Wirkung der Abbildung f.

Aufgaben zu »Auflösen von Gleichungen« siehe Seite 157

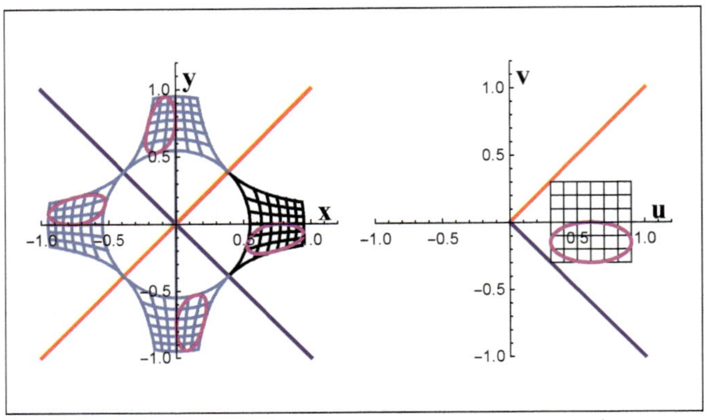

Wirkung der vier lokalen Umkehrabbildungen f_i^{-1}.

Lösung (96.7) (a) Wir erhalten die Ableitungsmatrix

$$f'(x,y) \;=\; \begin{bmatrix} 2x & -2y \\ 2y & 2x \end{bmatrix}$$

und damit die Jacobi-Determinante $\det f'(x,y) = 4(x^2+y^2)$. Diese verschwindet genau für $(x,y) = (0,0)$; außer im Nullpunkt ist f also überall ein lokaler Diffeomorphismus.

(b) Wir fragen, wann wir die Gleichung $(u,v) = (x^2-y^2, 2xy)$ nach x und y auflösen können. Für $v = 0$ erhalten wir entweder $x = 0$ und $y = \pm\sqrt{-u}$ (was nur für $u \leq 0$ möglich ist) oder aber $y = 0$ und $x = \pm\sqrt{u}$ (was nur für $u \geq 0$ möglich ist). Nun betrachten wir den generischen Fall $v \neq 0$. Die Gleichungen $u = x^2 - y^2$ und $v = 2xy$ führen zunächst auf $y = v/(2x)$ und dann auf $u = x^2 - v^2/(4x^2)$ bzw. $x^4 - ux^2 - (v^2/4) = 0$ und damit $x^2 = (u \pm \sqrt{u^2+v^2})/2$ (wobei wegen $x^2 \geq 0$ das negative Vorzeichen ausscheidet). Dies liefert die zwei Lösungen

$$x_{1,2}(u,v) \;=\; \pm\sqrt{\frac{u \pm \sqrt{u^2+v^2}}{2}}$$

und dann $y_i(u,v) = v/\big(2x_i(u,v)\big)$ für $i = 1,2$.

(c) Die obigen Rechnungen liefern die Umkehrfunktionen $f_i^{-1} = (x_i, y_i)$, wobei das Bild von f_1^{-1} die rechte Halbebene und das Bild von f_2^{-1} die linke Halbebene ist.

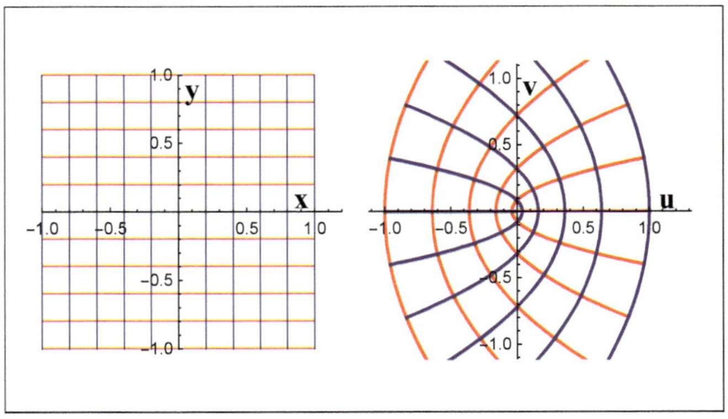

Wirkung der Abbildung f.

Aufgaben zu »Auflösen von Gleichungen« siehe Seite 157

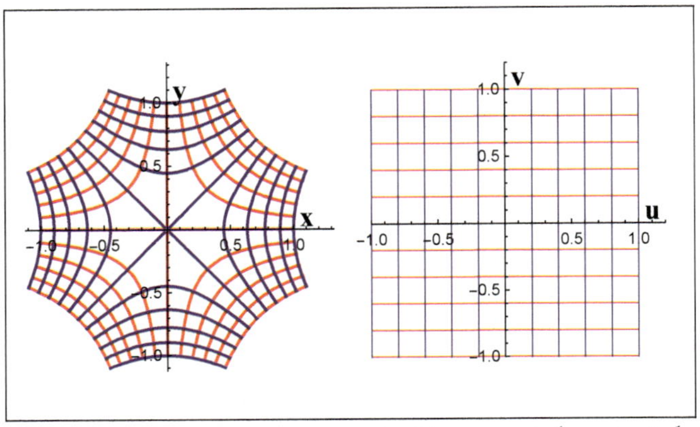

Wirkung der lokalen Umkehrabbildungen f_1^{-1} und f_2^{-1} der Abbildung f.

Lösung (96.8) Wir legen ein Koordinatensystem so, daß $(0,0)$ der Mittelpunkt des ersten Kreises und $(a,0)$ der Mittelpunkt des zweiten Kreises ist. Parametrisierungen von K_1 und K_2 sind dann gegeben durch

$$u \mapsto r_1 \begin{bmatrix} \cos(u) \\ \sin(u) \end{bmatrix} \quad \text{und} \quad v \mapsto \begin{bmatrix} a \\ 0 \end{bmatrix} + r_2 \begin{bmatrix} \cos(v) \\ \sin(v) \end{bmatrix}$$

mit $u, v \in [0, 2\pi)$. Die Menge M aller möglichen Streckenmittelpunkte ist daher der Bildbereich der Funktion

$$f(u,v) \;:=\; \frac{1}{2} \begin{bmatrix} r_1\cos(u) + r_2\cos(v) + a \\ r_1\sin(u) + r_2\sin(v) \end{bmatrix}.$$

Wir erhalten

$$f'(u,v) \;=\; \frac{1}{2} \begin{bmatrix} -r_1\sin(u) & -r_2\sin(v) \\ r_1\cos(u) & r_2\cos(v) \end{bmatrix}$$

und $\det\big(f'(u,v)\big) = (r_1 r_2/4)\cdot\big(\sin(v)\cos(u) - \sin(u)\cos(v)\big) = (r_1 r_2/4)\cdot\sin(v-u)$. Ist $\det\big(f'(u,v)\big) \neq 0$, so ist f in einer Umgebung des Punktes (u,v) lokal invertierbar, so daß $f(u,v)$ im Innern von M liegen muß. Als Randpunkte von M kommen nur diejenigen Punkte $f(u,v)$ in Frage, für die $\det\big(f'(u,v)\big) = 0$ gilt; das bedeutet $v = u$ oder $v = u + \pi$ (modulo 2π). Wegen

$$f(u,u) \;=\; \begin{bmatrix} a/2 \\ 0 \end{bmatrix} + \frac{r_1+r_2}{2} \begin{bmatrix} \cos(u) \\ \sin(u) \end{bmatrix}$$

bilden die Punkte $f(u,u)$ einen Kreis mit Mittelpunkt $(a/2, 0)$ und Radius $(r_1+r_2)/2$, und wegen

$$f(u,u+\pi) \;=\; \begin{bmatrix} a/2 \\ 0 \end{bmatrix} + \frac{r_1-r_2}{2} \begin{bmatrix} \cos(u) \\ \sin(u) \end{bmatrix}$$

bilden die Punkte $f(u,u+\pi)$ einen Kreis mit Mittelpunkt $(a/2,0)$ und Radius $|r_1-r_2|/2$. Damit ist klar, daß M ein Kreisring mit Mittelpunkt $(a/2,0)$, Innenradius $|r_1-r_2|/2$ und Außenradius $(r_1+r_2)/2$ ist.

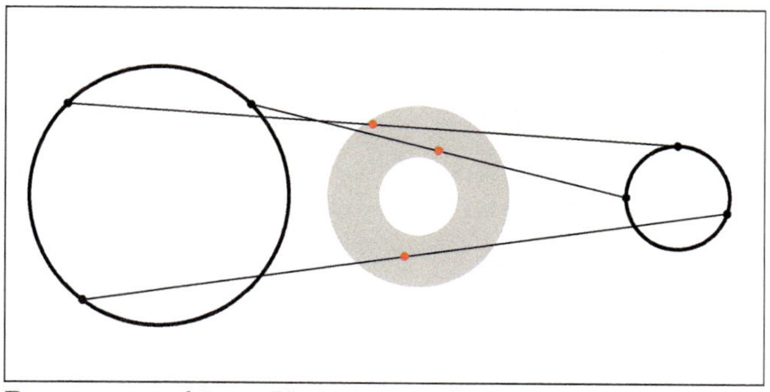

Der grau markierte Kreisring ist die Menge aller Mittelpunkte von Strecken, die K_1 und K_2 verbinden.

Bemerkung: Probleme dieser Art kommen beispielsweise im Maschinenbau vor, etwa wenn man untersucht, welche Positionen von einem Roboterarm oder einer Pleuelstange während eines Bewegungsvorgangs eingenommen werden können.

Lösung (96.9) Wir definieren $F : \mathbb{R}^4 \to \mathbb{R}^2$ durch

$$F(x,y,u,v) = \begin{bmatrix} x^2-y^2-u^3+v^2+4 \\ 2xy+y^2-2u^2+3v^4+8 \end{bmatrix}$$

und erhalten die Ableitungsmatrix

$$F'(x,y,u,v) = \begin{bmatrix} 2x & -2y & -3u^2 & 2v \\ 2y & 2(x+y) & -4u & 12v^3 \end{bmatrix}.$$

An der Nullstelle $(x_0,y_0,u_0,v_0) = (2,-1,2,1)$ von F ergibt sich

$$F'(x_0,y_0,u_0,v_0) = \begin{bmatrix} 4 & 2 & -12 & 2 \\ -2 & 2 & -8 & 12 \end{bmatrix}.$$

Der Satz über implizite Funktionen garantiert nun die lokale Auflösbarkeit der Gleichung $F=0$ nach der i-ten und der j-ten Variablen, wenn die Matrix, die aus der i-ten und der j-ten Spalte dieser Ableitungsmatrix entsteht, invertierbar ist. Man prüft schnell nach, daß dies für alle i und j der Fall ist. Die Gleichung $F(x,y,u,v)=0$ läßt sich also in einer Umgebung von $(2,-1,2,1)$ nach je zweien der vier Variablen x,y,u,v auflösen.

Lösung (96.10) Die partielle Ableitung

$$\frac{\partial}{\partial z}\big(x+y^2+z-\sin(xz)\big) = 1-x\cos(xz)$$

ist an der Stelle $(x,y,z)=(0,0,0)$ von Null verschieden. Nach dem Satz über implizite Funktionen läßt sich daher die Gleichung $x+y^2+z=\sin(xz)$ in einer Umgebung von $(0,0,0)$ nach z als Funktion von (x,y) auflösen; die Gleichung $x+y^2+z=\sin(xz)$ wird dann zu einer Identität für die Funktion z. Ableiten dieser Identität nach x und y liefert

$$(\star)\qquad \begin{aligned} 1+z_x &= \cos(xz)\cdot(z+xz_x), \\ 2y+z_y &= \cos(xz)\cdot xz_y. \end{aligned}$$

Nochmaliges Ableiten dieser beiden Identitäten nach x und y liefert

$(\star\star)$
$$\begin{aligned} z_{xx} &= -\sin(xz)\cdot(z+xz_x)^2+\cos(xz)\cdot(2z_x+xz_{xx}), \\ z_{xy} &= -\sin(xz)\cdot xz_y\cdot(z+xz_x)+\cos(xz)\cdot(z_y+xz_{xy}), \\ z_{yx} &= -\sin(xz)\cdot(z+xz_x)\cdot xz_y+\cos(xz)\cdot(z_y+xz_{yx}), \\ 2+z_{yy} &= -\sin(xz)\cdot(xz_y)^2+\cos(xz)\cdot xz_{yy}. \end{aligned}$$

Einsetzen von $(x,y,z)=(0,0,0)$ in $(\star)$ liefert $z_x(0,0) = -1$ und $z_y(0,0)=0$. Einsetzen von $(x,y,z,z_x,z_y) = (0,0,0,1,0)$ in $(\star\star)$ liefert dann $z_{xx}(0,0)=-2$, $z_{xy}(0,0) = 0$, $z_{yx}(0,0)=0$ und $z_{yy}(0,0)=-2$. Daß $z_{xy}(0,0) = z_{yx}(0,0)$ gelten würde, war dabei nach dem Satz von Schwarz von vornherein klar.

Lösung (96.11) Wir definieren $F : \mathbb{R}^4 \to \mathbb{R}^2$ durch

$$F(x,y,u,v) = \begin{bmatrix} x^2+uy+e^v \\ 2x+u^2-uv-5 \end{bmatrix}$$

und erhalten die Ableitungsmatrix

$$\frac{\partial F(x,y,u,v)}{\partial(u,v)} = \begin{bmatrix} y & e^v \\ 2u-v & -u \end{bmatrix}.$$

An der Nullstelle $(2,5,-1,0)$ von F ergibt sich

$$\det\frac{\partial F(x,y,u,v)}{\partial(u,v)} = \begin{bmatrix} 5 & 1 \\ -2 & 1 \end{bmatrix} = 7 \neq 0.$$

Nach dem Satz über implizite Funktionen ist die fragliche Auflösung also möglich.

Lösung (96.12) Wir definieren

$$F(x,y,z) := xz^2+e^{2z}+y$$

und erhalten $F_z(x,y,z) = 2xz+2e^{2z}$. Wegen $F(1,-1,0) = 0$ und $F_z(1,-1,0) = 2 \neq 0$ läßt sich die Gleichung $F(x,y,z)=0$ nach dem Satz über implizite Funktionen in einer Umgebung von $(1,-1,0)$ nach z als C^∞-Funktion von (x,y) auflösen; damit ist die Existenz einer Funktion f mit den angegebenen Eigenschaften nachgewiesen. Ableiten der Identität $0 = xf^2+e^{2f}+y$ nach x bzw. y liefert

$$(\star)\qquad \begin{aligned} 0 &= f^2+2xff_x+2e^{2f}f_x, \\ 0 &= 2xff_y+2e^{2f}f_y+1. \end{aligned}$$

Leiten wir diese beiden Identitäten erneut jeweils nach x und nach y ab, so erhalten wir

$(\star\star)$
$$\begin{aligned} 0 &= 4ff_x+2xf_x^2+2xff_{xx}+4e^{2f}f_x^2+2e^{2f}f_{xx}, \\ 0 &= 2ff_y+2xf_yf_x+2xff_{xy}+4e^{2f}f_yf_x+2e^{2f}f_{xy}, \\ 0 &= 2ff_y+2xf_xf_y+2xff_{yx}+4e^{2f}f_xf_y+2e^{2f}f_{yx}, \\ 0 &= 2xf_y^2+2xff_{yy}+4e^{2f}f_y^2+2e^{2f}f_{yy}. \end{aligned}$$

Aufgaben zu »Auflösen von Gleichungen« siehe Seite 157

Setzen wir nun $(x,y)=(1,-1)$ und damit $f=0$ in $(\star)$ ein, so erhalten wir die Gleichungen $2f_x=0$ und $2f_y=-1$, also

$$f_x(1,-1) = 0, \qquad f_y(1,-1) = -1/2.$$

An der Stelle $(x,y)=(1,-1)$ haben wir also $f=0$, $f_x=0$ und $f_y=-1/2$; setzen wir dies in $(\star\star)$ ein, so ergeben sich die Gleichungen $2f_{xx}=0$, $2f_{xy}=0$, $2f_{yx}=0$ und $(1/2)+1+2f_{yy}=0$; wir erhalten also

$$f_{xx}(1,-1) = f_{xy}(1,-1) = f_{yx}(1,-1) = 0 \quad \text{und} \quad f_{yy}(1,-1) = -3/4.$$

Daß die Werte von f_{xy} und f_{yx} gleich sein würden, war dabei nach dem Satz von Schwarz von vornherein klar.

Lösung (96.13) Wir definieren $F:\mathbb{R}^4\to\mathbb{R}^2$ durch

$$F(x,y,u,v) := \begin{bmatrix} xu+yu^2v-2 \\ xu^3+y^2v^4-2 \end{bmatrix}$$

und fragen, ob sich die Gleichung $F(x,y,u,v)=0$ in einer Umgebung der Lösung $(x_0,y_0,u_0,v_0)=(1,1,1,1)$ nach (u,v) auflösen läßt. Dazu berechnen wir

$$\frac{\partial F(x,y,u,v)}{\partial(u,v)} = \begin{bmatrix} x+2yuv & yu^2 \\ 3xu^2 & 4y^2v^3 \end{bmatrix}$$

und erhalten

$$\det \frac{\partial F}{\partial(u,v)}(1,1,1,1) = \det \begin{bmatrix} 3 & 1 \\ 3 & 4 \end{bmatrix} = 9 \neq 0;$$

nach dem Satz über implizite Funktionen ist die fragliche Auflösung also möglich.

Lösung (96.14) Wir definieren $f:\mathbb{R}^5\to\mathbb{R}^3$ durch

$$f(x,y,z,a,b) := \begin{bmatrix} x^n-y-a \\ y^n-z-b \\ z^n-x \end{bmatrix}$$

und erhalten

$$f'(x,y,z,a,b) = \begin{bmatrix} nx^{n-1} & -1 & 0 & -1 & 0 \\ 0 & ny^{n-1} & -1 & 0 & -1 \\ -1 & 0 & nz^{n-1} & 0 & 0 \end{bmatrix},$$

insbesondere also

$$f'(0,0,0,0,0) = \begin{bmatrix} 0 & -1 & 0 & -1 & 0 \\ 0 & 0 & -1 & 0 & -1 \\ -1 & 0 & 0 & 0 & 0 \end{bmatrix}.$$

Da die ersten drei Spalten dieser Matrix linear unabhängig sind, ist nach dem Satz über implizite Funktionen die Gleichung $F(x,y,z,a,b)=(0,0,0)$ in einer Umgebung der Lösung $(x_0,y_0,z_0,a_0,b_0)=(0,0,0,0,0)$ nach x,y,z (als Funktionen von a und b) auflösbar. (Die aufgelösten Gleichungen explizit hinzuschreiben, ist unmöglich, selbst in dem vergleichsweise einfachen Fall $n=2$.)

Aufgaben zu »Auflösen von Gleichungen« siehe Seite 157

Lösung (96.15) (a) Wir benutzen die Cardanische Formel, um die Gleichung $y^3-3xy+x^3=0$ nach y aufzulösen. Mit $p:=-3x$ und $q:=x^3$ ist die Diskriminante gegeben durch $\Delta=(q^2/4)+(p^3/27)=(x^6/4)-x^3$. Wir erhalten dann die folgende Fallunterscheidung.

• Gilt $\Delta>0$ (also $x<0$ oder $x>\sqrt[3]{4}$), so hat die Gleichung $y^3-3xy+x^3=0$ eine eindeutige reelle Lösung, nämlich

$$y(x) = \frac{1}{\sqrt[3]{2}}\left[\sqrt[3]{\sqrt{x^3(x^3-4)}-x^3} - \sqrt[3]{\sqrt{x^3(x^3-4)}+x^3}\right].$$

• Gilt dagegen $\Delta<0$, also $0<x<\sqrt[3]{4}$, so hat die Gleichung $y^3-3xy+x^3=0$ genau drei verschiedene reelle Lösungen, nämlich

$$\begin{aligned} y_1(x) &= 2\sqrt{x}\cos\big(\varphi(x)/3\big), \\ y_2(x) &= 2\sqrt{x}\cos\big((\varphi(x)+2\pi)/3\big), \\ y_3(x) &= 2\sqrt{x}\cos\big((\varphi(x)+4\pi)/3\big) \end{aligned}$$

mit $\varphi(x) := \arccos\big(-(1/2)\,x^{3/2}\big)$.

Da die Fragestellung vollkommen symmetrisch in x und y ist, ergibt sich natürlich die analoge Aussage, wenn man nach x statt nach y auflöst.

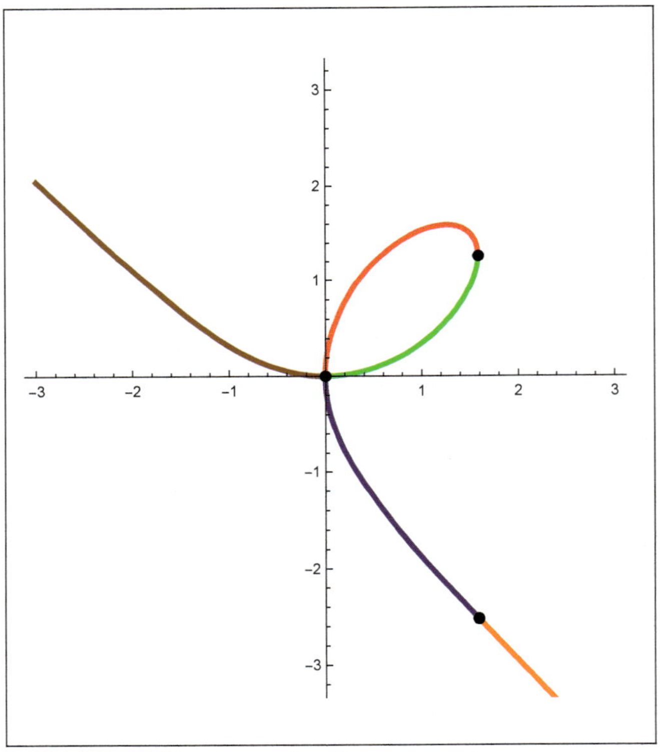

Auflösen der Gleichung $x^3+y^3=3xy$ nach y.

(b) Für $\big(x(t),y(t)\big)=\left(\dfrac{3t}{1+t^3},\dfrac{3t^2}{1+t^3}\right)$ ergibt sich

$$\begin{bmatrix} \dot{x}(t) \\ \dot{y}(t) \end{bmatrix} = \frac{3}{(1+t^3)^2}\begin{bmatrix} 1-2t^3 \\ 2t-t^4 \end{bmatrix}.$$

(c) Die stereographische Projektion von der Äquatorebene auf die Einheitssphäre ist gegeben durch

$$p(x,y) = \frac{1}{x^2+y^2+1}\begin{bmatrix} 2x \\ 2y \\ x^2+y^2-1 \end{bmatrix}.$$

Das Bild des Kartesischen Blattes unter dieser Projektion ist dann die Kurve

$$\begin{aligned} \alpha(t) &:= p\left(\frac{3t}{1+t^3}, \frac{3t^2}{1+t^3}\right) \\ &= \frac{1}{9t^2+9t^4+(1+t^3)^2}\begin{bmatrix} 6t(1+t^3) \\ 6t^2(1+t^3) \\ 9t^2+9t^4-(1+t^3)^2 \end{bmatrix}. \end{aligned}$$

Wir erhalten $\alpha(-1) = (0,0,1)^T$; für $t = -1$ geht also der "Punkt im Unendlichen" auf dem Kartesischen Blatt über in den Nordpol der Einheitssphäre.

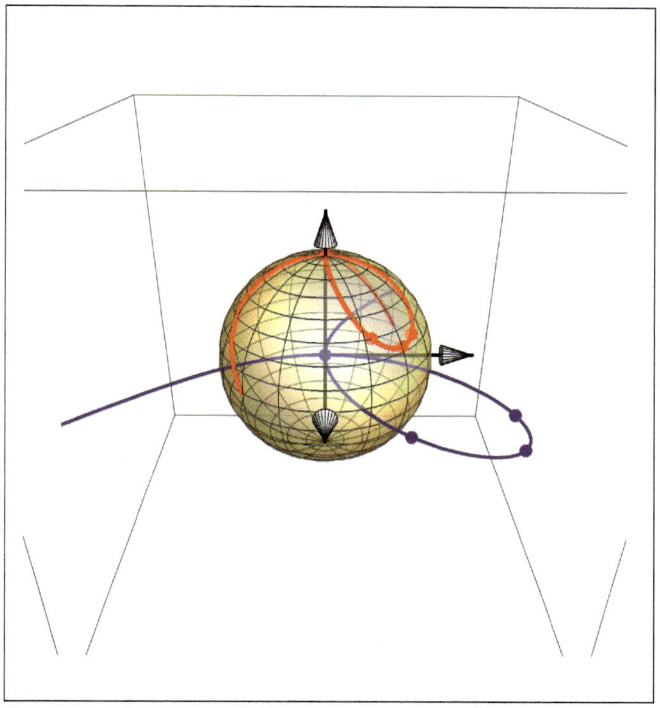

Stereographische Projektion des Kartesischen Blattes.

(d) Erfüllt eine Funktion y die Identität $x^3 + y^3 = 3xy$, so liefert Einsetzen des Wertes $x = 0$ die Bedingung $y(0)^3 = 0$ und damit $y(0) = 0$. Implizites Ableiten der Identität $x^3 + y^3 = 3xy$ nach x liefert $3x^2 + 3y^2y' = 3y + 3xy'$. Einsetzen von $x = 0$ liefert nur die Gleichung $0 = 0$, so daß wir auf diese Weise den Wert $y'(0)$ nicht ermitteln können. Da y analytisch sein soll, muß es aber eine Zahl $\varepsilon > 0$ geben mit $y(x) \neq 0$ für $0 < |x| < \varepsilon$ und damit (sofern $\varepsilon < 3/2$) auch $y(x) \neq x$. (Aus $y = x$ folgt wegen $x^3 + y^3 = 3xy$ nämlich $2x^3 = 3x^2$ und damit $x = 0$ oder $x = 3/2$.) Wir können daher die Gleichung $3x^2 - 3y = (3x - 3y^2)y'$ für $0 < |x| < \varepsilon$ in der Form

$$y' = \frac{x^2-y}{x-y^2}$$

schreiben und dann die Regel von de l'Hospital anwenden; diese liefert

$$\begin{aligned} y'(0) &= \lim_{x\to 0} y'(x) = \lim_{x\to 0} \frac{x^2-y(x)}{x-y(x)^2} \\ &= \lim_{x\to 0} \frac{2x-y'(x)}{1-2y(x)y'(x)} = \frac{-y'(0)}{1-0} = -y'(0) \end{aligned}$$

und damit $y'(0) = 0$. Es ist daher sinnvoll, $y(x) = x^2\eta(x)$ mit einer noch zu bestimmenden Funktion η anzusetzen. Einsetzen von $y = x^2\eta$ in die Gleichung $x^3 + y^3 - 3xy = 0$ liefert $x^3 + x^6\eta^3 - 3x^3\eta = 0$ bzw. $1 + x^3\eta^3 - 3\eta = 0$. Fassen wir $F(x,\eta) := 1 - 3\eta + x^3\eta^3$ als analytische Funktion in den zwei Variablen x und η auf, so ist der Koeffizient $b_{01} = -3$ von Null verschieden; nach Satz (76.12) im Buch gibt es daher eine analytische Funktion $\eta = \eta(x)$, die die Gleichung $F(x,\eta) = 0$ identisch erfüllt. Der Ansatz $\eta(x) = a_0 + a_1x + a_2x^2 + a_3x^3 + \cdots$ ergibt

$$\begin{aligned} 0 &= 1 + x^3(a_0^3 + 3a_0^2a_1x + (3a_0^2a_2 + 3a_0a_1^2)x^2 + \cdots) \\ &\quad - (3a_0 + 3a_1x + 3a_2x^2 + 3a_3x^3 + \cdots) \\ &= (1-3a_0) - 3a_1x - 3a_2x^2 + (a_0^3 - 3a_3)x^3 + \cdots \end{aligned}$$

und folglich $a_0 = 1/3$, $a_1 = a_2 = 0$ sowie $a_3 = a_0^3/3 = 1/(81)$. Die gesuchte Funktion y hat also die Form $y(x) = (x^2/3) + (x^5/81)+$ höhere Potenzen von x.

Lösung (96.16) Die Gleichungen $g_1(x) = g_2(x) = 0$ lassen sich umschreiben als

$$\begin{bmatrix} x_1 & x_2 \\ -x_2 & x_1 \end{bmatrix}\begin{bmatrix} x_3 \\ x_4 \end{bmatrix} = \begin{bmatrix} 0 \\ 1 \end{bmatrix}$$

bzw. äquivalent dazu in der Form

$$\begin{bmatrix} x_3 \\ x_4 \end{bmatrix} = \frac{1}{x_1^2+x_2^2}\begin{bmatrix} x_1 & -x_2 \\ x_2 & x_1 \end{bmatrix}\begin{bmatrix} 0 \\ 1 \end{bmatrix} = \frac{1}{x_1^2+x_2^2}\begin{bmatrix} -x_2 \\ x_1 \end{bmatrix}.$$

(Beachte, daß $x_1^2 + x_2^2 \neq 0$ gelten muß, denn sonst hätten wir $x_1 = x_2 = 0$ im Widerspruch zu der Gleichung $x_1x_4 - x_2x_3 = 1$.) Also gilt

$$M = \left\{ \begin{bmatrix} x_1 \\ x_2 \\ x_3 \\ x_4 \end{bmatrix} \mid x_3 = \frac{-x_2}{x_1^2+x_2^2}, x_4 = \frac{x_1}{x_1^2+x_2^2} \right\},$$

so daß M der Graph der Funktion $f : \mathbb{R}^2 \setminus \{(0,0)\} \to \mathbb{R}^2$ ist, die gegeben ist durch

$$f(x_1,x_2) := \left(\frac{-x_2}{x_1^2+x_2^2}, \frac{x_1}{x_1^2+x_2^2}\right).$$

Lösung (96.17) (a) Wir fassen g_1 und g_2 als Komponenten einer Funktion $g : \mathbb{R}^4 \to \mathbb{R}^2$ auf. Die Ableitung von g ist dann gegeben durch die Matrix

$$g'(x_1,x_2,x_3,x_4) = \begin{bmatrix} x_4 & -x_3 & -x_2 & x_1 \\ 2x_1 & 2x_2 & 2x_3 & 2x_4 \end{bmatrix}.$$

Aufgaben zu »Auflösen von Gleichungen« siehe Seite 157

Nach dem Satz über implizite Funktionen ist die Auflösung der Gleichung $g(x)=0$ (also der beiden skalaren Gleichungen $g_1(x)=0$ und $g_2(x)=0$) nach zweien der Variablen x_i in einer Umgebung von $x\in M$ genau dann möglich, wenn $g'(x)$ den Rang 2 hat, wenn also die beiden Zeilen von $g'(x)$ linear unabhängig sind. (Bei diesen beiden Zeilen handelt es sich einfach um die als Zeilenvektoren geschriebenen Gradienten $(\nabla g_1)(x)$ und $(\nabla g_2)(x)$.)

Die aus der ersten und letzten Spalte bestehende Untermatrix von $g'(x)$ hat die Determinante $2(x_4^2-x_1^2)$; eine lokale Auflösung nach (x_1,x_4) ist also allenfalls dann nicht möglich, wenn $x_4^2=x_1^2$ gilt, also $x_4=\pm x_1$. Im Fall $x_4=x_1$ gehen die Gleichungen $g_1(x)=0$ und $g_2(x)=0$ über in $x_1^2-x_2x_3=1$ und $2x_1^2+x_2^2+x_3^2=2$, aus denen $x_2^2+x_3^2=2(1-x_1^2)=-2x_2x_3$ und damit $0=x_2^2+2x_2x_3+x_3^2=(x_2+x_3)^2$ bzw. $x_3=-x_2$ folgt. Für $x_4=x_1$ ergeben sich also die kritischen Punkte $(x_1,x_2,-x_2,x_1)$ mit $x_1^2+x_2^2=1$, also die Punkte der Form

$$(\star)\qquad (x_1,x_2,x_3,x_4) = (\cos\varphi,\ \sin\varphi,\ -\sin\varphi,\ \cos\varphi)$$

mit $\varphi\in\mathbb{R}$. Im Fall $x_4=-x_1$ gehen die Gleichungen $g_1(x)=0$ und $g_2(x)=0$ über in $-x_1^2-x_2x_3=1$ und $2x_1^2+x_2^2+x_3^2=2$, aus denen $x_2^2+x_3^2=2-2+2x_2x_3$ bzw. $0=x_2^2-2x_2x_3+x_3^2=(x_2-x_3)^2$ und damit $x_3=x_2$ folgt. Für $x_4=-x_1$ ergeben sich also die kritischen Punkte $(x_1,x_2,x_2,-x_1)$ mit $x_1^2+x_2^2=1$, also die Punkte der Form

$$(\star\star)\qquad (x_1,x_2,x_3,x_4) = (\cos\varphi,\ \sin\varphi,\ \sin\varphi,\ -\cos\varphi)$$

mit $\varphi\in\mathbb{R}$. Außer an den Punkten der Form $(\star)$ bzw. $(\star\star)$ ist also eine lokale Auflösung nach (x_1,x_4) möglich. An den Punkten der Form $(\star)$ gilt nun $(\nabla g_2)(x)=2(\nabla g_1)(x)$ (d.h., die zweite Zeile von $g'(x)$ ist das Doppelte der ersten Zeile), während an den Punkten der Form $(\star\star)$ die Gleichung $(\nabla g_2)(x)=-2(\nabla g_1)(x)$ gilt (also die zweite Zeile von $g'(x)$ das (-2)-fache der ersten Zeile ist). Der Satz über implizite Funktionen garantiert also in diesen Punkten auch nicht die Auflösbarkeit nach anderen Variablen als x_1 und x_4.

(b) Wir versuchen explizit, die Gleichungen

$$x_1x_4-x_2x_3=1,\qquad x_1^2+x_2^2+x_3^2+x_4^2=2$$

nach (x_1,x_4) als Funktionen von (x_2,x_3) aufzulösen. Wir überlegen zunächst, daß $x_4\neq 0$ gelten muß. Wäre $x_4=0$, so erhielten wir $x_2x_3=-1$ (also $x_3=-1/x_2$) und folglich $2=x_1^2+x_2^2+x_3^2=x_1^2+x_2^2+(1/x_2^2)$, also $x_1^2=2-x_2^2-(1/x_2)^2=-(x_2-1/x_2)^2\le 0$, was nur für $x_1=0$ und $x_2=\pm 1$ möglich ist. Außer den singulären Punkten $\pm(0,1,-1,0)$ enthält M also keinen Punkt x mit $x_4=0$. Wir nehmen also $x_4\neq 0$ an. Die erste Gleichung liefert dann $x_1=(1+x_2x_3)/x_4$. Setzt man dies in die zweite Gleichung ein, so ergibt sich $\big((1+x_2x_3)^2/x_4^2\big)+x_2^2+x_3^2+x_4^2=2$ bzw.

$$x_4^4+(x_2^2+x_3^2-2)\cdot x_4^2+(1+x_2x_3)^2 = 0.$$

Diese Gleichung liefert

$$\begin{aligned}
x_4^2 &= \frac{2-x_2^2-x_3^2}{2}\pm\sqrt{\frac{(2-x_2^2-x_3^2)^2}{4}-(1+x_2x_3)^2}\\
&= \frac{1}{2}\Big(2-x_2^2-x_3^2\pm\sqrt{(2-x_2^2-x_3^2)^2-4(1+x_2x_3)^2}\Big)\\
&= \frac{1}{2}\Big(2-x_2^2-x_3^2\pm\sqrt{(x_2-x_3)^2\big((x_2+x_3)^2-4\big)}\Big)\\
&= \frac{1}{2}\Big(2-x_2^2-x_3^2\pm(x_2-x_3)\sqrt{(x_2+x_3)^2-4}\Big).
\end{aligned}$$

Man rechnet nun schnell nach, daß stets $2-x_2^2-x_3^2\ge |x_2-x_3|\cdot\sqrt{(x_2+x_3)^2-4}$ gilt, sofern die auftretende Wurzel überhaupt definiert ist, was der Fall ist, wenn $x_3=x_2$ oder aber $|x_2+x_3|\ge 2$ gilt. Aus $|x_2+x_3|=2$ würde $4=(x_2+x_3)^2=x_2^2+x_3^2+2x_2x_3=(2-x_1^2-x_4^2)+2(x_1x_4-1)=-(x_1-x_4)^2$ und damit ein Widerspruch folgen. Die Auflösung der Gleichungen $g_1(x)=g_2(x)=0$ nach (x_1,x_4) als Funktionen von (x_2,x_3) ist also genau dann möglich, wenn $|x_2+x_3|>2$ gilt, und liefert dann (je nachdem, ob $x_4>0$ oder $x_4<0$ gilt) die Darstellungen

$$x_4 = \pm\sqrt{\frac{2-x_2^2-x_3^2\pm(x_2-x_3)\sqrt{(x_2+x_3)^2-4}}{2}}.$$

Setzt man dies in die Gleichung $x_1=(1+x_2x_3)/x_4$ ein, so erhält man auch x_1 als Funktion von x_2 und x_3.

Lösung (96.18) Wir definieren $F:\mathbb{R}^{n+1}\times\mathbb{R}\to\mathbb{R}$ durch

$$F(\alpha_0,\ldots,\alpha_n,x) := \alpha_0+\alpha_1x+\alpha_2x^2+\cdots+\alpha_nx^n$$

und schreiben $p(x):=F(a_0,a_1,\ldots,a_n,x)=a_0+a_1x+\cdots+a_nx^n$. Da ξ als einfache Nullstelle von p vorausgesetzt wurde, gelten die Gleichungen $0=p(\xi)=F(a_0,\ldots,a_n,\xi)$ und $0\neq p'(\xi)=(\partial F/\partial x)(a_0,\ldots,a_n,\xi)$. Nach dem Satz über implizite Funktionen läßt sich daher die Gleichung

$$F(\alpha_0,\ldots,\alpha_n,X) = \alpha_0+\alpha_1X+\cdots+\alpha_nX^n = 0$$

in einer Umgebung von $(a_0,\ldots,a_n,\xi)$ nach X als C^∞-Funktion von $(\alpha_0,\ldots,\alpha_n)$ auflösen.

Lösung (96.19) Wir ergänzen $v_1:=x_0$ zu einer Basis $(v_1,\ldots,v_n)$ von V und können dann V mit $\mathbb{R}^n$ und $\mathrm{End}(V)$ mit $\mathbb{R}^{n\times n}$ identifizieren. Die Ableitung von f ist gegeben durch

$$f'(x,\lambda,A) = \begin{bmatrix} A-\lambda\mathbf{1} & -x & \varepsilon_x\\ 2x^T & 0 & 0\end{bmatrix},$$

wobei ε_x die Evaluation an der Stelle x bezeichnet (also durch $\varepsilon_x(B):=Bx$ gegeben ist) und wobei $x^T=\langle\cdot,x\rangle$ gilt. Um den Satz über implizite Funktionen anwenden

Aufgaben zu »Auflösen von Gleichungen« siehe Seite 157

zu können, müssen wir zeigen, daß die $(n+1)\times(n+1)$-Teilmatrix

$$(\star) \qquad \begin{bmatrix} A-\lambda\mathbf{1} & -x \\ 2x^T & 0 \end{bmatrix}$$

für $(x,\lambda,A)=(x_0,\lambda_0,A_0)$ invertierbar ist. Unter der angegebenen Identifizierung ist $x_0=e_1=(1,0,\ldots,0)^T$, und die erste Spalte der Matrix $A_0-\lambda\mathbf{1}$ ist $(A_0-\lambda\mathbf{1})e_1=(\lambda_0-\lambda)e_1$. Für $A=A_0$ und $x=x_0$ ist $(\star)$ daher von der Form

$$(\star\star) \qquad \begin{bmatrix} \lambda_0-\lambda & \star & -1 \\ 0 & B & 0 \\ 2 & 0^T & 0 \end{bmatrix}$$

mit einer $(n-1)\times(n-1)$-Matrix B, für die offensichtlich $(\lambda_0-\lambda)\det(B)=\det(A_0-\lambda\mathbf{1})$ gilt. Entwickeln zunächst nach der letzten Spalte und dann nach der letzten Zeile zeigt, daß die Determinante von $(\star\star)$ gegeben ist durch $2\det(B)=2\det(A_0-\lambda\mathbf{1})/(\lambda_0-\lambda)$. Für $\lambda\to\lambda_0$ ergibt sich dann

$$\det\begin{bmatrix} A_0-\lambda_0\mathbf{1} & -x_0 \\ 2x_0^T & 0 \end{bmatrix} = \lim_{\lambda\to\lambda_0} 2\cdot\frac{\det(A_0-\lambda\mathbf{1})}{\lambda_0-\lambda},$$

und da λ_0 als einfacher Eigenwert von A_0 vorausgesetzt wurde, ist dieser Wert von Null verschieden. Also hat die aus den ersten $n+1$ Spalten bestehende Teilmatrix von $f'(x_0,\lambda_0,A_0)$ eine von Null verschiedene Determinante. Nach dem Satz über implizite Funktionen ist daher die Gleichung $f(x,\lambda,A)=0$ in einer Umgebung von (x_0,λ_0,A_0) durch C^∞-Funktionen nach (x,λ) auflösbar.

Lösung (96.20) Offensichtlich gilt genau dann $x^3-y^3=0$ bzw. $x^3=y^3$, wenn $x=y$ gilt. Die Gleichung $x=y$ stellt sowohl x als Funktion von y als auch y als Funktion von x dar. Für $g(x,y):=x^3-y^3$ gilt nun $g'(x,y)=(3x^2,-3y^2)$ und damit $g'(0,0)=(0,0)$. Der Satz über implizite Funktionen garantiert also weder die Auflösbarkeit nach x als Funktion von y noch die Auflösbarkeit nach y als Funktion von x in einer Umgebung von $(0,0)$.

Lösung (96.21) Nach Voraussetzung gibt es eine offene Umgebung U von p in $\mathbb{R}^n$, eine offene Menge $\Omega\subseteq\mathbb{R}^{n-m}$ und eine C^1-Funktion $f:\Omega\to\mathbb{R}^m$ mit

$$\{x\in U\mid g(x)=0\} = \{(x',f(x'))\mid x'\in\Omega\}.$$

Dann gilt $g(x',f(x'))=0$ für alle $x'\in\Omega$. Nach der Kettenregel folgt hieraus

$$\underbrace{\frac{\partial g}{\partial x'}(x)}_{m\times d}+\underbrace{\frac{\partial g}{\partial x''}(x)}_{m\times m}\cdot\underbrace{\frac{\partial f}{\partial x'}(x')}_{m\times d} = 0$$

für alle $x=(x',x'')\in U$. Schreiben wir $A:=\partial g/\partial x'$, $B:=\partial g/\partial x''$ und $X:=\partial f/\partial x'$, so bedeutet dies $A+BX=0$ bzw. $BX=-A$. Also liegt jede Spalte von $-A$ und damit auch jede Spalte von A selbst im Bild von B, so daß sich der Rang von B nicht vergrößert, wenn wir die Spalten von A als zusätzliche Spalten an B anhängen. Also gilt $\operatorname{rank}(B)=\operatorname{rank}(A\mid B)=\operatorname{rank}(\partial g/\partial x)$, und das ist die Behauptung.

Lösung (96.22) Für $p=(2,0)$ erhalten wir $f(p)=2(1-\sin(2))\cdot(1,0)^T$ und

$$f'(p)^{-1} = \frac{1}{2(1-\cos(2))}\begin{bmatrix} 1 & 1 \\ 1 & 2\cos(2)-1 \end{bmatrix}$$

sowie

$$\Delta_0 = -f'(p)^{-1}f(p) = \frac{-(1-\sin(2))}{1-\cos(2)}\begin{bmatrix} 1 \\ 1 \end{bmatrix}.$$

Mit $\gamma:=2\|f'(p)^{-1}\|_{\text{op}}$ und $t^{\star\star}=(1+\sqrt{1-2\gamma\|\Delta_0\|})/\gamma$ garantiert dann der Satz von Kantorowicz die Existenz einer eindeutigen Nullstelle von f innerhalb der Menge $\{x\in\mathbb{R}^2\mid\|x-p\|<t^{\star\star}\}$.

- Wählen wir als Norm auf $\mathbb{R}^2$ die $\|\cdot\|_\infty$-Norm, so erhalten wir $\|\Delta_0\|=(1-\sin(2))/(1-\cos(2))$. Die zugehörige Operatornorm ist die Zeilensummennorm, und wir erhalten $\|f'(p)^{-1}\|_{\text{op}}=1$, damit $\gamma=2$ und folglich $t^{\star\star}=0.931221$.
- Wählen wir als Norm auf $\mathbb{R}^2$ die $\|\cdot|_1$-Norm, so erhalten wir $\|\Delta_0\|=2(1-\sin(2))/(1-\cos(2))$. Die zugehörige Operatornorm ist die Spaltensummennorm, und wir erhalten $\|f'(p)^{-1}\|_{\text{op}}=1$, damit $\gamma=2$ und folglich $t^{\star\star}=0.849145$.

Lösung (96.23) Im eindimensionalen Fall (89.13)(f) muß die Stetigkeit von f^{-1} nicht eigens vorausgesetzt werden, sondern ist wegen des Umkehrsatzes (82.12) automatisch gegeben.

Lösung (96.24) Mit

$$A=\begin{bmatrix} a & b \\ c & d \end{bmatrix} \quad\text{und}\quad A^2=\begin{bmatrix} a^2+bc & ab+bd \\ ac+cd & bc+d^2 \end{bmatrix}$$

lautet die Frage, ob sich die Gleichungen

$$\begin{aligned} ad-bc &= 1,\\ b(a+d) &= 0,\\ c(a+d) &= 0,\\ a^2+2bc+d^2 &= \sigma \end{aligned}$$

in eindeutiger Weise nach a,b,c,d auflösen lassen. Damit die beiden mittleren Gleichungen erfüllt sind, muß $a+d=0$ oder aber $b=c=0$ gelten.

Erster Fall: $a+d=0$, also $d=-a$. Die erste und die vierte Gleichung lauten dann $-a^2-bc=1$ und $2a^2+2bc=\sigma$, also $a^2+bc=-1$ und $a^2+bc=\sigma/2$. Gilt $\sigma\neq-2$, so sind diese Gleichungen nicht erfüllbar; gilt $\sigma = -2$, so ist jedes Quadrupel $(a, b, c, -a)$ mit $a^2+bc = -1$ eine Lösung.

Zweiter Fall: $a+d \neq 0$. Dann haben wir zwangsläufig $b = c = 0$, und die erste bzw. vierte Gleichung lautet $ad = 1$ bzw. $a^2 + d^2 = \sigma$. Die erste Gleichung liefert $d = 1/a$; Einsetzen in die zweite Gleichung ergibt nach Durchmultiplizieren mit a^2 dann $a^4 + 1 = \sigma a^2$ bzw. $a^4 - \sigma a^2 + 1 = 0$ und damit

$$\left(a^2 - \frac{\sigma}{2}\right)^2 = \frac{\sigma^2 - 4}{4}.$$

Ist $-2 \leq \sigma < 2$, so gibt es keine Lösung; ist $\sigma = 2$, so gibt es die beiden Lösungen $a = \pm 1$ bzw. $(a, b, c, d) = \pm(1, 0, 0, 1)$; ist $|\sigma| > 2$, so gibt es die vier Lösungen

$$a = \pm\sqrt{\frac{\sigma \pm \sqrt{\sigma^2 - 4}}{2}}$$

mit der jeweils zugehörigen Lösung $(a, b, c, d) = (a, 0, 0, 1/a)$.

Aufgaben zu »Auflösen von Gleichungen« siehe Seite 157

Nachwort

Im Vorwort zum zweiten Band seiner vorzüglichen Einführung in die Kombinatorik[1] machte Max Jeger die folgende Beobachtung:

Die neuere Mathematik-Didaktik hat ... im deutschsprachigen Raum einen höchst eigenwilligen Lesertypus hervorgebracht, der vereinzelt auch schon bei den Exegeten oder Buchbesprechern anzutreffen ist. Ich meine damit jene Sittenrichter aus der Zunft der sogenannten Didaktiker, die bei der Lektüre eines Buches primär nur an der Frage interessiert sind, auf wie viele Arten ein bestimmter Text falsch interpretiert werden könnte. Ich möchte klarstellen, daß ich diese Form des kritischen Hinterfragens nicht zur abzählenden Kombinatorik zähle; sie dürfte wohl eher als Pflichtübung für angehende oder bereits etablierte Verunsicherungsräte einzustufen sein. Dogmatiker und Formalisten mögen diesen zweiten Band des Kombinatorik-Studienbuches besser nicht zur Hand nehmen, denn er ist ebenfalls für Leser mit einem intakten mathematischen Gemüt geschrieben, für Leser also, die sich gerne von einem reizvollen Gegenstand etwas faszinieren lassen möchten.

Seit der Niederschrift dieser Zeilen ist fast ein halbes Jahrhundert vergangen, und es ist nicht mehr feststellbar, was Max Jeger (gestorben 1991) zu Aufgaben wie der folgenden – für neuere deutsche Schulbücher nicht untypischen – gesagt hätte.

Der Windchill beschreibt den Unterschied zwischen der gemessenen Lufttemperatur und der gefühlten Temperatur in Abhängigkeit von der Windgeschwindigkeit. Er ist damit ein Maß für die windbedingte Abkühlung eines Objekts, speziell eines Menschen und dessen Gesicht. Die Formel zur Berechnung lautet:

$$\begin{aligned} WCT &= 13,12 + 0,6125 \cdot T - 11,37 \cdot v^{0,16} \\ &\quad + 0,3965 \cdot T \cdot v^{0,16} \end{aligned}$$

(WCT: Windchill-Temperatur in ^0C, T: Lufttemperatur in ^0C, v: Windgeschwindigkeit in km/h). Berechne die gefühlte Temperatur (WCT) für eine Lufttemperatur von 10 ^0C und Windgeschwindigkeiten von 10 km/h, 15 km/h und 20 km/h.

Aufgaben wie diese tragen leider nicht zur Förderung eines "intakten mathematischen Gemüts" und zum Erwecken von Faszination für reizvolle mathematische Gegenstände bei, sondern mindern und beschädigen eher das Interesse am Fach Mathematik und die Wertschätzung mathematischer Begriffsbildungen und Methoden, und zwar in mehrfacher Hinsicht.

• Klarheit der Begriffsbildung: Gemäß dem ersten Satz der Aufgabe ist der "Windchill" eine Temperaturdifferenz; der zweite Satz suggeriert eher eine Änderungsrate der Temperatur ("Abkühlung"); der letzte Satz sagt schließlich ausdrücklich, der "Windchill" sei die "gefühlte Temperatur". Man fragt sich unwillkürlich, was denn nun eigentlich gemeint sei. Bereits die bloße Formulierung der Aufgabe konterkariert daher eine der bedeutendsten Leistungen der Mathematik, nämlich die Bemühung um begriffliche Klarheit und die Herausbildung einer präzisen Sprache.

• Modellbildung: Die Aufgabe suggeriert, die mathematische Formulierung eines realen Phänomens bestehe in der (ohne physikalische Erklärung vom Himmel fallenden) Angabe einer "Formel", in die dann irgendwelche Werte einzusetzen seien. Angesichts der Art der angegebenen Formel ist ferner klar, daß mit der Aufforderung "Berechne" gar keine Rechenleistung gefordert wird, sondern nur das Eintippen in einen Taschenrechner. Es wird ein völlig falsches Bild davon vermittelt, was es heißt, mathematische Beschreibungen der Wirklichkeit zu formulieren und anzuwenden.

• Realitätsbezug: Eine der ersten und einfachsten Maßnahmen, um eine (woher auch immer stammende) Formel auf ihre Plausibilität hin zu überprüfen, ist das Einsetzen spezieller Werte[2]. Tut man dies in der angegebenen Aufgabe mit $v = 0$ und $T = 0$ (egal, ob mit oder ohne Taschenrechner), so ergibt sich der Wert $WCT = 13,12$. Demnach verspürt man also an einem windstillen Tag bei Temperaturen um den Gefrierpunkt im Gesicht eine Temperatur von $13,12\ ^0C$. Glauben die Verfasser des fraglichen Schulbuchs das tatsächlich?

Es geht hier nicht darum, ein Klagelied über den Niedergang der Mathematikausbildung anzustimmen, aber man sollte die Gefahr solcher Entwicklungen auch nicht unterschätzen: Kulturelle Errungenschaften (und dazu zähle ich die Entfaltung mathematischer Methoden über die Jahrhunderte hinweg!) können schneller verlorengehen, als fortschrittsgläubige Optimisten glauben mögen. Ein Beispiel dafür ist etwa die Aufführungspraxis Bachscher Werke im Rahmen der "Bach-Renaissance" des 19. Jahrhunderts, als die hohen Trompetenpartien in eine

[1] Max Jeger, *Einführung in die Kombinatorik*, Ernst Klett Verlag, Stuttgart 1973 (Band 1) und 1976 (Band 2)

[2] Offenbar werden Schüler im Unterricht dazu gar nicht mehr angehalten. Anders wäre kaum zu erklären, warum in einem aktuellen Einführungstest in einem ingenieurwissenschaftlichen Studiengang mehr als die Hälfte der Teilnehmer glaubt, es gelte allgemein $\sqrt{a^2 + b^2} = a + b$.

niedrigere Lage versetzt oder aber Oboen und Klarinetten übertragen werden mußten, weil es kaum noch Trompeter gab, die die barocke Clarinblaskunst beherrschten, wie etwa Carl Friedrich Zelter (1758-1832), von 1800 an bis zu seinem Tod Leiter der Berliner Sing-Akademie, konstatierte:[3]

> *Die Trompetenstimme zu dieser Musik [BWV 147] wird in unsern Zeiten am besten auf der Hoboe können gespielt werden. Will man dennoch gern eine Trompete dabey haben so können die Stellen welche bequem herauszubringen sind, von einer Trompete neben her producirt werden.*

Andererseits bietet gerade dieses Beispiel auch Anlaß zur Hoffnung, denn sowohl eine Rückbesinnung auf handwerkliche Aspekte des Trompetenspiels als auch technische Verbesserungen im Trompetenbau sorgten dafür, daß mittlerweile wieder – und in größerer Breite als früher – Darbietungen Bachscher Werke und auch anderer barocker Kompositionen mit herausragend gut gespielten Trompetenpartien zu hören sind, und zwar sowohl in historischer als auch in moderner Aufführungspraxis.

Die beiden genannten Faktoren – die Rückbesinnung auf handwerkliche Aspekte und die Nutzung neuer technischer Möglichkeiten – erscheinen mir auch im Bereich der Mathematikausbildung notwendig und zielführend, etwa durch die Wertschätzung konkreter Rechnungen sowie die Behandlung gut ausgewählter Beispiele vor der Darlegung allgemeiner und abstrakter Theorien einerseits, durch den Einsatz von Computern zur Programmierung mathematischer Algorithmen und zur graphischen Veranschaulichung mathematischer Ergebnisse andererseits. Erst eine eingeübte und gesicherte Rechenpraxis und eine gute Kenntnis vieler Beispiele und Gegenbeispiele bieten eine solide Grundlage, auf der dann mathematische Theoriegebäude in sinnvoller und tragfähiger Weise errichtet werden können und auf der ein geistiger und begrifflicher Ordnungsrahmen erwachsen kann, in den sich eine Vielzahl von Einzelfakten systematisch einordnen läßt. Gelingt dies, so wird die Fülle des Stoffes auch nicht als Problem empfunden, sondern als Reichtum.

Ich hoffe, daß sich der Reichtum mathematischer Fragestellungen auch im vorliegenden Aufgaben- und Lösungsbuch widerspiegelt. In meinen eigenen Lehrveranstaltungen, aus denen heraus dieses Buch entstanden ist, sehe ich stets einen hohen Anteil an Übungen vor, und auch in den Vorlesungen bemühe ich mich, die Einführung neuer Begriffe und die Bedeutung mathematischer Sätze stets durch durchgerechnete konkrete Beispiele und Aufgaben zu motivieren und vorzubereiten, dabei eine künstliche Trennung fachlicher und didaktischer Aspekte vermeidend. Die langjährige Erfahrung zeigt, daß es dadurch gelingt, zur eigenständigen Beschäftigung mit Mathematik, zum Formulieren eigener Fragen und zur Herausbildung eines "intakten mathematischen Gemüts" anzuregen.

Zahlreiche Fragen, Kommentare und Anregungen zu Übungsaufgaben, die sich in den Lehrveranstaltungen ergaben, sind in dieses Buch eingeflossen, und ich bin meinen Studenten für die intensive und inspirierende Kommunikation und Zusammenarbeit in den Lehrveranstaltungen zutiefst dankbar. Daß sich aus dieser Zusammenarbeit aktuell sogar einige wissenschaftliche Publikationen mit studentischen Koautoren ergaben, ist in der Hochschullandschaft – und an Fachhochschulen/Hochschulen für angewandte Wissenschaften gleich gar – eher selten und zeigt, zu welch schönen Erfolgen ein Lehrkonzept führen kann, das auf einer Verzahnung begrifflicher und rechnerischer Zugänge basiert:

- Lilija Naiwert, Karlheinz Spindler: *Use of Concrete Examples and Visualizations to Improve the Discussion of Pontryagin's Maximum Principle in Control Education*, International Journal of Education and Information Technologies **13**, 2019, S. 168-179;
- Friederike Liebaug, Karlheinz Spindler: *Logical equivalence of the fundamental theorems on operators between Banach spaces*, Elemente der Mathematik **75** (1), 2020, S. 15-22;
- Lilija Naiwert, David Ailabouni, Karlheinz Spindler: *The possible states of a population of eusocial insects*, IFAC Journal of Systems and Control **11**, 2020, 100075;
- Lilija Naiwert, Karlheinz Spindler: *Phase portraits, Lyapunov functions, and projective geometry*, Mathematische Semesterberichte **68** (1), 2021, S. 143-161.

Diese Veröffentlichungen ergaben sich unmittelbar aus Lehrveranstaltungen heraus, teilweise, um Fragen zu beantworten, die in den Übungen aufkamen, teilweise, um einfachere Herleitungen für als schwierig empfundene Vorlesungsinhalte zu finden, teilweise, um gute Beispiele zu identifizieren, an denen sich mathematische Aussagen illustrieren lassen. Bei der Zusammenarbeit, die zu diesen Veröffentlichungen führte, wurde auch etwas spürbar von der Schönheit und Faszination der Mathematik. Nach einem bekannten Bonmot des englischen Mathematikers Godfrey Harold Hardy (1877-1947) ist Schönheit das entscheidende Kriterium dafür, was gute Mathematik ausmacht: "Beauty is the first test: there is no permanent place in the world for ugly mathematics." Dem ist hier nichts hinzuzufügen.

A. D. 2021 Karlheinz Spindler

[3] Edward Tarr: *Friedrich Benjamin Queisser, Julius Kosleck und der Übergang von Natur- zu Ventiltrompeten im 19. Jahrhundert*, Seite 127. In: Anselm Hartinger, Christoph Woll, Peter Wollny (Hrsg.): *Von Bach zu Mendelssohn und Schumann – Aufführungspraxis und Musiklandschaft zwischen Kontinuität und Wandel*; Verlag Breitkopf & Härtel, Wiesbaden 2012.

Index

Im Index sind die Einträge zu allen drei Aufgabenbänden enthalten. Hervorgehoben sind diejenigen Begriffe, zu denen es Aufgaben im vorliegendem Band gibt.

D

E

F

G

H

I

J

K

Karlheinz Spindler

Höhere Mathematik – Ein Begleiter durch das Studium

1. Aufl. 2010, 893 Seiten, 22 cm × 28,5 cm, gebunden,
über 600 Abbildungen, wo sinnvoll vierfarbig,
ISBN 978-3-8085-5550-7
Bestell-Nr. 55507

Dieses einzigartige Buch, das mit der Einführung des Mengenbegriffs beginnt und mit dem Beweis des Riemannschen Abbildungssatzes endet, spannt einen riesigen Bogen über verschiedene grundlegende mathematische Disziplinen: Lineare und multilineare Algebra, Topologie, Analysis, Differentialgleichungen, Statistik und Wahrscheinlichkeitsrechnung, Funktionentheorie und vieles mehr.

Dabei ist das Ziel nicht, eine möglichst große Stoffmenge enzyklopädisch abzuhandeln, sondern ein solides und tragfähiges Grundlagenwissen in mathematischen Schlüsseldisziplinen zu vermitteln, auf dem eine spätere Einarbeitung in mathematische Spezialfächer und Anwendungsgebiete problemlos aufbauen kann. Es wird gleichermaßen Wert auf die Förderung begrifflichen Verständnisses und auf die Vermittlung von Rechentechniken gelegt. Allgegenwärtige algebraische, ordnungstheoretische und topologische Strukturen werden systematisch herausgearbeitet, und numerische Aspekte sind durchgängig in die Darstellung integriert. Auch der physikalische Gehalt mathematischer Begriffsbildungen und Sätze wird erläutert.

Propädeutisches Material (mengentheoretische und aussagenlogische Grundlagen, Zahlbereiche, elementare Kombinatorik, Elementargeometrie) ist in separate Kapitel ausgegliedert. Der Schulstoff wird behutsam, aber von einer höheren Warte aus rekapituliert, was den Übergang von der Schule zur Hochschule erleichtert und anhand bekannten Materials an die Strenge mathematischer Begriffsbildungen gewöhnt. Auf dieser Grundlage werden dann die Lineare Algebra und die Analysis unter Berücksichtigung sowohl arithmetischer als auch geometrischer Aspekte entwickelt. Die Kraft dieser Theorien wird anschließend in diversen Kapiteln über speziellere mathematische Disziplinen entfaltet. Das Buch führt frühzeitig an abstrakte Sichtweisen und weitgehende Verallgemeinerungen heran, wenn dadurch das begriffliche Verständnis erleichtert wird (frühe Einführung topologischer Grundbegriffe, weitgehend koordinatenfreie Behandlung von Funktionen in mehreren Variablen, Bereitstellung differentialgeometrischer und maßtheoretischer Grundlagen).

Das Buch macht keinerlei Kompromisse hinsichtlich mathematischer Strenge; sämtliche Aussagen werden bewiesen, und der Verfasser scheut sich auch nicht, „unbequeme“ Begriffe einzuführen und „schwierige“ Sätze zu behandeln. Durch seinen didaktisch geschickten Aufbau ist das Buch dennoch gut lesbar. Viele motivierende Erläuterungen, durchgerechnete Beispiele sowie aussagekräftige Abbildungen, Diagramme, Tabellen und eingerahmte Formeln erleichtern das Verständnis. Das Buch eignet sich daher auch gut zum Selbststudium und als weiterführende Lektüre, die über die Grundvorlesungen weit hinausgeht und daher nicht nach einem oder zwei Semestern ausgedient hat, sondern als Begleiter durch das gesamte Studium dienen kann. Dem trägt die Ausstattung des Buches mit festem Einband und stabiler Bindung Rechnung.

Karlheinz Spindler

Höhere Mathematik – Aufgaben und Lösungen

Die Aufgabensammlung enthält insgesamt über 3000 Aufgaben und ist bis auf wenige Verweise unabhängig vom zugehörigen Lehrbuch nutzbar.

Die Aufgabenstellungen reichen von einfachen Fragen zur Gewöhnung an neue Begriffe und Routineaufgaben zum Einüben und Einschleifen von Rechentechniken über anspruchsvollere Aufgaben, in denen Beispiele und Gegenbeispiele gesucht, Feinheiten von Begriffsbildungen und Aussagen ausgelotet und weiterführende Aspekte erkundet werden, bis hin zu wirklichen Herausforderungen, denen sich zu stellen einige Ausdauer erfordert.

Durch die ausführlichen Lösungen sind die Bände auch zum Selbststudium geeignet.

Band 1

1. Aufl. 2021, 574 Seiten, 21 cm × 28,5 cm, gebunden
ISBN 978-3 8085-5952-9
Bestell-Nr. 59529

1149 Aufgaben mit ausführlichen Lösungen zu den Themen:

- Mengentheoretische Grundlagen
- Grundlegende Strukturen
- Kardinalzahlen
- Ordinalzahlen
- Zahlentheoretische Grundlagen
- Arithmetische Grundlagen
- Algebraische Grundlagen
- Kombinatorische Grundlagen
- Lineare Gleichungssysteme
- Geometrische Grundlagen
- Reelle und komplexe Zahlen
- Geometrie und Vektorrechnung
- Lineare Algebra
- Lineare Abbildungen und Matrizen
- Multilineare Abbildungen.

Band 2

1. Aufl. 2021, 582 Seiten, 21 cm × 28,5 cm, gebunden
ISBN 978-3 8085-5954-3
Bestell-Nr. 59543

1029 Aufgaben mit ausführlichen Lösungen zu den Themen:

- Multilineare Algebra
- Metrische Vektorräume
- Geometrie in Vektorräumen
- Rechnen mit Grenzwerten
- Elementare Funktionen
- Metrische Strukturen
- Topologische Strukturen
- Differentialrechnung in einer Variablen
- Differentialrechnung in Banachräumen.

Band 3

1. Aufl. 2021, 646 Seiten, 21 cm × 28,5 cm, gebunden
ISBN 978-3 8085-5956-7
Bestell-Nr. 59567

1017 Aufgaben mit ausführlichen Lösungen zu den Themen:

- Differentialrechnung auf Mannigfaltigkeiten
- Inhaltsbestimmung von Mengen
- Begriff des Integrals
- Berechnung von Integralen
- Integration auf Mannigfaltigkeiten
- Gewöhnliche Differentialgleichungen
- Dynamische Systeme
- Integraltransformationen
- Grundlagen der Stochastik
- Anwendung stochastischer Methoden
- Funktionentheorie.

Karlheinz Spindler
Höhere Mathematik
Ein Begleiter durch das Studium
Verlag Harri Deutsch

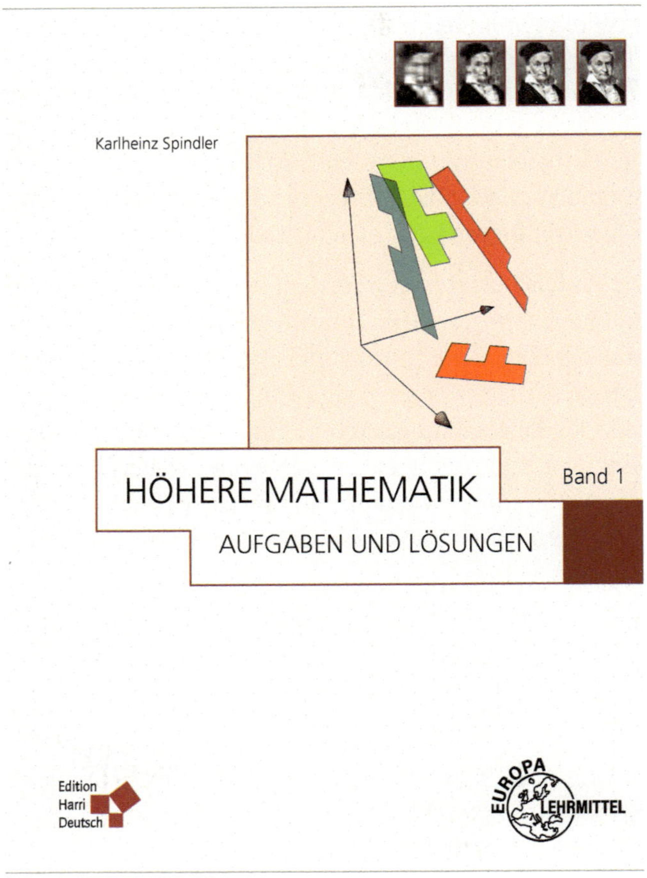
Karlheinz Spindler
HÖHERE MATHEMATIK
Band 1
AUFGABEN UND LÖSUNGEN
Edition Harri Deutsch
EUROPA LEHRMITTEL

Karlheinz Spindler
HÖHERE MATHEMATIK
Band 2
AUFGABEN UND LÖSUNGEN
Edition Harri Deutsch
EUROPA LEHRMITTEL

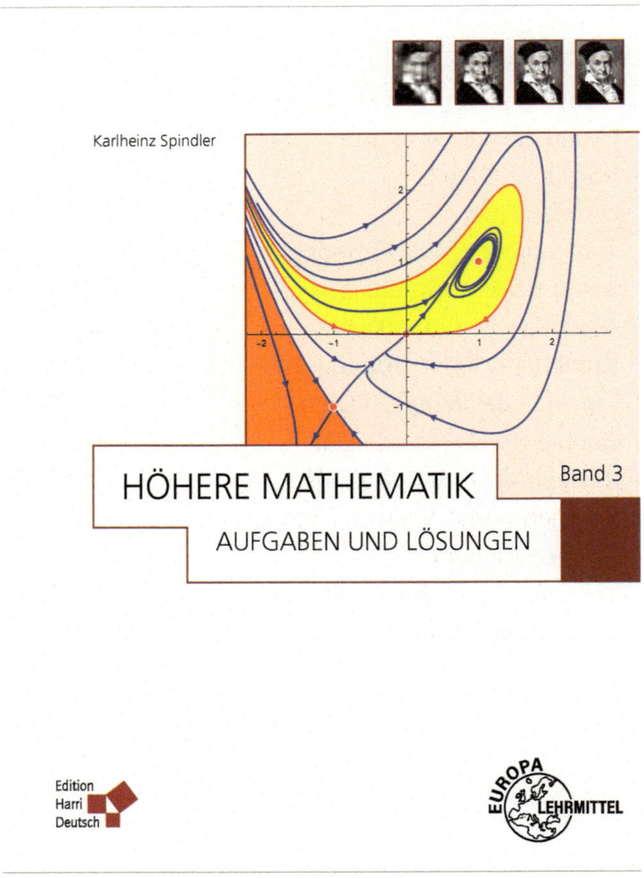
Karlheinz Spindler
HÖHERE MATHEMATIK
Band 3
AUFGABEN UND LÖSUNGEN
Edition Harri Deutsch
EUROPA LEHRMITTEL